装备科技译著出版基金

损伤力学手册

——材料和结构中纳观到宏观尺度的应用

Handbook of Damage Mechanics

Nano to Macro Scale for Materials and Structures

[美]乔治·Z. 伏伊阿吉斯(George Z. Voyiadjis) 主编
范映伟 姜 涛 何玉怀 童第华 许 巍 王雅娜 译

国防工业出版社
·北京·

著作权合同登记　图字：军-2018-033号

图书在版编目（CIP）数据

损伤力学手册：材料和结构中纳观到宏观尺度的应用/（美）乔治·Z. 伏伊阿吉斯（George Z. Voyiadjis）主编；范映伟等译．—北京：国防工业出版社，2023. 1

书名原文：Handbook of Damage Mechanics：Nano to Macro Scale for Materials and Structures

ISBN 978-7-118-12543-6

Ⅰ．①损…　Ⅱ．①乔…　②范…　Ⅲ．①损伤力学—手册　Ⅳ．①O346. 5-62

中国版本图书馆 CIP 数据核字（2022）第 170381 号

First published in English under the title
Handbook of Damage Mechanics：Nano to Macro Scale for Materials and Structures
Edited by George Z. Voyiadjis

※

国防工业出版社出版发行
（北京市海淀区紫竹院南路 23 号　邮政编码 100048）
三河市腾飞印务有限公司印刷
新华书店经售

*

开本 787×1092　1/16　**印张** 75　**字数** 1749 千字
2023 年 1 月第 1 版第 1 次印刷　**印数** 1—1500 册　**定价** 388. 00 元

（本书如有印装错误，我社负责调换）

国防书店：（010）88540777　　书店传真：（010）88540776
发行业务：（010）88540717　　发行传真：（010）88540762

译者序

损伤力学的提出与发展是人们对材料或结构变形直至破坏认识的深化,它大大拓展了固体力学学科研究的视角,并将材料科学与固体力学两个学科有机衔接起来。经典强度理论是研究均匀、连续的介质在外载荷作用下由变形到破坏的理论。断裂力学是研究均匀、有裂纹的非连续介质在外载荷作用下的变形行为,直至破坏的规律。损伤力学则是研究均匀、连续的介质在外载荷作用下,经过损伤演化过程,变成非均匀连续介质,在微观、细观到宏观尺度出现孔洞、裂纹的变形行为,直至材料或结构破坏的全过程,经过近半个世纪的发展,该领域已成为一个多学科高度交叉的、涉及范围非常宽广的学科,并已延伸至纳观尺度的力学行为研究。

损伤力学是近代失效理论研究的重要内容,近五十年来,在理论研究、数值分析和实验研究方面已取得巨大进展,并发表了大量的研究成果文章、出版了大量理论性书籍,国外目前有一本专门的损伤力学杂志并有数以千计的相关研究论文发表。损伤力学实验技术将光、电、声、磁测量技术应用于损伤力学实验研究方面,广泛应用于理论研究,是解决国防、民用以及核工业等工程中与断裂和损伤相关的复杂问题的实用方法,能够更准确、更科学地预测结构材料的服役寿命。

该手册是损伤力学研究领域发展半个多世纪以来的经典研究成果、最新进展和最新提出的实验表征技术均在该手册中得到了体现,因此,其翻译出版将为国内读者的基础理论学习和研究提供非常有益的参考和实用的方法,为国内从事实验表征技术研究的人员提供实验技术方面的借鉴,同时为该领域的工程师解决工程应用问题呈现很多非常实用的分析方法和工具;另外,它还可作为该领域的学生和初涉者学习损伤力学知识的很好的教科书,最终为我国国防科技和武器装备的发展提供有效的技术储备和较大的推动力。该手册的读者对象主要是在科研学术机构和工业界从事损伤分析工作的工程师和科研人员,也可作为航空工程、材料科学、机械工程、民用工程、工程力学、应用数学、应用物理和应用化学专业的研究生教学参考书。

该手册原作者在金属材料、金属基复合材料、高分子材料和陶瓷材料的损伤力学和力学性能的研究方面具有丰富的经验和丰硕的成果,尤其是在理论模拟、材料行为的数值模拟以及实验表征方面。作者开展了大量数值模型开发方面的研究工作,并瞄准先进工程材料和结构在高速冲击载荷条件下的损伤和动态失效响应的模拟,为极限载荷条件下高性能材料和结构的设计和制备提供了指导。

该手册共分为 12 部分,包括 47 章内容,第 1 部分连续损伤力学基础,包括第 1 章~第 4 章,由何玉怀翻译。第 2 部分无序材料的损伤,包括第 5 章~第 10 章,由姜涛、范映伟翻译。第 3 部分晶体金属和合金的损伤,包括第 11 章~第 16 章,由范映伟翻译。第 4 部分结构损伤,包括第 17 章~第 20 章,由何玉怀、范映伟翻译。第 5 部分电子封装损伤力学,包括第 21 章~第 23 章,由童第华翻译。第 6 部分金属成形中的损伤力学,包括第 24 章~

第28章,由何玉怀翻译。第7部分复合材料损伤的微观力学和粒状材料的弹塑性损伤-修复耦合力学,包括第29章~第34章,由范映伟翻译。第8部分动态载荷下的损伤,包括第35章和第36章,由何玉怀翻译。第9部分损伤的实验表征,包括第37章~第39章,由范映伟翻译。第10部分层压复合材料损伤的微观力学,包括第40章~第42章,由王雅娜翻译。第11部分核损伤表征,包括第43章,由王雅娜翻译。第12部分损伤和修复力学方面的最新进展,包括第44章~第47章,由许巍翻译。全书由范映伟、姜涛、何玉怀统稿,郭广平审校。

受译者水平所限,文中难免出现不妥之处,请广大读者谅解并提出宝贵意见。

译者

2021年10月

序

自从损伤力学在50年前开始被作为将材料柔度和应变局部化与材料的蠕变损伤演化关联起来的一种方法以来,已经取得了长足的发展,该领域中基本概念的发展已沿多个不同的方向进行,其中一个分支聚焦于基于损伤场变量的连续体热动力学,另一个诉诸于连续体微观力学,以试图解释显式缺陷和微观组织并通过弹性相互作用与协同行为相关联。虽然材料的连续损伤力学和分析/计算微观力学从20世纪80年代中期开始可能采取了不同的、并行的发展路径,但是这两种路径之间的理论关联非常丰富和深奥,并来源于热力学和动力学,这以减少描述模型的自由度的方式并采用内部状态变量得以有效地表达,同时,保持了其在代表体积单元尺度上与受损材料响应的一致性。

本手册详尽讨论了这些关联性,集中介绍了最基础的主题方面的工作,如,通过微观组织和相关损伤机制的显式模拟来代表裂纹网络或其他模式损伤的结构张量。由该领域众多的国际知名专家共同编著,该手册中的所有文章的统一主题是处理结构水平的退化响应,损伤力学已作为一种实际应用的方法获得了丰硕的成果,它们涉及分散性损伤演变的多个复杂方面。本卷中有多种案例:

(1)通过多晶材料中内部状态变量晶体塑性耦合的损伤力学的低周疲劳;

(2)颗粒和纤维增强的复合材料中的分散颗粒/纤维开裂和界面脱黏,包括对损伤模式的隐式和显式处理;

(3)聚合物中分散性损伤的内部状态模拟;

(4)电子材料和封装的损伤演化和失效;

(5)极端条件下材料的损伤演化和失效,包括动态加载条件、核电厂部件的辐照以及大变形金属成形;

(6)金属中的韧性断裂和损伤局部化。

除了介绍应用之外,本手册还讨论了受损固体的热动力学的基础方面,包括各向同性和各向异性损伤力学。读者还将找到多尺度模拟的基本处理方法以及损伤演化过程均匀化的不同方法,例如,损伤演化中兴起的概念,如分形理论和离散损伤模型,拓展了理论方法,并建立了损伤力学与统计物理学之间的关联。

最后,本书综述了测量材料中分散性损伤演化的最新实验方法,重点是数字图像关联技术,以及表征技术和逆向模拟技术。读者将看到理论、实验和应用之间的关联性,并看到其所贡献的宝贵的文献资料。

我相信,你们将会发现《损伤力学手册》是一本非常实用的必备参考文献资料。

David L. McDowell
Regents' Professor and Carter N. Paden,
Jr. Distinguished Chair in Metals Processing
Georgia Institute of Technology
Atlanta, GA, USA
2014 年 5 月

前　言

损伤表征和损伤力学是一个多学科高度交叉、宽广的学科领域，它已经经过了近半个世纪的持续发展。本书内容包括损伤力学大量丰富的主题，希望能够满足科研单位和工业部门从研究人员到工程技术人员的广泛要求，这对本书的作者而言，是一个前所未有的挑战。本书中涉及该领域及其不同分支的47章内容，由来自三大洲不同研究机构和工业部门的众多国际知名学者共同撰写而成。

在过去的50多年里，在连续损伤力学的研究领域已有了巨大的发展，当前，该领域已有一本公开发行的学术期刊，而且有大量的书籍出版和研究论文发表。在连续损伤力学研究的构架中，所有的微观缺陷（如显微裂纹和显微孔洞等）都被看作是一个连续的区域，在此区域内，假设损伤力学的定律都适用，这一点与断裂力学明显不同，在断裂力学领域，所有独立的缺陷都被分别处理，不连续性也是允许的。

作者的目的是将现有的具有学术意义的损伤力学知识，融入到各部分既相对独立又相互关联的一本手册中，以指导工程技术人员、专业领域研究人员以及其他相关人员的实践应用，并激励有兴趣的非专业人员学习损伤力学。这样的任务超出了每篇已发表研究论文的范畴，研究论文本质上是运用非常专业的术语论述某些具体的问题，而本手册的目的是详尽介绍损伤力学相关领域的知识，它在我们的工业应用中具有巨大的实际意义，同时，它一直被视为一种足够规范的方法，可作为进行持续研究人员的专业参考，并为学生们和其他初学者的学习提供牢固的基础知识。

本手册每章介绍一个相对独立的主题，但是整体上，就定义、术语和注解而言，所有章节统一设计、细致整合并相互补充，另外，所有章节中基本没有内容的重复。

本书由12个独立部分组成，包括47章内容，涵盖损伤力学基础和最新研究进展，覆盖的主题包括连续损伤力学基础、无序介质中的损伤、晶体金属和合金中的损伤、结构中的损伤、电子封装中的损伤、金属成形中的损伤、复合材料损伤的微观力学、粒状材料的弹塑性损伤和修复的耦合力学、动态载荷下的损伤、损伤的实验表征、层压复合材料损伤的微观力学、核损伤表征以及损伤和修复力学方面的最新发展趋势。

本书的一个主要特点是覆盖了材料修复力学这样一个新兴主题的最新研究结果，其中有4章是关于这个最新涌现的课题的；另外，它包括了3章关于材料损伤的实验表征的内容，连续损伤力学的基础在第1部分的4个章节中做了介绍。

本书涵盖了损伤力学的理论分析、数学计算和试验研究，主要面向损伤力学专业的研究生、研究机构和工业界正在开展和有意开展该领域工作的研究人员，以及在该领域工作并意图利用损伤力学提供的工具解决问题的工程师和科学家，也可作为机械工程、民用工程、材料科学、工程力学、航空工程、应用数学、应用物理和应用化学专业研究生系列课程的一本优秀的教学参考书。

本手册可作为大学专业和该领域研究人员的一本教学参考书，它将成为现有损伤力学文献资料的有益补充，以及国际上科学与工业界研究机构的珍贵的参考资料。

希望读者在学习和研究损伤力学的过程中，能逐步认识到这本手册是一个有益的学习资料，也希望读者获得更多的成功，并欢迎为本书的进一步改进提出宝贵意见。

本书的每个部分都能成为一本紧凑的、相互独立的、主题突出的小书，而且，这些主题都与损伤力学的基本原理紧密关联。

本书最后介绍了一些国际知名专家的研究工作，展现了他们在损伤表征和损伤力学相关的具体领域中的高深学识和丰富的实际经验。

对本书各章节撰稿人表示感谢，同时，对他们的家人和 Springer 出版社的编辑们为本书的出版给予的帮助和支持表示感谢。

George Z. Voyiadjis
美国路易斯安那巴图鲁日
2014 年 3 月

目　　录

第2部分　无序材料的损伤

第 3 部分　晶态金属和合金的损伤

第 4 部分　结构损伤

第6部分 金属成形中的损伤力学

第 7 部分 复合材料损伤的微观力学和粒状材料的弹塑性损伤-修复耦合力学

第 9 部分 损伤的实验表征

第 10 部分 层压复合材料损伤的微观力学

第 11 部分 核损伤特征

第 12 部分 损伤和修复力学的最新进展

第 1 部分

连续损伤力学基础

第1章 各向同性和各向异性连续损伤力学的一些基本问题

George Z. Voyiadjis, Peter I. Kattan, Mohammed A. Yousef

摘　　要

本章包括各向同性和各向异性损伤力学两个主题。第一个主题对新提出的不同损伤变量进行介绍、验证和比较。研究了与各向同性损伤有关的标量,并提出了几种新的损伤变量。本部分提到的变量可以应用到弹性材料中,包括诸如金属类均质材料和复合材料层板类各向异性材料。此外也提出了高阶应变能的形式,将这些高阶应变能形式与所提出的一些损伤变量结合起来,为不可损伤材料的设计奠定理论基础,在整个变形过程中,损伤变量值为零的材料不会被破坏。

第二个主题提出了各向异性损伤的新概念,在连续损伤力学的框架内进行了研究。为了研究材料力学行为中的损伤效应变量,提出新的损伤变量。此外,根据损伤效应变量和新的损伤张量,提出并定义了新的混合损伤张量。这项研究表明,大多数新提出的损伤张量在连续损伤力学的框架内得到了验证。

1.1 引　　言

连续损伤力学领域的研究已经显著地提高了材料的整体性能和促进了材料的工程应用。连续损伤力学研究了微裂纹和微孔洞(以及其他缺陷)的扩展及其对材料力学行为的影响,它还能够有助于工程技术人员和研究人员改善材料的微观结构。通过提炼这些研究进展,获得了损伤变量与材料力学性能之间的相关性。接着进一步研究损伤对材料力学性能的直接影响,这会对工程结构的安全产生重大影响,这种影响在诸如航空和核工业等以安全为主的应用中经常遇到。一个不可预知的失效可能对人类生活导致灾难性后果,以及金融灾难。近年来,为了研究微裂纹和微孔洞的力学特性及其对材料力学行为的影响,许多学者已经极大关注连续损伤力学领域的研究。

损伤导致材料力学性能的恶化,这是由于连续介质中的微孔洞和/或微裂纹的萌生和扩展破坏了其连续性(Lemaitre 和 Desmorat,2005)。Lemaitre 和 Desmorat 在连续介质力学中引入了一个代表性的体积单元(RVE),其所有性质均由均匀化变量表示。此外,在连续损伤力学框架内采用有效应力的概念获得损伤变量,其代表材料平均刚度的退化。材料的这种退化反映了在微观尺度上各种类型的损伤,如空隙的成核和扩展、裂纹、孔洞、微裂纹和其他微观缺陷(Krajcinovic,1996;Budiansky 和 O'Connell,1976;Lubarda 和 Krajcinovic,1993)。

在各向同性损伤力学的情况下，损伤变量为标量且演化方程易于处理。Cavvin 和 Testa(1999)已经表明，采用两个独立的损伤变量可得到在特殊情况下对各向同性损伤准确和一致的描述。Voyiadjis 和 Kattan(2009)已经提出了新的标量损伤变量。Leamere(1984)认为各向同性损伤能很好地预测结构件的承载能力、循环数或局部失效时间。然而，即使原始材料是各向同性的，试验结果(CHOW 和 Wang,1987;Lee 等,1985)也证实了各向异性损伤的发展，这促使一些研究人员去研究一般情况下的各向异性损伤(Voyiadjis 和 Kattan,1996,1999,2006;Kattan 和 Voyiadjis,2001a,b)。

Kachanov(1958)和 Rabotnov(1969)采用单轴拉伸的情况来说明有效应力的基本思想，之后 Lemaitre(1971) 和 Chaboche(1981)得到了应力的三维状态。将二阶 Cauchy 应力张量应用于受损材料，相应的有效应力张量则应用于材料假定完全无损的状态，在他们的公式中采用了材料的假定无损状态和实际损伤状态。在这方面，通常使用等效弹性应变或等效弹性能量两个假设之一，来导出相应的本构方程。Sidoroff(1981)、Cordebois 和 SIDOROFF(1979)、Sidoroff(1979)发展了各向异性损伤力学理论，随后 Lee 等(1985)、Chow 和 Wang(1987,1988)用它来解决简单的延性断裂问题。然而，在这一最新进展之前，Krajcinovic 和 Foneska(1981)、Murakami 和 Ohno(1981)、Murakami(1983)，以及 Krajcinovic(1983)采用适当的各向异性损伤模型研究了脆性和蠕变断裂。

虽然这些模型基于合理的物理背景，但是它们缺乏有力的数学解释和力学一致性。因此，需要做更多的工作来发展一种可用于实际应用的更为相关的理论(Krajcinovic 和 Funka,1981;Krempl,1981)。在各向异性损伤的一般情况下，损伤变量表现出张量特性(Murakami 和 Ohno,1981;Leckie 和 Onat,1981)，这种损伤张量是一个不可约偶数秩张量(Onat,1986;Onat 和 Leckie,1988)，Betten(1981,1986)利用张量函数理论揭示了损伤张量的其他几个基本性质。有人指出，即使对于各向同性损伤，也应采用损伤张量(而不是标量损伤变量)来表征材料中的损伤状态(Ju,1990)。另外，由于加载条件或材料本身的性质，损伤过程一般是各向异性的。虽然四阶损伤张量可以直接通过线性变换张量来定义有效应力张量，但与二阶损伤张量相比，四阶损伤张量不易计算。

本章介绍了在连续损伤力学领域新的研究，包括以下两个主题：

第一个主题介绍了各种新的损伤变量，并对它们进行了验证和比较。研究了各向同性损伤的标量情形，并提出了几种新的损伤变量。损伤变量根据截面积和弹性模量或刚度以及复合损伤变量来定义，其中复合损伤变量根据与截面积和刚度有关的两个参数来定义。这部分中介绍的损伤变量可应用于包括金属等均匀材料和复合材料层合板等非均质材料的弹性材料。此外，还提出了高阶应变能模式。可以看出，特定的非线性应力-应变关系与每个高阶应变能模式相关，这些高阶应变能模式与所提出的一些损伤变量一起用来为不可损材料的设计奠定理论基础，也就是说，在整个变形过程中，损伤变量值为零的材料不能被破坏。

第二个主题提出了各向异性损伤的新概念，并在连续损伤力学的框架内进行了研究。为了研究材料力学行为中的损伤效应变量，研究了新的损伤张量。这里研究的所有情况都是根据材料的弹性刚度以及基于等效弹性应变性和等效弹性能量的假设来定义的。此外，各向异性的新概念明显应用于定义新的损伤张量，该张量从已知的损伤效应张量导出并以各向异性表达。利用主值损伤效应张量来获得张量及其逆的第一标量不变量，用以表达和验证新的损伤张量。此外,根据损伤效应张量和新的损伤张量,提出并定义了新的混合损伤张量。最后根据损伤效应张量获得了新的混合损伤张量。因此,这项研究表明,大多数新提出的损伤张量在连续损伤力学的框架内得到了验证。

1.2　连续损伤力学中的各向同性损伤

1.2.1　现有损伤变量研究综述

这里详细讨论了研究人员使用的两个主要标量损伤变量。第一个标量损伤变量是根据截面面积的减小来定义的,而第二标量损伤变量是根据弹性模量或弹性刚度的减小来定义的。为了说明损伤的和有效未损伤的结构,考虑采用初始未变形和未损伤结构的主体(以圆柱体的形式),以及在外部机构作用之后变形和损伤结构的主体(图 1.1)。然后,通过移去结构所经历的所有损伤而得到一个假定的结构主体,这就是结构在仅有变形而没有损伤的状态(图 1.1)。因此,在定义损伤变量 ϕ 时,其值不能在假定的结构中出现。

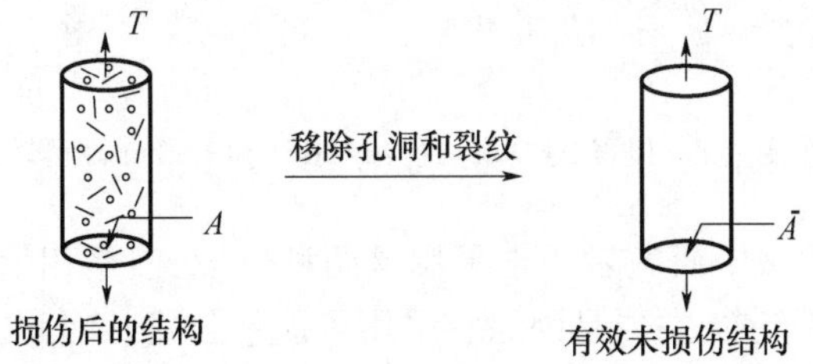

图 1.1　损伤和有效未损伤结构移除孔隙和裂纹(经 Voyiadjis 和 Kattan 许可转载)

第一个损伤变量 ϕ_1 通常定义如下:

$$\phi_1=\frac{A-\bar{A}}{A} \tag{1.1}$$

式中:A 为受损结构中的横截面积;$\bar{A}$ 为假定结构的横截面积,有 $A>\bar{A}$。显然,当结构未损伤时,即当 $A=\bar{A}$ 时,有 $\phi_1=0$。

假定结构中的应力称为有效应力,用 $\bar{\sigma}$ 表示。有效应力 $\bar{\sigma}$ 的值可以用关系式 $\bar{\sigma}\bar{A}=\sigma A$ 求得,其中 σ 是损伤结构中的应力。因此,使用这个关系式和式(1.1)中的定义,可以得到:

$$\bar{\sigma}=\frac{\sigma}{1-\phi_1} \tag{1.2}$$

应该注意的是,上一段落中的平衡条件反映了应力重分布(在阻力截面上均匀)的平均场类型假设,因此仅在稀疏损伤域内才适用。在远离应力-应变峰时,协同效应占主导地位,因而损伤局部发生。这是事实,尤其是对于拉伸情况。

用 M 表示比率 $\bar{\sigma}/\sigma$,从而得到 $M=\dfrac{1}{1-\phi_1}$。图 1.2 为损伤变量 ϕ_1 和 M 的关系。图 1.2 在 $0.1\leqslant\phi_1\leqslant1$ 范围之间绘制。显然 $M\geqslant1$ 代表 $\bar{\sigma}\geqslant\sigma$,这是损伤变量有效的控制条件。从图中可以很清楚地看到 $1\leqslant M\leqslant\infty$。这些是 M 的限制条件。M 称为损伤效应变量。

为了计算在这种情况下的有效弹性模量 $\bar{E}$,需要对这两种结构中的能量/应变作出一定的假设。通常,取以下两个假设之一:

(1)等效弹性应变假设:在这种情况下,假设损伤状态应变 ε 等于有效应变 $\bar{\varepsilon}$(假定状态)。

(2)等效弹性能量假设:在这种情况下,假设弹性应变能在两种结构中相等。

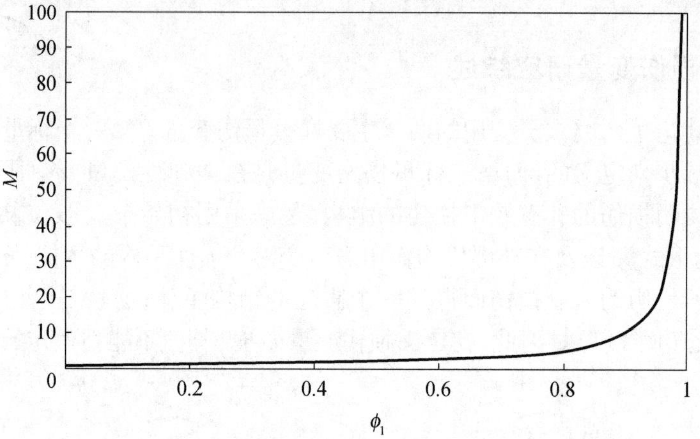

图 1.2 损伤变量 ϕ_1 和 M 的关系(经 Voyiadjis 和 Kattan 许可转载(2012))

虽然在损伤力学领域中研究者通常采用这两种假设,但是相信等效弹性能量假设比等效弹性应变性假设更有效,主要是因为它采用了能量公式。因此,建议使用上面列出的第二个假设。

第二个标量损伤变量 l_1 根据弹性模量的减小定义如下:

$$l_1 = \frac{\bar{E} - E}{E} \tag{1.3}$$

式中:E 为损伤状态下的弹性模量;$\bar{E}$ 为有效弹性模量(假定状态)(图 1.3)。这个损伤变量由 Celentano 等(2004)、Nichols 和 Abell(2003),以及 Nichols 和 Totoev(1999)使用。还应该注意的是,Voyiadjis(1988)和 Voyiadjis 以及 Kattan(2009)使用了类似的关系,但是在弹塑性变形的背景下。

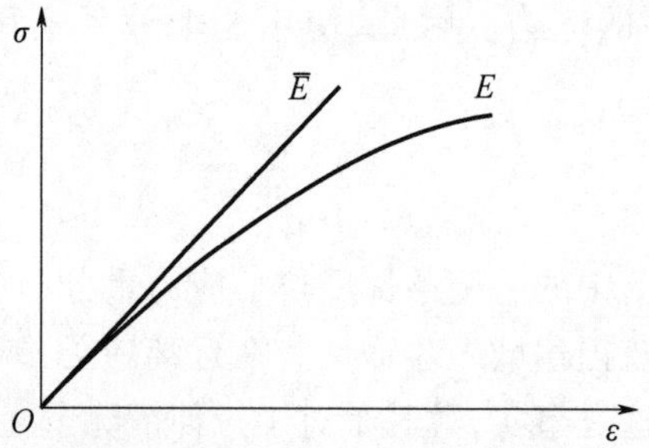

图 1.3 损伤与有效弹性模量(经 Voyiadjis 和 Kattan 许可转载(2012))

式(1.3)损伤变量的定义可以用更适当的替代形式描述如下:

$$\bar{E} = E(1 + l_1) \tag{1.4}$$

从式(1.4)的定义中可以清楚地看出,当物体未损伤时,即当 $\bar{E}=E$ 时,$l_1=0$。

1. 等效弹性应变假设

利用等效弹性应变假设,我们假设:

$$\bar{\varepsilon}=\varepsilon \tag{1.5}$$

在这两种结构中使用弹性本构关系如下:

$$\sigma=E\varepsilon \tag{1.6}$$

$$\bar{\sigma}=\bar{E}\bar{\varepsilon} \tag{1.7}$$

分别将式(1.2)和式(1.5)中的 $\bar{\sigma}$ 和 $\bar{\varepsilon}$ 代入式(1.7),可以得到:

$$\bar{E}=\frac{E}{1-\phi_1} \tag{1.8}$$

为了找到两个损伤变量之间的合理关系,利用式(1.4)和式(1.8)的关系可以得到:

$$l_1=\frac{1}{1-\phi_1}-1 \tag{1.9}$$

在等效弹性应变假设的情况下,上述表达式定义了两个损伤变量 ϕ_1 和 l_1 之间的精确关系。式(1.9)也可以如下表达:

$$\phi_1=\frac{l_1}{1+l_1} \tag{1.10}$$

图 1.4 给出式(1.9)表示的两个损伤变量 ϕ_1 和 l_1 之间的关系。很显然,在这种情形下,当 $\phi_1=0$ 时,$l_1=0$。但是当 l_1 达到最大值 1 时,ϕ_1 却为 0.5。

因此可以得到以下有效范围:$0.1\leqslant l_1\leqslant 1$ 和 $0.1\leqslant\phi_1\leqslant 0.5$。显然 ϕ_1 的最大值是基于 l_1 的刚度退化定义的。再次强调,这对于等效弹性应变假设也成立。应该注意的是,式(1.3)没有对 l_1 的值施加任何限制。然而,假设损伤变量 l_1 是位于 0 和 1 之间的小数。因此,“l_1 的最大值为 1”的说法是基于这个假设而产生的(Voyiadjis 和 Kattan,2009)。

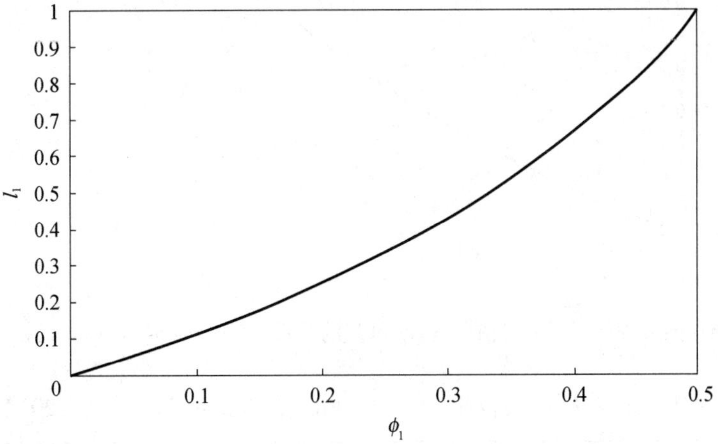

图 1.4　等效弹性应变条件下两个损伤变量 ϕ_1 和 l_1 的关系(经 Voyiadjis 和 Kattan 许可转载(2012))

2. 等效弹性能量假设

采用等效弹性能量假设,假设在这两种结构中的互补弹性应变能$\left(\dfrac{\sigma^2}{2E}\right)$相等,即

$$\frac{\sigma^2}{2E}=\frac{\bar{\sigma}^2}{2\bar{E}} \tag{1.11}$$

将式(1.2)中的 $\bar{\sigma}$ 代入式(1.11)并简化,可得到:

$$\bar{E}=\frac{E}{(1-\phi_1)^2} \tag{1.12}$$

为了导出两个损伤变量 ϕ_1 和 l_1 之间的关系,令式(1.4)和式(1.12)相等可以得到:

$$l_1=\frac{1}{(1-\phi_1)^2}-1 \tag{1.13}$$

在等效弹性能量假设的情况下,上述表达式定义了两个损伤变量 ϕ_1 和 l_1 之间的精确关系,式(1.13)也可改写如下:

$$\phi_1=1-\frac{1}{\sqrt{1+l_1}} \tag{1.14}$$

图 1.5 绘制了式(1.13)中两个损伤变量 ϕ_1 和 l_1 的关系。很显然,在这种情况下,当 $\phi_1=0$ 时,$l_1=0$。然而,当 l_1 取最大值 1 时,可以得到 $\phi_1=0.293\approx0.3$,因此有效范围如下:$0\leqslant l_1\leqslant1$,$0\leqslant\phi_1\leqslant0.293$。显然 ϕ 的最大值是基于 l_1 的刚度退化定义的。同样应该强调,这对于等效弹性能量的假设成立。应该注意的是,式(1.3)没有对 l_1 的值施加任何限制。然而,假设损伤变量 l_1 是位于 0 和 1 之间的小数,因此,"l_1 的最大值为 1"的说法是基于这个假设而产生的(Voyiadjis 和 Kattan,2009)。表 1.1 总结了损伤变量 ϕ_1 和 l_1 在两个假设下的极限值。

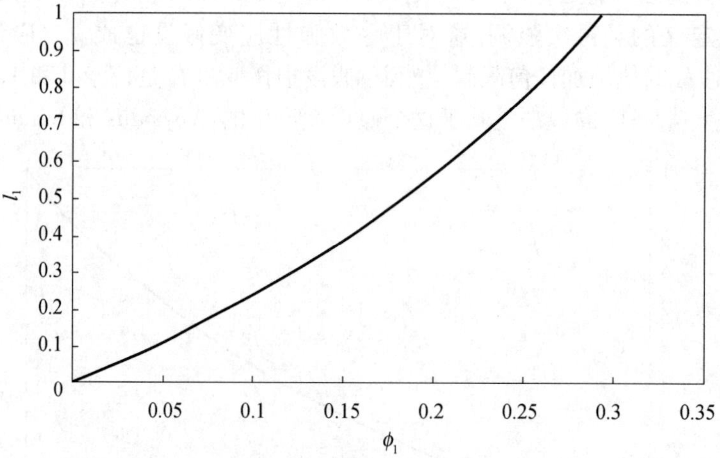

图 1.5 等效弹性能量条件下两个损伤变量 ϕ_1 和 l_1 的关系(经 Voyiadjis 和 Kattan 许可转载(2012))

表 1.1 ϕ_1 和 l_1 的极限值(经 Voyiadjis 和 Kattan 许可转载,2012)

参数		等效弹性应变假设	等效弹性能量假设
l_1	最小值	0.0	0.0
	最大值	1.0	1.0
ϕ_1	最小值	0.0	0.0
	最大值	0.5	0.293

1.2.2　提出的新损伤变量

本节提出了与 ϕ_1 和 l_1 相似的两个可供选择的新损伤变量。这两个新损伤变量分别被称为 ϕ_2 和 l_2，定义如下：

$$\phi_2=\frac{A-\bar{A}}{\bar{A}} \tag{1.15}$$

$$l_2=\frac{\bar{E}-E}{\bar{E}} \tag{1.16}$$

注意，ϕ_1 和 ϕ_2 之间的差异以及 l_1 和 l_2 之间的差别仅在下标中。这些差别是为了研究各损伤变量之间的关系，并评估其有效性。

1. 等效弹性应变假设

采用等效弹性应变假设，两个损伤变量 ϕ_1 和 l_2 可以得到如下关系：

$$l_2=\phi_1 \tag{1.17}$$

因而在这个假设下，ϕ_1 和 l_2 是相等的。因此这个关系以图 1.6 中的直线表示，式(1.17)中 ϕ_1 和 l_2 的关系见图 1.6。很显然，在这种情况下，当 $\phi_1=0$ 时，$l_2=0$。然而，当 l_2 取最大值 1 时，可以得到 $\phi_1=1$，有效范围如下：$0\leqslant l_2\leqslant 1$，$0\leqslant\phi_1\leqslant 1$。显然 ϕ_1 的最大值是基于 l_2 的刚度退化定义。同样应该强调，这对于等效弹性应变的假设成立。应该注意的是，式(1.16)没有对 l_2 的值施加任何限制。然而，假设损伤变量 l_2 是位于 0 和 1 之间的小数。因此，“l_2 的最大值为 1”的说法是基于这个假设而产生的(Voyiadjis 和 Kattan，2009)。

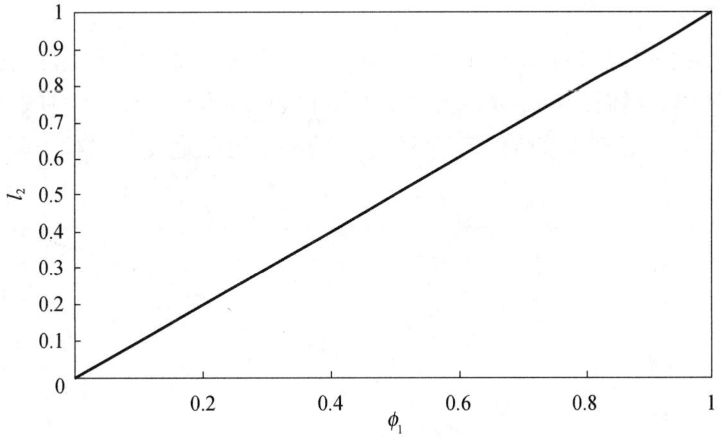

图 1.6　等效弹性应变条件下两个损伤变量 ϕ_1 和 l_2 的关系(经 Voyiadjis 和 Kattan 许可转载(2012))

然后采用等效弹性应变假设，可以得到两个损伤变量 ϕ_2 和 l_2 之间的关系。采用这个假设，可以推导如下关系：

$$l_1=\phi_2 \tag{1.18}$$

因而在这个假设下，ϕ_2 和 l_1 是相等的。这个关系以图 1.7 中的直线表示，式(1.18)

中 ϕ_2 和 l_1 的关系见图 1.7。很显然，在这种情况下，当 $\phi_2=0$ 时，$l_1=0$。然而，当 l_1 取最大值 1 时，可以得到 $\phi_2=1$，有效范围如下：$0\leqslant l_1\leqslant 1, 0\leqslant \phi_2\leqslant 1$。显然 ϕ_2 的最大值是基于 l_1 的刚度退化定义。这对于等效弹性应变的假设成立。

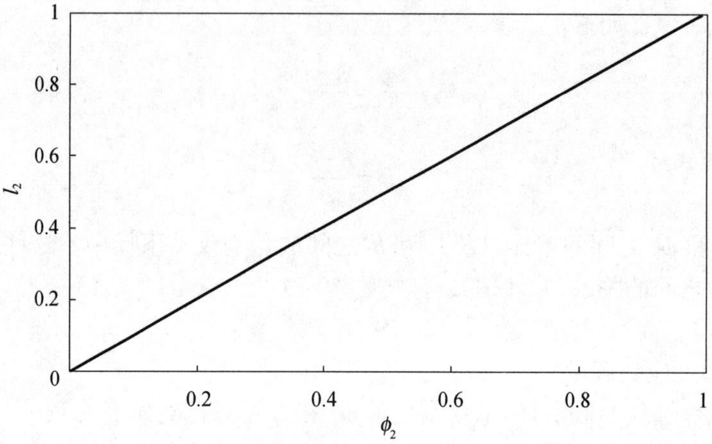

图 1.7　等效弹性能量条件下两个损伤变量 ϕ_2 和 l_2 的关系（经 Voyiadjis 和 Kattan 许可转载（2012））

然后，利用等效弹性应变假设研究了损伤变量 ϕ_2 和 l_2 之间的关系。使用这个假设，得到以下关系：

$$l_2=1-\frac{1}{1+\phi_2} \tag{1.19}$$

上述关系也可写成如下：

$$\phi_2=\frac{l_2}{1-l_2} \tag{1.20}$$

图 1.8 绘制了式（1.19）和式（1.20）中 ϕ_2 和 l_2 之间的关系。很显然，在这种情况下，当 $\phi_2=0$ 时，$l_2=0$。然而，当 ϕ_2 取最大值 1 时，可以得到 $l_2=0.5$，因此有效范围如下：$0\leqslant l_2\leqslant 0.5, 0\leqslant\phi_2\leqslant 1$。显然 l_2 的最大值是基于 l_1 的刚度退化定义。这对于等效弹性能量的假设成立。

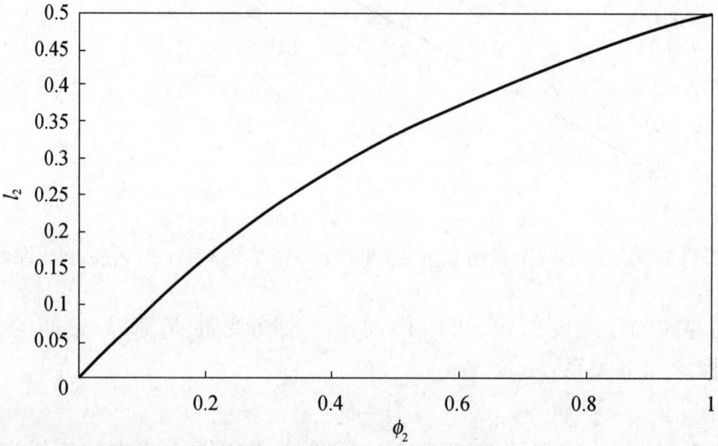

图 1.8　在等效弹性应变条件下两个新变量 ϕ_2 和 l_2 的关系（经 Voyiadjis 和 Kattan 许可转载（2012））

2. 等效弹性能量假设

采用等效弹性能量假设，在 ϕ_1 和 l_2 之间可以得到如下关系：

$$l_2=1-(1-\phi_1)^2 \tag{1.21}$$

上述关系也可写成为

$$\phi_1=1-\sqrt{1-l_2} \tag{1.22}$$

图 1.9 给出了式(1.21)和式(1.22)中的 ϕ_1 和 l_2 之间的关系。很显然，在这种情况下，当 $\phi_1=0$ 时，$l_2=0$。然而，当 l_2 取最大值 1 时，可以得到 $\phi_1=1$，因此有效范围如下：$0\leqslant l_2\leqslant 1, 0\leqslant \phi_1\leqslant 1$。显然 ϕ_1 的最大值是基于 l_2 的刚度退化定义。应该注意式(1.16)对于 l_2 的值没有任何限制。然而，假设损伤变量 l_2 是位于 0 和 1 之间的小数。因此，“l_2 的最大值为 1”的说法是基于这个假设而产生的(Voyiadjis 和 Kattan，2009)。

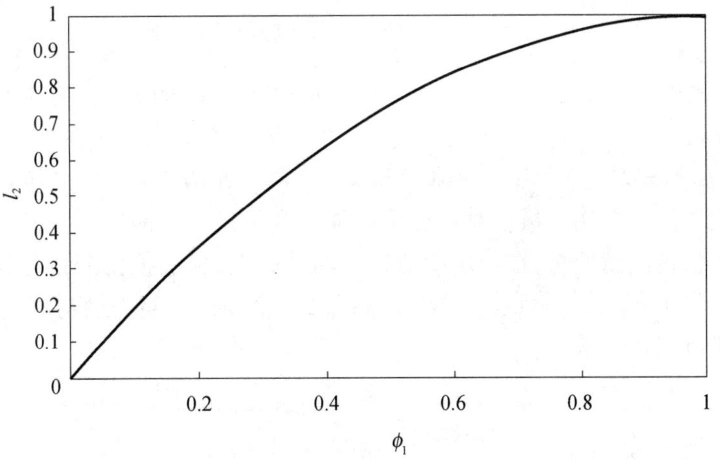

图 1.9　在等效弹性能量条件下两个新变量 ϕ_1 和 l_2 的关系(经 Voyiadjis 和 Kattan 许可转载(2012))

利用等效弹性能量假设，研究了损伤变量 ϕ_2 和 l_1 之间的关系。使用这一假设，推导出以下关系：

$$l_1=\phi_2(2+\Phi_2) \tag{1.23}$$

上述关系也可写成如下：

$$\phi_2=\sqrt{1+l_1}-1 \tag{1.24}$$

图 1.10 给出了式(1.23)和式(1.24)中的 ϕ_2 和 l_1 之间的关系。很显然，在这种情况下，当 $\phi_2=0$ 时，$l_1=0$。然而，当 l_1 设为最大值 1 时，可以得到 $\phi_2=0.414$，因此有效范围如下：$0\leqslant l_1\leqslant 1, 0\leqslant \phi_2\leqslant 0.414$。显然 ϕ_2 的最大值是基于 l_1 的刚度退化定义。

利用等效弹性能量假设，得到了新提出的损伤变量 ϕ_2 和 l_2 之间的关系。

利用这一假设，推导出以下关系：

$$l_2=1-\frac{1}{(1+\phi_2)^2} \tag{1.25}$$

上述关系也可写成如下：

$$\phi_2=\frac{1}{\sqrt{1-l_2}}-1 \tag{1.26}$$

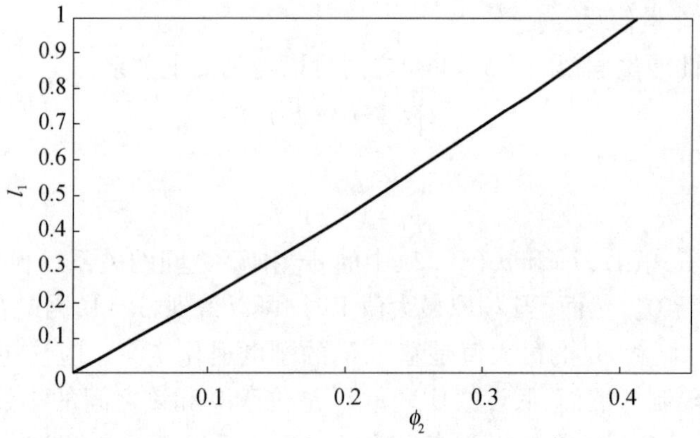

图 1.10　在等效弹性能量条件下两个新变量 ϕ_2 和 l_1 的关系
（经 Voyiadjis 和 Kattan 许可转载(2012)）

图 1.11 给出了式(1.25)和式(1.26)中的 ϕ_2 和 l_2 之间的关系。很显然，在这种情况下，当 $\phi_2=0$ 时，$l_2=0$。然而，当 l_2 取最大值 1 时，可以得到 $\phi_2\to\infty$，因此有效范围如下：$0\leqslant l_2\leqslant 1,0\leqslant\phi_2\leqslant\infty$。表 1.2 总结了损伤变量 ϕ_2 和 l_2 在两个假设下的极限值。

本节提出了新的损伤变量。对新提出的损伤变量进行了研究，并与已有的损伤变量进行了比较。值得注意的是，在第 1.2 节讨论的基础上，新的损伤变量分为两大类：第一类包括根据类似于 ϕ_1 的截面积定义的所有损伤变量；第二类包括根据类似于 l_1 的弹性刚度定义的所有损伤变量。

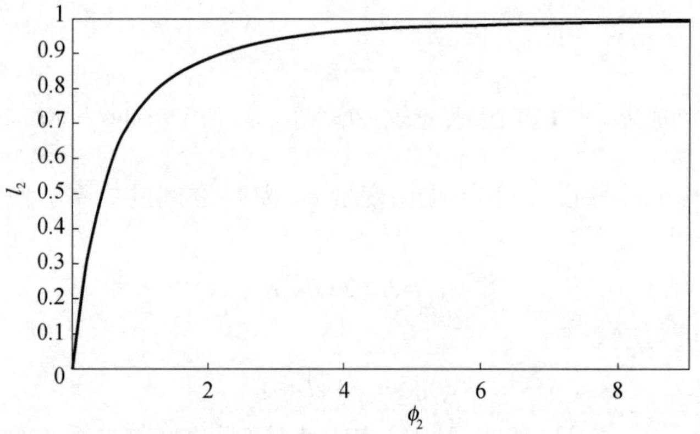

图 1.11　在等效弹性能量条件下两个新变量 ϕ_2 和 l_2 的关系
（经 Voyiadjis 和 Kattan 许可转载(2012)）

表 1.2　ϕ_2 和 l_2 的极限值（经 Voyiadjis 和 Kattan 许可转载(2012)）

参数		等效弹性应变假设	等效弹性能量假设
l_2	最小值	0.0	0.0
	最大值	1.0	1.0
ϕ_2	最小值	0.0	0.0
	最大值	0.5	0.414

1.2.3　其他新提出的损伤变量

1. 根据面积定义的损伤变量

提出了一个与式(1.1)中定义的损伤变量 ϕ_1 类似的损伤变量 ϕ_2，其定义如下(如式(1.15)所示)：

$$\phi_2=\frac{A-\bar{A}}{\bar{A}} \tag{1.27}$$

其中，ϕ_2 与 ϕ_1 的定义仅有分母不同。基于式(1.1)和式(1.27)，可以很容易地得出这两个损伤变量之间的关系如下：

$$\phi_2=\phi_1+\phi_1\phi_2 \tag{1.28}$$

从上述关系可以清楚地看出，$\phi_2=\dfrac{\phi_1}{1-\phi_1}$。新拟定的损伤变量 ϕ_2 与 ϕ_1 的极限值不同。从 1.2.2 节可以看出 $0\leqslant\phi_1\leqslant1$。然而，$\phi_2$ 的情况并非如此。根据上述方程，可以得出 $0\leqslant\phi_2\leqslant\infty$。

现在得到了这个新的损伤变量的损伤效应变量 M 的值。有效应力 $\bar{\sigma}$ 的值可以通过关系式 $\bar{\sigma}\bar{A}=\sigma A$ 获得，其中，σ 是受损结构中的应力。因此，利用这一关系以及式(1.27)中的定义，可以得出

$$\bar{\sigma}=\sigma(1+\phi_2) \tag{1.29}$$

用 M 表示 $\bar{\sigma}/\sigma$，可以得到 $M=1+\phi_2$。很明显，与经典损伤变量不同，这个损伤变量的值可以接近无穷大。显然，新的损伤变量满足条件 $1\leqslant M\leqslant\infty$。因此，新提出的损伤变量是有效的。

接下来提出的新损伤变量要稍微复杂一些。

$$\psi_1=\sqrt{\frac{A^2-\bar{A}^2}{A\bar{A}}} \tag{1.30}$$

现在研究上述损伤变量是否有效，得到了与 ψ_1 相关的损伤效应变量 M。很容易基于式(1.30)获得以下关系：

$$\bar{\sigma}=\left(\frac{1}{2}\psi_1^2\pm\frac{1}{2}\sqrt{4+\psi_1^4}\right)\sigma \tag{1.31}$$

因此，根据损伤效应变量 M 的赋值，提出的损伤变量 ψ_1 只要满足条件 $\frac{1}{2}\psi_1^2\pm\frac{1}{2}\sqrt{4+\psi_1^4}\geqslant1$ 以及 $1\leqslant M\leqslant\infty$，就是有效的，如本章开头所讨论的。

现在考虑以下新提出的损伤变量，其与式(1.30)中定义的损伤变量类似：

$$\psi_2=\sqrt{\frac{(A-\bar{A})^2}{A\bar{A}}} \tag{1.32}$$

现在研究上述损伤变量的有效性。可以根据式(1.32)获得以下关系：

$$\bar{\sigma}=\left(1+\frac{1}{2}\psi_2^2\pm\frac{1}{2}\psi_2\sqrt{4+\psi_2^4}\right)\sigma \tag{1.33}$$

因此,根据损伤效应变量 M 的赋值,提出的损伤变量 ψ_2 只要满足条件 $1+\frac{1}{2}\psi_2^2\pm\frac{1}{2}\psi_2\sqrt{4+\psi_2^4}\geqslant 1$ 以及 $1\leqslant M\leqslant\infty$,就是有效的,如本章开头所讨论的。

新提出的第三个损伤变量根据横截面积定义如下:

$$\psi_3=\frac{1}{2}\sqrt{\frac{A^2-\bar{A}^2}{\bar{A}^2}} \tag{1.34}$$

现在研究上述损伤变量是否有效。导出与 ψ_3 有关的损伤效应变量 M 的值。基于式(1.34)可以得到以下关系:

$$\bar{\sigma}=\sqrt{1+4\psi_3^2}\,\sigma \tag{1.35}$$

因此,根据损伤效应变量 M 的赋值,提出的损伤变量 ψ_3 只要满足条件 $\sqrt{1+4\psi_3^2}\geqslant 1$ 以及 $1\leqslant M\leqslant\infty$,就是有效的,如本项研究工作开始所讨论的。

在这一类别中的第四个损伤变量定义如下:

$$\psi_4=\frac{1}{2}\sqrt{\frac{A^2-\bar{A}^2}{A^2}} \tag{1.36}$$

基于式(1.36)的关系可以得到与 ψ_4 有关的损伤效应变量 M 的值。

$$\bar{\sigma}=\frac{\sigma}{\sqrt{1-4\psi_4^2}} \tag{1.37}$$

因此,根据损伤效应变量 M 的赋值,提出的损伤变量 ψ_4 只要满足条件 $\frac{1}{\sqrt{1-4\psi_4^2}}\geqslant 1$ 以及 $1\leqslant M\leqslant\infty$,就是有效的,如本项研究工作开始所讨论的。

最后,可以给出损伤变量 ψ_1 和 ψ_2 以及 ϕ_1 和 ϕ_2 之间的两个关系:

$$\psi_1^2-\psi_2^2=2\phi_1 \tag{1.38}$$

$$\psi_1^2+\psi_2^2=2\phi_2 \tag{1.39}$$

两个新的损伤变量 ψ_5 和 ψ_6 定义如下:

$$\psi_5=\frac{A^2-\bar{A}^2}{2\bar{A}^2} \tag{1.40}$$

$$\psi_6=\frac{(A-\bar{A})^2}{2\bar{A}^2} \tag{1.41}$$

可以看出 $\psi_5-\psi_6=\frac{A}{\bar{A}}-1$,$\psi_5+\psi_6=\left(\frac{A}{\bar{A}}\right)^2-\frac{A}{\bar{A}}$。这些关系可以用来证明关于上面定义的两个损伤变量的有效应力和真实应力之间的以下关系:

$$\bar{\sigma}=\frac{1}{2}\left[1\pm\sqrt{1+4(\psi_5+\psi_6)}\right]\sigma \tag{1.42}$$

$$\bar{\sigma}=[1+(\psi_5-+\psi_6)]\,\sigma \tag{1.43}$$

因此,根据损伤效应变量 M 的赋值,组合损伤变量 $\psi_5+\psi_6$ 只要满足条件 $\frac{1}{2}\left[1\pm\sqrt{1+4(\psi_5+\psi_6)}\right]\geqslant 1$ 就是有效的,而组合损伤变量 $\psi_5-\psi_6$ 只要满足条件

$[1+(\psi_5-\psi_6)]\geqslant 1$ 就是有效的。

两个新的损伤变量 ψ_7 和 ψ_8 定义如下：

$$\psi_7=\frac{A^2-\bar{A}^2}{2A^2} \tag{1.44}$$

$$\psi_8=\frac{(A-\bar{A})^2}{2A^2} \tag{1.45}$$

容易看出，$\psi_7+\psi_8=1-\dfrac{1}{\left(\dfrac{A}{\bar{A}}\right)}$和 $\psi_7-\psi_8=\dfrac{1}{\left(\dfrac{A}{\bar{A}}\right)}-\dfrac{1}{\left(\dfrac{A}{\bar{A}}\right)^2}$。这些关系可以用来证明关于上面定义的两个损伤变量的有效应力和真实应力之间的以下关系：

$$\bar{\sigma}=\frac{\sigma}{1-(\psi_7+\psi_8)} \tag{1.46}$$

$$\bar{\sigma}=\frac{\sigma}{1\pm\sqrt{1-4(\psi_7-\psi_8)}} \tag{1.47}$$

因此，根据损伤效应变量 M 的赋值，组合损伤变量 $\psi_7+\psi_8$ 只要满足条件$\dfrac{1}{1-(\psi_7+\psi_8)}\geqslant 1$ 就是有效的，而组合损伤变量 $\psi_7-\psi_8$ 只要满足条件$\dfrac{1}{1\pm\sqrt{1-4(\psi_7+\psi_8)}}\geqslant 1$ 就是有效的。

2. 根据刚度定义的损伤变量

参照式(1.3)中根据刚度定义的损伤变量 l_1，提出了类似根据刚度定义的损伤变量 l_2（如式(1.16)），具体如下：

$$l_2=\frac{\bar{E}-E}{\bar{E}} \tag{1.48}$$

很容易可以在损伤变量 l_1 和 l_2 之间得到如下关系：

$$l_1-l_2=l_1l_2 \tag{1.49}$$

$$l_1+l_2=\frac{\bar{E}^2-E^2}{\bar{E}E} \tag{1.50}$$

采用上述结果可以根据刚度定义两个新的损伤变量如下：

$$p_1=\sqrt{l_1+l_2} \tag{1.51}$$

$$p_2=\sqrt{l_1-l_2} \tag{1.52}$$

显然，采用等效弹性应变假设，基于上述损伤变量，可以得到以下两个有效应力和真实应力之间的关系：

$$\bar{\sigma}=\frac{1}{2}\left(p_1^2+\sqrt{p_1^4+4}\right)\sigma \tag{1.53}$$

$$\bar{\sigma}=\frac{1}{2}\left(p_2^2+2\pm p_2\sqrt{p_2^2+4}\right)\sigma \tag{1.54}$$

因此，根据损伤效应变量 M 的赋值，损伤变量 p_1 只要满足条件$\dfrac{1}{2}\left(p_1^2+\sqrt{p_1^4+4}\right)\geqslant 1$ 就

是有效的，而损伤变量 p_2 只要满足条件$\frac{1}{2}\left(p_2^2+2\pm p_2\sqrt{p_2^2+4}\right)\geqslant 1$ 就是有效的。

然而，采用等效弹性能量假设时，基于上述损伤变量，可以得到以下两个有效应力和真实应力之间的关系：

$$\bar{\sigma}=\sqrt{\frac{1}{2}\left(p_1^2+\sqrt{p_1^4+4}\right)}\,\sigma \tag{1.55}$$

$$\bar{\sigma}=\sqrt{\frac{1}{2}\left(p_2^2+2+p_2\sqrt{p_2^2+4}\right)}\,\sigma \tag{1.56}$$

因此，根据损伤效应变量 M 的赋值，损伤变量 p_1 只要满足条件$\sqrt{\frac{1}{2}\left(p_1^2+\sqrt{p_1^4+4}\right)}\geqslant 1$ 就是有效的，而损伤变量 p_2 只要满足条件$\sqrt{\frac{1}{2}\left(p_2^2+2+p_2\sqrt{p_2^2+4}\right)}\geqslant 1$ 就是有效的。

现在对基本损伤变量 l_1 进行更详细的研究。对于等效弹性应变假设，可以得到 $\bar{\sigma}=\left(\frac{\bar{E}}{E}\right)\sigma$。在这种情况下，损伤变量 $l_1=\frac{\bar{E}-E}{E}$并服从关系 $\bar{\sigma}=\sigma(1+l_1)$。

接下来，采用等效弹性能量假设，可以得到 $\bar{\sigma}=\sqrt{\left(\frac{\bar{E}}{E}\right)}\sigma$。在这种情况下，损伤变量 $l_1=\frac{\bar{E}-E}{E}$服从关系 $\bar{\sigma}=\sigma\sqrt{(1+l_1)}$。

如果采用$\frac{1}{2}\sigma^2\varepsilon=\frac{1}{2}\bar{\sigma}^2\bar{\varepsilon}$ 或$\frac{1}{2}\sigma\varepsilon^2=\frac{1}{2}\bar{\sigma}\bar{\varepsilon}^2$ 形式的新高阶当量能量假设，可以得到 $\bar{\sigma}=\sqrt[3]{\left(\frac{\bar{E}}{E}\right)}$。在这种情况下，损伤变量 $l_1=\frac{\bar{E}-E}{E}$服从关系 $\bar{\sigma}=\sigma\sqrt[3]{(1+l_1)}$。

如果采用$\frac{1}{2}\sigma^2\varepsilon^2=\frac{1}{2}\bar{\sigma}^2\bar{\varepsilon}^2$ 形式的新高阶当量能量假设，可以得到 $\bar{\sigma}=\sqrt[4]{\left(\frac{\bar{E}}{E}\right)}$。在这种情况下，损伤变量 $l_1=\frac{\bar{E}-E}{E}$服从关系 $\bar{\sigma}=\sigma\sqrt[4]{(1+l_1)}$。

最后，如果采用 σ 和 ε 的 n 次方形式的广义当量高阶能量假设，可以得到 $\bar{\sigma}=\sqrt[n]{\left(\frac{\bar{E}}{E}\right)}$。在这种情况下，损伤变量 $l_1=\frac{\bar{E}-E}{E}$服从关系 $\bar{\sigma}=\sigma\sqrt[n]{(1+l_1)}$。

在同一张图表上绘制了几条曲线（图 1.12），以表达$\frac{\bar{\sigma}}{\sigma}$（即应力比 M）和 l_1 之间的关系。很明显，当 $n\to\infty$的极限情况时，曲线为常值 1。注意，从图 1.12 可以看出 n 值越大曲线越低。这个极限情况意味着什么？在解决这个问题并对这些结果进行评论之前，对另一个损伤变量 l_2 重复上述研究。

接下来对损伤变量 l_2 进行了较为详细的研究。对于等效弹性应变假设，可以得到 $\bar{\sigma}=\left(\frac{\bar{E}}{E}\right)\sigma$。在这种情况下，损伤变量 $l_2=\frac{\bar{E}-E}{E}$服从关系 $\bar{\sigma}=\sigma(1-l_2)$。

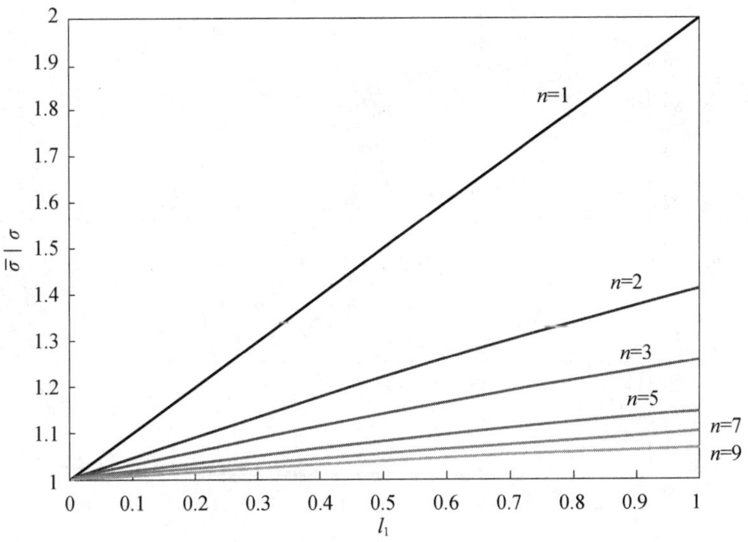

图 1.12　l_1 和应力比之间的关系(经 Voyiadjis 和 Kattan 许可转载(2012))

对于等效弹性能量假设,可以得到 $\bar{\sigma}=\sqrt{\left(\frac{\bar{E}}{E}\right)}\,\sigma$。在这种情况下,很显然损伤变量 $l_2=\frac{\bar{E}-E}{E}$服从关系 $\bar{\sigma}=\frac{\sigma}{\sqrt{1-l_2}}$。

如果采用$\frac{1}{2}\sigma^2\varepsilon=\frac{1}{2}\bar{\sigma}^2\bar{\varepsilon}$ 或$\frac{1}{2}\sigma\varepsilon^2=\frac{1}{2}\bar{\sigma}\bar{\varepsilon}^2$ 形式的新高阶当量能量假设,可以得到 $\bar{\sigma}=\sqrt[3]{\frac{\bar{E}}{E}}\sigma$。在这种情况下,损伤变量 $l_2=\frac{\bar{E}-E}{E}$服从关系 $\bar{\sigma}=\frac{\sigma}{\sqrt[3]{1-l_2}}$。

如果采用$\frac{1}{2}\sigma^2\varepsilon^2=\frac{1}{2}\bar{\sigma}^2\bar{\varepsilon}^2$ 形式的新当量高阶能量假设,可以得到 $\bar{\sigma}=\sqrt[4]{\frac{\bar{E}}{E}}\sigma$。在这种情况下,损伤变量 $l_2=\frac{\bar{E}-E}{E}$服从关系 $\bar{\sigma}=\frac{\sigma}{\sqrt[4]{1-l_2}}$。

最后,如果采用 σ 和 ε 的 n 次方形式的广义高阶当量能量假设,可以得到 $\bar{\sigma}=\sqrt[n]{\frac{\bar{E}}{E}}\sigma$。在这种情况下,损伤变量 $l_2=\frac{\bar{E}-E}{E}$服从关系 $\bar{\sigma}=\frac{\sigma}{\sqrt[n]{1-l_2}}$。

在同一张图表上绘制了表示$\frac{\bar{\sigma}}{\sigma}$(即应力比 M)和 l_2 之间关系的两条曲线(图 1.13)。很明显,当 $n\to\infty$的极限情况时,曲线为常值 1。注意,从图 1.13 可以看出 n 值越大曲线越低。这个极限情况意味着什么?

采用推导 l_2 的公式解释了上述结果,类似的处理方法可以应用到 l_1。从前面段落导出的公式 $\bar{\sigma}=\frac{\sigma}{\sqrt[n]{1-l_2}}$开始,研究当 $n\to\infty$的情况。在这种情况下,得到以下关系:

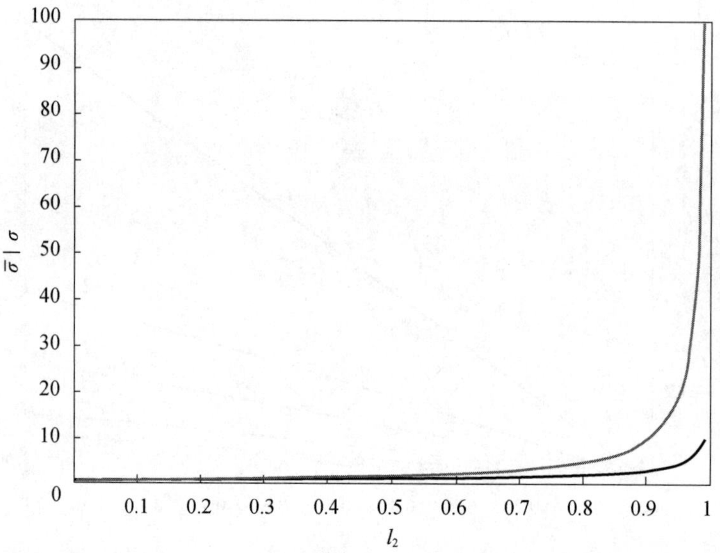

图 1.13 l_2 和应力比之间的关系(经 Voyiadjis 和 Kattan 许可转载(2012))

$$\bar{\sigma}=\frac{\sigma}{\sqrt[n]{1-l_2}}=\frac{\sigma}{(1-l_2)^{\frac{1}{n}}}=\frac{\sigma}{(1-l_2)^{\frac{1}{\infty}}}=\frac{\sigma}{(1-l_2)^{0}}=\frac{\sigma}{1}=\sigma \tag{1.57}$$

现在得到的关系 $\bar{\sigma}=\sigma$ 与损伤变量 l_2 的值无关。这意味着,在这种极限情况下,无论损伤变量的值如何,材料仍然完全无损。当然,这是一个假设的情况,因为它在物理上是无法实现的。然而,它引发了以下新问题。是否存在或可以制造出来无论载荷是什么都能在变形过程中保持完全无损的材料？这是损伤力学和材料科学难以达到的高度——设计一种全新的不可损伤的材料,上述方程将在这方面提供一些指导。所提出的高阶应变能形式的问题将在下一节中详细讨论。

3. 高阶应变能形式

本节研究了在"根据刚度定义的损伤变量"部分引入的高阶应变能形式的特性,研究了它们与材料的弹性本构方程的精确关系。可以看出,每个高阶应变能形式将对应于一个精确的非线性弹性应力-应变关系。这些特定的应力-应变关系将在本节中得到。这些高阶应变能形式,它们中的一些不具有能量单位,因此,这些形式可以称为超应变能量形式。

在相应的应变能形式已知时,首先考虑如何导出具体的应力-应变关系的一般公式。例如,在线性情况下,线性应力-应变关系 $\sigma=E\varepsilon$ 对应于通常的应变能形式 $U=\frac{1}{2}\sigma\varepsilon$。利用提出的高阶应变能形式$\frac{1}{2}\sigma\varepsilon^2$,$\frac{1}{2}\sigma^2\varepsilon$,$\frac{1}{2}\sigma\varepsilon^3$,$\frac{1}{2}\sigma^3\varepsilon$,$\frac{1}{2}\sigma^2\varepsilon^2$ 以及其他高次幂函数,可以得到其他应力-应变关系类型。

通常,可以假定下面的广义应力-应变关系:

$\sigma=Ef(\varepsilon)$,其中,对于每个特定形式的高阶应变能确定 $f(\varepsilon)$。高阶应变能 U 定义为应力-应变曲线下的面积(某种形式的超应变能)。它由以下关系式给出:

$$U = \int \sigma \mathrm{d}\varepsilon \tag{1.58}$$

将上述一般应力应变关系代入 U 表达式,可以得到:

$$U = E\int f(\varepsilon)\mathrm{d}\varepsilon \tag{1.59}$$

两边同时求导,得到 $f(\varepsilon)$ 的下式

$$f(\varepsilon) = \frac{\mathrm{d}U/\mathrm{d}\varepsilon}{E} \tag{1.60}$$

因此,上述公式可用于获得材料非线性应力-应变关系的具体函数。这通过采用高阶应变能 $U=\frac{1}{2}\sigma\varepsilon^2$ 的一个例子说明。

假设高阶应变能形式 $U=\frac{1}{2}\sigma\varepsilon^2$,将 $\sigma=Ef(\varepsilon)$ 代入 U 表达式中,可以得到:

$$U=\frac{1}{2}Ef(\varepsilon)\varepsilon^2 \tag{1.61}$$

对上述公式求导可得如下表达式:

$$\mathrm{d}U=\frac{1}{2}Ef'(\varepsilon)\varepsilon^2\mathrm{d}\varepsilon+Ef(\varepsilon)\varepsilon\mathrm{d}\varepsilon \tag{1.62}$$

将上述公式代入式(1.60)中可得到:

$$f(\varepsilon)=\frac{1}{2}f'(\varepsilon)\varepsilon^2+f(\varepsilon)\varepsilon \tag{1.63}$$

或

$$\frac{1}{2}f'(\varepsilon)\varepsilon^2+f(\varepsilon)\varepsilon-f(\varepsilon)=0 \tag{1.64}$$

接下来,对上述微分方程进行求解,以获得期望的应力-应变非线性关系。求解上述常微分方程的方法如下:

$$f(\varepsilon)=\mathrm{e}^C\frac{1}{\varepsilon^2}\mathrm{e}^{-2/\varepsilon} \tag{1.65}$$

代入原方程 $\sigma=Ef(\varepsilon)$,可以得到:

$$\sigma=E\mathrm{e}^C\frac{1}{\varepsilon^2}\mathrm{e}^{-2/\varepsilon} \tag{1.66}$$

可以假定常数 $C=0$,得到以下非线性应力-应变关系:

$$\sigma=E\frac{1}{\varepsilon^2}\mathrm{e}^{-2/\varepsilon} \tag{1.67}$$

从上述的应力-应变关系来看,当初始条件下应变为零时,应力可能接近无穷大,但事实并非如此。可以看出,上述表达式的极限情况是当应变接近零时,应力接近于零。因此,满足零应变和零应力的初始条件。

由此可见,对于高阶应变能形式 $\frac{1}{2}\sigma\varepsilon^2$,相应的应力-应变关系是非线性的,并且由表达式 $\sigma=E\frac{1}{\varepsilon^2}\mathrm{e}^{-2/\varepsilon}$ 给出。

其他提出的高阶应变能形式,可以重复上述过程,以获得它们相应的非线性应力-应变关系。这些结果汇总在表 1.3 中。

表 1.3　提出的高阶应变能形式及其对应的应力-应变关系(经 Voyiadjis 和 Kattan 许可转载,2012)

高阶应变能形式	有效或无效	对应的应力-应变关系
$U=\frac{1}{2}\sigma\varepsilon$	有效	$\sigma=E\varepsilon$
$U=\frac{1}{2}\sigma\varepsilon^2$	有效	$\sigma=E\frac{1}{\varepsilon^2}\mathrm{e}^{-2/\varepsilon}$
$U=\frac{1}{2}\sigma^2\varepsilon$	无效	$\sigma=1\left[1-\frac{1}{\left(1-\frac{1}{2}Ef(\varepsilon_0)\right)\sqrt{\varepsilon\varepsilon_0}}\right]$
$U=\frac{1}{2}\sigma\varepsilon^3$	有效	$\sigma=E\frac{1}{\varepsilon^3}\mathrm{e}^{-1/\varepsilon^2}$
$U=\frac{1}{2}\sigma^3\varepsilon$	无效	$\sigma=\frac{\sqrt{2-(\varepsilon_0^{2/3}+2-E^2f_0^2(\varepsilon))\varepsilon^{-2/3}}}{E}$
$U=\frac{1}{2}\sigma^2\varepsilon^2$	无效	$\sigma=\frac{1}{\varepsilon}(\ln\varepsilon+CE)$
$U=\frac{1}{2}\sigma\varepsilon^n$　$(n=1,2,3,\cdots)$	有效	$\sigma=E\frac{1}{\varepsilon^n}\mathrm{e}^{-2/[(n-1)\varepsilon^{n-1}]}$

从表 1.3 中给出的结果可以看出,高阶应变能形式有三种类型。第一类是 ε 的幂函数。这种类型表现很好且具有能量单位。另外两类分别是 σ 的幂函数以及 σ 和 ε 的混合幂函数。这两种类型表现不好且不具有能量单位。事实上,这些幂函数不满足当 $\varepsilon=0$ 时 $\sigma=0$ 的初始条件。因此,这两种类型的高阶能量形式的结果不被采用。

现在更详细地研究仅具有 ε 幂函数的高阶应变能形式。由 $U=\frac{1}{2}\sigma\varepsilon^n$ 给出这类能量形式的广义表达式,相应的非线性应力-应变关系广义形式为 $\sigma=\frac{1}{\varepsilon^n}\mathrm{e}^{-2/[(n-1)\varepsilon^{n-1}]}$,如表 1.3 所列。可以看出,这种一般形式满足当 $\varepsilon=0$ 时 $\sigma=0$ 的初始条件,这是因为这个表达式的极限是随着应变接近于零而应力趋于零。因此,这个只具有应变幂函数的高阶应变能形式是有效的,并且可以用于对"等效弹性能量假设"部分末尾提及的不可损伤材料的讨论。还要注意,表 1.3 中上半部分给出的特殊的有效情况可以直接从广义解中推导出来。

因此,为了设计一种在"等效弹性能量假设"部分末尾解释的不可损伤材料,这种假设的材料的应力-应变关系必须遵循表 1.3 最后一行给出的高度非线性的应力-应变关系,当 n 的值达到无穷大时,取极限值。这里以其完整的理论框架进行了介绍,希望将来的某个时候,制造技术的进步将使这样的材料成为现实。不可损伤材料的本构关系与橡胶材料相似(Arruda 和 Boyce,1993)。

4. 混合损伤变量

在本项研究工作的其余部分介绍了两个新的混合损伤变量。这些变量比前面介绍的变量要复杂得多。它们被称为"混合",因为它们是依据面积和刚度两方面定义的。这里介绍的混合损伤变量可以应用于均匀材料（如金属），以及非均匀材料（如复合材料层合板）。

采用通常的损伤变量 $\phi=\dfrac{A-\bar{A}}{A}$ 和 $l=\dfrac{\bar{E}-E}{E}$，两个新的损伤变量 s_1 和 s_2 定义如下：

$$s_1=\phi+l-\phi l \tag{1.68}$$

$$s_2=\phi+l+\phi l \tag{1.69}$$

这两个新的损伤变量被称为混合损伤变量，因为每一个变量都包含参数 ϕ 和 l。在这个和随后的推导中，这两个损伤变量不是独立的。将 ϕ 和 l 的公式代入两个新提出的损伤变量，可以得到关于变量 x 和 y 的两个联立代数方程如下：

$$s_1=1-2y+xy \tag{1.70}$$

$$s_2=-1+2x-xy \tag{1.71}$$

其中，$x=\dfrac{\bar{E}}{E}$，$y=\dfrac{\bar{A}}{A}$。

接下来，求解上述两个联立方程可得

$$x=\frac{1+\dfrac{1}{2}s_1-\dfrac{1}{2}s_2+\dfrac{1}{2}\sqrt{8s_1-8s_2+s_1^2+2s_1s_2+s_2^2}}{1-\dfrac{1}{4}s_1-\dfrac{1}{4}s_2+\dfrac{1}{4}\sqrt{8s_1-8s_2+s_1^2+2s_1s_2+s_2^2}} \tag{1.72}$$

$$y=1-\frac{1}{4}s_1-\frac{1}{4}s_2+\frac{1}{4}\sqrt{8s_1-8s_2+s_1^2+2s_1s_2+s_2^2} \tag{1.73}$$

很容易可以看出：

$$\bar{\sigma}=\frac{1+\dfrac{1}{4}(s_1+s_2-c)}{-1-\dfrac{1}{2}(s_1-s_2+c)}\sigma \tag{1.74}$$

其中：$c=\sqrt{8(s_1-s_2)+(s_1+s_2)^2}$。

利用式（1.73）中 y 的结果以及等效弹性应变的假设，可以看出：

$$\bar{\sigma}=\left[1-\frac{1}{4}(s_1+s_2-c)\right]\sigma \tag{1.75}$$

利用式（1.73）中 y 的结果以及等效弹性能量的假设，可以得到：

$$\bar{\sigma}=\sigma\sqrt{1-\frac{1}{4}(s_1+s_2-c)} \tag{1.76}$$

实例：正交铺层复合材料基体开裂

本节给出了碳纤维增强正交铺层复合材料刚度降低的实例。这种刚度降低与材料的基体开裂有关。通过对 $(90/0)_s$ 层合板（Silberschmidt，1997）的试验数据分析表明，引入以下刚度降低的经验关系：

$$\frac{E}{\bar{E}}=1-\frac{c}{2s} \tag{1.77}$$

式中：$2s$ 为基体中相邻裂纹之间的平均间距；c 为常数。式（1.77）为根据刚度减小定义的一类损伤变量提供了有效的物理和实验基础。

Silberschmidt(1997)给出了一个更广义的关系式,它解释了更广泛的层压板特性,该关系式由下式给出:

$$\frac{E}{\bar{E}}=\left[1+\left(\frac{(b+d)\bar{E}}{b\bar{E}_1}-1\right)\frac{\tan(\lambda s)}{\lambda s}\right]^{-1} \tag{1.78}$$

其中

$$\lambda^2=\frac{BG_{23}(b+d)\bar{E}}{bd^2\bar{E}_2\bar{E}_1} \tag{1.79}$$

式中:b 和 d 分别为0°和90°层板的厚度;G_{23} 为剪切模量;$\bar{E}_1$ 和 $\bar{E}_2$ 分别为未开裂层合板的经向和纬向模量。在假定开裂的90°层板中线性位移分布的前提下,常数 B 等于2,而对于抛物线分布时,常数 B 等于3(Silberschmidt,1997)。

经验式(1.77)和式(1.78)提供了对根据各向异性刚度降低定义的一类损伤变量的实践和试验验证。

1.3 连续损伤力学中的各向异性损伤

1.3.1 损伤变量研究综述

近年来(Voyiadjis 和 Park,1997;Voyiadjis 和 Kattan,1992,1990,2012;Kattan 和 Voyiadjis,1993;Cordebois 和 Sidoroff,1982),各向异性损伤广义情况下的连续介质力学理论的原理纳入到了统计数学和力学框架内。各向异性情况的变分方程的广义形式,以下标表示,具体如下(Murakami,1988;Chow 和 Wang,1988):

$$\bar{\boldsymbol{\sigma}}_{ij}=\boldsymbol{M}_{ijkl}\boldsymbol{\sigma}_{kl} \tag{1.80}$$

式中:$\boldsymbol{M}$ 为对称的四阶张量,称为损伤效应张量;$\boldsymbol{\sigma}$ 为柯西应力张量;$\bar{\boldsymbol{\sigma}}$ 为对应的有效应力张量(图1.1)。

为了计算有效弹性张量(在虚构中定义)的分量,使用等效弹性能量假设。

第二各向异性损伤张量 $\boldsymbol{L}$ 可以根据弹性刚度分量的减少来定义如下:

$$\boldsymbol{L}^{(1)}_{ijmn}=(\bar{\boldsymbol{E}}_{ijkl}-\boldsymbol{E}_{ijkl})\boldsymbol{E}^{-1}_{klmn} \tag{1.81a}$$

$$\boldsymbol{L}^{(2)}_{ijmn}=\boldsymbol{E}^{-1}_{ijkl}(\bar{\boldsymbol{E}}_{klmn}-\boldsymbol{E}_{klmn}) \tag{1.81b}$$

式中:$\boldsymbol{E}$ 为在损伤状态下的弹性刚度张量;$\bar{\boldsymbol{E}}$ 为有效弹性刚度张量(在虚构状态)。这种损伤变量最近被 Celentano 等(2004)、Nichols 和 Abell(2003)以及 Nichols 和 Totoev(1999)等使用,但仅限于在标量状态下。还应注意的是,Voyiadjis(1988)采用了类似的关系,但是在弹塑性变形的背景中。同样情况可参考 Voyiadjis 和 Kattan(2009)。在这种情况下,提出了如式(1.81a)和式(1.81b)所示的这两种张量。

式(1.81a)和式(1.81b)的替代损伤变量的定义可以用以下更合适的形式改写:

$$\bar{\boldsymbol{E}}_{ijkl}=(\boldsymbol{\delta}_{im}\boldsymbol{\delta}_{jn}+\boldsymbol{L}^{(1)}_{ijmn})\boldsymbol{E}_{mnkl} \tag{1.82a}$$

$$\bar{\boldsymbol{E}}_{ijkl}=\boldsymbol{E}_{ijmn}(\boldsymbol{\delta}_{mk}\boldsymbol{\delta}_{nl}+\boldsymbol{L}^{(2)}_{mnkl}) \tag{1.82b}$$

1. 等效弹性应变假设

利用等效弹性应变假设，可以假定：

$$\bar{\varepsilon}_{ij}=\varepsilon_{ij} \tag{1.83}$$

在这两种结构中采用如下弹性本构关系：

$$\boldsymbol{\sigma}_{ij}=\boldsymbol{E}_{ijkl}\varepsilon_{kl} \tag{1.84}$$

$$\bar{\boldsymbol{\sigma}}_{ij}=\bar{\boldsymbol{E}}_{ijkl}\bar{\varepsilon}_{kl} \tag{1.85}$$

分别将式(1.80)和式(1.83)中的 $\bar{\boldsymbol{\sigma}}$ 和 $\bar{\boldsymbol{E}}$ 代入式(1.85)，并将结果与式(1.84)相比，得到如下结果：

$$\bar{\boldsymbol{E}}_{ijmn}=\boldsymbol{M}_{ijkl}\boldsymbol{E}_{klmn} \tag{1.86}$$

为了找到两个损伤张量 $\boldsymbol{M}$ 和 $\boldsymbol{L}$ 之间的适当关系，使式(1.82a)、式(1.82b)与式(1.86)相等可以得到

$$\boldsymbol{L}_{ijmn}^{(1)}=\boldsymbol{M}_{ijmn}-\boldsymbol{\delta}_{im}\boldsymbol{\delta}_{jn} \tag{1.87a}$$

$$\boldsymbol{L}_{ijmn}^{(2)}=\boldsymbol{\delta}_{im}\boldsymbol{\delta}_{jn}\left(\frac{1}{9}\alpha-1\right) \tag{1.87b}$$

其中 $\alpha=\boldsymbol{M}_{ijij}$。

在等效弹性应变假设下，上述表达式定义了两个损伤张量 $\boldsymbol{L}$ 和 $\boldsymbol{M}$ 之间的精确关系。

式(1.87a)和式(1.87b)的关系也可以改写为以下形式：

$$\boldsymbol{M}_{ijmn}=\delta_{im}\delta_{jn}+\frac{1}{9}\delta_{im}\delta_{jn}\boldsymbol{L}_{klkl}^{(2)} \tag{1.88a}$$

$$\boldsymbol{M}_{ijmn}=\boldsymbol{L}_{ijmn}^{(1)}+\delta_{im}\delta_{jn} \tag{1.88b}$$

显然，根据损伤效应张量和新提出的损伤张量，对于各向异性损伤情况，上述特定关系是线性关系。可以证明，当$\boldsymbol{L}_{1111}^{(1)}$ 和$\boldsymbol{L}_{1111}^{(2)}$ 的值大于或等于零时，损伤张量$\boldsymbol{L}^{(1)}$和$\boldsymbol{L}^{(2)}$是有效的。

2. 等效弹性能量假设

采用不可损伤材料的等效弹性能量假设，再假设两种结构中互补的弹性应变能相等，可以得到

$$\boldsymbol{E}_{ijkl}^{-1}\boldsymbol{\sigma}_{ij}\boldsymbol{\sigma}_{kl}=\bar{\boldsymbol{E}}_{mnpq}^{-1}\bar{\boldsymbol{\sigma}}_{mn}\bar{\boldsymbol{\sigma}}_{pq} \tag{1.89}$$

将式(1.80)中的 $\bar{\sigma}$ 代入式(1.89)并简化，可得到

$$\bar{\boldsymbol{E}}_{ijkl}=\boldsymbol{M}_{ijmn}\boldsymbol{E}_{mnpq}\boldsymbol{M}_{pqkl}^{T} \tag{1.90}$$

为了导出两个损伤张量 $\boldsymbol{M}$ 和 $\boldsymbol{L}$ 之间的关系，将式(1.82a)、式(1.82b)与式(1.90)相等可以得到

$$\boldsymbol{L}_{ijmn}^{(1)}=\delta_{im}\delta_{jn}-\frac{1}{9}\alpha\boldsymbol{M}_{ijmn} \tag{1.91a}$$

$$\boldsymbol{L}_{ijmn}^{(2)}=\frac{1}{9}\alpha\boldsymbol{M}_{ijmn}-\delta_{im}\delta_{jn} \tag{1.91b}$$

在等效弹性能量假设下，上述表达式定义了两个损伤张量 $\boldsymbol{L}$ 和 $\boldsymbol{M}$ 之间的精确关系。

式(1.91a)和式(1.91b)的关系可以改写为以下形式：

$$\boldsymbol{M}_{ijmn}=\frac{9}{\alpha}[\delta_{im}\delta_{jn}-\boldsymbol{L}_{ijmn}^{(1)}] \tag{1.92a}$$

$$M_{ijmn}=\frac{9}{\alpha}[\delta_{im}\delta_{jn}+L^{(2)}_{ijmn}] \tag{1.92b}$$

显然,根据损伤效应张量和新提出的损伤张量,对于各向异性损伤情况,上述特定关系是非线性关系。可以证明,当$L^{(1)}_{1111}$的值小于零和$L^{(2)}_{1111}$的值大于零时,损伤张量$L^{(1)}$和$L^{(2)}$是有效的。

1.3.2 新的损伤张量

本节提出了两种可供选择的新损伤张量,它们类似于$L^{(1)}$和$L^{(2)}$。这两个新的损伤张量分别称为$P^{(1)}$和$P^{(2)}$,其定义如下:

两个新的损伤张量由以下公式给出:

$$P^{(1)}_{ijmn}=(\bar{E}_{ijkl}-E_{ijkl})\bar{E}_{klmn} \tag{1.93a}$$

$$P^{(2)}_{ijmn}=\bar{E}_{klmn}(\bar{E}_{ijkl}-E_{ijkl}) \tag{1.93b}$$

注意,$L^{(1)}$和$P^{(1)}$以及$L^{(2)}$和$P^{(2)}$的区别在于受损结构中的弹性张量被未受损结构中的弹性张量代替。这些变化是为了研究各种损伤张量之间的关系,并评估其有效性。然后,利用上述两个假设对这两个新的损伤张量进行研究。

1. 等效弹性应变假设

利用等效弹性应变假设,得到M与P之间的以下关系:

$$P^{(1)}_{ijmn}=\delta_{im}\delta_{jn}-M^{-1}_{ijmn} \tag{1.94a}$$

$$P^{(2)}_{ijmn}=\delta_{im}\delta_{jn}\left(1-\frac{1}{9}\beta\right) \tag{1.94b}$$

式中:$\beta=M^{-1}_{ijij}$。

上述公式可以直接推导,采用与"等效弹性应变假设"部分相同的程序。上述关系也可以改写如下:

$$M_{ijmn}=[\delta_{im}\delta_{jn}-P^{(1)}_{ijmn}]^{-T} \tag{1.95a}$$

$$M_{ijmn}=\delta_{im}\delta_{jn}\left[1-\frac{1}{9}P^{(2)}_{klkl}\right]^{-T} \tag{1.95b}$$

显然,根据损伤效应张量和新提出的损伤张量,对于各向异性损伤情况,上述特定关系是非线性关系。可以证明,当$P^{(1)}_{1111}$和$P^{(2)}_{1111}$的值等于或大于零时,损伤张量$P^{(1)}$和$P^{(2)}$是有效的。

2. 等效弹性能量假设

利用等效弹性能量假设,可得到M与P之间的如下关系:

$$P^{(1)}_{ijmn}=\delta_{im}\delta_{jn}-\frac{1}{9}\beta M^{-1}_{ijmn} \tag{1.96a}$$

$$P^{(2)}_{ijmn}=\delta_{im}\delta_{jn}-\frac{1}{9}\beta M^{-1}_{ijmn} \tag{1.96b}$$

上述关系也可以改写如下:

$$M_{ijmn}=\frac{\beta}{9}[\delta_{im}\delta_{jn}-P^{(1)}_{ijmn}]^{-T} \tag{1.97a}$$

$$M_{ijmn}=\frac{\beta}{9}[\delta_{im}\delta_{jn}-P^{(2)}_{ijmn}]^{-T} \tag{1.97b}$$

显然,根据损伤效应张量和新提出的损伤张量,对于各向异性损伤情况,上述特定关系是非线性关系。可以证明,当$\boldsymbol{P}_{1111}^{(1)}$和$\boldsymbol{P}_{1111}^{(2)}$的值大于或等于零时,损伤张量$\boldsymbol{P}^{(1)}$和$\boldsymbol{P}^{(2)}$是有效的。

1.3.3　其他新的损伤张量

在本部分的研究工作中,根据四阶弹性张量定义了新的各向异性损伤张量。为了得到各向异性张量,采用了等效弹性应变和等效弹性能量的假设。本部分新提出的各向异性损伤张量用 $\boldsymbol{R}$ 命名。

(1)各向异性损伤张量 $\boldsymbol{R}$ 由下式给出:

$$\boldsymbol{R}_{ijkl}=\boldsymbol{L}_{ijkl}^{(1)}+\boldsymbol{L}_{ijkl}^{(2)} \tag{1.98}$$

将式(1.87a)和式(1.87b)代入式(1.98),并简化可得到各向异性损伤张量的如下关系:

$$\boldsymbol{R}_{ijkl}=\boldsymbol{M}_{ijkl}+\delta_{ik}\delta_{jl}\left(\frac{1}{9}\alpha-2\right) \tag{1.99a}$$

可以知道是基于等效弹性应变能假设导出了式(1.99a)。可以证明,当 R_{1111} 的值大于零时,损伤张量 $\boldsymbol{R}$ 是有效的。

但是,将式(1.91a)和式(1.91b)代入式(1.98),可得出基于等效弹性能量假设的各向异性损伤张量:

$$\boldsymbol{R}_{ijkl}=0 \tag{1.99b}$$

比较式(1.99a)和式(1.99b),注意到在第二种假设下的损伤张量基本上是零。因此,在等效弹性能量假设下提出的损伤张量不是有效的损伤张量。

(2)各向异性损伤张量 $\boldsymbol{R}$ 由下式给出:

$$\boldsymbol{R}_{ijkl}=\boldsymbol{L}_{ijkl}^{(1)}-\boldsymbol{L}_{ijkl}^{(2)} \tag{1.100}$$

将式(1.87a)和式(1.87b)代入式(1.100)并简化,得到如下基于等效弹性应变假设的各向异性损伤张量:

$$\boldsymbol{R}_{ijkl}=\boldsymbol{M}_{ijkl}-\frac{1}{9}\alpha\delta_{ik}\delta_{jl} \tag{1.101}$$

可以证明,当$\boldsymbol{R}_{1111}$的值大于零时,损伤张量 $\boldsymbol{R}$ 是有效的。将式(1.91a)和式(1.91b)代入式(1.100)并简化,得到如下基于等效弹性能量假设的各向异性损伤张量的公式:

$$\boldsymbol{R}_{ijkl}=2\left(\delta_{ik}\delta_{jl}-\frac{1}{9}\alpha\boldsymbol{M}_{ijkl}\right) \tag{1.102}$$

可以证明,当$\boldsymbol{R}_{1111}$的值小于零时,损伤张量 $\boldsymbol{R}$ 是有效的。

(3)各向异性损伤张量 $\boldsymbol{R}$ 由下式给出:

$$\boldsymbol{R}_{ijkl}=(\overline{\boldsymbol{E}}_{ijmn}\overline{\boldsymbol{E}}_{mnpq}-\boldsymbol{E}_{ijmn}\boldsymbol{E}_{mnpq})\,\overline{\boldsymbol{E}}_{pqrs}^{-1}\boldsymbol{E}_{rskl}^{-1} \tag{1.103}$$

式(1.103)可以改写成以下形式:

$$\boldsymbol{R}_{ijkl}\boldsymbol{E}_{klrs}\overline{\boldsymbol{E}}_{rspq}=\overline{\boldsymbol{E}}_{ijmn}\overline{\boldsymbol{E}}_{mnpq}-\boldsymbol{E}_{ijmn}\boldsymbol{E}_{mnpq} \tag{1.104}$$

将式(1.86)代入式(1.104)并简化,可得到以下公式:

$$\boldsymbol{R}_{ijkl}=\boldsymbol{M}_{ijkl}-\beta\delta_{ik}\delta_{jl} \tag{1.105a}$$

式(1.105a)表示基于等效弹性应变假设的各向异性损伤张量。可以证明,当$\boldsymbol{R}_{1111}$的值大于零时，损伤张量 **R** 是有效的。

然而，采用等效弹性能量假设来获得各向异性损伤张量时，将式(1.90)代入式(1.104)并简化，可得到以下公式：

$$\boldsymbol{R}_{ijkl}=\alpha\boldsymbol{M}_{ijkl}-\beta^2\delta_{ik}\delta_{jl} \tag{1.105b}$$

式(1.105a)表示基于等效弹性能量假设的各向异性损伤张量。可以证明，当$\boldsymbol{R}_{1111}$的值大于零时，损伤张量 **R** 是有效的。

(4)各向异性损伤张量 **R** 由下式给出：

$$\boldsymbol{R}_{ijkl}=(\overline{\boldsymbol{E}}_{ijmn}\overline{\boldsymbol{E}}_{mnkl}-\boldsymbol{E}_{ijmn}\boldsymbol{E}_{mnkl})\overline{\boldsymbol{E}}_{rspq}^{-1}\boldsymbol{E}_{rspq}^{-1} \tag{1.106}$$

式(1.106)可以改写成以下形式：

$$\boldsymbol{R}_{ijkl}\boldsymbol{E}_{pqrs}\overline{\boldsymbol{E}}_{pqrs}=\overline{\boldsymbol{E}}_{ijmn}\overline{\boldsymbol{E}}_{mnkl}-\boldsymbol{E}_{ijmn}\boldsymbol{E}_{mnkl} \tag{1.107}$$

采用等效弹性应变假设，将式(1.86)代入式(1.107)，可得到各向异性损伤张量的以下简单公式：

$$\boldsymbol{R}_{ijkl}=\frac{1}{9}(\boldsymbol{M}_{ijkl}-\boldsymbol{M}_{ijkl}^{-1}) \tag{1.108a}$$

可以证明，当$\boldsymbol{R}_{1111}$的值大于零时，损伤张量 **R** 是有效的。

另一方面，将式(1.90)代入式(1.107)，可得到以下基于等效弹性能量假设的各向异性损伤张量公式：

$$\boldsymbol{R}_{ijkl}=\boldsymbol{M}_{ijpq}\boldsymbol{M}_{pqkl}-\boldsymbol{M}_{ijtu}^{-1}\boldsymbol{M}_{tukl}^{-1} \tag{1.108b}$$

可以证明，当$\boldsymbol{R}_{1111}$的值大于零时，损伤张量 **R** 是有效的。

(5)各向异性损伤张量 **R** 由下式给出：

$$\boldsymbol{R}_{ijkl}=\overline{\boldsymbol{E}}_{ijmn}^{-1}\boldsymbol{E}_{mnpq}(\overline{\boldsymbol{E}}_{pqrs}\overline{\boldsymbol{E}}_{rskl}-\boldsymbol{E}_{pqrs}\boldsymbol{E}_{rskl}) \tag{1.109}$$

式(1.109)可以改写成以下形式：

$$\boldsymbol{E}_{pqmn}\overline{\boldsymbol{E}}_{mnij}\boldsymbol{R}_{ijkl}=\overline{\boldsymbol{E}}_{pqrs}\overline{\boldsymbol{E}}_{rskl}-\boldsymbol{E}_{pqrs}\boldsymbol{E}_{rskl} \tag{1.110}$$

将式(1.86)代入式(1.110)并简化，可得到以下公式：

$$\boldsymbol{R}_{ijkl}=\frac{1}{9}\delta_{ik}\delta_{jl}(\alpha-9\beta) \tag{1.111a}$$

可以证明，当$\boldsymbol{R}_{1111}$的值大于零时，损伤张量 **R** 是有效的。

式(1.111a)说明了基于等效弹性应变假设的各向异性损伤张量。另外，将式(1.90)代入式(1.110)并简化，可得到以下基于等效弹性能量假设的各向异性损伤张量公式：

$$\boldsymbol{R}_{ijkl}=\frac{1}{9}\alpha^2\delta_{ik}\delta_{jl}-\beta\boldsymbol{M}_{ijkl}^{-1} \tag{1.111b}$$

可以证明，当$\boldsymbol{R}_{1111}$的值大于零时，损伤张量 **R** 是有效的。

(6)各向异性损伤张量 **R** 由下式给出：

$$\boldsymbol{R}_{ijkl}=\overline{E}_{rspq}^{-1}E_{rspq}^{-1}(\overline{E}_{ijmn}\overline{E}_{mnkl}-E_{ijmn}E_{mnkl}) \tag{1.112}$$

式(1.112)可以改写成以下形式：

$$E_{pqrs}\overline{E}_{pqrs}R_{ijkl}=\overline{E}_{ijmn}\overline{E}_{mnkl}-E_{ijmn}E_{mnkl} \tag{1.113}$$

将式(1.86)代入式(1.113)并简化，可得到下式：

$$R_{ijkl}=\frac{1}{9}(M_{ijkl}-M_{ijkl}^{-1}) \tag{1.114a}$$

上面的表达式与在式(1.108a)中导出的表达式完全相同。可以证明,当 R_{1111} 的值大于零时,损伤张量 $\boldsymbol{R}$ 是有效的。

式(1.114a)代表了基于等效弹性应变假设的各向异性损伤张量。然而,采用等效弹性能量假设来获得各向异性损伤张量时,将式(1.90)代入式(1.113)并简化,可得到以下公式:

$$R_{ijkl}=M_{ijmn}M_{mnkl}-M_{ijtu}^{-1}M_{tukl}^{-1} \tag{1.114b}$$

式(1.114b)与式(1.108b)中导出的表达式完全相同。可以证明,当 R_{1111} 的值大于零时,损伤张量 $\boldsymbol{R}$ 是有效的。

(7)各向异性损伤张量 $\boldsymbol{R}$ 由下式给出:

$$\boldsymbol{R}_{ijkl}=(\bar{E}_{ijmn}-E_{ijmn})(\bar{E}_{mnpq}-E_{mnpq})\bar{E}_{pqrs}^{-1}E_{rskl}^{-1} \tag{1.115}$$

式(1.115)可以改写成以下形式:

$$R_{ijkl}E_{klrs}\bar{E}_{rspq}=\bar{E}_{mnpq}-\bar{E}_{ijmn}E_{mnpq}-E_{ijmn}\bar{E}_{mnpq}+E_{ijmn}E_{mnpq} \tag{1.116}$$

将式(1.86)代入式(1.116)并简化,可得到以下公式:

$$\boldsymbol{R}_{ijkl}=[\delta_{ik}\delta_{jl}-M_{ijkl}][\beta-9] \tag{1.117a}$$

可以证明,当 R_{1111} 的值大于零时,损伤张量 $\boldsymbol{R}$ 是有效的。

式(1.117a)代表了基于等效弹性应变假设的各向异性损伤张量。然而,采用等效弹性能量假设来获得各向异性损伤张量时,将式(1.90)代入式(1.116)并简化,可得到以下式:

$$R_{ijkl}=\delta_{ik}\delta_{jl}[\beta-9][\beta+9] \tag{1.117b}$$

可以证明,当 R_{1111} 的值大于零时,损伤张量 $\boldsymbol{R}$ 是有效的。

(8)各向异性损伤张量 $\boldsymbol{R}$ 由下式给出:

$$\boldsymbol{R}_{ijkl}=\bar{E}_{ijmn}^{-1}E_{mnpq}^{-1}(\bar{E}_{pqrs}-E_{pqrs})(\bar{E}_{rskl}-E_{rskl}) \tag{1.118}$$

式(1.118)可以改写成以下形式:

$$E_{pqmn}\bar{E}_{mnij}R_{ijkl}=\bar{E}_{pqrs}\bar{E}_{rskl}-\bar{E}_{pqrs}E_{rskl}-E_{pqrs}\bar{E}_{rskl}+E_{pqrs}E_{rskl} \tag{1.119}$$

将式(1.86)代入式(1.119)并简化,可得到下式:

$$R_{ijkl}=[M_{ijkl}-\delta_{ik}\delta_{jl}][9-\beta] \tag{1.120a}$$

可以证明,当 R_{1111} 的值大于零时,损伤张量 $\boldsymbol{R}$ 是有效的。

式(1.120a)代表了基于等效弹性应变假设的各向异性损伤张量。另外,将式(1.90)代入式(1.119)并简化,可得基于等效弹性能量假设的各向异性损伤张量的以下公式:

$$\boldsymbol{R}_{ijkl}=\frac{1}{9}\delta_{ik}\delta_{jl}[\alpha-9][\alpha+9]-M_{ijkl}^{-1}[\alpha-\beta] \tag{1.120b}$$

可以证明,当 R_{1111} 的值大于零时,损伤张量 $\boldsymbol{R}$ 是有效的。在"混合损伤张量"一节中,基本没有提及新的各向异性混合损伤张量。

1.3.4　混合损伤张量

提出了由有效损伤张量和弹性张量组成的新型混合损伤张量,由下式给出:

$$N_{ijkl}=M_{ijkl}+L_{ijkl}^{(1)}-M_{ijmn}L_{mnkl}^{(1)} \tag{1.121a}$$

$$N_{ijkl}=M_{ijkl}+L_{ijkl}^{(2)}-M_{ijmn}L_{mnkl}^{(2)} \tag{1.121b}$$

利用式(1.87a)和式(1.91a)可得到以下关系式:

$$N_{ijkl}=3M_{ijkl}-M_{ijmn}M_{mnkl} \tag{1.122a}$$

$$N_{ijkl}=\delta_{ik}\delta_{jl}+\frac{1}{9}\alpha M_{ijmn}[M_{mnkl}-\delta_{mk}\delta_{nl}] \tag{1.122b}$$

式(1.122a)和式(1.122b)分别基于等效弹性应变假设和等效弹性能量假设,利用损伤张量$\boldsymbol{L}^{(1)}$给出了混合损伤张量表达式。可以证明,当N_{1111}的值大于零时,损伤张量$\boldsymbol{N}$是有效的。

利用式(1.87b)和式(1.91b)可得到以下关系式:

$$N_{ijkl}=2M_{ijkl}-\delta_{ik}\delta_{jl}+\frac{1}{9}\alpha(\delta_{ik}\delta_{jl}-M_{ijkl}) \tag{1.123a}$$

$$N_{ijkl}=2M_{ijkl}-\delta_{ik}\delta_{jl}+\frac{1}{9}\alpha M_{ijmn}(\delta_{mk}\delta_{nl}-M_{mnkl}) \tag{1.123b}$$

式(1.123a)和式(1.123b)分别基于等效弹性应变假设和等效弹性能量假设,利用损伤张量$\boldsymbol{L}^{(2)}$给出了混合损伤张量表达式。

1.3.5 实例

本节演示了一些例子,以便解释新提出的损伤张量。这些例子中采用二维(2D)应力状态,损伤效应张量以3× 3的矩阵表示,这是一个二阶张量。

考虑二维应力状态,由以下3×3矩阵给出损伤效应张量。

$$[\boldsymbol{M}]=\frac{1}{\Delta}\begin{bmatrix}1-\varphi_{22} & 0 & \varphi_{12}\\ 0 & 1-\varphi_{11} & \varphi_{12}\\ \frac{1}{2}\varphi_{12} & \frac{1}{2}\varphi_{12} & \frac{(1-\varphi_{11})+(1-\varphi_{22})}{2}\end{bmatrix} \tag{1.124}$$

其中Δ由式(1.125)给出:

$$\Delta=(1-\varphi_{11})(1-\varphi_{22})-\varphi_{12}^2 \tag{1.125}$$

损伤效应张量的逆由下面的3×3矩阵给出:

$$[\boldsymbol{M}^{-1}]=\Delta\begin{bmatrix}1-\varphi_{22} & 0 & \varphi_{12}\\ 0 & 1-\varphi_{11} & \varphi_{12}\\ \frac{1}{2}\varphi_{12} & \frac{1}{2}\varphi_{12} & \frac{(1-\varphi_{11})+(1-\varphi_{22})}{2}\end{bmatrix}^{-1} \tag{1.126}$$

实例1 式(1.87a)可以写成以下形式:

$$[\boldsymbol{L}^{(1)}]=[\boldsymbol{M}]-[\boldsymbol{I}] \tag{1.127}$$

式中:$\boldsymbol{I}$为单位张量。

对于不可损伤材料,损伤变量等于零,在这种情况下,损伤效应张量等于单位张量。

将式(1.124)代入式(1.127)并简化可得

$$[\boldsymbol{L}^{(1)}]=\begin{bmatrix}0&0&0\\0&0&0\\0&0&0\end{bmatrix} \tag{1.128}$$

由于在这种特殊情况下,损伤张量的分量是相等的,为零,因此可以得出结论,这个建议的损伤张量是有效的损伤张量。

实例 2　式(1.87b)可以写成以下形式：

$$[\boldsymbol{L}^{(2)}]=\left(\frac{1}{3}\alpha-1\right)[\boldsymbol{I}] \tag{1.129}$$

由于 $\alpha=3$，式(1.129)改写如下：

$$[\boldsymbol{L}^{(2)}]=\begin{bmatrix}0&0&0\\0&0&0\\0&0&0\end{bmatrix} \tag{1.130}$$

由于在这种特殊情况下，损伤张量的分量为 0，因此可以得出结论，这个建议的损伤张量是有效的损伤张量。

实例 3　式(1.91a)可以写成以下形式：

$$[\boldsymbol{L}^{(1)}]=[\boldsymbol{I}]-\frac{1}{3}\alpha[\boldsymbol{M}] \tag{1.131}$$

对于不可损伤材料，损伤变量等于零，在这种情况下，损伤效应张量等于单位张量。

将式(1.124)代入式(1.131)并简化可得

$$[\boldsymbol{L}^{(1)}]=\begin{bmatrix}0&0&0\\0&0&0\\0&0&0\end{bmatrix} \tag{1.132}$$

式中：$\alpha=3$。

由于在这种特殊情况下，损伤张量的分量是相同的，为零，因此可以得出结论，这个建议的损伤张量是有效的损伤张量。

实例 4　式(1.91b)可以写成以下形式：

$$[\boldsymbol{L}^{(2)}]=\frac{1}{3}\alpha[\boldsymbol{M}]-[\boldsymbol{I}] \tag{1.133}$$

对于不可损伤材料，损伤变量等于零，在这种情况下，损伤效应张量等于单位张量。

将式(1.124)代入式(1.133)并简化可得

$$[\boldsymbol{L}^{(2)}]=\begin{bmatrix}0&0&0\\0&0&0\\0&0&0\end{bmatrix} \tag{1.134}$$

式中：$\alpha=3$。

由于在这种特殊情况下，损伤张量的分量为 0，因此可以得出结论，这个建议的损伤张量是有效的损伤张量。

实例 5　式(1.108a)可以写成以下形式：

$$[\boldsymbol{R}]=\frac{1}{3}[\boldsymbol{M}]-[\boldsymbol{M}^{-1}] \tag{1.135}$$

对于不可损伤材料，损伤变量等于零，在这种情况下，损伤效应张量等于单位张量。

将式(1.124)和式(1.126)代入式(1.135)并简化可得

$$[\boldsymbol{R}]=\begin{bmatrix}0&0&0\\0&0&0\\0&0&0\end{bmatrix} \tag{1.136}$$

由于在这种特殊情况下，损伤张量的分量为0，因此可以得出结论，这个建议的损伤张量是有效的损伤张量。

对于其余建议的损伤张量，表1.4显示了各向异性损伤张量及其有效性，其有效性是鉴于其在上述二维损伤状态的应用而确定的。

表1.4 各向异性损伤张量及其有效性(经 Voyiadjis 和 Kattan 许可转载(2012))

编号	损伤张量	有效性
1	$\boldsymbol{L}_{ijmn}^{(1)}=M_{ijmn}-\delta_{im}\delta_{jn}$	有效
2	$\boldsymbol{L}_{ijmn}^{(2)}=\delta_{im}\delta_{jn}\left(\frac{1}{9}\alpha-1\right)$	有效
3	$\boldsymbol{L}_{ijmn}^{(1)}=\delta_{im}\delta_{jn}-\frac{1}{9}\alpha M_{ijmn}$	有效
4	$\boldsymbol{L}_{ijmn}^{(2)}=\frac{1}{9}\alpha M_{ijmn}-\delta_{im}\delta_{jn}$	有效
5	$\boldsymbol{P}_{ijmn}^{(1)}=\delta_{im}\delta_{jn}-M_{ijmn}^{-1}$	有效
6	$\boldsymbol{P}_{ijmn}^{(2)}=\delta_{im}\delta_{jn}\left(1-\frac{1}{9}\beta\right)$	有效
7	$\boldsymbol{P}_{ijmn}^{(1)}=\delta_{im}\delta_{jn}-\frac{1}{9}\beta M_{ijmn}^{-1}$	有效
8	$\boldsymbol{P}_{ijmn}^{(2)}=\delta_{im}\delta_{jn}-\frac{1}{9}\beta M_{ijmn}^{-1}$	有效
9	$\boldsymbol{R}_{ijkl}=M_{ijkl}+\delta_{ik}\delta_{jl}\left(\frac{1}{9}\alpha-2\right)$	有效
10	$\boldsymbol{R}_{ijkl}=M_{ijkl}-\frac{1}{9}\alpha\delta_{ik}\delta_{jl}$	有效
11	$\boldsymbol{R}_{ijkl}=2\left(\delta_{ik}\delta_{jl}-\frac{1}{9}\alpha M_{ijkl}\right)$	有效
12	$\boldsymbol{R}_{ijkl}=M_{ijkl}-\beta\delta_{ik}\delta_{jl}$	无效
13	$\boldsymbol{R}_{ijkl}=\alpha M_{ijkl}-\beta^{2}\delta_{ik}\delta_{jl}$	无效
14	$\boldsymbol{R}_{ijkl}=\frac{1}{9}(M_{ijkl}-M_{ijkl}^{-1})$	有效
15	$\boldsymbol{R}_{ijkl}=M_{ijpq}M_{pqkl}-M_{ijtu}^{-1}M_{tukl}^{-1}$	有效
16	$\boldsymbol{R}_{ijkl}=\frac{1}{9}\delta_{ik}\delta_{jl}(\alpha-9\beta)$	无效
17	$\boldsymbol{R}_{ijkl}=\frac{1}{9}\alpha^{2}\delta_{ik}\delta_{jl}-\beta M_{ijkl}^{-1}$	有效
18	$\boldsymbol{R}_{ijkl}=\frac{1}{9}(M_{ijkl}-M_{ijkl}^{-1})$	有效
19	$\boldsymbol{R}_{ijkl}=M_{ijmn}M_{mnkl}-M_{ijtu}^{-1}M_{tukl}^{-1}$	有效
20	$\boldsymbol{R}_{ijkl}=[\delta_{ik}\delta_{jl}-M_{ijkl}][\beta-9]$	有效
21	$\boldsymbol{R}_{ijkl}=\delta_{ik}\delta_{jl}[\beta-9][\beta+9]$	有效
22	$\boldsymbol{R}_{ijkl}=[M_{ijkl}-\delta_{ik}\delta_{jl}][9-\beta]$	有效

续表

编号	损伤张量	有效性
23	$\boldsymbol{R}_{ijkl}=\frac{1}{9}\delta_{ik}\delta_{jl}[\alpha-9][\alpha+9]-M_{ijkl}^{-1}[\alpha-\beta]$	有效
24	$\boldsymbol{N}_{ijkl}=3M_{ijkl}-M_{ijmn}M_{mnkl}$	无效
25	$\boldsymbol{N}_{ijkl}=\delta_{ik}\delta_{jl}+\frac{1}{9}\alpha M_{ijmn}[M_{mnkl}-\delta_{mk}\delta_{nl}]$	无效
26	$\boldsymbol{N}_{ijkl}=2M_{ijkl}-\delta_{ik}\delta_{jl}+\frac{1}{9}\alpha(\delta_{ik}\delta_{jl}-M_{ijkl})$	无效
27	$\boldsymbol{N}_{ijkl}=2M_{ijkl}-\delta_{ik}\delta_{jl}+\frac{1}{9}\alpha M_{ijmn}(\delta_{mk}\delta_{nl}-M_{mnkl})$	无效

对表 1.4 分析之后，可以看出，在 27 个建议的各向异性损伤张量中只有 7 个无效。进一步来看 20 个有效张量中一些是相同的，例如，表 1.4 中的张量 14 和 18 完全相同。因此，最终得出只有 7 个无效的各向异性损伤张量。根据表 1.4，无效张量编号为 12、13、16、24、25、26 和 27。

1.4　小　　结

本章首先回顾了连续介质损伤力学的基本原理。其次提出几个标量损伤变量。对这些变量进行了比较并绘制了几个图形。然后，提出了高阶应变能形式的概念。此外，还假定混合损伤变量是根据刚度减小和截面积减小来定义的。然后采用张量将数学公式推广到广义的三维情况。最后给出了几个实例。

参考文献

E. M. Arruda, M. C. Boyce, A three-dimensional constitutive model for the large stretch behavior of rubber elastic materials. J. Mech. Phys. Solids 41(2), 389-412(1993)

J. Betten, Damage tensors in continuum mechanics. J. MecaniqueTheorique et Appliquees 2, 13-32(1981). Presented at Euromech Colloqium 147 on Damage Mechanics, Paris-VI, Cachan, 22 September

J. Betten, Applications of tensor functions to the formulation of continutive equations involving damage and initial anisotropy. Eng. Fract. Mech. 25, 573-584(1986)

B. Budiansky, R. J. O' Connell, Elastic moduli of a cracked solid. Int. J. Solids Struct. 12, 81-97(1976)

A. Cauvin, R. Testa, Damage mechanics: basic variables in continuum theories. Int. J. Solids Struct. 36, 747-761(1999)

D. J. Celentano, P. E. Tapia, J. -L. Chaboche, experimental and numerical characterization of damage evolution in steels, in Mecanica Computacional, ed. by G. Buscaglia, E. Dari, O. Zamonsky, vol. XXⅢ(Bariloche, 2004)

J. L. Chaboche, Continuous damage mechanics-a tool to describe phenomena before crack initiation. Nucl. Eng. Des. 64, 233-247(1981)

C. Chow, J. Wang, An anisotropic theory of elasticity for continuum damage mechanics. Int. J. Fract. 33, 3-16(1987)

C. L. Chow, J. Wang, Ductile fracture characterization with an anisotropic continuum damage theory. Eng. Fract.

Mech. 30,547-563(1988)

P. J. Cordebois, Criteresd' Instabilite Plastique et Endommagement Ductile en Grandes Deformations, These de Doctorat, Presente a l' Universite Pierre et Marie Curie, 1983

J. P. Cordebois, F. Sidoroff, Damage induced elastic anisotropy, in ColloqueEuromech, vol. 115(Villard de Lans, 1979)

J. P. Cordebois, F. Sidoroff, Anisotropic damage in elasticity and plasticity. J. Mech. Theor. Appl. Numerous Special. 1,45-60(1982)(in French)

J. W. Ju, Isotropic and anisotropic damage variables in continuum damage mechanics. J. Eng. Mech. ASCE 116, 2764-2770(1990)

L. Kachanov, On the creep fracture time. IzvAkad, Nauk USSR Otd Tech 8,26-31(1958)(in Russian)

P. I. Kattan, G. Z. Voyiadjis, A plasticity-damage theory for large deformation of solids-part Ⅱ: applications to finite simple shear. Int. J. Eng. Sci. 31(1),183-199(1993)

P. I. Kattan, G. Z. Voyiadjis, Decomposition of damage tensor in continuum damage mechanics. J. Eng. Mech. ASCE 127(9),940-944(2001a)

P. I. Kattan, G. Z. Voyiadjis, Damage Mechanics with Finite Elements: Practical Applications with Computer Tools(Springer, Berlin, 2001b)

D. Krajcinovic, Constitutive equations for damaging materials. J. Appl. Mech. 50,355-360(1983)

D. Krajcinovic, Damage Mechanics(Elsevier, Amsterdam, 1996)

D. Krajcinovic, G. U. Foneska, The continuum damage theory for brittle materials. J. Appl. Mech. 48,809-824 (1981)

E. Krempl, On the identification problem in materials deformation modeling, in Euromech, vol. 147, on Damage Mechanics(Cachan, 1981)

F. A. Leckie, E. T. Onat, Tensorial nature of damage measuring internal variables, in IUTAM Colloquim on Physical Nonlinearities in Structural Analysis(Springer, Berlin, 1981), pp. 140-155

H. Lee, K. Peng, J. Wang, An anisotropic damage criterion for deformation instability and its application to forming limit analysis of metal plates. Eng. Fract. Mech. 21,1031-1054(1985)

J. Lemaitre, Evaluation of dissipation and damage in metals subjected to dynamic loading, in Proceedings of I. C. M., vol. 1,(Kyoto, 1971)

J. Lemaitre, How to use damage mechanics. Nucl. Eng. Des. 80,233-245(1984)

J. Lemaitre, R. Desmorat, Engineering Damage Mechanics(Springer, Berlin/Heidelberg, 2005)

V. Lubarda, D. Krajcinovic, Damage tensors and the crack density distribution. Int. J. Solids Struct. 30(20),2859-2877(1993)

S. Murakami, Notion of continuum damage mechanics and its application to anisotropic creep damage theory. J. Eng. Mater. Technol. Trans. ASME 105,99-105(1983)

S. Murakami, Mechanical modeling of material damage. J. Appl. Mech. 55,280-286(1988)

S. Murakami, N. Ohno, A continuum theory of creep and creep damage, in Proceedings of 3M IUTAM Symposium on Creep in Structures(Springer, Berlin, 1981), pp. 422-444

J. M. Nichols, A. B. Abell, Implementing the degrading effective stiffness of masonry in a finite element model, in North American Masonry Conference(Clemson, 2003)

J. M. Nichols, Y. Z. Totoev, Experimental investigation of the damage mechanics of masonry under dynamic in-plane loads, in North American Masonry Conference(Austin, 1999)

E. T. Onat, Representation of mechanical behavior in the presence of internal damage. Eng. Fract. Mech. 25, 605-614(1986)

E. T. Onat, F. A. Leckie, Representation of mechanical behavior in the presence of changing internal structure. J. Appl. Mech. 55, 1-10(1988)

Y. Rabotnov, Creep rupture, in Proceedings, Twelfth International Congress of Applied Mechanics, ed. by M. Hetenyi, W. G. Vincenti, Stanford, 1968(Springer, Berlin, 1969), pp. 342-349

F. Sidoroff, Description of anisotropic damage application to elasticity, in IUTAM Colloqium on Physical Nonlinearities in Structural Analysis(Springer, Berlin, 1981), pp. 237-244

V. V. Silberschmidt, Model of matrix cracking in carbon fiber-reinforced cross-ply laminates. Mech. Compos. Mater. Struct. 4(1), 23-38(1997)

G. Z. Voyiadjis, Degradation of elastic modulus in elastoplastic coupling with finite strains. Int. J. Plast. 4, 335-353(1988)

G. Z. Voyiadjis, P. I. Kattan, A coupled theory of damage mechanics and finite strain elastoplasticity-part Ⅱ: damage and finite strain plasticity. Int. J. Eng. Sci. 28(6), 505-524(1990)

G. Z. Voyiadjis, P. I. Kattan, A plasticity-damage theory for large deformation of solids-part Ⅰ: theoretical formulation. Int. J. Eng. Sci. 30(9), 1089-1108(1992)

G. Z. Voyiadjis, P. I. Kattan, On the symmetrization of the effective stress tensor in continuum damage mechanics. J. Mech. Behav. Mater. 7(2), 139-165(1996)

G. Z. Voyiadjis, P. I. Kattan, Advances in Damage Mechanics: Metals and Metal Matrix Composites(Elsevier Science, Amsterdam, 1999)

G. Z. Voyiadjis, P. I. Kattan, Advances in Damage Mechanics: Metals and Metal Matrix Composites with an Introduction to Fabric Tensors, 2nd edn. (Elsevier, Amsterdam, 2006)

G. Z. Voyiadjis, P. I. Kattan, A comparative study of damage variables in continuum damage mechanics. Int. J. Damage Mech. 18(4), 315-340(2009)

G. Z. Voyiadjis, P. Kattan, A new class of damage variables in continuum damage mechanics. J. Eng. Mater. Technol. Trans. ASME 134(2), 01210616-1-10(2012)

G. Z. Voyiadjis, T. Park, Local and interfacial damage analysis of metal matrix composites using the finite element method. Eng. Fract. Mech. 56(4), 483-511(1997)

第 2 章　不可损伤材料及顺序和并行损伤过程

George Z. Voyiadjis, Peter I. Kattan, Mohammed A. Yousef

摘　要

本章介绍一个研究连续损伤力学的新领域,包括两个主题。第一个主题介绍 Voyiadjis-Kattan 材料和不可损伤材料的概念。将 n 阶 Voyiadjis-Kattan 材料定义为具有 n 阶应变能形式的非线弹性材料,当 n 趋近无穷大时 n 阶 Voyiadjis-Kattan 材料的极限即为不可损伤材料。概述了这些类型材料与文献中其他非线性弹性材料的关系。同时,将这些材料与橡胶材料进行比较。希望提出的这些新型材料将为损伤力学和材料科学新的研究领域开辟道路。

第二个主题特别强调在材料中发生的损伤过程的规则和顺序。这些过程可以连续或平行地发生。例如,在金属材料中,微裂纹的演变和微孔洞的演变被认为是两个独立的损伤过程,这两种不同的演化既可以同时发生,也可以彼此依次发生。另一个例子是复合材料中的基体开裂和脱黏,这两种不同的损伤过程可以同时或依次顺序发生。利用本项研究工作中的概念提出了变形和损伤的三维状态。

2.1　引　言

近年来,为了改善材料的微观结构,许多研究者在连续损伤力学领域投入大量精力,这种改善提高了整体材料性能并促进其工程应用。此外,材料的力学性能直接受到损伤的影响,这种损伤对工程结构的安全方面造成重大影响。在许多工程应用中,组件的使用寿命是设计过程中需要仔细考虑的关键因素。基于这种考虑,机械和结构部件遭受严酷的服役条件,因此需要特别考虑开发部件的有用寿命。在某些类型的应用中,如航空航天和汽车工业,主要通过设计师预测机械失效,在这种情况下,设计者负责查清部件故障。然而,损伤可能导致不可预见的失效,这种失效会对机械和结构部件产生严重后果,并带来严重的经济损失。

材料微观、介观和宏观断裂过程中孔洞的发展并由此导致的力学性能的退化称为损伤(Murakami,2012)。连续损伤力学旨在分析连续介质力学框架内介观和宏观断裂过程中的损伤发展(Murakami,2012)。为了介绍所提出的不可损伤材料,首先有必要回顾损伤力学的一些基本问题。Kahanv(1958)在连续损伤力学的背景下引入了有效应力的概念,这个概念得到 Rabotnov(1969)、Allix 等(1989)、Cauvin 和 Testa(1999),以及 Doghri(2000)的进一步阐述。有效应力通过损伤变量来描述。这是一个描述材料损坏状态的参数,其取值范围在 0~1 之间。

此外,Kachanov 的原始公式仅限于各向同性损伤状态。后来,其他研究人员(Murakami,1988;Lubarda 和 Krajcinovic,1993;Lee 等,1985;Voyiadjis 和 Kattan,1990,1992,1996,1999,2005,2006a;Kattan 和 Voyiadjis,1990,1993a,b,2001b)将 Kachanov 的工作扩展到广义各向异性损伤状态。为此,他们将有效应力的概念推广到变形和损伤的三维状态。在这个推广过程中,他们引入了损伤张量——显然是损伤变量的归纳。有人认为(Lemaitre,1984)各向同性损伤假设足以很好地预测构件的承载能力、局部失效循环次数或时间。然而,各向异性损伤的发展已经在试验中得到证实(Chow 和 Wang,1987;Lee 等 1985),即使原始材料是各向同性的。对于各向同性损伤力学,损伤变量是标量且演化方程易于处理(Lee 等,1985;Voyiadjis 和 Kattan,2006a;Kattan 和 Voyiadjis,2001a,b)。

Krajcinovic(1996),Ladeveze 等(1982),Luccioni 和 Oller(2003)介绍了损伤张量的几种表达式,但主要由二阶张量和四阶张量组成,SiBelsMiTt(1997)提出了纤维增强复合材料中基体开裂的例子。近年来,Voyiadjis 和 Kattan(2012a,b)引入了不可损伤材料的概念,他们还建立了损伤力学与织物张量理论之间的联系(Voyiadjis 和 Kattan,2006b,c,2007a,b)。此外,Budiansky 和 O' Connell(1976)解决了弹性裂纹体问题,Hansen 和 Schreyer(1994)为损伤力学提供了可靠的热力学基础。此外,在连续损伤力学中通常采用唯象方法,这种方法最重要的概念是代表性体积元(RVE),在 RVE 中不考虑不连续和离散的损伤单元,而是通过使用宏观内部变量将它们的组合效应统一考虑。通过这种方式,可以采用合理的机械和热力学原理推导出公式(Doghri,2000;Hansen 和 Schreyer,1994;Luccioni 和 Oller,2003)。

本章介绍了在连续损伤力学领域新的研究,包括两个主题。第一个主题介绍 Voyiadjis-Kattan 材料和不可损伤材料的概念。将 n 阶 Voyiadjis-Kattan 材料定义为具有 n 阶应变能形式的非线性弹性材料,当 n 趋近无穷大时,n 阶 Voyiadjis-Kattan 材料的极限即为不可损伤材料。概述了这些类型的材料与文献中其他非线性弹性材料的关系,同时,将这些类型材料与橡胶材料进行比较。最后,给出了一个证明,表明不可损伤材料损伤变量的值在整个变形过程中保持为零。希望所提出的这些新型材料将为损伤力学和材料科学新的研究领域开辟道路。最后利用损伤力学来说明所提出的不可损伤材料的全部细节。

第二个主题提出了材料损伤过程的概念框架,在该框架中,研究了材料损伤过程的机理,这些过程分别归类为由刚度退化描述的损伤过程或由横截面积减少描述的损伤过程。此外,损伤过程可视为连续或平行地发生,采用示意图以及与弹簧和电路类似的方式来说明这些过程,通过各种例子说明损伤过程的不同组合和交互作用。这项研究工作目前局限于线弹性材料,希望这项研究为开创损伤力学新领域打下基础。

2.2　弹性不可损伤材料理论

2.2.1　高阶应变能形式

本节研究了所提出的高阶应变能形式的实质,并提供了它们与材料弹性本构方程的精确关系。可以看出,每个高阶应变能形式都对应于一个精确的非线性弹性应力-应变关系,在本节中可得到这些特定的应力-应变关系。这些新研究的材料称为 Voyiadjis-Kattan

材料(Voyiadjis 和 Kattan,2012c)。

首先,考虑当相应的应变能形式已知时,如何导出特定应力-应变关系的广义公式。例如,在线性情况下,线性应力-应变关系 $\sigma=E\varepsilon$ 对应的应变能形式为 $U=\frac{1}{2}\sigma\varepsilon$。对这些类型应力-应变关系进行研究,可以通过$\frac{1}{2}\sigma\varepsilon^2$、$\frac{1}{2}\sigma\varepsilon^3$ 以及更高次幂的高阶应变能形式导出。

采用 n 阶 Voyiadjis-Kattan 材料的术语来代表具有$\frac{1}{2}\sigma\varepsilon^n$ 高阶应变能形式的任何非线性弹性材料。

假定以下广义应力-应变关系:

$\sigma=Ef(\varepsilon)$,其中$f(\varepsilon)$通过每种特定的高阶应变能形式确定。高阶应变能 U(超应变能的某种形式)定义为应力-应变曲线下的面积,由以下关系给出:

$$U=\int\sigma\,\mathrm{d}\varepsilon \tag{2.1}$$

下面说明采用高阶应变能 $U=\frac{1}{2}\sigma\varepsilon^n$ 的广义情况。把 U 的表达式代入式(2.1),可以得到

$$\frac{1}{2}\sigma\varepsilon^n=\int\sigma\,\mathrm{d}\varepsilon \tag{2.2}$$

将广义应力-应变关系 $\sigma=Ef(\varepsilon)$ 代入式(2.2),得到如下关系:

$$\frac{1}{2}Ef(\varepsilon)\varepsilon^n=E\int f(\varepsilon)\,\mathrm{d}\varepsilon \tag{2.3}$$

或

$$f(\varepsilon)\varepsilon^n=2\int f(\varepsilon)\,\mathrm{d}\varepsilon \tag{2.4}$$

对上述公式的两边对 ε 求导可得

$$f'(\varepsilon)\varepsilon^n+nf(\varepsilon)\varepsilon^{n-1}=2f(\varepsilon) \tag{2.5}$$

上面的表达式是 n 阶 Voyiadjis-Kattan 材料的微分方程。采用如 MATLAB 之类的任何数学工具,可以很容易得到上述微分方程的解:

$$f(\varepsilon)=\frac{1}{\varepsilon^n}\mathrm{e}^{-2/[(n-1)\varepsilon^{(n-1)}]} \tag{2.6}$$

将上面表达式代入广义本构关系 $\sigma=Ef(\varepsilon)$,可以得到:

$$\sigma=E\frac{1}{\varepsilon^n}\mathrm{e}^{-2/[(n-1)\varepsilon^{(n-1)}]} \tag{2.7}$$

利用应变为零时应力为零的初始条件求得上述解。上述方程是控制 n 阶 Voyiadjis-Kattan 材料行为的非线性应力-应变关系。

从上述的应力-应变关系似乎看出,在应变为零的初始条件下,应力趋于无穷大,但实际情况并非如此。可以看出,上述表达式的极限情况是,当应变接近零时,应力接近于零。因此,满足零应变和零应力的初始条件。

对于其他提出的高阶应变能形式，可以重复上述过程，以获得它们相应的非线性应力-应变关系。提出的高阶应变能形式及其相应的应力-应变关系见表 2.1。

在表 2.2 中，展示了所提出的 n 阶 Voyiadjis-Kattan 材料和来自文献（Bower，2009）的其他非线性弹性材料之间的比较。例如，可以注意到 2 阶 Voyiadjis-Kattan 材料与 Mooney-Rivlin 材料相当，因为两种材料的应变能都包括应变平方幂。还应注意，3 阶 Voyiadjis-Kattan 材料与 Neo-Hookea 材料相当，因为两种材料的应变能都包括应变立方幂。

表 2.1　提出的高阶应变能形式及其相应的应力-应变关系
（n 阶 Voyiadjis-Kattan 材料的本构方程）（经 Voyiadjis 和 Kattan 许可转载（2012b））

提出的高阶应变能形式	相应的应力-应变关系	提出的新材料类型
$U=\frac{1}{2}\sigma\varepsilon$	$\sigma=E\varepsilon$	1 阶（线弹性）Voyiadjis-Kattan 材料
$U=\frac{1}{2}\sigma\varepsilon^2$	$\sigma=E\frac{1}{\varepsilon^2}e^{-2/\varepsilon}$	2 阶 Voyiadjis-Kattan 材料
$U=\frac{1}{2}\sigma\varepsilon^3$	$\sigma=E\frac{1}{\varepsilon^3}e^{-1/\varepsilon^2}$	3 阶 Voyiadjis-Kattan 材料
$U=\frac{1}{2}\sigma\varepsilon^n\quad(n=1,2,3,\cdots)$	$\sigma=E\frac{1}{\varepsilon^n}e^{-2/[(n-1)\varepsilon^{(n-1)}]}$	n 阶 Voyiadjis-Kattan 材料

表 2.2　n 阶 Voyiadjis-Kattan 材料和来自文献的其他非线性弹性材料之间的比较
（经 Voyiadjis 和 Kattan 许可转载（2012b））

n 的值	提出的材料	可比的材料（来自文献）
1	1 阶（线弹性）Voyiadjis-Kattan 材料	线弹性材料
2	2 阶 Voyiadjis-Kattan 材料	Mooney-Rivlin 材料
3	3 阶 Voyiadjis-Kattan 材料	Neo-Hookean 材料
⋮	⋮	⋮
n（有限）	n 阶 Voyiadjis-Kattan 材料	Ogden 材料
∞	不可损伤的材料	—

在表 2.2 的最后一行中，引入了不可损伤材料的概念。这个新提出的材料定义为当 n 趋于无穷大时 n 阶 Voyiadjis-Kattan 材料的极限。关于该材料的更多细节在第 2.2.3 节给出。

在物理上并不能达到 $n\to\infty$ 的极限情况，因而通过利用非常高的 n 值来接近不可损伤材料的概念。基于表 2.1 的不同 n 值的应力-应变曲线在图 2.1 中给出。

2.2.2　与橡胶材料的比较

本节对提出的 Voyiadjis-Kattan 材料、不可损伤材料和橡胶材料进行了比较。

图 2.1 展示类似于橡胶材料的应力-应变曲线。Arruda 和 Boyce（1993）对弹性橡胶材料本构方程进行了广泛的研究。图 2.2～图 2.4 展示了根据 Arruda 和 Boyce（1993）的工作得到的不同类型橡胶材料的应力-应变曲线。

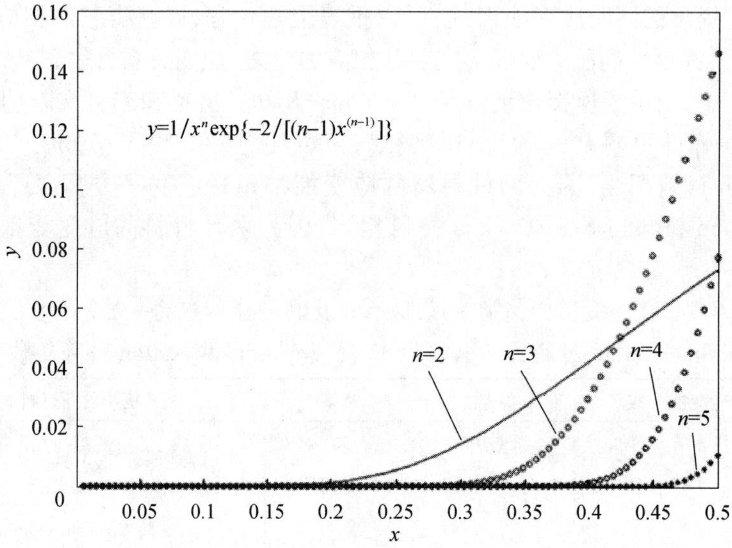

图 2.1　不同 n 值对应的有效应力-应变曲线(经 Voyiadjis 和 Kattan 许可转载(2012b))

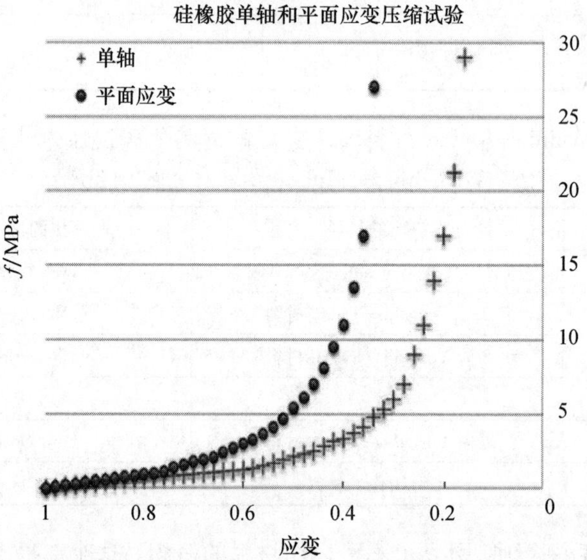

图 2.2　硅橡胶的应力-应变曲线(经 Voyiadjis 和 Kattan 许可转载(2012b))

从图 2.1 可以看出,推导出的不可损伤材料的应力-应变关系与普通材料的应力-应变关系明显不同,显然,弹性模量没有退化,此外,还可以看出,直到应变达到某一临界值之前应力值保持为零。当接近假设的不可损伤材料(对应图 2.1 中较高的 n 值)时,可以清楚地看到应力-应变曲线几乎保持水平,表明材料中完全没有应力或损伤。只有在大量的应变积累之后,应力的值才会变为非零,在这些高应变值下,还可以看到弹性模量实际上增强而不是像普通材料那样退化。这就是所提出的不可损伤材料的实质。

2.2.3　损伤变量

本节对所提出的不可损伤材料提供了更多的细节。尤其是采用损伤力学给出一个证

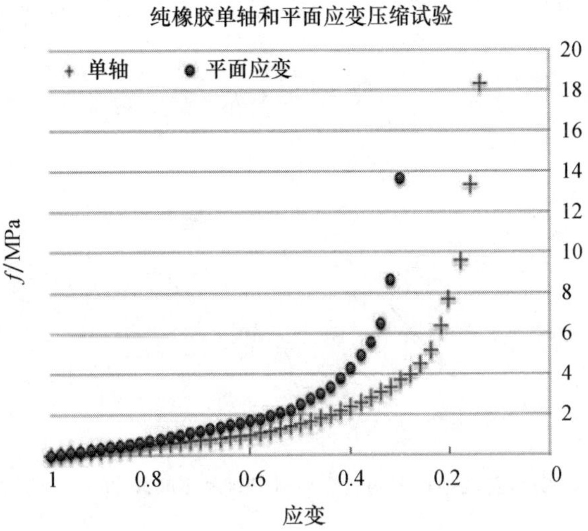

图 2.3　纯橡胶的应力-应变曲线(经 Voyiadjis 和 Kattan 许可转载(2012b))

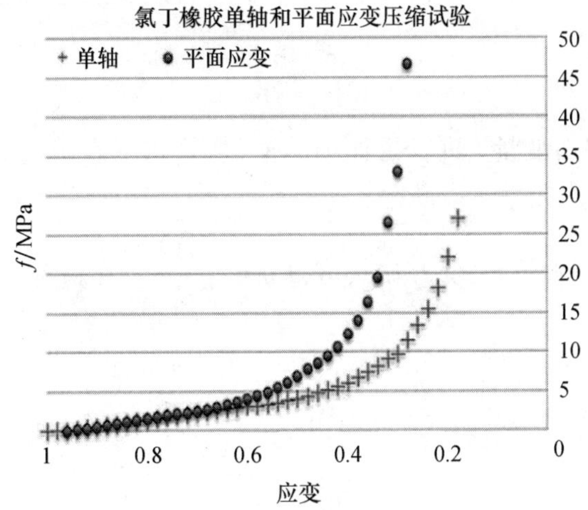

图 2.4　氯丁橡胶的应力-应变曲线(经 Voyiadjis 和 Kattan 许可转载(2012b))

明,以表明损伤变量的值在这类材料中的整个变形过程中保持为零。为此目的,利用弹性刚度或模量的减小定义了标量损伤变量。

本文假定线弹性材料具有弹性模量 E。此外假定材料的虚拟未损伤状态具有有效弹性模量,用 $\bar{E}$ 表示。为了计算在这种情况下的有效弹性模量 $\bar{E}$,采用等效弹性能量假设,其中假定在两种结构中弹性应变能量相等(Sidoroff,1981)。这将在下面予以说明。

根据弹性模量的减小定义的标量损伤变量 l 如下:

$$l=\frac{\bar{E}-E}{E} \tag{2.8}$$

式中:E 为损伤状态下的弹性模量;$\bar{E}$ 为有效弹性模量(在虚拟状态下),$\bar{E}>E$(图 2.5)。这种损伤变量被 Celentano 等(2004)、Nichols 和 Abell(2003)以及 Nichols 和 Totoev(1999)使用,Voyiadjis(1988)在弹塑性变形的范围中采用了类似的关系,读者还可以参考

Voyiadjis 和 Kattan(2009)以获得更多的细节。式(2.8)中定义的损伤变量可选择改写为以下更适当的形式：

$$\bar{E}=E(1+l) \tag{2.9}$$

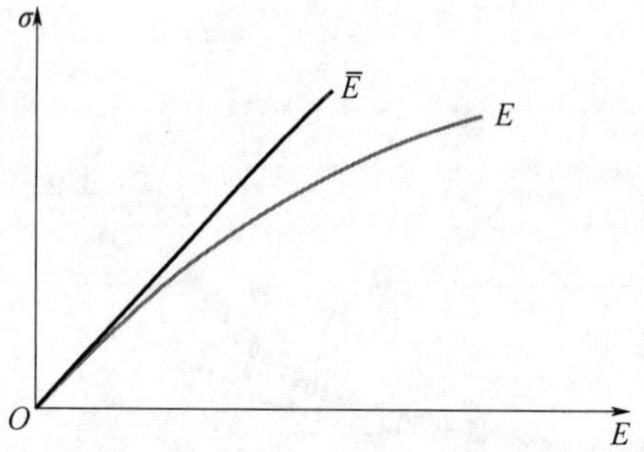

图 2.5　损伤和有效弹性模量(经 Voyiadjis 和 Kattan 许可转载(2012b))

根据式(2.8),很显然,当结构未受损伤时 $l=0$,即 $\bar{E}=E$。

采用等效弹性能量假设,假定两种结构的互补弹性应变能$\left(\dfrac{\sigma^2}{2E}\right)$相等,即

$$\frac{\sigma^2}{2E}=\frac{\bar{\sigma}^2}{2\bar{E}} \tag{2.10}$$

接下来,对基本损伤变量 l 进行更详细的探讨,并利用该变量引入不可损伤材料的概念。

利用等效弹性能量假设和式(2.10),可得 $\bar{\sigma}=\sqrt{\dfrac{\bar{E}}{E}}\sigma$。在这种情况下,容易看出损伤变量 $l=\dfrac{\bar{E}-E}{E}$并满足 $\bar{\sigma}=\sigma\sqrt{1+l}$。

高阶能量等效的新假设以如下形式给出：

$$\frac{1}{2}\sigma\varepsilon^2=\frac{1}{2}\bar{\sigma}\bar{\varepsilon}^2 \tag{2.11a}$$

可得到以下关系：

$$\bar{\sigma}=\sqrt[3]{\frac{\bar{E}}{E}} \tag{2.11b}$$

在这种情况下,容易看出采用 $l=\dfrac{\bar{E}-E}{E}$要满足以下关系：

$$\bar{\sigma}=\sigma\sqrt[3]{1+l} \tag{2.11c}$$

最后,根据 σ 和 ε 的 n 次幂,提出了广义当量高阶能量的新假设,得到如下关系：

$$\bar{\sigma}=\sqrt[n]{\frac{\bar{E}}{E}} \tag{2.12a}$$

在这种情况下,容易看出采用 $l=\dfrac{\bar{E}-E}{E}$要满足以下关系：

$$\bar{\sigma}=\sigma\sqrt[n]{1+l} \tag{2.12b}$$

现在在同一图上绘制了几个曲线，用以说明式(2.11b)和式(2.12b)中应力比$\frac{\bar{\sigma}}{\sigma}$和 l 之间的关系(图 2.6)。很明显，当 $n\to\infty$的极限情况时，曲线为常值 1。注意，图 2.3 中出现的较低曲线是针对较大 n 值的，这个极限情况意味着什么？

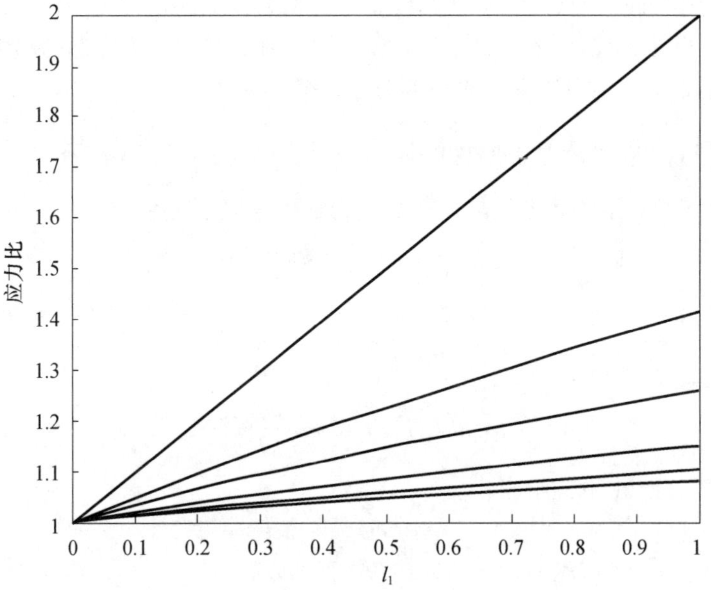

图 2.6　l_1 和应力比之间的关系(经 Voyiadjis 和 Kattan 许可转载(2012b))

上述结果用推导 l 的公式来解释。用式(2.12b)对结果进行详细说明，研究了 $n\to\infty$ 的情况。在这种情况下，得到以下关系：

$$\bar{\sigma}=\sigma\sqrt[n]{1+l}=\sigma(1+l)^{\frac{1}{n}}=\sigma(1+l)^{\frac{1}{\infty}}=\sigma(1+l)^{0}=\sigma\times1=\sigma \tag{2.13}$$

因此，无论损伤变量的值如何，都可以得到 $\bar{\sigma}=\sigma$，这意味着，在这种极限情况下，无论损伤变量的值如何，材料仍然完全无损。当然，这是一个假设的情况，因为它在物理上是无法达到的。然而，它引发了以下新问题：是否存在或能够制造在变形过程中保持完全无损的材料，而不管载荷是什么？这将是损伤力学和材料科学上的一个开创性成果——设计一种完全不会损伤的新型材料。上述公式将在这方面提供一些指导。

下面是本项研究工作主要概念和结果的总结：

(1)n 阶 Voyiadjis-Kattan 材料是非线性弹性材料，其应变能形式为$\frac{1}{2}\sigma\varepsilon^{n}$，其中 n 大于 1。

(2)不可损伤材料是 n 趋近无穷大时 n 阶 Voyiadjis-Kattan 材料的极限。

(3)线弹性材料是一种 1 阶 Voyiadjis-Kattan 材料。

(4)在不可损伤材料中，应力值在整个变形过程中保持为零。此外，损伤变量也始终等于零。

(5)不可损伤材料具有零应变能。

(6)不可损伤材料具有非零应变值。因此，不可损伤材料是可变形体，而不是刚体。

(7) n 阶 Voyiadjis-Kattan 材料具有非零应力值。非零应力值的范围随 n 值而变化，n 值越高，非零应力值的范围越窄。

2.2.4 内变量热力学公式

本部分利用 Rice(1971)的热力学理论，考虑材料样品的尺寸 V，其在未加载的参考状态和参考温度 T_0 下测量。设 σ(或 ε)、T 和 ζ 为材料试样约束平衡态的热力学状态变量，其中 T 是温度，ζ 是包含损伤变量的一组内部状态变量。

设 η 是比自由能，ψ 为其 Legendre 变换，其中 $\eta=\eta(\varepsilon,T,\zeta)$，$\psi=\psi(\sigma,T,f)=\varepsilon\dfrac{\partial\eta}{\partial\varepsilon}-\eta$。设 θ 为比能量，f 为一组关于 ζ 的热力学共轭力。可得以下关系：

$$\sigma=\sigma(\varepsilon,T,\zeta)=\frac{\partial\eta(\varepsilon,T,\zeta)}{\partial\varepsilon} \tag{2.14}$$

$$\varepsilon=\varepsilon(\sigma,T,\zeta)=\frac{\partial\psi(\sigma,T,\zeta)}{\partial\sigma} \tag{2.15}$$

$$\theta=\theta(\varepsilon,T,\zeta)=\frac{\partial\psi(\sigma,T,\zeta)}{\partial T} \tag{2.16}$$

热力学共轭力 f 由下式给出：

$$f=V\frac{\partial\psi}{\partial\zeta}=-V\frac{\partial\eta}{\partial\zeta} \tag{2.17}$$

其中 $f=f(\sigma,T,\zeta)$ 或 $f=f(\varepsilon,T,f)$，根据式(2.15)，推导出应变增量的如下关系：

$$\mathrm{d}\varepsilon=\frac{\partial^2\psi}{\partial\sigma^2}\mathrm{d}\sigma+\frac{\partial^2\psi}{\partial\sigma\partial T}\mathrm{d}T+\frac{\partial^2\psi}{\partial\sigma\partial\zeta}\mathrm{d}\zeta \tag{2.18}$$

最后，流动势能 $Q=Q(f,T,\zeta)$ 由下式给出：

$$Q=\frac{1}{V}\int_0^f\dot{\zeta}\mathrm{d}f \tag{2.19}$$

其中，$\mathrm{d}Q=\dfrac{1}{V}\dot{\zeta}\mathrm{d}f$。

2.3 顺序和并行损伤过程

2.3.1 已有损伤变量综述

本节讨论了目前研究人员使用的两个主要的标量损伤变量。第一个标量损伤变量根据截面面积减小定义，而第二个标量损伤变量根据弹性模量或弹性刚度的降低定义(Voyiadjis 和 Kattan,2009)。

在初始未变形和未损伤的结构中考虑一个体(以圆柱体的形式)，并考虑在一组外力作用之后变形和损伤的结构(图 2.7)，接下来，考虑从受损结构通过移除所经历的所有损伤获得的虚拟结构，即仅有变形而无损伤的状态(图 2.7)。因此，在定义损伤变量 ϕ 时，它的值在虚拟结构中必然消失。

第一个损伤变量 ϕ 定义如下：

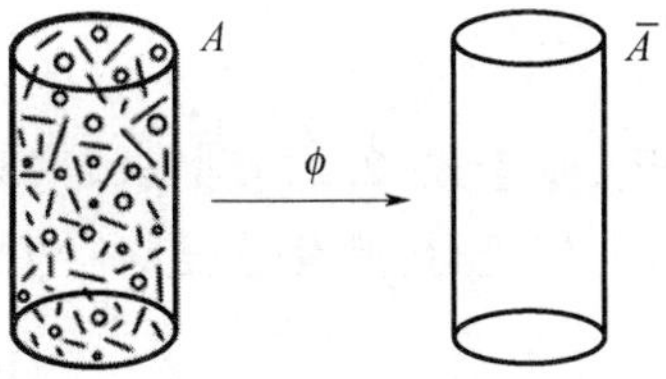

图 2.7　损伤和有效未损伤结构(经 Voyiadjis 和 Kattan 许可转载(2012d))

$$\phi = \frac{A - \bar{A}}{A} \tag{2.20}$$

式中:A 为受损结构的截面积;$\bar{A}$ 为虚拟结构的截面积,$A>\bar{A}$。显然,当结构体未受损时,即当 $A=\bar{A}$ 时,有 $\phi=0$。

虚拟结构中的应力称为有效应力,用 $\bar{\sigma}$ 表示。有效应力值 $\bar{\sigma}$ 可通过关系式 $\bar{\sigma}\bar{A}=\sigma A$ 得到,其中 σ 是受损结构中的应力。因此,使用这个关系和式(2.20)中的定义,可以得到:

$$\bar{\sigma} = \frac{\sigma}{1-\phi} \tag{2.21}$$

应该注意的是,上一段落中的平衡条件反映了关于应力重分布(在阻力截面上均匀分布)的平均场假设,因此似乎只适用于弱损伤区,其远离联合作用占主导地位和损伤局部发生的应力-应变峰值区域。

第二个标量损伤变量根据弹性模量的减小来定义如下:

$$l = \frac{\bar{E} - E}{E} \tag{2.22}$$

式中:E 为受损状态下的弹性模量;$\bar{E}$ 为有效弹性模量(虚拟状态),$\bar{E}>E$(图 2.8)。这种损伤变量最近被 Celentano 等(2004),Nichols 和 Abell(2003),以及 Nichols 和 Totoev(1999)等使用。还应该提到的是,VoyAdji(1988)在弹塑性变形的范围中使用了类似的关系。同样参见 Voyiadjis 和 Kattan(2009,2012d)。

式(2.22)中定义的损伤变量可选择改写为以下更适当的形式:

$$\bar{E} = E(1+l) \tag{2.23}$$

根据式(2.22),很显然,当结构未受损伤时 $l=0$,即 $\bar{E}=E$。

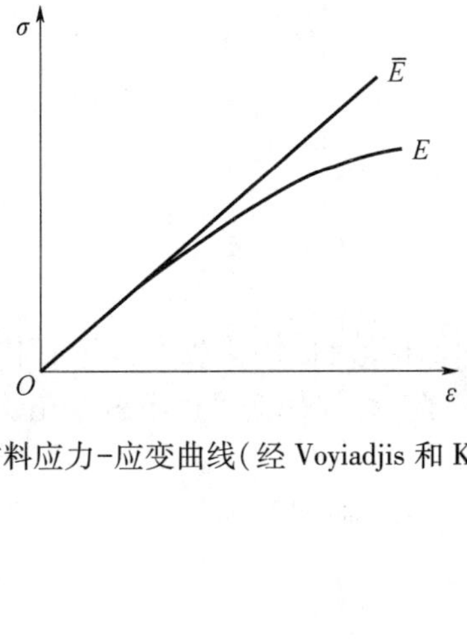

图 2.8　损伤和未损伤材料应力-应变曲线(经 Voyiadjis 和 Kattan 许可转载(2012d))

2.3.2 基于刚度退化的损伤过程

首先对损伤过程进行了研究,基于式(2.22)和式(2.23)中列举的弹性刚度退化来描述,假设多个损伤过程在受损材料内进行,所有过程是弹性的,并经受弹性损伤,这些过程的数目通常假定为 n。

首先考虑由一系列标量损伤变量 l_1、l_2、l_3、…、l_n 描述这些损伤过程的序列,其中损伤通过弹性刚度退化来表征。考虑了两种不同的 n 次损伤过程可能发生的情况。

损伤过程可以依次发生(这称为顺序损伤过程),或者它们可以同时发生(称为并行损伤过程),在本项研究工作中,这种概念描述类似于在弹性弹簧和电路理论中所做的工作,顺序和并行损伤过程的组合在本节中后面部分研究。

首先考虑顺序发生的 n 次损伤过程,见图 2.9,其采用应力-应变曲线说明该过程。设 l_1 是第一损伤过程的第一损伤变量,其对应弹性刚度从 $\bar{E}$ 降到 E_1,设 l_2 是下一损伤过程的损伤变量,其对应弹性刚度从 E_1 降到 E_2,假设以这种方式继续发生一系列顺序损伤过程(即一个接着另一个)直到到达最终损伤过程的最终损伤变量 l_n,其对应弹性刚度从 E_{n-1} 减小到 E_n。基于刚度退化描述的顺序损伤过程如图 2.9 所示。

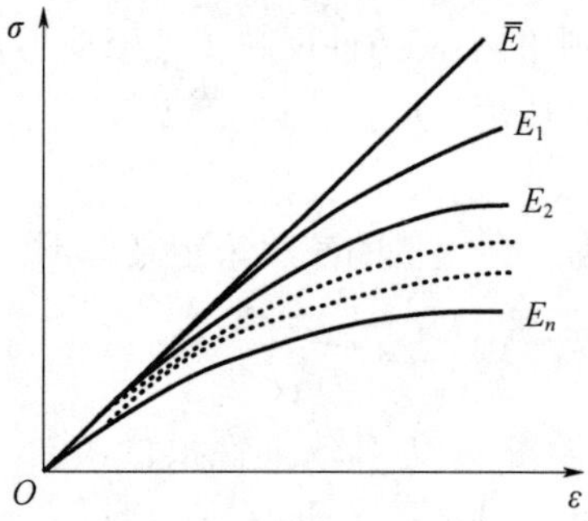

图 2.9 基于刚度退化描述的顺序损伤过程(经 Voyiadjis 和 Kattan 许可转载(2012d))

在这种情况下,根据式(2.22)可以得到下式:

$$\begin{cases} l_1 = \dfrac{\bar{E}-E_1}{E_1} \\ l_2 = \dfrac{E_1-E_2}{E_2} \\ l_3 = \dfrac{E_2-E_3}{E_3} \\ l_n = \dfrac{E_{n-1}-E_n}{E_n} \end{cases} \tag{2.24}$$

然而,如果看一下总的(或累积的)损伤变量 l,假定它代表刚度从有效未损伤刚度 $\bar{E}$ 到最终损伤刚度 E_n 的减小。因此,总损伤变量由下式给出:

$$l = \frac{\bar{E}-E_n}{E_n} \tag{2.25}$$

接下来,考虑以下数学恒等式:

$$\frac{\bar{E}}{E_n}=\frac{\bar{E}}{E_1}\frac{E_1}{E_2}\frac{E_2}{E_3}\cdots\frac{E_{n-1}}{E_n} \tag{2.26}$$

将式(2.24)和式(2.25)代入式(2.26)并简化,可以获得对于顺序损伤过程中的总损伤变量和单个损伤变量之间的以下关系:

$$1+l=(1+l_1)(1+l_2)(1+l_3)\cdots(1+l_n) \tag{2.27}$$

在两个损伤过程 l_1 和 l_2 序列的特殊情况下,式(2.27)可以简化为以下简单形式:

$$l=l_1+l_2+l_1l_2 \tag{2.28}$$

接下来考虑并行发生的 n 个损伤过程,查看图 2.10,其采用应力-应变曲线说明该过程。设 l_1 是第一损伤过程的第一损伤变量,其对应弹性刚度从 $\bar{E}$ 降到 E_1,设 l_2 是第二损伤过程的损伤变量,其对应弹性刚度从 E_1 降到 E_2,假设以这种方式继续并行发生一系列损伤过程(即同时发生)直到到达最终损伤过程的最终损伤变量 l_n,其对应弹性刚度从 E_{n-1} 减小到 E_n。基于刚度退化描述的平行损伤过程的应力-应变曲线如图 2.10 所示。

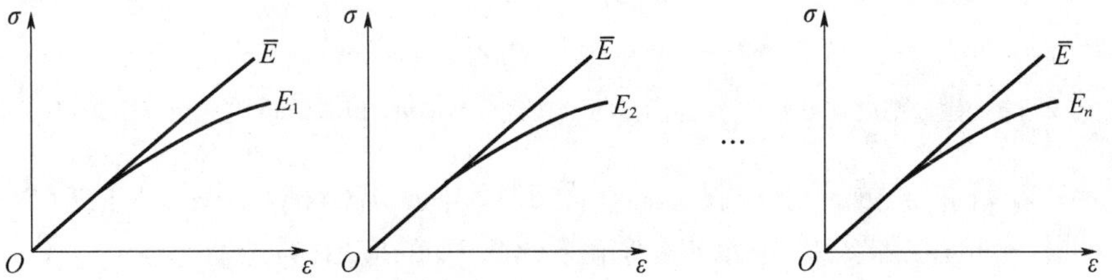

图 2.10　基于刚度退化描述的平行损伤过程的应力-应变曲线
(经 Voyiadjis 和 Kattan 许可转载(2012d))

在这种情况下,根据式(2.22)可以得到下式:

$$\begin{cases} l_1=\dfrac{\bar{E}-E_1}{E_1} \\ l_2=\dfrac{\bar{E}-E_3}{E_3} \\ l_3=\dfrac{\bar{E}-E_3}{E_3} \\ l_n=\dfrac{\bar{E}-E_n}{E_n} \end{cases} \tag{2.29}$$

然而,如果看一下总(或累积)损伤变量 l,如图 2.8 所示,假定它代表刚度从有效未损伤刚度 $\bar{E}$ 到最终损伤刚度 E 的减小。因此,总损伤变量由下式给出:

$$l=\frac{\bar{E}-E}{E} \tag{2.30}$$

为了将总弹性刚度与各个弹性刚度 E_1、E_2、…、E_n 关联起来,应该使用某种形式的归一化过程。然而,为了简单说明引入的概念,选择以下简单关系:

$$E=c_1E_1+c_2E_2+c_2E_2+\cdots+c_nE_n \tag{2.31}$$

式中:c_1、c_2、…、c_n 为需要确定的常数。例如采用 $c_1=c_2=\cdots=c_n=1/n$,那么将总弹性刚度

取为各个弹性刚度的平均值。

将式(2.29)和式(2.30)代入式(2.31)并简化,可以获得对于并行损伤过程中的总损伤变量和单个损伤变量之间的以下关系:

$$\frac{1}{1+l}=\frac{c_1}{1+l_1}+\frac{c_2}{1+l_2}+\frac{c_3}{1+l_3}+\cdots+\frac{c_n}{1+l_n} \tag{2.32}$$

利用两个损伤过程 l_1 和 l_2 并行发生的特殊情况,式(2.32)被简化为以下简单形式:

$$l=\frac{(1+l_1)(1+l_2)}{c_1(1+l_2)+c_2(1+l_1)}-1 \tag{2.33}$$

应该注意的是,Shen 等(2011)使用两个损伤过程的一个序列,他们通过类似于这里给出的框架的方式将其称为顺序归一化。然而,他们只考虑两个损伤过程的顺序发生,而没有考虑它们并行发生。

为了说明顺序和并行发生的这些损伤过程的各种组合,需要采用示意图。在这种情况下,采用弹性弹簧来说明以刚度退化描述的单个损伤过程,如图 2.11 所示。

图 2.11　基于刚度退化的损伤过程示意图(经 Voyiadjis 和 Kattan 许可转载(2012d))

基于图 2.11 的说明,顺序损伤过程在图 2.12 中示出(对应于图 2.9 的应力-应变曲线),并行损伤过程在图 2.13 中示出(对应于图 2.10 的应力-应变曲线)。

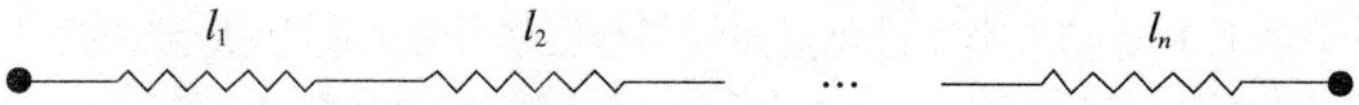

图 2.12　基于刚度退化的顺序损伤过程(经 Voyiadjis 和 Kattan 许可转载(2012d))

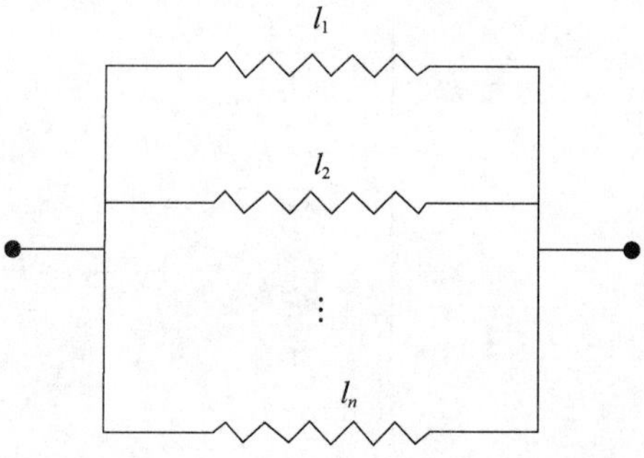

图 2.13　基于刚度退化的并行损伤过程(经 Voyiadjis 和 Kattan 许可转载(2012d))

下面考虑上述损伤过程的几种组合。首先考虑一系列 n 次顺序损伤过程(用损伤变量 l_1、l_2、l_3、…、l_n 表征),接着是 m 次并行损伤过程(用损伤变量 l'_1,l'_2,l'_3、…、l'_m表征),如图 2.14 所示。

在这种情形下,可以考虑第一系列顺序损伤过程用单个总损伤变量 l_A 表征,而第二系列并行损伤过程可以用单个总损伤变量 l_B 表征,如图 2.15 所示。

图 2.15 中的损伤过程显然是依次发生的。因此,总损伤变量 l 由下式(基于式(2.27))给出:

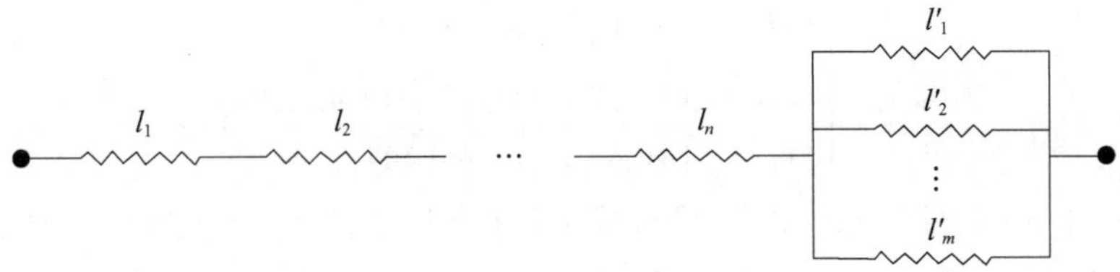

图 2.14　顺序损伤过程接着并行损伤过程(经 Voyiadjis 和 Kattan 许可转载(2012d))

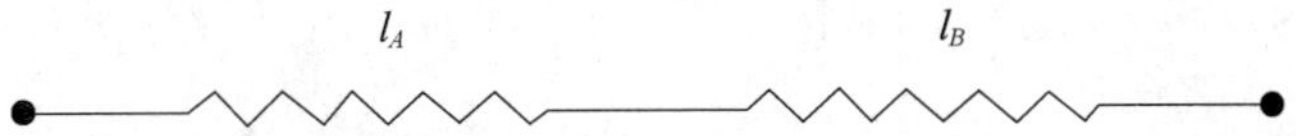

图 2.15　对图 2.14 两系列损伤过程的表征(经 Voyiadjis 和 Kattan 许可转载(2012d))

$$1+l=(1+l_A)(1+l_B) \tag{2.34}$$

式中:l_A 和 l_B 分别由式(2.27)和式(2.32)获得。因此,展开式(2.34)可以得到以下描述图 2.14 中损伤过程总损伤变量的广义表达式:

$$1+l=\frac{(1+l_1)(1+l_2)\cdots(1+l_n)}{\dfrac{c_1}{1+l'_1}+\dfrac{c_2}{1+l'_2}+\cdots+\dfrac{c_m}{1+l'_m}} \tag{2.35}$$

接下来,考虑顺序损伤和并行损伤过程的另一种组合,这个损伤过程在图 2.16 中示意给出,考虑在并行损伤过程同时发生几个系列的顺序损伤过程(由损伤变量序列 l_1、l_2、…、l_n 和 m_1、m_2、…、m_m,p_1、p_2、…、p_r 表征)。

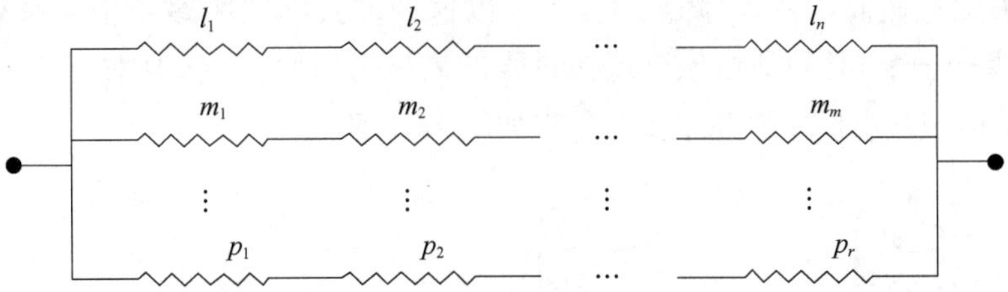

图 2.16　在并行损伤过程中发生的几个顺序损伤过程(经 Voyiadjis 和 Kattan 许可转载(2012d))

在这种情况下,将顺序损伤过程的每个序列由单个总损伤变量 l_A、l_B、…、l_Z 来表征,如图 2.17 所示。

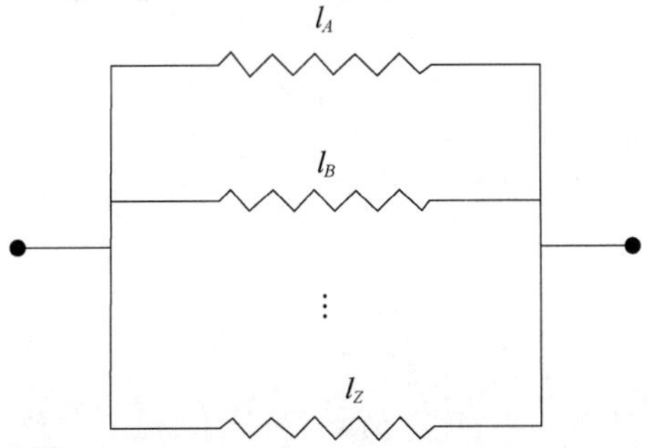

图 2.17　图 2.16 中损伤过程的表征(经 Voyiadjis 和 Kattan 许可转载(2012d))

在这种情况下,单个总损伤变量 l_A、l_B、…、l_Z 可以由式(2.27)中得到如下:

$$\begin{cases}1+l_A=(1+l_1)(1+l_2)\cdots(1+l_n)\\1+l_B=(1+m_1)(1+m_2)\cdots(1+m_m)\\1+l_Z=(1+p_1)(1+p_2)\cdots(1+p_r)\end{cases}\tag{2.36}$$

最后,利用式(2.32)和式(2.36)可以得到如下描述图 2.16 中损伤过程总损伤变量的表达式:

$$\frac{1}{1+l}=\frac{c_A}{(1+l_1)(1+l_2)\cdots(1+l_n)}+\frac{c_B}{(1+m_1)(1+m_2)\cdots(1+m_m)}+\cdots+\frac{c_Z}{(1+p_1)(1+p_2)\cdots(1+p_r)}\tag{2.37}$$

2.3.3 基于截面面积减小的损伤过程

本节将研究式(2.20)和图 2.7 中所概述的基于截面积减小的损伤过程,假设多个损伤过程在受损材料内进行,假设所有过程是弹性的,并经受弹性损伤,这些过程的数目通常假定为 n。

首先考虑由一系列标量损伤变量 ϕ_1、ϕ_2、…、ϕ_n 描述的这些损伤过程的序列,其中损伤通过截面积减小来表征。考虑两种不同的 n 次损伤过程可能发生的情况,损伤过程可以依次发生(这称为顺序损伤过程),或者它们可以同时发生(称为并行损伤过程),这种概念描述类似于在弹性弹簧和电路理论中所做的工作。此外还研究了顺序和并行损伤过程的组合。

首先考虑发生的 n 次顺序损伤过程,查看图 2.18,其采用截面积说明该过程。设 ϕ_1 是第一损伤过程的第一损伤变量,其对应截面积从 A_1 降到 A_2,设 ϕ_2 是下一损伤过程的损伤变量,其对应截面积从 A_2 降到 A_3,假设以这种方式继续顺序发生一系列损伤过程(即一个接着另一个)直到到达最终损伤过程的最终损伤变量 ϕ_n,其对应截面积从 A_n 降到 $\bar{A}$,基于截面积减小描述的顺序损伤过程如图 2.18 所示。

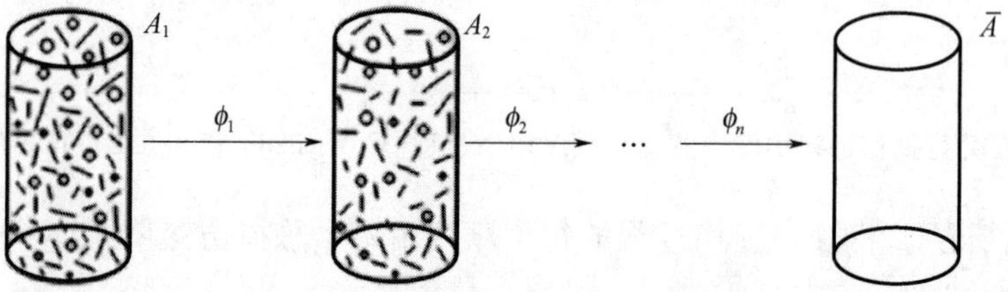

图 2.18 基于截面积减小描述的顺序损伤过程(经 Voyiadjis 和 Kattan 许可转载(2012d))

在这种情况下,根据式(2.20)可以得到下式:

$$\begin{cases}\phi_1=\dfrac{A_1-A_2}{A_1}\\\phi_2=\dfrac{A_2-A_3}{A_2}\\\phi_3=\dfrac{A_3-A_4}{A_3}\\\phi_n=\dfrac{A_n-\bar{A}}{A_n}\end{cases}\tag{2.38}$$

总损伤变量 ϕ 定义为初始损伤面积 A_1 相对于有效未损伤面积 $\bar{A}$ 的减小，具体如下：

$$\phi=\frac{A_1-\bar{A}}{A_1} \tag{2.39}$$

接下来定义如下数学恒等式：

$$\frac{\bar{A}}{A_1}=\frac{\bar{A}}{A_n}\quad\frac{A_n}{A_{n-1}}\cdots\frac{A_3}{A_2}\frac{A_2}{A_1} \tag{2.40}$$

将式(2.38)和式(2.39)代入式(2.40)并简化，可以获得如下基于单个损伤变量的总损伤变量的广义表达式：

$$1-\phi=(1-\phi_1)(1-\phi_2)(1-\phi_3)\cdots(1-\phi_n) \tag{2.41}$$

在仅有 ϕ_1 和 ϕ_2 两个过程顺序发生的特殊情况下，那么式(2.41)可简化为以下简单形式：

$$\phi=\phi_1+\phi_2-\phi_1\phi_2 \tag{2.42}$$

Kattan 和 Voyiadjis(2001a)考虑损伤材料中孔洞和裂纹的存在，在将损伤张量分解为两个分量的前提下，导出了式(2.42)。这里提出的公式更通用，并以一种特例包括了 Kattan 和 Voyiadjis(2001a)的工作。

接下来考虑并行发生的 n 次损伤过程，查看图 2.19，其采用截面积减小说明该过程。设 ϕ_1 是第一损伤过程的第一损伤变量，其对应截面积从 A_1 降到 $\bar{A}$。设 ϕ_2 是第二损伤过程的损伤变量，其对应截面积从 A_2 降到 $\bar{A}$。假设以这种方式继续并行发生一系列损伤过程(即同时发生)直到到达最终损伤过程的最终损伤变量 ϕ_n，其对应截面积从 A_n 降到 $\bar{A}$。基于截面积减小描述的平行损伤过程如图 2.19 所示。

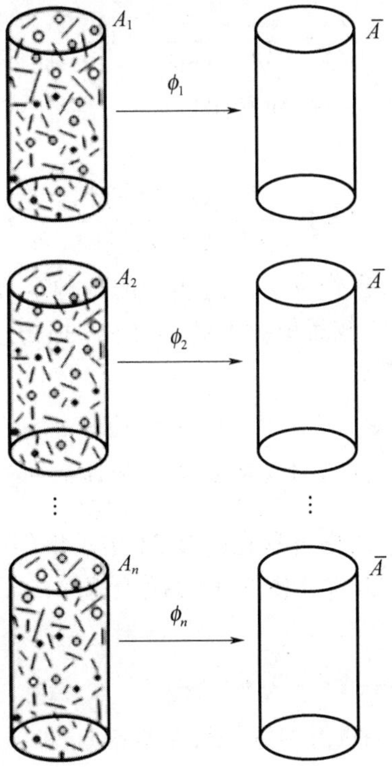

图 2.19　基于截面积减小描述的平行损伤过程(经 Voyiadjis 和 Kattan 许可转载(2012d))

在这种情况下,根据式(2.20)可以得到下式:

$$\begin{cases} \phi_1 = \dfrac{A_1 - \bar{A}}{A_1} \\ \phi_2 = \dfrac{A_2 - \bar{A}}{A_2} \\ \phi_3 = \dfrac{A_3 - \bar{A}}{A_3} \\ \phi_n = \dfrac{A_n - \bar{A}}{A_n} \end{cases} \tag{2.43}$$

然而,总(或累积)损伤变量 ϕ,如图 2.7 所示,假定它代表截面积从损伤面积 A 到有效未损伤面积 $\bar{A}$ 的减小。因此,总损伤变量由下式给出:

$$\phi = \frac{A - \bar{A}}{A} \tag{2.44}$$

为了将总损伤面积与各个损伤面积 A_1、A_2、…、A_n 关联起来,应该使用某种形式的归一化过程。然而,为了简单说明引入的概念,选择以下简单关系:

$$A = c_1 A_1 + c_2 A_2 + \cdots + c_n A_n \tag{2.45}$$

式中:c_1、c_2、…、c_n 为需要确定的常数。例如采用 $c_1 = c_2 = \cdots = c_n = 1/n$,那么将总损伤面积取为各个损伤面积的平均值。

将式(2.43)和式(2.44)代入式(2.45)并简化,可以获得对于并行损伤过程中的总损伤变量和单个损伤变量之间的以下关系:

$$\frac{1}{1-\phi} = \frac{c_1}{1-\phi_1} + \frac{c_2}{1-\phi_2} + \cdots + \frac{c_n}{1-\phi_n} \tag{2.46}$$

利用两个损伤过程 ϕ_1 和 ϕ_2 并行发生的特殊情况,式(2.46)被简化为以下简单形式:

$$\phi = 1 - \frac{(1-\phi_1)(1-\phi_2)}{c_1(1-\phi_2) + c_2(1-\phi_1)} \tag{2.47}$$

为了说明顺序损伤和并行损伤发生的过程中的各种组合,需要采用示意图。在这种情况下,采用弹性弹簧来说明以截面积减小描述的单个损伤过程,如图 2.20 所示。

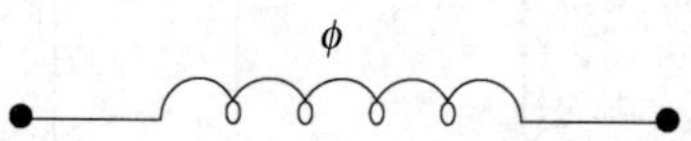

图 2.20 基于截面积减小的损伤过程示意图(经 Voyiadjis 和 Kattan 许可转载(2012d))

基于图 2.20 的说明,顺序损伤过程在图 2.21 中示出(对应于图 2.18 的截面积),并行损伤过程在图 2.22 中示出(对应于图 2.19 的截面积)。

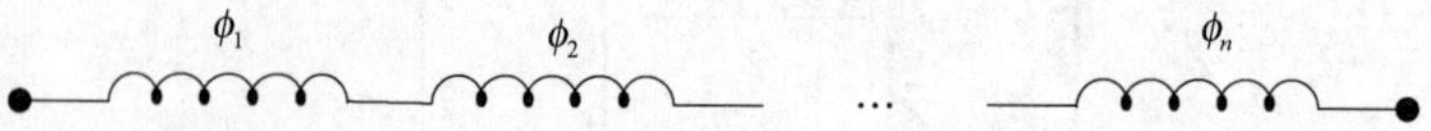

图 2.21 基于截面积减小的顺序损伤过程(经 Voyiadjis 和 Kattan 许可转载(2012d))

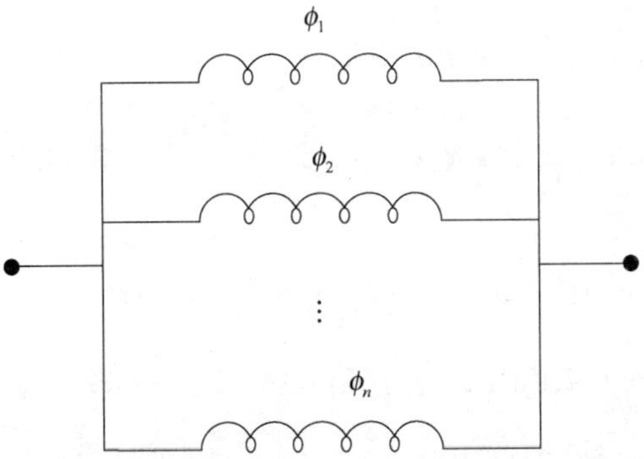

图 2. 22　基于截面积减小的并行损伤过程(经 Voyiadjis 和 Kattan 许可转载(2012d))

现在考虑上述损伤过程的几种组合。首先考虑一系列 n 次顺序损伤过程(用损伤变量 ϕ_1、ϕ_2、…、ϕ_n 表征),接着是 m 次并行损伤过程(用损伤变量 $\phi'_1,\phi'_2,\cdots,\phi'_m$表征),如图 2. 23 所示。

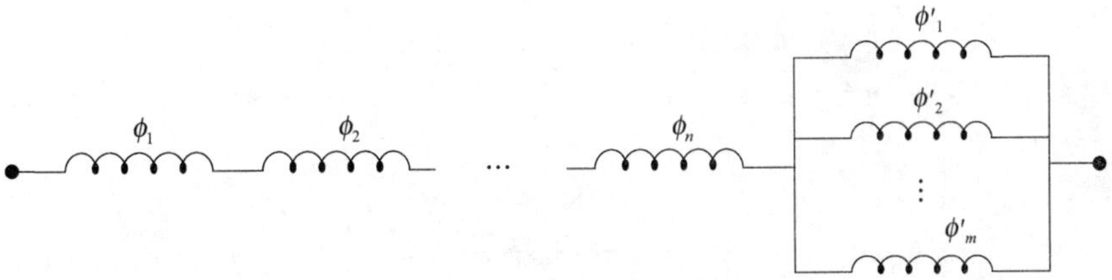

图 2. 23　顺序损伤过程接着并行损伤过程(经 Voyiadjis 和 Kattan 许可转载(2012d))

在这种情形下,可以考虑第一系列顺序损伤过程用单个总损伤变量 ϕ_A 表征,而第二系列并行损伤过程可以用单个总损伤变量 ϕ_B 来表征,如图 2. 24 所示。

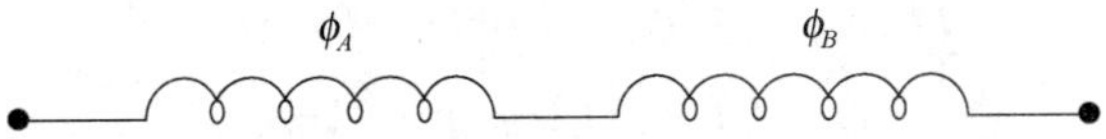

图 2. 24　对图 2. 23 两系列损伤过程的表征(经 Voyiadjis 和 Kattan 许可转载(2012d))

图 2. 24 中的损伤过程显然是顺序发生的。因此,总损伤变量 ϕ 由下式(基于式(2. 41))给出:

$$1-\phi=(1-\phi_A)(1-\phi_B) \tag{2.48}$$

式中:ϕ_A 和 ϕ_B 分别由式(2. 41)和式(2. 46)获得。因此,展开式(2. 48)可以得到以下描述图 2. 23 中损伤过程总损伤变量的广义表达式:

$$1-\phi=\frac{(1-\phi_1)(1-\phi_2)\cdots(1-\phi_n)}{\dfrac{c_1}{1-\phi'_1}+\dfrac{c_2}{1-\phi'_2}+\cdots+\dfrac{c_m}{1-\phi'_m}} \tag{2.49}$$

考虑顺序损伤和并行损伤过程的另一种组合,这个损伤过程在图 2. 25 中示意给出,考虑在并行损伤过程同时发生几个系列顺序损伤过程(由损伤变量序列 ϕ_1、ϕ_2、…、ϕ_n 和 ψ_1、ψ_2、…、ψ_m,ρ_1、ρ_2、…、ρ_r 表征)。

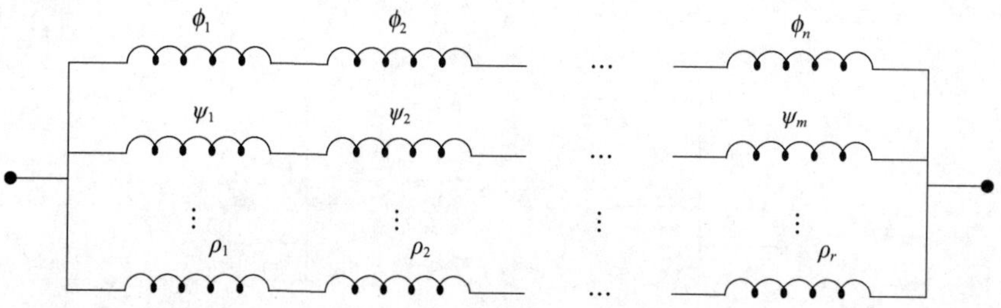

图 2.25　在并行损伤过程中发生的几个顺序损伤过程(经 Voyiadjis 和 Kattan 许可转载(2012d))

在这种情况下,将顺序损伤过程每个序列由单个总损伤变量 ϕ_A、ϕ_B、…、ϕ_Z 来表征,如图 2.26 所示。

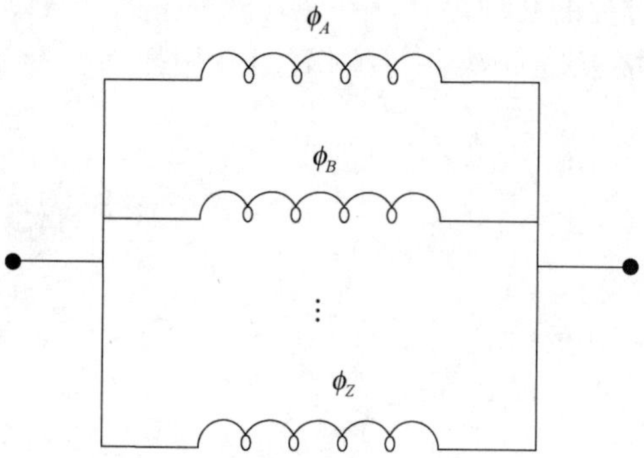

图 2.26　图 2.25 损伤过程的表征(经 Voyiadjis 和 Kattan 许可转载(2012d))

在这种情况下,单个总损伤变量 ϕ_A、ϕ_B、…、ϕ_Z 可以由式(2.41)得到:

$$\begin{cases}1-\phi_A=(1-\phi_1)(1-\phi_2)\cdots(1-\phi_n)\\1-\phi_B=(1-\psi_1)(1-\psi_2)\cdots(1-\psi_m)\\1-\phi_Z=(1-\rho_1)(1-\rho_2)\cdots(1-\rho_r)\end{cases}\tag{2.50}$$

最后,利用式(2.46)和式(2.50)可以得到如下描述图 2.25 中损伤过程总损伤变量的表达式:

$$\frac{1}{1-\phi}=\frac{c_A}{(1-\phi_1)(1-\phi_2)\cdots(1-\phi_n)}+\frac{c_B}{(1-\psi_1)(1-\psi_2)\cdots(1-\psi_m)}+\cdots+\frac{c_Z}{(1-\rho_1)(1-\rho_2)\cdots(1-\rho_r)}\tag{2.51}$$

2.3.4　说明实例

本节给出了一个简单的例子来说明,损伤系统中发生四个损伤过程,个别损伤过程没有指定,但用各自的损伤变量来表示。本示例的目的是说明如何处理涉及不同类型的损伤过程的情况,在这种情况下,基于刚度退化来描述两个损伤过程(由损伤变量 l_O 和 $2l_O$ 表征),而另外两个损伤过程基于横截面积减小来描述(由 ϕ_O 和 $3\phi_O$ 表征)。在图 2.27 中示意性给出了这种特定的损伤系统,这个例子的解将有几种解释和重要的含义。

在试图解决这个简单的例子时,首先需要减少用损伤变量 $2l_O$ 和 $3\phi_O$ 代表的并行操作的两个损伤过程,这两种混合平行损伤过程的净结果可以用两种不同的方式来描述,这个净结果被描述为基于刚度退化的损伤过程，在这种情况下，用损伤变量 l' 指定得到的损伤状态。或者，可以将净结果描述为基于横截面积减小的损伤过程，在这种情况下，用损伤变量 ϕ' 代表得到的损伤状态，这两种不同的替代方案分别如图 2.28 和图 2.29 所示。

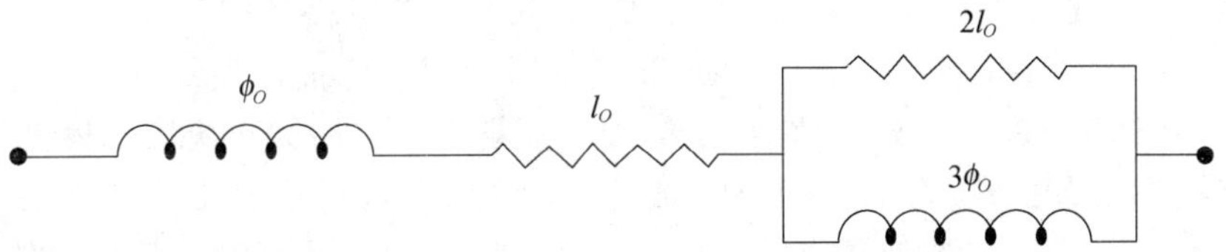

图 2.27　说明实例（经 Voyiadjis 和 Kattan 许可转载（2012d））

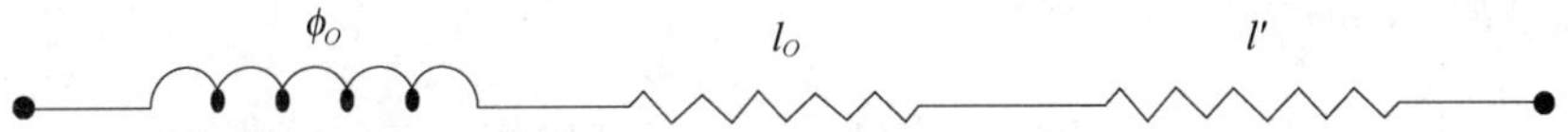

图 2.28　说明实例的第一个可选解（经 Voyiadjis 和 Kattan 许可转载（2012d））

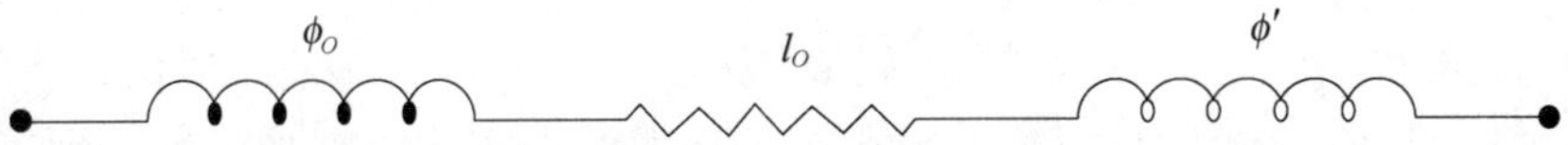

图 2.29　说明实例的第二个可选解（经 Voyiadjis 和 Kattan 许可转载（2012d））

基于式（2.32）和式（2.46），可以得到下列关于两个变量 l' 和 ϕ' 的公式：

$$\frac{1}{1+l'}=\frac{c_1}{1+2l_O}+\frac{c_2}{1-3\phi_O} \tag{2.52}$$

$$\frac{1}{1-\phi'}=\frac{d_1}{1+2l_O}+\frac{d_2}{1-3\phi_O} \tag{2.53}$$

式中：c_1、c_2、d_1、d_2 为常数。在最简单的情况下，可以给常数 c_1、c_2、d_1、d_2 均赋值为 1/2，在这种情况下，这是一个平均过程。应该注意的是式（2.52）和式（2.53）不应一起使用，根据对损伤过程结果的预期，可以选择式（2.52）或式（2.53）。

在最后一步中，图 2.27 所示的材料系统的最终损伤状态可以用刚度退化或截面积减小表征。在刚度退化的第一种情况下，最终损伤状态由损伤变量 l 表示，而在截面积减小的第二种情况下，最终损伤状态是由损伤变量 ϕ 表示。利用式（2.27）和式（2.41）以及式（2.52）和式（2.53），可以写出以下关于损伤变量 l 和 ϕ 的可选表达式：

$$1+l=\frac{(1-\phi_O)(1+l_O)}{\dfrac{c_1}{1+2l_O}+\dfrac{c_2}{1-3\phi_O}} \tag{2.54}$$

$$1+l=\frac{(1-\phi_O)(1+l_O)}{\dfrac{d_1}{1+2l_O}+\dfrac{d_2}{1-3\phi_O}} \tag{2.55}$$

$$1-\phi=\frac{(1-\phi_O)(1+l_O)}{\dfrac{c_1}{1+2l_O}+\dfrac{c_2}{1-3\phi_O}} \tag{2.56}$$

$$1-\phi=\frac{(1-\phi_O)(1+l_O)}{\dfrac{d_1}{1+2l_O}+\dfrac{d_2}{1-3\phi_O}} \tag{2.57}$$

应该注意的是式(2.54)、式(2.55)、式(2.56)和式(2.57)是图2.27所描述的损伤系统最终损伤状态的四个可选项。如果决定用刚度退化描述最终损伤状态,那么应该采用式(2.54)或式(2.55),并使用最终损伤变量 l。另外,如果决定用横截面积减少描述最终损伤状态,则应采用式(2.56)或式(2.57),并利用最终损伤变量 ϕ。应该记住式(2.54)~式(2.57)是对图2.27所示的损伤状态的四种可能解释,这四种不同的解释也是等价的。

2.3.5 变形与损伤的三维状态

本节提出了将前面讨论的概念推广到三维变形和损伤状态的可能性,为此,使用张量损伤变量代替标量损伤变量。此外,张量损伤变量将以它们相关矩阵的形式来表示。

基于刚度退化描述的损伤状态可以容易地推广到三维状态,其通过采用四阶弹性张量直接进行,这个张量将以它的相关矩阵$[\boldsymbol{E}]$表示,剩下的任务就是以损伤张量的适当形式来描述这种情况。而另一种以横截面积减少描述的损伤状态则难以推广到三维状态,这是因为难以沿三个垂直方向推广横截面积。在文献(Murakami,1988)中使用第四级损伤效应张量$[\boldsymbol{M}]$对横截面进行了推广,然而,这种情况在这里不继续讨论,该公式仅限于第一种损伤状态。

将式(2.22)推广到三维变形和损伤状态可以采用Voyiadjis和Kattan(2009)最初提出的以下两个可选表达式来进行:

$$[\boldsymbol{L}]^{(1)}=([\bar{\boldsymbol{E}}]+[\boldsymbol{E}])[\boldsymbol{E}]^{-1} \tag{2.58}$$

$$[\boldsymbol{L}]^{(2)}=[\boldsymbol{E}]^{-1}([\bar{\boldsymbol{E}}]-[\boldsymbol{E}]) \tag{2.59}$$

式中:$[\boldsymbol{E}]$和$[\bar{\boldsymbol{E}}]$分别为四阶损伤和有效未损伤弹性张量的矩阵;$[\boldsymbol{L}]^{(1)}$和$[\boldsymbol{L}]^{(2)}$为由标量损伤变量 l 推广的两个可能矩阵。

式(2.58)和式(2.59)是基于弹性模量减小的广义损伤状态的两种可选描述,利用上述两个公式来研究它们在顺序损伤和并行损伤时的损伤状态。

对于顺序损伤过程,采用与式(2.24)~式(2.27)对标量情况相同的推导,由式(2.58)和式(2.59)可以获得以下最终结果:

$$[\boldsymbol{I}]+[\boldsymbol{L}]^{(1)}=([\boldsymbol{I}]+[\boldsymbol{L}]_1^{(1)})([\boldsymbol{I}]+[\boldsymbol{L}]_2^{(1)})([\boldsymbol{I}]+[\boldsymbol{L}]_3^{(1)})\cdots([\boldsymbol{I}]+[\boldsymbol{L}]_n^{(1)}) \tag{2.60}$$

$$[\boldsymbol{I}]+[\boldsymbol{L}]^{(2)}=([\boldsymbol{I}]+[\boldsymbol{L}]_1^{(2)})([\boldsymbol{I}]+[\boldsymbol{L}]_2^{(2)})([\boldsymbol{I}]+[\boldsymbol{L}]_3^{(2)})\cdots([\boldsymbol{I}]+[\boldsymbol{L}]_n^{(2)}) \tag{2.61}$$

式中:$\boldsymbol{L}_k^{(1)}$ 和$\boldsymbol{L}_k^{(2)}$ 为单个损伤过程的损伤张量,在顺序序列中,$k=1、2、3、\cdots、n$;$[\boldsymbol{I}]$为恒张量的单位矩阵。显然,式(2.60)和式(2.61)是式(2.27)的两个可能推广。

对于并行损伤过程,采用与式(2.29)~式(2.32)对标量情况相同的推导,由式(2.58)和式(2.59)可以获得以下最终结果:

$$([\boldsymbol{I}]+[\boldsymbol{L}]^{(1)})^{-1}=c_1([\boldsymbol{I}]+[\boldsymbol{L}]_1^{(1)})^{-1}+c_2([\boldsymbol{I}]+[\boldsymbol{L}]_2^{(1)})^{-1}+\cdots+c_n([\boldsymbol{I}]+[\boldsymbol{L}]_n^{(1)})^{-1} \tag{2.62}$$

$$([\boldsymbol{I}]+[\boldsymbol{L}]^{(2)})^{-1}=c_1([\boldsymbol{I}]+[\boldsymbol{L}]_1^{(2)})^{-1}+c_2([\boldsymbol{I}]+[\boldsymbol{L}]_2^{(2)})^{-1}+\cdots+c_n([\boldsymbol{I}]+[\boldsymbol{L}]_n^{(2)})^{-1} \tag{2.63}$$

式中：$\boldsymbol{L}_k^{(1)}$ 和$\boldsymbol{L}_k^{(2)}$ 代表单个损伤过程的损伤张量，在并行序列中，$k=1、2、3、\cdots、n$；$[\boldsymbol{I}]$为恒张量的单位矩阵。显然，式(2.62)和式(2.63)是式(2.32)的两个可能推广。

基于截面积减小描述的一般损伤状态，可以采用 Murakami(1988) 以及 Voyiadjis 和 Kattan(2009)所用的四阶损伤张量$[\boldsymbol{M}]$来推导这种情况的广义公式，与标量情况的式(2.41)和式(2.46)相对应。式(2.21)的普遍性在文献中是众所周知的，可以写成以下形式：

$$\{\bar{\boldsymbol{\sigma}}\} = [\boldsymbol{M}]\{\boldsymbol{\sigma}\} \tag{2.64}$$

然而，这种类型的推广并不简单，这里将不讨论，原因是，在这种情况下，需要利用一个假设来推导所需的公式，通常采用等效弹性应变假设或等效弹性能量假设，为了保持当前概念框架内公式的简易性，在本项研究工作中将采用这些假设，感兴趣的读者在研究这两个假设以及 Voyiadjis 和 Kattan(2009)提出的相关损伤张量之后，可以自己继续这条思路。

2.4　小　　结

本章由两部分组成。第一部分论述了不可损伤材料的全新概念，这种类型的材料目前是假想的，并希望未来的技术能够将它们制造出来。不可损伤材料理论提出了一种无应力材料，该材料承受变形且同时保持损伤变量为零，并推导了这些材料的精确应力-应变关系。在第二部分针对两种类型的损伤过程，推导了概念框架——一些过程是按顺序发生的(连续发生的或彼此跟随的)而一些过程是并行发生的(一起发生的或同时发生的)，描述了这两种类型损伤过程的完整数学推导。最后，通过实例验证了该理论。

参考文献

O. P. Allix, P. Ladeveze, D. Gilleta, R. Ohayon, A damage prediction method for composite structures. Int. J. Numer. Method. Eng. 27(2), 271-283(1989)

E. M. Arruda, M. C. Boyce, A three-dimensional constitutive model for the large stretch behavior of rubber elastic materials. J. Mech. Phys. Solids 41(2), 389-412(1993)

A. F. Bower, Advanced Mechanics of Solids(CRC Press, Boca Ration, FL, USA, 2009)

B. Budiansky, R. J. O'Connell, Elastic moduli of a cracked solid. Int. J. Solids Struct. 12, 81-97(1976)

A. Cauvin, R. Testa, Damage mechanics: basic variables in continuum theories. Int. J. Solids Struct. 36, 747-761 (1999)

D. J. Celentano, P. E. Tapia, J-L. Chaboche, Experimental and numerical characterization of damage evolution in steels, in MecanicaComputacional, vol. XXⅢ, eds. by G. Buscaglia, E. Dari, O. Zamonsky(Bariloche, 2004)

C. Chow, J. Wang, An anisotropic theory of elasticity for continuum damage mechanics. Int. J. Fract. 33, 3-16 (1987)

I. Doghri, Mechanics of Deformable Solids: Linear and Nonlinear, Analytical and Computational Aspects(Springer, Berlin, 2000)

N. R. Hansen, H. L. Schreyer, A thermodynamically consistent framework for theories of elastoplasticity coupled with damage. Int. J. Solids Struct. 31(3), 359-389(1994)

L. Kachanov, On the creep fracture time. Izv. Akad. Nauk USSR Otd. Tech. 8, 26–31(1958)(in Russian)

P. I. Kattan, G. Z. Voyiadjis, A coupled theory of damage mechanics and finite strain elasto-plasticity-part Ⅰ: damage and elastic deformations. Int. J. Eng. Sci. 28(5), 421–435(1990)

P. I. Kattan, G. Z. Voyiadjis, A plasticity-damage theory for large deformation of solids-part Ⅱ: applications to finite simple shear. Int. J. Eng. Sci. 31(1), 183–199(1993a)

P. I. Kattan, G. Z. Voyiadjis, Overall damage and elastoplastic deformation in fibrous metal matrix composites. Int. J. Plast. 9, 931–949(1993b)

P. I. Kattan, G. Z. Voyiadjis, Decomposition of damage tensor in continuum damage mechanics. J. Eng. Mech. ASCE 127(9), 940–944(2001a)

P. I. Kattan, G. Z. Voyiadjis, Damage Mechanics with Finite Elements: Practical Applications with Computer Tools(Springer, Berlin, 2001b)

D. Krajcinovic, Damage Mechanics(Elsevier, Amsterdam, 1996)

P. Ladeveze, M. Poss, L. Proslier, Damage and fracture of tridirectional composites, in Progress in Science and Engineering of Composites. Proceedings of the Fourth International Conferenceon Composite Materials, vol. 1 (Japan Society for Composite Materials, Tokyo, Japan, 1982) pp. 649–658

H. Lee, K. Peng, J. Wang, An anisotropic damage criterion for deformation instability and itsapplication to forming limit analysis of metal plates. Eng. Fract. Mech. 21, 1031–1054(1985)

J. Lemaitre, How to use damage mechanics. Nucl. Eng. Des. 80, 233–245(1984)

V. Lubarda, D. Krajcinovic, Damage tensors and the crack density distribution. Int. J. SolidsStruct. 30(20), 2859–2877(1993)

B. Luccioni, S. Oller, A directional damage model. Comput. Method. Appl. Mech. Eng. 192, 1119–1145(2003)

S. Murakami, Mechanical modeling of material damage. ASME J. Appl. Mech. 55, 280–286(1988)

S. Murakami, Continuum damage mechanics, A Continuum Mechanics Approach to the Analysis of Damage and Fracture(Springer, Dordrecht; New York, USA, 2012)

J. M. Nichols, A. B. Abell, Implementing the degrading effective stiffness of masonry in a finiteelement model, in North American Masonry Conference, Clemson, 2003

J. M. Nichols, Y. Z. Totoev, Experimental investigation of the damage mechanics of masonry underdynamic in-plane loads, in North American Masonry Conference, Austin, 1999

Y. Rabotnov, Creep rupture, in Proceedings, Twelfth International Congress of Applied Mechanics, Stanford, 1968, eds. by M. Hetenyi, W. G. Vincenti(Springer, Berlin, 1969) pp 342–349

J. R. Rice, Inelastic constitutive relations for solids: an internal variable theory and its applicationto metal plasticity. J. Mech. Phys. Solids 19, 433–455(1971)

J. Shen, J. Mao, G. Reyes, C. L. Chow, J. Boileau, X. Su, J. Wells, A multiresolution transformationrule of material defects. Int. J. Damage Mech. 18(11), 739–758(2011)

F. Sidoroff, Description of anisotropic damage application to elasticity, in IUTAM Colloquium on Physical Nonlinearities in Structural Analysis(Springer, Berlin, 1981), pp. 237–244

V. V. Silberschmidt, Model of matrix cracking in carbon fiber-reinforced cross-ply laminates. Mech. Compos. Mater. Struct. 4(1), 23–38(1997)

G. Z. Voyiadjis, Degradation of elastic modulus in elastoplastic coupling with finite strains. Int. J. Plast. 4, 335–353(1988)

G. Z. Voyiadjis, P. I. Kattan, A coupled theory of damage mechanics and finite strain elastoplasticity-part Ⅱ: damage and finite strain plasticity. Int. J. Eng. Sci. 28(6), 505–524(1990)

G. Z. Voyiadjis, P. I. Kattan, A plasticity-damage theory for large deformation of solids-part Ⅰ: theoretical formulation. Int. J. Eng. Sci. 30(9), 1089–1108(1992)

G. Z. Voyiadjis, P. I. Kattan, On the symmetrization of the effective stress tensor in continuumdamage mechanics. J. Mech. Behav. Mater. 7(2), 139–165(1996)

G. Z. Voyiadjis, P. I. Kattan, Advances in Damage Mechanics: Metals and Metal Matrix Composites(Elsevier Science, Amsterdam, 1999)

G. Z. Voyiadjis, P. I. Kattan, Damage Mechanics(Taylor and Francis/CRC Press, Boca Raton, FL, USA, 2005)

G. Z. Voyiadjis, P. I. Kattan, Advances in Damage Mechanics: Metals and Metal Matrix Compositeswith an Introduction to Fabric Tensors, 2nd edn. (Elsevier, Amsterdam, 2006a)

G. Z. Voyiadjis, P. I. Kattan, A new fabric-based damage tensor. J. Mech. Behav. Mater. 17(1), 31–56(2006b)

G. Z. Voyiadjis, P. I. Kattan, Damage mechanics with fabric tensors. Mech. Adv. Mater. Struct. 13(4), 285–301 (2006c)

G. Z. Voyiadjis, P. I. Kattan, Evolution of fabric tensors in damage mechanics of solids with microcracks: part Ⅰ –theory and fundamental concepts. Mech. Res. Commun. 34(2), 145–154(2007a)

G. Z. Voyiadjis, P. I. Kattan, Evolution of fabric tensors in damage mechanics of solids with microcracks: part Ⅱ –evolution of length and orientation of micro-cracks with an application to uniaxial tension. Mech. Res. Commun. 34(2), 155–163(2007b)

G. Z. Voyiadjis, P. I. Kattan, A comparative study of damage variables in continuum damage mechanics. Int. J. Damage Mech. 18(4), 315–340(2009)

G. Z. Voyiadjis, P. I. Kattan, A new class of damage variables in continuum damage mechanics. J. Eng. Mater. Technol. Trans. ASME 134(2), 021016-1-10(2012a)

G. Z. Voyiadjis, P. I. Kattan, Introduction to the mechanics and design of undamageable materials. Int. J. Damage Mech. 22(3), 323–335(2012b)

G. Z. Voyiadjis, P. I. Kattan, On the theory of elastic undamageable materials. J. Eng. Mater. Technol. Trans. ASME 135(2), 021002-1-6(2012c)

G. Z. Voyiadjis, P. I. Kattan, Mechanics of damage processes in series and in parallel: a conceptual framework. Acta Mech. 223(9), 1863–1878(2012d)

G. Z. Voyiadjis, M. A. Yousef, P. I. Kattan, New tensors for anisotropic damage in continuum damage mechanics. J. Eng. Mater. Technol. Trans. ASME 134(2), 021015-1-7(2012)

第3章　结构张量在有微裂纹固体的连续损伤力学中的应用

George Z. Voyiadjis, Peter I. Kattan, Ziad N. Taqieddin

摘　要

本章在经典弹性理论的框架下,提出了一个将连续损伤力学与结构张量概念联系起来的新公式,采用了一个四阶损伤张量,并对其与结构张量的精确关系进行了说明,利用结构张量建立了方向相关数据的损伤力学模型。通过两个已解决的实例对新公式在微裂纹分布中的应用进行了很好的说明,第一个实例考虑了微裂纹分布,其数据由圆形直方图表示,在这种情况下计算结构张量和损伤张量的值。第二个实例研究两组具有两个不同取向的平行微裂纹分布。

提出了损伤力学的广义假设,可以看到,等效弹性应变和等效弹性能量的两个可用假设可以作为广义假设的特殊情况来获得,然后利用这个广义假设来推导损伤张量与结构张量之间的关系。最后,基于合理的热力学原理,以数学一致性的方式导出了损伤张量的演化。

3.1　引　言

这项研究工作的主要目的是试图找到一个具有物理意义的损伤张量。连续损伤力学学科自其开始以来一直饱受争议,因为损伤张量的概念不是建立在一个合理的物理背景上的。本项研究工作的主题是尝试将损伤张量与结构张量概念联系起来,因为结构张量概念具有有效和令人信服的物理意义。Kanatani(1984a)以公式表达了结构张量并以其描述方向相关的数据和微观结构的各向异性,Lubarda 和 Krajcinovic(1993)进一步对其进行阐述,用来描述裂纹分布。

Satake(1982)将结构张量的概念应用到了颗粒材料中。由于结构(如裂纹分布或颗粒等的分布性的数据)引起的各向异性用法向张量表征(对于颗粒材料中的裂纹或接触表面),这个张量通常称为结构张量(Satake,1982;Kanatani,1984a;Oda 等,1982),结构张量通常与分布性的数据(裂纹法线或接触法线)的概率密度函数有关。

Kanatani(1984a)提出了基于严格数学处理的结构张量的概念,他使用结构张量来描述方向性数据的分布,例如在损伤材料单元中的裂纹分布,他应用最小二乘法(一种众所周知的统计技术)来推导他所假设的各种结构张量的公式。他定义了三类结构张量:第一类结构张量,用 $\boldsymbol{N}$ 表示;第二类结构张量,用 $\boldsymbol{F}$ 表示;第三类结构张量,用 $\boldsymbol{D}$ 表示。Kanatani(1984a)关于结构张量的研究非常重要,得到了广泛的应用。

Zysset 和 Curnier(1995,1996)提出了一种基于结构张量的各向异性弹性模型。实际上,Cowin(1989)试图将微观结构(通过使用结构张量)与四阶弹性张量联系起来,他采用一个归一化的二阶张量,并根据结构张量的不变性给出了弹性常数的表达式。Zysset 和 Curnier(1995)提出了基于傅里叶级数分解将材料微观结构与四阶弹性张量联系起来的广义方法,他们提出了一种基于标量和对称无迹二阶结构张量的近似方法,利用张量各向异性函数的表征法则,Zysset 和 Curnier(1995)导出了弹性自由能的广义表达式,并根据结构张量讨论了材料的对称性。最后,从结构张量出发,导出了四阶弹性张量的广义显式表达式。最后的结果非常重要,并得到广泛使用(Cowin,1989)。

Lubarda 和 Krajcinovic(1993)将结构张量(Kanatani,1984a)的定义应用于裂纹密度分布,实际上,他们在裂纹分布方面重复了 Kanatani 关于方向性数据(Kanatani,1984a)的一般性工作。Lubarda 和 Krajcinovic(1993)研究了给定的、试验确定的裂纹分布与标量二阶和四阶结构张量之间的关系,他们采用圆柱直方图(玫瑰图)形式对试验测量的不同取向的平面内微裂纹密度进行广义表达,然后使用圆柱直方图中包含的数据来近似定义在单位球面上并以材料点为中心的分布函数,他们用几个不同的裂纹分布的实例来说明这一点,假定三种结构张量中的一种与连续损伤力学的损伤张量相同。

基于有效应力概念的损伤变量(或张量)代表平均的材料退化,反映了在微观尺度上的各种类型的损伤,如孔洞、裂纹、孔穴、微裂纹和其他微观缺陷的成核和扩展。

对于各向同性损伤力学,损伤变量是标量且其演化方程易于处理。然而,Cauvin 和 Testa(1999)已经表明,为了准确和一致地描述各向同性损伤的特殊情况,必须使用两个独立的损伤变量。有人认为(Lemaitre,1984)各向同性损伤的假设足以对结构件的承载能力、循环次数或局部失效时间作出良好的预测。然而,试验证实(Hayhurst,1972;Chow 和 Wang,1987;Lee 等,1985),即使原始材料是各向同性的,也会发生各向异性损伤,这促使一些研究人员研究各向异性损伤的一般情况(Voyiadjis 和 Kattan,1996,1999;Kattan 和 Voyiadjis,2001a,b)。

在连续损伤力学中,通常采用唯象方法,在这种方法中,最重要的概念是代表性体积元(RVE),在 RVE 中不考虑不连续和离散的损伤单元,而是通过使用宏观内部变量将它们的组合效应集中到一起,以这种方式,通过合理的力学和热力学原理完全能够推导出公式。

本章在经典弹性理论的框架内,研究一种新的公式,以求得连续损伤力学的损伤张量与结构张量的关系。实际上,这里所尝试的是将损伤力学、结构张量和经典弹性三大理论结合起来形成一个新的理论,其能够精确地描述包括各向异性和方向性数据的实际工程问题,如复杂的微裂纹分布。基于结构张量推导了四阶损伤张量的显式表达式,详细阐述了损伤张量与结构张量之间的精确关系。

该公式是在常用的经典弹性理论框架内提出的。从如图 3.1 所示的具有试验确定的微裂纹分布的 RVE 开始,基于圆柱直方图中包含的数据,继续计算微裂纹分布的结构张量。许多研究者(Kanatani,1984a;Lubarda 和 Krajcinovic,1993)开展了这一项工作,下一步涉及使用前一步中确定的结构张量来计算损伤张量,使用当前公式中导出的新公式来执行此步骤,并利用这样计算的损伤张量分量的值,进行经典弹性张量的计算。用这种方式计算的弹性张量代表了反映微观结构特征的受损材料的弹性张量,然后,这个最终的弹性张量可以用于解决涉及上述微裂纹分布的边值问题。

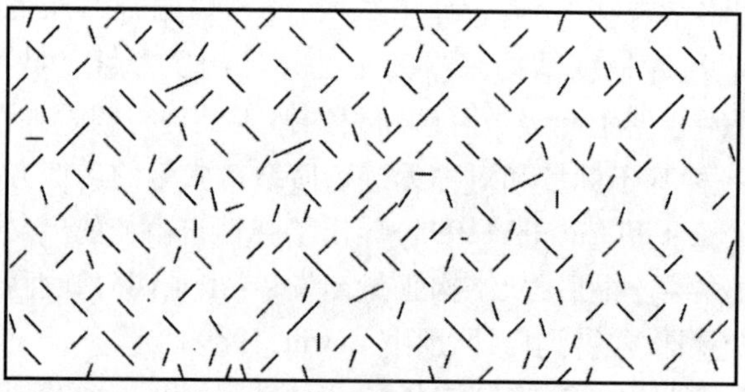

图 3.1　一种显示典型的随机微裂纹分布的截面(获得 G. Voyiadjis 和 P. Kattan, Mech. (2006) 的许可)

给出了两个应用实例,并对其进行数值求解以说明新的公式。第一个应用涉及受损材料 RVE 内的微裂纹分布,针对微裂纹分布数据,提出了一种圆形直方图,使用该直方图确定所需的结构张量,然后使用这些结构张量来确定损伤张量,最后,说明这个特例中损伤张量与结构张量之间的各种关系。第二个应用涉及两组平行微裂纹的研究,可以看出在这种情况下,平行微裂纹的取向角的交换导致弹性刚度矩阵的前两对角项相应地互换。

应该注意的是,这里提出的理论是针对一般的方向性数据。当微裂纹分布应用该理论时,其完全依赖于微裂纹的取向,该理论没有考虑微裂纹长度的扩展、微裂纹的张开、微裂纹的闭合以及微裂纹之间的交互作用,这些影响超出了本章的范围。依赖于微裂纹方向和长度的理论的详细描述可以在第 4 章中找到。

推荐读者参考 Nemat-Nasser(2004)关于损伤力学和结构的著作,读者尤其应该参考第 7 章,该章从理论和试验两方面来阐述结构的问题,这里详细讨论和回顾了描述颗粒材料中接触法线分布的基本原理、与应力张量的关系以及其他许多问题。此外,Nemat-Nasser 和 Hori(1999)的著作介绍了几种条件下微裂纹分布的许多例子,包括微裂纹的张开和闭合、随机分布、摩擦效应、载荷诱导的各向异性和微裂纹的交互作用,他们详细地指出了这些因素对弹性模量的影响。在所有这些例子中,假设微裂纹分布是稀疏的。在本章所介绍的工作中,本章作者在理论和实例中没有这种关于微裂纹稀疏分布的假设。虽然所提出的方法没有考虑上述许多问题,但是微裂纹的分布是广义性的,即对微裂纹的体积分数没有限制。然而,这里所提出的模型仅考虑了微裂纹的取向,而没有考虑微裂纹的张开和闭合、摩擦效应或微裂纹的交互作用。基于以上评论,本章作者不认为他们的结果与 Nemat-Nasser 和 Hori(1999)的结果具有一致的基础。实际上,不应将稀疏分布与非稀疏系统的结果进行比较,然而,他们确实采用了 Nemat-Nasser 和 Hori(1999)著作中的和例子。

还推荐读者参考 Voyadji 等(2007a)和(2007b)的研究,其中进一步扩展了本章讨论的结构张量在损伤力学中的应用,借以研究复合材料。

这里使用的张量符号如下:所有向量和张量都以黑斜体形式出现。对于二阶张量 $\boldsymbol{A}$ 和 $\boldsymbol{B}$,使用以下符号:

$$(\boldsymbol{A}\pm\boldsymbol{B})_{ij}=A_{ij}\pm B_{ij},\boldsymbol{A}:\boldsymbol{B}=A_{ij}B_{ij},(\boldsymbol{A}\otimes\boldsymbol{B})_{ijkl}=A_{ij}B_{kl},$$

$$(\boldsymbol{A}\overline{\underline{\otimes}}\boldsymbol{B})_{ijkl}=\frac{1}{2}(A_{ik}B_{jl}+A_{il}B_{jk})$$

对于四阶张量 $\boldsymbol{C}$ 和 $\boldsymbol{D}$，使用以下符号：$(\boldsymbol{C}\pm\boldsymbol{D})_{ijkl}=C_{ijkl}\pm D_{ijkl}$，$(\boldsymbol{C}:\boldsymbol{D})_{ijkl}=C_{ijmn}D_{mnkl}$，$\boldsymbol{C}::\boldsymbol{D}=C_{ijkl}D_{ijkl}$，$(\boldsymbol{C}\otimes\boldsymbol{D})_{ijklmnpq}=C_{ijkl}D_{mnpq}$。对于二阶张量 $\boldsymbol{A}$ 和四阶张量 $\boldsymbol{C}$，使用以下符号：$(\boldsymbol{C}:\boldsymbol{A})_{ij}=C_{ijkl}A_{kl}$。对于四阶张量 $\boldsymbol{C}$ 和八阶张量 $\boldsymbol{F}$，使用以下符号：$(\boldsymbol{F}::\boldsymbol{C})_{ijkl}=F_{ijklmnpq}C_{mnpq}$。对于损伤张量、结构张量和恒张量，使用带括弧的上标来表示张量的阶数，对于所有其他张量，张量的阶数从内容和公式中会表述清楚的。

3.2　结构张量

本节综述了采用结构张量描述方向性数据和微观结构各向异性。Kanatani(1984a,b)介绍了关于方向性数据分布结构张量的想法，他将结构张量用于结构各向同性的变形的测定。Zysset 和 Curnier(1995)采用结构张量导出各向异性弹性的另一模型，他们基于结构张量导出了受损材料广义弹性张量的新公式。He 和 Curnier(1995)利用结构张量为受损(材料)弹性应力-应变关系制定了更为基本的方法。Zysset 和 Curnier(1996)采用了基于结构张量的损伤模型来分析梁架结构。Sutcliffe(1992)给出了广义弹性张量谱分解的严格数学公式，这一结果是非常重要的，并稍后将在本文中使用。

考虑径向对称(即相对于原点对称)方向性数据的分布，设 $\boldsymbol{n}$ 为指定方向的单位向量，并考虑方向分布函数 $f(\boldsymbol{N})$，其中 N 由下式给出：

$$\boldsymbol{N}^{(0)}=\boldsymbol{1} \tag{3.1a}$$

$$\boldsymbol{N}_{ij}^{(2)}=\langle n_i n_j\rangle=\frac{1}{N}\sum_{a=1}^{N}\boldsymbol{n}_i^{(a)}\boldsymbol{n}_j^{(a)} \tag{3.1b}$$

式中：N 为方向性数据的数量。在式(3.1a)和式(3.1b)中，$\boldsymbol{N}^{(0)}$ 和 $\boldsymbol{N}^{(2)}$ 分别称为第一类零阶和二阶结构张量(Kanatani,1984a)。Kanatani(1982a)还定义了另两个结构张量 $\boldsymbol{F}$ 和 $\boldsymbol{D}$ 如下：

$$\boldsymbol{F}^{(0)}=\boldsymbol{1} \tag{3.1c}$$

$$F_{ij}^{(2)}=\frac{15}{2}\left(N_{ij}^{(2)}-\frac{1}{5}\delta_{ij}\right) \tag{3.1d}$$

$$\boldsymbol{D}^{(0)}=\boldsymbol{1} \tag{3.1e}$$

$$D_{ij}^{(2)}=\frac{15}{2}\left(N_{ij}^{(2)}-\frac{1}{3}\delta_{ij}\right) \tag{3.1f}$$

式中：$\boldsymbol{F}^{(0)}$ 和 $\boldsymbol{F}^{(2)}$ 分别为第二类零阶和二阶结构张量；$\boldsymbol{D}^{(0)}$ 和 $\boldsymbol{D}^{(2)}$ 分别为第三类零阶和二阶结构张量；δ_{ij} 为 Kronecker 变量。

这里假设分布函数 f 总是正的且和平方可积，因此函数 f 可以按收敛傅里叶级进行如下扩展：

$$f(\boldsymbol{N})=\boldsymbol{G}^{(0)}\cdot 1+\boldsymbol{G}^{(2)}:\boldsymbol{F}^{(2)}(\boldsymbol{N})+\boldsymbol{G}^{(4)}::\boldsymbol{F}^{(4)}(\boldsymbol{N})+\cdots \tag{3.2}$$

对于每个 $\boldsymbol{N}$，$\boldsymbol{G}^{(0)}$、$\boldsymbol{G}^{(2)}$ 和 $\boldsymbol{G}^{(4)}$ 分别为零阶(即标量)、二阶和四阶结构张量；$\boldsymbol{1}$、$\boldsymbol{F}^{(2)}(\boldsymbol{N})$ 和 $\boldsymbol{F}^{(4)}(\boldsymbol{N})$ 分别为零阶(即标量)、二阶和四阶基函数。要注意的是，$\boldsymbol{G}^{(0)}$ 和 $\boldsymbol{G}^{(2)}$ 与 Kanatani(1984a)第三类结构张量 $\boldsymbol{D}^{(0)}$ 和 $\boldsymbol{D}^{(2)}$ 完全相同。此外，需注意，式(3.2)中 Zysset

和 Curnier(1995)的基函数$\boldsymbol{F}^{(2)}(\boldsymbol{N})$不同于式(3.1d)中 Kanatani(1984a)的第二类$\boldsymbol{F}^{(2)}$的二阶结构张量,尽管两个量使用相同的符号。基函数$\boldsymbol{F}^{(2)}(\boldsymbol{N})$和$\boldsymbol{F}^{(4)}(\boldsymbol{N})$由(Kanatani,1984a,b;Zysset 和 Curnier,1995)给出:

$$\boldsymbol{F}^{(2)}(\boldsymbol{N})=\boldsymbol{N}-\frac{1}{3}\boldsymbol{I}^{(2)} \tag{3.3a}$$

$$\begin{aligned}\boldsymbol{F}^{(4)}(\boldsymbol{N})=&\boldsymbol{N}\otimes\boldsymbol{N}-\frac{1}{7}(\boldsymbol{I}^{(2)}\otimes\boldsymbol{N}+\boldsymbol{N}\otimes\boldsymbol{I}^{(2)})-\frac{2}{7}(\boldsymbol{I}^{(2)}\underline{\overline{\otimes}}\boldsymbol{N}+\boldsymbol{N}\underline{\overline{\otimes}}\boldsymbol{I}^{(2)})\\&+\frac{1}{35}\boldsymbol{I}^{(2)}\otimes\boldsymbol{I}^{(2)}+\frac{2}{35}\boldsymbol{I}^{(2)}\underline{\overline{\otimes}}\boldsymbol{I}^{(2)}\end{aligned} \tag{3.3b}$$

三个结构张量$\boldsymbol{G}^{(0)}$、$\boldsymbol{G}^{(2)}$和$\boldsymbol{G}^{(4)}$采用以下积分确定(Zysset 和 Curnier,1995):

$$\boldsymbol{G}^{(0)}=\frac{1}{4\pi}\int_s f(\boldsymbol{N})\,\mathrm{d}a \tag{3.4}$$

$$\boldsymbol{G}^{(2)}=\frac{15}{8\pi}\int_s f(\boldsymbol{N})\boldsymbol{F}^{(2)}(\boldsymbol{N})\,\mathrm{d}a \tag{3.5}$$

$$\boldsymbol{G}^{(4)}=\frac{315}{32\pi}\int_s f(\boldsymbol{N})\boldsymbol{F}^{(4)}(\boldsymbol{N})\,\mathrm{d}a \tag{3.6}$$

式中:S为单位球面的表面;a为积分参数。

Kanatani(1984a,b)指出,式(3.2)中给出展开式的前两项就足够了,它们能够充分、准确地描述材料的各向异性。因此,展开式中的第三项被忽略,只有前两项被保留如下:

$$f(\boldsymbol{N})\approx\boldsymbol{G}^{(0)}\cdot\boldsymbol{1}+\boldsymbol{G}^{(2)}:\boldsymbol{F}^{(2)}(\boldsymbol{N}) \tag{3.7}$$

因此,从上面的表达式可以清楚地看到,只有零阶(标量)和二阶结构张量需要处理,而不需要处理四阶结构张量。还应注意,在上述近似处理(式(3.7))中的函数f必须始终保持正。

式(3.7)中给出的分布函数$f(N)$的近似可以表征各向异性,即无迹二阶张量$\boldsymbol{G}^{(2)}$描述具有三个正交对称平面且所有三个特征值不同的各向异性。如果仅采用式(3.7)中的第一项,即$f(\boldsymbol{N})=G^{(0)}$,这将表征各向同性的特殊情况。如果二阶张量$\boldsymbol{G}^{(2)}$只有两个不同的特征值(Zysset 和 Curnier,1995),则表征横向各向同性的情况。

设$\overline{\boldsymbol{E}}$是未受损结构中原始材料的四阶常弹性张量,并假设这里是各向同性材料。那么四阶常弹性张量$\overline{\boldsymbol{E}}$的表达式如下:

$$\overline{\boldsymbol{E}}=\lambda\boldsymbol{I}^{(2)}\otimes\boldsymbol{I}^{(2)}+2\mu\boldsymbol{I}^{(2)}\underline{\overline{\otimes}}\boldsymbol{I}^{(2)} \tag{3.8}$$

式中:λ和μ为 Lame 常数。Zysset 和 Curnier(1995)表明,用张量$G^{(0)}\boldsymbol{I}^{(2)}+\boldsymbol{G}^{(2)}$代替$\overline{\boldsymbol{E}}$表达式中的单位张量$\boldsymbol{I}^{(2)}$,四阶张量$\boldsymbol{E}$(受损材料的四阶可变弹性张量)则包括微观结构各向异性和方向性数据的影响,即受到损伤的影响。因此,$\boldsymbol{E}$的以下表达式是可用的(参见 Zysset 和 Curnier(1995)中的式(3.8)):

$$\boldsymbol{E}=\lambda(\boldsymbol{G}^{(0)}\boldsymbol{I}^{(2)}+\boldsymbol{G}^{(2)})\otimes(\boldsymbol{G}^{(0)}\boldsymbol{I}^{(2)}+\boldsymbol{G}^{(2)})+2\mu(\boldsymbol{G}^{(0)}\boldsymbol{I}^{(2)}+\boldsymbol{G}^{(2)})\underline{\overline{\otimes}}(\boldsymbol{G}^{(0)}\boldsymbol{I}^{(2)}+\boldsymbol{G}^{(2)}) \tag{3.9}$$

显然,在式(3.9)提供了用两个结构张量$\boldsymbol{G}^{(0)}$和$\boldsymbol{G}^{(2)}$表示受损材料弹性张量$\boldsymbol{E}$的公式。

二阶结构张量$\boldsymbol{G}^{(2)}$的谱分解考虑如下:

$$\boldsymbol{G}^{(2)}=\sum_{i=1}^{3} g_i(\boldsymbol{g}_i\times\boldsymbol{g}_i) \tag{3.10}$$

式中：$g_i(i=1,2,3)$为$\boldsymbol{G}^{(2)}$的特征值；$\boldsymbol{g}_i(i=1,2,3)$为相应的特征向量。Zysset 和 Curnier (1995)使用符号$\boldsymbol{G}_i$表示二阶积$\boldsymbol{g}_i\times\boldsymbol{g}_i$如下：

$$\boldsymbol{G}_i=\boldsymbol{g}_i\times\boldsymbol{g}_i\quad（不在\ i\ 上求和） \tag{3.11}$$

显然$\sum_{i=1}^{3}\boldsymbol{G}_i=\boldsymbol{I}^{(2)}$。使用这个新符号，由 Zysset 和 Curnier(1995)在主坐标系中详细推导$\boldsymbol{E}$的替代表达式可以写成(参见 Zysset 和 Curnier(1995)中的式(3.11))：

$$\boldsymbol{E}=(\lambda+2\mu)\,m_i^{2k}(\boldsymbol{G}_i\otimes\boldsymbol{G}_i)+\otimes\lambda m_i^k m_j^k(\boldsymbol{G}_i\otimes\boldsymbol{G}_j+\boldsymbol{G}_j\otimes\boldsymbol{G}_i)+2\mu m_i^k m_j^k(\boldsymbol{G}_i\otimes\boldsymbol{G}_j+\boldsymbol{G}_j\otimes\boldsymbol{G}_i) \tag{3.12}$$

式中：k为常标量参数；m_i由下式给出

$$m_i=G^{(0)}+g_i \tag{3.13}$$

在上述公式中，应该注意到$\sum_{i=1}^{3} m_i=$常数。还应当指出，式(3.12)适用于受损材料，而式(3.9)仅适用于粒状材料，这是由于受损材料和粒状材料的微观结构具有不同的性质。结构张量对这两种材料的弹性张量的影响完全相反，如果结构张量的一个主值越大，颗粒材料的杨氏模量越大，受损材料的杨氏模量越小。对于各向同性的特殊情况，$g_i=0$ $(i=1,2,3)$和$m_i=G^{(0)}(i=1,2,3)$，因此式(3.12)简化为以下各向同性弹性公式：

$$\boldsymbol{E}=(\lambda+2\mu)\,g^{2k}(\boldsymbol{G}_i\otimes\boldsymbol{G}_i)+\lambda g^{2k}(\boldsymbol{G}_i\otimes\boldsymbol{G}_j+\boldsymbol{G}_j\otimes\boldsymbol{G}_i)+2\mu g^{2k}(\boldsymbol{G}_i\otimes\boldsymbol{G}_j+\boldsymbol{G}_j\otimes\boldsymbol{G}_i) \tag{3.14a}$$

最后，应力张量$\boldsymbol{\sigma}_{ij}$与四阶可变弹性张量$\boldsymbol{E}$和应变张量$\boldsymbol{\varepsilon}_{ij}$的关系如下：

$$\sigma_{ij}=E_{ijkl}\varepsilon_{kl} \tag{3.14b}$$

3.3　损伤力学的广义假设与新公式

本节将给出与本项研究工作相关的损伤力学的重要概念，尤其是结构张量的推导，这个推导是在连续损伤力学(Cauvin 和 Testa，1999；Voyiadjis 和 Kattan，1999)的一般框架内提出的，采用了这里假定的广义假设。结果表明，材料中各向异性损伤的广义状态必须用四阶损伤张量来描述。

设$\overline{\boldsymbol{E}}$是原始材料的四阶常弹性张量，$\boldsymbol{E}$是受损材料的弹性张量，两个张量具有以下广义关系(Cauvin 和 Testa，1999)：

$$\boldsymbol{E}=(\boldsymbol{I}^{(8)}-\boldsymbol{\varphi}^{(8)})::\overline{\boldsymbol{E}} \tag{3.15}$$

式中：$\boldsymbol{I}^{(8)}$为八阶单位张量；$\boldsymbol{\varphi}^{(8)}$为广义八阶损伤张量。

接下来，推导出一个新的公式，并提出一个广义假设，表明式(3.15)可以简化为最多涉及四阶损伤张量的类似方程。Cavin 和 Testa(1999)仅在等效弹性应变假设的特殊情况下展示了这一结果，因此，在本构方程中不需要处理八阶广义损伤张量$\boldsymbol{\varphi}^{(8)}$。

Kachanov(1958)和 Rabotnov(1969)在单轴拉伸的情况下引入了有效应力的概念，这个概念后来被 Lemaitre(1971)和 Chaboche(1981)推广到三维应力状态。设$\boldsymbol{\sigma}$为二阶柯西应力张量，$\overline{\boldsymbol{\sigma}}$为相应的有效应力张量，有效应力是施加到虚拟状态下完全无损材料上的应力，即该状态中的所有损伤都被消除，这种虚拟状态假定为力学上等效于材料的实际损伤状态,在这方面,通常采用两个假设(等效弹性应变或等效弹性能量)之一。然而,在本项研究工作中,提出了广义应变转换的假设,实际损伤状态下的弹性应变张量$\boldsymbol{\varepsilon}^e$ 与虚拟状态下的有效弹性应变张量$\bar{\boldsymbol{\varepsilon}}^e$ 通过以下变换规律关联:

$$\bar{\boldsymbol{\varepsilon}}^e = \boldsymbol{L}(\boldsymbol{\varphi}^{(8)}) : \boldsymbol{\varepsilon}^e \tag{3.16}$$

式中:$\boldsymbol{L}(\boldsymbol{\varphi}^{(8)})$ 为损伤张量$\boldsymbol{\varphi}^{(8)}$ 的四阶张量函数。注意,这两个假设(等效弹性应变和等效弹性能量)都是作为式(3.16)的特殊情况获得的。利用 $\boldsymbol{L}(\boldsymbol{\varphi}^{(8)}) = \boldsymbol{I}^{(4)}$ 给出了等效弹性应变假设,利用 $\boldsymbol{L}(\boldsymbol{\varphi}^{(8)}) = \boldsymbol{M}^{-\mathrm{T}}$ 给出了等效弹性能量假设,其中四阶张量 $\boldsymbol{M}$ 是 Voyiadjis 和 Kattan(1999)采用的损伤效应张量。

即使在没有有效应力概念的情况下,式(3.15)也可以假定为弹性刚度退化过程的演化关系,它可以在形式上与式(3.10)、式(3.13)和式(3.15)相比较。在没有有效应力空间的情况下,式(3.16)是不存在的,并且可能被解释为恒等关系。

实际损伤状态下的弹性本构关系可写成如下形式:

$$\boldsymbol{\sigma} = \boldsymbol{E} : \boldsymbol{\varepsilon}^e \tag{3.17}$$

虚拟状态中的类似弹性本构关系可以写成如下形式:

$$\bar{\boldsymbol{\sigma}} = \bar{\boldsymbol{E}} : \bar{\boldsymbol{\varepsilon}}^e \tag{3.18}$$

将式(3.16)代入式(3.18),可得

$$\bar{\boldsymbol{\sigma}} = \bar{\boldsymbol{E}} : \boldsymbol{L}(\boldsymbol{\varphi}^{(8)}) : \boldsymbol{\varepsilon}^e \tag{3.19}$$

接下来,把式(3.15)代入式(3.17)可得

$$\boldsymbol{\sigma} = (\boldsymbol{I}^{(8)} - \boldsymbol{\varphi}^{(8)}) :: \bar{E} : \boldsymbol{\varepsilon}^e \tag{3.20}$$

通过式(3.19)求解$\boldsymbol{\varepsilon}^e$ 并将结果代入式(3.20)中,得到:

$$\boldsymbol{\sigma} = (\boldsymbol{I}^{(8)} - \boldsymbol{\varphi}^{(8)}) :: \bar{\boldsymbol{E}} : \boldsymbol{\varepsilon}^e(\boldsymbol{L}^{-1}(\boldsymbol{\varphi}^{(8)}) : \bar{\boldsymbol{E}}^{-1} : \bar{\boldsymbol{\sigma}}) \tag{3.21}$$

式(3.21)可以写成以下简化形式(注意,如果采用弹性应变等效假设,则仅使用四阶张量):

$$\boldsymbol{\sigma} = (\boldsymbol{L}_4 - \boldsymbol{\varphi}_4) :: \bar{\boldsymbol{E}} : \boldsymbol{L}^{-1}(\boldsymbol{\varphi}^{(4)}) : \bar{\boldsymbol{E}}^{-1} : \bar{\boldsymbol{\sigma}} \tag{3.22}$$

式中:$\boldsymbol{I}^{(4)}$ 为四阶单位张量;$\boldsymbol{\varphi}^{(4)}$ 为四阶损伤张量。在推导式(3.22)时,采用以下关系:

$$\boldsymbol{I}^{(4)} - \boldsymbol{\varphi}^{(4)} = [(\boldsymbol{I}^{(8)} - \boldsymbol{\varphi}^{(8)}) :: \bar{\boldsymbol{E}}] : \boldsymbol{L}^{-1}(\boldsymbol{\varphi}^{(8)}) : \boldsymbol{L}(\boldsymbol{\varphi}^{(4)}) : \bar{\boldsymbol{E}}^{-1} \tag{3.23}$$

可以看出,采用式(3.23)可以得到两个损伤张量之间的以下关系:

$$\boldsymbol{\varphi}^{(4)} = (\boldsymbol{\varphi}^{(8)} :: \bar{\boldsymbol{E}}) : \boldsymbol{L}^{-1}(\boldsymbol{\varphi}^{(8)}) : \boldsymbol{L}(\boldsymbol{\varphi}^{(4)}) : \bar{\boldsymbol{E}}^{-1} \tag{3.24}$$

其中单位张量 $\boldsymbol{I}^{(4)}$ 和 $\boldsymbol{I}^{(8)}$ 由下式给出:

$$\boldsymbol{I}^{(4)}_{ijkl} = \frac{1}{2}(\boldsymbol{\delta}_{ik}\boldsymbol{\delta}_{jl} + \boldsymbol{\delta}_{il}\boldsymbol{\delta}_{jk}) \tag{3.25}$$

$$\boldsymbol{I}^{(8)}_{ijklmnpq} = \frac{1}{2}(\boldsymbol{\delta}_{im}\boldsymbol{\delta}_{jn}\boldsymbol{\delta}_{kp}\boldsymbol{\delta}_{lq} + \boldsymbol{\delta}_{im}\boldsymbol{\delta}_{jn}\boldsymbol{\delta}_{kq}\boldsymbol{\delta}_{lp} + \boldsymbol{\delta}_{in}\boldsymbol{\delta}_{jm}\boldsymbol{\delta}_{kp}\boldsymbol{\delta}_{lq} + \boldsymbol{\delta}_{in}\boldsymbol{\delta}_{jm}\boldsymbol{\delta}_{kq}\boldsymbol{\delta}_{lp}) \tag{3.26}$$

接下来式(3.15)扩展如下:

$$\boldsymbol{E} = \bar{\boldsymbol{E}} - \boldsymbol{\varphi}^{(8)} :: \bar{\boldsymbol{E}} \tag{3.27}$$

通过 $\bar{\boldsymbol{E}}$ 后乘式(3.24)可得

$$\boldsymbol{\varphi}^{(4)} : \bar{\boldsymbol{E}} : \boldsymbol{L}^{-1}(\boldsymbol{\varphi}^{(4)}) : \boldsymbol{L}(\boldsymbol{\varphi}^{(8)}) = \boldsymbol{\varphi}^{(8)} :: \bar{\boldsymbol{E}} \tag{3.28}$$

将式(3.28)代入式(3.27)并简化,可得如下期望的公式:

$$\boldsymbol{E} = \bar{\boldsymbol{E}} - \boldsymbol{\varphi}^{(4)} : \bar{\boldsymbol{E}} : \boldsymbol{L}^{-1}(\boldsymbol{\varphi}^{(4)}) : \boldsymbol{L}(\boldsymbol{\varphi}^{(8)}) \tag{3.29}$$

可以看出，利用式(3.16)的应变变换的广义假设，式(3.15)(涉及八阶损伤张量)可以简化为式(3.29)(涉及四阶损伤张量和八阶损伤张量)。

Cauvin 和 Testa(1999)已经表明，对于正交各向异性损伤，四阶损伤张量$\boldsymbol{\varphi}^{(4)}$可以用以下 6×6 矩阵表示：

$$\boldsymbol{\varphi}^{(4)}=\begin{bmatrix}\varphi_{1111} & \varphi_{1122} & \varphi_{1133} & 0 & 0 & 0\\ \varphi_{2211} & \varphi_{2222} & \varphi_{2233} & 0 & 0 & 0\\ \varphi_{3311} & \varphi_{3322} & \varphi_{3333} & 0 & 0 & 0\\ 0 & 0 & 0 & 2\varphi_{2323} & 0 & 0\\ 0 & 0 & 0 & 0 & 2\varphi_{1313} & 0\\ 0 & 0 & 0 & 0 & 0 & 2\varphi_{1212}\end{bmatrix} \tag{3.30}$$

显然，$\boldsymbol{\varphi}^{(4)}$有 12 个独立的分量。在编写式(3.30)中的矩阵时，假设应力和应变张量可以表示为如下 6×1 列矩阵：

$$\boldsymbol{\sigma}=[\sigma_{11}\quad \sigma_{22}\quad \sigma_{33}\quad \sigma_{23}\quad \sigma_{13}\quad \sigma_{12}]^{\mathrm{T}} \tag{3.31a}$$

$$\boldsymbol{\varepsilon}=[\varepsilon_{11}\quad \varepsilon_{22}\quad \varepsilon_{33}\quad \varepsilon_{23}\quad \varepsilon_{13}\quad \varepsilon_{12}]^{\mathrm{T}} \tag{3.31b}$$

3.4　损伤变量与结构张量

本节根据结构张量导出了损伤张量的显式表达式，导出的表达式将提供损伤力学和结构张量之间的联系，这将为损伤力学理论提供一个直接依赖于微观结构的坚实物理基础。

本节的其余部分，将回到各向异性和式(3.7)的广义情况，可以认识到式(3.10)和式(3.30)都描述相同的量。式(3.29)根据损伤张量描述了损伤材料的弹性张量。另一方面，式(3.9)描述了基于结构张量相同的弹性张量，因此，令这两个公式相等，则服从以下关系：

$$\begin{aligned}\overline{\boldsymbol{E}}-\boldsymbol{\varphi}^{(4)}:\overline{\boldsymbol{E}}:\boldsymbol{L}^{-1}(\boldsymbol{\varphi}^{(4)}):\boldsymbol{L}(\boldsymbol{\varphi}^{(8)})=&\boldsymbol{\lambda}(\boldsymbol{G}^{(0)}\boldsymbol{I}^{(2)}+\boldsymbol{G}^{(2)})\otimes(\boldsymbol{G}^{(0)}\boldsymbol{I}^{(2)}+\boldsymbol{G}^{(2)})\\&+2\mu(\boldsymbol{G}^{(0)}\boldsymbol{I}^{(2)}+\boldsymbol{G}^{(2)})\overline{\underline{\otimes}}(\boldsymbol{G}^{(0)}\boldsymbol{I}^{(2)}+\boldsymbol{G}^{(2)})\end{aligned} \tag{3.32}$$

求解上述公式中的$\boldsymbol{\varphi}^{(4)}$，得到以下表达式：

$$\begin{aligned}\boldsymbol{\varphi}^{(4)}=[\overline{\boldsymbol{E}}-\boldsymbol{\lambda}(\boldsymbol{G}^{(0)}\boldsymbol{I}^{(2)}+\boldsymbol{G}^{(2)})\otimes(\boldsymbol{G}^{(0)}\boldsymbol{I}^{(2)}+\boldsymbol{G}^{(2)})+2\boldsymbol{\mu}(\boldsymbol{G}^{(0)}\boldsymbol{I}^{(2)}+\boldsymbol{G}^{(2)})\\ \overline{\underline{\otimes}}(\boldsymbol{G}^{(0)}\boldsymbol{I}^{(2)}+\boldsymbol{G}^{(2)})]:\boldsymbol{L}^{-1}(\boldsymbol{\varphi}^{(8)}):\boldsymbol{L}(\boldsymbol{\varphi}^{(4)}):\overline{\boldsymbol{E}}^{-1}\end{aligned} \tag{3.33a}$$

式(3.33a)是用零阶结构张量(标量)$\boldsymbol{G}^{(0)}$和二阶结构张量$\boldsymbol{G}^{(2)}$表示的四阶损伤张量$\boldsymbol{\varphi}^{(4)}$的显式表达式，这个表达式中出现的其他符号都是常数标量(如 λ 和 μ)或常数张量，如$\boldsymbol{I}^{(2)}$、$\boldsymbol{I}^{(4)}$和$\overline{\boldsymbol{E}}$。四阶张量函数 $\boldsymbol{L}$ 必须用其他参数代替。

对于等效弹性应变假设的特殊情况，可设 $\boldsymbol{L}(\boldsymbol{\varphi}^{(8)})=\boldsymbol{L}(\boldsymbol{\varphi}^{(4)})=\boldsymbol{I}^{4}$。在这种情况下，式(3.33a)简化为以下形式：

$$\begin{aligned}\boldsymbol{\varphi}^{(4)}=\boldsymbol{I}^{(4)}-[&\boldsymbol{\lambda}(\boldsymbol{G}^{(0)}\boldsymbol{I}^{(2)}+\boldsymbol{G}^{(2)})\otimes(\boldsymbol{G}^{(0)}\boldsymbol{I}^{(2)}+\boldsymbol{G}^{(2)})\\&+2\boldsymbol{\mu}(\boldsymbol{G}^{(0)}\boldsymbol{I}^{(2)}+\boldsymbol{G}^{(2)})\overline{\underline{\otimes}}(\boldsymbol{G}^{(0)}\boldsymbol{I}^{(2)}+\boldsymbol{G}^{(2)})]:\overline{\boldsymbol{E}}^{-1}\end{aligned} \tag{3.33b}$$

对于等效弹性能量假设的另一种特殊情况，可设 $\boldsymbol{L}(\boldsymbol{\varphi}^{(8)})=\boldsymbol{M}^{-\mathrm{T}}(\varphi^{(8)})$ 和 $\boldsymbol{L}(\varphi^{(4)})=\boldsymbol{M}^{-\mathrm{T}}(\varphi^{(4)})$。在这种情况下，式(3.33a)简化为以下形式：

$$\begin{aligned}\boldsymbol{\varphi}^{(4)}=[\overline{\boldsymbol{E}}-\boldsymbol{\lambda}(\boldsymbol{G}^{(0)}\boldsymbol{I}^{(2)}+\boldsymbol{G}^{(2)})\otimes(\boldsymbol{G}^{(0)}\boldsymbol{I}^{(2)}+\boldsymbol{G}^{(2)})+\\ 2\boldsymbol{\mu}(\boldsymbol{G}^{(0)}\boldsymbol{I}^{(2)}+\boldsymbol{G}^{(2)})\overline{\underline{\otimes}}(\boldsymbol{G}^{(0)}\boldsymbol{I}^{(2)}+\boldsymbol{G}^{(2)})]:\boldsymbol{M}^{\mathrm{T}}\boldsymbol{\varphi}^{(8)}:\boldsymbol{M}^{-\mathrm{T}}\boldsymbol{\varphi}^{(4)}:\overline{\boldsymbol{E}}^{-1}\end{aligned} \tag{3.33c}$$

其中 $\boldsymbol{M}$ 为 Voyiadjis 和 Kattan(1999)所采用的四阶损伤效应张量。

对于本项研究工作的其余部分，采用式(3.33b)的简化公式，并用于等效弹性应变的特殊情况，选择这一简单公式在随后的部分用于四种情况的推导和涉及微裂纹分布的数值应用研究。因此，式(3.33b)可用指数符号写成以下形式：

$$\begin{aligned}\boldsymbol{\varphi}_{ijkl}^{(4)}=\frac{1}{2}(\delta_{ik}\delta_{jl}+\delta_{il}\delta_{jk})-[\boldsymbol{\lambda}(\boldsymbol{G}^{(0)}\boldsymbol{\delta}_{ij}+\boldsymbol{G}_{ij}^{(2)})(\boldsymbol{G}^{(0)}\boldsymbol{\delta}_{mn}+\boldsymbol{G}_{mn}^{(2)})\\ +\mu(\boldsymbol{G}^{(0)}\boldsymbol{\delta}_{im}+\boldsymbol{G}_{im}^{(2)})(\boldsymbol{G}^{(0)}\boldsymbol{\delta}_{jn}+\boldsymbol{G}_{jn}^{(2)})\\ +\mu(\boldsymbol{G}^{(0)}\boldsymbol{\delta}_{in}+\boldsymbol{G}_{in}^{(2)})(\boldsymbol{G}^{(0)}\boldsymbol{\delta}_{jm}+\boldsymbol{G}_{jm}^{(2)})]\overline{\boldsymbol{E}}_{mnkl}^{-1}\end{aligned} \tag{3.34}$$

展开式(3.34)可以得到以下显式表达式：

$$\begin{aligned}\boldsymbol{\varphi}_{ijkl}^{(4)}=\frac{1}{2}(\boldsymbol{\delta}_{ik}\boldsymbol{\delta}_{jl}+\boldsymbol{\delta}_{il}\boldsymbol{\delta}_{jk})-\boldsymbol{\lambda}(\boldsymbol{G}^{(0)2}\boldsymbol{\delta}_{ij}\boldsymbol{\delta}_{mn}+\boldsymbol{G}^{(0)}\boldsymbol{\delta}_{ij}\boldsymbol{G}_{mn}^{(2)}+\boldsymbol{G}^{(0)}\boldsymbol{\delta}_{mn}\boldsymbol{G}_{ij}^{(2)}\\ +\boldsymbol{G}_{ij}^{(2)}\boldsymbol{G}_{mn}^{(2)})\overline{\boldsymbol{E}}_{mnkl}^{-1}-\mu(\boldsymbol{G}^{(0)2}\boldsymbol{\delta}_{im}\boldsymbol{\delta}_{jn}+\boldsymbol{G}^{(0)}\boldsymbol{\delta}_{im}\boldsymbol{G}_{jn}^{(2)}+\boldsymbol{G}^{(0)}\boldsymbol{\delta}_{jn}\boldsymbol{G}_{im}^{(2)}\\ +\boldsymbol{G}_{im}^{(2)}\boldsymbol{G}_{jn}^{(2)})\overline{\boldsymbol{E}}_{mnkl}^{-1}-\mu(\boldsymbol{G}^{(0)2}\boldsymbol{\delta}_{in}\boldsymbol{\delta}_{jm}+\boldsymbol{G}^{(0)}\boldsymbol{\delta}_{in}\boldsymbol{G}_{jm}^{(2)}\\ +\boldsymbol{G}^{(0)}\boldsymbol{\delta}_{jm}\boldsymbol{G}_{in}^{(2)}+\boldsymbol{G}_{in}^{(2)}\boldsymbol{G}_{jm}^{(2)})\overline{\boldsymbol{E}}_{mnkl}^{-1}\end{aligned} \tag{3.35}$$

或者，可以使用式(3.12)代替式(3.9)，使式(3.13)和式(3.30)相等，求解 $\boldsymbol{\varphi}^{(4)}$ 得到：

$$\begin{aligned}\boldsymbol{\varphi}^{(4)}=I^{(4)}-[(\boldsymbol{\lambda}+2\mu)m_i^{2k}(\boldsymbol{G}_i\otimes\boldsymbol{G}_i)+\boldsymbol{\lambda}m_i^k\boldsymbol{\lambda}m_j^k(\boldsymbol{G}_i\otimes\boldsymbol{G}_j+\boldsymbol{G}_j\otimes\boldsymbol{G}_i)\\ +2\mu m_i^k\boldsymbol{\lambda}m_j^k(\boldsymbol{G}_i\overline{\underline{\otimes}}\boldsymbol{G}_j+\boldsymbol{G}_j\overline{\underline{\otimes}}\boldsymbol{G}_i)]:\boldsymbol{L}^{-1}(\boldsymbol{\varphi}^{(8)}):\boldsymbol{L}(\boldsymbol{\varphi}^{(4)}):\overline{\boldsymbol{E}}^{-1}\end{aligned} \tag{3.36}$$

式(3.36)基于结构张量为四阶损伤张量 $\boldsymbol{\varphi}^{(4)}$ 提供了另一种表达式。应该注意的是，在该可选表达式中，结构张量没有显式表达。然而，变量 m_i 和 $\boldsymbol{G}_i(i=1,2,3)$ 是通过采用式(3.12)和式(3.14)直接由结构张量得到的，其中 $\boldsymbol{G}_i$ 定义为二阶结构张量 $\boldsymbol{G}^{(2)}$ 的特征向量 $\boldsymbol{g}_i$ 的交积，而 m_i 定义为零阶结构张量(标量) $\boldsymbol{G}^{(0)}$ 和二阶结构张量 $\boldsymbol{G}^{(2)}$ 的特征值 g_i 的和。

对于等效弹性应变假设的特殊情况，可以用指数符号改写式(3.36)如下：

$$\begin{aligned}\boldsymbol{\varphi}_{ijkl}^{(4)}=\frac{1}{2}(\boldsymbol{\delta}_{ik}\boldsymbol{\delta}_{jl}+\boldsymbol{\delta}_{il}\boldsymbol{\delta}_{jk})-(\lambda+2\mu)m_i^{2k}\boldsymbol{G}_{i_{ij}}\boldsymbol{G}_{i_{mn}}\overline{\boldsymbol{E}}_{mnkl}^{-1}\\ -\boldsymbol{\lambda}m_i^km_j^k(\boldsymbol{G}_{i_{ij}}\boldsymbol{G}_{j_{mn}}+\boldsymbol{G}_{j_{ij}}\boldsymbol{G}_{i_{mn}})\overline{\boldsymbol{E}}_{mnkl}^{-1}-\mu m_i^km_j^k(\boldsymbol{G}_{i_{im}}\boldsymbol{G}_{j_{jn}}\\ +\boldsymbol{G}_{i_{in}}\boldsymbol{G}_{j_{jm}}+\boldsymbol{G}_{j_{im}}\boldsymbol{G}_{j_{jn}}+\boldsymbol{G}_{j_{in}}\boldsymbol{G}_{i_{jm}})\overline{\boldsymbol{E}}_{mnkl}^{-1}\end{aligned} \tag{3.37}$$

接下来，使用式(3.31)和式(3.32)所采用的符号，详细描述所涉及的各种张量的6×6矩阵。最后，基于结构张量，推导出损伤张量分量 φ_{ijkl} 在其他变量下的显式表达式。在本项研究工作的剩余部分，在等效弹性应变假设的特殊情况下开展这些工作。

基于式(3.12)给出表征损伤材料四阶弹性张量的一般6×6矩阵如下(参见 Zysset 和 Curnier(1995))：

$$
\boldsymbol{E}=\begin{bmatrix}(\lambda+2\mu)m_1^{2k} & \lambda m_1^k m_2^k & \lambda m_1^k m_3^k & 0 & 0 & 0\\ \lambda m_2^k m_1^k & (\lambda+2\mu)m_2^{2k} & \lambda m_2^k m_3^k & 0 & 0 & 0\\ \lambda m_3^k m_1^k & \lambda m_3^k m_2^k & (\lambda+2\mu)m_3^{2k} & 0 & 0 & 0\\ 0 & 0 & 0 & 2\mu m_2^k m_3^k & 0 & 0\\ 0 & 0 & 0 & 0 & 2\mu m_3^k m_1^k & 0\\ 0 & 0 & 0 & 0 & 0 & 2\mu m_1^k m_2^k\end{bmatrix} \tag{3.38}
$$

式中：λ 和 μ 为 Lame 常数；k 为常数标量参数，其值小于零，并且 $m_i(i=1,2,3)$ 与式(3.13)给出的结构张量有关。因此，式(3.38)是基于结构张量表征损伤材料的弹性张量 $\boldsymbol{E}$ 的矩阵。接下来，以 6×6 矩阵表示原始材料的反弹性张量 $\overline{\boldsymbol{E}}^{-1}$（也称为柔度张量）如下：

$$
\overline{\boldsymbol{E}}^{-1}=\begin{bmatrix}\frac{1}{E_1} & -\frac{\nu_{12}}{E_1} & -\frac{\nu_{13}}{E_1} & 0 & 0 & 0\\ -\frac{\nu_{12}}{E_1} & \frac{1}{E_2} & -\frac{\nu_{23}}{E_2} & 0 & 0 & 0\\ -\frac{\nu_{13}}{E_1} & -\frac{\nu_{23}}{E_2} & \frac{1}{E_3} & 0 & 0 & 0\\ 0 & 0 & 0 & \frac{1}{2G_{23}} & 0 & 0\\ 0 & 0 & 0 & 0 & \frac{1}{2G_{31}} & 0\\ 0 & 0 & 0 & 0 & 0 & \frac{1}{2G_{12}}\end{bmatrix} \tag{3.39}
$$

式中：E_1、E_2、E_3、ν_{12}、ν_{13}、ν_{23}、G_{12}、G_{23}、G_{31} 是正交各向异性弹性体的 9 个独立材料常数。然后，四阶单位张量 $\boldsymbol{I}^{(4)}$ 的 6×6 矩阵表示如下：

$$
\boldsymbol{I}^{(4)}=\begin{bmatrix}1 & 0 & 0 & 0 & 0 & 0\\ 0 & 1 & 0 & 0 & 0 & 0\\ 0 & 0 & 1 & 0 & 0 & 0\\ 0 & 0 & 0 & 1 & 0 & 0\\ 0 & 0 & 0 & 0 & 1 & 0\\ 0 & 0 & 0 & 0 & 0 & 1\end{bmatrix} \tag{3.40}
$$

在使用 $\boldsymbol{L}=\boldsymbol{I}^{(4)}$ 的情况下，求解式(3.29)的 $\boldsymbol{\varphi}^{(4)}$，得到如下表达式：

$$
\boldsymbol{\varphi}^{(4)}=\boldsymbol{I}^{(4)}-\boldsymbol{E}:\overline{\boldsymbol{E}}^{-1} \tag{3.41}
$$

将式(3.38)、式(3.39)和式(3.40)中矩阵表达式代入式(3.41)，可得到正交各向异性损伤广义情况下四阶损伤张量 $\boldsymbol{\varphi}^{(4)}$ 的 6×6 矩阵，将得到的矩阵与式(3.30)中的矩阵进行比较，可得基于 λ、μ、k 和 $m_i(i=1,2,3)$ 的损伤张量分量 φ_{ijkl} 的以下显式表达式，其中 $m_i(i=1,2,3)$ 代表结构张量：

$$
\varphi_{1111}=1-\frac{(\lambda+2\mu)m_1^{2k}}{E_1}+\frac{\lambda m_1^k m_2^k \nu_{21}}{E_2}+\frac{\lambda m_1^k m_3^k \nu_{31}}{E_3} \tag{3.42a}
$$

$$\varphi_{1122}=\frac{(\lambda+2\mu)\,m_1^{2k}\nu_{12}}{E_1}-\frac{\lambda m_1^k m_2^k}{E_2}+\frac{\lambda m_1^k m_3^k\nu_{31}}{E_3} \tag{3.42b}$$

$$\varphi_{1133}=\frac{(\lambda+2\mu)\,m_1^{2k}\nu_{13}}{E_1}+\frac{\lambda m_1^k m_2^k\nu_{23}}{E_2}-\frac{\lambda m_1^k m_3^k}{E_3} \tag{3.42c}$$

$$\varphi_{2211}=-\frac{\lambda m_2^k m_1^k}{E_1}+\frac{(\lambda+2\mu)\,m_2^{2k}\nu_{21}}{E_2}+\frac{\lambda m_2^k m_3^k\nu_{31}}{E_3} \tag{3.42d}$$

$$\varphi_{2222}=1+\frac{\lambda m_2^k m_1^k\nu_{12}}{E_1}-\frac{(\lambda+2\mu)\,m_2^{2k}}{E_2}+\frac{\lambda m_2^k m_3^k\nu_{32}}{E_3} \tag{3.42e}$$

$$\varphi_{2233}=\frac{\lambda m_2^k m_1^k\nu_{13}}{E_1}+\frac{(\lambda+2\mu)\,m_2^{2k}\nu_{23}}{E_2}-\frac{\lambda m_2^k m_3^k}{E_3} \tag{3.42f}$$

$$\varphi_{3311}=-\frac{\lambda m_3^k m_1^k}{E_1}+\frac{\lambda m_3^k m_2^k\nu_{21}}{E_2}+\frac{(\lambda+2\mu)\,m_3^{2k}\nu_{31}}{E_3} \tag{3.42g}$$

$$\varphi_{3322}=\frac{\lambda m_3^k m_1^k\nu_{12}}{E_1}-\frac{\lambda m_3^k m_2^k}{E_2}+\frac{(\lambda+2\mu)\,m_3^{2k}\nu_{32}}{E_3} \tag{3.42h}$$

$$\varphi_{3333}=1+\frac{\lambda m_3^k m_1^k\nu_{13}}{E_1}+\frac{\lambda m_3^k m_2^k\nu_{23}}{E_2}-\frac{(\lambda+2\mu)\,m_3^{2k}}{E_3} \tag{3.42i}$$

$$\varphi_{2323}=\frac{\mu m_2^k m_3^k}{2G_{23}} \tag{3.42j}$$

$$\varphi_{3131}=\frac{\mu m_3^k m_1^k}{2G_{31}} \tag{3.42k}$$

$$\varphi_{1212}=\frac{\mu m_1^k m_2^k}{2G_{12}} \tag{3.42l}$$

从式(3.42)中损伤张量分量 φ_{ijkl} 的表达式可以看出损伤张量$\boldsymbol{\varphi}^{(4)}$不是对称的。下节将考虑平面应力的特殊情况,并针对这种情况说明损伤张量和结构张量公式。

3.5 平面应力状态

这里考虑了 x_1-x_2 平面中平面应力的情况,在这种情况下,三个应力分量 σ_{33}、σ_{13} 和 σ_{23} 都消失了,即 $\sigma_{33}=\sigma_{13}=\sigma_{23}=0$。因此在这种情况下的应力和应变张量可以由以下 3×1 矩阵表示:

$$\boldsymbol{\sigma}=[\sigma_{11}\quad \sigma_{22}\quad \sigma_{12}]^{\mathrm{T}} \tag{3.43a}$$

$$\boldsymbol{\varepsilon}=[\varepsilon_{11}\quad \varepsilon_{22}\quad \varepsilon_{12}]^{\mathrm{T}} \tag{3.43b}$$

应该注意,在这种情况下,面外应变分量 ε_{33} 没有消失,即 $\varepsilon_{33}\neq 0$。在这种情况下,损伤状态可以用四阶张量$\boldsymbol{\varphi}^{(4)}$来描述,由下面的一般 3×3 矩阵表示:

$$\boldsymbol{\varphi}^{(4)}=\begin{bmatrix}\varphi_{1111} & \varphi_{1212} & \varphi_{1313}\\ \varphi_{2121} & \varphi_{2222} & \varphi_{2323}\\ \varphi_{31311} & \varphi_{3232} & \varphi_{3333}\end{bmatrix} \tag{3.44}$$

在这种情况下，式(3.29)可以写成如下矩阵形式：

$$[\boldsymbol{E}]=([\boldsymbol{I}^{(4)}]-[\boldsymbol{\varphi}^{(4)}])::[\overline{\boldsymbol{E}}] \tag{3.45}$$

其中$\boldsymbol{I}^{(4)}$是由下面的 3×3 恒等矩阵表示的四阶单位张量：

$$\boldsymbol{I}^{(4)}=\begin{bmatrix}1&0&0\\0&1&0\\0&0&1\end{bmatrix} \tag{3.46}$$

对于平面应力的情况，原始材料的弹性张量 $\overline{\boldsymbol{E}}$ 可以表示如下：

$$\overline{\boldsymbol{E}}=\frac{E}{1-\nu^2}\begin{bmatrix}1&\nu&0\\\nu&1&0\\0&0&\frac{1-\nu}{2}\end{bmatrix} \tag{3.47}$$

式中：E 和 ν 分别为原始材料的弹性模量和泊松比。E、ν 和 Lame 常数之间的关系由以下两个公式给出：

$$\lambda=\frac{\nu E}{(1+\nu)(1-2\nu)} \tag{3.48a}$$

$$\mu=\frac{E}{2(1+\nu)} \tag{3.48b}$$

在这种情况下，受损材料的弹性张量 $\boldsymbol{E}$ 的矩阵可以表示如下(参见式(3.38))：

$$\boldsymbol{E}=\frac{E}{1-\nu^2}\begin{bmatrix}m_1^{2k}&\nu m_1^k m_2^k&0\\\nu m_2^k m_1^k&m_2^{2k}&0\\0&0&\frac{1-\nu}{2}m_1^k m_2^k\end{bmatrix} \tag{3.49}$$

接下来，将式(3.45)、式(3.47)和式(3.48)代入式(3.45)，然后将得到的方程进行简化，将得到的结果矩阵与式(3.49)中的矩阵进行比较，在损伤张量分量 φ_{ijkl} 中得到以下 9 个线性联立代数方程：

$$1-\varphi_{1111}-\nu\varphi_{1212}=m_1^{2k} \tag{3.50a}$$

$$\nu-\nu\varphi_{1111}-\varphi_{1212}=\nu m_1^k m_2^k \tag{3.50b}$$

$$\varphi_{1313}=0 \tag{3.50c}$$

$$\nu-\nu\varphi_{2222}-\varphi_{2121}=\nu m_2^k m_1^k \tag{3.50d}$$

$$-\nu\varphi_{2121}+1-\varphi_{2222}=m_2^{2k} \tag{3.50e}$$

$$\varphi_{2323}=0 \tag{3.50f}$$

$$\varphi_{3131}+\nu\varphi_{3232}=0 \tag{3.50g}$$

$$\nu\varphi_{3131}+\varphi_{3232}=0 \tag{3.50h}$$

$$1-\varphi_{3333}=m_1^k m_2^k \tag{3.50i}$$

可以采用式(3.50c)、式(3.50f)、式(3.50g)和式(3.50h)得出结论：$\varphi_{1313}=\varphi_{2323}=\varphi_{3131}=\varphi_{3232}=0$。因此，在平面应力情况下，有 4 个损伤张量分量 φ_{ijkl} 消失，这就剩下以下 5 个线性联立代数方程组：

$$1-\varphi_{1111}-\nu\varphi_{1212}=m_1^{2k} \tag{3.51a}$$

$$\nu-\nu\varphi_{1111}-\varphi_{1212}=\nu m_1^k m_2^k \tag{3.51b}$$

$$\nu-\nu\varphi_{2222}-\varphi_{2121}=\nu m_2^k m_1^k \tag{3.51c}$$

$$-\nu\varphi_{2121}+1-\varphi_{2222}=m_2^{2k} \tag{3.51d}$$

$$1-\varphi_{3333}=m_1^k m_2^k \tag{3.51e}$$

接下来,结合式(3.51b)和式(3.51c),获得在 φ_{1212} 和 φ_{2121} 之间的以下关系:

$$\varphi_{2121}=\varphi_{1212}-\nu(\varphi_{2222}-\varphi_{1111}) \tag{3.52}$$

式(3.52)表明,损伤张量$\boldsymbol{\varphi}^{(4)}$不是对称的。

式(3.51e)可以直接求解 φ_{3333},得到下面的显式表达式:

$$\varphi_{3333}=1-m_1^k m_2^k \tag{3.53}$$

式(3.53)表明面外损伤张量分量 φ_{3333} 在平面应力情况下不会消失。基于结构张量参数 m_1 和 m_2 在式(3.53)中给出了该损伤张量分量。这一结论表明,平面应力的情况并不意味着平面损伤的情况。

其余 4 个损伤张量分量 φ_{1111}、φ_{2222}、φ_{1212} 和 φ_{2121} 可以通过求解其余 4 个隐式式(3.51a)、式(3.51b)、式(3.51c)和式(3.51d)同时得到(注意式(3.51a)和式(3.51b)可以同时求解,而其他两个式(3.51.3)和式(3.51.4)也可以同时求解):

$$\varphi_{1111}=1-\frac{m_1^k(m_1^k-\nu^2 m_2^k)}{1-\nu^2} \tag{3.54a}$$

$$\varphi_{1212}=\frac{\nu m_1^k(m_1^k-m_2^k)}{1-\nu^2} \tag{3.54b}$$

$$\varphi_{2222}=1-\frac{m_2^k(m_2^k-\nu^2 m_1^k)}{1-\nu^2} \tag{3.54c}$$

$$\varphi_{2121}=\frac{\nu m_2^k(m_2^k-m_1^k)}{1-\nu^2} \tag{3.54d}$$

式(3.54)为 4 个损伤张量分量 φ_{1111}、φ_{2222}、φ_{1212} 和 φ_{2121} 基于结构张量参数 m_1 和 m_2 以及泊松比 ν 的显式表达式。显然,损伤张量分量与结构张量参数之间的关系与材料的杨氏模量 E 无关,在这种关系中,只有材料常数 ν 起作用。

3.6 微裂纹分布的应用

本部分提出了损伤和结构张量在微裂纹分布情况下的应用,通过求解一个实例来有效地说明这个应用。考虑二维(平面)微裂纹分布,其圆形直方图(玫瑰图)如图 3.2 所示,假定微裂纹分布相对于原点是对称的,圆形直方图显示了微裂纹法线分布的玫瑰图。从 0°到 360°,角度以 10°递增变化,而直方图的高度表示在指定角度范围内的微裂纹法线的频率。

接下来,计算特定例子中结构张量$\boldsymbol{G}^{(0)}$、$\boldsymbol{G}^{(2)}$和$\boldsymbol{G}^{(4)}$的分量。需注意,结构张量$\boldsymbol{G}^{(2)}$和$\boldsymbol{G}^{(4)}$与 Kanatani(1984a)介绍的第三类 D_{ij} 和 D_{ijkl} 的结构张量相对应。第三类二阶结构张量计算如下:

$$\boldsymbol{G}^{(2)}=\boldsymbol{D}^{(2)}=\begin{bmatrix}1.2305 & 0.4065 & 0\\ 0.4065 & 1.2695 & 0\\ 0 & 0 & -2.500\end{bmatrix} \tag{3.55}$$

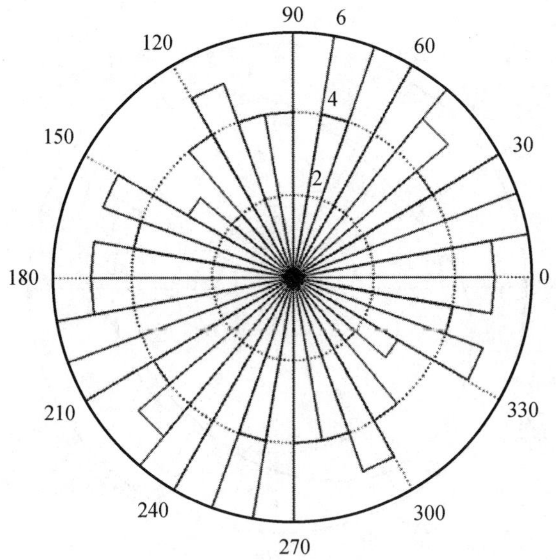

图 3.2　应用于微裂纹分布的圆形直方图(玫瑰图)
(经 G. Voyiadjis,P. Kattan 许可转载(2006))

利用上述矩阵,二阶结构张量$\boldsymbol{G}^{(2)}$的特征值计算如下:

$$g_1 = 1.6570 \tag{3.56a}$$

$$g_2 = 0.8430 \tag{3.56b}$$

其中 $g_3 = -2.5$。计算第二类二阶结构张量$\boldsymbol{F}^{(2)}$如下

$$\boldsymbol{F}^{(2)} = \begin{bmatrix} 2.2305 & 0.4065 & 0 \\ 0.4065 & 2.2695 & 0 \\ 0 & 0 & 0 \end{bmatrix} \tag{3.57}$$

利用第二类二阶结构张量$\boldsymbol{F}^{(2)}$,即可以采用裂纹分布的以下近似 $\rho(\boldsymbol{n})$ (Kanatani, 1984a):

$$\rho(\boldsymbol{n}) = F_{ij}^{(2)} n_i n_j \tag{3.58}$$

将式(3.57)代入式(3.58),并采用图 3.3 圆形直方图中的数据,可以得到裂纹分布的以下二次近似值:

$$\rho(\boldsymbol{n}) = 2.2305\cos^2\theta + 2.2695\sin^2\theta + 0.8130\sin\theta\cos\theta \tag{3.59}$$

式中:$0 \leqslant \theta \leqslant 2\pi$。式(3.59)的近似分布如图 3.3 所示,图 3.2 和图 3.3 的比较显示了实际分布与近似分布之间的密切关系。

接下来,计算四阶结构张量$\boldsymbol{N}^{(4)}$,绘制微裂纹分布的四次近似。四阶结构张量$\boldsymbol{N}^{(4)}$由下式计算(Kanatani, 1984a):

$$N_{ijkl}^{(4)} = \langle n_i n_j n_k n_l \rangle = \frac{1}{N}\sum_{\alpha=1}^{N} n_i^{(\alpha)} n_j^{(\alpha)} n_k^{(\alpha)} n_l^{(\alpha)} \tag{3.60}$$

Kanatani(1984a)定义的第二类四阶结构张量$\boldsymbol{F}^{(4)}$如下:

$$F_{ijkl}^{(4)} = \frac{315}{8}\left(N_{ijkl}^{(4)} - \frac{2}{3}\delta_{ij}N_{kl}^{(2)} + \frac{1}{21}\delta_{ij}\delta_{kl}\right) \tag{3.61}$$

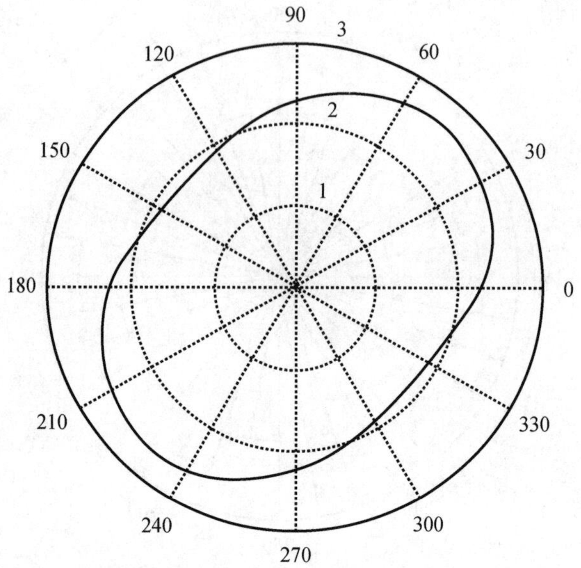

图 3.3 微裂纹分布数据的二阶近似的极坐标图,利用二阶结构张量获得的二次近似(经 G. Voyiadjis, P. Kattan 许可转载(2006))

利用式(3.61),得到第二类四阶结构张量$\boldsymbol{F}^{(4)}$的分量值如下:$F_{1111}^{(4)}=3.6698$,$F_{2222}^{(4)}=3.7369$、$F_{1212}^{(4)}=4.7368$、$F_{1222}^{(4)}=1.0316$ 和 $F_{1112}^{(4)}=-0.3163$。

利用第二类四阶结构张量$\boldsymbol{F}^{(4)}$,则可以采用裂纹分布的以下近似 $\rho(\boldsymbol{n})$ (Kanatani, 1984a):

$$\rho(\boldsymbol{n})=F_{ijkl}^{(4)}n_i n_j n_k n_l \tag{3.62}$$

将第二类四阶结构张量$\boldsymbol{F}^{(4)}$的分量值代入式(3.62),并利用来自图 3.2 圆柱直方图的数据,可以得到裂纹分布的以下四次近似:

$$\rho(\boldsymbol{n})=3.6698\cos^4\theta+3.7369\sin^4\theta+18.9474\sin^2\theta\cos^2\theta+4.1264\cos\theta\sin^3\theta-1.2652\cos^3\theta\sin\theta \tag{3.63}$$

式中:$0\leqslant\theta\leqslant2\pi$。式(3.63)的近似分布如图 3.4 所示。图 3.2、图 3.3 和图 3.4 的比较显示了实际分布与近似分布之间的密切关系。

接下来,举例说明损伤张量分量与结构张量分量之间的精确关系。在这个例子中,可以使用前面导出的平面应力情况下的损伤张量分量的简单表达式,即式(3.54)和式(3.55)。首先研究式(3.54a)中的 φ_{1111} 的表达式,从这个公式可以看出,φ_{1111} 的值取决于四个参数,即结构张量参数 m_1 和 m_2、泊松比 ν 和常数 k。在本例中,这两个常数的值取为 $\nu=0.3$ 和 $k=-0.2$(研究了几个 k 值,发现这里使用的值给出了实际的结果)。此外,为了简化所得公式,可以找到这个特定示例的 m_1 和 m_2 之间的关系。采用式(3.13),以下关系是可用的:

$$m_1+m_2=2G^{(0)}+g_1+g_2 \tag{3.64}$$

式中:$G^{(0)}=1$。将式(3.56)和式(3.57)得到的数值代入式(3.64),可以得出 m_1 和 m_2 的和等于 4.5,这是本例中的常数。因此,得到以下关系:

$$m_2=4.5-m_1 \tag{3.65}$$

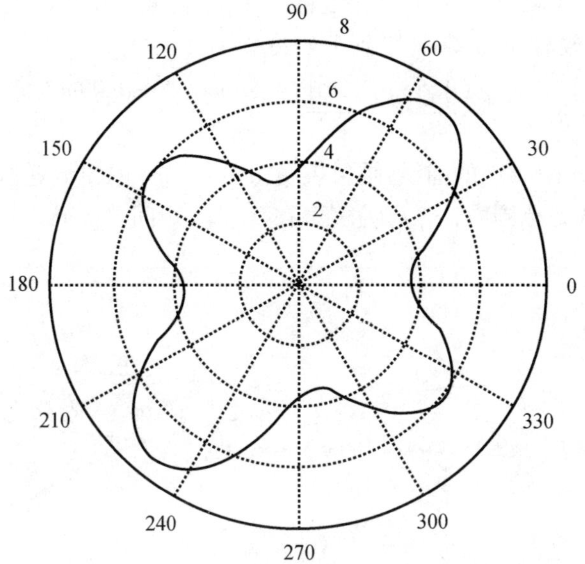

图 3.4　微裂纹分布数据的二阶近似的极坐标图，利用四阶结构张量获得的四次近似（经 G. Voyiadjis，P. Kattan 许可转载(2006)）

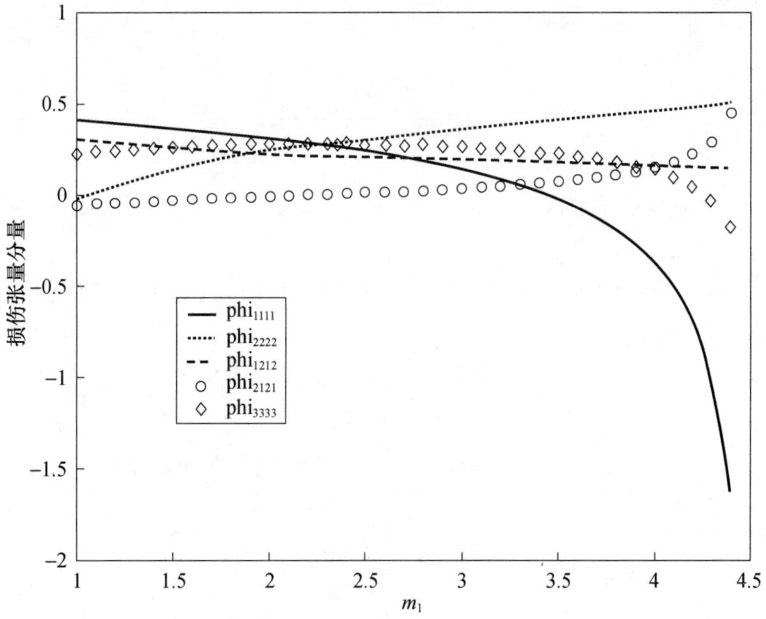

图 3.5　损伤张量分量与m_1 的变化关系(经 G. Voyiadjis，P. Kattan 许可转载(2006))

将式(3.65)和上面给出的 ν 和 k 的值代入式(3.54a)中，得到：

$$\varphi_{1111}=1-\frac{m_1^{-0.2}[m_1^{-0.2}-0.09(4.5-m_1)^{-0.2}]}{1-0.09} \tag{3.66}$$

式(3.66)表明，对于这个例子，φ_{1111} 是变量(m_1)的函数。在图 3.5 中绘出该函数，显然 φ_{1111} 是 m_1 的单调递增正函数。在实际问题中，m_1 的值通常在 $1.5<m_1<3.5$ 范围内，因

此可以看到,在绘图区域中,关系几乎是线性的,φ_{1111} 的值在 0~0.5 之间。

用 m_2 代替 m_1 改写式(3.66),得到下列关系:

$$\varphi_{1111}=1-\frac{(4.5-m_2)^{-0.2}[(4.5-m_2)^{-0.2}-0.09m_2^{-0.2}]}{1-0.09} \tag{3.67}$$

图 3.6 给出了式(3.67)的曲线,结果表明,φ_{1111} 是 m_2 的单调递减函数。在实际应用中,m_2 在 $1.5<m_2<3.5$ 范围内,φ_{1111} 为正值,在 0~0.5 之间。

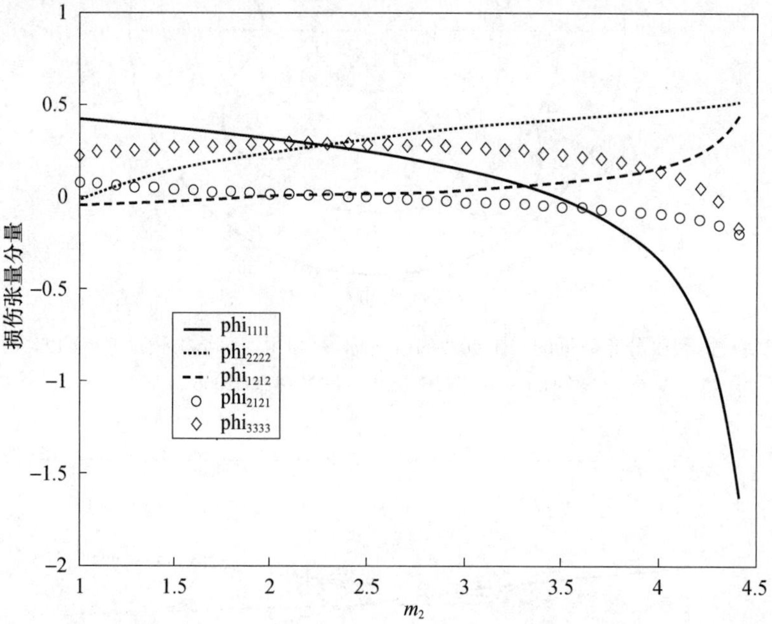

图 3.6　损伤张量分量与m_2 的变化关系(经 G. Voyiadjis, P. Kattan 许可转载(2006))

在本例中式(3.54b)、式(3.54c)和式(3.54d)改写如下,每个公式改写两次——基于 m_1 一次,然后基于 m_2:

$$\varphi_{1212}=\frac{0.3m_1^{-0.2}[m_1^{-0.2}-(4.5-m_1)^{-0.2}]}{1-0.09} \tag{3.68a}$$

$$\varphi_{1212}=\frac{0.3(4.5-m_2)^{-0.2}[(4.5-m_2)^{-0.2}-m_2^{-0.2}]}{1-0.09} \tag{3.68b}$$

$$\varphi_{2222}=\frac{(4.5-m_1)^{-0.2}[(4.5-m_1)^{-0.2}-0.09m_1^{-0.2}]}{1-0.09} \tag{3.68c}$$

$$\varphi_{2222}=1-\frac{m_2^{-0.2}[m_2^{-0.2}-0.09(4.5-m_2)^{-0.2}]}{1-0.09} \tag{3.68d}$$

$$\varphi_{2121}=\frac{0.3(4.5-m_1)^{-0.2}[(4.5-m_1)^{-0.2}-m_1^{-0.2}]}{1-0.09} \tag{3.68e}$$

$$\varphi_{2121}=\frac{0.3m_2^{-0.2}[m_2^{-0.2}-(4.5-m_2)^{-0.2}]}{1-0.09} \tag{3.68f}$$

图 3.5 和图 3.6 中同时给出式(3.68a)、式(3.68b)、式(3.68c)、式(3.68d)、

式(3.68e)和式(3.68f)对应的图形，在这两个图中，观察到相同的趋势。在 $1.5<m_1<3.5$ 范围内，得到了损伤张量分量为正的实际结果。

类似的，式(3.53)可以如下改写两次：

$$\varphi_{3333}=1-m_1^{-0.2}(4.5-m_1)^{-0.2} \tag{3.69a}$$

$$\varphi_{3333}=1-(4.5-m_2)^{-0.2}m_2^{-0.2} \tag{3.69b}$$

图 3.5 和图 3.6 也给出了式(3.69a)和式(3.69b)对应的图形。这里也观察到同样的趋势，在 $1.5<m_1<3.5$ 的范围内得到了实际结果。总之，应当注意，在这个例子中，基于圆柱直方图中给出的微裂纹分布数据来获得损伤张量分量的实际值是不可能的。

3.7　平行微裂纹的应用

第二个应用提出了比较两个不同的平行微裂纹集合的弹性矩阵。考虑将第一组 A 组的平行微裂纹定向于其法线位于 $\theta=0°$ 的角度，如图 3.7(a)所示。第二组 B 组的平行微裂纹定向于其法线位于 $\theta=90°$ 的角度，如图 3.7(b)所示。对这两组微裂纹计算其结构张量和损伤张量，并通过对这两个方向计算和比较损伤弹性矩阵结束。

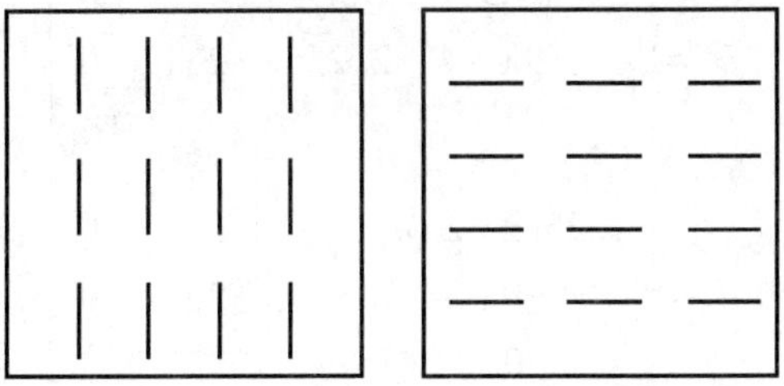

(a)　　(b)

图 3.7　两组平行微裂纹：(a) 0° A 组(b) 90° B 组(经 G. Voyiadjis 和 P. Kattan 许可转载(2006))

应该指出的是，由于考虑一个 RVE，这些平行微裂纹的数目并无意义，不管这些平行微裂纹的数量多少，都可获得相同的结构张量。

应该注意，将微裂纹数目 N 从公式中被抵消掉，从而得到上述矩阵。接下来，针对这两个组，第三类二阶结构张量 $\boldsymbol{G}^{(2)}$ 计算如下，注意 $\boldsymbol{G}_A^{(0)}=\boldsymbol{G}_B^{(0)}=1$：

$$\boldsymbol{G}_A^{(2)}=\begin{bmatrix}5 & 0 & 0\\ 0 & -2.5 & 0\\ 0 & 0 & -2.5\end{bmatrix} \tag{3.70a}$$

$$\boldsymbol{G}_B^{(2)}=\begin{bmatrix}-2.5 & 0 & 0\\ 0 & 5 & 0\\ 0 & 0 & -2.5\end{bmatrix} \tag{3.70b}$$

接着利用式(3.70)计算每组 $\boldsymbol{G}^{(2)}$ 的特征值如下：

$$g_1=5,g_2=-2.5\quad 对 A 组 \tag{3.71a}$$

$$g_1=-2.5,g_2=5\quad 对 B 组 \tag{3.71b}$$

将式(3.71)与 $\boldsymbol{G}_A^{(0)}=\boldsymbol{G}_B^{(0)}=\boldsymbol{1}$ 一起代入式(3.13)，得到每组结构张量参数 m_1 和 m_2 的值如下：

$$m_1=6,m_2=-1.5 \quad \text{对 A 组} \tag{3.72a}$$

$$m_1=-1.5,m_2=6 \quad \text{对 A 组} \tag{3.72b}$$

利用材料参数值 $\nu=0.3$、$k=-0.2$，将式(3.72)代入式(3.55)，得到损伤张量 $\boldsymbol{\varphi}^{(4)}$ 的下列主值（当求出负值-1.5升至负指数时必须特别注意）：

$$\boldsymbol{\varphi}_A^{(4)}=\begin{bmatrix}0.5181 & 0 & 0\\ 0 & 0.1383 & 0\\ 0 & 0 & 0.3556\end{bmatrix} \tag{3.73a}$$

$$\boldsymbol{\varphi}_B^{(4)}=\begin{bmatrix}0.1383 & 0 & 0\\ 0 & 0.5181 & 0\\ 0 & 0 & 0.3556\end{bmatrix} \tag{3.73b}$$

从上述两个矩阵可以清楚地看出，在两种情况下损伤变量值被互换，其意义是，将方向从 $\theta=0°$ 改变为 $\theta=90°$ 会导致损伤张量的矩阵表示中的对角项互换。

最后，将式(3.71)与 $\boldsymbol{G}_A^{(0)}=\boldsymbol{G}_B^{(0)}=1$ 代入式(3.28)和式(3.34c)，计算每组损伤弹性张量的分量 E_{ijkl}，并以矩阵形式表示如下：

$$\boldsymbol{E}_A=\begin{bmatrix}36(\lambda+2\mu) & -9\lambda & 0\\ -9\lambda & 2.25(\lambda+2\mu) & 0\\ 0 & 0 & 2\mu\end{bmatrix} \tag{3.74a}$$

$$\boldsymbol{E}_B=\begin{bmatrix}2.25(\lambda+2\mu) & -9\lambda & 0\\ -9\lambda & 36(\lambda+2\mu) & 0\\ 0 & 0 & 2\mu\end{bmatrix} \tag{3.74b}$$

注意式(3.74)中的两个弹性矩阵除了前两个对角线互换，其余是相同的。这种互换结果是由平行微裂纹方向从 $\theta=0°$ 改变为 $\theta=90°$ 而产生的，由于这两组分布的弹性矩阵是不同的，人们期望在每种情况下获得不同的应力和应变。因此，这里提出的模型考虑了这种微观结构明显的各向异性。

3.8 热力学与广义损伤演化

本节考虑热弹性损伤材料行为，提出了损伤演化的热力学框架。相关本构变量是应变张量 $\boldsymbol{\varepsilon}$（完全弹性）、绝对温度 T、温度梯度向量 $\boldsymbol{\nabla}_i \boldsymbol{T}$ 和若干唯象状态变量 $N_k(k=1,2,3)$ 的函数。因此，在热力学框架内，并考虑无穷小位移/应变关系的假设，亥姆霍兹自由能密度函数 $\boldsymbol{\Psi}$ 可表示如下（Coleman 和 Gurtin，1967；Lemaitre 和 Chaboche，1990；Lubliner，1990；Doghri，2000；Voyiadjis 和 Kattan，1999）：

$$\boldsymbol{\Psi}=\widetilde{\boldsymbol{\Psi}}(\varepsilon_{ij},T,\ \nabla_i T,N_k) \tag{3.75}$$

为了描述各种微损伤机制，假设有限组表示标量或张量变量的内部状态变量 N_k 如下：

$$N_k=\widetilde{N_k}(\Xi_n) \tag{3.76}$$

其中 Ξ_n 是一组损伤硬化的内部状态变量，这组宏内部状态变量集合 Ξ_n 假定如下：

$$\Xi_n = \widetilde{\Xi_n}(r, \Gamma_{ijkl}, \varphi_{ijkl}) \tag{3.77}$$

式中：r 为累积损伤；Γ 为损伤扩展过程中的残余应力通量；$\boldsymbol{\varphi}$ 为四阶损伤张量。在亥姆霍兹自由能密度中引入这些损伤硬化变量，以便提供变形缺陷（微裂纹和微孔）及其交互作用的足够细节，从而适当（即物理）表征材料的微观结构行为，这些变量将提供这些缺陷在尺寸、取向、分布、间距、缺陷之间的交互作用等方面的充分表征。

内部状态变量演变的确定是现代本构模型的主要挑战，到目前为止，这可以通过利用热力学原理发展基于连续热弹性损伤的模型来有效地实现，也就是说，利用平衡定律、质量、线性和角动量守恒定律，以及热力学第一和第二定律实现（Coleman 和 Gurtin，1967；Lemaitre 和 Chaboche，1990；Lubliner，1990；Doghri，2000；Voyi. is 和 Kattan，1999）。

Clausius Duhem 不等式可以写成如下形式：

$$\sigma_{ij}\dot{\varepsilon}_{ij} - \rho(\dot{\Psi} + \eta\dot{T}) - \frac{1}{T}q_i\ \nabla_i T \geqslant 0 \tag{3.78}$$

式中：ρ、η 和 $\boldsymbol{q}$ 分别为质量密度、比熵和热通量向量。同时，Ψ、T 和 η 关系如下：

$$\Psi = e - T\eta \tag{3.79}$$

式中：e 为内部能量密度。接下来，假设将比自由能密度函数 Ψ 分解为热弹性和热损伤部分，如下：

$$\widetilde{\Psi}(\varepsilon_{ij}, T,\ \nabla_i T, N_k) = \widetilde{\Psi}^{te}(\varepsilon_{ij}, T,\ \nabla_i T, \varphi_{ijkl}) + \widetilde{\Psi}^{td}(T,\ \nabla_i T, r, \Gamma_{ij}, \varphi_{ijkl}) \tag{3.80}$$

式中：$\widetilde{\Psi}^{te}$ 为热弹性势能；$\widetilde{\Psi}^{td}$ 为因损伤机制导致的材料硬化而存储的能量。

根据上述给出 Ψ 的定义，式(3.75)关于其内部状态变量的时间导数由下式给出：

$$\dot{\Psi} = \frac{\partial\Psi}{\partial\varepsilon_{ij}}\dot{\varepsilon}_{ij} + \frac{\partial\Psi}{\partial T}\dot{T} + \frac{\partial\Psi}{\partial\ \nabla_i T}\ \nabla_i\dot{T} + \frac{\partial\Psi}{\partial N_k}\dot{N}_k \tag{3.81}$$

其中（来自式(3.76)）

$$\frac{\partial\Psi}{\partial N_k}\dot{N}_k = \frac{\partial\Psi}{\partial\Xi_n}\dot{\Xi}_n \tag{3.82}$$

且（来自式(3.77)）

$$\frac{\partial\Psi}{\partial\Xi_n}\dot{\Xi}_n = \frac{\partial\Psi}{\partial r}\dot{r} + \frac{\partial\Psi}{\partial\Gamma_{ijkl}}\dot{\Gamma}_{ijkl} + \frac{\partial\Psi}{\partial\varphi_{ijkl}}\dot{\varphi}_{ijkl} \tag{3.83}$$

将亥姆霍兹自由能密度的速率（式(3.81)）代入 Clausius-Duhem 不等式（式(3.78)），可以得到以下热力学约束条件：

$$\left(\sigma_{ij} - \rho\frac{\partial\Psi}{\partial\varepsilon_{ij}}\right)\dot{\varepsilon}_{ij} - \rho\left(\frac{\partial\Psi}{\partial T} + \eta\right)\dot{T} - \rho\frac{\partial\Psi}{\partial\ \nabla_i T}\ \nabla_i\dot{T} - \rho\frac{\partial\Psi}{\partial N_k}\dot{N}_k - \frac{q_i}{T}\ \nabla T \geqslant 0 \tag{3.84}$$

假设熵产生原理成立，则由式(3.84)可得出以下热力学状态定律：

$$\sigma_{ij} = \rho\frac{\partial\Psi}{\partial\varepsilon_{ij}} \tag{3.85a}$$

$$\eta = -\frac{\partial\Psi}{\partial T} \tag{3.85b}$$

$$\frac{q}{\dot{T}} = \rho\frac{\partial\Psi}{\partial\ \nabla_i T} \tag{3.85c}$$

$$\sum_k = \rho \frac{\partial \Psi}{\partial N_k} \quad (k=1,2,3) \tag{3.85d}$$

上述方程描述了状态变量与其相关的热力学共轭力之间的关系。注意,三个热力学共轭力 $\sum_k$ 表示以下三个量:与 r 相关的 K,与 Γ_{ijkl} 相关的 H_{ijkl},以及与 φ_{ijkl} 相关的 Y_{ijkl}。应力 σ 是内部结构弹性变化的度量,而 Y 是卸载过程中由于裂纹闭合和孔洞收缩引起的内部结构弹性损伤变化的度量,共轭力 K 和 H 是材料内部结构损伤变化的度量。

将式(3.85)代入式(3.84)可简化 Clausius-Duhem 不等式,以表示耗散能量 Π 必然为正的事实:

$$\Pi = -\Pi_{\text{int}} - q_i\left(\frac{\frac{\nabla_i T}{T} + \nabla_i \dot{T}}{\dot{T}}\right) \geqslant 0 \tag{3.86}$$

式中:Π_{int} 为内部耗散能,可以写成如下形式:

$$\Pi_{\text{int}} = \sum_{k=1}^{3} \sum k \dot{N}_k = K\dot{r} + H_{ijkl}\dot{\Gamma}_{ijkl} - Y_{ijkl}\dot{\varphi}_{ijkl} \geqslant 0 \tag{3.87}$$

可以将耗散能量 Π 改写为如下由损伤和热效应导致的耗散能总和:

$$\Pi = \Pi^d + \Pi^{th} \tag{3.88}$$

式中:

$$\Pi^d = -K\dot{r} - H_{ijkl}\dot{\Gamma}_{ijkl} + Y_{ijkl}\dot{\varphi}_{ijkl} \geqslant 0 \tag{3.89}$$

$$\Pi^{th} = -q_i\left(\frac{\nabla_i T}{T} + \frac{\nabla_i \dot{T}}{\dot{T}}\right) \geqslant 0 \tag{3.90}$$

互补定律与式(3.89)和式(3.90)给出的耗散过程有关,这意味着存在以通量变量的连续和凸量值函数表示的耗散势,如下所示:

$$\Theta\left(\dot{N}_k, \frac{q_i}{T}\right) = \Theta^d(\dot{N}_k) + \Theta^{th}(T, \nabla_i T) \tag{3.91}$$

用正态性质表示的互补定律如下:

$$\Sigma_k = -\frac{\partial \Theta^d}{\partial \dot{N}_k} \tag{3.92}$$

$$\frac{q_i}{\dot{T}} = -\frac{\partial \Theta^{th}}{\partial(\nabla_i T)} \tag{3.93}$$

利用耗散势 Θ 的 Legendre-Fenchel 变换,可以定义关于力变量的对偶势如下:

$$\Theta^*(\Sigma_k, \nabla_i T) = \Pi(\Sigma_k, q_i; \dot{N}_k, T, \nabla_i T) - \Theta(\dot{N}_k, T, \nabla_i T) = \Theta^{*d}(\Sigma_k) + \Theta^{*th}(T, \nabla_i T) \tag{3.94}$$

由此,互补定律可以采用对偶变量函数的通量变量的演化规律形式写成:

$$-\dot{N}_k = \frac{\partial \Theta^{*d}}{\partial \Sigma_k} \tag{3.95}$$

$$-\frac{\nabla_i T}{\dot{T}} = \frac{\partial \Theta^{*th}}{\partial q_i} \tag{3.96}$$

显然,Ψ、Θ^{*d} 以及由此产生的 $\dot{N}_k(k=1、2、3)$ 的定义是该公式的基本特征,用以描述材料在变形和损伤过程中的热力学/微观结构行为。利用多变量拉格朗日乘子 $\dot{\lambda}^d$ 的微积分,可以得到 φ 的相关演化规律。耗散函数 Π^d(式(3.88)和式(3.89))的约束条件为 $g=0$(Voyiadjis 和 Kattan,1990,1992,1999;Kattanand Voyiadjis,1990,1993,2001b),从而形成以下目标函数:

$$\Omega=\Pi^d-\dot{\lambda}^d g \tag{3.97}$$

式中:g 为稍后定义的损伤表面(即判据)。最大耗散原理指出,热力学力 Y 的实际状态是在所有可能的允许状态上使耗散函数最大化,因此,目标函数 Ω 通过以下必要条件得以最大化:

$$\frac{\partial \Omega}{\partial Y_{ijkl}}=0 \tag{3.98}$$

将式(3.97)与式(3.89)一起代入式(3.98),得到与损伤张量 $\dot{\boldsymbol{\varphi}}$ 的演化相对应的热力学定律如下:

$$\dot{\varphi}_{ijkl}=\dot{\lambda}^d\frac{\partial g}{\partial Y_{ijkl}} \tag{3.99}$$

式(3.99)代表了四阶损伤张量 $\boldsymbol{\varphi}^{(4)}$ 的演化方程。另一方面,四阶损伤张量 $\boldsymbol{\varphi}^{(4)}$ 的演化方程可根据结构张量的演化而表示,这是通过对式(3.33b)进行时间求导得出的:

$$\begin{aligned}\dot{\boldsymbol{\varphi}}^{(4)}=-2[&\boldsymbol{\lambda}(\boldsymbol{G}^{(0)}\boldsymbol{I}^{(2)}+\boldsymbol{G}^{(2)})\otimes(\dot{\boldsymbol{G}}^{(0)}\boldsymbol{I}^{(2)}+\dot{\boldsymbol{G}}^{(2)})\\&+2\boldsymbol{\mu}(\boldsymbol{G}^{(0)}\boldsymbol{I}^{(2)}+\boldsymbol{G}^{(2)})\overline{\underline{\otimes}}(\dot{\boldsymbol{G}}^{(0)}\boldsymbol{I}^{(2)}+\dot{\boldsymbol{G}}^{(2)})]:\overline{\boldsymbol{E}}^{-1}\end{aligned} \tag{3.100}$$

累积损伤率 $\dot{r}$ 可定义如下:

$$\dot{r}=\sqrt{\dot{\varphi}_{ijkl}\dot{\varphi}_{ijkl}} \tag{3.101}$$

热弹性能量 Ψ^{te} 可以假定如下:

$$\Psi^{te}=\frac{1}{2\rho}\varepsilon_{ij}E_{ijkl}(\varphi)\varepsilon_{kl}-\frac{1}{\rho}\beta_{ij}\varepsilon_{ij}(T-T_r)-\eta_r(T-T_r)-\frac{1}{2}c(T-T_r)^2-\frac{1}{2\rho}k_{ij}\nabla_i T\nabla_j T \tag{3.102}$$

另一方面,热损伤能量 Ψ^{td} 假定如下:

$$\rho\Psi^{td}=\frac{1}{2}a_1 r^2 V+\frac{1}{2}a_2\Gamma_{ijkl}\Gamma_{ijkl}V \tag{3.103}$$

式中:$\boldsymbol{E}(\boldsymbol{\varphi})$ 为四阶损伤弹性张量;$\boldsymbol{\beta}$ 为热膨胀的切线共轭张量(Lubliner,1990);c 为热膨胀系数;η_r 为参考熵;T_r 为参考温度;a_1 和 a_2 为材料相关常数,这些参数均与温度无关;$\boldsymbol{k}=k\delta$ 是导热系数二阶张量(k 是导热系数,δ 是 Kroneckerdelta);V 为同系温度,定义为 $V=1-(T/T_m)^n$,其中 T_m 是熔化温度,n 是温度软化指数。

所提出的 $\boldsymbol{\Psi}$ 的定义可以推导后面描述的本构方程和内部耗散。应力的本构方程(式(3.85a))可以由式(3.102)的热力学势写成如下:

$$\sigma_{ij}=E_{ijkl}\varepsilon_{kl}-\beta_{ij}(T-T_r) \tag{3.104}$$

其中:

$$E_{ijkl}=\rho\frac{\partial^2\Psi}{\partial\varepsilon_{ij}\partial\varepsilon_{kl}} \tag{3.105}$$

$$\beta_{ij}=-\rho\frac{\partial^2\Psi}{\partial\varepsilon_{ij}\partial T} \tag{3.106}$$

熵(式(3.85b))的本构方程可以通过式(3.102)和式(3.103)的热力学势得出,假设通过弹性引起的热效应和损伤之间发生解耦,则有

$$\eta=\eta^{te}+\eta^{td} \tag{3.107}$$

式中:

$$\eta^{te}=\eta_r+c(T-T_r)+\frac{1}{\rho}\beta_{ij}\varepsilon_{ij} \tag{3.108}$$

$$\eta^{td}=\frac{1}{2\rho}(a_1r^2+a_2\Gamma_{ijkl}\Gamma_{ijkl})\frac{\partial V}{\partial T} \tag{3.109}$$

在上面的公式中,$\frac{\partial V}{\partial T}$由下式给出:

$$\frac{\partial V}{\partial T}=\frac{n}{T_m}\left(\frac{T}{T_m}\right)^{n-1} \tag{3.110}$$

热通量向量 $\boldsymbol{q}$ 的本构方程可以从式(3.85c)得到:

$$q_i=-k_{ij}\ \nabla_j T \tag{3.111}$$

这就是众所周知的傅里叶热传导定律,负号表明热流与温度升高方向相反。下一个重要步骤是选择损伤势函数的适当形式,以便建立描述所期望的材料力学行为的本构方程。为了保持相容性并满足热力学的广义正态规则,需要假定适当的损伤势函数的解析形式以获得假设的通量变量的演化方程,则有

$$G=g+\frac{1}{2}h_1K^2+\frac{1}{2}h_2H_{ijkl}H_{ijkl} \tag{3.112}$$

式中:h_1 和 h_2 为用于调整方程单位的材料常数;g 为损伤表面(判据),定义如下:

$$g=\sqrt{(Y_{ijkl}-H_{ijkl})(Y_{ijkl}-H_{ijkl})}-l-K\leqslant 0 \tag{3.113}$$

式中:损伤力 Y 和 H 表征损伤演化和损伤运动硬化;l 为初始损伤阈值,其是温度的函数,形式为 $l=l_0V$,其中 l_0 是零绝对温度下的初始损伤阈值;K 为损伤各向同性硬化函数。

然后用 Kuhn-Tucker 互补条件表征损伤域中的模型响应如下:

$$g\leqslant 0,\dot{\lambda}^d\geqslant 0,\dot{\lambda}^d g=0 \tag{3.114}$$

为了导出与损伤过程相关的硬化演化方程,将式(3.112)代入 $\dot{r}$ 的演化规律,从而得到以下关系:

$$\dot{r}=\dot{\lambda}^d(1-h_1K) \tag{3.115}$$

损伤各向同性硬化函数 K 的演化方程可通过首先利用方程(3.115)并将其代入 $\dot{K}$ 的演化规律来获得,从而可以得到以下关系:

$$\dot{K}=a_1(1-h_1K)\dot{\lambda}^d V \tag{3.116}$$

此外,利用式(3.112)可以得到损伤运动硬化参数的演化方程,并将其代入 $\dot{\Gamma}$ 的演化规律,同时实现$\frac{\partial g}{\partial \boldsymbol{H}}=\frac{-\partial g}{\partial \boldsymbol{Y}}$(从式(3.113)中可以看出),并用式(3.99)可得

$$\dot{\Gamma}_{ijkl}=\dot{\varphi}_{ijkl}-h_2\dot{\lambda}^d H_{ijkl} \tag{3.117}$$

最后,可以很容易地看出,通过将式(3.117)代入 $\dot{H}$ 的演化规律,可以得到以下关系:

$$\dot{H}_{ijkl}=(a_2\dot{\varphi}_{ijkl}-h_2a_2\dot{\lambda}^d H_{ijkl})V \tag{3.118}$$

式(3.115)~式(3.118)表示损伤过程和损伤硬化所涉及的各种参数的演化规律,可以继续推导热力学力 Y 的显式表达式。但这里不执行该过程,因为这个步骤可能会通过调用有效应力空间和使用损伤效应张量的特殊情况来限制该理论。

3.9 小 结

在假定小应变的经典弹性理论框架内,提出了基于结构张量的损伤力学新理论,该新理论被称为具有结构张量的损伤力学。首先,回顾了结构张量的概念,然后,在损伤力学中提出广义假设,其中等效弹性应变和等效弹性能量两个假设被作为特殊情况而得到。接着导出了零阶和二阶结构张量的四阶损伤张量的显式表达式,然后是对平面应力情况的研究。

接下来提出了该理论在微裂纹分布中的应用。微裂纹分布的数据首先以圆形直方图(玫瑰图)的形式呈现,然后使用该直方图确定了二阶和四阶结构张量分量的值,随后利用结构张量的确定值计算损伤张量的分量。文中还给出了微裂纹分布的两种近似:一种是基于二阶结构张量的二次近似,另一种是基于四阶结构张量的四次近似;然后将这两个近似分布与圆形直方图中给出的实际分布进行比较;最后,导出了损伤张量分量与结构张量参数之间的确定关系,并以图形形式绘制了其中的几个关系。

该理论的另一个应用是比较两组具有不同取向的平行微裂纹分布。在这种情况下,可以看到,改变平行微裂纹的方向会导致弹性刚度矩阵中前两个对角项的互换。

最后,对热力学概念进行了阐述,推导了损伤演化方程。这是以数学统一方式来开展的,并基于合理的热力学原理。应当指出,这项工作将为今后在该领域的工作奠定基础,包括可视化和有限元的实现及其在复合材料中的应用。

参考文献

A. Cauvin, R. Testa, Damage mechanics: basic variables in continuum theories. Int. J. Solids Struct. 36, 747–761 (1999)

J. L. Chaboche, Continuous damage mechanics–a tool to describe phenomena before crack initiation. Nucl. Eng. Des. 64, 233–247 (1981)

C. Chow, J. Wang, An anisotropic theory of elasticity for continuum damage mechanics. Int. J. Fract. 33, 3–16 (1987)

B. Coleman, M. Gurtin, Thermodynamics with internal state variables. J. Chem. Phys. 47(2), 597–613 (1967)

S. Cowin, Properties of the anisotropic elasticity tensor. Q. J. Mech. Appl. Math. 42(Pt. 2), 249–266 (1989)

I. Doghri, Mechanics of Deformable Solids: Linear and Nonlinear, Analytical and Computational Aspects (Springer, Berlin, 2000)

D. Hayhurst, Creep rupture under multiaxial states of stress. J. Mech. Phys. Solids 20, 381–390 (1972)

Q. He, A. Curnier, A more fundamental approach to damaged elastic stress–strain relations. Int. J. Solids Struct. 32(10), 1433–1457 (1995)

M. Jones, Spherical Harmonics and Tensors in Classical Field Theory (Wiley, New York, 1985)

L. Kachanov, On the creep fracture time. Izv. Akad. Nauk. USSR Otd. Tech. 8, 26–31 (1958) (in Russian)

K. Kanatani, Distribution of directional data and fabric tensors. Int. J. Eng. Sci. 22(2), 149-164(1984a)

K. Kanatani, Stereological determination of structural anisotropy. Int. J. Eng. Sci. 22(5), 531-546(1984b)

P. I. Kattan, G. Z. Voyiadjis, A coupled theory of damage mechanics and finite strain elasto-plasticity-part Ⅰ: damage and elastic deformations. Int. J. Eng. Sci. 28(5), 421-435(1990)

P. I. Kattan, G. Z. Voyiadjis, A plasticity-damage theory for large deformation of solids-part Ⅱ: applications to finite simple shear. Int. J. Eng. Sci. 31(1), 183-199(1993)

P. I. Kattan, G. Z. Voyiadjis, Decomposition of damage tensor in continuum damage mechanics. J. Eng. Mech. ASCE 127(9), 940-944(2001a)

P. I. Kattan, G. Z. Voyiadjis, Damage Mechanics with Finite Elements: Practical Applications with Computer Tools(Springer, Berlin, 2001b)

H. Lee, K. Peng, J. Wang, An anisotropic damage criterion for deformation instability and its application to forming limit analysis of metal plates. Eng. Fract. Mech. 21, 1031-1054(1985)

J. Lemaitre, Evaluation of dissipation and damage in metals subjected to dynamic loading, in Proceedings of I. C. M. 1, Kyoto, 1971

J. Lemaitre, How to use damage mechanics. Nucl. Eng. Des. 80, 233-245(1984)

J. Lemaitre, J. L. Chaboche, Mechanics of Solid Materials(Cambridge University Press, London, 1990)

V. Lubarda, D. Krajcinovic, Damage tensors and the crack density distribution. Int. J. Solids Struct. 30(20), 2859-2877(1993)

J. Lubliner, Plasticity Theory(Macmillan, New York, 1990)

S. Nemat-Nasser, Plasticity, a Treatise on Finite Deformation of Heterogeneous Inelastic Materials(Cambridge University Press, Cambridge, UK, 2004)

S. Nemat-Nasser, M. Hori, Microfiche: Overall Properties of Heterogeneous Solids, 2nd rev edn(Elsevier, Amsterdam, 1999)

M. Oda, S. Nemat-Nasser, M. Mehrabadi, A statistical study of fabric in a random assembly of spherical granules. Int. J. Numer. Anal. Methods Geomech. 6, 77-94(1982)

Y. Rabotnov, Creep rupture, in Proceedings, Twelfth International Congress of Applied Mechanics, Stanford, 1968, eds. by M. Hetenyi, W. G. Vincenti(Springer, Berlin, 1969), pp. 342-349

M. Satake, Fabric tensors in granular materials, in IUTAM Conference on Deformation and Failure of Granular Materials, Delft, 31 Aug-3 Sept 1982, pp. 63-68

S. Sutcliffe, Spectral decomposition of the elasticity tensor. ASME J. Appl. Mech. 59, 762-773(1992)

G. Z. Voyiadjis, P. I. Kattan, A coupled theory of damage mechanics and finite strain elastoplasticity-part Ⅱ: damage and finite strain plasticity. Int. J. Eng. Sci. 28(6), 505-524(1990)

G. Z. Voyiadjis, P. I. Kattan, A plasticity-damage theory for large deformation of solids-part Ⅰ: theoretical formulation. Int. J. Eng. Sci. 30(9), 1089-1108(1992)

G. Z. Voyiadjis, P. I. Kattan, On the symmetrization of the effective stress tensor in continuum damage mechanics. J. Mech. Behav. Mater. 7(2), 139-165(1996)

G. Z. Voyiadjis, P. I. Kattan, Advances in Damage Mechanics: Metals and Metal Matrix Composites(Elsevier Science, Amsterdam, 1999)

G. Z. Voyiadjis, P. I. Kattan, Damage mechanics with fabric tensors. Mech. Adv. Mater. Struct. 13, 285-301(2006)

G. Z. Voyiadjis, P. I. Kattan, Z. N. Taqieddin, Continuum approach to damage mechanics of composite materials with fabric tensors. Int. J. Damage Mech. 16(7), 301-329(2007a). http://online.sagepub.com

G. Z. Voyiadjis, Z. N. Taqieddin, P. I. Kattan, Micromechanical approach to damage mechanics of composite materials with fabric tensors. Compos. Part B:Eng. 38(7-8),862-877(2007b). www. sciencedirect. com

P. Zysset, A. Curnier, An alternative model for anisotropic elasticity based on fabric tensors. Mech. Mater. 21,243-250(1995)

P. Zysset, A. Curnier, A 3D damage model for trabecular bone based on fabric tensors. J. Biomech. 29(12), 1549-1558(1996)

第4章 裂纹长度和取向对结构张量在包含微裂纹的固体连续损伤力学中演化的影响

George Z. Voyiadjis, Peter I. Kattan, Ziad N. Taqieddin

摘 要

本章在热力学的框架内阐述了基于微裂纹分布的结构张量的演化,给出了基于微裂纹分布的结构张量的精确定义,该定义包含了微裂纹的取向和长度,定义中假定微裂纹分布是径向对称的,即通过原点对称于一条线。在推导演化方程时,定义并利用了与结构张量相关的热力学力,推导并给出了该理论在单轴拉伸情况下的应用。

导出了微裂纹长度和方向演化的具体解耦方程,在这方面,得到了一些有趣的结果。结果表明,对于同一组微裂纹,微裂纹长度和取向不能同时演化。因而在相同的代表性体积单元(RVE)中可以考虑两组不同的微裂纹,其中一组微裂纹长度在演化,而另一组微裂纹取向在演化。

4.1 引 言

Satake(1982)将结构张量的概念应用于粒状材料,结构(如裂纹分布或粒状颗粒的分布数据)的各向异性基于法线(相对于粒状材料中的裂纹或接触表面)由张量表示,这个张量通常被称为结构张量(Satake,1982,Kanatani,1984a;Oda,1982)。结构张量通常与分布数据(裂纹法线或接触法线)的概率密度函数相关。

Kanatani(1984a)提出了基于严格数学处理的结构张量的概念,他采用结构张量来描述方向性数据的分布,例如在受损材料单元中的裂纹分布;他应用最小二乘近似(一种众所周知的统计技术)来推导所假定的各种结构张量方程;他定义了三类结构张量:第一类结构张量,用 $\boldsymbol{N}$ 表示;第二类结构张量,用 $\boldsymbol{F}$ 表示;第三类结构张量,用 $\boldsymbol{D}$ 表示;他推导了这三种结构张量之间的精确数学关系。Kanatani(1984a)关于结构张量的研究非常重要,得到了广泛的应用。

Zysset 和 Curnier(1995,1996)提出了一种基于结构张量的各向异性弹性模型。Zysset 和 Curnier(1995)介绍了基于傅里叶级数分解的将材料微观结构与四阶弹性张量联系起来的广义方法,他们提出了一个近似的标量和对称的、无迹二阶结构张量。利用具有张量特点的各向异性函数理论,Zysset 和 Curnier(1995)导出了弹性自由能的广义表达式,并根据结构张量讨论了所得到材料的对称性。最后,从结构张量出发,导出了四阶弹性张量的广义显式表达式。最后的结果非常重要,并在这里得到广泛使用。

Lubarda 和 Krajcinovic(1993)将结构张量(Kanatani,1984a)的定义应用于裂纹密度分

布。实际上，他们在裂纹分布方面重复了 Kanatani 关于方向性数据（Kanatani，1984a）的一般性工作。Lubarda 和 Krajcinovic（1993）研究了给定的、试验确定的裂纹分布与标量、二阶以及四阶结构张量之间的关系，他们采用圆柱直方图（玫瑰图）形式对试验测量的不同取向的面内微裂纹密度进行表达。然后使用圆柱直方图中包含的数据来近似分布函数，其定义为在单位球面上并以材料点为中心，通过几个不同裂纹分布实例的求解来说明这一点，他们假定三种结构张量中的一种与连续损伤力学的损伤张量相同。

基于有效应力概念的损伤变量（或张量）表示材料的平均退化，它反映微观级别上的各种类型损伤，如孔洞、裂纹、孔穴、微裂纹和其他微观缺陷的成核和扩展（Chaboche，1981；Kattan 和 Voyiadjis，1990，1993；Lemaitre，1971；Lemaitre 和 Chaboche，1990；Rabotnov，1969；Voyiadjis 和 Kattan，1990，1992）。

对于各向同性损伤力学，损伤变量是标量且演化方程易于处理。然而，Cauvin 和 Testa（1999）已经表明，为了准确和一致地描述各向同性损伤的特殊情况，必须使用两个独立的损伤变量。有人认为（Lemaitre，1984）各向同性损伤假设足以对结构件的承载能力、循环次数或局部失效时间作出良好的预测。然而，即使原始材料是各向同性的，各向异性损伤的发生已经被试验证实（Hayhurst，1972；Chow 和 Wang，1987；Lee 等，1985）。这促使一些研究人员研究各向异性损伤的一般情况（Voyiadjis 和 Kattan，1996，1999；Kattan 和 Voyiadjis，2001a，b）。

在连续损伤力学中，通常采用唯象方法。在这种方法中，最重要的概念是代表性体积元（RVE），在 RVE 中不考虑不连续和离散的损伤单元，而是通过使用宏观内部变量将它们的组合效应集中到一起，以这种方式，采用合理的力学和热力学原理可以推导出一致的公式。

本项工作中基于合理的热力学原理，建立了结构张量的演化方程。为此，定义了与结构张量相关联的广义热力学力，然后，将结构张量及其相关的热力学力用于推导演化方程。本章给出了基于微裂纹分布的结构张量的精确定义，该定义被认为包含了微裂纹的取向和长度，在这方面，假定微裂纹分布是径向对称的，即通过原点对称于一条线。

采用热力学方程来推导第一部分中定义的结构张量的精确演化方程，在这方面，定义并利用与结构张量相关联的热力学力来推导演化方程。本章推演了该理论在单轴拉伸情况下的应用。

应该指出的是，这里提出的理论是针对一般方向性数据的。当把这个理论应用于微裂纹分布时，这个理论只依赖于微裂纹的方向和长度，该理论没有考虑微裂纹的开闭、微裂纹的闭合以及微裂纹之间的交互作用，这些影响超出了这项工作的范围。在本章中可以找到完全依赖于微裂纹取向的理论的详细描述。

导出了微裂纹长度和方向演化的具体解耦方程，在这方面，得到了一些有趣的结果。结果表明，对于同一组微裂纹，微裂纹长度和取向不能同时演化。然而，在相同的 RVE 中可以考虑两组不同的微裂纹，其中一组微裂纹长度在演化，而另一组微裂纹取向在演化。

这里使用的张量符号如下。所有向量和张量都以黑斜体形式出现。还定义了以下操作，对于二阶张量 $\boldsymbol{A}$ 和 $\boldsymbol{B}$，使用以下符号：$(\boldsymbol{A}\pm\boldsymbol{B})_{ij}=A_{ij}\pm B_{ij}$，$\boldsymbol{A}:\boldsymbol{B}=A_{ij}B_{ij}$，$(\boldsymbol{A}\odot\boldsymbol{B})_{ijkl}=A_{ij}B_{kl}$。对于四阶张量 $\boldsymbol{C}$ 和 $\boldsymbol{D}$，使用以下符号：$(\boldsymbol{C}\pm\boldsymbol{D})_{ijkl}=C_{ijkl}\pm D_{ijkl}$，$(\boldsymbol{C}:\boldsymbol{D})_{ijkl}=C_{ijmn}D_{mnkl}$。对于二阶张量 $\boldsymbol{A}$ 和四阶张量 $\boldsymbol{C}$，使用以下符号：$(\boldsymbol{C}:\boldsymbol{A})_{ij}=C_{ijkl}A_{kl}$。对于损伤张量、结构张量和单位

张量，使用带括号的上标来表示张量的阶数，对于所有其他张量，张量的阶数在文本和公式中交代清楚了。

4.2 结构张量与介观理论综述

本节研究带有微裂纹的实体，并考虑如图 4.1(a)所示的 RVE。另外，采用 Papenfuss 等(2003)的微裂纹介观理论假设，归纳如下：

(1)如图 4.1(b)所示，假设微裂纹具有线性横截面，这个假设是基于这个理论中微裂纹的开口对弹性刚度没有影响而产生的，这也意味着在该理论中不考虑微裂纹的开闭。

(2)每个微裂纹的直径比 RVE 的线性尺寸小得多，因此，微裂纹可以被认为是 RVE 的微观结构的一部分，假设微裂纹足够小，使得 RVE 中微裂纹的尺寸和取向分布完整。

(3)微裂纹被固定在材料上，这意味着微裂纹的运动与 RVE 的运动直接相关。

(4)RVE 内的所有微裂纹以相同的速度移动和旋转，微裂纹不能独立于材料旋转。

(5)RVE 的材料行为是线性弹性的，此外，在整个 RVE 中假定小弹性应变。

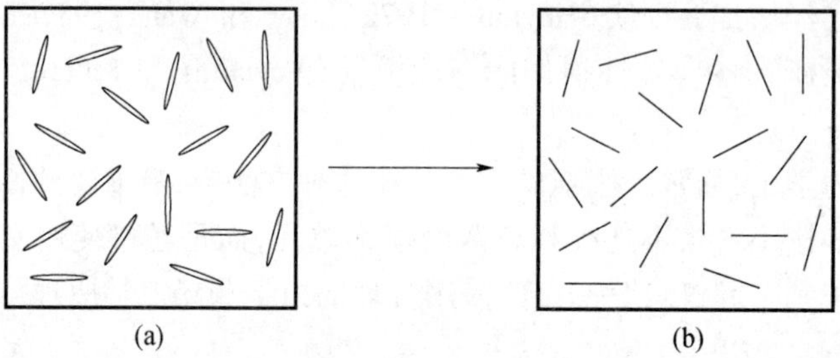

图 4.1 典型的微裂纹分布(经 G. Voyiadjis、P. Kattan 许可转载(2007))

考虑如图 4.2(a)所示的典型硬币形微裂纹“i”。利用上面的假设 1，可以减小微裂纹的几何形状如图 4.2(b)所示。设 $\boldsymbol{n}^{(i)}$ 是垂直于微裂纹表面的单位向量，那么，向量 $\boldsymbol{n}^{(i)}$ 表示微裂纹“i”的取向。设微裂纹的长度由 r_i 表示，r_i 是一个标量。请注意，在图 4.2 中，保持$\boldsymbol{n}_i^{(+)}=\boldsymbol{n}_i^{(-)}$ 的关系。

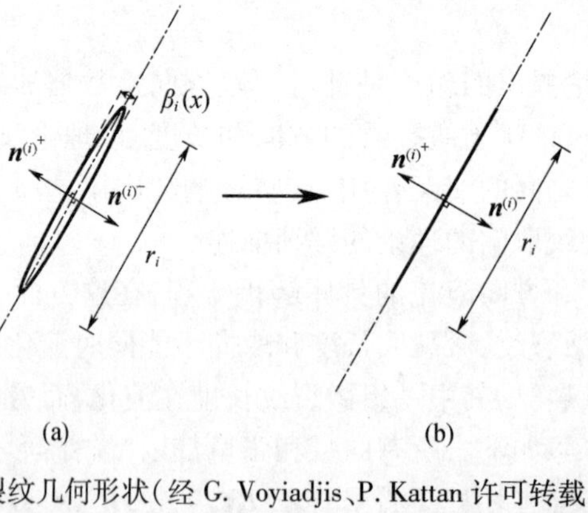

图 4.2 微裂纹几何形状(经 G. Voyiadjis、P. Kattan 许可转载(2007))

上述定义是对微裂纹的典型定义。然而，Oda(1982)认为 r_i 定义如下：

(1)考虑具有面积 A_i 的平坦微裂纹"i"如图4.3(a)所示。

(2)微裂纹由两个微裂纹表面组成,每个微裂纹表面具有单位法线向量 $\boldsymbol{n}^{(i)}$ 或 $-\boldsymbol{n}^{(i)}$。

(3)用具有相同面积 A_i 的等效环代替微裂纹,如图4.3(b)所示。

(4)等效环半径 r_i 由 $r_i=\sqrt{A_i/\pi}$ 计算得到。

再考虑微裂纹分布的RVE。微裂纹密度分布函数 $f(\boldsymbol{n})$ 沿各个方向变化,是取向的分布函数(Qiang等, 2001)。设 θ 和 ϕ 为图4.4所示的单位球面的球面坐标,那么,任何可能的方向 $\boldsymbol{n}$ 可以由单位球面的表面上的一个点表示,其中

$$n_1=\sin\theta\cos\phi \tag{4.1a}$$

$$n_2=\sin\theta\sin\phi \tag{4.1b}$$

$$n_3=\cos\theta \tag{4.1c}$$

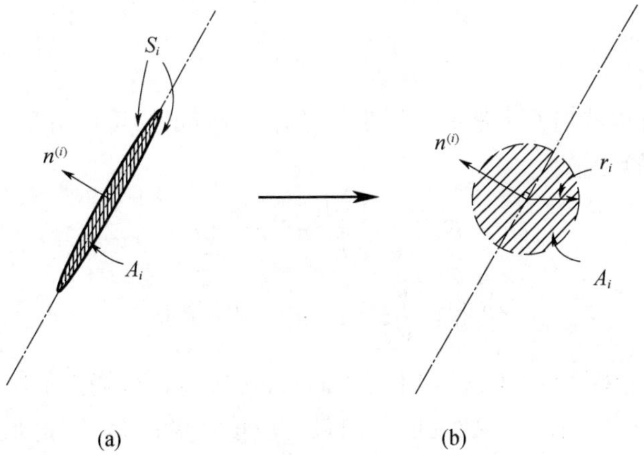

图4.3 与球状孔穴相比的微裂纹概念(经G. Voyiadjis、P. Kattan许可转载(2007))

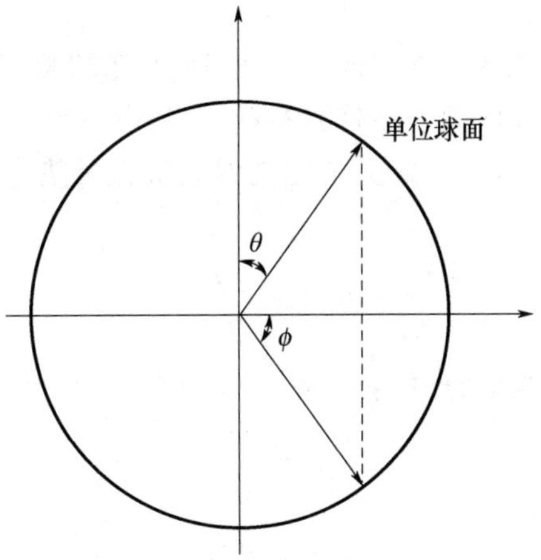

图4.4 单位球面上的球坐标(经G. Voyiadjis、P. Kattan许可转载(2007))

考虑由 $\mathrm{d}\boldsymbol{n}$ 表示单位球面上的无穷小区域,其中 $\mathrm{d}\boldsymbol{n}=\sin\theta\mathrm{d}\theta\mathrm{d}\phi$。这个小区域表示关于单位向量 $\boldsymbol{n}$ 的一束方向。这个无穷小区域中的微裂纹数量由 $f(\boldsymbol{n})\,\mathrm{d}\boldsymbol{n}/(4\pi)$ 给出。因此,RVE中的微裂纹体积密度 f_O 由下式给出:

$$f_0 = \frac{1}{4\pi}\oint f(\boldsymbol{n})\,\mathrm{d}\boldsymbol{n} = \frac{1}{4\pi}\int_0^{\pi}\int_0^{2\pi} f(\boldsymbol{n})\,\sin\theta\mathrm{d}\theta\mathrm{d}\phi \tag{4.2}$$

如果微裂纹分布均匀,则$f(\boldsymbol{n}) = f_0$。其次,考虑这种微裂纹分布的结构张量的定义。在结构张量的定义中,包括每个微裂纹的取向 $\boldsymbol{n}_i$ 和长度 r_i。这里,零阶、二阶和四阶结构张量由 qiang 等(2001),yang 等(2004)定义:

$$\boldsymbol{G}^{(0)} = \frac{1}{V}\oint_i r_i^3\,\mathrm{d}\boldsymbol{n} \tag{4.3a}$$

$$\boldsymbol{G}^{(2)} = \frac{1}{V}\oint_i r_i^3 \boldsymbol{n}^{(i)}\boldsymbol{n}^{(i)}\,\mathrm{d}\boldsymbol{n} \tag{4.3b}$$

$$\boldsymbol{G}^{(4)} = \frac{1}{V}\oint_i r_i^3 \boldsymbol{n}^{(i)}\boldsymbol{n}^{(i)}\boldsymbol{n}^{(i)}\boldsymbol{n}^{(i)}\,\mathrm{d}\boldsymbol{n} \tag{4.3c}$$

(未在 i 上求和)

式中:V 为 RVE 的体积。

从式(4.3a)可以看出 $G^{(0)}$ 是一个标量。使用角标符号,可以分别写出二阶和四阶结构张量$\boldsymbol{G}^{(2)}$和$\boldsymbol{G}^{(4)}$的分量:

$$\boldsymbol{G}_{mn}^{(2)} = \frac{1}{V}\oint_i r_i^3 \boldsymbol{n}_m^{(i)}\boldsymbol{n}_n^{(i)}\,\mathrm{d}\boldsymbol{n} \tag{4.4a}$$

$$\boldsymbol{G}_{mnkl}^{(4)} = \frac{1}{V}\oint_i r_i^3 \boldsymbol{n}_m^{(i)}\boldsymbol{n}_n^{(i)}\boldsymbol{n}_k^{(i)}\boldsymbol{n}_l^{(i)}\,\mathrm{d}\boldsymbol{n} \tag{4.4b}$$

注意到结构张量$\boldsymbol{G}^{(\alpha)}$($\alpha=0,2,4$)正是 Kanatani(1984a,b)提出的第一类结构张量,然而,Kanatani 只考虑没有长度参数的取向向量。应该注意的是,结构张量不是独立的,例如,二阶结构张量完全可以由四阶结构张量确定(Qiang 等,2001;Yang 等,2004)。在将结构张量用于本构方程时,在本构方程中状态变量相互独立是基础(He 和 Curnier,1995;Voyiadjis 和 Kattan,2006)。

接下来,利用 Coleman 和 Gurtin(1967)以及 Doghri(2000)的热力学原理导出了结构张量的演化方程。考虑广义偶数阶结构张量$\boldsymbol{G}^{(\alpha)}$,其中 $\alpha=0,2,4,\cdots$如式(4.3)所定义。设 $\boldsymbol{\Psi}$ 为亥姆霍兹自由能密度函数,定义了广义偶数阶张量热力学力$\boldsymbol{G}^{(\alpha)}$($\alpha=0,2,4$),其与结构张量$\boldsymbol{G}^{(\alpha)}$关系如下:

$$\boldsymbol{H}^{(\alpha)} = \frac{\partial \boldsymbol{\Psi}}{\partial \boldsymbol{G}^{(\alpha)}} \tag{4.5}$$

式中:$\boldsymbol{\Psi} \equiv \boldsymbol{\Psi}(\boldsymbol{G}^{(\alpha)})$。使用角标符号,对于 $\alpha=0,2,4$ 式(4.5)可以显式表达如下:

$$H^{(0)} = \frac{\partial \boldsymbol{\Psi}}{\partial G^{(0)}} \tag{4.6a}$$

$$H_{ij}^{(2)} = \frac{\partial \boldsymbol{\Psi}}{\partial G_{ij}^{(2)}} \tag{4.6b}$$

$$H_{ijkl}^{(4)} = \frac{\partial \boldsymbol{\Psi}}{\partial G_{ijkl}^{(4)}} \tag{4.6c}$$

接下来,假设存在 m 个损伤表面,各个表面由标量值函数 $g^{(\alpha)}$ 表示,其中 $\alpha=0,2,4,\cdots,m$ 损伤准则 $g^{(\alpha)}$ 定义如下:

$$g^{(\alpha)}=\sqrt{\frac{1}{2}\boldsymbol{H}^{(\alpha)}:\boldsymbol{J}^{(\alpha)}:\boldsymbol{H}^{(\alpha)}}-l_0^{(\alpha)}-L^{(\alpha)}(l^{(\alpha)})=0 \tag{4.7}$$

式中：$\boldsymbol{J}^{(\alpha)}$ 是由以下 6×6 矩阵表示的常张量，即

$$[\boldsymbol{J}]=\begin{bmatrix}1&\mu&\mu&0&0&0\\\mu&1&\mu&0&0&0\\\mu&\mu&1&0&0&0\\0&0&0&2(1-\mu)&0&0\\0&0&0&0&2(1-\mu)&0\\0&0&0&0&0&2(1-\mu)\end{bmatrix} \tag{4.8}$$

式中：μ 为一个满足 $-1/2\leqslant\mu\leqslant1$ 的材料常数。在式(4.7)中，标量函数 $L^{(\alpha)}$ 是一个损伤强化判据，它是整体损伤参数 $l^{(\alpha)}$ 的函数。对于 $\alpha=0$ 的情况，式(4.7)可改写如下：

$$g^{(0)}=\sqrt{\frac{1}{2}\boldsymbol{H}^{(0)}:\boldsymbol{J}^{(0)}:\boldsymbol{H}^{(0)}}-l_0^{(0)}-L^{(0)}(l^{(0)})=0 \tag{4.9}$$

式中：$J^{(0)}$ 是式(4.8)中第一项给出的标量参数，即 $J^{(0)}=1$。因此，式(4.8)缩减为

$$g^{(0)}=\frac{\boldsymbol{H}^{(0)}}{\sqrt{2}}-l_0^{(0)}-L^{(0)}(l^{(0)})=0 \tag{4.10}$$

为了简化式(4.7)中给出的 $g^{(\alpha)}$ 的表达式，可以假定 $L^{(\alpha)}l^{(\alpha)}=L(l)$，其中 $l^{(0)}=l^{(2)}=l^{(4)}=\cdots=l^{(\alpha)}=l$。

其次，考虑耗散功率函数 Π 公式如下：

$$\Pi=-\sum_{\alpha=0,2,4,\cdots}\boldsymbol{H}^{(\alpha)}:\mathrm{d}\boldsymbol{G}^{(\alpha)}-\sum_{\alpha=0,2,4,\cdots}L^{(\alpha)}\mathrm{d}l^{(\alpha)} \tag{4.11}$$

定义目标函数 Ψ 如下：

$$\Psi=\Pi-\sum_{\alpha=0,2,4,\cdots}\mathrm{d}\lambda^{(\alpha)}g^{(\alpha)} \tag{4.12}$$

式中：$\mathrm{d}\lambda^{(\alpha)}$（$\alpha=0,2,4\cdots$）为标量拉格朗日乘子。为了使目标函数 Ψ 达到极值，应用下列条件：

$$\frac{\partial\Psi}{\partial\boldsymbol{H}^{(\alpha)}}=0 \tag{4.13a}$$

$$\frac{\partial\Psi}{\partial\boldsymbol{L}^{(\alpha)}}=0 \tag{4.13b}$$

将式(4.11)和式(4.12)代入式(4.13)，可以得到：

$$\sum_{\alpha=0,2,4,\cdots}\mathrm{d}\boldsymbol{G}^{(\alpha)}=-\sum_{\alpha=0,2,4,\cdots}\mathrm{d}\lambda^{(\alpha)}\frac{\partial g^{(\alpha)}}{\partial\boldsymbol{H}^{(\alpha)}} \tag{4.14}$$

式(4.14)表示 α（$\alpha=0,2,4\cdots$）阶所有结构张量演化的和，在这个阶段，需要假设这些结构张量的解耦演化。基于这个假设，式(4.14)中的求和符号可以去掉得到：

$$\mathrm{d}\boldsymbol{G}^{(\alpha)}=-\mathrm{d}\lambda^{(\alpha)}\frac{\partial g^{(\alpha)}}{\partial\boldsymbol{H}^{(\alpha)}}\quad(\alpha=0,2,4,\cdots) \tag{4.15}$$

式(4.15)代表 α 阶结构张量演化的初级形式，接下来对标量拉格朗日乘子 $\mathrm{d}\lambda^{(\alpha)}$ 进行求值。将式(4.11)和式(4.12)代入式(4.13b)并简化，得到：

$$\sum_{\alpha=0,2,4,\cdots} \mathrm{d}l^{(\alpha)} = -\sum_{\alpha=0,2,4,\cdots} \mathrm{d}\boldsymbol{\lambda}^{(\alpha)} \frac{\partial g^{(\alpha)}}{\partial \boldsymbol{L}^{(\alpha)}} \tag{4.16}$$

再次给出了所有 $\mathrm{d}l^{(\alpha)}(\alpha=0,2,4,\cdots)$ 的解耦假设，因此，可以去掉式(4.16)中求和符号得到：

$$\mathrm{d}l^{(\alpha)} = -\mathrm{d}\boldsymbol{\lambda}^{(\alpha)} \frac{\partial g^{(\alpha)}}{\partial \boldsymbol{L}^{(\alpha)}} \quad (\alpha=0,2,4,\cdots) \tag{4.17}$$

利用式(4.7)，注意$\frac{\partial g^{(\alpha)}}{\partial \boldsymbol{L}^{(\alpha)}}=-1$。把这个结果代入式(4.17)，得到：

$$\mathrm{d}l^{(\alpha)} = \mathrm{d}\boldsymbol{\lambda}^{(\alpha)} \quad (\alpha=0,2,4,\cdots) \tag{4.18}$$

实际上，式(4.18)的广义形式：

$$\sum_{\alpha=0,2,4,\cdots} \mathrm{d}l^{(\alpha)} = \sum_{\alpha=0,2,4,\cdots} \mathrm{d}\boldsymbol{\lambda}^{(\alpha)} \tag{4.19}$$

然而，通过采用拉格朗日乘子的独立性假设，可以得到式(4.18)。然后对拉格朗日乘子 $\mathrm{d}\boldsymbol{\lambda}^{(\alpha)}$ 进行求值。

利用一致性条件 $\mathrm{d}g^{(\alpha)}=0$，其中 $g^{(\alpha)} \equiv g^{(\alpha)}(\boldsymbol{H}^{(\alpha)}, L^{(\alpha)})$，如式(4.7)给出，可以得到：

$$\frac{\partial g^{(\alpha)}}{\partial \boldsymbol{H}^{(\alpha)}} : \mathrm{d}\boldsymbol{H}^{(\alpha)} + \frac{\partial g^{(\alpha)}}{\partial \boldsymbol{L}^{(\alpha)}} : \mathrm{d}L^{(\alpha)} = 0 \tag{4.20}$$

使用链式规则，可以得到：

$$\mathrm{d}L^{(\alpha)} = \frac{\mathrm{d}L^{(\alpha)}}{\mathrm{d}l^{(\alpha)}} \mathrm{d}l^{(\alpha)} \tag{4.21}$$

将$\frac{\partial g^{(\alpha)}}{\partial \boldsymbol{L}^{(\alpha)}}=-1$ 与式(4.21)代入式(4.20)，得到

$$\frac{\partial g^{(\alpha)}}{\partial \boldsymbol{H}^{(\alpha)}} : \mathrm{d}\boldsymbol{H}^{(\alpha)} - \frac{\mathrm{d}L^{(\alpha)}}{\mathrm{d}l^{(\alpha)}} \mathrm{d}l^{(\alpha)} = 0 \tag{4.22}$$

利用式(4.7)，可以导出下式：

$$\frac{\partial g^{(\alpha)}}{\partial \boldsymbol{H}^{(\alpha)}} = \frac{\boldsymbol{J}^{(\alpha)} : \boldsymbol{H}^{(\alpha)}}{\sqrt{2\boldsymbol{H}^{(\alpha)} : \boldsymbol{J}^{(\alpha)} : \boldsymbol{H}^{(\alpha)}}} \tag{4.23}$$

将式(4.23)代入式(4.22)，简化并利用式(4.18)可得到：

$$\mathrm{d}\boldsymbol{\lambda}^{(\alpha)} = \mathrm{d}l^{(\alpha)} = \frac{\boldsymbol{J}^{(\alpha)} : \boldsymbol{H}^{(\alpha)} : \mathrm{d}\boldsymbol{H}^{(\alpha)}}{\frac{\mathrm{d}L^{(\alpha)}}{\mathrm{d}l^{(\alpha)}} \sqrt{2\boldsymbol{H}^{(\alpha)} : \boldsymbol{J}^{(\alpha)} : \boldsymbol{H}^{(\alpha)}}} \tag{4.24}$$

将式(4.24)的拉格朗日乘子的表达式代入式(4.14)，同时也利用式(4.23)得到：

$$\mathrm{d}\boldsymbol{G}^{(\alpha)} = -\frac{2\boldsymbol{J}^{(\alpha)} : \boldsymbol{H}^{(\alpha)} : \mathrm{d}\boldsymbol{H}^{(\alpha)} : \boldsymbol{J}^{(\alpha)} : \boldsymbol{H}^{(\alpha)}}{\frac{\mathrm{d}L^{(\alpha)}}{\mathrm{d}l^{(\alpha)}} \boldsymbol{H}^{(\alpha)} : \boldsymbol{J}^{(\alpha)} : \boldsymbol{H}^{(\alpha)}} \quad (\alpha=0,2,4,\cdots) \tag{4.25}$$

式中：$\frac{\mathrm{d}L^{(\alpha)}}{\mathrm{d}l^{(\alpha)}}$为材料损伤参数，有关此参数的评估及其物理意义的更多细节，读者可参考 Voyiadjis 和 Kattan(1999)的书籍。式(4.25)代表了结构张量 $\mathrm{d}\boldsymbol{G}^{(\alpha)}$ 的演化，它是基于其相应热力学张量函数$\mathrm{d}\boldsymbol{H}^{(\alpha)}$ 的演化。为了更进一步，张量$\boldsymbol{H}^{(\alpha)}$ 的求值及其演化$\mathrm{d}\boldsymbol{H}^{(\alpha)}$ 的适当

表达式的推导需要进一步阐述。这里假定与结构张量$\boldsymbol{G}^{(\alpha)}$相关的广义热力学张量力函数$\boldsymbol{H}^{(\alpha)}$是材料变形和损伤构型中 Cauchy 应力张量 $\boldsymbol{\sigma}$ 的函数，即$\boldsymbol{H}^{(\alpha)} \equiv \boldsymbol{H}^{(\alpha)}(\boldsymbol{G}^{(\alpha)},\boldsymbol{\sigma})$。因此，通过求微分$\mathrm{d}\boldsymbol{H}^{(\alpha)}$得到下式：

$$\mathrm{d}\boldsymbol{H}^{(\alpha)}=\frac{\partial H^{(\alpha)}}{\partial \boldsymbol{H}^{(\alpha)}}:\mathrm{d}\boldsymbol{G}^{(\alpha)}+\frac{\partial H^{(\alpha)}}{\partial \boldsymbol{\sigma}}:\mathrm{d}\boldsymbol{\sigma} \tag{4.26}$$

将式(4.25)中的 $\mathrm{d}\boldsymbol{G}^{(\alpha)}$ 代入式(4.26)，简化并对$\mathrm{d}\boldsymbol{H}^{(\alpha)}$求解得到：

$$\mathrm{d}\boldsymbol{H}^{(\alpha)}=\left(\boldsymbol{I}^{(2\alpha)}-\frac{\partial \boldsymbol{H}^{(\alpha)}}{\partial \boldsymbol{G}^{(\alpha)}}:\boldsymbol{P}^{(2\alpha)}\right)^{-1}:\frac{\partial \boldsymbol{H}^{(\alpha)}}{\partial \boldsymbol{\sigma}}:\mathrm{d}\boldsymbol{\sigma} \tag{4.27}$$

式中：$\boldsymbol{P}^{(2\alpha)}$ 是 2α 阶的偶数阶张量，由下式给出

$$\boldsymbol{P}^{(2\alpha)}=-\frac{2\boldsymbol{J}^{(\alpha)}:\boldsymbol{H}^{(\alpha)}:\boldsymbol{J}^{(\alpha)}:\boldsymbol{H}^{(\alpha)}}{\dfrac{\mathrm{d}L^{(\alpha)}}{\mathrm{d}l^{(\alpha)}}\boldsymbol{H}^{(\alpha)}:\boldsymbol{J}^{(\alpha)}:\boldsymbol{H}^{(\alpha)}} \tag{4.28}$$

$\boldsymbol{I}^{(2\alpha)}$ 是 2α 阶单位张量。

应该注意的是，张量$\boldsymbol{P}^{(2\alpha)}$ 可以直接从式(4.25)导出：

$$\mathrm{d}\boldsymbol{G}^{(2\alpha)}=\boldsymbol{P}^{(2\alpha)}:\mathrm{d}\boldsymbol{H}^{(\alpha)} \tag{4.29}$$

最后，将式(4.27)代入式(4.29)，可得到：

$$\mathrm{d}\boldsymbol{G}^{(2\alpha)}=\boldsymbol{L}^{(\alpha+2)}:\mathrm{d}\boldsymbol{\sigma} \tag{4.30}$$

其中张量$\boldsymbol{L}^{(\alpha+2)}$ 是 $\alpha+2$ 阶，由下式给出：

$$\boldsymbol{L}^{(\alpha+2)}=\boldsymbol{P}^{(2\alpha)}:\left(\boldsymbol{I}^{(2\alpha)}-\frac{\partial \boldsymbol{H}^{(\alpha)}}{\partial \boldsymbol{G}^{(\alpha)}}:\boldsymbol{P}^{(2\alpha)}\right)^{-1}:\frac{\partial H^{(\alpha)}}{\partial \boldsymbol{\sigma}} \tag{4.31}$$

式(4.30)表示 α 阶结构张量$\boldsymbol{G}^{(\alpha)}$的广义评价法则。从这个公式可以看出，一旦确定了载荷演化 $\mathrm{d}\boldsymbol{\sigma}$，就可以采用式(4.30)和式(4.31)评估结构张量的演化。然而，在这种情况下，张量$\boldsymbol{L}^{(\alpha+2)}$)需要由式(4.31)评价，这个任务并不容易。最后，需要指出的是，Yang 等(1999,2005)以及 Swoboda 和 Yang(1999)已经研究了基于热力学原理的微裂纹结构张量的演化，然而，他们使用的方法不同于这里使用的方法。

4.3　单轴拉伸情况下结构张量的演变

本节对“结构张量与介观理论综述”一节中导出的单轴拉伸特殊情况下的演化方程进行求解。在这种情况下，应力张量和应力增量张量为 3×1 向量，具体如下：

$$\begin{cases}\boldsymbol{\sigma}\equiv[\sigma_{11}\quad 0\quad 0]^{\mathrm{T}}\\ \mathrm{d}\boldsymbol{\sigma}\equiv[\mathrm{d}\sigma_{11}\quad 0\quad 0]^{\mathrm{T}}\end{cases} \tag{4.32}$$

式中：σ_{11} 为单轴应力，是应力张量 $\boldsymbol{\sigma}$ 的唯一非零分量。

首先对零阶结构张量$\boldsymbol{G}^{(0)}$的演化进行求值。对于这种情况，在式(4.30)中设 $\alpha=0$ 可得

$$\mathrm{d}G^{(0)}=\boldsymbol{L}^{(2)}:\mathrm{d}\boldsymbol{\sigma} \tag{4.33}$$

式中：$\boldsymbol{L}^{(2)}$为二阶张量。将式(4.1b)代入式(4.33)，可得

$$\mathrm{d}G^{(0)}=L_{11}^{(2)}\,\mathrm{d}\sigma_{11} \tag{4.34}$$

接着，采用式(4.31)对分量 $L_{11}^{(2)}$ 求值可得

$$L_{11}^{(2)}=\frac{P^{(0)}}{1-P^{(0)}\dfrac{\partial H^{(0)}}{\partial G^{(0)}}}\frac{\partial H^{(0)}}{\partial \sigma_{11}} \tag{4.35}$$

式中：$P^{(0)}$是采用式(4.28)得到的标量变量，计算如下：

$$P^{(0)}=-\frac{2}{\left(\dfrac{\mathrm{d}L^{(0)}}{\mathrm{d}l^{(0)}}\right)} \tag{4.36}$$

将式(4.36)代入式(4.35)，然后将结果代入式(4.34)，最终可得

$$\mathrm{d}G^{(0)}=\left(\frac{-2}{\dfrac{\mathrm{d}L^{(0)}}{\mathrm{d}l^{(0)}}+2\dfrac{\partial H^{(0)}}{\partial G^{(0)}}}\right)\frac{\partial H^{(0)}}{\partial \sigma_{11}}\mathrm{d}\sigma_{11} \tag{4.37}$$

式(4.37)代表了单轴拉伸情况下零阶结构张量$\boldsymbol{G}^{(0)}$的广义演化规律。显然，对$\boldsymbol{G}^{(0)}$为常数的特殊情况，可以由式(4.37)得到 $\mathrm{d}G^{(0)}=0$。

其次，对单轴拉伸情况下二阶结构张量$\boldsymbol{G}^{(2)}$的演化进行求值。在这种情况下，设 $\alpha=2$，并将式(4.1b)代入式(4.30)可得

$$\mathrm{d}G_{ij}^{(2)}=L_{ij11}^{(4)}\mathrm{d}\sigma_{11} \tag{4.38}$$

其中分量 $L_{mnpq}^{(4)}$ 由式(4.31)得到下式：

$$L_{ij11}^{(4)}=P_{ijmn}^{(4)}\left(I_{mnpq}^{(4)}-\frac{\partial H_{mn}^{(2)}}{\partial H_{rs}^{(2)}}P_{rspq}^{(4)}\right)^{-1}\frac{\partial H_{pq}^{(2)}}{\partial \sigma_{11}} \tag{4.39}$$

其中 $I_{mnpq}^{(4)}$ 由下式给出：

$$I_{mnpq}^{(4)}=\frac{1}{2}(\delta_{mp}\delta_{nq}+\delta_{mq}\delta_{np}) \tag{4.40}$$

δ_{ij} 为克罗内克(Kronecker)δ 函数。

将式(4.28)中的$\boldsymbol{P}^{(4)}$代入式(4.39)，简化并将结果代入式(4.38)可得

$$\mathrm{d}G_{ij}^{(2)}=P_{ij\gamma\alpha}^{(4)}\left[\frac{\partial H_{\gamma\alpha}^{(2)}}{\partial G_{mn}^{(2)}}\left(P_{mnab}^{(4)}-\frac{\partial H_{ab}^{(2)}}{\partial G_{ef}^{(2)}}P_{efcd}^{(4)}\right)^{-1}\frac{\partial H_{cd}^{(2)}}{\partial \sigma_{11}}+\frac{\partial H_{\gamma\alpha}^{(2)}}{\partial \sigma_{11}}\right]\mathrm{d}\sigma_{11} \tag{4.41}$$

其中分量 $P_{ijkl}^{(4)}$ 可以容易地由式(4.28)获得。式(4.41)代表单轴拉伸特殊情况下二阶结构张量$\boldsymbol{G}^{(2)}$的广义演化规律。

接下来，讨论如何求解式(4.41)中出现的表达式$\dfrac{\partial H_{ij}^{(2)}}{\partial \sigma_{11}}$。为了求偏导数$\dfrac{\partial H_{ij}^{(2)}}{\partial \sigma_{11}}$，需要张量$\boldsymbol{H}^{(2)}$基于应力的显式表达式，这可以用损伤力学中有效应力的概念来开展。对于单轴拉伸的情况，有效应力 $\bar{\sigma}_{11}$ 给出如下：

$$\bar{\sigma}_{11}=\frac{\sigma_{11}}{1-\phi} \tag{4.42}$$

式中：ϕ 为一维的标量损伤变量。设 $M=1/(1-\phi)$，其中 M 是标量变量。因此，式(4.42)可以写成如下：

$$\bar{\sigma}_{11}=M\sigma_{11} \tag{4.43}$$

Voyiadjis 和 Kattan(2006)表明，损伤张量(本例中为标量变量)与结构张量之间存在

关系，具体来说，损伤变量 ϕ 是二阶结构张量 $\boldsymbol{G}^{(2)}$ 的函数，即 $\phi\equiv\phi(G_{ij}^{(2)})$——见式(4.53)。

利用等效弹性能量假设，可以得到弹性应变分量 ε_{11} 与其有效对应量 $\bar{\varepsilon}_{11}$ 之间的如下关系：

$$\bar{\varepsilon}_{11}=N\varepsilon_{11} \tag{4.44}$$

式中：N 为一个标量变量，且 $N=1-\phi$（参阅 Voyiadjis 和 Kattan（1999）可得到对其的细节推导）。基于以上讨论，应当指出，M 和 N 都是二阶结构张量 $\boldsymbol{G}^{(2)}$ 的函数，即 $M\equiv M(G_{ij}^{(2)})$ 和 $N\equiv N(G_{ij}^{(2)})$。

设 U 为变形和损伤结构中的弹性应变能，设 $\bar{U}$ 为其有效对应量。则有 $U=\frac{1}{2}\sigma_{ij}\varepsilon_{ij}$ 和 $\bar{U}=\frac{1}{2}\bar{\sigma}_{ij}\bar{\varepsilon}_{ij}$。对于单轴拉伸的情况，这些关系可简化为以下表达式：

$$U=\frac{1}{2}\sigma_{11}\varepsilon_{11} \tag{4.45a}$$

$$\bar{U}=\frac{1}{2}\bar{\sigma}_{11}\bar{\varepsilon}_{11} \tag{4.45b}$$

式(4.43)和式(4.44)代入式(4.45b)可得

$$\bar{U}=\frac{1}{2}MN\sigma_{11}\varepsilon_{11} \tag{4.46}$$

在这种情况下，乘积 $MN=1$。这证实了 $\bar{U}=U$ 的等效弹性能量假设。

其次，在两种构型中采用弹性本构关系（胡克定律）描述如下：

$$\sigma_{11}=E\varepsilon_{11} \tag{4.47a}$$

$$\bar{\sigma}_{11}=\bar{E}\bar{\varepsilon}_{11} \tag{4.47b}$$

式中：E 为杨氏模量；$\bar{E}$ 为其有效对应量。采用等效弹性能量假设，即 $\bar{U}=U$，将式(4.43)和式(4.44)以及式(4.16)代入以上公式，并求解 E，可得

$$E=\frac{N}{M}\bar{E} \tag{4.48}$$

式中：$\bar{E}$ 为未受损材料的常值杨氏模量，从式(4.48)可以看出 $E=E(G_{ij}^{(2)})$。

接下来，将式(4.47a)代入式(4.45a)，基于 σ_{11} 可得

$$U=\frac{1}{2E}\sigma_{11}^{2} \tag{4.49}$$

将式(4.48)中的 E 代入式(4.49)可得

$$U=\frac{M}{2N\bar{E}}\sigma_{11}^{2} \tag{4.50}$$

由于 $M\equiv M(G_{ij}^{(2)})$ 和 $N\equiv N(G_{ij}^{(2)})$，可以从式(4.50)得出 $U\equiv U(G_{ij}^{(2)},\sigma_{11})$。

利用式(4.6b)并代入式(4.50)可得

$$H_{ij}^{(2)}=\alpha\frac{\sigma_{11}^{2}}{2N\bar{E}}\frac{\partial M}{\partial G_{ij}^{(2)}}-\alpha\frac{M\sigma_{11}^{2}}{2\bar{E}N^{2}}\frac{\partial N}{\partial G_{ij}^{(2)}} \tag{4.51}$$

式中：α 为标量变量且是材料密度 ρ 的函数。对式(4.51)求导，最终得到：

$$\frac{\partial H_{ij}^{(2)}}{\partial \sigma_{11}}=\alpha\frac{\sigma_{11}}{N\bar{E}}\left(\frac{\partial M}{\partial G_{ij}^{(2)}}-\frac{M}{N}\frac{\partial N}{\partial G_{ij}^{(2)}}\right) \tag{4.52}$$

显然这里$\frac{\partial M}{\partial G_{ij}^{(2)}}$和$\frac{\partial N}{\partial G_{ij}^{(2)}}$都是 $G_{ij}^{(2)}$ 的函数。

利用 Voyiadjis 和 Kattan(2006)提出的损伤张量和结构张量之间的关系,可以导出标量损伤变量 ϕ 的下列表达式:

$$\phi=-G_{11}^{(2)}-\frac{(1+G_{11}^{(2)})\,[(1-\nu)\,G_{11}^{(2)}-\nu^2 G_{22}^{(2)}-\nu^2 G_{33}^{(2)}]}{(1+\nu)\,(1-2\nu)}+\frac{\nu}{1+\nu}[\,(G_{12}^{(2)})^2+(G_{13}^{(2)})^2] \tag{4.53}$$

式中:ν 为泊松比。式(4.53)代表单轴拉伸情况下标量损伤变量 ϕ 和二阶结构张量分量 $G_{ij}^{(2)}$ 之间的显式关系。

接下来,基于 ϕ 得到 M 和 N 的表达式,即 $M=1/(1-\phi)$ 和 $N=1-\phi$,并且采用式(4.53)来计算偏导数$\frac{\partial M}{\partial G_{ij}^{(2)}}$和$\frac{\partial N}{\partial G_{ij}^{(2)}}$。求出这些导数,可将结果代入式(4.52)。最后,将得到的偏导数$\frac{\partial H_{ij}^{(2)}}{\partial \sigma_{11}}$的表达式代入式(4.41),以获得二阶结构张量$\boldsymbol{G}^{(2)}$演化的显式表达式。在这个阶段,应该利用代数计算包如 MAPLE 或 MATHEMATICA 来获得最终结果。

4.4 微裂纹长度和方向的演化

本节基于结构张量的演化,导出微裂纹长度和方向演化的显式表达式。可以获得如下所示的一些有趣的结果。

首先考虑在式(4.3a)中给出的零阶(标量)结构张量$\boldsymbol{G}^{(0)}$,这种关系可以写成下式:

$$\boldsymbol{G}^{(0)}=\gamma\int_V r^3\mathrm{d}V \tag{4.54}$$

式中:γ 为 RVE 的体积 V 的函数。对式(4.54)的两边同时对时间求导,得到:

$$\dot{G}^{(0)}=3\gamma\int_V r^2\dot{r}\mathrm{d}V \tag{4.55}$$

其中上标点表示时间导数。将式(4.55)相对 V 微分,并求解 $\dot{r}$,可得

$$\dot{r}=\frac{1}{3\gamma r^2}\frac{\mathrm{d}\dot{G}^{(0)}}{\mathrm{d}V} \tag{4.56}$$

式(4.56)代表基于 $\mathrm{d}\dot{G}^{(0)}$ 的微裂纹长度演化规律,这可以从式(4.30)得到。在这种情况下,微裂纹的取向没有演化,因为这种情况涉及微裂纹的各向同性分布而没有各向异性。

接下来,考虑在式(4.3b)中定义的二阶结构张量$\boldsymbol{G}^{(2)}$。该表达式可以写成如下形式:

$$G_{ij}^{(2)}=\gamma\int_V r^3 n_i n_j\mathrm{d}V \tag{4.57}$$

将式(4.57)的两边对时间求导,得到

$$\dot{G}_{ij}^{(2)}=\gamma\int_V(3r^2\dot{r}n_in_j+r^3\dot{n}_in_j+r^3n_i\dot{n}_j)\,\mathrm{d}V \tag{4.58}$$

将式(4.58)相对于 V 微分并简化，得到

$$3r^2\dot{r}n_in_j+r^3\dot{n}_in_j+r^3n_i\dot{n}_j=\frac{\gamma}{1}\frac{\mathrm{d}\dot{G}_{ij}^{(2)}}{\mathrm{d}V} \tag{4.59}$$

将式(4.59)的两边乘以 $\dot{n}_j$，并利用关系 $n_j\dot{n}_j=0$(通过 $n_jn_j=1$ 对时间求导得到)，则有

$$r^3n_i\dot{n}_j\dot{n}_j-\frac{1}{\gamma}\dot{n}_j\frac{\mathrm{d}\dot{G}_{ij}^{(2)}}{\mathrm{d}V}=0 \tag{4.60}$$

式(4.60)可以写成以下形式：

$$\left(r^3n_i\dot{n}_j-\frac{1}{\gamma}\frac{\mathrm{d}\dot{G}_{ij}^{(2)}}{\mathrm{d}V}\right)\dot{n}_j=0 \tag{4.61}$$

从式(4.61)可以看出可能得到两个不同的解，对于式(4.61)的第一个解有

$$r^3n_i\dot{n}_j=\frac{1}{\gamma}\frac{\mathrm{d}\dot{G}_{ij}^{(2)}}{\mathrm{d}V} \tag{4.62}$$

式(4.62)的两边都乘以 n_i 并求解 $\dot{n}_j$ 得

$$\dot{n}_j=\frac{1}{\gamma r^3}n_i\frac{\mathrm{d}\dot{G}_{ij}^{(2)}}{\mathrm{d}V} \tag{4.63}$$

式(4.63)代表了这种情况下微裂纹取向的演化规律。将式(4.63)代入式(4.59)同时采用关系 $n_in_i=n_jn_j=1$ 并简化得到

$$3r^2\dot{r}n_in_j=-\frac{1}{\gamma}\frac{\mathrm{d}\dot{G}_{ij}^{(2)}}{\mathrm{d}V} \tag{4.64}$$

式(4.64)的两边都乘以 n_jn_j 并求解 $\dot{r}$ 得

$$\dot{r}=-\frac{1}{3\gamma r^2}n_in_j\frac{\mathrm{d}\dot{G}_{ij}^{(2)}}{\mathrm{d}V} \tag{4.65}$$

式(4.65)代表了这种情况下微裂纹长度的演化规律，可以看出，式(4.65)同样减少到零。将式(4.63)的 $\dot{n}_j$ 表达式代入式(4.65)，并采用关系 $n_j\dot{n}_j=0$，可得 $\dot{r}=0$，因而这种情况微裂纹长度就不会演化。

接下来，求式(4.61)的第二个解。在这种情况下，有

$$\dot{n}_j=0 \tag{4.66}$$

因此，微裂纹的取向在该解中不变。将式(4.66)代入式(4.59)，得到

$$3r^2\dot{r}n_in_j=\frac{1}{\gamma}\frac{\mathrm{d}\dot{G}_{ij}^{(2)}}{\mathrm{d}V} \tag{4.67}$$

式(4.62)的两边都乘以 n_jn_j 并求解 $\dot{r}$ 得

$$\dot{r}=\frac{1}{3\gamma r^2}n_in_j\frac{\mathrm{d}\dot{G}_{ij}^{(2)}}{\mathrm{d}V} \tag{4.68}$$

总结所得到的两个解如下：

第一个解

$$\dot{n}_j=\frac{1}{\gamma r^3}n_j\frac{\mathrm{d}\dot{G}_{ij}^{(2)}}{\mathrm{d}V}$$

$$\dot{r}=0$$

第二个解

$$\dot{n}_j=0$$

$$\dot{r}=\frac{1}{3\gamma r^2}n_i n_j\frac{\mathrm{d}\dot{G}_{ij}^{(2)}}{\mathrm{d}V}$$

因此,从上述结果可以看出,得到了两个完全不同的解,微裂纹的分布可以根据这两个解之一演变。或者,两个解都可应用于相同的分布,但影响两个不同组的微裂纹。从第一个解也可以看出,如果微裂纹取向的变化是非零的,那么微裂纹长度的变化将是零,这是一个非常有趣的结果。此外,注意到,如果微裂纹取向的变化是零,那么微裂纹长度的变化将是非零的。这些结果适用于嵌入在 RVE 中的整个微裂纹系统,而不是单个微裂纹。

接下来,研究式(4.3c)中给出的四阶结构张量 $\boldsymbol{G}^{(4)}$ 的情形,这个公式可以写成如下形式:

$$\boldsymbol{G}_{ijkl}^{(4)}=\gamma\int_V r^3 n_i n_j n_k n_l\mathrm{d}V \tag{4.69}$$

将式(4.69)两边对时间求导可得

$$\dot{G}_{ijkl}^{(4)}=\gamma\int_V(3r^2\dot{r}n_i n_j n_k n_l+r^3\dot{n}_i n_j n_k n_l+r^3 n_i\dot{n}_j n_k n_l+r^3 n_i n_j\dot{n}_k n_l+r^3 n_i n_j n_k\dot{n}_l)\,\mathrm{d}V \tag{4.70}$$

将式(4.70)相对于 V 微分并重新组合各项,得到

$$3r^2 n_i n_j n_k n_l+r^3\dot{n}_i n_j n_k n_l+r^3 n_i\dot{n}_j n_k n_l+r^3 n_i n_j\dot{n}_k n_l+r^3 n_i n_j n_k\dot{n}_l=\frac{1}{\gamma}\frac{\mathrm{d}\dot{G}_{ijkl}^{(4)}}{\mathrm{d}V} \tag{4.71}$$

将式(4.71)的两边乘以 $\dot{n}_j$,并利用关系 $n_j\dot{n}_j=0$ 得

$$r^3 n_i\dot{n}_j\dot{n}_j n_k n_l=\frac{1}{\gamma}\frac{\mathrm{d}\dot{G}_{ijkl}^{(4)}}{\mathrm{d}V} \tag{4.72}$$

式(4.72)也可以写成如下形式:

$$\left(r^3 n_i\dot{n}_j n_k n_l-\frac{1}{\gamma}\frac{\mathrm{d}\dot{G}_{ijkl}^{(4)}}{\mathrm{d}V}\right)\dot{n}_j=0 \tag{4.73}$$

显然式(4.73)有两个解。对于第一个解,可得

$$r^3 n_i\dot{n}_j n_k n_l=\frac{1}{\gamma}\frac{\mathrm{d}\dot{G}_{ijkl}^{(4)}}{\mathrm{d}V} \tag{4.74}$$

将式(4.74)的两边乘以 $n_i n_k n_l$ 并求解 $\dot{n}_j$ 得

$$\dot{n}_j=\frac{1}{\gamma r^3}n_i n_k n_l\frac{\mathrm{d}\dot{G}_{ijkl}^{(4)}}{\mathrm{d}V} \tag{4.75}$$

式(4.75)表示基于第一个解的微裂纹取向的演变,将式(4.75)代入式(4.71),并利用 $n_i n_i=n_j n_j=n_k n_k=n_l n_l=1$ 的关系,可得

$$3r^2\dot{r}n_i n_j n_k n_l=-\frac{3}{\gamma}\frac{\mathrm{d}\dot{G}_{ijkl}^{(4)}}{\mathrm{d}V} \tag{4.76}$$

式(4.76)的两边都乘以 $n_i n_j n_k n_l$ 并求解 $\dot{r}$ 得

$$\dot{r}=-\frac{1}{\gamma r^2}n_i n_j n_k n_l\frac{\mathrm{d}\dot{G}_{ijkl}^{(4)}}{\mathrm{d}V} \tag{4.77}$$

式(4.77)表示基于第一个解的微裂纹长度的演变。在推导式(4.77)时,假设四阶结构张量具有下列对称性:$\boldsymbol{G}_{ijkl}^{(4)}=\boldsymbol{G}_{jkli}^{(4)}=\boldsymbol{G}_{ikjl}^{(4)}=\boldsymbol{G}_{iljk}^{(4)}$。如果对称假设不成立,那么式(4.77)应该由下面 $\dot{r}$ 的广义表达式替换:

$$\dot{r}=-\frac{1}{3\gamma r^{2}}n_i n_j n_k n_l\left(\frac{\mathrm{d}\dot{G}_{ijkl}^{(4)}}{\mathrm{d}V}+\frac{\mathrm{d}\dot{G}_{ijkl}^{(4)}}{\mathrm{d}V}+\frac{\mathrm{d}\dot{G}_{ijkl}^{(4)}}{\mathrm{d}V}\right) \tag{4.78}$$

可以看出式(4.77)和式(4.78)减少到零。将式(4.75)中的 $\dot{n}_j$ 表达式代入式(4.77)和式(4.78),并利用关系 $n_j\dot{n}_j=0$,可得 $\dot{r}=0$。因此,在这种情况下,微裂纹长度不发生演化。

对于式(4.73)的第二个解,可得

$$\dot{n}_j=0 \tag{4.79}$$

将式(4.79)代入式(4.71),简化并求解 $\dot{r}$,可得

$$\dot{r}=\frac{1}{3\gamma r^{2}}n_i n_j n_k n_l\frac{\mathrm{d}\dot{G}_{ijkl}^{(4)}}{\mathrm{d}V} \tag{4.80}$$

最后,对四阶结构张量两个解的结果总结如下:

第一个解

$$\dot{n}_j=\frac{1}{\gamma r^{3}}n_i n_k n_l\frac{\mathrm{d}\dot{G}_{ijkl}^{(4)}}{\mathrm{d}V}$$

$$\dot{r}=0$$

第二个解

$$\dot{n}_j=0$$

$$\dot{r}=\frac{1}{3\gamma r^{2}}n_i n_j n_k n_l\frac{\mathrm{d}\dot{G}_{ijkl}^{(4)}}{\mathrm{d}V}0$$

因此,从上述结果可以清楚地得到两个完全不同的解。或者,两个解都可应用于相同的分布,但影响两个不同组的微裂纹。从第一个解也可以清楚地看出,如果微裂纹取向的变化是非零的,那么微裂纹长度的变化将是零的。这是一个非常有趣的结果。此外,还注意到,如果微裂纹取向的变化为零,那么微裂纹长度的变化将是非零的。这些结果适用于嵌入在 RVE 中的整个微裂纹系统,而不是单个微裂纹。

基于上述解,得出如下结论:

(1)微裂纹取向 $\dot{\boldsymbol{n}}$ 的演化与 $1/r^3$ 成正比,因此,较长的微裂纹经历较小的旋转,而较短的微裂纹经历较大的旋转。

(2)微裂纹长度$\dot{\boldsymbol{r}}$ 的演化与 $1/r^2$ 成正比,因此,较长的微裂纹长度增量较小,而较短的微裂纹长度增量较大。

(3)在微裂纹旋转消失的微裂纹系统中,必须满足以下条件:

$$\dot{G}_{ij}^{(2)}n_i=0\quad(\text{对所有 } j) \tag{4.81a}$$

$$\dot{G}_{ijkl}^{(4)}n_i n_k n_l=0\quad(\text{对所有 } j) \tag{4.81b}$$

(4)在微裂纹长度变化消失的微裂纹系统中,必须满足以下条件:

$$\dot{G}_{ij}^{(2)}n_i n_j=0 \tag{4.82a}$$

$$\dot{G}_{ijkl}^{(4)}n_i n_j n_k n_l=0 \tag{4.82b}$$

(5)在微裂纹系统中,可以有一组 $\dot{r}=0,\dot{n}\neq0$ 的微裂纹,而另一组微裂纹则 $\dot{r}\neq0,\dot{n}=0$。这两组微裂纹不应重叠,如图 4.5 所示。

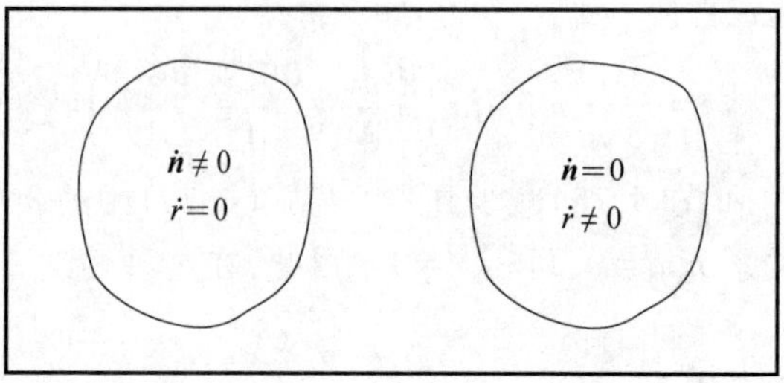

图 4.5　两组微裂纹得 RVE(经 G. Voyiadjis、P. Kattan 许可转载(2007))

4.5　小　　结

本部分工作阐述了热力学概念,推导了损伤演化方程,这是通过数学一致方法来开展的,其基于合理的热力学原理。这项工作为该领域的未来工作奠定基础,包括可视化和有限元实现及其在复合材料中的应用,因而是非常重要的。

所采用的结构张量用于表征嵌入 RVE 中的微裂纹系统,微裂纹的取向和长度都包含在结构张量的定义中,并推导了微裂纹方向和微裂纹长度的显式演化方程。结果表明,微裂纹的取向和长度不能同时演化。因而可以考虑两组微裂纹,其中每个参数(长度或取向)分别演化,而另一个参数的演化则不考虑。

参考文献

A. Cauvin, R. Testa, Damage mechanics: basic variables in continuum theories. Int. J. SolidsStruct. 36, 747-761 (1999)

J. L. Chaboche, Continuous damage mechanics-a tool to describe phenomena before crackinitiation. Nucl. Eng. Des. 64, 233-247(1981)

C. Chow, J. Wang, An anisotropic theory of elasticity for continuum damage mechanics. Int. J. Fract. 33, 3-16 (1987)

B. Coleman, M. Gurtin, Thermodynamics with internal state variables. J. Chem. Phys. 47(2), 597-613(1967)

I. Doghri, Mechanics of Deformable Solids: Linear and Nonlinear, Analytical and Computational Aspects (Springer, Berlin, 2000)

D. Hayhurst, Creep rupture undermultiaxial states of stress. J. Mech. Phys. Solids 20, 381-390(1972) Q. He, A. Curnier, A more fundamental approach to damaged elastic stress-strain relations. Int. J. Solids Struct. 32 (10), 1433-1457(1995)

K. Kanatani, Distribution of directional data and fabric tensors. Int. J. Eng. Sci. 22(2), 149-164(1984a)

K. Kanatani, Stereological determination of structural anisotropy. Int. J. Eng. Sci. 22(5), 531-546(1984b)

P. I. Kattan, G. Z. Voyiadjis, A coupled theory of damage mechanics and finite strain elastoplasticity-part Ⅰ: damage and elastic deformations. Int. J. Eng. Sci. 28(5), 421-435(1990)

P. I. Kattan, G. Z. Voyiadjis, A plasticity-damage theory for large deformation of solids-part Ⅱ: applications to finite simple shear. Int. J. Eng. Sci. 31(1),183-199(1993)

P. I. Kattan, G. Z. Voyiadjis, Decomposition of damage tensor in continuum damage mechanics. J. Eng. Mech., ASCE 127(9),940-944(2001a)

P. I. Kattan, G. Z. Voyiadjis, Damage Mechanics with Finite Elements: Practical Applications with Computer Tools(Springer, Berlin, 2001b)

H. Lee, K. Peng, J. Wang, An anisotropic damage criterion for deformation instability and itsapplication to forming limit analysis of metal plates. Eng. Fract. Mech. 21,1031-1054(1985)

J. Lemaitre, Evaluation of dissipation and damage in metals subjected to dynamic loading, in Proceedings of I. C. M. 1, Kyoto, Japan, 1971

J. Lemaitre, How to use damage mechanics. Nucl. Eng. Des. 80,233-245(1984)

J. Lemaitre, J. L. Chaboche, Mechanics of Solid Materials(Cambridge University Press, London, 1990)

V. Lubarda, D. Krajcinovic, Damage tensors and the crack density distribution. Int. J. SolidsStruct. 30(20),2859-2877(1993)

M. Oda, Geometry of discontinuity and its relation to mechanical properties of discontinuousmaterials, in IUTAM Conference on Deformation and Failure of Granular Materials, Delft, 31 Aug-3 Sep, 1982

C. Papenfuss, P. Van, W. Muschik, Mesoscopic theory of microcracks. Arch. Mech. 55(5/6),481-500(2003)

Y. Qiang, L. Zhongkui, L. G. Tham, An explicit expression of second-order fabric tensor dependentelastic compliance tensor. Mech. Res. Commun. 28(3),225-260(2001)

Y. Rabotnov, in Creep Rupture, ed. by M. Hetenyi, W. G. Vincenti. Proceedings, Twelfth International Congress of Applied Mechanics. Stanford, 1968(Springer, Berlin, 1969), pp. 342-349

M. Satake, Fabric tensors in granular materials, in IUTAM Conference on Deformation and Failure of Granular Materials, Delft, Aug 31-Sept 3, 1982, pp. 63-68

G. Swoboda, Q. Yang, An energy-based damage model of geomaterials-II: deduction of damageevolution laws. Int. J. Solids Struct. 36,1735-1755(1999)

G. Z. Voyiadjis, P. I. Kattan, A coupled theory of damage mechanics and finite strain elastoplasticity-part Ⅱ: damage and finite strain plasticity. Int. J. Eng. Sci. 28(6),505-524(1990)

G. Z. Voyiadjis, P. I. Kattan, A plasticity-damage theory for large deformation of solids-part Ⅰ: theoretical formulation. Int. J. Eng. Sci. 30(9),1089-1108(1992)

G. Z. Voyiadjis, P. I. Kattan, On the symmetrization of the effective stress tensor in continuumdamage mechanics. J. Mech. Behav. Mater. 7(2),139-165(1996)

G. Z. Voyiadjis, P. I. Kattan, Advances in Damage Mechanics: Metals and Metal Matrix Composites(Elsevier Science, Amsterdam, 1999)

G. Z. Voyiadjis, P. I. Kattan, Damage mechanics with fabric tensors. Mech. Adv. Mater. Struct. 13, 285-301 (2006)

G. Z. Voyiadjis, P. I. Kattan, Evolution of fabric tensors in damage mechanics of solids with microcracks: part Ⅰ-theory and fundamental concepts. Mech. Res. Commun. 34,145-154(2007a)

G. Z. Voyiadjis, P. I. Kattan, Evolution of fabric tensors in damage mechanics of solids with microcracks: part Ⅱ-evolution of length and orientation of micro-cracks with an application touniaxial case. Mech. Res. Commun. 34,155-163(2007b)

Q. Yang, W. Y. Zhou, G. Swoboda, Micromechanical identification of anisotropic damage evolutionlaws. Int. J. Fract. 98,55-76(1999)

Q. Yang, X. Chen, L. G. Tham, Relationship of crack fabric tensors of different orders. Mech. Res. Commun. 31, 661-666(2004)

Q. Yang, X. Chen, W. Y. Zhou, On microscopic thermodynamic mechanisms of damage evolutionlaws. Int. J. Damage Mech. 14, 261-293(2005)

P. Zysset, A. Curnier, An alternative model for anisotropic elasticity based on fabric tensors. Mech. Mater. 21, 243-250(1995)

P. Zysset, A. Curnier, A 3D damage model for trabecular bone based on fabric tensors. J. Biomech. 29(12), 1549-1558(1996)

第2部分

无序材料的损伤

第 5 章　岩土材料的损伤力学

Florent Prunier, François Nicot,
Richard Wan, Jérôme Duriez, Félix Darve

摘　　要

岩土材料是一类重要的耗散材料,其力学性能主要与压力、密度和结构有关,这种本构特性与材料的离散颗粒性质导致了多种失效模式的出现,而这些失效模式难以用经典的失效理论加以解释。本章通过援引岩土材料中的可塑性/损伤现象来阐明这一问题,并分析这些材料与速率无关不可逆应变的非关联特性。二阶功准则在这里提供了一个基本框架,可说明哪种失效可被系统地视为离散失稳,导致各种形式的失效,包括局部形式和扩散形式。这种新的解释考虑到了分叉域和失稳锥,其发生器表示应力空间中材料响应可能不稳定的加载方向的范围。另外的重要特征是,如离散元计算所示宏观失效在适当的载荷控制参数下会伴随有动能爆发。最后,利用二阶功对岩土边坡的原位边值问题进行分析。

5.1　岩土材料失效的主要特征

与其他固体材料相比,岩土材料(土、岩石和混凝土)的破坏是一个非常复杂的问题,这可能是由于岩土材料的塑性极限条件、屈服面和塑性势都与平均压力相关。事实上,这些表面在应力空间中确实有圆锥形状。由于平均压力依赖性,塑性应变也具有非相关特性。因此,屈服面(大致由内聚力和摩擦角表示)与塑性势(以膨胀角为特征)不一致。对于某些相关材料,摩擦和膨胀角必须相等,而对于粒状介质,这些差异通常为 25~30。

考虑第一近似,岩土材料的性能很大程度上可以被认为与速率无关,这表明这种性能被描述为一个弹塑性或弹塑性损伤的本构关系,由一个四阶本构张量表示增量应变(或应变率)和增量应力(或应力率)。然后,通过考虑六维相关应力和应变空间,使用 6×6 本构矩阵来描述增量应变和应力。塑性非关联性的直接结果,体现为上述本构矩阵的非对称性。因此,与对应的可塑性情况对应的对称矩阵的情况相比,该矩阵可能的奇点(与稍后将要看到的失效相关)可以是差异较大的不同类型。岩土材料失效的一个典型方面,就是此处非对称性的直接结果:确实存在性质上不同的各样的失效模式,包括局部化或扩散变形场等。

一个重要而基本的问题是:什么是失效? 通常失效的定义是:当材料达到极限应力状态时达到破坏状态。如果考虑了一些混合应力-应变载荷谱,则必须将此定义扩展为包括其他类型的极限状态,例如在几何体中,具有恒定偏应力的三轴加载载荷谱中,膨胀材料的极限体积膨胀所构成的极限状态(Darve 等,2017;Daouadji 等,2010,2011;Laouafa 等,

2011)。更确切地说,当达到失效状态时,取决于当前控制参数,失效可以是有效的或是无效的。举一个经典例子,当控制参数是应变率时,极限应力状态可以在没有任何特定变化的情况下被解决;而如果控制参数是应力率,则将会突然进入动能爆发状态并出现巨大的不可控应力。

从理论观点来看,可以说一个有效的失效对应于一个奇点,这是由于应变机制从准静态变形到动态变形的突然变化造成的。它的特点是失去唯一性,因为变形不再以唯一的方式定义,且依赖于一定的缺陷。最后,有效的失效也是失稳的状态,因为在失效状态下物体的小扰动会引起大的材料响应。事实上,上述论点的逆命题则不是普遍的:分叉、唯一性或失稳性的损失并不总是与固体力学中的有效的失效有关。然而,研究给定的岩土材料的破坏状态和失效模式的一种有效方法是首先考虑其失稳状态,然后检查这些失稳性是否会导致有效的失效;如果是的话,则研究是针对于哪些条件。这一分析失效的方法将是本章的中心主题。

事实上,所有类型的关于离散失稳性的一般性准则已经由 Hill(1958)提出,即二阶功准则,其对应于本构矩阵的正定性损失,并且是失稳的必要条件。 这可以被修改,因为至少存在一个应力方向,其中增量应变导致的增量应力的标量乘积为零或负。对于一个非对称矩阵,正定性损失(与构成矩阵的对称部分的行列式的消失值相关联)出现在矩阵本身的奇异性之前(与矩阵本身行列式的消失值相关联)。因此,在应力空间中存在一个完整的失效域(Darve 等,2004),并且不仅是对于关联性塑性材料的单一塑性极限表面。最近,两个新的研究说明了两个重要的物理方面:首先,建立了动能爆发与二阶功负值之间的联系(Nicot,Dave, 2007,2011;Nicot 等,2009,2012a);其次,对于弹性非守恒系统,二阶功表现为所有可能的失稳性曲线的下包络(Lerbet 等,2012;Nicot 等,2011),其对应于所有类型的离散失稳性。

本章组织如下:首先,回顾二阶功准则与动能爆发之间的联系,在颗粒水平上,二阶功采用接触力增量和接触点位移增量的离散形式。建立并讨论在每个晶间接触处计算的所有离散二阶功与宏观二阶功之间的关系。然后,用一般的三维多轴加载情况下的唯象率无关本构关系来说明二阶功与当前应力增量或当前应变增量相关的二次型的特征;对两个弹塑性关系(一个是递增分段线性和另一个完全递增非线性)的分叉域以及“失稳锥”进行了绘制。第三部分仔细考虑这些方面(二阶功和动能之间的联系、分叉域、失稳锥、有效失效的特征,控制模式的影响、扰动的影响)是通过直接数值模拟进行的。第四部分将该方法应用于岩石节理稳定性问题,介绍了岩石节理的一种与速率无关关系,并用二阶功的具体表达式分析了断裂。最后,采用有限元法模拟三轴试验,表现出局部化和扩散破坏模式;并以意大利的一次山体滑坡(Petacciato 滑坡)为例,介绍使用二阶功准则,利用有限元法描述漫反射类型失效模式的能力。

5.2 离散失稳引起的失效一般性判据

5.2.1 动能与二阶功

考虑一个受外力影响的材料系统。在给定的加载过程之后,该系统的力学(应力-应变)状态被认为(力学地)不稳定。如果系统处于无穷小载荷(扰动)的影响下,则动能可能增加。特别地,如果系统最初处于静止状态,在外力作用下处于平衡状态,则动能的增加意味着从准静态系统向动态系统过渡。这种转变通常是一个分叉过程,并且与失效过程紧密相关,这种失效过程会根据这种转变过程中运动场特征的变化表现为局部化的或离散的。当局部化的特征出现时,失效过程也是局部化的;若运动场保持混乱,则失效过程是分散的而没有特定的局部化(Nicot 和 Darve,2011)。

此后,对动能的条件和增长模式展开研究。对于由体积 V_0 构成的材料系统,最初在边界(Γ_0)的构型 C_0 中,在给定的外部载荷和时间 t 时达到平衡,采用拉格朗日公式,得出了动能(在时间 t 时)的二阶时间微分方程形式(Nicot 等 2007;Nicot 和 Darve,2007;Nicot 等,2012a,b):

$$\delta^2 E_c(t) = W_2^{\text{ext}} - W_2^{\text{int}}$$
$$W_2^{\text{ext}} = \int_{\Gamma_0} \delta f_j \delta u_i \mathrm{d}S_0 \;;\; W_2^{\text{int}} = \int_{V_0} \delta \Pi_{ij} \frac{\partial(\delta u_i)}{\partial X_j} \mathrm{d}V_0 \tag{5.1}$$

式中:W_2^{ext} 为外部二阶功;W_2^{int} 为内部二阶功。在表达式中,$\bar{\bar{\boldsymbol{\Pi}}}$ 表示第一类的 Piola-Kirchhoff 应力张量,$\boldsymbol{f}$ 表示施加到初始(参考)构型的当前作用力。$\delta\boldsymbol{u}$ 表示初始位置 $\boldsymbol{X}$ 处的材料点的当前增量位移。此外,动能的二阶泰勒展开式如下:

$$E_c(t + \Delta t) = E_c(t) + \Delta t \dot{E}_c(t) + \frac{(\Delta t)^2}{2} \ddot{E}_c(t) + 0(\Delta t)^3 \tag{5.2}$$

注意,$E_c(t) = \int_{V_0} \rho_0 \|\dot{\boldsymbol{u}}\|^2 \mathrm{d}V_0$,$\dot{E}_c(t) = \int_{V_0} \rho_0 \dot{\boldsymbol{u}} \cdot \ddot{\boldsymbol{u}} \mathrm{d}V_0$,其中,$\rho_0$ 为初始配置中点 $M(\boldsymbol{X})$ 处的材料密度,另外,由于该体系在时间 t 时处于平衡状态,那么 $\dot{E}_c(t) = 0$,因此,忽略三阶项,式(5.2)变为

$$\delta^2 E_c(t) = 2(E_c(t + \delta t) - E_c(t)) \tag{5.3}$$

合并式(5.1)和式(5.3),可得

$$E_c(t + \delta t) - E_c(t) = \frac{1}{2}(W_2^{\text{ext}} - W_2^{\text{int}}) \tag{5.4}$$

因此,最初处于平衡状态(即静止状态)的材料系统,其动能的增加等于外部二阶功(涉及位移和作用在边界上的力)和内部二阶功之差(由内部应力和应变作用于系统的每个点)。并且,外部二阶功与外部载荷有关,并且可以由外部用户控制。相反,内部二阶功与材料的本构行为密切相关,并且是由独立于外部用户的材料所施加的(Nicot 等,2012a)。其结果是,系统动能的任何增加,源于施加到边界内侧的内力(由内应力引起)和施加到外侧的外力(由操作者或任何其他外部作用施加)之间的相互影响(Nicot 等,2012a)。

根据式(5.4),由于 $E_c(t + \delta t) - E_c(t) = 0$(动能没有增加),外部和内部二阶功在准静态条件下是相等的。特别关注所施加的载荷引起的内部二阶功为负值的情况。可以看出,这种情况对应于一种极限状态的存在(可能在广义应变-应力空间中;Nicot 等,2009,2011,2012a)。内部载荷的一些分量会经过一个峰值,然后沿着一个分支下降,从而阻止这些分量得出更高的值。相反,可以有较高值的外部载荷施加在系统上,由此产生的内部和外部载荷之间的竞争引起动能的增加,表明从准静态到动态机制的转变。值得注意的

是,这种情况与广义极限状态的存在密切相关,通过内部二阶功的消失来检测。在峰值后,内部二阶功沿着下降的分支变化,最终取得负值。

于是得出结论,就离散失稳性而言,检测内部二阶功是否会消失是有意义的。二阶功取零或取负值的情况是引起离散失稳性的基本条件之一。

5.2.2 基于微观力学的公式

目前的主要问题是针对专门的粒状材料,并试图将内部二阶功的宏观表达式与微观结构变量关联起来。为了达到这个目的,使粒状材料的一个均质体由 N 个颗粒组成。"p"将代表同质的颗粒(作为一个体积)或代表一个集合中特定的颗粒,从而满足 $1 \leqslant p \leqslant N$。其中,每个粒状物"$p$"的形状都是任意的。在时间 t 时,集合内的接触面的总数表示为 N_c。假定系统在给定的时间 t 时、在规定的外部载荷下处于平衡状态,根据载荷控制的类型,属于所考虑体积的边界 ∂V 的每个粒状物 p 都受到位移(动态控制)或外力 $\boldsymbol{f}^{\text{ext},p}$(静态控制)的影响,也可能为零。

二阶功的基本公式包括增量应力和应变。粒状组合体中的应力表示颗粒材料中力的传递。颗粒材料中的力的传递在相邻颗粒的接触处作用,从而在颗粒集合的尺度上产生宏观平均应力。在施加于位置 $\boldsymbol{x}^p$ 处的边界粒子"p"上的外力 $\boldsymbol{f}^{\text{ext},p}$ 作用下,处于平衡的体积为 V 的体元中的应力张量可通过经典的 Love-Weber 公式(Love,1927;Mehrabadi 等,1982)来定义,即

$$\sigma_{ij} = \frac{1}{V}\sum_{\rho \in \partial V} f_i^{\text{ext},p} x_j^p \tag{5.5}$$

上述表达式通过计算粒子间接触力 $\boldsymbol{f}^c$ 可以变换如下(Nicot 等,2012c):

$$\sigma_{ij} = \frac{1}{V}\sum_{c=1}^{N_c} f_i^c l_j^c + \frac{1}{V}\sum_{\rho \in \partial V} f_i^p x_j^p \tag{5.6}$$

其中 $\boldsymbol{l}^c$ 是与接触颗粒中心有关的枝向量,$\boldsymbol{f}^p$ 表示施加到粒子"p"上的合力,在没有惯性效应的情况下或当所有粒子处于静态平衡时,式(5.6)中的第二项消失。然而,即使整个颗粒体可能在宏观上处于平衡状态,当局部作用力不平衡所引起的内部动态效应存在时,这一项也可能存在。

在式(5.6)中所表示的欧拉公式里,接触力、枝向量、每个粒子的位置和试样的体积都会从初始配置 $C_0(\boldsymbol{f}_0^c, \boldsymbol{l}_0^c, \boldsymbol{x}_0^c, V_0)$ 开始并在给定的加载过程中演化。因此,参考初始配置,拉格朗日描述中的应力张量的类似形式为

$$\Pi_{ij} = \frac{1}{V_0}\sum_{p,q} f_i^c l_{0,j}^c + \frac{1}{V_0}\sum_{\rho \in V_0} f_i^p x_{0,j}^p \tag{5.7}$$

式(5.7)中给出的拉格朗日公式可以很容易进行微分,然后得出内部二阶功的以下表达式(详情请参阅,Nicot 等,2012c):

$$W_2 = \sum_{p,q} \delta f_i^c \delta l_i^c + \sum_{\rho \in V} \delta f_i^p \delta x_i^p \tag{5.8}$$

如 Nicot 等(2012c)指出的那样,创建或删除接触面都在该方法中予以考虑。符号 $\sum\limits_{p,q}$ 表示在 p 和 q 上加和,p 和 q 的定义域是 $[1,N]$ 且 $q \leqslant p$,c 是指接触对(p,q)。

值得注意的是,在没有增量不平衡力和准静态畴的情况下,式(5.8)简化为

$$W_2 = \sum_{p,q} \delta f_i^c \delta l_i^c \tag{5.9}$$

式(5.9)从微观力学变量的角度表示内部二阶功,即接触作用力存在于接触颗粒之间,而枝向量将这些颗粒连接了起来。这种公式尝试应用于微观尺度,并试图阐明导致内部二阶功消失的基本微观组织相关的起因从而阐明什么是失稳的微观组织特征。

5.3　二阶功准则、特征和说明性三维实例(多轴加载)

如前节所述,确定二阶功的符号即可探测到离散所致的材料失稳性。忽略几何效应,假设应变较小,内部二阶功具有如下表达式:

$$W_2 = \int_{V_o}^{\infty} \delta \boldsymbol{\sigma}_{ij} \delta \varepsilon_{ij} \mathrm{d}V_o \tag{5.10}$$

式中: $\delta\boldsymbol{\sigma}_{ij}$ 为增量柯西应力张量; $\delta\varepsilon_{ij}$ 为增量小应变张量。在局部形式中,稳定性判据表示为

$$\forall(\delta\sigma_{ij}, \delta\varepsilon_{ij}) \quad \delta W_2 = \delta\sigma_{ij}\delta\varepsilon_{ij} > 0 \tag{5.11}$$

换句话说,当 δW_2 为正时,试样是稳定的,否则可能失稳。当 δW_2 为负或零时,失稳的发生(或动能增长)取决于控制加载的参数。

5.3.1　局部二阶功准则的广义方程

本节只考虑与速率无关的材料。在这种情况下,本构关系具有以下广义形式:

$$F_{ijkl}^h(\delta\sigma_{ij}, \delta\varepsilon_{ij}) = 0 \tag{5.12}$$

式中: $\boldsymbol{F}^h$ 为一个非线性函数, h 为一个记忆参数,如硬化参数。沿着实际加载的方向,函数 $\boldsymbol{F}^h$ 可以被线性化(“定向线性化”),并且式(5.12)可以采用如下简单的形式:

$$\delta\varepsilon_{ij} = N_{ijkl}\delta\sigma_{kl} \tag{5.13}$$

利用张量的对偶表示,其中二阶张量可以是六维向量和一个四阶张量,引入一个六阶矩阵,矩阵 $\boldsymbol{N}$ 表示沿当前加载方向的切线弹塑性算子。因此,当将式 5.13 带入式(5.11)时, δW_2 的正负值之间的边界由下式给出:

$$\delta\sigma_i N_{ij} \delta\sigma_j = \delta\sigma_i N_{ij}^s \delta\sigma_j = 0 \tag{5.14}$$

其中 $\boldsymbol{N}^s$ 是 $\boldsymbol{N}$ 的对称部分。在正交增量分段线性关系的情况下,展开式(5.14)导出了主增量应力三维空间中椭圆锥的广义方程。

$$\frac{\delta\sigma_1^2}{E_1} + \frac{\delta\sigma_2^2}{E_2} + \frac{\delta\sigma_3^2}{E_3} - \left(\frac{v_1^2}{E_1} + \frac{v_2^1}{E_2}\right)\delta\sigma_1\delta\sigma_2 - \left(\frac{v_3^2}{E_3} + \frac{v_2^3}{E_2}\right)\delta\sigma_2\delta\sigma_3 - \left(\frac{v_1^3}{E_1} + \frac{v_3^1}{E_3}\right)\delta\sigma_3\delta\sigma_1 = 0 \tag{5.15}$$

在图 5.1 中示出了相对于加载方向的式(5.15)的解的几何表示。

如果式(5.15)的解是空的,则不可能发生失稳。在其他情况下,如果加载路径具有由式(5.15)的解所包含的方向,则会发生失稳。需要注意的是,式(5.15)实际上只能与增量分段线性模型一起使用,并且解必须在本构关系是线性的部分空间中被截断,空间的这些特定部分也被表示为张量区域(Darve 和 LabaNeh,1982)。然而,大多数速率无关的模型是分段线性的,在完全增量非线性模型的情况下,式(5.15)的非空解必然降阶为非

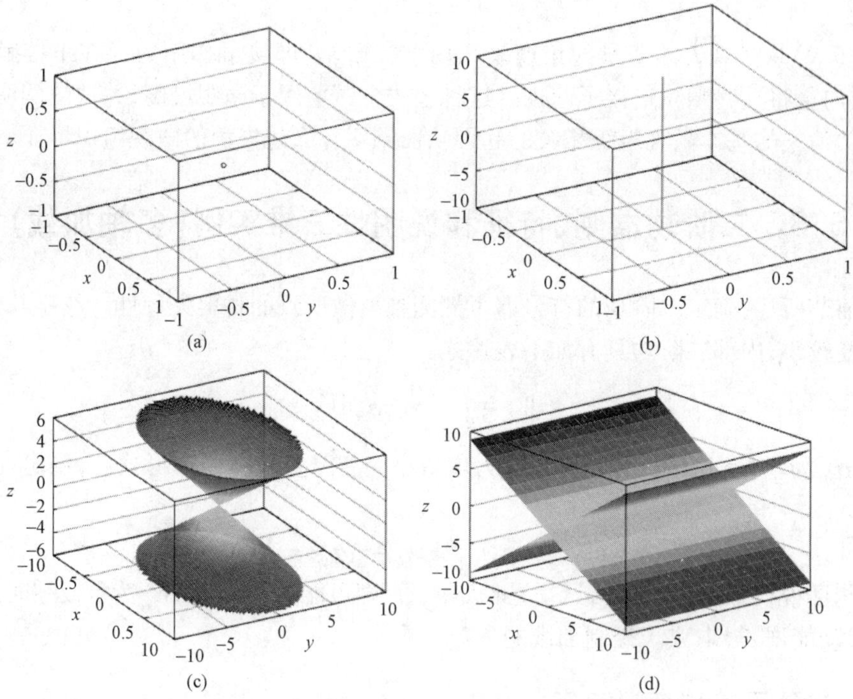

图 5.1　式(5.15)解的图示表示:空解、直线、椭圆锥和两面相交

椭圆锥的聚集直线。在下一小节中,使用八元线性模型(8L 模型)和 Darve(INL2 模型)的增量非线性模型(Darve 和 Labanieh,1982)对这种情况予以说明。

5.3.2　失稳锥的 Darve 模型演示

Darve 提出的本构关系不依赖于经典的弹塑性概念,因此不需要假设:①应变分解为弹性和塑性部分;②存在弹性极限;③存在流变定律。

为了描述岩土材料的非线性行为,使用二阶增量非线性关系并将其写入主轴,如下:

$$\begin{Bmatrix}\delta\varepsilon_1\\ \delta\varepsilon_2\\ \delta\varepsilon_3\end{Bmatrix} = \frac{1}{2}[\underline{\underline{N}}^+ + \underline{\underline{N}}^-]\begin{Bmatrix}\delta\sigma_1\\ \delta\sigma_2\\ \delta\sigma_3\end{Bmatrix} + \frac{1}{2\|\underline{\delta\sigma}\|}[\underline{\underline{N}}^+ + \underline{\underline{N}}^-]\begin{Bmatrix}\delta\sigma_1^2\\ \delta\sigma_2^2\\ \delta\sigma_3^2\end{Bmatrix} \tag{5.16}$$

其中

$$\underline{\underline{N}}^{\pm} = \begin{bmatrix} \dfrac{1}{E_1^{\pm}} & -\dfrac{\nu_{21}^{\pm}}{E_2^{\pm}} & -\dfrac{\nu_{31}^{\pm}}{E_3^{\pm}} \\ -\dfrac{\nu_{12}^{\pm}}{E_1^{\pm}} & \dfrac{1}{E_2^{\pm}} & -\dfrac{\nu_{32}^{\pm}}{E_3^{\pm}} \\ -\dfrac{\nu_{13}^{\pm}}{E_1^{\pm}} & -\dfrac{\nu_{23}^{\pm}}{E_2^{\pm}} & \dfrac{1}{E_3^{\pm}} \end{bmatrix} \tag{5.17}$$

在广义三轴加载载荷谱上，当 $\delta\sigma_i > 0$ 时，定义了 E_i^+ 和 v_{ij}^+ 系数，当 $\delta\sigma_i < 0$ 时，分别定义了 E_i^- 和 v_{ij}^- 系数。对于 $\delta\sigma_i = 0$，可以证明该关系是连续的(Gudehus,1979)。关于这种本构模型，特别是切线模量和泊松比如何随应力-应变历史演变的更详细的信息可以在文献(Darve 等,1995)中找到。在一维条件下，这种关系是分段线性的。通过扩展，八元线性模型(八张量区)用前面的符号定义如下：

$$\begin{Bmatrix}\delta\varepsilon_1\\\delta\varepsilon_2\\\delta\varepsilon_3\end{Bmatrix} = \frac{1}{2}[\underline{\underline{N}}^+ + \underline{\underline{N}}^-]\begin{Bmatrix}\delta\sigma_1\\\delta\sigma_2\\\delta\sigma_3\end{Bmatrix} + \frac{1}{2}[\underline{\underline{N}}^+ + \underline{\underline{N}}^-]\begin{Bmatrix}|\delta\sigma_1|\\|\delta\sigma_2|\\|\delta\sigma_3|\end{Bmatrix} \tag{5.18}$$

可以看出，这八个张量区是由各自的三个平面的相交所限定的：($\delta\sigma_1 = 0$, $\delta\sigma_2 = 0$, $\delta\sigma_3 = 0$)。图 5.2 显示了在致密的 Hunun 砂上用两个 Darve 模型(八元线性和增量非线性)，沿着排水三轴载荷谱获得的失稳锥体。根据增量非线性模型，采用了一种数值方法(Pruner 等,2009;Darve 等,2004)。对于八元线性模型，使用式(5.15)的解析形式以及数值过程给出其解。

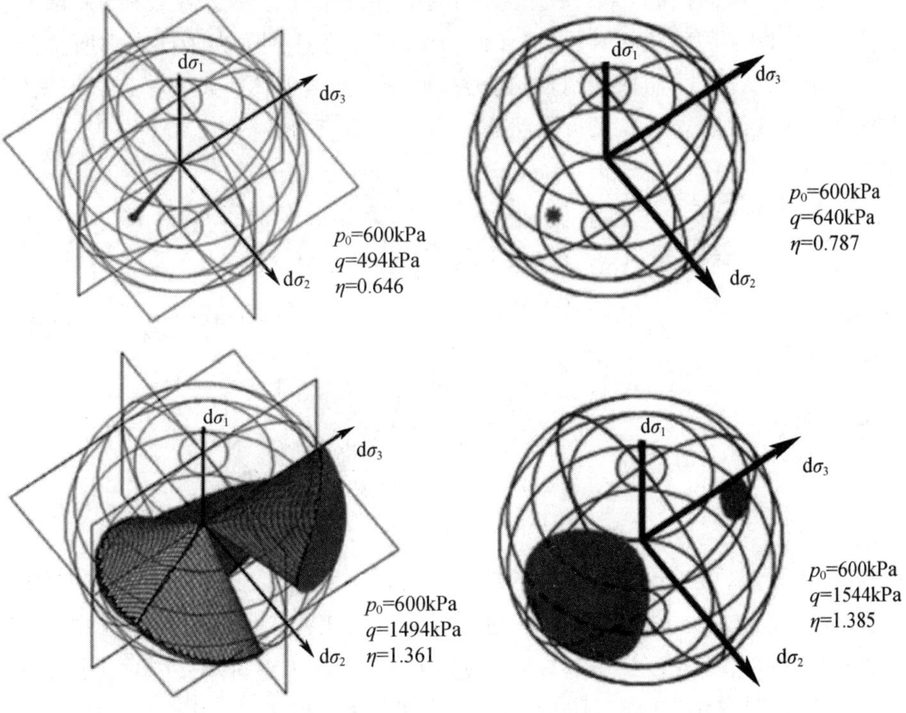

图 5.2　采用 Darve 八线性模型(左侧)和 Darve 非线性模型给出的三维失稳锥

p_0 为初始限制压力，q 为实际应力偏量，$\eta = q/p$。

在应力空间中，存在失稳锥的一组应力状态构成了分叉域。当锥体减小到一个方向时，该方向给出了分叉域的极限。对于非关联性的材料，该分叉极限严格位于塑性极限内；而对于关联性的材料，以上两个极限值是一致的。针对 Darve 模型，绘制出了分叉域的极限，并与莫尔-库仑极限进行了比较(Pruner 等,2009a,b,c)，参见图 5.3。

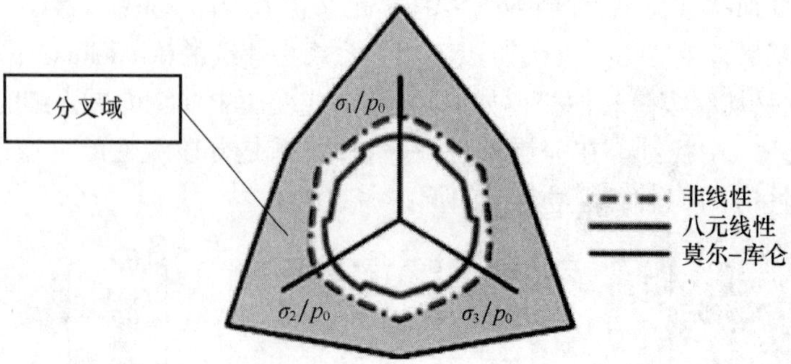

图 5.3 偏平面内给出的一种 Hostun 致密砂上校准的 Darve 模型的分叉域极限

5.3.3 有效的失效条件

之前,已经看到导致二阶功负值的条件,即应力和应变状态必须包括在分叉区域内,并且加载载荷谱应当遵循失稳锥内的方向。当二阶功为负或零时,导致动能爆发的有效失稳是由实验者选择的控制参数(或根据原位条件发生的自然边界载荷)来调节。从基本观点来看,当轴向应变控制条件下拉伸钢铁试样时,在达到最大轴向应力所给出的极限状态后,可以继续试验,而如果控制轴向应力,则发生突然破坏。事实上,二阶功的消失对应于严格位于塑性极限内的广义极限状态。考虑比例应力载荷谱,如下:

$$\begin{cases}\delta\sigma_1 = \text{cst} & (\text{cst} \in R)\\ \delta\sigma_1 + R\delta\sigma_3 = 0 & (R \in R^*)\\ \delta\sigma_2 - R'\delta\sigma_3 = 0 & (R' \in R)\end{cases} \tag{5.19}$$

式中:R 为实数集;R^* 为不包括零的实数集合。对于这样的加载载荷谱,可以编写广义本构关系:

$$\begin{bmatrix}\delta\varepsilon_1 - \dfrac{\delta\varepsilon_3}{R} - \dfrac{R'}{R}\delta\varepsilon_2\\ \delta\sigma_1 + R\delta\sigma_3\\ \delta\sigma_2 - R'\delta\sigma_3\end{bmatrix} = \underline{\underline{S}}\begin{bmatrix}\delta\sigma_1\\ \dfrac{\delta\varepsilon_3}{R} + \dfrac{R'}{R}\delta\varepsilon_2\\ \delta\varepsilon_2\end{bmatrix} \tag{5.20}$$

其中 R 和 R' 为变量,可描述所有可能的加载方向,可得到包含在失稳锥内方向的 R 和 R' 的特定值,从而使得 $\varepsilon_1 - \varepsilon_3/R - R'/R\varepsilon_2$ 达到极值。因此,由于式(5.20)中的静态约束,在 $\varepsilon_1 - \varepsilon_3/R - R'/R\varepsilon_2$ 峰值处,对于式(5.20)的非平凡解,$\det(S)$ 消失,并可以定义一个广义失效定律。此外,这种情况下,二阶功可以重写为式(5.21):

$$\delta W_2 = \left(\delta\varepsilon_1 - \frac{\delta\varepsilon_3}{R} - \frac{R'}{R}\delta\varepsilon_2\right)\mathrm{d}\sigma_1 + (\delta\sigma_1 + R\delta\sigma_3)\left(\frac{\delta\varepsilon_3}{R} + \frac{R'}{R}\delta\varepsilon_2\right) + (\delta\sigma_2 - R'\delta\sigma_3)\delta\varepsilon_2 \tag{5.21}$$

在这个极值下,二阶功也消失了。图 5.4 给出了先前关于特定应力载荷谱的讨论的结果。首先,会沿着排水三轴载荷谱进行,直到达到分叉域极限之前的应力偏量。然后,取值 $R = 0.85$, $R' = 1$ 的条件下,执行比例应力谱(Laouafa 等,2011;Dououdji 等,2011)。

基于图 5.4,可得出如下结果。第一个锥体(简化为单一方向)给出了分叉域极限,而只要加载载荷谱与锥体相切且 $W_2=0$ 时,即达到由极值描述的极限状态,因此,当 $W_2<0$ 时,加载载荷谱严格位于锥体内部。总之,在本例中,极限状态由应变状态定义,类似的研究可以采用比例应变谱来开展,在这种情况下,极限状态由应力状态代替。

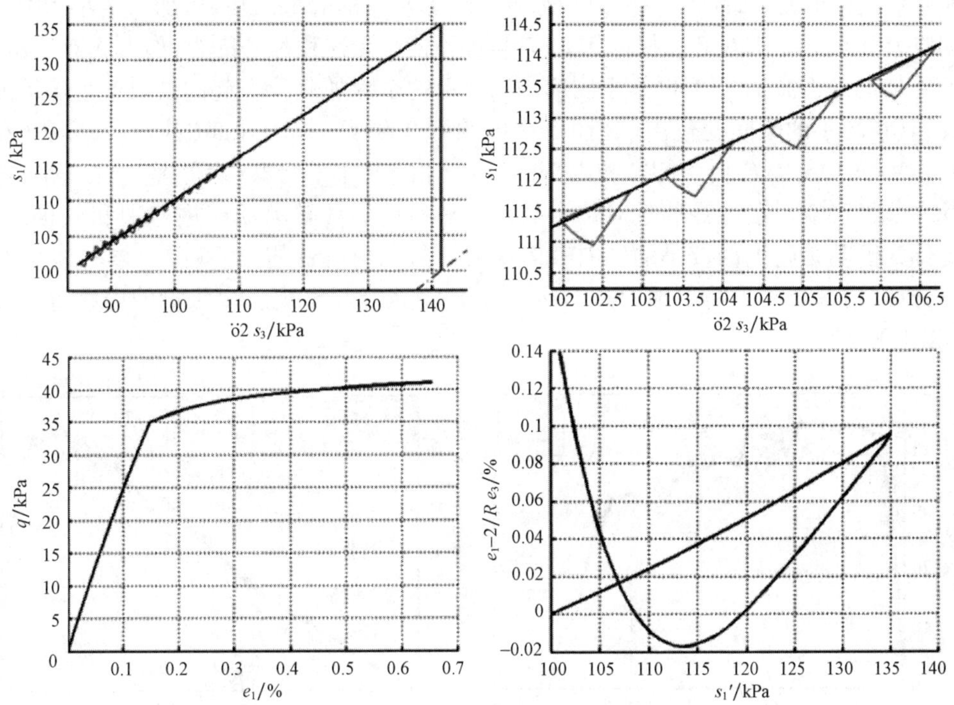

图 5.4　采用 INL 模型模拟比例应力谱的结果

首先采用排水三轴载荷谱直到 $q=35\text{kPa}$,然后采用 $R=0.85$,$R'=1$ 的比例应力谱。

$\varepsilon_1-\varepsilon_3/R-R'/R\varepsilon_2$ 达到极值处,二阶功消失并达到一种极限状态。

5.4　采用离散元方法进行颗粒材料中的失效分析

离散元法(DEM)是对颗粒介质(Cundall 和 Struk,1979)进行直接数值模拟的方法,在该颗粒集合中,每个颗粒被描述为与相邻颗粒接触,并通过库仑摩擦相互作用的弹性体。因此,可用一种非常自然和实际的方法模拟失效前、失效状态和失效后的状态,而不用解决有限元方法在连续介质力学中经常遇到的数学难题,这就是此处选择 DEM 来数值验证离散失效特征的主要原因,如前面用二阶功准则给出的那样(在 5.2 节,5.3 节两部分中)。准备了一个包含大约 1000 个不同半径的球体的数值立方体样品,然后在立方体的边界上施加一些载荷谱。对于数值方法的更详细的描述,读者可以参考文献(Nicot,2012a)和文献(Sibille 等,2008)。

现在要研究的第一点是二阶功和动能之间的联系,这在第 5.1 节中从理论上已经建立。为此,通过对松装密度状态下的试样施加轴对称等向加载载荷谱,模拟轴对称非排水三轴载荷谱,正如试验观察的那样(Dououadji 等,2010),偏应力 q(q 等于轴向应力减去横向应力）会经历一个最大值。在图 5.5 中，当有效应力载荷谱到达 $q-p$ 平面的原点时，可以观察到 q 的峰值以及颗粒间应力的最终消失（p 是晶间平均有效压力）。除了上面的图表之外，还对样品边界处的外加应力（用 q_s 和 p_s 表示）与采用 Love-Weber 关系、从内部颗粒间作用力场获得的内应力 q_σ 和 p_σ 进行了对比（Love，1927），可看出很好的一致性，这表明了数值计算的一致性。在应力状态 M_B 下，紧随 q 的峰值之后，施加一个小的附加轴向偏应力，即 $\Delta q_s=1.6\text{kPa}$，根据 5.2 节，样品不能承受这种额外的力，如图 5.6 所示，其中所施加的外部载荷 q_s 不再等于内应力 q_σ，由这个附加载荷引起的失效产生了动能的爆发，其在较小的时间变化内（在图 5.7 中约为 0.08s），等于外部施加的二阶功（在图 5.7 中由 $[V.\Delta S_i.\Delta F_i]_{\Delta t}$ 给出）和内部二阶功（由 $[W_2]_{\Delta t}$ 指出）之间差值的一半，这在第 5.2 节已确立。动能是通过对每个晶粒的平移动能和转动动能进行加和而得到的，而外部二阶功是附加的较小的轴向表面作用力与轴向应变的乘积（乘以样本体积 V）。另一方面，内部二阶功简单地通过 Love 宏观应力张量和宏观应变张量的内积进行计算（乘以 V）。

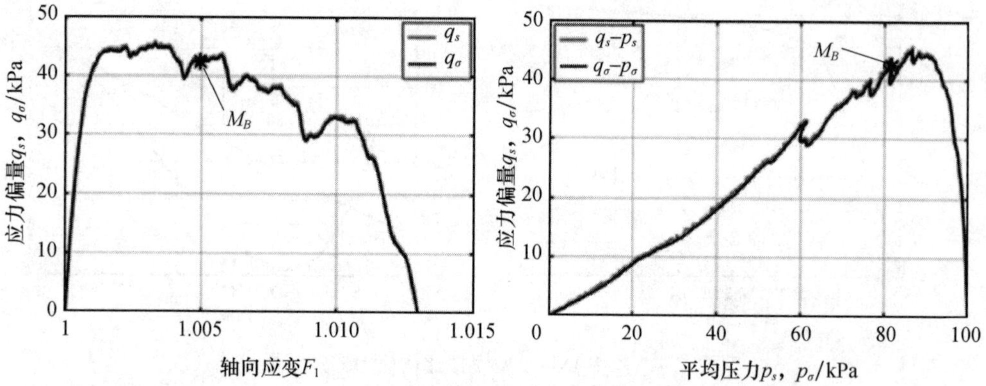

图 5.5　一个松装颗粒集合的非排水（等向）三轴压缩过程，q_s 和 p_s 是通过样品边界处的应力状态计算出来的，q_σ 和 p_σ 是通过内部应力状态计算出来的（Nicot 等，2012a）

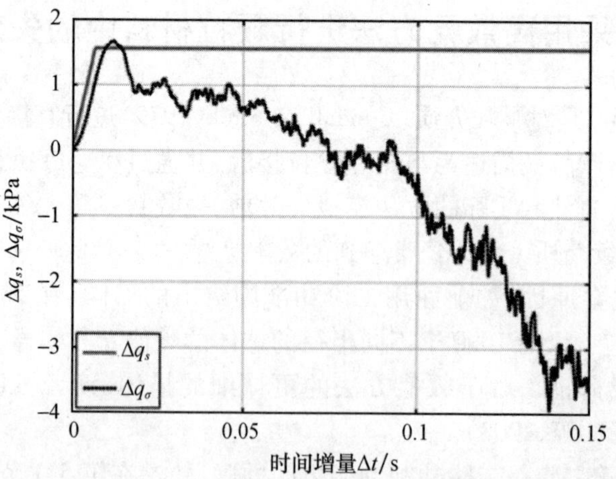

图 5.6　从图 5.5 定义的 M_B 状态出发，施加 $\Delta q_s=1.6\text{kPa}$ 引起的应力增量（Nicot 等，2012a）

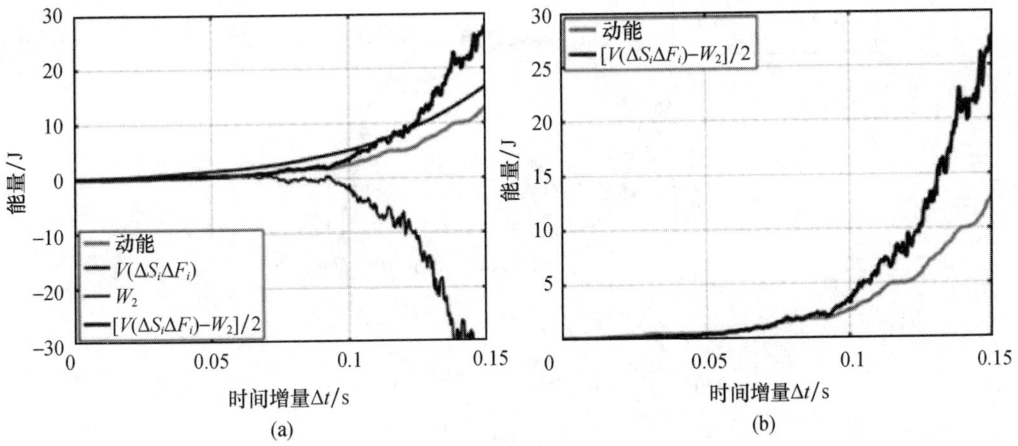

图 5.7 从M_B状态出发,施加 $\Delta q_s=1.6$kPa 的过程中和之后的一系列时间的动能和$[W_2]_{\Delta t}$、$[V\Delta S_i\Delta F_i]_{\Delta t}$以及$[V(\Delta S_i\Delta F_i-W_2)/2]_{\Delta t}$这三项的值(a),更短时间增量(b)(Nicot 等,2012a)

第二个方面(5.3 节)是二阶功增量应力或应变的二次形式,这表明(根据线性代数)存在一些失稳链,控制着二阶功为负的所有应力方向。图 5.8 通过绘制归一化二阶功在轴对称条件下相对于应力方向的极性变化,显示了针对偏应力 $\eta=q/p$ 不同值的这种锥。归一化二阶功是通过将二阶功除以增量应力和增量应变的范数而得到的。因此,归一化二阶功代表了轴对称平面上的应力和应变向量之间夹角的余弦,并在-1 与+1 之间变化,二阶功在图 5.8 的虚线圈内取负值。事实上,在失稳锥体内部,可能存在有效的失效过程(通过适当的控制变量),而在外部,不会发生失效,这在图 5.5 中得到了验证。对于锥体外部的两个应力方向(α 角为 200°和 240°),在小的附加载荷下,应力和应变保持恒定。对于锥体(220°和 215.3°)内的两个方向,失效的特征是随着应力的减小,应变突然而急剧增大。最终,对于锥体边界处的两个方向(210°和 230°),从样品中获得了一些不稳定的响应(图 5.9)。

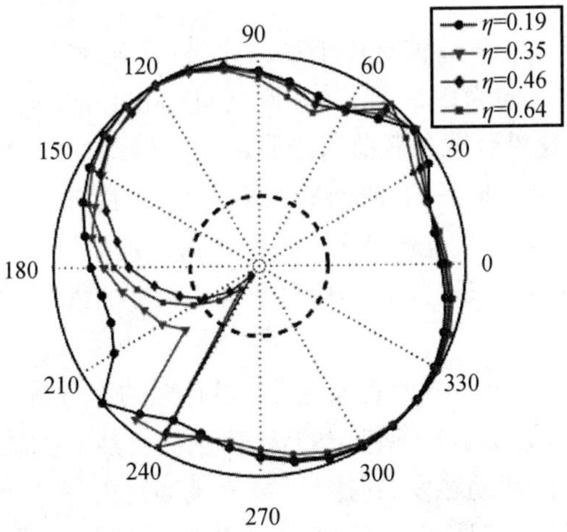

图 5.8 在 100kPa 的限制压力下,一种松装颗粒集合的归一化二阶功极图,虚线圆代表二阶功为零值,$\eta=q/p$ 代表变化的偏应力(Sibille 等,2008)

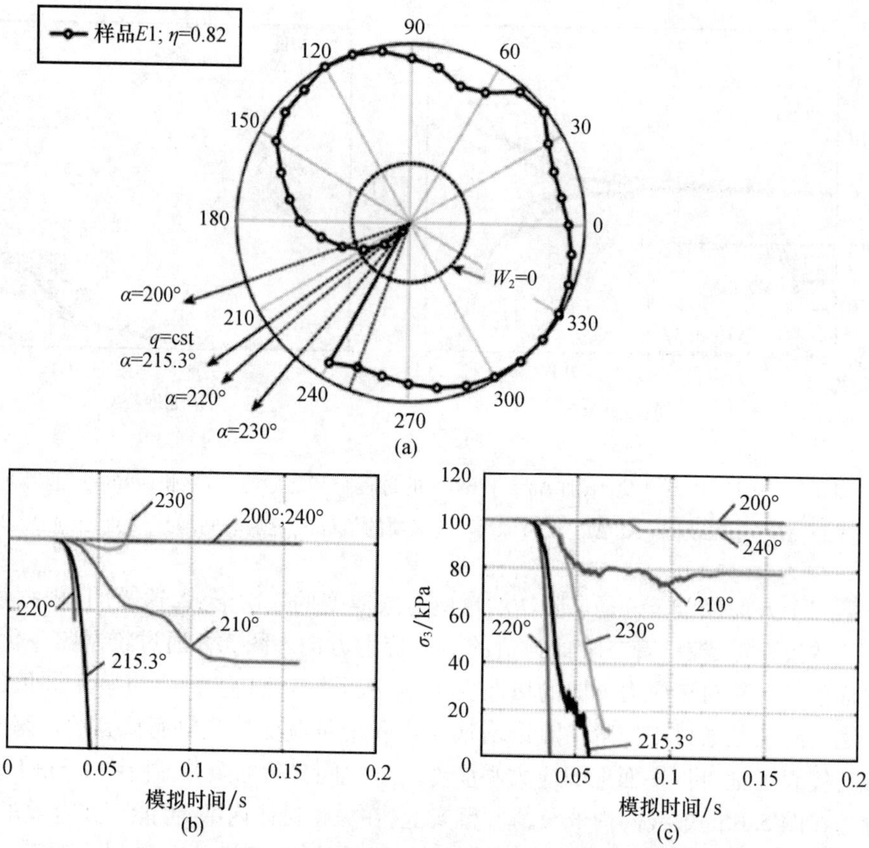

图 5.9 (a)在 100kPa 的限制压力下,一种松装颗粒集合的归一化二阶功极图,并突出显示了一些特定的应力方向。在 100kPa 的限制压力下,$\eta=\frac{q}{p}=0.46$,针对一种松装颗粒集合,按照 $\delta\sigma_1-\frac{\delta\sigma_3}{R}=0$ 和 $\delta\varepsilon_1+2R\delta\varepsilon_3<0$ 定义的载荷谱,相对于应变(b)和应力(c)的模拟响应特征

图 5.10 中研究了针对 q 常数轴对称排水载荷谱(它实际上是从偏应力-应变状态的各向同性卸载,对应应力方向为 215.3°)的控制变量问题。试验过程中,已经观察到(Daouadji 等,2010),体积变化沿着这条载荷谱膨胀最大。因此,如果加载载荷谱是完全应力控制的,那么根据第 5.3 节中描述的理论,应该不会发生有效的失效过程;另一方面,如果该加载过程的一部分是由体积变化控制的(混合加载),那么必会观察到一个有效的由该理论给出的失效过程。这些现象在图 5.10 中给出了很好的说明,其中对这两种控制模式进行了比较。

最后,图 5.11 给出了一个重要的观察结果,即有效的失效确实可以由接近失效状态的扰动引起。因为失效状态基本是不稳定的状态,它们自然对扰动是敏感的。试验上,众所周知,失效可以由恰当的扰动触发,在这里,数值扰动是由一个小的动能"注入"到样品中所形成。由于所有的计算都是在不考虑重力的情况下进行的,所以在每个计算步骤中,很少有颗粒在样品内部漂浮。为了扰动样品的状态,给这些颗粒赋予一个小的附加速度,在图 5.11 中,在 q 常数轴对称载荷谱通过具有明显应变增大和应力降低的动能爆发的扰动之后,可以清楚地观察到一种有效的失效过程。

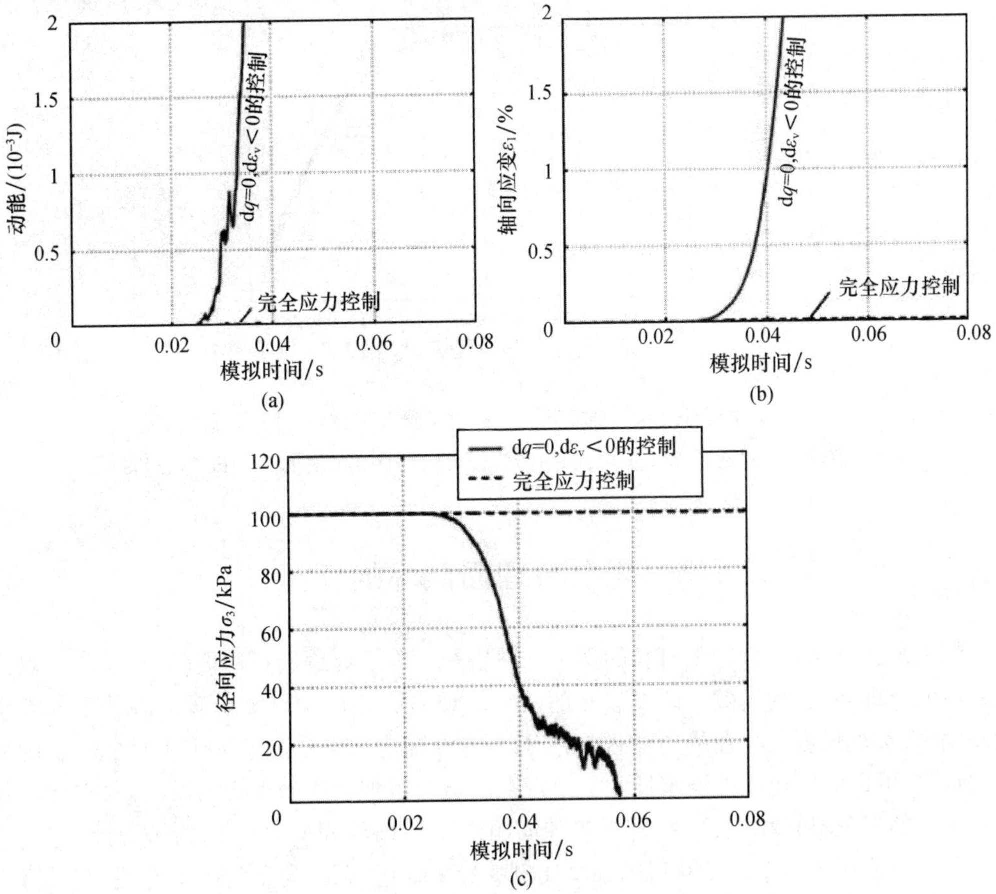

图 5.10　一种松装颗粒集合在完全应力控制下沿一种 q 常数载荷谱($\delta\sigma_1=\delta\sigma_3<0$)的响应和 $\delta q=0,\delta\varepsilon_V<0$ 的控制条件下的响应之间的对比;动能(a),轴向应变(b)以及径向应力(c)与模拟时间的关系(Sibille 等,2008)

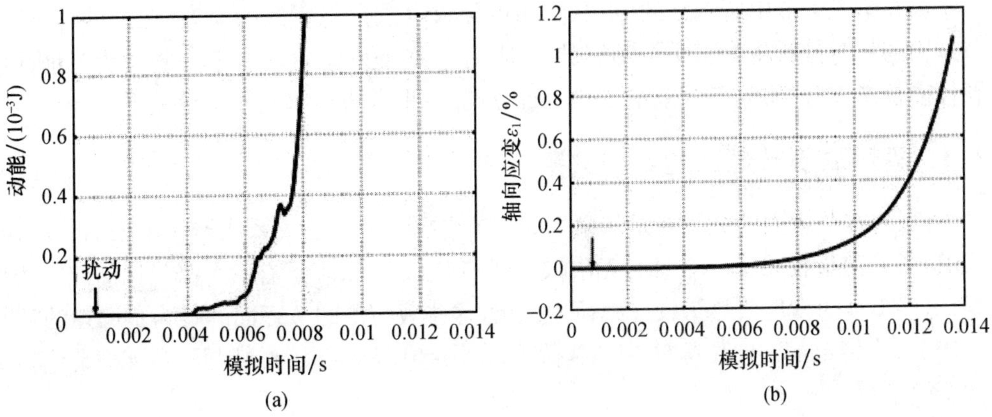

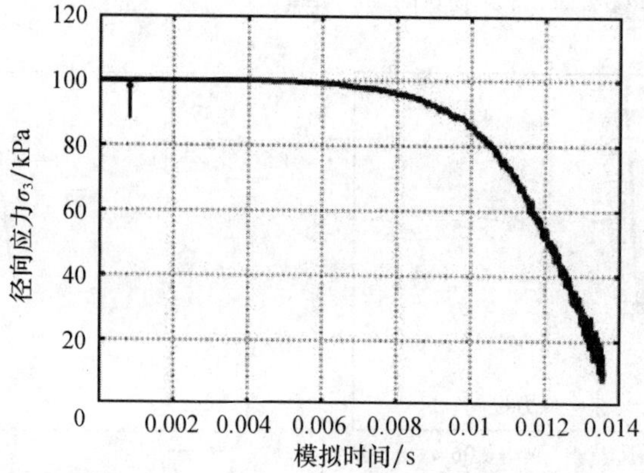

(c)

图 5.11 在参数 $\delta q=0,\delta\varepsilon_V=0$ 控制的一种力学状态下,对一种松装颗粒集合的耐久性的丧失过程进行了模拟,图中箭头代表施加扰动的时间(Sibille 等,2008)

5.5 岩石节理面破坏的模拟

接下来,讨论另一种岩土材料的例子——岩石。为了评价岩石边坡的稳定性,重点研究岩石的节理面,它的失效会诱发岩石的破坏。在岩石边坡中可能出现的各种不同类型的缺陷中,宏观尺度上存在的力学性能的不连续性称为“岩石节理面”,在一个开裂的岩石边坡里,可以假定边坡的稳定性主要由现存的岩石节理面的力学行为所控制,与前面部分所论述的岩土材料相比,这些岩石节理面组成了一种界面介质(材料)。因此,它们的力学行为只能用从两个向量获得的四个比例变量来描述,第一向量与应力有关,其垂直于节理面的分量为 σ (压缩为正),其切向分量为 τ 。第二向量是指沿节理面接触的两个岩块之间的相对位移,其中 u 为垂直分量(压缩为正), γ 为切向分量。

在这种情况下,内部二阶功定义为

$$\delta W_2 = \delta\boldsymbol{\sigma}\delta\boldsymbol{l} = \delta\sigma\delta u + \delta\tau\delta\gamma \tag{5.22}$$

正如在第 5.2 节中所解释的,负二阶功可导致离散失稳所致的失效,在这种情况下,沿节理面的相对位移将增至一个动态的范围,并最终触发落石。由于二阶功受节理面的材料性能控制,因此研究了两个给定的岩石节理面,重点研究它们的本构关系。

5.5.1 两种岩石节理面的本构关系

下面,岩石节理面的关系式是从第 5.3.2 节中提出的岩土关系式推导出来的。Duriez 等(2011a,b)最近提出了一个具有无限张量区的 INL2 关系和具有四个张量区的四次线性关系,这些模型的发展依赖于校准载荷谱,沿着这些载荷谱的节理面的行为是已知的,即

(1)一个恒定的法向位移(CND)载荷谱,($\delta u=0,\ \delta\gamma=\mathrm{cst}$)。因此,从该载荷谱定义了四个模量:

$$G_\gamma^+ = \frac{\partial\tau}{\partial\gamma_{u\mathrm{cst},\,\mathrm{d}\gamma>0}} \quad G_\gamma^- = \frac{\partial\tau}{\partial\gamma_{u\mathrm{cst},\,\mathrm{d}\gamma<0}}$$

$$N_{\gamma}^{+}=\frac{\partial\sigma}{\partial\gamma}_{u\mathrm{cst},\mathrm{d}\gamma>0}\quad N_{\gamma}^{-}=\frac{\partial\sigma}{\partial\gamma}_{u\mathrm{cst},\mathrm{d}\gamma<0}$$

模量 $G_{\gamma}^{+/-}$ 对应于切向刚度,而模量 $N_{\gamma}^{+/-}$ 考虑节理面的膨胀(或收缩)特性。

(2)恒定的切向位移(CTD)载荷谱($\delta u=\mathrm{cst}$, $\delta\gamma=0$)。这相当于一定量的压缩,这里定义了四个其他模量:

$$G_{u}^{+}=\frac{\partial\tau}{\partial u}_{\gamma\mathrm{cst},\mathrm{d}u>0}\quad G_{u}^{-}=\frac{\partial\tau}{\partial u}_{\gamma\mathrm{cst},\mathrm{d}u<0}$$

$$N_{u}^{+}=\frac{\partial\sigma}{\partial u}_{\gamma\mathrm{cst},\mathrm{d}u>0}\quad N_{u}^{-}=\frac{\partial\sigma}{\partial u}_{\gamma\mathrm{cst},\mathrm{d}u<0}$$

模量 $N_{u}^{+/-}$ 是法向刚度。在压缩过程中, τ 的变化可以通过模量 $G_{u}^{+/-}$ 来描述。事实上,数值和试验数据揭示了这种变化,这取决于节理面内的剪切状态(Duriez 等,2011a;见图 5.12)。

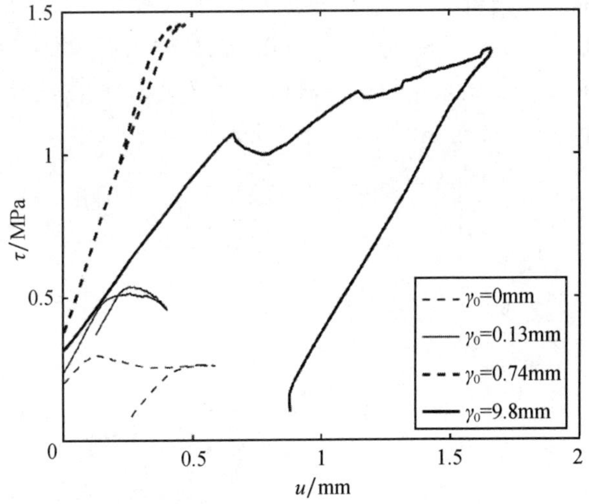

图 5.12　片麻岩上不同量的压缩过程中 τ 的变化,从不同的初始剪切状态开始(Duriez 等,2011a),曲线的斜率与模量 $G_{u}^{+/-}$ 对应

沿着任何其他加载载荷谱,节理面的行为被作为这两个校准载荷谱的行为之间的插值来计算。对于分段线性插值,导出了具有四个张量区的四次线性关系,对于 $\mathrm{d}u$ 和 $\mathrm{d}\gamma$ 的恒定的符号,在这种情况下,一种具有常数矩阵的线性关系将 $\delta\boldsymbol{\sigma}$ 与 $\delta\boldsymbol{l}$ 联系了起来。例如,如果 $\delta u>0$ 并且 $\delta\gamma<0$,则

$$\delta\boldsymbol{\sigma}=\begin{pmatrix}\delta\tau\\ \delta\sigma\end{pmatrix}=\begin{pmatrix}G_{\gamma}^{-} & G_{u}^{+}\\ N_{\gamma}^{-} & N_{u}^{+}\end{pmatrix}\delta\boldsymbol{l}=\begin{pmatrix}G_{\gamma}^{-} & G_{u}^{+}\\ N_{\gamma}^{-} & N_{u}^{+}\end{pmatrix}\begin{pmatrix}\delta\gamma\\ \delta u\end{pmatrix}\tag{5.23}$$

使用二次插值可得出 INL2 关系,表达式(这里没有给出)涉及与八个模量和 $\delta\boldsymbol{l}$ 方向相关的矩阵,导致无限数量的张量区,这意味着对于每个方向具有不同的本构矩阵,INL2 关系的预测通常比四次线性关系更有效,但两者通常很接近。此外,四次线性关系可进行分析推导,如将在第 5.5.2 节二阶功准则的使用中看到的。

Duriez 等提出了一些准确的模量表达式(Duriez,2011b),它们取决于节理面内的剪切状态,以比值 τ/σ 表示。由于模型中所使用的表达式的特性,在这些关系中本质上定义

了塑性极限准则，他们预测的应力状态不超过莫尔-库仑准则，两个模型描述了一个非关联行为(Duriez 等，2011b)，证明了二阶功准则的正确性。

5.5.2 二阶功准则的应用

对于一个张量区域内的任何岩石节理本构关系，例如，对于 δu 和 $\delta\gamma$ 具有恒定符号的四次线性关系，很容易看出(Duriez 等，2012)，二阶功的符号是相对于加载方向 $\delta u/\delta\gamma$ 的二阶多项式 P 给出的：$P(\delta u/\delta\gamma)$。假设法向刚度 $N_u^{+/-}$ 为正值(这在具有压实带的高孔隙度岩石中可能是不对的(Mollema 和 Antonellini，1996))，存在失稳方向需满足以下条件

$$(G_u^{+/-}+N_\gamma^{+/-})^2 \geqslant 4N_u^{+/-}G_\gamma^{+/-} \tag{5.24}$$

上面的方程涉及了"对角"刚度 $N_u^{+/-}$，$G_\gamma^{+/-}$，耦合刚度 $G_u^{+/-}$ 和 $N_\gamma^{+/-}$ 之间的比较。将上述方程应用于四次线性关系的四个张量区域，可以直接确定应力空间中的分叉域(图 5.13)。失稳方向存在于节理面的剪切状态下，但在莫尔-库仑准则之前。剪切过程的确降低了"对角"刚度(例如法向刚度)(Bandis 等，1983)，并增加了耦合刚度，从而验证了式(5.23)。对于 INL2 关系，采用数值方法得到分叉域，与四次线性的情况(图 5.13)相比，它在 INL2 情况下变小了(对于土壤，见图 5.3)。

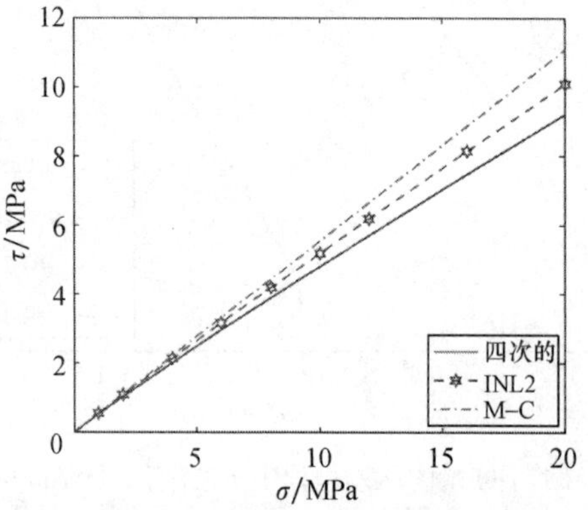

图 5.13 四次和 INL2 岩石节理面本构关系的分叉域(Duriez 等，2012)，一种莫尔-库仑(M-C)准则给出了允许的应力状态

通过求解不等式 $P(\delta u/\delta\gamma)\leqslant 0$，分析确定了四次线性关系的失稳方向，得到一个圆锥方向，见图 5.14。锥的两个分支是多项式 P 的根，两个根之间的所有方向 $\delta u/\delta\gamma$ 触发 $P(\delta u/\delta\gamma)<0 \Leftrightarrow \delta W_2<0$。随着岩石节理的剪切，即随着比值 $\tau/\sigma=\tan(\Phi_{mob})$ 的增加，锥体越来越开阔，一旦在塑性极限准则之上，对于 $\tau/\sigma=\tan\varphi$，位移空间中的圆锥的一个分支即对应于节理面的流变定律。事实上，对于与流变定律相对应的加载 $\delta\vec{l}$，得到 $\delta\vec{\sigma}=f(\delta\vec{l})=\vec{0}$(应力空间中的失稳方向是未知的)，而且明显 $\delta W_2=0$。

对于 INL2 关系，用数值过程计算可得到类似的结果(Duriez 等，2012)。对于这两种关系，在应力空间中，对于不稳定载荷，当考虑平均应力和偏应力时，对于轴对称条件下的岩土来说，法向应力和剪应力都减小。Duriez 等的工作(Duriez 等，2012)表明，通过比较节理面的耦合刚度：模量 Gu 和 $N\gamma$，给出失稳方向在应力空间中的取向，由于这些耦合刚

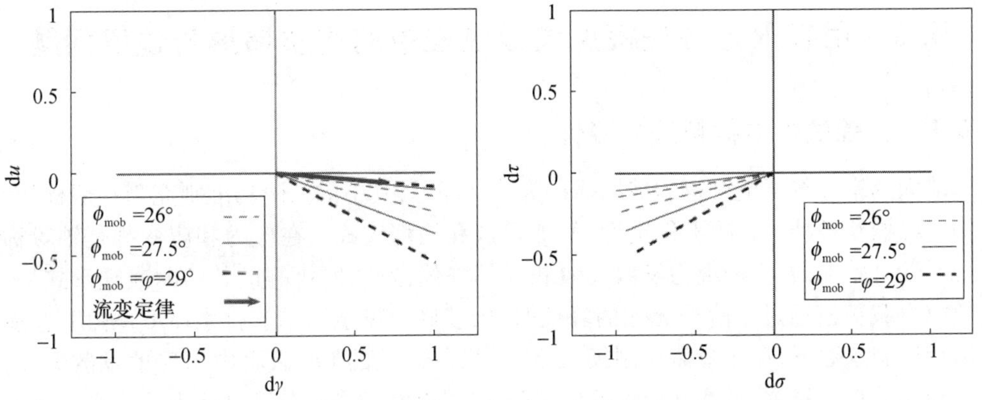

图 5.14　四次线性关系的失稳方向锥，位移空间内（左）或应力空间内（右）（Duriez 等，2012），当剪切增大时，锥体越来越开阔

度出现在分叉域的方程中，因此它们控制着岩石节理面的不稳定性。

5.5.3　应用

Merrien-Soukatchoff 等（2011）使用该方法研究了法国南部的一个现存的岩石边坡，提出了悬崖的一个二维数值模型，其中有八个完整的骨架块和其间的几个岩石节理面。用 INL2 本构关系描述岩石节理的行为，在悬崖上持续增加重力作为加载过程。为了更好地再现边坡的地质历史，可以通过开挖悬崖顶部来进行另一种方式的加载。

在模拟加载期间，在一些节理面中得出了负值的二阶功（图 5.15）。值得注意的是，就是在这种情况下，岩块 B2 和岩块 B8 之间的节理面尚未达到其塑性极限的标准，这里没有落石，如果所关注的节理面包裹着一组岩块即可能是这种情况。需要一个全局二阶功来处理这些情况，并将沿着所有节理面的局部取值考虑进去。

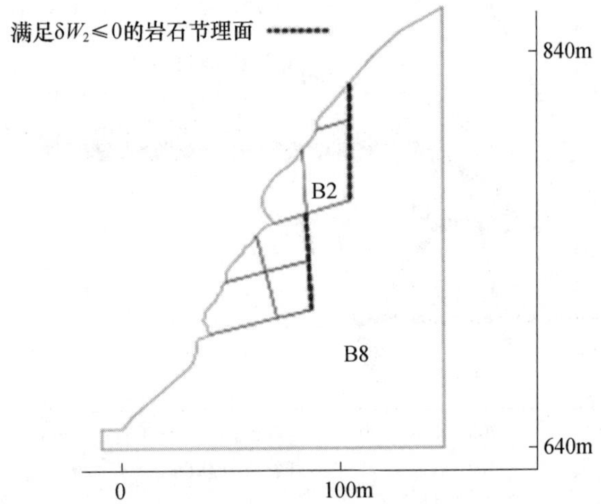

图 5.15　在模拟加载过程中，对具有$\delta W_2 \leqslant 0$ 的岩石节理面的边坡进行的数值模拟（Merrien-Soukatchoff 等，2011）

5.6　用有限元方法模拟失效过程中的均质情形与边值问题

5.6.1　三轴试验中材料的失稳性

前面的章节将岩土材料的破坏描述为分叉问题，其中的二阶功准则充当一般框架，在其中可以捕获各种形式的不稳定性，例如发散和局部模式。在应力和应变都是轴对称的常规三轴试验中，岩土表现为发散失效和局部失效，发散失效的最著名的表现形式是，当有效应力载荷谱通过二阶功无效的峰值时，松装砂土发生固结非排水（CU）剪切，在适当的运行控制参数下，在此载荷控制模式下，在松装砂土的 CU 试验中出现了发散失效，并伴有动能的自然释放，虽然这个峰值位于分叉区域内，但它与分叉锥体内的一个加载方向密切相关。若发生有效的失效过程，上述两个条件以及适当的控制参数都要得到满足。图 5.16 显示了在几种类型的三轴试验中，材料的发散失稳是如何发生的，所有三轴试验都具有一个共同特征：使远低于塑性极限的二阶功无效。

在 CSD 试验中，试样在恒定的偏应力下，且在排水条件下平均有效应力降低的条件下被剪切时，可控性在试验中的某一点就会丧失。如果前面讨论的所有合适的条件都已满足，则随后的发散失效由与 CU 测试中相同的现象控制。QCSU 试验是 CSD 测试的一个变体，该试验中，在防止排水的同时，偏应力在恒定值附近波动，该试验也显示了相同的不稳定现象。在 $p-q$ 空间中，所有试验都表现出了材料的失稳响应特征——材料的失控、继而垮塌等，并发生在由斜率为 $\eta=q/p=0.6$ 的参考分叉线所定义的应力比大致相同的情况下，这即是众所周知的 Lade（1992）提出的失稳线。然而，在本章所描述的框架中，采用分叉理论覆盖了更广的范围，它可对砂土坍塌行为进行理论上的和物理上的理解。

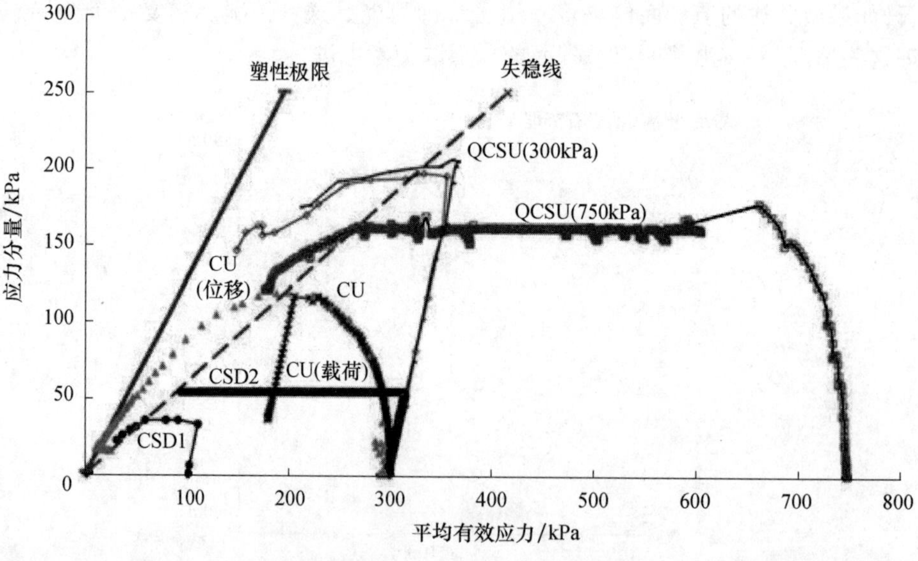

图 5.16　针对 HostunS28 沙土进行不同的三轴测试时的材料失稳的试验证据（Darve 等，2007）

5.6.1.1　发散失效的有限元分析

在接下来的、如前面小节中描述的三轴试验所证明的发散失效可用数值方法得以捕捉。

研究了两种初始密度的砂土，即孔隙率 $e_0 = 0.7$ 和 0.8，分别指中松砂和疏松砂。采用一种弹塑性模型，该模型具有捕获材料失稳行为的所有必要条件（Wan 和 Guo，2004），这些条件包括密度、应力以及通过一种微观力学的 Rowe 应力膨胀方程所描述的各向异性的依赖关系，另外一种重要特征是，如本章开头所述，它们解释了塑性应变软化以及塑性屈服和流变的非关联性，这些提供了材料不稳定性的来源。

5.6.1.2　加载方向、控制参数和分叉域

本文将数值三轴试验模拟为包含固液耦合作用的初始边值问题，以模拟具有排水条件的实际三轴试验，因此，在模拟中使用了具有 5220 个线性单元的三维有限元网格来表示圆柱形砂样。

图 5.17 总结了在松装砂土试样 $e_0 = 0.8$ 上进行的 CSD、CU 和 QCSU 试验的数值结果，重点讨论了二阶功的演化，为了突出载荷控制参数对最终失效模式的作用，在位移控制和应力控制条件下都进行了不排水（CU）试验。图 5.17（a）显示，所有测试中二阶功第一次消失的所有点几乎都落在斜率 $\eta = 0.56$ 的直线上，这条线实际上位于分叉域的下限之上，其中二阶功首先消失，且除一个可能的加载方向外，其他方向均发生材料失稳。与 $p-q$ 空间中斜率 $M = 1.29$ 处的莫尔-库仑破坏线相比，二阶功在远低于经典塑性极限的应力状态下首先消失。

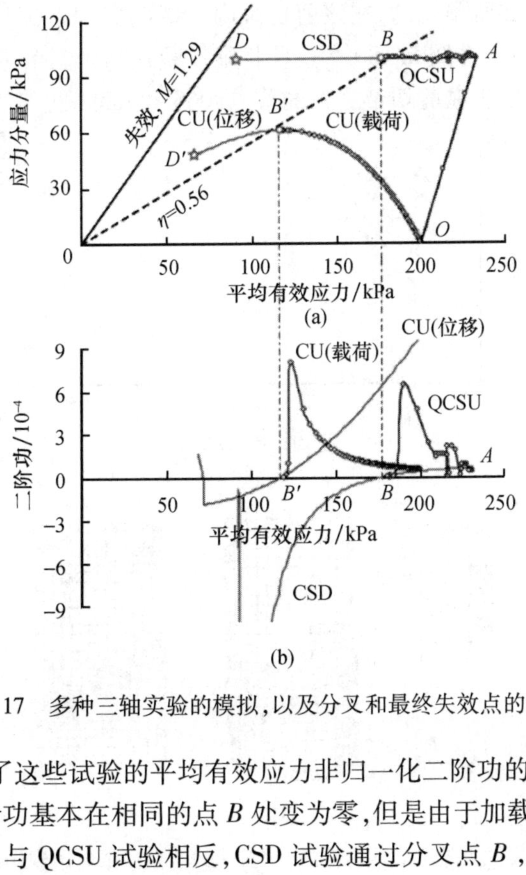

图 5.17　多种三轴实验的模拟，以及分叉和最终失效点的识别

图 5.17（b）给出了这些试验的平均有效应力非归一化二阶功的演化，可以看出，在两个 q 常数试验中，二阶功基本在相同的点 B 处变为零，但是由于加载历史而有不同的演变过程。值得注意的是，与 QCSU 试验相反，CSD 试验通过分叉点 B，但最终在塑性极限表

面附近的 D 点失效；QCSU 测试，由于适当的负载控制参数，由于可控性丧失而造成的失效会在分叉点 B 处更早地发生。

另外特别有趣的是针对固结的、非排水压缩试验情况下获得的数值结果，该结果表明，无论加载控制参数如何，二阶功在相同的应力点 B' 处消失。然而，在载荷控制的情况下，随着二阶功的消失，测试不能被进一步地控制，并且计算中断，这意味着试样的坍塌；在应变控制模式下进行的非排水试验可持续进行通过峰值 B'，直到因缺乏数值收敛而在点 D' 处失效。相比之下，由于在应力控制模式下，相同的测试在相同的峰值 B' 处停止，因此该现象说明了两个重要的结果：第一，为了实现坍塌性发散失效，不仅需要违反二阶功准则，而且需要合适的控制变量，这里指载荷控制的加载程序；第二，加载的方向很重要，这里它表现为一个水平方向，它必须包含在 $p-q$ 空间中的失稳锥内，该失稳锥本质上定义了 $p-q$ 空间中违反二阶功的加载方向的范围。

5.6.1.3　二阶功与唯一性损失的相关性及局部化

回顾前面所述，二阶功局部或整体消失表明，可能发生失稳并且边值问题解的唯一性会丧失，该数值方面的问题会在本小节中进行论述，这里从相同的基态开始，可以出现两个或多个解。作为一个例子，这里考虑了针对中松砂的非排水试验的模拟（$e_0=0.7$）。

图 5.18(a)展示了达到峰值即二阶功消失之后有效应力谱的分叉过程。为了能够说明清楚，如图 5.18(b)所示，仅选择四个策略高斯点，显示发生偏塑性应变局部化时的最终非均匀变形配置，正如所预期的，在该剪切区内(#078)，其偏塑性应变高于试样的其他部分(#004，#068，#059)。在图 5.18 中，这些特征反映在随后四个重要节点的明显不同的载荷谱中，其卸载过程发生在剪切带之外的节点#068 和#059 处。

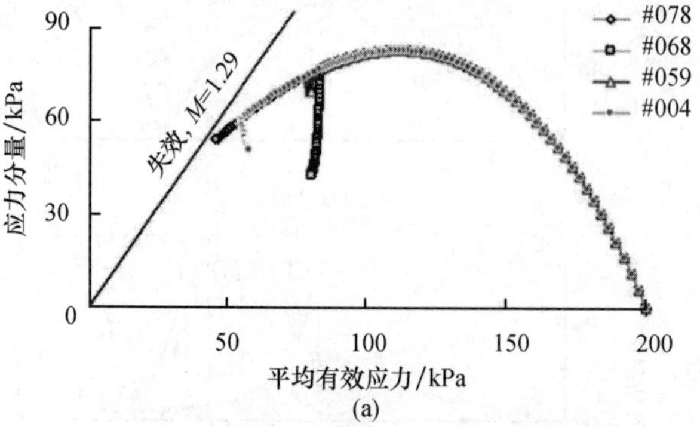

(a)

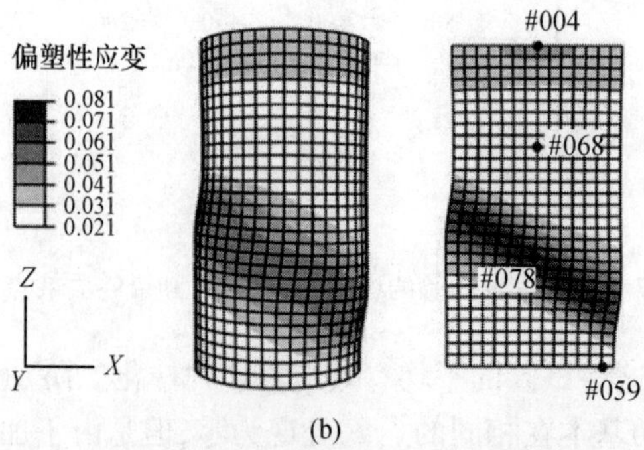

(b)

图 5.18　发散失效之后均匀性的丧失，达到塑性极限时出现局部化模式

由分叉引起的均匀性损失反映在所有场变量中，例如，对于上述四个节点，如图 5.19(a)~(c)所示过度的孔隙水压力、孔隙率和偏塑性应变场。如图 5.19(a)所示，孔隙压力会稳定且均匀地增加，直至第一次遇到分叉。此后，一个独特的局部变形区域最终出现，该区域内的材料点的孔隙水压力在增大，而该剪切带外的点的孔隙压力在降低。根据孔隙压力场的响应，图 5.19(b)表明，局部化的区域会收缩，导致孔隙率降低而孔隙压力增加，虽然试样整体是不透水的，但由于它是中松的试样，所以这种局部收缩的响应是意料之中的。

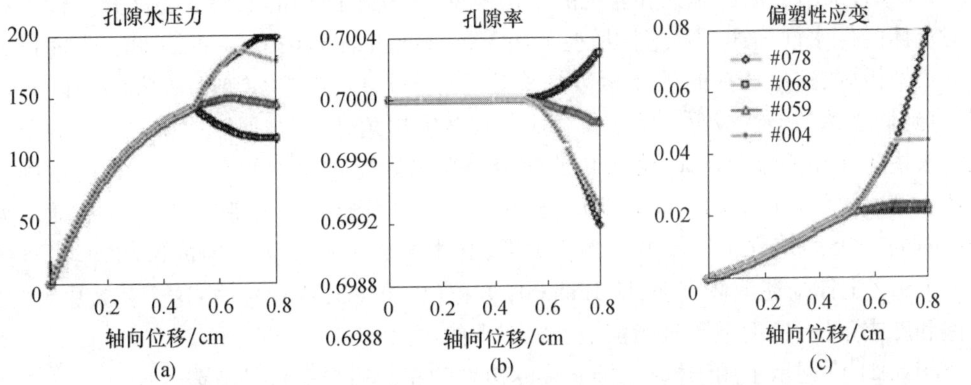

图 5.19　(a)过度孔隙水压力，(b)孔隙率以及(c)偏塑性应变在 FE 网格中的四个选取点处的演化

图 5.20 显示了在非排水压缩试验期间样品在不同阶段的横截面，孔隙压力场在峰值处(t=0.41s)仍然是均匀的，其中二阶功首先变为零(图 5.20(a))。只有在 t=0.52s 时才观察到均匀性的偏离，此时分叉响应最终出现(图 5.20(b))，孔隙压力在整个试样内以一定程度上不同的方式增加。沿着加载过程进一步向前，孔隙压力场会发展为如图 5.20(c)所示的特征更加明显的状态，其中显示出了一个明显的条带特征，其具有集中的较高孔隙压力值。

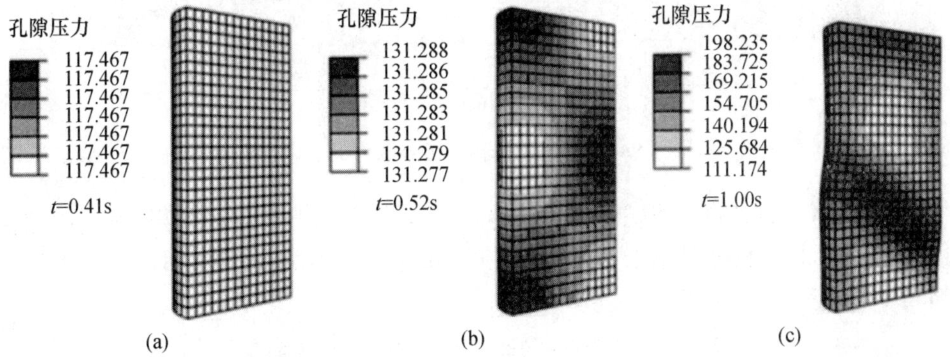

图 5.20　孔隙水压力场在(a)t=0.41s、(b)t=0.52s 及(c)t=1.00s 时的特征

数值计算结果表明，二阶功的消失是指在没有任何局部化或有组织的位移模式的情况下的发散失效模式。只有在应力空间中接近塑性极限面且在峰值处出现发散破坏后，局部变形才明显地斜穿过砂土试样，从而证实了加载过程中发散破坏先于局部化，在 Wan 等(2012)的文献中讨论了失效模式的分级及其他问题。

5.6.2 Petacciato 滑坡的 FEM 模拟

Petacciato 地区位于意大利亚得里亚海沿岸，滑坡发生在 1996 年一个多雨期之后，滑坡覆盖面积 2km 宽，7km 长，高差 200m 以上。地质和岩土工程勘察已由"Studio Geotecnico Italiano"(SGI)(SGI,2004)开展，结果发现失效表面位于 70~90m 的深度中，场地的平均坡度仅为 6°，假定边坡的前 5~6m 以下的岩土是均质的，且由蓝黏土粉组成。

为了进行该滑坡的数值模拟，使用在比利时列针对日技术大学开发的有限元程序 LAGAMINE，采用了描述非饱和岩土的本构模型，它基于固相的摩擦非关联弹塑性关系和针对流体的保水性描述。弹塑性模型采用 Van-Eekelen(Van-Eekelen,1980)表面作为弹性和塑性极限，这里选择的硬化参数是等效塑性剪切应变，它使弹性极限向各向同性发展，直到最终达到塑性极限。除了用膨胀角代替摩擦角外，用与屈服面相同形式的塑性势能面来描述非相关流变定律，膨胀角的演变遵循与硬化过程中的摩擦角相同的规则。在描述土壤保水特性时，采用 Van-Genuchten(1980)的经验关系式，利用 Bishop 有效应力原理(Bishop,1959)建立了流体力学耦合关系，其中参数χ假定为当前的饱和度。最后，用广义 Darcy 定律描述流体流动，即 Richards 方程(Richards,1931)。在这个公式中，渗透率与饱和度成正比，比例系数是当前饱和状态下的渗透率。

图 5.21 中展示了用于模拟 Petacciato 边坡的相关边界条件的有限元网格。

根据力学边界条件，垂直位移固定在底部边缘，而水平位移固定在左右边缘，然后重力载荷施加于整个岩体。对于液压边界条件，水压等于零时，底部边缘是不透水的，而上部边缘是可渗透的，水压施加在左边界和右边界上，它们在每个计算步骤中发生演化，从而在稳定状态的区域施加所选择的水位，完全饱和条件认为是低于地下水位的，而上面的岩土是部分饱和的。数值模拟包括通过对 Richard 方程积分计算饱和度和吸力。

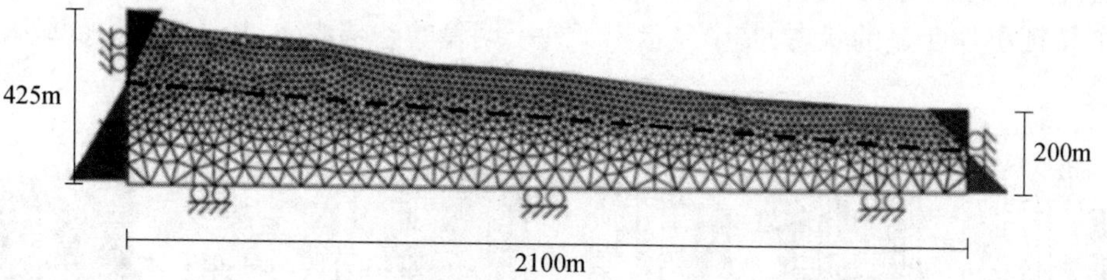

图 5.21　Petacciato 边坡的相关边界条件的有限元网格

通过校准 SGI 的实验室测试(SGI,2004)已经确定了岩土参数，主要是通过压缩仪和三轴试验，具体而言，校准是基于更具代表性的 CD 和 CU 测试，该校准过程的结果汇总在表 5.1 中。

表 5.1　Petacciato 岩土的力学和保水参数

岩土参数	符号	单位	蓝灰黏土
比颗粒重量	ρ_s	kN/m^3	27.40
杨氏模量	E	MPa	95.0
泊松比	υ	—	0.21

续表

岩土参数	符号	单位	蓝灰黏土
孔隙率	n	—	0.3
固有渗透率	k_w	m^2	10^{-17}
摩擦角	φ	(°)	19.0
内聚力	C	kPa	171
膨胀角	ψ	(°)	0
最大饱和度	S_w	—	1
残余饱和度	S_{rw}	—	0.1
第一保水参数(Van-Genuchten)	α	Pa^{-1}	1.10^{-5}
第二保水参数(Van-Genuchten)	β	—	1.35

Petacciato 边坡的数值模拟如下(Lignon,2009):最初,整个土壤介质是干的,地下水位位于底部边界。在随后的步骤中,为模拟地下水位的上升而施加了静水压力,这在总共 100 个加载步骤中得以实现,由此在左边界 0~425m 高度上和右边界 0~200m 高度上施加静水压力,见图 5.21,因此,地下水位大致平行于边坡。为了评估每个加载步骤中的失稳性,在整个岩体的每个积分点计算二阶功,为了增强二阶功云图等值点的对比度,并且为了在加载过程中对给定材料点的稳定性演化进行准确的解释,二阶功被归一化如下:

$$\delta W_2^n = \frac{\delta W_2}{\|\delta \boldsymbol{\sigma}_i\| \|\delta \boldsymbol{\varepsilon}_i\|} \tag{5.25}$$

如前所述,这个量对应于向量 $\delta\boldsymbol{\sigma}_i$ 和 $\delta\boldsymbol{\varepsilon}_i$ 之间夹角的余弦,且在-1 和 1 之间变化,值小于或等于零代表不稳定的状态,而正值指的是稳定的状态。此外,值接近 1 的状态可以被认为比零附近的状态更远离失稳状态,因此,δW_2^n 可以与以 0(而不是 1)为中心的局部安全因子相同的方式使用。图 5.22 为饱和过程中 Petacciato 边坡的不稳定区域。

当水位接近自由表面时,图 5.22 所示的加载步骤 85 的结果表明,低的 δW_2^n 值的区域沿坡面广泛分布。一旦边坡达到 95%饱和,低的或负的 δW_2^n 区域就进一步深入边坡扩展,如图 5.22 中所示的加载步骤 96,同时,在 80m 和 90m 之间的深度处的滑动面清晰可见,这些数值结果与现场钻孔和测斜仪测量结果吻合得很好。值得注意的是,边坡的自然倾角约为 6°,因此发散模式的失效不能用经典经验方法或极限分析来解释。

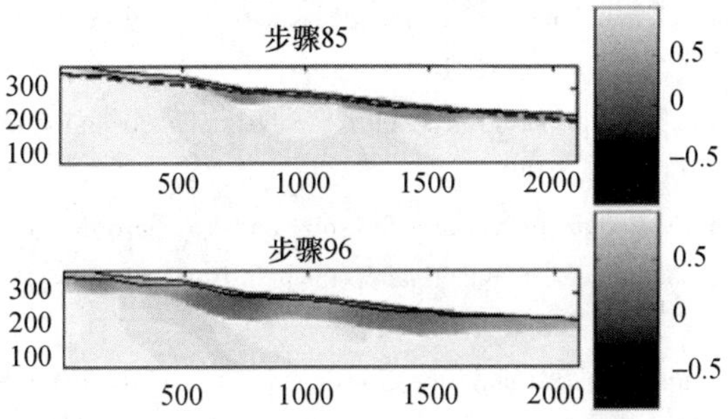

图 5.22　饱和过程中 Petacciato 边坡的不稳定区域

5.7 小　　结

本章说明了岩土材料中的塑性和损伤现象根本不同于经典解释的原因和机理，主要原因是这些材料中与速率无关不可逆应变的非关联特性。引入了二阶功判据，作为所有类型的离散失稳发生并引起局部或扩散失效模式的共同和必要条件，与颗粒的微观结构和宏观失效的特征表达式相关联，通过动能爆发现象对该判据进行了分析，并对其主要特征进行了研究（即存在分叉域和失稳锥），并用离散元模型对它们进行了详细验证。最后，用有限元算例验证了该判据对岩土和岩石边坡的原位边值问题的适用性。

参考文献

S. C. Bandis, A. C. Lumsden, N. R. Barton, Fundamentals of rock joint deformation. Int. J. Rock Mech. Min. Sci. Geomech. Abstr. 20(6), 249-268(1983)

A. W. Bishop, Principle of effective stress. Teknisk. Ukeblad. 106(39), 859-863(1959)

P. A. Cundall, O. D. L. Strack, A discrete numerical model for granular assemblies. Geotechnique 29(1), 47-65 (1979)

A. Daouadji, H. Al Gali, F. Darve, A. Zeghloul, Instability in granular materials, an experimental evidence of diffuse mode of failure for loose sands. J. Eng. Mech. 136(5), 575-588(2010)

A. Daouadji, F. Darve, H. Al-Gali, P. Y. Hicher, F. Laouafa, S. Lignon, F. Nicot, R. Nova, M. Pinheiro, F. Prunier, L. Sibille, R. Wan, Diffuse failure in geomaterials: experiments, theory and modeling. Int. J. Numer. Anal. Methods Geomech. 35(16), 1731-1773(2011)

F. Darve, S. Labanieh, Incremental constitutive law for sands and clays: simulations of monotonic and cyclic tests. Int. J. Numer. Anal. Methods Geomech. 6(2), 243-275(1982)

F. Darve, E. Flavigny, M. Meghachou, Yield surfaces and principle of superposition revisited by incrementally non-linear constitutive relations. Int. J. Plast. 11(8), 927-948(1995)

F. Darve, G. Servant, F. Laouafa, H. D. V. Khoa, Failure in geomaterials: continuous and discrete analyses. Comp. Methods Appl. Mech. Eng. 193, 3057-3085(2004)

F. Darve, L. Sibille, A. Daouadji, F. Nicot, Bifurcations in granular media: macro-and micromechanics approaches. ComptesRendus Acad. Sci. Mec. 335, 496-515(2007)

J. Duriez, F. Darve, F. V. Donzé, A discrete modeling-based constitutive relation for infilled rock joints. Int. J. Rock Mech. Min. Sci. 48(3), 458-468(2011a)

J. Duriez, F. Darve, F. V. Donzé, Incrementally non-linear plasticity applied to rock joint modeling. Int. J. Numer. Anal. Methods Geomech. (2011b). doi: 10. 1002/nag. 1105

J. Duriez, F. Darve, F. V. Donzé, F. Nicot, Material stability analysis of rock joints. Int. J. Numer. Anal. Methods Geomech. (2012). doi: 10. 1002/nag. 2149

G. Gudehus, A comparison of some constitutive laws for soils under radially loading symmetric loading unloading, in Third International Conference on Numerical Methods in Geomechanics, 1979, ednBalkema, pp. 1309-1323

R. Hill, A general theory of uniqueness and stability in elasto-plastic solids. J. Mech. Phys. Solids 6, 236-249 (1958)

P. V. Lade, Static instability and liquefaction of loose fine sandy slopes. J. Geotech. Eng. Div. Am. Soc. Civ. Eng.

118(1),51-71(1992)

F. Laouafa, F. Prunier, A. Daouadji, H. Al-Gali, F. Darve, Stability in geomechanics, experimental and numerical analyses. Int. J. Numer. Anal. Methods Geomech. 35(2),112-139(2011)

J. Lerbet, M. Aldowadji, N. Challamel, F. Nicot, F. Prunier, F. Darve, P-positive definite matrices and stability of nonconservative systems. J. Appl. Math. Mech. ZAMM 92(5),409-422(2012)

S. Lignon, F. Laouafa, F. Prunier, F. Darve, H. D. V. Khoa, Hydro-mechanical modelling of landslides with a material instability criterion. Geotechnique 59(6),513-524(2009)

A. E. H. Love, A Treatise of Mathematical Theory of Elasticity(Cambridge University Press, Cambridge, 1927)

M. M. Mehrabadi, M. Oda, S. Nemat-Nasser, On statistical description of stress and fabric in granular materials. Int. J. Numer. Anal. Methods Geomech. 6,95-108(1982)

V. Merrien-Soukatchoff, J. Duriez, M. Gasc, F. Darve, F. V. Donze', Mechanical Stability Analyses of Fractured Rock Slopes, in Rockfall Engineering, ed. by S. Lambert, F. Nicot(Wiley/ISTE, New York/London, 2011)

P. Mollema, M. Antonellini, Compaction bands: a structural analog for anti-mode I cracks in aeolian sandstone. Tectonophysics 267,209-228(1996)

F. Nicot, F. Darve, A micro-mechanical investigation of bifurcation in granular materials. Int. J. Solids Struct. 44, 6630-6652(2007)

F. Nicot, F. Darve, Diffuse and localized failure modes: two competing mechanisms. Int. J. Numer. Anal. Methods Geomech. 35(5),586-601(2011)

F. Nicot, F. Darve, H. D. V. Khoa, Bifurcation and second-order work in geomaterials. Int. J. Numer. Anal. Methods Geomech. 31,1007-1032(2007)

F. Nicot, L. Sibille, F. Darve, Bifurcation in granular materials: an attempt at a unified framework. Int. J. Solids Struct. 46,3938-3947(2009)

F. Nicot, N. Challamel, J. Lerbet, F. Prunier, F. Darve, Bifurcation and generalized mixed loading conditions in geomaterials. Int. J. Numer. Anal. Methods Geomech. 35(13),1409-1431(2011)

F. Nicot, L. Sibille, F. Darve, Failure in rate-independent granular materials as a bifurcation toward a dynamic regime. Int. J. Plast. 29,136-154(2012a)

F. Nicot, N. Challamel, J. Lerbet, F. Prunier, F. Darve, Some insights into structure instability and the second-order work criterion. Int. J. Solids Struct. 49(1),132-142(2012b)

F. Nicot, N. Hadda, F. Bourrier, L. Sibille, R. Wan, F. Darve, Inertia effects as a possible missing link between micro and macro second-order work in granular media. Int. J. Solids Struct. 49(10),1252-1258(2012c)

F. Prunier, F. Nicot, F. Darve, F. Laouafa, S. Lignon, 3D multi scale bifurcation analysis of granular media. J. Eng. Mech. ASCE 135(6),493-509(2009a)

F. Prunier, F. Laouafa, S. Lignon, F. Darve, Bifurcation modeling in geomaterials: from the second-order work criterion to spectral analyses. Int. J. Numer. Anal. Methods Geomech. 33,1169-1202(2009b)

F. Prunier, F. Laouafa, F. Darve, 3D bifurcation analysis in geomaterials, investigation of the second order work criterion. Eur. J. Env. Civ. Eng. 13(2),135-147(2009c)

L. A. Richards, Capillary conduction of liquids through porous mediums. Physics 1(5),318-333(1931)

SGI (Studio GeotechnicoItaliano), The Petacciato landslide: geological and geotechnical data. LESSLOSS report, 2004

L. Sibille, F. V. Donzé, F. Nicot, B. Chareyre, F. Darve, From bifurcation to failure in a granular material, a DEM analysis. Acta Geotechnica 3(1),15-24(2008)

H. A. M. Van-Eekelen, Isotropic yield surfaces in three dimensions for use in soil mechanics. Int. J. Numer. Anal. Methods Geomech. 4,89-101(1980)

M. T. Van-Genuchten, A closed form for predicting the hydraulic conductivity of unsaturated soils. Soil Sci. Soc. Am. J. 4, 892-898 (1980)

R. G. Wan, P. J. Guo, Stress dilatancy and fabric dependencies on sand behavior. J. Eng. Mech. ASCE 130(6), 635-645 (2004)

R. G. Wan, M. Pinheiro, A. Daouadji, M. Jrad, F. Darve, Diffuse instabilities with transition to localization in loose granular materials. Int. J. Numer. Anal. Methods Geomech. (2012). doi: 10.1002/nag.2085

第 6 章　断裂分形学和力学

Michael P. Wnuk

摘　　要

在预测奇点,并解释其潜在的物理意义或物理意义缺失方面,包括断裂力学在内的经典力学通常得不到令人满意的结果。处理奇点问题的常规做法是排除奇点附近的一个小区域,为此假定一个不同的本构定律,其通常是非弹性的,如果奇异区域外的应力场受弹性行为支配,这种方法就足够了。成功解决涉及奇点问题的另一种方法是平均过程,也称为量子化过程,或等同于系统势能的最小值条件的离散化。除了本构定律,必须将某种“脱黏定律”纳入断裂理论中,这种规则的一个例子是 δCOD 准则或“终延伸”准则,用于描述韧性固体中包含的裂纹的萌生和稳定生长,该准则概括了众所周知的 Griffith 准则、Irwin-Orowan 准则、Rice 准则和 Wells 准则。

这些新方法在纳米尺度领域中尤为成功,其中裂纹的分形几何和量子化规则需要组合起来,以便在晶格和/或原子水平上充分描述断裂过程。将带有分形几何的离散内聚裂纹与数学模型相结合,可能会产生最直接和有用的结果。关于分形和光滑钝化裂纹的 Wnuk-Yavari 对应原理的应用表明,即使裂纹表面的微小粗糙度也足以导致在裂纹尖端处测量的最大应力从无穷大下降到一个明确的有限值。

详细描述了断裂的早期阶段和与黏弹性和/或韧性固体中亚临界裂纹的稳定扩展相关的预断裂的变形状态。裂纹的初始稳态扩展表现为一系列的局部失稳点,而最终断裂的发生则对应于整体失稳的发生。这些临界状态的轨迹取代了 Griffith 结果,只有在理想脆性材料行为的极限条件下,这两种结果,即现在的和经典的才会吻合。

本节讨论了分形和量子化断裂力学的基本概念,随后研究了黏弹性固体中的延迟断裂和韧性断裂过程中发生的不稳定性。

6.1　概　　述

Mandelbrot、Passoja 和 Paullay 于 1984 年在英国著名期刊《自然》中发表了题为“金属断裂面的分形特征”的开创性论文(Mandelbrot 等,1984),其中写到:

当一块金属受到拉伸或冲击载荷而断裂时,所形成的断裂表面是粗糙和不规则的。其形状受金属微观结构的影响(如颗粒、夹杂物和沉淀物,其特征长度相对于原子尺度较大),也受“宏观结构”影响(如尺寸、样品形状和裂纹开始的缺口)。然而,在多种放大倍率下的重复观察也揭示了介于“微观”和“宏观”之间的各种其他的结构,但还没有以系统的方式令人满意地进行描述。这里报告的试验表明,存在明显不同的中间尺度的宽阔区域,其中裂纹可由分形表面很好地进行模拟。

本综述的目的是显示如何将分形几何的概念纳入现有断裂力学的数学分析中。Carpinteri(1994)、Carpinteri 等(2002)、Carpinteri 和 Spagnoli(2004)、Spagnoli(2005)、Balankin(1997)和 Cherepanov 等(1995)已经取得了一些进展,并且已经开发了与该目标相关的某些新颖想法。从上面引用的 Mandelbrot 等(1984)的文章可以看出,断裂不仅具有分形特征,还具有多尺度特性。为了填补"微观"和"宏观"尺度水平之间的差距,俄罗斯西伯利亚的 Panin(Pugno 和 Ruoff,2004)小组开发了一种全新的力学分支,命名为"介观力学"。在本综述第二部分给出了一些基于该研究小组的试验观察的理论分析。

在过去几十年中,线弹性断裂力学(LEFM)已多次尝试消除或改变由脆性固体中包含的裂纹产生的应力和应变场中存在的奇点。当接近奇点并且从裂纹尖端测量的距离缩小到零时,基于非弹性本构定律导出的某些新场被嵌入已知的渐近 K 场中。图 6.1 中描述了一个例子,其中由 Hutchinson-Rice-Rosengren(HRR 场)提出的非线性应力和应变场是基于 Ramberg-Osgood 本构定律,严格来说对非线性弹性应变硬化材料是有效的。在这些研究中,Ramberg-Osgood 本构关系 $\sigma \sim \varepsilon^n$ 中硬化指数 n 用于靠近裂纹尖端的 HRR 应力-应变渐进场的表达式中:$\underset{\sim}{\sigma} \sim (J/r)^{\frac{1}{n+1}}$ 和 $\underset{\sim}{\sigma} \sim (J/r)^{\frac{n}{n+1}}$。随后,这种表示被证明对弹塑性场也有效;因此,Rice 的路径无关积分的概念已经扩展到包括大尺度屈服的弹塑性问题。须注意,应力和应变的乘积与 r 成反比,因此使得所有能量积分都是有限的,其类似于 Griffith 解决的问题所涉及的积分。由于 HRR 场的理论基础是塑性变形理论,因此每当卸载时结果都无效,这意味着此处描述的 J 控制场仅对静止裂纹有效。一旦裂纹开始扩展,HRR 场就不再相关了,移动裂纹有效的解仍有待探究。

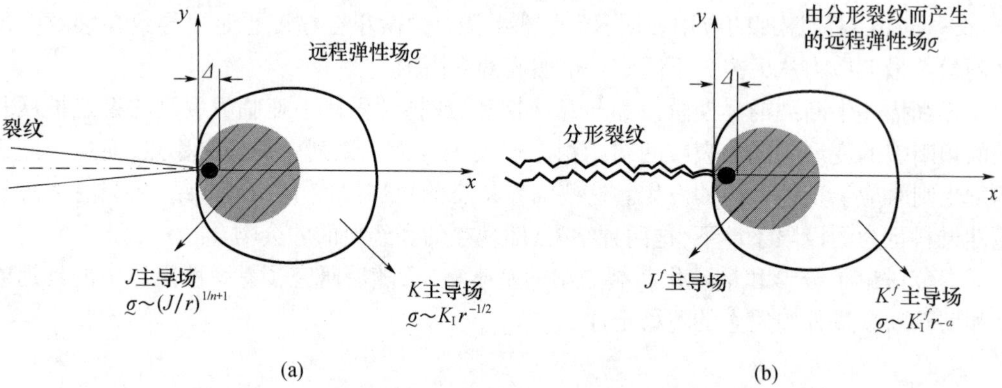

图 6.1 (a)光滑裂纹的奇异渐进场:J 主导的 HRR 场和 K 场,嵌入在 J 主导场的是过程区域 Δ;
(b)分形裂纹的奇异渐进场:J^f 主导的 HRR 场和 K^f 场,嵌入在 J^f 主导场的是过程区域 Δ

一个有趣的替代方法是以内聚力裂纹模型的形式提出,其中考虑了一定的内聚力分离机制(Wells 的静态裂纹 CTOD 准则或 Wnuk 的移动裂纹 δCOD 准则),参见图 6.2。该模型得出了很有用的结果,特别是当配置了一个额外的单元——Neuber 颗粒,也称为"单位阶梯扩展"、"断裂量子"或"过程区域"。将 Neuber 颗粒结合到数学分析中形成了量子化过程,见 Pugno 和 Ruoff(2004)以及 Wnuk 和 Yavari(2008,2009)。这种类型的内聚力模型,包括 Neuber 型区域,被称为"离散内聚裂纹模型",它适用于静止的和准静态移动的裂纹。

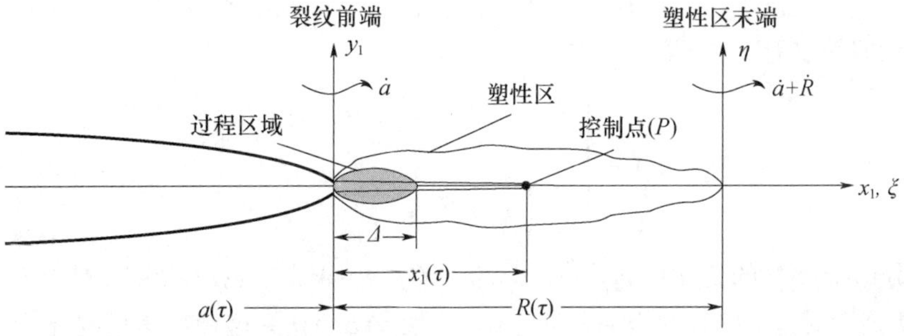

图 6.2　Wnuk(1974)的离散内聚区裂纹模型。另外注意到在两个长度参数 Δ 和 R 中,需要时间相关的裂纹长度 a 来描述准静态裂纹运动。虽然 a 和 R 都是时间依赖性的,但是过程区尺寸 Δ 是材料特性并且在裂纹增长期间保持恒定。比率 R/Δ 用作材料延展性的量度;对于 $R/\Delta \gg 1$,材料是可延展的,而对于 $R/\Delta \to 1$,材料是脆性的。由于裂纹早期的亚临界裂纹扩展而增加的 R 表现出韧性断裂中的韧化现象,通常用材料 R 曲线来描述

除了固体力学的基本方程,例如平衡方程和本构定律,还需要某些额外的关系式来预测断裂的萌生,当然,这被认为是位移不连续性的扩展过程。关于最终的脱黏行为的某些假设是必需的,许多物理概念已被添加到这类假设的列表中,从 Griffith 能量准则开始,然后是 Irwin-Orowan 的“驱动力”准则及其以临界应力强度因子形式的额外(SIF)准则。如 Rice(1968)所示,即使它们有不同的物理解释,但所有这些准则都是等效的,它们也可以被证明等效于 Rice 的 J 积分准则,它使用能量释放速率作为开裂(脱黏)过程中的控制因素。基于与内聚裂纹模型相关的概念,Wells 提出了 CTOD 准则或 δ-准则,然后是其他几个与概念相关的条件,它们形成了当代断裂力学的基础。这里将详细地讨论 Wnuk(1974)的 δCOD 准则,这种“增量位移”准则意味着相关微积分的量子化,并且当分析在慢速裂纹增长之前的韧性断裂的不稳定性时使用它,从本质上讲,它是用于亚临界裂纹萌生和稳态扩展的一种临界应变标准。

现有的连续体力学的解只是部分成功的,这是因为奇点仍然存在。如果采用包含内置 Neuber 颗粒的裂纹内聚力模型,则问题是可以解决的。但是,通过使用结构化内聚裂纹模型得出的基本结果与通过 Irwin 的“塑性修正”的近似方法所获得的结果非常相似。

近年来已经开发出一些新方法,例如量子化断裂力学和分形断裂力学。这些技术需要采用某些数学工具,这些工具对于断裂力学是全新的,例如均方根平均和有限差分公式代替导数的牛顿表达式。本章简要回顾了这些技术。

6.2　分形断裂力学的基本概念

为了消除裂纹尖端附近产生的应力和应变场的奇点,假设分形几何能够比用 Griffith-Irwin-Orowan 经典理论考虑的平滑 Euclidean 裂纹更好地表示静止的或扩展的裂纹,见 Mandelbrot 等(1984)。可是,奇点并没有消失,它获得了一个新的指数:不是对于平滑裂纹代表的 LEFM 区域中的 $r^{-1/2}$,而是变为 $r^{-\alpha}$,其中分形指数 α 与裂纹表面其他粗糙度的量度相关,即分形维数 D 或 Hurst 分形量度 H。其中对于自相似裂纹有

$$\alpha = \frac{2-D}{2} \quad (1 \leqslant D \leqslant 2) \tag{6.1}$$

而对于自相似裂纹有

$$\alpha = \begin{cases} \dfrac{2H-1}{2H} & \left(\dfrac{1}{2} \leqslant H \leqslant 1\right) \\ 0 & \left(0 \leqslant H \leqslant \dfrac{1}{2}\right) \end{cases} \tag{6.2}$$

随着分形维数 D 的变化(Pugno 和 Ruoff,2004;Wnuk 和 Yavari,2008)对应的 α 在 $D=1$ 时(平滑裂纹情况)为 1/2,到 $D=2$ 时为 0。仅对于 $\alpha=0$ 的这种特殊情况,近端应力场中与分形裂纹 $\underset{\sim}{\sigma} \sim r^{-\alpha}$ 相关的奇点消失了。当分形裂纹“填充平面”成为二维物体时,这是一个有趣的极限情况。然而,当考虑分形几何时,甚至连微积分的基本概念都没有定义,例如线或面积积分(Harrison 和 Norton,1991;Harrison,1994)。Wnuk 和 Yavari 的“嵌入式裂纹模型”则绕过了这个问题,因为它假设由分形裂纹产生的应力场中包含光滑的裂纹,因此,基本的数学操作是可行的,使用该模型时对裂纹表面粗糙度的范围所给出的较大的限制是它不应与光滑裂纹的情况完全不同。令人意外的是,Yavari 和 Khezrzadeh 的最新研究表明(Khezrzadeh 等,2011),达到高水平的裂纹表面粗糙度在物理上是不可能的,使用分支论证的方法,这些文献的作者们已经表明,存在一个估计约为 $\alpha=0.25$ 的粗糙度极限。

实际上,可以预料,嵌入裂纹的模型仅能够在有限的裂纹粗糙度范围内提供可靠的结果。在下文中,仅研究了中等粗糙裂纹的分形几何形状的影响,比如指数 α 不低于 0.4,这与 $\alpha=0.5$ 的光滑裂纹情况没有显著差异,其中嵌入裂纹的模型假设在由分形裂纹产生的场内放置平滑裂纹,因此类似于“将车放在马前”。在设计该模型时,首先考虑一个与分形裂纹相关的特定应力场,然后在该场中嵌入一个光滑的裂纹,当然,也可能会有更好的模型,不管这些限制条件的话,该研究的确提供了对分形裂纹行为有价值的理解。

Wnuk 和 Yavari(2003)是第一个使用嵌入式裂纹模型估计应力强度因子的人。他们的结果是

$$K_{WY}^{f} = \frac{C(a,\alpha)}{(\pi a)^{\alpha}} \int_0^a p(x) \frac{(a-x)^{2\alpha}+(a+x)^{2\alpha}}{(a^2-x^2)^{\alpha}} \mathrm{d}x \tag{6.3}$$

式中:$p(x)$ 用外加应力 σ 进行识别;a 为将维度考虑在内的裂纹长度;C 为常数,$C=(a/\sqrt{\pi})^{2\alpha-1}$,即可将式(6.3)中公式的有效性扩展到“真正的分形裂纹”的范围,这已经超出了嵌入式裂纹模型的限制。对包含于该区间中的分形维数 D(Pugno 和 Ruoff,2004;Wnuk 和 Yavari,2008),最终结果为

$$\begin{cases} K_{WY}^{f} = \dfrac{a^{\alpha-1}\sigma}{\pi^{2\alpha-1/2}} \displaystyle\int_0^a \dfrac{(a-x)^{2\alpha}+(a+x)^{2\alpha}}{(a^2-x^2)^{\alpha}} \mathrm{d}x = \chi_0(\alpha)\sigma\sqrt{\pi a^{2\alpha}} \\ \chi_0(\alpha) = \dfrac{1}{\pi^{2\alpha}} \displaystyle\int_0^1 \dfrac{(1-z)^{2\alpha}+(1+z)^{2\alpha}}{(1-z^2)^{\alpha}} \mathrm{d}z \\ \chi_0(\alpha) \approx -3.28\alpha^3+6.475\alpha^2-4.42\alpha+2 \end{cases} \tag{6.4}$$

该结果后来由 Khezrzadeh 等(2011)进行了修正,由嵌入式裂纹模型表示的分形裂纹

的修正 K 因子表示为

$$K_{\mathrm{I}}^{f}=\left(\frac{a}{\pi}\right)^{1-\alpha}\int_{0}^{a}\frac{2\sigma}{(a^{2}-x^{2})^{1-\alpha}}\mathrm{d}x \tag{6.5}$$

或

$$K_{\mathrm{I}}^{f}=\chi(\alpha)\sigma\sqrt{\pi a^{2\alpha}}$$
$$\chi(\alpha)=\frac{1}{\pi^{1-\alpha}}\int_{0}^{1}\frac{\mathrm{d}z}{(1-z^{2})^{1-\alpha}} \tag{6.6}$$

其中函数 $\chi(\alpha)$ 可用欧拉伽马函数 Γ 以闭合形式表示，即

$$\begin{cases}\chi(\alpha)=\dfrac{\pi^{\alpha-1}\Gamma(\alpha)}{\Gamma(\alpha+1/2)}\\ \chi(\alpha)\approx-10.37\alpha^{3}+15.679\alpha^{2}-8.234\alpha+2.493\quad(0.25\leqslant\alpha\leqslant0.5)\end{cases} \tag{6.7}$$

对于允许范围内的裂纹粗糙度，式(6.4)和式(6.6)的结果是相同的，对于较小的 α，当分形维数 D 接近 2 时，它们是发散的(图 6.3)，这表明超出嵌入式裂纹模型有效性限度的表面粗糙度范围尚待研究。由于微积分的基本操作没沿着分形来定义，因此需要更好的数学模型来处理分形及其有些奇怪的数学性质。

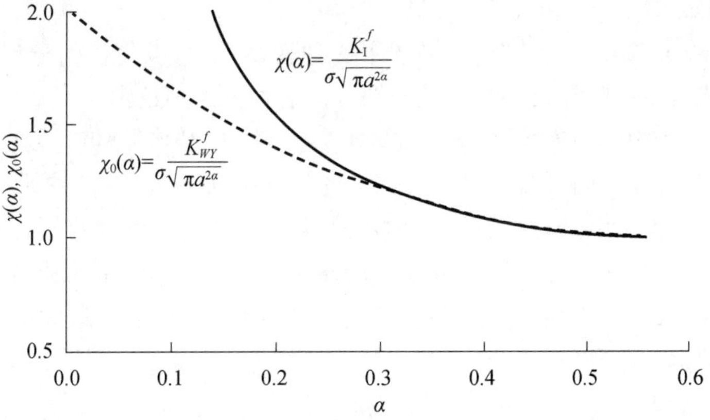

图 6.3　比较 Wnuk 和 Yavari 提出的分形应力强度因子，K_{WY}^{f}（参见 Wnuk 和 Yavari，2003），以及由嵌入式裂纹模型得到的解，K_{I}^{f}（Khezrzadeh 等，2011）。这表明在有限的裂纹表面粗糙度区间内 $0.3\leqslant\alpha\leqslant0.4$，两种解是相同的

一旦知道了分形裂纹的应力强度因子，就可以写出渐近尖应力场的方程，参照 Wnuk 和 Yavari(2003)以及 Khezrzadeh 等(2011)。分形裂纹的张开应力为

$$\sigma_{yy}(r,\theta,\alpha)=\frac{K_{\mathrm{I}}^{f}}{(2\pi r)^{\alpha}}\{\sin[\alpha(\pi-\theta)]-\alpha\sin(\theta)\cos[(\alpha+1)(\pi-\theta)]\} \tag{6.8}$$

其中极坐标 (r,θ) 固定在裂纹尖端处，且其他两个应力分别为

$$\begin{cases}\sigma_{xx}(r,\theta,\alpha)=\dfrac{K_{\mathrm{I}}^{f}}{(2\pi r)^{\alpha}}\{\sin[\alpha(\pi-\theta)]+\alpha\sin(\theta)\cos[(\alpha+1)(\pi-\theta)]\}\\ \sigma_{xy}(r,\theta,\alpha)=\dfrac{K_{\mathrm{I}}^{f}}{(2\pi r)^{\alpha}}\alpha\sin(\theta)\sin[(\alpha+1)(\pi-\theta)]\end{cases} \tag{6.9}$$

在式(6.8)和式(6.9)中,对 θ 应采用绝对值,这是可以理解的。这些公式来自 Westergaard 应力函数,参考 Khezrzadeh 等(2011):

$$Z(z,\alpha)=\frac{K_{\mathrm{I}}^{f}}{\mathrm{e}^{i\mathrm{sign}(\theta)(1/2-\alpha)\pi}(2\pi z)^{\alpha}}$$

$$z=x+iy \tag{6.10}$$

为了得到式(6.8)和式(6.9),使用了众所周知的 Westergaard 方程(1939)。值得注意的是,Westergaard 方程代表了 Kolosov-Muskhelishvili(1933)复杂势函数的更一般公式的一个特例,即

$$\begin{cases}\sigma_{xx}=\mathrm{Re}Z(z,\alpha)-y\mathrm{Im}Z'(z,\alpha)\\ \sigma_{yy}=\mathrm{Re}Z(z,\alpha)+y\mathrm{Im}Z'(z,\alpha)\\ \sigma_{xy}=-y\mathrm{Re}Z'(z,\alpha)\end{cases} \tag{6.11}$$

Cartesian 坐标系(x,y)的原点位于裂纹中心,Williams(1957)提供了另一种数学方法,他将 Airy 应力势分解为径向和角函数,然后获得角度部分的精确解,同时以广义 Laurent 幂的形式寻求径向部分的解。他发现这个级数中的主导项与 $r^{-1/2}$ 成正比,因此完全证实了由其他研究人员发现的 K 控制的近尖应力场解,如 Kolosov-Muskhelishvili(1933),Westergaard(1939)和 Irwin(1956)。

Wnuk 和 Yavari(2005)于 2005 年描述了一种转换,它可以将任何分形裂纹转换为等效的钝化裂纹或具有有限裂纹尖端半径的缺口。这种方法不仅预测了缺口根部的有限应力,还给出了位移场中的不连续性的三个数学表示,缺口、经典 Griffith 裂纹和分形裂纹在数学上是相关的,且相互间可被互换。所提出的规则被命名为“对应原理”,根据该原理,任何分形裂纹(当分形维数减小到 $D=1$ 时不排除经典的 Griffith 裂纹)可以被视为给定根半径的等效钝裂,比如 ρ_{α} ,这是分形指数 α 的函数。该根半径的值是根据如下条件确定的:离分形裂纹尖端 r^{*} 一定距离的应力等于钝裂纹圆周处产生的最大应力 $\sigma_{\max}$。因此,需要将钝裂纹前端的张开应力

$$\sigma_{yy}^{bc}=\frac{K_{\mathrm{I}}}{\sqrt{2\pi r}}\frac{\rho}{2r}\cos\left(\frac{3\theta}{2}\right)+\frac{K_{\mathrm{I}}}{\sqrt{2\pi r}}\frac{\rho}{2r}\cos\left(\frac{\theta}{2}\right)\left(1+\sin\frac{\theta}{2}\sin\frac{3\theta}{2}\right)+\cdots \tag{6.12}$$

与对分形裂纹有效的应力

$$\sigma_{yy}^{f}=\frac{K_{\mathrm{I}}}{(2\pi r)^{\alpha}}\cos\{\alpha\theta+\alpha\sin\theta\sin[(\alpha+1)\theta]\} \tag{6.13}$$

进行对比,当考虑裂纹平面, $\theta=0$ 时,以上方程化简为

$$\begin{cases}\sigma_{yy}^{bc}=\dfrac{K_{\mathrm{I}}}{\sqrt{2\pi r}}\left(1+\dfrac{\rho}{2r}\right)\\ \sigma_{yy}^{f}=\dfrac{K_{\mathrm{I}}}{(2\pi r)^{\alpha}}\end{cases} \tag{6.14}$$

由式(6.14)中的第一个表达式表示的应力是指钝化裂纹(因此是上标“ bc ”),而第二个公式给出了分形裂纹前端的应力。现在要在钝化裂纹的圆周处评估这些量中的第一个,而在距离裂纹尖端 $r=r^{*}$ 一定距离处评估第二个量。根据式(6.14)中的第一个公式,当半径 r 设定为 $\rho/2$ 时,评估钝化裂纹圆处的应力。接下来,根据对应原理,需要将 $r=r^{*}$

代入式(6.14)中第二个公式,得出:

$$\begin{cases}[\sigma_{yy}^{bc}]_{\max}=\dfrac{2K_{\mathrm{I}}}{\sqrt{\pi\rho}}=2\sqrt{\dfrac{a}{\rho_\alpha}}\sigma \\ [\sigma_{yy}^{f}]_{\max}=\dfrac{K_{\mathrm{I}}^{f}}{(2\pi r^*)^{\alpha}}=\dfrac{\chi_0(\alpha)\sigma\sqrt{\pi a^{2\alpha}}}{(2\pi r^*)^{\alpha}}\end{cases} \tag{6.15}$$

根据对应原理,如果距离 r^* 随ρ_α 成比例缩小,即 $r^*=\varepsilon\rho_\alpha$,则这两个应力相等,然后所考虑的两个对象等效的条件由下式表示:

$$\frac{2K_{\mathrm{I}}}{\sqrt{\pi\rho_\alpha}}=\frac{K_{\mathrm{I}}^{f}}{(2\pi\varepsilon\rho_\alpha)^{\alpha}} \tag{6.16}$$

因此,可以评估等效钝化裂纹所需的根半径:

$$\rho_\alpha=\frac{a}{\pi}\left[\frac{\chi_0(\alpha)}{2^{\alpha+1}\varepsilon^{\alpha}}\right]^{\frac{2}{2\alpha-1}} \tag{6.17}$$

在经过仔细的参数研究(Wnuk 和 Yavari,2005)后选择 $\varepsilon=0.05$,此时,该等式给出了图 6.4 所示的函数。当评估应力式(6.15)时,预测的等效钝化裂纹最大应力变为以下分形指数的函数:

$$\sigma_{\max}=2\sqrt{\pi}\sigma\left[\frac{\chi_0(\alpha)}{2^{\alpha+1}\varepsilon^{\alpha}}\right]^{\frac{1}{1-2\alpha}} \tag{6.18}$$

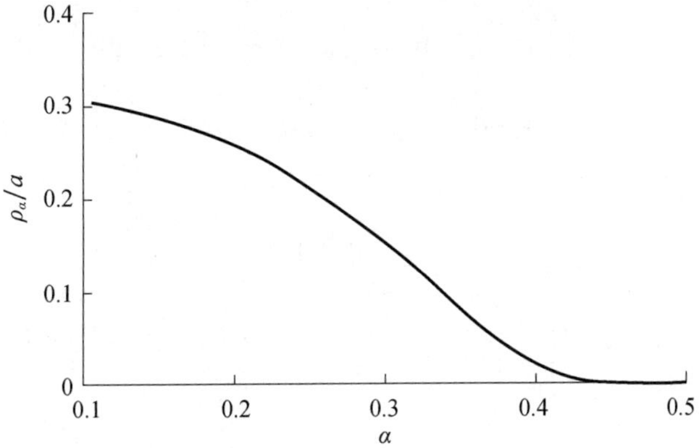

图 6.4　与通过 Wnuk-Yavari 对应原理获得并由分形指数 α 定义的分形裂纹等效的一种钝裂纹的根半径(注意,对于接近 1/2 的 α,半径 ρ_α 收缩至 0,表现为 Griffith 裂纹的情况)

该函数如图 6.5 所示。可以看出,除了经典的 Griffith 裂纹($\alpha=0.5$)外,应力是有限的。值得注意的是,对于 $a\gg\rho_\alpha$ 时的缺口,式(6.15)和式(6.18)中给出的最大应力也满足 Inglis 公式(Inglis,1913),即

$$\sigma_{\max}^{\mathrm{Inglis}}=2\sigma\sqrt{\frac{a}{\rho_\alpha}} \tag{6.19}$$

分形裂纹对应公式蕴含的基本概念,这一特征似乎符合从 Inglis(1913)到 Griffith(1921a)的思路,它形成了当今断裂力学的基础。当考虑断裂的分子理论时,式(6.19)对应于分子强度,其被认为是比杨氏模量小一个数量级。

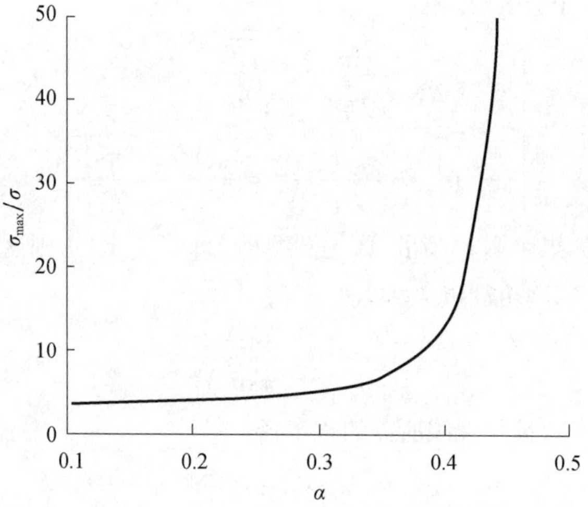

图6.5　根据 Wnuk 和 Yavari(2005)的对应原理,等效于某一平滑钝裂纹的分形裂纹根部的最大应力对于分形指数 α 的所有值都是有限的,除了 $\alpha = 1/2$ 时的经典 Griffith 裂纹。该图表明,即使是微小的裂纹表面粗糙度也足以导致最大应力从无穷大下降到明确定义的有限值

类似地,对 LEFM 模型的 Irwin 塑性修正进行了评估,对分形裂纹而言即为 r_y^f(Wnuk 和 Yavari,2005),使用静态等效弹塑性应力场,r_y^f 按下式估算:

$$\int_0^{r_y^f} \frac{K_{\mathrm{I}}^f}{(2\pi r)^{\alpha}} \mathrm{d}r - r_y^f \sigma_Y = (r_p^f - r_y^f)\sigma_Y \tag{6.20}$$

在 Irwin 之后,分形裂纹产生的应力需要等于距离裂纹尖端 r_y^f 处的屈服应力 σ_Y,结果发现

$$r_y^f = \frac{1}{2\pi}\left(\frac{K_{\mathrm{I}}^f}{\sigma_Y}\right)^{\frac{1}{\alpha}} \tag{6.21}$$

塑性区的尺寸(以与裂纹前沿相邻并插入弹性应力场的圆盘的形式)由式(6.20)计算如下:

$$r_p^f = \frac{1}{2\pi(1-\alpha)}\left(\frac{K_{\mathrm{I}}^f}{\sigma_Y}\right)^{\frac{1}{\alpha}} \tag{6.22}$$

塑性区 $0 \leqslant r \leqslant r_p^f$ 内的开口应力是恒定的并且等于屈服应力 σ_Y,而对于大于 r_p^f 的距离,应力服从弹性分形定律并且衰减为 $K_{\mathrm{I}}^f/(2\pi r)^{\alpha}$。

在量子化的断裂力学中,假设裂纹以连续的方式扩展,但却以不连续的步骤扩展,因此,需要对数学分析进行修正。Wnuk 和 Yavari(2008,2009)描述了应用于结构化内聚应力裂纹模型的量子化程序,采用了构型力的概念,他们提出,裂纹表面每单位分形量度的能量释放用下列方式定义:

$$G^f = \frac{(K_{\mathrm{I}}^f)^2}{E'} = \frac{\chi_0(\alpha)^2\sigma^2\pi a^{2\alpha}}{E'} \tag{6.23}$$

采用辅助光滑裂纹(参见“嵌入式裂纹模型”),该表达式在裂纹长度上积分,得出:

$$-\Pi^f = \int_0^a G^f(\sigma, a)\,\mathrm{d}(2a) = \frac{2\chi_0(\alpha)^2\sigma^2\pi a^{2\alpha+1}}{(2\alpha+1)E'} \qquad (6.24)$$

裂纹扩展的不连续性质要求用有限量 $\Delta\Pi^f$ 和 Δa（或 Δl）代替用无限小的数 $\mathrm{d}\Pi^f$ 和 $\mathrm{d}a$（或 $\mathrm{d}l$）表示的导数符号，因而导数 $\mathrm{d}\Pi^f/\mathrm{d}l$（其定义裂纹驱动力(或构型力)）由以下涉及有限差值 $\Delta\Pi^f$ 和 Δl 的实数来代替，即

$$G^f = -\frac{\Delta_\Delta \Pi^f}{\Delta l} = -\frac{\Pi^f(a+\Delta) - \Pi^f(a)}{2\Delta} \qquad (6.25)$$

符号 Δ 表示断裂量子并且对于双端裂纹，$\Delta l = 2\Delta$，而 E' 等于平面应力情况下的杨氏模量 E 和平面应变条件下的 $E/(1-\nu^2)$；ν 是泊松比。将式(6.24)代入式(6.25)，得出

$$G^f = \frac{\chi_0(\alpha)^2\sigma^2\pi}{\Delta(2\alpha+1))E'}[(a+\Delta)^{2\alpha+1} - a^{2\alpha+1}] \qquad (6.26)$$

在断裂开始时，假定 $G^f = G_c^f$，其中，临界能量释放率 $G_c^f = (K_c^f)^2/E'$ 具有应力 χ 长度的 2α 次幂的维度；因此，从 $G^f = G_c^f$ 获得的分形量子化裂纹的临界应力为

$$\sigma_{\mathrm{crit}}^f = \sqrt{\frac{(2\alpha+1)E'G_c^f}{\pi}}\frac{\sqrt{\Delta}}{\chi_0(\alpha)\sqrt{(a+\Delta)^{2\alpha+1} - a^{2\alpha+1}}} \qquad (6.27)$$

它实际上有应力的维度，对于裂纹长度 a 为 0 的情况，该公式预测的有限临界应力作为一种固有的材料强度，即

$$\sigma_0^f = \sqrt{\frac{(2\alpha+1)E'G_c^f}{\pi}}\left(\frac{1}{\chi_0(\alpha)\Delta^\alpha}\right) = \frac{K_c^f}{K_c}\sigma_0\Delta^{\frac{1-2\alpha}{2}}\frac{\sqrt{\alpha+1/2}}{\chi_0(\alpha)} \qquad (6.28)$$

对于 α 接近 1/2，可以很容易证实，该方程降为之前针对含有平滑裂纹的固体所预测的固有强度 σ_0。

当式(6.28)用作临界应力的归一化常数时，式(6.27)采用如下形式：

$$S_{\mathrm{crit}}^f = \frac{\sigma_{\mathrm{crit}}^f}{\sigma_0^f} = \frac{1}{\sqrt{\left[\left(1+\frac{a}{\Delta}\right)^{2\alpha+1} - \left(\frac{a}{\Delta}\right)^{2\alpha+1}\right]}} \qquad (6.29)$$

此结果如图 6.6 所示，对于 α 接近 1/2 的情况，这个公式化简至 Pugno 和 Ruoff 在量子断裂力学(QFM)的论文(Pugno 和 Ruoff，2004)中给出的公式，即

$$S_{\mathrm{crit}}^{\mathrm{QFM}} = \frac{1}{\sqrt{1+2\left(\frac{a}{\Delta}\right)}} \qquad (6.30)$$

利用这些方程，Wnuk 和 Yavari(2008)预测了分形指数相关表面能与裂纹长度的关系：

$$\frac{\gamma_\alpha}{\gamma} = \frac{(2\alpha+1)(\alpha/\Delta)^{2\alpha}}{\left(1+\frac{a}{\Delta}\right)^{2\alpha+1} - \left(\frac{a}{\Delta}\right)^{2\alpha+1}} \qquad (6.31)$$

分形裂纹的表面能 γ_α 通过 LEFM 表面能 γ 进行了归一化。

由式(6.31)得到的曲线表明，在断裂量子 Δ 的数量级的距离上，γ 在 $a=0$ 时从零快速增加到 1；这种趋势与 Ippolito 等(2006)的试验结果非常吻合；见图 6.7。即使对于尺寸

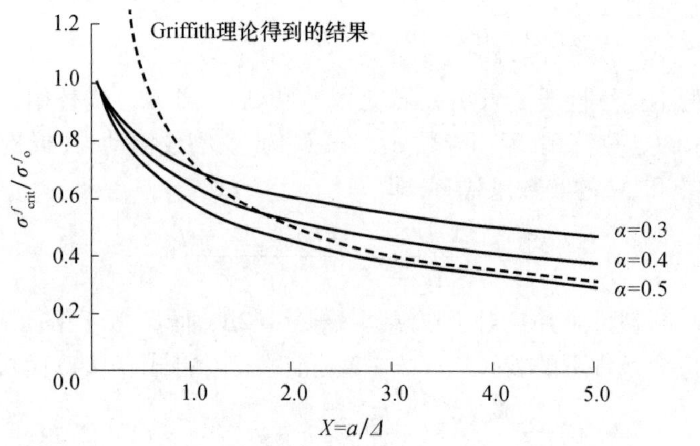

图 6.6　针对三个水平的裂纹表面粗糙度,通过分形断裂力学预测的临界应力,将它与 Griffith 理论得到的结果进行了比较。该图中的所有应力均通过未损伤材料的固有强度进行归一化,其中裂纹长度假定为零

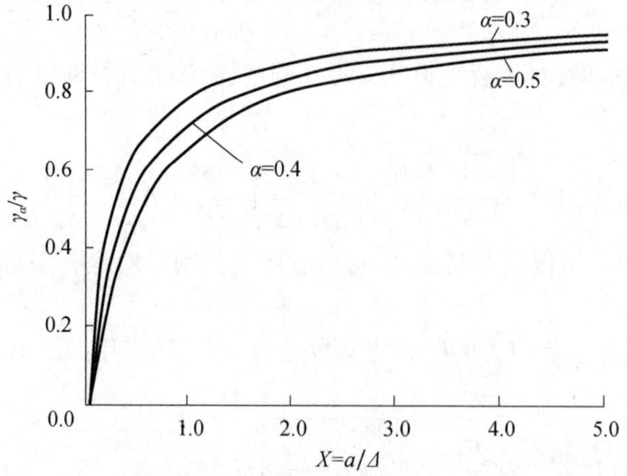

图 6.7　小分形裂纹表面能表现为裂纹长度的函数,至少在纳米级范围内,裂纹长度在 Neuber 颗粒大小的数量级上。表面能也受分形指数 α 的影响,表现出对更粗糙裂纹有更高的比表面能。这种效应称为"韧化现象",这归因于分形几何的影响

数量级大于裂纹量子 Δ ($X \gg 1$)的裂纹,表面能仍是一个材料常数,但在纳米结构的脆性材料领域并不一定如此,其裂纹长度为原子特征长度或 Neuber 粒子大小的尺度,在这个领域,量子化断裂力学优于经典力学,因为它提供了原子级基本晶格特征的正确表示。通过这种方式,连续体力学的范围已经扩大到包括了固体的原子结构。比较图 6.7 中所示的曲线证明,在纳米尺度下,裂纹的分形几何形状导致断裂抗力 γ 的增强。因此,可能会由材料的裂纹扩展抗力的增加而产生"韧化效应";这种说法与 Ippolito 等(2006)的试验结果完全符合,他们研究了碳化硅基体中裂纹的萌生和扩展行为。

如果将特征长度 R_{coh} 和 $R_{coh}^{discrete}$ 进行比较,则观察到类似的"韧化效应"。正如 Wnuk 和 Yavari(2009)对 $R \ll a$ 的情况所做的那样,材料固有的裂纹扩展抗力的两个指标之间的关系是

$$R_{\text{coh}}^{\text{discrete}} = \frac{\pi K_{\text{I}}^2}{8\sigma_Y^2}\left(1 + \frac{1}{2a/\Delta}\right) \tag{6.32}$$

括号前面的表达式代表 R_{coh}，而校正因子来自量子化过程，并且当裂纹长度和裂纹量子的大小相当时，它的影响仅对很小的裂纹比较明显。值得注意的是，当 α 接近 1/2 时（平滑裂纹情况），式（6.28）中预测的未受损固体的固有强度为

$$\sigma_0 = \sqrt{\frac{2}{\pi\Delta}}K_c \tag{6.33}$$

而式（6.29）则化简为

$$\sigma_{\text{crit}}^{\text{QFM}} = \frac{\sigma_0}{\sqrt{1 + 2\dfrac{a}{\Delta}}} \tag{6.34}$$

图 6.4 中一条曲线代表了该等式，如 $\alpha = 1/2$ 的情况。正如所预期的那样，该结果与从量子化断裂力学获得的曲线完全一致。

对于式（6.33）和式（6.34）中的结果也是一样的，它们与 Pugno 和 Ruoff（2004）对量子化裂纹情况得出的方程完全一致。值得注意的是，这些作者使用了长度 Δ 上的平均值的方法，而这里将有限差分技术与包含分形裂纹的体势 Π^f 一起应用，这些结果是一样的。应力强度因子的均方根平均值的示例如下：

$$< K > = \left(\frac{1}{\Delta}\int_a^{a+\Delta} K_{\text{I}}^2(a)\,\mathrm{d}a\right)^{\frac{1}{2}} = \sigma\sqrt{\pi}\left(\int_a^{a+\Delta} a\mathrm{d}a\right)^{\frac{1}{2}} = \sigma\sqrt{\pi}\sqrt{a + \frac{\Delta}{2}} \tag{6.35}$$

当将其设定为等于 K_c 时，式（6.33）和式（6.34）中量子化断裂力学的结果可以被恢复。这再次表明，我们的有限差分方法和 Pugno 等（2004）提出的 K 因子的均方根平均技术在数学上是等价的。值得注意的是，这些最近的理论进展以及随后在当代断裂力学中取得的进展是 Neuber（1958）和 Novozhilov（1969）提出的早期直观概念的延续。

Wnuk 和 Yavari（2005）使用平均化技术，对经典的内聚裂纹模型进行了量子化，将量子化力学分析扩展到分形裂纹上，如（Wnuk 和 Yavari，2008，2009）所述。对分形断裂力学的宝贵贡献归功于俄罗斯科学家 Borodich（1992，1997，1999）、Mosolov（1991）和 Goldstein 和 Mosolov（1992）。Wnuk 等两项工作（2012，2013）说明了 Wnuk 的终延伸准则（或 δCOD 标准）在黏弹性和韧性固体中的时间相关问题中的应用情况，其他由 Balankin（1997）得出以及 Cherepanov 等（1995）进行综述的结果也值得关注。

Wells（1961）的断裂准则已经证明了与基于 Rice 路径无关的 J 积分的准则是等效的；查阅 Shih（1981）。Shih（1981）和 Wnuk（1997，1998）研究了两个准则之间的关系，它们可通过一个简单的表达式 $J = d_n(\text{CTOD}/\sigma_Y)$ 被关联起来。基于 HHR J 控制的渐近应力场的分析，系数 d_n 的数值解以表格形式（Shih，1981）给出，也可通过 Wnuk 和 Omidvar（1997），Wnuk 等（1998）中特定近似闭合的公式给出。

由这些因素得出的一个基本结论是，分形几何结构为描述脆性和准脆性固体的断裂提供了一种新的有用工具。当与量子化的断裂力学相结合时，它使人们进入了对断裂过程进行原子模拟的领域。研究晶格对变形和断裂的影响时，这个特征尤其有用。通过这种方式，经典的断裂力学有效范围已经扩展到纳米尺度领域。

6.3 欧几里得几何和分形几何中黏弹性固体延迟断裂过程中光滑裂纹的运动

研究了两个参数对时间相关断裂的影响,其表现为在黏弹性和延性材料中的灾难性破坏之前缓慢稳定的裂纹扩展。这两个参数中的一个与材料延性(ρ)有关,另一个参数则描述了裂纹表面的几何形状(粗糙度),并且由分形指数 α 或等效地由 Hausdorff 对于自相似裂纹的分形维数 D 两者所表示的分形程度来测量。

在施加载荷的一定范围内,存在两个不同的变形过程阶段和随后的断裂过程。萌生阶段裂纹保持静止,随后裂纹缓慢扩展,最终过渡至灾难性的断裂。有关光滑和粗糙裂纹结果的比较表明,裂纹表面的粗糙度减缓了在聚合物中观察到的这种"蠕变裂纹"的扩展。这种现象增加了试样的寿命并延长了达到临界点的裂纹长度。有趣的是,发现萌生时间与分形几何无关。

将这些聚合物材料中延迟断裂早期阶段的研究(有时称为"蠕变断裂")与延性固体中的缓慢稳定裂纹扩展进行比较。尽管在初期稳定裂纹扩展中涉及不同的物理机制且存在不同的数学表示,但已经证明了不论在黏弹性或延性介质中,与裂纹缓慢扩展(SCG)的两种现象相关的最终结果是相似的。

从 20 世纪 60 年代末到 70 年代初期,已经开发了许多物理模型和数学理论,以提供对聚合物材料断裂早期阶段的更好的认识和定量描述,特别是考虑了裂纹萌生和扩展的两个阶段:①裂纹表面的位移经历蠕变过程但是裂纹保持休眠的孕育阶段;②嵌入在黏弹性介质中的裂纹在黏弹性介质中的缓慢扩展。根据黏弹性固体的线性理论,材料对变形过程的响应遵循以下本构关系:

$$\begin{cases} s_{ij}(t,x) = \int_0^t G_1(t-\tau)\dfrac{\partial e_{ij}(\tau,x)}{\partial \tau}\mathrm{d}\tau \\ \boldsymbol{s}(t,x) = \int_0^t G_2(t-\tau)\dfrac{\partial e(\tau,x)}{\partial \tau}\mathrm{d}\tau \end{cases} \tag{6.36}$$

式中:s_{ij} 为应力张量的偏量;$\boldsymbol{s}$ 为球形应力张量;$G_1(t)$ 和 $G_2(t)$ 分别为剪切和扩张的时间弛豫模量。逆关系写作

$$\begin{cases} e_{ij}(t,x) = \int_0^t J_1(t-\tau)\dfrac{\partial s_{ij}(\tau,x)}{\partial \tau}\mathrm{d}\tau \\ e(t,x) = \int_0^t J_2(t-\tau)\dfrac{\partial s(\tau,x)}{\partial \tau}\mathrm{d}\tau \end{cases} \tag{6.37}$$

符号 e_{ij} 和 $\boldsymbol{e}$ 用于表示偏应变和球形应变张量,$J_1(t)$ 和 $J_2(t)$ 是两个蠕变柔度函数。对于单轴应力状态,这最后两个方程式可简化为一种简单形式

$$\varepsilon(t) = \int_0^t J(t-\tau)\frac{\partial \sigma(\tau)}{\partial \tau}\mathrm{d}\tau \tag{6.38}$$

弛豫模量 $G_1(t)$ 和 $G_2(t)$ 以及蠕变柔度函数 $J_1(t)$ 和 $J_2(t)$ 满足以下积分方程:

$$\begin{cases}\int_0^t G_1(t-\tau)J_1(\tau)\,\mathrm{d}\tau = t\\ \int_0^t G_2(t-\tau)\,J_2(\tau)\,\mathrm{d}\tau = t\end{cases} \tag{6.39}$$

对于单轴应力状态,这些方程降阶为弛豫模量 $E_{\mathrm{rel}}(t)$ 和蠕变柔度函数 $J(t)$ 之间的单一关系为

$$\int_0^t E_{\mathrm{rel}}(t-\tau)J(\tau)\,\mathrm{d}\tau = t \tag{6.40}$$

Zhurkov(1965)考虑了延迟断裂的原子模型,但这种分子理论对基于连续介质力学方法理论的进一步发展没有太大影响。受 Max Williams 的启发,加州理工学院的 W. G. Knauss 在他的博士论文中考虑了时间相关黏弹性材料的断裂(Knauss,1965)。类似的研究由 Willis(1967)完成,随后 Williams(1967,1968,1969b)、Wnuk 和 Knauss(1970)、Field(1971)、Wnuk(1968a,1969,1971,1972)以及 Knauss 和 Dietmann(1970)、Mueller 和 Knauss(1971a,b)、Graham(1968)、Kostrov 和 Nikitin(1970)、Mueller(1971)、Knauss(1973)和 Schapery(1973)也进行了类似的研究。

本节后面的内容给出了一些重要结果的简要总结,这些结果对时间相关断裂力学的发展产生了深远影响。在完成该项综述后,将会看出聚合物中延迟断裂的相似性(材料特性与蠕变能力紧密相关):在裂纹扩展前沿之前的屈服区内,由于内部应变的重新分布,韧性固体中出现了"裂纹慢速扩展"(SCG)现象。

用两个控制方程,对黏弹性介质中延迟断裂的萌生和扩展两个阶段分别进行了描述:Wnuk-Knauss 方程和 Mueller-Knauss-Schapery 方程。萌生阶段的持续时间可以从 Wnuk-Knauss 方程预测:

$$\psi(t_1) = \frac{J(t_1)}{J(0)} = \left(\frac{K_G}{K_0}\right)^2_{a=a_0=\mathrm{const}} \tag{6.41}$$

Mueller-Knauss-Schapery 方程将裂纹扩展速率 $\mathring{a}$ 与施加的恒定载荷 σ_0 和材料特性如每步增长量 Δ(通常由过程区域尺寸确定),以及 Griffith 应力 $\sigma_G = \sqrt{2E\gamma/\pi a_0}$ 联系起来,即

$$\psi\left(\frac{\Delta}{\mathring{a}}\right) = \frac{J(\Delta/\mathring{a})}{J(0)} = \left(\frac{K_G}{K_0}\right)^2 \tag{6.42}$$

对等于初始裂纹长度 a_0 的恒定裂纹长度,式(6.41)中的右侧化简至 Griffith 应力与施加应力的比率的平方

$$n = \left(\frac{\sigma_G}{\sigma_0}\right)^2 \tag{6.43}$$

这个量有时被称为"裂纹长度商"——它决定了实际裂纹长度小于临界 Griffith 裂纹长度的次数。因此,数字"n"越大,初始缺陷与针对嵌入脆性固体中的 Griffith 裂纹预测的不稳定扩展临界点之间偏离越远。对于大的"n",裂纹太短而不能引发延迟断裂过程,见式(6.50)中对 $n_{\max}$ 进行定义的表达式。超过 $n_{\max}$ 时,裂纹扩展就不可能发生,对于 $n > n_{\max}$,可以假设这些是稳定的裂纹,根据此处所提出的理论,它将永远不会扩展,这就是休眠裂纹,属于"无扩展"区域,参见附录。

当裂纹长度 a 不是恒定的且它可以随时间变化 $a = a(t)$,那么式(6.42)的右侧写为

$$\left(\frac{\sigma_G}{\sigma_0}\right)^2\frac{a_0}{a}=\frac{n}{\zeta} \tag{6.44}$$

这里 ζ 表示无量纲裂纹长度，$\zeta=a/a_0$。值得注意的是，参数 $\Delta/\dot{a}$ 的物理意义出现在式(6.42)中，这是移动裂纹的尖端横穿与裂纹尖端相邻的过程区域所需的时间间隔，写为

$$\delta t=\Delta/\dot{a} \tag{6.45}$$

图 6.8 中展示出了过程区相对于扩展裂纹前端的内聚区的位置。

为了说明式(6.41)和式(6.43)的应用，将使用对标准线性固体有效的本构方程(图 6.9)。当 β_1 表示模量 E_1/E_2 的比率时，该固体的蠕变柔度函数为

$$J(t)=\frac{1}{E_1}\{1+\beta_1[1-\exp(-t/\tau_2)]\} \tag{6.46}$$

因此，无量纲蠕变柔度函数 $\psi(t)=J(t)/J(0)$ 写为

$$\psi(t)=1+\beta_1[1-\exp(-t/\tau_2)] \tag{6.47}$$

将此式代入式(6.41)，即可获得

$$1+\beta_1[1-\exp(-t/\tau_2)]=n \tag{6.48}$$

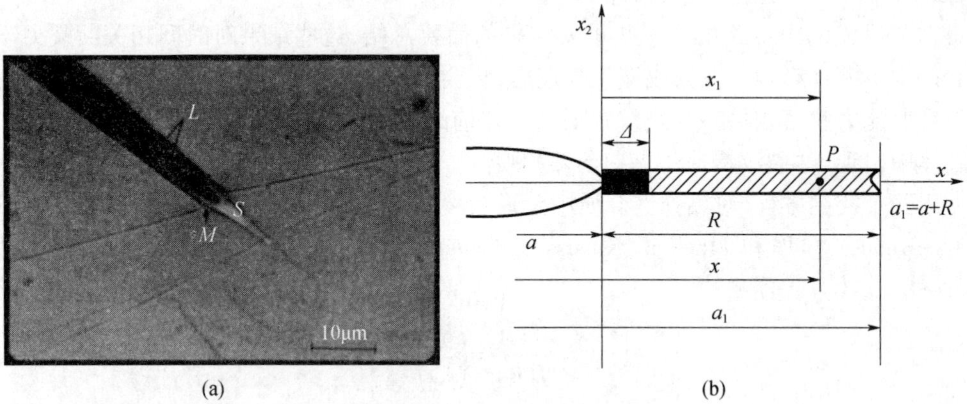

图 6.8　(a)Solithane 50/50 中银纹之后的微裂纹，模拟火箭固体燃料的力学响应，以及(b)离散内聚裂纹模型的细节

当用于玻璃状聚合物时，粘结区与裂纹前的银纹一致，并且 Neuber 颗粒 Δ 被纳入到由 Knauss-Mueller-Dietmann(Borodich,1997,1999;Mosolov,1991)和 Schapery(Zhurkov,1965)提出的与聚合物中延迟断裂现象相关的裂纹运动方程中。

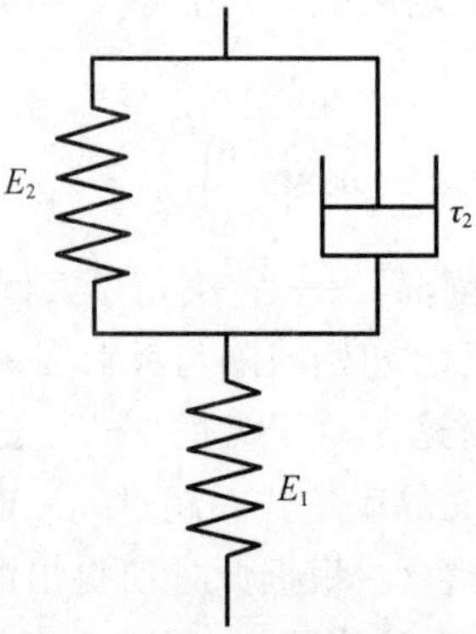

图 6.9　黏弹性固体的标准线性模型的示意图

尽管它很简单，但该模型能够解释瞬时弹性响应、蠕变和应力松弛。

求解 t_1，可预测出标准线性固体材料的有效萌生时间：

$$t_1 = \tau_2 \ln\left(\frac{\beta_1}{1+\beta_1-n}\right) \tag{6.49}$$

检查式(6.49)表明，商“n”不应超过某一限定水平：

$$\begin{cases} n_{\max} = 1+\beta_1 \\ s_{\min} = \dfrac{1}{\sqrt{1+\beta_1}} \end{cases} \tag{6.50}$$

该关系式的物理解释如下：对于短裂纹，当 $n > n_{\max}$ 时，不存在引发延迟断裂过程的危险，这些亚临界裂纹是永久性休眠的，它们不会扩展，可能当使用变量 $s=\sigma_0/\sigma_G$ 代替 n 时，这更容易理解。对于 $s < s_{\min}$，黏弹性介质中包含的预先存在的裂纹不会扩展。

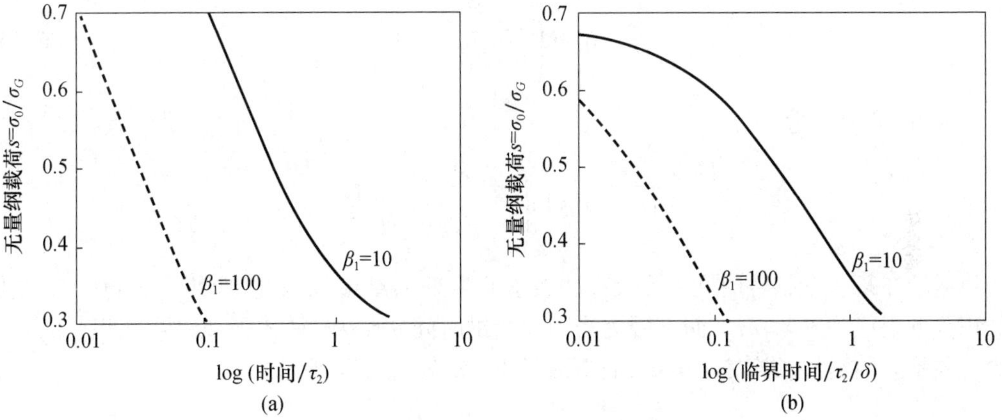

图 6.10　(a)以 τ_2 为单位的萌生时间的对数与加载参数 s 之间的函数关系；(b)针对材料常数 $\beta_1=E_1/E_2$ 的两个不同值，以 τ_2/δ 为单位的裂纹扩展阶段所采用的失效时间的对数与加载参数 $s=\sigma_0/\sigma_G$ 的函数关系

图 6.10(a)说明了由 n 或 $s(=1/\sqrt{n}=\sigma_0/\sigma_G)$ 给出的萌生时间和加载参数之间的关系，图 6.10(b)显示出了裂纹扩展过程中的时间与加载参数 s 之间的相似关系。可注意到，萌生时间以弛豫时间 τ_2 为单位表示，而在延迟断裂的裂纹扩展阶段，测量的时间以 (τ_2/δ) 为单位表示，其中常数 δ 包含初始裂纹长度 a_0 和特征材料长度 Δ，见式(6.53)。当在垂直轴上使用变量 s，并且相对于时间的对数绘制相关的函数关系时，可以看出曲线的大多表现为直线形式，这证实了 Knauss 和 Dietmann(1970)的试验结果，该结果也被 Schapery(1973)和 Mohanty(1972)所采用。

为了描述由标准线性模型表示的黏弹性固体中嵌入裂纹的运动，需要将式(6.46)代入式(6.42)中，然后运动方程写作

$$1+\beta_1[1-\exp(-\delta t/\tau_2)] = \frac{n}{\zeta} \tag{6.51}$$

对时间间隔 $\delta t/\tau_2(=\Delta/\mathring{a}\tau_2)$ 求解，得出

$$\frac{\Delta}{\tau_2\mathring{a}} = \ln\left(\frac{\beta_1}{1+\beta_1-\dfrac{n}{\zeta}}\right) \tag{6.52}$$

从式(6.52)可以看出对于已存在的运动,商 n 不应超过由式(6.50)定义的最大值。对于 $n > n_{max}$ 的情况,裂纹太小以至不能扩展。

如果引入了长度和时间变量的无量纲表示法

$$\begin{cases}\delta = \Delta/a_0 \\ \theta = t/\tau_2\end{cases} \tag{6.53}$$

则式(6.52)的左侧可以被化简为

$$\frac{\delta t}{\tau_2} = \frac{\Delta}{\tau_2 a} = \frac{\Delta}{\dfrac{d(\zeta a_0)}{d(\theta\tau_2)}} = \frac{\Delta/a_0}{d\zeta/d\theta} \tag{6.54}$$

当该式与 $\delta = \Delta/a_0$ 被代入式(6.52)时候,则接下来的微分方程结果为

$$\frac{d\zeta}{d\theta} = \delta\left[\ln\left(\frac{\beta_1}{1+\beta_1-\dfrac{n}{\zeta}}\right)\right]^{-1} \tag{6.55}$$

或者,分离变量后为

$$(\delta)\ d\theta = \ln\left(\frac{\beta_1}{1+\beta_1-\dfrac{n}{\zeta}}\right)d\zeta \tag{6.56}$$

运动在第一个临界时间 t_1 开始,这表示萌生期的结束。因此,应用于式(6.56)左侧的积分下限应为 $\theta = t_1/\tau_2$,而上限为当前无量纲时间 $\theta = t/\tau_2$。式(6.56)右侧积分的相应的上限是当前裂纹长度 $\zeta = a/a_0$,而下限是1。积分后可得到

$$\int_{t_1/\tau_2}^{t/\tau_2} d\theta = \left(\frac{1}{\delta}\right)\int_1^{\zeta}\ln\left(\frac{\beta_1}{1+\beta_1-\dfrac{n}{\zeta}}\right)dz \tag{6.57}$$

所得到的表达式将裂纹长度 x 与时间 t 相关联,即

$$t - t_1 = \left(\frac{\tau_2}{\delta}\right)\int_1^{\zeta}\ln\left(\frac{\beta_1}{1+\beta_1-\dfrac{n}{z}}\right)dz \tag{6.58}$$

如果使用式(6.58)中积分的闭合形式解,则可以采用以下最终形式给出此公式:

$$t = t_1 + \frac{\tau_2}{\delta}\left\{\zeta\ln\left[\frac{\zeta\beta_1}{(1+\beta_1)\zeta - n}\right] + \frac{n}{1+\beta_1}\ln\left[\frac{(1+\beta_1)\zeta - n}{1+\beta_1-n}\right] + \ln\left(\frac{1+\beta_1-n}{\beta_1}\right)\right\} \tag{6.59}$$

该方程用于构建图6.11所示的曲线图,在 $\beta_1 = 10$ 时,使用了三个 n 值(4.00、6.25 和 8.16,它们分别对应于以下 s 值:0.5、0.4 和 0.35)。可以观察到,在 x 接近 n 时,慢速裂纹扩展阶段转变为无限制的裂纹扩展,这相当于灾难性的断裂,在图6.11的水平轴上可以简单地看出发生这种转变的时间点,这个转变为不稳定扩展的点也可以由式(6.59)预测。用 n 代替 ζ,可以得到断裂的时间:

$$t_2 = \left(\frac{\tau_2}{\delta}\right)\left\{\frac{n}{1+\beta_1}\ln\left[\frac{\beta_1 n}{1+\beta_1-n}\right] + \ln\left(\frac{1+\beta_1-n}{\beta_1}\right)\right\} \tag{6.60}$$

如果现在将式(6.49)给出的萌生时间 t_1 代入到式(6.60),则可以得到组件的总寿命,即

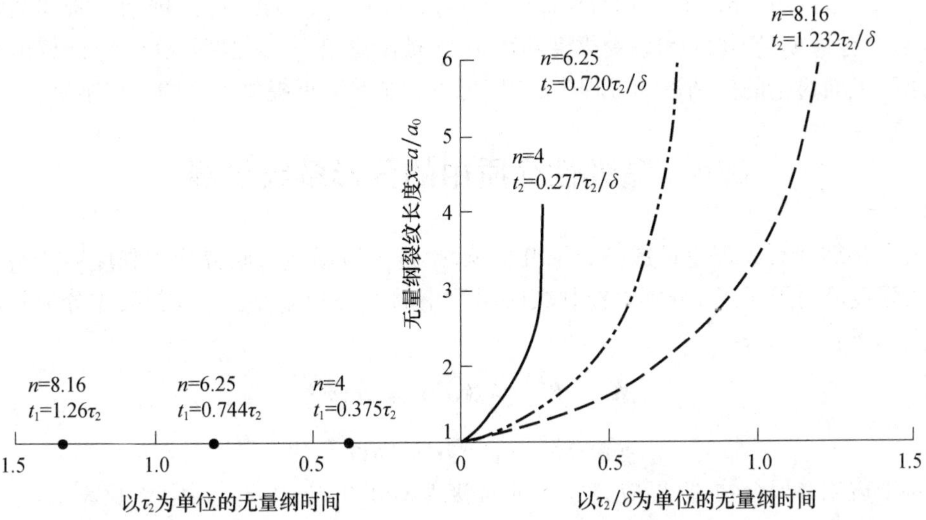

图 6.11　图 6.2 中 $\beta_1=10$ 时所示的标准线性模型表示的线性黏弹性固体中发生缓慢的裂纹扩展，裂纹长度为时间的函数，在负时间轴上标记的点表示对应于所施加的给定的恒定负载水平 n 的萌生时间，并且以 τ_2 为单位表示。特定点 t_1 和坐标原点之间的时间间隔为萌生期的持续时间。裂纹扩展从 $t=0$ 开始。符号 t_2 表示失效时间，这是在裂纹扩展的准静态阶段使用的时间，并且以 τ_2/δ 为单位。常数 δ 与特征材料长度有关，即单位扩展步长 Δ

$$T_{\mathrm{cr}}=t_1+t_2=\tau_2\ln\left(\frac{\beta_1}{1+\beta_1-n}\right)+\frac{\tau_2}{\delta}\left\{\frac{n}{1+\beta_1}\ln\left[\frac{\beta_1 n}{1+\beta_1-n}\right]+\ln\left[\frac{1+\beta_1-n}{\beta_1}\right]\right\} \tag{6.61}$$

总结本节的结果，可以说黏弹性固体中的延迟断裂可以通过四个表达式在数学上表示：

(1)标准线性模型式(6.49)给出的萌生时间 t_1。

(2)由式(6.59)给出的相同材料模型的运动方程，并将 ζ 定义为时间的函数，$\zeta=\zeta(t)$。

(3)式(6.60)给出的由裂纹扩展导致的断裂时间 t_2。

(4)总寿命 $T_{\mathrm{cr}}=t_1+t_2$，如式(6.61)所给出的。应注意的是，虽然式(6.61)中的第一项涉及弛豫时间、材料常数 β_1 和商 n，但式(6.61)中的第二项也包含内部结构常数 δ。更要注意的是，对于接近 1 的商 n，式(6.61)中的两个项都是零，而对于 n 超过 $n_{\max}$ 的情况，表达式则失去了物理意义(因为在那种情况下没有扩展)。对于在 $10^{-3}\sim10^{-6}$ 量级范围内变化的恒定 δ，式(6.61)中的第二项基本上大于表示萌生时间的第一项，另见附录。

对于 $\beta_1=10$ 和三个不同数量级的 n，裂纹长度 x 和时间 t 之间产生的函数关系如图 6.11 所示，以及萌生时间的值，以 τ_2 为单位表示，失效时间以 τ_2/δ 为单位表示，附录中给出了一个数值例子。

这里描述的涉及标准线性固体的实例，作为预测聚合物材料中延迟断裂所必需的数学程序的一个说明。Knauss 和 Dietmann(1969)、Schapery(1973)已经展示了真实的黏弹性材料,其弛豫模量 $G(t)$ 和蠕变柔度函数 $J(t)$ 被测量出来(或根据式(6.4)计算出来),然后用于上面讨论的控制运动方程中,它们可以为试验数据提供良好的近似结果。

6.4 黏弹性介质中的分形裂纹扩展

为了将蠕变裂纹理论扩展到分形几何领域,需要重新定义临界应力强度因子和外加的应力强度应力因子 K_0,分别由控制式(6.42)中的 K_G 和 K_0 表示。解释裂纹分形几何的新定义如下:

$$\begin{cases} K_G \to K_{\text{crit}}^f = \chi_0(\alpha)\sigma_{\text{crit}}\sqrt{\pi a^{2\alpha}} \\ K_0 \to K_0^f = \chi_0(\alpha)\sigma_0\sqrt{\pi a_0^{2\alpha}} \end{cases} \tag{6.62}$$

对于玻璃态聚合物,临界应力 σ_{crit} 非常接近 Griffith 应力 σ_G。因此,比率 $(K_G/K_0)^2$ 将化简至下式

$$\left(\frac{K_{\text{crit}}^f}{K_0^f}\right)^2 = \left(\frac{\sigma_G}{\sigma_0}\right)^2 \left(\frac{a_0}{a}\right)^{2\alpha} = \frac{n}{\zeta^{2\alpha}} \tag{6.63}$$

当代入式(6.55)或式(6.56)时,导出以下描述分形裂纹慢速运动的常微分方程:

$$\mathrm{d}\theta = \delta^{-1}\ln\left(\frac{\beta_1}{1 + \beta_1 - \dfrac{n}{\zeta^{2\alpha}}}\right)\mathrm{d}\zeta \tag{6.64}$$

该式的解为

$$t = t_1 + \left(\frac{\tau_2}{\delta}\right)\int_1^{\zeta}\ln\left[\frac{\beta_1}{1 + \beta_1 - \dfrac{n}{\zeta^{2\alpha}}}\right]\mathrm{d}z \tag{6.65}$$

在这里,t_1 表示萌生时间,由式(6.49)给出,相同的公式对于平滑裂纹也是有效的。然而,粗糙裂纹的运动与光滑裂纹的运动方式是明显不同的,见图 6.12;分形裂纹比平滑裂纹移动得慢并达到了临界长度,该临界长度明显大于承受相同加载配置和相同载荷下的相同初始尺寸平滑裂纹所达到的临界长度。

为了证实这一说法,将由分形指数 $\alpha = 0.3$(或分形维数 $D = 1.4$)定义的粗裂纹的延迟断裂与 $\alpha = 0.5$ 和 $D = 1$ 平滑裂纹的延迟断裂进行比较,输入数据:

$$\beta_1 = 10\,,\ n = 4\,,\ \delta = 10^{-3} \tag{6.66}$$

并且使用式(6.65)(也可见图 6.12(a)),获得了分形和平滑裂纹的末端裂纹长度和直至破坏性裂纹点的扩展时间的值,如下:

$$a_{\text{crit}}^f = 10a_0 \text{ 和 } a_{\text{crit}}^{\text{smooth}} = 4a_0\,,\ t_2^f = 659.34\tau_2\,,\ t_2^{\text{smooth}} = 485.04\tau_2 \tag{6.67}$$

这清楚地表明,裂纹表面的粗糙度对延迟断裂的过程具有显著影响。对于式(6.66)中规定的数据,观察到在终端不稳定点处获得的临界裂纹长度增加了 2.5 倍(比平滑裂纹情况增加 150%),扩展时间增加了 1.36 倍,这对于平滑裂纹是 36%的增长,这些数字说明了分形几何对延迟断裂试验结果的强烈影响。

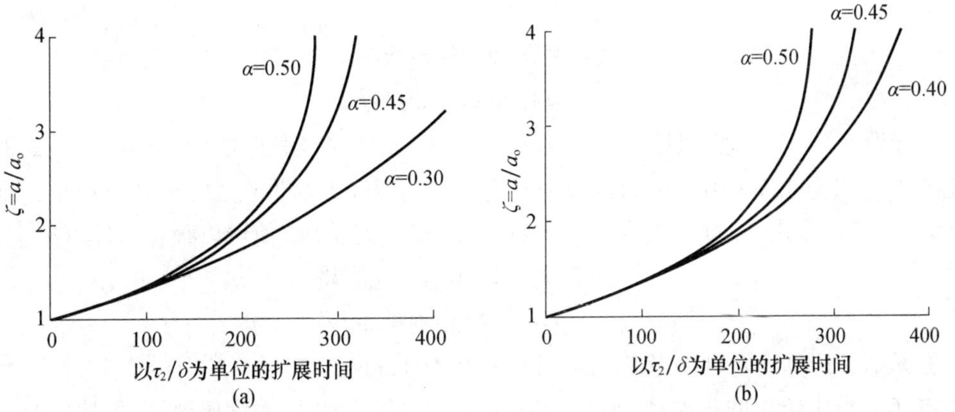

图 6.12　(a)和(b)中的曲线图显示了裂纹表面的粗糙度对黏弹性介质中包含的裂纹的准静态扩展的影响

裂纹分形程度的增加等同于裂纹表面的粗糙度增加以及在灾难性破坏之前发生的更强烈的时间相关的断裂表现。

6.5　一些基础性概念

在线性黏弹性固体中发生的延迟断裂，如"分形断裂力学中的基本概念"一节中讨论的那样，它由两个不同的阶段组成：①萌生阶段，在此期间与裂纹相关的开口位移随时间增加，但裂纹保持静止；②扩展阶段，当裂纹前进到临界长度（Griffith 长度）时，向不稳定裂纹扩展发生过渡。阶段 I（萌生）由式(6.41)中的 Wnuk-Knauss 方程描述，并且对于标准线性固体（图 6.9），萌生阶段预测的持续时间 t_1 为

$$t_1 = \tau_2 \ln\left(\frac{\beta_1}{1 + \beta_1 - n}\right) \tag{6.68}$$

II 期（裂纹扩展）由 Mueller-Knauss-Schapery 方程式(6.42)控制。对于由式(6.47)定义的无量纲蠕变柔度函数 $\Psi(t)$，得到的裂纹长度 ζ 与时间 t 相关的运动方程由式(6.59)给出，而预测的扩展阶段的持续时间如下：

$$t_2 = \frac{\tau_2}{\delta}\left\{\frac{n}{1 + \beta_1}\ln\left[\frac{\beta_1 n}{1 + \beta_1 - n}\right] + \ln\left[\frac{1 + \beta_1 - n}{\beta_1}\right]\right\} \tag{6.69}$$

遵循"分形断裂力学中的基本概念"中描述的本构方程的聚合物材料所制造的部件，其总寿命 T_{cr} 由方程(6.68)和式(6.69)的总和获得，即

$$T_{cr} = t_1 + t_2 = \tau_2 \ln\left(\frac{\beta_1}{1 + \beta_1 - n}\right) + \frac{\tau_2}{\delta}\left\{\frac{n}{1 + \beta_1}\ln\left[\frac{\beta_1 n}{1 + \beta_1 - n}\right] + \ln\left[\frac{1 + \beta_1 - n}{\beta_1}\right]\right\} \tag{6.70}$$

对于 Solithane 50/50，一种用于模拟火箭固体燃料力学性能的聚合物，时间 t_1、t_2 和 T_{cr} 由 Knauss(1969)和 Mohanty(1972)所得。与这些研究中采用的标准线性固体相关的模量 E_1 和 E_2 以及黏度 η_2 如下：

$$\begin{cases} E_1 = 6.65\times10^3\text{lb/in}^2 \\ E_2 = 3.69\times10^3\text{lb/in}^2 \\ \eta_2 = 1.36\times10^3\text{slb/in}^2 \end{cases} \tag{6.71}$$

这导致 $\beta_1 = 1.8$，弛豫时间 $\tau_2 = \eta_2/E_2 = 0.368\text{s}$，最大裂纹长度商 $n_{\max} = 1 + \beta_1 = 2.8$，结构长度 Δ 近似为 $4.5\times10^{-4}\text{in}$，而试验中使用的预制裂纹大约为 0.225in，这可得出内部结构常数 $\delta = 2$。由式(6.71)，蠕变柔度函数的"玻璃"和"橡胶"值可以很容易计算出来，即

$$\begin{aligned} J_{\text{glassy}} &= J(0) = 1.50\times10^{-4}\text{in}^2/\text{lb} \\ J_{\text{rubbery}} &= J(\infty) = 4.22\times10^{-4}\text{in}^2/\text{lb} \end{aligned} \tag{6.72}$$

更详细的计算读者可参考 Knauss(1969)和 Mohanty(1972)。

式(6.72)中给出的玻璃状(瞬时)和橡胶状(完全松弛时)柔度函数值，可建立起延迟断裂域，例如"无扩展"、萌生或扩展域。值得注意的是，通过使用该方法可获得这些试验研究中涉及的蠕变柔度函数。

通常，嵌入黏弹性介质中的裂纹的扩展将在施加一定的载荷范围内发生。两个极限值是

(1)针对初始裂纹尺寸 a_0 估算的 Griffith 应力，即

$$\sigma_G = \begin{cases} \sqrt{\dfrac{2E\gamma}{\pi a_0}} \\ \dfrac{K_{\text{IC}}}{\sqrt{\pi a_0}} \end{cases} \tag{6.73}$$

(2)扩展应力阈值：

$$\sigma_{\text{threshold}} = \sqrt{\frac{J(0)}{J(\infty)}}\,\sigma_G = \sqrt{\frac{J_{\text{glassy}}}{J_{\text{rubbery}}}}\,\sigma_G \tag{6.74}$$

对于标准线性固体表达式，式(6.74)写作：

$$\sigma_{\text{threshold}} = \frac{1}{\sqrt{1+\beta_1}}\sigma_G \tag{6.75}$$

利用这些关系，可以预测出 Solithane 50/50 上成功进行的延迟断裂试验的施加载荷范围，其位于 6/10 的 Griffith 应力和 Griffith 应力本身之间。

总之，对于低于式(6.74)和式(6.75)中给出的应力阈值的载荷情况，进入"无扩展"域，其中不发生扩展并且该区域中的裂纹保持休眠状态。当施加的恒定应力 σ_0 达到 Griffith 水平 σ_G 时，到达另一个极端。当 σ_0 接近 Griffith 应力时，观察到瞬时断裂，如在脆性介质中，没有延迟效应。因此，可以得出结论，延迟断裂仅发生在该范围内：

$$\begin{cases} \sigma_{\text{threshold}} \leqslant \sigma_0 \leqslant \sigma_G \\ \dfrac{\sigma_G}{\sqrt{1+\beta_1}} \leqslant \sigma_0 \leqslant \sigma_G \end{cases} \tag{6.76}$$

式(6.76)中的第二个表达式与标准线性模型有关。

现在考虑聚合物的数值实例，其特征为 $\beta_1 = 10$，$\tau_2 = 1\text{s}$ 和 $\delta = 10^{-4}$。针对三个载荷水平进行相关计算，通过裂纹长度商 $n(=\sigma_G{}^2/\sigma_0{}^2)$ 测量，或者通过负载率 $s = \sigma_0/\sigma_G$，即 $n =$

8.16($s = 0.35$), $n = 6.25$($s = 0.40$) 和 $n = 4$($s = 0.50$) 测量。应用式(6.68)和式(6.69)，可获得以下萌生时间(t_1)和失效时间(t_2)值：

$$n = 8.16, \quad s = 0.35$$

$$t_1 = 1.26s, \quad t_2 = (1/10^{-4})(0.277)s = 46.2\text{min}$$

$$n = 6.25, \quad s = 0.40$$

$$t_1 = 0.744s, \quad t_2 = (1/10^{-4})(0.720)s = 120\text{min} \tag{6.77}$$

应注意对于该材料，发生延迟断裂的施加应力的范围包含在 $[0.3\sigma_G, \sigma_G]$ 的区间内，当应力小于 $0.3\sigma_G$ 的阈值，延迟断裂现象消失且裂纹保持静止。

Wnuk 和 Kriz(1985)描述了受修正的 Kachanov 定律控制的损伤区与主导裂纹之间相互作用的有趣研究工作，表明邻近裂纹前缘的损伤区的存在加速了亚临界裂纹的运动。

6.6 小　　结

从上面提出的考虑因素可以看出，断裂不仅具有分形特征，还具有多尺度特性。为了填补“微观”和“宏观”尺度水平之间的差距，俄罗斯西伯利亚的 Panin 小组(Pugno 和 Ruoff,2004)提出了一种全新的力学分支，命名为介观力学(Mesomechanics)。本章及后续章节的主要目标是构建一个理论，来解释和支持根据俄罗斯西伯利亚的 Panin 研究小组的试验观察获得的科学发现。

参考文献

A. S. Balankin, Physics of fracture and mechanics of self-affine cracks. Eng. Fract. Mech. 57(2), 135-203 (1997)

F. M. Borodich, Fracture energy in a fractal crack propagating in concrete or rock. Doklady Russian Acad. Sci. 325, 1138-1141(1992)

F. M. Borodich, Some fractal models of fracture. J. Mech. Phys. Solids 45, 239-259(1997)

F. M. Borodich, Fractals and fractal scaling in fracture mechanics. Int. J. Fract. 95, 239-259(1999)

A. Carpinteri, Scaling laws and renormalization groups for strength and toughness of disordered materials. Int. J. Solids Struct. 31, 291-302(1994)

A. Carpinteri, A. Spagnoli, A fractal analysis of the size effect on fatigue crack growth. Int. J. Fatigue 26, 125-133(2004)

A. Carpinteri, B. Chiaia, P. Cornetti, A scale invariant cohesive crack model for quasi-brittle materials. Eng. Fract. Mech. 69, 207-217(2002)

G. P. Cherepanov, A. S. Balankin, V. S. Ivanova, Fractal fracture mechanics-a review. Eng. Fract. Mech. 51(6), 997-1033(1995)

F. A. Field, A simple crack extension criterion for time-dependent spallation. J. Mech. Phys. Solids 19, 61 (1971); also in AMR, vol. 25(1972), Rev. 2781

R. V. Goldstein, A. B. Mosolov, Fractal cracks. J. Appl. Math. Mech. 56, 563-571(1992)

G. A. C. Graham, The correspondence principle of linear viscoelasticity theory for mixed boundary value problems involving time dependent boundary regions. Q. Appl. Math. 26, 167(1968); also in AMR, vol. 22, Rev. 4036

A. A. Griffith, The phenomenon of rupture and flow in solids. Phil. Trans. Roy. Soc. Lond. A221, 163-398

(1921a) J. Harrison, Numerical integration of vector fields over curves with zero area. Proc. Am. Math. Soc. 121, 715-723(1994)

J. Harrison, A. Norton, Geometric integration on fractal curves in the plane, research report. Indiana Univ. Math. J. 40, 567-594(1991)

C. E. Inglis, Stresses in a plate due to the presence of cracks and sharp corners. Trans. R. Inst. Naval Architects 60, 219(1913)

M. Ippolito, A. Mattoni, L. Colombo, Role of lattice discreteness on brittle fracture: Atomistic simulations versus analytical models. Phys. Rev. B 73, 104111(2006). 6 pages

G. R. Irwin, Handbuch der Physik, vol. 6(Springer, Berlin, 1956), pp. 551-590

H. Khezrzadeh, M. P. Wnuk, A. Yavari, Influence of material ductility and crack surface roughness on fracture instability. J. Phys. D Appl. Phys. 44, 395302(2011)(22 pages)

W. G. Knauss, Stable and unstable crack growth in viscoelastic media. Trans. Soc. Rheol. 13, 291(1969)

W. G. Knauss, Delayed failure. The Griffith problem for linearly viscoelastic materials. Int. J. Fract. 6, 7(1970); also in AMR, vol. 24, Rev. 5923

W. G. Knauss, The mechanics of polymer fracture. Appl. Mech. Rev. 26, 1-17(1973)

W. G. Knauss, H. Dietmann, Crack propagation under variable load histories in linearly viscoelastic solids. Int. J. Eng. Sci. 8, 643(1970); also in AMR, vol. 24, Rev. 1097

W. G. Knauss, The time dependent fracture of viscoelastic materials, in Proceedings of the First International Conference on Fracture, vol. 2, ed. by M. L. Williams. p. 1139; also see the Ph. D. Thesis, California Institute of Technology 1963(1965)

B. V. Kostrov, L. V. Nikitin, Some general problems of mechanics of brittle fracture. Archiwum Mechaniki Stosowanej. (English version) 22, 749; also in AMR, vol. 25(1972), Rev. 1987(1970)

B. B. Mandelbrot, D. E. Passoja, A. J. Paullay, Fractal character of fracture surfaces in metals. Nature 308, 721-722(1984)

D. Mohanty, Experimental Study of Viscoelastic Properties and Fracture Characteristics in Polymers, M. S. Thesis at Department of Mechanical Engineering, South Dakota State University, Brookings, 1972

A. B. Mosolov, Cracks with fractal surfaces. DokladyAkad. Nauk SSSR 319, 840-844(1991)

H. K. Mueller, Stress-intensity factor and crack opening for a linearly viscoelastic strip with a slowly propagating central crack. Int. J. Fract. 7, 129(1971)

H. K. Mueller, W. G. Knauss, Crack propagation in a linearly viscoelastic strip. J. Appl. Mech. 38(Series E), 483 (1971a)

H. K. Mueller, W. G. Knauss, The fracture energy and some mechanical properties of a polyurethane elastomer. Trans. Soc. Rheol. 15, 217(1971b)

N. I. Muskhelishvili, Some Basic Problems of the Mathematical Theory of Elasticity(English translation)(Noordhoff, 1953)

H. Neuber, Theory of Notch Stresses(Springer, Berlin, 1958)

V. V. Novozhilov, On a necessary and sufficient criterion for brittle strength. J. Appl. Mech. USSR 33, 212-222 (1969)

N. Pugno, R. S. Ruoff, Quantized fracture mechanics. Philos. Mag. 84(27), 2829-2845(2004)

J. R. Rice, Mathematical analysis in the mechanics of fracture, in Fracture. An Advanced Treatise, ed. by H. Liebowitz, vol. Ⅱ (Academic, New York, 1968)

R. A. Schapery, A theory of crack growth in viscoelastic media. Int. J. Fract. 11, 141-159(1973)

C. F. Shih, Relationship between the J-integral and crack opening displacement for stationary and growing cracks. J. Mech. Phys. Solids 29,305-326(1981)

A. Spagnoli,Self-similarity and fractals in the Paris range of fatigue crack growth. Mech. Mater. 37,519-529 (2005)

A. A. Wells,Application of fracture mechanics at and beyond general yielding. Br. J. Weld. 11,563-570(1961)

H. M. Westergaard,Bearing pressure and cracks. J. Appl. Mech. 61(1939),A49-A53(1939)

M. L. Williams,On stress distribution at the base of a stationary crack. J. Appl. Mech. 24,109-114(1957)

M. L. Williams,The continuum interpretation for fracture and adhesion. J. Appl. Polym. Sci. 13,29(1969a)

M. L. Williams,The kinetic energy contribution to fracture propagation in a linearly viscoelastic material. Int. J. Fract. 4,69(1969b);also in AMR,vol. 22(1969),Rev. 8521

J. R. Willis,Crack propagation in viscoelastic media. J. Mech. Phys. Solids 15,229(1967);also in AMR,vol. 22 (1969),Rev. 8625

M. P. Wnuk,Energy Criterion for Initiation and Spread of Fracture in Viscoelastic Solids(Technical Report of the Engineer Experimental Station at SDSU,No. 7,Brookings,1968a)

M. P. Wnuk,Nature of fracture in relation to the total potential energy. Brit. J. Appl. Phys. 1(Serious 2),217 (1968b)

M. P. Wnuk,Effects of time and plasticity on fracture. British J. Appl. Phys. ,Ser. 2 2,1245(1969)

M. P. Wnuk,Prior-to-failure extension of flaws under monotonic and pulsating loadings,SDSU Technical Report No. 3,Engineering Experimental Station Bulletin at SDSU,Brookings(1971)

M. P. Wnuk,Accelerating crack in a viscoelastic solid subject to subcritical stress intensity,in Proceedings of the International Conference on Dynamic Crack Propagation,Lehigh University,ed. by G. C. Sih(Noordhoff,Leyden,1972),pp. 273-280

M. P. Wnuk,Quasi-static extension of a tensile crack contained in a viscoelastic-plastic solid. J. Appl. Mech. 41,234-242(1974)

M. P. Wnuk,R. D. Kriz,CDM model of damage accumulation in laminated composites. Int. J. Fract. 28,121-138 (1985)

M. P. Wnuk,B. Omidvar,Effects of strain hardening on quasi-static fracture in elasto-plastic solid represented by modified yield strip model. Int. J. Fract. 84,383-403(1997)

M. P. Wnuk,A. Yavari,On estimating stress intensity factors and modulus of cohesion for fractal cracks. Eng. Fract. Mech 70,1659-1674(2003)

M. P. Wnuk,A. Yavari,A correspondence principle for fractal and classical cracks. Eng. Fract. Mech. 72,2744-2757(2005)

M. P. Wnuk,A. Yavari,Discrete fractal fracture mechanics. Eng. Fract. Mech. 75,1127-1142(2008)

M. P. Wnuk,A. Yavari,A discrete cohesive model for fractal cracks. Eng. Fract. Mech. 76,548-559(2009)

M. P. Wnuk,B. Omidvar,M. Choroszynski,Relationship between the CTOD and the J-integral for stationary and growing cracks. Closed form solutions. Int. J. Fract. 87(1998),331-343(1998)

M. P. Wnuk,M. Alavi,A. Rouzbehani,Comparison of time dependent fracture in viscoelastic and ductile solids. Phys. Mesomech. 15(1-2),13-25(2012)

M. P. Wnuk,M. Alavi,A. Rouzbehani,A mathematical model of Panin's pre-fracture zones and stability of subcritical cracks,in Physical Mesomechanics(Russian Academy of Sciences,Tomsk,2013 in print)

S. N. Zhurkov,Kinetic concept of the strength of solids. Int. J. Fract. 1,311(1965);also in Appl. Mech. Rev. , vol. 20,1967,Rev. 4080

第 7 章 损伤现象的栅格和粒子模型

Sohan Kale, Martin Ostoja-Starzewski

摘 要

作为和分子动力学相似的较大尺度的方法，栅格（弹簧网络）模型提供了一种模拟材料力学的强大方法，因此可以作为有限元模型的替代品。通常，格点被赋予质量，从而产生准粒子模型。这些模型起源于空间桁架和框架，当材料可以用离散的单元体系表示，且这些单元通过弹簧或更为常见的流变元素相互作用时，这些模型使用的效果最佳。本章从弹簧网络的基本概念和应用开始，特别是反平面弹性、平面经典弹性和平面非经典弹性。人们可以很容易地将复合材料的特定形态映射到粒子栅格上，并进行一系列参数研究，这些研究可得出损伤云图。接下来考虑的是从静力学广义化到动力学，节点真正起到准粒子的作用，并应用于矿物的粉碎过程。本章最后讨论了损伤现象中的尺度和随机演化，并将其作为随机连续体损伤力学的基础。

7.1 概 述

在不均匀材料中同时模拟弹性、塑性和断裂响应时，需要引入传统连续体固体力学和有限元分析领域之外的技术。一种能够应对这项挑战的技术，特别是对于微观结构，需要在“栅格模型”的前提下考虑问题。本章概述了栅格（或弹簧网络）模型和准粒子模型在损伤现象研究中的基础知识，这些模型起源于空间桁架和框架（来自工程力学方面）以及晶体结构（来自物理方面），它们提供了一种用周期性或随机微观结构模拟材料力学的强大方法，因此，它是有限元模型的有效替代方案。当处理动态问题时，栅格的节点可以被赋予质量，从而产生准粒子模型，与粗尺度的分子动力学方法相近。当材料自然地由系统的离散单元表示，且这些单元通过弹簧、或更一般地通过流变元件相互作用时，模型使用的效果最佳（例如纤维或颗粒体系）。在后一种情况下，栅格模型变成离散单元模型。

本章首先介绍弹簧网络的基本概念和应用，特别是反平面弹性、平面经典弹性和平面非经典弹性。结果表明：人们可以很容易地将复合材料的特定形态映射到粒子晶格上，并进行一系列参数研究；这样的研究得出了损伤云图。本章讨论弹性-塑性、弹性-脆性、弹性-塑性-脆性材料。接下来考虑的是从静力学广义化到动力学（即准粒子模型），节点真正起到准粒子的作用，并应用于矿物的粉碎过程。本章最后讨论损伤现象中的尺度和随机演化，并将其作为随机连续体损伤力学的基础。

7.2　弹簧网络表示的基本思想

在 d ($d=1,2$ 或 3)维度中建立弹簧网络(或栅格)模型的基本思想是基于存储在给定网络的单位单元中的势能(U)的等效性。在本章最开始讨论的静态问题中,对于一个体积单胞 V (图 7.1),存在以下公式:

$$U_{\text{cell}} = U_{\text{continuum}} \tag{7.1}$$

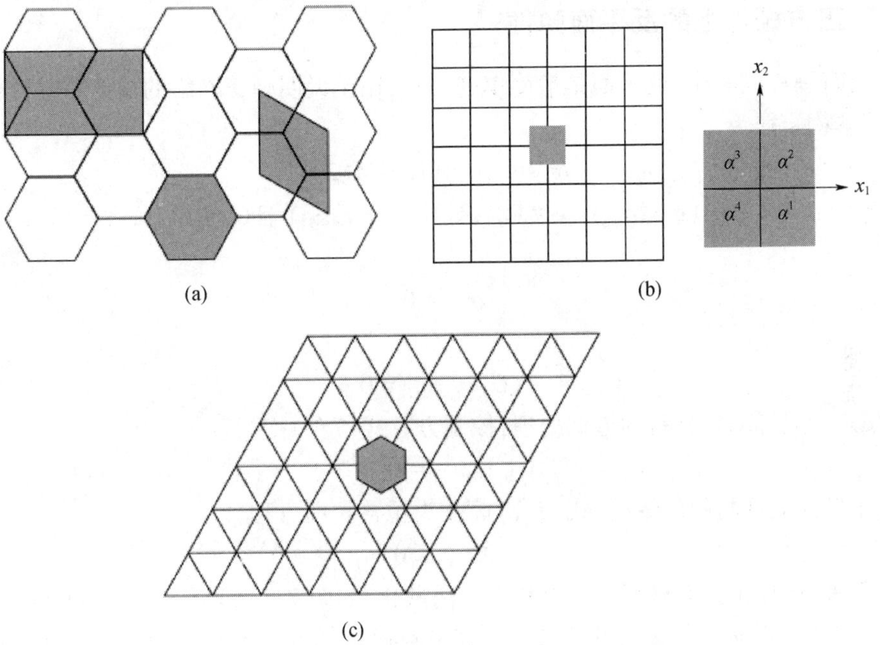

图 7.1　三种周期性的平面栅格:蜂窝形、正方形和三角形。
在每种情况下,标出了可能的周期性单胞

单胞是网络的周期性重复的部分,需要注意的是:

(1) 单胞的选择不是唯一的。

(2) 单胞的微观结构不一定呈现出完美的有序性。相反地,它可能是一个无序的微观几何结构,并在空间中重复出现,例如周期性 Poisson-Delaunay 网络,见文献(Ostoja-Starzewski,2002a,2008)中的图 4.7。

在式(7.1)中,单胞(U_{cell})及其等效连续体($U_{\text{continuum}}$)的能量,分别为

$$\begin{cases} U_{\text{cell}} = \sum\limits_{b} E_b = \sum\limits_{b}^{N_b} \int_0^u F(u')\,\mathrm{d}u' \\ U_{\text{continuum}} = \int_V \sigma(\varepsilon)\,\mathrm{d}V \end{cases} \tag{7.2}$$

式中:下标 b 为第 b 个弹簧(结合键);N_b 为结合键的总数。所讨论的是 $d=2$ 的情况,所以体积实际意味着单位厚度的面积。目前和以后的讨论仅限于线弹性弹簧和空间线性位移场 u (即均匀应变场 ε),这意味着式(7.1)、式(7.2)可以写为

$$\begin{cases} U_{\text{cell}} = \dfrac{1}{2}\sum_{b}^{|b|}(ku \cdot u)^{(b)} \\ U_{\text{continuum}} = \dfrac{V}{2}\varepsilon : C : \varepsilon \end{cases} \tag{7.3}$$

式中：u 为一个广义的弹簧位移；k 为相应的弹性系数。取决于单元的特定几何形状和特定的相互作用模型，下一步将涉及在 u 和 e 之间建立连接，然后从式(7.1)中导出 C 。下面给出了方形和三角形网络几何中的几个弹性问题相应的程序和公式。

7.2.1 正方栅格上的反平面弹性

在所有弹性问题中，反平面是最简单的一种，用于说明弹簧网络的概念。在连续体条件下，其本构定律为

$$\sigma_i = C_{ij}\varepsilon_j \quad (i,j = 1,2) \tag{7.4}$$

式中：$\sigma = (\sigma_1,\sigma_2) \equiv (\sigma_{31},\sigma_{32})$ ，$\varepsilon = (\varepsilon_1,\varepsilon_2) \equiv (\varepsilon_{31},\varepsilon_{32})$ 且$C_{ij} \equiv C_{3i3j}$ ，将式(7.4)代入平衡方程：

$$\sigma_{i,j} = 0 \tag{7.5}$$

得

$$(C_{ij}u_{,j})_{,i} = 0 \tag{7.6}$$

然后，聚焦于局部均匀材料的近似处理，控制方程式(7.6)变为

$$C_{ij}u_{,ij} = 0 \tag{7.7}$$

对于各向同性材料的情况，式(7.7)简化为拉普拉斯方程：

$$Cu_{,ii} = 0 \tag{7.8}$$

接下来，使用正方栅格网络对材料进行离散化，如图7.1(b)所示，其中每个节点具有一个自由度(反平面位移 u)，并且与最近邻节点通过弹性常数为 k 的弹簧连接。由此得出，这种栅格的单胞的应变能为

$$U = \frac{1}{2}k\sum_{b=1}^{4} l_i^{(b)} l_j^{(b)} \varepsilon_i\varepsilon_j \tag{7.9}$$

这里采用均匀应变，而 $\varepsilon = (\varepsilon_1,\varepsilon_2)$ ，$\boldsymbol{l}^{(b)} = (l_1^{(b)},l_2^{(b)})$ 是结合键 b 一半长度的向量，根据式(7.1)，可得到刚度张量：

$$\boldsymbol{C}_{ij} = \frac{k}{V}\sum_{b=1}^{4} l_i^{(b)} l_j^{(b)} \quad (i,j = 1,2) \tag{7.10}$$

如果所有结合键都是单位长度($|\boldsymbol{l}^{(b)}| = 1$)，则 $V = 4$，这导致了弹性系数 k 与张量 $\boldsymbol{C}_{ij}$ 之间存在以下关系：

$$C_{11} = C_{22} = \frac{k}{2}, C_{12} = C_{21} = 0 \tag{7.11}$$

为了模拟正交各向异性的材料，在 x_1 和 x_2 方向上施加不同的结合键：$k^{(1)}$ 和 $k^{(2)}$ 。单胞的应变能为

$$U = \frac{1}{2}\sum_{b=1}^{4} k^{(b)} l_i^{(b)} l_j^{(b)} \varepsilon_i\varepsilon_j \tag{7.12}$$

所以，刚度张量为

$$\boldsymbol{C}_{ij}=\frac{1}{V}\sum_{b=1}^{4}k^{(b)}l_i^{(b)}l_j^{(b)} \tag{7.13}$$

由此可得

$$C_{11}=\frac{k^{(1)}}{2},C_{22}=\frac{k^{(2)}}{2},C_{12}=C_{21}=0 \tag{7.14}$$

如果模拟各向异性介质(即 $C_{12}\neq 0$),可以旋转其主轴与正方栅格的主轴重合并使用所述的网络模型,或引入对角线键。在后一种情况下,单胞能由 $N_b=8$ 时的式(7.12)给出,各个 $\boldsymbol{C}_{ij}$ 的表达式为

$$C_{11}=\frac{k^{(1)}}{2}+k^{(5)},C_{22}=\frac{k^{(2)}}{2}+k^{(6)},C_{12}=C_{21}=k^{(5)}-k^{(6)} \tag{7.15}$$

在下一节中将阐述如何将该模型修正为三角形弹簧网络。

7.2.2 平面弹性:具有中心作用的三角栅格

对于平面连续体的情况,考虑线弹性行为,胡克定律为

$$\sigma_{ij}=C_{ijkm}\varepsilon_{km}\quad(i,j,k,m=1,2) \tag{7.16}$$

带入平衡方程:

$$\sigma_{ij,j}=0 \tag{7.17}$$

对于位移 u_i,得出一个平面 Navier 方程:

$$\mu u_{i,jj}+\kappa u_{j,ji}=0 \tag{7.18}$$

其中 μ 由 $\sigma=\mu\varepsilon_{12}$ 定义,这使其与经典的三维剪切模量相同。另一方面,κ 是由 $\sigma_{ii}=\kappa\varepsilon_{ii}$ 定义的(平面)二维体积模量。

如前所述,我们感兴趣的是局部均匀介质的近似。考虑图 7.1(c)的规则三角网络,其具有中心相互作用力,对于每个结合键 b,将其描述如下:

$$F_i=\Phi_{ij}^{(b)}u_j\quad \Phi_{ij}^{(b)}u_j=\alpha^{(b)}n_i^{(b)}n_j^{(b)} \tag{7.19}$$

与反平面弹性的情况类似,$\alpha^{(b)}$ 是这种中心(正交)相互作用半长值的弹簧常数,即属于给定单胞内的弹簧的那些部分(图 7.2(a))。与前三个 α 弹簧对应角度的单位向量 $\boldsymbol{n}^{(b)}$ 分别为

$$\begin{cases}\theta^{(1)}=0^{\circ} & n_1^{(1)}=1 & n_2^{(1)}=0\\ \theta^{(2)}=60^{\circ} & n_1^{(2)}=\dfrac{1}{2} & n_2^{(2)}=\dfrac{\sqrt{3}}{2}\\ \theta^{(3)}=120^{\circ} & n_1^{(3)}=\dfrac{1}{2} & n_2^{(3)}=\dfrac{\sqrt{3}}{2}\end{cases} \tag{7.20}$$

其他三个弹簧($b=4,5,6$)需要利用相对于单胞中心的对称性求出,分别与 $b=1,2,3$ 具有相同的属性。

所有 α 弹簧的长度为 l,即三角形网格的间距为 $s=2l$。单胞面积 $V=2\sqrt{3}l^2$。

每个节点都有两个自由度,因此在均匀应变 $\varepsilon=(\varepsilon_{11},\varepsilon_{22},\varepsilon_{12})$ 的条件下,该栅格的单位六边形单胞的应变能为

$$U=\frac{l^2}{2}\sum_{b=1}^{6}\alpha^{(b)}n_i^{(b)}n_j^{(b)}n_k^{(b)}n_m^{(b)}\varepsilon_{ij}\varepsilon_{km} \tag{7.21}$$

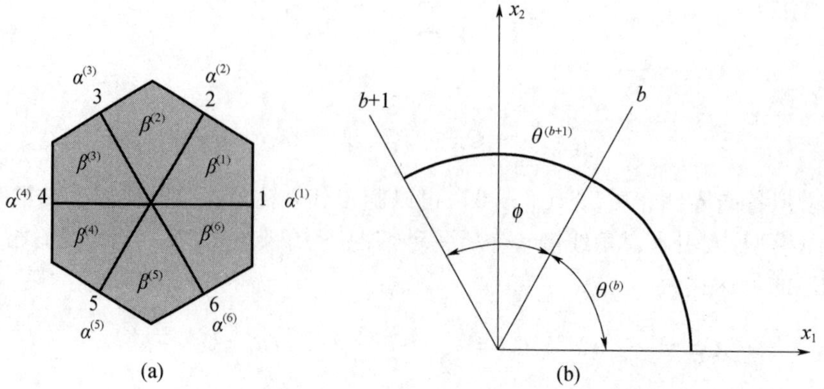

图 7.2　三角栅格模型的单晶

(a) $\alpha(1),\cdots,\alpha(6)$ 是正弹性常数；$\beta(1),\cdots,\beta(6)$ 是角弹性常数；在各向同性 Kirkwood 模型中 $\alpha^{(b)}=\alpha^{(b+3)}$ 且 $\beta^{(b)}=\beta^{(b+3)}$，$b=1,2,3$；(b)角弹簧模型的细节。

所以，再次由式(7.1)，刚度张量表示为

$$\boldsymbol{C}_{ijkm}=\frac{l^2}{V}\sum_{b=1}^{6}\alpha^{(b)}n_i^{(b)}n_j^{(b)}n_k^{(b)}n_m^{(b)} \tag{7.22}$$

特别的，所有 $\alpha^{(b)}$ 都取相同值，得到：

$$C_{1111}=C_{2222}=\frac{9}{8\sqrt{3}}\alpha C_{1122}=C_{2211}=\frac{3}{8\sqrt{3}}\alpha C_{1212}=\frac{3}{8\sqrt{3}}\alpha \tag{7.23}$$

从而只有一个独立的弹性模量，并且被模拟的连续体是各向同性的。

值得注意的是，各向同性来自具有六阶对称轴的三角形栅格，结合式(7.22)相对所有四个指数的排列条件满足柯西对称性(Love,1934)(最后一个等式)的事实：

$$C_{ijkm}=C_{ijmk}=C_{jikm}=C_{kmij}=C_{ikjm} \tag{7.24}$$

可知 C_{ijkm} 具有如下形式：

$$C_{ijkm}=\lambda(\delta_{ij}\delta_{km}+\delta_{ik}\delta_{jm}+\delta_{im}\delta_{jk}) \tag{7.25}$$

根据式(7.23)，得出经典的拉梅(Lame)常数：

$$\lambda=\mu=\frac{3}{4\sqrt{3}}\alpha \tag{7.26}$$

以上是晶格理论的范式，当：

(1)晶体的原子(或分子)之间的相互作用力是中心力型；

(2)每个原子(或分子)是一个对称中心；

(3)晶体中的相互作用势可以用调和势近似。

即满足柯西对称性。

注意：柯西对称性将一般三维各向异性中的独立参数从 21 个减少到 15 个，第一种情况称为多常数理论，第二种情况称为稀常数理论(Trovalusci 等,2009;Capecchi 等,2010)。一般情况下，刚度张量可分解为两个不可降阶的部分，分别具有 15 个和 16 个独立分量，参见 Hehl 和 Itin(2002)关于这些问题的群理论研究。

注意：人们可能会尝试通过考虑式(7.21)和式(7.22)中的三个不同 α 来模拟各向异

性,但是这样的方法将受到限制,因为这些方法中只有其中三个可以变化:一个需要具有六个参数,以便自由调整任意平面各向异性,这涉及六个独立的 C_{ijkm} ,这种调整可通过引入如下所述的附加角度弹簧来实现,实际上,角弹簧也是改变泊松比的工具。

7.2.3　平面弹性:中心和角作用的三角栅格

现在通过添加角弹簧来增强三角形网络,角弹簧作用在同一节点上的连续键之间,它们被分配了弹性常数 $\beta^{(b)}$,并且再次通过相对于单胞中心的对称性的论证,其中只有三个弹簧可以是独立的,这得出六个弹性常数:$\alpha^{(1)}$,$\alpha^{(2)}$,$\alpha^{(3)}$,$\beta^{(1)}$,$\beta^{(2)}$,$\beta^{(3)}$ 。参考图 7.2(b),令 $\Delta\theta^{(b)}$ 是相对未变形位置的第 b 个弹簧取向的(无穷小)角度变化量。由于 $\boldsymbol{n}\times\boldsymbol{n}=\boldsymbol{l}\Delta\theta$,

$$\Delta\theta^{(b)} = \boldsymbol{e}_{kij}\varepsilon_{jp}n_i n_p \tag{7.27}$$

式中: $\boldsymbol{e}_{kij}$ 为 Levi-Civita 置换张量。$\Delta\phi = \Delta\theta^{(b+1)} - \Delta\theta^{(b)}$ 表示两个相邻的 α 弹簧(b 和 $b+1$)之间的角度变化,所以存储在弹簧 $\beta^{(b)}$ 中的能量为

$$E^{(b)} = \frac{1}{2}\beta^{(b)}\,|\Delta\phi|^2 = \frac{1}{2}\beta^{(b)}\{\boldsymbol{\varepsilon}_{kij}\varepsilon_{jp}(n_i^{(b+1)}n_p^{(b+1)} - n_i^{(b)}n_p^{(b)})\}^2 \tag{7.28}$$

通过将所有角度键的能量与式(7.21)中的能量叠加,弹性模量由 Kirkwood(1939)导出:

$$\begin{aligned}C_{ijkm} = {} & \frac{l^2}{V}\sum_{b=1}^{6}\alpha^{(b)}n_i^{(b)}n_j^{(b)}n_k^{(b)}n_m^{(b)} + \frac{1}{V}\sum_{b=1}^{6}\{[\beta^{(b)}+\beta^{(b-1)}]\delta_{ik}n_p^{(b)}n_j^{(b)}n_p^{(b)}n_m^{(b)} \\ & -[\beta^{(b)}+\beta^{(b-1)}]n_i^{(b)}n_j^{(b)}n_k^{(b)}n_m^{(b)} - \beta^{(b)}\delta_{ik}n_p^{(b)}n_j^{(b+1)}n_p^{(b+1)}n_m^{(b)} \\ & +\beta^{(b)}n_i^{(b)}n_j^{(b+1)}n_k^{(b+1)}n_m^{(b)} - \beta^{(b)}\delta_{ik}n_p^{(b)}n_j^{(b)}n_p^{(b+1)}n_m^{(b+1)} \\ & +\beta^{(b)}n_i^{(b+1)}n_j^{(b)}n_k^{(b)}n_m^{(b+1)}\end{aligned} \tag{7.29}$$

其中 $b = 0$ 与 $b = 6$ 是一致的。

这为各向异性材料的弹簧网络表示提供了基础,并形成了各向同性材料的广义 Kirkwood 模型(Keating,1966)。后者是通过将相同的 α 分配给所有法线,并将相同的 β 分配给所有的角弹簧,

$$\begin{aligned}C_{ijkm} = {} & \frac{\alpha}{2\sqrt{3}}\sum_{b=1}^{6}n_i^{(b)}n_j^{(b)}n_k^{(b)}n_m^{(b)} + \frac{\beta}{2\sqrt{3}\,l^2}\sum_{b=1}^{6}\{2\delta_{ik}n_j^{(b)}n_m^{(b)} - 2n_i^{(b)}n_j^{(b)}n_k^{(b)}n_m^{(b)} \\ & -\delta_{ik}n_p^{(b)}n_j^{(b+1)}n_p^{(b+1)}n_m^{(b)} + n_i^{(b)}n_j^{(b+1)}n_k^{(b+1)}n_m^{(b)} \\ & -\delta_{ik}n_p^{(b)}n_j^{(b)}n_p^{(b+1)}n_m^{(b+1)} + n_i^{(b+1)}n_j^{(b)}n_k^{(b)}n_m^{(b+1)}\end{aligned} \tag{7.30}$$

根据上式:

$$\begin{cases} C_{1111} = C_{2222} = \dfrac{1}{2\sqrt{3}}\left(\dfrac{9}{4}\alpha + \dfrac{1}{l^2}\beta\right) \\ C_{1122} = C_{2211} = \dfrac{1}{2\sqrt{3}}\left(\dfrac{3}{4}\alpha + \dfrac{1}{l^2}\dfrac{9}{4}\beta\right) \\ C_{1212} = \dfrac{1}{2\sqrt{3}}\left(\dfrac{3}{4}\alpha + \dfrac{1}{l^2}\dfrac{9}{4}\beta\right) \end{cases} \tag{7.31}$$

若满足条件 $C_{1212}=(C_{1111}-C_{1122})/2$,则只有两个独立的弹性模量。

由式(7.31),α 和 β 常数与平面体积和剪切模量有关:

$$\kappa = \frac{1}{2\sqrt{3}}\left(\frac{3}{2}\alpha\right),\quad \mu = \frac{1}{2\sqrt{3}}\left(\frac{3}{4}\alpha + \frac{1}{l^2}\frac{9}{4}\beta\right) \tag{7.32}$$

这里应注意,角弹簧对 κ 没有影响,即角形弹簧的存在不影响膨胀响应。平面泊松比的公式(Ostoja-Starzewski,2008)如下:

$$\nu = \frac{\kappa - \mu}{\kappa + \mu} = \frac{C_{1111} - 2C_{1212}}{C_{1111}} = \frac{1 - 3\beta/l^2\alpha}{3 + 3\beta/l^2\alpha} \tag{7.33}$$

由式(7.33)看出,满足泊松比的整个范围,均被该模型所涵盖:

$$\begin{cases} \nu = \dfrac{1}{3} & \left(\text{如果}\dfrac{\beta}{\alpha} \to 0, \alpha - \text{模型}\right) \\ \nu = -1 & \left(\text{如果}\dfrac{\beta}{\alpha} \to \infty, \beta - \text{模型}\right) \end{cases} \tag{7.34}$$

对于泊松比在-1/3~1/3之间,也可以使用 Keating 模型(Keating,1966),其使用不同的方法计算角度键中的能量。

7.2.4 三重蜂窝栅格

由于1/3是具有一个弹性常数的中心力三角形栅格的最高泊松比,因此引入了一个有趣的模型,允许从1/3到1的更高值(Garboczi 等,1991;Buxton 等,2001)。该模型设置了三个蜂窝状栅格,分别具有弹性常数 α 、β 和 γ ,并以某种方式重叠起来,形成单个三角栅格(图7.3),单相的平面体积和剪切模量是:

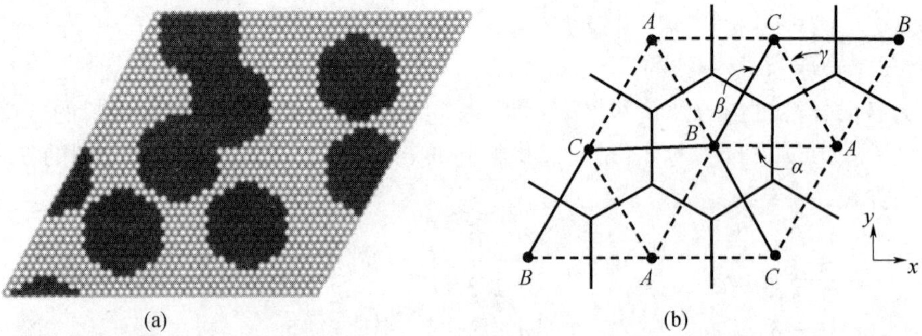

图7.3 (a)由三种不同的弹簧类型 α 、β 和 γ 组成的三重蜂窝状格栅,分别属于三个子格栅A、B和C;(b)42×42个单胞的六角形像素的三角形栅格,具有以11个像素为直径的圆形夹杂,其以像素为中心,并在周期性边界条件下随机放置,来自 Snyder, K. A, Garboczi E. J. &Day, A. R(1992)

$$\kappa = \frac{1}{\sqrt{12}}(\alpha + \beta + \gamma), \quad \mu = \sqrt{\frac{27}{16}}\left(\frac{1}{\alpha} + \frac{1}{\beta} + \frac{1}{\gamma}\right)^{-1} \tag{7.35}$$

对于两种及以上的相,根据一种时序定律,为穿过任意两相(**1** 和 **2**)边界的弹簧分配一个弹性常数 $\alpha = [(2\alpha_1)^{-1} + (2\alpha_2)^{-1}]$,其中 $\alpha_i(i = 1,2)$ (即 α、β 或 γ),为相应相的弹性常数。

注意:虽然本章主要针对弹性固体的平面栅格模型,但也存在对三维和非弹性材料的格栅的扩展方法(例如,Buxton 等,2001)。

7.3　弹簧网络模型

7.3.1　细网格表示

参考第 7.2 节弹簧网络表示的基本思想,可以在(x_1, x_2)平面中采用图 7.2(a)的正方栅格来进行反平面弹性问题的离散化。实际上,这种方法可用于模拟多相复合材料,将其作为平面、分段常数连续体处理,并提供比所包含的单一夹杂更精细的格栅或网格(图 7.4(b))。根据预设的误差准则,应该在参考问题上评估实际上更精细多少。位移场 $u \equiv u_3$ 的控制方程为

$$u(i,j)\ [k_r + k_l + k_u + k_d] - u(i+1,j)\ k_r - u(i-1,j)\ k_l - u(i,j+1)\ k_u - u(i,j-1)\ k_d = f(i,j) \tag{7.36}$$

式中:$f(i,j)$ 为节点 (i,j) 处的体积力(或源);i 和 j 为网格点的坐标;k_r(右)、k_l(左)、k_u(上)、和 k_d(下)由时序弹簧模型定义。

$$\begin{cases} k_r = \left[\dfrac{1}{C(i,j)} + \dfrac{1}{C(i+1,j)}\right]^{-1} \\ k_l = \left[\dfrac{1}{C(i,j)} + \dfrac{1}{C(i-1,j)}\right]^{-1} \\ k_u = \left[\dfrac{1}{C(i,j)} + \dfrac{1}{C(i,j+1)}\right]^{-1} \\ k_d = \left[\dfrac{1}{C(i,j)} + \dfrac{1}{C(i,j-1)}\right]^{-1} \end{cases} \tag{7.37}$$

式中:$C(i,j)$ 为节点 (i,j) 处的材料属性。

这种类型的离散化等价于通过扩展而得出的有限差分方法:

$$\begin{cases} u(i \pm 1,j) = u(i,j) \pm s\dfrac{\partial u(i,j)}{\partial x_1}\bigg|_{i,j} + \dfrac{s^2}{2!}\dfrac{\partial^2 u(i,j)}{\partial x_1^2}\bigg|_{i,j} \\ u(i,j \pm 1) = u(i,j) \pm s\dfrac{\partial u(i,j)}{\partial x_2}\bigg|_{i,j} + \dfrac{s^2}{2!}\dfrac{\partial^2 u(i,j)}{\partial x_2^2}\bigg|_{i,j} \end{cases} \tag{7.38}$$

由控制方程可得(见式(7.8)):

$$C\left(\frac{\partial^2 u}{\partial x_1^2} + \frac{\partial^2 u}{\partial x_2^2}\right) = 0 \tag{7.39}$$

然而,在平面弹性问题中,弹簧网络方法与有限差分方法不同,因为弹簧网络的节点-节点连接确实具有弹簧的含义,而有限差分连接并没有。

在由两个局部各向同性相基体(m)和夹杂(i)组成的复合材料中,反平面胡克定律为

$$\sigma_i = C_{i,j}\varepsilon_j \quad (i,j = 1,2;C_{ij} = C^{(m)}\delta_{ij}\ \text{或}\ C^{(i)}\delta_{ij}) \tag{7.40}$$

以上得出对比度(或错配) $C^{(i)}/C^{(m)}$ 。很明显,用非常高的对比度,可以近似地模拟具有刚性夹杂的材料。类似地,通过降低对比度,可以模拟具有柔性夹杂(几乎为孔)的体系。

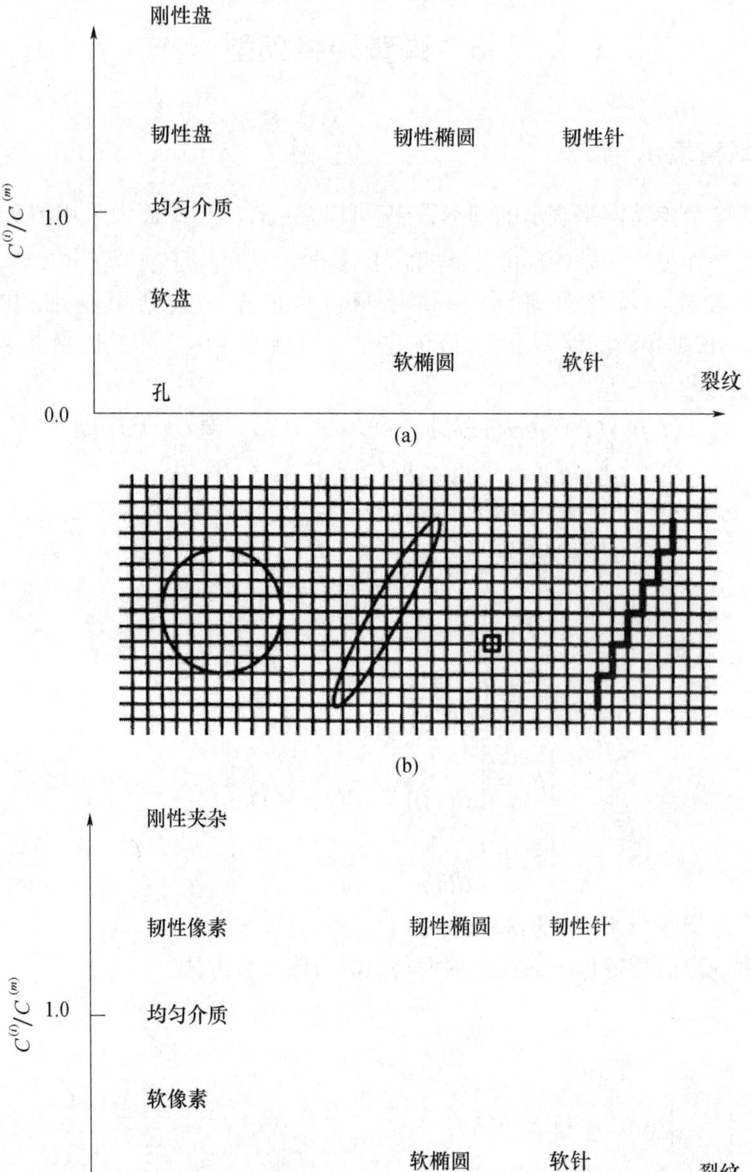

图 7.4 (a)参数平面夹杂的形状比和对比度;(b)作为参数平面中分辨圆盘、椭圆、像素和针的基础的弹簧网络;(c)参数平面的另一种解释:从像素到针

在处理复合材料问题时,圆盘状是最基本的夹杂形状,但非圆盘状也是有意义的。因此,椭圆的纵横比 a/b 是规定复合材料的另外一个基本的参数,其中 a(b)是椭圆的主(次)半轴。通过将纵横比从 1 变到更高的值,即可模拟具有盘状、椭圆状和针状夹杂的系统,这就是图 7.4(a)中所示的参数平面的概念。

弹簧网络对几种不同类型夹杂的分辨率如图 7.4(b)所示,不可否认,这种类型的建模是近似的,因此在图 7.4(c)中给出了对参数平面的稍微不同的解释,可以看出,圆盘可以最简单地被模拟为单个像素,或者更准确地模拟为有限区域,在后一种情况下,可以模拟任意各向异性,前一种情况可以处理非常大尺度的系统,而后者则可以更好地分辨夹杂内部和周围的局部应力-应变场。通过减小弹簧网络的网格尺寸,可以实现越来越好的精度,根据有限元模型中使用的形状函数,可以获得更精确的结果,但其成本高昂,且在蒙特卡罗统计学研究中需对集合 B 中的每个新配置 $B(\omega)$ 进行繁琐的网格重新分配。

值得注意的是,与有限元方法相比,弹簧网络方法中不需要重新网格化和构建刚度矩阵:弹性常数很容易在整个网格中分配,由共轭梯度法可以得到平衡位移场 $u(i,j)$ 的解。以这种方式,具有 10^6×自由度(1000×1000 个节点)的系统可以很容易地在具有 90MB 随机存取存储器的计算机上处理,对于 2000 × 2000 个节点,需要约 360 MB,这是由于所需的内存大小与自由度的数量成线性正比。

对椭圆和针型裂缝/夹杂进行近似处理的质量可以根据所选的用于表示这些物体的节点数量而变化。局部场无法完美解析,但用弹簧网络得到的解足以从随机介质 B 中快速建立大量不同 $B(\omega)$ 的弹性模量,并且相应的统计数据具有足够的精度。如下所示,弹簧网络用于研究各种平面复合材料的标度定律。

注意:由 Bird 和 Steele(1992)发明的用圆形夹杂确定复合材料的有效模量的计算方法非常适用于分析这种类型的静态特征和各向同性。

7.3.2　宏观均匀材料的损伤

1. 非弹材料的弹簧网络

弹性网络模型还可用于评估小的无序度对弹性-非弹性宏观均质材料在准静态假设下损伤的形成和演化的影响研究。这种损伤模型的特征在于局部本构定律受到具体的概率分布的影响,以解释材料的空间无序性,其最关键的优势在于,通过从栅格移除弹簧并考虑微裂纹的弹性相互作用来表示微裂纹。使用这种损伤模型很好地解决了无序所致的统计效应,例如裂缝表面粗糙度、声发射崩塌、损伤局部化和强度尺寸缩放(Alava 等,2006;另见 Krajcinovic,1996;Rinaldi 等,2008)。

随机熔丝模型(RFM)(De Arcangelis 等,1985)是准静态栅格损伤模型的最简单形式。RFM 中,在电阻网络上施加单调递增的电压,其中随机分配的最大电流阈值超过了使电阻器熔断的电流阈值。采用 RFM 模拟的熔丝网络的失效,可被映射到弹簧栅格上的一种反平面弹性-脆性转变的问题上,该弹簧栅格被随机分配了弹簧失效的阈值。

为了包含材料在塑性形变后发生的脆性失效,弹簧网络模型的方程式需要根据“概述”部分中的内容进行修正,具体如下:

弹性: $$F = ku \quad (u < u_Y)$$

塑性: $$F = k^P(u - u_Y) + ku_Y \quad (u_Y \leqslant u < u_F)$$

脆性: $$F = 0$$

弹性卸载: $$F = ku - (k - k^P)(u_{\text{unload}} + u_Y) \tag{7.41}$$

式中:u_Y、u_{unload}、u_F 分别为屈服、卸载、失效时弹簧的长度变化;u 为当前加载步骤中给定弹簧长度变化的大小。屈服前后弹簧的弹性常数分别表示为 k 和 k^P,并且对应于给定材料的弹性和塑性切变模量。通过约束弹簧的屈服和失效阈值来满足期望的概率分布,从而在模型中引入无序性。

进行模拟时，在非常小的步进中递增边界条件，这里假设屈服或者失效之前，系统应力的重新分布比载荷的增加率快得多，在弹簧屈服或失效后，需要修改系统的刚度矩阵，并再次求解方程组，从而描述局部应力的重新分布。需要重复该过程，直到在弹性-脆性转变的情况下栅格发生分离，或在弹塑性转变的情况下达到完全塑性状态。

2. Hill-Mandel 宏观均匀性条件

具有给定微观结构的任何无序体 $B_\delta(\omega)$ 在加载后满足以下两种不同类型边界条件中的任意种：

均匀位移（也称为动态的、基本的或 Dirichlet）边界条件（d）：

$$\boldsymbol{u}(\boldsymbol{x}) = \boldsymbol{\varepsilon}^0 \cdot \boldsymbol{x} \quad (\forall \boldsymbol{x} \in \partial \boldsymbol{B}_\delta) \tag{7.42}$$

均匀牵引力（也称为静态的、自然的或 Neumann）边界条件（t）：

$$\boldsymbol{t}(\boldsymbol{x}) = \boldsymbol{\sigma}^0 \cdot \boldsymbol{n} \quad (\forall \boldsymbol{x} \in \partial \boldsymbol{B}_\delta) \tag{7.43}$$

这里 $\boldsymbol{\varepsilon}^0$ 和 $\boldsymbol{\sigma}^0$ 表示常张量，因而平均应变和应力定理意味着 $\boldsymbol{\varepsilon}^0 = \bar{\boldsymbol{\varepsilon}}$ 和 $\boldsymbol{\sigma}^0 = \bar{\boldsymbol{\sigma}}$。这些载荷中的每一个都与 Hill-Mandel 宏观均匀性条件一致：

$$\overline{\boldsymbol{\sigma}:\boldsymbol{\varepsilon}} = \bar{\boldsymbol{\sigma}}:\bar{\boldsymbol{\varepsilon}} \Leftrightarrow \int_{\partial B_\delta} (\boldsymbol{t} - \bar{\boldsymbol{\sigma}} \cdot \boldsymbol{n}) \cdot (\boldsymbol{u} - \bar{\boldsymbol{\varepsilon}} \cdot \boldsymbol{x})\, dS = 0 \tag{7.44}$$

这意味着应力和应变场的体积平均的比例积应等于其体积平均值的乘积（Hill，1963；Mandel，1963；Huet，1982，1990；Sab，1991，1992）。虽然 Hill-Mandel 条件适用于弹性材料，但它也适用于增量设定中的塑性材料行为。

每个边界条件都会得到不同介观尺度的（或表观的）刚度或柔度张量，并且通常不同于由 eff 表示的宏观尺度下的（有效的、整体的等）性能。为了区别于有效性能，Huet 引入了表观项。

对于给定其 $B_\delta(\omega)$ 的随机介质 B_δ，将其作为一个线弹性体（$\boldsymbol{\sigma} = \boldsymbol{C}(\boldsymbol{\omega},\boldsymbol{x}):\varepsilon$），在某些介观尺度 δ 上，式(7.42)得出了一个表观随机刚度张量 $\boldsymbol{C}_\delta^d(\boldsymbol{\omega})$，有时表示为 $\boldsymbol{C}_\delta^e(\boldsymbol{\omega})$，其本构定律为

$$\bar{\boldsymbol{\sigma}} = \boldsymbol{C}_\delta^d(\boldsymbol{\omega}):\varepsilon^0 \tag{7.45}$$

而边界条件（式(7.43)）可得出表观随机柔度张量 $\boldsymbol{S}_\delta^t(\boldsymbol{\omega})$（有时表示为 $\boldsymbol{S}_\delta^n(\boldsymbol{\omega})$），其本构定律表示为

$$\bar{\varepsilon} = \boldsymbol{S}_\delta^t(\boldsymbol{\omega}):\boldsymbol{\sigma}^0 \tag{7.46}$$

对于反平面载荷，边界条件（式(7.42)和式(7.43)）通过下式执行：

均匀位移：
$$\varepsilon_{31}^0 = \varepsilon, \varepsilon_{32}^0 = 0 \tag{7.47}$$

均匀牵引力：
$$\sigma_{31}^0 = \sigma, \sigma_{32}^0 = 0 \tag{7.48}$$

3. 弹性脆性材料的模拟

使用具有线弹性行为的本构定律来对弹性-脆性转变至失效阈值的过程进行模拟。

1）模拟设置

第 7.2 节弹簧网络表示的基本思想中所讨论的弹簧栅格网络可以代表均匀的反平面弹性介质。键合强度（t）定义为弹簧可以承受的最大应变（对于 RFM，t 等同于熔断器在烧坏之前可以承受的最大电流）。根据 $[0,t_{\max}]$ 之间的分布函数 $p(t)$ 将键强度分配给栅格中的所有键。在栅格的垂直边界上，应用了单调递增的位移边界条件，而在水平边界上，应用周期性边界条件，以避免发生任何边界效应。在每个加载步骤中，从栅格中

移除 ε_{spring}/t 值最大的弹簧,并且再次求解修正后的线性方程组,以使应力重新分布。由于应力重新分布可能导致栅格中的其他弹簧失效,因此可使给定加载步骤中的移除程序持续进行,直到观察到所有可能的弹簧失效,或观察到承载能力突然下降的宏观失效(图 7.5)。

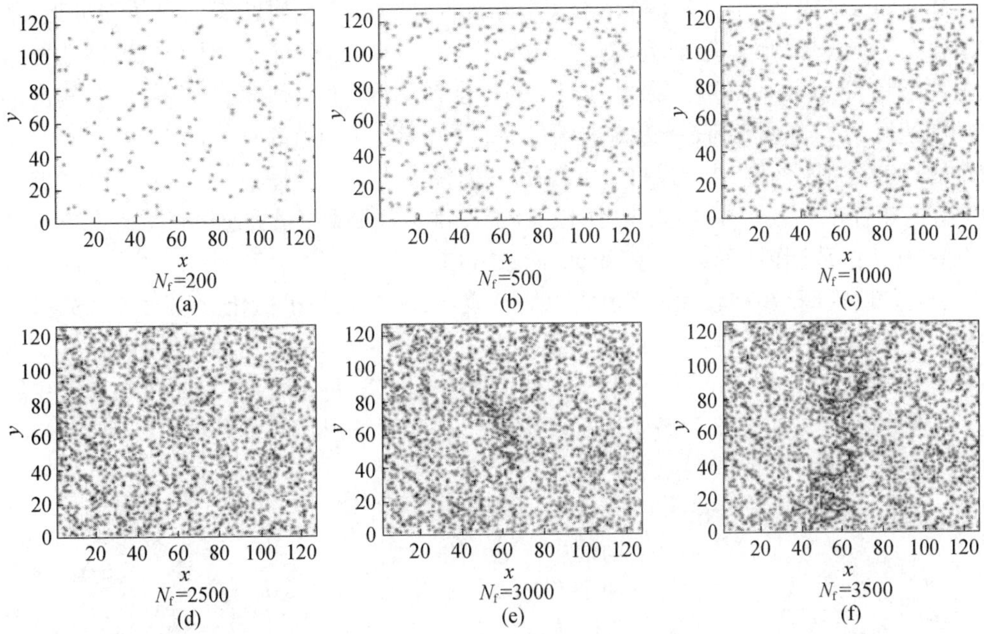

图 7.5　弹性-脆性材料中应变局部化的演变过程

2)扩散性断裂和脆性断裂

损伤的演变趋势取决于微裂纹尖端的无序性和应力集中之间的竞争。应力集中倾向于使损伤局部化,而无序性倾向于使损伤向其他区域扩散。当无序性现象占主导时,会在加载的初始阶段导致空间上散布不相连的裂纹,随着载荷增加,应力集中水平足以克服由于无序引起的阻力,但对较弱的无序性,应力集中在初始阶段即超越无序性,导致裂纹在最薄弱的区域萌生、形成。

Kahng 等(1988)在 RFM 中使用电击穿的方法,证明了弹性-脆性转变取决于两个因素:无序性的程度和所研究的介质的长度大小。Kahng 等(1988)提出了弹性-脆性转变的示意相图,如图 7.10 所示。无序性的程度由因子 w 决定,使得 $p(t)$ 在 $[1-w/2, 1+w/2]\ t_{max}$ 上均匀分布。因此,$w=2$ 对应于最大无序程度,即在 $[0, 2t_{max}]$ 上均匀分布。

观察到两种截然不同的裂纹形成趋势,分别称为扩散性裂纹(Kahng 等,1988)和脆性断裂。扩散性裂纹的特征在于,在瞬断之前出现空间上不相连的微裂纹,这通常在无序程度很高的材料中观察得到。对于无序程度较弱的材料,一般观察到脆性断裂,在脆性断裂中,最薄弱的单元在最终裂纹形成过程中起主导作用,裂纹一般在最薄弱的单元萌生,并由于裂纹尖端附近的应力集中水平较高,使裂纹层双向扩展,最后导致最终的失效。

Kahng 在相图(图 7.10)中提出的主要思想是,对于给定的长度 L,随着无序度的增加,存在一种无序度临界水平,脆性断裂会转变为扩散性断裂。然而,对于固定无序度 w,增加宏观长度 L 则会发生脆性断裂,除了在 $w = 2$ 的情况下,根据 Kahng 等(1988)的研究,此时的 w 接近了渗流极限,同时 $L \to \infty$。

3)断裂面的分形特性

Mandelbrot 和 Paullay(1984)在论文中开创性地指出了金属断裂面自仿射分形,他们的工作开启了一个新领域,研究断口的粗糙度(ξ)。经试验证实,对于很多韧性材料以及脆性材料(Bouchad,1997),在材料相关的尺度范围内(低至微米尺度下,以及较高的裂纹扩展速度),都会观察到 $\xi \approx 0.8$ 的情况(平面外或三维)(Lapasset 和 Planes,1990)。在较小的尺度范围(低至纳米尺度)和准静态条件下(裂纹传播速度低),在裂纹扩展区(FPZ)的粗糙度 ξ 处于 0.4~0.6 之间。对于二维平面断裂情况,通过试验获得粗糙度 ξ 在 0.6~0.7 的范围内(Bonamy 和 Bouchad,2011)。

ξ 的普遍性(至少在较大的长度尺度上)表明,断裂表面粗糙化过程由一种典型的物理现象控制,而与材料自身性质无关,很像在各向同性湍流的惯性子区间内存在的 Kolmogorov 缩放过程(Hansen 等,1991)。因此,在过去的 20 年中,裂纹表面粗糙度的主题引起了人们的极大关注。图 7.5~图(7.9)中可以观察到分形裂纹的形成,Wnuk(2014a,b)讨论了具有分形特征的断裂力学问题(图 7.10)。

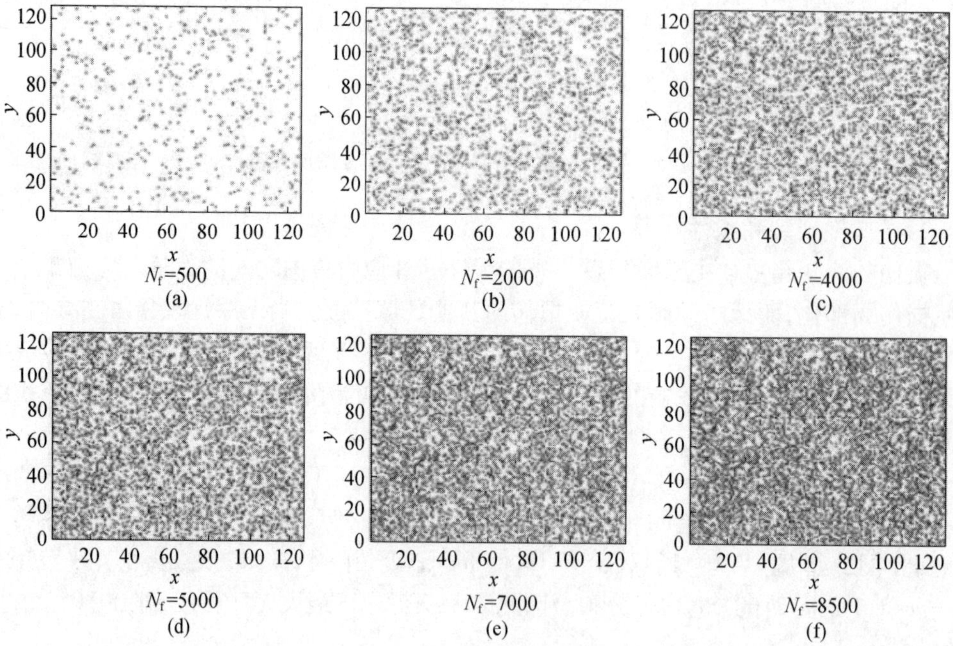

图 7.6 弹塑性材料中应变局部化的演变过程

4. 弹塑性材料建模

通过在弹簧本构行为中设定一个硬化斜率,可以获得弹性-塑性响应。在反平面弹性设置中,弹塑性响应(流变定律)在晶粒尺度上遵循如下方程:

$$\mathrm{d}\sigma_{3i} = C_{3i3j}\mathrm{d}\varepsilon_{3i},\text{当} f_p < 0 \text{ 或 } f_p = 0 \text{ 且 } \mathrm{d}f_p < 0$$
$$\mathrm{d}\sigma_{3i} = C_{3i3j}^{P}\mathrm{d}\varepsilon_{3i}^{P} \quad (f_p = 0, \mathrm{d}f_p < 0) \tag{7.49}$$

式中：$d\varepsilon_{3i}^{P}$ 为塑性应变增量；C_{3i3j}^{P} 为材料的硬化模量。Tresca 准则用于定义屈服函数：

$$f^{P}=\max(\sigma_{31},\sigma_{32})-\sigma_{s} \tag{7.50}$$

式中：σ_s 为给定晶粒的剪切屈服应力。建模时，根据期望的概率分布为弹簧分配屈服阈值来引入无序性，类似于弹性-脆性的情况进行模拟，载荷以小步长单调递增。在每个加载步骤之后，修改超过屈服阈值的所有弹簧以遵循硬化斜率，每次修改之后求解方程组，从而解释应力的重新分布，该模拟过程一直进行到完全塑性的状态。

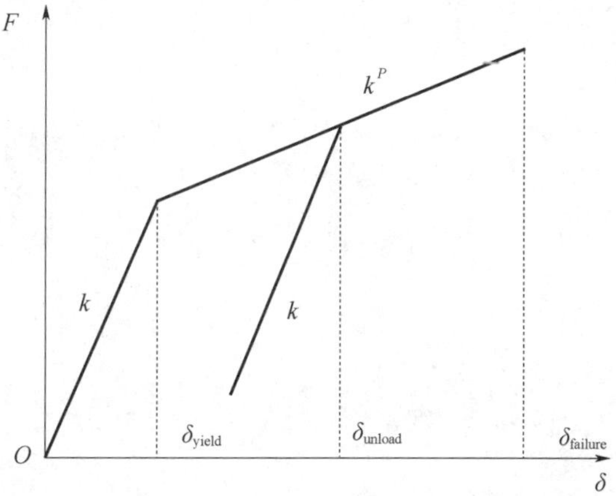

图 7.7　反平面弹簧栅格的弹塑性-脆性模型示意图

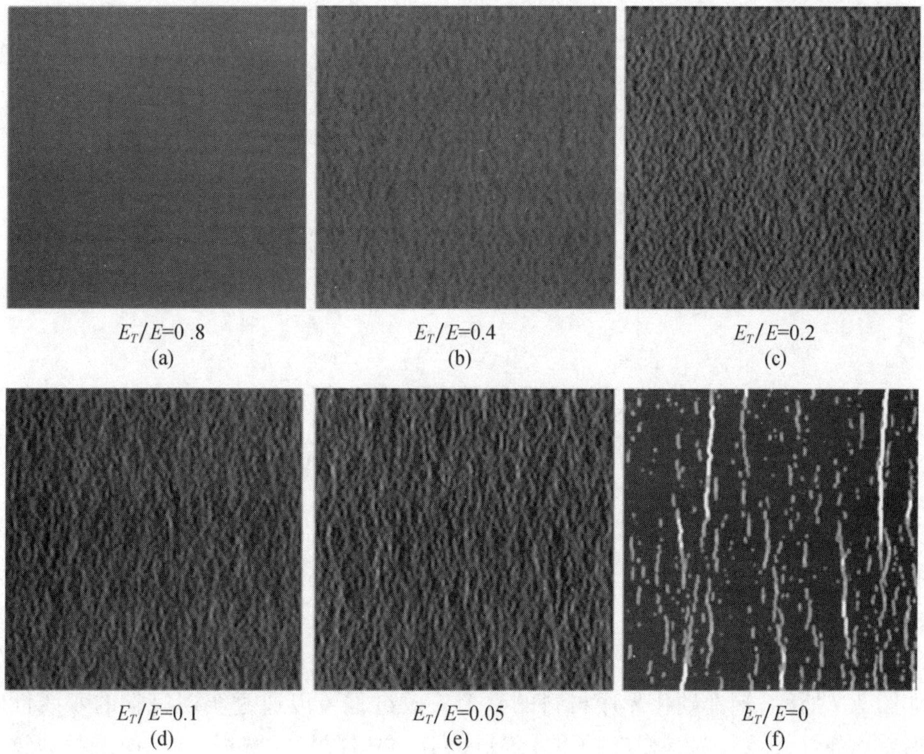

图 7.8　对不同的 E_T/E 值，归一化的应变轮廓图，E_T/E 为：(a)0.8，(b)0.4，(c)0.2，(d)0.1，(e)0.05 和(f)(完美塑性)。随着 E_T/E 减小，可观察到强度增加的应变局部化引起的剪切带

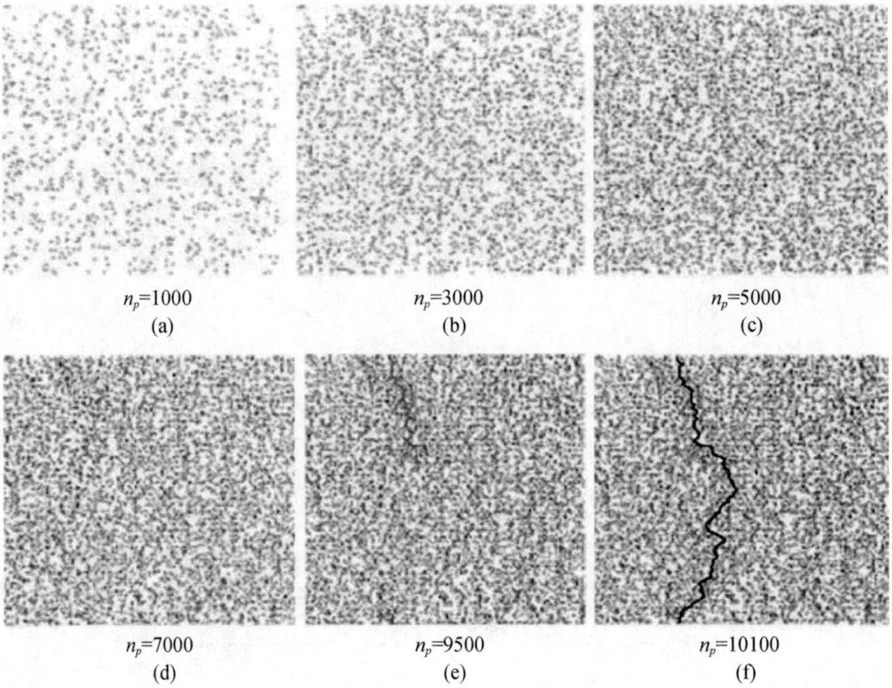

图 7.9　随着失效弹簧数 n_p 的增加,损伤累计和局部化最终导致(f)中宏观裂缝的形成

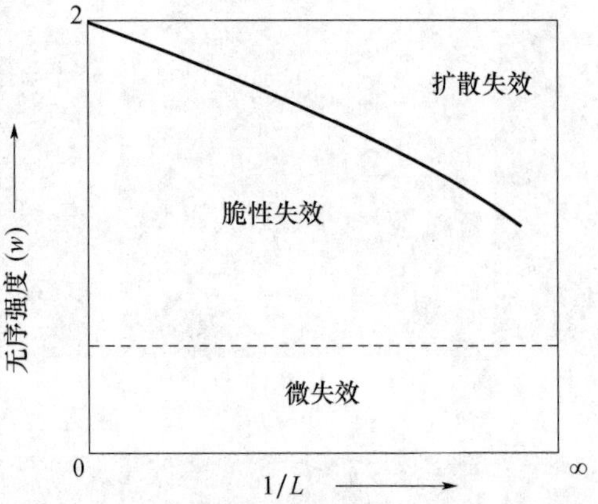

图 7.10　弹-脆转变示意图(Kahng 等,1988)

弹性-塑性转变基本上不同于弹性-脆性转变,因为在屈服区附近的应力集中不那么强,因此,没有观察到局部损伤。但是,由于后屈服材料响应较弱,对于低硬化材料可观察到应变局部化的区域(图 7.6)。

5. 弹塑性脆性材料建模

如图 7.7 所示,塑性硬化无序材料的整个失效过程可以通过实现完整的双线性响应进行追踪。弹性卸载行为是模型的重要组成部分,并得以显式解释,这是由于微裂纹的形成可能会导致屈服区域发生局部卸载。这些模拟中,在失效或屈服事件之后的每个加载步骤中,都要修正每个卸载了的屈服弹簧,从而遵循弹性卸载响应过程。

目前,有效的模型响应由硬化率、屈服中的无序度和失效极限三个参数控制。基于弹性-脆性和弹性-塑性响应的观察结果,某些结果可以直观地从弹性-塑性和脆性模型中得出。对于高硬化率,材料显著的屈服后承载能力避免了应变局部化区域的形成,因此该体系基本遵循弹性-脆性行为。另一方面,对于低硬化率,在应变局部区域内形成微裂纹会加速失效过程,导致晶格的有效强度降低。无序度通过抑制微裂纹的局部化来减轻裂纹尖端应力集中的影响,因此,可以通过修改无序分布和本构弹簧响应来模拟各种各样的材料响应。

Rinaldi(2011)使用双线性纤维响应和独立的屈服和失效阈值概率分布,在纤维束模型(FBM)领域中研究了类似的问题。

7.3.3　无序弹性脆性复合材料的损伤模式与云图

如第 7.1 节所述,栅格方法也可用于模拟异质材料的损伤。该方法模拟复合材料的弹性-脆性失效时特别有效,其中使用了比典型微观结构尺寸更精细的栅格,理论上,需要确定可保证网格独立的晶格间距,目前已经有学者对薄铝多晶片进行了这样的研究(Ostoja-Starzewski,2008)。

参考 Alzebdeh 等(1998)的工作,研究了两相复合材料在周期性边界条件下和(必要的)周期性几何形状条件下的反平面剪切现象。由于两个相(夹杂 i 和基体 m)是各向同性和弹性-脆性的(图 7.11(a)),复合材料可以通过两个无量纲参数来表征:

$$\varepsilon_{cr}^{i}/\varepsilon_{cr}^{m} \quad C^{i}/C^{m} \tag{7.51}$$

式中:$\varepsilon_{cr}^{i}(\varepsilon_{cr}^{m})$ 为增强体(基体)失效时对应的应变;$C^{i}(C^{m})$ 为增强体(基体)的刚度,这给出了损伤平面(图 7.11(b))的概念,它显示了强度和刚度的各种组合。虽然第一象限和第三象限损伤平面的响应非常直观,但第二象限和第四象限并非如此,在这两个象限中,存在高刚度和低强度增强体与基体的反向性质之间的竞争,或相反的竞争。损伤平面可用于显示随机复合材料的任意几何形状的有效损伤模式,同时改变其物理特性(图 7.12)及其他特征,例如,整体意义上的响应统计(图 7.13)。

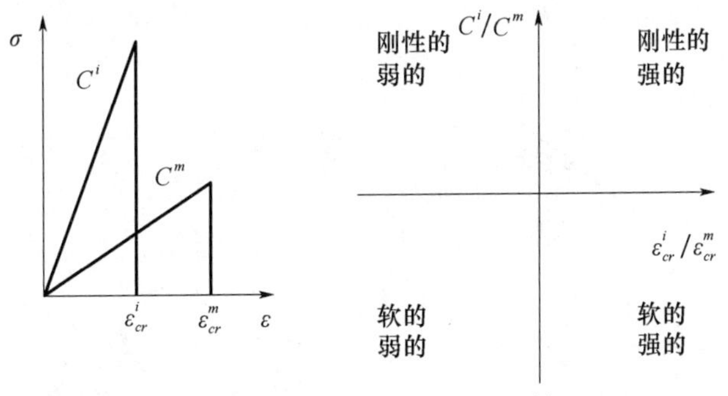

图 7.11　(a)基体和增强相的弹性-脆性应力应变曲线,(b)损伤平面示意图

在参考文献中研究了许多其他问题:

(1)应力和应变强度;

(2)响应的有限尺度缩放;

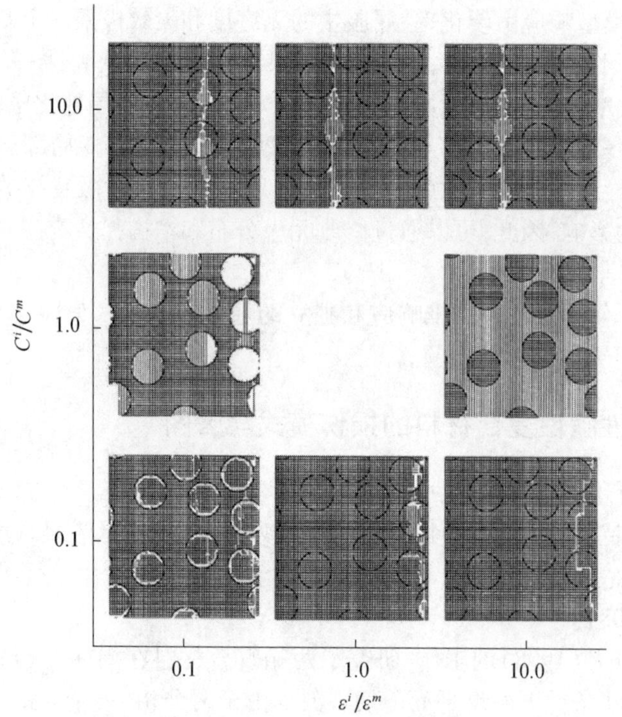

图 7.12　比增强体直径大 4.5 倍条件下，损伤平面上的裂纹花样。中心的图片为一种均匀体，由于它对应所有的键合同时失效，因而未显示出来

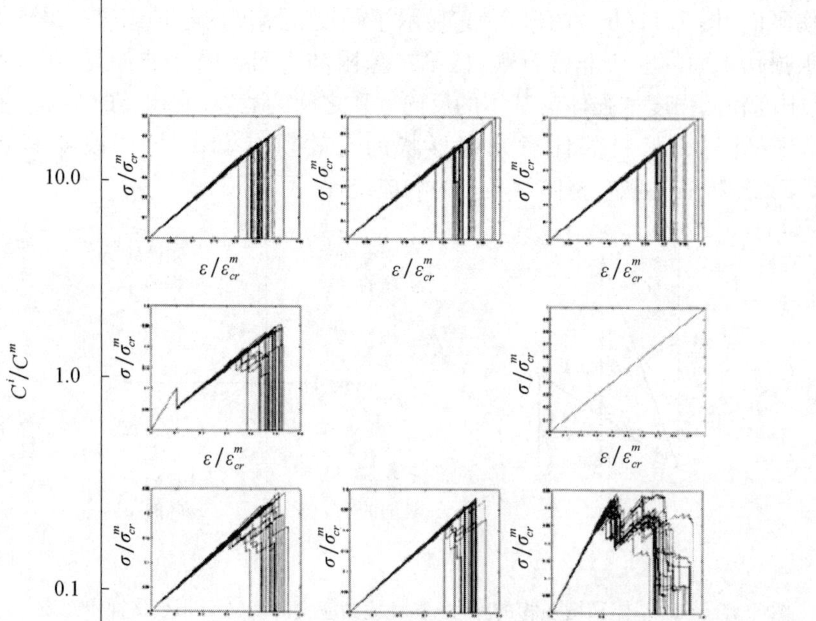

图 7.13　如图 7.12 中的随机复合材料经 20 次运算的本构响应的损伤统计图

(3)统计函数拟合(其中β概率分布提供比威布尔或 Gumbel 更普遍的拟合);

(4)无序性与周期性的影响。

另外,参见 Ostoja-Starzewski 和 Lee(1996)进行的面内载荷下类似的研究,他们展示了损伤演化过程的计算机视频。

7.4　粒子模型

7.4.1　控制方程

1. 基本概念

粒子模型是晶格模型的广义化,它包括了动态效应,也可以视为分子动力学(MD)的分支。随着计算机和计算技术的发展,该领域在过去的几十年中得到了进一步的发展,其目的是模拟许多相互作用的原子或分子,以获得液体或固体材料的宏观特性(Greenspan, 1997,2002;Hockney 和 Eastwood,1999)。需要在较长的时间间隔内对 Hamiltonian 微分运动控制方程进行积分,以便从计算出的运动轨迹提取出系统的相关统计信息。

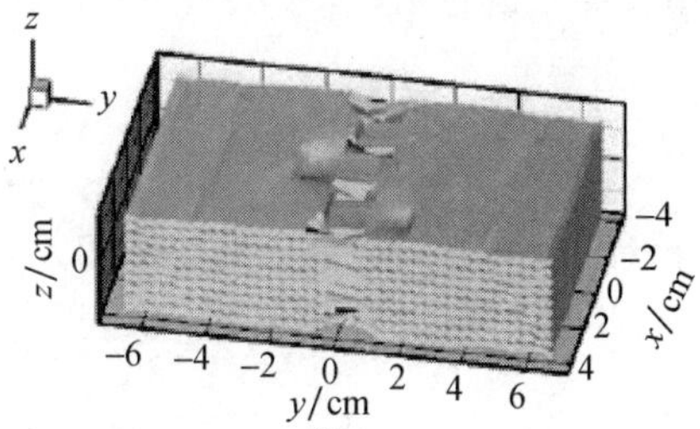

(a)　(b)

图 7.14　(a)二维和(b)三维中的粒子模型和断裂的中间阶段(Wang 等,2006)

在过去的 20 年中,通过改进,这种类型的技术已经可以模拟较大尺度的材料,因此,用比分子大的材料块充当粒子的作用,即粒子或准粒子。为了减少复杂系统的自由度,将星系模型作为准粒子系统,每个星系代表大量由恒星组成的团块。在所有这些粒子模型(PM)中,材料被离散化为周期格栅式排列的粒子,就像在前面部分研究的弹簧网络模型中那样,但通过非线性电势相互作用,并考虑惯性效应,即全动态学效应,如图 7.14 所示,格栅可以是二维或三维的。

须注意,与有限元(FE)比较,FE 的确也涉及一种人为的空间分割,如果使用相同类型的晶格,PM 本身很适合处理与原子间势能具有相同函数形式的粒子间势能的问题。因此,PM 可以利用与 MD 相同的数值技术,并且能够相当容易地处理各种高度复杂的运动,因而关键的问题是如何将 MD 中的给定分子势转变为 PM 中的粒子间势。在分子相互作用尚不清楚的情况下,PM 可能较 FE 更优。另外,矿物粉碎的情况正是如此,其中涉及的尺度可达到米级(Wang 和 Ostoja-Starzewski,2005;Wang 等,2006)。

在 MD 中,原子或分子系统的运动受经典分子势和牛顿力学的控制,例如铜,根据 Greenspan(1997),其 6-12 的 Lennard-Jones 势能是:

$$\phi(r)=-\frac{1.398086}{r^{6}}\times10^{-10}+\frac{1.55104}{r^{12}}\times10^{-8}\,\text{erg}^{①} \tag{7.52}$$

这里 r 以 Å 度量。由此得出两个铜原子之间的相互作用力为

$$F(r)=-\frac{\mathrm{d}\varphi(r)}{\mathrm{d}r}=-\frac{8.388408}{r^{7}}\times10^{-2}+\frac{18.61248}{r^{13}}\,\text{dyn} \tag{7.53}$$

在式(7.52)中,当 $r_0=2.46$Å 时,$F(r)=0$,且 ϕ 取得最小值:$\phi(r_0)=-3.15045\times10^{-13}$ erg。

使用基础材料学的简单方法(Ashby 和 Jones,1980),材料的杨氏模量 E 可以由 $\phi(r)$ 得到:

$$E=\frac{S_0}{r_0}\quad\left(S_0=\frac{\mathrm{d}^2\varphi(r)}{\mathrm{d}r^2}\Big|r_0\right) \tag{7.54}$$

采用这种方法,发现铜的杨氏模量为 152.942 GPa,这个数字与铜和铜合金的物理性质非常接近,其值为 120~150 GPa,那么连续体型的拉应力为

$$\sigma(r)=NF(r) \tag{7.55}$$

式中:N 为单位面积的键数,等于 $1/r_0^2$。当 $\frac{\mathrm{d}F(r)}{\mathrm{d}r}=0$ 时,即 $r_d=2.73$Å(键损伤间距)时,拉伸强度为

$$\sigma_{TS}=NF(r_d)=462.84\text{MN/m}^2 \tag{7.56}$$

该值与报告中,铜和铜基合金的数据:250~1000MPa 一致。

在 PM 中,相互作用力也仅考虑在最近邻(准)粒子之间,并假设与 MD 中的形式相同:

$$\varphi(r)=-\frac{G}{r^p}+\frac{H}{r^q} \tag{7.57}$$

式中:所有的正常数 G、H、p 和 q 尚未确定,这将在下面完成。必须满足不等式 $q>p$,以便获得必然(非常)强于吸引力的排斥效果。在图 7.15(a)中给出了三对 p 和 q 的相互作用力的三个例子,较大范围 p 和 q 的杨氏模量如图 7.15(b)所示。

与 MD 一样,PM 中的传统方法是将系统的每个粒子 P_i 的运动方程设为

$$m_i\frac{\mathrm{d}^2r_i}{\mathrm{d}t^2}=\alpha\sum_j\left(-\frac{G_i}{r_{ij}^p}+\frac{H_i}{r_{ij}^q}\right)\frac{\boldsymbol{r}_{ji}}{r_{ij}}\quad(i\neq j) \tag{7.58}$$

式中:m_i 为 P_i 的质量;$\boldsymbol{r}_{ji}$ 为由 P_j 指向 P_i 的向量;对 P_i 的所有相邻项进行求和。此外,α 是一个归一化常数,它是在假设重力作用下的两个粒子之间的力很小的情况下而获得的:

$$\alpha\left|-\frac{G_i}{D^p}+\frac{H_i}{D^q}\right|<0.001\times980m_i \tag{7.59}$$

这里 D 是局部相互作用的距离(在该特定实例中为 $1.7\,r_0$ cm),其中 r_0 是粒子结构的平衡间距。Greenspan(1997)引入参数 α 的原因是为了在重力存在下将两个粒子之间的相互作用力定义为局部的。但是,由于根据式(7.49)设定 α 将导致一种"伪动态"解,因

① 1erg = 10^{-7}J,1dyn = 10^{-5}N

而设置 $\alpha = 1$。

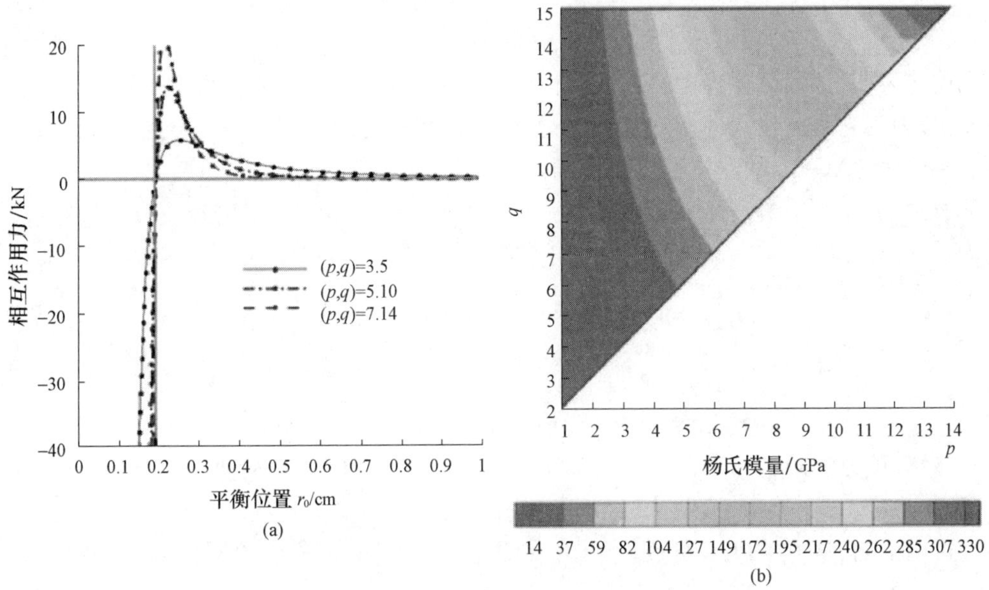

图 7.15　(a)针对(p , q)指数对的相互作用力，
r_0 = 0.2 cm。(b)(p , q)平面中杨氏模量的变化(彩图)

根据式(7.47)所示，不同的(p , q)对得到不同的连续体型的材料特性，例如杨氏模量 E 。显然，改变 r_0 和所模拟材料的体积 $V(=A \times B \times C)$ 也会影响杨氏模量。因此，存在如下的广义函数关系：

$$E = E(p, q, r_0, V) \tag{7.60}$$

可以提出四个约束条件确定连续体尺度上的杨氏模量和拉伸强度，同时保持粒子系统的质量和能量守恒，并满足给定 MD 模型的 PM 模型中所有粒子之间的相互作用规律(Wang 和 Ostoja-Starzewski，2005)。

2. 跳点法

就像在 MD 中一样，粒子建模中有两种常用的数值方案：完全守恒的方法和跳跃方法。第一种方案比较精确，是因为它完美地保证了能量及线性和角动量的守恒，但需要非常大的计算量来求解代数问题。第二种方案是近似的，由于在大多数问题中需要大量的粒子来充分代表模拟体，完全守恒的方法不够便捷，因此，通常使用跳点法(Ostoja-Starzewski 和 Wang，2006)。通过考虑在时间 $t_k = k\Delta t$ 和 $t_{k+1} = (k+1)\Delta t$ 处的粒子 P_i ($i=1, 2, \cdots, N$)的位置 $\boldsymbol{r}_{i,k+1}$ 和 $\boldsymbol{r}_{i,k}$ 的泰勒展开式，从而导出该方法，对应的时间 $t_{k+1/2} = (k + 1/2)\Delta t$ (Δt 为时间步长)：

$$\begin{cases} \boldsymbol{r}_{i,k+1/2} = \boldsymbol{r}_{i,k+1/2} - \dfrac{\Delta t}{2}\boldsymbol{v}_{i,k+1/2} + \dfrac{\Delta t^2}{4}\boldsymbol{a}_{i,k+1/2} - \dfrac{\Delta t^3}{48}\boldsymbol{a}_{i,k+1/2} + O(\Delta t^4) \\ \boldsymbol{r}_{i,k+1/2} = \boldsymbol{r}_{i,k+1/2} + \dfrac{\Delta t}{2}\boldsymbol{v}_{i,k+1/2} + \dfrac{\Delta t^2}{4}\boldsymbol{a}_{i,k+1/2} + \dfrac{\Delta t^3}{48}\boldsymbol{a}_{i,k+1/2} + O(\Delta t^4) \end{cases} \tag{7.61}$$

这里 $\boldsymbol{v}_i$ 和 $\boldsymbol{a}_i$ 表示速度和加速度。加上和减去这两个量后，得到新的位置和速度：

$$
\begin{cases}\boldsymbol{r}_{i,k+1} = 2\boldsymbol{r}_{i,k+1/2} - \boldsymbol{r}_{i,k} + \dfrac{\Delta t^2}{4}\boldsymbol{a}_{i,k+1/2} + O(\Delta t^4) \\ \boldsymbol{v}_{i,k+1/2} = (\boldsymbol{r}_{i,k+1} + \boldsymbol{r}_{i,k})/\Delta t + O(\Delta t^4)\end{cases} \tag{7.62}
$$

此式表明,位置计算要比速度计算精确两个数量级。然而,速度的误差积累与位置的一样快,因为它是由位置进行计算的。显而易见,跳点法比基于 $\boldsymbol{v}_{i,k+1} = \boldsymbol{v}_{i,k} + (\Delta t)\boldsymbol{a}_{i,k}$ 和 $\boldsymbol{r}_{i,k+1} = \boldsymbol{r}_{i,k} + (\Delta t)\boldsymbol{v}_{i,k}$ 的欧拉积分更精确。

通常,关于所有粒子 $P_i\ (i=1,2,\cdots,N)$ 的位置 $\boldsymbol{r}_i$ 、速度 $\boldsymbol{v}_i$ 和加速度 $\boldsymbol{a}_i$ 的跳点法公式为:

$$
\begin{cases}\boldsymbol{v}_{i,1/2} = \boldsymbol{v}_{i,0} + \dfrac{\Delta t}{2}\boldsymbol{a}_{i,0} \quad (\text{起始公式}) \\ \boldsymbol{v}_{i,k+1/2} = \boldsymbol{v}_{i,k-1/2} + (\Delta t)\,\boldsymbol{a}_{i,k} \quad (k = 0,1,2,\cdots) \\ \boldsymbol{r}_{i,k+1} = \boldsymbol{r}_{i,k} + (\Delta t)\,\boldsymbol{v}_{i,k+1/2} \quad (k = 0,1,2,\cdots)\end{cases} \tag{7.63}
$$

显然,该方法的名称来自相对位置和加速度的中间时间步长的速度,它也被称为 Verlet 算法。

可以证明,从 P_i 的 $\boldsymbol{r}_{i,k}$ 到 $\boldsymbol{r}_{i,k+n}$(即,在 $T = n\Delta t$ 上)的位置上的整体(累积)误差为

$$
\mathrm{error}(\boldsymbol{r}_{i,k+n} - \boldsymbol{r}_{i,k}) = O(\Delta t^2) \tag{7.64}
$$

这也是速度的整体误差。

稳定性与误差的传播有关,即使截断误差和舍入误差非常小,但如果小误差的影响随着时间的推移迅速增长,那么该方案也没什么价值。因此,不稳定性源于离散化方程的非物理解,如果离散方程具有比微分方程的正确解更快地增多的解,则即使非常小的舍入误差也会使得到的数值无意义。通过原子单元时间的根轨迹法,跳点法中满足此要求的合适的时间步长为

$$
\Omega\Delta t \ll 2 \quad \Omega = \left(\frac{1}{m}\left|\frac{\mathrm{d}F}{\mathrm{d}r}\right|_{\max}\right)^{\frac{1}{2}} \tag{7.65}
$$

因此,如果 $r \to 0$,则 $\mathrm{d}F/\mathrm{d}r \to \infty$,这使 $\Delta t \to 0$。由于这可能会导致计算出现问题,因此建议根据以下条件引入两个粒子之间的最小距离:

(1)对于板或梁的拉伸问题,取 $(\mathrm{d}F/\mathrm{d}r)_{\max} \approx \mathrm{d}F/\mathrm{d}r|_{r=r_0}$,其中(·)表示 $\Delta t \approx 10^{-7} \sim 10^{-6}\mathrm{s}$。

(2)对于冲击问题,通常需要设置限定两个最近粒子之间的最小间距,例如 $r_{\min} = 0.1r_0$。从图 7.15(a)中很容易看出,在这种情况下,由于 Ω 的快速增加,时间增量大大减小,这导致 $\Delta t \approx 10^{-8}\mathrm{s}$。

根据 MD 方法(Napier-Munn 等,1999),还可以建立收敛准则:$\Delta t < 2\sqrt{m/k}$,其中 m 是要考虑的最小质量,式(7.44)中的 k 是与 S_0 相同的刚度。对这两个准则进行研究表明,弹性或弹性脆性但非塑性的材料,它们之间没有太大的定量的差异。

3. 示例

最大熵公式更适合处理准静态而不是动态断裂问题,在 Al-Ostaz 和 Jasiuk(1997)采用商业有限元程序的几个计算力学模型中,以及另一个独立的采用无网格单元程序进行的研究中(Belytschko 等,1995),其试验中断裂的动态特性与多个初始点的出现相结合也

是一个巨大的挑战。在尝试各种失效准则和主观选择(例如在无网格模型中被迫启动开裂过程)时,模拟时会遇到一种不确定性,比如模拟的哪个方面更为关键以及是否有解释该不确定性的方法,最近的一项研究(OstojaStarzewski 和 Wang,2006)受到了这一问题的启发,它提供了一种测试 PM 的试验方法。

环氧树脂板材中,关于孔洞引发的裂纹花样的试验通过两种分析方法进行处理——一种基于最小势能公式,另一种基于最大熵方法;他们均依赖于准静态响应的假设。严格来讲,虽然载荷是静态的,但断裂过程是动态的。显然,为了与模型预测结果进行直接对比时,矿物样品的制备是非常困难的,这涉及了高度不均匀的多相微观组织的测量。因此,根据如下思路,将模型应用于带有 31 个孔洞的板材试样的试验中:

(1)减小栅格间距,直到获得与网格无关的裂纹花样。

(2)找出(1)中的栅格是否也会产生图 7.16 中所示的主裂纹花样,该裂纹花样必然随着网格的细化而趋于“稳定”。

(3)假设(2)的答案是肯定的,则在材料属性中引入微弱的刚度或强度扰动,以确定哪一种扰动对偏离主裂纹花样具有更强的影响,即对图 7.16 中的分散度的影响。

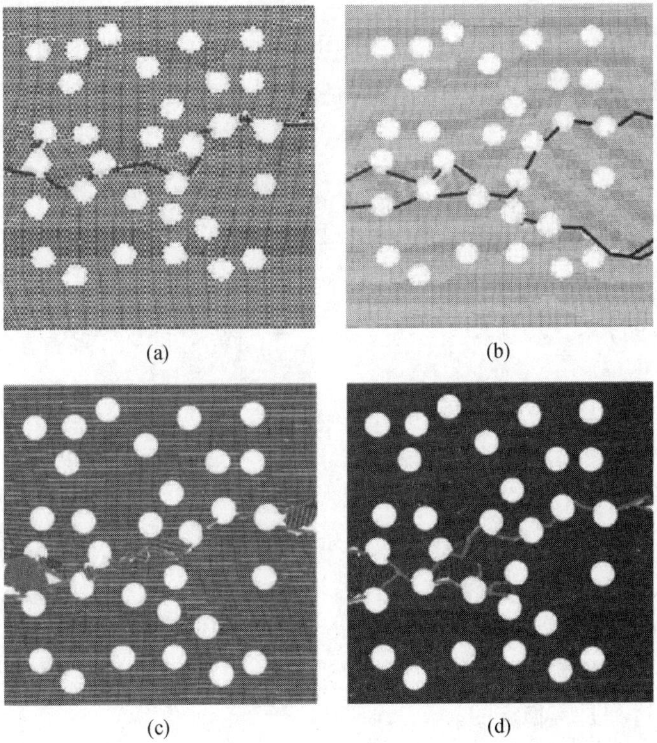

图 7.16　来自 Ostoja-Starzewski 和 Wang(2006)四种栅格结构的最终裂缝花样,栅格间距越来越细:(a) r_0 = 0.1cm,(b) r_0 = 0.05cm,(c) r_0 = 0.02cm,以及(d) r_0 = 0.01cm

4. 其他模型

PM 只是 MD 方法的变体之一,以下是一些其他可能的模型:

(1)分子静力学(MS)——通过忽略惯性力,它涉及了原子系统的一个静态解(Vinogradov,2006,2009,2010)。MD 允许对非常短的时间尺度内(纳秒级的瞬态现象)进行大型系统的模拟,但 MS 允许大的(宏观类型)时间尺度,即使受到(非线性)代数系统的限制,仍旧可以进行解析,并限制于 0°K。

(2)基于宏观层面上与分子层面上位移相同的假设,从微观模型推导出连续体模型(Blanc 等,2002)。

(3)引入连续体型粒子的有限扩展和自旋(Yserentant,1997)。

(4)将原子间势能直接并入原子尺度的连续体分析中(Zhang 等,2002)。

7.5 损伤现象中的尺度与随机演化

考虑一种弹性与损伤状态相关联的材料,如下列本构方程所表述(Lemaitre 和 Chaboche,1994):

$$\sigma_{ij} = (1 - D)C_{ijkl}\varepsilon_{kl} \tag{7.66}$$

这里 C_{ijkl} 是各向同性的,必须与各向同性的损伤定律相结合,即

$$D = \frac{\partial \Phi^*}{\partial Y} \tag{7.67}$$

其中 $Y = -\partial\psi/\partial\varepsilon$ 是亥姆霍兹自由能。该公式需满足 TIV(具有内部变量的热力学)假设,具体而言,标量 D 随着弹性应变 $\varepsilon = \varepsilon_{ii}$ 而变化,根据下式,它被看作是一种类似时间的参数:

$$\frac{\partial D}{\partial \varepsilon} = \begin{cases} (\varepsilon/\varepsilon_0)^{S^*} & (当\ \varepsilon = \varepsilon_D\ 且\ \mathrm{d}\varepsilon = \mathrm{d}\varepsilon_D) \\ 0 & (当\ \varepsilon = \varepsilon_D\ 且\ \mathrm{d}\varepsilon < 0) \end{cases} \tag{7.68}$$

从初始条件 $D = \varepsilon_D = 0$ 到总损伤 $D = 1$ 进行积分得出:

$$D = (\varepsilon/\varepsilon_0)^{s^*+1} \quad \varepsilon_R = [(1+s^*)\,\varepsilon_D^{s^*}]^{s^*+1} \quad \sigma = [1 - (\varepsilon/\varepsilon_R)^{s^*+1}]E\varepsilon \tag{7.69}$$

其中 $\sigma = \sigma_{ii}$。

该公式为 RVE 的有效法则,即

$$C_{jkel}^{\mathrm{eff}} = C_{ijkl\,|\,\delta\to\infty} \quad D^{\mathrm{eff}} = D_{\,|\,\delta\to\infty} \quad \psi^{\mathrm{eff}} = \psi_{\,|\,\delta\to\infty} \quad \Phi^{\mathrm{eff}} = \Phi_{\,|\,\delta\to\infty} \tag{7.70}$$

并且,它是在介观尺度上采取表观响应形式的指导式,因此,假设相同类型的公式适用于任何介观尺度 δ,那么在均匀位移边界条件下,任何样本 $B_\delta(\omega)$ 的表观响应式为

$$\bar{\boldsymbol{\sigma}} = (1 - D_\delta^d)\boldsymbol{C}_\delta^d(\omega) : \boldsymbol{\varepsilon}^0 \tag{7.71}$$

符号 D_δ^d 表示材料损伤取决于介观尺度 δ 和所采用的边界条件类型(d)。实际上,虽然可以写出另一个表观响应 $\bar{\varepsilon} = (1 - D_\delta^d)^{-1}S_\delta^t(\omega) : \sigma^0$,但并不这么做,是因为牵引边界条件($t$)下的损伤过程是不稳定的。

如果假设一种 WSS 和代表性的微观结构,就可以通过类似于线弹性材料的方法获得 D_δ^d 上的尺度相关的界限。然后可在 $\langle D_\infty^d \rangle \equiv D^{\mathrm{eff}}$ 上获得层级结构的边界(Ostoja-Starzewski,2002b):

$$\langle D_{\delta'}^d \rangle \leqslant \langle D_\delta^d \rangle \leqslant \cdots \leqslant \langle D_\infty^d \rangle \quad (\forall \delta' = \delta/2) \tag{7.72}$$

这些不等式与脆性固体的显式威布尔尺度模型得出的结果一致,即样品越大,失效的可能性就越大。

接下来感兴趣的是构建带 ε 的 D_δ^d 随机演化模型,见式(7.73),换句话说,随机过程

$D_\delta^d = \{D_\delta^d(\omega,\varepsilon)\ ;\omega \in \Omega,\varepsilon \in [0,\varepsilon_R]\}$ 是必需的。为了简化讨论，就像在 Lemaitre 和 Caboche(1994)中那样，假设 $s^* = 2$，那么可以考虑下列条件：

$$dD_\delta^d(\omega,\varepsilon) = D_\delta^d(\overline{\omega},\varepsilon) + 3\varepsilon^2[1 + r_\delta(\omega)]dt \tag{7.73}$$

其中 $r_\delta(\omega)$ 是一个零均值随机变量，取值为 $[-a_\delta, a_\delta]$，$1/\delta = a_\delta < 1$。该过程具有以下特性：

(1)对于 $\delta < \infty$，即有限的体积尺寸，其样本运算表现为 $\omega - \omega$ 的分散特征。

(2)随着体积尺寸增至 RVE 极限内的无穷大($\delta \to \infty$)，它即是确定的。

(3)其样本运算为 ε 的弱单调递增函数。

(4)其样本运算是连续的。

(5)如果将 ε_R 看作是具有某种属性的 δ 的函数，则满足尺寸效应不等式(式(7.73))：

$$\varepsilon_R(\delta) < \varepsilon_R(\delta') \quad (\forall \delta' = \delta/2) \tag{7.74}$$

但是，若观察到了随机的微观组织的存在，应将介观尺度损伤视为一系列微观事件的叠加，如图 7.17(a)中的脉冲所示，因而使表观的损伤过程 D_δ^d 具有不连续的样本路径且在离散时刻瞬间发生增量 dD_δ^d (图 7.17(c))。为了满足这一要求，应该采用 Markov 跳跃过程，其范围是[0,1]子集(即 D_δ^d 取值)。此过程将由演化增殖因子给出，或者更确切地说，由间隔跳跃概率密度函数指定，如下所示：

概率为 $p(\varepsilon',,D_\delta^{d'}|\varepsilon,D_\delta^d)d\varepsilon' dD_\delta^{d'}$，如果该过程在时刻 ε 时，处于状态 D_δ^d，则其下一次跳跃将发生在时间 $\varepsilon + \varepsilon'$ 和 $\varepsilon + \varepsilon' + d\varepsilon'$ 之间，并且将该过程带入 $D_\delta^d + D_\delta^{d'}$ 和 $D_\delta^d + D_\delta^{d'} + dD_\delta^{d'}$ 之间的某种状态。

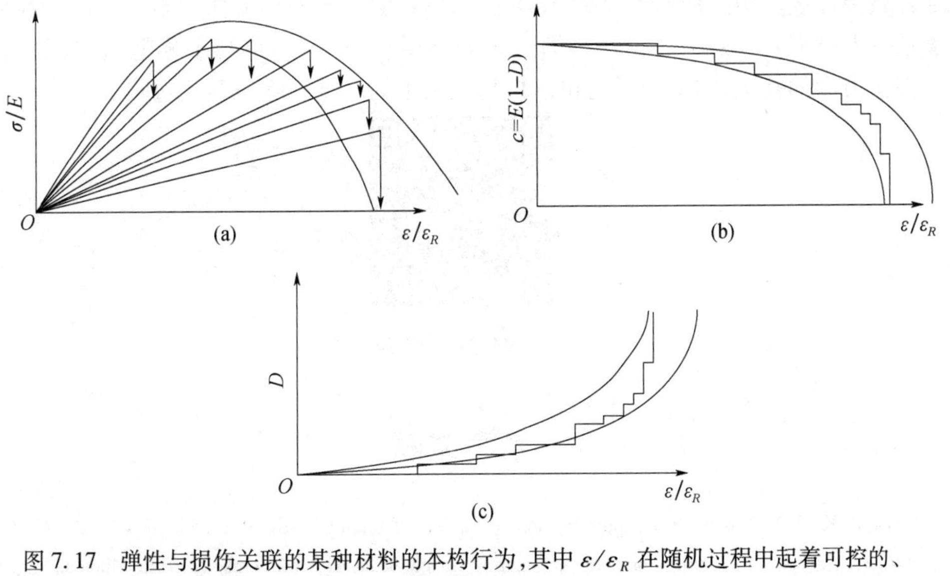

图 7.17　弹性与损伤关联的某种材料的本构行为，其中 $\varepsilon/\varepsilon_R$ 在随机过程中起着可控的、类似时间参数的作用

(a)具有锯齿形特征的 B 中的单个试样 B_δ 的应力-应变响应；(b)刚度的降低；(c)损伤变量的演变。

(a)~(c)中所示的曲线表示在有限尺度 δ 处的应力、刚度和损伤的分布。假设空间上的普遍性，这种分散特征将在极限 $\delta \to \infty$ 时消失，从而恢复为连续损伤力学的特征响应曲线。

图 7.17(b)表示了一种表观的、介观尺度的刚度的运算：$C_\delta^d(\omega,\varepsilon)$；$\omega \in \Omega,\varepsilon \in [0,\varepsilon_R]$，它对应于图 7.17(c)的运算 $D_\delta^d(\omega,\varepsilon)$；$\omega \in \Omega,\varepsilon \in [0,\varepsilon_R]$，得到的本构响应为：$\sigma_\delta(\omega,\varepsilon)$；$\omega \in \Omega,\varepsilon \in [0,\varepsilon_R]$，如图 7.17(a)所示。

该模型的校准(正如上面较简单的那样)，即 $p(\varepsilon',D_\delta^{d'} \mid \varepsilon,D_\delta^d)\,\mathrm{d}\varepsilon'\mathrm{d}D_\delta^{d'}$，可以通过试验或计算机模拟进行，正如本章前面讨论过的那样。注意，在宏观图像($\delta \to \infty$)中，有效应力-应变响应的锯齿形特征和随机性消失。然而，许多关于 $\delta \to \infty$ 随机介质断裂力学/物理学的研究(例如，Herrmann 和 Roux，1990)表明，随着 $\delta \to \infty$ 的均匀化通常非常缓慢，因此 WSS 和代表性随机场的假设可能对于许多情况而言太强；请参阅 Rinaldi(2013)的相关工作。

将上述模型从各向同性扩展到(更加真实的)各向异性损伤，这时将需要张量，而非标量随机场和 Markov 过程，这将导致更强的数学复杂性，这可以通过选择该小节的第一模型而不是后者来得以平衡。这些问题虽然在技术上具有挑战性，并为理论家们提供了丰富的成果，但相对于描述随机连续介质的损伤力学的基本目标而言则是次要的，该损伤力学：①基于随机介质的微观力学以及经典热力学的基础，并与其保持一致；②在无限体积极限中，简化为经典的连续体损伤力学。

7.6 小　　结

损伤力学中使用栅格模型的目的是同时模拟异质材料中的弹性、塑性和断裂响应，这是传统连续体固体力学和有限元分析无法轻易实现的。在回顾了反平面、平面经典和平面非经典弹性设置中的栅格模型的基本概念之后，给出了各种损伤力学的应用示例(包括断裂的分形特征)。然后，讨论从静力学扩展到了动力学(即准粒子模型)。作为随机连续体损伤力学的基础，本章最后讨论了损伤现象中的尺度和随机演化过程。

本章相关彩图，请扫码查看

参考文献

M. J. Alava, P. K. V. V. Nukala, S. Zapperi, Statistical models of fracture. Adv. Phys. 55(3-4), 349-476(2006)

A. Al-Ostaz, I. Jasiuk, Crack initiation and propagation in materials with randomly distributedholes. Eng. Fract. Mech. 58, 395-420(1997)

K. Alzebdeh, A. Al-Ostaz, I. Jasiuk, M. Ostoja-Starzewski, Fracture of random matrix-inclusioncomposites: scale effects and statistics. Int. J. Solids Struct. 35(19), 2537-2566(1998)

M. F. Ashby, D. R. H. Jones, Engineering Materials 1: An Introduction to their Properties and Applications (Pergamon Press, Oxford, 1980)

T. Belytschko, Y. Y. Lu, L. Gu, Crack propagation by element-free Galerkin method. Eng. Fract. Mech. 51, 295-313(1995)

M. D. Bird, C. R. Steele, A solution procedure for Laplace's equation on multiply connectedcircular domains. J. Appl. Mech. 59(2), 398-404(1992)

X. Blanc, C. LeBris, P. -L. Lions, From molecular models to continuum mechanics. Arch. Ration. Mech. Anal. 164, 341-381(2002)

A. Bonamy, E. Bouchad, Failure of heterogeneous materials: a dynamic phase transition. Phys. Rep. 498, 1-44 (2011)

E. Bouchad, Scaling properties of cracks. J. Phys. Conden. Matter 9, 4319-4343(1997)

G. A. Buxton, C. M. Care, D. J. Cleaver, A lattice spring model of heterogeneous materials withplasticity. Model. Simul. Mater. Sci. Eng. 9, 485-497(2001)

D. Capecchi, G. Giuseppe, P. Trovalusci, From classical to Voigt's molecular models in elasticity. Arch. Hist. Exact Sci. 64, 525-559(2010)

L. De Arcangelis, S. Redner, H. J. Hermann, A random fuse model for breaking processes. J. Phys. Lett. 46, 585-590(1985)

E. J. Garboczi, M. F. Thorpe, M. S. DeVries, A. R. Day, Universal conductance curve for a planecontaining random holes. Phys. Rev. A 43, 6473-6480(1991)

D. Greenspan, Particle Modeling(Birkhauser Publishing, Basel, 1997)

D. Greenspan, New approaches and new applications for computer simulation of N-body problems. Acta Appl. Math. 71, 279-313(2002)

A. Hansen, E. L. Hinrichsen, S. Roux, Scale invariant disorder in fracture and related break down phenomena. Phys. Rev. B 43(1), 665-678(1991)

F. W. Hehl, Y. Itin, The Cauchy relations in linear elasticity. J. Elast. 66, 185-192(2002)

R. Hill, Elastic properties of reinforced solids: Some theoretical principles, J. Mech. Phys. Solids. 11, 357-372 (1963)

R. W. Hockney, J. W. Eastwood, Computer Simulation Using Particles(Institute of PhysicsPublishing, Bristol, 1999)

C. Huet, Universal conditions for assimilation of a heterogeneous material to an effective medium, Mech. Res. Comm. 9(3), 165-170(1982)

C. Huet, Application of variational concepts to size effects in elastic heterogeneous bodies, J. Mech. Phys. Solids 38, 813-841(1990)

B. Kahng, G. Batrouni, S. Redner, Electrical breakdown in a fuse network with random, continuouslydistributed breaking strengths. Phys. Rev. B 37(13), 7625-7637(1988)

P. N. Keating, Effect of invariance requirements on the elastic strain energy of crystals withapplication to the diamond structure. Phys. Rev. 145, 637-645(1966)

J. G. Kirkwood, The skeletal modes of vibration of long chain molecules. J. Chem. Phys. 7, 506-509(1939)

D. Krajcinovic, Damage Mechanics(North-Holland, Amsterdam, 1996)

G. Lapasset, J. Planes, Fractal dimension of fractured surfaces: a universal value? EuroPhys. Lett. 13(1), 73-79 (1990)

J. Lemaitre, J. -L. Chaboche, Mechanics of Solid Materials(Cambridge University Press, Cambridge, 1994)

A. E. H. Love, The Mathematical Theory of Elasticity(Cambridge University Press, New York, 1934)

M. B. Mandelbrot, A. J. Paullay, Fractal nature of fracture surfaces of metals. Nature 308(19), 721-722(1984)

J. Mandel, P. Dantu, Contribution àl'étudethéorique et expérimentale du coefficient délasticitéd' un milieu hétérogénesmaisstatisquementhomogène, Annales des Ponts et Chaussées Paris6, 115–145(1963)

T. J. Napier–Munn, S. Morrell, R. D. Morrison, T. Kojovic, Mineral Comminution Circuits–Their Operation and Optimisation (Julius Kruttschnitt Mineral Research, The University of Queensland, Indooroopilly, 1999)

M. Ostoja–Starzewski, Lattice models in micromechanics. Appl. Mech. Rev. 55(1), 35–60(2002a)

M. Ostoja – Starzewski, Microstructural randomness versus representative volume element inthermomechanics. ASME J. Appl. Mech. 69, 25–35(2002b)

M. Ostoja–Starzewski, Microstructural Randomness and Scaling in Mechanics of Materials (Chapman & Hall/CRC Modern Mechanics and Mathematics Series, Boca Raton, 2008)

M. Ostoja–Starzewski, J. D. Lee, Damage maps of disordered composites: a spring networkapproach. Int. J. Fract. 75, R51–R57(1996)

M. Ostoja–Starzewski, G. Wang, Particle modeling of random crack patterns in epoxy plates. Probab. Eng. Mech. 21(3), 267–275(2006)

A. Rinaldi, Statistical model with two order parameters for ductile and soft fiber bundles onnanoscience and biomaterials. Phys. Rev. E 83, 046126–1–10(2011)

A. Rinaldi, Bottom–up modeling of damage in heterogeneous quasi–brittle solids. Contin. Mech. Thermodyn. 25 (2–4), 359–373(2013)

A. Rinaldi, D. Krajcinovic, P. Peralta, Y. C. Lai, Lattice models of polycrystalline microstructures: a quantitative approach. Mech. Mater. 40, 17–36(2008)

K. A. Snyder, E. J. Garboczi, A. R. Day, The elastic moduli of simple two–dimensional composites: Computer simulation and eective medium theory. J. Appl. Phys. 72, 5948–5955(1992)

K. Sab, Principe de Hill et homogénéisation des matériauxaléatoires, C. R. Acad. Sci. Paris II. 312, 1–5(1991)

K. Sab, On the homogenization and the simulation of random materials. Europ. J. Mech., A Solids11, 585–607 (1992)

P. Trovalusci, D. Capecchi, G. Ruta, Genesis of the multiscale approach for materials withmicrostructure. Arch. Appl. Mech. 79(11), 981–997(2009)

O. Vinogradov, A static analog of molecular dynamics method for crystals. Int. J. Comput. Methods 3(2), 153–161(2006)

O. Vinogradov, Vacancy diffusion and irreversibility of deformations in the Lennard–Jonescrystal. Comput. Mater. Sci. 45, 849–854(2009)

O. Vinogradov, On reliability of molecular statics simulations of plasticity in crystals. Comput. Mater. Sci. 50, 771–775(2010)

G. Wang, M. Ostoja–Starzewski, Particle modeling of dynamic fragmentation–I: theoreticalconsiderations. Comput. Mater. Sci. 33(4), 429–442(2005)

G. Wang, M. Ostoja–Starzewski, P. M. Radziszewski, M. Ourriban, Particle modeling of dynamicfragmentation–II: Fracture in single–and multi–phase materials. Comp. Mat. Sci. 35(2), 116–133(2006)

M. P. Wnuk, Introducing Fractals to Mechanics of Fracture. Basic Concepts in Fractal Fracture Mechanics. Handbook of Damage Mechanics, Springer, New York(2014a)

M. P. Wnuk, Introducing Fractals to Mechanics of Fracture. Toughening and Instability Phenomenain Fracture. Smooth and Rough Cracks. Handbook of Damage Mechanics, Springer, New York(2014b)

H. Yserentant, A new class of particle methods. Numer. Math. 76, 87–109(1997)

P. Zhang, Y. Huang, H. Gao, K. C. Hwang, Fracture nucleation in single–wall carbon nanotubesunder tension: a continuum analysis incorporating interatomic potentials. ASME J. Appl. Mech. 69, 454–458(2002)

第 8 章　量子化断裂过程中的韧化和失稳现象中的欧几里得几何和分形裂纹

Michael P. Wnuk

摘　　要

Griffith 固体断裂理论的基本概念与液体类似,固体具有表面能,并且为了通过增加其表面积来扩展裂纹,相应的表面能必须通过外部添加或内部释放的能量来补偿。这种假设对于脆性固体很有效,但对于准脆性和韧性固体是不够的。

这里将一些新的能量分量形式加入到能量平衡方程中,从中可以确定裂纹扩展时所需的能量输入以及随后断裂开始时承受的应力。显著高于表面能的额外能量是通过塑性应变的方式耗散的不可逆能量,该塑性应变发生于扩展裂纹的前缘之前。对于静止裂纹,能量平衡方程中的附加项由 Irwin 和 Orowan 引入。Panin 在试验工作中发现了这些概念的扩展,说明了不可逆变形主要局限于与静止或缓慢扩展的裂纹相关的预断裂区域。

目前的研究基于具有"单位阶跃扩展"或"断裂量子"的结构化内聚裂缝模型。该模型能够涵盖亚临界裂纹的稳定性、断裂过程的量子化以及裂纹表面的分形几何等基本问题,并将它们合并到一个统一的理论表述中。

8.1　概　　述

撰写本章的灵感来自 Panin 及其团队(Panin,1995)的试验工作,该工作与更好地理解断裂前应变的累积、浓度和再分布现象有关。这种现象发生在邻近裂纹前缘的预断裂小区域内,并且对于确定断裂的早期阶段、确定断裂萌生点以及随后发生的稳态裂纹扩展和最后的失稳状态具有至关重要的作用,在正应力强度因子 K 梯度保持时,最后的失稳将导致裂纹灾难性的扩展。

为了能够构建这些非线性变形和断裂过程的数学模型,有必要引入针对"量子化断裂力学"的断裂"量化模型"或 QFM。在这里,应该使用一个配备"单位阶跃扩展"的结构化内聚裂纹模型,或者等同于 Neuber 粒子(Neuber,1958)或 Novozhilov"断裂量子"(Novozhilov,1969)。这种方法与 Griffith 的经典理论有很大的不同,后者预测不到亚临界裂纹,在正 K 梯度加载构型下,Griffith 裂纹要么是静止的,要么是灾难性的。该经典理论中明显缺少的是从静止状态到扩展裂纹的过渡阶段,这是通过插入缓慢稳定的裂纹扩展(SCG)阶段来实现的,并且可以通过考虑断裂之前的高度非线性变形过程来得出。

为此,Khezrzadeh 等(2011)和 Wnuk 等(2012)完成了类似的研究。但这些研究都没有成功地提出一个脱离基于近似连续体的,并与计算断裂力学的最新趋势保持一致的数学上完整的理论,参见 Prawoto 和 Tamin(2013)。值得注意的是,“结构内聚裂纹”的数学模型已成功应用于试样几何形状和载荷构型对韧性断裂失稳影响的研究中(Wnuk 和 Rouzbehani,2005),以及在纳米尺度上对疲劳现象进行模拟(Wnuk 和 Rouzbehani,2008)。

为了遵循这种方法,需要对断裂过程进行量子化,并且通过 Wnuk 的 δCOD 准则来实现。引用 Neuber 粒子和 Novozhilov 断裂量子的概念来完成量子化过程,并且需要提前了解 Panin 区域内的应变分布。基于 Panin 的研究和 Wnuk 等(2012)提出的缓慢稳态裂纹扩展的微分方程理论模型已经完善,已经证明了其本质上提供了增强或降低材料断裂抗力的特定机制,第一个机制与最终脱黏行为之前的材料韧性和能量耗散有关,而另一个因素是纯几何的,因为它来自裂纹表面的粗糙度(经典平滑裂纹的 Euclidean 几何学未对其进行解释)。结论是虽然韧性显著改善了断裂韧度,但裂纹表面粗糙度的增加抑制了亚临界裂纹的扩展,并且倾向于引起更脆的断裂,我们的模型通过分形断裂力学描述了这一特征,这里提出的理论是基于某些关键方程的,这些方程涉及了从 Wnuk 和 Yavari(2003)、(2009)和 Khezrzadeh 等(2011)的基础研究给出的静止的和扩展的裂纹的分形表述。

8.2 与离散内聚裂纹模型相关的位移和应变

多年来,Panin(1995)的主要研究课题之一是对微观和介观尺度的应变进行试验研究和记录,以及观察随后应变在裂纹前缘附近的某个特定的小区域内的累积和再分布。这里的主要目的是构建一个简单的数学模型,用来描述裂纹前缘附近区域内断裂前的应变累积和浓度分布的现象,以下称为“预断裂”或“Panin 区”,其目的是同时研究静止的和缓慢扩展的裂纹,为此,应采用配有 Neuber 颗粒或断裂量子 Δ 的结构化内聚裂纹模型。如果期望对断裂过程进行量子化,并且该量子化对于韧性(或准脆性)固体的断裂过程的完整数学表示是必要的,那么有必要假设在内聚区内嵌入了这种颗粒。须注意,术语“预断裂区域”、“Panin 区域”和“内聚区域”应理解为同义词。

材料的韧性将是主要关注的参数之一。对于结构化内聚裂纹模型(见图 8.1 和图 8.2),以下参量将用作度量韧性的大小:

$$\rho = \frac{R_{\text{ini}}}{\Delta} = \frac{\varepsilon^f}{\varepsilon_Y} = \frac{\varepsilon_Y + \varepsilon_{pl}^f}{\varepsilon_Y} \tag{8.1}$$

这里 Δ 表示断裂量子,在断裂萌生时测量的内聚区长度(通常以韧性介质在灾难性裂纹扩展之前的缓慢稳态裂纹扩展的形式出现)由 R_{ini} 表示,并且该量与屈服应力 σ_Y、杨氏模量 E,以及用熟悉的方式 K_c 或 Rice 积分 J_c 表示的断裂韧度都有关。

$$R_{\text{ini}} = \frac{\pi}{8}\left(\frac{K_c}{\sigma_Y}\right)^2 = \frac{\pi}{8}\left(\frac{EJ_c}{\sigma_Y}\right)^2 \tag{8.2}$$

该物理量通常用材料的特征长度表示,比如 L_{ch},参见 Taylor(2008)。为了估计另一个重要的长度参数(断裂量子 Δ)的大小,在这一点上足以说明在脆性和准脆性材料中,Δ 和 L_{ch} 具有相同的数量级,而对于韧性材料,Δ 远小于式(8.2)给出的特征长度。

用分形几何表示的裂纹表面的粗糙度将被视为影响断裂早期阶段(即裂纹的稳态扩展阶段和失稳扩展的开始阶段)的次要变量。为了便于比较,我们同时考虑裂纹的欧几里

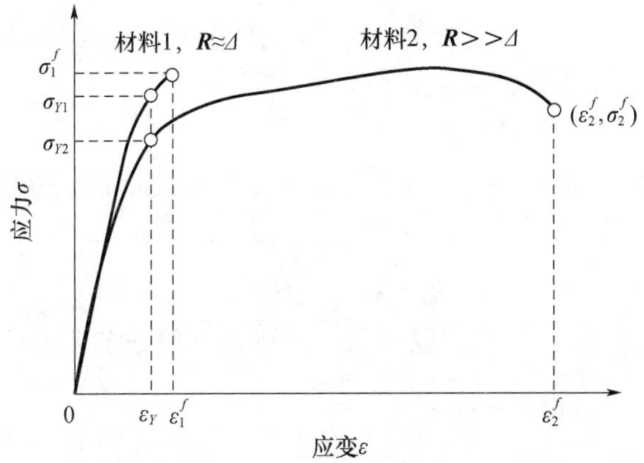

图 8.1　准脆性和韧性材料行为的例子,两种材料具有相同的屈服应变 ε_Y 和相似的屈服点 σ_Y,但具有完全不同的韧性:材料 1(准脆性) $\varepsilon^f/\varepsilon_Y$ 比例接近 1,而材料 2(韧性)比例 $\varepsilon_2^f/\varepsilon_Y \gg 1$。在离散内聚裂纹模型中,韧性指数 R_{ini}/Δ 用 $\varepsilon^f/\varepsilon_Y$ 识别。断裂起始处的内聚区长度 R_{ini} 等于 $(\pi/8)\ (K_c/\sigma_Y)^2$,而 Δ 是 Neuber 粒子的大小

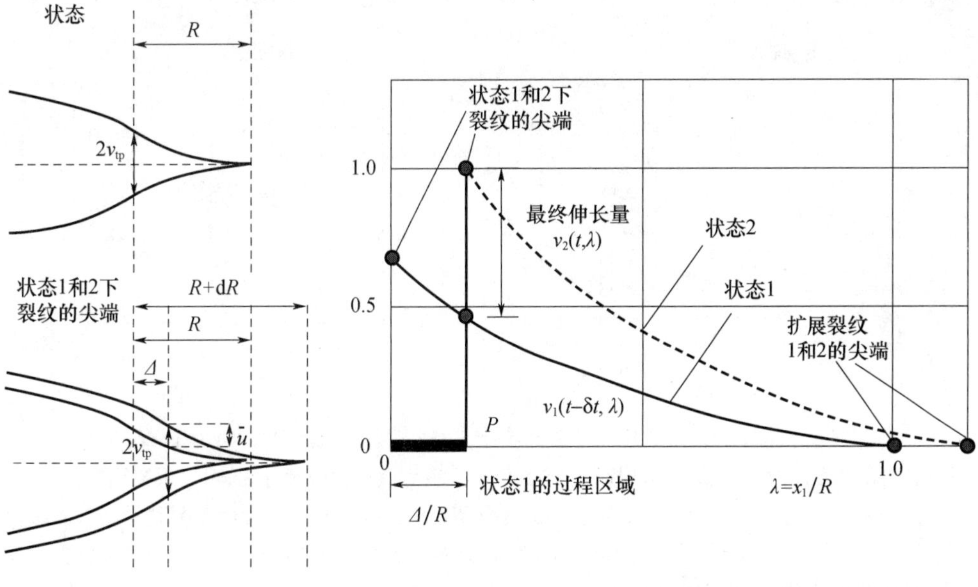

图 8.2　COD 在内聚区内的分布,对应于在 Wnuk 的 ΔCOD 准则中要求的、准静态裂纹扩展过程中的、由时刻“ $t-\delta t$ ”和“ t ”表示的两个后续状态。$[v_2(t)-v_1(t-\delta t)]_P$ = 最终伸长量

得几何和分形几何。Wnuk 和 Yavari(2003)提出的近似模型被称为“嵌入式分形裂纹”,其分形维数 D 可能不等于 1,参见图 8.2。在添加内聚区之前,嵌入的分形裂纹呈现与 $r^{-\alpha}$ 成比例的奇异近尖应力场,其中 r 是从裂纹尖端测量的距离,并且分形指数 α 与维度 D 和粗糙度 H 相关:

$$\begin{cases} \alpha = \dfrac{2-D}{2} \quad (1 \leqslant D \leqslant 2) \\ \alpha = \dfrac{2H-1}{2H} \quad (0 \leqslant H \leqslant 1/2) \end{cases} \tag{8.3}$$

使用分形裂纹模型，Wnuk 和 Yavari（2003）以及 Khezrzadeh 等（2011）估测出了应力强度因子为

$$K_{\mathrm{I}}^{f} = \chi(\alpha)\sqrt{\pi a^{2\alpha}}\sigma \tag{8.4}$$

式中：σ 为施加的应力；a 为裂纹长度；$\chi(\alpha)$ 是由如下积分定义的函数，即

$$\chi(\alpha) = \frac{2}{\pi^{1-\alpha}}\int_0^1 \frac{\mathrm{d}z}{(1-z^2)^{1-\alpha}} = \frac{\pi^{\alpha-1}\Gamma(\alpha)}{\Gamma\left(\alpha+\dfrac{1}{2}\right)} \tag{8.5}$$

这里 Γ 是欧拉伽马函数。可以注意到，对于 $1 \leqslant D \leqslant 2$，分形指数 α 在[0.5,0]范围内变化。根据对应原理，当 $\alpha \to \dfrac{1}{2}$ 时，所有描述分形裂纹的量都降阶为对平滑裂纹有效的经典表达式。如 Khezrzadeh 等（2011）所示，分形裂纹的 Wnuk-Yavari 模型仅适用于粗糙度相对较小的裂纹，因此在后面的讨论中，α 的范围将被限制于[0.5,0.4]。

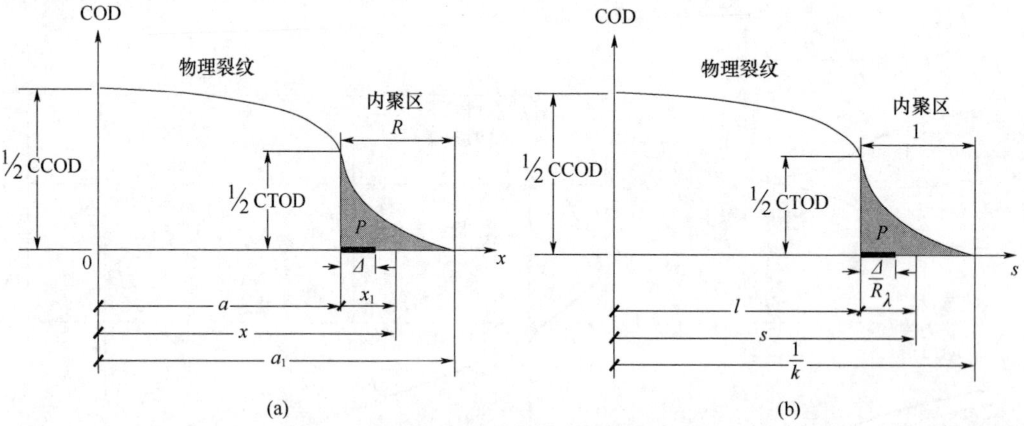

图 8.3 （a）与扩展了的结构化内聚裂纹相关的维度坐标。注意“裂纹量子”Δ 的位置，其与裂纹前缘相邻并嵌入在内聚区内。根据我们的模型，当 Δ 和 R 具有大致相同的尺寸时，可以观察到脆性行为，而对于韧性行为，Δ 深嵌于内聚区域内，因此，它远小于 R。P 表示的是用于测量在断裂早期阶段缓慢移动裂纹的 COD 增量的参考点。符号 CCOD 和 CTOD 分别表示“裂纹中心开口位移”和“裂纹尖端开口位移”。（b）无量纲坐标 $s = X/a$ 和 $\lambda = X_1/R$。注意，当使用这些坐标时，扩展裂纹的尖端落在 $s = 1/k$ 处，其中 k 与无量纲加载参数 $Q = (\pi/2)(\sigma/\sigma_Y)$ 有关，公式为：$k = \cos Q$。

首先，平滑欧几里得裂纹的情况将由结构化的内聚裂纹模型表示，如图 8.3 所示。使用两组坐标，维度坐标如图 8.3（a）所示，而无量纲坐标如图 8.3（b）所示。从坐标原点测量的距离用 x（或 $s = \dfrac{a}{x}$）表示，而从物理裂纹尖端测量的距离用 x_1（或 $\lambda = \dfrac{x_1}{r}$）表示，比率为 $a/a_1 = k$。裂纹长度为“a”，扩展裂纹的长度为 $a_1 = a + R$，整个裂纹的轮廓通过以下涉及反双曲函数的表达式描述（见 Anderson，2004；Khezrzadeh，2011）。

$$u_y = \frac{4\sigma_Y a}{\pi E}\text{Re}\left[\text{arcoth}\sqrt{\frac{1-k^2 s^2}{1-k^2}} - s\text{arcoth}\left(\frac{1}{s}\sqrt{\frac{1-k^2 s^2}{1-k^2}}\right)\right] \tag{8.6}$$

在 $s=0$ 时，获得裂纹中心开口位移的表达式(CCOD)，即

$$u_y^{\text{center}} = \frac{4\sigma_Y a}{\pi E}\text{arcoth}\left(\frac{1}{1-k^2}\right)^{1/2} = \frac{4\sigma_Y a}{\pi E}\text{arcoth}\left(\frac{1}{\sin Q}\right) \tag{8.7}$$

由于已知的 Dugdale 公式对我们的模型有效，因此将无量纲加载参数 $Q=\pi\sigma/2\sigma_Y$ 代入最后一个等式：

$$k = \cos Q \tag{8.8}$$

在 $s=1$ 时，获得裂纹尖端开口位移(CTOD)，即

$$u_y^{\text{tip}} = \frac{4\sigma_Y a}{\pi E}\ln\left(\frac{1}{k}\right) = \frac{4\sigma_Y a}{\pi E}\ln\left(\frac{1}{\cos Q}\right) \tag{8.9}$$

图 8.4(a)表示出了尖端位移和中心位移对施加载荷 Q 的依赖性，而图 8.4(b)表明，这两个量 CTOD / CCOD 的比率几乎在整个载荷范围内保持为恒定的常数，该常数为 0.504。这提供了一个很好的经验法则：内聚裂纹的尖端位移大约是在裂纹中心测量的开口位移的一半。该结果为试验者提供了有用的信息，他们利用各种夹具可以较进入物理裂纹的尖端更容易地进入裂纹中心，因此，只要测量出 CCOD，就能够以比较高的精度估算出尖端位移 CTOD。

由常数 $C=\frac{4\sigma Y^a}{\pi E}$ 规一化的整个扩展裂纹的曲线如图 8.5(a)，而图 8.5(b)显示了由 CTOD 规一化的相同曲线。在构造这些图时，使用以下公式：

$$u = \frac{u_y}{C} = \text{Re}\left[\text{arcoth}\sqrt{\frac{1-k^2 s^2}{1-k^2}} - s\text{arcoth}\left(\frac{1}{s}\sqrt{\frac{1-k^2 s^2}{1-k^2}}\right)\right] \tag{8.10}$$

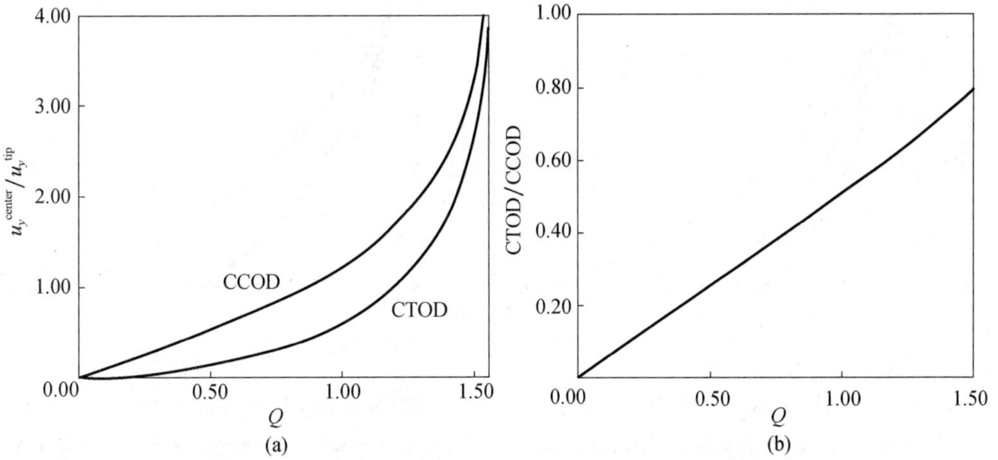

图 8.4　(a)显示了内聚裂纹中心和物理裂纹尖端的开口位移，它们是施加载荷 Q 的函数；(b)显示 CTOD(裂纹尖端开口位移)与 CCOD(裂纹中心开口位移)的比率，尽管该问题具有非线性的特性，但这些结果表明，在整个加载参数 Q 的范围内，CTOD 大约是 CCOD 的一半。图中描绘的比率可以近似地通过简单的等式 CTOD = 0.504CCOD 来表示。

和

$$v = \frac{u_y}{u_y^{\text{tip}}} = \frac{1}{\ln\left(\frac{1}{k}\right)} \text{Re}\left[\text{arcoth}\sqrt{\frac{1-k^2s^2}{1-k^2}} - s\,\text{arcoth}\left(\frac{1}{s}\sqrt{\frac{1-k^2s^2}{1-k^2}} \right) \right] \tag{8.11}$$

由于这种规一化的过程,所有的 v -曲线在物理裂纹尖端($x = a$ 或 $s = 1$)都通过 1。图 8.6(a)显示出了对于三个载荷 Q 值利用式(8.11)绘制的曲线图,并且绘制在对应于内聚裂纹的“尖点”的 x 范围内,即 $a \leqslant x \leqslant a_1$ 或 $1 \leqslant s \leqslant 1/k$ 。

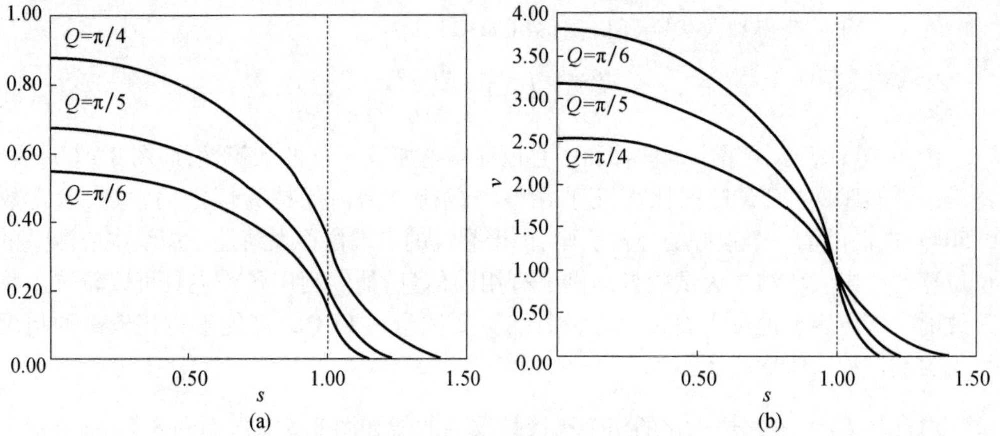

图 8.5　内聚裂纹的尖点区域曲线

(a)当裂纹开口位移由常数 $C = 4\sigma_Y/\pi E$ 规一化时,见式(8.10);

(b)当 CTOD 的半值被用作规一化常数时,见式(8.11)。与 σ/σ_Y 成比例的无量纲加载参数用 Q 表示。

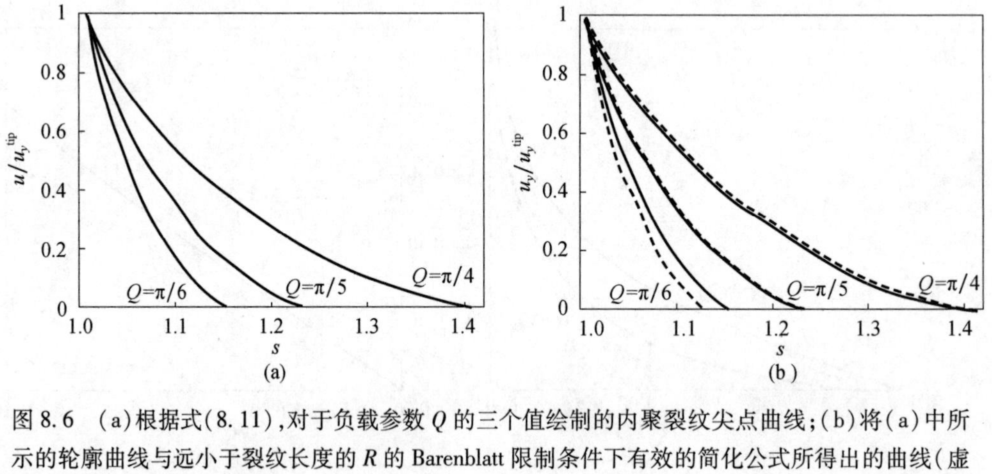

图 8.6　(a)根据式(8.11),对于负载参数 Q 的三个值绘制的内聚裂纹尖点曲线;(b)将(a)中所示的轮廓曲线与远小于裂纹长度的 R 的 Barenblatt 限制条件下有效的简化公式所得出的曲线(虚线)进行对比,见式(8.14)

最后,在图 8.6(b)中,将表示尖点的这些 v 曲线与远小于裂纹长度的 R 的 Barenblatt 限制条件下有效的简化公式(Rice,1968 或 Wnuk,1974)所得出的曲线(虚线)进行对比。

$$v_{\text{coh}}^{\text{cusp}} = \frac{4\sigma_Y R}{\pi E}\left(\sqrt{1-\frac{x_1}{R}} - \frac{x_1}{2R}\ln\frac{1+\sqrt{1-\dfrac{x_1}{R}}}{1-\sqrt{1-\dfrac{x_1}{R}}}\right) \tag{8.12}$$

不难看出,对于 $R \ll a$,式(8.9)中尖端位移的表达式降阶为式(8.12)中方括号前面所示的常数,即

$$\begin{aligned} u_y^{\text{tip}} &= \frac{4\sigma_Y a}{\pi E}\ln\left(\frac{1}{k}\right) = \frac{4\sigma_Y a}{\pi E}\ln\left(\frac{a_1}{a}\right) \\ &= \left[\frac{4\sigma_Y a}{\pi E}\ln\left(\frac{a+R}{a}\right)\right]_{R\ll a} \approx \frac{4\sigma_Y}{\pi E}R \end{aligned} \tag{8.13}$$

当该常数用于归一化式(8.12)中的位移时,得到

$$\begin{aligned} v_{\text{coh}} &= \frac{v_{\text{coh}}^{\text{cusp}}}{u_y^{\text{tip}}} = \sqrt{1-\frac{x_1}{R}} - \frac{x_1}{R}\ln\frac{1+\sqrt{1-\dfrac{x_1}{R}}}{1-\sqrt{1-\dfrac{x_1}{R}}} \\ &= \sqrt{1-\lambda} - \frac{\lambda}{2}\ln\frac{1+\sqrt{1-\lambda}}{1-\sqrt{1-\lambda}} \end{aligned} \tag{8.14}$$

图 8.6(b)表示在尖点区域内,对于加载参数 Q 的所有值,内聚裂缝开口位移的精确公式和近似公式之间的一致性很好,因此,为了简化所有进一步的计算,将采用式(8.14)中的公式。值得关注的是由导数定义的 Panin 区内的应变。

$$\varepsilon_y^{\text{coh}} = \frac{\mathrm{d}v_{\text{coh}}^{\text{cusp}}}{\mathrm{d}x_1} = \frac{1}{R}\frac{\mathrm{d}v_{\text{coh}}^{\text{cusp}}}{\mathrm{d}\lambda} = \frac{1}{R}\frac{4\sigma_Y R}{\pi E}\frac{\mathrm{d}v_{\text{coh}}^{\text{cusp}}}{\mathrm{d}\lambda} = \frac{4\sigma_Y}{\pi E}\frac{\mathrm{d}v_{\text{coh}}^{\text{cusp}}}{\mathrm{d}\lambda} \tag{8.15}$$

采用式(8.14)并进行求导,可得出预断裂区域内应变的闭合表达式。简便起见,应变用变量 s 表示,它与变量 λ 的关系为

$$\begin{cases} \lambda = \dfrac{s-1}{m-1} \\ m = 1/k \\ k = \cos Q \end{cases} \tag{8.16}$$

因此,与结构化内聚裂纹模型相关的预断裂区域内应变的表达式为

$$\begin{cases} \varepsilon_y^{\text{coh}} = \dfrac{4\sigma_Y}{\pi E}\left[\dfrac{1}{2}\ln\dfrac{1-\sqrt{1-\lambda(s,m)}}{1+\sqrt{1-\lambda(s,m)}}\right] \\ \qquad = \dfrac{4\sigma_Y}{\pi E}\left[\dfrac{1}{2}\ln\left(\dfrac{\sqrt{1-k}-\sqrt{1-ks}}{\sqrt{1-k}+\sqrt{1-ks}}\right)\right] \\ \lambda(s,m) = \dfrac{s-1}{m-1} = \dfrac{(s-1)\cos Q}{1-\cos Q} \end{cases} \tag{8.17}$$

如图 8.7 所示,应变为加载参数 Q 和坐标 s 的函数。

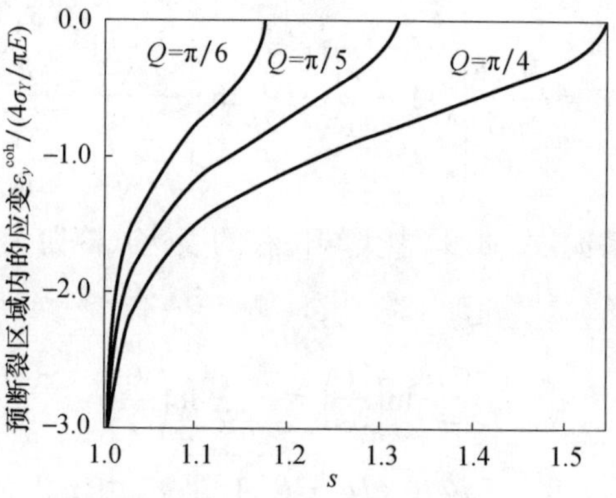

图 8.7　以裂纹开口位移的梯度得出的预断裂区域内的应变(参见式(8.17))

8.3　Panin 应变的量子化和亚临界裂纹扩展的判据

对式(8.17)的仔细研究可以发现,在物理裂纹的尖端处,预断裂区域内的应变是无限大的。因此,利用该式来预测裂纹扩展的萌生时将会失效,除非在其之前运行量子化程序,这实际上等同于评估在 Neuber 长度 Δ 上的平均应变,即

$$\langle \varepsilon \rangle_{a,a+\Delta} = \frac{1}{\Delta}\int_0^{\Delta} \varepsilon_y^{coh} dx_1 = \frac{1}{\Delta}\int_{state1}^{state2} \frac{dv_{coh}^{cusp}}{dx_1} dx_1 = \frac{1}{\Delta}[v_{coh}^{cusp}(state2) - v_{coh}^{cusp}(状态 1)] \tag{8.18}$$

当此量设定等于平均临界应变 $\bar{\varepsilon}_{crit} = \hat{u}/\Delta$ 时,可获得定义裂纹扩展起始的以下标准准则:

$$\langle \varepsilon \rangle_{a,a+\Delta} = \bar{\varepsilon}_{crit} = \frac{\hat{u}}{\Delta}, v_{coh}^{cusp}(state2) - v_{coh}^{cusp}(state1) = \hat{u} \tag{8.19}$$

针对缓慢扩展的裂纹,用时间“t”和类时间变量 $x_1(t) = x - a(t)$ 来定义两种相邻状态,这些状态的定义如下:

$$状态 1,(t - \delta t, x_1 = \Delta),状态 2,(t, x_1 = 0) \tag{8.20}$$

这意味着在定义状态 1 的“$t - \delta_t$”时刻,扩展裂纹的前端是远离参照点 P 的距离 Δ 处(图 8.3),而在描述状态 2 的“t”时刻,物理裂纹的尖端已达到参照点 P。这表明在所考虑的两种状态之间,裂纹已经前进了“单位扩展步长”或“断裂量子”Δ。在参照点 P 处测量的裂纹开口位移增量 $\hat{u}$(最终伸长量)的恒定性形成了裂纹稳态扩展的必要条件,实质上,这个要求等同于陈述了亚临界裂纹扩展的 Wnuk 最终伸长量或 δ 准则,见 Wnuk(1974)。值得注意的是,该准则的物理基础与 McClintock(1965)假设的相同,它是临界应变。正如式(8.18)和式(8.19)所示,量子化技术和内聚裂纹模型的属性允许绕过预断裂应变的长表达式,并且所有必要的参量减少为只有位移,即由等式(8.14)给出的函数 $v_{coh}^{cusp}(\lambda)$。类似的技术还有 Pugno 和 Ruoff(2004)、Taylor 等(2005)以及 Wnuk 和 Yavari(2009)采用的“量子化断裂力学”(QFM)技术。

利用式(8.12),可以表示所考虑的两种状态的开口位移,如下所示:

$$v_{\text{coh}}^{\text{cusp}}(\text{状态 }1)=\frac{4\sigma_Y R(\Delta)}{\pi E}\left[\sqrt{1-\frac{\Delta}{R(\Delta)}}-\frac{\Delta}{2R(\Delta)}\ln\frac{1+\sqrt{1-\dfrac{\Delta}{R(\Delta)}}}{1-\sqrt{1-\dfrac{\Delta}{R(\Delta)}}}\right] \tag{8.21}$$

和

$$v_{\text{coh}}^{\text{cusp}}(\text{状态 }2)=\frac{4\sigma_Y R(0)}{\pi E}=\frac{4\sigma_Y}{\pi E}\left[R(\Delta)+\Delta\frac{\mathrm{d}R}{\mathrm{d}a}\right] \tag{8.22}$$

从式(8.22)中减去式(8.21)得到的式(8.19)中的第二个等式的左边部分,可写作:

$$R(\Delta)+\Delta\frac{\mathrm{d}R}{\mathrm{d}a}-R(\Delta)\left[\sqrt{1-\frac{\Delta}{R(\Delta)}}-\frac{\Delta}{2R(\Delta)}\ln\frac{1+\sqrt{1-\dfrac{\Delta}{R(\Delta)}}}{1-\sqrt{1-\dfrac{\Delta}{R(\Delta)}}}\right]=\frac{\hat{u}}{\dfrac{4\sigma_Y}{\pi E}} \tag{8.23}$$

对于 $\Delta \ll R$,该表达式可以很容易地简化为

$$\frac{\mathrm{d}R}{\mathrm{d}a}=\frac{\pi E}{4\sigma_Y}\left(\frac{\hat{u}}{\Delta}\right)-\frac{1}{2}-\frac{1}{2}\ln\left(\frac{4(R_{\text{ini}}/\Delta)\,R}{R_{\text{ini}}}\right) \tag{8.24}$$

引入符号

$$\begin{cases}M=\dfrac{\pi E}{4\sigma_Y}\left(\dfrac{\hat{u}}{\Delta}\right)\\ \rho=R_{\text{ini}}/\Delta\end{cases} \tag{8.25}$$

这即成为控制断裂早期的稳态裂纹运动的常微分方程。

$$\frac{\mathrm{d}R}{\mathrm{d}a}=M-\frac{1}{2}-\frac{1}{2}\ln\left(\frac{4\rho R}{R_{\text{ini}}}\right) \tag{8.26}$$

输入上述等式的两个常数是撕裂模量 M 和材料的韧性 ρ。对于平滑裂纹,这是 Wnuk(1974)和 Rice 等(1980)得到的结果。下节将研究对该方程的某些修改,以将其有效范围扩展到分形几何域。比例 $\mathrm{d}R/\mathrm{d}a$ 反映了材料能量需求的速率,并且由于 R 和积分 J 仅相差一个常数,并且 $J=-\dfrac{\mathrm{d}\Pi}{2\mathrm{d}a}$,因此式(8.26)的左侧也代表了二阶导数 $-\dfrac{\mathrm{d}^2\Pi}{2\mathrm{d}a^2}$,其中 Π 表示含有裂纹的受载体的势能。由式(8.26)中的微分定义的 $R-a$ 曲线通常被称为材料抗力曲线,另外,由外部施加的应力场引起的能量供应速率通过隐藏在式(8.8)中的量 R 来测量,对于 $R \ll a$ 的情况,可以用相应的幂级数扩展该等式的两侧:

$$\begin{cases}\dfrac{a+R}{a}=1+\dfrac{R}{a}+\cdots\\ \dfrac{1}{\cos Q}=1+\dfrac{Q^2}{2}+\cdots\end{cases} \tag{8.27}$$

使两个表达式彼此相等,则对于 $R \ll a$ 可得到

$$\begin{cases}R=\dfrac{aQ^2}{2}\\ Q=\sqrt{\dfrac{2R}{a}}\end{cases} \tag{8.28}$$

式(8.28)中的“R”表示外载荷供给能量的速率。要使最终的失稳发生,能量项的二阶导数,或者速率 $\mathrm{d}R_{\mathrm{MAT}}/\mathrm{d}a$ 和 $\partial R_{\mathrm{APPL}}/\partial a$ 必须相等。速率 $\mathrm{d}R_{\mathrm{MAT}}/\mathrm{d}a$ 由式(8.26)给出,而式(8.28)中的第一个方程的微分可得到

$$\left[\frac{\partial R}{\partial a}\right]_{Q=\mathrm{const}}=\frac{Q^2}{2}=\frac{R}{a} \tag{8.29}$$

该物理量代表外载荷,因此,当下式成立时,最终失稳发生的条件就会被满足:

$$\frac{\mathrm{d}R_{\mathrm{MAT}}}{\mathrm{d}a}=\left[\frac{\partial R_{\mathrm{APPL}}}{\partial a}\right]_{Q=\mathrm{const}} \tag{8.30}$$

或者当下式成立时:

$$M-\frac{1}{2}-\frac{1}{2}\ln\left(\frac{4\rho R}{R_{\mathrm{ini}}}\right)=\frac{R}{a} \tag{8.31}$$

值得注意的是,出现在式(8.31)左侧的 R 表示材料对裂纹扩展的抗力,因此,它实际上应该被理解为 R_{MAT},而式(8.31)右侧所示的 R 表示施加在裂纹上的驱动力,实际上应该用 R_{APPL} 表示。由于在裂纹稳态扩展的所有点处,包括在式(8.31)描述的最终失稳点处,这两个量都保持相等,即 $R_{\mathrm{MAT}}=R_{\mathrm{APPL}}$,因此,当忽略下标时,定义临界状态的等式可以用式(8.31)的形式写出。编写式(8.31)的另一种方法是定义能量需求和能量供应之间的差异,这种差异的合适名称是“稳态指数”S,即

$$S=\frac{\mathrm{d}R_{\mathrm{MAT}}}{\mathrm{d}a}-\left[\frac{\partial R_{\mathrm{APPL}}}{\partial a}\right]_{Q=\mathrm{const}}=M-\frac{1}{2}-\frac{1}{2}\ln\left(\frac{4\rho R}{R_{\mathrm{ini}}}\right)-\frac{R}{a} \tag{8.32}$$

为了求解表征临界状态的参数,即参数 R_c、临界载荷 Q_c 和临界裂纹长度 a_c,需要对式(8.26)进行积分,然后检验结果并最终求解式(8.31)和式(8.32)。这最好分两步完成:第一步分离式(8.26)中的变量,以如下隐式形式获得 $R=R(a)$ 或 $X=X(Y)$ 的解:

$$\begin{cases} a(R)=a_0+\displaystyle\int_1^R\frac{\mathrm{d}z}{M-\frac{1}{2}-\frac{1}{2}\ln(4\rho z)} \\ X(Y)=X_0+\displaystyle\int_1^Y\frac{\mathrm{d}z}{M-\frac{1}{2}-\frac{1}{2}\ln(4\rho z)} \end{cases} \tag{8.33}$$

撕裂模量 M 的值必须选择略高于最小模量 $M_{\min}$ 的值,低于该值时,不会发生稳定的裂纹扩展,这里,选择 M 比最小值高20%,从而模量 M 由下式确定:

$$M=1.2\left[\frac{1}{2}+\frac{1}{2}\ln(4\rho)\right] \tag{8.34}$$

接下来需要计算加载参数 Q 并将其绘制成与无量纲裂纹长度 $X=a/R_{\mathrm{ini}}$ 相对应的曲线。符号 Y 表示预断裂区域的无量纲长度 R,即 $Y=R/R_{\mathrm{ini}}$,$X=a/R_{\mathrm{ini}}$ 表示裂纹的无量纲长度,而初始长度为 $X_0=a_0/R_{\mathrm{ini}}$。图8.8显示了初始裂纹尺寸为 $10R_{\mathrm{ini}}$,ρ 分别为10、20、60的 R、X 曲线,图8.9显示了相同输入数据的 Q 曲线。应注意,在 Q 曲线上达到最大值等于达到最终失稳态。当能量需求和能量供应的速率相当时,即是导数 $\mathrm{d}Q/\mathrm{d}a$ 接近零的点,如图8.10(a)所示。这些曲线的交点决定了临界状态 (Q_c, X_c),除了这些临界参数之外,还可以容易地估算出在临界点 $Y_c=R_c/R_{\mathrm{ini}}$ 处遇到的材料表观断裂韧性。在数学上确定

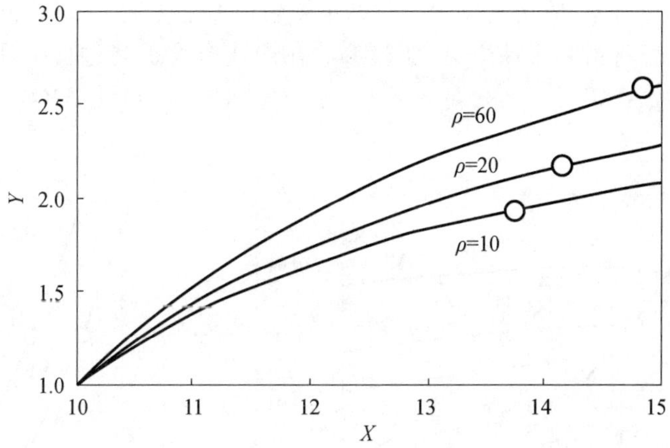

图 8.8　在不同材料韧性水平下，材料表观裂纹抗力 $Y = R/R_{ini}$ 表现为稳态扩展过程中的当前裂纹长度的函数，直到由小圆圈标记的最终失稳点。此处显示的所有 R 曲线均来自式(8.26)中的微分方程，其初始条件为 $Y = 1, X_0 = 10$

这些交点的简单方式是检查图 8.10(b)中所示的稳态指数图。$\rho = 10, 20, 60$ 以及 $X_0 = 10$ 的临界状态如下：

临界参数	临界值		
	$\rho = 10$	$\rho = 20$	$\rho = 60$
断裂韧度 Y_c	1.925	2.159	2.581
裂纹长度 X_c	13.605	14.086	14.842
载荷 Q_c	0.532	0.554	0.590

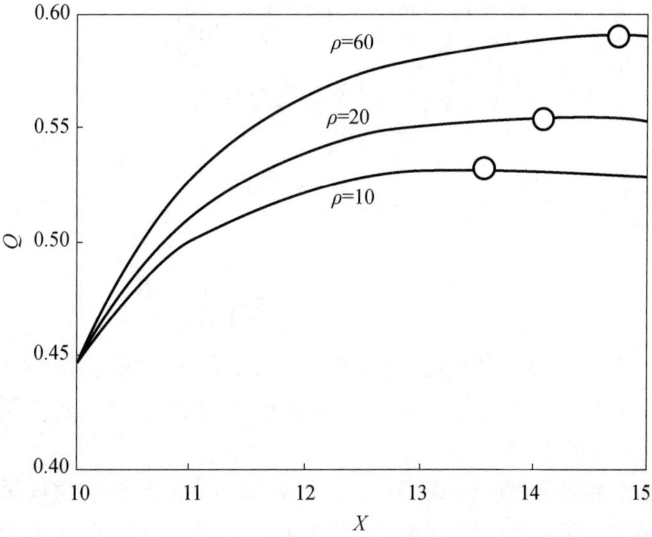

图 8.9　针对各种材料的韧性指数，裂纹稳态扩展阶段的加载参数 Q，所给出的函数通过的最大值用小圆圈表示，这些点定义了临界状态 (X_c, Q_c)

很容易看出，当将 Q_c 值与断裂萌生时的主要负荷 Q : $Q_{\text{ini}} = \sqrt{2/X_0}$ 进行比较时，可以得出结论：对于上表所示的每种情况，加载参数在慢速裂纹扩展过程中升高，且载荷增大的百分比如下：对 $\rho = 10$ 为 19%、对 $\rho = 20$ 为 24%、对 $\rho = 60$ 为 32%，这些都是重要的数字。

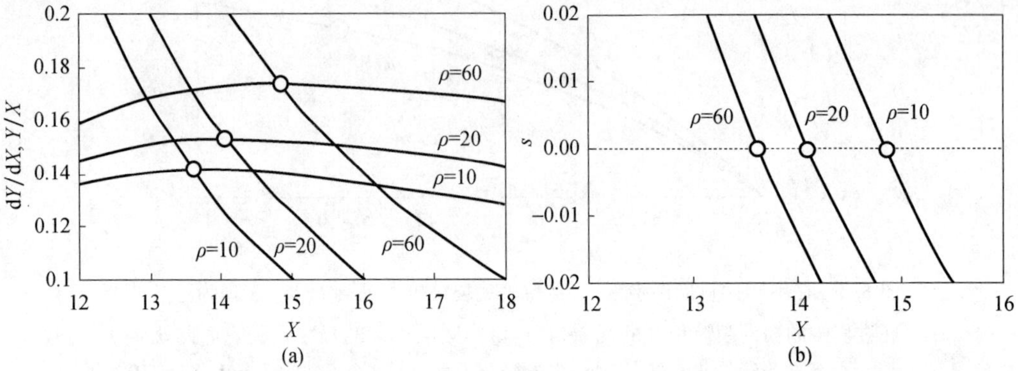

图 8.10 (a)代表能量需求(几乎是直线)和能量供应速率的曲线，它们在定义最终失稳态(临界状态)的点处相交；(b)稳态指数表现为裂纹长度的函数，这些函数的零点决定了在裂纹稳态扩展结束时获得的临界状态。(a)和(b)均是针对初始裂纹长度 $X_0 = 10$ 得出的

8.4 分形裂纹的稳定性

本节将重点关注内聚裂纹尖端的区域，根据 Khezrzadeh 等(2011)，将重新定义裂纹中心和裂纹尖端的裂纹张开位移以适应分形几何。首先，定义四个辅助函数：

$$p(a) = 4\pi^{\left(\frac{1}{2a}-2\right)}\left[\frac{a\Gamma(a)}{\Gamma\left(\frac{1}{2}+a\right)}\right]^{\frac{1}{a}} \tag{8.35}$$

$$K(a) = \frac{1+(a-1)\sin(\pi a)}{2a(1-a)} \tag{8.36}$$

$$N(a,X) = p(a)\left(\frac{2}{\pi}\sqrt{\frac{2R}{a}}\right)^{\frac{1-2a}{a}} \tag{8.37}$$

$$Y_{\text{f}} = \frac{R_{\text{f}}}{R_{\text{ini}}} = \frac{R}{R_{\text{ini}}}N(a,X) = p(a)Y\left(\frac{2}{\pi}\sqrt{\frac{2R}{a}}\right)^{\frac{1-2a}{a}} \tag{8.38}$$

式中：下标“f”为与裂纹的分形几何相关的实体。目前的考虑限于 $R \ll a$ 的范围，并且将考虑由分形参数如分形维数 D 、分形指数 α 和粗糙度量 H 描述的粗糙裂纹，这些粗糙度参数与式(8.3)所定义的有关。

由于需要考虑分形裂纹的 Wnuk-Yavari“嵌入裂纹”表示方法的局限性，因此仅考虑分形指数的有限范围，即 α 将被限制在[0.5,0.4]区间内，并且不会低于 0.4。当采用这种表示方法时，可以得出 Khezrzadeh 等(2011)的结果，如下面的形式：

$$\begin{cases} u_{\mathrm{f}}^{\mathrm{tip}} = \kappa(\alpha)\dfrac{4\sigma_Y}{\pi E}R = \kappa(\alpha)u_y^{\mathrm{tip}} \\ R_{\mathrm{f}} = N(a,X)\,R = 4\pi^{\left(\frac{1}{2a}-2\right)}\left[\dfrac{\alpha\Gamma(\alpha)}{\Gamma\left(\dfrac{1}{2}+\alpha\right)}\right]^{\frac{1}{\alpha}}\left(\dfrac{2}{\pi}\sqrt{\dfrac{2Y}{X}}\right)^{\frac{1-2\alpha}{\alpha}}R \end{cases} \tag{8.39}$$

通过检查后一表达式,可以看出,在可以确定长度 R_{f} 之前(以及在可以绘制分形裂纹轮廓之前),必须先了解抗力曲线 $R_{\mathrm{f}}(X)$ 。因此,首先必须建立一个微分方程,将 Y_{f} 定义为无量纲裂纹长度 X 的函数。回到式(8.23),根据式(8.39)中的第一个表达式,它必须改写如下:

$$\kappa(\alpha)\frac{4\sigma_Y}{\pi E}\left\{R_{\mathrm{f}}(\Delta)+\Delta\frac{\mathrm{d}R_{\mathrm{f}}}{\mathrm{d}a}-R_{\mathrm{f}}(\Delta)\left[\sqrt{1-\frac{\Delta}{R_{\mathrm{f}}(\Delta)}}-\frac{\Delta}{2R_{\mathrm{f}}(\Delta)}\ln\frac{1+\sqrt{1-\dfrac{\Delta}{R_{\mathrm{f}}(\Delta)}}}{1-\sqrt{1-\dfrac{\Delta}{R_{\mathrm{f}}(\Delta)}}}\right]\right\}=\hat{u} \tag{8.40}$$

式(8.40)简化为类似于方程式(8.24)的常微分方程。当考虑材料的韧性行为($\Delta \ll R$)时,式(8.40)可表示为

$$\begin{cases} \dfrac{\mathrm{d}R_{\mathrm{f}}}{\mathrm{d}a} = \dfrac{1}{\kappa(\alpha)}\dfrac{\pi E}{4\sigma_Y}\left(\dfrac{\hat{u}}{\Delta}\right)-\dfrac{1}{2}-\dfrac{1}{2}\ln\left(\dfrac{4(R_{\mathrm{ini}}/\Delta)\,R_{\mathrm{f}}}{R_{\mathrm{ini}}}\right) \\ \dfrac{\mathrm{d}Y_{\mathrm{f}}}{\mathrm{d}X} = M_{\mathrm{f}}-\dfrac{1}{2}-\dfrac{1}{2}\ln(4\rho Y_{\mathrm{f}}) \\ M_{\mathrm{f}} = \dfrac{1}{\kappa(\alpha)}\dfrac{\pi E}{4\sigma_Y}\left(\dfrac{\hat{u}}{\Delta}\right) = \dfrac{M}{\kappa(\alpha)} \end{cases} \tag{8.41}$$

式(8.37)中的第二个表达式定义函数 R_{f} 或它的无量纲等效量 Y_{f} ,即

$$\begin{cases} R_{\mathrm{f}} = N(\alpha,X)\,R = p(\alpha)\left(\dfrac{2}{\pi}\sqrt{\dfrac{2R}{\alpha}}\right)^{\frac{1-2\alpha}{\alpha}}R \\ Y_{\mathrm{f}} = N(\alpha,X)\,Y = p(\alpha)\left(\dfrac{2}{\pi}\sqrt{\dfrac{2Y}{\alpha}}\right)^{\frac{1-2\alpha}{\alpha}}Y \end{cases} \tag{8.42}$$

将其代入式(8.40)得

$$\frac{\mathrm{d}}{\mathrm{d}X}\left[p(\alpha)\left(\frac{2}{\pi}\sqrt{\frac{2Y}{X}}\right)^{\frac{1-2\alpha}{\alpha}}Y\right]=M_{\mathrm{f}}-\frac{1}{2}-\frac{1}{2}\ln\left[4\rho p(a)\left(\frac{2}{\pi}\sqrt{\frac{2Y}{X}}\right)^{\frac{1-2\alpha}{\alpha}}Y\right] \tag{8.43}$$

对式(8.43)的左边进行微分得

$$\frac{\mathrm{d}}{\mathrm{d}X}\left[p(\alpha)\left(\frac{2}{\pi}\sqrt{\frac{2Y}{X}}\right)^{\frac{1-2\alpha}{\alpha}}Y\right]=p(\alpha)\left[Y\frac{\mathrm{d}}{\mathrm{d}X}\left(\frac{2}{\pi}\sqrt{\frac{2Y}{X}}\right)^{\frac{1-2\alpha}{\alpha}}+\left(\frac{2}{\pi}\sqrt{\frac{2Y}{X}}\right)^{\frac{1-2\alpha}{\alpha}}\frac{\mathrm{d}Y}{\mathrm{d}X}\right] \tag{8.44}$$

当这个表达式被代回到式(8.43)中,并且经过一些简单的代数计算(参见附录)后,

就可以得到所需的控制微分方程。

$$\frac{\mathrm{d}Y}{\mathrm{d}X}=\frac{2\alpha\left\{M_{\mathrm{f}}-\frac{1}{2}-\frac{1}{2}\ln\left[4\rho p(\alpha)\left(\frac{2}{\pi}\sqrt{\frac{2Y}{X}}\right)^{\frac{1-2\alpha}{\alpha}}Y\right]\right\}}{p(a)\left(\frac{2}{\pi}\sqrt{\frac{2Y}{X}}\right)^{\frac{1-2\alpha}{\alpha}}}+(1-2\alpha)\frac{Y}{X}\tag{8.45}$$

分形撕裂模量 M_{f} 将假定比模量的最小值稍高(比方说 20%),在该最小值处,仍然可以稳态扩展。在断裂萌生处,即 $X=X_0$ 和 $Y=1$ 时,通过设置速率 $\mathrm{d}Y/\mathrm{d}X$ 等于零,然后估算相应的模量,即可很容易地得出分形撕裂模量的最小值 $M_{\min}^{\mathrm{f}}$,其结果为

$$M_{\min}^{\mathrm{f}}=\frac{1}{2}+\frac{1}{2}\ln[4\rho N_0(\alpha,X_0)]-\frac{1-2\alpha}{2\alpha}\frac{N_0(\alpha,X_0)}{X_0}$$
$$N_0(\alpha,X_0)=p(\alpha)\left(\frac{2}{\pi}\sqrt{\frac{2}{X_0}}\right)^{\frac{1-2\alpha}{\alpha}}\tag{8.46}$$

在假设模量 M_{f} 为 1.2 $M_{\min}^{\mathrm{f}}$ 的情况下,式(8.45)的解以 $Y=Y(X,\alpha)$ 的形式产生,如图 8.11 所示。绘制了 α 为 0.5(光滑裂纹)、0.45 和 0.40 的三条曲线,这些曲线对应于表面粗糙度增加的粗糙裂纹。对图 8.11 的检查可得出结论,裂纹表面粗糙度的增加降低了亚临界裂纹扩展过程中得到的材料表观断裂韧度。图 8.11 中 Y 曲线上的小圆圈显示了最终失稳点。这些点的位置是通过在图 8.12 所示的 Q 曲线上求最大值或在代表稳态指数式(8.32)的图中求零点来评估的——这在图 8.13(b)中已经得到证明。图 8.13(a)也给出了一种通过对比体系的能量需求速率与供给速率来得出最终失稳点的方法。

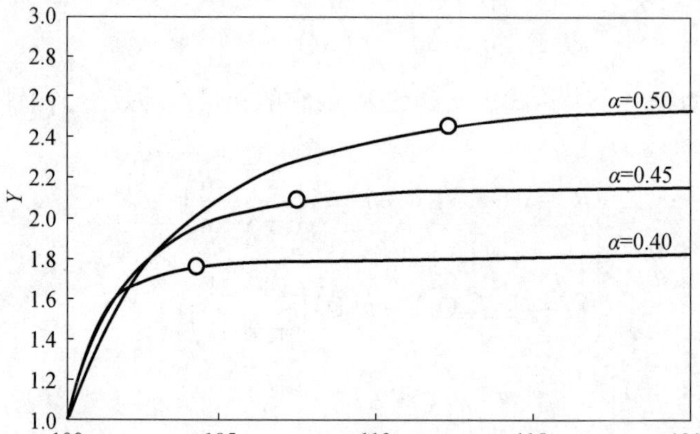

图 8.11 考虑分形几何的稳态裂纹的抗力曲线

顶部曲线对应于光滑裂纹的情况,而下部曲线对应于图中指定的分形指数 α 的粗糙裂纹,小圆圈代表了临界状态(Y_c,X_c) ,输入的数据为 $\rho=10$ 和 $X_0=100$。

一旦函数 $Y(X,\alpha)$ 从式(8.45)中确定,就可以继续评估预断裂区域内的分形裂纹的轮廓,用于此评估过程的方程如下:

$$
\begin{cases}
v_{\mathrm{f}}^{\mathrm{cusp}} = \dfrac{4\sigma_Y R}{\pi E} N\kappa(\alpha)\left[\sqrt{1-\dfrac{\lambda}{N}} - \dfrac{\lambda}{2N}\ln\left(\dfrac{1+\sqrt{1-\dfrac{\lambda}{N}}}{1-\sqrt{1-\dfrac{\lambda}{N}}}\right)\right] \\
N = N(\alpha, X) = \left[\dfrac{\alpha\Gamma(\alpha)}{\Gamma\left(\dfrac{1}{2}+\alpha\right)}\right]^{\frac{1}{\alpha}} \left(\dfrac{2}{\pi}\sqrt{\dfrac{2Y}{X}}\right)^{\frac{1-2\alpha}{\alpha}} \\
v_{\mathrm{f}}^{\mathrm{tip}} = \dfrac{4\sigma_Y R}{\pi E} N(\alpha, X)\,\kappa(\alpha)
\end{cases}
\tag{8.47}
$$

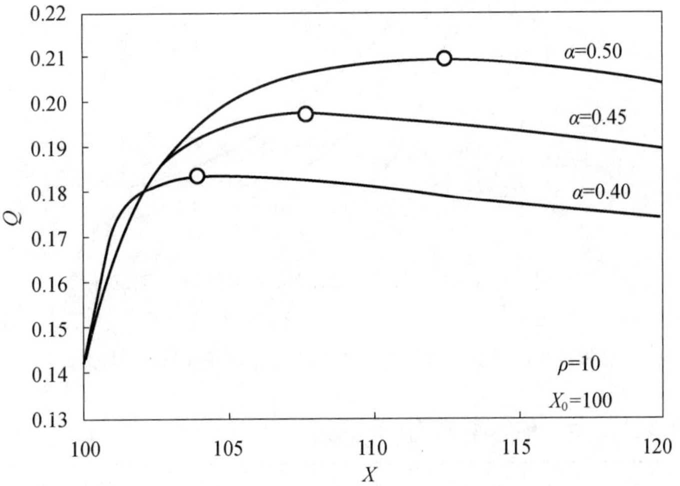

图 8.12　对粗糙裂纹(下面的两条曲线)和平滑裂纹(上面的曲线),载荷参数 Q 表现为当前裂纹长度的函数。值得注意的是,裂纹表面的粗糙度的增加降低了裂纹稳态扩展的效应

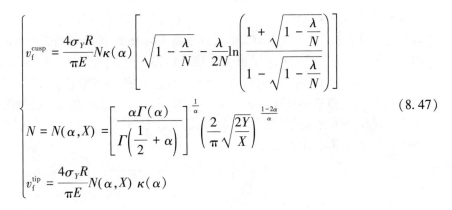

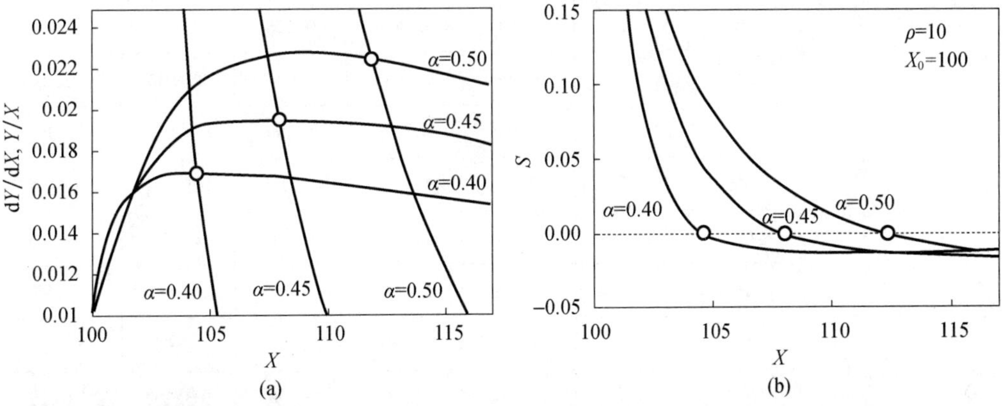

图 8.13　(a)粗糙裂纹 $\alpha = 0.45$ 和 $\alpha = 0.40$ 的能量需求速率 $\mathrm{d}Y/\mathrm{d}X$ 和能量供给速率 Y/X,$\alpha = 0.5$ 的曲线对应于光滑裂纹。初始裂纹长度设为 $X_0 = 100$,材料韧性指数为 $\rho = 10$。(b)对于与(a)相同的输入数据给出的稳态指数 S 的曲线。两个图上的小圆圈表示最终失稳点

图 8.14 显示了用尖端位移 v_f^{tip} 归一化了的式(8.47)的轮廓曲线,可以看出,对于粗糙度增大的裂纹表面(分形指数 α 减小),预断裂区域减小,整个预断裂区域收缩,这种现象表明达到了裂纹稳态扩展阶段结束时的临界状态。为了归纳这一情况,所有表征临界状态(最终失稳)的三个参数——由可用的 R 曲线建立的表观断裂韧度 Y_c、临界无量纲裂纹长度 X_c 和最终失稳载荷参数 Q_c ——都归类为集合(Y_c , X_c , Q_c)并归纳在表 8.1 中。对于表征带裂纹固体的相关参数的不同初始输入数据均列于表 8.1 中,如材料韧性指数 ρ 、初始裂纹长度 X_0 和分形指数 α 。

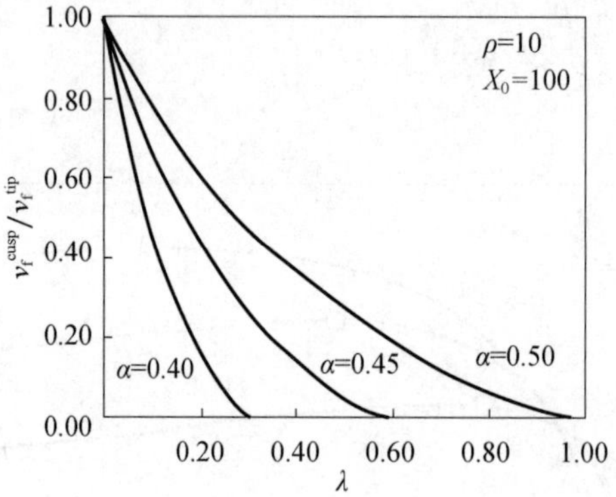

图 8.14 按式(8.47)绘制的内聚分形裂纹尖端的轮廓

所有曲线均由尖端位移 $v_f^{tip} = N(\alpha,X)\ K(\alpha)(4\sigma_Y/\pi E)$ 进行了归一化。裂纹表面粗糙度增加(分形指数 α 较小)导致内聚区收缩,这代表了更脆的材料行为。

表 8.1 不同输入数据 (ρ,α,X_0) 得出的临界状态的特征参量

ρ	α		$X_0=3$	$X_0=10$	$X_0=20$	$X_0=60$	$X_0=100$	$X_0=200$
2	0.5	Y_c	不稳定	1.462	1.619	1.757	1.791	1.820
		X_c		12.407	24.153	67.358	108.998	211.334
		Q_c		0.486	0.366	0.228	0.181	0.131
		ΔQ		8.569	15.785	25.109	28.200	31.228
	0.45	Y_c		1.410	1.515	1.569	1.570	1.559
		X_c		12.096	23.328	65.092	105.801	206.626
		Q_c		0.483	0.360	0.220	0.172	0.123
		ΔQ		7.958	13.972	20.255	21.797	22.851
	0.4	Y_c		1.348	1.399	1.383	1.360	1.326
		X_c		11.734	22.453	63.090	103.207	203.228
		Q_c		0.479	0.353	0.209	0.162	0.114
		ΔQ		7.912	11.637	14.676	14.805	14.223

续表

ρ	α		$X_0=3$	$X_0=10$	$X_0=20$	$X_0=60$	$X_0=100$	$X_0=200$
4	0.5	Y_c	1.088	1.648	1.835	2.006	2.049	2.085
		X_c	3.249	12.945	24.851	68.420	110.269	212.919
		Q_c	0.818	0.505	0.384	0.242	0.193	0.140
		ΔQ	0.205	12.848	21.513	32.616	36.315	39.957
	0.45	Y_c	1.059	1.580	1.704	1.773	1.775	1.765
		X_c	3.170	12.575	23.911	65.880	106.684	207.629
		Q_c	0.817	0.501	0.378	0.232	0.182	0.130
		ΔQ	0.051	12.102	19.401	27.066	29.006	30.401
	0.4	Y_c	1.037	1.501	1.560	1.545	1.52	1.481
		X_c	3.110	12.143	22.912	63.619	103.754	203.782
		Q_c	0.817	0.497	0.369	0.220	0.171	0.121
		ΔQ	0.0	11.184	16.705	20.697	21.034	20.579
8	0.5	Y_c	1.123	1.854	2.076	2.287	2.342	2.389
		X_c	3.591	13.447	25.530	69.503	111.587	214.590
		Q_c	0.828	0.525	0.403	0.257	0.205	0.149
		ΔQ	1.403	17.422	27.531	40.516	44.885	49.218
	0.45	Y_c	1.197	1.768	1.915	2.002	2.008	1.998
		X_c	3.514	13.020	24.478	66.682	107.597	208.681
		Q_c	0.825	0.521	0.396	0.245	0.193	0.138
		ΔQ	1.095	16.517	25.095	34.227	36.607	38.391
	0.4	Y_c	1.172	1.668	1.739	1.725	1.698	1.655
		X_c	3.454	12.521	23.357	64.153	104.312	204.352
		Q_c	0.824	0.516	0.386	0.232	0.180	0.127
		ΔQ	0.903	15.419	22.012	27.020	27.587	27.280
10	0.5	Y_c	1.278	1.925	2.160	2.386	2.445	2.496
		X_c	3.692	13.604	25.748	69.859	112.023	215.150
		Q_c	0.832	0.532	0.410	0.261	0.209	0.152
		ΔQ	1.908	18.946	29.524	43.142	47.741	52.313
	0.45	Y_c	1.243	1.832	1.988	2.082	2.089	2.080
		X_c	3.615	13.159	24.660	66.946	107.900	209.036
		Q_c	0.829	0.528	0.402	0.249	0.197	0.141
		ΔQ	1.549	17.984	26.978	36.606	39.139	41.059
	0.4	Y_c	1.216	1.725	1.800	1.787	1.760	1.715
		X_c	3.554	12.640	23.499	64.328	104.497	204.542
		Q_c	0.827	0.522	0.391	0.236	0.184	0.130
		ΔQ	1.325	16.823	23.766	29.119	29.766	29.513

续表

ρ	α		$X_0=3$	$X_0=10$	$X_0=20$	$X_0=60$	$X_0=100$	$X_0=200$
100	0.5	Y_c	1.827	2.800	3.218	3.666	3.794	3.908
		X_c	4.590	15.194	28.060	73.871	117.052	221.752
		Q_c	0.892	0.607	0.479	0.315	0.255	0.188
		ΔQ	9.929	35.755	51.460	72.553	80.040	87.743
	0.45	Y_c	1.762	2.620	2.901	3.107	3.135	3.135
		X_c	4.495	14.575	26.610	69.955	111.430	213.241
		Q_c	0.886	0.600	0.467	0.298	0.237	0.171
		ΔQ	8.452	34.085	47.671	63.243	67.736	71.487
	0.4	Y_c	1.708	2.419	2.561	2.575	2.540	2.479
		X_c	4.402	13.852	25.044	66.349	106.665	206.819
		Q_c	0.881	0.591	0.452	0.279	0.218	0.155
		ΔQ	7.887	32.162	43.016	52.600	54.326	54.841
200	0.5	Y_c	2.017	3.122	3.617	4.163	4.324	4.468
		X_c	4.832	15.678	28.796	75.224	118.784	224.082
		Q_c	0.914	0.631	0.501	0.333	0.270	0.200
		ΔQ	11.921	41.123	58.501	82.223	90.788	99.705
	0.45	Y_c	1.940	2.909	3.243	3.500	3.540	3.546
		X_c	4.728	15.010	27.240	70.984	112.665	214.748
		Q_c	0.906	0.623	0.488	0.314	0.251	0.182
		ΔQ	10.964	39.204	54.304	72.008	77.253	81.739
	0.4	Y_c	1.874	2.671	2.843	2.873	2.837	2.770
		X_c	4.623	14.229	25.551	67.051	107.435	207.646
		Q_c	0.900	0.613	0.472	0.293	0.230	0.163
		ΔQ	10.274	37.019	42.186	60.329	62.488	63.334

8.5 小　　结

现已证实，在 Griffith 意义上的不稳定(突变)的断裂扩展几乎总是发生于缓慢稳态裂纹扩展之后，该稳态扩展与靠近扩展裂纹尖端的预断裂区域内的应变累积和再分布有关，见 Panin(1995)，扩展裂纹的分析模型明显不同于静态裂纹。精确的模型仅涵盖少数的加载模式，如 Hult、McClintock(1956)、McClintock(1958)、McClintock 和 Irwin(1965)考虑的反平面加载模式，通过与反平面的情况对比，Krfft 等(1961)研究了在拉伸载荷作用下的裂纹扩展，他们通过广义抗力曲线重新提出并表述了这方面的问题，这一观点得到了对金属和合金微观结构层面上的韧性断裂研究的支持，其中发现存在某些特定的机制，阐述了裂纹缓慢扩展通过一系列的硬质夹杂物的脱黏过程，到形成孔洞以及孔洞长大和聚集的过程(Rice,1968)。值得注意的是，由于高应变水平和与裂纹运动相关的应变重新分布,塑性变形理论作为数学工具是不够的。也许,如 Prandtl 和 Reuss 的塑性阶跃理论所描述的,应力和应变之间的载荷谱相关的关系式更适合于构建基于连续介质力学的理论模型。

除了 Rice 等(1980)提出的 Prandtl 滑移线场之外,没有任何理论可以对当前的问题提供精确的数学处理。因此,本研究采用了基于内聚裂纹模型的近似模型,该内聚裂纹模型涵盖了“单位阶跃扩展”或“断裂量子”,并结合了 Wnuk 和 Yavari(2003,2009)的“嵌入裂纹”模型,该模型解释了用某种分形方法所代表的裂纹的非欧几里得几何,这种裂纹的分形维数 D 可以在 1(直线)和 2(二维物体)之间变化。结果表明,现有的“结构内聚裂纹模型”与 Rice 等(1980)具有相同的基本结果,即定义通用 R 曲线的控制方程,这种说法只适用于光滑裂纹。对于分形几何,Khezrzadeh 等(2011)和 Wnuk 等(2012)已经发表了两篇论文,论述裂纹缓慢扩展的过程。当在本模型的背景下重新考虑分形裂纹的稳定性时,相关的结果与以前的发现有些不同,具体而言,缓慢开裂程度和分形指数 α 之间的关系与前面提出的相反。

也许解释本文中基本结论最好的方式是分析图 8.15 和图 8.16,并检查表 8.1 中收集的结果。从理论分析使用的所有相关参数中,只需要选择一个:最终失稳临界点之前发生的缓慢开裂过程所引起的无量纲加载参数的增量 ΔQ。这个量在图 8.15 和图 8.16 的纵轴上表示。可以看出,材料韧性(ρ)显著地促进了缓慢的裂纹稳态扩展,从而导致了施加载荷的增加,它用灾难性断裂点处的载荷(Q_c)与裂纹稳态扩展开始时的载荷(Q_{ini})之间的差值来度量:

$$\begin{cases} \Delta Q = \dfrac{Q_c - Q_{\text{ini}}}{Q_{\text{ini}}} \\ Q_{\text{ini}} = \sqrt{\dfrac{2}{X_0}} \end{cases} \tag{8.48}$$

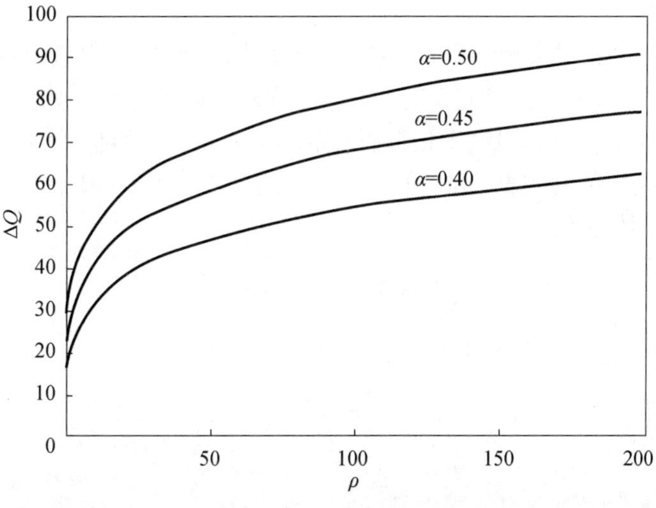

图 8.15　在最终失稳点(见式(8.48))测量的载荷增量,其为材料韧性的函数。$\alpha = 0.5$ 代表光滑裂纹的情况,而其他曲线描述由分形几何表示的粗糙裂纹。三条曲线的初始裂纹长度 $X_0 = 100$

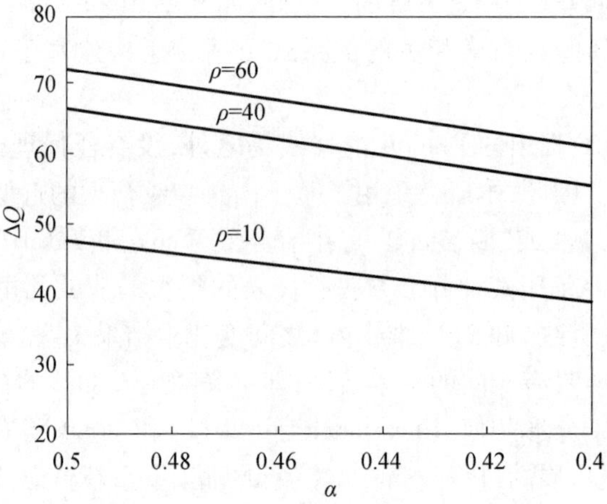

图 8.16　在 $X_0 = 100$ 和不同水平的韧性指数下的亚临界裂纹扩展期间得到的载荷增量，其表现为裂纹表面粗糙度的函数，可以看出，粗糙度的增加导致了 ΔQ 的减小

这一结果与以前的研究完全一致（Khezrzadeh 等，2011；Wunk 等，2012）。然而，考虑到分形几何会得出相反的结论：较高的裂纹表面粗糙度（α 小于 0.5）会减弱裂纹缓慢扩展的过程，并导致观察到的载荷增量 ΔQ 减小，见图 8.16。换言之，粗糙裂纹表面更易于产生材料的脆性响应。仔细检查表 8.1 中收集的数据揭示了一个有趣的现象，结果表明，对于很小的裂纹，$X_0 = 3$，以及对于低的材料韧性，$\rho = 2$，根本不存在稳态扩展。注意，在这种特殊情况下，初始裂纹的大小与特征长度 R_{ini} 的量级有关，对于这样小的裂纹，一种新的“过应力”效应开始显现，类似于流体物理学上称为“过冷”液体的现象，这种效应可以解释为：尽管在小裂纹附近累积了足够的能量，但直到达到某一过临界载荷水平时裂纹才开始扩展，然后会发生从静态裂纹到动态扩展裂纹的突然转变；见 Mott（1948）和 Cotterell（1968）的研究。

是否存在稳态裂纹扩展现象主要取决于材料的韧性和 Paris 撕裂模量，它与 R 曲线的初始斜率呈正比，并且较小程度上取决于裂纹表面粗糙度的水平。如果控制式（8.26）中光滑裂纹的撕裂模量和式（8.45）中粗糙裂纹的撕裂模量，不满足大于在“Panin 应变的量子化和亚临界裂纹扩展的判据”和“分形裂纹的稳定性”两部分中计算的最小模量的条件，即对于光滑的裂纹，则

$$\frac{\pi E}{4\sigma_Y}\left(\frac{\hat{u}}{\Delta}\right) \geqslant M_{\min} = \frac{1}{2} + \frac{1}{2}\ln(4\rho) \tag{8.49}$$

对于粗糙裂纹，裂纹的稳态扩展将消失：

$$\begin{cases} \dfrac{1}{\kappa(\alpha)}\dfrac{\pi E}{4\sigma_Y}\left(\dfrac{\hat{u}}{\Delta}\right) \geqslant M_{\min}^f = \dfrac{1}{2} + \dfrac{1}{2}\ln[4\rho N_0(a,X_0)] - \dfrac{1-2a}{2a}\dfrac{N_0(a,X_0)}{X_0} \\ N_0(a,X_0) = p(a)\left(\dfrac{2}{\pi}\sqrt{\dfrac{2}{X_0}}\right)^{\frac{1-2a}{a}} \end{cases} \tag{8.50}$$

可以看出，虽然式（8.49）中光滑裂纹的撕裂模量仅取决于材料特性，例如韧性指数 ρ，但是由式（8.50）给出的分形裂纹的撕裂模量还取决于一些纯几何参数，例如裂纹表面

粗糙程度 α 和初始裂纹长度 X_0。值得注意的是，在式(8.49)和式(8.50)中的不等式给出的条件不成立的情况下，不存在缓慢稳态裂纹扩展。材料韧性、初始裂纹长度和分形指数等输入参数的某一特定组合，可以看出，缓慢稳态裂纹扩展的过渡阶段消失，要回到对理想脆性断裂有效的那些定律上。这可以与 Alves 等(2010)的试验数据进行比较，需要进一步开展这种类型的研究来充分理解本模型背后的物理意义。

对线性和非线性断裂力学主题进行的更高级(或更详细的)研究感兴趣的读者，推荐参考以下教材：

1. H. Liebowitz (ed.), 1968, "Fracture. An advanced Treatise", editor H. Liebowitz, Vol. 2: Mathematical fundamentals, Academic Press 1968.

2. D. Broek, 1986, "Elementary engineering fracture mechanics", 4th revised edition, MartinusNijhoff Publishers, Dordrecht 1986.

3. M. F. Kanninen and C. H. Popelar, 1985, "Advanced fracture mechanics", Oxford University Press, New York and Clarendon Press, Oxford, UK.

4. M. P. Wnuk (ed.), 1990, "Nonlinear fracture mechanics", International Centre for Mechanical Sciences, CISM Course No. 314, Udine 1990, Springer Verlag 1990.

5. T. L. Anderson, 1991, "Fracture mechanics. Fundamentals and Applications", CRC Press 1991.

6. C. T. Sun and Z. H. Jin, 2012, "Fracture mechanics", Elsevier 2012.

附录 A

回到式(8.43)，

$$\frac{\mathrm{d}}{\mathrm{d}X}\left[p(\alpha)\left(\frac{2}{\pi}\sqrt{\frac{2Y}{X}}\right)^{\frac{1-2\alpha}{\alpha}}Y\right]=M_{\mathrm{f}}-\frac{1}{2}-\frac{1}{2}\ln\left[4\rho p(\alpha)\left(\frac{2}{\pi}\sqrt{\frac{2Y}{X}}\right)^{\frac{1-2\alpha}{\alpha}}Y\right] \tag{8.51}$$

当 $\left(\frac{2}{\pi}\right)^{\frac{1-2\alpha}{\alpha}}$ 与 $p(\alpha)$ 的乘积用 $f(\alpha)$ 表示时，式(8.51)的左侧(LHS)可写成 $f(\alpha)\frac{\mathrm{d}}{\mathrm{d}X}\left[\left(\frac{2Y}{X}\right)^{\frac{1-2\alpha}{2\alpha}}Y\right]$，接下来进行微分运算，

$$\mathrm{LHS}=f(\alpha)\left[\left(\frac{2Y}{X}\right)^{\frac{1-2\alpha}{2\alpha}}\frac{\mathrm{d}Y}{\mathrm{d}X}+\left(\frac{1}{2\alpha}-1\right)Y\left(\frac{2Y}{X}\right)^{\frac{1}{2\alpha}-2}2\frac{X\frac{\mathrm{d}Y}{\mathrm{d}X}-Y}{X^2}\right] \tag{8.52}$$

因此，

$$\mathrm{LHS}=f(\alpha)\left[\left(\frac{2Y}{X}\right)^{\frac{1}{2\alpha}-1}\left(1+\frac{1}{2\alpha}-1\right)\frac{\mathrm{d}Y}{\mathrm{d}X}\right]-f(\alpha)\left(\frac{1}{\alpha}-2\right)\left(\frac{Y}{X}\right)^2\left(\frac{2Y}{X}\right)^{\frac{1}{2\alpha}-2} \tag{8.53}$$

用 G 代表式(8.51)中的右侧(RHS)，可得出

$$f(\alpha)\left(\frac{2Y}{X}\right)^{\frac{1}{2\alpha}-1}\left(\frac{1}{2\alpha}\frac{\mathrm{d}Y}{\mathrm{d}X}\right)-f(\alpha)\left(\frac{1}{\alpha}-2\right)\left(\frac{Y}{X}\right)^2\left(\frac{2Y}{X}\right)^{\frac{1}{2\alpha}-2}=G(X,Y,\alpha) \tag{8.54}$$

这降阶为

$$\frac{\mathrm{d}Y}{\mathrm{d}X}=\frac{2\alpha G}{f(\alpha)\left(\dfrac{2Y}{X}\right)^{\frac{1}{2\alpha}-1}}+2\alpha\left(\frac{1}{\alpha}-2\right)\left(\frac{Y}{X}\right)^{2}\frac{X}{2Y} \tag{8.55}$$

设 $\left(\dfrac{2}{\pi}\right)^{\frac{1-2\alpha}{\alpha}}p(\alpha)=f(\alpha)n$，该方程即等同于式(8.45)。

附录 B

当韧性指数 $\rho=R/\Delta\rightarrow 1$ 时，会出现理想脆性固体（且对于分形指数 $\alpha=1/2$）中的断裂行为，需要证明，这种情况下，控制式(8.23)中的亚临界裂纹运动的微分方程预测不到裂纹的稳态扩展，并且 δCOD 准则降阶为 Griffith 的经典状态。为了证明这一点，让我们用如下形式写出从 δCOD 准则导出的控制方程，式(8.23)：

$$\begin{cases}\dfrac{\mathrm{d}R}{\mathrm{d}a}=M-\dfrac{R}{\Delta}+\dfrac{R}{\Delta}F(\Delta/R)\\ M=\dfrac{\pi E}{4\sigma_Y}\left(\dfrac{\hat{u}}{\Delta}\right)\end{cases} \tag{8.56}$$

其中的 M 为撕裂模量，函数 F 定义如下：

$$F(\Delta/R)=\sqrt{1-\frac{\Delta}{R}}-\frac{\Delta}{2R}\ln\frac{1+\sqrt{1-\dfrac{\Delta}{R}}}{1-\sqrt{1-\dfrac{\Delta}{R}}} \tag{8.57}$$

对于韧性固体，Δ 明显小于 R，因此 $\rho\gg 1$，这种情况下，函数 F 降阶为

$$F\left(\frac{\Delta}{R}\right)_{\rho\gg 1}=1-\frac{\Delta}{2R}+\frac{\Delta}{2R}\ln\frac{\Delta}{2R} \tag{8.58}$$

由该式可得到前面讨论的式(8.24)中的微分，为得到理想的脆性极限，需要将函数 F 扩展为 ρ 接近 1 的一个幂级数函数：

$$F\left(\frac{\Delta}{R}\right)_{\rho\rightarrow 1}=-\frac{2}{3}\left(1-\frac{\Delta}{R}\right)^{3/2} \tag{8.59}$$

当将其代入式(8.56)，可得到控制准脆性固体的 R 曲线的微分方程，即

$$\frac{\mathrm{d}R}{\mathrm{d}a}=M-\frac{R}{\Delta}-\frac{2}{3}\frac{R}{\Delta}\left(1-\frac{\Delta}{R}\right)^{3/2} \tag{8.60}$$

对于理想的脆性固体，会出现两种情况：① $R=\Delta$；②式(8.60)定义的 R 曲线的斜率等于 0（R 曲线降阶为 $R=R_{\mathrm{ini}}$ 的一条水平线）。因此，式(8.60)降阶为

$$\frac{\mathrm{d}R}{\mathrm{d}a}=0 \text{ 或 } M=1 \tag{8.61}$$

另外可知，对于理想的脆性固体，Neuber 粒子的尺寸 Δ 可用内聚区的长度进行标定：

$$\Delta=R=\frac{\pi E}{8\sigma_Y}\mathrm{CTOD} \tag{8.62}$$

$$\hat{u}=\frac{1}{2}\mathrm{CTOD} \tag{8.63}$$

式(8.62)和式(8.63)代入撕裂模量的定义式(8.56)中,即可得到

$$M = \frac{\pi E}{4\sigma_Y}\left(\frac{\hat{u}}{\Delta}\right) = \frac{\pi E}{4\sigma_Y}\left(\frac{(1/2)\ \text{CTOD}}{(\pi E/8\sigma_Y)\ \text{CTOD}}\right) = 1 \tag{8.64}$$

用这种方式可以确定,当 $\hat{u} \equiv (1/2)$ CTOD 且 $\Delta \equiv R$ 时,理想脆性固体的极限情况下的 R 曲线的斜率为零,如式(8.61)所述,换句话说,断裂萌生的 δCOD 准则降为 Wells 的 CTOD 准则,等效于 Rice 的 J 积分准则。后者与 Irwin 驱动力准则 $G = G_c$ 完全一致,这就得到了临界应力十分普遍的 Griffith 表达式:

$$\sigma_G = \sqrt{\frac{2E_\gamma}{\pi a}} = \sqrt{\frac{G_c E}{\pi a}} = \frac{K_c}{\sqrt{\pi a}} \tag{8.65}$$

由 R_{ini} 绘制的水平线(斜率为 0)给出的 R 曲线可很直接地得出相似的结论,使内聚区的平衡长度 R 等于其临界值 R_c 时,可得到式(8.65)。最后,应记住,R 和 K_I 这两个量之间的关系如下:

$$R = \frac{\pi}{8}\left(\frac{K_\text{I}}{\sigma_Y}\right)^2 = R_c = \frac{\pi}{8}\left(\frac{K_c}{\sigma_Y}\right)^2 \text{或}, K_\text{I} = K_c \text{ 或}, \sigma_{\text{crit}} = \sigma_G \tag{8.66}$$

因此,可以看出,在前面部分中描述的非线性理论包括了断裂的经典理论,其已变成了一种更加广义的数学表述的一个特例。

参考文献

L. M. Alves, R. V. Da Silva, L. A. Lacerda, Fractal model of the J-R curve and the influence of the rugged crack growth on the stable elastic-plastic fracture mechanics. Eng. Fract. Mech. 77, 2451-2466(2010)

T. L. Anderson, Fracture Mechanics: Fundamentals and Applications, 2nd edn. (CRC Press, Boca Raton, 2004)

B. Cotterell, Fracture propagation in organics glasses. Int. J. Fract. Mech. 4(3), 209-217(1968)

J. A. Hult, F. A. McClintock, in Proceedings of the 9th International Congress of Applied Mechanics, vol. 8, (Brussels, 1956), pp. 51-58

H. Khezrzadeh, M. P. Wnuk, A. Yavari, Influence of material ductility and crack surface roughness on fracture instability. J. Phys. D Appl. Phys. 44, 395302(2011)(22 pp)

J. M. Krafft, A. M. Sullivan, R. W. Boyle, Effect of dimensions on fast fracture instability of notched sheets. in Proceedings of the Crack Propagation Symposium(Cranfield College of Aeronautics, Cranfield, 1961)

F. A. McClintock, J. Appl. Mech. 58, 582(1958)

F. A. McClintock, Effect of root radius, stress, crack growth, and rate on fracture instability. Proc. R. Soc. Lond. Ser. A 285, 58-72(1965)

F. A. McClintock, G. R. Irwin, in Fracture Toughness Testing and Its Applications, ASTM STP 381, (ASTM, Philadelphia, 1965), pp. 84-113

N. F. Mott, Brittle fracture in mild steel plates, part Ⅱ. Engineer 165, 16-18(1948)

H. Neuber, Theory of Notch Stresses(Springer, Berlin, 1958)

V. V. Novozhilov, On a necessary and sufficient criterion for brittle strength. J. Appl. Mech. USSR 33, 212-222 (1969)

V. E. Panin, Physical Mesomechanics and Computer-Aided Design of Materials, vols. 1 and 2, (in Russian) (Nauka, Novosibirsk, 1995)

Y. Prawoto, M. N. Tamin, A new direction in computational fracture mechanics in materials science: will the combination of probabilistic and fractal fracture mechanics become mainstream? Comput. Mater. Sci. 69,197-203 (2013)

N. Pugno, R. S. Ruoff, Quantized fracture mechanics. Phil. Mag. 84(27),2829-2845(2004)

J. R. Rice, Mathematical Analysis in the Mechanics of Fracture, in Fracture, An Advanced Treatise, ed. by H. Liebowitz, vol. 2(Academic Press, New York, 1968)

J. R. Rice, W. J. Drugan, T. L. Sham, Elastic-plastic analysis of growing cracks. in Fracture Mechanics, 12th Conference, ASTM STP 700(ASTM, Philadelphia, 1980)

D. Taylor, The theory of critical distances. Eng. Fract. Mech. 75,1696-1705(2008)

D. Taylor, P. Cornetti, N. Pugno, The fracture mechanics of finite crack extension. Eng. Fract. Mech. 72,1021-1038(2005)

M. P. Wnuk, Quasi-static extension of a tensile crack contained in a viscoelastic-plastic solid. J. Appl. Mech. 41,234-242(1974)

M. P. Wnuk, A. Rouzbehani, Instabilities in early stages of ductile fracture. Phys. Mesomech. 8(5-6),81-92 (2005)

M. P. Wnuk, A. Rouzbehani, A mesomechanics model of fatigue crack growth for nanoengineering applications. Phys. Mesomech. 11(5-6),272-284(2008)

M. P. Wnuk, A. Yavari, On estimating stress intensity factors and modulus of cohesion for fractal cracks. Eng. Fract. Mech. 70,1659-1674(2003)

M. P. Wnuk, A. Yavari, A discrete cohesive model for fractal cracks. Eng. Fract. Mech. 76,545-559(2009)

M. P. Wnuk, M. Alavi, A. Rouzbehani, Comparison of time dependent fracture in viscoelastic and ductile solids. Phys. Mesomech. 15(1-2),13-25(2012)

第 9 章　二维离散损伤模型:离散元法、粒子模型和分形理论

Sreten Mastilovic, Antonio Rinaldi

摘　要

本章回顾的离散元法(DEM)仅限于由二维基本构成单元组成的不连续模型,例如圆、椭圆或多边形,它们被赋予了几何的、结构的和接触的特性,使它们的组合能够接近抽象材料的现象学响应。其接触过程被赋予能量耗散机制和内聚强度,这样就能够描述损伤演变的现象,如裂纹的萌生和扩展。通过粒子之间的动态相互作用,DEM 能够以简单和自然的方式处理断裂事件中的复杂问题。另外,粒子模型原则上是分子动力学(MD)的分支,适用于较大尺度上的材料的模拟。原子的作用由连续体颗粒或准颗粒代替,连续颗粒或准颗粒是一种基本的构成单元,可以代表例如陶瓷颗粒、混凝土团块和复合材料颗粒。计算域被离散化为这种粒子的规则或随机网络,这些粒子一般通过牛顿动力学领域内的非线性势能发生相互作用。模型参数应该代表材料的宏观弹性、非弹性和断裂特性来识别,并且模型应该根据其形态来构建。最后,对离散模型中的渗流理论和分形尺度定律进行简要的研究。

9.1　概　　述

DEM 是指拉格朗日模拟技术,其中计算域由离散的刚体或可变形的单元通过接触算法所组成,材料被视为离散粒子的 Voronoi 组合,代表材料的异质性,具有由动态粒子间相互作用确定的宏观连续体行为。接触算法是一组数值技术的核心,这些技术旨在解决以材料或几何行为的强烈不连续性为特征的应用力学问题。因此,DEM 模型很自然地应用于与其内在粒子网络具有相同拓扑特征的介质。最近的 DEM 研究是由 Bicanic(2004)、Donze 等(2008)和 Munjiza 等(2011)给出的。

DEM 由 Cundall(1971)引入,用于分析岩土边坡的不连续渐进破坏,然后由 Cundall 和 Strack(1979)引入到地层分析中。Cundall 和 Hart(1992)将其描述为允许离散固态的宏观物体发生有限位移和旋转的方法,其可以在模拟进行时自动重叠和分离并识别新的接触点。因此,抽象的介质的力学行为来源于诸多单个颗粒在砾岩内运动的集体效应,其由特定的颗粒间力-位移定律或接触力控制。DEM 通过求解单个粒子运动的牛顿方程,提供粒子体系详细的时间演化过程,其中包括在模拟过程中自然会出现的复杂的损伤机制。

将 DEM 相对于载荷传递机制分类到以下模型中是很方便的:

(1)中心相互作用(在本书前面的章节中简要概述了 α 模型的推广,图 9.1(b)中 $k^a \equiv 0$ 时)。

(2)中心和角度相互作用($\alpha - \beta$ 模型的推广,图 9.1(b))。

(3)中心、剪切和弯曲相互作用(梁相互作用模型的推广,图 9.1(c))。

(4)中心、剪切、弯曲和角度相互作用(图 9.1(d))。

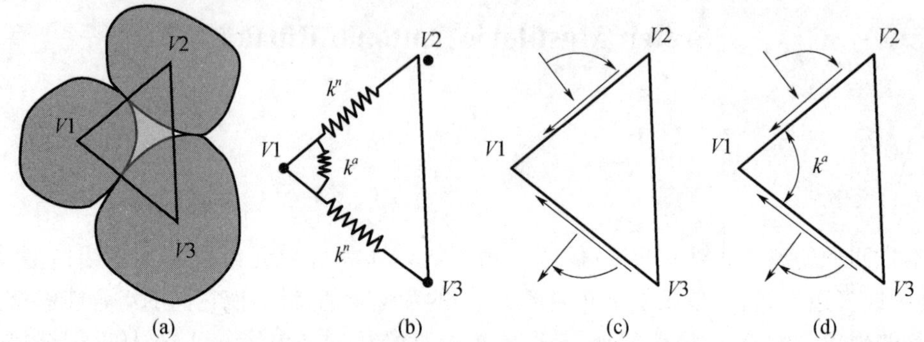

图 9.1 具有相互作用线的三个晶粒簇(a)和相应的基于(b)中心 k^n 和角 k^a 相互作用的、(c)中心、剪切和弯曲相互作用的(一种典型的 DEM,可称为“局部不均匀的微柱连续体”(Ostoja-Starzewski,2007),其不均匀性在晶粒尺度上是变化的)、(d)中心、剪切、弯曲和角度相互作用的(Ostoja-Starzewski 重绘于 2007)载荷传递机制

DEM 的计算机实现技术利用了显式有限差分方案,并且在每个计算周期中交替应用牛顿第二运动定律和力矩平衡条件以及每个粒子间接触的力-位移接触定律。可以在变形过程中形成新的接触,并且在内聚材料的情况下,颗粒之间的一些接触可能破裂,因此,必须不断更新完整颗粒团簇的整体刚度矩阵。从包括团簇的各个单元的微观状态参数出发提出连续体的一种描述的过程称为均质化,该方法的起点是引入代表性体积单元,并将其作为宏观量的平均体积。

9.2 对于非内聚材料的离散元法实现

特定的内聚和非内聚材料之间的差异在于是否存在法向的张力承载能力。非内聚材料的整体行为可以描述为多体接触的问题,这使其更适合使用 DEM,这种对非内聚材料的流变进行建模的数值技术是基于 Cundall 和 Strack 于 1979 年进行的开创性工作。由于颗粒材料是可进行平移和旋转的单个宏观粒子的大型聚集体,因此该模型是基于这些材料的基本单元(颗粒本身)以及它们的相互作用的。以下是 DEM 的三个主要方面:①粒子的形状和粒子的尺寸分布(物理参数);②粒子间接触的本构行为(力学参数,例如接触摩擦因数、接触法向刚度、接触抗拉强度);③求解运动方程的数值技术。DEM 模型的滑移特征说明了在滑动前,其接触行为受摩擦定律约束、表现出有限的剪切抗力。

随着粒子体系的演化,碰撞、滑动和滚动接触会产生力和力矩,这正是 DEM 所要估算的。DEM 模型构建模块会随机生成圆(Cundall 和 Strack,1979)、椭圆(Ting,1992)、凸多边形(Cundall,1988)或团簇(Jensen 等,1999),其尺寸分布(多为正态分布)反映体系固有的异质性。圆形粒子是最简单的,因为仅用单个参数定义粒子的几何形状,并且只有一种可能的接触类型,易于检测。圆形粒子经常因其简单而被选中,但是,它们会低估滚动阻力且无法捕获粒子的联锁特征。因此,圆形颗粒比更复杂形状的颗粒更容易失效。

通常假设颗粒是刚性的,但为了使相对位移发生,允许其重叠(柔软或平滑接触),(基于"非光滑"设想的接触动力学方法这里不做讨论,它排除了颗粒之间重叠的可能性,有兴趣的读者可以参考 Donze 等(2008)的研究)。当沿着界面的运动解释了粒子组合中的大部分变形时,粒子刚性的假设是合理的,非内聚组合通常是这种情况,如沙子。

以下简要回顾的具有滚动摩擦的 DEM 滑移模型,大部分是在 Xiang 等(2009)之后提出的。

9.2.1　具有滚动摩擦的离散元法滑移模型

干燥颗粒介质的特征是具有短程的优势和非内聚的颗粒间的相互作用:两个接触粒子间的弹性和非弹性接触力和摩擦力。因此,在流变学上,每个粒子间接触可以由轴向(法向)弹簧-缓冲器单元(Kelvin 单元)和沿切线方向的弹簧-缓冲器-滑块单元(图 9.2(d))表示。法线方向上的接触行为是弹性的,没有张力极限(拉伸强度)。简单的中心和转角相互作用类型的广义粒子间的接触行为解释了法向相互作用、剪切相互作用和滑移。

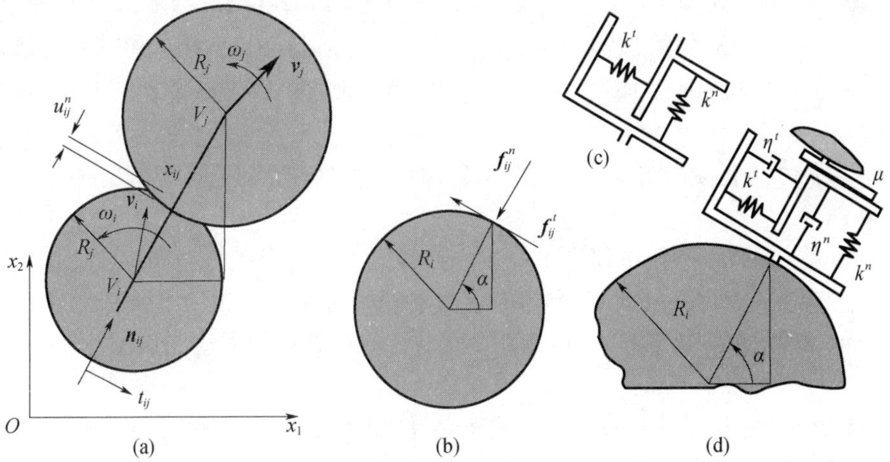

图 9.2　两个接触的圆形粒子

(a)微观参数的定义;(b)接触力的分解;(c)无阻尼的接触界面-粘合接触的基本模型;(d)黏性阻尼的摩擦接触。

通常,作用在粒子 i 上的作用力如下:分别是重力($m_i\boldsymbol{g}$)、粒子 i 和 j 之间的法向和切向弹性接触力($\boldsymbol{f}_{ij}^n$ 和 $\boldsymbol{f}_{ij}^t$),对于表示符号,黑体符号指的是向量和张量。根据牛顿第二定律,粒子的平移和旋转运动由下式确定:

$$\frac{\mathrm{d}\boldsymbol{p}_i}{\mathrm{d}t}=m_i\boldsymbol{g}+\sum_{j=1}^{N_i}(\boldsymbol{f}_{ij}^n+\boldsymbol{f}_{ij}^t),\quad \frac{\mathrm{d}\boldsymbol{L}_i}{\mathrm{d}t}=\sum_{j=1}^{N_i}(\boldsymbol{T}_{ij}^{\ t}+\boldsymbol{T}_{ij}^r) \tag{9.1}$$

其中 $\boldsymbol{p}_i=m_i\boldsymbol{v}_i$、$\boldsymbol{L}_i=I_i\boldsymbol{\omega}_i$ 是粒子 i 的线动量和角动量,通常分别用质量、惯性矩 I、平移速度 $\boldsymbol{v}$ 和转速 $\boldsymbol{\omega}$ 来定义,$\boldsymbol{T}_{ij}^t$ 和 $\boldsymbol{T}_{ij}^r$ 是由于切向接触力和滚动摩擦产生的扭矩(Xiang 等,2009)。对于多重相互作用,可以求和得到与粒子 i 相互作用的 N_i 个粒子间的作用力和力矩。在

计算接触力时,粒子间的接触可以用一对作用在法向和切向上的线性弹簧-缓冲器-滑块接触模型(Cundall 和 Strack,1979)来模拟。表示粒子j对粒子i作用的接触力向量可以分解为法向和切向向量$\boldsymbol{f}_{ij}=\boldsymbol{f}_{ij}^n+\boldsymbol{f}_{ij}^t$,其中

$$\boldsymbol{f}_{ij}^n=-\left[k^n\boldsymbol{u}_{ij}^n+\eta^n(\boldsymbol{v}_{ij}\cdot\boldsymbol{n}_{ij})\boldsymbol{n}_{ij}\right]\quad \boldsymbol{f}_{ij}^t=\min\{-k^t\boldsymbol{u}_{ij}^t-\eta^t\boldsymbol{v}_{ij}^t,\mu_f|\boldsymbol{f}_{ij}^n|\boldsymbol{t}_{ij}\} \tag{9.2}$$

并且力的两个分量都包括耗散项。在式(9.2)中粒子i相对于粒子j的相对速度被定义为

$$\begin{cases}\boldsymbol{v}_{ij}=\boldsymbol{v}_i-\boldsymbol{v}_j+(\boldsymbol{\omega}_i\times\boldsymbol{R}_i-\boldsymbol{\omega}_j\times\boldsymbol{R}_j)\\ \boldsymbol{v}_{ij}^n=(\boldsymbol{v}_{ij}\cdot\boldsymbol{n}_{ij})\boldsymbol{n}_{ij},\\ \boldsymbol{v}_{ij}^t=\boldsymbol{v}_{ij}-\boldsymbol{v}_{ij}^n\end{cases} \tag{9.3}$$

式(9.2)和式(9.3)中:$\boldsymbol{u}_{ij}^n$、$\boldsymbol{u}_{ij}^t$分别为粒子i和j之间的法向和切向位移向量;$\boldsymbol{v}_{ij}$为接触点的相对速度向量;$\boldsymbol{n}_{ij}$为中心距的单位向量;$\boldsymbol{t}_{ij}$为垂直于$\boldsymbol{n}_{ij}$的单位向量;$\boldsymbol{v}_{ij}^n$、$\boldsymbol{v}_{ij}^t$分别为接触点在法向和切向的相对速度;μ_f为滑动摩擦因数;k^n、k^t分别为法向和切向的弹簧常数,对于内聚材料,k^n是常数,但是对于非内聚材料,k^n不是常数且其取决于法向位移$k^n\propto\sqrt{u_{ij}^n}$(Van Baars,1996);$\eta^n$、$\eta^t$分别为法向和切向耗散阻尼常数。

局部黏滞阻尼经常被纳入 DEM 模型中来消耗动能以及滑动摩擦,从而更有效地达到平衡。重要的是,注意在式(9.2)中的剪切力以增量的方式计算:当形成接触时,f_{ij}^t设定为零,随后的每个相对剪切位移(广义上是速度)增量$\boldsymbol{u}_{ij}^t$会产生相应的剪切力增量。因此,因k^t涉及位移和力的增加,所以它是正切刚度,而由于k^n涉及总位移和力,所以它是割线刚度。

切向接触力引起的扭矩为$\boldsymbol{T}_{ij}^t=\boldsymbol{f}_{ij}^t\times\boldsymbol{R}_i$,而滚动摩擦扭矩是采用特定的摩擦模型来计算的。

对于摩擦接触,在压缩中起作用的法向弹簧会得出一个受库仑摩擦定律限制的剪切力,因此,当计算的剪切力达到库仑极限时,接触开始滑动,从而产生滑移(式(9.2))。

Alonso-Marroquin 和 Herrmann(2005)提出了一种类似的方法,其中粒子由凸多边形表示。

Kruyt 和 Rothenburg(1996)给出了关于微观接触参数的应力和应变张量的表达式,他们还开发了二维粒子组合的弹性模量的统计理论(1998)。

9.2.2 非内聚颗粒状材料的离散元法的应用

通过颗粒刚度假设很好地描述了非内聚颗粒材料(例如砂)的变形,这是因为变形主要是由于颗粒作为刚体的滑动和旋转以及界面处的张开和互锁,而单个颗粒变形相对较小。另外,引入颗粒间摩擦因数来描述当颗粒间的重叠消失时剪切力和法向力之间的比率。

与干土相比,内聚土壤的机械结构要复杂得多(例如,Yang 和 Hsiau,2001),这是因为水的存在会导致土壤颗粒之间出现内聚力。除了非弹性接触力和颗粒间接触的摩擦力,内聚性土壤的力学响应还受到毛细管和粒子间离散液桥产生的动态黏性力的影响(Zhang 和 Li,2006)。Prunier 等在本书中研究了 DEM 在地质力学中的应用。

Jensen 等(1999,2001)通过将几种不同尺寸的较小圆形颗粒组合成充当单个颗粒的

团簇而获得复杂形状的颗粒,通过引入这些颗粒,改进了用于模拟非内聚颗粒材料的DEM。利用不同的法向载荷、空隙率和表面粗糙度进行了环剪切试验的数值模拟,以对比复杂颗粒形状与圆形颗粒的响应。正如预期的那样,计算机模拟表明,与圆形颗粒相比,复杂形状颗粒团簇由于颗粒旋转减少,其剪切强度增加。可对晶粒损伤进行显式模拟是这种团簇方法的另一个重要特征,通过允许团簇颗粒根据基于滑动功的失效准则发生分裂,将晶粒的损伤包括了进来。一旦对单个团簇粒子进行的累积功达到某个阈值,粒子就会从团簇中分离出来,包括该特征的计算机模拟揭示了非常不同的剪切区域,但并没有显著降低颗粒团簇的最大剪切强度,结果表明,损伤程度与团簇的棱角性有关。

使用可压碎团簇的DEM模拟结果与相关文献中报道的显著的实验趋势非常一致,模拟揭示了粒子级别的响应机制,Cheng等(2003)使用类似的方法进行了三维模拟。

9.3　对于内聚材料的离散元法实现

内聚材料的明显特征是在粘合颗粒之间传递法向拉伸力的能力,因此,对Cundall的方法进行了扩展,从而考虑了界面拉伸强度(Zubelewicz和Mroz,1983;Plesha和Aifantis,1983)。为了做到这一点,DEM模型通常通过在两个颗粒之间的接触处添加一种键合来适应内聚材料,模拟黏附到颗粒上的基体的存在,这将内聚力赋予给了粘结的颗粒材料(Topin等,2007)。这种方法用于模拟各类形成宏观异质材料的粘合颗粒,如沉积岩、混凝土、陶瓷、灌浆土、固体推进剂和高爆炸药,以及一些生物材料。理论上,这些材料也可以通过第9.2节对于非内聚材料的DEM实现中概述的简单模型来表示,其中一个重要的条件是,对于粘合接触,法向弹簧在压缩和拉伸两者中都会提供阻力。在变形过程中,如果两个颗粒之间的粘合接触根据某些规定的失效标准而失效,而两个颗粒仍然相互挤压,则接触变为摩擦。当由于外部作用超过颗粒之间的粘合强度、临界应变或断裂能时,损伤模式通过颗粒的渐进脱黏过程而给出。

考虑两个连续粒子边缘之间的内聚相互作用的两种不同方法如下:①梁增强DEM(粒子中心之间的梁单元;Kun和Herrmann,1996;D'Addetta等,2001),②界面增强的DEM(在粒子边缘定义的界面元素;Kun等,1999)。

9.3.1　岩土中离散元法的应用

DEM起源于岩石力学,尽管岩石可能看起来不像颗粒状材料,但它们可以被视为通过不同模型的内聚力或胶结效应粘合在一起的不同单元的组合。因此,整体力学行为在加载过程中通过这些不同单元的集体贡献以简单和自然的方式演变,其中它们的脱黏过程模拟了基本的微损伤事件——复杂损伤演化现象的基本构建块。Jing(2003)的综述文章介绍了岩石数值模拟的技术、进展、问题以及可能的未来工作。

在二维DEM岩石模拟中,粒子可以是随机生成的圆形或凸多边形,它们通过在接触区域中插入平行键而粘合在一起,颗粒的形状和填充对相互作用力的分布和强度具有深远的影响。允许粘合强度随接触而变化,这代表了所模拟材料中的另一个异质性的来源。岩石力学中最具代表性的显式DEM方法是Cundall(1980,1988)在商业计算机代码UDEC和三维EC(ITASCATM)中开发的具有多边形/多面体块的独特单元方法,Potyondy和

Cundall(2004)在其文章中展示了一种更简单的 DEM——基于圆形/球形刚性颗粒的粘合颗粒方法，该建模方法在商业程序 PFC2D 和 PFC3D(ITASCA™)中被采用。

粘结颗粒模型(也称为平行键模型)将岩石模拟成：通过插入代表水泥内聚效应的平行键，在接触点处粘合在一起的不均匀尺寸圆形颗粒的密装聚集体。该模型是完全动态的，因此能够描述损伤演变的复杂现象，例如微裂纹的萌生、扩展和聚集，最终导致损伤引起的各向异性、滞后、膨胀和软化。

粒子直径从 D_{min} 和 D_{max} 限定的均匀分布中取出，并通过遵循适当的材料生成程序获得致密的堆积。刚性颗粒可以在由法向和切向刚度限定的软接触处独立地平移和旋转并相互作用(图 9.3)，假设颗粒的重叠与其尺寸相比较小，以确保接触“在某一点”发生。该组微观特性由颗粒和结合键的刚度和强度参数组成，颗粒和水泥的模量-刚度比例关系(包括颗粒尺寸)保证了宏观弹性常数与颗粒尺寸无关。每个接触处的力-位移定律将粒子的相对运动与施加在每个粒子上的力和力矩联系了起来

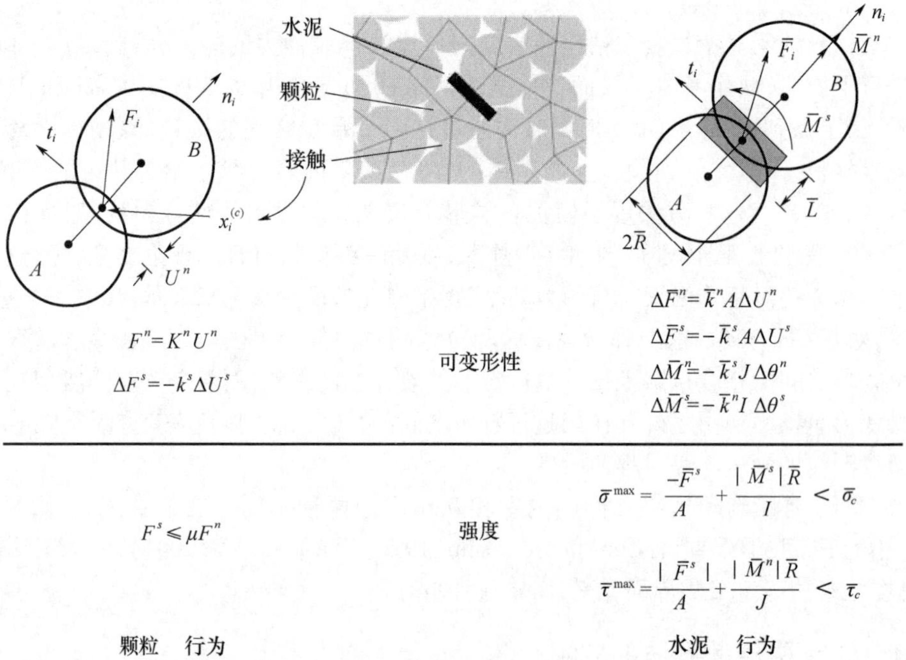

图 9.3　颗粒-水泥体系的粘结颗粒模型的力-位移行为

(转载自 Potyondy 和 Cundall(2004)，得到 Elsevier 的许可)

Cundall 和 Hart(1992)描述了一种用于数值评估所模拟材料的动力学的显式有限差分算法，其 DEM 模拟技术是基于以下假设的：时间步长非常小，以至于在一个计算步骤中，扰动不能从比其最近邻居更远的任何粒子传播。Potyondy 和 Cundall(2004)讨论了显式数值方案的优点。

粘结颗粒模型模拟了由水泥(平行键合)连接的颗粒聚集体的力学性能，如图 9.3 所示。作用在每个接触点上的总的力和力矩由颗粒重叠产生的、代表颗粒行为的接触力 $\boldsymbol{f}_{ij}$ (式(9.2)，有或没有阻尼)以及由平行键合承载的力和力矩 $\bar{\boldsymbol{f}}_{ij}$ 和 $\bar{\boldsymbol{M}}_{ij}$ 所组成。这些量贡献了作用于两个粒子之上的合力和力矩，将这些量输入牛顿第二定律，进行数值积分以获得

粒子的轨迹。

颗粒-水泥系统的力-位移行为如图 9.3 所示。颗粒行为与非内聚摩擦相互作用(没有接触阻尼的"带滚动摩擦的 DEM 滑动模型"部分)相同,它由每个颗粒的法向刚度 k^n 剪切刚度 k^s 和摩擦因数 μ 描述,一旦两个颗粒重叠就形成这种接触,并且通过各个颗粒刚度的串联连接确定接触刚度。虽然物理上不允许重叠,但其在某种程度上模拟了颗粒的局部变形(特别是当表面不光滑且凹凸不平时)。接触力向量可以分解为法线和剪切向量,如先前在式(9.2)中所示。

颗粒(接触)行为已经在 9.2.1 节带滚动摩擦的 DEM 滑移模型中讨论过:如果存在间隙,则法向力和剪切力均为零;否则,滑移通常以库仑定律的方式进行。应该注意的是,平行键的存在不能阻止滑移,是因为键弹性相互作用与晶粒接触部分的力-位移相互作用是并行的。

水泥行为由平行键所承载的总力和力矩 $\bar{\boldsymbol{f}}_{ij}$ 和 $\bar{\boldsymbol{M}}_{ij}$ 表示(对粒子 B 的作用,即 j)。力和力矩可以投射在法线和切线方向上:

$$\bar{\boldsymbol{f}}_{ij} = \bar{f}^n_{ij}\boldsymbol{n}_{ij} + \bar{f}^t_{ij}\boldsymbol{t}_{ij}\ ,\quad \bar{\boldsymbol{M}}_{ij} = \bar{M}^n_{ij}\boldsymbol{n}_{ij} + \bar{M}^t_{ij}\boldsymbol{t}_{ij} \tag{9.4}$$

初始化平行键时,$\bar{\boldsymbol{f}}_{ij}$ 和 $\bar{\boldsymbol{M}}_{ij}$ 设置为零。每个随后的相对平移和旋转增量 Δu^n_{ij} 、Δu^t_{ij} 以及 $\Delta\theta_{ij} = (\omega_j - \omega_i)\Delta t$ 造成弹性力和力矩的增加(图 9.3 中给出),其以 Potyondy 和 Cundall (2004)描述的方式加至当前值。图 9.3 中的参数 A 、I 和 J 分别是平行键合横截面的面积、质心惯性矩和极惯性矩。

根据梁理论计算作用在平行键上的最大法向和剪切应力,如图 9.3 所示。如果最大法向应力超过拉伸强度($\bar{\sigma}^{\max} \geqslant \bar{\sigma}_c$)或最大剪切应力超过剪切强度($\bar{\tau}^{\max} \geqslant \bar{\tau}_c$),则平行键断裂并从网络中移除,从而减少了与基本非内聚摩擦相互作用的接触。

Potyondy 和 Cundall(2004)使用这种 DEM 模型模拟了花岗岩的双轴和 Brazilian 测试,并证明了它能够再现岩石行为的许多特征,如压裂、损伤引起的各向异性、膨胀、软化和限制驱动的强化。损伤演化作为断裂键的逐步累积的过程被显式获得;不需要经验关系来定义损伤或量化其对材料行为的影响,如图 9.4 中给出的那些损伤模式,与针对损伤累积的动力学和侧向约束的显著效应的实验观察结果一致。他们认为,约束对损伤累积过程的影响在软化区域比在硬化区域更明显;横向约束降低了在垂直于样品轴的方向上产生的拉力,从而有利于形成剪切微裂纹。

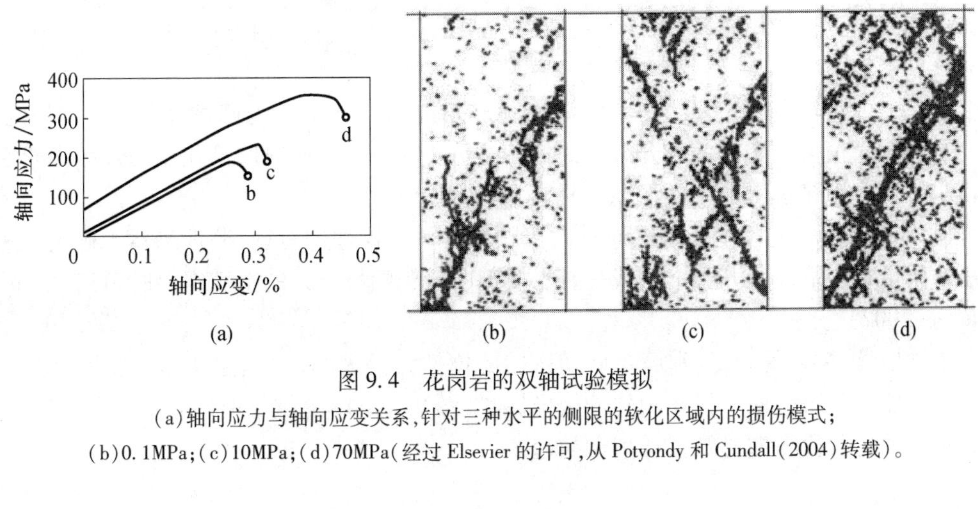

图 9.4　花岗岩的双轴试验模拟

(a)轴向应力与轴向应变关系,针对三种水平的侧限的软化区域内的损伤模式;
(b)0.1MPa;(c)10MPa;(d)70MPa(经过 Elsevier 的许可,从 Potyondy 和 Cundall(2004)转载)。

Potyondy 和 Cundall(2004)详细讨论了颗粒尺寸对宏观性质的影响。具体而言,他们探索了 $D_{\min}$(控制网格分辨率和材料长度尺度的模型参数)作为材料表征过程内在组成的作用。由于平行键合刚度的缩放是颗粒尺寸的函数,所以弹性常数与颗粒尺寸无关。无约束的抗压强度也表现得与颗粒尺寸无关,但模拟结果对于颗粒尺寸对摩擦角和内聚力的影响尚无定论,Brazilian 强度表现出明显的粒度依赖性以及 I 型断裂韧性:

$$K_{\mathrm{IC}} = \sigma_t' \sqrt{\pi R}, \quad \sigma_t' = \frac{S_n}{2Rt} \tag{9.5}$$

式中:σ'_t 为模型的拉伸强度;s_n 为胶黏剂拉伸强度;R 为粒径;对于二维模型 $t \equiv 1$。因此,无法任意选择控制模型分辨率的颗粒尺寸,因为它也与材料断裂韧性有关。相反,在对损伤过程进行模拟时,应选择粒径和模型属性以匹配材料的断裂韧性和无侧限抗压强度。

在这些模拟中观察到的键合粒子模型的最显著的缺点是材料强度仅在接近单轴应力状态时与花岗岩的强度匹配。否则,拉伸强度太高,并且作为约束应力函数的强度曲线的斜率太低,作者将此限制归因于过度简化的粒子形状。

D'Addetta 等(2001,2002)开发了一种非均质内聚摩擦固体的二维模型,其材料结构由离散凸多边形的集合表示,这些凸多边形通过简单的梁连接在一起,从而考虑了内聚效应。根据模型参数的选择,它可以代表一系列不同的材料,从非内聚干土到各种内聚材料。该 DEM 模型是模拟随机形状的颗粒材料力学响应的模型的扩展(Kun 和 Herrmann,1996)。

模型的开发过程包括三个主要步骤:首先,通过随机 Voronoi 镶嵌将计算域离散化为凸多边形的堆垛(模拟材料的晶粒)。其次,样本的整体力学响应是通过相邻刚性多边形之间的适当相互作用定义的。在微尺度上定义单元的断裂所必需的失效标准是最终模型的组成,微参数、接触力和缩小到粒子中心的扭矩,其定义在概念上类似于先前讨论的圆形粒子(图 9.2)。在不存在针对任何形状接触多边形的真实变形行为的解析解的情况下,必须设计一种近似技术。

梁断裂准则考虑了拉伸和弯曲断裂的模式:

$$p_{ij}^{(b)} = \left(\frac{\varepsilon_{ij}^{(b)}}{\varepsilon_{\max}^{(b)}}\right)^2 + \frac{\max(|\varphi_i|, |\varphi_j|)}{\varphi_{\max}} = 1 \quad (\varepsilon_{ij}^{(b)} \geqslant 0) \tag{9.6}$$

式中:$\varepsilon_{ij}^{(b)}$ 为纵向梁应变;φ_i、φ_j 为梁端的旋转角度;$\varepsilon_{\max}^{(b)}$、$\varphi_{\max}$ 为两种开裂模式的阈值,改变这两个阈值可以控制两种开裂模式的相对重要性。系统的时间演化是通过数值求解集合中每个单独多边形的牛顿运动方程(9.1)来获得的。

模型参数在一定程度上可以通过内聚颗粒材料的特性进行识别,但仍然不确定这种识别的质量是否取决于开裂准则或是否受模型中梁和颗粒单元的特殊组合的影响(D'Addetta 等,2002)。

单轴压缩试验(图 9.5)和简单剪切试验的模拟结果表明,该模型能够捕获脆性变形和损伤演化的显著效应。损伤织构的极坐标图(图 9.5(d))提供了损伤分布的方便描述,并揭示了软化阶段各向异性损伤累积的趋势。

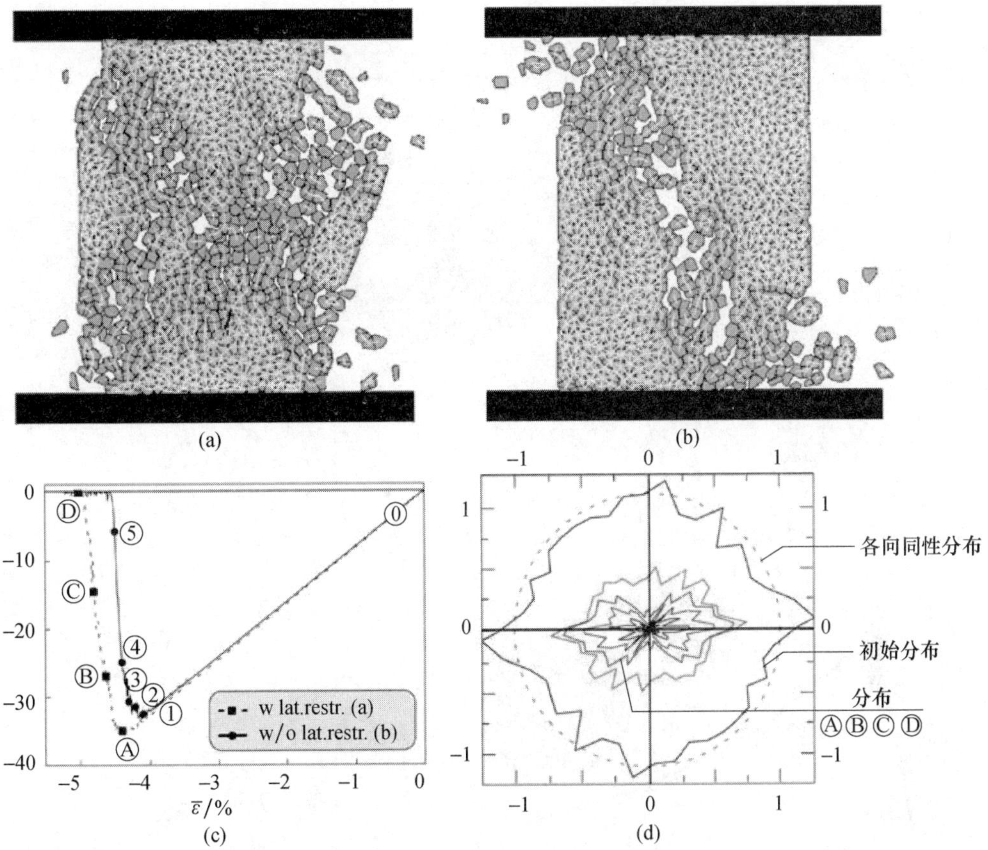

图 9.5　压缩试验的模拟:具有(a)和没有(b)横向约束的断裂构型;(c)两个压缩情况下的应力-应变曲线,以及(d)侧向约束条件下压缩失效演变中的损伤分布(D'Addetta 等,2002)

作者还使用该模型研究了各种加载配置中非均质脆性固体的动态碎裂:盘状固体的爆炸、弹射对固体块的撞击以及宏观物体的碰撞,模拟结果与试验观察结果具有合理的定性一致性,同时需考虑到二维模拟设置的局限性。

9.3.2　混凝土中离散元法的应用

Kim 和 Buttler(2009)开发了一种圆盘形紧凑拉伸试样的 DEM 内聚断裂模型,以研究沥青混凝土的Ⅰ型断裂的各个方面,他们的目标是使用 DEM 集成基于图像的微观组织的试验、分析和数值方法(高分辨率图像分析映射到网格簇中,如图 9.6 所示)。基于实验体和断裂测试以及全面的反向分析来识别材料特性,并将其分配给所有 DEM 模型接触(相位接触规则示意图在图 9.6 中示出)。

使用不同的名义最大团聚尺寸、温度和团聚类型进行样品模式Ⅰ加载的 DEM 模拟,以理解各种断裂机制。结果显示,在不同温度和不同混合物类型下,模拟结果与试验结果非常一致(例如,图 9.7)。已经证明,除了整体断裂响应之外,异质 DEM 模型还可以捕获应力和损伤分布。本章作者得出结论,DEM 模拟方法似乎具有很大的潜力,有助于理解沥青混凝土中的断裂行为。

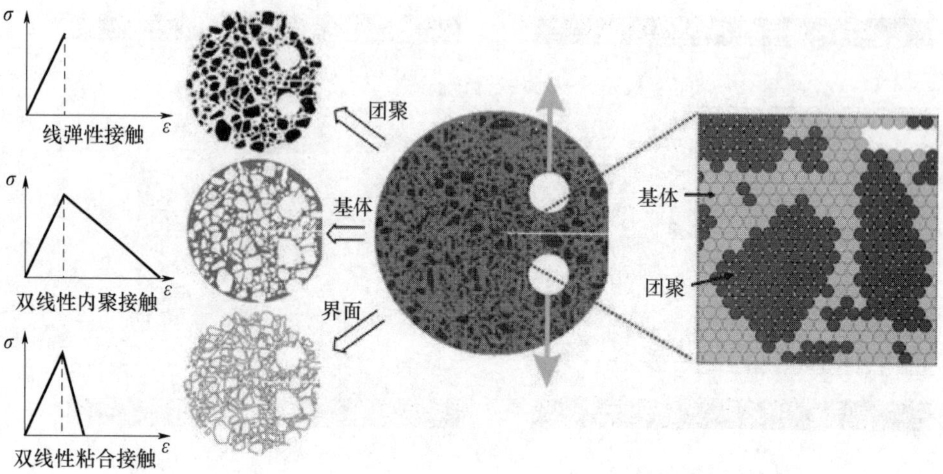

图 9.6　沥青混凝土三相几何图形数字化图像,含相接触的模型和紧凑拉伸试样 DEM 网格的(转载自 Kim 和 Buttlar(2009),得到 Elsevier 的许可)

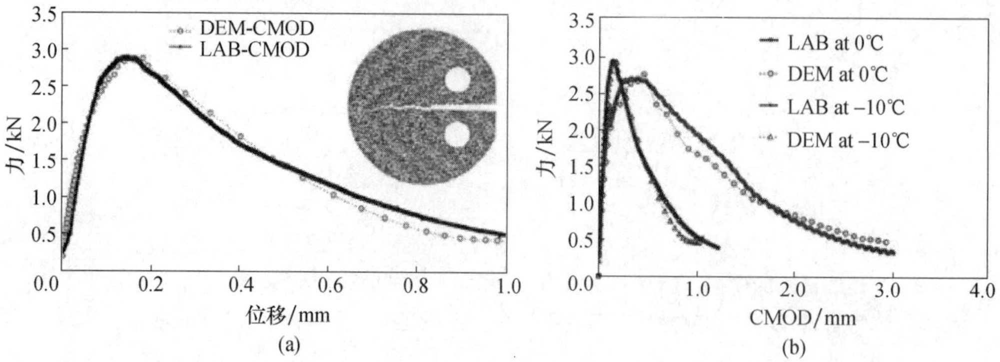

图 9.7　试验结果和 DEM 模拟结果的对比

(a)在-10℃下的两种不同的名义最大团聚尺寸(9.5mm 和 19mm);(b)两个温度(0℃和-10℃)下的名义最大团聚尺寸为 19mm(从 Kim 和 Buttlar(2009 年)转载,经 Elsevier 许可)。

9.4　粒子模型

粒子模型是弹簧网络的广义化,它包括了动态效应,也可以被视为较大尺度下的工程 MD 的衍生。因此,他们利用历史悠久的 MD 技术,采用各种高度复杂的运动和极端物理学的直接方式进行处理,MD 是一种常用于计算物理学各个分支中的方法,用于分析大型原子或分子集合的运动,因此,MD 计算机模拟技术已在相关文献中得到广泛应用。粒子建模常规的参考文献包括 Allen 和 Tildesley(1987)及 Greenspan(1997),而 Wang 等(2010)和 Munjiza 等(2011)可以作为近期发展的参考。Ostoja-Starzewski(2007)以及 Kale 和 Ostoja-Starzewski 在本书中简略的介绍了损伤的粒子模拟的基本概念。

一个粒子模型由已知质量 m_i 和位置 $\boldsymbol{r}_i$ 以栅格排列的 N 个粒子组成。以下用小写字母指数(i,j)表示粒子,小写希腊字母指数($\alpha,\beta,\gamma,\delta$)表示张量分量。连续体粒子通常根据中心力定律相互作用,该中心力定律根据粒子位置完整定义应变能密度函数。若忽略多体相互作用,系统能量可以通过孤立的经验对势 φ (成对加性假设)的总和来估算,其牛顿运动方程组:

$$\frac{\mathrm{d}\boldsymbol{p}_i}{\mathrm{d}t}=\boldsymbol{F}_i=-\sum_{j\neq i}\frac{\mathrm{d}\varphi}{\mathrm{d}r_{ij}}\frac{\boldsymbol{r}_{ij}}{r_{ij}} \tag{9.7}$$

可由相应的有限差分方程近似,然后使用几种成熟技术之一进行求解。假设粒子间力是守恒的,粒子 j 施加在粒子 i 上的中心力的强度和所有相邻粒子施加在粒子 i 上的总力为

$$\begin{cases} f_{ij}=|\boldsymbol{f}_{ij}|=-\dfrac{\mathrm{d}\varphi(r_{ij})}{\mathrm{d}r_{ij}} & (9.8\mathrm{a}) \\ \boldsymbol{F}_i=-\displaystyle\sum_j f_{ij}\frac{\boldsymbol{r}_{ij}}{r_{ij}} & (9.8\mathrm{b}) \end{cases}$$

式中:$r_{ij}=|\boldsymbol{r}_j-\boldsymbol{r}_i|$ 为粒子间距,等于平衡时的 r_{0ij}。

粒子模型中经常用于脆性材料介观尺度模拟成对粒子间势的一个例子是 Born-Mayer(式(9.9a))和 Hookean(式(9.9b))的原子间势:

$$\varphi_r(\bar{r}_{ij})=\frac{k_{ij}r_{0ij}^2}{(B-2)}\left[\frac{1}{B}\mathrm{e}^{B(1-\bar{r}_{ij})}-\overline{r_{ij}^{-1}}\right]\quad(\bar{r}_{ij}<1) \tag{9.9a}$$

$$\varphi_a(\bar{r}_{ij})=\frac{1}{2}k_{ij}r_{0ij}^2(\overline{r_{ij}^{2}}-2\bar{r}_{ij})\quad(\bar{r}_{ij}\geqslant 1) \tag{9.9b}$$

式中:k_{ij} 为张力中的联接刚度;$\bar{r}_{ij}=\dfrac{r_{ij}}{r_{0ij}}$;拟合参数 B 定义了排斥势的斜率(陡度),并且可以从状态方程推导出。式(9.9b)的势能具有张力截止值,以模拟弹性-完全脆性行为。由 Mastilovic 和 Krajcinovic(1999a)提出的粒子间势能用于捕捉准脆性材料典型变形过程的几个重要特征,即拉伸脆性行为,冲击波速度的增加以及可压缩性随压力增加而降低。

关键的建模问题是如何从给定的原子/分子势或一组连续体属性跨越到粒子间势,这是非连续计算力学中所有数值方法的共同关键问题。

可以将淬火后的无序性引入颗粒模型中以描述具有随机微观组织的脆性材料。粒子网络可以是拓扑的(不等的配位数)、几何的(不等长的键)或结构的(不等的刚度和/或键的强度),损伤演变进一步加剧了这种无序性,由于微观结构的初始随机性,损伤演化的本质也是随机的。

9.4.1　应力、应变和刚度分量的估算

应力和刚度张量的广义表达式是平衡系统的一部分,其可以通过将离散系统的弹性应变能密度相对于应变 $\varepsilon_{\alpha\beta}$ 扩展为泰勒级数来获得。在平衡状态下,当作用在任意颗粒上的总力式(9.8b)为零时,系统必须在一个较小的均匀应变张量 $\boldsymbol{\varepsilon}_{\alpha\beta}$ 下保持稳定。弹性应变能的泰勒级数中的线性项代表应力张量,它是热力学的广义关系式,二次项定义弹性刚度张量。如果粒子系统的相互作用可以通过中心力势 $\varphi=\varphi(r_{ij})$ 近似,则可以通过以下形式(Vitek,1996)获得应力和刚度张量的表达式:

$$\sigma_{\alpha\beta}=\frac{1}{2V}\sum_{i,j\neq i}\frac{\mathrm{d}\varphi}{\mathrm{d}r_{ij}}\frac{r_{ij}^{\alpha}r_{ij}^{\beta}}{|r_{ij}|} \tag{9.10a}$$

$$C_{\alpha\beta\gamma\delta}=\frac{1}{2V}\sum_{i,i,j\neq i}\left(\frac{\mathrm{d}^2\varphi}{\mathrm{d}r_{ij}^2}-\frac{1}{r_{ij}}\frac{\mathrm{d}\varphi}{\mathrm{d}r_{ij}}\right)\frac{r_{ij}^{\alpha}r_{ij}^{\beta}r_{ij}^{\gamma}r_{ij}^{\delta}}{r_{ij}^2} \tag{9.10b}$$

式中：V 为平均面积；r_{ij}^{α} 为 $\boldsymbol{r}_{ij}$ 适当的 α 投影。

通过比较当前颗粒位置和参考(初始)配置来计算应变。第 i 个粒子的左柯西-格林应变张量的分量通常由下式定义：

$$b_{\alpha\beta}=\frac{1}{3}\sum_{j=1}^{6}\frac{r_{ij}^{\alpha}r_{ij}^{\beta}}{r_{0ij}^2} \tag{9.11}$$

应当注意，与应力式(9.10a)不同，维里应变式(9.11)在时间和空间上瞬时有效(Buehler 等，2003)。

9.4.2 粒子模型的应用案例

Krajcinovic 和 Vujosevic(1998)使用粒子模型来模拟准静态双轴压缩试验，以研究异质准粒子材料中的局部化现象。粒子模型应用的试验基础由本章报告的物理测试数据提供。拓扑有序的中心力粒子网络与 Voronoi 曲面细分边界相对应，代表了具有适当纵横比的通用岩石样本。通过分别从高斯分布和均匀概率分布中采集平衡粒子间距离 r_{0ij} 和断裂强度来引入淬火无序性。粒子间力来自整个相互作用域的胡克定律势公式(9.9b)。

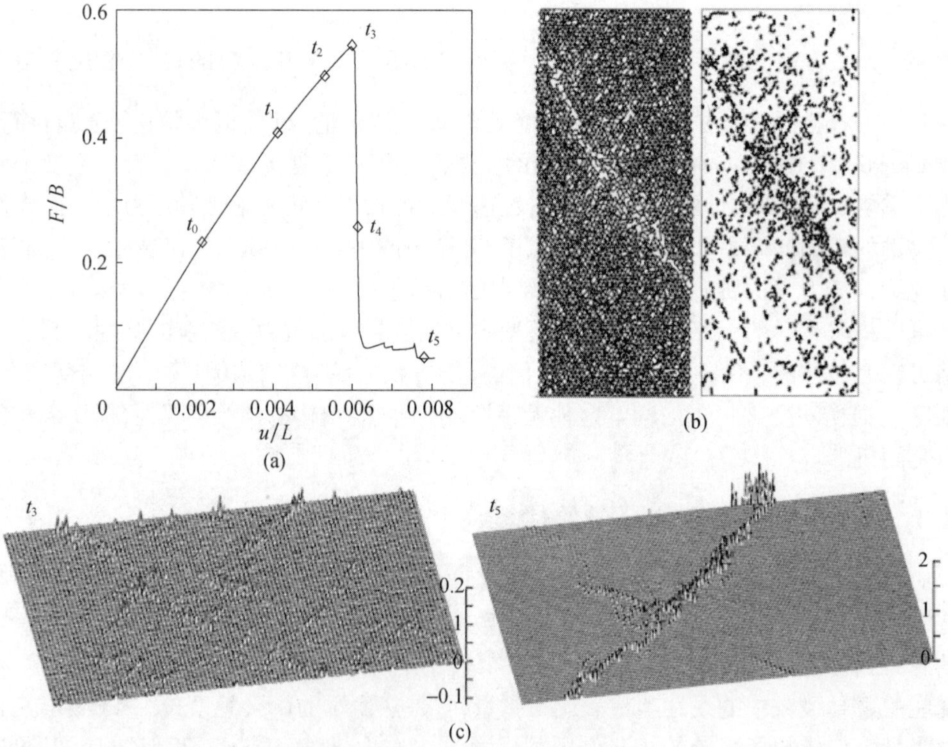

图 9.8　(a)在加载方向上的无量纲载荷-位移曲线，(b)在状态 t_5 中的损伤模式(分别为剩余和分开的联接)，(c)状态 t_3 和 t_5 的应变分布(经 Elsevier 许可，从 Krajcinovic 和 Vujosevic(1998)转载)

粒子网络加载模拟了实际的物理试验程序："样品"最初受到静压力，固定在由所需横向限制所限定的某一水平上，然后是单调施加的位移控制单轴压缩。在每次施加收缩增量之后，使用局部黏性阻尼来耗散动能以更有效地达到平衡状态。当粒子间力满足联接-断裂准则（微观尺度拉伸强度）时，基本的损伤事件就通过渐进连接断裂的方式发生。

通过记录两个连续的联接断裂（模拟声发射信号）之间的距离 $\lambda_{i,j}^{\min}$，将局部化过程的动力学与相关长度的增加速率关联起来。随机系统的响应最初是均匀的，这是因为损伤是由缺陷形核引起的。在载荷峰值处的小距离 $\lambda_{i,j}^{\min}$ 和峰值后的快照（t_3 和 t_5）显示了图 9.8(c)所示的团聚。本章作者得出结论："软化与最大团簇的自动催化生长的作用有关。"

Krajcinovic 和 Vujosevic（1998）讨论了局部断层几何的各个方面。给定状态的声张量最小的角度（$\approx 34^{\circ}$）与连续体预测的结果非常一致，这由一系列模拟产生的损伤模式所显示。粒子模拟与试验结果良好吻合，表明岩样中的断层具有不规则形状和边界模糊的特征。

断层宽度在很大程度上取决于观察细节，因此提供了对断层尺寸的部分描述。作者认为通过测量断层"宽度"对试样有效传输性能的影响来确定断层"宽度"要更合理一些。而不是测量其几何形状——该方法利用弹性纵波（压力(p)波）扩展穿过试样；内部的断层来估计断层宽度，要点是在断层试样顶部施加的 p 波比原始标本（"迷宫中蚂蚁"的概念）需要更多时间到达底部，并且时滞与断层宽度成正比。本章作者提出，与时滞成比例的断层宽度符合标度律：

$$w \propto \dot{\varepsilon}^{0.35} \tag{9.12}$$

式中：$\dot{\varepsilon}$ 为施加的应变脉冲的速率。

比例关系式(9.12)暗示了在静态情况下断层宽度将消失，这通过动态现象的静态处理来证明。

Mastilovic 和 Krajcinovic（1999a）使用粒子模型模拟非均质脆性材料中动态的孔穴扩展，以获得用于圆柱形孔穴的高速扩展分析建模的介观尺度数据。粒子集合在拓扑上是有序的，但在几何上和结构上是无序的，就像 Krajcinovic 和 Vujosevic（1998）所使用的模型描述的那样。另外，通过从混合势式(9.9)获得的非线性力-位移关系，将每个体颗粒联接到六个最近的相邻颗粒上。联接-断裂准则根据临界联接伸长量定义，通过排除两个颗粒之间内聚相互作用的建立防止微裂纹的修复，这两个颗粒最初并没有联接或者在变形过程中通过使它们的联接破坏而较早分离。然而，可以在最初未联接的不是最邻近的或者通过将联接拉伸到断裂极限以上一个点处的两个颗粒之间建立排斥接触力。通过从圆形随机粒子网络的中间去除单个粒子使孔穴成核（图 9.9），被移除颗粒的最邻近颗粒限定了孔穴边缘，该孔穴边缘通过位移控制的方式以期望的恒定扩展速率 $\dot{a}$ 被径向向外驱动。

典型的损伤模式（图 9.9）取决于外部赋予的能量大小，对应于最高扩展率的损伤图（图 9.9(a)）是轴对称的，损伤前沿以 $(0.8 \sim 0.9)\ C_L$ 的速度扩展，这与试验结果一致（Mastilovic 和 Krajcinovic（1999a）及其中的参考文献）。参见图 9.10(a)，周向刚度比径向刚度退化得更快，这是因为过程区中的大部分损伤最初可归因于径向微裂纹。

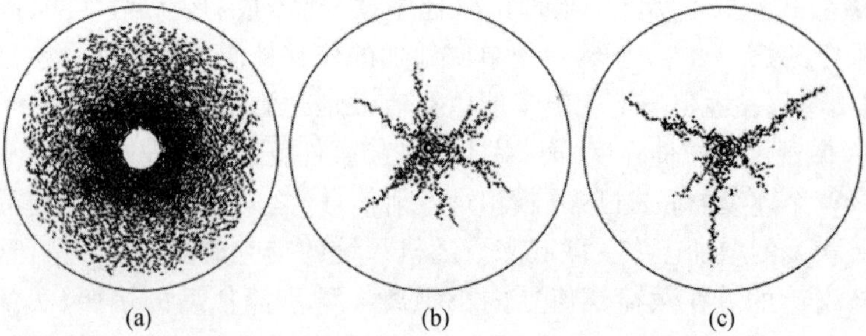

图 9.9　三种孔穴扩展速率的典型损伤模式

(a) $\dot{a} = 0.135C_L$；(b) $\dot{a} = 0.00135C_L$；(c) $\dot{a} = 0.000135C_L$，其中 C_L 是纵向弹性波的速度，每条短线代表破坏了的联接。(经 Elsevier 许可，转载自 Mastilovic 和 Krajcinovic(1999a))

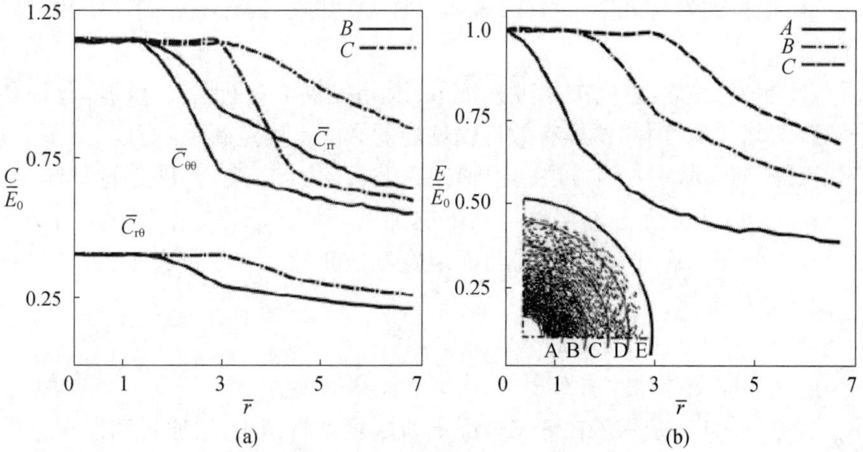

图 9.10　有效材料性能的时间历程

(a)环形平均区域 B 和 C 中的刚度张量分量；(b)环形区域 A、B 和 C 中的弹性模量。计算域被分成五个相等宽度的环形区域，由 A 到 E 标记，在其上对场参数或性能进行平均。E_0 是原始材料的弹性模量，指数 r 和 θ 分别标记径向和圆周方向(经 Elsevier 许可，转载自 Mastilovic 和 Krajcinovic(1999a))。

径向刚度率的减小取决于与孔穴之间的径向距离，而有效周向刚度的退化由两个不同的速率表征，这两个速率看起来与径向坐标无关。孔穴边缘处的峰值径向牵引力对于渗透力学建模至关重要，我们发现，它大致等于弹性波前沿的径向应力，对它可以得到分析解。在孔穴表面上，将径向牵引力进行抛物线和双线性模拟数据拟合成孔穴扩展速率的函数，Mastilovic 和 Krajcinovic(1999b)成功地使用这种方法模拟了一个尖头弹丸打入石灰岩和混凝土靶的穿透深度。

Wang 和 Ostoja-Starzewski(2005)以及 Wang 等(2010)采用粒子模拟来模拟均质和非均质材料中的动态断裂现象。栅格型粒子模型具有与传统 MD 模型相同的功能，包括使用受经典 Lennard-Jones 类型启发的粒子间势能，但是它是在厘米长度尺度上(参见本书中的 Kale 和 Ostoja-Starzewski)。对于模型的适用性来说，模拟材料的复杂力学响应至关重要，典型的粒子建模问题是从给定的经验原子间势能到粒子间势能的过渡。为了确定粒子间势能的四个未知变量，Wang 和 Ostoja-Starzewski(2005)在粒子模型和 MD 模型之

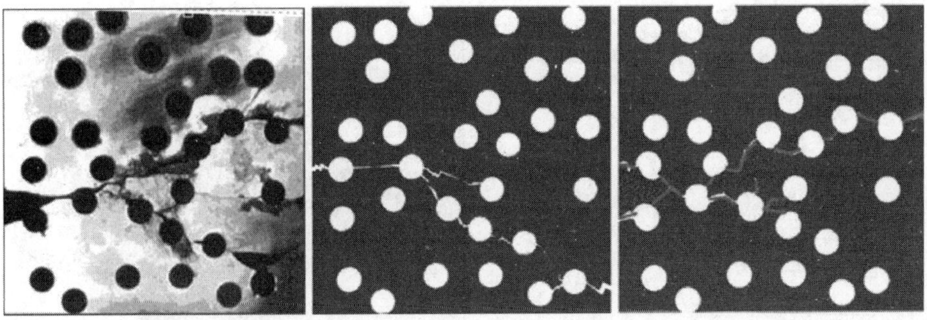

(a) (b) (c)

图 9.11 拉伸载荷下随机穿孔环氧板的试验和计算模拟断裂模式

(a)试验;(b)有限元法;(c)粒子法。(Wang 等(2010),经作者许可转载)

间建立了四个相等条件(质量、弹性应变能、弹性模量和拉伸强度),他们导出了四个未知变量的方程,并进行了参数研究,以研究它们对力学响应的不同影响。

该粒子模型被一系列论文引用,以模拟动态碎裂、矿石破裂的热效应、环氧板中的随机裂纹扩展(图 9.11)、聚合物材料压痕、波传播诱导的断裂以及刚性压头的冲击(参考 Wang 等(2010)的一系列文献)。

Mastilovic 等(2008)和 Mastilovic(2011,2013)使用粒子模型来模拟具有低断裂能的无序材料的动态单轴拉伸试验。混合粒子间势能公式(9.9)控制着连续粒子与其最近邻粒子的相互作用,该模型在几何上和结构上是无序的,联接-断裂准则是根据临界联接伸长率 ε_{cr} 为常数定义的。极高速率加载包括均匀的载荷分布问题通过在加载方向上对所有粒子施加一个初始的瞬时速度 $\dot{x}_1(t=0)=\dot{\varepsilon}_1 x_1$、与之垂直的方向上的 $\dot{x}_2(t=0)=-v_0^{(\varepsilon)}\dot{\varepsilon}_1 x_2$ 来解决,它们以规定的应变率 $\dot{\varepsilon}_1=\dfrac{\dot{L}}{L}$ 进行定义(坐标指的是质心坐标系,$v_0^{(\varepsilon)}$ 是表观平面应变泊松比)。随后,在 $t>0$ 时,仅控制位于纵向边界的粒子的速度,$\dot{x}_1=\pm\dot{\varepsilon}_1\dfrac{L}{2}$,而所有其他粒子的运动由牛顿运动方程式(9.7)控制。

图 9.12(a)中的阴影区域示意性地描绘了强度数据的分散特征。大的分散(以低应变速率为特征)在极端速率下(大约为 $\dot{\varepsilon}\geqslant 1\times10^7\mathrm{s}^{-1}$)减小成一条线,这表明拉伸强度的分散显著减小为接近加载速率范围的“上平台”。Mastilovic 等(2008)讨论了强度弥散度的减少和损伤演化模式的变化,从随机性到确定性行为的明显转变在大型无序的情况下更为明显。图 9.12(b)示出了 Mastilovic(2013)提出的经验表达式,用于模拟应变速率对动态拉伸强度的影响,包括对代表性样品尺寸的依赖性。

观察到的应力-峰值宏观响应参数、失效时间 t_m 和损伤能量率 $\dot{E}_{Dm}$ 的速率依赖性的线性度表示如下:

$$\begin{cases} t_m\dot{\varepsilon} = 常数 & (9.13a) \\ \dot{E}_{Dm}\dot{\varepsilon}^{-1} = 常数 & (9.13b) \end{cases}$$

此外,从该粒子模型获得的计算机模拟结果提供了应力峰值(t_m,$\dot{E}_{Dm}$)处的宏观响应参数与微观失效准则(ε_{cr})之间的联系

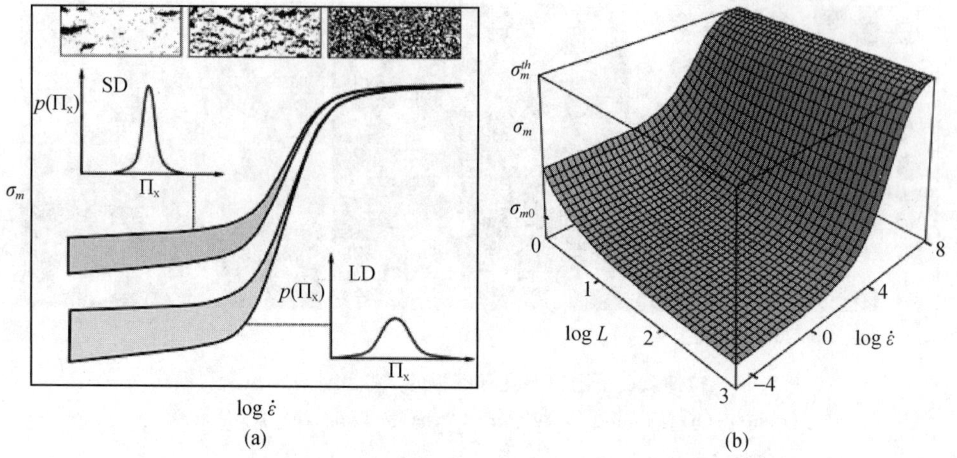

图 9.12 (a)拉伸强度 σ_m 与应变速率的关系,反映了动能的有序效应以及几何与结构的无序效应(SD 和 LD 分别代表弱无序和强无序;顶部为典型的操作形貌)(Mastilovic 2011);(b)拉伸强度与应变速率、样品尺寸(L)之间的关系示意图(Mastilovic 2013)(彩图)

$$t_m\dot{\varepsilon} \propto \varepsilon_{\mathrm{cr}}^{-1}, \dot{E}_{Dm}\dot{\varepsilon}^{-1} = \varepsilon_{\mathrm{cr}}^{-1/6} \tag{9.14}$$

用于包括各种损伤机制的宽范围应变率加载。正如 Mastilovic(2011)所指出的那样,标度关系式(9.13a)等同于常数应力准静态载荷和应变控制脆性蠕变断裂的蠕变速率与断裂时间之间的经验关系,它也类似于 Mishnaevsky(1998)结合连续损伤力学的主要思想和强度的统计动力学理论得出的失效时间。

9.5 失效的尺寸效应和分形理论

脆性(或脆化)和准脆性微观结构系统具有灾难性失效的倾向,但很少或没有预警,对这些系统进行失效模拟和预测至关重要,并且已被证明是损伤力学的一项艰巨任务。一个主要的问题是应变局部化的开始和随后的损伤演变对样品尺寸的依赖性,因此,除非可以建立尺寸效应模型(幂率定律),否则很难预测基于类似形状样品的实验室测试的大型结构的行为。如果可以使用幂率定律,则可以在一个尺度上了解过程的统计数据,从而可以在任何其他尺度上推断出相同过程的统计数据。

几个世纪以来,这个问题一直在研究中,许多研究人员尝试了许多不同的策略,一些现代方法起源于分形理论和栅格模型。虽然这仍然是一个开放的和有前途的研究课题,但目前的模型有很多不足,并且与结构工程中的设计规范差距很大。

在连续模型的背景下,一些研究小组试图证明随机失效模式的分形性质和弹性固体中裂纹力学的自仿射粗糙度。例如,Mishnaevsky Jr. (1996)通过微裂纹合并机理监测裂纹的表面粗糙度和形成裂纹所需的比表面能,并得出结论:在裂纹形成过程中可以监测裂缝的分形维数,以计算非均匀固体中的时间-断裂关系。此外,在许多论文中的另一组研究(Cherepanov 等,1995;Balankin 等,1996)表明,裂纹尖端应力集中常用的 LEFM 表达式可以用基于粗糙度相关的指数定律的分形版本代替,指数 α 和分形应力强度因子 K_f 为

$$\sigma_{ij} \propto Kr^{-0.5} \Rightarrow \sigma_{ij} \propto K_f \frac{r^{-\alpha}}{l_0} \tag{9.15}$$

此时裂纹长度 l 落在较低的截止值 l_0 和自仿射相关长度 S 之间，$l_0 < l < S$。类似的基于连续体的方法（Borodich，1997）有一些值得注意，例如分形裂纹的量子化断裂力学（Pugno 和 Ruoff，2004；Wnuk 和 Yavari，2008）或 Tarassov（2013）和 Ostoja-Starzewski 等（2013）讨论的裂纹和损伤的分数连续体框架。Wnuk 在本书中讨论了分形裂纹的断裂力学主题。

另外，本节的范围仅限于离散损伤模型、一些有限尺寸尺度概念的简洁评论以及相关的文献。几十年来，栅格模型一直专注于有限尺度缩放的研究以及物理的/理论的损伤模型的制定，他们特别呼吁物理学家和积极参与统计物理学的数学家，抓住机会运用为相变和无序状态提出的相同方法来研究异质系统中的失效。

9.5.1　离散模型中损伤的渗流理论

渗流理论是研究统计物理学中相变的一种简单方法（例如，Stauffer 和 Aharony，1994），并且已经成功地应用于力学栅格的几何和传输特性。由于受损栅格可以看作是随机绘制的连通团簇，因此可以通过渗流理论进行研究。利用这种观点，失效被视为在渗流条件下发生的相变，即当与连接/相互作用的微裂纹簇相关联的相关长度 ξ 跨越整个有限尺寸的栅格 L（或者无限栅格，发散为 $L \to \infty$）时。根据幂律分形指数 ν，将渗流阈值 p_c 定义为占位概率 p，此概率时，一个无限团簇出现在栅格中：

$$\xi \propto |p_c - p|^{-\nu} \tag{9.16}$$

对于力学网络，p 大致对应于未破碎弹簧的密度，p_c 是与失效相关的临界值。阈值 p_c 是相对于无限栅格定义的，并且渐近地接近 $L \to \infty$ 的极限。通过重整化组合方法，可将该结果应用于有限大小的系统中，例如粗粒化技术（例如，Christensen，2002）。

得出了类似的其他的幂率定律，用于许多其他的不同参数（例如，连通性、微裂纹的数量等）和与"失效转变"表现出奇点相关的网络传输特性（例如，电导率、刚度等）。

例如，Sen 等（1985）研究了中心力弹性栅格的渗流模型，发现体积模量 K 和剪切模量 G 按比例缩放为

$$K, G \propto (p - p_c)^{\beta} \tag{9.17}$$

及以下数值估计

$$\begin{aligned} &p_c = 0.58, \quad \beta = 2.4 \pm 0.4 \quad （二维三角形栅格）\\ &p_c = 0.42, \quad \beta = 4.4 \pm 0.6 \quad （三维 FCC 栅格）\end{aligned} \tag{9.18}$$

他们还提出了 α 模型的有效介质理论，将中心力栅格的渗流特性映射到连续体尺度上，同时探讨了栅格位置的配位数对缩放的重要性（Feng 等，1985）。

许多作者（Chelidze，1982；Roux 和 Guyon，1985；Ostoja-Starzewski，1989；等等）得出了类似的结果，但是，尽管表面上看简单，但渗流的思想对损伤的应用已经证明并不简单。

Krajcinovic（1996）提供了一篇关于这一主题清晰而详细的论文，强调了渗流理论在损伤力学中的重要性及其局限性。渗流理论应该被视为对连续介质力学的平均场理论（例如，稀释浓度损伤模型）的补充，提供了一种通过普遍的关系来处理尺寸缩放问题的方法，并且假设它们独立于微观结构细节。Hansen 等（1989）研究了中心力栅格的普遍性问题，

然而,一个主要问题是估计与渐近行为相关的分形指数,这需要大量的计算。随着时间的推移,连续的报告修改了早期的报告,更大型的模拟表明,断裂损伤可能不符合基本的(不相关的)渗流过程(Nukala 等,2006)。一些渗流研究固有的另一个缺点在于在渗流过程中,通过随机抑制或强化联接保留了各向同性(例如,Garcia-Molina 等,1988),这使得它们不适于研究在准脆性(向量)系统中突然出现的损伤引起的各向异性(Rinaldi,2009)。Guyon 等(1990)的一篇重要评论对这一主题进行了应用富有洞察力的表述。

9.5.2 离散模型中损伤的分形幂率定律

除了渗流模型,栅格模型为许多其他统计物理方法的应用广阔视野。De Arcangelis 等(1985)在图 9.13 中的熔丝栅格中首次尝试偏离渗流思想,并通过更现实的由淬火或退火无序引起的熔丝熔断的机制、而不是随机的联接抑制引入损伤(Krajcinovic,1996)。

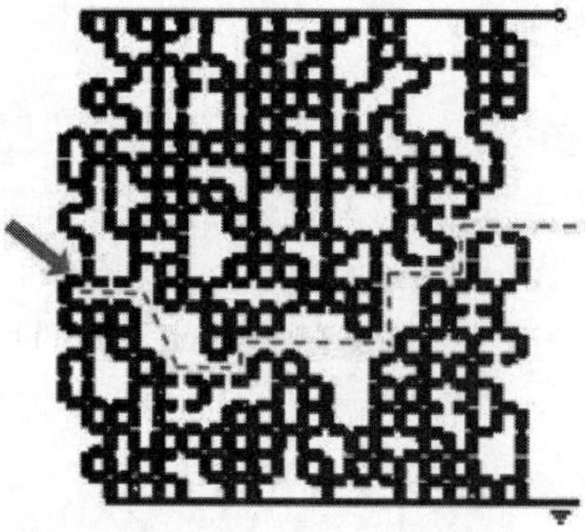

图 9.13　失效开始时的熔丝栅格示例,其中箭头指向的最后一个熔丝的阻滞导致了失效(零电导)(来自于 De Arcangelis 等,1985)

这些熔丝模型作为异质固体中失效的简单标量模型立即引起了人们的极大关注(例如,Duxbury 等,1986;Alava 等,2006),但却被实际的"向量"力学模型(如梁和中心力栅格)所支持。后者确实更加复杂和现实,特别是就损伤引起的弹性各向异性和失效模式而言。

研究范围也扩展到不仅考虑对应于失效阈值的一个临界点的缩放,如渗流,而且考虑系统在损伤过程中的整体响应,特别是在应变局部化之后。其目标是建立基于分形的变换,通过将其力学响应映射到一个尺度不变曲线上,成功地反映任何尺寸样本的力学响应,从而给出给定损伤过程的幂率定律。

这个想法在这里用于一种被称为 Family-Vicsek 缩放的特定方法(Family 和 Vicsek,1991;Barabasi 和 Stanley,1995),其首先用于在液-固界面处生长推进的凝固前沿。让我们将通用函数 $y(x,L)$ 视为依赖于在网络域上定义的变量 x,而且还依赖于网络本身的大小 L,如图 9.14(a)所示,其膝盖形状通常标记临界点位置 (x^*,y^*) 处的相变。

如果 Family-Vicsek 缩放成立,则根据以下标度关系,数据 $y(x,L)$ 将映射到一个通用尺度的恒定曲线上,使得任何 L 的 $f\left(\frac{x}{L}^{\beta},L\right)=\frac{y}{L}^{\alpha}$,如图 9.14(b)所示。

$$y(x,L)=L^{\alpha}f\left(\frac{x}{L^{\beta}}\right) \tag{9.19}$$

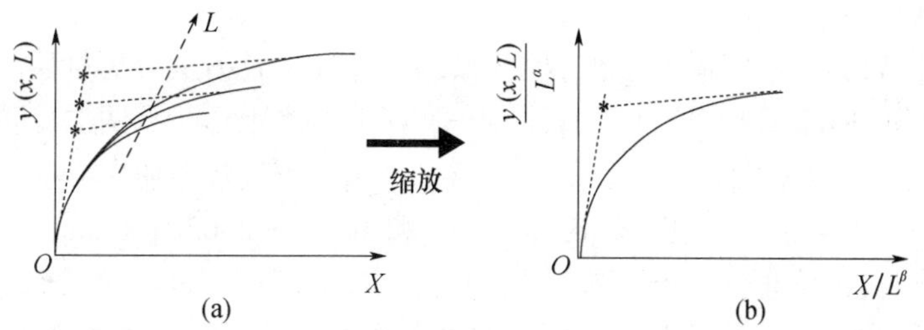

图 9.14　适用于经历广义规律控制转变的一些非线性体系的缩放过程的图示
响应 y 依赖于受控变量 x，但也取决于体系的尺寸大小 L，它控制着转变的发生。通过 L^α 和 L^β 归一化 y 和 x 后，如果 $y(x,L)$ 映射到一条尺度恒定的曲线上，则存在一种幂率定律（Rinaldi，2011）

必须满足三个条件才能使此缩放过程可行：

(1) 在过渡处，y 值必须是分形的，使得 $y(x^*,L)\propto L^\alpha$。

(2) 过渡的位置必须是分形的，使得 $x^*\propto L^\beta$。

(3) 在转变之前，数据必须遵循一种指数定律 $y(x,L)\propto x^\gamma$。

因此，由于存在约束 $\gamma=\alpha/\beta$，三个指数 $\{\alpha,\beta,\gamma\}$ 中只有两个是独立的。

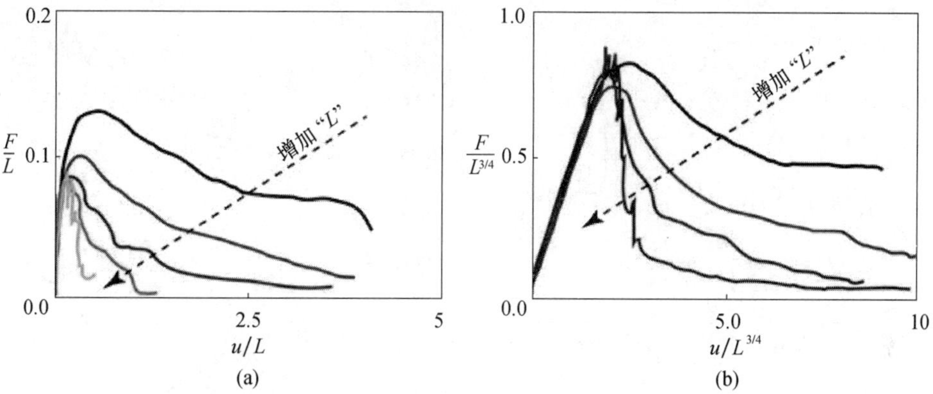

图 9.15　Family-Vicsek 缩放的结果（来自 Herrmann 等（1989）的数据）

这种借鉴相变和团簇理论的经验缩放程序已被证明有助于研究多处开裂和断裂过程中的微裂纹协同和损伤局部化，其中，栅格模型已经揭示了几个分形量的存在。Hermann、Hansen 和 Roux 试图将幂率应用于中心力栅格（Hansen 等，1989）和梁格（Hermann 等，1989）的数值试验数据中，结果发现，仅在损伤过程的某些部分得到了令人满意的结果。图 9.15 显示了梁栅格的初始力-位移数据 $F(u)$ 与缩放指数 $\alpha=\beta=0.75$ 的缩放数据 $F=L^\alpha f(\lambda L^{-\beta})$。他们还为其他量探索了一种比例关系，例如联接断裂的数量 $n=L^\gamma\Psi(\lambda L^{-\beta})$。图 9.15 中显示的缩放结果表明，缩放仅可以使用至峰值力。

Krajcinovic 及其合作者（Krajcinovic 和 Basista，1989；Krajcinovic 和 Rinaldi，2005a）重新审视了这种方法，解决了一些分歧，并在更大的模拟数据量上重新尝试了这一过程。更重要的是，他们在以下两个方面对原始的方法进行了重大的修改：

(1) 峰值力被认为是由不同分形量控制的两种不同损伤机制（即微裂纹萌生与裂纹

扩展）之间的转变点（不同于失效）。

（2）Family-Vicsek 幂率适用于微裂纹的数量与位移，而不是力与位移。

因此，在这里"Krajcinovic 方法"中，Family-Vicsek 基本上运行了两次，其根据两步方案，在硬化和软化区域（即在峰值力之后）开裂联接的数量分别按顺序使用方程式（9.19）。

该程序是针对 α 模型开发的（Krajcinovic 和 Rinaldi 2005b；Rinaldi 等，2006），并由 Rinaldi（2011）以其最终形式进行了充分描述，其中包含所得到的标度关系。图 9.16 所示为在大尺寸范围内建立的缩放与原始模拟数据之间的比较，证明了在整个随机损伤过程中，在峰值力之后也有显著的一致性。

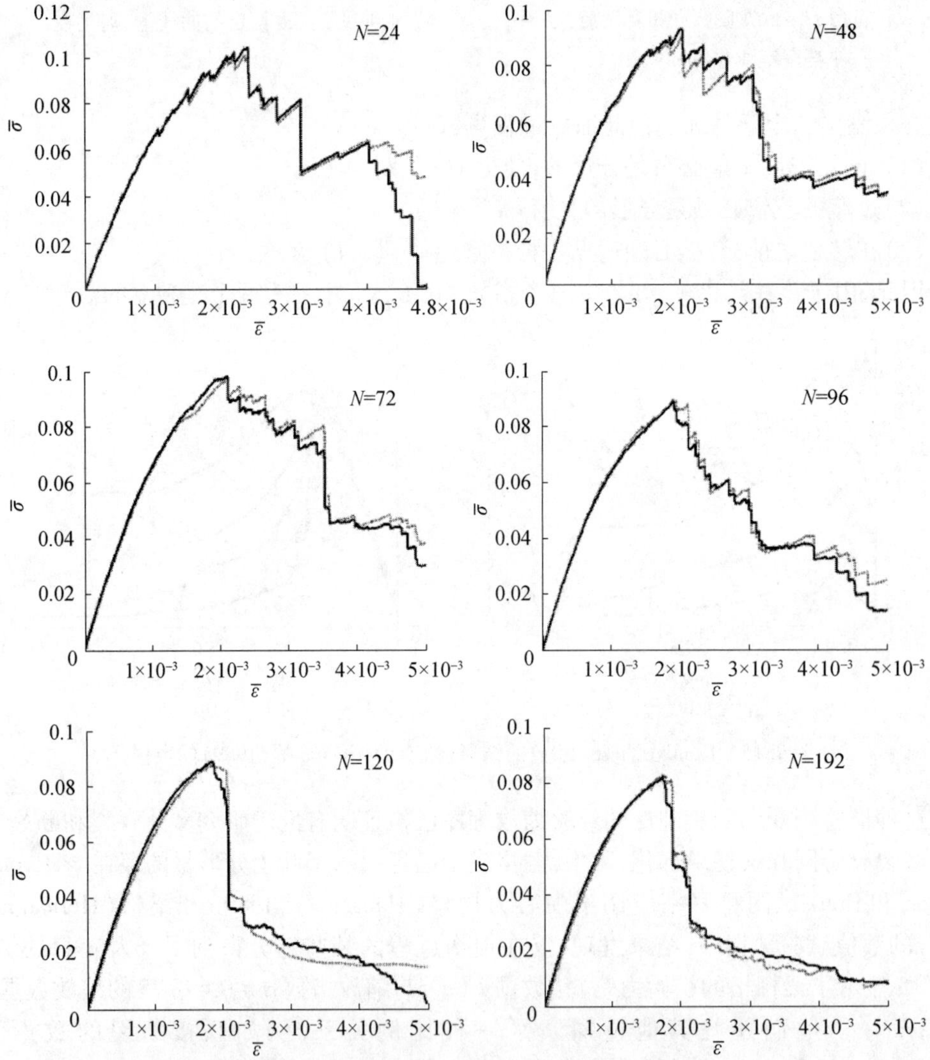

图 9.16 针对大尺寸范围 $L=\{24,48,72,96,120,192\}$（$L=N=$ 每边节点数）的六个随机的重复过程，Krajcinovic 方法（实线）与原始模拟数据（虚线）的标度关系式的响应特征

本章概述中的结果选择绝不是全面的，并且可以通过不断增多的文献来扩展该主题的内容。其他几个小组（如，Meisner 和 Frantziskonis，1996）在这一领域作出了重大努力，

并解决了使用多重分形框架(即,从“盒子计数”程序获得的简单分形指数之外的)的可能性,从而在准脆性栅格中为失效过程赋予标度关系。感兴趣的读者,Hansen 和 Roux(2000)以及 Alava 等(2006)关于异质栅格中断裂统计方法的详细概述仍是重要的参考资料。

值得注意的是,虽然断裂的物理模型被认为是物理学家和数学家最喜欢的研究工具,但该主题对工程界也有很大的吸引力(Ince 等,2003;Rinaldi 等,2007)。

9.6 小　　结

随着价格低廉、功能不断增强的计算机的出现,以及在较小的空间和时间尺度上进行试验观察的可行性的提升,离散单元模型已经为许多复杂问题提供了强大的解决方案,解决了研究及工业需求。在这个过程中,不连续体计算力学已经成为计算力学的一个重要且快速发展的分支,如今已成为纳米技术、干细胞研究、医学工程、空间推进、采矿、铣削、制药、粉末、陶瓷、复合材料、爆破和建筑等多个领域前沿研究的重要组成部分。

本书的第 9 章和第 10 章对二维离散损伤模型进行了简要讨论,在多样化的研究领域和许多有影响力的参考文献中选取了一些主题和研究成果——尽可能具有代表性但并不完整。在努力尽可能全面和客观的同时,本章概述无可否认地会有类似的常见缺点,例如,作者由于个人兴趣、研究背景产生的偏见以及可能在分配的空间中缩减大量相关的工作。不管怎样,它同样可作为经验丰富的科学家的重要参考和初学者的入门知识。

本章相关彩图,请扫码查看

参考文献

M. J. Alava, P. K. V. V. Nukala, S. Zapperi, Statistical models of fracture. Adv. Phys. 55(3-4), 349-476(2006)

M. P. Allen, D. J. Tildesley, Computer Simulation of Liquids(Oxford University Press, New York, 1987)

F. Alonso-Marroquín, H. J. Herrmann, The incremental response of soils. An investigation using adiscrete-element model. J. Eng. Math. 52, 11-34(2005)

A. S. Balankin, A. Bravo-Ortega, M. A. Galicia-Cortes, O. Susarey, The effect of self-affine roughness on crack mechanics in elastic solids. Int. J. Fract. 79(4), R63-R68(1996)

A. L. Barabasi, H. E. Stanley, Fractal Concepts in Surface Growth(Cambridge University Press, Cambridge, 1995)

N. Bicanic, Discrete Element Methods, in Encyclopedia of Computational Mechanics: Fundamentals, ed. by E. Stein, R. De Borst, T. Hughes(Wiley, New York, 2004), pp. 311-337

F. M. Borodich, Some fractal models of fracture. J. Mech. Phys. Solids. 45(2), 239-259(1997)

M. J. Buehler, F. F. Abraham, H. Gao, Hyperelasticity governs dynamic fracture at a critical lengthscale. Nature 426, 141-146(2003)

T. L. Chelidze, Percolation and fracture, physics of the earth. Planet. Inter. 28, 93(1982)

Y. P. Cheng, Y. Nakata, M. D. Bolton, Discrete element simulation of crushable soil. Geotechnique53(7), 633-641(2003)

G. P. Cherepanov, A. S. Balankin, V. S. Ivanova, Fractal fracture mechanics. Eng. Fract. Mech. 51(6), 997-1033 (1995)

K. Christensen, Percolation Theory(ebook)(MIT, Cambridge, 2002)

P. A. Cundall, A computer model for simulating progressive large scale movements in blocky rocksystems, in Proceedings of the Symposium of International Society of Rock Mechanics, vol. 1, Paper No II-8. Nancy, France, 1971

P. A. Cundall, UDEC-A Generalized Distinct Element Program for Modelling Jointed Rock. Report PCAR-1-80, Peter Cundall Associates, European Research Office, US Army Corps ofEngineers, 1980

P. A. Cundall, Formulation of a three-dimensional distinct element model-part Ⅰ: a scheme todetect and represent contacts in a system composed of many polyhedral blocks. Int. J. Rock. Mech. Min. Sci. Geomech. Abstr. 25(3), 107-116(1988)

P. A. Cundall, R. Hart, Numerical modeling of discontinua. J. Eng. Comp. 9, 101-113(1992)

P. A. Cundall, O. D. L. Strack, A discrete numerical model for granular assemblies. Geotechnique29(1), 47-65 (1979)

G. A. D'Addetta, F. Kun, E. Ramm, H. J. Herrmann, in From Solids to Granulates-Discrete Element Simulations of Fracture and Fragmentation Processes in Geomaterials, In: Continuousand Discontinuous Modelling of Cohesive-Frictional Materials, Lecture Notes in Physics, 568, ed. by P. A. Vermeer et al. (eds.)(Springer, Berlin Heidelberg, 2001), pp. 231-258

G. A. D'Addetta, F. Kun, E. Ramm, On the application of a discrete model to the fracture process of cohesive granular materials. Granul. Matter 4, 77-90(2002)

L. De Arcangelis, S. Redner, H. J. Hermann, A random fuse model for breaking processes. J. Phys. Lett. 46, 585-590(1985)

F. V. Donze, V. Richefeu, S. -A. Magnier, Advances in discrete element method applied to soil, rock and concrete mechanics. Electr. J. Geotech. Eng. 08, 1-44(2008)

P. M. Duxbury, P. D. Beale, P. L. Leath, Size effects of electrical breakdown in quenched randommedia. Phys. Rev. Lett. 57(8), 1052-1055(1986)

F. Family, T. Vicsek, Dynamics of Fractal Surfaces(World Scientific, Singapore, 1991)

S. Feng, M. F. Thorpe, E. Garboczi, Effective-medium theory of percolation on central-forceelastic networks. Phys. Rev. B. 31(1), 276-280(1985)

R. Garcia-Molina, F. Guinea, E. Louis, Percolation in isotropic elastic media. Phys. Rev. Lett. 60, 124-127 (1988)

D. Greenspan, Particle Modeling(Birkhä user Publishing, Boston, 1997)

E. Guyon, S. Roux, A. Hansen, D. Bideaull, J. P. Troadec, H. Crapon, Non-local and non-linearproblems in the mechanics of disordered systems: application to granular media and rigidityproblems. Rep. Prog. Phys. 53, 373-419(1990)

A. Hansen, S. Roux, Statistics Toolbox for Damage and Fracture, in Damage and Fracture of Disordered Materials, ed. by D. Krajcinovic, J. G. M. Van Mier(Springer, Berlin/Heidelberg/New York, 2000)

A. Hansen, S. Roux, H. J. Herrmann, Rupture of central-force lattices. J. Phys. France 50, 733-744(1989)

H. J. Herrmann, A. Hansen, S. Roux, Fracture of disordered, elastic lattices in two dimensions. Phys. Rev. B. 39 (1), 637-648(1989)

R. Ince, A. Arslan, B. L. Karihaloo, Lattice modeling of size effect in concrete strength. Eng. Fract. Mech. 70

(16),2307−2320(2003)

R. P. Jensen, P. J. Bosscher, M. E. Plesha, T. B. Edil, DEM simulation of granular media−structureinterface: effects of surface roughness and particle shape. Int. J. Numer. Anal. MethodGeomech. 23,531−547(1999)

R. P. Jensen, M. E. Plesha, T. B. Edil, P. J. Bosscher, N. B. Kahla, DEM simulation of particledamage in granular media−structure interfaces. Int. J. Geomech. 1(1),21−39(2001)

L. Jing, A review of techniques, advances and outstanding issues in numerical modelling for rockmechanics and rock engineering. Int. J. Rock Mech. Min. Sci. 40,283−353(2003)

H. Kim, W. G. Buttlar, Discrete fracture modeling of asphalt concrete. Int. J. Solids Struct. 46,2593−2604(2009)

D. Krajcinovic, Damage Mechanics(Elsevier, Amsterdam, 1996)

D. Krajcinovic, M. Basista, Rupture of central−force lattices. J. Phys. France 50,733−744(1989)

D. Krajcinovic, A. Rinaldi, Thermodynamics and statistical physics of damage processes in quasiductilesolids. Mech. Mater. 37,299−315(2005a)

D. Krajcinovic, A. Rinaldi, Statistical damage mechanics−1. Theory. J. Appl. Mech. 72,76−85(2005b)

D. Krajcinovic, M. Vujosevic, Strain localization−short to long correlation length transition. Int. J. Solids. Struct. 35(31−32),4147−4166(1998)

N. P. Kruyt, L. Rothenburg, A micro−mechanical definition of the strain tensor for two dimensionalassemblies of particles. J. Appl. Mech. 63,706−711(1996)

N. P. Kruyt, L. Rothenburg, Statistical theories for the elastic moduli of two−dimensional assemblies of granular materials. Int. J. Eng. Sci. 36,1127−1142(1998)

F. Kun, H. Herrmann, A study of fragmentation processes using a discrete element method. Comput. Methods. Appl. Mech. Eng. 138,3−18(1996)

F. Kun, G. A. D'Addetta, H. Herrmann, E. Ramm, Two−dimensional dynamic simulation offracture and fragmentation of solids. Comput. Assist. Mech. Eng. Sci. 6,385−402(1999)

S. Mastilovic, Some observations regarding stochasticity of dynamic response of 2D disorderedbrittle lattices. Int. J. Damage Mech. 20,267−277(2011)

S. Mastilovic, On strain−rate sensitivity and size effect of brittle solids: transition from cooperativephenomena to microcrack nucleation. Contin. Mech. Thermodyn. 25,489−501(2013)

S. Mastilovic, K. Krajcinovic, High−velocity expansion of a cavity within a brittle material. J. Mech. Phys. Solids. 47,577−610(1999a)

S. Mastilovic, D. Krajcinovic, Penetration of rigid projectiles through quasi−brittle material. J. Appl. Mech. 66, 585−592(1999b)

S. Mastilovic, A. Rinaldi, D. Krajcinovic, Ordering effect of kinetic energy on dynamic deformation of brittle solids. Mech. Mater. 40(4−5),407−417(2008)

M. J. Meisner, G. N. Frantziskonis, Multifractal fracture−toughness properties of brittle heterogeneousmaterials. J. Phys. B. 29(11),2657−2670(1996)

L. L. Mishnaevsky Jr., Determination for the time−to−fracture of solids. Int. J. Fract. 79(4),341−350(1996)

L. L. Mishnaevsky Jr., Damage and Fracture of Heterogeneous Materials(AA Balkema, Rotterdam, 1998)

A. A. Munjiza, E. E. Knight, E. Rougier, Computational Mechanics of Discontinua(Wiley, New York, 2011)

P. K. V. V. Nukala, S. Simunovic, R. T. Mills, Statistical physics of fracture: scientific discoverythrough high−performance computing. J. Phys. 46,278−291(2006)

M. Ostoja−Starzewski, Damage in Random Microstructure: Size Effects, Fractals and Entropy Maximization, in Mechanics Pan−America 1989, ed. by C. R. Steele et al. (ASME Press, New York, 1989), pp. 202−213

M. Ostoja−Starzewski, Microstructural Randomness and Scaling in Mechanics of Materials(Taylor & Francis

Group, Boca Raton, 2007)

M. Ostoja-Starzewski, J. Li, H. Joumaa, P. N. Demmie, From fractal media to continuum mechanics. Zeit. Angew. Math. Mech. (ZAMM) 93, 1-29(2013)

M. E. Plesha, E. C. Aifantis, On the modeling of rocks with microstructure, in Proceedings of 24thUS Symposium on Rock Mechanics, Texas A&M University, College Station, Texas, 1983, pp. 27-39

D. O. Potyondy, P. A. Cundall, A bonded-particle model for rock. Int. J. Rock. Mech. Min. Sci. 41, 1329-1364 (2004)

N. M. Pugno, R. S. Ruoff, Quantized fracture mechanics. Philos. Mag. 84, 2829(2004)

A. Rinaldi, A rational model for 2D disordered lattices under uniaxial loading. Int. J. Damage. Mech. 18, 233-257(2009)

A. Rinaldi, Advances in Statistical Damage Mechanics: New Modelling Strategies, in Damage Mechanics and Micromechanics of Localized Fracture Phenomena in Inelastic Solids, ed. ByG. Voyiadjis. CISM Course Series, vol. 525(Springer, Berlin/Heidelberg/New York, 2011)

A. Rinaldi, S. Mastilovic, D. Krajcinovic, Statistical damage mechanics-2. Constitutive relations. J. Theor. Appl. Mech. 44(3), 585-602(2006)

A. Rinaldi, D. Krajcinovic, S. Mastilovic, Statistical damage mechanics and extreme value theory. Int. J. Damage. Mech. 16(1), 57-76(2007)

S. Roux, E. Guyon, Mechanical percolation: a small beam lattice study. J. Phys. Lett. 46, L999-L1004(1985)

S. Van Baars, Discrete element modelling of granular materials. Heron 41(2), 139-157(1996)

P. N. Sen, S. Feng, B. I. Halperin, M. F. Thorpe, Elastic Properties of Depleted Networks and Continua, in Physics of Finely Divided Matter, ed. by N. Boccara, M. Daoud(Springer, Berlin/Heidelberg/New York, 1985), pp. 171-179

D. Stauffer, A. Aharony, Introduction to Percolation Theory(Taylor & Francis, London, 1994)

V. E. Tarasov, Review of some promising fractional physical models. Int. J. Modern. Phys. 27(9), 1330005(2013)

J. M. Ting, A robust algorithm for ellipse-based discrete element modelling of granular materials. Comput. Geotech. 13(3), 175-186(1992)

V. Topin, J. -Y. Delenne, F. Radjaï, L. Brendel, F. Mabille, Strength and failure of cementedgranular matter. Eur. Phys. J. E. 23, 413-429(2007)

V. Vitek, Pair Potentials in Atomistic Computer Simulations, in Interatomic Potentials for Atomistic Simulations, ed. by A. F. Voter. MRS Bulletin, vol. 21, 1996, pp. 20-23

G. Wang, M. Ostoja-Starzewski, Particle modeling of dynamic fragmentation-I: theoretical considerations. Comput. Mater. Sci. 33, 429-442(2005)

G. Wang, A. H. -D. Cheng, M. Ostoja-Starzewski, A. Al-Ostaz, P. Radziszewski, Hybrid latticeparticle modelling approach for polymeric materials subject to high strain rate loads. Polymers2, 3-30(2010)

M. Wnuk, A. Yavari, Discrete fractal fracture mechanics. Eng. Fract. Mech. 75, 1127-1142(2008)

J. Xiang, A. Munjiza, J. -P. Latham, R. Guises, On the validation of DEM and FEM/DEM modelsin 2D and 3D. Eng. Comput. 26(6), 673-687(2009)

S. C. Yang, S. S. Hsiau, The simulation of powders with liquid bridges in a 2D vibrated bed. Chem. Eng. Sci. 56, 6837-6849(2001)

R. Zhang, J. Li, Simulation on mechanical behavior of cohesive soil by distinct element method. J. Terramech. 43, 303-316(2006)

A. Zubelewicz, Z. Mroz, Numerical simulation of rockburst processes treated as problems of dynamic instability. Rock. Mech. Eng. 16, 253-274(1983)

第 10 章　二维离散损伤模型:栅格和理性模型

Antonio Rinaldi, Sreten Mastilovic

摘　　要

许多材料在空间尺度上表现出不连续和不均匀的性质,这可能导致基于连续体的模型的复杂力学行为难以模拟。在这些复杂的现象中,裂纹的萌生、扩展、相互作用和聚集造成的损伤演化可能导致大量的宏观尺度的变形。基于非连续体的模型是将材料表示为彼此相互作用的不同单元的集合的计算方法。我们提出的非连续体计算力学的介观尺度方法,可分为相互关联的三大类:弹簧网(栅格)模型、离散元方法(DEM)和粒子模型。诸如分子动力学和平滑粒子流体动力学的独特单元计算方法不在本章概述的范围内。本章的目的是简要介绍弹簧网络模型及其主要应用。基于离散方法的模型在过去 10 年中已广泛应用于三维结构,但是,由于本章内容的范围仅限于用于实际目的的二维模型,因此忽略了这些重要的进展。同样的,一维的纤维束模型也不在本书范围内。

10.1　概　　述

在 20 世纪 70 年代,计算机能力的快速增强和数值算法的相应进展使研究人员开始开发不同的计算方法,使用不同的单元,如分子、粒子或桁架来模拟科学的或工程的各种问题。计算机仿真建模在应用上比分析建模更灵活,并且具有优于试验建模的优势,它在“虚拟试验”的任何阶段都可访问数据。这种灵活性可扩展到加载配置和模拟拓扑、几何和结构无序的材料织构(图 10.1)。此外,与传统的基于连续体的模型相比,所有离散单元模型在损伤分析中具有一些共同的优点。损伤及其演变明确表示为键的断裂或接触的脱离,无需经验关系来定义损伤或量化其对材料特性的影响。微裂纹形核、扩展并聚集成宏观裂纹,无需进行重新的网格划分或格点重置等,且没有必要开发本构定律去代表复杂的非线性行为,这是由于它们会通过简单本构定律支配的离散元的集体行为自然产生。

栅格(弹簧网格)模型是最简单的不连续体模型,用于模拟各类材料的复杂响应特性和断裂现象。顾名思义,它们由一维离散流变单元或结构单元组成,其具有几何、结构和失效的特性,使其能够模拟特定类型材料的弹性、非弹性和失效行为。当材料可以通过流变单元(以其基本形式——弹簧)相互作用的离散元体系进行表示时,它们的优势最显著。因此,正如所料,空间桁架和框架一直是在工程力学应用中建模的主要的材料体系,这一想法最早可以追溯到 Hrennikoff(1941)的开创性工作。Ostoja-Starzewski(2002,2007)也对微观力学中的栅格模型进行了综合评述。

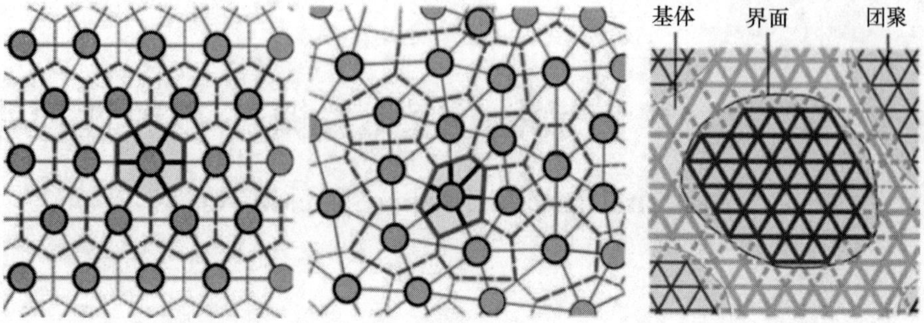

图 10.1 (a)规则的和(b)不规则的三角形 Delaney 网络,双倍于晶界的 Voronoi(Wigner-Seitz)划分;(c)投影到规则三角形栅格上的三相复合材料的介观结构

10.2 中心相互作用栅格(α 模型)

在栅格模型的研究中,有必要建立栅格参数和材料特性之间的关系。在这方面已有各种方法:Cusatis 等(2003,2006)使用 Delaunay 三角剖分确定栅格的连接并分配它们的有效横截面积;Kozicki 和 Tejchman(2008)通过使用试验系数得出法向刚度和剪切刚度;本章用于获得栅格参数的主要方法,是基于单位栅格单胞及其连续体的应变能等效性的(Ostoja-Starzewski 2002;Wang 等,2009a),Kale 和 Ostoja-Starzewski 在本书中也介绍了这种方法。

其基本思想是确保存储在栅格单胞中与其相关的连续体结构中的应变能具有等效性:

$$U_{\text{cell}} = U_{\text{continuum}} \tag{10.1}$$

有效连续系统的空间线性位移能由以下表达式给出:

$$U_{\text{continuum}} = \frac{V}{2}\boldsymbol{\varepsilon}:\boldsymbol{C}:\boldsymbol{\varepsilon} = \frac{V}{2}C_{ijkm}\varepsilon_{ij} \tag{10.2}$$

为了获得存储在栅格单胞中的应变能,有必要考虑其特定的周期性粒子排列和相互作用(Ostoja-Starzewski,2002)。

10.2.1 具有中心相互作用的三角栅格

出于简化考虑,我们认为第一个栅格是由等边三角形栅格组成的 α 模型,其具有相邻粒子之间的中心相互作用力。图 10.2(a)中所示的网格是基于长度为 l 的弹簧的,它等于平衡粒子间距离 r_0 的半长度,其限定了平衡栅格间距。六方形的单晶面积为 $V=2\sqrt{3}l^2$,对于给定单胞的每个键 b 用弹簧常数 $\alpha^{(b)}$ 和沿各 $\theta^{(b)}=(b-1)\pi/3$ 方向的单位向量 $\boldsymbol{n}^{(b)}$ 进行表征。

存储在六边形的单胞中的弹性应变能由六个均匀拉伸的键组成,这些键仅传递轴向力。

$$U_{\text{cell}} = \frac{1}{2}\sum_{b-1}^{6}(a\boldsymbol{u}\cdot\boldsymbol{u})^{b} = \frac{l^2}{2}\sum_{b=1}^{6}\alpha^{(b)}n_i^{(b)}n_j^{(b)}n_k^{(b)}n_m^{(b)}\varepsilon_{ij}\varepsilon_{km} \tag{10.3}$$

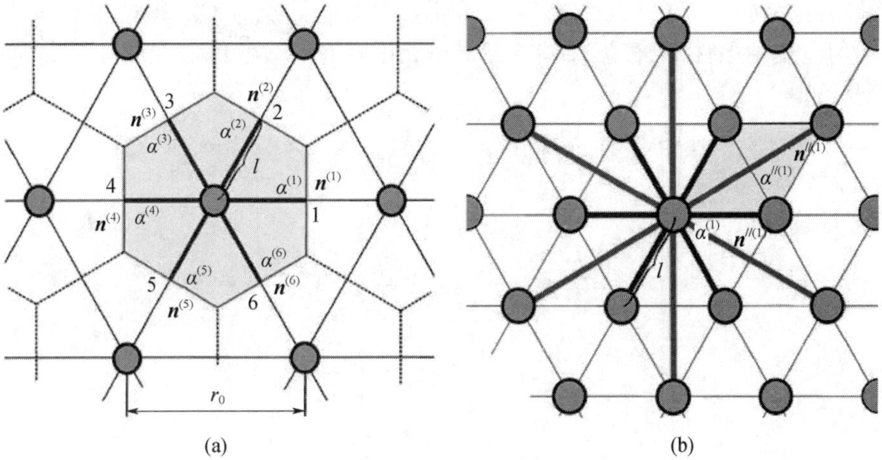

图 10.2　一种理想的三角栅格：在(a)第一个和(b)第一和第二个相邻栅格中具有中心相互作用

该过程中的关键步骤是在 $\boldsymbol{u}$ 和 $\boldsymbol{\varepsilon}$ 之间建立连接，这通常取决于栅格单元的特定几何形状和特定的相互作用模型。

通过式(10.1)，可以推导出刚度张量分量：

$$C_{ijkm} = \frac{1}{2\sqrt{3}}\sum_{b-1}^{6}\alpha^{(b)}n_i^{(b)}n_j^{(b)}n_k^{(b)}n_m^{(b)} \tag{10.4}$$

在弹簧常数相等的情况下，$\alpha(b)=\alpha(b=1,2,\cdots,6)$，可知

$$\begin{cases} C_{1111}=C_{2222}=\dfrac{9}{8\sqrt{3}}\alpha=\dfrac{E}{1-v^2} \\ C_{1122}=C_{2211}=\dfrac{3}{8\sqrt{3}}\alpha=\dfrac{Ev}{1-v^2} \\ C_{1212}=\dfrac{3}{8\sqrt{3}}\alpha=\dfrac{E}{2(1+v)} \end{cases} \tag{10.5}$$

需要注意的是材料满足各向同性的条件：

$$C_{1212}=(C_{1111}-C_{1122})/2 \tag{10.6}$$

由于泊松比是固定的，弹簧常数 α 仅定义该栅格模型单胞的平面弹性模量：

$$E=\alpha/\sqrt{3},\quad v=C_{1122}/C_{1111}=1/3 \tag{10.7}$$

第一和第二相邻栅格的中心作用的三角格构：

可以通过施加额外的中心力结构来优化先前的三角形中心作用力的栅格(图 10.2(b))。原始结构(I)现在由 3 个三角形网络表示，其单胞定义为

$$\alpha^{\mathrm{I}(b)}=\alpha^{\mathrm{I}},\theta^{\mathrm{I}(b)}=(b-1)\frac{\pi}{3},\boldsymbol{n}^{\mathrm{I}(b)}=(\cos\theta^{\mathrm{I}(b)},\sin\theta^{\mathrm{I}(b)})\quad(b=1,2,3) \tag{10.8}$$

栅格间距 $r_0^{\mathrm{I}}=2l$。叠加结构(Ⅱ)由 3 个三角形网络表示，具有以下弹簧常数：

$$\alpha^{\mathrm{II}(b)}=\alpha^{\mathrm{II}},\quad\theta^{\mathrm{II}(b)}=(2b-1)\frac{\pi}{6},\quad\boldsymbol{n}^{\mathrm{II}(b)}=(\cos\theta^{\mathrm{II}(b)},\sin\theta^{\mathrm{II}(b)})\quad(b=1,2,3) \tag{10.9}$$

其栅格间距为 $r_0^{\mathrm{II}}=2\sqrt{3}I$。在最后的系统中，每个粒子通过结构 I 与 6 个第一相邻栅

格相连,并通过结构Ⅱ与6个第二相邻栅格相连,其单胞面积为 $V = 2\sqrt{3}l^2$。

在均匀应变的条件下,根据存储在栅格单元中具有等效性的应变能和相应的有效连体续模型,可得

$$C_{ijkm} = \frac{2}{\sqrt{3}}\alpha^{\mathrm{I}}\sum_{b-1}^{6}\alpha^{\mathrm{I}(b)}n_j^{\mathrm{I}(b)}n_k^{\mathrm{I}(b)}n_m^{\mathrm{I}(b)} + \frac{6}{\sqrt{3}}\alpha^{\mathrm{II}}\sum_{b-1}^{6}\alpha^{\mathrm{II}(b)}n_j^{\mathrm{II}(b)}n_k^{\mathrm{II}(b)}n_m^{\mathrm{II}(b)} \tag{10.10}$$

因此,非零刚度分量为

$$\begin{cases} C_{1111} = C_{2222} = \dfrac{3}{4\sqrt{3}}(3\alpha^{1} + 9\alpha^{\mathrm{II}}) = \dfrac{E}{1-v^2} \\ C_{1212} = \dfrac{3}{4\sqrt{3}}(\alpha^{1} + 3\alpha^{\mathrm{II}}) = \dfrac{E}{1+v} \\ C_{1122} = C_{2211} = \dfrac{3}{4\sqrt{3}}(\alpha^{1} + 3\alpha^{\mathrm{II}}) = \dfrac{Ev}{1-v^2} \end{cases} \tag{10.11}$$

泊松比也与弹簧常数无关

$$E = 2(\alpha^{1} + 3\alpha^{\mathrm{II}})/\sqrt{3} \tag{10.12a}$$

$$v = C_{1122}/C_{1111} = 1/3 \tag{10.12b}$$

如果 $\alpha^{\mathrm{I}} = \alpha^{\mathrm{II}} = \alpha^{0}$,式(10.12a)简化为 $E = 8\alpha\sqrt{3}$ 。

10.2.2 α模型的应用举例

Bazant 等(1990)采用随机 α 模型研究了脆性非均质材料,目的是研究试样尺寸对最大载荷、峰值后的软化行为和微裂纹区域渐进损伤扩展的影响。该模型解释了不同的粒子相互作用和随机的几何形状,它可以归类为粒子模型,但由于忽略了接触粒子之间的剪切和弯曲相互作用,因此它代表了具有中心相互作用的随机栅格的应用说明性示例。该模型对于这类材料的 DEM 技术的进一步发展非常有影响。Zubelewicz 和 Bazant(1987)的更精细的模型还解释了剪切相互作用。

该模型基于随机嵌入较软基体(水泥浆)中的弹性圆形颗粒(聚集体)的中心相互作用。其基体最初是弹性的,具有弹性模量 E_m,而聚集体的弹性模量用 E_a 表示。粒子(用 i 和 j 代表)通过连接颗粒中心的桁架相互作用,其刚度 $S = (S_i^{-1} + S_m^{-1} + S_j^{-1})^{-1}$ 由三个串联连接的桁架段定义(图 10.3(a))。单个分段的刚度由标准桁架理论确定(如 $S_m = E_m A_m / L_m$),经验修正的桁架段长度对应于相互接触中的聚集颗粒。中间桁架段(模拟水泥浆)L 代表基体的接触区域,并假设呈现出三角形本构法所描述的软化行为(图 10.3(b))。这种软化行为

$$E_s = \frac{f_t^m}{\varepsilon_f - \varepsilon_p}, \quad \varepsilon_f = \frac{2G_f^m}{L_m f_t^m} \tag{10.13}$$

是基于颗粒间层的断裂能 G_f^m 确定的,它被认为是固有的材料特性。几何栅格的无序度(随机量 L_m)需要软化模量 E_s 的相应变化,从而保持了断裂能。

该模型的模拟结果显示尺寸对失效载荷的较大影响,这是具有断裂力学和概率方面的非均质性的显著结果。无缺口样品在单轴拉伸下响应的载荷-位移曲线显示,随着样品尺寸的增加,斜率变得更陡,因此样品软化。除了明显的尺寸效应之外,模拟结果还出现

了大量的数据分散。最大正应力(名义强度)明显的尺寸效应与局部连续模型的预测形成鲜明对比。根据 Bazant 提出的尺寸效应定律($\sigma_N \propto d^{-1/2}$),将相应的模拟数据用样品直径进行了拟合。对缺口试样进行试验也观察到相同的效果,还证明了在模拟中观察到的尺寸效应介于强度准则和线性弹性断裂力学之间。与实验室测试一致,单轴拉伸模拟的结果揭示了软化区域中不对称响应的发生,试验中观察到的裂纹扩展及其在准脆性材料中的局部化被合理地追踪到。

Jirásek 和 Bazant(1995)使用这种模拟技术的延伸来确定宏观失效特性(断裂能和有效过程区的尺寸)与微观特性统计(如微观强度、微韧性和粒子链的平均颗粒间距)之间的联系。这些模拟结果表明,实际建模,特别是在远场压缩加载条件下,要求栅格单元不仅能够进行中心相互作用,还应能够进行剪切(角)相互作用。

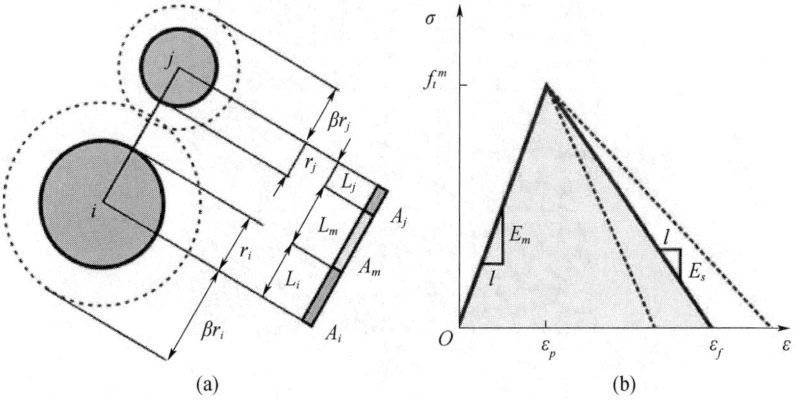

图 10.3　Bazant 等(1990)的 α 模型
(a)颗粒和桁架参数;(b)联接基体的本构定律。

Vogel 等(2005)采用了拓扑和几何有序的栅格,它们是具有基于随机取样的有限抗拉强度的胡克定律弹簧的粒子间相互作用的。因此,三角形栅格的每个节点都联接到所有第一相邻栅格(配位数 $z=6$),每个联接具有相等的平衡长度和弹簧常数,而微观强度通过从正常情况下随机取样的联接断裂应变来定义。该模型旨在捕获干燥过程中黏土土壤裂纹的形成所涉及的物理过程,其所受到的载荷是由于水蒸发导致样品缓慢收缩引起的。

通过连续减小自然弹簧长度(这给出了收缩力)和增加栅格中的总能量来模拟由于干燥引起的伪 2D 黏土表面的收缩。一旦 2 个连续节点之间的应变达到临界值,弹簧就会断裂,相应释放的应变能量必须在系统过渡到新平衡状态时在相邻联接之间重新分配。节点位置的变化取决于施加在节点上的总力,但节点仅在节点力超过静态黏附极限时才移动。从高斯概率分布 $N(\bar{\varepsilon}_{cr},\sigma^2)$ 出发,通过对弹簧断裂应变进行随机采样将异质性引入到系统中。因此,模型参数是平均临界应变 $\bar{\varepsilon}_{cr}$、其方差 σ^2 和摩擦因数 μ。

另一个额外的参数由栅格的迭代弛豫产生,这是在每次弹簧断裂之后执行的最大迭代次数 n_{it}。根据 n_{it},在下一个弹簧断裂之前,栅格可能不会完全松弛。因此,松弛参数不仅仅是一个随意选择的模拟参数,因为它可能与干燥速度有关。Vogel 等(2005)声称 n_{it} 可被解释为一个无量纲的量,它通过 $n_{it}=t_{ext}/t_{int}$ 将外部负载的特征时间 t_{ext} 与内部动力学的特征时间 t_{int} 关联了起来。

三角形 α 模型再现了干燥黏土裂纹网络扩展的非线性动力学的突出特征，这在自然界中可观察到，如特征聚集体的形状和分叉角（图 10.4）。Vogel 等定量验证了该模型同时再现自然裂纹模式的特征和特征模式的演化动力学。模型参数与材料的物理性能有关，也与因干燥和裂纹形成造成的收缩过程中的边界条件有关。

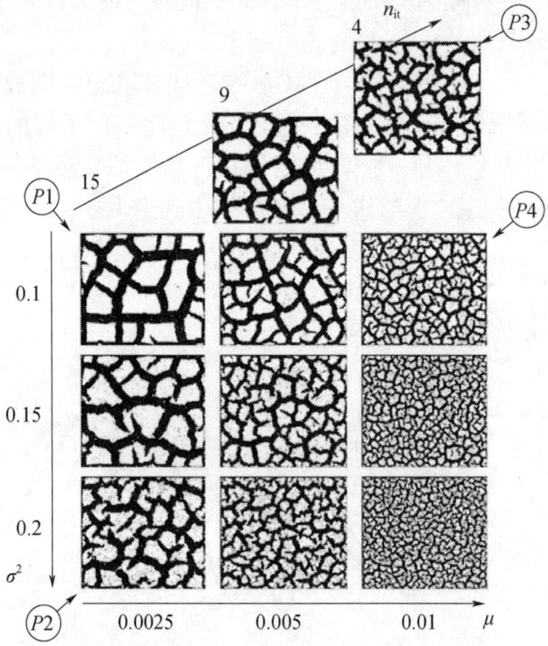

图 10.4 针对各种临界微应变数据分散 σ^2 、节点摩擦因数 μ 和弛豫强度 n_{it} 获得的损伤模式（转载自 Vogel 等（2005），经 Elsevier 许可）

Topin 等（2007）使用基于亚粒子三角形 α 模型的离散化来分析粘结颗粒材料的强度和损伤行为，将其作为基体体积分数（结构参数）和颗粒-基体黏附力（材料参数）的函数。目的是阐明这些参数对断裂特性（刚度、拉伸强度）、损伤增长（刚度退化、颗粒破裂）和应力传递（统计分布、相内应力）的作用。

该 α 模型由线性弹脆性弹簧组成，弹簧由弹簧常数和断裂力阈值定义。由于弹簧仅传递法向力，因此栅格节点的高连通性确保了剪切和变形的整体阻力。有 5 种不同的联接类型来代表 3 个块体相（颗粒、基体和空隙）和 2 个界面相（颗粒-颗粒和颗粒-基体）。具有横向自由边界的栅格承受由上部样品边缘位移施加的单轴拉伸和压缩载荷的交替作用。

应力-应变曲线揭示了预期的拉伸和压缩之间的不对称性，这与预先存在的“预制”损伤有关（反映为非内聚颗粒间的接触-裸露接触）。峰后行为的特征为主裂纹的非线性扩展以及由于异质材料中的损伤累积而导致的有效刚度的逐渐减小。使用拉伸和压缩的垂直应力场云图对颗粒的塞积所造成的影响进行了研究，发现沿着颗粒链（塞积的主干）出现了应力集中。讨论了基体体积分数对拉伸和压缩有效刚度的影响，并将模型结果与 Mori-Tanaka 理论预测的三相复合材料的有效刚度进行了比较。结果表明，由于空间填充作用和裸露接触点（空隙）的消失，拉伸中的有效刚度随着基体体积分数的线性增加而增大。其次,讨论了联接基体的表面效应和体效应(分别反映裸露接触和孔隙率的减少)。

在均质-非均质损伤阶段的过渡区附近的拉伸和压缩(图 10.5)中的裂纹模式显示了裂纹扩展和局部开裂分别主要发生在峰前和峰后区域。由于颗粒-基体界面强度相比颗粒和基体的强度较差,因此裂纹几乎是沿着颗粒轮廓扩展的。在拉伸时,主裂纹的扩展是突然产生的,并且几乎垂直于所施加的载荷方向;在压缩过程中,主裂纹路径是倾斜的且较宽,并产生二次裂纹的分叉。在图 10.5 中可以观察到,栅格的几何形状控制着裂纹的扩展,并且损伤云图反映了其内在栅格的规则结构。损伤演变伴随着刚度的退化,这在应力-应变曲线中可以观察得到。

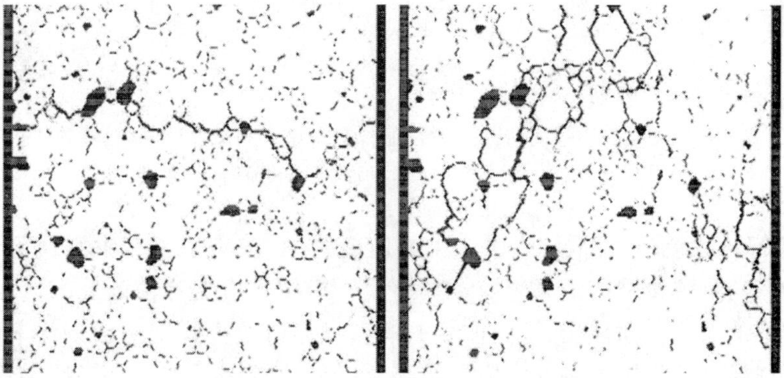

(a)　　(b)

图 10.5　损伤模式(Topin 等,2007)
(a)拉伸;(b)压缩。

拉伸中有效刚度的突然退化与压缩中损伤演变的渐进扩展性质形成鲜明对比,这反映了损伤累积和开裂模式的性质的区别。Topin 等发现,基体的体积分数和颗粒-基体的黏附力在粘结颗粒材料的拉伸强度中起着几乎相同的作用。另外,这两个参数分别控制着损伤特性,这反映在样品失效后颗粒相中的断裂键的百分数(图 10.6)。

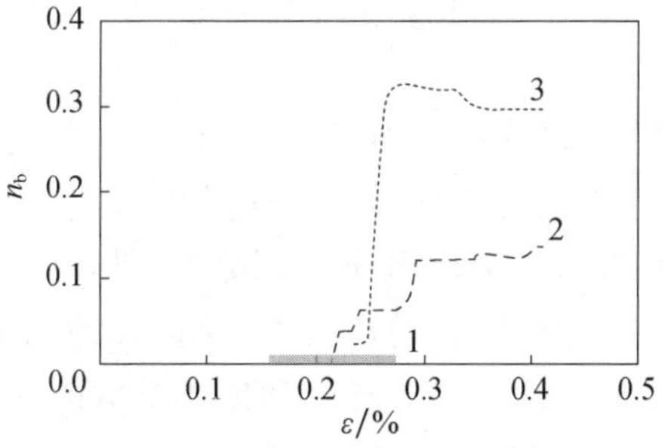

图 10.6　颗粒相中断裂键的百分数的变化(Topin 等,2007)
曲线 1 为 $\sigma^{pm}/\sigma^{[p]} = 0.6$;曲线 2 为 $\sigma^{pm}/\sigma^{[p]} = 1, \rho = 0.08$;
曲线 3 为 $\sigma^{pm}/\sigma^{[p]} = 0.6, \rho^{m} = 0.18$。

Topin 等观察到,双线性边界限制了发生粒子损伤的参数空间。因此,对于该范围的参数值,裂纹要么在基体中、要么沿界面扩展。根据图 10.7(b),颗粒损伤对相间强度比对基体体积分数更敏感,还注意到,基体体积分数 $\rho = 0.12$(代表了对 n_b 的影响的极限)反映了联接基体的逾渗阈值,除了裸触点外,颗粒完全被覆盖。最后,Topin 等提出,粒子损伤极限由一个参数控制:粒子-基体界面的相对韧性。

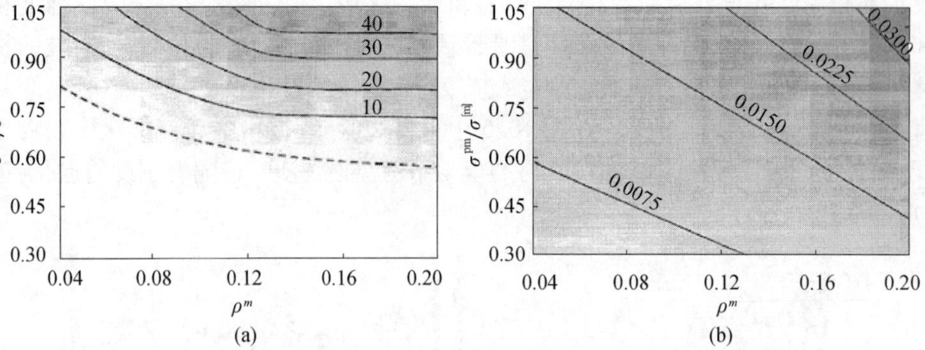

图 10.7　(a)拉伸强度和(b)颗粒-基体黏附中宏观裂纹处断裂颗粒键的百分比与基体体积分数空间的函数关系图(Topin 等,2007)

Hou(2007)通过在建模框架中引入大的应变弹性,改进了具有中心相互作用的和六边形单胞的三角形弹簧网络。大应变 α 模型用于模拟大应变弹性的几个代表性问题:均匀单轴拉伸下的方形平面样品、拉伸加载的楔形样品以及模式 I 加载条件下的具有预制裂纹的平面样品。分析结果和栅格模拟结果之间的比较揭示了异常好的一致性,并且还证明了大应变栅格模型可以很好地捕获大变形的奇异性。

假设失效准则用于描述大应变弹性和大应变复合材料的断裂过程。随着栅格变形的增加,各个键的延伸也增加,直到在一个或几个弹簧中满足断裂准则,然后将其从网络中移除。弹簧断裂准则可以用许多方式定义,例如,弹簧的临界值:拉力、伸长量和应变能。笔者选择了联接强度准则(式(10.14a))。该过程一直进行到栅格完全释放承载能力(裂纹渗透)。两个边缘裂纹的模式 I 加载配置被模拟,直到整体发生大应变失效:

$$\begin{cases} f_b = f_{cr} & (10.14a) \\ \varepsilon_b = \varepsilon_{cr}, E_b = E_{cr} & (10.14b) \end{cases}$$

脆性材料的理性模型:

通过"精确的"本构模型(如果可能,作为闭合解)将材料的微观结构特性与整体宏观尺度特性联系起来的损伤理性模型非常适用于科学的和技术的目的,尽管通常仅适用于一维的力学系统,如纤维束模型(例如,Rinaldi,2011a;Phoenix 和 Beyerlein,2000)。栅格提供了一个强大的可选功能,可以用非均匀的微观结构得到解决真实材料中损伤的理性方法,这些微观结构代表了一种固有的更复杂和更高维度的问题。接下来将详细讨论一个这样的二维 α 模型栅格(基于 Rinaldi 和 Lai(2007)和 Rinaldi(2009))。

让我们考虑一个完美中心力的三角栅格(图 10.2(a)),其具有相等刚度 k 和长度 l_0 的联接。为了引入一些力学的无序性,进一步假设每个第 b 个联接在拉伸临界应变($\varepsilon^{*(b)} = \boldsymbol{u}^{(b)}/l_0$)下发生不可逆的破坏(式(10.14b))。对于这里给出的结果,模拟参数为 $k = 100, l_0 = 1$,并且 $\varepsilon^{*(b)}$ 从区间$[0, 10^{-2}]$中的均匀分布的值随机采样。

在宏观尺度上,这种准脆性系统在拉伸载荷(或等效单轴压缩)下的应力-应变响应由 L. Kachanov 关系式以缩放的形式给出:

$$\bar{\sigma} = \bar{K}_0[1 - \bar{D}(\bar{\varepsilon}_{\mathrm{MAC}})]\bar{\varepsilon} \tag{10.15}$$

这解释了与开裂过程相关的割线刚度 $\Delta\bar{K}_0 = \bar{K}_0 \cdot \bar{D}$ 的(永久性)损失。参数 $\bar{K}_0$ 是原始状态下的割线刚度,并且通过宏观损伤比例参数 $\bar{D}$ 测量损伤过程,其范围从 0(原始状态)到 1(失效)。假设没有损伤愈合,$\bar{D}$ 是所施加应变的非递减的函数,因此,其取决于在时间 t 达到的最大拉伸应变 $\bar{\varepsilon}_{\mathrm{MAX}}(t)$,从而

$$\bar{\varepsilon}_{\mathrm{MAX}}(t) = \max\{\bar{\varepsilon}(t_0),\ \forall t_0 \leqslant t\} \text{ 且 } \bar{D} = \int_0^{\bar{\varepsilon}_{\mathrm{MAX}}} \mathrm{d}\bar{D}(\bar{\varepsilon}) \tag{10.16}$$

相应地,从"顶部"计算的应变能为

$$U(\bar{\varepsilon}) = \frac{1}{2}\overline{\sigma\varepsilon} = \frac{1}{2}\bar{K}_0[1 - \bar{D}(\bar{\varepsilon}_{\mathrm{MAX}})]\bar{\varepsilon}^2 \tag{10.17}$$

为了解决给定加载过程中的这个问题,必须计算 $\bar{D}$ 并将其与微观组织中的微裂纹形成过程相关联。根据微观结构和全场微应变的知识,栅格的应变能实际上可以通过将所有单胞上的所有未破坏的联接相加,从"底部"来重新计算:

$$U(\bar{\varepsilon}) = \sum^{\text{Cells}}\left[\frac{1}{2}\sum_b^{N_b}(k\boldsymbol{u} \cdot \boldsymbol{u})^{(b)}\right] \tag{10.18}$$

脆性损伤由两种类型的耗散事件演变而来:个体断裂,即以随机值 ε 开始的一系列不同的个体断裂(Rinaldi 和 Lai,2007)。当一个弹簧被抑制时,它完全释放其储存的能量:

$$\Delta U_1 = \frac{1}{2}k(\varepsilon^*)^2 \tag{10.19}$$

并导致应变能的宏观损失:

$$\Delta U(\bar{\varepsilon}) = \frac{1}{2}\bar{K}_0\Delta\bar{D}(\bar{\varepsilon})\bar{\varepsilon}^2 = \frac{1}{2}\Delta\bar{K}(\bar{\varepsilon})\bar{\varepsilon}^2 \tag{10.20}$$

$\Delta U(\bar{\varepsilon}) \geqslant \Delta U_1$ 并表现出协同现象、反弹不稳定性(对于雪崩),以及在栅格内的载荷重新分布。这种效应可以通过"再分配参数"来表示:

$$\eta_p = \frac{\Delta U - \Delta U_1}{\Delta U_1} \tag{10.21}$$

通常情况下 $\eta_p > 1$,只有在没有再分配效应时它才会为 0(如许多一维模型中那样)。$\bar{D}(\bar{\varepsilon})$ 从式(10.16)~式(10.20)通过来自每个微裂纹的归一化刚度的减小量 $\Delta\bar{K}_p$ 的求和来获得:

$$\bar{D}(\bar{\varepsilon}) = \frac{\sum_{p=1}^{n(\varepsilon)}\Delta\bar{R}_p}{\bar{K}_0} = \frac{k}{\bar{R}_0}\left(\frac{l_0}{L}\right)^2\sum_{p=1}^{n(\bar{\varepsilon})}(1 + \eta_p)\left(\frac{\varepsilon_p^*}{\bar{\varepsilon}^*}\right)^2 \tag{10.22}$$

这个随机模型需要三个随机输入参数$\{\varepsilon_p^*, \eta_p, n_p\}$,即三个不同的变化根源:

(1)ε_p^*:在 $\bar{\varepsilon}$ 处弹簧失效的临界应变,将宏观运动学与微观尺度运动学联系起来,并取决于所选择的采样分布;

(2)$\eta_p(\bar{\varepsilon})$:与微观组织的局部载荷再分配的能力和回弹效应相关的再分布参数;

(3)η_p:断联的数量;

该理性模型对单轴加载的栅格响应可以进行"精确"估计,但需要知道$\{\varepsilon_p^*, \eta_p, n_p\}$。

如果弹簧被方向 $\theta=\{0,60°,-60°\}$ 分隔，则损伤可以方便地以"谱形"中断：

$$\overline{D}(\bar{\varepsilon})=\overline{D}_{1(\bar{\varepsilon})}+\overline{D}_{2(\bar{\varepsilon})}+\overline{D}_{3(\bar{\varepsilon})}=\frac{k}{\overline{K}_0}\left(\frac{l_0}{L}\right)^2\sum_{j=1}^{3}\sum_{p=1}^{nj(\bar{\varepsilon})}(1+\eta_p)\left(\frac{\varepsilon_p^*}{\bar{\varepsilon}^*}\right)^2 \tag{10.23}$$

为了验证，图 10.8 显示了输入和输出数据，即分别为 $\{\varepsilon_p^*,\eta_p,n_p\}$ 和 $\{\bar{\sigma},\overline{D}\}$，它们来自拉伸试验下的随机栅格的模拟结果，明确了式(10.23)中输入数据的随机性。针对 $\theta=\{0,60°,-60°\}$ 的数据标记($*$, O, ∇)突出了不同方向之间损伤过程的差异性。

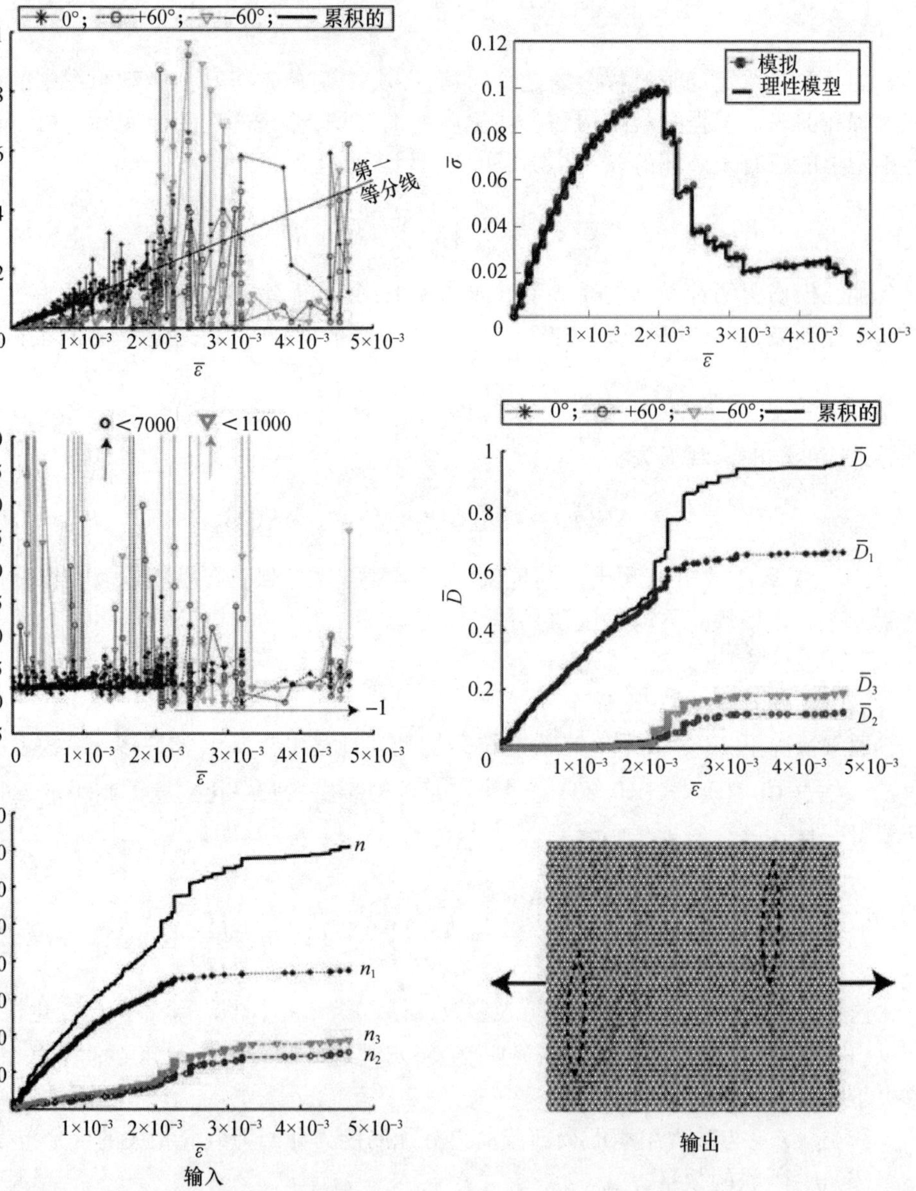

图 10.8 张力下的栅格模拟得出的输入(左)和输出(右)数据(Rinaldi 和 Placidi,2013)

在右侧绘制的输出数据显示了从式(10.15)估算的应力响应,标记为“ * ”,其与来自模拟的实际应力-应变曲线(实线粗线)重叠,使得两个数据系列确实难以区分,即理性理论中预期的误差为零。还展示出了阶梯损伤函数 $\bar{D}(\varepsilon)$ (实线粗线)及其分量 $\bar{D}_i(\bar{\varepsilon})$ (有标记符的实线)。

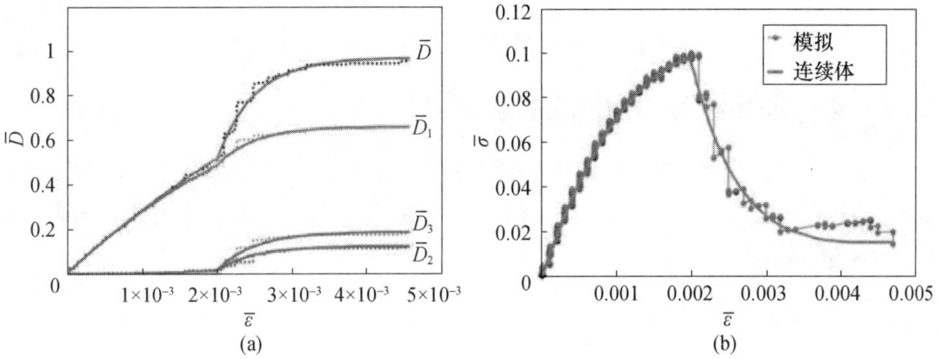

图 10.9　(a)从图 10.8 从光谱分解得出的精确损伤分量的回归近似;
(b)得到的等效一阶损伤模型与模拟数据的比较(Rinaldi,2013)

这个例子的阐述表明,在栅格和大多数真实材料中,微裂纹全局效应的度量 $\bar{D}(\bar{\varepsilon})$ 和微裂纹的数量 $n(\bar{\varepsilon})$ 以一种复杂的方式相关,因此它们的增量可联立为

$$\Delta\bar{D}_{p(\bar{\varepsilon})} = w_p(\bar{\varepsilon})\ \Delta n(\bar{\varepsilon}) \quad (读取\ \Delta n = 1) \tag{10.24}$$

这是通过随机加权函数得出的:

$$w_p(\bar{\varepsilon}) = c(1+\eta_p)\left(\frac{\varepsilon_p^*}{\bar{\varepsilon}^*}\right)^2 \tag{10.25a}$$

$$c = k/\bar{K}_0(l_0/L)^2 \tag{10.25b}$$

当将二维栅格与相应的一维平行纤维束模型进行比较时,该本构模型仅在 $\bar{D}(\bar{\varepsilon})$ 的定义上有所不同:

$$\bar{D}(\bar{\varepsilon}) = \int_0^{\bar{\varepsilon}} p_f(\bar{\varepsilon})\ \mathrm{d}\bar{\varepsilon} = \frac{n(\bar{\varepsilon})}{N} \tag{10.26}$$

其中 $\bar{D} \propto n(\bar{\varepsilon})$,由于不存在联间的相互作用,权重函数式(10.25a)简化为一个常数 $w_p = 1/N$,这使得从临界应变 $p_f(\varepsilon)$ 的分布中分析计算得到 $\bar{D}$ (Rinaldi,2011a,b)。

在栅格中,理性损伤模型式(10.22)的相关知识是极为优异的,因为它能够从输入随机场的分析中推导出几个基于物理的近似连续解。这种自下而上的方法的潜力已经在原论文中以及随后的致力于等效连续体模型的工作中进行了讨论,包括一阶(Rinaldi,2013)和二阶的(Misra 和 Chang,1993;Alibert 等,2003;Rinaldi 和 Placidi,2013)。图 10.9 显示了图 10.8 中的情况的一阶连续模型,通过回归函数估计损伤参数并推导出与微观尺度物理学相匹配的(宏观)亥姆霍兹函数。

该理论可以从二维 α 模型推广到实际的准脆性材料中,因为它有效获取了实际系统的损伤萌生和演化的基本物理特性。如式(10.22)这样的统计模型具有工程应用的潜力,例如,可与健康监测的声发射测试相结合。为了这个目的,还必须与第 11 章中处理尺寸效应(Rinald 等,2006,2007)的多种方法联系起来。

10.3 中心和角相互作用的栅格(α-β 模型)

具有中心和角相互作用的栅格是通过角弹簧增大 α 模型而形成的,其在嵌入到同一颗粒中的连续键之间起作用(Ostoja-Starzewski,2002;Wang 等,2009a)。

Kale 和 Ostoja-Starzewski 在本书中详细讨论了三角 α-β 模型。

10.3.1 中心和角相互作用的正方栅格

对于方形 α-β 模型,正方单胞中心处的粒子与四个第一相邻粒子和四个第二(对角)相邻粒子发生相互作用,其半长弹簧常数分别为 α^{I} 和 α^{II}。正方单胞的体积为 $V=4l^2$,键角 $\theta^{(b)}$ 和相应的单位向量 $\boldsymbol{n}^{(b)}$ 为

$$\begin{cases}\alpha^{\mathrm{I}(b)}=\alpha^{\mathrm{I}},\theta^{\mathrm{I}(b)}=(b-1)\dfrac{\pi}{2},\boldsymbol{n}^{\mathrm{I}(b)}=(\cos\theta^{\mathrm{I}(b)},\sin\theta^{\mathrm{I}(b)}) \quad (b=1,2,3,4)\\ \alpha^{\mathrm{I}(b)}=\alpha^{\mathrm{I}},\theta^{\mathrm{II}(b)}=(2b-9)\dfrac{\pi}{4},\boldsymbol{n}^{\mathrm{II}(b)}=(\cos\theta^{\mathrm{II}(b)},\sin\theta^{\mathrm{II}(b)}) \quad (b=5,6,7,8)\end{cases} \tag{10.27}$$

出于简化考虑,假设所有键的弹簧常数为 $\alpha^{\mathrm{I}(b)}=\alpha^{\mathrm{I}},\alpha^{\mathrm{II}(b)}=\alpha^{\mathrm{II}},\beta(b)=\beta$。

在执行了类似于"具有第一和第二相邻中心相互作用的三角栅格"中概述的推导过程之后,有效刚度张量的非零分量可通过如下方式获得:

$$\begin{cases}C_{1111}=C_{2222}=\dfrac{1}{2}\alpha^{\mathrm{I}}+\alpha^{\mathrm{II}}=\dfrac{E}{1-v^2}\\ C_{1122}=C_{2211}=\alpha^{\mathrm{II}}=\dfrac{Ev}{1-v^2}\\ C_{1212}=\alpha^{\mathrm{II}}+\dfrac{\beta}{l^2}=\dfrac{E}{2(1+v)}\end{cases} \tag{10.28}$$

式(10.28)表明角相互作用仅影响其剪切模量 C_{1212}。由于角作用对剪切模量造成影响,泊松比范围得以扩展,因此,弹簧常数为

$$\alpha^{\mathrm{I}}=\frac{2E}{1+v},\quad \alpha^{\mathrm{II}}=\frac{Ev}{1-v^2},\quad \beta=\frac{(1-3v)El^2}{2(1-v^2)} \tag{10.29}$$

根据定义,平面应变弹性系数为

$$E=\frac{\alpha^{\mathrm{I}}}{2}\left(\frac{\alpha^{\mathrm{I}}+4\alpha^{\mathrm{II}}}{\alpha^{\mathrm{I}}+2\alpha^{\mathrm{I}}}\right),\quad v=\frac{C_{1122}}{C_{1111}}=\frac{2\alpha^{\mathrm{II}}}{\alpha^{\mathrm{I}}+2\alpha^{\mathrm{II}}} \tag{10.30}$$

式(10.28)和式(10.29)表明,泊松比 $-1<v\leqslant 1/3$ 的完整范围与三角形 α-β 模型的范围相同。将式(10.29)和式(10.23)代入前面的不等式得到轴向和对角 α-β 弹簧比的受限范围 $\alpha^{\mathrm{II}}/\alpha^{\mathrm{I}}\leqslant 1/4$,这是施加在具有中心相互作用的矩形栅格上的物理属性的扩展。

10.3.2 中心和角相互作用栅格的应用举例

Grah 等(1996)提供了通过应用具有中心和角度相互作用的三角形栅格来模拟镓脆化的多晶铝薄片的沿晶断裂现象的说明性实例。Grah 等制作了铝板并进行了准静态双

轴拉伸试验,以获得栅格模型验证的试验数据。计算域通过几何有序三角形栅格在亚晶粒尺度上被离散化,根据在样品中的位置分配轴向弹簧常数和强度,即根据与实际显微照片相比、与给定键相关的晶粒。界面结合(横跨两个晶体的边界)具有根据串联弹簧联接规则分配的轴向弹簧常数,根据它们各自部分的长度加权。

$$\alpha = \left(\frac{l_1}{l\alpha_1} + \frac{l_2}{l\alpha_2}\right)^{-1} \quad (l = l_1 + l_2) \tag{10.31}$$

对每个界面 α 弹簧施加 0.01 的强度折减系数,以考虑沿晶界的镓会优先脆化,分配了角弹簧常数后就不具有这种复杂性。

通过在每个边界节点上施加以宏观应变 $\bar{\varepsilon}_{ij} = \bar{\varepsilon}\sigma_{ij}$ (δ 是 Kronecker 符号)定义的受控位移 $u_i = \bar{\varepsilon}_{ij}x_j = \bar{\varepsilon}\delta_{ij}x_j$,使得双轴拉伸以准静态的方式加载在矩形栅格上。因此,在样品失效之前,所有边界仅经历模式 I 的加载。随着栅格变形的增加,各个联接的延伸也增加,直到在某个联接上满足临界联接力准则(式(10.14a)),然后将其从栅格中移除。首先卸载整个栅格,然后通过重新加载 $\bar{\varepsilon}_{ij} + \Delta\bar{\varepsilon}_{ij}$ 来获得载荷增量 $\Delta\bar{\varepsilon}_{ij}$ 。重复该过程,直到损伤渗入栅格中并发生整体的失效(开裂渗透)。

对具有较差晶界强度的脆性多晶的二维样品进行双轴加载的计算机模拟,其得出的裂纹花样与从实际试验获得的裂纹花样高度匹配,并详细讨论了与试验结果的偏差。

Tsubota 等(2006)使用计算机模拟不连续体来研究黏性血浆中的红细胞(RBC)的微循环。具有中心和角度相互作用的三角形弹簧网络用于模拟可变形的 RBC 膜,α-β 模型(随后由 Tsubota 和 Wada(2010)延伸至三维问题)由 RBC 膜颗粒组成,其具有中心和角相互作用,代表在不可压缩黏性流动期间膜结构的弹性响应。研究了在微循环中影响血流量的相关参数:血细胞比容(Hct),其定义为红细胞与全血的体积比,它对血液流变学特性有很大影响。除了 RBC 的变形和形状等力学因素,以及 RBC 与血浆的力学相互作用,Hct 对血流阻力的影响也是人们非常关注的。

RBC 膜的总弹性应变能为

$$E = E_\alpha + E_\beta = \frac{1}{2}\alpha\sum(\lambda - 1)^2 + \frac{1}{2}\beta\sum\tan^2\left(\frac{\theta - \theta_0}{2}\right) \tag{10.32}$$

式中: α 和 β 分别为轴向和角度弹簧常数; $\lambda = l/l_0$ 为键延伸比; θ 和 θ_0 为连续键之间当前的和初始的角度。

基于虚功原理,作用于 RBC 膜颗粒 i 上的力为 $\boldsymbol{F}_i = -\partial\boldsymbol{E}/\partial\boldsymbol{r}_i$,其中 $\boldsymbol{r}_i$ 表示颗粒的位置向量。

图 10.10(a)给出了四个不同 Hct 值的变形指数 ε 的定义,及其平均值 ε_M 随时间历程的示意图。曲线显示 ε_M 单调增加,直到在 Hct 相关的饱和时间达到上限时它达到一个上平台。在图 10.10(b)中描绘了 Hct 对时间间隔 $t/T_0 \in [1,3]$ 内的平均 ε_M 值的影响(由图 10.10(a)中的上部平台示意性地标出)。弹簧网络模型得到的结果与体外试验观察结果非常吻合,作者将红细胞膜形状变化的时间过程描述成为 Hct 的函数。

Wang(2009b)等应用了类似的弹性弹簧模型研究红细胞膜的骨架结构以及红细胞聚集体在微通道中的动力学行为。

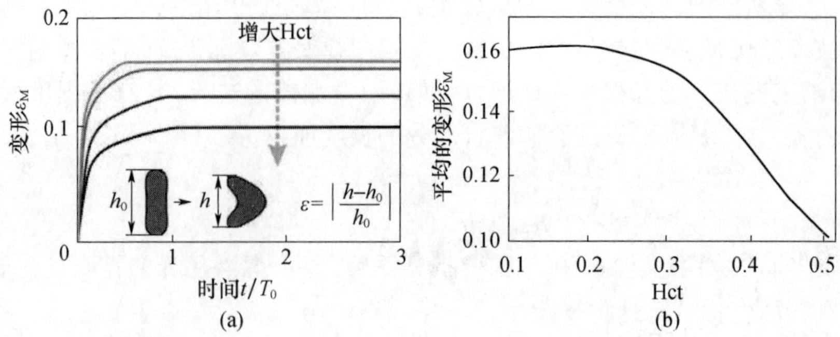

图 10.10 (a)针对四个 Hct 值(0.1、0.3、0.4、0.9),流动通道的中间部分的变形指数 ε_M,以及(b)作为 Hct 的函数、在时间间隔 $t/T_0 \in [1,3]$(即上平台)上的变形指数平均值 $\bar{\varepsilon}_M$ 的变化示意图(根据 Tsubota 等(2006)绘制)。用于归一化的特征时间为 $T_0 = v_0/L$,其中 $v_0 = 0.011\text{m/s}$ 是毛细管通道入口处的恒定均匀速度,而 $L = 90\mu\text{m}$ 是毛细管长度。

10.4 梁相互作用的栅格

梁网络模型是弹簧网络 α 模型的升级,其通过用结构元替代一维元获得,后者仅能够传递轴向力,而前者还能够传递剪切力和弯矩。以下关于梁网络的简短讨论主要基于 Ostoja-Starzewski(2002)、Karihaloo 等(2003)和 Liu 等(2008 年)的论文。

10.4.1 三角伯努利-欧拉梁格构

传递法向力、剪切力和弯矩的伯努利-欧拉梁通常用于梁格构模型中以模拟混凝土中的断裂过程(例如,Schlangen 和 Garboczi,1997;van Mier,1997;Lilliu 和 van Mier,2003)。通过在网络节点处定义 2 个位移分量和旋转的 3 个线性函数来描述梁网络的运动学。本节介绍了 Ostoja-Starzewski(2002)中提供的详细分析。

基本的梁理论意味着每个梁(b)的力-位移和力矩-旋转关系为

$$F^{(b)} = E^{(b)} A^{(b)} \gamma^{(b)}, \quad Q^{(b)} = \frac{E^{(b)} I^{(b)}}{(I^{(B)})^2} \tilde{\gamma}^{(b)}, \quad M^{(b)} = E^{(b)} I^{(b)} k^{(b)} \tag{10.33}$$

其中单胞梁都具有相同的几何特性:长度 $L^{(b)}$ 和矩形截面 $h^{(b)} \times t^{(b)}$,用面积 $A^{(b)}$ 和质心惯性矩 $I^{(b)}$ 来表征。平均轴向应变 $\gamma^{(b)}$ 以及梁弦的旋转角度与其末端节点的旋转之间的差 $\tilde{\gamma}^{(b)}$ 是相对于栅格单元中的半梁上的平均轴向应变定义的运动学参数。梁端部的旋转角度之间的差异 $\kappa^{(b)}$ 由其曲率限定。

这个三角伯努利-欧拉梁格构是一个各向同性的微柱连续体,它具有应变能:

$$U_{\text{continuum}} = \frac{V}{2} \gamma_{ij} C_{ijkl} \gamma_{kl} + \frac{V}{2} \kappa_i D_{ij} \kappa_j \tag{10.34}$$

对于由等梁 $L_{(b)} = L, t_{(b)} = t, h_{(b)} = h, A_{(b)} = A, I_{(b)} = I$ 构成的三角形梁格构,由式(10.1)中的应变能的等效性可得

$$C_{1111} = C_{2222} = \frac{3}{8}(3R + \tilde{R}), \quad C_{1122} = C_{2211} = \frac{3}{8}(R - \tilde{R}), \quad C_{1212} = \frac{3}{8}(R + 3\tilde{R})$$

$$C_{1221} = C_{2112} = \frac{3}{8}(R - \tilde{R}), \quad C_{2121} = \frac{3}{8}(R + 3\tilde{R}), \quad D_{11} = D_{22} = \frac{3}{8}S \tag{10.35}$$

其中当下式成立时,零刚度分量被省略:

$$R = \frac{2E^{(b)}A}{L\sqrt{3}}, \quad \tilde{R} = \frac{24E^{(b)}I}{L^{3\sqrt{3}}}, \quad S = \frac{2E^{(b)}A}{L\sqrt{3}} \tag{10.36}$$

因此,有效弹性模量和泊松比写成

$$E = 2\sqrt{3}E^{(b)}t^{(b)}\left(\frac{h}{L}\right)\left[\frac{1 + (h/L)^2}{3 + (h/L)^2}\right], \quad v = \frac{1 + (h/L)^2}{3 + (h/L)^2} \tag{10.37}$$

方形伯努利-欧拉梁格构的类似推导表明,它代表了一个正交微柱连续体,不适用于模拟各向同性的连续体(Ostoja-Starzewski,2002)。

10.4.2　三角 Timoshenko 梁格构

在 Timoshenko 梁理论中只有剪切力:

$$Q^{(b)} = \frac{E^{(b)}I^{(b)}}{(1 + s)(L^{(b)})^3}L^{(b)}\tilde{\gamma}^{(b)}, \quad \zeta = \frac{12E^{(b)}I^{(b)}}{G_{\tilde{A}}^{(b)}(b)(L^{(b)})^2} = \frac{E^{(b)}}{G^{(b)}}\tilde{h} \tag{10.38}$$

相应的位移 $L^{(b)}\tilde{\gamma}^{(b)}$ 与伯努利-欧拉公式不同,而法向力-位移和力矩-旋转关系式(10.33)是相同的。在式(10.38)中,ζ 是由弯曲刚度与剪切刚度之比定义的无量纲参数,由于 $\zeta \to 0$,伯努利-欧拉梁被恢复,可用于非常大的剪切刚度和细长梁。

式(10.1)中的应变能对于三角栅格的等效性给出了相同的伯努利-欧拉梁表达式(10.35)、式(10.36),除了:

$$\tilde{R}^{(b)} = \frac{24E^{(b)}I}{L^{3\sqrt{3}}}\frac{1}{(1 + \zeta)} \tag{10.39}$$

它假设所有的单元梁具有相同的尺寸($L^{(b)} = L$ 等)。

按照相同的步骤,非零刚度分量为

$$C_{1111} = C_{2222} = \frac{3}{8}(3R + \tilde{R}), \quad C_{1122} = C_{2211} = \frac{3}{8}(R - \tilde{R}), \quad C_{1212} = \frac{3}{8}(R + 3\tilde{R})$$

$$C_{1221} = C_{2112} = \frac{3}{8}(R - \tilde{R}), \quad C_{2121} = \frac{3}{8}(R + 3\tilde{R}), \quad D_{11} = D_{22} = \frac{3}{8}S \tag{10.40}$$

而有效弹性模量和泊松比为

$$E = 2\sqrt{3}E^{(b)}t^{(b)}\left(\frac{h}{L}\right)\left[\frac{1 + (h/L)^2/(1 + \zeta)}{3 + (h/L)^2/(1 + \zeta)}\right], \quad v = \frac{1 + (h/L)^2/(l + 3)}{3 + (h/L)^2/(l + 3)} \tag{10.41}$$

10.4.3　梁格构计算机运算程序

通过在规定的载荷下进行线弹性分析并从网络中移除满足预定的断裂准则的所有梁单元来模拟梁格模型中的断裂过程。使用一种梁理论计算法向力、剪力和力矩,全局刚度矩阵是为整个栅格构造的,计算其逆矩阵,然后乘以载荷向量以获得位移向量。通过为梁分配不同的强度(例如,使用高斯分布或威布尔分布)、或通过假设梁的随机尺寸和网格的随机几何、或在研究水泥时通过将不同材料属性分别映射到对应于水泥基体、团聚体和界面区的梁来考虑材料的异质性。为了获得栅格中的聚集体的排列,通常选择一个欧托曲线用于晶粒的分布。混凝土中的梁长 l_b 应小于团聚体的最小直径 d_{min}。

梁模型可以通过微裂纹、裂纹分支、裂缝弯折和桥接的累积效应复制复杂的宏观损伤模式,它们还可以捕获尺寸效应(例如,Vidya Sagar,2004)。这种方法的优点是简单,并且在微观结构水平上直接分析断裂过程。通过在梁的尺度上应用弹性-纯脆性的局部断裂定律,就可观察到整体的软化行为。常规梁格构模型的主要缺点如下:其结果取决于梁的尺寸和加载的方向、材料的响应太脆(由所假设的单梁的脆性引起)、压缩的梁单元彼此重叠、需要宏观结构层面上的极端的计算量。通过假设一种异质的结构,可以消除第一个缺点(Schlangen 和 Garboczi,1997)。接下来,第二个缺点可以通过三维计算和考虑非常小的粒子(Lilliu 和 van Mier,2003)以及通过在梁变形的计算中应用非局部方法来缓和(Schlangen 和 Garboczi,1997)。

10.4.4 交互作用梁格构的应用举例

Schlangen 和 Garboczi(1996,1997)比较了随机异质材料的栅格模拟中使用的模型技术,将从剪切加载的双边开裂的混凝土试样获得的裂纹花样(图 10.11(a))与通过具有各种栅格相互作用类型和栅格取向的数值模拟获得的裂纹花样进行了比较,图 10.11(b)~(d)中显示了这一系列的结果。

值得注意的是,在栅格模型中没有实现几何无序(异质性)去表现特定元素类型描述连续体断裂的能力。参考图 10.11,在没有模型几何无序的情况下捕获试验观察到的复杂裂纹花样时,梁单元(图 10.11(d))明显优于两个弹簧网络的相互作用(图 10.11(a))。尽管如此,很明显,即使在这种情况下的裂纹花样(图 10.11(d))也显示出了几何有序栅格中不可避免的网格偏差。

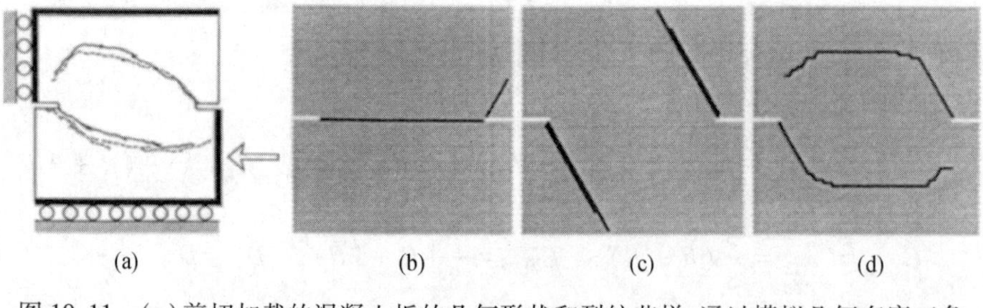

图 10.11 (a)剪切加载的混凝土板的几何形状和裂纹花样;通过模拟几何有序三角形栅格获得的裂纹花样(b)中心相互作用(参见第 10.2.1 节),(c)中心和角度相互作用(参见第 10.3.1 节),和(d)梁相互作用(参见 10.4.1 节)(经过 Elsevier 许可,转载自 Schlangen 和 Garboczi(1996))

比较所模拟的裂纹模式:用方形网格、两个不同方向的三角网格和随机三角网格开发的四个均匀栅格,证明了最后一种类型裂纹形状具有所预期的优势。这些结果以及 Jirúsek 和 Bazant(1995)的结果强调了栅格几何无序对裂纹扩展模拟的重要性,然而,在均匀应变下,几何无序栅格通常是不均匀的(Jagota 和 Bennison,1994)。Schlangen 和 Garboczi(1996)提出了一种获得弹性均匀随机网络的方法,该方法涉及栅格单元属性的迭代细化,然而,作者期望,对于在栅格中直接实现材料固有的随机性的问题,只要梁长度与织构长度尺度相比较小,几何有序栅格就应该会表现出类似的裂纹花样相似性。同时还研究了不同栅格分辨率造成的影响,并且发现虽然裂纹花样受梁尺寸的影响不强烈,但是载荷-裂纹开口曲线受到的影响与局部应变-软化模型中网格细化的影响大致相同:栅格越细,非弹性位移和耗散能越小(Cusatis 等,2003)。

Schlangen 和 Garboczi 提出了一种新的断裂定律,它使用每个节点(而不是每个梁)中的最大拉应力来解决栅格断裂应力的方向依赖性问题。节点应力是基于每个节点键的轴向和剪切作用来确定的,然后它被用于确定最大法向力平面和相应的梁面积投影。将该法向力除以投影面积确定为有效节点应力,将其用作每个梁的断裂准则。

该方法已在同样的研究中开发了出来,用以通过使用扫描电子显微照片和微观组织的数字图像处理将不同的性能映射到栅格单元上来直接体现材料的异质性,应用该方法的梁格构承受一些基本的加载配置,并获得了真实的裂纹花样。

Bolande(1998,2000)及其合作者(Bolander 和 Sukumar,2005)开发了一种随机几何形状的弹性均匀栅格,以解决由规则栅格的低能单元破坏路径引起的开裂方向偏差。栅格单元被定义为材料域中 Delaunay 曲面细分的边缘上(图 10.12(a))生成的不规则点集,双 Voronoi 曲面细分用于缩放元素的刚度项,使得栅格模型弹性上是均匀的。这种随机栅格模型可以看作是由 Kawai(1978)开发的刚体-弹簧网络启发出来的、柔性界面引起的沿其边界相互连接的刚性多边形粒子的集合。

用位于每个边界段中间的一组离散弹簧模拟的柔性界面如图 10.12(b)所示,每个弹簧组由法向、切向和旋转弹簧组成,它们各自的刚度为 k_n 、k_t 和 k_ϕ 被分配以接近均匀连续体的弹性性能。

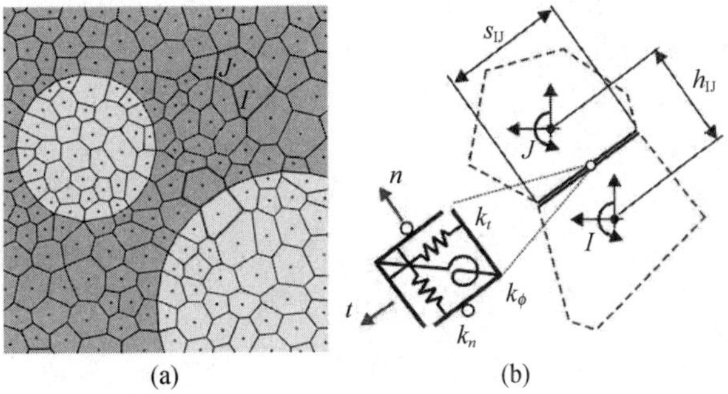

图 10.12　(a)双 Delaney 网络的多相材料和相关节点的不规则 Voronoi 镶嵌,(b)两个刚性颗粒通过柔性界面连接

$$K_n = EA_{IJ}/h_{IJ} \tag{10.42a}$$

$$k_t = k_n \tag{10.42b}$$

$$k_\phi = k_n s_{IJ}^2/12 \tag{10.42c}$$

式中:$A_{IJ} = s_{IJ} t$, t 为平面模型的厚度; E 为材料的弹性模量。

因为梁的横截面积与公用边界段的长度成比例缩放,所以弹簧常数的分配方程式(10.42)由 Voronoi 图唯一地定义,以确保弹性均匀的栅格响应。值得注意的是,法向和切向刚度相等——这对式（10.42b）确保弹性均匀的栅格响应是必须的——（Bolander 和 Sukumar,2005）会导致不实际的泊松效应。

模型的弹性公式和网格生成技术在一些原创性论文以及许多不同的断裂模型中有详细的描述。基于 Bazant 的裂纹带方法(例如,Bazant 和 Oh,1983)的断裂模型的使用涉及了栅格单元根据预定的牵引-位移规则发生的逐渐软化,因此,与传统的栅格方法相比,单元破裂是渐进的,并且由通过不规则栅格提供断裂的一种能量守恒的表示方法的规则所控制,该断裂模型对于不规则的栅格几何形状是客观的:无论网格几何形状如何,断裂能都是沿裂纹路径均匀消耗的(Bolander 和 Sukumar,2005)。

Bolander 及其合作者的不规则栅格模型能够非常逼真地捕获开裂模式,分布式弯曲裂纹、双边缺口板的混合模式开裂、各种设计荷载下的桥墩开裂,以及三点弯曲试件的断裂是该模拟方法的成功实际应用的有名案例,如图 10.13 所示。图 10.14 显示了模型在对断裂敏感的模拟中有模拟载荷-变形响应的能力(由于其复杂的裂纹路径而具有挑战性)。

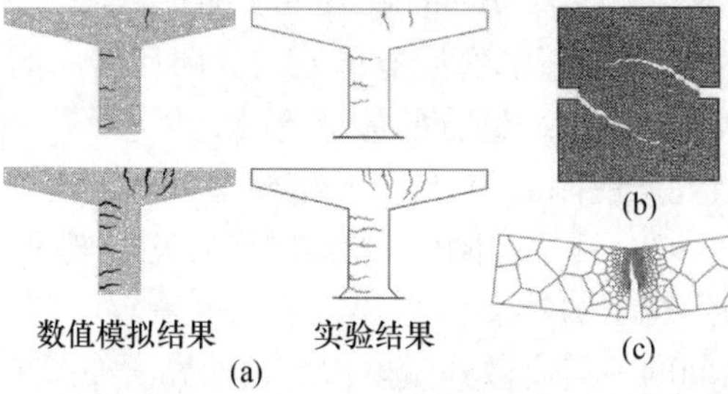

图 10.13 (a)在试验和数值上获得的桥墩裂纹模式(转载自 Bolander 等(2000),得到 John Wiley 和 Sons 的许可);(b)用于剪切载荷的双边缺口板的裂纹花样(转载自 Bolander 和 Saito(1998),得到 Elsevier 的许可);(c)三点弯曲试验中模拟断裂的不规则网格(得到 Bolander 和 Sukumar(2005)的许可,美国物理学会版权所有 . http://prb. aps. org/abstract/PRB/ V71/ I9/ e094106)

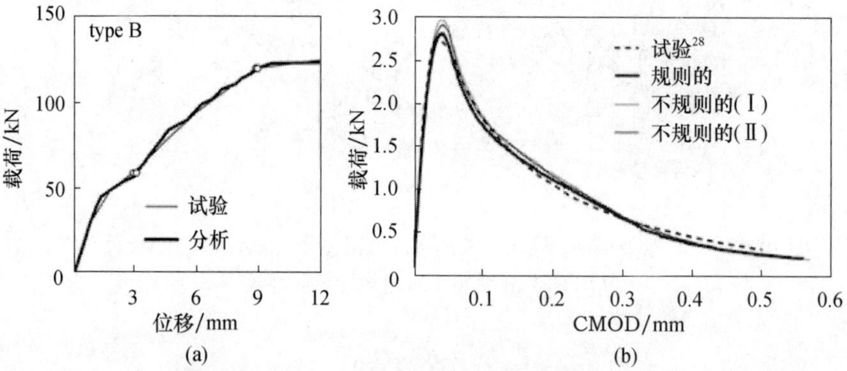

图 10.14 通过试验和数值方法得到(a)桥墩试验的荷载-位移曲线(图 13(a))(转载自 Bolander 等(2000),经 John Wiley and Sons 许可)和(b)载荷-CMOD 曲线,可用于三点弯曲试验(图 10.13(c))(转载图片经 Bolander 和 Sukumar(2005)许可。美国物理学会版权所有,http://prb. aps. org/abstract/PRB/v71/ I9/ e094106)

Van Mier 等(2002)研究了材料的微观组织随机性对单轴拉伸下的荷载-变形响应和裂缝模式的影响,他们使用由 Bernoulli-Euler 梁组成的规则三角栅格和粒子叠加法来模拟三相混凝土的几何形状,从而估计不同形状对复合材料中强度和刚度反差的影响。粒子叠加方法非常成功地捕获到复杂的裂纹模式,随后移除满足拉伸强度断裂准则的梁单元来模拟渐进损伤的累积。

$$\sigma_{\text{eff}}^{(b)} = \frac{F^{(b)}}{A^{(b)}} \pm \zeta \frac{(|M_i^{(b)}|, |M_j^{(b)}|)_{\max}}{W^{(b)}} = f_{\text{cr}} \tag{10.43}$$

式中:$F^{(b)}$ 为梁中的法向力;$M^{(b)}$ 为梁单元节点中的弯矩;$A^{(b)}$ 和 $W^{(b)}$ 分别为梁的截面积和截面模数。缩放系数 ζ(在他们的研究中选择为 0.05)是一个拟合参数,其用于调节弯矩(有效地匹配试验观察到的响应)。这意味着在每个键断裂处释放能量 $U_e^{(b)} = f_{\text{cr}/2}^2 E$,其类似于通过声发射监测方法测得的耗散能。对三个材料相(聚集体、基体和界面,图 10.1(c))规定了三种不同的拉伸强度,其相对的数值是相当重要的。

将数值模拟结果与模拟微观组织效应的模拟结果进行了比较,该微观组织效应的模拟通过将从威布尔分布或高斯分布绘制的随机强度值分配给规则三角形栅格进行,结果表明,当考虑最大整体载荷时,强度反差较刚度反差更明显,并且全局行为主要由在最弱的材料相中的损伤渗透所驱动。聚集体-基体键合界面的强度和属于某相的单元的连通性被确定为在单轴张力下的整体强度的决定性因素。不同威布尔分布模拟的结果在一定程度上类似于三相粒子重叠(特别明显的桥接现象)中观察到的失效模式,相比之下,高斯强度分布无法实现正确的裂纹响应,即使根据分布参数的选择可以模拟多种载荷-变形曲线,但高斯分布模拟的混凝土中的失效模式与试验中观察到的实际断裂行为并不相似。

总之,作者建议不要使用统计强度分布来模拟混凝土的响应,同时,力-变形曲线不能用作判断模型捕获异质材料断裂行为的能力的单一指标,在这种判断中,裂纹机制和随后的裂纹模式被认为是显著的影响因素。

Arslan 等(2002)和 Karihaloo 等(2003)在几个方面改进了规则的三角梁格构,旨在模拟粒子复合材料的断裂。首先,聚集相保持为线弹性-理想脆性,但是通过遵循"10.2.2 节 α 模型的应用举例"(图 10.3(b))中概述的 Bazant 的双线性应力应变模型,允许基体和界面键的拉伸软化。其次,使用 Timoshenko 梁理论用于提高颗粒间相互作用的准确性。最后,应用能够解释有限变形的位移控制模拟配置,以试图捕获损伤演化中涉及的大变形和旋转。引入这些变化是为了解决当时混凝土梁格模拟的主要不足:无论是否具有相当逼真的裂纹模式,载荷-位移($P-\delta$)曲线的趋势显著偏离了试验观察到的响应。具体而言,数值模拟的响应太不连续且是脆性的,如图 10.15(a)所示。Lilliu 和 van Mier(2003)开发了一种用于混凝土的三维栅格模型来解决这些突出问题,即使对于具有明显边界效应的相对较小的模型,这也会导致计算量的大幅增加。

Karihaloo 及其合作者使用基于当前正割模量的增量迭代程序来解释拉伸软化和其他非线性现象。从节点位移计算每个梁单元的纵向应变,并检查相应的极限应变:

$$\varepsilon = (1/L)[(u_1^j - u_1^i)\cos\theta + (u_2^j - u_2^i)\sin\theta + |\phi_j - \phi_i|\alpha_s(h/2)] = \varepsilon_{\text{cr}} \tag{10.44}$$

式中:u_1、u_2 和 ϕ 为三个节点的自由度;h 为节点单元的深度;α_s 为尺度参数。

如果一种相是理想脆性的,则临界应变 ε_{cr} 对应于拉伸强度。当对一种相采用双线性本构关系时(例如,图 10.3(b)),则 $\varepsilon_{\text{cr}} = \varepsilon_f$。

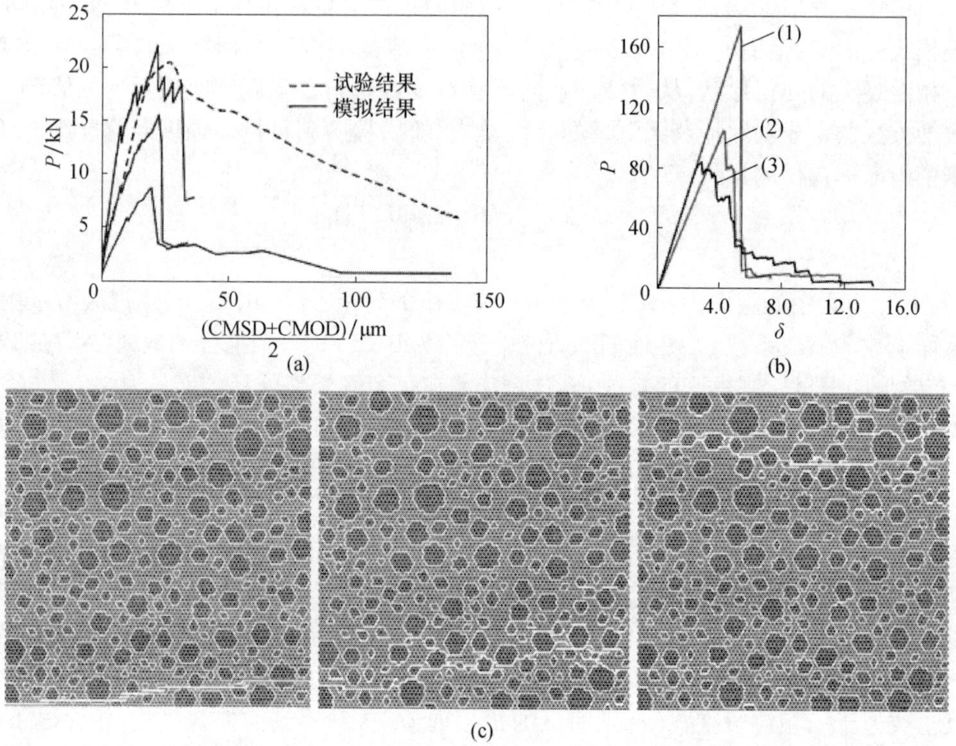

图 10.15 (a)三种不同尺寸的四点剪切梁的试验和数值 $P-\delta$ 曲线(转载自 Schlangen 和 van Mier (1992),得到 Elsevier 的许可);(b)三种情况的 $P-\delta$ 曲线:(1)没有拉伸软化相,(2)只有基体是拉伸软化的,(3)基体和界面都是拉伸软化的;(c)分别对应于上述(1)~(3)三条曲线软化结束时的裂纹花样(Karihaloo 等,2003)经 Elsevier 许可转载)

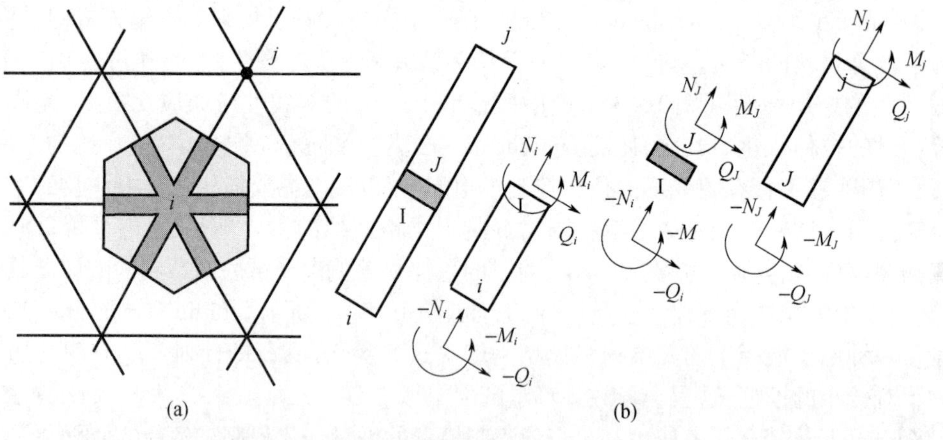

图 10.16 三相复合结构的广义梁栅格的几何形状

(a)广义梁栅格上的颗粒重叠和三角形的聚集体/基体广义梁栅格的六边形单胞;

(b)由聚集体梁($i-I$)、界面梁($I-J$)和基体梁($J-j$)形成的复合广义梁单元。

典型的模拟观察表明,相的性能之间的差异降低了软化区域中载荷-位移曲线的陡度。如果界面是最弱的相,则与初始的线性 $P-\delta$ 响应的偏差标志着大量界面剥离的开始,通常与应力集中有关。软化阈值对应于基体失效的开始和宏观主裂纹的形成,这是被 Van Mier 和 Nooru-Mohamed(1990)通过使用光弹性贴片的试验证明了的。

在基体和界面本构关系中引入拉伸软化会得到更多的发散裂纹模式(图 10.15(c)),并因此导致更具韧性的响应(图 10.15(b)),这更符合颗粒复合材料的试验观察结果。

包含基于 Timoshenko 梁理论的剪切变形显著影响着 $P-\delta$ 响应,这与对裂纹花样有显著影响之间的对比不明显,有限的变形显著影响了软化行为和裂纹花样,它表现出降低软化响应的陡度以及破裂的梁单元数量的趋势。

Liu 及其合作者(2007,2008)开发了一种广义梁栅格模型,以缓解标准梁格构方法中的计算工作繁重的问题。将三相的材料结构直接投射在规则广义梁三角形栅格的顶部(图 10.16(a)),其聚集体的中心位于栅格的节点上,广义梁单元是一种双节点和三相的单元,如图 10.16 所示。广义梁单元的每种相都由具有等效性能的 Timoshenko 梁表示;如果一个六角形单胞不包含聚集体,它形式上仍然由具有相同等效性能的三种梁类型组成。假设广义梁单元的三个梁牢固地粘在一起,由广义梁单元的两个节点可完全确定中间梁两端的位移。

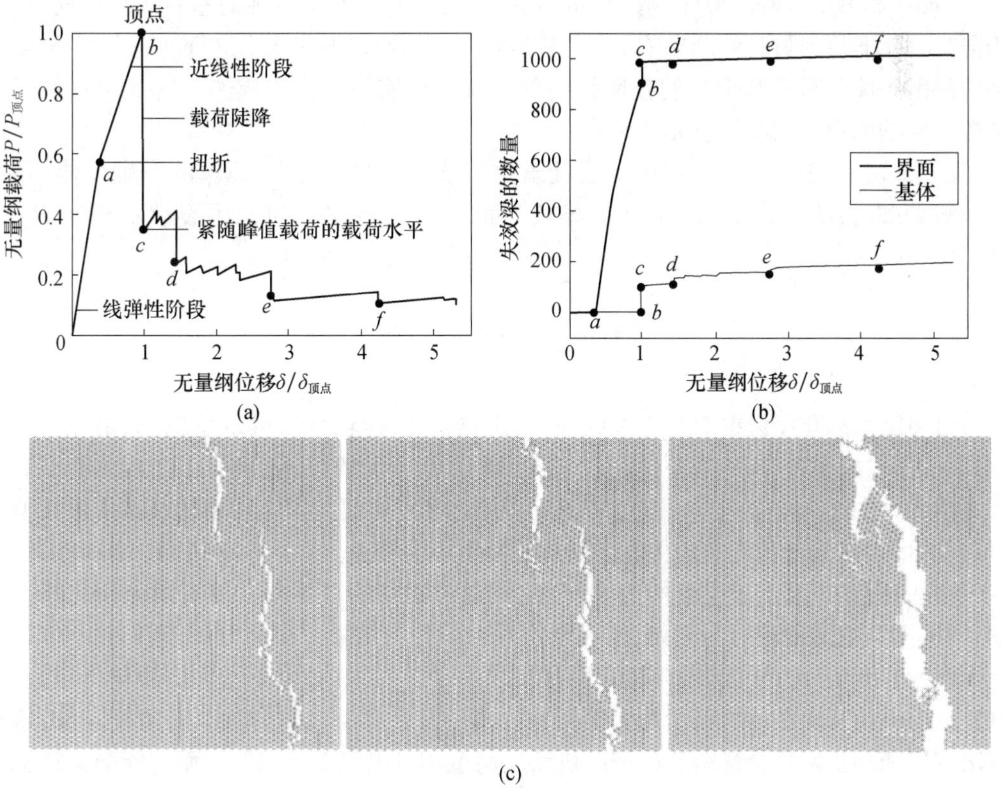

图 10.17　(a) $P-\delta$ 曲线和(b)失效梁的累积数量与无量纲位移的关系;(c)分别在 c、d 和 f 点的三个峰后裂纹模式(由 Elsevier 许可,转载自 Liu 等(2007))

Timoshenko 梁理论描述了基体和聚合体梁,而界面梁是根据 Bolander 和 Saito(1998)的附录 A 定义的。Liu 等(2007,2008)详细介绍了广义梁单元的刚度矩阵的组成和相应栅格的参数校正。准静态问题解的算法基本不变:通过连续移除满足断裂准则的广义梁单元模拟断裂过程,同时须牢记,每个单元中三个梁的断裂临界值是独立判断的。

Liu 等(2007,2008)使用的断裂准则是基于最大拉应力的,另外,模拟纸张失效的平面网络中单元破裂事件的数值表示(Liu 等,2010)也包括了最大剪切应力准则:

$$|\tau| = |q| / A_b = \tau_{cr} \tag{10.45}$$

式中:A_b 为两个相连纤维的交叉(键合)区域;q 为相应的剪切相互作用。

对应于单轴拉伸试验的具有代表性的模拟结果组如图 10.17 所示。$P-\delta$ 曲线呈现了沿加载路径的两个响应区域和许多典型的状态,开裂的基体和界面梁的相应时间历程在图 10.17(b)中描绘,而对应于软化阶段的两个特征快照在图 10.17(c)中示出。

Liu 等(2008)是第一个基于中心差分技术提出动态梁格构分析的人,它描述了脆性断裂模拟的相应动态方法,对范围 $\log\dot{\varepsilon} \in [-3,0]$ 内的四种加载速率进行了说明,并与准静态模拟结果进行了比较,模拟这种动态断裂过程需要大量的计算工作。所得到的模拟结果表明,虽然惯性效应随着加载速率的降低而逐渐减小,但由不稳定的裂纹扩展引起的惯性效应即使在最低的加载速率下也是很明显的,这一观察结果引起了在准静态分析中普遍忽视惯性效应是否适当的问题。

Khoei 和 Pourmatin(2011)基于 Timoshenko 梁理论开发了一种动态介观尺度模型,用于研究三相非均匀材料的动态响应,使用 Newmark 的均匀加速技术进行动态分析,栅格模型内的聚集体分布是基于它们在网络内的分布以降速的方式生成的,式(10.44)所示的轴向应变准则用于判断梁单元的破裂。

两个试验用于说明模型在模拟混凝土中裂纹扩展时的能力:简单的单轴拉伸(模式Ⅰ)测试和双边缺口(混合的Ⅰ和Ⅱ模式)面板样品,提出并讨论了裂纹花样和 $P-\delta$ 曲线。

10.5 小　结

对 20 世纪 80 年代中期至今大约 30 年研究工作进行总结,可以发现,如果不考虑二中择一,栅格模型和 DEM 模型(将在本书的第 11 章中简要综述)已经在连续体模型和微观力学研究中逐渐结合到了一起。考虑到在结构和材料研究和工程中越来越依赖大型计算进行“虚拟试验”,我们有理由相信这种趋势将不会停止。

这些类型的“基于非连续性的模型”能够通过独特的自下而上的视角来研究断裂问题,即从更精细的物理行为开始,推导出宏观响应作为结果。在这方面,它们并不取代自上而下的连续统计方法或分析模拟,而是提供一种补充策略,用于与它们协同作用,以控制复杂的行为和复杂的材料。为弹簧栅格提出的理性模型在这方面具有象征意义,这在解决陶瓷和陶瓷基复合材料的典型随机断裂萌生和自组织传播问题方面可能会具有深远的影响。

使用弹簧、桁架、梁或任何特殊的且假想的单元的可能性会使得栅格模型成为一种可随意且以几乎无限制的方式进行定制的工具,这种可裁剪性在模拟和设计现代工程所需的奇异性和复杂系统时具有无可比拟的优势。当然,离散模型还有很长的路要走,才能成为全面的定量分析的工程工具,但它们肯定会得益于创新试验技术(本书其他部分详细讨论)和纳米技术中正在兴起的新型的尺寸限定材料的革新。

参考文献

J. Alibert, P. Seppecher, F. Dell' Isola, Truss modular beams with deformation energy dependingon higher displacement gradients. Math. Mech. Sol. 8, 51–73(2003)

A. Arslan, R. Ince, B. L. Karihaloo, Improved lattice model for concrete fracture. J. Eng. Mech. 128(1), 57–65 (2002)

Z. P. Bažant, B. H. Oh, Crack band theory for fracture of concrete. Mater. Struct. (RILEM) 16(93), 155–177 (1983)

Z. P. Bažant, M. R. Tabbara, M. T. Kazemi, G. Pyaudier–Cabot, Random particle model for fractureof aggregate and fiber composites. J. Eng. Mech. 116(8), 1686–1705(1990)

J. E. Bolander Jr., S. Saito, Fracture analyses using spring networks with random geometry. Eng. Fract. Mech. 61, 569–591(1998)

J. E. Bolander, N. Sukumar, Irregular lattice model for quasistatic crack propagation. Phys. Rev. B71, 094106 (2005)

J. E. Bolander Jr., G. S. Hong, K. Yoshitake, Structural concrete analysis using rigid–body–springnetworks. Comput. Aided Civ. Infrast. Eng. 15, 120(2000)

G. Cusatis, Z. P. Bažant, L. Cedolin, Confinement–shear lattice model for concrete damage intension and compression I. Theory. J. Eng. Mech. 129(12), 1439–1448(2003)

G. Cusatis, Z. P. Bazant, L. Cedolin, Confinement–shear lattice CSL model for fracture propagationin concrete. Comput. Methods Appl. Mech. Eng. 195, 7154–7171(2006)

M. Grah, K. Alzebdeh, P. Y. Sheng, M. D. Vaudin, K. J. Bowman, M. Ostoja–Starzewski, Brittleintergranular failure in 2D microstructures: experiments and computer simulations. ActaMater. 44(10), 4003–4018(1996)

P. Hou, Lattice model applied to the fracture of large strain composite. Theory Appl. Fract. Mech. 47, 233–243 (2007)

A. Hrennikoff, Solution of problems of elasticity by the framework method. J. Appl. Mech. 8, A619–A715(1941)

A. Jagota, S. J. Bennison, Spring–network and finite element models for elasticity and fracture, inProceedings of a Workshop on Breakdown and Non–linearity in Soft Condensed Matter, ed. ByK. K. Bardhan, B. K. Chakrabarti, A. Hansen(Springer, Berlin/Heidelberg/New York, 1994), pp. 186–201

M. Jirásek, Z. P. Bažant, Microscopic fracture characteristics of random particle system. Int. J. Fract. 69, 201–228 (1995)

B. L. Karihaloo, P. F. Shao, Q. Z. Xiao, Lattice modelling of the failure of particle composites. Eng. Fract. Mech. 70, 2385–2406(2003)

T. Kawai, New discrete models and their application to seismic response analysis of structures. Nucl. Eng. Des. 48, 207–229(1978)

A. R. Khoei, M. H. Pourmatin, A dynamic lattice model for heterogeneous materials. Comput. Methods Civ. Eng. 2, 1–20(2011)

J. Kozicki, J. Tejchman, Modelling of fracture process in concrete using a novel lattice model. Granul. Matter 10, 377–388(2008)

G. Lilliu, J. G. M. van Mier, 3D lattice type fracture model for concrete. Eng. Fract. Mech. 70, 927–941(2003)

J. X. Liu, S. C. Deng, J. Zhang, N. G. Liang, Lattice type of fracture model for concrete. TheoryAppl. Fract. Mech. 48, 269–284(2007)

J. X. Liu, S. C. Deng, N. G. Liang, Comparison of the quasi–static method and the dynamic methodfor simulating fracture processes in concrete. Comput. Mech. 41,647-660(2008)

J. X. Liu,Z. T. Chen,K. C. Li,A 2-D lattice model for simulating the failure of paper. Theory Appl. Fract. Mech. 54,1-10(2010)

A. Misra,C. S. Chang,Effective elastic moduli of heterogeneous granular solids. Int. J. Sol. Struct. 30(18),2547-2566(1993)

M. Ostoja-Starzewski,Lattice models in micromechanics. Appl. Mech. Rev. 55(1),35-60(2002) M. Ostoja-Starzewski,Microstructural Randomness and Scaling in Mechanics of Materials(Taylor & Francis Group,Boca Raton,2007)

S. L. Phoenix,I. J. Beyerlein,Statistical strength theory for fibrous composite materials,in Comprehensive Composite Materials,ed. by A. Kelly,vol. 1(Pergamon,Oxford,2000),pp. 559-639

A. Rinaldi,A rational model for 2D disordered lattices under uniaxial loading. Int. J. Damage Mech. 18,233-257(2009)

A. Rinaldi,Statistical model with two order parameters for ductile and soft fiber bundles innanoscience and biomaterials. Phys. Rev. E 83(4-2),046126(2011a)

A. Rinaldi,Advances in statistical damage mechanics:new modelling strategies,in Damage Mechanics and Micromechanics of Localized Fracture Phenomena in Inelastic Solids,ed. by

G. Voyiadjis. CISM Course Series,vol. 525(Springer,Berlin/Heidelberg/New York,2011b)

A. Rinaldi,Bottom-up modeling of damage in heterogeneous quasi-brittle solids. Continuum Mech. Thermodyn. 25(2-4),359-373(2013)

A. Rinaldi,Y. C. Lai,Damage theory of 2D disordered lattices:energetics and physical foundationsof damage parameter. Int. J. Plast. 23,1796-1825(2007)

A. Rinaldi,L. Placidi,A microscale second gradient approximation of the damage parameter ofquasi-brittle heterogeneous lattices. Z. Angew. Math. Mech. (ZAMM)(2013). doi:10. 1002/zamm. 201300028

A. Rinaldi,S. Mastilovic,D. Krajcinovic,Statistical damage mechanics-2. Constitutive relations. J. Theory Appl. Mech. 44(3),585-602(2006)

A. Rinaldi,D. Krajcinovic,S. Mastilovic,Statistical damage mechanics and extreme value theory. Int. J. Damage Mech. 16(1),57-76(2007)

E. Schlangen,E. J. Garboczi,New method for simulating fracture using an elastically uniformrandom geometry lattice. Int. J. Eng. Sci. 34,1131-1144(1996)

E. Schlangen,E. J. Garboczi,Fracture simulations of concrete using lattice models:computationalaspects. Eng. Fract. Mech. 57,319-332(1997)

E. Schlangen,J. G. M. Van Mier,Micromechanical analysis of fracture of concrete. Int. J. Damage Mech. 1,435-454(1992)

V. Topin,J. -Y. Delenne,F. Radjaı¨,L. Brendel,F. Mabille,Strength and failure of cementedgranular matter. Eur. Phys. J. E 23,413-429(2007)

K. Tsubota,S. Wada,Elastic force of red blood cell membrane during tank-treading motion:consideration of the membrane's natural state. Int. J. Mech. Sci. 52,356-364(2010)

K. Tsubota,S. Wada,T. Yamaguchi,Simulation study on effects of hematocrit on blood flowproperties using particle method. J. Biomech. Sci. Eng. 1(1),159-170(2006)

J. G. M. Van Mier,Fracture Processes of Concrete(CRC Press,New York,1997) J. G. M. Van Mier,M. B. Nooru-Mohamed,Geometrical and structural aspects of concrete fracture. Eng. Fract. Mech. 35(4/5),617-628(1990)

J. G. M. Van Mier, M. R. A. van Vliet, T. K. Wang, Fracture mechanisms in particle composites: statistical aspects in lattice type analysis. Mech. Mater. 34,705–724(2002)

R. Vidya Sagar, Size effect in tensile fracture of concrete–a study based on lattice model appliedto CT–specimen, in Proceedings of the 21th International Congress of Theoretical and Applied Mechanics ICTAM04, ed. by W. Gutkowski, T. A. Kowaleski (Springer, Berlin/Heidelberg/New York, 2004), pp. 1–3

H. –J. Vogel, H. Hoffmann, A. Leopold, K. Roth, Studies of crack dynamics in clay soil II. Aphysically based model for crack formation. Geoderma 125,213–223(2005)

G. Wang, A. Al–Ostaz, A. H. –D. Cheng, P. R. Mantena, Hybrid lattice particle modeling: theoretical considerations for a 2D elastic spring network for dynamic fracture simulations. Comput. Mater. Sci. 44, 1126–1134 (2009a)

T. Wang, T. –W. Pan, Z. W. Xing, R. Glowinski, Numerical simulation of rheology of red blood cellrouleaux in microchannels. Phys. Rev. E 79,041916(2009b)

A. Zubelewicz, Z. P. Bažant, Interface element modeling of fracture in aggregate composites. J. Eng. Mech. 113 (11),1619–1630(1987)

第3部分

晶态金属和合金的损伤

第 11 章　低周疲劳条件下多晶金属材料的韧性损伤行为

Akrum Abdul-Latif

摘　　要

本章介绍了损伤导致的各向异性相关的基本要素，另外，局部化机制对损伤行为的影响超出了本章的范围，方便起见，对这些主题予以列举、讨论和分析。理解塑性和损伤相关的一些物理现象对模拟过程非常重要，因此，本章的主要目的是通过本构关系准确描述整体周期性塑性行为与损伤的耦合行为。

介绍了一种低周疲劳条件下损伤萌生的微观力学模型，主要用于描述损伤钝化效应，实际上，通常认为只有当微裂纹张开时，损伤过程才是活动的，而损伤过程在微裂纹闭合时（非活动阶段）对多晶材料力学性能的影响是不同的。使用小应变的假设条件，在晶体滑移系的尺度，对塑性应变和局部损伤变量进行研究；利用一个四阶损伤张量，对活化/钝化现象导致的各向异性损伤行为进行整体尺度的模拟，同样，整体非线性行为，尤其在复杂循环载荷条件下显微裂纹闭合引起的钝化过程，也是本章的重点。

11.1　概　　述

对所使用的多晶材料的充分认识通常非常必要，因此，有必要通过相关的微观组织及其对力学行为的影响，去理解它们的力学行为。材料行为的非线性特征通常是由塑性和损伤力学引起的，韧性多晶材料的失效一般由微裂纹和/或显微孔洞的萌生、长大和聚集所致，试验研究表明，由于塑性应变的局部化，微裂纹和/或显微孔洞的聚集长大有形成局部损伤的趋势，直到结构的最终失效。实际上，在很多金属材料中，动态塑性强化行为与滑移带的产生有关，这些材料中的滑移带的配置特点必会引起晶粒中的内回复应力，从而引起各向异性行为。

在机械工程应用中，由于大量的部件在服役过程中，通常都承受不同的复杂载荷谱，所以疲劳是工程构件和机加设计中主要的考虑因素之一。变形行为中的冶金变化直接存在于疲劳损伤的萌生和累积过程，这些变化发生在高应力（变形）区和局部脆弱的区域（如滑移带、晶界、第二相颗粒、夹杂和其他局部的异质区），疲劳损伤一般与这些区域有关，由于晶态金属中这些区域的局部不均匀性，塑性变形在这些区域发生高度集中，这对它们的变形抗力造成局部不同程度的损害。局部和整体响应的一些关联性有助于充分理解这些子结构不均匀性的重要性，及其对应变场和疲劳寿命的影响，另外，主要参量（塑性应变量和循环塑性行为对累积塑性形变的依赖性）的影响代表了多轴疲劳行为的关键问题。

一般情况下,疲劳损伤由两个主要阶段组成:微裂纹萌生及其随后的扩展过程,微裂纹萌生是疲劳寿命中的一个重要阶段,有研究表明,该阶段的局部化机制的复杂性对疲劳寿命有着重要的影响。事实上,晶内微裂纹的萌生发生在密集滑移带上,这是该类微裂纹基本的发源地,有研究项目利用透射电子显微镜(TEM)观察发现了加载过程中发生的应变在滑移带上的局部化特征,而且此处位错密度显著增大,观察显微组织发现,裂纹萌生于像 Waspaloy 合金中的一些滑移带上,因此,这些滑移带以及微裂纹应该是引起各向异性行为的重要因素。

从局部疲劳损伤的观点来看,可以总结出以下几点:

(1)晶内疲劳裂纹萌生是一种在结构部件的自由表面发生的局部现象;

(2)晶内疲劳裂纹萌生的位置会随着材料的微观组织和施加的载荷条件而变化;

(3)对承受低循环应变的纯金属而言,晶内疲劳裂纹萌生优先发生在表面粗糙的位置,这种粗糙特性与平面滑移带的发生有关,称为驻留滑移带(PSB),一般情况下,这种粗糙性由挤出和挤入机制形成;

(4)无论哪种金属材料,晶内疲劳裂纹萌生由窄带内的应变局部化控制,这由材料微观组织相关的局部不均性引起,如夹杂、疏松、第二相、沉淀相、位错的不均匀分布等;

(5)对于 FCC 和 BCC 晶态材料的情况,普遍认为,疲劳裂纹的形核强烈依赖于 PSB 内一个连续不可逆转的滑移,所有微裂纹的形核处(5μm 深以内)通常与主滑移面平行。

在 LCF 中,发现最终疲劳寿命对外加载荷大小控制的循环塑性变形、载荷谱的复杂性高度敏感,由于这些因素,在局部大变形局域发生冶金变化,并逐渐导致疲劳失效。

在恒定的循环载荷量下,单相(尤其 FCC)多晶金属材料表现出与众不同的亚结构行为演化特征,另外,在反相或非正比循环载荷谱条件下,发现主应力和应变轴在加载过程中的转动,通常在许多金属材料中引起额外的循环硬化,如 316L 不锈钢、Waspaloy、2024 铝合金等,低周反相载荷比低周同相载荷更具破坏性即归因于这种额外的循环硬化现象。

有关模拟的问题,很多模型都基于挤出/挤入公式,它们都使用位错在往复载荷作用下的滑移带上沿不同路径运动的概念,一个典型的例子是由 Mura 和他的同事们提出的一维模型(Mura,1982;Tanaka 和 Mura,1981)。该模型采用位错偶极子的概念,考虑了两层相邻的、符号相反的位错堆积。因此,滑移带内的往复塑性流变利用两组不同符号的位错进行模拟,假设不可逆转的两个位错运动在两个紧邻层内发生。另一个模拟方法也已开发出来,用于模拟承受不同的多轴载荷谱的材料和结构的疲劳寿命,这项研究开发出了几种用于高周和低周疲劳寿命的模型。一种被广泛用于模拟这两类主题的模型是一种宏观模型,该模型基于一些物理学的考虑或纯现象的考虑,使用一种连续损伤力学(CDM)的热力学框架,描述材料的各向同性和各向异性损伤-塑性(或黏塑性)行为,唯象(宏观的)方法被广泛用于实验室研究和工业开发中。

另外,由于微孔演化引起的韧性损伤尤其会发生在充分塑性变形的区域,该区域的应力三轴性很高,它对孔洞的长大速率有显著影响。孔洞的萌生和长大已通过微观力学分析的方法进行了广泛研究,1977 年,Gurson 提出了一个全新的形孔所致损伤的模型,它利用一个屈服函数,对多孔、韧性、完好塑性基体进行球形孔洞的估算分析。最初的 Gurson 模型有一些局限性,实际上,它过度预测了单向载荷条件下的微孔演化,由于屈服函数仅取决于单个屈服函数,在循环载荷谱下,任何类型棘轮特征都不能被预测出来。因此,已有一些扩展模型被提出,其中最重要的几个要么改善了低体积分数孔洞的预测结果(Tvergaard,1982),要么修正它的屈服函数,以描述速率敏感性和颈缩失稳性,并对最终的孔洞聚集进行更好的描述。

还有,由于计算机科学的迅猛发展,微观力学方法是目前逐渐被采用的一种方法,假设条件较少和计算结果较好,使微观力学模型受到了关注。它们大部分都使用一些物理变量以准确再现基本的周期性特征,这些模型从最初被 Dang Van(1973)提出以来,就基于局部化-均一化方法(Germain 等,1983),对于 LCF 的情况,微观力学方法准确描述了不同循环载荷谱下无损伤效应时的基本周期性特征,如 Bauschinger 效应、额外硬化效应以及其他现象。另外,作为理论尝试,本章作者团队于 20 年前提出了一种弹性-非弹性损伤模型,它描述了在复杂载荷谱下多晶的周期性行为,该模型假设微裂纹萌生于晶体滑移系尺度,而忽略了与晶界相关的所有类型的损伤,它正确预测了疲劳寿命,突出的优点是它显示了载荷谱的复杂性对疲劳寿命的影响,例如,载荷谱越复杂,额外硬化效应更明显,疲劳寿命更短。近来,有两个理论观点被提出,作为该模型的重要补充,第一个观点描述的是,由于损伤钝化,产生了材料损伤感生-预延伸各向异性行为,实际上,根据载荷谱的类型,微裂纹可能张开或闭合,因此,在压缩和拉伸条件下是会发生不同的响应特征的;第二个观点考虑了在具有相同等效应变的几种循环载荷条件下,对一种给定多晶体进行寿命预测的差异性,本章将对这两个扩展模型进行详尽的描述。

损伤钝化的问题目前还未完全解决,即使从 20 世纪末开始已经开发出了大量的方法,众所周知,多晶体中损伤钝化引起的各向异性特征非常复杂,特别是当它与塑性行为耦合在一起时,会得到一个不明确的结果。其中一个主要的困难是,当损伤钝化的情况发生时,会出现不连续的应力-应变关系,为修正该理论问题,已提出了一些解决方法,这里对其中的三个方法进行描述。①第一个方法考虑了损伤主方向,损伤钝化条件仅改变刚度的对角主项或柔度算子(Chaboche,1993),在与损伤主方向一致的系统中,可对它们进行评估,另外,该方法还描述了损伤引起的各向异性特征。②第二种可能的方法是从能量的角度表述损伤钝化特性,而不是使用应力和应变区分拉伸和压缩行为,上述两个方法都将损伤动力学特征限制在弹性行为的情况,也就是说,它们忽略了非弹性应变行为。③第三个方法通过引入平滑函数,保证了从活化状态到钝化状态的准确转变,从而避免了响应的不连续性(Hansen 和 Schreyer,1995),该方法用相似的方式,描述损伤-弹性行为或者损伤-弹塑性行为,以上提到的三种方法本质上都是宏观层面的。

本章将给出一个损伤-非弹性行为的微观力学模型,该模型最初由 Abdul-Latif 和 Mounounga(2009)为多晶结构提出,并于近期进行了扩展,用于描述小应变假设条件下、塑性疲劳中的损伤钝化效应,将损伤活化/钝化行为用公式描述,并利用数学投影算子在宏观尺度进行处理,这些算子可定义一个四阶损伤张量,能将多轴循环载荷谱条件下的损伤钝化效应考虑进去,并能描述损伤引起的相关各向异性现象。

11.2　疲劳失效相关的一些物理学考虑

疲劳失效的可靠预测只能通过对相关物理机制的详实理解才能得到,低周疲劳的三个主要阶段可通过实验观察到顺应、裂纹萌生和裂纹扩展，由于已有的模型可描述前两个阶段，因此仅介绍自适应和裂纹萌生阶段。

在 LCF 中，第一阶段（自适应）代表着疲劳寿命的 10%~50%，当材料的结构演化到与施加的循环应变相匹配（应变控制条件下）并达到应力饱和，它就获得了一种稳定状态，位错机制可以解释其应力饱和现象。实际上，不论是相同位错的往复运动，还是位错增殖和湮灭之间的动态平衡，都可以解释循环饱和状态（稳态）的存在，一般情况下，纯金属的疲劳性能随临界剪切应力与饱和应力之比会表现出一种循环硬化的显著变化，疲劳现象与循环硬化的发生速率紧密关联。由于 Bauschinger 效应的存在（塑性应变的部分逆转），循环硬化过程要比通过单向拉伸试验获得的硬化过程慢很多，由于疲劳状态下长程内应力的存在，循环硬化和单向硬化状态之间的差异非常显著，与该阶段相关的明显特征是密集滑移带的形成，它可以用这些滑移带上的不均匀局部应变来表述。在这些滑移带中，发现位错亚结构与基体的有所不同，在低应变情况下，位错在基体中形成特定的排列方式（带状）。一种最常见的密集滑移带是驻留滑移带（PSB），这类滑移带平行于主滑移面、横跨整个横截面、以片层方式演化，它们比循环硬化后的基体更软。由于位错在主滑移系的增殖，使纯单晶和多晶 FCC 结构表现出显著的循环硬化特征，并对次滑移系产生强烈的潜在硬化效应。疲劳之后，位错结构表现为由弱位错区（通道）分割开的高位错密度区域（脉络），脉络主要由主刃型位错组成，该主滑移系在整个过程中保持着最高应力的滑移，通道的尺寸与脉络的尺寸相当，通道中的位错密度比脉络中的位错密度约低三个数量级。很明显，在循环载荷过程中，持续的往复塑性流变由不同符号的位错控制，位错之间互相缠结而不能运动很长距离，从而形成位错偶极子。另外，对于 FCC 金属和合金（如铜合金）的情况，层错能对材料的周期性行为起重要作用，一般而言，当层错能较低时，合金化会导致较小的循环硬化速率。

众所周知，低周疲劳（LFC）中微裂纹萌生的定义取决于测量工具，这意味着目前为止，对此类现象尚无精确统一的定义（一般利用多周次测量），而且，LCF 中经常会发现多处微裂纹的区域，注意到，当微裂纹达到与晶粒尺寸相当的特定尺寸时（100μm 的长度），该类现象即可观察到，事实上，这种尺度很容易探测到。在很多疲劳情况下，一旦一个微裂纹达到一种接近上述尺度的深度时，就会沿截面扩展，达到这种长度所需的周次占了疲劳寿命的相当一部分，因此，当微裂纹张开时，损伤钝化效应在疲劳第一阶段就很明显，并且在微裂纹的扩展过程中越发明显。

不同疲劳类型（低周和高周疲劳）中的微裂纹区域的本质是类似的，因此，观察发现微裂纹一般都从位于自由表面的晶粒内或界面处（基体-夹杂界面、晶界）萌生，事实上，晶界可能会是微裂纹萌生的基本区域。对于较高应变量的情况，萌生机制其实可能是纯几何的，在这些条件下滑移带完全进入晶内和试样的自由表面，试样发生高度扭曲的形态变化，尤其在与自由表面相切的晶界尺度上，因此，深挤入特征在晶界处发生，并因此导致微裂纹萌生，铜和铝即是这种情况。

如果微裂纹在晶内萌生，密集滑移带代表了微裂纹萌生的本质区域，萌生机制高度复杂，因此，它们还未被彻底认知。对于包含第二相的合金，位错与第二相颗粒之间的相互作用的特性非常重要；然而，对于纯金属和合金，晶内裂纹普遍都起源于表面粗糙的区域，该区域与平面滑移带或 PSB 有关，粗糙度与挤入挤出相关，这些滑移带内的塑性应变集中导致挤入挤出的形成(图 11.1),因此,微裂纹萌生的“萌芽阶段”发生在这些滑移带内或塑性应变带和基体的界面处。

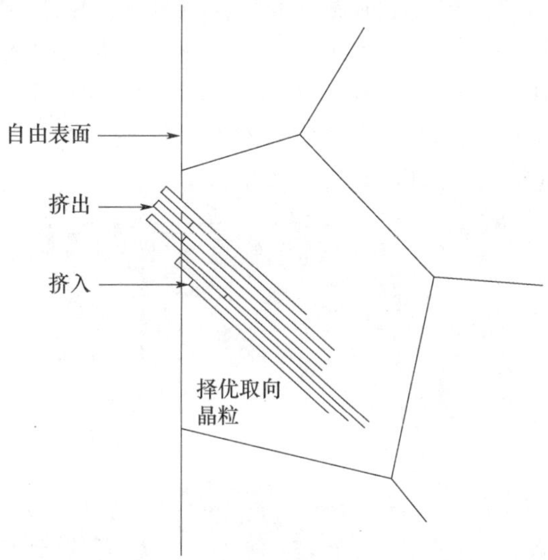

图 11.1　循环载荷过程中在多晶金属自由表面上发生的挤出挤入现象的图解
(摘自 Abdul-Latif 等(1999),获得 ASME 的许可)

就晶内开裂而言,图 11.2 通过扫描电子显微镜显示,裂纹在试样外表面的一些滑移带内萌生(Waspaloy 合金),这些结果与奥氏体不锈钢(AISI304)(Parsons 和 Pascoe,1976)和 Waspaloy 合金(Lerch 等,1984)的一致。结果表明,开裂并不是沿滑移带的整个长度同时发生,而是被限制在滑移带的某一部分,裂纹在滑移带内萌生后,在一个晶粒内的不同滑移带之间锯齿形扩展。可以认为,这种特征(锯齿形裂纹)由同一晶粒内多处裂纹的交互作用引起,这也证明了在随后介绍的模型中引入损伤交互作用矩阵的有效性。

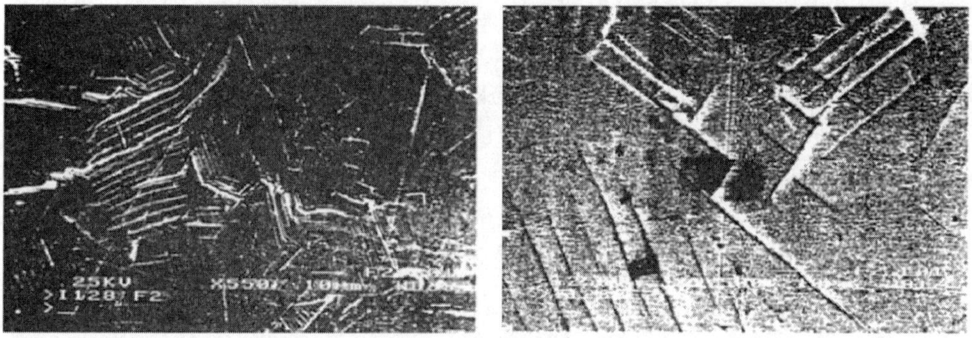

图 11.2　拉压条件下的 Waspaloy 合金(时效状态,垂直方向为试样的轴向),
SEM 显示微裂纹在晶体滑移带上萌生(摘自 Abdul-Latif 等(1999),获得 ASME 的许可)

11.3　模拟的目的

在多晶材料光滑结构的疲劳中,通常认为滑移带尺度的损伤萌生在自由表面上的一些晶粒内,这些晶粒在滑移面上沿滑移方向受到很高的循环剪切应力分量 τ^s 。假设滑移带内的往复塑性流变由两个紧密相连的层内发生不可逆运动的、不同符号的位错所决定,Mura 模型通过显式模拟位错运动来描述挤出挤入的形成。与之不同的是,微观力学方法利用一个内部变量来代表挤出挤入行为,该变量用来描述循环载荷过程中,由挤出、挤入形成和累积所引起的损伤行为,这种观点如图 11.3 的图解说明,其中,一个光滑试样承受着一个宏观单轴循环应力 Σ,该图还给出了垂直于试样表面的一个截面的特征,截面上包含有一个最优取向的晶粒,在循环剪切应力分量 τ^s 的作用下发生滑移。

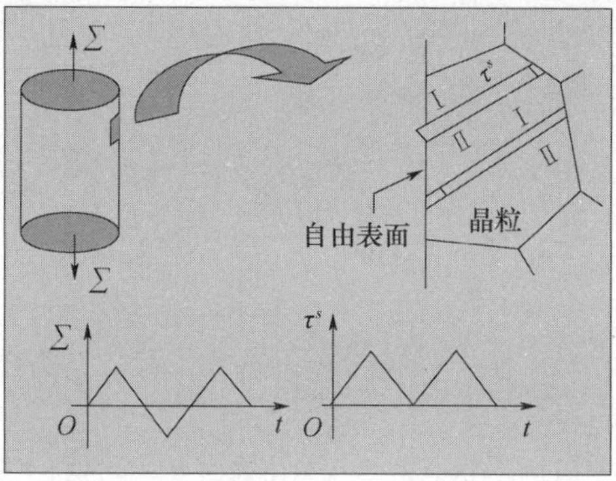

图 11.3　晶内疲劳裂纹萌生的原理(摘自 Abdul-Latif 等(1999),获得 ASME 的发表许可)

由于我们所提及的模型中考虑的最低的微观组织尺度是晶体滑移系(CSS),所以,低于 CSS 尺度的所有相关现象都统一在 CSS 尺度上进行模拟(如位错、分子、晶格缺陷和原子),因此,由挤入、挤出或空位偶极子所代表的裂纹"胚胎",都统一用 CSS 尺度的一个损伤内部状态变量 d^s 所描述。因此,对于一个系统 s,内部状态变量 d^s 代表该系统上的局部显微缺陷,比如,如上所述,由位错运动引起的空位偶极子和挤出,或者间隙偶极子和挤入。

另外,对结构的自由表面上发生的循环疲劳损伤的空间局部化进行模拟并非易事,本章未对该问题直接进行处理,但是,随后会看到用有限元方法模拟该现象的一个近似数学方法。图 11.4 给出了对图 11.3 所示样品的四分之一位置进行数学模拟的情况,这里引入了两个区域:区域 1 是位于试样表面的薄层,包含带晶内损伤的本构方程;区域 2 是试样的其他部分(立体的),包含无损伤效应的本构方程,允许区域 1 内(邻近试样的自由表面)的疲劳损伤在有限元上发生局部化。这种方法对自由表面上的疲劳损伤进行空间局部化模拟,其本质上是近似的,在非局部力学框架中应该使用更简易的方法,通过有限元方法模拟疲劳损伤在自由表面上的局部化,其实适合用该框架执行,其中,引入内部长度的概念解决网格依赖性的问题,从而适用于模拟损伤过程。从计算的角度看,非局部模型更易于执行,目前为止,非局部方程已分别用于脆性损伤模型或韧塑性损伤模型中。

本章介绍的模型未考虑表面效应,具体而言,在自由表面上,它未给出 $\sigma_{11}^g = \sigma_{22}^g = \sigma_{33}^g$ 的关系,该模型随后用于描述低周疲劳裂纹萌生。疲劳过程中,微裂纹根据加载方向的不同可能会发生张开或闭合,因此,在压缩和拉伸载荷下,可试验观测到不同响应特征,在某铝合金中引起损伤钝化行为(图 11.5),从而引起一种感生-预延伸各向异性现象,需要记住的是,疲劳损伤常常以部分钝化的方式发生(图 11.6),众所周知,这种现象在疲劳第Ⅰ阶段后期较清晰,但是,当微裂纹张开时,在微裂纹扩展阶段(阶段Ⅱ),它会变得异常明显。

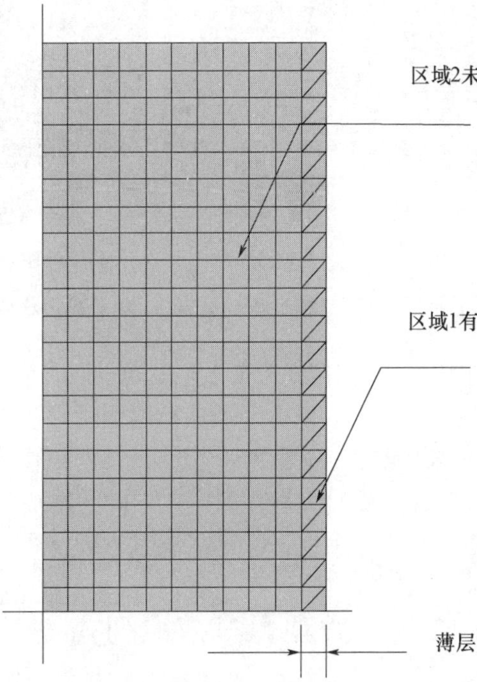

图 11.4　一个圆形拉伸试样的四分之一位置的图解说明
(摘自 Abdul-Latif 等(1999),获得 ASME 的许可)

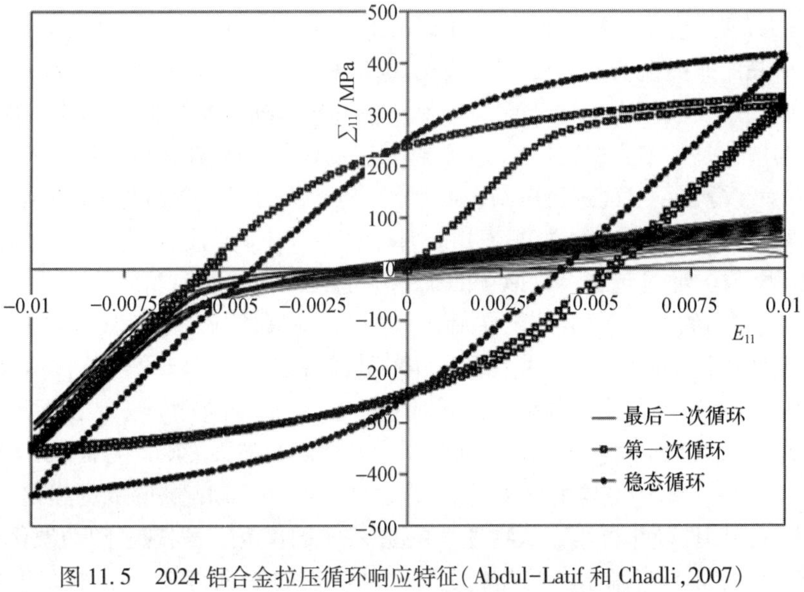

图 11.5　2024 铝合金拉压循环响应特征(Abdul-Latif 和 Chadli,2007)
(摘自 Abdul-Latif 等(1999),获得 ASME 的许可)

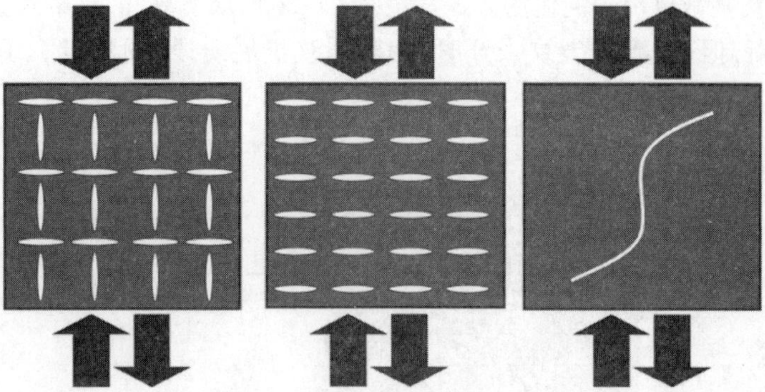

拉伸和压缩的损伤行为相同　仅拉伸损伤行为演化　拉伸和压缩的损伤行为不同

图 11.6　损伤活化/钝化的图解说明(摘自 Abdul-Latif 等(1999),获得 ASME 的许可)

尝试对这种现象进行了模拟,尤其在疲劳第Ⅰ阶段的末期。一般而言,如果载荷谱逆转,损伤效应可能会钝化(微裂纹闭合),随着原始载荷谱的进一步演化,损伤效应可能会重新活化(微裂纹张开)。这意味着,只有当微裂纹是张开的,损伤才是活动的,而在其闭合过程中(钝化阶段),损伤会对多晶的力学性能产生不同的影响,为了模拟多轴循环载荷条件下这种损伤引起的各向异性行为,引入了一个整体尺度上的四阶损伤张量。

11.4　微观力学模拟列式

本章作者和其同事已经提出了一种疲劳损伤萌生的微观力学模型,之后,多次应用于不同的载荷条件。该模型认为,不论施加载荷的方向如何(如拉伸和压缩),晶内损伤都双向演化,其演化速率由 CSS 尺度的能量的非弹性部分控制,因此,如果不存在晶内各向同性硬化行为,就不会发生损伤,在低于 CSS 尺度观察到的现象,都整体在 CSS 尺度上模拟。另外,单晶的非弹性变形表现为位错运动,因此,对每个单晶而言,都存在一套滑移系,它们的启动不仅依赖于相对于整体载荷条件的晶粒取向,更取决于其载荷条件。从一开始,就认为滑移是最主要的变形机制,其他机制如孪生、晶界迁移等均被忽略,非弹性应变的本构方程在滑移系尺度进行解析。众所周知,晶体的塑性行为与不同材料的单胞有关,如体心立方(BCC)、面心立方(FCC)和密排六方(HCP)等,这就意味着晶体的力学性能取决于晶体结构,通过包含大量原子的某一给定晶粒的晶面和晶向体现。为确定能在塑性变形时被启动的滑移系的数量,单胞的类型首先应该明确,本章只考虑 FCC 金属结构。因此,这些滑移系都由{111}晶面和<110>晶向规定,只有 12 个八面体滑移系存在,而对于其他材料如镍基单晶,高温下,需同时考虑立方和八面体滑移系。由于该尺度下不均匀的变形方式,微观组织的不均性显著影响着整体材料的强度响应特征,由于微观组织不均匀,剪切应力分量 τ^s 主要由位错运动的阻力决定。局部来看,除晶内损伤变量外,只规定了晶内各向同性硬化行为。从物理学角度,在不同尺度下,发现了随动硬化行为的两种来源:第一种(晶间)来源于不同晶粒之间塑性应变的不协调,带来晶粒尺度应力的不均匀分布;第二种来源(晶内)反应了晶粒内部的长程相互作用。一般情况下,对一些材料而言,晶间随动硬化较晶内随动硬化占绝对优势,因此,仅考虑晶间随动硬化变量,而忽略晶内的。晶粒的非弹性应变速率由所有活动的滑移系的综合贡献得出，假定弹性部分均匀分布并各向同性，并将其保留在宏观层面。

近年来，本章作者和他的同事们开发出了上述方法的一种全新的扩展形式，用来描述小应变条件下塑性疲劳中的损伤活化/钝化效应。LCF 中微裂纹萌生的定义仍无统一的说法，但是，有一个整体的趋势认为，一旦微裂纹达到 100μm 的深度（即与一般的晶粒尺寸相当），它就会扩展穿过截面。因此，损伤活化/钝化效应在疲劳第Ⅰ阶段较清晰，在带裂纹张开现象的扩展过程中（第Ⅱ阶段）变得更加清晰。需要强调的是，损伤活化/钝化效应仅在 RVE 尺度进行描述，因此，模型考虑了单轴和多轴循环载荷条件下，损伤钝化对多晶体行为的影响。最后，将对损伤引起的各向异性相关现象进行描述。

11.4.1　状态变量的选择

这套理论发展中，采取了小应变的假设，因此，整体的总应变张量 $\underline{\underline{\boldsymbol{E}}}=\underline{\underline{\boldsymbol{E}}}_{\mathrm{e}}+\underline{\underline{\boldsymbol{E}}}_{\mathrm{in}}$ 一般分弹性部分 $\underline{\underline{\boldsymbol{E}}}_{\mathrm{e}}$ 和非弹性部分 $\underline{\underline{\boldsymbol{E}}}_{\mathrm{in}}$ 两部分：

$$\underline{\underline{\boldsymbol{E}}}=\underline{\underline{\boldsymbol{E}}}_{\mathrm{e}}+\underline{\underline{\boldsymbol{E}}}_{\mathrm{in}} \tag{11.1}$$

在宏观层面（RVE，代表性体积单元），弹性应变张量 $\underline{\underline{\boldsymbol{E}}}_{\mathrm{e}}$ 代表与 Cauchy 张量 $\underline{\underline{\boldsymbol{\Sigma}}}$ 相关的内部状态变量。这里假设整体弹性变形是均匀的，假定 RVE 的所有晶粒具有相同的弹性性能，整体非弹性张量 $\underline{\underline{\boldsymbol{E}}}_{\mathrm{in}}$ 通过局部化-均一化的概念获得，如微观-宏观方法。

在晶粒层面，非线性晶间随动硬化张量 $\underline{\underline{\boldsymbol{\beta}}}^{g}$ 以一个内部状态变量提出，与内部应力张量 $\underline{\underline{\boldsymbol{X}}}^{g}$ 相关。需要指出的是，该模型中，没有与晶界相关的损伤变量（无蠕变损伤）。

当考虑 CSS 层面的问题时，对每个八面体滑移系，引入一个各向同性硬化内部状态变量：变量对（q^{s}，R^{s}），该变量描述系统内弹性范围的扩展，还引入一个晶内损伤变量（d^{s}，Y^{s}）。事实上，当滑移累积到一个特定的临界值，晶内损伤就会萌生并演化，对偶变量（Y^{s}）是一个与损伤内部变量（d^{s}）相关的热动力。

基于局部损伤，RVE 层面的一个标量损伤参数（D^{T}）可通过均值程序获得，它从 0（完美未损伤的材料）到 1（完全损伤的材料）取值（0 宏观应力）。实际上，当 $D^{T}=1$，宏观裂纹萌生阶段结束（第Ⅰ阶段的末期），基于该参数定义了一个四阶损伤张量，用来描述感生-预延伸各向异性的概念。

本章通篇使用的指数 $s\in\{1,2,\cdots,n\}$ 与系统分级相关，n 是晶粒内八面体系统的最大值（如，对于 FCC，$n=12$；对于 BCC，$n=24$）。类似地，指数 $g\in\{1,2,\cdots,N^{g}\}$ 描述晶粒分级，N^{g} 是 RVE 内包含的晶粒个数的最大值。必须注意，滑移作为塑性变形中发生的主要现象，通常都发生在最密原子面和方向上，对于 FCC 金属材料，24 个可能的滑移系会被启动，考虑到对称性，只有 12 个可能的滑移系可被启动，而在 BCC 中，48 个可能的滑移系可被启动，由于对称性，只有 24 个可能发生，同样的概念完全适用于其他不同的材料单胞，如密排六方单胞。

11.4.2　有效状态变量

损伤可被定义为失效之前材料的逐步损坏，从模拟的角度，假定损伤发生在 CSS 层面，此时塑性变形高度局部化，当局部塑性应变达到一定值时（准确值不仅依赖于施加的载荷,还取决于滑移的累积),晶内损伤即被启动($d^s > 0$),当 d^s 达到一个临界值 d^s_{cr} 时,微裂纹开始了最后的阶段。

有效状态变量利用能量守恒的假设进行定义。

在 CSS 层面,有

$$\tilde{R}^s = \frac{R^s}{\sqrt{1-d^s}}, \quad \tilde{q}^s = q^s\sqrt{1-d^s} \tag{11.2}$$

对于整体有效状态变量,损伤启动和钝化阶段只能在宏观层面通过张量的方法进行模拟,因此,有效整体应力和弹性应变张量定义如下:

$$\underline{\underline{\tilde{E}\mathbf{e}}} = \underline{\underline{E}}_e : (\underline{\underline{I}} - \underline{\underline{D}})^{\frac{1}{2}}, \quad \underline{\underline{\tilde{\Sigma}}} = (\underline{\underline{\delta}})^{\frac{1}{2}} : \underline{\underline{\Sigma}} \tag{11.3a}$$

其中

$$\underline{\underline{\delta}} = (\underline{\underline{I}} - \underline{\underline{D}})^{-1} \tag{11.3b}$$

式中: $\underline{\underline{I}}$ 和 $\underline{\underline{D}}$ 分别为四阶单位张量和整体损伤张量, $\underline{\underline{D}}$ 随后在式(11.14)中定义,它依赖于整体标量损伤参数 D^T (由 RVE 中所有晶内损伤的贡献量确定)和 $\underline{\underline{I}}$。

11.4.3 局部化过程

在定义团簇(RVE)内每个晶粒内的变量和整体变量之间的关系时,一个多晶结构的相互作用定律有其自身的作用,假设一种多晶金属材料被看成是具有不同取向的多个单晶的一个团簇,在实际模型中,使用一种合适的自恰方法,代表晶粒与晶粒之间的相互作用。当宏观柯西应力张量 $\underline{\underline{\Sigma}}$ 施加于 RVE 时,晶粒柯西应力张量 $\underline{\underline{\sigma}}^g$ 通过著名的 Berveiller 和 Zaoui(1979)自恰方法(Pilvin(1990)修正后)确定,因此,采用的作用定律由下式给出:

$$\underline{\underline{\sigma}}^g = \underline{\underline{\Sigma}} + C^g\left\{\sum_{h=1}^{N_g} v^h \boldsymbol{\beta}^h - \underline{\underline{\boldsymbol{\beta}}}^g\right\} \tag{11.4}$$

式中: C^g 为晶间硬化模量的材料系数; v^h 为相同取向晶粒的体积分数。

非线性顺应可利用 Pilvin 修正方法获得,这里,含局部和整体塑性应变差异的 Kroner 解被局部和整体非线性硬化变量之间的差异替代。引入晶间随动硬化变量 $\underline{\underline{\boldsymbol{\beta}}}^g$ 及其在整体团簇上的体积平均的概念,给出了相对于塑性应变的非线性演化特征。

两个重要的观点需要进一步讨论,第一个和单个晶粒内塑性应变的均匀性有关,它代表着与作用定律(式(11.4))有关的一种理论假设。第二个观点有关损伤及其对作用定律的作用,实际上,所采用的假设认为,该模型中没有与晶界相关的损伤变量。对式(11.4)进行分析表明,晶间随动硬化变量 $\underline{\underline{\boldsymbol{\beta}}}^g$ 受到损伤的隐式影响,事实上,由于该变量是晶粒应变速率 $\underline{\underline{\varepsilon}}^g_{in}$ 的函数,所以,从式(11.42)就可看出 $\underline{\underline{\varepsilon}}^g_{in}$ 和局部损伤 d^s 的直接关联,因此, $\underline{\underline{\boldsymbol{\beta}}}^g$ 在一个给定晶粒内受到局部损伤的隐式影响。不管这两个理论观点如何,自恰方法的强大功能已经显现,有一些损伤耦合的循环硬化现象进行了可靠的分析,所以,可以认为,现有的方法是一种实用的方法,已被有记录的预测结果所证实。

在每个晶粒处确定应力张量后(式(11.4)),通过 Schmid 取向张量 $\underline{\underline{m}}^s$,即通过在 $\underline{\underline{\sigma}}^g$

和 $\underline{\underline{\boldsymbol{m}}}^s$ 之间二次提取的张量乘积,可将每个系统上对于每个晶粒的剪切应力分量 $\boldsymbol{\tau}^s$ 表述为晶粒应力 $\underline{\underline{\boldsymbol{\sigma}}}^g$ 的函数:

$$\boldsymbol{\tau}^s = \underline{\underline{\boldsymbol{\sigma}}}^g : \underline{\underline{\boldsymbol{m}}}^s \tag{11.5}$$

$$\underline{\underline{\boldsymbol{m}}}^s = \frac{1}{2}[\boldsymbol{n}^s \otimes \boldsymbol{g}^s + \boldsymbol{g}^s \otimes \boldsymbol{n}^s] \tag{11.6}$$

式中:$\boldsymbol{g}^s$ 为滑移方向上的单位向量;$\boldsymbol{n}^s$ 为垂直于滑移面的向量。

11.4.4　各向异性损伤模拟

系统的状态可用其自由能描述(状态势能),该自由能 ψ 代表小应变和等温条件下、单位体积的可逆能 ψ_e 和不可逆能 ψ_{in} 之和:

$$\rho\psi = \rho\psi_e + \rho\psi_{\text{in}} \tag{11.7}$$

式中:ρ 为材料的密度。

对一种给定的多晶金属材料,为了模拟损伤耦合的弹性行为,发展出了以下一种方法,实际上,主要集中在弹性部分的提法上,它被看成是 RVE 层面的两种势能,一个对应完美未损伤状态 ψ_0^e,另一个对应损伤状态 ψ_d^e,未损伤状态势能传统上被定义为

$$\rho\psi_0^e = \frac{1}{2}\underline{\underline{\boldsymbol{\Sigma}}} : \underline{\underline{\boldsymbol{E}_e}} = \frac{1}{2}\underline{\underline{\underline{\boldsymbol{R}}}}^0 : \underline{\underline{\boldsymbol{E}_e}} : \underline{\underline{\boldsymbol{E}_e}} \tag{11.8}$$

式中:$\underline{\underline{\underline{\boldsymbol{R}}}}^0$ 是经典四阶刚度张量。

在损伤状态,弹性势能为

$$\rho\psi_d^e = \frac{1}{2}\underline{\underline{\underline{\boldsymbol{R}}}}^d : \underline{\underline{\boldsymbol{E}_e}} : \underline{\underline{\boldsymbol{E}_e}} \tag{11.9}$$

式中:$\underline{\underline{\underline{\boldsymbol{R}}}}^d$ 为损伤材料的刚度张量,定义为

$$\underline{\underline{\underline{\boldsymbol{R}}}}^d = (\underline{\underline{\underline{\boldsymbol{I}}}} - \underline{\underline{\underline{\boldsymbol{D}}}}) : \underline{\underline{\underline{\boldsymbol{R}}}}^0 \tag{11.10}$$

因此,式(11.9)变换为下式:

$$\rho\psi_d^e = \frac{1}{2}(\underline{\underline{\underline{\boldsymbol{I}}}} - \underline{\underline{\underline{\boldsymbol{D}}}}) : \underline{\underline{\underline{\boldsymbol{R}}}}^0 : \underline{\underline{\boldsymbol{E}_e}} : \underline{\underline{\boldsymbol{E}_e}} \tag{11.11}$$

为了确定整体四阶损伤张量 $\underline{\underline{\underline{\boldsymbol{D}}}}$,使用了投影算子,在当前的提法中,采用基于应力的(或基于应变的)投影算子,该概念的提出,引入了一个模式 I 微裂纹张开和闭合模型,该模型以一个基于应变的投影算子为基础(Ju,1989)。考虑到所有宏观应力(或应变)张量的谱分解,因而可得出:

$$\underline{\underline{\boldsymbol{\Sigma}}} = \sum_{i=1}^{3} \boldsymbol{\Sigma}_i^* \underline{\boldsymbol{p}_i} \otimes \underline{\boldsymbol{p}_i} \tag{11.12}$$

式中:$\boldsymbol{\Sigma}_i^*$ 为 i 次主应力;$\underline{\boldsymbol{p}_i}$ 为相应的 $\boldsymbol{\Sigma}_i^*$ 的 i 次特征值和特征向量;符号 $\otimes$ 代表张量乘积。四阶谱投影正张量因此可表述为

$$\boldsymbol{P}_{ijkl}^+ = Q_{ia}^+ Q_{jb}^+ Q_{ka} Q_{lb} \tag{11.13}$$

算子 $\underline{\underline{\underline{\boldsymbol{P}}}}^+$ 自然显示了损伤活化/钝化的复杂现象和正/负通量准则,尤其在多轴载荷下。其实,不管载荷谱多复杂,都能在某一给定载荷轴上选取损伤活化和钝化阶段。

考虑到前面的说法，损伤张量 $\underline{\underline{\underline{D}}}$ 的定义可通过下面的方程导出：

$$\underline{\underline{\underline{D}}} = D^T \underline{\underline{\underline{P}}}^+ \tag{11.14}$$

其中，D^T 为宏观损伤量度，随后可通过局部损伤的均一化过程确定，通过替换式(11.11)中给出的损伤状态的整体弹性势能表达式中损伤张量新的表达形式，可得到

$$\rho\psi_d^e = \frac{1}{2}(\underline{\underline{\underline{I}}} - D^T\underline{\underline{\underline{P}}}^+) : \underline{\underline{\underline{R}}}^0 : \underline{\underline{E}}_e : \underline{\underline{E}}_e \tag{11.15}$$

该公式表明，不存在损伤时，完美无损伤材料的势能有效回复，在损伤完全钝化时，即 $\underline{\underline{\underline{P}}} = 0$，也发现了这种情况。

基于热力学的概念，整体应力张量可通过 $\underline{\underline{E}}_e$ 的整体弹性势能函数确定，实际上，相对于整体弹性应变张量 $\underline{\underline{E}}_e$，通过从整体弹性势能推导出整体应力张量：

$$\underline{\underline{\Sigma}} = \rho\frac{\partial\psi_d^e}{\partial\underline{\underline{E}}_e} = \underbrace{(\underline{\underline{\underline{I}}} - D^T\underline{\underline{\underline{P}}}^+) : \underline{\underline{\underline{R}}}^0 : \underline{\underline{E}}_e}_{❶} \underbrace{- \frac{1}{2}D^T\frac{\partial\underline{\underline{\underline{P}}}^+}{\partial\underline{\underline{E}}_e} : \underline{\underline{\underline{R}}}^0 : \underline{\underline{E}}_e : \underline{\underline{E}}_e}_{❷} \tag{11.16}$$

张量 $\underline{\underline{\underline{P}}}^+$ 的分量是特征值的函数，式(11.16)右手侧的第二项依赖于加载过程中特征值的变化，实际上，当根据实验室的参考轴施加载荷时，主向量和后者重合，这种情况下，这些向量是常量，也就是说，它们的特点既不随时间变化，也不随变形而改变，因而，式(11.16)右手侧的第二项被消掉。因此，整体应力的本构方程可由下式导出：

$$\underline{\underline{\Sigma}} = (\underline{\underline{\underline{I}}} - D^T\underline{\underline{\underline{P}}}^+) : \underline{\underline{\underline{R}}}^0 : \underline{\underline{E}}_e \tag{11.17}$$

损伤耦合的刚度张量(式(11.10)和式(11.14)写成：

$$\underline{\underline{\Sigma}} = \underline{\underline{\underline{R}}}^d : \underline{\underline{E}}_e \tag{11.18}$$

整体应力张量可用张量的形式写成：

$$\Sigma_{ij} = R_{ijkl}^d E_{ekl} \tag{11.19}$$

然而，当特征值随时间变化时(例如，载荷条件具有剪切分量)，式(11.16)中的两项都应该完全考虑，所以有

$$\underline{\underline{\Sigma}} = \underline{\underline{\underline{R}}}^d : \underline{\underline{E}}_e + \underline{\underline{M}} \tag{11.20}$$

其中

$$\underline{\underline{M}} = -\frac{1}{2}D^T\frac{\partial\underline{\underline{\underline{P}}}^+}{\partial\underline{\underline{E}}_e} : \underline{\underline{\underline{R}}}^0 : \underline{\underline{E}}_e : \underline{\underline{E}}_e \tag{11.21}$$

这种情况下，整体应力张量的分量为

$$\Sigma_{ij} = R_{ijkl}^d E_{ekl} + M_{ij} \tag{11.22}$$

很明显，带 M_{ij} 项后，整体应力的确定是非标准的，毫无疑问，该项的存在是由于，在一般载荷条件下(尤其存在剪切分量时)，主向量不与实验室参考轴重合，因此，它的特点随时间和变形而改变。所以，式(11.16)右手侧的第二项变得很重要，它准确定义损伤耦合应力的整体本构方程。

很明显，式(11.22)包含一个非线性转换，它可以用损伤引起的非线性效应进行物理

学的解释。

整体应力张量的变化速率为

$$\dot{\underline{\underline{\Sigma}}} = \dot{\underline{\underline{\underline{R}}}}^d : \underline{\underline{E}}_e + \underline{\underline{\underline{R}}}^d : \dot{\underline{\underline{E}}}_e + \dot{\underline{\underline{M}}} \tag{11.23}$$

其中

$$\dot{\underline{\underline{\underline{R}}}}^d = (\dot{D}^T \underline{\underline{\underline{P}}}^+ + D^T \dot{\underline{\underline{\underline{P}}}}^+) : \underline{\underline{\underline{R}}}^0 \tag{11.24}$$

并且

$$\dot{\underline{\underline{M}}} = -\frac{1}{2}\dot{D}^T \frac{\partial \underline{\underline{\underline{P}}}^+}{\partial \underline{\underline{E}}_e} : \underline{\underline{\underline{R}}}^0 : \underline{\underline{E}}_e : \underline{\underline{E}}_e - \frac{1}{2}D^T \left[\frac{\partial \dot{\underline{\underline{\underline{P}}}}^+}{\partial \underline{\underline{E}}_e}\right] : \underline{\underline{\underline{R}}}^0 : \underline{\underline{E}}_e : \underline{\underline{E}}_e - D^T \frac{\partial \underline{\underline{\underline{P}}}^+}{\partial \underline{\underline{E}}_e} : \underline{\underline{\underline{R}}}^0 : \dot{\underline{\underline{E}}}_e : \underline{\underline{E}}_e \tag{11.25}$$

式(11.23)强调了如下事实：损伤的存在和载荷谱的复杂性引起材料行为的高度非线性，该张量方程虽然复杂，但对于多轴载荷谱，它具有一般性的优势。

11.4.5　塑性状态势能

对于一种多晶金属材料，宏观比自由能的非弹性部分 ψ_{in} 可写成是团簇内全部晶粒非弹性势能 ψ_{in}^g 之和：

$$\psi_{\text{in}} = \sum_{g=1}^{N_g} \psi_{\text{in}}^g \tag{11.26}$$

状态势能 $\rho\psi_{\text{in}}^g$ 的晶粒非弹性部分表示为晶间随动硬化和晶内各向同性硬化的内部状态变量的四次函数：

$$\rho\psi_{\text{in}}^g = \frac{1}{3}C^g \underline{\underline{\beta}}^g \underline{\underline{\beta}}^g + \frac{1}{2}\sum_{r=1}^{n}\sum_{s=1}^{n} \boldsymbol{H}_{rs} Q^s \tilde{q}^r \tilde{q}^s \tag{11.27}$$

式中：Q^s 为晶体滑移系的晶间各向同性硬化模量；硬化作用矩阵 $\boldsymbol{H}_{rs}$ 用来描述位错-位错相互作用，允许引入系统 s 的滑移对系统 r 的硬化过程的交叉影响，不论它们是否属于同一类。另外，对于一些 FCC 的金属材料，只考虑了八面体滑移（12×12 矩阵），但是，对于其他材料如镍基单晶在高温条件下，要同时考虑立方滑移和八面体滑移，即 18×18 矩阵。另一方面，对于 BCC 的情况，如前所述，其 $\boldsymbol{H}_{rs}$ 矩阵是 24×24 的。本书随后给出的该模型的所有应用实例仅考虑 FCC 多晶金属材料的情况，因此，选择了一个简单的 12×12 的矩阵，而忽略了立方滑移。

双重变量（载荷相关的热力学变量）$\underline{\underline{x}}^g$、$R^s$ 和 Y_{in}^s（状态定律）可从式(11.27)推导出，如下式：

$$\underline{\underline{x}}^g = \rho\frac{\partial \psi_{\text{in}}^g}{\partial \underline{\underline{\beta}}^g} = \frac{2}{3}C^g \underline{\underline{\beta}}^g \tag{11.28}$$

需要注意，如上所述，在实际的微观力学模型中，内部变量 $\underline{\underline{\beta}}^g$ 不直接受损伤的影响。

晶内损伤耦合的各向同性硬化变量可按照如下公式推导：

$$R^s = \rho\frac{\partial \Psi_{\text{in}}^g}{\partial q^s} = Q^s\sqrt{1-d^s}\sum_{r=1}^{n} \boldsymbol{H}_{rs} q^r \sqrt{1-d^r} \tag{11.29}$$

热动力 Y_{in}^s（局部损伤非弹性能）在 CSS 层面与损伤变量 d^s 相关，仅考虑晶内各向同

性硬化效应,它如下式所定义:

$$\bar{Y}^s_{\text{in}} = -Y^s_{\text{in}} = \rho \frac{\partial \Psi^g_{\text{in}}}{\partial d^s} = \frac{\tilde{R}^s \tilde{q}^s}{1 - d^s} \tag{11.30}$$

11.4.6 新局部损伤准则

本小节将给出一个新局部损伤准则的提法,来描述载荷谱的复杂程度对多晶金属疲劳寿命的影响。假定当累积滑移取得一个特定的阈值时,损伤萌生在局部尺度发生。我们前期进行的一些数学模拟显示,除了针对立方对称,以一种特殊方式生成的一种 48 个晶粒的特殊分布外(即它们的晶粒位于简单滑移的位置),对于一些随机的晶体分布(晶粒团簇),该模型在描述载荷谱对疲劳寿命的影响时存在特定的局限性,它表明,在加载过程中,损伤非弹性能释放速率 Y^s_{in} 、每个系统的累积滑移 λ^s 和互作用损伤矩阵 $\boldsymbol{D}_{rs}$ 之间存在竞争现象。因此,载荷谱的复杂性对硬化行为和 Y^s_{in} 演化有显著的影响,换句话说,外加载荷谱越复杂,晶内各向同性硬化效应随损伤能 Y^s_{in} 成比例增加。但是,由于材料进一步被加工硬化,累积滑移 λ^s 会明显减少,这种情况下,原有的阈值的概念 γ^s_{th} 不足以正确考虑载荷谱的复杂性对疲劳寿命的影响。举一个典型的实例,对于一些随机晶体分布(晶粒团簇),对比拉-压(单轴载荷)和 90°反相角的拉-扭(双轴载荷)条件下,预测的疲劳寿命的差异大概为 25%,但是,在 Waspaloy 合金中,其试验结果超过了 600%。

为了克服这种理论缺陷,需要对晶内损伤萌生进行重新定义,因此,提出了一个新的晶内损伤准则,它不仅依赖于外加载荷的复杂程度,而且依赖于 λ^s ,因此,考虑了一个给定晶粒团簇内的活动滑移系的数量。为了证明新准则的合理性,试验结果表明,对于不同行业使用的很多工程用金属和合金材料,如镍基合金、316L 不锈钢等,活动滑移系的数量随载荷谱的复杂程度成比例增长。因而引入了一个新的比率参量(N_{sp}/N_{st}),其中, N_{sp} 为活动滑移系的数量, N_{st} 为可能被激活的滑移系的总数量(对于 BCC, N_{st} = 24 ×RVE 内的晶粒数量;对于 FCC, N_{st} = 12 ×RVE 内晶粒的总数量),于是,通过施加如下条件,疲劳中新的晶内损伤萌生行为就会被启动:

$$\left(1 - \frac{N_{sp}}{N_{st}}\right)^{-\alpha} \gamma^s_0 \leqslant \lambda^s \tag{11.31}$$

它还可以写成:

$$\gamma^s_{th} \leqslant \lambda^s \tag{11.32}$$

其中

$$\gamma^s_{th} = \left(1 - \frac{N_{sp}}{N_{st}}\right)^{-\alpha} \gamma^s_0 \tag{11.33}$$

式中: γ^s_{th} 为依赖于累积滑移和外加载荷谱复杂程度的新损伤准则,该准则下,局部损伤不会发生; γ^s_0 为团簇内的参照滑移,假定其对于所有滑移系都是相同的; α 为一个模型特征参数,保证不同外加载荷谱条件下记录的疲劳寿命之间差异的相关性,需要再次强调的是,该方法中,发生在晶界处的所有类型的损伤都完全被忽略了。

对于一个给定的晶粒团簇和载荷类型(x),参数 α 可通过如下程序识别出来:一旦累积塑性应变 $\gamma^s(x)$ 达到其阈值 γ^s_{th} ,某晶粒内的晶内损伤即开始萌生,该阈值定义如下:

$$\gamma^s(x)=\left(1-\frac{N_{sp}(x)}{N_{st}}\right)^{-\alpha}\gamma_0^s \tag{11.34}$$

式中：$N_{sp}(x)$ 为载荷 x 条件下，团簇内活动滑移系的数量。

将式(11.34)线性化以后，可得出如下关系式：

$$\ln[\gamma^s(x)]=-\alpha\ln\left[1-\frac{N_{sp}(x)}{N_{st}}\right]+\ln\gamma_0^s(x) \tag{11.35}$$

需要启动 d^s 的周次是很重要的问题，基于试验观察，该问题可相应得到解决。识别了与弹性-非弹性行为相关的参数后，应该利用已知的试验数据进行一些数学模拟，这些模拟可用于估算损伤萌生之时、每个循环载荷的累积滑移 $\gamma^s(x)$ 和 $N_{sp}(x)$，与每个循环载荷 x 相关的 $\gamma^s(x)$ 的值即可得到，系数 α 因此可直接确定为一系列点形成的线性关系的斜率，其中每个点的坐标通过 $\left(\ln\left[1-\frac{N_{sp}(x)}{N_{st}}\right],\ln\gamma_0^s(x)\right)$ 给出，并且 $\ln\gamma_0^s(x)$ 是该线上直到 0 的坐标。

11.4.7　耗散势能

确定了晶间随动 $\underline{\underline{x}}^g$ 和晶内各向同性硬化 R^s、以及损伤非弹性能量释放 Y_{in}^s 相关的载荷变量以后，分别通过内部状态变量 $\dot{\underline{\underline{\beta}}}^g$、$\dot{q}^s$ 和 $\dot{d}^s$ 的速率公式完善该提法。从局部非弹性流变的观点出发，采用一种阈值的概念确定局部非弹性流变，因此，通过为每个滑移系引入一个弹性域 $\tilde{f}^s$（局部屈服表面），同时引入耗散势能 $\tilde{F}^s$ 来考虑非相关塑性的情况，从而可得到这些状态变量的变化速率。需要注意，通过非弹性势能 $\tilde{F}^s$，可引入晶间随动和晶内各向同性硬化的非线性特征，对于局部非弹性流变，一旦一个滑移系的剪切应力分量的绝对值 $|\tau^s|$ 大于实际流变表面半径 $|\tilde{R}^s+k_0^s|$ 时，该滑移系即被激活，如果应力和硬化变量已知，即可得出滑移速率。因此，对于每个存在损伤的局部屈服表面的滑移系弹性域可表述为：

$$\tilde{f}^s=|\tau^s|-\tilde{R}^s-k_0^s \tag{11.36}$$

式中：k_0^s 为临界剪切应力分量（摩擦应力）的初始值。

对每个系统，晶内损伤-非弹性耗散势能可写成：

$$\tilde{F}^s=\tilde{f}^s+\frac{3a^g}{4C^g}\underline{\underline{x}}^g:\underline{\underline{x}}^g+b^sq^s\tilde{R}^s+\sum_{r=1}^{n}\boldsymbol{D}_{rs}\frac{S^s}{S_0^s+1}\left(\frac{\bar{Y}^s}{S^s}\right)^{S_0^s+1}\frac{H(\lambda^s-\gamma_{th}^s)}{(1-d^s)^{w^s}}\left(\frac{\bar{Y}^r}{S^r}\right)^{S_0^s+1}\frac{H(\lambda^r-\gamma_{th}^r)}{(1-d^r)^{w^s}} \tag{11.37}$$

式中：a^g 和 b^s 分别为描述晶间随动硬化和晶内各向同性硬化的材料参数；S^s、S_0^s、w^s 和 γ_{th}^s 为 CSS 层面反映损伤机制的材料常数；$H(\lambda^s-\gamma_{th}^s)$ 为 Heaviside 函数，$\lambda^s<\gamma_{th}^s$ 时等于 0，$\lambda^s\geq\gamma_{th}^s$ 时等于 1。如上所述，参数 γ_{th}^s 代表式(11.33)给出的新损伤准则，它度量 CSS 层面位错塞积的累加。采用损伤交互作用矩阵 $\boldsymbol{D}_{rs}$，描述系统 s 的损伤状态对同一晶粒的相邻系统 s 的损伤演化的交叉影响，在 FCC 的情况，该损伤矩阵是 12×12 的，与硬化互作用矩阵 $\boldsymbol{H}_{rs}$ 一样。仅聚焦于图 11.2 中利用扫描电子显微镜观察到的晶内开裂（Waspaloy 合金）和试样外表面的复型观察结果，发现裂纹萌生于一些滑移带内，一个微裂纹不会沿滑移带的整体长度同时发生，而是局限在滑移带的一部分，裂纹在滑移带内萌生后，在一

个晶粒内从一个滑移带向另一个滑移带锯齿状扩展,该观察结果(锯齿状开裂)可通过微裂纹交互作用现象给与解释。这也说明了在晶内损伤演化中引入损伤交互作用矩阵 $\boldsymbol{D}_{rs}$ 的合理性,为简单起见,假设 $\boldsymbol{D}_{rs}$ 只有两个不同的参数:代表自损伤交互作用的对角项(等于1)和描述同一晶粒内不同系统层面的损伤演化交互作用的非对角项。

12×12 损伤交互作用矩阵 $\boldsymbol{D}_{rs}$ 定义如下:

$$\boldsymbol{D}_{rs}=\begin{bmatrix} d_1 & d_2 & d_2 & d_2 & d_2 & d_2 & d_2 & d_2 & d_2 & d_2 & d_2 & d_2 \\ d_2 & d_1 & d_2 & d_2 & d_2 & d_2 & d_2 & d_2 & d_2 & d_2 & d_2 & d_2 \\ d_2 & d_2 & d_1 & d_2 & d_2 & d_2 & d_2 & d_2 & d_2 & d_2 & d_2 & d_2 \\ d_2 & d_2 & d_2 & d_1 & d_2 & d_2 & d_2 & d_2 & d_2 & d_2 & d_2 & d_2 \\ d_2 & d_2 & d_2 & d_2 & d_1 & d_2 & d_2 & d_2 & d_2 & d_2 & d_2 & d_2 \\ d_2 & d_2 & d_2 & d_2 & d_2 & d_1 & d_2 & d_2 & d_2 & d_2 & d_2 & d_2 \\ d_2 & d_2 & d_2 & d_2 & d_2 & d_2 & d_1 & d_2 & d_2 & d_2 & d_2 & d_2 \\ d_2 & d_2 & d_2 & d_2 & d_2 & d_2 & d_2 & d_1 & d_2 & d_2 & d_2 & d_2 \\ d_2 & d_2 & d_2 & d_2 & d_2 & d_2 & d_2 & d_2 & d_1 & d_2 & d_2 & d_2 \\ d_2 & d_2 & d_2 & d_2 & d_2 & d_2 & d_2 & d_2 & d_2 & d_1 & d_2 & d_2 \\ d_2 & d_2 & d_2 & d_2 & d_2 & d_2 & d_2 & d_2 & d_2 & d_2 & d_1 & d_2 \\ d_2 & d_2 & d_2 & d_2 & d_2 & d_2 & d_2 & d_2 & d_2 & d_2 & d_2 & d_1 \end{bmatrix} \tag{11.38}$$

利用广义正交法则,演化定律如下:

1. 在晶粒尺度上

晶粒非弹性应变可按下式导出:

$$\underline{\underline{\varepsilon}}_{\text{in}}^{g}=\sum_{s=1}^{n}\dot{\lambda}^{s}\frac{\partial F^{s}}{\partial \underline{\underline{\sigma}}^{g}}=\sum_{s=1}^{n}\frac{\dot{\lambda}^{s}}{\sqrt{1-d^{s}}}\operatorname{sign}(\tau^{s})\ \underline{\underline{m}}^{s} \tag{11.39}$$

其中

$$\dot{\gamma}^{s}=\dot{\lambda}^{s}\operatorname{sign}(\tau^{s}) \tag{11.40}$$

$$\underline{\underline{\varepsilon}}_{\text{in}}^{g}=\sum_{s=1}^{n}\frac{\dot{\gamma}^{s}}{\sqrt{1-d^{s}}}\underline{\underline{m}}^{s} \tag{11.41}$$

晶间随动硬化表述为

$$\dot{\underline{\underline{\beta}}}^{g}=-\sum_{r=1}^{n}\dot{\lambda}^{s}\frac{\partial F^{s}}{\partial \underline{\underline{x}}^{g}}=\underline{\underline{\varepsilon}}_{\text{in}}^{g}-a^{g}\underline{\underline{\beta}}^{g}\sum_{s=1}^{n}\dot{\lambda}^{s} \tag{11.42}$$

式中:$\dot{\gamma}^{s}$ 为滑移速率。

须注意,当式(11.42)中的 $a^{g}\neq 0$ 时,该式给出了 $\underline{\underline{\beta}}^{g}$ 的一个非线性演化法则;但是,当 $a^{g}=0$ 时,即 $\dot{\underline{\underline{\beta}}}^{g}=\underline{\underline{\varepsilon}}_{\text{in}}^{g}$,该式即为 Kroner 法则相互作用定律。

2. 在 CSS 尺度

损伤耦合晶内各向同性硬化变量的变化率为

$$\dot{q}^{s}=-\sum_{r=1}^{n}\dot{\lambda}^{r}\frac{\partial \tilde{F}^{r}}{\partial R^{r}}=\frac{\dot{\lambda}^{s}}{\sqrt{1-d^{s}}}(1-b^{s}q^{s}) \tag{11.43}$$

晶内损伤演化为

$$\dot{d}^s = \dot{\lambda}^s \frac{\partial \tilde{F}^s}{\partial Y_{\text{in}}^s} = \dot{\lambda}^s \left(\frac{\overline{Y}_{\text{in}}^s}{S^s}\right)^{S_0^s} \frac{H(\lambda^s - \gamma_{th}^s)}{(1-d^s)^{w^s}} \sum_{r=1}^{n} \boldsymbol{D}_{rs} \left(\frac{\overline{Y}_{\text{in}}^r}{S^r}\right)^{S_0^s+1} \frac{H(\lambda^r - \gamma_{th}^r)}{(1-d^r)^{w^s}} \tag{11.44}$$

在黏塑性的框架内,每个滑移系的伪乘子 $\dot{\lambda}^s$ 的值是到屈服点距离(用阈值 $\tilde{f}^s$ 定义)的指数函数:

$$\dot{\lambda}^s = \left\langle \frac{\tilde{f}^s}{K^s} \right\rangle^{z^s} = \left\langle \frac{|\tau^s| - \tilde{R}^s - k_0}{K^s} \right\rangle^{z^s} \tag{11.45}$$

式中:K^s 和 z^s 为描述材料局部黏性效应的材料常数。值得强调的是,由于速率无关(塑性)模型(认为在滑移系尺度的塑性流变是与速率无关的)在数学应用中不具备唯一性,因此采用速率相关滑移解决此数学困难,该方法之前已被一些研究人员所采用。虽然已开发的模型是一种速率相关(黏塑性的)类型的,但实际应用中,速率无关的情况可通过选取高的黏性指数 z^s 值和低的系数 K^s 值获得,黏性效应可以最小化,也就是说,一种低的恒定的黏性应力 σ_v^s 可通过下式获得:

$$\sigma_v^s = K^s |\dot{\gamma}^s|^{1/z^s} \tag{11.46}$$

11.4.8　内耗散的正值化

根据热力学第二定律,每个活动滑移系的体积内耗散 $\mathcal{I}_{\text{Dis}}^s$ 都应该是正的,假定在损伤耗散 I_d^s 和非弹性耗散 $\mathcal{I}_{\text{in}}^s$ 之间分配,其中的两个量 $\mathcal{I}_{\text{Dis}}^s = \mathcal{I}_d^s + \mathcal{I}_{\text{in}}^s$ 可由下式表达:

$$\mathcal{I}_d^s = \overline{Y}_{\text{in}}^s \dot{d}^s \geqslant 0 \tag{11.47}$$

$$\mathcal{I}_{\text{in}}^s = \tau^s \dot{\gamma}^s + R^s \dot{q}^s \geqslant 0 \tag{11.48}$$

$\overline{Y}_{\text{in}}^s$ 通常都为正,根据这个事实,式(11.47)中的不等式说明 $\dot{d}^s \geqslant 0$,这意味着晶内损伤 $\dot{d}^s$ 不会减小。

只要常数 $b^s Q^s$ 和 k_0^s 为正,式(11.48)中的不等式即成立。

11.4.9　均匀化

很明显,整体性能是晶粒性能的函数,因此,每个晶粒都被认为是不同的,嵌入在一种均匀等效的介质中,该介质具有所有晶粒的平均响应特征。这种前提下,整体非弹性应变速率张量通过微观-宏观方法得到,即该层面不存在状态变量。因此,宏观柯西应力张量 $\underline{\underline{\boldsymbol{\Sigma}}}$ 也通过均匀化过程导出,作为所有活动的滑移系贡献量的总和,确定了晶粒非弹性应变速率后,利用著名的依赖于晶粒非弹性应变速率的平均化程序,实现从单晶到多晶响应的过渡。值得注意的是,对于均匀弹性介质,已经证明(Mandel,1965;Bui,1969),整体应力 $\underline{\underline{\boldsymbol{\Sigma}}}$ 是晶粒应力 $\underline{\underline{\boldsymbol{\sigma}}}^g$ 的简单平均,但是,对于整体非弹性应变就有所不同,这种情况下,平均化程序通常并非简单平均,而是涉及局部化张量(Mandel,1971)。不管怎样,对于具有均匀弹性的弹性-非弹性行为,整体非弹性应变速率 $\underline{\underline{\dot{E}}}_{\text{in}}$ 可作为晶粒非弹性应变速率 $\underline{\underline{\dot{\varepsilon}}}_{\text{in}}^g$ 的平均值被计算出来(Bui,1969),更精确地来看,在一个单相多晶体的特殊情况下,如本章中,整体非弹性应变速率就等于晶粒应变速率 $\underline{\underline{\dot{\varepsilon}}}_{\text{in}}^g$(Mandel,1971),整体非弹性应变的变化率即可通过如下均匀化程序确定:

$$\underline{\underline{\dot{E}}}_{\text{in}} = \sum_{g=1}^{Ng} v^g \underline{\underline{\dot{\varepsilon}}}_{\text{in}}^g \tag{11.49}$$

式中：v^g 为相同取向晶粒的体积分数。

如上所述，由于耦合弹性行为在整体尺度上进行计算，因此，应该使用损伤的宏观量度 D^T，这可通过使用损伤晶粒 $N_D^{g'}$ 和其中相同取向的损伤晶粒的体积分数 $v_D^{g'}$ 的概念实现，这样就会导致 $v_D^{g'} \leqslant v^g$。同样的概念也仅被用于局部损伤发生在其层面的滑移系 n' 上：

$$\dot{D}^T = \sum_{g=1}^{N_D^{g'}} v_D^{g'} \sum_{s=1}^{n'} \frac{\dot{d}^s}{n'} \tag{11.50}$$

整体损伤萌生准则的复杂性是不可否认的，特别是在微观力学的方法中，因此，损伤晶粒和损伤系统的概念似乎是定义一种宏观裂纹萌生准则的合理的方式。

11.5 小　　结

受损伤驱动的各向异性诱导行为是本章的重点，基于对低周疲劳过程，提出了速率无关小应变塑性行为的微观力学模型，介绍了一个与累积滑移和外加载荷谱相关的新准则。在滑移尺度引入损伤变量以后，利用有效状态变量的概念完善了弹性-非弹性耦合损伤行为，这些状态变量是通过能量守恒的假设来定义的。提出了损伤活化/钝化的问题，并利用投影数学算子在宏观尺度进行处理，利用这些算子能够描述多轴循环载荷条件下的损伤钝化效应，并解释了损伤所致的各向异性。

参考文献

A. Abdul-Latif, M. Chadli, Modeling of the heterogeneous damage evolution at the granular scale in polycrystals under complex cyclic loadings. Int. J. Damage Mech. 16, 133-158(2007)

A. Abdul-Latif, B. S. T. Mounounga, Damage deactivation modeling under multiaxial cyclicloadings for polycrystals. Int. J. Damage Mech. 18, 177-198(2009)

A. Abdul-Latif, V. Ferney, K. Saanouni, Fatigue damage of the Waspaloy under complex loading. ASME J. Eng. Mat. Tech. 121, 278-285(1999)

M. Berveiller, A. Zaoui, An extension of the self-consistent scheme to plasticity flowing polycrystals. J. Mech. Phys. Solids 26, 325(1979)

H. D. Bui, Étude de l'Évolution de la Frontière du Domaine Élastique avec l'Écrouissage et Relations de Comportement Elastoplastique de Métaux Cubiques, Thèse de Doctoratès Sciences, Paris, 1969

J. L. Chaboche, Development of continuum damage mechanics for elastic solids sustaining anisotropicand unilateral damage. Int. J. Damage Mech. 3, 311(1993)

K. Dang Van, Sur la Resistance à la Fatigue des Materiaux. Sciences et Techniques del'Armement, 47, Mémorial de l'Artillerie Franc, aise, 3ème Fascicule, 1973

P. Germain, Q. S. Nguyen, P. Suquet, Continuum thermodynamics. J. Appl. Mech. 105, 1010(1983)

A. L. Gurson, Continuum theory of ductile rupture by void nucleation and growth-part Ⅰ. Yieldcriteria and flow rules for porous ductile media. J. Eng. Mat. Technol. 99, 2-15(1977)

N. R. Hansen, H. L. Schreyer, Damage deactivation. ASME J. Appl. Mech. 62, 450(1995)

J. W. Ju, On energy-based coupled elastoplastic damage theories: constitutive modeling and computational aspects. Int. J. Solids Struct. 25, 803(1989)

B. A. Lerch, N. Jayaraman, S. D. Antolovich, A study of fatigue damage mechanisms in Waspaloyfrom 25 to 800_ C. Mater. Sci. Eng. 66, 151(1984)

J. Mandel, Une Généralisation de la Théorie de la Plasticité de W. T. Koiter. Int. J. Solids Struct. 1, 273(1965)

J. Mandel, Plasticité Classique et Viscoplasticité. Cours CISM, vol. 97(Springer, Udine, 1971)

T. Mura, Micromechanics of Defects in Solids(MartinusNijhoff, 1982)

M. W. Parsons, K. L. Pascoe, Observations of surface deformation, crack initiation and crackgrowth in low-cycle fatigue under biaxial stress. Mat. Sci. Eng. 22, 31(1976)

P. Pilvin, Approches Multiéchelles pour la Prévision du Comportement Anélastique des Métaux, Ph. D. Thesis, Université Paris VI, Paris, France, 1990

K. Tanaka, T. Mura, A dislocation model for fatigue crack initiation. ASME J. Appl. Mech. 48(1981)

V. Tvergaard, On localization in ductile materials containing spherical voids. Int. J. Fract. 18, 237-252(1982)

第12章 单晶和多晶体塑性的主要方法概述

Esteban P. Busso

摘　要

本章简述了不同的连续体力学方法,这些方法用于描述单晶或多晶金属材料中单个晶粒的变形行为,阐述了基于物理学的晶体塑性方法在理解损伤萌生和演化机制中的关键作用。接下来,讨论了晶态固体中描述尺寸效应的主应变梯度本构方法。最后,给出了一些典型实例展示了在FCC多晶材料中,局部应力-应变场在晶间损伤萌生和扩展机制中的作用。

12.1 概　　述

很好理解的是,控制材料的物理和力学性能的宏观现象,来源于其内在的显微组织、化学和相的组成、显微组织形貌和特征长度,如晶粒尺寸或平均位错间距对材料的性能和行为具有显著的影响。另外,在典型服役的热和机械载荷条件下,材料的微观组织演化与它所决定的长时性能同等重要,这包括内部缺陷(或损伤)如孔洞、晶间或穿晶裂纹的演化和长大,这一般会带来一种限寿的组织状态。识别显微组织和宏观行为之间的基于物理学的关系,是工程师、材料科学家和物理学家面临的重要课题之一,它也已经成为最近研究工作的中心,一个统一的目标就是开发基于物理学的材料分析和计算模拟工具,瞄准科学研究,并补充传统理论和试验方法。分析理论的强大在于它们能够将一个固体的基本组成单元(如电子、原子、晶格缺陷、单个晶粒)的复杂集体行为,简化成诱因和效果之间的综合性关系。计算方法,如基于多尺度材料模拟技术的方法,有利于补充连续体和原子分析方法,在过渡(显微组织)尺度上,如连续体和原子之间的尺度,连续体方法无法使用,而原子方法受到其固有的时间和长度方面的限制(Ghoniem 等,2003)。

过渡理论框架和模拟技术正在开发中,从而弥补如上所述两种长度极限之间的空白,例如,弹性范围以上的变形一般采用合适的本构方程来描述,而连续体力学中这种关系的实现,一般都依赖于一种固有的假设,即材料性能在整个固体内连续变化。但是,与微观组织如位错花样或变形相关的特定不均匀性,在连续体力学提供的框架内不能很好地描述,新的前沿应用领域需要全新尖端的、用于设计和性能预测的物理方法。因此,不仅在推动计算材料设计,而且在缩减开发成本和生产周期方面,理论和模拟正起着前所未有的作用,在最近十年,发生了从复制已知材料的已知性能,向模拟可能的合金行为的转变,作为一种先导,去发现具备这些性能的真实材料。

在高回报、高风险技术中,如航空工业和核工业界大型结构件的设计技术中,老化和环境对失效机制的影响不能保留在保守方法中，目前，在这些领域内，越来越多的工作集中在开发多尺度材料模拟的方法，来研发新的合金和材料体系。为证实模型可准确预测每个长度尺度上的行为，合适的验证试验也是非常关键的，从而保证不同方法之间关联的直接有效。

当材料尺寸逐渐变小，它的变形抗力越来越取决于内部或外部的不连续性（例如，表面、晶界、位错胞壁）。Hall-Petch 关系被广泛用来解释晶粒尺寸效应，虽然该关系的基础与晶界处的位错塞积严格关联；最近对晶粒尺寸为 10~70nm 量级的纳米晶材料的试验研究表明，材料比从 Hall-Petch 关系预测的更弱，因此，单个晶粒内界面或晶界和滑移机制之间的相互作用，会导致其变强或变弱，这与它们的相对尺寸有关，虽然对塑性变形不均匀性的试验研究并不算新，但这些研究的重要性直到近期才被认识到。与这些变形花样（例如，位错胞的典型尺寸、驻留滑移带（PSB）内的梯级间距，或者粗大剪切带之间的间距）相关的长度尺度控制着材料的强度和韧性，由于采用原子模拟或连续体理论，都不太可能在一种平均意义上将这类微观组织均匀化，所以需要提出新的中间尺度的方法。

除了愈发强大高端的计算机硬件和软件的发展，上面所述的问题也推动了材料模拟方法的发展，新的概念、理论和计算工具在持续发展，使得对不同微观尺度上的变形现象的预测结果得以关联起来。本章的目标是，简要概述这些不同的方法，用来处理晶粒/单晶尺度上塑性行为的连续损伤模拟的问题。特别强调的是，基于物理学的晶体塑性方法在提高对局部应力应变场的理解中所起的关键作用，在多晶金属材料中，这些应力应变场被认为是晶粒尺度损伤萌生和演化的先导，还给出了一些代表性的例子，采用单晶理论去预测多晶的行为。

12.2　边值问题的连续体离散化

本部分中，首先将会给出连续损伤力学主框架，用于描述材料在局部（例如，单相或晶粒层面）尺度上的非线性变形行为，重点介绍晶体塑性和应变梯度塑性研究中的最新进展。

整篇中都将采用标准张量符号，除非另有说明，向量将用黑体小写字母表示，二指数张量用黑体大写字母表示，四指数张量用斜体大写字母表示。

在通用的边值问题（BVP）里，受外力和指定位移作用的某物体的变形，由以下几个方面决定：①平衡方程；②本构方程；③边界条件；④初始条件。当平衡方程和边界条件并入虚功原理中时，可获得边值问题的“弱”形式，这种“弱形式”形成了获取变形问题的数学解的基础，例如，通过有限元的方法获取。因此，在准静态 BVP 的连续体损伤力学拉格朗日提法中，虚功原理是一种工具，通过它可得到全局平衡方程。

接下来给出通用的 Galerkin 型离散化框架的基本特点，假定变形的框架中占据体积 V 的一个结构，在其边界上承受外力和位移 $\boldsymbol{\Gamma}_b$，考虑到体积力和惯性效应，用于该结构的虚功原理，其速率形式满足如下方程：

$$\int_V \sigma : \delta\dot{\varepsilon}\mathrm{d}V - \int_{\Gamma_b} \boldsymbol{t} \cdot \delta\boldsymbol{v}\mathrm{d}\Gamma_b = 0 \tag{12.1}$$

该方程用于任意的与所有运动约束相容的虚速度向量场 $\delta\boldsymbol{v}$，上述方程中，$\boldsymbol{t} = \sigma\boldsymbol{n}_s$ 代表边界牵引力；σ 代表 Cauchy 应力；$\boldsymbol{n}_s$ 代表牵引力所作用表面的法向；$\delta\boldsymbol{v}$ 代表与速度场相关的虚应变速率。

为了对一个复杂的 BVP 进行数学求解，虚功原理的离散化通常采用有限元方法实现，使 $\boldsymbol{v}$ 接近一个单元内的一个材料点，如下式：

$$\boldsymbol{v} = \sum_{i=1}^{N_{\max}} N^i \hat{\boldsymbol{v}}^i \equiv \boldsymbol{N}\hat{\boldsymbol{v}} \tag{12.2}$$

式中：$\hat{\boldsymbol{v}}$ 为单元速度场的节点值；$\boldsymbol{N}$ 为等参数形状函数。将式(12.2)带入式(12.1)，就得到了有限元上虚功原理的离散化形式，$\boldsymbol{V}_e$：

$$\boldsymbol{r}\{\hat{\boldsymbol{v}}\} \equiv \boldsymbol{f}^{\text{int}} - \boldsymbol{f}^{\text{ext}} = 0 \tag{12.3}$$

其中

$$\boldsymbol{f}^{\text{int}} = \int_{V_e} \boldsymbol{B}^T \sigma \mathrm{d}V_e, \quad \boldsymbol{f}^{\text{ext}} = \int_{\Gamma_e} \boldsymbol{N}^T \boldsymbol{t} \mathrm{d}\boldsymbol{\Gamma}_e \tag{12.4}$$

分别是内部和外部全局力向量，$\boldsymbol{B}$ 将对称应变速率向量与 $\hat{\boldsymbol{v}}$ 关联起来，全局平衡方程(式(12.3))代表一套隐式非线性方程，可迭代地使用牛顿型算法将其进行解析。在牛顿-拉弗森(Newton-Raphson)迭代算法中，非线性系统(式(12.3))一般利用 $\hat{\boldsymbol{v}}$ 附近的泰勒系列进行扩展：

$$\boldsymbol{r}\{\hat{\boldsymbol{v}}^k - \delta\hat{\boldsymbol{v}}^k\} = \boldsymbol{r}\{\hat{\boldsymbol{v}}^k\} + \frac{\partial \boldsymbol{r}\{\hat{\boldsymbol{v}}^k\}}{\partial \hat{\boldsymbol{v}}^k}\delta\hat{\boldsymbol{v}}^k + \boldsymbol{O}\{\hat{\boldsymbol{v}}^{k^2}\} \tag{12.5}$$

式中：k 为一次一般迭代；$\partial \boldsymbol{r}/\partial \hat{\boldsymbol{v}}$ 为方程的非线性系统的总切线刚度或雅可比矩阵，总雅可比矩阵的精确估值的提法是大部分数值格式的核心，为复杂本构模型所用的强大算法，提供了连续体方法(例如，见 Crisfield(1997)、Busso 等(2000)以及 Meissonnier 等(2001))。

12.3 单晶体的塑性

本构模型用于预测单晶材料的各向异性行为，其一般遵循希尔(Hill)或晶体学方法，作为常见的特征，它们将材料看成是一个连续体，以便准确描述塑性或黏塑性效应。希尔方法(例如，Schubert 等，2000)基于对 Hill(1950)提出的米塞斯屈服准则的广义化，考虑非平滑屈服或流动势表面，用于描述单晶体的各向异性流变应力行为。利用一种基于显微组织内部状态变量(比如位错密度)的合适的晶体学方法模拟多晶结构，可获得对晶粒间的相互作用和多晶体的变形行为更深入的认识。在基于晶体滑移的本构方法中，宏观应力状态根据 Schmid 定律被分解在每个滑移系上。在以上两种方法中，一般引入一些内部状态变量，去代表变形过程中显微组织状态的演化，虽然两种方法最近的发展已达到了很先进的状态，但主要的改进是通过晶体学模型获得的，这主要是由于它们可以将滑移的复杂微观机制合并在单晶体模型的流变和演化方程中。通常情况下，在基于位错密度的模型中，位错结构的演化通过位错增殖和位错湮灭的过程来描述，还通过位错缠结来描述(Peeters 等，2001；Zikry 和 Kao，1996)，进一步离散化成纯刃型和螺型位错，使得它们各自的作用更显著(Arselins 和 Parks，2001)。例如，刃型和螺型位错与不同的动态回复过程(即刃型位错攀移和螺型位错交叉滑移)相关，一同影响一种变形材料的位错结构演化。另外，当前可通过 X 射线谱线分析来定量表征变形金属中的刃型位错和螺型位错的密度(Kysar 等，2010；Dunne 等，2012)，因此，形成了一个能力强大的工具，在预测的位错密度和测量得到的值之间，不只是可以进行定性比对，更可进行定量的对比。但是，在确定多晶体中晶间和晶内相互作用引起的塑性应变的不均匀分布特征时，刃型位错和螺型位错的作用还不明朗。

下面简要概述局部和非局部晶体塑性方法的显著特征。

12.3.1　局部单晶体方法

当一种基于通用内部变量的晶体学框架的内部变量完全可以通过材料点处的局部微观组织来确定时，它被认为是一种局部的，关于大部分晶体塑性运动学的描述都遵循首次在文献 Asaro 和 Rice(1977)中提出的观点，它已在计算力学的文献中被广泛报道(如 Kalidindi 等，1992；Busso 和 McClintock，1996；Hatem 和 Zikry，2009；Busso 等，2000；Abrivard 等，2012)，它依赖于将总变形梯度 F，乘式分解成一个非弹性项 F^p 和一个弹性项 F^e。

$$F = F^e F^p \tag{12.6}$$

虽然单晶定律能被列入一种同旋框架中，即应力演化在与晶格一起旋转的轴上进行计算，应用最广的方法是假设材料的响应是超弹性的，也就是说，它的行为可从一个势能(即自由能)函数导出，这种势能函数可用格林-拉格朗日弹性张量的应变量度以及相应的客观功共轭(对称)应力，或 Piola-Kirchhoff 第二应力 T 来表示，须注意，柯西应力通过下式与 $\boldsymbol{T}$ 相关联：

$$E^e = \frac{1}{2}(F^{e^T} F^e - 1) \tag{12.7}$$

$$\sigma = \det\{F^e\}^{-1} F^e T F^{e^T} \tag{12.8}$$

单晶体的超弹性响应受下式控制：

$$T = \frac{\partial \Phi\{E^e\}}{\partial E^e} \tag{12.9}$$

式中：$\partial \Phi / \partial E^e$ 为单位参考体积内晶格的亥姆霍兹势能，若假定为小弹性伸长，式(12.9)中的微分结果为

$$T \approx L : E^e \tag{12.10}$$

式中：L 为各向异性线性弹性模量。在速率相关的提法中，非弹性变形梯度的时间变化速率 F^p，与每个滑移系上的滑移速率相关(Asaro 和 Rice，1977)，如下式：

$$\dot{F}^p = \left(\sum_{\alpha=1}^{n_\alpha} \dot{\gamma}^\alpha \boldsymbol{P}^\alpha\right) F^p \quad (\boldsymbol{P}^\alpha \equiv \boldsymbol{m}^\alpha \otimes \boldsymbol{n}^\alpha) \tag{12.11}$$

式中：$\boldsymbol{m}^\alpha$ 和 $\boldsymbol{n}^\alpha$ 为单位向量，定义垂直于滑移系的滑移方向和滑移面。

相比之下，在速率无关的提法中，流变法则基于大家熟知的 Schmid 定律和一个临界剪切应力分量 τ_c^α，而滑移速率与剪切应力分量的时间变化率 $\tau^\alpha(T : \boldsymbol{P}^\alpha)$ 相关，那么，有

$$\dot{\tau}^\alpha = \dot{\tau}_c^\alpha = \sum_{\beta=1}^{n_\alpha} h^{\alpha\beta} \dot{\gamma}^\alpha \quad (\dot{\gamma}^\alpha > 0) \tag{12.12}$$

式中：$h^{\alpha\beta}$ 为滑移硬化矩阵系数，包含了潜在硬化效应。为保证滑移模式的独特性(Anand 和 Kothari，1996；Busso 和 Cailletaud，2005)而对材料性能设置了严格的限制，如潜在硬化，并且由于相关数值运算中存在的困难，所以，速率无关提法的使用在一定程度上受到限制，而且比速率相关的提法受到更多限制。通过校正相应的应变速率敏感性响应，速率相关模型已被成功应用于准速率无关范围内，这使得问题更加复杂，因此，讨论的焦点放在

速率相关的方法上。

式(12.11)中的滑移速率可用函数表示为

$$\dot{\gamma}^{\alpha} = \hat{\dot{\gamma}}^{\alpha}\{\tau^{\alpha}, S_1^{\alpha}, \cdots, S_{m_s}^{\alpha}, \theta\} \tag{12.13}$$

式中:$S_i^{\alpha}(i = 1,2,\cdots,m_s)$ 为滑移系 α 的一套内部状态变量;θ 为绝对温度。一个滑移系内的整体流变应力的实用的通用表达式可通过逆变方程式(12.13)得到,例如,考虑一种有三个滑移阻力($m_s = 3$)的情况,那么,有

$$\tau^{\alpha} = \pm\hat{f}_v^{\alpha}\{\dot{\gamma}^{\alpha}, S_3^{\alpha}, \theta\} \pm c_{\text{dis}} S_1^{\alpha} \pm c_{\text{ss}} S_2^{\alpha} \tag{12.14}$$

式中:c_{dis} 和 c_{ss} 为标度参数;S_1^{α} 和 S_2^{α} 为加和滑移阻力;S_3^{α} 为一个乘积项。这里,考虑加和滑移阻力(S_1^{α} 和 S_2^{α})和乘积滑移阻力 S_3^{α} 之间的显著差异,是由于使用无方向性硬化变量的加和与乘积,而不是基于力学的考虑。如式(12.14)中所示,通过表达滑移系 α 中的流变应力、黏性效应的贡献(式(12.14)中的第一项)和诸如林位错和固溶强化(第二和第三项)引起的耗散(如硬化和回复)机制,可被清晰地识别出来。这些提法的主体依赖于式(12.13)中的指数定律函数,其中,剪切应力分量用一个滑移阻力或硬化函数归一化,这与式(12.14)中的 $S_3^{\alpha} \neq 0$ 和 $S_1^{\alpha} = S_2^{\alpha} = 0$ 相对应,这里引入黏性项和显微组织之间的一种耦合关系,这与大部分强化机制不一致。如 Busso 和 McClintock(1996)及 Cheong 和 Busso(2004)所开展的工作,已经提出了当 $S_1^{\alpha} \neq 0$ 和 $S_2^{\alpha} = S_3^{\alpha} = 0$ 时的流变应力关系式,对受位错结构控制的强化现象进行一种物理意义更丰富的解释,在 FCC 多晶体中的具体应用将在下一部分中讨论,它假设 $S_1^{\alpha} \neq 0$、$S_2^{\alpha} \neq 0$ 和 $S_3^{\alpha} = 0$,这些问题的更详尽的讨论在文献 Busso 和 Cailletaud(2005)中也可看到。

与统计存储林位错类型的障碍相关的整体滑移阻力与单一位错密度之间的关系由下式定义:

$$S_i^{\alpha} = \lambda\mu b^{\alpha}\left(\sum_{\beta} h^{\alpha\beta}\rho_i^{\beta}\right)^{1/2} \quad (i = 1,\cdots,n_s) \tag{12.15}$$

这里,λ 是一个统计系数,考虑从位错的常规空间排列的偏离,b^{α} 代表伯格斯向量的大小,$\boldsymbol{h}^{\alpha\beta}$ 为一个位错相互作用矩阵,定义如下:

$$\boldsymbol{h}^{\alpha\beta} = \omega_1 + (1 - \omega_2)\,\delta^{\alpha\beta} \tag{12.16}$$

式(12.16)中的两项 ω_1 和 ω_2 为相互作用系数,$\delta^{\alpha\beta}$ 为 Kronecker 符号,相应的由林位错引起的总的无热滑移阻力即可根据下式表示:

$$S_{\text{dis}}^{\alpha} = \{(S_1^{\alpha})^r + (S_2^{\alpha})^r + \cdots + S_{n_s}^{\alpha\ r}\}^{1/r} \tag{12.17}$$

使 $r = 1$ 时,可得到滑移阻力的线性总和;使 $r = 2$ 时,得到一个平均二乘值。

为完善该套本构关系式,需要为单一位错密度提出独立的演化方程,并将形成其演化行为基础的位错增殖和湮灭过程考虑进去,每个内部滑移系变量的时间变化率的一般形式可表述为

$$\begin{cases} \dot{\rho}_1^{\alpha} = \hat{\dot{\rho}}_1^{\alpha}\{\dot{\gamma}^{\alpha}, \rho_1^{\alpha}, \rho_2^{\alpha}, \cdots, \rho_{n_s}^{\alpha}, \theta\} \\ \dot{\rho}_2^{\alpha} = \hat{\dot{\rho}}_2^{\alpha}\{\dot{\gamma}^{\alpha}, \rho_1^{\alpha}, \rho_2^{\alpha}, \cdots, \rho_{n_s}^{\alpha}, \theta\} \\ \cdots \\ \dot{\rho}_{n_s}^{\alpha} = \hat{\dot{\rho}}_{n_s}^{\alpha}\{\dot{\gamma}^{\alpha}, \rho_1^{\alpha}, \rho_2^{\alpha}, \cdots, \rho_{n_s}^{\alpha}, \theta\} \end{cases} \tag{12.18}$$

12.3.1.1　应用晶体塑性研究一种 FCC 合金中的晶间损伤

本部分将使用前面描述的经典单晶体框架，研究一种典型 FCC 铝合金中的晶间开裂行为，这里所介绍的工作基于 Pouillier 等(2012)开展的研究，该项工作研究了一种 Al-5% Mg 合金中，塑性对氢致脆性辅助的晶间开裂机制的影响，由于一种主要的强化机制来源于 Mg 存在于固溶体中，所以它是一个合适的案例，来说明使用单晶体塑性研究晶间开裂现象。

铝合金一般通过固溶体中的元素进行强化，在某些特定的微观组织状态下，它对晶间应力腐蚀开裂比较敏感，在这样的合金中，晶界上的 Al3Mg2 相的析出使其晶间断裂的倾向很强，当氢从环境中被吸收进材料中时，它就沿着晶界扩散，弱化了基体-析出相的界面，在局部高应力-应变条件下，这就会引起一种实际的晶间分离机制。因此，这项工作的主要目的是，研究塑性对一种 Al-5%Mg 合金中氢致脆性辅助的晶间开裂机制的影响。

12.3.1.2　用于 FCC 材料的单晶体提法

单晶体模型基于由 Cheong 和 Busso(2004)最先为铜给出的提法以及由 Pouillier 等(2012)最近开展的研究工作。滑移速率 $\dot{\gamma}^\alpha$ 的通用形式由式(12.13)给出，假定其由热激活的位错滑行通过障碍的行为占主导(即，这里主要是指林位错，这是由于所研究的合金在热处理时未导致晶粒内部的 Mg 完全析出)。滑移速率与剪切应力分量 τ^α 相关，通过由 Busso 和 McClintock(1996)以及 Busso 等(2000)提出的指数函数表述：

$$\dot{\gamma}^\alpha = \dot{\gamma}_0 \exp\left[-\frac{F_0}{k\theta}\left\{1-\left\langle\frac{|\tau^\alpha|-S_T^\alpha\mu/\mu_0}{\hat{\tau}}\right\rangle^p\right\}^q\right]\mathrm{sign}(\tau^\alpha) \tag{12.19}$$

该式考虑到了绝对温度 (θ,K) 和激活能的应力相关性。式(12.19)中，F_0 代表温度为 0K 时的亥姆霍兹激活自由能，k 为玻尔兹曼常数，$\dot{\gamma}_0$ 是一个参考滑移速率，$\hat{\tau}$ 为最大滑行阻力，这种阻力下，位错可以在没有热激活的条件下开始活动，另外，μ 和 μ_0 分别是在 θ 时和 0K 时的剪切模量，p 和 q 两个指数描述能量障碍形状和应力轮廓的形状，其与位错和障碍物之间的相互作用有关。

整体滑移阻力对塑性流变的主要贡献 S_T^α，来自固溶体中的 Mg 原子引起的摩擦应力 S_{ss}^α，以及无热滑移阻力 S_{dis}^α。由于假定滑移阻力的贡献是加和的(见式(12.14))，那么，有

$$S_T^\alpha = S_{dis}^\alpha + S_{ss}^\alpha \tag{12.20}$$

注意，式(12.14)给出的广义表达式中的标度参数 c_{dis} 和 c_{ss} 都等于 1。由于热处理过程中仅有非常小的一部分 Mg 原子析出，所以假设固溶体中的 Mg 浓度等于其在材料中的平均浓度，这样，固溶体中 Mg 原子引起的摩擦应力 S_{ss}^α，可基于合金中 Mg 的原子尺寸和浓度计算出来(详见 Pouillier 等，2012)，这与 Saada(1968)提出的一样。无热滑移阻力被表述为

$$S_{dis}^\alpha = \lambda\mu b^\alpha\sqrt{\sum_{\beta=1}^{N} h^{\alpha\beta}\rho_T^\beta} \tag{12.21}$$

其中，一个给定滑移系 β 的整体位错密度 ρ_T^β，从位错结构被离散化成纯刃型和纯螺型的过程中获得，两类位错密度分别为 ρ_e^β 和 ρ_s^β。因此，有

$$\rho_T^\beta = \rho_e^\beta + \rho_s^\beta \tag{12.22}$$

式(12.21)中,λ 和 $h^{\alpha\beta}$ 已在前面的式(12.15)和式(12.16)中定义,单个位错密度的演化方程考虑了 FCC 金属中的位错储藏和动态回复这两个竞争过程,它们可用下式表示(Cheong 等,2004;Cheong 和 Busso,2006):

$$\dot{\rho}_e^{\alpha} = \frac{C_e}{b^{\alpha}}\left[K_e\sqrt{\sum_{\beta=1}^{N}\rho_T^{\beta}} - 2d_e\rho_e^{\alpha}\right]|\dot{\gamma}^{\alpha}| \tag{12.23}$$

并且

$$\dot{\rho}_s^{\alpha} = \frac{C_s}{b^{\alpha}}\left[K_s\sqrt{\sum_{\beta=1}^{N}\rho_T^{\beta}} - \rho_s^{\alpha}\left(\pi d_s^2 K_s\sqrt{\sum_{\beta=1}^{N}\rho_T^{\beta}} + 2d_s\right)\right]|\dot{\gamma}^{\alpha}| \tag{12.24}$$

这里,参数 C_e 和 C_s 描述刃型位错和螺型位错对整体滑移的相对贡献,而 K_e 和 K_s 为与其相对应的平均自由程相关的运动常数。回复过程与参数 d_e 和 d_s 相关,对于刃型和螺型位错,它们代表具有相反符号布拉格向量的位错之间的临界湮灭距离。

除了考虑 Mg 固溶体效应的附加项外,Cheong 和 Busso(2006)开展的关于纯铝的研究工作推动了模型参数的校正。对从多晶体单轴光滑试样上得到的单轴应力-应变拉伸曲线,和采用一个含 100 个晶粒的团簇与单晶体模型预测得到的结果进行对比分析,将其作为一个多晶体验证过程。上述的本构理论应用于有限元方法,进行隐式数值运算的详细信息可在文献 Busso 等(2000)中看到。

12.3.1.3 晶间裂纹观察、应变场测量和局部应力应变场预测

这里,在单个晶粒尺度上,使用充氢拉伸试样,定量研究塑性变形对晶间裂纹萌生机制的影响,建立了一个试验程序,利用数字图像关联技术,在原位 SEM 缺口试样上监测表面应变场的演化,另外,在微米尺度上相关晶粒取向演化的测量可用电子背散射衍射(EBSD)进行,这些测量结果随后与在原位试样观测区域上的局部应变场的有限元预测结果进行了对比,从 EBSD 面图出发,将感兴趣区域晶粒的晶体取向离散化后,用于有限元的分析。

图 12.1 显示了拉伸至 10%伸长率的一个试样的表面特征,可以看出,几个百分比的塑性应变之后,只在预先充氢的试样的一半处,晶间开裂发生在垂直于拉伸方向的晶界上。

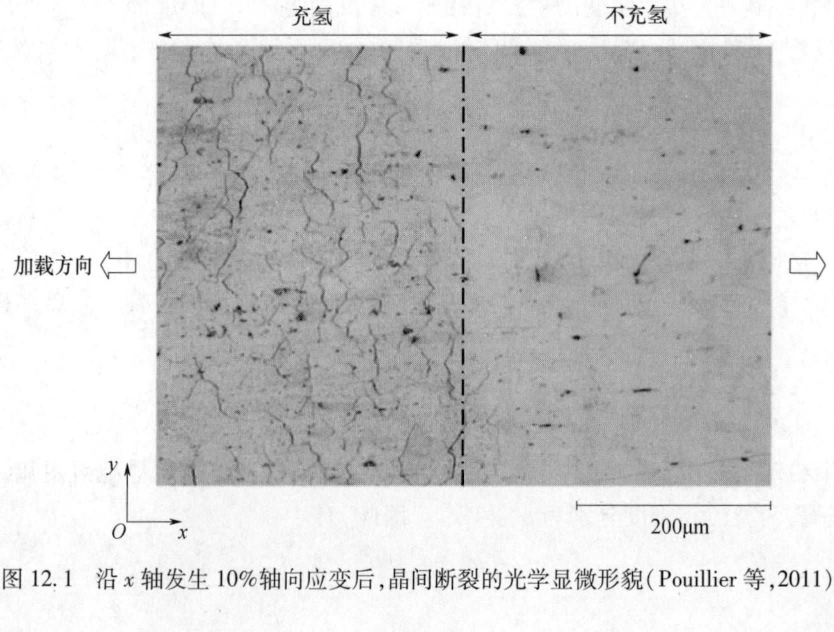

图 12.1 沿 x 轴发生 10%轴向应变后,晶间断裂的光学显微形貌(Pouillier 等,2011)

采用一种优化后的数字图像关联技术,从记录的图片中计算出了表面应变场,为不同分析区域选择合适的视野,以便其进行一系列细观尺度的应变场测量,并提供用于本研究模拟部分所采用的晶体团簇区域的边界条件。

图 12.2(a)和(b)分别显示了施加 0.45%的宏观应变后,测得的和预测得到的经典应变场,图 12.2(c)是图 12.2(a)的区域内的一个 SEM 显微照片,图 12.2(d)给出了当观察到晶界失效的最初迹象时,预测得到的米塞斯应力。应该指出,在图 12.2 中标注的开裂位置 1、2 和 3 处,测得的高水平的轴向应变在很大程度上与真实值有所不同,这是由于在数字图像关联测量过程中,裂纹张开过程引入了扭曲现象。

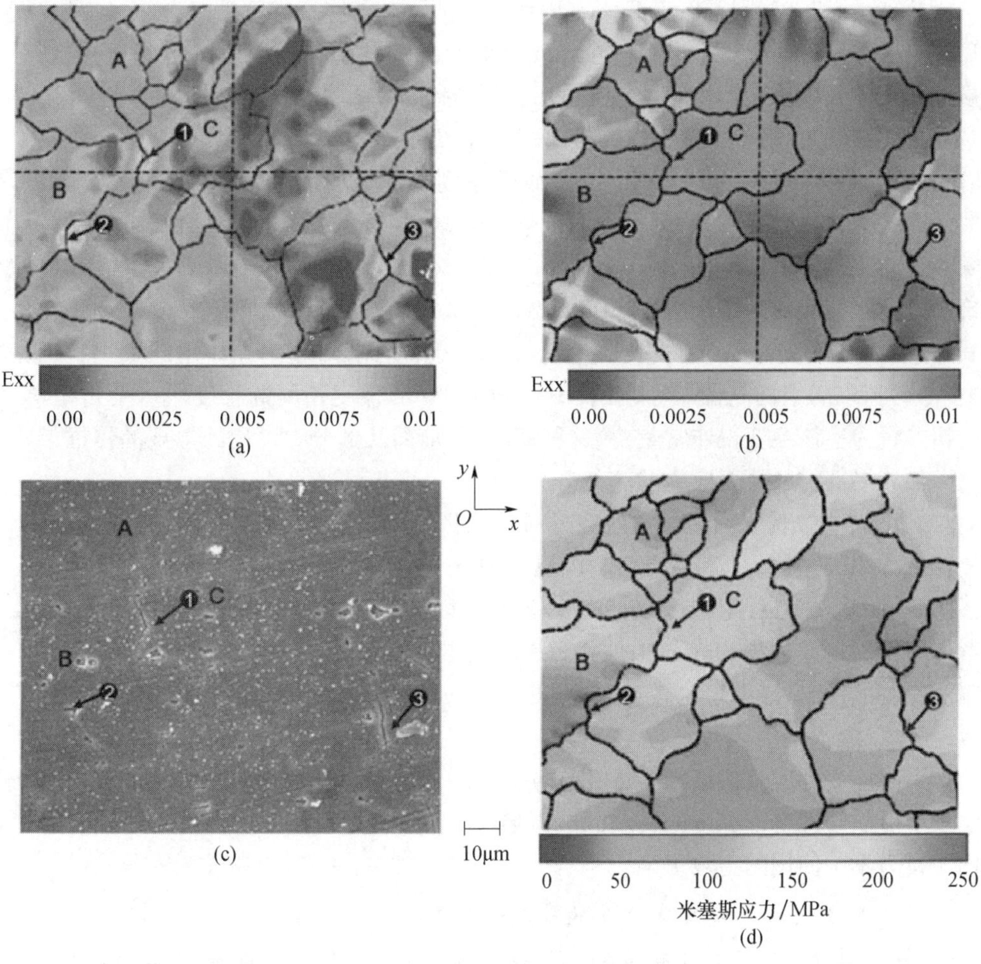

图 12.2　施加 0.45%的宏观应变后,(a)测得的和(b)预测得到的轴向应变场,(c)试验终点(4.5%的外加应变)时,与(a)和(b)相同的区域内的显微图片,(d)0.45%外加应变后预测的米塞斯应力,箭头 1、2 和 3 表示开裂的晶界(加载方向平行于 x 轴;Pouillier 等,2011)(彩图)

这项研究中发现,当局部平均轴向应变低至 0.45%时,晶界开裂发生在垂直于外加拉伸应力的晶界上,另外还发现,失效的晶界位于发生了非常有限的塑性变形的晶粒之间,即使它们嵌入在较大的局部变形区域内。局部晶界牵引力是从一种 Eshelby 模型中分析预测得到的,并将其与从有限元模拟获得的局部垂直牵引力作对比,有限元模拟是利用晶体塑性模拟多晶团簇试样区域,牵引力分析值为 175MPa,从多晶的有限元模型获得的数值预测结果为(170±35)MPa,两者结果比较一致。

从这项工作可以看出,晶体塑性概念可为引起晶界损伤的局部应力-应变场提供准确的理解。

12.3.2 非局部单晶体方法

近年来,在大量的力学和材料问题领域内,对尺寸效应进行分析研究已受到了广泛的关注,大部分处理这些问题的连续体方法和提法都是基于应变梯度的概念的,也是我们所熟知的非局部理论,这是由于,在一个给定材料点的材料行为不仅依赖于其局部状态,还依赖于其相邻区域的变形。该类现象的例子包括颗粒尺寸对复合材料行为的影响(Nan 和 Clarke,1996)、两相单晶材料中的析出相尺寸(Busso 等,2000)、硬度测量值随压头尺寸的增大而增大(Swadener 等,2002)以及薄膜厚度的降低(Huber 和 Tsakmakis,1999)等。大部分情况下,力学性能对长度尺度的依赖性与显微组织、边界条件或载荷类型的特点相关联,它们会引起局部应变梯度。一般而言,在多晶材料中,当主要的几何尺度或显微组织长度尺度驱使应变向小于约 5~10μm 宽的区域发展,而在单晶材料中向 0.1~1.0 量级发展时,局部材料流变应力受真实的应变梯度控制,因此,与起主导作用的微观组织特征(如多晶材料中的平均晶粒尺寸)相比,一旦局部变形梯度相关的长度尺度变得足够大,梯度相关行为应该会变得非常重要,这种情况下,前面几部分中讨论的常规晶体框架将不能正确预测局部材料流变应力的演化。

对晶态固体中观察到的尺寸效应进行的模拟,已经通过在本构框架中添加应变梯度变量得到了解决,要么在流变法则中以显式方法进行(Aifantis,1984,1987),要么在内部滑移系变量的演化方程中进行(Acharya 和 Beaudoin,2000;Busso 等,2000;Bassani,2001),或者借助于高指数边界和界面条件相关的额外自由度(Shu,1998)。在连续体模拟中引入应变梯度的提出,来源于对微观力学进行的多尺度分析,正如在 Ghoniem 等(2003)综述中报道的那样。

得到的应变梯度组成项与 Nye(1953)提出的位错密度张量有关,如后续所论述,位错密度张量可从塑性变形梯度的转动部分计算得出,从而使最终解析出的偏微分方程通常要比经典力学中使用的指数更高。

12.3.2.1 基于内部应变梯度变量的非局部模型

描述应变梯度效应的更具物理作用的连续体方法是本构理论(Arsenlis 和 Parks,2001;Busso 等,2000;Acharya 和 Bassani,2000;Bassani,2001;Cheong 等,2004;Dunne 等,2007),它们依赖于内部状态变量来描述障碍物或者材料内部的位错网络的演化,同时通常直接在滑移系内部变量的演化定律中引入应变梯度效应,而无需更高阶应力,这就需要位错网络,S_{dis}^{α}(见式(12.21)),引起的整体滑移阻力包括来源于统计存储(SS)和几何必需(GN)林位错两方面的贡献。

如式(12.18)中所给出,对于演化定律滑移系内部变量的函数依赖的通用形式,扩展包括了对于 GND 和滑移速率梯度的附加依赖,$\nabla\dot{\gamma}^{\alpha}$,如下:

$$
\begin{cases}
\dot{\rho}_1^{\alpha} = \hat{\dot{\rho}}_1^{\alpha}\{\dot{\gamma}^{\alpha},\rho_1^{\alpha},\cdots,\rho_{n_s+n_G}^{\alpha},\theta\} \\
\vdots \\
\dot{\rho}_{n_s}^{\alpha} = \hat{\dot{\rho}}_{n_s}^{\alpha}\{\dot{\gamma}^{\alpha},\rho_1^{\alpha},\cdots,\rho_{n_s+n_G}^{\alpha},\theta\} \\
\dot{\rho}_{n_s+1}^{\alpha} = \hat{\dot{\rho}}_{n_s+1}^{\alpha}\{\dot{\gamma}^{\alpha},\rho_{n_s+1}^{\alpha},\cdots,\rho_{n_s+n_G}^{\alpha},\nabla\dot{\gamma}^{\alpha},\theta\} \\
\vdots \\
\dot{\rho}_{n_s+n_G}^{\alpha} = \hat{\dot{\rho}}_{n_s+n_G}^{\alpha}\{\dot{\gamma}^{\alpha},\rho_{n_s+1}^{\alpha},\cdots,\rho_{n_s+n_G}^{\alpha},\nabla\dot{\gamma}^{\alpha},\theta\}
\end{cases}
\tag{12.25}
$$

式中：n_s 和 n_G 分别为 SSD 和 GND 类型的数量。

考虑式(12.25)中 $n_s = 2$ 和 $n_G = 2$ 的特殊情况，那么，一个特定滑移系上的总位错密度可定义为

$$
\rho_T^{\alpha} = (\rho_e^{\alpha},\rho_s^{\alpha}) + (\rho_{\mathrm{Gs}}^{\alpha},\rho_{\mathrm{Get}}^{\alpha},\rho_{\mathrm{Gen}}^{\alpha}) \tag{12.26}
$$

式中：$(\rho_e^{\alpha},\rho_s^{\alpha})$ 为式(12.22)中引入的 SS 密度；$(\rho_{\mathrm{Gs}}^{\alpha},\rho_{\mathrm{Get}}^{\alpha},\rho_{\mathrm{Gen}}^{\alpha})$ 为 GND 密度，这里，$\boldsymbol{\rho}_G^{\alpha}$ 为基于一个被投影进局部正交参照系中的数学等效 GND 向量，GND 已被进一步离散化成纯刃型和螺型位错两种组成，其中，$\rho_{\mathrm{Gs}}^{\alpha}$ 代表一套平行于滑移方向 $\boldsymbol{m}^{\alpha}$ 的螺型 GND，$\rho_{\mathrm{Gen}}^{\alpha}$ 和 $\rho_{\mathrm{Get}}^{\alpha}$ 分别代表平行于滑移系法向 $\boldsymbol{n}^{\alpha}$ 和 $\boldsymbol{t}^{\alpha} = \boldsymbol{m}^{\alpha} \times \boldsymbol{n}^{\alpha}$ 的刃型 GND 分量。

GND 的演化可用一个数学等效 GND 密度向量 $\dot{\boldsymbol{\rho}}_G^{\alpha}$ 来表示，该向量被定义后，使其在局部($\boldsymbol{m}^{\alpha},\boldsymbol{n}^{\alpha},\boldsymbol{t}^{\alpha}$)正交参照系中的投影如下(Busso 等,2000;Cheong 等,2004)：

$$
\dot{\boldsymbol{\rho}}_G^{\alpha} = \dot{\rho}_{\mathrm{Gs}}^{\alpha}\boldsymbol{m}^{\alpha} + \dot{\rho}_{\mathrm{Get}}^{\alpha}\boldsymbol{t}^{\alpha} + \dot{\rho}_{\mathrm{Gen}}^{\alpha}\boldsymbol{n}^{\alpha} \tag{12.27}
$$

接下来，根据滑移速率的空间梯度，对每套 GND 的演化定律可从 Nye 位错密度张量 $\boldsymbol{\Gamma}$(Nye,1953)获得：

$$
\boldsymbol{\Gamma} = \mathrm{curl}(\dot{\gamma}^{\alpha}\boldsymbol{n}^{\alpha}\boldsymbol{F}^{p}) = b^{\alpha}(\dot{\rho}_{\mathrm{Gs}}^{\alpha}\boldsymbol{m}^{\alpha} + \dot{\rho}_{\mathrm{Get}}^{\alpha}\boldsymbol{t}^{\alpha} + \dot{\rho}_{\mathrm{Gen}}^{\alpha}\boldsymbol{n}^{\alpha}) \tag{12.28}
$$

在小应变和旋转条件下，式(12.28)可简化成：

$$
\dot{\rho}_{\mathrm{Gs}}^{\alpha} = \frac{1}{b^{\alpha}}\nabla\dot{\gamma}^{\alpha}\cdot\boldsymbol{t}^{\alpha},\ \dot{\rho}_{\mathrm{Get}}^{\alpha} = \frac{1}{b^{\alpha}}\nabla\dot{\gamma}^{\alpha}\cdot\boldsymbol{m}^{\alpha},\ \dot{\rho}_{\mathrm{Gen}}^{\alpha} = 0 \tag{12.29}
$$

利用式(12.26)给出的整体位错密度的定义，即可从式(12.21)确定来自于 SSD 和 GND 的滑移阻力贡献量。

这类理论已显示出了强大的功能，可为微观组织对观测到的宏观现象的影响特征提供深入的物理解释，包括单晶和多晶材料中速率相关的塑性变形和黏塑性行为(Arsenlis 和 Parks,2001;Busso 等,2000;Acharya 和 Bassani,2000)。这些理论另外一个引人注目的方面是，它们相对比较容易进行数值运算，而且不需要高阶应力和附加的边界条件或独立自由度。然而，这类理论的缺陷在于，它们不能描述需要非标边界条件的问题，如文献(Cheong 等,2004)中所述，例如，Shu 等(2001)模拟的边界层问题；而且，在几何必需位错相对统计存储位错占据绝对优势的情况下，这些理论表现出一种网格敏感性(Cheong 等,2004)。

12.3.2.2　基于广义连续体力学非局部模型

基于广义连续体力学的方法有一个共同的特点：将与位错密度张量相关的附加硬化效应考虑了进来，过去 40 年里发展起来的广义晶体塑性模型可分为两类。

第一类中,应变梯度塑性模型要么考虑塑性扭转的转动部分(即塑性转动)、它的整体梯度,要么仅考虑它的对称部分的梯度(Steinmann,1996;Fleck 和 Hutchinson,1997;Gurtin,2002;Gurtin 和 Anand,2009)。

第二类涉及广义连续体理论,包含附加的自由度,考虑晶体三组元指向矢的转动部分或整体变形,以及它们的梯度对硬化行为的影响,如 Cosserat 模型(Forest 等,2001;Clayton 等,2006),以及基于微态理论的模型(Eringen 和 Claus,1970;Bammann,2001;Cordero 等,2010,2012a,b)。

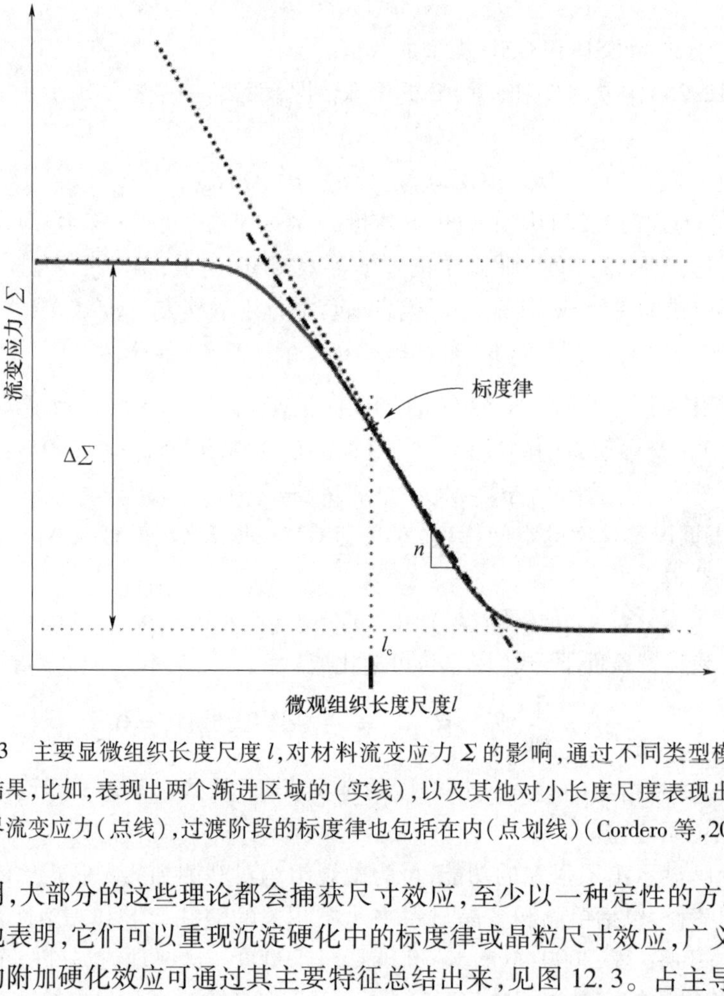

图 12.3　主要显微组织长度尺度 l,对材料流变应力 Σ 的影响,通过不同类型模型预测的结果,比如,表现出两个渐进区域的(实线),以及其他对小长度尺度表现出的一种无界流变应力(点线),过渡阶段的标度律也包括在内(点划线)(Cordero 等,2010)

现已表明,大部分的这些理论都会捕获尺寸效应,至少以一种定性的方式。然而,还未完全清晰地表明,它们可以重现沉淀硬化中的标度律或晶粒尺寸效应,广义连续晶体塑性模型内在的附加硬化效应可通过其主要特征总结出来,见图 12.3。占主导地位的显微组织长度尺度 l ,如晶粒或析出相的尺寸,对材料流变应力的影响用一种对数-对数图表示出来,该曲线具有三个主要特征:应力范围 $\Delta\Sigma$;特征长度 l_c ;中间区域的斜率通过标度律的形式定义, $l = l_c$ 时, $\Sigma \propto l^n$,此时 $\Delta\Sigma$ 对应强度的最大增量,其由相对尺寸无关尺度的尺寸效应引起。图 12.3 表明,当显微组织的特征尺寸减小时,材料强度增大,对于较大值的 l ,渐进行为对应常规晶体塑性模型的尺寸无关响应,如前面部分所述。相比之下,对于较大值的 l ,根据所考虑模型的类型可获得一种有界或无界渐进行为,例如,Cosserat 晶体塑性模型(Forest 等,2001)预测一种渐进饱和的过应力 $\Delta\Sigma$,如图 12.3 所示。在中间区域,当 l 接近于特征长度 l_c 时 ,尺寸相关响应行为用标度律表征, $\Sigma \propto l^n$,参数 $\Delta\Sigma$ 、l_c 和 n

可为上述的不同类广义材料模型显式导出。然而,对材料的尺寸相关行为的分析性描述仅对特别简化的几何条件是有可能的,一种单晶层的剪切行为是典型的例子,对于应变梯度塑性模型,剪切在单(或双)滑移条件下发生(Shu 等,2001;Bittencourt 等,2003;Hunter 和 Koslowski,2008;Cordero 等,2010,2012a,b);在两相分层的显微组织中,是在单滑移条件下发生(Forest 和 Sedlacek,2003),塑性滑移分布与从参考连续位错线拉伸模型、Cosserat 模型以及应变梯度塑性模型中得到的结果进行了对比。

当晶体塑性在小应变假设条件下考虑时,速度场的梯度可被分解成弹性和塑性扭转速率:

$$\dot{\boldsymbol{H}} = \dot{\boldsymbol{u}} \otimes \nabla = \dot{\boldsymbol{H}}^e + \dot{\boldsymbol{H}}^p \tag{12.30}$$

其中

$$\dot{\boldsymbol{H}}^p = \sum_{\alpha} \dot{\gamma}^{\alpha} \boldsymbol{P}^{\alpha} \tag{12.31}$$

式中:$\boldsymbol{u}$ 为位移场;α 为滑移系的数量;$\dot{\gamma}^{\alpha}$ 为滑移系 α 的滑移速率;$\boldsymbol{P}^{\alpha}$ 在式(12.11)中定义;弹性扭转张量 $\dot{\boldsymbol{H}}^e$ 代表晶格的延伸和转动,将相容总变形 $\dot{\boldsymbol{H}}$ 和非相容塑性变形 $\dot{\boldsymbol{H}}^p$ 联系起来,$\dot{\boldsymbol{H}}^p$ 描述位错流动引起的局部晶格变形。考虑到式(12.30),并且由于将旋度算子应用于 $\dot{\boldsymbol{H}}$ 代表的相容场等于零,它满足如下方程:

$$\mathrm{curl}\dot{\boldsymbol{H}} = 0 = \mathrm{curl}\dot{\boldsymbol{H}}^e + \mathrm{curl}\dot{\boldsymbol{H}}^p \tag{12.32}$$

塑性扭转的不相容性用其旋度部分表征,亦称为位错密度张量或者 Nye 张量 $\boldsymbol{\Gamma}$(Nye,1953;Steinmann,1996;Acharya 和 Bassani,2000),定义如下:

$$\boldsymbol{\Gamma} = -\,\mathrm{curl}\boldsymbol{H}^p = \mathrm{curl}\boldsymbol{H}^e \tag{12.33}$$

张量 $\boldsymbol{H}$、$\boldsymbol{H}^e$ 和 $\boldsymbol{H}^p$ 一般是非对称性的,因此,它们可分解成其对称部分和反对称部分:

$$\boldsymbol{H} = \boldsymbol{E} + \boldsymbol{W},\ \boldsymbol{H}^e = \boldsymbol{E}^e + \boldsymbol{W}^e,\ \boldsymbol{H}^p = \boldsymbol{E}^p + \boldsymbol{W}^p \tag{12.34}$$

合并式(12.32)和式(12.34)后得出:

$$0 = \mathrm{curl}\boldsymbol{E}^e + \mathrm{curl}\boldsymbol{W}^e + \mathrm{curl}\boldsymbol{H}^p \tag{12.35}$$

忽略弹性应变的旋度部分 $\boldsymbol{E}^e$ 可得由 Nye 导出的位错密度张量:

$$\boldsymbol{\Gamma} = \mathrm{curl}\boldsymbol{H}^e = \mathrm{curl}\boldsymbol{E}^e + \mathrm{curl}\boldsymbol{W}^e \approx \mathrm{curl}\boldsymbol{W}^e \tag{12.36}$$

Nye 公式在位错密度张量和由 $\boldsymbol{W}^e$ 定义的晶格弯曲之间给出一个线性关系。通过合并与晶格转动项 $\boldsymbol{W}^e$ 相关的三个附加独立自由度,Cosserat 晶体塑性理论解释了晶格弯曲对晶体硬化行为的影响,相比之下,诸如 Gurtin(2002)和 Svendsen(2002)提出的理论包括了塑性变形的全旋度 $\boldsymbol{H}^p$,并将其当成是本构模型的一个独立内部变量,这一般需要九个与广义非对称塑性扭转张量 $\boldsymbol{H}^p$,相关的附加自由度,模型的该子类有时被看成是“ curl$\boldsymbol{H}^p$ ”类型(Cordero 等,2010)。

在 Cosserat 模型中,忽略弹性应变张量的旋度时,只要“弹性”转动梯度存在,即使在弹性范围内,Cosserat 效应也可出现(即 curl$\boldsymbol{W}^e \neq 0$),这意味着,一旦 curl$\boldsymbol{E}^e \neq 0$,那么 curl $\boldsymbol{W}^e \neq 0$。相比之下,在 curl$\boldsymbol{H}^p$ 类型理论中,只有当塑性变形出现时,应变梯度效应才会出现,正如文献(Cordero 等,2010)中所示,这会导致在弹性区和塑性区的界面处出现广义牵引力的不连续性,对于 curl$\boldsymbol{H}^p$ 型模型,有必要在弹塑性边界处从数值上识别出高阶边界条件,这在该类提法的数值运算中带来了困难,如 Cordero 等(2010)所讨论的那样。

为了克服 Cosserat 和 curl$\boldsymbol{H}^p$ 类型理论的不足，Cordero 等(2010)近期提出了一个新的正则化方法(也可参阅(Cordero 等，2012a，b))，他们的模型被称为微旋模型，属于带附加自由度广义连续体的类型，这里，通过单晶的微态理论，位错密度张量的效应被引入到经典晶体塑性框架中，它依赖于引入一个附加塑性微变形变量χ^p，一个二阶广义非对称张量，它明显不同于塑性扭转张量 $\boldsymbol{H}^p$，其仍被当做问题的一个内部变量对待，这点与 curl$\boldsymbol{H}^p$ 类型理论一样。对于一般三维的情况，χ^p 的九个组成项被作为独立自由度引入，接下来将简要总结一下微旋理论。

12.3.2.3　微旋模型：平衡和本构方程

如果假定只有塑性微变形梯度的旋度部分以内力的功率形式 $p^{(i)}$ 起作用，那么，

$$p^{(i)} = \sigma : \dot{\boldsymbol{H}}^e + \boldsymbol{s} : \dot{\chi}^p + \boldsymbol{M} : \mathrm{curl}\dot{\chi}^p \tag{12.37}$$

式中：$\boldsymbol{s}$ 和 $\boldsymbol{M}$ 分别为广义对称微应力和双应力或超应力张量，功与塑性微变形及其旋度共轭，旋度算子以一种 Cartesian 基定义为

$$(\mathrm{curl}\,\chi^p)_{ij} = \varepsilon_{ijl}\chi^p_{ik,l} \tag{12.38}$$

采用虚功率的方法推导出广义动量平衡方程，并为简单起见假定不存在体积力，即可得到如下平衡方程：

$$\mathrm{div}\sigma = 0, \mathrm{curl}\boldsymbol{M} + \boldsymbol{s} = 0 \tag{12.39}$$

相应的边界条件为

$$\boldsymbol{t} = \sigma \cdot \boldsymbol{n}_e \quad \boldsymbol{m}_e = \boldsymbol{M} \cdot \breve{\boldsymbol{\varepsilon}} \cdot \boldsymbol{n}_e \tag{12.40}$$

式中：$\boldsymbol{t}$ 和 $\boldsymbol{m}_e$ 为边界处的简单和双重牵引力；$\breve{\boldsymbol{\varepsilon}}$ 为三阶置换张量。

假定自由能函数依赖于弹性应变张量 $\boldsymbol{E}^e$、χ^p 的旋度和相对塑性应变 $\boldsymbol{e}^p$，其由塑性扭转和塑性微变量之差确定：$\boldsymbol{e}^p = \boldsymbol{H}^p - \chi^p$，那么，有

$$\boldsymbol{\psi} = \hat{\boldsymbol{\psi}}(\boldsymbol{E}^e, \mathrm{curl}\,\chi^p, \boldsymbol{e}^p) \tag{12.41}$$

另外，考虑如下的状态定律：

$$\sigma = \rho\frac{\partial\boldsymbol{\psi}}{\partial\boldsymbol{E}^e}, \boldsymbol{s} = -\rho\frac{\partial\boldsymbol{\psi}}{\partial\boldsymbol{e}^p}, \boldsymbol{M} = \rho\frac{\partial\boldsymbol{\psi}}{\partial\boldsymbol{\Gamma}_\chi} \tag{12.42}$$

式中：$\boldsymbol{\Gamma}_\chi = \mathrm{curl}\,\chi^p$。

对式(12.42)中的势能函数 $\boldsymbol{\psi}$ 假定为一个四次函数，即可得

$$\sigma = \boldsymbol{L}\boldsymbol{E}^e, \boldsymbol{s} = -\boldsymbol{H}_\chi\boldsymbol{e}^p, \boldsymbol{M} = A\boldsymbol{\Gamma}_\chi \tag{12.43}$$

式中：H_χ 和 A 为广义模量，其定义一个与尺寸效应相关的内部长度尺度，由边值问题的解给出：

$$l_w = \sqrt{\frac{A}{H_\chi}} \tag{12.44}$$

流变规则可由一个黏塑性势能 $\Omega(\boldsymbol{\sigma} + \boldsymbol{s})$ 得出，用有效应力 $\boldsymbol{\sigma} + \boldsymbol{s}$ 表述，将其插入耗散速率方程，那么，有

$$\dot{\boldsymbol{H}}^p = \frac{\partial\Omega}{\partial(\boldsymbol{\sigma} + \boldsymbol{s})} \tag{12.45}$$

对于一个具有潜在活动滑移系的单晶体而言，塑性变形的运动学受式(12.31)控制，值得提出的是，以 Cosserat 和 curl$\boldsymbol{H}^p$ 类型理论类似的方式，从该提法中引出了一个回复应力项，其中回复应力 $\boldsymbol{x} = -\boldsymbol{s}:(\boldsymbol{l} \otimes \boldsymbol{n})$。

另需注意，式(12.43)中的模量 H_χ 将宏观和微观变量耦合，这可解释为一种罚因子，从而限制相对塑性变形 $\boldsymbol{e}^p$，以保持足够小，同样地，较高值的 H_χ 促使塑性微观变形与宏观塑性扭转张量 $\boldsymbol{H}^p$ 尽可能地接近，在极限处，必须使用拉格朗日乘子而不是罚因子 H_χ，从而使下面的内部约束有效：

$$\chi^p \equiv \boldsymbol{H}^p \tag{12.46}$$

当式(12.46)满足时，则

$$\mathrm{curl}\chi^p \equiv \mathrm{curl}\boldsymbol{H}^p = \boldsymbol{\Gamma}_\chi \tag{12.47}$$

另需注意，当内部约束（式(12.46)）有效时，微旋度模型约减成 curl$\boldsymbol{H}^p$ 类型理论（Gurtin，2002）。一般情况下，H_χ 的选择应该保证 χ^p 的微变形不要偏离 $\boldsymbol{H}^p$ 太多，并且保留位错密度张量的物理意义。

12.3.2.4　*应用微旋度模型研究多晶团簇的变形行为*

微旋度模型用来研究晶粒尺寸在 1~200μm 范围内的二维多晶团簇的整体和局部响应行为，该研究工作的详细内容可参阅（Cordero 等，2012b）。有关晶粒尺寸对多晶体中塑性变形演化方式的影响的经典研究结果见图 12.4，一种含 52 个晶粒的团簇的情况，这些云图显示了等效塑性变形场 $\tilde{\varepsilon}^p$，其被定义为下式的时间积分值：

$$\tilde{\varepsilon}^p = \sqrt{\frac{2}{3}\dot{\boldsymbol{H}}^p : \dot{\boldsymbol{H}}^p} \tag{12.48}$$

从图 12.4(a)、(b)可见，在塑性变形的起始阶段，塑性变形发生在同样的晶粒内，并且在 100μm 的晶粒发生的位置和 1μm 的晶粒内是一样的，这是由于，对于两种晶粒尺寸，采取了同样的临界剪切分应力，也就是说，假设两种情况下都有相同的初始位错密度。相比之下，在较高的平均塑性应变水平时，明显不同的塑性微变形梯度值导致了明显不同的塑性应变场。图 12.4(a)~(f)中给出了两个主要的特点：①对于小晶粒尺寸，可见应变局部化在条带内的趋势，在较大晶粒尺寸时，应变局部化条带穿过多个晶粒，而塑性应变变得较分散，在 Cordero 等(2012a)给出的一些模拟结果中发现了同样的特征。②这种局部化的一个结果是，一些小晶粒比大晶粒受到了明显少的变形，对于相同团簇但不同晶粒尺寸的情况也发现了这些特征，如图 12.5 中的塑性变形云图，该图还表明了位错密度张量模的分布场：

$$\|\boldsymbol{\Gamma}_\chi\| := \sqrt{\boldsymbol{\Gamma}_\chi : \boldsymbol{\Gamma}_\chi} \tag{12.49}$$

该标量表明了 GND 的存在，而且，它具有晶格曲度的物理尺寸。对于大晶粒，GND 主要位于晶界附近，在较小晶粒尺寸条件下，GND 的密度显著变大并散布于晶粒内的更大区域。还需注意，晶粒附近的类堆积结构在 10μm 的晶粒团簇内清晰可见。应该注意的是，当塑性被限制在较小区域时，应变梯度塑性模型可能倾向于应变局部化，该行为的原因是，垂直于滑移面的尖锐滑移带显示出强的塑性滑移梯度，其与 GND 的形成无关。相比之下，高晶格曲度或交叉带的区域导致能量降低，这解释了为什么在小尺度时，密集滑移带更倾向于强弯曲区域并堆积，这已被 Cordero 等（2012b）中图 8 观察到的等效塑性变形云图的结果所证实，它是针对于三个具有不同平均晶粒尺寸的团簇的。这里发现，强塑性变形区域整体平行于滑移面痕迹，这表明，滑移带是在变形过程中形成的。

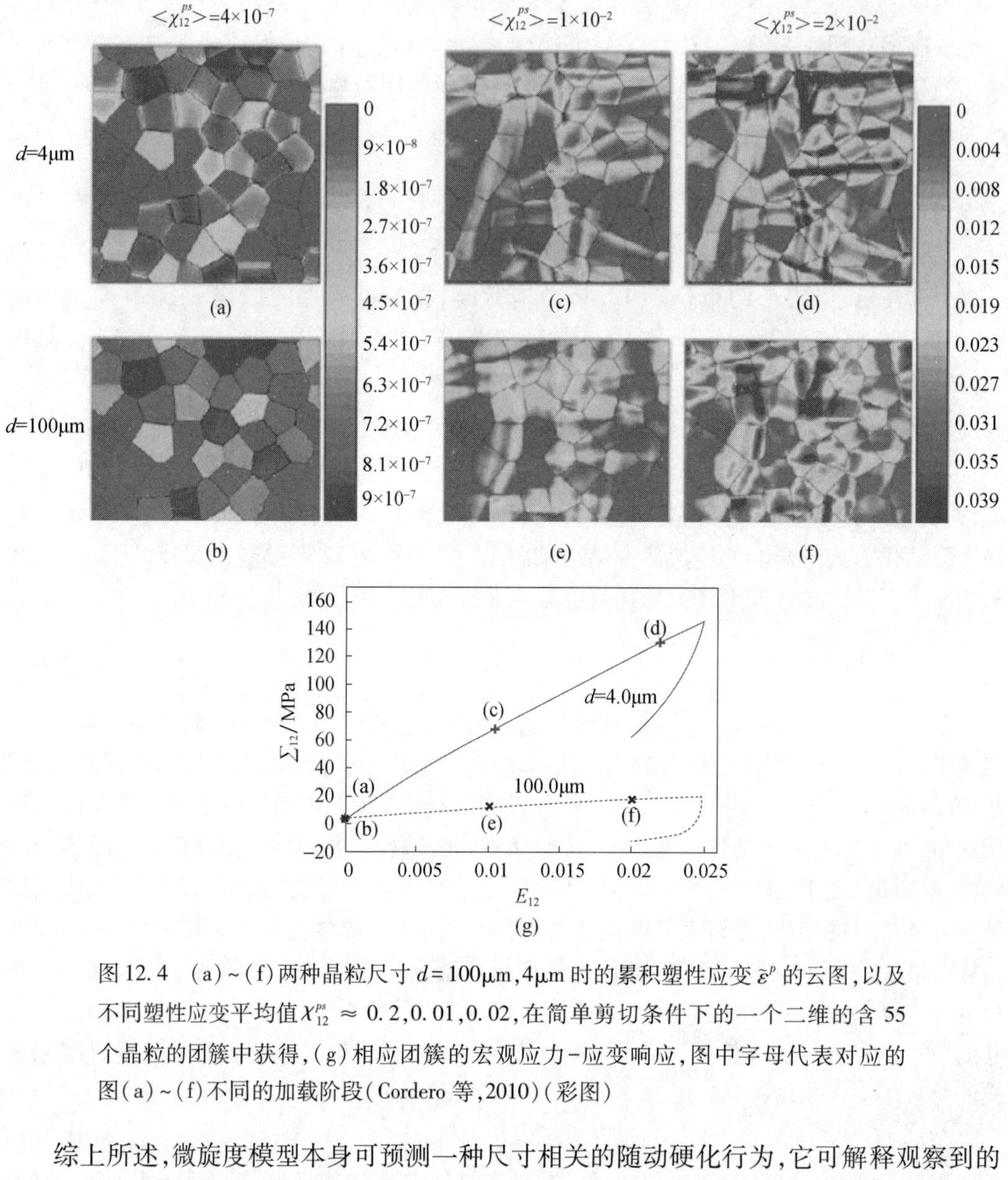

图 12.4 (a)~(f)两种晶粒尺寸 $d=100\mu m$,4μm 时的累积塑性应变 $\bar{\varepsilon}^p$ 的云图,以及不同塑性应变平均值 $\chi_{12}^{ps}\approx 0.2, 0.01, 0.02$,在简单剪切条件下的一个二维的含 55 个晶粒的团簇中获得,(g)相应团簇的宏观应力-应变响应,图中字母代表对应的图(a)~(f)不同的加载阶段(Cordero 等,2010)(彩图)

综上所述,微旋度模型本身可预测一种尺寸相关的随动硬化行为,它可解释观察到的强尺寸效应。另外,有结果显示,当晶粒尺寸大于一个临界值时,在给定平均塑性应变条件下获得的流变应力满足一种指数定律,与晶粒尺寸成比例关系,而且,预测得到的塑性变形场受到晶粒尺寸的强烈影响,微尺寸晶粒区域形成了横穿多个晶粒的密集滑移带。位错密度张量 $\boldsymbol{\Gamma}_{\chi}$,不仅影响着整体的多晶体行为,而且控制着塑性变形在晶粒内演化的方式。

在文献(Cordero 等,2010)中发现,微旋度方法可成功应用于预测试验得到的两相单晶镍基高温合金中析出相的尺寸效应,结果如图 12.6 所示,图中,在一种两相高温合金材料中(γ 相基体中含有嵌入的 68% 的 γ′析出相),以析出相尺寸相对尺寸强化效应的形式,对试验数据、Busso 等(2000)的预测结果以及用微旋度模型获得的结果(Cordero 等,2012b)进行了对比。可以看出,微旋度模型可以模拟一种析出相尺寸效应,另外,识别出

来的特征长度 $l_c = 200\text{nm}$，接近于 Ni 基高温合金中的基体通道的宽度。

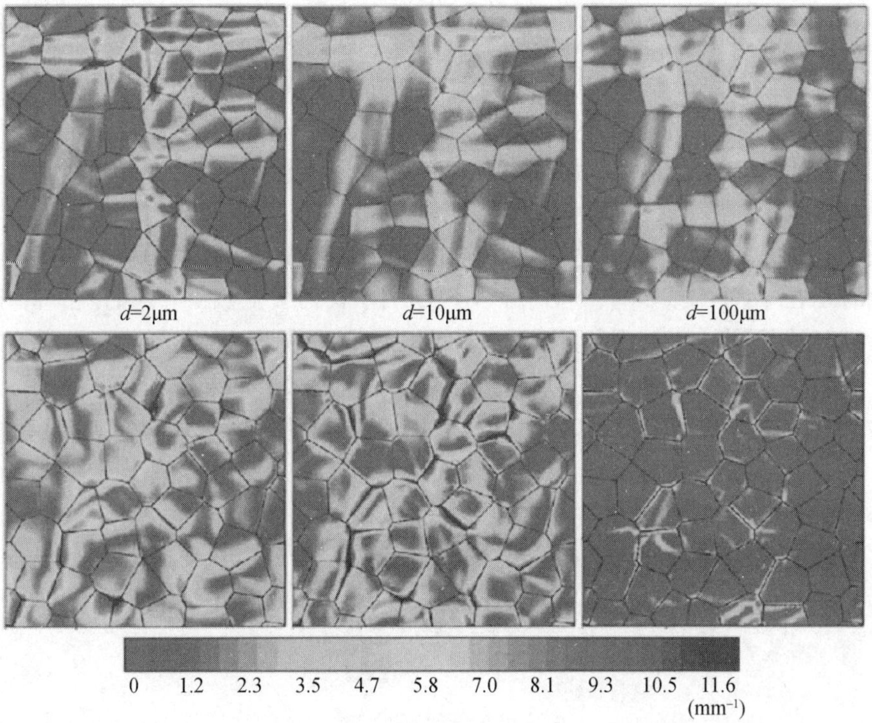

图 12.5　晶粒尺寸对累积塑性应变 $\bar{\varepsilon}^p$ 的影响（上侧图），以及对位错密度张量模 $\|\boldsymbol{\Gamma}_\chi\|$ 的影响（下侧图），这些云图是对同样的平均值 $\chi_{12}^{ps} = 0.01$ 的二维的含 55 个晶粒的团簇取得的，用于上侧图的塑性应变场的颜色尺与图 12.4 右侧的相同，底部的颜色尺用于位错密度张量场（Cordero 等，2010）（彩图）

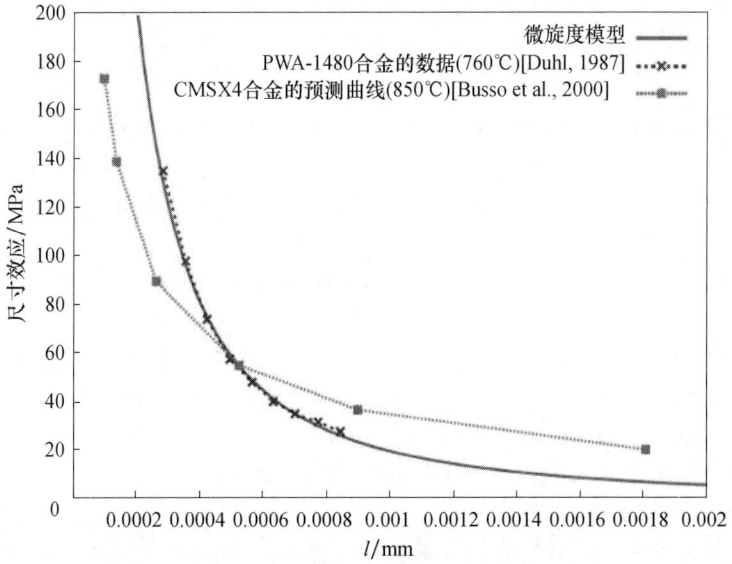

图 12.6　在一种两相材料中（弹性－黏塑性的 γ 相基体中含有一种嵌入的 68%的准弹性 γ′析出相），以析出相尺寸相对尺寸强化效应的形式，对 Duhl（1987）的试验数据、Busso 等（2000）的预测结果以及用微旋度模型获得的结果（Cordero 等，2012b）进行的对比分析

12.4 小 结

重点讨论了不同的本构模拟方法,它们可解决在单晶体尺度或者多晶体尺度上的诸多现象,还重点讨论了微观力学领域里大量物理学、数学计算和技术上的问题,这些问题已得以很好的解决,并且已识别出了未来发展过程中存在的一些理论方面和数学计算方面的困难和挑战。在将来,用于单晶体行为的基于内部滑移系变量的晶体方法,将继续提供最强大的支撑,将基本的力学概念合并入连续体模型中。但是,三维测量和微观组织表征技术的发展,如 X 射线层析术和高分辨 EBSD 技术,需要克服一些新的挑战,在研究实际的三维多晶材料时,为处理和可视化其中生成的大量数据,将需要新的、更高效的计算技术。不断增长的、为解释多重物理耦合现象的需求,如扩散过程驱动的微观组织演化过程,正在推动着新的、多学科交叉的研究工作,并为晶体塑性行为带来了新的、有趣的挑战。

本章相关彩图,请扫码查看

参考文献

G. Abrivard, E. P. Busso, S. Forest, B. Appolaire, Phase field modelling of grain boundary motiondriven by curvature and stored energy gradient. part Ⅰ-theory and numerical implementation. Philos. Mag. 92(28-30), 3618-3642(2012)

A. Acharya, J. L. Bassani, Lattice incompatibility and a gradient theory of crystal plasticity. J. Mech. Phys. Solids 48, 1565-1595(2000)

A. Acharya, A. J. Beaudoin, Grain size effects in viscoplastic polycrystals at moderate strains. J. Mech. Phys. Solids 48, 2213-2230(2000)

E. C. Aifantis, On the microstructural origin of certain inelastic models. J. Eng. Mater. Technol. 106, 326-330 (1984)

E. C. Aifantis, The physics of plastic deformation. Int. J. Plast. 3, 211-248(1987)

L. Anand, M. Kothari, A computational procedure for rate independent crystal plasticity. J. Mech. Phys. Solids 44, 525-558(1996)

A. Arsenlis, D. Parks, Modeling the evolution of crystallographic dislocation density in crystalplasticity. J. Mech. Phys. Solids 50, 1979-2009(2001)

R. J. Asaro, J. R. Rice, Strain localization in ductile single crystals. J. Mech. Phys. Solids 25, 309-338(1977)

D. J. Bammann, A model of crystal plasticity containing a natural length scale. Mater. Sci. Eng. A309-310, 406-410(2001)

J. L. Bassani, Incompatibility and a simple gradient theory of plasticity. J. Mech. Phys. Solids 49, 1983-1996

(2001)

E. Bittencourt, A. Needleman, M. Gurtin, E. Van der Giessen, A comparison of nonlocalcontinuum and discrete dislocation plasticity predictions. J. Mech. Phys. Solids 51(2), 281-310(2003)

E. P. Busso, G. Cailletaud, On the selection of active slip systems in crystal plasticity. Int. J. Plast. 21, 2212-2231(2005)

E. P. Busso, F. McClintock, A dislocation mechanics-based crystallographic model of a B2-typeintermetallic alloy. Int. J. Plast. 12, 1-28(1996)

E. P. Busso, F. T. Meissonnier, N. P. O' Dowd, Gradient-dependent deformation of two-phase singlecrystals. J. Mech. Phys. Solids 48, 2333-2361(2000)

K. S. Cheong, E. P. Busso, Discrete dislocation density modelling of single phase FCC polycrystalaggregates. Acta Mater. 52, 5665-5675(2004)

K. S. Cheong, E. P. Busso, Effects of lattice misorientations on strain heterogeneities in FCC polycrystals. J. Mech. Phys. Solids 54(4), 671-689(2006)

K. Cheong, E. Busso, A. Arsenlis, A study of microstructural length scale effects on the behaviorof FCC polycrystals using strain gradient concepts. Int. J. Plast. 21, 1797-1814(2004)

J. D. Clayton, D. L. McDowell, D. J. Bammann, Modeling dislocations and disclinations with finitemicropolar elastoplasticity. Int. J. Plast. 22, 210-256(2006)

N. M. Cordero, A. Gaubert, S. Forest, E. P. Busso, F. Gallerneau, S. Kruch, Size effects ingeneralised continuum crystal plasticity for two-phase laminates. J. Mech. Phys. Solids 58, 1963-1994(2010)

N. M. Cordero, S. Forest, E. P. Busso, S. Berbenni, M. Cherkaoui, Grain size effects on plasticstrain and dislocation density tensor fields in metal polycrystals. Comput. Mater. Sci. 52, 7-13(2012a)

N. M. Cordero, S. Forest, E. P. Busso, Generalised continuum modelling of grain size effects inpolycrystals. Comptes Rendus Me'canique 340, 261-264(2012b)

M. A. Crisfield, Non-linear Finite Element Analysis of Solids and Structures, vols. 1 & 2, 4th edn. (Wiley, New York, 1997)

D. N. Duhl, Directionally solidified superalloys, in Superalloys II -High Temperature Materialsfor Aerospace and Industrial Power, ed. by C. T. Sims, N. S. Stoloff, W. C. Hagel(Wiley, Toronto, 1987), pp. 189-214

F. P. E. Dunne, D. Rugg, A. Walker, Length scale-dependent, elastically anisotropic, physicallybasedhcp crystal plasticity: Application to cold-dwell fatigue in Ti alloys. Int. J. Plast. 23, 1061-1083(2007)

F. P. E. Dunne, R. Kiwanuka, A. J. Wilkinson, Crystal plasticity analysis of micro-deformation, lattice rotation and geometrically necessary dislocation density. Proc. R. Soc. A-Math. Phys. Eng. Sci. 468, 2509-2531(2012)

A. C. Eringen, W. D. Claus, A micromorphic approach to dislocation theory and its relation toseveral existing theories, in Fundamental Aspects of Dislocation Theory, ed. by J. A. Simmons

R. de Wit, R. Bullough. National bureau of standards(US) special publication 317, II, 1970, pp. 1023-1062

N. A. Fleck, J. W. Hutchinson, Strain gradient plasticity. Adv. Appl. Mech. 33, 295-361(1997)

S. Forest, R. Sedlacek, Plastic slip distribution in two-phase laminate microstructures: dislocationbasedvs. generalized-continuum approaches. Philos. Mag. A 83, 245-276(2003)

S. Forest, F. Pradel, K. Sab, Asymptotic analysis of heterogeneous Cosserat media. Int. J. SolidsStruct. 38, 4585-4608(2001)

N. M. Ghoniem, E. P. Busso, H. Huang, N. Kioussis, Multiscale modelling of nanomechanics andmicromechanics: an overview. Philos. Mag. 83, 3475-3528(2003)

M. E. Gurtin, A gradient theory of single-crystal viscoplasticity that accounts for geometricallynecessary dislocations. J. Mech. Phys. Solids 50,5-32(2002)

M. E. Gurtin, L. Anand, Thermodynamics applied to gradient theories involving the accumulatedplastic strain: the theories of Aifantis and Fleck & Hutchinson and their generalization.

J. Mech. Phys. Solids 57,405-421(2009)

T. M. Hatem, M. A. Zikry, Dislocation density crystalline plasticity modeling of lath martensiticmicrostructures in steel alloys. Philos. Mag. 89(33),3087-3109(2009)

R. Hill, The Mathematical Theory of Plasticity, 4th edn. (Clarendon, Oxford, UK, 1950)

N. Huber, C. Tsakmakis, Determination of constitutive properties from spherical indentation datausing neural networks. part Ⅱ: plasticity with nonlinear isotropic and kinematic hardening.

J. Mech. Phys. Solids 47,1589-1607(1999)

A. Hunter, M. Koslowski, Direct calculations of material parameters for gradient plasticity.

J. Mech. Phys. Solids 56(11),3181-3190(2008)

S. Kalidindi, C. Bronkhorst, L. Anand, Crystallographic texture theory in bulk deformationprocessing of fcc metals. J. Mech. Phys. Solids 40,537(1992)

J. W. Kysar, Y. Saito, M. S. Oztop, D. Lee, W. T. Huh, Experimental lower bounds on geometricallynecessary dislocation density. Int. J. Plast. 26(8),1097-1123(2010)

F. Meissonnier, E. P. Busso, N. P. O'Dowd, Finite element implementation of ageneralized non-local rate-dependent crystallographic formulation for finite strains. Int. J. Plast. 17(4),601-640(2001)

C. -W. Nan, D. Clarke, The influence of particle size and particle fracture on the elastic-plasticdeformation of metal matrix composites. Acta Mater. 44,3801-3811(1996)

J. F. Nye, Some geometrical relations in dislocated crystals. Acta Metall. 1,153-162(1953)

B. Peeters, M. Seefeldt, C. Teodosiu, S. R. Kalidindi, P. VanHoutte, E. Aernoudt, Work-hardening/softening behaviour of B. C. C. polycrystals during changing strain paths: I. an integrated modelbased on substructure and texture evolution, and its prediction of the stress-strain behaviour of an IF steel during two-stage strain paths. Acta Mater. 49,1607-1619(2001)

E. Pouillier, A. F. Gourgues, D. Tanguy, E. P. Busso, A study of intergranular fracture in analuminium alloy due to hydrogen embrittlement. Int. J. Plast. 34,139-153(2012)

G. Saada, Limitee'lastique et durcissementdessolutionssolides. Pont ǎ Mousson 16,255-269(1968)

F. Schubert, G. Fleury, T. Steinhaus, Modelling of the mechanical behaviour of the SC AlloyCMSX-4 during thermomechanical loading. Model. Simul. Sci. Eng. 8,947-957(2000)

J. Y. Shu, Scale-dependent deformation of porous single crystals. Int. J. Plast. 14,1085-1107(1998)

J. Y. Shu, N. A. Fleck, E. Van der Giessen, and A. Needleman, Boundary layers in constrainedplasticflow: comparison of non-local and discrete dislocation plasticity. J. Mech. Phys. Solids49,1361-1395(2001)

P. Steinmann, Views on multiplicative elastoplasticity and the continuum theory of dislocations. Int. J. Eng. Sci. 34,1717-1735(1996)

B. Svendsen, Continuum thermodynamic models for crystal plasticity including the effects ofgeometrically-necessary dislocations. J. Mech. Phys. Solids 50,1297-1329(2002)

J. Swadener, A. Misra, R. Hoagland, M. Nastasi, A mechanistic description of combined hardeningand size effects. Scripta Met. 47,343-348(2002)

M. A. Zikry, M. Kao, Inelastic microstructural failure mechanisms in crystalline materials withhigh angle grain boundaries. J. Mech. Phys. Solids V 44(11),1765-98(1996)

第13章　异质材料性能评估的微观力学

Muneo Hori

摘　　要

在微观力学中,有两种成熟的理论,用于异质材料整体性能的分析评估,而不是试验评估;异质材料包括部分损伤或塑性变形的材料,这两种理论分别称为平均场理论和均匀化理论,本章中将对其进行讨论。平均场理论基于对异质材料的物理分析,它模拟材料样品的一种试验,并且,它根据平均应变和应力得出整体性能的一个闭合表达式;均匀化理论基于数学分析,它将奇异摄动扩展带入基本方程并得出整体性能的数值解。本章中,也对以下三个前沿主题进行了讨论:①为得到整体一致性能的应变能考量;②Hashin-Shtrikman 变分原理获得整体性能的界限;③整体性能评估从准静态向动态的扩展。

13.1　概　　述

13.1.1　异质材料的整体性能

毫无疑问,对于一种异质材料,肯定存在一个特定的整体性能,整体性能被理解为一个材料样品的性能,其尺寸要比包含在异质材料中的异质体的尺寸大足够多。当对组成一种异质材料的结构进行分析时,标准的做法是,将该结构模拟成由一种虚拟而均匀的材料组成,该材料具有异质材料的整体性能,在这种结构分析中,原始材料中的所有异质体的存在被忽略了。

对于一种在弹性范围内的异质材料,通常考虑其整体性能,即使当异质材料到达塑性-弹塑性区时,整体性能也会被考虑。具体而言,当一种均匀材料被损伤,并且大量小尺寸的裂纹萌生时,通过将这些裂纹看成是材料的异质体,来考虑材料在这种损伤状态下的整体性能。

13.1.2　平均场理论和均匀化理论

对于一种给定的异质材料,其整体性能通常通过进行材料样品试验来测得,但是,有时有必要分析(或数值)估算其整体性能,特别是对于一种昂贵的材料如复合材料或者合金材料,这种情况下,基于材料的微观组织估算其整体性能的过程中,微观力学起了关键作用,它给出了两种基本的分析估算其整体性能的理论,即平均场理论(或均值化理论)和均匀化理论,这两种理论的基本特征总结如下:

(1)平均场理论:该理论基于如下事实,在一种材料样品试验中测得的值,是该样品中场变量的体积平均,它用来计算诸场变量的体积平均值,考虑到一种目标异质材料的显微组织,从而作为诸场变量的体积平均值来估算其整体性能。

(2)均匀化理论:通过应用一种奇异摄动扩展(或常称为一种多尺度或双尺度分析),求解异质材料中发生位移的控制方程,因此,该理论是纯数学的,其整体性能自然是作为数值解析其位移扩展项的结果出现的。

Nemat-Nasser 和 Hori(1993)给出了一个与平均场理论和均匀化理论相关的参考列表;对于平均场理论,也可参考文献(Hill,1963)、文献(Mura,1987);对于均匀化理论,可参考文献(Sanchez-Palencia,1981)、文献(Bakhvalov 和 Panasenko,1984)、文献(Francfort 和 Murat,1986)。对于相对较新的研究工作,推荐参考文献(Hornung,1996)、文献(Kevorkina 和 Cole,1996)、文献(Ammari 等,2006)、文献(Gao 和 Ma,2012)、文献(Le Quang 等,2008)、文献(Liu,2008)、文献(Wang 和 Xu,2005)、文献(Wang 和 Gao,2011)、文献(Zheng 和 Du,2001)、文献(Zou 等,2010)以及文献(Terada 等,1996)。

平均场理论和均匀化理论以一种完全不同的方式处理整体性能问题,例如,对一种异质材料的微观组织的模拟就是不同的,平均场理论采用一种孤立夹杂的简单模型,该夹杂嵌入在一个无限延伸的物体中,然而,均匀化理论通常采用一种周期性组织。可以感觉到,这两种理论本质上是不同的,但是,有可能能够建立一个通用的平台,使得这两种理论可用一种统一的方式进行解释。

本章基本是以一种统一的方式解释平均场理论和均匀化理论,以便保证这两种理论在损伤材料中的适用性。作为一种前沿的主题,简单解释了平均应变能问题和 Hashin-Shtrikman 变分原理(Hashin 和 Shtrikman,1962);这两个问题是平均场理论中非常有趣的主题。这两种理论很容易被扩展去估算动力学状态下的整体性能,本章的最后,解释了动态整体性能的分析估算。

13.1.3 场方程

本章采用符号和指数表示法,例如,应力张量用 $\boldsymbol{\sigma}$ 或者 $\boldsymbol{\sigma}_{ij}$ 表示(指数对应 Cartesian 坐标系 $x_i(i=1,2,3)$)。在符号表示法中,· 和 : 代表一阶和二阶收缩,⊗ 代表张量乘积;在指数表示法中,采用加和规范。简便起见,假定了线弹性、无限小应变以及具有体积力的准静态,如果考虑增量式行为,这种设置很容易扩展到非线性弹塑性或有限变形状态。塑性变张量用 $\boldsymbol{c}$ 表示,位移场、应变场以及应力场分别用 $\boldsymbol{u}$ 、$\boldsymbol{\varepsilon}$ 和 $\boldsymbol{\sigma}$ 表示,这些场变量满足:

$$\boldsymbol{\varepsilon}(\boldsymbol{x})=\mathrm{sym}\{\nabla\boldsymbol{u}(\boldsymbol{x})\} \tag{13.1}$$

$$\nabla\cdot\boldsymbol{\sigma}(\boldsymbol{x})=0 \tag{13.2}$$

$$\boldsymbol{\sigma}(\boldsymbol{x})=\boldsymbol{c}(\boldsymbol{x}):\boldsymbol{\varepsilon}(\boldsymbol{x}) \tag{13.3}$$

式中:sym 代表对称部分($\mathrm{sym}\{(\cdot)_{ij}\}=((\cdot)_{ij}+(\cdot)_{ji})/2$); ∇为积分算子($(\nabla\boldsymbol{u})_{ij}=\partial u_j/\partial x_i$)。注意,$\boldsymbol{x}$ 代表一个点,这套三方程组使得

$$\nabla\cdot[\boldsymbol{c}(\boldsymbol{x}):\nabla\boldsymbol{u}(\boldsymbol{x})]=0 \tag{13.4}$$

这是一个对 $\boldsymbol{u}$ 的控制方程。

13.2　平均场理论

13.2.1　平均化方案

平均场理论首先需引入一个代表性体积单元（RVE）的变量，用 V 表示，作为模拟一种给定异质材料微观组织的体积，见图 13.1。虽然本章可能使用不同的定义，RVE 被看成是一种材料试样的模型，用来估算实际的整体性能。

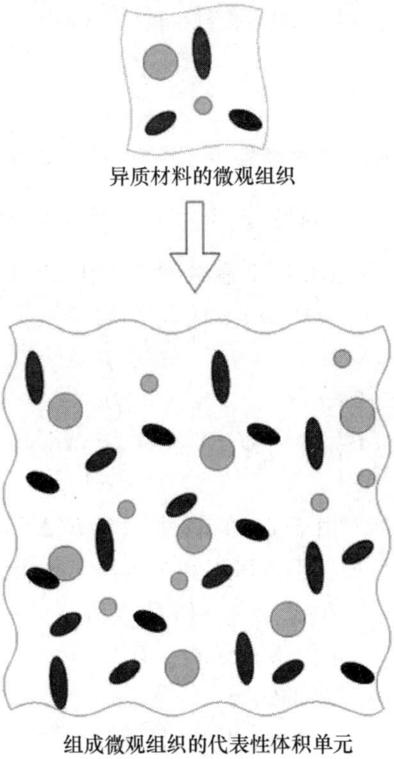

图 13.1　用于估算异质材料整体性能的代表体积单元

在一种材料试验中，通过假定试样中应变和应力的均匀分布来估算整体性能，并且应变和应力从试样的表面位移和牵引力测得。例如，当一个立方试样受到均匀的载荷 T，并且最终的位移为 U，单轴应变和应力可按如下计算得出：

$$\varepsilon = \frac{U}{A}, \quad \sigma = \frac{T}{A^2}$$

式中：A 为立方试样的边长。

很容易看出，这种方法测出的应变和应力实际为试样内的应变和应力的体积平均值，当然，这些应变和应力并非均匀的。实际上，应变和应力的体积平均值，分别用 $\langle \boldsymbol{\varepsilon} \rangle_V$ 和 $\langle \boldsymbol{\sigma} \rangle_V$ 表示，按下式给出：

$$\langle \boldsymbol{\varepsilon} \rangle_V = \frac{1}{V}\int_{\partial V} \mathrm{sym}\{\boldsymbol{\nu} \otimes \boldsymbol{u}\}\, \mathrm{d}s \tag{13.5}$$

$$\langle \boldsymbol{\sigma} \rangle_V = \frac{1}{V}\int_{\partial V} \{\boldsymbol{t} \otimes \boldsymbol{x}\}\, \mathrm{d}s \tag{13.6}$$

式中：$\boldsymbol{\nu}$ 为边界 ∂V 上的外向单位法线；$\boldsymbol{u}$ 和 $\boldsymbol{t}$ 分别为表面位移和牵引力，试样的应变和应力可很容易的从 $\varepsilon = \dfrac{U}{A}$ 和 $\sigma = \dfrac{T}{A^2}$ 这两个方程导出。本章中，用表面积分进行体积平均值估算称为平均化方案；通过将逐部积分和高斯理论代入场变量体积平均值的计算过程中，本章提出的平均化方案很容易得到证实。平均化方案是式(13.1)和式(13.2)的结果，因此，它对任何给定的具有本构特性的材料都适用。需要注意，$\boldsymbol{\sigma}$ 的对称性（$\sigma_{ij} = \sigma_{ji}$）与动量平衡有关，而且，平均化方案可形成 $\int\{\boldsymbol{t} \otimes \boldsymbol{x}\}\,\mathrm{d}s$ 的对称性（$\int\{\boldsymbol{t} \otimes \boldsymbol{x}\}\,\mathrm{d}s = \int\{\boldsymbol{x} \otimes \boldsymbol{t}\}\,\mathrm{d}s$）。

13.2.2 平均场

根据式(13.5)和式(13.6)，平均场理论引入了平均场，它们用相应场变量的加权平均值来定义，权函数用 φ_V 表示，其满足 $\int \varphi_V \mathrm{d}\boldsymbol{\nu} = 1$，并且在 V 内为一个恒定值 $1/V$，除了在 ∂V 附近的薄层内，这里，它平滑地从 $1/V$ 衰减为 0 并在 ∂V 上消失。现在，考虑一个比 V 大的体积 B，采用同样的符号：$\{\boldsymbol{u},\boldsymbol{\varepsilon},\boldsymbol{\sigma}\}$，代表 B 的场变量，并且这些平均场用 φ_V 和 $\{\boldsymbol{u},\boldsymbol{\varepsilon},\boldsymbol{\sigma}\}$ 表示如下：

$$\begin{Bmatrix}\boldsymbol{U}\\ \boldsymbol{E}\\ \boldsymbol{\Sigma}\end{Bmatrix}\boldsymbol{X} = \int_B \varphi_V(\boldsymbol{X} - \boldsymbol{x})\begin{Bmatrix}\boldsymbol{u}\\ \boldsymbol{\varepsilon}\\ \boldsymbol{\sigma}\end{Bmatrix}\boldsymbol{x}\,\mathrm{d}\boldsymbol{\nu} \tag{13.7}$$

这里，$\boldsymbol{X}$ 为 B 中的一个点。由于 φ_V 的属性，$\{\boldsymbol{U},\boldsymbol{E},\boldsymbol{\Sigma}\}$ 要比原始的 $\{\boldsymbol{u},\boldsymbol{\varepsilon},\boldsymbol{\sigma}\}$ 更平滑，另外，可以看出，对 φ_V 进行加权平均可以和 ∇运算互换，因此，平均场满足：

$$\boldsymbol{E}(\boldsymbol{X}) = \mathrm{sym}\{\nabla \boldsymbol{U}(\boldsymbol{X})\} \tag{13.8}$$

$$\nabla\cdot \boldsymbol{\Sigma}(\boldsymbol{X}) = 0 \tag{13.9}$$

这两个方程是式(13.1)和式(13.2)的结果。

如上所示，式(13.8)和式(13.9)用作 $\{\boldsymbol{U},\boldsymbol{E},\boldsymbol{\Sigma}\}$ 的场方程，正如式(13.1)和式(13.2)为 $\{\boldsymbol{u},\boldsymbol{\varepsilon},\boldsymbol{\sigma}\}$ 的场方程，如果有另外一个方程对应式(13.3)，即可导出 $\boldsymbol{U}$ 的控制方程。例如，如果该方程按下式给出：

$$\boldsymbol{\Sigma}(\boldsymbol{X}) = \overline{\boldsymbol{C}} : \boldsymbol{E}(\boldsymbol{X})$$

那么，可以导出 $\nabla\cdot(\overline{\boldsymbol{C}}:\nabla \boldsymbol{U}) = 0$，作为 $\boldsymbol{U}$ 的控制方程。须注意，假定 $\overline{\boldsymbol{C}}$ 在 B 中是均匀的，或者，可以假定 B 由虚拟均匀材料 $\overline{\boldsymbol{C}}$ 组成。如果有合适的边界条件用在边界 ∂V 上，平均位移 $\boldsymbol{U}$ 可通过解析最后的边值问题得出，正如所期望的，该 $\overline{\boldsymbol{C}}$ 为异质材料的整体弹性。按照定义，$\boldsymbol{E}$ 和 $\boldsymbol{\Sigma}$ 对应 $\langle \boldsymbol{\varepsilon} \rangle_V$和$\langle \boldsymbol{\sigma} \rangle_V$，也就是说，体积平均值 $\boldsymbol{\varepsilon}$ 和 $\boldsymbol{\sigma}$ 占据着目标异质模量的体积单元，V。因此，平均场理论用来估算 $\overline{\boldsymbol{C}}$，它可按下式给出：

$$\langle \boldsymbol{\sigma} \rangle_V = \overline{\boldsymbol{C}} : \langle \boldsymbol{\varepsilon} \rangle_V \tag{13.10}$$

注意，虽然 $\overline{\boldsymbol{C}}$ 用 $\langle \boldsymbol{\varepsilon} \rangle_V$和$\langle \boldsymbol{\sigma} \rangle_V$ 定义，但并不能保证对 B 中的任何一点，都存在唯一的 $\overline{\boldsymbol{C}}$ 将 $\boldsymbol{E}$ 和 $\boldsymbol{\Sigma}$ 关联起来，即 $\boldsymbol{\Sigma} = \overline{\boldsymbol{C}} : \boldsymbol{E}$。但是，很容易理解，如果对一个足够大的 V 计算出 $\overline{\boldsymbol{C}}$，并且该 V 用于定义 B 的平均应变和应力场（$\boldsymbol{E}$ 和 $\boldsymbol{\Sigma}$），那么，$\boldsymbol{\Sigma} = \overline{\boldsymbol{C}} : \boldsymbol{E}$ 都基本成立。如后

续所述，由于 V 的 $\overline{C}$ 的改变与边界条件有关，所以 $\boldsymbol{\Sigma}=\overline{\boldsymbol{C}}:\boldsymbol{E}$ 确实是基本成立的。

13.2.3　用应变集中张量对整体弹性的显式表达式

平均场理论给出了几个方案，可对式(13.10)中定义的 $\overline{C}$ 进行估算，考虑一个最简单的两相复合材料(由一种基体相和一种夹杂相组成)的例子，以对这些方案进行解释。这些方案的一致目标是估算应变集中张量，用 $\boldsymbol{A}$ 表示，定义如下：

$$\langle \boldsymbol{\varepsilon} \rangle_I = \boldsymbol{A} : \langle \boldsymbol{\varepsilon} \rangle_V \tag{13.11}$$

式中：$\langle \cdot \rangle_I$ 为复合材料中夹杂相的体积平均值。如果夹杂相的体积分数为 f，那么 $\langle \cdot \rangle_V = f\langle \cdot \rangle_I + (1-f)\langle \cdot \rangle_M$ 成立，其中 $\langle \cdot \rangle_M$ 为基体相的体积平均值，经简单处理后，$\langle \boldsymbol{\sigma} \rangle_V$ 估算为

$$\langle \boldsymbol{\sigma} \rangle_V = f\langle \boldsymbol{\sigma} \rangle_I + (1-f)\langle \boldsymbol{\sigma} \rangle_M = f\boldsymbol{C}^I : \boldsymbol{A} : \langle \boldsymbol{\varepsilon} \rangle_V + \boldsymbol{C}^M : (\boldsymbol{I} - f\boldsymbol{A}) : \langle \boldsymbol{\varepsilon} \rangle_V$$

式中：$\boldsymbol{C}^M$ 和 $\boldsymbol{C}^I$ 为基体和夹杂相的弹性；$\boldsymbol{I}$ 为单位张量，因此，$\overline{\boldsymbol{C}}$ 可用 $\boldsymbol{A}$ 表示为

$$\overline{\boldsymbol{C}} = \boldsymbol{C}^M + f(\boldsymbol{C}^I - \boldsymbol{C}^M) : \boldsymbol{A} \tag{13.12}$$

注意，导出该方程时未作任何假设，除了存在式(13.11)中的应变集中张量。

13.2.4　使用 Eshelby 张量评估应变集中张量

通常使用一个包括一种夹杂的无限扩展体积模型，这是由于，当该夹杂为椭球形时，可得到一个被称为 Eshelby 解的闭合分析解，存在很多方案可有效利用 $\boldsymbol{A}$ 的 Eshelby 解(Eshelby，1957)，并利用式(13.12)估算 $\overline{\boldsymbol{C}}$ 。具有代表性的方案包括稀疏分布假设、自恰方法以及微分方案(Nemat-Nasser 和 Hori，1993)。

最初得出 Eshelby 解的问题是一种无限扩展体积问题，该体积是均匀的，具有线弹性特征，并且包括一种特定均匀应变分布在一个椭球区域内(Eshelby，1957)，该应变由相转变或热变形引起，并通常称为本征应变，研究表明，虽然本征应变引起的应变在椭球区域之外平滑地衰减至零，但该均匀本征应变在椭球区域内产生了均匀的应变；另外，对于给定的无限体积弹性张量和椭球区域的配置，椭球区域内的应变可分析计算出来，该结果即为 Eshelby 解。椭球区域内的应变表示为一种特定四阶张量及其本征张量的二阶收缩，并且该四阶张量称为 Eshelby 张量。

由于对于 Eshelby 张量可得到一个闭合表达式，因此很容易用 Eshelby 解分析计算出应变集中张量 $\boldsymbol{A}$ ，这就是大量研究工作采用 Eshelby 张量来估算闭合形式的整体弹性张量的原因(Kachanov 等，1994；Markenscoff，1998；Nozaki 和 Taya，2001；Kawashita 和 Nozaki，2001；Onaka 等，2002；Ru，2003)。特别需要注意的是，在一个椭球区域内均匀生成的本征应变，在该区域内生成了一种均匀应变，这是由于，当一种不同材质的椭球形夹杂嵌入在一个无限扩展的均匀体积内，而且该体积承受外加载荷时，该夹杂的应变和应力变得均匀(Tanaka 和 Mori，1972；Hori 和 Nemat-Nasser；1993)。

13.3　均匀化理论

13.3.1　奇异摄动扩展

均匀化理论通过考虑其中 $\boldsymbol{c}$ 的特性，聚焦在用于 $\boldsymbol{u}$ 的控制方程式(13.4)上，也就是

说，$\boldsymbol{c}$ 在材料异质体的长度尺度空间上发生变化，在这方面，均匀化理论引入了两个长度尺度，其中一个用于材料异质体，另一个用于目标结构，分别用 l 和 L 表示，简便起见，l 和 L 称为微观和宏观长度尺度，l 和 L 的比值表示为

$$\epsilon = \frac{l}{L} \tag{13.13}$$

如果考虑一个有限元方法的分析过程，即可对长度尺度有所理解，一种目标体积的尺寸在 L 的尺度上，而一个单元的尺寸在 l 的尺度上，当单元的数量为 $(10^3)^3$ 时，该比值 $\epsilon \approx 10^{-3}$，考虑到 ϵ 比较小，有必要定义一个缓慢改变的空间坐标 $\boldsymbol{X}$，有

$$\boldsymbol{X} = \epsilon \boldsymbol{x} \tag{13.14}$$

根据定义，如果 $\boldsymbol{x}$ 被看做是微观长度尺度上的坐标，那么 $\boldsymbol{X}$ 为宏观长度尺度上的坐标。

均匀化理论使用如下 $\boldsymbol{u}$ 的奇异摄动扩展：

$$\boldsymbol{u}(\boldsymbol{x}) = \boldsymbol{u}^0(\boldsymbol{X},\boldsymbol{x}) + \epsilon \boldsymbol{u}^1(\boldsymbol{X},\boldsymbol{x}) + \cdots \tag{13.15}$$

由于公式右侧诸项是 $\boldsymbol{X}$ 和 $\boldsymbol{x}$ 的函数，所以，该扩展被称为是奇异的，注意，式(13.14)定义的 ϵ 以 $\boldsymbol{u}^1$ 和缓慢空间变量 $\boldsymbol{X}$ 的系数出现。常规摄动扩展仅考虑 $\boldsymbol{c}$ 的变化，也就是说，$\boldsymbol{c}$ 可表示为 $\boldsymbol{c} = \boldsymbol{c}^0 + \epsilon \boldsymbol{c}^1$，其中 $\boldsymbol{c}^0$ 为常数，$\boldsymbol{c}^1$ 在空间内变化，而 $\epsilon \boldsymbol{c}^1$ 被看成是 $\boldsymbol{c}$ 从 $\boldsymbol{c}^0$ 的均匀状态开始发生的较小变化，从该 $\boldsymbol{c}$ 的角度来看，常规摄动扩展很容易应用于 $\boldsymbol{u}$，如下式：

$$\boldsymbol{u}(\boldsymbol{x}) = \boldsymbol{u}^0(\boldsymbol{x}) + \epsilon \boldsymbol{u}^1(\boldsymbol{x}) + \cdots$$

第一项 $\boldsymbol{u}^0$ 为均匀体积问题的解，后面的项修正 $\boldsymbol{u}^0$；$\boldsymbol{u}^0 + \epsilon \boldsymbol{u}^1$ 是一个体积的近似解，如果 ϵ 较小，则该近似解由 $\boldsymbol{c}^0 + \epsilon \boldsymbol{c}^1$ 组成。

奇异摄动扩展的目标是第一项，因此，用于 $\boldsymbol{x}$ 的 ∇_x 被用于 $\boldsymbol{X}$ 的 ∇_X 替换，其可用 $\boldsymbol{X}$ 和 $\boldsymbol{x}$ 进行估算

$$\nabla_x = \nabla_x + \frac{1}{\epsilon}\nabla_X$$

式中：下标 $\boldsymbol{X}$ 或 $\boldsymbol{x}$ 分别表示对 $\boldsymbol{X}$ 或 $\boldsymbol{x}$ 的算子，将式(13.15)连同上面的积分算子代入式(13.4)中，均匀化理论得出：

$$\epsilon^{-2}\{\nabla_x \cdot (\boldsymbol{c} : \nabla_x \boldsymbol{u}^0)\} + \epsilon^{-1}\{\nabla_X \cdot (\boldsymbol{c} : \nabla_x \boldsymbol{u}^0) + \nabla_x \cdot [\boldsymbol{c} : (\nabla_X \boldsymbol{u}^0 + \nabla_x \boldsymbol{u}^1)]\}$$
$$+ \epsilon^0\{\nabla_X \cdot [\boldsymbol{c} : (\nabla_X \boldsymbol{u}^0 + \nabla_x \boldsymbol{u}^1)] + \cdots\} + \cdots = 0 \tag{13.16}$$

为消去 ϵ^{-2} 项，$\nabla_x \boldsymbol{u}^0$ 必须为0，也就是说，$\boldsymbol{u}^0$ 仅为 $\boldsymbol{X}$ 的函数；为消去 ϵ^{-1} 项，假定 $\boldsymbol{u}^1$ 的形式为

$$\boldsymbol{u}^1(\boldsymbol{X},\boldsymbol{x}) = \boldsymbol{\chi}(\boldsymbol{x}) : [\nabla_X \boldsymbol{u}^0(\boldsymbol{X})]$$

那么，该项变为 $\nabla_x \cdot (\boldsymbol{c} : (\nabla_x \chi + \boldsymbol{I}) : (\nabla_X \boldsymbol{u}^0))$，如果 $\boldsymbol{\chi}$ 满足下式，该项就消除

$$\nabla_x \cdot \{\boldsymbol{c}(\boldsymbol{x}) : (\nabla_x \boldsymbol{\chi}(\boldsymbol{x}) + \boldsymbol{I})\} = 0 \tag{13.17}$$

ϵ^0 项现在可重新写成 $\nabla_X \cdot [\boldsymbol{c} : (\nabla_x \boldsymbol{\chi} + \boldsymbol{I}) : \nabla_X \boldsymbol{u}^0]$，正是该 $\boldsymbol{c} : (\nabla_x \boldsymbol{\chi} + \boldsymbol{I})$ 对 $\boldsymbol{u}^0$ 起到了整体弹性的作用，即使它是 $\boldsymbol{x}$ 的而不是 $\boldsymbol{X}$ 的函数。因此，均匀化理论用其在一个合适的体积上的体积平均值代替 $\boldsymbol{c} : (\nabla_x \boldsymbol{\chi} + \boldsymbol{I})$，即

$$\bar{\boldsymbol{C}} = \boldsymbol{c} : [\nabla_x \boldsymbol{\chi}(\boldsymbol{x}) + \boldsymbol{I}]_U \tag{13.18}$$

这里，U 是进行平均的一个特定区域，该 U 必须在微观长度尺度上，以保证 $\langle \cdot \rangle_U$ 与 $\boldsymbol{x}$ 无关。

13.3.2 周期性结构用作微观组织模型

两个任务仍然是通过计算式(13.18)去估算 $\bar{C}$，名义上，是对 $\boldsymbol{\chi}$ 解析方程式(13.17)并确定 U。如图 13.2 所示，均匀化理论通常采用周期性结构，假设目标异质材料的微观组织或多或少是相同的，例如，参见 Nuna 和 Keller(1984)、Walker 等(1991)、Oleinik 等(1992)是关于无周期性介质的均匀化理论，因此对周期性结构的 $\boldsymbol{\chi}$ 可被计算出来，并为 U 选择一个周期性结构单胞。

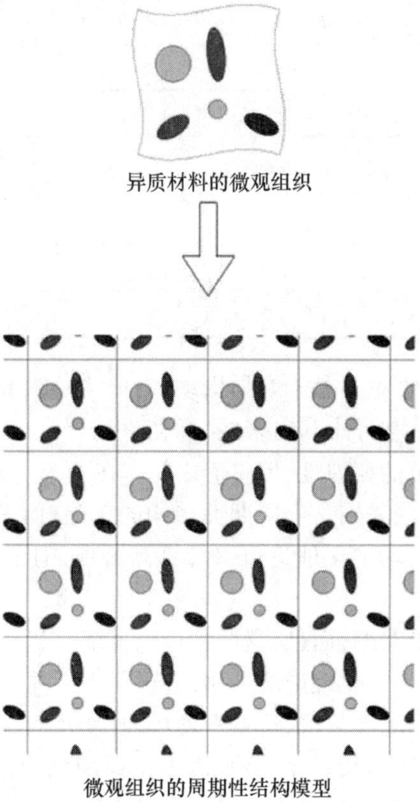

图 13.2 用于估算异质材料整体性能的周期性结构

与平均场理论不同，当 $\boldsymbol{c}$ 在微观长度尺度 l 上变化时，均匀化理论在解析 $\boldsymbol{u}$ 的控制方程的过程中，是基于奇异摄动扩展的数学方法的，该理论的一个优势是只分析扩展中的主项 $\boldsymbol{u}^0$，它是 $\boldsymbol{X}$ 的函数，或者在宏观长度尺度 L 上变化。注意，$\boldsymbol{u}^0$ 与应变同在，如下式给出：

$$\text{sym}\{(\nabla_x\boldsymbol{\chi} + \boldsymbol{I}) : (\nabla_X\boldsymbol{u}^0)\} = \text{sym}\{\nabla_x\boldsymbol{\chi} : \nabla_X\boldsymbol{u}^0\} + \text{sym}\{\nabla_X\boldsymbol{u}^0\}$$

右侧的第一项反映微观长度尺度上 $\boldsymbol{c}$ 中的空间变化，而第二项是应变，它在宏观长度尺度上变化，根据定义，式(13.18)，其第一项对在宏观长度尺度上变化的应力的影响，通过获得整个 U 内的体积平均值包含在 $\bar{C}$ 内。

很有趣的是，均匀化理论中当 ϵ 变为 0 时得到了极限值，已开展了大量研究工作以得到该极限值。然而，从摄动扩展的观点出发，标准的做法是，采用式(13.13)的定义，对 ϵ 使用一个有限值，因此，当均匀化理论聚焦于 ϵ 接近 0 的特殊情况时，从奇异摄动扩展出发单独处理均匀化理论是可能的。

13.3.3 平均场理论和均匀化理论的对比

表 13.1 总结了平均场理论和均匀化理论的对比情况,这些理论中使用的场变量是不同的;位移函数是不同的,因此应变和应力也不同,整体场变量被定义为场变量的体积平均,即使进行平均的区域是有所不同的。

表 13.1 平均场理论和均匀化理论的对比

参数	平均场理论	均匀化理论
位移	$\boldsymbol{u}$	$\boldsymbol{u}^0+\epsilon\boldsymbol{\chi}:(\nabla\boldsymbol{u}^0)$
应变	$\boldsymbol{\varepsilon}=\mathrm{sym}\{\nabla\boldsymbol{u}\}$	$\boldsymbol{\varepsilon}^0=(\nabla\boldsymbol{\chi}+\boldsymbol{I}):(\nabla\boldsymbol{u}^0)$
应力	$\boldsymbol{\sigma}=\boldsymbol{c}:\boldsymbol{\varepsilon}$	$\boldsymbol{\sigma}^0=\boldsymbol{c}:\boldsymbol{\varepsilon}^0$
整体位移	$\boldsymbol{U}=\int\varphi_V\boldsymbol{u}\mathrm{d}\nu$	$\boldsymbol{u}^0$
整体应变	$\boldsymbol{E}=\mathrm{sym}\{\nabla\boldsymbol{U}\}$	$\langle\boldsymbol{\varepsilon}^0\rangle=\mathrm{sym}\{\nabla\boldsymbol{u}^0\}$
整体应力	$\boldsymbol{\Sigma}=\overline{\boldsymbol{C}}:\boldsymbol{E}$	$\langle\boldsymbol{\sigma}^0\rangle=\overline{\boldsymbol{C}}:\langle\boldsymbol{\varepsilon}^0\rangle$
整体弹性	$\overline{\boldsymbol{C}}=\boldsymbol{C}^M+f(\boldsymbol{C}^I-\boldsymbol{C}^M):\boldsymbol{A}$	$\overline{\boldsymbol{C}}=\langle\boldsymbol{c}:(\nabla\boldsymbol{\chi}+\boldsymbol{I})\rangle$

有趣的是,虽然均匀化理论是基于奇异摄动的,但第一项 $\boldsymbol{u}^0$,实际上是通过获得第二项 $\boldsymbol{u}^1$,引起的应变的体积平均而计算出来的,即使进行平均的区域是一个单胞。虽然对这两种理论可发现一种特定的相似性,但它们之间存在两个主要的差异:第一个差异是对微观组织的模拟,均匀化理论采用一个周期性结构的单胞,而平均场理论考虑一个 RVE;第二个差异是,如果有必要,均匀化理论可以计算高阶项,但平均场理论没有系统的程序去提高估算的精确度。

以上所述的差异不是绝对的,而且,这两种理论可统一起来构建一套分析估算整体性能的理论;奇异摄动扩展被均匀化理论所采用,它可用于一种无周期性的微观组织,并且,可通过进行体积平均计算出更高阶项,这是平均场理论的核心概念。事实上,该统一理论的基本使用程序如下所述:①采用一个 RVE 而不是周期结构;②将奇异摄动扩展应用到该 RVE 中的场;③在扩展中进行诸项的体积平均以计算出其整体弹性。

在统一理论中,目标 RVE 的边界条件的设置需要一些考量,如后续所述,如果最终的边界牵引力或位移变化不明显,那么分别选择线性位移边界条件或均匀牵引力边界条件就足够了,一般选择 RVE 的结构为立方形的,而且,如果采用周期性边界条件而不是线性位移边界条件或均匀牵引力边界条件,那么,一个立方的 RVE 就被看成是一个单胞。后面还将提到,整体性能与边界条件的关联性是,至少要使性能具有一致性,也就是说,整体性能不仅可以与应变和应变能密度关联上,还可以与应变和应力关联上。

13.4 应变能考量

13.4.1 整体弹性的一致性

除了将应变和应力关联起来,弹性还将应变与应变能密度关联起来,平均场理论广泛研究了弹性的这种双重作用(Hill,1963),也就是说,需要一种 RVE 的整体弹性将平均应变和平均应变能密度联系起来,如下式:

$$\langle e\rangle_V = \frac{1}{2}\langle \boldsymbol{\varepsilon}\rangle_V : \bar{\boldsymbol{C}} : \langle \boldsymbol{\varepsilon}\rangle_V \tag{13.19}$$

式中:$e = \frac{1}{2}\boldsymbol{\varepsilon} : \boldsymbol{c} : \boldsymbol{\varepsilon}$ 或者 $e = \frac{1}{2}\boldsymbol{\sigma} : \boldsymbol{\varepsilon}$ 为应变能密度。这里,有一个有关整体弹性双重作用的问题,即:式(13.10)和式(13.19)的两个 $\bar{\boldsymbol{C}}$ 或者关联平均应变和平均应力的整体性能是否的确将平均应变和平均应变能密度关联起来,本章称为 $\bar{\boldsymbol{C}}$ 的一致性。很容易理解,$\bar{\boldsymbol{C}}$ 保持一致性的条件是应变能密度的平均值等于平均应力和平均应变乘积的一半即 $\langle e\rangle_V = \frac{1}{2}\langle \boldsymbol{\sigma}\rangle_V : \langle \boldsymbol{\varepsilon}\rangle_V$ 或者 $\frac{1}{2}\langle \boldsymbol{\sigma} : \boldsymbol{\varepsilon}\rangle_V = \frac{1}{2}\langle \boldsymbol{\sigma}\rangle_V : \langle \boldsymbol{\varepsilon}\rangle_V$。

一种对于应变和应力的平均化方案很容易从场方程,式(13.1)和式(13.2)得出,如下

$$\langle \boldsymbol{\sigma} : \boldsymbol{\varepsilon}\rangle_V = \frac{1}{V}\int_{\partial V} \boldsymbol{t} \cdot \boldsymbol{u}\,\mathrm{d}s \tag{13.20}$$

式中:$\boldsymbol{t}$ 为表面牵引力,对于应变和应力,式(13.5)和式(13.6),使用平均化方案,从式(13.20)可导出如下方程:

$$\langle \boldsymbol{\sigma} : \boldsymbol{\varepsilon}\rangle_V - \langle \boldsymbol{\sigma}\rangle_V : \langle \boldsymbol{\varepsilon}\rangle_V = \frac{1}{V}\int_{\partial V} (\boldsymbol{t} - \boldsymbol{\nu} \cdot \langle \boldsymbol{\sigma}\rangle_V) \cdot (\boldsymbol{u} - \boldsymbol{x} \cdot \langle \boldsymbol{\varepsilon}\rangle_V)\,\mathrm{d}s \tag{13.21}$$

可以看出,其左侧,应变和应力乘积的均值,$\langle \boldsymbol{\sigma} : \boldsymbol{\varepsilon}\rangle_V$ 与平均应变和应力的乘积,$\langle \boldsymbol{\sigma}\rangle_V : \langle \boldsymbol{\varepsilon}\rangle_V$,之间的差值,用 $\boldsymbol{t} - \boldsymbol{\nu} \cdot \langle \boldsymbol{\sigma}\rangle_V$ 与 $\boldsymbol{u} - \boldsymbol{x} \cdot \langle \boldsymbol{\varepsilon}\rangle_V$ 乘积的表面积分给出,它们分别是以平均应力($\boldsymbol{\nu} \cdot \langle \boldsymbol{\sigma}\rangle_V$)计算的牵引力的偏差和以平均应变 $\boldsymbol{x} \cdot \langle \boldsymbol{\varepsilon}\rangle_V$ 计算的位移的偏差。

13.4.2　一致整体弹性的条件

根据式(13.20),可清楚看到,如果对 RVE 施加均匀牵引边界条件或线性位移边界条件,式(13.10)和式(13.19)的 $\bar{\boldsymbol{C}}$ 值是相同的,从而 $\boldsymbol{t} - \boldsymbol{\nu} \cdot \langle \boldsymbol{\sigma}\rangle_V$ 或者 $\boldsymbol{u} - \boldsymbol{x} \cdot \langle \boldsymbol{\varepsilon}\rangle_V$ 分别在 ∂V 上同时消失。另外,如果边界条件被选定从而

$$\left| (\boldsymbol{t} - \boldsymbol{\nu} \cdot \langle \boldsymbol{\sigma}\rangle_V) \cdot (\boldsymbol{u} - \boldsymbol{x} \cdot \langle \boldsymbol{\varepsilon}\rangle_V) \right| < \omega$$

其中 ω 为常数,那么,式(13.20)导致

$$\left| \langle \boldsymbol{\sigma} : \boldsymbol{\varepsilon}\rangle_V - \langle \boldsymbol{\sigma}\rangle_V : \langle \boldsymbol{\varepsilon}\rangle_V \right| < \frac{1}{V}\int_{\partial V} \left| (\boldsymbol{t} - \boldsymbol{\nu} \cdot \boldsymbol{\sigma}_V) \cdot (\boldsymbol{u} - \boldsymbol{x} \cdot \boldsymbol{\varepsilon}_V) \right| \mathrm{d}s < \frac{S\omega}{V}$$

式中:S 和 V 为 ∂V 的面积和 V 的体积;对 V 的体积采用相同的符号。如果 $S\omega/V$ 足够小,式(13.10)和式(13.19)的 $\bar{\boldsymbol{C}}$ 值被看做是近似一致的,须注意,当 ω 为固定值时,$S\omega/V$ 随着 RVE 尺寸的增大而减小,这是由于 S/V 与 RVE 尺寸的倒数在一个量级。

13.4.3　整体弹性对载荷条件的依赖性

对于 $\bar{\boldsymbol{C}}$ 的特性,还存在另外一个问题,$\bar{\boldsymbol{C}}$ 的一致整体弹性采用 RVE 的场变量进行定义,该 RVE 被施加一种特定的边界条件,即:线性位移边界条件或者均匀牵引力边界条件

(它们是满足 $|(\boldsymbol{t}-\boldsymbol{\nu}\cdot\langle\boldsymbol{\sigma}\rangle_V)\cdot(\boldsymbol{u}-\boldsymbol{x}\cdot\langle\boldsymbol{\varepsilon}\rangle_V)|<\omega$ 的边界条件的典型实例)。因此,问题在于 $\overline{\boldsymbol{C}}$ 是否与边界条件或者 RVE 的载荷条件不相关,答案是否定的,$\overline{\boldsymbol{C}}$ 的变化依赖于边界条件,为场变量加注上标 S、G 和 E,分别代表均匀牵引力、广义和线性位移边界条件,那么,对于承受不同边界条件的 RVE 的平均应变能密度,如下平均方案是成立的:

$$\begin{cases}\langle e^s\rangle_V\leqslant\langle e^G\rangle_V & (\langle\boldsymbol{\varepsilon}^G\rangle_V=\langle\boldsymbol{\varepsilon}^S\rangle_V)\\ \langle e^E\rangle_V\leqslant\langle e^G\rangle_V & (\langle\boldsymbol{\sigma}^G\rangle_V=\langle\boldsymbol{\sigma}^E\rangle_V)\end{cases}\tag{13.22}$$

见图 13.3(Nemat-Nasser 和 Hori,1995)。仅需通过计算下面不等式的右侧很容易进行证实:

$$0\leqslant\langle(\boldsymbol{\varepsilon}^G-\boldsymbol{\varepsilon}^S):\boldsymbol{c}:(\boldsymbol{\varepsilon}^G-\boldsymbol{\varepsilon}^S)\rangle_V,\text{并且 }0\leqslant\langle(\boldsymbol{\varepsilon}^G-\boldsymbol{\varepsilon}^E):\boldsymbol{c}:(\boldsymbol{\varepsilon}^G-\boldsymbol{\varepsilon}^E)\rangle_V$$

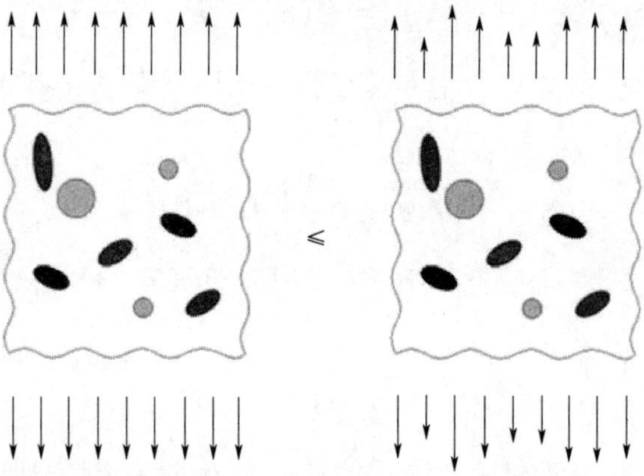

图 13.3 应变能对边界条件的依赖性

如果式(13.22)按如下解释,其意义是很清楚的:在 RVE 的边界上施加更加显著变化的表面位移或牵引力时,平均应变能密度是增加的;如果不存在变化的表面位移或牵引力,平均应变能密度就达到最小值。虽然未被证实,但有一点很清楚,如果表面位移或牵引力未发生显著变化(正如不等式 $|(\boldsymbol{t}-\boldsymbol{\nu}\cdot\langle\boldsymbol{\sigma}\rangle_V)\cdot(\boldsymbol{u}-\boldsymbol{x}\cdot\langle\boldsymbol{\varepsilon}\rangle_V)|<\omega$ 成立的情况),那么 $\langle e^G\rangle_V$ 与 $\langle e^S\rangle_V$ 和 $\langle e^E\rangle_V$ 都很接近;如下差值 $\langle e^G\rangle_V-\langle e^S\rangle_V$ 或 $\langle e^G\rangle_V-\langle e^E\rangle_V$,将随 RVE 尺寸的增大而消失,因此,对于一个足够大的 RVE,$\overline{\boldsymbol{C}}$ 对边界条件的依赖性即可被忽略。

有趣的是,平均应变能密度式(13.22),可从下面的函数推导得出:

$$I^E(\boldsymbol{u},\bar{t})=\langle\frac{1}{2}\boldsymbol{\varepsilon}:\boldsymbol{c}:\boldsymbol{\varepsilon}\rangle_V+\frac{1}{V}\int_{\partial V}\boldsymbol{\lambda}(\boldsymbol{x})\cdot[\boldsymbol{\nu}(\boldsymbol{x})\cdot\boldsymbol{\sigma}(\boldsymbol{x})-\bar{\boldsymbol{t}}(\boldsymbol{x})]\,\mathrm{d}s+\boldsymbol{\mu}:(\langle\boldsymbol{\sigma}\rangle_V-\overline{\boldsymbol{\sigma}})$$

式中:$\bar{\boldsymbol{t}}$ 和 $\overline{\boldsymbol{\sigma}}$ 分别为 $\overline{\boldsymbol{\sigma}}$ 上规定的牵引力和一个给定的平均应力;$\boldsymbol{\sigma}$ 为一个与 $\boldsymbol{u}$ 相关的应力场;$\boldsymbol{\lambda}$ 和 $\boldsymbol{\mu}$ 为拉格朗日乘子,使边界条件 $\boldsymbol{\nu}(\boldsymbol{x})\cdot\boldsymbol{\sigma}(\boldsymbol{x})=\bar{\boldsymbol{t}}(\boldsymbol{x})$,以及平均应力条件 $\langle\boldsymbol{\sigma}\rangle_V=\overline{\boldsymbol{\sigma}}$ 有效($\boldsymbol{\lambda}$ 是一个在 ∂V 上定义的向量函数,$\boldsymbol{\mu}$ 是一个在 ∂V 上定义的二阶张量),I^E 的驻值或者 $\langle\frac{1}{2}\boldsymbol{\varepsilon}:\boldsymbol{c}:\boldsymbol{\varepsilon}\rangle_V=\langle e\rangle_V$ 可通过获取相对于 $\boldsymbol{u}$ 和 $\bar{\boldsymbol{u}}$ 的变化值而得到,例如,I^E 相对于 $\boldsymbol{u}$ 的变化为

$$\delta I^E(\boldsymbol{u},\bar{\boldsymbol{t}}) = \frac{1}{V}\int_{\partial V} \delta\bar{\boldsymbol{t}}(\boldsymbol{x}) \cdot [\boldsymbol{u}(\boldsymbol{x}) - \boldsymbol{x}\cdot\boldsymbol{\mu}]\,\mathrm{d}s$$

由于 $\boldsymbol{\mu}$ 是一个恒定的二阶张量，上边所示的欧拉方程表明，为得到 $\bar{\boldsymbol{t}}$，I^E 被驻留，它使得在 ∂V 上的相关位移 $\boldsymbol{u}$ 与 $\boldsymbol{x}$ 成线性关系，也就是说，线性位移边界条件使 I^E 最小化，并且，不等式 $\langle e^E\rangle_V \leqslant \langle e^G\rangle_V$ 对任何 $\boldsymbol{u}^G$ 都成立，$\boldsymbol{u}^G$ 与 $\boldsymbol{\sigma}^G$ 同时出现，其满足 $\langle\boldsymbol{\sigma}^G\rangle_V = \langle\boldsymbol{\sigma}^E\rangle_V$。类似地，不等式 $\langle e^s\rangle_V \leqslant \langle e^G\rangle_V$ 对任何位移场 $\boldsymbol{u}^G$ 都成立，它与 $\boldsymbol{\varepsilon}^G$ 同时出现，且满足 $\langle\boldsymbol{\varepsilon}^G\rangle_V = \langle\boldsymbol{\varepsilon}^S\rangle_V$，见如下函数：

$$I^s(\boldsymbol{u},\bar{\boldsymbol{u}}) = \langle\frac{1}{2}\boldsymbol{\varepsilon}:\boldsymbol{c}:\boldsymbol{\varepsilon}\rangle_V + \frac{1}{V}\int_{\partial V}\boldsymbol{\lambda}(\boldsymbol{x})\cdot[\boldsymbol{u}(\boldsymbol{x}) - \bar{\boldsymbol{u}}(\boldsymbol{x})]\,\mathrm{d}s + \boldsymbol{\mu}:(\langle\boldsymbol{\varepsilon}\rangle_V - \bar{\boldsymbol{\varepsilon}})$$

式中：$\bar{\boldsymbol{u}}$ 和 $\bar{\boldsymbol{\varepsilon}}$ 均为位移场，其定义在 ∂V 上和一个给定的平均应变上，$\boldsymbol{\varepsilon}$ 是一个与 $\boldsymbol{u}$ 相关的应变场。

13.5　Hashin-Shtrikman 变分原理

13.5.1　虚拟均匀 RVE

估算一个 RVE 的整体性能的一种独特的方法是使用变分原理，这被称为 Hashin-Shtrikman 变分原理（Hasin 和 Shtrikman，1962；Walpole，1969；Willis，1977；Milton 和 Kohn，1988；Torquato，1991；Munashinghe 等，1996）。它采用一个虚拟均匀的 RVE 并用来找出一种本征应力的分布，从而使该均匀 RVE 中的场变量与那些在原始非均质 RVE 中的相吻合，即使得不出准确的分布，一种合适的本征应力分布也能为原始异质 RVE 的应变能提供一个上限或下限。

Hashin-Shtrikman 变分原理的提法始于本征应力，用 $\boldsymbol{\sigma}^*$ 表示，并且在均质 RVE 中（用 V^o），下面的应力-应变关系是成立的：

$$\boldsymbol{\sigma}(\boldsymbol{x}) = \boldsymbol{c}^o:\boldsymbol{\varepsilon}(\boldsymbol{x}) + \boldsymbol{\sigma}^*(\boldsymbol{x}) \tag{13.23}$$

式中：$\boldsymbol{c}^o$ 为均质 RVE 的弹性，其他两个场方程——式（13.1）和式（13.2），在均质 RVE 中是成立的，因而对于 $\boldsymbol{u}$ 的控制方程可按下式给出：

$$\nabla\cdot[\boldsymbol{c}^o:\nabla\boldsymbol{u}(\boldsymbol{x})] + \nabla\cdot\boldsymbol{\sigma}^*(\boldsymbol{x}) = 0 \tag{13.24}$$

若将 $\nabla\cdot\boldsymbol{\sigma}^*$ 看作一个体积力，式（13.24）可对 $\boldsymbol{u}$ 用均匀体的基本解 $\boldsymbol{G}^o$ 进行解析；该 $\boldsymbol{G}^o$ 经常被称为无限扩展体积的格林方程，而不是该偏微分的基本解，$\boldsymbol{\sigma}^*$ 对 $\boldsymbol{u}$ 的贡献按 $\int\boldsymbol{G}^o(\boldsymbol{x}-\boldsymbol{y})\cdot[\nabla\cdot\boldsymbol{\sigma}^*(\boldsymbol{y})]\,\mathrm{d}v$ 给出，其中的积分是对于 $\boldsymbol{y}$ 进行的。

现在，假设原始 RVE 的线性位移边界条件被用于均质 RVE，如果 $\boldsymbol{\sigma}^*$ 满足

$$\boldsymbol{c}^o:\boldsymbol{\varepsilon}(\boldsymbol{x}) + \boldsymbol{\sigma}^*(\boldsymbol{x}) = \boldsymbol{c}(\boldsymbol{x}):\boldsymbol{\varepsilon}(\boldsymbol{x}) \tag{13.25}$$

那么，均质 RVE 的场变量与原始 RVE 的相吻合，须注意，式（13.25）两边的 $\boldsymbol{\varepsilon}$ 均为均质 RVE 中的应变。

13.5.2　用于本征应力的 Hashin-Shtrikman 函数

用于 $\boldsymbol{\sigma}^*$ 的函数很容易定义，因而其欧拉方程就变为式（13.25），也就是说，

$$J^E(\boldsymbol{\sigma}^*) = \int_{V^o} \frac{1}{2}\boldsymbol{\sigma}^*(\boldsymbol{x}) : [\boldsymbol{c}(\boldsymbol{x}) - \boldsymbol{c}^o]^{-1} : \boldsymbol{\sigma}^*(\boldsymbol{x}) - \frac{1}{2}\boldsymbol{\sigma}^*(\boldsymbol{x}) : \boldsymbol{\varepsilon}^d(\boldsymbol{x}) - \boldsymbol{\sigma}^*(\boldsymbol{x}) : \boldsymbol{\varepsilon}^o(\boldsymbol{x})\mathrm{d}\nu \tag{13.26}$$

式中：$\boldsymbol{\varepsilon}^d$ 为 $\boldsymbol{\sigma}^*$ 导致的应变并可用 $\boldsymbol{G}^o$ 表示；$\boldsymbol{\varepsilon}^o$ 为无 $\boldsymbol{\sigma}^*$ 条件下给定的位移边界条件引起的一个应变场。由于 $\boldsymbol{\varepsilon}^d$ 和 $\boldsymbol{\sigma}^*$ 满足

$$\int_{V^o} \boldsymbol{\sigma}^*(\boldsymbol{x}) : \boldsymbol{\varepsilon}^d(\boldsymbol{x})\mathrm{d}\nu = -\int_{V^o} \boldsymbol{\varepsilon}^d(\boldsymbol{x}) : \boldsymbol{c}^o : \boldsymbol{\varepsilon}^d(\boldsymbol{x})\mathrm{d}\nu$$

因而，$\boldsymbol{J}^E$ 的变化最后得出式(13.25)；须注意，上述方程是从 ∂V^o 上 $\boldsymbol{u}^d = 0$ 的这个条件推导得出的。

当 $\boldsymbol{c}^o$ 被选定从而 $\boldsymbol{c} - \boldsymbol{c}^o$ 在 V^o 内变为恒正时，$\boldsymbol{J}^E$ 的驻值就是最小值，也就是说，对于任何 $\boldsymbol{\sigma}^*$，如下不等式都成立：

$$J^E(\boldsymbol{\sigma}^*) > \int_{V^o} -\frac{1}{2}\{[\boldsymbol{c}(\boldsymbol{x}) - \boldsymbol{c}^o] : \boldsymbol{\varepsilon}(\boldsymbol{x})\} : \boldsymbol{\varepsilon}(\boldsymbol{x})\mathrm{d}\nu = \langle \frac{1}{2}\boldsymbol{\varepsilon} : \boldsymbol{c}^o : \boldsymbol{\varepsilon}\rangle_{V^o} - \langle e\rangle_V$$

式中：$\boldsymbol{\varepsilon}$ 为承受相同位移边界条件的原始 RVE 中应力引起的应变(或者为 $\boldsymbol{\sigma}^*$ 计算出的满足式(13.25)的应变)；$\langle e\rangle_V$ 为对应于该 $\boldsymbol{\varepsilon}$ 的平均应变能密度。因此，可为 $\langle e\rangle_V$ 获得一个下限：

$$\langle e\rangle_V > \langle \frac{1}{2}\boldsymbol{\varepsilon} : \boldsymbol{c}^o : \boldsymbol{\varepsilon}\rangle_{V^o} - \boldsymbol{J}^E(\boldsymbol{\sigma}^*) \tag{13.27}$$

该不等式右侧的第一项为 $\frac{1}{2}\langle\boldsymbol{\varepsilon}\rangle_V : \boldsymbol{c}^o : \langle\boldsymbol{\varepsilon}\rangle_V$，这是由于 $\boldsymbol{\varepsilon}$ 为对应于线性位移边界条件的应变；第二项采用 $\boldsymbol{\sigma}^*$ 的分段常数分布和 Eshelby 解来估算，因此，$\langle e\rangle_V$ 的下限为整体性能提供了一个下限。

在上面的讨论中，在为 V 的 $\langle e\rangle_V$ 计算下限时，假定为线性位移边界条件，但是，如果为 ∂V 施加任何类型的位移边界条件，该原理都是成立的，这是由于该原理的一个关键条件是 $\int \boldsymbol{\sigma}^* : \boldsymbol{\varepsilon}^d\mathrm{d}\nu = -\int \boldsymbol{\varepsilon}^d : \boldsymbol{c}^o : \boldsymbol{\varepsilon}^d\mathrm{d}\nu$，其导出的条件是 $\boldsymbol{\sigma}^*$ 引起的位移消失在 ∂V 上。

类似地，在给定牵引力边界条件、选定 $\boldsymbol{c}^o$ 从而 $\boldsymbol{c} - \boldsymbol{c}^o$ 变为恒正的情况下，可为整体性能计算出一个上限值，也就是说，下面的函数会被考虑：

$$J^S(\boldsymbol{\sigma}^*) = \int_{V^o} \frac{1}{2}\boldsymbol{\varepsilon}^*(\boldsymbol{x}) : [\boldsymbol{d}(\boldsymbol{x}) - \boldsymbol{d}^o]^{-1} : \boldsymbol{\varepsilon}^*(\boldsymbol{x}) - \frac{1}{2}\boldsymbol{\varepsilon}^*(\boldsymbol{x}) : \boldsymbol{\sigma}^d(\boldsymbol{x}) - \boldsymbol{\varepsilon}^*(\boldsymbol{x}) : \boldsymbol{\sigma}^o(\boldsymbol{x})\mathrm{d}\nu$$

式中：$\boldsymbol{\varepsilon}^*(\boldsymbol{x}) = (\boldsymbol{c}^o)^{-1} : \boldsymbol{\sigma}^*(\boldsymbol{x})$；$\boldsymbol{d}^o$ 和 $\boldsymbol{d}$ 分别为 $\boldsymbol{c}^o$ 和 $\boldsymbol{c}$ 的倒置张量(通常被称为柔度张量)；$\boldsymbol{\sigma}^d$ 为 $\boldsymbol{\sigma}^*$ 引起的应力；$\boldsymbol{\sigma}^o$ 为无 $\boldsymbol{\sigma}^*$ 时给定的牵引力边界条件引起的一个应力场。须注意，正如 $\boldsymbol{J}^E$ 中的 $\int \boldsymbol{\sigma}^* : \boldsymbol{\varepsilon}^d\mathrm{d}\nu$ 为恒负，$\boldsymbol{J}^S$ 中的 $\int \boldsymbol{\varepsilon}^* : \boldsymbol{\sigma}^d\mathrm{d}\nu$ 也为恒正，而且，牵伸力边界条件未必均匀；该原理对任何牵伸力边界条件对成立。

13.5.3 Hashin-Shtrikman 变分原理在周期性结构中的应用

为原始异质 RVE 引入一个均匀 RVE，从而提出 Hashin-Shtrikman 变分原理，第一印象是该原理仅在平均场理论的框架中才成立，但是，如果下式成立，该原理能够用于均匀化理论的一种周期结构：

$$\int \boldsymbol{\sigma}^{*}(\boldsymbol{x}) : \boldsymbol{\varepsilon}^{\mathrm{d}}(\boldsymbol{x})\, \mathrm{d}\nu = -\int \boldsymbol{\varepsilon}^{\mathrm{d}}(\boldsymbol{x}) : \boldsymbol{c}^{\mathrm{o}} : \boldsymbol{\varepsilon}^{\mathrm{d}}(\boldsymbol{x})\, \mathrm{d}\nu$$

式中：当 $\boldsymbol{\sigma}^{*}$ 被规定在均匀周期性结构中，$\boldsymbol{\varepsilon}^{d}$ 为在单胞 U 中产生的一个应变场，实际上，周期性边界条件被施加在 U 上，即满足上述等式；$\boldsymbol{\sigma}^{*}$ 和 $\boldsymbol{\varepsilon}^{\mathrm{d}}$ 为本征应力和 U 中由 $\boldsymbol{\sigma}^{*}$ 引起的应变。

13.6　动力学状态下的整体性能

13.6.1　动力学状态下的平均化方案

本章在分析场变量估算异质材料的整体性能过程中，假定了准静状态，在应用这两种微观力学理论时，考虑动状态下整体性能的估算过程也是很有趣的。在动状态条件下，式(13.2)被下式替代：

$$\nabla \cdot \boldsymbol{\sigma}(\boldsymbol{x},t) - D\boldsymbol{p}(\boldsymbol{x},t) = 0 \tag{13.28}$$

式中：t 为时间；D 为微分算子($D(\cdot) = \partial(\cdot)/\partial t$)；$\boldsymbol{p}$ 为动量并按下式定义：

$$\boldsymbol{p}(\boldsymbol{x},t) = \rho(\boldsymbol{x})\, \boldsymbol{\nu}(\boldsymbol{x},t) \tag{13.29}$$

式中：ρ 为密度；$\boldsymbol{\nu}$ 为速度，$\boldsymbol{\nu} = D\boldsymbol{u}$ 。

根据平均场理论，动状态下的 RVE 被用来估算动力学状态下的整体性能，场变量的体积平均值可被计算出来，若式(13.5)中应变的平均化方法成立，那么应力的平均化方法，式(13.6)即被下式取代

$$\langle \boldsymbol{\sigma} \rangle = \frac{1}{V}\int_{\partial V} \mathrm{sym}\{\boldsymbol{t} \otimes \boldsymbol{x}\}\, \mathrm{d}s - \langle \boldsymbol{p} \otimes \boldsymbol{x} \rangle \tag{13.30}$$

同时

$$\langle D\boldsymbol{p} \rangle = \frac{1}{V}\int_{\partial V} \boldsymbol{t}\mathrm{d}s \tag{13.31}$$

这里，为简便起见，下标 V 未被包含在〈〉内，它是 $\boldsymbol{t}$ 的 函数，注意到式(13.30)包含了 $\langle \boldsymbol{p} \otimes \boldsymbol{x} \rangle$；不像准静态下的式(13.6)，动状态下的平均应力不能仅通过表面积分来确定。需明确，一种材料试样的平均应变和应力在准静态下是可以测量的，但是，在动状态下，只有平均应变是可测的；计算一个试样的平均应力需要该试样内部 $\boldsymbol{p} \otimes \boldsymbol{x}$ 的分布。

13.6.2　动状态下的虚拟平均代表性体积单元

为了估算整体性能，平均场理论用来解决体积平均值，其通过平均化方案来计算。如前所述，分析一个均质体积单元，V^{o} 是很有用的，对于它，动状态下的基本解是适用的，本征应力和本征动量分别用 $\boldsymbol{\sigma}^{*}$ 和 $\boldsymbol{p}^{*}$ 表示，它们按下式扰动 V^{o} 中的应力和动量：

$$\boldsymbol{\sigma}(\boldsymbol{x},t) = \boldsymbol{c}^{o} : \boldsymbol{\varepsilon}(\boldsymbol{x},t) + \boldsymbol{\sigma}^{*}(\boldsymbol{x},t) \tag{13.32}$$

$$\boldsymbol{p}(\boldsymbol{x},t) = \rho^{o}\boldsymbol{\nu}(\boldsymbol{x},t) + \boldsymbol{p}^{*}(\boldsymbol{x},t) \tag{13.33}$$

由此，动状态下 $\boldsymbol{u}$ 的控制方程按下式导出：

$$\nabla \cdot [\boldsymbol{c}^{\mathrm{o}} : \nabla \boldsymbol{u}(\boldsymbol{x},t)] - \rho^{\mathrm{o}} D^{2}\boldsymbol{u}(\boldsymbol{x},t) + \nabla \cdot \boldsymbol{\sigma}^{*}(\boldsymbol{x},t) - D\boldsymbol{p}^{*}(\boldsymbol{x},t) = 0 \tag{13.34}$$

可以看出，$\nabla \cdot \boldsymbol{\sigma}^{*} - D\boldsymbol{p}^{*}$ 起着体积力的作用，其对 $\boldsymbol{u}$ 的贡献通过基本解的空间和时间

积分计算得出,其按下式的卷积形式表示

$$\iint G^{\circ}(x-y,t-s)\cdot[-\nabla\cdot\sigma^{*}(y,s)+Dp^{*}(y,s)]\,\mathrm{d}\nu\mathrm{d}s=G^{o}*(-\nabla\cdot\sigma^{*}+D^{*})$$

式中:G° 为动状态下的基本解,微分和积分相对于 y 和 s 进行。经过仔细处理将 $G^{\circ}*(-\nabla\cdot\sigma^{*}+Dp^{*})$ 代入式(13.30)和式(13.31)后,应力和动量的体积平均值即可按下式进行估算:

$$\langle\sigma\rangle=\bar{C}*\langle\varepsilon\rangle+\bar{S}*\langle\nu\rangle \tag{13.35}$$

$$\langle p\rangle=\bar{S}^{\mathrm{T}}*\langle\varepsilon\rangle+\bar{r}*\langle\nu\rangle \tag{13.36}$$

式中:$\bar{C}$、$\bar{r}$、$\bar{S}$ 为卷积算子;上标 T 代表转置。在以 $\bar{S}$ 和 $\bar{S}^{\mathrm{T}}$ 分别表示 $\langle\nu\rangle$ 和 $\langle\varepsilon\rangle$ 对 $\langle\sigma\rangle$ 和 $\langle p\rangle$ 的贡献层面上,式(13.35)和式(13.36)是存在对称性的,这些算子的存在是得到证实了的,但是,这些算子对于 G° 的显式形式是无法得到的。

有趣的是,式(13.35)和式(13.36)中平均速度 $\langle\nu\rangle$ 的存在是奇数律的,同样的材料性能应该由两个观测器进行测量,这两个观测器分别以不同的恒定速度移动,但是,$\langle\nu\rangle$ 对这两个观测器而言是不同的,所以,$\langle\nu\rangle$ 在式(13.35)和式(13.36)中的出现是奇数律的。事实上,在未破坏诸算子和平均值的对称性的条件下,如果对式(13.35)和式(13.36)进行时间平均,$\langle\nu\rangle$ 的贡献可以用 $\langle D\varepsilon\rangle$ 来替代。

作为对动状态下的平均场理论的最后论述,对于应变能平均化方案的总结如下:

$$\langle\sigma:\varepsilon\rangle=\frac{1}{V}\int_{\partial V}t(x,t)\cdot u(x,t)\,\mathrm{d}s-\langle Dp\cdot p\rangle \tag{13.37}$$

$$\langle\sigma:\varepsilon\rangle-\langle\sigma\rangle:\langle\varepsilon\rangle=\frac{1}{V}\int_{\partial V}[t(x,t)-\nu\cdot\langle\sigma\rangle]\cdot[u(x,t)-x\cdot\langle\varepsilon\rangle]\,\mathrm{d}s$$
$$-\langle Dp\cdot u\rangle+\langle x\otimes Dp\rangle:\langle\varepsilon\rangle \tag{13.38}$$

这两个方程为式(13.20)和式(13.21)的动态形式,正如准静态形式式(13.37)和式(13.38)为式(13.1)和式(13.28)这两个场方程的结果,并且对任何给定的材料都成立。须注意,与准静态不同,$\langle\sigma:\varepsilon\rangle$ 和 $\langle\sigma:\varepsilon\rangle-\langle\sigma\rangle:\langle\varepsilon\rangle$ 不能仅通过表面积分确定,这意味着需要用 V 内场变量的测量值准确估算这些项的值。

13.6.3 奇异摄动扩展的应用

像准静态那样,均匀化理论可将奇异摄动扩展应用于动状态下 u 的控制方程,也就是说,有

$$D[\rho(x)\,Du(x,t)]-\nabla\cdot[c(x):\nabla u(x,t)]=0$$

如果将 u 的扩展按照式(13.15)同样的方式进行,也就是说,有

$$u(x,t)=u^{0}(X,x,t)+\epsilon u^{1}(X,x,t)+\cdots$$

那么,若假定 u^{0} 是 X 和 t 的函数,并且 u^{1} 为如该形式 $u^{1}=\chi:u^{0}$ 且 χ 仅是 x 的函数,则整体弹性与式(13.18)的 $\bar{C}$ 相等,而整体密度 $\bar{r}$ 为 ρ 在一个单胞 U 上的体积平均,即

$$\bar{C}=\langle c(x):\chi(x)+I\rangle_{U}\text{ 且 }\bar{r}=\langle\rho\rangle_{U}$$

此 $\bar{C}$ 和 $\bar{r}$ 的估算值是基本准确的。

虽然用平均场理论估算的动态整体性能有别于准静态整体性能,但均匀化理论可得到整体弹性的相同估值和整体密度的预期估值,这种差异来源于扩展的形式在不同阶段

将拥有不同的弹性波速度(它可通过弹性和密度的比值确定)。因此,在动状态条件下,如果所有阶段都具有或多或少相同的空间尺寸,那么每阶段都有一个不同的时间尺度用于其弹性波在该阶段内传播,因此,$\boldsymbol{u}$ 的另一个备选的(可能是更实用的)扩展式为

$$\boldsymbol{u}(\boldsymbol{x},t)=\boldsymbol{u}^0(\boldsymbol{X},\boldsymbol{x},\boldsymbol{T},t)+\epsilon\boldsymbol{u}^1(\boldsymbol{X},\boldsymbol{x},\boldsymbol{T},t)+\cdots$$

其中

$$\boldsymbol{T}=\frac{1}{\epsilon}t$$

为一个比 t 慢的时间变量,正如 $\boldsymbol{X}$ 是一个比 $\boldsymbol{x}$ 变化慢的空间变量,如果采用不同的扩展,那么估算整体弹性和密度的结果将是不同的。

13.7　小　　结

本章介绍的两种微观力学理论是非常成熟的,根据这两个理论,不难推导出整体性能的一种闭合表达式或数值解,估算的准确度一般是很有限的;分析估算达不到试验估算的水平,而且,数值解虽然比闭合解要好,但在实际中并不常用,然而,由于分析估算较好的顺应性,它在得出整体性能的粗略估算值时是非常有用的。

除实际应用外,这两个微观力学理论为异质材料微观组织的模拟提供了一种很清晰的概念,可以充分利用这种概念去评估非力学方面的性能,如电磁性能、热传导性能或它们之间的耦合性能,为此可对 Hashin-Shtrikman 变分原理进行延伸扩展,从而为整体性能提供上限和下限值。

参考文献

H. Ammari, H. Kang, M. Lim, Effective parameters of elastic composites. Indiana Univ. Math. J. 55(3), 903-922 (2006)

N. Bakhvalov, G. Panasenko, Homogenization: Averaging Processes in Periodic Media (Kluwer, New York, 1984)

J. D. Eshelby, The determination of the elastic field of an ellipsoidal inclusion, and relatedproblems. Proc. R. Soc. A A241, 376-396(1957)

G. A. Francfort, F. Murat, Homogenization and optimal bounds in linear elasticity. Arch Ration. Mech. Anal. 94, 307-334(1986)

X. L. Gao, H. M. Ma, Strain gradient solution for the Eshelby-type anti-plane strain inclusionproblem. Acta Mech. 223, 1067-1080(2012)

Z. Hashin, S. Shtrikman, On some variational principles in anisotropic and nonhomogeneouselasticity. J. Mech. Phys. Solid 10, 335-342(1962)

R. Hill, Elastic properties of reinforced solids: some theoretical principles. J. Mech. Phys. Solid 11, 357-372 (1963)

M. Hori, S. Nemat-Nasser, Double-Inclusion model and overall moduli of multi-phase composites. Mech. Mater. 14, 189-206(1993)

U. Hornung(ed.), Homogenization and Porous Media(Springer, Berlin, 1996)

M. Kachanov, I. Tsukrov, B. Shafiro, Effective modulus of solids with cavities of various shapes. Appl. Mech.

Rev. 47, 151–174(1994)

M. Kawashita, H. Nozaki, Eshelby tensor of a polygonal inclusion and its special properties. J. Elast. 74(2), 71–84(2001)

J. Kevorkina, J. D. Cole, Multiple Scale and Singular Perturbation Methods(Springer, Berlin, 1996)

H. Le Quang, Q. C. He, Q. S. Zheng, Some general properties of Eshelby' stensor fields in transportphenomena and anti-plane elasticity. Int. J. Solid Struct. 45(13), 3845–3857(2008)

L. P. Liu, Solutions to the Eshelby conjectures. Proc. R. Soc. A 464, 573–594(2008)

X. Markenscoff, Inclusions with constant eigenstress. J. Mech. Phys. Solid 46(2), 2297–2301(1998)

G. W. Milton, R. Kohn, Variational bounds on the effective moduli of anisotropic composites.

J. Mech. Phys. Solid 43, 63–125(1988)

H. M. S. Munashinghe, M. Hori, Y. Enoki. Application of Hashin–Shtrikman Variational Principle for Computing Upper and Lower Approximate Solutions of Elasto–Plastic Problems, in Proceedings of the International Conference on Urban Engineering in Asian Cities, 1996, pp. 1–6

T. Mura, Micromechanics of Defects in Solids(MartinusNijhoff Publisher, New York, 1987)

S. Nemat–Nasser, M. Hori, Micromechanics: Overall Properties of Heterogeneous Materials (North–Holland, London, 1993)

S. Nemat–Nasser, M. Hori, Universal bounds for overall properties of linear and nonlinearheterogeneous solids. Trans. ASME 117, 412–422(1995)

H. Nozaki, M. Taya, Elastic fields in a polyhedral inclusion with uniform eigenstrains and relatedproblems. ASME J. Appl. Mech. 68, 441–452(2001)

K. C. Nuna, J. B. Keller, Effective elasticity tensor of a periodic composite. J. Mech. Phys. Solid 32, 259–280 (1984)

O. A. Oleinik, A. S. Shamaev, G. A. Yosifian, Mathematical Problems in Elasticity and Homogenization(North–Holland, New York, 1992)

S. Onaka, N. Kabayashi, M. Kato, Two–dimensional analysis on elastic strain energy due to auniformly eigenstrainedsupercircular inclusion in an elastically anisotropic material. Mech. Mater. 34, 117–125(2002)

C. Q. Ru, Eshelby inclusion of arbitrary shape in an anisotropic plane or half–plane. Acta Mech. 160, 219–234 (2003)

E. Sanchez–Palencia, Non–homogeneous Media and Vibration Theory. Lecture Note in Physics, No. 127(Springer, Berlin, 1981)

K. Tanaka, T. Mori, Note on volume integrals of the elastic field around an ellipsoidal inclusion. J. Elast. 2, 199–200(1972)

K. Terada, T. Miura, N. Kikuchi, Digital image–based modeling applied to the homogenizationanalysis of composite materials. Comput. Mech. 20, 188–202(1996)

S. Torquato, Random heterogeneous media: microstructure and improved bounds on effectiveproperties. Appl. Mech. Rev. 42(2), 37–76(1991)

K. P. Walker, A. D. Freed, E. H. Jordan, Microstress analysis of periodic composites. Compos. Eng. 1, 29–40 (1991)

L. J. Walpole, On the overall elastic moduli of composite materials. J. Mech. Phys. Solid 17, 235–251(1969)

X. Wang, X. L. Gao, On the uniform stress state inside an inclusion of arbitrary shape in a threephasecomposite. Z. Angew. Math. Phys. 62, 1101–1116(2011)

M. Z. Wang, B. X. Xu, The arithmetic mean theorem of Eshelby tensor for a rotational symmetricalinclusion. J. Elast. 77, 12–23(2005)

J. R. Willis, Bounds and self-consistent estimates for the overall properties of anisotropic composites. J. Mech. Phys. Solid 25, 185-202(1977)

Q. S. Zheng, D. X. Du, An explicit and universally applicable estimate for the effective properties of multiphase composites which accounts for inclusion distribution. J. Mech. Phys. Solid 49, 2765-2788(2001)

W. N. Zou, Q. C. He, M. J. Huang, Q. S. Zheng, Eshelby's problem of non-elliptical inclusions. J. Mech. Phys. Solid 58, 346-372(2010)

第 14 章　晶体材料的微观行为和断裂综述

Pratheek Shanthraj, Mohamed A. Zikry

摘　　要

一种基于位错密度的多重滑移晶体塑性框架解释了形貌和取向关系(OR)变体,它们是板条马氏体微观组织内在的独有特征;另有一种位错密度-晶界交互作用方法是基于位错密度在变体晶界上的传播和受阻的;以上两种技术开发出来并用于预测变体界面上的应力累积和释放。一种微观组织失效准则基于在马氏体解理平面上分解以上所述的应力,另有专门的有限元(FE)方法采用重叠单元来代表演化的断裂表面,这两者用来对马氏体钢中断裂萌生以及沿晶和穿晶裂纹扩展行为进行详细的分析。研究了块状和团簇状界面效应,结果表明,解理表面相对于滑移面的取向关系以及板条形貌是决定性的因素,它们用来表征具体的失效模式,沿板条长度方向的块体和团簇尺寸是影响韧化机制的关键微观组织特征,比如裂纹钝化和偏离,另外,这些机制可控制不同失效模式的萌生和扩展过程。

14.1　概　　述

本章中,一种最新发展起来的位错密度晶体塑性提法和一种新的断裂学方法耦合起来,去研究晶体材料中的大应变非弹性模式及其相关的韧性裂纹萌生和演化过程,该方法应用于马氏体钢中,晶体材料中的断裂行为本身是非常复杂的,这是由于其微观组织效应会从纳米到宏观尺度上影响其行为,总体的挑战是识别对行为特征的主导的微观组织效应,比如在韧性晶体材料中失效的萌生和演化。板条马氏体钢是一种比较独特的体系,这是由于在不同尺度上,其微观组织能够包括不同的晶体结构(BCC 和 FCC)、位错密度的演化和相互作用、变体的取向和分布、晶粒形貌、晶界的分布和取向,以及弥散的颗粒和析出相。

板条马氏体钢由于其较高的强度、磨损抗力和韧度,广泛应用于军事和民用领域,它们所具有的这些性能是由它们独特的微观组织决定的,马氏体钢的组织特征已广泛地研究过,如板条状、块状和团簇状的亚结构(Morito 等,2003,2006),根据其工艺特征和化学成分,马氏体钢可具备多种多样的微观组织和性能(Takaki 等,2001;Tsuji 等,2004;Song 等,2005),通过回火和时效后的微合金化元素和热机械处理,已获得了力学性能的最优组合(Ayda 等,1998;Barani 等,2007;Kimura 等,2008),马氏体钢中的失效及其与微观组织的关系已经进行了大量的实验研究,不同的失效模式,例如强烈局部化的剪切带的形成(Minaar 和 Zhou,1998)以及穿晶和沿晶断裂(Krauss,1999;Inoue 等,1970;Matsuda 等,

1972)，与相互关联的马氏体结构、OR 和应变速率的效应成函数关系演化。

穿晶断裂模式中的解理刻面的尺寸与团簇尺寸(Inoue 等，1970；Matsuda 等，1972)和块体的尺寸(Hughes 等，2011)关联起来，块体和团簇尺寸的细化可缩短 {110} 和 {112} 滑移面上以及 {100} 解理面上共格界面的长度，前两者通过阻碍位错运动改善强度，最后通过抑制裂纹扩展模式改善韧度(Morris，2011；Guo 等，2004；Morris 等，2011)。虽然通过亚温热处理的块体和团簇尺寸细化(Jin 等，1975；Kim 等，1998)和形变回火(Kimura 等，2008)用来获取高的强度和韧度，但是一般都会发现获得高强度的同时会带来韧性的显著下降(Howe，2000；Tsuji 等，2002)，在这些研究中，块体和团簇界面在强韧化机制中的相对作用尚不清楚，这是由于工艺对团簇和块体尺寸细化的作用未考虑，该作用可能会很明显，如 Kawata 等(2006)所述，他们发现，块体的尺寸可能会在通过改变工艺条件实现团簇尺寸细化的过程中变大。利用微弯曲试验，Shibata 等(2010)发现，块体界面相对于亚块体界面对强化效果的作用更显著，它归因于位错在高角度块体界面的堆积，Ohmura 等(2004)发现位错被吸收入块体界面内而未发现位错堆积，另外，将观察到的因块体尺寸细化引起的硬化效果归因于界面上碳化物的分布(Ohmura 和 Tsuzaki，2007)。

所有这些研究明确显示，块体和团簇的形貌和晶体特征对马氏体组织的强度和韧度有重要影响，并通过原始奥氏体晶界、团簇和块体界面位错组织演化以及裂纹扩展之间的复合作用来实现。但是，比较欠缺微观组织和材料行为之间的关联性研究，该问题还未得到较好解决。因此，目前工作的目标是开发一种集成框架，将对主要的马氏体微观组织特征敏感的材料参量与对失效表面演化和基于微观组织的失效准则的计算机描述结合起来，从而准确模拟马氏体钢中失效行为的萌生和演化。一种基于物理学的位错密度 GB 交互作用方案被开发了出来，其用来描述位错密度穿过块体和团簇界面的阻力，并将其集成在一种多重滑移位错密度本构方程中，该提法描述了板条马氏体微观组织特有的变体形貌和 OR，通过专门的 FE 方法使用重叠单元代表失效表面(Hansho 和 Hansbo，2004)，现有的裂纹扩展方法的缺点已被解决，并且开发了一种基于多种马氏体变体的解理面取向的演化过程的失效准则，从而该框架用于进行大尺寸的 FE 模拟，表征用于马氏体组织中塑性应变局部化和失效萌生与扩展的主导位错密度机制。

本章结构如下：位错密度晶体塑性提法、位错密度晶界方案推导以及马氏体微观组织描述在 14.2 节中论述；失效表面描述和微观组织失效准则的数值运算是基于沿断裂表面的应力分量的，其在 14.3 节中论述；14.4 节中给出了相关结果和论述；14.5 节中总结了结果和结论。

14.2　基于位错密度的多重滑移提法

本节论述了多重滑移晶体塑性速率相关本构提法，以及用于运动和非运动位错密度的演化方程的推导，它们和本构提法耦合使用。

14.2.1　多重滑移晶体塑性提法

本研究中使用的晶体塑性本构提法是基于 Asaro 和 Rice(1977)以及 Zikry(1994)开发出来的，假定速率梯度分解成一个对称变形速率张量 $\boldsymbol{D}_{ij}$ 和一个反对称旋转张量 $\boldsymbol{W}_{ij}$，

$\boldsymbol{D}_{ij}$ 和 $\boldsymbol{W}_{ij}$ 被分解为弹性和非弹性分量之和：

$$\boldsymbol{D}_{ij}=D_{ij}^{*}+D_{ij}^{p},\quad \boldsymbol{W}_{ij}=W_{ij}^{*}+W_{ij}^{p} \tag{14.1}$$

非弹性分量用晶体滑移速率定义为

$$D_{ij}^{p}=\sum P_{ij}^{(\alpha)}\dot{\gamma}^{(\alpha)},\quad W_{ij}^{p}=\sum \omega_{ij}^{(\alpha)}\dot{\gamma}^{(\alpha)} \tag{14.2}$$

式中：α 在所有滑移系上加和；$P_{ij}^{(\alpha)}$ 和 $\omega_{ij}^{(\alpha)}$ 分别为当前配置中 Schmid 张量的对称和反对称部分。

一种指数定律关系式可用来表征每个滑移系上的速率相关本构描述，如下

$$\dot{\gamma}^{(\alpha)}=\dot{\gamma}_{\mathrm{ref}}^{(\alpha)}\left[\frac{\tau^{(\alpha)}}{\tau_{\mathrm{ref}}^{(\alpha)}}\right]\left[\frac{\tau^{(\alpha)}}{\tau_{\mathrm{ref}}^{(\alpha)}}\right]^{\frac{1}{m}-1} \tag{14.3}$$

式中：$\dot{\gamma}_{\mathrm{ref}}^{(\alpha)}$ 为对应于参考剪切应力 $\tau_{\mathrm{ref}}^{(\alpha)}$ 的参考剪切应变速率；m 为速率敏感性参数；$\tau^{(\alpha)}$ 为滑移系 α 上的剪切应力分量，采用的参考应力是广泛采用的经典形式（Franciosi 等，1980）的变体，其将参考应力和非运动位错密度 $\rho_{\mathrm{im}}^{(\alpha)}$ 按下式关联起来：

$$\tau_{\mathrm{ref}}^{(\alpha)}=\left(\tau_{y}^{(\alpha)}+G\sum_{\beta=1}^{\mathrm{nss}}b^{(\beta)}\sqrt{a_{\alpha\beta}\rho_{\mathrm{im}}^{(\beta)}}\right)\left(\frac{T}{T_0}\right)^{-\xi}$$

式中：$\tau_{y}^{(\alpha)}$ 为滑移系 α 上的静态屈服应力；G 为剪切模量；nss 为滑移系的数量；$b^{(\beta)}$ 为伯格斯向量的大小；$a_{\alpha\beta}$ 为泰勒系数，其与各滑移系之间相互作用的强度有关（Devincre 等，2008；Kubin 等，2008a，b）；T 为温度；T_0 为参考温度；ξ 为热软化指数。

14.2.2 运动和非运动的位错密度的演化方程

根据 Zikry 和 Kao（1996）方法，对于材料的一种给定变形状态，假定总位错密度 $\rho^{(\alpha)}$ 可分解成一个运动的和非运动的位错密度，分别为 $\rho_{\mathrm{m}}^{(\alpha)}$ 和 $\rho_{\mathrm{im}}^{(\alpha)}$。滑移系上应变的一次增加过程中，产生一种运动位错密度速率，同时一种非运动位错密度速率被湮灭，另外，运动和非运动位错密度速率可通过交叉的形成和破坏被耦合起来，同时存储的非运动位错作为运动位错演化的障碍起作用，这是将运动和非运动位错密度的演化过程表述为下式的基础：

$$\frac{\mathrm{d}\rho_{\mathrm{m}}^{(\alpha)}}{\mathrm{d}t}=|\dot{\gamma}^{(\alpha)}|\left(\frac{g_{\mathrm{sour}}^{\alpha}}{b^{(\alpha)2}}\frac{\rho_{\mathrm{im}}^{(\alpha)}}{\rho_{\mathrm{m}}^{(\alpha)}}-g_{\mathrm{mnter-}}^{\alpha}\rho_{\mathrm{m}}^{(\alpha)}-\frac{g_{\mathrm{immob-}}^{\alpha}}{b^{(\alpha)}}\sqrt{\rho_{\mathrm{im}}^{(\alpha)}}\right) \tag{14.5}$$

$$\frac{\mathrm{d}\rho_{\mathrm{im}}^{(\alpha)}}{\mathrm{d}t}=|\dot{\gamma}^{(\alpha)}|\left(g_{\mathrm{mnter+}}^{\alpha}\rho_{\mathrm{m}}^{(\alpha)}+\frac{g_{\mathrm{immob+}}^{\alpha}}{b^{(\alpha)}}\sqrt{\rho_{\mathrm{im}}^{(\alpha)}}-g_{\mathrm{recov}}^{\alpha}\rho_{\mathrm{im}}^{(\alpha)}\right) \tag{14.6}$$

式中：g_{sour} 为位错源引起的运动位错密度增量相关的系数；g_{mnter} 为林位错交叉、障碍周围的交叉滑移或者位错作用引起的运动位错缠结相关的系数；g_{recov} 为非运动位错的重组和湮灭相关的系数；g_{immob} 为运动位错的非运动化相关的系数。

14.2.3 位错密度演化系数的确定

为了将用于运动和非运动位错密度的演化方程与晶体塑性提法关联起来，通过考虑位错密度的产生、互作用和回复（Shanthraj 和 Zikry，2011），作为材料晶体特征和变形模式的函数，可确定式（14.5）和式（14.6）中的这些无量纲系数，如表 14.1 所列，其中，f_0 和 φ 为几何参数，H_0 为参考激活焓，ρ_s 为饱和密度，平均交叉长度 l_c 可按下式估算：

$$l_c = \frac{1}{\sum_{\beta} \sqrt{\rho_{\mathrm{im}}^{(\beta)}}} \tag{14.7}$$

如果滑移系上的位错 β 和 γ 相互作用并在滑移系 α 上形成一个能量有利的交叉，互作用张量 $\boldsymbol{n}_{\alpha}^{\beta\gamma}$，其值定义为 1；如果没有位错互作用时，其值定义为 0。

在 BCC 晶体材料中，用于滑移系互作用的泰勒互作用系数 $a_{\alpha\beta}$，在文献（Shanthraj 和 Zikry，2012a，b）中已被计算出来，其须用于确定参考剪切应力（式（14.4））以及运动和非运动位错密度的演化（式（14.5）和式（14.6）），其值列在表 14.2 中。

表 14.1　式（14.5）和式（14.6）中的 g 系数

g 系数	表达式
$g_{\mathrm{sour}}^{\alpha}$	$b^{\alpha}\varphi\sum_{\beta}\sqrt{\rho_{im}^{\beta}}$
$g_{\mathrm{mnter}}^{\alpha}$	$l_c f_0\sum_{\beta}\sqrt{a_{\alpha\beta}}\left(\frac{\rho_m^{\beta}}{\rho_m^{\alpha}b^{\alpha}}+\frac{\dot{\gamma}^{\beta}}{\dot{\gamma}^{\alpha}b^{\beta}}\right)$
$g_{\mathrm{immob-}}^{\alpha}$	$\frac{l_c f_0}{\sqrt{\rho_{im}^{\alpha}}}\sum_{\beta}\sqrt{a_{\alpha\beta}}\rho_{im}^{\beta}$
$g_{\mathrm{mnter+}}^{\alpha}$	$\frac{l_c f_0}{\dot{\gamma}^{\alpha}\rho_{im}^{\alpha}}\sum_{\beta,\gamma}n_{\alpha}^{\beta\gamma}\sqrt{a\beta\gamma}\left(\frac{\rho_m^{\gamma}\dot{\gamma}^{\beta}}{b^{\beta}}+\frac{\rho_m^{\beta}\dot{\gamma}^{\gamma}}{b^{\gamma}}\right)$
$g_{\mathrm{immob+}}^{\alpha}$	$\frac{l_c f_0}{\dot{\gamma}^{\alpha}\sqrt{\rho_{im}^{\alpha}}}\sum_{\beta,\gamma}n_{\alpha}^{\beta\gamma}\sqrt{a\beta\gamma}\,\rho_{im}^{\gamma}\dot{\gamma}^{\beta}$
$g_{\mathrm{recov}}^{\alpha}$	$\frac{l_c f_0}{\dot{\gamma}^{\alpha}}\left(\sum_{\beta}\sqrt{a_{\alpha\beta}}\frac{\dot{\gamma}^{\beta}}{b^{\beta}}\right)\mathrm{e}^{\frac{-H_0\left(1-\sqrt{\frac{\rho_{im}^{\alpha}}{\rho_s}}\right)}{kT}}$

表 14.2　BCC 晶体中诸滑移系之间的反应类型的互作用系数值，并与文献中的值进行对比（Madec 和 Kubin，2008；Queyreau 等，2009）

互作用类型	耗散（$\propto\sqrt{a_{ij}}$）	a_{ij}	文献中的 a_{ij}
自作用，共线性	$1.5kGb^2$	0.6	0.55、0.72
二元交叉	$0.5kGb^2$	0.067	0.045、0.09
三元交叉	kGb^2	0.267	0.1225、0.3364

14.2.4　位错密度晶界相互作用方案

本部分给出了一种位错密度晶界互作用方案，假定位错密度互作用发生在晶界每一侧上各滑移系之间，根据文献（Ma 等，2006），位错密度传播过程被模拟为一个激活事件，而且，其本构关系（式（14.3））通过引入一个传播因子 $P^{(\alpha)}$ 被改变在晶界处：

$$\dot{\gamma}^{(\alpha)}=\dot{\gamma}_{\mathrm{ref}}^{(\alpha)}\left[\frac{|\tau^{(\alpha)}|}{\tau_{\mathrm{ref}}^{(\alpha)}}\right]\left[\frac{\tau^{(\alpha)}}{\tau_{\mathrm{ref}}^{(\alpha)}}\right]^{\frac{1}{m}-1}P^{(\alpha)}=\dot{\gamma}_{\mathrm{ref}}^{(\alpha)}\left[\frac{|\tau^{(\alpha)}|}{\tau_{\mathrm{ref}}^{(\alpha)}}\right]\left[\frac{\tau^{(\alpha)}}{\tau_{\mathrm{ref}}^{(\alpha)}}\right]^{\frac{1}{m}-1}\mathrm{e}^{\left(\frac{-U_{\mathrm{GB}}^{(\alpha)}}{kT}\right)} \tag{14.8}$$

线拉伸模型用于存在一种晶界时的 Frank-Read 源的激活过程,它在文献(deKoning 等,2002)中被提出,用于获取位错密度传播通过一种晶界所需的能量,$U_{GB}^{(\alpha)}$,这种位错结构的能量(图 14.1)用来进入和离开滑移系 α 和 β,由下式给出:

$$U_{GB}^{(\alpha\beta)} = 2Gb^{(\alpha)2}l_1 + 2Gb^{(\beta)2}l_2 + Gb^{(\alpha)2}(\Delta_1 - \Delta_2) + G\Delta b_{eff}^2\Delta_2 - \tau^{(\alpha)}b^{(\alpha)}A_{sw,1} - \tau^{(\beta)}b^{(\beta)}A_{sw,2} \tag{14.9}$$

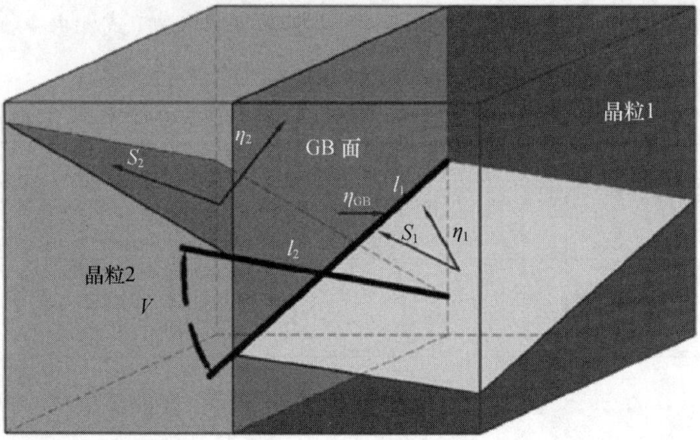

(a)

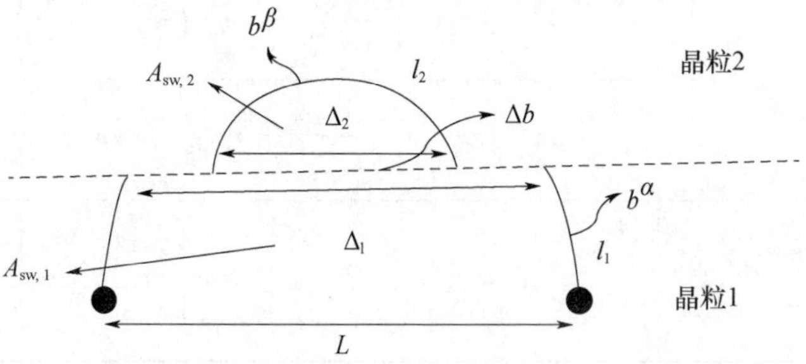

(b)

图 14.1 (a)晶界图示和(b)沿一种晶界面看去,该晶界附近的一个 Frank-Read 源的位错配置

有效残余 Burgers 向量的大小 Δb_{eff} 与残余 Burgers 向量 $\Delta \boldsymbol{b} = \boldsymbol{b}^{(\alpha)} - \boldsymbol{b}^{(\beta)}$,相关为

$$\left(\frac{\Delta b_{eff}}{\Delta b}\right)^2 = 1 + (\psi^2 - 2\psi\cos\upsilon + 1)^{\frac{1}{2}} \tag{14.10}$$

其中

$$\psi = \frac{\Delta_2}{\Delta_1} = \cos\upsilon - \frac{\sin\upsilon}{\tan B}, B = \arccos\left(\frac{\Delta b^2}{2b^{(\alpha)2}}\right) \tag{14.11}$$

对于 Frank-Read 源的临界配置,假定其几何参数为常数,驱动系统至临界配置,并因此启动位错密度开始滑行通过一种 GB,其所需的能量可简化为

$$U_{GB}^{(\alpha\beta)} = c_1 Gb^3\left[1 + c_2(1-\psi) + c_2\psi\left(\frac{\Delta b_{eff}}{b}\right)^2 - c_3\frac{\tau^{(\alpha)}}{\tau_{ref}^{(\alpha)}} - c_4\frac{\tau^{(\beta)}}{\tau_{ref}^{(\beta)}}\right] \tag{14.12}$$

这里,认为该能量为位错密度传播通过一种晶界所需的能量,其中的 c_1-c_4 为临界配置时与几何参数相关的常数,它们通过 $c_1b=2l_1+l_2$ 和 $c_1c_2b=\Delta_2$ 给出,并利用激活的边界无取向差的条件,得出了 $U_{GB}^{(\alpha\beta)}=0$, $c_3=0.5$, $c_4=0.5$,假定位错密度传播过程适用于能量上最有利于滑出的滑移系:

$$U_{GB}^{(\alpha)}=\min_{\beta}U_{GB}^{(\alpha\beta)} \tag{14.13}$$

在 FE 运行中,修订的本构关系(式(14.8))用于晶界附近的单元,这意味着,在一个单元宽度 L_e 范围内的位错密度运动受晶界的限制,但是,只有晶界区域内($L_{GB}\ll L_e$)的位错密度运动受晶界的影响,并且 FE 运行中在晶界处的位错密度运动被过度限制,为克服该限制条件,位错密度传播的激活能 $U_{GB}^{(\alpha)}$ 通过一个比例因子 L_{GB}/L_e 被释放,它被吸收在常数 c_1 中。通过这种提法,由 Lee 等(1990)提出的位错密度传播准则已被合并在位错密度 GB 相互作用的一个物理模型中:

(1)不同滑移面之间的取向差必须最小;

(2)晶界处的残余柏氏向量的值必须最小;

(3)滑出的滑移系上的剪切应力必须最大。

另外,位错密度穿过晶界的通量由下式给出

$$\dot{\rho}_{flux}^{(\beta)}=\frac{|\dot{\gamma}^{(\alpha)}|}{wb^{(\alpha)}} \tag{14.14}$$

式中:β 为能量上最有利于滑出的滑移系;w 为边界宽度。残余晶界位错密度的累积值由下式给出:

$$\dot{\rho}_{GB}^{(\alpha)}=\sqrt{\frac{\Delta b}{b^{(\alpha)}}}\frac{|\dot{\gamma}^{(\alpha)}|}{\sqrt{\rho_m^{(\alpha)}b^{(\alpha)}}} \tag{14.15}$$

14.2.5　马氏体微观组织的描述

根据文献(Hatem 和 Zikry,2009),马氏体板条结构通过母相奥氏体晶粒取向和变体取向与广义坐标系相关联,广泛接受的板条马氏体钢的 OR 为 Kurdjumov-Sachs(KS)和 Nishiyama-Wassermann(NW)OR,KSOR 基于一种 γ 到 α′的马氏体转变,如 $(111)_\gamma \parallel (011)_{\alpha'}$ 和 $[\bar{1}01]_\gamma \parallel [\bar{1}\bar{1}1]_{\alpha'}$。NWOR 为绕 $[011]_\gamma$ 方向旋转 5.12°的一种 KSOR,这 24 个变体是从一个 KSOR 获得的,它们列于表 14.3 中。

为了将马氏体的局部取向与整体取向联系起来,需要进行三次转换,第一次转换 $[T]_1$ 将观察到的 OR 与一个理论 OR 如 KS 和 NWOR 关联起来,第二次转换 $[T]_2$ 将马氏体 OR 与母相奥氏体晶粒取向关联起来,第三次转换 $[T]_3$ 将奥氏体晶粒取向与广义坐标系关联起来,这些转换由 $[X]_{Global}=[T]_3[T]_2[T]_1[X]_{\alpha'}$ 给出。

为将马氏体组织进行分类,使用了 Morito 等(2003)提出的表征方案,将一个块体指定为具有低角度取向差的一组板条,一个团簇为具有相同惯析面的一个块体群,其板条长度方向沿 $[011]_\gamma$ 方向,如图 14.2 所示,块体的最长尺寸方向与其板条组成相的长度方向一致。采用这个方法,OR 和原始奥氏体取向用来模拟在不同块体和团簇排列中的不同变体的取向。

表 14.3 与 KSOR 对应的 24 个变体

变体编号	平行面	平行方向	变体编号	平行面	平行方向
1	$(111)_\gamma \parallel (011)_{\alpha'}$	$[\bar{1}01]_\gamma \parallel [\bar{1}\bar{1}1]_{\alpha'}$	13	$(\bar{1}11)_\gamma \parallel (011)_{\alpha'}$	$[0\bar{1}1]_\gamma \parallel [\bar{1}\bar{1}1]_{\alpha'}$
2		$[\bar{1}01]_\gamma \parallel [\bar{1}1\bar{1}]_{\alpha'}$	14		$[0\bar{1}1]_\gamma \parallel [\bar{1}1\bar{1}]_{\alpha'}$
3		$[0\bar{1}1]_\gamma \parallel [\bar{1}\bar{1}1]_{\alpha'}$	15		$[\bar{1}0\bar{1}]_\gamma \parallel [\bar{1}\bar{1}1]_{\alpha'}$
4		$[0\bar{1}1]_\gamma \parallel [\bar{1}1\bar{1}]_{\alpha'}$	16		$[\bar{1}0\bar{1}]_\gamma \parallel [\bar{1}1\bar{1}]_{\alpha'}$
5		$[1\bar{1}0]_\gamma \parallel [\bar{1}\bar{1}1]_{\alpha'}$	17		$[110]_\gamma \parallel [\bar{1}\bar{1}1]_{\alpha'}$
6		$[1\bar{1}0]_\gamma \parallel [\bar{1}1\bar{1}]_{\alpha'}$	18		$[110]_\gamma \parallel [\bar{1}1\bar{1}]_{\alpha'}$
7	$(1\bar{1}\bar{1})_\gamma \parallel (011)_{\alpha'}$	$[10\bar{1}]_\gamma \parallel [\bar{1}\bar{1}1]_{\alpha'}$	19	$(11\bar{1})_\gamma \parallel (011)_{\alpha'}$	$[\bar{1}10]_\gamma \parallel [\bar{1}\bar{1}1]_{\alpha'}$
8		$[10\bar{1}]_\gamma \parallel [\bar{1}1\bar{1}]_{\alpha'}$	20		$[\bar{1}10]_\gamma \parallel [\bar{1}1\bar{1}]_{\alpha'}$
9		$[\bar{1}\bar{1}0]_\gamma \parallel [\bar{1}\bar{1}1]_{\alpha'}$	21		$[0\bar{1}\bar{1}]_\gamma \parallel [\bar{1}\bar{1}1]_{\alpha'}$
10		$[\bar{1}\bar{1}0]_\gamma \parallel [\bar{1}1\bar{1}]_{\alpha'}$	22		$[0\bar{1}\bar{1}]_\gamma \parallel [\bar{1}1\bar{1}]_{\alpha'}$
11		$[011]_\gamma \parallel [\bar{1}\bar{1}1]_{\alpha'}$	23		$[101]_\gamma \parallel [\bar{1}\bar{1}1]_{\alpha'}$
12		$[011]_\gamma \parallel [\bar{1}1\bar{1}]_{\alpha'}$	24		$[101]_\gamma \parallel [\bar{1}1\bar{1}]_{\alpha'}$

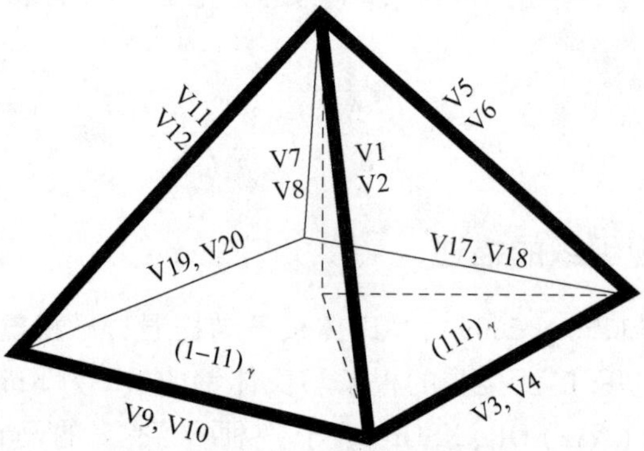

图 14.2 表 14.3 中的 V1~V24 变体的板条长度方向分布

14.3 失效表面和微观组织失效准则的计算机描述

本节介绍了利用重叠单元描述失效表面萌生和演变的方法，根据 Hansbo 和 Hansbo (2004) 的研究结果，考虑一个面积为 A_0 的 FE 网格中的一个单元 e，它被一条裂纹穿过，并将该单元域分割成了两个子域：单元 e_1 和 e_2 的面积分别为 A_{e1} 和 A_{e2}（图 14.3）。在已有的单元上部加入一个重叠单元来代表由开裂表面引起的位移不连续，定义重叠单元的关联性以使这两个单元不共享节点，从而使它们具有独立的位移场。该方法可以弥补一些缺点，它们存在于将内聚断裂和扩展有限元（XFEM）技术应用于韧性断裂的分析应用中，此处提出的断裂准则没有通过富集函数（XFEM）或者基于卸载表面的假想断裂能曲线

(内聚断裂)设定一个经验准则,基于位错密度演化、相互作用和不同变体分布等效应引起的非弹性微观组织演化行为,其断裂方法在解理面上分辨并引入裂纹,该方法是一种通用方法,因为它可用于非常宽泛的单元种类中。

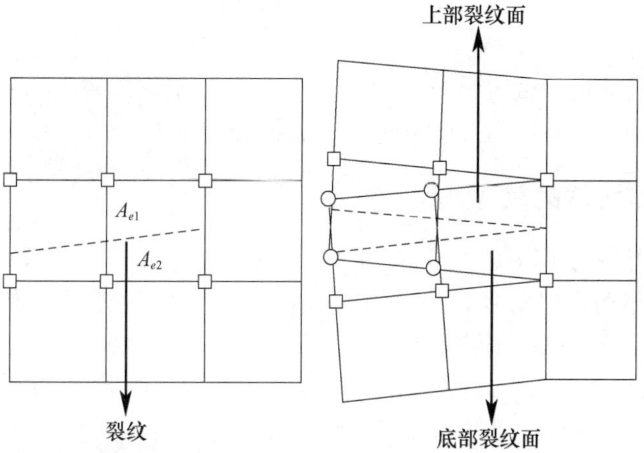

图 14.3　采用重叠单元代表一个裂纹

对于一个带有降阶积分和沙漏控制的四节点四边形单元,其开裂单元的内部节点力向量由下式给出(Song 等,2006):

$$\boldsymbol{f}_{e}^{\text{int}}=\boldsymbol{f}_{e1}^{\text{int}}+\boldsymbol{f}_{e2}^{\text{int}} \tag{14.16}$$

式中:$\boldsymbol{f}_{e1}^{\text{int}}$ 和 $\boldsymbol{f}_{e2}^{\text{int}}$ 为开裂单元的各重叠单元的内部节点力向量,由下式给出:

$$\boldsymbol{f}_{(e1/e2)}^{\text{int}}=\frac{A_{(e1/e2)}}{A_0}\int[\boldsymbol{B}^T\boldsymbol{\sigma}_{(e1/e2)}]\,\mathrm{d}A_e \tag{14.17}$$

为了改善数值运算的表现,附加一个随时间衰减的罚力,从而对抗由一个开裂单元韧度的骤减引起的重叠单元之间较大的初始相对位移,该罚力由下式给出:

$$\boldsymbol{f}_{(e1/e2)}^{\text{penalty}}=\alpha(0.995)^{\text{nstep}}[\boldsymbol{u}_{e1}-\boldsymbol{u}_{e2}] \tag{14.18}$$

式中:α 为一个罚参数,其值与材料韧度在一个数量级,基于收敛性研究,选择一个模拟时间步长尺寸,从而使得罚力较裂纹张开位移以更快的速度衰减。

马氏体钢中固有的断裂模式是在微观结构中的 $\{100\}_{\alpha'}$ 面上的解理(Guo 等,2004),为了将其列入一种微观结构失效准则中,通过进行 14.2.5 节中提到的一系列转换,获得广义坐标系中每个变体的解理面的取向:

$$n_{\text{cleave}}=[T]_3[T]_2[T]_1 n_{\text{cleave},\alpha'} \tag{14.19}$$

在当前配置中的所有解理面的整体取向可通过在每个时间步上的更新取得,这些更新由 $\dot{n}_{\text{cleave}}=W^* n_{\text{cleave}}$ 时的晶格转动所引起。作用在每个解理面上的牵引力的垂直分量对沿该平面的断裂有直接影响,在所有 $\{100\}_{\alpha'}$ 解理面上,它们上面的牵引力的垂直分量的最大值因此被用作第 I 类断裂载荷条件的失效准则:

$$t_{\text{cleave}}=\max_{\{100\}_{\alpha'}\text{planes}}\langle n_{\text{cleave}}^T[\boldsymbol{\sigma}]n_{\text{cleave}}\rangle \tag{14.20}$$

假定当 $t_{\text{cleave}}>\sigma_{\text{frac}}$ 时,有一个裂纹开始萌生,并且该裂纹的方向是沿着最有利的解理面的,通过将三维裂纹路径投影到二维平面上,在一个二维设置中运行该 3D 解理模型。

需要使用整体的变形速率张量 D_{ij} 和塑性变形速率张量 D_{ij}^{p} 更新材料的应力状态，这里采用的方法是 Zikry(1994)开发的，用于速率相关晶体塑性变形的提法。

14.4 结果和讨论

为了研究马氏体钢的微观组织失效行为，采用了基于位错密度的多重滑移晶体塑性提法、位错密度晶界互作用方案和利用重叠元素代表裂纹的方法。

14.4.1 马氏体块体的尺寸

在低碳和高碳马氏体钢中，与尺寸为 3mm×6mm 的单个母相奥氏体晶粒相关的、在 $(100)_{\gamma}$ 上的微观组织形貌见图 14.4，其中的块体形貌是通过将其中的板条变体的长度方向(图 14.2)投影到该平面上而获得的。对于低碳钢的显微组织，19 个块体分布在三个团簇内，团簇的平均尺寸为 250μm(图 14.4(a))，对于高碳钢的显微组织，由于团簇和块体尺寸的细化(Maki 等，1980)，对相同的母相奥氏体晶粒而言，48 个块体分布在八个团簇内，形成一个平均尺寸为 100μm 的团簇(图 14.4(b))。假定母相奥氏体晶粒具有一种立方取向，KS 关系用作马氏体的 OR，其$\{111\}_{\gamma}$为惯析面，一种具有大约 9000 个单元的收敛面应变 FE 网格承受了沿(001)方向的拉伸载荷，名义应变率为 $10^{-4}s^{-1}$、$500s^{-1}$ 和 $2500s^{-1}$，具有施加在左边和底边的对称边界条件，用于其中晶体的材料性能(表 14.4)为低镍合金钢的典型值(Hatem 和 Zikry，2009)。

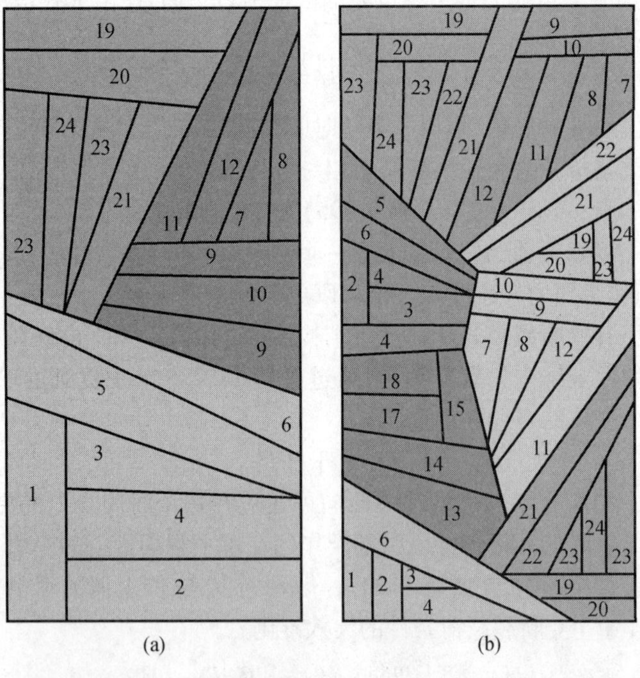

图 14.4 块体和团簇分布：(a)平均团簇尺寸为 250μm 的低碳钢，(b)平均团簇尺寸为 100μm 的高碳钢，各团簇用完全不同的颜色代表，块体中的数字代表其中的板条变体(表 14.3)

表 14.4　材料性能

性能	值
杨氏模量 E	228GPa
静态屈服应力 τ_y	517MPa
泊松比 ν	0.3
速率敏感性参数 m	0.01
参考应变速率 $\dot{\gamma}_{ref}$	$0.001s^{-1}$
Burgers 向量 $\boldsymbol{b}$	3.0×10^{-10}m
断裂应力 σ_{frac}	$7\tau_y$
c_1	0.15
c_2	0.9

14.4.1.1　低碳钢

在 9.1%的名义应变条件下，对应于两个最活跃的滑移系的归一化运动位错密度见图 14.5(a)、(b)，其发生在裂纹刚要萌生之前，对于滑移系 $(\bar{1}01)[1\bar{1}1]$，其最大的归一化的运动位错密度为 0.47，对于滑移系 $(101)[11\bar{1}]$ 为 0.49。归一化的互作用密度见图 14.5(c)，它为相对于运动位错密度的降低、由交叉形成引起的非运动位错密度的增量，其为负值时的最小值为-0.35，此时主要表现为位错交叉通过自作用和共线性位错互作用发生湮灭；其为正值时的最大值为 0.5，此时主要表现为通过二元和三元位错互作用形成位错交叉(表 14.2)，主要的互作用类型通过每个变体内的活动滑移系并采用互作用张量决定(见“位错密度演化系数的确定”部分)。

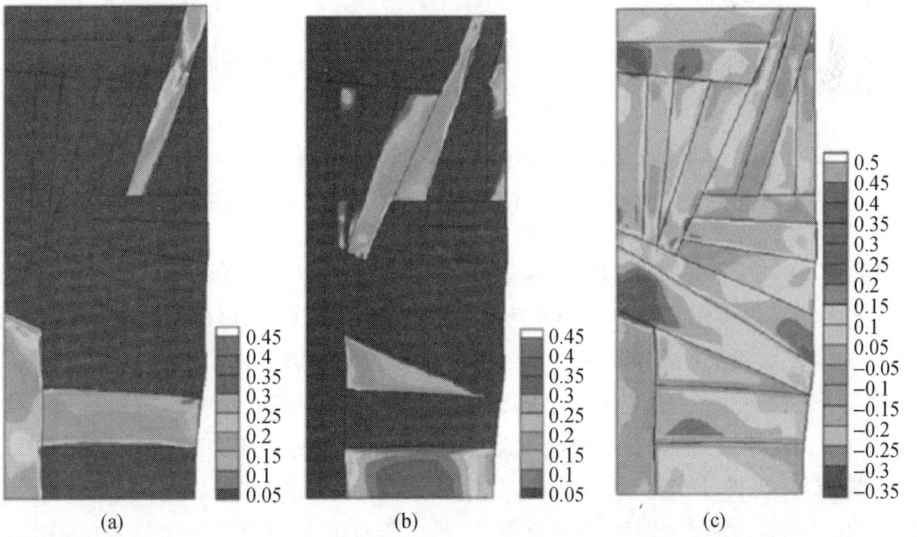

图 14.5　在 9.1%名义应变条件下的归一化运动位错密度：(a)在滑移系 $(\bar{1}01)[1\bar{1}1]$ 上，(b)在滑移系 $(101)[11\bar{1}]$ 上，(c) $10^{-4}s^{-1}$ 的应变速率条件下的归一化互作用密度(彩图)

在 9.1%名义应变条件下的累积塑性滑移见图 14.6(a),其最大的累积滑移为 0.14,载荷沿着[001]$_\gamma$方向,从而在沿着[011]$_\gamma$的方向上形成一个最大的剪切应力分量,该[011]$_\gamma$方向也平行于板条和块体的长度方向以及基于 KSOR 的滑移方向[111]$_{\alpha'}$,这种配置关系使诸滑移系方向与最大剪切应力分量一致,加之在块体中位错的湮灭引起的材料局部软化机理(对应负的互作用密度,图 14.5(c)),最终导致了剪切应变的局部化。通过各滑移系的相容性,运动位错密度穿过活动的($\bar{1}$01) [1$\bar{1}$1] 和(101) [11$\bar{1}$] 滑移系之间的边界传播,这与低的激活能相关(式(14.12)和式(14.13)),并且为剪切带的形成带来了剪切通道(Hatem 和 Zikry,2009)。虽然在整个团簇边界上不存在特殊的相关性,但滑移的传播还是可以观察到,因此,这些团簇边界的行为与块体边界相似(Shanthraj 和 Zikry, 2012a,b)。沿着高角度边界,可以观察到由位错密度塞积引起的塑性滑移的累积行为,这是由于滑移系的不相容性引起的,并且被晶格转动所加重(图 14.6(b)),在试验中也观察到了这种现象(Morito 等,2003)。

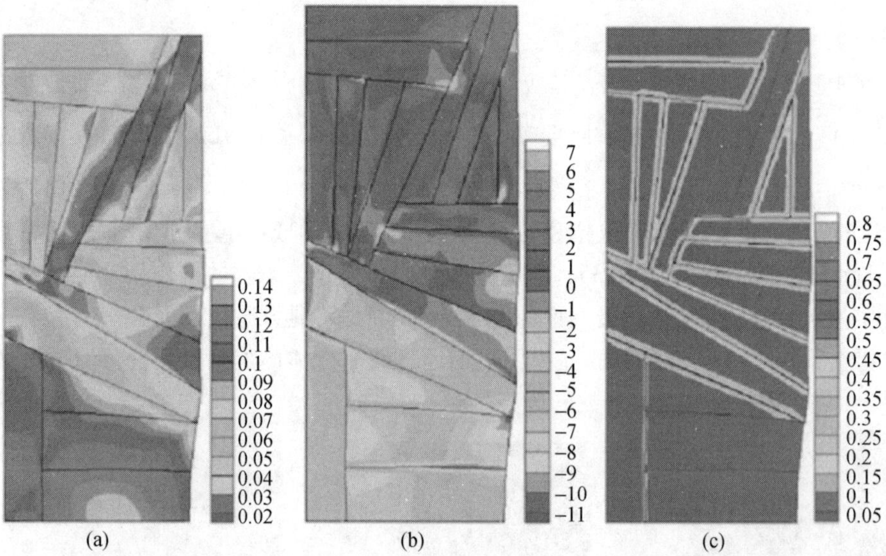

图 14.6 (a)塑性滑移,(b)晶格转动,(c)9.1%名义应变条件下的晶界位错密度,显示了$10^{-4}s^{-1}$应变速率条件下的位错密度堆积和塑性滑移累积(彩图)

图 14.6(c)显示了在 9.1%的名义应变条件下,由所有的活动滑移系引起的整体归一化晶界位错密度,归一化的晶界位错密度得到的最大值为 0.8,它是由块体和团簇边界上位错密度的堆积而引起的,这种现象沿一些块体和团簇的边界发生,这些边界位于具有较大活动滑移系间不相容性的变体对之间,并且导致了沿着高角度块体和团簇边界上较高的局部应力集中,其最大的归一化应力值为 8.0(用静态屈服应力表述),见图 14.7(a)。9.2%名义应变条件下,裂纹的萌生发生在变体 11、20 和 21 之间的三角交叉处(图 14.7(b)),它被一个团簇边界所分割,这是由于在此三角交叉处由晶界位错密度累积(图 14.6(c))引起的局部应力集中所导致的(图 14.7(a)),裂纹最初跨过团簇边界生长(图 14.7(c)),这是由于位错密度的传播释放了沿团簇边界的以及沿相邻块体中解理面的择优取向上的应力集中,它与晶格转动相适应(图 14.6(b))。相邻块体所拥有的形貌

特征致使板条的长度方向与裂纹扩展路径相垂直,这引起了对裂纹扩展的抗力、裂纹路径的偏离,以及由晶界位错密度累积和解理面不相容所引起的沿变体边界的分离(图 14.7(d)),这些沿晶的和穿晶的断裂模式与试验观察结果是一致的(Krauss,1999;Inoue 等,1970;Matsuda 等,1972),裂纹路径偏离、裂纹钝化以及边界分离也是如此(Hughes 等,2011)。

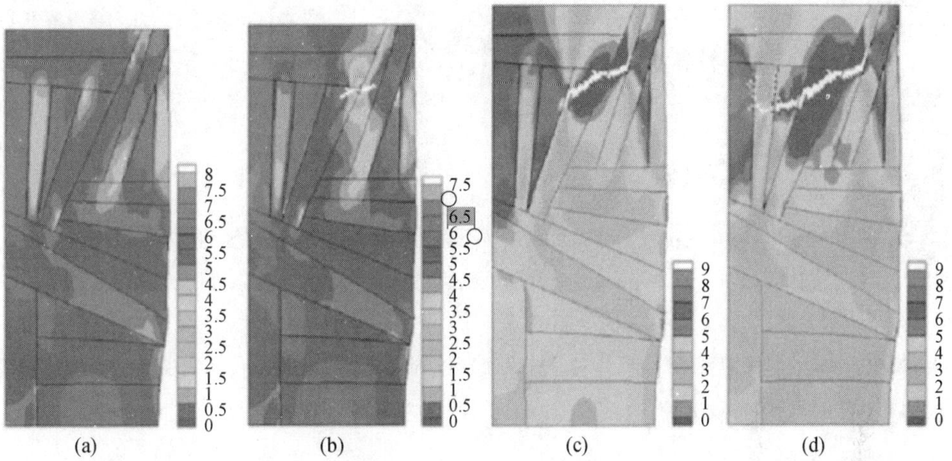

图 14.7　轴向应力:(a)9.1%名义应变条件下,(b)9.2%名义应变条件下,显示了裂纹萌生,(c)9.3%名义应变条件下,(d)9.6%名义应变条件下,显示了$10^{-4}s^{-1}$ 应变速率条件下的裂纹扩展(彩图)

14.4.1.2　高碳钢

为了进一步阐明块体和团簇形貌在失效中的作用,针对高碳钢,将结果与细小变体分布的失效行为进行了比较(图 14.4(b)),在 5.9%的名义应变条件下,归一化的运动位错密度对应于两个最活跃的滑移系,其发生在裂纹刚开始萌生之前,见图 14.8(a)、(b)。对于滑移系 $(\bar{1}01)$ $[1\bar{1}1]$,最大的归一化运动位错密度为 0.24,对于滑移系 (101) $[11\bar{1}]$,其为 0.20,运动位错密度在这些滑移系上的活动性对应于一个负的互作用密度,其最小值为-0.2(图 14.8(c))。在 5.9%的名义应变条件下,累积塑性滑移及其导致的晶格转动见图 14.9(a)、(b),其最大的累积滑移为 0.1,相应的晶格转动发生在 ±8°,剪切应变的局部化与板条取向、互作用密度和晶格转动相关(图 14.9(b)),其发生过程在第 14.4.1 节马氏体块体的尺寸中进行了讨论,塑性滑移受到沿板条长度方向流动的限制,与相邻块体中活动的滑移系之间的位错密度传播相关的低激活能导致了一个明显的剪切带,其尺寸与粗大的微观组织相当,当存在位错密度塞积时,即可观察到剪切滑移的累积,其最大归一化 GB 位错密度为 0.8(图 14.9(c))。

块体和团簇尺寸的细化增加了不相容变体界面的数量,它们会成为由晶界位错密度累积引起的应力集中的地方,其最大归一化应力为 6.5(图 14.10(a)),这导致了在 6.1%的名义应变条件下的裂纹萌生,其应力水平低于粗大块体和团簇微观组织,裂纹萌生发生在变体 9、11 和 12 之间的三角交叉处(图 14.10(b)),变体 11 和 12 属于不同的 Bain 群,因此在 {100} 解理面上具有较大的取向差(Guo 等,2004),这即带来了裂纹穿过变体边界

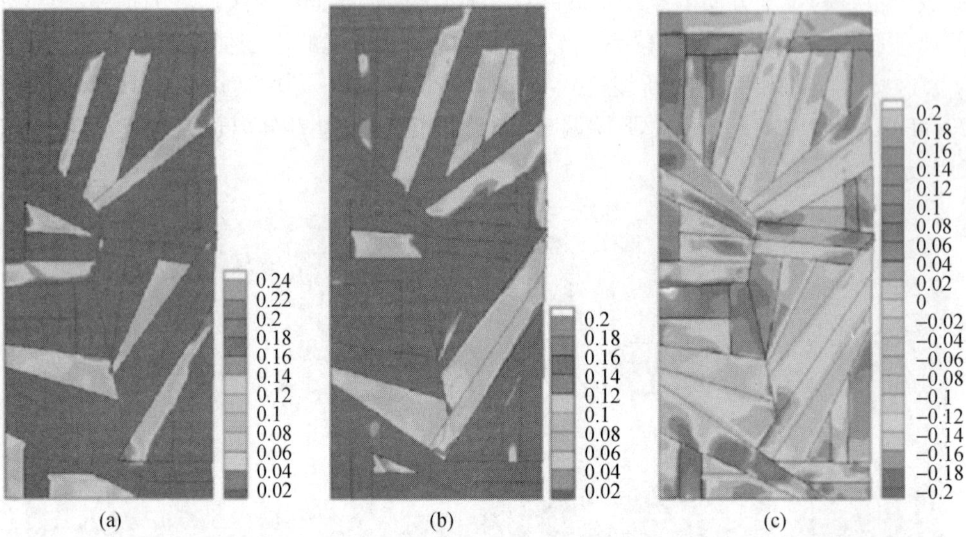

图 14.8　在 5.9%的名义应变条件下,针对一种细小变体分布的归一化运动位错密度,(a)在滑移系($\bar{1}01$)[$1\bar{1}1$]上,(b)在滑移系(101)[$11\bar{1}$]上,(c)$10^{-4}s^{-1}$ 应变速率条件下的归一化互作用密度(彩图)

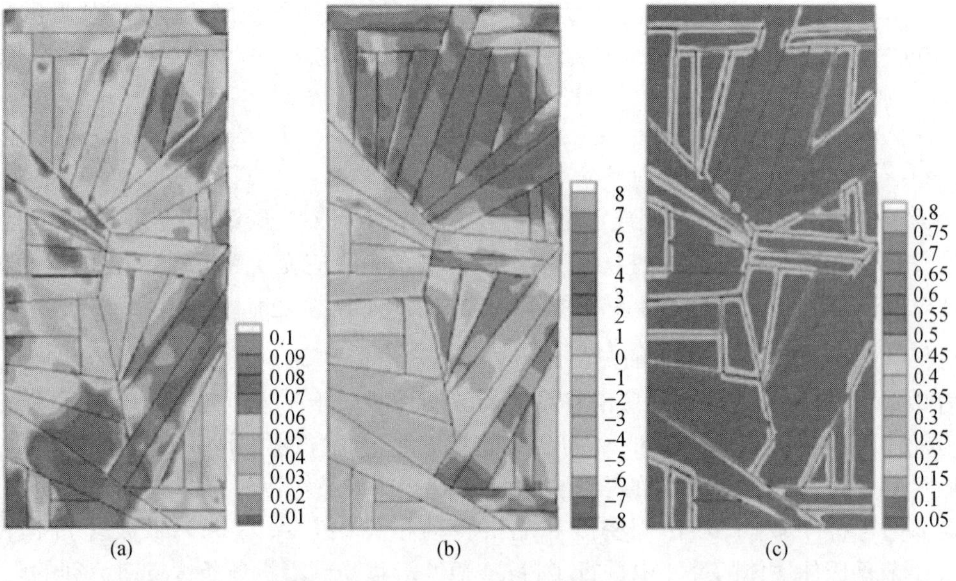

图 14.9　(a)塑性滑移,(b)晶格转动,(c)在 5.9%的名义应变条件下,针对一种细小变体分布的晶界位错密度,显示了 $10^{-4}s^{-1}$ 应变速率条件下的位错密度堆积和塑性滑移累积(彩图)

的抗力,并强制裂纹路径沿板条长度方向偏离(图 14.10(c))。当遇到相邻团簇边界时,由于诸解理面的不相容和相邻块体形貌发生变化,裂纹发生钝化,从而有一条新的裂纹在钝化裂纹尖端前方的相邻块体中萌生,其被限制在沿相邻块体形貌上扩展(图 14.10(d))。

与粗大块体相比,其裂纹沿块体宽度方向扩展(图 14.7(b)~(d)),高碳钢中的块体尺寸细化限制了裂纹沿块体形貌扩展,从而引起较高的断裂抗力,在 0.4%的名义应变条件下的裂纹萌生后,其承载能力有所提升。但是,其应力-应变曲线表明,由于尺寸细化,

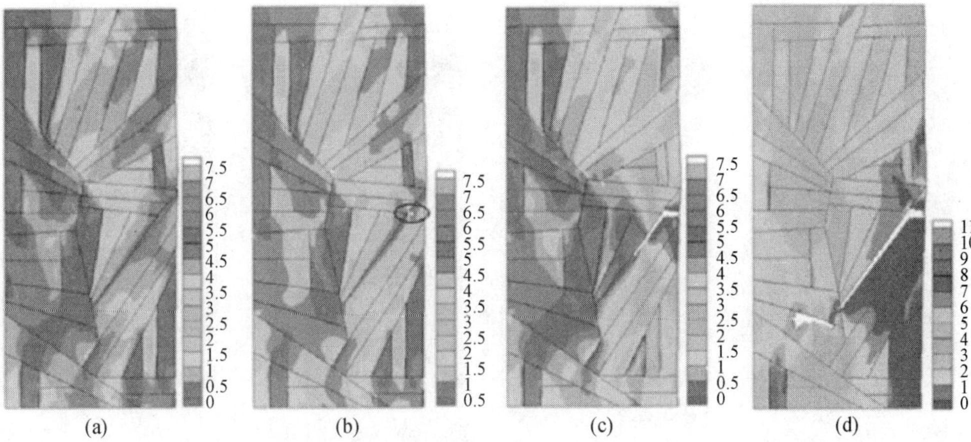

图 14.10　针对细小的变体分布的轴向应力,(a)在 5.9%的名义应变条件下,(b)6.1%的名义应变条件下,显示了裂纹萌生,(c)6.4%名义应变条件下,(d)6.75%的名义应变条件下,显示了$10^{-4}s^{-1}$ 应变速率条件下的裂纹扩展(彩图)

并未引起强度的升高(图 14.11),块体尺寸的细化在改善断裂抗力方面比提高强度方面更有效,这是由于,与裂纹会传播在仅有的三个可能的{100}解理面上相比,滑移会在{110}和{112}晶面上传播至 24 个可能的滑移系上,此时变体边界为之提供了相对较小的抗力,这导致了相当水平尺寸的滑移带的形成,以及相似的微观组织和强度,这是由于微观强度与塑性滑移的抗力有关。当塑性滑移被限制在沿板条长度方向流动时,块体在此尺度上的细化显示出更有效的强化效果,然而,块体宽度方向的细化在改善断裂抗力方面显得更有效,它将裂纹限制在沿板条长度方向扩展。但是,细化行为也会增加不相容三角交叉的数量,它常为裂纹萌生的地方,也因此会降低韧性,因此,在确定断裂行为时,与板条形貌相关的块体和团簇细化都应该考虑进来。

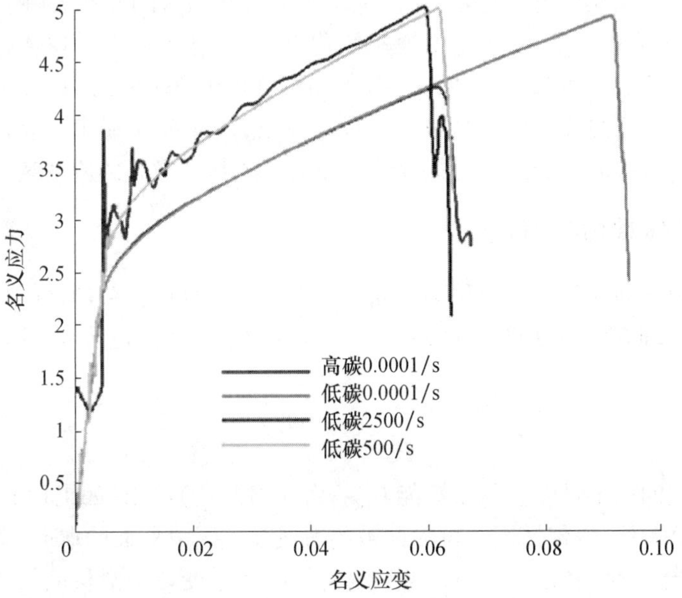

图 14.11　$10^{-4}s^{-1}$、$500s^{-1}$ 和 $2500s^{-1}$ 应变速率条件下的名义应力-应变曲线

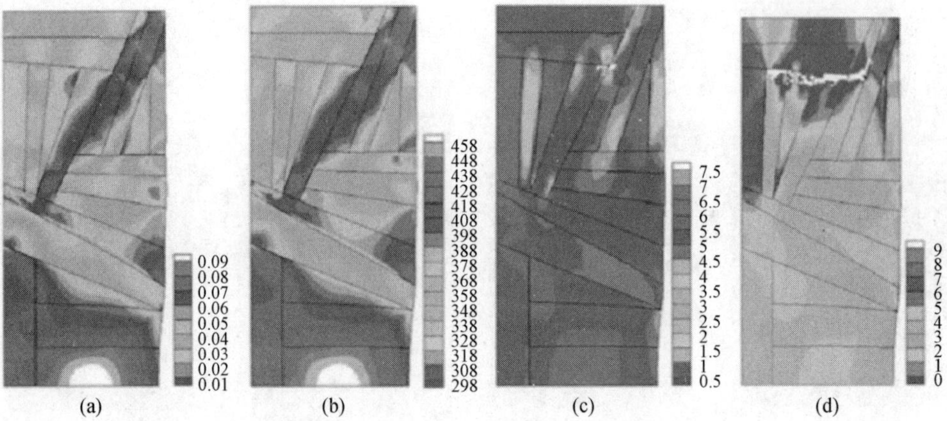

图 14.12 (a)塑性滑移,(b)6.0%名义应变条件下的温度。2500s⁻¹ 应变速率条件下的正应力,(c)在 6.1%的名义应变条件下,显示了裂纹的萌生,(d)6.4%名义应变条件(彩图)

14.4.1.3 动态行为

本小节研究了低碳马氏体钢在 $500 \sim 2500\mathrm{s}^{-1}$ 的加载速率条件下的动态断裂行为,在整个加载条件范围内的名义应力-应变曲线见图 14.11,由于应力波沿自由和固定边界的反射,在高应变速率时出现波动,该现象由于塑性变形而弱化。由于动态应变速率硬化的效果,低失效应变在 $500\mathrm{s}^{-1}$ 应变速率条件下为 6.2%,在 $2500\mathrm{s}^{-1}$ 应变速率条件下为 6.0%(图 14.11)。在 5.9%的名义应变和 $2500\mathrm{s}^{-1}$ 的应变速率条件下的累积塑性滑移见图 14.12(a),最大累积滑移为 0.09,在较高应变速率下的剪切应变局部化较窄,这是材料和热软化机制作用的结果,其最高温度为 458K,同时,这也是动态应变速率的结果,它阻止了剪切应变在较宽的区域内累积,此结果与 Dodd 和 Bai(1985)的试验研究结果一致,在该应变速率条件下,裂纹萌生出现在 6.0%的名义应变条件下,如图 14.12(c)所示,在块体边界处观察到了裂纹偏离,块体边界在解理面上具有很大的不相容性(图 14.12(d))。但是,在高应变速率条件下,由于应变速率硬化效果,发现了对穿过块体边界的裂纹扩展路径的一个较低的抗力,它是由较低的 GB 位错密度累积所引起的,其最大值为 0.7,同时沿变体边界出现了应力集中。在高应变速率条件下,块体尺寸细化在改善断裂抗力方面并不有效,而且,这些高应变速率特征导致的断裂模式与准静态的应变速率是不同的。

14.4.2 马氏体块体的分布

马氏体钢中的韧性与塑性滑移穿过变体边界的行为直接相关(Tsuji 等,2008;Guo 等,2004;Morito 等,2006),最活跃滑移系 α 和 β 之间横跨变体边界的滑移传播因子(见 14.2.4 节)

$$P^{(\alpha\beta)} = \mathrm{e}^{\frac{-U_{\mathrm{GB}}^{(\alpha\beta)}}{kT}} \tag{14.21}$$

可因此作为韧性的一个量度。其激活能 $U_{\mathrm{GB}}^{(\alpha\beta)}$ 由式(14.12)给出,如果将 τ/τ_{ref} 看作是最活跃滑移系的估算单位,该传播因子可因此被约减成互作用滑移面的取向、滑移方向和晶界的一个函数,对于一个立方取向的母相奥氏体晶粒,一个变体中滑移面的取向和最活跃滑移系的滑移方向由变体的 OR(表 14.3)确定,对于 24 个 KS 变体、不同的晶界取向,其穿过变体边界的传播因子由式(14.12)计算,穿过变体边界的滑移传播因子见表 14.5。属于第Ⅰ类和第Ⅱ类的各变体之间的边界具有大的传播因子(>0.26),这是为提高韧性所期望的,而第Ⅲ和Ⅳ类中的变体边界具有低的传播因子(<0.01),它会导致滑移阻塞、应力累积和裂纹萌生,另外,马氏体钢中的断裂抗力与穿过变体边界的解理面之间的取向差相关(见 14.3 节)。KS 变体可划分为三种 Bain 类型——A、B 和 C,如表 14.5 所列,其中,属于每种 Bain 类型的变体在 {100} 解理面上都有低的取向差,属于不同 Bain 类型的变体之间的边界在 {100} 解理面上会具有大的取向差(Guo 等,2004),对于断裂抗力而言这是我们所期望的,这是由于它可导致裂纹偏离和裂纹钝化,能够增加不同 Bain 类型中变体之间边界的,并具有大的滑移传播因子的微观组织分布特征,会因此而优化马氏体钢中的韧性和断裂硬度。

表 14.5　穿过变体边界的滑移传播因子(指出了 Bain 类型 A、B 和 C)

变体类型	滑移传播因子
第Ⅰ类:V1(C)、V3(B)、V4(C)、V6(B)、V13(C)、V14(B)、V16(C)、V17(B)	0.26~1.0
第Ⅱ类:V8(C)、V9(B)、V11(C)、V12(B)、V19(B)、V21(C)、V22(B)、V24(C)	0.26~1.0
第Ⅲ类:V2(A)、V7(A)、V5(A)、V10(A)	0.00~0.01
第Ⅳ类:V15(A)、V18(A)、V20(A)、V23(A)	0.00~0.01

基于这些规则,针对$(100)_\gamma$面上的一个随机和择优变体分布特征,与单个母相奥氏体晶粒相关的微观组织如图 14.13 所示,其中的 68 个块体分布在两个团簇内,通过将其中的板条变体的长度方向(图 14.2)投影到该晶面上,得到其块体形貌,对于择优变体分布,只有属于第Ⅰ类的变体边界被采用,属于同一种 Bain 类型的变体之间的边界被限制使用在较低有效性的沿板条的横向上(图 14.13(b)),变体取向的描述在第 14.2.5 节中进行了概述,假定母相奥氏体晶粒具有立方取向,并且采用 KS 关系作为马氏体 OR,$\{111\}_\gamma$作为其惯析面。

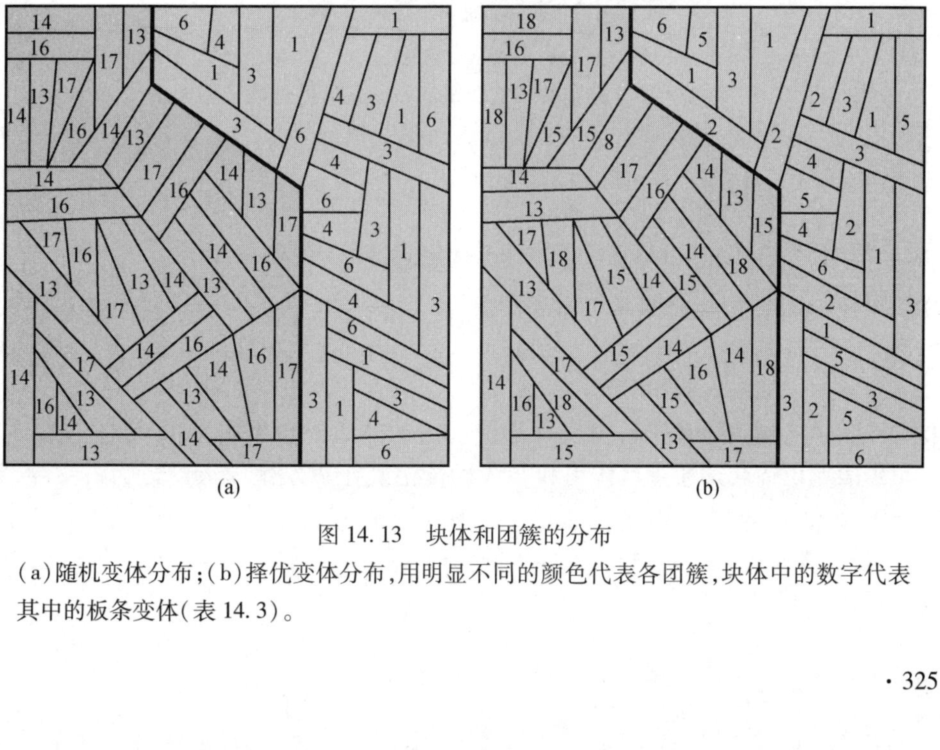

图 14.13　块体和团簇的分布

(a)随机变体分布;(b)择优变体分布,用明显不同的颜色代表各团簇,块体中的数字代表其中的板条变体(表 14.3)。

一种具有大约9000个单元的收敛面应变的FE网格沿着(001)方向承受拉伸载荷，其名义应变速率为$10^{-4}s^{-1}$和$5000s^{-1}$，相关的材料性能(表14.4)应用于其中的晶粒。

14.4.2.1 随机变体分布

归一化的(通过饱和位错密度)运动位错密度对应于4.8%的名义应变条件下的两个最活跃滑移系，它出现在裂纹萌生刚好启动之前，见图14.14(a)，(b)。

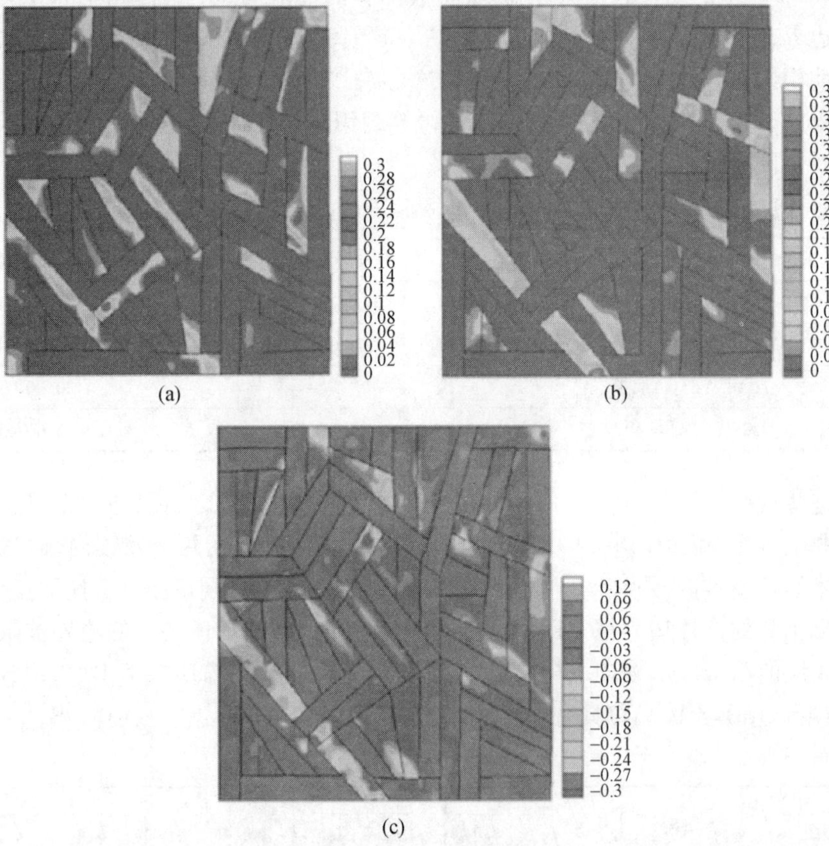

图14.14 针对一种随机变体分布的用饱和密度归一化后的运动位错密度，名义应变为4.8%，(a)在滑移系$(\bar{1}12)[1\bar{1}1]$上，(b)在滑移系$(112)[11\bar{1}]$上，(c)$10^{-4}s^{-1}$应变速率条件下的归一化互作用密度(彩图)

对于滑移系$(\bar{1}12)[1\bar{1}1]$，最大的归一化运动位错密度为0.30，对于滑移系$(112)[11\bar{1}]$为0.38，归一化的互作用密度：

$$\rho_{\mathrm{int}} = \sum_{\alpha}\int\dot{\gamma}^{\alpha}\left(g^{\alpha}_{\mathrm{mnter+}}\rho^{\alpha}_{m} + \frac{g^{\alpha}_{\mathrm{mnter+}}}{b}\sqrt{\rho^{\alpha}_{\mathrm{im}}} - g^{\alpha}_{\mathrm{mnter-}}\rho^{\alpha}_{m} - \frac{g^{\alpha}_{\mathrm{mnter-}}}{b}\sqrt{\rho^{\alpha}_{\mathrm{im}}}\right)\mathrm{d}t \tag{14.22}$$

为相对于运动位错密度的降低，由交叉形成引起的非运动位错密度的增量，见图14.14(c)。负值表明位错交叉通过自作用和共线性位错互作用发生湮灭的行为占主导，其最小值为−0.35，正值表明位错交叉通过二元和三元位错互作用出现的行为占主导(表14.2)，其最大值为0.12，通过每个变体中的活动滑移系并采用互作用张量来确定主导的互作用类型(见14.2.3节)。

4.8%的名义应变条件下的累积塑性滑移见图 14.15(a),其最大的累积滑移为 0.13,载荷是沿着$[001]_\gamma$方向的,它导致了沿着$[011]_\gamma$方向的一个最大分切应力,$[011]_\gamma$方向也平行于板条和块体的长度方向以及基于 KSOR 的滑移方向$[111]_{\alpha'}$。这种配置使得滑移系的方向与最大分切应力一致,连同对应于负的互作用密度的块体中发生的位错湮灭引起的局部材料软化机制(图 14.14(c)),导致剪切应变的局部化,通过滑移系的相容性,运动位错密度穿过活动的$(\bar{1}12)[1\bar{1}1]$和$(112)[11\bar{1}]$滑移系之间的块体界面传播,这与一种低的激活能相关(式(14.12)),并导致形成剪切带的剪切通道(Hatem 和 Zikry,2009)。由于滑移系不相容性导致位错密度发生塞积,因此可观察到,塑性滑移的累积是沿着高角度边界的,这种现象由于发生晶格转动而加重(图 14.15(b)),并且在试验中也已观察到(Morito 等,2003)。

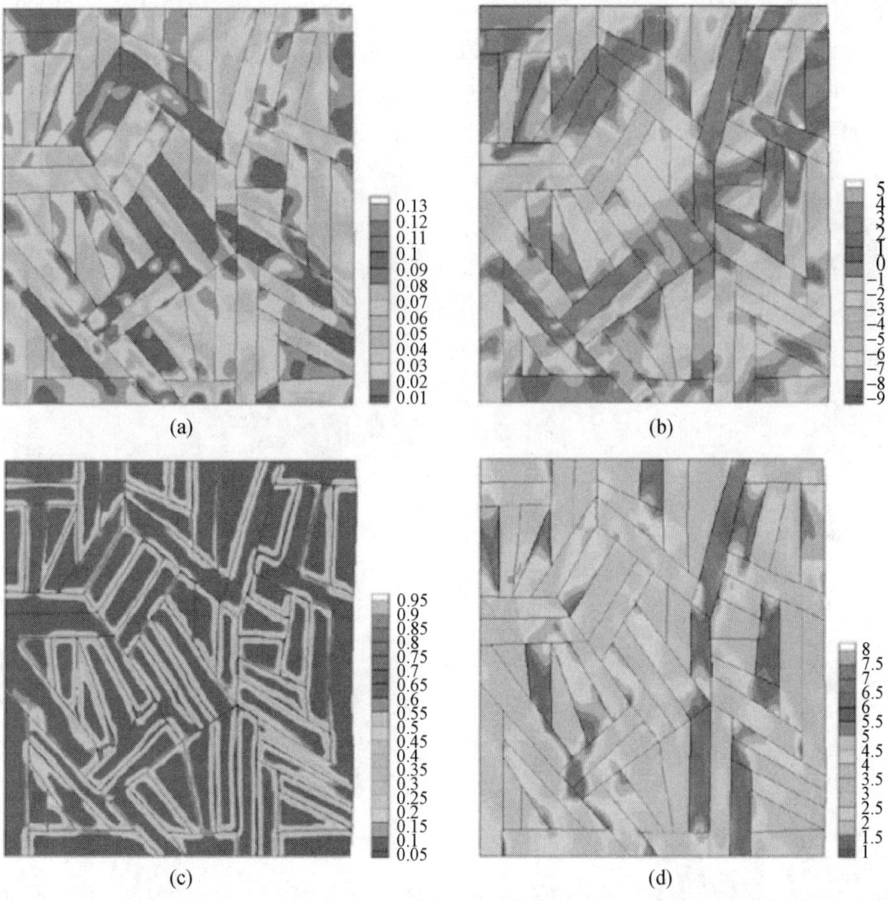

图 14.15　(a)塑性滑移,(b)晶格转动(度),(c)晶界位错密度,用饱和密度进行归一化,(d)正应力,针对一个随机变体分布,在 4.8%的名义应变条件下,通过屈服应力进行归一化,显示了 $10^{-4}s^{-1}$ 应变速率条件下的位错密度堆积和塑性滑移累积(彩图)

4.8%名义应变条件下所有活动滑移系引起的整体归一化晶界位错密度见图 14.15(c),归一化的晶界位错密度取得最大值 0.95,这是由于在块体和团簇边界处发生了位错密度的堆积,这发生在表 14.5 中第Ⅲ和Ⅳ类中的变体对之间的块体边界上,这在活动的滑移系和低滑移传播因子之间具有很大的不相容性,这也导致了沿着高角度块体和团簇边界上的较大的局部应力集中，其最大的归一化应力值（通过静态屈服应力）为 8.0，如图 14.15(d)所示。裂纹萌生发生在 5.0%的名义应变条件下，并出现在变体 13、17 和 18 之间的三角交叉处（图 14.16(a)），这是由三角交叉处的晶界位错密度（图 14.15(c)）累积引起应力集中（图 14.15(d)）导致的。裂纹最初穿过变体 13 中的块体宽度生长，但在与变体 17 的边界处偏离，并限制在沿块体形貌扩展（图 14.16(b)），这是由于变体 17 不是断裂的有利取向，因为它属于一个不同的 Bain 类型，导致在该解理面上的较大取向差，而裂纹就沿着该解理面扩展。一个新的裂纹随后在一个相邻的块体中萌生，这是由钝化的裂纹尖端前方的较大应力累积引起的（图 14.16(b)），相邻的块体形貌导致板条长度方向与裂纹扩展路径相垂直，这引起了对裂纹扩展的抗力、晶界位错密度累积和解理面不相容引起的沿变体边界的裂纹路径偏离，以及钝化裂纹尖端前方的微裂纹萌生（图 14.16(c)、(d)），这些沿晶和穿晶断裂模式与试验观察结果一致（Inoue 等，1970；Matsuda 等，1972；Krauss，1999），裂纹路径偏离和裂纹钝化也是如此（Hughes 等，2011）。名义应力（用静态屈服应力归一化）-应变曲线表明了由不相容变体边界处的裂纹钝化和偏离引起的硬化现象，以及裂纹扩展不同阶段的二次裂纹依次萌生引起的应力下降（图 14.16(a)~(d)），见图 14.17。

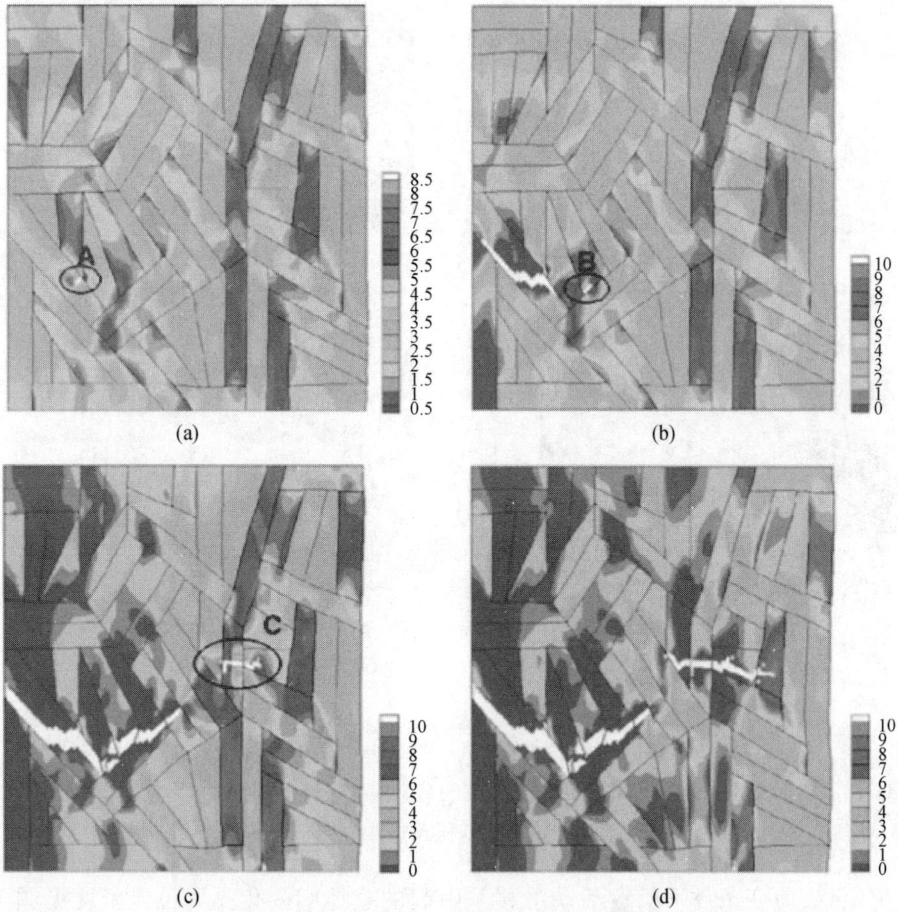

图 14.16　一种随机变体分布的正应力，(a)5.0%的名义应变条件下，(b)6.8%的名义应变条件下，显示了裂纹萌生，(c)8.0%名义应变条件下，(d)8.8%的名义应变条件下，显示了 $10^{-4}s^{-1}$ 应变速率条件下的裂纹扩展（彩图）

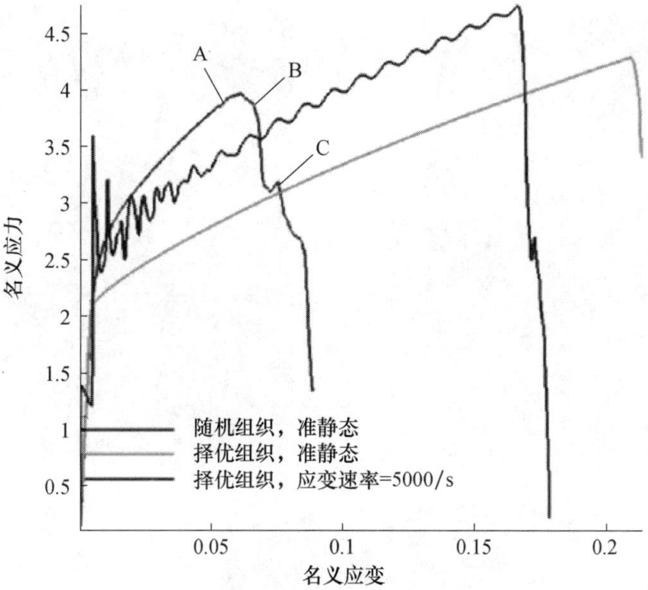

图 14.17　名义应力-应变曲线

14.4.2.2　择优变体分布

这些结果与一种变体分布的失效行为进行了对比，为滑移传播发生了择优分布（图 14.14(b)），在 20%的名义应变条件下，对应于两个最活跃滑移系的归一化运动位错密度见图 14.18(a)、(b)。对滑移系$(\bar{1}12)[1\bar{1}1]$，最大归一化运动位错密度为 0.7，对滑移系$(112)[11\bar{1}]$，它为 0.75，相比之下，对于随机变体分布，对应于这两个滑移系的值分别为 0.3 和 0.38，这些滑移系上的运动位错密度的活动性对应一个负的互作用密度（最小值为-0.55，见图 14.18(c)），而随机变体分布对应的最小值为-0.35，这表明了一种较大程度的位错湮灭活动性。在 20%的名义应变条件下，累积塑性滑移及其晶格转动见图 14.19(a)、(b)，可发现较大的累积滑移，其最大值为 0.19，相比随机变体分布时，最大值为 0.13，晶格转动位于-11°~6°，与板条取向、互作用密度和晶格转动相关的剪切应变局部化（图 14.19(b)）的发生，在“第 14.4.2.1 节随机变体分布”中进行了论述。塑性滑移未被限制在沿板条长度方向上流动，这与随机变体分布是一样的，这是由于与相邻块体中的活动滑移系之间的位错密度传播相关的低激活能导致了大量的塑性变形，以及较低的累积晶界位错密度，其具有一个最大的归一化晶界位错密度 0.5（图 14.19(c)），而随机变体分布中为 0.95，这也导致了一种更加均匀的正应力分布（图 14.19(d)），其最大正应力水平为 6.5，这是由于在块体和团簇边界处，由位错传播引起的应力集中发生了释放。

随机变体分布中，块体和团簇尺寸的细化增加了不相容变体的三角交叉的数量，其可成为晶界位错累积引起的应力集中的发生地，并导致在较低名义应变（5%）条件下的裂纹萌生，与之相比，在择优变体分布中，与第Ⅰ类变体之间的边界相关的大滑移传播因子会减少不相容变体三角交叉的数量，并导致裂纹延迟至 21%的名义应变条件时萌生以及增加韧性，在边界处的位错密度传播和应力释放还会导致强度下降约 350MPa（图 14.17），

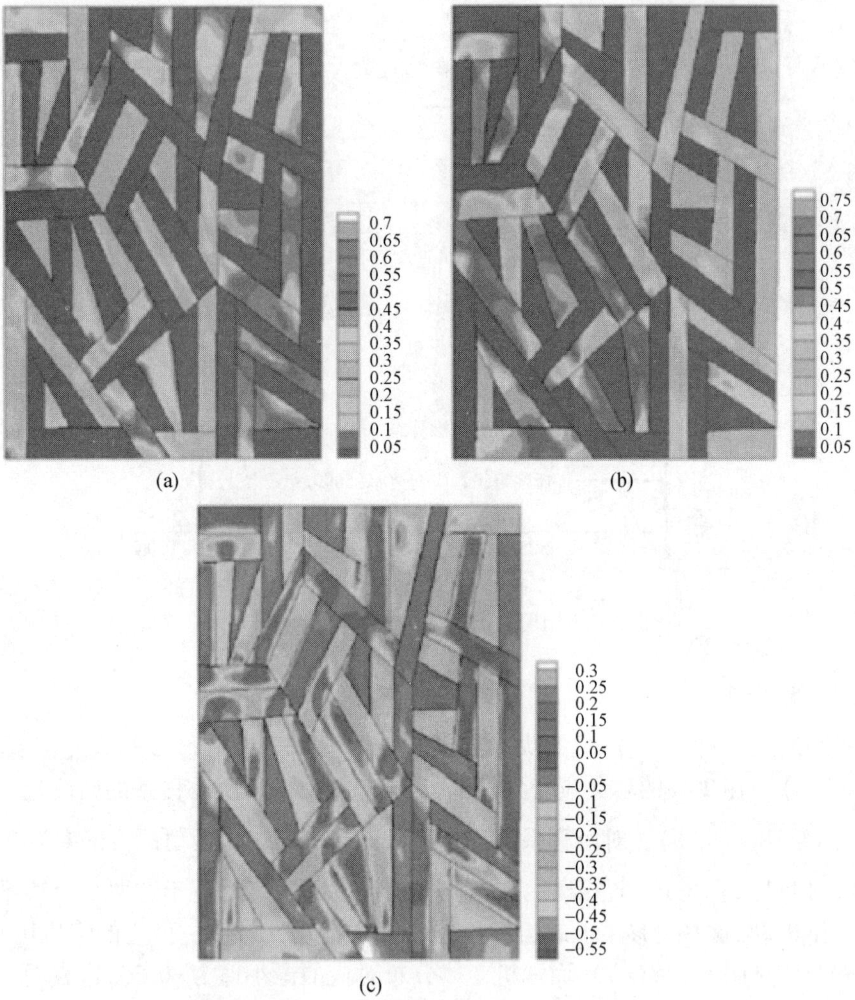

图 14.18　在 20%的名义应变条件下,对一种择优变体分布的归一化运动位错密度,(a)在滑移系($\bar{1}$12) [1$\bar{1}$1] 上,(b)在滑移系(112) [11$\bar{1}$] 上,(c)$10^{-4}s^{-1}$ 应变速率条件下的归一化互作用密度(彩图)

这是由于微观强度与塑性滑移抗力有关,块体尺寸细化在改善断裂抗力方面非常有效,其通过抑制裂纹扩展通过不同 Bain 类型的变体来实现,由于裂纹扩展路径被限制在沿着板条长度方向上,所以在研究断裂行为时,应该考虑块体和团簇细化效果与板条形貌有关。

14.4.2.3　动态行为

本部分研究了加载速率为 $5000s^{-1}$ 的条件下,择优微观组织的动态断裂行为,在整个加载条件范围内,其名义应力-应变曲线见图 14.17,在高应变速率时,由于应力波沿着自由和固定的边界发生反射而引起了波动,它会被塑性耗散机制所减弱,$5000s^{-1}$ 应变速率条件下 16%的较低失效应变是动态应变速率硬化的结果(图 14.17)。$5000s^{-1}$ 应变速率和 16%的名义应变条件下,累积塑性滑移特征见图 14.20(a),最大的累积滑移为 0.175,相比之下,准静态载荷条件下为 0.19,并且在较高应变速率条件下,剪切应变局部化更窄，这是材料和热软化机制的一种结果，具有 518K 的最高温度，它大约为 $0.5\ T_{solidus}$，并且它也是动态应变速率的结果，其阻止了剪切应变在很宽的区域内发生累积。在较高应变速率条件下的窄剪切应变局部化与 Dodd 和 Bai（1985）的试验研究结果一致，由于高应变速率条件下的应变速率硬化，发生了较低的晶界位错密度的累积，其最大值为 0.45，相比准静态载荷条件下为 0.5（图 14.20（c）），在这种应变速率条件下，裂纹萌生发生在 16%的名义应变条件下，见图 14.21（a），裂纹偏离、裂纹钝化以及二次裂纹萌生是由不同 Bain 类型的变体之间的界面引起的，其沿着变体的长度方向、在解理面上具有很大的不相容性（图 14.21（b）~（d）），这导致了块体尺寸细化引起的一种较大的断裂抗力，高应变特征导致了其断裂模式与准静态应变速率有所不同。

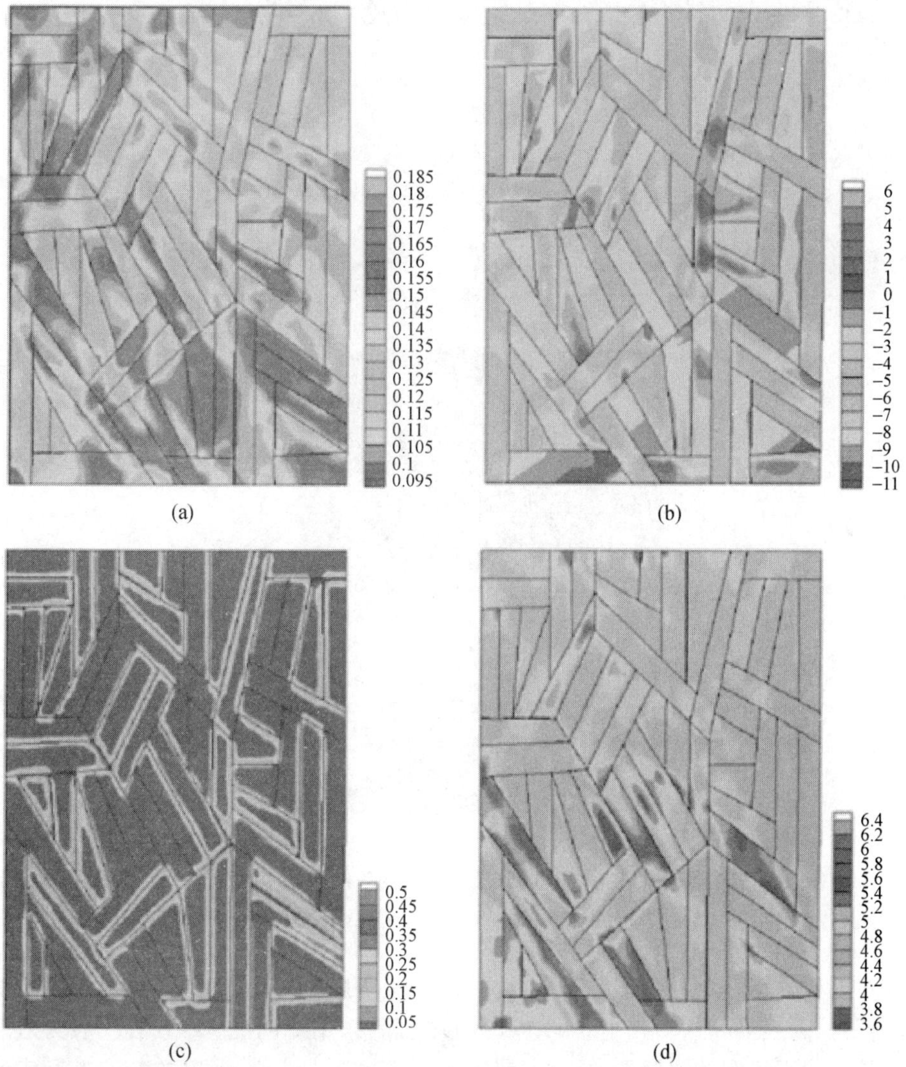

图 14.19　（a）塑性滑移，（b）晶格转动，（c）晶界位错密度，（d）20%名义应变条件下，一种择优变体分布的正应力，表明$10^{-4}s^{-1}$ 应变速率条件下的位错密度堆积和塑性滑移累积（彩图）

14.5 小　　结

开发了一种基于物理学的位错密度晶界互作用方案，其代表了马氏体钢中横穿块体和团簇边界的位错密度传播抗力，并将其合并入一种基于位错密度的多重滑移晶体塑性框架，可解释板条马氏体微观组织特有的变体形貌和取向关系。

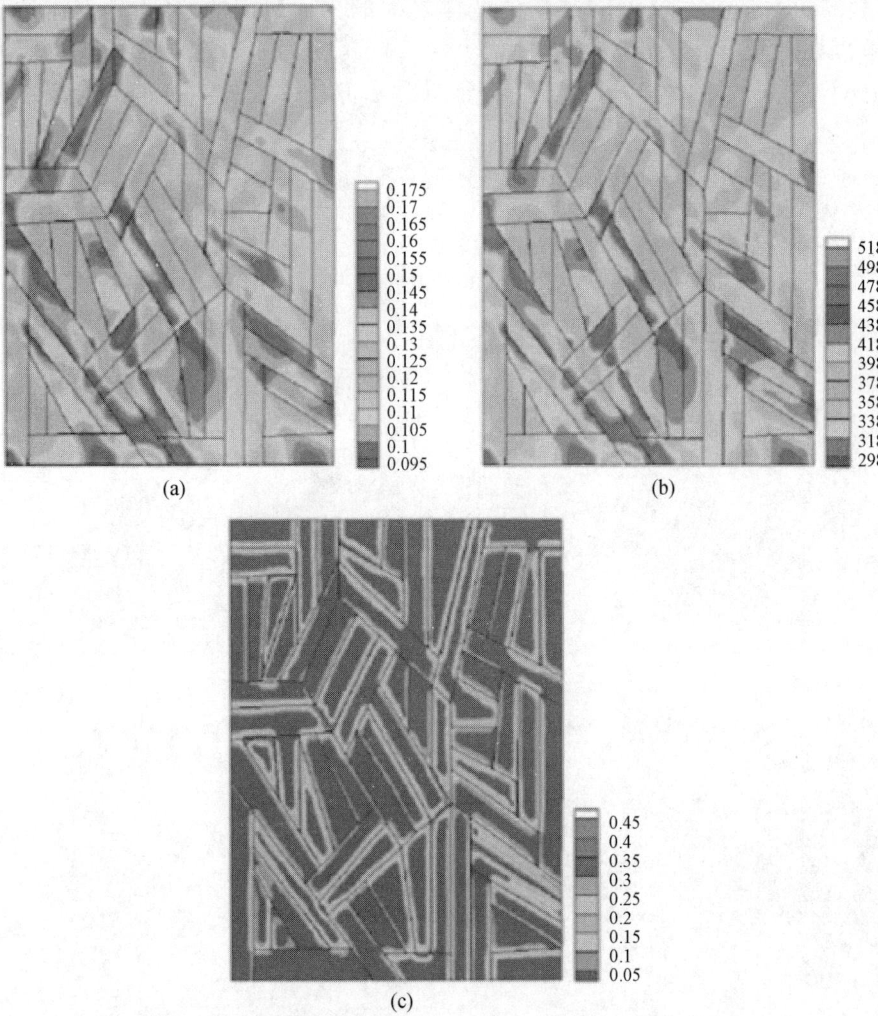

图 14.20　(a)塑性滑移，(b)温度，(c)16%名义应变条件下，一种择优变体分布的晶界位错密度，表明 $2500s^{-1}$ 应变速率条件下的位错密度堆积和塑性滑移累积(彩图)

针对马氏体微观组织中、整个载荷条件范围内的塑性应变的局部化以及失效的萌生和扩展行为，为表征和预测其主导的位错密度机制，采用专门的 FE 方法代表失效表面的演化和基于微观组织的解理失效准则，进行大尺度的 FE 模拟，提出的断裂准则未预设断裂条件，而是基于综合的非弹性效应，比如变体边界以及位错密度演化和相互作用，从而分辨和启动在不同物理尺度上、基于微观组织行为演化的、解理面上的裂纹。

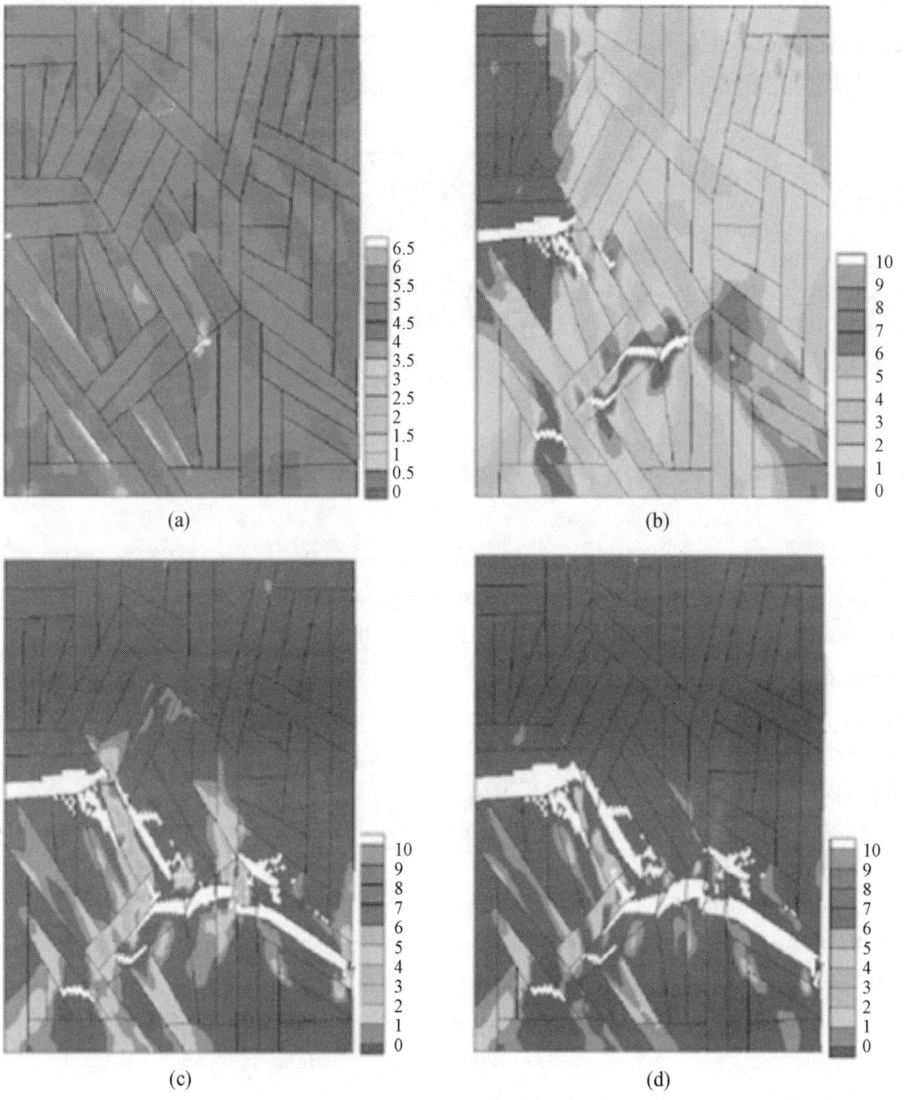

图 14.21　一种择优变体分布的正应力(彩图)

(a)16%名义应变条件;(b)17%名义应变条件,显示裂纹萌生;(c)18%名义应变条件;(d)19%名义应变条件,显示 $5000s^{-1}$ 应变速率条件下的裂纹扩展行为。

研究了团簇和块体边界在低碳和高碳钢失效行为中的作用,结果表明,沿着板条长度方向的变体界面是占主导作用的,剪切应变局部化被这些界面限制在沿板条长度方向,滑移传播至相邻块体,通过相容滑移系或者低能残余晶界位错的形成被接纳,引起强化效应的沿着板条长度方向的是有效块体尺寸细化过程,这些界面还带来了裂纹扩展抗力和沿着变体边界的裂纹路径偏离,这是由晶界位错密度累积和解理面的不相容性引起的,并形成了有利于块体宽度方向断裂抗力的有效块体尺寸。研究发现,尺寸细化在改善断裂抗力方面比改善强度方面更有效,这是由于,裂纹扩展仅发生在三个可能的{100}解理面上,而变体边界提供了较小的抗力,对抗{110}和{112}晶面滑移传播到 24 个可能的滑移系上。但是,尺寸细化也增加了不稳定的三角晶界的数量,其可成为发生应力集中的地方,并导致裂纹在较低名义应变条件下萌生。在高应变速率条件下,由于应变速率硬化效应增强,热软化和动态互作用导致裂纹形成,这与准静态载荷条件有所不同,其原因是失效表面较早萌生在热软化和几何软化效应超越应变硬化效应的地方,这些验证了的方法提供了一种预测框架,可用来简化异质晶体系统,以应用于失效抗力和损伤容限的分析。

本章相关彩图,请扫码查看

参考文献

R. J. Asaro, J. R. Rice, Strain localization in ductile single-crystals. J. Mech. Phys. Solids 25, 309-338(1977)

M. Ayada, M. Yuga, N. Tsuji, Y. Saito, A. Yoneguti, Effect of vanadium and niobium onrestoration behavior after hot deformation in medium carbonspring steels. ISIJ Int. 38, 1022-1031(1998)

A. A. Barani, F. Li, P. Romano, D. Ponge, D. Raabe, Design of high-strength steels bymicroalloying and thermo-mechanical treatment. Mater. Sci. Eng. A 463, 138-146(2007)

M. de Koning, R. Miller, V. V. Bulatov, F. Abraham, Modelling grain-boundary resistance inintergranular slip transmission. Philos. Mag. A 82, 2511-2527(2002)

B. Devincre, T. Hoc, L. Kubin, Dislocation mean free paths and strain hardening of crystals. Science 320, 1745-1748(2008)

B. Dodd, Y. Bai, Width of adiabatic shear bands. Mater. Sci. Tech. 1, 38-40(1985)

P. Franciosi, M. Berveiller, A. Zaoui, Latent hardening in copper and aluminum single-crystals. Acta Metall. 28, 273-283(1980)

Z. Guo, C. S. Lee, J. W. Morris, On coherent transformations in steel. Acta Mater. 52, 5511-5518(2004)

A. Hansbo, P. Hansbo, A finite element method for the simulation of strong and weak discontinuitiesin solid mechanics. Comput. Methods Appl. Mech. Eng. 193, 3523-3540(2004)

T. Hatem, M. A. Zikry, Shear pipe effects and dynamic shear-strain localization in martensiticsteels. Acta Mater. 57, 4558-4567(2009)

A. A. Howe, Ultrafine grained steels: industrial prospects. Mater. Sci. Tech. 16, 1264-1266(2000)

G. M. Hughes, G. E. Smith, A. G. Crocker, P. E. J. Flewitt, An experimental and modelling study ofbrittle cleavage crack propagation in transformable ferritic steel. Mater. Sci. Tech. 27, 767-773(2011)

T. Inoue, S. Matsuda, Y. Okamura, K. Aoki, Fracture of a low carbon tempered martensite. Trans. Jpn. Inst. Metals 11, 36-43(1970)

S. Jin, J. W. Morris, V. F. Zackay, Grain refinement through thermal cycling in an Fe-Ni-Ticryogenic alloy. Met Trans. 6A, 141-149(1975)

H. Kawata, K. Sakamoto, T. Moritani, S. Morito, T. Furuhara, T. Maki, Crystallography ofausformed upper bainite structure in Fe-9Ni-C alloys. Mater. Sci. Eng. A 438, 140-144(2006)

H. J. Kim, Y. H. Kim, J. W. Morris, Thermal mechanisms of grain and packet refinement in a lathmartensitic steel. ISIJ Int. 38, 1277-1285(1998)

Y. Kimura, T. Inoue, F. Yin, K. Tsuzaki, Inverse temperature dependence of toughness in anultrafine grain-structure steel. Science 320, 1057-1060(2008)

G. Krauss, Martensite in steel: strength and structure. Mater. Sci. Eng. A 273-275, 40-57(1999)

L. Kubin, B. Devincre, T. Hoc, Towards a physical model for strain hardening in fcc crystals. Mater. Sci. Eng. A 483-484, 19-24(2008a)

L. Kubin, B. Devincre, T. Hoc, Modeling dislocation storage rates and mean free paths inface-centered cubic crystals. Acta Mater. 56, 6040-6049(2008b)

T. C. Lee, I. M. Robertson, H. K. Birnbaim, An in situ transmission electron-microscope deformationstudy of the slip transfer mechanisms in metals. Metall. Trans. A 21, 2437-2447(1990)

A. Ma, F. Roter, D. Raabe, Studying the effect of grain boundaries in dislocation density basedcrystal-plasticity finite element simulations. Int. J. Solids Struct. 43, 7287-7303(2006)

R. Madec, L. P. Kubin, Second order junctions and strain hardening in bcc and fcc crystals. Scripta Mater. 58, 767-770(2008)

T. Maki, K. Tsuzaki, I. Tamura, The morphology of microstructure composed of lath martensitesin steels. Trans. Iron Steel Inst. Jpn. 20, 207(1980)

S. Matsuda, Y. Okamura, T. Inoue, H. Mimura, Toughness and effective grain-size in heat-treatedlow-alloy high-strength steels. Trans. Iron Steel Inst. Jpn. 12, 325-333(1972)

K. Minaar, M. Zhou, An analysis of the dynamic shear failure resistance of structural metals. J. Mech. Phys. Solids 46, 2155-2170(1998)

S. Morito, H. Tanaka, R. Konoshi, T. Furuhara, T. Maki, The morphology and crystallography of lath martensite in Fe-C alloys. Acta Mater. 51, 1789-1799(2003)

S. Morito, X. Huang, T. Furuhara, T. Maki, N. Hansen, The morphology and crystallography of lath martensite in alloy steels. Acta Mater. 54, 5323-5331(2006)

J. W. Morris, On the ductile-brittle transition in lath martensitic steel. ISIJ Int. 51, 1569-1575(2011)

J. W. Morris, Z. Guo, C. R. Krenn, Y. H. Kim, The limits of strength and toughness in steel. ISIJ Int. 41, 599-611 (2011)

T. Ohmura, K. Tsuzaki, Plasticity initiation and subsequent deformation behavior in the vicinity ofsingle grain boundary investigated through nanoindentation technique. J. Mater. Res. 42, 1728-1732(2007)

T. Ohmura, A. M. Minor, E. A. Starch, J. W. Morris, Dislocation-grain boundary interactions inmartensitic steel observed through in situ nanoindentation in a transmission electron microscope. J. Mater. Res. 12, 3626-3632 (2004)

S. Queyreau, G. Monnet, B. Devincre, Slip systems interactions in alpha-iron determined bydislocation dynamics simulations. Int. J. Plast. 25, 361-377(2009)

P. Shanthraj, M. A. Zikry, Dislocation density evolution and interactions in crystalline materials. Acta Mater. 59, 7695-7702(2011)

P. Shanthraj, M. A. Zikry, Dislocation-density mechanisms for void interactions in crystallinematerials. Int. J. Plast. 34, 154-163(2012a)

P. Shanthraj, M. A. Zikry, Optimal microstructures for martensitic steels. J. Mater. Res. 27, 1598-1611(2012b)

A. Shibata, T. Nagoshi, M. Sone, S. Morito, Y. Higo, Evaluation of the block boundary andsub-block boundary strengths of ferrous lath martensite using a micro-bending test. Mater. Sci. Eng. A 29, 7538-7544(2010)

R. Song, D. Ponge, D. Raabe, Mechanical properties of an ultrafine grained C-Mn steel processedby warm deformation and annealing. Acta Mater. 53, 4881-4892(2005)

J. H. Song, M. A. Areias Pedro, T. Belytschko, A method for dynamic crack and shear bandpropagation with phantom nodes. Int. J. Numer. Methods Eng. 67,868-893(2006)

S. Takaki, K. Kawasaki, Y. Kimura, Mechanical properties of ultra fine grains steels. J. Mater. Process. Technol. 117,359-363(2001)

N. Tsuji, Y. Ito, Y. Saito, Y. Minamino, Strength and ductility of ultrafine grained aluminum andiron produced by ARB and annealing. Scripta Mater. 47,893-899(2002)

N. Tsuji, Y. Ito, Y. Saito, Y. Minamino, Toughness of ultrafine grained ferritic steels fabricated by ARB and annealing process. Mater. Trans. 45,2272-2281(2004)

N. Tsuji, N. Kamikawa, R. Ueji, N. Takata, H. Koyama, D. Terada, Managing both strength andductility in ultrafine grained steels. ISIJ int. 48,1114-1121(2008)

M. A. Zikry, An accurate and stable algorithm for high strain-rate finite strain plasticity. Comput. Struct. 50,337-350(1994)

M. A. Zikry, M. Kao, Inelastic microstructural failure mechanisms in crystalline materials withhigh angle grain boundaries. J. Mech. Phys. Solids 44,1765-1798(1996)

第 15 章　金属塑性损伤的分子动力学模拟

Shijing Lu, Dong Li, Donald W. Brenner

摘　　要

本章对分子动力学模拟(MDS)进行了综述,并用于金属中损伤的模拟,然后给出了一些案例,说明如何将该技术应用于工程领域,从而有助于研制新材料,并获得预期的力学性能。

15.1　概　　述

本章相对简要地概述分子动力学模拟,并将其应用于模拟金属中的损伤,同时给出一些案例,以说明如何将该技术应用于工程领域,从而有助于理解如何能够研制出新型的材料,获得预期的力学性能。MDS 是一种相对直接的计算方法,其中,针对不同的条件,对原子轨道进行了计算和分析(Allen 和 Tildesley,1989),在 MDS 中,基本的假设是,原子运动可以用经典力学来处理,因此,它们的轨道可以通过对一套经典的运动方程进行数值积分后计算出来,其中的运动过程通过原子间作用力耦合在一起,对于 MDS,不存在诸如本构关系的表达式,这种表达式在较高长度尺度下的模拟方法中是很常见的,相反,一种材料的所有性能是通过表达式设定的,从而被用于模拟原子间的作用力。

当运行一个模拟过程时,通常情况下,通过追踪原子运动,然后利用不同的技术对结构、势能和作用力进行分析,开始对 MDS 进行解释,如后续部分中所述,对用于原子间作用力并能准确描述特定体系的数学表达式进行推导和拟合,并进行分析模拟从而既获得原子尺度的详细信息又获得对材料性能的全新理解,这既有科学的成分(Brenner 等,1998),通常又是技术的问题(Brenner,2000)。

MDS 作为一种工程工具在近些年才出现,相比之下,其在物理科学领域已具有很长的历史,利用经典轨道方法对一种化学过程首次进行的研究结果由 Hirschfelder、Eyring 和 Topley 在 1936 年发表,他们追踪到了一个与反应 $H+H_2 \longrightarrow H_2+H$ 相关的一个轨道(Hirschfelder 等,1936),不足的是,他们使用的势能表面不完整,这是由于它产生了一个稳定的 H_3 分子,这种问题带来的一种结果(并且资源限制在手工计算中)是该反应永远不会完成。在接下来的 20 年里,经典轨道方法用来研究统计力学的一些基本原理,包括在相对简单的体系中建立平衡的速率,以及在整体和时间平均值之间保持一致的条件(Alder 和 Wainwright,1957;Berman 和 Izrailev,2005),这些模拟工作中得到的一些结果包括,一些较小的简单体系(例如,具有较弱非协同作用的短协同链)可能永远不会完全达到实际的平衡,另外,在其他体系中,对运动经典方程进行数值解析时所固有的近似方法是可以保证达到平衡的一种方法,其过程类似于一个物理体系中的较小扰动会有利于驱动该体系达到平衡。

1959 年,布鲁克海文国家实验室的 Vineyard 及其合作者首次将 MDS 应用于材料科学,在他们发表的研究论文中,采用经典动力学模拟离子辐射和金属中的损伤(Gibson 等,1960)。在随后美国阿贡国家实验室的 Rahman 开展的工作中,经典轨道方法被用来表征液体的性能(Rahman,1964),在接下来的几十年里,计算能力持续增强,其使得 Rahman 及其他研究人员将最初的研究工作扩展到更复杂的液体(包括水)和生物体系中(McCammon 等,1977;Stillinger,1974)。

从这些早期的 MDS 研究工作中出现了几个常见的主题:①MDS 的发展和能够被研究的体系与越来越强大的计算能力在同步进行,特别是在美国国家实验室。②MDS 迅速发展成为一种强大的工具应用于化学和物理学研究领域内,其可以作为实验研究和理论研究的补充,例如,MDS 不仅能够提供数据,还能够用于测试(并精修(如果需要))良好控制条件下的理论。③现已清楚,用于一个势能函数中的条件(原子间作用力可通过它获得)强烈依赖于其应用领域,例如,在化学分析中应用时,为提供定性的数据,需要典型的良好精修的势能表面,但是,即使是高度近似力或通用力也可为研究一般现象生成有用的数据;类似地,在统计力学中,简单势可生成非常有用的信息;在材料领域,模拟简化的原子间作用力的表达式可用于模拟缺陷,如晶界和位错;但是,这些表达式必须针对具体的材料进行足够的细化,从而生成有用的定量数据。

作为一种工程工具,MDS 逐渐增长的重要性可与下面几个因素相关联:①计算机处理器的速度在成指数增大,以及并行计算、可视化和数据存储平台相对比较便宜,这些已经极大地降低了进行大尺度模拟所需的资源成本,因此,即使对那些只有中等模拟成本预算的研究团队而言,这种情况下的计算平台已使得 MDS 的成本是可以接受的。②由于试验处理和表征技术的进步,某些材料的结构可以进行比例调控达到原子水平,这远低于像有限元分析这样的传统连续体模拟方法所适用的尺度。③如上所述,原子间势能函数在 MDS 中起着关键作用,其已经可以对众多材料的结构和弹性及力学性能进行很好的描述,同时,从计算的角度看,由于其足够高效,因此可用于大尺度模拟,势能函数的这些进展来源于新的理论分析,其形成了一些可更加准确地获取量子结合效应的数学表达式,这更好地理解了如何将这些表达式拟合于具体材料的性能的和实用的模拟代码中,并使代码开发者以外的研究人员能够使用它们检查和改善原子间的势能(Brenner 等,1998;Sinnott 和 Brenner,2012)。

15.2 节简短给出了一些演示层面的细节信息,介绍了一些假设、数值方法和势能函数,它们是利用 MDS 研究材料损伤的核心部分,其中还提到了一些目前可用的代码和用户交流群,这些对使用 MDS 非常有用。15.3 节讨论了利用 MDS 理解晶态金属损伤的问题,这不是一个综合性的文献综述,而是对 MDS 采用不同方法应用于该领域所取得的结果的调研。15.4 节简要讨论了对金属 MDS 发展的最新能力,以及该领域内短期和长期存在的挑战。

15.2 分子动力学模拟

与其他模拟技术相比,进行一个 MDS 分析是相对直接的,第一步是为每个原子初始化坐标和速度,并建立某种系统条件,比如周期性边界,利用这些位置,可计算出原子间作用力,之后从该体系上的恒温器或其他条件来确定一些限制条件,如下所述,这些限制条件可以是附加力、速度标度、周期单元的尺寸和形状的变化、冲击波应用等的形式。然后,在一个时间步骤内,根据力、速度和加速度(以及基于数值积分的位置随时间的高阶导数),采用一个可能的数值积分方案,将原子位置向前移动,原子位置、速度和力可在一个模拟的过程中进行分析,然后可进行后续的分析。前者可与模拟执行过程同时进行,或者在一个文件上进行,从而在某种特定的间隔条件下保留原子的性能,这种选择是依赖于系统的尺寸、总时间步数、计算与可视化设备,以及在模拟进行中是否存在用户指定的限制条件应用于该系统(包括需要时终止该模拟过程)等因素的,然后从更新后的原子位置计算出一套新的力和限制条件,从而不断重复该过程,这些步骤在后续的分节中将详细描述。

15.2.1　初始条件

对晶体而言,原子位置通常是从一种给定的格子和基生成的,为了减轻在模拟块体材料时的边界效应,可以在系统上应用周期性边界,从而使从模拟的一侧离开的一个原子从辅助侧重新进入,同时,各对原子在重复单元内与其最近的图像相互作用。例如,图 15.1 给出了一个二维计算单元并被八个复制单元所包围,其中,圆圈代表原子,对于局部缺陷,用图 15.1 中的红色原子簇来代表,周期性边界产生了该缺陷的一个周期性阵列;对于扩展缺陷,其穿过了单胞的边界,用图 15.1 中的黄色原子来表示,该周期性边界产生了一个无限结构,它被限制于一种用周期性边界定义的超周期性,这可以限制在一个模拟格点中形成的扩展缺陷的类型和数量。类似地,周期性边界可以限制应力场,否则,它可能会超出一个单元的尺寸,这会以一种非物理的方式对塑性动力学产生影响。

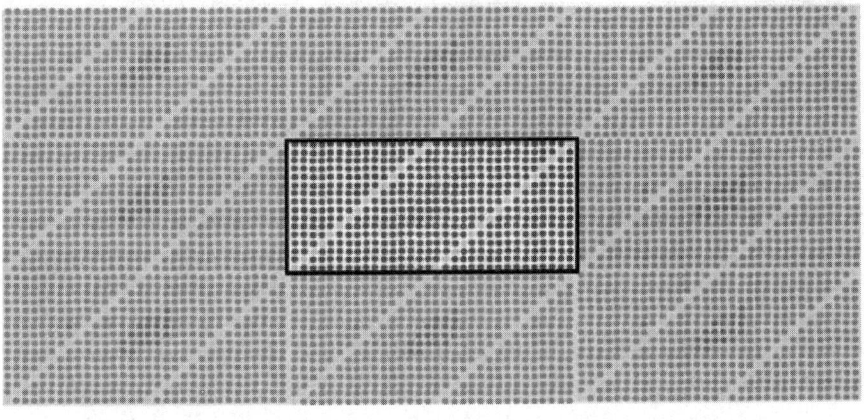

图 15.1　中心单元中的一种局部缺陷(一簇代表原子的红色球体)和一种扩展缺陷(代表多个原子的一条黄色球体线)的示意图,其被用周期性边界定义的八个复制单元所包围(彩图)

一般情况下,用于诸如孔洞和间隙原子的初始点缺陷的坐标都很容易生成,但是,为更加复杂的微观组织单元如晶界和位错生成坐标会具挑战性。目前存在一些商业代码可以为诸多常见的缺陷生成不同的结构,还有一些免费工具如 gosam 网站可以基于重位点阵为具有周期边界的双晶生成坐标(Wojdyr 等,2010)。为了对一种初始平衡模拟生成速度,可以从一个对应于颗粒温度的玻尔兹曼分布随机生成初始速度,其他可能的初始速度选择可基于尝试模拟一些具体的非平衡条件，比如，与表面的冲击和碰撞，或者碰撞级联的初始化。

15.2.2 原子间力的表达式

模拟一种特定材料的行为的原子动力学主要通过描述原子间作用力的表达式来确定，因此，从重现对应真实体系试验的性能的角度而言，这种表达式是该模拟过程的一个关键特征，计算其原子间作用力通常也是一种 MDS 中计算成本最昂贵的部分，而且就选择合适的方程而言，它也是最不为人所知的。

理论上讲，对于一套给定的原子位置，从电子引起的量子力出发，并将这些力附加在原子核之间的排斥力上，从而可获得原子间的作用力，这可通过 Car-Parrinello 动力学、以一种特别有效的方式进行，这种方法定义了一种扩展的拉格朗日提法，其包括原子核和电子方面的自由度，从此出发，可以为离子和电子导出一套耦合的运动方程（Car 和 Parrinello，1985）。如下所述，在降低了与推导和拟合分析力表达式相关的不确定度的同时，就评估表达式而言，该方法的计算成本仍旧昂贵。另外，由于电子是被显式处理的，在对电子-离子运动方程进行数值积分时，其时间步长通常仅比原子的小，而且，电子方面的自由度应该被周期性地“猝灭”在 Born-Oppenheimer 表面上，这会增加一些附加的计算成本。还存在一些简化的电子结构方法（如强结合 Hamiltonians 方法），它们可用于将电子的自由度包括进 MDS 力中，与 Car-Parrinello 方法相比，这些方法已显著减少了计算量，但是，对于大体系，它们的计算量仍然很大，并且与完全第一原理方法相比，需要明显的参数化程度。

由于我们希望能够处理足够大的体系来模拟扩展缺陷，如位错，以相对坐标函数的形式给出一组原子的势能的分析表达式通常用于模拟显式电子自由度（Sinnott 和 Brenner，2012），从而原子间作用力可作为该势能函数（PEF）的梯度计算出来。该方法是利用一个有效的 PEF，其挑战是同时需要另一个函数，不仅可以准确重现几套拟合数据，还可以为原子排列生成一些物理上合理（如果不够准确）的能量，原子排列在用来拟合 PEF 参数的数据库中是没有被考虑进去的，PEF 的这种属性称为可传递性。目前不存在一个标准函数形式可用于所有体系，相反，存在大量的可以不同程度适用的函数形式和方法。开发一种 PEF 既需要开发一个便利的数学表达式，又需要针对具体的体系将该表达式进行参数化。

为开发一个具有连续作用力的 PEF，可能最简便的方法是假定原子成对作用，其他相邻原子对这种原子对作用没有影响，基于这种近似处理，其总势能 U 由下式给出：

$$U=\sum_{i=1}^{n-1}\sum_{j=i+1}^{n}V(r_{ij}) \tag{15.1}$$

式中：n 为原子个数；r_{ij} 为原子 i 和原子 j 之间的标度距离；$V(\cdot)$ 为一个函数，例如一种 Morse 或者 Lennard-Jones 势，它们包含一些参数可以拟合到一组物理性能上（Brenner 和 Garrison，1989），对于与单个势阱相互作用的原子对，对势倾向于生成稳定的密排点阵，成为最低能量的结构，因此，对金属而言，对势有时能够产生可以接受的结果，这依赖于试图重现的性能。但是，该对势的近似仅限于重现弹性性能，并且，一般而言，它不会生成用于缺陷的准确能量，例如表面和空位。

构建对势近似的一个方法是，在相对原子坐标中势能的一个泰勒系列扩展中，将其用作主项，该多体扩展可由下式给出：

$$U = \sum_{i=1}^{n-1} \sum_{j=i+1}^{n} V_2(r_{ij}) + U = \sum_{i=1}^{n} \sum_{j \neq i, k}^{n} \sum_{k \neq i,j}^{n} V_2(r_{ij}) + \cdots \tag{15.2}$$

其中，下标给出了相互作用的阶数。式(15.2)中的第一项代表键伸长，第二项代表键弯曲，而更高阶的各项对应二面角的角度和弯曲与伸长的各种组合，该扩展式结合电子静态与其他非键合互作用，已经被广泛用于生物和聚合物体系中，然而，这种形式的势能函数应用于模拟金属时具有一定的局限性。

经验表明，最具传递性的 PEF 是那些基于由量子机械结合原理衍生出来的表达式，有几类 PEF 是属于这种的，它们广泛用来模拟金属体系，它们是嵌入原子方法(EAM)(Daw 和 Baskes，1984；Daw 等，1993)、有效介质理论(Jacobsen 等，1987)、胶结模型(Ercolessi 等，1986)、以及 Finnis-Sinclair(Finnis 和 Sinclair，1984)势能。虽然这几类 PEF 的函数形式是类似的，但每个推导过程是不同，前三个模型来源于原子嵌入一个电子气体中的概念，从而一个原子的能量取决于嵌入原子附近的气体加原子核之间的原子对互作用的密度，在胶结模型和 EAM 模型中，在需要确定能量的原子位置上，电子密度模拟成从周围所有原子得到的诸对密度之和，这引出了这些 PEF 的三个核心组成项：一个相邻原子的电子密度对给定位置的贡献(这依赖于该原子和该位置之间的距离)、各原子对的附加原子间作用力，以及将给定位置处的电子密度与该位置处的一个原子的能量关联起来的嵌入函数，每项的贡献量可通过拟合于晶体内聚能、晶格常数、弹性模量以及空位形成能等性能而进行调整。相比之下，有效介质理论将待计算能量的原子附近的电子密度平均化，并采用了该电子密度和原子能量之间的一个非经验关系式(Jacobsen 等，1987)。

PEF 的 Finnis-Sinclair 形式类似于其他的金属 PEF，但是，从量子结合原理导出这些表达式的过程是不同的。Finnis-Sinclair 函数表达式是从一种二阶矩近似导出的，它将键合引起的局部电子状态密度与一个原子的势能及其局部坐标位置联系了起来，其推导过程过长，此处不进行赘述(Brenner 等，1998)。但是，其结果是，Finnis-Sinclair 嵌入能是其坐标位置的平方根，但是，EAM 嵌入函数的形式是参数拟合过程的一部分。另一个历史差异是，EAM 和相关的势能最初开发出来是用于面心立方金属的，而 Finnis-Sinclair 势能最初主要用于描述体心立方金属的。

这些 PEF 的一个主要优点是，通过对原子间作用力和电子密度使用原子对的概念，对它们的估算值与一个对势成比例，而 PEF 的一个多体方面是通过一个嵌入函数引入的。已进行过很多尝试以突破这些基本的 PEF，比如，可引入电子密度中的电子和角度互作用的高阶矩(Dongare 等，2012；Lee 和 Baskes，2000)，但是，这些方法通常会增加计算负荷，这必须与重现拟合数据库和整体 PEF 的可传递性进行平衡。

有一个进展是将电荷传递项并入了 PEF 中，这在不同程度的离子键合中是允许的，该做法已经为模拟金属氧化物和金属界面提供了很好的结果。用于金属的包括电荷传递的两个主要表达式是 ReaxFF(VanDuin 等，2001)和电荷优化的多体(COMB)表达式(Shan 等，2010)，这两个 PEF 利用键级列式的优势，包含了角度项去模拟局部的键合作用，以及库仑项以高斯函数的形式采用了原子为中心的部分电荷，相对于来自部分带电的原子和形成电荷相关的能量之间的库仑相互作用的势能，通过最小化静电能来确定每个原子上的电荷的大小和符号,后者可表述为一个泰勒序列,控制着从原子的离子化和电子亲和能得到的系数。但在实际应用中,这些系数通常被用作一些参数,它们可与短程结合互作用中的参数一起拟合。

除 PEF 的函数形式以外,用于函数参数化的训练集和方法同样重要,对金属而言,用于参数拟合的最小数据库通常包括黏聚能、晶格常数、弹性性能以及低能晶体结构的空位形成能,它还包括低能结构和其他竞争晶体结构之间的黏聚能的差异,利用这类拟合数据库,一个 PEF 可以通过诸如熔点和表面能的数值得到证实。过去,一个拟合数据库经常从试验测量值得到,但是,第一性原理的数据越来越多地用于 PEF 的参数拟合,这种方法有一个主要优势,即对于每个估算的数值,可生成非常大的数据组(例如,对于激活过程的过渡状态),误差都在同等水平。一种相关的方法是运行量子力模拟,如 Car-Parrinello 动力学,并采用原子配置,其用来为一个分析 PEF 生成一组最优拟合的参数(甚至其函数形式)(Ercolessi 和 Adams,1994),随着配置数量的增加,对于大型系统和长时模拟,其分析 PEF 可用量子力代替。

15.2.3 运动、数值积分和恒温的经典方程

计算原子轨道涉及通过有限差分近似方法对运动的经典差分方程进行近似,它们是采用 MDS 中的某一个标准方法步进式被解出,这些数值积分方法包括 Gear、预测-校正以及跳点算法,具体采用哪一个依赖于是否有限制条件运行在该体系上、期望获得的解的精确度以及是否采用了变尺寸的时间步长。时间步长尺寸取决于积分方法和作用于原子上的力值的大小,一种通用的拇指法则为,时间步长不应大于该体系中最短的振动周期的约 1/20,对于含氢的体系,合适的时间步长大约为 1fs 或更短;对于金属,通常采用较大的时间步长,允许的最大时间步长可在初始阶段通过监测每步的和一个给定时间段内的能量守恒情况来确定,后者可估算能量漂移,它是误差累积而非误差消除的一个量度。

求解没有附加限制条件的经典运动方程得到了恒定能量轨道;在平衡条件下,这应生成与一种微正则系统对应的性能。Nosé(1984)在恒温恒压条件给运动方程附加了一些限制条件,其生成与其他动力学系统相一致的轨道,还引入了一些相似的方法,用于描述其他系统状态,例如,Hugoniostats 为受冲击的物质给出了一些平衡状态(Ravelo 等,2004)。

其他两个用于控制温度的通用方法为 Langevin 和 Berendsen 恒温器,这两种方法都将系统的动力学与一个外部浴关联,虽然采用的关联方法不同。Langevin 方法来源于布朗动力学,附加了原子间作用力、摩擦力和随机作用力的项,它们互相平衡后产生一个预期的温度。在 Berendsen 方法中,只附加了一个摩擦力项,但摩擦因数与当前的和预期的温度之间的差异成比例,从而该摩擦因数可能是正的或负的(Berendsen 等,1984),因此,Langevin 恒温器将局部的每个原子关联于一个体系浴,而 Berendsen 恒温器是总的和预期的温度之间的一种整体耦合。

虽然没有与上述的同样意义的恒温器,Zhigilei 与其合作者以及 Brenner 与其合作者引入了一些方法,在 MDS 中,通过耦合原子动力学调节温度至一种连续体储层(Schall 等,2005;Padgett 和 Brenner,2005;Schäfer 等,2002)。在 Zhigilei 方法中,该储层代表一种电子气体,它与原子核自由度交换能量。依赖该温度模型,诸如激光与金属之间互作用的一些过程就可以模拟出来,这种情况下,激光首先激发电子的自由度,该能量随后准确地导入

原子运动中。Brenner 方法将一个模拟中的粗晶植入一些区域中，为此通过每个区域内的原子的速度定义出一个温度，一个连续体热传输方程被参数拟合至块体材料的热导率和热容，对于通过粗晶化定义的格子上的一个时间步，该方程可被数值解出，并且，原子速度缩放后与得到的格子温度相匹配，随着 MDS 的进行，格子温度和原子速度之间的自组耦合持续进行，除了控制热流（不仅仅是温度）外，该方法已经扩展包括了电流和相关的焦耳热（Crill 等，2010；Irving 等，2009a，b；Padgett 和 Brenner，2005）。

这里讨论的恒温器需要进行一些参数化，例如，在温度梯度和预期与当前温度之差之间，Berendsen 恒温器需要一个衰减常数，Nosé 恒温器需要一个热惰性参数，其决定了该体系中的热传输速率。

Parrinello 和 Rahman 引出了一个经典的拉格朗日提法，允许一个周期性重复的单胞随应力状态改变形状（Parrinello 和 Rahman，1981），利用这种方法，固态相变可很方便地模拟成应力状态和温度的一个函数。其他限制条件也应用于经典运动方程，其产生了刚性结合距离和角度，虽然这些情况在高分子和生物分子中应用更普遍一些（Ryckaert 等，1977）。

其他限制条件可附加在模拟工作中以模拟一些特定的条件，例如，压缩冲击载荷可用飞板冲击在材料悬空的一端模拟，通过在模拟过程中的每步中收缩周期性边界也可生成冲击载荷。类似地，可通过在一个或多个方向上扩展周期性单元的尺寸来施加一个恒定的拉伸应变，或者通过剪切该周期性单元施加一个剪切应变。另一个例子，热流可通过在一个体系中构造热区域和冷区域进行模拟，并且，通过监测动力学过程中温度演化时的温度分布特征，可估算出诸如热导率等的数值（Müller-Plathe，1997）。

Foiles 及其合作者们的工作是最近的一个开创性的、关于自组条件驱动的模拟动力学的例子，他们引入了一种方法，驱动着一种晶界移动通过一个晶体（Janssens 等，2006）。该方法为每个原子定义了一个参数，它通过周围原子的取向确定（图 15.2（a）），如果该原子的取向与一些给定的参考结构不匹配，一种相对小的势能就被附加在该原子的黏聚能上，该过程将体系驱动至一个特定的晶粒取向，在足够高的温度下，它可以将晶界从择优取向驱动至一种非择优的晶粒取向。类似地，施加的剪切应变可导致特定晶界和位错的运动，其依赖于相对于剪切的晶格取向，利用这些驱动条件的模拟会在下面详细讨论。

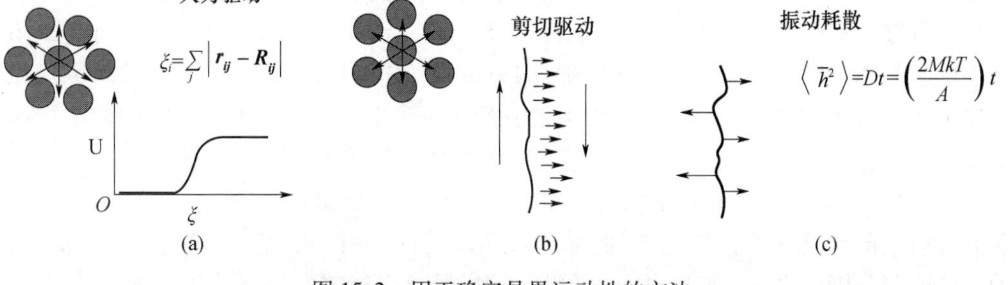

图 15.2　用于确定晶界运动性的方法

（a）一个额外的能量项附加在具有某种取向的原子上，该原子的取向与择优晶粒取向不匹配；（b）剪切力驱动下的晶界运动；（c）利用位置波动来计算晶界运动性。

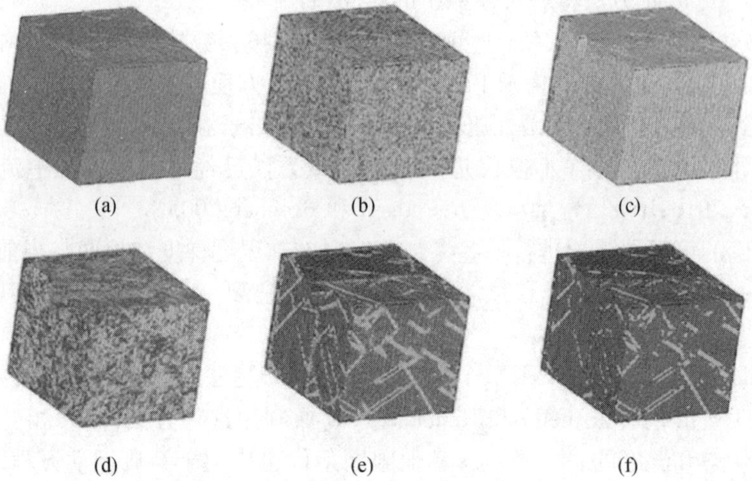

图 15.3　具有 481680 个原子的系统，在 300K 的温度下，其包含一种应变条件下的位错引起的两个翘曲的晶界和堆垛层错，采用用于铜的一种嵌入原子方法势能，添加了周期性边界，虚拟原子被可视化为球体

(a)所有原子的颜色相同；(b)通过动能给原子着色；(c)通过势能给原子着色；(d)根据局部静水应力给原子着色；(e)根据它们的中心对称参数给原子着色；(f)根据共同近邻分析给原子着色。

15.2.4　分析原子模拟

一个 MDS 仅提供原子的运动特征，因此，从一个模拟中提取有用的数据和见解需要对轨道进行进一步分析，对于很多平衡性能，统计力学的 Green-Kubo 关联函数可被用于提取重要的数据。例如，振动模式、热导率和纵向振动模式的弥散关系都可通过这种方法评估，也建议将类似的方法用于从位置波动确定晶界运动性(图 15.2(c))(Trautt 等，2006)。

需要其他的方法来识别和理解损伤的根源，最简单的一个方法是用球体代表原子并构建轨道的动画(图 15.3 和图 15.4)，生成这种可视化效果的代码可免费获得，如下所述，该代码即使非常强大，但经验表明，通常需要除原子位置以外的附加数据，来分析复杂动力学并识别一些结构，比如对应于成熟损伤单元的位错结构。利用上文所述的 PEF，每个原子可被分配一个黏聚能，而且该黏聚能经常可用来识别结构并搞清一种特定缺陷的原子尺度的能量源。虽然严格意义上讲，应力是一种连续体的概念，但应力是可以从原子间作用力导出的，像黏聚能那样，应力可被分配于原子上去理解对不同缺陷的稳定性的微小贡献。还存在其他的辅助量，它们对于晶体中的损伤表征非常有价值，例如，有一个中心对称参数，它是一个给定原子的局部结合结构的定量的量度(Kelchner 等，1998)，它的取值可被追溯到具体的损伤配置，例如块状晶体、位错核心、堆垛层错和表面；类似地，一种共同近邻分析可将一套四整数分配给每个键，其对于特定的结合结构是唯一的(Honeycutt 和 Andersen，1987)；还存在一些更加自动化的方法，它们不仅可以识别位错，还可以表征 Burgers 向量(Stukowski 和 Albe，2010)，这些方法显著提升了全面分析模拟损伤的能力，尤其当一个体系比较庞大，它的后模拟分析与模拟配置生成时的分析相比变得复杂时。

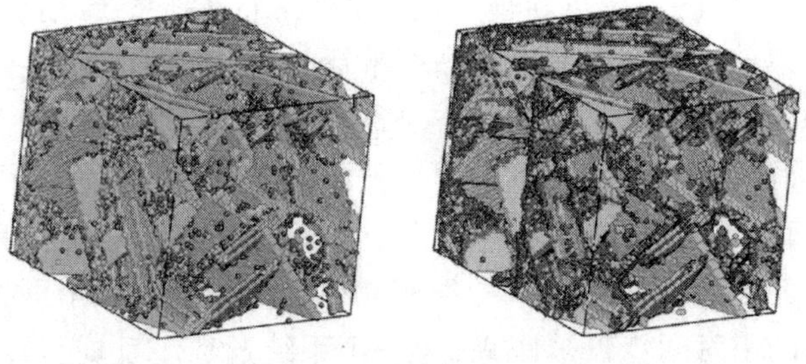

(a)　　(b)

图 15.4　与图 15.3(e)、(f)相同的系统,除了移除掉具有块体中心对称参数(a)和块体共同近邻分析(b)的原子,图中的晶界和垛层错很明显

15.2.5　多尺度模拟

将 MDS 应用于工程尺度的材料现象时,用于 MDS 的小时间步长尺寸(约 10^{-15}s)和通常几千到几十亿个原子的系统尺寸(取决于可用的计算资源)都是主要的限制条件,通过可用于单次模拟的不同的计算资源,可用的处理器数量在不断增加,从而能够克服一些尺寸的限制。但是,由于轨道是由步数决定的,可以处理的时间步数与处理器的速度更加紧密相连,这在过去的几十年里,通过摩尔定律曲线预测发现,其显著偏离了指数增长特征。

不同的多尺度模拟方法已被开发出来,从而克服了 MDS 固有的时间和大小尺度与工程应用之间的差异,这些方法分为并行和序列方法。前者所指的方法中,在一次给定的模拟中同时处理不同的尺度,而序列多尺度模拟方法中,参数和模拟条件在不同模拟方法之间传递,从而处理一个给定体系中的各个尺度的问题,Brenner(2013)综述了这些多尺度模拟中存在的一些挑战和机遇。

并行多尺度模拟方法通常会嵌入一个区域,其中,原子被显式处理成一套连续体边界条件,已利用此方法进行了大量研究的问题就是脆性固体中的裂纹扩展问题,其中,裂纹尖端的动力学问题被解析到原子尺度,而其周围的应力状态由有限元或其他连续体方法进行模拟。这些类型的模拟可被分解成更细的尺度,例如,在一个包含裂纹尖端的区域,原子间作用力可以从显式电子状态计算出来,尖端前方的区域可用一种分析 PEF 进行模拟,而更远的区域可被处理成一个连续体。

Miller 和 Tadmor(2009)详细比较了 14 种并行原子-连续体方法的精度和效率(他们称之为“分域多尺度模拟”),并将这些方法应用于一种面心立方铝的点阵中位错偶极子运动的典型问题中,正如 Miller-Tadmor 和 Brenner(2013)的综述中详细讨论的那样,该方法的挑战包括原子-连续体边界处(以及使用不同原子间作用力的边界)的匹配作用力、声子穿过边界的运动,以及随着损伤的演化和应力状态的改变,可以在体系内的一个区域的连续体和原子描述之间进行切换。

Voter(1998)及其他人为克服 MDS 模拟偶发事件时的时间限制,提出了一些不同的方案,在一种被称为平行复制动力学的方案中,从同样的初始原子位置跟踪多个轨道,但具有足够大差异的初始平衡速度,从而它们可研究不同的相空间。当任何体系中的一个偶发事件反应被探测到时,所有的运行被中断,对于一阶运动学问题,不同反应之间的总时间可认为是用于每一个系统复制的时间的总和,未发现任何反应的系统会被移除,而该过程利用表现出一种反应的系统重新被启动,由于各个复制系统之间在并行运行过程中不需要进行通信,所以该方法在时间上是高度平行的。

由 Voter(1997)开发的另一种不同的方法称为超级动力学,采用一种偏压提高不同马鞍点之间势能超表面区域内的势能,不同的马鞍点对应不同的反应。利用这种方法,可以根据偏压定义一个有效的时间步长,其可以是比用在新的势能表面上跟踪轨道的实际时间步长更大的量级,当该系统达到与一种反应相对应的配置时,偏压被移除,该系统的动力学采用 MDS 常见的小时间步长被跟踪,当一个系统远离了反应势垒的区域,该偏压和有效时间步长被重新建立。该方法的一个不足之处是,它不能与系统尺寸形成良好的比例,这是由于,多偶发事件发生时,它们会将整个系统的时间步长缩减成无偏压系统固有的小尺寸,由于它们是基于加速偶发事件动力学的,这些类型的时间尺度的方法一般不会用于模拟晶态固体中的大型损伤问题,通常这会涉及扩展缺陷结构的生成。

15.2.6 可用的代码

表 15.1 中总结了几种可免费使用的代码,可用于执行和分析晶态金属中损伤的 MDS,目前使用最广泛的是 LAMMPS(大尺度原子/分子海量平行模拟器)(Plimpton,1995),该代码由美国桑迪亚国家实验室的研究人员进行维护,它具有不断新增的大量的功能,通常通过一个活跃的用户基站提供。该代码的功能包括:高度的并行性、多类型的原子间势能和恒温器、先进的多尺度模拟能力,以及不同的后处理和分析模拟的方法。

另外一个非常有用的 MDS 代码套件是由美国伊利诺斯大学的理论和计算生物物理组进行维护,虽然该代码的功能侧重于生物系统,但其可视化组件 VMD 可用于分析从 MDS 生成的晶态晶体中的损伤问题,尤其当与上面提到的方法(例如,中心对称参数)联用,对可视化过程中的原子进行着色时(Huang 和 Humphreys,2000),其他可用于 MDS 和分析的可用代码的例子包括 GULP(Gale 和 Rohl,2003)和 AtomEye(Li,2003)。

表 15.1 用于金属模拟的一些有用的 MDS 和相关的代码

代码名称	侧重的系统	功能举例	网址
LAMMPS	所有	MDS 和序列多尺度动力学;高效处理器缩放;恒温状态的大量的运行任务;等等	lammps. sandia. gov
NAMD/VMD	生物的	分子力学;高效处理器缩放;独立 MDS 可视化代码	www. ks. uiuc. edu
GULP	所有	点阵动力学	projects. ivec. org/gulp/
AtomEye	所有	先进的 MDS 可视化	http://li. mit. edu/Archive/Graphics/A/

15.3 金属动力学模拟的举例

下面论述相关文献中和我们研究组内相关研究工作的例子,其中,MDS 用于表征晶态金属及其合金中的损伤,这里的讨论并非全面的文献综述;相反,将它们选作例子的原因是,它们给出了该领域内可从 MDS 获得的新的见解和独特的数据。

15.3.1　冲击载荷下的晶体的模拟

冲击波以超过介质中声速的速度在该介质中传播,对于金属,声速通常为每 1~6km/s,或者用分子表述为 1~6nm/ps,虽然冲击波的短暂属性使它们很难进行试验研究,但这对 MDS 而言是比较理想的时间和长度范围,因此,MDS 已广泛用于研究固体中的冲击现象。

早期 Holian(1998)进行的用 MDS 研究承受冲击载荷的密排固体,表明,对于强冲击,剪切损伤(例如,位错运动)会发生在冲击波阵面附近,但对于中等强度的冲击波阵面的一种弹性压缩之后出现一个稳态塑性波,这时的剪切应力会被释放,在较低的冲击强度下,只观察到了一种弹性波,而且当活塞速度与长波长声速之比超过 0.25 左右时,出现了在两个事件之间的过渡,大概在此时,固体的剪切压力等于其理论剪切强度(对于密排面的滑移,约为剪切模量的 1/10)。

Holian 的研究采用了周期性边界并限制在几千个原子内,这些限制会影响在 MDS 中研究的塑性损伤,这是由于任何已形成的线或面缺陷,必须在垂直于冲击扩展的两个方向上、在该边界单元内重复(图 15.1),对于 Holian 的 MDS,这就导致滑移被限制在有限的密排面上,并且剪切带之间的间距受周期性边界控制,尚不清楚这是否会影响所观察到的塑性损伤的突然萌生。由于这方面及相关的考虑,Holian 和 Lomdahl(1998)研究了一个密排晶体点阵中包含高达 1 千万个原子的较大系统的冲击载荷。在较大的系统内,观察到了沿多个晶面显著的滑移,而且活动滑移系之间的相互作用降低了冲击波的平面特性,在 MDS 中观察到了明显的塑性损伤花样(被称为"随机摆放的辫子花样"),该结果表明,周期性边界不会显著影响塑性损伤机理,它包括了依赖于冲击载荷强度的塑性损伤的突然启动。为了研究扩展缺陷对塑性损伤萌生的影响,驱动冲击的平面前沿用一个弯曲界面来替代,以匹配其周期性边界,该弯曲界面意在模拟当其移动穿过晶体时,已有的扩展缺陷对初始平面冲击波的影响,与平活塞相当的驱动力相比,在明显较低的冲击载荷下的塑性损伤可在 MDS 中观察到(例如,冲击载荷下,塑性损伤的异质和均质萌生)。

Holian 及其合作者还采用 MDS 表征冲击引起的、铁从体心立方向密排六方结构的转变(Kadau 等,2002),在低的活塞速度时,不存在初始结构中的塑性变形的证据,相反,观察到了一种分离冲击结构,它由单轴压缩下的弹性先驱体组成,随后出现缓慢的向密排结构的相转变前沿。在较高的压力下,被压缩的先驱体内的应变被密排晶粒的均匀萌生所释放,因为最初只有个别晶粒形成,其转变前沿是很粗糙的,驱动冲击载荷的活塞速度的增大,会增加密排晶粒的萌生速度,这反过来产生了一种较平滑的转变前沿,直到在非常高的冲击载荷下,观察到了一个单一前沿,它将体心立方与密排结构(其包含了多孪晶和相关的缺陷)分割开。

在下面的研究中,在 MDS 中生成的结构产生了衍射信号,并与原位 X 射线试验测量激光驱动冲击的铁的结构进行比较,在 MDS 中观察到了向密排六方结构的转变,并得到了试验验证,同时也验证了存在一个单轴压缩先驱体到一种相的转变。

已经开展了大量对单晶金属冲击的其他 MDS 研究,它们与 Holian 及其合作者的研究工作类似。例如,Bringa 等(2005)报道了一些对单晶铜的冲击载荷进行试验和 MDS 研究的结果,其 MDS 采用的样品尺寸为 200 万个原子和 2 个不同的 EAM 势能,它们不同于其堆垛层错能;试验研究中采用一种轻气体枪对试样进行冲击加载,冲击速度和驱动活塞的速度之间的关系(Hugoniot关系)强烈依赖于冲击载荷的取向,同时发现了试验和MDS研究结果的一致性。在模拟中发现,一个弹性先驱体紧随着塑性变形,而且在高冲击载荷压力下发生熔化,这与Holian的研究是一致的。Dupont和Germann(2012)模拟了不同应变速率和温度条件下沿不同取向的单晶铜的单轴应变特征,研究发现,其屈服强度及其对应变速率的依赖性是取向的函数而非温度的函数,随着应变速率的增加,塑性动力学特征从位错萌生发展为原子无序化/位错萌生到非晶结构的产生。

Shehadeh等(2006)采用冲击加载的铜的MDS结果,验证和参数化一个较大长度尺度的模型,其涉及了与有限元分析耦合的离散位错动力学,与纯粹的MDS分析相比,这种并行的多尺度方法允许进行位错环的形成及其相关的塑性损伤的分析至更长的时间及长度尺度,该方法还提供了较有限元或离散位错方法更加准确的损伤动力学的分析。

基于对单晶体冲击载荷的MDS研究结果,White及其合作者提出了一个稳态两区弹塑性模型,该模型中,建立弹性先驱体的冲击波以及通过塑性变形释放剪切应力的冲击波波阵面以同样的速度传播(Zhakhovsky等,2011),这两个波阵面的速度通过局部的弹性脉冲确定,该脉冲起源于通过引导冲击波的弹性先驱体发生的塑性变形,研究这种丰富的动力学特征的能力及其对获得稳态冲击波的影响都是通过模拟技术获得的结果,其中,受冲击材料的动力学在一个窗口中是满足的,该窗口与冲击波一起传播,它允许长时尺度的现象可被观察到,形成鲜明对比的是,将模拟中的该参考框架作为初始冲击压缩前的未被扰动的材料。

采用同样的模拟方法学,White及其合作者研究了沿不同取向冲击的单晶铝中第二个冲击波阵面之后的塑性动力学演化(Zhakhovsky等,2012),研究发现,不管方向相关的属性如何,如熔化动力学,系统都会演化至Hugoniot关系上的同一点。该结果有助于弄清MDS(其预测取向相关的塑性动力学)和试验(其测量取向无关的Hugoniot关系)之间的显著差异,与上面提到的其他文章一起,该项工作是一个典型的例子,说明了像MDS这样一种基础的模拟技术,当被合理地设置和解释时,它是如何解释和预测很宽范围的现象的;它还作为一个典型例子说明了通过一种技术得出的认识和数据可有助于使用其他模型。

在极高载荷速率条件下,已存缺陷对塑性变形机理和力学性能的影响已经通过不同的MDS进行研究,例如,在纳米晶固体中,晶粒尺寸是纳米级别的,因此它们包含的晶界密度很高,这就导致了独特的塑性变形机制(与具有常规晶粒尺寸的系统相比),其中,晶界迁移和晶粒转动与扩散相随,它们所起的作用与位错滑移相当(这在下面将详述)。与冲击波相关的温度和压力快速的上升,可有效消除扩散相关的且同时提高剪切模量的变形机理,这提高了晶面间滑移所需的应力阈值。另外,提高应力也提高了位错塑性相关的阈值。考虑到这些效果,加之如下假设:作为晶粒尺寸的函数,硬度的最大值发生在滑移应力和位错塑性相同的地方,Bringa等(2005)认为,超高硬度可通过冲击加载纳米结构的晶体而获得。

Bringa等(2005)采用MDS模拟了具有不同晶粒尺寸的纳米结构铜的冲击载荷特征,从而证实了他们的分析结果,在低的冲击载荷下,晶界滑行发生了,其导致了相对低的硬度值并随晶粒尺寸的增大而增大;对于中等冲击载荷,他们发现,对于每一种晶粒尺寸,硬度随着冲击强度的增加而增大,最大硬度值偏向比低应变速率变形更小的晶粒尺寸,这导致了金属的整体最大硬度值的上升；对于较高冲击载荷，由于温度上升导致的位错萌生和运动速率的增大，MDS 生成了强度的下降；在用于 MDS 的最高冲击压力条件下（150～220GPa），发现了冲击导致的熔化，并伴随相关的低剪切应力和硬度的进一步下降。

在最近的一些研究中，Dongare 等（2009，2010）利用 MDS 模拟了纳米晶态铜金属的高应变速率变形，平均晶粒尺寸为 6nm 的铜在 $10^8 s^{-1}$ 的应变速率条件下受到单轴和三轴拉伸应变，非球形孔洞在晶界处和/或三角晶界处随机萌生，其通过在孔洞周围产生一个无序原子的壳体发生，而不是通过从孔洞表面的位错萌生。当系统的应变过程进一步进行，通过单个孔洞之间的无序区域的剪切发生孔洞聚集，孔洞的百分数在两个明显的阶段随塑性应变发生线性变化。在第一个阶段，孔洞沿着晶界和三角晶界形成，在第二个阶段，它在拉伸应力达到最小值后才会开始，这时，由于较第一阶段更高的温度并伴随有孔洞聚集，孔洞周围的无序区域开始发生再结晶。

在另一项研究中，Dongare 等（2010）使用 MDS 模拟了晶粒尺寸相同并包含一个自由表面的纳米晶态铜的冲击加载行为，该系统最初由一个冲击活塞压缩，活塞运动速度位于 0.25～1km/s。随后，当压缩波遭遇到自由表面时开始卸载层裂。在高拉伸应变速率的研究中观察到了孔洞长大和聚集的相同的两个区域，在第一个区域内，孔洞在晶界和三角晶界处萌生，该区域强烈依赖于初始的样品结构和活塞冲击速度，更高的应变速率会导致更多的孔洞产生，并在更短的时间内萌生，相比之下，与第二个区域相关的动力学仅依赖于第一个区域内产生的孔洞的数量。

在另一个近期的研究中，针对插入单晶铜的孪晶界以及插入平均晶粒尺寸为 10nm 的纳米晶态铜中的孪晶界，采用 MDS 表征了孪晶间距对冲击所致的塑性行为和层裂行为的影响（Yuan 和 Wu，2012），使用了从 0.6nm 到约 4nm 的孪晶间距。对于纳米晶系统，随着孪晶间距增加至约 1nm，平均流变应力会增大，其后，流变应力随着孪晶间距的增大而降低。这种趋势来自冲击载荷下的两种位错动力学的竞争机制，第一种机制涉及了通过位错弯折发生的位错-孪晶界交叉；第二种机制是通过平行位错发生的孪晶界迁移。相比之下，未发现孪晶对纳米晶系统的层裂行为产生影响，这是由于孔洞沿着晶界萌生和长大，而对于其他系统，孪晶提供了孔洞萌生的地方，以至于孪生密度会影响到层裂行为。

15.3.2　变形纳米晶金属

这部分讨论了典型 MDS 研究纳米尺度晶粒的金属的均匀变形行为（而不是冲击加载）。在具有常规晶粒尺寸的金属中，塑性变形主要涉及位错群的运动（即滑移），由于在给定的晶格中，滑移系经过晶界时会改变取向，这些晶界倾向于抑制位错运动，随晶粒尺寸的减小，这会带来强度的增加。但是，试验和模拟结果表明，存在一种晶粒尺寸，当低于该尺寸时，材料随着晶粒尺寸的减小开始变软，这种“反 Hall-Petch”行为可归因于从位错调节塑性向晶界滑行的转变，这种过渡已在 MDS 中被观察到，它预测到了一种约 10～15nm 的临界晶粒尺寸，这与试验结果一致。虽然与试验结果一致，但 MDS 还显示出了在阈值区域附近的丰富的和非预期的动力学特征，这显然与块体材料的固有属性相关，这种动力学包括了晶粒转动的显著作用、晶间协同动力学，以及横跨晶粒的通过半位错运动造成的堆垛层错的形成。

Jacobsen 及其合作者开展了平均晶粒尺寸约为 5nm 的应变后的纳米晶铜的 MDS 工

作，这些研究显示了小晶粒的软化，其定性结果与试验结果是一致的（Schiøtz 等，1999），这些 MDS 研究显示出，在反 Hall-Petch 区域，塑性变形主要可归因于晶界滑动和位错运动对变形的较小影响。在 VanSwygenhoven 等（1999）开展的相关 MDS 工作中，对纳米结构的晶粒尺寸位于 3.5～12 nm 的镍和铜的变形机理进行了表征。对于晶粒尺寸小于约 10nm 的情况，变形主要通过晶界滑动的方式发生，而在较大晶粒尺寸的情况下，变形是通过晶界滑行和位错运动的方式发生的，随后通过 MDS 揭示的应变调节机理包括了单原子运动和多原子的关联运动，还有应力辅助的自由体积迁移。

Wolf 及其合作者开展了相似的柱状结构的纳米晶铝金属的变形行为的研究，结果显示了起源于晶界和三角晶界的半位错放射行为（Yamakov 等，2001），这些模拟工作的一个有趣的结果是，半位错会在移除施加的应力后被晶界重新吸收，这可以解释在试验中，当外加应力被释放后，未观察到位错的存在。

基于 MDS 研究，VanSwygenhoven 及其合作者提出，半位错萌生和放射处的晶界原子的重排，会降低其晶界能，因此，通常为了进一步的释放，并不需要发射一个尾随的半位错。基于一种柱状纳米结构的铝的 MDS 研究，Yamakov 等提出，堆垛层错的宽度（因而其固有的堆垛层错能）由两个半位错之间的距离决定，它是定义从全位错向半位错发射转变的主要量值，这时，晶粒尺寸达到了出现反 Hall-Petch 行为的临界尺寸（Haslam 等，2004）。在随后的工作中，VanSwygenhoven 等（2004）指出，镍、铜和铝的堆垛层错能没有显示出与半位错放射之间的强烈关联性，相反，应该考虑与晶界处的半位错萌生相关的全动力学，这也表明，整体面层错能，包括稳态和非稳态的堆垛层错能和孪晶层错能，也要考虑进去，从而理解和预测晶粒尺寸和塑性变形之间的关系。

使用 MDS，Farkas 和 Curtin（2005）。研究了晶粒尺寸为 4～20nm 的柱状镍纳米结构中位错放射的详尽机理。从这些模拟可明显看到，位错是从晶界放射出来的，这些模拟工作还表明，单位晶界长度的放射位错的数量随晶粒尺寸增大而发生饱和。他们假定位错发射仅发生在离三角晶界的一些不远处，从而再现了 MDS 中观察到的位错密度，相对于试验研究，使得这些研究复杂化的是，相对于模拟中的短暂时间尺度，这些机理所需的启动位错发射的长时间尺度。

在晶粒尺寸小于约 100 nm 的纳米晶金属的断裂表面上，通过试验观察已经发现了“韧窝”（Wang 等，2002），这项研究有点令人惊讶，这是由于它们都表现为完全紧凑的材料，因此，韧窝不会是孔洞或近似结构缺陷引起的，韧窝的尺寸是多个晶粒的尺寸，这表明，它们的形成机理涉及了晶间的协同运动。Derlet 等采用 MDS 研究了平均晶粒尺寸为 6nm 并且具有很窄的晶粒尺寸分布的纳米结构镍的断裂动力学（Derlet 等，2003），该 MDS 工作在纯镍熔点的一半的温度下开展，以加速晶界的滑行和扩散，并且施加了 1.5GPa 的拉伸载荷 350ps，观察到了局部剪切带的形成，这些剪切带延伸通过多个晶粒并解释了协同动力学。有三种对剪切带的形成有贡献的机理被识别了出来，它们是被低角度晶界分割的相邻晶粒的取向转动、晶界滑行导致晶粒迁移并排出辅助剪切面、以及晶内滑移，诸如孪晶的界面分布在显微组织内，它们可对滑行提供特别的阻力，这些界面产生了钉扎点，其周围的晶粒发生变形并形成剪切带，这被认为是导致试验观察到的韧窝形成的机理。

不同的研究团队已经使用 MDS 研究了晶界处的夹杂对塑性变形机理的可能作用，例如，Saxens 及其合作者模拟了纳米晶态铜中的锑夹杂对单轴载荷下的塑性动力学的影响

(Rajgarhia 等,2010),这些模拟表明,相对少量的锑能够增大流变应力;这归因于晶界滑动所需的应力的增大,还发现了锑对晶界处的位错萌生并未表现出很大的影响。相比之下,Jang 等(2008a,b)得到的 MDS 结果表明,纳米结构铝中,在单轴拉伸条件下,偏析在晶界上的铅原子会抑制半位错从晶界处萌生。在纯体系中,观察到了位错萌生于铝原子已受拉伸应力的地方,而对于该体系,向晶界的偏析主要起源于应力效应,其驱动着较大的铅原子(与铝相比)到达纯铝中将受拉伸应力的原子位置,因此,Pb 释放了有利于位错放射的应力,还观察到了铅添加将晶界处的原子无序化,与位错穿越晶粒的纯体系相比,这会允许更大的应变被晶界调节掉。

在韧性材料中,裂纹扩展涉及从裂纹尖端的位错放射,这种放射可增大尖端的半径并降低应力集中,这在外加载荷条件下会向前驱动裂纹的尖端。虽然远离裂纹的应力可用连续体方法很好地进行模拟,但还是需要原子理论和模拟去理解发生在裂纹尖端的过程,理论上讲,MDS 可有效地用于此目的,但实际上,对导致韧性断裂的塑性动力学及其与周围应力场的耦合作用的尺度进行模拟,还是具有很多挑战的(Brenner,2013)。

Holian 及其合作者使用 MDS 模拟了一种铜晶体中的裂纹扩展,它具有用 Morse 或 EAM 势能模拟的原子间作用力(Zhou 等,1997),在材料中引入了一个初始裂纹,并且其形变至正好低于裂纹扩展的 Griffith 准则,不同应力-应变场的长程特性通过两个方向的周期性边界并入到模拟中,根据无界固体中有限裂纹的连续体弹性解使原子错位。这种大型的 MDS 模拟(其涉及高达 3500 万个原子)首次准确地研究了从裂纹尖端发射出来的位错环,并导致了裂纹钝化和微动,该 MDS 显示出裂纹尖端发生了约两个晶格间距的扩展,随后,在位错发射之前,尖端发生了明显的弹性圆润化。有趣的是,初始半位错从裂纹尖端往回发射,随后出现了第二个向前的发射,这种行为可用位错的 Burgers 向量相对于其周围的点阵和应力的取向来解释,裂纹钝化和塑性行为的细节通过该 MDS 模拟显示了出来,其超出了通常来源于分析理论和基于连续体的模拟的范围。

Hess 等随后使用 MDS 研究了一种模拟镍的体系中,温度、原子间作用力、应变、系统尺寸和边界条件对萌生于裂纹尖端的位错的影响(Hess 等,2005),MDS 给出的位错发射的机理中的基本因素是相对于周围点阵的裂纹取向和温度,而原子间作用力表达式就塑性动力学的定性行为而言,起到了相对较小的作用,还观察到了相应局部应力的、热驱动的位错萌生,这解释了温度相关的结果。

MDS 还被用来研究了源于一个缺口的模式 I 裂纹扩展相关的机理,该缺口位于一个晶粒尺寸为 5~12 nm 的纳米结构体系,并且用一个原子间 PEF 模拟了镍金属(Farkas 等,2002),垂直于缺口取向不断加载于该体系然后释放,这导致了缺口通过纳米结构的扩展。对于更小的晶粒尺寸,裂纹在三角晶界被阻止之前,几乎完全沿着晶界扩展,增加应变量导致了钝化而非裂纹扩展,纳米孔洞也沿着裂纹尖端之前的晶界形成,这些孔洞最终与裂纹合并,这导致了裂纹前沿移向下一个三角晶界,这样该过程不断重复进行。对于较大的晶粒尺寸,发生了同样的整体行为,除了模拟是在裂纹尖端位于一个晶粒内时被启动的,该模拟中,尖端穿过晶粒的扩展由类似于晶体材料的位错发射所伴随发生,例外的是,位错会被周围的晶界重新吸收。当裂纹尖端通过一个初始晶粒后,扩展机理与较小晶粒系统相同,将释放的能量与断裂的 Griffith 准则比较后表明,该动力学是对应一种脆性材料的。

15.3.3 晶界迁移的模拟

在一种金属被加工硬化后的再结晶过程中，晶界运动在诸如晶粒长大的过程中起了关键作用，当晶界移动时，如何将复杂的原子动力学与应力和外加应变结合起来，仍旧是材料科学领域中悬而未决的主要问题（Molodov 等，2007）（Gottstein 和 Molodov，1998）。在大部分的退火试验中，晶粒长大代表着众多类型晶界的平均行为，但是，不同晶界会表现出迥异的行为，因此，晶粒长大试验被限制在对单个晶界的动力学进行表征的层面，即使在双晶粒的情况下，在大范围的界面结构中表征晶界迁移也是一个庞大的任务（Furtkamp 等，1998；Gorkaya 等，2009）。在上面所述的尺度和原子间势能的限制条件下，MDS 可针对特定晶界给出独特的理解及其原子分辨的性能，这可作为试验研究能力的补充（Olmsted 等，2009）。

活动性是表征晶界动力学时的一个基本属性，活动性被定义为一个线性系数，它将晶界的垂直速度 v_{GB} 与驱动力（压力）P 关联了起来，即 $M \equiv v_{GB}/P$。对于低角度倾转的晶界，活动性可根据单位长度的位错数量乘以与每一个位错相关的 Peach-Koehler 作用力来分析估算出来，这就产生了一个活动性的分析表达式，它与倾转角成反比，而且具有 Arrhenius 温度依赖性。虽然通常能观察到激活状态的活动性，活动性和倾转角之间的反比关系并非典型试验或 MDS 结果的特征，在较高的倾转角度，假定晶界运动与原子扩散紧密相关，这会形成晶界速度的 Burke-Turnbull 表达式，如下式：

$$v = \frac{\Omega}{a^2}(\eta e^{-\frac{Q}{kT}} - \eta e^{\frac{Q+p\Omega}{kT}}) \tag{15.3}$$

式中：a 为晶格间距；η 为振动频率；Ω 为原子体积；Q 为激活能；k 为玻尔兹曼常数；T 为温度；p 为压力。在极限条件 $pQ \gg kT$ 下，速度和压力互成正比，比例常数（即活动性）为

$$M = \frac{\eta a^4}{kT} e^{-\frac{Q}{kT}} \tag{15.4}$$

式（15.4）中，活动性是一个被激活的过程，但与倾转角无关。

基于 MDS 和试验研究的结果，发现晶界活动性依赖于多种因素，但是具有一种尚未充分理解的相关性。但是，有几种趋势已变得明晰：①活动性与温度通常表现为 Arrhenius 行为；这与上述表达式是一致的。②低角度晶界与高角度晶界相比时倾向于较小的活动性，对于扭曲和倾转结构，该趋势通常是有效的（Huang 和 Humphreys，2000）；另外，与上述的分析理论相比，低角度晶界的活动性随着角度取向差的增加以一种指数关系 $M = k\theta^{\alpha}$ 增加（Huang 和 Humphreys，2000）。③扭曲结构的活动性较倾转晶界要高一些，但其激活能较为相近（Godiksen 等，2008）。最后，平直和弯曲晶界的活动性是不同的，并且对夹杂和空位浓度非常敏感（Gottstein，2009）。

Foiles 及其合作者们使用上述的人为驱动力方法（Janssens 等，2006），用 MDS 计算出了镍中 388 个晶界的能量和活动性，这些界面包括〈111〉、〈100〉扭曲和〈110〉、〈111〉、〈100〉对称倾转，以及共格孪晶界（Olmsted 等，2009）。报道称超过 25% 的晶界采用一种将剪切应力与运动关联的机制在迁移，该机制包括了大部分的具有最高活动性的非 Σ3 结构。在其他的结构中，非共格的 Σ3 孪晶具有异常高的活动性，但其他界面在模拟的时间尺度上是保持为静态的。热激活能变化也很大，具有一些温度相关的迁移机制；对于晶界

的热软化也有所报道，其导致了在软化温度以上晶界活动性的较大增加。即使对大量的结构和宽泛的不同性能进行了研究，但未发现活动性和尺度量值之间的关联性，如晶界能、角度取向差、Σ 值或者过量体积。

上面给出的晶界活动性的定义假定，晶界的垂直速度与驱动力之间具有一种线性关系，但是，MDS 和分析理论（参考式（15.3））都预测出了非线性的行为（Zhou 和 Mohles，2011）。不同作者对这种依赖性提出了不同的解释，Godiksen 等（2008）发现，在 MDS 中，针对扭曲晶界动力学，晶界速度和驱动力（$v_{GB} \propto P$）是成比例的，但针对倾转晶界是非线性的（$v_{GB} \propto P^2$），作者认为该结果是由于晶界与其附近位错之间的局部相互作用引起的，由 Zhang 等（2004）提出了另外一种解释，其将该非线性特征归因于，随着外加驱动力的增加，其有效激活阈值在增加。

Zhou 和 Mohles（2011）基于式（15.3）提出了一种机制：对于 MDS 中观察晶界运动所需的高驱动力而言，导出式（15.4）的近似方法是无效的，他们提出，通过从高驱动力模拟中提取数据，可取得一个低驱动力极限，Zhou 和 Mohles 采用这种概念，通过人为驱动力方法的 MDS，确定了角度取向差相关的晶界活动性和迁移激活能（Janssens 等，2006）。这些模拟采用一系列扁平扭曲的〈110〉晶界，并具有不同的 Σ 值和取向差，据报道，其最终的小角度（≤25°）和大角度取向差的晶界的活动性，分别为约 $10^{-9}m^4J^{-1}s^{-1}$ 和 $10^{-8}m^4J^{-1}s^{-1}$。

为了避免由高驱动力引起的非线性相关，Trautt 等执行了平衡 MDS，并通过假定活动性与平均截面位置的振动线性相关，并根据振动耗散理论得出了其活动性（图 15.2（c））（Trautt 等，2006）。基于得到的结果，他们得出结论，在低驱动力极限处，平直晶界的活动性（即真活动性）比高驱动力时测得的活动性高出一个指数倍。

和活动性相似，不存在简单的定律来确定晶界迁移激活能，这是由于该能量与太多的变量相关（如晶界类型、夹杂的浓度和形状）。例如，从 MDS 计算出来的激活能通常比从试验得出的要低（Schönfelder 等，2006；Zhou 和 Mohles，2011），影响该结果的一个因素很可能是试验体系内的夹杂物，它们在模拟中是不存在的（Olmsted 等，2009）。

小角度和高角度晶界（不管是平直的或弯折的）之间激活能的明显变化，在取向差大约相同时，通过数值计算（Zhou 和 Mohles，2011）和试验方法（Winning 和 Gottstein，2002）都被发现了：对于〈110〉扭曲（Zhou 和 Mohles，2011）和〈100〉扭曲晶界（Schönfelder 等，2006），测得的过渡角度均约为 15°；对于〈111〉对称倾转边界为 14.1°（Winning 和 Gottstein，2002）；对于〈100〉对称倾转边界为 8.6°（Winning，2003），对于〈112〉对称倾转晶界为 13.6°（Winning 和 Rollett，2005）。前两个过渡角是通过 MDS 确定的，而后三个是通过试验测得的，其一致性表明，MDS 能够追踪到这种过渡的重要方面。

式（15.3）假定，对于高角度范围内的晶界迁移，其激活能并非依赖于角度取向差（Winning 和 Rollett，2005；Winning，2003），这不同于晶界能，其表现出了显著的角度相关性，这包括了在对称倾转边界中低 Sigma 结构处的能量尖点。在图 15.5 中，针对铜材料，利用一种嵌入原子势能，从 MDS 得出的晶界能和迁移激活能为倾转角度的函数，在这项未发表的研究中，晶界能和激活能之间的关联性是非常明显的，尤其相对于尖点而言。但是，无论尖点为局部最大值还是最小值，其并非相互关联，为理解这种关系，进一步的工作正在进行中。

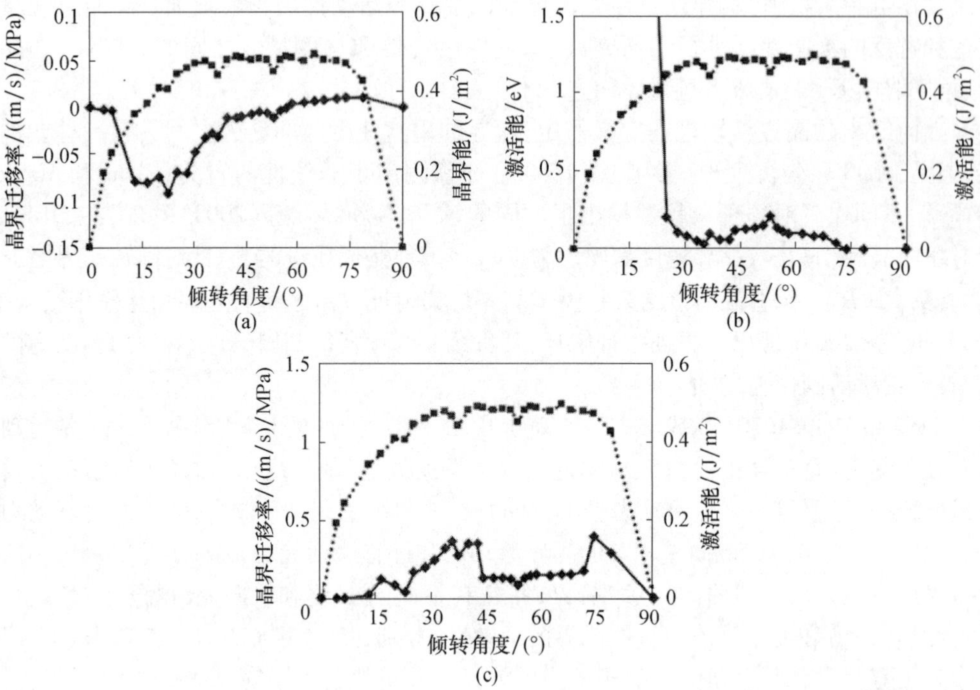

图 15.5　在温度≥800K,虚拟驱动力为 10^8Pa 的条件下,针对铜中的〈100〉对称倾转晶界,从 MDS 得出的不同晶界性能与倾转角度的相关性,在每个图中,虚线所指为 0K 时的晶界能(标尺用右侧的坐标轴表示)。(a)晶界迁移率;(b)激活能;(c)剪切应变,能量和晶界的动态性能之间表现出了一些关联性,但这种关联性的来源还不清楚

最近的一项试验表明,纳米晶铝薄膜中的晶界迁移受剪切应力(其生成扭转功)控制,这与常规理论中假定的正应力形成了对比(Rupert 等,2009)。剪切应力驱动的晶界运动也在其他试验研究中有所报道(Molodov 等,2007;Winning 和 Rollett,2005;Winning,2003),MDS 结果与这些试验研究是一致的(Cahn 等,2006;Cahn 和 Taylor,2004)。针对铜中的对称〈100〉倾转晶界体系,Cahn 等开展的 MDS 确认得出,平直晶界的垂直运动可被剪切应力所驱动(图 15.2(b)),这项工作还表明,一个晶界的垂直运动量与剪切运动量之比为一个常数,其与温度或者外加剪切应力的大小无关。

Olmsted 等(2009)报道称,他们发现即使在垂直驱动力作用下,在平直晶界的垂直运动过程中也会堆积起显著的剪切作用,他们进一步提出,传统的扩散控制机制存在于所有的晶界中,但该机制可被更快的剪切耦合机制覆盖,如果后者在几何上是允许的(例如,平面运动不被限制)。

从一项未发表的 MDS 研究得出了一个倾转晶界附近的原子子集,见图 15.6,针对铜采用了一个嵌入原子势能,界面为一个对称倾转晶界,倾转角度为 22.62°,晶界的位置用红色箭头指示,左侧的图版给出了施加迁移驱动力之前的晶界区域;中间的图版给出了剪切应力引起的晶界移动之后的相同子集的原子,剪切应力施加在用黑色箭头指示的一种取向的晶界处,施加这种应力可避免使用在垂直于晶界界面方向上的周期性边界(但它们被用在其他两个方向上);右侧的图版给出了垂直于界面的驱动力引起的晶界运动之后的同一组原子,其应用了一个人为的能量项,如图 15.1(a)所示(Janssens 等,2006),针对这种情况,在所有方向上应用了周期性边界,在这两种情况下,晶面上的剪切应变在晶界迁移过程中产生。对于图 15.6(b)对应的条件,该剪切应变被非周期性的边界条件平滑而连续地承担了,从而该晶界发生连续的移动(Cahn 等,2006)。对于图 15.6(c),其中的边界条件不允许剪切应变累积(用黑色叉丝指示),其剪切应变在晶界开始移动时发生了累积,但是,其晶界运动在大约 100 个时间步后被终止,这是由与应变相反的方向上的剪切应力累积引起的。这与图 15.6(c)中的应变拐点一致,如果其垂直方向的驱动力足够大,晶界就会克服这种剪切应力累积而继续移动,但是,通过一种涉及了位错的滑行和攀移的不同机制,对该机制的正在进行进一步分析。

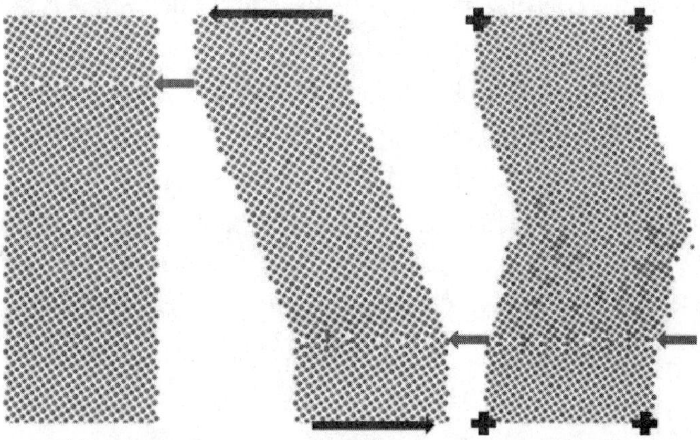

图 15.6　针对倾转晶界迁移的一个未发表的 MDS 结果中的原子运动示意图,左侧的图像为原始的原子配置,右侧的两个图片给出了晶界被剪切应力(b)驱动向下移动时(红色箭头指示)的最终原子配置,或者被垂直方向的驱动力驱动(c),黑色箭头指示了剪切方向,黑色叉丝指两个末端的剪切运动是不允许的,蓝色和红色点分别指(100)和(200)面上的原子(彩图)

15.4　目前的挑战

本章首先给出 MDS 的概述,随后给出了一些案例,其中,MDS 为金属中不同类型损伤的形成、稳定性以及结构提供了新的见解,本章的目的并非是给出一个综述,而是该领域内科学文献的浏览。在这种限定目标下,应该很清楚,已经成功使用 MDS 研究了晶体金属中大量的不同类型的损伤。但是,即使计算资源和方法学已有了很大的进步,在使用 MDS 去充分理解塑性损伤时,挑战依然存在,本章将简要描述一些这类挑战和迎接这些挑战所采取的措施。

15.4.1　原子间作用力

前面讨论了通常用于 MDS 的各种 PEF,对于大尺度 MDS,最成功的函数形式一般是从量子机械结合的近似衍生出来的,其中的参数被拟合于一套物理性能。某些情况下,研究人员都倾向于使用很多的函数形式,然后将这些参数拟合于尽量多的性能。另一个极端是构建一个 PEF,包含尽量多的物理学特征并将其植入一个含有较少参数的函数形式中,然后将这些参数拟合于更少的、仔细选择的性能。这两种方法都具有各自的优缺点,它们在分析模拟结果并将这些结果与实验结果对比时会变得很突出。

目前对 PEF 的推导、拟合和运行有了一些改进,例如,在一个活动区域并入与电荷转移相关的效应(Mathieu,2007;Nistor 等,2006;Nistor 和 Müser,2009),虽然大部分情况下、对纯金属而言,包含电荷转移是微不足道的,但它改善了对于金属间相和金属与其他类型材料(如氧化物)之间界面键合的描述。最近又有了新的进展,将磁效应并入了 PEF,虽然这方面需要开展更多的工作(Ackland,2006;Dudarev 和 Derlet,2005;Ma 等,2012)。在提高 MDS 的原子间作用力的精度方面,用神经网络和近似的方法替代预定义的函数也表现出了良好的前景(Behler,2011;Jos 等,2012)。

更长远来看,从基础科学的角度来看,优先使用的方法是直接从量子力学出发去计算原子间作用力,例如,依据密度函数理论中的近似方法,利用现有的计算资源水平,可为几十个到几百万个原子运行包含电子的一次计算,随着更好的量子力学近似、更加有效的比例算法以及更加大型和快速的计算机的应用,可用显式电子状态计算作用力的系统的尺寸将会快速增长。与分析 PEF 相比,除了可转移的原子间作用力外,直接从量子力学出发使用作用力应该可以为金属中相关的塑性损伤提供一个有效的途径,从而理解电子的性能和行为。

15.4.2 长度尺度

体系的尺寸一般都与用于模拟的处理器的数量(而非处理器的速度)成比例,近二十年来,MDS 中能达到的尺寸已增加了几个量级,这对那些能够使用到大型计算机的研究人员而言更是如此,如在一些国家实验室的研究人员。另外,并行处理器的成本也已经降低到了一定程度,使具有中等水平研究资源的研究团队可以模拟与扩展结构相关的尺寸的损伤行为,如晶界和位错,研究该尺度的更多研究人员可开展更多的研究,去探究原子尺度的行为和结构。

15.4.3 时间尺度

由于经典运动方程可以系列的形式逐步给出数值解,因此,从计算资源的角度出发,要想模拟明显更长的时间,必须完全依赖处理器速度的增大。在更远的将来能否继续使用 Moore 定律还不明朗,因此,将来会需要其他的方法以延长可实现的时间尺度。对于偶发事件或成熟的运动学特征,上面提到的方法在这方面已经获得了成功,而且,有不同的方法将运动学的蒙特卡罗方法和分子动力学模拟结合起来,这将有利于增大可实现的时间尺度。整体而言,在将原子尺度与工程尺度联系起来时,这仍旧是一个主要的挑战。

15.4.4 量子动力学

与轻原子(如氢)相比,对于重原子而言(即大部分金属),利用经典力学模拟原子运动是一种比较合理的近似,它将拥有更高的量子通道效应的概率和更大的零点能量。对于金属,根据经典力学的假设,并且不能对可传热的电子自由度进行显式处理,因此得不到准确的热容和热传导系数,与其他挑战相比,在 MDS 应用于金属损伤分析时,这方面的问题还未遇到,但仍是一个后续考虑的挑战。

15.4.5　MDS 结果的解释

近期,已有新的算法被提出,利用这些算法,晶格点阵中的损伤可很容易地被识别,这包括了位错和伯格斯向量(Stukowski 和 Albe,2010)。但是,仍旧极其需要自动探测和解释 MDS 中的损伤机理,并将这些信息传递到更大尺度的分析中,例如,先进统计学的方法(贝叶斯分析)可被用来对模拟过程进行分析,从而可从多个模拟过程中探明不同类型的损伤,并将其传递到更高尺度的分析,该领域中仍需要更多关键的、新颖的思想。

15.5　小　　结

本章概述了金属中使用 MDS 模拟塑性损伤行为,简述了如下内容:如何运行和分析传统的 MDS 以及一些例子。这些例子中,MDS 为损伤动力学提供了新的解释,这从工程界常用的连续体模拟中是无法获得的。本章最后列出了一些使用 MDS 进行损伤模拟的挑战,这些挑战包括:原子间作用力表达式的优化、增加长度和时间尺度的数学和计算思路、需要时如何并入量子动力学,以及解释 MDS 的一些新方法,包括使用统计分析的一些现代工具。

本章相关彩图,请扫码查看

参考文献

G. J. Ackland,Two-band second moment model for transition metals and alloys. J. Nucl. Mater. 351(1-3),20-27(2006)

B. J. Alder,T. E. Wainwright,Phase transition for a hard sphere system. J. Chem. Phys. 27(5),1208(1957)

M. P. Allen and D. J. Tildesley,Computer Simulation of Liquids(Oxford University Press,New York,1989) ISBN-10: 0198556454

J. Behler,Neural network potential-energy surfaces in chemistry: a tool for large-scale simulations. Phys. Chem. Chem Phy. PCCP 13(40),17930-17955(2011)

H. J. C. Berendsen,J. P. M. Postma,W. F. van Gunsteren,A. DiNola,J. R. Haak,Molecular dynamicswith coupling to an external bath. J. Chem. Phys. 81(8),3684(1984)

G. P. Berman,F. M. Izrailev,The Fermi-Pasta-Ulam problem: fifty years of progress. Chaos. (Woodbury) 15(1),15104(2005)

D. W. Brenner,The art and science of an analytic potential. Phys. Status Solidi B 217(1),23-40(2000)

D. W. Brenner,Challenges to marrying atomic and continuum modeling of materials. Curr. Opinion Solid State

Mater. Sci. 17(6),257-262(2013)

D. W. Brenner and B. J. Garrison, Gas-Surface Reactions: Molecular Dynamics Simulations of Real Systems, in Adv. Chem. Phys, (Wiley, New York, K. P. Lawley, Ed.) Vol. 76, pp. 281-333(1989)

D. W. Brenner, O. A. Shenderova, D. A. Areshkin, Quantum-based analytic interatomic forces and materials simulation. Rev. Comput. Chem. 12,207-239(1998)

E. M. Bringa et al., Ultrahigh strength in nanocrystalline materials under shock loading. Science(New York) 309 (5742),1838-1841(2005)

J. W. Cahn, J. E. Taylor, A unified approach to motion of grain boundaries, relative tangential translation along grain boundaries, and grain rotation. Acta Mater. 52(16),4887-4898(2004)

J. W. Cahn, Y. Mishin, A. Suzuki, Coupling grain boundary motion to shear deformation. ActaMater. 54(19), 4953-4975(2006)

R. Car, M. Parrinello, Unified approach for molecular dynamics and density-functional theory. Phys. Rev. Lett. 55(22),2471-2474(1985)

J. W. Crill, X. Ji, D. L. Irving, D. W. Brenner, C. W. Padgett, Atomic and multi-scale modeling ofnon-equilibrium dynamics at metal-metal contacts. Model. Simul. Mater. Sci. Eng. 18(3),034001(2010)

J. D. Schall, C. W. Padgett, D. W. Brenner, Ad hoc continuum-atomistic thermostat for modelingheat flow in molecular dynamics simulations. Mol. Simul. 31(4),283-288(2005)

M. Daw, M. Baskes, Embedded-atom method: derivation and application to impurities, surfaces, and other defects in metals. Phys. Rev. B 29(12),6443-6453(1984)

M. S. Daw, S. M. Foiles, M. I. Baskes, The EAM is reviewed in: mater. Sci. Rep. 9,251(1993)

P. Derlet, A. Hasnaoui, H. Van Swygenhoven, Atomistic simulations as guidance to experiments. Scr. Mater. 49 (7),629-635(2003)

A. Dongare, A. Rajendran, B. LaMattina, M. Zikry, D. Brenner, Atomic scale simulations of ductile failure micromechanisms in nanocrystalline Cu at high strain rates. Phys. Rev. B 80(10),104108(2009)

A. M. Dongare, A. M. Rajendran, B. LaMattina, M. A. Zikry, D. W. Brenner, Atomic scale studies of spall behavior in nanocrystalline Cu. J. Appl. Phys. 108(11),113518(2010)

A. M. Dongare et al., An angular-dependent embedded atom method(A-EAM) interatomicpotential to model thermodynamic and mechanical behavior of Al/Si composite materials. Model. Simul. Mater. Sci. Eng. 20(3), 035007(2012)

S. L. Dudarev, P. M. Derlet, A 'magnetic' interatomic potential for molecular dynamics simulations. J. Phys. Condens. Matter 17(44),7097-7118(2005)

V. Duin, C. T. Adri, S. Dasgupta, F. Lorant, W. A. Goddard, ReaxFF: a reactive force field forhydrocarbons. J. Phys. Chem. A 105(41),9396-9409(2001)

V. Dupont, T. C. Germann, Strain rate and orientation dependencies of the strength of singlecrystalline copper under compression. Phys. Rev. B 86(13),134111(2012)

F. Ercolessi, J. B. Adams, Interatomic potentials from first-principles calculations: the forcematchingmethod. Europhys. Lett. (EPL) 26(8),583-588(1994)

F. Ercolessi, E. Tosatti, M. Parrinello, Au(100) surface reconstruction. Phys. Rev. Lett. 57(6),719-722(1986)

D. Farkas, W. A. Curtin, Plastic deformation mechanisms in nanocrystalline columnar grainstructures. Mater. Sci. Eng. A 412(1-2),316-322(2005)

D. Farkas, H. Van Swygenhoven, P. Derlet, Intergranular fracture in nanocrystalline metals. Phys. Rev. B 66(6), 060101(2002)

M. W. Finnis, J. E. Sinclair, A simple empirical N -body potential for transition metals. Philos. Mag. A 50(1),

45-55(1984)

M. Furtkamp, G. Gottstein, D. A. Molodov, V. N. Semenov, L. S. Shvindlerman, Grain boundarymigration in Fe-3.5 % Si bicrystals with [001] tiltboundaries. Acta Mater. 46(12), 4103-4110(1998)

J. D. Gale, A. L. Rohl, The general utility lattice program(GULP). Mol. Simul. 29(5), 291-341(2003)

J. Gibson, A. Goland, M. Milgram, G. Vineyard, Dynamics of radiation damage. Phys. Rev. 120(4), 1229-1253 (1960)

R. B. N. Godiksen, S. Schmidt, D. Juul Jensen, Molecular dynamics simulations of grain boundarymigration during recrystallization employing tilt and twist dislocation boundaries to providethe driving pressure. Model. Simul. Mater. Sci. Eng. 16(6), 065002(2008)

T. Gorkaya, D. A. Molodov, G. Gottstein, Stress-driven migration of symmetrical<100> tilt grainboundaries in Al bicrystals. Acta Mater. 57(18), 5396-5405(2009)

G. Gottstein, D. A. Molodov, Grain boundary migration in metals: recent developments. Inter. Sci. 22, 7-22(1998)

G. Gottstein, L. S. Shvindlerman, Grain Boundary Migration in Metals: Thermodynamics, Kinetics, Applications. Materials Science & Technology, 2nd edn. (CRC Press, Boca Rotan, 2009)

A. J. Haslam et al., Effects of grain growth on grain-boundary diffusion creep by moleculardynamicssimulation. Acta Mater. 52(7), 1971-1987(2004)

B. Hess, B. Thijsse, E. Van der Giessen, Molecular dynamics study of dislocation nucleation froma crack tip. Phys. Rev. B 71(5), 054111(2005)

J. Hirschfelder, H. Eyring, B. Topley, Reactions involving hydrogen molecules and atoms. J. Chem. Phys. 4(3), 170(1936)

B. L. Holian, P. S. Lomdahl, Plasticity induced by shock waves in nonequilibrium moleculardynamicssimulations. Science 280(5372), 2085-2088(1998)

J. D. Honeycutt, H. C. Andersen, Molecular dynamics study of melting and freezing of smallLennard-Jones clusters. J. Phys. Chem. 91(19), 4950-4963(1987)

Y. Huang, F. J. Humphreys, Subgrain growth and low angle boundary mobility in aluminiumcrystals of orientation {110}⟨001⟩. Acta Mater. 48(8), 2017-2030(2000)

D. L. Irving, C. W. Padgett, D. W. Brenner, Coupled molecular dynamics/continuum simulations ofJoule heating and melting of isolated copper-aluminum asperity contacts. Model. Simul. Mater. Sci. Eng. 17(1), 015004 (2009a)

D. L. Irving, C. W. Padgett, J. W. Mintmire, D. W. Brenner, Multiscale modeling of metal-metalcontact dynamics under high electromagnetic stress: timescales and mechanisms for joulemelting of Al-Cu asperities. IEEE Trans. Magn. 45(1), 331-335(2009b)

K. Jacobsen, J. Norskov, M. Puska, Interatomic interactions in the effective-medium theory. Phys. Rev. B 35 (14), 7423-7442(1987)

S. Jang, Y. Purohit, D. L. Irving et al., Influence of Pb segregation on the deformation of nanocrystalline Al: insights from molecular simulations. Acta Mater. 56(17), 4750-4761(2008a)

S. Jang, Y. Purohit, D. Irving et al., Molecular dynamics simulations of deformation in nanocrystalline Al-Pb alloys. Mater. Sci. Eng. A 493(1-2), 53-57(2008b)

K. G. F. Janssens et al., Computing the mobility of grain boundaries. Nat. Mater. 5(2), 124-127(2006)

K. V. Jose, N. A. Jovan, J. Behler, Construction of high-dimensional neural network potentialsusing environment-dependent atom pairs. J. Chem. Phys. 136(19), 194111(2012)

K. Kadau, T. C. Germann, P. S. Lomdahl, B. L. Holian, Microscopic view of structural phasetransitions induced by shock waves. Science(New York) 296(5573), 1681-1684(2002)

C. Kelchner, S. Plimpton, J. Hamilton, Dislocation nucleation and defect structure during surfaceindentation. Phys. Rev. B 58(17), 11085–11088(1998)

B. –J. Lee, M. Baskes, Second nearest–neighbor modified embedded–atom–method potential. Phys. Rev. B 62(13), 8564–8567(2000)

J. Li, AtomEye: an efficient atomistic configuration viewer. Model. Simul. Mater. Sci. Eng. 11(2), 173–177(2003)

P. –W. Ma, S. L. Dudarev, C. H. Woo, Spin–lattice–electron dynamics simulations of magnetic materials. Phys. Rev. B 85(18), 184301(2012)

D. Mathieu, Split charge equilibration method with correct dissociation limits. J. Chem. Phys. 127(22), 224103(2007)

J. A. McCammon, B. R. Gelin, M. Karplus, Dynamics of folded proteins. Nature 267(5612), 585–590(1977)

R. E. Miller, E. B. Tadmor, A unified framework and performance benchmark of fourteen multiscale atomistic/continuum coupling methods. Model. Simul. Mater. Sci. Eng. 17(5), 053001(2009)

D. Molodov, V. Ivanov, G. Gottstein, Low angle tilt boundary migration coupled to shear deformation. Acta Mater. 55(5), 1843–1848(2007)

F. Müller–Plathe, A simple nonequilibrium molecular dynamics method for calculating thethermal conductivity. J. Chem. Phys. 106(14), 6082(1997)

R. Nistor, M. Müser, Dielectric properties of solids in the regular and split–charge equilibration formalisms. Phys. Rev. B 79(10), 104303(2009)

R. A. Nistor, J. G. Polihronov, M. H. M€user, N. J. Mosey, A generalization of the charge equilibration method for nonmetallic materials. J. Chem. Phys. 125(9), 094108(2006)

S. Nosé, A unified formulation of the constant temperature molecular dynamics methods. J. Chem. Phys. 81(1), 511(1984)

D. L. Olmsted, E. A. Holm, S. M. Foiles, Survey of computed grain boundary properties in facecentered cubic metals –II: grain boundary mobility. Acta Mater. 57(13), 3704–3713(2009)

C. W. Padgett, D. W. Brenner, A continuum–atomistic method for incorporating Joule heating intoclassical molecular dynamics simulations. Mol. Simul. 31(11), 749–757(2005)

M. Parrinello, A. Rahman, Polymorphic transitions in single crystals: a new molecular dynamicsmethod. J. Appl. Phys. 52(12), 7182(1981)

S. Plimpton, Fast parallel algorithms for short–range molecular dynamics. J. Comput. Phys. 117(1), 1–19(1995)

A. Rahman, Correlations in the motion of atoms in liquid argon. Phys. Rev. 136(2A), A405–A411(1964)

R. K. Rajgarhia, D. E. Spearot, A. Saxena, Molecular dynamics simulations of dislocation activityin single–crystal and nanocrystalline copper doped with antimony. Metall. Mater. Trans. A41(4), 854–860(2010)

R. Ravelo, B. Holian, T. Germann, P. Lomdahl, Constant–stress Hugoniostat method for following the dynamical evolution of shocked matter. Phys. Rev. B 70(1), 014103(2004)

T. J. Rupert, D. S. Gianola, Y. Gan, K. J. Hemker, Experimental observations of stress–driven grainboundary migration. Science(New York) 326(5960), 1686–1690(2009)

J. –P. Ryckaert, G. Ciccotti, H. J. Berendsen, Numerical integration of the cartesian equations ofmotion of a system with constraints: molecular dynamics of n–alkanes. J. Comput. Phys. 23(3), 327–341(1977)

C. Schäfer, H. Urbassek, L. Zhigilei, Metal ablation by picosecond laser pulses: a hybrid simulation. Phys. Rev. B 66(11), 115404(2002)

J. Schiötz, T. Vegge, F. Di Tolla, K. Jacobsen, Atomic–scale simulations of the mechanical deformation of nanocrystalline metals. Phys. Rev. B 60(17), 11971–11983(1999)

B. Schönfelder, G. Gottstein, L. S. Shvindlerman, Atomistic simulations of grain boundary migrationin copper.

Metall. Mater. Trans. A 37(6),1757−1771(2006)

T. −R. Shan et al. ,Second−generation charge−optimized many−body potential for Si/SiO_2 and amorphous silica. Phys. Rev. B 82(23),235302(2010)

M. A. Shehadeh,E. M. Bringa,H. M. Zbib,J. M. McNaney,B. A. Remington,Simulation of shockin duced plasticity including homogeneous and heterogeneous dislocation nucleations. Appl. Phys. Lett. 89(17),171918(2006)

S. B. Sinnott,D. W. Brenner,Three decades of many−body potentials in materials research. MRSBull. 37(05),469−473(2012)

F. H. Stillinger,Improved simulation of liquid water by molecular dynamics. J. Chem. Phys. 60(4),1545(1974)

A. Stukowski,K. Albe,Dislocation detection algorithm for atomistic simulations. Model. Simul. Mater. Sci. Eng. 18(2),025016(2010)

Z. T. Trautt,M. Upmanyu,A. Karma,Interface mobility from interface random walk. Science(New York) 314(5799),632−635(2006)

H. Van Swygenhoven,M. Spaczer,A. Caro,Microscopic description of plasticity in computer generated metallic nanophase samples: a comparison between Cu and Ni. Acta Mater. 47(10),3117−3126(1999)

H. Van Swygenhoven,P. M. Derlet,A. G. Frøseth,Stacking fault energies and slip in nanocrystallinemetals. Nat. Mater. 3(6),399−403(2004)

A. F. Voter,A method for accelerating the molecular dynamics simulation of infrequent events. J. Chem. Phys. 106(11),4665(1997)

A. Voter,Parallel replica method for dynamics of infrequent events. Phys. Rev. B 57(22),R13985−R13988(1998)

Y. M. Wang,E. Ma,M. W. Chen,Enhanced tensile ductility and toughness in nanostructured Cu. Appl. Phys. Lett. 80(13),2395(2002)

M. Winning,Motion of⟨100⟩−tilt grain boundaries. Acta Mater. 51(20),6465−6475(2003)

M. Winning,G. Gottstein,On the mechanisms of grain boundary migration. Acta Mater. 50,353−363(2002)

M. Winning,A. D. Rollett,Transition between low and high angle grain boundaries. Acta Mater. 53(10),2901−2907(2005)

M. Wojdyr,S. Khalil,Y. Liu,I. Szlufarska,Energetics and structure of<001>tilt grain boundariesin SiC. Model. Simul. Mater. Sci. Eng. 18(7),075009(2010)

V. Yamakov,D. Wolf,M. Salazar,S. R. Phillpot,H. Gleiter,Length−scale effects in the nucleationof extended dislocations in nanocrystalline Al by molecular−dynamics simulation. Acta Mater. 49(14),2713−2722(2001)

F. Yuan,X. Wu,Shock response of nanotwinned copper from large−scale molecular dynamicssimulations. Phys. Rev. B 86(13),134108(2012)

V. V. Zhakhovsky,M. M. Budzevich,N. A. Inogamov,I. I. Oleynik,C. T. White,Two−zoneelastic−plastic single shock waves in solids. Phys. Rev. Lett. 107(13),135502(2011)

V. V. Zhakhovsky,M. M. Budzevich,N. Inogamov,C. T. White,I. I. Oleynik,Single Two−ZoneElastic−Plastic Shock Waves in Solids(2012),pp. 1227−32

H. Zhang,M. I. Mendelev,D. J. Srolovitz,Computer simulation of the elastically driven migration of a flat grain boundary. Acta Mater. 52(9),2569−2576(2004)

J. Zhou,V. Mohles,Mobility evaluation of <110> twist grain boundary motion from molecular dynamics simulation. Steel Res. Int. 82(2),114−118(2011)

S. Zhou,D. Beazley,P. Lomdahl,B. Holian,Large−scale molecular dynamics simulations ofthree−dimensional ductile failure. Phys. Rev. Lett. 78(3),479−482(1997)

第16章 金属低周疲劳模拟过程中损伤所致各向异性分析的数值应用

AkrumAbdul-Latif

摘 要

利用第11章中提出的微观力学模型,重点对损伤所致的各向异性的概念进行了定性和定量的研究,该模型针对塑性应变和局部损伤变量,在FCC金属多晶体中晶体滑移尺度上进行研究,其弹性行为初始假定为可压缩的和各向同性的。同时在宏观尺度上进行研究,根据活化/钝化概念,在整体尺度上,采用基于四指数损伤张量的各向异性损伤行为。因此,整体的非线性行为是本章特别关注的,它是由复合循环载荷条件下的微裂纹闭合引起的钝化过程。

该模型在金属多晶体的塑性损伤行为的预测中得以展示,主要集中在单向损伤行为,以及载荷谱对多轴低周疲劳(LCF)行为的影响。实际上,该模型是在应变和应力控制条件下测试的,描述了载荷谱的复杂性和平均应力对多晶体的LCF行为的影响。最后,该模型用于描述室温条件下Waspaloy合金的LCF行为。

16.1 概 述

多晶体的疲劳行为是工程结构和机械设计中主要考虑的因素之一,这是由于许多构件都受到了周期载荷作用,机械构件通常都承受不同的复合循环载荷谱的作用,从而带来了许多研究课题。目前,金属的弹性-非弹性行为已经表现得越来越成熟,尤其在工程塑性理论中,利用自恰方法的循环载荷下的损伤机理代表了多个理论进展的具有挑战性的领域。已经利用微观力学的方法,在描述不同载荷谱条件下(简单的和复合的)材料的弹性-非弹性损伤行为方面进行了一些尝试(Abdul-Latif 和 Saanouni,1994, 1996;Saanouni 和 Abdul-Latif,1996;Abdul-Latif 等,1999;Chadli 和 Abdul-Latif,2005;Abdul-Latif 和 Chadli,2007),如第11章所述,文献中已经描述了不同的损伤类型,如蠕变损伤、低周疲劳、高周疲劳和脆性损伤(Kachanov,1986;Lemaitre 和 Chaboche,1990;Lemaitre,1992;Voyiadjis 和 Kattan,1999,以及很多其他研究人员),对于多晶体金属,金相研究表明,损伤的基本特点是由微裂纹萌生和合并引起的逐步退化过程。

材料行为的非线性通常是由一些塑性和损伤力学引起的,众所周知,韧性多晶金属的失效一般是由微损伤的萌生、扩展与合并导致的,试验表明,微损伤的累积倾向于形成塑性应变局部化引起的局部损伤直至最终的结构失效。正如第11章所述,在一些金属材料中,其随动强化是与滑移带的形成相关的,材料中的这些滑移带的配置会毫无疑问引起晶粒中的一种内部背应力,并相应导致了各向异性行为。另外,TEM 研究表明,循环加载时滑移带内的局部应变导致在这些滑移带内产生了显著的位错密度,与试样外表面相关的微观组织研究表明,和在 waspaloy 合金中一样,裂纹萌生发生在某些滑移带内,因此,这些滑移带与微裂纹都是导致各向异性行为的重要因素,这涉及了弹性和塑性应变行为。

一种疲劳过程中的感生-预延伸各向异性现象可通过试验观察到,事实上,微裂纹会根据外加载荷的方向张开和闭合,因此,针对压缩和拉伸载荷会观察到不同的响应特征,这导致了损伤的钝化行为,如在铝合金中(见第 11 章中的图 11.5)。理论上讲,最近 10 年以来已有很多方法被提出(例如,Krajcinovic 和 Fonseka,1981;Ladevèze 和 Lemaitre,1984;Ortiz,1985;Yazdani 和 Schreyer,1990;Mazars 和 Pijaudier-Cabot,1989;Ju,1989;Ramtani,1990;Chaboche,1992,1993;Hansen 和 Schreyer,1995;Halm 和 Dragon,1996;Yazdani 和 Karnawat,1997;Abdul-Latif 和 Mounounga,2009)。基于第 11 章中的讨论,将对 FCC 多晶体中的损伤弹性-非弹性行为的微观力学模型进行测试。采用小应变假设,将描述损伤活化/钝化对 LCF 中多晶金属的行为的影响。

本章的目标是显示模型描述微裂纹闭合引起的钝化现象及其对金属行为的影响的能力,因此,预测了多晶体金属的大量循环塑性损伤行为,显示了损伤活化/钝化和载荷谱对不同应变和应力控制条件下的多轴 LCF 行为的影响,相应的非线性特征由模型准确地描述了出来。须注意,特别强调了双轴循环载荷谱,尤其是非线性的,如不同反相角度的拉扭载荷,其显示出了额外的硬化和损伤演化,该模型可成功地定量描述室温下 Waspaloy 合金的 LCF 行为。

16.2　模型的识别

本章涉及了模型本构方程的识别,模型识别可基于两个主要步骤进行:①模型常数的确定;②微观组织的选择。本章中,所有的数值模拟都采用 300 个晶粒的随机取向分布,图 16.1 给出了该 300 个晶粒的团簇的标准反极图,并包含两个预筛选的晶粒(17 号和 218 号),这两个晶粒的选择是基于它们的塑性变形及其损伤的;另外,它们的行为表现出了局部的不均匀性,这通常与多晶体的典型行为完全不同,这种不均匀性被认为是该类模拟的一种重要而有趣的特点。表 16.1 中给出了 12 个八面体滑移系及其编号,假设该团簇为一个单相的 FCC 结构,那么其微观结构(即晶粒的编号和取向)是通过大家熟知的欧

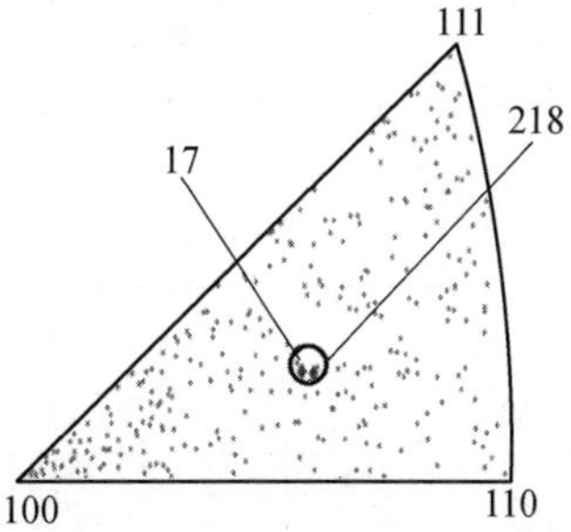

图 16.1　300 个晶粒的团簇(代表性体积元)的标准反极图,并显示了两个筛选出来的晶粒:17 和 218(来自 Mounounga 等(2011),获得了 Elsevier 的许可)

拉角来确定的。宏观上,这种分布的初始弹性各向同性行为得到了该模型响应的证实(图 16.2),该团簇事实上是最小化计算量和合理描述损伤后多晶微观组织的一种合适的折中处理。

表 16.1 FCC 结构中 12 个滑移系的定义

滑移系	1	2	3	4	5	6	7	8	9	10	11	12
$\sqrt{3}n_1$	1	1	1	1	1	1	-1	-1	-1	1	1	1
$\sqrt{3}n_2$	1	1	1	-1	-1	-1	1	1	1	1	1	1
$\sqrt{3}n_3$	1	1	1	1	1	1	1	1	1	-1	-1	-1
$\sqrt{2}g_1$	-1	0	-1	-1	0	1	0	1	1	-1	1	0
$\sqrt{2}g_2$	0	-1	1	0	1	1	-1	1	0	1	0	1
$\sqrt{2}g_3$	1	1	0	1	1	0	1	0	1	0	1	1

为了将模型的复杂性及其常数的数量最小化,假定所有的晶粒和所有的滑移系都具有相同的材料性能,因此,也就是说,所有的晶粒具有相同的常数(C^g 和 a^g),所有的滑移系也具有相同的塑性和损伤常量(z^s、K^s、k_o^s、Q^s、b^s、S^s、s_o^s、w^s 及 γ_o^s),其硬化互作用矩阵 $\boldsymbol{H}_{rs}$(仅考虑八面体滑移)通过其常数来定义。如上所述,只有两个不同的参数(d_1 和 d_2)定义其损伤互作用矩阵 $\boldsymbol{D}_{rs}$(第 11 章中的式(11.38)),其对角项(d_1)决定了其自损伤互作用(等于 1),非对角项(d_2)描述了同一晶粒内不同滑移系上局部损伤之间的相互作用,接下来,将利用识别出来的常数(总结于表 16.2 中)进行定性模拟(Mounounga 等,2011)。

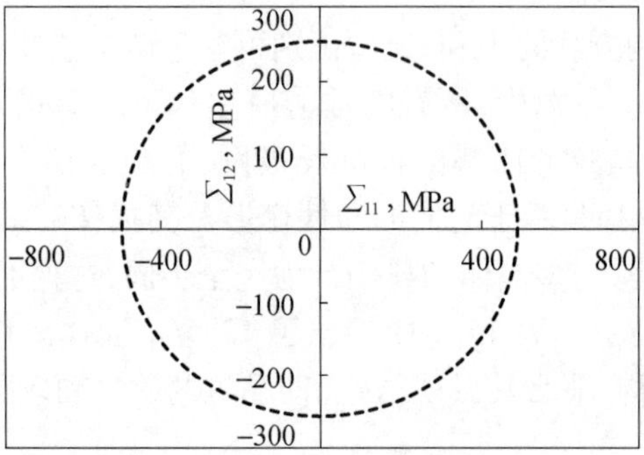

图 16.2 Σ_{11}-Σ_{12} 空间中的初始整体屈服表面(来自 Mounounga 等(2011),获得了 Elsevier 的许可)

表 16.2 模型的常数

E^g/MPa	215000	ν	0.3
C^g/MPa	95100	a^g	8.9
k_o^s/MPa	240	z^s	20
K^s	40	Q^s/MPa	260
b^s	12	h_3	0.8

续表

E^g/MPa	215000	ν	0.3
h_2	0.8	h_5	1.0
h_4	1.5	h_6	3.5
W	1.0	α	3.0
γ_o^s	5.8	d_1	1.0
S_o^s	0.9	d_2	1.4

模型提供了多种可能以描述 FCC 多晶体在局部和整体尺度上的 LCF 行为，因此，模型的能力是通过描述损伤耦合的循环塑性相关的多种现象来展示的，例如，循环硬化的演化、疲劳寿命、损伤钝化效应等。这些基本的现象中，特别考虑了载荷谱的复杂性和平均应力对损伤演化的影响，数值检测显示出了损伤钝化效应（损伤所致的各向异性），特别是在多轴载荷条件下。

本研究中采用了应变控制条件下的多种循环载荷（对称的和三角的），即单轴拉压（TC）；不同反相角度的双轴拉扭：$\Phi = 0°$（TT00），$\Phi = 30°$（TT30），$\Phi = 45°$（TT45），$\Phi = 60°$（TT60），$\Phi = 90°$（TT90）；以及另一种蝴蝶状（Fly）双轴循环载荷（图 16.3）。另外，进行了不同平均正应力控制的单轴拉压循环载荷条件下的多种预测，其描述了损伤耦合的棘轮现象。针对 waspaloy 合金，通过对比模型预测结果和试验研究数据，进行了相关的定量研究。

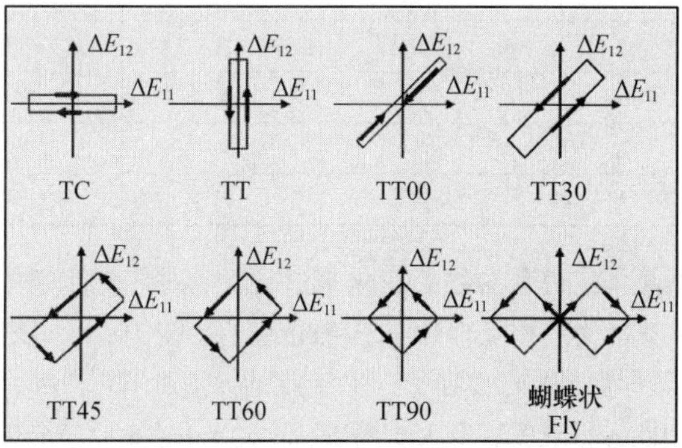

图 16.3　在应变空间所采用的循环载荷谱的图示说明
（来自 Mounounga 等（2011），获得了 Elsevier 的许可）

16.3　载荷对损伤行为的复合效应

本节研究了循环载荷谱对 LCF 行为的影响，很多试验结果表明，载荷对整体和局部材料行为是有影响的，特别是对那些具有低堆垛层错能的金属材料。事实是，在无比例载荷条件下的循环硬化效果要比在比例载荷条件下的更强烈，这是由于主应力和应变轴在无比例载荷条件下的转动引起的，这种现象即是附加硬化。对于许多金属材料，例如 waspaloy 合金，不同的试验研究表明，这种现象是滑移系增殖的结果，这些被激活的滑移系之间的相互作用因此而引起了这种附件硬化效果。另一个例子是有关奥氏体不锈钢的,实际上,当材料承受多轴载荷时,由于滑移的增殖,其硬化速率显著增大。在拉扭循环试验中,已经观察到了附加硬化随反相角度成比例地增强,这意味着,TT90 循环载荷谱(具有正弦形式的圆形谱)会带来强的循环硬化,但是,在 Fly 试验中,对 waspaloy 合金的试验结果已表明,其引起的附加硬化比 TT90 条件下的更加显著(Clavel 等,1989)。

16.3.1 整体行为

对宏观和局部尺度上、在简单和复合载荷谱条件下的 LCF 预测结果进行了记录和分析,并进行了数值模拟以证实在 Abdul-Latif 和 Mounounga(2011)中提出的新的晶内损伤萌生准则,这可通过考虑一些材料中试验研究得到的不同疲劳寿命之间的差异来进行。实际上,该晶内损伤新准则的主要参数 α 和 γ_o^s(第 11 章的式(11.33))及其对疲劳寿命的影响进行了数值性研究,该研究中使用的这两个变化的参数总结在表 16.3 中,其中,α 从 1~15 变化,γ_o^s 在 10~120 之间变化,使用了三种不同的载荷谱:$\Delta E_{11}=0.85\%$ 的单轴 TC、双轴 TT90 以及蝴蝶载荷($\Delta E_{11}=0.736\%$,$\Delta E_{12}=0.37\%$ 并具有相同的最大等效总应变 $\Delta E_{eq-vM}=0.85\%$)。

表 16.3 研究晶内损伤新准则参数及其相互作用时所采取的方案

		γ_o^s				
		10	30	60	90	120
α	1	X	X	X	X	X
	3	X	X	X	X	X
	6	X	X	X	X	X
	9	X	X	X	X	X
	12	X	X	X	X	X
	15	X	X	X	X	X

疲劳寿命模拟是通过这两个参数的变化来进行的,采用该损伤准则,模型表现出了多晶体疲劳寿命对这些参数及其相互作用的强烈依赖性(图 16.4),该图表明,当 α 增大而 γ_o^s 减小时,疲劳寿命降低。实际上,对于一个给定的 α,如 TC 中 $\alpha=1$,无论哪种载荷谱,疲劳寿命都会剧烈变化:$\gamma_o^s=10$ 时为 356 周次,而 $\gamma_o^s=120$ 时为 2430 周次。另外还发现,对于一个固定值 $\gamma_o^s=10$,报道的 TT90 的疲劳寿命在 $\alpha=1$、3、6、9、12 和 15 时分别为 94 周次、22 周次、12 周次、12 周次、12 周次和 12 周次。另外,在 Fly 试验中,它们分别为 52 周次、11 周次、9 周次、9 周次、9 周次和 9 周次。但是,对于多轴载荷谱,当 $6\leqslant\alpha\leqslant15$,而 γ_o^s 取该值时,该模型不能收敛。这意味着,不管 γ_o^s 的值为多少,在 $\alpha\geqslant6$ 的范围内,疲劳寿命是不敏感的。但是,无论 γ_o^s 的值为多少,在 $\alpha\leqslant6$ 的范围内,该模型对 α 和 γ 及其相互作用的响应就变得非常敏感,如图 16.4 所示。

对图 16.5 的检查发现了多晶体疲劳寿命对载荷复杂性的依赖性,通过分析最大米塞斯应力相对于整体累积塑性应变的演化直至宏观裂纹萌生,很明显,该模型适用于描述调节、稳态和损伤软化三个塑性疲劳阶段。晶内损伤速率 $\dot{d}^s$(第 11 章中的式(11.44))是 Y_{in}^s、λ^s 和 D_{rs} 的函数,因此,需考虑这三个因素之间的某种相互作用,它对局部的乃至整

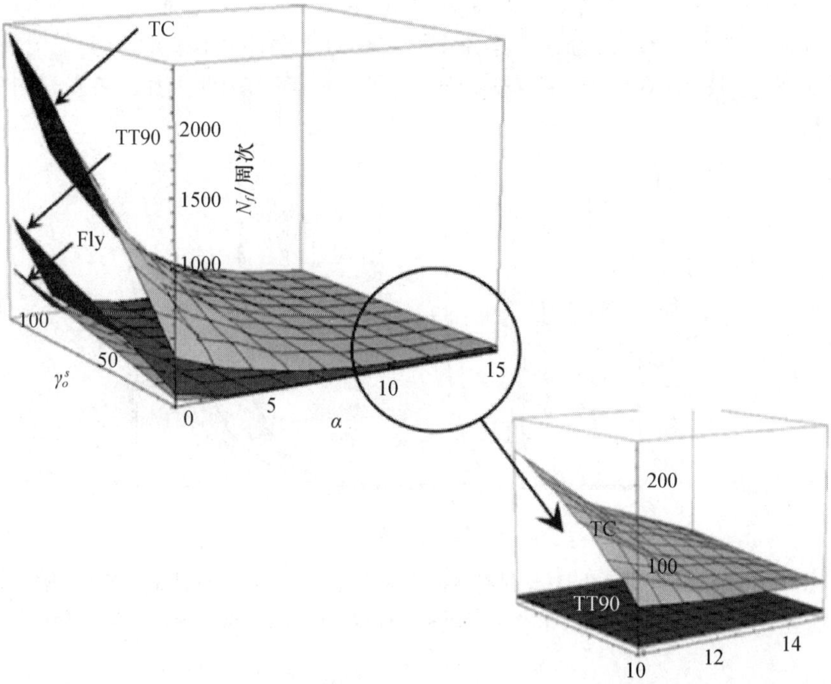

图16.4 参数 α 和 γ_o^s 及其相互作用对不同循环载荷谱条件下的多晶疲劳寿命演化的影响(来自 Mounounga 等(2011),获得 Elsevier 的许可)

体的疲劳行为起着决定性的作用。事实上,载荷谱的复杂性越高(增加活动的塑性滑移系的数量),其附加硬化(由 R^s 的演化引起)越强烈,而疲劳寿命越短。

但是,该速率被周期性硬化引起的滑移演化 λ^s 所减小,这会阻碍损伤的演化过程。很明显,蝴蝶载荷(Fly)与最短疲劳寿命相关(N_f = 45 周次),这是由于它是最复杂的载荷类型,因此会引起最高的整体循环应力(图16.5)。其稳定状态(稳定化)是最短的,这是由于最快的损伤演化过程是受最大的附加硬化所控制的(即损伤和硬化之间发生竞争)。

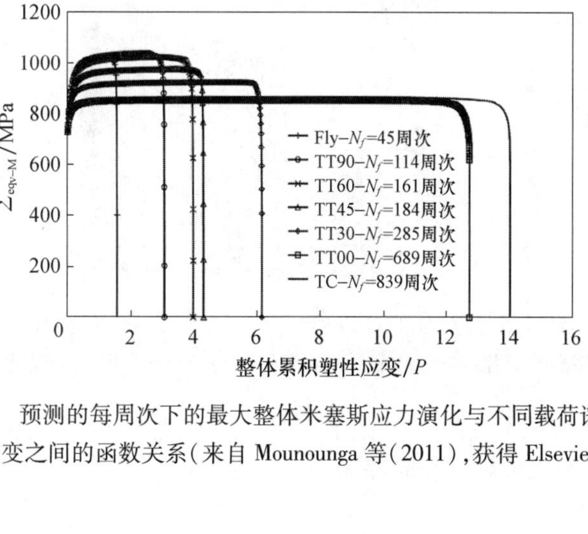

图16.5 预测的每周次下的最大整体米塞斯应力演化与不同载荷谱下的累积塑性应变之间的函数关系(来自 Mounounga 等(2011),获得 Elsevier 的许可)

另外,在 TC 中可取得最高的疲劳寿命,而后是在 TT00 中,它们分别可得到 N_f 为 839 周次和 689 周次的疲劳寿命,通过整体损伤演化相对于整体累积塑性应变的分析,该研究结果得到了确认(图 16.6)。定性地看,这些预测结果与很多已发表的诸多材料中的试验数据相一致。

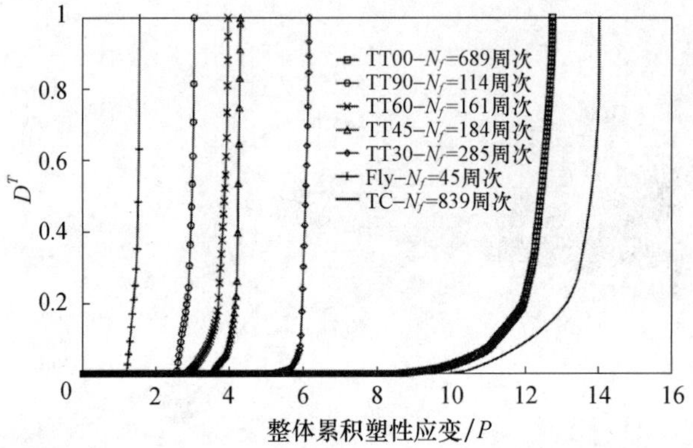

图 16.6 整体损伤演化相对于具有相同等效应变的不同循环载荷谱复杂性条件下累积塑性应变的曲线(来自于 Mounounga 等(2011),获得 Elsevier 的许可)

16.3.2 局部行为

微观力学模拟的一个主要优势是,它能够通过局部考量生成主要的循环塑性现象,本段中,给出了一些有记录的针对不同载荷谱的局部响应。事实上,每个晶粒中平均个数被激活的滑移系的响应见图 16.7,主要表现为其对载荷复杂性的依赖性。须注意,该数值可通过使用一个滑移阈值值($\gamma^s=10^{-4}$)并经数值计算来确定,在此阈值值之前,不再对活动滑移系进行计数。关于这些个数值的一个重要结论是,它们具有与循环载荷的复杂性成函数关系演化的趋势,实际上,这与一些试验结果是完全一致的,如在 waspaloy 合金中。但是,这些值并非经常与试验数据完全一致,例如,对于最简单的载荷(TC)和最复杂的载荷(Fly),记录的活动滑移的平均个数分别为 1.8 和 4.3。

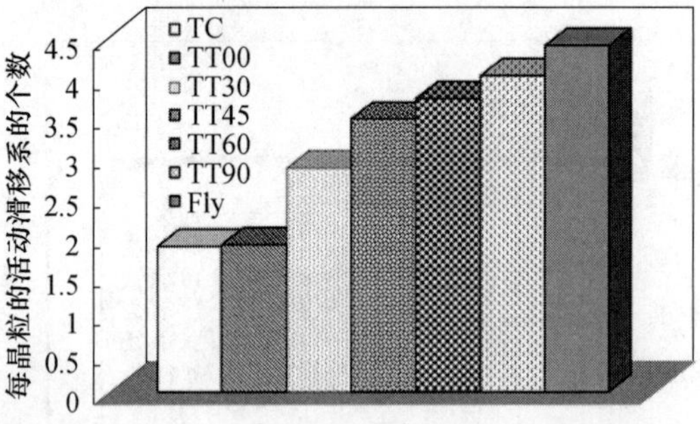

图 16.7 针对载荷谱 TC、TT00、TT30、TT45、TT60、TT90 以及 Fly 预测的活跃滑移系的演化(来自 Mounounga 等(2011),获得了 Elsevier 的许可)

图 16.8 给出了宏观裂纹萌生之前,针对不同间隔的疲劳寿命,每个晶粒的晶内损伤的平均数量(NID),所选取的寿命间隔为

(1) $0.1 \leqslant d^s < 0.2$;

(2) $0.2 \leqslant d^s < 0.4$;

(3) $0.4 \leqslant d^s < 0.6$。

在一个给定的疲劳寿命阶段,该图显示,不论所选取的损伤间隔为多少,NID 都会根据施加的载荷谱发生变化,很明显,TC 中的 NID 与其他载荷相比最显著。例如,在[0.1, 0.2]的损伤范围内,TC 中的 NID 约为 0.13,而在 Fly 中为 0.02(图 16.8(b)),该趋势对于 0.2~0.4 之间的损伤范围得到了确认,其中,该数值在 TC 中变为约 0.08,在 Fly 中为 0.01。

在双轴拉-拉载荷条件下,记录了 NID 随反相角度的重要变化,结果表明,TT00 具有最高的 NID。这是由于,在这种载荷类型下(与 TC 一样),晶粒团簇内的几乎同等数量的晶粒被系统加载,该载荷因此产生了比在其他更复杂的载荷类型条件下更加局部的损伤区域,但是,只有少量的损伤达到了临界值。如上所述,对于一种给定的载荷谱,塑性应变局部化受晶粒的取向控制,因此,该要素对损伤分布随循环载荷类型的变化起到了关键作用。理论上讲,当一个或更多的晶粒被完全损伤并最后给出 $D^T \approx 1$ 时,一个多晶体就被认为是发生了完全损伤(第 11 章中的式(11.50)),这受损伤晶粒 $N_D^{g'}$ 及其体积分数 $v_D^{g'}$ 的概念的强烈控制。

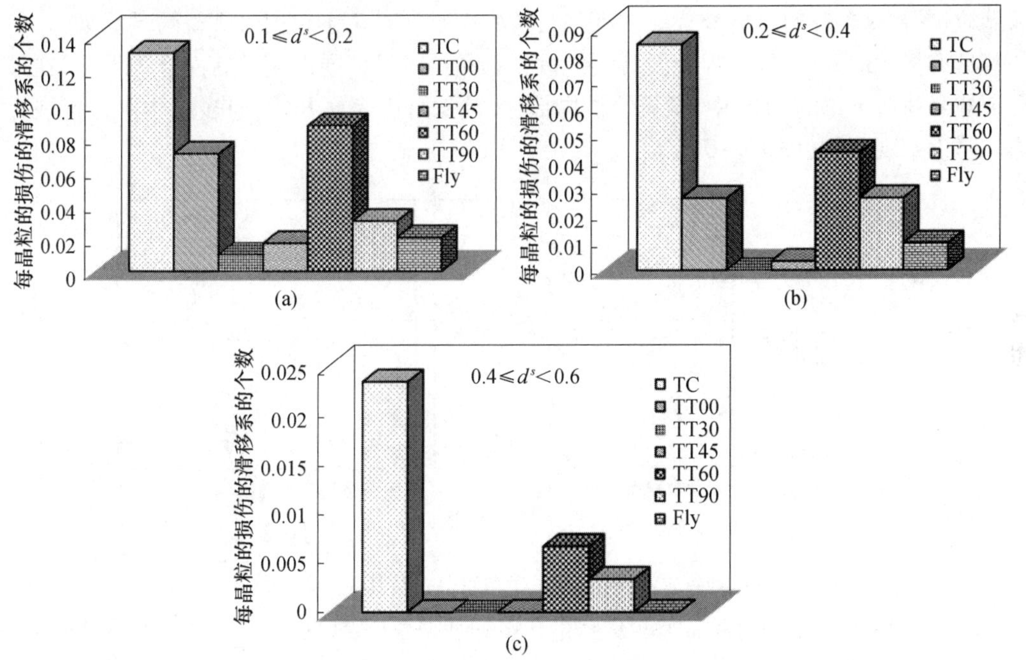

图 16.8　TC、TT00、TT30、TT45、TT60、TT90 以及 Fly 条件下晶内损伤的数量的变化

(a) $0.1 > d^s \geqslant 0.2$;(b) $0.2 > d^s \geqslant 0.4$;(c) $0.4 > d^s \geqslant 0.6$。(来自 Mounounga 等(2011),获得了 Elsevier 的许可)

图 16.9 给出了不同载荷类型条件下,多晶体内完全损伤的滑移系的变化,因此,TC 中为 13,TT00 中为 9,TT30 中为 1,TT45 中为 3,TT60 中为 5,TT90 中为 6,Fly 中为 3。通过分析多晶体的行为,其显著的差异可用相对于加载方向的择优取向晶粒的概念,以及上面提及的基本因子 Y_{in}^s、λ^s 和 D_{rs} 来进行解释。另外,还意识到,实际的微观力学方法无法

将 RVE 中晶粒的空间分布考虑进去,因此,挤入-挤出机制就不能被显式地描述,如上面所讨论的,在试样的自由表面上的这些晶粒内出现的微裂纹萌生。

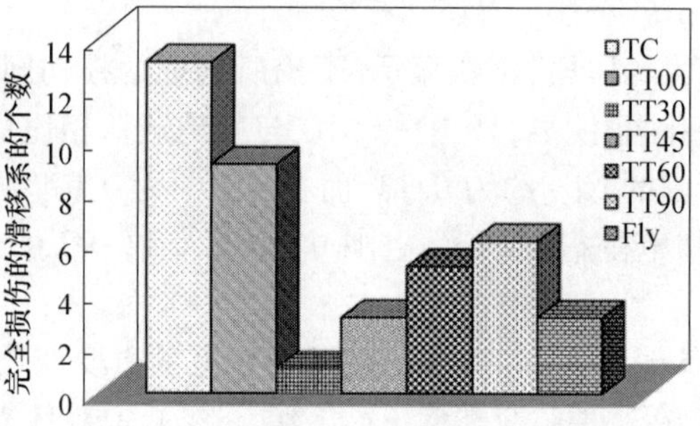

图 16.9　TC、TT00、TT30、TT45、TT60、TT90 以及 Fly 条件下完全损伤滑移系的数量的对比(来自 Mounounga 等(2011),获得了 Elsevier 的许可)

因此,图 16.10 给出了一种解释微裂纹分布及其受载荷谱复杂性影响的图示,如图 16.9 中所给出的,可以得出,载荷谱的复杂性越高,微裂纹就越小,疲劳寿命就越短。例如,在 TC 中,13 个损伤晶粒被记录到,而在 Fly 试验中,有 3 个损伤晶粒。在 TC 条件下,该观点被用于解析如下结果:位于自由表面的一大部分这样的微裂纹不能向它们的相邻晶粒扩展,这些晶粒没有择优取向,因此,这些裂纹被阻止在其相邻晶粒的晶界处,除了一些具有择优取向的晶粒,促使微裂纹经过相邻晶粒较早扩展进入样品内部。但是,在最复杂的载荷谱下,如在 Fly 中,微裂纹被局部化,其从自由表面开始,向多晶体内部扩展并因此萌生宏观裂纹(图 16.10)。

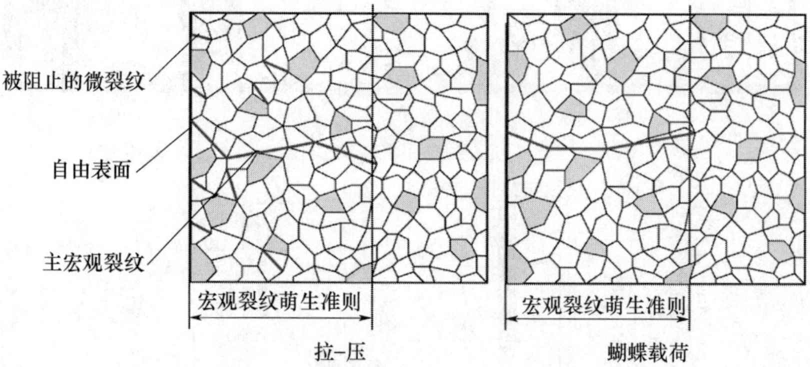

图 16.10　在拉-压和蝴蝶载荷条件下,微裂纹分布及其受载荷谱复杂性的影响,显示了 TC 中被晶界阻止的几个微裂纹(来自 Mounounga 等(2011),获得了 Elsevier 的许可)

为了全面理解用该模型描述的多晶体局部行为,研究了特定局部变量的演化,这些变量对多晶体的 LCF 行为起了关键作用,在不同的循环载荷谱条件下,一些晶粒和滑移系被提前选定。实际上,图 16.11 和图 16.12 显示了 TC 和 Fly 条件下的局部行为的一些典型实例,重点关注损伤晶粒 218 号(在 TC 中的 13 个损伤晶粒之一)的行为,其滑移系为 5 号,而 17 号晶粒的 6 号滑移系在 Fly 中被选取。在 TC 和 Fly 条件下,晶内各向同性硬化(R^s)演化被记录直至最后的晶粒损伤(图 16.11),研究发现,在 TC 中的硬化阶段,R^s 增加得相对较缓慢(图 16.11(a)),一旦 d^s 变得显著,R^s 会在最后的周次发生剧减。但是,记录了 Fly 条件下的另一个图解(图 16.11(b)),实际上,R^s 发生快速演化并达到了其稳定状态,在该阶段,未发现损伤演化,之后,损伤急速萌生和演化,如图 16.11(b)所示,并引起了 R^s 的突然下降,这是由载荷的复杂性引起的,并因此引起了多晶体寿命的显著降低。

通过比较 TC 中和 Fly 中的各向同性硬化 R^s 的演化,Fly 中得到了最大值,约 110MPa,而在 TC 中约为 52MPa,该结果是完全可以预测的,这是由于蝴蝶载荷比 TC 要复杂得多。

同种载荷谱条件下,同种晶粒(即 17 号和 218 号)内预测的滑移演化被认为是典型的例子(图 16.12),在 TC 中,记录到了 4 个被激活的滑移系:3,5,7 和 8(图 16.12(a))。在损伤之前,发现滑移在加载过程中以一种准线性的方式在变化,其累积滑移(λ^s)被局部化在 5 号滑移系上,证实了模型描述的应变不均匀性,在 5 号滑移系上累积滑移的快速增加(8 号滑移系上比较慢)引起了相应的损伤速率的显著增加,直至最终断裂(图 16.11(a))。但是,当后者被完全损伤后,7 号滑移系内的滑移表现出了一定的加速过程,但未到达完全损伤的地步,这可由如下事实给于解释:外加载荷产生的能量被转移到同一晶粒内的另一个活动滑移系上,从而引起了这种加速的过程,当损伤达到一个重要的数值时,滑移系经历了一种持续的加速直到在 $d^s = d^s_{cr}$ 时的滑移速率为零。

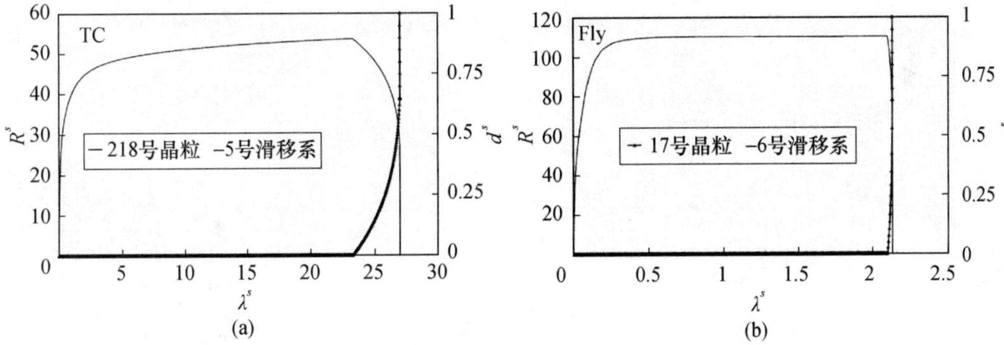

图 16.11　预测的晶内各向同性硬化和局部损伤的演化直至其最终值($d^s \approx 1$)vs 累积滑移系

(a)TC 中 218 号晶粒的 5 号滑移系;(b)Fly 中 17 号晶粒的 6 号滑移系。

(来自于 Mounounga 等(2011),获得了 Elsevier 的许可)

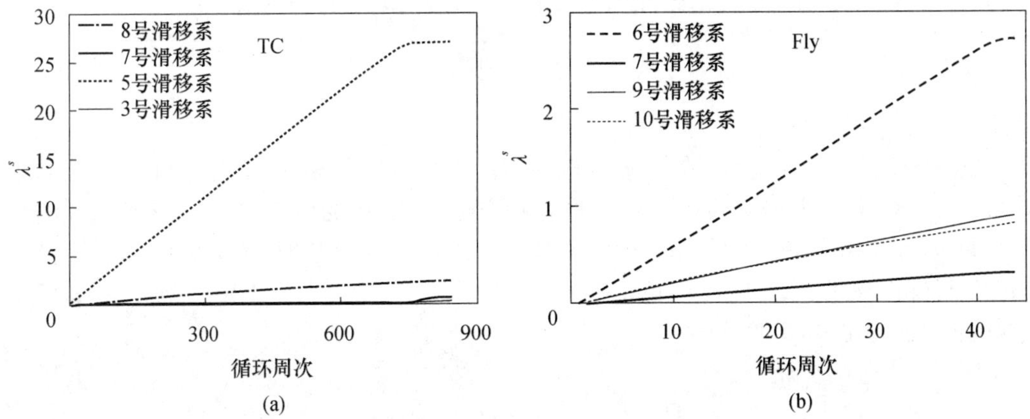

图 16.12　预测的滑移演化 vs 循环周次

(a)TC 中的 218 号晶粒;(b)Fly 中的 17 号晶粒。(来自于 Mounounga 等(2011),获得了 Elsevier 的许可)

在 Fly 中,观察到了大量活动的滑移系,在 17 号晶粒上的滑移系 6,7,9 和 10 具有重要数值,这种情况下,最活跃的滑移系是 6 号。新准则对滑移激活的影响通过图 16.11 和图 16.12 凸显了出来,针对不同的载荷谱,显示出了不同的临界滑移值(对应于晶内损伤萌生),因此,该损伤萌生准则(第 11 章中的式(11.33))延迟了 TC 中的损伤(累积滑移阈值约为 23),但 Fly 中的该滑移阈值 γ_{th}^{s} 约为 2.1(图 16.11)。用于该新准则的关键参数(具体而言为 α 和 γ_o)的影响表明,无论采用的载荷为何种类型,每晶粒只有一个滑移系能够启动损伤过程。

16.4 载荷量的影响

一般而言,金属多晶材料在 LCF 条件下的损伤行为对外加载荷的大小有显著的敏感性,不论在应变控制还是在应力控制的条件下,为了研究其对疲劳寿命的影响,采用 0.6%~2.4%之间的 6 个不同的应变量模拟了拉-压条件下的晶粒聚集行为。

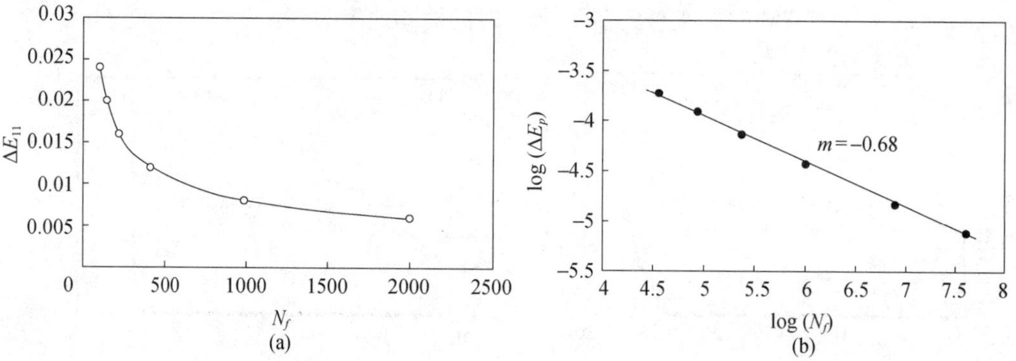

图 16.13 在 TC 载荷条件下施加的载荷量对疲劳寿命的影响

(a)应变控制的条件;(b)Manson-Coffin 图表预测。(来自于 Mounounga 等(2011),获得了 Elsevier 的许可)

对图 16.13(a)中的数据进行仔细研究发现,疲劳寿命随着外加应变量的增加明显降低,由于该理论研究聚焦于多晶体的 LCF 行为,因此它很容易就考虑到了 Manson-Coffin 关系,其中,循环损伤是稳定的塑性应变量的一个函数 ΔE_p ,其表达如下:

$$N_f = \left(\frac{\Delta E_p}{C}\right)^m \tag{16.1}$$

式中: C 和 m 为材料参数。

图 16.13(b)显示了稳定阶段,整体轴向塑性应变的变化与循环周次直至最终多晶体损伤时的函数关系($\log E_p - \log N_f$),预测结果线性化后给出的斜率 $m = -0.68$,该预测结果与 Manson-Coffin 中通常的斜率-0.5 相比是可以接受的。因此,可以得出结论,该模型的参数很好地描述了 Manson-Coffin 关系,值得注意的是,通过准确识别模型参数,如后文中所述,可以得出-0.52 的斜率。

16.5 损伤钝化效应

微裂纹会发生张开和闭合,尤其在多晶体疲劳的第一阶段后期,损伤活化/钝化现象在循环载荷过程将这两个阶段的影响施加在材料的整体行为中。该模型通过第 11 章中的式(11.23),并基于投影算子技术,可靠地描述了这种现象。特别是在复杂载荷条件下,还进行了数值模拟来描述应变和应力控制条件下的这种现象。

16.5.1　应变控制条件下的损伤钝化效应

与 TC 和 TT00 不同,复杂循环载荷谱,如 TT60,代表了一种本征张量方向与实验室采用的参考轴不一致的情况,因此,本征张量是随着时间而变化的,此时,由于剪切分量的存在,式(11.25)(第 11 章)的三个项都应该完全考虑进来。数值计算时,采用应变量 $\Delta E_{11} = 1.52\%$(轴向应变)和 $\Delta E_{12} = 1.32\%$(剪切应变)。图 16.14 的研究表明,在整体应力空间 $\Sigma_{11} - \Sigma_{12}$ 中选取的一些周次与疲劳寿命的前三个周次、稳定阶段和最后的周次相对应,损伤所致的各向异性通过拉伸、压缩和扭转中整体应力的非对称演化得以清楚的描述,尤其在软化(损伤)阶段。实际上,一个重要的整体非对称响应通过两个应力场的演化进行了说明,这特别依赖于损伤活化/钝化和正/负通道准则,因此,算子 $\underline{\underline{\underline{P}}}^{+}$(第 11 章中的式(11.13))自然验证了它的正确性,即它可以选择损伤活化和钝化阶段,即使对于复杂的循环载荷谱如 TT60。事实上,在应力空间 $\Sigma_{11} - \Sigma_{12}$ 中,整体响应在第一象限会受到影响,其中 Σ_{11} 和 Σ_{12} 是正的(图 16.14),特别对于较大的损伤值;但是,可靠的材料行为在第三象限可部分提取出来,这是由于分量 11 和 12 是负的;第二和第四象限中整体响应的具体趋势可通过这两个应力分量 Σ_{11} 和 Σ_{12} 的综合效果进行解释,由于外加载荷的属性,它们具有相反的符号,因此,损伤在一个方向上是正的,而在另一个方向上是负的。

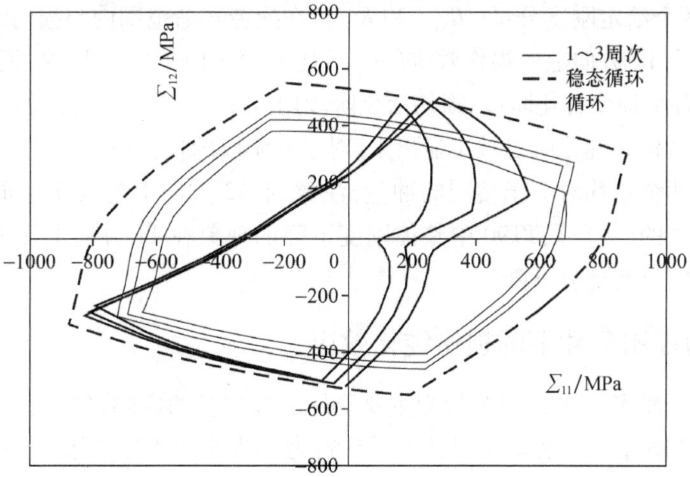

图 16.14　TT60 中整体轴向应力 Σ_{11} 相对整体剪切应力 Σ_{12} 的演化
(来自于 Mounounga 等(2011),获得了 Elsevier 的许可)

最为复杂的蝴蝶循环载荷谱给出了与损伤钝化相关的另一种演化特征,它与本征张量之间具有一种显式关系,并与实验室参考轴相一致(图 16.15),与 TT60 中一样,也采用相同的应变量(ΔE_{11} 和 ΔE_{12}),损伤所致各向异性也通过整体非对称应力演化过程来描述,特别在最后的周次内(即软化阶段)。实际上,一种显著的整体扭曲响应完全是由算子 $\underline{\underline{\underline{P}}}^{+}$ 控制的损伤活化和钝化引起的,并验证了其固有的两个损伤阶段。

为了进一步阐明损伤所致的各向异性特征，记录了 TT90 条件下的一些损伤和刚性张量的演化过程，TT90 条件下的感生-预延伸各向异性行为的几个显著特点如图 16.16 所示。事实上，研究了两个选取的损伤张量分量（D_{1111} 和 D_{1212}）的演化；可以发现，它们的变化速率不同，显然，D_{1111} 演化直至接近于 1，而 D_{1212} 达到了将近 0.25，这种各向异性得到了两个给定取向的刚性和损伤变化的验证。

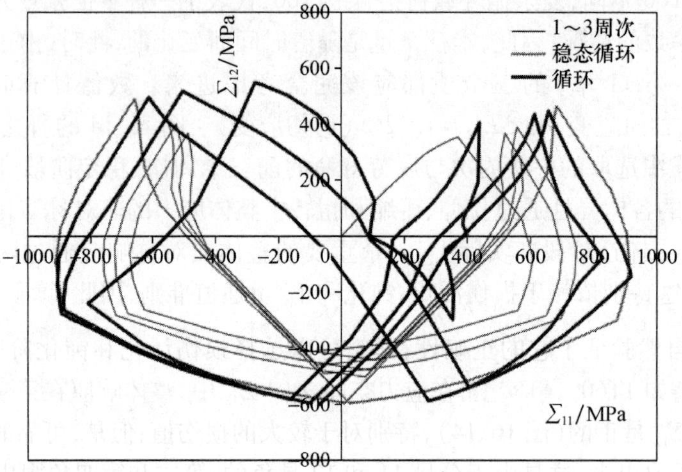

图 16.15　整体轴向应力Σ_{11} 随整体剪切应力Σ_{12} 的演化

（来自 Mounounga 等（2011）），获得 Elsevier 的许可）

现在研究两个给定刚度分量（R_{1111} 和 R_{1212}）在疲劳寿命范围内与损伤的变化关系，首先可以注意到，在 11 方向上的损伤效应（a_{11^+}）比 12 方向上的 a_{12^+} 更强，须注意，点 $a_{\dots+}$、$b_{\dots+}$、$c_{\dots+}$ 对应各个损伤钝化阶段，损伤活化阶段用点 $a_{\dots-}$、$b_{\dots-}$、$c_{\dots-}$ 指示。对于足够大的损伤值，损伤活化和钝化阶段被突显出来，对于 c 阶段的损伤材料，须注意点 c_{12^+} 和 c_{11^-} 相关的信息，这两个点均对应于相同的冲量，注意到，12 方向上的损伤是负的（c_{12^+}），而在 11 方向上是正的（c_{11^-}），TT90 中整体刚度下降的现象在 11 方向上几乎都被跟踪到，而在 12 方向上它只有部分下降。

16.5.2　应力控制条件下的损伤钝化效应

如上所述，金属多晶体的 LCF 行为主要受外加应变量的影响，但是，本节涉及应力控制条件下、对称和显著非对称时多晶体的循环行为。数值计算时，测试了应力控制条件下的一种拉-压载荷，大小为 $\Delta\Sigma_{11}=1760\text{MPa}$，采用了三个平均应力 $\bar{\Sigma}_{11}=0\text{MPa}$、50MPa 和 100MPa，因此，可以研究平均应力对损伤耦合的单轴棘轮现象的影响。

损伤的增大显著影响了材料的刚度，如图 16.17 所示，该图还着重给出了平均应力对循环周次直至损伤萌生时的影响。实际上，在 $\bar{\Sigma}_{11}=50\text{MPa}$ 的非对称情况下，损伤萌生得比对称情况下的要早：对于 $\bar{\Sigma}_{11}=50\text{MPa}$ 为 230 周次，而当 $\bar{\Sigma}_{11}=0\text{MPa}$ 时为 250 周次。另外，$\bar{\Sigma}_{11}=50\text{MPa}$ 情况下的损伤速率比 $\bar{\Sigma}_{11}=0\text{MPa}$ 情况下的更为重要，当损伤变得重要时，损伤活化/钝化现象就变得很明显，如图 16.18 和图 16.20 所示。图 16.17～图 16.20 给出的结果表明，该模型能够描述平均应力对循环塑性行为和相应的损伤演化的影响，并可能重现损伤耦合的棘轮现象。

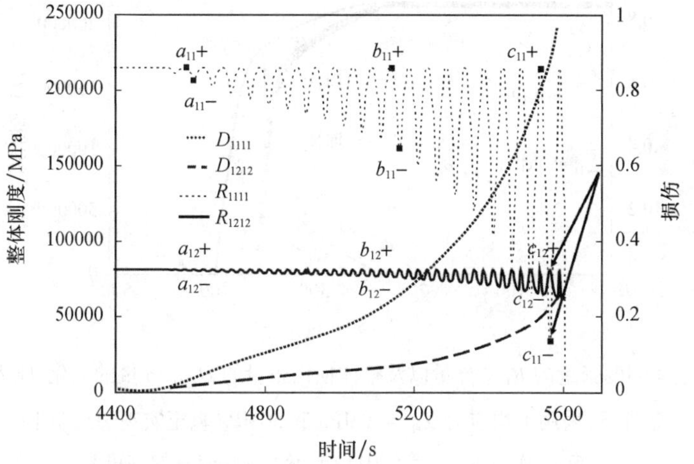

图 16.16　刚度张量与损伤耦合的分量 R_{1111} 和 R_{1212} 的演化，以及 TT90 条件下损伤张量的分量 D_{1111} 和 D_{1212} 的演化（来自 Mounounga 等（2011）），获得 Elsevier 的许可）

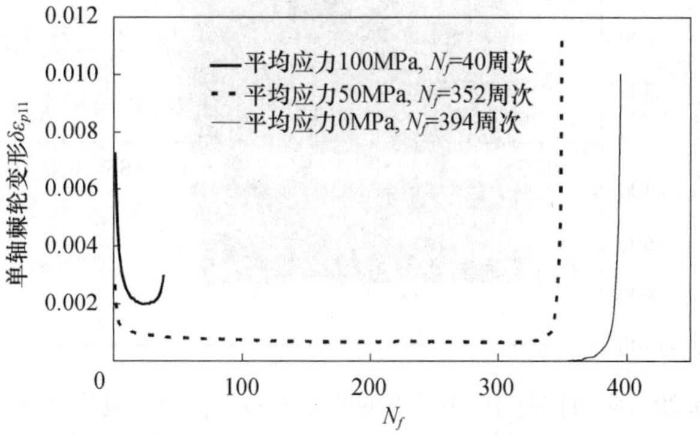

图 16.17　预测的单轴棘轮变形（$\delta\varepsilon_{p11}$）循环周次直至宏观裂纹萌生的演化，应力控制的 TC 条件，$\Delta\Sigma_{11}$ = 1760MPa，三个平均应力状态 $\bar{\Sigma}_{11}$ = 0MPa、50MPa 和 100MPa（来自 Mounounga 等（2011）），获得 Elsevier 的许可）

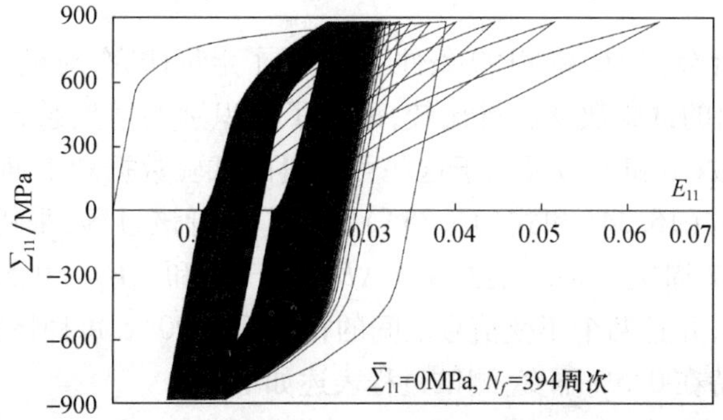

图 16.18　整体轴向应力 Σ_{11} -应变 E_{11} 演化，在应力控制的 TC 条件下，平均应力 $\bar{\Sigma}_{11}$ = 0 MPa 直至宏观裂纹萌生（来自 Mounounga 等（2011）），获得 Elsevier 的许可）

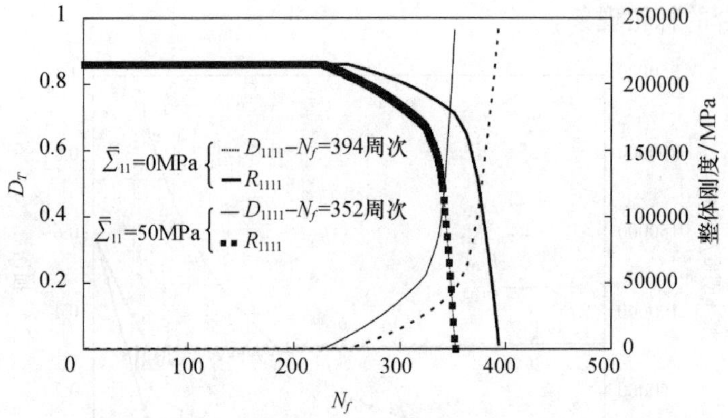

图 16.19　整体刚度张量的 R_{1111} 分量以及整体损伤张量的 D_{1111} 分量的演化，应力控制的 TC 条件下，采用平均应力 $\bar{\Sigma}_{11}$ = 0MPa 和 50MPa 直至宏观裂纹萌生（来自 Mounounga 等(2011)），获得 Elsevier 的许可）

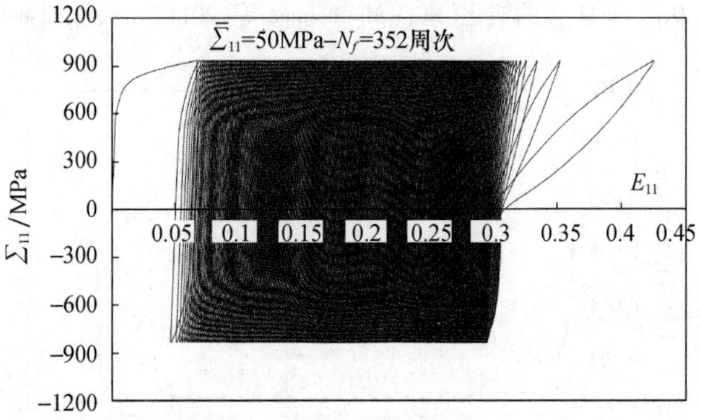

图 16.20　应力控制 TC 条件下的整体轴向 $\Sigma_{11}-E_{11}$ 演化，采用平均应力 $\bar{\Sigma}_{11}$ = 50 MPa 直至宏观裂纹萌生（来自 Mounounga 等(2011)），获得 Elsevier 的许可）

16.6　定量研究

针对 waspaloy 合金在 TC 和 TT90 条件下，进行了定量研究，对模型预测结果与 Abdul-Latif 等(1999)给出的试验数据进行比较，采用了已识别的模型系数，另外，晶内损伤萌生新准则的模型系数（α 和 γ_o^s）可基于这些可获得的试验数据和上面给出的方法被识别出来（第 11 章中的式(16.34)和式(16.35)）。为了执行该过程，采用的数据库为拉-压（$\Delta E_{11}^p = 1\%$，$N_f = 1442$ 周次）和反相拉-扭（$\Delta E_{11}^p = 0.8\%$ 和 $\Delta E_{11}^p = 0.52\%$，$N_f = 136$ 周次）的，其具有正弦波形，并且两个正弦信号之间的相滞后为 90°。每种情况下，最大的米塞斯等效塑性应变都维持在 0.5%不变，测试过程表述如下。

对于单轴拉-压测试：

$$E_{\mathrm{eq-max}}^p = \frac{E_{11\max}^p - E_{11\min}^p}{2} = 0.5\%$$

对于双轴拉-扭测试：

$$E^p_{\text{eq-max}} = \max\left(\sqrt{E^{p^2}_{11} + \frac{\gamma^{p^2}}{3}}\right) = 0.5\%$$

其中，$\gamma^p = 2E^p_{12}$。

须注意，所采用的试验数据利用薄壁管被运行，众所周知，作为预测的数据和试验的数据之间的最优拟合，来指定最优材料系数。被识别出来的模型系数与表 16.2 中的相同，除了 α 和 γ^s_o 的值（它们分别为 5 和 400）。对于疲劳寿命，该微观力学模型适用于描述这些载荷条件下（N_f(theo) = 1497 周次 和 TT90 条件下 N_f(theo) = 148 周次）的疲劳寿命，由于识别过程使用的是同样的试验数据，因此这种结果并非意外。

为了证实校准后的系数，进行了多种数值模拟，结果显示了该模型描述镍基合金的疲劳行为的能力。实际上，进行了三种应变控制条件下的 TC 数值测试，应变量为 ΔE^p_{11} = 1%，1.5% 和 2.2%，采用实体圆形截面试样模拟镍基合金的 LCF 行为，表 16.4 给出了针对两类试样、具有实体截面的管体（ST）和薄壁管（HT），在 TC 和 TT90 条件下不同的试验和预测疲劳寿命。

对于 ΔE^p_{11} = 1%，1.5% 和 2.2%，TC 试验得出的疲劳寿命分别为 2328 周次、790 周次和 419 周次，预测的疲劳寿命分别为 1479 周次、803 周次和 356 周次（表 16.4）。实际上，识别过程是利用一种薄壁管上获得的 TC 和 TT90 试验数据来进行的，由于采用的模型没有考虑几何方面的因素，因此，这种理论预测结果并不奇怪。实际上，对于相对较大的外加应变，数值的和试验的响应非常接近，这种现象可用如下事实得以解释：与较低的应变量相比，随着应变量的增大，样品的几何效应（自由表面现象）已变得不重要，例如，ΔE^p_{11} = 1%，针对薄壁管的疲劳寿命为 1442 周次，而对于实体的，其疲劳寿命为 2328 周次。

表 16.4　Waspaloy 合金在 TC 和 TT90 载荷谱条件下的试验的和预测的疲劳寿命

载荷谱类型	试验得出的疲劳寿命（N_f）/周次	理论疲劳寿命（N_f）/周次
TC（ΔE_{11} = 1%-HT）	1442	1479
TC（ΔE_{11} = 1%-ST）	2328	1479
TC（ΔE_{11} = 1.5%-ST）	790	803
TC（ΔE_{11} = 2.2%-ST）	419	356
TT90（HT）	136	148

注：HT，薄壁管体；ST，实体圆截面试样。

对图 16.21 给出的结果进行研究，可以确认，该模型适用于预测 Manson-Coffin 关系，其具有理论斜率 $m_{\text{sim}} = -0.52$，这非常接近于试验所得的 $m_{\text{exp}} = -0.45$。这种差异可通过 TC 中 ΔE^p_{11} = 1% 情况下实体截面试样的疲劳寿命差异得以解释，可以看出，一旦载荷量增大，这种现象的敏感性显著降低。

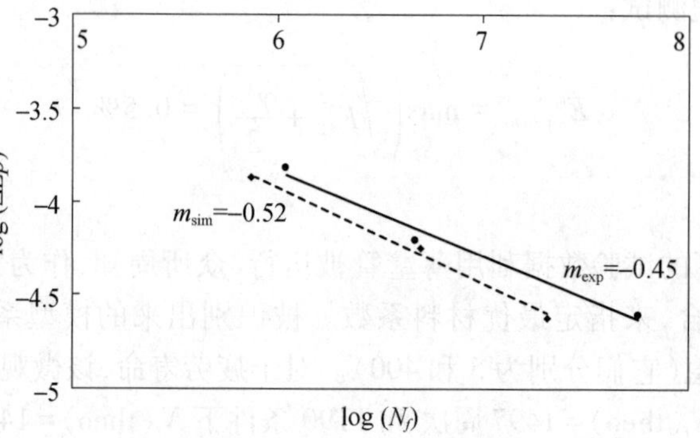

图 16.21 Manson-Coffin 图表,对比了镍基合金的理论和试验结果
(来自 Mounounga 等(2011)),获得 Elsevier 的许可)

16.7 小　结

采用损伤所致各向异性的概念,在整体和局部的尺度上,展示了晶内损伤萌生新准则对疲劳寿命的影响,通过参数研究,显示了新的模型参数(α 和γ_o^s)对 LCF 行为的影响,得出如下结论:当α 变大而 γ_o^s 减小时,其疲劳寿命降低。另外,对载荷谱的大小和复杂性对循环硬化和疲劳寿命演化的影响进行了数值研究,使用了应变控制的不同复合循环载荷条件,显示了该模型描述这种感生各向异性的能力。准确描述了在拉伸、压缩和扭转阶段整体应力的非对称演化,特别是在软化阶段,其取决于损伤的活化和钝化以及受正向谱投影张量 $\underline{\underline{\underline{\boldsymbol{P}}}}^+$ 控制的正/负扩展准则,特别对于复杂循环载荷。

在应力控制条件下,已取得的结果表明,给出的模型能够描述损伤耦合的棘轮现象。

最后,进行了一种定量分析,针对 waspaloy 合金,对模型的数值模拟结果和试验数据进行了对比。

参考文献

A. Abdul-Latif, M. Chadli, Modeling of the heterogeneous damage evolution at the granular scale in polycrystals under complex cyclic loadings. Int. J. Damage Mech. 16, 133(2007)

A. Abdul-Latif, T. B. S. Mounounga, Damage deactivation modeling undermultiaxial cyclic loadings for polycrystals. Int. J. Damage Mech. 18, 177-198(2009)

A. Abdul-Latif, K. Saanouni, Damaged anelastic behavior of FCC polycrystalline metals with micromechanical approach. Int. J. Damage Mech. 3, 237(1994)

A. Abdul-Latif, K. Saanouni, Micromechanical modeling of low cyclic fatigue under complex loadings-part Ⅱ. Applications. Int. J. Plast. 12, 1123(1996)

A. Abdul-Latif, V. Ferney, K. Saanouni, Fatigue damage of Waspaloy under complex loading. ASME J. Eng. Mater. Technol. 121, 278(1999)

J. L. Chaboche, Une nouvelle condition unilatérale pour décrire le comportement des matériaux avec dommage anisotrope. C. R. Acad. Sci. Paris t. 314(Série II), 1395(1992)

J. L. Chaboche, Development of continuum damage mechanics for elastic solids sustaining anisotropic and unilateral damage. Int. J. Damage Mech. 3, 311(1993)

M. Chadli, A. Abdul-Latif, Meso-damage evolution in polycrystals. ASME J. Eng. Mat. Tech 127, 214(2005)

M. Clavel, P. Pilvin, R. Rahouadj, Analyse microstructurale de la déformation plastique sous sollicitations non proportionnelles dans un alliage basenickel. C. R. Acad. Sci. Paris 309, 689(1989)

D. Halm, A. Dragon, A model of anisotropic damage by mesocrack growth; unilateral effect. Int. J. Damage Mech. 5, 384(1996)

N. R. Hansen, H. L. Schreyer, Damage deactivation. ASME J. Appl. Mech. 62, 450(1995)

J. W. Ju, On energy-based coupled elastoplastic damage theories: constitutive modeling and computational aspects. Int. J. Solids Struct. 25, 803(1989)

L. M. Kachanov, *Introduction to Continuum Damage Mechanics*(MartinusNijhoff, Dordrecht, 1986)

D. Krajcinovic, G. U. Fonseka, Continuous damage theory of brittle materials. J. Mech. 48, 809(1981)

P. Ladevèze, J. Lemaitre, *Damage Effective Stress in Quasi-Unilateral Material Conditions*(IUTAM Congress, Lyngby, 1984)

J. Lemaître, *A Course on Damage Mechanics*(Springer, Berlin, 1992)

J. Lemaître, J. L. Chaboche, *Mechanics of Solids Materials*(Cambridge University Press, Cambridge, 1990)

J. Mazars, G. Pijaudier-Cabot, Continuum damage theory-application to concrete. J. Eng. Mech. 115, 345(1989)

T. B. S. Mounounga, A. Abdul-Latif, D. Razafindramary, Damage induced-oriented anisotropy behavior of polycrystals under complex cyclic loadings. Int. J. Mech. Sci. 53(4), 271-280(2011)

M. Ortiz, A constitutive theory for the inelastic behavior of concrete. Mech. Mater. 4, 67(1985)

S. Ramtani, Conribution à la Modélisation du Comportement Multiaxial du Béton Endommagé avec Description un Caractère Unilatéral. Thèse de Doctorat, Universitè Paris VI, 1990

K. Saanouni, A. Abdul-Latif, Micromechanical modeling of low cycle fatigue under complex loadings-part Ⅰ. Theoretical formulation. Int. J. Plast. 12, 1111(1996)

G. Z. Voyiadjis, P. Kattan, *Advances in Damage Mechanics: Metals and Metal Matrix Composites*(Elsevier, Oxford, 1999). 542 p

S. Yazdani, S. Karnawat, Mode I damage modeling in brittle preloading. Int. J. Damage Mech. 6, 153(1997)

S. Yazdani, H. L. Schreyer, Combined plasticity and damage mechanics model for plain concrete. ASCE J. Eng. Mech. 116, 1435(1990)

第 4 部分

结构损伤

第 17 章　混凝土蠕变和收缩导致的预应力混凝土结构损伤

Zdeněk P. Bažant, Mija H. Hubler, Qiang Yu

摘　要

混凝土蠕变和收缩理论在损伤力学中没有得到较好的认知和重视，然而，这些非弹性现象实质上会导致结构的显著损伤，不仅包括典型意义上的分布式裂纹损伤，而且包括挠度过大形式的损伤，使得该结构无法使用，正是出于这个原因，本书包含了关于蠕变和收缩的章节。混凝土的蠕变和收缩理论已成为一个广阔的领域，在下文中，对该主题进行简短阐述，将重点放在最近广受关注的话题上，这些话题是由过去几年中一连串实际问题所引发的。蠕变效应对于超高层建筑和预应力混凝土结构尤为重要，这是由于其细长结构和高的弹性。同时，蠕变效应对核反应堆安全壳和容器也至关重要。在高温暴露中，如在隧道或高层建筑中的火灾或假定的核反应堆事故中，蠕变非常显著并且起主要作用。

17.1 引　言

无论是预应力的还是简单增强或无增强的混凝土结构，蠕变和收缩都会在其中造成各种类型的损伤。长期蠕变可能导致桥梁和其他结构的挠度过大，这会严重缩短寿命。这是一个普遍存在的问题，直到最近才得到重视，本章将重点关注它。

蠕变性质和受限收缩的不均匀性是另一种导致应力和弯矩重新分布的现象，这反过来可能在桥梁、建筑物、核反应堆安全壳和其他结构中引起破坏性的开裂，它可能促进其他危及耐久性和可持续性的过程，如腐蚀。蠕变不均匀性是由结构各点或横截面的孔隙湿度和温度历史差异、寿命和混凝土类型差异以及混凝土与不蠕变的钢部件的相互作用引起的。除了预应力钢筋松弛外，混凝土蠕变是预应力长期损失的主要原因之一。

细长结构（如柱、壳或压缩板）可能因长期蠕变屈曲而导致坍塌，这些现象尽管罕见但存在发生的可能性。压缩应力从蠕变和收缩混凝土转移到钢筋、电缆、梁或其他非蠕变部件（例如，石材覆层或砖石衬里）可能引起它们的屈曲或压缩失效。

除由于核反应堆安全壳中的收缩和蠕变引起的开裂导致的密封性危害以外，蠕变和收缩对结构过载时的安全性没有任何显著影响。蠕变和收缩的主要影响是损害结构的可维护性和耐久性，从而降低混凝土基础设施的可持续利用。

17.2 混凝土结构蠕变和收缩的材料模型

为了阐述这个主题,首先从 2001 年的材料百科全书中关于该主题(Bažant,2001)来简要介绍具体的蠕变和收缩行为。术语"蠕变"表示材料在持续载荷下的连续变形。由于干燥的扩散过程或水化导致的化学过程,混凝土也表现出收缩行为,在没有外部载荷的情况下导致体积减小,蠕变与瞬时(或初始弹性)应变一起被定义为相同加载和无负载试样之间的应变差。干燥收缩应变通常达到 0.0002~0.0004,在较差的混凝土中甚至达到 0.0008。化学过程引起的收缩称为自收缩,对于具有较高水灰比和可忽略的自干化的普通混凝土而言,这是可以忽略的,但对于具有极低水灰比(<0.35)和明显自干化的现代高强度混凝土而言,这是很大的。多年后,蠕变应变通常达到比初始弹性应变大 2~6 倍的值。卸载后,观察到蠕变的部分恢复。混凝土的蠕变是由普渡大学的 Hatt(1907)发现的,而巴黎 Ecole des Mines 的 LeChatelier(1905)更早发现了这种收缩。

干燥过程中的蠕变通常大大超过密封试样收缩和蠕变的总和。过度应变称为干燥蠕变或 Pickett 效应,表示应变和含水量变化之间的湿-机械作用耦合。吸水引起膨胀,其通常远小于干燥收缩,或者如果混凝土已经干燥,则会出现滞后的部分收缩。干燥收缩(图 17.1 下部)是由微观结构中的压缩应力引起的,该压应力平衡毛细管张力和孔壁上表面张力的变化以及纳米孔中受阻吸附水层中的分离压力的变化。

蠕变是由于硬化硅酸盐水泥浆的原子纳米结构中的键断裂(在相邻位置处具有键修复)导致的滑移引起的。该水泥浆是强亲水性的,具有无序的胶体微结构,孔隙率为 0.4~0.55,并且具有巨大的内表面积,约 $500m^2/cm^3$。水泥浆的主要成分是硅酸三钙水合物凝胶($3CaO \cdot 2SiO_3 \cdot H_2O$,简称 C-S-H),其中蕴含着其蠕变机理。这种固体形成了胶体尺度的晶体薄片和针状物,由范德瓦尔斯力弱结合。对于其物理机制和建模仍有争议。下面式(17.1)~式(17.5)中的模型不是唯一可用的,但具有最强的理论支持并且拟合数据最好。

(1)本构定律:结构中没有开裂和服役应力(通常小于混凝土强度的40%或45%)时,蠕变应变线性地取决于应力。它可以通过柔度函数 $J(t,t')$ (图 17.1 上部)完全表征,定义为在时期 t' 内施加单位单轴应力 $\sigma=1$ 引起的时间(或时期) t 时的应变 ϵ。随着 t' 的增加,蠕变减小。这种现象称为老化,导致 J 不仅取决于时滞 $t-t'$,还取决于 t'。在不同应力 $\sigma(t)$ 下,在时间 t' 施加的每个应力增量 $d\sigma(t')$,产生应变历程 $d\epsilon(t)=J(t,t')d\sigma(t')$,通过叠加原理(由玻耳兹曼引入,并由沃尔泰拉并入老化),得到老化黏弹性的线性(单轴)蠕变定律:

$$\epsilon(t)=\int_{t_1}^{t}J(t,t')d\sigma(t')+\epsilon^0(t) \tag{17.1}$$

式中:ϵ^0 为收缩应变 ϵ_{sh} 和热膨胀的总和(以及片状开裂应变,如果有的话)。积分是斯蒂尔杰斯(Stieltjes)积分,它接受了随跃变的历史 $\sigma(t)$;对于时间间隔则无跃变,可以设置 $d\sigma(t')=[d\sigma(t')/dt']/dt'$。当规定历程 $\epsilon(t)$ 时,则式(17.1)表示 $\sigma(t)$ 的沃尔泰拉积分方程,它对于 $J(t,t')$ 的实际形式而言,尽管数值积分很容易,但是不可分析积分。在时间 t'(和 $\epsilon^0=0$)施加应变 $\epsilon=1$ 的解 $\sigma(t)$ 被称为弛豫函数。根据叠加原理并考虑各向同性产生三轴应力-应变关系推广式(17.1),其中剪切和体积柔度函数为 $J_G(t,t') = 2(1+\upsilon)J(t,t')$ 和 $J_K(t,t') = 3(1-2\upsilon)J(t,t')$($\upsilon \approx 0.18$ = 泊松比,视为近似常数)。在高应力下,蠕变定律似乎是非线性的(图 17.2)。如果由于分布式微裂纹的时间依赖性增长引起的应变在 $\epsilon^0(t)$ 中被排除,则式(17.1)仍然有效。

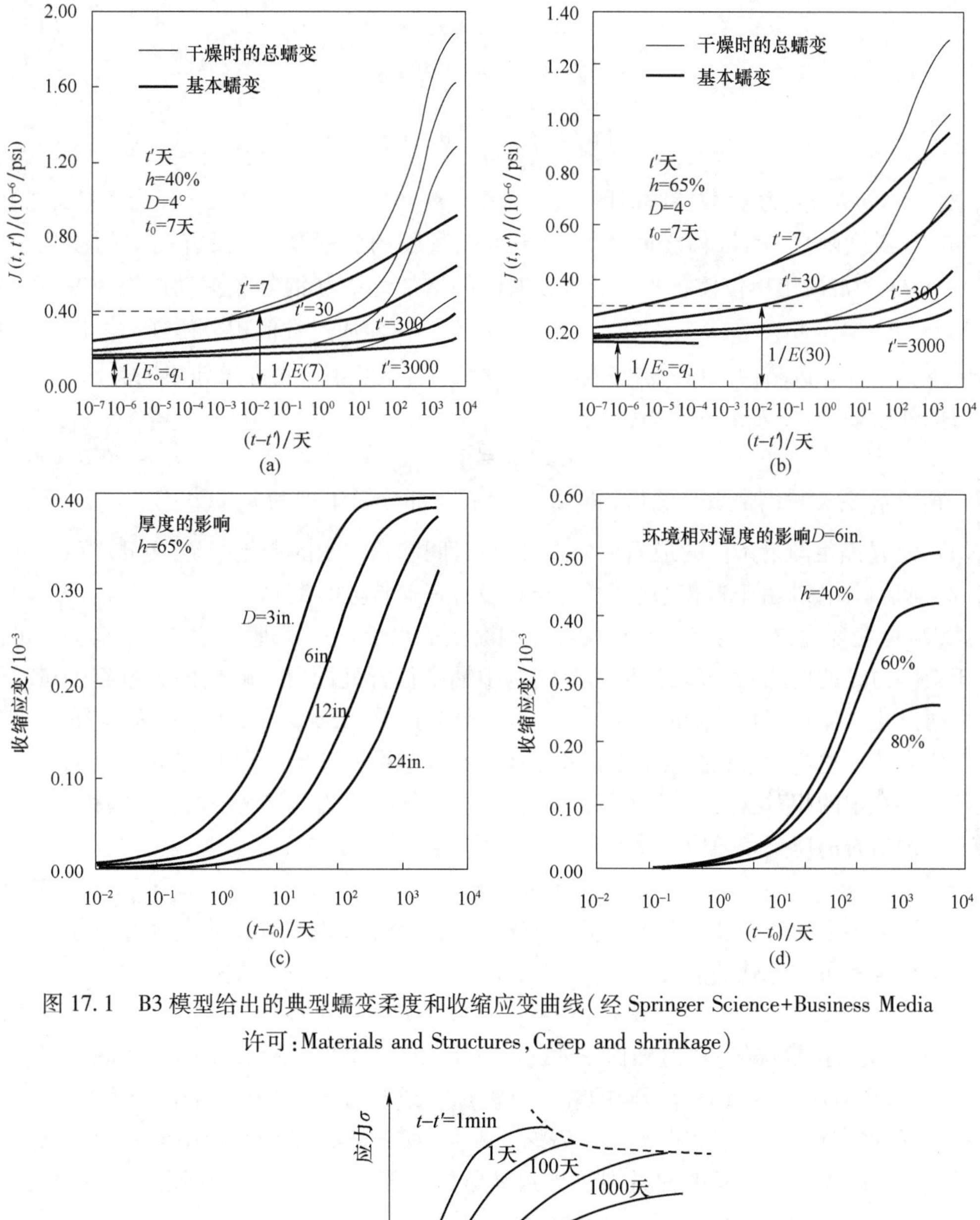

图 17.1 B3 模型给出的典型蠕变柔度和收缩应变曲线(经 Springer Science+Business Media 许可:Materials and Structures, Creep and shrinkage)

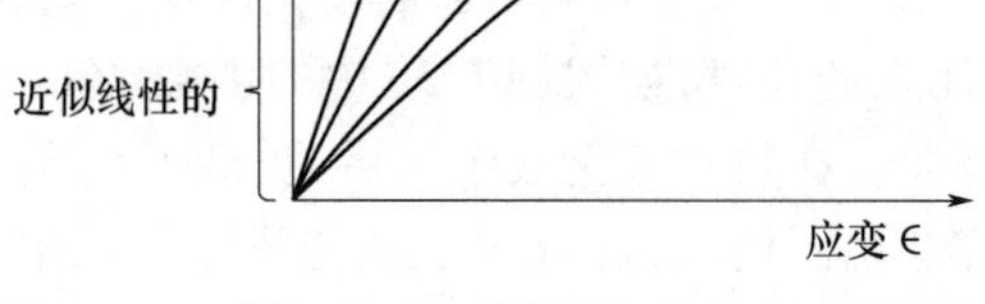

图 17.2 不同加载时间混凝土蠕变的典型等时线

对应于蠕变曲线外推到零负载期间的值 $J(t,t')=q_1$ 可以被认为是与时间无关的。常规杨氏弹性模量,暗指 $E(t')=1/J(t'+\delta,t')$,其中 $\delta\in(0.0001s,10\text{min})$ 通常随着时间 t' 而增加。$J(t,t')$ 的真实形式(Bažant 等,1997;图 17.1 上部的粗体曲线)可以方便地用它的速率表示:

$$\dot{J}(t',t')=\upsilon^{-1}(t)\dot{C}_g(\theta)+1/\eta_f \tag{17.2}$$

$$\upsilon^{-1}(t)=q_2(\lambda_0/t)^m+q_3 \tag{17.3}$$

$$\dot{C}_g(\theta)=\frac{n\theta^{n-1}}{\lambda_0^n+\theta^n},\theta=t-t' \tag{17.4}$$

式中:$\dot{o}=\partial o/\partial t$;θ 为负载持续时间;$\lambda_0=1$ 天,$m=0.5$,$n=0.1$;q_2,q_3 为无量纲常数;$C_g(\theta)$ 为柔度函数(不依赖于时间),用于水泥凝胶的延迟弹性(没有孔隙的硬化水泥浆);$\upsilon(t)$ 为混凝土单位体积胶凝随水化时间的增加;η_f 为混凝土流动的有效黏度。通过积分,$C_g(\theta)=\ln[1+(\theta/\lambda_0)^n]$ 。至于 $J(t,t')$,只能通过数值积分得到(然而,对于短时间步长的计算机结构分析,速率 $J(t',t')$ 就足够了,实际上允许更简单的算法)。对于密封试样的蠕变,称为基本蠕变

$$1/\eta_f=q_4/t \tag{17.5}$$

其中 q_4 为无量纲常数。然后,$J(t,t')$ 的流变部分简单地为 $q_4\ln(t/t')$ 。式(17.3)~式(17.5)是满足渐近条件的最简单公式,即短时间和长时间的老化率 $\dot{J}$(由 $d\upsilon^{-1}(t)/dt$ 给出)必须是幂函数(由于自相似性条件,导致没有任何特征时间)。

(2)可变环境:在变量 w(每单位体积混凝土的水量)下,物理上真实的本构关系可以基于微应力 S 的概念,其被认为是纳米结构中蠕变位置处的应力峰值的无量纲测量。微应力通过化学体积变化和受限吸附水层(可以是多达 10 个水分子,或厚度为 2.7nm)中的分离压力的变化产生,所述受阻吸附水层被限制在硅酸钙水合物片层之间。分离压力必须随毛细孔中的相对湿度 h 以及温度 T 而变化,以保持热力学平衡(化学势的相等)。可以假设键断裂的速率是微应力水平的二次函数,这使得

$$1/\eta_f=q_4S \tag{17.6}$$

微应力不会受到施加载荷的影响。它在时间上松弛,并且可以从微分方程求解其在混凝土结构的每个点处的演化:

$$\dot{S}+c_0S^2=c_1\left|\dot{T}\ln h+T\dot{h}/h\right| \tag{17.7}$$

式中:c_0、c_1 为正常数(绝对值确保它永远不为负值,反映出干燥和冷却以及润湿和加热加速蠕变,后者激活了与前者不同的蠕变位置)。w 或 h 的变化产生新的微应力峰值,并因此激活新的蠕变位点的事实解释了干燥蠕变效应(或 Pickett 效应)。然而,这种效应一部分是由于伴随无载荷试样中的微裂纹导致其整体收缩小于没有裂纹(压缩)试样中的收缩,从而增加了两者之间的差异(这是蠕变的定义)。

还需要微应力的概念来解释由于老化引起的硬化现象。老化的一个物理原因是水化产物逐渐填充硬化水泥浆的孔隙,如式(17.3)中的函数 $v(t)$ 所反映的那样。大约 1 年后水合作用停止,但是即使在数年甚至数十年后,负载 t' 时的老化效应也很强烈,其解释是,峰值微应力随着老化而松弛,这减少了蠕变位点的数量,从而减少了键断裂的速率。

在不同的环境中，式(17.3)中的时间 t 必须用等效水化时间 $t_e = \int \beta_h \beta_T \mathrm{d}t$ 代替，其中 $\beta_h = h$ 的递减函数(0，如果 $h <$ 约 0.85)且 $\beta_h \propto \mathrm{e}^{-Q_h T/R}$，$Q_h/R \approx 2700\mathrm{K}$。在式(17.4)中，$\theta = t - t'$ 必须用 $t_r - t'_r$ 代替，其中 $t_r = \int \Psi h \Psi T \mathrm{d}t$ 为缩减的时间，捕捉 h 和 T 对蠕变黏度的影响；$\Psi h = h$ 的函数，它从 $h = 1$ 时的 1 减小到 $h = 0$ 时的约 0.1；并且 $\Psi T \propto \mathrm{e}^{-Q_h T/R}$，$Q_h/R \approx 5000\mathrm{K}$。分布的演化 $h(\boldsymbol{x},t)$ ($\boldsymbol{x}$ 为坐标向量)可以被认为与应力和变形问题不相关，并且可以从扩散方程数值求解，即 $\dot{h} = \mathrm{div}[C(h)\mathrm{grad}h] + \dot{h}_s(t_e)$，其中 $\dot{h}_s(t_e)$ 为由水化引起的自干燥(在正常混凝土中温和但在高强度混凝土中强烈)，$C(h)$ 为扩散系数，当 h 从 100%下降到 60%时，它减少了约 20 倍。自由(无限制)收缩应变率：

$$\dot{\epsilon}_{sh} = k_{sh}\dot{h} \tag{17.8}$$

式中：k_{sh} 为收缩系数。由于各点处的 $\dot{\epsilon}_{sh}$ 不相容，因此计算结构和试样的整体收缩是一个应力分析问题，其中必须考虑蠕变和开裂。

对于时间步长中的有限元结构分析，将本构法转换为速率型形式是有利的。这可以通过用 Kelvin 链模型(或具有(Maxwell)链模型的相关松弛函数)近似 $C_g(\theta)$ 来实现。如式(17.1)历程积分从本构定律中消失，该历程是通过内部状态变量的当前值进行表征，代表 Maxwell 或 Kelvin 链的部分应变或应力。

转化为速率型形式也便于引入可变温度的影响，其影响 Kelvin 链黏度(根据阿伦尼乌斯(Arrhenius)定律)以及由 t_e 捕获的水合速率。对于式(17.2)~式(17.8)中的三维张量推广参见 Bažant 等(1997)的结果。

(3)干燥时的近似横截面响应：虽然蠕变和水分扩散的多维有限元计算现在是可行的，但混凝土梁或梁的简化一维分析仍然在实践中占主导地位。在该方法中，需要输入平均横截面柔度函数 $\bar{J}(t,t',t_0)$ (图 17.1 顶部，虚线)和横截面的平均收缩函数 $\bar{\epsilon}_{sh}(t,t_0)$ (图 17.1 底部)(t_0 为干燥开始时的时刻)。由于忽略了因横截面几何形状、增强体和加载(压缩或拉伸轴向力、弯矩、剪切、扭矩)引起的差异，这种平均特征的代数表达式比材料点的本构定律复杂得多且不准确。

以下的估算过程(Bažant 和 Baweja，2000)，部分基于(经明显简化后)对前述本构关系的推导，并通过拟合大型测试数据库来优化其系数；环境湿度 h_e 低于 98%。

$$\bar{\epsilon}_{sh}(t,t_0) = -\epsilon_{sh\infty} k_h S(t),\ k_h = 1 - h_e^3 \tag{17.9}$$

$$S(t) = \tanh\sqrt{\frac{t - t_0}{\tau_{sh}}},\ \tau_{sh} = k_t (k_s D)^2 \tag{17.10}$$

式中：$D = 2V/S$ 为有效厚度，V/S 为体积与表面比；正常(I 型)水泥 $k_t = 1$，k_s 为形状因子(例如，板坯为 1.0，圆柱体为 1.15)；$\epsilon_{sh\infty} \approx \epsilon_{s\infty} E(607)/E(t_0 + \tau_{sh})$，$\epsilon_{s\infty}$ 恒定，并且 $E(t) \approx E(28)\sqrt{4 + 0.85t}$，为杨氏模量的时间依赖性(所有时间都以天为单位)。式(17.2)~式(17.4)都适用，但 $1/\eta_f$ 必须替换为

$$\frac{1}{\eta_f} = q_4/t + q_5 \frac{\partial}{\partial_t}\sqrt{F(t) - F(t_0)} \tag{17.11}$$

式中：$F(t) = \exp\{-8[1 - (1 - h_e)]S(t)\}$ 和 $t'_0 = \max(t', t_0)$。收缩半时值 τ_{sh} 的表达形式是基于扩散理论的。式(17.9)中的双曲正切函数，满足扩散理论产生的两个渐近条

件:短时间内的 $\bar{\epsilon}_{sh} \propto \sqrt{t-t_0}$;最终收缩必须呈指数接近。还进行了温度效应的推广。

在结构的初步设计中,简化的手动计算使用蠕变系数:

$$\varphi(t,t') = E(t')\,J(t,t') - 1 = \frac{\epsilon_{\text{creep}}}{\epsilon_{\text{initial}}} \tag{17.12}$$

从初始加载时间 t_1 到时间 t 的结构变形可以通过弹性分析来估计,其中杨氏模量 E 被时间调整的有效模量 $E''(t,t_1) = [E(t_1) - R(t,t_1)]/\varphi(t,t_1)$ 所代替。

17.2.1 实用的蠕变和收缩预测模型

结构的分析和设计需要一个实际的模型来预测给定混凝土的柔度函数和收缩函数,这种预测需要对不同混凝土和不同环境下长期试验的大量数据进行分析,通常会引入统计分散性。存在许多预测模型,在这里简要介绍。

由于混凝土的蠕变和收缩公式需要对环境影响进行预测,因此自然要从考虑混凝土干燥模型开始。干燥的影响可以在两个不同的精度水平上考虑:截面法只考虑梁或板横截面上干燥的平均影响,材料法考虑了整个结构中孔隙湿度点分布的时间演变(Jirásek 和 Bažant,2002)。虽然材料法允许研究者捕捉干燥机制对材料本构行为的影响,但对于工程计算来说,它太详细了。对于结构退化的数十年预测,通常采用横截面模型,该模型通过半经验系数,以近似方式合并了横截面尺寸和形状对干燥动力学的影响。

理论基础最深的预测模型是 B3(Bažant 和 Baweja,1995,2000)和 B4(Bažant 等,2014)模型。它们基于相同的理论基础,但 B4 模型是最近开发的,它扩展了具有自收缩的现代混凝土和更精确的多年估计的公式(详见第 17.5 节)。截面法以以下形式广义定义了混凝土的柔度函数:

$$J(t,t') = q_1 + C_0(t,t') + C_d(t,t',t_0) \tag{17.13}$$

式中:$q_1 = 1/E_0$,为渐近弹性模量的倒数;$C_0(t,t')$ 为基本蠕变柔量;$C_d(t,t',t_0)$ 为干燥蠕变柔量,受试样开始干燥时间 t_0 的影响。

长梁或板的横截面的平均纵向干燥收缩率可近似计算为

$$\varepsilon_{sh}(t) = -\varepsilon_{sh\infty} k_h S(t-t_0) \tag{17.14}$$

式中:$\varepsilon_{sh\infty}$ 为最终收缩应变的大小;k_h 为取决于平均环境湿度 h(相对蒸汽压)的系数;$S(\hat{t})$ 为干燥持续时间的递增函数,该函数描述了在完全干燥的环境中归一化收缩应变的演变,一个合适的公式是

$$S(\hat{t}) = \tan\sqrt{\frac{t}{\tau_{sh}}} \tag{17.15}$$

其中 τ_{sh} 称为收缩半时值,因为它粗略地描述了 ε_{sh} 达到其最终值的一半的时间。收缩半时值可估计为

$$\tau_{sh} = k_t(k_s D)^2 \tag{17.16}$$

式中:k_s 为基于非线性扩散方程解的横截面形状因子,用于干燥混凝土(Bažant 和 Najjar,1972);$D = 2V/S$,为有效横截面厚度。因子 k_t 近似为饱和混凝土中孔隙水的归一化扩散率。τ_{sh} 与厚度的平方成比例,这是扩散过程的一个基本属性。干燥收缩扩散起源的另一

个结果是初始收缩曲线必须演变为时间的平方根函数,最终收缩值可以根据每种特定混凝土的内在和外在参数凭经验估算。

根据 B3 模型,基本蠕变柔量最方便地用其时间速率表示

$$\frac{\partial C_0(t,t')}{\partial t}=\frac{n(q_2t^{-m}+q_3)}{(t-t')+(t-t')^{1-n}}+\frac{q_4}{t} \tag{17.17}$$

式中:t 和 t' 必须以天为单位;m 和 n 为经验参数,其值可以对所有正常混凝土采用相同的值;q_2、q_3 和 q_4 为本构参数的经验关系。采用零持续时间之后柔量为零的初始条件,将该速率方程进行积分来获得总蠕变柔量。由于这种积分导致了二项式积分,因此结果必须大致表示为

$$C_0=q_2Q(t,t')+q_3\ln[1+(t-t')^n]+q_4\ln\left(\frac{t}{t'}\right) \tag{17.18}$$

式中:$Q(t,t')$ 为一个函数,可以通过数值积分或从 Bažant 和 Baweja(1995,2000)中计算的表中的插值得到。该形式中的各项分别代表基于凝固理论的老化黏弹性柔度、非粘合黏弹性柔度和流变柔度(Bažant 和 Prasannan,1989;Carol 和 Bažant,1993;Bažant 等,1997a,b)。由同时干燥引起的额外平均横截面柔度表示蠕变和收缩之间的耦合,可以从下式估算(Bažant 和 Baweja,1995):

$$C_d(t,t',t_0)=q_5(e^{-g(t-t_0)}-e^{-g(t'-t_0)}) \tag{17.19}$$

17.2.2　工程学会的预测模型

在实践中可以获得许多其他具体的蠕变和收缩预测方程。然而,这些通常不是从理论中得出的,而是根据经验发展的。它们包括美国混凝土协会的模型(ACI,2008)、欧洲标准规范(FIB,1999,2010),以及由 Gardner 在加拿大开发的 GL 模型(Gardner,2000;Gardner 和 Lockman,2001)。大多数国家/地区的设计规范都需要一个基于这些经验方程之一的预测模型。表 17.1 说明了它们的时间函数与上面提到的 B3 模型的时间函数是如何相关的。

表 17.1　蠕变和收缩模型时间函数汇总

(a)蠕变模型		
蠕变模型	时间函数	
B4	式(17.6)和式(17.7)	
B3	式(17.6)和式(17.7)	
MC10	$\left(\frac{t}{\beta+t}\right)^{\gamma}$	
MC99	$\left(\frac{t}{\beta+t}\right)^{0.3}$	
GL00	$\beta\left(\frac{t^{0.3}}{14+t^{0.3}}\right)+\gamma\left(\frac{t}{7+t}\right)^{0.5}+\left(\frac{t}{\gamma+t}\right)^{0.5}$	
ACI92	$\frac{1}{\beta}\left(1+\frac{t^{\varphi}}{d+t^{\varphi}}\right)$	

续表

(b)收缩模型		
收缩模型	时间函数	自生时间函数
B4	$\tan\sqrt{t/\tau_{sh}}$	$\left[1+\left(\frac{\tau_{au}}{t}\right)^{\alpha}\right]^{rt}$
B3	$\tan\sqrt{t/\tau_{sh}}$	—
MC10	$\sqrt{\frac{t}{a+t}}$	$1-e^{-a/\sqrt{t}}$
MC99	$\sqrt{\frac{t}{a+t}}$	$1-e^{-a/\sqrt{t}}$
GL00	$\sqrt{\frac{t}{a+t}}$	—
ACI92	$\frac{t^{\alpha}}{f+t^{\alpha}}$	—

17.2.3 当前实际应用的蠕变和收缩模型的局限性

现有的线性蠕变模型具有许多局限性,随着 1996 年帕劳共和国的 Koror-Babeldaob 预应力混凝土桥坍塌数据的发布而引起关注。Bažant 等(2012c)已经证明理论上不正确和过时的预测方程是低估混凝土桥梁长期蠕变和收缩的原因(Bažant 等,2012c)。标准化的柔度函数传统上接近最终的渐近界限,其实际上没有约束,因为长期蠕变是对数性质的。另一个问题是在 ACI(ACI,2008)、MC99(FIB,1999,2010)和其他公式中,柔度函数不区分对横截面尺寸具有不同依赖性的基本蠕变和干燥蠕变。

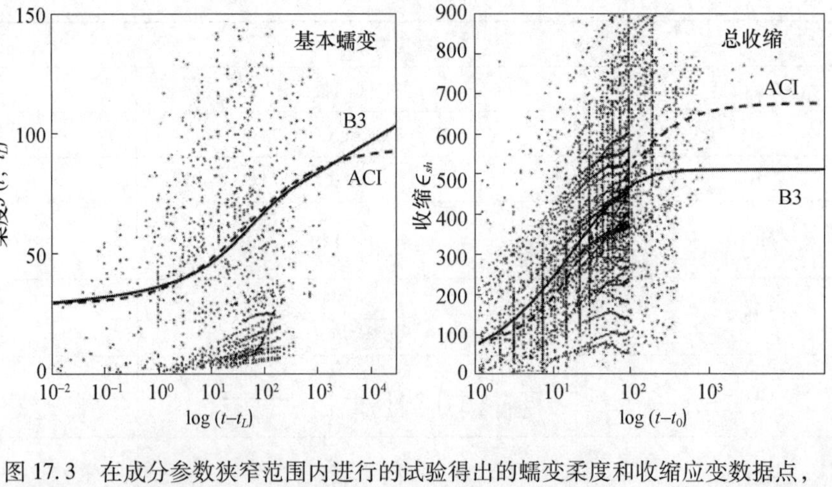

图 17.3　在成分参数狭窄范围内进行的试验得出的蠕变柔度和收缩应变数据点,数据中的分散度太大,无法区分 B3 和 ACI 的函数形式(wendner 等,2014A)

一般来说,混凝土的蠕变和收缩数据过于分散,无法凭经验提取时间函数,如图 17.3 所示。此外,试样尺寸的影响通过垂直缩放来描述,而实际上尺寸的变化会导致时间对数的水平漂移。只有 B3(Bažant 和 Baweja,1995)和 GL(Gardner,2000;Gardner 和 Lockman,2001)公式(以及新模型 B4)没有这个弱点。在第 17.6 节中介绍的新模型 B4 克服了许多限制。

17.3　曾经是世界纪录的帕劳 K-B 桥挠度过大导致坍塌的研究

17.3.1　K-B 桥描述和建模

Koror-Babelthuap 桥(简称 K-B 桥)的建造是为了连接位于西太平洋的一个岛国帕劳共和国的 Koror 岛和 Babelthuap 岛(现为 Babeldaob 岛)。这条双车道分段建造的桥梁主跨度为 241m(791ft),创造了 1977 年 4 月完工的预应力混凝土箱梁的世界纪录(Yee,1979)。

K-B 桥的主跨由两个对称悬臂组成,每个悬臂由 25 个现浇段组成,其深度从主墩的 14.17m(46.5ft)变为跨中的 3.66m(12ft)。主跨两侧有两个侧跨,其部分由岩石压载物填充以平衡主墩的倾覆力矩。这些段的横截面尺寸可以在许多技术报告和坍塌后的调查中找到(Yee,1979;Pilz,1997;McDonald 等,2003;Bažant 等,2012a)。对于上层结构,使用 I 型硅酸盐水泥。最近的调查报告了混合设计和 28 天平均抗压强度,该调查基于从 K-B 桥梁建筑的常驻工程师获得的信息(Bažant 等,2012a)。尽管文献中没有 28 天杨氏模量的原始测量值,但可以根据两个独立调查小组的核心样品测试和卡车载荷测试进行估算(JICA,1990;Berger/ABAM Engineers,1995;Bažant 等,2012A)。

主墩上方有 316 根预应力筋,其在顶板内紧密堆垛 4 层。每根筋的顶推力约为 0.60 MN,或 135 kips(DRC,1996)。它们的初始预应力总和约为 190 MN,即 42606 kips(Yee,1979;Pilz,1997;McDonald 等,2003)。使用相同的 Dywidag 螺纹合金棒材在腹板中提供垂直预应力,在顶板中提供水平横向预应力。除了预应力筋之外,在腹板和底板中还有正常的(非预应力的)钢筋增强体(ABAM,1993)。所有的板都没有横拉杆。

对侧对称悬臂的分段施工几乎是同时进行的(T. Y. Lin International,1996)。虽然对建筑进行了密切监控,但计划抵消预期的长期挠度的弯度未得到满足。节段安装过程中的蠕变和收缩导致跨中处的初始凹陷等于 229mm(9in)。在安装跨中铰链之前的初始凹陷不包括在报告的挠度测量中,在数值模拟中都没有考虑。

前两年的初始变形是良性的。然而,长期的变化令人惊讶。1990 年,跨距闭合后的跨中挠度增加到 1.22 m,即 48in(JICA,1990),这导致明显的路面退化和服役性能的部分损失。到 1993 年(ABAM,1993),挠度增长到 1.32m(52in)。1995 年,在拆除规划改造的巷道路面之前,跨中挠度达到 1.39m(54.7in)(相比设计弯度为 1.61m 或 63.3in)并且仍在增长(Berger/ABAM,1995)。

为了恢复因意外过度偏斜而严重受损的服役性能,在 1996 年进行并完成了改造,在此期间,补救性预应力将跨中提升到了预期的水平。但是,3 个月后,整座桥突然以灾难性的方式坍塌(Pilz,1997;McDonald 等,2003)。

坍塌显然是由一片先前分层的顶板经过新加的预应力筋压缩而产生的蠕变屈曲引起的,这种弯曲释放了大部分预应力并发出冲击波,该冲击波使墩和底板之间的转角过载,从而触发了箱梁的压缩剪切破坏(这是一种受尺寸影响的破坏)。在坍塌后的检查中,尽管有热带海洋环境(但有些管道显示出温和但无关紧要的腐蚀退化),预应力和非预应力钢都没有出现任何明显的腐蚀迹象。

尽管 K-B 桥发生了悲剧性的结果,但它提供了一个真实而有益的例子来研究预应力混凝土箱梁的长期变形。利用对称性,只需要通过三维有限元(FE)分析对桥的一半进行建模。建模需要合适的几何和材料建模特征的程序,以模仿 K-B 桥的构造和服役情况。在本次调查中,选择 ABAQUS 软件(SIMULIA, Providence, Rhode Island)。

与墩一起,混凝土构件被细分为 5036 个六面体单元。预应力钢筋和非预应力钢筋又细分为另外的 6764 个杆元件,这些元件刚性地(没有滑动)连接到混凝土的三维单元的节点上。Abaqus K-B 桥三维有限元模型如图 17.4 所示。由于蠕变基本上是黏弹性的,不会受到应变局部化不稳定性的影响,因此,与更精细的 20144 六面体单元网格相比,通过证明弹性变形的微小差异,可以证实网格细度的充分性(Bažant 等,2012b)。

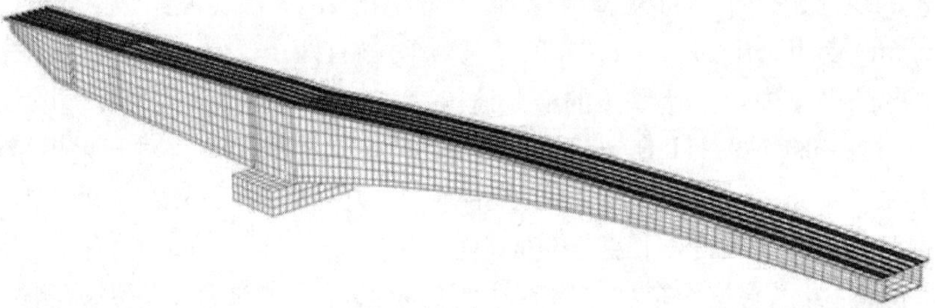

图 17.4　Abaqus K-B 桥三维有限元模型(经 Bažant 等 ASCE 许可,2012B)

为了在服役条件下的充分近似,可以假设混凝土遵循老化的线性黏弹性,其中对拉伸开裂、湿度和温度的变化以及干燥蠕变(或 Pickett 效应)进行校正。然后,具体的时间依赖变形通过现有的收缩应变预测模型和蠕变柔量函数来充分表征。在 K-B 桥分析中已经考虑了世界各地实际使用的主要预测模型,即 ACI 模型(ACI, 1971, 2008)、CEB(或 CEB-FIP, fib)模型(FIB, 1999)、JSCE 模型(JSCE, 1991)、GL 模型(Gardner, 2000; Gardner 和 Lockman, 2001)和 B3 模型(Bažant 和 Baweja, 1995, 1996, 2000; Bažant 和 Prasannan, 1988, 1989a, b; Jirásek 和 Bažant, 2002)。

在蠕变预测模型中,采用两种类型的参数:外参数和内参数。外参数表征几何和建造过程,例如建造顺序、载荷、固化、加载年龄、相对湿度和体积-表面比,而内参数定义材料特性,特别是柔度和收缩功能。对于纯经验的 ACI、CEB 和 GL 模型,唯一重要的内参数是标准的 28 天抗压强度。相反,基于凝固理论的 B3 模型使用多个内参数来捕获混凝土属性的主要方面。在 B3 模型中,这些内参数在柔度函数中是 q_i ($i = 1, 2, \cdots, 5$)。

基于圆柱体测试的 K-B 桥中的混凝土强度是已知的,因此 ACI、CEB 和 GL 模型的输入参数几乎是固定的。因此,只有一组输入参数(第 1 组)可用于这些模型的分析(Bažant 等,2012a)。另外,对于模型 B3,存在两组输入参数,一组和二组。在一组中,通过各种模型预测材料参数的默认公式被采用了(Bažant 等,2012a)。

二组的目的是检查是否可以用模型 B3 解释观察结果,即观察到的变形数据和预应力损失数据是否可以与模型的实际内参数拟合。答案是肯定的,拟合参数几乎与那些符合 Brook

(1984,2005)长期测试数据的参数相同。这表明没有必要在一些无关的假设原因中寻求挠度过大的解释,例如施工期间的质量控制不良。第 2 组的成功拟合也意味着该模型没有根本缺陷,如果是这样的话,无论如何调整内参数,它都无法捕获长期变形曲线及其渐近线。

17.3.2　计算的挠度和预应力损失,并与实际测量相比

蠕变模型结合改进的速率型算法以运行三维模拟(Yu 等,2012)。在蠕变分析之前,首先通过与 1990 年的原位卡车载荷试验(Bažant 等,2010,2012a)进行比较来检验 ABAQUS 中建立的数值模型的有效性。两个满载卡车在悬臂尖端施加的载荷下,由本数值模型获得的平均向下挠度与记录的测量结果一致。

利用 ABAQUS 提供的特征,在模拟中自动复制预应力和施工顺序的影响。预测的 19 年偏差的结果如图 17.5 所示,包括线性和对数时间尺度。在对数时间尺度上绘制挠度的一个好处是突出长期变形的渐近趋势,这在线性标度中比较模糊。这种长期渐近线是蠕变模型评估中的一个重要方面。实际上,如果蠕变模型无法捕捉到这种渐近趋势,则意味着模型存在根本性不足,并且长期预测可能会产生误导。基于 ACI、CEB、JSCE、GL 和 B3 模型的预测被绘制在图 17.5 中,并与由菱形点表示的挠度实测结果进行比较。

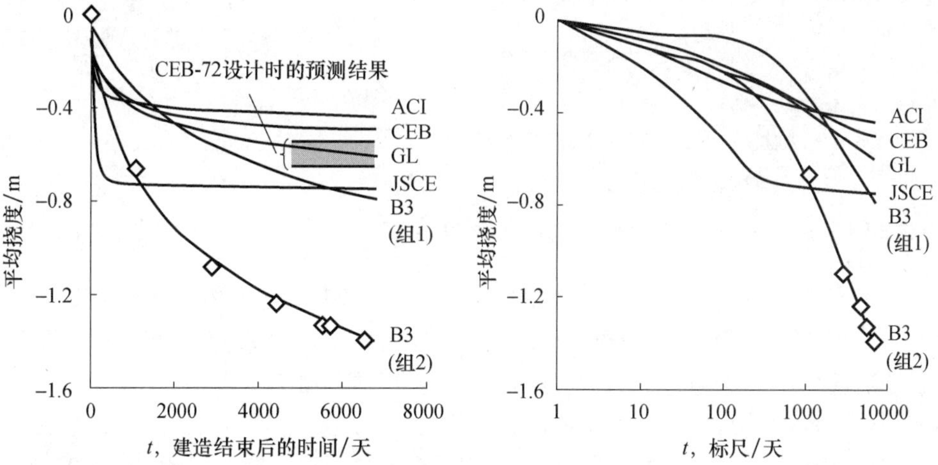

图 17.5　基于不同蠕变模型的 19 年 K-B 桥挠度(经 ASCE,Bažant 等批准)2012A)

19 年后,跨中的实测挠度大约是使用 ACI 或 CEB 模型计算的(通过速率型三维有限元分析)3 倍,并且大约是 GL 模型计算的挠度的 2 倍。此外,ACI、CEB、JSCE 和 GL 挠度曲线的形状与 B3 模型的形状以及观察到的挠度历史的形状有很大不同,它们的长期渐近线在对数时间尺度上趋于平缓,与图 17.5 中所示的倾斜直线大幅偏离。对于模型 B3,尽管其基于默认参数(第 1 组)的预测低估了跨中挠度,长期渐近线与测量的渐近线一致。根据更新的第 2 组,模型 B3 不仅给出了最终挠度的良好估计,而且非常接近记录的挠度曲线的形状。

不同模型预测的预应力损失如图 17.6 所示,线性和对数时间尺度也是如此。当使用 ACI 和 CEB 模型时,预测 19 年预应力损失(按速率型三维有限元分析)仅为 22%和 24%,这远低于模型 B3 第 2 组时的 46%损失(Bažant 等,2012a)。BAM 模型预测的预应力损失的正确性通过 ABAM 在改造之前对三个钢筋进行的应力消除测试得到证实(Berger / ABAM,1995)。从钢筋上的 9 次测量获得的平均残余应力为 377 MPa(54.7 ksi),表明超

过 19 年的平均预应力损失约为 50%。模型 B3(第 2 组)的预测值与测量平均值相差仅 4%,小于这些测量值的差异系数,即 12.3%。另一家调查公司(Wiss,Janney 和 Elstner,Highland Park,Illinois)也进行了类似的测试,测量的平均预应力损失几乎相同。

蠕变和收缩因其相对较高的随机分散系数令人头疼,这是由材料性质的波动以及环境条件的变化造成的。因此,基于一些合适的置信限而不是确定性平均挠度来设计桥梁更合适(Bažant 和 Liu,1985;Bažant 等,2010)。进行挠度统计的有效方法是使用输入参数的拉丁(Latin)超立方采样(Bažant 和 Liu,1985; Bažant 和 Kim,1989)。通过根据拉丁(Latin)超立方采样随机生成的输入参数样本,重复进行桥的确定性 FEM 分析,可以容易地获得置信限(Bažant 等,2010,2012a)。

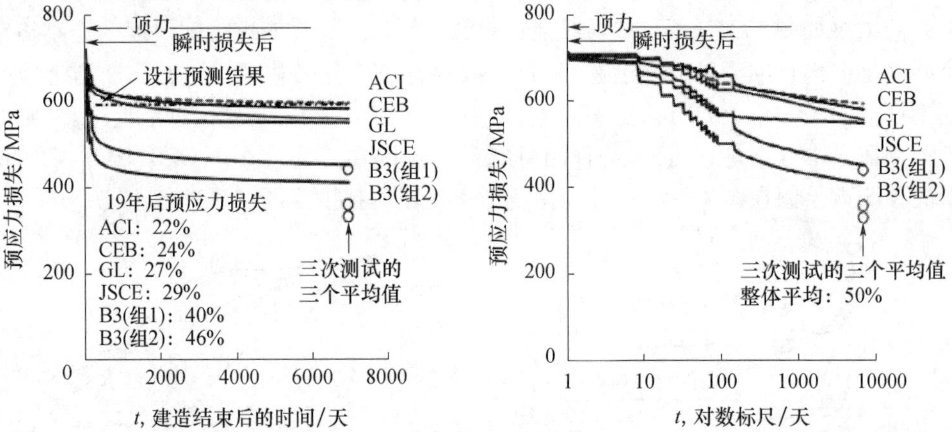

图 17.6 基于不同蠕变模型的 19 年 K-B 桥预应力损失(经 ASCE,Bažant 等批准)2012A)

K-B 桥的数值研究表明,基于实用的蠕变和收缩模型以及利用有效的速率型方法的三维模拟对于蠕变结构分析至关重要。在实践中使用的模型,B3 模型明显能够捕获混凝土蠕变的长期渐近线,因此能够逼近预应力混凝土桥梁的数十年挠度,尽管基于长期的内参数更新可能需要长期的蠕变测试。例如,四座日本桥梁和一座捷克共和国的桥梁的测量挠度可以通过基于具有更新的内参数的模型 B3 的三维模拟来近似地模拟(Bažant 等,2012a)。

17.4 桥梁长期挠度过大的警示

17.4.1 挠度过大史集锦

在帕劳共和国的 K-B 桥数据发布及其分析的推动下,西北大学基础设施技术研究所与 RILEM 委员会 TC-MDC 合作,开展了收集其他桥梁数据的工作。来自其他建筑公司的私人通信以及各种论文和报告的扫描件(Manjure,2001-2002;Burdet 和 Muttoni,2006;Pfeil,1981;Fernie 和 Leslie,1975;JICA,1990;Patron-Solares 等,1996)给出了 69 座大跨度一系列的下挠过大或即将过大的演化集合,其中 56 座大跨度桥梁的前 28 座跨中的过大挠度演化如图 17.7 所示。世界上可能存在数百个此类案例,除了一个(Gladesville 拱门)外。图 17.7 中的所有桥梁都是大跨度、节段预应力箱梁,大多采用跨中铰链;然而,其中至少有 6 座（Parrotts Ferry、Grubbenvorst、Wessem、Empel、Hetern 和 Ravenstein Bridges）是连续的。消除跨中铰链可以减小挠度，但通常不够，正如 Děčín 的 Labe 桥详细记录的那样。遗憾的是，许多列出的桥梁挠度源仅提供了草图和有限的横截面信息，这些信息不足以进行有限元建模。

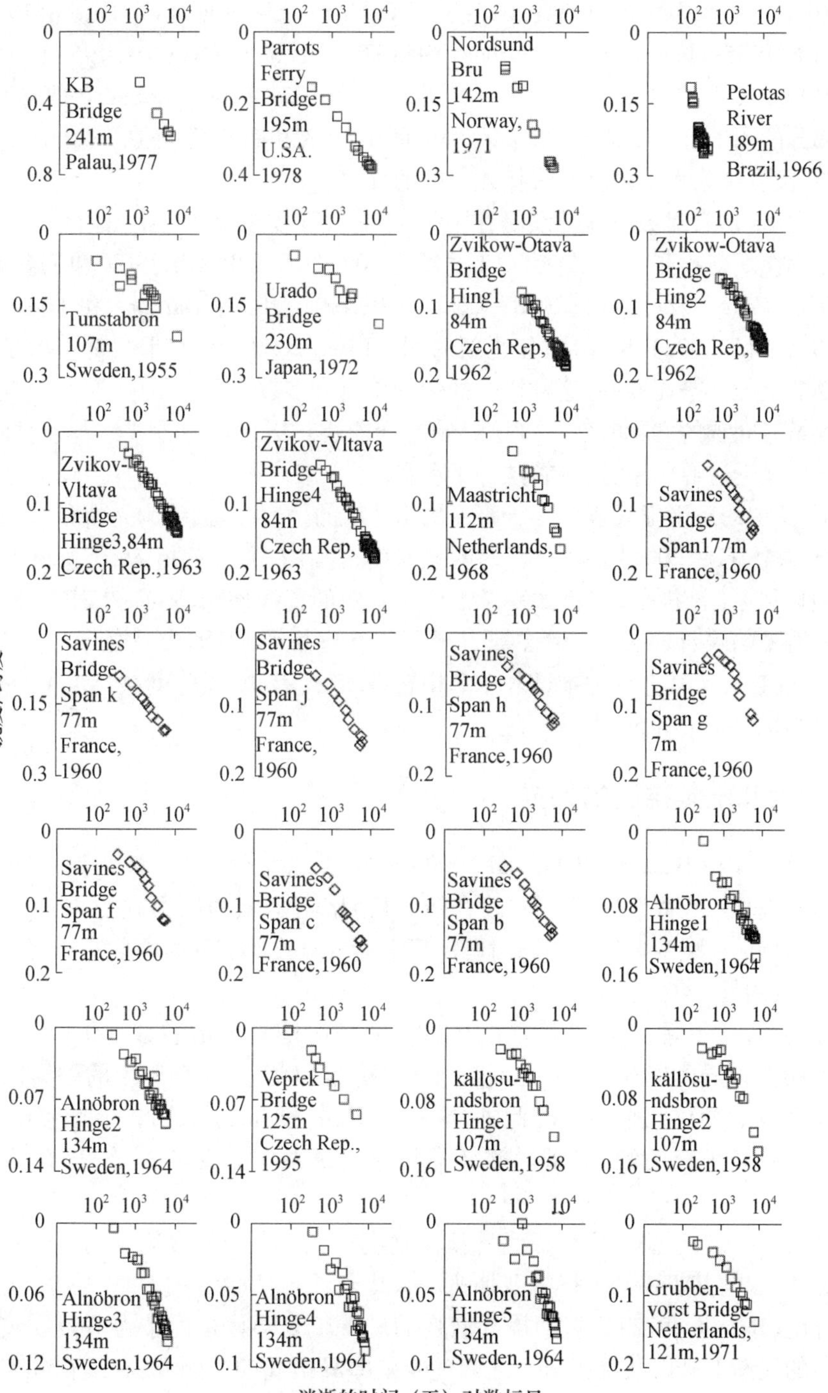

图 17.7　56 座大跨度桥梁的前 28 座跨中的过大挠度演化（经美国混凝土协会、Bažant 等批准转载，2011）

最有趣的是,所有这些挠度演化都以对数时间尺度中的倾斜直线终止,这对应于实际时间尺度中的对数曲线。这一特征于 1975 年根据 L'Hermite 等(1965、1969)和 L'Hermite 和 Mamillan(1968)的试验数据在核反应堆安全壳分析中引入(参见 Bažant(1975)中的图 4),测试数据与基于理论的 B3 模型的预测一致,并且还得到其他现有的实验室测试的长期数据的支持(Brooks,1984,2005;Burg 和 Orst,1994;Russell 和 Larson,1989;Browne 和 Bamforth,1975;Hanson,1953;Harboe,1958,Troxell 等,1958;Pirtz,1968)(例如,参见 RILEM 1988 中的图 2.2、图 2.7、图 2.10、图 2.24 和图 2.28 或者 Bažant 等,1992 年的论文的第 1 部分的图 1~图 4,或者第 2 部分中的图 1、图 3 和图 4)。注意,与上述实验室蠕变试验类似,没有迹象表明挠度曲线接近有限的界限。

相比之下(尽管对数终止曲线是在 1974 年向 ACI 委员会 209 提出的),ACI 和其他现有的工程学会蠕变预测模型,包括 ACI 委员会 209、CEB-FIP、GL、JSCE 和 JRA 模型(CEB-FIP,1990; ACI,1971; ACI,2008; CEB-FIB,1990,2010; Gardner 和 Lockman,2001; JSCE,1991; JRA,2002),除 2012 年更新的 fib Model(2010)外,其形式都暗示了水平渐近线或蠕变的上限。毫无疑问,这种错误的假设是由大多数工程文献中的习惯引起的,即仅在具有延长时间轴的实际时间尺度上绘制蠕变曲线。当以这种方式绘制时,即使对数曲线也会产生接近边界的错觉,尽管这并不存在。

图 17.9 中的水平虚线表示等于跨度的 1/800 的挠度,这被认为是桥设计规范中的可接受极限(AASHTO,2004)。在可行的测量时间范围内,通过分析 56 座桥梁偏挠度的演变中,16 座超过了该极限,并且如果考虑到 100 年的直线外推,则有 26 座(100 年寿命现在是通常需要的设计寿命)。请注意,分析了 56 座桥梁,但图中只显示了 35 座。基于图 17.7 中的数据及其直线外推,图 17.7 中在 24 年内有 36 座跨度超过了 1/800 的极限,40 年有 39 座,100 年有 50 座。

17.4.2 近几十年挠度的外推

根据模型 B3(Bažant 和 Baweja,2000)和在西北大学 1991 年开发的 BPKX 模型(Bažant 等,1992),在固定 t' 处 的挠度曲线的长期渐近线是对数形式的,上述实验室的数据支持了该特征。蠕变曲线在对数时间尺度上变成直线所需的时间取决于许多因素——平均来讲,大约是 3 年。

有趣的是,几年后,桥梁挠度曲线也成为对数时间尺度的直线(图 17.7)。其原因必然是年龄段差异的影响,悬臂施工期间自重弯矩的变化、板坯厚度的差异以及跨度闭合时结构系统的变化几乎消失。此外,瞬态过程,特别是对蠕变和收缩的干燥效应,水泥水化产物逐渐填充毛细孔,干燥蠕变的加速以及预应力钢的松弛率,在几年内大大减弱。

在较早的时候,干燥效应会极大地扭曲挠度曲线。由于节段箱梁的顶板在支架附近比底板更薄,因此其收缩和干燥蠕变加速。这减小了它们的跨中挠度,甚至可能导致暂时的向上挠度(Bažant,1972)。短期挠度演变的进一步复杂化是由于在节段安装期间在桥墩处弯矩的逐渐上升以及箱梁节段之间的年龄差异引起的。因此,在最初几年预测偏转需要复杂的 FE 蠕变分析(Bažant 等,2010,2012a,b)。

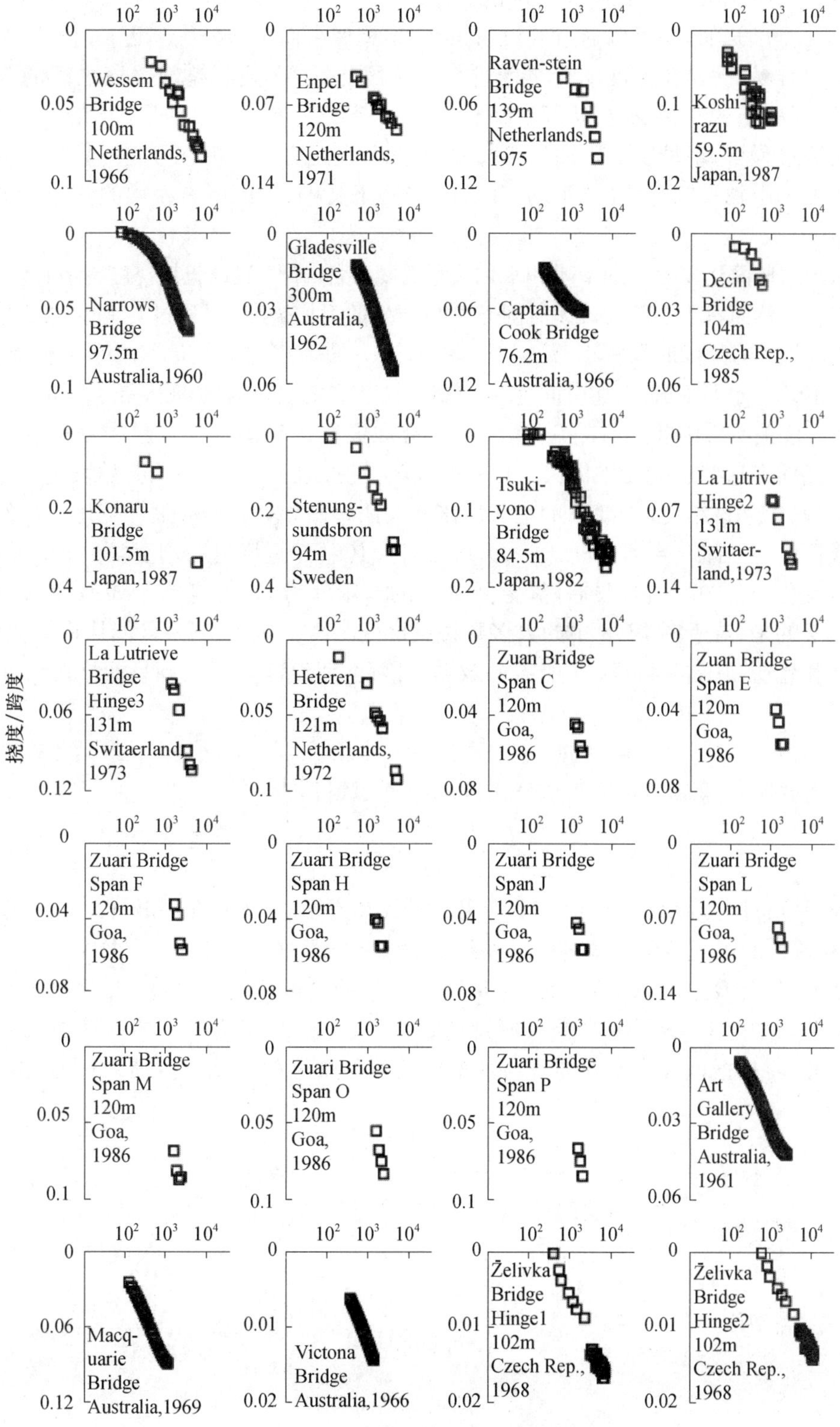

图 17.8　56 座大跨度桥梁中剩余的 28 座桥梁的挠度演变（经美国混凝土协会、Bažant 等批准转载，2011）

然而,对数标度中的长时间挠度的直线趋势表明,如果在时间 t_m(如 1000 天)处的偏转,w_m 是已知的,则可以通过假设与 $J(t,t')$ 相似来简单地外推到更长时间。为了使外推变得容易,需要在跨度闭合之前进行两种简化:①必须忽略箱梁段之间的年龄差异,并且混凝土的年龄必须以跨度闭合时的一个统一有效(或平均)年龄 t_c 来表征;②在安装过程中,不是逐渐增加悬臂段中的弯矩,而是必须考虑在竖立的悬臂中引入自重弯矩的一个常见的有效(或平均)年龄 t_a。在下文中,考虑所有桥梁的值 $t_c = 120$ 天和 $t_a = 60$ 天。

由于这些简化以及早期干燥和水化过程的复杂性,不能假设长期挠度与 $J(t,t_a)$ 成比例地增长。然而对于在跨度关闭时间 t_c 之后产生的附加挠度 w,通过 t_a 和 t_c 估算早期加载历史的误差必须随时间减小,并且当 $t \gg t_c$ 时——即在经过一段足够的时间 t_m 后,最终可忽略不计。如下所示,上述时间 $t_m = 1000$ 天(从跨度闭合测量)似乎是合适的。

在跨度关闭之前和之后的几年,干燥过程和混凝土年龄的差异使得箱梁响应非常复杂。然而在这些影响几乎消失之后——也就是说,对于 $t > t_m$ 箱梁开始表现为几乎同质的结构,对于该结构,挠度 w 的增长应该与关闭时间 t_c 处已经发展的扰度函数的增量大致成比例——即 $w = C[J(t,t_a) - J(t_c,t_a)]$,其中 C 是特定的刚度常数。C 或 w_m 的值可以变化很大,并且它们的计算需要详细的有限元分析,并考虑干燥蠕变和建造顺序。不幸的是,对于图 17.8 中的大多数桥梁挠度曲线,结果证明不可能从材料特性、几何形状和建造顺序获得计算 C 所需的数据。因此,假设已知 w_m,则只能检查来自 t_m 的外推。

因此,C 可以从试验得到的 w_m 计算:$C = w_m[J(t_m,t_a) - J(t_c,t_a)]$。对于在时间 t_m 之后的挠度外推,获得了以下近似公式(Bažant 等,2011):

$$w(t) = w_m \frac{J(t,t_a) - J(t_c,t_a)}{J(t_m,t_a) - J(t_c,t_a)} \tag{17.20}$$

为了检查该公式的适用性,可以使用 B3、ACI 委员会 209 和 CEB-FIP 材料模型通过 K-B 桥的有限元精确计算的挠度曲线。对于每条曲线,使用与计算曲线相同的柔度函数 $J(t,t')$ 计算挠度,式(17.20)可用于从计算的挠度中推断 1000 天时的 w_m,得到的外推结果如图 17.9 所示。令人惊讶的是,每次外推与相应模型的计算曲线相当接近。因此,将根据该公式的外推法与观察到的各种桥梁的长期挠度曲线进行比较是有意义的。

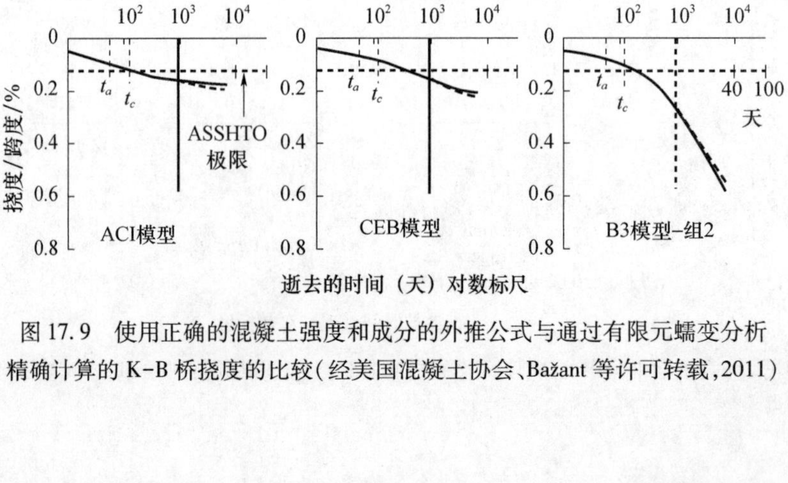

图 17.9 使用正确的混凝土强度和成分的外推公式与通过有限元蠕变分析精确计算的 K-B 桥挠度的比较(经美国混凝土协会、Bažant 等许可转载,2011)

从理论上讲,只有在时间 t_a 之后由自重和预应力产生的弯矩在大致恒定时才应用式(17.13)。因为在时间 t_m = 1000 天之后额外的预应力损失非常小,弯矩恒定的假设是具有跨中铰链的桥的非常好的一种近似方法。对于通过跨中连续制成的节段桥,内力重新分布,以便接近弹性连续桥的弯矩分布。根据年龄调整的有效模量法,将式(17.20)推广到时间 t_m 后的这种再分配可以考虑在内。例如,见(Jirásek 和 Bažant,2002)和(Bažant,1972)。但是,为此目的,需要有关桥梁几何形状和预应力的完整信息,遗憾的是,除了 Děčín 和 Vepřek 桥之外,图 17.7 中没有铰链的大多数桥梁都无法使用。然而,即使对于这两座桥梁,1000 天后的再分配程度也必然非常小,这可以通过跨中横截面的相对浅度和高柔韧性来解释。

17.4.3　与蠕变和收缩模型推断挠度的比较

所有蠕变预测模型所需的输入特性为混凝土的平均抗压强度 $\bar{f}_c$ 、环境相对湿度 H 和有效横截面厚度 D 。此外,RILEM 模型 B3 使用水/水泥比(w/c)、比水泥含量 c 和骨料/水泥比(a/c)(a/c 值由混凝土的密度 ρ 表示)作为输入值,如果这些附加输入值未知,将使用建议的默认值。虽然模型 B3 的干燥蠕变项对时间 t_c 后的挠曲率几乎没有影响,但它会影响从 t_0 到 t_c 的蠕变,因此,它必须包含在从模型 B3 计算 $J(t,t')$ 的过程中。因为式(17.20)不能考虑箱梁内板坯厚度变化的影响,必须使用单个平均或有效厚度 D 来计算 $J(t,t')$ 的近似值($D = 2V/S$,其中 V/S 是平均截面的体积-表面积比)。

在式(17.20)中,必须指定模型 B3 的平均混凝土强度 $\bar{f}_c$ 和 w/c 、c 和 ρ 。不幸的是,这些参数仅在已分析的 36 座桥中的 6 座桥是已知的。因此,不可能对每座桥进行单独比较。然而,至少在所有桥梁组合的平均意义上可以进行有用的比较。

假设这些旧桥的混凝土设计强度平均为 31MPa,这意味着(根据 CEB-FIP)(FIB 1999),平均强度至少为 39 MPa。此外,Scandinavian 桥梁(NorsundBru、Tunstabron 和 Alnöbron 桥)的平均有效横截面厚度 D =0.25 m(10in)和 70%的环境湿度,其他桥梁假定为 65%。对于其他参数,假设 w/c =0.5, c =400kg/m^3, ρ = 2300 kg/m^3。当然,以这种方式从 w_m 外推的挠度曲线对于每个特定的桥可能是不正确的。然而,由于误差应该是相反的符号,可相互补偿抵消,如果已知每种混凝土的性质,所有桥梁的外推平均值仍然应该近似等于挠度曲线的正确外推长期趋势的平均值。

在图 17.7 和图 17.8 中(从底部算起)56 座桥梁的最后 19 座跨距被省略有三个原因:①没有进行足够的测量;②挠度不是太大;③1000 天未进入直线形式,这意味着干燥效果仍然持续。这发生在 Konaru、Tsukiyono、Stenungsbron、Želivka 和 Victoria 桥。此外,在图 17.7 中必须省略另外一个图以获得矩形阵列,这个图就是 Savines 桥跨度 b ,因为其与跨度 c 基本相同,因此根据式(17.8)~式(17.36)减少了外推的数量。

用 B3、ACI 委员会 209、CEB-FIP 和 GL 模型得到的外推法在图 17.10 中用不同的线表示——对于模型 B3 是连续的;ACI 委员会 209 模型的浅色虚线; CEB-FIP 模型的点划线;GL 模型的黑色虚线。这些模型中没有一个是令人满意的,因为它们都系统且显著地低估了测量的长时间挠度。然而,RILEM 模型 B3 的表现并不像其他的那么糟糕。

17.4.4 更新长期预测能力

RILEM 模型 B3 有两个重要优点：

(1)模型 B3 的长期形式是对数曲线(在图中显示为直线),这与挠度数据的长期趋势一致,而 ACI 委员会 209、CEB-FIP 和 GL 模型的长时间曲线(ACI 1971,2008;FIB,1999;Gardner,2000;Gardner 和 Lockman,2001)(以及分别于 1996—2002 年的 JSCE 和 JRA 模型)在接近水平渐近线时趋于平稳。

(2)模型 B3 是唯一可以在不影响短时性能的情况下进行更新的模型,因为可以单独控制直线长时间渐近线的斜率。

从图 17.8 中,可以确定每个桥跨度 i ($i = 1,2,\cdots,N,N = 36$)的实际观察到的终端斜率 r_i 与用模型 B3 外推的挠度斜率之比,其平均比率

$$\bar{r} = \sum_{i=1}^{N} r_i/N \tag{17.21}$$

可用来修正模型 B3,使得它不会系统地低估蠕变挠度的长时间外推。

根据 RILEM 模型 B3(Bažant 和 Baweja,1995),$\log(t-t_c)$ 尺度中的末端渐近挠度斜率与 $q_4 + nq_3$ 成正比,其中 n 是黏弹性项的指数,等于 0.1, q_3 和 q_4 是模型 B3 的参数,从经验公式使用上述默认值 w/c 、c 、a/c 和平均混凝土强度 $\bar{f}_c$ 的函数获得。

已经提出了由这些公式得到的参数值(Bažant 等,2011),并用因子 $\bar{r}$ 进行更新,得出了校正的参数

$$q_3 \leftarrow \bar{r}q_3, q_4 \leftarrow \bar{r}q_4 \text{ 且 } \bar{r} = 1.6 \tag{17.22}$$

$\bar{r}$ 的变化系数是 $\omega_r = 0.45\%$,但只有 $\bar{r}$ 的平均值可以认为是现实的,因为必须假设所有桥的平均特性相同。

图 17.11 比较了校正外推的线与挠度数据点的终端序列。请注意,外推误差显著降低,并且现在测量的挠度几乎与测量的数据点系列相同。由此获得改进的模型 B3。模型 B3 的其他参数对长期桥梁挠度斜率没有影响,因此不能以这种方式改进。

仅通过实验室数据库进行模型校准几乎不可能获得长期性能的改善。因为数据库偏向于较短的蠕变持续时间(Bažant 和 Panula,1978),所以 q_3 和 q_4 的大变化仅导致了实验室数据的方差之和的变化非常小,这使得仅通过最小化数据库误差而获得的 q_3 和 q_4 值具有高度不确定性。

17.5 速率型蠕变公式

17.5.1 采用速率型蠕变公式的耦合有限元分析

对蠕变和收缩效应的实际详细分析需要一种由微分而非积分方程组成的速率型公式。然而基于工程学会的预测模型,混凝土蠕变的特征在于柔度函数 $J(t,t')$,其表示在时间 t' 施加的单位持续单轴应力所引起的时间 t 时的应变。对于时间依赖的应力历史 $\sigma(t)$,应用时间叠加原理从 $J(t,t')$ 得到积分型蠕变公式(而裂纹模型足以捕获所有非线性特征,这主要是由于干燥引起的)。因此,蠕变的特征在于老化黏弹性的沃尔泰拉(Vol-

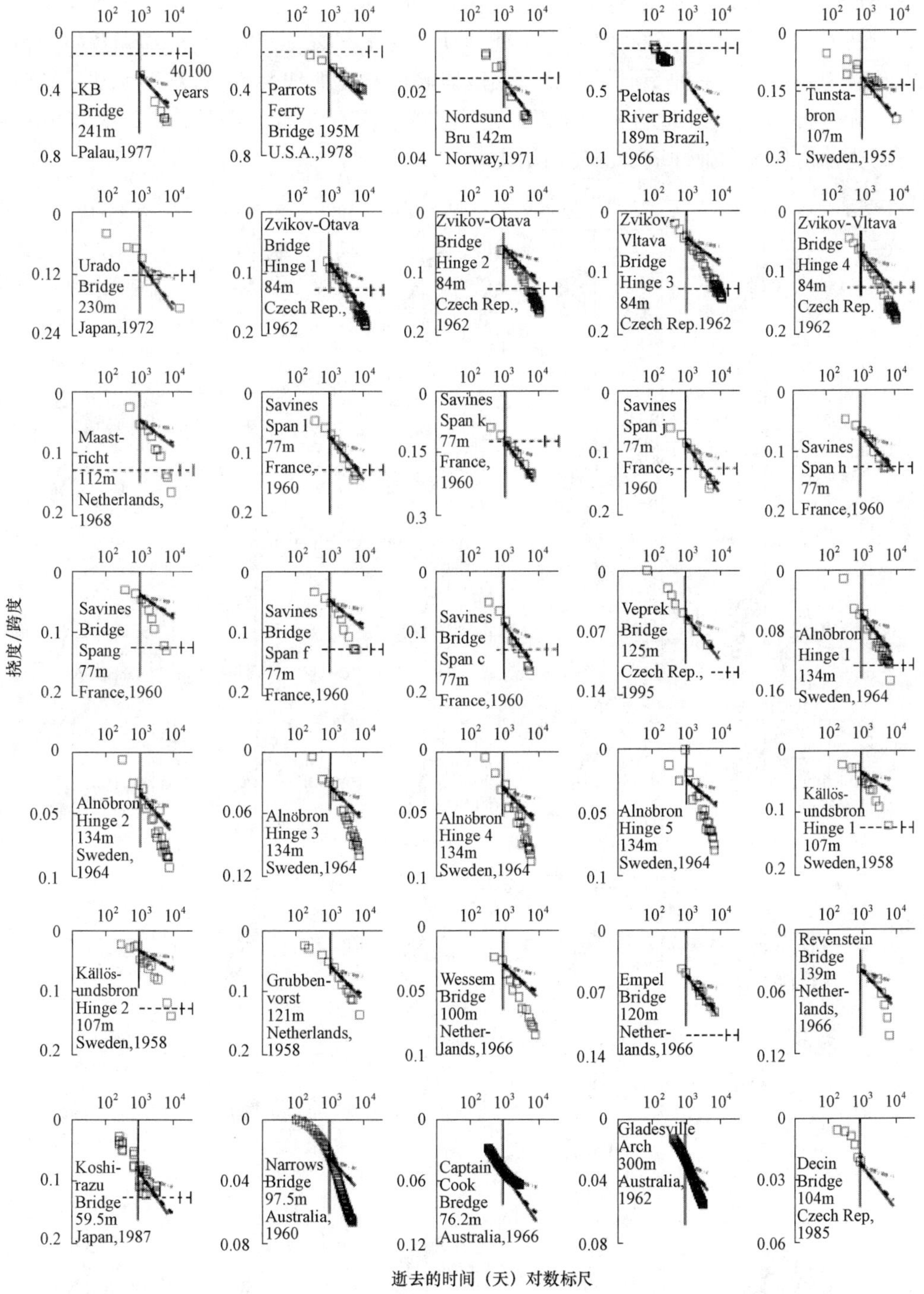

图 17.10　基于公式 3 的 36 座桥梁蠕变数据外推，使用估计的混凝土平均强度和成分（经美国混凝土研究所，Bažant 等许可转载），2011）

terra）积分方程，其由于老化而具有非卷积类型的核。

对于逐步有限元分析，这个积分方程是不合适的。不足之处有两个：①由于存储器要求的历史积分而导致的高计算成本；②与可变环境的不兼容性以及诸如开裂导致挠度线性或叠加原理的偏离。因此,对于大尺度结构分析,积分型方法是不可用的或者说不准确的,它在物理上也是不适当的,因为它不能捕获混凝土开裂,最终的键滑移和预应力钢松弛。预应力钢松弛是一种受混凝土蠕变演变影响的高度非线性现象,对于大蠕变敏感结构的实际分析,不可避免地将积分型蠕变定律转换为具有内部变量的速率型公式,其内部变量的当前值代表黏弹性应变的先前历史。

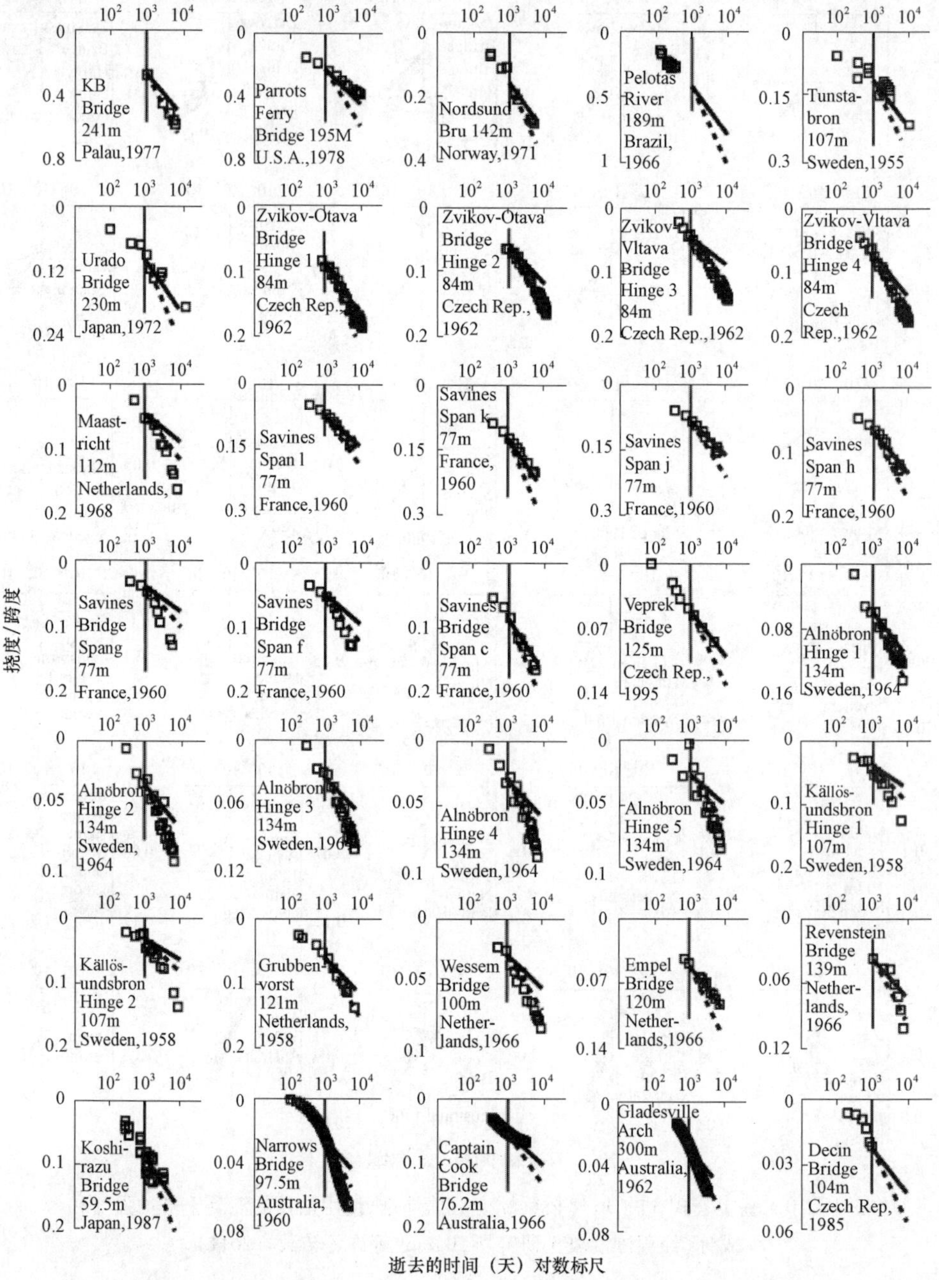

图 17.11 基于原模型 B3 的 36 座桥梁的挠度的长期外推(实线)及其与长期系数(虚线)的更新(经美国混凝土研究所,Bažant 等(2011)许可转载)

能够进行速率型分析的关键特性是老化黏弹性的任何实际的整体型应力-应变关系，可以通过流变模型可视化的速率型蠕变定律以任何精度来近似，例如，Kelvin 链模型或 Maxwell 链模型。对于蠕变，Kelvin 链模型更方便，因为其参数可以更直接地与蠕变试验相关，该模型由一系列 Kelvin 单位 $\mu = 1,2,3\cdots,N$（图 17.12）组成，每个都涉及刚度 $E_\mu(t)$ 的弹簧，并与黏度 $\eta_\mu(t)=E_\mu(t)\tau_\mu$ 的黏壶并联耦合，其中 τ_μ 是适当选择的延迟时间。对于时间步长 Δt，Kevin 单元的内部变量定义为 $\gamma_\mu = \tau_\mu \mathrm{d}\varepsilon_\mu/\mathrm{d}t$。柔度 $A(\tau_\mu) = 1/E_\mu$ 与 $\log(\tau_\mu)$ 的关系图称为离散延迟谱。

根据以前的经验（Bažant 和 Prasannan，1989a，b；Bažant 和 Baweja，2000；Bažant 等，2012b；Yu 等，2012），混凝土蠕变的延迟时间最好选择在对数时间尺度上间隔数十年——即 $\tau_{\mu+1} = 10\tau_\mu$。对于 τ_μ 的稀疏间距，由离散谱表示的柔度函数变得不平整和不准确，而更密集的间隔在精度上没有显著增加。对于 $\tau_\mu \ll \Delta t$（时间增量），Kevin 单元将表现得像弹性弹簧，并且黏壶不起作用，而对于 $\tau_\mu \gg \Delta t$，Kevin 单元将表现得像刚性连接。

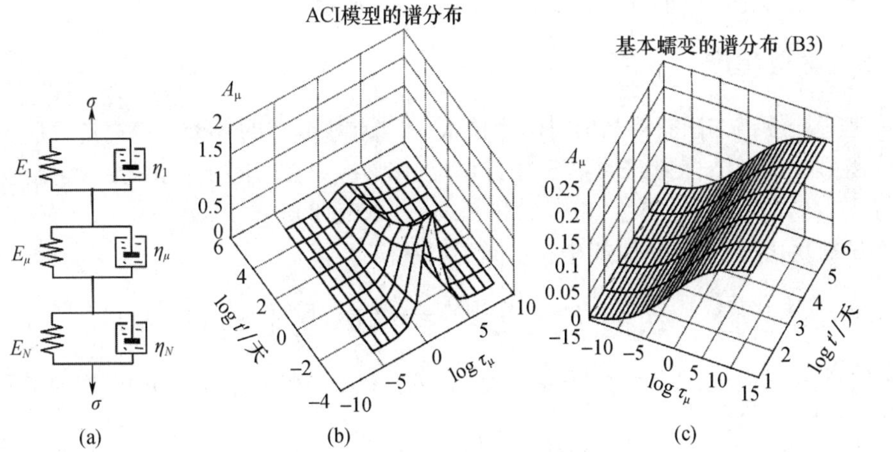

图 17.12 （a）Kelvin 链模型，（b）基于 ACI 模型的连续谱，（c）基于 B3 基本蠕变的连续谱

当使用速率型蠕变定律时，结构蠕变问题可以减少到一阶常微分方程组，具有与年龄相关的系数。然而，在有限元模拟中不需要求解该微分方程。将每个时间步长 Δt 的增量应力-应变关系转换为准弹性增量应力-应变关系更有效。因此，结构蠕变问题降阶为一系列具有初始应变的弹性问题（Bažant，1971，1975，1982；Bažant 和 Wu，1973；RILEM，1988；Jirúsek 和 Bažant，2002）。

17.5.2 连续延迟谱

由于老化，每个后续时间步长的谱是不同的，尽管可以假设它在每个时间步长内不是太长。实际上，对于在足够短的时间步长内的应力变化，混凝土可以被认为表现为非老化的线黏弹性材料，其特征在于 Kelvin 链模量和对应于中间时间 $t_{(n-1/2)}$ 的黏度。因此，必须在每个时间步长的平均年龄 $t_{(n-1/2)}$ 处识别对应的柔度函数（例如，ACI、CEB 或 GL 函数）的非对称延迟谱。

在原始速率型蠕变分析（Bažant 和 Wu，1973）中，基于柔度函数的最小二乘拟合确定了离散谱 $A(\tau_\mu)$。然而，发现这种方法给出了 $A(\tau_\mu)$ 的非唯一结果，并且对柔度的微小变化过于敏感。更严重的是,以这种方式识别的谱在一段时间内违反了热力学约束,例如,Kelvin 单位的模量没有按照老化的要求单调增加。此外,在每个时间步骤中实施最小二乘拟合使得有限元编程更麻烦。

如 Bažant 等所示(2012a),通过计算 Kelvin 链的当前连续延迟谱可以克服该障碍。连续延迟谱对应于无限多个 Kelvin 单位,其具有无限紧密间隔的延迟时间 τ_μ 。因此,它代表 $1/E_\mu$ 对 $\log(\tau_\mu)$ 的平滑曲线。它的优点即它的唯一性,并且可以利用 Widder 的近似反演公式,通过拉普拉斯变换反演分析从给定的柔度函数中识别(Bažant 和 Xi,1995; Bažant 等,2010,2012a,b)。

在图 17.12 中,给出了两个连续谱,一个用于模型 B3 的基本蠕变,另一个用于 ACI 模型。ACI 模型的谱是时间依赖性的,$A(\tau)$ 随时间而降低。在基于凝固理论的模型 B3(Bažant 和 Prasannan,1988;Jirásek 和 Bažant,2002)的情况下,通过凝固组分的体积增长和随流动黏度的逐渐增加来考虑老化。因此,可以对凝固组分使用非老化的柔度函数。该组分的谱是未老化的(即与时间无关),如图 17.12 所示。

17.5.3 数值程序

在通过连续谱方法获得当前时间步长 Δt 和当前积分点的 Kelvin 链模量之后,实施指数算法将蠕变模型结合到 FEM 程序中,该算法作为应力在时间步长内的线性变化的精确解被导出,具有无条件稳定性(Jirúsek 和 Bažant,2002; Bažant,1971;Bažant 和 Wu,1973)。

在该算法中,首先计算时间步长中间的增量模量:

$$1/E''(t_{n-1/2}) = 1/E_0 + \sum_{\mu-1}^{N} D_\mu^{-1} = 1/E_0 + \sum_{\mu-1}^{N} A(\tau_\mu)\ (1-\lambda_\mu) \tag{17.23}$$

式中:E_0 为瞬时模量;$\lambda_\mu = \tau_\mu(1-e^{-\Delta t/\tau_\mu})$ 。然后获得非弹性应变增量,也称为本征应变:

$$\Delta\varepsilon'' = \sum_{\mu=1}^{N} (1-e^{-\Delta t/\tau_\mu})\ \gamma_\mu^{(n-1)} \tag{17.24}$$

式中:$\gamma_\mu^{(n-1)}$ 为最后一个时间步长 t_{n-1} 的内部变量。在数值模拟中,可以通过其他非弹性应变(如收缩和热应变)、裂纹或损伤以及最终的循环蠕变本征应变来增强本征应变的矩阵。注意,矩阵 $\Delta\varepsilon''$ 中的最后三项表示剪切蠕变,这对于箱梁的剪力滞后很重要,尽管在积分方法中通常被忽略不计。基于各向同性准弹性应力-应变关系,当前步骤结束时的应力增量为

$$\Delta\varepsilon = E''(t_{n-1/2})\ \boldsymbol{D}(\Delta\varepsilon - \Delta\varepsilon'') \tag{17.25}$$

式中:D 为弹性刚度矩阵,其单位值为杨氏模量;$\Delta\varepsilon$ 为总应变增量。利用这种应力-应变关系,结构蠕变问题可以降阶为一系列的增量弹性问题,这可以通过 FEM 程序轻松解决。获得应力增量后,内部变量更新如下:

$$\gamma_\mu^{(n)} = \lambda_\mu \Delta\sigma D_\mu^{-1} + \mathrm{e}^{-\Delta t/\tau_\mu}\gamma_\mu^{(n-1)} \tag{17.26}$$

与积分型方法不同,此处不需要存储先前的历史,因为它完全由 γ_μ 的当前值表征。在 FEM 中,Kelvin 单元的数量 N 实际上大约可以减少到 5,第一个被计算为对数时间尺度上谱之下的积分区域,直到 $-\infty$(原因是当 $\tau_\mu \ll \Delta t$ 时,Kelvin 单位表现为弹性弹簧)。然而,对于 B3 模型直接使用 $N = 22$,对于其他模型直接使用 $N = 13$,尽管浪费了计算时间,但使得编程更简单(这更为重要)。

与其他的纯经验模型不同,B3 模型基于凝固理论。在该模型中,蠕变由两部分组成:

基本蠕变和干燥蠕变。对于干燥蠕变,其在 FEM 中的柔度函数的实现与其他模型类似;而对于基本蠕变,其包括非老化体积组成和黏性流动组成。因此,对于模型 B3 存在更简单的指数算法。解释非老化组成的谱被用于计算 Kelvin 单位刚度 D_μ ,其表示如下:

$$A^b(\lambda_\mu) = \left(\sqrt{1/t_{n-1/2}} + q_3/q_2\right) A(\lambda_\mu) = \kappa A(\lambda_\mu) \tag{17.27}$$

因此,总非弹性蠕变应变被修改为

$$\Delta \varepsilon'' = \Delta\varepsilon''_1 + \Delta\varepsilon''_2 = \left[\sum_{\mu=1}^{N^b} \kappa\left(1 - e^{-\frac{\Delta t}{\tau_\mu}}\right) \gamma_\mu^{(n-1)} + \sum_{\mu=1}^{N^d} \kappa\left(1 - e^{-\frac{\Delta t}{\tau_\mu}}\right) \gamma_\mu^{(n-1)} \right] + \left[q_4 \sigma^{(n-1)} \Delta t / t_{n-1/2} \right] \tag{17.28}$$

式中:N^b 和 N^d 分别为基本蠕变和干燥蠕变中的 Kelvin 单元数。这里只列出了数值模拟的关键步骤;有关详细的信息和示例,请参考 Bažant 等(2012a,b)和 Yu 等(2012)。

17.5.4　循环蠕变的广义化

正如 Bažant 和 Hubler(2014)所证明的那样,循环蠕变不会引起混凝土桥梁明显的挠曲,但会导致箱梁顶面或底面或两者的非弹性拉伸应变,特别是对于较短的跨度。其中,活动荷载总载荷不可忽略的部分,为了限制拉伸开裂,需要计算这种循环蠕变的影响。

与金属和细晶粒陶瓷不同,混凝土的微观结构在所有尺度上都是无序的,从纳米尺度到代表性体积单元(RVE)的宏观尺度,其尺寸通常为 0.1m(假设为正常尺寸的聚集体)。在所有尺度上,材料都充满了缺陷和预先存在的裂纹。大于 RVE 的裂纹的增长被钢筋阻挡,比 RVE 小得多的裂纹对安全性影响不大,在疲劳载荷下,这种裂纹会长大,但仅影响非弹性变形而不是安全性,因为它们比 RVE 小得多。在工作应力范围内(即应力小于强度的 40%),混凝土的循环压缩载荷的试验结果表明,在随后的短时间加载直至失效过程,材料强度没有降低,最多只有轻微的刚度减小(Hellesland 和 Green,1971)。

在单个长度为 l_c 的 RVE 中,半径a_0 的单个硬币形微裂纹的应变增量 $\Delta\varepsilon_N$ 可以使用断裂力学(Bažant 和 Hubler,2014)根据 N 个周期后的裂纹尺寸增量 Δa_N 来计算:

$$\Delta\epsilon_N = 3\gamma_0 \frac{\sigma}{E}\left(\frac{a_0}{l_c}\right)^3 \frac{\Delta a_N}{a_0} \tag{17.29}$$

式中:γ_0 为无量纲几何因子。如果 Paris 定律在 RVE 水平局部应用,则裂纹尺寸的增量可以用远程施加的应力幅度 $\Delta\sigma$ 表示:

$$a_N - a_0 = \lambda\left(\frac{c\Delta\sigma\sqrt{a_0}}{K_c}\right)^m N \tag{17.30}$$

注意,前因子 λ 和指数 m 必须是通过测试数据拟合获得的经验常数。然后给出每循环的循环蠕变应变与施加应力的函数之间的关系:

$$\varepsilon_N = C_1\sigma\left(\frac{\Delta\sigma}{f'_c}\right)^m N,\text{其中 } C_1 = \frac{3\gamma_0}{E}\frac{\lambda}{a_0}\left(\frac{ca_0}{f'_c}\right)^3\left(\frac{f'_c\sqrt{a_0}}{K_c}\right)^m \tag{17.31}$$

式中:f'_c 为混凝土的标准抗压强度。值得注意的是,预测到了 ε_N 线性依赖于 σ 和 N 。这与在工作应力范围内的可用循环蠕变测量值一致,并且便于结构分析。通过尺寸分析和相似拟合,可以证明这种函数形式适用于所有压缩循环裂纹类型,包括横向于压缩传播的挤压带(Suresh,1998;Suresh 等,1989;Eliás 和 Le,2012)、坚硬的夹杂物处的楔形裂纹

(Bažant 和 Xiang,1997)、夹杂处的界面裂纹以及平行于压缩的开口裂纹(Sammis 和 Ashby,1986;Kemeny 和 Cook,1987;Fairhurst 和 Coment,1981)。因为循环应力与循环应变线性相关,所以可以定义循环蠕变柔量 $\Delta J_N = \epsilon_N/\sigma$,即

$$\Delta J_N = C_1 \sigma \left(\frac{\Delta\sigma}{f'_c}\right)^m N \tag{17.32}$$

在有限的时间范围内,此柔度可用作短期测试数据的基本蠕变加速度:

$$\Delta t_N = C_t \left(\frac{\Delta\sigma}{f'_c}\right)^m N \text{,其中 } C_t = C_1 \frac{\Delta(\ln J_N)}{J_N} \tag{17.33}$$

在这种情况下,因子 C_t 和指数 m 可以通过拟合现有测试数据来获得。使用 Whaley 和 Neville(1973)、Kern 和 Mehmel(1962)以及 Hirst 和 Neville(1977)的数据获得 $C_t = 46\times10^{-6}$ 和 $m = 4$ 的值。

然而,以时间加速解释循环蠕变,会低估长达数十年的循环蠕变应变。准确地说,循环蠕变应变应被视为对其他应变的补充。

为了估计结构中循环蠕变效应的大小,考虑了一系列箱梁桥墩的横截面响应(Bažant 和 Hubler,2014)。弯曲理论可用于计算由循环蠕变产生的横截面中任何水平的所需残余应变和残余应力比,如图 17.13 所示。为了评估影响的严重性,引入了两个无量纲测量值,即负载循环产生的非弹性残余应变比和非弹性残余曲率比:

$$\rho = \frac{\varepsilon_\tau^{\max}}{f'_t/E}, r = \frac{\kappa_\tau}{\kappa_{el}} \tag{17.34}$$

此处, $\varepsilon_\tau^{\max} = \max[\varepsilon_r(c_b), \varepsilon_r(c_t)]$,等于应力循环(发生在桥墩顶部或底部)在桥墩横截面产生的最大应变,以及 $\kappa_{el}\kappa$ 等于最小可能的桥墩截面弹性曲率。

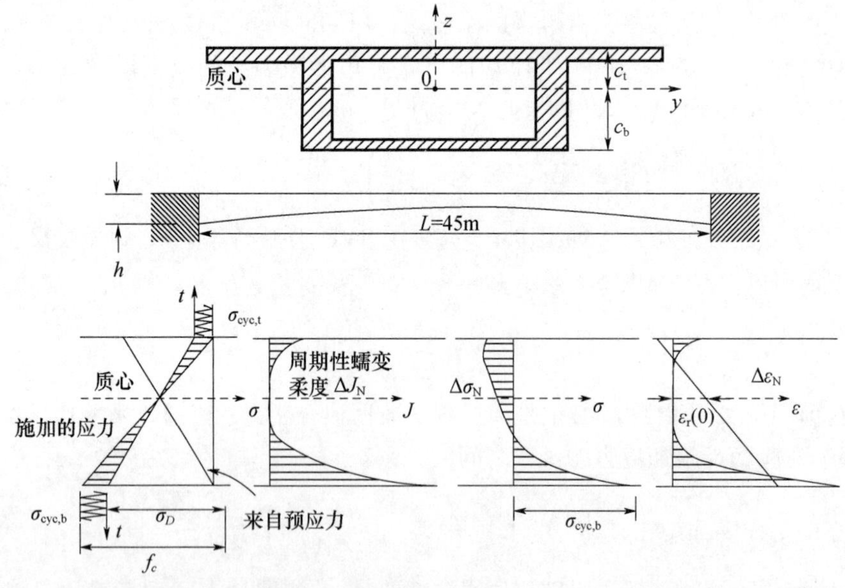

图 17.13 桥墩处一个按比例缩放的桥梁横截面示例,其预应力偏心距和桥梁跨距已设计为达到允许极限。由于恒载、循环活载和预应力、计算蠕变柔度、相应(自由)循环蠕变应变以及由此产生的横截面平面度所需的残余非弹性应变(或特征应变)的施加应力剖面图(经 Elsevier 许可,从 Bažant 和 Hubler 2014 转载)

为了评估大型预应力节段箱梁的循环蠕变效应，东京清水建筑公司的 Y. Watanabe（日本桥 Koshirazu、Tsukiyono、Konaru 和 Urado）、夏威夷大学（Manoa）的 I. Robert-son（North Halawa Valley Viaduct）以及 WJE、Highland Park、Illinois 的 G. Klein（Palau 的世界纪录大桥）提供了 6 座大跨度桥梁的设计资料，这些桥上的数据用于图 17.14 和图 17.15，有关这些桥梁的详细信息，请参见（Bažant 等，2012a，b）。

为了便于比较，假设在所有这些桥梁中，荷载和恒载力矩值是每个横截面的最大容许值。根据每座桥梁的尺寸，确定现场负荷和恒载（包括自重），并假设梁在中间相当柔韧，计算桥墩处的弯曲力矩，在这种情况下，桥墩处的力矩几乎与跨中铰链处的力矩一样大。图 17.14（顶部）绘制了 $N=2\times10^6$ 时的残余应变比 ρ 的结果。

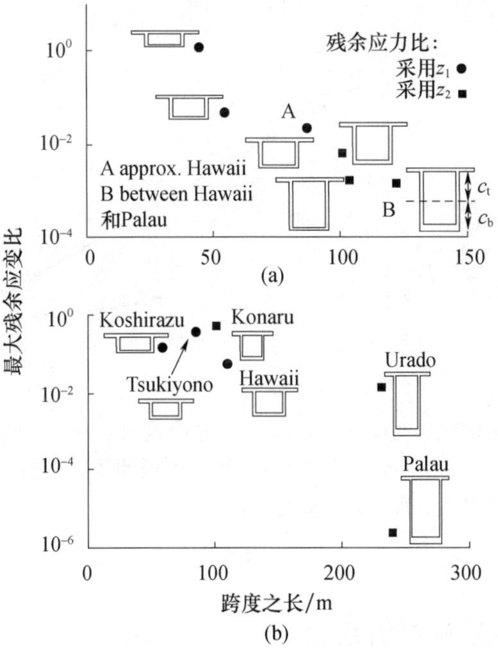

图 17.14　(a)一系列按比例设计的横截面到容许极限的最大残余应变比（等式 17.34）和(b)一系列实际桥梁横截面的选择（经 Elsevier 许可，从 Bažant 和 Hubler，2014 转载）

这些桥梁的结果相当分散，这显然是由横截面形状的变化所引起的。因此，通过对夏威夷大桥（跨度 110 m）和帕劳共和国的 K-B 大桥（跨度 241 m）横截面之间的趋势进行插值和外推，生成了另一组比例桥梁横截面。类似的计算程序得出了图 17.14(b)中的 ρ。

从图 17.15 中的最大残余应变比 ρ 可以看到循环蠕变的更大影响。他们发现，在 80~200m 之间的跨度，循环蠕变可以产生显著的拉伸应变。这些应变可以接近甚至超过箱梁顶面或底面的最大弹性应变。这种应变叠加在不同收缩、干燥蠕变和温度的应变上，明显加剧了分散的拉伸开裂，进而导致钢筋的腐蚀。

注意，尽管静态长期蠕变挠度以对数形式增长（Bažant 等，2011，2012a），而循环蠕变挠度呈线性增长（前提是交通荷载频率和振幅保持不变）。通过试验验证了这一特性，理论上，这是 Paris 定律（式(17.18)）的结果，该定律规定裂纹扩展与循环次数 N 成正比。

因此,即使循环蠕变效应在使用的前 20 年内不明显,与蠕变相比,它们可能在 100 年寿命内变得显著,参见图 17.15(底部)。

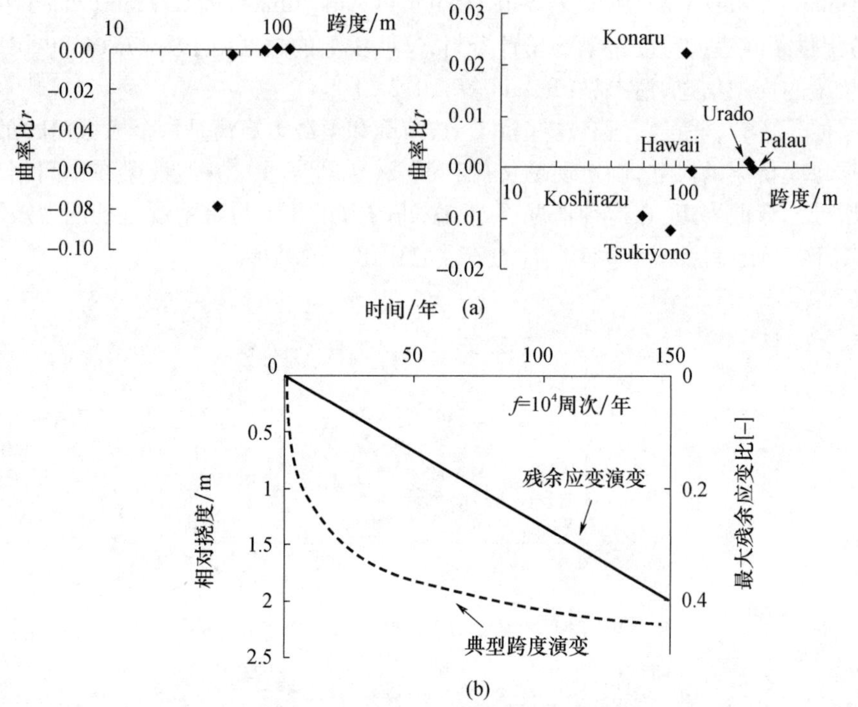

图 17.15 (a)实际桥梁横截面的计算曲率比,左图显示了系统性变化的横截面,显示了达到 80m 跨度后从负曲率到正曲率的过渡,右图说明了实际桥梁横截面可能达到的值;(b)蠕变变形和残余循环应变演变的示意性比较(经 Elsevier 许可,从 Bažant 和 Hubler,2014 转载)

17.5.5 可变应变下的预应力松弛

除混凝土蠕变和收缩外,预应力钢的松弛对预应力箱梁的长期挠度也有重要贡献。目前,实际应用是从简单的经验公式计算应力松弛,该公式估算了恒定初始应变 ε_0 和恒定温度 T_0(通常为室温)下的钢材松弛。然而,只有当粘在混凝土上的钢的应变变化可以忽略不计时,这才有效,而蠕变敏感结构则不是这样。此外,路面暴露在阳光下会导致嵌入顶板的钢筋束明显发热,特别是在热带地区。因此,预应力钢需要一个通用的单轴黏塑性本构关系。

基于 Bingham 型黏塑性模型(Jirásek 和 Bažant,2002),本构方程的最简单形式是将应变增量视为瞬时应变增量、黏塑性应变增量和温度变化引起的热应变增量之和。预应力时引入的初始应变 ε_0 是应力松弛微分方程的初始条件,但不属于该微分方程本身。为了消除 ε_0,必须做一个试验验证的现实假设。

对于不同的应变历史,应力松弛增量 $\Delta\sigma$ 在时间间隔 dt (图 17.16 中的线条 12)期间出现在应变 ε 处,可以计算为当前应变从一开始就保持不变。换句话说,该假设意味着一个小的增量($\Delta\varepsilon,\Delta\sigma$)(图 17.16 中的线条 13)可以分解成应力松弛增量 $\Delta\sigma$ (图 17.16

中的线条 12，假设在恒定应变 ε 下发生），然后是从恒定 ε 的松弛曲线（图 17.16 中的线条 12）至恒定 $\varepsilon+\Delta\varepsilon$ 的松弛曲线（图 17.16 中的线条 34）的瞬时上下跳跃（图 17.16 中的线条 23）。

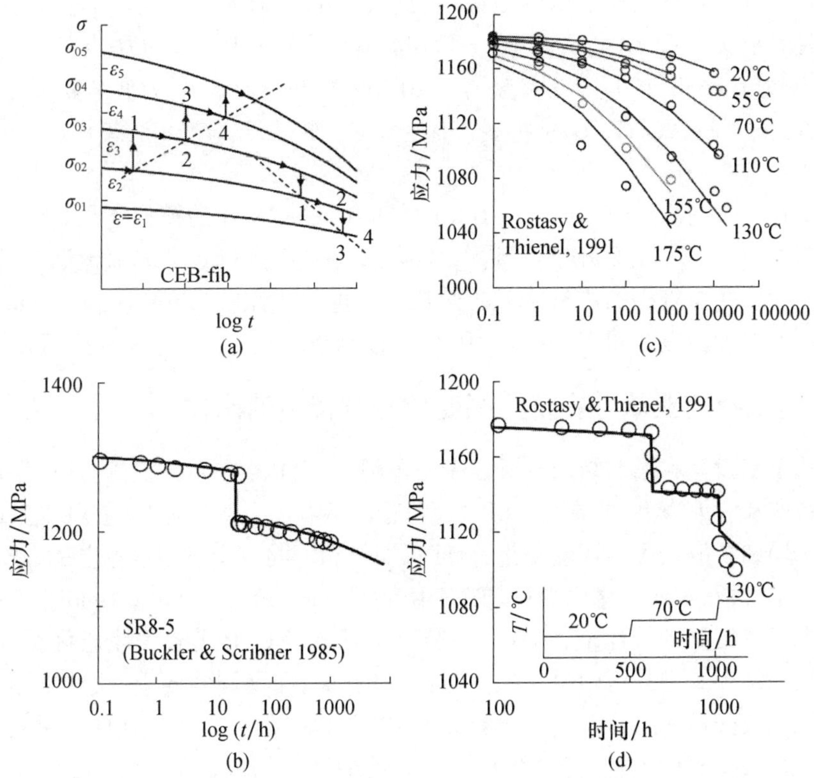

图 17.16　(a)各种恒定应变水平下的应力松弛，在时间间隔 dt 内，应力增量分解为变量应变 ε_t；与(b)5%荷载降试验相比的预测；(c)不同温度下的试验；(d)逐步加热下的试验（获得 ASCE、Bažant 和 Yu 2013 的许可）

利用这一假设，可以将 CEB-FIP 代码中使用的当前松弛公式推广为考虑应变变化的速率类型公式（Bažant 和 Yu，2013）。同样的推广也适用于美国实践公式尽管该公式一般不能使用，因为即使在恒定应变下，短期松弛也不现实。

另外，基于 CEB-FIP 模型代码的速率类型公式，对于恒定应变下的短时范围来说是现实的。它还有两个局限性：①它未达到美国实践公式中使用的松弛阈值；②对于相同的钢，松弛曲线对于不同的恒应变，在足够长的时间后可以相互交叉。为了解决这些问题，提出了对恒应变 CEB-FIP 公式的改进（Bažant 和 Yu，2013）：

$$\sigma=\min(\gamma f'_y,\sigma_0)+f'_y\langle\sigma_0/f'_y-\gamma\rangle[1+(pt^k)/(c\lambda^k)]^{-c} \tag{17.35}$$

基于上述假设和黏塑性行为的假设，对变应变的推广是

$$\varepsilon=\sigma/E_t+\frac{\langle F(\varepsilon)-\gamma f'_c\rangle}{E_t}\frac{kp^{1/k}c^{1-1/k}}{\lambda\zeta^{1+1/c}}(\xi^{1/c}-1)^{1-1/k} \tag{17.36}$$

式中：$\xi=[F(\varepsilon)-\gamma f'_y]/[\sigma-\gamma f'_y]$；$\gamma$ 为弛豫阈值；$\beta=\beta_0 e^{h\xi}$；k,c,ρ_0,h 为给定钢的正值常数。通常，h 是一个很小的值，可以设置为 0，从而确保不同 σ_0 的松弛曲线不会相互

交叉。图 17.16(b)显示了式(17.36)的模拟结果与 Buckler 和 Scribner(1985)进行的松弛试验之间的比较,其中引入了突然的载荷下降(应变变化)。可以看出,式(17.36)与试验符合得很好。

考虑到温度的升高加速了钢的弛豫,根据活化能理论,可以用有效时间代替实际时间。有效时间定义为 $dt = A_T d\tau$,其中,τ 是实际时间,并且 $A_T = \exp(Q_0/RT_0 - Q_0/RT)$ 是 Arrhenius 系数(Cottrell,1964),在室温 $T_0 = 20℃$ 时等于 1;此处 k_B 为玻耳兹曼常数,Q_0 为活化能。通过这样做,式(17.36)被扩展到时变温度。此外,热应变率必须加在式(17.36)的右侧。

图 17.16(c)显示了与 Rostasy 和 Thienel(1991)试验相比的模拟结果。注意,松弛参数是通过首先拟合 20℃的数据然后预测更高温度的数据来确定的。除恒温条件外,还将所提出的松弛公式与阶梯加热条件下的松弛试验进行了比较(Rostasy 和 Thienel,1991)。试验中使用的温度历史在图 17.16(d)中重现,预测与试验的比较结果大概可以接受。

17.5.6 与现有商业软件在桥梁蠕变效应分析中的比较

现有的蠕变设计和蠕变结构分析程序大多是在 1980 年左右开发的,这些程序中嵌入了材料的蠕变和收缩模型,通常是 CEB 模型,通常不考虑裂纹和循环蠕变的非线性效应,也不考虑干燥和扩散效应。环境变化、钢筋束加热和不同应变下的松弛也是如此。

对于一维分析,这些程序以 SOFiSTiK(由 Ingenieur Software Dlubal GmbH,德国)为例,通常用梁单元对箱梁进行建模,蠕变以积分型方法的原始形式的线性老化黏弹性表示。为了避免在二维和三维分析中内存积分对计算机时间和存储的要求,软件采用了一种简单的准弹性代数分析方法,该方法基于 Trost(1967)提出的一步增量弹性关系。这种关系使用 Trost 系数 ρ(称为松弛系数)计算整个周期的增量杨氏模量。然而,Trost 的经验方法忽略了蠕变老化的主要影响,这一误差在 1972 年被时间调节的有效模量(AAEM)方法(Bažant,1972,1975;Rilem,1988,ACI-209 和 CEB-FIP 认可)的发展消除。然而,即使像 SOFiSTiK 这样的程序切换到 AAEM,由于对多维有限元使用准弹性分析和一维梁单元的纯线性黏弹性引起的较大误差仍然会存在。

一个很好的例子说明了这些程序的不足之处,那就是它们在 K-B 桥上的应用。通过将现有的速率类型算法应用于三维分析,计算了 K-B 桥在不同蠕变和收缩模型下的长期挠度,如图 17.17 所示。虽然从图中可以清楚地看出,CEB 蠕变模型在预测长期挠度方面表现不佳,但必须接受这个模型来剔除由于数值算法而产生的误差。

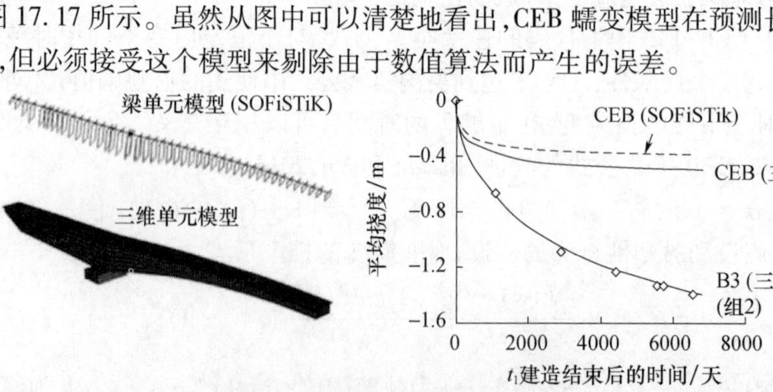

图 17.17 SOFiSTiK 对三维模型和简化模型的比较(Yu 等,2012)

与使用三维单元进行的速率类型分析不同，K-B 桥的挠度现在由 SOFiSTiK 使用一种简化方法重新计算，其中 45 个节点和 44 个梁单元对应于分段结构，见图 17.17。除混凝土蠕变外，CEB 模型还用于预应力钢筋松弛（在恒定应变假设下）。钢松弛的演变在 SOFiSTiK 中通过一个固定的 1000h 弛豫系数处理，或如本例中所用，通过 CEB 模型（1990）规定的应力相关二次函数处理，温度效应被忽略。

基于 SOFiSTiK 的 K-B 桥线性黏弹性分析预测的挠度远小于记录的测量值，如图 17.17 所示。此外，与目前使用相同 CEB 模型的速率型三维分析相比，SOFiSTiK 仍然大大低估了蠕变变形。本计算中使用的积分型算法给出了一个挠度，该挠度代表速率类型三维分析预测的挠度的 79%，该挠度本身比测量的蠕变挠度低估了约 1/3。

此外，使用类似于 SOFiSTiK 的简化准弹性分析的梁单元的商业程序无法真实地模拟可变应变黏塑性钢松弛的非线性演化、温度和湿度变化的影响、非线性循环蠕变效应和 CRAC 的非线性效应。主荷载和循环荷载，它们也不能捕捉到不同厚度和环境暴露的板和网的干燥效应差异。因此，大型蠕变敏感结构的蠕变分析需要进行速率类型的三维分析，如前几节所述。

17.6　B4 模型的发展

17.6.1　实验室测试扩展数据库

新收集的来自世界各地的 69 座桥梁跨度，在第 17.4 节中进行了介绍，证实了帕劳共和国的 K-B 桥在对数时间内观察到的线性行为（表 17.3）。在这些跨度中，在典型结构设计寿命范围内的挠度曲线的斜率总是被低估。该结果进一步证明了建立新的蠕变和收缩预测方程的必要性。通过对 B3 模型长期斜率的初步更新，证明了利用挠度形状记录来改进设计方程的可行性，新型 B4 利用了这个概念，首先开发了一组最新的短期实验室测试，以便校准此类模型。

1978 年，世界上第一个大型蠕变和收缩试验数据库在西北大学出版。随后又进行了几次改进，最后一次是在 2008 年。Hubler 等（2014a）提出了一个称为 NU 数据库的扩展数据库，其中进行了完全的重组和验证，它是迄今为止发表的最全面的蠕变和收缩曲线集合，它涵盖了较长的测量周期和高强度混凝土，并涵盖了现代混凝土混合料中掺合料的影响，它包含了蠕变曲线约 1400 条，收缩曲线约 1800 条，其中约 800 条蠕变曲线和约 1050 条收缩曲线包含了掺合料。数据按类型分类——自收缩、干燥收缩、基本蠕变、干燥蠕变和总蠕变。在广泛的数据分析的基础上，提出了各种数据修正和曲线分类。

新的数据库使得校准和验证改进的蠕变和收缩预测模型成为可能。此外，还提取了混合参数、强度分布和柔度曲线分散度的统计数据，用于可靠性工程和概率性能评估。数据分析带来了各种建议，并建议对各种忽略因素进行修正，以避免或减少未来混凝土蠕变和收缩的测试试验，并改进测试数据的报告，这将使未来的测试数据更加有用、一致、完整和可靠。

NU 数据库现在可以在 http://www.civil.westerness.edu/people/Bažant/和 http://www.baunat.boku.ac.at/screer.html 上免费下载。

17.6.2 利用联合实验室和结构数据进行优化

如果使用适当的度量来抵消数据的异方差性质并充分表示拟合质量,那么预测模型的实际校准最终可以简化为标准优化问题。通过组合不同的数据源(这里用收缩应变ε、蠕变柔度J和桥梁挠度δ表示),引入了更多的并发现象(Bažant 等,2014;Hubler, 2014b, Wendner 等,2014a,b)。不同数量级的数据范围,对环境和固有材料特性表现出不一致的敏感性,并与不同水平的固有不确定性相关。

除此之外,每一个数据收集都显示出对特定测试条件或材料成分的某种偏向,这取决于试验人员的偏好、样品生成和测试的容易程度,或者仅仅取决于工程设计观点给出的偏好。结构测量的偏差取决于其类型和应用领域,并可能导致不适用于其他应用的结论。本次调查中可用的桥梁挠度数据通常偏向于桥梁工程中使用的成分和相对湿热的环境,这与现代高层建筑中使用的混凝土明显不同,且位于气候控制的包络中。

处理这种数据库固有偏差的一种方法是使用多级优化策略,其中只有某些参数(例如,在桥梁挠度数据的情况下确定长期行为的参数)被重新校准。有关基于贝叶斯定理(Bayes,1964)的更新策略的更多信息,请参见下文。虽然通常不建议使用主观和有偏见的数据,但从重要性权重的意义上讲,对某些成分或环境条件的偏向实际上可能是有意的。如果一个完美的模型无法达到,那么一个更好地表示实际相关性条件的模型比一个在所有情况下引入相同误差的目标模型更可取。

处理异方差数据以及输入信息中固有偏差的一种方法是加权。虽然从严格的统计意义上讲,加权引入了偏差,但它代表了一种抵消不必要的先前存在的偏差的方法,例如短期数据的偏差。Li 介绍了超盒加权(Bažant 和 li,2008)的概念,分别用于校准收缩和蠕变模型。术语“超盒”是指优化问题的N维性质,其中的所有参数(时间、成分、几何、环境条件等)应均匀分布,以确保无偏估计。曲线i和5年j的单个权重w_{ij}抵消了数据点密度或对某些数据范围(特别是短数据范围)的偏好造成的任何偏差。权重W_i:①消除因材料组成或首选测试条件而产生的任何偏差;②允许为特别细致的试验人员或与模型开发及其未来应用特别相关的测试类型引入重要性权重。此外,可根据数据集的平滑性和一致性、数据报告的质量和数据完整性对权重进行分配(例如,是否显示从干燥蠕变开始到其完成的完整曲线)。如 Hubler 等(2014a)所讨论,从以线性比例报告曲线的论文中重新数字化的收缩应变或蠕变柔度曲线可能会带来高达100%不可接受的短期误差。

描述异方差性质数据拟合质量的合适统计方法,因此建立目标函数的基础即是均方根误差 RMSE 的变异系数ω(Wendner 等,2014A):

$$\omega = \mathrm{RMSE}/\bar{y} \tag{17.37}$$

通过$\bar{y}$的归一化,去除了数据的维数,使所有数据达到相同的数量级。因此,单个数据源对目标函数的总贡献是

$$\omega = \sqrt{\sum_{i=1}^{N_y} W_i \sum_{j=1}^{m} w_{ij} \sum_{k=1}^{n} \left(\frac{y_{ijk} - \bar{y}_{ijk}}{\bar{y}} \right)^2} \tag{17.38}$$

式中:y_{ijk}为5年j和曲线i的第k次测量值;$\bar{y}_{ijk}$为点ijk的预测值;$\bar{y}_i$为曲线i测量数据的平均值。重要的是,所有N个点的N_y曲线的总权重之和应归一化为1,如下所示:

$$\sum_{i=1}^{N_y} W_i \sum_{j=1}^{m} \sum_{k=1}^{n} w_{ij} = 1 = \sum_{k=1}^{N} w_k \tag{17.39}$$

为了方便起见,权重 w_i 和 w_{ij} 可以转换为独立的权重 w_k ,直接分配给任何给定数据源的所有 N 个数据点。优化问题最终写为

$$\hat{\boldsymbol{X}} = \begin{cases} \min(W_\varepsilon \omega_\varepsilon^2) \\ \min(W_J \omega_J^2 + W_\delta \omega_\delta^2) \end{cases} \tag{17.40}$$

式中:$W_\varepsilon = 1$,为收缩的实验室数据库总量;W_J 为蠕变的实验室数据库总量;$W_\delta = 1 - W_J$,为桥梁挠度数据库总量。在优化蠕变模型的过程中,实验室数据库和桥梁挠度集合的总贡献加权为 2∶1。也就是说,使用 N_J 实验室数据集和 N_δ 桥梁挠度记录,

$$W_J \sum_{k=1}^{N_J} w_k = 2W_\delta \sum_{k=1}^{N_\delta} w_k = 2/3 \tag{17.41}$$

但是,桥梁挠度记录和实验室符合性数据的使用并不简单,必须将挠度 $\delta(t)$ 转换为柔度 $J(t)$,或将预测柔度的函数转换为挠度的演化。只有这样才能计算残差,并对目标函数作出一致的贡献。为了精确转换,需要使用三维有限元模拟进行复杂的反演分析。

然而,如果挠度 $\delta(t)$ 在足够长的参考时间 $t = t_{\text{ref}}$ 下已知,那么可以通过假设与柔度函数的相似性,将挠度趋势简单地外推到较长的时间。要应用这一外推,必须忽略箱梁段之间的年龄差异,并且混凝土的年龄必须以一个共同的有效(或平均)年龄来表征,即在跨度闭合时闭合。进一步必要的简化包括定义一个常见的有效龄期 t_a ,在该有效龄期内,自重弯矩被引入已安装的悬臂中,而不是考虑安装期间弯矩的逐渐增加。在本研究中,使用了 $t_{\text{close}} = 120$ 天和 $t_a = 60$ 天的值。此近似值仅在足够大的参考时间($t_{\text{ref}} \approx 1000$ 天)内产生可接受的结果,以确保由于干燥、施工顺序和年龄差异的影响而导致的复杂初始行为几乎消失。因此,由 t_{ref} 得出的挠度外推公式为

$$\frac{\Delta J(t, t_a)}{\Delta J(t_{\text{ref}}, t_a)} \approx \frac{J(t, t_a) - J(t_{\text{close}}, t_a)}{J(t_{\text{ref}}, t_a) - J(t_{\text{close}}, t_a)} \approx \frac{\delta(t)}{\delta(t_{\text{ref}})} \tag{17.42}$$

用有限元法对 K-B 桥的挠度计算公式进行了验证。

对于模型之间的统计比较, N 个数据点的均方根误差的总无偏变异系数应正确地写为

$$\text{C. o. V.} = \frac{1}{\sum_{k=1}^{N} w_k y_k} \sqrt{\frac{\sum_{k=1}^{N} w_k}{\left(\sum_{k=1}^{N} w_k\right)^2 - \sum_{k=1}^{N} w_k^2} \sum_{k=1}^{N} w_k (y_k - \hat{y}_k)^2} \tag{17.43}$$

虽然从严格意义上说该系数不适合作为非线性模型拟合质量的指标,但相关系数(或确定系数)仍被广泛使用,因而出于对比引入:

$$R^2 = 1 - \frac{\sum_{k=1}^{N} w_k (y_k - \hat{y}_k)^2}{\sum_{k=1}^{N} w_k (y_k - \bar{y}_k)^2} \tag{17.44}$$

17.6.3 贝叶斯方法

蠕变和收缩受多种因素的影响,包括不同混合比、水泥类型、掺合料、集料类型、环境条件、养护和加载时间以及几何结构的影响,这些效应只能在精心控制的实验室条件下才能进行研究。大量新的蠕变和收缩实验室数据库提供了这类信息,并确保了一个校准良好的预测模型。尽管如此,仍然存在一系列问题:对特定混凝土混合料的广义预测的自适应;基于结构、观测等的预测更新;以及在缺乏足够长的试验数据的情况下校准数十年预测模型。贝叶斯更新框架为这些问题提供了答案。假设在进行任何观测 M 之前,状态 S 以概率 $P(S)$ 出现。概率 $P(S)$ 在此上下文中称为先验概率,观察到的后验概率 $P(S|M)$ 可根据 Bayes 规则(Bayes,1964)通过以下公式计算:

$$P(S|M)=\frac{P(M|S)P(S)}{P(M)} \tag{17.45}$$

在给定状态 S 下观测 M 的概率通常被称为“似然”; $P(M)$ 也被称为“模型证据”或“边际似然”。

贝叶斯更新的概念可用于在缺乏长期实验室数据的情况下,校准混凝土蠕变的十年预测模型。桥梁挠度数据 δ 作为证据,回顾 B4(或 B3)的函数形式:蠕变柔度函数由瞬时柔度(前因子 q_1)、老化黏弹性柔度(前因子 q_2)、非老化黏弹性柔度(前因子 q_3)、老化流动柔度(前因子 q_4)和干燥蠕变柔度(前因子 q_5)之和给出。

通过对实验室数据库的拟合和不确定度的量化,得到了 q_1- q_5 的先验分布。由于长期行为特别是终端斜率受 q_3 和 q_4 控制,因此建议使用仅更新这两个参数的简化过程。在这种情况下,已知的后验分布是 $f_Q(q_3,q_4|U=\delta)$ 。先前的 $f_Q(q_3,q_4)$ 取自不确定度的量化。

17.6.4 蠕变收缩预测中的不确定度量化及置信度限制

正确理解蠕变和收缩模型中的不确定度对于安全和持续性的施工至关重要。可用实验室数据持续时间(≪10 年)与典型设计使用寿命(至少 50 年,通常超过 100 年)之间的差距进一步加剧了这种情况。作为第一步,需要对所有需要的输入参数以及相关域建立随机模型,以便正确校准蠕变和收缩的部分安全系数,并为实际的全概率可靠性评估提供基础。环境条件、结构系统可变性和横截面几何的随机模型可以添加缺失信息,在模型输入和蠕变、收缩预测之间提供敏感性因素,从而在不同时间确定可靠性曲线。

数据库中与每个蠕变和收缩试验相关的成分、机械和环境参数的广泛范围允许对每个模型进行完全的随机拟合。然而,最感兴趣的参数是现有预测模型中包含的参数:水灰比(w/c)、水泥含量(c)、骨料与水泥比(a/c)、28 天杨氏模量(式(17.28))和 28 天抗压强度(f_{28})。此参数集对测量的混凝土的响应具有最一致的影响,也代表最一致的报告值。在由 30~60MPa 的 28 天中压缩强度组成的所有收缩试验的子集中,为这些参数建立了高斯随机模型。随机模型如表 17.2 所示。

表 17.2　随机模型

变量	PDF	平均值	变异系数	数据集
水泥含量 c/kg	LN	377	0.39	1019
水灰比 w/c	LN	0.486	0.35	1101
骨料/水泥比 a/c	LN	5.44	0.43	1056
抗压强度 f_c/MPa	LN	27.4	0.04	617
杨氏模量 cs/MPa	LN	28.773	0.12	622
相对湿度 h/[-]	Norm	0.75	0.05	
温度 t/℃	Norm	20	0.05	

为蠕变和收缩模型的随机框架建立一个完整的试验数据库，所有输入参数都需要额外的随机模型，包括试验设置参数，如试验持续时间和加载时的年龄。这些值在测试指南中有具体的建议，并且混合料的可施工稠度的允许时间有强烈的偏差。因此，非对称分布（如对数正态分布）可以更好地捕获此类输入参数。

表 17.3 列出了组成与 28 天测量的强度和模量之间的线性 Pearson 相关系数。虽然可以根据典型的水合作用和可加工性要求来估算成分相关性的符号和相对大小，但这些值反映了可用于捕获设计用标准关系式的最近和以前的水泥的一系列代表性分布。如通常所假设的，这些关系式也反映了水灰比、所得强度和杨氏模量之间的显著相关性。

表 17.3　相关系数（Hubler 等，2014a）

	w/c	a/c	c	f_{28}	E_{28}
w/c	1	0.83	-0.73	-0.19	0.34
a/c	—	1	-0.91	-0.13	0.38
c	—	—	1	0.30	-0.41
f_{28}	—	—	—	1	0.06
E_{28}	—	—	—	—	1

环境条件、温度 T 和相对湿度 h 取决于地理区域，也取决于小气候。在本次调查中，假设了一个虚拟的中欧建筑。各随机模型见表 17.2。横截面的变异性考虑了 5%变异系数的高斯分布。所推导的随机模型可用于混凝土构件收缩应变和蠕变柔度预测的离散性。

17.7　小　　结

本章概述了现代蠕变和收缩问题，蠕变和收缩会对混凝土结构造成各种类型的损伤，包括挠度过大、过度开裂和长期性能退化。长期以来，人们低估了这些问题的重要性和严重性，但最近才引起了人们的关注：部分原因是对各种长期损伤的系统揭示，如挠度过大；部分原因是最近全国和全世界都在强调混凝土基础设施的可持续性。

为了减轻这些损伤，必须改进设计程序，这将要求工程学会设计规范的现代化。众所周知,任何有理论基础的混凝土设计规范的变更均难以实施。例如,ACI-209 蠕变和收缩设计建议仍然采用了一个过时的 1971 年模型,自 1973 年以来,该模型的过度简化问题被反复指出。一个问题是代码制定委员会由从业者主导,他们中许多人似乎并不担心在使用的头 20 年内会出现结构问题。

另一个更为严重的问题是,法院依法提起诉讼的损害赔偿信息往往被永久封存,这导致结构工程的进展受到影响,而结构工程的进展能清楚地识别结构的损伤及其原因。

但是,与商业航空相比,法律和国际条约要求公布任何可能失效相关或导致失效的潜在损伤的信息。工程顾问和工程公司律师强烈反对引入类似的结构工程法,或至少将一篇标记为隐瞒不道德数据的文章纳入工程协会的职业道德规范。在解决这一反对意见之前,进展将很困难。

参考文献

AASHTO, AASHTO LRFD Bridge Design Specification (American Association of State Highway and Transportation Officials (AASHTO), Washington, DC, 2004)

ABAM Engineers Inc, Koror-Babeldaob Bridge Repairs: Basis for Design. Report submitted to Bureau of Public Works, Republic of Palau, Koror, October 1993)

ACI Committee 209, Prediction of creep, shrinkage and temperature effects in concrete structures, in Designing for Effects of Creep, Shrinkage and Temperature in Concrete Structures, ACISP27 (American Concrete Institute, Detroit, 1971), pp. 51-93, reapproved 2008

ACI Committee 209, Guide for Modeling and Calculating Shrinkage and Creep in Hardened Concrete, ACI Report 209. 2R-08, Farmington Hills, 2008

T. Bayes, An Essay Toward Solving a Problem in the Doctrine of Chances, vol. 53 (Philosophical Transactions, London, 1964), pp. 376-398.

Also, W. E. Deming, Fracsimilie of Two Papers by Bayes (Department of Agriculture, Washington, DC, 1940)

Z. P. Bažant, Numerically stable algorithm with increasing time steps for integral-type aging creep. In Proceedings, First International Conference on Structural Mechanics in Reactor Technology (SMiRT-1), West Berling, ed. by T. A. Jaeger, vol. 4, part H (1971), pp. 119-126

Z. P. Bažant, Prediction of concrete creep effects using age-adjusted effective modulus method. Am. Concr. Inst. J. 69, 212-217 (1972)

Z. P. Bažant, Theory of creep and shrinkage in concrete structures: a precis of recent developments, in Mechanics Today, ed. by S. Nemat-Nasser, American Academy of Mechanics, vol. 2 (Pergamon Press, New York, 1975), pp. 1-93

Z. P. Bažant, Mathematical models for creep and shrinkage of concrete, Chapter 7, in Creep and Shrinkage in Concrete Structures, eds. by Z. P. Bažant, F. H. Wittmann (Wiley, London, 1982), pp. 163-256

Z. P. Bažant, Creep of concrete, in Encyclopedia of Materials: Science and Technology, ed. By K. H. J. Buschow, vol. 2C (Elsevier, Amsterdam, 2001), pp. 1797-1800

Z. P. Bažant, S. Baweja, In collaboration with RILEM Committee TC 107-GCS, Creep and shrinkage prediction model for analysis and design of concrete structures-model B3 (RILEM Recommendation 107-GSC). Mater. Struct. (RILEM, Paris) 28, 357-365 (1995); with Errata, vol. 29 (March 1996), p. 126

Z. P. Bažant, S. Baweja, Short form of creep and shrinkage prediction model B3 for structures of medium sensitivity (Addendum to RILEM Recommendation TC 107-GCS). Mater. Struct. (Paris) 29, 587-593 (1996)

Z. P. Bažant, S. Baweja, Creep and shrinkage prediction model for analysis and design of concrete structures: model B3, in Adam Neville Symposium: Creep and Shrinkage-Structural Design Effects, ed. by A. Al-Manaseer. ACI SP-194 (American Concrete Institute, Farmington Hills, 2000), pp. 1-83

Z. P. Bažant, M. H. Hubler, Theory of cyclic creep of concrete based on Paris law for fatigue growth of subcritical microcracks. JMPS 63, 187-200 (2014)

Z. P. Bažant, J. -K. Kim, Segmental box girder: deflection probability and Bayesian updating. J. Struct. Eng. ASCE 115(10), 2528-2547 (1989)

Z. P. Bažant, G. -. H. Li, Unbiased statistical comparison of creep and shrinkage prediction models. ACI Mater. J. 105(6), 610-621 (2008)

Z. P. Bažant, K. -L. Liu, Random creep and shrinkage in structures: sampling. J. Struct. Eng. ASCE111, 1113-1134 (1985)

Z. P. Bažant, L. J. Najjar, Nonlinear water diffusion in nonsaturated concrete. Mater. Struct. (RILEM, Paris) 5, 3-20 (1972) (Reprinted in Fifty Years of Evolution of Science and Technology of Building Materials and Structures, ed. by F. H. Wittmann, RILEM (Aedificatio Publishers, Freiburg, 1997), pp. 435-456)

Z. P. Bažant, L. Panula, Practical prediction of time-dependent deformations of concrete. Mater. Struct., RILEM, Paris (11) part Ⅰ, "Shrinkage" 11, 307-316; part Ⅱ, "Basic creep" 11, 317-328. part Ⅲ, "Drying creep" 11, 415-424. part ⅠV, "Temperature effect on basic creep" 11, 425-434 (1978)

Z. P. Bažant, S. Prasannan, Solidification theory for aging creep. Cement Concr Res. 18(6), 923-932 (1988)

Z. P. Bažant, S. Prasannan, Solidification theory for concrete creep: I. Formulation. J. Eng. Mech. ASCE 115(8), 1691-1703 (1989a)

Z. P. Bažant, S. Prasannan, Solidification theory for concrete creep: II. Verification and application. J. Eng. Mech. ASCE 115(8), 1704-1725 (1989b)

Z. P. Bažant, S. T. Wu, Dirichlet series creep function for aging concrete. Proc. ASCE J. Eng. Mech. Div. 99 (EM2), 367-387 (1973)

Z. P. Bažant, Y. Xi, Continuous retardation spectrum for solidification theory of concrete creep. J. Eng. Mech. ASCE 121(2), 281-288 (1995)

Z. P. Bažant, Y. Xiang, Crack growth and lifetime of concrete under long time loading. J. Eng. Mech. ASCE 123 (4), 350-358 (1997)

Z. P. Bažant, Q. Yu, Relaxation of prestressing steel at varying strain and temperature: viscoplastic constitutive relation. ASCE J. Eng. Mech. 139(7), 814-823 (2013)

Z. P. Bažant, D. Carreira, A. Walser, Creep and shrinkage in reactor containment shells. J. Struct. Div. Am. Soc. Civil. Eng 101, 2117-2131 (1975)

Z. P. Bažant, L. Panula, J. -K. Kim, Y. Xi, Improved prediction model for time-dependent deformations of concrete: part 6-simplified code-type formulation. Mater. Struct. 25(148), 219-223(1992)

Z. P. Bažant, A. B. Hauggaard, S. Baweja, F. -J. Ulm, Microprestress-solidification theory for concrete creep. I. Aging and drying effects. J. Eng. Mech. ASCE 123(11), 1188-1194 (1997a)

Z. P. Bažant, A. B. Hauggaard, S. Baweja, Microprestress-solidification theory for concrete creep. II. Algorithm and verification. J. Eng. Mech. ASCE 123(11), 1195-1201 (1997b)

Z. P. Bažant, Q. Yu, G. H. Li, G. J. Klein, V. Křístek, Excessive deflections of record-span prestressed box girder: lessons learned from the collapse of the Koror-Babeldaob Bridge in Palau. ACI Concr. Int. 32(6), 44-52 (2010)

Z. P. Bažant, M. Hubler, Q. Yu, Pervasiveness of excessive segmental bridge deflections: wake-up call for creep. ACI Struct. J. 108(6), 766-774 (2011)

Z. P. Bažant, Q. Yu, G. -H. Li, Excessive long-term deflections of prestressed box girder: part Ⅰ record-span bridge in Palau and other paradigms. J. Struct. Eng. 138(6), 676-686 (2012a)

Z. P. Bažant, Q. Yu, G. -H. Li, Excessive long-term deflections of prestressed box girder: part Ⅱ numerical analysis and lessons learned. J. Struct. Eng. 138(6), 687-696 (2012b)

Z. P. Bažant, M. H. Hubler, M. Jirasek, Improved estimation of long-term relaxation function from compliance function of aging concrete. ASCE J. Eng. Mech. 139(2), 146-152 (2012c)

Z. P. Bažant, M. H. Hubler, R. Wendner, Model B4 for creep, drying shrinkage and autogenous shrinkage of normal and high-strength concretes with multi-decade applicability.

TC-242-MDC multi-decade creep and shrinkage of concrete: material model and structural analysis. RILEM Mater. Struct. (2014), in review

Berger/ABAM Engineers Inc, Koror-Babeldaob Bridge Modifications and Repairs, Oct 1995 J. J. Brooks, Accuracy of estimating long-term strains in concrete. Mag. Concr. Res. 36(128), 131-145 (1984)

J. J. Brooks, 30-year creep and shrinkage of concrete. Mag. Concr. Res. 57(9), 545-556 (2005)

R. D. Browne, P. P. Bamforth, The long term creep of Wylfa P. V. concrete for loading ages up to12 1/2 years, in 3rd International Conference on Structural Mechanics in Reactor Technology (SMiRT-3), paper H1/8, London, 1975

J. D. Buckler, C. F. Scribner, Relaxation Characteristics of Prestressing Strand. Engineering Studies, Report No. UILU-ENG-85-2011, University of Illinois, Urbana, 1985

O. Burdet, A. Muttoni, Evaluation des systèmesexistants pour le suivi ὰ long terme des déformations des ponts, Swiss Federal Roads Office, N 607, p. 57, Bern, Switzerland (2006)

R. G. Burg, B. W. Orst, Engineering Properties of Commercially Available High-Strength Concretes (Including Three Year Data). PCA Research and Development Bulletin RD104T (Portland Cement Association, Skokie, 1994), p. 58

I. Carol, Z. P. Bažant, Viscoelasticity with aging caused by solidification of nonaging constituent. J. Eng. Mech. ASCE 119(11), 2252-2269 (1993)

Comité Euro-International du Béton (CEB), Recommandations internationales pour le calcul et l'exe'cution des ouvrages en betón: Principes et recommandations (CEB, Paris, 1972)

Comite'Euro-International du Béton-Fédération International de la Précontrainte (CEB-FIP), CEB-FIP Model Code for Concrete Structures (Thomas Telford, London, 1990)

A. H. Cottrell, The Mechanical Properties of Matter (Wiley, New York, 1964)

DRC Consultants, Inc. (DRC). Koror-Babelthuap bridge: force distribution in bar tendons (1996)

J. Eliáš, J. L. Le, Modeling of mode-I fatigue crack growth in quasibrittle structures under cycliccompression. Eng. Fract. Mech. 96, 26-36 (2012)

C. Fairhurst, F. Comet, Rock fracture and fragmentation, in Rock Mechanics: from Research to Application. Proceedings of the 22nd U. S. Symposium on Rock Mechanics, ed. By H. H. Einstein (MIT Press, Cambridge, MA, 1981), pp. 21-46.

G. N. Fernie, J. A. Leslie, Vertical and longitudinal deflections of major prestressed concrete bridges, in Institution of Engineers, Australia, No. 7516, Symposium of Serviceability of Concrete, Melbourne, 19 Aug 1975

FIB, Structural Concrete: Textbook on Behaviour, Design and Performance, Updated Knowledge of the CEB/FIP Model Code 1990. Bulletin No. 2, vol. 1 (Fédération internationale du béton (FIB), Lausanne, 1999), pp. 35-52

FIB, Model Code 2010 (Fédération internationale de béton, Lausanne, 2010)

N. J. Gardner, M. J. Lockman, Design provisions of shrinkage and creep of normal strength concrete. ACI Mater. J. 98(2), 159-167 (2001)

N. J. Gardner, Design provisions of shrinkage and creep of concrete, in Adam Neville Symposium: Creep and Shrinkage-Structural Design Effect, ed. by A. Al-Manaseer (American Concrete Institute, Farmington Hills, 2000), pp. 101-104

J. A. Hanson, A Ten-Year Study of Creep Properties of Concrete. Concrete Laboratory Report No. SP-38, US Department of the Interior, Bureau of Reclamation, Denver, 1953

E. M. Harboe et al., A Comparison of the Instantaneous and the Sustained Modulus of Elasticity of Concrete, Concrete Laboratory Report No. C-354, Division of Engineering Laboratories, US Department of the Interior, Bureau of Reclamation, Denver, 1958

W. K. Hatt, Notes on the effect of time element in loading reinforced concrete beams. Proc. Am. Soc. Test. Mater. 7, 421-433 (1907)

J. Hellesland, R. Green, Sustained and cyclic loading of concrete columns. Proc. ASCE 97(ST4), 1113-1128 (1971)

G. A. Hirst, A. M. Neville, Activation energy of concrete under short-term static and cyclic stresses. Mag. Concr. Res. 29(98), 13-18 (1977)

M. H. Hubler, R. Wendner, Z. P. Bažant, Comprehensive database for concrete creep and shrinkage: analysis and recommendations for testing and recording. ACI (2014a), submitted

M. H. Hubler, R. Wendner, Z. P. Bažant, Statistical justification of model B4 for drying and autogenous shrinkage of concrete and comparisons to other models. RILEM Mater. Struct. (2014b), in review

Japan International Cooperation Agency, Present Condition Survey of the Koror Babelthuap Bridge, Feb 1990

Japan Road Association, Specifications for Highway Bridges (Japan Road Association, Tokyo, 2002)

M. Jirásek, Z. P. Bažant, Inelastic Analysis of Structures (Wiley, New York, 2002)

JSCE, Standard specification for design and construction of concrete structure. Jpn. Soc. Civ. Eng. (JSCE) (in Japanese) (1991)

I. M. Kemeny, N. G. W. Cook, Crack models for the failure of rock under compression, in Proceedings of the 2nd International Conference on Constitutive Laws for Engineering Materials, eds. by C. S. Desai et al., vol. 2 (Elsevier Science, New York, 1987), pp. 879-887

E. Kern, A. Mehmel, Elastische und plastische Stauchungen von Betonin folge Druckschwell-und Standbelastung. Deutscher Ausschuss fur Stahlbeton, Heft, vol. 153 (W. Ernst &Sohn, Berli, 1962)

R. L' Hermite, M. Mamillan, Retrait et fluage des bétons. Annales de L' Inst. Techn. Du Bâtiment et des Travaux Publics 21(249), 1334 (1968)

R. G. L' Hermite, M. Mamillan, C. Lefèvre, Nouveax résultats de recherchessur la déformation et larupture du béton. Ann. Inst. Techn. Bâtiment Trav. Publ. 23, 5-6 (1965)

R. G. L' Hermite, M. Mamillan, A. Bouineau, Nouveaux résultats et récentes éu dessur le fluage du béton. Mater. Struct. (RILEM) 2, 35-41 (1969)

H. Le Chatelier (translated by J. L. Mack), Experimental Researches on the Constitution of Hydraulic Mortars (McGraw Publishing, New York, 1905, original thesis published in 1887)

T. Y. Lin International (TYLI). Collapse of the Koror-Babelthuap Bridge. Technical Report, T. Y. Lin International, San Francisco, USA (1996)

P. Y. Manjure, Rehabilitation/Strengthening of Zuari Bridge on NH-15 in Goa, Paper No. 490, Indian Roads Congress, p. 471, 2001-2002

B. McDonald, V. Saraf, B. Ross, A spectacular collapse: the Koror-Babeldaob (Palau) balanced cantilever prestressed, post-tensioned bridge. Ind. Concr. J. 77(3), 955-962 (2003)

A. Patron-Solares, B. Godart, R. Eymard, Ětude des déformations différées du pont de Savines (Hautes-Alpes).

Bulletin des laboratoires des Pontset Chaussées, May–June 1996

W. Pfeil, Twelve years monitoring of long span prestressed concrete bridge. Concr. Int. 3(8), 79–84 (1981)

M. Pilz, The collapse of the KB bridge in 1996, Dissertation, Imperial College London, 1997

D. Pirtz, Creep characteristics of mass concrete for Dworshak Dam. Report No. 65–2, Structural Engineering Laboratory, University of California, Berkeley, 1968

RILEM Committee TC–69, State of the art in mathematical modeling of creep and shrinkage of concrete, in Mathematical Modeling of Creep and Shrinkage of Concrete, ed. by Z. P. Bažant (Wiley, Chichester/New York, 1988), pp. 57–215

F. S. Rostásy, K. –C. Thienel, On prediction of relaxation of cold drawn prestressing wire under constant and variable elevated temperature. Nucl. Eng. Des. 130(1991), 221–227 (1991)

H. G. Russel, S. C. Larson, Thirteen years of deformations in water tower place. ACI Struct. J. 86(2), 182–191 (1989)

C. G. Sammis, M. F. Ashby, The failure of brittle porous solids under compressive stress state. Acta Metall. Mat. 34(3), 511–526 (1986)

S. Suresh, Fatigue of Materials (Cambridge University Press, Cambridge, UK, 1998). 193

S. Suresh, E. K. Tschegg, J. R. Brockenbrough, Crack growth in cementitious composites undercyclic compressive loads. Cem. Concr. Res. 19, 827–833 (1989)

H. Trost, Auswirkungen des Superpositionsprinzip auf Kriech–und Relaxations Probleme bei Beton und Spannbeton. Beton–und Stahlbetonbau 62, 230–238, 261–269 (1967)

G. E. Troxell, J. E. Raphael, R. W. Davis, Long–time creep and shrinkage tests of plain and reinforced concrete. Proc. ASTM 58, 1101–1120 (1958)

R. Wendner, M. H. Hubler, and Z. P. Bazant, Optimization method, choice of form and uncertainty quantification of model B4 using laboratory and multi–decade bridge databases. RILEM Mater. Struct. in review, (2014a)

R. Wendner, M. H. Hubler, and Z. P. Bazant, Statistical justification of model B4 for multi–decade concrete creep and comparisons to other models using laboratory and bridge databases, RILEM Mater. Struct. in review, (2014b)

C. P. Whaley, A. M. Neville, Non–elastic deformation of concrete under cyclic compression. Mag. Concr. Res. 25 (84), 145–154 (1973)

A. A. Yee, Record span box girder bridge connects Pacific islands. Concr. Int. 1, 22–25 (1979)

Q. Yu, Z. P. Bažant, R. Wendner, Improved algorithm for efficient and realistic creep analysis of large creep–sensitive concrete structures. ACI Struct. J. 109(5), 665–676 (2012)

第 18 章　不确定条件下对船舶结构的损伤评估和预测

Dan M. Frangopol, Mohamed Soliman

摘　要

船舶结构在其整个使用寿命期间受到各种恶化机制的影响，这种恶化非常不确定，并且可能对船舶的性能和安全性产生不利影响，如果处理不当，可能会发生灾难性故障。本章讨论了影响船舶结构的恶化机制及其在不确定条性下的预测模型。此外，还介绍了将这些模型整合到广义评估和管理框架中，这种整合可以支持未来结构干预的最佳决策，并最终可以带来安全和有效的服务寿命延长作用。还讨论了结构健康监测和非破坏性评估技术在损伤识别、评估和预测中的作用。

18.1　概　　述

船舶在其整个使用寿命期间经常受到突然和/或逐渐（即时间相关的）损坏机制的影响。由极端事件引起的突然结构故障包括碰撞、搁浅、火灾和爆炸，而与时间有关的恶化机制包括疲劳和腐蚀。每种损伤机制都需要自己的评估方法，以支持与此类损伤类型相关的干预决策。突然的结构损伤需要快速的损伤量化和结构残余强度的评估，以便对船舶的未来使用做出有效决策。尽管这些事件的发生可能没法预测，但除了各种主动和被动安全措施之外，还可以通过船舶所有者制定的适当应急协议来正确管理其影响。对于结构突然的损伤，可以使用多种方法来评估损伤程度并确定复杂的非线性有限元分析（FEA）到简化公式的残余结构强度（Wang 等，2002）。由于碰撞或搁浅损伤的船舶残余纵向强度不足而导致的可靠性和失效风险也是研究的热门主题（例如，Fang 和 Das，2005；Hussein 和 Guedes Soares，2009；Saydam 和 Frangopol，2013）。

另外，可以通过对损坏现象的适当建模来预测时间相关的损坏引起的损伤，该预测过程涉及多种不确定性来源，因此，它必须以概率方式进行（Frangopol，2011；Frangopol 等，2012；Soliman 和 Frangopol，2013b）。这些不确定性中的一部分与自然随机性（即偶然的不确定性）相关，而另一部分与所采用的预测模型中的不准确性相关（即认知不确定性）（Ang 和 Tang，2007），对这种不确定性进行适当建模是影响预测过程有效性和准确性的关键因素。

调查行为提供了调查时发现的实际损伤水平的宝贵信息，这有助于损伤评估，并能够更新损伤扩展模型，以实现更好的损伤预测过程（Soliman 和 Frangopol，2013a）。可以采用各种无损检测（NDT）方法评估船舶的时间依赖性损伤，这些方法中，例如声发射技术，在过去几十年中备受关注。人们发现声发射技术能够提供关于船舶结构中损伤识别和定位的有用结果。

记录船舶响应的结构健康监测(SHM)系统,用于研究船舶在正常操作条件下的结构性能,并验证设计阶段的假设。SHM 技术具有检测和定位在严苛操作条件或猛击影响下发生的结构损坏的潜力(Salvino 和 Collette,2009),最近提出了多种方法完成该任务。然而,大多数已在实验室和受控环境中证明其可行性的方法,在广泛应用于大型复杂结构(如船舶)之前仍需要进一步研究(Salvino 和 Brady,2008)。

本章简要概述了船舶结构的损伤评估和预测技术,重点是时间相关的损伤预测模型。强调了适合考虑与这些模型相关的不确定性的概率性能评估方法。还介绍了 SHM 和 NDT 在损伤识别过程中的作用以及船舶结构使用寿命预测及扩展方法的最新进展。

18.2 疲劳与腐蚀作用下基于时间的结构破坏

基于时间的损伤恶化机制,例如疲劳和腐蚀,是影响船舶性能和安全的主要威胁。由于这种恶化,船舶结构需要经常检查和维修,船舶结构恶化是船舶在周围环境中正常运行后逐渐发生的(ISSC,2009)。腐蚀会导致受影响区域的厚度减少,最终会降低船体的抗弯曲能力。另外,疲劳导致裂纹,可能导致突然断裂并大大降低结构可靠性。这些老化效应与恶劣的海况相结合,可能导致灾难性的船舶事故。通常,与时间相关的结构恶化的起始和扩展过程是高度不确定的,这为性能评估和使用寿命估计增加了挑战。图 18.1 中示意性地表示了具有不确定性影响的时间依赖性的损伤水平。如图 18.1 所示,在任何时间点,损伤水平可以通过其概率密度函数(PDF)来描述。此外,达到某个损伤水平所需的时间也带来了很大的不确定性。

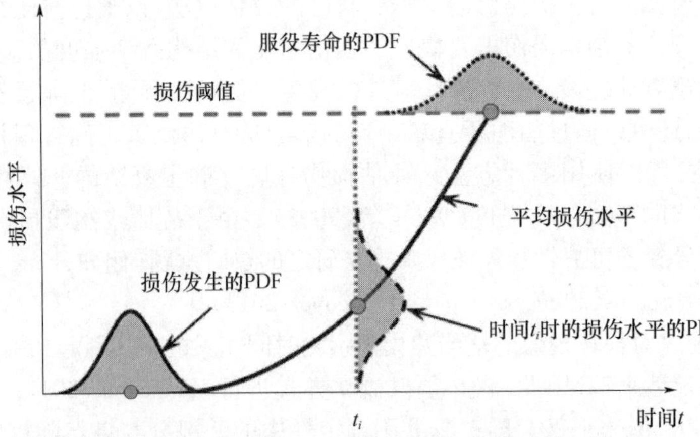

图 18.1 不确定条件下的损伤萌生和扩展

在整个船舶使用寿命期间采取维护措施可以降低损伤程度(例如,通过更换损坏的部件),或防止在一段时间内进一步的损伤扩展(例如,通过施加腐蚀涂层)(Kim 等,2013)。两种维护类型分别表示为 M_1 和 M_2,可延长使用寿命,两种维护类型对时间依赖性损伤水平的影响如图 18.2 所示。

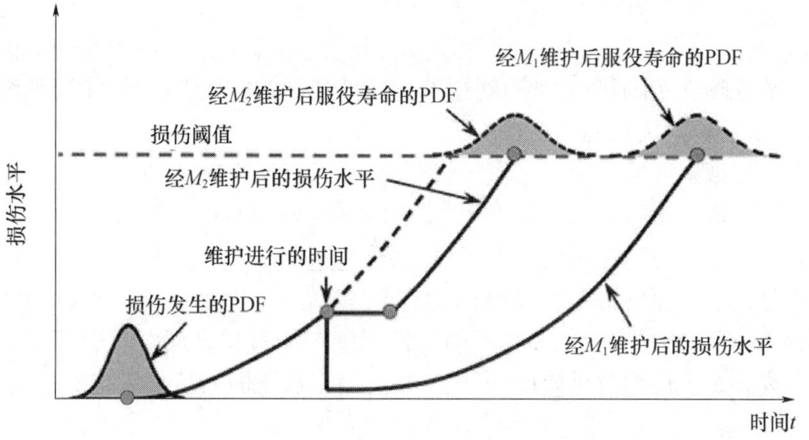

图 18.2　维修对损伤水平和使用寿命的影响

几十年来预测疲劳和腐蚀损伤的发生和扩展一直是一个活跃的研究课题。因此，已经提出了几种用于预测结构能力和使用寿命的分析模型，接下来的部分介绍了常用的疲劳和腐蚀损伤预测模型，在本章的后面，将讨论与这些模型相关的不确定性的概率性能评估。

18.2.1　船舶腐蚀

海洋环境中，在低碳和低合金钢中存在着多种类型的腐蚀损耗，例如均匀（一般）腐蚀、点蚀、应力和电化学腐蚀。对于腐蚀的管理和控制，必须考虑局部腐蚀和一般腐蚀。前者可导致油气泄漏，而后者则扩散到受影响区域的表面，更可能导致结构强度问题。当在机械应力下暴露于腐蚀性环境时，某些合金会发生应力腐蚀。此外，当两种不同的金属被物理连接时，电化加速腐蚀发生在非贵金属中（ISSC，2009）。影响海洋浸没腐蚀的因素包括结构材料的类型、腐蚀防护方法（如涂层、阴极保护）、货物或储存材料的类型、货物或储存材料的装载/卸载循环、湿度和温度（ISSC，2006）。

近年来，已经进行了大量工作研究影响一般腐蚀损耗的不同参数并制定腐蚀损耗预测模型（Paik 等，2003a，b；Melchers，2002，2003a，b，2004c，2006；Guedes Soares 和 Garbatov，1999；Guedes Soares 等，2005）。例如，Guedes Soares 等（2005），研究了盐含量、水温、溶解氧、pH 值和水流速度对总腐蚀速率的影响，并将这些影响纳入 Guedes Soares 和 Garbatov（1999）提出的非线性腐蚀损耗模型中。他们的模型包括三个腐蚀损失阶段：第一阶段是水颗粒穿透腐蚀涂层；第二阶段是形成二维单层氧化物薄膜；第三阶段是三维氧化物核的萌生和长大。在这个模型中，前两个阶段代表涂层有效期，其中任何时间 t 的腐蚀深度都可以按下式得到（Guedes Soares 等，2005）

$$d(t)=d_{\infty}\left(1-e^{\frac{-(t-\tau_c)}{\tau_t}}\right)(t>\tau_c) \tag{18.1a}$$

$$d(t)=0\ ,\ (t\leqslant\tau_c) \tag{18.1b}$$

式中：$d(t)$ 为与时间有关的腐蚀深度；d_{∞}、τ_c 和 τ_t 为模型参数，取决于涂层类型以及操作和环境条件。

Melchers(2003a,b,2006)开发了一种腐蚀损耗预测模型,包括以下平均腐蚀损失的阶段:①短期初始阶段,其中的腐蚀受化学动力学控制;②与来自周围水的氧扩散相关的近似线性函数依赖性;③通过腐蚀产物层的氧扩散控制的非线性函数;④厌氧细菌腐蚀阶段;⑤线性近似的长期厌氧细菌腐蚀阶段。

还进行了模拟点腐蚀的研究工作。然而,与普通腐蚀相比,这种类型的腐蚀深度测量值的缺乏带来了额外的挑战。在这种背景下,Melchers(2004a,b)提出了一种多点模型,将腐蚀损耗作为暴露时间的函数。由于腐蚀评估和维修的重要性,多个船级社发布了腐蚀钢船的腐蚀涂层、预防、检查和修理的建议和规定(例如,DNV,1998,1999; IACS,2003)。腐蚀损耗预测是一个由各种不确定性所涵盖的过程,因此,它必须以概率方式进行。虽然有许多腐蚀模型可供使用,但这些模型基于从不同船只收集的统计数据,随着新的建筑技术和材料的出现,这些模型应该更新和完善。

与时间相关的腐蚀损耗会对船舶的结构阻力产生影响,应在其生命周期的性能评估中予以考虑(Kwon 和 Frangopol,2012a)。腐蚀损失可能导致船体结构阻力的降低、局部强度的降低以及受影响区域内疲劳裂纹扩展的增加。考虑到一般腐蚀已经进行了多项研究,通过估算腐蚀引起的船体梁截面模量的损失,预测时变船体结构阻力(例如,Ayyub 等,2000; Paik 和 Wang,2003; Okasha 等,2010 ; Decò 等,2011,2012)。图 18.3 显示了 Frangopol 和 Okasha(2010)研究的钢船的时变可靠性指数。如图 18.3 所示,由于腐蚀,船的性能显著下降。据观察,大多数分析研究倾向于过高估计了腐蚀对船体梁强度的影响。为了解决这一问题,Wang 等(2008)提出了一项统计研究,显示了 222 艘钢船数据库中船体梁截面模量的损失,这种类型的分析可以支持船体阻力预测模型的验证和校准。

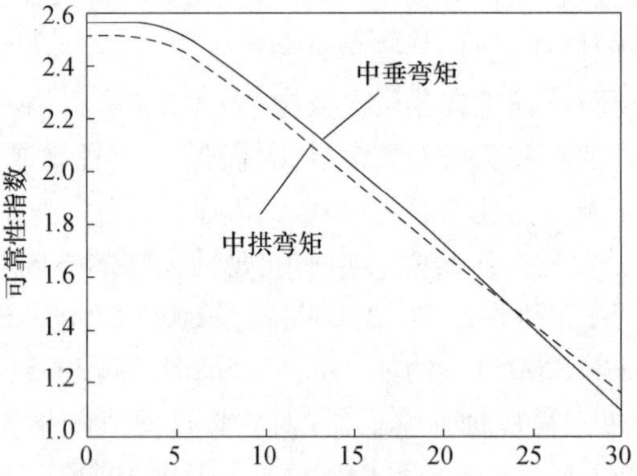

图 18.3 腐蚀对时变性能的影响(Frangopol 和 Okasha,2010)

用于船舶建造的铝合金,主要是 5×××系列合金,在海洋环境中具有优异的耐腐蚀性。铝的耐腐蚀性一部分归因于形成薄的氧化物层,其防止内部金属进一步被腐蚀。表面的氧化层很硬,在任何机械磨损的情况下几乎立即更新,它在大多数条件下都非常稳定,除了极端的 pH 值可能会使它失去稳定性;另外,自我更新可能不足以防止进一步腐蚀。但是,由于铝是一种非常活泼的金属,如果没有适当隔离,它很容易发生电化学腐蚀。电镀作用,特别是在钢和铝连接的区域,使铝易受腐蚀。在这种情况下腐蚀损伤可能非常快(ISSC,2009)。在 USS Independence LCS-2 中观察到这类问题的一个例子,这是一种 127.4m 高速三体船,速度高达 44kn,其中在铝壳与钢推进系统接触的位置开始发生腐蚀(O'Rourke,2012)。然而,通过使用适当的隔离或阴极保护系统可以防止这种腐蚀模式。

铝船的另一种退化模式是敏化,这是在高镁铝合金(例如,5083、5086、5456 和 5383)暴露于高温时发生的退化模式(Sielski,2007)。在某些条件下,由于 β 相(Mg2Al3)在晶界上的析出,这些合金可能会发生晶间腐蚀。该沉淀相在机电方面比铝基体更具活性,并且可以通过持续的晶界迁移引起进一步的晶间腐蚀。此外,该方法增加了材料对应力腐蚀开裂、剥落和韧性降低的敏感性。最近进行的研究是根据船舶的热分布找到材料进行敏化所需的时间。然而,这与船内板的位置直接相关,因为它严重依赖作用于研究位置的应力分布(Sielski 等,2012)。

18.2.2　钢和铝船的疲劳

疲劳是影响船舶结构的主要因素之一。虽然许多船级社发布了适当的疲劳设计和评估的规范和规定,但船舶结构仍然遭受疲劳开裂。疲劳是由反复波动载荷引起的损伤累积过程,疲劳损伤可能存在于温和的环境中以及侵蚀性的环境中(即腐蚀引起的疲劳)。对于受到弹性应力波动的部件,疲劳损伤可能在应力集中区域累积,其中局部应力超过材料的屈服极限(Barsom 和 Rolfe,1999)。由于材料焊接工艺或制造中存在初始缺陷,在部件中可能发生应力集中。作用于一定数量的应力波动的累积损伤引起了局部塑性区域裂纹的萌生和扩展,这些裂纹最终可能导致部件断裂。通过采用更好的细节、避免应力集中以及减少焊接附件的数量等,可以最小化这种过程。目前,设计规范给出了最大化疲劳寿命的指导,并提供了选择与高疲劳抗力相关的细节的方法(Fisher 等,1998)。

船舶结构的疲劳通常可以通过 S-N(即应力-寿命)方法和断裂力学方法(也称为裂纹增长方法)来评估。前者给出了作用于具体位置上的应力与预测的失效时的应力-循环次数之间的关系,而后者提供了一个理论模型计算与作用于具体位置上的循环次数相关的裂纹尺寸。下面将简要讨论这两种方法。

1. S-N 方法

在 S-N 方法中,某个试样的疲劳寿命在实验室测试中通过对试样施加恒定或可变幅度的应力循环来确定,直到具有预定尺寸的裂纹长大穿过试样。对于几个试样和不同的应力幅度重复该测试。接下来,如图 18.4 所示,将应力范围幅度相对于失效循环数绘制对数刻度图,并且执行数据的线性或多线性拟合,得到平均 S-N 线。由于测试结果的可变性,设计线通常由代码定义,其中平均线向左移动一定量,足以实现令人满意的设计结构有效概率。例如,AASHTO LRFD 设计规范(AASHT,2010)将平均线向左移动了两个标准偏差,表明大约 95%的样品能够在相关的循环次数内存活(Fisher 等,1998)。对于单斜率 S-N 关系,可以将得到的试样的 S-N 关系表示为

$$S=\left(\frac{A}{N}\right)^{\frac{1}{m}} \tag{18.2}$$

式中:S 为应力范围(即疲劳抗力);A 为每个类别的疲劳试样的系数;N 为循环数;m 为定义 S-N 线的斜率值的材料常数。

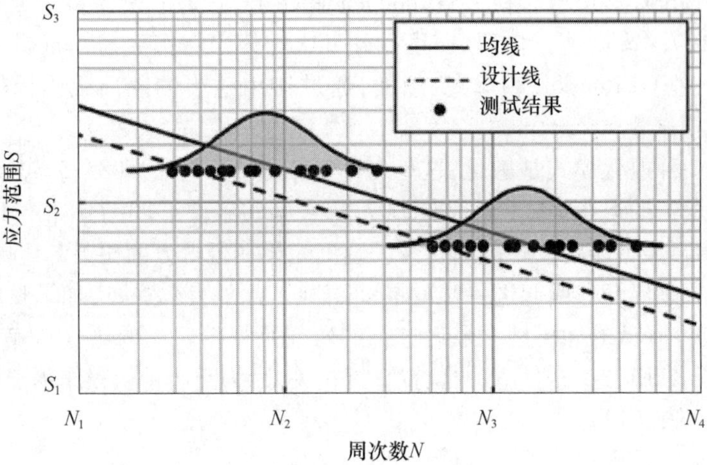

图 18.4　S-N 平均值和设计线

船舶各处通常受到可变幅度应力范围循环的影响,因此,疲劳评估需要等效的恒定振幅应力范围。Miner 的规则(Miner,1945)被广泛用于船舶结构,使用已知的应力范围直方图量化受到可变幅度载荷的多处的疲劳损伤累积。通过假设线性损伤累积,Miner 的损伤累积指数为

$$D = \sum_{i=1}^{n_{ss}} \frac{n_i}{N_i} \tag{18.3}$$

式中:n_{ss} 为应力范围直方图中应力范围区间的数量; n_i 为第 i 个区域中应力范围为 S_i 应力循环次数; N_i 为应力范围 S_i 下的失效循环次数。根据 Miner 的损伤累积准则,当 $D=1.0$ 时,局部位置失效。然而研究表明,这一准则具有显著的可变性,而且迄今为止,并没有任何准则被所有研究团体广泛接受。

根据 Miner 的损伤累积规则,可以将等效的恒定振幅应力范围定义为

$$S_{re} = \left[\sum_{i=1}^{n_{ss}} \frac{n_i}{N_T} \cdot S_i^m \right]^{\frac{1}{m}} \tag{18.4}$$

其中 $N_T = \sum_{i=1}^{n_{ss}} n_i \cdot S_{re}$ 可以使用应力范围 S 的 PDF $f_S(s)$ 来计算

$$S_{re} = \left[\int_0^{\infty} S^{m_1} \cdot f_S(s) \cdot \mathrm{d}s \right]^{\frac{1}{m_1}} \tag{18.5}$$

对于船舶详细信息,应力范围可以遵循对数正态分布、瑞利分布或威布尔分布。这些分布的三参数 PDF(包括截止阈值 S_c)分别表示为

$$f_S(s) = \frac{1}{(s-s_c) \cdot \zeta \cdot \sqrt{2\pi}} \cdot \exp\left[-\frac{1}{2} \cdot \left(\frac{\ln(s-s_c) - \lambda}{\zeta} \right)^2 \right] \tag{18.6}$$

$$f_S(s) = \left(\frac{s-s_c}{S_{r0}^2} \right) \cdot \exp\left[-\frac{1}{2} \cdot \left(\frac{s-s_c}{S_{r0}^2} \right)^2 \right] \tag{18.7}$$

$$f_S(s) = \frac{\kappa}{\alpha} \left(\frac{s-s_c}{\alpha} \right)^{\kappa-1} \cdot \exp\left[-\left(\frac{s-s_c}{\alpha} \right)^{\kappa} \right] \tag{18.8}$$

式中：$s > S_c$、α 和 κ 分别为威布尔分布的尺度和形状参数；λ 和 ζ 分别为对数正态分布的位置参数和尺度参数；而 S_{ro} 是瑞利分布的模式。不用说，根据应力范围箱直方图，考虑到 $S_c = 0$，也可以使用双参数 PDF。

使用等效恒定振幅应力范围，疲劳寿命（以失效循环次数测量）计算为

$$N = \frac{A}{S_{re}^m} \tag{18.9}$$

这个循环次数可以与平均年度循环数 N_{avg} 一起使用，用下式估算以年计的疲劳寿命：

$$t(\text{年}) = \frac{N}{N_{\text{avg}}} \tag{18.10}$$

$S-N$ 方法已广泛用于钢和铝船细节的疲劳评估。多种设计规范和研究报告可用于疲劳设计和船舶细节评估（例如，BS 5400，1980；ABS，2010；DNV，1997，2010；Eurocode 3，2010；Eurocode 9，2009）。由于可以直接对 $S-N$ 方法中的阻力和需求项进行估计，因此该方法已成功用于船舶的基于可靠性的疲劳评估。在这方面，Ayyub 等（2002）提出了基于可靠性的船舶细节疲劳设计指南，他们简要讨论了船舶结构及其相关参数的可用疲劳评估方法。Kwon 等（2013）基于 SHM 数据，通过估算高速船舶结构的概率寿命的海上载荷，对疲劳可靠性进行评估，在他们的方法中使用了英国标准 $S-N$ 关系式（BS 5400，1980）。

2. 断裂力学方法

虽然 $S-N$ 方法广泛用于船舶的疲劳评估，但它不能用于研究给定细节处的裂纹条件，因为它不能提供裂纹尺寸与影响细节的循环次数之间的直接关系。另外，基于断裂力学的方法可用于研究裂纹条件和损伤细节处的稳定性。在这种方法中，裂纹尖端附近的应力与裂纹扩展有关，与应力强度因子 K 有关。线弹性断裂力学（LEFM）可以通过 Paris 方程式（Paris 和 Erdogan，1963）评估钢结构细节处的疲劳行为。该式将裂纹扩展速率与应力强度因子范围关联如下：

$$\frac{\mathrm{d}a}{\mathrm{d}N} = C \cdot (\Delta K)^m \tag{18.11}$$

式中：a 为裂纹尺寸；N 为循环次数；ΔK 为应力强度因子范围；C 和 m 为材料参数。C 和 m 的值可以通过试验报告或代码规范找到。例如，英国标准 BS 7910（2005）提供的 C 和 m 值分别为 2.3×10^{-12} 和 3.0，使用 mm/周期为 $\mathrm{d}a/\mathrm{d}N$ 的单位，$N/\mathrm{mm}^{3/2}$ 为 ΔK 的单位，以简化评估在海洋环境中运行的钢结构细节。应力强度因子的范围可表示为

$$\Delta K = Y(a) \cdot S \cdot \sqrt{\pi a} \tag{18.12}$$

式中：S 为应力范围；$Y(a)$ 为取决于裂纹方向和形状的校正因子。该校正因子考虑了椭圆裂纹形状、自由表面、有限宽度（或厚度）和作用在裂纹上的非均匀应力的影响。这些校正因子更详细的经验和精确解可以在 Tada 等（2000）研究中找到。

使用式（18.11）和式（18.12），与从初始尺寸 a_0 到 a_t 尺寸的裂纹尺寸增长相关的循环次数可以计算为

$$N = \frac{1}{C \cdot S^m}\int_{a_0}^{a_t} \frac{1}{\left(Y(a) \cdot \sqrt{\pi a}\right)^m}\mathrm{d}a \tag{18.13}$$

通过设置式(18.13)的 a_t 等于临界裂纹尺寸 a_f，获得细节处失效的循环次数。这种方法也可以在概率疲劳寿命评估和船舶检查与监测计划中实施。例如，Kim 和 Frangopol(2011c)使用这种方法找到最佳的检查时间，从而最大限度地避免钢船细节处的损伤检测的延迟。

18.2.3 概率性能评估和预测

概率性能评估方法适用于船舶，因为存在与海上载荷、船舶操作、损伤开始和扩展相关的各种不确定性，以及它们对结构阻力的影响。有几种概率方法可用于评估结构性能(例如，Ayyub 等，2000；Okasha 和 Frangopol，2010b；Okasha 等，2011；Kim 和 Frangopol，2011a，b，c；Kwon 和 Frangopol，2012b；Decò 和 Frangopol，2013)。其中一些仅使用通过仿真技术量化的时变损伤水平来评估性能，而其他一些则使用概率性能指标，如可靠性、冗余和风险。这些概率性能指标中的每一个都代表了一种独特的结构特征，可用于不确定性条件下的性能评估和生命周期管理。在下一个示例中，使用蒙特卡罗模拟钢船细节处的概率疲劳寿命估计。在本节的后面部分，简要讨论了结构可靠性分析，并给出了可靠性评估和维护计划的示例。

例 1：疲劳裂纹是船舶结构的主要安全问题。概率模拟方法可用于预测疲劳损伤扩展并提供关于研究位置的预期使用寿命的指导。例中考虑了图 18.5 所示的钢船船体结构中底板和纵向加强筋之间的焊接接头。在常规检查期间，发现平均尺寸为 2.0mm 的裂纹从加强板开始到底板焊缝横向扩展，如图 18.5 所示。

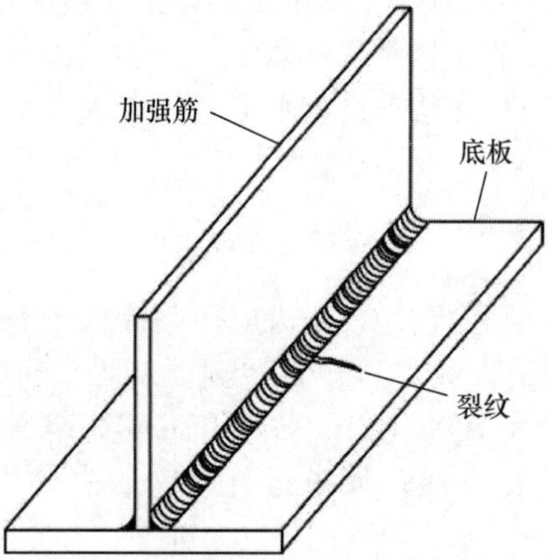

图 18.5 临界疲劳细节

在确定参数 C、m、a_0 和 S 之后，可以使用式(18.13)来研究这种细节处的裂纹扩展。此外，如果已知平均每年循环数 N_{avg}，则可以找到随时间的裂纹长度。对于该示例，假设疲劳裂纹扩展参数 C、m 和 a_0 遵循对数正态分布，而应力范围被视为遵循威布尔分布的随机变量。假设参数 C 的平均值为 3.54×10^{-11}，应力范围的单位为 MPa，裂纹尺寸单位为 mm(对于应力，使用 ksi 单位为 1.77×10^{-9}，裂纹长度使用英寸)，m 为 2.54(Dobson 等，1983)。表 18.1 中给出了与裂纹增长相关的随机变量和确定性参数。在该示例中，假设几何函数 $Y(a)$ 为 1(Akpan 等，2002)。

表 18.1　与裂纹扩展模型相关的随机变量和确定性参数

变量	平均值	变异系数	分布类型
材料裂纹扩展参数 C	3.54×10^{11}	0.3	对数正态
材料裂纹扩展指数 m	2.54	—	确定性
初始裂纹尺寸 a_0 /mm	2.0	0.2	对数正态
每日循环次数 N_{avg} /(周期/年)	1.0×10^6	0.3	对数正态
应力范围 S /MPa	30	0.1	威布尔分布

对于这个细节,已知平均循环次数就能够计算与从初始尺寸 a_0 到给定尺寸的裂纹增长相关的时间,即

$$t(\text{年}) = \frac{1}{N_{avg} \cdot C \cdot S^m} \cdot \int_{a_0}^{a_t} \frac{1}{\left(Y(a) \cdot \sqrt{\pi a}\right)^m} da \tag{18.14}$$

考虑到最终裂纹尺寸为 50 mm,使用蒙特卡罗模拟可以找到与 2.0~50 mm 的增长相关的时间,其中随机变量由它们各自的 PDF 表示。对于该示例,具有 100000 个样本的蒙特卡罗模拟得出了图 18.6 中所示的直方图,以获得达到最终裂纹尺寸的时间。另外,如图 18.7 所示,模拟可用于找出裂纹从初始尺寸增长到各种裂纹尺寸的平均时间。随后可以根据所需的目标安全水平规划检查和维修措施。

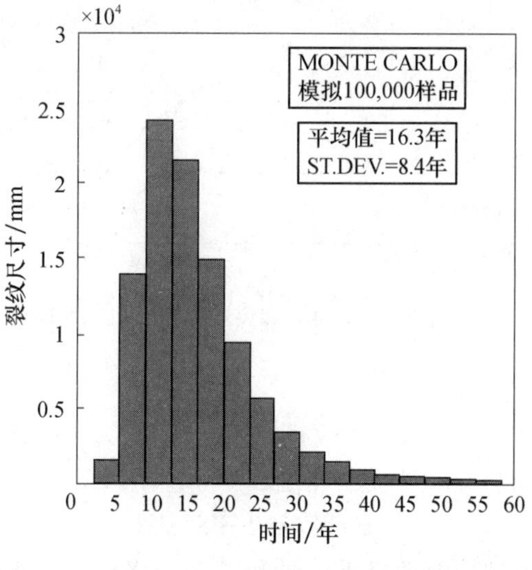

图 18.6　达到 50 mm 裂纹尺寸所需时间的柱状图

概率性能指标,例如可靠性指标,在考虑上述不确定性的同时提供结构可靠性的测量。因此,它们可用于预测使用寿命并计划未来的检查、维护和监测行为(Frangopol 和 Messervey,2009a,b; Frangopol 和 Kim,2011)。如图 18.8 所示为结构的概率性能曲线,包括老化、突然损伤和修复的影响。可以根据应用时间和此时的性能水平定义两种维护类型,即基本维护(EM)和预防性维护(PM)。EM 是基于性能的,其中在性能指标达到其允许阈值时执行维护。相反,PM 通常基于时间,它通常在结构的生命周期中的某规定时刻

进行。执行PM可以有效地延迟损上扩展或略微改善结构的性能。另外,EM应该显著改善结构的性能,以便将使用寿命显著延长。

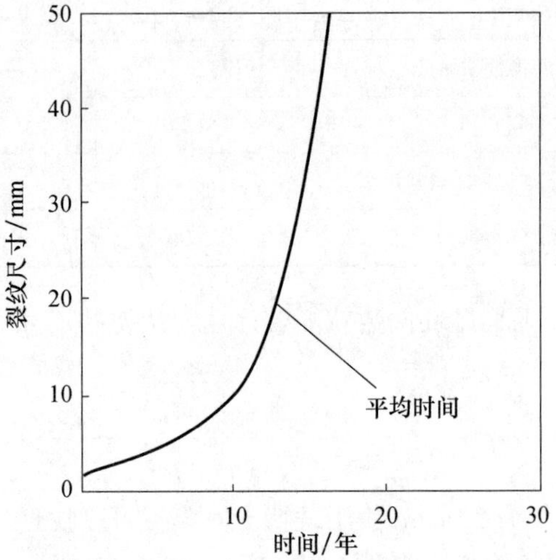

图 18.7　达到不同裂纹尺寸的平均时间

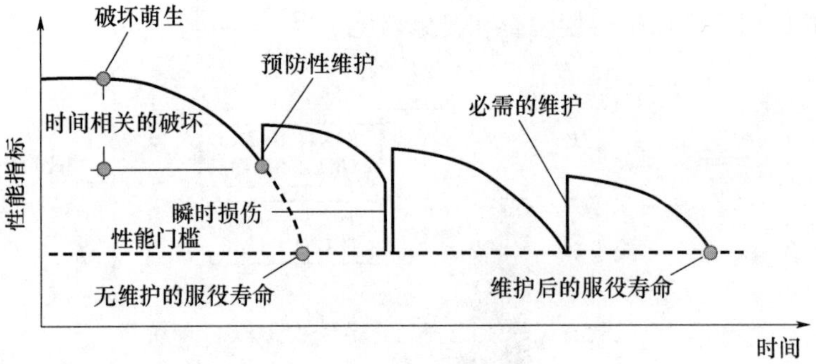

图 18.8　包括影响老化、维护和突然损伤的概率性能指数曲线

结构可靠性分析:

通常,结构部件的可靠性可以与失效概率相关,定义为违反某一极限状态 $g(X)=0$ 的概率。性能函数 $g(X)$ 可以定义为安全裕度,

$$g(\boldsymbol{X}) = R - S \tag{18.15}$$

式中:R 和 S 分别为结构的随机承载量和需求;$(\boldsymbol{X})$ 为随机变量向量。基于所考虑的极限状态,可以将故障概率 P_f 定义为

$$P_f = P(g(\boldsymbol{X}) \leqslant 0) \tag{18.16}$$

R 、S 的PDF和安全裕度(即 $R-S$)以及失效概率 P_f 在图18.9中表示。因此,可靠性指数 β 可以定义为

$$\beta = \Phi^{-1}(1 - P_f) \tag{18.17}$$

式中:$\Phi^{-1}(\cdot)$ 为反标准正态累积分布函数(CDF)。

对于 R 和 S 在统计上独立的情况或是对数正态分布的随机变量,可以制定计算失效概率的精确表达式(参见 Ang 和 Tang,1984)。对于更复杂的问题,其中 R 和/或 S 遵循正常或对数以外的 PDF,可以使用有效的可靠性技术评估组件的可靠性,例如一阶可靠性方法(FORM)、二阶可靠性方法(SORM)和蒙特卡罗模拟。FORM 和 SORM 已广泛应用于许多结构可靠性问题和各种软件包,如 RELSYS(Estes 和 Frangopol,1998),以计算结构部件和系统的可靠性指标。

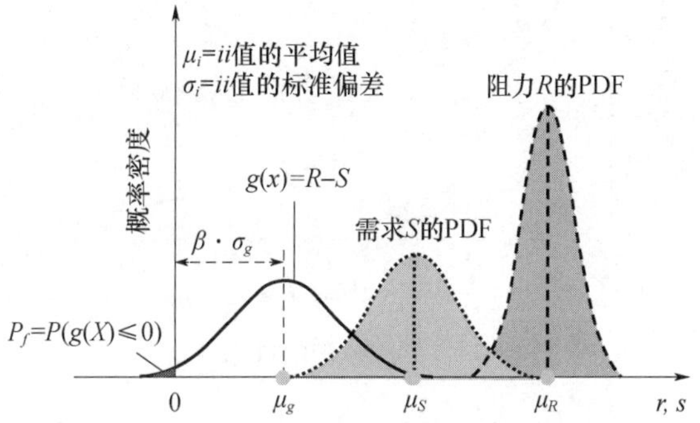

图 18.9　阻力、需求和安全裕度的 PDF

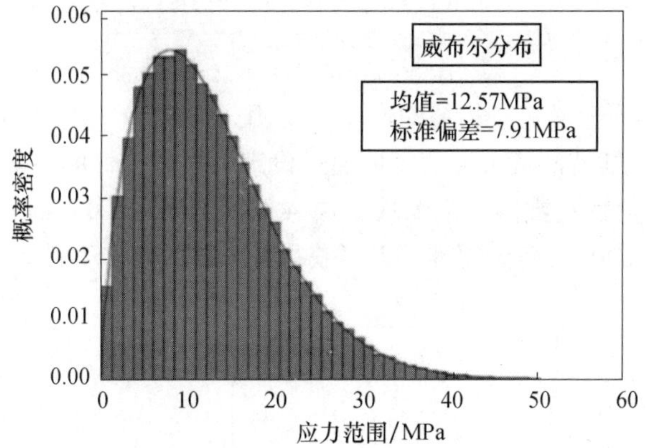

图 18.10　应力范围概率密度对船舶细节的影响

例 2:为了说明钢船细节疲劳评估的可靠性概念,考虑一个受到图 18.10 所示应力范围分布的钢船细节,年平均周期数为 1.5×10^6。基于 BS 5400(1980)规范的 SN 方法,细节分类在该代码的疲劳类别 F 下。

该细节的材料常数 m 为 3.0,而常数 A (见式(18.2))假设遵循对数正态分布,平均值为 $6.29\times10^{11}\,\mathrm{MPa}^3$,变异系数为 0.54(Kwon 等,2013)。基于式(18.5)和式(18.8)所示,等效恒定振幅应力范围 S_{re} 是 17.64MPa。为了说明该值的不确定性,假设 S_{re} 遵循对数正态分布,平均值为 17.64MPa,变异系数为 0.1。

为了研究细节的疲劳可靠性,可以将性能函数定义为安全裕度;

$$g(t) = \Delta - D(t) \tag{18.18}$$

式中:Δ 为 Miner 临界损伤累积指数,表明允许的累积损伤以及均值为 1.0 和变异系数(COV)为 0.3 的假定对数正态分布(Wirsching,1984);$D(t)$ 为 Miner 的损伤累积指数,可表示为

$$D(t)=\frac{N(t)}{A}\cdot S_{re}^{m} \tag{18.19}$$

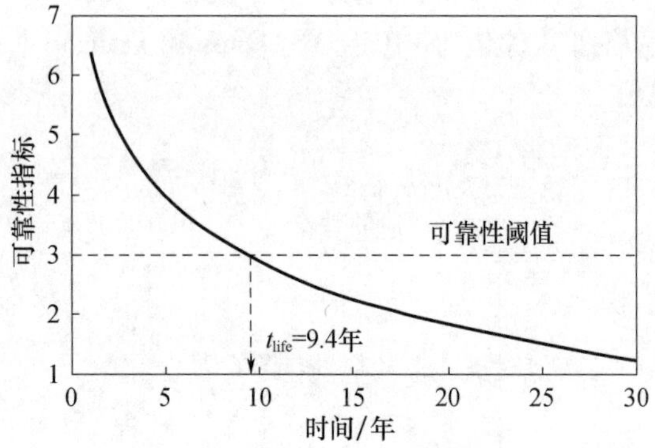

图 18.11　无须维护的可靠性指标

基于式(18.18)和式(18.19)中假设随机变量 S_{re} ,A 和 Δ 也是对数正态分布,疲劳可靠性指数 β 可以推导为(Kwon 和 Frangopol,2010)

$$\beta(t)=\frac{\lambda_{\Delta}+\lambda_{A}-m\cdot\lambda_{S_{re}}-\ln N(t)}{\sqrt{\zeta_{\Delta}^{2}+\zeta_{A}^{2}+(m\cdot\zeta_{S_{re}})^{2}}} \tag{18.20}$$

式中:λ 和 ζ 为与不同随机变量相关的参数。使用式(18.20),可以如图 18.11 所示找到细节的可靠性曲线。细节的疲劳寿命可以通过设定可靠性指标的阈值来计算。对于经受疲劳的船舶细节,可靠性指数阈值范围从 2.0~4.0 是合适的(Mansour 等,1996)。对于此示例,此阈值设置为 3.0,从而无须维护即可获得 9.4 年的疲劳寿命。

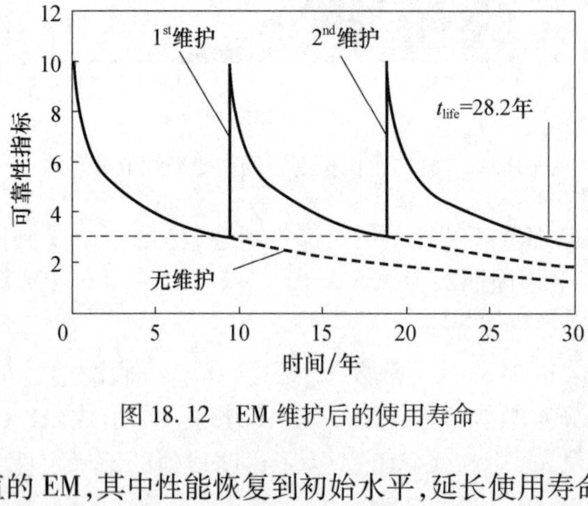

图 18.12　EM 维护后的使用寿命

可应用基于阈值的 EM,其中性能恢复到初始水平,延长使用寿命。如图 18.12 所示,基本维护可在 9.4 年和 18.8 年进行,总使用寿命为 28.2 年(即寿命延长 18.8 年)。

尽管此示例中提供的维护计划很简单,但其他维护优化案例并不那么简单。如果将不同类型的多个维护操作应用于结构,尤其是当它们中的每一个产生其自身使用寿命延长时的情况。在这种情况下,可以有效地使用概率优化技术来解决这些问题。Okasha 和 Frangopol(2010a)以及 Kim 等讨论了维护优化的主题(2013)。

18.3　使用 NDT 和 SHM 进行损伤评估

无损检测在船舶结构的损伤识别和评估中起着重要作用。迄今为止,最广泛采用的损伤评估方法是目视检查。这主要是由于成本效益和易于应用。然而,成功的目视检查受到多种因素的挑战,包括检查员的经验水平和由于防火和腐蚀涂层引起的可达性问题。另外,诸如超声波检查的 NDT 方法面临更大的挑战,这些挑战源于大尺度结构和需要检查的位置和数量。此外,应用这些检查方法需要确切的损伤位置,而通常不存在这种情况。可以识别位置和损伤程度的 NDT 方法的研究非常活跃,这些方法主要依赖于安装连续记录结构响应或排放的传感器,并尝试根据记录的数据识别和定位损伤。这些系统包括常规应变计、加速度计和声发射传感器。来自此类系统的信息也可用于更新和校准性能预测和损伤扩展模型,以实现更可靠和准确的性能评估过程(Zhu 和 Frangopol,2013a,b)。下面简要讨论使用声发射和 SHM 进行损伤识别的最新进展。

18.3.1　利用声发射技术识别损伤

在过去 10 年中,声发射技术因其在船舶疲劳和腐蚀损伤检测和定位中的应用而备受关注。这种方法,使用特殊传感器记录材料在内部结构突然变化期间发出的应力波,并用于检测结构损伤,如裂纹萌生和生长、断裂、塑性变形、腐蚀和应力腐蚀开裂等(Anastasopoulos 等,2009)。一般而言,没有应力集中的均匀钢试样在受到屈服应力的 60%的应力时会开始发出声发射信号(Anastasopoulos 等,2009)。在船舶的正常操作期间,可以连续地检测和记录这些声波释放,从而可以监测结构损伤。该方法已成功应用于不同类型的结构,如桥梁、压力容器和管道。最近,欧洲的研究项目(参见例如 Baran 等,2012;Tscheliesnig,2006)和美国(参见例如 Wang 等,2010)已经证明了这种方法在检测船舶结构中腐蚀和裂纹损伤方面的可行性,在这些研究项目中,对疲劳和加速腐蚀试样以及油轮的实验室控制试验的结果表明了该方法的可行性。声发射信号可能非常弱,特别是对于腐蚀检测,正常船舶操作产生的噪声可能会显著影响到损伤检测。该领域研究还旨在评估和隔离实际运行条件下的噪声,可以使用识别技术的特殊模式过滤噪声(Baran 等,2012),已经开发了多种损伤检测方法及其必要的硬件,一些方法使用浸入式传感器来检测通过油轮中的液体传播的声波,而其他方法使用直接连接到结构的传感器。这些研究项目的结果表明,使用声发射连续实时监测疲劳或腐蚀造成的损伤是一种很有前景的方法。

18.3.2　SHM 在船舶损伤识别中的应用

人们一直在努力开发能够支持 SHM 系统进行船舶损伤检测的方法。SHM 系统采用各种类型的传感器、加速度计和应变计记录正常船舶操作期间的结构响应。这些系统可用于多个方面,例如设计假设的验证、监测正常操作下的结构响应、损伤检测和诊断、预测和使用寿命估计(Salvino 和 Brady,2008)。设计假设的验证通常在船舶建造后进行,在这个过程中,船舶通过预先设计的耐波试验运行,使船舶在速度、海况和航向角方面受到各种操作条件的组合作用,以确保实际的结构响应在设计和允许的限度内。如果在这些条件下监测显示出可接受的响应,那么来自耐波试验的信息也可用于通过消除一些限制性操作条件调整安全操作状况(Salvino 和 Collette,2009)。另外,可以使用耐波试验数据降低在设计阶段未显示造成损伤的条件下船舶损伤的可能性。此外,SHM 系统还可用于评估船舶推进系统的完整性和振动水平(Brady,2004)。

在最初的耐波试验后,监测系统可用于船舶系统的连续健康评估。各种高速船配备了始终在线使用的加速度计,当加速度超过允许阈值时可以向机组人员发出警告。由于砰击事件可能会发生超标情况,船员可以相应地降低速度(Salvino 和 Collette,2009)。该领域目前的研究旨在开发监测系统、采集系统和支持软件,能够为船员提供有关船舶操作下结构系统完整性和响应的实时信息(Hess 2007;Salvino 和 Brady,2008;Swartz 等,2012)。而且,这样的系统应该能够增强损伤诊断和预测的能力,这些系统提供了识别早期损伤的可能性,并支持检查和维护活动的安排。SHM 信息可用于帮助检测难以进入的区域的损伤。此外,SHM 可以在船舶使用时进行,这最大限度地减少了对船舶操作的干扰,并延长了船舶的运行时间。迄今为止,基于 SHM 数据的最常见损伤预测应用于量化船舶结构中的疲劳损伤,这是通过在受监测位置记录的应变,并将这些应变转换为应力来执行的,并且通过使用适当的分类指南,可以使用 Miner 损伤累积准则(Hess,2007)找到疲劳寿命。在这种方法中,应力和循环计数用于找到船舶操作曲线下消耗寿命的百分比,并找出剩余的疲劳寿命。然而,这些预测方法不能直接用在研究受损位置的裂纹条件下,此外,它们不能用于评估其他损伤机制,例如由于砰击造成的腐蚀或损伤。

基于 SHM 的损伤检测技术(例如基于振动的方法)正在不断发展以用于船舶结构。基于振动的方法使用先进的信号处理技术,例如经验模式分解和希尔伯特-黄(Hilbert-Huang)变换,通过确定结构动态特性的变化来检测损伤。这是基于以下事实:模式形状或频率的变化表明了结构的物理性质发生变化(Salvino 和 Brady,2008)。由于与监测结果相关的固有随机性,有必要将这些不确定性整合到损伤检测技术中(Okasha 等,2011)。向量自回归模型等方法可用于高速舰船损伤的检测和定位,在该方法中,对从结构获得的振动信号作为参考信号进行建模,并且该模型适合于测量结构响应,该模型的参数是损伤敏感特征(Okasha 等,2011)。假设该模型提供结构响应的准确预测,那么模型数据与将来测量的数据之间的差异的增加被解释为结构损坏的迹象。Mattson 和 Pandit(2006)提出了一种基于向量的模型,该模型允许根据其自身的原始值以及其他传感器的原值来描述信号。

可以使用拟合优度的度量来选择自回归模型的阶数,该自回归模型是预测信号和测量信号的函数,Mattson 和 Pandit(2006)在试验装置上进行了这种方法的应用。此外,Okasha 等(2011)已经测试了将该模型应用于船舶的可行性,尽管认为使用基于振动的统计方法的损伤检测是一种很有前途的方法,但是为了可靠地应用于船舶结构的 SHM,仍然需要对这些模型的验证、核实和统计量化进行更多的研究。

18.4 小　　结

本章简要讨论了影响钢和铝船舶的损伤机制,重点讨论了疲劳和腐蚀等时间相关的效应。除了与这些结构退化机制相关的各种不确定性来源之外,还简要介绍了不同的疲劳和腐蚀损伤预测模型。此外,还讨论了通过 NDE 和 SHM 识别损伤的方法。

与船舶装载、操作条件和损坏预测模型相关的不确定性的存在要求在损伤预测过程中使用概率性能指标,这些指标在考虑各种随机性来源的同时,对船舶性能和安全性进行了合理的量化。此外,这些指标可以有效地纳入生命周期管理框架,以支持有关未来检查和维护活动的决策。

许多用于海洋结构及其生命周期评估、预测和扩展的损伤评估和预测技术,也用于桥梁和建筑物等土木结构(Frangopol 和 Liu,2007;Frangopol 等,2008a,b;Frangopol 和 Okasha,2009;Kwon 和 Frangopol,2011;Strauss 等,2008;Soliman 等,2013;Okasha 和 Frangopol,2012)。

参考文献

AASHTO,AASHTO LRFD Bridge Design Specifications,5th edn. with Interims (American Association of State Highway and Transportation Officials,Washington,DC,2010)

ABS,Spectral-Based Fatigue Analysis for Floating Production,Storage and Offloading (FSPO) Installations (American Bureau of Shipping,Houston,2010)

U. O. Akpan,T. S. Koko,B. Ayyub,T. E. Dunbar,Risk assessment of aging ship hull structures in the presence of corrosion and fatigue. Mar. Struct. 15(3),211-231 (2002)

A. Anastasopoulos,D. Kourousis,S. Botten,G. Wang,Acoustic emission monitoring for detecting structural defects in vessels and offshore structures. Ships Offshore Struct. 4(4),363-372 (2009)

A. H. -S. Ang,W. Tang,Probability Concepts in Engineering Planning and Design (Wiley,New York,1984)

A. H. -S. Ang,W. Tang,Probability Concepts in Engineering:Emphasis on Applications to Civil and Environmental Engineering,2nd edn. (Wiley,New Jersey,2007)

B. Ayyub,U. O. Akpan,G. F. DeSouza,T. S. Koto,X. Luo,Risk-Bbased Life Cycle Management of Ship Structures,SSC-416 (Ship Structure Committee,Washington,DC,2000)

B. M. Ayyub,I. A. Assakkaf,D. P. Kihl,M. W. Siev,Reliability-based design guidelines for fatigue of ship structures. Nav. Eng. J. 114(2),113-138 (2002)

I. Baran,M. Nowak,A. Jagenbrein,H. Buglacki,Acoustic emission monitoring of structuralelements of a ship for detection of fatigue and corrosion damages,in Proceedings of 30thEuropean Conference on Acoustic Emission Testing & 7th International Conference on Acoustic Emission (University of Granada,Granada,Spain,2012)

J. M. Barsom,S. T. Rolfe,Fracture and Fatigue Control in Structures:Applications of Fracture Mechanics (ASTM,West Conshohocken,1999)

T. F. Brady,HSV-2 Swift instrumentation and technical trials,Technical report NSWCCD-65-TR-2004/18 (Naval Surface Warfare Center,Carderock Division,West Bethesda,2004)

BS 5400-Part 10,Steel,Concrete,and Composite Bridges:Code of Practice for Fatigue (British Standards Institute,London,1980)

BS 7910,Guide to Methods for Assessing the Acceptability of Flaws in Metallic Structures (British Standards Institute,London,2005)

A. Decò,D. M. Frangopol,Risk-informed optimal routing of ships considering different damage scenarios and operational conditions. Reliab. Eng. Syst. Saf. 19,126-140 (2013)

A. Decò,D. M. Frangopol,N. M. Okasha,Time-variant redundancy of ship structures. J. Ship Res. 55(3),208-219 (2011)

A. Decò,D. M. Frangopol,B. Zhu,Reliability and redundancy of ships under different operational conditions.

Eng. Struct. 42, 457-471 (2012)

DNV, Fatigue Analysis of High Speed and Light Craft (Det Norske Veritas Classification, Høvik, 1997)

DNV, Type Approval Programme for Protective Coating Systems (No. 1-602. 1, Det Norske Veritas, Oslo, 1998)

DNV, Corrosion Prevention of Tanks and Holds (Classification Notes No. 33. 1, Det Norske Veritas, Oslo, 1999)

DNV, Fatigue Methodology of Offshore Ships (Det Norske Veritas Classification, Høvik, 2010)

W. G. Dobson, R. F. Brodrick, J. W. Wheaton, J. Giannotti, K. A. Stambaugh, Fatigue Considerations in View of Measured Load Spectra, SSC-315 (Ship Structure Committee, Washington, DC, 1983)

A. C. Estes, D. M. Frangopol, RELSYS, A computer program for structural system reliability analysis. Struct. Eng. Mech. 6(8), 901-919 (1998)

Eurocode 3, Design of Steel Structures Part 1-9. Fatigue Strength (CEN-European Committee for Standardisation, Brussels, 2010)

Eurocode 9, Design of Aluminium Structures Part 1-3, Additional Rules for Structures Susceptible to Fatigue (CEN-European Committee for Standardisation, Brussels, 2009)

C. Fang, P. K. Das, Survivability and reliability of damaged ships after collision and grounding. Ocean Eng. 32, 293-307 (2005)

J. W. Fisher, G. L. Kulak, I. F. Smith, A Fatigue Primer for Structural Engineers (National Steel Bridge Alliance, Chicago, 1998)

D. M. Frangopol, Life-cycle performance, management, and optimization of structural systems under uncertainty: accomplishments and challenges. Struct. Infrastruct. Eng. 7(6), 389-413 (2011)

D. M. Frangopol, S. Kim, Service life, reliability and maintenance of civil structures, chapter 5, in Service Life Estimation and Extension of Civil Engineering Structures, ed. by L. S. Lee, V. Karbari (Woodhead Publishing, Cambridge, UK, 2011), pp. 145-178

D. M. Frangopol, M. Liu, Maintenance and management of civil infrastructure based on condition, safety, optimization, and life-cycle cost. Struct. Infrastruct. Eng. 3(1), 29-41 (2007)

D. M. Frangopol, T. B, Messervey, Life-cycle cost and performance prediction: role of structural health monitoring, chapter 16, in Frontier Technologies for Infrastructures Engineering, Structures and Infrastructures Book Series, vol. 4,

DM Frangopol, Book Series Editor, eds. by S. S. Chen, A. H. S. Ang (CRC Press/Balkema, Boca Raton/New York/Leiden, 2009a), pp. 361-381

D. M. Frangopol, T. B. Messervey, Maintenance principles for civil structures, chapter 89, in Encyclopedia of Structural Health Monitoring, ed. by C. Boller, F. -K. Chang, Y. Fujino, vol. 4 (Wiley, Chicester, 2009), pp. 1533-1562

D. M. Frangopol, N. M. Okasha, Multi-criteria optimization of life-cycle maintenance programs using advanced modeling and computational tools, chapter 1, in Trends in Civil and Structural Computing, ed. by B. H. V. Topping, L. F. Costa Neves, C. Barros (Saxe-Coburg Publications, Stirlingshire, 2009), pp. 1-26

D. M. Frangopol, N. M. Okasha, Life-cycle framework for maintenance, monitoring, and reliability of naval ship structures, in Reliability and Optimization of Structural Systems, ed. by D. Straub (CRC Press/Taylor & Francis Group, Leiden/London, 2010), pp. 69-76

D. M. Frangopol, A. Strauss, S. Kim, Use of monitoring extreme data for the performance prediction of structures: general approach. Eng. Struct. 30(12), 3644-3653 (2008a)

D. M. Frangopol, A. Strauss, S. Kim, Bridge reliability assessment based on monitoring. J. BridgeEng. 13(3), 258-270 (2008b)

D. M. Frangopol, P. Bocchini, A. Deco`, S. Kim, K. Kwon, N. M. Okahsa, D. Saydam, Integrated life-cycle framework for maintenance, monitoring, and reliability of naval ship structures. Nav. Eng. J. 124(1), 89–99 (2012)

C. Guedes Soares, Y. Garbatov, Reliability of maintained, corrosion protected plate subjected to non–linear corrosion and compressive loads. Mar. Struct. 12, 425–445 (1999)

C. Guedes Soares, Y. Garbatov, A. Zayed, G. Wang, Nonlinear corrosion model for immersed steel plates accounting for environmental factors, in SNAME Maritime Technology Conference & Expo, Houston, 2005

P. E. Hess, Structural health monitoring for high – speed naval ships, in Proceedings of the 7th International Workshop on Structural Health Monitoring, Stanford, 2007

A. W. Hussein, C. Guedes Soares, Reliability and residual strength of double hull tankers designed according to the new IACS common structural rules. Ocean Eng. 39, 1446–1459 (2009)

IACS, Renewal criteria for side shell frames and brackets in single side skin bulk carriers not build in accordance with UR S12 Rev. 1 or subsequent revisions (International Association of Classification Societies, London, 2003)

ISSC, Condition assessment of aged ships, in International Ship and Offshore Structures Congress, Committee V. 6, vol. 2, 2006

ISSC, Condition assessment of aged ships and offshore structures. Committee V. 6, 17th International Ship and Offshore Structures Congress, Seoul, 16–21 Aug 2009

S. Kim, D. M. Frangopol, Cost – based optimum scheduling of inspection and monitoring for fatigue – sensitive structures under uncertainty. J. Struct. Eng. 137(11), 1319–1331 (2011a)

S. Kim, D. M. Frangopol, Cost–effective lifetime structural health monitoring based on availability. J. Struct. Eng. 137(1), 22–33 (2011b)

S. Kim, D. M. Frangopol, Optimum inspection planning for minimizing fatigue damage detection delay of ship hull structures. Int. J. Fatigue 33(3), 448–459 (2011c)

S. Kim, D. M. Frangopol, M. Soliman, Generalized probabilistic framework for optimum inspection and maintenance planning. J. Struct. Eng. 139(3), 435–447 (2013)

K. Kwon, D. M. Frangopol, Bridge fatigue reliability assessment using probability density functions of equivalent stress range based on field monitoring data. Int. J. Fatigue 32, 1221–1232 (2010)

K. Kwon, D. M. Frangopol, Bridge fatigue assessment and management using reliability–based crack growth and probability of detection models. Probabilist. Eng. Mech. 26(3), 471–480 (2011)

K. Kwon, D. M. Frangopol, System reliability of ship hull structures under corrosion and fatigue. J. Ship Res. 95 (4), 234–251 (2012a)

K. Kwon, D. M. Frangopol, Fatigue life assessment and lifetime management of aluminum shipsusing life–cycle optimization. J. Ship Res. 56(2), 91–105 (2012b)

K. Kwon, D. M. Frangopol, S. Kim, Fatigue performance assessment and service life prediction of high–speed ship structures based on probabilistic lifetime sea loads. Struct. Infrastruct. Eng. 9(2), 102–115 (2013)

A. E. Mansour, P. H. Wirsching, G. J. White, B. M. Ayyub, Probability–based ship design: implementation of design guidelines. SSC 392, in Ship Structures Committee, Washington, DC, 1996

S. G. Mattson, S. M. Pandit, Statistical moments of autoregressive model residuals for damage localization. Mech. Syst. Signal Process. 20(3), 627–645 (2006)

R. E. Melchers, Effect of temperature on the marine immersion corrosion of carbon steels. Corrosion (NACE) 58 (9), 768–782 (2002)

R. E. Melchers, Modeling of marine immersion corrosion for mild and low alloy steels–Part 1: phenomenological model. Corrosion (NACE) 59(4), 319–334 (2003a)

R. E. Melchers, Probabilistic models for corrosion in structural reliability assessment–Part 2: models based on mechanics. J. Offshore Mech. Arctic Eng. 125(4),272-280 (2003b)

R. E. Melchers, Pitting corrosion of mild steel in marine immersion environment-part 1: maximum pit depth. Corrosion (NACE) 60(9),824-836 (2004a)

R. E. Melchers, Pitting corrosion of mild steel in marine immersion environment-part 2: variability of maximum pit depth. Corrosion (NACE) 60(10),937-944 (2004b)

R. E. Melchers, Mathematical modeling of the effect of water velocity on the marine immersion corrosion of mild steel coupons. Corrosion (NACE) 60(5),471-478 (2004c)

R. E. Melchers, Recent progress in the modeling of corrosion of structural steel immersed in seawaters. J. Infrastruct. Syst. 12(3),154-162 (2006)

M. A. Miner, Cumulative damage in fatigue. J. Appl. Mech 12(3),159-164 (1945)

R. O'Rourke, Naval Littoral Combat Ship (LCS) Program: Background and Issues for Congress (CRS Report for Congress, Congressional Research Service, Washington, DC, 2012)

N. M. Okasha, D. M. Frangopol, Novel approach for multi-criteria optimization of life-cycle preventive and essential maintenance of deteriorating structures. J. Struct. Eng. 136(80),1009-1022 (2010a)

N. M. Okasha, D. M. Frangopol, Efficient method based on optimization and simulation for the probabilistic strength computation of the ship hull. J. Ship Res. 54(4),244-256 (2010b)

N. M. Okasha, D. M. Frangopol, Integration of structural health monitoring in a system performance based life-cycle bridge management framework. Struct. Infrastruct. Eng. 8(11),999-1016 (2012)

N. M. Okasha, D. M. Frangopol, A. Decò, Integration of structural health monitoring in life-cycle performance assessment of ship structures under uncertainty. Mar. Struct. 23(3),303-321 (2010)

N. M. Okasha, D. M. Frangopol, D. Saydam, L. W. Salvino, Reliability analysis and damage detection in high speed naval crafts based on structural health monitoring data. Struct. HealthMonit. 10(4),361-379 (2011)

J. Paik, G. Wang, Time-dependent risk assessment of ageing ships accounting for general/pit corrosion, fatigue cracking and local dent damage, in World Maritime Technology Conference, San Francisco, 2003

J. K. Paik, J. M. Lee, J. S. Hwang, Y. I. Park, A time-dependent corrosion wastage model for the structures of single and double hull tankers and FSOs and FPSOs. Mar. Technol. 40(3),201-217 (2003b)

J. K. Paik, J. M. Lee, Y. I. Park, J. S. Hwang, C. W. Kim, Time-variant ultimate longitudinal strength of corroded bulk carriers. Mar. Struct. 16,567-600 (2003c)

P. C. Paris, F. A. Erdogan, Critical analysis of crack propagation laws. J. Basic Eng. (Trans. ASME) 85(Series D),528-534 (1963)

L. W. Salvino, M. D. Collette, Monitoring marine structures, in Encyclopedia of Structural Health Monitoring, ed. by C. Boller, F.-K. Chang, Y. Fujino (Wiley, Chichester, 2009), pp. 2357-2372

L. W. Salvino, T. F. Brady, Hull monitoring system development using hierarchical framework for data and information management, in Proceedings of the 7th International Conference on Computer and IT Applications in the Marine Industries (COMPIT'08), Liège, 2008

D. Saydam, D. M. Frangopol, Performance assessment of damaged ship hulls. Ocean Eng. 68,65-76 (2013)

R. A. Sielski, Research needs in aluminum structure, in Proceedings of the 10th International Symposium on Practical Design of Ships and Other Floating Structures (American Bureau of Shipping, Washington, DC, 2007)

R. A. Sielski, K. Nahshon, L. W. Salvino, K. Anderson, R. Dow, The ONR ship structural reliability program, in Proceedings of the 2012 ASNE Day, Arlington, 2012

M. Soliman, D. M. Frangopol, S. Kim, Probabilistic optimum inspection planning of steel bridges based on multiple fatigue sensitive details. Eng. Struct. 49,996-1006 (2013)

M. Soliman, D. M. Frangopol, Life-cycle management of fatigue sensitive structures integrating inspection information. J. Infrastruct. Syst. (2013a). doi:10.1061/(ASCE)IS.1943-555X.0000169, 04014001 (in press)

M. Soliman, D. M. Frangopol. Reliability and remaining life assessment of fatigue critical structures: Integrating inspection and monitoring information, Proceedings of the ASCE StructuresCongress, Pittsburgh, PA, May 2-4, 2013; in Proceedings of the 2013 Structures Congress "Bridge Your Passion with Your Profession," B. J. Leshko and J. McHugh, eds. ASCE, CD-ROM, 709-720 (2013b)

A. Strauss, D. M. Frangopol, S. Kim, Use of monitoring extreme data for the performance prediction of structures: Bayesian updating. Eng. Struct. 30(12), 3654-3666 (2008)

R. A. Swartz, A. T. Zimmerman, J. P. Lynch, J. Rosario, T. F. Brady, L. W. Salvino, K. H. Law, Hybrid wireless hull monitoring system for naval combat vessels. Struct. Infrastruct. Eng. 8(7), 621-638 (2012)

H. Tada, P. C. Paris, G. R. Irwin, The Stress Analysis of Cracks Handbook, 3rd edn. (The American Society of Mechanical Engineers, New York, 2000)

P. Tscheliesnig, Detection of corrosion attack on oil tankers by means of acoustic emission (AE), in Proceedings of the 12th A-PCNDT 2006-Asia-Pacific Conference on NDT, Auckland, 2006

G. Wang, J. Spencer, Y. Chen, Assessment of a ship's performance in accidents. Mar. Struct. 15, 313-333 (2002)

G. Wang, A. Lee, L. Ivanov, T. Lynch, C. Serratella, R. Basu, A statistical investigation of time-varianthull girder strength of aging ships and coating life. Mar. Struct. 21(2-3), 240-256 (2008)

G. Wang, L. Michael, C. Serratella, S. Botten, S. Ternowchek, D. Ozevin, J. Thibault, R. Scott, Testing of acoustic emission technology to detect cracks and corrosion in the marine environment. J. Ship Res. 26(2), 106-110 (2010)

P. H. Wirsching, Fatigue reliability for offshore structures. J. Struct. Eng. 110(10), 2340-2356 (1984)

B. Zhu, D. M. Frangopol, Incorporation of SHM data on load effects in the reliability and redundancy assessment of ship cross-sections using Bayesian updating. Struct. Health Monit. 12(4), 377-392 (2013a)

B. Zhu, D. M. Frangopol, Reliability assessment of ship structures using Bayesian updating. Eng. Struct. 56, 1836-1847 (2013b)

第19章 桥梁的弹性动力学损伤评估

Zhihai Xiang, Qiuhai Lu

摘 要

本章介绍在不中断交通的情况下，开展两种弹性动力学对桥梁损伤评估的方法。第一种方法从固有频率和振型确定损伤参数。由于这是一个不确定性的问题，可能会因测量的噪声造成得到的损伤参数不可靠。在损伤识别过程中，只使用部分固有频率和振型点是一种可行的方法。为此，提出了一种基于适定性分析的算法用来筛选固有频率与振型点的优化组合。另一种方法是敲击扫描式损伤检测方法，该方法的特点是从装有控制良好的敲击装置的过路车辆加速中提取桥梁损伤信息，本章也详细介绍了该系统的理论基础和硬件设置。此外还开展了现场试验，说明了该方法在实际桥梁结构中的应用潜力。

这两种方法的主要优点是在桥梁评估过程中不需要封闭交通。此外，由于两种方法从不同截面桥梁性能的自比较中提取损伤信息，因此不需要完整桥梁的参考状态。这两个特性对安装实施的实用性很重要。

19.1 概 述

桥梁结构的健康情况是桥梁养护和状况预测的基础（Okasha 和 Frangopol，2012）。除目测检查以外，桥梁状况通常通过桥梁结构的动力特性获得，这在实际中还是比较容易得到的（Farrar 等，2001）。然而，传统的桥梁评估方法，例如在卡车装载或振动筛的受迫振动试验和自由振动试验（Cunha 等，2013）等，在桥梁测试过程中都需要交通中断。这极大限制了应用在需要实时监控或位于繁忙交通枢纽的桥梁。例如在北京市的 1855 座城市桥梁中（EPS Net，2010），每年只有少数桥梁被过滤出来开展详细的测试和修复。在这样一个交通拥堵严重的城市，由于不允许停车，或者说交通中断不现实，因此过滤工作主要是通过目测检验。在这种情况下，为了人工成本，提高检测质量，迫切需要一种高效、无须交通中断的桥梁评价方法。

如何处理交通流量是该方法能否成功的关键。一般的答案可能非常简单：要么利用，要么规避。但具体的策略需要更多考虑。为了解决这一点，本章将介绍两种相关方法。

第一种检测损伤的方法是检测结构动力特征，例如结构固有频率和振型，这种损伤可以通过基于风和交通流量等环境激励的纯输出模态识别方法获得（Deraemaeker 等，2008；Gentile 和 Saisi，2011；Cunha 等，2013）。该方法假设激励输入为零均值的高斯白噪声，桥梁结构作为信号滤波器。从这个过滤器的输出，可以提取与损伤相关的结构动力特征，如刚度、质量或阻尼变化。然后，根据当前状态和完好状态的动态特性的差异可以推断出损伤的发生（Salawu，1997；Farrar 等，2001；Carden 和 Fanning，2004；Fan 和 Qiao，2011）。然而，由于固有频率和振型是结构的全局特性而损伤是局部现象，较低的固有频率和振型对损伤不敏感（Farrar 和 Jauregui，1998；Chang 等，2003；Carden 和 Fanning，2004；Xiang 和 Zhang，2009；Fan 和 Qiao，2011），因此，当测量噪声出现时，由这些特性得到的损伤信息可能是不可靠的。为了确保损伤成功识别，建议引入一些局部信息（Chang 等，2003；Carden 和 Fanning ，2004；Xiang 和 Zhang，2009）。例如，第 19.2 节中介绍的方法，仅以桥梁细分的有效刚度为损伤参数，由选取的固有频率和部分振型点识别（Xiang 等，2012）。通过对参数辨识过程的适定性分析，建立了选择合适固有频率和振型点的准则。

另一种方法受到啄木鸟啄食行为的启发，啄木鸟通过敲击树干来找虫子。这听起来像是非常传统的敲击试验，它可以检测近表面的空洞、噪声，甚至在嘈杂的环境中也能检测出明显的裂纹。然而，基于声音差异的敲击试验结果可能非常主观且不精确（Chang 等，2003），这可能是因为每次锤击都是不同的，声感由操作者决定，因此，人们试图在理论研究的基础上改进这种方法。第一个理论是由 Cawley 和 Adams（1988）提出的，他们认为结构的局部阻抗决定了锤和结构表面之间的冲击力，因此测试中敲击力的变化反映了有、无损伤区域时敲击声的变化。根据这一理论，可以通过比较敲击力的持续时间或载荷谱的面积信息来识别损伤。Xiang 等（2010）指出，带有敲击装置的加速过桥车辆包含了桥梁结构的局部阻抗信息，因此，损伤可以用其谱型表示。从灵敏度分析，建议敲击载荷的最佳频率应接近桥梁的固有频率。如果该频率高于环境噪声的频带，则在有关频带处的车辆加速谱可不受环境干扰。这样，在没有交通中断情况下，可以有效地评估桥梁状态。这种方法称为敲击扫描式损伤检测方法，将在第 19.3 节中介绍。

19.2　从选定的频率和振型点开展损伤检测

19.2.1　损伤检测方法

虽然刚度、质量、阻尼、强度等的任何变化都可以视为损伤，但这里只考虑前两个因素，这两个因素涵盖了大多数损伤场景，且易于评估。由于刚度和质量不能通过固有频率和振型同时被识别（Baruch，1997），因此可以将损伤表示为有效刚度变化，同时保持密度和几何形状不变。

为了提高动力特性对局部损伤的敏感性，将桥梁细分为多个区域，并根据选定的几个频率和部分振型点确定每个区域的有效刚度。该方法可以列式表述为用最小二乘估计的问题：

$$\text{最小化}\boldsymbol{R}^{\mathrm{T}}\boldsymbol{R}$$

$$\text{承受：}[\boldsymbol{K}(\boldsymbol{p})\ -\omega_i^2(\boldsymbol{p})\ \boldsymbol{M}]\ \boldsymbol{X}_i(\boldsymbol{p})\ =0\quad(i=1,2,\cdots)\tag{19.1}$$

式中：$\boldsymbol{p}$ 为有效刚度参数，它决定了第 i 个固有角频率 ω_i 和对应振型 $\boldsymbol{X}_i$；$\boldsymbol{K}$ 和 $\boldsymbol{M}$ 分别为刚度矩阵和质量矩阵；剩余向量定义为 $\boldsymbol{R}=\begin{bmatrix}\boldsymbol{S}_\omega & \boldsymbol{0}\\ \boldsymbol{0} & \boldsymbol{S}_X\end{bmatrix}\begin{Bmatrix}\bar{\boldsymbol{\omega}}-\boldsymbol{\omega}\\ \bar{\boldsymbol{X}}-\boldsymbol{X}\end{Bmatrix}$，$\boldsymbol{\omega}$ 和 $\bar{\boldsymbol{\omega}}$ 分别为计算和测量

的固有频率向量，$\boldsymbol{X}=(X_1^{\mathrm{T}},X_2^{\mathrm{T}},\cdots,X_{\mathrm{N}}^{\mathrm{T}})^{\mathrm{T}}$ 和 $\bar{\boldsymbol{X}}$ 分别为计算和测量的振型向量，$\boldsymbol{S}_\omega$ 和 $\boldsymbol{S}_X$ 分别为用来确定相关的固有频率和振型点的矩阵。

式(19.1)可以用高斯-牛顿方法(Haber 等,2000)高效迭代求解：

$$\boldsymbol{p}^k=\boldsymbol{G}(\boldsymbol{p}^{k-1})\equiv\boldsymbol{p}^{k-1}-[(\boldsymbol{J}^{k-1})^{\mathrm{T}}\boldsymbol{J}^{k-1}]^{-1}(\boldsymbol{J}^{k-1})^{\mathrm{T}}\boldsymbol{R}^{k-1}\ (k=1,2,\cdots) \tag{19.2}$$

式(19.2)中雅可比矩阵定义如下：

$$\boldsymbol{J}(\boldsymbol{p})=\frac{\partial\boldsymbol{R}}{\partial\boldsymbol{p}}=-\begin{bmatrix}\boldsymbol{S}_\omega & 0\\ 0 & \boldsymbol{S}_X\end{bmatrix}\begin{Bmatrix}\dfrac{\partial\boldsymbol{\omega}}{\partial\boldsymbol{p}}\\ \dfrac{\partial\boldsymbol{X}}{\partial\boldsymbol{p}}\end{Bmatrix} \tag{19.3}$$

通常式(19.2)的收敛准则为

$$\max\left\{\left|\frac{p_i^k-p_i^{k-1}}{p_i^k}\right|\right\}<1\times10^{-3}\quad(i=1,2,\cdots,N_p)$$
$$\frac{\|\boldsymbol{s}_\omega(\boldsymbol{\omega}^k-\boldsymbol{\omega}^{k-1})\|_2}{\|\boldsymbol{s}_\omega\boldsymbol{\omega}^k\|_2}<5\times10^{-2}\ \text{且}\ \frac{\|\boldsymbol{s}_X(\boldsymbol{X}^k-\boldsymbol{X}^{k-1})\|_2}{\|\boldsymbol{s}_X\boldsymbol{X}^k\|_2}<5\times10^{-2} \tag{19.4}$$

式中：$\|\cdot\|_2$ 为 Eulidian 范数；N_p 为参数总量。

19.2.2 最优测量准则

所选的固有频率和振型点应保证式(19.2)的解唯一、稳定。这意味着应该很好地设置参数识别程序(Engl 等,1996)。

由于 $\boldsymbol{p}$ 通常在连续区间 $\boldsymbol{D}_p$ 内，根据布劳威尔(Brouwer)不动点定理(Griffel,2002)，如果式(19.2)中的映射函数 $\boldsymbol{G}$ 是连续的，那么肯定存在至少一个解。当测量次数不小于 $\boldsymbol{N}_p$ 且有关固有频率和振型点对 $\boldsymbol{p}$ 非常敏感时，可以满足这一要求，使得雅可比矩阵 $\boldsymbol{J}$ 是连续的，Fisher 信息矩阵 $\boldsymbol{J}^{\mathrm{T}}\boldsymbol{J}$ 是非奇异矩阵。

假设 $\boldsymbol{x}$ 和 $\boldsymbol{y}$ 是任意两个参数，可以用均值定理得到

$$\boldsymbol{G}(\boldsymbol{x})-\boldsymbol{G}(\boldsymbol{y})=\frac{\partial\boldsymbol{G}(\boldsymbol{\xi})}{\partial\boldsymbol{p}}(\boldsymbol{x}-\boldsymbol{y})\ \boldsymbol{x},\boldsymbol{y}\in\boldsymbol{D}_p \tag{19.5}$$

其中 $\xi=y+\eta(x-y)$,$0<\eta<1$,并且

$$\frac{\partial\boldsymbol{G}(\boldsymbol{p})}{\partial\boldsymbol{p}}=\boldsymbol{\Omega}(\boldsymbol{p})\equiv(\boldsymbol{J}^{\mathrm{T}}\boldsymbol{J})^{-1}\frac{\partial(\boldsymbol{J}^{\mathrm{T}}\boldsymbol{J})}{\partial\boldsymbol{p}}(\boldsymbol{J}^{\mathrm{T}}\boldsymbol{J})^{-1}\boldsymbol{J}^{\mathrm{T}}\boldsymbol{R}-(\boldsymbol{J}^{\mathrm{T}}\boldsymbol{J})^{-1}\frac{\partial\boldsymbol{J}^{\mathrm{T}}}{\partial\boldsymbol{p}}\boldsymbol{R} \tag{19.6}$$

将无穷范数 $\|\cdot\|_\infty$ 应用在式(19.5)的两边，得到

$$\|\boldsymbol{G}(\boldsymbol{x})-\boldsymbol{G}(\boldsymbol{y})\|_\infty\leqslant\|\boldsymbol{\Omega}(\boldsymbol{\xi})\|_\infty\|\boldsymbol{x}-\boldsymbol{y}\|_\infty\leqslant L_\Omega\|\boldsymbol{x}-\boldsymbol{y}\|_\infty \tag{19.7}$$

其中，

$$L_\Omega\equiv\mathrm{Max}\|\boldsymbol{\Omega}(\boldsymbol{p})\|_\infty \tag{19.8}$$

由于 $\boldsymbol{G}(\boldsymbol{p})\in\boldsymbol{D}_p$ ，如果 $L_\Omega<1$，根据压缩映射原理，式(19.2)的迭代过程会收敛于一个唯一解(Griffel,2002)。

为研究解的稳定性，可以假设测量包含绝对噪声 $\boldsymbol{\varepsilon}_\omega$ 和 $\boldsymbol{\varepsilon}_X$ 分别至真值 $\boldsymbol{\omega}^*$ 和 $\boldsymbol{X}^*$ 。

$$\begin{Bmatrix}\bar{\boldsymbol{\omega}}\\ \bar{\boldsymbol{X}}\end{Bmatrix}=\begin{Bmatrix}\boldsymbol{\omega}^*\\ \boldsymbol{X}^*\end{Bmatrix}+\begin{Bmatrix}\boldsymbol{\varepsilon}_\omega\\ \boldsymbol{\varepsilon}_X\end{Bmatrix} \tag{19.9}$$

由于式(19.2)是一个非线性过程,这些小噪声测量值可能会导致较大的识别误差。为了通过损伤识别过程跟踪测量噪声的传播,可以在第 k 步迭代时检验识别参数与真实参数 $\boldsymbol{p}^*$ 之间的差异:

$$\boldsymbol{h}^k = \boldsymbol{p}^k - \boldsymbol{h}^* \tag{19.10}$$

将式(19.2)和式(19.6)代入式(19.10),得到

$$\boldsymbol{h}^k - \boldsymbol{h}^{k-1} = [\boldsymbol{\Omega}(\boldsymbol{p}^{\xi_{k-1}}, \boldsymbol{\varepsilon}^{\xi_{k-1}}) - \boldsymbol{I}]\, \boldsymbol{h}^{k-1} + \boldsymbol{A}(\boldsymbol{p}^{\xi_{k-1}}, \boldsymbol{\varepsilon}^{\xi_{k-1}}) \tag{19.11}$$

式中:$\boldsymbol{I}$ 为单位矩阵;

$$\boldsymbol{A}(\boldsymbol{p}, \boldsymbol{\varepsilon}) = \frac{\partial \boldsymbol{G}(\boldsymbol{p}, \boldsymbol{\varepsilon})}{\partial \boldsymbol{\varepsilon}} = -(\boldsymbol{J}^{\mathrm{T}}\boldsymbol{J})^{-1}\boldsymbol{J}^{\mathrm{T}}\boldsymbol{S}_{\varepsilon} \tag{19.12}$$

$$\boldsymbol{p}^{\xi_{k-1}} = \boldsymbol{p}^* + \gamma(\boldsymbol{p}^{k-1} - \boldsymbol{p}^*),\ 0 < \gamma < 1,\ \boldsymbol{S} = \begin{bmatrix} \boldsymbol{S}_{\omega} & 0 \\ 0 & \boldsymbol{S}_X \end{bmatrix},$$

$$\boldsymbol{\varepsilon} = (\boldsymbol{\varepsilon}_{\omega}^{\mathrm{T}}, \boldsymbol{\varepsilon}_X^{\mathrm{T}})^{\mathrm{T}},\ 且\ \boldsymbol{\varepsilon}^{\xi_{k-1}} = \Psi \boldsymbol{\varepsilon},\ 0 < \Psi < 1$$

将无穷范数 $\|\cdot\|_{\infty}$ 应用在式(19.11)的两边,得到

$$\|\boldsymbol{h}^k\|_{\infty} \leqslant L_{\Omega}\|\boldsymbol{h}^{k-1}\|_{\infty} + L_A \leqslant \cdots \leqslant L_{\Omega}^K\|\delta\boldsymbol{p}\|_{\infty} + (1 + L_{\Omega} + \cdots + L_{\Omega}^{K-1})L_A \tag{19.13}$$

其中,

$$L_A \equiv \mathrm{Max}\|\boldsymbol{A}(\boldsymbol{p}, \boldsymbol{\varepsilon})\|_{\infty} \tag{19.14}$$

如果 $L_{\Omega} < 1$,可以得到损伤识别误差预估值:

$$B \equiv \lim_{k\to\infty}\|\boldsymbol{h}^k\|_{\infty} \leqslant \frac{1}{1 - L_{\Omega}}L_A \approx (1 + L_{\Omega})L_A \tag{19.15}$$

上述分析表明,所选的固有频率和振型点应该最小化了识别误差的预估值 B,同时保证了 $L_{\Omega} < 1$。

19.2.3　雅可比矩阵及其导数的计算

在上述各节中,雅可比矩阵 $\boldsymbol{J}$ 及其导数 $\partial\boldsymbol{J}/\partial\boldsymbol{p}$ 是识别损伤参数和估计识别误差的关键。这些值可以用有限差分法求得。由式(19.3)可以计算出 $\boldsymbol{J}$ 中第 i 项:

$$\boldsymbol{J}_i(\boldsymbol{p}) \approx -\begin{bmatrix} \boldsymbol{S}_{\omega} & 0 \\ 0 & \boldsymbol{S}_X \end{bmatrix} \begin{Bmatrix} \dfrac{\boldsymbol{\Delta\omega}}{\boldsymbol{\Delta p}_i} \\ \dfrac{\boldsymbol{\Delta X}}{\boldsymbol{\Delta p}_i} \end{Bmatrix} \quad (i = 1, 2, \cdots, N_p) \tag{19.16}$$

式中:$\Delta\omega$ 和 ΔX 为当第 i 个参数 p_i 变化至 $p_i + \Delta p_i$ 而固定其他参数时,固有频率和振型变量的变化值。一般来说,当 Δp_i 较小时 $\boldsymbol{J}_i$ 会更准确。然而,由于数值截断误差等,非常小的 Δp_i 可以引入较大误差(Engl 等,1996)。因为它很难找到最优 Δp_i,建议尝试多次后,以保证 $\boldsymbol{J}_i$ 准确性。此外,该方法需要 $N_p + 1$ 次直接模态分析得到 $\boldsymbol{J}$,$N_p^2 + 1$ 次直接模态分析得到 $\partial\boldsymbol{J}/\partial\boldsymbol{p}$。对于大尺度问题,这可能非常耗时。

除了使用上述的有限差分法，$\boldsymbol{J}$ 和 $\partial \boldsymbol{J}/\partial \boldsymbol{p}$ 可以通过修正的 Nelson 方法(Nelson,1976)直接得到，进一步分析计算出 $\partial \boldsymbol{\omega}/\partial \boldsymbol{p}$ 、$\partial \boldsymbol{X}/\partial \boldsymbol{p}$ 、$\partial^2 \boldsymbol{\omega}/\partial \boldsymbol{p}^2$、$\partial^2 \boldsymbol{X}/\partial \boldsymbol{p}^2$。这比花费额外编程工作的有限差分法更省时、更准确。该方法首先将每个振型归一化为单位量：

$$\boldsymbol{X}_i^{\mathrm{T}} \boldsymbol{X}_i = 1 \quad (i = 1,2,\cdots) \tag{19.17}$$

从这个关系，容易得到

$$\boldsymbol{X}_i^{\mathrm{T}} \frac{\partial \boldsymbol{X}_i}{\partial p_j} = 0 \tag{19.18}$$

然后，假设 $\partial \boldsymbol{\omega}_i/\partial p_j$ 是一个未知向量 $\boldsymbol{V}_i$ 和 $\boldsymbol{X}_i$ 的线性组合：

$$\frac{\partial \boldsymbol{X}_i}{\partial p_j} = \boldsymbol{V}_i + \boldsymbol{c}_j \boldsymbol{X}_i \tag{19.19}$$

式中：c_j 为未知系数。将式(19.19)代入式(19.18)，并注意式(19.17)的条件，很容易得到 $\boldsymbol{V}_i$ 和 $\boldsymbol{X}_i$ 的关系为

$$c_j = -\boldsymbol{X}_i^{\mathrm{T}} \boldsymbol{V}_i \tag{19.20}$$

偏微分方程 $(\boldsymbol{K} - \omega_i^2 \boldsymbol{M})\boldsymbol{X}_i = 0$ 在式(19.1)中：

$$(\boldsymbol{K} - \omega_i^2 \boldsymbol{M}) \frac{\partial \boldsymbol{X}_i}{\partial p_j} = -\left(\frac{\partial \boldsymbol{K}}{\partial p_j} - 2\omega_i \frac{\partial \omega_i}{\partial p_j} \boldsymbol{M} - \omega_i^2 \frac{\partial \boldsymbol{M}}{\partial p_j}\right) \boldsymbol{X}_i \tag{19.21}$$

将式(19.19)代入式(19.21)中，并注意 $(\boldsymbol{K} - \omega_i^2 \boldsymbol{M}) \boldsymbol{X}_i = 0$：

$$(\boldsymbol{K} - \omega_i^2 \boldsymbol{M}) \boldsymbol{V}_i = -\left(\frac{\partial \boldsymbol{K}}{\partial p_j} - 2\boldsymbol{\omega}_i \frac{\partial \boldsymbol{\omega}_i}{\partial p_j} \boldsymbol{M} - \boldsymbol{\omega}_i^2 \frac{\partial \boldsymbol{M}}{\partial p_j}\right) \boldsymbol{X}_i \tag{19.22}$$

如果在式(19.22)两边同时左乘 $\boldsymbol{X}_i^{\mathrm{T}}$，利用 $\boldsymbol{K}$ 和 $\boldsymbol{M}$ 的对称性，可以得到

$$\frac{\partial \boldsymbol{\omega}_i}{\partial \boldsymbol{p}_j} = \frac{\boldsymbol{X}_i^{\mathrm{T}}\left(\dfrac{\partial \boldsymbol{K}}{\partial \boldsymbol{p}_j} - \boldsymbol{\omega}_i^2 \dfrac{\partial \boldsymbol{M}}{\partial \boldsymbol{p}_j}\right) X_i}{2\omega_i X_i^{\mathrm{T}} M X_i} \tag{19.23}$$

将式(19.23)代入式(19.22)即可求解 $\boldsymbol{V}_i$。与式(19.20)一起，通过式(19.19)获得 $\partial \boldsymbol{X}_i/\partial p_j$。

同样，计算 $\partial^2 \boldsymbol{\omega}/\partial \boldsymbol{p}^2$ 和 $\partial^2 \boldsymbol{X}/\partial \boldsymbol{p}^2$，相对第 k 个参数 p_k 对式(19.18)求导获得

$$\boldsymbol{X}_i^{\mathrm{T}} \frac{\partial^2 \boldsymbol{X}_i}{\partial \boldsymbol{p}_j \partial \boldsymbol{p}_k} + \frac{\partial \boldsymbol{X}_i^{\mathrm{T}}}{\partial \boldsymbol{p}_k} \frac{\partial \boldsymbol{X}_i}{\partial \boldsymbol{p}_j} = 0 \tag{19.24}$$

并假设

$$\frac{\partial^2 \boldsymbol{X}_i}{\partial \boldsymbol{p}_j \partial \boldsymbol{p}_k} = \overline{\boldsymbol{V}}_i + c_{jk} \boldsymbol{X}_i \tag{19.25}$$

式中：$\overline{\boldsymbol{V}}_i$ 为未知向量；c_{jk} 为未知系数，将式(19.25)代入式(19.24)中，可得

$$c_{jk} = \boldsymbol{X}_i^{\mathrm{T}} \overline{\boldsymbol{V}}_i - \frac{\partial \boldsymbol{X}_i^{\mathrm{T}}}{\partial \boldsymbol{p}_k} \frac{\partial \boldsymbol{X}_i}{\partial \boldsymbol{p}_j} \tag{19.26}$$

相对 p_k 对式(19.21)求导，得到

$$
\begin{aligned}
(\boldsymbol{K}-\omega_i^2\boldsymbol{M})\frac{\partial^2\boldsymbol{X}_i}{\partial p_j\partial p_k} = &-\left[\frac{\partial^2\boldsymbol{K}}{\partial p_j\partial p_k}-2\left(\frac{\partial\omega_i}{\partial p_j}\frac{\partial\omega_i}{\partial p_k}+\omega_i\frac{\partial^2\omega_i}{\partial p_j\partial p_k}\right)\boldsymbol{M}\right.\\
&\left.-2\omega_i\left(\frac{\partial\omega_i}{\partial p_j}\frac{\partial\boldsymbol{M}}{\partial p_k}+\frac{\partial\omega_i}{\partial p_k}\frac{\partial\boldsymbol{M}}{\partial p_j}\right)-\omega_i^2\frac{\partial^2\boldsymbol{M}}{\partial p_j\partial p_k}\right]\boldsymbol{X}_i\\
&-\left(\frac{\partial\boldsymbol{K}}{\partial p_j}-2\omega_i\frac{\partial\omega_i}{\partial p_j}\boldsymbol{M}-\omega_i^2\frac{\partial\boldsymbol{M}}{\partial p_j}\right)\frac{\partial\boldsymbol{X}_i}{\partial p_k}\\
&-\left(\frac{\partial\boldsymbol{K}}{\partial p_k}-2\omega_i\frac{\partial\omega_i}{\partial p_k}\boldsymbol{M}-\omega_i^2\frac{\partial\boldsymbol{M}}{\partial p_k}\right)\frac{\partial\boldsymbol{X}_i}{\partial p_j}
\end{aligned}
\tag{19.27}
$$

将式(19.25)代入式(19.27)中，并且注意 $(\boldsymbol{K}-\omega_i^2\boldsymbol{M})\boldsymbol{X}_i=0$，得到

$$
\begin{aligned}
(\boldsymbol{K}-\omega_i^2\boldsymbol{M})\bar{\boldsymbol{V}}_i = &-\left[\frac{\partial^2\boldsymbol{K}}{\partial p_j\partial p_k}-2\left(\frac{\partial\omega_i}{\partial p_j}\frac{\partial\omega_i}{\partial p_k}+\omega_i\frac{\partial^2\omega_i}{\partial p_j\partial p_k}\right)\boldsymbol{M}\right.\\
&\left.-2\omega_i\left(\frac{\partial\omega_i}{\partial p_j}\frac{\partial\boldsymbol{M}}{\partial p_k}+\frac{\partial\omega_i}{\partial p_k}\frac{\partial\boldsymbol{M}}{\partial p_j}\right)-\omega_i^2\frac{\partial^2 M}{\partial p_j\partial p_k}\right]\boldsymbol{X}_i\\
&-\left(\frac{\partial\boldsymbol{K}}{\partial p_j}-2\omega_i\frac{\partial\omega_i}{\partial p_j}\boldsymbol{M}-\omega_i^2\frac{\partial\boldsymbol{M}}{\partial p_j}\right)\frac{\partial\boldsymbol{X}_i}{\partial p_k}\\
&-\left(\frac{\partial\boldsymbol{K}}{\partial p_k}-2\omega_i\frac{\partial\omega_i}{\partial p_k}\boldsymbol{M}-\omega_i^2\frac{\partial\boldsymbol{M}}{\partial p_k}\right)\frac{\partial\boldsymbol{X}_i}{\partial p_j}
\end{aligned}
\tag{19.28}
$$

如果在式(19.28)两边同时左乘 $\boldsymbol{X}_i^{\mathrm{T}}$，利用 $\boldsymbol{K}$ 和 $\boldsymbol{M}$ 的对称性，可以得到

$$
\begin{aligned}
\frac{\partial^2\omega}{\partial p_j\partial p_k} = \boldsymbol{X}_i^{\mathrm{T}}&\left\{\left[\frac{\partial^2\boldsymbol{K}}{\partial p_j\partial p_k}-2\frac{\partial\omega_i}{\partial p_j}\frac{\partial\omega_i}{\partial p_k}\boldsymbol{M}-2\omega_i\left(\frac{\partial\omega_i}{\partial p_j}\frac{\partial\boldsymbol{M}}{\partial p_k}+\frac{\partial\omega_i}{\partial p_k}\frac{\partial\boldsymbol{M}}{\partial p_j}\right)\right.\right.\\
&\left.-\omega_i^2\frac{\partial^2\boldsymbol{M}}{\partial p_j\partial p_k}\right]\boldsymbol{X}_i+\left(\frac{\partial\boldsymbol{K}}{\partial p_j}-2\omega_i\frac{\partial\omega_i}{\partial p_j}\boldsymbol{M}-\omega_i^2\frac{\partial\boldsymbol{M}}{\partial p_j}\right)\frac{\partial\boldsymbol{X}_i}{\partial p_k}\\
&\left.+\left(\frac{\partial\boldsymbol{K}}{\partial p_k}-2\omega_i\frac{\partial\omega_i}{\partial p_k}\boldsymbol{M}-\omega_i^2\frac{\partial\boldsymbol{M}}{\partial p_k}\right)\frac{\partial X_i}{\partial p_j}\right\}/2\omega_i\boldsymbol{X}_i^{\mathrm{T}}\boldsymbol{M}\boldsymbol{X}_i
\end{aligned}
\tag{19.29}
$$

将式(19.29)代入式(19.28)即可求解 $\bar{\boldsymbol{V}}_i$。与式(19.26)一起，可以从式(19.25)里得到 $\frac{\partial^2\boldsymbol{X}_i}{\partial p_j\partial p_k}$。

19.2.4　积分算法

借助第 19.2.2 节中给出的准则，如果 ε、L_Ω 和 L_A 已知，通过特定的组合优化方法可以找到最优测量集合 S。然而 L_Ω 和 L_A 取决于参数 p，它在参数识别之前是未知的。这听起来是一个先有鸡还是先有蛋的因果关系难题。此外，精确评估所测量的噪声也比较困难，为了解决这个问题，需要一个将测量集选择和参数识别结合起来的一种迭代算法(图 19.1)。通过这种方式，所有的参数都可以根据最小的先验信息进行自适应更新，即只有猜测初始参数 p^0 和测量噪声 ε^0。

许多组合优化方法，如遗传算法等，都可以用来从可能的候选对象中找到最优的测量集 S (Padula 和 Kincaid,1999)。由于这个耗时的过程是在集成算法中迭代开展的(图 19.1)，因此

需要在求解质量和计算花费之间进行权衡。一个可行、均衡的启发式方法包括(图 19.2)：

(1)一个简单程序来构建初始解,尝试将所有可能的固有频率和振型点均匀地分布到几个包含至少 N_p 个测量值的可行子集中。

(2)一种强化机制尝试找到最优测量集 $S_{\mathrm{opt}}(B)$,主要目标是满足识别误差 B 最小化,同时保持 $L_\Omega<1$ 在局部求解区域。

(3)一种多元化机制,尝试找到最优测量设置 $S'_{\mathrm{opt}}(L_\Omega)$,满足第二个目标中的最小化 L_Ω 。由于这个目标与主要目标略有不同,因此优化过程可以暂时接受较差的解。然而这给了一个从局部最优跳出来并在相邻新的局部求解区域中找到更好解的机会。

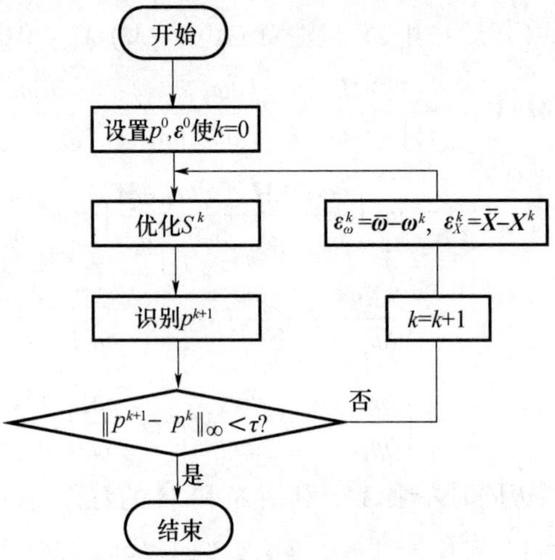

图 19.1 综合算法流程图

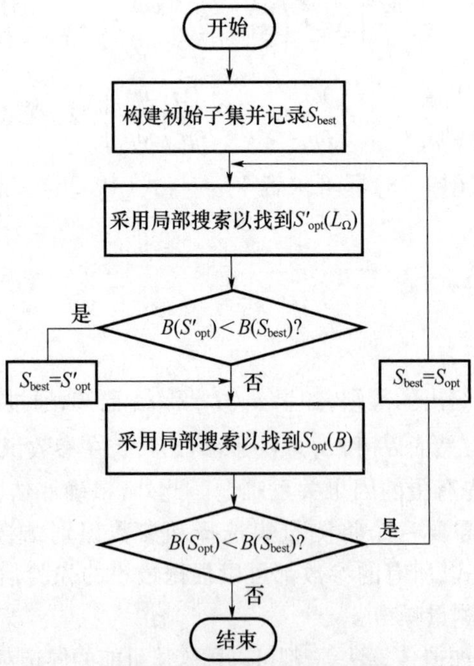

图 19.2 启发式优化 S 流程图

强化和多样化操作都迭代地使用 Exchange、Move1、Exchange 和 Move2 开展的局部基本搜索，以探索求解区域（Xiang 等，2012），直到求解无须进一步改进为止。这些基本的局部搜索定义为：

（1）Exchange 尝试在测量集 S_1 和 S_2 和之间交换一对点。如果 $B(S_1)$ 或 $B(S_2)$（或 $L_\Omega(S_1)$ 或 $L_\Omega(S_2)$）减少而且相应的 $L_\Omega < 1$，则保持该移动和停止；否则，恢复 S_1、S_2 并继续此过程，直到 S_1 和 S_2 之间的每对点都被测试，该运算应适用于所有候选测量集中的每对测量集 S_1 和 S_2。在这个运算过程中，更新最佳测量集 $S_{opt}(B)$（或 $S'_{opt}(L_\Omega)$）。

（2）Move1 尝试从测量集 S_1 移动一个值点到另一个测量集 S_2。如果 $B(S_1)$ 或 $B(S_2)$（或 $L_\Omega(S_1)$ 或 $L_\Omega(S_2)$）减少而且相应的 $L_\Omega < 1$，保持该移动和停止；否则，恢复 S_1、S_2 并继续此过程，直到 S_1 中的每个点都被测试。该运算应适用于所有候选测量集中的每对测量集 S_1 和 S_2。在这个运算过程中，更新最佳测量集 $S_{opt}(B)$（或 $S'_{opt}(L_\Omega)$）。

（3）Move2 尝试从测量集 S_1 移动两个值点到另一个测量集 S_2。如果 $B(S_1)$ 或 $B(S_2)$（或 $L_\Omega(S_1)$ 或 $L_\Omega(S_2)$）减少而且相应的 $L_\Omega < 1$，保持该移动和停止；否则，恢复 S_1、S_2 并继续此过程，直到 S_1 中的每两个点都被测试。该运算应适用于所有候选测量集中的每对测量集 S_1 和 S_2。在这个运算过程中，更新最佳测量集 $S_{opt}(B)$（或 $S'_{opt}(L_\Omega)$）。

19.2.5 实例

1. 简单支撑梁

利用选定频率和振型点来识别损伤参数可以通过图 19.3 的一个简单例子较好阐述。这是一根简支梁，均匀矩形截面为 20cm×10cm，密度为 2400 kg/m^3。引入一个人为损伤，中心区域杨氏模量设置为 $E_3 = 25$ GPa，比其他区域小 $E_1 = E_2 = E_4 = E_5 = 30$GPa。在接下来的模拟中，使用有限元法（FEM）计算所有的动态特性，这些特性被视为测量值的“真值”。为此，20 个平面梁单元沿梁长均匀分布，共 21 个节点。

首先，利用全部 21 个点处“测得的”无噪声的前四阶固有频率和第一振型识别每个区域的杨氏模量。图 19.4 所示，式（19.2）给出的高斯-牛顿迭代法，即使初始值与真实值相差很远，也可以通过几个步骤成功地识别出 5 个区域的杨氏模量。由于实际中在结构上很难密集放置传感器，另一个参数识别方法是仅使用 1、5、9、13、17 和 21 点处“测得的”无噪声的前四个固有频率和第一个振型（图 19.3）。毫无意外地，所有参数可以在几乎相同的迭代过程被准确识别出，如图 19.4 所示。

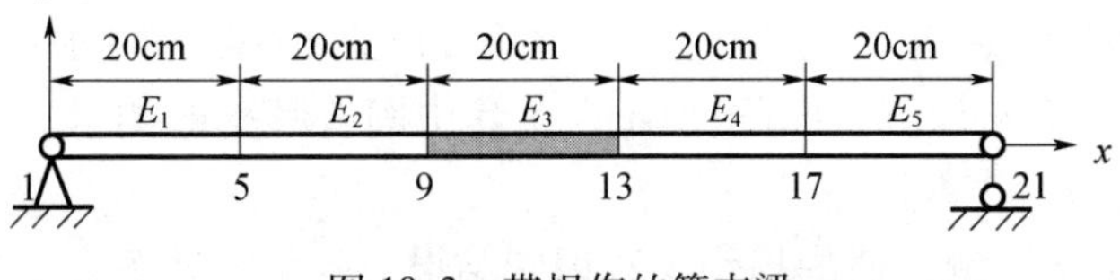

图 19.3 带损伤的简支梁

然而，如果在全部 21 个数据点处，只有 1%的噪声添加到前四个固有频率，有 10%的噪声（它被估算为真实和被污染的振型之间的均方根误差）添加到第一振型点中，那么参数识别将无法收敛，即使初始参数作为真实值（图 19.5）。这表明固有频率和振型对局部损伤的敏感性弱。基于这些测量结果,在实际应用中因噪声测量是不可避免的,因此所确定的损伤参数可能非常不可靠。

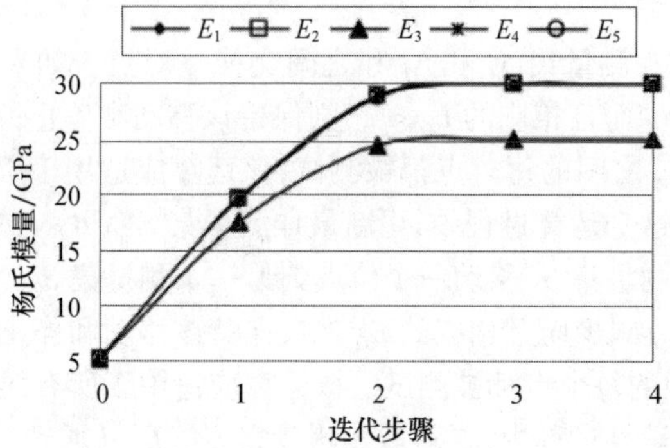

图 19.4　无噪声参数识别

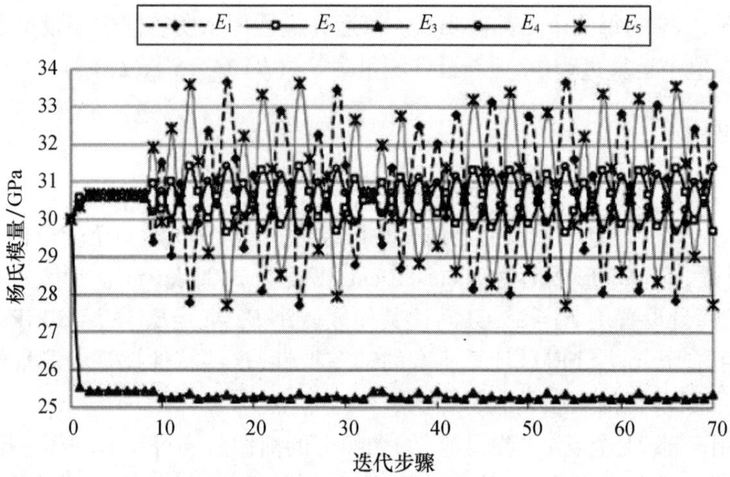

图 19.5　含噪声参数识别

如果仍然使用带有 1%噪声的前四个固有频率和带有 10%噪声的第一个振型的全部 21 个数据点,设置初始参数的真值,图 19.2 建议的算法(没有测量噪声的更新,因为噪声已知)不能找到一个好的测量集保证参数识别过程的收敛。即使使用 21 个点上具有 10%噪声的前四个振型,或者将固有频率噪声降低到 0.5%,仍然会发生故障。这可能是因为固有频率对局部损伤非常不敏感。遗憾的是,很难将局部信息引入固有频率以提高灵敏度。然而,固有频率仍然需要与振型一起考量,以保证唯一的刚度识别,这从公式 $(\boldsymbol{K}-\omega_i^2\boldsymbol{M})\boldsymbol{X}_i=0$ 很容易理解。因此,由于在实际中固有频率的测量非常精确,建议在损伤参数识别时忽略对噪声的测量。

表 19.1 比较了不同测量值的损伤参数识别结果。除了前四个完全的固有频率外,案例 1 到案例 4 的有效观测值还有 21 个受污染的振型点,噪声为 10%,案例 5 包含了所有受污染的前四个振型点。为检验第 19.2.2 节中给出的准则的有效性,所有参数的初值均设为真值。针对表 19.1 中的每种情况测试了两个方案。一个方案仅使用所有的备选测量值,另一个方案使用图 19.2 中给出的算法获得的选定测量值,表 19.1 中的第 2 到第 6

行列出了这些测量值。通过比较预估的识别误差 B 、指数 L_Ω 和每个方案的识别参数,可以注意到:

(1)如果可以找到在 $L_\Omega<1$ 要求下的可能测量值,识别参数误差会非常接近估值 B(见案例3、案例4、案例5)。然而,满足 $L_\Omega<1$ 的可能测量值不是总可以找到的(见案例1和案例2)。

(2)如果满足条件 $L_\Omega<1$,参数识别程序就会收敛。然而,正如第 19.2.2 节所指出的,这只是收敛的一个充分条件,而不是必要条件。案例 2 中,在 $L_\Omega=2.272$ 时使用全部候选测量值仍然收敛。但是在这种情况下,识别出的参数会有非常大误差。

(3)案例 5 的结果比案例 4 的结果要差。这意味着该算法只能找出更好的解,而不是最优解,当测量值包含噪声时,更多测量值可能导致更差的解。结合观测结果,第二点进一步得到证实,如果使用全部的有效观测值,参数识别程序或发散、或收敛得到误差大于筛选测量值的结果,这主要是因为更多噪声污染的观测值会给最终结果带来更多误差。

(4)如案例 5 所示,筛选测量值可以包含来自不同振型的点。通过这种方式,引入局部信息提高灵敏度。

表 19.1　比较损伤参数识别分别受噪声污染和已知噪声的结果

<table>
<tr><th colspan="2"></th><th>案例 1</th><th>案例 2</th><th>案例 3</th><th>案例 4</th><th>案例 5</th></tr>
<tr><td colspan="2">选取的频率</td><td>—</td><td>—</td><td>1,2,4</td><td>1,2,3</td><td>1,2,4</td></tr>
<tr><td colspan="2">选取的模式 1 的点</td><td>—</td><td>—</td><td>—</td><td>—</td><td>3,7,13</td></tr>
<tr><td colspan="2">选取的模式 2 的点</td><td>—</td><td>—</td><td>—</td><td>—</td><td>3,13,17,19</td></tr>
<tr><td colspan="2">选取的模式 3 的点</td><td>—</td><td>—</td><td>3,5,7,11,
15,17,19</td><td>—</td><td>9,11,15,
17,19</td></tr>
<tr><td colspan="2">选取的模式 4 的点</td><td>—</td><td>—</td><td>—</td><td>3,5,9,
13,15,19</td><td>3,5,7,9,
13,17,19</td></tr>
<tr><td rowspan="2">B/GPa</td><td>S</td><td>—</td><td>—</td><td>0.00480</td><td>0.85833</td><td>0.02514</td></tr>
<tr><td>A</td><td>1.71250</td><td>50.69158</td><td>0.02565</td><td>2.97000</td><td>3.02505</td></tr>
<tr><td rowspan="2">L_Ω</td><td>S</td><td>—</td><td>—</td><td>0.098</td><td>0.168</td><td>0.053</td></tr>
<tr><td>A</td><td>33.634</td><td>2.272</td><td>0.470</td><td>0.343</td><td>0.317</td></tr>
<tr><td rowspan="2">E_1/GPa</td><td>S</td><td>—</td><td>—</td><td>30.00136</td><td>29.33297</td><td>30.02349①</td></tr>
<tr><td>A</td><td>—</td><td>34.33958</td><td>29.99318</td><td>28.14913①</td><td>30.60870</td></tr>
<tr><td rowspan="2">E_2/GPa</td><td>S</td><td>—</td><td>—</td><td>29.99585</td><td>30.71625①</td><td>29.97784</td></tr>
<tr><td>A</td><td>—</td><td>16.99820</td><td>29.99682</td><td>30.08291</td><td>27.81328</td></tr>
</table>

续表

		案例 1	案例 2	案例 3	案例 4	案例 5
E_3/GPa	S	—	—	25.00436①	24.99584	25.00284
	A	—	30.76546	25.01743①	25.10786	25.01764
E_4/GPa	S	—	—	29.99585	29.31186	30.00484
	A	—	59.78787①	29.99682	30.00000	32.35985①
E_5/GPa	S	—	—	30.00136	30.71081	29.98789
	A	—	23.57690	29.99318	31.81542	29.46059

注:S 采用选定的测量值,A 采用所有的测量值。

①具有最大误差。

在实际应用中,很难准确地估计测量的噪声。因此,有必要使用图 19.2 中提出的集成算法对其进行更新。

在接下来的测试中,所有杨氏模量的初值都设定为 20GPa。有效观测值为在 21 个点处的 1%正噪声下的前四个固有频率和 10%噪声下的前四个振型。由于固有频率对局部损伤非常不敏感,因此在参数识别程序的第一个迭代步骤,即 $\boldsymbol{\varepsilon}_{\omega}^{0}=0$,就可以找出好的测量集。此外,可以从 $\boldsymbol{\varepsilon}_{X}^{0}=\bar{\boldsymbol{X}}-\widetilde{\boldsymbol{X}}^{*}$ 得到振型中测量噪声的预估初始值,其中 $\bar{\boldsymbol{X}}$ 为"已测"振型,$\widetilde{\boldsymbol{X}}^{*}$ 为真实振型的猜测值。由于"已测"振型中存在 10%的噪声,$\widetilde{\boldsymbol{X}}^{*}$ 可以用高斯-牛顿法类似于式(19.2)对 $\bar{X}=\dfrac{\widetilde{\boldsymbol{X}}^{*}+0.1}{\|\widetilde{\boldsymbol{X}}^{*}+0.1\|_2}$ 求解估算值。

如表 19.2 所示,如果使用全部有效观测值,与表 19.1 的结果相比,得到的识别参数存在非常大的误差。当没有噪声测量更新或同时更新固有频率和振型的测量噪声时,参数识别程序不收敛。在只更新振型测量噪声的情况下,得到了最佳的参数识别结果。试验表明,固有频率对局部损伤非常不敏感,损伤参数识别对固有频率下的噪声测量非常敏感。

表 19.2　采用噪声污染观测和未知噪声的损伤识别结果

	所有测量	无噪声更新	更新 $\boldsymbol{\varepsilon}_{\omega}$ 和 $\boldsymbol{\varepsilon}_{X}$	更新 $\boldsymbol{\varepsilon}_{\omega}$
选取的频率	所有的	—	—	1,2
选取的模式 1 的点	所有的	—	—	3,5,13,15
选取的模式 2 的点	所有的	—	—	5,7,15,17,19
选取的模式 3 的点	所有的	—	—	所有的
选取的模式 4 的点	所有的	—	—	所有的
E_1/GPa	31.22372	—	—	30.01390
E_2/GPa	28.37269	—	—	32.73441①
E_3/GPa	25.52086	—	—	25.59989

续表

	所有测量	无噪声更新	更新 ε_ω 和 ε_X	更新 ε_ω
E_4/GPa	33.01066[①]	—	—	28.67603
E_5/GPa	30.05202	—	—	31.07655

注：①带最大误差。

2. 石崆山高架桥

除上述学术实例外，对中国福建省石崆山高架桥（预应力连续桥梁）右线（图19.6）上实现了积分算法。因为振型的跨度①到⑤和跨度⑥和⑦分别测量，因此只有跨度①到⑤的有效杨氏模量（E_1到E_5）基于固有频率和前两个垂直振型被识别。采用226个梁单元的有限元模型开展校验：第一步，因为准确测量的噪声不清晰，所以杨氏模量被设为32GPa，并假设固有频率不含噪声，振型有10%噪声。这些不确定数据在集成算法的迭代程序中被更新（图19.1）。

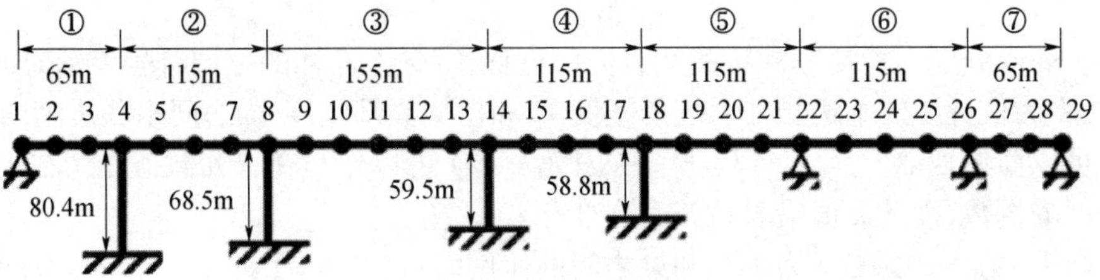

图19.6 石崆山高架桥

识别的参数是 $E_1 = 31.9$GPa，$E_2 = 25.5$GPa，$E_3 = 30.0$GPa，$E_4 = 26.0$GPa 和 $E_5 = 35.9$GPa，包含选定的前两个频率，模型1中的点2、3、5、10、12、19和模型2中的点3、9、12、13、15、20。表观的小刚度值与现场观测吻合较好，其中，在跨度②和跨度④内发现一些裂纹。此外，如果选用所有观测值，识别程序则无法收敛。

19.3 敲击扫描式损伤检测方法

19.3.1 理论

虽然上述损伤检测方法尽力消除测量噪声带来的影响，但其成功与否很大程度上取决于模态试验质量。如果禁止中断交通，频率和振型只能通过仅输出的方法得到，这些方法假定输入的环境激励是平稳的白信号，然而这个基本假设在实际中难以满足，这就在预处理信号滤掉环境影响时造成了很多麻烦（Deraemaeker等，2008；Gentile 和 Saisi，2011；Cunha等，2013）。此外，模态试验方法通常要求传感器密集放置在桥上，这种方法耗时耗钱。

如果不需要24h监测，则可以使用敲击扫描式损伤检测方法（Xiang等，2010），能够有效地从大量有效待测目标中滤除受损桥梁。该方法的理论基础可以通过图19.7所示的车桥耦合系统模型说明。

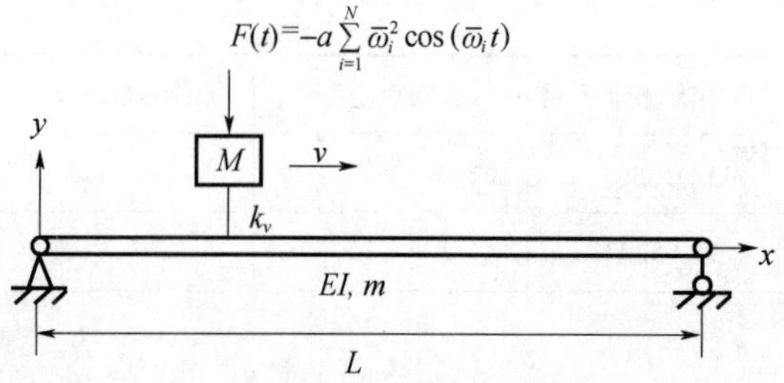

图 19.7　敲击扫面式损伤检测方法的车桥耦合模型

实际中的桥梁和车辆在模型中被分别简化为简支梁和被弹簧支撑的质量块。图中，质量为 M 的检测车辆在敲击力 F 作用下以匀速 v 通过弯曲刚度 EI 和单位长度质量 m 的简支梁，车辆和桥梁的运动学方程为

$$M\ddot{y}_V + k(y_V - y_B|_{x=vt}) = F(t) \tag{19.30}$$

$$m\ddot{y}_B + EI\frac{\partial^4 y_B}{\partial x^4} = f(t)\delta(x - vt) \tag{19.31}$$

式中：y_V 和 y_B 分别为检测车和梁的竖直方向位移，字母上面标的强调符号表示对时间 t 的偏导数；k 为位置 x 处车辆悬挂系统的刚度 k_V 和桥梁局部刚度 k_B 之间串联贡献的等效刚度。它可以简单地取 $k = k_V k_B/(k_V + k_B)$，因为 $k_B(x)$ 可以作为在单元载荷作用在位置 x 处桥梁挠度的倒数，因此 k 值沿着桥长度在变化。

式(19.31)中的函数 f 为小车和梁之间的作用力：

$$f(t)\delta(x - vt) = k(y_V - y_B|_{x=vt}) - Mg \tag{19.32}$$

式中：δ 为狄拉克符号，用来定义接触位置 $x = vt$。因为局部阻抗 $Z(x) = f(t)\delta(x - vt)/y_B(t)$ 包含了刚度、质量和阻尼的信息，Z 的突变表明了损伤的发生。从式(19.30)～式(19.32)可以轻松看出，车辆加速度(VA)包含了损伤信息：

$$\ddot{y}_V(x) = -\frac{y_B\left(\frac{x}{v}\right)}{M}Z(x) + \frac{F\left(\frac{x}{v}\right) - Mg}{M} \tag{19.33}$$

此外，在 VA 谱中，式(19.33)最后一项的贡献是与损伤无关的常数静态值。这意味着 VA 谱的变化只与 Z 相关，这对于损伤识别具有积极的意义。将模态叠加法应用于式(19.30)和式(19.31)(Xiang 等，2010)，可得到 VA 的解析解：

$$\ddot{y}_V = \omega_V\sum_{j=1}^{\infty}\left[\sum_{i=1}^{N}\Delta_W(R_j^i)^2\ddot{P}_j^i(t) + \frac{\Delta_{Bj}}{1 - s_j^2}Q_j(t)\right] + \frac{2a}{M}\sum_{i=1}^{N}\overline{\omega}_i^2\left[\omega_V^2\cos(\omega_V t) - \frac{\overline{\omega}_i^2\cos(\overline{\omega}_i t)}{\overline{\omega}_i^2 - \overline{\omega}_V^2}\right] \tag{19.34}$$

其中，$\omega_V = \sqrt{\dfrac{k}{M}}$，$\Delta_W = \dfrac{a}{mL}$，$\Delta_{Bj} = -\dfrac{2MgL^3}{(j\pi)^4 EI}$，$S_j = \dfrac{j\pi v}{L\omega_{Bj}}$，$R_j^i = \dfrac{\overline{\omega}_i}{\omega_{Bj}}$

$$\ddot{Q}_j(t) = \frac{2\omega_V T_j^2[\cos(\omega_V t) - \cos(2T_j t)]}{4T_j^2 - \omega_V^2} - S_j\omega_V\left\{(T_j - \omega_{Bj})^2\frac{\cos[(T_j - \omega_{Bj})t]}{2[(T_j - \omega_{Bj})^2 - \omega_V^2]}\right.$$
$$\left. - (T_j + \omega_{Bj})^2\frac{\cos[(T_j + \omega_{Bj})t]}{2[(T_j + \omega_{Bj})^2 - \omega_V^2]} - \frac{2T_j\omega_{Bj}\omega_V^2\cos(\omega_V t)}{[(T_j + \omega_{Bj})^2 - \omega_V^2][(T_j - \omega_{Bj})^2 - \omega_V^2]}\right\} \tag{19.35}$$

$$\ddot{P}_j^i(t)=\frac{1}{2[(R_j^i+S_j)^2-1]}\left\{\frac{T_j\omega_V^2\cos(\omega_V t)}{T_j^2-(\bar{\omega}_i+T_j-\omega_V)^2}-\frac{T_j\omega_V^2\cos(\omega_V t)}{T_j^2-(\bar{\omega}_i+T_j+\omega_V)^2}\right.$$
$$\left.-\omega_V(2T_j+\bar{\omega}_i)^2\frac{\cos[(2T_j+\bar{\omega}_i)t]}{(2T_j+\bar{\omega}_i)^2-\omega_V^2}+\omega_V\bar{\omega}_i^2\frac{\cos(\bar{\omega}_i t)}{\bar{\omega}_i^2-\omega_V^2}\right\}-\frac{1}{2[(R_j^i-S_j)^2-1]}$$
$$\left\{\frac{T_j\omega_V^2\cos(\omega_V t)}{T_j^2-(\bar{\omega}_i-T_j-\omega_V)^2}-\frac{T_j\omega_V^2\cos(\omega_V t)}{T_j^2-(\bar{\omega}_i-T_j+\omega_V)^2}+\omega_V(2T_j-\bar{\omega}_i)^2\frac{\cos[(2T_j-\bar{\omega}_i)t]}{(T_j-\bar{\omega}_i)^2-\omega_V^2}\right.$$
$$\left.-\omega_V\bar{\omega}_i^2\frac{\cos(\bar{\omega}_i t)}{\bar{\omega}_i^2-\omega_V^2}\right\}+\frac{S_j}{2[(R_j^i-1)^2-S_j^2]}\left\{\frac{T_j\omega_V^2\cos(\omega_V t)}{T_j^2-(\omega_{Bj}-\omega_V)^2}-\frac{T_j\omega_V^2\cos(\omega_V t)}{T_j^2-(\omega_{Bj}+\omega_V)^2}\right.$$
$$\left.-\omega_V(T_j-\omega_{Bj})^2\frac{\cos[(T_j+\omega_{Bj})t]}{(T_j+\omega_{Bj})^2-\omega_V^2}+\omega_V(-T_j+\omega_{Bj})^2\frac{\cos[(-T_j+\omega_{Bj})t]}{(T_j-\omega_{Bj})^2-\omega_V^2}\right\}$$
$$-\frac{S_j}{2[(R_j^i+1)^2-S_j^2]}\left\{\frac{T_j\omega_V^2\cos(\omega_V t)}{T_j^2-(\omega_{Bj}-\omega_V)^2}-\frac{T_j\omega_V^2\cos(\omega_V t)}{T_j^2-(\omega_{Bj}+\omega_V)^2}-\omega_V(T_j+\omega_{Bj})^2\right.$$
$$\left.\frac{\cos[(T_j+\omega_{Bj})t]}{(T_j+\omega_{Bj})^2-\omega_V^2}+\omega_V(-T_j+\omega_{Bj})^2\frac{\cos[(-T_j+\omega_{Bj})t]}{(T_j-\omega_{Bj})^2-\omega_V^2}\right\}$$

且 $T_j=j\pi v/L$

(19.36)

如果把式(19.34)转换成频域,在谱上可以发现 7 个峰值,分别在 ω_V、$\bar{\omega}_i$、$\bar{\omega}_i+2T_j$、$\bar{\omega}_i-2T_j$、$\omega_{Bj}+T_j$、$\omega_{Bj}-T_j$ 和 $2T_j$。通常情况下,桥梁检查时车速 v 不会很高。因此,T_j 与其他频率相比可以忽略,结果只有处在 ω_V、$\bar{\omega}_i$ 和 ω_{Bj} 的峰值在谱图上具有明显特征。注意到敲击力的频率(FTF) $\bar{\omega}_i$ 不包含损伤信息,而桥较低的固有频率 ω_{Bj} 对损伤不敏感(Farrar 和 Jauregui,1998;Chang 等,2003;Carden 和 Fanning,2004;Xiang 和 Zhang,2009;Fan 和 Qiao,2011),但是 ω_V 直接关联了桥的刚度 k_B,这可能会随着损伤的存在而发生巨大变化。此外,从式(19.34)~式(19.36)可以看出 ω_V 的变化对 VA 频谱 ω_V、$\bar{\omega}_i$ 和 ω_{Bj} 位置上的振幅峰值有很大影响。这意味着 VA 频谱可以作为损伤特征,因此可以定义敲击扫描式损伤检测方法,该方法包括以下步骤:

(1)将 VA 在时间轴上均匀细分为 n 段。

(2)将每一段 VA 转换到频域内得到频带谱,认为已包含损伤信息。

(3)将每个频谱线在相关频率间隔内的轮廓记录到一个损伤向量 $\boldsymbol{Y}_i(i=1,2,\cdots,n)$ 中。

(4)绘制损伤指数,它是每对损伤向量 $\boldsymbol{Y}_i$ 和 $\boldsymbol{Y}_j$ 的差值。例如,定义为 $\boldsymbol{Y}_i\cdot\boldsymbol{Y}_j/(\|\boldsymbol{Y}_i\|_2\times\|\boldsymbol{Y}_j\|_2)$ 的 MAC 值(Allemang 和 Brown,1982)通常用于比较。一个健康桥梁的局部阻抗应该是平滑分布的,所以突变的 MAC 值所对应的位置表明损伤位置或结构的不连续性。

通过敲击扫描式损伤检测方法来调整控制参数,例如 FTF $\bar{\omega}_i$、车辆行驶速度 v、车辆质量 M 和车辆悬架系统的刚度 k_V,可以进行 VA 损伤敏感性分析。因为只有 ω_V 对损伤敏感,VA 的损伤敏感性可以用以下公式评估:

$$\frac{\partial\ddot{y}_V}{\partial\omega_V}=\sum_{j=1}^{\infty}\left[\sum_{i=1}^{N}\Delta_W(R_j^i)^2\ddot{P}_j^i+\frac{\Delta_{Bj}}{1-s_j^2}\ddot{Q}_j\right]+\omega_V\sum_{j=1}^{\infty}\left[\sum_{i=1}^{N}\Delta_W(R_j^i)^2\frac{\partial\ddot{P}_j^i}{\partial\omega_V}+\frac{\Delta_{Bj}}{1-s_j^2}\frac{\partial\ddot{Q}_j}{\partial\omega_V}\right]$$

$$+\frac{2a\omega_V}{M}\sum_{i=1}^{N}\overline{\omega}_i^2\left\{\frac{2\overline{\omega}_i^2[\cos(\omega_V t)-\cos(\overline{\omega}_i t)]-\omega_V(\overline{\omega}_i^2-\omega_V^2)\sin(\omega_V t)t}{(\overline{\omega}_i^2-\omega_V^2)^2}\right\} \quad (19.37)$$

式中 $\frac{\partial \ddot{P}_j^i}{\partial \omega_V}$ 和 $\frac{\partial \ddot{Q}_j}{\partial \omega_V}$ 可以从式(19.35)和式(19.36)简单得到。

在实际应用中,车速通常满足 $S_j << 1$, ω_V 与桥梁固有频率不同,而且避免引起共振。因此,式(19.35)~式(19.37)显示,如果 $R_j^i \approx 1$ 时,即 FTF 接近桥的固有频率,那么 VA 对损伤具有较高的灵敏度。此外,如果 FTF 高于环境噪声频带,则 FTF 附近处的 VA 可以不受环境干扰。

如果去掉敲击力,图 19.7 中的模型成为经典的通过车辆模型,这个模型被 Yang 等(Yang 等,2004; Yang 和 Chang,2009a,b; Yang 等,2013)广泛讨论过。基于通过车辆模型,可以简单地从车辆加速度信号频谱中提取桥梁固有频率(Lin 和 Yang,2005)。然而在噪声环境下用这种方法探伤效果不是很好,因为在这种情况下,由于当 $R_j^i=0$ 且 $\overline{\omega}_i=0$ 时,$\frac{\partial \ddot{y}_V}{\partial \omega_V}$ 很小,而 VA 对损伤不敏感(见式(19.37))。

如果车辆不动,$v=0$,$S_j=0$,$\ddot{Q}_j=0$,则可视为传统的敲击试验。在这种情况下,容易从式(19.34)找出 VA 谱在 ω_V、$\overline{\omega}_i$ 处的峰值。因此,从谱线变化提取损伤信息是可行的。此外,如果 $\overline{\omega}_i \ll \omega_V$ 时,式(19.37)隐含了车辆加速度对损伤的不敏感性。因此,需要在 $\overline{\omega}_i > \omega_V$ 时获得更好的性能,这个在实际中比较容易实现。由于同时考虑到了恒幅可控敲击力和敲击敏感频率,该方法比传统的敲击试验更可靠(Cawley 和 Adams,1988)。如果想要重新检查已探测到的损伤,那么这种静力检查可以作为敲击扫描式方法的补充。

19.3.2 数值模型举例

对图 19.7 所示的车桥相互作用模型开展了数值模拟,验证第 19.3.1 所提出的敲击扫描式方法理论基础。所有模拟均采用 ABAQUS 有限元隐式程序求解,时间步长为 0.001s。采用 5%的阻尼,使车辆与桥体接触平稳。

简支梁长度为 25m,横截面是 2.0m^2,转动惯量 $\boldsymbol{I}=0.12\text{m}^4$,杨氏模量 $E=2.75\times10^{10}\text{N/m}^2$,单位长度上质量 $m=4800\text{kg/m}$。在接下来的模拟计算中,将梁结构离散为长度为 0.01m 的两节点平面梁单元。在 12.5~13m 之间的损伤通过杨氏模量降低 10%来表达。质量 $M=1200\text{kg}$、悬架刚度 $k_V=5000\text{kN/m}$ 的车辆以恒定速度 $v=1\text{m/s}$ 穿过梁结构。而敲击力幅值设定 $a=0.5\text{kg}\cdot\text{m}$。

按照第 19.3.1 节中的敲击扫描式方法,将 VA 的时间序列细分为 25 段,即每段 1s 或 1m。然后,利用短时傅里叶变换法得到各分段的功率谱。将各功率包络线进行比较,基于式(19.28)得到 MAC 矩阵,从中可以对损伤信息进行判断。

因为这个梁的固有频率是 $i^2\times2.08\text{Hz}(i=1,2,\cdots)$,根据在 19.3.1 节中关于灵敏度的分析,FTF 首先设置为 2.0Hz 和 8.0Hz,非常接近前两个固有频率的梁(2.08Hz 和 8.34Hz)。如图 19.8(a)所示,除了这两个频率,还可以清楚识别另一个接近 ω_V 的峰值(约 10.27Hz),然后从不同采样频率(SF)的谱线提取损伤特征向量 $\boldsymbol{Y}_i$,计算 MAC 数值。

由于 MAC 值由每对损伤向量估算获得,因而可得到一个对称 MAC 矩阵,这个矩阵可以绘制为一个曲面(如图 19.8(c)左),也可以绘制为一个包络线(图 19.8(c)右)。这些图的横坐标为相同的沿梁的行进时间,由于车速恒定,也可换成距离表示。MAC 分布图中表面深槽或深色包络线表示突然降低的 MAC 值,其对应损伤出现的位置。

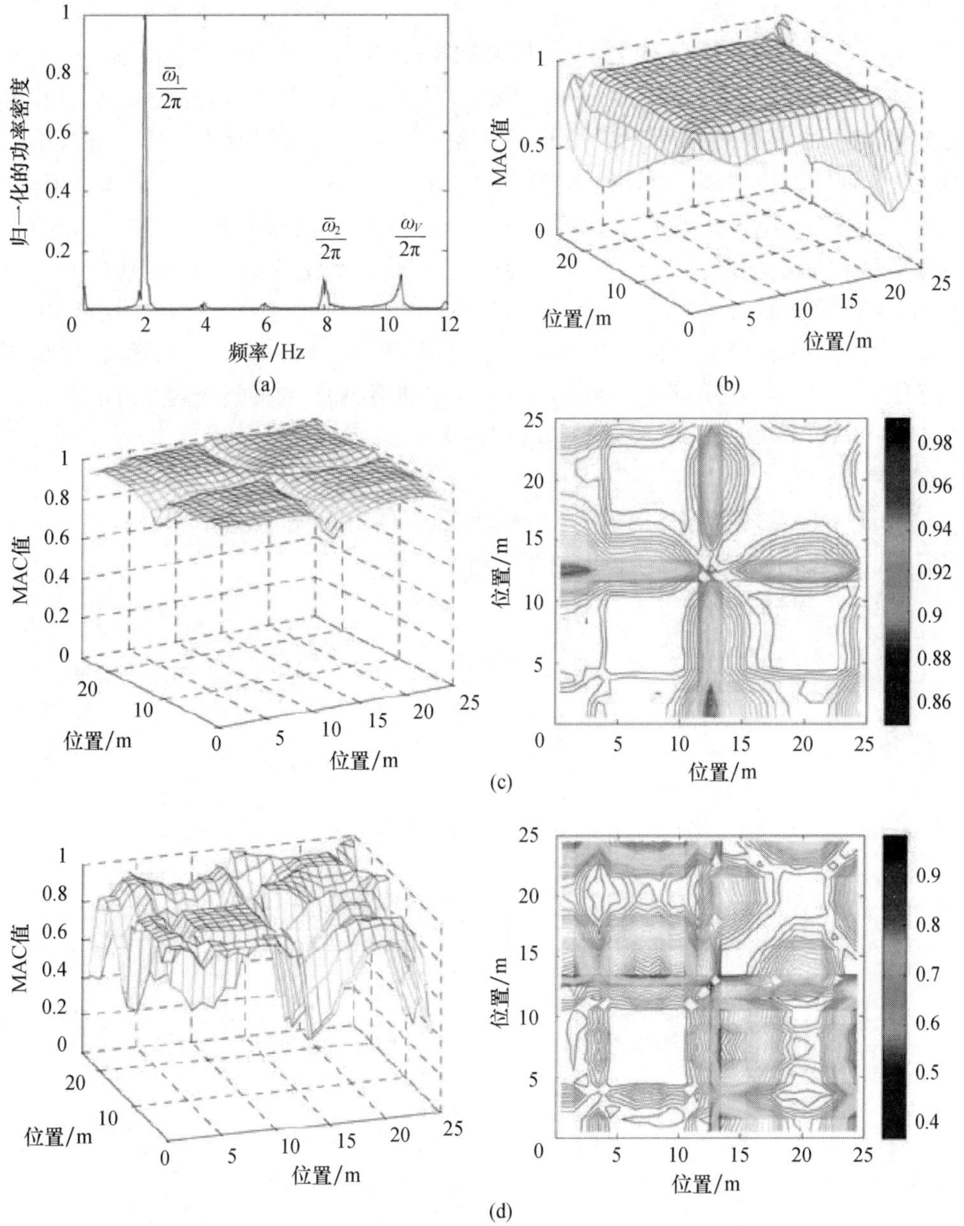

图 19.8　简单梁的损伤识别结果(FTF=2.0Hz,8.0Hz)(彩图)

(a)VA 谱;(b)SFs=[1,4]Hz;(c)SFs=[6,9]Hz;(d)SFs=[9,12]Hz。

如图 19.8(b)所示,如果 SF 位于 1~4Hz 区间,该区间覆盖了梁的基本固有频率,则无法从 MAC 矩阵中找到损伤位置。然而,如果 SF 定位在间隔 6~9Hz(包括第二固有频率)或间隔 9~12Hz(包括 ω_V),可以识别到正确的损伤位置(图 19.8 (c),(d))。可以看

出损伤特征向量在 ω_V 附近比梁固有频率附近对损伤更敏感，因为与图 19.8(d)相比，图 19.8(c)的 MAC 曲面图更平滑而且在损伤位置处的 MAC 数值更大。这个现象可以解释为，式(19.36)在 ω_V 获得的系数较在 ω_{Bj} 处得到的系数值更具有显著影响。此外，当 $\omega_{Bj} < \omega_V$ 时，ω_{Bj} 越大则在 ω_{Bj} 处的系数也越大。因此，这就解释了当 SF 位于基频附近时，损伤无法识别。

在实际中，ω_V 通常是大于桥的基本固有频率，但仍处于环境噪声范围内。在这种情况下，损伤特征向量通常不会覆盖掉 ω_V，因为 FTF 应该大于环境噪声频率。这意味着合成的 MAC 曲面可能很光滑，但对损伤不太敏感。当然，如果可以减少车辆质量，ω_V 可以增加至超出环境噪声频率。这样损伤特征向量仍可包含 ω_V，而且灵敏度增加。但是，设计人员应注意车辆重量要足够大，以确保在较大敲击力作用下桥梁能可靠接触。

为阐明 FTF 的重要性，我们将 FTF 设置为 1.0Hz、2.5Hz、4.0Hz 和 5.5Hz。在这种情况下，R_j^i 远不等于 1，且 S_j、T_j、Δ_{Bj}、Δ_W 非常小。因此，$\ddot{P}_j^i$ 和 $\ddot{Q}_j$ 在 VA 中的作用影响非常小(见式(19.34)~式(19.36))。最终只有在给定 FTF 的峰值(1.0Hz 时峰值很难确定)和 ω_V 可以通过相应频谱图确定，如图 19.9 所示。再者，FTF 的振幅峰值大约正比于 $\overline{\omega}_i$ 的平方，这与图 19.7 的 $F(t)$ 所示一致，但与图 19.8(a)观察到的结果不同，这是由于 FTF 与固有频率之间存在小间隙，导致发生了某种程度的共振。

不同 SF 的 MAC 矩阵如图 19.9(b)~(d)所示。不出所料的是，其中没有一个正确的识别损伤，这说明了 FTF 对损伤识别的重要性。

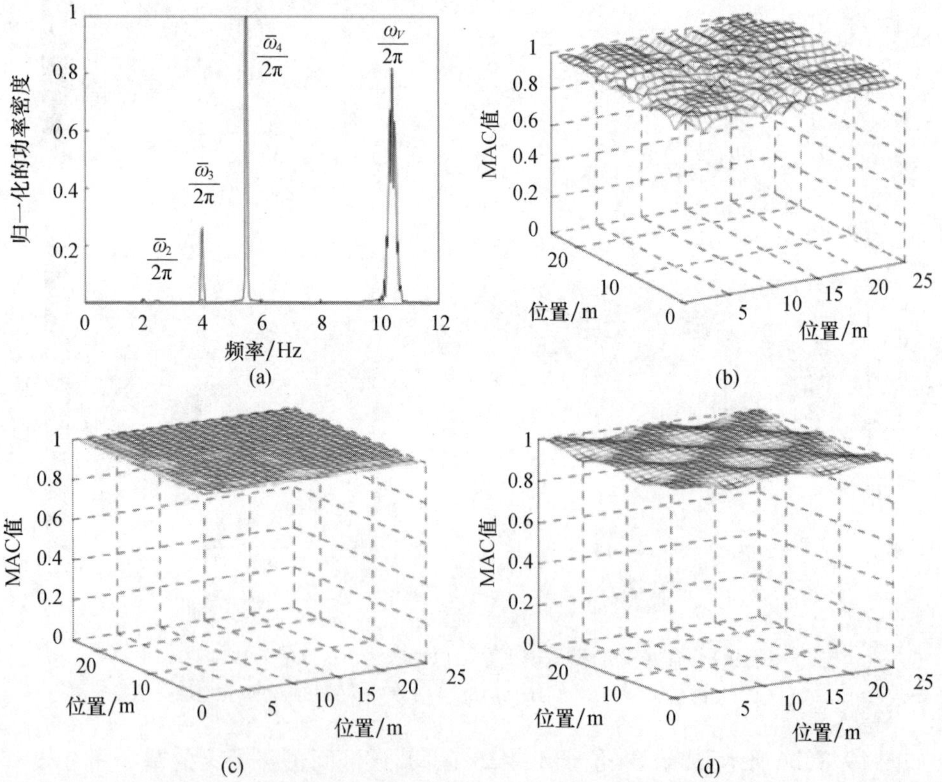

图 19.9 简单梁的损伤识别结果(FTF = 1.0Hz, 2.5Hz, 4.0Hz, 5.5Hz)

(a)VA 谱；(b)SF = [1,4]Hz；(c)SF = [6,9]Hz；(d)SF = [9,12]Hz。

19.3.3　建立敲击扫描式损伤检测车辆

敲击扫描式损伤检测方法可以通过图 19.10 牵引式挂车系统物理实现。拖车充当如图 19.7 所示的弹簧支撑质量块，敲击力由安装在拖车上的电磁激振器产生，拖车由纯钢制成，可以将敲击力完全转移到桥面，并通过固定在桥轴上的加速器接收敲击力响应。用一台笔记本电脑可运行数据采集程序，包括控制敲击力、接收加速度信号和计算损伤指数。这台笔记本电脑连同一个功率放大器、一个充电调节器以及一个供电系统一起装在一辆小型货车内，用这台小货车牵引拖车扫描桥的每条车道。

这种敲击扫描式车辆系统利用了通过车辆的有利条件（Yang 等，2004；Lin 和 Yang，2005；Yang 和 Chang，2009a，b；Yang 等，2013）和对损伤检测至关重要的可控敲击力（Xiang 等，2010）。通过安装在拖车上的一个加速器间接收集桥梁响应，因此它比传统的在桥上安装许多传感器的桥梁检测方法更有效、更经济。

19.3.4　现场试验

依据第 19.3.1 节中灵敏度分析和第 19.3.2 节中模拟实例中桥梁固有频率信息，对敲击扫描式损伤检测方法的成功与否是至关重要的。在现场试验中，利用扫频激振力对加速度信号开展频谱分析，可以很容易地得到这一信息。然后，在远离环境噪声频段的桥梁固有频率范围内，确定桥梁固有频率。正如第 19.3.2 节所讨论的，这些频率通常不包括车辆频率，而且车辆频率会与环境噪声频率混在一起。从经验上看，大部分交通噪声频率都低于 70Hz，所以对于 20～50 m 的短跨度桥梁，70～110Hz 的频段是很好的选择。在接下来的桥梁检测试验中，该频段被中国路桥集团公司和清华大学采用。

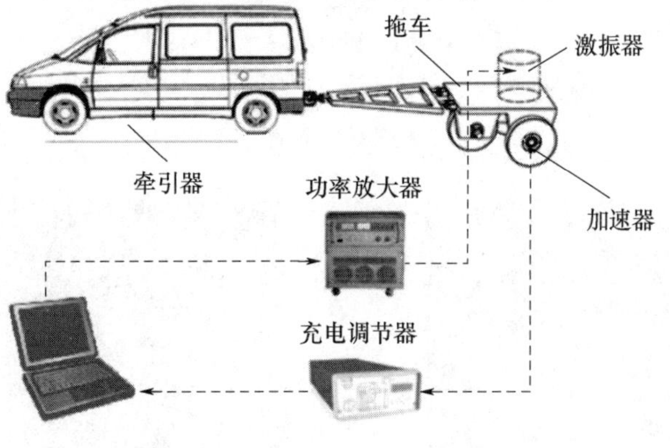

图 19.10　敲击扫描式损伤检测系统

1. 红石坎桥

红石坎桥是一座有 10 年历史的拱桥，位于中国北京市平谷区（图 19.11（a））。该桥于 2012 年 9 月 4 日开展了敲击扫描式检测试验。对于这个 50m 长的短桥，使用检测观察车扫描一个车道大约需要 1min，且在没有中断交通前提下完成了检测试验（图 19.11（b））。

检测结果如图 19.12 所示，这是 MAC 矩阵的锐化包络线。由于 MAC 值由每对频谱向量 $\boldsymbol{Y}_i$ 和 $\boldsymbol{Y}_j$ 计算得到，因此得到的 MAC 矩阵呈对称性。所以在图 19.12 里，横坐标和纵坐标都是沿桥长度上的时间轴，而暗色线条是异常的 MAC 值。比较图 19.13 所示的图

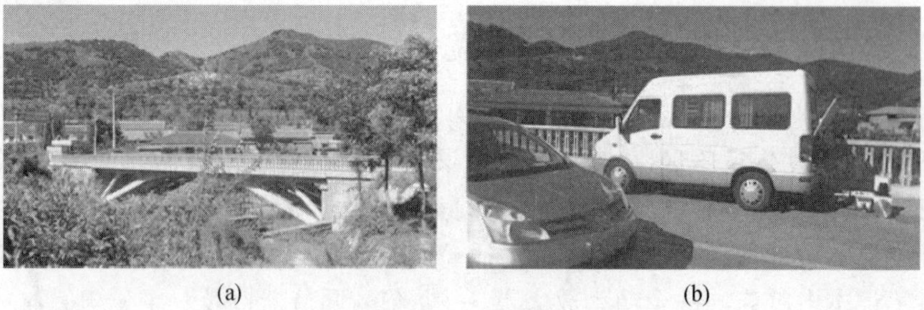

图 19.11　红石坎桥
(a)正面图;(b)现场检测试验。

片,图 19.12 中规则分布的暗条与该桥桥面下横隔板相对应。由于很难保证精确地恒速行驶,因此时间间隔与距离并不完全成正比。除此之外,图 19.12 中除了这些暗条,没有明显异常信号,因此可以推断,这座低龄的桥健康状况良好。

该实例说明步进扫描法在其他车辆的干扰下,依然能够发现桥梁轻微结构不连续性。

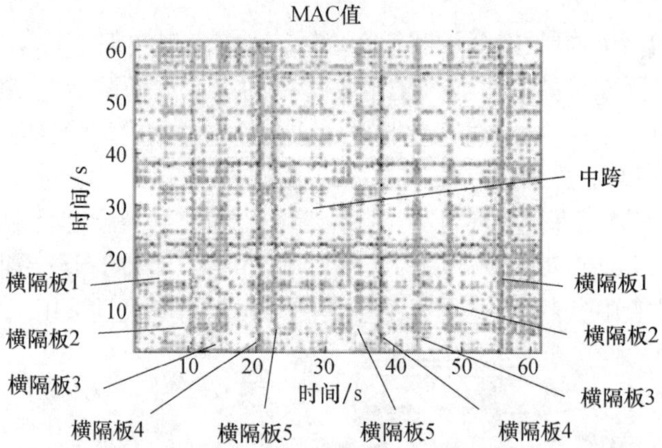

图 19.12　红石坎桥损伤识别结果

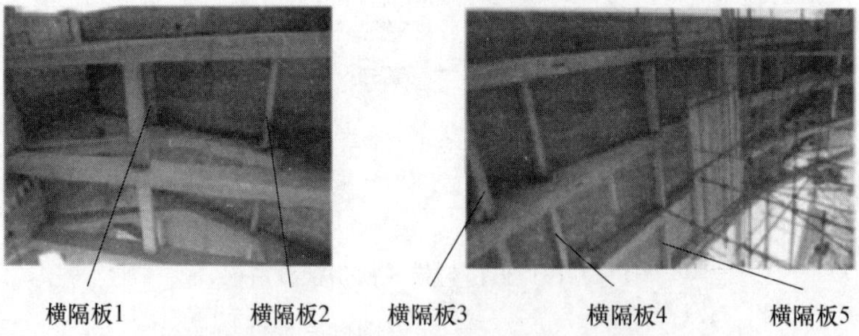

图 19.13　红石坎桥横隔板的分布

2. 潮河桥

潮河桥是一座有 45 年历史的简支桥,位于北京市密云区(图 19.14)。这座桥有 8 个跨度,每个跨度约 20m 长。该桥于 2012 年 9 月 19 日开展了敲击扫描式检测试验。在不影响交通流量的情况下,扫描一条车道大约需要 4min。此外在检测中,一台 45t 重的桥梁检查起重机也在运行工作。

(a)

(b)

图 19.14　潮河桥
(a)正面图;(b)现场检测试验。

潮河桥损伤识别结果如图 19.15 所示,其中 7 个支墩可以清晰识别到。而且还发现两条异常条带。在 2 号墩和 3 号墩间有一个条带,就是那台重型检查起重机的位置。另一条带靠近 5 号墩。在检查起重机帮助下,检查人员在靠近 5 号墩的梁上发现了两个清晰的修补痕迹(图 19.16)。虽然没有这些修复的详细记录,但从图 19.16 和图 19.15 中可以想象损伤的严重程度。

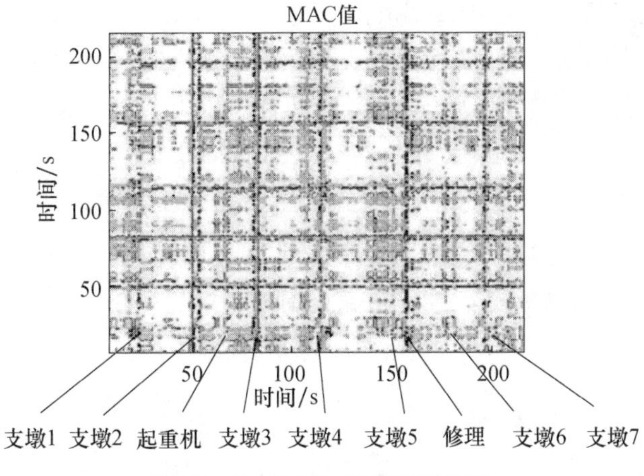

图 19.15　潮河桥损伤识别结果

这个例子表明敲击扫描式方法不仅可以识别桥墩的不连续性,而且即使桥面非常坚固,也能识别很小的损伤(图 19.14(b))。同时,它也提醒我们,静态重型卡车在发动机运行的时候也会对检测结果产生一定影响。此外,这也显示了使用敲击扫描式车辆检测桥梁上的隐蔽损伤的能力,在这些桥梁上,人们可很难实现视觉探伤。

图 19.16 潮河桥的损伤图片

3. 榆林桥

玉林大桥位于河南省新乡市与燕津县之间的 S227 公路(图 19.17)。该桥于 2013 年 3 月 16 日开展了敲击扫描式检测试验。对于这样一座 20m 长的短桥,用敲击扫描式检查车扫描一条不堵车的单车道只需 0.5min。

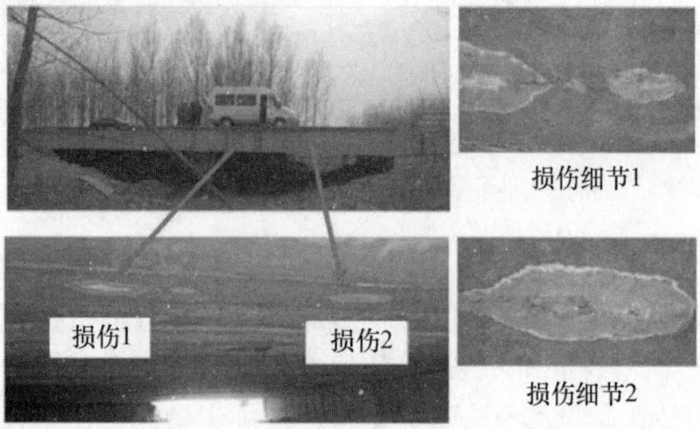

图 19.17 榆林桥的损伤检查

榆林桥损伤识别结果如图 19.18 所示,图中清晰显示了左右伸缩接头及两个损伤区域。目视检查证实有两处严重渗漏损伤,并有少量非常小的纵向裂纹(图 19.17)。此外,从图 19.18 所示条带图深暗程度可以推测,损伤 2 比损伤 1 严重,但仅凭目测结果就很难证明这一点。

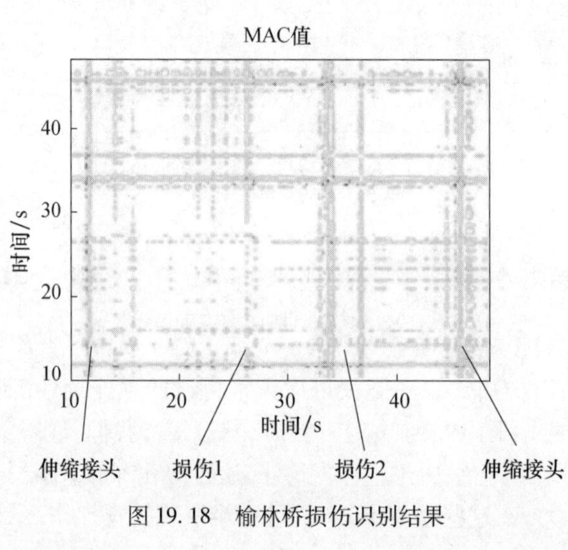

图 19.18 榆林桥损伤识别结果

实际上,渗漏损伤和纵向裂纹对局部刚度的降低影响不大。成功识别榆林桥的这类型损伤,表明敲击扫描式方法实际上是利用局部阻抗变化来检测损伤,而19.3.1节中的理论模型只是讨论了局部刚度的变化。

19.4　小　　结

桥梁损伤检测的一个很好选择就是捕捉动态信号,这可以很容易地从正常使用的桥梁中获取。在保证模态试验质量的前提下,可以从选定频率和振型点开展可靠的损伤检测。另外,在不用中断交通的情况下,敲击扫描式方法提供了一种稳定、有效的桥梁检测可能性。这两种方法都不需要参考完整桥梁状态,认为健康良好桥梁的特征如刚度、质量和阻尼应该平滑变化,而这些特征值的突变表明了结构的不连续或发生了局部损伤,这极大地促进了这两种方法的实际应用。

如图19.19所示,桥梁评价方法根据其精度和应用可分三个层次。该方法利用选定的频率和振型点,对一些非常重要的桥梁开展实时健康监测。而对于海量普通桥梁,可以使用敲击扫描式检测车快速筛查出几个可疑对象做进一步的详细检查,这可以帮助大城市有效地管理桥梁网络。由于这两种方法都只是将损伤看作是一些有效性能的变化,因此仍然需要离线局部检测来给出详细的损伤报告。

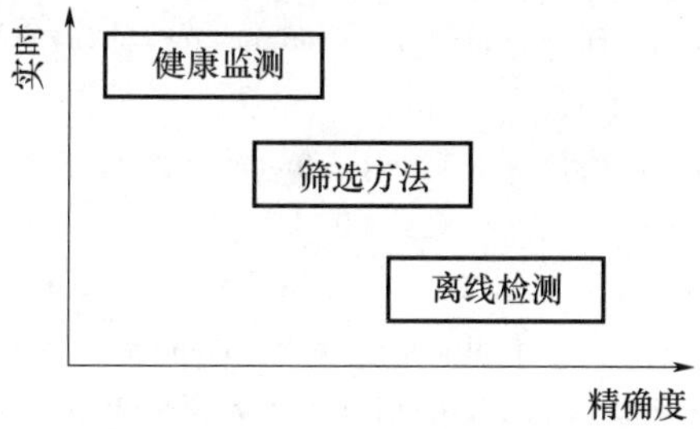

图19.19　桥梁评价方法的层次模型

本章相关彩图,请扫码查看

参考文献

R. J. Allemang, D. L. Brown, Correlation coefficient for modal vector analysis, in Proceedings of the 1st International Modal Analysis Conference (Society for Experimental Mechanics, Orlando, 1982), pp. 110-116

M. Baruch, Modal data are insufficient for identification of both mass and stiffness matrices. AIAA J. 35, 1797-1798 (1997)

E. P. Carden, P. Fanning, Vibration based condition monitoring: a review. Struct. Health Monit. 3, 355-377 (2004)

P. Cawley, R. D. Adams, The mechanics of the coin-tap method of non-destructive testing. J. Sound Vib. 122, 299-316 (1988)

P. C. Chang, A. Flatau, S. C. Liu, Review paper: health monitoring of civil infrastructure. Struct. Health Monit. 2, 257-267 (2003)

A. Cunha, E. Caetano, F. Magalhã es, C. Moutinho, Recent perspectives in dynamic testing and monitoring of bridges. Struct. Control Health Monit. 20, 853-877 (2013)

A. Deraemaeker, E. Reynders, G. Roeck, J. De Kullaa, Vibration based structural health monitoringusing output-only measurements under changing environment. Mech. Syst. Signal 22, 34-56 (2008)

H. W. Engl, M. Hanke, A. Neubauer, Regularization of inverse problems (Kluwer, Dordrecht, 1996)

EPS Net (2010) China Macro Economy Database. http://www.epsnet.com.cn/

W. Fan, P. Qiao, Vibration-based damage identification methods: a review and comparative study. Struct. Health Monit. 10, 83-111 (2011)

C. R. Farrar, D. A. Jauregui, Comparative study of damage identification algorithms applied to abridge: I. experiment. Smart Mater. Struct. 7, 704-719 (1998)

C. R. Farrar, S. W. Doebling, D. A. Nix, Vibration-based structural damage identification. Philos. Trans. R. Soc. A 359, 131-149 (2001)

C. Gentile, A. Saisi, Ambient vibration testing and condition assessment of the Paderno iron archbridge (1889). Construct. Build Mater. 25, 3709-3720 (2011)

D. H. Griffel, *Applied Functional Analysis* (Dover, Mineola, 2002)

E. Haber, U. M. Ascher, D. Oldenburg, On optimization techniques for solving nonlinear inverse problems. Inverse Probl. 16, 1263-1280 (2000)

C. W. Lin, Y. B. Yang, Use of a passing vehicle to scan the fundamental bridge frequencies. Eng. Struct. 27, 1865-1878 (2005)

R. Nelson, Simplified calculation of eigenvector derivatives. AIAA J. 14, 1201-1205 (1976)

N. M. Okasha, D. M. Frangopol, Integration of structural health monitoring in a system performance based life-cycle bridge management framework. Struct. Infrastruct. Eng. 8, 999-1016(2012)

S. L. Padula, R. K. Kincaid, Optimization strategies for sensor and actuator placement. NASA Technique Report: TM-1999-209126, 1999

O. S. Salawu, Detection of structural damage through changes in frequency: a review. Eng. Struct. 19, 718-723 (1997)

Z. H. Xiang, Y. Zhang, Changes of modal properties of simply-supported plane beams due to damage. Interact. Multiscale Mech. 2, 171-193 (2009)

Z. H. Xiang, X. W. Dai, Y. Zhang, Q. H. Lu, The tap-scan method for damage detection of bridge structures. Interact. Multiscale Mech. 3, 173-191 (2010)

Z. H. Xiang, L. Q. Wang, M. S. Zhou, Suppressing damage identification errors from selected natural frequencies and mode shape points. Inverse Probl. Sci. Eng. 20, 871-890 (2012)

Y. B. Yang, K. C. Chang, Extracting the bridge frequencies indirectly from a passing vehicle: parametric study. Eng. Struct. 31, 2448-2459 (2009a)

Y. B. Yang, K. C. Chang, Extraction of bridge frequencies from the dynamic response of a passing vehicle enhanced by the EMD technique. J. Sound Vib. 322, 718-739 (2009b)

Y. B. Yang, C. W. Lin, J. D. Yau, Extracting bridge frequencies from the dynamic response of a passing vehicle. J. Sound Vib. 272, 471-493 (2004)

Y. B. Yang, K. C. Chang, Y. C. Li, Filtering techniques for extracting bridge frequencies from a test vehicle moving over the bridge. Eng. Struct. 48, 353-362 (2013)

第 20 章　利用反演分析方法开展材料力学表征和结构诊断

Vladimir Buljak, Giuseppe Cocchetti, Aram Cornaggia,
Tomasz Garbowski, Giulio Maier, Giorgio Novati

摘　　要

结构、设备结构件和工程产品中的力学损伤通常带来参数变化,这些参数在模型计算中起到核心作用,可以合理评估服役载荷下的安全极限,这些参数也可能取决于工程环境中的生产过程。

在本章中,参数反演识别分析方法受到以下几个方面约束:宏观尺度试验、确定性方法、静态外部作用和材料行为的时间无关性。这里不讨论实用规范中经常采用的半经验方法。

本章介绍的反演分析方法主要集中在试验计算模拟(即直接分析)、试验优化设计的敏感性分析、模型简化程序等方面的规定,以便在工程实践中快速、经济地估计参数。这些应用包括基于压痕试验的结构诊断、混凝土坝的原位诊断试验及膜、层压材料的实验室力学性能。

20.1　引　　言

反演分析方法是应用科学的一个领域,目前在改良程序和各种工程应用方面仍在发展。反演分析方法基于"系统"对外部行为响应的信息,并引导识别出系统的一些特征,通常包括建模参数和计算机模拟系统对行为的响应。

在当前应用力学背景下,要评估的特征通常包括在材料本构模型中的参数,或是系统内的应力,这些都包含在待估计或待识别的"参数"集合里。该系统可以是实验室样品或作为工业产品的结构部件;然而它往往由一种结构组成,这种结构可能受到由于服役恶化而造成的损伤的影响。因此反演分析方法正成为"结构诊断"的核心,其目的是为随后的"直接分析"提供可靠的基础,这些"直接分析"倾向于评估倒塌或进一步的显著结构损伤的"安全极限"("容许应力"准则现在正被越来越多的行业规范所取代)。

基于上述宗旨的反演分析方法,显然需要试验、结构、计算力学以及应用数学的协同融合。1986 年"挑战者号"航天飞机(Gribbin 和 Gribbin,1997)失事后,为保证计算机输入的可靠性,Richard Feynman 发出的象征性警告("无用数据输入,无用数据输出")提到了这种协同作用。工程史上的其他悲惨事故(如 Levy 和 Salvadori(1992),Vajont Dam(1963),AlexanderKielland platform(1980)和 Gulf of Mexico disaster(2010))对结构诊断的改进产生了促进作用。

目前,很多文献中提出的反演分析程序可以基于几个不同观点分类(如 Bui 1994,2006;Tarantola,2005;Mroz 和 Stavroulakis,2005)。根据对工程有重要意义的方法、标准,可以考虑以下分类。

(a)利用确定性方法估计识别参数,不考虑不确定性的量化。试验数据的协方差矩阵可以量化试验噪声等随机性。关于所要求的参数,反演矩阵用于最小“偏差函数”。当把侧重点放在试验测量可靠性时,这类公式的潜力在精度估计合理性方面的优势明显。显然,试验(或“伪试验”)数据在随机扰动下获得参数集,可以量化输入扰动对结果估计的影响(例如,标准偏差)。然而这种基于确定性反演分析的方法显然是不经济的,因为可能需要海量的重复反演分析。

(b)随机方法,即对试验数据随机的误差估计和估计的不确定性评价。在随机方法中(包括流行的蒙特卡罗、贝叶斯等方法),目前卡尔曼滤波法具有特殊的通用性、实用性。这种“滤波”从试验数据及其量化随机噪声协方差矩阵开始,经过一系列步骤,依次利用试验数据开展估计更新(通过“灵敏度”和“增益”矩阵),提供最终的参数估计及其协方差矩阵。

本章只考虑确定性方法(a)。鉴于本书其他章节的内容,本书所采用的其他限制如下:即使反演分析方法明显适用于宏观和微观尺度,这里也只简要讨论宏观尺度的工业应用,作为范例说明。特别值得指出的是,要注意其他外部动态活动(例如,对疑似受损桥梁的结构诊断)和时间效应材料模型(例如,预应力混凝土桥梁损伤蠕变、结构中高应变率造成冲击或爆炸的黏弹塑性模型)。

本章研究目的及研究内容可以概括如下:第 20.2 节分阶段简要介绍工程中材料力学特性、结构、结构部件诊断的部分创新反演分析方法。有关数学算法发展、计算工具和工程实践的详细资料,请参阅参考书目中指定的出版物。第 20.3 节主要介绍了最新研究成果,基于以压痕为中心的“准无损”试验(原为“硬度试验”)反演分析方法,并对其开展了金属工业产品的损伤评估。反演分析的应用在第 20.4 节和第 20.5 节中涉及许多工程领域,如混凝土大坝、食品容器的生产和张力结构设计。在第 20.6 节中强调最近的研究进展、成果对评估材料性能和结构中力学损伤的潜在实用价值。

20.2 结构损伤评估实用方法综述

针对第 20.1 节中所述的限制,这里用到一些操作术语,逐步地概述了一种相当普遍的反演分析方法,鉴于其实际应用具有普遍性,并将在第 20.3 节中对一些特定特征加以说明。

阶段 1:在材料的本构模型(例如,Lubliner,1990;Jirasek 和 Bazant,2001)和/或在一个应力状态,显然需要对“原位”研究结构或实验室中待测试的试样开展初步检验,以选择反演分析的识别参数。显然,与这些检验相关的是需要开展的试验及其设计。试验设计必须根据外部作用(“载荷”)和系统响应中需要测量的数量开展,同时考虑到(如果可能,通过协方差矩阵)预期的随机试验误差。

阶段 2:由一个“专家”基于未来可应用的猜想提出下列问题:对每个待测参数指定下

限和上限,以便确定一个区间,在此区间外的估值求解将会受限。因此在参数空间中定义了一个“搜索域”,如果在参数之间预测到了“相关性”(即,如果一个预期参数值大,而另一个预期参数值也会大),则可能需要“专家”对相关率进行一些猜测。

阶段 3:模型计算对预备试验是重要的一步。即使采用有限元(FE)解析模型以解决现阶段的研究目标,也应特别注意计算特性:网格生成、边界条件和界面层、可能的大应变要求、所选本构模型的实现等。对于多次试验模拟,必须平衡结果的准确性和计算时间。

阶段 4:显而易见,敏感性分析的需求产生在测试响应变量中,特别是测量那些受参数影响最大的变量(例如,Klciber 等,1997)。因此,敏感性是通过计算关系式的导数(当然通常用有限差分近似)来评估,通过这种方法,可测的量通过系统模型和试验模拟与所寻求的参数相关。

然而,在目前反演分析法中,另一个准则也非常有用,即可测量值之间的差异应该比相关试验误差更大(比如两个数量级),这是通过将设想的上限和下限用于要识别的参数而计算出来的。以上两种敏感性评估都只需要直接分析,对试验设计可能有重要意义(参考下一阶段和 20.3 节)。

阶段 5:显然在现有资源的基本限制范围内,为准确估计参数必须根据敏感性分析(阶段 4)经常开展试验设计,以达到下列目的:

(a)在被测系统对试验载荷的响应中选择待测量;

(b)利用“先验”表征某些指标,优化试验方法(如压痕试验中压头的形状,在 20.3 节所指出)。

目的(a)通常由敏感性分析的前一个方法(阶段 4)达到,目标(b)由后一种方法也可以达到。

阶段 6:在此试验设计之前的计算模拟可以从寻求参数 P 的向量 $\boldsymbol{p}$ 指向可测量的 M -向量 $\boldsymbol{u}$(通常称“快拍”);当它们只是作为 $\boldsymbol{p}$ 的函数计算时,这些量在这里称为“伪试验”数据。

反演分析在数学上对变量 P -向量 $\boldsymbol{p}$ 被定义为“差异函数” $\omega(\boldsymbol{p})$ 的最小化,该函数被定义为聚集在 M -向量 $\bar{\boldsymbol{u}}$ 中的试验或伪试验数据和聚集在“快拍” M -向量 $\boldsymbol{u}$ 中的相应数据之间的差异,这是一个包含在 $\boldsymbol{p}$ 中的参数的函数。

$$\min_{p}\omega(\boldsymbol{p}) = \omega_{\min} \tag{20.1}$$

$$\omega(\boldsymbol{p}) = [\bar{\boldsymbol{u}} - \boldsymbol{u}(\boldsymbol{p})]^{\mathrm{T}}\boldsymbol{C}^{-1}[\bar{\boldsymbol{u}} - \boldsymbol{u}(\boldsymbol{p})] \tag{20.2}$$

式中:$\boldsymbol{C}$ 为数据的协方差矩阵。当无法对随机噪声影响的测量值量化时,单位矩阵代替 $\boldsymbol{C}$,但在接下来的计算无任何实质变化。

如本章引言部分所述,在确定性反演分析方法中,式(20.2)中的协方差矩阵仅意味着将“权值分配”归因于更可靠的数据。

阶段 7:上述数学最小化问题,式(20.1)、式(20.2),在目标函数 ω 中可能出现凸性的缺乏(可能的局部最小值)、约束条件的非光滑和不适定性。为达到最小绝对值,目前可以在实际应用中采用以下几种算法:数学编程、具体为置信区域算法(TRA)(Conn 等,2000;Coleman 和 Li ,1996、遗传算法(GA)(Kohand Perry ,2009、人工神经网络(ANN)(Haykin ,1998;Hagan 等,1996;Waszczyszyn,1999)。这些计算方法在可用的市场软件中能够实现,在很多文献中有叙述,但在本章只在后面几节的概述问题中提到、使用。

下面的计算-数学环境对工程环境中反演分析的现存目标有重要影响：

(1)TRA 通常需要多种初始化，以尽可能避免在每一步的局部极小值处结束，并且在每一步，需要一阶导数，从而在两变量中的二阶编程的步进问题中估算 Hessian(通过雅可比的梯度)；

(2)在应用 GA 时，在阶段 2 定义的“搜索域”上，每个序列“群”的每个“成员” $\boldsymbol{p}$ 都需要开展测试模拟；

(3)为展示效率和稳定性，ANN 需要在输入和输出之间平衡。

上述的条件和其他计算环境使我们非常希望在反演分析常规实际应用中，通过使用一些“模型简化”程序来减少计算量，就像这里与后续阶段所应用的程序一样。

阶段 8：在第二阶段定义的“搜索域”，并参数识别的空间内(“专家”建议的界限)，组建一个“ N 节点的网格”($\boldsymbol{p}_i(i=1,2,\cdots,N)$)。网格生成的最简单方法明显依赖于搜索区间的子集(它是在相同数量的相同子区间中针对每个搜索参数设计的)，并依赖于最终生成的所有单元顶点的“节点” $\boldsymbol{p}_i$ 的假设。显然，使用这种网格生成方法(在本章提出的反演分析问题中采用)，节点的数量会随待识别参数的数量呈指数增长。当节点数 N 的“先验”选择有作用的时候，可以使用其他方法开展节点分布研究，为简洁起见，这里不展开描述(Viana 等，2010；Bates 等，2004)。

阶段 9：下面采用“模型简化”过程，称为“适当正交分解”(POD)，并在后面几节中应用创新的反演分析过程。它起源于以经济学为导向的数学分析，可以概括如下，以达到当前的目的，其细节可以在文献中找到(Ruckelynck 等，2006；Ostrowski 等，2008；Nouy，2010；Buljak，2012)。通过假设在前一步生成的网格的每个节点上的参数 $\boldsymbol{p}_i$ ，开展测试模拟，得出向量 $\boldsymbol{u}_i$ ，它包含了伪试验数据，并作为对应于 $\boldsymbol{p}_i$ 的“快拍”，这是通过借助阶段 3 阐述的(FE)离散模型的直接分析实现的。让一个 $M\times N$ 矩阵 $\boldsymbol{U}$ 收集所有这样的“快拍”信息，测试中可测量的数量 M 通常小于 N ，它随参数值呈指数增长。

在现实生活中的大多数问题中，被测系统对相同给定的外部操作的响应 $\boldsymbol{u}_i$ (但在“搜索域”内具有不同的参数 $\boldsymbol{p}_i$)是“相关的”，即在它们的空间中“几乎是并行的”。这种相关性通常是物理上的，可以很容易地在矩阵 $\boldsymbol{U}$ 上开展检验，并由阶段 10 的程序进行计算。还应注意试验响应的“相关性”，因为它在某些情况下可能不成立(例如，杨氏模量的微小变化可能导致结构构件在压缩为主的条件下从稳态过渡到非稳态)。

阶段 10：在快拍 $\boldsymbol{u}_i$ $(i=1,2,\cdots,N)$ 的 M 维空间中，一个新的参考轴相对于其他方向，通过最大化所有 N 个快拍 $\boldsymbol{u}_i$ 在其上的投影的欧几里得范数被挑了出来。然后，通过对正交于上述方向的所有方向集的相似最大化找到另一个轴。一系列的这种优化得到一个新的参考系统，或“新基”，并通过一个含 M 阶的正交矩阵 $\boldsymbol{\Phi}$ 进行数值描述，即

$$\boldsymbol{\Phi}^{\mathrm{T}}\boldsymbol{\Phi}=\boldsymbol{I},\boldsymbol{U}=\boldsymbol{\Phi}\boldsymbol{A},\boldsymbol{A}=\boldsymbol{\Phi}^{\mathrm{T}}\boldsymbol{U} \tag{20.3}$$

其中 $M\times N$ 矩阵 $\boldsymbol{A}$ 以列的形式收集向量(在 POD 术语中称为“振幅” $\boldsymbol{a}_i$)，这些向量在“新基”中描述快拍 $\boldsymbol{u}_i$ 。上述(阶段 9)各参数在“搜索域”内测试响应之间变化的“相关性”，自然地激发了幅值分量之间的巨大差异，并建议在新基上去除可忽略的分量轴，从而进行简化。这种“截断”，直觉上非常自然、清晰，几十年前就已经在以经济学为导向的数学中开展了研究。就当前的目标而言，一些操作细节可以在有关文章中找到(Chatterjee，2000)。这里，只提到主要特征，即上述“截断原理”是基于矩阵 $\boldsymbol{D}=\boldsymbol{U}^{\mathrm{T}}\boldsymbol{U}$ (N 阶、正定、半

正定对称)的特征值 λ_i ($i=1,2,\cdots,N$)的计算,同时基于保留比最小本征值大几个数量级的 λ_i 相对应的轴。

因此,生成"截断基"($M \times K$ 阶的矩阵 $\hat{\boldsymbol{\Phi}}$, $K \ll M$),用于通过其对"降阶量" $\widehat{a_i}$ 的依赖性评估测试响应 $\boldsymbol{u}_i$,即

$$\boldsymbol{u}_i \approx \hat{\boldsymbol{\Phi}}\hat{\boldsymbol{a}}_i \quad (i=1,2,\cdots,N) \text{ 或者 } \boldsymbol{U} \approx \hat{\boldsymbol{\Phi}}\hat{\boldsymbol{A}} \tag{20.4}$$

由截断的 POD 基隐含的误差评估可通过比较与保留的 K 方向(或模式)相关的特征值 λ_i ($i=1,2,\cdots,N$)之和与其初始 λ_i ($i=1,2,\cdots,N$)的总和很容易地进行。

截断基 $\hat{\boldsymbol{\Phi}}$ 通过式(20.3)展示了对初始基 $\boldsymbol{\Phi}$ 的数学特征表达,因此,任意 $\boldsymbol{u}_i$ 的减小"幅值" $\boldsymbol{a}_i$ 可由式(20.4)近似计算得到,即

$$\hat{\boldsymbol{a}}_i \approx \hat{\boldsymbol{\Phi}}^{\mathrm{T}}\boldsymbol{u}_i \quad (i=1,2,\cdots,N) \text{ 或者 } \hat{\boldsymbol{A}} \approx \hat{\boldsymbol{\Phi}}^{\mathrm{T}}\boldsymbol{U} \tag{20.5}$$

模型简化方案中概述了优先考虑 N 参数向量集 $\boldsymbol{p}_i$ 在"搜索域"内预选的网格节点,实际应用中可以一次完成所有反演重复分析,而且可以通过下一阶段的计算规则快速获得。

阶段 11:误差函数 $\omega(\boldsymbol{p})$,式(20.1)、式(20.2) 的最小化,如果采用 GA 和 TRA 数学规划算法,正如前面强调的,需要海量试验模拟。这种实际遇到的困难可以通过下面总结的计算细则来克服(例如,Buhmann,2003;Kansa,2001)。

对于每个参数网格节点 $\boldsymbol{p}_i$ ($i=1,2,\cdots,N$),考虑径向基函数(RBF),即

$$g_i(\boldsymbol{p}) = [(\boldsymbol{p}-\boldsymbol{p}_i)^{\mathrm{T}}(\boldsymbol{p}-\boldsymbol{p}_i)+r^2]^{-\frac{1}{2}} \quad (i=1,2,\cdots,N) \tag{20.6}$$

对程序每一次应用,都要对"平滑系数" r 进行一次性校准。"降幅值"向量 $\hat{\boldsymbol{a}}_j$ 的每个分量 $\hat{a}_j^k$ ($k=1,2,\cdots K;j=1,2,\cdots N$)对应阶段 10 和式(20.5)定义的节点参数 $\boldsymbol{p}_j$,它由 RBFs 式(20.6)采集的值的线性组合表示为

$$\hat{a}_j^k = \sum_{i=1}^{N} b_i^k g_i(\boldsymbol{p}_j) \quad (k=1,2,\cdots,K;j=1,2,\cdots,N) \text{ 或者 } \hat{\boldsymbol{A}} = \boldsymbol{BG} \tag{20.7}$$

这个式(20.7)由 $K \times N$ 个未知数 b_i^k 的 $K \times N$ 矩阵线性方程组成,集合在 $\boldsymbol{B}$ 矩阵中,而 $\boldsymbol{G}$ 矩阵包含在搜索域上的网格的所有 N 个参数节点 $\boldsymbol{p}_i$ 上的所有函数 RBF 的已知值 g_i ($\boldsymbol{p}_j$)。

式(20.7)的简单解为线性组合提供系数 b_i^k ,该线性组合从网格节点的任意"新"参数向量 $\boldsymbol{p}$ 导向"快拍" $\boldsymbol{u}$ 的降幅值 $\hat{\boldsymbol{a}}$;向量 $\boldsymbol{u}$ 根据向量 $\boldsymbol{p}$ 中包含的参数对试验模拟得到的伪试验数据开展量化:

$$\boldsymbol{u}(\boldsymbol{p}) = \hat{\boldsymbol{\Phi}}\hat{\boldsymbol{a}} = \hat{\boldsymbol{\Phi}}\boldsymbol{B}\boldsymbol{g}(\boldsymbol{p}) \tag{20.8}$$

向量 $\boldsymbol{g}$ 集聚了所有网格节点里 $\boldsymbol{p}$ 的中心处的 RBF 所采集的 N 个 $g_i(\boldsymbol{p})$ ($i=1,2,\cdots,N$)的值(式(20.6))。因为矩阵 $\boldsymbol{B}$ 通过式(20.7)的一次解提供,所以它是可以得到的。此时,任何"直接分析",即得出可测量的任何试验模拟都可由式(20.8)导出,而不是由有限元法或其他方法,这样计算时间缩短了多个数量级但精度相当。显然,使用 TRA 或 GA 进行参数识别具有显著的实际效益,这种情况意味着,当采用 ANN 开展快速反演分析时,也具有很大的计算优势,因为 ANN 的输入可能由振幅向量 $\hat{\boldsymbol{a}}$ 组成,这代表快拍 $\boldsymbol{u}$ 具有非常少的分量。

阶段 12:反演分析在工程应用中出现的一个问题是关于试验误差对参数估计的影响。在本章所考虑的确定性方法论中,利用 POD 获得效率的计算方法,可以得到上述问

题的答案:从随机扰动的试验数据开始开展许多参数识别(这种随机性量化了测量精度),量化了估算结果的“扰动”因素,例如,通过它们的概率密度分布的平均值和标准差。

反演分析程序是在前面的内容中进行了逐步概述,它可以作为后面章节内容的方法论平台的搭建、铺垫。后续内容在本章的目的是为说明通过对研究成果、方向的不断改进,阐明方法的潜力和局限性,在目前的研究水平上评估工程和工业环境中的结构损伤和材料的力学性能。显然,不同技术领域和其他方法以及与本章所讨论的不同研究成果,也可以通过本书其他章节对上述研究目标提供宝贵的意见和提出有价值的解决方法。

下面简要介绍在本节概述的基础上,未来可能发展的方法,但也存在很大的多样性。目前,以桥梁为主体的预应力混凝土结构在施工几十年的过程中一直存在蠕变损伤问题。有两种情况可能会影响到相关的工程情况:由于混凝土明显的蠕变损伤过程,这种结构在数十年的长寿命中,由于预警信息而积累了大量试验数据;已经提出了不同材料模型,例如 A 和 B,以便在没有发生干预的情况下,可靠地预测桥梁倒塌前的剩余使用寿命,从而满足维修的规定设计。首先对混凝土采用时间依存的本构模型 A;随后,完成了相同的模型工作(相同有限元代码,相同有限元网格和边界条件,相同的外部活动因素,等等),但采用材料模型 B。差异函数 $\omega^{A}(p^{A})$ 由已知不精确的参数先验模型定义,同时规定最小化方程条件,根据本章中描述的计算技术由反演分析得到(不一定通过 POD 技术并随后使用它,这由于目前的工程问题不需要重复的常规应用)。第二步是对混凝土力学行为本构模型 B 的单次变化开展反演分析,重点分析了本构模型 B 的时间依存性关系。显然,有意义的是比较 ω_{min}^{A} 和 ω_{min}^{B} 之间的最小化差异:模型获得了较低的最小值,客观上有利于对所考虑的结构(和其他受到同样长时间测试影响的结构,因此很少对新的重复可靠试验敏感)的未来预测的可靠性。

本章的上述反演分析法是对于非平常实际应用所讨论的,它们可能与本书中有关预应力桥梁章节的内容有概念上和实际上的关联。

20.3 通过压痕试验识别参数

20.3.1 仅根据压痕曲线校准张量和断裂模型

将韧性的压头压入结构件中,可能是“原位”(不提取任何样本)、浅表面上(比如小于1mm),因而作为“无损”测试,几十年来一直是工程力学中的一个常用试验,也是大量文献的论述主题。例如,Oliver 和 Pharr (1992),Dao 等(2001),Kucharski 和 Mroz (2004),Bolzon 等(2004)。

从冶金意义上讲,“硬度”最初是所要达到的材料参数,后来,塑性本构模型中的参数变成了通过压痕试验和经验或半经验公式进行估算的目标。

最近的发展集中在反演分析方法上。其中,“压痕曲线”仅为实测数据的来源;压痕曲线和压痕剖面轮廓将在后面的小节中讨论。

对可能恶化的结构(如管道、海上平台、船舶、发电厂部件、高的钢建筑结构)进行诊断分析常常需要开展大量试验,这意味着如果对提取的样本开展试验,成本很高,而且会造成明显的损伤,还要送到实验室完成试验。特殊装备的压痕仪可很容易在“原位”状态下使用,但在工程实践中会出现以下问题:损伤参数能否通过"原位"快速、重复识别? 显然,如果所寻求的参数控制着方向相关的(张量型的)特性,则此类问题将变得更具挑战性。

下述实际中遇到的具有上述诊断困难的情况已成为最近研究的课题:

(A)残余应力,特别是由于焊接工艺不良造成的;

(B)各弹性和/或塑性材料行为的各向异性,例如,有时由于层压或其他生产处理。

上述参数估计问题可以通过以下先进的操作程序来解决:

(1)在专家建议的"搜索域"的基础上,通过对各种实际情况的敏感性分析,初步优化压头的几何形状(见第 20.2 节中的阶段 2、4、5);

(2)具有优化截面的压头不再是轴对称的(如椭圆的),在附近位置处使用两、三次(压痕),但是绕轴旋转 90°或 45°两次。

在(A)和(B)两个实际问题中,反演分析的阶段顺序证明了对估计的可靠性保证,并可通过 POD-RBF-TRA(阶段 7~11)加速反演分析程序,这些程序容易由小型计算机日常"原位"开展。

下面简要介绍一种易于说明残余应力评估的数值计算方法(A),详见 Buljak 等(2012)。考虑一种直径为 D_s 的传统球形布氏压头,如果压头端为原点坐标,x 轴沿压头轴方向,则通过改变形状,新形成的椭圆截面的两个直径(图 20.1(a))可用如下公式表示:

$$D_0(x) = 2(D_s x - x^2)^{1/2}, D_{\max} = \beta D_0(x), D_{\min} = \left(\frac{1}{\beta}\right) D_0(x) \tag{20.9}$$

其中 $\beta > 1$ 规定了新形状的锐度。

在初步计算练习中,Buljak 等(2012)采用了经典各向同性完美弹塑性"相关的"Huber-Hencky-Mises 模型。所要识别的以主应力和主方向表征残余应力状态的参考值是 $\sigma_{\mathrm{I}} = 500\mathrm{MPa}$, $\sigma_{\mathrm{II}} = -500\mathrm{MPa}$,而 σ_{I} 的方向与轴 1 之间的夹角 $\varphi = 20°$。被调整优先用于对比计算的压头是椭圆形的,其形状由 $D_s = 0.5\mathrm{mm}$, $\beta = 2$ 时的式(20.9)所定义;其几何形状如图 20.1(a)所示。图 20.1(b)给出了将硬度计压头进行三次 45°旋转时对压痕曲线的影响。模拟试验所采用的 FE 模型(a)和压痕顺序(b)如图 20.2 所示。

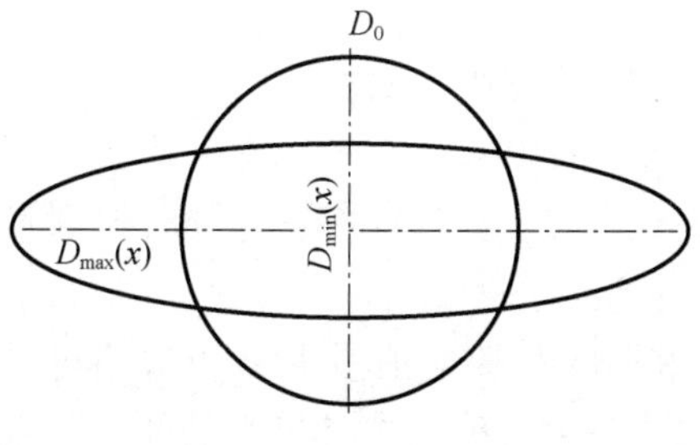

(a)

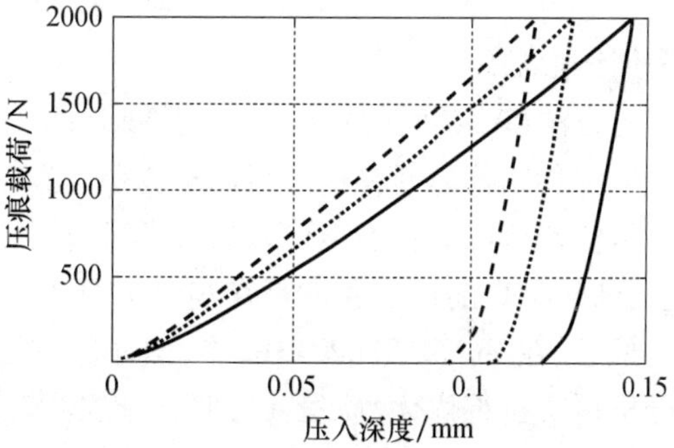

(b)

图 20.1　(a)从球形压头到产生椭球形压头;(b)三次试验提供的压痕曲线,在残余应力存在的情况下,每次试验旋转 45°

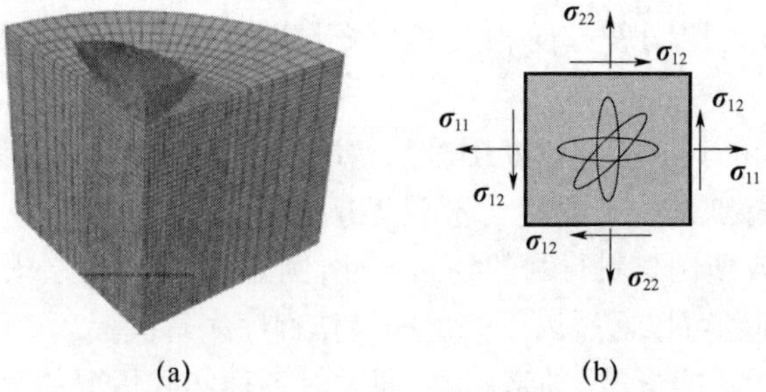

图 20.2　(a)用于压痕试验模型的有限元网格;
(b)三次压痕试验每次旋转 45°,估计残余应力状态

POD 程序通过采用参量空间中 125 节点的一个常规网格,同时通过在以下范围内改变三个参数开始运行:$-600<\sigma_{\mathrm{I}}<600\mathrm{MPa}$,$-600<\sigma_{\mathrm{II}}<600\mathrm{MPa}$,$0<\varphi<90°$。

图 20.3 图解了 TRA 的分析步骤,直到差异函数最小化收敛,从不同初始化向量开始,重复三次相同的优化过程,由全部反演分析得到的平均值为 $\sigma_{\mathrm{I}}=503\mathrm{MPa}$,$\sigma_{\mathrm{II}}=-499\mathrm{MPa}$,$\varphi=21.9°$。如果与先前假定的"目标值"(500MPa、-500MPa 和 20°)比较,这些值是符合要求的。当所估算的残余应力显示出了先前已知的主要方向时,那么从试验数据的最小敏感性来讲,第三个压痕(在 45°)是没有用的。

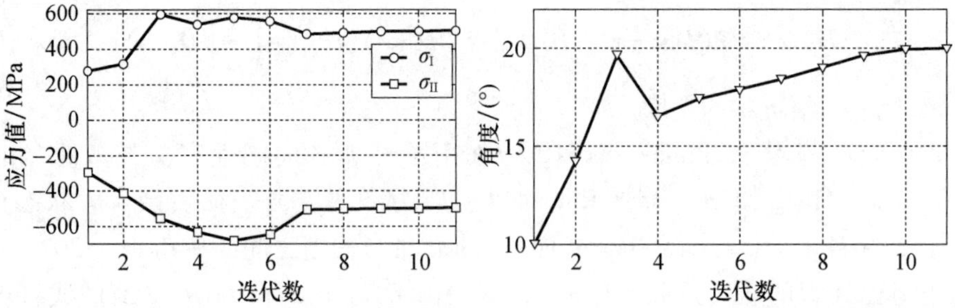

图 20.3　TRA 分析步骤对残余应力状态的三个参数估计值
($\sigma_f=500\mathrm{MPa}$, $\sigma_{\mathrm{II}}=-500\ \mathrm{MPa}$,夹角 $\varphi=20°$)

在 Buljak 等(2013a)中可以找到一种新的方法(B)来校准各向异性塑性模型,同样是仅利用压痕曲线。

与方法(A)共同的特征是采用椭圆或双圆压头进行重复压痕试验。

第三种结构诊断在这里可以称为(C)脆性断裂参数的识别。

虽然残余应力状态也可以通过非破坏性的辐射或声学(超声)试验来判断,但到目前为止,断裂参数的识别通常是在实验室对试样测试得到的。

最近,在 Buljak 等(2013b)中,假如像方法(A)和(B)中那样,压头形状可以通过灵敏度分析再次进行优化(阶段 4),那么,控制脆性断裂的一种简单模式-I 模型的两个参数可以"原位"地仅通过"无损"的压痕曲线来进行估算。

压头设计的目的是让裂纹萌生在加载过程的响应中(弹性和非弹性应变)占主导。图 20.4 是适用于玻璃中脆性断裂模型校准的新型几何图形:"双圆形叶片"的设计从传统硬度计压头的锥形形状开始，并用三个参数（一个是两个轴之间的距离 γ（图 20.4）修改几何形状，从而最大化在“专家”建议的材料上限和下限参数值基础上计算的伪压痕试验曲线之间的差异（阶段 2 在 20.2 节）。

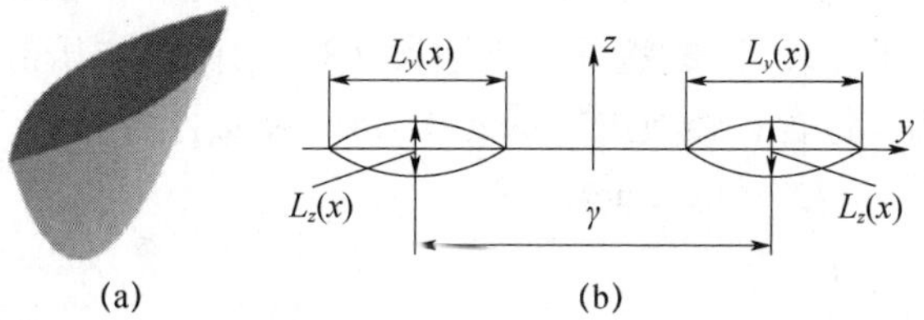

图 20.4　(a)双尖压头的形状；(b)断裂试验设计中需要优化的三个几何参数

为初步计算验证这一创新诊断方法，假设图 20.5(a)（拉伸应力 t 与裂纹张开位移 w）为分段线性关系，即所寻求的参数为拉伸强度 t_Y 和软化参数 H（断裂能 G_f）。

根据式(20.1)和式(20.2)、第 20.2 节中的阶段 6 定义的差异函数 $\omega(t_Y, H)$ 以图形方式显示在图 20.5(b)，它还显示了“搜索域”内从两个初始值到绝对最小值的 TRA 解的分步迭代过程(20.2 节中的阶段 8 ~10)。

值得注意的是，Buljak 等(2013 b)采用图 20.5 分段线性(PWL)近似意味着它的数学表示为“线性互补问题”(LCP)，因此这种差异最小化成为“平衡约束条件下的数学编程过程”(MPEC)，即具有因广义方程导致的凸性缺乏的经典的数学最小化问题。

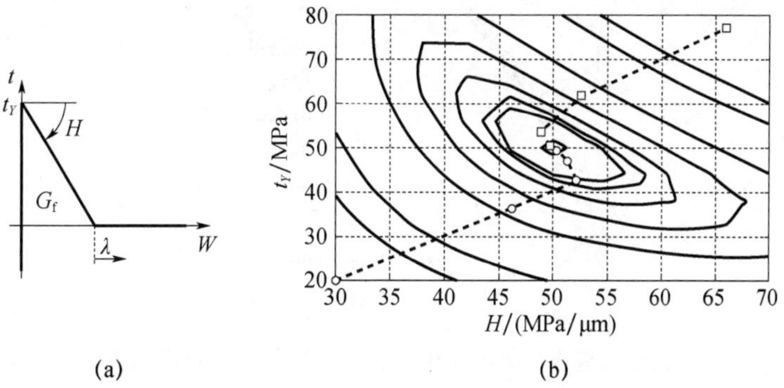

图 20.5　(a)具有两个参数估计的模式-I 内聚裂纹模型；(b)TRA 两种识别程序的迭代过程

然而，PWL 近似在实际应用中具有以下优点：商用可得的算法软件；当在完整的（路径无关的）或非完整的假设下，采用更广义和精确的 PWL 脆性力学（或内聚裂纹）模型时（例如，软化分支估算的多个直线段；混合模式断裂），直接分析和反演分析具有相同的数学特征。

20.3.2　基于测量仪器压痕仪和压印轮廓仪的结构模型校准

Bolzon 等(2004)在以压痕测试为中心的结构诊断方法学中，最近的一项发展是基于使用附加于所述压痕仪的仪器，并易于提供生成残余压痕几何形状的数字化数据。这类仪器是用于宏观尺度试验的激光轮廓仪或用于微观或纳观尺度的“原子力显微镜”。

由此产生额外试验数据的可用性，为反演分析的参数识别提供以下可能的优势：极小化问题的适定性和差分函数凸性最小化，反演问题的更快计算机求解以及更多可识别参数的数量。

图 20.6(a)所示在铜材料上产生的压痕，其平均轮廓线在图 20.6(b)中与 FE 模拟试验计算的轮廓线进行了比较，该试验是基于通过 TRA 用四种初始值得到的参数估计的。这里的反演分析考虑了包含在经典 Ramberg-Osgood 弹塑性各向同性模型中的杨氏模量 E、屈服应力 σ_y 和硬化指数 n(Lubliner,1990)。

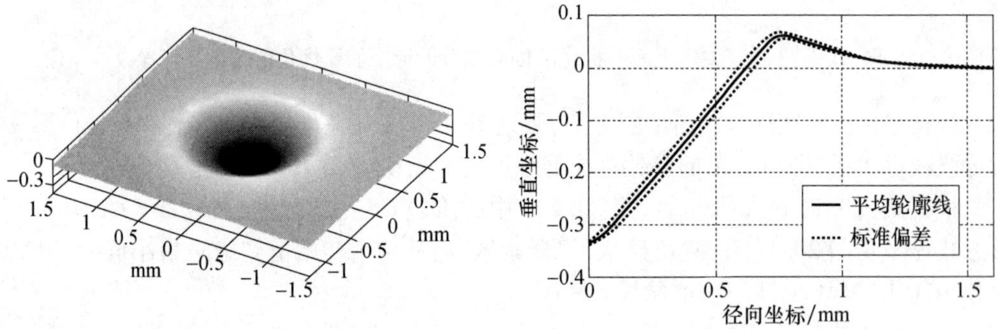

(a)

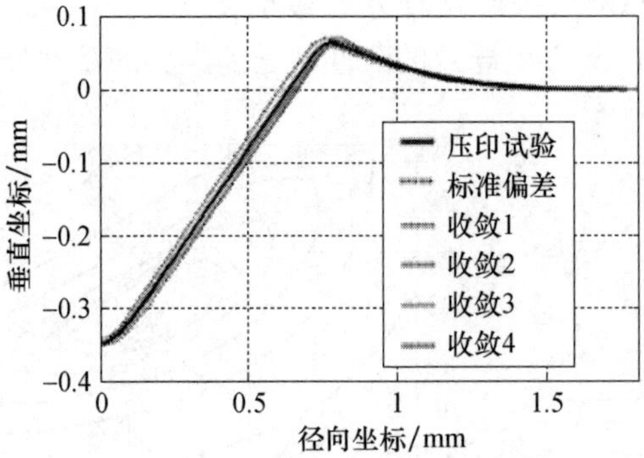

(b)

图 20.6 (a)铜上的压痕造成的印痕和相关的径向轮廓线；(b)激光获得平均印痕轮廓线与不同 TRA 反演分析得到的参数所估算的轮廓线之间的对比

图 20.7(Bolzon 等,2011)提供了以压痕和 Ramberg-Osgood 模型为中心的三种诊断程序之间的一些比较，但基于(方法 A)仅曲线、(方法 B)曲线和压痕轮廓以及(方法 C)仅压痕。

与 20.3.1 节中概述的程序进行比较可得出如下结果：残余应力和各向异性由压痕的几何形状来反映，它在常用的轴对称压头移出后(如布氏和洛氏)通常不会表现出轴对称性。因此，参数识别可以在单压的基础上开展，而不需要重复前面指定的旋转测试。显然，这两种仪器成本很高，而且对于激光轮廓仪，也将局限于实验室内使用(不再满足“原位”要求)。然而在不久的将来，一些愿景将会被证明有希望得以实现：压痕是在“原位”条件下实现，压痕形状可以通过模具送到实验室的轮廓仪。无论如何，在材料和结构工程的许多情况下，压痕后采用激光轮廓仪具有强大的潜在实用价值。

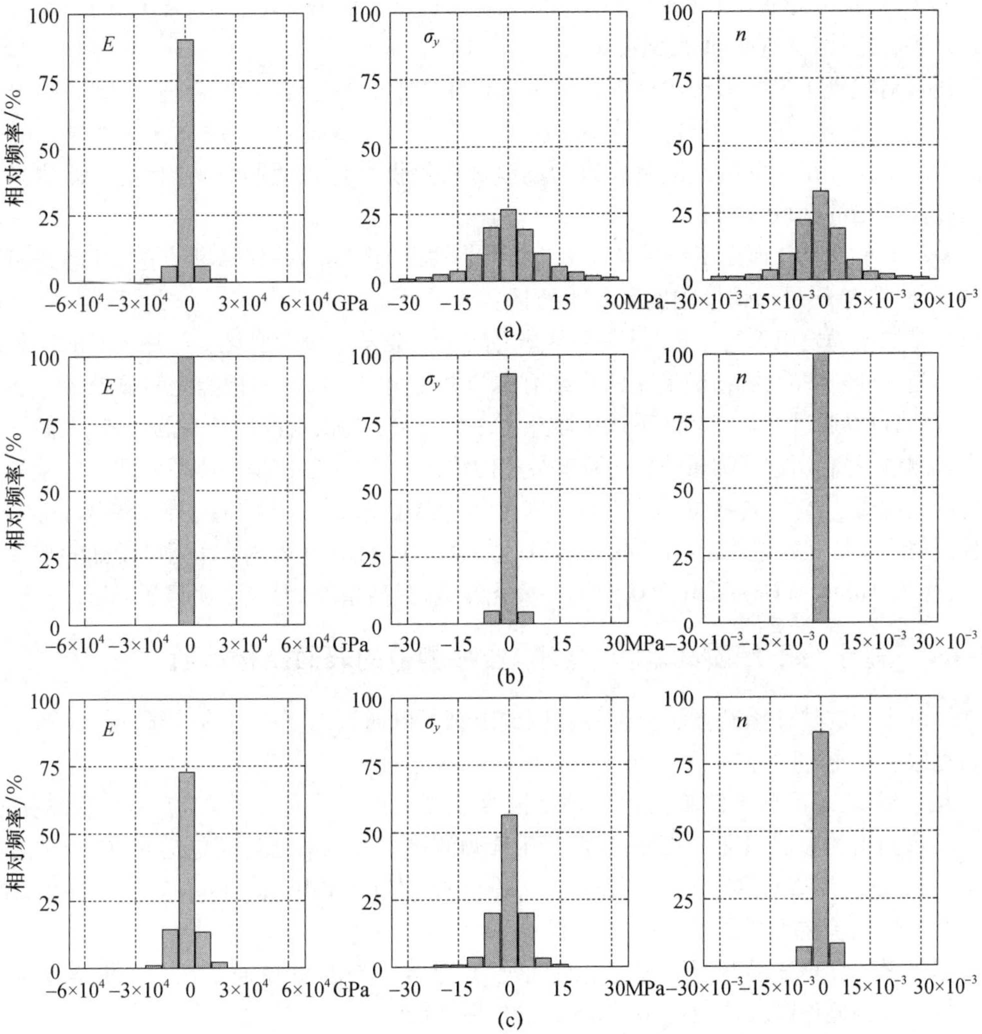

图 20.7　杨氏模量 E 、屈服极限 σ_y 和硬化指数 n 估算中的误差分布，通过 ANN 中心的程序获得，分别采用方法 A、B 和 C：图(a)、(b)和(c)

20.4　大坝工程损伤评估

20.4.1　弹性范围内的诊断分析

目前，世界上大约有 4.5 万座“大型”水坝（传统上，“大型”的意思是高于 15m 和/或水库大于 106m^3）。其中大多数是在 20 世纪建造的，特别是在第二次世界大战之后的几十年里。除了可能造成的损伤外，就如在其他土木工程结构中一样（特别是，由于地震等特殊的外部作用），有两种损伤来源特别有可能发生在大坝中，它们一种缓慢但不可补救的静态退化（Ahmed 等，2003；Comi 等，2009）：①混凝土中的“碱硅反应”（ASR），是由于原配料选择错误而产生的一种物理化学现象，意味着经过多年的“休止期”后，混凝土强度急剧下降，局部膨胀产生残余应力；②周围地质构造的缓慢运动（如每年0.5cm）和可能的最终不稳定性（如Vajont大坝灾难）。

通常对混凝土大坝采用的诊断标准是基于弹性刚度的总体估计：合理地认为，整个大坝的杨氏模量分布代表了可能的退化（包括分散性裂纹造成的）。通过振冲器测得的动态激励和加速计得到的响应测量可以为反演分析提供一种合适的背景，有助于评估当前平均杨氏模量的区域分布。

Ardito等（2008）提出了一种基于静态（而非动态）激励的替代诊断方法，可得到相同的估计值（即平均局部弹性刚度），如下所述：

大多数水力发电系统中，在夏季和冬季之间水位会发生很大变化。这种水库的年际波动可作为一种经济的、可精确量化的静载荷被开发使用。大坝的结构响应明显处于弹性范围内，目前可以通过下游安装的雷达仪器开展评估。为了提供坝面预选点的位移，人们开展了许多测量，并利用这些测量值作为反演分析的输入，识别的参数是坝体预先选定区域的弹性杨氏模量值。显然，这些位移的贡献也来自环境温度的变化，必须通过热分析来评估，而热分析很难非常准确地执行（Ardito等，2008）。通过快速（在几天内）"特别"设计的水库水位变化（见Ardito和Cocchetti，2006），可以简化测量、提高精度，但成本明显更高。

20.4.2 基于平千斤顶试验和"全场"位移测量的表面结构诊断

混凝土坝的整体诊断方法对弹性范围的限制可以通过以下所述的局部参数识别程序加以克服。

几十年来，平千斤顶试验被用于估计混凝土坝表面和砌体结构的应力状态和刚度。除了本章提出的参数识别方法外，目前平千斤顶测试主要创新之处还包括通过"数字图像相关"（DIC）对位移开展"全场"测量（Avril等，2008；Hild和Roux，2006）。本书多个章节对这一现代试验技术开展了相关的描述。

基于平千斤顶试验开展了很多富有成效的"常规"应用，这里通过在一个混凝土大坝进行的一系列操作阶段予以呈现和概述，参照图20.8。

（1）在坝体表面，标记两个预期用的正交槽几何图形，并在"感兴趣区域"（ROI）上拍摄第一张照片，如图20.8所示为一个灰色矩形。

（2）生成两个槽（图20.8（b）），利用DIC设备拍摄第二张照片，因此，在所有网格节点上测量由剪切应力释放而产生的位移。

（3）插入两个平千斤顶并加压（图20.8（c）），再次拍摄DIC照片，以测量新位移的"全场"。

（4）取下水平方向平千斤顶，对垂直方向进行减压。参考图是位于垂直槽上端附近的一个（ROI）区域，在该区域中，预计在后续步骤中会发生非弹性变形。

（5）垂直方向平千斤顶先受压产生非弹性应变（主要为塑性），然后在加载槽尖端附近产生准脆性断裂过程。通过一系列的DIC照片，进一步的平千斤顶加压，捕捉了这种载荷作用下位移的非线性演化过程。

参数估计是根据下列顺序执行的：弹性模量，基于从阶段（2）到（3）过渡相关的试验数据；应力，基于弹性模量估算和在阶段（1）（2）获取的数据；非弹性参数，基于从阶段（4）到阶段（5）中拍摄的一系列DIC照片所代表的不同变形阶段的过渡相关的数据。

上述基于反演分析的新方法相对于目前平千斤顶试验显示出以下优势:提供了更多信息,包括非弹性参数;更准确估值;由于槽形更简单,破坏性更小。在操作上,主要的难点在于设计和实现易于携带相机的支架,避免因插槽钻削而产生干扰。

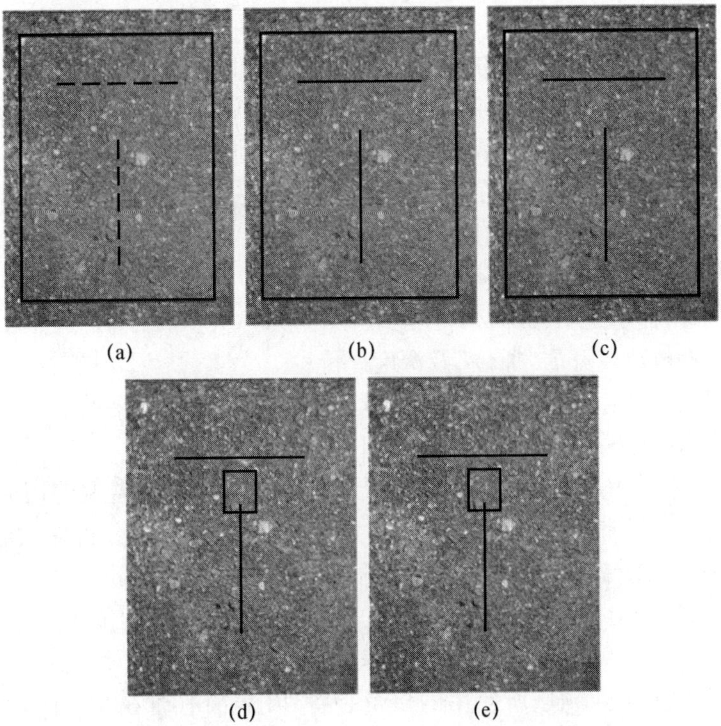

图 20.8　采用反演分析方法,结合参数识别,实现新型平千斤顶试验的步进程序

由于在水平面的横向各向同性的正交性经常在碾压混凝土里产生,因此 Garbowski 等(2011)给出的识别过程关注的三个参数在系统响应起主要作用,即水平 E_H、垂直 E_V 杨氏模量和剪切刚度 G_V。假定坝体自由面上的应力状态为平面的,且在试验所涉及的体积上均匀,因此所要识别的参数三个应力分量 σ_H、σ_V、τ_{HV}。对于非弹性行为,采用了由三个参数控制的经典 Drucker-Prager 模型(无关联流变规律的完全塑性)。

20.4.3　基于钻孔和膨胀试验对结构开展深度诊断

为了计算可能恶化混凝土大坝的安全因素,对各种各样失效的情况,评估目前具体的属性和自平衡应力状态(由于 ASR 膨胀或周围的地质构造的减缓运动)在深度上是必要的,而不仅是在自由表面附近。深度的材料表征是岩石力学中一个发展很好的课题(Wittke,1990)。Zirpoli 等(2008)提出的一种诊断方法概述如下:

(1)打孔由传统钻孔设备在预先选定的深度下开展。

(2)插入一个称为膨胀计的装置;由两个装有径向位移计的套筒和两个可移动的钢制"拱形"支架组成。

(3)继续进行钻孔,同时用测量仪测量由于应力释放而产生的位移。

(4)设备内的液压千斤顶对两个刚性钢制"拱形"支架施加两个不断增长的径向力,测量的位移表示孔周围区域的线性弹性响应。

(5)通过增加千斤顶的压力来克服弹性极限,并且监测继续进行时会发生塑性变形。

(6)另一个仪器设备用刀片插入洞里而不是"拱形"支架:小千斤顶再把这些锋利的硬度计压头推紧至圆柱墙,主要为研究准脆性断裂过程,采用类似第 20.3 节中提到的关于玻璃材料的一种程序。

所寻求的参数可以按照下面的顺序获得估计值:杨氏模量和泊松比,使用阶段(4)收集的试验数据;初始应力,两个法向和一个切向,在与孔轴正交的平面内,采用估计的弹性参数和来自阶段(3)的数据;控制塑性本构模型和/或准脆性断裂模的参数,使用先前的估估算值和阶段(5)和(6)的测量值。

就混凝土大坝最新诊断而论,上述诊断程序是受到以下几点优势激发得到的:

(1)没有从钻孔中抽取样本开展实验室试验;

(2)测量位移,而不是对局部材料性能敏感的应变(从砂浆到骨料差别很大);

(3)非弹性性能可以开展"原位"及深度评价;

(4)一台便携式计算机,包含了"先验"软件(用 20.2 节中介绍的 POD),通过对力学试验的有限元模拟,根据引伸计的位移数据开展反演分析。

上述概述了材料力学行为表征程序,与传统岩土工程中且仍普遍使用的"取芯钻"和"套芯钻"技术相比,具有明显实用优势。通过对地质构造的反演分析提供可靠的定量评估,在不久的将来可能有助于预测某些地区的地震,以避免像 Vajont(1963)灾难和墨西哥湾 Macondo(2010)钻孔坍塌这样的损伤事件。后者的历史事件促成了一个巨大的 10 年研究项目(从 2013 年开始,由美国的两个国家科学院协作)。在这个项目中,目的之一是,除了目前在深孔海上工业领域所使用的多个装备外(目前有时在某些区域已超过 12km 的深度),还要实现试验设备容易对地质层进行力学表征。

20.5 箔制品力学特性的反演分析程序

由平面薄层组成的工业产品,如纺织膜和层压板,目前通常是通过实验室试验表征其力学性能,这些试验具有以下特点:具有分叉的十字形试样,通过卡箍施加轴向拉伸,同时测量"载荷";用数字图像相关(DIC)测量网格节点的二维位移。"全场"位移评估可能因此获得适定性,特别是如果结合图 20.9 所示的中心孔所产生的不均匀性。

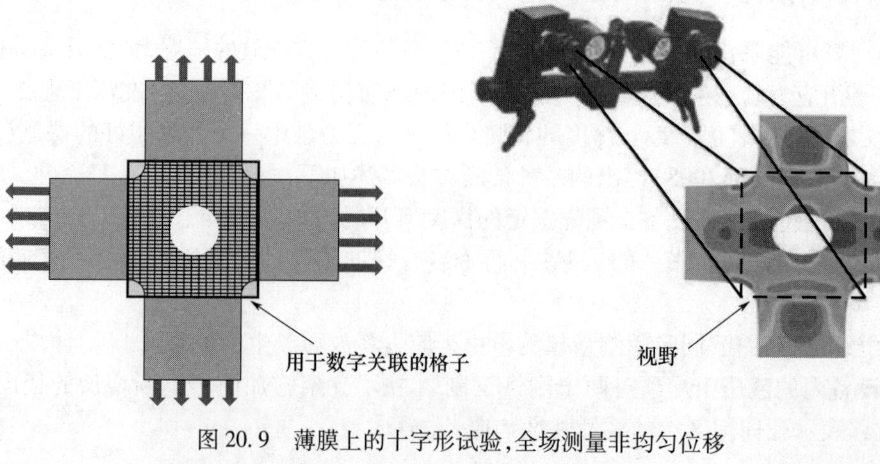

图 20.9　薄膜上的十字形试验,全场测量非均匀位移

麻省理工学院（MIT）建立了纸张和纸板箔的弹塑性硬化关联本构模型（Xia 等，2002）。Garbowski 等（2012）对该材料模型进行了简化，将参数数量从 27 个减少到 17 个。鉴于工业环境中的常规应用，Garbowski 等（2012）考虑了前馈人工神经网络（ANN）。一般来说，对于 ANN 的设计和计算行为，需要在参数向量 $\boldsymbol{p}$ 的维数与可测量的向量 $\boldsymbol{u}$ 的维数之间取得平衡。在目前的情况下，试验数据的数量，即包含 DIC 测量位移的向量 $\boldsymbol{u}$ 的维数比参数向量 $\boldsymbol{p}$ 的维数大几个数量级，因此，如第 20.3 节中那样，ANN 输入的作用取决于“振幅”向量 $\boldsymbol{a}$，它估算了包含在“快拍” $\boldsymbol{u}$ 中的信息，这是通过利用前面章节中关于 POD 的程序压缩 $\boldsymbol{u}$ 而得到的。向量 $\boldsymbol{a}$ 的作用是双重的：通过“模式”（$\boldsymbol{p}_i$，$\boldsymbol{a}_i$）初步生成 ANN；基于十字形试件的 DIC 测量值，输入估计参数 $\boldsymbol{p}$ 的 ANN。

POD + ANN 方法实现存在一个明显难度，参数空间维数的增长意味着搜索域中网格节点数的指数增长。在初始 POD 计算中，如果快拍数目合理，搜索域上节点的密度可能会降低，这可能会影响训练过的 ANN 估值提供的准确性。然而正如前面几节强调的，快拍数量 N 的增加只涉及一次性预备计算的完成，因此很可能用于实际应用。

以下情况需要通过面内压缩试验进行的自由箔材料的力学表征：在运输过程中，食品容器壁往往被严重压缩；各向异性本构模型，如前面考虑过的模型，所涉及的参数无法通过主张力试验确定。Cocchetti 等（2012）提出了一种新颖的试验设备（三明治系统）和反演分析方法，它在两个稳定弹性块间插入一个矩形箔片试样，外部作用由两个刚性夹具施加的旋转形成，选定易于产生压缩和弯曲的组合力。在每一步计划的旋转中，采用 DIC 技术测量大量位移，无论是在模块还是在新试样上。开展计算机有限元模拟，首先开展灵敏度分析，这有利于程序的设计和优化；然后将 POD + RBF + TRA 程序应用于参数估计。一种“虚拟均质材料”被用于箔材料（即使它是层状叠层），并且采用各向异性弹塑性模型对其行为进行描述。均质性假设是由于生产过程引起层和界面局部性质的不可预测的变化而提出的。

20.6　小　结

本章考虑的损伤主要包括材料和结构力学性能的意外变化，这些变化可能减少工业产品安全服役极限，如发电厂内的结构性组件、土木工程建筑和各种各样在其他工程领域服役的结构、材料等。

这些变化涉及的参数包括在评估上述安全极限每种结构的“直接分析”的输入中。显然，在许多其他无损伤的技术环境中需要开展反演分析，如热问题中的传导率的评估。

这些损伤参数通常包含在材料模型中，通过基于它们的适当试验和“反演分析”进行识别，目前是应用力学中一个持续发展的领域。在该领域内，本章通过数值实例概述了损伤评估的程序方法，涉及的试验损伤评估（或“结构诊断”）最后列举如下：无损压痕试验，不论是否有轮廓尺寸测量作为额外数据来源；分别开展浅层和深层钻孔的平千斤顶试验和钻孔膨胀测定试验，用于混凝土大坝以及地质材料或地质结构与钻孔装备交互的力学表征；多层板各向异性本构模型的十字形试样的试验标定。

鉴于本书其他章节的内容，反演分析方法和上面列出的应用仅限于以下特点：确定性方法、宏观模型和静态负载。

然而，方法特点在第 20.2 节中已概述过（敏感性分析试验设计、“全场”测量、采用“本征正交分解”简化模型、重复插值法替换有限元模拟），并且上述方法在其他章节中的一些应用富有创新意义，在更广泛的工程领域具有潜在优势。

参考文献

T. Ahmed, E. Burley, S. Rigden, A. I. Abu-Tair, The effect of alkali reactivity on the mechanical properties of concrete. Construct. Build Mater. 17(2), 123-144 (2003)

R. Ardito, G. Cocchetti, Statistical approach to damage diagnosis of concrete dams by radar monitoring: formulation and a pseudo-experimental test. Eng. Struct. 28(14), 2036-2045(2006)

R. Ardito, G. Maier, G. Massalongo, Diagnostic analysis of concrete dams based on seasonal hydrostatic loading. Eng. Struct. 30, 3176-3185 (2008)

S. Avril, M. Bonnet, A. -S. Bretelle, M. Grédiac, F. Hild, P. Ienny, F. Latourte, D. Lemosse, S. Pagano, E. Pagnacco, F. Pierron, Overview of identification methods of mechanical parametersbased on full-field measurements. Exp. Mech. 48(4), 381-402 (2008)

S. J. Bates, J. Sienz, V. V. Toropov, Formulation of the optimal Latin hypercube design of experiments using a permutation genetic algorithm, in Collection of Technical Papers-AIAA/ASME/ASCE/AHS/ASCStructures, Structural Dynamics and Materials Conference, vol. 7 (2004), pp. 5217-5223. Curran Associates, Palm Springs, California

G. Bolzon, G. Maier, M. Panico, Material model calibration by indentation, imprint mapping andinverse analysis. Int. J. Solids Struct. 41(11-12), 2957-2975 (2004)

G. Bolzon, V. Buljak, G. Maier, B. Miller, Assessment of elastic-plastic material parameters comparatively by three procedures based on indentation test and inverse analysis. InverseProbl. Sci. Eng. 19(6), 815-837 (2011)

M. D. Buhmann, Radial basis functions (Cambridge University Press, Cambridge, 2003)

H. D. Bui, Inverse Problems in the Mechanics of Materials: An Introduction (CRC Press, Boca Raton, 1994)

H. D. Bui, Fracture mechanics: inverse problems and solutions (Springe, Dordrecht, 2006)

V. Buljak, Inverse Analyses with Model Reduction: Proper Orthogonal Decomposition in StructuralMechanics (Springer, New York, 2012)

V. Buljak, G. Maier, Identification of residual stresses by instrumented elliptical indentation and inverse analysis. Mech. Res. Commun. 41, 21-29 (2012). Erratum, 46, 90 (2012)

V. Buljak, M. Bocciarelli, G. Maier, Mechanical characterization of anisotropic elasto-plastic materials by indentation curves only. Meccanica (2014). doi: 10.1007/s11012-014-9940-y. Article in Press

V. Buljak, G. Cocchetti, G. Maier, Calibration of brittle fracture models by sharp indenters and inverse analysis. Int. J. Fract. 184(1-2), 123-136 (2013)

A. Chatterjee, An introduction to the proper orthogonal decomposition. Curr. Sci. 78(7), 808-817(2000)

G. Cocchetti, M. R. Mahini, G. Maier, Mechanical characterization of foils with compression in their plane. Mech. Adv. Mater. Struct. (2013). doi: 10.1080/15376494.2012.726398. Article in Press

T. F. Coleman, Y. Li, An interior trust region approach for nonlinear minimization subject to bounds. SIAM J. Optim 6(2), 418-445 (1996)

C. Comi, R. Fedele, U. Perego, A chemo-thermo-damage model for the analysis of concrete dams affected by alkali-silica reaction. Mech. Mater. 41(3), 210-230 (2009)

A. R. Conn, N. I. M. Gould, P. L. Toint, Trust-Region Methods (Society for Industrial and Applied Mathematics, Philadelphia, 2000)

M. Dao, N. Chollacoop, K. J. Van Vliet, T. A. Venkatesh, S. Suresh, Computational modeling of the forward and reverse problems in instrumented sharp indentation. Acta Mater. 49(19), 3899-3918 (2001)

T. Garbowski, G. Maier, G. Novati, Diagnosis of concrete dams by flat-jack tests and inverse analyses based on proper orthogonal decomposition. J. Mech. Mater. Struct. 6(1-4), 181-202 (2011)

T. Garbowski, G. Maier, G. Novati, On calibration of orthotropic elastic-plastic constitutive models for paper foils by biaxial tests and inverse analyses. Struct. Multidiscip. Optim. 46, 111-128 (2012)

J. Gribbin, M. Gribbin, Richard Feynman, a life in science (Dutton, New York, 1997) M. T. Hagan, H. B. Demuth, M. H. Beale, Neural network design (PWS Publishing, Boston, 1996)

S. Haykin, Neural networks: a comprehensive foundation, 2nd edn. (Prentice Hall, Upper SaddleRiver, 1998)

F. Hild, S. Roux, Digital image correlation: from displacement measurement to identification of elastic properties-a review. Strain 42(2), 69-80 (2006)

M. Jirásek, Z. P. Bažant, Inelastic analysis of structures (Wiley, New York, 2001)

E. J. Kansa, Motivations for using radial basis functions to solve PDEs (2001), http://rbf-pde.uah.edu/kansaweb.pdf

M. Kleiber, H. Antúnez, T. D. Hien, P. Kowalczyk, Parameter Sensitivity in Nonlinear Mechanics. Theory and Finite Element Computations (Wiley, New York, 1997)

C. G. Koh, M. J. Perry, Structural Identification and Damage Detection using Genetic Algorithms (CRC Press, New York, 2009)

S. Kucharski, Z. Mróz, Identification of material parameters by means of compliance moduli in spherical indentation test. Mater. Sci. Eng. A 379(1-2), 448-456 (2004)

M. Levy, M. Salvadori, Why buildings fall down (W. W. Norton, New York, 1992)

J. Lubliner, Plasticity theory (Macmillan, New York, 1990)

Z. Mróz, G. E. Stavroulakis (eds.), Parameter identification of materials and structures (Springer, New York, 2005)

A. Nouy, A priori model reduction through Proper Generalized Decomposition for solving timedependentpartial differential equations. Comput. Methods Appl. Mech. Eng. 199(23-24), 1603-1626 (2010)

W. C. Oliver, G. M. Pharr, An improved technique for determining hardness and elastic modulus using load and displacement sensing indentation experiments. J. Mater. Res. 7(6), 1564-1583 (1992)

Z. Ostrowski, R. A. Białecki, A. J. Kassab, Solving inverse heat conduction problems using trained POD-RBF network inverse method. Inverse Probl. Sci. Eng. 16(1), 35-54 (2008)

D. Ruckelynck, F. Chinesta, E. Cueto, A. Ammar, On the a priori model reduction: overview and recent developments. Arch. Comput. Methods Eng. 13(1), 91-128 (2006)

A. Tarantola, Inverse problem theory and methods for model parameter estimation (Society for Industrial and Applied Mathematics, Philadelphia, 2005)

F. A. C. Viana, G. Venter, V. Balabanov, An algorithm for fast optimal Latin hypercube design of experiment. Int. J. Numer. Methods Eng. 82(2), 135-156 (2010)

Z. Waszczyszyn, Neural Networks in the Analysis and Design of Structures (Springer, NewYork, 1999)

W. Wittke, Rock mechanics (Springer, New York, 1990)

Q. S. Xia, M. C. Boyce, D. M. Parks, A constitutive model for the anisotropic elastic-plastic deformation of paper and paperboard. Int. J. Solids Struct. 39(15),4053–4071 (2002)

A. Zirpoli, G. Maier, G. Novati, T. Garbowski, Dilatometric tests combined with computer simulations and parameter identification for in-depth diagnostic analysis of concrete dams, in Proceedings of the 1st International Symposium on Life-Cycle Civil Engineering (IALCCEE-08), eds. by F. Biondini, D. M. Frangopol (2008), pp. 259–264, Taylor & Francis Group, London

第 5 部分

电子封装损伤力学

第 21 章 微电子封装中聚合物-金属界面的黏附和破坏

Jianmin Qu

摘 要

本章重点介绍聚合物-金属界面。注意两个常见的实际问题,即表面粗糙度和湿度。聚合物-金属界面的脱黏通常涉及界面和内聚破坏。由于聚合物的内聚强度通常远高于聚合物-金属界面强度,因此通常期望界面附近的内聚破坏以增强界面黏附。粗糙表面通常产生更多的内聚破坏,因此在实践中通常用于获得更好的附着力。在本章中,提出了一个断裂力学模型,在给出表面粗糙度数据的前提下,它可以用来定量预测内聚破坏量。另外,水分倾向于降低界面强度,为了量化这种退化过程,进行了系统的多学科研究以更好地理解水分引起的界面黏附力退化的基本科学原理。该方法由试验和模型分析两部分组成,并解决了进一步理解湿度对界面黏附影响的过程中所需要的一些关键问题。

21.1 概 述

聚合物-金属界面无处不在,它们可以出现在众多工程应用中。例如,聚合物被当作金属的黏合剂和涂层被应用于飞机、汽车、微电子、微机电系统(MEMS)等,同时,高分子复合材料通常用于修复损坏的结构。微电子器件小型化的需求导致了三维封装的新兴技术,其中,许多金属层通过聚合物介电黏合剂粘在一起,微电子器件(手机、计算机等)的可靠性很大程度取决于这些材料接口的完整性,因为它们通常是最薄弱的环节,而且它们的失效常常导致整个电子设备发生故障。因此,理解聚合物-金属界面的结构-性能关系对于各种结构、部件和器件的设计、建造和操作都至关重要。

聚合物与金属的结合可以存在多种机制,有些是化学的,有些是物理的和机械的。在聚合物分子和金属原子之间紧密接触时,通过电荷转移过程产生化学键,例如氢键、酸碱相互作用以及可能涉及共价和离子作用力的电子对供体-受体相互作用,化学键合力可以通过界面处的偶联剂得到显著提高。

范德瓦尔斯面来源于分子的偶极相互作用,它会引起物理吸附,这其中的润湿行为是必不可少。当在两个匹配表面上进行装配时,范德瓦尔斯面变成了一种薄弱而长程的相互作用,当 r^{-2} 或 r^{-3} 高于 10nm 时开始减小。由于吸附被认为是实现黏附的最重要机制之一,因此扩散和润湿对于获得良好的键合作用是至关重要的。

耗散是微观尺度上主要的机械黏附机制,其两种主要的耗散机制为,由于聚合物链的平移运动而引起的黏弹性能量损失,以及在分层裂纹尖端附近的塑性变形。后者在界面断裂力学中起主要作用,这是在许多工程应用中广泛研究的主题。化学和物理黏附提供聚合物和金属之间的分子尺度结合力,然而,界面的宏观强度不仅取决于分子尺度的结合力,还取决于界面上的缺陷,这种缺陷导致应力集中,这大大降低了宏观界面强度,因而需要断裂力学来评估界面的完整性。

对于许多具有实际意义的聚合物-金属界面,它们的断裂行为可以通过线弹性断裂力学或小尺寸屈服弹塑性断裂力学来获得。在这两种情况下,裂纹尖端应力场都通过混合模式应力强度因子(SIF)进行缩放。裂纹开始传播时 SIF 的临界值决定了界面断裂韧性,这还可能取决于负载的复杂性。在当今的工程应用中,获得这种混合模式断裂韧性的唯一方法是通过试验测量,换句话说,没有能够从材料的原子结构预测界面断裂韧性的方法学。

在介观尺度,机械互锁可以显著提高界面强度,其可以通过金属的各种表面处理而实现,以提供期望的表面粗糙度和拓扑结构(Lee 和 Qu,2003)。要注意的是,严格来讲,机械互锁不是黏附机制之一,至少不是在分子水平上的,它仅是实现黏接的一种技术手段。

本章着重讨论两个对聚合物-金属界面强度最关键的问题,即表面粗糙度和湿度。

21.2 表面粗糙度的影响

微观上,金属表面都是粗糙不平的,当液态的或凝胶状的黏合剂被应用于粗糙表面时,它们会与粗糙表面保持一致,并倾向于填充基材表面的不规则性,例如微沟槽、孔洞或凹陷,因此,在黏合剂固化之后即形成机械互锁。例如,铝合金的阳极氧化产生了具有许多开放孔洞的深孔拓扑结构,该黏合剂通常渗透到孔洞的底部,因此产生了“复合”界面区域(Kinloch,1987),该复合区域的模量和强度介于聚合物黏合剂和氧化铝之间的模量和强度之间,并且从连接的强度和韧度的观点来看,这将是有利的。相关文献中的许多研究已经证明了由于表面粗糙度导致的这种黏合力的提高。

对于聚合物-金属界面,粗糙度引起的黏合增强机制与界面分离不会完全沿界面线发生的事实有关,由于表面粗糙,聚合物黏合剂在界面附近发生内聚破坏,同时黏合剂从基材剥离开来,从而导致裂纹路径偏离界面。裂纹路径从界面的这种偏离通常需要与聚合物黏合剂中的裂纹扩展相关的额外的能量。因此,为了量化黏合增强过程,需要对这种额外的能量进行评估。

为此,考虑具有理想界面轮廓的聚合物-金属界面,如图 21.1 所示。相关的尺寸是高度 $2R$ 和半波长 λ。此外,有必要引入一个无量纲参数 η 使得:

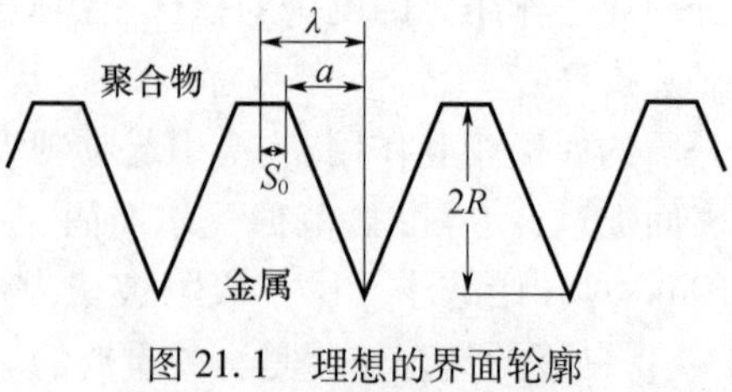

图 21.1 理想的界面轮廓

$$S_0 = \eta\lambda \tag{21.1}$$

很明显,η 受 $0<\eta<1$ 的限制。这三个参数 R、λ 和 η 足以描述唯一的界面轮廓。

实际上,粗糙的表面是随机的,只能通过统计平均的方法来表征。在这种情况下,可以选择参数 R、λ 作为随机变量的平均值,测量和评估这些平均值的技术 Yao 和 Qu 进行了讨论。

使用上面描述的理想化的界面轮廓,可以假设由于相对较弱的界面结合力,界面失效首先发生在平直的区域。随着裂纹沿界面扩展(图 21.2(a)),裂纹尖端处的驱动力因复杂模式而发生变化,因此,界面裂纹可能会偏转到聚合物材料中(图 21.2(b)),这种裂纹偏转导致聚合物材料的内聚破坏(图 21.2(c))。因此,这里的目标是确定裂纹发生偏转的条件。

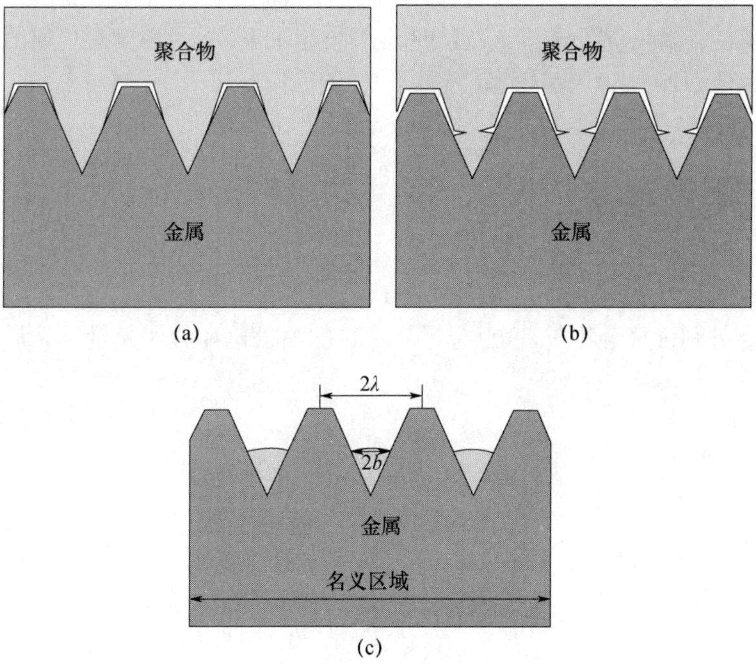

图 21.2　界面和内聚破坏

假设界面的断裂韧性为 G_{ic},聚合物的断裂韧性为 G_{pc},那么,根据线弹性断裂力学,如果满足条件 $G_i \geqslant G_{ic}$,裂纹很可能会继续沿着界面延伸,这里的 G_i 是沿界面裂纹的裂尖能量释放速率(图 21.2(a))。另外,如果满足条件 $G_p \geqslant G_{pc}$,则裂纹很可能偏转到聚合物材料中,其中 G_p 是图 21.2(b)所示裂纹的裂尖能量释放速率。由于金属的断裂韧性比聚合物和界面的韧性高得多,因此可排除裂纹偏转到金属中的可能性。

为了将上述的讨论表示成一个便于定量分析的数学形式,定义能量释放速率比:

$$G_R = \frac{G_i}{G_p} \tag{21.2}$$

然后,裂缝选择其路径的条件可以表示为

$$G_R = \frac{G_i}{G_p} > \frac{G_{\mathrm{ic}}}{G_{pc}} \rightarrow \text{沿界面开裂} \tag{21.3}$$

$$G_R=\frac{G_i}{G_p}>\frac{G_{ic}}{G_{pc}}\rightarrow\text{裂纹进入聚合物} \tag{21.4}$$

所以,利于发生裂纹分叉的条件是:

$$G_R=\frac{G_{ic}}{G_{pc}} \tag{21.5}$$

一旦式(21.5)两边的量被确定了,裂纹扭转到黏合剂中的临界点即可从式(21.5)确定出来。

须注意,G_{ic} 和 G_{pc} 是材料属性。虽然 G_{ic} 通常是加载相位角的函数,但对特定的界面它是确定的。换句话说,对于给定的界面,式(21.5)的右边是已知的。另外,能量释放速率比 G_R 是载荷的函数。在线弹性断裂力学中,能量释放率代表了裂纹扩展过程中裂纹尖端处的能量值。一般情况下,对于给定的几何结构和材料对,可以针对任何给定的载荷来计算能量释放速率比 G_R。Yao 和 Qu 给出了 G_R 的近似公式:

$$G_R=\frac{\lambda^2}{2\gamma R(\lambda-b-S_0)}\frac{g_i}{g_p} \tag{21.6}$$

式中:γ 为无量纲拟合参数,

$$g_i=\left(\frac{1-v_1}{\mu_1}+\frac{1-v_2}{\mu_2}\right)\frac{1}{4\cosh^2(\pi\varepsilon)},g_p=1.25\pi\frac{1-v_2}{2\mu_2} \tag{21.7}$$

式中:v_n 和 μ_n 分别为聚合物($n=1$)、金属($n=2$)的泊松比和剪切模量。无量纲参数 ε 由下式给出:

$$\varepsilon=\frac{1}{2\pi}\ln\left(\frac{1-\beta}{1+\beta}\right) \tag{21.8}$$

β 是第二 Dundur 双材料常数:

$$\beta=\frac{1}{2}\frac{\dfrac{1-2v_2}{\mu_2}-\dfrac{1-2v_1}{\mu_1}}{\dfrac{1-v_2}{\mu_2}+\dfrac{1-v_1}{\mu_1}} \tag{21.9}$$

将式(21.6)代入式(21.5)并重新整理得

$$1-\frac{b}{\lambda}=\frac{F}{2\gamma}\frac{\lambda}{R}+\eta \tag{21.10}$$

其中

$$F=\frac{g_iG_{pc}}{g_pG_{ic}} \tag{21.11}$$

从图 21.2(c)可以看出,b/λ 是相对于总标称面积(实际表面积的水平投影)的、由局部内聚破坏导致的残余聚合物所覆盖面积的百分比。因此,$1-b/\lambda$ 用标称面积的百分比来表示界面失效。

此外,很容易看出,仅当

$$R\geqslant\frac{F\lambda}{2\gamma(1-\eta)} \tag{21.12}$$

对于 $0\leqslant b<\lambda$ 范围内的 b,式(21.10)有唯一解。

当式(21.12)不满足时,有

$$G_R=\frac{\lambda^2}{2\gamma R(\lambda-b-S_0)}\frac{g_i}{g_p}>\frac{G_{ic}}{G_{pc}}$$

这意味着裂纹不会扭折到聚合物材料中,相反,它会继续沿界面扩展,导致纯粹的界面失效。因此,界面失效面积占名义界面面积的百分比由下式给出:

$$S(R,\lambda,F,\eta,\gamma)=\begin{cases}1-\dfrac{b}{\lambda}=\dfrac{F}{2\gamma}\dfrac{\lambda}{R}+\eta & \left(R\geqslant\dfrac{F\lambda}{2\gamma(1-\eta)}\right)\\ 1 & \left(R\geqslant\dfrac{F\lambda}{2\gamma(1-\eta)}\right)\end{cases}\tag{21.13}$$

因为粗糙度是随机的,所以轮廓高度 $2R$ 和半波长 λ 是随机变量。假设曲面是高斯曲面,则 R 和 λ 的概率分布分别由下式给出:

$$P_R(R)=\frac{1}{\sigma_R\sqrt{2\pi}}\exp\left[-\frac{(R-\overline{R})^2}{2\sigma_R^2}\right]\tag{21.14}$$

$$P_\lambda(R)=\frac{1}{\sigma_\lambda\sqrt{2\pi}}\exp\left[-\frac{(\lambda-\overline{\lambda})^2}{2\sigma_\lambda^2}\right]\tag{21.15}$$

式中:$\overline{R}$、$\overline{\lambda}$ 在附录中讨论;σ_R、σ_λ 为由平均值得出的标准偏差。

因此界面破坏百分比的统计平均值由下式给出

$$\overline{S}=\int_{-\infty}^{\infty}\int_{-\infty}^{\infty}S(R,\lambda,F,\eta,\gamma)P_R(R)P_\lambda(\lambda)\,\mathrm{d}\lambda\,\mathrm{dR}\tag{21.16}$$

将式(21.13)代入式(21.16)并对 λ 进行积分得

$$\overline{S}(\overline{R},\overline{\lambda},F,\eta,\gamma)=\int_{-\infty}^{\infty}S(R,\overline{\lambda},F,\eta,\gamma)P_R(R)\,\mathrm{d}R\tag{21.17}$$

这是粗糙聚合物-金属界面上界面失效的平均百分比。

可以看出,由式(21.17)得出的 $\overline{S}$ 取决于几个参数。首先,它是式(21.11)中定义的材料参数 F 的函数,该参数是两种材料的弹性刚度和断裂韧度以及它们界面的断裂韧度的组合,原则上,所有这些属性对于给定的材料及其界面都是可测量的,由于 G_{ic} 是相位角的函数,因此 F 也随着裂纹尖端相位加载角而变化。例如,对于环氧树脂和铝,分别为 $g_i\approx0.015/\mathrm{GPa}$ 和 $g_p\approx1.064/\mathrm{GPa}$。该研究中,环氧树脂的内聚断裂韧性是 $G_{pc}\approx7.55\mathrm{kJ/m^2}$,环氧-铝界面的 G_{ic} 的范围在 $20\sim40\mathrm{J/m^2}$ 之间,因此,对于铝-环氧界面,根据加载相位角,F 大约位于 2.7~5.3 之间。

其次,$\overline{S}$ 取决于由 $\overline{R}$、$\overline{\lambda}$ 和 η 描述的界面粗糙度轮廓,其中,$\overline{R}$ 和 $\overline{\lambda}$ 可以使用传统的轮廓仪很容易地测量,无量纲参数 η 是随机表面轮廓理想化的结果,一般情况下,它需要间接确定。

最后,$\overline{S}$ 也是 γ 的函数,它是针对界面裂纹问题的能量释放率的近似解中引入的特设参数,应该指出,如果一个"精确的"数值解被用于界面裂纹问题,那么就不需要引入 γ。

基于以上讨论,可以得出结论:一旦给出了材料和界面特性(包括界面轮廓),具有纯界面失效的标称面积的百分比可以由式(21.33)预测,在这个简单模型中,需要根据经验确定两个参数(γ 和 η)。

针对不同程度的表面粗糙度，还进行了相关的试验工作。图 21.3 给出了试验数据以及使用式(21.17)的理论预测值，可以看出，结果非常好，该理论分析中使用的参数也显示在了图中。

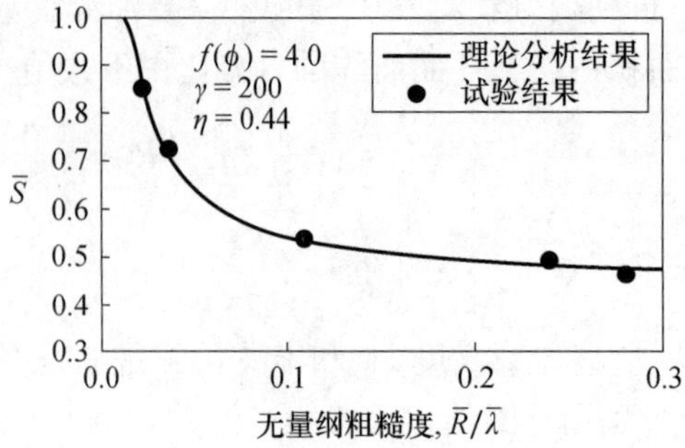

图 21.3　试验和理论结果的比较

有趣的是，粗糙度有两个极端值，对于非常粗糙的表面($\bar{R}\gg1$)，从式(21.13)出发，曲线接近 $\bar{S}$ 的渐近线，$\bar{S}\to\eta=S_0/\lambda$，这是平台面积和整个名义面积的比率，这意味着界面失效仅发生在平台区域。另外，对于极度光滑的平面($\bar{R}\ll1$)，可以从式(21.13)得 $\bar{S}=1$，这意味着对于非常光滑的表面，整个表面都会发生界面失效。在这种情况下，没有黏合的增强现象，根据式(21.13)，对于任何黏合增强，其粗糙度阈值是 $R_{\mathrm{th}}=F\lambda/2\lambda(1-\eta)$。作为设计指南，值得注意的是，一旦粗糙度超过阈值，黏合的增强非常迅速，随着粗糙度进一步增加，这种黏合增强迅速减小。由粗糙度引起的最大黏附力增加受参数 η 的限制，η 越小越好，在物理上，这意味着粗糙表面上的形状不规则可能会产生更大的黏合增强。

21.3　水分的影响

微电子封装工业中存在的一个重要问题是，水分引起的失效机理。水分是封装中存在的需多方面考虑的问题，由于腐蚀的引入、湿应力的产生以及包装中存在的聚合物的退化，对封装可靠性产生不利影响。水分还可能通过破坏封装内的聚合物界面而加速分层，随着芯片、底部填充物和基体之间的界面黏附力的降低，每个封装剂界面处分层的可能性都会增加，一旦发生封装分层，分层区域的连接处就会发生很高的应力集中，从而导致整体封装寿命的降低。

水分可以通过两种主要机制影响界面黏附。第一种机制是水分直接存在于界面处，从而改变了黏合剂连接处的界面完整性；第二种机制是黏合剂或基材中吸收的水分改变了这些材料的力学性能，这改变了黏合剂结构在存在外部施加载荷时的响应。毫无疑问，水分对界面黏附和断裂的影响需要多学科的研究，并且应考虑多个方面。整体而言，其主要的方面包括湿气传输行为、因吸湿引起的块体材料性能的变化、湿气对界面黏合的影响，以及充分干燥后的回复。当然，由于该问题的复杂性，每个主要方面里都有多个分支。

在本章中，展示了一个系统的、多学科的研究来陈述水分引起的界面黏附退化的基础科学问题。第一，对底部填充胶黏剂中的水分传输行为进行试验表征，将结果纳入有限元模型以描述将水分预条件化后的水分侵入过程和界面水分浓度。第二，展示了水分对黏弹性模量变化的影响，并确定了该变化的物理机制。第三，确定水分对界面断裂韧性的整体影响，这包括：存在于界面处的水分的主要作用以及水分被吸收时改变黏合剂的弹性模量的次要作用，评估了界面水分退化的可逆和不可逆分量。使用吸附理论并与断裂力学相结合，开发了一种分析模型，可以预测随水分含量变化使界面断裂韧度降低的过程，该模型包含与本研究试验部分确定的环氧接头中水分问题有关的关键参数，包括界面疏水性、活性纳米孔密度、饱和浓度和水密度。

水分对界面黏附的影响受两个基本机制控制，首先是水分输送到界面的速度，其次是由于黏合剂结构中存在水分而导致的黏合性能的变化，这不仅包括直接存在于界面本身水分的主要影响，还包括了改变组成界面的两种材料的力学性能中次要影响。前面已经量化了水分输送到界面的速率和水分对构成双材料界面材料的弹性模量退化的影响，这种情况下，提出了一种模型，用于描述界面黏附随水分浓度不同而发生的内在变化，采用界面断裂力学来表征这种变化，从而得出与检测样品的几何形状无关的关系式。

21.3.1　界面断裂测试

界面断裂韧度定义为能量释放率的临界值 G_c，该值下，双材料界面即开始分层，它是一种表征双材料界面黏附的性能，与开裂体的尺寸和几何形状无关。对于在平面应变条件下加载的四点弯曲的双材料界面，结果表明，能量释放速率的临界值 G_c 可以使用以下公式(Hutchinson 和 Suo，1992)来确定：

$$G=\frac{1}{2\overline{E}_1}\cdot\frac{12M^2}{h^3}-\frac{1}{2\overline{E}_2}\cdot\frac{M^2}{Ih^3} \tag{21.18}$$

其中

$$\overline{E}_i=\frac{E_i}{1-\upsilon_i^2} \tag{21.19}$$

M 为力矩；υ 为泊松比；E 为弹性模量；下标 1 指材料 1；下标 2 指材料 2；h 为材料 1 的高度；I 为无量纲惯性矩。

由于界面断裂韧性仅规定了裂纹尖端奇异性的大小，因此模态混合度 ψ 必须由复杂应力强度因子 K 确定。对于二维系统，给出复杂应力强度因子：

$$K=K_1+iK_2 \tag{21.20}$$

对于四点加载条件，可以证明(Hutchinson 和 Suo，1992)

$$K=h^{-i\varepsilon}\sqrt{\frac{1-\alpha}{1-\beta^2}}\left(\frac{P}{\sqrt{2hU}}-ie^{i\gamma}\frac{M}{\sqrt{2h^3V}}\right)e^{i\omega} \tag{21.21}$$

其具有由下式给出的模态混合度：

$$(K_1+iK_2)L^{i\varepsilon}=|(K_1+iK_2)|e^{i\psi} \tag{21.22}$$

$$\psi=\arctan\left(\frac{\mathrm{Im}(KL^{i\varepsilon})}{Re(KL^{i\varepsilon})}\right) \tag{21.23}$$

式中：L 为特征长度；ε 为 Hutchinson 和 Suo(1992)给出的无量纲量。如式(21.23)所示，测试样品的模态混合度需要指定长度量值 L，L 的选择是任意的，但应选择固定长度并用针对模态混合度的计算值报告出来。

用于界面断裂测试的弯曲梁试验具有三个主要益处：首先，它可得出模态混合度的中间值，这代表了电子器件在实际应用中经历的值；其次，它提供了一种利用微电子封装常见的基体和黏合剂成功构建界面断裂测试样品的方法；最后，弯曲梁测试配置给出了一种开放式测试样品的设计方法，这允许在相对较短的时间内在测试样品中达到饱和的稳态条件，这是由于相对于扩散到界面的短路径而言，吸湿的表面积很大。

21.3.2 湿度预处理对黏附力的影响

使用界面断裂力学来表征水分对黏附的内在影响。所使用的黏合剂是为无流动装配而开发的环氧基底部填充剂，在本研究中被命名为 UR-B。这种特殊的底部填充被证明了对研究水分对界面黏附的根本作用是非常理想的，因为它的水分扩散动力学和饱和行为建立在本研究的吸湿部分，所用基材为无氧电子级铜合金 101。将铜基材抛光成镜面，并在黏合之前使用 Shi 和 Wong(1998)给出的常规方法进行清洁，这样做是为了隔离水分对黏附力的固有影响，并且无影响结果的机械互锁和/或表面污染。通过使用模塑复合释放剂，将对称界面裂缝引入到底部填充/铜双层测试样品中(Ferguson 和 Qu,2004)。

基于吸湿分析的结果，在水分预处理过程中将界面断裂测试样品施加防水边界，并且在断裂测试之前将其除去。该边界具有两个作用：首先，应用边界迫使一维扩散穿过底部填充物的顶部开放表面，从而在暴露于湿润预处理环境的整个持续时间内，在整个空间界面上产生了均匀的水分浓度；其次，防水边界阻止了界面处的排湿，这保证了可利用黏合剂固有的吸湿特性来识别试样的水分浓度。完成了的试样在室温下通过四点弯曲试验进行测试，以测量界面断裂的临界载荷。一种完整的、具有代表性的界面断裂韧度测试样品如图 21.4 所示。

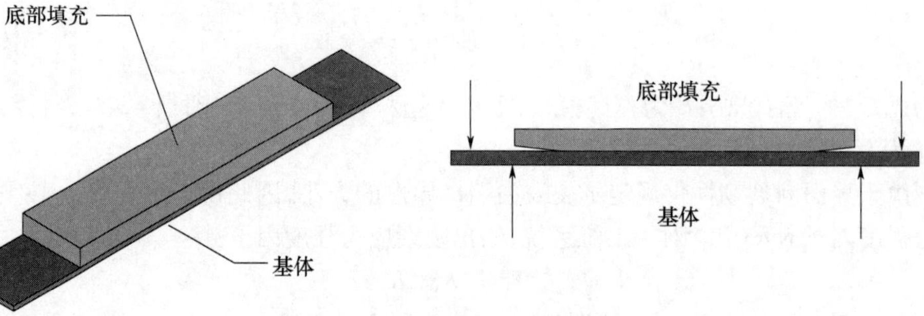

图 21.4　界面断裂韧性测试样本

将试样分成 5 个试验组并经受 4 个不同水平的湿度预处理以确定水分对界面断裂韧性的影响。测试组包括完全干燥的、仅 85℃、85℃/50%RH、85℃/65%RH 和 85℃/85%RH，后 4 个测试组进行环境预处理 168h。将所有测试样品在 115℃下烘烤至少 12h 以除去所有湿气，这些湿气可能是在环境老化之前在样品制备期间引入的，烘烤是在保持恒定温度(±1℃)、湿度(±1%)和压力(P_{atm})环境的湿度室中进行的，所有界面断裂测试都是在大气环境下进行的，测试样品处于环境预处理之后的室温下。在从环境室中取出测试样品，使其冷却至室温并进行试验测试时，没有发现可测量的水分吸收损失。

使用试验测得的临界断裂载荷值，并与先前确定的弹性模量结果相结合，针对每个特定水平的湿度预处理，使用式（21.18）来确定底部填充/铜试样的界面断裂韧性。图 21.5 提供了描述环境预处理对底部填充剂/铜界面断裂韧性影响的结果的图示。

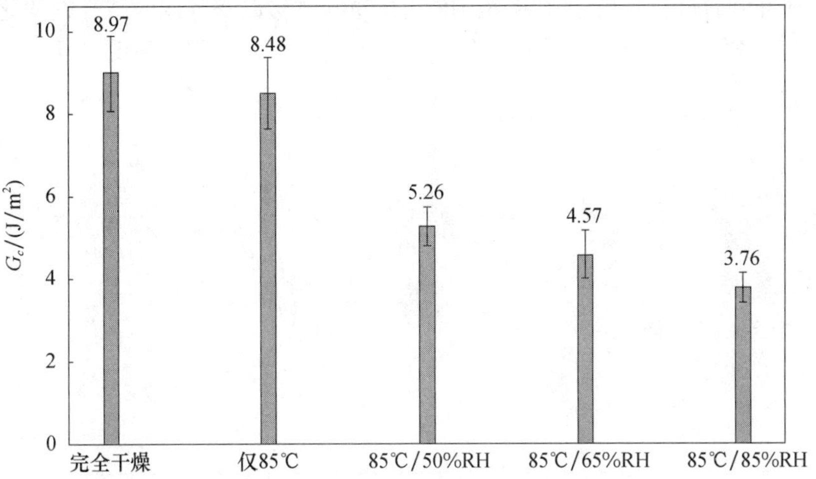

图 21.5　环境预处理对底部填充/铜界面的界面断裂韧性的影响

所有界面测试样品的整个模态混合度范围在 -37.41° ~ -37.64° 之间，当评估模态混合度时，用基材高度来定义所有报告的韧度值的特征长度。因为模态混合度的变化可以忽略不计，所以这种变化对不同测试组之间的界面断裂韧度的结果影响很微小。因此，可以将不同水分预处理试验组的界面断裂韧性结果相互比较，以确定水分含量增加对韧度值的影响。另外，在断裂测试之前，在每个湿度预处理环境中都达到了饱和，因此，在试验期间，界面断裂韧性测试样品中不存在水分浓度的梯度。如图 21.5 所示，很明显，85℃热老化的影响不会显著影响底部填充/铜界面的界面断裂韧性，应记住，所有的测试都是在室温下进行的。因此，只评估了热老化的影响，而不是在较高温度下测试的影响。由于所有的环境预处理试验组都暴露在相同的温度 85℃和 168h 的条件下，因此任何观察到的水分预处理后断裂韧度的变化都可归因于水分的贡献。在 85℃/50%RH、85℃/65%RH 和 85℃/85%RH 下的水分预处理对界面断裂韧性具有实质性影响，并分别降低 41.4%，49.1%和 58.1%。表 21.1 中提供了水分预处理对界面断裂韧性影响的总结，其中 C_{sat} 表示各自水平的水分预处理的饱和浓度，并且以质量分数变化（%）给出。

表 21.1　底部填充/铜试样界面断裂韧性与水分吸收的变化

T/℃	RH/%	C_{sat}/%	C_{sat}/(mgH_2O/mm^3)	G_c/(J/m²)	韧度变化
参考点	—	0	0.0000	8.97±0.91	—
85	50	0.65	0.0075	5.26±0.47	41.4
85	65	0.77	0.0089	4.57±0.58	49.1
85	85	1.02	0.0118	3.76±0.36	58.1

图 21.6 和图 21.7 描述了底部填充剂/铜界面断裂韧性随水分浓度的变化。可以看出，界面断裂韧性的变化对少量水分敏感。观察到浓度低至 0.65%时，界面黏附力显着降低。针对界面断裂韧性进行评估的水分条件下，由于水分不会显著改变底部填充剂的弹

性模量,所以来自水分的底部填充物的塑化对界面断裂韧性的变化几乎没有贡献,因此,韧性的降低主要归因于在界面处直接存在水分而导致的底部填充物/铜界面的减弱。界面处的水分可以通过减少范德瓦尔斯力的填充物的位移以及可能的结合键的化学退化来降低黏附力。本章随后的章节将详细介绍针对界面湿度的确切的失效机理。

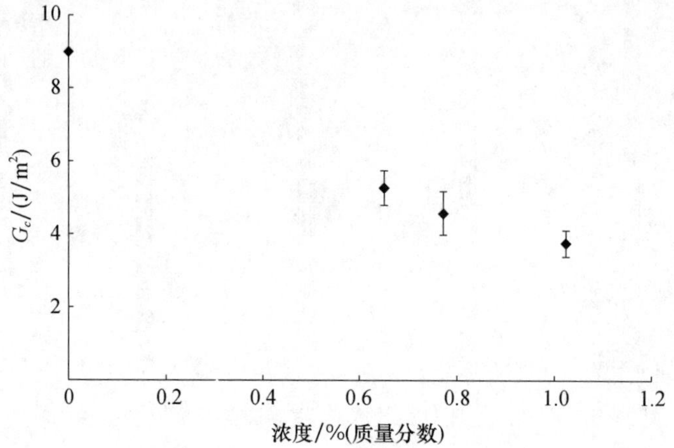

图 21.6　作为湿度浓度的函数的底部填充/铜界面断裂韧度变化

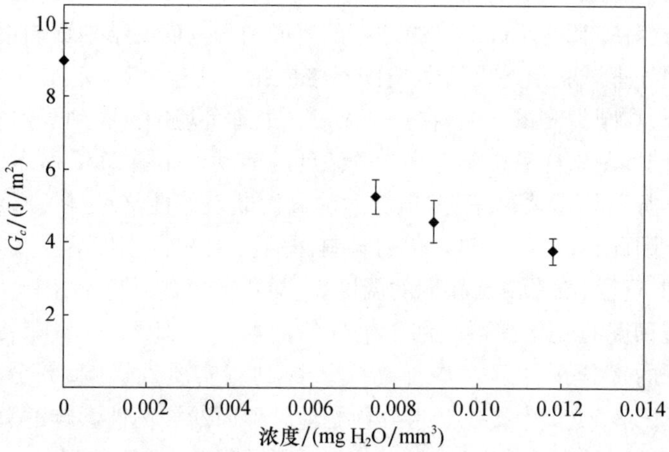

图 21.7　底部填充/铜界面断裂韧性随水分浓度的变化

21.3.3　水分引起膨胀

除了在界面断裂测试过程中施加到测试样品的机械载荷之外,界面还经受黏合剂和基底之间的湿膨胀和热收缩失配效应。这两种效应在界面上产生相反的结果,这是因为来自湿膨胀失配的贡献将导致底部填充物处于压缩状态,而热收缩不匹配的贡献将导致底部填充物处于拉伸状态,这归因于每种情况下不同的无压力环境。

对于湿膨胀不匹配的情况,完全干燥的条件表示界面的无应力状态。由于潮气被吸收在底层填料中,会导致底层填料膨胀,而不透水的基材将保持其原始尺寸。由于底部填充材料中的水分膨胀将受到基材的限制,因此底部填充材料的膨胀会在底部填充材料中产生压缩应力。对于热收缩不匹配的情况，底部填充物的固化温度代表界面的无应力状态。一旦将试样从烘箱中取出并冷却至室温，铜与底部填料之间的热失配将导致底部填料由于其要比铜基材收缩得更多(试验材料的 CTE：底部填充胶 = 75ppm/℃，铜 = 17ppm/℃)。无论界面是由湿膨胀失配、热收缩不匹配所支配，还是可能都不是(对于特定的水分饱和度水平，这是由于彼此的效应被相互抵消)，这都取决于构成双材料界面相对于其湿度预处理环境的材料特性。

为了研究潮湿膨胀对界面断裂试验结果的影响，对每个湿度预处理环境试验确定了底部填充物的水分膨胀系数 β。水分膨胀系数定义如下：

$$\beta=\frac{\Delta l/l_0}{C_{\text{sat}}} \tag{21.24}$$

式中：Δl 为由吸湿引起的试样长度变化；l_0 为试样的初始干燥长度；C_{sat} 为饱和湿度浓度。使用式(21.24)与试验测试数据，在 85℃/50%RH(β = 1987ppm/%)，85℃/65%RH(β = 1907ppm/%)和 85℃/85%RH(β = 1808ppm/%)的条件下测定湿膨胀系数。确定了每个湿度预处理环境的湿度膨胀系数后，可以对底部填充/铜界面的湿膨胀和热失配应变进行比较。湿膨胀失配应变 ε_h 和热失配应变 ε_t 等定义如下：

$$\varepsilon_h=\beta_1 C_{\text{sat},1}-\beta_2 C_{\text{sat},2} \tag{21.25}$$

$$\varepsilon_t=(\alpha_1-\alpha_2)(T_f-T_i) \tag{21.26}$$

式中：β 为湿膨胀系数；C_{sat} 为平衡水分饱和浓度；α 为热膨胀系数；T 为温度，下标 1 和 2 是指构成双材料界面的两种材料。

分别使用式(21.25)和式(21.26)计算每个湿度预处理环境的湿膨胀失配应变和热膨胀失配应变。由于界面断裂试样从固化温度冷却到室温将导致热收缩，而吸收水分将导致湿膨胀，因此应该注意的是，湿膨胀和热膨胀不匹配应变的作用方向相反。结果在表 21.2 中给出。

表 21.2　底部填充/铜界面断裂试样的湿膨胀和热失配应变的比较

环境	β/(ppm/%)	C_{sat}/%	ε_h	α_{uf}/(ppm/℃)	α_{Cu}/(ppm/℃)	T_i/℃	T_f/℃	ε_t
85C/50%RH	1987	0.65	0.0013	75	17	190	25	0.0096
85C/65%RH	1907	0.77	0.0015	75	17	190	25	0.0096
85C/85%RH	1808	1.02	0.0018	75	17	190	25	0.0096

如表 21.2 所示，对于所有湿度预处理环境，热失配应变显著大于湿膨胀失配应变大约一个数量级。很明显，热失配应变主导了界面处的相互作用，并且仅被这种特殊的双材料界面的湿膨胀失配应变的小贡献略微抵消。因此，在界面断裂测试期间底部填充物将处于拉伸状态，从而有效地预加载界面并且需要来自机械测试的较低临界断裂载荷 P_{C} 以促进界面裂纹，因此，界面断裂韧度值将代表界面断裂韧性的保守估计。另外，增加饱和浓度并不会显著增加湿膨胀失配应变。对于本研究中测试的材料和湿度预处理环境，所有环境的所有界面都经历了类似的湿膨胀不匹配应变。因此，随着水分浓度的增加，界面断裂韧性表现出的趋势基本上与彼此之间的湿膨胀失配无关，并且观察到的不同湿度预处理环境之间的变化可主要归因于界面处存在更多的水分导致黏合力更大的损失。

21.3.4 界面疏水性

水分子的极性会影响其在界面处的行为，这可能会影响黏合剂由于水分的存在而导致环境退化的程度(Luo,2003)。水的极性行为来自其结构，它由与两个氢原子键合的单个氧原子组成，氢原子通过共享电子与氧原子共价键合，围绕氧原子的两对电子参与氢的共价键；然而，在氧原子的另一侧还有两个未共享的电子对(孤对电子)，它将水分子的电子云转移到氧原子上，如图21.8所示。

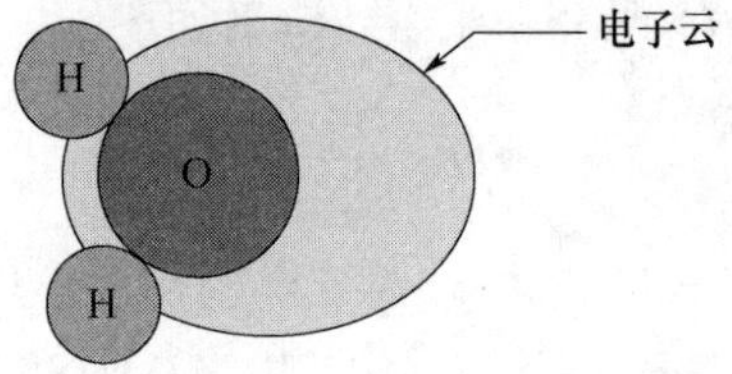

图21.8 水分子上的电子云分布

水分子中电子密度的这种不均匀分布产生了氧原子上的部分负电荷(δ^-)和氢原子上的部分正电荷(δ^+)，导致了水分子的极性。极性允许水分子彼此键合，并且在水分子的两个相反电荷端之间会形成氢键，如图21.9所示。

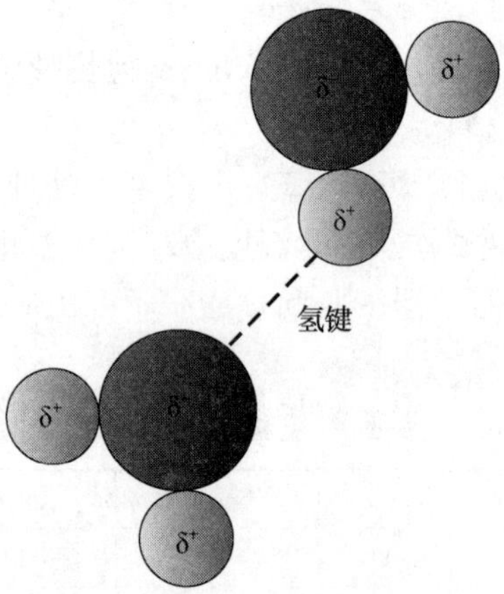

图21.9 水分子之间的氢键

氢键具有平均共价键强度的1/10左右的强度，并且不断地在液态水中破裂并重新形成。极性还会使水分子与其他极性分子结合，这将影响水在不同表面上的润湿方式。含有极性分子的表面是亲水的，它们与水分子相互作用以增强润湿性，使水变平，如果表面含有醇、O或N，它可能是亲水性的；相反，含有非极性物质的表面是疏水性的，它们不能与水分子相互作用，导致其在表面上形成气泡。一般来说，如果一个表面含有C、H或F，它可能是疏水的。

大多数材料不是纯粹的疏水性或亲水性，但会不同程度地被认为是一种或另一种，这在疏水性中得到了解决，它是研究表面上水的润湿特性的。一种用于测试表面疏水性的方法是通过使用水作为探针液体测量接触角 θ，接触角表示液体和固体之间的黏附力与液体中的内聚力之间的平衡，黏附力导致液滴扩散，而内聚力导致液滴保持球体的形状。

接触角是润湿性的直接量度，并提供评估许多表面性质如表面污染、表面疏水性、表面能量学和表面不均匀性的有效手段。当 $\theta>0°$时，液体不扩散并达到液-液界面和固-液界面之间的平衡位置；当 $\theta=0°$时，液体无限湿润并自发地在表面自由扩散。疏水表面排斥水并产生高接触角，亲水表面吸引水分并产生低接触角。图 21.10 显示了水在疏水和亲水表面上的接触角行为。

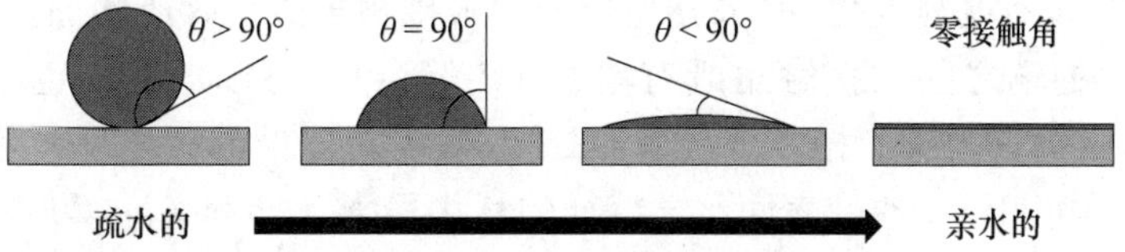

图 21.10　疏水性和亲水性水接触角行为

利用水作为探针液体，可以通过测量黏合剂和基材两者的水接触角来确定界面疏水性。为了确定界面断裂测试样品的疏水性，对本研究中评估的黏合剂和基底进行接触角测量。干净的铜基板和底部填充剂都表现出相当疏水的特性，接触角分别为 74°和 83°。在确定了基材和黏合剂的疏水性之后，可以评估底部填充剂/铜界面断裂试验样品的界面疏水性。在解决基材和黏合剂相对于界面处湿度的行为的疏水性时，相互作用可能变得复杂，具有最明显的疏水性的表面将决定界面处水的形状和响应。例如，如果疏水基材与亲水性黏合剂结合，则界面处的水将希望与基材的接触最小化并使与黏合剂的接触最大化。根据黏合缺陷、表面粗糙度以及基材与黏合剂的相对疏水程度，界面处的水将或多或少地在界面处形成稍微半球的形状，球形端部最小化基材上的接触，且开口端最大化黏合剂上的接触。自然地，界面处的水的形状可以具有上述形状的各种变换，这取决于相对于黏合剂亲水行为基底的疏水行为的程度，但总体思路保持不变。对于具有不同疏水度的其他体系，相对于基材和黏合剂疏水性的界面处水的形状可能非常难以表征，然而，可以得出定性结论。对于底部填充/铜界面断裂测试样品，黏合剂对基底的相对疏水性相似，因此，界面处的水分的润湿行为将不会被黏合剂或基材明显支配。

环境预处理独有的另一个考虑因素是影响界面疏水性的氧化物的生长。铜与氧气有很强的亲和力，并且在黏合之后在基材和黏合剂之间形成氧化层是不可避免的。最初，将形成氧化亚铜（Cu_2O），然后形成一层氧化铜（CuO）（Cho 和 Cho，2000）。铜基底的氧化可能是显著的，并且先前的研究已经表明铜上的水接触角受到氧化的影响（Cho 和 Cho，2000；Yi 等，1999；Hong 等，1994；Kim，1991）。由于铜基材上的氧化生长，因此对每个预处理环境进行了接触角测量以监测铜表面疏水性的任何变化。

由于界面破裂测试样品的铜黏合表面将被底部填充黏合剂所遮蔽，因此氧化生长速率将会与在相似的持续时间内环境老化的裸铜不同。因此，每个环境试验组的水接触角采用特殊试样进行测量，这些试样模拟了铜黏合表面暴露于与界面断裂试样相似的氧气和湿气中，这些样品使用与界面断裂测试样品相同的几何形状，但是底部填充剂在单个模具中单独固化。在固化了黏合剂之后，将底部填充物放置在铜基底的顶部并通过 C 形夹子固定。类似于界面断裂测试样品，在测试样品周围施加防水密封剂以消除界面处发生湿气芯吸，并且迫使通过底部填充物的顶部表面发生一维扩散。在环境预处理之后，从测试样品去除防水边界、C 形夹具和底部填充物，以测量铜表面的接触角。

试验测得的水接触角结果如下:85℃热老化为76°,85℃/50%RH湿度预处理为76°,85℃/65%RH湿度预处理为77°,85℃/85%RH湿度预处理为77°,所有测试组均进行了168h的相同预处理,这与用于评估水分对界面黏附的影响的标准相同。基于这些结果,很明显,各级环境预处理并没有显著改变界面的水接触角和相关的疏水性,因此,在所有的预处理环境中,界面处的湿气都会发生类似的界面润湿特性。

虽然接触角没有明显变化,但水分预处理的水接触角似乎有所增加。过去的研究表明,水与被氧化的铜之间的接触角既有增加(Yi等,1999;Kim,1991)也有减少(Cho和Cho,2000 ;Hong等,1994)。相对于环境预处理,发生在界面的氧化还原化学是复杂的,并且趋势的差异可归因于改变表面化学特征的氧化程度(Cho和Cho,2000)、氧化生长导致的基材表面粗糙度的变化(Hong等,1994),以及环境中碳氢化合物对表面的污染(Luo,2003)。另外,Yi等(1999)提供了将铜引线框架上的氧化层厚度与水接触角相关联的数据,这些数据显示从72°到78°的水接触角范围内氧化物厚度缓慢逐渐增加,但给出了接触角超过80°的氧化物层厚度急剧增加。根据本研究中铜在水中的接触角的结果,所有测量给出的平均接触角小于78°时彼此间的变化很小,这表明所有环境预处理试验组都具有类似的界面疏水性和氧化层厚度。Mino等(1998)和Chong等(1995)已经表明,对于低于100℃和120℃的情况,氧化铜层厚度的变化显著变慢并且最小,由于该研究中的测试样品仅使有了85℃的温度,因此预期氧化物在试样上形成的层厚度对韧性结果影响很小,这也得到了X射线光电子能谱(XPS)结果的支持。XPS显示,不仅在85℃/50%RH、85℃/65%RH和85℃/85%RH测试组中存在氧化铜,而且在85℃热老化测试组中也存在氧化铜,因此,所有环境预处理试验组的界面处都存在相同的氧化物化学结构。另外,当将85℃的热老化与85℃/50%RH、85℃/65%RH和85℃/85%RH的湿度预处理环境进行比较时,得到类似的氧化铜原子百分比,表明水分含量与所有环境预处理环境中常见的空气中氧气相比,铜对氧化生长速率的贡献最小。因此,所有环境预处理的试样都存在类似水平的氧化厚度,这支持了水接触角测量的结果。

由于氧化物在黏合剂黏合之前从铜表面除去,并且在不流动的底部填充剂中存在的流动会除去在黏合剂固化过程中产生的任何氧化物,因此从环境预处理中的氧化生长可能会影响界面断裂韧性结果。这种氧化物生长可以在黏结之后将底层填料从铜基材上移除,从而有助于观察到图21.5所示的湿度预处理后的黏合力损失。由于水接触角测量和XPS结果都显示,所有环境预处理试样都存在类似的氧化厚度,因此可以将85℃热老化结果与对照测试结果进行比较,以确定氧化生长在没有湿气时对黏附损失的影响。如图21.5所示,85℃时的热老化几乎不影响界面断裂韧性结果,因此,与湿度预处理的影响相比,在黏合剂黏合后移置底部填料的氧化生长对黏合损失没有显著影响。

21.3.5 水分吸收所致的界面断裂韧度恢复

研究发现,底部填充物/铜界面对湿气非常敏感,在85℃/50%相对湿度、85℃/65%相对湿度和85℃/85%相对湿度的湿度预处理环境下,界面断裂韧性大大降低(图21.5)。为了进一步研究水分对底部填充剂/铜界面的界面附着力的可逆性和不可逆性质,对额外的试样在每个条件下进行湿度预处理168h,然后在95℃烘烤直至完全干燥,当样品的重量在24h内没有可测量的变化时,建立完全干燥的状态。达到干燥状态后,对试样进行断裂试验以确定界面断裂韧性,所有界面测试样品的模式混合度整个范围位于-37.43°~-37.4°之间。当评估模式混合度时,母材高度用于定义所有报告的韧性值的特征长度,由于模式混合度的变化可以忽略不计,影响界面断裂韧性的这种变化对不同测试组之间结果的影响是微不足道的。因此,不同湿度预处理试验组的韧性恢复结果可相互比较,以确定增加水分含量对韧性值的影响。图 21.11 提供了环境预处理和底部填充/铜界面断裂韧性恢复效果的图形描述。

如图 21.11 所示,完全干燥后,大部分由水分引起的界面断裂韧性的损失没有恢复。由于充分干燥后,底部填充物弹性模量随水分的微小变化得以恢复,底部填充/铜界面韧性的持续下降归因于界面处水分的直接存在,从而使底部填充胶黏剂与铜基底脱黏。类似于由式(21.26)给出的弹性模量的可恢复性,界面断裂韧性的可恢复性将被定义如下:

$$\text{Recoverability}(\%)=\frac{G_{c,\text{recovery}}-G_{c,\text{sat}}}{G_{c,\text{dry}}-G_{c,\text{sat}}}\times 100 \tag{21.27}$$

式中:$G_{c,\text{recovery}}$ 为饱和状态下完全干燥后的界面断裂韧性值;$G_{c,\text{sat}}$ 为吸湿后界面断裂韧性的饱和值;$G_{c,\text{dry}}$ 为界面断裂韧性的未老化控制值。式(21.27)仅适用于湿度预处理前后界面断裂韧性的模式混合度保持相对不变的情况,否则由于模式混合度变化造成的韧性变化将引起可恢复性结果的误差。表 21.3 给出了底部填充剂/铜界面断裂韧性的可恢复性。

如表 21.3 所示,对底部填充物/铜界面,湿气暴露对界面断裂韧性的不可逆损伤是相当大的。充分干燥后,底部填充/铜界面断裂韧性几乎不可恢复,所有湿度预处理环境的可恢复性值均小于 7%。同样显而易见的是,到达界面的相对少量的水分导致黏合的结构完整性显著地、永久地受到损害。

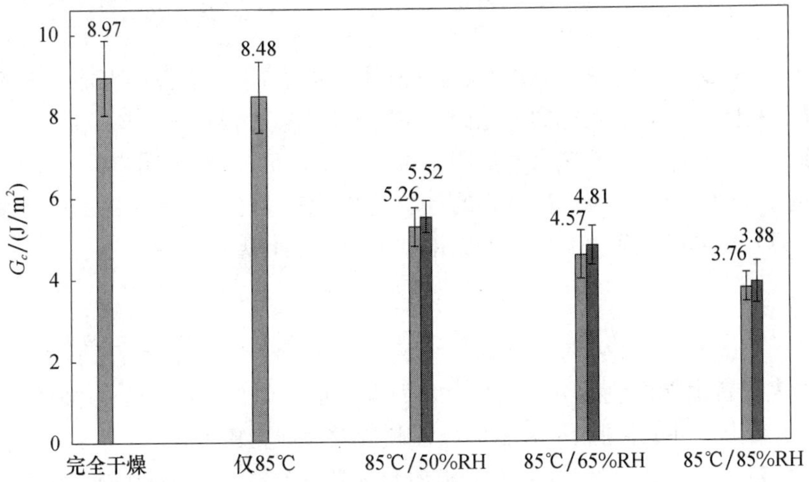

图 21.11　去除水分后底部填充剂/铜界面断裂韧性的恢复

表 21.3　后续干燥后吸湿带来的底层填充/铜界面断裂韧性的可恢复性

T/℃	RH/%	C_{sat}/%(质量分数)	$C_{c,\text{sat}}$/(J/m^2)	$G_{c,\text{recovery}}$/(J/m^2)	可恢复性
参考点	—	0.00	8.97±0.91	—	—
85	50	0.65	5.26±0.47	5.52±0.38	7.0

续表

T/℃	RH/%	C_{sat}/%(质量分数)	$C_{c,sat}$/(J/m^2)	$G_{c,recovery}$/(J/m^2)	可恢复性
85	65	0.77	4.57±0.58	4.81±0.47	5.5
85	85	1.02	3.76±0.36	3.88±0.50	2.3

21.3.6 界面断裂韧性水分退化模型

在实施了大量试验程序以确定湿气在黏附力退化中的作用以及引起界面黏附变化的物理机制之后,现在重点转向开发一种模型描述,用湿度相关的关键参数的函数描述界面断裂韧性的内在损失,这个模型的根源在于表征黏合剂和基材之间黏合的主要机制。已经提出了四种主要的黏附机制,它们包括机械联锁、扩散理论、电子理论和吸附理论(Kinloch,1987)。对于底部填充剂/铜界面,导致黏合的黏合剂和基底之间的界面扩散和静电力的贡献远低于机械互锁和吸附的影响。由于本研究中的铜基材被抛光成镜面,因此与黏合剂和基材表面上的原子和分子之间的分子间辅助力(即范德瓦尔斯力)相比,来自黏合剂与不规则基材表面的机械互锁的影响将很小。因此,吸附理论将主宰底部填充剂/铜界面处的黏合剂黏合。

若吸附理论控制黏附力,并且只有辅助力在界面上起作用,那么在湿气存在下黏合剂/基材界面的稳定性可以从热力学讨论中确定。Kinloch(1987)给出了在惰性介质中的热力学黏附力:

$$W_A=\gamma_a+\gamma_s-\gamma_{as} \tag{21.28}$$

式中:γ_a 为黏合剂的表面自由能;γ_s 为基材的表面自由能;γ_{as} 为界面自由能。在液体存在下,热力学黏附作用 W_{Al} 由下式给出:

$$W_{Al}=\gamma_{al}+\gamma_{sl}-\gamma_{as} \tag{21.29}$$

式中:γ_{al} 和 γ_{sl} 分别为黏合剂/液体和基体/液体界面之间的界面自由能。典型地,黏合剂/基底界面在惰性介质中的热力学黏附力 W_A 是正的,这表示分离单位面积界面所需的能量。然而,在液体存在下的热力学黏附力 W_{Al} 可以是负的,这表明界面不稳定并且在与液体接触时会分离。因此,W_A 和 W_{Al} 的计算可以代表黏合剂/基底界面的环境稳定性。Kinloch(1987)已经表明,W_A 和 W_{Al} 可以由以下表达式计算:

$$W_A=2\sqrt{\gamma_a^D\gamma_s^D}+2\sqrt{\gamma_a^P\gamma_s^P} \tag{21.30}$$

$$W_{Al}=2\left(\gamma_{lv}-\sqrt{\gamma_a^D\gamma_{lv}^D}-\sqrt{\gamma_a^P\gamma_{lv}^P}-\sqrt{\gamma_s^D\gamma_{lv}^D}-\sqrt{\gamma_s^P\gamma_{lv}^P}+\sqrt{\gamma_a^D\gamma_s^D}+\sqrt{\gamma_a^P\gamma_s^P}\right) \tag{21.31}$$

式中:γ^D 为表面自由能的色散分量;γ^P 为表面自由能的极性分量;γ_{lv} 为液体的表面自由能。表 21.4 给出了环氧树脂、铜和水的极性和分散表面自由能。

表 21.4 环氧树脂、铜和水的极性和分散表面自由能(Kinloch,1987)

物质	γ/(mJ/m^2)	γ^D/(mJ/m^2)	γ^P/(mJ/m^2)
环氧树脂	46.2	41.2	5.0
铜	1360	60	1300
水	72.2	22.0	50.2

使用表 21.4 中给出的值并代入式(21.30),环氧树脂/铜界面的热力学黏附力为

$260.7 mJ/m^2$。如果在环氧树脂/铜界面上有水存在，由式(21.31)给出的热力学黏附力为$-270.4 mJ/m^2$。由于在暴露于湿气之前黏合力为正，而在暴露之后黏合力为负值，因此，如果水与界面接触，则环氧树脂/铜界面的所有黏附力都会丧失。这得到以下事实的支持：实际上在完全干燥后没有观察到从水分暴露中观察到的黏附损失。使用吸附理论作为水分黏附损失的物理基础，现在开发了描述输送到底部填充剂/铜界面的水分量的表达式。由于界面断裂测试试样被设计用于防止界面处的水分芯吸，并且铜基底为水分输送提供了屏障，因此水分向界面的输送受底部填充物的环氧网络控制。Soles 和 Yee (2000)已经表明，水分通过环氧树脂结构中固有的纳米孔网络穿过环氧树脂。典型的纳米孔直径范围为 5.0~6.1Å。图 21.12 说明水分通过界面断裂测试试样的环氧树脂输送。

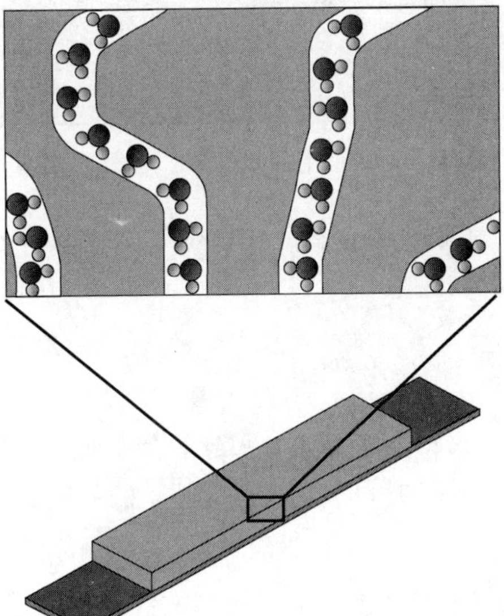

图 21.12　水分通过界面断裂测试试样的环氧树脂输送

假设纳米孔通道是将水分输送到界面的唯一机制，则环氧树脂中的饱和浓度单位用 mgH_2O/mm^3 表示为

$$C_{sat}=\frac{\rho(NV)}{V_{tot}} \tag{21.32}$$

式中：ρ 为水的密度(mg/mm^3)；N 为环氧网络内的活跃纳米孔的数量；V 为环氧网络中单个纳米孔占据的体积；V_{tot} 为环氧树脂的总体积。在重新排列式(21.32)之后，对于给定的饱和浓度，环氧体系内的活跃纳米孔的数量如下：

$$N=\frac{4AC_{sat}}{\pi\rho D^2} \tag{21.33}$$

式中：A 为界面的总面积；D 为纳米孔直径。假定吸附理论成立，黏合剂黏合面积 A_{bond} 在暴露于湿气后保持完整，将取决于界面处水分 A_{H_2O} 占据的面积：

$$A_{bond}=A-A_{H_2O} \tag{21.34}$$

将该黏合剂黏合区域与运输中活跃的纳米孔的数量相关联后，得出

$$A_{bond}=A-\pi N r_{debond}^2 \tag{21.35}$$

式中：r_{debond} 为在每个纳米孔处发生的界面处的水分的脱黏半径，脱黏半径必须大于或等于纳米孔半径，并受黏合剂/基材界面的界面疏水性控制。图 21.13 提供了界面上的参数 r_{debond} 的图形说明。

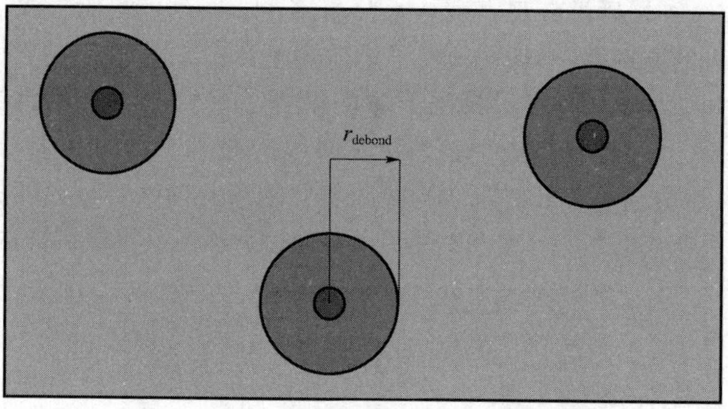

图 21.13　界面上的参数 r_{debond} 的图形说明

用式(21.32)代入式(21.35)给出了暴露于特定水分饱和浓度后保持完好的黏合剂黏合区域的表达式：

$$A_{\mathrm{bond}}=A-\frac{4AC_{\mathrm{sat}}r_{\mathrm{debond}}^2}{\rho D^2} \tag{21.36}$$

断裂力学的发展可以用来将由于界面处水分的存在而导致的黏合面积的变化与界面水分浓度联系起来。回想一下断裂力学应力强度因子的一般形式：

$$K=S\sigma\sqrt{\pi a} \tag{21.37}$$

式中：S 为取决于加载的几何形状和模式的无量纲常数；σ 为远程施加的应力；a 为裂缝长度。应力强度因子与断裂韧度 G_C 由以下表达式相关：

$$G_C=Z\sigma^2 \tag{21.38}$$

其中

$$Z=\frac{\pi aS^2(1-\upsilon^2)}{E}$$

基于环氧树脂/铜界面的热力学黏附作用，在湿气存在下界面会变得不稳定并脱黏，然而，由于界面断裂韧性是表征界面黏附性的材料特性，因此在暴露于湿气后保持黏合的所有区域中的韧性必须相同。使用模式 I 加载并做出以下三个假设：①吸附理论主导了界面结合；②水分导致的黏合剂和基体的力学性能变化相对于水分导致的结合面积的变化比较小；③不管在给定的水分饱和浓度下测量韧性的方式如何，由水分引起的断裂韧性的相对变化保持恒定——获得了由于水分的存在而导致的黏合面积的变化与断裂临界载荷的变化有关的表达式：

$$\frac{P_{\mathrm{wet}}}{A-\pi Nr_{\mathrm{debond}}^2}=\frac{P_{\mathrm{dry}}}{A} \tag{21.39}$$

重新整理式(21.39)以获得 P_{wet} 的表达式，并将该值代入式(21.38)得到润湿、饱和情况的下列表达式：

$$G_{c,\mathrm{wet}}=\left(1-\frac{\pi N r_{\mathrm{debond}}^{2}}{A}\right)^{2}G_{c,\mathrm{dry}} \tag{21.40}$$

随着饱和湿度浓度的增加,活跃纳米孔的数量也会增加。单个附加纳米孔 $N+1$ 的参与导致断裂韧性的增量变化由下式给出:

$$G_{c,\mathrm{wet}}=\left(1-\frac{\pi (N+1) r_{\mathrm{debond}}^{2}}{A}\right)^{2}G_{c,\mathrm{dry}} \tag{21.41}$$

为了方便,定义 f 使得 N 个纳米孔参与:

$$f_N=\frac{\pi N r_{\mathrm{debond}}^{2}}{A} \tag{21.42}$$

对于 $N+1$ 个纳米孔的参与,有

$$f_{N+1}=\frac{\pi N r_{\mathrm{debond}}^{2}}{A} \tag{21.43}$$

根据 f 重新表达式(21.40)和式(21.41):

$$G_{c,\mathrm{wet}}(f_N)=\left(1-\frac{\pi N r_{\mathrm{debond}}^{2}}{A}\right)^{2}G_{c,\mathrm{dry}} \tag{21.44}$$

$$G_{c,\mathrm{wet}}(f_{N+1})=\left(1-\frac{\pi (N+1) r_{\mathrm{debond}}^{2}}{A}\right)^{2}G_{c,\mathrm{wet}}(f_{N_N}) \tag{21.45}$$

从式(21.45)中减去式(21.44)并除以 $f_{N+1}-f_N$ 得

$$\frac{G_{c,\mathrm{wet}}(f_{N+1})-G_{c,\mathrm{wet}}(f_N)}{f_{N+1}-G_{c,\mathrm{wet}}(f_N)}=\frac{\left[1-\frac{\pi r_{\mathrm{debond}}^{2}}{A}\right]^{2}G_{c,\mathrm{wet}}(f_N)-G_{c,\mathrm{wet}}(f_N)}{f_{N+1}-f_N} \tag{21.46}$$

利用 f_N 一阶精度的泰勒级数展开式,并用式(21.42)和式(21.35)代入式(21.46)得

$$\frac{\mathrm{d}G_{c,\mathrm{wet}}(f_N)}{\mathrm{d}f_N}=\frac{\left(1-\frac{\pi r_{\mathrm{debond}}^{2}}{A}\right)^{2}G_{c,\mathrm{wet}}(f_N)-G_{c,\mathrm{wet}}(f_N)}{\frac{\pi r_{\mathrm{debond}}^{2}}{A}} \tag{21.47}$$

高阶项的简化和消除给出了以下表征潮湿造成的界面断裂韧性损失的微分方程:

$$\frac{\mathrm{d}G_{c,\mathrm{wet}}(f_N)}{\mathrm{d}f_N}=-2G_{c,\mathrm{wet}}(f_N) \tag{21.48}$$

受以下边界条件制约:

$$G_{c,\mathrm{wet}}(f_N=0)=G_{c,\mathrm{dry}} \tag{21.49}$$

式(21.48)的解为

$$G_{c,\mathrm{wet}}=G_{c,\mathrm{dry}}\exp\left(\frac{-8C_{\mathrm{sat}}r_{\mathrm{debond}}^{2}}{\rho D^{2}}\right) \tag{21.50}$$

式(21.50)表征了用湿度相关的关键参数描述的水分导致的界面断裂韧性的损失。使用室温下水密度值($0.998\mathrm{mg/mm^3}$)、平均纳米孔直径 5.5Å 以及本研究试验部分确定的饱和浓度与式(21.32)和式(21.50)结合后,活跃纳米孔的数量 N 以及 r_{debond} 的值可以通过材料体系对每个水平的预处理的固有响应来确定,结果如表 21.5 所示。

如表 21.5 所示,活跃纳米孔的数量随着饱和浓度而增加,这是我们所预期的,因为饱

和浓度的增加会增加通过纳米孔传输的可用水分。另外，r_{debond} 的值对于各个界面的每个湿度预处理环境是相似的，这也是我们所预期的，因为 X 射线光电子能谱和水接触角结果并不表明铜表面的水分预处理的界面疏水性的变化。r_{debond} 值的轻微变化可部分归因于试验数据的分散。由于结果相似，因此将它们平均以获得每个界面在湿气存在下 r_{debond} 的代表值。

表 21.5　底部填充剂/铜界面湿度有关的主要参数

环境	基体	黏合剂	C_{sat}/(mg H_2O/mm^3)	N	r_{debond}/mm
85℃/50 %温度	铜	底部填充剂	0.0075	1.006×10^{13}	1.640×10^{-6}
85℃/65 %温度	铜	底部填充剂	0.0089	1.194×10^{13}	1.692×10^{-6}
85℃/85 %温度	铜	底部填充剂	0.0118	1.583×10^{13}	1.669×10^{-6}

使用针对每个界面材料体系识别的湿度参数，使用式(21.50)来预测底部填充剂/铜界面的界面断裂韧性随着饱和浓度的增加而变化。

如图 21.14 所示，式(21.50)准确地预测了界面断裂韧性的损失与水分浓度增加的函数关系。由于式(21.50)是基于吸附理论的物理学原理，所以只要界面处有水分，无论浓度有多小，界面断裂韧性都会产生损失。这与先前研究的结果相矛盾，已有研究报道临界浓度的水分可能存在，低于此浓度时黏附力没有可测量的损失(Comyn 等，1994；Gledhill 等，1980；Kinloch，1979)。根据吸附理论的结果，理论上不可能存在临界浓度的水分。在这些研究中，除了吸附理论之外，其他黏附机理也可以控制界面处的黏附，这可以解释为什么观察到了临界浓度的水分。另一个考虑是用于获得黏附结果的测试方法，上述研究使用搭接剪切测试样品来确定湿度预处理后的界面强度，由于在缺乏界面处的预制裂纹，并且施加的载荷分布于整个黏合区域，所以这些试样对界面失效不敏感，因此，可能也解释了为什么在低浓度水分下似乎存在临界浓度的水分。相反，界面断裂韧性测试样品是通过在界面处使用预制裂纹来设计界面失效的，这使得它们对界面处黏附力的细微变化更敏感。

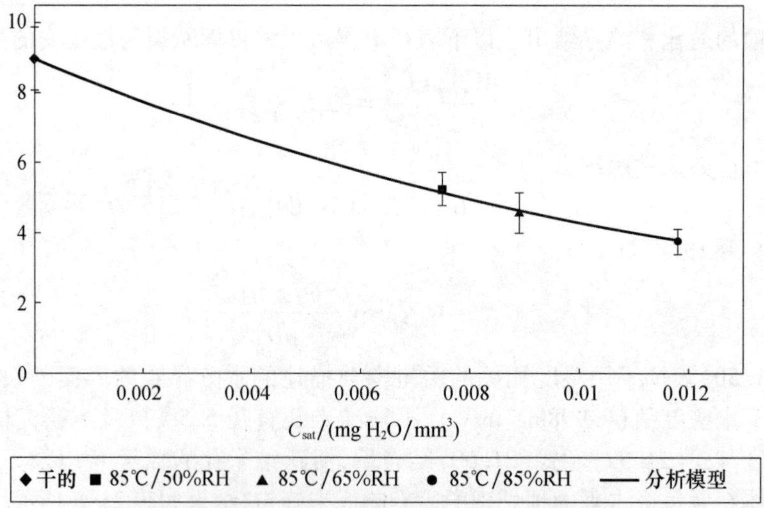

图 21.14　分析预测底部填充/铜界面的水分界面断裂韧性损失

Wylde 和 Spelled(1998)的工作支持了这一研究结果。使用先前报道的具有类似材料体系的界面断裂韧性测试样品显示来自搭接剪切结果的水的临界浓度,他们发现对于所有浓度的水分,水分导致了界面韧性的下降,包括那些低于先前报道的临界浓度的水分。因此,如果吸附理论主导着黏合剂/基材界面处的黏合剂结合,并且满足模型开发过程的假设条件,那么,式(21.50)应该可准确预测给定水分浓度下界面断裂韧性的损失。

21.4　小　　结

本章包含两个主要贡献。首先,已经开发了一种基于力学和物理的模型来确定聚合物-金属界面的界面破坏量与内聚破坏量之间的关系。基于该模型,可以预测黏附界面附近的内聚破坏量,因此黏附增强可以定量确定。因为黏合剂的内聚破坏强度通常比聚合物-金属界面强度大得多,所以由于表面粗糙度而在界面附近的内聚破坏可以显著改善表观界面断裂韧性。

应该提到的是,这里的模型发展假设了完美的线弹性裂缝尖端场。当裂纹尖端附近发生明显的塑性时,需要进行一些修正以包括塑性变形。此外,很明显,包括物理和化学黏合在内的其他黏合机制在黏合增强中起重要作用。

其次,详细研究了水分对界面断裂韧性的影响。在这项研究中,针对水分迁移行为,研究了两种环氧基非流动性底部填充剂 UR-A 和 UR-B。根据扩散分析的结果,很明显,每个底部填充物都表现出非常不同的行为。虽然 UR-A 比 UR-B 吸收了更多的团聚水分,但 UR-B 的水分比 UR-A 更容易扩散。这种行为归因于每种底部填充物中的不同化学性质,其中 UR-A 中的胺官能团的存在减缓了水分迁移,而 UR-B 中胺官能团的缺失产生了增大的扩散速率。开发了有限元模型来分析和可视化描述了 UR-A 和 UR-B 的水分输送特性。该模型显示,在使用 UR-A 的相当尺寸的组件之前,湿气将首先达到使用 UR-B 的微电子组件的界面;然而,由于 UR-A 的饱和浓度较高,如果暴露于潮湿环境较长时间,对 UR-A 的组件,会有更多的潮气进入界面。当考虑到界面断裂韧性结果时,这给微电子应用提出了一个有趣的场景。基于界面断裂韧性结果,发现界面黏附损失的关键方面不是黏合剂由于吸湿而退化,而是达到本研究中评估的黏合剂和基材界面的水分量。考虑到这一点,根据服务环境和暴露于该环境的持续时间,一个底部填充可能会产生比另一个更好的界面黏合。例如,如果微电子封装长时间暴露在潮湿的环境中并假定两种底部填充物具有相似的黏合特性,则在可靠性方面不含胺的树脂 UR-B 将是更好的选择,这是由于 UR-B 比 UR-A 的饱和浓度较低,因此,到达界面的水分总量受到底部填料固有的水分饱和行为的限制。相反,如果微电子封装将要在短时间内暴露在潮湿环境中,并再次假设两种底部填充物具有相似的黏合特性,含胺树脂 UR-A 将是更好的可靠性选择,这是由于 UR-A 中存在的胺官能团能够阻止水分通过树脂传输,因此,与 UR-B 封装的相当尺寸的组件相比,需要更长的时间才能达到使用 UR-A 的组件的界面。当然,这两种情况都假定水分向界面迁移的唯一方法是通过底部填充物进行体扩散,并且应当谨慎使用,以确保除了体散射之外界面处的水分不会被吸收。

评估湿气问题时的另一个考虑因素是湿气对黏合剂和基材整体性能的影响。吸收的水分会改变黏合剂和基材的机械特性,这会间接地影响界面黏合,弹性模量的变化可以显著改变界面断裂韧性结果。由于本研究评估的基材为金属且不透水，因此仅考虑由于吸湿引起的底部填充弹性模量的变化，测量了几种不同的湿度预处理环境和随后的饱和浓度下的弹性模量，重要的是要注意在测试时标品完全浸湿了，因此，在试验时试样内没有水分梯度，并且确定了每种条件下固有的湿模量。另外，热老化试验结果表明，湿度预处理环境的温度分量未引起弹性模量的变化；因此，所有观察到的损失都可归因于水分的存在。结果显示，湿度小于 1.02%（质量分数）（0.0118mg H_2O/mm^3）时弹性模量逐渐降低，在 1.19%（质量分数）（0.0138mg H_2O/mm^3）浓度下出现更显著的下降（17%）。由于在几种不同的饱和浓度下确定了固有的湿模量，因此结果表明了底部填充料的弹性模量随着湿度浓度的增加而发生的内在变化，其可用于模拟随着水分被吸收而在底部填充弹性模量中的瞬态变化。为了评估底部填充弹性模量从吸湿过程的回复，允许样品达到饱和，然后在对流烘箱中烘烤直至完全干燥。回复结果表明，尽管有一些永久性损失确实发生了，但充分干燥后底层填充弹性模量的大部分损失得到了恢复。由于水分塑化是唯一已知的由水分吸收引起的机械特性变化的可逆机制，因此恢复结果表明，塑化是导致弹性模量损失的主要机制。水分吸收所产生的轻微不可逆影响可部分归因于水解，完全干燥后底部填充物中的微小净永久增重支持了这一点。值得注意的是，DSC 结果表明底部填充物在湿度预处理之前已经完全固化，因此底部填充物与水分反应中的不完全固化的贡献是不大可能的。由于水分不会显著改变底部填充物的弹性模量，并且记住弹性模量的大部分变化在干燥时恢复，因此在考虑湿度影响时，微电子应用中底部填充材料的长期可靠性不是主要考虑因素。由于湿气塑化是引起底部填充模量变化的主要机制，因此如果已知暴露在潮湿环境中，则可以控制底部填充化学特征的变化，以生产更能抵抗湿气增塑的产品。

在确定吸湿动力学及黏合剂和基材的湿度特性变化后，最后考虑的是湿气对界面黏合的影响，对底部填充物/铜和未填充/FR-4 板界面断裂韧性测试样品评估这种影响。通过实施几种不同的湿度预处理环境并且通过使用由测试样品确定的断裂临界载荷以及每个环境的水分浓度和弹性模量的变化，界面断裂韧性被确定为随着水分浓度的增加而变化的函数。底部填充剂/铜界面测试样品的底部填充/铜界面以及所有环境的底部填充/FR-4 板测试样品的阻焊层/铜界面发生了失效，湿度预处理结果表明，两个界面都对水分非常敏感，当浓度低至 0.65%（0.0089mg H_2O/mm^3）时，界面韧性显著变化。由于温度和湿度分量与湿度预处理相关，因此进行热老化测试以描述两者对界面断裂结果的贡献。热老化测试结果显示，湿度预处理环境的温度分量的韧性没有显著变化，因此，所有观察到的损失都可归因于湿气的存在。另外，由于水分不会显著改变用于评估界面断裂韧性的水分条件的底部填充黏合剂的弹性模量，因此水分导致的底部填充剂的塑化对界面断裂韧性的变化几乎没有贡献。因此，韧性的降低主要归因于界面处水分的直接存在导致的界面的减弱，这对于实际应用具有非常重要的意义，表明当最小化与水分的界面黏附损失时要考虑的关键方面是防止水分物理地到达界面。利用吸附理论，可以从热力学讨论中确定存在水分时黏合剂/基材界面的稳定性。在暴露于潮湿环境之前，黏附力被确定为正值，暴露后为负值，表明如果水与界面接触，环氧树脂/铜界面的所有附着力都会丧失，恢复结果支持了这一点。如果任何界面断裂韧性在完全干燥后恢复，则其表现得很少。因此，结果表明，键合的吸附理论是研究环氧/金属界面的主要键合机理。利用吸附理论与断裂力学相结合，开发了一种分析模型，可以预测界面断裂韧性随含水量变化的损失。该模型包含了与本研究中确定的环氧接头中水分问题相关的关键参数，包括界面疏水性、活性纳米孔密度、饱和浓度和水密度，该模型与试验结果相关性很好，表明如果吸附理论主导黏合剂/基材界面处的黏合剂黏合，则模型应准确预测给定水分浓度下界面断裂韧度的损失。预测模型为开发新的黏合剂、创新的表面处理方法和有效的保护方法提供了一个有用的工具，可以提高界面黏合力。

参考文献

L. Butkus, Environmental durability of adhesively bonded joints, Doctoral thesis, Georgia Institute of Technology, Woodruff School of Mechanical Engineering, Atlanta, 1997

Y. Cengel, M. Boles, Thermodynamics: An Engineering Approach(McGraw-Hill, New York, 1994)

K. Cho, E. Cho, Effect of the microstructure of copper oxide on the adhesion behavior or epoxy/copper leadframe joints. J. Adhes. Sci. Technol. 14(11), 1333-1353(2000)

C. Chong, A. Leslie, L. Beng, C. Lee, Investigation on the effect of copper leadframe oxidation on package delamination, in Proceedings of the 45th Electronic Components and Technology Conference, (1995), pp. New York, N. Y. 463-469

P. Chung, M. Yuen, P. Chan, N. Ho, D. Lam, Effect of copper oxide on the adhesion behavior of epoxy molding compound-copper interface, in Proceedings of the 52nd Electronic Components and Technology Conference, 2002, pp. 1665-1670

J. Comyn, C. Groves, R. Saville, Durability in high humidity of glass-to-lead alloy joints bonded with and epoxide adhesive. Int. J. Adhes. Adhes. 14, 15-20(1994)

T. Ferguson, J. Qu, Moisture and temperature effects on the reliability of interfacial adhesion of a polymer/metal interface, in Proceedings of the 54th Electronic Components and Technology Conference, 2004

R. Gledhill, A. Kinloch, J. Shaw, A model for predicting joint durability. J. Ahdes. 11, 3-15(1980)

K. Hong, H. Imadojemu, R. Webb, Effects of oxidation and surface roughness on contact angle. Exp. Therm. Fluid Sci. 8, 279-285(1994)

J. Hutchinson, Z. Suo, Mixed mode cracking in layered materials, in Advances in Applied Mechanics, vol. 29(Academic, New York, 1992)

S. Kim, The role of plastic package adhesion in IC performance, in Proceedings of the 41st Electronic Components and Technology Conference, 1991, pp. 750-758

A. Kinloch, Interfacial fracture mechanical aspects of adhesive bonded joints-a review. J. Adhes. 10, 193-219 (1979)

A. J. Kinloch, Adhesion and Adhesives Science and Technology(Chapman and Hall, London, 1987)

H. Lee, J. Qu, Microstructure, adhesion strength and failure path at a polymer/roughened metal interface. J. Adhes. Sci. Technol. 17(2), 195-215(2003)

S. Luo, Study on adhesion of underfill materials for flip chip packaging, Doctoral thesis, Georgia Institute of Technology, School of Textile and Fibers Engineering, Atlanta, 2003

T. Mino, K. Sawada, A. Kurosu, M. Otsuka, N. Kawamura, H. Yoo, Development of moisture proof thin and large QFP with copper lead frame, in Proceedings of the 48th Electronic Components and Technology Conference, 1998, pp. 1125-1131

S. Shi, C. P. Wong, Study of the fluxing agent effects on the properties of no-flow underfill materials for flip-chip applications, in Proceedings of the 48th Electronic Components and Technology Conference, 1998, pp. 117-124

C. Soles, A. Yee, A discussion of the molecular mechanisms of moisture transport in epoxy resins. J. Polym. Sci. B 38, 792-802(2000)

C. Soles, F. Chang, D. Gidley, A. Yee, Contributions of the nanovoid structure to the kinetics of moisture transport in epoxy resins. J. Polym. Sci. B 38, 776-791(2000)

J. Wylde, J. Spelt, Measurement of adhesive joint fracture properties as a function of environmental degradation. Int. J. Adhes. Adhes. 18, 237-246(1998)

S. Yi, C. Yue, J. Hsieh, L. Fong, S. Lahiri, Effects of oxidation and plasma cleaning on the adhesion strength of molding compounds to copper leadframes. J. Adhes. Sci. Technol. 13, 789-804(1999)

第 22 章　聚合物的损伤力学统一本构模型

Cemal Basaran, Eray Gunel

摘　要

基于等温性能的材料模型的充分性对于非等温情况(诸如包括温度和速率的连续变化的聚合物加工)而言变得不可信。为了真实预测非等温条件下无定形聚合物的热机械响应,有必要制定温度依赖性的材料属性和流变定律,以提供围绕玻璃化转变温度的平滑过渡。

本章提出了一种改进型的双机制黏塑性本构模型,用于描述无定形聚合物在玻璃化转变温度以下和以上的热机械响应。材料属性定义、内部状态变量的演变以及塑性流变定律被重新审视,以提供围绕玻璃化转变温度 θ_g 的材料响应的平滑及连续的过渡。弹性黏塑性本构模型是基于热力学框架而开发的,对于复杂热机械问题(如聚合物加工)中的损伤演变,不可逆熵产生率被用作损伤度量(又名 Basua 损伤演化模型)。

22.1　概　　述

颗粒填充丙烯酸树脂由于其美学品质、高耐热性和耐候性而广泛用于家庭和工业应用。丙烯酸粒子复合材料的应用集中于固体表面工业,取代传统材料,如天然石材、木材、层压制品。此外,设计师和建筑师的新趋势是使用压克力板材设计艺术作品,如墙板、家具和雕塑。热成形是丙烯酸类产品的典型制造方法,在成形期间,通过手动或气动方法将加热板拉到模具上或模具内,实现所需的结构设计。颗粒增强丙烯酸树脂在高温下发生大变形,然后在固定构型下冷却材料,这可能会在热成形过程中和之后在零件中产生几个问题。应力增白是热成形粒子丙烯酸树脂中观察到的主要问题之一。

计算力学模型可以用于制造工艺的模拟,但是,这需要复杂的本构模型,可以准确地模拟材料行为。迄今为止,在非常宽的温度和应变率范围内为非晶态聚合物的大变形行为开发的材料模型的适用性,仅在完全控制的情况下(恒定应变率、恒定温度)得到了证实。然而,在实际的聚合物加工操作中,温度从高往低的下降导致从橡胶状态到固态的转变以及材料响应的显著变化。为了解决与玻璃化转变温度附近的材料响应预测有关的问题,本章提出了一种改进的双机制弹黏塑性材料模型。在模型和材料属性定义中控制黏塑性特征的状态变量和流变定律的演变经过精心制定,以确保玻璃化转变温度附近的响应顺利过渡。由于材料状态在非等温情况下会随着温度的变化而不断变化,因此试验性措施不能用于连续监测损伤演变。基于过程中不可逆熵的产生,提出了一种聚合物加工工艺损伤量化和演化的新方法。基于熵的损伤模型被用于预测聚合物加工操作中的材料退化和失效分析。

22.2 大变形概念

为了研究聚合物材料的大变形行为,有必要描述基于有限变形张量的本构模型运动学。如图 22.1 所示,考虑一个在时间 t_0、在未变形(原始或初始)配置($\boldsymbol{\Sigma}_0$)中体积为 V_0 的物体,其在时间 t 变形为当前(变形)配置($\boldsymbol{\Sigma}$)中的体积 V。在原始配置和当前配置中,位置向量 $\boldsymbol{X}$ 和 $\boldsymbol{x}$ 的连续一对一映射($\boldsymbol{\chi}$)可以唯一地定义体内点的运动(图 22.1)。

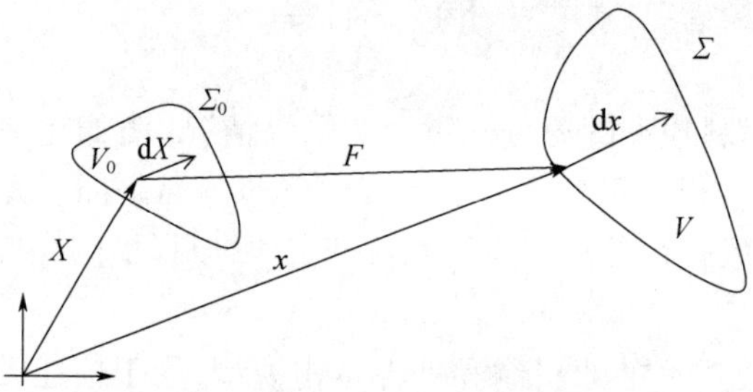

图 22.1 从原始配置到当前配置的变形

变形梯度($\boldsymbol{F}$)描述了当前构型(式(22.1))中在原始构型中 $\boldsymbol{X}$ 位置上的线元素($\mathrm{d}\boldsymbol{X}$)到变形线元素($\mathrm{d}\boldsymbol{x}$)的变换。唯一变换确保变形梯度或雅可比矩阵($\boldsymbol{J}$)(式(22.3))的非奇异非负性的决定因素。速度梯度($\boldsymbol{L}$)是速度场($\boldsymbol{v}$)的梯度,并将变形梯度与其材料的时间导数($\dot{\boldsymbol{F}}$)(式(22.4)~式(22.6))相关联:

$$\boldsymbol{x}=\boldsymbol{\chi}(\boldsymbol{X},t) \tag{22.1}$$

$$\boldsymbol{F}=\nabla\boldsymbol{x}(\boldsymbol{\chi})=\frac{\partial\boldsymbol{\chi}}{\partial\boldsymbol{X}} \tag{22.2}$$

$$\boldsymbol{J}=\det(\boldsymbol{F})>0 \tag{22.3}$$

$$\boldsymbol{v}(\boldsymbol{x},t)=\dot{\boldsymbol{x}}(\boldsymbol{x},t) \tag{22.4}$$

$$\boldsymbol{L}=\mathrm{grad}(\boldsymbol{v})=\frac{\partial\dot{\boldsymbol{x}}}{\partial\boldsymbol{X}} \tag{22.5}$$

$$\dot{\boldsymbol{F}}=\boldsymbol{L}\boldsymbol{F} \tag{22.6}$$

假设变形梯度($\boldsymbol{F}$)乘法分解为弹性部分($\boldsymbol{F}^e$)和塑性部分($\boldsymbol{F}^p$)(Ames 等,2009;Anand,1986),与热变形有关的信息包含在变形梯度的弹性部分(式(22.7))。塑性变形梯度($\boldsymbol{F}^p$)定义了从初始构型($\boldsymbol{\Sigma}_0$)到中间、“松弛”或“自然”构型($\boldsymbol{\Sigma}'$)的变形,其后是弹性变形($\boldsymbol{F}^e$)到最终构型($\boldsymbol{\Sigma}$)。速度梯度($\boldsymbol{L}$)的对称部分定义为拉伸速率张量($\boldsymbol{D}$),速度梯度的非对称部分定义为自旋张量($\boldsymbol{W}$)(式(22.10)):

$$\boldsymbol{F}=\boldsymbol{F}^e\boldsymbol{F}^p,J=J^eJ^p \tag{22.7}$$

$$J^e=\det(\boldsymbol{F}^e)>0 \tag{22.8}$$

$$J^p=\det(\boldsymbol{F}^p)>0 \tag{22.9}$$

$$\mathrm{sym}(\boldsymbol{L})=\boldsymbol{D},\mathrm{asym}(\boldsymbol{L})=\boldsymbol{W},\boldsymbol{L}=\boldsymbol{D}+\boldsymbol{W} \tag{22.10}$$

使用式(22.7),可以找到速度梯度的弹性和塑性部分:

$$\boldsymbol{L}=\boldsymbol{L}^{e}+\boldsymbol{F}^{e}\boldsymbol{L}^{p}\boldsymbol{F}^{e-1} \tag{22.11}$$

其中

$$\boldsymbol{L}^{e}=\dot{\boldsymbol{F}}^{e}\boldsymbol{F}^{e-1} \tag{22.12}$$

$$\boldsymbol{L}^{p}=\dot{\boldsymbol{F}}^{p}\boldsymbol{F}^{p-1} \tag{22.13}$$

弹性和塑性部分的拉伸速率张量($\boldsymbol{D}$)和自旋张量($\boldsymbol{W}$)可以类似地从式(22.10)中导出,其中上标“e”和“p”分别表示对应量的弹性和塑性部分(式(22.14)和式(22.15)):

$$\mathrm{sym}(\boldsymbol{L}^{e})=\boldsymbol{D}^{e},\mathrm{asym}(\boldsymbol{L}^{e})=\boldsymbol{W}^{e},\boldsymbol{L}^{e}=\boldsymbol{D}^{e}+\boldsymbol{W}^{e} \tag{22.14}$$

$$\mathrm{sym}(\boldsymbol{L}^{p})=\boldsymbol{D}^{p},\mathrm{asym}(\boldsymbol{L}^{p})=\boldsymbol{W}^{p},\boldsymbol{L}^{p}=\boldsymbol{D}^{p}+\boldsymbol{W}^{p} \tag{22.15}$$

右和左拉伸张量($\boldsymbol{U},\boldsymbol{V}$)和旋转张量($\boldsymbol{R}$)可以从变形梯度的右和左极性分解中找到,如下所示:

$$\boldsymbol{F}=\boldsymbol{R}\boldsymbol{U} \tag{22.16}$$

$$\boldsymbol{F}=\boldsymbol{V}\boldsymbol{R} \tag{22.17}$$

式中:$\boldsymbol{U}$ 和 $\boldsymbol{V}$ 拉伸张量为正定对称张量;$\boldsymbol{R}$ 为一个适当的正交张量。Cauchy($\boldsymbol{C}$)和 Almansi 张量($\boldsymbol{B}$)可以表述如下:

$$\boldsymbol{C}=\boldsymbol{F}^{\mathrm{T}}\boldsymbol{F}=\boldsymbol{U}\boldsymbol{U} \tag{22.18}$$

$$\boldsymbol{B}^{-1}=\boldsymbol{F}^{-\mathrm{T}}\boldsymbol{F}^{-1}=\boldsymbol{V}^{-1}\boldsymbol{V}^{-1} \tag{22.19}$$

类似地,根据式(22.16)~式(22.19),可以为变形梯度的弹性和塑性部分写出以下关系:

$$\boldsymbol{F}^{e}=\boldsymbol{R}^{e}\boldsymbol{U}^{e} \tag{22.20}$$

$$\boldsymbol{F}^{e}=\boldsymbol{V}^{e}\boldsymbol{R}^{e} \tag{22.21}$$

$$\boldsymbol{C}^{e}=\boldsymbol{F}^{eT}\boldsymbol{F}^{e}=\boldsymbol{U}^{e}\boldsymbol{U}^{e} \tag{22.22}$$

$$\boldsymbol{B}^{e-1}=\boldsymbol{F}^{e-T}\boldsymbol{F}^{e-1}=\boldsymbol{V}^{e-1}\boldsymbol{V}^{e-1} \tag{22.23}$$

$$\boldsymbol{F}^{p}=\boldsymbol{R}^{p}\boldsymbol{U}^{p} \tag{22.24}$$

$$\boldsymbol{F}^{p}=\boldsymbol{V}^{p}\boldsymbol{R}^{p} \tag{22.25}$$

$$\boldsymbol{C}^{p}=\boldsymbol{F}^{pT}\boldsymbol{F}^{p}=\boldsymbol{U}^{p}\boldsymbol{U}^{p} \tag{22.26}$$

$$\boldsymbol{B}^{p-1}=\boldsymbol{F}^{p-T}\boldsymbol{F}^{p-1}=\boldsymbol{V}^{p-1}\boldsymbol{V}^{p-1} \tag{22.27}$$

变形梯度的乘法分裂产生非独特的、局部定义的中间(松弛)构型(Anand 和 On, 1979)。解决这个问题的一个方便的方法是引入 Mandel 提出的基于(导向)正交向量的弹性和塑性变形梯度的旋转速率定义(Anand 等,2009)。速率变形张量所产生的弹性和塑性部分在叠加刚体旋转时是不变的(Aravas,1994;Arruda 和 Boyce ,1993;Arruda 等,1995)。然而,中间配置的随意性也可以通过设置塑性自旋张量为零予以移除(式(22.28);Basaran 和 Lin,2007;Basaran 和 Nie,2007;Basaran 和 Yan,1998;Bauwens-Crowet 等,1969)。在这种情况下,弹性和塑性变形梯度将包括旋转,它可以通过适当选择应力和速率量度并建立帧不变模型来处理:

$$\boldsymbol{W}^{p}=0 \tag{22.28}$$

$$J^{p}=1 \tag{22.29}$$

假定塑性流变是无旋转的(式(22.28))和不可压缩的(式(22.29)),总变形梯度(J)的雅可比和塑性变形梯度的材料时间导数($\dot{\boldsymbol{F}}^{P}$)会变成:

$$J=J^{e} \tag{22.30}$$

$$\dot{\boldsymbol{F}}^p = \boldsymbol{D}^p \boldsymbol{F}^p \tag{22.31}$$

由于不可压缩的塑性流变和不旋转的塑性流变假设，则

$$\boldsymbol{L}^p = \boldsymbol{D}^p \tag{22.32}$$

$$\mathrm{tr}(\boldsymbol{L}^p) = \mathrm{tr}(\boldsymbol{D}^p) = 0 \tag{22.33}$$

$$\boldsymbol{L} = \boldsymbol{L}^e + \boldsymbol{F}^e \boldsymbol{D}^P \boldsymbol{F}^{e-1} \tag{22.34}$$

假定系统最初($t=0$)处于静止状态，这为弹性和塑性变形梯度提供了以下初始条件：

$$\boldsymbol{F}^p(\boldsymbol{X},0) = \boldsymbol{I} \tag{22.35}$$

$$\boldsymbol{F}^e(\boldsymbol{X},0) = \boldsymbol{I} \tag{22.36}$$

22.3 运动描述符的框架无差异

根据 Eringen(1967)的观点，材料本构关系必须对当前参考框架的变化而不变(Bergström 和 Boyce，1998)。因此，如果一个量或公式对参考框架的变化而言是不变的，那么其就是框架无差异或客观的。任何物质点$\boldsymbol{\chi}(\boldsymbol{X},t)$的刚体运动由一个适当的正交旋转张量$\boldsymbol{\Omega}(t)$和一个向量$\boldsymbol{X}_0(t)$定义，对于任何时间帧$t$，有

$$\overline{\boldsymbol{\chi}}(\boldsymbol{X},t) = \boldsymbol{\Omega}(t)[\boldsymbol{\chi}(\boldsymbol{X},t) - \boldsymbol{O}] + \boldsymbol{X}_0(t) \tag{22.37}$$

其中旋转张量的正交特性被定义为

$$\boldsymbol{\Omega}^{\mathrm{T}}\boldsymbol{\Omega} = I \tag{22.38}$$

在式(22.37)中，$\boldsymbol{\Omega}(t)$表示刚体转动和$\boldsymbol{X}_0(t)$表示刚体平移。在这种情况下，向量($\boldsymbol{a}$)和二阶张量($\boldsymbol{A}$)的框架无差异根据转换规则(BergstroM 和 Boyce，1998；Boltzmann，1995)定义如下：

$$\overline{\boldsymbol{a}} = \boldsymbol{\Omega}\boldsymbol{a} \tag{22.39}$$

$$\overline{\boldsymbol{A}} = \boldsymbol{\Omega}\boldsymbol{a}\boldsymbol{\Omega}^{\mathrm{T}} \tag{22.40}$$

可以从式(22.1)得到变形梯度相对于参考系的变换：

$$\overline{\boldsymbol{F}} = \boldsymbol{\Omega}\boldsymbol{F} \tag{22.41}$$

因此，根据式(22.40)，变形梯度不是客观的(框架无差异的)。使用式(22.41)，可以获得变换构型中的柯西张量($\boldsymbol{C}$)为

$$\overline{\boldsymbol{C}} = \overline{\boldsymbol{F}}^{\mathrm{T}}\overline{\boldsymbol{F}} = \boldsymbol{F}^{\mathrm{T}}\boldsymbol{\Omega}^{\mathrm{T}}\boldsymbol{\Omega}\boldsymbol{F} = \boldsymbol{F}^{\mathrm{T}}\boldsymbol{F} = \boldsymbol{C} \tag{22.42}$$

由于柯西张量是参考原始参考系的拉格朗日张量，根据式(22.40)，不应该期望柯西张量随当前参考系改变。因此，柯西张量($\boldsymbol{C}$)不是客观的，但对于变形构型中当前参考系的变化仍然不变。使用式(22.16)中的式(22.41)和正确的极性分解规则，得到

$$\overline{\boldsymbol{F}} = \overline{\boldsymbol{R}}\ \overline{\boldsymbol{U}} = \boldsymbol{\Omega}\boldsymbol{F} = \boldsymbol{\Omega}\boldsymbol{R}\boldsymbol{U} \tag{22.43}$$

由于正确的极性分解是独一无二的，式(22.43)暗示了这一点：

$$\overline{\boldsymbol{R}} = \boldsymbol{\Omega}\boldsymbol{R} \tag{22.44}$$

$$\overline{\boldsymbol{U}} = \boldsymbol{U} \tag{22.45}$$

因此，右拉伸张量($\boldsymbol{U}$)和旋转张量($\boldsymbol{R}$)不是客观的。然而，与柯西张量类似，右拉伸张量指的是原始参考坐标系，因此右拉伸张量对于当前参考坐标系中的变化是不变的。

类似地,使用式(22.19),阿尔曼西(Almansi)张量($\boldsymbol{B}$)在转换后的配置中可以得到

$$\overline{\boldsymbol{B}}=\overline{\boldsymbol{F}}\ \overline{\boldsymbol{F}}^{\mathrm{T}}=\boldsymbol{\Omega F F}^{\mathrm{T}}\boldsymbol{\Omega}^{\mathrm{T}}=\boldsymbol{\Omega B \Omega}^{\mathrm{T}} \tag{22.46}$$

因此,阿尔曼西张量($\boldsymbol{B}$)是客观的。使用式(22.41)和式(22.17)左极性分解规则,即

$$\overline{\boldsymbol{F}}=\overline{\boldsymbol{V}}\ \overline{\boldsymbol{R}}=\boldsymbol{\Omega F}=\boldsymbol{\Omega V R} \tag{22.47}$$

根据式(22.44)中旋转张量的变换,式(22.47)可以改写为

$$\overline{\boldsymbol{F}}=\overline{\boldsymbol{V}}\ \overline{\boldsymbol{R}}=\boldsymbol{\Omega V \Omega}^{\mathrm{T}}\boldsymbol{\Omega R} \tag{22.48}$$

由于左极分解也是唯一的,式(22.48)暗示了这一点:

$$\overline{\boldsymbol{V}}=\boldsymbol{\Omega V \Omega}^{\mathrm{T}} \tag{22.49}$$

因此,左拉伸张量($\boldsymbol{V}$)是客观的。考虑到式(22.41)的时间导数,可以看出变形梯度的材料时间导数不是客观的(式(22.50)):

$$\dot{\overline{\boldsymbol{F}}}=\dot{\boldsymbol{\Omega}}\boldsymbol{F}+\boldsymbol{\Omega}\dot{\boldsymbol{F}} \tag{22.50}$$

使用式(22.50)和式(22.6)中的速度梯度的定义,即

$$\dot{\overline{\boldsymbol{F}}}=\overline{\boldsymbol{L}}\ \overline{\boldsymbol{F}}=\dot{\boldsymbol{\Omega}}\boldsymbol{F}+\boldsymbol{\Omega}\dot{\boldsymbol{F}}=(\dot{\boldsymbol{\Omega}}\boldsymbol{F}\boldsymbol{F}^{-1}\boldsymbol{\Omega}^{\mathrm{T}}+\boldsymbol{\Omega}\dot{\boldsymbol{F}}\boldsymbol{F}^{-1}\boldsymbol{\Omega}^{\mathrm{T}})\boldsymbol{\Omega F} \tag{22.51}$$

式(22.51)意味着速度梯度不是客观的,如下式:

$$\overline{\boldsymbol{L}}=\boldsymbol{\Omega L \Omega}^{\mathrm{T}}+\dot{\boldsymbol{\Omega}}\boldsymbol{\Omega}^{\mathrm{T}} \tag{22.52}$$

使用式(22.10)中拉伸速率张量和自旋张量的定义,即

$$\overline{\boldsymbol{L}}=\overline{\boldsymbol{D}}+\overline{\boldsymbol{W}}=\boldsymbol{\Omega}(\boldsymbol{D}+\boldsymbol{W})\boldsymbol{\Omega}^{\mathrm{T}}+\dot{\boldsymbol{\Omega}}\boldsymbol{\Omega}^{\mathrm{T}} \tag{22.53}$$

这意味着

$$\overline{\boldsymbol{D}}=\boldsymbol{\Omega D \Omega}^{\mathrm{T}} \tag{22.54}$$

$$\overline{\boldsymbol{W}}=\boldsymbol{\Omega W \Omega}^{\mathrm{T}}+\dot{\boldsymbol{\Omega}}\boldsymbol{\Omega}^{\mathrm{T}} \tag{22.55}$$

因此,拉伸速率张量($\boldsymbol{D}$)是客观的,而自旋张量($\boldsymbol{W}$)不是客观的。使用式(22.7)中变形梯度的乘法分解定义,即

$$\overline{\boldsymbol{F}}=\overline{\boldsymbol{F}}^{e}\overline{\boldsymbol{F}}^{p}=\boldsymbol{\Omega F}^{e}\boldsymbol{F}^{p} \tag{22.56}$$

式(22.56)意味着

$$\overline{\boldsymbol{F}}^{e}=\boldsymbol{\Omega F}^{e} \tag{22.57}$$

$$\overline{\boldsymbol{F}}^{p}=\boldsymbol{F}^{p} \tag{22.58}$$

因此,弹性和塑性变形梯度不是客观的。由于塑性变形梯度是指原始参考框架和中间参考框架,塑性变形梯度不是客观的,而是对当前参考框架的变化不变。使用式(22.20)~式(22.27)中的弹性和塑性旋转张量、左拉伸张量、右拉伸张量,柯西张量和阿尔曼西张量的定义,可以得出以下关系:

$$\overline{\boldsymbol{F}}^{e}=\overline{\boldsymbol{R}}^{e}\overline{\boldsymbol{U}}^{e}=\boldsymbol{\Omega R}^{e}\boldsymbol{U}^{e} \tag{22.59}$$

$$\overline{\boldsymbol{R}}^{e}=\boldsymbol{\Omega R}^{e} \tag{22.60}$$

$$\overline{\boldsymbol{U}}^{e}=\boldsymbol{U}^{e} \tag{22.61}$$

$$\overline{\boldsymbol{F}}^{e}=\overline{\boldsymbol{V}}^{e}\overline{\boldsymbol{R}}^{e}=\boldsymbol{\Omega V}^{e}\boldsymbol{\Omega}^{\mathrm{T}}\boldsymbol{\Omega R}^{e} \tag{22.62}$$

$$\overline{\boldsymbol{V}}^{e}=\boldsymbol{\Omega V}^{e}\boldsymbol{\Omega}^{\mathrm{T}} \tag{22.63}$$

$$\overline{C}^e = \overline{U}^e \overline{U}^e = U^e U^e = C^e \tag{22.64}$$

$$\overline{B}^e = \overline{V}^e \overline{V}^e = \Omega V^e \Omega^{\mathrm{T}} \Omega V^e \Omega^{\mathrm{T}} = \Omega B^e \Omega^{\mathrm{T}} \tag{22.65}$$

$$\overline{F}^P = \overline{R}^P \overline{U}^P = \Omega R^P U^P \tag{22.66}$$

$$\overline{R}^P = \Omega R^P \tag{22.67}$$

$$\overline{U}^P = U^P \tag{22.68}$$

$$\overline{F}^P = \overline{V}^P \overline{R}^P = \Omega V^P \Omega^{\mathrm{T}} \Omega R^P \tag{22.69}$$

$$\overline{V}^P = \Omega V^P \Omega^{\mathrm{T}} \tag{22.70}$$

$$\overline{C}^P = \overline{U}^P \overline{U}^P = U^P U^P = C^P \tag{22.71}$$

$$\overline{B}^P = \overline{V}^P \overline{V}^P = \Omega V^P \Omega^{\mathrm{T}} \Omega V^P \Omega^{\mathrm{T}} = \Omega B^P \Omega B^P \Omega^{\mathrm{T}} \tag{22.72}$$

因此,弹性和塑性旋转张量($\boldsymbol{R}^e$、$\boldsymbol{R}^P$)不是客观的。弹性和塑性右拉伸张量和柯西张量($\boldsymbol{C}^e$、$\boldsymbol{C}^P$、$\boldsymbol{U}^e$、$\boldsymbol{U}^P$)不是客观的,而是在当前参考框架的变化下不变。弹性和塑性左拉伸张量和阿尔曼西张量($\boldsymbol{B}^e$、$\boldsymbol{B}^P$、$\boldsymbol{V}^e$、$\boldsymbol{V}^P$)是客观的。使用式(22.12)和式(22.13)中的弹性和塑性速度梯度定义以及式(22.57)和式(22.58)中的弹性和塑性变形梯度的变换规则,即

$$\overline{L}^e = \dot{\overline{F}}^e \overline{F}^{e^{-1}} = (\Omega F^e + \dot{\Omega} F^e)(F^{e-1} \Omega^{\mathrm{T}}) = \Omega L^e \Omega^{\mathrm{T}} + \dot{\Omega}\Omega^{\mathrm{T}} \tag{22.73}$$

$$L^P = \dot{\overline{F}}^P \overline{F}^{P-1} = \dot{F}^P F^{P-1} = L^P \tag{22.74}$$

式(22.73)表明弹性速度梯度不是客观的。根据式(22.74),塑性速度梯度不是客观的,但对于当前参考坐标系中的变化是不变的,因为塑性速度梯度是指原始和中间参考坐标系,但不涉及当前坐标系。使用式(22.14)中的弹性拉伸速率张量和自旋张量的定义,即

$$\overline{L}^e = \overline{D}^e + \overline{W}^e = \Omega(D^e + W^e)\Omega^{\mathrm{T}} + \dot{\Omega}\Omega^{\mathrm{T}} \tag{22.75}$$

这意味着:

$$\overline{D}^e = \Omega D^e \Omega^{\mathrm{T}} \tag{22.76}$$

$$\overline{W}^e = \Omega W^e \Omega^{\mathrm{T}} + \dot{\Omega}\Omega^{\mathrm{T}} \tag{22.77}$$

因此,弹性拉伸张量($\boldsymbol{D}^e$)是客观的,而弹性自旋张量($\boldsymbol{W}^e$)不是客观的。类似地,使用式(22.15)中的塑性拉伸率定义并且在式(22.28)中应用无旋转塑性流变假设,即

$$\overline{L}^P = \overline{D}^P = D^P \tag{22.78}$$

这意味着:

$$\overline{D}^P = D^P \tag{22.79}$$

因此,塑性拉伸速率张量($\boldsymbol{D}^P$)不是客观的,而是对当前参考系中的变化不变。总而言之,已经表明 $\boldsymbol{F}$、$\boldsymbol{R}$、$\dot{\boldsymbol{F}}$、$\boldsymbol{L}$、$\boldsymbol{W}$、$\boldsymbol{F}^e$、$\boldsymbol{R}^e$、$\boldsymbol{R}^P$、$\boldsymbol{L}^e$、$\boldsymbol{W}^e$ 不是客观的;$\boldsymbol{C}$、$\boldsymbol{U}$、$\boldsymbol{F}^P$、$\boldsymbol{U}^e$、$\boldsymbol{C}^e$、$\boldsymbol{U}^P$、$\boldsymbol{C}^P$、$\boldsymbol{L}^P$、$\boldsymbol{D}^P$ 不是客观的,但对当前参考框架的变化不变;$\boldsymbol{B}$、$\boldsymbol{V}$、$\boldsymbol{D}$、$\boldsymbol{V}^e$、$\boldsymbol{B}^e$、$\boldsymbol{V}^P$、$\boldsymbol{B}^P$、$\boldsymbol{D}^e$ 是客观的。

22.4 热力学框架

定义相对于温度(θ)为凹的和相对于其他内部状态变量为凸的热力学势的定义将为

满足由克劳修斯-杜亨(Clausius-Duhem)不等式施加的热力学稳定性条件提供基础。特定的亥姆霍兹自由能(Ψ)形成了这样的基础,其定义为特定内能(u)和绝对温度(θ)与特定熵(s)(式(22.80))的乘积之间的差异:

$$\Psi = u - \theta s \tag{22.80}$$

热力学第一定律指出,能量可以被运输,或从一种形式转换为另一种形式,但不能被破坏或创造。因此,系统的内部能量可以通过进入系统的热流增加系统的内能(δq),由外部介质在系统内产生热量(如感应加热)(r),通过外部压力在系统上做机械功(δw),或在任何过程中在系统上完成的所有其他类型的功($\delta w'$)。仅考虑热机械效应,内部能量的变化率可以表示为

$$\dot{u} = Q + l + r \tag{22.81}$$

式中:Q 为进入系统的净热流率;l 为系统完成的净工作率。热力学的第二定律指出,存在一个状态函数(熵),由于熵产生,对所有类型的过程,其普遍增加。与能量不同,熵不仅可以通过系统边界传递,而且可以在称为熵产(η)的系统中创建。克劳修斯-杜亨不等式描述了热力学的第二定律,就任何一种不可逆过程而言,其单位体积的非负熵产生率(γ):

$$\gamma = \rho \dot{s} + \mathrm{div}(\boldsymbol{J}_s) > 0 \tag{22.82}$$

式中:$\boldsymbol{J}_s$ 为进入系统的净熵流量。如式(22.83)所示,热流量可以用热通量来定义:

$$\rho Q = -\mathrm{div}(\boldsymbol{J}_q) \tag{22.83}$$

将式(22.80)的时间导数、式(22.81)中的内部能量定义和式(22.83)中的热流方程代入式(22.82),内部熵产生密度速率可改写为

$$\gamma = \mathrm{div}(\boldsymbol{J}_s) - \frac{\mathrm{div}(\boldsymbol{J}_q)}{\theta} + \frac{\rho r}{\theta} + \frac{\rho}{\theta}(l - \dot{\Psi} - \dot{\theta} s) > 0 \tag{22.84}$$

式中:r 为内部热源强度。

22.5 热力学限制

在双机制黏塑性本构模型中,材料响应被分解为两部分,这就需要在式(22.7)中进行乘法分解的多机制推广以及假定线性加法适用于式(22.80)的不同亥姆霍兹自由能函数和相关熵函数的描述。因此,式(22.12)~式(22.15)、式(22.20)~式(22.27)和式(22.31)~式(22.36)适用于每个阻力分量。下面将使用下标"I"和"M"分别表示分子间机制和分子网络机制中量的分量。对于耗散不等式的描述,(原始)参考构型中的总亥姆霍兹自由能密度被写为缺陷能量(Ψ_D)和存储在分子间结构(Ψ_I)和分子网络结构(Ψ_M)中的弹性能量的总和:

$$\Psi(\boldsymbol{C}_I^e, \boldsymbol{C}_M^e, \boldsymbol{A}, \theta) = \Psi_I(\boldsymbol{E}_I^e, \theta) + \Psi_M(\boldsymbol{C}_M^e, \theta) + \Psi_D(\boldsymbol{A}, \theta) \tag{22.85}$$

在式(22.85)中,假设缺陷能(Ψ_D)取决于拉伸张量($\boldsymbol{A}$)和温度(θ),分子间结构中的弹性能(Ψ_I)取决于分子间结构中的对数弹性应变($\boldsymbol{E}_I^e$)和温度(θ),并假定分子网络结构(Ψ_M)中的弹性能量取决于分子网络结构($\boldsymbol{C}_M^e$)和温度(θ)中的弹性柯西张量。假设类似的分解也适用于特定的熵和特定的亥姆霍兹自由能,即

$$s(\boldsymbol{C}_I^e, \boldsymbol{C}_M^e, \boldsymbol{A}, \theta) = s_I(\boldsymbol{E}_I^e, \theta) + s_M(\boldsymbol{C}_M^e, \theta) + s_D(\boldsymbol{A}, \theta) \tag{22.86}$$

$$\psi(\boldsymbol{C}_I^e, \boldsymbol{C}_M^e, \boldsymbol{A}, \theta) = \psi_I(\boldsymbol{E}_I^e, \theta) + \psi_M(\boldsymbol{C}_M^e, \theta) + \psi_D(\boldsymbol{A}, \theta) \tag{22.87}$$

参考配置中的亥姆霍兹自由能密度($\boldsymbol{\Psi}$)可简单地通过式(22.88)与亥姆霍兹比自由能函数(ψ)相关,并通过式(22.89)的速率形式表示:

$$\rho_0\psi(\boldsymbol{C}_I^e,\boldsymbol{C}_M^e,\boldsymbol{A},\theta)=\boldsymbol{\Psi}(\boldsymbol{C}_I^e,\boldsymbol{C}_M^e,\boldsymbol{A},\theta) \tag{22.88}$$

$$\rho\dot{\psi}(\boldsymbol{C}_I^e,\boldsymbol{C}_M^e,\boldsymbol{A},\theta)=J^{-1}\dot{\boldsymbol{\Psi}}(\boldsymbol{C}_I^e,\boldsymbol{C}_M^e,\boldsymbol{A},\theta) \tag{22.89}$$

式中:ρ_0 和 ρ 分别为参考构型和变形构型的密度。请注意,由于弹性柯西张量($\boldsymbol{C}_I^e$)的特征值和分子间结构对应的对数弹性应变张量($\boldsymbol{E}_I^e$)与式(22.90)相关,并且这些张量的特征向量相同,所以可以考虑亥姆霍兹自由能密度($\boldsymbol{\Psi}_I$)和与分子间结构相关的熵(s_I)作为温度(θ)和弹性柯西张量($\boldsymbol{C}_I^e$)的函数(式(22.91)和式(22.92)):

$$\text{eigenval}(\boldsymbol{E}_I^e)=\frac{1}{2}\text{In}(\text{eigenval}(\boldsymbol{C}_I^e)) \tag{22.90}$$

$$\boldsymbol{\Psi}_I(\boldsymbol{E}_I^e,\theta)=\boldsymbol{\Psi}_I(\boldsymbol{C}_I^e,\theta) \tag{22.91}$$

$$s_I(\boldsymbol{E}_I^e,\theta)=s_I(\boldsymbol{C}_I^e,\theta) \tag{22.92}$$

亥姆霍兹自由能的时间导数可以表示为

$$\dot{\boldsymbol{\Psi}}(\boldsymbol{C}_I^e,\boldsymbol{C}_M^e,\boldsymbol{A},\theta)=\left[\frac{\partial\boldsymbol{\Psi}_I(\boldsymbol{E}_I^e,\theta)}{\partial\boldsymbol{C}_I^e}:\dot{\boldsymbol{C}}_I^e+\frac{\partial\boldsymbol{\Psi}_M(\boldsymbol{C}_M^e,\theta)}{\partial\boldsymbol{C}_M^e}:\dot{\boldsymbol{C}}_M^e+\frac{\partial\boldsymbol{\Psi}_D(\boldsymbol{A},\theta)}{\partial\boldsymbol{A}}:\dot{\boldsymbol{A}}+\frac{\partial\boldsymbol{\Psi}_I(\boldsymbol{E}_I^e,\theta)}{\partial\theta}:\dot{\theta}+\frac{\partial\boldsymbol{\Psi}_M(\boldsymbol{C}_M^e,\theta)}{\partial\theta}:\dot{\theta}+\frac{\partial\boldsymbol{\Psi}_D(\boldsymbol{A},\theta)}{\partial\boldsymbol{A}}:\dot{\theta}\right] \tag{22.93}$$

根据虚功(功率)原理,变形体每单位体积所做的功率(外功功率)与内功功率(式(22.94))相平衡,而在系统上完成的总功存储为弹性应变能(用式(22.95)中的前两项表示)和塑性耗散能(用式(22.95)中的最后两项表示):

$$\rho l=\dot{w}_{\text{int}} \tag{22.94}$$

$$\dot{w}_{\text{int}}=\boldsymbol{\Gamma}_I^e:\boldsymbol{L}_I^e+\Gamma_M^e:\boldsymbol{L}_M^e+J^{-1}\Gamma_I^P:\boldsymbol{L}_I^P+\boldsymbol{J}^{-1}\Gamma_M^P:\boldsymbol{L}_M^P \tag{22.95}$$

在式(22.95)中,$\boldsymbol{\Gamma}_I^e$、$\boldsymbol{\Gamma}_M^e$、$\boldsymbol{\Gamma}_I^P$和$\boldsymbol{\Gamma}_M^P$是与式(22.12)和式(22.13)中定义的变形率$\boldsymbol{L}_I^e$、$\boldsymbol{L}_M^e$、$\boldsymbol{L}_I^P$ 和 $\boldsymbol{L}_M^P$ 共轭的应力测量。注意到(式(22.30))$J^{-1}=J^{e-1}$ 在式(22.95)的最后两项之前的 J^{-1} 乘数将功率定义从中间配置恢复到变形配置。内功率定义的框架无差异要求可以描述为

$$\dot{w}_{\text{int}}=\dot{\overline{w}}_{\text{int}} \tag{22.96}$$

这意味着:

$$\begin{aligned}&(\boldsymbol{\Gamma}_I^e:\boldsymbol{L}_I^e+\Gamma_M^e:\boldsymbol{L}_M^e+\boldsymbol{J}^{-1}\Gamma_I^P:\boldsymbol{L}_I^P+J^{-1}\Gamma_M^P:\boldsymbol{L}_M^P)\\&=(\overline{\Gamma}_I^e:\overline{\boldsymbol{L}}_I^e+\overline{\Gamma}_M^e:\overline{\boldsymbol{L}}_M^e+J^{-1}\Gamma_I^P:\overline{\boldsymbol{L}}_I^P+J^{-1}\overline{\Gamma}_M^P:\overline{\boldsymbol{L}}_M^P)\end{aligned} \tag{22.97}$$

使用式(22.73)和式(22.74)中弹性和塑性速度梯度的变换规则,即

$$\begin{aligned}(\boldsymbol{\Gamma}_I^e:\boldsymbol{L}_I^e+\Gamma_M^e:\boldsymbol{L}_M^e+J^{-1}\Gamma_I^P:\boldsymbol{L}_I^P+J^{-1}\Gamma_M^P:\boldsymbol{L}_M^P)=[&(\overline{\Gamma}_I^e:(\boldsymbol{\Omega}\boldsymbol{L}_I^e\boldsymbol{\Omega}^{\mathrm{T}}+\dot{\boldsymbol{\Omega}}\boldsymbol{\Omega}^{\mathrm{T}})+\\&\overline{\Gamma}_M^e:(\boldsymbol{\Omega}\boldsymbol{L}_M^e\boldsymbol{\Omega}^{\mathrm{T}}+\dot{\boldsymbol{\Omega}}\boldsymbol{\Omega}^{\mathrm{T}})+J^{-1}\overline{\Gamma}_I^P:\boldsymbol{L}_I^P+J^{-1}\overline{\Gamma}_M^P:\boldsymbol{L}_M^P)]\end{aligned} \tag{22.98}$$

或

$$\begin{aligned}(\Gamma_I^e:\boldsymbol{L}_I^e+\Gamma_M^e:\boldsymbol{L}_M^e+J^{-1}\Gamma_I^P:\boldsymbol{L}_I^P+J^{-1}\Gamma_M^P:\boldsymbol{L}_M^P)=[&(\boldsymbol{\Omega}^{\mathrm{T}}\overline{\Gamma}_I^e\boldsymbol{\Omega}):\boldsymbol{L}_I^e+\\(\boldsymbol{\Omega}^{\mathrm{T}}\overline{\Gamma}_M^e\boldsymbol{\Omega}):\boldsymbol{L}_M^e+J^{-1}\overline{\Gamma}_I^P:\boldsymbol{L}_I^P+J^{-1}\overline{\Gamma}_M^P:\boldsymbol{L}_M^P+&\overline{\Gamma}_I^e:\dot{\boldsymbol{\Omega}}\boldsymbol{\Omega}^{\mathrm{T}}+\overline{\Gamma}_M^e:\dot{\boldsymbol{\Omega}}\boldsymbol{\Omega}^{\mathrm{T}}]\end{aligned} \tag{22.99}$$

式(22.99)右侧的前两项表明,应力测量对应的弹性功(Γ_I^e,Γ_M^e)如式(22.100)和式(22.101)所示是客观的。由于 $\dot{\boldsymbol{\Omega}}\boldsymbol{\Omega}^{\mathrm{T}}$ 是偏斜对称张量(式(22.55)和式(22.77)),式(22.99)右侧的最后两项意味着相应的弹性功(Γ_I^e,Γ_M^e)是对称的(式(22.102)和式(22.103))。式(22.99)右边的第三和第四项表明,应力测量相应的塑性功(Γ_I^e,Γ_M^e)不是客观的,而是如式(22.104)和式(22.105)所示的对当前参考坐标系的变化不变:

$$\bar{\Gamma}_I^e=\boldsymbol{\Omega}\Gamma_I^e\boldsymbol{\Omega}^{\mathrm{T}} \tag{22.100}$$

$$\bar{\Gamma}_I^e=\boldsymbol{\Omega}\Gamma_I^e\boldsymbol{\Omega}^{\mathrm{T}} \tag{22.101}$$

$$\bar{\Gamma}_I^e=\bar{\Gamma}_I^{e\,\mathrm{T}},\Gamma_I^e=\Gamma_I^{e\,\mathrm{T}} \tag{22.102}$$

$$\bar{\Gamma}_M^e=\bar{\Gamma}_M^{e\,\mathrm{T}},\Gamma_M^e=\Gamma_M^{e\,\mathrm{T}} \tag{22.103}$$

$$\bar{\Gamma}_I^P=\Gamma_I^P \tag{22.104}$$

$$\bar{\Gamma}_M^P=\Gamma_M^P \tag{22.105}$$

利用式(22.102)和式(22.103)中的应力测量的对称性、式(22.28)中的无旋转塑性流变定义,整个系统体积内的总内功率可写为

$$\dot{W}_{\mathrm{int}}=\int_V\dot{w}_{\mathrm{int}}\mathrm{d}V=\int_V[(\Gamma_I^e:\boldsymbol{D}_I^e+\Gamma_M^e:\boldsymbol{D}_M^e+J^{-1}\Gamma_I^P:\boldsymbol{D}_I^P+J^{-1}\Gamma_M^P:\boldsymbol{D}_M^P)]\mathrm{d}V \tag{22.106}$$

系统上的总外功率可以用系统边界上的表面牵引和作用在系统上的体力来描述:

$$\dot{W}=\int_V\rho l\mathrm{d}V=\int_S\underline{t}\cdot\dot{\chi}\mathrm{d}S+\int_V\underline{b}\cdot\dot{\chi}\mathrm{d}V \tag{22.107}$$

考虑由式(22.34)定义的特殊情况下的虚功率的原理

$$\boldsymbol{L}=\mathrm{grad}(\dot{\chi})=\boldsymbol{L}_I^e=\boldsymbol{L}_M^e \tag{22.108}$$

这里假定

$$\boldsymbol{D}_I^P=\boldsymbol{D}_M^P=0 \tag{22.109}$$

虚功原理可以从式(22.106)和式(22.107)中的这个特殊情况重写:

$$\int_S\underline{t}\cdot\dot{\chi}\mathrm{d}S+\int_V\underline{b}\cdot\dot{\chi}\mathrm{d}V=\int_V[(\Gamma_I^e:\boldsymbol{D}_I^e+\Gamma_M^e:\boldsymbol{D}_M^e)]\mathrm{d}V \tag{22.110}$$

$$\int_S\underline{t}\cdot\dot{\chi}\mathrm{d}S+\int_V\underline{b}\cdot\dot{\chi}\mathrm{d}V=\int_V[(\Gamma_I^e+\Gamma_M^e):\mathrm{grad}(\dot{\chi})]\mathrm{d}V \tag{22.111}$$

$$\int_S\underline{t}\cdot\dot{\chi}\mathrm{d}S+\int_V\underline{b}\cdot\dot{\chi}\mathrm{d}V=\int_V\mathrm{div}[\dot{\chi}\cdot(\Gamma_I^e+\Gamma_M^e)]\mathrm{d}V-\int_V\mathrm{div}(\Gamma_I^e+\Gamma_M^e)\cdot\dot{\chi}\mathrm{d}V \tag{22.112}$$

因为式(22.112)对于 V 和 $\mathrm{Grad}(\dot{\chi})$ 的任何选择都是正确的,所以从式(22.112)左边和右边的第一项开始,有

$$\underline{t}=(\Gamma_I^e+\Gamma_M^e)\underline{n} \tag{22.113}$$

这本质上是柯西应力定理,描述应力张量与表面牵引之间的关系。从式(22.112)的左边和右边的第二项来看,有

$$\mathrm{div}(\Gamma_I^e+\Gamma_M^e)+\underline{b}=0 \tag{22.114}$$

它代表静止系统的柯西运动方程。因此,式(22.113)和式(22.114)中的应力量与分子间机制($\boldsymbol{T}_{\mathrm{I}}$)和分子网络机制($\boldsymbol{T}_{\mathrm{M}}$)中的柯西应力($\boldsymbol{T}$)分量等同:

$$\boldsymbol{T}=\Gamma_I^e+\Gamma_M^e \tag{22.115}$$

$$\Gamma_I^e = \boldsymbol{T}_I = \boldsymbol{T}_I^{\mathrm{T}} \tag{22.116}$$

$$\Gamma_M^e = \boldsymbol{T}_M = \boldsymbol{T}_M^{\mathrm{T}} \tag{22.117}$$

考虑式(22.34)定义的第二种特例的虚功原理

$$\boldsymbol{L} = \mathrm{grad}(\dot{\chi}) = \boldsymbol{L}_I^e + \boldsymbol{F}_I^e \boldsymbol{D}_I^P \boldsymbol{F}_I^{e-1} = \boldsymbol{L}_M^e + \boldsymbol{F}_M^e \boldsymbol{D}_M^P \boldsymbol{F}_M^{e\ -1} = 0 \tag{22.118}$$

或

$$\boldsymbol{L}_I^e = -\boldsymbol{F}_I^e \boldsymbol{D}_I^P \boldsymbol{F}_I^{e-1} \tag{22.119}$$

$$\boldsymbol{L}_M^e = -\boldsymbol{F}_M^e \boldsymbol{D}_M^P \boldsymbol{F}_M^{e\ -1} \tag{22.120}$$

因此,对于这种特殊情况,式(22.106)和式(22.107)可以重写虚功原理

$$\dot{W}_{\mathrm{int}} = \int_V \{[\Gamma_I^e : (-\boldsymbol{F}_I^e \boldsymbol{D}_I^P \boldsymbol{F}_I^{e-1}) + J^{-1}\Gamma_I^P : \boldsymbol{D}_I^P + \Gamma_M^e : (-\boldsymbol{F}_M^e \boldsymbol{D}_M^P \boldsymbol{F}_M^{e\ -1}) + J^{-1}\Gamma_M^P : \boldsymbol{D}_M^P]\}\mathrm{d}V \tag{22.121}$$

或

$$\dot{W}_{\mathrm{int}} = \int_V [(J^{-1}\Gamma_I^P - \boldsymbol{F}_I^{e\mathrm{T}} \Gamma_I^e \boldsymbol{F}_I^{e-\mathrm{T}}) : \boldsymbol{D}_I^P + (J^{-1}\Gamma_M^P - \boldsymbol{F}_M^{e\ \mathrm{T}} \Gamma_M^e \boldsymbol{F}_M^{e\ -\mathrm{T}}) : \boldsymbol{D}_M^P]\mathrm{d}V \tag{22.122}$$

因为在这种特殊情况下假设速度梯度为零,所以速度场也将等于零。因此,外部功率将等于零($\dot{W}_{\mathrm{int}}=0$)。因此,对于任意选择 V、$\boldsymbol{D}_I^P$ 和 $\boldsymbol{D}_M^P$,式(22.122)中括号内的个别项应等于零:

$$J^{-1}\Gamma_I^P - \boldsymbol{F}_I^{e\mathrm{T}} \Gamma_I^e \boldsymbol{F}_I^{e-\mathrm{T}} = 0 \tag{22.123}$$

$$J^{-1}\Gamma_M^P - \boldsymbol{F}_M^{e\ \mathrm{T}} \Gamma_M^e \boldsymbol{F}_M^{e\ -\mathrm{T}} = 0 \tag{22.124}$$

使用式(22.116)和式(22.117)中的应力量的定义,可以证明

$$\Gamma_I^P = J\boldsymbol{F}_I^{e\mathrm{T}} \boldsymbol{T}_I^e \boldsymbol{F}_I^{e-\mathrm{T}} \tag{22.125}$$

$$\Gamma_M^P = J\boldsymbol{F}_M^{e\ \mathrm{T}} \boldsymbol{T}_M^e \boldsymbol{F}_M^{e\ -\mathrm{T}} \tag{22.126}$$

这就形成了分子间结构和分子网络结构中弹性对称 Mandel 应力的定义

$$\boldsymbol{M}_I^e = J\boldsymbol{F}_I^{e\mathrm{T}} \boldsymbol{T}_I^e \boldsymbol{F}_I^{e-\mathrm{T}} \tag{22.127}$$

$$\boldsymbol{M}_M^e = J\boldsymbol{F}_M^{e\ \mathrm{T}} \boldsymbol{T}_M^e \boldsymbol{F}_M^{e\ -\mathrm{T}} \tag{22.128}$$

而由于塑性流变的不可压缩假设(式(22.33)),塑性拉伸率的痕迹等于零,与塑性拉伸率共轭的应力应该是偏量张量。因此,

$$\Gamma_I^P = \mathrm{dev}(\boldsymbol{M}_I^e) \tag{22.129}$$

$$\Gamma_M^P = \mathrm{dev}(\boldsymbol{M}_M^e) \tag{22.130}$$

最后,在分子间结构和分子网络结构中的弹性第二 Piola-Kirchhoff 应力张量可定义为

$$\boldsymbol{S}_I^e = J\boldsymbol{F}_I^{e-1} \boldsymbol{T}_I \boldsymbol{F}_I^{e-\mathrm{T}} \tag{22.131}$$

$$\boldsymbol{S}_M^e = J\boldsymbol{F}_M^{e\ -1} \boldsymbol{T}_M \boldsymbol{F}_M^{e\ -\mathrm{T}} \tag{22.132}$$

使用弹性 Mandel 应力(式(22.127)和式(22.128))和对称第二 Piola-Kirchhoff 应力(式(22.131)和式(22.132))的定义,即

$$\boldsymbol{M}_I^e = \boldsymbol{C}_I^e \boldsymbol{S}_I^e \tag{22.133}$$

$$\boldsymbol{M}_M^e = \boldsymbol{C}_M^e \boldsymbol{S}_M^e \tag{22.134}$$

因此,已经表明,具有($\boldsymbol{D}_I^e$、$\boldsymbol{D}_M^e$、$\boldsymbol{D}_I^P$、$\boldsymbol{D}_M^P$)的形变速率共轭的应力测量值(Γ_I^e、Γ_M^e、Γ_I^P、Γ_M^P)

或(T_l、T_M、$\boldsymbol{M}_I^e$、$\boldsymbol{M}_M^e$)形成框架差异双机制弹黏塑性本构模型框架。通过将式(22.86)、式(22.89)和式(22.93)代入式(22.84),可以获得对本构关系的热力学限制,如下:

$$\operatorname{div}(\boldsymbol{J}_s)-\operatorname{div}\left(\frac{\boldsymbol{J}_q}{\theta}\right)=0 \tag{22.135}$$

$$\boldsymbol{J}_s=\frac{\boldsymbol{J}_q}{\theta} \tag{22.136}$$

$$\gamma_{\text{ther}}=-\frac{1}{\theta^2}\operatorname{div}(J_q)\cdot\nabla_x(\theta)+\frac{\rho r}{\theta}>0 \tag{22.137}$$

$$\left[J^{-1}\left(\frac{\partial\Psi_I(\boldsymbol{E}_I^e,\theta)}{\partial\theta}+\frac{\partial\Psi_M(\boldsymbol{C}_M^e,\theta)}{\partial\theta}+\frac{\partial\Psi_D(\boldsymbol{A},\theta)}{\partial\theta}\right)+\rho s\right]\dot{\theta}=0 \tag{22.138}$$

$$\rho s(\boldsymbol{E}_I^e,\boldsymbol{C}_M^e,\boldsymbol{A},\theta)=-J^{-1}\frac{\partial\Psi(\boldsymbol{E}_I^e,\boldsymbol{C}_M^e,\boldsymbol{A},\theta)}{\partial\theta} \tag{22.139}$$

$$s(\boldsymbol{E}_I^e,\boldsymbol{C}_M^e,\boldsymbol{A},\theta)=-\frac{\partial\Psi(\boldsymbol{E}_I^e,\boldsymbol{C}_M^e,\boldsymbol{A},\theta)}{\partial\theta} \tag{22.140}$$

$$\frac{1}{\theta}\left(\Gamma_I^e:\boldsymbol{L}_I^e-J^{-1}\frac{\partial\Psi(\boldsymbol{E}_I^e,\theta)}{\partial\boldsymbol{C}_I^e}:\dot{\boldsymbol{C}}_I^e\right)= \tag{22.141}$$

$$\Gamma_I^e:\boldsymbol{L}_I^e=\boldsymbol{T}_I:\boldsymbol{L}_I^e=\boldsymbol{T}_I:\boldsymbol{D}_I^e=J^{-1}\frac{\partial\Psi(\boldsymbol{E}_I^e,\theta)}{\partial\boldsymbol{C}_I^e}:\dot{\boldsymbol{C}}_I^e \tag{22.142}$$

$$\boldsymbol{T}_I:\boldsymbol{D}_I^e=\frac{1}{2}(\boldsymbol{F}_I^{e-1}\boldsymbol{T}_I\boldsymbol{F}_I^{e-\mathrm{T}}):\dot{\boldsymbol{C}}_I^e=J^{-1}\frac{\partial\Psi(\boldsymbol{E}_I^e,\theta)}{\partial C_I^e}:\dot{\boldsymbol{C}}_I^e \tag{22.143}$$

$$J(\boldsymbol{F}_I^{e-1}\boldsymbol{T}_I\boldsymbol{F}_I^{e-\mathrm{T}})=\boldsymbol{S}_I^e=2\frac{\partial\Psi(\boldsymbol{E}_I^e,\theta)}{\partial\boldsymbol{C}_I^e} \tag{22.144}$$

$$\frac{1}{\theta}\left(\Gamma_M^e:\boldsymbol{L}_M^e-J^{-1}\frac{\partial\Psi_M(\boldsymbol{C}_M^e,\theta)}{\partial\boldsymbol{C}_M^e}:\dot{\boldsymbol{C}}_M^e\right)= \tag{22.145}$$

$$\Gamma_M^e:\boldsymbol{L}_M^e=\boldsymbol{T}_M:\boldsymbol{L}_M^e=\boldsymbol{T}_M:\boldsymbol{D}_M^e=J^{-1}\frac{\partial\Psi_M(E_M^e,\theta)}{\partial\boldsymbol{C}_M^e}:\dot{\boldsymbol{C}}_M^e \tag{22.146}$$

$$\boldsymbol{T}_M:\boldsymbol{D}_M^e=\frac{1}{2}(\boldsymbol{F}_M^{e\ -1}\boldsymbol{T}_M\boldsymbol{F}_M^{e\ -\mathrm{T}}):\dot{\boldsymbol{C}}_M^e=J^{-1}\frac{\partial\Psi_M(\boldsymbol{E}_M^e,\theta)}{\partial\boldsymbol{C}_M^e}:\dot{\boldsymbol{C}}_M^e \tag{22.147}$$

$$J(\boldsymbol{F}_M^{e\ -1}\boldsymbol{T}_M\boldsymbol{F}_M^{e\ -\mathrm{T}})=\boldsymbol{S}_M^e=2\frac{\partial\Psi_M(\boldsymbol{E}_M^e,\theta)}{\partial\boldsymbol{C}_M^e} \tag{22.148}$$

$$\gamma_{\text{mech}}=\frac{1}{\theta}\left(J^{-1}\Gamma_I^p:\boldsymbol{L}_I^p+J^{-1}\Gamma_M^p:\boldsymbol{L}_M^p-J^{-1}\frac{\partial\Psi_D(A,\theta)}{\partial\boldsymbol{A}}:\dot{\boldsymbol{A}}\right)>0 \tag{22.149}$$

式(22.136)将熵通量与热通量相关联,并且式(22.137)定义了与根据傅里叶定律(式(22.150))恒正的热传导相关联的变形构造中的每单位体积的不可逆熵产生。式(22.140)提供了比熵与比亥姆霍兹能之间的关系,而式(22.144)和式(22.148)描述了由亥姆霍兹自由能函数导出的应力量度。式(22.149)定义了由于变形构型中每单位体积的机械耗散而导致的不可逆熵产生。式(22.149)前面出现 J^{-1} 项的原因是,所有的应力测量及其共轭速率测量均指中间(松弛)构型,而不可逆熵生成速率密度则指变形构型:

$$\boldsymbol{J}_q = -k\nabla_x(\theta) \tag{22.150}$$

式中:k 为材料的取决于温度的热导率。通过利用式(22.139)中的关系式,比热可用比熵(式(22.151))和亥姆霍兹自由能(式(22.153))表示。使用式(22.85)和式(22.86)中的线性分解假设,比热可以用比熵(式(22.152))和亥姆霍兹自由能(式(22.154))的独立分量重写:

$$c = \theta\frac{\partial s(\boldsymbol{E}_I^e, \boldsymbol{C}_M^e, \boldsymbol{A}, \theta)}{\partial\theta} \tag{22.151}$$

$$c = \theta\left(\frac{\partial s_I(\boldsymbol{E}_I^e, \theta)}{\partial\theta} + \frac{\partial s_M(\boldsymbol{E}_M^e, \theta)}{\partial\theta} + \frac{\partial s_D(\boldsymbol{A}, \theta)}{\partial\theta}\right) \tag{22.152}$$

$$c = -\theta\frac{\partial}{\partial\theta}\left[\frac{J^{-1}}{\rho}\frac{\partial\Psi(\boldsymbol{E}_I^e, \boldsymbol{C}_M^e, \boldsymbol{A}, \theta)}{\partial\theta}\right] \tag{22.153}$$

$$c = -\theta\frac{\partial\Psi_I}{\partial\theta}\left[\frac{J^{-1}}{\rho}\left(\frac{\partial\Psi_I(\boldsymbol{E}_I^e, \theta)}{\partial\theta} + \frac{\partial\Psi_M(\boldsymbol{C}_M^e, \theta)}{\partial\theta} + \frac{\partial\Psi_D(\boldsymbol{A}, \theta)}{\partial\theta}\right)\right] \tag{22.154}$$

22.6 本构关系和流变定律

在大变形的无定形聚合物的黏塑性本构模拟中,广泛采用材料响应双重分解成的分子间结构和分子网络结构的两种平行作用机制(Basaran 和 Lin,2007;Basaran 和 Yan,1998;Bauwens-Crowet 等,1969;Boyce 等,2000;Chudnovsky 等,1973)。最近,还提出了一种试验机制,以包括分子网络结构的二级机制(Eringen,1967)。在不同的等温试验条件下,双重和试验机制模型都被证明能够成功地描述无定形聚合物的大变形行为。为了扩大这种模型在非等温条件下的适用性,有必要对材料性质定义和黏塑性流变规则定义进行一些改进。

在双机制本构模型中,假设材料响应受两种平行作用机制(分子间结构和分子网络结构)的状态控制,如图 22.2 所示。由于分子间机制和分子网络机制并行工作,两种机制中的变形相等且等于总变形(式(22.155)),而总应力是由于分子间抗力和分子网络阻力引起的应力的总和(式(22.156))。下标"I"和"M"分别为分子间拉力和分子网络阻力的分量:

$$\boldsymbol{F} = \boldsymbol{F}_I = \boldsymbol{F}_M \tag{22.155}$$

$$\boldsymbol{T} = \boldsymbol{T}_I = \boldsymbol{T}_M \tag{22.156}$$

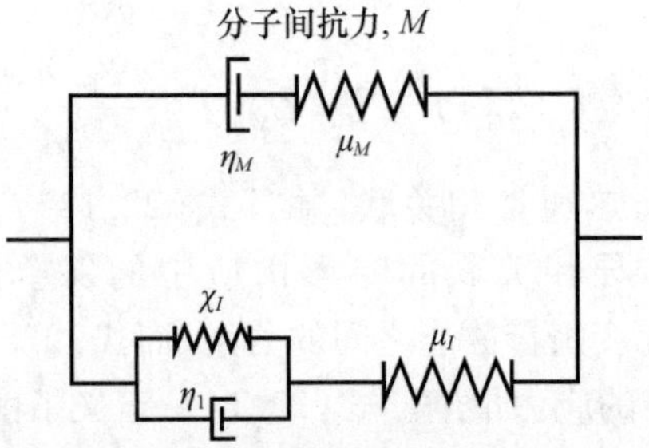

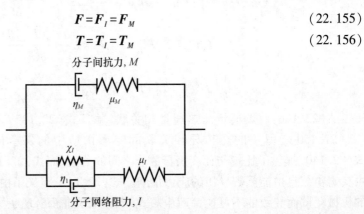

图 22.2　材料模型的示意图

1. 分子间抗力(I)

由于分子间抗力引起的对变形的初始弹性响应受与周围分子的范德瓦尔斯力相互作用的支配。参考构型中每单位体积的亥姆霍兹自由能被考虑用于由 Anand 开发的描述分子间抗力的本构关系(Fotheringham 和 Cherry,1978;Fotheringham 等,1976):

$$\boldsymbol{\Psi}_I(\boldsymbol{E}_I^e,\theta)=\left\{G|\mathrm{dev}(\boldsymbol{E}_I^e)|^2+\frac{1}{2}\left\{K-\frac{2}{3}G[\mathrm{tr}(\boldsymbol{E}_I^e)]^2\right\}-3K\alpha(\theta-\theta_0)\mathrm{tr}(\boldsymbol{E}_I^e)\right\} \tag{22.157}$$

式中:θ_0 为初始温度,$\theta_0=\theta(X,t_0)$;G、K、α 分别为温度相关的剪切模量、体积模量和热膨胀系数。式(22.157)中的弹性对数应变($\boldsymbol{E}_I^e$)通过式(22.158)和式(22.159)与右弹性拉伸张量($\boldsymbol{C}_I^e$)和弹性变形梯度($\boldsymbol{F}_I^e$)相关:

$$\boldsymbol{E}_I^e=\frac{1}{2}\mathrm{In}\boldsymbol{C}_I^e \tag{22.158}$$

$$\boldsymbol{E}_I^e=\frac{1}{2}\mathrm{In}\boldsymbol{F}_I^{e\mathrm{T}}\boldsymbol{F}_I^e \tag{22.159}$$

根据状态定律(式(22.144)),可以从对应于分子间抗力的亥姆霍兹自由能密度函数获得对称的第二 Piola-Kirchhoff 应力($\boldsymbol{S}_I^e$)和柯西应力($\boldsymbol{T}_I$),即

$$\boldsymbol{S}_I^e=2\frac{\partial\boldsymbol{\Psi}_I(\boldsymbol{E}_I^e,\theta)}{\partial\boldsymbol{C}_I^e} \tag{22.160}$$

$$\boldsymbol{T}_I=J^{-1}\boldsymbol{F}_I^e\boldsymbol{S}_I^e\boldsymbol{F}_I^{e\mathrm{T}} \tag{22.161}$$

由于存储的宏观弹性能对应的亥姆霍兹自由能密度(Ψ_I)是弹性右柯西张量($\boldsymbol{C}_I^e$)的各向同性函数,因此 $\boldsymbol{C}_I^e$ 和$\partial\Psi_I/\partial\boldsymbol{C}_I^e$ 是同轴的,其乘积是对称张量,弹性 Mandel 应力($\boldsymbol{M}_I^e$)(式(22.162))定义为

$$\boldsymbol{M}_I^e=\boldsymbol{C}_I^e\boldsymbol{S}_I^e \tag{22.162}$$

弹性 Mandel 应力($\boldsymbol{M}_I^e$)和弹性对数应变($\boldsymbol{E}_I^e$)之间的关系可以从亥姆霍兹自由能函数(式(22.157))和第二 Piola-Kirchhoff 应力($\boldsymbol{S}_I^e$)定义(式(22.160))获得

$$\boldsymbol{M}_I^e=2G\mathrm{dev}(\boldsymbol{E}_I^e)+K[\mathrm{tr}(\boldsymbol{E}_I^e)3\alpha(\theta-\theta_0)]\boldsymbol{I} \tag{22.163}$$

分子间结构的运动硬化特征通过由 Anand(Boyce 等,2000;Eringen,1967;Francisco 等,1996)开发的中间(松弛)构型的每单位体积的缺陷能量函数来模拟:

$$\boldsymbol{\Psi}_D(\boldsymbol{A},\theta)=\frac{1}{4}B(\mathrm{In}a_1{}^2+\mathrm{In}a_2{}^2+\mathrm{In}a_3{}^2) \tag{22.164}$$

式中:a_i 为类拉伸内部变量($\boldsymbol{A}$)的特征值,其为一个对称单模张量,$\det(\boldsymbol{A}(\boldsymbol{x},t))=1$。由于缺陷能量($\boldsymbol{\Psi}_D$)是对称单模类拉伸张量($\boldsymbol{A}$)的各向同性函数,$\boldsymbol{A}$ 和$\partial\boldsymbol{\Psi}_D/\partial\boldsymbol{A}$ 是同轴的,它们的积是对称偏应力张量($\boldsymbol{M}_{\mathrm{back}}$)。具有式(22.167)中的初始条件的($\boldsymbol{A}$)的背应力(式(22.165))和演化方程(式(22.166))被定义为

$$\boldsymbol{M}_{\mathbf{back}}=2\mathrm{dev}\left(\frac{\partial\boldsymbol{\Psi}(\boldsymbol{A},\theta)}{\partial\boldsymbol{A}}\boldsymbol{A}\right)=B\mathrm{In}(\boldsymbol{A}) \tag{22.165}$$

$$\dot{\boldsymbol{A}}=\boldsymbol{D}_I^P\boldsymbol{A}+\boldsymbol{A}\boldsymbol{D}_I^P-\gamma\boldsymbol{A}\mathrm{In}(\boldsymbol{A})\upsilon_I^P \tag{22.166}$$

$$\boldsymbol{A}(\boldsymbol{X},0)=\boldsymbol{I} \tag{22.167}$$

式中:γ 为动态恢复;B 为温度相关背应力模量;υ_I^P 为分子间结构的等效塑性拉伸率。在

分子间结构中塑性流变的驱动应力被定义为

$$\boldsymbol{M}_{\text{eff}}=\text{dev}(\boldsymbol{M}_I^e-\boldsymbol{M}_{\text{back}}) \tag{22.168}$$

根据张量变量定义等效塑性拉伸率(式(22.169)),有效等效剪应力(式(22.170))和平均正压力(式(22.171))如下:

$$\boldsymbol{v}_I^P=\sqrt{2}\,|\boldsymbol{D}_I^P| \tag{22.169}$$

$$\tau_I=\frac{1}{\sqrt{2}}|\boldsymbol{M}_{\text{eff}}| \tag{22.170}$$

$$p_I=-\frac{1}{3}\text{tr}(\boldsymbol{M}_I^e) \tag{22.171}$$

分子间机制中塑性变形梯度的演变可由式(22.31)重写为

$$\dot{\boldsymbol{F}}_I^P=\boldsymbol{D}_I^P\boldsymbol{F}_I^P \tag{22.172}$$

$$\boldsymbol{F}_I^P(\boldsymbol{X},0)=\boldsymbol{I} \tag{22.173}$$

有效的等效剪切应力是驱动塑性流变的应力的一部分,并且它是塑性耗散的来源,而在与背应力有关的无定形聚合物的大变形期间,一较大量的塑性功作为能量被储存(Bauwens-Crowet 等,1969;Gent,1996)。一旦有效剪切应力水平达到临界水平,从而超过分子链段旋转的能量屏障,就会发生塑性流变。根据协同模型,只有当许多聚合物链段协同运动时,固体无定形聚合物中的黏性流变才会发生,这也说明了屈服过程中活化体积的重要性。无定形聚合物的流变规律主要基于各个部分的能量分布统计(Gomez 和 Basaran,2006)。简而言之,协同模型流变法则基于 n 个热激活跃迁跨越能量势垒(激活能量 Q)同时发生的平均概率,其引起宏观应变增量 $\boldsymbol{v}_0$(Gomez 和 Basaran,2006;Kachanov,1986)。无定形聚合物的屈服特性是强烈的温度和速率依赖性的。根据应变速率-温度叠加原理,温度升高对屈服应力的影响与应变率降低相同(Kontou 和 Spathis,2006;Kroner,1959;Lee,1969)。时间和温度的等效性基本上描述了非晶态聚合物在低温下的屈服与高应变率下的屈服相当。因此,对于各种温度,Eyring 曲线(屈服应力-温度比对塑性应变率曲线)可相对于参考温度(θ_{ref})垂直和水平地移动,以获得描述宽范围温度和应变率下的屈服应力行为的主曲线。

最近,Richeton(Chudnovsky 等,1973)提出,水平位移(ΔH_h)和垂直位移(ΔH_v)应遵循 Arrhenius 型温度依赖性,通过引入 β 转变温度下的激活能,所得到的屈服应力定义将聚合物的屈服行为与低于 θ_g 的温度下的 β 机械损失峰值相关联,即屈服行为通过聚合物链的分段运动来控制,并且屈服的参考状态被选择为 β 转变状态。由于应变速率增加而引起的屈服应力增加被归因于聚合物链分子迁移率的降低,而较慢的变形速率允许聚合物链滑过彼此,导致较低的流变阻力。在接近二次转变温度(θ_β)的低温下,二次分子运动受到限制,并且链变得更硬,这也增加了屈服应力,而温度的增加为聚合物链提供更多的能量以促进聚合物链之间的相对运动。对于高于 θ_g 的温度,Williams-Landel-Ferry(WLF)参数(c_1,c_2)修改了特征塑性应变率方程(Bauwens-Crowet 等,1969;Mandel,1972)。虽然在低于和高于 θ_g 的温度下的特征塑性应变率定义是不同区域中温度的连续函数,但关于玻璃化转变(θ_g)的分段定义导致玻璃化转变周围塑性流变行为的不切实际的变化,即塑性应变率方程在 θ_g 时是不连续的。最近,Anand(Eringen,1967)提出了分子间结构的流变法则的修改版本,其中包含玻璃态区域和橡胶区域的不同激活能值,但在 θ_g 时激活能的突然变化仍然在材料响应中产生问题。为了在 θ_g 附近提供更平滑的流变特性转换,以下列形式提出了特征塑性应变率(式(22.174))和等效剪切塑性拉伸率(式(22.175)):

$$\boldsymbol{v}^* = \boldsymbol{v}_I^O \exp\left(-\frac{Q_I}{k_B\theta}\right)\left[1+\exp\left(\frac{\ln(10)c_1(\theta-\theta_g)}{c_2(\theta-\theta_g)}\right)\right] \tag{22.174}$$

$$\boldsymbol{v}_I^P = \boldsymbol{v}^*\left[\sinh\left(\frac{\bar{\tau}_I V}{2k_B\theta}\right)\right]^{n_I} \tag{22.175}$$

式中:$\boldsymbol{v}_I^O$ 为指数前因子;Q_I 为分子间结构中塑性流变的激活能;k_B 为玻耳兹曼常数;c_1 和 c_2 为 WLF 参数;n_I 为塑性流变所需的热激活跃迁的数量;V 为激活体积;$\bar{\tau}_I$ 为净有效应力:

$$\bar{\tau}_I = \tau_I - S_I - \alpha_P P_I \tag{22.176}$$

式中:α_P 为压力敏感性参数;S_I 为分子间结构中的塑性流变阻力。用式(22.178)中的初始条件,在式(22.177)中定义了塑性流变的分子间阻力的演变:

$$\dot{S}_I = h_I(S_I^* - S_I)\boldsymbol{v}_I^P \tag{22.177}$$

$$S_I^O = S_I(\boldsymbol{X}, 0) \tag{22.178}$$

式(22.177)中:h_I 为表征硬化-软化的参数;S_I^* 为分子间结构中的塑性流变阻力的饱和值:

$$S_I^* = b(\varphi^* - \varphi) \tag{22.179}$$

式中:b 为与温度和速率相关的参数,它将塑性流变阻力的饱和值与阶函数($\varphi^*-\varphi$)相关联。当序参数(φ)达到一个也是温度和速率相关变量的临界值(φ^*)时,塑料流变阻力(S_I)随着材料中的无序而增加并且变得恒定(S_I^*)。当分子间阻力达到饱和值时,发生稳态塑性流变,塑性流变速率等于施加的应变速率。序参数的演化方程定义为

$$\dot{\varphi} = g(\varphi^* - \varphi)\boldsymbol{v}_I^P \tag{22.180}$$

$$\varphi_o = \varphi(\boldsymbol{X}, 0) \tag{22.181}$$

式(22.180)中:g 为温度相关的参数。式(22.172)和式(22.173)中塑性变形梯度的演化方程完成了分子间结构中材料行为的定义。当温度接近 θ_g 并完全消失在 θ_g 以上时,应变硬化变得微不足道(Chudnovsky 等,1973),在 θ_g 下消失的内阻力的定义也会导致聚合物屈服行为的不连续性。因为在高于 θ_g 的高温下退火通过提供更高能量水平下的替代静态分子构型可清除材料经历的热机械历史,所以内部阻力必定会消失在 θ_g 的上方或附近。因此,基本的问题主要是假设玻璃化转变发生在单一温度下,内部阻力在 θ_g 时突然变为零(Chudnovsky 等,1973)。同样,表征屈服后区域硬化-软化行为的变量(b、g、S_I^*、φ^*、h_I)也应该提供从低于 θ_g 的温度到高于 θ_g 的温度的平稳过渡。

应该指出的是,目前在文献中可用的黏塑性模型都是现象学的并且用作将试验观察到的行为拟合到曲线中的数学工具,这种方法的适用性量度即是表示物理事实的精确度。这些模型可以提供非常准确的非晶聚合物屈服特性的预测,而仅适用于等温情况。在非等温试验的情况下,同时包括了材料的温度变化和加载过程,由 Anand(Boyce 等,2000;Eringen,1967;Francisco 等,1996)或 Richeton(Bauwens-Crowet 等,1969;Mandel,1972)提出的大多数材料模型将预测不切实际的结果。图 22.3 给出了文献中非晶聚合物的黏塑性模型与本研究中改进型双重机制模型的比较。

通过归一化 PMMA(387K)参考玻璃化转变温度下的特征黏塑性应变速率,提出了不同模型中特征黏塑性剪应变率的温度变化。假设材料性质相同并取自 Eringen(1967),而本研究中的 WLF 参数和 Richeton 的工作(Bauwens-Crowet 等,1969)被视为其原始值。在 Eringen(1967)和 Bauwens-Crowet 等(1969)和本研究中提出的黏塑性模型适用于高于和低于玻璃化转变的温度,而 Boyce 等(2000)的黏塑性模型仅适用于低于玻璃化转变温度的温度,这里一并给出仅供比较。

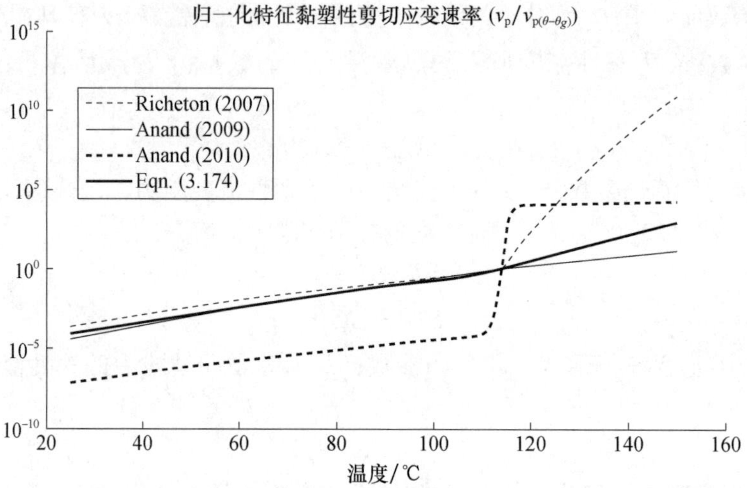

图 22.3 在归一化特征黏塑性剪应变率的温度依赖性方面文献中不同黏塑性模型的比较($v_p/v_{p(\theta=\theta_g)}$)

在 Anand 的模型(Eringen,1967)中,温度依赖性是通过包含在等效黏塑性拉伸速率方程中的激活能项的温度依赖性传递的。在 Richeton 模型中(Bauwens-Crowet 等,1969),黏塑性拉伸速率的分段定义被用来描述屈服强度的温度和速率依赖性。另外,在这项研究中,直接采用黏弹塑性拉伸速率的温度依赖性,利用物理驱动的 Williams-Landel-Ferry 参数,采用式(22.174)中所示的全新形式表达式。很显然,在 Anand 模型(Eringen,1967)中温度依赖的活化能方法预测到,分子间机制的行为并非逐渐改变的,而是在相对短的温度范围内黏塑性应变率突然增加。因此,根据该模型,实际上不存在橡胶状区域,但是在玻璃化转变温度附近的狭窄温度区间(2℃)内,随着黏塑性应变率增加 6 个数量级,材料响应呈液体状。另外,在 Richeton 模型(Bauwens-Crowet 等,1969)中,由于相对于玻璃化转变温度的分段定义,黏塑性应变率也有显著变化,但它也导致了玻璃化转变处的黏塑性率的不连续导数。因此,由 Anand 或 Richeton 的黏塑性模型预测的材料响应会导致压力显著(突然)变化。这项研究中改进的双机制模型预示着材料响应在玻璃化转变周围的温度方面的渐进性转变。尽管 Anand 模型在温度范围内具有活化能的连续定义,但玻璃态和橡胶态活化能之间的显著差异仍然会导致响应的突然变化。根据图 22.3,Anand 的黏塑性模型的温度不超过玻璃化转变温度,而 Richeton 模型提供的响应相对温和。由于 Anand 模型黏塑性响应的快速变化,无法准确预测非等温条件下的材料行为。对这些模型进行了进一步的研究,预测了应力水平为 0.6 MPa 蠕变试验行为,这是在不同温度下进行的蠕变试验,如图 22.4 所示。

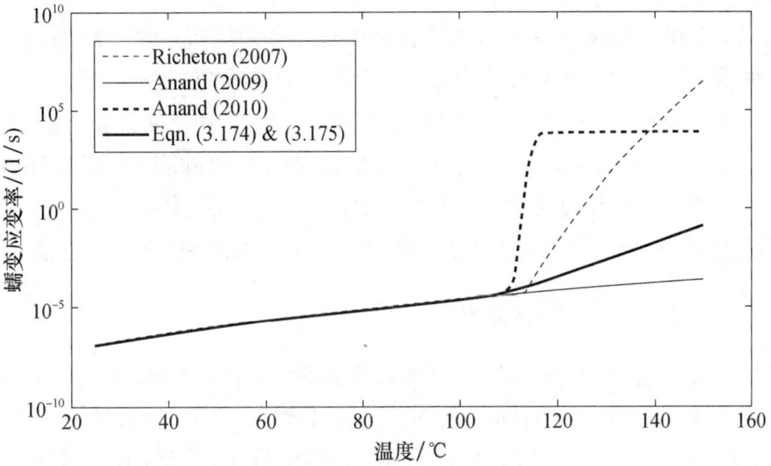

图 22.4　相关文献中不同黏塑性模型在不同温度下的蠕变应变率对施加的应力 0.6MPa 的响应比较

很显然,图 22.4 支持了以前对不同模型的研究结果。在玻璃化转变温度以下,所有模型对蠕变应变率的预测都相同。然而,根据 Anand 的模型(Eringen,1967),玻璃态到橡胶态的转变对蠕变应变率的影响只会发生在3℃温度范围内,而蠕变应变速率增加 5 个数量级。这意味着如果一个样品在 112℃下进行测试,蠕变应变率将被预测为 $3.7\times10^{-3}s^{-1}$,而另一个样品在 115℃测试时,来自 Anand 模型(Eringen,1967)的蠕变应变率将被预测为 $1.3\times10^{-3}s^{-1}$。3℃温差对蠕变应变率的 5 阶增加是完全不现实的。此外,根据 Anand 模型,蠕变应变速率在温度正好高于玻璃化转变温度之上是完全不准确的,并且与文献(Chudnovsky 等,1973;Mandel,1972)中的试验研究相矛盾。另外,Richeton 模型(Bauwens-Crowet 等,1969)预测蠕变应变率随温度的变化更为缓慢,但玻璃化转变温度下的分段定义对瞬态热条件仍然存在问题。在本研究中由式(22.174)预测的蠕变应变率随温度的变化提供了在玻璃化转变附近的平滑过渡和在玻璃化转变温度以上的温度下蠕变应变速率的更渐进的变化。

为了确保玻璃化转变周围的材料响应的准确和真实的建模,描述硬化-软化行为和流变特性的材料特性定义的每个方面应该在温度范围内连续,并且应该具有关于温度的连续(至少)一阶导数。很明显,Anand 的模型和其他可用的黏塑性模型并不能满足这个关键和基本的必要条件,而本研究中所有材料特性的温度依赖性符合上述标准。

2. 分子网络阻力(M)

分子网络对变形的阻力是基于分子取向和弛豫过程的。如果聚合物链中有足够的拉伸,网络会抵抗松弛,阻力随着拉伸的增加而增加。在相关文献中,基于 Eyring 协同模型的分子间结构塑性流变行为建模已经得到普遍认同,但对分子网络结构建模仍存在争议。Arruda 和 Boyce(Palm 等,2006)基于非高斯链的 8 链网络模拟了橡胶弹性模型的分子网络阻力,类似于弹性体的瞬态响应,代表了与平衡状态之间的非线性速率相关的偏差(Basaran 和 Nie,2007)。因为基本上控制响应的聚合物链段之间的橡胶模量的温度依赖性和刚性链接的数量与试验观察结果不匹配,所以由 8 链模型描述的网络阻力不够准确,无法成为描述无定形聚合物中定向硬化行为的物理一致模型。因此,基于 8 链模型(Basaran 和 Lin,2007;Bauwens-Crowet 等,1969;Gent 1996;Palm 等,2006)的分子网络描述仅仅是一种数值工具,以匹配试验观察到的应力-应变响应。相反,由 Gent 开发的橡胶网络的简单双恒定本构关系(Povolo 和 Élida,1995)显示了由于聚合物链拉伸导致的应变硬化比统计力学熵弹性模型(8 链模型)更好,从而导致类似的应力-应变反应(Boyce 等,2000;Eringen,1967)。参考构型中每单位体积的 Gent 自由能(Povolo 和 E′lida,1995)描述了在聚合物链中第一个不变拉伸条件下存储在分子网络结构中的弹性能量,即

$$\boldsymbol{\Psi}_M(\boldsymbol{C}_M^e,\theta)=-\frac{1}{2}\mu_M I_M\ln\left(1-\frac{I_1-3}{I_M}\right) \tag{22.182}$$

式中:μ_M 和 I_M 分别为温度依赖性的橡胶剪切模量和聚合物链延伸的极限。由于材料中的体积变化被认为是与分子间结构相关的弹性变形梯度,因此根据网络结构中的畸变弹性变形梯度$(\boldsymbol{F}_M^e)_\mathrm{d}$(式(22.183))来定义 Gent 自由能是必要的,其不产生体积变化(式(22.184))。$(\boldsymbol{C}_M^e)_\mathrm{d}$ 由式(22.185)求得,I_1 是网络结构中弹性畸变柯西张量的第一不变量(式(22.186)):

$$(\boldsymbol{F}_M^e)_d=J^{-1/3}\boldsymbol{F}_M^e \tag{22.183}$$

$$\det((\boldsymbol{F}_M^e)_d)=1 \tag{22.184}$$

$$(\boldsymbol{C}_M^e)_d=(\boldsymbol{F}_M^e)_d^{\mathrm{T}}(\boldsymbol{F}_M^e)_d \tag{22.185}$$

$$I_1=\mathrm{tr}[(\boldsymbol{C}_M^e)_d] \tag{22.186}$$

第二 Piola-Kirchhoff 应力($\boldsymbol{S}_M^e$)和柯西应力($\boldsymbol{T}_M$)可以由 Gent 自由能得到,如下所示:

$$\boldsymbol{S}_M^e=2\frac{\partial\boldsymbol{\Psi}_M(\boldsymbol{C}_M^e,\theta)}{\partial\boldsymbol{C}_M^e} \tag{22.187}$$

$$\boldsymbol{T}_M=J^{-1}\boldsymbol{F}_M^e\boldsymbol{S}_M^e\boldsymbol{F}_M^{e\,\mathrm{T}} \tag{22.188}$$

使用式(22.182)中的 Gent 自由能定义和式(22.187)、式(22.188)中的应力定义,有

$$\boldsymbol{S}_M^e=J^{-2/3}\mu_M\left(1-\frac{I_1-3}{I_M}\right)^{-1}\left[I-\frac{1}{3}\mathrm{tr}((\boldsymbol{C}_M^e)_d)(\boldsymbol{C}_M^e)_d^{-1}\right] \tag{22.189}$$

$$\boldsymbol{T_M}=J^{-1}\mu_M\left(1-\frac{I_1-3}{I_M}\right)^{-1}\mathrm{dev}((\boldsymbol{B}_M^e)_d) \tag{22.190}$$

式(22.191)中的弹性畸变阿尔曼西张量$(\boldsymbol{B}_M^e)_d$ 根据畸变弹性变形梯度($(\boldsymbol{F}_M^e)_d$)定义为

$$(\boldsymbol{B}_M^e)_d=(\boldsymbol{F}_M^e)_d(\boldsymbol{F}_M^e)_d^{\mathrm{T}} \tag{22.191}$$

网络结构中的弹性 Mandel 应力(式(22.192)和式(22.193))和等效剪应力(式(22.194))、等效塑性剪切应变率(式(22.195)):

$$\boldsymbol{M}_M^e=\boldsymbol{C}_M^e\boldsymbol{S}_M^e \tag{22.192}$$

$$\boldsymbol{M}_M^e=\mu_M\left(1-\frac{I_1-3}{I_M}\right)^{-1}\mathrm{dev}((\boldsymbol{C}_M^e)_d) \tag{22.193}$$

$$\tau_M=\frac{1}{\sqrt{2}}|\boldsymbol{M}_M^e| \tag{22.194}$$

$$\upsilon_M^P=\sqrt{2}\,|\boldsymbol{D}_M^P| \tag{22.195}$$

分子网络机制中塑性变形梯度的演变可由式(22.31)重写为

$$\dot{\boldsymbol{F}}_M^P = \boldsymbol{D}_M^P \boldsymbol{F}_M^P \tag{22.196}$$

$$\boldsymbol{F}_M^P(\boldsymbol{X},0) = I \tag{22.197}$$

分子网络会阻止链的定向分布,它阻止了网络拉伸增加时的松弛行为(Basaran 和 Lin,2007;Gent,1996),对弹性体的类似观察也发现塑性链拉伸与有效蠕变速率成反比(Basaran 和 Nie,2007)。在试验和数值研究中,观察到在后屈服区域(大变形),控制机制是分子网络机制。分子网络机制对后屈服区域的应力变化具有主导作用,而卸载时的弹性恢复量与分子网络机制中的塑性应变有关。分子弛豫在网络结构中的温度依赖性用经典的 Arrhenius 项来表征,流变规则用一个简单的幂定律构造如下:

$$\boldsymbol{v}_M^P = \boldsymbol{v}_M^O \exp\left(-\frac{Q_M}{k_B\theta}\right)\left(\frac{\tau_M}{S_M}\right)^{n_M} \tag{22.198}$$

式中:$\boldsymbol{v}_M^O$ 为指数前因子;Q_M 为网络结构中分子弛豫的活化能;n_M 为应变速率敏感性参数;S_M 为描述网络结构对松弛的抵抗力的应力量度,它随式(22.200)中的初始条件下式(22.199)中所定义的拉伸速率的增加而增加:

$$\dot{S}_M = h_M(\lambda_M^P - 1)(S_M^* - S_M)\boldsymbol{v}_M^P \tag{22.199}$$

$$S_M^O = S_M(\boldsymbol{X},0) \tag{22.200}$$

式(22.199)中:h_M 为表征材料中分子松弛的参数;S_M^* 为温度-速率相关的网络阻力饱和值;$\boldsymbol{\lambda}_M^P$ 为与网络结构中塑性阿尔曼西张量($\boldsymbol{B}_M^P$)相关的塑性拉伸,如下:

$$\lambda_M = \sqrt{\frac{\mathrm{tr}(\boldsymbol{B}_M^P)}{3}} \tag{22.201}$$

$$\boldsymbol{B}_M^P = \boldsymbol{F}_M^P \boldsymbol{F}_M^{P\,\mathrm{T}} \tag{22.202}$$

式(22.196)和式(22.197)中塑性变形梯度的演化方程完成了分子网络结构中材料行为的定义。根据式(22.199),随着聚合物链中塑性拉伸($\boldsymbol{\lambda}_M^P$)的增加,网络阻力将不断增加,并且达到取决于温度和拉伸速率的恒定值(S_M^*)。对塑性流变阻力的塑性拉伸依赖性演化也能确保正确预测卸载路径中的弹性恢复(Eringen,1967)。在 Anand 模型中(Boyce 等,2000;Eringen,1967),分子间机制中塑性流变的净驱动应力包括一个额外的阻力项,它解释了在大变形时塑性流变的耗散阻力(S_b 或 S_2)。根据 Anand 模型,这种耗散阻力随着分子间机制的塑性拉伸(Boyce 等,2000)或分子间机制的总拉伸(Eringen,1967)而演变。在这项研究中,分子网络机制中大变形的耗散阻力(S_M)随着分子网络分支中的塑性拉伸而发展,其实际控制了大变形(屈服后区域)下的材料响应。Anand 等(Eringen,1967)认为必须引入第三种机制来真实预测卸载和冷却预热样品期间的弹性回复。有人认为,分子网络结构的第二种机制是由于试验观察到的复杂响应驱动的必要性而引入的,然而这一观察的来源既没有被引用到任何其他工作中,也没有被包括在他们的工作中。然而,本研究中的试验框架涉及 Anand 的工作中提到的非等温条件。很显然,Anand 模型(Boyce 等,2000;Eringen,1967)没有适当地采用锁定机制,它将真实预测弹性恢复并需要额外的机制。在 Anand 最近的模型(Eringen,1967)中,与第一种分子网络机制(在低温下激活)相关的塑性流变阻力被假定为常数,并且与第二种分子网络机制相关的塑性流变阻力(在高温下活化)在分子间结构中伸展。他们的观点是,这种新的附加机制取决于塑性拉伸控制弹性恢复。在双机制黏塑性模型的改进版本中,分子网络机制主导大变形行为(屈服后区域)和应力水平,而塑性流变的阻力受分子网络中的塑性拉伸控制。由于在卸载时保留了大变形的分子网络中的塑性拉伸,因此如上所述在弹性恢复中没有观察到问题。因此,无须人为引入额外的第三种机制,就可以真正预测弹性恢复。

最后,根据式(22.80)中的关系和式(22.157)、式(22.164)和式(22.182)中的比亥姆霍兹自由能定义,温度的控制方程可以推导为

$$\rho c\dot{\theta}= \nabla_x(k\ \nabla_x(\theta))+r+J^{-1}\left[\left(\tau_I+\frac{1}{2}\gamma B|\ln(\boldsymbol{A})|^2\right)v_I^P+\tau_M v_M^P\right]+$$

$$J^{-1}\theta\left(\frac{1}{2}\frac{\partial \boldsymbol{S}_I^e}{\partial\theta}:\dot{C}_I^e+\frac{1}{2}\frac{\partial \boldsymbol{S}_M^e}{\partial\theta}:\dot{C}_M^e+\frac{1}{2}\frac{\partial(\boldsymbol{M}_{\mathrm{back}}\boldsymbol{A}^{-1})}{\partial\theta}:\dot{\boldsymbol{A}}\right) \tag{22.203}$$

式(22.203)中的前两项是热传导,代表瞬态过程中材料内部的热量传递,以及由于被动加热(外部加热)或主动加热(内部产生的热量)引起的热源。式(22.203)中的最后两项表示由于固有耗散和热弹性效应引起的热量,表示弹性范围内机械能和热能之间的转换。在热机械加载耦合的情况下,由于机械功和材料与环境之间的热传递引起的温度变化而引起的温度增加混合在一起。基于应力分量和应变率测量的描述,由于变形构造中每单位体积的机械耗散引起的不可逆熵产生可以从式(22.149)重写为

$$\gamma_{\mathrm{mech}}=\frac{J^{-1}}{\theta}\left\{\left[\mathrm{dev}(\boldsymbol{M}_I^e)-2\mathrm{dev}\left(\frac{\partial\Psi_D(\boldsymbol{A},\theta)}{\partial\boldsymbol{A}}\boldsymbol{A}\right)\right]:\boldsymbol{D}_I^P+\gamma\left(\frac{\partial\Psi_D(\boldsymbol{A},\theta)}{\partial\boldsymbol{A}}\boldsymbol{A}\right):\ln(\boldsymbol{A})v_I^P+\mathrm{dev}(\boldsymbol{M}_M^e):\boldsymbol{D}_M^P\right\}>0 \tag{22.204}$$

$$\gamma_{\mathrm{mech}}=\frac{J^{-1}}{\theta}\left[\left(\tau_{\mathrm{I}}+\frac{1}{2}\gamma B|\ln(\boldsymbol{A})|^2\right)v_{\mathrm{I}}^P+\tau_M v_{\mathrm{M}}^P\right]>0 \tag{22.205}$$

由于式(22.206)和式(22.207)中描述的相关塑性流变假设,不可逆机械熵产生(γ_{mech})总是正的:

$$\boldsymbol{N}_I^P=\frac{\boldsymbol{D}_I^P}{|\boldsymbol{D}_I^P|}=\frac{\boldsymbol{M}_{\mathrm{eff}}}{|\boldsymbol{M}_{\mathrm{eff}}|} \tag{22.206}$$

$$\boldsymbol{N}_M^P=\frac{\boldsymbol{D}_M^P}{|\boldsymbol{D}_M^P|}=\frac{\boldsymbol{M}_M^e}{|\boldsymbol{M}_M^e|} \tag{22.207}$$

22.7 损伤演化

由于测试的复杂形式,PMMA 非等温拉伸的损伤表征需要替代方法。传统的损伤试验量化方法如弹性模量退化不能直接用于瞬态热条件下损伤演化的预测。Ye 等(2003)最初提出的各向同性损伤演化函数(Richeton 等,2005a,b,2006,2007;Srivastava 等,2010)模拟了无定形聚合物非等温拉伸过程中的损伤演化。

从热力学角度来看,材料的退化是造成物质无序的不可逆热力学过程的结果。由于熵是无序的热力学指标,因此它是材料退化的自然度量。在材料点处熵变的局部形式中,熵产生与过程的不可逆性相关(式(22.84)),熵流描述了过程的可逆分量(式(22.136))。由于系统和周围环境之间的热交换以及材料结构的永久变化导致的机械耗散(式(22.205)),熵产量可以进一步分解为热耗散(式(22.137))。临界熵产量(η_{cr})是与材料的加载条件

和几何形状无关并且仅取决于失效模式的材料的特征值。在一些研究中观察到了由于一些非守恒力(塑性耗散和摩擦力)或由于机械耗散引起的熵产生的不可逆材料退化(损坏)与热量之间的联系。由于金属的热扩散系数很高,因此金属中的热传导将非常快速,对热梯度和热耗散可忽略不计。在低热扩散率材料如聚合物的情况下,热传递可能会在较长的时间段内发生,且具有显著的热梯度。然而,热梯度不能对化学键的失效负责,因为材料退化或损伤是由于分子间化学键断裂而在微尺度上形成小空隙或裂缝的结果。耗散可能导致材料特性(例如,热疲劳)的劣化,这与通过机械耗散发生的劣化相比是微不足道的。由温度反转引起的损伤需要更长的时间才能产生一种等效损伤效应,这是在有限时间内由机械功产生的。

根据玻耳兹曼(Sweeney 等,1997)微观系统的熵(S)可以与微观系统相对于所有其他可能的微观状态存在的概率(Ω)相关为

$$S=k_B\ln(\Omega) \tag{22.208}$$

式中:k_B 为玻耳兹曼常数。让材料处于完全有序基态的概率等于 Ω_o。在另一种配置中,在某些外部效应(机械、热、化学、环境或这些效应的组合)的作用下,材料偏离该完美有序的参考状态,其概率为 Ω。材料相对于参考(基础)状态的这些变化是可以恢复的,并且材料可以返回到其原始状态,同时去除(假设的)可逆过程的外部效应。在不可逆过程的情况下,外部效应会造成材料结构的永久性变化,被描述为正熵产生或材料熵的整体净增长。就熵的统计解释而言,这种不可逆转的变化被描述为新构型中微态的概率增加,这也表明系统达到较低有序状态的趋势(Sweeney 等,1997)。由于无序状态是通过引入系统中的损伤(变化)而从有序状态形成的,因此损伤(变化的度量)和熵(无序的度量)是自然相关的。在最后阶段,材料达到临界状态,使系统中的无序状态最大化(Ω_{max}),材料完整性不再保持($D=1$)。在这个阶段,熵也将达到临界水平(η_{cr}),这是材料的特征(Truesdell,2004)。由于基础(参考)状态的材料没有任何可能的缺陷、瑕疵,即损坏,因此可以假设材料的损坏等于零($D=0$)。Kachanov 类似地将材料的连续性当做损伤的替代定义(Wallin 和 Ristinmaa,2005)。在这种情况下,基态材料(ξ)的连续性被认为等于"1",而完全受损材料中的连续性函数(ξ)接近"0",因为当故障发生时材料的完整性(连续性)消失。因此,连续性函数与损伤函数之间的关系可以建立为

$$D=1-\xi \tag{22.209}$$

为了将熵和损伤联系起来,考虑一个系统处于基态($D=0$),其总熵为 S_o,相关概率为 Ω_o。在另一种无序(损伤)状态下,S 是相同系统(物质)的总熵,其具有相关概率 Ω 和损伤等级 D。在失效时,熵达到临界水平(S_{cr})并且损伤趋近于 1,而相对于所有其他可能状态,该特定状态的概率将是最大的(Ω_{max})。根据下式中定义的损伤状态和基态的概率,可以建立熵与损伤之间的关系:

$$D=f(\Omega,\Omega_o) \tag{22.210}$$

此外,假设损伤可能与受损状态概率和基态概率之间的差异有关:

$$D=f(\Omega-\Omega_o) \tag{22.211}$$

式(22.211)根据与参考状态的偏差来解释与不同状态相关的损伤,这也是所有损伤机制模型和试验性损伤测量中的主要方法。但是,在式(22.211),状态概率被作为对比的基础。损伤演变不仅取决于与原始状态的偏差,而且还取决于当前状态的损伤。因此,

式(22.211)修改为

$$D=f\left(\frac{\Omega-\Omega_o}{\Omega}\right) \tag{22.212}$$

最后,任何可能性的损伤都是根据受损状态和基态的概率来定义的,即

$$D=D_{\rm cr}\left(\frac{\Omega-\Omega_o}{\Omega}\right) \tag{22.213}$$

式中:$D_{\rm cr}$ 为主要控制系统中损伤演化的关键损伤参数。损伤演变取决于几个因素,如外部干扰的频率、系统的温度以及直接影响系统状态的其他可能因素。因此,不同不可逆过程路径下的损伤演化将不会相同。使用式(22.208),式(22.213)可以被重写为

$$D=D_{\rm cr}\frac{\exp(S/k_B)-\exp(S_o/k_B)}{\exp(S/k_B)} \tag{22.214}$$

这可以简化为

$$D=D_{\rm cr}\left[1-\exp\left(\frac{S_o-S}{k_B}\right)\right] \tag{22.215}$$

从式(22.215)可以清楚地看出,当材料是基态时($S=S_o$),损伤等于零($D=0$)。对于当系统中的熵达到失效时的临界熵水平($S_{\rm cr}$)($D=1$)的情况,可以如式(22.216)所示制定临界损伤参数($D_{\rm cr}$)。由于临界损伤参数($D_{\rm cr}$)取决于临界熵水平($S_{\rm cr}$),它也是材料的一个特征,应该分别针对不同类型的材料进行估算:

$$D_{\rm cr}=\left[1-\exp\left(\frac{S_o-S_{\rm cr}}{k_B}\right)\right]^{-1} \tag{22.216}$$

式(22.217)中的损伤演化函数是对于单个材料点的式(22.215)的改进,其中使用比熵产的定义而不是整个系统体积中的总熵定义。在推导式(22.215)中的损伤演化函数时,熵的来源被假定为进入系统的熵流和系统内的熵产生。式(22.217)仅用不可逆过程描述了固体材料中的损伤演化,其在材料中产生了永久变化:

$$D=D_{\rm cr}\left[1-\exp\left(-\frac{m_s}{R}\eta\right)\right] \tag{22.217}$$

式中:η 为机械和热耗散(式(22.137)和/或式(22.205))引起的内部熵;m_s 为比质量;R 为气体常数;$D_{\rm cr}$ 为取决于温度的临界损伤参数。在任何诱导微观结构退化的不可逆过程中,根据热力学第二定律,内部熵产量增加。在任何时间步骤中机械和热耗散引起的总熵产生可以使用以下公式进行计算:

$$\eta_{\rm mech}=\eta_{\rm mech}\big|_{t=t_o}+\int_{t_o}^{t}\gamma_{\rm mech}{\rm d}t \tag{22.218}$$

$$\eta_{\rm mech}=\eta_{\rm mech}\big|_{t=t_o}+\int_{t_o}^{t}\left\{\frac{J^{-1}}{\theta}\left[\left(\tau_{\rm I}+\frac{1}{2}\gamma B|\ {\rm In}(\boldsymbol{A})\ |^2\right)v_{\rm I}^P+\tau_{\rm M}v_{\rm M}^P\right]\right\}{\rm d}t \tag{22.219}$$

$$\eta_{\rm ther}=\eta_{\rm ther}\big|_{t=t_o}+\int_{t_o}^{t}\gamma_{\rm ther}{\rm d}t \tag{22.220}$$

$$\eta_{\rm ther}=\eta_{\rm ther}\big|_{t=t_o}+\int_{t_o}^{t}\left\{-\frac{1}{\theta^2}{\rm div}(\boldsymbol{J}_q)\cdot\nabla_x(\theta)+\frac{\rho r}{\theta}\right\}{\rm d}t \tag{22.221}$$

$$\eta_{\rm mech}\big|_{t=t_o}=\eta_{\rm ther}\big|_{t=t_o}=0 \tag{22.222}$$

由于原始材料处于基础（未损坏）状态（$t=t_0$），因此机械和热熵产生可以取为零（式(22.222)）。建议在内部熵产生失败时达到仅取决于温度的临界值（η_{cr}）。与金属不同，临界熵产生的温度依赖性对于由于无定形聚合物的失效模式的变化而引起的聚合物拉伸的情况是必不可少的。非晶态聚合物在低温下（$\theta \ll \theta_g$）表现出脆性破坏而没有任何显著的塑性耗散，在高温下（$\theta > \theta_g$），大量塑性加工后发生韧性破坏。临界损伤参数（D_{cr}）定义为在恒定温度下，$\eta \to \eta_{cr}$，$D \to 1$。非负熵产确保 $D \geqslant 0$，而对于未损上的材料（$\eta=0$），损伤等于零（$D=0$）：

$$D_{cr}(\theta)=\left[1-\exp\left(-\frac{m_s}{R}\eta_{cr}(\theta)\right)\right]^{-1} \tag{22.223}$$

根据式(22.224)中损伤演化的增量形式，低温下（突然脆性破坏）损伤将以更快的速率增加，而高温下的损伤增加相对较小（延性破坏）。损伤演化函数（式(22.217)）的功能在于临界损伤参数的定义，其随着温度的增加呈指数下降。损伤演化仅仅依赖于状态函数（熵）的演化，其中包含材料对热机械载荷响应的所有方面，并且它可以表示在不同类型的失效之前的损伤累积：

$$D=D_{cr}\frac{m_s}{R}\exp\left(-\frac{m_s}{R}\eta_{\text{mech}}\right)\Delta\eta \tag{22.224}$$

22.8　材料属性定义

材料属性定义是完整和准确的材料本构模型的基石。在较大的温度范围内，材料属性的适当定义应该在过渡区域内保持连续和平滑（Bauwens-Crowet 等，1969），并应包括属性的速率依赖性。重要的是要注意，材料性能的选择完全基于研究人员的决定，并可以用其他形式取代。本章所提供的材料属性表达式确实是用于描述温度和速率对材料行为的连续形式影响的数学工具。这些代表温度依赖性的材料性质的提法完全处于提供温度域连续性的形式，并且具有关于温度的连续一阶导数。通过在不同温度下（高于和低于玻璃化转变温度）以及以不同的速率进行等温测试可以获得材料特性的重要部分，例如 E、υ、I_m、υ_I^0、Q_I、n_I、B_g、X_B、α_p、γ，尽管参数的数量很多，但实际的材料属性数量非常少。没有直接观察某些材料参数的方法，如 h_I、b、g、υ_M^0、Q_M、h_M、n_M、μ_M、ϕ^*、S_M^*，然而，这些特性/参数可以容易地通过试凑法在 MATLAB® 开发材料模型的数值算法的简单版本获得。根据 William 等（1955）的自由体积理论，塑性流变规则可以用 Williams-Landel-Ferry（WLF）方程在 θ_g 以上的温度下建立等效塑性剪切应变率。类似地，玻璃化转变温度的速率依赖性可以考虑玻璃化转变的温度-时间当量：

$$\theta_g=\begin{cases}\theta_g^{\text{ref}}+\dfrac{c_2^g\log(\upsilon/\upsilon^{\text{ref}})}{c_1^g-\log(\upsilon/\upsilon^{\text{ref}})} & (\upsilon>\upsilon^{\text{ref}})\\[2ex] \theta_g^{\text{ref}} & (\upsilon\leqslant\upsilon^{\text{ref}})\end{cases} \tag{22.225}$$

式中：c_1^g 和 c_2^g 为与 θ_g 相关联的 WLF 参数；υ^{ref} 为参考拉伸速率，并且 υ 为等效拉伸速率，即

$$\upsilon=\sqrt{2}\,|D| \tag{22.226}$$

弹性模量(E)的温度和速率依赖性被认为是

$$E=\left\{\frac{1}{2}(E_g+E_r)-\frac{1}{2}(E_g-E_r)\tanh\left[\frac{\theta-(\theta_g+\theta_E)}{\Delta_E}\right]+X_E[\theta-(\theta_g+\theta_E)]\right\}\left[1+s_E\log\left(\frac{\upsilon}{\upsilon^{\mathrm{ref}}}\right)\right] \tag{22.227}$$

$$X_E=\begin{cases}X_g^E & (\theta\leqslant\theta_g+\theta_E)\\ X_r^E & (\theta>\theta_g+\theta_E)\end{cases} \tag{22.228}$$

式(22.227)中,E_g 和 E_r 是与玻璃-橡胶过渡区限定的温度相对应的玻璃态和橡胶弹性模量。式(22.228)中,X_g^E 和 X_r^E 分别表示玻璃态和橡胶态的弹性模量相对于温度的变化率。s_E 是弹性模量的速率敏感性,而 θ_E 和Δ_E 分别定义玻璃-橡胶转变的原点温度和宽度。对 PMMA 的储能模量和弹性模量的温度和速率依赖性的试验研究表明,PMMA 对速率和温度高度敏感。在 10~20℃的温度范围内,根据加载的频率,PMMA 模量随着温度的升高而连续下降,在 θ_g 附近显著下降(Ye 等,2003)。泊松比($\bar{\upsilon}$)被假定为只有温度依赖性:

$$\bar{\upsilon}=\frac{1}{2}(\bar{\upsilon}_g+\bar{\upsilon}_r)-\frac{1}{2}(\bar{\upsilon}_g-\bar{\upsilon}_r)\tanh\left[\frac{\theta-(\theta_g+\theta_E)}{\Delta_E}\right] \tag{22.229}$$

式中:$\bar{\upsilon}_g$ 和 $\bar{\upsilon}_r$ 分别为基础玻璃态和橡胶态的泊松比。剪切模量(G)和体积模量(K)分别为

$$G=\frac{E}{2(1+\bar{\upsilon})} \tag{22.230}$$

$$K=\frac{E}{3(1-2\bar{\upsilon})} \tag{22.231}$$

橡胶模量(υ_M)的温度和速率依赖性与弹性模量(式(22.233))类似:

$$\upsilon_M=\left\{\frac{1}{2}(\upsilon_M^g+\upsilon_M^r)-\frac{1}{2}(\upsilon_M^g-\upsilon_M^r)\tanh\left[\frac{\theta-(\theta_g+\theta_\mu)}{\Delta_\mu}\right]+X_\mu[\theta-(\theta_g+\theta_\mu)]\right\}\left[s_\mu\log\left(\frac{\upsilon}{\upsilon^{\mathrm{ref}}}\right)\right] \tag{22.232}$$

$$X_\mu=\begin{cases}X_\mu^g & (\theta\leqslant\theta_g+\theta_\mu)\\ X_\mu^r & (\theta>\theta_g+\theta_\mu)\end{cases} \tag{22.233}$$

式(22.233)中橡胶剪切模量参数的定义与弹性模量的定义相同。序参数临界值的温度依赖性(φ^*)、聚合物链可延伸性的极限(I_M)和分子网络塑性流变阻力饱和值(S_M^*)分别为

$$\varphi^*=\frac{1}{2}(\varphi_g^*+\varphi_r^*)-\frac{1}{2}(\varphi_g^*-\varphi_r^*)\tanh\left[\frac{\theta-(\theta_g+\theta_\varphi)}{\Delta_\varphi}\right]+X_\varphi[\theta-(\theta_g+\theta_\varphi)] \tag{22.234}$$

$$X_\varphi=\begin{cases}X_\varphi^g & (\theta\leqslant\theta_g+\theta_\varphi)\\ X_\varphi^r & (\theta>\theta_g+\theta_\varphi)\end{cases} \tag{22.235}$$

$$I_M=\frac{1}{2}(I_M^g+I_M^r)-\frac{1}{2}(I_M^g-I_M^r)\tanh\left[\frac{\theta-(\theta_g+\theta_M)}{\Delta_M}\right]+X_M[\theta-(\theta_g+\theta_M)] \tag{22.236}$$

$$X_M=\begin{cases}X_M^g & (\theta\leqslant\theta_g+\theta_\mu)\\ X_M^r & (\theta>\theta_g+\theta_\mu)\end{cases} \tag{22.237}$$

$$S_M^* = \frac{1}{2}(S_M^g + S_M^r) - \frac{1}{2}(S_M^g - S_M^r)\tanh\left[\frac{\theta - (\theta_g + \theta_S)}{\Delta_S}\right] + X_S[\theta - (\theta_g + \theta_S)] \quad (22.238)$$

$$X_S = \begin{cases} X_S^g & (\theta \leqslant \theta_g + \theta_S) \\ X_S^r & (\theta > \theta_g + \theta_S) \end{cases} \quad (22.239)$$

式(22.234)~式(22.239)中的参数定义与弹性模量的定义相同。根据试验观察,假设网络阻力(S_M^*)的饱和值和无序参数(φ^*)的临界值随温度增加而下降,而有限的链延伸性(I_M)随温度升高而增加。与 Richeton(Bauwens-Crowet 等,1969)和 Anand(Boyce 等,2000)的模型类似,假设背应力消失在 θ_g 以上,但在 θ_g 附近的温度下,背应力模量(B)随温度升高而减小的过程以渐近方法归零的方式终止,如下式中所定义的:

$$B = B_g(1-)\tanh\left(\frac{\theta - \theta_g}{\Delta_B}\right) + X_B(\theta_g - \theta) \quad (22.240)$$

$$X_B = \begin{cases} X_B^g & (\theta \leqslant \theta_g) \\ 0 & (\theta > \theta_g) \end{cases} \quad (22.241)$$

表征分子间结构中硬化-软化行为的参数 b 和 g 分别在下式中定义:

$$g = \frac{1}{2}(g_g + g_r) - \frac{1}{2}(g_g - g_r)\tanh\left[\frac{\theta - (\theta_g + \theta^g)}{\Delta^g}\right] + X_g[\theta - (\theta_g + \theta^g)] \quad (22.242)$$

$$X_g = \begin{cases} X_g^g & (\theta \leqslant \theta_g + \theta^g) \\ 0 & (\theta > \theta_g + \theta^g) \end{cases} \quad (22.243)$$

$$b = b_1 \exp(b_2\theta)\left(\frac{\boldsymbol{v}_I^P}{\boldsymbol{v}_{\mathrm{ref}}^P}\right)^{b_3} \quad (22.244)$$

与材料模型相关的其他参数 $\boldsymbol{v}_I^0$、Q_I、V、α_p、n_I、h_I、γ、$\boldsymbol{v}_M^0$、Q_M、h_M、n_M被假设为是恒定的。

22.9　小　　结

本章提出了一种改进的双机制黏塑性材料模型,用于预测 PMMA 在非等温条件下的热机械行为。为了解决非等温条件下与玻璃化转变温度附近的材料响应预测有关的问题,类似于实际的聚合物加工操作,它包括了从高温到低温的温度下降过程,并诱导了从橡胶态到固态的一种转变以及模型中控制黏塑性特征的状态变量和流变规则的演化,材料属性定义都经过精心制定,以确保平稳过渡。

为了在等温和非等温条件下成功模拟材料响应,模型的材料参数由 PMMA 上的等温测试确定。由于 PMMA 响应对时间和温度高度敏感,因此在不同的加载速率和不同的温度下进行测试。在 PMMA 等温和非等温拉伸的数值模拟中,通过用户定义的材料子程序在 ABAQUS 中实现了双机制黏塑性模型。模拟和试验结果在等温和非等温情况下合理地一致,并且模拟可以正确预测材料响应的速率和温度依赖性。非等温模拟的数值模拟的准确性取决于需要大量初步研究的热传递模型的描述。

与成型步骤相对应的非等温模拟结果特别精确地描述了在所有测试条件(非等温 H 系列,近等温 M 系列和等温 L 系列)下 PMMA 的所有可能的显著特征。用于分子间结构的塑性流变法则和适当的材料特性定义的统一制定确保了在所有非等温模拟的某个阶段必然发生的响应的平稳过渡。模拟结果对于预测停留步骤中观察到的一些重要特征(例如,分子松弛和固定变形下热收缩的轴向力增加)具有相当好的效果。在大多数情况下,PMMA 的软化/硬化行为也在一定程度上被准确预测。

因为材料状态在非等温情况下会随着温度的变化而不断变化,所以试验性措施不能用于连续监测损伤演变。用于聚合物加工技术中的损伤量化的基于熵的损伤模型被用于预测聚合物加工操作中的材料退化和失效。证明不可逆熵产生的热部分与机械损伤无关,而基于不可逆机械熵产生的损伤演变能够预测低成形温度下的非等温试验的失效。结果表明,在聚合物加工操作引起的损伤中,损伤随着成形速率和成形温度的降低而增加。

参考文献

N. M. Ames et al. , A thermo-mechanically coupled theory for large deformations of amorphous polymers. part Ⅱ: applications. Int. J. Plast. 25(8),1495-1539(2009)

L. Anand, Moderate deformations in extension - torsion of incompressible isotropic elasticmaterials. J. Mech. Phys. Solids 34,293-304(1986)

L. Anand, H. On, Hencky's approximate strain-energy function for moderate deformations. J. Appl. Mech. 46,78-82 (1979)

L. Anand et al. , A thermo-mechanically coupled theory for large deformations of amorphous polymers. part Ⅰ: formulation. Int. J. Plast. 25(8),1474-1494(2009)

N. Aravas, Finite-strain anisotropic plasticity and the plastic spin. Model. Simul. Mater. Sci. Eng. 2(3A),483-504(1994)

E. M. Arruda, M. C. Boyce, Evolution of plastic anisotropy in amorphous polymers during finite straining. Int. J. Plast. 9(6),697-720(1993)

E. M. Arruda, M. C. Boyce, R. Jayachandran, Effects of strain rate, temperature and thermomechanical coupling on the finite strain deformation of glassy polymers. Mech. Mater. 19(2-3),193-212(1995)

C. Basaran, M. Lin, Damage mechanics of electromigration induced failure. Mech. Mater. 40(1-2),66-79 (2007)

C. Basaran, S. Nie, A thermodynamics based damage mechanics model for particulate composites. Int. J. Solids Struct. 44(3-4),1099-1114(2007)

C. Basaran, C. Y. Yan, A thermodynamic framework for damage mechanics of solder joints. J. Electron. Packag. 120 (4),379-384(1998)

C. Bauwens- Crowet, J. C. Bauwens, G. Homès, Tensile yield - stress behavior of glassy polymers. J. Polym. Sci. Part A-2 Polym. Phys. 7(4),735-742(1969)

J. S. Bergström, M. C. Boyce, Constitutive modeling of the large strain time-dependent behavior of elastomers. J. Mech. Phys. Solids 46(5),931-954(1998)

L. Boltzmann, *Lectures on Gas Theory*(Dover, New York, 1995)

M. C. Boyce, S. Socrate, P. G. Llana, Constitutive model for the finite deformation stress-strain behavior of poly (ethylene terephthalate) above the glass transition. Polymer 41(6),2183-2201(2000)

A. Chudnovsky et al. , in On Fracture of Solids in Studies on Elasticity and Plasticity, ed. by L. Kachanov(Leningrad University Press, Leningrad, 1973), pp. 3-41

A. C. Eringen, Mechanics of Continua(Wiley, New York, 1967)

D. G. Fotheringham, B. W. Cherry, The role of recovery forces in the deformation of linear polyethylene. J. Mater. Sci. 13(5), 951–964(1978)

D. Fotheringham, B. W. Cherry, C. Bauwens–Crowet, Comment on "the compression yield behavior of polymethyl methacrylate over a wide range of temperatures and strain–rates". J. Mater. Sci. 11(7), 1368–1371(1976)

P. Francisco, S. Gustavo, B. H. É lida, Temperature and strain rate dependence of the tensile yield stress of PVC. J. Appl. Polym. Sci. 61(1), 109–117(1996)

A. N. Gent, A new constitutive relation for rubber. Rubber Chem. Technol. 69(1), 59–61(1996)

J. Gomez, C. Basaran, Damage mechanics constitutive model for Pb/Sn solder joints incorporating nonlinear kinematic hardening and rate dependent effects using a return mapping integration algorithm. Mech. Mater. 38(7), 585–598(2006)

L. M. Kachanov, Introduction to continuum damage mechanics(M. Nijhoff, Dordrecht/Boston, 1986)

E. Kontou, G. Spathis, Application of finite strain viscoplasticity to polymeric fiber composites. Int. J. Plast. 22(7), 1287–1303(2006)

E. Kröner, Allgemeine Kontinuumstheorie der Versetzungen und Eigenspannungen. Arch. Ration. Mech. Anal. 4(1), 273–334(1959)

E. H. Lee, Elastic–plastic deformation at finite strains. J. Appl. Mech. 36, 1–6(1969)

J. Mandel, *Plasticite Classique et Viscoplasticite*(*Lecture Notes*)(International Center for Mechanical Sciences, Udine, 1972)

G. Palm, R. B. Dupaix, J. Castro, Large strain mechanical behavior of poly(methyl methacrylate)(PMMA) near the glass transition temperature. J. Eng. Mater. Technol. 128(4), 559–563(2006)

F. Povolo, B. H. E lida, Phenomenological description of strain rate and temperature–dependent yield stress of PMMA. J. Appl. Polym. Sci. 58(1), 55–68(1995)

J. Richeton et al., A formulation of the cooperative model for the yield stress of amorphous polymers for a wide range of strain rates and temperatures. Polymer 46(16), 6035–6043(2005a)

J. Richeton et al., A unified model for stiffness modulus of amorphous polymers across transition temperatures and strain rates. Polymer 46(19), 8194–8201(2005b)

J. Richeton et al., Influence of temperature and strain rate on the mechanical behavior of three amorphous polymers: characterization and modeling of the compressive yield stress. Int. J. Solids Struct. 43(7–8), 2318–2335(2006)

J. Richeton et al., Modeling and validation of the large deformation inelastic response of amorphous polymers over a wide range of temperatures and strain rates. Int. J. Solids Struct. 44(24), 7938–7954(2007)

V. Srivastava et al., A thermo–mechanically–coupled large–deformation theory for amorphous polymers in a temperature range which spans their glass transition. Int. J. Plast. 26(8), 1138–1182(2010)

J. Sweeney et al., Application of an elastic model to the large deformation, high temperature stretching of polypropylene. Polymer 38(24), 5991–5999(1997)

C. Truesdell, *The Non–linear Field Theories of Mechanics*, 3rd edn. (Springer, New York, 2004)

M. Wallin, M. Ristinmaa, Deformation gradient based kinematic hardening model. Int. J. Plast. 21(10), 2025–2050(2005)

M. L. Williams, R. F. Landel, J. D. Ferry, The temperature dependence of relaxation mechanisms in amorphous polymers and other glass–forming liquids. J. Am. Chem. Soc. 77(14), 3701–3707(1955)

H. Ye, C. Basaran, D. C. Hopkins, Damage mechanics of microelectronics solder joints under high current densities. Int. J. Solids Struct. 40(15), 4021–4032(2003)

第 23 章　固体中损伤演化的热力学理论

Cemal Basaran, Shihua Nie, Juan Gomez, Eray Gunel, Shidong Li, Minghui Lin, Hong Tang, Chengyong Yan, Wei, Hua Ye

摘　要

本章介绍了损伤力学背后的热力学理论。所提出的损伤演化模型是纯物理的,而不是经验的。熵产生率被用作损伤度量。结果表明,当熵产生率被用作损伤度量时,由于众多相关和不相关的外部和内部来源造成的损伤可以合并成一个单一的通用损伤项,这对任何唯象损伤演化模型都是不可能的。

23.1　引　　言

热力学科学通过处理热、功和平衡系统的内在特性之间的关系开始,已经发展成为一种非常普遍的能量学科学,包括机械、化学和电学等各种系统是否平衡(De Groot 和 Mazur, 1962; Yourgrau 等, 1966; Haase, 1969; Germain 等, 1983; Ericksen, 1998)。不可逆热力学为宏观描述不可逆过程提供了一个通用框架,在不可逆的热力学中,所谓的熵平衡方程起着核心作用。这个方程表达了一个事实,即由于两个原因,体积元素的熵随时间而变化:首先,它因为熵流入受控体积而改变;其次,它因为体积单元内部不可逆现象而存在熵源而改变。熵源始终是一个非负数量,因为熵只能被创造出来而不会被毁灭,对于可逆转变,熵源消失。熵是衡量有多少能量不能被用于做功的指标。

宇宙的熵在所有自然过程中都是增加或保持不变的,有可能找到一个熵减少的系统,但仅仅是由于相关系统内的净增长。例如,在隔离系统中达到热平衡的最初热的物体和较冷的物体可以被分开,并且其中一些放入冰箱中,物体在一段时间后会再次具有不同的温度,但现在冰箱系统将不得不包括在整个系统的分析中。所有相关系统的熵都没有净减少,这是阐述热力学第二定律的另一种方式(DeHoff, 1993)。

熵的概念具有深远的影响,它将宇宙的秩序与概率学和统计学联系了起来。想象一下一副按顺序排列的新牌,以四种花色按数字顺序排列,如果牌被洗了,没有人会期望返回原来的顺序。有一种可能:被随机洗后的牌会返回其原始的形式,但这种可能性非常小。冰块融化,并且液体形式的分子比冷冻形式的分子有序性低,存在一个极小的可能:所有较慢移动的分子都会聚集在一个空间中,这样冰块将以完全相同的晶格形式重新形成。宇宙的熵或无序性随着热体冷却和冷体变暖而增加,最终,整个宇宙将处于相同的温度,从而能量将不再可用(DeHoff, 1993)。

为了明确地将熵源与系统中发生的各种不可逆过程联系起来,人们需要局部(即差分形式)的质量、动量和能量的宏观守恒定律。这些守恒定律包含许多量,例如与质量、能量和动量的运输有关的扩散流量、热流量和应力张量。然后可以通过使用热力学吉布斯关系来计算熵源,该热力学吉布斯关系将介质中的熵的变化率与能量和功的变化率相关联。“事实证明,熵源有一个非常简单的印象:它是多项之和,每项都是表征不可逆过程通量的结果,也是一个称为热力学力的量,它与系统的不均匀性有关。”(Groot 和 Mazur,1962)熵源强度因此可以作为系统中发生不可逆过程的系统描述的基础。

“迄今为止,这套守恒定律连同熵平衡方程和状态方程在一定程度上是空的,因为这组方程包含不可逆通量作为未知参数,因此不能用给定的初始和系统状态的边界条件。在这一点上,我们必须通过一组额外的关系式来补充方程,这些关系式涉及不可逆通量和熵源强度中出现的热力学力。目前的不可逆热力学主要限于研究通量与热力学之间的线性关系以及各种现象之间可能存在的交叉效应。然而,这并不是一个严格的限制,因为即使是非常极端的物理状态,仍然由线性规律来描述。”(Groot 和 Mazur,1962)

23.2　守恒定律

热力学基于两个基本定律:热力学第一定律(能量守恒定律)和热力学第二定律(熵定律)。一个不可逆过程的系统宏观描述方案也必须建立在这两个规律之上,但是,有必要以适当的方式制定这些规律。我们希望开发一个适用的理论系统,这些系统的性质是空间坐标和时间的连续函数,因此应该给出一个局部的能量守恒定律。由于局部动量和质量密度可能随时间变化,因此也需要动量守恒和质量守恒定律的局部表达。对于固体力学中的一般目的,热力学系统通常将被选作连续物质的给定集合。

23.2.1　质量守恒

考虑在空间固定的任意体积 V,以面 Ω 为界。体积 V 内质量的变化率是(Malvern,1969)

$$\frac{\mathrm{d}}{\mathrm{d}t}\int^{V}\rho\mathrm{d}V=\int^{V}\frac{\partial\rho}{\partial t}\mathrm{d}V \tag{23.1}$$

式中:ρ 为密度(每单位体积的质量)。如果 V 内没有产生或摧毁质量,这个数量必须等于材料通过其表面 Ω 流入体积 V 的速率(Malvern,1969):

$$\int^{V}\frac{\partial\rho}{\partial t}\mathrm{d}V=-\int^{\Omega}\rho\boldsymbol{v}\cdot\mathrm{d}\boldsymbol{\Omega} \tag{23.2}$$

式中:$\boldsymbol{v}$ 为速度;$\mathrm{d}\boldsymbol{\Omega}$ 为与表面垂直的大小为 $\mathrm{d}\Omega$ 的向量,从内部到外部为正数。量 ρ 和 $\boldsymbol{v}$ 都是时间和空间坐标的函数。将高斯定理应用于式(23.2)中的曲面积分,可以得到

$$\frac{\partial\rho}{\partial t}=-\mathrm{div}\rho\boldsymbol{v} \tag{23.3}$$

式(23.3)对于任意体积 V 是有效的,其表示总质量是守恒的,即如果物质流入(或流出)体积单元,则系统的任何体积单元中的总质量才会改变。该等式具有所谓平衡方程的形式:密度的局部变化等于质量流的负发散。式(23.3)的向量形式的连续性方程与坐标系的任何选择无关。

通过引入时间导数(Groot 和 Mazur,1962),质量守恒方程也可以用另一种形式写成:

$$\frac{\mathrm{d}}{\mathrm{d}t}=\frac{\partial}{\partial t}+\boldsymbol{v}\cdot\operatorname{grad} \tag{23.4}$$

借助式(23.4)和式(23.3),变成了(Groot 和 Mazur,1962)

$$\frac{\partial\rho}{\partial t}=-\rho\operatorname{div}\boldsymbol{v} \tag{23.5}$$

对于比体积 $v=\rho^{-1}$,式(23.5)也可以写成(Groot 和 Mazur,1962)

$$\rho\frac{\mathrm{d}v}{\mathrm{d}t}=\operatorname{div}\boldsymbol{v} \tag{23.6}$$

最后,下面的关系对任意的局部属性 a 是有效的,这个属性可能是一个标量或向量或张量的一个分量(Groot 和 Mazur,1962):

$$\rho\frac{\mathrm{d}a}{\mathrm{d}t}=\frac{\partial a\rho}{\partial t}+\operatorname{div}a\rho\boldsymbol{v} \tag{23.7}$$

这是式(23.3)和式(23.4)的结果。我们可以直接验证式(23.7),根据式(23.4),式(23.7)的左边是

$$\rho\frac{\mathrm{d}a}{\mathrm{d}t}=\rho\frac{\partial a}{\partial t}+\rho\boldsymbol{v}\cdot\operatorname{grad}a$$

根据式(23.3),式(23.7)的右边是

$$\begin{aligned}\frac{\partial a\rho}{\partial t}+\operatorname{div}a\rho\boldsymbol{v}&=a\frac{\partial\rho}{\partial t}+\rho\frac{\partial a}{\partial t}+a\operatorname{div}\rho\boldsymbol{v}+\rho\boldsymbol{v}\cdot\operatorname{grad}a\\&=a(-\operatorname{div}\rho\boldsymbol{v})+\rho\frac{\partial a}{\partial t}+a\operatorname{div}\rho\boldsymbol{v}+\rho\boldsymbol{v}\cdot\operatorname{grad}a\\&=\rho\frac{\partial a}{\partial t}+\rho\boldsymbol{v}\cdot\operatorname{grad}a\end{aligned}$$

所以式(23.7)是正确的。

23.2.2 动量定理

粒子集合的动量原理表明,若行为或反应的牛顿第三定律控制着初始力,给定粒子集合的总动量变化的时间速率等于作用于集合粒子上的所有外力的向量和(Malvern,1969)。考虑给定质量的介质,瞬时占据由表面 Ω 限定的体积 V 并受外部表面力 $\boldsymbol{t}$ 和体力 $\boldsymbol{b}$ 的作用。那么动量原理可以表示为(Malvern,1969)

$$\int^{\Omega}\boldsymbol{t}\mathrm{d}\Omega+\int^{V}\rho\boldsymbol{b}\mathrm{d}V=\frac{\mathrm{d}}{\mathrm{d}t}\int^{V}\rho\boldsymbol{v}\mathrm{d}V \tag{23.8}$$

或者在笛卡儿坐标中

$$\int^{\Omega}t_i\mathrm{d}\Omega+\int^{V}\rho b_i\mathrm{d}V=\frac{\mathrm{d}}{\mathrm{d}t}\int^{V}\rho v_i\mathrm{d}V \tag{23.9}$$

用发散定理代替 $t_i=\sigma_{ij}n_j$ 并用转化表面积分,得到(Malvern,1969)

$$\int^{V}\left(\frac{\partial\sigma_{ij}}{\partial x_j}+\rho b_i-\rho\frac{\mathrm{d}v_i}{\mathrm{d}t}\right)\mathrm{d}V=0 \tag{23.10}$$

对于任意体积 V,在每个点都有(Malvern,1969)

$$\rho\frac{\mathrm{d}v_i}{\mathrm{d}t}=\frac{\partial\sigma_{ij}}{\partial x_j}+\rho b_i \tag{23.11}$$

式中：n_j 是法向单位向量 $\boldsymbol{n}$ 的分量；$v_i(i=1,2,3)$ 为 $\boldsymbol{v}$ 的 Cartesian 分量；$x_j(j=1,2,3)$ 为笛卡儿坐标；$\sigma_{ji}(i,j=1,2,3)$ 和 $b_i(i=1,2,3)$ 分别为应力张量 $\boldsymbol{\sigma}$ 和体力 $\boldsymbol{b}$ 的笛卡儿分量。对于非极性情况，应力张量 $\boldsymbol{\sigma}$ 是对称的，即

$$\sigma_{ji}=\sigma_{ij}(i,j=1,2,3) \tag{23.12}$$

在张量表示法中，式(23.11)写成(Groot 和 Mazur,1962)

$$\rho\frac{\mathrm{d}\boldsymbol{v}}{\mathrm{d}t}=\mathrm{Div}\boldsymbol{\sigma}+\rho\boldsymbol{b} \tag{23.13}$$

从微观角度来看，应力张量 $\boldsymbol{\sigma}$ 是由系统粒子之间的短程相互作用产生的，而 $\boldsymbol{b}$ 则包含外力以及系统中长程相互作用的可能贡献。使用关系式(23.7)，运动方程式(23.13)也可以写成

$$\frac{\partial\rho\boldsymbol{v}}{\partial t}=-\mathrm{Div}(\rho\boldsymbol{vv}-\boldsymbol{\sigma})+\rho\boldsymbol{b} \tag{23.14}$$

式中：$\boldsymbol{vv}=\boldsymbol{v}\otimes\boldsymbol{v}$ 为有序(二元)乘积。该等式也具有动量密度 $\rho\boldsymbol{v}$ 的平衡方程的形式。事实上，人们可以将量 $\rho\boldsymbol{vv}-\boldsymbol{\sigma}$ 解释为动量流，其中对流部分 $\rho\boldsymbol{vv}$ 和量 $\rho\boldsymbol{b}$ 为动量源。

也可以从式(23.11)推导出重心运动的动能平衡方程，方法是将两个量乘以 $\boldsymbol{v}$ 的分量 v_i 并在 i 上求和：

$$\rho\frac{\mathrm{d}\frac{1}{2}\boldsymbol{v}^2}{\mathrm{d}t}=\sum_{i,j=1}^{3}\frac{\partial}{\partial x_j}(\sigma_{ji}v_i)-\sum_{i,j=1}^{3}\sigma_{ji}\frac{\partial}{\partial x_j}(v_i)+\rho b_i v_i\quad(i=1,2,3) \tag{23.15}$$

或用张量符号：

$$\rho\frac{\mathrm{d}\frac{1}{2}\boldsymbol{v}^2}{\mathrm{d}t}=\mathrm{div}(\boldsymbol{\sigma}\cdot\boldsymbol{v})-\boldsymbol{\sigma}:\boldsymbol{L}+\rho\boldsymbol{b}\cdot\boldsymbol{v} \tag{23.16}$$

式中：$\boldsymbol{L}=\mathrm{Grad}\boldsymbol{v}$ 为速度的空间梯度。$\boldsymbol{L}$ 可写成称为变形张量或拉伸张量的对称张量 $\boldsymbol{D}$ 和称为自旋张量或涡动张量的斜对称张量 $\boldsymbol{W}$ 之和(Malvern,1969)：

$$\boldsymbol{L}=\boldsymbol{D}+\boldsymbol{W} \tag{23.17}$$

其中

$$\boldsymbol{D}=\frac{1}{2}(\boldsymbol{L}+\boldsymbol{L}^{\mathrm{T}}),\boldsymbol{W}=\frac{1}{2}(\boldsymbol{L}-\boldsymbol{L}^{\mathrm{T}})$$

因为 $\boldsymbol{D}$ 是斜对称的，而 $\boldsymbol{\sigma}$ 是对称的，所以遵循如下方程：

$$\boldsymbol{\sigma}:\mathrm{Grad}\boldsymbol{v}=\sigma_{ij}L_{ij}=\sigma_{ij}D_{ij}=\boldsymbol{\sigma}:\boldsymbol{D} \tag{23.18}$$

我们还可以建立应变率 $\mathrm{d}\boldsymbol{\varepsilon}/\mathrm{d}t$ 和变形张量 $\boldsymbol{D}$ 的关系(Malvern,1969)：

$$\frac{\mathrm{d}\boldsymbol{\varepsilon}}{\mathrm{d}t}=\boldsymbol{F}^{\mathrm{T}}\cdot\boldsymbol{D}\cdot\boldsymbol{F} \tag{23.19}$$

式中：$\boldsymbol{F}$ 为涉及未变形构型的变形梯度。当位移梯度分量与单位值相比较小时，式(23.19)缩减为(Malvern,1969)

$$\frac{\mathrm{d}\boldsymbol{\varepsilon}}{\mathrm{d}t}\approx\boldsymbol{D} \tag{23.20}$$

借助式(23.7),式(23.16)变成了

$$\frac{\partial \frac{1}{2}\rho \boldsymbol{v}^2}{\partial t}=-\mathrm{div}\left(\frac{1}{2}\rho \boldsymbol{v}^2\cdot \boldsymbol{v}-\boldsymbol{\sigma}\cdot \boldsymbol{v}\right)-\boldsymbol{\sigma}:\boldsymbol{D}+\rho \boldsymbol{b}\cdot \boldsymbol{v} \tag{23.21}$$

对于可独立于时间从势能 $\boldsymbol{\Psi}$ 导出的守恒体力(Groot 和 Mazur,1962),有

$$\boldsymbol{b}=-\mathrm{grad}\,\boldsymbol{\Psi},\ \frac{\partial \boldsymbol{\Psi}}{\partial t}=0 \tag{23.22}$$

现在我们可以建立一个势能密度变化率 $\rho\boldsymbol{\Psi}$ 的方程。事实上,从式(23.3)和式(23.22)可以看出:

$$\frac{\partial \rho \boldsymbol{\Psi}}{\partial t}=\boldsymbol{\Psi}\frac{\partial \rho}{\partial t}+\rho\frac{\partial \boldsymbol{\Psi}}{\partial t}=\boldsymbol{\Psi}-\mathrm{div}(\rho \boldsymbol{v})=-\mathrm{div}(\rho \boldsymbol{\Psi} \boldsymbol{v})+\rho \boldsymbol{v}\cdot \mathrm{grad}\,\boldsymbol{\Psi}=-\mathrm{div}(\rho \boldsymbol{\Psi} \boldsymbol{v})-\rho \boldsymbol{b}\cdot \boldsymbol{v} \tag{23.23}$$

对于动能 $\frac{1}{2}\rho \boldsymbol{v}^2$ 和势能 $\rho\boldsymbol{\Psi}$ 的变化率,将式(23.22)和式(23.23)加和,得

$$\frac{\partial \rho\left(\frac{1}{2}\boldsymbol{v}^2+\boldsymbol{\Psi}\right)}{\partial t}=-\mathrm{div}\left\{\rho\left(\frac{1}{2}\boldsymbol{v}^2+\boldsymbol{\Psi}\right)\boldsymbol{v}-\boldsymbol{\sigma}\cdot \boldsymbol{v}\right\}-\boldsymbol{\sigma}:\boldsymbol{D} \tag{23.24}$$

这个方程表明,动能和势能之和并不守恒,因为右边出现了一个耗散项。

23.2.3 能量守恒

热力学的第一定律将系统所做的功和系统中的热传递与系统能量的变化联系起来。假设传递给系统的唯一能量是通过表面牵引和体力在系统上完成机械功,通过边界进行热交换以及由外部介质(感应加热)在系统内产生的热量。根据能量守恒原理,系统中任意体积 V 内的总能量只有在能量通过边界 Ω 流入(流出)所考虑的体积时才会改变,可以表示为(Malvern,1969)

$$\frac{\mathrm{d}}{\mathrm{d}t}\int^{V}\rho e\mathrm{d}V=\int^{V}\frac{\partial \rho e}{\partial t}\mathrm{d}V=-\int^{S}\boldsymbol{J}_e\cdot \mathrm{d}\boldsymbol{\Omega}+\int^{V}\rho r\mathrm{d}V \tag{23.25}$$

式中:e 为单位质量的能量;$\boldsymbol{J}_e$ 为单位表面和单位时间的能量流量;r 为单位质量分布的内部热源的强度。我们将 e 称为总比能量,因为它包含了系统中所有形式的能量。同样,我们称 $\boldsymbol{J}_e$ 为总能量通量。借助高斯定理,得到能量守恒定律的微分或局部形式:

$$\frac{\partial \rho e}{\partial t}=-\mathrm{div}\boldsymbol{J}_e+\rho r \tag{23.26}$$

为了将这个方程与先前获得的动能和势能的式(23.24)相关联,必须指定对能量 e 和通量 $\boldsymbol{J}_e$ 的各种贡献。总比能 e 包括比动能 $\frac{1}{2}\boldsymbol{v}^2$、比能势 $\boldsymbol{\Psi}$ 和比内能 u(Groot 和 Mazur,1962):

$$e=\frac{1}{2}\boldsymbol{v}^2+\boldsymbol{\Psi}+u \tag{23.27}$$

从宏观的角度来看,这种关系可以被认为是内能 u 的定义。从微观角度来看,u 代表热扰动的能量以及由于短程分子相互作用而产生的能量。

类似地，总能量通量包括对流项 $\rho e\boldsymbol{v}$、由系统上执行的机械功所引起的能量通量 $\boldsymbol{\sigma}\cdot\boldsymbol{v}$，以及最终的热通量 J_q（Groot 和 Mazur，1962）：

$$\boldsymbol{J}_e=\rho e\boldsymbol{v}-\boldsymbol{\sigma}\cdot\boldsymbol{v}+J_q \tag{23.28}$$

这个方程也可以被认为是定义热通量 J_q。然后每单位质量的热流量是

$$\rho\frac{\mathrm{d}q}{\mathrm{d}t}=-\mathrm{div}J_q \tag{23.29}$$

q 是每单位质量流入系统的热量。如果从式（23.26）中减去式（23.24），也可以使用式（23.27）和式（23.28）得到内部能量 u 的平衡方程：

$$\frac{\partial\rho u}{\partial t}=-\mathrm{div}\{\rho u\boldsymbol{v}+J_q\}+\boldsymbol{\sigma}:\boldsymbol{D}+\rho r \tag{23.30}$$

从式（23.30）可以看出，内部能量 u 不守恒。事实上，对于动能和势能来说，源项与动力学平衡方程式（23.24）的源项相等但符号相反。

借助式（23.7）和式（23.30），内能平衡方程可以用另一种形式写成：

$$\rho\frac{\mathrm{d}u}{\mathrm{d}t}=-\mathrm{div}J_q+\boldsymbol{\sigma}:\boldsymbol{D}+\rho r \tag{23.31}$$

总应力张量 $\boldsymbol{\sigma}$ 可分为标量静水压力部分 p 和偏应力张量 $\boldsymbol{\sigma}'$（Malvern，1969）：

$$\boldsymbol{\sigma}=-p\boldsymbol{I}+\boldsymbol{\sigma}' \tag{23.32}$$

式中：$\boldsymbol{I}$ 为具有 δ_{ij} 单元的单位矩阵（若 $i=j$，则 $\delta_{ij}=1$；若 $i\neq j$，则 $\delta_{ij}=0$），$p=-\frac{1}{3}\sigma_{kk}$。

借助式（23.32）和式（23.31），内能平衡方程变成了

$$\rho\frac{\mathrm{d}u}{\mathrm{d}t}=-\mathrm{div}J_q-p\mathrm{div}\boldsymbol{v}+\boldsymbol{\sigma}':\boldsymbol{D}+\rho r \tag{23.33}$$

这里，利用该等式：

$$\boldsymbol{I}:\boldsymbol{D}=\boldsymbol{I}:\mathrm{Grad}\,\boldsymbol{v}=\sum_{i,j=1}^{3}\sigma_{ij}\frac{\partial}{\partial x_j}\boldsymbol{v}_i=\sum_{i=1}^{3}\frac{\partial}{\partial x_i}\boldsymbol{v}_i=\mathrm{div}\boldsymbol{v}$$

利用式（23.6），热力学的第一定律最终可以写成如下形式：

$$\frac{\mathrm{d}u}{\mathrm{d}t}=-v\mathrm{div}J_q-p\frac{\mathrm{d}v}{\mathrm{d}t}+v\boldsymbol{\sigma}':\boldsymbol{D}+r \tag{23.34}$$

其中 $v=\rho^{-1}$ 是比容。

23.3　熵产生与熵平衡

传统意义上的热力学与可逆过程的研究有关。对于其中固体的热力学状态从一些初始状态改变为当前状态的不可逆过程，可假设这样的过程能沿着假想的可逆等温路径发生。如果克劳修斯-杜亨（Clausius-Duhem）不等式得到满足，以这种方式定义的过程将是热力学可达到的。

根据热力学原理，任何宏观系统都会引入两个新变量——温度 T 和熵 S。整体的熵，作为一个系统，加上在系统内产生变化所涉及的任何环境，都只能增加。由于摩擦，固体中的熵变始终是不可逆转的过程，这导致了熵的产生，从而导致了宇宙的永久变化

(Dehoff,1993)。

熵变 dS 可以写成闭合系统的两个且仅两个项的和(Groot 和 Mazur,1962):

$$dS = dS_e + dS_i \tag{23.35}$$

式中:dS_e 为通过系统边界从外部源传递热量而得到的熵;dS_i 为系统内产生的熵。热力学的第二定律指出,对于任何可逆(或平衡)过程,dS_i 必须为零,并且对于系统的不可逆过程是正的,即(Groot 和 Mazur,1962)

$$dS_i \geqslant 0 \tag{23.36}$$

另外,所提供的熵 dS_e 可以是正的、零或负的,这取决于系统与其周围环境的相互作用。

正如我们所知,传统意义上的热力学关注于式(23.36)中等式的可逆变换的研究。对于一个固体的热力学状态从某种初始状态变为当前状态的不可逆过程,假设这样的过程可以沿着一个由两步序列组成的假想可逆等温路径发生(Krajcinovic,1996),这就是所谓的局部平衡假设,它假定材料在给定点和瞬间的热力学状态完全由当时某些变量值的获取来定义。局部状态的方法意味着宏观系统有效的规律对于它的无限小部分仍然有效,在微观模型中,这种方法也意味着在系统上进行的局部宏观测量实际上是对系统的小部分特性的测量,其仍然包含大量的构成粒子。从宏观的角度来看,这种"局部平衡"的假设只能凭借从中得出的结论的有效性才是合理的。该理论的应用领域排除了超速现象,其演化的时间尺度与恢复到热力学平衡的弛豫时间的阶数相同(Lemaitre 和 Chaboche,1990)。如果克劳修斯-杜亨不等式得到满足,那么可以用精度描述的物理现象就取决于状态变量数量的选择。

在不可逆的热力学中,重要的目标之一是将 dS_i(内部熵产生)与系统内可能发生的各种不可逆现象联系起来。在根据表征不可逆现象的量计算熵产量之前,我们将以更适合描述系统的方式重写式(23.35)和式(23.36),其中广泛性质的密度(如在守恒定律中的质量和能量)是空间坐标的连续函数(Groot 和 Mazur,1962):

$$S = \int^{V} \rho s \mathrm{d}V \tag{23.37}$$

$$\frac{dS_e}{dt} = -\int^{\Omega} J_{S,\mathrm{tot}} \mathrm{d}\boldsymbol{\Omega} \tag{23.38}$$

$$\frac{dS_i}{dt} = -\int^{V} \gamma \mathrm{d}V \tag{23.39}$$

式中:s 为每单位质量的熵;$J_{S,\mathrm{tot}}$ 为总熵流,它是与熵流方向一致的向量,其大小等于单位时间内通过垂直于流动方向单位面积的熵;γ 为单位体积和单位时间的熵源强度或熵产量。

利用式(23.37)、式(23.38)和式(23.39),式(23.35)可以用高斯定理写成(Groot 和 Mazur,1962):

$$\int^{V} \left(\frac{\partial \rho s}{\partial t} + \mathrm{div} J_{S,\mathrm{tot}} - \gamma \right) \mathrm{d}V = 0 \tag{23.40}$$

式中:$\mathrm{div} J_{S,\mathrm{tot}}$ 的发散仅仅代表单位时间离开单位体积的净熵。从这个关系可以看出,由于式(23.40)必须保持一个任意的体积 V。

$$\frac{\partial \rho s}{\partial t} = -\operatorname{div} J_{S,\text{tot}} + \gamma \tag{23.41}$$

$$\gamma \geqslant 0 \tag{23.42}$$

式(23.41)、式(23.42)是式(23.35)和式(23.36)的局部形式,即热力学第二定律的局部数学表达式。式(23.41)形式上是熵密度 ρs 的平衡方程,其中源 γ 满足重要的不等式(23.42)。借助式(23.7)和式(23.41),它可以用稍微不同的形式重写:

$$\rho \frac{\mathrm{d}s}{\mathrm{d}t} = -\operatorname{div} J_S + \gamma \tag{23.43}$$

其中熵通量 J_S 是总熵通量 $J_{S,\text{tot}}$ 和对流项 $\rho s \boldsymbol{v}$ 之间的差值:

$$J_S = J_{S,\text{tot}} - \rho s \boldsymbol{v} \tag{23.44}$$

对于连续介质力学中的应用,必须将系统性质的变化与熵的变化率联系起来,这将使我们能够获得更清晰的熵通量 J_S 和式(23.43)中出现的熵源强度 γ 的表达式。

假设存在一个热力学势,可以从中得出状态定律。在没有输入细节的情况下,让我们说一个具有标量值的函数的规范,它相对于 T 是凹的,相对于其他变量是凸的,这使得我们可以先验地满足由克劳修斯-杜亨不等式引起的热力学稳定性条件。在这里,我们选择比亥姆霍兹自由能 φ,其定义为比内能密度 u 与绝对温度 T 和比熵 s 之间的乘积之差:

$$\varphi = u - Ts \tag{23.45}$$

通过区分这一点和借助能量守恒定律,可得

$$\begin{aligned}
\mathrm{d}\varphi &= \mathrm{d}u - T\mathrm{d}s - s\mathrm{d}T \\
&= \delta q + \delta w - T\mathrm{d}s - s\mathrm{d}T \\
&= \delta q + (\delta w^d + \delta w^e) - T\mathrm{d}s - s\mathrm{d}T \\
&= (\delta q + \delta w^d - T\mathrm{d}s) + (\delta w^e - s\mathrm{d}T)
\end{aligned}$$

式中:q 为每单位质量流入系统的总热量,包括通过表面的传导和分散的内部热源;w 为通过外部压力和体力在单位质量上完成的系统总功;w^d 为与全部功有关的失去的能量,通常以热量的形式耗散;w^e 为与全部功相关的弹性能量。对于不可逆过程熵的定量处理,让我们介绍熵不可逆过程的定义:

$$\mathrm{d}s = \frac{\delta q + \delta w^d}{T} \tag{23.46}$$

借助方程式(23.46),可得

$$T\mathrm{d}s = \mathrm{d}u - \mathrm{d}w^e \tag{23.47}$$

这是结合第一定律和第二定律的吉布斯关系。从熵的定义来看,有

$$\mathrm{d}w^e = \mathrm{d}\varphi + s\mathrm{d}T \tag{23.48}$$

亥姆霍兹自由能是等温可恢复的弹性能量。应该指出,比弹性能量 w^e,即在一个过程中每单位质量存储在系统中的功是与路径无关的。弹性能量是在任何给定两种状态之间一种设备可以产生的最大功,如果该装置具有吸收功能,则该过程的弹性能量功是必须提供的最小功(Li,1989)。

为了找到熵平衡方程式(23.43)的显式形式,用式(23.4)给出的时间导数,将 $\mathrm{d}u/\mathrm{d}t$ 的表达式(23.34)插入式(23.47):

$$\rho \frac{\mathrm{d}s}{\mathrm{d}t} = -\frac{\operatorname{div} J_q}{T} + \frac{1}{T}\boldsymbol{\sigma} : \boldsymbol{D} - \frac{\rho}{T}\frac{\mathrm{d}w^e}{\mathrm{d}t} + \frac{\rho r}{T} \tag{23.49}$$

注意到

$$\frac{\mathrm{div}J_q}{T}=\mathrm{div}\,\frac{J_q}{T}+\frac{1}{T^2}J_q\cdot\mathrm{grad}T$$

很容易将式(23.49)转化为平衡方程式(23.43)：

$$\rho\frac{\mathrm{d}s}{\mathrm{d}t}=-\mathrm{div}\,\frac{J_q}{T}-\frac{1}{T^2}J_q\cdot\mathrm{grad}T+\frac{1}{T}\boldsymbol{\sigma}:\boldsymbol{D}-\frac{\rho}{T}\frac{\mathrm{d}w^e}{\mathrm{d}t}+\frac{\rho r}{T}\tag{23.50}$$

与式(23.43)相比，熵通量和熵生成率的表达式由下式给出

$$J_S=\frac{J_q}{T}\tag{23.51}$$

$$\gamma=\frac{1}{T}\boldsymbol{\sigma}:\boldsymbol{D}-\frac{\rho}{T}\frac{\mathrm{d}w^e}{\mathrm{d}t}-\frac{1}{T^2}J_q\cdot\mathrm{grad}T+\frac{\rho r}{T}\tag{23.52}$$

式(23.51)表明对于封闭系统，熵流仅由一个部分组成："减小的"热流 J_q/T。式(23.52)表示内部耗散的熵产。前两项的总和称为固有耗散或机械耗散，它由塑性耗散加上与其他内部变量演变相关的耗散组成，它通常通过体积单元以热量形式消散。最后两项是由于热传导和内部热源导致的散热。γ 表达式的结构是双线性形式的结构：它由两个因子的乘积之和组成。每项中的一个因素是流量（热流量 J_q，动量流量或压力张量 $\boldsymbol{\sigma}$），它已经在守恒定律中给出了；每项中的另一个因素与密集状态变量（温度和速度的梯度）的梯度有关。在熵表达式中乘以熵通量的这些量被称为热力学力。

乍看起来，式(23.49)的右边分解为流量发散和源项的方式可能在某种程度上似乎是任意的，然而，式(23.50)的两个部分必须满足决定这种分解的众多要求（Groot 和 Mazur，1962）。如果系统内满足热力学平衡条件，则熵源强度 γ 必须为零。式(23.52)必须满足的另一个要求是它在不同参考系的变换下是不变的，因为在这种变换下可逆和不可逆行为的概念必须是不变的。可以看出，式(23.52)满足了这些要求。最后，可以注意到式(23.50)也满足克劳修斯-杜亨不等式：

$$\boldsymbol{\sigma}:\boldsymbol{D}-\rho\left(\frac{\mathrm{d}\varphi}{\mathrm{d}t}+s\frac{\mathrm{d}T}{\mathrm{d}t}\right)-J_q\cdot\frac{\mathrm{grad}T}{T}\geqslant 0\tag{23.53}$$

在两个不同温度的固体颗粒之间，热量只能通过传导传递，这一过程发生在分子和原子水平。各向同性体的热传导定律如下（Boley 和 Weiner，1988）：

$$J_q=-k\,\mathrm{grad}\ T\tag{23.54}$$

式中：k 的典型单位为 Btu/ft · h · ℉，被称为固体的热导率；J_q 为热通量。

这种热传导定律首先由傅里叶基于试验观察得出。傅里叶定律表示热通量向量 J_q 与其双变量 grad$T$ 之间的线性关系。因为固态、不透明的物体在这里是主要关注的，所以热量仅通过传导在该物体内从点到点地传递。因此，边值问题的场方程将总是某种形式的傅里叶热传导方程。当然，热量可以通过与各种热边界条件相对应的其他传热模式传递到主体的表面。

那么内部熵产生的表达式可以简化为

$$\gamma=\frac{1}{\mathrm{T}}\boldsymbol{\sigma}:\boldsymbol{D}-\frac{\rho}{T}\frac{\mathrm{d}w_{ava}}{\mathrm{d}t}+\frac{k}{T^2}\mid\mathrm{grad}T\mid^2+\frac{\rho r}{T}\tag{23.55}$$

23.4　完全耦合的热机械方程

连续介质力学和热力学的公式要求存在一定数量的状态变量,我们只限于两个可观察的变量——温度 T 和总应变 $\boldsymbol{\varepsilon}$ ——因为它们是唯一在弹性状态下存在的变量。对于耗散现象,当前状态也取决于过去的历史和路径。塑性和黏塑性要求引入塑性(或黏塑性)应变 $\boldsymbol{\varepsilon}^p$ 作为变量。其他现象,如硬化、损伤和断裂,需要引入本质上不太明显的其他内部变量,这些变量表示物质的内部状态(位错密度、微结构的晶体、微裂纹和空腔的构型等)(Lemaitre 和 Chaboche,1990)。没有客观的方法可用来选择最适合研究现象的内部变量的性质,对于一般的研究,这些变量将用 $V_k(k=1,2,\cdots)$ 表示,代表标量或张量变量。

对于小应变,塑性应变是与通过弹性卸载获得的松弛构型相关的永久应变,导致加性应变分解:

$$\boldsymbol{\varepsilon}=\boldsymbol{\varepsilon}^e+\boldsymbol{\varepsilon}^p \tag{23.56}$$

能量、应力张量和应变张量之间存在的关系式可以用具有内部变量的热力学形式来获得。在这里,我们选择亥姆霍兹自由能 φ,它取决于可观察的变量和内部变量:

$$\varphi=(\boldsymbol{\varepsilon},T,\boldsymbol{\varepsilon}^e,\boldsymbol{\varepsilon}^p,V_k) \tag{23.57}$$

对于小应变,应变仅以其加性分解的形式出现,因此

$$\varphi((\boldsymbol{\varepsilon}-\boldsymbol{\varepsilon}^p),T,V_k)=\varphi(\boldsymbol{\varepsilon}^e,T,V_k) \tag{23.58}$$

这表明(Lemaitre 和 Chaboche,1990)

$$\frac{\partial\varphi}{\partial\boldsymbol{\varepsilon}^e}=\frac{\partial\varphi}{\partial\boldsymbol{\varepsilon}}=-\frac{\partial\varphi}{\partial\boldsymbol{\varepsilon}^p} \tag{23.59}$$

以下表达式定义了热力学定律(Lemaitre 和 Chaboche,1990):

$$\boldsymbol{\sigma}=\rho\frac{\partial\varphi}{\partial\boldsymbol{\varepsilon}^e} \tag{23.60}$$

$$s=-\frac{\partial\varphi}{\partial T} \tag{23.61}$$

$$A_k=\rho\frac{\partial\varphi}{\partial V_k} \tag{23.62}$$

式中:A_k 为与内部变量 V_k、s、$\boldsymbol{\sigma}$ 和 A_k 相关的热力学力构成的相关变量。由变量形成的向量是变量 T、$\boldsymbol{\varepsilon}^e$ 和 V_k 空间中函数 φ 的梯度,该向量与 φ 为常数的表面垂直。

小应变能量守恒方程(式(23.20)和式(23.31))可以写成

$$\rho\dot{u}=-\mathrm{div}J_q+\boldsymbol{\sigma}:\dot{\boldsymbol{\varepsilon}}+\rho r \tag{23.63}$$

并用式(23.45)代入 $\rho\dot{u}$

$$\rho\dot{u}=\rho\dot{\varphi}+\rho\dot{s}T+\rho s\dot{T} \tag{23.64}$$

$\dot{\varphi}$ 和 $\dot{s}$ 的表达式作为状态变量的函数,借助于式(23.60)~式(23.62):

$$\dot{\varphi}=\frac{\partial\varphi}{\partial\boldsymbol{\varepsilon}^e}:\dot{\boldsymbol{\varepsilon}}^e+\frac{\partial\varphi}{\partial T}\dot{T}+\frac{\partial\varphi}{\partial V_k}\dot{V}_k=\frac{1}{\rho}\boldsymbol{\sigma}:\dot{\boldsymbol{\varepsilon}}-s\dot{T}+A_k\dot{V}_k \tag{23.65}$$

$$\dot{s}=-\frac{\partial^2\varphi}{\partial\boldsymbol{\varepsilon}^e\partial T}:\dot{\boldsymbol{\varepsilon}}^e-\frac{\partial^2\varphi}{\partial T^2}\dot{T}-\frac{\partial^2\varphi}{\partial V_k\partial T}\dot{V}_k=-\frac{1}{\rho}\frac{\partial\boldsymbol{\sigma}}{\partial T}:\dot{\boldsymbol{\varepsilon}}^e+\frac{\partial s}{\partial T}\dot{T}-\frac{1}{\rho}\frac{\partial A_k}{\partial T}\dot{V}_k \tag{23.66}$$

获得

$$-\mathrm{div}J_q=\rho T\frac{\partial s}{\partial T}\dot{T}-\boldsymbol{\sigma}:(\dot{\boldsymbol{\varepsilon}}-\dot{\boldsymbol{\varepsilon}}^e)+A_kV_k-\rho r-T\left(\frac{\partial\boldsymbol{\sigma}}{\partial T}:\dot{\boldsymbol{\varepsilon}}^e+\frac{\partial A_k}{\partial T}\dot{V}_k\right)\tag{23.67}$$

通过引入定义的比热

$$C=T\frac{\partial s}{\partial T}\tag{23.68}$$

并考虑各向同性材料的傅里叶定律

$$\mathrm{div}J_q=-k\mathrm{div}(\mathrm{grad}T)=-k\nabla^2T\tag{23.69}$$

式中：∇^2为拉普拉斯算子。

使用 $\dot{\boldsymbol{\varepsilon}}^P=\dot{\boldsymbol{\varepsilon}}-\dot{\boldsymbol{\varepsilon}}^e$，获得

$$k\nabla^2T=\rho C\dot{T}-\boldsymbol{\sigma}:\dot{\boldsymbol{\varepsilon}}^P+A_kV_k-\rho r-T\left(\frac{\partial\boldsymbol{\sigma}}{\partial T}:\dot{\boldsymbol{\varepsilon}}^e+\frac{\partial A_k}{\partial T}\dot{V}_k\right)\tag{23.70}$$

这是完全耦合的热机械方程，它可以模拟受适当施加边界条件的机械作用影响的温度演变。$A_k\dot{V}_k$ 表示存储在材料中的不可恢复的能量，对应于其他耗散现象，如硬化、损伤和断裂，它仅代表项 $\boldsymbol{\sigma}:\dot{\boldsymbol{\varepsilon}}^P$ 的 5%～10%，并且通常可以忽略不计（Lemaitre，1992；Lemaitre 和 Chaboche，1990；Chaboche 和 Lesne，1988）：

$$A_k\dot{V}_k\approx0\tag{23.71}$$

则得到完全耦合的弹塑性热机械方程：

$$k\nabla^2T=\rho C\dot{T}-\boldsymbol{\sigma}:\dot{\boldsymbol{\varepsilon}}^P-\rho r-T\frac{\partial\boldsymbol{\sigma}}{\partial T}:\dot{\boldsymbol{\varepsilon}}^e\tag{23.72}$$

已被许多研究人员用于模拟材料行为的热效应（Sluzalec 等，1988；Hong，1999）。式（23.72）也允许我们计算由于固体中的弹性和/或非弹性功而产生的热通量 J_q。

对于各向同性线性热弹性材料，应力-应变关系为

$$\sigma_{i,j}=\lambda\delta_{i,j}\varepsilon_{kk}+2\mu\varepsilon_{i,j}-(3\lambda+2\mu)\delta_{i,j}\alpha(T-T_0)\tag{23.73}$$

式中：T_0 为参考温度；α 为各向同性热膨胀系数；λ 和 μ 为拉梅（Lame）系数：

$$\lambda=\frac{\upsilon E}{(1+\upsilon)(1-2\upsilon)},\mu=\frac{E}{2(1+\upsilon)}\tag{23.74}$$

如果忽略由外部源产生的内部热量，则式（23.70）用于各向同性线性热弹性材料：

$$k\nabla^2T=\rho C\dot{T}+(3\lambda+2\mu)\alpha T\dot{\varepsilon}_{kk}\tag{23.75}$$

式（23.75）最后一项代表热能和机械能的相互转化。

23.5 热力学损伤演化函数

变化永远是不可逆转的过程，因为摩擦会导致熵的产生，从而导致宇宙的永久变化（Dehoff，1993）。损伤是指在故障发生之前材料发生的逐步恶化，累积损伤分析在承受载荷历史的部件和结构的寿命预测中起着关键作用。因此，相关文献中提出了许多损伤模型，如线性损伤模型、非线性损伤模型、线弹性断裂力学模型、连续损伤力学模型和基于能量的损伤模型（Bazant，1991；Bonora 和 Newaz，1998；Chaboche，1981，1988；Chow 和 Chen，1992；Ju，1989，1990；Kachanov，1986，1986；Krajcinovic，1989；Lemaitre，1992；Murakami，

1988；Murakami 和 Kamiya，1997；Rabotnov，1969a；Shi 和 Voyiadjis，1997；Voyiadjis 和 Thiagarajan，1996）。基于热力学和统计力学的损伤演化函数在 Basaran 和 Yan（1998）的文献中首次提出，他们建立了经历塑性变形的固体的熵与损伤之间的关系。然而，他们的模型不足以解释弹性变形，并将熵产生与材料刚度退化联系起来。Basaran 等（2003）；Gomez 和 Basaran（2005）；Li 和 Basaran（2009）；Gunel 和 Basaran（2011）；Yao 和 Basaran（2013）；Basaran 等（2004）开发了这种损伤演化模型的广义形式。

测量材料退化的指标有很多，例如直接测量位于表面的总裂纹区域、弹性模量的降低、超声波传播速度的降低、显微硬度的降低、密度的变化、电阻的增加、循环塑性响应的变化、蠕变特性的变化、声发射特性的变化、剩余寿命和累积滞后耗散。与微观结构退化相对应的损伤过程通常是不可逆的，在累积损伤过程中，作为系统无序量度的内部熵产必须根据热力学第二定律增加，以便内部熵产生可以用作损伤量化的准则。统计物理学和热力学意义上的熵实际上是相同的（Malvern，1969），统计物理学解释的概率和趋向于无序的微观状态为熵的其他相当抽象的热力学概念提供了物理意义。玻尔兹曼首先使用统计力学来给无序提供一个精确的含义（Boltzmann，1898），并为整个系统建立了无序和熵之间的联系：

$$S=k_0\ln W \tag{23.76}$$

式中：k_0 为玻尔兹曼常数；W 为无序参数，无序参数是系统在相对于它可能处于的所有可能状态，它将要存在的状态的概率。统计力学为状态的概率赋予了一个确切的含义，为 W 提供了一个广义表达式，它采用了系统分布函数的思想。该函数测量系统中分子的坐标和速度在给定时间具有特定值的概率。Basaran 和 Yan（1998）给出了单位质量熵与无序参数之间的关系：

$$s=\frac{R}{m_s}\ln W \tag{23.77}$$

式中：s 为单位质量的熵；m_s 为比质量；R 为气体常数。

根据式（23.77），有无序函数如下：

$$W=e^{\frac{sm_s}{R}} \tag{23.78}$$

选择无序 W_0 的连续介质的初始参考状态，那么相对于初始参考状态在任意时间的无序变化由下式给出：

$$\Delta W=W-W_0=e^{\frac{sm_s}{R}}-e^{\frac{s_0m_s}{R}} \tag{23.79}$$

式中：s_0 为初始参考状态的熵。根据 Basaran 和 Nie（2004），各向同性损伤变量 D 被定义为无序参数变化与当前状态无序参数之间的比率，其比例临界无序系数 D_{cr} 为

$$D=D_{\mathrm{cr}}\frac{\Delta W}{W} \tag{23.80}$$

D_{cr} 允许我们将基于熵产生的损伤 D 的值与其他材料坐标相关联，例如材料刚度的退化。D_{cr} 很容易从试验数据中确定，但对于不同的加载曲线，例如单调和循环加载，它可能会有所不同。

借助式（23.78）和式（23.79），损伤参数 D 与熵变化之间的关系可写为

$$D=D_{\mathrm{cr}}\left[1-e^{-\frac{m_s}{R}(s-s_0)}\right] \tag{23.81}$$

借助式(23.49)和式(23.70),小应变的条件下,总比熵的变化率由下式给出:

$$\frac{\mathrm{d}s}{\mathrm{d}t}=\frac{c}{T}\frac{\partial T}{\partial t}-\frac{1}{\rho}\left(\frac{\partial \boldsymbol{\sigma}}{\partial T}:\dot{\boldsymbol{\varepsilon}}^{e}+\frac{\partial A_k}{\partial T}\dot{V}_k\right) \tag{23.82}$$

当 $\boldsymbol{\sigma}:\dot{\boldsymbol{\varepsilon}}-\rho\dot{w}^{e}=\boldsymbol{\sigma}:\dot{\boldsymbol{\varepsilon}}^{P}A_k\dot{V}_k$ 被使用,其表示总机械耗散率。式(23.82)也可以通过其表达式作为与式(23.66)相同的状态变量的函数来获得。

借助式(23.55),小应变的特定熵产率变成了:

$$\frac{\mathrm{d}s_i}{\mathrm{d}t}=\frac{\gamma}{\rho}=\frac{\boldsymbol{\sigma}:\dot{\boldsymbol{\varepsilon}}^{P}}{T\rho}+\frac{k}{T^2\rho}\left|\ \mathrm{grad}T\ \right|^2+\frac{r}{T} \tag{23.83}$$

其中 $\boldsymbol{\sigma}:\dot{\boldsymbol{\varepsilon}}-\rho\dot{w}^{e}=\boldsymbol{\sigma}:\dot{\boldsymbol{\varepsilon}}^{P}A_k\dot{V}_k$ 也被使用,并且省略了 $A_k\dot{V}_k$。

在前面的章节中已经推导出控制连续介质中的温度、应力、变形和熵产率的基本方程。从严格的角度来看,这些数量都是相互关联的,必须同时确定。但是,对于大多数实际问题,应力和变形对温度分布的影响很小,可以忽略不计。该程序允许确定由规定热条件产生的固体中的温度分布,成为热应力分析的第一步和独立步骤;这样分析的第二步就是确定由于温度分布导致的体内应力、变形和损伤(Boley 和 Weiner,1988)。由于系统与周围环境之间传热引起的熵变对材料的退化没有影响,因此只有熵源强度即系统中产生的熵应作为系统描述的不可逆转过程的基础。所以损伤演化式(23.73)可以在数值分析程序中实现,其中

$$\Delta s=\Delta s_i=\int_{t_0}^{t}\frac{\boldsymbol{\sigma}:\dot{\boldsymbol{\varepsilon}}^{P}}{T\rho}\mathrm{d}t+\int_{t}^{t_0}\left(\frac{k}{T^2\rho}\left|\ \mathrm{grad}T\ \right|^2\right)\mathrm{d}t+\int_{t}^{t_0}\frac{r}{T}\mathrm{d}t \tag{23.84}$$

根据式(23.84),因非负的熵源强度,显然 $D\geqslant 0$ 总是满足的。当 $\Delta s=0$ 时,$D=0$;当 $\Delta s\to\infty$ 时,$D=D_{cr}$。式(23.84)表明损伤不仅是加载或应变过程的函数,而且也是温度的函数。但是,无应力场中温度的均匀增加不会造成任何损伤。

所提出的程序的优点非常明显。在连续损伤力学(CDM)理论中,不是单独地提出本构关系和损伤演化方程,而是通过建立本构关系才能对 CDM 进行统一描述。因此,模拟损伤现象的全部问题在于确定特征试验中本构关系的解析表达式及其识别。本构关系的具体函数形式取决于损伤机制和变形本身,而且,这种统一的方法可以消除对损伤能势表面的需求。

23.6 电流下的损伤演化与熵产生

当没有机械载荷(以表面牵引力或点载荷形式)作用于系统时,根据式(23.55),不可逆熵率产生将为零。但是,如果只有电流存在,并且电流构成高电流密度,则会导致显著的不可逆熵产生。在后续部分中,我们将给出这个特例。

23.6.1 热力学中的电迁移过程建模

电迁移是在高电流密度下在固体导体中发生的电子流动辅助的扩散过程,该过程可以假定为由空位扩散机制控制,其中扩散通过空位与相邻原子交换晶格位点而发生。在等温条件下,该过程由电流引起的质量扩散、应力梯度引起的扩散和由于原子空位浓度引起的扩散驱动。在存在电流的情况下,由于电阻总是会产生热量(焦耳热),导致热迁移,

这与其他扩散力相互作用。在这四种力的作用下,原子空位通量方程可以结合 Huntington 和 Kirchheim(1961)通量定义给出,加上温度梯度和空位浓度的影响,

$$\frac{\partial C_v}{\partial t}=-\vec{\Delta}\cdot \boldsymbol{q}+G \tag{23.85}$$

$$\boldsymbol{q}=-D_v\left[\vec{\nabla}\cdot C_v+\frac{C_vZ^*\mathrm{e}}{kT}(-\rho\boldsymbol{j})-\frac{C_v}{kT}(-f\Omega)\vec{\nabla}\sigma+\frac{C_vQ^*}{kT}\frac{\vec{\nabla}T}{T}\right] \tag{23.86}$$

结合这两个等式就可以得到

$$\frac{\partial C_v}{\partial t}=D_v\left[\nabla^2C_v-\frac{Z^*e\rho}{kT}\vec{\nabla}\cdot(C_v\boldsymbol{j})+\frac{f\Omega}{kT}\vec{\nabla}\cdot(C_v\vec{\nabla}\sigma)+\frac{Q^*}{kT}\vec{\nabla}(C_v\nabla T)\right]+G \tag{23.87}$$

式中:C_v 为空位浓度;D_v 为空位扩散系数;$\boldsymbol{q}$ 为空位通量向量;Z^* 为空位有效电荷数;e 为电子电荷;ρ 为金属电阻率;$\boldsymbol{j}$ 为电流密度向量;f 为空位松弛率,原子体积与空位体积之比;Ω 为原子体积;Q^* 为热传导,原子跳跃点阵位置过程中移动原子而传递的等温热量减去固有焓;k 为玻尔兹曼常数;T 为绝对温度;$\sigma=(\sigma_{ij})/3$,应力张量的静水或球形部分(Sarychev 和 Zhinikov,1999);G 为空位产率,

$$G=-\frac{C_v-C_{ve}}{\tau_s} \tag{23.88a}$$

C_{ve} 为热力学平衡空位浓度,

$$C_{ve}=C_{v0}\mathrm{e}^{\frac{(1-f)\Omega\sigma}{kT}} \tag{23.88b}$$

C_{v0} 为在没有应力的情况下的平衡空位浓度;τ_s 为特征空位产生/湮没时间。

如果我们将 $C\equiv\frac{C_v}{C_{v0}}$定义为归一化浓度,那么空位扩散方程可以写成:

$$\frac{\partial C_v}{\partial t}=D_v\left[\nabla^2C-\frac{Z^*e\rho}{kT}\vec{\nabla}\cdot(C\boldsymbol{j})+\frac{f\Omega}{kT}\vec{\nabla}\cdot(C\vec{\nabla}\sigma)+\frac{Q^*}{kT}\vec{\nabla}(C\nabla T)\right]+\frac{G}{C_{v0}} \tag{23.89}$$

其中,初始 $C=1$(或 $C_v=C_{v0}$)。

使用前面部分得出的形式的能量守恒方程,可以写出熵密度变化率如下:

$$\rho\frac{\mathrm{d}s}{\mathrm{d}t}=\frac{1}{T}-\mathrm{div}J_q+\sigma:\mathrm{Grad}(\boldsymbol{v})+\sum_k J_k\cdot F_k-\rho\left(\frac{\partial\boldsymbol{\Psi}}{\partial\varepsilon^e}:\frac{\mathrm{d}\varepsilon^e}{\mathrm{d}t}+\frac{\partial\boldsymbol{\Psi}}{\partial T}:\frac{\mathrm{d}T}{\mathrm{d}t}+\frac{\partial\boldsymbol{\Psi}}{\partial V_k}:\frac{\mathrm{d}V_k}{\mathrm{d}t}-s\frac{\mathrm{d}T}{\mathrm{d}t}\right) \tag{23.90}$$

其中

$$\sigma:\mathrm{Grad}(\boldsymbol{v})=\sigma:(\boldsymbol{D}+\boldsymbol{W}) \tag{23.91}$$

$\boldsymbol{D}$(对称)和 $\boldsymbol{W}$(斜对称)分别是变形张量和自旋张量的速率。

由于 σ 的对称性,有

$$\sigma:(\boldsymbol{D}+W)=\sigma:\boldsymbol{D} \tag{23.92}$$

对于小变形,可以做出如下假设:

$$\sigma:\boldsymbol{D}=\sigma:\frac{\mathrm{d}\varepsilon}{\mathrm{d}t}=\sigma:\left(\frac{\mathrm{d}\varepsilon^e}{\mathrm{d}t}+\frac{\mathrm{d}\varepsilon^p}{\mathrm{d}t}\right) \tag{23.93}$$

重新排列式(23.90)并与式(23.27)相比较,可以得到 $J_s=\frac{1}{T}J_q$ 和下面的熵产生率项:

$$\gamma = -\frac{1}{T^2}J_q \cdot \mathrm{Grad}(T) + \frac{1}{T}\sum_k J_k \cdot F_k + \frac{1}{T}\sigma : \frac{\mathrm{d}\boldsymbol{\varepsilon}^p}{\mathrm{d}t} + \frac{1}{T}\left(\sigma : \frac{\mathrm{d}\boldsymbol{\varepsilon}^e}{\mathrm{d}t}, \rho\frac{\partial\boldsymbol{\Psi}}{\partial\boldsymbol{\varepsilon}^e}, : \frac{\mathrm{d}\boldsymbol{\varepsilon}^e}{\mathrm{d}t}\right) + \frac{\rho}{T}\left(s + \frac{\partial\boldsymbol{\Psi}}{\partial T}\right)\frac{\mathrm{d}T}{t} - \frac{\rho}{T}\frac{\partial\boldsymbol{\Psi}}{\partial V_k} : \frac{\mathrm{d}V_k}{\mathrm{d}t} \tag{23.94}$$

在有内摩擦的固体中,所有变形都会导致正熵产生率 $\gamma \geqslant 0$(这也被称为克劳修斯-杜亨不等式,Malvern,1969)。

使用以下关系:

$$\sigma = \rho\left(\frac{\partial\boldsymbol{\Psi}}{\partial\boldsymbol{\varepsilon}^e}\right) \tag{23.95}$$

$$s = -\frac{\partial\boldsymbol{\Psi}}{\partial T} \tag{23.96}$$

可以简化式(23.94)如下:

$$\gamma = -\frac{1}{T^2}J_q \cdot \mathrm{Grad}(T) + \frac{1}{T}\sum_k J_k \cdot F_k + \frac{1}{T}\sigma : \dot{\varepsilon}^p - \frac{\rho}{T}\frac{\partial\boldsymbol{\Psi}}{\partial V_k} : \frac{\mathrm{d}V_k}{\mathrm{d}t} \tag{23.97}$$

或者如果热通量项 J_q 被替换

$$J_q = \frac{1}{T^2}\boldsymbol{C} \mid \mathrm{Grad}(T) \mid^2 \tag{23.98}$$

式中:$\boldsymbol{C}$ 为热导率张量,熵产生率可由下式给出

$$\gamma = -\frac{1}{T^2}\boldsymbol{C} \mid \mathrm{Grad}(T) \mid^2 + \frac{1}{T}\sum_k J_k \cdot F_k + \frac{1}{T}\sigma : \dot{\varepsilon}^p - \frac{\rho}{T}\frac{\partial\boldsymbol{\Psi}}{\partial V_k} : \frac{\mathrm{d}V_k}{\mathrm{d}t} \tag{23.99}$$

我们将式(23.99)中的 J_k 识别为式(23.86)中的 $\boldsymbol{q}$,有效驱动力项 F_k 为

$$F_k = \left[Z^* ej\rho + (-f\Omega)\vec{\nabla}\sigma - \frac{Q}{T}\vec{\nabla}T - \frac{kT}{C}\vec{\nabla}\boldsymbol{C}\right] \tag{23.100}$$

从式(23.99)可以看出,不可逆损耗包括两部分:第一项称为系统内部传导引起的散热,第二、第三和第四项代表系统中其他不可逆过程,我们将其称为内在耗散。

根据热力学第二定律,当熵最大且生产率最小时,所有系统都必然失效。根据这个定律,式(23.99)给出的熵生成率可以解释系统中电迁移引起的熵产生。由于电迁移是一个不可逆转的过程,并导致系统失效,我们认为它必须符合热力学定律。式(23.99)中给出的熵生产率可以用许多不同的形式写成,但是这个等式的这种形式对于我们的目的来说是最合适的。

借助式(23.99)和式(23.100),可以写出式(23.16)为

$$\Delta s = \int_{t_0}^{t}\left[\frac{1}{T^2}\boldsymbol{C} \mid \mathrm{Grad}(T) \mid^2 + \frac{C_v D_{\text{effective}}}{kT^2}\left(Z_l^* ej\rho - f\Omega\vec{\nabla}\sigma + \frac{Q\vec{\nabla}T}{T} + \frac{kT}{C}\vec{\nabla}\boldsymbol{C}\right)^2 + \frac{1}{T}\sigma : \boldsymbol{\varepsilon}^p - \frac{\rho}{T}\frac{\partial\boldsymbol{\Psi}}{\partial V_k} : \frac{\mathrm{d}V_k}{\mathrm{d}t}\right]\mathrm{d}t \tag{23.101}$$

如果我们只考虑由电驱动力引起的损伤并忽略其他因素,如应力梯度、温度梯度和原子空位浓度,损伤演化公式可由下式给出:

$$D = D_{\text{cr}}\left[1 - e^{\frac{\int_{t_0}^{t} -\frac{C_v D_{\text{effective}}}{kT^2}(Z_l^* ej\rho)^2 \mathrm{d}t}{N_0 k}}\right] \tag{23.102}$$

如果假设当退化达到某个临界值(例如,美国微电子工业中,该值为焊头电阻的 5% 的下降)时(定义为 D_{cr})焊接接头失效,达到失效所需的时间可以从式(23.102)得到

$$t=\frac{N_0 T^2 k^2}{C_v D_{\text{effective}}(Z_l^* e\kappa j)^2}\ln\left(\frac{1}{1-D_{cr}}\right) \tag{23.103}$$

从式(23.102),我们观察到对温度的依赖是二次幂的。人们可能会问,为什么温度越高,故障的时间越长。事实是,扩散率也将随着温度而变化,温度和扩散率之间的关系由 Arrhenius 函数表示,即

$$D_{\text{effective}}=D_0 e^{-\frac{Q}{kT}} \tag{23.104}$$

式(23.104)插入式(23.102),可以得到

$$t=\frac{N_0 T^2 k^2}{N_l D_0(Z_l^* e\kappa j)^2}\ln\left(\frac{1}{1-D_{cr}}\right) e^{\frac{Q}{kT}} \tag{23.105}$$

最后一项(指数)主导温度效应,因此失效时间随着温度的降低而降低。

23.7　损伤耦合黏塑性

损伤耦合材料本构模型非常适合描述宏观力学性能与微观结构退化造成的材料损伤之间的相互作用。损伤变量可以直接用作数值模型的疲劳损伤准则,从中可以确定故障周期数。此外,可以获得损伤分布和渐进损伤演变。

23.7.1　有效应力和应变等效原理

Lemaitre 和 Chaboche(1990)在单轴力 $\boldsymbol{F}$ 下考虑了代表体积单元(RVE)的某一部分,如图 23.1 所示,其中 δS 是未受损部分的初始面积,δS_D 表示由损伤引起的损失面积。$\delta S-\delta S_D$ 可以解释为该部分的实际区域。值 δS 和 δS_D 应该以适当的平均值来理解。

名义压力可以定义为

$$\boldsymbol{\sigma}=\frac{\boldsymbol{F}}{\delta S} \tag{23.106}$$

Rabotnov(1969)引入了有效应力 $\tilde{\boldsymbol{\sigma}}$ 的概念,它涉及有效对抗载荷的表面,即 $\delta S-\delta S_D$

$$\tilde{\boldsymbol{\sigma}}=\frac{\boldsymbol{F}}{\delta S-\delta S_D} \tag{23.107}$$

Kachanov(1986)给出了微观损伤的定义,其为微观表面不连续性的产生:原子键断裂和微腔的塑性扩大。这个各向同性损伤变量被定义为

$$D=\frac{\delta S_D}{\delta S} \tag{23.108}$$

所以,有

$$\tilde{\boldsymbol{\sigma}}=\frac{\boldsymbol{\sigma}}{1-D} \tag{23.109}$$

Lemaitre 和 Chaboche(1990)认为,物体的应变反应只有通过实际应力被损伤所改变。因此,受损材料的应力-应变行为可以用原始材料的本构方程(无损伤)表示,其中应力取

代为有效应力，这就是应变等效原理："对于受损材料，任何应变本构方程都可以用与原始材料相同的方式获得，只是通常的应力被有效应力所取代。"

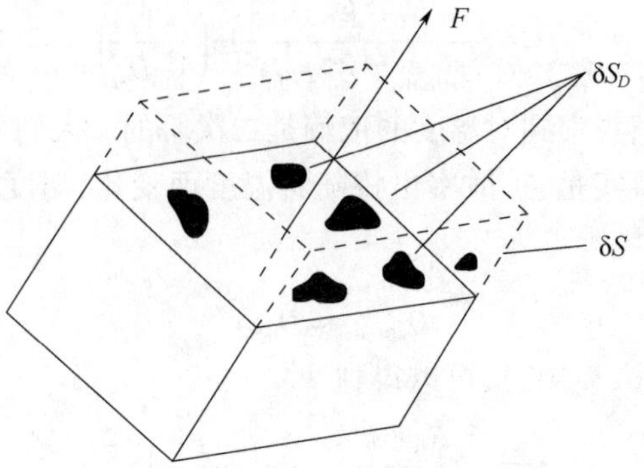

图 23.1　损伤定义的示意图（Lemaitre 和 Chaboche，1990）

应变等效原理证明了实际压力概念的主要作用。根据应变等效原理，损伤材料的弹性应变为

$$\boldsymbol{\varepsilon}^e = \frac{\tilde{\boldsymbol{\sigma}}}{\tilde{E}} = \frac{1}{E}\frac{\boldsymbol{\sigma}}{1-D} \tag{23.110}$$

因此，这里的胡克定律具有其通常的形式，杨氏模量 E 由 $\tilde{E}$ 取代，其中 $\tilde{E}$ 是与受损状态相关的杨氏模量。

在损伤是由大应变引起的弹塑性变形的情况下，很自然地假设损伤不依赖于弹性应变，于是

$$\frac{\mathrm{d}D}{\mathrm{d}\boldsymbol{\varepsilon}^e} = 0 \tag{23.111}$$

这种情况可得到这种关系：

$$D = 1 - \frac{\tilde{E}}{E} \tag{23.112}$$

因此，可以通过测量弹性响应来估计损伤。请注意 $\tilde{E}$ 可以用卸载模数来确定。因此，模量随应变的变化通过损伤参数 D 来考虑，其反映颗粒复合材料中的颗粒在其开裂或脱黏时的承载能力的降低。

23.7.2　损伤耦合各向同性黏塑性

为了模拟固体材料的损伤行为，需要渐进式本构退化模型。损伤力学提供了基本框架来开发小应变下的损伤演化模型。

1. 损伤耦合本构方程

根据应变等效原理和胡克定律，弹性本构关系可写为

$$\mathrm{d}\boldsymbol{\sigma} = (1-D)\boldsymbol{C}^e \mathrm{d}\boldsymbol{\varepsilon}^e \tag{23.113}$$

式中：$\mathrm{d}\boldsymbol{\varepsilon}^e$ 为弹性应变增量向量；$\boldsymbol{C}^e$ 为弹性本构矩阵；$\mathrm{d}\boldsymbol{\sigma}$ 为总应力增量向量；D 为各向同性损伤参数。

假定小应变的变形，总应变增量可以分成三个分量，即

$$\{d\boldsymbol{\varepsilon}\}=\{d\boldsymbol{\varepsilon}^{th}\}+\{d\boldsymbol{\varepsilon}^{e}\}+\{d\boldsymbol{\varepsilon}^{vp}\} \tag{23.114}$$

式中：$d\boldsymbol{\varepsilon}^{th}$、$d\boldsymbol{\varepsilon}^{e}$ 和 $d\boldsymbol{\varepsilon}^{vp}$ 分别为热、弹性和黏塑性应变增量。

热应变增量是

$$d\boldsymbol{\varepsilon}^{th}=\alpha_T dT\boldsymbol{I} \tag{23.115}$$

式中：α_T 为热膨胀系数；dT 为温度增量；$\boldsymbol{I}$ 为二阶单位张量。$\{d\boldsymbol{\varepsilon}^{vp}\}$ 是黏塑性应变增量，可以用黏塑性理论来确定。

所以总应力增量可以通过得到

$$d\boldsymbol{\sigma}=(1-D)\boldsymbol{C}^{e}(d\boldsymbol{\varepsilon}-d\boldsymbol{\varepsilon}^{vp}-d\boldsymbol{\varepsilon}^{th}) \tag{23.116}$$

2. 损伤耦合屈服面

这里的本构模型中使用了具有各向同性和运动硬化的米塞斯型屈服面。米塞斯准则表明，黏塑性应变受弹性剪切（或偏向）能量密度，即 J_2 理论支配：

$$F=q-\overline{\sigma} \tag{23.117}$$

其中米塞斯等效应力为

$$q=\sqrt{\frac{3}{2}(\boldsymbol{S}-\boldsymbol{\alpha}):(\boldsymbol{S}-\boldsymbol{\alpha})} \tag{23.118}$$

$\boldsymbol{S}$ 是定义的偏应力张量为

$$\boldsymbol{S}=\boldsymbol{\sigma}-\frac{1}{3}\sigma_{kk}\boldsymbol{I} \tag{23.119}$$

$\boldsymbol{\alpha}$ 是与运动硬化相对应的背应力张量的偏应力分量。

$\overline{\sigma}$ 是等效屈服应力：

$$\overline{\sigma}=R+\sigma_y \tag{23.120}$$

R 是对应于各向同性硬化的屈服面大小的演化；σ_y 是屈服面的初始尺寸。图 23.2 显示了主应力空间中的屈服轨迹。

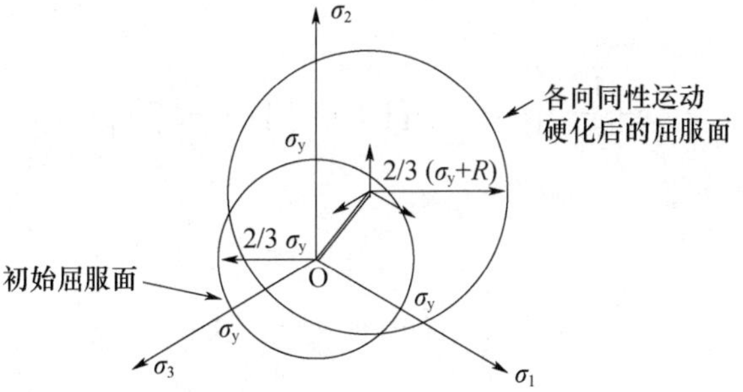

图 23.2　主应力空间中的屈服轨迹（Lemaitre 和 Chaboche，1990）

运动硬化代表了包辛（Bauschinger）效应的近似计算。相应的偏背应力表示屈服面中心在偏空间中的平移。各向同性硬化应力 R 测量应力空间中屈服圆柱半径的增加。

损伤对屈服面有显著影响。为了模拟受损材料的行为，需要应变等效原理。根据应变等效原理，正应力被屈服函数中的有效应力所代替，其他所有变量保持不变。所以屈服函数与修正的米塞斯等效应力具有相同的形式：

$$q^{*}=\sqrt{\frac{3}{2}\left(\frac{\boldsymbol{S}}{1-D}-\boldsymbol{\alpha}\right):\left(\frac{\boldsymbol{S}}{1-D}-\boldsymbol{\alpha}\right)} \tag{23.121}$$

如果使用名义应力 σ，而不是有效应力 $\tilde{\sigma}$，那么屈服面可写为

$$F=q^{d}-\overline{\sigma}^{d} \tag{23.122}$$

与损伤耦合的背应力、米塞斯等效应力和屈服应力如下：

$$\boldsymbol{\alpha}^{d}=(1-D)\boldsymbol{\alpha} \tag{23.123}$$

$$\overline{\sigma}^{d}=(1-D)\overline{\sigma} \tag{23.124}$$

$$q^{d}=\sqrt{\frac{3}{2}(\boldsymbol{S}-\boldsymbol{\alpha}^{d}):(\boldsymbol{S}-\boldsymbol{\alpha}^{d})} \tag{23.125}$$

它表明损伤同样降低屈服应力、各向同性应变硬化应力和背应力。

要强调的是，完全耦合的弹塑性热机械方程式(23.70)、损伤演化函数式(23.81)、熵产生方程式(23.84)、本构方程式(23.116)完全描述了任何材料的渐进损伤行为。

23.8 案　　例

损伤耦合可塑性对于损伤耦合塑性计算是理想的，或者作为速率依赖模型或者是速率无关模型。损伤耦合线性运动硬化塑性和损伤耦合各向同性硬化塑性具有特别简单的形式。由于这种简单性，与整合这个模型相关的代数方程很容易用单个变量来开发，并且可以明确地写出材料刚度矩阵。为了简化符号，所有与时间点非显式相关的量都在增量结束时被评估。

23.8.1 各向同性硬化的损伤耦合塑性

具有相关流变的米塞斯屈服函数意味着没有体积的塑性应变，并且由于弹性体积模量相当大，体积变化将很小，因此可以将体积应变定义为

$$\varepsilon_{\text{vol}}=\boldsymbol{I}:\boldsymbol{\varepsilon}=\text{trace}(\boldsymbol{\varepsilon}) \tag{23.126}$$

式中：$\boldsymbol{I}$ 为二阶单位张量。

偏应变是

$$\boldsymbol{e}=\boldsymbol{\varepsilon}-\frac{1}{3}\varepsilon_{\text{vol}}\boldsymbol{I}=\boldsymbol{\varepsilon}-\frac{1}{3}\Pi:\boldsymbol{\varepsilon}=\left(\Pi-\frac{1}{3}\boldsymbol{I}\otimes\boldsymbol{I}\right):\boldsymbol{\varepsilon} \tag{23.127}$$

式中：Π 为四阶单位张量。

等效压力为

$$p=-\frac{1}{3}\text{trace}(\boldsymbol{\sigma})=-\frac{1}{3}\boldsymbol{I}:\boldsymbol{\sigma} \tag{23.128}$$

偏应力被定义为

$$\boldsymbol{S}=\boldsymbol{\sigma}+p\boldsymbol{I} \tag{23.129}$$

米塞斯等效压力为

$$q=\sqrt{\frac{3}{2}(\boldsymbol{S}:\boldsymbol{S})} \tag{23.130}$$

其中

$$\frac{3}{2}(\boldsymbol{S}:\boldsymbol{S})=\frac{1}{2}[(\sigma_{11}-\sigma_{22})^{2}+(\sigma_{22}-\sigma_{33})^{2}+(\sigma_{33}-\sigma_{11})^{2}+6(\sigma_{12}^{2}+\sigma_{23}^{2}+\sigma_{13}^{2})] \tag{23.131}$$

应变率的分解为

$$\mathrm{d}\boldsymbol{\varepsilon}=\mathrm{d}\boldsymbol{\varepsilon}^{el}+\mathrm{d}\boldsymbol{\varepsilon}^{pl} \tag{23.132}$$

使用标准的旋转测量定义,可以用积分式写成

$$\boldsymbol{\varepsilon}=\boldsymbol{\varepsilon}^{el}+\boldsymbol{\varepsilon}^{pl} \tag{23.133}$$

弹性是线性的和各向同性的,并且因此可以根据两个温度相关材料参数:体积模量 K 和剪切模量 G 来表示,所述材料参数易于根据杨氏模量 E 和泊松比 υ 计算为

$$K=\frac{E}{3(1-2\upsilon)} \tag{23.134}$$

和

$$G=\frac{E}{2(1+\upsilon)} \tag{23.135}$$

然后可以将随着各向同性损伤而耦合的弹性写入如下的体积分量和偏分量中:

$$p=-(1-D)K\varepsilon_{\mathrm{vol}}=-(1-D)K\boldsymbol{I}:\boldsymbol{\varepsilon} \tag{23.136}$$

$$\boldsymbol{S}=2(1-D)G\boldsymbol{e}^{el} \tag{23.137}$$

流变规则是

$$\mathrm{d}\boldsymbol{e}^{pl}=\mathrm{d}\bar{\boldsymbol{e}}^{pl}\boldsymbol{n} \tag{23.138}$$

其中

$$\boldsymbol{n}=\frac{3}{2}\frac{\boldsymbol{S}}{\boldsymbol{q}} \tag{23.139}$$

$\mathrm{d}\,\bar{\varepsilon}^{pl}$ 是标量等效塑性应变率。等效塑性应变的演变可从以下等效塑性功表达式中获得

$$\sigma_y\dot{\bar{\varepsilon}}^{pl}=\boldsymbol{\sigma}:\dot{\varepsilon}^{pl} \tag{23.140}$$

这针对各向同性米塞斯塑性可得到

$$\dot{\bar{\varepsilon}}^{pl}=\sqrt{\frac{3}{2}\dot{\varepsilon}^{pl}:\dot{\varepsilon}^{pl}} \tag{23.141}$$

使用式(23.138)和式(23.139),可以证明这个结果如下:

$$\sigma_y\dot{\bar{\varepsilon}}^{pl}=\boldsymbol{\sigma}:\dot{\boldsymbol{\varepsilon}}^{pl}=(\boldsymbol{S}-p\boldsymbol{I}):\dot{\boldsymbol{\varepsilon}}^{pl}=\boldsymbol{S}:\dot{\boldsymbol{\varepsilon}}^{pl}$$

然后

$$\dot{\bar{\varepsilon}}^{pl}=\frac{\boldsymbol{S}}{\sigma_y}:\dot{\boldsymbol{\varepsilon}}^{pl}=\frac{2}{3}\boldsymbol{n}:\dot{\boldsymbol{\varepsilon}}^{pl}=\frac{2}{3}\frac{\dot{\boldsymbol{e}}\boldsymbol{e}^{pl}}{\dot{\bar{e}}^{pl}}:\dot{\boldsymbol{\varepsilon}}^{pl}=\frac{2}{3}\frac{\dot{\boldsymbol{\varepsilon}}^{pl}}{\dot{\bar{\varepsilon}}^{pl}}:\dot{\boldsymbol{\varepsilon}}^{pl}$$

所以有

$$\dot{\bar{\varepsilon}}^{pl}=\sqrt{\frac{2}{3}\dot{\boldsymbol{\varepsilon}}^{pl}:\dot{\boldsymbol{\varepsilon}}^{pl}}$$

塑性要求材料满足单轴应力、塑性应变和应变率关系式。如果材料是速率无关的,则这即是屈服条件:

$$q=(1-D)\sigma^0(\bar{e}^{pl},T) \tag{23.142}$$

如果材料与速率有关,则该关系式为单轴流变定义:

$$\dot{\bar{e}}^{pl}=h\left(\frac{q}{1-D},\bar{e}^{pl},T\right) \tag{23.143}$$

式中：h 为已知函数。

用后向欧拉法整合这种关系给出：

$$\Delta\bar{e}^{pl}=h\left(\frac{q}{1-D},\bar{e}^{pl},T\right)\Delta t \tag{23.144}$$

后向欧拉方法是一种无条件稳定的二阶精度算法。这个方程可以反转(如果需要，可以数字化)，以便在增量结束时给出 q 作为 $\bar{e}^{pl}$ 的函数。因此，速率无关模型和积分速率相关模型都给出了广义的单轴形式：

$$q=(1-D)\bar{\sigma}(\bar{e}^{pl},T) \tag{23.145}$$

其中与速率无关的模型的 $\bar{\sigma}=\sigma^0$ 和 $\bar{\sigma}$ 通过速率相关模型的式(23.144)的反演获得。

在发生塑性流变的任何增量中(这是通过基于纯弹性响应评估 q 并确定其值超过 $(1-D)\bar{\sigma}$ 来确定的)，这些方程必须在增量结束时进行积分和求解。通过将后向欧拉方法应用于流变定律式(23.138)来完成积分，给出

$$\Delta\boldsymbol{e}^{pl}=\Delta\bar{e}^{pl}\boldsymbol{n} \tag{23.146}$$

将其与偏弹性式(23.137)和积分应变率分解式(23.133)结合起来

$$\boldsymbol{S}=2(1-D)G(\boldsymbol{e}^{el}|_t+\Delta\boldsymbol{e}-\Delta\bar{e}^{pl}\boldsymbol{n}) \tag{23.147}$$

然后使用积分流变法则式(23.146)和流变方向 $\boldsymbol{n}$ 的米塞斯定义，其可写成：

$$\left[1+3(1-D)\frac{G}{q}\Delta\bar{e}^{pl}\right]\boldsymbol{S}=\boldsymbol{S}^{pr} \tag{23.148}$$

其中

$$\boldsymbol{S}^{pr}=2(1-D)G\hat{\boldsymbol{e}} \tag{23.149}$$

$$\hat{\boldsymbol{e}}=\boldsymbol{e}^{el}|_t+\Delta\boldsymbol{e} \tag{23.150}$$

借助式(23.130)，将式(23.148)的内积与其本身结合

$$q+3(1-D)G\Delta\bar{e}^{pl}=q^{pr} \tag{23.151}$$

其中

$$q^{pr}=\sqrt{\frac{2}{3}(\boldsymbol{S}^{pr}:\boldsymbol{S}^{pr})} \tag{23.152}$$

式中：q^{pr} 为基于纯弹性行为的弹性预测。

米塞斯等效应力 q 必须满足式(23.145)中定义的单轴形式，所以根据式(23.151)，有

$$q^{pr}-3(1-D)G\Delta\bar{e}^{pl}-(1-D)\bar{\sigma}=0 \tag{23.153}$$

这是一般情况下 $\Delta\bar{e}^{pl}$ 的非线性方程，可以用牛顿法($x_{n+1}=x_n+f(x_n)/f'(x_n)$)迭代求解：

$$c^{pl}|_k=\frac{q^{pr}-3(1-D)G\Delta\bar{e}^{pl}|_k-(1-D)\bar{\sigma}|_k}{(1+D)(3G+H)} \tag{23.154}$$

$$\Delta\bar{e}^{pl}|_{k+1}=\Delta\bar{e}^{pl}|_k+c^{pl}|_k \tag{23.155}$$

其中

$$H=(1-D)\left.\frac{\partial\bar{\sigma}}{\partial\bar{e}^{pl}}\right|_k \tag{23.156}$$

迭代直到收敛。一旦 $\Delta\bar{e}^{pl}$ 已知，解就完全明确了。

使用式(23.145)，得

$$q=(1-D)\bar{\sigma}(\bar{e}^{pl},T) \tag{23.157}$$

使用式(23.148)和式(23.151),得

$$\boldsymbol{S}=\frac{\boldsymbol{S}^{pr}}{1+3(1-D)\dfrac{G}{q}\Delta\bar{e}^{pl}}=\frac{q}{q^{pr}}\boldsymbol{S}^{pr} \tag{23.158}$$

使用式(23.139),得

$$\boldsymbol{n}=\frac{3}{2}\frac{S}{q} \tag{23.159}$$

使用式(23.146),得

$$\Delta\boldsymbol{e}^{pl}=\Delta\bar{e}^{pl}\boldsymbol{n} \tag{23.160}$$

对于动力学解提供的三个直接应变分量的情况,式(23.136)定义

$$p=-(1-D)K\varepsilon_{\text{vol}}=-\frac{1}{3}\sigma_{kk}^{pr} \tag{23.161}$$

这样就完全确定了解,并且可以导出材料刚度矩阵而不需要矩阵求逆,如下所示。考虑到增量结束时所有量的方程式(23.158)的变化,得出

$$\partial\boldsymbol{S}=q\partial\left(\frac{\boldsymbol{S}^{pr}}{q^{pr}}\right)+\frac{\boldsymbol{S}}{q}\partial q \tag{23.162}$$

从式(23.149),得

$$\partial\boldsymbol{S}^{pr}=2(1-D)G\partial\hat{\boldsymbol{e}} \tag{23.163}$$

从式(23.152),得

$$\partial q^{pr}=3(1-D)G\frac{\boldsymbol{S}^{pr}}{q^{pr}}:\partial\hat{\boldsymbol{e}}=\frac{3(1-D)}{q}\boldsymbol{S}:\partial\hat{\boldsymbol{e}} \tag{23.164}$$

其中使用了式(23.158)和式(23.163)。

所以

$$\partial\left(\frac{\boldsymbol{S}^{pr}}{q^{pr}}\right)=\frac{q^{pr}\partial\boldsymbol{S}^{pr}-\boldsymbol{S}^{pr}\partial q^{pr}}{(q^{pr})^2}=\frac{2(1-D)G}{q^{pr}}\partial\hat{\boldsymbol{e}}-\frac{3(1-D)G}{q^2q^{pr}}\boldsymbol{S}\otimes\boldsymbol{S}:\partial\hat{\boldsymbol{e}} \tag{23.165}$$

其中使用了式(23.158)和式(23.164)。

从式(23.145),

$$\partial q=(1-D)H\partial\bar{e}^{pl} \tag{23.166}$$

从式(23.151),

$$\partial q+3(1-D)G\partial\bar{e}^{pl}=\partial q^{pr} \tag{23.167}$$

结合式(23.166)、式(23.167)和式(23.164),

$$\partial\bar{e}^{pl}=\frac{\partial q^{pr}}{(3G+H)}=\frac{3G}{(3G+H)q}\boldsymbol{S}:\partial\hat{\boldsymbol{e}} \tag{23.168}$$

所以

$$\partial q=\frac{3(1-D)GH}{(3G+H)q}\boldsymbol{S}:\partial\hat{\boldsymbol{e}} \tag{23.169}$$

将这些结果与式(23.162)结合起来得到

$$\partial\boldsymbol{S}=\frac{2(1-D)G}{q^{pr}}\partial\hat{\boldsymbol{e}}-\frac{3(1-D)G}{q^2}\left[\frac{q}{q^{pr}}-\frac{H}{(3G+H)}\right]\boldsymbol{S}\otimes\boldsymbol{S}:\partial\hat{\boldsymbol{e}} \tag{23.170}$$

所以有

$$\partial \boldsymbol{S} = [Q\prod - R\boldsymbol{S}\otimes\boldsymbol{S}] : \partial\hat{\boldsymbol{e}} \tag{23.171}$$

其中

$$Q = 2(1-D)G\frac{q}{q^{pr}} \tag{23.172}$$

$$R = \frac{3(1-D)G}{q^2}\left[\frac{q}{q^{pr}} - \frac{H}{(3G+H)}\right] = \frac{9(1-D)G^2(q-(1-D)H\Delta\bar{e}^{pl})}{q^2 q^{pr}(3G+H)} \tag{23.173}$$

对于三个直接应变由动力学解定义的所有情况，材料刚度由（来自式(23.136)）下式得出

$$\partial p = -(1-D)K\boldsymbol{I} : \partial\boldsymbol{\varepsilon} \tag{23.174}$$

所以（从式(23.129)）

$$\boldsymbol{\sigma} = \boldsymbol{S} - p\boldsymbol{I} \tag{23.175}$$

和（来自式(23.127)）

$$\partial\hat{\boldsymbol{e}} = \partial\boldsymbol{e} = \left(\prod - \frac{1}{3}\boldsymbol{I}\otimes\boldsymbol{I}\right) : \partial\boldsymbol{\varepsilon} \tag{23.176}$$

因为

$$\boldsymbol{e} = \hat{\boldsymbol{e}} = \boldsymbol{e}^{pl}\big|_t \tag{23.177}$$

有

$$\partial\boldsymbol{\sigma} = \left[\left((1-D)K - \frac{1}{3}Q\right)\boldsymbol{I}\otimes\boldsymbol{I} + Q\prod - R\boldsymbol{S}\otimes\boldsymbol{S}\right] : \partial\boldsymbol{\varepsilon} \tag{23.178}$$

式(23.178)也可以用另一种形式写成：

$$\partial\dot{\sigma}_{ij} = \lambda^*\sigma_{ij}\Delta\dot{\varepsilon}_{kk} + 2\mu^*\partial\dot{\varepsilon}_{ij} + \left[\frac{(1-D)H}{1+H/3G} - 3\mu^*\right]\eta_{ij}\eta_{kl}\Delta\dot{\varepsilon}_{kl} \tag{23.179}$$

其中

$$\mu^* = (1-D)Gq/q^{pr} \tag{23.180}$$

$$\lambda^* = (1-D)K - \frac{2}{3}\mu^* \tag{23.181}$$

$$\eta_{ij} = S_{ij}^{pr}/q^{pr} \tag{23.182}$$

使用式(23.158)、式(23.161)和式(23.175)，有

$$\sigma_{ij} = \eta_{ij}q + \frac{1}{3}\delta_{ij}\sigma_{kk}^{pr} \tag{23.183}$$

23.8.2 线性运动硬化的损伤耦合塑性

米塞斯等效应力定义为

$$q = \sqrt{\frac{3}{2}(\boldsymbol{S}-\boldsymbol{\alpha}) : (\boldsymbol{S}-\boldsymbol{\alpha})} \tag{23.184}$$

式中：$\boldsymbol{\alpha}$ 为背应力，它给出偏应力空间屈服面的中心。

流变定律是

$$\mathrm{d}\boldsymbol{e}^{pl} = \mathrm{d}\bar{e}^{pl}\boldsymbol{n} \tag{23.185}$$

其中

$$\boldsymbol{n}=\frac{3}{2}\frac{(\boldsymbol{S}-\boldsymbol{\alpha})}{q} \tag{23.186}$$

$\mathrm{d}\bar{\boldsymbol{e}}^{pl}$ 是标量等效塑性应变率。

Prager-Ziegler(线性)运动硬化模型是

$$\mathrm{d}\boldsymbol{\alpha}=\frac{3}{2}(1-D)C\mathrm{d}\boldsymbol{e}^{pl}=\frac{3}{2}(1-D)C\mathrm{d}\bar{\boldsymbol{e}}^{pl}\boldsymbol{n} \tag{23.187}$$

塑性要求材料满足单轴应力、塑性应变和应变率关系：

$$q=(1-D)\sigma_y \tag{23.188}$$

在发生塑性流变的任何增量中(这是通过基于纯弹性响应评估 q 并确定其值超过 $(1-D)\sigma_y$ 确定的)，这些方程必须在增量结束时对状态进行积分和求解。通过将后向欧拉方法应用于流变法则式(23.185)和硬化定律式(23.187)来完成积分，从而给出：

$$\Delta\boldsymbol{e}^{pl}=\Delta\bar{e}^{pl}\boldsymbol{n} \tag{23.189}$$

$$\Delta\boldsymbol{\alpha}=\frac{3}{2}(1-D)C\Delta\boldsymbol{e}^{pl}=\frac{3}{2}(1-D)C\Delta\bar{e}^{pl}\boldsymbol{n} \tag{23.190}$$

后向欧拉方法是一种无条件稳定的二阶精度算法。结合式(23.189)与偏弹性式(23.137)，积分应变率的分解式(23.133)可给出：

$$\boldsymbol{S}=2(1-D)G(\boldsymbol{e}^{el}|_t+\Delta\boldsymbol{e}-\Delta\bar{e}^{pl}\boldsymbol{n}) \tag{23.191}$$

重新排列式(23.191)，同时从两侧减去 $\boldsymbol{\alpha}|_t$，就变成了：

$$(\boldsymbol{S}-\boldsymbol{\alpha})+\Delta\boldsymbol{\alpha}+2(1-D)C\Delta\bar{e}^{pl}\boldsymbol{n}=2(1-D)G\hat{\boldsymbol{e}}-\boldsymbol{\alpha}|_t \tag{23.192}$$

其中

$$\hat{\boldsymbol{e}}=\boldsymbol{e}^{el}|_t+\Delta\boldsymbol{e} \tag{23.193}$$

$$\boldsymbol{\alpha}|_t=\boldsymbol{\alpha}-\Delta\boldsymbol{\alpha} \tag{23.194}$$

然后使用积分硬化定律和流变方向 $\boldsymbol{n}$ 的米塞斯定义，其可写成：

$$\left[1+(1-D)\frac{3G+C}{q}\Delta\bar{\boldsymbol{e}}^{pl}\right](\boldsymbol{S}-\boldsymbol{\alpha})=\boldsymbol{S}^{pr}-\boldsymbol{\alpha}|_t \tag{23.195}$$

其中

$$\boldsymbol{S}^{pr}=2(1-D)G\hat{\boldsymbol{e}} \tag{23.196}$$

借助式(23.184)，将式(23.195)的内积与其本身结合给出：

$$q+(1-D)(3G+C)\Delta\bar{e}^{pl}=q^{pr} \tag{23.197}$$

式中：q^{pr} 为基于纯弹性行为的弹性预测，即

$$q^{pr}=\sqrt{\frac{3}{2}(\boldsymbol{S}^{pr}-\boldsymbol{\alpha}|_t):(\boldsymbol{S}^{pr}-\boldsymbol{\alpha}|_t)} \tag{23.198}$$

米塞斯等效应力 q 必须满足方程式(23.188)中定义的单轴形式，因此根据式(23.197)，有

$$q^{pr}-(1-D)(3G+C)\Delta\bar{e}^{pl}-(1-D)\sigma_y=0 \tag{23.199}$$

$\Delta\bar{e}^{pl}$ 可以通过下式解出：

$$\Delta\bar{e}^{pl}=\frac{q^{pr}-(1-D)\sigma_y}{(1-D)(3G+C)} \tag{23.200}$$

一旦 $\Delta\bar{e}^{pl}$ 已知,解就完全明确了。

使用式(23.188),

$$q=(1-D)\sigma_y \tag{23.201}$$

使用式(23.195)、式(23.197)和式(23.201),有

$$\boldsymbol{S}-\boldsymbol{\alpha}=\frac{\boldsymbol{S}^{pr}-\alpha|_t}{1+\dfrac{3G+C}{\sigma_y}\Delta\bar{e}^{pl}}=(1-D)\frac{\sigma_y}{q^{pr}}(\boldsymbol{S}^{pr}-\boldsymbol{\alpha}|_t) \tag{23.202}$$

使用式(23.186)和式(23.202),有

$$\boldsymbol{n}=\frac{3}{2}\frac{(\boldsymbol{S}-\boldsymbol{\alpha})}{(1-D)\sigma_y}=\frac{3}{2}\frac{\boldsymbol{S}^{pr}-\boldsymbol{\alpha}|_t}{q^{pr}} \tag{23.203}$$

使用式(23.189),有

$$\Delta\boldsymbol{e}^{pl}=\Delta\bar{e}^{pl}\boldsymbol{n} \tag{23.204}$$

使用式(23.190),有

$$\Delta\boldsymbol{\alpha}=\frac{3}{2}(1-D)C\Delta\boldsymbol{e}^{pl} \tag{23.205}$$

所以,背应力和偏应力张量可以被确定为

$$\boldsymbol{\alpha}=\boldsymbol{\alpha}|_t+\Delta\boldsymbol{\alpha} \tag{23.206}$$

$$\boldsymbol{S}=(1-D)\frac{\sigma_y}{q^{pr}}(\boldsymbol{S}^{pr}-\alpha|_t)+\boldsymbol{\alpha} \tag{23.207}$$

对于动力解提供三个直接应变分量的情况,式(23.136)定义:

$$p=-(1-D)K\varepsilon_{\mathrm{vol}}=-(1-D)K\boldsymbol{I}:\boldsymbol{\varepsilon} \tag{23.208}$$

从而完全确定解,并且可以导出材料刚度矩阵而不需要如下的矩阵求逆。考虑到增量结束时所有量的式(23.197)的变化

$$\partial\boldsymbol{S}=(1-D)\sigma_y\partial\left(\frac{\boldsymbol{S}^{pr}-\boldsymbol{\alpha}|_t}{q^{pr}}\right)+\partial\boldsymbol{\alpha} \tag{23.209}$$

从式(23.196),得

$$\partial\boldsymbol{S}^{pr}=2(1-D)G\partial\hat{\boldsymbol{e}} \tag{23.210}$$

从式(23.198),得

$$\partial\boldsymbol{q}^{pr}=3(1-\boldsymbol{D})\boldsymbol{G}\frac{(\boldsymbol{S}^{pr}-\boldsymbol{\alpha}|_t)}{q^{pr}}:\partial\hat{\boldsymbol{e}}=\frac{3G}{\sigma_y}(\boldsymbol{S}-\boldsymbol{\alpha}):\partial\hat{\boldsymbol{e}} \tag{23.211}$$

使用了式(23.206)。

然后

$$\partial\left(\frac{\boldsymbol{S}^{pr}-\boldsymbol{\alpha}|_t}{q^{pr}}\right)=\frac{2(1-D)G}{q^{pr}}\partial\hat{\boldsymbol{e}}-\frac{3G}{(1-D)\sigma_y{}^2q^{pr}}(\boldsymbol{S}-\boldsymbol{\alpha})\otimes(\boldsymbol{S}-\boldsymbol{\alpha}):\partial\hat{\boldsymbol{e}} \tag{23.212}$$

使用了式(23.206)。

从式(23.200),得

$$\partial\bar{e}^{pl}=\frac{\partial q^{pr}}{(1-D)(3G+C)}=\frac{3G}{(1-D)(3G+C)\sigma_y}(\boldsymbol{S}-\boldsymbol{\alpha}):\partial\hat{\boldsymbol{e}} \tag{23.213}$$

从式(23.203)和式(23.204),得

$$\partial \boldsymbol{e}^{pl}=\frac{3}{2}\left[\frac{3G}{(1-D)^{2}(3G+C)\sigma_{y}{}^{2}}(\boldsymbol{S}-\boldsymbol{\alpha})\otimes(\boldsymbol{S}-\boldsymbol{\alpha}):\partial\hat{\boldsymbol{e}}+\Delta\bar{e}^{pl}\partial\left(\frac{\boldsymbol{s}^{pr}-\boldsymbol{\alpha}|_{t}}{q^{pr}}\right)\right] \tag{23.214}$$

使用了式(23.206)和式(23.212)。

根据式(23.205)和式(23.213),有

$$\partial\boldsymbol{\alpha}=\frac{3GC}{(1-D)(3G+C)\sigma_{y}{}^{2}}(\boldsymbol{S}-\boldsymbol{\alpha})\otimes(\boldsymbol{S}-\boldsymbol{\alpha}):\partial\hat{\boldsymbol{e}}+(1-D)C\Delta\bar{e}^{pl}\partial\left(\frac{\boldsymbol{S}^{pr}-\boldsymbol{\alpha}|_{t}}{q^{pr}}\right) \tag{23.215}$$

将这些结果与式(23.208)相结合给出:

$$\partial\boldsymbol{S}=\frac{2(1-D)^{2}G(\sigma_{y}+C\Delta\bar{e}^{pl})}{q^{pr}}\partial\hat{\boldsymbol{e}}-\frac{3G}{\sigma_{y}{}^{2}}\left[\frac{(\sigma_{y}+C\Delta\bar{e}^{pl})}{q^{pr}}-\frac{C}{(1-D)(3G+C)}\right](\boldsymbol{S}-\boldsymbol{\alpha})\otimes(\boldsymbol{S}-\boldsymbol{\alpha}):\partial\hat{\boldsymbol{e}} \tag{23.216}$$

所以,有

$$\partial\boldsymbol{S}=[Q\boldsymbol{\Pi}-R(\boldsymbol{S}-\boldsymbol{\alpha})\otimes(\boldsymbol{S}-\boldsymbol{\alpha})]:\partial\hat{\boldsymbol{e}} \tag{23.217}$$

其中

$$Q=(1-D)^{2}\frac{2G(\sigma_{y}+C\Delta\bar{e}^{pl})}{q^{pr}} \tag{23.218}$$

$$R=\frac{3G}{\sigma_{y}{}^{2}}\left[\frac{(\sigma_{y}+C\Delta\bar{e}^{pl})}{q^{pr}}-\frac{C}{(1-D)(3G+C)}\right]=\frac{9G^{2}}{(3G+C)q^{pr}\sigma_{y}} \tag{23.219}$$

对于三个直接应变由动力学解定义的所有情况,材料刚度通过下式得出(来自式(23.136)):

$$\partial p=-(1-D)K\boldsymbol{I}:\partial\boldsymbol{\varepsilon} \tag{23.220}$$

所以(从式(23.129))

$$\boldsymbol{\sigma}=\boldsymbol{S}-p\boldsymbol{I} \tag{23.221}$$

和(来自式(23.127))

$$\partial\hat{\boldsymbol{e}}=\partial\boldsymbol{e}=\left(\boldsymbol{\Pi}-\frac{1}{3}\boldsymbol{I}\otimes\boldsymbol{I}\right):\partial\boldsymbol{\varepsilon} \tag{23.222}$$

因为

$$\boldsymbol{e}=\hat{\boldsymbol{e}}+\boldsymbol{e}^{pl}|_{t} \tag{23.223}$$

有

$$\partial\boldsymbol{\sigma}=\left[\left((1-D)K-\frac{1}{3}Q\right)\boldsymbol{I}\otimes\boldsymbol{I}+Q\boldsymbol{\Pi}-R(\boldsymbol{S}-\boldsymbol{\alpha})\otimes(\boldsymbol{S}-\boldsymbol{\alpha})\right]:\partial\hat{\boldsymbol{e}} \tag{23.224}$$

式(23.224)也可以以另一种形式写出:

$$\Delta\sigma_{ij}=\lambda^{*}\delta_{ij}\Delta\dot{\varepsilon}_{kk}+2\mu^{*}\Delta\dot{\varepsilon}_{ij}+\left[\frac{(1-D)C}{1+C/3G}-3\mu^{*}\right]\eta_{ij}\eta_{kl}\Delta\dot{\varepsilon}_{kl} \tag{23.225}$$

其中

$$\mu^{*}=(1-D)^{2}\frac{G(\sigma_{y}+C\Delta\bar{e}^{pl})}{q^{pr}} \tag{23.226}$$

$$\lambda^{*}=(1-D)K-\frac{2}{3}\mu^{*} \tag{23.227}$$

$$\eta_{ij}=(S_{ij}^{pr}-\alpha_{ij}|_{t})/q^{pr} \tag{23.228}$$

从式(23.196)、式(23.206)、式(23.207)和式(23.221),有

$$\sigma_{ij}=\alpha_{ij}+\eta_{ij}\sigma_{y}+\frac{1}{3}\delta_{ij}\sigma_{kk}^{pr} \tag{23.229}$$

23.9 小　结

在本章中,提出了损伤力学的热力学理论。这种基于物理的损伤演化理论避免了使用现象学损伤表面。采用系统中的不可逆熵生成率模拟了损伤演化,结果表明,只有熵产生的不可逆部分对固体的损伤有贡献。

参考文献

M. E. Sarychev, Zhinikov, General model for mechanical stress evolution during electromigration. Journal of Applied Physics, 86(6), p. 3068-3075(1999)

C. Basaran, S. Nie, An irreversible thermodynamics theory for damage mechanics of solids. Int. J. Damage Mech. 13(3), 205-223(2004)

C. Basaran, C. Y. Yan, A thermodynamic framework for damage mechanics of solder joints. ASME J. Electron. Pack. 120, 379-384(1998)

C. Basaran, M. Lin, H. Ye, A thermodynamic model for electrical current induced damage. Int. J. Solids Struct. 40(26), 7315-7327(2003)

C. Basaran, H. Tang, S. Nie, Experimental damage mechanics of microelectronics solder joints under fatigue loading. Mech. Mater. 36, 1111-1121(2004)

Z. P. Bazant, Why continuum damage is nonlocal: micromechanics arguments. J. Eng. Mech. ASCE 117(5), 1070-1087(1991)

B. A. Boley, J. H. Weiner, Theory of Thermal Stress(Dover Publications, New York, 1988)

I. Boltzmann, *Lectures on Gas Theory* (University of California Press, Berkeley, 1898) (Translationby S. Brush, 1964)

N. Bonora, G. M. Newaz, Low cycle fatigue life estimation for ductile metals using a nonlinear continuum damage mechanics model. Int. J. Solids Struct. 35(16), 1881-1894(1998)

J. L. Chaboche, Continuum damage mechanics-a tool to describe phenomena before crack initiation. Nucl. Eng. Design 64, 233-267(1981)

J. L. Chaboche, Continuum damage mechanics: parts I & II. ASME J. Appl. Mech. 55, 59-72(1988)

J. L. Chaboche, P. M. Lesne, A non-linear continuous fatigue damage model. Fatigue Fract. Eng. Mater. Struct. II, 1-17(1988)

S. R. De Groot, P. Mazur, *Non-equilibrium Thermodynamics* (North-Holland, Amsterdam, 1962)

R. T. DeHoff, *McGraw-Hill Series in Materials Science and Engineering: Thermodynamics in Materials Science* (McGraw-Hill, Boston, 1993)

J. L. Ericksen, *Introduction to the Thermodynamics of Solids*. Applied Mathematical Sciences, vol. 131(Springer, New York, 1998)

P. Germain, Q. S. Nguyen, P. Suquet, Continuum thermodynamics. J. Appl. Mech. Trans. ASME 50(4b), 1010-1020(1983)

J. Gomez, C. Basaran, A thermodynamics based damage mechanics constitutive model for low cycle fatigue analysis of microelectronics solder joints incorporating size effect. Int. J. Solids Struct. 42(13),3744–3772(2005)

E. M. Gunel, C. Basaran, Damage characterization in non-isothermal stretching of acrylics: part Ⅰ theory. Mech. Mater. 43(12),979–991(2011)

R. Haase, *Thermodynamics of Irreversible Processes*(Addison-Wesley, Reading, 1969)

B. Z. Hong, Analysis of thermomechanical interactions in a miniature solder system under cyclic fatigue loading. J. Electron. Mater. 28(9),1071–1077(1999)

H. B. Huntington, A. R. Grone, Current-induced marker motion in gold wires. Journal of Physics and Chemistry of Solids, 1961. 20(1–2)76–87

J. W. Ju, On energy-based coupled elastoplastic damage theories: constitutive modeling and computational aspects. Int. J. Solids Struct. 25(7),803–833(1989)

J. W. Ju, Isotropic and anisotropic damage variables in continuum damage mechanics. J. Eng. Mech. 116(12), 2764–2770(1990)

L. M. Kachanov, *Introduction to Continuum Damage Mechanics*(Martinus Nijhoff, Boston, 1986)

R. Kircheim, Stress and Electromigration in Al-lines of Integrated Circuits" Acta Mettallurgica et Materilia. 40(2),309–323(1992)

D. Krajcinovic, Damage mechanics. J. Mech. Mater. 8,117–197(1989)

D. Krajcinovic, *North-Holland Series in Applied Mathematics and Mechanics*, Elsevier, Amsterdam(1996)

S. Li, C. Basaran, A computational damage mechanics model for thermomigration. Mech. Mater. 41(3),271–278(2009)

J. Lemaitre, A Course on Damage Mechanics(Springer, Berlin, 1992)

J. Lemaitre, J. -L. Chaboche, Mechanics of Solid Materials(University Press, Cambridge, UK, (1990)

K. W. Li, *Applied Thermodynamics: Availability Method and Energy Conversion*(Taylor & Francis, New York, 1989)

L. E. Malvern, *Introduction to the Mechanics of a Continuous Medium*(Prentice-Hall, Englewood Cliffs, 1969)

S. Murakami, Mechanical modeling of material damage. ASME J. Appl. Mech. 55,280–286(1988)

S. Murakami, K. Kamiya, Constitutive and damage evolution equations of elastic-brittle materials based on irreversible thermodynamics. Int. J. Solids Struct. 39(4),473–486(1997)

Y. N. Rabotnov, *Creep Problems in Structural members*(North-Holland, Amsterdam, 1969a)

Y. N. Rabotnov, Fundamental problems in visco-plasticity, in Recent Advances in Applied Mechanics(Academic, New York, 1969b)

G. Y. Shi, G. Z. Voyiadjis, A new free energy for plastic damage analysis. Mech. Res. Commun. 24(4),377–383(1997)

A. Sluzalec, An analysis of the thermal effects of coupled thermo-plasticity in metal forming processes. Commun. Appl. Numer. Methods 4,675–685(1988)

G. Z. Voyiadjis, G. Thiagarajan, Cyclic anisotropic-plasticity model for metal matrix composites. Int. J. Plast. 12(1),69–91(1996)

W. Yao, C. Basaran, Computational damage mechanics of electromigration and thermomigration. J. Appl. Phys. 114,103708(2013)

W. Yourgrau, A. V. D. Merwe, G. Raw, *Treatise on Irreversible and Statistical Thermophysics: An Introduction to Nonclassical Thermodynamics*(Macmillan, New York, 1966)

第 6 部分

金属成形中的损伤力学

第24章　金属成形工艺建模和优化中损伤预测的简化方法

Ying-Qiao Guo, Yuming Li, Boussad Abbès, Hakim Naceur, Ali Halouani

摘　要

本章给出了一些关于金属成形工艺建模和优化的损伤预测的简化数值方法。包含先进损伤模型的增量法可以得到精确的结果,但这种模拟方法烦琐且耗时。一种名为逆方法(IA)的有效求解算法允许在已知的最终部件和初始坯料之间一步快速建模,从而避免接触处理和增量塑性积分。为了改善在IA中的应力评估,开发了伪逆方法(PIA)。一些中间配置通过自由曲面几何方法创建和校正,以考虑变形路径,同时,为考虑加载历史基于流变理论的塑性积分逐步进行。简化的基于应变的三维损伤模型与可塑性耦合,实现了可塑性的直接标量积分算法(无需局部迭代),即使对于非常大的应变增量,塑性积分也同样快速稳健。这些简化的方法在初步设计和优化中成为了极其快速和有效的数值工具。

24.1　引　言

如今,成形工业需要改善产品质量并降低生产成本和周期。成形工艺的初步设计需要在成形工具的制作上花费昂贵的试验校正,发展趋势是使用数值模拟来预测成形的可行性(材料流变、应力、损伤等),并优化工艺参数和工具几何形状。

数值建模过程涉及复杂的现象,包括大应变、黏塑性、损伤、接触摩擦、热效应等。先进的损伤模型法可以给出精确的数值,但是模拟方法烦琐且耗时,因而其在优化过程中变得不可行。本章将介绍几种金属成形工艺和优化损伤建模的简化方法:允许在已知的最终部件和初始坯料之间一步建模的快速成形算法IA;考虑载荷谱并明显改善IA应力估测的PIA法;基于应变的简化三维损伤模型法和一种有效的塑性直接标量积分算法;使用上述简化方法的快速稳健优化成形工艺。

增量法和逆方法(IA法或一步法)两种主要方法被广泛应用在金属成形建模中。第一种方法一步一步模拟真实的多物理现象,使得结果较为精确但是非常耗时。第二种最大限度地利用了最终构件形状的相关知识,它仅用一步计算了从已知终态到初态的过程,以此决定满足平衡条件的应力应变场。(Guo等,1990;Lee和Huh,1998)。IA法基于两种主要假设:(1)工具的动作由简单的节点力替代以避免接触摩擦,(2)假定载荷是成比例的,以避免增量塑性积分的过程,应力和应变通过直接比较初态和终态来计算。IA法非常快速且能给出较好的应变估测，如今，该方法作为一个有效的数值工具，被大量应用在不同成形工艺（冲压、液压成形等）的初步设计阶段，用来优化工具几何形状和工艺参数，如初始金属板的形状、附加曲面、拉延筋尺寸和位置、保持力、回弹补偿等（Naceur 等，2006；Dong 等，2007；Azaouzi 等，2008）。

但是，IA 法无法考虑加载历史，这导致应力的估测较差。PIA 法的发展改善了应力的估测（Guo 等，2004；Halouani 等，2012a）。呈现一些中间态的几何并进行力学修正，从而考虑了变形路径。耦合的损伤-塑性模型是基于塑性流变理论的，并且塑性积分以增量形式进行，塑性直接标量算法（DSAP）被用来加速这个过程并避免了大应变增量情况中的发散问题。PIA 不仅具备 IA 的优点（简单快速），还具有增量法的优势（加载历史、良好的应力估测）。许多基于前向和后向方法的工作研究了工具预制件的优化（Kobayashi 等，1989；Kim 和 Kobayashi，1990；Fourment 等，1996），但是进行优化过程需要太多的计算时间。PIA 法已经被应用在工具预制的自动设计和优化中。为了获得 Pareto 前沿，针对多目标优化过程，采用了遗传优化算法和代理元模型（Halouani 等，2012b）。

两种主要的理论被广泛用于描述韧性损伤的产生以及其对金属行为的影响。第一种由 Gurson（1977）探索得到，并在之后被其他研究者改善（Rousselier 等，1987）。该理论基于孔洞成核、扩展及合并的微观机制，它使用空隙体积分数作为塑性势能中的“标量”损伤变量，以模拟塑性流变中的空洞效应。第二种忽略了微观缺陷机制，只表示材料整体的弹塑性行为的损伤效应。连续损伤力学（CDM）（Chaboche，1988；Lemaître 和 Chaboche，1990）使用标量或张量损伤变量来表示韧性缺陷的演化和它们在其他热机械领域的影响，这种基于 CDM 的唯像法已被广泛应用于不同的金属成形工艺中（Saanouni 和 Chaboche，2003）。

有两种主要的损伤建模方法：非耦合法和完全耦合法。非耦合法是在有限元分析结束时利用应力和应变场计算损伤分布，而不考虑其对其他机械场的影响，它被许多研究者用于分析最终工件的损伤区域（Hartley 等，1989）。在一些其他工作中，采用损伤寻找金属成形中的成形极限应变（Gelin 等，1985；Cordebois 和 Ladevèze，1985）。在完全耦合法中，损伤效应直接引入本构方程中，因而其影响着其他热机械场，被广泛使用的模型是基于 Curson 损伤理论的，它考虑到了孔洞体积分数的演化（Aravas，1986；Onate 和 Kleiber，1988；Picart 等，1998）；其他的工作是基于连续损伤力学理论的（Lee 等，1985；Zhu 等，1992；Saanouni 等，2000）。一种基于 Prandtl-Reuss 塑性模型的非线性各向同性硬化的简化方法由 Mathur 和 Dawson 等提出，通过采用损伤因子（$1-D$）来考虑损伤对应力向量的影响。基于含状态变量的不可逆过程的热力学，一种先进的方法旨在模拟包括各向同性和各向异性损伤的主要热力学现象间的多物理场耦合（Mariage 等，2002；Saanouni，2012，也可参见本书中第 25 章）。

本章将介绍一种名为基于应变的三维损伤模型（Lemaître 和 Chaboche，1990）及其在 IA 法以及 PIA 法中的应用。这种韧性损伤模型基于耗散势并适用于各向同性损伤和硬化材料，基于损伤阈值后的硬化饱和度和成比例加载下的恒定三轴假设，可以得出以比率形式甚至是积分形式的等效塑性应变的损伤表达式。IA 法中，使用积分本构方程来避免塑性积分增量，使用总损伤表达式来确定最终工件上的损伤分布（Cherouat 等，2004）。PIA 法中，通过向塑性判据中引入损伤变量使得损伤效应与塑性发生耦合，使用损伤速率表达式来考虑它们的相互影响(Guo 等,2004)。

PIA 法中,塑性应变增量十分巨大,所以基于回映算法(Simo 和 Taylor,1986)的经典迭代塑性积分需要更多的 CPU 时间,并可能发生发散的问题。一种塑性直接标量算法(DSAP)可以直接进行塑性积分,而不考虑迭代问题(Li 等,2007),其基本的思想是将未知的应力向量转变成可通过拉伸曲线确定的等效应力,然后便可以直接计算塑性乘法算子 λ。数值结果显示两种算法运行结果一致,而新的 DSAP 具有快速性和稳健性。

我们将举出一些例子来呈现 IA 法和 PIA 法的有效性和限制,结果将与经典增量算法 ABAQUS/Explicit 得到的结果进行比较。

24.2　板料成形建模的逆方法

24.2.1　逆方法的基本概念

IA 法最初是由 Guo 等提出的(1990),用于估测板材成形工艺中的弹塑性大应变。计算从已知的最终工件出发,以获得初始毛坯中材料点的位置(图 24.1)。采用了两种主要的假设:简化工具动作的假设以避免接触效应;成比例加载的假设以避免塑性积分增量,这种基本的概念使得 IA 运行飞快。

目前,IA 法已获得了巨大的改进,允许更多的复杂三维工件的模拟,包括摩擦、拉延筋、三维各向异性、无旋壳模型、初始目标解和备用求解等,该方法还被延伸用于处理管液压成形(Chebbah 等,2011)和冷锻工艺(Halouani 等,2010)的问题。

24.2.2　逆方法的构建

我们使用一个壳单元来解释板面成形和管液压成形中的 IA 构建。在 Halouani 等(2010)中可找到轴对称冷锻的 FE 构建。

相比于传统的增量法,使用塑性形变理论的 IA 法具有不同的特征:已知量是终件的形状 C、C 上的有限元网格、初始平板的厚度 C^0,未知量为初始平板上的横坐标和最终工件的厚度分布(图 24.1),通过使用迭代的方法直接比较 C 和 C^0,以满足 C 上的平衡条件,可以获得这些未知量。

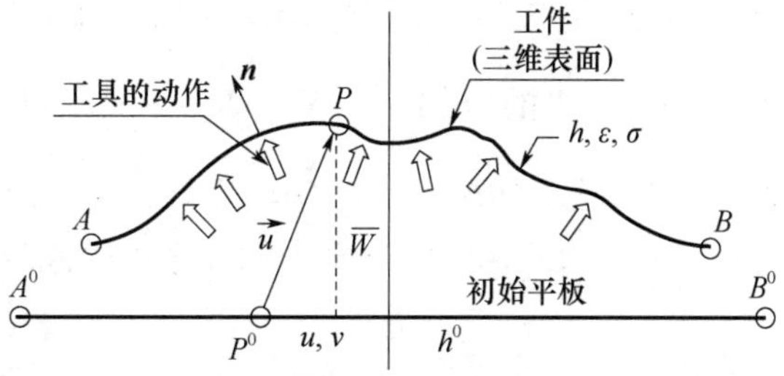

图 24.1　逆方法的基本概念

1. 三维壳运动学

图 24.2 揭示了一个薄壳从其初始状态 C^0 到最终状态 C 的运动过程,p^0 是 C^0 上壳面的中面层上的一个材料点,q^0 是 p^0 处平面法线上的一点,p 和 q 分别是它们在状态 C 中的

位置。使用基尔霍夫定律可以得到以下运动学关系：

$$X_q^0 = X_P^0 + z^0 n^0 = X_p - U_P + \frac{z}{\lambda_3} n^0 \quad \left(-\frac{h^0}{2} \leqslant z^0 \leqslant \frac{h^0}{2}; z^0 = \frac{z}{\lambda_3}\right) \tag{24.1}$$

$$X_q = X_P + zn \quad \left(-\frac{h}{2} \leqslant z \leqslant \frac{h}{2}\right) \tag{24.2}$$

式中：X_P^0 和 X_P 为 p^0 和 p 的位置向量；U_P 为它们之间的位移向量；h^0 和 h 分别为初始和最终态的厚度；z^0 和 z 为 q^0 和 q 厚度方向上的坐标；λ_3 为厚度延伸系数；n^0 和 n 分别为 p^0 和 p 的单位法向量。注意到终态量是已知的并可用作参考。

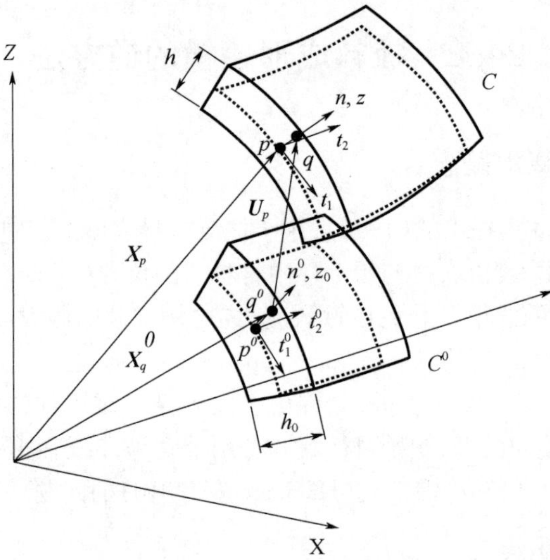

图 24.2　三维薄壳运动学

2. 大应变测量

使用状态 C 的中面层上 p 点的两个正切向量和法向量（t_1, t_2, n）可以建立一个局部坐标系（x, y, z）：

$$t_1 = \frac{X_{p,x}}{\|X_{p,x}\|}; t_2 = \frac{X_{p,y}}{\|X_{p,y}\|}; n = t_1 \wedge t_2 \tag{24.3}$$

参考局部坐标系（x, y, z），结合式（24.1）和式（24.2）的微分形式给出了形变梯度张量：

$$dX_q^0 = (F_x^0)^{-1} dx, \text{这里的} (F_x^0)^{-1} = \left[X_{p,x} - U_{p,x} \ \vdots \ X_{p,y} - U_{p,y} \ \vdots \ \frac{n^0}{\lambda_3} \right] \tag{24.4}$$

$$dX_q = F_x dx, \text{这里的} F_x = [X_{p,x} + zn_{,x} \ \vdots \ X_{p,y} + zn_{,y} \ \vdots \ n] \tag{24.5}$$

通过上述两个方程可以获得 dX_q^0 和 dX_q 间形变梯度张量的逆（F^{-1}）以及柯西-格林左张量的逆：

$$B^{-1} = F^{-T} F^{-1} \tag{24.6}$$

张量 B^{-1} 的本征值（$\lambda_1^{-2}, \lambda_2^{-2}$）给出了两个面内主延展量，本征向量给出了它们的方向。厚度方向的伸长可以通过不可压缩条件 $\lambda_1 \lambda_2 \lambda_3 = 1$ 获得。终态 C 中的主应变的对数形式由下式得出：

$$\langle \varepsilon_1 \varepsilon_2 \varepsilon_3 \rangle = \langle \ln\lambda_1 \ln\lambda_2 \ln\lambda_3 \rangle \tag{24.7}$$

3. 积分本构定律

IA 法中，采用比例加载的假定来获得初始与最终状态之间的积分本构定律，加载过程被忽略，从而得到一个总应力-应变定律（参见第 24.4 节，可获得更多的细节）：

$$\boldsymbol{\sigma}=\left[\boldsymbol{H}^{-1}+\left(\frac{1}{E_s}-\frac{1}{E}\right)\boldsymbol{P}\right]^{-1}\boldsymbol{\varepsilon} \tag{24.8}$$

式中：$\boldsymbol{\varepsilon}$ 为总应变向量；$\boldsymbol{H}$ 为胡克弹性本构矩阵；E_s 为割线模量；$\boldsymbol{P}$ 是米塞斯各向同性判据或希尔各向异性判据定义的矩阵，损伤效应与塑性不耦合，并在后期处理中评估。

Barlat 等（2003）提出了一种非二次各向异性的屈服面来处理铝基材料部件：

$$f=\phi'+\phi''-2\overline{\sigma}_f^m=|X_1'-X_2'|^m+|2X_2''-X_1''|^m+|2X_1''-X_2''|^m-2\overline{\sigma}_f^m=0 \tag{24.9}$$

式中：$\overline{\sigma}_f^m$ 为更新的有效屈服应力，指数 m 主要和材料的晶体结构有关：一个较大的 m 值对应着在屈服面圆形顶点上一个较小的曲率半径。特别的，$m=6$ 和 $m=8$ 最佳，此时 X_1'、X_2'、X_1''、X_2''是可变偏应力 S 的主值：

$$\begin{cases}X'=\boldsymbol{C}'S\\X''=\boldsymbol{C}''S\end{cases} \tag{24.10}$$

式中：$\boldsymbol{C}'$、$\boldsymbol{C}''$为 Barlat 给定的材料参数张量；$\boldsymbol{\sigma}$ 为柯西应力张量。

使用正交定律和 IA 法中比例加载的假设，可对塑性应变速率进行分析性积分，得到总塑性应变和偏应力之间的直接联系：

$$S=H^p\boldsymbol{\varepsilon}^p \tag{24.11}$$

24.2.3　几何映射法的初始解

Naceur 等（2002）介绍了几种初始的几何估测技术，加速了 IA 法中静态隐式求解的收敛。作者还提出了处理垂直面（平衡、开放、矩阵缩减）的其他技术，均被证明在处理复杂的三维工业件时必不可少。

为了解释初始解法中的基本概念，几何映射法用于圆柱管的液压成形。最终的中面层被离散化成三角壳单元，投影在初始圆柱管表面上（图 24.3）。

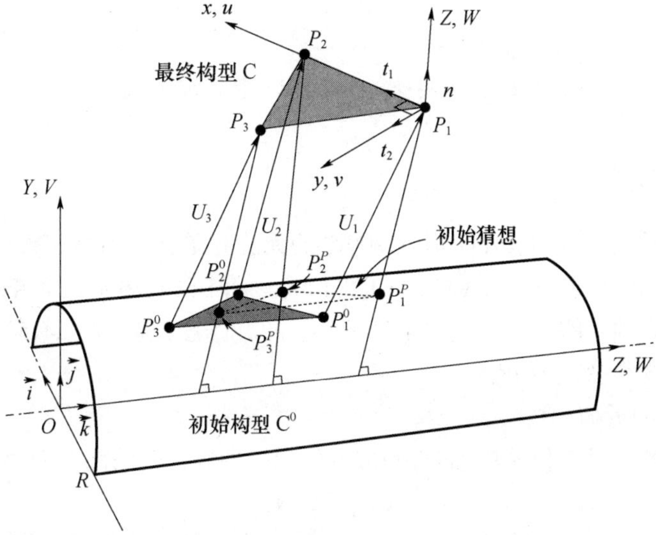

图 24.3　初始圆柱管表面的三维网格映射

已知最终构型中单元节点的位置,可通过将节点径向投影到初始圆柱管上获得第一估测,这些位置将通过迭代修正以满足在最终工件上的平衡。

由于映射是在已知初始圆柱表面上,每个节点的径向位移 U_r 便已知了。其他两个未知的位移是轴向和周向的,周向上的位移依赖于未知转角 $\Delta\varphi$,它的 Cartesian 分量可由如下公式计算(图 24.4):

$$\begin{cases}U_p^i=U_r\cos\varphi-\Delta U_p^i,\Delta U_p^i=R_0(\cos(\varphi-\Delta\varphi^i-\cos\varphi)\\V_p^i=U_r\cos\varphi-\Delta V_p^i,\Delta V_p^i=R_0(\sin(\varphi-\Delta\varphi^i-\sin\varphi)\end{cases}\tag{24.12}$$

式中:R_0 为管中面层的半径。

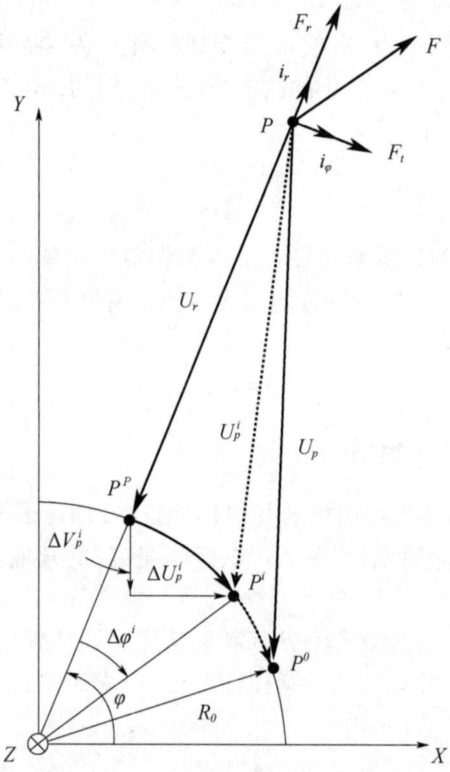

图 24.4 点 P 的径向投影及其在管表面上的运动

24.2.4 变分形式

通过使用一种名为 DKTRF(Guo 等,2002)的无旋壳单元对目标工件最终形状进行离散化,该单元基于膜单元 CTS 和板单元 DKT6(Batoz 和 Dhatt,1990)。DKTRF 采用 3 种相邻的单元以定义弯曲曲率并在无旋自由度下建立单元刚度矩阵(图 24.5),所得到的单元的每个节点只有 3 个变换 DOF。

1. 应变位移的近似

在一个单元的局部坐标系中,虚拟膜应变由沿 x 轴和 y 轴的两个面内的位移表示:

$$e^*=\langle u_{,x}^* v_{,y}^* u_{,x}^*+v_{,y}^*\rangle\tag{24.13}$$

对 $u*$ 和 $v*$(恒应变三角膜单元,CST)进行线性近似获得膜应变算子:

$$\boldsymbol{e}^{*}=\boldsymbol{B}_{m}\delta(\boldsymbol{u}_{\boldsymbol{n}}^{*})_{m};(\boldsymbol{u}_{\boldsymbol{n}})_{m}=<u_1v_1u_2v_2u_3v_3> \tag{24.14}$$

对于弯曲部分，绕着单元三条边的旋转$(\theta_4,\theta_5,\theta_6)$可通过 6 个节点的横向位移来表征$(w_1,w_2,w_3,w_i,w_j,w_k)$，垂直于三边的旋转用 6 个节点的横向位移$(w_1,w_2,w_3)$表示，见图 24.5。最终，得到一个与旋转自由度无关的弯曲曲率算子(Guo 等，2002)：

$$\chi^{*}=B_f\delta(u_n^{*})_f;(u_n)_f=<w_1w_2w_3w_iw_jw_k> \tag{24.15}$$

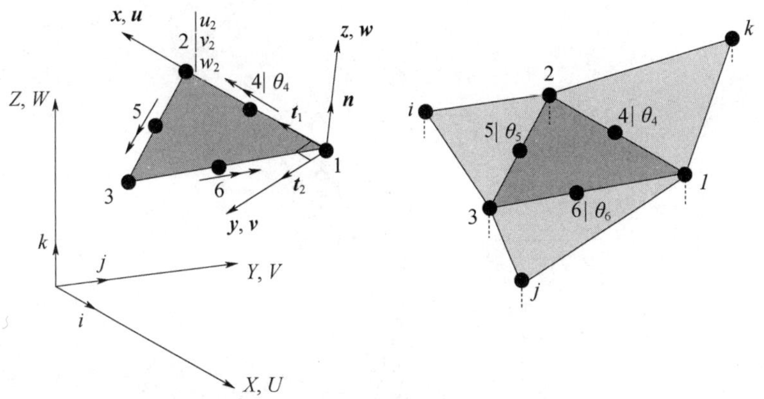

图 24.5　无旋转三角形壳单元

2. 内力向量

采用虚功原理建立最终工件的平衡，忽略薄板成形工艺中的横向剪切效应，单元内力的虚功表达如下：

$$W_{\text{int}}^{e}=\int_{V^e}\boldsymbol{\varepsilon}^{*\mathrm{T}}\boldsymbol{\sigma}\mathrm{d}V=\boldsymbol{u}_n^{*\mathrm{T}}\boldsymbol{f}_{\text{int}}^{e} \tag{24.16}$$

通过使用以上有限元近似，可以得到整体坐标系下的内力向量：

$$W_{\text{int}}^{e}=\boldsymbol{U}_n^{*T}\boldsymbol{F}_{\text{int}}^{e} \tag{24.17}$$

$$\boldsymbol{F}_{\text{int}}^{e}=\boldsymbol{T}^{\mathrm{T}}\int_{V^e}(\boldsymbol{B}_m^{\mathrm{T}}+z\boldsymbol{B}_f^{\mathrm{T}})\boldsymbol{\sigma}\mathrm{d}V=A^{e}\boldsymbol{T}^{\mathrm{T}}(\boldsymbol{B}_m^{\mathrm{T}}\boldsymbol{N}+\boldsymbol{B}_f^{\mathrm{T}}\boldsymbol{M}) \tag{24.18}$$

式中：$\boldsymbol{T}$ 为整体和局部坐标系的转换矩阵；$\boldsymbol{N}$ 为内力向量；$\boldsymbol{M}$ 为内弯扭矩向量。

3. 外力向量

IA 法中，工具的动作通过一些外部节点力来简化表示以避免接触效应。在一个节点上，工具的合力 $\boldsymbol{F}$ 由法向压力 F_n 和一个切向摩擦力 F_t 组成。$\boldsymbol{F}$ 位于由 $\beta=\arctan\mu$ 定义的摩擦圆锥面上(μ 为摩擦系数，图 24.6)，它的方向$\boldsymbol{n}_f$ 由摩擦锥和滑动方向决定：

$$\boldsymbol{F}=F_n\boldsymbol{n}-F_t\boldsymbol{t}=\frac{F}{\sqrt{(1+\mu^2)}}(\boldsymbol{n}-\mu\boldsymbol{t})=F\boldsymbol{n}_f \tag{24.19}$$

式中：$\boldsymbol{n}$ 为外形轮廓的法向单位向量；$\boldsymbol{t}$ 为节点在正切方向上位移的单位向量。

$\boldsymbol{F}$ 的值由外形轮廓上的平衡条件决定，下面是节点 k 上的平衡方程：

$$\boldsymbol{F}_{\text{ext}}^{k}(F^{k})-\boldsymbol{F}_{\text{int}}^{i}=\begin{Bmatrix}F^{k}n_X^{k}\\F^{k}n_Y^{k}\\F^{k}n_Z^{k}\end{Bmatrix}_{\text{ext}}-\begin{Bmatrix}F_X^{k}\\F_Y^{k}\\F_Z^{k}\end{Bmatrix}_{\text{int}}=\begin{Bmatrix}0\\0\\0\end{Bmatrix} \tag{24.20}$$

其中，$<n_r^k n_Z^k>^T=\boldsymbol{n}_f^k$ 表示节点 k 上的合力方向，从而，可以得到 F^k 的值和节点外力

向量：

$$F^k = \langle n_X^k n_Y^k n_Z^k \rangle \begin{Bmatrix} F_X^k \\ F_Y^k \\ F_Z^k \end{Bmatrix}_{\text{int}} ;\boldsymbol{F}_{\text{ext}}^k = F^k \begin{Bmatrix} F_X^k \\ F_Y^k \\ F_Z^k \end{Bmatrix}_{\text{ext}} \tag{24.21}$$

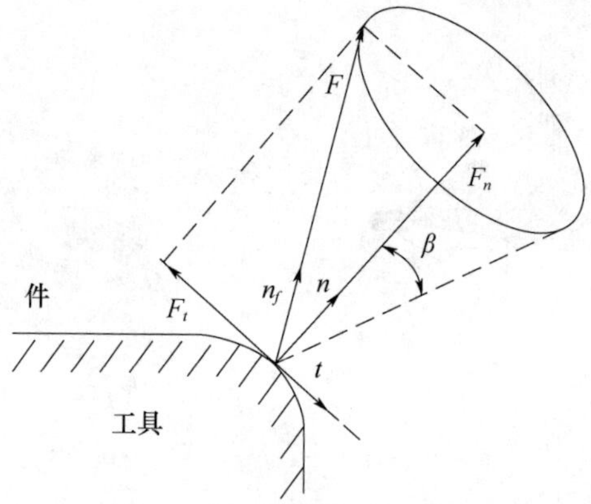

图 24.6　采用摩擦锥确定工具接触力

24.2.5　应用：圆锥形铝管的液压成形

Jansson 等(2008)(图 24.7)研究了圆锥形管的液压成形。圆周从其原始位置扩张了 47.5%，这是一个艰难的过程，因为需要大量的金属供给到扩张区域以避免突然断裂。

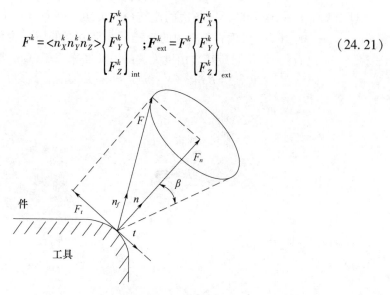

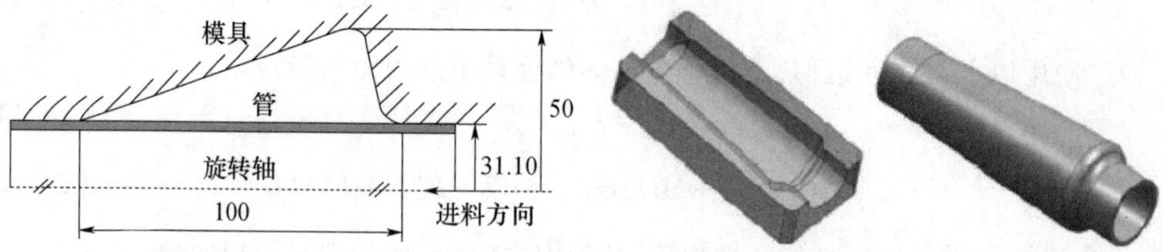

图 24.7　管的几何形状与锥形模

管的液压成形采用了 75 吨六轴水压设备，轴向的进料设置在管的两侧。整套设备配有编码器和压力传感器，监视成形过程中任意时刻的轴向进料和压力。图 24.8 显示了正向压力和进料过程的演化。

管的材料是 AA6063-T4 铝合金，采用了 Hill(1948)准则和 Barlat(2000)准则。R_{00}，R_{45}，R_{90} 是各向异性系数；F,G,H,N,L 是 Hill 准则的材料参数；$\alpha_1-\alpha_8$ 是 Barlat 准则的材料参数；通过它们可以考虑在单轴或双轴应力条件下塑性流变平面演化过程的各项异性。材料的各项参数如下：$E=68300\text{MPa}$，$\nu=0.3$，$\sigma_{00}=78\text{MPa}$，$\sigma_{45}=76\text{MPa}$，$\sigma_{90}=74\text{MPa}$，$\sigma_{11}=23.4\text{MPa}$，$\sigma_{22}=85\text{MPa}$，$R_{00}=0.47$，$R_{45}=0.12$，$R_{90}=1.5$，$F=0.43$，$G=1.36$，$H=0.64$，$N=1.11$，$L=0.43$，$\alpha_1-\alpha_8=0.72,1.29,0.99,0.97,1.03,0.98,0.16,1.23$。

压力和进料随时间变化的曲线可以控制应变路径，得到一个不会开裂的完整成形管(图 24.9)。首先，压力在中等进料速度下升至 10MPa，从而在扩展和缩短之间获得良好的折中；然后压力保持不变，增加轴向进料直到达到最大值 33mm。其次，压力从 10MPa

增大到 33MPa，完成管在模具中的扩展。

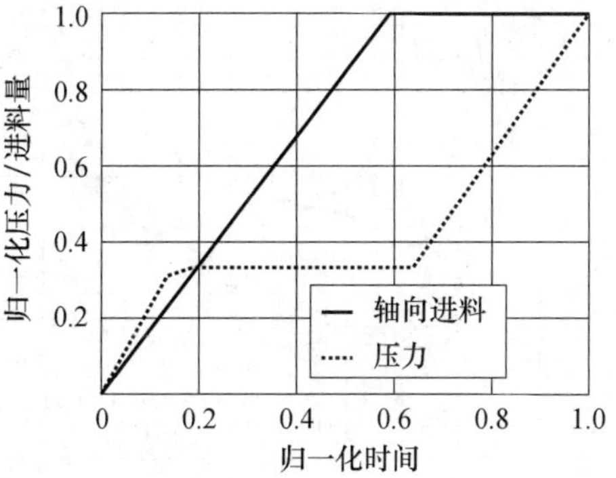

图 24.8　在成形过程中冲程(最大值 33mm)和压力(最大值 33MPa)的演变

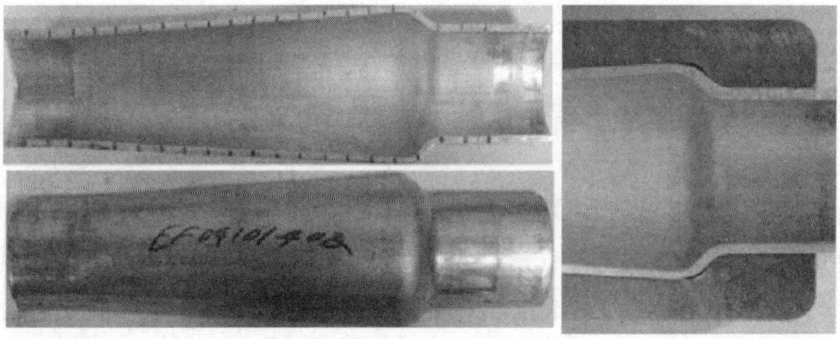

图 24.9　全成型圆锥管

在数值模拟中，四分之一的管子被离散成 4536 个 DKTRF 壳单元(图 24.10)，在 ABAQUS 中，对 S3 壳单元进行同样的网格划分。IA 法计算只使用了 38.7s 的 CPU 时间，而 ABAQUS/Explicit 计算使用了 275s。

图 24.11 显示了沿着管方向的厚度变化。使用 Barlat(2000)屈服准则，IA 法得到的数据与 ABAQUS 使用同样的准则得到的相符合。

值得注意的是，通过 ABAQUS 得到的厚度变化比 IA 法更接近试验的数据，尤其是在模具的边角半径处(80mm 和 210mm)。这可以解释为，在边角中的摩擦扮演了重要的角色，而 IA 法使用了简化的工具动作，但忽略了加载的历史。

图 24.10　用 IA 法计算的有限元网格

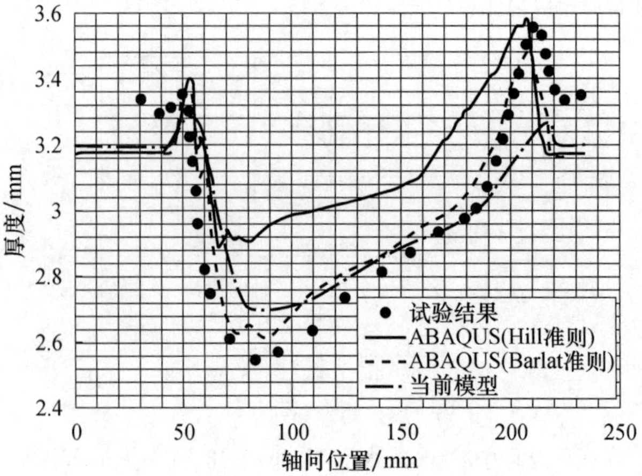

图 24.11　沿管轴线厚度变化的比较

24.3　成形工艺建模的伪逆方法

IA 法中,通过使用塑性变形原理计算总应变和应力时,只考虑了最初和最终的状态,可以获得较好的应变估算,但应力估算较差。PIA 法中,通过一些真实的中间状态去考虑形变路径,并采用损伤的塑性流变增量理论来考虑加载历史。

24.3.1　中间状态的创建

1. 板材成形建模的中间状态的创建

三维板材成形工艺中,因为已知最终工件形状和所用工具,所以在进行力学计算前,可以使用几何方法对中间状态进行近似(Guo 等,2004)。考虑到板材用相应工具拉伸成模(图 24.12),它的形状可以通过最小化总面积来得到:

$$J = \min \sum_{e} A_e ; z_{P,i} \leqslant z_{S,i} \leqslant z_{D,i} \tag{24.22}$$

式中:A_e 为单元面积;z_P,z_S,z_D 分别为冲压机、板材、模具上的一点对应的垂直节点位置。

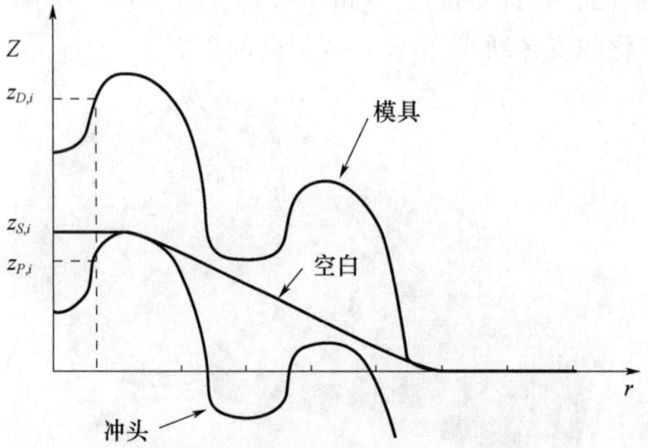

图 24.12　通过薄板表面最小化创建中间状态

对于一个二维或轴对称工件,板材表面的最小化可以通过其轮廓来实现。在三维情况下,工件被分为几个部分,而每个部分可以当作二维的情况处理;所有部分可以通过线性叠加来组合(图 24.13)。

需要注意的是,在中间状态和终态网格中,具有同一数字的节点并不表示相同的材料点;应力-应变场的转变在这两个相互独立的网格间进行。

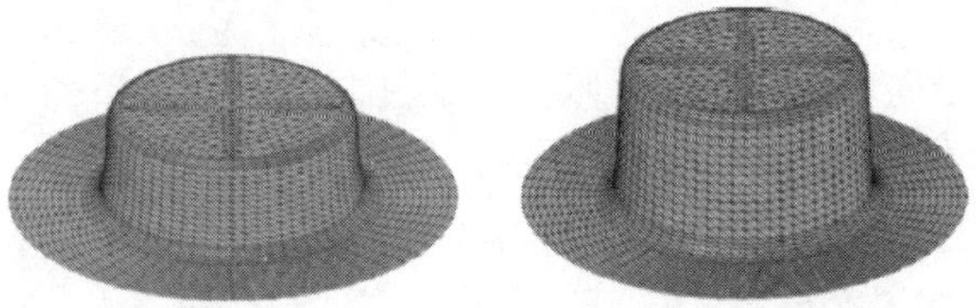

图 24.13　中间板状态的三维网格生成

2. 轴对称冷锻的自由面法

在轴对称冷锻工艺中,需要生成一些中间状态以考虑变形过程。中间状态可以通过几何法创建,并采用自由表面法来进行修正(Halouani 等,2012),以获得更好的满足平衡条件的自由表面形状。

3. 成几何比例的中间状态

PIA 法中,在已知的终件 C^2 上划分有限元网格 M^2,初始毛坯的轮廓 C^0 也是已知的。对于两步锻造工艺,成几何比例的中间状态可以按照如下方法生成(图 24.14):

(1)M^2 上的轮廓节点被映射到 C^0 的轮廓上,C^0 上内节点的位置由 M^2 上的线性解确定,其用从 C^2 到 C^0 的轮廓节点位移作为边界条件。

(2)中间状态的网格 M_p^1 通过几何成比例插入法来创建:

$$\boldsymbol{X}_p^1=\boldsymbol{X}^0+0.5(\boldsymbol{X}^2-\boldsymbol{X}^0) \tag{24.23}$$

式中:$\boldsymbol{X}^0$,$\boldsymbol{X}_p^1$,$\boldsymbol{X}^2$ 分别为初态、中间状态、终态网格的节点位置向量。

(3)检查网格 M_p^1 的动力学条件,如果某些节点穿透进工具内,它们会映射回到工具轮廓上(图 24.15)。

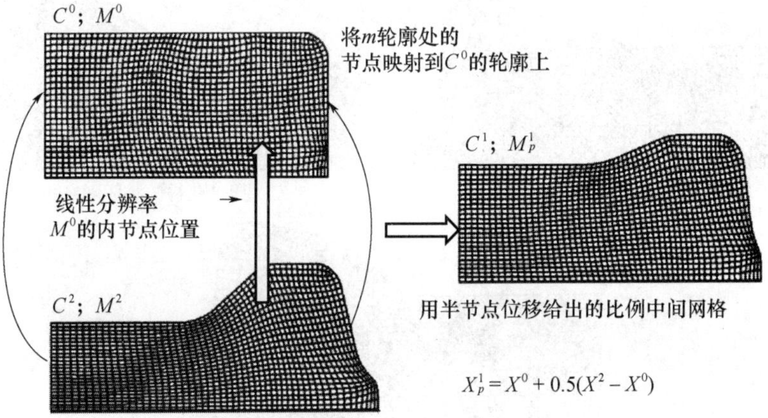

图 24.14　两阶段锻造的 PIA 比例中间网格

4. 中间状态自由表面的确定

一旦获得动力学上可接受的中间状态网格，就可以在 M_p^1 和 M^0 之间进行逆计算。固定网格 M^0，网格 M_p^1 作为参考，计算应力应变；通过迭代修正 M_p^1 以满足平衡和接触条件，因此，在最后的平衡循环处确定自由表面的形状。M_p^1 的边界条件按如下定义（图 24.15）：

（1）如果节点力从坯料指向外（$F_n>0$），自由表面上的节点满足边界条件：$U\neq0, V\neq0, \sigma_n=0, \tau_n=0$。

（2）如果节点力指向里（$F_n<0$），由坯料和工具之间的接触条件可得正切位移 $U_i'\neq0$ 以及工具轮廓上法向位移 $V_i'=0$。

（3）然后使用 IA 法计算，且节点位置随着中间状态 M_p^1 更新。

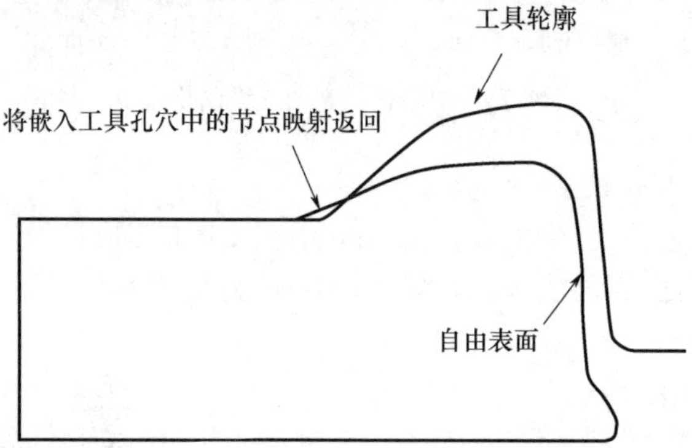

图 24.15　运动学容许自由表面

在平衡迭代循环中重复以上步骤，直到收敛。由自由表面上的不可压缩条件、接触条件和平衡条件可得到能代表自由表面真实形状的网格 M_1^1（上标指的是步骤 1，下标指的是状态 C^1）。

图 24.16 显示了通过几何比例法、PIA 自由面法、ABAQUS 法得到的中间状态。值得注意的是，比例网格作为初始网格表现较好，但相比于 ABAQUS 网格（区域 A 和 B）有明显的差别。通过自由表面法得到的实际网格与 ABAQUS 网格十分接近。

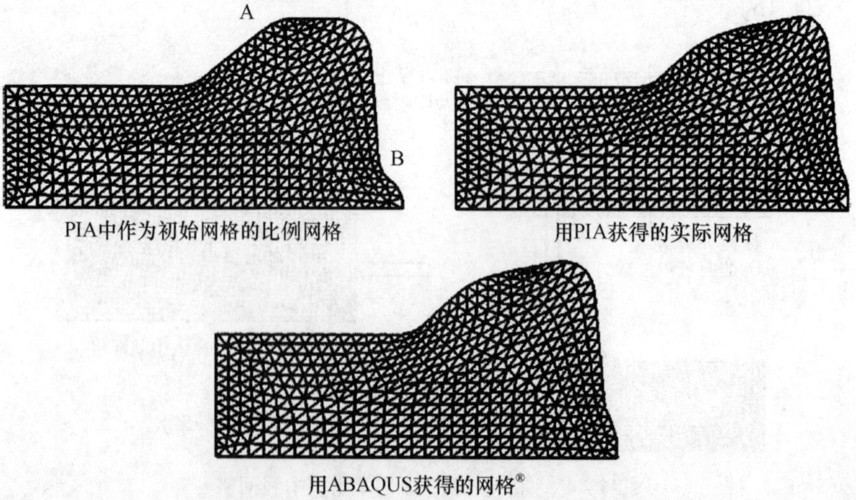

图 24.16　步骤 6 的比例网格，PIA 自由表面网格，和 ABAQUS® 网格

24.3.2 大应变增量的计算

通过直接比较初始毛坯和最终工件,可以一步计算出 IA 法中的大对数应变(Halouani 等,2010)。PIA 法中保留了用于两个连续的状态之间相似的计算方式。

对于轴对称问题,每一个材料点都在其子午面上移动;因此位移场与圆周坐标无关。在两个连续状态 C^{n-1} 和 C^n 之间材料点的移动可以通过式 $\boldsymbol{r}^{n-1}=\boldsymbol{r}-\Delta\boldsymbol{u}$ 表达,其中 $\boldsymbol{r}^{n-1}$ 和 $\boldsymbol{r}$ 是 C^{n-1} 和 C^n 的位置向量,$\Delta\boldsymbol{u}$ 是径向平面的位移增向量。

使用已知状态 C^n 作为参考,在参考系(r,z)下定义逆变形梯度张量如下:

$$\mathrm{d}\boldsymbol{r}^{n-1}=\frac{\partial\boldsymbol{r}^{n-1}}{\partial\boldsymbol{r}}\mathrm{d}\boldsymbol{r}=\left(\boldsymbol{I}-\frac{\partial\Delta\boldsymbol{u}}{\partial\boldsymbol{r}}\right)\mathrm{d}\boldsymbol{r}=\boldsymbol{F}_L^{-1}\mathrm{d}\boldsymbol{r} \tag{24.24}$$

其中,

$$\boldsymbol{F}_L^{-1}=\begin{bmatrix}1-\Delta u_{,r} & 0 & -\Delta u_{,z}\\ 0 & 1-\dfrac{\Delta u}{r} & 0\\ -\Delta w_{,r} & 0 & 1-\Delta w_{,z}\end{bmatrix} \tag{24.25}$$

定义柯西-格林左张量的逆为

$$(\mathrm{d}\boldsymbol{r}^n)^T\mathrm{d}\boldsymbol{r}^n=\mathrm{d}\boldsymbol{r}^T\boldsymbol{F}_L^{-T}\boldsymbol{F}_L^{-1}\mathrm{d}\boldsymbol{r}=\mathrm{d}\boldsymbol{r}^T\boldsymbol{B}^{-1}\mathrm{d}\boldsymbol{r} \tag{24.26}$$

$$\boldsymbol{B}^{-1}=\begin{bmatrix}(1-\Delta u_{,r})^2+(\Delta w_{,r})^2 & 0 & -\Delta u_{,z}(1-\Delta u_{,r})-\Delta w_{,r}(1-\Delta w_{,z})\\ 0 & \left(1-\dfrac{\Delta u}{r}\right)^2 & 0\\ -\Delta u_{,z}(1-\Delta u_{,r})-\Delta w_{,r}(1-\Delta w_{,z}) & 0 & (1-\Delta w_{,z})^2+(\Delta u_{,z})^2\end{bmatrix} \tag{24.27}$$

张量 $\boldsymbol{B}^{-1}$ 的本征值$(\Delta\lambda_1^{-2},\Delta\lambda_2^{-2},\Delta\lambda_3^{-2})$给出了三个主伸长参数$(\Delta\lambda_1,\Delta\lambda_2,\Delta\lambda_3)$,并且本征向量定义了这些主伸长的方向:

$$\boldsymbol{B}^{-1}=\boldsymbol{M}\begin{bmatrix}\lambda_1^{-2} & 0 & 0\\ 0 & \lambda_2^{-2} & 0\\ 0 & 0 & \lambda_3^{-2}\end{bmatrix}\boldsymbol{M}^{\mathrm{T}} \tag{24.28}$$

因而主对数应变增量为

$$\Delta\boldsymbol{\varepsilon}=\begin{Bmatrix}\Delta\varepsilon_1\\ \Delta\varepsilon_2\\ \Delta\varepsilon_3\end{Bmatrix}=\begin{Bmatrix}\ln\Delta\lambda_1\\ \ln\Delta\lambda_2\\ \ln\Delta\lambda_3\end{Bmatrix} \tag{24.29}$$

在参考系(r,z)下的大对数应变可通过以下转换获得(Batoz 和 Dhatt,1990):

$$\Delta\boldsymbol{\varepsilon}=\begin{Bmatrix}\Delta\varepsilon_r\\ \Delta\varepsilon_\theta\\ \Delta\varepsilon_z\\ \Delta\gamma_{rz}\end{Bmatrix}=\begin{bmatrix}\cos^2\varphi & 0 & \sin^2\varphi\\ 0 & 1 & 0\\ \sin^2\varphi & 0 & \cos^2\varphi\\ 2\sin\varphi\cos\varphi & 0 & -2\sin\varphi\cos\varphi\end{bmatrix}\begin{Bmatrix}\Delta\varepsilon_1\\ \Delta\varepsilon_2\\ \Delta\varepsilon_3\end{Bmatrix} \tag{24.30}$$

其中,φ 是从 r 轴到第一主应变轴的角度。

PIA 法中,使用前面步骤中获得的应力应变在两个连续状态之间进行逆运算。在第 $n-1$ 步,在 C^{n-1} 上建立有限元网格并通过自由面法校正;在第 n 步,在 C^n 上建立网格并映射到 C^{n-1} 上以进行逆运算。这两种在 C^{n-1} 上的网格是完全独立的,所以应该在它们之间进行应变和应力场的转变。

24.3.3 大应变增量的塑性和损伤的直接积分

回映算法(RMA)(Simo 和 Taylor,1986)是使用最为广泛的迭代方式,它被视为处理塑性积分最有效的方法,但是需要花费大量的计算时间,这是因为整个结构中积分点太多和整体平衡循环中迭代次数太多,此外,这种迭代方式在大应变增量问题上可能会产生离散问题。一种名为塑性直接标量算法(DSAP)由 Li 等(2007)提出,这种方法非常迅速稳健,且没有局部迭代循环。DSAP 的基本思想是将具有未知应力向量的本构方程转换为基于等效应力的标量方程,该等效应力可以通过拉伸曲线获得,从而直接求解得到塑性乘法算子 $\Delta\lambda$(参见第 24.4 节)。

24.3.4 数值解:三阶段冲压过程的模拟

通过三个连续的冲压过程得到轴对称容器(图 24.17),冲压过程在一个板带上连续进行,图 24.18 给出了其几何尺寸。设计的最先两个阶段用于获得低于 FLC 曲线的双轴应变状态。

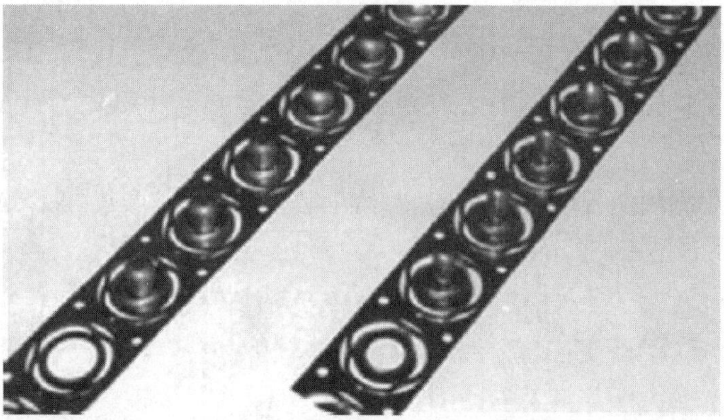

图 24.17 轴对称容器三阶段冲压的照片

在冲压前使用六个圆弧刀切割板材以便于板材的拉拔。在阶段 3,大直径的容器被冲头推入直径较小的模具中;这意味着弯曲-不弯曲的效应。零件的中间形状由薄板和工具之间的几何关系决定(图 24.19)。

板的材料为 DC04 钢,厚度为 1mm。零件在三个阶段的高度分别为 13mm、15mm 和 15mm。板与模具之间的摩擦系数为 0.144。

在阶段 1,PIA 数值解得到的厚度分布和 CETIM 试验结果非常一致,可以发现 CETIM 的最大厚度减薄了 13.2%,而 PIA 的为 10.6%。FLD(成形极限图)的比较也显示出数值解和试验应变值状态具有很好的一致性。

在阶段 2,通过 CETIM 和 PIA 得到的厚度分布十分近似,最大的减薄位于零件的上半径处。CTTIM 得到的最大值为 17.4%,PIA 的为 15.3%(图 24.20)。FLD 中试验法与 PIA 法得到的点吻合很好(图 24.21),值得注意的是试验中只测试了工件上很小的一块区域。

在阶段 3,数值模拟和试验得到的结果在厚度分布上有了明显的差别:PIA 中减薄了 30.3%而 CEITM 减薄了 40.7%。这个误差的原因是由于接触-摩擦效应假设引起的,尽管存在这种差异,PIA 仍然能够正确地找到最大变薄区域(图 24.22)。

阶段 3 中,FLD 数值模拟和试验的结果十分相关(图 24.23),对于在刚要断裂前的"好零件",两种情况下的点都十分接近 FLC 的点。

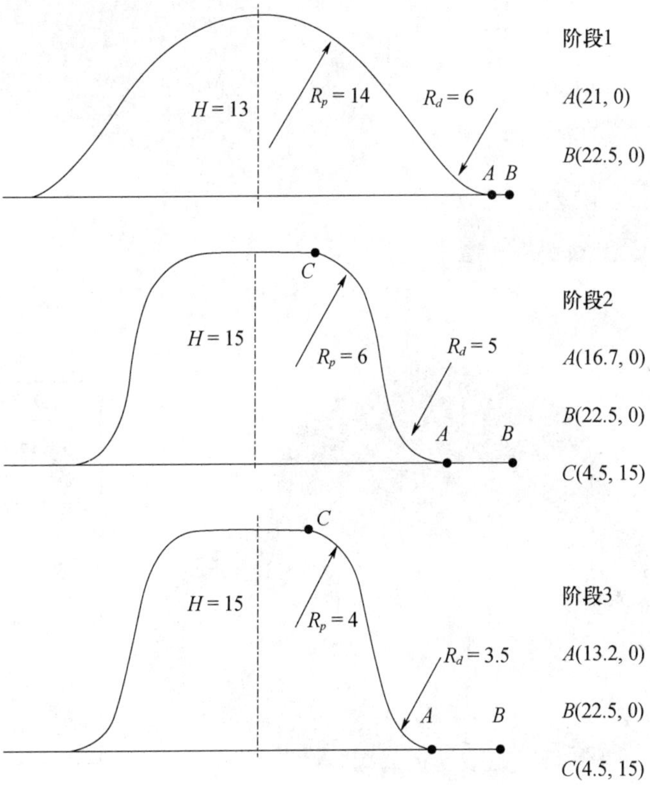

图 24.18　三个冲压阶段的零件几何形状(阶段)

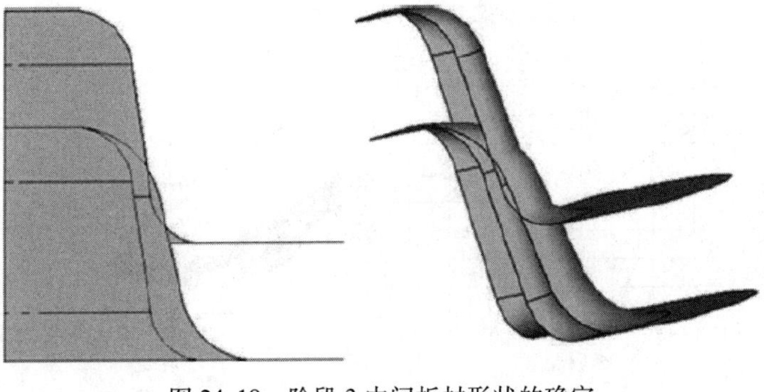

图 24.19　阶段 3 中间板材形状的确定

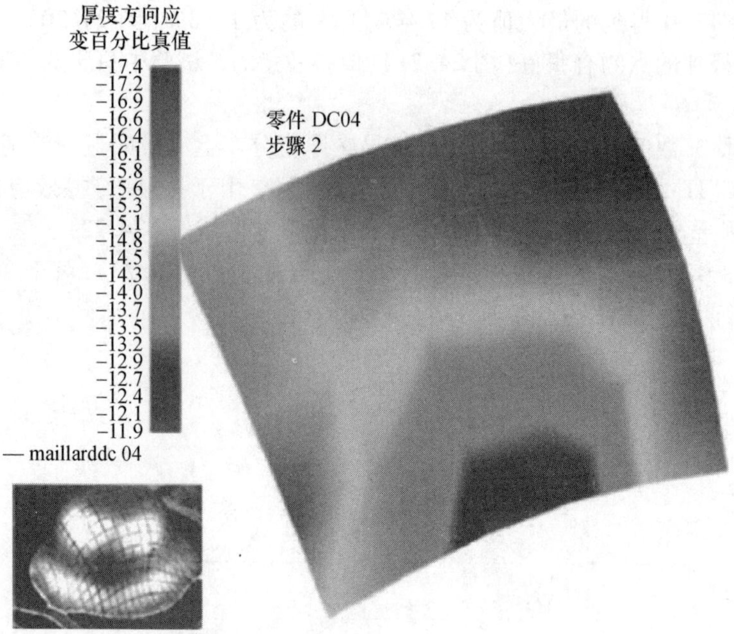

(a)

(b)

图 24.20　阶段 2 中 PIA 和实验得到的厚度变化(%)(彩图)

(a)CETIM 试验测试;(b)PIA 数值模拟。

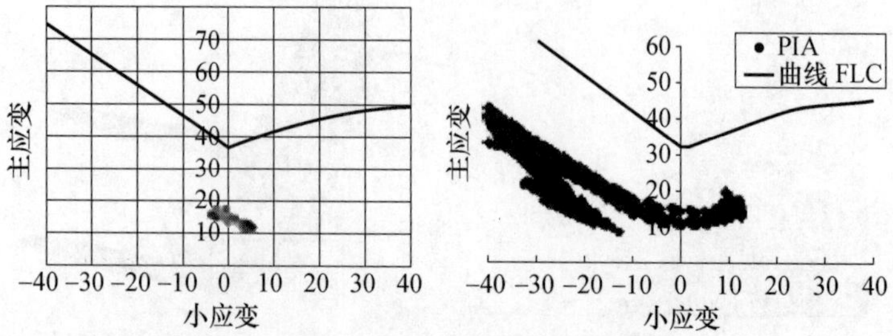

图 24.21　阶段 2 的 FLC 和 FLD 图表

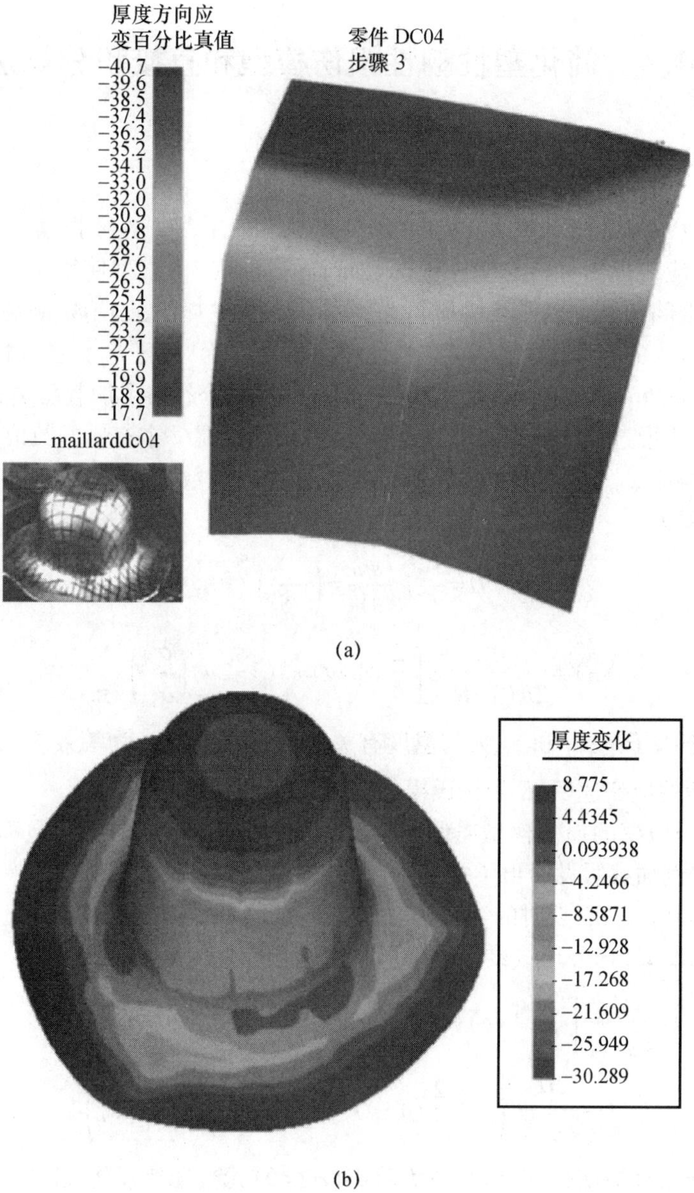

图 24.22　阶段 3 中 PIA 和实验得到的厚度变化(%)(彩图)

(a) CETIM 试验测试;(b) PIA 数值模拟。

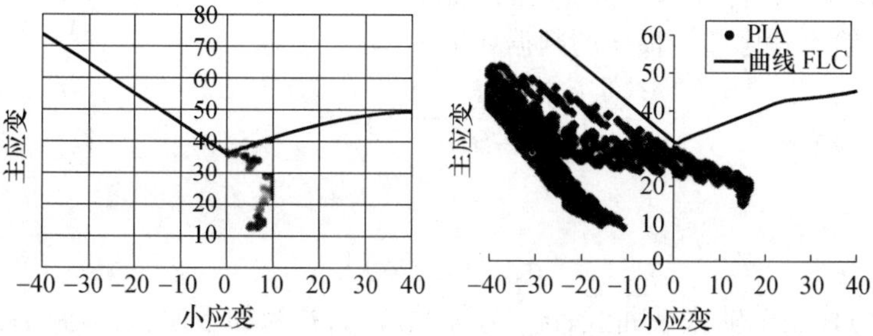

图 24.23　阶段 3 的 FLC 和 FLD 图表

24.4 简化塑性韧性损伤模型和直接积分算法

24.4.1 基于应变的损伤模型

Chaboche(1988)、Lemaître 和 Chaboche(1990)发表了基于连续损伤力学(CDM)的损伤模型,损伤效应表现为材料的整体弹塑性行为。这种唯像模型使用了一种标量损伤变量来描述韧性缺陷的演化以及热机械行为,在第 25 章中提出了 CDM 韧性损伤及其强耦合与弹黏塑性行为的高级模型。本章中,使用了一种名为"基于应变三维损伤模型"的简化损伤模型(Lamaître 和 Chaboche,1990)。这个模型部分忽略了加载历史,与塑性行为耦合较弱,这使得成形过程很简单并非常适用于 PIA,因此是一个有效的数值损伤建模法。

选择损伤势能 φ_D^* 作为应变能密度释放率($-Y$)的函数,则有材料在各向同性下硬化和损伤的损伤率为

$$\dot{D}=-\dot{\lambda}_D\frac{\partial\varphi_D^*}{\partial Y}=\left(-\frac{Y}{S_0}\right)^{s_0}\dot{\varepsilon}^p \tag{24.31}$$

$$-Y=\frac{\sigma_{\mathrm{eq}}^2}{2E(1-D)^2}\left[\frac{2}{3}(1+\nu)+3(1-2\nu)\left(\frac{\sigma_H}{\sigma_{\mathrm{eq}}}\right)^2\right] \tag{24.32}$$

式中:$\dot{\lambda}_D$ 为损伤乘子率;s_0 和 S_0 为与温度有关的材料系数;σ_{eq} 为等效应力,σ_H 为静水应力;$\dot{\varepsilon}^p$ 为等效塑性应变速率;E 为杨氏模量;ν 为泊松比。

要获得基于应变的损伤模型需假定两个条件:损伤阈值后的硬化饱和假设给出了理想塑性行为,比例加载假设给出了常三轴应力比 $\sigma_H/\sigma_{\mathrm{eq}}$。

引入损伤阈值 ε_D、断裂时的等效塑性应变 ε_R、断裂时的损伤值 D_c(试验可用,Zhu 等,1992),可以得到一种积分形式或者速率形式的基于应变的简化损伤模型:

$$\dot{D}=\frac{D_c}{\varepsilon_R-\varepsilon_D}\left[\frac{2}{3}(1+\nu)+3(1-2\nu)\left(\frac{\sigma_H}{\sigma_{\mathrm{eq}}}\right)^2\right]\dot{\varepsilon}^p\quad(\overline{\varepsilon}^p>\varepsilon_D\text{ 且}\sigma_H>0) \tag{24.33}$$

$$D=\frac{D_c}{\varepsilon_R-\varepsilon_D}\left(\overline{\varepsilon}^p\left[\frac{2}{3}(1+\nu)+3(1-2\nu)\left(\frac{\sigma_H}{\sigma_{\mathrm{eq}}}\right)^2\right]-\varepsilon_D\right) \tag{24.34}$$

式中:$\dot{\varepsilon}^p$ 为等效塑性应变速率,压缩应力状态($\sigma_H<0$)无法导致损伤,故 $\dot{D}=0$。

24.4.2 本构方程

本节中,假设材料符合米塞斯各向同性屈服准则(冷锻)或者 Hill 各向异性屈服准则(板材成形)。给出考虑塑性损伤的判据如下:

$$f=\frac{\sigma_{\mathrm{eq}}}{1-D}-\overline{\sigma}(\overline{\varepsilon}^p)=0 \tag{24.35}$$

其中

$$\sigma_{\mathrm{eq}}=(\boldsymbol{\sigma}^T\boldsymbol{P}\boldsymbol{\sigma})^{\frac{1}{2}} \tag{24.36}$$

式中:$\overline{\sigma}=\overline{\sigma}(\overline{\varepsilon}^p)$代表单轴张量曲线;$\sigma_{\mathrm{eq}}$ 为等效应力;$\boldsymbol{P}$ 为如下定义的各向同性或各向异性矩阵。

使用塑性正交定律作为流变定律可获得塑性应变速率：

$$\dot{\boldsymbol{\varepsilon}}^p=\dot{\lambda}\frac{\partial f}{\partial \boldsymbol{\sigma}_{\text{eq}}}=\dot{\lambda}\frac{\partial f}{\partial \sigma_{\text{eq}}}\frac{\partial \sigma_{\text{eq}}}{\partial \boldsymbol{\sigma}}=\dot{\lambda}\frac{\boldsymbol{P\sigma}}{(1-D)\sigma_{\text{eq}}} \tag{24.37}$$

使用等效塑性功 $\dot{\bar{\varepsilon}}^p\sigma_{\text{eq}}=(\dot{\varepsilon}^p)^{\mathrm{T}}\boldsymbol{\sigma}$，可以得到等效塑性应变率和塑性乘法算子率 $\dot{\lambda}$ 之间的关系：

$$\dot{\bar{\varepsilon}}^p=\frac{1}{\sigma_{\text{eq}}}\frac{\dot{\lambda}\boldsymbol{\sigma}^{\mathrm{T}}\boldsymbol{P}^{\mathrm{T}}}{(1-D)\sigma_{\text{eq}}}\boldsymbol{\sigma}=\frac{\dot{\lambda}}{1-D} \tag{24.38}$$

定义等效塑性应变：

$$\dot{\bar{\varepsilon}}^p=(\dot{\boldsymbol{\varepsilon}}^p)^{\mathrm{T}}\boldsymbol{A}\dot{\boldsymbol{\varepsilon}}^p \tag{24.39}$$

对于轴对称冷锻，由各向同性材料得到：

$$\{\sigma\}=\begin{Bmatrix}\sigma_r\\ \sigma_\theta\\ \sigma_z\\ \sigma_{rz}\end{Bmatrix};\{\varepsilon\}=\begin{Bmatrix}\varepsilon_r\\ \varepsilon_\theta\\ \varepsilon_z\\ \varepsilon_{rz}\end{Bmatrix};\boldsymbol{P}=\begin{bmatrix}1&-0.5&-0.5&0\\-0.5&1&-0.5&0\\-0.5&-0.5&1&0\\0&0&0&3\end{bmatrix};\boldsymbol{A}=\frac{2}{3}\begin{bmatrix}1&0&0&0\\0&1&0&0\\0&0&1&0\\0&0&0&0.5\end{bmatrix}$$

对于薄板成型，采用了平面应力、横向各向异性和各向同性硬化假设。使用等效塑性功 $\dot{\bar{\varepsilon}}^p\sigma_{\text{eq}}=(\dot{\boldsymbol{\varepsilon}}^p)^{\mathrm{T}}\boldsymbol{\sigma}$ 和式(24.33)、式(24.35)，可以得到局部坐标系下的如下关系式：

$$\{\sigma\}=\begin{Bmatrix}\sigma_x\\ \sigma_y\\ \sigma_{xy}\end{Bmatrix};\{\dot{\varepsilon}^p\}=\begin{Bmatrix}\dot{\varepsilon}_x^p\\ \dot{\varepsilon}_y^p\\ \dot{\varepsilon}_{xy}^p\end{Bmatrix};\boldsymbol{A}=\boldsymbol{P}^{-1}=\begin{bmatrix}1&\dfrac{-\bar{r}}{1+\bar{r}}&0\\ \dfrac{-\bar{r}}{1+\bar{r}}&1&0\\ 0&0&\dfrac{2(1+2\bar{r})}{1+\bar{r}}\end{bmatrix}^{-1}$$

其中，平均横向各向异性系数 $\bar{r}=\frac{1}{4}(r_0+2r_{45}+r_{90})$。

24.4.3　积分本构定律

IA 法中，比例加载假设指出，某一点处的应力张量与时间无关的初始张量成正比：

$$\boldsymbol{\sigma}(\boldsymbol{x},t)=\alpha(t)\boldsymbol{\sigma}(\boldsymbol{x},t_0) \tag{24.40}$$

所以，$\boldsymbol{\sigma}/\sigma_{\text{eq}}$ 项与时间无关且式(24.37)可以被分析积分：

$$\varepsilon^p=\frac{\varepsilon^p}{\sigma_{\text{eq}}}\boldsymbol{P\sigma}=\left(\frac{1}{E_s}-\frac{1}{E}\right)\boldsymbol{P\sigma} \tag{24.41}$$

其中，使用了式(24.38)中的关系 $\dot{\bar{\varepsilon}}^p=\dot{\lambda}$（不考虑损伤）。在式(24.40)中增加弹性应变向量，那么总的应变-应力关系为

$$\boldsymbol{\sigma}=\left[\boldsymbol{H}^{-1}+\left(\frac{1}{E_s}-\frac{1}{E}\right)\boldsymbol{P}\right]^{-1}\boldsymbol{\varepsilon} \tag{24.42}$$

其中，$\boldsymbol{H}$ 为弹性本构矩阵，损伤效应与塑性不耦合并使用式(24.34)进行后处理。

24.4.4　塑性-损伤的经典回归映射算法

与损伤耦合的弹性定律可以写成如下总的或速率形式：

$$\boldsymbol{\sigma}=(1-D)\boldsymbol{H}\boldsymbol{\varepsilon}^{e} \tag{24.43}$$

$$\dot{\boldsymbol{\sigma}}=(1-D)\boldsymbol{H}(\dot{\boldsymbol{\varepsilon}}-\dot{\boldsymbol{\varepsilon}}^{p})-\frac{\dot{D}\boldsymbol{\sigma}}{1-D} \tag{24.44}$$

由式(24.33)和式(24.38),定义损伤率为

$$\dot{D}=\frac{\hat{Y}}{1-D}\dot{\lambda} \tag{24.45}$$

其中

$$\hat{Y}=\frac{D_c}{\varepsilon_R-\varepsilon_D}\left[\frac{2}{3}(1+\nu)+3(1-2\nu)\left(\frac{\sigma_H}{\sigma_{\mathrm{eq}}}\right)^2\right] \tag{24.46}$$

由式(24.37)、式(24.44)、式(24.45)和式(24.46)可以用塑性乘子 $\dot{\lambda}$ 的函数来表示应力率:

$$\dot{\boldsymbol{\sigma}}=(1-D)\boldsymbol{H}\dot{\boldsymbol{\varepsilon}}-\dot{\lambda}\left(\frac{\boldsymbol{HP}}{\sigma_{eq,n}}+\frac{\hat{Y}}{(1-D_n)^2}\boldsymbol{I}\right)\boldsymbol{\sigma} \tag{24.47}$$

因此,在第 n 步的应力向量可以表示成增量形式:

$$\boldsymbol{\sigma}_n-\boldsymbol{\sigma}_{n-1}=(1-D_n)\boldsymbol{H}\Delta\boldsymbol{\varepsilon}-\Delta\lambda\left(\frac{\boldsymbol{HP}}{\sigma_{\mathrm{eq},n}}+\frac{\hat{Y}}{(1-D_n)^2}\boldsymbol{I}\right)\boldsymbol{\sigma}_n \tag{24.48}$$

其中,采用隐式方法来确保数值稳定性。式(24.44)可以写为

$$\left(\boldsymbol{I}+\Delta\lambda\left(\frac{\boldsymbol{HP}}{\sigma_{\mathrm{eq},n}}+\frac{\hat{Y}}{(1-D_n)^2}\boldsymbol{I}\right)\right)\boldsymbol{\sigma}_n=\boldsymbol{\sigma}_{n-1}+(1-D_n)\boldsymbol{H}\Delta\boldsymbol{\varepsilon} \tag{24.49}$$

其中应力向量 $\boldsymbol{\sigma}_n$ 可以通过弹性预测确定,然后进行塑性校正。弹性预测给出了如下的试验应力值:

$$\boldsymbol{\sigma}_n^{e}=\boldsymbol{\sigma}_{n-1}+(1-D_n)\boldsymbol{H}\Delta\boldsymbol{\varepsilon} \tag{24.50}$$

上述的弹性应力向量代入塑性判据[式(24.35)],记为 $f^e\cdot f^e<0$,若给定 $\Delta\lambda=0$,这意味着应力状态在流变平面里(弹性预测正确);$f^e>0$ 意味着塑性行为发生,在确定流变表面($f=0$)上的新应力状态时需要使用塑性校正。在 Simo 的回归映射算法中,将 $\boldsymbol{\sigma}_n$(式(24.49))代入塑性判据(式(24.35))并通过使用牛顿-拉弗森迭代法求解非线性方程 $f(\Delta\lambda)=0$ 来得到 $\Delta\lambda$。值得注意的是,通过使用先前的平衡迭代时的损伤值 D_n,通常采用损伤和塑性之间的弱耦合方法。

24.4.5 塑性直接标量算法中的快速塑性积分

这种直接算法使用等效应力算子,式(24.45)中的未知应力向量转化为等效应力形式的标量方程,等效应力可以通过拉伸曲线计算。因而得到一个包含唯一未知量 $\Delta\lambda$ 的二次方程,继而直接求解。

1. 应变增量中弹性应变部分的近似比例计算

对于一个给定的应变增量,如果弹性和塑性可以分离(即使近似地),那么可以得到等效塑性应变 $\bar{\varepsilon}_n^p=\bar{\varepsilon}_{n-1}^p+\Delta\bar{\varepsilon}^p$,继而使用拉伸曲线 $\bar{\sigma}_n=\bar{\sigma}(\bar{\varepsilon}_n^p)$ 计算等效应力。

在加载过程中,材料可能会经历弹性卸载(图 24.24 中的 AD)和重新加载(DA),然后是弹塑性加载(AC),其可以通过弹性预测(AB)和塑性校正(BC)来数值模拟。那么如何确定应变增量中弹性和塑性部分的比例呢[$\gamma\Delta\varepsilon$ 和$(1-\gamma)\Delta\varepsilon$]?

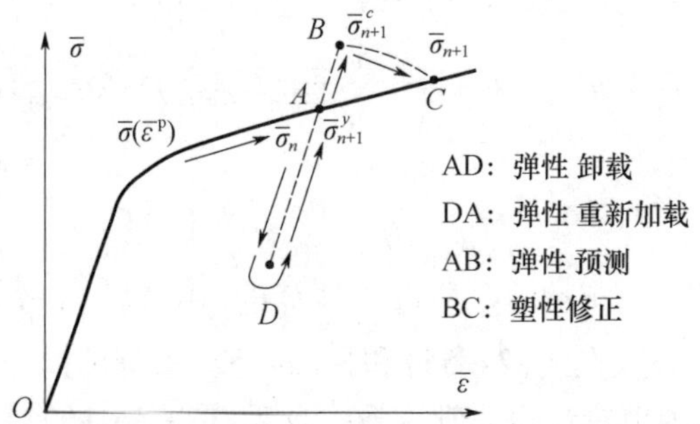

图 24.24　弹性卸载(AD)和重新加载(DA)以及弹塑性加载(AC)

假设弹性部分 $\gamma\Delta\varepsilon$ 允许应力状态达到流变表面上，并且满足塑性判据，那么可以得到以下方程(根据式(24.35))：

$$\boldsymbol{\sigma}_n^{\gamma}=\boldsymbol{\sigma}_{n-1}+\gamma(1-D_n)\boldsymbol{H}\Delta\boldsymbol{\varepsilon} \tag{24.51}$$

$$f(\boldsymbol{\sigma}_n^{\gamma}(\gamma))=0 \tag{24.52}$$

式(24.52)可以通过牛顿-拉弗森法求解。为了避免迭代解，采用等效应力的概念在式(24.51)的两边添加算子 $\boldsymbol{\sigma}^{\mathrm{T}}\boldsymbol{P}\boldsymbol{\sigma}$，将之变成标量方程：

$$(\sigma_{\mathrm{eq},n}^{\gamma})^2=(\sigma_{\mathrm{eq},n-1})^2+2(1-D_n)\gamma\boldsymbol{\sigma}_{n-1}^{\mathrm{T}}\boldsymbol{PH}\Delta\boldsymbol{\varepsilon}+\gamma^2(1-D_n)^2\Delta\boldsymbol{\varepsilon}^{\mathrm{T}}\boldsymbol{HPH}\Delta\boldsymbol{\varepsilon} \tag{24.53}$$

上述方程中，采用拉伸曲线确定 $\sigma_{\mathrm{eq},n}^{\gamma}$ 和 $\sigma_{\mathrm{eq},n-1}$，故不需要迭代便可直接得到 γ，弹性比 γ 应该在 0~1 之间。$\gamma>1$ 意味着总应变增量不足以使应力回到流变表面上，所以应选择 $\gamma=1$。

一旦得到弹性百分比 γ，便可计算出在 n 步的等效塑性应变和等效应力：

$$\overline{\varepsilon}_n^p=\overline{\varepsilon}_{n-1}^p+(1-\gamma)\Delta\overline{\varepsilon}_n \tag{24.54}$$

$$\sigma_{\mathrm{eq},n}=(1-D_n)\overline{\sigma}(\overline{\varepsilon}_n^p) \tag{24.55}$$

应力 $\sigma_{\mathrm{eq},n}$ 代入式(24.57)将用于计算塑性乘子 $\Delta\lambda$。

2. 塑性乘子 $\boldsymbol{\Delta\lambda}$ 的直接计算

在塑性修正阶段，式(24.49)和式(24.50)可以被重写成如下形式：

$$\boldsymbol{\sigma}_n^e=\left(\boldsymbol{I}+\Delta\lambda\left(\frac{\boldsymbol{HP}}{\sigma_{\mathrm{eq},n}}+\frac{\hat{Y}}{(1-D_n)^2}\boldsymbol{I}\right)\right)\boldsymbol{\sigma}_n \tag{24.56}$$

采用等效应力概念，在上述方程两边乘上算子$\boldsymbol{\sigma}^{\mathrm{T}}\boldsymbol{P}\boldsymbol{\sigma}$，得到一个 $\Delta\lambda$ 中二阶的方程：

$$(\sigma_{\mathrm{eq},n}^e)^2=(\sigma_{\mathrm{eq},n})^2+2\Delta\lambda\boldsymbol{\sigma}_n^{\mathrm{T}}\left(\frac{\boldsymbol{HP}}{\sigma_{\mathrm{eq},n}}+\frac{\hat{Y}}{(1-D_n)^2}\boldsymbol{I}\right)\boldsymbol{P}\boldsymbol{\sigma}_n+$$

$$\Delta\lambda^2\boldsymbol{\sigma}_n^{\mathrm{T}}\left(\frac{\boldsymbol{HP}}{\sigma_{\mathrm{eq},n}}+\frac{\hat{Y}}{(1-D_n)^2}\boldsymbol{I}\right)^{\mathrm{T}}\boldsymbol{P}\left(\frac{\boldsymbol{HP}}{\sigma_{\mathrm{eq},n}}+\frac{\hat{Y}}{(1-D_n)^2}\boldsymbol{I}\right)\boldsymbol{\sigma}_n \tag{24.57}$$

通常，这种非线性方程需要一个迭代解，但是，如果利用式(24.55)获得的等效应力、先前平衡迭代中的损伤值 D_n 以及近似的应力法线方向，那么就无需迭代便可直接求解式(24.57)中的 $\Delta\lambda$。使用塑性判据[式(24.35)]和塑性法向流变定律，可以计算流变表面的法向量：

$$\boldsymbol{n}=\frac{\partial f}{\partial\boldsymbol{\sigma}}=\frac{\boldsymbol{P}\boldsymbol{\sigma}}{(1-D)\sigma_{\mathrm{eq}}}\rightarrow\boldsymbol{n}=\frac{\boldsymbol{P}\boldsymbol{\sigma}_n}{(1-D_n)\sigma_{\mathrm{eq},n}}=\frac{\boldsymbol{P}\boldsymbol{\sigma}_n}{(1-D_n)^2\overline{\sigma}_n} \tag{24.58}$$

这里用到最后已知的应力法线方向。最终,式(24.57)可以被简化为 $\Delta\lambda$ 的二阶方程:

$$\Delta\lambda^2\left[(1-D_n)^2\boldsymbol{n}^{\mathrm{T}}\boldsymbol{HPHn}+\left(\frac{\hat{Y}}{(1-D_n)^2}\right)(\sigma_{\mathrm{eq},n})^2+2\sigma_{\mathrm{eq},n}\hat{Y}\boldsymbol{n}^{\mathrm{T}}\boldsymbol{Hn}\right]+$$

$$2\Delta\lambda\left[(1-D_n)^2\sigma_{\mathrm{eq},n}\boldsymbol{n}^{\mathrm{T}}\boldsymbol{Hn}+\frac{\hat{Y}}{(1-D_n)^2}(\sigma_{\mathrm{eq},n})^2\right]+(\sigma_{\mathrm{eq},n})^2-(\sigma^e_{\mathrm{eq},n})^2=0 \qquad (24.59)$$

需要注意到一些量如 γ、$\boldsymbol{n}$ 和 D_n 是近似计算的,用 $\Delta\lambda/(1-D)$ 代替式(24.54)中的 $(1-\gamma)\Delta\bar{\varepsilon}_n$ 来进行优化,并且在式(24.55)和式(24.57)重复该操作。但是没有这些优化,数值方法与经典的回归映射算法也非常一致。这种获得 $\Delta\lambda$ 的直接标量算法速度快且强大,可以采用较大的应变增量而不产生发散问题。

24.4.6 损伤预测的数值解

1. 方盒的板材成形

建立了一个更为先进的全耦合损伤模型并在 ABAQUS/Explicit 应用(Saanoui 等,2000;Cherouat 等,2004),这个程序用来模拟方盒板材成形的损伤演化并从损伤角度验证 PIA。

几何参数如下:初始的毛坯 200mm×200mm×0.82mm,孔半径为 8mm 的冲孔段 100mm×100mm;102.5mm×102.5mm 的模腔孔径为 5mm,冲压行程为 36mm。材料性能参数如下:摩擦系数 $\mu=0.144$,杨氏模量 $E=210\mathrm{GPa}$,泊松比 $\nu=0.3$,屈服强度 $\sigma_y=400\mathrm{MPa}$,各向同性塑性定律 $\bar{\sigma}=Q(1-\mathrm{e}^{-b\bar{\varepsilon}})=1000(1-\mathrm{e}^{-5\bar{\varepsilon}})\mathrm{MPa}$。PIA 法中,采用的损伤参数($D_c=0.95$,$\varepsilon_R=0.7$,$\varepsilon_D=0$)给出了与 Cherouat 等(2004)相似的损伤行为,但是 PIA 损伤模型无法描述直到断裂时的较大损伤。图 24.25 显示了通过 ABAQUS 耦合或非耦合塑性损伤模型得到的损伤分布,可以发现,损伤总是位于相同的区域,但是耦合情况下的损伤值($D_{\max}=90.5\%$)比非耦合情况($D_{\max}=53.48\%$)的更为集中且更大。

图 24.26 呈现了通过 PIA 得到的耦合和非耦合下的损失分布。可以观察到相似的现象,但是由于损失模型的不同使得损伤演化不同:极限加载之后,ABAQUS 模拟的刚度下降更快。

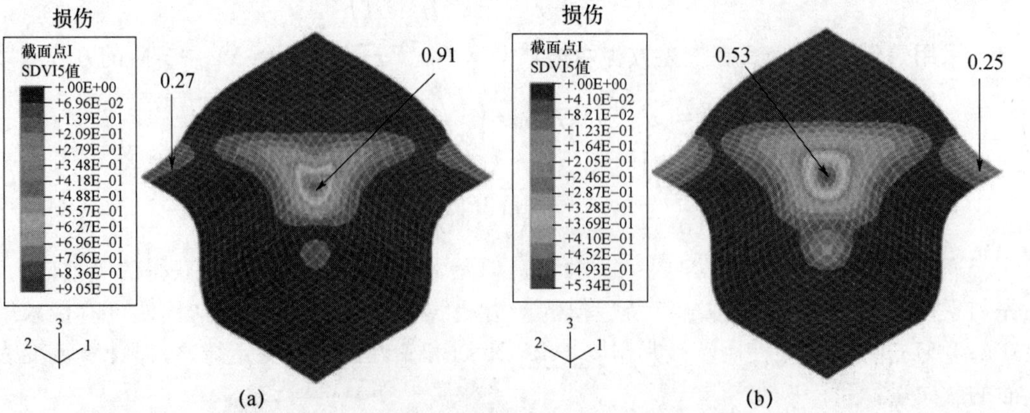

图 24.25 基于先进损伤模型的 ABAQUS 损伤分布(彩图)

(a)耦合损伤-塑性;(b)非耦合损伤-塑性。

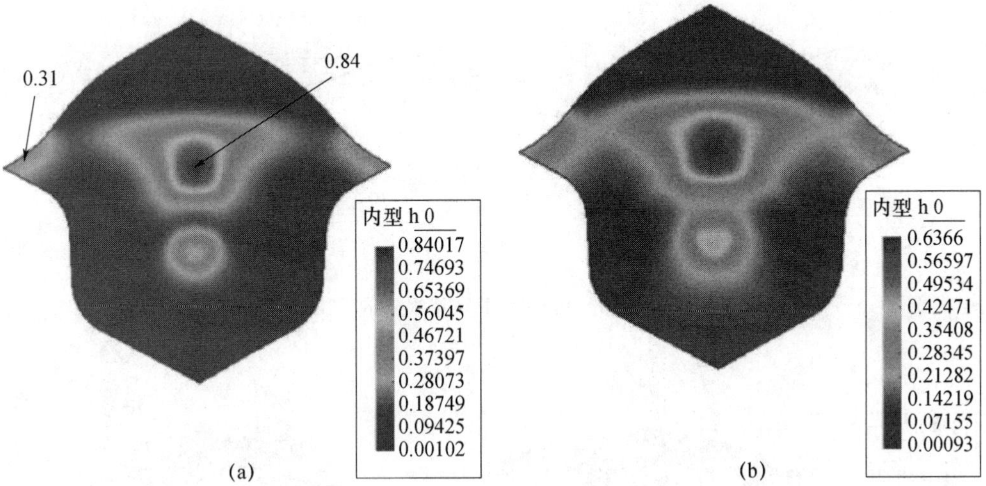

图 24.26　基于应变简化损伤模型的 PIA 损伤分布(彩图)
(a)耦合损伤-塑性;(b)非耦合损伤-塑性。

2. SWIFT 冲压模拟(DC04 钢)

此例使用 CETIM 试验处理,使用商业代码 STAMPACK 和简化 PIA 进行数值计算,PIA 法计算仅用了八步。几何图形如图 24.27 所示,材料和工艺参数如下:冲头直径 D=33mm;模具直径 D_M=35.2mm;摩擦系数 μ=0.144;毛坯受力 500daN;PIA 损伤参数 D_c=0.4,ε_R=0.7,ε_D=0.2;冲压行程 14mm;初始板材直径 74mm;板厚 t=1mm;圆角半径 r_P=5mm,r_M=4mm;杨氏模量 E=82.377GPa;各向异性系数 r_0=1.87,r_{45}=1.12,r_{90}=2.02;塑性定律 $\bar{\sigma}=559.66(\bar{\varepsilon}_p+0.0057)^{0.226}$。

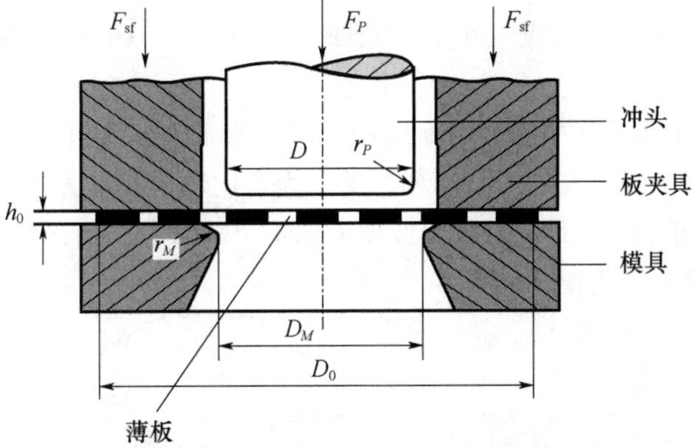

图 24.27　SWIFT 冲压试验的几何形状

图 24.28 中显示了通过 PIA 和 STAMPACK(不考虑损伤)得到的 FLC 曲线和 FLD 图,可以发现两种代码都给出了近似的 FLD。

图 24.29 给出了 PIA 法得到的损伤分布,强损伤区域位于冲头半径和模具入口,数值模拟结果与 CETIM 试验结果吻合较好,冲头半径的破裂和模具入口处的颈缩很好地呈现在 CETIM 图片上。

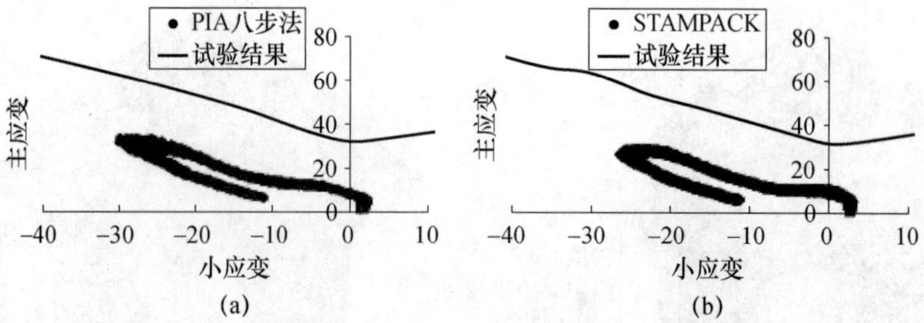

图 24.28　PIA 和 STAMPACK 得到的 FLD 曲线

(a) PIA 八步法;(b) STAMPACK。

图 24.29　PIA 得到的损伤分布和 CETIM 试验得到的破裂(彩图)

(a) PIA 得到的损伤;(b) 试验中的破裂。

3. 轮子的冷锻

在这一部分中,提出了一个车轮的冷锻模型,以说明 PIA 法在锻造过程模拟中的作用和局限性。比较了包含基于应变损伤模型的 PIA 与 ABAQUS/Explicit 增量法得到的结果。

毛坯和冲头的几何形状如图 24.30 所示。由于轮子的对称性,我们只考虑四分之一部分,在垂直轴和水平面上施加对称边界条件。为了比较这两种方法,ABAQUS 获得的最终网格用于 PIA 建模,包含 1,402 个节点和 1,324 个轴对称四边形单元。工具假设为刚性,并由解析刚性线进行建模。

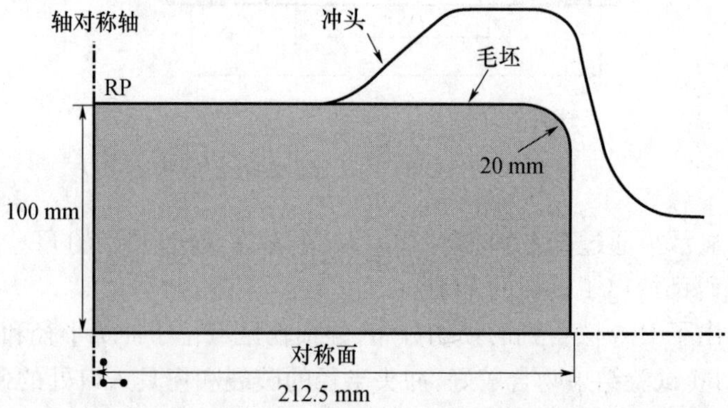

图 24.30　毛坯和冲头的几何形状

毛坯的材料性能如下：杨氏模量 $E=17\text{GPa}$，泊松比 $\nu=0.42$，摩擦系数 $\mu=0.05$，密度 $\rho=11.35\text{g/cm}^3$，Hollomon 应变-应力曲线 $\overline{\sigma}=65.8(\overline{\varepsilon}^p)^{0.27}\text{MPa}$，垂直冲压行程为 38.8mm。损伤参数 $D_c=0.5$，$\varepsilon_R=0.315$，$\varepsilon_D=0.05$。PIA 模拟仅需要 14 个步骤，采用更多步骤得到的结果几乎不发生变化。

图 24.31 显示了由 PIA 和 ABAQUS/Explicit 得到的等效塑性应变分布，可以看出两种方法的分布非常近似，且最大值和最小值吻合很好。

图 24.32 显示了由 PIA 和 ABAQUS/Explicit 得到的等效应力分布。可以看出两者的应力分布的定量结果非常接近。由 PIA 得到的应力最大值是 57.59MPa，而 ABAQUS 的为 57.39MPa，误差只有 0.2%。

由 PIA 和 ABAQUS/Explicit 得到的损伤分布如图 24.33 所示。可以发现两种方法在同一区域得出了非常近似的损伤值：$D_{max}=20.9\%$(PIA)和 $D_{max}=19.7\%$(ABAQUS)。

与 ABAQUS 相比，PIA 可获得相当大的 CPU 时间效益。ABAQUS/Explicit 耗时 2126 s，而 PIA 只用了 460 s，节省了 79%的 CPU 时间。

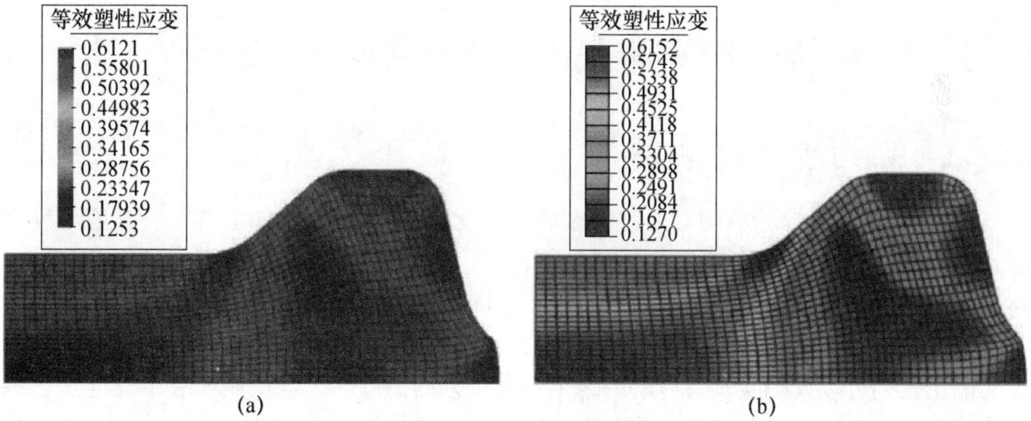

图 24.31　PIA 和 ABAQUS® 得到的等效塑性应变分布(彩图)
(a)伪逆法(14 步)；(b)ABAQUS®（339268 增量）。

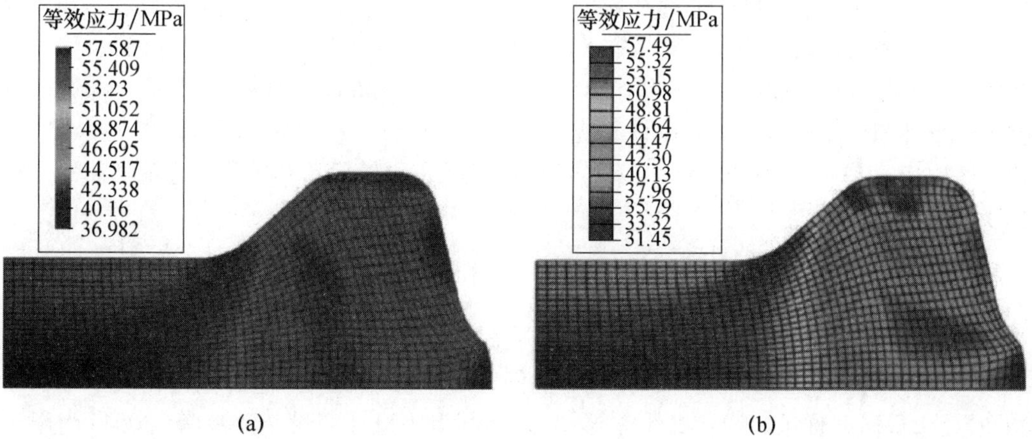

图 24.32　PIA 和 ABAQUS® 得到的等效应力分布(彩图)
(a)伪逆法(14 步)；(b)ABAQUS®（339268 增量）。

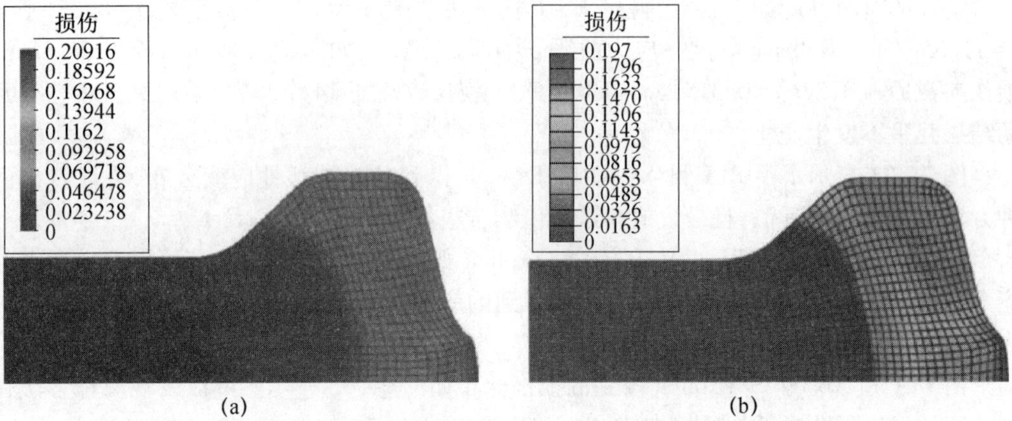

图 24.33　PIA 和 ABAQUS® 得到的损伤分布(彩图)
(a)伪逆法(14 步);(b)ABAQUS®(339268 增量)。

24.5　采用 IA 和 PIA 优化成形工艺

24.5.1　成形工艺优化的概况

在成形过程,最原始的问题通常是设计或优化问题。首先,它的求解需要考虑不确定性、影响参数以及对材料行为和界面的精细识别,采用增量法或逆方法对多阶段工艺进行精确有效的模拟。其次,加工工艺和工件几何形状必须参数化以最大程度地减少计算时间。第三点,应使用全局、稳健、多目标和并行优化算法来找到最佳工艺和形状参数。

优化工艺可以大幅度改善材料的成形性和工艺的稳健性。数值成形求解器与优化算法的结合允许自动设计和控制工艺参数,例如材料特性、保持力、冲头速度和力、工具和初始坯料的几何形状、工艺辅助面、成形工具的数量和形状、摩擦方面和热效应等。

在板材成形领域,许多研究关注于成形工艺参数的优化,比如毛坯的夹持力、拉延筋束缚力等(Jansson 等,2005;Shim 和 Son,2000)。Gelin 等展示了他们关于板材成形和管液压成形工艺的最佳设计和控制技巧方面的工作,完成了许多关于几何参数的优化,例如毛坯的形状和黏合剂表面(Azaouzi 等,2008)。Schenk 和 Hillman(2004)提出了一种通过改变护壁轮廓和拉延筋约束力来设计和优化工艺辅助面的方法。Dong 等(2007)提出一种通过使用快速 IA 计算器和 OpenCascade(2006)免费图书馆设计和优化工艺辅助面的自动程序。

在锻造领域里,Kabayashi(1989)等最先建立了设计形状的反向追踪法,其他团队之后进一步研究了此方法并把它作为优化程序(Han 等,1993)。Zhao 等(1997)给出了一种在金属成形工艺中设计模具形状的优化方法,Fourment 等(1996)和 Vieilledent 以及 Fourment(2001)在此领域取得了巨大的进步,他们针对非稳态锻造工艺的优化创建了形状敏感性方法,根据 B 样条曲线定义预制形状,以控制点为设计变量。Zhao 等(2004)利用正向模拟和灵敏度分析,对多目标预制件模具形状优化设计进行了研究。Meng 等(2010)通过使用先进的热黏塑性损伤模型和元模型来优化工具形状,致力于多阶段锻造的多目标优化。Castro 等(2010)使用遗传算法研究金属锻造中的形状和工艺参数的优化。Halouani 等(2012b)为多种目标的工具预制形状优化开发了一种名为 PIA 的快速锻造求解器。

对于大多数非梯度优化算法(诸如响应面、遗传方法或者模拟退火),一个重要的步骤是通过试验设计(DOE)精心选择一批采样点,这种选择对于程序效率和精确度的优化有很大的影响。DOE 包含设计空间中点的选择评估,难点在于如何使用最少的点来获得采样点的最佳分布。一些文献(Myers 和 Montgomery 2002)介绍了几种 DOE 法,其中最有名的是因式设计、中心复合设计、Latin 超立方设计(LHD)、D-最优、Box-Behnken 等。空间覆盖的 Latin 超立方设计(LHD)是用于从确定性计算机试验(例如有限元模拟)来构建元模型的良好且流行的 DOE 方法(McKay 等,1979;Santner 等,2003)。

为了限制成型模拟的数量,通常使用替代元模型来构建基于真实模拟结果的近似响应面来优化求解。在文献中,有最小二乘法(Breitkopf 等,2005;Naceure 等,2010)、Kriging 方法(Emmerich 等,2006)、弥散近似法(Nayrolles 等,1992)等。

由于金属成形工艺涉及非常复杂的现象,所以应该考虑含有若干约束条件的多目标优化。通常采用非梯度优化算法来避免梯度计算,并可以稳健地搜索,最终找到一个整体最优解。在随机方法中,遗传算法和模拟退火方法被大量应用于确定 Pareto 前点(Fourment 等,1996;Castro 等,2010;Meng 等,2010),然后根据其他技术约束找到最优解。但是,这些方法都非常耗时,因此减少设计变量的数量和使用快速成形求解器是必不可少的(Halouani 等,2012b)。

24.5.2　成形工艺的优化程序

优化程序包含 4 个步骤:定义目标函数、选择设计变量、定义约束函数、寻求最优设计变量。前三步是优化的“建模”,最后一步是优化的“求解”问题。

1. 设计变量

金属成形工艺中,设计变量可分为几何变量、材料变量和过程相关变量。对于一个工件,几何变量就是它的形状和尺寸。对于工具,参数和模具、冲头几何参数相关,包括夹持部分和拉延筋。材料参数涉及杨氏模量、泊松比、硬化性能、各向异性、损伤、黏性等。过程变量包括夹持力、冲压行程和速度、温度、摩擦力等。

形状优化相比过程优化涉及更多的设计变量。由于计算的时间很大程度上依赖于设计变量的数量,所以将工具几何参数化是必不可少的。可以通过采用线段和半径对简单几何体(例如初始坯料和最终工件)来进行此参数化(Meng 等,2010),如初始坯料和最终部件,而对于更复杂的几何形状如预制件,采用了 B 样条曲线和曲面(Halouani 等,2012)。

2. 目标函数

优化目标可通过多目标函数定义:

$$\min[f_1(\boldsymbol{x}),f_2(\boldsymbol{x}),\cdots]\quad(\boldsymbol{x}=<x_1,x_2,\cdots,x_n>^{\mathrm{T}};x_{iL}\leqslant x_i\leqslant x_{iU};i=1,2,\cdots,n)\tag{24.60}$$

式中:$f_i(x)$为目标函数;x_i 为设计变量;x_{iL} 和 x_{iU} 分别为设计变量的下限和上限。

金属的成形优化非常复杂,以至于程序优化中经常涉及许多与成形工艺有关的目标函数:

(1)深度拉伸:目标可以是减小厚度变化,减少成形阶段的数量,改善表面状况,减小回弹,防止起皱或缩颈,减少毛坯重量,控制冲压力等。Naceur 等(2001)提出了下面的目标函数以减小厚度变化并避免颈缩和起皱：

$$f=\min \frac{1}{N_{\text{elt}}}\sum_{e=1}^{N_{\text{elt}}}\left(\frac{h^e-h^0}{h^0}\right)^p \tag{24.61}$$

式中：h^0 为初始板材厚度；h^e 为最终工件的厚度；p 为正偶数（$p=2,4,...$）。

（2）锻造：目标可以是优化晶粒尺寸、减小冲压力或锻造能量、减小应变差异、避免折叠等。下面的目标函数用来减小应变差异（Meng 等，2010；Halouani 等，2012b）：

$$f=\min \frac{1}{V_t}\sum_{e=1}^{N_{\text{elt}}}V_i(\overline{\varepsilon}_i^p-\overline{\varepsilon}_{\text{avg}}^p)^2 \text{ 和 } \overline{\varepsilon}_{\text{avg}}^p=\frac{1}{V_t}\sum_{e=1}^{N_{\text{elt}}}V_i\overline{\varepsilon}_i^p \tag{24.62}$$

式中：$\overline{\varepsilon}_i^p$ 为单元 i 的等效塑性应变；$\overline{\varepsilon}_{\text{avg}}^p$ 为平均等效塑性应变；V_i 为单元 i 的体积；V_t 为总体积。

3. 约束函数

约束函数和目标函数在某种意义上是相互关联的，它们通常是可以互换的。在优化建模中，需要确定作为目标或约束的数量。例如，为避免工件厚度过于不均，目标函数（24.60）可以通过对减薄和增厚的约束来代替。隐式约束函数定义如下：

$$g_i(x)\leqslant 0 \quad (i=1,2,\cdots,n) \tag{24.63}$$

在深度拉伸中，应变状态是不允许超过成形极限曲线的（FLC），约束可以是所有位于 FLC 曲线下的 FLD 点。在锻造中，约束函数是关于损伤、起皱、填满和体积上的限制条件（Meng 等，2010；Halouani 等，2012b）：最大损伤应小于损伤阈值，锻造零件的轮廓不应有突然变化（折叠），体积应该保持常数等。

4. 优化算法

成形工艺优化中常用的有 6 种算法：迭代算法、演化和遗传算法、近似优化算法、自适应优化算法、混合和组合优化算法、模拟退火法。

（1）迭代算法。可以使用经典的迭代算法（SIMPLEX、共轭梯度、SQP、BFGS 等）优化金属成形工艺，这些算法通常需要相对于设计变量的目标函数和约束函数的灵敏度。金属成形中，FEM 计算非常耗时且可能不准确。通常迭代算法不适合多目标优化且可能在局部条件不收敛。

（2）演化和遗传算法。遗传算法和演化算法很有前景，因为它们倾向于找到全局最优解和并行计算的可能性。除此之外，它还不需要进行灵敏度计算。但是，大量的演化函数也是其严重的缺点。非主导排序遗传算法 NSGA-II（Deb 2000）对许多研究金属成形优化的读者很有吸引力。

（3）近似优化算法。响应面方法（response surface method，RSM）是近似优化算法中一个突出代表。RSM 基于通过实际响应点对低阶多项式元模型进行拟合，这些响应点通过对某些选定的设计变量设置进行 FEM 计算而获得。除了 RSM，其他元建模技术有 Kriging 和神经网络技术。由于允许并行计算和避免灵敏度计算，故近似优化是许多读者的首选算法，但这些方法的缺点是结果为近似最优而不是真实的全局最优。

（4）自适应优化算法。自适应算法包含在 FEM 代码中，并且通常在 FEM 计算的每次增量期间优化金属成形过程中与时间相关的载荷谱。例如，为了优化液压成形中与时间相关的压力载荷谱，应该保持足够的压力以避免起皱。当在加载增量期间检测到这种风险时，需在下一个增量中增加压力以避免最终产品中的褶皱。这些算法的优点是仅一次

FEM 模拟即可获得最佳值,但是,必须访问 FEM 软件内部并且只考虑时间相关的设计变量,这些缺点严重限制了这些算法的一般适用性。

(5)混合和组合优化算法。许多研究人员试图结合不同优化算法的优势,在金属成形领域,大多数作者使用近似算法建立元模型并采用迭代算法来找到最优值,其他一些人通过使用 Kriging 和神经网络技术构建噪声元模型(即许多局部最优),然后使用全局遗传算法来解决优化问题。对于自适应优化算法,一些选择迭代算法,其他选择遗传算法。还可以利用基于元模型的近似算法提供的信息来增强演化算法,以使其更有效,能够克服大量函数演化的难度。

(6)模拟退火法。这种随机优化方法由 Kirkpatrick 等开发,该方法源于熔融体的缓慢冷却现象,该现象可导致低能量固态。它缓慢降低温度,标记长的平台使得在每个部分的温度平台上达到热力学平衡。对于材料而言,这种低能量通过获得规则结构(例如钢中的晶体)而表现出来。模拟退火所使用的类比是搜索最小化能量函数 $\Phi(p)$ 的物理状态 p,模拟退火通常利用 Metropolis 等(1953)的算法定义的标准,用于接受通过当前解的扰动获得的解。理论研究表明,模拟退火算法在一定条件下收敛于全局最优,主要缺点涉及多种退火参数的选择,例如初始温度、温度的衰减速率、终止准则或温度平台的长度,这些参数通常只能根据经验选择。

24.5.3　预成形设计和优化

我们模拟并优化了轴对称轮的两阶段冷锻过程,锻造过程包括使用预成形件的预成形阶段(图 24.34)以及使用初始毛坯和终锻件的锻造阶段(图 24.35)。

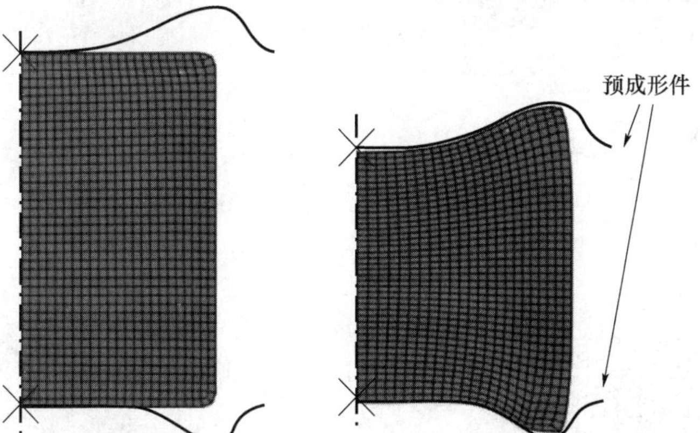

图 24.34　使用预成形件的预成形阶段

(a)初始毛坯;(b)预成形件(待优化)。

初始毛坯是一个圆柱体(高 80mm,半径 45mm)。坯料的几何形状、起始预成形件形状和终锻件如图 24.34 和图 24.35 所示,施加了轴对称的边界条件。该部分被划分为 830 个节点和 774 个四边形单元,这些工具被假定为刚性的,并由分析型刚性线建模。毛坯材料性能如下:杨氏模量 $E=17\text{GPa}$、泊松比 $\nu=0.42$、摩擦系数 $\mu=0.05$,Hollomon 拉伸曲线 $\overline{\sigma}=65.8(\overline{\varepsilon}^{p})^{0.27}\text{MPa}$。

在这项工作中，起始预成形件创建如下：

(1)从终锻件 C^f 到初始毛坯 C^0 的网格映射。在已知的 C^f 上创建有限元网格，并将 C^f 轮廓处的节点映射到 C^0 的轮廓上；C^0 中其他节点（内部节点）的位置通过轮廓上施加的位移的线性解来确定（图 24.36）。

(2)在 C^0 和 C^f 之间创建几何比例的有限元网格（图 24.37）：

$$\boldsymbol{X}_{\mathrm{p}}^{1}=\boldsymbol{X}^{f}-(\boldsymbol{X}^{f}-\boldsymbol{X}^{0})/2。$$

(3)制作起始预成形件。除了自由表面部分外，该预成形件的 B 样条曲线应与比例网格轮廓较好吻合（图 24.37）。冲头曲线的右末端（F）具有与左末端（E）相同的高度，并且其具有与比例预成形件的最大径向位置（G）相同的水平位置。这种选择在区域 B 上的冲头曲线和预成形件形状之间给出了明显的差距，但是该差距对预成形件优化仅有一点影响。凹模的 B 样条曲线可以通过同样的方法获得。

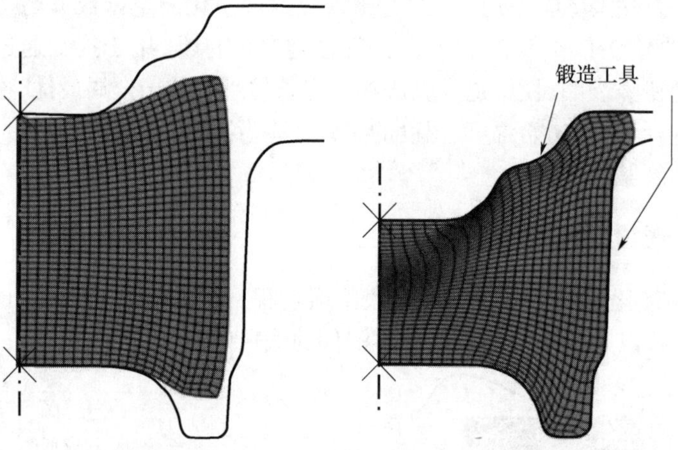

图 24.35 使用初始毛坯和终锻件的锻造阶段

(a)通过预成形件获得的毛坯；(b)终锻件。

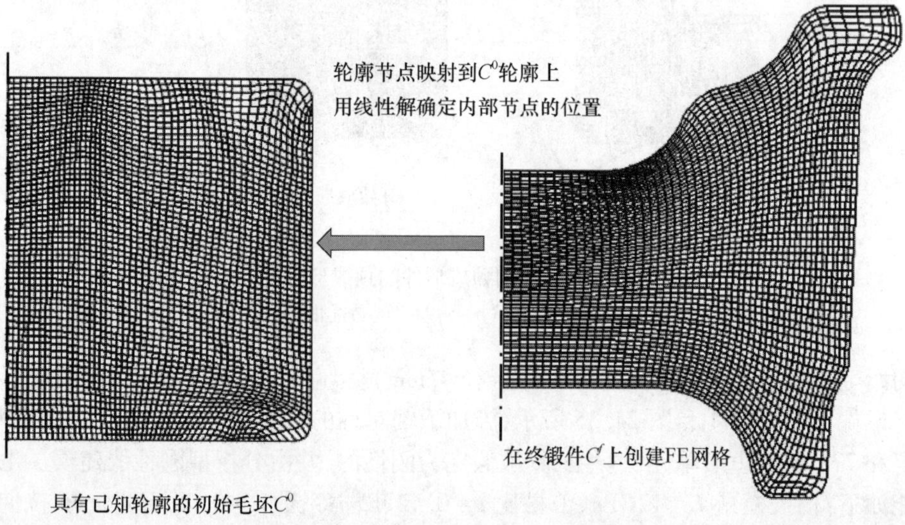

图 24.36 从终锻件到初始毛坯的有限元网格图

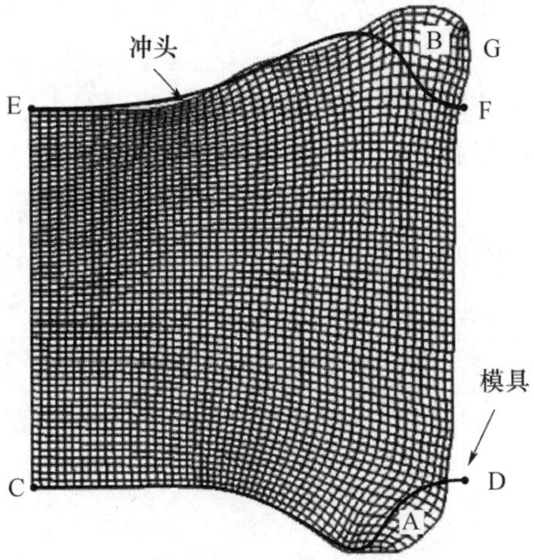

图 24.37　初始预成形件中比例网格和 B 样条曲线的生成

预成形件的 B 样条曲线由具有 $n+1[(n+1)\geqslant 4]$ 个控制点 $C_1...C_{n+1}$ 的多边形轮廓定义，这些控制点可能是主动的或被动的。图 24.38 显示了具有 7 个控制点的冲头形状曲线；只将它们的垂直位移作为几何参数来减少设计变量的数量。P_2 和 P_6 是具有与 P_1 和 P_7 相同的垂直位置的被动点，以便将水平切线保持在 P_1 和 P_7；其他 5 个是主动点，只给出 5 个优化设计变量，模具的形状曲线也用同样的方法定义。最终，只有 10 个优化设计变量，然后在优化循环中修正这些起始 B 样条曲线为最小化目标函数。

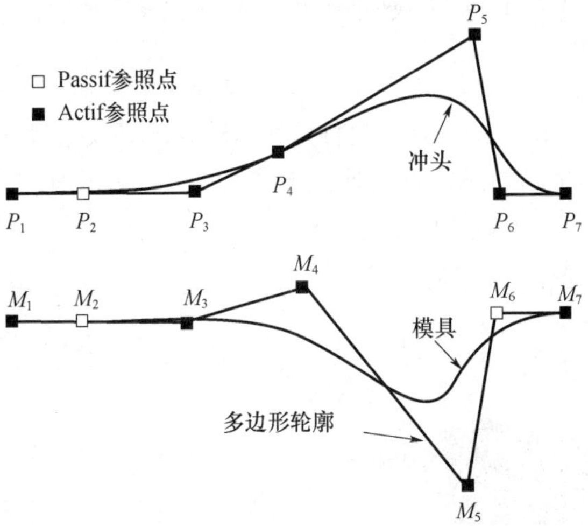

图 24.38　预成形件 B 样条曲线起点放的控制点

通过使用 ABAQUS/Explicit 软件完成 PIA 的验证。冲头行程在预成形阶段为 23.7mm，在成形阶段为 24.9mm。PIA 首先用于预成形件和初始毛坯之间，然后用于终锻件和预成形件之间。根据经验数值试验，PIA 结果不再对步骤数敏感，预成形阶段的步数为 11 以上，锻造阶段的步数为 12 以上。

在多目标优化中，最佳设计的概念被主导设计的概念所取代，这套主导设计称为

Pareto 前沿,设计者应根据其他技术或经济约束找到一种用于所有目标函数的良好折衷方案。

采用两个目标函数以最小化塑性应变变化[式(24.62)]并最大化冲压力。一种名为 MOSA 的模拟退火优化算法已被使用(ModeFRONTIER™ 4,用户手册),通过使用 200 次 PIA 模拟(或 MOSA 优化循环中的 200 次迭代)获得该双目标优化问题的初始 Pareto 点,这些 Pareto 点(由圆圈标记)的分布在目标函数图($F^{\mathrm{I}}_{\mathrm{obj}}$ 和 $F^{\mathrm{II}}_{\mathrm{obj}}$,图 24.39)中给出。

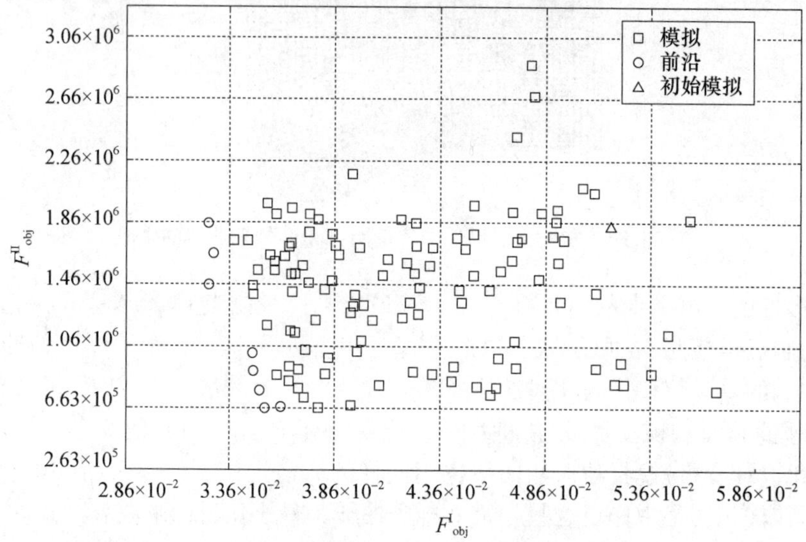

图 24.39　预成形件 B 样条曲线起点放的控制点

多目标优化算法需要大量的模拟,所以完全使用真实的有限元模拟来最小化目标函数成本较高。采用 Kriging 方法为两个目标函数构建替代元模型,Kriging 方法是一种非参数插值模型,它在所有精确的采样点处插入响应。图 24.40 显示了使用 Gaussian Kriging 方法的两个目标函数 $F^{\mathrm{I}}_{\mathrm{obj}}$ 和 $F^{\mathrm{II}}_{\mathrm{obj}}$ 的替代金属模型。

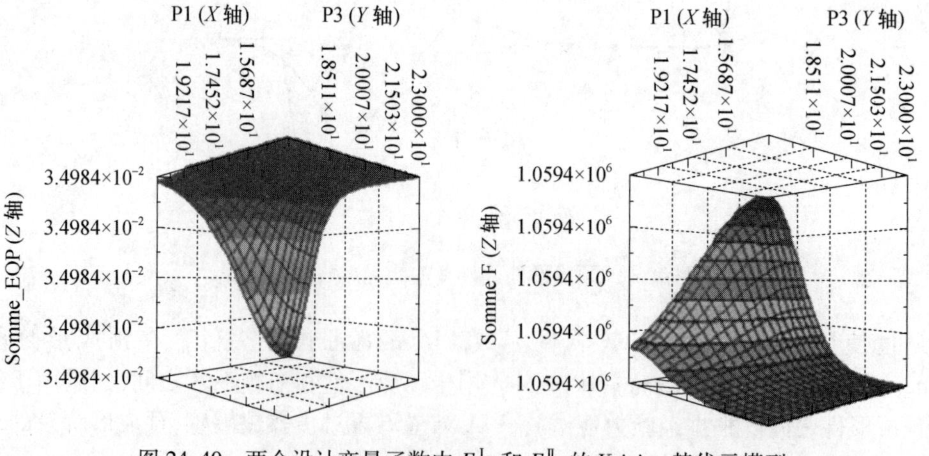

图 24.40　两个设计变量函数中 $F^{\mathrm{I}}_{\mathrm{obj}}$ 和 $F^{\mathrm{II}}_{\mathrm{obj}}$ 的 Kriging 替代元模型

(图 24.38 中 P1 和 P3 的垂直位移)(彩图)

为了在构建元模型之后获得最优设计值，使用 modelFRONTIER™ 软件中名为 NSGA-II 的遗传优化算法。使用与 Gaussian Kriging 模型耦合的 NSGA-II 算法获得了帕累托(Pareto)点的分布，如图 24.41 所示。在优化期间，生成了许多新的解，这使得在帕累托前沿能有更优的值，并给出最终的最优解(在图 24.41 中用圆圈标记)。可以看出，两个目标函数在优化过程中显著减小($F^{\mathrm{I}}_{\mathrm{obj}}=0.052 \to 0.035$，$F^{\mathrm{II}}_{\mathrm{obj}}=1842733.7 \to 504926.9$，图 24.41)，导致塑性应变减少 33%，冲击力减少 72%。

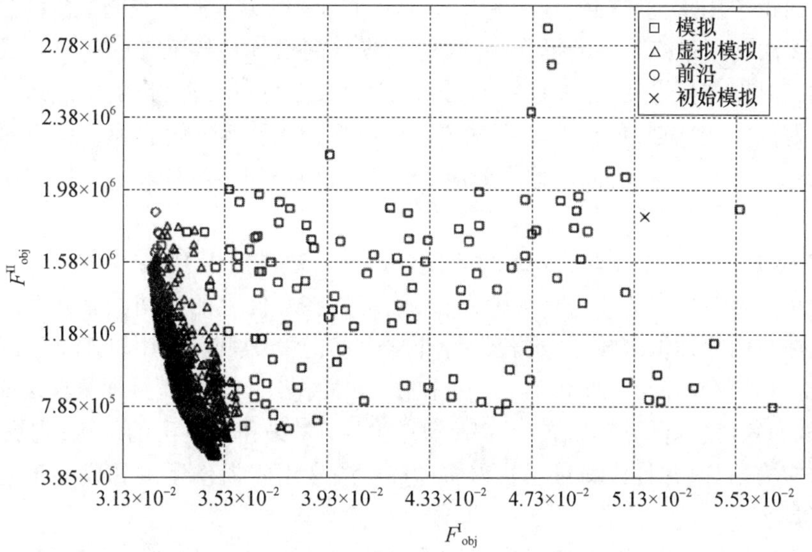

图 24.41　NSGA-II/Kriging 给出的 Pareto 点

图 24.42 是初始预成型件和最佳预成型件形状的比较，使用之前提出的概念获得了更好的结果。

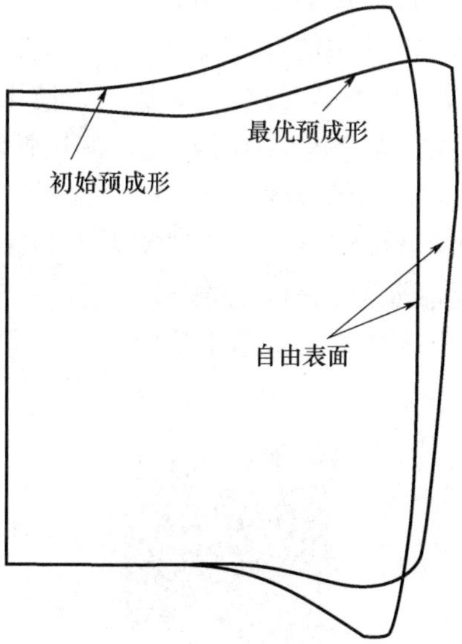

图 24.42　初始和最佳预成形形状

比较该两阶段锻造模拟所需的 CPU 时间:PIA 法只用了 285s,而 ABAQUS/Explicit 用了 1453s(5.1 倍)。因此,在使用 200 次 API 模拟的优化过程中,CPU 时间收益会变得很显著。

24.6 小　结

本章讨论了用于金属损伤预测的几种简单而实用的方法——成形工艺模拟和优化。

(1)IA 法利用最终工件的形状,并执行从终件网格到初始毛坯的计算。成比例加载和简化的工具动作假设使得 IA 计算非常快,这种方法可以为深拉、液压成形和冷锻工艺提供相当好的应变估算,但应力的评估不佳。在 IA 中运用简化的基于总应变的损伤模型,但不考虑塑性和损伤之间的耦合效应。IA 法可用作初步设计和成形工艺优化中的数值工具。

(2)PIA 法是 IA 法和增量法之间的良好折中。通过使用 IA 法中的一些简化的工具动作来避免接触效应。为了考虑应变路径,确定一些几何上的中间配置并通过使用表面最小化法或自由表面法来校正,这就允许非常大的应变增量。采用以速率形式的基于应变的三维损伤模型,并与塑性相耦合。用损伤-塑性积分的有效直接标量算法能够考虑加载历史,从而获得良好的应力估计。PIA 法结合了 IA 法和增量法的优点:它提供了比 IA 法更好的应力估计,并且比增量法快得多。PIA 法是用于损伤预测和成形工艺优化的有效数值工具。

(3)三维应变损伤模型是基于损伤阈值和比例加载条件后的硬化饱和的假设,它以整体形式运用到 IA 法中,而不考虑与塑性的耦合。在 PIA 法中,损伤和塑性耦合的模型以速率形式构建和运用。对于损伤-塑性耦合的积分,开发了有效的塑性直接标量算法(DSAP),以考虑加载历史。利用等效应力的概念,将应力向量中的本构方程转化为标量方程,其中,可通过拉伸曲线获得等效应力。因此,塑性乘子可以直接获得而无需迭代,即使对于非常大的应变增量,DSAP 法也能够大大减少 CPU 时间并避免发散问题。

(4)一些优化算法使用集成的材料定律与 IA 法结合使用,或用 DSAP 法与 PIA 法结合。这些简化的方法使得优化非常有效和稳健,允许使用耗时的优化算法(例如遗传算法、模拟退火方法等)以便为多目标函数找到全局最优的 Pareto 点。

进一步的研究将致力于不断改进 IA 法和 PIA 法。未来,通过在 PIA 中实现自适应网格划分算法以处理塑性应变非常大的复杂零件,并进一步在 PIA 中模拟黏塑性和热机械材料模型的热锻过程,快速 PIA 法将用于优化锻造过程的工具预成形件形状和其他参数。

本章相关彩图,请扫码查看

参考文献

N. Aravas, The analysis of void growth that leads to central burst during extrusion. J. Mech. Phys. Solid 34, 55–79(1986)

M. Azaouzi, H. Naceur, A. Delameziere, J. L. Batoz, S. Belouettar, An heuristic optimizational gorithm for the blank shape design of high precision metallic partsobtained by a particular stamping process. Finite Elem. Anal. Des. 44, 842–850(2008)

F. Barlat, J. C. Brem, J. W. Yoon, K. Chung, R. E. Dick, D. J. Lege, F. Pourboghrat, S. –. H. Choi, E. Chu, Plane stress yield function for aluminum alloy sheets–part Ⅰ: theory. Int. J. Plast. 19, 1297–1319(2003)

J. L. Batoz, G. Dhatt, Modélisation des structures par éléments fini, vol. 1, 3(Edition HERMES, Paris, 1990)

P. Breitkopf, H. Naceur, A. Rassineux, P. Villon, Moving least squares response surface approximation: formulation and metal forming applications. Comput. Struct. 83(17–18), 1411–1428(2005)

M. Brunet, F. Sabourin, S. Mguil–Touchal, The prediction of necking and failure in 3d sheet forming analysis using damage variable. J. Phys. III 6, 473–482(1996)

F. Castro Catarina, C. António Carlos, C. Sousa Luisa, Pareto–based multi–objective hot forging optimization using a genetic algorithm, in 2nd International Conference on Engineering Optimization, Lisbon, 2010

J. L. Chaboche, Continuum damage mechanics I–general concepts. II–damage growth, crack initiation, and crack growth. ASME Trans. J. Appl. Mech. 55, 59–72(1988)

M. Chebbah, H. Naceur, A. Gakwaya, A fast algorithm for strain prediction in tube hydroforming based on one–step inverse approach. J. Mater. Process. Technol. 211(11), 1898–1906(2011)

A. Cherouat, Y. Q. Guo, K. Saanouni, Y. M. Li, K. Debray, G. Loppin, Incremental versus inverse numerical approaches for ductile damage prediction in sheet metal forming. Int. J. Form. Process. 7(1–2), 99–122(2004)

J. P. Cordebois, P. Ladevèze, Necking criterion applied in sheet metal forming, in Plastic Behavior of Anisotropic Solids, ed. by J. P. Boehler(Editions CNRS, Paris, 1985)

K. Deb, An efficient constraint handling method for genetic algorithms. Comput. Method Appl. Mech. Eng. 186(2–4), 311–338(2000)

M. Dong, K. Debray, Y. Q. Guo, J. L. Shan, Design and optimization of addendum surfaces in sheetmetal forming process. Int. J. Comput. Method. Eng. Sci. Mech. 8(4), 211–222(2007)

M. Emmerich, K. Giannakoglou, B. Naujoks, Single – and multiobjective evolutionary optimization assisted by Gaussian random field metamodels. IEEE Trans. Evolut. Comput. 10(4), 421–439(2006)

L. Fourment, T. Balan, J. L. Chenot, Optimal design for nonsteady–state metal forming processes–I shape optimization method. Int. J. Numer. Method Eng. 39(1), 33–65(1996)

J. C. Gelin, J. Oudin, Y. Ravalard, An imposed finite element method for the analysis of damage and ductile fracture in cold metal forming processes. Ann CIRP 34(1), 209–213(1985)

J. C. Gelin, C. Labergère, S. Thibaud, Recent advances in process optimization and control for the design of sheet and tube hydroforming processes, in Numisheet, Detroit, edited by L. M. Smith et al., Vol. A, pp. 825–830, 2005

Y. Q. Guo, J. L. Batoz, J. M. Detraux, P. Duroux, Finite element procedures for strain estimations ofsheet metal forming parts. Int. J. Numer. Method Eng. 30, 1385–1401(1990)

Y. Q. Guo, W. Gati, H. Naceur, J. L. Batoz, An efficient DKT rotation free shell element forspringback simulation in sheet metal forming. Comput. Struct. 80(27–30), 2299–2312(2002)

Y. Q. Guo, Y. M. Li, F. Bogard, K. Debray, An efficient pseudo–inverse approach for damage modeling in the sheet forming process. J. Mater. Process. Technol. 151(1-3),88-97(2004)

A. L. Gurson,Porous rigid-plastic materials containing rigid inclusions-yield function,plastic potential and void nucleation,in Proceedings of the Conference on Fracture,vol. 2,pp. 357-364,1977

A. Halouani, Y. M. Li, B. Abbès, Y. Q. Guo, An axisymmetric inverse approach for cold forging modelling. Eng. Lett. 18(4),376-383(2010)

A. Halouani,Y. M. Li,B. Abbès,Y. Q. Guo,Simulation of axi-symmetrical cold forging process be efficient pseudo inverse approach and direct algorithm of plasticity. Finite Elem. Anal. Des. 61,85-96(2012a)

A. Halouani,Y. M. Li,B. Abbès,Y. Q. Guo,F. J. Meng,C. Labergere,P. Lafon,Optimization of forging preforms by using pseudo inverse approach. Key Eng. Mater. 504-506,613-618(2012b)

C. S. Han,R. V. Grandhi,R. Srinivasan,Optimum design of forging die shapes using nonlinear finite element analysis. AIAA J. 31(4),774-781(1993)

P. Hartley,S. E. Clift,J. Salimi,C. E. N. Sturgess,I. Pillinger,The prediction of ductile fracture initiation in metal forming using a finite element method and various fracture criteria. Res. Mech. 28,269-293(1989)

T. Jansson,A. Anderson,L. Nilsson,Optimization of draw-in for an automotive sheet metal part:an evaluation using surrogate models and response surfaces. J. Mater. Process. Technol. 159(3),426-434(2005)

M. Jansson,L. Nilsson,K. Simonsson,Tube hydroforming of aluminium extrusions using a conical die and extensive feeding. J. Mater. Process. Technol. 198(1-3),14-21(2008)

N. Kim, S. Kobayashi, Preform design in H - shape cross section axisymmetric forging by finite element method. Int. J. Mach. Tool Manuf. 30,243-268(1990)

S. Kirkpatrick, C. D. Gelatt, M. P. Vecchi, Optimization by Simulated Annealing. Science, New Series. 220 (4598),671-680(1983)

S. Kobayashi,S. I. Oh,T. Altan, Metal Forming and Finite Element Method(Oxford University Press, Oxford, 1989)

C. H. Lee,H. Huh,Blank design and strain estimation for sheet metal forming processes by a finite element inverse approach with initial guess of linear deformation. J. Mater. Process. Technol. 82,145-155(1998)

H. Lee,K. E. Peng,J. Wang,An anisotropic damage criterion for deformation instability and its application to forming limit analysis of metal plates. Eng. Fract. Mech. 21(5),1031-1054(1985)

J. Lemaı^tre,J. L. Chaboche,Mechanics of Solid Materials(Cambridge University Press,Cambridge,1990)

Y. M. Li,B. Abbès,Y. Q. Guo,Two efficient algorithms of plastic integration for sheet forming modeling. ASME J. Manuf. Sci. Technol. 129,698-704(2007)

J. F. Mariage,K. Saanouni, P. Lestriez, A. Cherouat, Numerical simulation of ductile damage in metal forming processes:a simple predictive model. part Ⅰ. Theoretical and numerical aspects. Int. J. Form. Process 5(2-3-4),363-376(2002)

K. Mathur,P. Dawson,Damage evolution modeling in bulk forming processes,in Computational Methods for Predicting Material Processing Defects(Elsevier,Predeleanu,1987)

M. D. McKay,W. J. Conover,R. J. Beckman,A comparison of three methods for selecting values of input variables in the analysis of output from a computer code. Technometrics 21,239-245(1979)

F. J. Meng,C. Labergere,P. Lafon,Methodology of the shape optimization of forging dies. Int. J. Mater. Form 3 (Suppl 1),927-930(2010)

F. Meng,Multi-objective optimization of several stages forging by using advanced numerical simulation and Metamodel,PhD thesis,Université de Technologie de Troyes. (2012)

N. Metropolis,A. W. Rosenbluth,M. N. Rosenbluth,A. H. Teller,E. Teller,Equation of state calculations by fast computing machines. J. Chem. Phys. 21,1087-1092(1953)

R. Myers, D. Montgomery, Response Surface Methodology: Process and Product Optimization Using Designed Experiments, 2nd edn. (Wiley, New York, 2002). ISBN 0-471-41255-4

H. Naceur, Optimisation de forme de structures minces en grandes transformations, Edition EUE, ISBN-13: 978-613-1-54700-3, p. 240, (2010)

H. Naceur, Y. Q. Guo, W. Gati, New enhancements in the inverse approach for the fast modeling ofautobody stamping process. Int. J. Comput. Eng. Sci. 3(4), 355-384(2002)

H. Naceur, Y. Q. Guo, J. L. Batoz, C. Knopf-Lenoir, Optimization of drawbead restraining forcesand drawbead design in sheet metal forming process. Int. J. Mech. Sci. 43(10), 2407-2434(2001)

H. Naceur, Y. Q. Guo, S. Ben-Elechi, Response surface methodology for design of sheet forming parameters to control springback effects. Comput. Struct. 84, 1651-1663(2006)

B. Nayrolles, G. Touzot, P. Villon, Generalizing the Finite Element Method: Diffuse approximation and diffuse elements. Comput. Mech. 10, 307-318(1992)

E. Onate, M. Kleiber, Plastic and viscoplastic flow of void containing metal-applications to axisymmetric sheet forming problem. Int. J. Numer. Meth. Eng. 25, 237-251(1988)

P. Picart, O. Ghouati, J. C. Gelin, Optimization of metal forming process parameters with damage minimization. J. Mater. Process. Technol. 80-81, 597-601(1998)

G. Rousselier, Ductile fracture models and their potential in local approach of fracture. Nucl. Eng. Des. 105(1), 97-111(1987)

K. Saanouni, Damage Mechanics in Metal Forming. Advanced Modeling and Numerical Simulation(ISTE/Wiley, London, 2012). ISBN 978-1-8482-1348-7

K. Saanouni, J. L. Chaboche, Computational damage mechanics, application to metal forming, in Comprehensive Structural Integrity, Chapter 7, ed. by R. de Borst, H. A. Mang. Numerical and Computational Methods, vol. 3 (Elsevier, Amsterdam, 2003)

K. Saanouni, K. Nesnas, Y. Hammi, Damage modeling in metal forming processes. Int. J. of Damage Mechanics. 9 (3), 196-240(2000)

T. Santner, B. Williams, W. Notz, The Design and Analysis of Computer Experiments(Springer, New York, 2003)

O. Schenk, M. Hillmann, Optimal design of metal forming die surfaces with evolution strategies. Comp. Struct. 82, 1695-1705(2004)

H. B. Shim, K. C. Son, Optimal blank shape design by sensitivity method. J. Mater. Process. Technol. 104, 191-199(2000)

J. C. Simo, R. L. Taylor, A return mapping algorithm for plane stress elastoplasticity. Int. J. Numer. Method Eng. 22, 649-670(1986)

D. Vieilledent, L. Fourment, Shape optimization of axisymmetric preform tools in forging using a direct differentiation method. Int. J. Numer. Method Eng. 52, 1301-1321(2001)

G. Zhao, E. Wright, R. V. Grandhi, Preform die shape design in metal forming using an optimization method. Int. J. Numer. Method Eng. 40(7), 1213-1230(1997)

G. Zhao, X. Ma, X. Zhao, R. V. Grandhi, Studies on optimization of metal forming processes using sensitivity analysis methods. J. Mater. Process. Technol. 147, 217-228(2004)

Y. Y. Zhu, S. Cescotto, A. M. Habraken, A fully coupled elastoplastic damage modeling andfracture criteria in metal forming processes. J. Meter. Process. Technol. 32, 197-204(1992)

第 25 章　金属成形中的延性损伤的先进宏观模型和数值模拟

Khemais Saanouni, Mohamed Hamed,
Carl Labergère, Houssem Badreddine

摘　　要

本章将介绍一种先进的完全自适应数值方法,用于模拟板材或块状金属成形,以预测任何缺陷的发生。首先,给出了热力学一致的完全耦合非局部本构方程的详细列式,在广义微态连续体的框架内,所提出的非局部本构方程解释了材料的主要非线性特征,如各向同性和运动硬化、热交换以及非弹性大应变下的各向同性韧性损伤。其次,在完全自适应有限元方法的框架下,提出了解决初始和边值问题(IBVP)所需的相关数值方法,先是提出了多功能 IBVP 的强和弱形式,总结了有名的静态隐式(SI)和动态显式(DE)的整体解决方案,然后详细介绍了完全耦合本构方程的局部积分方案。在主/从表面方法的框架中回顾了接触和摩擦的数值处理。最后,使用所提出的完全自适应方法对板材和块状金属成形工艺的一些典型实例进行了数值模拟。

25.1　概　　述

现代金属成形工艺的主要目标是设计坚固轻质的结构部件,这有助于减少制造过程中和最终产品在未来使用过程中的二氧化碳排放,这与气候变化相关的全球性新挑战有关。因此,客户不断增长的需求涉及轻量化设计,以便增强其在各种热机械加载路径下的稳定性和抗变形性,增加结构的使用寿命,同时也能显著降低能耗和成本,若没有以下的"有效"和"强大"的数字或模拟设计方法的帮助,就无法实现这些目标:

(1)用"先进的"本构方程尽可能精确地描述主要的热力学场和它们演化时的各种交互作用(完全耦合效应);

(2)用"先进的"数值工具稳定并精确地预测变形过程的演化以及制造或最终构件在任何机械系统使用中可能出现的缺陷。

实际上,当在室温或高温下使用大的弹性-非弹性应变成形或加工时,金属材料经历非弹性流变的强烈局部化,这通常是微裂纹和/或微孔的成核、长大和聚集(通常称为延性损伤)的起源。由于成型工具(定义了加载谱的形状)的几何复杂性,通过宏观裂纹在该成形部件内部的形成和扩展,这种众所周知的韧性断裂机制可能会导致该成形部件质量的下降,这种延性损伤可视为固体非弹性大应变的一种自然结果,其本身主要受热力学现象影响,如各向同性和动力学混合硬化、热流、不同的初始或诱导的各向异性,以及材料的初始微观结构及其在加载下的变化(织构)。所以,在使用本构方程来对金属成形工艺进行数值模拟和优化时,也应符合这些热机械现象以及材料之间的交互作用或者强耦合。

很多已发表的研究工作致力于使用各种或多或少被简化了的方法,对块状和板材金属的成形工艺进行优化。例如,在厚或薄金属板成形中,目的是提升板材承载非弹性“均匀”大应变但无强烈局部化的能力,这会在宏观裂缝形成之前发生一些厚度方向的缩颈。工程实际中,在线性(或比例)应变载荷谱的情况下,材料的成形性通常采用基于应变的成形极限图(FLD)来进行评估,此法是由 Mariciniak 和他的同事(Mariciniak 和 Kunczynski,1967;Mariciniak 等,1973)开创的,这些成形极限图或曲线是使用次要和主要的主应变图对线性应变路径下的颈缩或局部开裂萌生进行实验测量而确定的。然而,已经证明(Ghosh 和 Laukonis,1976;Arrieux 等,1982;Arrieux 和 Boivin,1987;Graf 和 Hosford,1993;Arrieux,1995;Stoughton 2001;Matin 等,2006;Assempour 等,2009),当施加的应变路径不是线性的(或非比例)时,这些基于应变的成形极限的判据是无效的。但是,在主要的成形过程中,变形过程中由变形材料点支撑的应变路径既非线性也非单调,这主要是由于工具(模具、冲头)的几何复杂性,导致局部反向应变路径产生不可忽视的 Bauschinger 效应。板材成形工艺显然就是这种情况,针对这种情况,FLD 的预测低估了失效应变,正如许多工作中观察到的那样(Chien 等,2004;Yoshida 等,2005;Yoshida 和 Kuwabara,2007;Hora 和 Tong,2009;Carbonnière 等,2009;Le Maout 等,2009,等)。为了避免这些缺点,一些作者提出在应力空间而不是应变空间中构造 FLD(或 FLC),得到基于应力的成形极限图 FLSD(Ghosh 和 Laukonis,1976;Arrieux 等,1982;Arrieux 和 Boivin,1987 ;Graf 和 Hosford,1993;Arrieux,1995;Stoughton,2001;Matin 等,2006;Assempour 等,2009)。但是,这种方法对于复杂的复合应力谱(主要是产生额外硬化的非比例载荷谱)并不适用,其中材料硬化强烈依赖于载荷谱的形状(Yoshida 等,2005;Yoshida 和 Kuwabara,2007;Hora 和 Tong,2009)。另一方面,当颈缩发生在板材中某处时,基于 FLSD 的平面应力假设变得极其不可靠,预测的局部应力状态不够精确或者就是错的。

为了提高成形极限曲线预测的准确性,在许多工作中提出的另一种方法是,通过基于 Swift(1952),Storen 和 Rice(1975)以及 Bressan 和 Williams(1983)的开创性工作的合适的失稳准则,完善 Von Mises 或 Hill 类型的屈服函数。大多数失稳理论都假设存在一种具有给定几何定义的初始缺陷,导致对这种假设的初始缺陷的大小的高度敏感性。另一方面,塑性应变的预测及其在最终断裂处的值高度依赖于所使用的本构方程以及它们是否考虑非线性各向同性和动力学混合硬化以及韧性损伤对塑性流变和硬化演化的影响。为了避免这个问题,许多作者使用一种合适的韧性损伤理论来替代初始缺陷,此法可以自然地获取由于损伤萌生引起的失稳条件,而不假设任何初始缺陷的存在(Needleman 和 Triantafyllidis,1980;Chu,1980;Chu 和 Needleman,1980;Brunet 和 Morestin,2001,等)。

最近二十年中提出的用于预测板材或块状金属成型中断裂之前的局部颈缩的一种替代方法,是使用宏观单尺度或微观-宏观多尺度建模,将材料行为与韧性损伤之间完全耦合,该法可以在最近出版的关于金属成形中损伤预测的图书中找到(Dixit 和 Dixit,2008;Saanouni,2012a,b)。在金属成形问题中使用了两种不同的损伤理论:基于 Gurson 的损伤理论(Gelin 等,1985;Cordebois 和 Ladeveze,1985;Lee 等,1985;Mathur 和 Dawson,1987;Onate 和 Kleber,1988;Hartley 等,1989;Gelin,1990;Bontcheva 和 Iankov,1991;Zhu 和

Cescotto,1991;Brunet 等,1996,2005;Picart 等,1998)和基于连续损伤力学(CDM)的理论(Zhu 等,1992;Zhu 和 Cescotto,1995;Saanouni 等,2000,2001;Villon 等,2002;Cherouat 等,2002a、b;Cherouat 和 Saanouni,2003;Saanouni 和 Chaboche,2003;Lestriez 等,2004,2005;Saanouni 等,2004,2008,2010,2011;Mariage 等,2005;Saanouni,2006,2008,2012a、b;Chaboche 等,2006;Cesar de Sa 等,2006;Badreddine 等,2007;Soyarslan 等,2008;Boudifa 等,2009;Saanouni 和 Lestrie,2009;Badreddine 等,2010;Issa 等,2011,2012;Sornin 和 Saanouni,2011;Labergere 等,2011)。Chaboche 等(2006)研究了 CDM 和 Gurson 类型的损伤之间耦合的等效性,其中讨论了 CDM 方法相比于 Gurson 方法的潜力,主要涉及损伤引起的各向异性及其对其他场的影响(强耦合)。这种完全耦合的方法考虑到与非弹性流变(包括不同种类的硬化)和韧性损伤萌生和扩展之间的直接交互作用(或强耦合),这种完全耦合允许基于其他机械领域中的韧性损伤演化效应,对变形部件内的应变局部化模式进行"自然"描述。因此,它提供了一种简单而有用的方法来预测非弹性流变的位置和时间,该局部化是在不参考任何初始缺陷的情况下的韧性损伤萌生的最早阶段引起的,这种完全耦合方法的主要优势有(Saanouni,2012a、b):

(1)可与包含二次或非二次屈服函数所描述的初始和诱导各向异性的先进本构方程一起使用,但无任何限制,可考虑韧性各向同性或各向异性耦合非弹性大应变相关的很多物理现象。

(2)考虑了在应力或应变空间(非比例性)和时间(循环加载)中的载荷谱形状的影响,包括具有或不具有压缩阶段的载荷的可逆性。这可以描述:

① Bauschinger 效应(运动硬化)。

② 在载荷谱压缩阶段的微裂纹和/或微孔的闭合(单边效应),以及微缺陷闭合时,它对一些物理性能回复的影响。

(3)由于局部化模式引起了厚度的显著变化,该方法将用于全三维或特定厚壳板列式中,以避免与主要平面应力假设相关的缺点。

这种方法给出了热力学上一致的本构方程(对于弹性、(黏)塑性、混合硬化、损伤、摩擦、热交换、环境效应等),其材料参数具有明确的固有特性。事实上,由于每个主要现象都由一对状态变量表征,而这些状态变量又由合适的常微分方程控制,识别过程在不同的步骤中被分解,并且对于每种现象,使用反向数值方法确定材料参数,而其他参数保持固定(Saanouni,2012a、b)。

本章致力于介绍用于虚拟板材和/或大块金属成形模拟的先进的完全自适应数值方法。25.2 节给出了在广义微态连续体框架内列出的热力学一致的完全耦合多物理本构方程的详细列式,并将材料的主要非线性特征解释为非弹性大应变下的各向同性和运动硬化、热交换以及非局部韧性损伤。在对非弹性大应变所固有的主要物理现象进行简短总结之后,简要讨论了通常用于连续体力学的一些建模方案。然后给出韧性损伤的数学表示及其标量或张量变量的表示,并给出了齐次有限变换的运动学以及主要守恒定律,得出合适的平衡方程的导出式。基于状态和耗散势能的适当选择,详细描述了材料热机械行为本构方程的公式。最后,还给出了接触界面本构方程的建模。

25.3 节用于介绍相关的数值方法。首先,提出了用于多功能初值和边值问题(IBVP)的强、弱形式,然后,在一些典型的实体(三维)有限元的定义下,分别讨论了在有限差分法和有限元法框架下的 IBVP 的时空离散性。总结了众所周知的静态隐式和动态显式全局解析方法，然后详细介绍了完全耦合本构方程的局部积分方法。考虑到摩擦本构方程，在主/从表面方法的框架中回顾了可变形固体之间接触的数值处理。最后，简要介绍了虚拟金属成形的完全自适应数值方法。

最后，25.4 节显示了所提出的虚拟金属成形方法在各种板材和块体金属成形过程中(其中发生了损伤)的一些应用。首先给出识别过程的简短讨论，以确定用于完全耦合本构方程的材料参数的最佳值。然后，介绍了各种金属成形工艺的一些应用，并讨论了它们的结果。

在本章中，使用了以下符号：$\boldsymbol{x}$，$\vec{\boldsymbol{x}}$，$\underline{\boldsymbol{x}}$，$\underline{\vec{\boldsymbol{x}}}$，$\underline{\underline{\boldsymbol{x}}}$ 分别表示零阶(标量)、一阶(向量)、二阶、三阶和四阶张量。通常张量积用符号$\otimes$表示，收缩(或内)积用 $\cdot$ 、$:$ 、$\therefore$ 、$::$ 分别表示简单收缩、双重收缩、三重收缩和四重收缩。对于基 $\vec{e}_j$($\vec{e}_1$，$\vec{e}_2$ 和 $\vec{e}_3$)的任何正交 Cartesian 框架，以指数形式给出：$\vec{\boldsymbol{x}} \cdot \underline{\boldsymbol{y}} = x_i y_{ij} = a_j \vec{e}_j = \vec{a}$，$\underline{\underline{\boldsymbol{x}}} : \underline{\boldsymbol{y}} = x_{ijkl} y_{kl} = a_{ij} = \underline{a}$，$\underline{\vec{\boldsymbol{x}}} \therefore \underline{\boldsymbol{y}} = x_{ijkl} y_{ijkl} = a_l \vec{e}_l = \vec{a}$，或 $\underline{\boldsymbol{x}} \therefore \underline{\boldsymbol{y}} = x_{ijkl} y_{ijkl} = a$。

25.2　金属材料行为和损伤的热力学一致性建模

25.2.1　金属材料中非弹性大应变和韧性损伤内在的主要物理现象

在室温或更高温度下由非弹性大变形形成的金属部件涉及了时间无关(塑性)或时间相关(黏塑性)的非弹性大应变和非常小的弹性应变。当伴随硬化的非弹性大应变在狭窄的典型区域发生局部化时，韧性损伤会按照众所周知的嵌入在金属基体内的特定夹杂物、第二相粒子和其他析出相周围的微孔成核、长大和聚集的机制发生。

简单来说，当对含有夹杂物的多晶试样加载(例如，处于拉伸状态)时，会连续观察到以下三种机理：

(1)具有应变硬化和微裂纹萌生的非弹性流变：通过众所周知的在每个晶体(或晶粒)的滑移面内的滑移(与施加载荷方向相对应的取向)，位错在塑性应变的起源处产生、增殖、交互作用和排列。如果温度足够高，则可以在晶界处发生一些热激活(扩散)的机制，同样，对于非弹性大应变，晶粒可以转动(织构演化)并且新的晶体滑移系统变得活跃，这导致内部应力增加，从而引起图 25.1 中的路径 *ABC* 所示的应变硬化。实际上，在路径 *AB* 期间，发生了伴随着硬化的非弹性应变，并且出现了微裂纹萌生而不影响材料行为(既不是弹性的也不是非弹性的)。注意，在这个阶段，力场在试样中心的大部分内是均匀的。

(2)微孔扩展及其对伴随硬化的非弹性流变的影响：从 *B* 点(图 25.1)开始，微孔扩展足够大，其影响变得敏感，引入一种不可忽略的软化现象，其使硬化模量降低到零(*D* 点)。注意，在 *D* 点处，切线模量为零，并且达到了最大力，在此阶段，典型 RVE(定义为颗粒聚集体的代表性体积单元)的弹性和非弹性行为逐渐受到非弹性应变最大区域内扩展的微裂纹和微孔的影响(图 25.1 中的路径 *BD*)，该区域位于试样的中心区域，其中观察到了明显的颈缩。

(3)RVE 的微缺陷(微孔或微裂纹)聚集和断裂：从 *D* 点开始，在位于两个剪切带交叉处的 RVE 内的微缺陷聚集的影响下，力迅速减小，其中非弹性耗散是双倍的，引起了明显的软化（路径 *DE*，图 25.1）。实际上，两个剪切带在样品的中心部分内形成并且在样品的中心处相交（局部颈缩）。位于两个剪切带交叉处的 RVE 包含典型 RVE 内的聚集微孔，直至其最终断裂（图 25.1 中的路径 *DE*），这定义了试样内第一个宏观裂纹的萌生。

（4）宏观裂纹扩展（路径 *EF*，图 25.1）：一旦试样中心的第一个 RVE 完全断裂，一个剪切带内的其他相邻 RVE 经历了与韧性断裂相同的情况，引起了宏观裂纹的扩展，其紧随在前面形成的两个剪切带中的一个之后。这种现象非常迅速（动态断裂），导致试样最终破裂，如图 25.1 所示（路径 *EF*）。

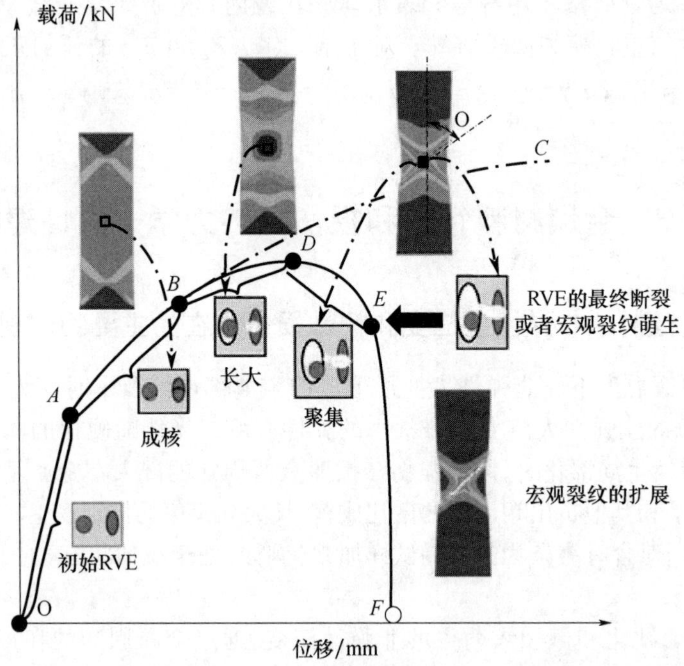

图 25.1　拉伸（Saanuni，2012a、b）时，延性损伤（微孔的成核、长大和聚集）对力-位移曲线的影响示意图

显然，对温度非常敏感的这四种现象是高度相互关联和相互依存的，它们在某种程度上是彼此带来的结果，建模时不能忽视它们的各种耦合和强烈的交互作用。因此，任何建模工作都应尽可能准确地考虑每种现象的演化动力学（弹性应变、热交换、大的非弹性应变、各向同性和各向异性硬化、损伤等），以及它们之间的强耦合和交互作用。

25.2.2　一些建模方案

在固体和结构力学中，建模工作主要需要两个方面：

（1）主守恒定律的推导（质量守恒、动量守恒、能量守恒、正熵增）；

（2）描述所关注的每个连续体的热力场演化的本构方程的推导。

1. 广义守恒定律

如图 25.2 所示，连续体力学中任何 RVE 运动学基于两个假设，这可在 Truesdell 和

Noll(1965,2004)中找到。第一个是局部行为的假设,名为柯西连续体的经典(局部)连续体即是基于此的,其中第一个位移梯度(或变换梯度)的知识足以确定整体运动学以及定义其行为所需的所有变量。第二个假设是基于守恒定律的积分形式的非局部行为的假设,可以在 Eringen(1999,2002)中找到。当在局部形式的偏微分方程下进行变换时,这些守恒定律利用适当的跃迁条件就会形成一个称为局部残差的新项,这导致了一个有点复杂的理论,从理论和数值的角度来看都不容易使用。

然而,非常有用的局部行为假设可用于定义扩展的广义连续体理论,这些理论可以分为两个族:

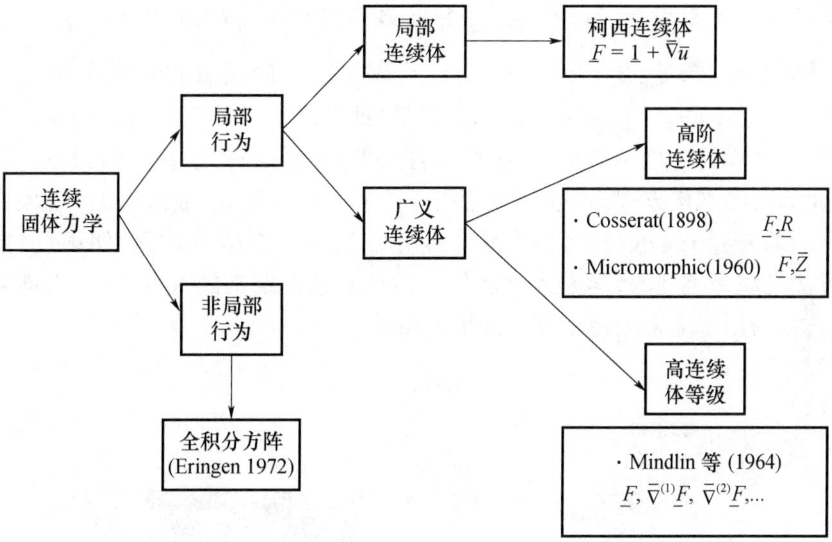

图 25.2　连续介质力学中不同建模方案的示意图

①高阶连续体(HOC)和②高等级连续体(HGC),可以在 Forest(2006,2009)、Forest 和 Sievert(2003)、Saanouni(2012a、b)以及 Saanouni 和 Hamed(2013)的著作中找到。最初由 Cosserat 兄弟提出(Cosserat 和 Cosserat,1909,2009),HOC 理论在于增加新的自由度(dofs)以描述 RVE 变换的运动学,这些额外的自由度会受限于原始 Cosserat 兄弟理论中提出的与每个 RVE 相关的刚体旋转张量,它们还会是一定数量的状态变量($i \in 1,2,3,\cdots,n$),这些变量被视为标量变量并被记为($\breve{z}_i,\breve{Z}_i$),其中 $\breve{z}_i$ 是类应变变量而 $\breve{Z}_i$ 是类应力变量,这和微态理论框架里提及的一样(Eringen,1999,2002;Forest 和 Aifantis,2010;Forest 和 Sievert,2003;Forest,2006,2009;Saanouni,2012a、b;Saanouni 和 Hamed,2013)。HGC 理论包含引入更高的位移梯度,除此之外还有转变梯度 $\underline{F}$,如第一个梯度$\vec{\nabla}^1\underline{F}$、第二个梯度$\vec{\nabla}^2\underline{F}$、第三个梯度$\vec{\nabla}^3\underline{F}$,以此类推。

应用广义虚功原理,可进行(i+1)平衡方程的推导:一个经典的动量平衡(平衡方程)以及与引入的 i 个微态自由度相关的额外的 i 个微态平衡方程(见下一节)。

2. 建立本构方程

具有状态变量的不可逆过程的标准热力学仍然以与经典局部连续介质力学相同的方式使用(Germain,1973;Truesdell 和 Noll,1965,2004;Besson 等,2001;Lemaitre 等,2009;

Saanouni,2012a、b)。

但是,如果考虑第一梯度原理,状态变量空间会通过增加一对新的微态变量($\breve{z}_i$,$\breve{Z}_i$)以及它们的梯度量($\vec{\nabla}\breve{z}_i$,$\vec{\breve{Z}}_i$)来扩充。然后在应变空间(例如,亥姆霍兹自由能)中构建状态势,作为类应变量的闭合和凸标量值函数,从中推导出所有经典和微态类应力变量。此外,必须构建合适的屈服函数和耗散势,以便利用广义正态规则推导出局部和微态通量变量,这些变量定义了与局部和微态现象相关的类应变量的演化(Forest,2006;Saanouni,2012a、b;Saanouni 和 Hamed,2013),将在下一节中探究。

这些本构方程可以通过宏观单尺度方法或者微观-宏观多尺度法来建立。图 25.3 中,宏观单尺度方法本质上是唯像的,包含很多局部状态变量对,即($\breve{z}_i$,$\breve{Z}_i$),以及每个 RVE 的微态状态变量($\breve{z}_i$,$\breve{Z}_i$)和($\vec{\nabla}\breve{z}_i$,$\vec{\breve{Z}}_i$),代表了结构的任意有限元的积分或高斯点(GP),然后,若已知每个 GP 处的宏观应力张量(或总应变张量),可通过全耦合常微分方程的数值积分计算其在总应变张量(或总应力张量)方面的解,这些方程只不过是描述整体耗散现象演变的本构方程。在这种方法中,每个物理(局部的或微态的)现象由一对状态变量(任意阶张量)表示,并且每个状态变量由适当的常微分方程(ODE)控制。注意到,这种方法是演绎类型的,其方式是从代表性试验条件定义的 RVE 的行为推导出材料行为,然后,推断出覆盖未来使用领域的更大条件。

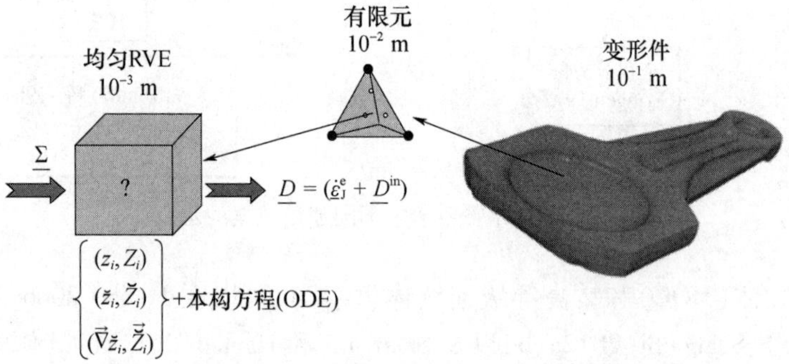

图 25.3　宏观单尺度建模方法示意图(Saanuni,2012a、b)

微观-宏观多尺度法更多基于物理学,寻找适当尺度下每种物理现象(硬化、损坏等)的精细描述(Schmid 和 Boas,1968;Bunge,1982;Mura,1987;Havner,1992;Nemat-Nasser 和 Hori,1993;Yang 和 Lee,1993;Kocks 等,1998;Raabe,1998;Bornert 等,2001;Gambin,2001;Nemat-Nasser,2004;Asaro 和 Lubarda,2006)。此方法中,每个 RVE 定义为 N_g 个晶粒的三维团簇,每个晶粒就是由相的性质、形状、尺寸和晶体取向定义的一种给定相的单晶,如图 25.4 所示。这个想法是使用适当的局部-均质化方法,以便从较低尺度的每个基本组成(晶粒、位错、原子等)的局部行为推断出 RVE 的宏观行为,因此,这需要求助于适当的局部-均质化方法。简单来说,通常使用两类推导方法:①全场法,它基于采用诸如有限元的方法,通过假设适当的空间和时间周期,使用均匀化技术,对所有微观结构组成(晶体)进行数值处理。②平均场方法,它依赖于使用诸如基于 Eshelby 夹杂问题基本解的自洽方法来描述物质的各种非均匀性的准解析方法,这种方法具有诱导性,因为它采用均匀化方法,准确描述了自然诱导宏观行为的较低适当尺度下的物理机制。

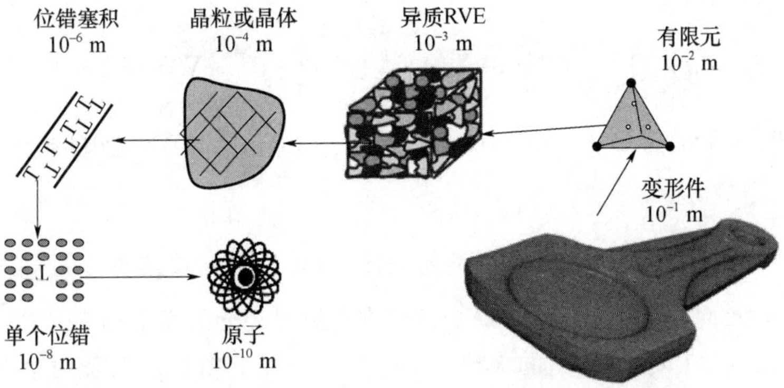

图 25.4　微观-宏观多尺度建模方法示意图(Saanuni,2012a、b)

在本章中,使用宏观方法研究金属成形中的损伤预测,仅使用单一尺度建模方法。基于多尺度局部-均质化的方法将在第 28 章叙述。

25.2.3　微态连续体不可逆过程的平衡方程和热力学研究

在本章中,除非直接指出,否则为了简化仅考虑等温过程。在 Saanouni(2012a、b)中可以找到考虑热力复合加载谱的非等温过程。

1. 提出的微态平衡方程

此节将推导微态连续体的守恒定律。考虑一个等温体 $\Omega(\boldsymbol{x},t)$,被边界 Γ 包围并随速度场$\dot{\boldsymbol{u}}(\boldsymbol{x},t)$移动,其中$\boldsymbol{x}$ 是材料上任意一点在某一瞬时状态(成型或损伤)时的空间位置。对于由位移场 $\vec{u}$ 代表经典自由度,添加了 3 个新的微态自由度:各向同性微态损伤 $\breve{D}$($\breve{Y}$ 为其相关力)、微态各向同性硬化 $\breve{r}$($\breve{R}$ 为其相关力)和宏观动态硬化 $\underline{\breve{\alpha}}$($\underline{\breve{X}}$ 为其相关力)。

第一个守恒定律是有关质量守恒的。为简单起见,假设微态密度与经典材料密度 $\rho(\boldsymbol{x},t)$成比例,因此,质量守恒保持其连续介质力学的经典形式,并得到以下积分和微分形式:

$$\frac{\mathrm{d}}{\mathrm{d}t}\int_{\Omega}\rho(\boldsymbol{x},t)\,\mathrm{d}\Omega = 0 \text{ 或} \frac{\rho(\boldsymbol{x},t)}{t} + \mathrm{div}(\rho(\boldsymbol{x},t)\dot{\boldsymbol{u}}(\boldsymbol{x},t)) = 0 \tag{25.1}$$

其中,符号 d(-)/dt 代表标量值函数(-)的时间导数。

采用上面引入的虚拟自由度,将经典局部连续体的内力的虚功 δP_{int} 扩展到微态连续体中,得出:

$$\delta P_{\text{int}} = -\int_{\Omega}(\underline{\boldsymbol{\sigma}} : \boldsymbol{\nabla}\delta\dot{\boldsymbol{u}})\,\mathrm{d}\Omega + \int_{\Omega}(\breve{R}\delta\dot{\breve{r}} + \breve{\boldsymbol{R}}\cdot\nabla\delta\dot{\breve{r}})\,\mathrm{d}\Omega +$$
$$\int_{\Omega}(\breve{Y}\delta\dot{\breve{D}} + \breve{\boldsymbol{Y}}\cdot\boldsymbol{\nabla}\delta\dot{\breve{D}})\,\mathrm{d}\Omega + \int_{\Omega}(\underline{\breve{X}} : \delta\underline{\dot{\breve{\alpha}}} + \underline{\breve{\boldsymbol{X}}} \therefore \nabla\delta\underline{\dot{\breve{\alpha}}})\,\mathrm{d}\Omega \tag{25.2}$$

其中 $\delta\dot{\vec{u}}$,$\delta\dot{\breve{r}}$,$\delta\dot{\breve{D}}$,$\delta\underline{\dot{\breve{\alpha}}}$ 是运动学上允许的虚拟速度场, $\boldsymbol{\nabla}$ 代表空间梯度算子。须注意,广义力为$\underline{\boldsymbol{\sigma}}$(柯西应力张量)、$\breve{\boldsymbol{R}}$、$\breve{\boldsymbol{Y}}$(向量)、$\underline{\breve{\boldsymbol{X}}}$(三阶张量)是与总应变相关的热力学力($\boldsymbol{\nabla u}$ 对称部分)、微态各项同性硬化的第一梯度$\nabla\breve{r}$、微态损伤第一梯度$\nabla\breve{D}$ 以及微态动态硬化第一梯度 $\boldsymbol{\nabla}\breve{\boldsymbol{\alpha}}$。

另一方面,外力的虚功 $\boldsymbol{\delta P}_{\text{ext}}$ 在经典局部术语的加法形式下,有 3 个与所关注的 3 种微态现象有关的新术语：

$$\delta P_{\text{ext}}=\int_{\Omega}(\boldsymbol{f}^{u}\cdot\delta\dot{\boldsymbol{u}})\,\mathrm{d}\Omega+\int_{\Gamma}(\boldsymbol{f}^{u}\cdot\delta\dot{\boldsymbol{u}})\,\mathrm{d}s+\int_{\Omega}(f^{\breve{r}}\delta\dot{\breve{r}}+\boldsymbol{f}^{g\breve{r}}\cdot\nabla\delta\dot{\breve{r}})\,\mathrm{d}\Omega+\int_{\Gamma}(F^{\breve{r}}\delta\dot{\breve{r}})\,\mathrm{d}s+$$
$$\int_{\Omega}(f^{\breve{D}}\delta\dot{\breve{D}}+\boldsymbol{f}^{g\breve{D}}\cdot\nabla\delta\dot{\breve{D}})\,\mathrm{d}\Omega+\int_{\Gamma}(F^{\breve{D}}\delta\dot{\breve{D}})\,\mathrm{d}s+\int_{\Omega}(\underline{f}^{\breve{\alpha}}:\delta\dot{\underline{\breve{\alpha}}}+\boldsymbol{f}^{g\breve{\alpha}}\therefore\nabla\delta\dot{\underline{\breve{\alpha}}})\,\mathrm{d}\Omega+\int_{\Omega}(\underline{F}^{\breve{\alpha}}:\delta\dot{\underline{\breve{\alpha}}})\,\mathrm{d}s \tag{25.3}$$

其中$\boldsymbol{f}^{u}$、$f^{\breve{r}}$、$\boldsymbol{f}^{g\breve{r}}$、$f^{\breve{D}}$、$\boldsymbol{f}^{g\breve{D}}$、$\underline{f}^{\breve{\alpha}}$以及$\boldsymbol{f}^{g\breve{\alpha}}$是与位移、微态自由度及其各自的第一梯度相关的简单和广义的力，而F^{u}、$\underline{F}^{\breve{\alpha}}$、$F^{\breve{r}}$以及$F^{\breve{D}}$是作用在边界部分的简单和广义微态力。

类似地，加速度（或惯性）力的虚拟功δP_{a}也可以写成由3个微态现象贡献的经典局部惯性力的加法形式：

$$\delta P_{a}=\int_{\Omega}(\rho\ddot{\boldsymbol{u}}\cdot\delta\dot{\boldsymbol{u}})\,\mathrm{d}\Omega+\int_{\Omega}\rho(\zeta_{\breve{r}}\ddot{\breve{r}}\delta\dot{\breve{r}}+\zeta_{\breve{D}}\ddot{\breve{D}}\delta\dot{\breve{D}}+\zeta_{\breve{\alpha}}\ddot{\underline{\breve{\boldsymbol{\alpha}}}}:\delta\dot{\underline{\breve{\boldsymbol{\alpha}}}})\,\mathrm{d}\Omega \tag{25.4}$$

式中：$\ddot{\boldsymbol{u}}$为经典局部加速度向量；标量为$\ddot{\breve{r}}$，$\ddot{\breve{D}}$；二级张量$\ddot{\underline{\breve{\boldsymbol{\alpha}}}}$是广义微态“加速度”；微态参数$\zeta_{\breve{r}}$、$\zeta_{\breve{D}}$、$\zeta_{\breve{\alpha}}$为尺度因子，平方长度上是均匀的，它将由式(25.1)给出的局部密度$\rho(\boldsymbol{x},t)$映射到与每个微态现象有关的微态密度上。

广义虚功原理相对于虚拟速度和微态场，采用以下形式：

$$\delta P_{\text{int}}+\delta P_{\text{ext}}=\delta P_{a}\ \forall\,\delta\dot{\boldsymbol{u}},\delta\dot{\breve{r}},\delta\dot{\breve{D}},\delta\dot{\underline{\breve{\alpha}}}\quad \text{K. A.} \tag{25.5}$$

其中K. A. 代表通常意义上的运动学可接受场，即使用Neumannn型边界条件。通过使用式(25.2)~式(25.4)，并利用收敛原理变换体积分，则由式(25.5)得到4个平衡方程。第一个只是用柯西应力张量表示的经典局部动量平衡：

$$\begin{cases}\operatorname{div}(\underline{\boldsymbol{\sigma}})+\boldsymbol{f}^{u}=\rho\ddot{\boldsymbol{u}} & (\text{在}\ \Omega\ \text{中})\\ \underline{\boldsymbol{\sigma}}\cdot\boldsymbol{n}=\boldsymbol{F}^{u} & (\text{在}\ \Gamma\ \text{上})\end{cases} \tag{25.6}$$

使用微态力，给出了3个额外的广义微态动量平衡方程：

$$\begin{cases}\operatorname{div}(\underline{\breve{\boldsymbol{X}}}-\boldsymbol{f}^{g\breve{\alpha}})-(\underline{\breve{X}}-\underline{f}^{\breve{\alpha}})=\rho\xi_{\breve{\alpha}}\ddot{\underline{\breve{\alpha}}} & (\text{在}\ \Omega\ \text{中})\\ (\underline{\breve{\boldsymbol{X}}}-\boldsymbol{f}^{g\breve{\alpha}})\cdot\boldsymbol{n}=F^{\breve{\alpha}} & (\text{在}\ \Gamma\ \text{上})\end{cases} \tag{25.7}$$

$$\begin{cases}\operatorname{div}(\breve{\boldsymbol{R}}-\boldsymbol{f}^{g\breve{r}})-(\breve{R}-f^{\breve{r}})=\rho\zeta_{\breve{r}}\ddot{\breve{r}} & (\text{在}\ \Omega\ \text{中})\\ (\breve{\boldsymbol{R}}-\boldsymbol{f}^{g\breve{r}})\cdot\boldsymbol{n}=F^{\breve{r}} & (\text{在}\ \Gamma\ \text{上})\end{cases} \tag{25.8}$$

$$\begin{cases}\operatorname{div}(\breve{\boldsymbol{Y}}-\boldsymbol{f}^{g\breve{D}})-(\breve{Y}-f^{\breve{D}})=\rho\zeta_{\breve{d}}\ddot{\breve{d}} & (\text{在}\ \Omega\ \text{中})\\ (\breve{\boldsymbol{Y}}-\boldsymbol{f}^{g\breve{D}})\cdot\boldsymbol{n}=F^{\breve{D}} & (\text{在}\ \Gamma\ \text{上})\end{cases} \tag{25.9}$$

四个偏微分式(25.6)~式(25.9)只不过是与微态初值和边值问题相关的强形式，力$\boldsymbol{f}^{u}$，$f^{\breve{r}}$，$\boldsymbol{f}^{g\breve{r}}$，$f^{\breve{D}}$，$\boldsymbol{f}^{g\breve{D}}$，$\underline{f}^{\breve{\alpha}}$，$\boldsymbol{f}^{g\breve{\alpha}}$以及接触或表面力$\boldsymbol{F}^{u}$，$\underline{F}^{\breve{\alpha}}$，$F^{\breve{r}}$，$F^{\breve{D}}$为已知（给定）量，而类应力变量$\underline{\boldsymbol{\sigma}}$，$\breve{R}$，$\breve{\boldsymbol{R}}$，$\underline{\breve{X}}$，$\underline{\breve{\boldsymbol{X}}}$，$\breve{Y}$，$\breve{\boldsymbol{Y}}$由合适的本构方程确定，这些方程在具有状态变量的不可逆过程的广义热力学框架内构造，如下文所述。

现在介绍热力学第一原理的能量守恒原理。通过假设忽略微态热现象，使用类似于式(25.2)的内部功的定义，可轻易获得以下控制传热的广义热方程的形式：

$$\underline{\sigma}:\underline{D}+\underline{\breve{X}}:\dot{\underline{\breve{\alpha}}}+\underline{\breve{X}}\therefore\ \nabla\dot{\underline{\breve{\alpha}}}+\breve{R}\cdot\dot{\breve{r}}+\dot{\breve{R}}\cdot\ \nabla\cdot\dot{\breve{r}}+\breve{Y}\dot{\breve{D}}+\breve{Y}\cdot\ \nabla$$

$$\dot{\breve{D}}+\xi-\rho(\dot{\psi}+T\dot{s}+sT)-\mathrm{div}(\boldsymbol{q})=0 \tag{25.10}$$

式中：$\underline{D}=\dot{\underline{\varepsilon}}^{eJ}+\underline{D}^{in}$ 是空间总应变率，它还分解为 Jaumann 小弹性应变率和非弹性（塑性或黏塑性）应变率之和；$\psi(\underline{\varepsilon}^{e},\underline{\alpha},r,D,T,\underline{\breve{\alpha}},\breve{r},\breve{D},\ \nabla\underline{\breve{\alpha}},\ \nabla\breve{r},\ \nabla\breve{D})$ 为特定的亥姆霍兹自由能，为类应变状态变量的凸函数和闭函数，被当作一种状态势；$\underline{\alpha}$ 为与应力张量 $\boldsymbol{X}$ 共轭的动态硬化应变张量，r 是与奥罗万（Orowan）应力 R 共轭的各项同性硬化应变，D 为与力 Y 共轭的各项同性损伤变量。变量 s 是材料的特定熵，是与绝对温度 T 相关联的类似力的变量，$\boldsymbol{q}$ 是使用众所周知的傅里叶线性传热模型与温度的第一梯度直接相关的热流向量。注意，如果计算 ψ 和 s 相对于时间的导数并将其代入式（25.10），会很容易获得微态连续体的最终热方程（Saanouni，2012a、b）。这个热方程以及足够的热边界条件可以加到式（25.6）~式（25.9）中，完整定义 IBVP 的强形式（见后文）。注意，如果计算 ψ 和 s 相对于时间的导数并将其代入式（25.10），会很容易获得微形连续体的最终热方程（Saanouni，2012a、b），这个热方程以及足够的热边界条件可以加到式（25.6）~式（25.9）中，完整定义 IBVP 的强形式（见后文）。在结束本节之前，介绍热力学的第二原理，它表达熵产生率的正值性，可以从热力学第二和第一原理的组合得出 Clausius-Duhem 不等式。如果忽略微态热现象，则熵产生率可以用以下经典形式表示：

$$\rho\dot{s}+\mathrm{div}\left(\frac{\boldsymbol{q}}{T}\right)-\frac{\xi}{T}\geqslant 0 \tag{25.11}$$

联合式（25.10）和式（25.11）得到适用于微态连续体的名为 Clausius-Duhem（CD）的不等式：

$$\underline{\sigma}:\underline{D}+\underline{\breve{X}}:\dot{\underline{\breve{\alpha}}}+\underline{\breve{X}}\therefore\ \nabla\dot{\underline{\breve{\alpha}}}+\breve{R}\cdot\dot{\breve{r}}+\breve{\boldsymbol{R}}\cdot\ \nabla\cdot\dot{\breve{r}}+\breve{Y}\dot{\breve{D}}+\breve{\boldsymbol{Y}}\ \nabla\cdot\dot{\breve{D}}+\xi-\rho(\dot{\psi}+s\dot{T})-\frac{\boldsymbol{q}}{T}\cdot\overrightarrow{\mathrm{grad}}(T)\geqslant 0 \tag{25.12}$$

这个基本的不等式将用于推导状态关系和残余耗散不等式，如下所述。

2. 微态连续体不可逆过程的热力学

给出状态势关于总时间的导数：

$$\dot{\psi}=\frac{\partial\psi}{\partial\underline{\varepsilon}^{e}}:\underline{\varepsilon}^{e}+\frac{\partial\psi}{\partial\underline{\alpha}}:\dot{\underline{\alpha}}+\frac{\partial\psi}{\partial r}\dot{r}+\frac{\partial\psi}{\partial D}\dot{D}+\frac{\partial\psi}{\partial T}\dot{T}+\frac{\partial\psi}{\partial\underline{\breve{\alpha}}}:\dot{\underline{\breve{\alpha}}}+\frac{\partial\psi}{\partial\breve{r}}\dot{\breve{r}}+\frac{\partial\psi}{\partial\breve{D}}\dot{\breve{D}}+\frac{\partial\psi}{\partial\ \nabla\underline{\breve{\alpha}}}\therefore\ \nabla\dot{\underline{\breve{\alpha}}}+\frac{\partial\psi}{\partial\ \nabla\breve{r}}\cdot\ \nabla\dot{\breve{r}}+\frac{\partial\psi}{\partial\ \nabla\breve{D}}\cdot\ \nabla\dot{\breve{D}} \tag{25.13}$$

将式（25.13）代入式（25.12）中并有 $\underline{D}=\dot{\underline{\varepsilon}}_{J}^{re}+\underline{D}^{ir}$（之后会看到），式（25.12）中的 CD 不等式转化为

$$\left(\underline{\sigma}-\rho\frac{\partial\Psi}{\partial\underline{\varepsilon}^{e}}\right):\dot{\underline{\varepsilon}}_{J}^{re}+\rho\left(s+\frac{\partial\Psi}{\partial T}\right)\dot{T}+\left(\underline{\breve{X}}-\rho\frac{\partial\Psi}{\partial\underline{\breve{\alpha}}}\right):\dot{\underline{\breve{\alpha}}}+\left(\breve{R}-\rho\frac{\partial\Psi}{\partial\breve{r}}\right)\dot{\breve{r}}+\left(\breve{Y}-\rho\frac{\partial\Psi}{\partial\breve{D}}\right)\dot{\breve{D}}+$$

$$\left(\underline{\breve{\boldsymbol{X}}}-\rho\frac{\partial\Psi}{\partial\ \nabla\underline{\breve{\alpha}}}\right)\therefore\ \nabla\dot{\underline{\breve{\alpha}}}+\left(\breve{\boldsymbol{R}}-\rho\frac{\partial\Psi}{\partial\ \nabla\cdot\breve{r}}\right)\cdot\ \nabla\dot{\breve{r}}+\left(\breve{\boldsymbol{Y}}-\rho\frac{\partial\Psi}{\partial\ \nabla\breve{D}}\right)\nabla\dot{\breve{D}}+$$

$$\underline{\sigma}:D^{ir}-\rho\frac{\partial\Psi}{\partial\underline{a}}:\dot{\underline{\alpha}}-\rho\frac{\partial\Psi}{\partial r}\dot{r}-\rho\frac{\partial\Psi}{\partial D}\dot{D}-\frac{\boldsymbol{q}}{T}\cdot\overrightarrow{\mathrm{grad}}(T)\geqslant 0 \tag{25.14}$$

遵循理性热力学的标准提法（Truesdell 和 Noll，1965，2004），式（25.14）得到下列

定义：

(1)状态关系：定义与经典类应变量和如下分类的微态变量相关的类应力状态变量：

与5个局部应变量相关的状态关系：

$$\underline{\sigma}=\rho\frac{\partial\psi}{\partial\underline{\varepsilon}^{e}},s=\frac{\partial\psi}{\partial T},\underline{X}=\rho\frac{\partial\psi}{\partial\underline{\alpha}},R=\frac{\partial\psi}{\partial r},Y=\frac{\partial\psi}{\partial D} \tag{25.15}$$

与3个微态类应变量相关的状态关系：

$$\underline{\breve{X}}=\rho\frac{\partial\psi}{\partial\underline{\breve{\alpha}}},\breve{R}=\frac{\partial\psi}{\partial\breve{r}},\breve{Y}=\frac{\partial\psi}{\partial\breve{D}} \tag{25.16}$$

与3个微态类应变量中每一个的第一梯度相关的状态关系：

$$\underline{\breve{\boldsymbol{X}}}=\rho\frac{\partial\psi}{\partial\boldsymbol{\nabla}\underline{\breve{\alpha}}},\breve{\boldsymbol{R}}=\frac{\partial\psi}{\partial\boldsymbol{\nabla}\breve{r}},\breve{\boldsymbol{Y}}=\frac{\partial\psi}{\partial\nabla\breve{D}} \tag{25.17}$$

(2)体积耗散不等式：这只是式(25.14)中CD不等式的剩余项，同等形式下改写为

$$\wp^{v}=\underline{\sigma}:\underline{D}^{ir}-\underline{X}:\dot{\alpha}\underline{\alpha}-R:\dot{r}+Y\dot{D}-\frac{\boldsymbol{q}}{T}\cdot\overrightarrow{\mathrm{grad}}(T)\geqslant0 \tag{25.18}$$

显然，式(25.18)表明，微态现象没有耗散，这导致一种纯粹的局部体积耗散。通过将所有微态变量分解为类似于总应变率张量的可逆和不可逆部分，可以很容易地避免这个假设的事实，如Saanouni(2012a、b)中所讨论的。然而，这样做需要完整的微态流的试验知识才能选择相应的屈服函数，这显然不符合我们的目的。

25.2.4 提出的完全耦合微态本构方程

为了简单性和简洁性，我们将注意力集中在纯粹的等温过程上时，所有的热方面都被忽略了(参见Saanouni(2012a、b)，针对包括强热力耦合的更完整的建模)。因此，与时间无关的有限塑性流变被视为不可逆的大应变($\underline{\varepsilon}^{ir}=\underline{\varepsilon}^{p}$)，而小的弹性应变被认为是可逆的应变($\underline{\varepsilon}^{re}=\underline{\varepsilon}^{e}$)。因此，与该公式中考虑的现象相关的状态变量对是($\underline{\varepsilon}^{e},\underline{\sigma}$)(对于塑性流变)、对于各向同性硬化的($r,R$)、对于运动硬化的($\underline{\alpha},\underline{X}$)和各向同性韧性损伤的($D,Y$)以及下面的微态状态变量对($\breve{r},\breve{R}$)、($\boldsymbol{\nabla}\breve{r},\breve{\boldsymbol{R}}$)、($\boldsymbol{\nabla}\underline{\breve{\alpha}},\underline{\breve{\boldsymbol{X}}}$)、($\breve{D},\breve{Y}$)、($\boldsymbol{\nabla}\breve{D},\breve{\boldsymbol{Y}}$)。

1. 微形态

状态势和状态关系：在有效(无损伤)的实际局部旋转配置中，亥姆霍兹自由能作为一种状态势，被写作类应变变量的凸闭函数，有如下形式(Hamed，2012；Saanouni，2012a、b；Saanouni和Hamed，2013)：

$$\begin{aligned}\rho\psi=&\frac{1}{2}(1-D)\left[\underline{\varepsilon}^{e}:\underline{\underline{\Lambda}}:\underline{\varepsilon}^{e}+\frac{2}{3}C\underline{\alpha}:\underline{\alpha}+Qr^{2}\right]+\\&\frac{1}{2}\left[\frac{2}{3}\breve{C}(\sqrt{(1-D)}\,\underline{\alpha}-\underline{\breve{\alpha}}):(\sqrt{(1-D)}\,\underline{\alpha}-\underline{\breve{\alpha}})+\breve{Q}(\sqrt{(1-D)}\,r-\breve{r})^{2}+\breve{H}(D-\breve{D})^{2}\right]+\\&\frac{1}{2}\left[\frac{3}{2}\breve{C}^{g}(\boldsymbol{\nabla}\underline{\breve{\alpha}})\therefore(\boldsymbol{\nabla}\underline{\breve{\alpha}})+\breve{Q}^{g}(\boldsymbol{\nabla}\breve{r})\cdot(\boldsymbol{\nabla}\breve{r})+\breve{H}^{g}(\boldsymbol{\nabla}\breve{D})\cdot(\boldsymbol{\nabla}\breve{D})\right]\end{aligned} \tag{25.19}$$

其中$\underline{\underline{\Lambda}}=\lambda e\underline{1}\otimes\underline{1}+2\mu e\,\underline{\underline{1}}$是各向同性固体弹性模量的正定对称四级张量，由知名Lame系数λ_e，μ_e定义。C和Q是动态各向同性宏观硬化模量；$\breve{C}$，$\breve{Q}$，$\breve{H}$分别是相对于动态硬化、各向同性硬化、损伤的耦合模量，$\breve{C}^{g}$，$\breve{Q}^{g}$，$\breve{H}^{g}$分别是关于微态动态硬化、各向同性硬化、损

伤的微态模量。

使用状态关系式(25.15)~式(25.17),从状态势能推导出与宏观和微态状态变量相关的局部(宏观)和非局部(微观)热力学力(Hamed,2012;Saanouni,2012a、b;Saanouni 和 Hamed,2013)。在经过一些比较困难的代数计算之后,这些可以归入以下形式:

$$\underline{\sigma}=\rho\frac{\partial\psi}{\partial\underline{\varepsilon}^e}=(1-D)\underline{\underline{\Lambda}}:\underline{\varepsilon}^e=(1-D)[\lambda_e tr(\underline{\varepsilon}^e)\underline{1}+2\mu_e\underline{\varepsilon}^e]=\underline{\sigma}_{\text{loc}} \tag{25.20}$$

$$\underline{X}=\rho\frac{\partial\psi}{\partial\underline{\alpha}}=\underline{X}_{\text{loc}}+\underline{X}_{\text{nloc}},\quad \underline{X}_{\text{loc}}=\frac{2}{3}(1-D)C\underline{\alpha},\quad \underline{X}_{\text{nloc}}=-\sqrt{(1-D)}\,\breve{\underline{X}} \tag{25.21}$$

$$R=\rho\frac{\partial\psi}{\partial r}=R_{\text{loc}}+R_{\text{nloc}},R_{\text{loc}}=(1-D)Qr,\quad R_{\text{nloc}}=-\sqrt{(1-D)}\,\breve{R} \tag{25.22}$$

$$Y=-\rho\frac{\partial\psi}{\partial D}=Y_{\text{loc}}+Y_{\text{nloc}},\quad Y_{\text{loc}}=\frac{1}{2}\varepsilon^e:\underline{\underline{\Lambda}}:\varepsilon^e+\frac{1}{2}Qr^2+\frac{1}{3}\underline{C\alpha}:\underline{\alpha}$$

$$Y_{\text{nloc}}=\bar{Y}-\frac{1}{2\sqrt{1-D}}[\breve{R}r+\breve{\underline{X}}:\underline{a}] \tag{25.23}$$

$$\breve{\underline{X}}=\rho\frac{\partial\psi}{\partial\breve{\underline{\alpha}}}=-\frac{2}{3}\breve{C}(\sqrt{(1-D)}\,\underline{\alpha}-\breve{\underline{\alpha}}),\breve{\boldsymbol{\underline{X}}}=\rho\frac{\partial\psi}{\partial\,\boldsymbol{\nabla}\underline{\alpha}}=\underline{C}^g(\boldsymbol{\nabla}\breve{\underline{\alpha}}) \tag{25.24}$$

$$\breve{R}=\rho\frac{\partial\psi}{\partial\breve{r}}=-\breve{Q}(\sqrt{(1-D)}\,r-\breve{r}),\breve{\boldsymbol{R}}=\rho\frac{\partial\psi}{\partial\,\boldsymbol{\nabla}\cdot\breve{r}}=\breve{Q}^g(\boldsymbol{\nabla}\cdot\breve{r}) \tag{25.25}$$

$$\breve{Y}=\rho\frac{\partial\psi}{\partial\breve{D}}=-\breve{H}(D-\breve{D}),\breve{\boldsymbol{Y}}=\rho\frac{\partial\psi}{\partial\,\boldsymbol{\nabla}\breve{D}}=\breve{H}^g(\boldsymbol{\nabla}\breve{D}) \tag{25.26}$$

除了柯西应力张量(它仍然是完全局部的量,见式(25.20)),分别与运动硬化、各向同性硬化和损伤相关的其他 3 个类应力变量具有经典局部变量的附加贡献(下标 loc)和微态变量引起的非局部贡献(下标 nloc),如方程式(25.21)、式(25.22)和式(25.23)所示。值得注意的是,微态效应是可以忽略的,即如果 $\breve{C}=\breve{Q}=\breve{H}=0$,且 $\breve{C}^g=\breve{Q}^g=\breve{H}^g=0$,那么所有的微态贡献都消失了,且 Saanouni(1994)和 Saanouni(2012a、b)等最初给出的经典完全耦合的局部状态关系式会以积分形式恢复。

2. 耗散分析和演化方程

根据上面假设忽略耗散的微观来源,假设了经典的非关联可塑性理论。为了解释各向同性损伤效应并且为了简单起见,我们局限于冯·米塞斯塑性流变,并考虑了屈服函数和耗散势(Saanouni,2012a、b):

$$f(\underline{\sigma},\underline{X},R,D)=\frac{\|\underline{\sigma}-\underline{X}\|-R}{\sqrt{(1-D)}}-\sigma_y\leqslant 0 \tag{25.27}$$

$$F(\underline{\sigma},\underline{X},R,D)=f+\frac{1}{2}\frac{a\|X\|}{C(1-D)}+\frac{1}{2}\frac{bR^2}{Q(1-D)}+\frac{S}{s+1}\left\langle\frac{Y-Y_0}{S}\right\rangle^{s+1}\frac{1}{(1-D)^{\beta}} \tag{25.28}$$

对于任意一个具有 $\underline{T}^{\text{dev}}$ 作为偏量的二阶应力张量$\underline{\boldsymbol{T}}$,如果考虑冯·米塞斯各向同性塑性流变,$\|\underline{\boldsymbol{T}}\|$ 的范数通过 $\|\underline{T}\|=\sqrt{(3/2)\underline{T}^{\text{dev}}:\underline{T}^{\text{dev}}}$ 在应力空间中定义;或者如果 Hill 型各向异性塑性流变用 $\underline{\underline{H}}$ 被用作四阶正交算子,$\|\underline{\boldsymbol{T}}\|$ 的范数通过 $||\underline{T}||=\sqrt{\underline{T}:\underline{\underline{H}}:\underline{T}}$ 来定义。记运动应力张量$\underline{\boldsymbol{X}}$ 为纯偏应力张量,参数 a 和 b 分别表征了运动和各向同性硬化的

非线性特征，而 S、s、β 和 Y_0 表征了韧性损伤的非线性演化。在非关联可塑性理论的框架中应用广义正态规则得出以下关于耗散现象的演化方程：

$$\underline{D}^p=\dot{\lambda}^p\frac{\partial F}{\partial\underline{\sigma}}=\dot{\lambda}^p\frac{\partial f}{\partial\underline{\sigma}}=\dot{\lambda}^p\underline{n}=\dot{\lambda}^p\frac{\underline{\tilde{n}}}{\sqrt{(1-D)}}\tag{25.29}$$

$$\dot{\underline{\alpha}}=-\dot{\lambda}^p\frac{\partial F}{\partial X}=\left(\underline{D}^p-a\dot{\lambda}^p\left(\frac{(C+\breve{C})}{C}\underline{\alpha}-\frac{\breve{C}}{C}\frac{\breve{\underline{\alpha}}}{\sqrt{(1-D)}}\right)\right)=\frac{\dot{\lambda}^p}{\sqrt{(1-D)}}\left(\underline{\tilde{n}}-a\left(\sqrt{(1-D)}\frac{(C+\breve{C})}{C}\underline{\alpha}-\frac{\bar{C}}{C}\breve{\underline{\alpha}}\right)\right)\tag{25.30}$$

$$\dot{r}=-\dot{\lambda}^p\frac{\partial F}{\partial R}=\frac{\dot{\lambda}^p}{\sqrt{(1-D)}}\left(1-b\left(\sqrt{(1-D)}\frac{(Q+\breve{Q})}{Q}r-\frac{\breve{Q}}{Q}\breve{r}\right)\right)\tag{25.31}$$

$$\dot{D}=\dot{\lambda}^p\frac{\partial F}{\partial Y}=\frac{\dot{\lambda}^p}{(1-D)^{\beta}}\left(\frac{\langle(Y_{\text{loc}}+Y_{\text{nloc}})-Y_0\rangle}{S}\right)^s=\dot{\lambda}^pY_D^*\tag{25.32}$$

其中：$\underline{n}=\partial f/\partial\underline{\sigma}$ 是旋转应力空间中屈服面的向外法线，$\underline{\tilde{n}}=\partial f/\partial\underline{\tilde{\sigma}}$ 同样是法线但是在有效旋转应力空间中表达，为了方便，在式(25.32)中介绍 Y_D^*。从式(25.27)中可得在旋转有效应力空间的屈服面的法线：

$$\underline{\tilde{n}}=\begin{cases}\dfrac{3}{2}\dfrac{(\underline{\sigma}^{\text{dev}}-\underline{X})}{\|\underline{\sigma}-\underline{X}\|_M} & (\text{各向同性的冯·米塞斯塑性流变})\\[2ex] \dfrac{\underline{H}:(\underline{\sigma}-\underline{X})}{\|\underline{\sigma}-\underline{X}\|_H} & (\text{各向异性的 Hill 塑性流变})\end{cases}\tag{25.33}$$

出现在上述演化方程中的塑性乘子 $\dot{\lambda}^p$ 受微态变量的显著影响，因此具有非局部性。在这种与时间无关的塑性情况中，在屈服函数（式(25.30)）中应用一致性条件可推导出 $\dot{\lambda}^p$：若 $f(\underline{\sigma},R,\underline{X},D)=0$，则 $\dot{f}(\underline{\sigma},R,\underline{X},D)=0$。为了简化，我们限制在共旋或 Jaumann 框架中（参见 Badreddine 等(2010)的 Green Naghdi 总框架或塑性框架），可以计算出塑性乘法算子。通过类应力变量导数进行一些代数转换和演化方程的帮助，可得到：

$$\dot{\lambda}^p=\frac{1}{H_{pd}}\left\langle\frac{2}{3}(3\mu_e\sqrt{(1-D)}\,\underline{D}+\breve{C}\breve{\underline{\alpha}}):\underline{\tilde{n}}+\breve{Q}\breve{r}\right\rangle\tag{25.34}$$

其中，在类应变旋转变量空间中，通过以下的附加贡献，定义广义弹塑性硬化模量 $H_{pd}>0$：

$$H_{pd}=H_{pd}^{\text{loc}}+H_{pd}^{\text{nloc}}\tag{25.35}$$

其中，根据类应力变量，局部 H_{pd}^{loc} 和非局部 H_{pd}^{nloc} 贡献由下式给定：

$$H_{pd}^{\text{loc}}=3\mu+C+Q-\frac{1}{\sqrt{(1-D)}}(a\underline{\tilde{n}}:\underline{X}_{\text{loc}}+bR_{\text{loc}})+\frac{Y_D^*\sigma_y}{2(1-D)}\tag{25.36}$$

$$H_{pd}^{\text{nloc}}=\breve{C}+\breve{Q}-a\frac{\breve{C}}{C}\left[\frac{\underline{X}_{\text{loc}}}{\sqrt{(1-D)}}-\frac{(C+\breve{C})}{C}\breve{\underline{X}}\right]:\underline{\tilde{n}}-b\frac{\breve{Q}}{Q}\left[\frac{R_{\text{loc}}}{\sqrt{(1-D)}}-\frac{(Q+\breve{Q})}{Q}\breve{R}\right]-\frac{Y_D^*}{2(1-D)}\left[\left(\frac{\frac{\breve{C}}{C}\underline{X}_{\text{loc}}}{\sqrt{(1-D)}}-\breve{\underline{X}}\right):\underline{\tilde{n}}+\frac{\breve{Q}}{Q}\frac{R_{\text{loc}}}{\sqrt{(1-D)}}-\breve{R}\right]\tag{25.37}$$

最终，等效（或累积）塑性应变率仍然与完全局部情况下的塑性乘子相关：

$$\dot{p}=\sqrt{\frac{2}{3}\underline{D}^p:\underline{D}^p}=\frac{\dot{\lambda}^p}{\sqrt{(1-D)}} \tag{25.38}$$

显然,塑性乘子和弹塑性硬化模量的高度非局部特征出现在式(25.34)~式(25.38)中。值得注意的是,如果微态变量为零,则经典局部本构方程作为特定情况被完全反演(Saanouni,2012a、b)。还要注意式(25.34)中塑性乘子的解析表达式是纯粹指示性的,因为当运算数值解时,$\dot{\lambda}^p$ 是在每个有限元的每个高斯点处以数值形式确定的主要未知数(参见 25.34 节)。

为了结束这一部分,给出任何隐式解析方案解决 IBVP 所需的弹塑性切线算子的最终表达式,这些是采用本构方程和塑性算子,从式(25.20)给出的应力张量关于时间的导数得到的:

$$\begin{aligned}\dot{\underline{\sigma}}&=(1-D)\underline{\underline{\Lambda}}:\underline{D}-\dot{\lambda}^p\left[\sqrt{(1-D)}\,\underline{\underline{\Lambda}}:\underline{\tilde{n}}+Y_D^*\,\frac{\underline{\sigma}}{(1-D)}\right] \\ &=\underline{\underline{L}}_\sigma:\underline{D}-\underline{\underline{L}}_{\breve{\alpha}}:\dot{\breve{\underline{\alpha}}}-\underline{L}_{\breve{r}}\dot{\breve{r}}\end{aligned} \tag{25.39}$$

其中 $\underline{\underline{L}}_\sigma$ 是四级非对称弹塑性损伤正切算子,定义为

$$\underline{\underline{L}}_\sigma=(1-D)\underline{\underline{\Lambda}}-\frac{\sqrt{(1-D)}}{H_{pd}}\left[\sqrt{(1-D)}\,(\underline{\tilde{n}}:\underline{\underline{\Lambda}})^{\mathrm{T}}\otimes(\underline{\underline{\Lambda}}:\underline{\tilde{n}})+Y_D^*(\underline{\tilde{n}}:\underline{\underline{\Lambda}})\otimes\frac{\underline{\sigma}}{(1-D)}\right] \tag{25.40}$$

$\underline{\underline{L}}_{\breve{\alpha}}$ 是四阶非对称张量,$\underline{L}_{\breve{r}}$ 是二阶对称张量,表示微态正切算子:

$$\underline{\underline{L}}_{\breve{\alpha}}=\frac{2}{3}\frac{\breve{C}}{H_{pd}}\left[\underline{\breve{n}}\otimes(\underline{\underline{\Lambda}}:\underline{\tilde{n}})+Y_D^*\left(\underline{\tilde{n}}\otimes\frac{\underline{\sigma}}{(1-D)}\right)\right] \tag{25.41}$$

$$\underline{L}_{\breve{r}}=\frac{\breve{Q}}{H_{pd}}\left[\sqrt{(1-D)}\,(\underline{\underline{\Lambda}}:\underline{\tilde{n}})+Y_D^*\,\frac{\underline{\sigma}}{(1-D)}\right] \tag{25.42}$$

注意到,如果这两种微态硬化贡献为零(即 $\breve{C}=\breve{Q}=0$),那么 $\underline{\underline{L}}_{\breve{\alpha}}=\underline{\underline{0}}$ 且 $\underline{L}_{\breve{r}}=\underline{0}$,并且式(25.39)简化到 Saanouni(2012a、b)中的经典形式。

25.2.5　扩展到不可逆大应变框架

如上所述,假定了小弹性应变和非弹性(塑性或黏塑性)大应变,以及将变换梯度乘法分解为可逆和不可逆部分(即 $\underline{F}=\underline{F}^{re}\,\underline{F}^{ir}$),根据 $\underline{D}=\dot{\underline{\varepsilon}}^{re}+2(\underline{\varepsilon}^{re}\,\underline{\bar{\Omega}})^{\mathrm{Sy}}+\underline{\bar{D}}^{ir}=\dot{\underline{\varepsilon}}_J^{re}+\underline{D}^{ir}$,这导致了总应变率的分解 $\underline{D}=\underline{L}^{\mathrm{Sy}}=(\dot{\underline{F}}\,\underline{F}^{-1})^{\mathrm{Sy}}$,这里的不可逆应变速率张量通过 $\underline{D}^{ir}=(\underline{L}^{ir})^{\mathrm{Sy}}=(\dot{\underline{F}}^{ir}(\underline{F}^{ir})^{-1})^{\mathrm{Sy}}$ 和可逆 Jaumann 应变率 $\dot{\underline{\varepsilon}}_J^{re}$(Sy 代表对称部分)来定义。在旋转框架内使用各种旋转系统,可以很容易地将上述提出的本构方程扩展到有限不可逆应变中,例如在 Sidoroff 和 Dogui(2001)或 Nemat-Nasser(2004),Badreddine 等(2010)中可找到的那样。这种旋转框架公式背后的想法是,在局部围绕旋转正交张量 $\underline{\boldsymbol{Q}}$ 旋转的空间变形和损伤配置上写出本构方程式,以具有与初始配置相同的固定取向,这是满足客观性要求的最简单方法。如果使用 Jaumann 或 Green-Naghdi 客观导数的总旋转框架,则旋转张量由以下常微分方程控制:

$$\begin{cases}\dot{\underline{Q}}\cdot\underline{Q}^{\mathrm{T}}=\underline{W}_Q=\underline{\Omega}-\overline{\underline{\Omega}}\\ \underline{Q}(t)=\underline{1}\quad(t=t_0)\end{cases}\tag{25.43}$$

其中 $\underline{\Omega}=\underline{L}^{\mathrm{Sk}}=(\dot{\underline{F}}\underline{F}^{-1})^{\mathrm{Sk}}$ 是在实际框架中常用的材料的总空间旋转(Sk 代表偏斜对称部分),$\overline{\underline{\Omega}}$ 是定义在旋转框架中的同样的量。首先,将式(25.43)数值积分,从而计算出旋转张量 $\boldsymbol{Q}$,采用它,分别根据 $\overline{\underline{T}}=\underline{Q}^{\mathrm{T}}\cdot\underline{T}\cdot\underline{Q}$ 和 $\overline{\underline{\underline{T}}}=(\underline{Q}\cdot\underline{Q}^{\mathrm{T}}):\underline{\underline{T}}:(\underline{Q}^{\mathrm{T}}\cdot\underline{Q})$ 旋转任意二阶张量 $\boldsymbol{T}$ 和四阶张量 $\underline{\underline{\boldsymbol{T}}}$。因此,必须旋转所有张量变量以便将它们传送到旋转配置中,在那里它们将被数值积分(Badreddine 等,2010;Saanouni,2012a、b)。注意,由于附加自由度与变形梯度 $\underline{F}$ 无关,因此与经典局部列式相比,与微态列式一起使用的旋转框列式仍未改变。

在下文中,为了简单起见,将在总旋转框架中运算完全耦合的微态本构方程的所有公式和数值积分,而它们的符号没有任何区别。同样,使用以下定义:$\underline{\varepsilon}=\int_t\underline{D}\mathrm{d}t$ 和 $\underline{\varepsilon}^{ir}=\int_t\underline{D}^{ir}\mathrm{d}t$。在本章涉及塑性应变的内容中,不可逆量 $(-)^{ir}$ 转换为塑性量 $(-)^{p}$,如 25.2.4 节部分所述。

25.2.6 回溯微态平衡方程

使用式(25.24)~式(25.26)给定的微态状态关系式,微态平衡式(25.7)~式(25.9)以类应变变量形式被变换为

$$\begin{cases}\breve{C}^g\mathrm{Lap}(\underline{\breve{\alpha}})+\breve{C}(\sqrt{(1-D)}\,\underline{\alpha}-\underline{\breve{\alpha}})-(\mathrm{div}(\underline{\boldsymbol{f}}^{g\breve{\alpha}})-\underline{f}^{\breve{\alpha}})=\rho\zeta_{\breve{\alpha}}\ddot{\underline{\breve{\alpha}}}\quad(\text{在 }\Omega\text{ 中})\\ (\breve{C}^g(\nabla\underline{\breve{\alpha}})-\underline{\boldsymbol{f}}^{g\breve{\alpha}})\cdot\boldsymbol{n}=\underline{F}^{\breve{\alpha}}\quad(\text{在 }\Gamma_{\underline{F}^{\breve{\alpha}}}\text{ 上})\end{cases}\tag{25.44}$$

$$\begin{cases}\breve{Q}^g\mathrm{Lap}(\breve{D})+\breve{Q}(\sqrt{(1-D)}\,r-\breve{r})-(\mathrm{div})\boldsymbol{f}^{g\breve{r}})-f^{\breve{r}})=\rho\zeta_{\breve{r}}\ddot{\breve{r}}\quad(\text{在 }\Omega\text{ 中})\\ (\breve{Q}^g(\nabla\cdot\breve{r})-\boldsymbol{f}^{g\cdot\breve{r}})\cdot\boldsymbol{n}=F^{\breve{r}}\quad(\text{在 }\Gamma_{F^{\breve{r}}}\text{ 上})\end{cases}\tag{25.45}$$

$$\begin{cases}\breve{H}^g\mathrm{Lap}(\breve{D})+\breve{H}(D-\breve{D})-(\mathrm{div}(\boldsymbol{f}^g\breve{D})-f^{\breve{D}})=\rho\zeta_{\breve{d}}\ddot{\breve{D}}\quad(\text{在 }\Omega\text{ 中})\\ (\breve{H}^g(\nabla\breve{D})-\bar{f}^{g\breve{D}})\cdot\boldsymbol{n}=F^{\breve{D}}\quad(\text{在}\Gamma_{F^{\breve{D}}}\text{ 上})\end{cases}\tag{25.46}$$

其中标记 Lap(X)代表 X 的拉普拉斯变换。如果没有关于整体微态体和接触力的任何可用试验信息,则很难选择它们的值。因此,在不限制通用性的情况下,通过设定 $\underline{\boldsymbol{f}}^{g\breve{\alpha}}=\boldsymbol{0}$,$\underline{f}^{\breve{\alpha}}=\underline{0}$,$\underline{f}^{g\breve{r}}=\underline{\boldsymbol{f}}^{g\breve{D}}=\boldsymbol{0}$,$\underline{f}^{\breve{r}}=\underline{f}^{\breve{D}}=0$,$F^{\breve{D}}=F^{\breve{r}}=0$,$\underline{F}^{\breve{\alpha}}=0$ 来忽略这些力。以上微态平衡方程(式(25.44)~式(25.46))可简化为以下形式:

$$\begin{cases}\ell_{\breve{\alpha}}^2\mathrm{Lap}(\underline{\breve{\alpha}})+(\sqrt{(1-D)}\,\underline{\alpha}-\underline{\breve{\alpha}})=\rho\dfrac{\zeta_{\breve{\alpha}}}{\breve{C}}\ddot{\underline{\breve{\alpha}}}\quad(\text{在 }\Omega\text{ 中})\\ (\breve{C}^g(\nabla\underline{\breve{\alpha}})),\boldsymbol{n}=\underline{0}\quad(\text{在}\Gamma_{\underline{F}^{\breve{\alpha}}}\text{ 上})\end{cases}\tag{25.47}$$

$$\begin{cases}\ell_r^2\mathrm{lap}(\breve{r})+(\sqrt{(1-D)}\,r-\breve{r})=\dfrac{\rho\zeta_{\breve{r}}}{\breve{Q}}\ddot{\breve{r}}\quad(\text{在 }\Omega\text{ 中})\\ (\breve{Q}^g(\nabla\cdot\breve{r}))\cdot\boldsymbol{n}=0\quad(\text{在}\Gamma_{F^{\breve{r}}}\text{ 上})\end{cases}\tag{25.48}$$

$$\begin{cases}\ell_{\breve{d}}^{2}\mathrm{Lap}(\breve{D})+(D-\breve{D})=\rho\dfrac{\zeta_{\breve{d}}}{\boldsymbol{H}}\ddot{\breve{D}} & (在\ \Omega\ 中)\\ (\breve{H}^{g}(\boldsymbol{\nabla}\breve{D}))\cdot\boldsymbol{n}=0 & (在\ \Gamma_{F^{\breve{D}}}\ 上)\end{cases}\tag{25.49}$$

其中 $\ell_{\breve{\alpha}},\ell_{\breve{r}},\ell_{\breve{d}}$ 分别是相对于微态运动硬化、各向同性硬化和损伤的内部长度尺度，均被定义为微态模量的比例：

$$\ell_{\breve{\alpha}}=\sqrt{\frac{\breve{C}_{g}}{\breve{C}}}\quad(a),\quad \ell_{\breve{r}}=\sqrt{\frac{\breve{Q}_{g}}{\breve{Q}}}\quad(b),\quad \ell_{\breve{D}}=\sqrt{\frac{\breve{H}g}{\breve{H}}}\quad(c)\tag{25.50}$$

需提出，如果在式(25.49)中忽略微态损伤惯性，可推导出 Engelin(2003)，Geers 等(2003,2004)提出的隐式非局部损伤公式框架内给出的众所周知的亥姆霍兹方程，其在文献中被广泛使用以正则化损伤诱导软化的 IBVPs。

25.2.7　接触摩擦的建模

在由非弹性大应变成形的板状或块状金属成形中，变形件与刚性的和/或变形工具之间的接触和摩擦，以及相同变形固体的不同部分之间的自动接触和摩擦是不可忽略的。实际上，在工具-零件界面处发生的热和机械现象，甚至或者在来自自动接触的相同变形固体的各部分边界处发生的热和机械现象必须被精确地模拟为界面接触的本构方程。另一方面，这些接触界面在变形过程中发生演化，因此它们是演化问题中的未知量。这引入了严重的几何非线性，使 IBVP 难以解决，特别是当变形过程中接触界面经历大的变化时。

第一个困难涉及在变形过程中接触界面的确定。不做详细说明的前提下，固体接触的体系应满足额外的方程式，即①不可穿透性条件；②非黏附条件；③单边接触条件。这 3 个条件得出了以局部速度和接触界面任何点的接触力给出 Kuhn-Tucker 最优性条件的列式：

$$F_{N}\geqslant 0,\dot{\vartheta}_{N}\leqslant 0\ \text{et}\ F_{N}\dot{\vartheta}_{N}=0\quad \text{sur}\ \Gamma_{t}^{c}\tag{25.51}$$

式中：F_N 为接触力的正分量；$\dot{\vartheta}_N$ 为在接触界面外法线方向上的正向互穿速率 Γ_t^c。简单地说，应该将接触界面的每个点处的接触力添加到外力上，其通过式(25.3)定义在式(25.51)规定的接触限制条件下的外力的虚功。有关接触条件公式和数值处理的更多细节可以在以下出版的书中找到(Zhong,1993；Laursen,2002；Wriggers,2002)。

关于摩擦建模，它可以在类似于上面提出的本构方程的不可逆过程热力学框架中进行，可以在该框架中制定各种与时间无关或相关的摩擦本构方程(Zhong,1993；Laursen,2002；Wriggers,2002；Saanouni,2012a、b)。这里，只有时间无关的摩擦模型的公式，作为特例，可以从中获得众所周知的库仑摩擦模型(Saanouni,2012a、b)。

对于金属材料，接触表面总是粗糙的，其尺寸(粗糙度)极大地影响这些表面之间滑动时的摩擦条件。实际上，两个非常光滑的表面之间的接触由每个接触表面上存在的粗糙度(表面状态)决定，如果这两个接触固体被加载，则在接触表面对之间的相对位移期间粗糙表面发生变形。如果施加的载荷不超过某一阈值，则粗糙度仅经历可逆(弹性)变形，同时保持互锁，因此如果固体被卸载，则粗糙度恢复到其原始构型，这被称为两种固体之间的可逆相对滑移。然而,如果施加的载荷超过某一阈值,则粗糙度经历不可逆变形,使得在卸载之后固体不再能够返回到其初始预载的构型,这被称为不可逆滑动。

基于这些观察到的事实,位于接触界面中的任何材料点处的法向($\dot{\boldsymbol{\vartheta}}_N$)和切向($\dot{\boldsymbol{\vartheta}}_\tau$)相对滑移率加性分解成可逆和不可逆部分:

$$\dot{\vartheta}_N=\dot{\vartheta}_N^{re}+\dot{\vartheta}_N^{ir},\ \dot{\boldsymbol{\vartheta}}_\tau=\dot{\boldsymbol{\vartheta}}_\tau^{re}+\dot{\boldsymbol{\vartheta}}_\tau^{ir} \tag{25.52}$$

在实践中,切向可逆滑移率被称为接触点处两个固体之间的黏附力或摩擦率($\dot{\boldsymbol{\vartheta}}_\tau^{re}=\dot{\boldsymbol{\vartheta}}_\tau^{ir}$),而切向不可逆滑移率是表面之间的真实滑移率($\dot{\boldsymbol{\vartheta}}_\tau^{ir}=\dot{\boldsymbol{\vartheta}}_\tau^{sl}$)。以与累积非弹性应变率类似的方式(见式(25.38)),定义了以下累积切向滑移率:

$$\|\dot{\boldsymbol{\vartheta}}_\tau\|=\sqrt{\dot{\boldsymbol{\vartheta}}_\tau^{ir}.\ \dot{\boldsymbol{\vartheta}}_\tau^{ir}}=\sqrt{\dot{\boldsymbol{\vartheta}}_\tau^{sl}.\ \dot{\boldsymbol{\vartheta}}_\tau^{sl}}=\dot{\vartheta}_\tau \tag{25.53}$$

遵循热力学方法,从接触界面的每个点处引入以下几对状态变量:

(1)($\boldsymbol{\vartheta}_\tau^{fr},\boldsymbol{F}_\tau^{fr}$):与切向摩擦力$\boldsymbol{F}_\tau^{fr}$ 相关的黏附力$\boldsymbol{\vartheta}_\tau^{fr}$。

(2)($\boldsymbol{\vartheta}_\tau^{sl},\boldsymbol{F}_\tau^{sl}$):与切向滑动力$\boldsymbol{F}_\tau^{sl}$ 的不可逆部分相关联的切向滑动$\boldsymbol{\vartheta}_\tau^{sl}$,称为"撕裂"力。

(3)(ϑ_τ,F_τ^w):与切向磨损力 F_τ^w 相关的累积切向滑移 ϑ_τ。

摩擦(黏附)力$\boldsymbol{F}_\tau^{fr}$ 与滑动(撕裂)力$\boldsymbol{F}_\tau^{sl}$(向量)会导致一种摩擦各向异性,即对空间方向的依赖性(类似于塑性流变的运动硬化),而磨损力 F_τ^w 是一个控制摩擦域大小的标量(类似于塑性中的各向同性硬化)。因此,可以在黏附力$\boldsymbol{F}_\tau^{fr}$、撕裂力$\boldsymbol{F}_\tau^{sl}$ 和磨损力 F_τ^w 力以及类似力的状态变量 $\underline{\boldsymbol{\sigma}}$、$\underline{X}$ 和 R(其分别与塑性流变、运动硬化和各向同性硬化相关联)之间进行类比。

根据这个类比,忽略温度和损伤(它们只是些简单的参数)的强耦合时,可给出摩擦状态势:

$$\begin{aligned}\rho\psi_{fr}(\boldsymbol{\vartheta}_\tau^{fr},\boldsymbol{\vartheta}_\tau^{sl},\vartheta_\tau;T,D,\cdots)=\frac{1}{2}\boldsymbol{\vartheta}_\tau^{f_r}\cdot[\underline{C}^{f_f}(T,D,\cdots)]\cdot\boldsymbol{\vartheta}_\tau^{fr}+\\ \frac{1}{2}\boldsymbol{\vartheta}_\tau^{sl}\cdot[\underline{\boldsymbol{C}}^{sl}(T,D,\cdots]]\cdot\boldsymbol{\vartheta}_\tau^{sl}+\frac{1}{2}[Q^w(T,D,\cdots)](\vartheta_\tau)^2\end{aligned} \tag{25.54}$$

因此,接触-摩擦状态的相对关系式可轻易地从摩擦状态势中推导出来:

$$\boldsymbol{F}_\tau^{fr}=\rho\frac{\partial\psi_{fr}}{\partial\boldsymbol{\vartheta}_\tau^{fr}}=[\underline{\boldsymbol{C}}^{fr}(T,D,\cdots)]\cdot\boldsymbol{\vartheta}_\tau^{fr} \tag{25.55}$$

$$\boldsymbol{F}_\tau^{sl}=\rho\frac{\partial\psi_{fr}}{\partial\boldsymbol{\vartheta}_\tau^{sl}}=[\underline{\boldsymbol{C}}^{sl}(T,D,\cdots)]\cdot\boldsymbol{\vartheta}_\tau^{sl} \tag{25.56}$$

$$F_\tau^w=\rho\frac{\partial\psi_{fr}}{\partial\boldsymbol{\vartheta}_\tau}=[Q^w(T,D,\cdots)]\vartheta_\tau \tag{25.57}$$

式中:$\underline{\boldsymbol{C}}^{fr}(T,D,\cdots)$是二阶对称"罚"张量,代表接触面粗糙度的弹性;$\underline{\boldsymbol{C}}^{sl}(T,D,\cdots)$是一个二阶对称"粗糙度"张量,它表征了空间三个方向上的粗糙度的撕裂;$Q^w(T,D,\cdots)$是接触面粗糙度"模量"。所有这些算子都依赖于温度和其他物理现象,例如,由微裂纹、磨损、剥落等引起的损伤(Saanouni,2012a、b)。

类似地,定义通量变量$\dot{\boldsymbol{\theta}}_\tau^{r}$,$\dot{\boldsymbol{\theta}}_\tau^{sl}$,$\dot{\theta}_\tau$ 的互补关系式,可能由"摩擦"屈服判据 $f_f(\dot{F}_\tau^{fr},\dot{\boldsymbol{F}}_\tau^{sl},F_\tau^w;T,D,\cdots)$和"摩擦"势 $F_f(\dot{\boldsymbol{F}}_\tau^{fr},\dot{\boldsymbol{F}}_\tau^{sl},F_\tau^w;T,D,\cdots)$在非相关理论的背景下定义。这些是根

据以下形式选择的(Saanouni,2012a、b):

$$f_f(\boldsymbol{F}_\tau^{f_f},\boldsymbol{F}_\tau^{sl},F_\tau^{w};T,D,\cdots)=\|\boldsymbol{F}_\tau^{fr}-\boldsymbol{F}_\tau^{s_t}\|_f-\eta F_N^{f_r}-F_\tau^{w}-F_y\leqslant 0 \quad (25.58)$$

$$F_f(\boldsymbol{F}_\tau^{fr},\boldsymbol{F}_\tau^{sl},F_\tau^{w};T,D,\cdots)=f_f+\frac{a^{sl}}{2}\boldsymbol{F}_\tau^{sl}\cdot(\underline{C}^{sl})^{-1}\boldsymbol{F}_\tau^{sl}+\frac{b^w}{2Q^w}(F_\tau^w)^2 \quad (25.59)$$

式中:F_y 为切向力阈值(屈服极限力);a^{sl} 为非线性撕裂系数;b^w 为非线性磨损参数。有效切向力的范数可以是二次各向同性或各向异性的:

$$\|\boldsymbol{F}_t^{fr}-\boldsymbol{F}_t^{sl}\|_f=\begin{cases}\sqrt{\dfrac{1}{2}(\boldsymbol{F}_\tau^{f_\tau}-\boldsymbol{F}_\tau^{*})\cdot(\boldsymbol{F}_\tau^{f_r}-\boldsymbol{F}_\tau^{st})} & (\text{各向同性摩擦})\\ \sqrt{(\boldsymbol{F}_\tau^{fr}-\boldsymbol{F}_\tau^{sl})\times(\boldsymbol{F}_\tau^{fr}-\boldsymbol{F}_\tau^{c})} & (\text{各向异性摩擦})\end{cases} \quad (25.60)$$

其中:二阶对称张量$\underline{\chi}(T,D,\cdots)$定义了摩擦"流变"的各向异性,这依赖于绝对温度和局部韧性损伤。正态定律的应用使得能够推导出与摩擦、撕裂和磨损相关的演化关系式:

$$\dot{\boldsymbol{\vartheta}}_\tau^{fr}=\dot{\lambda}_f\frac{\partial F_f}{\partial(\boldsymbol{F}_\tau^{fr})}=\dot{\lambda}_f\frac{\partial f_f}{\partial(\boldsymbol{F}_\tau^{ff})}=\dot{\lambda}_f\boldsymbol{n}_f \quad (25.61)$$

$$\dot{\boldsymbol{\vartheta}}_\tau^{st}=-\dot{\lambda}_f\frac{\partial F_f}{\partial(\boldsymbol{F}_\tau^{st})}=-\dot{\lambda}_f\left(\frac{\partial f_f}{\partial(\boldsymbol{F}_\tau^{t})}+a^{s'}(\overline{\underline{C}}^{sl})^{-1}\cdot\boldsymbol{F}_\tau^{st}\right)=\dot{\lambda}_f(\boldsymbol{n}_f-a^{sl}\overline{\boldsymbol{\vartheta}}_v^{st}) \quad (25.62)$$

$$\dot{\vartheta}=-\dot{\lambda}_f\frac{\partial F_f}{\partial(F_\tau^w)}=-\dot{\lambda}_f\left(\frac{\partial f_f}{\partial(F_\tau^w)}+\frac{b^w}{Q^w}F_T^w\right)=\dot{\lambda}_f(1-b^w\vartheta_\tau) \quad (25.63)$$

其中摩擦表面的外法线由下式给出:

$$\boldsymbol{n}_f=\frac{\partial f_f}{\partial(\boldsymbol{F}_\tau^{fr})}=\begin{cases}\dfrac{(\boldsymbol{F}_\tau^{f_f}-\boldsymbol{F}_\tau^{st})}{\|\boldsymbol{F}_\tau^{fr}-\boldsymbol{F}_\tau^{sl}\|_f} & (\text{各向同性摩擦})\\ \dfrac{\overline{\underline{\chi}}\cdot(\boldsymbol{F}_\tau^{fr}-\boldsymbol{F}_\tau^{st})}{\|\boldsymbol{F'}_r-\boldsymbol{F}_\tau^{*}\|_f} & (\text{各向异性摩擦})\end{cases} \quad (25.64)$$

最后,应用摩擦准则的一致性条件:若 $f_f=0$ 则 $\dot{f}_f=0$,可获得作为下述方程解的摩擦乘子 $\dot{\lambda}_f$ 的解析表达式如下:

$$\frac{\partial f_f}{\partial(\overline{F}_\tau^f)}\cdot\dot{\boldsymbol{F}}_\tau^{fr}+\frac{\partial f_f}{\partial(\boldsymbol{F}_\tau^{sl})}\cdot\dot{\boldsymbol{F}}_\tau^{st}+\frac{\partial f_f}{\partial(F_\tau^w)}\dot{F}_\tau^w+\frac{\partial f_f}{\partial(F_N^{fr})}\dot{F}_N^{f_r}+\frac{\partial f_f}{\partial T}\dot{T}+\frac{\partial f_f}{\partial D}\dot{D}+\cdots=0 \quad (25.65)$$

这种先进的摩擦模型的发展在此驻足,指出当忽略"硬化"现象时,可以发现知名的库仑摩擦模型作为本模型的特例,得到相关理论框架中、用如下正向力 F_N 和切向力$\boldsymbol{F}_\tau$ 的摩擦面凸起函数(Saanouni,2012a、b)描述的完美摩擦模型:

$$f_f(F_N,\boldsymbol{F}_\tau;T,\cdots)=\|\boldsymbol{F}_\tau\|_f-\eta(T,D,\cdots)F_N-F_y(T,D,\cdots)\leqslant 0 \quad (25.66)$$

式中:$\eta(T,D,\cdots)$是表征接触面摩擦的材料参数;$F_y(T,D,\cdots)$是表征黏附力阈值的材料参数,两者都与温度和损伤相关。

25.3 数值方法

总体平衡式(25.6)、式(25.47)、式(25.48)和式(25.49)只是控制微态固体平衡的高度非线性和完全耦合的初始和边值问题(IBVP)的强形式。在本节中,针对仅基于最新的拉格朗日公式的有限元代码 ABAQUS/Explicit ® 的框架,简要讨论了解决多用途 IBVP 的数值问题。

25.3.1 IBVP 的弱形式

设 Ω 为微态固体在典型时间 t 时的体积,Γ 为其相对变形配置的边界。来自该微态体的每个粒子的位置由空间 Cartesian 坐标 x,y,z 来描绘。在没有微态体和接触力的情况下,被研究的固体会承受经典体力$\boldsymbol{f}^u$、边界 Γ_u 上的位移或速度场以及通常条件 $\Gamma_u \cup \Gamma_F = \Gamma$ 和 $\Gamma_u \cap \Gamma_F = \varnothing$ 下边界 Γ_F 上的力$\boldsymbol{F}^u$(所有的微态体和表面力都被忽略)。

通过将经典加权残值方法与 Galerkin 假设一起使用,并通过考虑 Neumann 边界条件执行所需的积分之后,上述定义的 IBVP 的弱形式可很容易在以下形式下获得(Hamed,2012;Saanouni,2012a、b;Saanouni 和 Hamed,2013):

$$
\begin{cases}
J_u(\boldsymbol{u},\delta\dot{\boldsymbol{u}}) = \int_\Omega \rho\ddot{\boldsymbol{u}}\cdot\delta\dot{\boldsymbol{u}}\mathrm{d}\Omega + \int_\Omega \underline{\sigma}:(\boldsymbol{\nabla}\delta\dot{\boldsymbol{u}})^{sym}\mathrm{d}\Omega - \int_\Omega \boldsymbol{f}^u\cdot\delta\dot{\boldsymbol{u}}\mathrm{d}\Omega - \int_{\Gamma_F}\boldsymbol{F}^u\cdot\delta\dot{\boldsymbol{u}}\mathrm{d}\Omega - \int_{\Gamma_F}\boldsymbol{F}^c\cdot\delta\dot{\boldsymbol{u}}\mathrm{d}\Omega \\
\quad = 0 \quad (\forall\delta\dot{\boldsymbol{u}}\mathrm{K.A.}) & (25.67a) \\
J_{\breve{D}}(\breve{D},\delta\breve{D}) = \int_\Omega \frac{\zeta_{\breve{d}}}{\breve{H}}\ddot{\breve{D}}\delta\dot{\breve{D}}\mathrm{d}\Omega + \int_\Omega l_{\breve{d}}^2(\boldsymbol{\nabla}\breve{D})\cdot(\boldsymbol{\nabla}\delta\dot{\breve{D}})\mathrm{d}\Omega - \int_\Omega (D-\breve{D})\delta\dot{\breve{D}}\mathrm{d}\Omega = 0 \quad (\forall\delta\dot{\breve{D}}\mathrm{K.A.}) & (25.67b) \\
J_{\breve{r}}(\breve{r},\delta\dot{\breve{r}}) = \int_\Omega \frac{\rho\zeta_{\breve{r}}}{Q}\ddot{\breve{r}}\delta\dot{\breve{r}}\mathrm{d}\Omega - \int_\Omega l_{\breve{r}}^2(\boldsymbol{\nabla}\cdot\breve{r})\cdot(\boldsymbol{\nabla}\delta\dot{\breve{r}})\mathrm{d}\Omega - \int_\Omega((\sqrt{1-D})r-\breve{r})\delta\dot{\breve{r}}\mathrm{d}\Omega = 0 \quad (\forall\delta\dot{\breve{r}}\mathrm{K.A.}) & (25.67c) \\
J_{\underline{\breve{\alpha}}}(\boldsymbol{a},\delta\dot{\underline{\breve{\alpha}}}) = \int_\Omega \frac{p\zeta\underline{\breve{\alpha}}}{\breve{C}}\ddot{\underline{\breve{\alpha}}}:\delta\dot{\underline{\breve{\alpha}}}\mathrm{d}\Omega + \int_\Omega l_{\underline{\breve{\alpha}}}^2\ \boldsymbol{\nabla}\underline{\breve{\alpha}}\therefore\ \boldsymbol{\nabla}\delta\dot{\underline{\breve{\alpha}}}\mathrm{d}\Omega - \frac{2}{3}\int_\Omega((\sqrt{1-D})\underline{\alpha}-\underline{\breve{\alpha}}):\delta\dot{\underline{\breve{\alpha}}}\mathrm{d}\Omega \\
\quad = 0 \quad (\forall\delta\dot{\underline{\breve{\alpha}}}\mathrm{K}\cdot\mathrm{A.}) & (25.67d)
\end{cases}
$$

其中:$\delta\dot{\boldsymbol{u}}$,$\delta\dot{\breve{D}}$,$\delta\dot{\breve{r}}$,$\delta\dot{\underline{\breve{\alpha}}}$分别为任意运动学上可接受 K.A.(即执行相关 Dirichlet 边界条件)的虚拟速度、虚拟微态损伤率、虚拟各向同性硬化率和虚拟运动硬化率场,而式(25.27)的最后 LHS 中的$\boldsymbol{F}^c$ 代表接触界面处的接触力,它是上面讨论的接触-摩擦模型的解。

25.3.2 时间和空间的离散化

由式(25.67)定义的 IBVP 需要在空间和时间域 $\Omega\times[t_0,t_f]$上解决,其中 t_0 和 t_f 为实施外部载荷谱(纯机械)间隔的初始和最后时间。

总间隔时间 $I_t=[t_0,t_f]$可离散化为 N_t 个变尺寸 Δt 的子区间,因而估算值 $I_t \approx \cup_{n=0}^{N_t}[t_n, t_{n+1}=t_n+\Delta t]$成立。对于每一个时间子区间,必须解决非线性问题以确定在时间 t_{n+1} 处 IBVP 的所有未知数,同时假设在 t_n 处完全已知它们的值。

利用此时间的离散化,并考虑更新的拉格朗日公式,在时间 t_n 处获得最后的称为 Ω_{t_n} 的平衡配置,并将其作为参考配置,同时试图完全确定在时间 t_{n+1} 处的平衡配置 $\Omega_{t_{n+1}}$ 以及该配置中的整体运动变量($\vec{u}_{n+1}$,$\breve{D}_{n+1}$,$\breve{r}_{n+1}$,$\underline{\breve{\alpha}}_{n+1}$)和局部状态变量($\underline{\varepsilon}^p_{n+1}$,$\underline{\sigma}_{n+1}$,$\underline{X}_{n+1}(\underline{\alpha}_{n+1})$,$R_{n+1}(r_{n+1})$,$D_{n+1}$)。

对于空间离散化,基于位移的标准(Galerkin 型)有限元方法用于将参考状态 Ω_{t_n} 离散为有限数量(N_{te})的子域(或有限元),其具有最简单的称为 Ω_e 的几何形式,从而保证估算式 $\Omega_{t_n} \approx \cup_{e=1}^{N_{te}} \Omega_e$ 以足够的精度成立。在由(N_{en})个节点定义的域 Ω_{t_n} 的每个有限元 Ω_e 中,基于子域上的节点近似,使用适当的拉格朗日型多项式插值函数,可估算 IBVP 的主要未知数(这里是位移向量、微态损伤、微态各向同性硬化和微态运动硬化场)。将由自然坐标 $\vec{\xi}^e$ 定义的参考帧用于定义与 Ω_e 相关联的参考单元 Ω_r 时,在 Ω_r 上的节点的未知数(连同它们的相关虚拟未知数)使用经典矩阵符号近似:

$$\begin{cases}\{u^e(x,t)\} = [N^e(\xi_i)]\{u_I^e(t)\} \\ \{\delta u^e(x,t)\} = [N^e(\xi_i)]\{\delta u_I^e(t)\}\end{cases} \tag{25.68}$$

$$\begin{cases}\breve{D}^e(x,t) = [\breve{N}_{\breve{D}}^e(\xi_i)]\{\breve{D}_I^e(t)\} \\ \delta\breve{D}_e(x,t) = [\breve{N}_{\breve{D}}^e(\xi_i)]\{\delta\breve{D}_I^e(t)\}\end{cases} \tag{25.69}$$

$$\begin{cases}\breve{r}^e(x,t) = [\breve{N}_{\breve{r}}^e(\xi_i)]\{\breve{r}_I^e(t)\} \\ \delta\breve{r}^e(x,t) = [\breve{N}_{\breve{r}}^e(\xi_i)]\{\delta\breve{r}_I^e(t)\}\end{cases} \tag{25.70}$$

$$\begin{cases}\{\breve{\alpha}^e(x,t)\} = [\breve{N}_{\breve{\alpha}}^e(\xi_i)]\{\breve{\alpha}_I^e(t)\} \\ \{\delta\breve{\alpha}^e(x,t)\} = [\breve{N}_{\breve{\alpha}}^e(\xi_i)]\{\delta\breve{\alpha}_I^e(t)\}\end{cases} \tag{25.71}$$

其中:$[N^e]$,$[\breve{N}^e_{\breve{r}}]$,$[\breve{N}^e_{\breve{\alpha}}]$,$[\breve{N}^e_{\breve{D}}]$是 4 个节点未知数中每一个插值(或形状)函数的矩阵。角标 I 代表每个单元的自由度总数(即单元 N_{en} 的节点总数乘以每个节点的未知数个数)。在三维中,这形成了每个节点具有 11 个未知数的单元。式(25.68)~式(25.71)相对于时间的一阶和二阶导数保证了相应的速度和加速度场的简单计算:

$$\begin{cases}\{\dot{u}^e(x,t)\} = [N^e(\xi_i)]\{\dot{u}_I^e(t)\} \\ \{\delta\dot{u}^e(x,t)\} = [N^e(\xi_i)]\{\delta\dot{u}_I^e(t)\}\end{cases} \tag{25.72}$$

$$\begin{cases}\dot{\breve{D}}e(x,t) = [\breve{N}_{\breve{D}}^e(\xi_i)]\{\dot{\breve{D}}_I^{\dot{e}}(t)\} \\ \delta\dot{\breve{D}}e(x,t) = [N_{\breve{D}}^e(\xi_i)]\{\delta\dot{\breve{D}}_I^e(t)\}\end{cases} \tag{25.73}$$

$$\begin{cases}\dot{\breve{r}}^e(x,t) = [\breve{N}_{\breve{D}}^e(\xi_i)]\{\dot{\breve{r}}_I^e(t)\} \\ \delta\dot{\breve{r}}^e(x,t) = [\breve{N}_{\breve{D}}^e(\xi_i)]\{\delta\dot{\breve{r}}_I^e(t)\}\end{cases} \tag{25.74}$$

$$\begin{cases}\{\dot{\breve{\alpha}}e(x,t)\} = [\breve{N}_{\breve{\alpha}}^e(\xi_i)]\{\dot{\breve{\alpha}}_I^e(t)\} \\ \{\delta\dot{\breve{\alpha}}e(x,t)\} = [\breve{N}_{\breve{\alpha}}^e(\xi_i)]\{\delta\dot{\breve{\alpha}}_I^e(t)\}\end{cases} \tag{25.75}$$

$$\{\ddot{u}^e(x,t)\} = [\breve{N}^e(\xi_i)]\{\ddot{u}_I^e(t)\} \tag{25.76}$$

$$\ddot{\breve{D}}^{(e)}(x,t) = [\breve{N}_{\breve{D}}^e(\xi_i)]\{\ddot{\breve{D}}_I^e(t)\} \tag{25.77}$$

$$\ddot{\breve{r}}^{(e)}(x,t) = [\breve{N}_{\breve{r}}^e(\xi_i)]\{\ddot{\breve{r}}_I^e(t)\} \tag{25.78}$$

$$\{\ddot{\breve{\alpha}}^{(e)}(x,t)\} = [\breve{N}_{\breve{\alpha}}^e(\xi_i)]\{\ddot{\breve{\alpha}}_I^e(t)\} \tag{25.79}$$

另一方面,每个真实和虚拟变量的第一梯度直接来自式(25.68)~式(25.71)。

$$\begin{cases} \{\boldsymbol{\nabla}(\dot{u})\} = \{\dot{\varepsilon}^e\} = \left[\dfrac{\partial N^e}{\partial \boldsymbol{x}}\right]\{\dot{u}_I^e\} = \left[\dfrac{\partial N^e}{\partial \boldsymbol{\xi}}\right]\left[\dfrac{\partial \boldsymbol{\xi}}{\partial \boldsymbol{x}}\right]\{\dot{u}_I^e\} = [B^e]\{\dot{u}_I^e\} \\ \{\boldsymbol{\nabla}(\delta\dot{u}^e)\} = \{\delta\dot{\varepsilon}^e\} = \left[\dfrac{\partial N^e}{\partial \boldsymbol{x}}\right]\{\delta\dot{u}_I^e\} = \left[\dfrac{\partial N^e}{\partial \boldsymbol{\xi}}\right]\left[\dfrac{\partial \boldsymbol{\xi}}{\partial \boldsymbol{x}}\right]\{\delta\dot{u}_I^e\} = [B^e]\{\delta\dot{u}_I^e\} \end{cases} \tag{25.80}$$

$$\begin{cases} \{\boldsymbol{\nabla}\breve{D}^e\} = \left[\dfrac{\partial \breve{N}_{\breve{D}}^e}{\partial \boldsymbol{x}}\right]\{\breve{D}_I^e\} = \left[\dfrac{\partial \breve{N}_{\breve{D}}^e}{\partial \boldsymbol{\xi}}\right]\left[\dfrac{\partial \boldsymbol{\xi}}{\partial \boldsymbol{x}}\right]\{\breve{D}_I^e\} = [\breve{B}_{\breve{D}}^e]\{\breve{D}_I^e\} \\ \{\boldsymbol{\nabla}(\delta\breve{D}^e)\} = \left[\dfrac{\partial \breve{N}_{\breve{D}}^e}{\partial \boldsymbol{x}}\right]\{\delta\breve{D}_I^e\} = \left[\dfrac{\partial \breve{N}_{\breve{D}}^e}{\partial \boldsymbol{\xi}}\right]\left[\dfrac{\partial \boldsymbol{\xi}}{\partial \boldsymbol{x}}\right]\{\delta\breve{D}_I^e\} = [\breve{B}_{\breve{D}}^e]\{\delta\breve{D}_I^e\} \end{cases} \tag{25.81}$$

$$\begin{cases} \{\boldsymbol{\nabla}\breve{r}_e\} = \left[\dfrac{\partial \breve{N}_{\breve{r}}^e}{\partial \boldsymbol{x}}\right]\{\breve{r}_I^e\} = \left[\dfrac{\partial \breve{N}_{\breve{r}}^e}{\partial \boldsymbol{\xi}}\right]\left[\dfrac{\partial \boldsymbol{\xi}}{\partial \boldsymbol{x}}\right]\{\breve{r}_I^e\} = [\breve{B}_{\breve{r}}^e]\{\breve{r}_I^e\} \\ \{\boldsymbol{\nabla}(\delta\breve{r}^e)\} = \left[\dfrac{\partial \breve{N}_{\breve{r}}^e}{\partial \boldsymbol{x}}\right]\{\delta\breve{r}_I^e\} = \left[\dfrac{\partial \breve{N}_{\breve{r}}^e}{\partial \boldsymbol{\xi}}\right]\left[\dfrac{\partial \boldsymbol{\xi}}{\partial \boldsymbol{x}}\right]\{\delta\breve{r}_I^e\} = [\breve{B}_{\breve{r}}^e]\{\delta\breve{r}_I^e\} \end{cases} \tag{25.82}$$

$$\begin{cases} \{\boldsymbol{\nabla}\breve{\alpha}^e\} = \left[\dfrac{\partial \breve{N}_{\breve{\alpha}}^e}{\partial \boldsymbol{x}}\right]\{\breve{\alpha}_I^e\} = \left[\dfrac{\partial \breve{N}_{\breve{\alpha}}^e}{\partial \boldsymbol{\xi}}\right]\left[\dfrac{\partial \boldsymbol{\xi}}{\partial \boldsymbol{x}}\right]\{\breve{\alpha}_I^e\} = [\breve{B}_{\breve{\alpha}}^e]\{\breve{\alpha}_I^e\} \\ \{\boldsymbol{\nabla}(\delta\breve{\alpha}^e)\} = \left[\dfrac{\partial \breve{N}_{\breve{\alpha}}^e}{\partial \boldsymbol{x}}\right]\{\delta\breve{\alpha}_I^e\} = \left[\dfrac{\partial \breve{N}_{\breve{\alpha}}^e}{\partial \boldsymbol{\xi}}\right]\left[\dfrac{\partial \boldsymbol{\xi}}{\partial \boldsymbol{x}}\right]\{\delta\breve{\alpha}_I^e\} = [\breve{B}_{\breve{\alpha}}^e]\{\delta\breve{\alpha}_I^e\} \end{cases} \tag{25.83}$$

借助式(25.68)~式(25.83),式(25.67)的弱形式对于典型有限元(e)可以写成如下矩阵形式:

$$J_u^e(\boldsymbol{u}^e, \boldsymbol{\delta}\dot{\boldsymbol{u}}^e) = \{\delta\dot{u}^e\}^{\mathrm{T}}([M^e]\{\ddot{u}_I^e\} + \{F_{\mathrm{int}}^e\} - \{F_{\mathrm{ext}}^e\}) \tag{25.84}$$

$$J_{\breve{D}}^e(\breve{D}^e, \delta\dot{\breve{D}}^e) = \{\delta\dot{\breve{D}}^e\}^{\mathrm{T}}([\breve{M}_{\breve{D}}^e]\{\ddot{\breve{D}}_I^e\} + \{\breve{F}_{\mathrm{int}\breve{D}}^e\} - \{\breve{F}_{\mathrm{ext}\breve{D}}^e\}) \tag{25.85}$$

$$J_{\breve{r}}^e(\breve{r}^e, \boldsymbol{\delta}\dot{\breve{r}}^e) = \{\delta\dot{\breve{r}}^e\}^{\mathrm{T}}([\breve{M}_{\breve{r}}^e]\{\ddot{\breve{r}}_I^e\} + \{\breve{F}_{\mathrm{int}\breve{r}}^e\} - \{\breve{F}_{\mathrm{ext}\breve{r}}^e\}) \tag{25.86}$$

$$J_{\underline{\breve{\alpha}}}^e(\underline{\breve{\alpha}}^e, \boldsymbol{\delta}\dot{\underline{\breve{\alpha}}}^e) = \{\delta\dot{\underline{\breve{\alpha}}}^e\}^{\mathrm{T}}([\breve{M}_{\underline{\breve{\alpha}}}^e]\{\ddot{\breve{\alpha}}_I^e\} + \{\breve{F}_{\mathrm{int}\underline{\breve{\alpha}}}^e\} - \{\breve{F}_{\mathrm{ext}\underline{\breve{\alpha}}}^e\}) \tag{25.87}$$

其中,质量矩阵以及所关注的参考单元的内部和外部载荷向量为

(1)统一质量矩阵:

$$[M^e] = \int_{\Omega_r} \rho [N^e]^{\mathrm{T}} [N^e] J_v^e \mathrm{d}\Omega_r \tag{25.88}$$

$$[\breve{M}_{\breve{D}}^e] = \int_{\Omega_r} \frac{\rho \zeta_{\breve{D}}}{\breve{H}} [N_{\breve{D}}^e]^{\mathrm{T}} [N_{\breve{D}}^e] J_v^e \mathrm{d}\Omega_r \tag{25.89}$$

$$[\breve{M}_{\breve{r}}^e] = \int_{\Omega_r} \frac{\rho \zeta_{\breve{r}}}{\breve{Q}} [N_{\breve{r}}^e]^{\mathrm{T}} [N_{\breve{r}}^e] J_v^e \mathrm{d}\Omega_r \tag{25.90}$$

$$[\breve{M}_{\breve{\alpha}}^e] = \int_{\Omega_r} \frac{\rho \zeta_{\underline{\breve{\alpha}}}}{\breve{C}} [N_{\breve{\alpha}}^e]^{\mathrm{T}} [N_{\breve{\alpha}}^e] J_v^e \mathrm{d}\Omega_r \tag{25.91}$$

(2)内力向量:

$$\{F_{\mathrm{int}}^e\} = \int_{\Omega_r} [B^e]^{\mathrm{T}} \{\sigma^e\} J_v^e \mathrm{d}\Omega_r \tag{25.92}$$

$$\{\breve{F}^e_{\text{int}\breve{D}}\} = \int_{\Omega_r} [\ell_{\text{d}}^2 [\breve{B}^e_{\breve{D}}]^{\text{T}} [\breve{B}^e_{\breve{D}}] + [\breve{N}^e_{\breve{D}}]^{\text{T}} [\breve{N}^e_{\breve{D}}]] \{\breve{D}^e\} J^e_v \mathrm{d}\Omega_r \tag{25.93}$$

$$\{\breve{F}^e_{\text{int}\breve{r}}\} = \int_{\Omega_r} [\ell_{\breve{r}}^2 [\breve{B}^e_{\breve{r}}]^{\text{T}} [\breve{B}^e_{\breve{r}}] + [\breve{N}^e_{\breve{r}}]^{\text{T}} [\breve{N}^e_{\breve{r}}]] \{\breve{r}^e\} J^e_v \mathrm{d}\Omega_r \tag{25.94}$$

$$\{\breve{F}^e_{\text{int}\breve{\underline{\alpha}}}\} = \int_{\Omega_r} [\ell_{\breve{\underline{\alpha}}}^2 [\breve{B}^e_{\breve{\underline{\alpha}}}]^{\text{T}} [\breve{B}^e_{\breve{\underline{\alpha}}}] + \frac{2}{3} [\breve{N}^e_{\breve{\underline{\alpha}}}]^{\text{T}} [\breve{N}^e_{\breve{\underline{\alpha}}}]] \{\breve{\underline{\alpha}}^e\} J^e_v \mathrm{d}\Omega_r \tag{25.95}$$

(2)外力向量:

$$\{F^e_{\text{ext}}\} = \int_{\Omega_r} [N^e]^{\text{T}} \{f^u\} J^e_v \mathrm{d}\Omega_r + \int_{\Gamma_{F^u r}} [N^e]^{\text{T}} \{F^u\} J^e_s \mathrm{d}\Gamma_r + \int_{\Gamma_{C_r}} \{F^C\} J^e_s \mathrm{d}\Gamma_r \tag{25.96}$$

$$\{\breve{F}^e_{\text{ext}\breve{D}}\} = \int_{\Omega_r} D^e [\breve{N}^e_{\breve{D}}]^{\text{T}} J^e_v \mathrm{d}\Omega_r \tag{25.97}$$

$$\{\breve{F}^e_{\text{ext}\breve{r}}\} = \int_{\Omega_r} \sqrt{1 - D^e r^e} [\breve{N}^e_{\breve{D}}]^{\text{T}} J^e_v \mathrm{d}\Omega_r \tag{25.98}$$

$$\{\breve{F}^e_{\text{ext},\breve{\underline{\alpha}}}\} = \frac{2}{3} \int_{\Omega_r} \sqrt{1 - D^e} \{\alpha\} [\breve{N}^e_{\breve{\underline{\alpha}}}]^{\text{T}} J^e_v \mathrm{d}\Omega_r \tag{25.99}$$

继续使用结构单元整个总数(Nte)上的标准集合,并记住式(25.67)中的代数方程组对于任何 K. A. 虚拟域$\{\delta\dot{U}\}$,$\{\delta\dot{\breve{r}}\}$,$\{\delta\dot{\breve{D}}\}$都应该满足,这样可得到式(25.100)中被完全离散化(在空间和时间上)的方程组(这里写在当前时间间隔$[t_n, t_{n+1} = t_n + \Delta t]$的$t_{n+1}$尾端):

$$\begin{cases} J^{n+1}_u = \mathop{\mathrm{A}}\limits_{e=1}^{N^{be}} J^e_{n+1} = [M]_{n+1} \{\ddot{U}\}_{n+1} + \{F_{\text{int}}\}_{n+1} - \{F_{ext}\}_{n+1} = \{0\} & (25.100\text{a}) \\ J^{n+1}_{\breve{D}} = \mathop{\mathrm{A}}\limits_{e=1}^{N^{be}} J^e_{\breve{D},n+1} = [\breve{M}_{\breve{D}}]_{n+1} \{\ddot{\breve{D}}\}_{n+1} + \{\breve{F}_{\text{int}\breve{D}}\}_{n+1} - \{\boldsymbol{F}_{\text{ext},\breve{D}}\}_{n+1} = \{0\} & (25.100\text{b}) \\ J^{n+1}_{\breve{r}} = \mathop{\mathrm{A}}\limits_{e=1}^{N^{be}} J^e_{\breve{r},n+1} = [\breve{M}_{\breve{r}}]_{n+1} \{\ddot{\breve{r}}\}_{n+1} + \{\breve{F}_{\text{int}\breve{r}}\}_{n+1} - \{\breve{F}_{\text{ext},\breve{r}}\}_{n+1} = \{0\} & (25.100\text{c}) \\ J^{n+1}_{\breve{\underline{\alpha}}} = \mathop{\mathrm{A}}\limits_{e=1}^{N^{be}} J^e_{\breve{\underline{\alpha}}}, n+1 = [\breve{M}_{\breve{D}}]_{n+1} \{\ddot{\breve{\alpha}}\}_{n+1} + \{\breve{F}_{\text{int},\breve{\underline{\alpha}}}\}_{n+1} - \{\breve{F}_{\text{int},\breve{\underline{\alpha}}}\}_{n+1} = \{0\} & (25.100\text{d}) \end{cases}$$

其中:全局质量矩阵为$[M] = A^{\text{Nte}}_{e=1}[M^e]$,$[\breve{M}_{\breve{D}}] = A^{\text{Nte}}_{e=1}[\breve{M}^e_{\breve{D}}]$,$[\breve{M}_{\breve{r}}] = A^{\text{Nte}}_{e=1}[\breve{M}^e_{\breve{r}}]$,$[\breve{M}_{\breve{\underline{\alpha}}}] = A^{\text{Nte}}_{e=1}[\breve{M}^e_{\breve{\underline{\alpha}}}]$;全局节点加速度向量为$\{\ddot{\boldsymbol{U}}\} = A^{\text{Nte}}_{e=1}[\ddot{u}^e]$,$\{\ddot{\breve{\boldsymbol{D}}}\} = A^{\text{Nte}}_{e=1}[\ddot{\breve{D}}^e]$,$\{\ddot{\breve{\boldsymbol{r}}}\} = A^{\text{Nte}}_{e=1}[\ddot{\breve{r}}^e]$,$\{\ddot{\breve{\boldsymbol{\alpha}}}\} = A^{\text{Nte}}_{e=1}[\ddot{\breve{\alpha}}^e]$;全局内力向量为$\{\boldsymbol{F}_{\text{int}}\} = A^{\text{Nte}}_{e=1}[F^e_{\text{int}}]$,$\{\breve{\boldsymbol{F}}_{\text{int}\breve{D}}\} = A^{\text{Nte}}_{e=1}[\breve{F}^e_{\text{int}\breve{D}}]$,$\{\breve{\boldsymbol{F}}_{\text{int}\breve{r}}\} = A^{\text{Nte}}_{e=1}[\breve{F}^e_{\text{int}\breve{r}}]$,$\{\breve{\boldsymbol{F}}_{\text{int}\breve{\underline{\alpha}}}\} = A^{\text{Nte}}_{e=1}[\breve{F}^e_{\text{int}\breve{\underline{\alpha}}}]$;全局外力向量为$\{\boldsymbol{F}_{\text{ext}}\} = A^{\text{Nte}}_{e=1}[F^e_{\text{ext}}]$,$\{\breve{\boldsymbol{F}}_{\text{ext}\breve{D}}\} = A^{\text{Nte}}_{e=1}[\breve{F}^e_{\text{ext}\breve{D}}]$,$\{\breve{\boldsymbol{F}}_{\text{ext}\breve{r}}\} = A^{\text{Nte}}_{e=1}[\breve{F}^e_{\text{ext}\breve{r}}]$,$\{\breve{\boldsymbol{F}}_{\text{ext}\breve{\underline{\alpha}}}\} = A^{\text{Nte}}_{e=1}[\breve{F}^e_{\text{ext}\breve{\underline{\alpha}}}]$。

对于每个节点,可以构造许多有限元(带有或没有沙漏控制的等参数或子参数),对于三维问题它们的每个节点有 11 个未知数:位移向量的 3 个分量、一个微态损伤、一个微态各向同性硬化,和微态运动硬化二阶张量的 6 个分量。为简要叙述,本章省略了具有额外微态自由度的有限元的描述,读者可参考 Hamed(2012)、Saanouni(2012a、b)和 Saanouni 与 Hamed(2013)的资料。

25.3.3 全局解决方案

式(25.100)中完全离散化的代数方程组是一个双曲线、高度非线性的方程组,在每个典型的大小为 $\Delta t = t_{n+1} - t_n$ 的时间步上以数值方式求解,正如 25.3.2 节中所讨论的那样。求解方法包括假设已知在时刻 t_n 时的双曲线 IBVP 的完整解 $\mathbb{S}_n = \{U_n, \breve{D}_n, \breve{r}_n, \breve{\alpha}_n\}$,并寻找在时刻 t_{n+1} 时的完整估算解 $\mathbb{S}_{n+1} = \{U_{n+1}, \breve{D}_{n+1}, \breve{r}_{n+1}, \breve{\alpha}_{n+1}\}$,它在整个当前时间间隔 $[t_{n,} t_{n+1} = t_n + \Delta t]$ 上满足方程式(25.100)。简而言之,使用迭代或直接非迭代方法在每个时间间隔 $[t_{n,} t_{n+1} = t_n + \Delta t]$ 上,涉及通过适当的时间离散化和求解线性或非线性问题,对方程式(25.100)中的体统进行线性化。

经常使用两种解决方案:静态隐式(SI)方案和动态显式(DE)或动态隐式(DI)方案。根据 IBVP 非线性的类型和严重程度以及所施加的约束条件,例如不可压缩条件或无摩擦接触条件,可选用多个解决方案(Oden,1972;Zienkiewicz 和 Taylor,1967;Owen 和 Hinton,1980;Crisfield,1991,1997;Hinton,1992;Bonnet 和 Wood,1997;Ladeveze,1998;Simo 和 Hughes,1997;Belytschk 等,2000;Reddy,2004;Ibrahimbegovic,2006;De Souza 等,2008;Wriggers,2008)。通常,获得非线性 IBVP 的数值解的过程,例如在方程式(25.100)中,是从显式非迭代方案或隐式迭代方案中得出的。一般经常使用两种解决方案:静态隐式(SI)方案和动态显式(DE)方案。

1. SI 方案的概要

如果忽略惯性效应(准静态问题),则方程式(25.100)中的方程组转换为方程式(25.101)中的椭圆非线性代数方程组,其解可用迭代 Newton - Raphson 方案求出(Hamed,2012;Saanouni,2012a、b;Saanouni 和 Hamed,2013)。

$$\left\{\begin{array}{l}
\{\mathfrak{R}_u\}_{n+1} = \{F_{\text{int}}\}_{n+1} - \{F_{\text{ext}}\}_{n+1} = \{0\} \qquad (25.101\text{a}) \\
\{\mathfrak{R}_{\breve{D}}\}_{n+1} = \{\breve{F}_{\text{int}\breve{D}}\}_{n+1} - \{\breve{F}_{ext,\breve{D}}\}_{n+1} = \{0\} \qquad (25.101\text{b}) \\
\{\mathfrak{R}_{\breve{r}}\}_{n+1} = \{\breve{F}_{\text{int}\breve{r}}\}_{n+1} - \{\breve{F}_{\text{ext},\breve{r}}\}_{n+1} = \{0\} \qquad (25.101\text{c}) \\
\{\mathfrak{R}_{\breve{\underline{\alpha}}}\}_{n+1} = \{\breve{F}_{\text{int},\breve{\underline{\alpha}}}\}_{n+1} - \{\breve{F}_{\text{ext},\breve{\underline{\alpha}}}\}_{n+1} = \{0\} \qquad (25.101\text{d})
\end{array}\right.$$

当使用 Newton-Raphson 方案线性化时,该方程组可以按以下矩阵形式排列:

$$\left\{\begin{array}{c}\{\mathfrak{R}_u\} \\ \{\mathfrak{R}_{\breve{D}}\} \\ \{\mathfrak{R}_{\breve{r}}\} \\ \{\mathfrak{R}_{\breve{\alpha}}\}\end{array}\right\}_{n+1}^{i} + \left[\begin{array}{cccc}
\dfrac{\partial\{\mathfrak{R}_u\}}{\partial\{U\}} & \dfrac{\partial\{\mathfrak{R}_u\}}{\partial\breve{D}} & \dfrac{\partial\{\mathfrak{R}_{\mathfrak{w}}\}}{\partial\breve{r}} & \dfrac{\partial\{\mathfrak{R}_{\mathrm{u}}\}}{\partial\{\breve{\alpha}\}} \\
\dfrac{\partial\{\mathfrak{R}_{\breve{D}}\}}{\partial\{U\}} & \dfrac{\partial\{\mathfrak{R}_{\breve{D}}\}}{\partial\{\breve{D}\}} & \dfrac{\partial\{\mathfrak{R}_{\breve{D}}\}}{\partial\bar{r}} & \dfrac{\partial\{\mathfrak{R}_{\breve{D}}\}}{\partial\{\breve{\alpha}\}} \\
\dfrac{\partial\{\mathfrak{R}_{\breve{r}}\}}{\partial\{U\}} & \dfrac{\partial\{\mathfrak{R}_{\breve{r}}\}}{\partial\breve{D}} & \dfrac{\partial\{\mathfrak{R}_{\breve{r}}\}}{\partial\bar{r}} & \dfrac{\partial\{\mathfrak{R}_{\breve{r}}\}}{\partial\{\breve{\alpha}\}} \\
\dfrac{\partial\{\mathfrak{R}_{\breve{\alpha}}\}}{\partial\{U\}} & \dfrac{\partial\{\mathfrak{R}_{\breve{\alpha}}\}}{\partial\breve{D}} & \dfrac{\partial\{\mathfrak{R}_{\breve{\alpha}}\}}{\partial\bar{r}} & \dfrac{\partial\{\mathfrak{R}_{\breve{\alpha}}\}}{\partial\{\breve{\alpha}\}}
\end{array}\right]_{n+1}^{i} + \left\{\begin{array}{c}\delta U \\ \delta\breve{D} \\ \delta\breve{r} \\ \delta\breve{\underline{\alpha}}\end{array}\right\}_{n+1} = \left\{\begin{array}{c}0 \\ 0 \\ 0 \\ 0\end{array}\right\} \qquad (25.102)$$

其中:i 是当前迭代的数量。根据下式,算子 δ 定义了两个连续迭代期间的节点未知数的校正:

$$\begin{cases}(\delta\{U\})_{n+1}=\{U\}_{n+1}^{i+1}-\{U\}_{n+1}^{i}\\(\delta\breve{D})_{n+1}=(\breve{D})_{n+1}^{i+1}-(\breve{D})_{n+1}^{i}\\(\delta\breve{r})_{n+1}=(\breve{r})_{n+1}^{n+1}-(\delta\breve{r})_{n+1}^{i}\\(\delta\{U\})_{n+1}=\{\breve{\alpha}\}_{n+1}^{i+1}-\{\breve{\alpha}\}_{n+1}^{n+1}\end{cases}\tag{25.103}$$

在不详细讨论的情况下,迭代求解过程如下:从初始解(该解是在 t_n 时的第一次迭代得出的)开始,方程式(25.102)中关于未知数($\delta\{U\}_{n+1}$,$(\delta\breve{D})_{n+1}$,$(\delta\breve{r})_{n+1}$)和$(\delta\{U\})_{n+1}$的方程组被解出,这些允许在下一次迭代(方程式(25.103))中计算新解,采用适当的收敛准则,针对方程式(25.101)中的方程组检查此新解直到最终收敛。方程式(25.102)中,收敛率依赖于方程组中正切矩阵的数学属性(Daytray 和 Lions,1984)。注意,该切线矩阵的每项给出了来自方程式(25.92)~式(25.99)中积分的导数的若干项,其中,状态变量通过时间离散化方案进行离散化。为了简捷起见,此切线矩阵的整体项不在此计算,可以在 Hamed(2012)、Saanouni(2012a、b)、Saanouni 和 Hamed(2013)中找到。很明显,在金属结构成形中常见的大塑性应变(几何非线性)、非线性硬化的塑性流变、损伤引起的软化以及摩擦接触的情况下,切线刚度矩阵的整体项的计算并非那么琐细(见式(25.96)的 RHS 的最后一项)。

2. DE 方案的概要

当考虑惯性效应时(动态问题),借助方程式(25.101)、方程式(25.100)中的非线性双曲方程组可以在典型的时间增量$[t_n,\ t_{n+1}=t_n+\Delta t]$上重写,形式如下:

$$[M]_{n+1}\{\ddot{U}\}_{n+1}+\{\Re_u\}_{n+1}=\{0\}\tag{25.104a}$$

$$[\breve{M}_{\breve{D}}]_{n+1}\{\ddot{\breve{D}}\}_{n+1}+\{\Re_{\breve{D}}\}_{n+1}=\{0\}\tag{25.104b}$$

$$[\breve{M}_{\breve{r}}]_{n+1}\{\ddot{\breve{r}}\}_{n+1}+\{\Re_{\breve{r}}\}_{n+1}=\{0\}\tag{25.104c}$$

$$\breve{M}_{\breve{D}}]_{n+1}\{\ddot{\breve{\alpha}}\}_{n+1}+\{\Re_{\breve{\alpha}}\}_{n+1}=\{0\}\tag{25.104d}$$

几种弱形式的 IBVP 最常用的 DE 解析方案,如方程式(25.104),包括了在相同的典型时间增量$[t_n,\ t_{n+1}=t_n+\Delta t]$上依次连续求解方程组(25.104),显式方案仅以前一时刻 t_n,t_{n+1}等完全已知的量表达 t_{n+1} 处的解,这具有数值实现简单的优点,并且避免了切线刚度矩阵的计算。然而,时间步长 Δt 的大小由适当的稳定性和精度准则控制,并可能严重受限,从而导致较大的 CPU 占用时间。此外,如果可以容易地获得总质量矩阵,则优先选择显式动态全局解析方案(参见 Zienkiewicz 和 Taylor(1967)、Hughes(1987)、Bathe(1996)、Belytschko 等(2000)、Wriggers(2008)关于顺序求解策略的更多细节)。

简单来说,首先使用 t_n 时刻的其他自由度如$\{\breve{D}\}_n$,$\{\breve{r}\}_n$,$\{\breve{\alpha}\}_n$ 解决方程式(25.104)中的力学问题来确定$\{U\}_{n+1}$。然后使用$\{U\}_{n+1}$,$\{\breve{r}\}_n$,$\{\breve{\alpha}\}_n$ 解决方程式(25.104)中关于$\{\breve{D}\}_{n+1}$ 的问题,之后使用$\{U\}_{n+1}$,$\{\breve{D}\}_{n+1}$,$\{\breve{\alpha}\}_n$ 解决方程式(25.104)中的问题以确定$\{\breve{r}\}_{n+1}$。最后,在已知$\{U\}_{n+1}$,$\{\breve{D}\}_{n+1}$,$\{\breve{r}\}_{n+1}$ 时,解决同样的时间增量上方程式(25.104)中的问题以确定$\{\breve{\alpha}\}_{n+1}$。为了说明这个解决方案,以下概述求解方程式(25.104)的主要步骤。

由于已知在时刻 t_n 的解$\mathbb{S}_n=\{U_n,\breve{D}_n,\breve{r}_n,\breve{\alpha}_n\}$,方程式(25.104)在时刻 t_n 时采取如下

形式（$[M_L]$代表质量矩阵）：

$$[M_L]_n\{\ddot{U}\}_n+\{\Re_u\}_n=[M_L]_n\{\ddot{U}\}_n+\{F_{\text{int}}\}_n-\{F_{\text{ext}}\}_n=\{0\} \tag{25.105}$$

求解此方程以计算在时刻 t_n 的加速度向量：

$$\{\ddot{U}\}_n=[M_L]_n^{-1}\{\{F_{\text{ext}}\}_n-\{F_{\text{int}}\}_n\} \tag{25.106}$$

借助简化的泰勒展开式，获得由 $t_{n+\frac{1}{2}}=(t_n+t_{n+1})/2$ 定义的时间增量的速度和中间值（Δt 是当前时间步长）。

$$\{\dot{U}\}_{n+\frac{1}{2}}\approx\{\dot{U}\}_{n-\frac{1}{2}}+\frac{\Delta t+\Delta t_n}{2}\{\ddot{U}\}_n+\cdots \tag{25.107}$$

最后，使用类似的简化泰勒展开式获得时间增量 t_{n+1} 结束时的位移向量：

$$\{U\}_{n+1}\approx\{U\}_n+\Delta t\{\dot{U}\}_{n+\frac{1}{2}}+\cdots \tag{25.108}$$

稳定性条件可近似为（参见 ABAQUS 用户手册）

$$\Delta t\leqslant\min\left(h^e\sqrt{\frac{\rho}{\lambda_e+2\mu_e}}\right) \tag{25.109}$$

其中 h^e 是最小有限元的尺寸，$\sqrt{\rho/(\lambda_e+2\mu_e)}$ 是穿过整个弹性固体的应力波速度的倒数。

应用相同类型的 DE 求解方案来连续求解方程式（25.104）（b）~（d），并计算相关的时间步长（参见 Hamed，2012；Saanouni，2012a、b；Saanouni 和 Hamed，2013）。选择计算出的 4 个时间步长中的最小值以增加时间并进入下一步骤。

25.3.4 局部积分方案：计算每个高斯点的状态变量

无论全局解析方案（静态隐式或动态显式）如何，它都需要计算由方程式（25.92）~方程式（25.99）中的积分给出的内部和外部力向量，需要使用正交高斯方法对这些积分进行数值计算，并且需要每个单元在每个高斯点处的一些状态变量的值。对于方程式（25.92）中的应力张量$\boldsymbol{\sigma}_{n+1}$、式（25.96）中的接触力向量 $\boldsymbol{F}_{n+1}^C$、方程式（25.97）~方程式（25.99）中的局部损伤 D_{n+1}、式（25.98）中的局部各向同性硬化应变 r_{n+1} 以及式（25.99）中的运动硬化应变张量$\boldsymbol{\alpha}_{n+1}$ 都是这种情况，这些状态变量通过由方程式（25.20）~方程式（25.27）、方程式（25.29）和方程式（25.33）定义的完全耦合本构方程在典型时间间隔$[t_n,t_{n+1}=t_n+\Delta t]$上积分计算而得。

针对广义非相关弹塑性模型，这将使用知名的基于弹性预测和塑性校正方法的回映算法来实现（Simo 和 Hughes，1997；Belytschko 等，2000；Saanouni，2012a、b）。在存在非线性各向同性和运动硬化的情况下，在 Saanouni 和 Chaboche（2003）、Badreddine（2010）、Saanouni（2012a、b）中已经得出，在存在韧性损伤的情况下，将渐近方案（Walker 和 Freed，1991）与回映算法相结合可得到有效且稳健的无条件稳态积分方案。

首先，需指出，一阶常微分方程式（25.29）~方程式（25.32）可以分为两类：

方程式（25.29）和方程式（25.32）具有的形式为

$$\forall t\in[t_n,t_{n+1}]\begin{cases}\dot{y}=\varphi(y,t)\\ y(t)=y_n\quad(t=t_n)\end{cases} \tag{25.110}$$

方程式（25.30）和方程式（25.31）的形式为

$$\forall t \in [t_n, t_{n+1}] \begin{cases} \dot{y} = \varphi(y,t)[\phi(y,t) - y] \\ y(t) = y_n \quad (t = t_n) \end{cases} \tag{25.111}$$

方程式(25.110)的解可通过经典 θ 法得到：

$$y_{n+\theta} = y_n + \Delta t(\theta \dot{y}_{n+1} + (1-\theta)\dot{y}_n) \quad (0 \leqslant \theta \leqslant 1) \tag{25.112}$$

方程式(25.111)的解有如下形式：

$$y_{n+\theta} = y_n \exp(-\theta\varphi(y_{n+\theta})\Delta t) + [1 - \exp(-\theta\varphi(y_{n+\theta})\Delta t)]\phi(y_{n+\theta}) \quad (0 \leqslant \theta \leqslant 1) \tag{25.113}$$

对完全隐式情况($\theta = 1$)下的方程式(25.112)和方程式(25.113)求解，即可重写在时间步长($t_{n+1} = t_n + \Delta t$)结束时，在以下离散形式下(有 $\underline{Z}_{n+1} = \underline{\sigma}_{n+1}^{\text{dev}} - \underline{X}_{n+1}$)主要的微态全耦合本构方程：

$$\underline{\varepsilon}_{n+1}^{p} = \underline{\varepsilon}_{n}^{p} + \Delta\lambda^{p} \frac{\underline{\tilde{n}}_{n+1}}{\sqrt{(1-D_{n+1})}}, \underline{\tilde{n}}_{n+1} = \frac{3}{2}\frac{(\underline{\sigma}_{n+1}^{\text{dev}} - \underline{X}_{n+1})}{\| \underline{\sigma} - \underline{X} \|_{n+1}} = \frac{3}{2}\frac{\underline{Z}_{n+1}}{\| \underline{Z}_{n+1} \|_{n+1}} \tag{25.114}$$

$$r_{n+1} = r_n \exp\left(-b\Delta\lambda^{p}\left(\frac{Q+\breve{Q}}{Q}\right)\right) + \left(1 - \exp\left(-b\Delta\lambda^{p}\left(\frac{Q+\breve{Q}}{Q}\right)\right)\right)\left(\frac{1}{b\sqrt{(1-D_{n+1})}}\left(\frac{Q}{Q+\breve{Q}}\right) + \frac{\breve{r}_n}{\sqrt{(1-D_{n+1})}}\left(\frac{\breve{Q}}{Q+\breve{Q}}\right)\right) \tag{25.115}$$

$$\underline{\alpha}_{n+1} = \underline{\alpha}_n \exp\left(-\Delta\lambda^{p} a\left(\frac{C+\breve{C}}{C}\right)\right) + \left(1 - \exp\left(-\Delta\lambda^{p} a\left(\frac{C+\breve{C}}{C}\right)\right)\right)\left(\frac{n_{n+1}}{a\sqrt{(1-D_{n+1})}}\left(\frac{C}{C+\breve{C}}\right) + \frac{\breve{\alpha}_n}{\sqrt{(1-D_{n+1})}}\left(\frac{\breve{C}}{C+\breve{C}}\right)\right) \tag{25.116}$$

$$D_{n+1} = D_n + \frac{\Delta\lambda^{p}}{(1-D_{n+1})^{\beta}}\left(\frac{\langle Y_{n+1} - Y_0 \rangle}{S_0}\right)^{s} = D_n + \Delta\lambda^{p} Y_D^{*} n+1 \tag{25.117}$$

这里，只有米塞斯应力范数 $\| \underline{\sigma} - \underline{X} \|$ 用于简写(使用任何其他二次或非二次应力范数没有问题)。这些微分方程中，应该加上屈服函数和在 t_{n+1} 时刻的整体类力变量：

$$f_{n+1} = \frac{\| \underline{\sigma}_{n+1} - \underline{X}_{n+1} \|}{\sqrt{1-D_{n+1}}} - \frac{R_{n+1}}{\sqrt{1-D_{n+1}}} - \sigma_y \tag{25.118}$$

$$\underline{\sigma}_{n+1} = (1-D_{n+1})\Lambda : \underline{\varepsilon}_{n+1}^{e} = (1-D_{n+1})\Lambda : \left(\underline{\varepsilon}_{n}^{e} + \Delta\underline{\varepsilon} - \Delta\lambda^{p}\frac{\underline{\tilde{n}}_{n+1}}{\sqrt{(1-D_{n+1})}}\right) \tag{25.119}$$

$$X_{n+1} = \frac{2}{3}\sqrt{(1-D_{n+1})}\left(\sqrt{(-D_{n+1})}(C+\breve{C})\underline{\alpha}_{n+1} - \breve{C}_{\breve{\underline{\alpha}}_n}\right. \tag{25.120}$$

$$R_{n+1} = \sqrt{(1-D_{n+1})}\left(\sqrt{(1-D_{n+1})}(Q+\breve{Q})r_{n+1} - \breve{Q}\breve{r}_n\right) \tag{25.121}$$

$$Y_{n+1} = \frac{1}{2}\varepsilon_{n+1}^{\varepsilon} : \underline{\underline{\Lambda}} : \frac{\varepsilon^{\varepsilon}}{n+1} + \frac{1}{2}Qr_{n+1}^{2} + \frac{1}{3}C\alpha_{n+1} : \underline{\alpha}_{n+1} + \frac{1}{2}\breve{Q}\left(\sqrt{(1-D_{n+1})}r_{n+1} - \breve{r}_n\right)\frac{r_{n+1}}{\sqrt{1-D_{n+1}}} +$$

$$\frac{1}{3}\breve{C}\left(\sqrt{(1-D_{n+1})}\frac{\alpha_{n+1}}{2} - \underline{\breve{\alpha}}_n\right) : \frac{\underline{\alpha}_{n+1}}{\sqrt{1-D_{n+1}}} - \breve{H}(D_{n+1} - \breve{D}_n) \tag{25.122}$$

式(25.120)~式(25.122)中，$\underline{\alpha}_{n+1}$ 由式(25.116)给出，r_{n+1} 由式(25.115)给出，D_{n+1} 由式(25.117)给出，而自由度($\breve{D}_n, \breve{r}_n, \underline{\breve{\alpha}}_n$)由前一加载步的收敛解给出。

从时间增量$[t_n, t_{n+1}]$上施加的变形梯度增量计算出来的总应变增量 $\Delta\underline{\varepsilon}$ 被给定后，

t_{n+1} 时的总应变是已知的,并由 $\underline{\varepsilon}_{n+1}=\underline{\varepsilon}_n+\Delta\underline{\varepsilon}$ 给出,在已知时间间隔的起点 t_n 处的所有状态变量($\underline{\sigma},\underline{\alpha}_n,\underline{\varepsilon}_n^p,\underline{\alpha}_n,r_n,D_n$)以及节点变量或自由度($\breve{\underline{\alpha}}_n,\breve{r}_n,\breve{D}_n$)时,它们在 t_{n+1} 时的值($\underline{\sigma}_{n+1},\underline{\alpha}_{n+1},\underline{\varepsilon}_{n+1}^p,\underline{\alpha}_{n+1},r_{n+1},D_{n+1}$)必须被计算出来,从而满足屈服条件 $f_{n+1}(\underline{\sigma}_{n+1},\underline{X}_{n+1},R_{n+1},D_{n+1})$(见式(25.115))。

知名的弹性预测-塑性校正算法被用于使用较少数量的方程来解决该问题,如下文所概述(详见 Saanouni(2012a、b))。

(1)弹性预测:如果假设 $\Delta\underline{\varepsilon}$ 是纯弹性的而没有产生任何耗散现象(即 $\Delta\lambda^p=0$),那么从式(25.116)推导出各向同性弹性的试验应力张量($\underline{\varepsilon}_{n+1}^{\text{trial}}=\underline{\varepsilon}_n^{e}+\Delta\underline{\varepsilon}$ 是完全已知的假定弹性应变):

$$\underline{\sigma}_{n+1}^{\text{trial}}=(1-D_n)\Lambda:\underline{\varepsilon}_{n+1}^{\text{trial}}=(1-D_n)(\lambda_e\text{trace}(\underline{\varepsilon}_{n+1}^{\text{trial}})\underline{1}+2\mu_e\underline{\varepsilon}_{n+1}^{\text{trial}}) \tag{25.123}$$

然后从方程式(25.116)计算出试验屈服函数:

$$f_{n+1}^{\text{trial}}(\underline{\sigma}_{n+1}^{\text{trial}},\underline{X}_n,R_n;D_n)=\frac{\|\underline{\sigma}_{n+1}^{\text{trial}}-\underline{X}_n\|-R_n}{\sqrt{(1-D_n)}}-\sigma_y \tag{25.124}$$

如果 $f_{n+1}^{\text{trial}}(\underline{\sigma}_{n+1}^{\text{trial}},\underline{X}_n,R_n;D_n)<0$,那么弹性应变假设成立,并给出了该步骤结束时的解 $\underline{\sigma_{n+1}}=\underline{\sigma}_{n+1}^{\text{trial}},\underline{X}_{n+1}=\underline{X}_n,\underline{\varepsilon_{n+1}^p}=\underline{\varepsilon_n^p},R_{n+1}=R_n,Y_{(n+1)}=Y_n,D_{n+1}=D_n$,并运行下一加载步,这通常发生在弹性卸载时。

(2)塑性校正:如果 $f_{n+1}^{\text{trial}}(\underline{\sigma}_{n+1}^{\text{trial}}\ \underline{X}_n,R_n;D_n)>0$,那么所关注的步骤是塑性的,变量 $\underline{\sigma}_{n+1}^{\text{trial}}$($\underline{\varepsilon}_{n+1}^{\text{trial}}$ 或 $\underline{\varepsilon}_n^p$),$\underline{X}_n(\underline{\alpha}_n)$,$R_n(r_n)$,$D_n(Y_n)$ 应该是迭代校正的,以使其最终值 $\underline{\sigma}_{n+1}(\underline{\varepsilon}_{n+1}^p)$,$\underline{X}_{n+1}(\underline{\alpha}_{n+1})$,$R_{n+1}(r_{n+1})$,$D_{n+1}(Y_{(n+1)})$ 满足 t_{n+1} 时的塑性可容许性条件($f_{n+1}^{\text{trial}}(\underline{\sigma}_{n+1},\underline{X}_{n+1},R_{n+1};D_{n+1})=0$)。为此,本构方程将简化为仅具有两个独立未知数 $\Delta\lambda^p$ 和 D_{n+1} 的两个非线性方程。

通过使用式(25.123)的应力张量,式(25.119)可以表达成实验应力的函数:

$$\underline{\sigma}_{n+1}=(1-D_{n+1})\left(\frac{\underline{\sigma}_{n+1}^{\text{trial}}}{1-D_n}-\frac{2\mu^e\Delta\lambda^p}{\sqrt{(1-D_{n+1})}}\underline{\tilde{n}}_{n+1}\right) \tag{25.125}$$

借助式(25.114)~式(25.122)和式(25.125),在一些简单的代数变换之后,问题被简化为以下两个非线性方程(Saanouni,2012a、b;Hamed,2012;Saanouni 和 Hamed,2013):

$$\begin{cases}\bar{f}_{n+1}=\|\underline{Z}_{n+1}^*\|-\dfrac{1}{\sqrt{1-D_{n+1}}}\left(3\mu\Delta\lambda^p+\left(1-\exp\left(-\Delta\lambda^p a\left(\dfrac{C+\breve{C}}{C}\right)\right)\dfrac{C}{a}\right)+\dfrac{(\breve{Q}\breve{r}_n-\sigma_y)}{\sqrt{1-D_{n+1}}}-\right.\\[2ex]
(Q+\breve{Q})\left[\begin{array}{c}r_n\exp\left(-b\Delta\lambda^p\left(\dfrac{Q+\breve{Q}}{Q}\right)\right)+\left(1-\exp\left(-b\Delta\lambda^p\left(\dfrac{Q+\breve{Q}}{Q}\right)\right)\right)\times\\[2ex]
\left(\dfrac{1}{b\sqrt{(1-D_{n+1})}}\left(\dfrac{Q}{Q+\breve{Q}}\right)+\dfrac{\breve{r}_n}{\sqrt{(1-D_{n+1})}}\left(\left(\dfrac{\breve{Q}}{Q+\breve{Q}}\right)\right)\right)\end{array}\right]=0\\[4ex]
g_{n+1}=D_{n+1}-D_n-\Delta\lambda^p Y_{n+1}^*=D_{n+1}-D_n-\dfrac{\Delta\lambda^p}{(1-D_{n+1})^\beta}\left\langle\dfrac{Y_{n+1}(D_{n+1},\Delta\lambda^p)-Y_0}{S}\right\rangle^s=0\end{cases} \tag{25.126}$$

基于牛顿-拉弗森方法,根据下式,这两个高度非线性方程被线性化并迭代解出:

$$\begin{Bmatrix} \bar{f}_{n+1} \\ g_{n+1} \end{Bmatrix}^{s} + \begin{bmatrix} \dfrac{\partial \bar{f}_{n+1}}{\partial \Delta\lambda^{p}} & \dfrac{\partial \bar{f}_{n+1}}{\partial D_{n+1}} \\ \dfrac{\partial g_{n+1}}{\partial \Delta\lambda^{p}} & \dfrac{\partial g_{n+1}}{\partial D_{n+1}} \end{bmatrix}^{s} \begin{Bmatrix} \delta\Delta\lambda^{p} \\ \delta D_{n+1} \end{Bmatrix} + \cdots = 0 \tag{25.127}$$

式中：s 为迭代次数；$\delta\Delta\lambda^{p}$，δD_{n+1} 代表根据下式进行的两个连续迭代之间的两个未知数的校正量：

$$\begin{cases} \delta\Delta\lambda^{p} = (\Delta\lambda^{p})^{s+1} - (\Delta\lambda^{p})^{s} \\ \delta D = (D_{n+1})^{s+1} - (D_{n+1})^{s} \end{cases} \text{从中得} \begin{cases} (\Delta\lambda^{p})^{s+1} = (\Delta\lambda^{p})^{s} + \delta\Delta\lambda^{p} \\ (D_{n+1})^{s+1} = (D_{n+1})^{s} + \delta D \end{cases} \tag{25.128}$$

在每次迭代时，首先是求解式（25.127）的两个未知数 $\delta\Delta\lambda^{p}$，δD_{n}，然后使用式（25.128）推导出（$s+1$）迭代时的解，并使用适当的收敛准则检查方程（25.126）。当达到收敛时，$\delta\Delta\lambda^{p}$，δD_{n} 的最终值代表当前步骤的最终解，并使用上面给出的离散化方程确定所有其他状态变量。在每次增加载荷期间，对每个有限元的每个高斯点执行该迭代计算（Saanouni（2012a、b））。

最后需要指出，通过使用完全隐式的后向欧拉方法（Hughes 和 Winget，1980）、以及在时间增量（线性运动学）上的恒定速度梯度的假设，对方程式（25.43）进行积分，计算旋转整体张量变量所需的每个时间增量 $\underline{Q}_{n+1}$（参见 25.2.5 节）结束时的旋转张量，以确保在使用共旋框架时增加的客观性（Badreddine 等于 2010 年提出的 Green Naghdi 总塑性框架）。对于这种共旋框架，人们可以很容易地获得

$$\underline{Q}_{n+1} = \left[1 - \frac{\Delta t}{2}\underline{\Omega}_{n+1/2}\right]^{-1} \cdot \left[\underline{1} + \frac{\Delta t}{2}\underline{\Omega}_{n+1/2}\right] \cdot \underline{Q}_{n} \tag{25.129}$$

其中：$\underline{\Omega}_{n+1/2}$ 是在时间增量的中央处的材料旋转率。一旦使用式（25.91）计算出旋转张量，它就被用来根据 25.2.5 节中的讨论来旋转所有张量变量。这可以旋转实际变形的虚构配置，以便具有与未变形的初始配置相同的拉格朗日取向，这里即执行了上面讨论的局部积分过程。

25.3.5　关于接触摩擦的数值问题

接触摩擦在金属成形中是一个很重要的问题（Kobayashi 等，1989；Rowe 等，1991；Wagoner 和 Chenot，2001；Dixit 和 Dixit，2008；Saanouni，2012a、b）。关于接触摩擦的理论形成和数值处理在文献中被深度讨论（Zhong，1993；Laursen，2002；Wriggers，2002；Saanouni，2012a、b）。在使用主/从表面方法的罚方法框架中，仅简短讨论接触/摩擦的数值处理方法，该方法广泛用于虚拟金属成型中，并在文献中有详细描述。

如式（25.96）中外力向量的 RHS 的最后一项所示，需要位于接触界面中的所有节点处的接触力向量 $\boldsymbol{F}^{c} = F_{N}^{c}\,\boldsymbol{n} + \boldsymbol{F}_{\tau}^{c}$。在广义三维情况下，在典型的时间间隔期间 $[t_{n}, t_{n+1} = t_{n} + \Delta t]$ 搜索接触所涉及的节点（即，确定未知的接触界面）不是一件容易的事（Zhong（1993），Laursen（2002），Wriggers（2002），Saanouni（2012a、b））。一旦通过接触确定了所关注的单元（然后是节点），就确定每个接触节点处的接触力，这需要摩擦本构方程的数值积分，这些方程在 25.2.7 节中讨论。由于塑性本构方程（材料体积内）和仅对接触界面中的材料点有效的摩擦本构方程之间的数学相似性，所以可以应用预测器/校正器的积分方案。

如果考虑由式(25.66)中的屈服条件定义库仑模型(无硬化的完美摩擦),结合恒定摩擦参数 η 和恒定屈服极限力 F_y,摩擦本构方程可概括如下:

$$\begin{cases} f_f=\|\boldsymbol{F}_\tau^c\|_f-\eta(F_N^c)-F_y\leqslant 0,\|\boldsymbol{F}_\tau^c\|_f=\sqrt{\boldsymbol{F}_\tau c\cdot\boldsymbol{F}_\tau^c} & (25.130\text{a})\\ \dot{\boldsymbol{F}}_\tau^c=p_\tau(\hat{\boldsymbol{g}}_\tau-\dot{\lambda}_f\boldsymbol{n}_f) & (25.130\text{b})\\ \boldsymbol{n}_f=\dfrac{\boldsymbol{F}_\tau^c}{\|\boldsymbol{F}_\tau^c\|_f} & (25.130\text{c})\\ \dot{\lambda}_f\geqslant 0,\dot{\lambda}_f f_f=0 & (25.130\text{d}) \end{cases}$$

如果使用后向(完全隐式 $\theta=1$)欧拉方法对这些方程进行离散化,则可以在 t_{n+1} 时将它们写为

$$\begin{cases} f_{n+1}^f=\|\boldsymbol{F}_{\tau,n+1}^c\|_f-\eta(F_{N,n+1}^c)-F_y\leqslant 0\quad(\|\boldsymbol{F}_{\tau,n+1}^c\|_f=\sqrt{\boldsymbol{F}_{\tau,n+1}^c\boldsymbol{F}_{\tau,n+1}^c}) & (25.131\text{a})\\ \boldsymbol{F}_{\tau,n+1}^c=\dfrac{\boldsymbol{F}_{\tau,n}^c+p_\tau(\boldsymbol{\vartheta}_{n+1}^\tau-\boldsymbol{\vartheta}_n^\tau)}{1+p_\tau\dfrac{\Delta_f}{\|\boldsymbol{F}_{\tau,n+1}^c\|_f}}\quad(\Delta\lambda_f\geqslant 0,\Delta\lambda_f f_{n+1}^f=0) & (25.131\text{b}) \end{cases}$$

其中 $\Delta\lambda_f$ 为摩擦拉格朗日乘子的增量,ρ_τ 为正则化因子(Saanouni,2012a、b)。通过假设与黏附接触而无滑动的接触(即方程(25.130b)中的 $\Delta\lambda_f=0$),获得“试验”状态,这允许将“试验”摩擦准则写为

$$\begin{cases} f_{n+1}^{f,\text{trial}}=\|\boldsymbol{F}_{n+1}^{\tau,\text{trial}}\|_f-\eta F_{N,n+1}^c-F_y & (25.132\text{a})\\ \boldsymbol{F}_{n+1}^{\tau,\text{trial}}=\boldsymbol{F}_n^\tau+p_\tau(\boldsymbol{\vartheta}_{n+1}^\tau-\boldsymbol{\vartheta}_n^\tau) & (25.132\text{b}) \end{cases}$$

采用与各向同性塑性中相同的方法(参见25.3.4节),如果 $f_{n+1}^{f,\text{trial}}<0$,则没有摩擦试验状态。而如果 $f_{n+1}^{f,\text{trial}}>0$,则发生摩擦并且摩擦校正需要假设在 t_{n+1} 时,$f_{n+1}^f=0$。

如果式(25.131a)为零(摩擦条件),并借助方程式(25.130c),可以容易地推导出切向力向量$\boldsymbol{F}_{\tau,n+1}^c$ 的表达式,将它等同于方程(25.131b)即可推导出以下等式,该等式相对于主未知量 $\Delta\lambda_f$ 是线性的:

$$\|\boldsymbol{F}_{n+1}^{\tau,\text{trial}}\|_f-\eta(F_{N,n+1}^c)-F_y-p_\tau\Delta\lambda_f=f_{n+1}^{f,\text{trial}}-p_\tau\Delta\lambda_f=0 \tag{25.133}$$

可给出其简单的闭合形式解:

$$\Delta\lambda_f=\frac{\|\boldsymbol{F}_{n+1}^{\tau,\text{essai}}\|_f+\eta_{n+1}(F_{n+1}^N)+F_{n+1}^y}{p_\tau}=\frac{f_{n+1}^{f,\text{essai}}}{p_\tau} \tag{25.134}$$

因此,通过代替式(25.134),计算出式(25.131)(b)中的正切摩擦力,从而得到

$$\boldsymbol{F}_{\tau,n+1}^c=\begin{cases} \boldsymbol{F}_{n+1}^{\tau,\text{trial}}=\boldsymbol{F}_{\tau,n}^c+p_t(\overline{\boldsymbol{\vartheta}}_{n+1}^\tau-\overline{\boldsymbol{\vartheta}}_n^\tau)\quad(f_{n+1}^{f,\text{trial}}\leqslant 0)(\text{黏附}) & (25.135\text{a})\\ \left(\eta(F_{N,n+1}^c)+F_y\right)\dfrac{\boldsymbol{F}_{n+1}^{\tau,\text{trial}}}{\|\vec{F}_{n+1}^{\tau,\text{trial}}\|_f}\quad(f_{n+1}^{\text{f,trial}}>0)(\text{滑动}) & (25.135\text{b}) \end{cases}$$

这种没有“摩擦硬化”的简单情况可得到 $\Delta\lambda_f$ 的精确解,因此不需要使用迭代程序,正如在具有非线性硬化的塑性问题中,从而计算出摩擦乘子(摩擦硬化的情况可以在 Saanouni(2012a、b)找到)。

25.3.6 应用到 ABAQUS/Explicit

具有非线性各向同性的微态弹塑性本构方程和运动硬化完全耦合延性损伤在

25.2.4 节中提出，并且在 25.3.4 节中离散化，这些本构方程使用用户开发的子程序 VUMAT 应用在 ABAQUS/Explicit 中。此外，已经使用子程序 VUEL 开发了一些具有附加自由度（它们是微态运动学变量）的二维（T3 和 Q4）和三维（T4）方法，与此相关的所有实际应用都可以在 Hamed（2012）、Saanouni（2012a、b）、Saanouni 和 Hamed（2013）中找到。这里，仅给出关于完全损伤的高斯点和完全损伤单元的具体处理方法的一些信息，以便描述变形件内部的宏观裂缝萌生及其扩展。此外，还简要讨论了与 ABAQUS/Explicit ® 结合使用的适应性网格重分方法，以便在二维情况下进行自适应分析。

在分析过程中，每个单元的每个高斯点都是根据局部损伤的临界值 $D_{cr} \geqslant 0.99$ 来检查的，当满足该条件时，整个类应力变量在该点接近零。因此，所有类应力的变量都归零并且 $D=1.0$ 表明该高斯点完全被损伤（微孔），因而该点在类应变变量被存储保留其值后在剩余时间内从积分域移除。类似地，如果一个单元的所有高斯点都完全损伤，则该单元将从结构中排除，并使用新的几何体运行一个新网格，如果受损区域内的网格足够精细或者如果使用完全自适应的重新网格化程序，这种做法就非常好，对此，在损伤接近 D_{cr} 的区域内，单元的尺寸是非常小的。有关完全自适应的网格重新划分方法的详细描述可以在 Labergère（2011）和 Saanouni（2012a、b）等的文章中找到。

25.4　虚拟金属成形工艺的一些经典案例

当上面提出的先进完全耦合本构方程在通用有限元代码中实现时，将产生用于金属成形模拟的有用的自适应数值方法，称为“虚拟”金属成形。感兴趣的读者可以在已出版的关于金属成形损伤力学的书中找到这种数值方法的全面介绍（Saanouni，2012a、b）。书中除了建模方面，还有许多用于板材和大块金属成形的应用，其采用了不同版本的塑性或黏塑性以及低温或高温方面的本构方程。在本章中，简要介绍和讨论了一些处理板材和块状金属成形的典型例子，但没有详细讨论计算过程，目的是展示如何使用具有高预测能力的本构方程来解释多物理现象，无论是定性还是定量，都能大大改善各种金属成形过程的工业模拟计算的数值结果。特别地，在使用虚拟金属成形的相同数值方法的情况下，由于一系列数值模拟，有可能优化给定过程的技术参数，以便：

（1）最大限度地减少成形零件中韧性损伤的发生，以便在薄板、液压成形管或冷锻/挤压的深拉之后仍能获得无缺陷的部件（即没有局部化的区域、皱折、裂缝等）。

（2）通过控制损伤的强度和方向来促进变形件中损伤的发生，从而重现材料的各种切割过程，例如通过剪切或剖切对薄/厚件的冲压以及薄板下料。

为了用于虚拟金属成形，必须为每种使用的材料识别出这些完全耦合的本构方程，以便确定这些方程中存在的总体材料参数，这可以通过使用适当的逆方法来完成，该方法包括在代表性的负载条件范围（温度，加载速率等）下使用宽范围的外加载荷谱，最小化参考试验结果和数值预测结果之间的差异。Saanouni（2012a、b）在第四章描述了一种特定的识别方法，须注意，识别程序是针对基于特定载荷谱下所关注的材料所获得的试验结果来进行的，直至最终断裂。材料参数的最佳值应该用于相同材料的任一成形过程的数值模拟，要注意的是，当微态变量为零时，即当模型完全局部化时，应使用给定网格尺寸划分试样，从而进行识别，在随后的成形模拟过程中，应在完全受损区域内使用相同的网格尺寸。

下面给出了在不考虑热耦合的情况下仅在室温下形成的各种片材和块状金属的一些数值结果。对于每个案例，简要描述了成形过程本身及其所用的模型，给出了一些典型结果，并配以能取得的试验图片。使用 ABAQUS/Explicit® 以及 VUMAT 和 VUEL 子程序获得所有数值解，并且对于一些二维示例，采用 Labergère(2011)和 Saanouni(2012a、b)等描述的适当自适应重新网格化程序。

现在，给出一个关于微态模型及其对 IBVP 进行正则化的能力的想法，IBVP 的特征在于损伤引起的软化。为此，对于假设的金属材料，进行单轴拉伸试验直到韧性损伤成核、长大和聚集造成的最终断裂。

宽 50mm、长 150mm 的试样被固定在底侧，并在对侧(顶部)施加恒定速度的位移。

使用三角线性单元(T3)、三种不同的网格尺寸对样品进行网格划分，网格尺寸在样品的中心部分内保持恒定，并通过 $h_{min}=5.0$mm(662 个单元，372 个节点)，$h_{min}=2.5$mm(1512 个单元，806 个节点)和 $h_{min}=1.5$mm(3242 个单元，1705 个节点)。除了在整个试样中准均匀的粗网格外，其他两个网格仅在试样的中心区域(标距长度)内进行细化，以节省 CPU 时间。

所用模型的版本包括各向同性和运动硬化，且仅由以下材料常数的值定义微态损伤：$E=210.0$GPa，$\nu=0.29$，$\sigma_y=400.0$MPa，$Q=1000$MPa，$b=50$，$C=10000$MPa，$a=100$，$\beta=1.0$，$S=1.2$，$s=1.0$，$Y_0=0$，$\breve{H}^g=\breve{H}=10^3$，并给定微态损伤相关的内部长度 $l_{\breve{d}}=1.0$mm，最终 $\zeta_{\breve{d}}=1.0\text{mm}^2$，应注意，对于局部模型，$\breve{H}^g=\breve{H}=\zeta_{\breve{d}}=0$。

图 25.5 比较了完全局部模型(没有称为局部模型的微态现象)和具有微态损伤的模型(非局部模型)预测的力-位移曲线。很显然，局部模型给出的解在软化阶段具有高度网格依赖性，而非局部模型提供的解在软化阶段具有更高的网格无关性。非局部模型预测了一个更大的软化阶段，对于 3 个网格尺寸，给出了断裂位移 15.6mm，而完全局部模型预测的断裂位移依赖于网格划分，精细网络的 $u_f\approx5.8$mm、中等网格的 $u_f\approx6.7$mm、粗网格的 $u_f\approx7.3$mm。另外，非局部模型预测的软化曲线的最后阶段也有一些不实方面(图 25.6(d)~(f))，这是因为完全受损区域的宽度包含大量具有异质断裂的单元，而对于局部模型，由于只有一排单元形成完全损伤的区域，因而这个阶段是很纯粹的(图 25.6(a)~(c))。

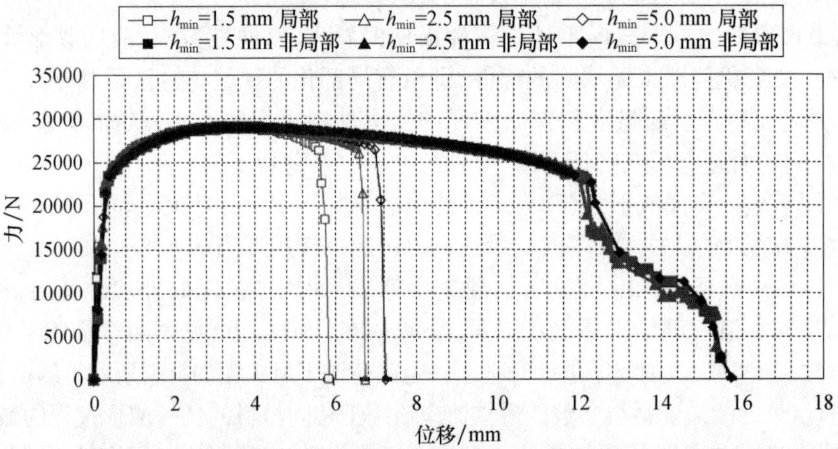

图 25.5　三种网格尺寸的力-位移曲线，局部与非局部(微态损伤)模型的对比($\ell_{\breve{d}}=1.0$mm)

同样从该图中可以看出，对于局部模型，剪切带的取向以及宏观裂纹取决于网格尺寸，而当网格足够细，即在收敛时，对于非局部模型，它似乎保持了相同的取向（图 25.6（d）、（e））。

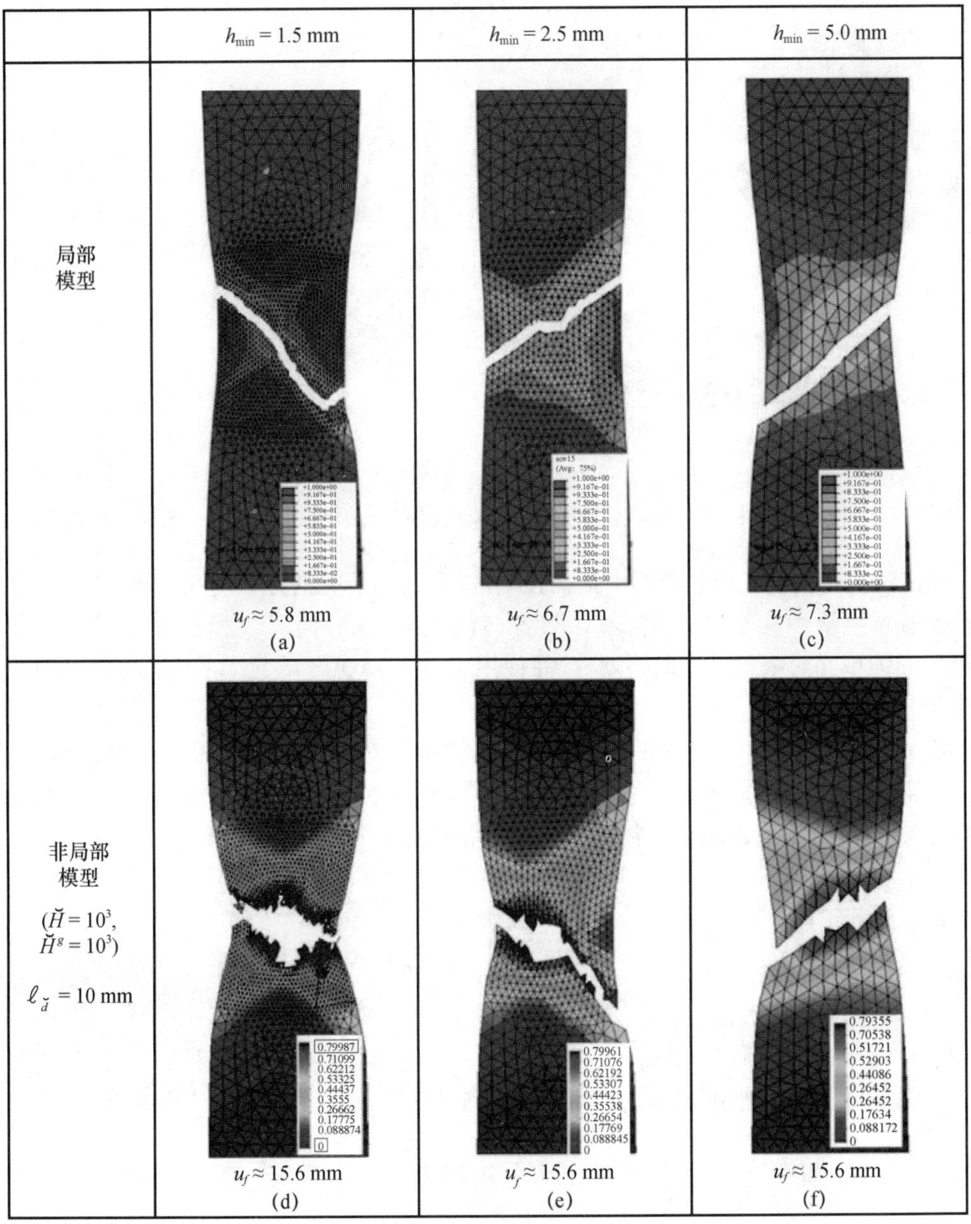

图 25.6　3 种网格尺寸、完全局部模型和非局部模型（仅微态损伤）的局部损伤分布（彩图）

最后，图 25.7 总结了沿试样中心轴的局部损伤分布图。显然，非局部模型的损伤更均匀，它给出了与网格尺寸无关的裂纹厚度或宽度。然而，对于局部模型，损伤更局部化并且裂纹宽度明显与网格尺寸相关。

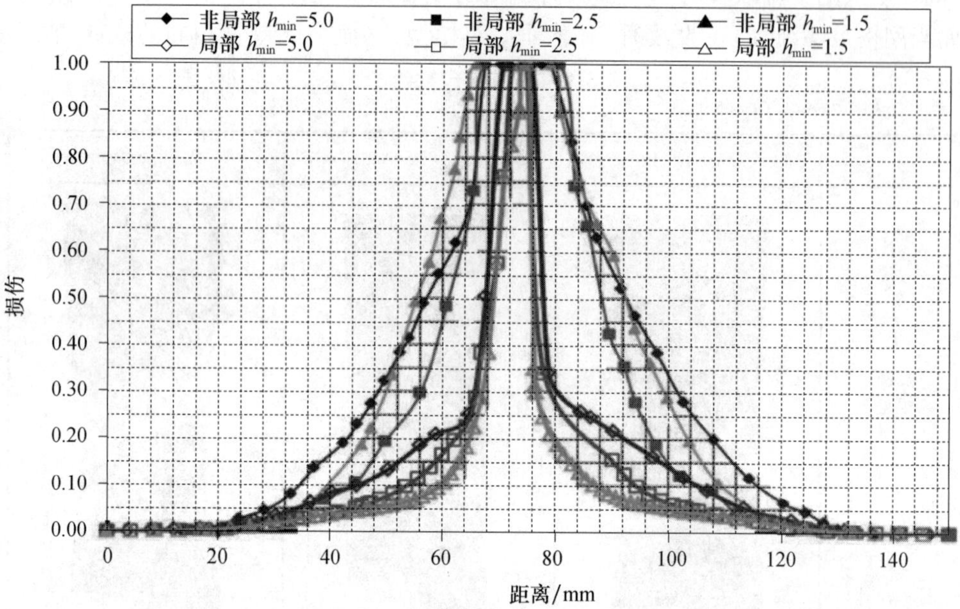

图 25.7　3 种网格尺寸、完全局部模型和非局部模型（仅微态损伤）的沿试样中心轴的损伤分布

现在讨论一些关于板料成形中损伤预测的例子，其所有的计算均在三维中进行，使用不同版本的弹塑性完全局部模型，并与各向同性和/或各向异性损伤完全耦合。使用 C3D8R 固体单元对板材进行网格划分，并使用来自 ABAQUS 单元库的刚性单元 R3D4 对工具进行网格划分。

第一个例子涉及使用图 25.8 中所示的椭圆矩阵对各向异性薄板进行液压胀形，其中，在矩阵和压边之间放置一个直径为 133mm 的圆形坯料，并且在压边和板面之间注入不断增大的压力，在内部压力的作用下，板材通过模具中的椭圆孔移动。

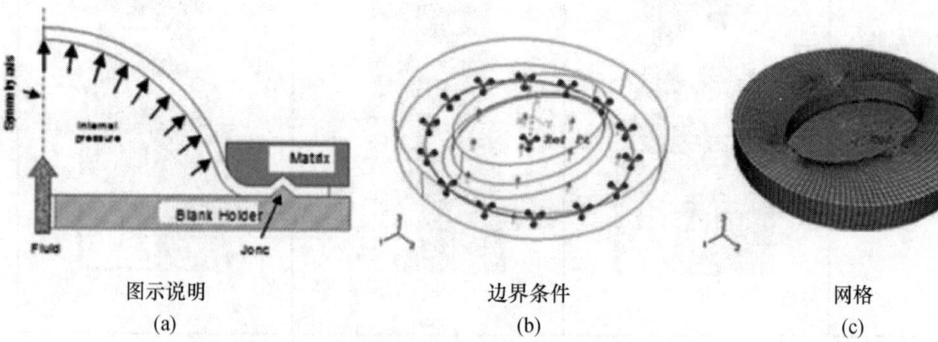

图 25.8　正交薄板的液压胀形

图 25.9 给出了试验观察到的裂纹（图 25.9(c)）和使用各向同性损伤（图 25.9(a)）与各向异性损伤（图 25.9(b)）预测的裂纹之间的对比，如 Nguyen(2012) 中所见。显然，各向异性模型预测出了沿着椭圆主轴取向的宏观裂纹，接近于试验观察到的裂纹（对于 $P=22.5\text{MPa}$，圆顶的位移为 $u=34\text{mm}$）。

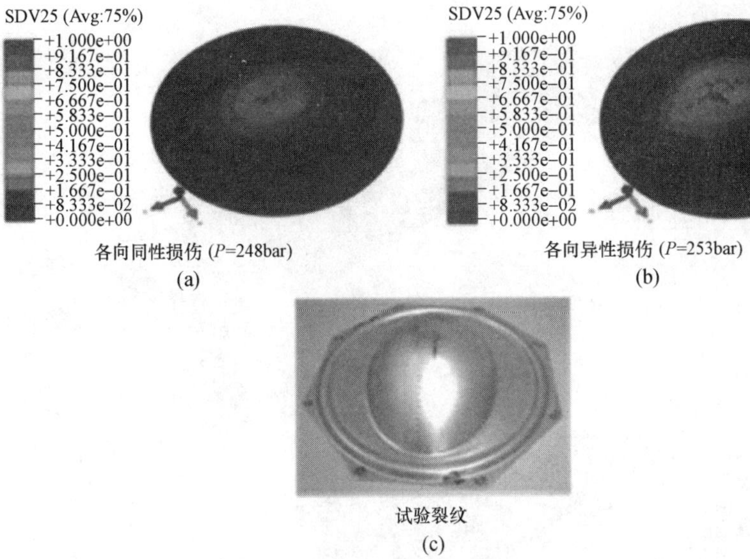

图 25.9　各向异性薄板液压胀形中预测的裂纹和实验观察到的裂纹(彩图)

金属板的第二个案例涉及使用图 25.10 中所示的切割滚动剪切的修整过程,Ghozzi 等(2012)对其进行了详细描述。

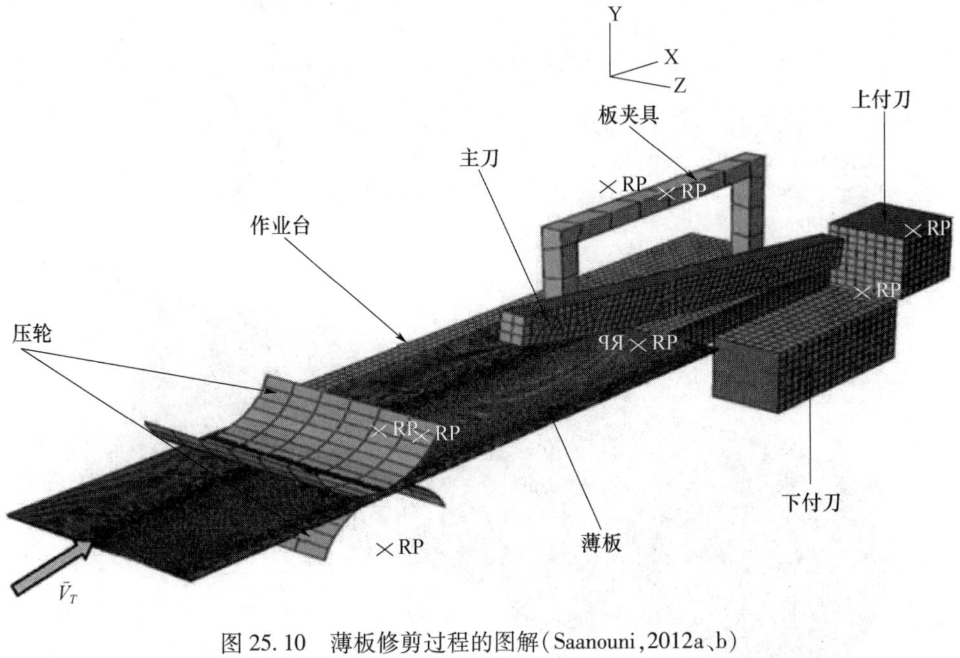

图 25.10　薄板修剪过程的图解(Saanouni,2012a、b)

图 25.11 显示了在切割操作期间两个不同时刻的米塞斯等效应力的分布。

最后一个例子涉及一个处理管件(外径 25.1mm,厚度 1.5mm)的安装过程,其中有一个板件包含一个直径 25mm 的初始孔,称为管端成形。在组装过程结束时累积的塑性应变的分布如图 25.12 所示,其中塑性应变的最大值(约 140%)如预期的那样位于变形管的中心区域。

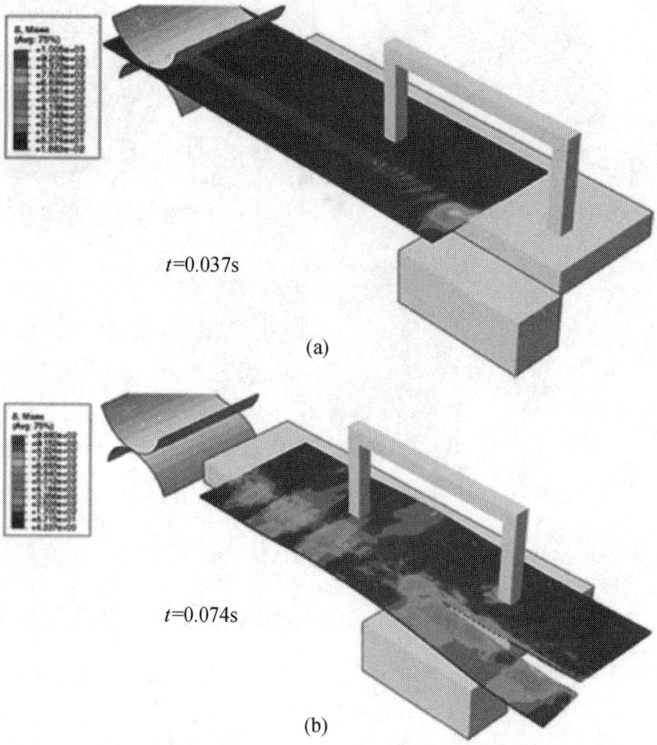

图 25. 11　修剪过程的不同时刻的等效应力分布(Saanouni,2012a、b)

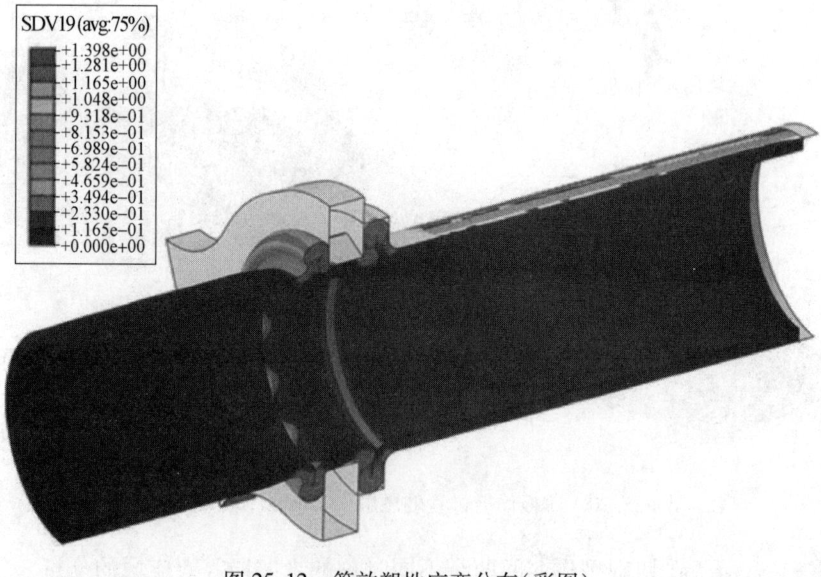

图 25. 12　等效塑性应变分布(彩图)

另外,图 25. 13 给出了核心区域的实验视图(图 25. 13(a))和相同区域的放大图,显示了韧性损伤的分布(图 25. 13(b)),其中位于塑性区的最大损伤不超过 35%。

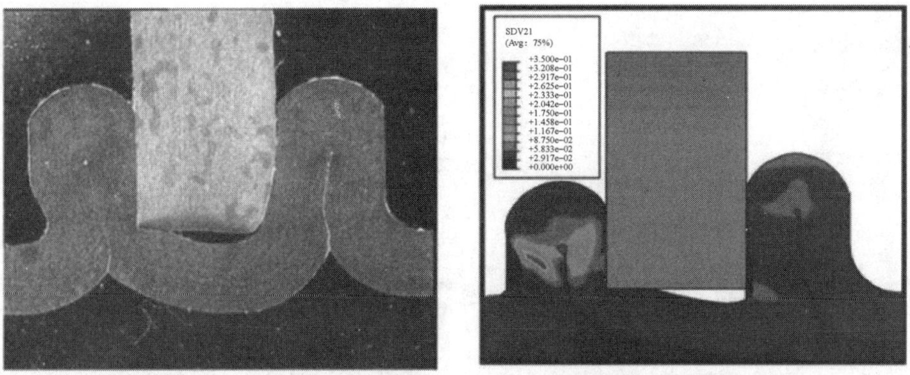

试验观察 (Faurecia,2010)
(a)

数值视图 (UTT/LASMIS, 2010)
(b)

图 25.13　管头工艺的终视图(放大)(彩图)

(a)试验观察;(b)中心区域内的韧性损伤分布。

关于块状金属成形工艺的应用,这里给出两个典型的例子来说明虚拟金属成形方法,所有的计算都是使用各向同性的热弹塑性-黏塑性模型进行的,该模型与各向同性损伤完全耦合,用于高温块状金属成形。

第一个例子涉及图 25.14 中所示的坯料的热锻过程,其中可以清楚地看到损伤在最大模头下的坯料头部处产生。

最后的说明性示例涉及利用切屑形成和分割的金属加工(正交切削)过程,这个简单的正交加工问题,如图 25.15 所示,对其进行二维模拟,其部件和工具使用取自 ABAQUS 库的 CPE4RT 组件进行网格划分,以解决热机械问题。非等温的热弹塑性-黏塑性本构方程与 Labergère(2011)和 Saanouni 等(2012a、b)描述的特定自适应网格方法一起使用。

该模拟的典型结果如图 25.16 所示,其中温度分布如图 25.16(a)所示,自适应重新网格化如图 25.16(b)所示。值得注意的是,从初始状态的室温(25℃)开始,在切屑形成期间温度升高并超过 1000℃,并在初级和次级绝热剪切带处具有一个最大值。在初级强绝热剪切带内,累积塑性应变达到 683%,而应变速率超过了 $1.2\times10^6 s^{-1}$,温度约为 1250℃(详见 Issa 等,2012)。

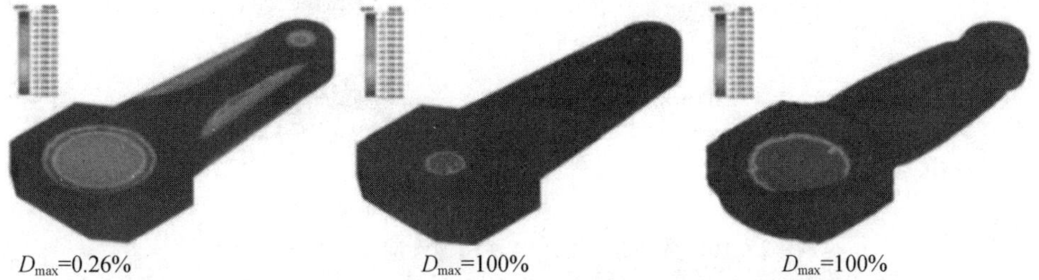

D_{max}=0.26%　　D_{max}=100%　　D_{max}=100%

(a)　　(b)　　(c)

图 25.14　锻造过程的 3 个不同时刻的韧性损伤分布(彩图)

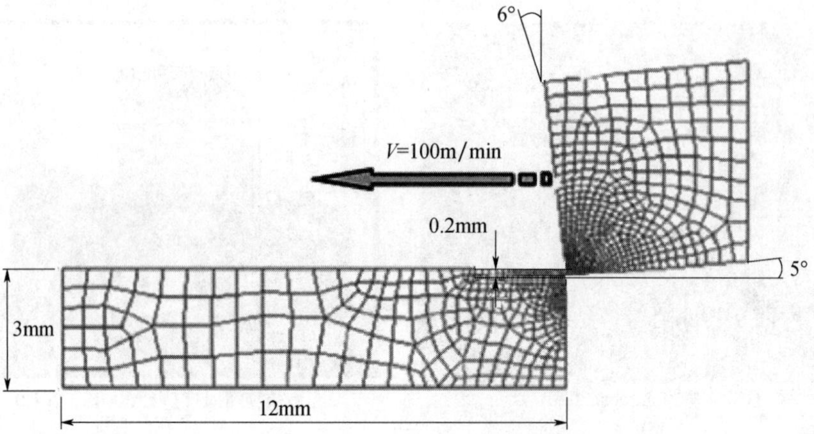

图 25.15　正交切割问题的图示说明(刀具和零件首次接触时的初始配置)

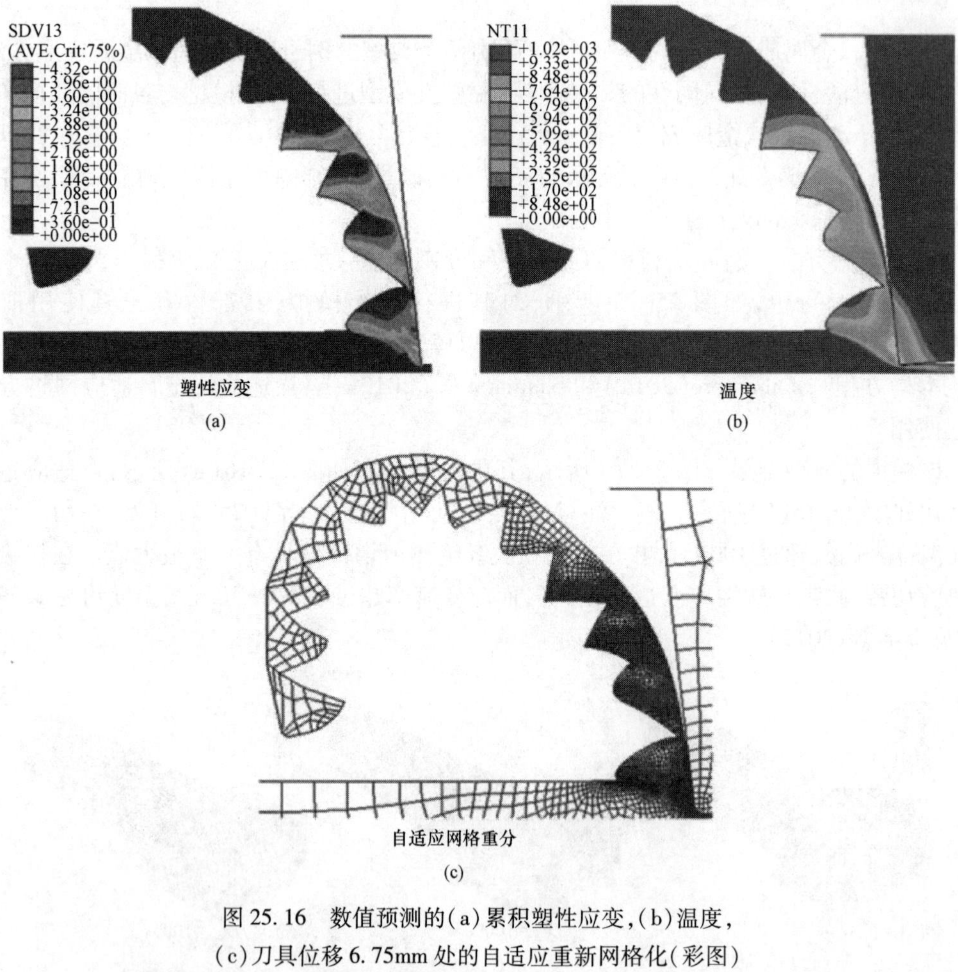

图 25.16　数值预测的(a)累积塑性应变,(b)温度,
(c)刀具位移 6.75mm 处的自适应重新网格化(彩图)

总之,只要基于先进的完全耦合和多物理本构方程,给出的例子清楚地表明了虚拟金属成形过程方法出色的预测能力。

25.5　小　　结

本章试图展示如何使用具有高预测能力的本构方程,从定性和定量上大大改善板材和块体金属成形过程中韧性损伤发生的数值预测。这不仅需要先进的宏观或宏微观(参见第 4 章)本构方程来描述变形材料在体积和接触界面处的热机械行为,还需稳健和自适应的数值方法以及适当的有效识别方法,以确定输入完全耦合本构方程的材料参数的相关值。

这种数值方法可以有助于优化任何成形或加工的过程,以确定最佳的成形或加工方案,这会根据新的环保要求,在低经济成本和低碳排放下最大限度地减少我们不期望的缺陷。因此,使用代表“真实”物理现象的高预测能力的本构方程能够达到以下目标:

(1)最大限度地减少成形零件中的韧性损伤,以获得没有任何缺陷(即裂纹、局部化的区域、皱折区域等)的组件,如薄板深拉、液压成形管或板材、热锻或冷锻或挤压材等;

(2)通过控制成形部件中损伤的强度和方向,最大限度地呈现各种材料的切割工艺对其韧性损伤,例如通过剪切或切分对薄或厚部件进行冲压,以及通过切屑形成对薄板进行切割或加工;

(3)最大限度地减少成形工具(矩阵、模具、切割工具等)内部和金属/工具接触界面的各种损伤(磨损、摩擦、裂纹等),以延长其使用寿命。

这些最小化或最大化任务与结构减重、能耗、市场成本或环境标准相关,但会受到一些限制更多信息可以在专门讨论金属成形过程中韧性损伤预测的书中找到(Saanouni, 2012a、b)。

本章相关彩图,请扫码查看

参考文献

R. Arrieux, Determination and use of the forming limit stress diagrams in sheet metal forming. J. Mater. Process. Technol. 53, 47-56(1995)

R. Arrieux, M. Boivin, Determination of the forming limit stress curve for anisotropic sheets. CIRP Ann. Manuf. Technol. 16(1), 195-198(1987)

R. Arrieux, C. Bedrin, M. Boivin, Determination of an intrinsic forming limit stress diagram for isotropic metal sheets, in Proceedings of 12th IDDRG, (1982), pp. 61-71

R. Asaro, V. Lubards, Mechanics of Solids and Materials(Cambridge University Press, Cambridge, 2006)

A. Assempour, R. Hashemi, K. Abrinia, M. Ganjiani, E. Masoumi, A methodology for predictionof forming limit stress diagrams considering the strain path effect. Comput. Mater. Sci. 45, 195-204(2009)

H. Badreddine, K. Saanouni, A. Dogui, A. Gahbich, Elastoplasticité anisotrope non normale en grandes déformations avec Endommagement. Application à la mise en forme de tôles minces. Revue Européenne de Mécanique numérique 16(6-7),913-940(2007)

H. Badreddine,K. Saanouni,A. Dogui,On non-associative anisotropic finite plasticity fully coupled with isotropic ductile damage for metal forming. Int. J. Plast. 26,1541-1575(2010)

K. J. Bathe,Finite Element Procedures(Prentice Hall,Upper Saddle River,1996)

T. Belytschko,W. K. Liu, B. Moran, Nonlinear Finite Elements for Continua and Structures (Wiley, NewYork, 2000)

J. Besson,G. Cailletaud,J. L. Chaboche,S. Forest,Mécanique Non-linéaire des Matériaux(Hermes,Paris,2001)

J. Bonnet, R. D. Wood, Nonlinear Continuum Mechanics for Finite Element Analysis (Cambridge University Press,Cambridge,1997)

N. Bontcheva,R. Iankov,Numerical investigation of the damage process in metal forming. Eng. Frac. Mech. 40, 387-393(1991)

M. Bornert,T. Brethau,P. Gilormini(eds.),Homogénéisation en mécanique des matériaux,vol. 1 et 2(Hermès, Paris,2001)

M. Boudifa,K. Saanouni, J. L. Chaboche, A micromechanical model for inelastic ductile damage prediction in polycrystalline metals. Int. J. Mech. Sci. 51,453-464(2009)

J. D. Bressan,J. A. Williams,The use of a shear instability criterion to predict local necking in sheet metal deformation. Int. J. Mech. Sci. 25,155-168(1983)

M. Brunet, F. Morestin, Experimental and analytical necking studies of anisotropic sheet metals. J. Mater. Process. Technol. 112,214-226(2001)

M. Brunet,F. Sabourin,S. Mguil-Touchal,The prediction of necking and failure in 3D sheet forming analysis using damage variable. J. Geophys. Res. 6,473-482(1996)

M. Brunet,F. Morestin,H. Walter-Leberre,Failure analysis of anisotropic sheet-metals using a nonlocal plastic damage model. J. Mater. Process. Technol. 170(1-2),457-470(2005)

H. J. Bunge,Texture Analysis in Materials Science-Mathematical Methods(Butterworths,London,1982)

J. Carbonnière,S. Thuillier,F. Sabourin,M. Brunet,P. Y. Manach,Comparison of the work hardening of metallic sheets in bending-unbending and simple shear. Int. J. Mech. Sci. 51,122-130(2009)

J. M. A. Cesar de Sa,P. M. A. Areias,C. Zheng,Damage modelling in metal forming problems using an implicit non-local gradient model. Comput. Methods Appl. Mech. Eng. 195,6646-6660(2006)

J. L. Chaboche,M. Boudifa, K. Saanouni, A CDM approach of ductile damage with plastic incompressibility. Int. J. Frac. 137,51-75(2006)

A. Cherouat,K. Saanouni,Numerical simulation of sheet metal blanking process using a coupled finite elastoplastic damage modelling. Int. J. Form. Process 6(1),7-32(2003)

A. Cherouat,K. Saanouni,Y. Hammi,Improvement of forging process of a 3D complex part with respect to damage occurrence. J Mater. Process. Technol. 142(2),307-317(2002a)

A. Cherouat,K. Saanouni,Y. Hammi,Numerical improvement of thin tubes hydroforming with respect to ductile damage. Int. J. Mech. Sci. 44,2427-2446(2002b)

W. Y. Chien,J. Pan,S. C. Tang,A combined necking and shear localization analysis for aluminum sheets under biaxial stretching conditions. Int. J. Plast. 20,1953-1981(2004)

C. C. Chu,An analysis of localized necking in punch stretching. Int. J. Solids Struct. 16,913-921(1980)

C. C. Chu,A. Needleman,Voids nucleation effects in biaxially stretched sheets. J. Eng. Mater. Technol. 102,249-256(1980)

J. P. Cordebois,P. Ladevèze,Necking criterion applied in sheet metal forming,in Plastic Behaviou of Anisotropic

Solids, ed. by J. P. Boehler (Editions CNRS, 1985)

E. Cosserat, F. Cosserat, Notes sur la théorie des corps déformables, in Traité de Physique, t. 2, ed. by O. D. Chwolson (Hermann Librairie Scientifique, Paris, 1909), pp. 953–1173

E. Cosserat, F. Cosserat, Théorie des Corps Déformables (Hermann Editeurs, Paris, 2009). ISBN 978 27056 6920 1

M. A. Crisfield, Nonlinear Finite Element Analysis of Solids and Structures. Essentials, vol. 1 (Wiley, Chichester, 1991)

M. A. Crisfield, Nonlinear Finite Element Analysis of Solids and Structures. Advanced topics, vol. 2 (Wiley, Chichester, 1997)

R. Dautray, J. J. Lions, Analyse mathématique et calcul numérique pour les sciences et les techniques: tomes 1, 2 et 3 (Dunaud, Paris, 1984)

N. E. A. De Souza, D. Peric, D. R. J. Owen, Computational Methods for Plasticity: Theory and Applications (Wiley, Chichester, 2008)

P. M. Dixit, U. S. Dixit, Modeling of Metal Forming and Machining Processes by Finite Element and Soft Computing Methods (Springer, London, 2008)

R. Engelen, M. G. D. Geers, F. Baaijens, Nonlocal implicit gradient-enhanced elasto-plasticity for the modelling of softening behaviour. Int. J. Plast. 19, 403–433 (2003)

A. C. Eringen, Microcontinuum Field Theories: Foundation and Solids (Springer, New York, 1999)

A. C. Eringen, Nonlocal Continuum Field Theories (Springer, New York, 2002)

S. Forest, Milieux Continus Généralisés et Milieux Hétérogènes (Presses de l'Ecole des Mines, Paris, 2006)

S. Forest, Micromorphic approach for gradient elasticity, viscoplasticity and damage. ASCE J. Eng. Mech. 135 (3), 117–131 (2009)

S. Forest, E. C. Aifantis, Some links between recent gradient thermo-elasto-plasticity theories and the thermomechanics of generalized continua. Int. J. Solids Struct. 47, 3367–3376 (2010)

S. Forest, R. Sievert, Elastoviscoplastic constitutive frameworks for generalized continua. Acta Mech. 160, 71–111 (2003)

W. Gambin, Plasticity and Textures (Kluwer Academic, Dordrecht, 2001)

M. G. D. Geers, Finite strain logarithmic hyperelasto-plasticity with softening: a strongly non-local implicit gradient framework. Comput. Methods. Appl. Mech. Eng. 193, 3377–3401 (2004)

M. G. D. Geers, R. Ubachs, R. Engelen, Strongly non-local gradient-enhanced finite strain elastoplasticity. Int. J. Numer. Methods Eng. 56, 2039–2068 (2003)

J. C. Gelin, Finite element analysis of ductile fracture and defects formations in cold and hot forging. Ann. CIRP 39, 215–218 (1990)

J. C. Gelin, J. Oudin, Y. Ravalard, An imposed finite element method for the analysis of damage and ductile fracture in cold metal forming processes. Ann. CIRP 34 (1), 209–213 (1985)

P. Germain, Cours de mécanique des milieux continus (Masson, Paris, 1973)

A. K. Ghosh, J. V. Laukonis, The influence of the strain path changes on the formability of sheet steel, in 9th Congress of IDDRG (ASM Publication, 1976)

Y. Ghozzi, C. Labergère, K. Saanouni, Modelling and numerical simulation of thick sheets slitting using continuum damage mechanics. in 1st International Conference on Damage Mechanics (ICDM'2012), Belgrade, June 2012, pp. 25–27

A. F. Graf, W. F. Hosford, Calculations of forming limit diagrams for changing strain paths. Met. Trans. A 24, 2497–2501 (1993)

M. Hamed, Formulations micromorphiques en élastoplasticité non-locale avec endommagement en transformations finies, Ph. D., University of Technology of Troyes, 2012

P. Hartley, S. E. Clift, J. Salimi, C. E. N. Sturgess, I. Pillinger, The prediction ofductile fracture initiation in metal forming using a finite element method and various fracture criteria. Res. Mech. 28, 269-293(1989)

K. S. Havner, Finite Plastic Deformation of Crystalline Solids(Cambridge University Press, Cambridge, 1992)

E. Hinton, Introduction to Nonlinear Finite Element Analysis(NAFEMS, Glasgow, 1992)

Hora P., Tong L., 2009, Prediction of failure under complex 3D-stress conditions, in Proceedings of Forming Technology Forum 2009, IVP, ETH Zurich, 5-6 May 2009, pp. 133-138

T. J. R. Hughes, The Finite Element Method. Linear Static and Dynamic Finite Element Analysis(Dover Publications, Mineola, 1987)

T. J. R. Hughes, J. Winget, Finite rotation effects in numerical integration of rate-constitutive equations arising in large-deformation analysis. Int. J. Numer. Methods Eng. 15, 1862-1867(1980)

A. Ibrahimbegovic, Mécanique non lin éaire des solides déformables(Hermes, Paris, 2006)

M. Issa, K. Saanouni, C. Labergère, A. Rassineux, Prediction of serrated chip formation in orthogonal metal cutting by advanced adaptive 2D numerical methodology. Int. J. Mach. Machinab. Mater. 9(3/4), 295-315(2011)

M. Issa, C. Labergère, K. Saanouni, A. Rassineux, Numerical prediction of thermomechanical fields localization in orthogonal cutting. CIRP J. Manuf. Sci. Technol. 5, 175-195(2012)

S. Kobayashi, S. I. Oh, T. Altan, Metal Forming and the Finite Element Method(Oxford University Press, Oxford, 1989)

U. F. Kocks, C. N. Tomé, H. R. Wenk, Texture and Anisotropy: Preferred Orientations in Polycrystals and Their Effect on Material Properties(Cambridge University Press, Cambridge, 1998)

C. Labergère, A. Rassineux, K. Saanouni, 2D adaptive mesh methodology for the simulation of metal forming processes with damage. Int. J. Mater. Form. 4(3), 317-328(2011)

P. Ladevèze, Non Linear Computational Structural Mechanics(Springer, New York, 1998)

T. A. Laursen, Computational Contact and Impact Mechanics: Fundamentals of Modelling Interfacial Phenomena in Nonlinear Finite Element Analysis(Springer, Berlin, 2002)

N. Le Maoût, S. Thuillier, P. Y. Manach, Aluminium alloy damage evolution for different strain paths-application to hemming process. Eng. Frac. Mech. 76, 1202-1214(2009)

H. Lee, K. E. Peng, J. Wang, An anisotropic damage criterion for deformation instability and its application to forming limit analysis of metal plates. Eng. Frac. Mech. 21(5), 1031-1054(1985)

J. Lemaitre, J. L. Chaboche, A. Benallal, R. Desmorat, Mécanique des matériaux solides, 3rd edn. (Dunod, Paris, 2009)

P. Lestriez, K. Saanouni, J. F. Mariage, A. Cherouat, Numerical prediction ofdamage in metal forming process including thermal effects. Int. J. Damage Mech. 13(1), 59-80(2004)

P. Lestriez, K. Saanouni, A. Cherouat, Simulation numérique de la coupe orthogonale par couplage thermique-comportement-endommagement en transformations finies. Mécanique Indust. 6, 297-307(2005)

J. F. Mariage, K. Saanouni, P. Lestriez, A. Cherouat, Numerical simulation of an hexnut forming process including damage effect. Int. J. Form. Process. 8(2), 291-310(2005)

Z. Mariciniack, K. Kunczynski, Limit strain in the processes of stretch forming sheet steel. J. Mech. Phys. Solids 1, 609-620(1967)

Z. Mariciniack, K. Kunczynski, T. Pokora, Influence of plastic properties of a material on the forming limit diagram for sheet metal in tension. Int. J. Mech. Sci. 15, 789-803(1973)

K. Mathur, P. Dawson, Damage evolution modelling in bulk forming processes, in Computational Methods for Predicting Material Processing Defects, ed. by M. Predeleanu(Elsevier, 1987)

P. H. Matin, L. M. Smith, S. Petrusevski, A method for stress space forming limit diagram construction for aluminium alloys. J. Mat. Proc. Techn. 174, 258–265(2006)

T. Mura, Micromechanics of Defects in Solids(Martinus Nijhoff Publishers, Dordrecht, 1987)

A. Needleman, N. Triantafyllidis, Void growth and local necking in biaxially stretched sheets. J. Eng. Mater. Technol. 100, 164–172(1980)

S. Nemat–Nasser, Plasticity. A Treatise on Finite Deformation of Heterogeneous Inelastic Materials(Cambridge University Press, Cambridge, 2004)

S. Nemat–Nasser, M. Hori, Micromechanics: Overall Properties of Heterogeneous Materials(Elsevier, Amsterdam, 1993)

T. D. Nguyen, Anisotropie de l' endommagement et simulations numériques en mise en forme par grandes déformations plastiques, Ph. D., University of Technology of Troyes, 2012

J. T. Oden, Finite Elements of Nonlinear Continua(McGraw–Hill, New York, 1972)

E. Onate, M. Kleiber, Plastic and viscoplastic flow of void containing metal–applications to axisymmetric sheet forming problem. Int. J. Numer. Methods Eng. 25, 237–251(1988)

D. R. J. Owen, E. Hinton, Finite Elements in Plasticity: Theories and Practice(Pineridge Press, Swansea, 1980)

P. Picart, O. Ghouati, J. C. Gelin, Optimization of metal forming process parameters with damage minimization. J. Mater. Process. Technol. 80–81, 597–601(1998)

D. Raabe, Computational Material Science: The Simulation of Materials Microstructures and Properties(Wiley–VCH, Weinheim, 1998)

J. N. Reddy, An Introduction to Nonlinear Finite Element Analysis(Oxford University Press, Oxford, 2004)

G. H. Rowe, C. E. N. Sturguess, P. Hartley, I. Pillinger, Finite Element Plasticity and Metal Forming Analysis (Cambridge University Press, Cambridge, 1991)

K. Saanouni, Virtual metal forming including the ductile damage occurrence, actual state of the art and main perspectives. J. Mater. Process. Technol. 177, 19–25(2006)

K. Saanouni, On the numerical prediction of the ductile fracture in metal forming. Eng. Frac. Mech. 75, 3545–3559(2008)

K. Saanouni, Damage Mechanics in Metal Forming. Advanced Modeling and Numerical Simulation(ISTE John Wiley, London, 2012a). ISBN 978–1–8482–1348–7

K. Saanouni, Modélisation et simulation numériques en formage Virtuel(Hermes, Paris, 2012b). ISBN 978–2–7462–3225–9

K. Saanouni, M. Hamed, Micromorphic approach of finite gradient–elastoplasticity fully coupled with ductile damage. Formulation and computational approaches. Int. J Solids Struct. 50, 2289–2309(2013)

K. Saanouni, P. Lestriez, Modelling and numerical simulation of ductile damage in bulk metal forming. Steel Res. Int. 80(9), 645–657(2009)

K. Saanouni, C. Forster, F. Benhatira, On the anelastic flow with damage. Int. J. Damage Mech. 3(2), 140–169(1994)

K. Saanouni, K. Nesnas, Y. Hammi, Damage modelling in metal forming processes. Int. J. Damage Mech. 9, 196–240(2000)

K. Saanouni, A. Cherouat, Y. Hammi, Numerical aspects of finite elastoplasticity with isotropic ductile damage for metal forming. Revue Européenne des E. F 10(2–3–4), 327–351(2001)

K. Saanouni, J. L. Chaboche, Computational damage mechanics. Application to metal forming, chapter 3.06, in Comprehensive Structural Integrity, ed. by I. Milne, R. O. Ritchie,

B. Karihaloo. Numerical and Computational Methods(editors: R. de Borst, H. A. Mang), vol. 3(Elsevier Ltd, Oxford, 2003), pp. 321–376. ISBN: 0–08–043749–4

K. Saanouni, J. F. Mariage, A. Cherouat, P. Lestriez, 2004, Numerical prediction of discontinuous central bursting in axisymmetric forward extrusion by continuum damage mechanics. Comput. Struct. 82, 2309-2332(2004)

K. Saanouni, H. Badreddine, M. Ajmal, Advances in virtual metal forming including the ductile damage occurrence, application to 3D sheet metal deep drawing. J. Eng. Mater. Technol. 130, 021022-1-021022-1(2008)

K. Saanouni, N. Belamri, P. Autesserre, Finite element simulation of 3D sheet metal guillotining using advanced fully coupled elasto-plastic damage constitutive equations. J. Finite Elem Anal. Des 46, 535-550(2010)

K. Saanouni, P. Lestriez, C. Labergère, 2D adaptive simulations in finite thermo-elasto viscoplasticity with ductile damage: application to orthogonal metal cutting by chip formation and breaking. Int. J. Damage Mech. 20(1), 23-61(2011)

E. Schmid, W. Boas, Plasticity of Cristals(Chapman and Hall, London, 1968)

F. Sidoroff, A. Dogui, Some issues about anisotropic elastic - plastic models at finite strain. Int. J. Solids Struct. 38, 9569-9578(2001)

J. C. Simo, T. J. R. Hughes, Computational Inelasticity(Springer, New York, 1997)

D. Sornin, K. Saanouni, About elastoplastic non - local formulations with damage gradients. Int. J. Damage Mech. 20(6), 845-875(2011)

C. Soyarslan, A. E. Tekkaya, U. Akyüz, Application of continuum damage mechanics in crack propagation problems: forward extrusion chevron predictions. Z. Angew. Math. Mech. 88(6), 436-453(2008)

S. Storen, J. R. Rice, Localized necking in sheets. J. Mech. Phys. Solids 23, 421-441(1975)

T. Stoughton, Stress-based forming limits in sheet metal forming. J. Eng. Mater. Technol. 123, 417-422(2001)

W. Swift, Plastic instability under plane stress. J. Mech. Phys. Solids 1, 1-18(1952)

C. Truesdell, W. Noll, The Nonlinear Filed Theories of Mechanics, 1st edn. (Springer, New York, 1965)

C. Truesdell, W. Noll, The Nonlinear Filed Theories of Mechanics, 3rd edn. (Springer, New York, 2004)

P. Villon, H. Borouchaki, K. Saanouni, Transfert de champs plastiquement admissibles. CRAS, Mécanique 330, 313-318(2002)

R. H. Wagoner, J. L. Chenot, Metal Forming Analysis(Cambridge University Press, Cambridge, 2001)

K. Walker, A. Freed, Asymptotic Integration Algorithm for Nonhomogeneous, Nonlinear First Order ODEs(Engineering Science Software, NASA Technical Memorendum, 1991)

P. Wriggers, Computational Contact Mechanics(Wiley, Hoboken, 2002)

P. Wriggers, Nonlinear Finite Element Methods(Springer, Berlin, 2008)

W. Yang, W. B. Lee, Mesoplasticity and Its Applications(Springer, Berlin, 1993)

K. Yoshida, T. Kuwabara, Effect of strain hardening, behaviour on forming limit stresses of steel tube subjected to nonproportional loading paths. Int. J. Plast. 23, 1260-1284(2007)

M. Yoshida, F. Yoshida, H. Konishi, K. Fukumoto, Fracture limits of sheet metals under stretch bending. Int. J. Mech. Sci. 47, 1885-1896(2005)

Z. H. Zhong, Finite Element Procedures for Contact-Impact Problems(Oxford University Press, Oxford, 1993)

Y. Y. Zhu, S. Cescotto, The finite element prediction of ductile fracture initiation in dynamic metal forming processes. J. Phys. III 1, 751-757(1991)

Y. Y. Zhu, S. Cescotto, A fully coupled elasto-visco-plastic damage theory for anisotropic materials. Int. J. Solids Struct. 32(11), 1607-1641(1995)

Y. Y. Zhu, S. Cescotto, A. M. Habraken, A fully coupled elastoplastic damage modelling and fracture criteria in metal forming processes. J. Mater. Process. Technol. 32, 197-204(1992)

O. C. Zienkiewicz, R. L. Taylor, The Finite Element Method for Solids and Structural Mechanics, 1st edn. (Elsevier, Burlington, 1967)(6th edition in 2005)

第 26 章　韧性失效模拟的应力依赖性、非定域性以及损伤-断裂转变

J. M. A. Cesar de Sa, F. M. A. Pires, F. X. C. Andrade, L. Malcher, M. R. R. Seabra

摘　　要

本章主要讨论近年在本构层面处理大塑性形变下韧性损伤材料模型的发展和建议，通过开展数值试验以测试它们在剪切主导的应力状态下的表现，它们在这种应力状态下的响应有较大差异。之后，综述了损伤模型相关的数值正则化(即离散化相关性)的非局部模型应用的各个方面，在不同的应力状态下，测试了多个正则变量选取的不同方法，这些应力状态的特征是偏应力张量具有不同的三维度值和第三不变量。最后，提出了通过扩展有限元方法处理损伤-断裂转变的简单策略。

26.1　概　　述

金属成形工艺具有巨大的工业价值，这是由于它们被广泛应用于汽车工业、航空工业以及日用五金等多个行业各种结构件的制造过程中。在这些过程中，固态材料从坯材到成品经历了巨大的形状改变，材料流变由工具推动，并通常受其与模具的接触与磨损过程的控制，这通常会导致材料出现较大的塑性形变，同时也取决于如下多种因素：载荷条件，温度，预成形、工具和模具的几何形状，接触区的润滑程度，材料性能，以及成形极限等，这里仅给出了一些最重要的因素，因此，金属成形工艺的设计、开发和优化过程中的一个关键问题就是能够控制这些因素的大部分。这里，数值模拟起到了非常重要的作用，尤其在过去的几十年里，一些强大的商业代码已然发展成为工业领域里一项不可替代的工具。在理论和数值能力方面的重要进展和演化，并结合计算设备的快速发展，使我们在很大程度上能够预测变形、关键位置的应变和应力、材料特性的变化、工具几何尺寸和润滑条件的影响等。

在金属的大变形过程中，当塑性变形达到一个阈值时，这可能依赖于载荷、疲劳极限和最大应力，此时，由于微孔的成核、长大与聚集，一种韧性损伤过程可能会与塑性变形同时发生。因此，一旦掌握了大形变模型分析的主要特点，为了能够避免成形过程中造成缺陷产品，或者能够描述诸如薄板冲裁和金属切割的工艺过程(断裂是这些工艺自身的一部分)，需要实现一个决定性的因素，即精确预测复杂载荷谱下材料的可变形性。

在体积成形工艺的设计过程中，工业界通常仍使用基于变形历史相关的状态变量函数计算评估的断裂准则，这些准则通常可以分为两类：一类基于微观力学，利用总塑性功

(Freudenthal,1950)、最大塑性剪切功或等效塑性应变(Datsko,1966)作为初始状态变量;另一类基于缺陷的扩展机制,它包括几何形状的方面(McClintock,1968;Rice 和 Tracey,1969)、主应力(Cockcroft 和 Latham,1968)或静水压力(Norris 等,1978;Atkins,1981)相关的扩展机理,或材料行为耦合(Oyane 等,1978;Tai 和 Yang,1987;Lemaître,1986)。

然而,这些通常是后验性指标,并不总是可靠的,在工业界许多结构件的生产过程中存在的越来越复杂变形路径中,这些指标时常无法给出合适的信息,以下这些情况很难用这些准则进行处理:对于不同的压缩或牵引应力状态、不同的三维或不同的剪切应力状态,局部损伤远离最大等效塑性变形集中的位置,或者损伤以不同的方式演变。

因此,需要更加强大的模型,从而通过变形过程来考虑损伤演变,Kachanov(1958)和 Rabotnov(Rabotnov 等,1963)在这方面做出了杰出的贡献,他们提出了用以描述材料内部渐进退化的新理论。这些理论一方面是基于连续损伤力学(CDM)和不可逆过程的热力学,主要是在本构层面将损伤和材料的弹塑性结合起来(Lemaitre,1985a、b,1996);另一方面则是基于微观力学,如在本构层面将损伤和塑性结合起来(Gurson,1977;Tvergaard 和 Needleman,1984;XUE 等,2007)。

然而,这些模型的大部分都是以局部连续体假设为基础的,在局部介质中,材料的行为完全遵循点式本构定律,并且不受周围材料点的影响。事实上,这个局部理论假定材料在任一尺度上都是连续的,因此,尺寸的影响被忽略。但是,在有限元求解中应用这些模型会导致材料出现软化,并由此带来网格和取向依赖性,这是由于当包括材料软化引起的负刚度时,代表所处理问题的微分方程的基础类型会发生局部变化,因此,局部化效应未通过网格细化进行正确的处理。有一种解决方案是使用非局部模型(Pijaudier-Cabot 和 Bazant,1987;De Borst 和 Muhlhaus,1992;De Vree 等,1995;Stromberg 和 Ristinmaa,1996;Polizzotto 等,1998;Borino 等,1999;Jirásek 和 Rolshoven,2003;Cesar de Sa 等,2006;Jirásek,2007;Andrade 等,2009),非局部模型包括了一些长度尺度信息,它与微观结构不均匀性引起的局部效应相关,从而平均了耗散过程相关的一种内部变量效应,为此,通常假定两种类型的模型:积分模型和梯度模型。

如今,越来越多的研究致力于探索多尺度模型,致力于探索较低尺度下的损伤机理如何反映宏观尺度下的损伤机理,以及如何能用该尺度上经常采用的现象学定律对其进行反映。

接下来将在本构层面上讨论近年来大塑性形变下韧性损伤模型的发展并提出优化建议,并完成一些数值测试,测试它们在以剪切为主的应力状态下的性能,这是它们的主要差异所在。然后,综述用于损伤模型相关的(即离散依赖性)数值正则化的非局部模型使用的一些方面,测试不同情况下、不同偏应力张量的第三不变量和不同的三维数值所确定的应力状态下,调控变量选取的不同方法。最后,阐述一个通过扩展有限元方法来处理损伤-断裂转变的策略。

26.2 高、低三维度下的韧性断裂本构模型

26.2.1 概述

实验证明,形核的存在、孔洞和裂纹的扩展,会伴随着大量的塑性流变,从而引起弹性

模量的减小,并导致材料出现软化,这类现象与应力三维度密切相关(McClintock,1968;Rice 和 Tracey,1969;Hancock 和 Mackenzie,1976)。在工程领域,断裂时的等效塑性应变和应力三维度曾首次被用来表征材料的韧性特征(Bridgman,1952;McClintock,1968;Rice 和 Tracey,1969;Johnson 和 Cook,1985)。McClintock(1968)以及 Rice 和 Tracey(1969)基于静水载荷下的孔洞扩展行为分析,提出了等效应变随应力三维度状态演化的简易指数表达式,这通常被认为是二维断裂轨迹,Mirza 等(1996)开展的纯铁、低碳钢以及 BS1474 铝合金在较大应变速率范围内的研究工作,确认了裂纹形成的等效应变对应力三维特征水平的强依赖性。

近年来,很多研究者(Kim 等,2003,2004;Bao 和 Wierzbicki,2004;Gao 等,2005;Gao 和 Kim,2006;Kim 等,2007;Barsoum 和 Faleskog,2007a、b;Bai 和 Wierzbicki,2008;Brunig 等,2008;Gao 等,2009)已经发现,与偏应力张量的第三不变量相关的 Lode 角,是表征应力状态对材料屈服和韧性断裂影响的过程中的一个重要参量,Bai 和 Wierzbicki(2008)也提出了在等效应变、应力三维度和 Lode 角组成的空间中的三维断口轨迹,对于与压力和 Lode 较弱相关或强相关的材料,这类断口表面是明显不同的,它可以通过传统试样和蝴蝶状试样进行校正。Mirone 和 Corallo(2010)已经提出了一种局部观点,用以评估应力三维度和 Lode 角对韧性失效、3 个分析理论(即 Tresca 判据以及 Wierzbicki 提出的两个模型)的影响。根据 Mirone 和 Corallo(2010),韧性失效现象受应力-应变特征变量关系式的影响,并且,通过塑性应变、应力三维度和 Lode 角,能更好地描述失效预测的过程。Driemeier 等(2010)提出了一个实验程序,用以研究韧性断裂中应力张量不变量的影响,该方法可被看作是一种有效的工具,用以探究应力强度、应力三维度以及 Lode 角的影响。Gao 等(2011)提出的一个新的弹塑性模型,它是静水应力的函数,也是偏应力的第二、第三不变量的函数,并且对高水平的应力三维度的试样进行了测试,表明了塑性流变定律与应力三维度和 Lode 角的相关性。

26.2.2 韧性失效本构模型

本节简要回顾了 3 种本构模型的控制方程。首先介绍 Gurson-Tvergaard-Needleman(GTN)模型(Gurson,1977;Tvergaard 和 Needleman,1984),然后是 Lemaitre 模型(Lemaitre,1985a),最后是 Bai 和 Wierzbicki 模型(Bai 和 Wierzbicki,2008)。此外,介绍了 Xue(2008)提出的剪切机制并将其纳入 GTN 模型以及 Bao 断裂指标(Bao 等,2003),该指标与 Bai 和 Wierzbicki 的模型结合使用,从而通过该模型预测损伤。

1. Gurson-Tvergaard-Needleman 模型

受 Gurson(1977)工作的启发,Tvergaard 和 Needleman(1984)提出了一种描述韧性材料损伤和断裂的模型。最初的 Gurson 模型引入了塑性应变和损伤之间的强耦合理论(Chaboche 等,2006),其中微孔的存在导致屈服表面取决于静水压力和孔隙率。通过被称为空隙体积分数的一个参量来测量材料退化,该参数由变量 f 表示,该参数用微孔体积 V_{voids} 和代表体积单元 V_{RVE} 之比定义:

$$f=\frac{V_{\text{voids}}}{V_{\text{RVE}}} \tag{26.1}$$

Gurson-Tvergaard-Needleman(GTN)模型是 Gurson 扩展模型中最著名的模型之一,它

同时考虑了各向同性硬化和损伤。但是，该模型中的损伤变量由有效孔隙率 f^* 表示，其流变势的广义形式为

$$\Phi(\boldsymbol{\sigma},r,f^*)=q-\frac{1}{3}\left\{1+q_3 f^{*2}-2q_1 f^*\cosh\left(\frac{q_2 3p}{2\sigma_y}\right)\right\}\sigma_y^2 \tag{26.2}$$

式中：q 表示米塞斯等效应力；σ_y 是各向同性硬化的屈服面半径函数。将参数 q_1、q_2 和 q_3 引入屈服面定义中，以使模型预测与周期性空隙阵列的全数值分析更接近，p 表示静水压力。球形孔隙的演变可以通过 3 个同时或连续的步骤再现：孔洞的成核、生长和聚集（Tvergaard 和 Needleman，1984）。有效孔隙率由以下双线性函数确定：

$$f^*=\begin{cases} f & (f<f_c) \\ f_c+\left(\dfrac{1}{q_1}-f_c\right)\dfrac{(f-f_c)}{(f_f-f_c)} & (f\geqslant f_c) \end{cases} \tag{26.3}$$

式中：f 为孔隙率；f_c 为触发聚结的孔隙率；f_f 为断裂时的孔隙率。孔隙率的演变由成核和生长机制的总和给出，如

$$\dot{f}=\dot{f}^N+\dot{f}^G \tag{26.4}$$

成核机制由塑性应变驱动并表示为

$$\dot{f}^N=\frac{f^N}{s_N\sqrt{2\pi}}\exp\left[-\frac{1}{2}\left(\frac{\varepsilon_{eq}^p-\varepsilon_N}{s_N}\right)^2\right]\dot{\varepsilon}_{eq}^p \tag{26.5}$$

式中：f^N 为所有第二相颗粒的体积分数（图 26.1），具有微孔形核的势能；ε_N 和 s_N 为孔洞形核的平均应变及其标准差；ε_{eq}^p 为等效塑性应变；$\dot{\varepsilon}_{eq}^p$ 为等效塑性应变速率。

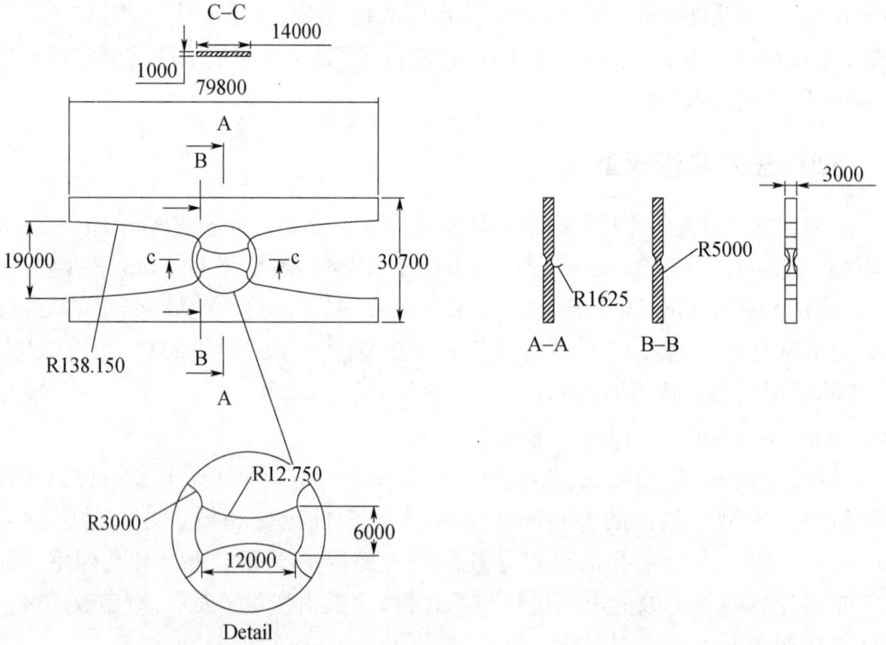

图 26.1　蝴蝶试样的几何尺寸（单位：mm）（试样取自 Bai 等（2008））

（摘自 L. Malcher 等，An Assessment of Isotropic Constitutive Models for Ductile Fracture under High and Low Stress Triaxiality. Int. J. Plast. 30-31，81-115（2012），获得 Elsevier 的许可）

从基体材料的塑性不可压缩性条件可得,对球型孔洞演化最显著的贡献是其扩展机制,可表示为

$$\dot{f}^{G}=(1-f)\operatorname{tr}(\dot{\boldsymbol{\varepsilon}}^{p})=(1-f)\dot{\varepsilon}_{v}^{p} \tag{26.6}$$

式中:$\dot{\boldsymbol{\varepsilon}}^{p}$ 为塑性应变张量速率;$\dot{\varepsilon}_{v}^{p}$ 为体积塑性应变速率。在这里,GTN 模型的实现包括微孔形核和长大,由于我们的主要目的是预测断裂的萌生,因此不予考虑聚焦长大的效应。

与基于 Gurson 的模型相关的主要限制在于其不考虑剪切效应,这就排除了预测剪切局部化以及低三维度下断裂的可能性。因而,为了增强 GTN 模型的预测能力,在零应力三维度水平和低应力三维度水平下,Xue(2008)引入了剪切机制,该机制基于单元结构的几何形状考虑,在中心处包含一个圆形孔洞,其受到简单的剪切应变(Xue,2008)。根据作者的说法,剪切损伤的演变取决于孔隙率、等效应变和 Lode 角。通过简单的代数运算,可以用数学方式表示该机制的速率(Xue,2008):

$$\dot{f}^{\text{Shear}}=q_{4}f^{q_{5}}g_{0}\varepsilon_{\text{eq}}\dot{\varepsilon}_{\text{eq}} \tag{26.7}$$

式中:q_4 和 q_5 是与二维或三维问题相关的参数。对于二维问题,$q_4=1.69$ 而 $q_5=1/2$;对于三维问题,$q_4=1.86$ 和 $q_5=1/3$。变量 f 表示孔隙率,ε_{eq} 是等效应变,g_0 是在剪切机制中引入 Lode 角依赖性的一个参数。若 Lode 角函数 g_0 不为零,则机制被触发并将剪切效应考虑在内;若 g_0 为零,则剪切机制对损伤演变没有影响,并且只有成核和生长机制被认为是活跃的。Lode 角函数 g_0 定义为

$$g_{0}=1-\frac{6|\theta|}{\pi} \tag{26.8}$$

式中:θ 为 Lode 角,并通过下式确定

$$\theta=\arctan\left\{\frac{1}{\sqrt{3}}\left[1\left(\frac{S_{2}-S_{3}}{S_{1}-S_{3}}\right)-1\right]\right\} \tag{26.9}$$

标量 S_1、S_2 和 S_3 是主平面中的偏应力张量的分量。GTN 模型能够描述成核与微孔扩展的机制,而 Xue(2008)提出的剪切机制可以纳入该模型中,因此,最初由式(26.8)表示的孔隙率的演变,则重新定义为

$$\dot{f}=\dot{f}^{N}+\dot{f}^{N}+\dot{f}^{\text{Shear}} \tag{26.10}$$

损伤的演化不可避免地降低了材料的整体弹性性能,然而,与损伤对塑性行为的影响相比,这种影响是很小的。因此,在这项工作中采用的由剪切效应引起的损伤演变将忽略损伤对弹性的影响,在这类模型中经常这样做。剪切损伤演化定律被重新定义为累积塑性应变和累积塑性应变率的函数,而不是总应变和总应变率的函数(式(26.7))。

$$\dot{f}^{\text{Shear}}=q_{4}f^{q_{5}}g_{0}\varepsilon_{\text{eq}}^{p}\dot{\varepsilon}_{\text{eq}}^{p} \tag{26.11}$$

Lode 角函数也可以写成归一化的第三不变量的函数,如

$$g_{0}=1-|\bar{\theta}| \tag{26.12}$$

式中:$\bar{\theta}$ 为归一化的 Lode 角,为归一化的第三不变量的函数,如

$$\bar{\theta}=1-\frac{6\theta}{\pi}=1-\frac{2}{\pi}\arccos\xi \tag{26.13}$$

式中:ξ 为归一化的第三不变量,可通过下式计算得到

$$\xi=\frac{27}{2}\frac{\det\boldsymbol{\varepsilon}_d^e}{\left(\frac{3}{2}\boldsymbol{\varepsilon}_d^e:\boldsymbol{\varepsilon}_d^e\right)^{3/2}} \tag{26.14}$$

式中：$\boldsymbol{\varepsilon}_d^e$ 为偏弹性应变张量。

2. Lemaitre 损伤模型

Lemaitre(1985a)提出了本节所述的韧性损伤本构方程，基于有效应力的概念和应变等效假设，Lemaitre 模型包括内部损伤的演化以及韧性材料行为描述中的非线性各向同性和运动硬化。本构式从亥姆霍兹比自由能的定义开始，该自由能可以作为材料的状态势，并且是所有状态变量的函数。自由能可以表示为状态变量的集合$\{\boldsymbol{\varepsilon}^e,r,D\}$的函数：

$$\boldsymbol{\Psi}=\Psi(\boldsymbol{\varepsilon}^e,r,D) \tag{26.15}$$

式中：$\boldsymbol{\Psi}$ 为比自由能；$\boldsymbol{\varepsilon}^e$ 为弹性应变张量；r 为各向同性硬化内部变量；D 为各向同性损伤内部变量。

在弹性-损伤和塑性硬化之间解耦的假设条件下，比自由能由以下的加和给出：

$$\boldsymbol{\Psi}=\boldsymbol{\Psi}^{ed}(\boldsymbol{\varepsilon}^e,D)+\boldsymbol{\Psi}^p(r) \tag{26.16}$$

式中：$\boldsymbol{\Psi}^{ed}$ 为弹性-损伤对自由能的贡献；$\boldsymbol{\Psi}^p$ 为塑性的贡献。自由能的弹性-损伤贡献可由下式表示：

$$\bar{\rho}\boldsymbol{\Psi}^{ed}(\boldsymbol{\varepsilon}^e,D)=\frac{1}{2}(1-D)\boldsymbol{\varepsilon}^e:\boldsymbol{D}^e:\boldsymbol{\varepsilon}^e \tag{26.17}$$

式中：$\boldsymbol{D}^e$ 为各向同性弹性张量。塑性势能可由各向同性硬化部分表示：

$$\bar{\rho}\boldsymbol{\Psi}^p(r)=\bar{\rho}\boldsymbol{\Psi}^I(r) \tag{26.18}$$

通过弹性-损伤势(式(26.17))对弹性应变张量求导，可以得到弹性定律，如下：

$$\boldsymbol{\sigma}=\bar{\rho}\frac{\partial\boldsymbol{\Psi}^{ed}}{\partial\boldsymbol{\varepsilon}^e}=(1-D)\boldsymbol{D}^e:\boldsymbol{\varepsilon}^e \tag{26.19}$$

分别通过弹性-损伤贡献$\bar{\rho}\boldsymbol{\Psi}^{ed}(\boldsymbol{\varepsilon}^e,D)$(式(26.17))对损伤变量 D、塑性势能$\bar{\rho}\boldsymbol{\Psi}^p(r)$(式(26.18))对各向同性硬化变量 R 进行求导，得到与损伤和各向同性硬化内部变量共轭的热力学力(Lemaitre 和 Desmorat, 2005)：

$$-Y\equiv-\bar{\rho}\frac{\partial\boldsymbol{\Psi}^{ed}}{\partial D}=\frac{q^2}{6G(1-D)^2}+\frac{p^2}{2K(1-D)^2} \tag{26.20}$$

$$R\equiv-\bar{\rho}\frac{\partial\boldsymbol{\Psi}^I}{\partial r}=R(r) \tag{26.21}$$

式中：Y 为与损伤有关的热力学力；q 为冯范·米塞斯等效应力；p 为静水压力；G 为剪切模量；K 是弹性压缩模量；R 为与各向同性硬化变量相关的热力学力。

内部变量的演变可以通过假设存在流变势 $\boldsymbol{\Psi}$ 而得出，由下式给出

$$\boldsymbol{\Psi}=\boldsymbol{\Phi}+\frac{S}{(1-D)(s+1)}\left(\frac{-Y}{S}\right)^{s+1} \tag{26.22}$$

式中：S 和 s 为损伤演变常数；$\boldsymbol{\Phi}$ 为屈服函数，定义为

$$\boldsymbol{\Phi}=\frac{q}{(1-D)}-\sigma_{y_0}-R(r) \tag{26.23}$$

式中：$\boldsymbol{\sigma}_{y_0}$ 为初始单轴屈服应力。基于广义正交性的假设，塑性流变可表示为

$$\dot{\varepsilon}^{p}=\dot{\gamma}\frac{\partial\boldsymbol{\Phi}}{\partial\boldsymbol{\sigma}}=\dot{\gamma}\boldsymbol{N} \tag{26.24}$$

$$\boldsymbol{N}=\sqrt{\frac{3}{2}}\frac{\boldsymbol{S}}{\|\boldsymbol{S}\|}\frac{1}{(1-\boldsymbol{D})} \tag{26.25}$$

式中:$\dot{\gamma}$ 为塑性乘子;$\boldsymbol{N}$ 为流量向量;$\boldsymbol{S}$ 为偏应力张量。分别通过流变势对损伤相关的热力学力 $\boldsymbol{Y}$,以及对各向同性硬化变量 r 进行求导,可以得到损伤与各向同性硬化内部变量的演变定律:

$$\dot{D}\equiv\dot{\gamma}\frac{\partial\boldsymbol{\Psi}}{\partial\boldsymbol{Y}}=\dot{\gamma}\frac{1}{(1-D)}\left(\frac{-Y}{S}\right)^{s} \tag{26.26}$$

$$\dot{\gamma}\equiv\dot{\gamma}\frac{\partial\boldsymbol{\Psi}}{\partial\boldsymbol{R}}=\dot{\gamma} \tag{26.27}$$

此外,还需要满足与速率无关的可塑性的互补定律:

$$\dot{\gamma}\geqslant0,\boldsymbol{\Phi}\leqslant0,\dot{\gamma}\boldsymbol{\Phi}=0 \tag{26.28}$$

3. Bai 和 Wierzbicki 模型

Bai 和 Wierzbicki(2008)提出了一种弹塑性模型,该模型通过应力三维度包含了静水压力效应,通过 Lode 角包含了第三偏应力不变量的影响,通过重新定义材料的硬化定律,在米塞斯弹塑性模型中引入了这些效应。在米塞斯经典模型中,硬化定律只是累积塑性应变 $\boldsymbol{\sigma}_y(\varepsilon_{eq}^{p})$ 的函数,在 Bai 和 Wierzbicki 模型中,硬化定律是累积塑性应变、应力三维度和参数 μ 的函数(μ 是 Lode 角的函数),$\boldsymbol{\sigma}_y(\varepsilon_{eq}^{p},\boldsymbol{\eta},\boldsymbol{\mu})$。因此,硬化定律可重新定义为

$$\boldsymbol{\sigma}_y(\varepsilon_{eq}^{p},\boldsymbol{\eta},\boldsymbol{\mu})=\boldsymbol{\sigma}_y(\varepsilon_{eq}^{p})[1-C_{\eta}(\boldsymbol{\eta}-\boldsymbol{\eta}_0)]\left[C_{\theta}^{s}+(C_{\theta}^{ax}-C_{\theta}^{s})\left(\mu-\frac{\mu^{m+1}}{m+1}\right)\right] \tag{26.29}$$

式中:$C_{\eta},C_{\theta}^{s},C_{\theta}^{ax},m$ 为材料常数;$\boldsymbol{\eta}_0$ 为应力三维度参考值;μ 为 Lode 角的函数,表示为

$$\mu=\frac{\cos(\pi/6)}{1-\cos(\pi/6)}\left[\frac{1}{\cos(\theta-\pi/6)}-1\right] \tag{26.30}$$

硬化定律中的两项 $[1-C_{\eta}(\boldsymbol{\eta}-\boldsymbol{\eta}_0)]$ 和 $\left[C_{\theta}^{s}+(C_{\theta}^{ax}-C_{\theta}^{s})\left(\mu-\frac{\mu^{m+1}}{m+1}\right)\right]$ 分别表示应力三维度和 Lode 角的影响。在 J_2 理论中,新屈服判据通过 $\boldsymbol{\sigma}_y(\varepsilon_{eq}^{p},\boldsymbol{\eta},\boldsymbol{\mu})$ 代替了标准硬化准则 $\boldsymbol{\sigma}_y(\varepsilon_{eq}^{p})$,因此屈服函数可以写成:

$$\boldsymbol{\Phi}=q-\boldsymbol{\sigma}_y(\varepsilon_{eq}^{p})AB \tag{26.31}$$

式中:q 为米塞斯等效应力(见 26.2 节);A 为合并了应力三维度影响的函数;B 为包含了 Lode 角影响的函数,这两个函数根据下式定义:

$$A=[1-C_{\eta}(\boldsymbol{\eta}-\boldsymbol{\eta}_0)] \tag{26.32}$$

$$B=\left[C_{\theta}^{s}+(C_{\theta}^{ax}-C_{\theta}^{s})\left(\mu-\frac{\mu^{m+1}}{m+1}\right)\right] \tag{26.33}$$

现分析试验参数($C_{\eta},C_{\theta}^{s},C_{\theta}^{ax},\boldsymbol{\eta}_0,m$)对本构模型行为的影响。参数 C_{η} 描述静水压力对材料塑性流变的影响,如果 C_{η} 等于零,则模型与应力三维度无关。应力三维度参考值 $\boldsymbol{\eta}_0$ 取决于所进行的试验类型和试样的几何形状,它有 3 个不同的假设值:对于拉伸试验的光滑试样,$\boldsymbol{\eta}_0$ 取值等于 1/3;对于压缩试验的圆柱形试样,$\boldsymbol{\eta}_0$ 取值为-1/3;对于扭转和剪切试验,$\boldsymbol{\eta}_0$ 取零。与 Lode 角影响相关的实验参数 C_{θ}^{ax} 可根据所应用的载荷(拉伸/压

缩)类型采用两种形式中的一种:

$$C_{\theta}^{ax}=\begin{cases}C_{\theta}^{t} & (\bar{\theta}\geqslant 0)\\ C_{\theta}^{c} & (\bar{\theta}<0)\end{cases} \tag{26.34}$$

式中:$\bar{\theta}$ 为归一化的 Lode 角(式(26.16))。参数 C_{θ}^{s}(式(26.36))取决于所进行的试验类型。例如,如果在拉伸试验中使用光滑试样,则 $C_{\theta}^{t}=0$;如果进行扭转试验,则 $C_{\theta}^{s}=1$;如果在压缩试验中使用圆柱试样,则 $C_{\theta}^{c}=1$。参数 μ 的范围为 $0\leqslant\mu\leqslant 1$,当 $\mu=0$ 时,对应于平面应变或剪切条件;当 $\mu=1$ 时,对应于轴对称问题。此外,为了确保屈服面的平滑性及其在 1 附近对 Lode 角的可微分性,引入了 $\mu^{m+1}/(m+1)$ 一项。

由于 Bai 和 Wierzbicki 模型(Bai 和 Wierzbicki,2008)在本构公式中不包含损伤变量,将在与先前描述的损伤模型的比较中使用由 Bao 等(2003)提出的断裂指标,该断裂指标是一个后处理变量,是在对韧性裂纹形成行为进行彻底的试验研究后发现得出的,表示为

$$D=\int_{0}^{\varepsilon_f}\frac{p}{q}d\varepsilon_{eq}=\eta_{av}\varepsilon_{f,eq}\dot{\varepsilon}_{v}^{p} \tag{26.35}$$

式中:ε_{eq} 为等效应变;$\varepsilon_{f,eq}$ 为断裂等效应变;η_{av} 为应力三维度平均值;θ_{av} 为 Lode 角平均值同样也是用来描述断口三维轨迹的参数,这两个参数可表示为

$$\eta_{av}=\frac{1}{\varepsilon_{f,eq}}\int_{0}^{\varepsilon_f}\frac{p}{q}\mathrm{d}\varepsilon_{eq}\theta_{av}=\frac{1}{\varepsilon_{f,eq}}\int_{0}^{\varepsilon_f}\theta\mathrm{d}\varepsilon_{eq} \tag{26.36}$$

关于断裂指标更详尽的信息可从参考文献(Bai 等,2008;Bai 和 Wierzbicki,2008)中获得。

26.2.3 数值运算与结果

1. 实验方案

应力更新程序是基于操作者拆分概念的(Simo 和 Hughes,1998;De Souza Neto 等,2008),特别适用于演化问题的数值积分,并已广泛应用于计算塑性(Simo 和 Hughes,1998;De Souza Neto 等,2008)。在我们的开发中使用的这种方法,将问题分成两部分:一个弹性预测器,假设问题是弹性的;一个塑料校正器,其中残差方程组包括弹性定律、塑性一致性和速率方程,以弹性预测器阶段的结果作为初始条件来求解该方程组。在违反屈服条件的情况下,必须启动塑性校正器阶段,并使用牛顿-拉弗森程序来求解离散化的方程组,牛顿-拉弗森程序的选择取决于所实现的收敛的二次率,这就实现了计算上高效的返回映射程序(Simo 和 Hughes,1998;De Souza Neto 等,2008)。

2. 几何与修正

为了定性和定量地比较基于不同应力三维度水平的本构模型,选取由 Bai 和 Wierzbicki 提出的蝴蝶试样(Bai 等,2008;Bai 和 Wierzbicki,2008),本构模型采用的材料特性、应力-应变曲线和损伤参数见表 26.1。

样品的几何形状被称为“蝴蝶样品”,如图 26.1 所示。使用了 3392 个二十节点单元的三维有限元网格,其中有 8 个高斯积分点,共计 17465 个节点(图 26.2)。

运用以下方案确定未受损的应力-应变曲线和本构模型的临界损伤值:通过由 Bao 和 Wierzbicki(2004)试验所得的断裂位移($u_f=6.65$mm)以及光滑棒材拉伸试样的力-位移

曲线,采用了回溯和迭代的方法,目标是确定每个本构模型的应力-应变曲线,使得力-位移曲线尽可能接近试验曲线。图 26.3(a)给出了应用逆识别方法后得到的所有本构模型的载荷曲线,是有可能对所有本构模型得到的紧密的一致性的。

从光滑棒拉伸的模拟中得到每个本构模型的损伤变量的临界值,当数值位移等于断裂时 的实验位移时,将每个本构模型的临界损伤变量的值设置为内部变量的值,该值是用于数值模拟的,所得的临界损伤值见表 26.2。

所有模型的应力-应变曲线的修正程序的结果见图 26.4。对于 Lemaitre 模型中获得的未损伤的应力-应变曲线具有比 GTN 模型更明显的硬化现象,且两者有着明显的不同。值得一提的是,Bai 和 Wierzbicki 模型(Bai 和 Wierzbicki,2008)中使用的应力-应变曲线,即图 26.4 中标记为“非耦合损伤模型”的曲线,是包含了硬化过程中的损伤效应的一种曲线。

表 26.1　2024-T351 铝合金的材料性能

描述	符号	值	参考文献
密度	ρ	2.7×10^3(kg/m^3)	Bao 和 Wierzbicki(2004)
弹性模量	E	72.400(MPa)	Bao 和 Wierzbicki(2004)
泊松比	υ	0.33	Bao 和 Wierzbicki(2004)
初始屈服应力	σ_{y_0}	352(MPa)	Bao 和 Wierzbicki(2004)
损伤数据(指数)	s	1	Teng(2008)
损伤数据(分母)	S	6(MPa)	Teng(2008)
GTN 材料参数	q_1	1.5	Xue 等(2007)
GTN 材料参数	q_2	1.0	Xue 等(2007)
GTN 材料参数	q_3	2.25	Xue 等(2007)
Xue 剪切机制参量	q_4	1.69(二维)/1.86(三维)	Xue 等(2007)
Xue 剪切机制参量	q_5	0.50(二维)/0.33(三维)	Xue 等(2007)
孔洞萌生的体积比	f_N	0.04	Xue 等(2007)
孔洞萌生的塑性应变的标准偏差	s_N	0.1	Xue 等(2007)
孔洞萌生距离的平均塑性应变	ε_N	0.2	Xue 等(2007)
Bai 压力参量	C_η	0.09	Bai 和 Wierzbicki(2008)
三轴参照值	η_0	0.33	Bai and Wierzbicki(2008)
Bai 拉伸参量	C_θ^t	1.0	Bai 和 Wierzbicki(2008)
Bai 压缩参量	C_θ^c	0.9	Bai 和 Wierzbicki(2008)
Bai 剪切参量	C_θ^s	0.855	Bai 和 Wierzbicki(2008)
Bai 指数参量	m	6	Bai 和 Wierzbicki(2008)

值得一提的是,Lemaitre 和 GTN 本构模型所采用的材料特性、应力-应变曲线和损伤参数均可从光滑圆棒试样的拉伸实验中获得,另一方面,表 26.1 中列出的 Bai 和 Wierzbicki 提出的非耦合模型所需的参数需要 4 种类型的试验(Bai 和 Wierzbicki,2008):光滑圆棒拉伸试验、缺口圆棒拉伸试验、平槽板的拉伸试验和镦粗试验。

此外还需注意的是,材料硬化曲线和临界损伤参数的确定也是基于光滑圆棒试样的拉伸试验的。

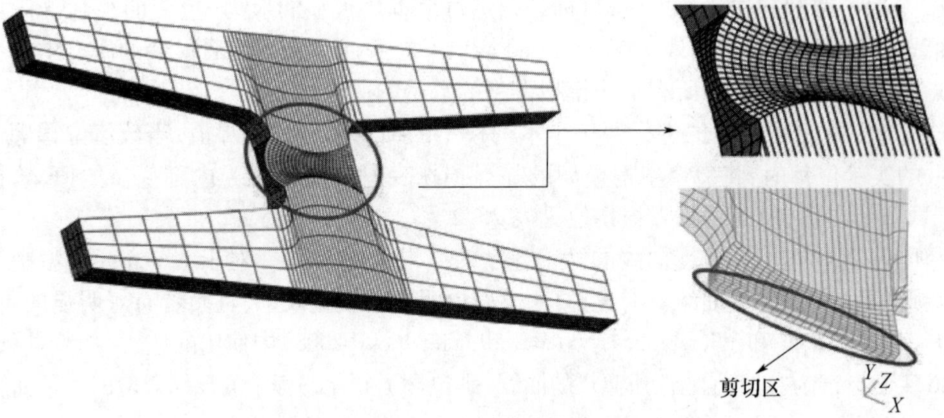

图 26.2　蝴蝶试样和断口剪切区的有限元网格

（取自 L. Malcher 等，An Assessment of Isotropic Constitutive Models for Ductile Fracture under High and Low Stress Triaxiality. Int. J. Plast. 30-31，81-115（2012），获得了 Elsevier 的许可）

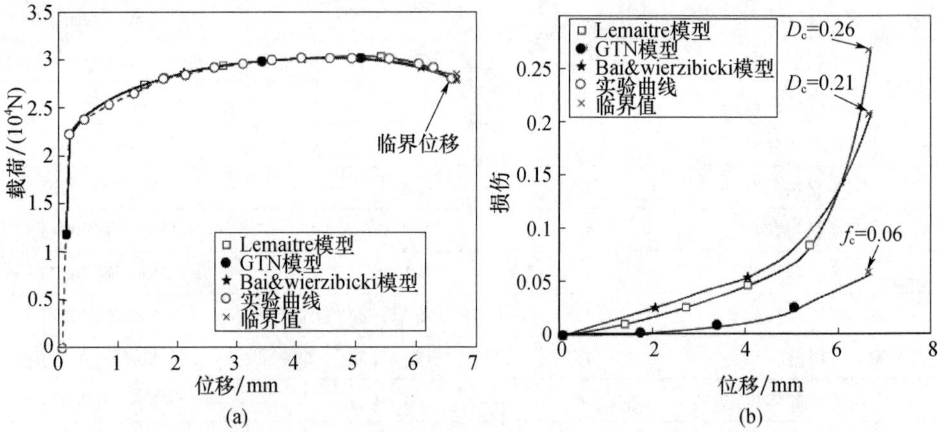

图 26.3　（a）所有模型和实验结果的载荷-位移曲线（b）针对断裂实验位移校准的临界损伤参量（u_f=6.65mm）

（取自 L. Malcher 等，An Assessment of Isotropic Constitutive Models for Ductile Fracture under High and Low Stress Triaxiality. Int. J. Plast. 30-31，81-115（2012），获得了 Elsevier 的许可）

然而，如果基于不同的样本进行修正，则可以从反推方法获得不同的结果。作者们都使用该修正点，这是由于它是有关损伤模型的文献中使用最广泛的修正点，修正策略的变化对模型预测能力的影响是一个值得进一步分析的研究课题。

表 26.2　用光滑试棒校准的模型获得的损伤临界值

模型	临界值
Lemaitre	D_c = 0.26
GTN	f_c = 0.06
Bao	D_c = 0.21

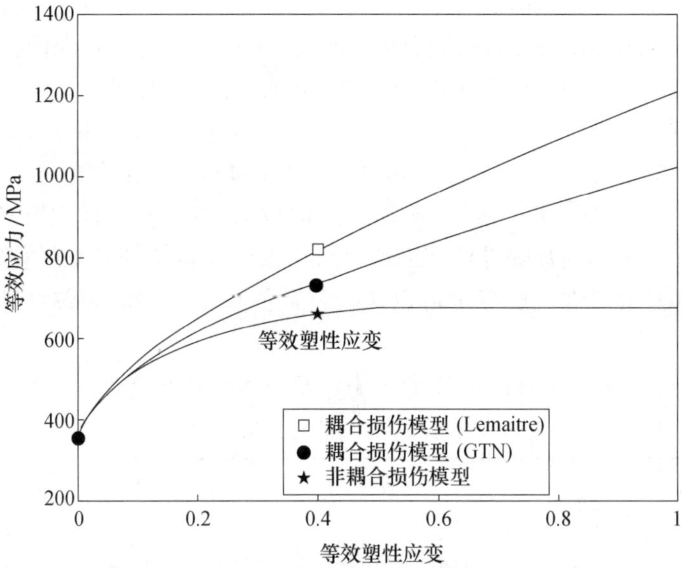

图 26.4　所有本构模型的应力-应变曲线

（取自 L. Malcher 等，An Assessment of Isotropic Constitutive Models for Ductile Fracture under High and Low Stress Triaxiality. Int. J. Plast. 30-31，81-115（2012），获得了 Elsevier 的许可）

表 26.3　不同 2024-T351 试样的参考值（Bao 等，2003；Bai 等，2008）

试样	u_f/mm	η_0	$\overline{\theta_0}$	η_{av}	θ_{av}	$\varepsilon_{f,eq}$	断裂位置
蝴蝶（纯剪切）	–	0	0	0.01	0.04	0.21	剪切区表面
蝴蝶（拉/剪，10°）	–	0.11	0.22	0.12	0.34	0.26	剪切区上中厚处

3. 数值结果

本文使用表 26.1 中的性能以及修正参数来评估本构模型的预测能力，所得结果见表 26.3，这些结果可用于参照对比，具体而言，列出了每个试样的断裂时的位移 u_f、初始应力三维度 η_0、初始 Lode 角 θ_0、平均应力三轴度 η_{av}、平均 Lode 角 θ_{av} 以及断裂时的等效应变 $\varepsilon_{f,eq}$。在文献中，找不到在纯剪切和拉伸/剪切复合载荷条件下蝴蝶试样的断裂位移，试验观测到的预期裂纹形成位置也包括在内。表 26.3 中的数据来自 Bao（Bao 等，2003）和 Bai（Bai 等，2008）。

首先，简要描述表 26.3 中参考值的来源。初始应力三维度 η_0 和初始 Lode 角 θ_0 是从解析表达式获得的，对于每个特定样本均可得出这些值（Bai 等，2008）；平均应力三轴度 η_{av}、平均 Lode 角 θ_{av} 以及断裂时的等效应变 $\varepsilon_{f,eq}$ 则是通过试验数值的组合方法确定。试验后，Bao（Bao 等，2003）和 Bai（Bai 等，2008）采用米塞斯模型对所有样品进行了数值模拟，平均应力三轴度 η_{av}、平均 Lode 角 θ_{av}、断裂时的等效应变 $\varepsilon_{f,eq}$，是通过在临界位置处针对测得断裂位移进行有限元模拟计算得到的。由于应力三维度和 Lode 角参数在加载过程中是可变的，因此 Bao（Bao 等，2003）和 Bai（Bai 等，2008）根据式（26.36）使用其平均值。

本节中得到的所有的数值结果都是按照相同方案进行开展的，模拟一直进行到在试样中所有点处，特定的本构模型的损伤变量达到表 26.2 中所列的临界值时。因此，当损伤变量达到其临界值时，有限元模拟计算的位移值和有效塑性应变变量可以认为是数值模拟中的断裂处位移和断裂时的有效应变，在达到特定元素的临界损伤值之后，如前所述进行有限元分析而不改变完全损伤的单元，这里的重点是研究先前描述的本构模型在低应力三维度下的行为，并验证它们正确预测断裂位置的能力。分别在纯剪切和拉伸/剪切（与 x 轴呈 10°夹角）组合条件下对蝴蝶试样进行了数值模拟，通过有限元模拟获得断裂位移、应力三维度平均值、Lode 角平均值和断裂时的等效塑性应变的数值结果，见表 26.4，在这两种加载情况下，施加预定的位移，直至在试样中所有点处特定的本构模型中的损伤变量达到其临界值（表 26.2），当损伤变量达到其临界值时，有限元模拟计算的位移值和有效塑性应变变量可以认为是数值模拟中的断裂位移和断裂时的有效应变。

表 26.4　研究 2024-T351 铝合金的损伤本构模型获得的数值结果，试样承受低水平的三轴应力

试样	模型	u_f/mm	η_{av}①	η_{av}	θ_{av}①	θ_{av}	$\varepsilon^a_{f,eq}$	$\varepsilon^p_{f,eq}$	断裂位置
蝴蝶（纯剪切）	Bai 和 Wierzbicki	0.700	0.01	0.00	0.04	0.00	0.21	1.40	剪切区表面
蝴蝶（纯剪切）	Lemaitre	0.464	0.01	0.08	0.04	0.04	0.21	0.64	剪切区表面
蝴蝶（纯剪切）	GTN 原始	–	0.01	0.02	0.04	0.06	0.21	–	剪切区表面
蝴蝶（纯剪切）	GTN 改进	0.348	0.01	0.02	0.04	0.04	0.21	0.31	剪切区表面
蝴蝶（拉伸/剪切，10°）	Bai 和 Wierzbicki	0.540	0.12	0.22	0.34	0.43	0.26	0.67	剪切区上中厚处
蝴蝶（拉伸/剪切，10°）	Lemaitre	0.408	0.12	0.34	0.34	0.19	0.26	0.60	剪切区上中厚处
蝴蝶（拉伸/剪切，10°）	GTN 原始	0.642	0.12	0.30	0.34	0.47	0.26	0.64	剪切区上中厚处
蝴蝶（拉伸/剪切，10°）	GTN 改进	0.340	0.12	0.27	0.34	0.43	0.26	0.35	剪切区上中厚处

①表示参考值。

在剪切主导的加载条件下，原始 GTN 模型获得的结果明确体现了在低应力三轴度条件下预测裂纹的模型的局限性。从表 26.4 中可以看出，根据该模型，纯剪切应力状态永远不会达到临界损伤值；在拉伸/剪切（与 x 轴呈 10°夹角）组合加载条件下，由于损伤演变仅仅受孔洞体积增长的影响，其预测的断裂位移与其他模型相比非常大。Lemaitre 模型预测的裂纹位移 u_f=0.464mm，而 GTN 修正模型预测的裂纹位移为 u_f=0.348mm，其值或多或少接近纯剪切。对于这两种模型在拉伸/剪切应力加载条件下的结果，其预测的裂纹位移的一致性稍好：Lemaitre 模型预测 u_f = 0.408mm，GTN 修正模型预测 u_f = 0.34mm。然而，使用 Lemaitre 模型和 GTN 修正模型获得的两种加载条件下的预测等效塑性应变水平之间存在显著差异，这明显不同于表 26.3 所示的有效塑性应变的参考值。结合 Bao 的断裂指标（表 26.4）分析 Bai 和 Wierzbicki 模型得到的结果，可以得出总体预测并不令人满意的结论。特别是对于纯剪切载荷条件，模型预测断裂时的参数、位移和等效塑性应变的值非常大（u_f=0.7mm；$\varepsilon^p_{f,eq}$ = 1.4），与表中列出的参考值有显著差异，这些结果表明，结合 Bai 和 Wierzbicki 模型，Bao 损伤断裂指标可能并不是预测低应力三维度断裂的好参量。

当损伤变量达到最大值时，损伤参数的变化情况见图 26.5，每个模型在不同的位移水平下均达到表 26.2 中所列的临界损伤值。

剪切载荷下，GTN 原始模型的损伤变量的演化表明了其在低三维度条件下预测剪切

局部化和断裂的局限性。损伤变量在最初增加(由孔洞形核引起)之后,并没有进一步地损伤演变,而在剪切/拉伸复合载荷下,该模型预测到了损伤演变。然而,由于这种增长仅仅是由于体积孔洞的长大,因此整体损伤演变缓慢,并且该模型预测的裂纹位移的值较高,这与试验数据不一致。模型构建中包含了剪切效应,这里称作 GTN 修正模型,明显改进了模型预测剪切和剪切/拉伸(与 x 轴呈 10°夹角)加载条件下损伤增长的能力,这是由于该模型中考虑了孔洞扭曲和孔洞间的连接(图 26.5(a)和(b))。可以看出,Lemaitre 模型可以预测在低应力三维度条件下损伤的演变,此外,Bao 损伤断裂指标耦合 Bai 和 Wierzbicki 模型也能够预测损伤的演变。

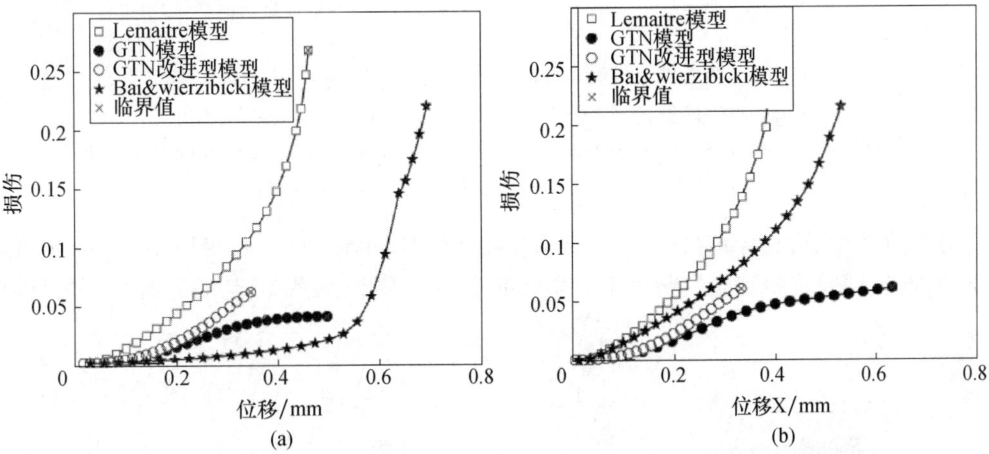

图 26.5　(a)纯剪切和(b)剪/拉混合加载条件下的损伤演化

(取自 L. Malcher 等,An Assessment of Isotropic Constitutive Models for Ductile Fracture under High and Low Stress Triaxiality. Int. J. Plast. 30-31,81-115(2012),获取了 Elsevier 的许可)

当达到临界损伤时,纯剪切载荷下每个本构模型的损伤分布见图 26.6,试验数据表明,剪切区的表面为裂纹形成的潜在区域。如图 26.6(b)和(d)所示,Lemaitre 和 GTN 修正模型都能够正确预测断裂萌生的准确位置,另一方面,如图 26.6(a)所示,Bao 损伤断裂指标与 Bai 和 Wierzbicki 的模型相结合,已经预测了临界区中间厚度处的断裂,但这是错误的预测。原始 GTN 模型预测了临界区中心区域的损伤,但损伤参数从未达到临界值(图 26.6(c))。

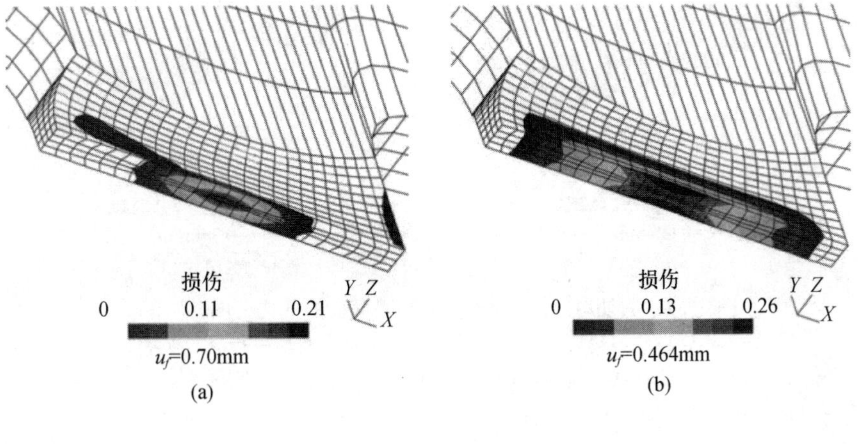

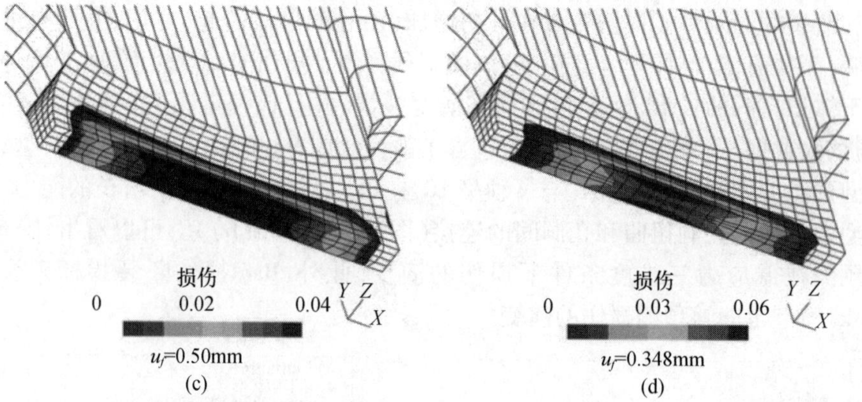

图 26.6　纯剪切条件下蝴蝶试样的损伤云图,(a)Bai and Wierzbicki 模型,(b)Lemaitre 模型,(c)GTN 模型,以及(d)GTN 改进型模型(彩图)

(取自 L. Malcher 等,An Assessment of Isotropic Constitutive Models for Ductile Fracture under High and Low Stress Triaxiality. Int. J. Plast. 30-31,81-115(2012),获得了 Elsevier 的许可)

对于拉伸/剪切复合载荷条件,在数值模拟中获得的损伤变量场见图 26.7,对于该加载条件,通过试验观察到裂纹萌生于剪切区的中心。因此,从图 26.7 的分析中,可以得出

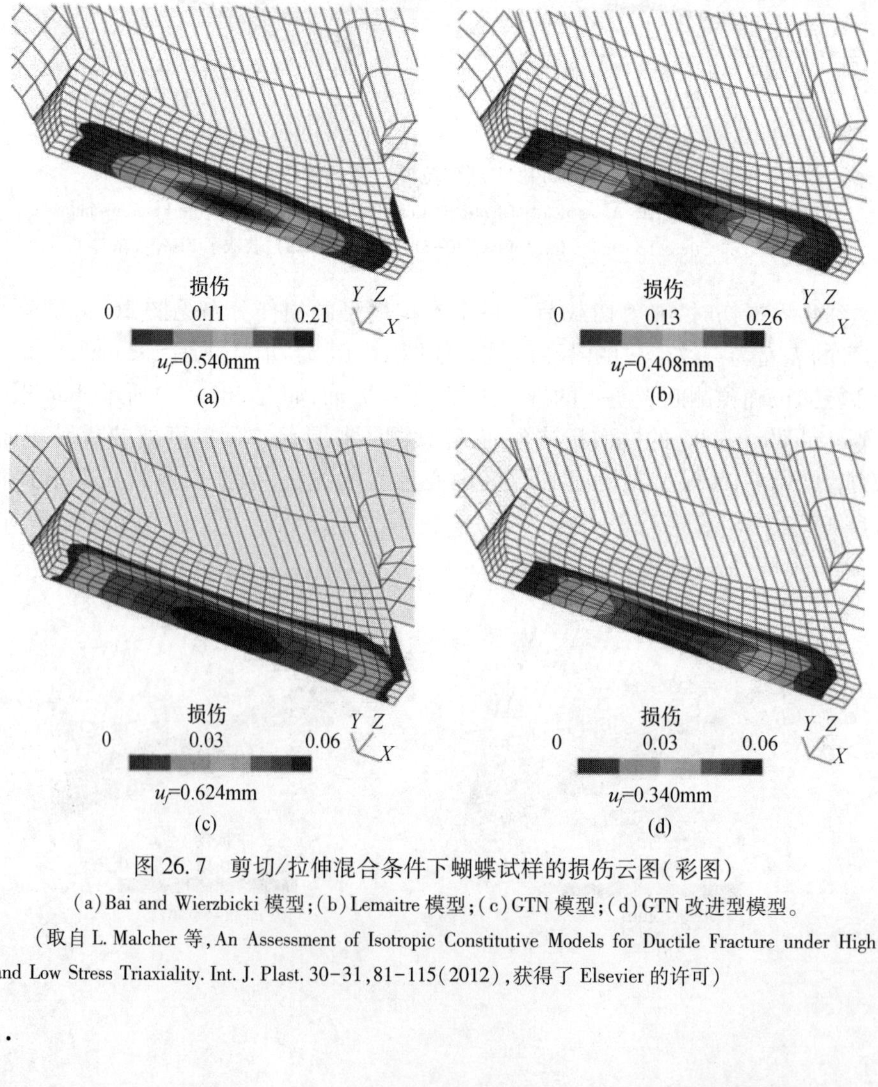

图 26.7　剪切/拉伸混合条件下蝴蝶试样的损伤云图(彩图)

(a)Bai and Wierzbicki 模型;(b)Lemaitre 模型;(c)GTN 模型;(d)GTN 改进型模型。

(取自 L. Malcher 等,An Assessment of Isotropic Constitutive Models for Ductile Fracture under High and Low Stress Triaxiality. Int. J. Plast. 30-31,81-115(2012),获得了 Elsevier 的许可)

结论，与 Bai 和 Wierzbicki 模型相结合的 Bao 氏损伤断裂指标能够正确预测裂纹位置，原始 GTN 模型也是如此，它也可以预测试样中心裂纹的萌生。然而，这两个模型的损伤演变相对较慢，因此它们预测断裂时的位移值较大，相比之下，Lemaitre 模型和 GTN 修正模型预测出裂纹萌生于临界区表面，这与试验数据不一致，因此，这两种模型无法在拉伸/剪切载荷条件下正确预测断裂位置。

在 GTN 模型中考虑剪切效应对等效塑性应变的演变具有显著影响，由于塑性流变和损伤之间的强耦合（存在于 GTN 修正模型中），由孔洞扩展和变形导致的总损伤的增加引起了等效塑性应变的增加，这大大优化了模型，使其预测断裂处的等效塑性应变水平接近预期值。对于 Lemaitre 模型的预测能力，选取不同的临界损伤 D_c 值，并且通过图 26.8 所示的等轮廓图说明从数值模拟中获得的损伤变量场。需要注意的是，这只是练习试验，作者没有进行任何进一步的校准程序。

通过对图 26.8 所示结果进行分析，可以得出结论，如果损伤的临界值增加，则裂纹萌生的位置从剪切区的表面移动到剪切区的中心。因此，对于高临界损伤值，$D_c = 0.50$，Lemaitre 模型的断裂萌生预测与试验观察结果一致。

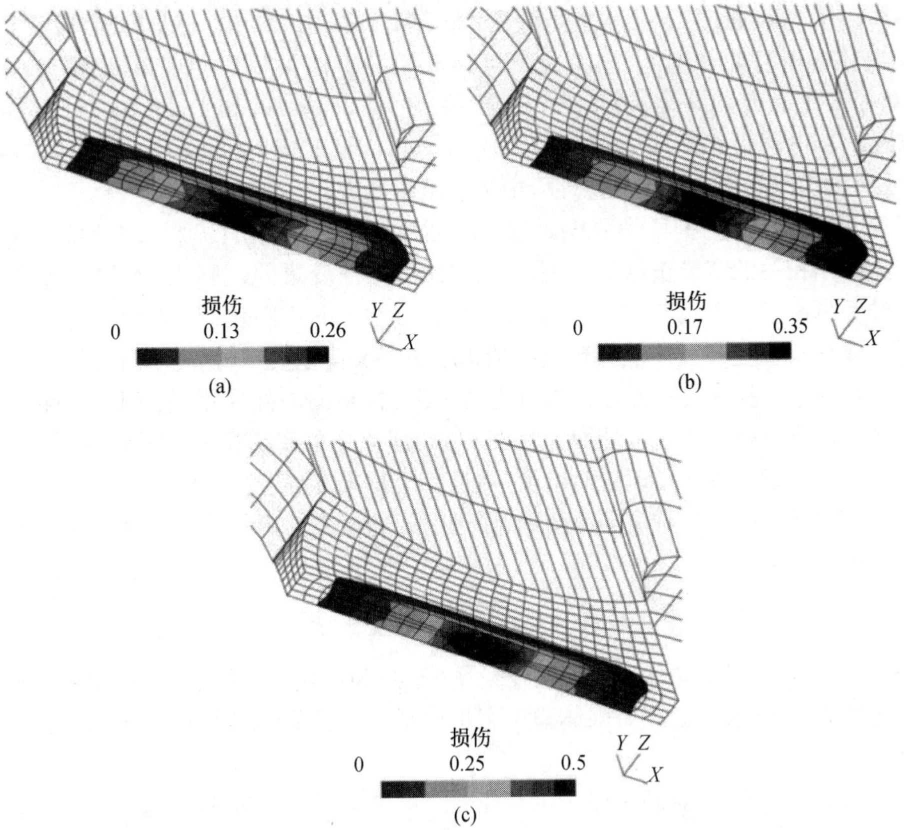

图 26.8　剪切/拉伸混合条件下蝴蝶试样的 Lemaitre 损伤云图（彩图）

（a）$D_c = 0.26$；（b）$D_c = 0.35$；（c）$D_c = 0.50$。

（取自 L. Malcher 等，An Assessment of Isotropic Constitutive Models for Ductile Fracture under High and Low Stress Triaxiality. Int. J. Plast. 30-31，81-115（2012），获得了 Elsevier 的许可）

26.3 非局部模型

26.3.1 概述

在局部模型中，材料的行为完全由点式本构定律表示，该定律与周围的材料点的影响无关，假设材料在任何尺度上都是连续的，并忽略了尺寸效应。

另外，非局部理论将内部长度并入传统连续体理论，试图在本构层面上模拟尺寸效应并将其作为“边界效应”，如果将其简便构建，它们即可通过梯度增强或积分建模的形式，缓解或解决与局部模型相关的数值问题。

实际上，在过去的二十年中，非局部模型已被成功用于避免或缓解数值解中难以控制的几何离散化依赖性问题，每当特定本构模型触发局部应变软化时，该问题就容易发生，例如，在准静态问题中，该问题可由如下事实解释：局部情况下，基础偏微分平衡方程失去了椭圆度，产生了“趋于表面”相关的数值问题。

自从 Pijaudier-Cabot 和 Bažant(Pijaudier-Cabot 和 Bažant, 1987)在弹性-损伤模型的背景下应用了 Edelen 和 Laws 的非局部公式(Edelen 等, 1971)，对于非局部理论的实现，无论是积分型还是差分型的，已有大量可靠高效的算法被提出(De Borst 和 Muhlhaus, 1992; Stromberg 和 Ristinmaa, 1996; Peerlings 等, 1996; Benvenuti 和 Tralli, 2003; Engelen 等, 2003; Cesar de Sa 等, 2006; Polizzotto, 2009; Voyiadjis 等, 2010; Andrade 等, 2011)。值得注意的是，两种建模方法通常在相似环境中都能给出等效解。

任何非局部理论的推导都要求通过非局部性来选择要改进的变量，典型的变量选择包括与运动学相关的变量正则化(例如应变张量)内部变量的正则化(例如，塑性应变或损伤量的标量测量)，以及与内部变量共轭的热力学力的正则化(例如，损伤模型中的弹性能量释放率)。事实上，非局部变量的选择取决于要模拟的材料的种类和要解决的问题的性质。在弹塑性损伤的韧性固体的特定情况下，材料的内部退化(在 CDM 理论中通常通过一些损伤测量将其作为内部变量处理)与局部化现象密切相关。因此，这种背景下，损伤作为非局部变量的选择即自然出现，并且使用积分方法进行选择。

非局部变量可以从其对应局部变量，通过空间加权平均积分的方法以积分公式表示，如下式所示：

$$\bar{\varphi}(x)=\int_V \beta(\boldsymbol{x},\boldsymbol{\xi})\varphi(\boldsymbol{\xi})\mathrm{d}V(\boldsymbol{\xi}) \tag{26.37}$$

式中：φ 和 $\bar{\varphi}$ 分别为局部和非局部损伤变量；$\beta(\boldsymbol{x},\boldsymbol{\xi})$ 为加权平均算子；$\bar{\varphi}(\boldsymbol{x})$ 为在 $\boldsymbol{x}$ 点处的非局部变量的测量值，它已在有限体积 V 上进行了平均，V 的尺度由固有长度 l_r 这一本构参数决定。

平均算子 $\beta(\boldsymbol{x},\boldsymbol{\xi})$ 需要满足归一化条件

$$\int_V \beta(\boldsymbol{x},\boldsymbol{\xi})\mathrm{d}V(\boldsymbol{\xi})=1 \tag{26.38}$$

为此，通过定义算子可完成归一化过程：

$$\beta(\boldsymbol{x},\boldsymbol{\xi})=\frac{\alpha(\boldsymbol{x},\boldsymbol{\xi})}{\boldsymbol{\Omega}_r(\boldsymbol{x})} \tag{26.39}$$

其中,$\boldsymbol{\Omega}_r(\boldsymbol{x})$为代表性体积单元:

$$\boldsymbol{\Omega}_r(\boldsymbol{x}) = \int_V \alpha(\boldsymbol{x},\boldsymbol{\xi})\,\mathrm{d}V(\boldsymbol{\xi}) \tag{26.40}$$

其中,$\alpha(\boldsymbol{x},\boldsymbol{\xi})$为只以距离 r 相关的给定加权函数。

该加权函数应该满足一些基本特征,以便得到非局部理论预期的扩散效应,即应该在原点处具有最大值并且随着相邻点距离的增加而减小。为此,采用经常用于积分型的非局部理论中的钟形函数:

$$\alpha(\boldsymbol{x},\boldsymbol{\xi}) = \left\langle 1 - \frac{\|\boldsymbol{x}-\boldsymbol{\xi}\|^2}{l_r^3(\boldsymbol{x})} \right\rangle^2 \tag{26.41}$$

其中,$\langle\ \cdot\ \rangle$为麦考莱(Macaulay)括号。

对于距离边界足够远的材料点,假设$\Omega_r(\boldsymbol{x})$是常数,并且通常用Ω_∞表示。实际上该代表体积以圆的面积(二维问题)或球体的体积(三维问题)来计算。如图 26.9 所示,由于在边界附近代表体积的大小可能会变化,平均算子将不具备对称性,即$\beta(\boldsymbol{x},\boldsymbol{\xi}) \neq \beta(\boldsymbol{\xi},\boldsymbol{x})$,因为

$$\frac{\alpha(\boldsymbol{x}_1,\boldsymbol{x}_2)}{\Omega_r(\boldsymbol{x}_1)} \neq \frac{\alpha(\boldsymbol{x}_1,\boldsymbol{x}_2)}{\Omega_r(\boldsymbol{x}_1)} \tag{26.42}$$

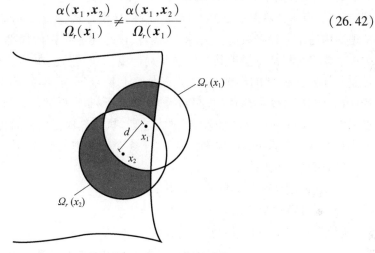

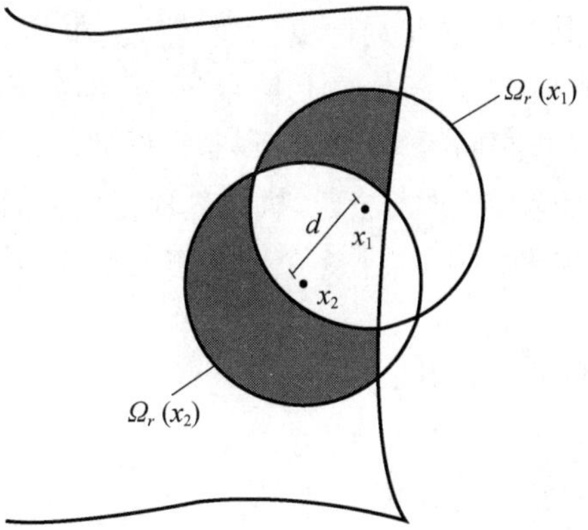

图 26.9　非对称平均算子的欠对称图示说明

(取自 F. X. C. Andrade 等, Assessment and Comparison of Non-local Integral Models for Ductile Damage. Int. J. Damage Mech 23(2),261-296(2014),获得了 SAGE Publications 的许可)

从纯计算的角度来看,由于存储所需的额外内存数量导致采用非对称算子,这与对称算子的情况相比是有劣势的(Andrade,2011)。

此外,对称平均算子的定义和使用也符合热力学非局部模型的简明理论(Borino 等,1999)。为此,Borino 等(1999)提出了一个对称平均算子,写成

$$\beta(\boldsymbol{x},\boldsymbol{\xi}) = \left(1 - \frac{\boldsymbol{\Omega}_r(\boldsymbol{x})}{\boldsymbol{\Omega}_\infty}\right)\delta(\boldsymbol{x},\boldsymbol{\xi}) + \frac{1}{\boldsymbol{\Omega}_\infty}\alpha(\boldsymbol{x},\boldsymbol{\xi}) \tag{26.43}$$

其中,$\delta(\boldsymbol{x},\boldsymbol{\xi})$为狄拉克脉冲函数。为了简明起见,采用以下表示方法来定义非局部变量:

$$\mathcal{R}(\varphi) = \overline{\varphi}(\boldsymbol{x}) = \int_V \beta(\boldsymbol{x},\boldsymbol{\xi})\varphi(\boldsymbol{\xi})\,\mathrm{d}V(\boldsymbol{\xi}) \tag{26.44}$$

其中,$\mathcal{R}(\ \cdot\ )$表示积分正则算子。

对现有的材料局部模型进行非局部强化的第一步，是选择积分算子在本构方程中的位置，这个步骤在某种程度上可以解释为“非局部变量的选择”。

由于给定本构模型的每个变量都可以进行非局部增强，因此似乎存在大量可能性。当然，有些选择乍一看比其他选择更有前景；然而，一个简单的猜测并不能保证所得的本构模型没有杂散网格依赖性。在朝着这个方向努力的有限工作中，Bazant 和 Chang(Chang 和 Bazant,1984)得出的结论是，与其他量(如应力和总应变张量)相比，内部变量是非局部量的最佳选择，但是，在大多数模型中，选择哪个内部变量在很大程度上是不确定的。关于选择非局部变量问题的其他重要贡献来自于 Jirasek(1998)以及 Jirasek 和 Rolshoven(2003)，他们评估了许多不同的非局部建模方法，以验证它们如前所述的正则化性质。对于基于 Lemaitre 和 Gurson 的损伤模型，已经考虑了几种选择并对其进行了检验。

26.3.2 基于 Lemaitre 的损伤模型的非局部构建

如上所述，基于 Lemaitre 的损伤模型完全以连续损伤力学和不可逆过程的热力学为理论基础，有可能将其扩展到非局部本构的导出形式(Andrade,2011)。然而，大多数非局部理论构建于一种经典的方法，即，它们仅仅是先前存在的局部本构模型的特定扩展，其中一个或多个局部变量被其对应的非局部变量所替换。虽然在理论上不那么吸引人，但是非局部损伤模型的经典模式在热力学上是合理的，即它不会产生负耗散(Andrade,2011)。此外，在实际应用中，它们的运行可得到非常近似的结果(Andrade,2011)，因此这里采用 Cesar de Sa 等(2010)的经典方法，其执行过程将大大简化。

对于基于 Lemaitre 的模型，考虑以下 4 个选择作为备选的非局部变量：

(1)损伤 D 正则化；

(2)各向同性硬化变量 R 正则化；

(3)弹性能量释放速率 Y 正则化；

(4)损伤 D 和各向同性硬化变量 R 正则化。

表 26.5 基于 Lemaitre 的非局部模型

相关变量	符号	演化方程	参照
损伤	D	$\dot{\bar{D}}=\mathcal{R}(\dot{D})$	L-D
各向同性硬化	R	$\dot{\bar{R}}=\mathcal{R}(\dot{R})$	L-R
能量释放速率	Y	$\dot{D}=\dfrac{\dot{\gamma}}{(1-D)}\left(\dfrac{\mathcal{R}\{-Y\}}{S}\right)^{s}$	L-Y
损伤，各向同性硬化	D、R	$\dot{\bar{D}}=\mathcal{R}\left\{\dfrac{\dot{\gamma}}{(1-D)}\left(\dfrac{-Y}{S}\right)^{s}\right\}$ $\dot{\bar{R}}=\mathcal{R}(\dot{R})$	L-DR

上面列出的选项修正了 Lemaitre 局部模型，从而，对于每种情况，需要修改局部模型的一个(或多个)演化方程，本构模型中必要的修正部分见表 26.5。

26.3.3 基于 Gurson 的模型的非局部构建

一些文献试图解决基于 Gurson 的本构模型的网格依赖问题，例如，Tvergaard 和

Needleman(1995)通过对孔隙度变量进行正则化,提出了一种积分型的非局部模型,在他们的方法中,仅通过近似非局部速率方程,避免了对“准确”的非局部公式进行精确定义。Feucht(1999)也采用了这种方法,并在 Gurson 模型加入梯度依赖理论。Reusch 等(2003a)也采用了梯度增强的非局部公式,其中一个新的损伤变量通过梯度方程与局部孔隙度相关,已被纳入 Tvergaard 和 Needleman(1984)提出的屈服函数中,该模型后来被扩展到有限应变(Reusch 等,2003b)。Hakansson 等(2006)通过引入包含孔隙率变量梯度的额外平衡方程,为多孔材料提供了一个热机械本构理论,在他们的方案中,局部机械、热和非局部问题以非耦合的方式解决。Enakousta 等(2007)考虑了由平均积分定义的非局部孔隙率,该孔隙率是显式可积分的,在他们的数值模拟方案中,只有固定的孔隙率值的材料问题解决了之后,才计算非局部孔隙率。

最近,Samal 等(2008)采用了与 Reusch 等(2003a)提出的类似方法,增强了 Rousselier 本构模型,即通过梯度隐式公式引入了新的损伤变量。

然而,上述工作都没有集中在“完整”整体框架内开发基于 Gurson 的非局部模型,积分型非局部公式在材料级别上具有完整定义的优点,避免在全局方程组中定义额外的结构变量。此外,在局部框架内,有限应变条件下的本构模型的许多优点可以直接扩展到非局部情况。

与 Lemaitre 模型相似,描述了基于 Gurson 的损伤模型的 4 个备选变量:

(1)损伤正则化,即孔洞体积分数 f;

(2)各向同性硬化变量 R 正则化;

(3)等效塑性应变 $\bar{\varepsilon}_{eq}^{P}$ 正则化;

(4)孔洞体积分数 f 和各向同性硬化变量 R 的同步正则化。

同样的,每个选项都需要修正与选定的本构变量相关的一个或多个演化方程,其必要的修正见表 26.6。

表 26.6　基于 Gurson 的非局部模型

相关变量	符号	演化方程	参照
孔洞体积分数	$\bar{f}$	$\dot{\bar{f}}=R(\dot{f}^N+\dot{f}^G+\dot{f}^{\text{Shear}})$	G-F
各向同性硬化	$\bar{R}$	$\dot{\bar{R}}=R(\dot{R})$	G-R
等效塑性应变	$\bar{\varepsilon}_{eq}^{P}$	$\dot{f}^N=\dfrac{f_N}{s_N\sqrt{2\pi}}\exp\left[-\dfrac{1}{2}\left(\dfrac{\varepsilon_{eq}^p-\varepsilon_N}{s_N}\right)^2\right]R(\dot{\varepsilon}_{eq}^p)$	G-EP
孔洞体积分数,各向同性硬化	$\bar{f},\bar{R}$	$\dot{\bar{f}}=R(\dot{f}^N+\dot{f}^G+\dot{f}^{\text{Shear}})$ $\dot{\bar{R}}=R(\dot{R})$	G-FR

26.3.4　非局部模型的评估与对比

在本节中,对于应力三维度比率 η 和归一化的第三不变量 ξ 的不同组合,对非局部变量的不同选择进行了数值评估。正如在第 26.2 节中所指出的,韧性材料在断裂时可能具有非常不同的行为,其或多或少依赖于这些参数。某些材料比其他材料表现出更多的应变驱动软化,因此从定量的角度来看,非局部建模的要求取决于要模拟其行为的特定材料。我们的目的是在数值方面说明不同非局部模型的性能,而不是准确地再现试验数据。因此,我们将采用与高强度钢合金的试验所得数据相近的通用材料特性(表 26.7、表 26.8

和表 26.9),为保持一致性,在所有模拟中将使用相同的材料属性。

在每种情况下将使用 3 种不同的网格细化,其中在 XY 图中采用了以下表示方法:粗网格、中网格和细网格分别由实线(-)、虚线(--)和点虚线(…)表示。

表 26.7 所有模拟中采用的基本材料的性能

性能	值
弹性模量	$E=220\text{GPa}$
泊松比	$\upsilon=0.3$
硬化函数	$\tau_y(R)=700+300R^{0.3}\text{MPa}$

表 26.8 Lemaitre 相关的材料性能

性能	值
Lemaitre 损伤指数	$s=1.0$
Lemaitre 损伤分母	$S=3.0\text{MPa}$

表 26.9 Gurson 相关的材料性能

性能	值
萌生的微孔洞体积分数	$f_N=0.04$
孔洞萌生的平均应变	$\varepsilon_N=0.2$
萌生的标准偏应变	$s_N=0.04$
临界损伤	$f_c=0.06$
断裂时的损伤	$f_c=0.22$
剪切损伤因子	$k=3.0$

1. 高应力三维度下的分析

高三维度($\eta>1/3$)韧性材料中主导的内部退化机制,受微孔洞的成核、长大和聚集现象控制。

在很大程度上,Lemaitre 和 Gurson 韧性损伤模型被认为可观察到上述现象,实际上,这就是在第 26.2 节中将额外损伤机制纳入 Gurson 模型的主要意图,这是因为若没有所采用的修正,用该模型在剪切应力状态下就不会发生损伤演化,在 Lemaitre 模型中,在高低应力三维度下,损伤都会演化。

对于高三维度的分析,本评估将考虑两个试样:轴对称缺口棒和平面应变条件下的带槽板(图 26.10、图 26.11 和图 26.12)。

在两种情况下,三维度的平均值非常近似(轴对称情况下 $\eta\approx0.8$;平面应变情况下 $\eta\approx0.7$)。相反,归一化的第三不变量的平均值是非常不同的(轴对称情况下 $\xi=1$;平面应变情况下 $\xi=0$),表现为不同的应力状态。

考虑 3 种网格划分类型以判断模型对网格的依赖性,其中,在两种情况下都仅模拟了四分之一的几何体。采用不同的非局部固有长度,以便覆盖最少数量的单元(以及它们的相关积分点),从而启动非局部列式的作用(对于轴对称情况,$\ell_r=0.6\text{mm}$;对于平面应变情况,$\ell_r=0.35\text{mm}$)。

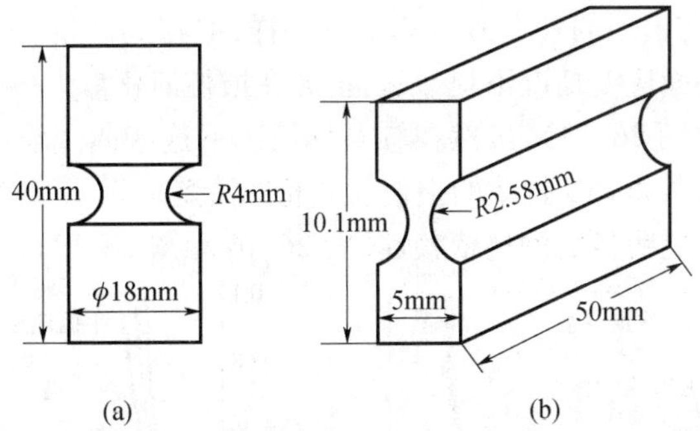

图 26.10　轴对称(a)和平面应变(b)的试样的几何尺寸

(取自 F. X. C. Andrade 等,Assessment and Comparison of Non-local Integral Models for Ductile Damage. Int. J. Damage Mech 23(2),261-296(2014),获得了 SAGE Publications 的许可)

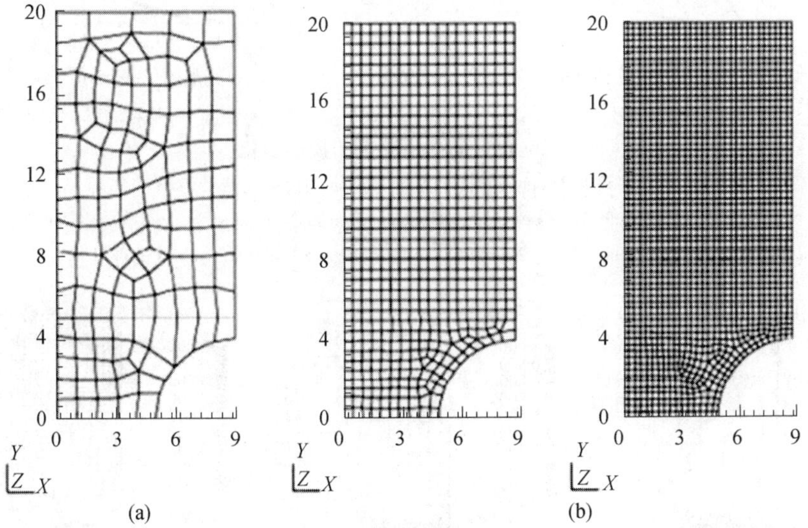

图 26.11　轴对称(a)和平面应变(b)的试样的几何尺寸

(取自 F. X. C. Andrade 等,Assessment and Comparison of Non-local Integral Models for Ductile Damage. Int. J. Damage Mech 23(2),261-296(2014),获得了 SAGE Publications 的许可)

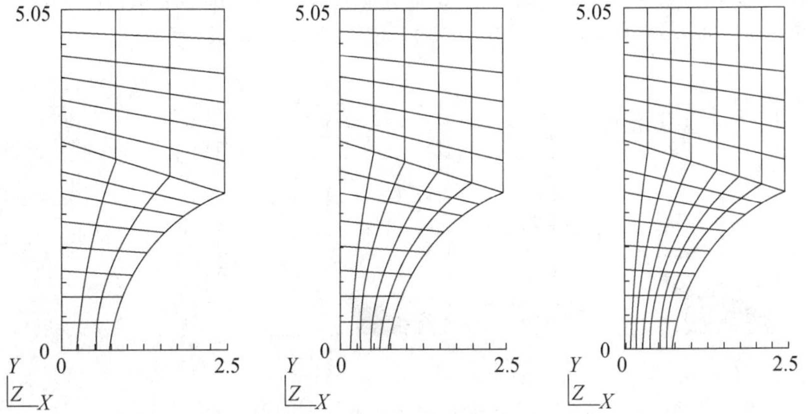

图 26.12　平面试样的网格细化

(取自 F. X. C. Andrade 等,Assessment and Comparison of Non-local Integral Models for Ductile Damage. Int. J. Damage Mech 23(2),261-296(2014),获得了 SAGE Publications 的许可)

尽管两个韧性损伤模型的基本假设非常不一样,但在局部情况下两种情况都产生了网格依赖性,虽然在平面应变情况下更显著,正如在损伤演化最大值与所施加位移的关系曲线中所能观察到的(图 26. 13),虽然在轴对称情况下这些曲线没有显示出一种强网格依赖性,但图 26. 14 和图 26. 15 描述的损伤值和轮廓清楚地显示了这一点,在平面应变情况下,损伤轮廓显示出更明显的网格依赖性(图 26. 16 和图 26. 17)。

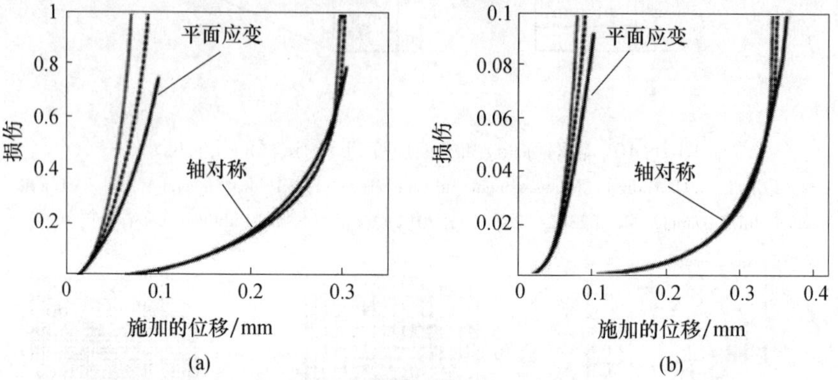

图 26. 13　局部情况下的损伤演化

(a)基于 Lemaitre;(b)基于 Gurson 的模型的结果。

(取自 F. X. C. Andrade 等, Assessment and Comparison of Non-local Integral Models for Ductile Damage. Int. J. Damage Mech 23(2),261-296(2014),获得了 SAGE Publications 的许可)

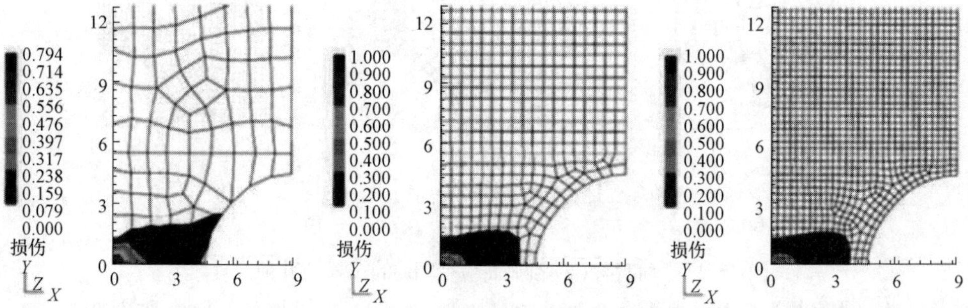

图 26. 14　局部情况下基于 Lemaitre 的模型的损伤云图(彩图)

(取自 F. X. C. Andrade 等, Assessment and Comparison of Non-local Integral Models for Ductile Damage. Int. J. Damage Mech 23(2),261-296(2014),获得了 SAGE Publications 的许可)

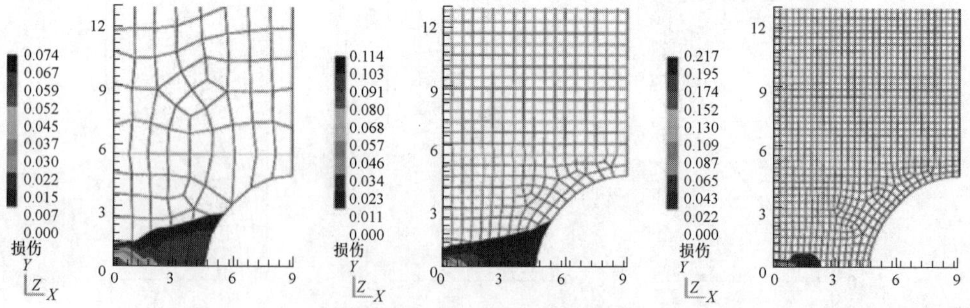

图 26. 15　局部情况下基于 Gurson 的模型的损伤云图(彩图)

(取自 F. X. C. Andrade 等,Assessment and Comparison of Non-local Integral Models for Ductile Damage. Int. J. Damage Mech 23(2),261-296(2014),获得了 SAGE Publications 的许可)

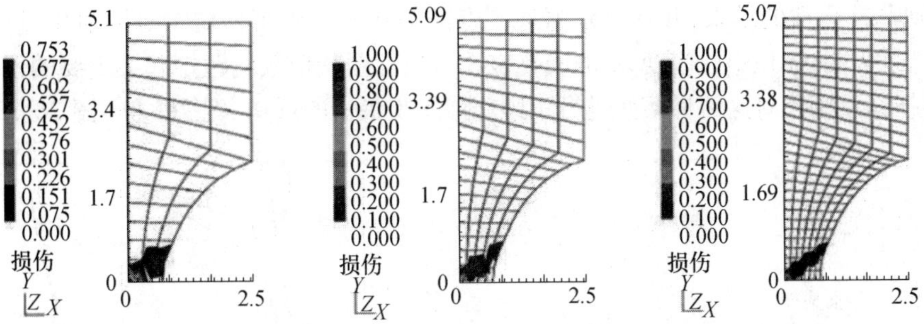

图 26.16　局部情况下基于 Lemaitre 的模型的损伤云图(彩图)

(取自 F. X. C. Andrade 等,Assessment and Comparison of Non-local Integral Models for Ductile Damage. Int. J. Damage Mech 23(2),261-296(2014),获得了 SAGE Publications 的许可)

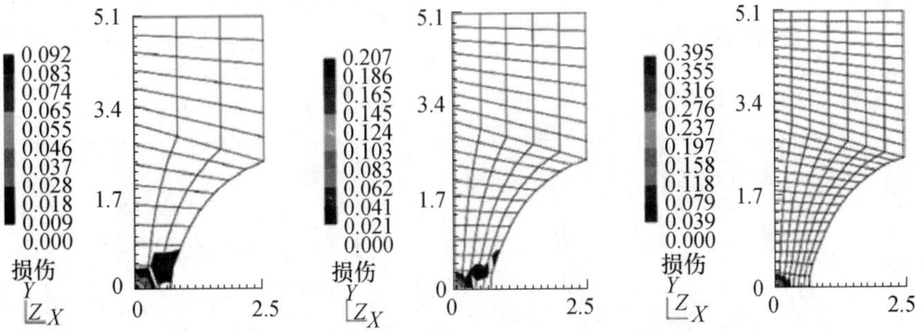

图 26.17　局部情况下基于 Gurson 的模型的损伤云图(彩图)

(取自 F. X. C. Andrade 等,Assessment and Comparison of Non-local Integral Models for Ductile Damage. Int. J. Damage Mech 23(2),261-296(2014),获得了 SAGE Publications 的许可)

几种基于 Lemaitre 的非局部列式的损伤演变见图 26.18。对于轴对称情况,方程 L-D,L-Y 和 L-DR 提供了与网格无关的解,但对于平面应变解,只有 L-D 和 L-DR 消除了自发网格依赖性,而对于基于 Lemaitre 的模型的非局部列式,L-Y 和 L-R 远非合适的解。特别的,与平面应变试样的局部情况相比时,L-Y 提供了略有不同的解。事实上,已观察到了缓解自发网格依赖性的一种趋势,然而,这种趋势非常小,不足以消除假性网格依赖性的问题。进一步的数值试验已经证明,通过显著增加特征长度,所得解倾向于与网格无关,但是有可能触发我们不期望的数值不稳定性和过度刚性响应。另外,对于结论:L-Y 不是隐式损伤模型中非局部变量的合适备选,值得提出的另一个方面是,这与 Jirásek 和 Rolshoven(Jirásek 和 Rolshoven,2003)报告的非局部显式损伤模型的情况似乎并不一致。

几种基于 Gurson 模型的非局部模式的损伤演变见图 26.19。与基于 Lemaitre 的非局部模型的情况类似,损伤正则化(G-F)消除了轴对称和平面应变情况下的自发网格依赖性。同样的,损伤和硬化变量同步正则化(G-FR)已明显提供给了在平面应变情况下与网格无关的解,然而,从图 26.19(d)可以看出,在轴对称情况下施加一定的位移后,对于更精细的网格,出现了轻微的假性行为。出乎意料的是,G-R 有效地减小了平面应变情况下椭圆度损失效应,尽管如此,该选项显示出了不足,是因为它无法避免平面应变情况下的网格依赖性。最后,G-EP 方程可以从根本上减轻该两种测试的假性网格依赖性效应,其中,在后一种情况下,正则化效应似乎不够。由于损伤选项(G-F)作为非局部变量可以得到非常合适的结果,并且等效塑性应变的演化嵌入到了损伤本身的演化过程中,因此这些结果表明,体积塑性应变 ε_V^p 的演化也在自发性网状依赖问题中起了重要的作用。因此,通过损伤正则化对这两种演变进行正则化似乎是最佳的选择(图 26.20~图 26.23)。

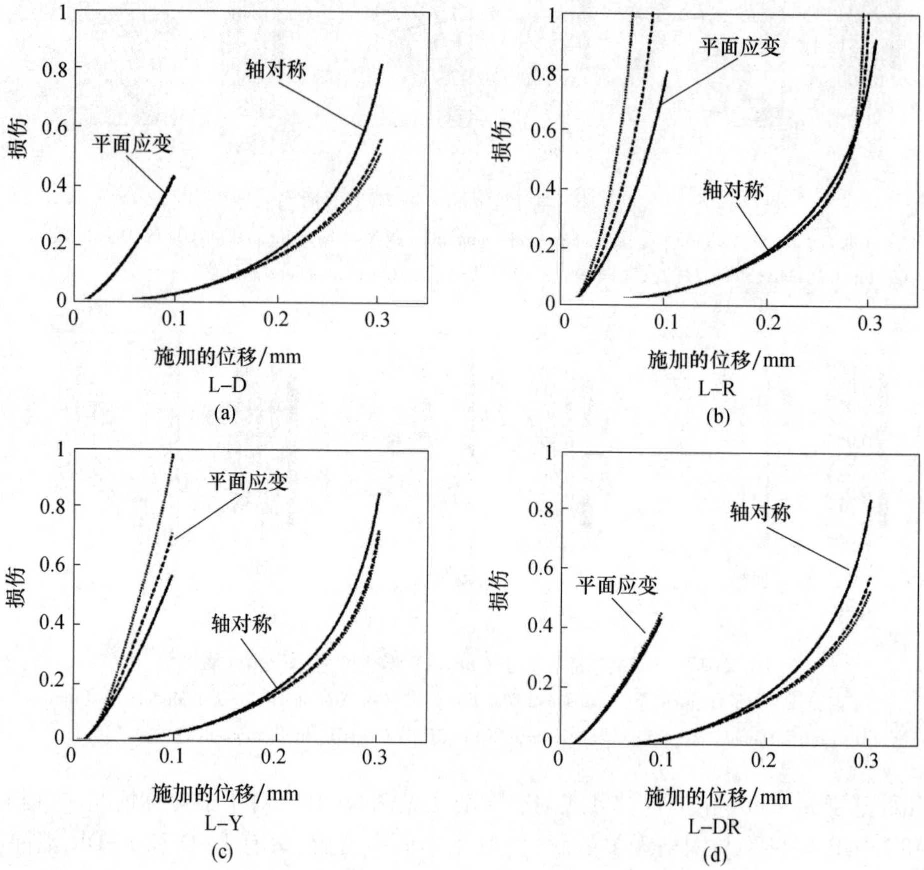

图 26.18　基于 Lemaitre 的非局部模型的损伤演化

(取自 F. X. C. Andrade 等, Assessment and Comparison of Non-local Integral Models for Ductile Damage. Int. J. Damage Mech 23(2), 261-296(2014), 获得了 SAGE Publications 的许可)

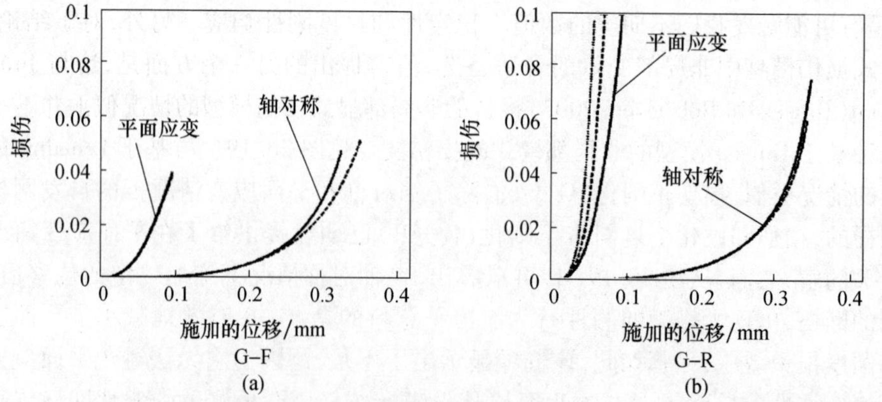

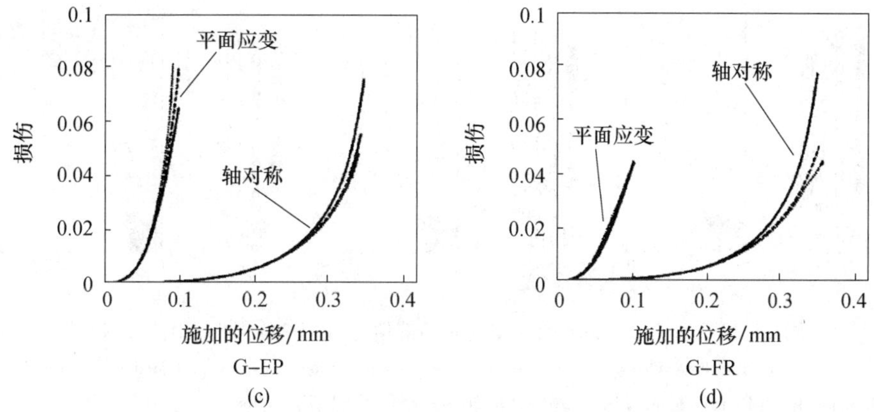

图 26.19　基于 Gurson 的非局部模型的损伤演化

（取自 F. X. C. Andrade 等，Assessment and Comparison of Non-local Integral Models for Ductile Damage. Int. J. Damage Mech 23(2),261-296(2014),获得了 SAGE Publications 的许可）

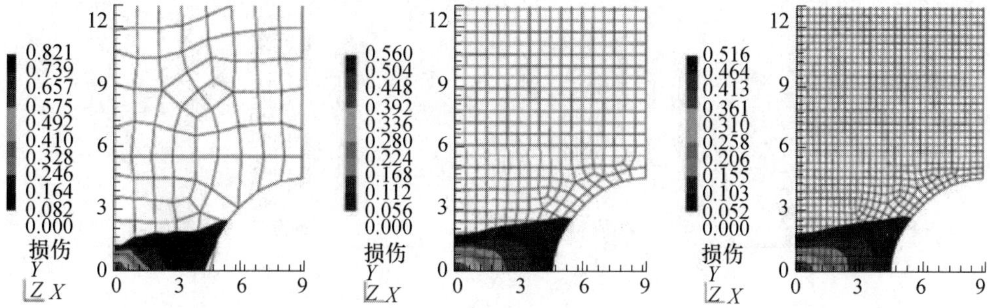

图 26.20　基于 Lemaitre 的模型的非局部情况（L-D）的损伤云图（彩图）

（取自 F. X. C. Andrade 等，Assessment and Comparison of Non-local Integral Models for Ductile Damage. Int. J. Damage Mech 23(2),261-296(2014),获得了 SAGE Publications 的许可）

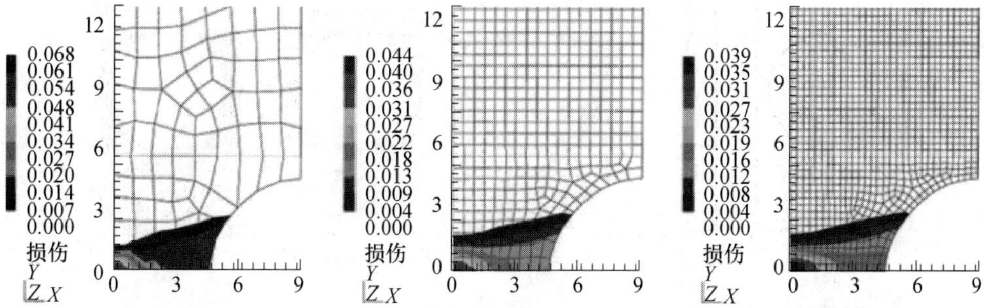

图 26.21　基于 Gurson 的模型的非局部情况（G-F）的损伤云图（彩图）

（取自 F. X. C. Andrade 等，Assessment and Comparison of Non-local Integral Models for Ductile Damage. Int. J. Damage Mech 23(2),261-296(2014),获得了 SAGE Publications 的许可）

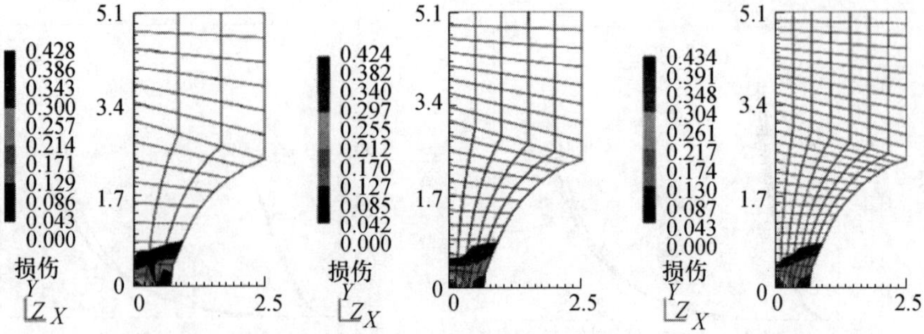

图 26.22　基于 Lemaitre 的模型的非局部情况(L-D)的损伤云图(彩图)

(取自 F. X. C. Andrade 等, Assessment and Comparison of Non-local Integral Models for Ductile Damage. Int. J. Damage Mech 23(2), 261-296(2014), 获得了 SAGE Publications 的许可)

2. 中应力三维度下的分析

选用 3 种不同的网格模拟牵引力下的多孔板试样(图 26.24), 以评估本章定义的在三维度 $\eta=1/3$ 下的不同非局部模型。

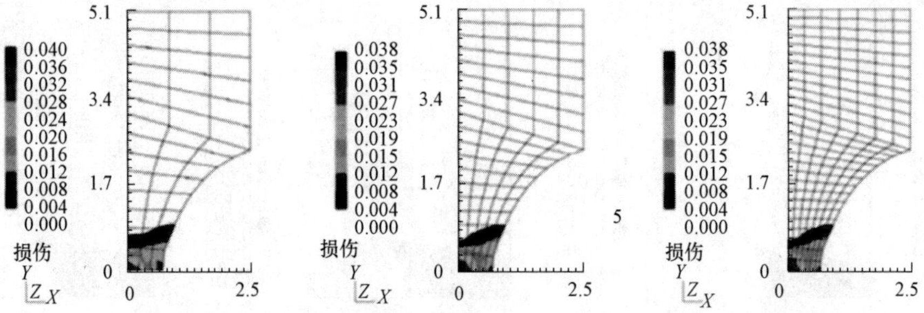

图 26.23　基于 Gurson 的模型的非局部情况(G-F)的损伤云图(彩图)

(取自 F. X. C. Andrade 等, Assessment and Comparison of Non-local Integral Models for Ductile Damage. Int. J. Damage Mech 23(2), 261-296(2014), 获得了 SAGE Publications 的许可)

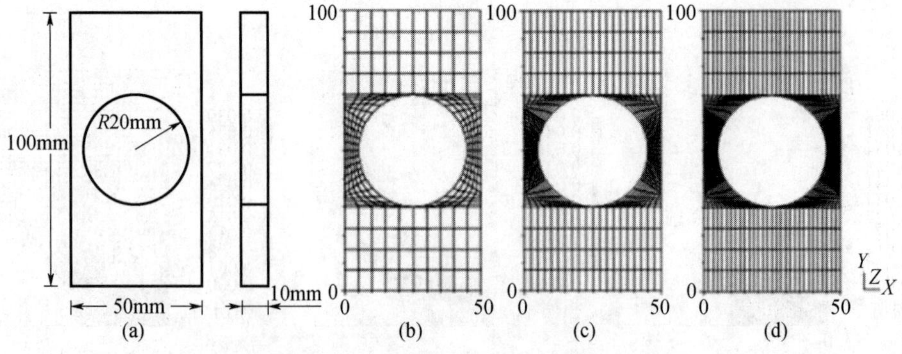

图 26.24　多孔板几何和不同的网格细化

(取自 F. X. C. Andrade 等, Assessment and Comparison of Non-local Integral Models for Ductile Damage. Int. J. Damage Mech 23(2), 261-296(2014), 获得了 SAGE Publications 的许可)

首先, 对平板进行模拟, 考虑其局部情况, 图 26.25 描述了基于 Lemaitre 和 Gurson 模型的损伤演化-位移曲线, 损伤的轮廓见图 26.26 和图 26.27。显然, 在两种情况下都发生了自发性网格依赖性。

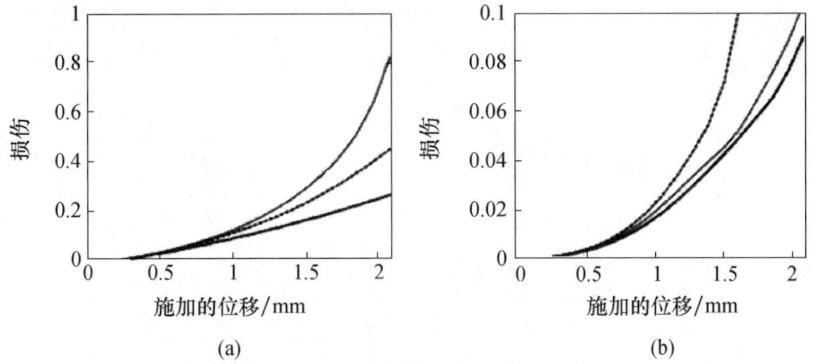

图 26.25　局部情况下的损伤演化

(a)基于 Lemaitre;(b)基于 Gurson 的模型的结果。

(取自 F. X. C. Andrade 等, Assessment and Comparison of Non-local Integral Models for Ductile Damage. Int. J. Damage Mech 23(2),261-296(2014),获得了 SAGE Publications 的许可)

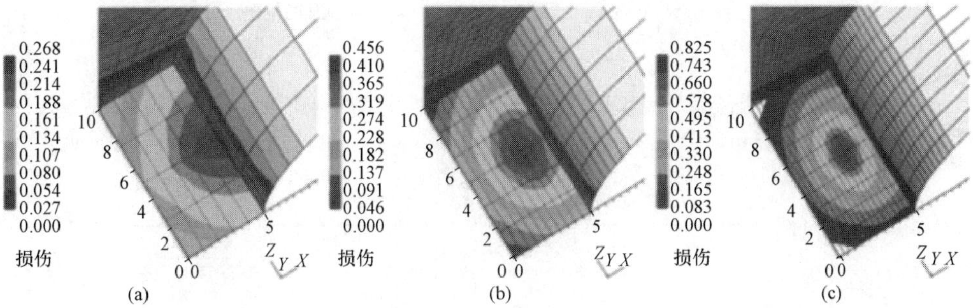

图 26.26　局部情况下关键区域处的损伤轮廓(基于 Lemaitre 的模型)(彩图)

(取自 F. X. C. Andrade 等, Assessment and Comparison of Non-local Integral Models for Ductile Damage. Int. J. Damage Mech 23(2),261-296(2014),获得了 SAGE Publications 的许可)

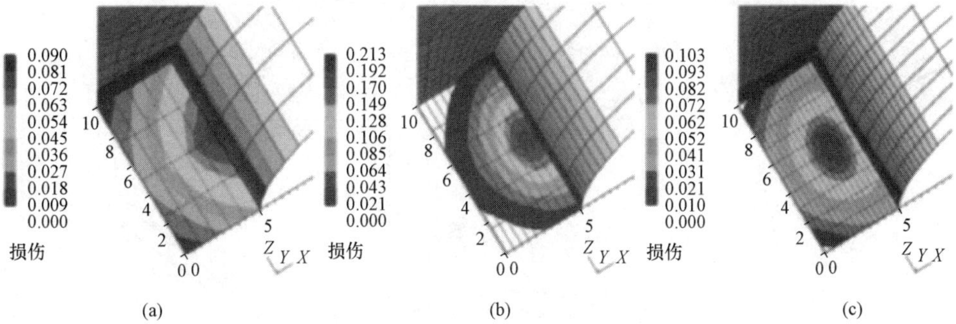

图 26.27　局部情况下关键区域处的损伤轮廓(基于 Gurson 的模型)(彩图)

(取自 F. X. C. Andrade 等, Assessment and Comparison of Non-local Integral Models for Ductile Damage. Int. J. Damage Mech 23(2),261-296(2014),获得了 SAGE Publications 的许可)

如图 26.28、图 26.29 所示为非局部情况下的损伤演变,通过基于 Lemaitre 的非局部模型的结果,可以得出结论,使用列式 L-D 和 L-DR 获得了最优结果,且两者之间几乎没有差异。正如预期,L-R 无法正则化该问题,它给出的解仍然对空间离散化非常敏感。

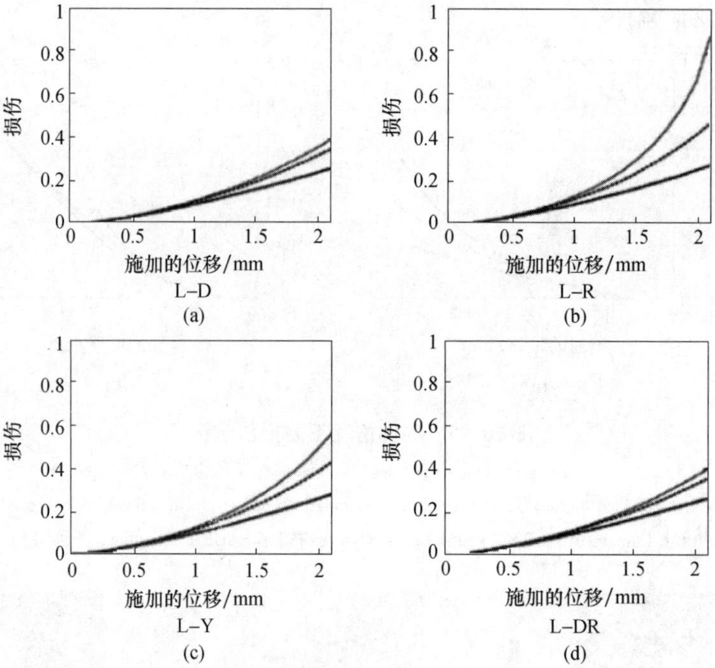

图 26.28　基于 Lemaitre 的非局部模型的损伤演化

（取自 F. X. C. Andrade 等，Assessment and Comparison of Non–local Integral Models for Ductile Damage. Int. J. Damage Mech 23(2),261–296(2014)，获得了 SAGE Publications 的许可）

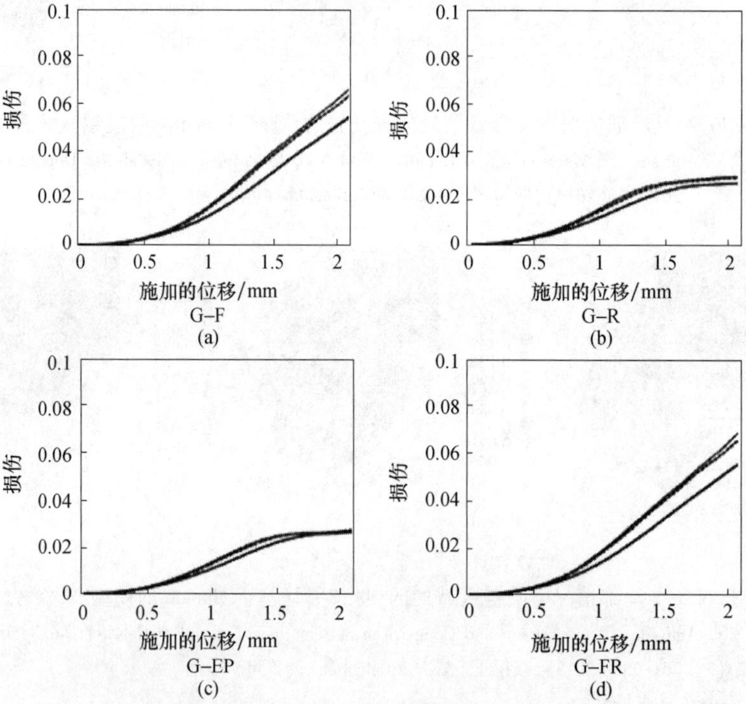

图 26.29　基于 Gurson 的非局部模型的损伤演化

（取自 F. X. C. Andrade 等，Assessment and Comparison of Non–local Integral Models for Ductile Damage. Int. J. Damage Mech 23(2),261–296(2014)，获得了 SAGE Publications 的许可）

对于基于 Gurson 的模型，所有四种非局部方程 G-F、G-R、G-EP 和 G-FR 都消除了假性网格依赖性的影响。

3. 低应力三维度下的分析

为了评估低应力三维度下的不同非局部模型，我们仅在纯剪切应力状态下（即 $\eta=0$）观察这些模型的行为，并且不进行压缩载荷下的分析。选取 Brunig 等（2008）使用的剪切试样用于本评估过程，其中试样的几何形状和临界区采用的 3 个网格分别如图 26.30 和图 26.31 所示。

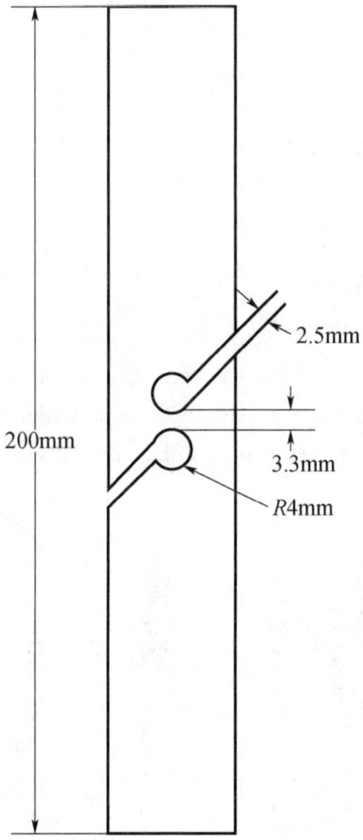

图 26.30　剪切试样的几何形状

（取自 F. X. C. Andrade 等，Assessment and Comparison of Non-local Integral Models for Ductile Damage. Int. J. Damage Mech 23（2），261-296（2014），获得了 SAGE Publications 的许可）

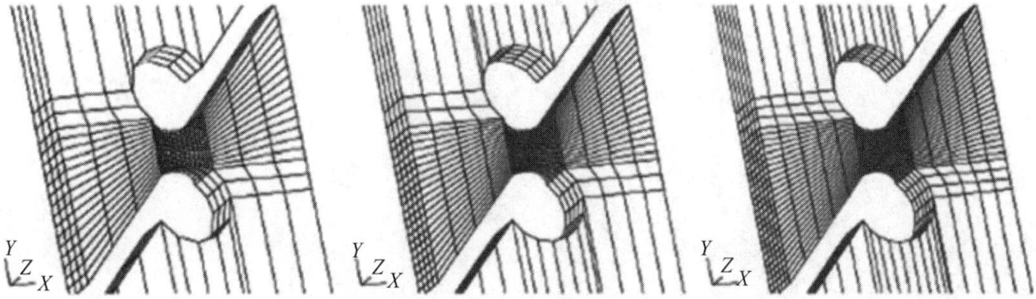

图 26.31　剪切试样：关键区域处的不同网格细化

（取自 F. X. C. Andrade 等，Assessment and Comparison of Non-local Integral Models for Ductile Damage. Int. J. Damage Mech 23（2），261-296（2014），获得了 SAGE Publications 的许可）

图 26.32~图 26.34 所示为针对两种模型的局部模型的损伤演变和轮廓。很明显,与先前案例显示出了相同的趋势,在这方面,网格依赖性再次得到验证,但对于 Gurson 模型,其依赖程度较小,这可能是由于该模型对材料在剪切应力状态下行为的模拟更接近真实情况,并且试验表明,在这种情况下,局部化不如拉伸状态下那样明显。然而,在 Gurson 模型中,虽然最大损伤值在网格细化时没有太大变化,但是失效区域被错误定义并集中在非常小的区域中。

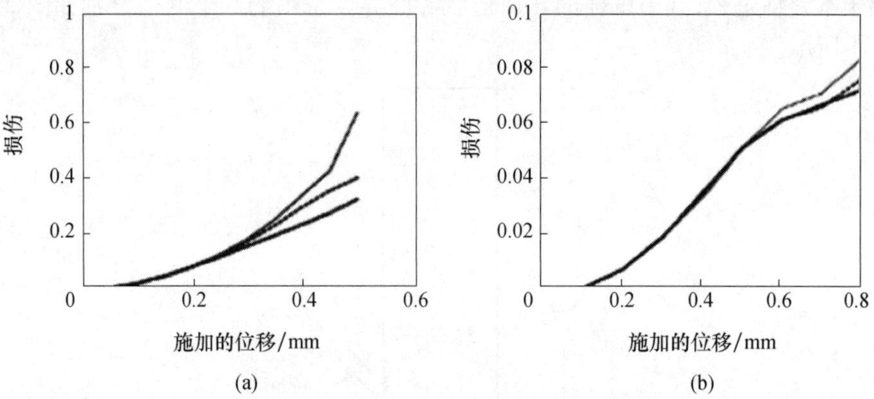

图 26.32 局部情况下的损伤演化,(a)基于 Lemaitre 和(b)基于 Gurson 的模型的结果

(取自 F. X. C. Andrade 等, Assessment and Comparison of Non-local Integral Models for Ductile Damage. Int. J. Damage Mech 23(2), 261-296(2014),获得了 SAGE Publications 的许可)

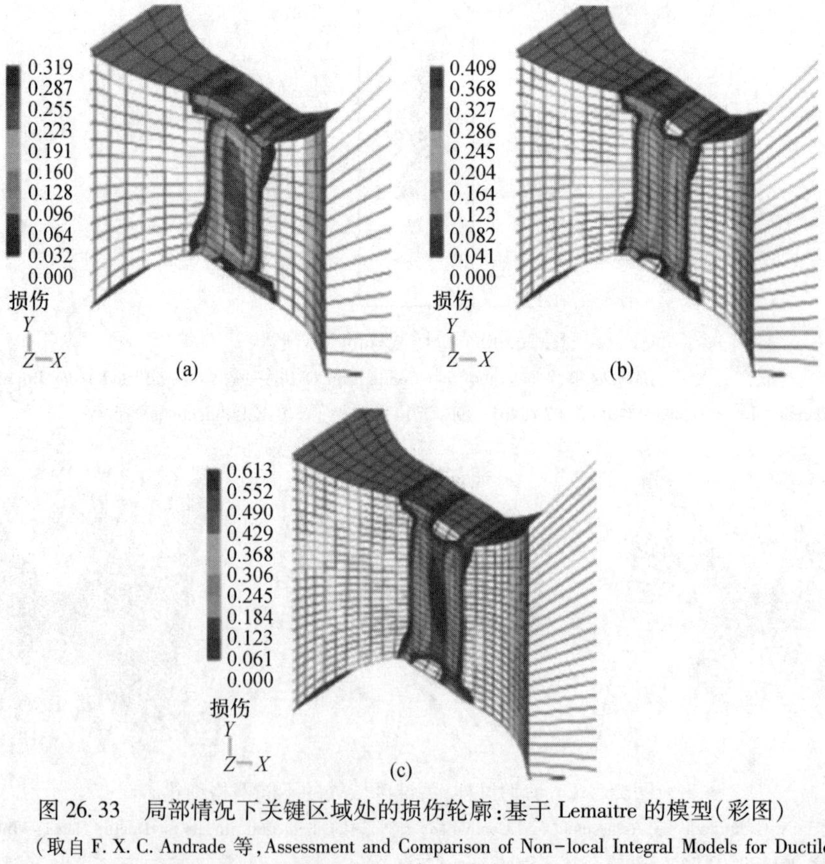

图 26.33 局部情况下关键区域处的损伤轮廓:基于 Lemaitre 的模型(彩图)

(取自 F. X. C. Andrade 等, Assessment and Comparison of Non-local Integral Models for Ductile Damage. Int. J. Damage Mech 23(2), 261-296(2014),获得了 SAGE Publications 的许可)

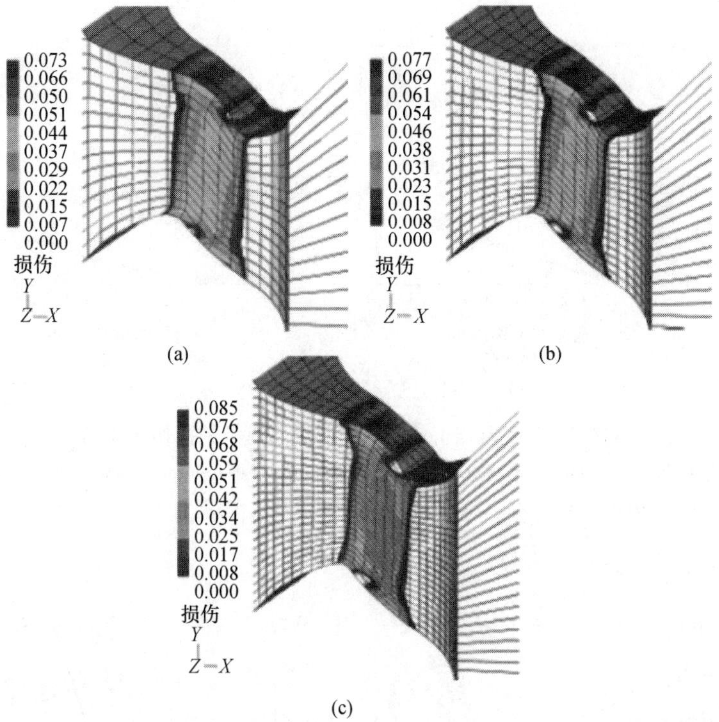

图 26.34　局部情况下关键区域处的损伤轮廓：基于 Gurson 的模型（彩图）

（取自 F. X. C. Andrade 等，Assessment and Comparison of Non-local Integral Models for Ductile Damage. Int. J. Damage Mech 23(2)，261-296(2014)，获得了 SAGE Publications 的许可）

从图 26.35、图 26.36 中可以看出，一些非局部模型有效地消除了自发性网格敏感性。对于 Lemaitre 模型，L-D 和 L-DR 给出的解已经能够正则化解，同时 L-Y 已给出了一个优化解（与局部情况相比），但并未完全消除对空间离散化的假性依赖。

而对于 Gurson 模型，只有 G-F 和 G-FR 可以在网格细化时得到对网格不敏感的解。

图 26.37 和图 26.38 中分别为基于 Lemaitre（L-D）和 Gurson 的（G-F）非局部模型的损伤轮廓。显然，由于损伤轮廓实际上保持不变并且随着网格的细化而分布在有限区域上，因此自发网格依赖性的影响已被消除。另外，这无疑证明了这两个非局部模型（L-D 和 G-F）的有效性，值得一提的是，无论应力状态如何，它们都能够解决本节所分析的所有情况下的假性网格敏感性的问题。

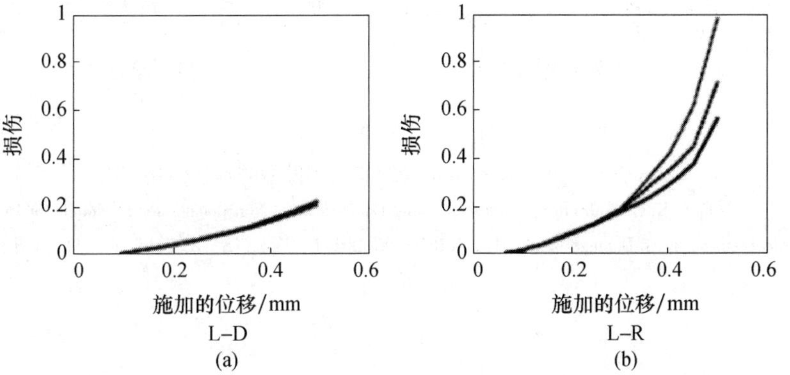

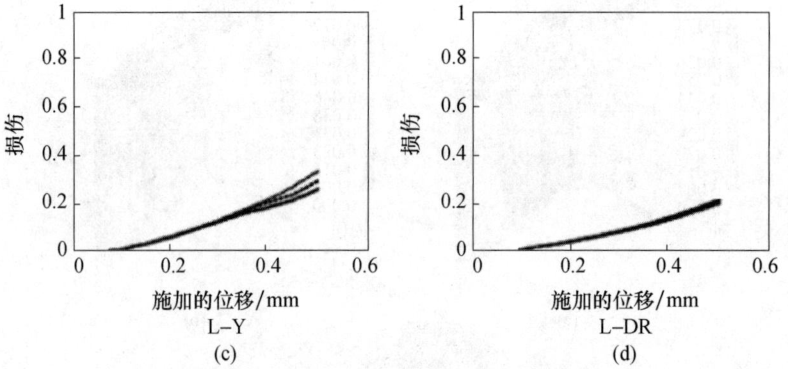

图 26.35　基于 Lemaitre 的非局部模型的损伤演化

（取自 F. X. C. Andrade 等，Assessment and Comparison of Non-local Integral Models for Ductile Damage. Int. J. Damage Mech 23(2),261-296(2014)，获得了 SAGE Publications 的许可）

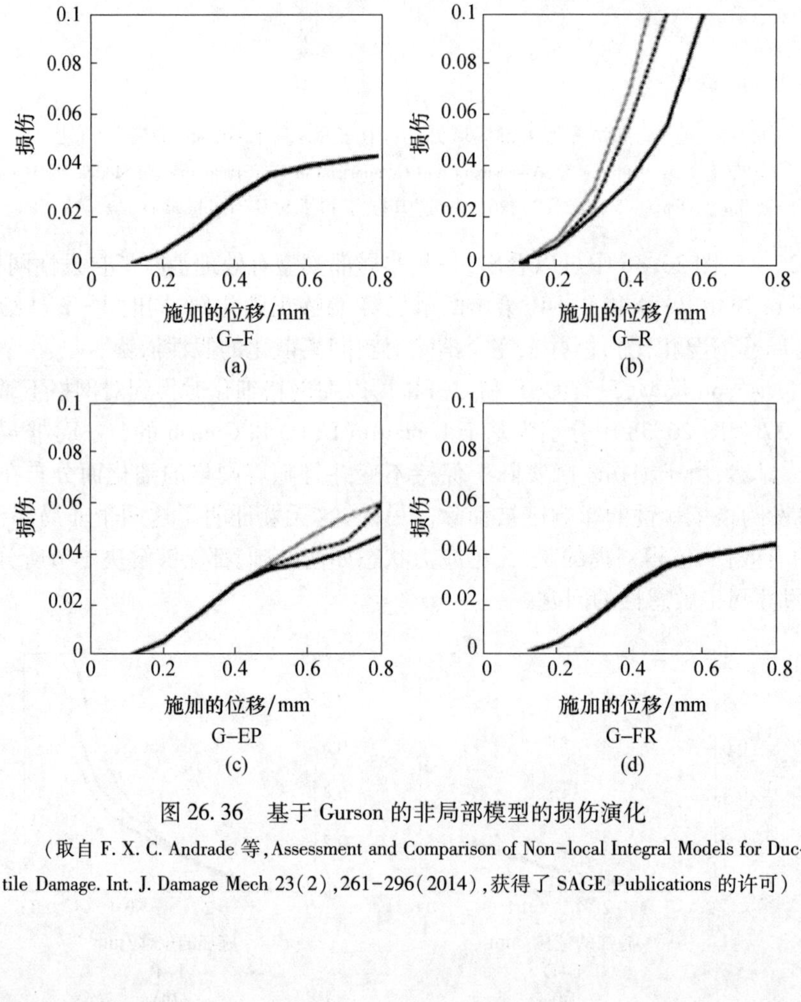

图 26.36　基于 Gurson 的非局部模型的损伤演化

（取自 F. X. C. Andrade 等，Assessment and Comparison of Non-local Integral Models for Ductile Damage. Int. J. Damage Mech 23(2),261-296(2014)，获得了 SAGE Publications 的许可）

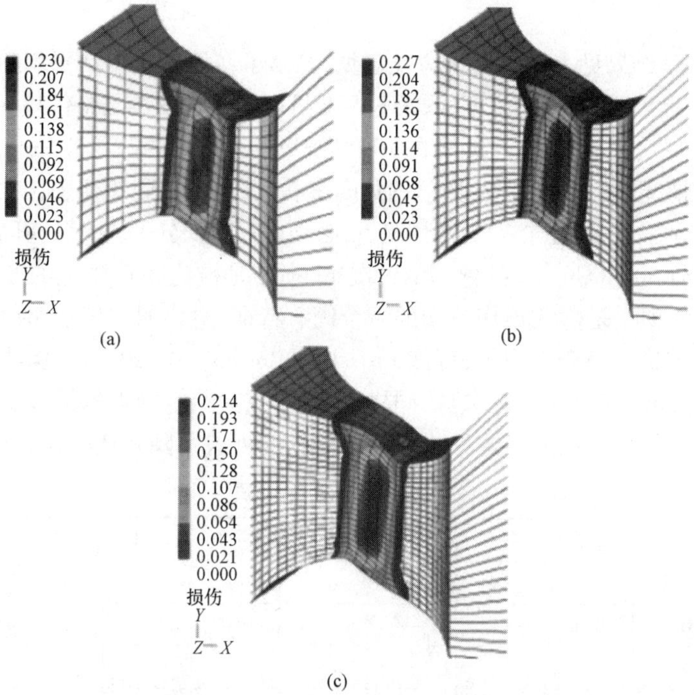

图 26.37 局部情况下关键区域处的损伤轮廓：基于 Lemaitre 的模型(L-D)(彩图)

(取自 F. X. C. Andrade 等, Assessment and Comparison of Non-local Integral Models for Ductile Damage. Int. J. Damage Mech 23(2),261-296(2014),获得了 SAGE Publications 的许可)

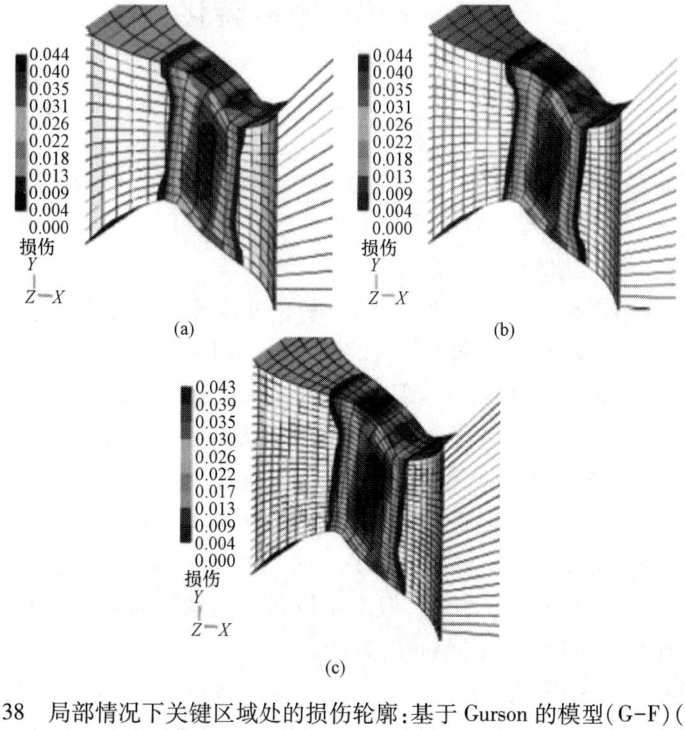

图 26.38 局部情况下关键区域处的损伤轮廓：基于 Gurson 的模型(G-F)(彩图)

(取自 F. X. C. Andrade 等, Assessment and Comparison of Non-local Integral Models for Ductile Damage. Int. J. Damage Mech 23(2),261-296(2014),获得了 SAGE Publications 的许可)

4. 结果小结

前述所有评估结果见表 26.10,为方便起见,给出了初始三维度和平均归一化第三不变量的参考值。结果表明,在某种程度上,第三不变量可能在自发性网格依赖问题上比三维度更具影响。此外,损伤已被正则化的解在所有情况下都是有效的。尽管 L-D,L-DR,G-F 和 G-FR 在大多数情况下均可行,但从数值的角度来看,仅损伤正则化似乎比损伤和各向同性硬化变量同时正则化更有利,在后一种情况下,必须进行双积分平均,其计算成本更高。

在基于 Lemaitre 和 Gurson 的模型的情况下,损伤是被优先正则化的变量的结论非常重要,这是因为它似乎是隐式损伤模型的一个固有特征,对于通常用于模拟准脆性材料的显式损伤模型,结论是完全不同的,正如 Jirásek 和 Rolshoven(2003)所述,损伤变量并非显式损伤模型的非局部变量的最好选择,同样,这说明在为给定的本构模型选择非局部变量时必须非常小心,特别应该分析这种材料模型的损伤列式是隐式还是显式地执行。

表 26.10 结果总结

不同情况	η_0	ξ_{avg}	L-D	L-R	L-Y	L-DR	G-F	G-R	G-EP	G-FR
轴对称	0.8	1.0	++	--	++	++	++	++	++	++
平面应变	0.7	0.0	++	--	-	++	++	--	+	++
板材	1/3		++	--	-	++	++	++	+	++
剪切	0.0	0.0	++	--	+	++	++	--	+	++

注:++完全正则化;+部分但可接受正则化;-低正则化;--无正则化。

26.4 损伤-断裂转化

26.4.1 概述

连续体模型成功地描述了材料行为的大多数阶段,然而,当涉及失效的最后阶段时,这些模型却不能显示结构内宏观裂纹的萌生和扩展。为了正确表述表面脱黏过程并避免假性损伤增长,不连续方法的使用势在必行。

到目前为止,在有限元方法的框架中,韧性断裂过程最成功的模拟是利用相对精细网格和连续网格再划分的策略(Vaz 和 Owen,2001;Mediavilla 等,2006;Mediavilla,2005;Areias 等,2011;Saanouni,2008;Belytschko 等,2000;Bouchard 等,2000)。然而,就计算成本而言,该方法操作繁重且成本高昂,此外,由于该方法需要投影场变量,有可能会引入误差。

通过应用单元删除技术(Song 等,2008;Beissel 等,1998)可以简化网格再划分,即可快速删除满足断裂判据的单元,但是,该技术高度依赖于单元的大小和取向。基于模糊裂纹模型的模拟(Jirasek 和 Zimmermann,1998),将不连续效应应用于应力场而非位移或应变场的水平,克服了网格再划分的缺点,但由于较弱的运动学表述,它们正被替换为位移或应变水平的不连续性被定位于内单元的方法。

大量的内单元不连续模型属于嵌入式不连续类型(Jirasek,2000),这些模型的一般特征是在标准有限元中引入新的变形模式,这些变形模式能够表示在应变水平(弱不连续性)(例如,Ortiz 等,1987)或位移水平(强不连续性)(例如,Belytschko 等,1988;Simo 等,

1993)的任意取向的不连续性,还可得到大应变塑性(例如,Armero 和 Garikipati,1996)和应用于韧性断裂的大应变各向同性损伤(例如,Sanchez 等,2008;Huespe 等,2012)的扩展形式。尽管嵌入式不连续方法允许对具有高度局部化应变的区域进行高效建模,但是由不连续性分隔的单元的两个部分不是完全独立的,并且通常情况下,形变状态需要在不连续带上被设置为恒定。

另一种表示不连续内单元的强大技术是扩展有限元方法(XFEM)(Belytschko 和 Black,1999),其中标准位移场的估算通过能够捕获两个表面脱黏的函数予以体现,给包含不连续性的单元的节点附加了额外的自由度,允许通过网格自由扩展。尽管大多数关于 XFEM 的现有文献都集中在脆性断裂上,但该方法所具有的灵活性,以及合理的计算成本,使其完全能够被用于韧性断裂,但是,XFEM 在韧性断裂问题中的应用仍然有限,特别是在处理大应变屈服时。

最初,处理弹性介质中裂纹的 XFEM 的工作与内聚区模型相结合,以描述弹性-可损伤材料中的裂纹扩展(Alfaiate 等,2002;Simone 等,2003;Benvenuti,2008)。Cazes 等研究了从连续模型到连续-不连续模型的转变可接受的条件,首先是在弹性可损伤材料中(Cazes 等,2009),后来是弹塑性可损伤材料中(Cazes 等,2010)。然而,在这些研究中,该方法仅针对一维问题进行了充分研究,并且裂纹的位置必须预先设定。值得一提的是,Fagerström 等将这些工作扩展到热机械框架下(Fagerstrom 和 Larsson,2008),而 Möes 等(2011)则引入了厚水平集方法,将损伤变量合并到水平集中,并以一种新的方式模拟弹性可损伤体的行为。

XFEM 具有能够成功模拟韧性失效过程的有趣特征,本节只简要描述了如何应用该方法的一个简单策略,对其进行全面评估还需要更复杂的研究。在本节的其余部分,将展示 XFEM 如何与连续体模型相结合,特别是 Lemaitre 损伤模型,以便更加真实地描绘韧性断裂。因此,首先简要介绍韧性断裂问题中使用的 XFEM 富集函数,然后简短描述从损伤向断裂过渡的可能的简化判据,最后用一些数值案例来测试其特征。

26.4.2　扩展有限元方法(XFEM)

在 XFEM 中,标准问题场的估算拥有能够获取所需特定特征的附加功能,大量相关文献已对此作了研究(例如,Belytschko 和 Black,1999;Moees 等,1999;Abdelaziz 和 Hamouine,2008;Fries 和 Belytschko,2010)。因此,本节将重点介绍富集函数的核心方面。

在特定的断裂情况下,富集函数应表示裂纹的两个表面之间的分离。以裂纹面正交的坐标 $\hat{\eta}$(图 26.39)定义的不连续函数,例如下面的 Heaviside 函数 $H(\hat{\eta})$,特别适用于此:

$$H(\hat{\eta})=\begin{cases}1 & (\hat{\eta}\geqslant 0)\\ -1 & (\hat{\eta}<0)\end{cases} \tag{26.45}$$

仅使用 Heaviside 函数的富集有限元会导致裂纹扩展到单元的边界,因此,为了体现裂纹与网格无关,需要引入裂纹尖端函数,本节中,使用了用 T 表示的下列函数:

$$T(\hat{\xi})=\begin{cases}1 & (\hat{\xi}\geqslant 0)\\ 0 & (\hat{\xi}<0)\end{cases} \tag{26.46}$$

该函数特别适用于解决韧性断裂问题,其塑性不仅局限于裂纹尖端周围的区域,而且广泛传播。此外，在不连续性的单元之外则不存在塑性区，如果采用其他类型的富集函数，则不会出现这种情况（Fries 和 Belytschko，2010；Chessa 等，2003；Fries，2008）。

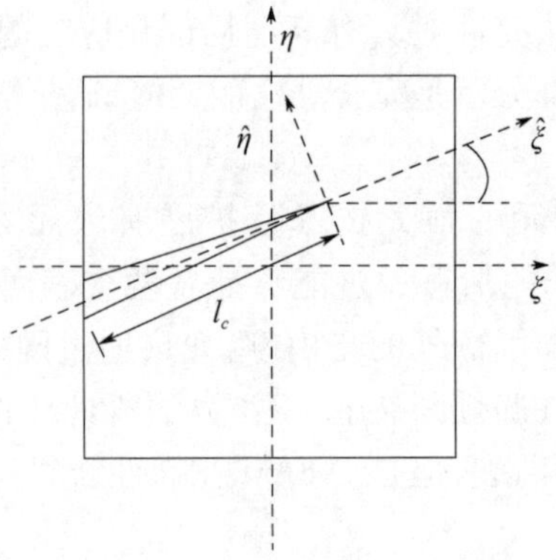

图 26.39　裂纹尖端的坐标系

（摘自 M. R. R Seabra，XFEM 方法分析金属中损伤引起的裂纹萌生和扩展．Comput. Mech. 52(1)，161–179(2013)）

定义了富集函数之后，位移场的估算可写作如下形式：

$$u(\boldsymbol{x})=\sum_{i=1}^{n}N_i\boldsymbol{u}_i+\sum_{j=1}^{n_{\text{split}}}N_j[H(\boldsymbol{x})-H(\boldsymbol{x}_j)]\boldsymbol{a}_j+\sum_{k=1}^{n_{\text{tip}}}N_k[T(\boldsymbol{x})-T(\boldsymbol{x}_k)][H(\boldsymbol{x})-H(\boldsymbol{x}_k)]\boldsymbol{b}_k \tag{26.47}$$

式中：N_i 为标准单元形状函数；$\boldsymbol{u}_i$ 为节点位移；$\boldsymbol{a}_j$ 和 $\boldsymbol{b}_k$ 分别为与裂纹完全跨越的单元（分裂单元）和包含裂纹尖端的单元（尖端单元）相关的额外自由度。富集函数相对移动至节点上，以防止跨越到相邻单元。

26.4.3　从损伤到断裂的转变

在通过有限元方法离散化的问题中，损伤变量的值被存储在每个高斯点处，损伤分布花样直接遵循该高斯点。该信息用于确定裂纹特征，即其起始点、方向和长度。

在数值模型中，当达到临界损伤值 D_c 时，断裂被激发，随后通过 XFEM 在模型中插入一个裂纹，裂纹萌生点位于损伤最初达到临界值的区域。损坏高于临界值的单元被选取并将其分组为云，具有最高损伤值的云点是裂纹萌生点。

要确定区域的最大损坏点，必须定义一个策略来计算域中任意点的损伤值，因此，将立方 B 样条（de Boor，1978；Piegl，1993；Cottrell 等，2009）用作插值函数。为了构建这个函数，将首先考虑在一组 4 个控制点中，定义以下多项式基：

$$N_1=\frac{1}{8}(1-\xi)^3;N_2=\frac{3}{8}(1-\xi)^2(1+\xi)$$

$$N_3=\frac{3}{8}(1-\xi)(1+\xi)^2;N_4=\frac{1}{8}(1+\xi)^3 \tag{26.48}$$

在 ξ 点处的函数 f 的值可以通过下式得到：

$$f(\xi)=\sum_{i=1}^{4}N_if_i \tag{26.49}$$

其中，f_i 是 f 在每个控制点的值。为了将该过程扩展到二维问题，需要考虑 B 样条曲面（de Boor，1978），并在两个不同方向引入 B 样条函数。特别地，该组控制点可能包括要确定损伤的单元和相邻单元中的点,如图 26.40(a)所示。

因此,考虑以图 26.40(a)所示的中心单元为原点的坐标系(ξ,η),定义以下 B 样条曲面的基:

$$N_\xi=\left\{\frac{1}{8}(1-\xi)^3,\frac{3}{8}(1-\xi)^2(1+\xi),\frac{3}{8}(1-\xi)(1+\xi)^2,\frac{1}{8}(1+\xi)^3,0,0,0\right\} \quad (\xi\leqslant 0)$$

$$N_\xi=\left\{0,0,0,\frac{1}{8}(3-\xi)^3,\frac{3}{8}(3-\xi)^2(\xi-1),\frac{3}{8}(3-\xi)(\xi-1)^2,\frac{1}{8}(\xi-1)^3\right\} \quad (\xi>0)$$

$$N_\eta=\left\{\frac{1}{8}(1-\eta)^3,\frac{3}{8}(1-\eta)^2(1+\eta),\frac{3}{8}(1-\eta)(1+\eta)^2,\frac{1}{8}(1+\eta)^3,0,0,0\right\} \quad (\eta\leqslant 0)$$

$$N_\eta=\left\{0,0,0,\frac{1}{8}(3-\eta)^3,\frac{3}{8}(3-\eta)^2(\eta-1),\frac{3}{8}(3-\eta)(\eta-1)^2,\frac{1}{8}(\eta-1)^3\right\} \quad (\eta>0)$$

(26.50)

在 p 点处的损伤值 D_p 可通过下式计算得到

$$D_p=\boldsymbol{N}_\xi\boldsymbol{D}_{\xi\eta}\boldsymbol{N}_\eta \tag{26.51}$$

式中:$\boldsymbol{D}_{\xi\eta}$ 为控制点处损伤值组成的矩阵。

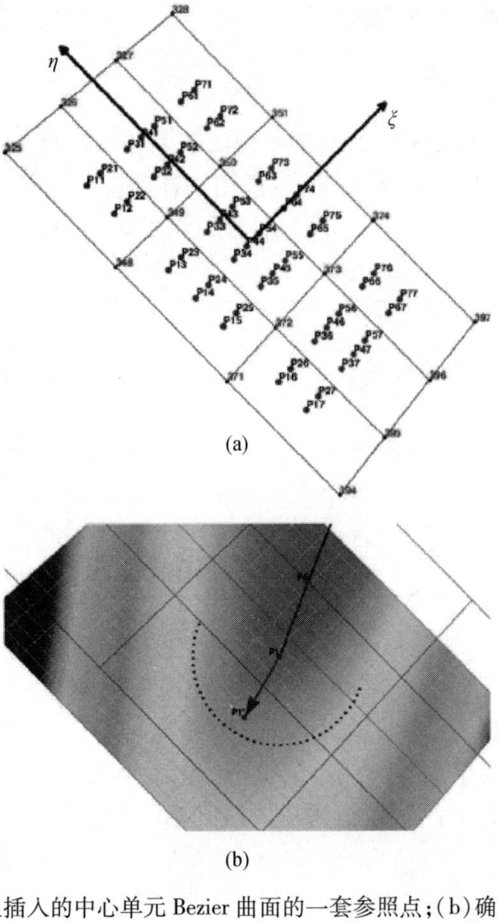

图 26.40　(a)用于定义插入的中心单元 Bezier 曲面的一套参照点;(b)确定裂纹扩展方向的点群

(取自 M. R. R. Seabra, Damage Driven Crack Initiation and Propagation in Ductile Metals using XFEM. Comput. Mech. 52(1), 161-179(2013),获得了 Springer Science+Business Media 的许可)

这种确定区域任意点处损伤值的方法具有几个优点。与拉格朗日多项式不同，B 样条不振荡，因此不会在分布中引入新的最大值（Cottrell 等，2009），这确保了不会由于插值技术而引起损伤人为的增长。此外，维数为 d 的 B 样条曲面本身就是一个维数为 $d-1$ 的 B 样条曲面，这意味着 B 样条平面/体积边界点处的变量可以用位于区域内点的函数进行插值处理。

确定裂纹萌生点之后，需要计算最大损伤增长的方向。在数值求解方面，裂纹萌生算法是裂纹扩展算法的一个特例，其中裂纹的起点是未知的。

为了获得新的裂纹方向段，沿以最后一个裂纹尖端为中心的圆周选择一组点，其中包含至少在一个高斯点达到临界损伤值的所有单元，如图 26.40（b）所示，由于裂纹不太可能回跳，因此排除了先前裂纹段后面的点，随后应确定具有最高损伤值的点，然后通过将最后的裂纹尖端与具有最高损伤的点连线，以获得裂纹方向。此外，为了获得良好的精度，需要测试两个以上的半径稍大和稍小的圆周，然后在 3 个方向被平均化。最后，使用中点算法，沿着裂纹生长方向寻找满足 $D=D_c$ 的最远点，该过程的详细描述可见参考文献（Seabra 等，2012）。

借助材料模型、损伤-断裂转变准则，以及裂纹表示方法的定义，我们选取了一些数值样例对完整的韧性断裂模型进行测试。

26.4.4 数值案例

本节通过一些数值样例，对韧性金属中裂纹萌生和扩展的完整模型进行了评估。Lemaitre 模型描述了韧性损伤的材料行为，它适用于各种韧性金属，如钢、铝或铜（Lemaitre，1985a）。在以下模拟中，所选材料是钢，其性能总结见表 26.11。

表 26.11 材料和几何性能

性能	值
弹性模量	$E=206.9\text{GPa}$
泊松比	$\upsilon=0.29$
损伤指数	$s=1.0$
损伤分母	$r=1.25\text{MPa}$
硬化函数	$\tau_y(R)=450+129.24R+265(1-e^{-16.93R})\text{MPa}$

根据非局部方程执行了 Lemaitre 模型，它需要非局部正则化长度的值 ℓ_r，在以下实例中设定为 1.6mm。

最后，需要为触发裂纹萌生的临界损伤 D_c 指定一个值，根据 Lemaitre（1985a）的工作，在实际零部件和结构中，临界损伤值不为 1（这对应于理论上完全损伤的材料），而是位于 0.2 和 0.5 之间，在以下实例中，采用损伤值 $D_c=0.5$。

1. 平面应变试样

评估的第一个例子是平面应变试样，其几何形状如图 26.41 所示。在顶部和底部边缘施加垂直位移，以产生类似牵引的载荷条件。该问题通过 4 个不同的 FEM 网格离散化，其中包括 11、21、31 和 41，如图 26.41 所示。

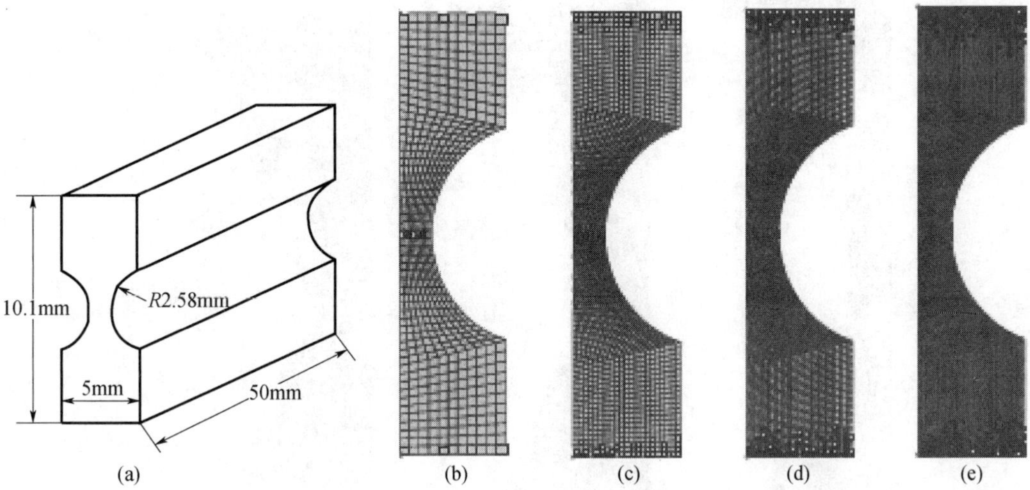

图 26.41　(a)平面应变试样以及每边具有(b)11、(c)21、(d)31 和(e)41 个单元的有限元网格

(取自 M. R. R. Seabra, Damage Driven Crack Initiation and Propagation in Ductile Metals using XFEM. Comput. Mech. 52(1),161-179(2013),获得了 Springer Science+Business Media 的许可)

图 26.42 所示为反应力-位移曲线。根据上述方法,当损伤达到其临界值时,在 XFEM 中萌生了裂纹。材料行为的所有阶段,包括硬化和软化直至断裂,都能清楚地呈现出来。其结果在网格细化上也呈收敛形式。

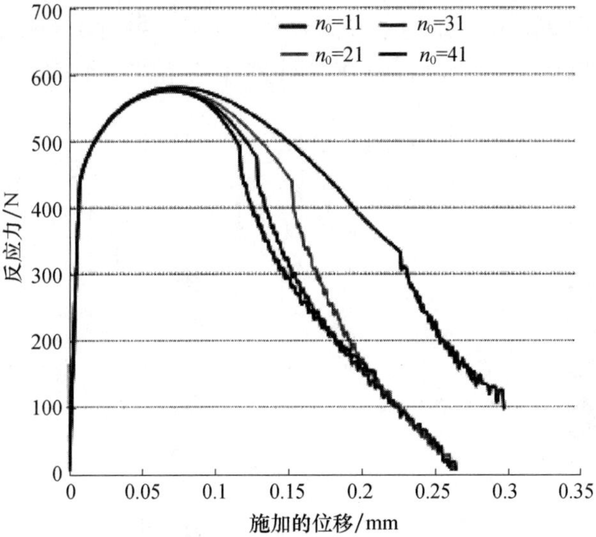

图 26.42　反应力与平面应变试样顶部节点施加的位移之间的函数关系

(取自 M. R. R. Seabra, Damage Driven Crack Initiation and Propagation in Ductile Metals using XFEM. Comput. Mech. 52(1),161-179(2013),获得了 Springer Science+Business Media 的许可)

图 26.43 所示为平面应变条件下的损伤分布轮廓,从中可以看出,该非局部积分模型还避免了自发性网格依赖性和假性损伤局部化。

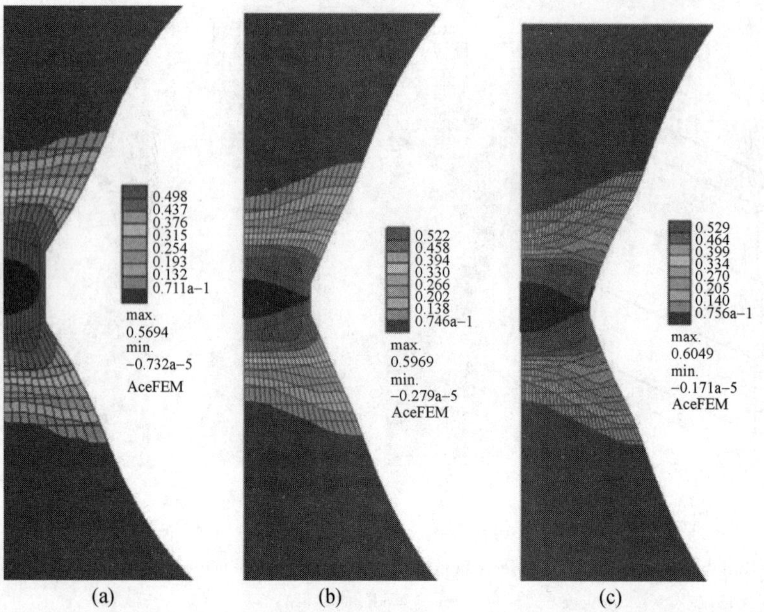

图 26.43 每边具有(a)11、(b)21 和(c)31 个单元的网格的损伤云图和终裂纹(彩图)

(取自 M. R. R. Seabra, Damage Driven Crack Initiation and Propagation in Ductile Metals using XFEM. Comput. Mech. 52(1),161-179(2013),获得了 Springer Science+Business Media 的许可)

2. 剪切试样

本例应选用如图 26.44 所示的双缺口试样,有两个主要目的:一方面,评估模型在剪切载荷存在下的响应;另一方面,将在更具挑战性条件下产生的裂纹路径与前例相比较。

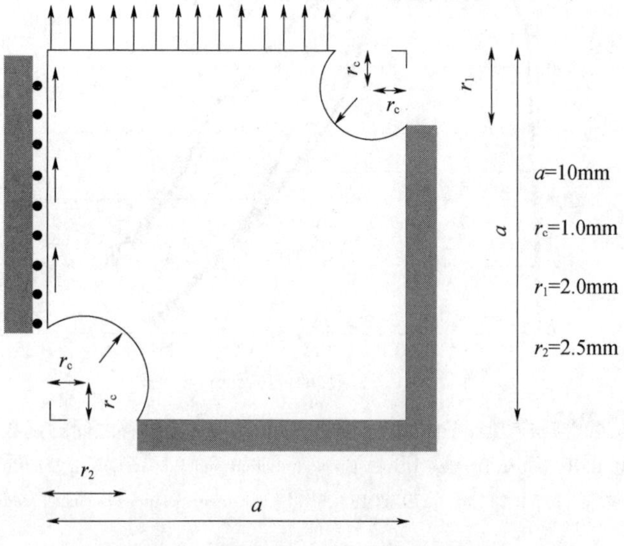

图 26.44 双缺口的试样几何和边界条件

(取自 Reprinted from M. R. R. Seabra, Damage Driven Crack Initiation and Propagation in Ductile Metals using XFEM. Comput. Mech. 52(1),161-179(2013),获得了 Springer Science+Business Media 的许可)

通过某种形式为试样加载，使其发生类剪切的失效模式，并对图 26.45 所示的 3 种网格进行分析。

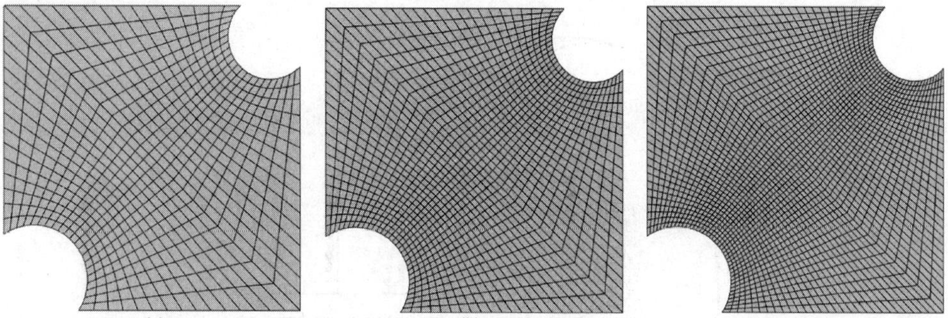

图 26.45　用于双缺口试样的 FEM 网格，每边具有(a)16 个节点、(b)23 个节点以及(c)30 各节点

(取自 M. R. R. Seabra, Damage Driven Crack Initiation and Propagation in Ductile Metals using XFEM. Comput. Mech. 52(1), 161-179(2013)，获得了 Springer Science+Business Media 的许可)

图 26.46 所示为两个 FEM 网格所得的裂纹扩展路径，可以观察到两种情况下的路径几乎相同，即可以认为裂纹路径与网格无关。

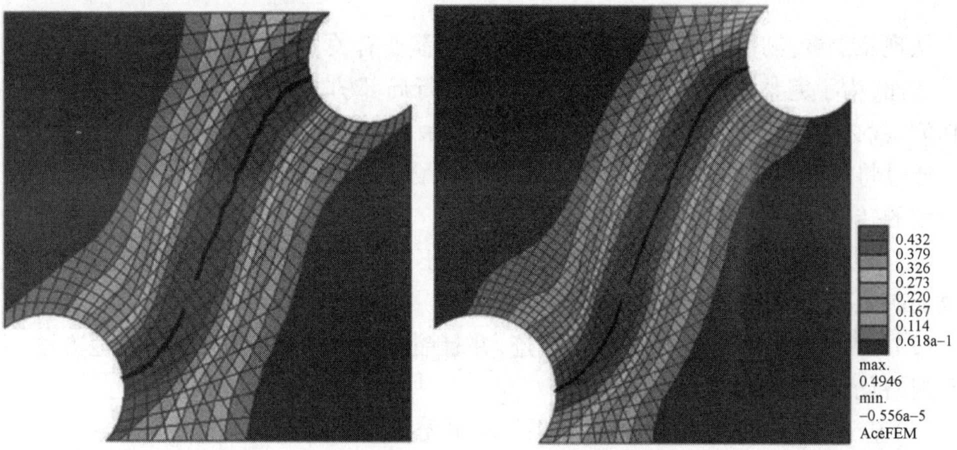

图 26.46　网格(a)和网格(b)的损伤云图和终裂纹(彩图)

(取自 M. R. R. Seabra, Damage Driven Crack Initiation and Propagation in Ductile Metals using XFEM. Comput. Mech. 52(1), 161-179(2013)，获得了 Springer Science+Business Media 的许可)

非局部积分模型避免了损伤的假性局部化，产生了在不同网格细化下类似的损伤区域(图 26.46)，通过 XFEM 方法接续插入裂纹保证了损伤轮廓与网格无关，说明该方法足以模拟由于裂纹形成和扩展引起的失效。

然而，当观察反应力-所施加的位移曲线时(图 26.47)，很明显可以看出非局部模型的正则化效应在这种情况下不像前述的例子中那么强。如上所述，在剪切力主导的加载条件下，Lemaitre 损伤模型不是最适合描述材料失效行为的模型，仍然存在一定程度的网格依赖性(Andrade, 2011)。

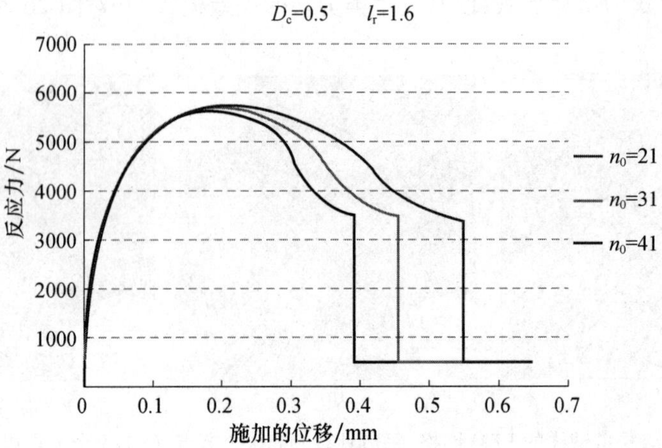

图 26.47 反应力与双缺口试样顶部节点所施加的位移之间的函数关系

(取自 M. R. R. Seabra, Damage Driven Crack Initiation and Propagation in Ductile Metals using XFEM. Comput. Mech. 52(1), 161-179(2013), 获得了 Springer Science+Business Media 的许可)

26.4.5 结论

从现象上看,韧性金属裂纹的萌生与损伤的演变有关,用连续体模型可以对此进行描述。然而,为了完整描述失效过程,如果需要进行局部的失效后分析,一旦达到一个临界损伤值,就必须转换到不连续模型中。

通过将 XFEM 与塑性-可损伤材料模型相结合,成功地处理了这种从连续模型到不连续模型的转变。此外,该方法还具有以下优点:

(1)裂纹特征直接由连续体模型确定,因此不需要识别断裂的附加材料参数。此外,裂纹的萌生和扩展可通过统一方式进行处理。

(2)不需要事先确定裂纹的萌生轨迹,并且裂纹独立于网格扩展,与其他方法(例如重新网格化)相比,节省了计算成本。

(3)基于特定的网格细化,所得结果与网格无关。

通过非局部方程,减弱了在插入裂纹前后,与连续软化模型相关的自发性网格依赖性。该简化的模型在实际应用中可以很好地近似处理从损伤区域到无张力裂纹的转变,但也可以通过在不连续区域添加内聚定律来优化该模型,从而,由于这种转变是针对损伤水平提出的,因此现有的能隙是小于失效的理论值的。

26.5 小 结

在竞争日渐激烈的工业生产中,更准确地预测韧性变形和材料失效是最基本的需求。只有这样才可能大大减少不必要的材料使用,从而实现合理的设计。韧性行为的精确建模不可避免需要对过程中的各种现象进行描述,例如塑性应变和应变驱动的软化,这通常需要高度非线性的本构模型。在材料的塑性流变准则和内部变量如损伤的演化规律中,引入了新的效应,这是过去 10 年中一直在讨论和完善的主题。这些科学进展总体上带来了工业收益,这些收益涉及了更高效和耐用的机械部件的开发,以及制造工艺方面的改进。因此,本工作研究了以损伤为内部变量的不同弹塑性模型,还在剪切应力状态下,评估了偏应力张量的第三不变量的影响在金属材料力学行为中的重要性。

众所周知,如果考虑标准局部连续介质理论,使用应变软化定律将不可避免地导致自发网格依赖性。为了解决假性网格敏感性的问题,我们使用了积分型的非局部方法,在一定程度上提出了哪种本构变量应被正则化以避免假性网格依赖性的问题。为了准确回答这个问题,在不同的应力三维度值和偏应力张量的第三不变量下,我们对几个非局部模型进行了综合评估。由于应力状态是影响韧性材料的行为和失效的基本因素,因此需要对不同的非局部模型在不同的外部载荷条件下的响应进行重点分析。结果发现,某些变量在某一应力状态下能够避免假性网格敏感性,但在另一个应力三维度或第三不变量下却不行。此外,其他作者在显式损伤模型中得到的结论与此处考虑的隐式损伤模型的结论完全不同,这说明在选择给定本构模型的非局部变量时必须非常小心。经非常小心的研究后,评估结果表明,对于隐式损伤模型,损伤变量似乎是最佳选择。

本工作的一个主要假设是变形历史对非局部平均算子没有影响,这意味着非局部固有长度在材料变形时保持不变,然而,也没有试验证据支持或反驳这一假设。显然,更真实的建模会考虑不断变化的非局部固有长度,并将其作为已知会显著影响耗散断裂过程的其他变量的函数(例如,塑性应变、应力状态、损伤或变形历史)。然而,从理论和计算的角度来看,考虑具有非常数固有长度的非局部理论以及依赖于变形历史(或一些其他本构量)的平均算子非常具有挑战性。不过,这种增强理论的发展将有助于更好地理解材料失效,并扩大非局部理论在更多材料中的应用。

连续体模型足够描述引发裂纹萌生的基础微观机制。然而,不连续方法更适合描述失效的最后阶段,这涉及宏观裂纹的扩展。为了结合连续方法和不连续方法两者的优势,并构建能够同时处理大应变、损伤局部和裂纹扩展的模型,将 XFEM 以简化的方式应用于模型中。损伤变量分布被用来定义扩展裂纹的大小和方向,尽管无牵引裂纹的引入和扩展受到临界损伤程度的控制,但可以通过在损伤-断裂转变区采用内聚定律来进行改进,并通过能量一致性进行校准。

本章相关彩图,请扫码查看

参考文献

Y. Abdelaziz, A. Hamouine, A survey of the extended finite element. Comput. Struct. 86(11-12), 1141-1151 (2008)

J. Alfaiate, G. Wells, L. Sluys, On the use of embedded discontinuity elements with crack path continuity for mode-I and mixed-mode fracture. Eng. Fract. Mech. 69(6), 661-686(2002) F. X. C. Andrade, Non-local modelling of ductile damage: formulation and numerical issues. PhD Thesis, Faculty of Engineering, University of Porto, Porto, Portugal, 2011

F. X. C. Andrade, F. M. Andrade Pires, J. M. A. Cesar de Sa, L. Malcher, Nonlocal integral formulation for a plasticity-induced damage model. Comput. Methods Mater. Sci. 9(1), 49-54(2009)

F. Andrade, J. Cesar de Sa, F. Andrade Pires, A ductile damage nonlocal model of integral-type at finite strains: formulation and numerical issues. Int. J. Damage Mech. 20, 515-557(2011b)

P. Areias, N. Van Goethem, E. Pires, A damage model for ductile crack initiation and propagation. Comput. Mech. 47, 641-656(2011)

F. Armero, K. Garikipati, An analysis of strong discontinuities in multiplicative finite strain plasticity and their relation with the numerical simulation of strain localization in solids. Int. J. Solids Struct. 33(20-22), 2863-2885(1996)

A. G. Atkins, Possible explanation for unexpected departures in hydrostatic tension - fracture strain relations. Metal Sci. 15, 81-83(1981)

Y. Bai, Effect of loading history on necking and fracture. PhD Thesis, Massachusetts Institute of Technology, 2008

Y. Bai, T. Wierzbicki, A new model of metal plasticity and fracture with pressure and Lode dependence. Int. J. Plast. 24, 1071-1096(2008)

Y. Bao, Prediction of ductile crack formation in uncracked bodies. PhD Thesis, Massachusetts Institute of Technology, 2003

Y. Bao, T. Wierzbicki, On fracture locus in the equivalent strain and stress triaxiality space. Int. J. Mech. Sci. 46(81), 81-98(2004)

I. Barsoum, J. Faleskog, Rupture in combined tension and shear: experiments. Int. J. Solids Struct. 44, 1768-1786(2007a)

I. Barsoum, J. Faleskog, Rupture in combined tension and shear: micromechanics. Int. J. Solids Struct. 44, 5481-5498(2007b)

S. R. Beissel, G. R. Johnson, C. H. Popelar, An element-failure algorithm for dynamic crack propagation in general directions. Eng. Fract. Mech. 61(3-4), 407-425(1998)

T. Belytschko, T. Black, Elastic crack growth in finite elements with minimal remeshing. Int. J. Numer. Methods Eng. 45, 601-620(1999)

T. Belytschko, J. Fish, B. E. Engelmann, A finite element with embedded localization zones. Comput. Methods Appl. Mech. Eng. 70(1), 59-89(1988)

T. Belytschko, W. K. Liu, B. Moran, Nonlinear Finite Elements for Continua and Structures (Wiley, Chichester, 2000)

E. Benvenuti, A regularized XFEM framework for embedded cohesive interfaces. Comput. Methods Appl. Mech. Eng. 197, 4367-4607(2008)

E. Benvenuti, A. Tralli, Iterative LCP solver for non-local loading unloading conditions. Int. J. Numer. Methods Eng. 58, 2343-2370(2003)

G. Borino, P. Fuschi, C. Polizzotto, A thermodynamic approach to nonlocal plasticity and related variational principles. J. Appl. Mech. 66, 952-963(1999)

P. O. Bouchard, F. Bay, Y. Chastel, I. Tovena, Crack propagation modelling using an advanced remeshing technique. Comput. Methods Appl. Mech. Eng. 189(3), 723-742(2000)

P. W. Bridgman, Studies in Large Plastic Flow and Fracture (McGraw-Hill Book, New-York, 1952)

M. Brunig, S. Berger, H. Obrecht, Numerical simulation of the localization behavior of hydrostatic-stress-sensitive metals. Int. J. Mech. Sci. 42, 2147-2166(2008)

M. Brunig, O. Chyra, D. Albrecht, L. Driemeier, M. Alves, A ductile damage criterion at various stress triaxialities. Int. J. Plast. 24, 1731-1755(2008)

F. Cazes, M. Coret, A. Combescure, A. Gravouil, A thermodynamic method for the construction of a cohesive law from a non local damage model. Int. J. Solids Struct. 46, 1476-1490(2009)

F. Cazes, A. Simatos, M. Coret, A. Combescure, A cohesive zone model which is energetically equivalent toa gradient-enhanced coupled damage-plasticity model. Eur. J. Mech. A/Solids 29, 976-998(2010)

J. M. A. Cesar de Sa, P. M. A. Areias, C. Zheng, Damage modelling in metal forming problems using an implicit non-local gradient model. Comput. Methods Appl. Mech. Eng. 195, 6646-6660(2006)

J. M. A. Cesar de Sa, F. M. Andrade Pires, F. X. C. Andrade, Local and nonlocal modeling of ductile damage, in Advanced Computational Materials Modelling: From Classical to Multi-Scale Techniques, ed. by M. Vaz Jr., E. A. De Souza Neto, P. A. Mun˜oz-Rojas(Wiley-VCH, Weinheim, 2010)

J. L. Chaboche, M. Boudifa, K. A. Saanouni, CDM approach of ductile damage with plastic compressibility. Int. J. Fract. 137, 51-75(2006)

T. P. Chang, Z. P. Bazant, Instability of nonlocal continuum and strain averaging. J. Eng. Mech. ASCE 110, 1441-1450(1984)

J. Chessa, H. Wang, T. Belytschko, On the construction of blending elements for local partition of unity enriched finite elements. Int. J. Numer. Methods Eng. 57, 1015-1038(2003)

M. G. Cockcroft, D. J. Latham, Ductility and workability of metals. J. Inst. Metals 96, 33-39(1968)

J. A. Cottrell, T. Hughes, Y. Bazilevs, Isogeometric Analysis-Toward Integration of CAD and FEA(Wiley, Chichester, 2009)

J. Datsko, Material Properties and Manufacturing Process(Wiley, New York, 1966)

C. de Boor, A Practical Guide to Splines(Springer, New York, 1978)

R. De Borst, H. Mühlhaus, Gradient-dependent plasticity: formulation and algorithmic aspects. Int. J. Numer. Methods Eng. 35, 521-539(1992)

E. A. De Souza Neto, D. Peric, D. R. J. Owen, Computational Methods for Plasticity: Theory and Applications (Wiley, Chichester, 2008)

J. H. P. De Vree, W. A. M. Brekelmans, M. A. J. van Gils, Comparison of nonlocal approaches in continuum damage mechanics. Comput. Struct. 4, 581-588(1995)

L. Driemeier, M. Brünig, G. Micheli, M. Alves, Experiments on stress-triaxiality dependence of material behavior of aluminum alloys. Mech. Mater. 42(2), 207-217(2010)

D. Edelen, N. Laws, On the thermodynamics of systems with nonlocality. Arch. Ration. Mech. Anal. 43, 24-35 (1971)

D. Edelen, A. Green, N. Laws, Nonlocal continuum mechanics. Arch. Ration. Mech. Anal. 43, 36-44(1971)

K. Enakousta, J. B. Leblond, G. Perrin, Numerical implementation and assessment of a phenomenological nonlocal model of ductile rupture. Comput. Methods Appl. Mech. Eng. 196, 1946-1957(2007)

R. Engelen, M. Geers, R. Ubachs, Nonlocal implicit gradient-enhanced elasto-plasticity for the modelling of softening behaviour. Int. J. Plast. 19(4), 403-433(2003)

M. Fagerstrom, R. Larsson, A thermo-mechanical cohesive zone formulation for ductile fracture.

J. Mech. Phys. Solids 56(10), 3037-3058(2008)

M. Feucht, Ein gradientenabhangiges Gursonmodell zur Beschreibung duktiler Schadigung mit Entfestigung. PhD Thesis, Technische Universitat Darmstadt, 1999

A. M. Freudenthal, The Inelastic Behaviour of Engineering Materials and Structures(Wiley, New York, 1950)

T. -P. Fries, A corrected XFEM approximation without problems in blending elements. Int. J. Numer. Methods

Eng. 75, 503-532(2008)

T. -P. Fries, T. Belytschko, The extended/generalized finite element method: an overview of the method and its applications. Int. J. Numer. Methods Eng. 84, 253-304(2010)

X. Gao, J. Kim, Modeling of ductile fracture: significance of void coalescence. Int. J. Solids Struct. 43, 6277-6293 (2006)

X. Gao, T. Wang, J. Kim, On ductile fracture initiation toughness: effects of void volume fraction, void shape and void distribution. Int. J. Solids Struct. 42, 5097-5117(2005)

X. Gao, G. Zhang, C. Roe, A study on the effect of the stress state on ductile fracture. Int. J. Damage Mech. 19, 75-94(2009)

X. Gao, T. Zhang, J. Zhou, S. M. Graham, M. Hayden, C. Roe, On stress-state dependent plasticity modeling: significance of the hydrostatic stress, the third invariant of stress deviator and the non-associated flow rule. Int. J. Plast. 27(2), 217-231(2011)

A. L. Gurson, Continuum theory of ductile rupture by void nucleation and growth-part Ⅰ. Yield criteria and flow rules for porous ductile media. J. Eng. Mater. Technol. 99, 2-15(1977)

P. Hakansson, M. Wallin, M. Ristinmaa, Thermomechanical response of non-local porous material. Int. J. Plast. 22, 2066-2090(2006)

J. W. Hancock, A. C. Mackenzie, On the mechanisms of ductile failure in high-strength steels subjected to multi-axial stress-states. J. Mech. Phys. Solids 24, 147-160(1976)

A. Huespe, A. Needleman, J. Oliver, P. J. Sanchez, A finite strain, finite band method for modeling ductile fracture. Int. J. Plast. 28(1), 53-69(2012)

M. Jirasek, Nonlocal models for damage and fracture: comparison of approaches. Int. J. Solids Struct. 35, 4133-4145(1998)

M. Jirasek, Comparative study on finite elements with embedded discontinuities. Comput. Methods Appl. Mech. Eng. 188(1-3), 307-330(2000)

M. Jirúsek, Nonlocal damage mechanics. Revue Européene de Génie Civil 11, 993-1021(2007)

M. Jirúsek, S. Rolshoven, Comparison of integral-type nonlocal plasticity models for strain-softening materials. Int. J. Eng. Sci. 41, 1553-1602(2003)

M. Jirasek, T. Zimmermann, Analysis of rotating crack model. J. Eng. Mech., ASCE 124, 842-851(1998)

G. R. Johnson, W. H. Cook, Fracture characteristics of three metals subjected to various strains, strain rates, temperatures and pressures. Eng. Fract. Mech. 21(1), 31-48(1985)

L. M. Kachanov, Time of the rupture process under creep condition. Izv. Akad. Nauk. SSSR, Otd. Tekhn. Nauk 8, 26-31(1958)

J. Kim, X. Gao, T. S. Srivatsan, Modeling of crack growth in ductile solids: a three-dimensional analysis. Int. J. Solids Struct. 40, 7357-7374(2003)

J. Kim, X. Gao, T. S. Srivatsan, Modeling of void growth in ductile solids: effects of stress triaxiality and initial porosity. Eng. Fract. Mech. 71, 379-400(2004)

J. Kim, G. Zhang, X. Gao, Modeling of ductile fracture: application of the mechanism-based concepts. Int. J. Solids Struct. 44, 1844-1862(2007)

J. Lemaitre, A continuous damage mechanics model for ductile fracture. J. Eng. Mater. Technol. 107, 83-89 (1985a)

J. Lemaitre, Coupled elasto-plasticity and damage constitutive equations. Comput. Methods Appl. Mech. Eng. 51, 31-49(1985b)

J. Lemaître, Local Approach of fracture. Eng. Fract. Mech. 25, 523-537(1986)

J. Lemaitre, A Course on Damage Mechanics (Springer, New York, 1996)

J. Lemaitre, R. Desmorat, Engineering Damage Mechanics (Springer, Berlin, 2005)

F. A. McClintock, A criterion for ductile fracture by growth of holes. J. Appl. Mech. 35, 363-371 (1968)

J. Mediavilla, Continuous and discontinuous modeling of ductile fracture. PhD Thesis, Technische Universiteit Eindhoven, 2005

J. Mediavilla, R. H. J. Peerlings, M. G. D. Geers, A robust and consistent remeshing-transfer operator for ductile fracture simulations. Comput. Struct. 84(8-9), 604-623 (2006)

G. Mirone, D. Corallo, A local viewpoint for evaluating the influence of stress triaxiality and Lode angle on ductile failure and hardening. Int. J. Plast. 26(3), 348-371 (2010)

M. S. Mirza, D. C. Barton, P. Church, The effect of stress triaxiality and strain rate on the fracture characteristics of ductile metals. J. Mater. Sci. 31, 453-461 (1996)

N. Moes, J. Dolbow, T. Belytschko, A finite element method for crack growth without remeshing. Int. J. Numer. Methods Eng. 46, 131-150 (1999)

N. Moes, C. Stolz, P. -E. Bernard, N. Chevaugeon, A level set based model for damage growth: the thick level set approach. Int. J. Numer. Methods Eng. 86(3), 358-380 (2011)

D. M. Norris, J. E. Reaugh, B. Moran, D. F. Quin˜ ones, A plastic - strain, mean - stress criterion for ductile fracture. J. Eng. Mater. Technol., Trans ASME 100, 279-286 (1978)

M. Ortiz, Y. Leroy, A. Needleman, A finite element method for localized failure analysis. Comput. Methods Appl. Mech. Eng. 61(2), 189-214 (1987)

M. Oyane, S. Shima, T. Tabata, Considerations of basic equations and their application in the forming of metal powders and porous metals. J. Mech. Tech. 1, 325-341 (1978)

R. Peerlings, R. De Borst, W. A. M. Brekelmans, J. H. P. De Vree, Gradient-enhanced damage for quasi-brittle materials. International Journal for Numerical Methods in Engineering. 39, 1512-1533 (1996)

L. Piegl, Fundamental Developments of Computer Aided Geometric Design (Academic, San Diego, 1993)

G. Pijaudier-Cabot, Z. P. Baz ˇant, Nonlocal damage theory. J. Eng. Mech. 113(10), 1512-1533 (1987)

C. Polizzotto, A nonlocal strain gradient plasticity theory for finite deformations. Int. J. Plast. 25(7), 1280-1300 (2009)

C. Polizzotto, G. Borino, P. Fuschi, A thermodynamic consistent formulation of nonlocal and gradient plasticity. Mech. Res. Commun. 25(1), 75-82 (1998)

Y. N. Rabotnov, On the equations of state for creep, in Progress in Applied Mechanics, Prager Anniversary Volume, New York: MacMillan, pp 307-315 (1963)

F. Reusch, B. Svendsen, D. Klingbeil, A non - local extension of Gurson based ductile damage modeling. Comput. Mater. Sci. 26, 219-229 (2003a)

F. Reusch, B. Svendsen, D. Klingbeil, Local and non-local Gurson based ductile damage and failure modelling at large deformation. Eur. J. Mech. A/Solids 22, 779-792 (2003b)

J. R. Rice, D. M. Tracey, On the ductile enlargement of voids in triaxial stress fields. J. Mech. Phys. Solids 17, 201-217 (1969)

K. Saanouni, On the numerical prediction of the ductile fracture in metal forming. Eng. Fract. Mech. 75(11), 3545-3559 (2008)

M. K. Samal, M. Seidenfuss, E. Roos, B. K. Dutta, H. S. Kushwaha, Finite element formulation of a new nonlocal damage model. Finite Elem. Anal. Des. 44, 358-371 (2008)

P. J. Sanchez, A. E. Huespe, J. Oliver, On some topics for the numerical simulation of ductile fracture. Int. J. Plast. 24(6), 1008-1038 (2008)

M. Seabra, P. Sustaric, J. Cesar de Sa, T. Rodic, Damage driven crack initiation and propagation in ductile metals using XFEM. Comput. Mech. (2012). doi:10.1007/s00466-012-0804-9

J. C. Simo, T. J. R. Hughes, Computational Inelasticity (Springer, New York, 1998)

J. C. Simo, J. Oliver, F. Armero, An analysis of strong discontinuities induced by strain-softening in rate-independent inelastic solids. Comput. Mech. 12, 277-296 (1993)

A. Simone, G. Wells, L. Sluys, From continuous to discontinuous failure in a gradient-enhanced continuum damage model. Comput. Methods Appl. Mech. Eng. 192, 4581-4607 (2003)

J.-H. Song, H. Wang, T. Belytschko, A comparative study on finite element methods for dynamic fracture. Comput. Mech. 42(2), 239-250 (2008)

L. Stromberg, M. Ristinmaa, FE-formulation of a nonlocal plasticity theory. Comput. Methods Appl. Mech. Eng. 136, 127-144 (1996)

W. Tai, B. X. Yang, A new damage mechanics criterion for ductile fracture. Eng. Fract. Mech. 27, 371 - 378 (1987)

X. Teng, Numerical prediction of slant fracture with continuum damage mechanics. Eng. Fract. Mech. 75, 2020-2041 (2008)

V. Tvergaard, A. Needleman, Analysis of the cup-cone fracture in a round tensile bar. Acta Metall. 32, 157-169 (1984)

V. Tvergaard, A. Needleman, Effects of nonlocal damage in porous plastic solids. Int. J. Solids Struct. 32(8/9), 1063-1077 (1995)

M. Vaz, D. R. J. Owen, Aspects of ductile fracture and adaptive mesh refinement in damaged elasto-plastic materials. Int. J. Numer. Methods Eng. 50(1), 29-54 (2001)

G. Voyiadjis, G. Pekmezi, B. Deliktas, Nonlocal gradient-dependent modeling of plasticity with anisotropic hardening. Int. J. Plast. 26, 1335-1356 (2010)

L. Xue, Ductile Fracture Modeling-Theory, Experimental Investigation and Numerical Verification (Massachusetts Institute of Technology, 2007)

L. Xue, Constitutive modeling of void shearing effect in ductile fracture of porous materials. Eng. Fract. Mech. 75, 3343-3366 (2008)

第 27 章　韧性损伤与断裂的微观力学模型

A. Amine Benzerga

摘　　要

本章主要介绍了两类基于微观力学的孔洞长大模型及其基本假设和推导。第一类模型用于处理常规的孔洞长大,即在单元体积内广义塑性流变条件下的情况。第二类模型用于处理孔洞聚集,即孔洞加速扩展的过程,其塑性流变高度局部化。两种本构关系的结构是相同的,但具有不同的含义。在此基础上,提出了两种集成模型,这些模型可用有限元代码实现,并可用于模拟韧性断裂过程,特别是针对金属成形过程。本章还介绍了材料参数确定的要点以及使用集成模型的方法。

词汇表

符号	定义	分量
$\boldsymbol{I}$	二阶单位张量	δ_{ij}
$\mathbb{I}$	(对称)四阶单位张量	$\frac{1}{2}(\delta_{ik}\delta_{jl}+\delta_{il}\delta_{jk})$
$T_m\equiv\frac{1}{3}\mathrm{tr}\boldsymbol{T}$	张量 $\boldsymbol{T}$ 的平均分量	
$\boldsymbol{T}'\equiv\boldsymbol{T}-\mathrm{T}_m\boldsymbol{I}$	张量 $\boldsymbol{T}$ 的偏量	$T_{ij}-\frac{1}{3}T_{kk}\delta_{ij}$
$\mathbb{J}\equiv\mathbb{I}-\frac{1}{3}\boldsymbol{I}\otimes\boldsymbol{I}$	偏投影,如$\mathbb{J}:\boldsymbol{\sigma}=\boldsymbol{\sigma}'$	$I_{ijkl}-\frac{1}{3}\delta_{ij}\delta_{kl}$
$\Vert\boldsymbol{T}\Vert\equiv\left(\frac{3}{2}\boldsymbol{T}':\boldsymbol{T}'\right)^{1/2}$	张量 $\boldsymbol{T}$ 的米塞斯模	
$\Vert\boldsymbol{T}\Vert_{\mathrm{H}}\equiv\left(\frac{3}{2}\boldsymbol{T}':\mathbb{h}:\boldsymbol{T}'\right)^{1/2}$	张量 $\boldsymbol{T}$ 的希尔(Hill)模	
$\boldsymbol{\Omega}$	RVE 占据的域	
ω	孔洞占据的域	
$f\equiv\lvert\omega\rvert/\lvert\Omega\rvert$	孔洞体积分数(孔隙)	
W	孔洞形状比(>1 如果是扁长形的)	
$\boldsymbol{e}_3$	等效的球形孔洞的公共轴	
λ	孔洞间距比(>1 如果轴向间距最大)	
χ	韧带参数(=1 如果无韧带残留)	
Λ	塑性乘数	

续表

符号	定义	分量
$\boldsymbol{\sigma},\boldsymbol{d}$	微观柯西应力和变形率	
$\boldsymbol{\Sigma},\boldsymbol{D}$	宏观柯西应力和变形率	
$\Sigma_{eq}\equiv\|\boldsymbol{\Sigma}\|$	米塞斯等效应力(类似于σ_{eq})	
$D_{eq}\equiv\frac{2}{3}\|\boldsymbol{D}\|$	等效应变率(类似于d_{eq})	
$\bar{\sigma}$	微观屈服应力	
$\mathbb{P}$	希尔各向异性张量	
$\mathbb{h}$	偏应力空间中的各向异性张量	
$\hat{\mathbb{h}}$	$\mathbb{h}$ 的形式反演	
$h_i=1,6$	Voigt 缩合后的分量	
f_N	萌生孔洞的颗粒的体积分数	
$\in_N$	平均形核应变	
s_N	标准偏差	

27.1 概　　述

了解金属成形过程中断裂发生的基本机制具有相当重要的意义,但开发具有定量预测能力的良好物理模型仍然是一个挑战。首先,成形过程中产生的塑性应变非常大,因此不能使用经典线弹性断裂力学的概念。此外,非线性断裂力学已基本能够解决包含一个或多个初始裂纹物体的基础问题。对于金属成形过程,材料通常没有初始裂纹,此外,发生大塑性变形时会有明显的微观结构变化,包括极端晶粒伸长、织构产生/演变以及微孔的形核和扩展,无论是在第二相颗粒上还是在应力集中处均有发生这些现象。

成形过程中所固有的非比例加载路径使得断裂预测更加困难,基于成形极限图的工程工具和指南或基于应力而不体现一套内部变量的准则都是非常有限的,无论以何种方式定义轨迹,它们都无法捕捉断裂轨迹的固有路径,哪怕是以定性的方式。金属成形工艺的巨大潜力依赖于合理的材料设计,即,基于具有将加工参数和微观结构变量与需要的力学性能相关联的良好物理模型。

对于某些成形工艺而言,材料的固有韧性是最重要的,韧性通常被理解为材料体在结构不稳定之前承受一定量塑性或黏塑性应变的能力,简单拉伸试验下的试棒的颈缩就是一个经典的例子。作为一种材料特性,颈缩应变比材料的固有韧性更具有材料硬化的能力,然而两者之间通常是定性相关的,这在某些工艺中可能已足够,但并非在所有的成形工艺中,尤其是那些涉及加载路径变化的成形过程。

Benzerga 和 Leblond(2010)对韧性断裂的基本机制和力学进行了综述,从 Besson(2010)中还可发现相关的模型,当考虑微孔长大并聚集的微观机制时,微观力学模型能够在物理上提供可靠的结构-性能关系预测,自 2010 年以来,该领域已经取得了重大进展。本章的目的是提出综合型的韧性断裂模型,通过有限元程序解决金属成形过程中的初值和边值问题。试验方面在此不做论述,并且均可以在上述文献中查阅到,而且,本章也没有解决孔洞成核问题,而是将重点放在孔洞长大和聚集的大变形现象上,对于所有模型,考虑均匀化理论中经典的代表性体积单元(RVE)。微尺度指的是基体的尺度,而宏观尺度指的是基体和孔洞。此外,本章也不考虑尺度分离不成立或断裂受极端统计学影响的情况,其广义框架是多孔金属塑性的框架,在处理位于边界条件下的孔洞长大和孔洞聚集与宏观局部化倾向之间存在差异。

27.2　本构关系的结构

下面给出的所有多孔金属塑性模型在推导中的通用结构。宏观屈服面的参数定义为

$$\Sigma_{ij}=\frac{\partial \Pi}{\partial D_{ij}}(\boldsymbol{D}) \tag{27.1}$$

式中,$\Pi(\boldsymbol{D})$为与$\boldsymbol{D}$有关的宏观塑性耗散:

$$\Pi(\boldsymbol{D})=\inf_{d\in\kappa(\boldsymbol{D})}\left\langle \sup_{\sigma^*\in\mathcal{C}}\sigma_{ij}^{*}d_{ij}\right\rangle\Omega \tag{27.2}$$

此处,$\mathcal{C}$为可逆微观(收敛)域(小转换中的弹性域);$\boldsymbol{\kappa}(\boldsymbol{D})$为动态可达的微观变形组,若假设了均匀应变速率边界条件,则有

$$\boldsymbol{\kappa}(\boldsymbol{D})=\left\{\boldsymbol{d}\ \middle|\ \forall\boldsymbol{x}\in\Omega\backslash\omega,d_{kk}=0\ 和\ \exists\boldsymbol{v},\forall\boldsymbol{x}\in\Omega,d_{ij}=\frac{1}{2}(v_{ij}+v_{j,i})\ 和\ \forall\boldsymbol{x}\in\partial\Omega,v_i=D_{ij}x_{ij}\right\} \tag{27.3}$$

该形式排除了Ω内的局部变形模式,为此,必须使用其他类型的边界条件。前者通常用于构建孔洞扩展模型,后者用于孔洞聚集模型。

通过速度场试验,可获得Π的表达式的闭合解,采用了实验速度场。因此,微观力学模型的基本要素是:

(1)RVE 的几何形状;

(2)微观尺度塑性模型,即,满足流变定律的$\mathcal{C}$的边界是必然相关的;

(3)动态可达微观速度场,定义了$\boldsymbol{\kappa}(\boldsymbol{D})$的一个子集。

正如 Benzerga 和 Leblond(2010)所述,可以得到宏观耗散的边界属性。从方程式(27.1)中消去$\boldsymbol{D}$,可以得到具有$\boldsymbol{\Phi}(\Sigma;\text{ISVs})=0$形式的、满足相关流变定律的宏观屈服准则,这里“ISV”指的是具有明确微观结构意义的内部状态变量的集合。

微观结构变量,例如孔隙率f,均匀化之后即可作为Π的变量,进而作为Φ的变量。这些变量的演变会导致孔洞扩展、旋转和聚集。

例如,在微观尺度上,从塑性不可压缩性得出的f变化的时间速率为

$$\dot{f}=(1-f)D_{kk}=(1-f)\Lambda\frac{\partial\Phi}{\partial\Sigma_{\mathrm{m}}} \tag{27.4}$$

因此$\dot{f}$通过正则化直接从屈服准则中导出。对于具有一个或多个孔洞形状参数的各向异性模型,还需要其他针对孔洞形状和取向的演化方程,孔洞-聚结模型本质上是各向异性的。

27.3 孔洞长大

27.3.1 Gurson 模型

Gurson 通过其他方式得到了他的屈服函数，采用上面给出的方法可得到同样的屈服函数：

（1）几何形状：RVE 是包含同心球形孔洞的空心球（对于圆柱形 RVE，存在模型的变体），孔隙率 f 是模型的唯一微观结构变量。

（2）塑性模型：针对具有屈服准则的基体，采用相关 J_2 流变理论，流变定律写为

$$\sigma_{\mathrm{eq}} \equiv \|\boldsymbol{\sigma}\| = \bar{\sigma}, \boldsymbol{d} = \frac{3}{2}\frac{d_{\mathrm{eq}}}{\bar{\sigma}}\boldsymbol{\sigma}' \tag{27.5}$$

（3）速度场：

$$\forall \boldsymbol{x} \in \Omega \backslash \omega, v_i(\boldsymbol{x}) = \boldsymbol{A} v_i^A(\boldsymbol{x}) + \boldsymbol{\beta}_{IJ} x_J, \boldsymbol{v}^A(\boldsymbol{x}) = \frac{1}{r^2}\boldsymbol{e}_r \tag{27.6}$$

为方便起见，同时使用笛卡儿和圆柱坐标系，标量 $\boldsymbol{A}$ 和对称张量 $\boldsymbol{\beta}$ 为参数（$\beta_{kk}=0$）。在此基础上，可以得到边界耗散函数：

$$\Pi(\boldsymbol{D}) = \bar{\sigma}\left[2D_m \sinh^{-1}\left(\frac{2D_m x}{D_{\mathrm{eq}}}\right) - \sqrt{4D_m^2 + \frac{D_{\mathrm{eq}}^2}{x^2}}\right]_{x=1}^{x=1/f} \tag{27.7}$$

从式（27.1）中消去 $\boldsymbol{D}$ 便可得到著名的 Gurson 屈服函数：

$$\boldsymbol{\Phi}^{\mathrm{Gurson}}(\boldsymbol{\Sigma}; f) \equiv \frac{\Sigma_{\mathrm{eq}}^2}{\bar{\sigma}^2} + 2f\cosh\left(\frac{3}{2}\frac{\Sigma_m}{\bar{\sigma}}\right) - (1+f^2) \tag{27.8}$$

在极限条件 $f\to 0$ 下，准则式（27.8）变为米塞斯屈服判据。

27.3.2 合并塑性各向异性

Benzerga 和 Besson（2001）将 Gurson 模型推广应用于塑性各向异性的固体中（圆柱体情况也符合）：

（1）几何形状：RVE 为空心球形模型，其孔隙率 f 是模型中唯一与孔洞关联的微观变量。

（2）塑性模型：基体服从希尔二阶相关屈服判据：

$$\sigma_{\mathrm{eq}} \equiv \sqrt{\frac{3}{2}\boldsymbol{\sigma} : \mathbb{P} : \boldsymbol{\sigma}} = \sqrt{\frac{3}{2}\boldsymbol{\sigma}' : \mathbb{h} : \boldsymbol{\sigma}'} = \bar{\sigma}, d = \frac{3}{2}\frac{d_{\mathrm{eq}}}{\bar{\sigma}}\mathbb{P} : \boldsymbol{\sigma}, d_{\mathrm{eq}} \equiv \sqrt{\frac{3}{2} d : \hat{\mathbb{h}} : d} \tag{27.9}$$

其中，$\bar{\sigma}$ 为某参考方向上的材料屈服应力，且：

$$\mathbb{p} = \mathbb{J} : \mathbb{h} : \mathbb{J}, \hat{\mathbb{p}} \quad \mathbb{J} : \hat{\mathbb{h}} : \mathbb{J}, \quad \mathbb{p} : \hat{\mathbb{p}} = \hat{\mathbb{p}} : \mathbb{p} = \mathbb{J} \tag{27.10}$$

四阶张量 $\mathbb{h}$ 和 $\hat{\mathbb{h}}$ 是对称的且为正值。

（3）速度场：

$$\forall \boldsymbol{x} \in \Omega \backslash \omega, v_i(\boldsymbol{x}) = \boldsymbol{A} v_i^A(\boldsymbol{x}) + \boldsymbol{\beta}_{IJ} x_J, \boldsymbol{v}^A(\boldsymbol{x}) = \frac{1}{r^2}\boldsymbol{e}_r \tag{27.11}$$

其中，$\boldsymbol{A}$ 和 $\boldsymbol{\beta}$ 为参数($\beta_{kk}=0$)。该模型和 Gurson 使用的是同样的速度场，Benzerga 和 Leblond(2010)也有相应讨论。

耗散势的上限为

$$\Pi(\boldsymbol{D})=\bar{\boldsymbol{\sigma}}\left[hD_m\sinh^{-1}\left(\frac{hD_m x}{D_{eq}}\right)-\sqrt{h^2D_m^2+\frac{D_{eq}^2}{x^2}}\right]_{x=1}^{x=1/f} \tag{27.12}$$

因此，Benzerga 和 Besson 屈服函数写作：

$$\boldsymbol{\Phi}^{BB}(\boldsymbol{\Sigma};f,h)\equiv\frac{3}{2}\frac{\Sigma':\mathbb{h}:\Sigma'}{\bar{\sigma}^2}+2f\cosh\left(\frac{3}{h}\frac{\Sigma_m}{\bar{\sigma}}\right)-(1+f^2) \tag{27.13}$$

h 为张量$\mathbb{h}$ 的一个不变量。在指向基体的正交各向异性的主方向的轴上，h 服从以下形式(Benzerga 和 Besson，2001)

$$h=2\left[\frac{2}{5}\frac{h_1+h_2+h_3}{h_1h_2+h_2h_3+h_3h_1}+\frac{1}{5}\left(\frac{1}{h_4}+\frac{1}{h_5}+\frac{1}{h_6}\right)\right]^{\frac{1}{2}} \tag{27.14}$$

对于各向同性的基体，$\mathbb{h}=\mathbb{I}$且 $h=2$，此时该屈服函数降阶为 Gurson 形式。对于致密基体($f=0$)，判据(27.13)变为 Hill 二阶判据。

最近，Stewart 和 Cazacu(2011)将上述模型推广到表现出拉伸-压缩不对称的各向异性材料，例如密排六方多晶体。该基体遵循广义非二阶判据族的相关二阶屈服准则(Cazacu 等，2006)：

$$\sigma_{eq}\equiv\sqrt{(|\hat{\sigma}_i|-k\hat{\sigma}_i)(|\hat{\sigma}_i|-k\hat{\sigma}_i)}=\bar{\sigma},\hat{\boldsymbol{\sigma}}=\mathbb{L}:\boldsymbol{\sigma}' \tag{27.15}$$

其中：$\bar{\sigma}$ 和之前一样；$\mathbb{L}$为相对于正交各向异性族的可逆张量不变量，满足主要和次要对称性，从而使得 $k=i$ 时满足 L_{ijkl} 为常数。在轴对称载荷下，它们的近似宏观屈服函数采用与式(27.13)相同的形式，其中二次项用式(27.15)中定义的 σ_{eq} 代替，且式(27.14)中的系数 h 的变体以指数项出现。

27.3.3 孔洞形状效应：球形孔

Gologanu 及其同事在一系列模型中引入了由于孔洞形状引起的各向异性：长椭圆形(Gologanu 等，1993)和扁圆形(Gologanu 等，1994)。之后，Gologanu 等(1997)改进了模型，其总体思路如下：

(1)几何形状：

RVE 为包含共焦球形腔的空心球体。除了孔隙率 f 之外，该模型还有一个孔洞纵横比 W 以及孔洞公共轴 e_3 作为微观结构变量。

(2)塑性模型：

对于基体，采用各向同性的相关 J_2 流变理论，参见式(27.5)。

(3)速度场：

$$\forall \boldsymbol{x}\in\Omega\backslash\omega,v_i(\boldsymbol{x})=\boldsymbol{A}v_i^A(\boldsymbol{x})+\boldsymbol{\beta}_{IJ}x_J \tag{27.16}$$

其中，v^A 给出了非均匀形变场，它由 Lee 和 Mear(1992)推导出的轴对称扩张场的四项式给出，其涉及第一和第二类的相关 Legendre 函数。如上所述，标量 $\boldsymbol{A}$ 和对称张量 $\boldsymbol{\beta}$ 为参数($\beta_{kk}=0$)。

在此基础上，可推导出一个隐式耗散函数。在一系列近似之后，可得到 GLD 屈服函数$\boldsymbol{\Phi}^{\mathrm{GLD}}(\boldsymbol{\Sigma};f,W,e_3)$：

$$\boldsymbol{\Phi}^{\mathrm{GLD}}(\boldsymbol{\Sigma};f,W,e_3)\equiv C\frac{\|\boldsymbol{\Sigma}'+\eta\boldsymbol{\Sigma}_h\boldsymbol{Q}\|^2}{\bar{\sigma}^2}+(g+1)(g+f)\cosh\left(\kappa\frac{\boldsymbol{\Sigma}:\boldsymbol{X}}{\bar{\sigma}}\right)-(g+1)^2-(g+f)^2 \tag{27.17}$$

此处，$\boldsymbol{Q}$ 和 $\boldsymbol{X}$ 为横向各向同性张量，表示为

$$\boldsymbol{X}\equiv\alpha_2(e_1\otimes e_1+e_2\otimes e_2)+(1-2\alpha_2)e_3\otimes e_3 \tag{27.18}$$

$$\boldsymbol{Q}\equiv-\frac{1}{3}(e_1\otimes e_1+e_2\otimes e_2)+\frac{2}{3}e_3\otimes e_3 \tag{27.19}$$

$\boldsymbol{\Sigma}_h\equiv\boldsymbol{\Sigma}:\boldsymbol{X}$ 是沿孔洞主轴的法向应力的加权平均值，e_1、e_2 是任意横向单位基向量。此外，κ、α_2、g、C 和 n 是微观结构参数 f 和 W 的标量函数。在球形孔洞达到 $W\to1$ 的极限时，式(27.17)变为如式(27.8)所示的 Gurson 屈服函数，而 $W\to\infty$ 时则变为 Gurson 圆柱孔洞判据。当 $f=0$ 且 $W>1$（长椭圆形孔洞）时，可得到米塞斯屈服准则，对于扁圆孔洞，极限 $f\to0$ 对应于具有硬币状裂纹分布的材料。

通过将$\boldsymbol{\Phi}^{\mathrm{GLD}}$ 代入式(27.4)中的 $\boldsymbol{\Phi}$ 即可得到孔隙率的演化形式，孔洞形状的演化由下式控制：

$$\dot{S}=\frac{3}{2}\left[1+\left(\frac{9}{2}\frac{T^2+T^4}{2}\right)(1-\sqrt{f})\frac{\alpha_1-\alpha_1^G}{1-3\alpha_1}\right]e_3\cdot\boldsymbol{D}'^{P}\cdot e_3+\left(\frac{1-3\alpha_1}{f}+3\alpha_2-1\right)\boldsymbol{I}:\boldsymbol{D}^{\mathrm{P}} \tag{27.20}$$

其中：$S=\ln W$；T 为应力三维度比；$\alpha_1(f,W)$ 和 $\alpha_1^G(f,W)$ 在附录 A 中给出。孔洞轴 e_3 的演化形式由下式给出：

$$\dot{e}_3=\boldsymbol{W}\cdot e_3 \tag{27.21}$$

27.3.4 孔洞形状效应：椭球形孔

Madou 和 Leblond（2012a、b）已经将第 27.2 节的均一化方法应用于广义椭圆体：

（1）几何形状：

RVE 是包含共焦椭圆体孔洞的椭圆形体积。除了孔隙率 f 之外，该模型还包括两个孔隙纵横比 W_1 和 W_2，以及孔洞的公共轴作为微观结构变量。

（2）塑性模型：

对于基体，采用各向同性的、相关 J_2 流变理论，参见式(27.5)。

（3）速度场：

作者使用了 Leblond 和 Gologanu（2008）发现的速度场，该速度场使用椭圆坐标系并用到了椭圆积分。

他们分析的结果是一个广义屈服函数，其表达式在此省略。Madou 和 Leblond（2012a、b）为模型的微观结构变量提出了对应演化定律，他们提出了孔洞应变率和孔洞轴演化的启发式修正方法，它们的修正是基于一系列计算高效的极限分析的。

27.3.5 塑性各项异性与孔洞形状效应复合

近年来，许多作者已经解决了结合两种各向异性的均匀化问题，因此，Monchiet 等（2006，2008）在考虑 Gologanu 等（1993，1994）在早期 GLD 模型中使用的速度场的基础上，提出了一种解决方案，Keralavarma 和 Benzerga（2008）采用 Gologanu 等（1997 年）所使

用的意义更加丰富的 Lee-Mear 场,改进了该方案。然而,后一种模型局限于轴对称载荷和微观结构,其孔洞轴与材料正交各向异性的一个方向一致。

Keralavarma 和 Benzerga(2010)提出一种多孔塑性模型,用于包含嵌入希尔矩阵中的球状孔洞的材料,从而将 GLD 模型推广到塑性各向异性基体。该模型也是 Benzerga 和 Besson(2001)模型的总结,并解释了孔洞形状效应:

(1)几何形状:

RVE 为包含共焦球形腔的空心球体,孔隙率 f、孔洞纵横比 W 和孔洞轴 e_3 作为微观结构变量。

(2)塑性模型:

基体选用正交各向异性的相关希尔流变理论,如式(27.9)所示。正交各向异性的轴不一定与孔洞、L、T 和 S 一致,它们所指为主方向。

(3)速度场:

$$\forall \boldsymbol{x} \in \Omega\backslash\omega, \quad v_i(\boldsymbol{x}) = \boldsymbol{A} v_i^A(\boldsymbol{x}) + \boldsymbol{\beta}_{IJ} x_J \tag{27.22}$$

其中,式(27.6)的不均匀部分 $\boldsymbol{v}^A$,由 Lee 和 Mear(1992)推导出的轴对称膨胀场的四项代替,其涉及第一和第二类的相关 Legendre 函数。如上所述,标量 $\boldsymbol{A}$ 和对称张量 $\boldsymbol{\beta}$ 为参数($\beta_{kk}=0$)。若以下的公式近似成立,则 $\boldsymbol{\beta}$ 可以不一定是轴对称的:

非轴对称载荷下的近似屈服函数 $\boldsymbol{\Phi}^{\mathrm{KB}}(\boldsymbol{\Sigma};f,W,e_3,\mathbb{h})$ 表示为

$$\boldsymbol{\Phi}^{\mathrm{KB}} = C\,\frac{3}{2}\,\frac{\boldsymbol{\Sigma}:\mathbb{H}:\boldsymbol{\Sigma}}{\bar{\sigma}^2} + 2(g+1)(g+f)\cosh\left(\kappa\,\frac{\boldsymbol{\Sigma}:\boldsymbol{X}}{\bar{\sigma}}\right) - (g+1)^2 - (g+f)^2 \tag{27.23}$$

其中,宏观各向异性张量 $\mathbb{H}$ 表示为

$$\mathbb{H}\mathbb{J}:\mathbb{h}:\mathbb{J} + \eta(\boldsymbol{XQ}+\boldsymbol{QX}) \tag{27.24}$$

$\boldsymbol{X}$ 和 $\boldsymbol{Q}$ 如式(27.19)中所定义;判据参数 κ、C 和 η 为微观结构参数(f 和 W)以及 $\mathbb{h}$ 的标量函数;而 α_2 和 g 仅是 f 和 W 的函数,见附录 B。

例如,κ 可简单表示为

$$\kappa = \begin{cases} \dfrac{3}{h}\left\{1 + \dfrac{h_t}{h^2 \ln f} \ln \dfrac{1-e_2^2}{1-e_1^2}\right\}^{-1/2} & (\mathrm{p}) \\[2ex] \dfrac{3}{h}\left\{1 + \dfrac{(g_f - g_1) + \dfrac{4}{5}(g_f^{5/2} - g_1^{5/2}) - \dfrac{3}{5}(g_f^5 - g_1^5)}{\ln(g_f/g_1)}\right\}^{-1} & (\mathrm{o}) \end{cases} \tag{27.25}$$

式中,(p)和(o)分别表示扁长形和扁圆形,且 $g_x = g/(g+x)$。该判据参数取决于各向异性张量 $\mathbb{h}$,这涵盖了该张量的一个不变量 h 和两个横向各向同性不变量 h_t 和 h_q。若用与正交各向异性的主方向相关的基进行表述(本部分中,这意味着分别用 L、T、S、TS、SL 和 LT 替代式(27.14)中的下标 1 至 6),则不变量 h 可以用式(27.14)给出,而 h_t 和 h_q 表示为

$$h_t = \frac{1}{5}\left[-\frac{13}{12}(\hat{h}_{\mathrm{L}} + \hat{h}_{\mathrm{T}}) + \frac{8}{5}\hat{h}_{\mathrm{S}} + 4(\hat{h}_{\mathrm{TS}} + \hat{h}_{\mathrm{SL}}) - \frac{7}{2}\hat{h}_{\mathrm{LT}}\right] \tag{27.26}$$

$$h_q\,\frac{2}{3}\boldsymbol{Q}:\hat{\mathbb{h}}:\boldsymbol{Q} \tag{27.27}$$

其中,$\hat{h}_i$ 为采用 Voigt 缩合法表示的 $\mathbb{h}$ 的各项,h_q 只出现在 C 和 η 的表达式中。

在各向同性米塞斯矩阵($\mathbb{h} = \hat{\mathbb{h}} = \mathbb{I}$)的特例中,屈服条件式(27.23)转变为 GLD 判据。

对于希尔矩阵中的球形孔洞,可得$\lim_{W\to 1}\alpha_2=\frac{1}{3}$,$C=1$,$\eta=0$。此外,式(27.25)降阶为$\kappa^{BB}=3/h$,并回复为 Benzerga 和 Besson(2001)的上界屈服判据。特别的,由于$\mathbb{h}=\mathbb{I}$表明$\kappa^{BB}=3/2$,因此在各向同性矩阵中对球形孔洞求极限可得 Gurson 屈服函数。当$e_S=e_3$时,对 Hill 矩阵中的圆柱形孔洞求极限,可得$\lim W\to\infty\ \alpha_2=\frac{1}{2}$,$C=1$,$\eta=0$,并且式(27.25)可降阶为

$$\kappa^{cyl}=\sqrt{3}\left[\frac{1}{4}\frac{h_L+h_T+4h_S}{h_Lh_T+h_Th_S+h_Sh_L}+\frac{1}{2h_{LT}}\right]^{-\frac{1}{2}} \tag{27.28}$$

该结果与 Benzerga 和 Besson(2001)所得一致,特别的,当该式中$\kappa^{cyl}=\sqrt{3}$时,满足米塞斯矩阵中对圆柱形孔洞的 Gurson 屈服函数。

Keralavarma 和 Benzerga(2010)补充了屈服判据(27.23)和微观结构变量f、W以及孔洞轴e_3的演化规律。前两者本质上类似于 GLD 模型中使用的变量,但后者根据 Kailasam 和 Ponte Castaneda(1998)的提议采用 Eshelby 旋转集中系数张量。

27.4 孔洞聚集

如果在前一部分中模拟的孔洞能够扩展直到失效(完全丧失承载能力),则当孔洞的平面尺寸(沿x_3)达到孔洞的平面间距时,也能很好地模拟孔洞聚集的情况。孔洞扩展模型通常会提供相对于其初始值的孔洞大小,可以从初始孔洞间距和变形过程直接推断出当前的孔洞间距,这种方法会对韧性和其他断裂性能过高估计,即使采用各向异性孔洞扩展模型也是如此。失效模型(Beremin,1981;Johnson 和 Cook,1985)所需的临界孔洞生长比的典型值介于 1.2 和 2.0 之间,另一方面,初始孔洞间距与孔洞尺寸之比的典型值在 10~100 的范围内,可能更大,即使考虑到变形引起的横向间距减小,两者仍然存在显著差距,其原因在于 27.3 节中孔洞扩展模型假设的塑性流变发生在整个 RVE 中。现在已经确定,局部塑性变形的某些模式得到的塑性耗散 Π 的值较低,因此在微观结构充分演变之后可能更占优势。

在这种情况下,微观结构演变指的是孔洞的几何构型的变化,如它们的相对尺寸和间距。孔洞聚集是一种固有的定向孔洞扩展的过程,在下列模型中,假设孔洞聚集发生在x_1-x_2平面中,所施加的法向主应力沿x_3方向。

27.4.1 拉伸载荷下的聚集

1. 汤姆孙(Thomason)模型

Thomason(1985)提出了以下极限分析的问题。

(1)几何形状:

RVE 为方形棱柱形单元,包含具有方形基的圆柱形孔洞,孔洞的高度小于单元的高度。该几何形状由孔洞纵横比W(即高度与宽度比)、单元纵横比λ和相对韧带尺寸χ确定,即孔洞宽度与单元宽度之比,后者代表垂直于主应力的孔洞间距。

（2）塑性模型：

对基体采用各向同性相关 J_2 流变模型，但仅在包含孔间韧带的中心区域 Ω_{lig}，孔洞上下的区域则模拟为刚性的。

（3）速度场（只考虑孔洞间区域）：

$$\forall \boldsymbol{x} \in \Omega_{\text{lig}} \backslash \omega, \boldsymbol{v} = \frac{A}{2}\left[\left(\frac{L^2}{x_1} - x_1\right) e_1 + x_2\left(\frac{L^2}{x_1^2} - 1\right) e_2 + 2x_2 e_3\right] \tag{27.29}$$

其中，A 是由边界条件确定的常数，该速度场会引起单元的单轴拉伸（$D_{11} = D_{22} = 0$ 且 $D_{33} \neq 0$）。因此，耗散只是 D_{33} 的函数，因而屈服判据只取决于 Σ_{33}。需要注意的是，此时判据将不再对 λ 的变化敏感。

汤姆孙没有用闭合形式解决上述问题，他获得了数值解并提出了经验拟合，他的屈服函数可表示如下：

$$\boldsymbol{\Phi}^{\text{Thom}}(\boldsymbol{\Sigma}; \boldsymbol{W}, \boldsymbol{\chi}) = \frac{\Sigma_{33}}{\bar{\sigma}} - (1-\chi^2)\left(0.1\left(\frac{\chi^{-1}-1}{W}\right)^2 + 1.2\sqrt{\chi^{-1}}\right) \equiv \frac{\Sigma_{33}}{\bar{\sigma}} - \frac{\Sigma_{33}^{\text{T}}}{\bar{\sigma}} \tag{27.30}$$

当达到极限$\chi \to 1$ 时，方形孔洞占据了孔洞间距带，由判据式（27.30）降阶为 $\Sigma_{33} = 0$，说明此时所有的应力承载能力消失。当达到极限 $W \to 0$ 时（平孔洞）时，$\Sigma_{33}^{\text{T}} \to \infty$ 时，且判据条件永远无法满足。这种不利因素在某些孔洞显著长大后，在材料失效过程中产生有限的影响。

2. 完全孔洞聚集模型

Benzerga（2002）提出了下列极限分析问题。

（1）几何形状：

RVE 为包含球形孔洞的圆柱形单元，该几何形状由孔洞纵横比 W、单元纵横比 λ 和相对间距带尺寸χ 确定，即孔洞直径与单元直径之比，后者代表垂直于主应力的孔洞间距。

（2）塑性模型：

对基体采用各向同性相关 J_2 流变模型，但仅在包含孔间韧带的中心区域Ω_{lig}，孔洞上下的区域则模拟为刚性的。

（3）速度场（只考虑孔洞间区域）：

$$\forall \boldsymbol{x} \in \Omega_{\text{lig}} \backslash \omega, v_i(\boldsymbol{x}) = A v_i^A(\boldsymbol{x}) + \beta_{IJ} x_J \tag{27.31}$$

其中，$\boldsymbol{v}^A$ 包含与非轴对称 Lee-Mear 场中相同的四项（式（27.16））。常数 A 和 β 主要由非齐次边界条件确定。

上述问题在数学层面上比汤姆孙的问题更贴切，Benzerga 通过数值解提出了经验拟合。数值结果取自 Gologanu（1997），他假设 GLD 模型仅位于中心多孔层。Benzerga 的近似屈服函数表示为

$$\boldsymbol{\Phi}^{\text{Benz}}(\boldsymbol{\Sigma}; W, \chi) = \frac{\Sigma_{33}}{\bar{\sigma}} - (1-\chi^2)\left(\alpha\left(\frac{\chi^{-1}-1}{W^2 + 0.1\chi^{-1} + 0.02\chi^{-2}}\right)^2 + \beta\sqrt{\chi^{-1}}\right) \equiv \frac{\Sigma_{33}}{\bar{\sigma}} - \frac{\Sigma_{33}^{\text{B}}}{\bar{\sigma}} \tag{27.32}$$

其中，$\alpha = 1$ 且 $\beta = 1.3$。该近似在 $W < 0.5$ 的情况下比汤姆孙的模型更好，且由于 Σ_{33}^{B} 确保了有限极限的存在，消除了当 $W \to 0$ 时（硬币状裂纹）汤姆孙模型的不利因素。该修正在有限孔洞扩展后，在材料失效过程中具有重要影响。Pardoen 和 Hutchinson（2000）对判据（27.30）进行了补充，其中，因子 α 和 β 随应变硬化指数而变化，这种拟合是基于一系列有

限元单元模型计算的。

Benzerga(2002)也在基体不可压缩性、边界条件和单元模型现象学的基础上推导出(极限分析中使用的速度场不用于推导演化方程)状态变量 W 和 x 的演化方程。除了 W 之外,还引入了形状因子 γ。在完全聚集时,孔洞形状在内部颈缩($\chi=\chi_c$)开始时从球形($\gamma=1/2$)演变为锥形($\gamma=1$),此时孔洞完全连接($\chi=1$)。其演化方程式如下:

$$\dot{\chi}=\frac{3}{4}\frac{\lambda}{W}\left[\frac{3\gamma}{\chi^2}-1\right]D_{\mathrm{eq}}+\frac{\chi}{2\gamma}\dot{\gamma} \tag{27.33}$$

$$\dot{W}=\frac{9}{4}\frac{\lambda}{\chi}\left[1-\frac{\gamma}{\chi^2}\right]D_{\mathrm{eq}}-\frac{W}{2\gamma}\dot{\gamma} \tag{27.34}$$

$$\dot{\gamma}=\frac{1}{2(1-\chi_c)}\dot{\chi} \tag{27.35}$$

其中,λ 表示孔洞空间比的值,由下式决定:

$$\dot{\lambda}=\frac{3}{2}\lambda D_{\mathrm{eq}} \tag{27.36}$$

根据式(27.21),默认孔洞和单元轴与材料一起旋转。

3. 再探汤姆孙模型

Benzerga 和 Leblond(2014)通过考虑圆形柱状几何和适合受约束塑性流变的速度场,重新对汤姆孙模型进行了分析,获得了有效屈服判据的全分析表达式。他们的闭式表达式可以用来代替汤姆孙的经验关系(式(27.30)),它也是探索其他几何形状和通用载荷情况的第一步,填补了迄今为止的空缺。

27.4.2 拉伸/剪切混合载荷下的孔洞聚集

Tekoglu 等(2012)提出了在拉伸/剪切载荷下的孔洞聚集模型。

(1)几何形状:

RVE 为三层叠加平面层组成的“三明治”结构,只有中间层包含一些孔洞。本模型中不需要特别确定孔洞的形状,该几何形状是由孔洞层的体积分数 c 以及孔隙率 f_b 决定的。如果需要像 Thomason 或者 Benzerga 和 Leblond 一样特别确定几何形状,那么有 $f_b=\chi^2$ 且 $c=W\chi/\lambda$。

(2)塑性模型:

对基体采用各向同性相关 J_2 流变模型,但仅在包含孔间韧带的中心区域 Ω_{lig},上下层则模拟为刚性的。

(3)速度场(只考虑孔洞间区域):

$$\forall \boldsymbol{x}\in\Omega_{\mathrm{lig}}\backslash\omega, v_i(\boldsymbol{x})=Av_i^A(\boldsymbol{x})+\beta_{IJ}x_J \tag{27.37}$$

其中,第二速度场采用恒定 $\boldsymbol{\beta}$ 包含了剪切变形,它是无迹对称张量。$\boldsymbol{\beta}$ 仅有的非零项为

$$\beta_{13}=2cD_{13};\quad \beta_{23}=2cD_{23}$$

上述式中,$\boldsymbol{v}^A$ 为纯三轴拉伸(无剪切)下的速度场,无显式表达式。但可通过明确其几何形状转变为 Thomason 场(式(27.29)),其为非齐次形式。

在此情况下,且没有明确 $\boldsymbol{v}^A$ 的形式时,Tekoglu 等(2012)得到了二阶近似屈服函数:

$$\boldsymbol{\Phi}^{\mathrm{TLP}}(\Sigma;W,\chi)=\frac{\Sigma_{33}}{\Sigma_{33}^{\mathrm{A}}}+\frac{3(\Sigma_{13}^{2}+\Sigma_{23}^{2})}{(1-f_b)^{2}\bar{\sigma}^{2}}-1 \tag{27.38}$$

其中，Σ_{33}^{A} 对应于式(27.30)的 Σ_{33}^{T} 或者式(27.32)中的 Σ_{33}^{B}。因此，若没有剪切载荷，判据(27.38)将会转变为式(27.30)或者式(27.32)。

27.5　两种集成模型的描述

27.5.1　GTN 模型

Gurson-Tvergaard-Needleman(GTN)模型是目前使用最广泛的韧性损伤模型，它基于 Gurson 模型，在微观力学驱动方面有所扩展，包括硬化和黏性流变、孔洞相互作用、孔洞成核和孔洞聚集。在有限变形黏塑性的对流表示中，假设总变形率 $\boldsymbol{D}$ 加性分解后为由流变势获得的塑性部分 D^{P}(Gurson，1977；Pan 等，1983)

$$F^{\mathrm{GTN}}=\frac{\Sigma_{\mathrm{eq}}^{2}}{\bar{\sigma}^{2}}+2q_1 f^{*}\cosh\left(\frac{3q_2\Sigma_m}{2\bar{\sigma}}\right)-1-(q_1 f^{*})^{2}=0 \tag{27.39}$$

假设宏观塑性功速率和基体耗散相等，则有

$$\boldsymbol{D}^{\mathrm{P}}=\left[\frac{(1-f)\bar{\sigma}\dot{\in}}{\Sigma:\dfrac{\partial F}{\partial \Sigma}}\right]\frac{\partial F}{\partial \Sigma} \tag{27.40}$$

式中：$\bar{\sigma}$ 为基体流变强度；q_1 和 q_2 为 Tvergaard 引入的参数。函数 $f^{*}(f)$ 是由 Tvergaard 和 Needleman(1984)引入的用来解释断裂时孔洞快速聚集效应的。

$$f^{*}=\begin{cases} f & (f<f_c) \\ f_c+(f_u^{*}-f_c)(f-f_c)/(f_f-f_c) & (f\geqslant f_c)\end{cases} \tag{27.41}$$

常数 $f_u^{*}=1/q_1$ 为 f^{*} 在零应力处的值。当 $f\to f_f$ 且 $f^{*}\to f_u^{*}$ 时，材料丧失了其所有承受应力的能力。式(27.14) 对涉及 f_c 和 f_f 两参数的孔洞聚集进行了现象描述，这两个参数都与材料和应力状态相关(Koplik 和 Needleman，1988)。通过预测型微观力学模型(Benzerga 等，1999；Benzerga，2002) 可以确定 f_c 和 f_f 两参数的合适值，该模型认为孔洞聚集通过内部颈缩机制产生。应变速率效应可以用关系 $\dot{\in}(\bar{\sigma},\in)$ 来解释，比如 Benzerga 等(2002b)，其中 $\dot{\in}$ 为有效应变速率而 $\in=\int\dot{\in}\,\mathrm{d}t$ 为有效塑性应变。

为了解释孔洞形核，孔洞体积分数的增长速率表示为

$$\dot{f}=\dot{f}_{\mathrm{growth}}+\dot{f}_{\mathrm{nucleaton}} \tag{27.42}$$

其中，第一项为式(27.4)中存在的孔洞的长大，而第二项则表示孔洞成核。例如，由应变控制机制产生的孔洞成核在(Chu 和 Needleman，1980)的模型中为

$$\dot{f}_{\mathrm{nucleaton}}=D\dot{\in} \tag{27.43}$$

其中

$$D=\frac{f_N}{s_N\sqrt{2\pi}}\exp\left[-\frac{1}{2}\left(\frac{\in-\in_N}{s_N}\right)^{2}\right] \tag{27.44}$$

27.5.2 提出的模型

在有限形变条件下,可以使用本构方程中的共旋形式(Benzerga 等,2004)。总形变速率 $\boldsymbol{D}$ 可以写为弹性和塑性部分的和:

$$\boldsymbol{D}=\boldsymbol{D}^{\mathrm{e}}+\boldsymbol{D}^{\mathrm{P}} \tag{27.45}$$

弹性部分可由低弹性定律给出:

$$\boldsymbol{D}^{\mathrm{e}}=\boldsymbol{C}^{-1}:\dot{\boldsymbol{P}} \tag{27.46}$$

式中:$\boldsymbol{C}$ 为弹性模量的旋转张量;$\boldsymbol{P}$ 为旋转应力:

$$\boldsymbol{P}=J\boldsymbol{\Omega}^{\mathrm{T}}\cdot\Sigma\cdot\boldsymbol{\Omega} \tag{27.47}$$

式中:$\boldsymbol{\Omega}$ 为旋转张量,若使用 Green-Naghdi 速率,则由形变梯度 $\boldsymbol{F}$ 的极化分量产生的旋度 R 确定;若使用 Jaumann 速率,则有$\dot{\boldsymbol{\Omega}}\cdot\boldsymbol{\Omega}^{\mathrm{T}}=\boldsymbol{W}$,$\boldsymbol{W}$ 为自旋张量。此外,$J=\det\boldsymbol{F}$。

塑性部分的形变速率$\boldsymbol{D}^{\mathrm{P}}$ 由下列标定函数的正交性得到:

$$\Phi=\sigma_{*}-\bar{\sigma}(\bar{\varepsilon}) \tag{27.48}$$

式中:$\bar{\sigma}$ 为基体流变应力;$\bar{\varepsilon}$ 为有效塑性应变;σ_{*} 为有效基体应力,通过$\mathcal{F}(\Sigma;\mathrm{ISVs},\sigma_{*})$ 的方程隐式定义,其中"ISV"是指具有明确微观结构特征的内部状态变量的集合。对于与速率无关的材料(标准塑性),塑性流变发生在 $\Phi=0$ 时;对于与速率有关的材料(黏塑性),则当 $\Phi>0$ 时有塑性流变。

在孔洞聚集开始之前,势函数$\mathcal{F}$满足$\mathbb{h}$ 型的表达式,其中相关的 ISVs 是孔隙率 f、孔洞纵横比 W、孔洞轴 e_3 和希尔张量$\mathbb{h}$,它描述了即时织构的效应。以 KB 模型作为参考(见式(27.23)),可以使用下列表达式:

$$\mathcal{F}^{(c+)}=C\,\frac{3}{2}\,\frac{\Sigma:\mathbb{H}:\Sigma}{\sigma_{*}^{2}}+2q_{W}(g+1)(g+f)\cosh\left(\kappa\,\frac{\Sigma:\mathrm{X}}{\sigma_{*}}\right)-(g+1)^{2}-q_{W}^{2}(g+f)^{2} \tag{27.49}$$

式中:$\mathbb{H}$由式(27.24)给出;$\boldsymbol{X}$ 和 $\boldsymbol{Q}$ 由式(27.19)给出;$\boldsymbol{\kappa}$ 由式(27.25)给出;h 由式(27.14)给出;h_t 由式(27.26)给出;剩下的判据参数 $C(f,W,\mathbb{h})$、$\eta(f,W,\mathbb{h})$、$\alpha_2(f,W)$ 和 $g(f,W)$ 则在附录 B 中给出;q_W 为 Gologanu 等(1997)确定的用以拟合单胞结果的孔洞形状依赖因子:

$$q_W=1+(q-1)/\cosh S \tag{27.50}$$

其中,$q=1.6$,对应球形孔洞的 q_W 值。f 的演变规律、W 和 e_3 分别由式(27.4)、式(27.20)和式(27.21)给出;$\boldsymbol{D}$ 由$\boldsymbol{D}^{\mathrm{P}}$ 代替,$\boldsymbol{W}$ 由$\dot{\boldsymbol{\Omega}}\cdot\boldsymbol{\Omega}^{\mathrm{T}}$ 代替,$\boldsymbol{\Omega}$ 为式(27.47)中的旋转张量。

在孔洞聚集之后,流变势由下式给出:

$$\mathcal{F}^{(c+)}(\Sigma,\mathcal{X},W,\mathbb{h},\sigma_{*})=\frac{\|\Sigma\|_{\mathrm{H}}}{\sigma_{*}}+\frac{1}{2}\,\frac{|I:\Sigma|}{\sigma_{*}}-\frac{3}{2}\Sigma_{33}^{B}(\mathcal{X},W) \tag{27.51}$$

其中,Σ_{33}^{B} 由式(27.32)给出。对于任意介于球形和锥形之间的孔洞形状,$\mathcal{X}$ 直接与孔洞纵横比 λ 和形状因子 γ 相关:

$$\mathcal{X}=\begin{cases}\left[3\gamma\,\dfrac{f}{W}\lambda\right]^{1/3} & (\mathrm{P})\\[2ex] W\left[3\gamma\,\dfrac{f}{W}\lambda\right]^{1/3} & (\mathrm{T})\end{cases} \tag{27.52}$$

其中,(P)和(T)分别表示平行和垂直载荷。当$\chi \to 1$时,材料丧失所有承受载荷的能力。在聚集开始之后,有$\mathcal{F}^{(c-)} = \mathcal{F}^{(c+)} = 0$。微观结构变量的演变规律由式(27.33)、式(27.34)、式(27.35)、式(27.36)和式(27.21)给出。

集成模型的一种变化形式以有限元代码实现,并用于模拟缺口钢筋中的韧性断裂(Benzerga 等,2004)和平面应变中的倾斜断裂(Benzerga 等,2002a),将完全隐式的时间积分过程与迭代牛顿-拉弗森法用于局部行为,如 Benzerga 等(2002a)所述,在长椭圆形孔洞情况下详细计算了一致性切向矩阵。

27.6 材料参数的识别

27.6.1 GTN 模型

GTN 模型中有以下参数:q_1、q_2、f_c、f_f、f_N、s_N 和 ϵ_N。通过标准试验,没有直接的方法来确定这些参数,此外,上述一些参数是相互依赖的。实际上,这些参数中的前 4 个可以基于微观力学模型或单元模型计算来确定,其他模型参数与基体的弹塑性行为有关,基体的硬化响应是使用适当的大应变修正的单轴测试来确定的。

27.6.2 提出的模型

使用所提出的模型的一个优点是它涉及的参数较少,不考虑孔洞成核。本节的本构方程实际上没有可调节的断裂参数,除非 $q=1.6$ 的值被视为自由参数。当该模型用于预测裂纹萌生时,只需要在试验中修正与变形相关的参数。根据材料的不同,可能需要考虑塑性各向异性,尽管各向异性响应通常仅限于二维测量,但其在金属成形应用中很常见。在上述集成模形的范围内,第一步将提供基本硬化曲线 $\bar{\sigma}(\bar{\varepsilon})$ 以及各向异性张量。

下一步是通过修正基体的基本流变性能,确定平均意义上的损伤起始位置(夹杂物,沉淀物等)的体积分数、纵横比和相对间距,实际上,这可以通过检查光学显微镜中的 3 个垂直横截面,使用数字图像分析所需的二维测量,并最终应用标准立体转换以推断其三维对应物来实现。该步骤的结果是初始化本构方程式(27.48)~式(27.52)和式(27.33)~式(27.36)中的微观结构状态所需的参数 f_0、W_0 和 λ_0 的集合,关于如何解释三维层面和孔洞成核的其他细节可以在 Benzerga 和 Leblond(2010)的综述中找到。

27.7 如何使用模型

所提出的模型以及 GTN 模型可用于模拟初始无裂纹试样中的裂纹成核或长大。在第一步中,建议假设孔洞成核是瞬时的并且发生在有效应变的固定值处,因此,在韧性断裂的模拟中,认为从塑性变形开始就存在孔洞。通过试验修正所有与变形相关的量,可以将模型预测与完全不同的实验组(缺口棒、CT 样品、平面应变棒等)进行比较。如果模型预测大于试验测量的断裂性质,则应尝试应用成核的阈值应变,然后可以通过金相检验来检查延迟或连续成核的假设。如果后者与该假设不符,则应通过改变微观结构参数的初始值来进行参数灵敏度分析。

当在一个材料点处预测到孔洞聚集导致的失效时,材料此时会失去其承载能力。在有限元模拟中,通常用单元移除技术来表示这一点,但单元中的应力和刚度被忽略,该程序允许计算模拟裂纹长大。此外,需要将长度尺度结合到问题公式中才能获得与网格无关的预测结果,为此,已经开发了多种具有不同细化水平的模型,但是在金属成形应用的裂纹模拟中仍未充分利用。

27.8　附录 A GLD 判据参数

6 个参数取决于微观结构变量 f 和 W:C、g、κ、η 和 α_2(按判据式(27.17)中出现的顺序列出),以及 α_1(主要出现在 w 的演变定律中):

$$g=0\quad(\mathrm{P});\ g=\frac{e_2^3}{\sqrt{1-e_2^2}}=f\frac{e_1^3}{\sqrt{1-e_1^2}}=f\frac{(1-w^2)^{\frac{3}{2}}}{w}\quad(\mathrm{o})\tag{27.53}$$

其中,(p)和(o)分别表示扁长和扁圆。e_1 和 e_2 分别为孔洞和 RVE 的外边界的特有属性,两者都是f和 W 的隐式函数:

$$\kappa=\begin{cases}\left[\dfrac{1}{\sqrt{3}}+\dfrac{1}{\mathrm{Ln}f}\left((\sqrt{3}-2)\,\mathrm{Ln}\,\dfrac{e_1}{e_2}\right)\right]^{-1} & (\mathrm{p})\\ \dfrac{3}{2}\left\{1+\dfrac{(g_f-g_1)+\frac{4}{5}(g_f^{5/2}-g_1^{5/2})-\frac{3}{5}(g_f^5-g_1^5)}{\mathrm{Ln}(g_f/g_1)}\right\}^{-1} & (\mathrm{o})\end{cases}\tag{27.54}$$

其中

$$g_f\equiv\frac{g}{g+f},\quad g_1\equiv\frac{g}{g+1}$$

$$\alpha_2=\begin{cases}\dfrac{(1+e_2^2)}{(1+e_2^2)^2+2(1-e_2^2)^2} & (\mathrm{p})\\ \dfrac{(1-e_2^2)(1-2e_2^2)}{(1-2e_2^2)^2+2(1-e_2^2)} & (\mathrm{o})\end{cases}\tag{27.55}$$

$$\eta=-\frac{2}{3}\,\frac{\kappa Q^*(g+1)(g+f)\,\mathrm{sh}}{(g+1)^2+(g+f)^2+(g+1)(g+1)[\kappa H^*\,\mathrm{sh}-2\mathrm{ch}]}$$

$$C=-\frac{2}{3}\,\frac{\kappa(g+1)(g+f)\,\mathrm{sh}}{\left(Q^*+\dfrac{3}{2}\eta H^*\right)\eta},\ \mathrm{sh}\equiv\sinh(\kappa H^*),\ \mathrm{ch}\equiv\cosh(\kappa H^*)\tag{27.56}$$

其中,$H^*=2(\alpha_1-\alpha_2)$ 而 $Q^*\equiv(1-f)$。

$$\alpha_1=\begin{cases}[e_1-(1-e_1^2)\tanh^{-1}e_1]/(2e_1^3) & (\mathrm{p})\\ [-e_1(1-e_1^2)+\sqrt{1-e_1^2}\sin^{-1}e_1]/(2e_1^3) & (\mathrm{o})\end{cases}\tag{27.57}$$

最后,方程(27.20)中的参数 α_1^G 写作:

$$\alpha_1^G=\begin{cases}1/(3-e_1^2) & (\mathrm{P})\\ (1-e_1^2)/(-2e_1^2) & (\mathrm{o})\end{cases}\tag{27.58}$$

27.9　附录 B KB 判据参数

6 个参数取决于微观结构变量 f 和 W：C、g、κ、η 和 α_2（按判据(27.23)中出现的顺序列出），以及 α_1（主要出现在 W 的演变定律中）：

$$g=0 \quad (\mathrm{P});g=\frac{e_2^3}{\sqrt{1-e_2^2}}=f\frac{e_1^3}{\sqrt{1-e_1^2}}=f\frac{(1-w^2)^{\frac{3}{2}}}{w} \quad (\mathrm{o}) \tag{27.59}$$

e_1 和 e_2 分别为孔洞和 RVE 的外边界的特有属性，两者都是 f 和 W 的隐式函数。Keralavarma 和 Benzerga(2010)提出了 κ 的完整表达式，但可简化如下：

$$\kappa=\begin{cases}\dfrac{3}{h}\left\{1+\dfrac{h_t}{h^2\ln f}\mathrm{Ln}\dfrac{1-e_2^2}{1-e_1^2}\right\}^{-1/2} & (\mathrm{p})\\ \dfrac{3}{h}\left\{1+\dfrac{(g_f-g_1)+\frac{4}{5}(g_f^{5/2}-g_1^{5/2})-\frac{3}{5}(g_f^5-g_1^5)}{\mathrm{Ln}(g_f/g_1)}\right\}^{-1} & (\mathrm{o})\end{cases} \tag{27.60}$$

其中

$$g_f\equiv\frac{g}{g+f},\ g_1\equiv\frac{g}{g+1}$$

$$\alpha_2=\begin{cases}\dfrac{(1+e_2^2)}{(1+e_2^2)^2+2(1-e_2^2)^2} & (\mathrm{p})\\ \dfrac{(1-e_2^2)(1-2e_2^2)}{(1-2e_2^2)^2+2(1-e_2^2)} & (\mathrm{o})\end{cases} \tag{27.61}$$

$$\eta=-\frac{2}{3h_q}\frac{\kappa Q^*(g+1)(g+f)\mathrm{sh}}{(g+1)^2+(g+f)^2+(g+1)(g+1)[\kappa H^*\mathrm{sh}-2\mathrm{ch}]}$$

$$C=-\frac{2}{3}\frac{\kappa(g+1)(g+f)\mathrm{sh}}{\left(Q^*+\frac{3}{2}h_q\eta H^*\right)\eta},\quad \mathrm{sh}\equiv\sinh(\kappa H^*),\quad \mathrm{ch}\equiv\cosh(\kappa H^*) \tag{27.62}$$

其中，$H^*=2\sqrt{h_q}(\alpha_1-\alpha_2)$ 而 $Q^*\equiv\sqrt{h_q}(1-f)$。

$$\alpha_1=\begin{cases}[e_1-(1-e_1^2)\mathrm{arctanh}e_1]/(2e_1^3) & (\mathrm{p})\\ [-e_1(1-e_1^2)+\sqrt{1-e_1^2}\mathrm{arcsin}e_1]/(2e_1^3) & (\mathrm{o})\end{cases} \tag{27.63}$$

注意到，α_2 和 α_1 与 Gologanu 等(1997)对各向同性基体提出的表达式是相同的。

参考文献

A. A. Benzerga, Micromechanics of coalescence in ductile fracture. J. Mech. Phys. Solids 50, 1331–1362(2002)

A. A. Benzerga, J. Besson, Plastic potentials for anisotropic porous solids. Eur. J. Mech. 20A, 397–434(2001)

A. A. Benzerga, J. Besson, R. Batisse, A. Pineau, Synergistic effects of plastic anisotropy and void coalescence on fracture mode in plane strain. Model. Simul. Mater. Sci. Eng. 10, 73–102(2002a)

A. A. Benzerga, J. Besson, A. Pineau, Coalescence-controlled anisotropic ductile fracture. J. Eng. Mater. Tech.

121,221-229(1999)

A. A. Benzerga,J. Besson, A. Pineau, Anisotropic ductile fracture. part Ⅱ: theory. Acta Mater. 52, 4639-4650 (2004)

A. A. Benzerga, J. -B. Leblond, Ductile fracture by void growth to coalescence. Adv. Appl. Mech. 44, 169-305 (2010)

A. A. Benzerga, J. -B. Leblond, Effective yield criterion accounting for microvoid coalescence. J. Appl. Mech. 81, 031009(2014)

A. A. Benzerga, V. Tvergaard, A. Needleman, Size effects in the Charpy V-notch test. Int. J. Fract. 116,275-296 (2002b)

F. M. Beremin, Experimental and numerical study of the different stages in ductile rupture: application to crack initiation and stable crack growth, in Three-Dimensional Constitutive relations of Damage and Fracture, ed. by S. Nemat-Nasser(Pergamon press, North Holland, 1981), pp. 157-172

J. Besson, Continuum models of ductile fracture: a review. Int. J. Damage Mech. 19,3-52(2010)

O. Cazacu, B. Plunkett, F. Barlat, Orthotropic yield criterion for hexagonal closed packed metals. Int. J. Plasticity 22,1171-1194(2006)

C. Chu, A. Needleman, Void nucleation effects in biaxially stretched sheets. J. Eng. Mater. Technol. 102, 249-256(1980)

M. Gologanu, Etude de quelques problèmes de rupture ductile des métaux. Ph. D. thesis, Universite Paris 6, 1997

M. Gologanu, J. - B. Leblond, J. Devaux, Approximate models for ductile metals containing non - spherical voids-case of axisymmetric prolate ellipsoidal cavities. J. Mech. Phys. Solids 41(11), 1723-1754(1993)

M. Gologanu, J. - B. Leblond, J. Devaux, Approximate models for ductile metals containing non - spherical voids-case of axisymmetric oblate ellipsoidal cavities. J. Eng. Mater. Technol. 116,290-297(1994)

M. Gologanu, J. - B. Leblond, G. Perrin, J. Devaux, Recent extensions of Gurson ' s model for porous ductile metals, in Continuum Micromechanics, ed. by P. Suquet. CISM Lectures Series(Springer, New York, 1997), pp. 61-130

A. L. Gurson, Continuum theory of ductile rupture by void nucleation and growth: part Ⅰ-yield criteria and flow rules for porous ductile media. J. Eng. Mater. Technol. 99,2-15(1977)

G. R. Johnson, W. H. Cook, Fracture characteristics of three metals subjected to various strains, strain rates, temperatures and pressures. Eng. Fract. Mech. 21(1),31-48(1985)

M. Kailasam, P. Ponte Castaneda, A general constitutive theory for linear and nonlinear particulate media with microstructure evolution. J. Mech. Phys. Solids 46(3),427-465(1998)

S. M. Keralavarma, A. A. Benzerga, An approximate yield criterion for anisotropic porous media. Comptes Rendus Mecanique 336,685-692(2008)

S. M. Keralavarma, A. A. Benzerga, A constitutive model for plastically anisotropic solids with non - spherical voids. J. Mech. Phys. Solids 58,874-901(2010)

J. Koplik, A. Needleman, Void growth and coalescence in porous plastic solids. Int. J. Solids. Struct. 24 (8), 835-853(1988)

D. Lassance, D. Fabre `gue, F. Delannay, T. Pardoen, Micromechanics of room and high temperature fracture in 6xxx Al alloys. Progr. Mater. Sci. 52,62-129(2007)

J. -B. Leblond, M. Gologanu, External estimate of the yield surface of an arbitrary ellipsoid containing a confocal void. Compt Rendus Mecanique 336,813-819(2008)

B. J. Lee, M. E. Mear, Axisymmetric deformation of power - law solids containing a dilute concen - tration of aligned spheroidal voids. J. Mech. Phys. Solids 40(8),1805-1836(1992)

K. Madou, J. -B. Leblond, A Gurson-type criterion for porous ductile solids containing arbitrary ellipsoidal voids-I: limit-analysis of some representative cell. J. Mech. Phys. Solids 60, 1020-1036 (2012a)

K. Madou, J. -B. Leblond, A Gurson-type criterion for porous ductile solids containing arbitrary ellipsoidal voids-II: Determination of yield criterion parameters. J. Mech. Phys. Solids 60, 1037-1058 (2012b)

K. Madou, J. -B. Leblond, Numerical studies of porous ductile materials containing arbitrary ellipsoidal voids-I: Yield surfaces of representative cells. Eur. J. Mech. 42, 480-489 (2013)

K. Madou, J. -B. Leblond, Numerical studies of porous ductile materials containing arbitrary ellipsoidal voids-II: Evolution of the magnitude and orientation of the void axes. Eur. J. Mech. Volume 42, 490-507 (2013)

V. Monchiet, O. Cazacu, E. Charkaluk, D. Kondo, Macroscopic yield criteria for plastic anisotropic materials containing spheroidal voids. Int. J. Plasticity 24, 1158-1189 (2008)

V. Monchiet, C. Gruescu, E. Charkaluk, D. Kondo, Approximate yield criteria for anisotropic metals with prolate or oblate voids. Comptes Rendus Mecanique 334, 431-439 (2006)

J. Pan, M. Saje, A. Needleman, Localization of deformation in rate sensitive porous plastic solids. Int. J. Fracture 21, 261-278 (1983)

T. Pardoen, J. W. Hutchinson, An extended model for void growth and coalescence. J. Mech. Phys. Solids 48, 2467-2512 (2000)

J. B. Stewart, O. Cazacu, Analytical yield criterion for an anisotropic material containing spherical voids and exhibiting tension-compression asymmetry. Int. J. Solids. Struct. 48, 357-373 (2011)

C. Tekoglu, J. -B. Leblond, T. Pardoen, A criterion for the onset of void coalescence under combined tension and shear. J. Mech. Phys. Solids 60, 1363-1381 (2012)

P. F. Thomason, Three-dimensional models for the plastic limit-loads at incipient failure of the intervoid matrix in ductile porous solids. Acta Metall. 33, 1079-1085 (1985)

V. Tvergaard, Influence of voids on shear band instabilities under plane strain conditions. Int. J. Fracture 17, 389-407 (1981)

V. Tvergaard, A. Needleman, Analysis of the cup-cone fracture in a round tensile bar. Acta Metall. 32, 157-169 (1984)

第 28 章 金属成形过程中多晶体微观力学损伤-塑性模拟

Benoit Panicaud, Léa Le Joncour, Neila Hfaiedh, Khemais Saanouni

摘 要

本章介绍了在非弹性大应变下,弹塑性材料行为表现出韧性损伤的微观力学模型,以及在晶粒旋转和相变方面的微观结构演变。此外,介绍了主要实验方法,并讨论了多尺度测量问题。对于介观尺度,利用衍射技术以及显微镜对特定材料进行了表征;对于宏观尺度,介绍了与数字图像相关相结合的拉伸测试技术,允许在不同尺度下进行损伤测量。讨论了基于不可逆过程的热力学的微观力学建模问题,其中状态变量定义在不同的尺度。给出了几种可能模型的不太详尽的综述,这些模型依赖于能量或应变等效的假设以及所考虑的最小尺度。然后详细描述两个特定模型及其相关的本构方程和相应的数值计算,应用两种不同的材料来测试模形用于金属成形模拟的能力。

缩写与符号

CDM	连续损伤力学
CRSS	临界剪切分应力
DIC	数字图像交互技术
DSS	双相不锈钢
EBSD	电子背散射衍射
FEA	有限元分析
ODF	(晶体)取向分布函数
RVE	代表体积单元
SEM	扫描电子显微镜
X	零阶张量=标量变量
XRD	X 射线衍射
$\boldsymbol{X}$	一阶张量=向量变量
$\underline{\boldsymbol{X}}$	二阶张量
$\underline{\underline{\boldsymbol{X}}}$	四阶张量
$\underline{\boldsymbol{X}} \cdot \underline{\boldsymbol{Y}}$	二阶张量$\underline{\boldsymbol{X}}$和$\underline{\boldsymbol{Y}}$之间的约缩
$\underline{\boldsymbol{X}}:\underline{\boldsymbol{Y}}$	二阶张量$\underline{\boldsymbol{X}}$和$\underline{\boldsymbol{Y}}$之间的双约缩

$\underline{X} \otimes \underline{Y}$	二阶张量$\underline{X}$和$\underline{Y}$之间的张量积
《X》	Macaulay 括号,指代标量 X 的正部分
$(\underline{X})^{\mathrm{T}}$ 或$(\underline{\underline{X}})^{\mathrm{T}}$	X 的转置(二阶或四阶张量)
$\Vert\underline{X}\Vert=\sqrt{\underline{X}:\underline{X}/3}$	二阶张量 $\underline{X}$ 的 Euclidean 模
$\Vert \boldsymbol{X}\Vert=\sqrt{\boldsymbol{X}\cdot\boldsymbol{X}}$	向量X 的 Euclidean 模
$\langle x\rangle$	数 x 的均值
	大写字母代表宏观或偏量,小写代表介观或微观的

28.1　概　　述

如引言中所描述的金属成形过程中的韧性损伤:高级宏观建模和数值模拟,金属材料在室温或高温下成形时表现出较大的非弹性应变是一个无可争议的事实。这些应变对应于材料高非线性的起源的各种物理现象的观察结果,强烈依赖于材料的微观结构。然后有必要考虑诸如塑性流变、不同类型的硬化、初始和诱导各向异性、织构演变、微观缺陷成核、长大和聚集(韧性损伤)或相变等现象。在大多数情况下,成形过程还与严酷的环境条件(高温、加载速度、严酷的化学条件等)有关。从建模的角度来看,似乎必须考虑材料的初始微观结构、其在加载条件下的演变以及它对非弹性流变的影响。

表征与材料非弹性流变相关的微观结构演变的方法是使用多尺度测量,在第 1 章的 1.2.1 节中对该方法进行了简要介绍,并在该章的图 1.4 中进行了图形解释。从理论的观点来看,基于每种材料的微观结构组成,大量金属制品需要考虑其变形过程的微观力学描述。读者可以参考几本该领域的代表性图书(Schmid 和 Boas,1968;Bunge,1982;Mura,1987;Havner,1992;Nemat-Nasser 和 Hori,1993;Yang 和 Lee,1993;Kocks 等,1998;Raabe,1998 ;Bornert 等,2001;Gambin,2001;Nemat-Nasser,2004;Asaro 和 Lubards,2006)。其他参考文献专门用于使用多尺度本构方程的金属成形过程的建模和模拟,例如,Sellard(1990),Chen 等(1992),Kalidindi 等(1992),Shercliff 和 Lovatt(1999),Furu 等(1999),Gottstein 等(2000),Zhu 和 Sellars(2000),Duan 和 Sheppard(2003),Grugicic 和 Batchu(2002),Dawson 等(2003),Wilkinson 等(2006),Cho 和 Dawson(2008),Boudifa 等(2009),Hfaiedh 等(2009),Inal 等(2010),Nedoushan 等(2012)。

本章主要介绍非弹性大应变转变的微观力学建模,考虑的主要力学现象是韧性损伤和晶粒旋转方面的微观结构演变,而其他二阶机制例如相变现象则被忽略。在本章的第一个试验中,介绍了主要试验方法,并讨论了多尺度测量。对于介观尺度,针对特定材料(UR45N)利用衍射技术以及显微镜进行结果表征。对于宏观尺度,介绍了与数字图像相关技术相结合的拉伸测试技术,该方法能够评估不同尺度的损伤,从而可用在建模的损伤模拟方案中。

第二部分集中于微观力学建模方面,简要回顾了基于金属材料本构方程式的基本原则和基本原理,并给出了微观力学的假设。值得注意的是,目前的微观力学建模也是基于不可逆过程的热力学的,其中状态变量以不同的尺度引入。还介绍了这种微观力学方法,并与宏观方法进行了比较(见本卷第 1 章),强调了对有限变换的一些要求,介绍了不同的力学本构模型。通过弹塑性的简单例子,对前面的方法进行了说明,然后在连续损伤力学(CDM)方法中引入韧性损伤,由于缺乏精细的实验观察,用微观力学方法模拟金属成形过程同时考虑损伤并不是一项简单的任务。简要评论了几种依赖于能量或应变等效假设以及所考虑的最小尺度的可能模型。之后,详细介绍了两个特定模型及其相关的本构方程和相应的数值方面的问题。

此外,还考虑了两种特殊的材料。首先,通过研究铜说明所提出的方法的可能性,还利用数值结果测试模型用于金属成形模拟的能力。其次,研究了双相不锈钢(UR45N),这种双相材料可以详尽展现实验和数值方法。

28.2 试验研究

28.2.1 多尺度测量

可以使用不同的技术来测量力学场(应变、损坏等)。本章中,微观力学的应用意味着必须在适当的尺度上通过实验来考虑量值,因此有必要为所考虑的金属材料定义不同所需的尺度:

(1)对应于滑移系统的微观尺度;

(2)对应于单个晶粒的介观尺度;

(3)若考虑 M 相的材料,可定义一个准宏观尺度,代表同一 M 相的一组晶粒(M 为整数);

(4)宏观尺度是一个 RVE,对应于晶粒的一个团簇(通常为几百或几千个晶粒,取决于晶粒的尺寸);

(5)若考虑结构的几何尺寸,提出了部件尺度。

在本段中,考虑了耦合测量(衍射技术和拉伸测试),研究微观/介观尺度和宏观/部件尺度。但由于发生了有限应变,需要使用一些特定的处理和分析。

损伤的存在会引发问题,主要与硬化阶段之后的软化阶段有关。实际上,损伤的程度仍然是一个还未明确的问题(Montheillet 和 Moussy,1988;François,2004)。首先必须就韧性损伤的定义达成一致,这里认为损伤对应于金属材料的结晶度的任意缺陷/偏差(不包括塑性)。例如,微裂纹和微孔将被视为韧性损伤,只要沉淀相保持与嵌入基体的一致性和依从性,就不会考虑它们。简单起见,认为若在微观原子团之间发生断裂表面,即存在损伤,这种损伤的几何定义使得实际上将损伤视为在给定时间存在于 RVE 中的"孔洞"的密度,例如,损伤的定性几何测量可以简单地通过电子显微镜进行,如图 28.1 所示。由于最近开发的 X 射线断层扫描应用到金属材料中,可以采用更直接的三维层面的方法(Maire 等,2005)。

这种技术的困难是它给出了损伤几何的快照,但没有考虑损伤的物理和/或动力学方面的信息,例如,微孔洞或微裂纹之间的相互作用可能存在但不可见,这种相互作用改变了材料的力学状态,进而导致损伤值的变化。这种直接的损伤测量是否能够得到有效的结果是值得怀疑的,在目前的知识水平上,答案似乎是否定的。Montheillet 和 Moussy(1988)以及 François(2004)对该问题进行了详细分析,为了直接或间接评估损伤,可以使用其他试验技术:

(1)在微观结构尺度上的测量。测量可以直接进行(通过微裂纹和微孔洞的密度)或

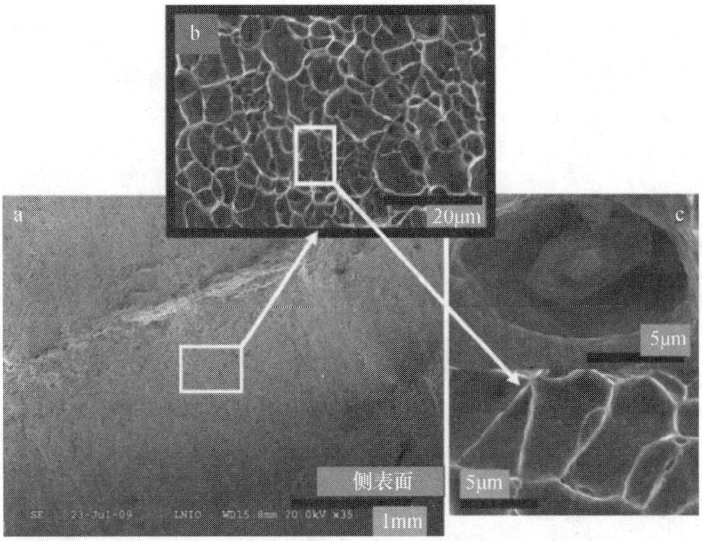

图 28.1　DSS 试样的断口表面的 SEM 图像(Le Joncour 等,2011)

间接进行(通过衍射测量应变演变),该测量可以评估将均匀化数学技术应用于 RVE 上所得到的微观演变,然后获得损伤的 RVE 特性。

(2)全局物理测量(密度、电阻率、声发射等)。这需要确定用于将数据转换成力学特性的合适模型。

(3)全局力学测量(弹性、塑性或黏塑性模量的演变、应变场等)。由于使用有效应力的概念,这些测量更容易用损伤变量来解释(Lemaitre 和 Chaboche,2001)。

大多数情况下,实验测量无法直接得到损伤值,与任何物理量一样,其定量评估与选择用于表征的变量有关,之前的研究中,变量的选择显然不是详尽无遗的。最后两种类型的实验能够定性地得到准确的结果,但通常在定量时是有所限制的,表明了当前模型的局限性。因此,区分测量尺度是十分必要的,在宏观尺度上,力学测量能比物理测量提供更好的结果;而在微观尺度上,为了避免依赖于纯几何方法,特别考虑实验获得损伤的衍射方法,之后将进一步讨论这两种技术。

28.2.2　中子衍射

本节中,主要介绍了基于金属多晶晶格中的中子衍射的方法,试验中使用“飞行时间”方法(Santisteban,2001),其中,中子沿着光束线覆盖一定的距离,试验的配置如图 28.2 所示。飞行时间 t_{vol} 与晶面间距 d_{hkl} 具有以下关系:

$$t_{\mathrm{vol}}=\frac{2m_N L\sin\theta_B}{h}d_{hkl} \tag{28.1}$$

式中:m_N 为中子的质量;h 为普朗克常数;θ_B 为满足布拉格衍射条件的布拉格角。通过中子衍射(X 射线衍射同理)测量的主要量之一是晶面间距 d_{hkl}。当中子束或 X 射线遇到材料时,晶体的周期性特性会导致发生衍射,然后可以通过衍射方法获得的结果预测力学性能的影响,如下所示:

(1)均匀弹性应变会明显改变整个晶格中原子之间的距离。

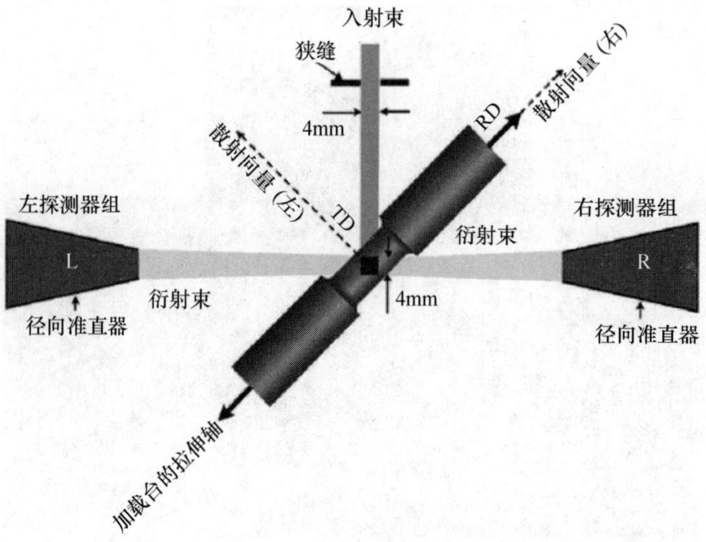

图 28.2　用中子衍射进行测量的原理的图示说明

(2)因为晶格的结构保持不变,所以由完全的位错滑移引起的塑性应变对晶格参数没有直接影响。然而,晶粒中多条滑移带将会产生间接后果:亚晶粒的旋转、分裂以及微晶之间不相容。此外,由于位错引起的应力弛豫并导致弹性应变的减小也是可能的。

(3)通过多晶衍射测量的是平均量度。晶粒的缺陷、不相容性和旋转也会产生相应的峰,而对应于其他晶粒的其他相关峰则不会发生变化。该结果是总峰值变宽,是具有不同行为的几种晶粒的衍射的总和。

(4)很难预测损伤对测量的影响。然而,可以先验地假设微缺陷的形成和扩展会引起应力释放,导致峰值的移位,这将在下一段(图 28.3)中讨论。

在中子衍射测量期间,对试样施加原位拉伸载荷。在达到设定数量的中子计数之后停止加载,使测试的持续时间最大化,同时获得令人满意的计数统计。拉伸机在曲线的弹性域内通过应力驱动,然后在拉伸测试的剩余部分通过位移驱动。在弹性/塑性转变期间进行更多的测量,以便更好地研究不同阶段涉及的微观机制。在塑性开始之后,并且为了避免应变计的破坏,撤去引伸计,施加的载荷如图 28.4 所示。值得注意的是,该方法是一直持续到试样断裂的。通过修正,可以提取信息值相对高的应变(全局 50%,对 DSS,颈缩区域的局部 250%)。在已发表的研究中,已使用高达 10%的应变(Clausen 等,1999;Dakhlaoui 等,2006),一些文章中使用了更高的应变:Dawson 等的 17%(Dawson 等,2001)和 Neil 等的 30%(2010 年)。

1. 弹性应变的测量

严格来说,通过中子衍射获得的测量值不是完全在介观尺度上的。实际上,响应是从满足由中子束探测的标准体积(the gauge volume)内衍射条件的一族晶面内获得的。多个晶粒可以被照射,但在衍射花样的一个角度范围内(衍射图谱的一个峰)仅仅是由一个晶体相带来的(几个峰的叠加是可能的),因此,这种方法的优点是可以根据相进行选择。对每个应变状态的衍射图进行分析以获取每个峰的参数(布拉格位置、线宽和积分强度),首先可以使用先前对类似材料的研究来确定对应于每个峰的相,然后,可以通过统计

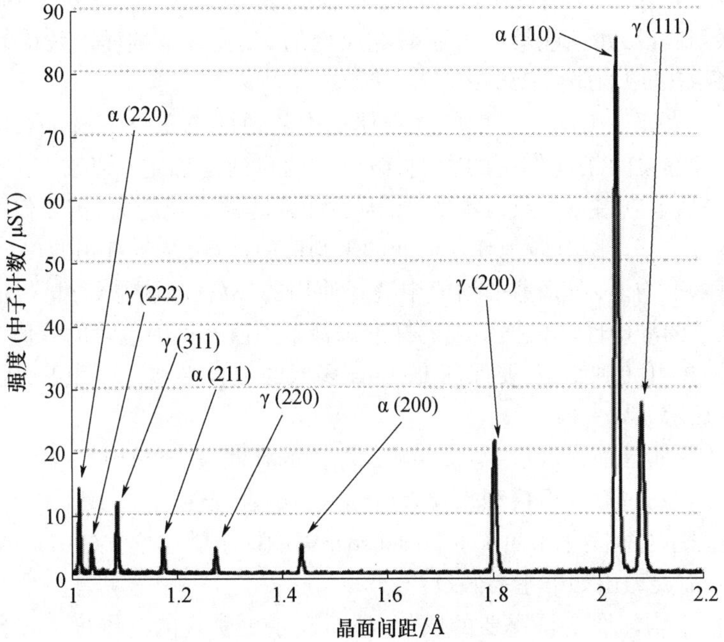

图 28.3　一种 DSS UR45N(50%铁素体+50%奥氏体)上得到的部分衍射谱图

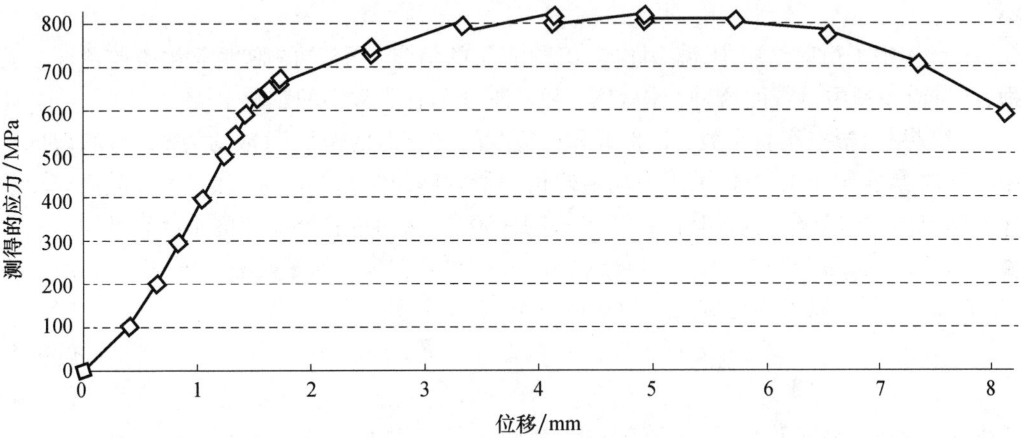

图 28.4　中子衍射测量的拉伸应力(Le Joncour 等,2011)

拟合(例如,利用准 Voigt 函数(Pecharsky 和 Zavalij,2005))观察到的峰值来确定参数。峰的位置与弹性应变 $\varepsilon_{\text{elas}}$(沿加载方向的分量)有以下关系:

$$\varepsilon_{\text{elas}} = \ln\left(\frac{d_{hkl}}{d_{hkl,0}}\right) \tag{28.2}$$

为了计算真实的弹性应变,每族{hkl}的晶面间距除以晶面间距 $d_{hkl,0}$,$d_{hkl,0}$ 对应于其结构的中性配置(假设或确定其内部残余应力为零)。

2. 修正程序

对于大应变,应力受到试样颈缩的影响(由于塑性应变局部化,宏观尺度上的几何形状发生变化)。这里提出了一种创新方法,该方法不需要在测试期间精确了解试样的几何形状,它能够评估受中子衍射的标准体积中存在的平均应力。该修正程序基于下面将详细讨论的一系列假设,并且能够扩展所研究应变的等级,直至试样失效(直至全局 50%;对于 DSS,在颈缩区域的局部 250%)。

有几种方法来评估由中子衍射的标准体积中的弹性应变(Daymond,2004)。由于实际的宏观应力和晶粒间相互作用的影响,该研究的目的是确定这些弹性应变的平均值。但是,这些方法从未应用到直至失效发生,为了计算这种宏观应力,需要修正方法来处理衍射数据。该方法基于所有微观弹性应变的平均值的计算,在所有相的{*hkl*}晶面上计算弹性应变的算术平均值,在算术平均值中选择使用的{*hkl*}晶面是经过详细考虑的,最终目标是保证结果的准确性。根据不同的标准选择平均值计算中包含的峰值:

(1)从测试的开始到结束,要保证准 Voigt 函数的拟合必须是可靠的,因此,介观弹性应变曲线必须显示无异常值。

(2)只考虑一阶晶面,以确保与这些晶面相关的弹性应变仅计算一次。

(3)有必要使用过渡尺度模型来检查所选晶面的合理性。

验证修正程序的模型细节见 Lea Le Joncour 等的博士学位论文(2011 年)。为了验证方法的合理性,需要做出如下主要假设:

(1)应力的不均匀性变得重要的阈值,还对应于更明显的三维度。在比现实更严酷的条件下建模(经受最大真实应变的变形样品),可以确定试样的横向(TD)和垂直(ND)方向上的应力。如果不超过在加载方向(RD)上的小部分应变,可以认为三维度可忽略不计。

(2)在中子衍射试验中,利用包含织构演化的信息(ODF)的弹性常数来监测演变过程,在自洽模型中运行的这种织构表明,弹性刚度具有非常小的影响。

(3)另外,根据实验参数(水平和垂直角度的传感器的范围通常约为±20°)和取向分布函数的测量,还可以量化用于平均值修正的衍射体积的比例。选定的{*hkl*}晶面应至少代表辐射体积的 50%,假设其保证了足够的代表性,从而可忽略应变的不相容性。

因此,“真”宏观应力 Σ_{RD}(如通过修正方法更正过的)与平均弹性应变 $\langle\langle \varepsilon_{RD}\rangle_{hkl}\rangle_{tot}$(所有相中)存在以下等比例关系(Le Joncour 等,2011):

$$\underline{\sigma}^g = \underline{\underline{c}}^g : \underline{\varepsilon}^g_{\text{elas}} = \underline{\underline{p}}^g : \underline{\Sigma} + \underline{\underline{q}}^g : (\underline{E}_{\text{plas}} - \underline{\varepsilon}^g_{\text{elas}}) \tag{28.3}$$

$$\Rightarrow \Sigma_{\text{RD}} \approx k\langle\langle \varepsilon_{RD}\rangle_{hkl}\rangle_{tot} \tag{28.4}$$

式中:$\underline{\underline{c}}^g$ 为介观尺度下的弹性刚度张量,例如,对一个晶粒“g”;$\underline{\underline{p}}$ 和 $\underline{\underline{q}}$ 为与材料微观结构相关的四阶张量(Baczmanski,2005);平均算子的下标 *tot* 表示对所有 M 相取平均;常数 k 表示曲线初始阶段的斜率(无颈缩的实验部分),该系数通常与材料的杨氏模量非常接近,可以以此检验弹性范围所选平均值的合理性。该修正也可通过与自洽模型相比较进行验证,并由此更正应力值。

28.2.3 数字图像相关的加载试验

除了中子衍射之外,还可以进行拉伸实验并进行专业化配置,为此,应用垂直定位的两个摄像机同时测量试样几何形状的变化,该方法为双数字图像相关(DIC),如图 28.5 所示。

例如,获得一组如图 28.6 所示的图像。这些图像是以每秒三帧的速度拍摄的,随后进行存储和分析。为了修正颈缩效应引起的宏观应力，Matlab 程序允许通过检测试样的轮廓来获取研究区域中的截面的变化，根据散斑图像相关点的位移来评估应变，通过启动 Matlab 的工具箱（Eberl 等，2006）来关联。为了比较相机和试样之间的应变差异，需要特别注意网格尺寸和初始散斑图案的灵敏度。

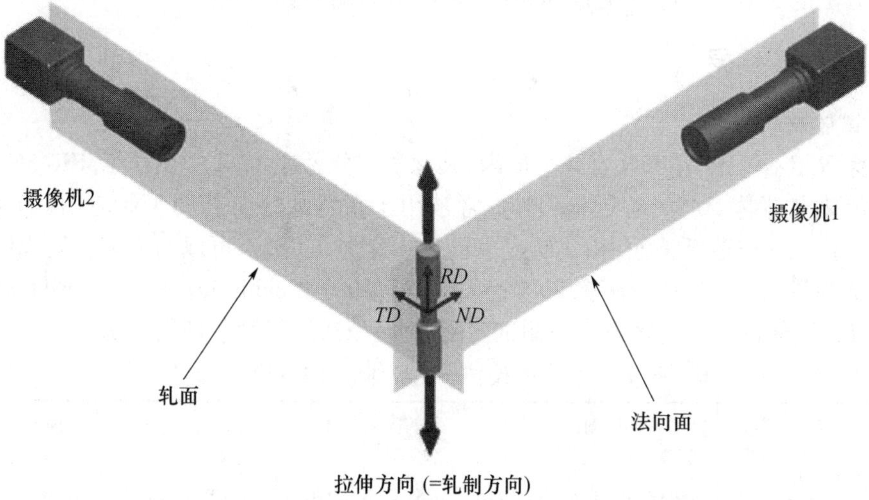

图 28.5　DIC 试验的设置示意图（Le Joncour 等，2011）

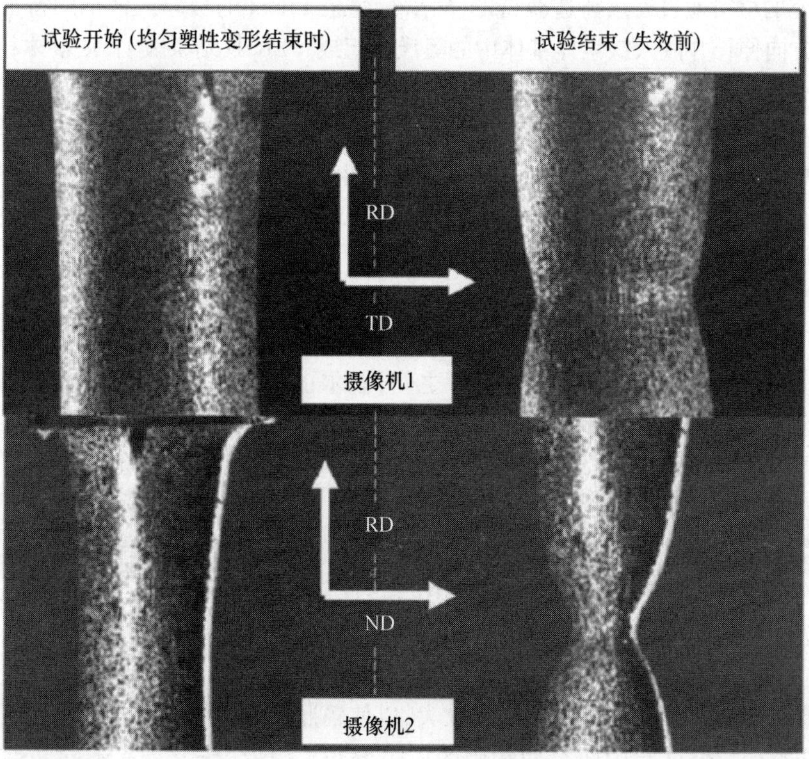

图 28.6　试样 UR45N 在拉伸试验中用两个摄像机得到的图像，分别为开裂之前试验开始时和试验结束时（Le Joncour 等，2011）

使用 DIC 可以提取两种信息,以修正宏观几何和动态效应,并获取材料的内部应力-应变曲线:

(1)需要知道横截面随时间的变化,以消除由于塑性流变的局部化引起的颈缩效应;

(2)需要知道局部真应变随时间的演变。

该方法的更多细节可以在 Le Joncour 等(2010)的研究中找到。

28.2.4 DSS 结果

1. 试验材料

选择双相不锈钢 UR45N 有几个原因,其化学成分见表 28.1。一方面,UR45N 是多相材料($M=2$,铁素体 50%,奥氏体 50%),常被用于高腐蚀性工艺的工业应用,如化学、石化、海上、核工业或造纸工业,相关研究也很多。其次,UR45N 可以与文献中奥氏体-铁素体钢的实验进行比较(Bugat 等,2000;Mcirdi 等,2000;Dakhlaoui 等,2006;El Bartali 等,2007)。最后,通过中子衍射进行的测试表明,钢特别适用于测量韧性损伤。

表 28.1 一种奥氏体-铁素体钢 UR45N 的成分

名称	C	Mn	Cr	Ni	Mo	Cu	S	N	Fe
*X*2 Cr Ni Mo 22.5.3(UR45N)	0.015	1.6	22.4	5.4	2.9	0.12	0.001	0.17	Bal.

所研究的材料通过连续铸造获得的,然后热轧至 15mm 的板厚。该钢的特征微观结构由沿轧制方向伸长并嵌入铁素体基体中的奥氏体组成。EBSD 结果表明,铁素体相的所有晶体具有几乎相同的方向,而奥氏体被分成具有不同晶格取向的较小晶粒(Wroński 等,2007)。

该板材在 400℃ 的温度下进行 1000h 的时效处理,然后在室温下冷却。众所周知(Desestret 和 Charles,1990;Mateo 等,1997),在这个时效温度(低于 475℃)下,会出现铁素体的振幅分解的机理。铁素体的转变主要是 α/α' 的分解(贫铬的 α 区和富铬的 α' 区)和富含 Ni、Si 和 Mo 的金属间相的析出(称为 G 相)。在文献中广泛讨论了 α' 和 G 相在铁素体硬化和脆化中的作用,大多数人(Calonne 等,2001)认为硬化主要归因于 α' 相。实际上,α 和 α' 相的晶格参数之间的共格变化会产生内部应力,从而降低了位错迁移率。G 相颗粒具有非常小的尺寸(通常在 1~10nm 之间,偶尔也会达到 50nm),且它们或多或少在铁素体晶粒中会产生均匀沉淀,这取决于钢的化学组成。最大的颗粒优先在缺陷附近形成:其他颗粒在 α/α' 和奥氏体/铁素体界面处形成。在奥氏体相中会存在一些微观结构的转变,但它们不会改变材料的整体力学性能。

因此,使用中子衍射观察两相材料的应变和损伤机理是合理的。但是,为了正确地进行实验,必须遵守一些要求,特别是通过中子衍射:

(1)选择的材料不应有太明显的织构,以便在衍射图上具有最多数量的峰,从而能够观察最多晶面的弹性应变。

(2)所选择的多晶的晶粒尺寸不应太大,以使辐照的标准体积具有代表性。

(3)在整个拉伸试验中研究两相中的应力分布。因此,研究具有不同塑性行为的两个相是非常有意义的,同时确保足够的弹性极限,这对于减少测量误差是非常必要的。

(4)材料的衍射图案不应具有太多的叠加峰,此时进行指数化是非常困难的。

(5)两相的比例应接近以保持足够的峰强度。

所选材料 UR45N 均符合以上特征。此外,之前的一项在低应力和无时效处理的研究也支撑了这项工作(Dakhlaoui 等,2006)。

2. 介观尺度下的中子衍射结果

根据先前的方法(第 2.2 节),如图 28.7、图 28.8 所示为在没有修正的情况下获得的结果(即没有校正来自颈缩效应的应力)。

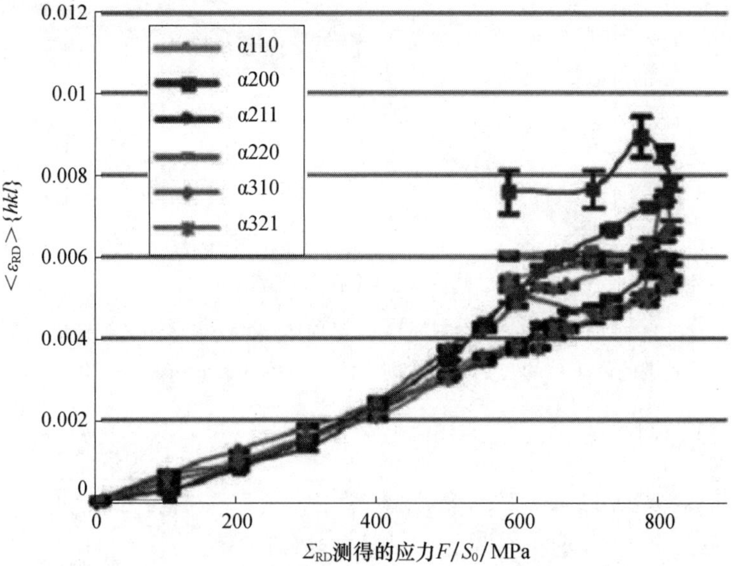

图 28.7　在加载方向上,铁素体在不同{*hkl*}晶面族上的衍射体积的弹性应变与施加在其上的宏观应力之间的函数关系(Baczmanski 等,2011)

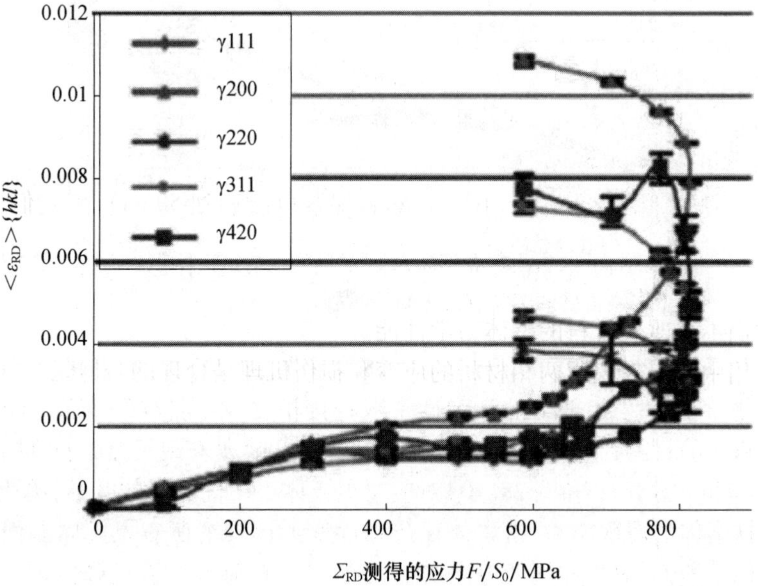

图 28.8　在加载方向上,奥氏体在不同{*hkl*}晶面族上的衍射体积的弹性应变与施加在其上的宏观应力之间的函数关系(Baczmanski 等,2011)

通过修正程序,可对宏观应力进行修正,这如图 28.9、图 28.10 所示。

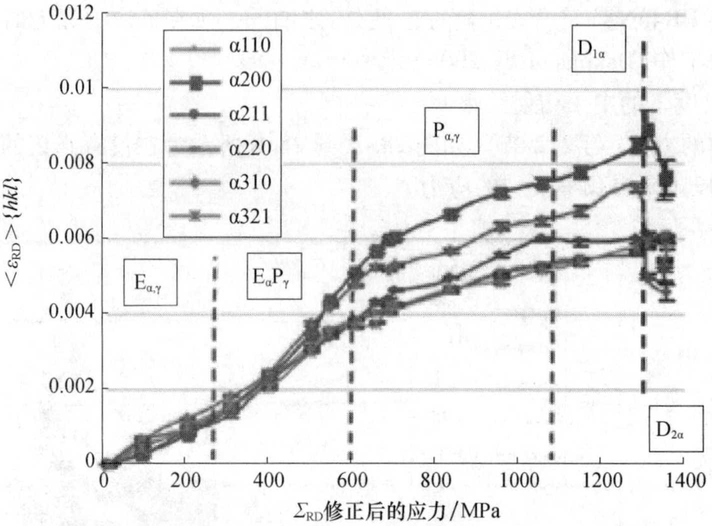

图 28.9　在加载方向上,铁素体在不同{hkl}晶面族上的衍射体积的弹性应变与施加在其上的修正后的宏观应力之间的函数关系(Baczmanski 等,2011)

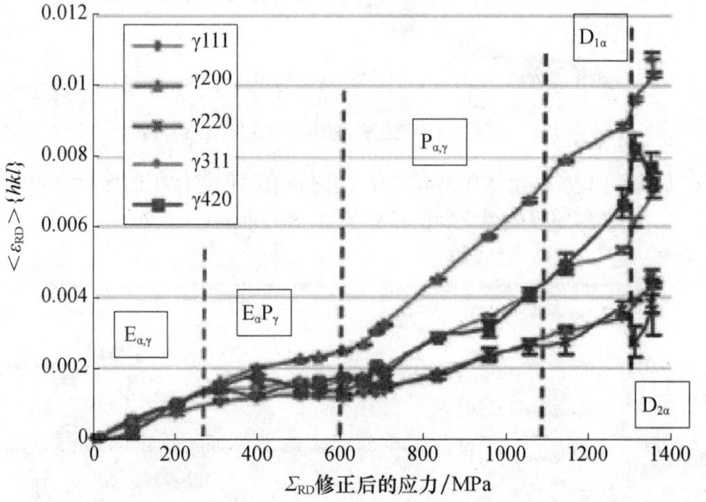

图 28.10　在加载方向上,奥氏体在不同{hkl}晶面族上的衍射体积的弹性应变与施加在其上的修正后的宏观应力之间的函数关系(Baczmanski 等,2011)

在 $E_{\alpha,\gamma}$ 从 0 到约 200MPa 的范围内(图 28.9 和图 28.10),两相表现为弹性变形:观察到了线性变化,其斜率与衍射晶体学弹性常数直接相关,不同{hkl}晶面之间的斜率差异是由衍射体积中的材料弹性性质各向异性(在晶粒尺度和宏观尺度之间的中间尺度)引起的。$E_\alpha P_\gamma$ 范围(图 28.9 和图 28.10)对应于奥氏体中塑性阶段的开始,奥氏体的屈服应力确实低于铁素体的屈服应力,铁素体保持弹性变形,因此,所有奥氏体晶面的斜率同时发生变化。由于塑性,对于相同的应力增量,奥氏体中的弹性应变比弹性域中的增加小得多:由于硬化而保持小斜率。因此,在铁素体中发生弹性应变的增加以平衡应力,但保持了曲线的线性。这是一个重要的观察结果,其证明了在微观尺度上的线性硬化模型。在

$P_{\alpha,\gamma}$(图28.9和图28.10)阶段,两相发生塑性变形,此时,对于相同的应力增加,铁素体中的弹性应变比奥氏体的更小。有趣的是,两相的弹性应变演变相对于应力还是呈线性的,除了曲线的最后部分中观察到铁素体的弛豫现象。这些结果与Dakhlaoui等(2006)关于小应变(即不需要修正步骤)的研究结果非常吻合。

3. 塑性硬化特征

由于不能直接获得塑性应变机制(滑移系统),因此难以从之前的曲线获得关于硬化的精确信息,只有在实验期间持续增加应力才表明硬化的存在。此外,在各向异性材料中,必须特别注意硬化过程,才能获得关于各向异性的信息。例如,当铁素体在宏观尺度上仍具有弹性时,等效均质材料受到强烈的硬化,但主要是因为两相之间的不相容性,但在介观尺度下,两相都没有显著硬化(实际上,铁素体保持弹性并且在$E_\alpha P_\gamma$阶段根本不硬化)。

提取微观硬化效应信息的另一种可能性是关注峰宽,图28.11和图28.12所示为在峰值归一化之后的结果。

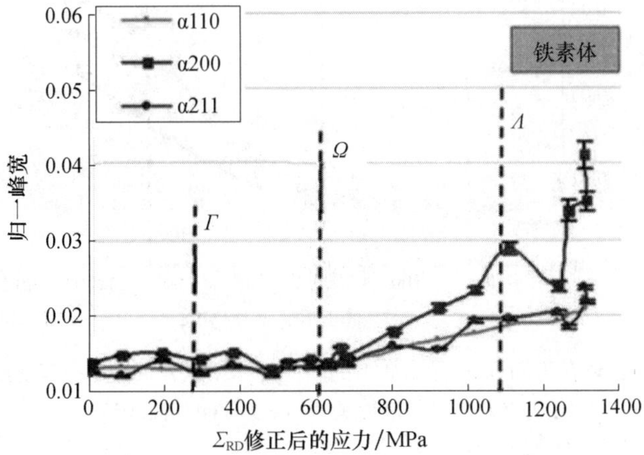

图28.11　铁素体在不同{*hkl*}晶面族上的归一化峰宽积分与施加在其上的修正后的宏观应力之间的函数关系(Le Joncour等,2011)

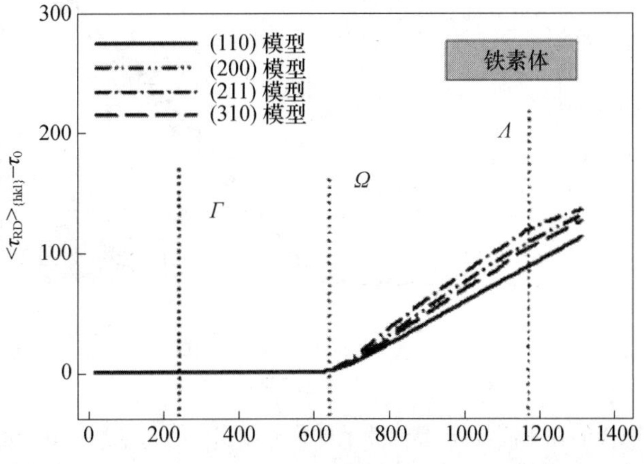

图28.12　铁素体在不同{*hkl*}晶面族上的临界分切应力与施加在其上的修正后的宏观应力之间的函数关系(Le Joncour等,2011)

还有来自未损伤的弹塑性模型的曲线，这些理论曲线表示作用在滑移系上的剪切应力极限(临界分切应力)的演变，从中可以看出测量值和计算值的良好相关性。因此，该实验可以得出观测滑移系上的硬化量(Le Joncour 等,2011)，然后可以直接将该量与位错密度相连，并通过实验观察位错密度的演变。这是模型中的变量之一，将在之后进行介绍和详述。如图 28.13(阶段 $E_\alpha P_\gamma$)所示，这种硬化在奥氏体的塑性阶段受到限制，这由模型进行了确认。此现象可以通过考虑内部机械力最终被铁素体相平衡来解释，这种趋势仅在铁素体的塑性阶段表现明显，而奥氏体中则明显可以观察到力的存在(具有更高的塑性剪切模量;Dakhlaoui 等,2006;图 28.14)。

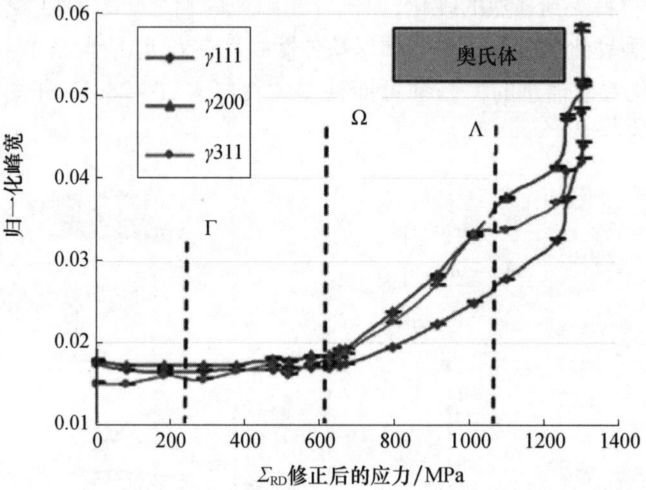

图 28.13　奥氏体在不同{*hkl*}晶面族上的归一化峰宽积分与施加在其上的修正后的宏观应力之间的函数关系(Le Joncour 等,2011)

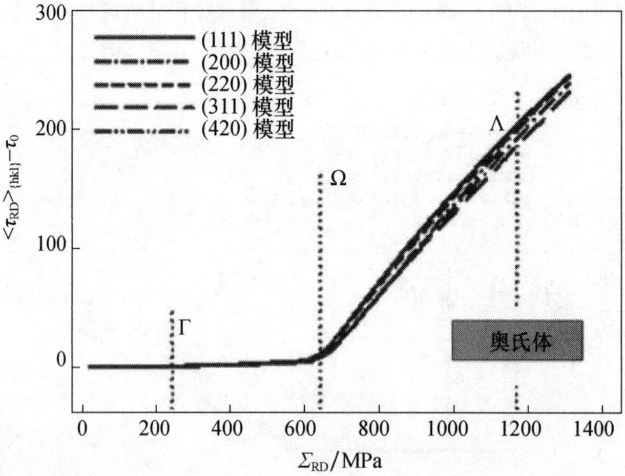

图 28.14　奥氏体在不同{*hkl*}晶面族上的临界分切应力与施加在其上的修正后的宏观应力之间的函数关系(Le Joncour 等,2011)

4. 损伤表征

如图 28.9 所示，达到最大名义应力之后可以看到铁素体中出现了轻度软化现象，特别地，对于铁素体相，在其一些弹性应变曲线上可以观察到。这种软化分两个阶段发生，首先{211}平面的弹性应变不再呈线性，该阶段称为 $D1\alpha$。第二阶段为 $D2\alpha$，其中另外两个峰表现出弹性应变的弛豫现象，现有几个假设来解释在铁素体相的几个晶面中弹性应变弛豫的这两个阶段：

(1)硬化线性阶段消失。

(2)织构发生改变。

(3)微孔洞或微裂纹扩展对应的微观损伤。

通过比较累积塑性应变、取向分布函数等不同量的演变与无损伤的弹塑性模型，来测试所有这些假设。结果表明，关于损伤的假设可以解释所有观察到的现象，而另外两个不能单独解释实验结束时弹性应变峰值的弛豫现象。

这提出了一个关于这种方法有效性的问题。Le Joncour 等(2010)已经通过简化的 Voigt 模型，分析了损伤对衍射测量的影响。它通过一系列假设得到了以下结果：

(1)用衍射法测量损伤对弹性应变的直接影响：损伤导致弹性应变减小。

(2)由于损伤，对于给定的位移增量，在测试结束时，标准体积上的平均弹性应变增加较少。

因此，考虑间接从这些实验中得到损伤的可能性。为此，使用了以下关系：

$$\underline{\widetilde{\varepsilon}}^g = \underline{\varepsilon}^g \sqrt{1-d^g} \tag{28.5}$$

该式比较了受损材料相关的实测应变 $\underline{\widetilde{\varepsilon}}^g$ 与使用无损伤弹塑性模型获得的计算应变 $\underline{\varepsilon}^g$。得到了一条曲线，即在轧制方向上损伤演变与宏观应力的关系(Le Joncour 等，2011；图 28.15)如图 28.16 所示。

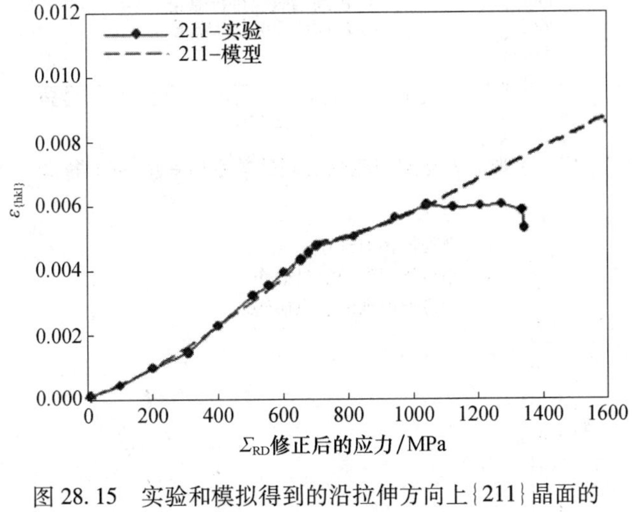

图 28.15　实验和模拟得到的沿拉伸方向上{211}晶面的弹性应变演化与修正后的应力之间函数关系

5. 宏观尺度下的 DIC 拉伸试验结果

根据先前的方法，可以将衍射测量与拉伸实验联系起来，获得图 28.17 所示的应力-应变曲线和图 28.18 所示损伤-应变曲线。

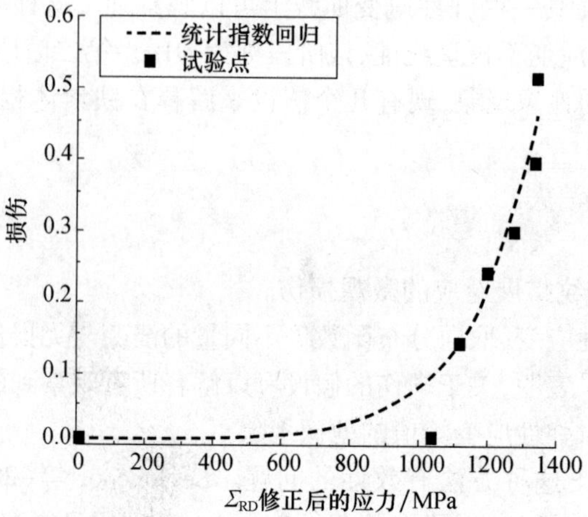

图 28.16　从试验和模拟结果中得出的{211}晶面上的损伤演化

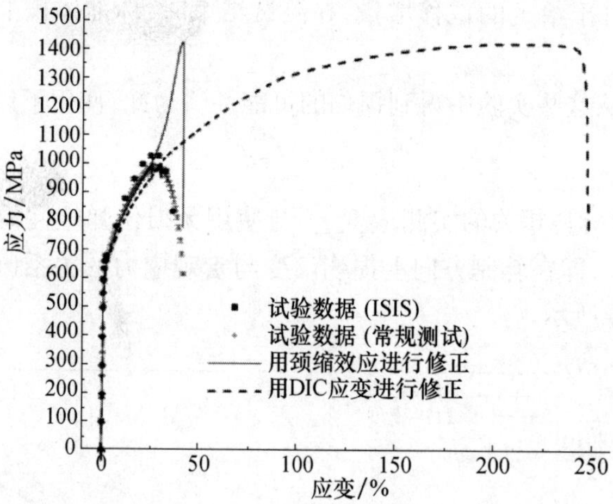

图 28.17　宏观应力与宏观应变之间的关系(Le Joncour 等,2011)

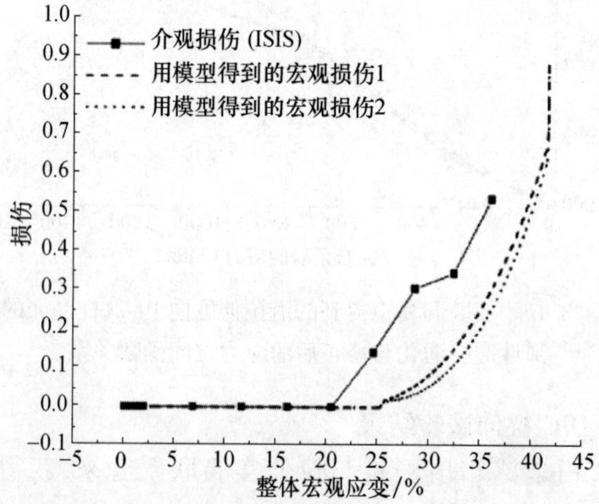

图 28.18　不同尺度下的损伤对比(Le Joncour 等,2011)

如图所示，为中子衍射(ISIS)试验和用实验室测角仪进行的实验，可以注意到两种试验之间的良好可重复性。此外，还可以看出，修正曲线之间的差异仅对大应变(高于30%)有意义。图 28.17 的黑色实心曲线能够表明颈缩区域从塑性阶段到损伤阶段的力学行为，因此，以与介观尺度的结果相同的方式，可以通过在宏观尺度上将实验曲线与无损伤弹塑性模型进行比较来获得如图 28.18 所示的宏观损伤。这里考虑两种硬化模型：模型 1 对应于 Prandtl-Reuss 类型的非线性各向同性硬化；模型 2 对应于在次表面增加的线性各向同性硬化(非相关塑性)，用于描述一种饱和度，也即一种非线性(Le Joncour 等，2010)。两种模型都会得出几乎相同的损伤趋势，它们是以宏观全局应变的函数描述的。如果将这些曲线转换为局部应变(在主要发生损伤的颈缩区域)，则应变达到 250%，损伤在拉伸实验结束时才开始，这往往表明与塑性相关的损伤是“脆性的”。

6. 其他测量方法

可以通过显微照片来进行测量，例如，通过 SEM 观察试样的断裂表面，观察结果主要呈现各种尺寸孔洞的韧性损伤(图 28.1)，在试样的中心，粗糙度更加明显，这可以通过颈缩发生时的更大的应力三维度来解释，在许多孔洞或更深的孔中观察到许多不同尺寸的夹杂物/沉淀相。尽管有使用色散能量的 X 射线荧光谱仪，但由于缺乏足够的信号信息，这些夹杂物的化学组成无法确定，实际上，较大的夹杂物位于试样中太深的位置，而其他夹杂物则不够大，无法检测到。试样的断裂表面也具有与图 28.19 类似的几个区域，在这些区域上对化学元素进行检测发现，在孔洞的底部似乎含有更高的铬含量，反之，镍含量增加。可以假设在断裂表面上观察到的最主要的孔是在铁素体相中长大的。

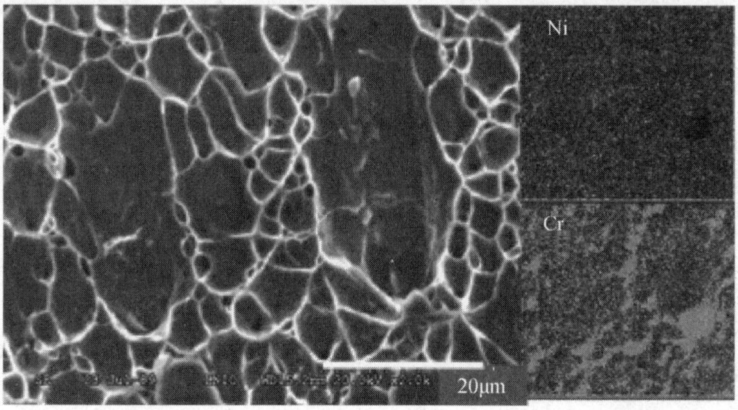

图 28.19　用装备有 X 射线谱仪的 SEM 得到的 UR45N 试样断口表面图片和元素面分布(Le Joncour 等，2011)

为了观察部件另外两个平面的损伤，对试样进行断口观察(图 28.20 和图 28.21)。图 28.20 所示为沿垂直于轧制方向的平面的剖视图，在电抛光之前拍摄照片以确保孔洞不是由于抛光造成的；然后，在不同方向上进行机械抛光；最后，使用相同的过程获得了断口图但未造成相同的损伤，虽然所观察到的损伤有所不同，这支撑了如下假设：在这些图中观察到的损伤确实来自拉应力。图中由于电解抛光，可以识别相的颜色：铁素体为深色，奥氏体为浅色。损伤出现在铁素体相中，垂直于牵引载荷的方向，图 28.21 所示为轧制/拉伸方向的界面损伤。

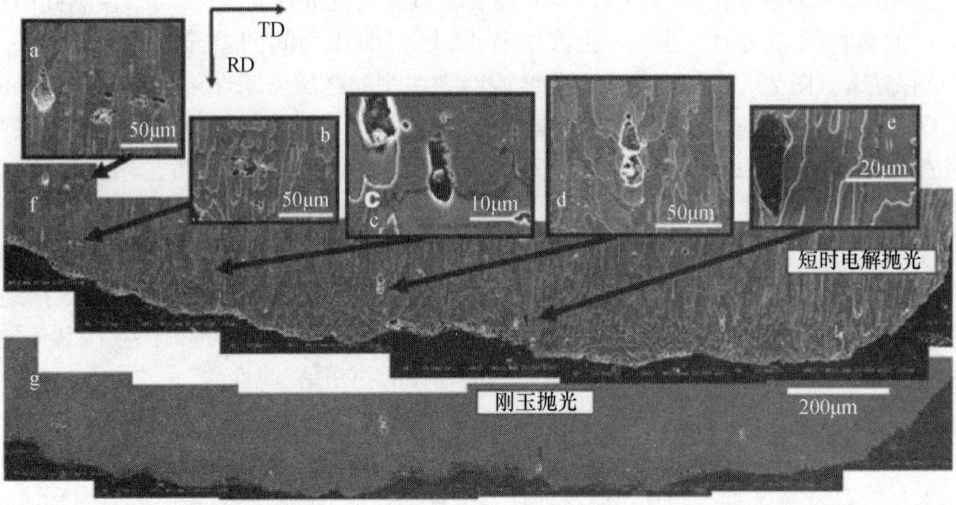

图 28.20 沿 UR45N 试样断口表面的轧制面得到的 SEM 断口形貌
(Le Joncour 等,2011)

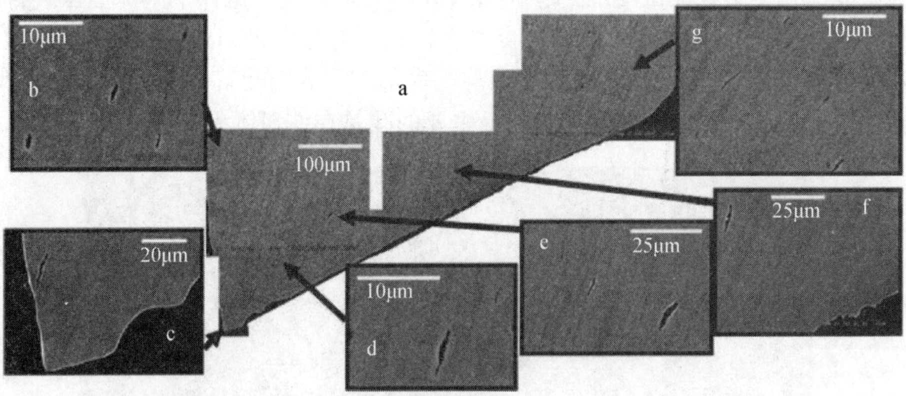

图 28.21 沿 UR45N 试样断口表面的横向面得到的 SEM 断口形貌(Le Joncour 等,2011)

7. 损伤演变模式

1)滑移系统中的损伤

本研究给出的结果表明,基于中子衍射分析,可以从介观尺度中获得损伤行为,该分析必须与多尺度和无损伤弹塑性模型相结合。对于奥氏体-铁素体钢,衍射的使用证实了铁素体中存在损伤,并且发现损伤与{211}晶面有关。如图 28.22 所示,通过 SEM 对试样的进一步分析更直接地显示了受损的滑移系统的影响,即使相应的滑移面没有严格识别出来,也必须在微观尺度上考虑沿铁素体滑移系存在的这种现象。

众所周知,与铁素体相中的应变相关的缺陷是具有伯格斯向量$\frac{a}{2}\langle 111\rangle$的位错,但滑移面可能属于多个族,如{110}、{211}和{123}(原子密度逐渐增加)(Mahajan,1975;Louchet,1979)。机械孪晶也可以在铁素体中发生,但仅在{211}滑动系上发生(Christian,1970;Vitek,1970),无论预想的机制是什么,损伤似乎与{211}滑移系的弹塑性应变强烈

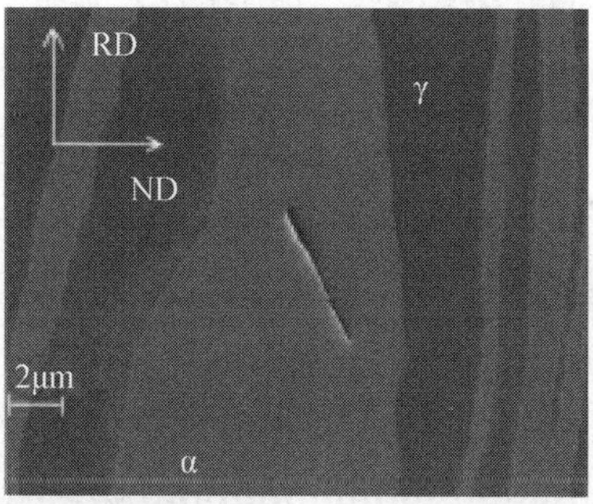

图 28.22　铁素体中沿滑移系观察到的损伤(Baczmanski 等,2011)

耦合。产生的微裂纹可能是晶内的,在微裂纹附近使用 EBSD 和/或透射电子显微镜进行局部分析所得到的结果会给出其实际的机制,并解释了这些钢材中发生的损伤。

2)UR45N 的损伤模式

通过信息合并,可以构建损伤的时间演变历程。在所研究材料中,可能存在 3 种损伤机制:

(1)夹杂物周围的脱黏相造成的损伤。但是,这种机制并没有大量出现,因为只在少量图中观察到了这种情况。

(2)用中子衍射观察到的、由于滑移引起的铁素体损伤。沿着通过衍射测量到弛豫的晶面,损伤不一定会发生,它可能沿着其他更"脆弱"的滑移系,然而,当沿着该滑移系出现微裂纹时,在晶粒内部也会发生弛豫现象。

(3)由于两相之间的应变不相容性和界面处的位错累积引起的界面脱黏。这种机制当然不足以导致断裂,因为裂纹的方向是沿着加载方向,含有这种损伤的样品仍旧可以抵抗应力载荷。

关于其他时效处理 DSS 的许多文献(Bugat 等,2000;Calonne 等,2001;El Bartali 等,2007;Mcirdi 等,2000)报道了时效处理引起的铁素体中的脆性损伤。如图 28.23 所示为综合损伤机制和所研究材料中损伤发展的模式,从各种截面观察到的损伤和通过中子衍射获得的弹性弛豫中可推出时间线。这一重建的历程的 5 个阶段详述如下:

(1)当塑性流变发生在两相内时,该图在弹性应变之后开始。假设(韧性)损伤仅发生在两相的塑性阶段之后。

(2)在图 28.21 中容易观察到界面脱黏,其分布广泛并且靠近断裂表面,但在较少变形的区域中也可以观察到,这就是为什么它可能是首次出现损伤的原因。

(3)沿着滑移系的铁素体中的微裂纹(在图 28.22 中可见)可以解释在颈缩区域由中子衍射观察到的弹性应变的弛豫,这些微裂纹可能由以下原因引起:

① 局部但非常大的塑性应变:众所周知,奥氏体往往会沿着几个滑移系滑动,而时效铁素体中的滑移较少但较强(Bugat 等,2000)。

② 由于热时效增加了沉淀相,铁素体中缺陷周围的脱黏。

③ 也可能是上述机制的组合。

(4)断裂表面主要由孔洞组成,具有大量不同尺寸的夹杂物,这可能是试样断裂的主要原因之一,时间上它位于断裂刚发生之前。

(5)最后,通过材料内不同孔洞的聚集,引发断裂,从而可找到韧性断裂的3个阶段:孔洞的成核、长大和聚集(Francois 等,1995)。

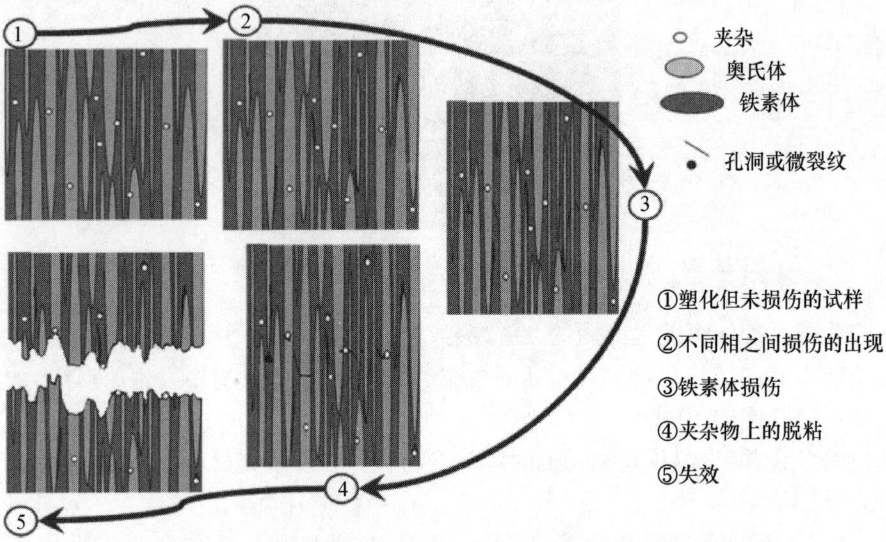

图 28.23　UR45N 中导致 RVE 断裂的损伤过程 S(Le Joncour 等,2011)

28.3　建模的原理和基础

28.3.1　微观力学和热力学假设

为了正确预测前述的实验结果,选用了多种不同的模型来模拟损伤。使用的模型需遵循以下假设:

(1)单向载荷;

(2)通过总应变控制载荷;

(3)等温条件。

1. 微观力学原理

微观力学就是利用材料连续体的微观描述来获得宏观尺度的信息,但是,根据所考虑的行为,可以使用多种尺度。对于金属材料,可行的尺度已在多尺度测量部分详细说明,但在目前的建模中,只会明确考虑以下3个尺度:

(1)微观尺度对应于滑移系;

(2)介观尺度对应于晶粒(单个晶体);

(3)宏观尺度是一个 RVE,对应于晶粒团簇(通常为几千个晶粒,取决于晶粒尺寸)。

为将模型置于算法中,提出了主要的步骤。这种微观力学方法的一个广义算法如下(为方便说明,仅考虑两个较高的尺度):

$$\underline{\boldsymbol{E}}_n=\underline{\boldsymbol{E}}_{n-1}+\Delta\underline{\boldsymbol{E}} \tag{28.6}$$

$$\underline{\boldsymbol{\varepsilon}}_n^g=\underline{\underline{\boldsymbol{A}}}_n^g:\underline{\boldsymbol{E}}_n \tag{28.7}$$

$$\underline{\boldsymbol{\sigma}}_n^g=\underline{\underline{\boldsymbol{l}}}_n^g(\underline{\boldsymbol{\varepsilon}}^g):\underline{\boldsymbol{\varepsilon}}_n^g+\underline{\boldsymbol{\sigma}}_{n-1}^g \tag{28.8}$$

$$\underline{\boldsymbol{\Sigma}}_{n}=\langle \underline{\boldsymbol{\sigma}}_{n}^{g}\rangle_{g} \tag{28.9}$$

式中：$\underline{\boldsymbol{E}}$ 和 $\underline{\boldsymbol{\varepsilon}}$ 分别表示宏观和介观尺度下的应变张量；$\underline{\boldsymbol{\Sigma}}$ 和 $\underline{\boldsymbol{\sigma}}$ 分别表示宏观和介观尺度下的应力张量；n 表示迭代步数；"g"是介观尺度量的标志。上述的方程需要设计为循环模式，这些方程描述了二尺度转化的主要步骤(Bornert 等，2001)。其中各步骤的解释如下：

(1)局部化：能够通过宏观尺度来控制介观尺度，其中 $\underline{\underline{\boldsymbol{A}}}$ 表示局部应变张量(式(28.7))。

(2)描述：可给出介观尺度下材料的力学行为，例如，采用模量张量 $\underline{\underline{\boldsymbol{l}}}$，并考虑可能存在的初始/残余应力(式(28.8))。

(3)均一化：可通过合适的平均算法返回宏观尺度。

如果再多考虑一个尺度，则需在算法中加入相应的局部化和均一化阶段(与式(28.7)和式(28.9)相近)。

2. 热力学原理

所提出的模型也必须基于热力学的相应原理，认为介质始终处于平衡态。若采用不可逆过程的热力学(Lemaitre 和 Chaboche，2001)，该方法如下：

(1)定义内部和外部状态变量；

(2)定义亥姆霍兹自由能，导出各状态之间的关系；

(3)定义耗散势和屈服函数，导出耗散现象演化方程。

在介观和微观尺度下均使用该方案，这说明必须根据两种尺度上发生的现象定义亥姆霍兹自由能。

28.3.2　有限变换和客观规律

力学本构模型必须满足物理学的一般原则：因果关系、确定性、材料简易性、Curie 原理、客观性等(Truesdell 和 Noll，2003)。其中，客观性非常重要，客观性是一种特定的约束，也称为框架无差异性。然而，如 Frewer(2009)、Panicaud 等(2013)和 Rouhaud 等(2013)所述，这个概念非常模糊，这意味着张量和张量方程必须遵循几个准则，它们取决于张量的阶数。可以证明，这样的准则等效地对应于通过不同观察者得出的不变性，或者三维空间中的刚体运动叠加的无差异。在经典方法中，任何拉格朗日量都可以用于本构定律，而欧拉量必须进行实验，因为它只有其中一部分是客观的。求导也取决于所选择的参照系，并且必须进行修正，才能得出对流速率(Truesdell)或旋转速率(Jaumann，Green-Naghdi，等)，然而，它们并不代表时间上的差异(Rouhaud 等，2013)。

框架无差异(即客观性)对于有限变换特别重要，其中应变张量可以达到很高的值。根据所考虑的尺度，有不同的方法可以考虑这个动力学问题。对于纯宏观方法，可以设想速率方程(切线方法)或割线方程；对于微观力学方法，可以使用如上相同的两种方程，然而，当使用切线方法时，需将全局非线性行为在一系列基本线性行为中分离，如果载荷增量足够小，则可以使用经典动力学张量粗略估计材料响应。当使用微观力学方法时，必须通过更新每个载荷阶段的晶粒取向来完成，以考虑所引起的织构效应。本章使用该近似理论(弹性行为除外)，但是，必须遵循以下两个限制条件：

首先，应该修正速率量，因为客观率不是严格意义上的求导，即使对于小变换也是如此。正确的导数可给出不同的趋势，对于小但有限的变换，这种客观导数将导致不同的响应,如,经典客观率(Jaumann),它与未修正的经典导数也是不同的(此处仅提出此概念)(Rouhaud 等,2013)。

其次,现有一些关于有限变换的建模(Lipinski,1989)。需要验证,对于小变换和速率公式,这种建模的极限与所选择的线性建模一致。

因此,由于已证明对于小变换来说一次近似是足够的,以下将针对小变换进行说明(下一段中进行弹性的说明)。但是,如果考虑另一种方式,则必须满足先前的限制和假设,并且可以通过用客观量替换相应的量来调整本方法。

28.3.3 力学模型

在对金属加工成形进行建模时,必须考虑 3 种特定的行为:弹性、塑性和损伤。由于其耦合是特殊的,损伤将在最后一段中详述。此外,只考虑低温成形过程和其行为。

1. 弹性本构关系

弹性行为对应于在原子尺度上发生的可逆应变。然而,由于所考虑的尺度,该方法仅限于介观尺度(即晶粒尺度)。为了说明微观力学方法,采用以下仅适用于本段的假设:

(1)该材料在宏观尺度上是各向同性的(即考虑随机织构);这个假设不是最重要的,可以通过改变式(28.11)中的平均值来改变。

(2)材料在微观尺度下是各向异性的。

(3)微观尺度下为线弹性行为。

除了式(28.6)和式(28.7),式(28.8)和式(28.9)必须用式(28.10)~式(28.12)来替换:

$$\underline{\boldsymbol{\sigma}}_n^g = \underline{\underline{\boldsymbol{c}}}_n^g : \underline{\boldsymbol{\varepsilon}}_n^g \tag{28.10}$$

$$\underline{\underline{\boldsymbol{C}}}_n = \langle \underline{\underline{\boldsymbol{c}}}_n^g : \boldsymbol{A}_n^g \rangle_g \tag{28.11}$$

$$\underline{\boldsymbol{\Sigma}}_n = \underline{\boldsymbol{C}}_n : \underline{\boldsymbol{E}}_n \tag{28.12}$$

式中:$\underline{\underline{\boldsymbol{c}}}_n^g$ 和 $\underline{\underline{\boldsymbol{C}}}$ 分别为介观和宏观弹性柔度张量。只考虑弹性应变,并忽略残余应力。

为了说明热力学方法并遵循先前的方法(参见 28.3.1 节),必须定义状态变量,将考虑介观尺度上的应力和弹性应变,选择割线公式,从而必须仔细考虑有限变换。使用拉格朗日公式,亥姆霍兹特定自由能 $\boldsymbol{\Psi}_0^g$ 可写成如下形式

$$\rho_0^g \boldsymbol{\Psi}_0^g = \frac{1}{2} \underline{\boldsymbol{\varepsilon}}_L^g : \underline{\underline{\boldsymbol{c}}}^g : \underline{\boldsymbol{\varepsilon}}_L^g \tag{28.13}$$

式中:$\underline{\boldsymbol{\varepsilon}}_L^g$ 为格林-拉格朗日应变张量。由于无耗散,耗散函数 $\boldsymbol{\Phi}$ 和耗散势均为零。通过 Gibbs-Duhem 关系式,可以证明(Lemaitre 和 Chaboche,2001):

$$\boldsymbol{\Phi}^g = \underline{\boldsymbol{\sigma}}_L^g : \dot{\underline{\boldsymbol{\varepsilon}}}_L^g - \rho_0^g \frac{\partial \boldsymbol{\Psi}_0^g}{\partial t} = 0 \Rightarrow \forall\, \dot{\underline{\boldsymbol{\varepsilon}}}_L^g, \underline{\boldsymbol{\sigma}}_L^g = \rho_0^g \frac{\partial \boldsymbol{\Psi}_0^g}{\partial \underline{\boldsymbol{\varepsilon}}_L^{\Omega}} = \underline{\underline{\boldsymbol{c}}}^g : \underline{\boldsymbol{\varepsilon}}_E^g \tag{28.14}$$

最后的不等式是通过式(28.13)得出的。除了考虑动力学非线性性之外,式(28.14)与式(28.10)类似。如果需要柯西(欧拉)应力张量,可以通过以下关系得到:

$$\underline{\boldsymbol{\sigma}}_E^g = \boldsymbol{J}^{-1} \underline{\boldsymbol{F}}^g \cdot \underline{\boldsymbol{\sigma}}_L^g \cdot : \underline{\boldsymbol{F}}^{g\mathrm{T}} = \boldsymbol{J}^{-1} \underline{\boldsymbol{F}}^g \cdot \underline{\underline{\boldsymbol{c}}}^g : \underline{\boldsymbol{\varepsilon}}_E^g \cdot : \underline{\boldsymbol{F}}^{g\mathrm{T}} \tag{28.15}$$

其中 $\boldsymbol{J}$ 为 $\underline{\boldsymbol{F}}^g$ 的行列式,是介观尺度下的变化梯度张量。此处,式(28.14)、式(28.15)应替换式(28.10)。

考虑材料的非线性性也是可以的,在微观尺度上保留材料各向同性的特定假设,选择

以下形式：

$$\rho_0^g \boldsymbol{\Psi}_0^g(\boldsymbol{\varepsilon}_L^g)=\rho_0^g \boldsymbol{\Psi}_0^g(\boldsymbol{\varepsilon}_I,\boldsymbol{\varepsilon}_{II},\boldsymbol{\varepsilon}_{III}) \tag{28.16}$$

其中，$\boldsymbol{\varepsilon}_I,\boldsymbol{\varepsilon}_{II},\boldsymbol{\varepsilon}_{III}$ 为$\boldsymbol{\varepsilon}_L^g$ 的不变量。式(28.17)(Boehler,1978)的右端项表示各向同性函数理论。通过 Gibbs-Duhem 关系式，可以证明：

$$\boldsymbol{\Phi}^g=0 \Rightarrow \forall\, \dot{\boldsymbol{\varepsilon}}_L^g,\boldsymbol{\sigma}_L^g=\rho_0^g \sum_{i=I}^{III}\frac{\partial \boldsymbol{\Psi}_0^g}{\partial \boldsymbol{\varepsilon}_i}\frac{\partial \boldsymbol{\varepsilon}_i^g}{\partial \boldsymbol{\varepsilon}_L}=a_0\underline{1}+a_1\boldsymbol{\varepsilon}_L^g+a_2\boldsymbol{\varepsilon}_L^g\cdot\boldsymbol{\varepsilon}_L^g \tag{28.17}$$

其中，a_0,a_1,a_2 为取决于 $\varepsilon_I,\varepsilon_{II},\varepsilon_{III}$ 的 3 个函数，需要显式自由能来确定这些函数。对于欧拉表示法，可建立似于式(28.15)的关系，从而可代替式(28.10)，值得注意的是，拉格朗日和欧拉之间的变换通常适用于宏观尺度。

2. 塑性本构关系

1)金属的塑性

塑性应变对应于所考虑材料的不可逆变换(Lemaitre 和 Chaboche,2001)，该定义基于宏观观察，例如可以在单轴拉伸实验期间观察到。但众所周知，类似的机制可能在局部发生，例如在疲劳循环加载期间(Catalao 等,2005)。

现已明确确定了塑性的作用机制，其对应于不可逆的位错运动(François 等,1995；Hull 和 Bacon,1995)，相关的文献是非常多的，基于这些现象的微观力学模型现在也很常见(Paquin 等,2001)。位错是在材料内形成并且能够移动的线性缺陷(主要通过在低温下滑动)，它们与其他微观组分相互作用，或阻挡或抵消，例如，已经证明并验证了材料屈服应力的变化主要是由于位错的作用(François 等,1995)。

2)最先进的微观力学塑性模型

有几种方法可以描述材料的塑性行为(特别是金属或金属合金)，有关这些不同方法的详细比较，请参阅 Boudifa 的博士学位论文(Boudifa 等,2006)：

(1)物理微观方法基于对位错密度的每个单一晶体/晶粒行为的实际分析，通过 Schmid 关系计算活跃体系的流动，然而，当考虑到硬化时，存在着不同的关系(Teodosiu 和 Sidoro,1976；Franciosi,1985；Pilvin,1994)，这种方法有助于验证位错之间的作用矩阵的概念。最后，必须定义位错密度的速率方程以完善方程组，特别是通过透射电子显微镜可以验证这些关系(Keller 等,2010)。目前正在研究位错理论的动力学，它应该能够先验地计算各种量，例如作用矩阵(Devincre 等,2001)。

(2)现象学微观方法是前一种方法的变体，但物理学的内容较少，它不再涉及位错密度，因为它直接考虑了滑动等力学量。这种方法具有简便的优点，但是通过直接显微观察来识别却很困难。此外，在以往的研究中，变量之间的耦合仅通过类似于宏观方法来获取。

(3)为了在先前的方法中保持一致，需要引入热力学概念以确保建模的正确性，这是具有内部变量的现象学微观方法(Boudifa 等,2006；Hfaiedh 等,2009；Le Joncour 等,2011)。为此，必须引入正确的相关内部状态变量，这些变量应该反映塑性的影响，这种微观力学方法的优点是符合热力学要求，因此可尽可能正确预测。问题是，基于实验观察的识别并不总是直截了当的，然而，在本章中选择该方法来描述弹塑性材料(来自微观力学方法)。

(4)宏观方法完全忽略了塑性的微观起源，目前提出的最稳妥的方法是使用具有内部变量的热力学理论(Lestriez 等,2003;Mariage 等,2003)建立的,因为该方法已经在金属成形过程的应用中得到证明。

3. 连续损伤力学

在考虑具体方法之前,应该在数学上给出损伤的定义。力学损伤的定义是一个难题,因为在宏观上,无法区分无损伤体积单元和已损伤体积单元,因此,可以假设表示材料恶化状态的内部变量。根据所考虑的损伤类型,可以采用以下几种方法。首先是使用 CDM 方法,为了充分描述受损结构的整体行为,有必要引入损伤的内部变量 D_{dam},该方法是 Rabotnov(Lemaitre 和 Chaboche,2001)提出的。在承受力学载荷的 RVE 中,可以使用有效面积 S_{eff} 在几何面积 S_{geo} 上的比率(与法向量$\boldsymbol{n}$ 相关)定义损伤:

$$D_{\mathrm{dam}} = 1-\frac{S_{\mathrm{eff}}}{S_{\mathrm{geo}}} \tag{28.18}$$

这证明了对这种现象的几何解释是正确的。D_{dam} 可以解释为与所考虑损伤相关的缺陷的表面密度。首先,假设该参数是各向同性的,只有当缺陷在所有方向上均匀且随机取向(其法向量为$\overrightarrow{\boldsymbol{n}}$)时,该假设才成立。Montheillet 和 Moussy(1988)给出了 D_{dam} 采用的不同值时的解释:

(1)$D_{\mathrm{dam}}=0$:RVE 中无损伤状态,即 $S_{\mathrm{eff}}=S_{\mathrm{geo}}$。

(2)$D_{\mathrm{dam}}=1$:RVE 中完全损伤,即 $S_{\mathrm{eff}}=0$。

(3)$0<D_{\mathrm{dam}}<1$:说明 RVE 中损伤正在增长。

如果给试样施加的力是恒定的,那么说明应力受到损伤的影响,因此,通过有效应力的概念考虑损伤变量,换句话说,只有部分表面能够保持固体的内聚状态并在力学上承受载荷。有效应力定义如下:

$$\Sigma_{\mathrm{eff}} = \Sigma_{\mathrm{geo}}\ \frac{S_{\mathrm{geo}}}{S_{\mathrm{eff}}} = \frac{\Sigma_{\mathrm{geo}}}{1-D_{\mathrm{dam}}} \tag{28.19}$$

$$\Leftrightarrow D_{\mathrm{dam}} = 1 - \frac{\Sigma_{\mathrm{geo}}}{\Sigma_{\mathrm{eff}}} \tag{28.20}$$

假设损伤仅产生于这种单一的变化,说明它与力学应力场之间存在间接联系。在模型中,有效应力足以代替应力,例如,对于线弹性,损伤耦合最终将导致受损材料的杨氏模量的变化。该技术可以先验地应用于各种行为,其相当于使用等效均质材料替换受损材料,具有局部不连续性,但可通过连续介质力学的方法描述,即 CDM。本定义对应于应变等效,此外还将定义能量等效,这将在下一段中给出。

1)应变与能量等效

可使用力学场和损伤之间耦合的两种可能的定义,为了说明损伤耦合,这里考虑纯弹性行为。首先引入一个标量损伤变量 d^{g}_{dam},介观尺度下,假设两种情况:受损材料和等效的无损伤材料,这种等效是可能的,因为损伤的描述是基于 CDM 方法的。对于第一种情况,弹性刚度张量 $\underline{\underline{\tilde{\boldsymbol{c}}}}^{g}$(标记为~)受到损伤,材料承受着载荷($\underline{\boldsymbol{\sigma}}^{g}$,$\underline{\boldsymbol{\varepsilon}}^{g}_{\mathrm{elas}}$)。其弹性行为由下式给出:

$$\underline{\boldsymbol{\sigma}}^{g} = \underline{\underline{\tilde{\boldsymbol{c}}}}^{g} : \underline{\boldsymbol{\varepsilon}}^{g}_{\mathrm{elas}} \tag{28.21}$$

对于第二种情况,弹性刚度张量$\underline{\underline{\boldsymbol{c}}}^{g}$ 是无损伤的,但载荷改变为($\underline{\tilde{\boldsymbol{\sigma}}}^{g}$,$\underline{\boldsymbol{\varepsilon}}^{g}_{\mathrm{elas}}$),其应变与第

一种情况相同,即为应变等效。其弹性行为由下式给出:

$$\tilde{\boldsymbol{\sigma}}^g = \underline{\underline{\boldsymbol{c}}}^g : \boldsymbol{\varepsilon}^g_{\text{elas}} \tag{28.22}$$

根据之前损伤的定义,等效应力(第二种情况)以及真实/真应力(第一种情况)有以下关系:

$$\tilde{\boldsymbol{\sigma}}^g = \frac{\boldsymbol{\sigma}^g}{1-d^g_{\text{dam}}} \tag{28.23}$$

$$\Rightarrow \tilde{\underline{\underline{\boldsymbol{c}}}}^g = (1-d^g_{\text{dam}})\underline{\underline{\boldsymbol{c}}}^g \tag{28.24}$$

对于能量等效,认为第二种情况需要改为载荷($\tilde{\boldsymbol{\sigma}}^g$,$\tilde{\boldsymbol{\varepsilon}}^g_{\text{elas}}$)。损伤情况下和无损伤情况下的弹性功可以认为是等效的,因此可得下列方程:

$$\tilde{\boldsymbol{\sigma}}^g : \tilde{\boldsymbol{\varepsilon}}^g_{\text{elas}} = \boldsymbol{\sigma}^g : \boldsymbol{\varepsilon}^g_{\text{elas}} \tag{28.25}$$

$$\Rightarrow \begin{cases} \tilde{\boldsymbol{\sigma}} = \dfrac{\boldsymbol{\sigma}^g}{\zeta(d^g_{\text{dam}})} = \dfrac{\boldsymbol{\sigma}^g}{\sqrt{1-d^g_{\text{dam}}}} \\ \tilde{\boldsymbol{\varepsilon}}^g_{\text{elas}} = \zeta(d^g_{\text{dam}})\boldsymbol{\varepsilon}^g_{\text{elas}} = \sqrt{1-d^g_{\text{dam}}}\,\boldsymbol{\varepsilon}^g_{\text{elas}} \end{cases} \tag{28.26}$$

现在引入二阶损伤张量$\underline{\boldsymbol{d}}^g_{\text{dam}}$。能量等效将通过进一步求导得到,为了确保弹性刚度张量的对称性,需要定义以下四阶损伤张量算子:

$$\tilde{\underline{\underline{\boldsymbol{c}}}}^g = \underline{\underline{\zeta}}(\underline{\boldsymbol{d}}^g_{\text{dam}}) : \underline{\underline{\boldsymbol{c}}}^g : \underline{\underline{\zeta}}^{\mathrm{T}}(\underline{\boldsymbol{d}}^g_{\text{dam}}) \tag{28.27}$$

从而有

$$\begin{cases} \tilde{\boldsymbol{\sigma}} = \underline{\underline{\zeta}}^{-1}(\underline{\boldsymbol{d}}^g_{\text{dam}}) : \boldsymbol{\sigma}^g \\ \tilde{\boldsymbol{\varepsilon}}^g_{\text{elas}} = \boldsymbol{\varepsilon}^g_{\text{elas}} : \underline{\underline{\zeta}}(\underline{\boldsymbol{d}}^g_{\text{dam}}) \end{cases} \tag{28.28}$$

最后一步要求定义损伤算子 $\underline{\underline{\zeta}}(\underline{\boldsymbol{d}}^g_{\text{dam}})$。不同的耦合形式均有可能,例如,可以选择 $\underline{\underline{\zeta}}(\underline{\boldsymbol{d}}^g_{\text{dam}}) = (1-\|\underline{\boldsymbol{d}}^g_{\text{dam}}\|)^{+\frac{1}{2}}\underline{\underline{1}}$。此时,则在晶粒尺度(介观)、RVE 尺度(宏观)的均一化时丧失了损伤各向异性效应。也可以选择 $\underline{\underline{\zeta}}(\underline{\boldsymbol{d}}^g_{\text{dam}}) = (\underline{\underline{1}}-\underline{\boldsymbol{d}}^g_{\text{dam}}\ \underline{\boldsymbol{d}}^g_{\text{dam}})^{+\frac{1}{4}}$,其余选择的详细描述见 Montheillet 和 Moussy(1988)。弹塑性行为中也可实现能量等效,将在之后的应用中涉及。

2)$\boldsymbol{N}=2$ 和 $\boldsymbol{N}=3$ 时的损伤尺度定义

根据实验结果(见 28.2 节),可以在介观尺度和/或微观尺度下定义损伤,在前一段中,使用在介观尺度下定义的损伤变量来表征应变和能量等效。

该方案基于具有内部变量的现象学微观方法,用于塑性行为(使用不可逆过程的热力学)。在 3 个尺度上定义塑性:宏观(RVE)、介观(晶粒)和微观(滑移系,尽管严格地说,这并非真是描述的尺度,而是一个投影步骤)。

定义热力学状态变量 d^s 和/或 $\underline{d}^g$,其分别代表微观或介观尺度的损伤,那么真正需要考虑多少尺度呢? 实际上,没有必要与塑性情况一样多。对于损伤,存在两种可能的建模方式,无论是在介观尺度(即 $N=2$)还是在微观尺度(即 $N=3$),后者可以解释为滑移系上的夹杂物或沉淀相的结果,如图 28.24 所示。

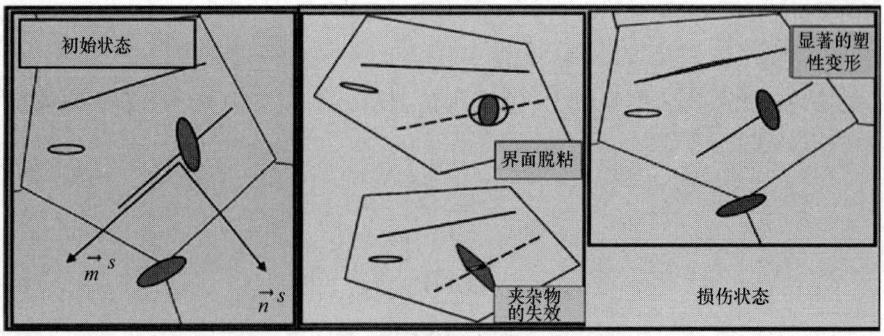

图 28.24　对应于微观损伤变量的损伤机理

3)损伤耦合

总能量等效可以直接/启发式地通过考虑损伤和无损伤场之间的关系(假设关系如式(28.28)所示),或间接地通过考虑热力学方法将不同行为与损伤联系起来,这两种方法很容易就能进行对比,并得出相同的结果。在本例中,使用了热力学的方法。

此外,还需要损伤率关系,例如 Lemaıtre 和 Chaboche(Lemaitre 和 Chaboche,2001)提出的关系(对于每个滑移系):

$$\dot{d}^s=\frac{\dot{\lambda}}{(1-d^s)^{\alpha_1}}\left\langle\!\!\left\langle\frac{y^s-\alpha_2}{\alpha_3}\right\rangle\!\!\right\rangle^{\alpha_4} \tag{28.29}$$

式中:α_i 为材料常数;y^s 为热力学损伤力,损伤变量 d^s 的对偶变量。

其他不同的模型也是可行的,特别的,式(28.29)所得的演变结果和实验结果一致(例如,UR45N DSS)。

28.3.4　*N* 尺度下损伤的(弹)塑性微观力学模拟

1. 通例

所选择的状态变量见表 28.2。

表 28.2　$N=3$ 的显式模型的状态变量

尺度	晶粒内的物理意义上的弹性 Ω	流量变量 $\underline{\varepsilon}_{\text{elas}}^{\Omega}$	载荷变量 $\underline{\sigma}^{\Omega}$
介观	晶间运动硬化	$\underline{\beta}^{\Omega}$	$\underline{X}^{\Omega}$
微观	晶内各向同性硬化	R^5	R_c^5
介观	晶粒内损伤	$-\underline{d}^{\Omega}$	$\underline{y}^{\Omega}$
微观	滑移系内损伤	d^5	y^s

亥姆霍兹自由能定义如下,表示弹性部分和塑性部分的总和,即各向同性硬化和动态硬化(损伤耦合):

$$\rho_0^g\boldsymbol{\Psi}_0^g=\frac{1}{2}\underline{\boldsymbol{\varepsilon}}_{elas}^g:\underline{\underline{\widetilde{\boldsymbol{c}}}}^g:\underline{\boldsymbol{\varepsilon}}_{elas}^g+\sum_{s,t\in g}\frac{1}{2}\widetilde{H}^{st}\boldsymbol{r}^s\boldsymbol{r}^t+\frac{Cc}{3}\underline{\boldsymbol{\beta}}^g:\underline{\boldsymbol{\beta}}^g+\boldsymbol{C}_{\text{ste}} \tag{28.30}$$

式中:$\underline{\underline{\widetilde{\boldsymbol{c}}}}^g$ 为损伤弹性刚度张量;$\widetilde{H}^{st}$ 为位错之间的损伤作用矩阵。该现象学方法中,位错密度被替换为硬化变量$\boldsymbol{r}^s$。此外,该式对于任意介观组分“g”(无论有多少相)均成立。

通过式(28.24)将弹性模量和损伤变量进行耦合,而塑性参数也可通过同样的方法(能量等效)进行耦合:

$$\widetilde{H}^{st}=\sqrt{1-d^s}\sqrt{1-d^t}\,H^{st} \tag{28.31}$$

还需要确定塑性/屈服判据,写作:

$$\widetilde{\boldsymbol{f}}^{s\in g}=\left|(\widetilde{\boldsymbol{\sigma}}^g-\widetilde{\underline{\boldsymbol{X}}}^g):\underline{\boldsymbol{M}}^s_{sym}\right|-(\widetilde{\boldsymbol{R}}^s_c+\boldsymbol{R}^s_{c0})\leqslant 0 \tag{28.32}$$

式中:$\underline{\boldsymbol{M}}^s_{sym}$ 为 Schimid 张量,定义了滑移系的方向;$\boldsymbol{R}^s_{c0}$ 为初始临界分切应力;$\widetilde{\boldsymbol{\sigma}}^g$,$\widetilde{\underline{\boldsymbol{X}}}^g$,$\widetilde{\boldsymbol{R}}^s_c$ 通过类似于式(28.28)的方程与损伤耦合。还需要通过 Gibbs-Duhem 关系定义固有耗散和耗散势:

$$\begin{aligned}\boldsymbol{\Phi}^g&=\boldsymbol{\Phi}^g_{\text{plas}}+\boldsymbol{\Phi}^g_{\text{dam}}\\&=(\underline{\boldsymbol{\sigma}}^g:\dot{\underline{\boldsymbol{\varepsilon}}}^g_{elas}-\underline{\boldsymbol{X}}^g:\dot{\underline{\boldsymbol{\beta}}}^g-\textstyle\sum_{s\in g}\boldsymbol{R}^s_c\ \dot{\boldsymbol{r}}^s)+(\boldsymbol{y}^g:\dot{\underline{\boldsymbol{d}}}^g-\textstyle\sum_{s\in g}\boldsymbol{y}^s\ \dot{\boldsymbol{d}}^s)\end{aligned} \tag{28.33}$$

$$\begin{aligned}F^{s\in g}&=F^{s\in g}_{\text{plas}}+F^{s\in g}_{\text{dam}}=(\tilde{f}^s+C^s_A r^s\widetilde{R}^s_c+C^g_B\underline{\beta}^g:\underline{X}^g)\\&\quad+\frac{\alpha^s_3}{(\alpha^s_4+1)(1-d^s)^{\alpha^s_1}}\left\langle\!\left\langle\frac{(\underline{y}^g\cdot\underline{M}^s_{sym}):\underline{M}^s_{sym}-(y^s+y^s_0)}{\alpha^s_3}\right\rangle\!\right\rangle^{\alpha^s_4+1}\end{aligned} \tag{28.34}$$

式(28.33)是非常初始的形式。通常,由损伤引起的耗散是可加的,使用后验相加的微观力学关系将两个尺度之间的损伤联系起来(Boudifa 等,2006)。有两组状态变量,但只有一组独立的物理自由度;两组状态变量之间可任意关联(例如,算术平均;Hfaiedh 等,2009)。相反,利用上述方法时无需添加相应的方程。由于该选择的特殊性,两个尺度是相关联的,但存在两种损伤机制。一种是沿着滑移系,而另一种是在整个晶粒中。这种损伤的描述类似于用于塑性的描述,这意味着获得了与损伤的“各向同性硬化”相当的“屈服损伤表面”(与屈服塑性表面做比较)。这里有意将描述塑性的方法移植到损伤过程中,尽管严格来说,并不存在损伤的流变/屈服。

最后,式(28.33)中的损伤率演变也是很原始的形式,它是对 Lemaitre 和 Chaboche(2001)的方程模型的修改,后者也可以通过类比塑性准则进行修改。Macaulay 括号中的项可视为损伤判据,选择$(\underline{y}^g\cdot\underline{M}^s_{\text{sym}}):\underline{M}^s_{\text{sym}}$ 而不是表达式 $\underline{y}^g\cdot\underline{M}^s_{\text{sym}}$ 的原因将在后续讨论。在这种模式中,介观尺度的损伤可以直接从滑移系的损伤中获得,而这在以前的研究中是不可能的。

塑性乘数可以通过不同的假设来计算,Cailletaud 方法在此处被认为是用于与时间有关的塑性材料的(即具有黏塑性)。因此,塑性乘数由(Besson 等,2001)给出:

$$\dot{\lambda}^s=\left\langle\!\left\langle\frac{f^s}{C^s_K}\right\rangle\!\right\rangle^{C^s_N} \tag{28.35}$$

与时间无关的塑性情况可以通过特定的式(28.35)的材料参数选择来确定。

通过添加控制宏观尺度的方程(对应局部化的式(28.7)和对应均一化的式(28.9),它们或多或少都有些复杂(Bornert 等,2001)),可以得到完整的微分和代数方程组,输入应变增量,可以得到所有未知变量(在所考虑的尺度上)的演变。问题在于该模型中使用的材料参数的数量必须通过实验确定,除了式(28.30)~式(28.35)中提出的参数,还必须定义晶粒数量、活跃的滑移系的数量、初始临界分切应力和 ODF。后者可以通过织构检测

(XRD 或 EBSD)得到,其他参数可以通过宏观力学实验或使用衍射方法与力学实验相结合来确认,如前所述。

2. 单相($M=1$)三尺度($N=3$)模型

基于热力学理论,对于单相($M=1$)材料的状态和耗散之间的关系表示如下:

$$\underline{\sigma}^g=\rho^g\frac{\partial\Psi^g}{\partial\underline{\varepsilon}^g_{\mathrm{elas}}}=\underline{\underline{\widetilde{c}}}^g:\underline{\varepsilon}^g_{\mathrm{elas}}=\underline{\underline{\zeta}}(d^g):\underline{\underline{c}}^g:\underline{\varepsilon}^g_{\mathrm{elas}}:\underline{\underline{\zeta}}(d^g) \tag{28.36}$$

$$R_c^{s\in g}=\rho^g\frac{\partial\Psi^g}{\partial r^{s\in g}}=\sum_t\widetilde{H}^{st\in g}r^{t\in g}=\sum_t\sqrt{1-d^{s\in g}}\sqrt{1-d^{t\in g}}H^{st\in g}r^{t\in g} \tag{28.37}$$

$$\underline{X}^g=\rho^g\frac{\partial\Psi^g}{\partial\underline{\beta}^g}=\frac{2Cc}{3}\underline{\beta}^g \tag{28.38}$$

$$\dot{r}^{s\in g}=-\dot{\lambda}^{s\in g}\frac{\partial F^{s\in g}}{\partial\tau_c^{s\in g}}=\frac{\dot{\lambda}^{s\in g}}{\sqrt{1-d^{s\in g}}}(1-C_A^{s\in g}r^{s\in g}) \tag{28.39}$$

$$\underline{\dot{\beta}}^g=-\sum_s\dot{\lambda}^{s\in g}\frac{\partial F^{s\in g}}{\partial\underline{X}^g}=\underline{\dot{\varepsilon}}^g_{\mathrm{plas}}-C_B^g\underline{\beta}^g\sum_s\dot{\lambda}^{s\in g} \tag{28.40}$$

$$\underline{\dot{\varepsilon}}^g_{\mathrm{plas}}=\sum_s\dot{\lambda}^{s\in g}\frac{\partial F^{s\in g}}{\partial\underline{\sigma}^g}=\underline{\underline{\zeta}}^{-1}(\underline{d}^g_{\mathrm{dam}}):\sum_s\dot{\lambda}^{s\in g}\underline{M}^{s\in g}_{\mathrm{sym}}\mathrm{sign}((\underline{\widetilde{\sigma}}^g-\underline{\widetilde{X}}^g):\underline{M}^{s\in g}_{\mathrm{sym}}) \tag{28.41}$$

其中,$\dot{\lambda}^{s\in g}$ 为塑性乘数。如前所述,后者可以通过式(28.35)进行计算。与损伤变量相关的关系式如下:

$$\underline{y}^g=-\rho^g\frac{\partial\Psi^g}{\partial\underline{d}^g}=-\frac{1}{2}\underline{\varepsilon}^g_{\mathrm{elas}}:\frac{\partial\underline{\underline{\widetilde{c}}}^g_{\mathrm{elas}}}{\partial\underline{d}^g}:\underline{\varepsilon}^g_{\mathrm{elas}}\approx\frac{1}{3}\frac{\underline{d}^g}{\|d\|^g}E^{g,\mathrm{und}}_{\mathrm{elas}}\underset{\approx}{\underline{(\underline{d}^g\approx d^g\underline{1})}}\frac{E^{g,\mathrm{und}}_{\mathrm{elas}}}{3}\underline{1} \tag{28.42}$$

$$\underline{y}^{s\in g}=-\rho^g\frac{\partial\Psi^g}{\partial d^{s\in g}}=-\sum_t\frac{\sqrt{1-d^{t\in g}}}{2\sqrt{1-d^{s\in g}}}H^{st\in g}r^{s\in g}r^{t\in g}\underset{\approx}{\underline{(\forall s,t,d^s\approx d^t)}}-E^{s\in g,\mathrm{und}}_{\mathrm{plas}} \tag{28.43}$$

$$\underline{\dot{d}}^g=\sum_s\dot{\lambda}^{s\in F}\frac{\partial F^{s\in F}_{\mathrm{dam}}}{\partial\underline{y}^F}=\sum_s\dot{d}^{s\in g}\underline{M}^{s\in g}_{\mathrm{sym}}\cdot\underline{M}^{s\in g}_{\mathrm{sym}} \tag{28.44}$$

$$\begin{aligned}\underline{\dot{d}}^{s\in g}&=\dot{\lambda}^{s\in g}\frac{\partial F^{s\in g}_{\mathrm{dam}}}{\partial y^{s\in g}}\\&=\frac{\dot{\lambda}^{s\in g}}{(1-d^{s\in g})^{\alpha_1^{s\in g}}}\left\langle\!\!\left\langle\frac{(\underline{y}^g\cdot\underline{M}^{s\in g}_{\mathrm{sym}}):\underline{M}^{s\in g}_{\mathrm{sym}}-(y^{s\in g}+y_0^{s\in g})}{\alpha_3^{s\in g}}\right\rangle\!\!\right\rangle^{\alpha_4^{s\in g}}\end{aligned} \tag{28.45}$$

$$\approx\frac{\dot{\lambda}^{s\in g}}{(1-d^{s\in g})^{\alpha_1^{s\in g}}}\left\langle\!\!\left\langle\frac{E^{g,\mathrm{und}}_{\mathrm{elas}}\|\underline{M}^{s\in g}_{\mathrm{sym}}\|^2+E^{s\in g,\mathrm{und}}_{\mathrm{plas}}-y_0^{s\in g}}{\alpha_3^{s\in g}}\right\rangle\!\!\right\rangle^{\alpha_4^{s\in g}} \tag{28.46}$$

式中:$E^{g,\mathrm{und}}_{\mathrm{elas}}$ 为无损伤晶粒的弹性能;$E^{s\in g,\mathrm{und}}_{\mathrm{plas}}$ 为无损伤滑移系的累计能。式(28.41)中,引入了损伤算子 $\underline{\underline{\zeta}}(\underline{d}^g)=(1-\|\underline{d}^g\|)^{+\frac{1}{2}}\underline{\underline{1}}$,由此可得到损伤力 $\underline{y}^F$,该力与晶粒尺度的方向线性相关并且与晶粒中的弹性能成比例关系,其对应于造成损伤的第一个机制。即使对于各向异性损伤 d^F,简单耦合函数 $\underline{\underline{\zeta}}(\underline{d}^g)$(例如,具有迹线)将产生各向同性的损伤力 $\underline{y}^F$。具有各向异性耦合(例如,具有张量积)的更复杂的函数将产生对 $\underline{d}^F$ 非线性依赖的损伤力

$\underline{y}^F$,从而增强损伤的各向异性。我们最终的选择是基于晶粒尺度描述的复杂性和相同尺度下各向异性效应的简化之间的折衷的。

式(28.43)中,在微观水平上线性地依赖于 $y^{s\in g}$ 的损伤力可以通过位错的滑移,用存储在系统中的塑性能来近似确认,这是造成损伤的第二种机制。

利用热力学势,通过式(28.44)中的热力学公式直接获得介观和微观损伤之间的关系。式(28.45)对应于滑移系中的损伤演化,但同时取决于塑性能(在相同尺度下)和弹性能(在更高尺度下),这说明引入了两种机制的综合效应,但这并非现存方法的情况。

3. 两相($\boldsymbol{M}$=2)三尺度($\boldsymbol{N}$=3)模型

上述等式可以扩展到两种相的情况,考虑 $\boldsymbol{A}$ 相和 $\boldsymbol{B}$ 相的晶粒。例如,假设损伤可能出现在其中一个相($\boldsymbol{B}$ 相);对于 $\boldsymbol{B}$ 相,可得到与式(28.36)~式(28.46)相同的方程,但只有式(28.35)~式(28.41)是有效的。

28.3.5　数值结果与讨论

通过经典方法,在 FEA 代码中实现微观-宏观多晶塑性模型。每个宏观有限元的积分(或高斯)点由有限数量的晶粒集合表示,该集合对应于典型的代表性体积单元(RVE),从经典 FEA 获得的宏观应变张量均匀应用于该体积单元,根据上面给出的自洽模型计算该 RVE 在宏观总应变张量方面的力学解(参见,Anand,2004;Cailletaud 等,2003;Habraken 和 Duchene,2004;Miehe 和 Schotte,2004;Raabe 和 Roters,2004)。本工作中,根据 Cailletaud 等(2003)给出的方案,前述提出的模型已经在连接到 FE 代码 ZéBuLoN(ZeBuLoN,2008)的 Z-MAT 包中实现。

对于全局解析方案,使用具有静态隐式解析过程的 ZéBuLoN 求解器。对于更复杂的计算(例如,金属成形),使用动态显式解析方法,其中,采用 ABAQUS 与 Z-MAT 相连的 Z-ABA 界面,将 ABAQUS /显式 FE 代码与 Z-MAT 中的材料模型相连接(参见 ZéBuLoN 用户手册(ZéBuLoN,2008)),由于避免了迭代过程以及自洽切线矩阵的计算(见 Saanouni,2012),动态显示解析方案将成为首选。

28.4　应用与数值结果

28.4.1　单相材料试验

1. 模型的参数研究

上述提出的本构方程已经在通用有限元代码 ZéBuLoN(2008)中得以实现,从而进行了数值模拟。本节仅对所提出的模型的数值结果进行分析,通过将 RVE 作为材料点以及对拉伸试样进行 3D 建模,作出相对详细的参数研究,以此来完成数值模拟,其中研究了不同数量和不同初始方向的晶粒。

使用四阶 Runge-Kutta 积分方法,用 ZéBuLoN 用户手册(ZéBuLoN,2008)中所示的子程序,实现了本构方程及其数值积分。建模中,每个有限元的积分(或高斯)点设为 N^g 个晶粒的集合。每个晶粒中,$N^{s\in g}<12$ 的晶体滑移系都可能具有潜在的活跃性。再对所有的集合晶粒上进行一个循环,并使用合适的局部方程计算相应晶粒的应力张量 $\underline{\boldsymbol{\sigma}}^g$

(Hfaiedh,2009)。对于每个晶粒,在 12 个滑移系上再次循环,通过 $\tau^s = \underline{\widetilde{\sigma}}^g : \underline{M}^s_{\mathrm{sym}}$ 关系以及包括硬化和损伤演变在内的所有相关力学场来计算分切应力(式(28.36)~式(28.46))。再者,计算每个颗粒的旋转张量,允许在加载过程中更新织构。对于包含 N^G 个高斯点的 N^e 个单元的演化问题,在每个载荷增量处计算的未知数的数量约为 $N^e \times N^G \times (7+45N^g)$。

2. RVE 的应用

本节主要研究晶粒数 N^g 及其初始取向对所提出模型预测数值结果的影响。每一个研究的集合贡献于某一个方向上施加的总应变,换句话说,施加了宏观应变分量 E_{11},并且除了分量 Σ_{11} 之外,所有的应力分量都固定为零。根据宏观米塞斯等效应力 $\Sigma_{\mathrm{eq}} = \sqrt{3\underline{\Sigma}^{\mathrm{dev}}} : \underline{\Sigma}^{\mathrm{dev}}/2$ 与宏观累积塑性应变 $P = \sqrt{3\underline{\Sigma}^{\mathrm{dev}}} : \underline{E}^{\mathrm{dev}}/2$ 之间的关系、宏观损伤 D_{dam} 与 P 之间的关系以及欧拉角(φ_1,ϕ,φ_2)与 P 之间的关系,对结果进行了分析。

关于材料参数的值,它们对于所有集合应该是相同的,并且它们的数值均取自 Hfaiedh(2009)(针对 $N^g=24$ 定义),如表 28.3 所列。

表 28.3　针对 RVE 的钢铁材料的弹塑性参数

E/MPa,v	C_c/MPa	$C_A^{s\in g}$/MPa	$C_N^{s\in g}$
200000,0.3	30067	26.7	25
$C_K^{s\in g}$/MPa	$C_{c0}^{s\in g}$/MPa	$H^{st\in g}$/MPa	C_B^g
50	145	50	74.4
$\alpha_3^{s\in g}$/MPa	$\alpha_1^{s\in g}$	$\alpha_4^{s\in g}$	$y_0^{s\in g}$/MPa
0.84	2	60	0.001

通过损伤对织构演化的影响,检验 N^g 在完全耦合(即具有损伤效应)和非耦合(无损伤效应)计算中的影响。对于所考虑的材料点(或集合),研究了 N^g:N^g 为 24、50、100 和 500 个晶粒的 4 个值。

图 28.25 所示为 N^g 的 4 个值以及非耦合和完全耦合方法中的应力-应变曲线之间的比较。对于非耦合模型,当硬化完全饱和时,结果与 N^g 是准独立的。正如预期的那样,最好的方案是获得最多的晶粒数($N^g=500$),而较低的晶粒数($N^g=24$)在 $P\geqslant 30\%$时才能得到相同的饱和等效应力 $\Sigma_{\mathrm{eq}}=550$MPa。然而,对于完全耦合模型,其数值解高度依赖于 N^g。实际上,N^g 的值越高,材料韧性值(即断裂时的宏观累积塑性应变)越低。如图 28.26 所示的具有较高晶粒数的集合,其损伤率也较高,图中为总宏观损伤 D_{dam} 与宏观累积塑性应变 P 之间的关系曲线。

3. 单轴拉伸试验的应用

本节主要研究所提出的模型在拉伸实验中的应用,其中对试样进行三维建模。试样的尺寸为 36mm×12mm×1mm,以恒定位移速率 $\dot{u}_1=0$mm/s,$\dot{u}_2=0.1$mm/s,$\dot{u}_3=0$mm/s 进行加载,载荷施加于试样顶端,而其底侧被完全夹紧($u_1=u_2=u_3=0$)。根据 ZÉBULON 单元库(ZéBuLoN,2008),试样划分为 432 个尺寸为 $\Delta x=1$mm 的 C3d20R 型单元(36×12×1)。为了节省 CPU,试样厚度仅设为一个单元厚度。C3d20R 为三维(实心)二次六面体单元,具有 20 个节点,并且只有 4 个正交或高斯点的积分,材料参数的值在表 28.3 中给出。为了说明初始微观结构对耦合和非耦合模型的数值预测结果的影响,分别考虑了 $N^g=1$、12、24 和 100 个晶粒的集合。为了节省 CPU,仅使用 $N^g=24$ 的晶粒集合研究织构演变的影响。

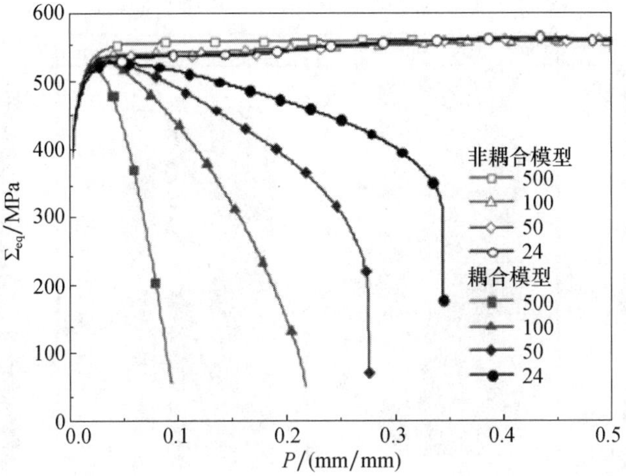

图 28.25　针对带织构演化的非耦合和全耦合模型，N^g 对宏观等效应力-等效塑性应变曲线的影响(Hfaiedh 等,2009)

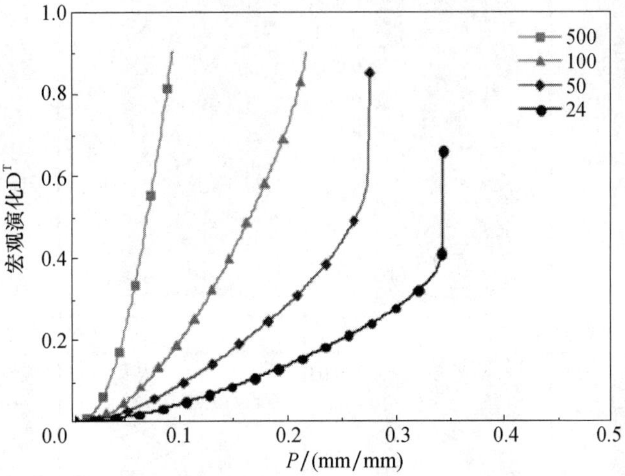

图 28.26　带织构演化的全耦合模型中，N^g 对宏观损伤演化的影响(Hfaiedh 等,2009)

4. 团簇和织构对塑性局部化的影响

为了研究多晶团簇对局部化模式的影响(形成众所周知的剪切带)，考虑了具有 N^g = 1、24 和 100 个晶粒的三种团簇，团簇中具有两种不同的初始晶粒取向(织构 1 和织构 2)，织构的演变也考虑在内。

图 28.27 所示为对于两个不同的施加位移值，试样内部的宏观累积塑性应变的分布，它对应于非耦合模型但考虑织构演化时的预测结果。塑性应变局部化模式对每个团簇内的晶粒数量以及晶粒的初始取向非常敏感，对于少量晶粒(N^g = 24)，其剪切带的宽度较小，如与单晶团簇的比较看出的那样(图 28.27(a)和(b))。N^g = 24(图 28.27(c)和(d))和 N^g = 100(图 28.27(e)和(f))的团簇之间也存在差异。另外，如图 28.27(b)、(d)和(f)所示，塑性应变的局部化对于织构 2 而言更加明显。值得注意的是，N^g 值越高，剪切带相对于试样轴(或加载方向)所形成的角度也越高，特别地，对于 N^g = 100 个晶粒，该角

度对于织构 1(图 28.27(e))恰好是 90°,对于织构 2(图 28.27(f))则接近 80°。

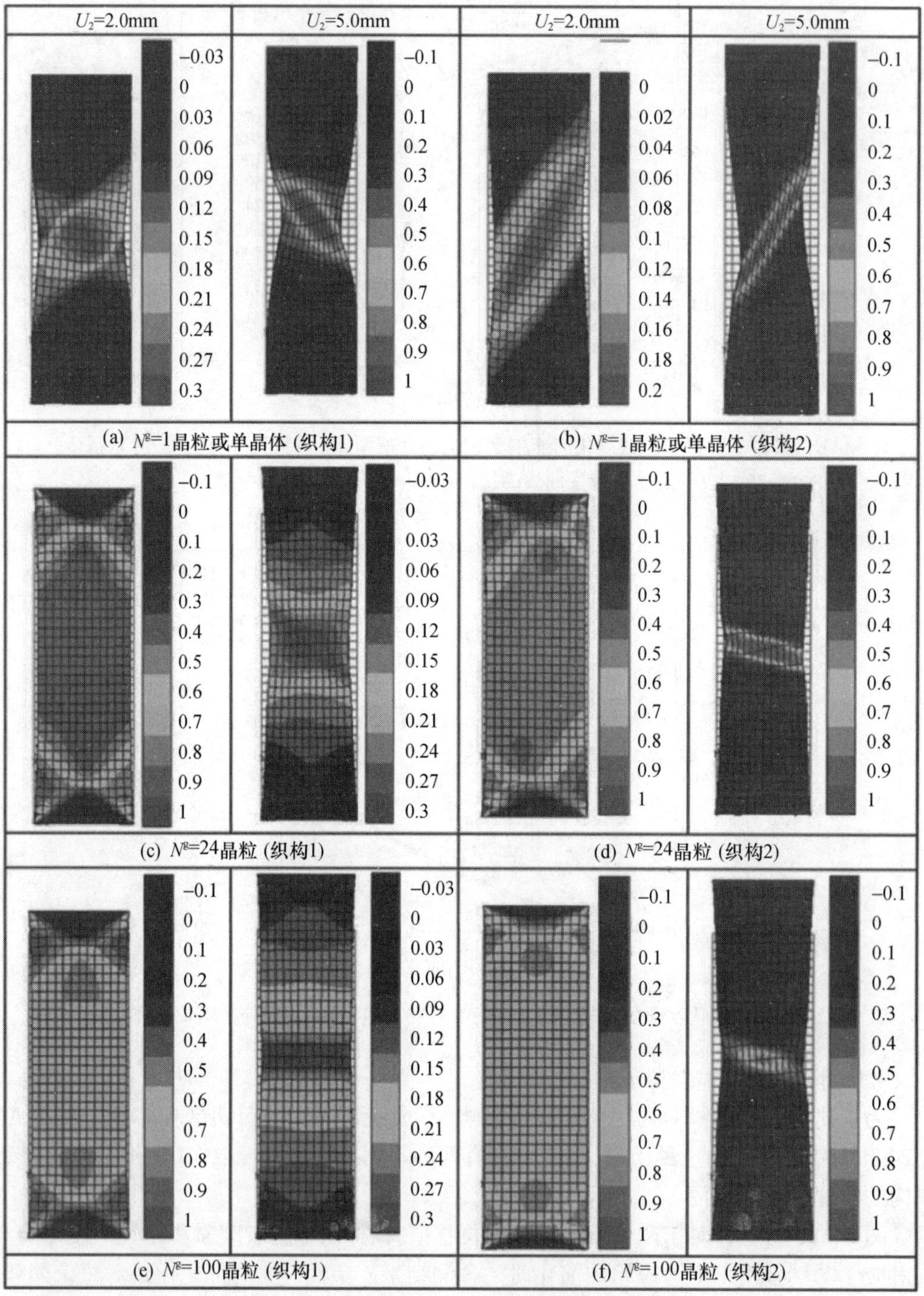

图 28.27　针对不同的N^g,在两个位移值处的宏观塑性应变的分布
(Hfaiedh 等,2009)(彩图)

该结论同样适用于如图 28.28 中所示的宏观损伤的分布,其中剪切带内的损伤的局部化似乎比塑性应变更加明显。从图 28.28 中可以看出,晶粒数越高,最终断裂发生得就

越早：对于单晶聚合体的两个初始织构为 $u_2^{fr} \geqslant 5.0$mm（图 28(a)和(b)），对于 $N^g=24$ 的团簇为 $3.25 \leqslant u_2^{fr} \leqslant 3.95$mm（图 28(c)和(d)），以及对于 $N^g=100$ 的团簇为 $2.40 \leqslant u_2^{fr} \leqslant 2.58$mm（图 28.28(e)和(f)）。

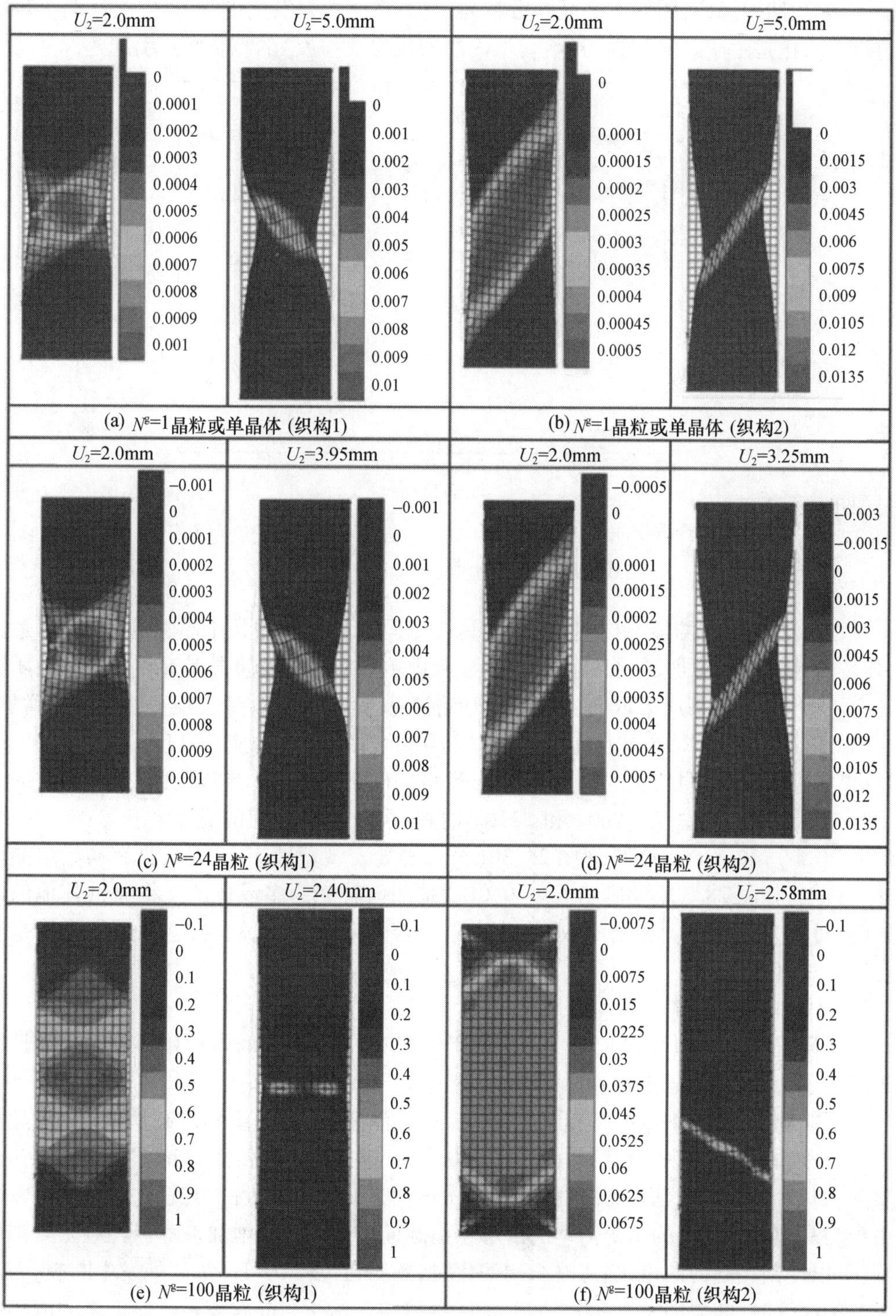

图 28.28　在N^g 的不同位移值处，宏观损伤的分布（Hfaiedh 等，2009）（彩图）

图 28.29 所示为 N^g = 12、24 和 100 个晶粒且具有相同初始取向(织构 1)的 3 个团簇的完全耦合和非耦合模型预测的力-位移曲线。对于 3 个团簇的非耦合模型,其力-位移曲线大致相似,其中观察到的软化仅仅是由于扩散型颈缩引起的。然而,对于完全耦合的情况,正如预期的那样,团簇中的晶粒数越高,其最终的断裂发生得就越早,此情况下观察到的明显软化是由于颈缩和损伤(剪切带内的宏观裂纹扩展)的综合影响引起的。

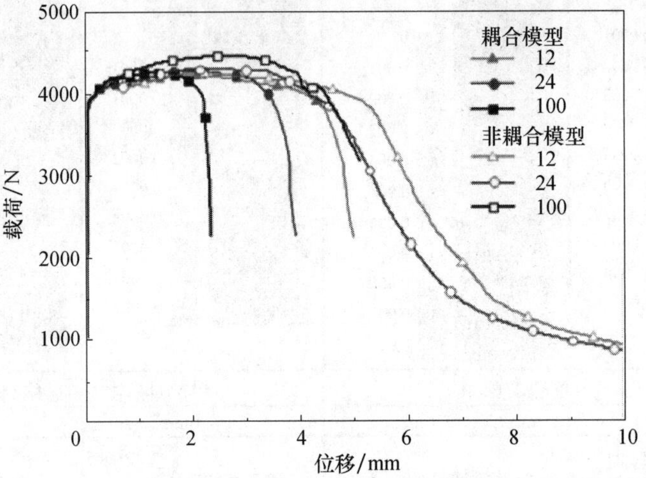

图 28.29　在耦合和非耦合模型中,针对具有不同晶粒数量和不同初始织构的团簇,以载荷-位移曲线给出的总解的对比(Hfaiedh 等,2009)

现在考虑"单晶"的情况(这里定义为具有相同初始取向的几个晶粒的团簇)。考虑了:随着塑性应变的增加,使织构演变能够显示由单取向多晶团簇向多重取向的多晶团簇的转变。实际上,如果从单取向多晶团簇开始计算,则能够观察到宏观塑性应变的增加。如图 28.30 所示,剪切带内塑性应变高度局部化,产生了较高的应变梯度,从而导致了取向差,事实上,根据不同的宏观塑性应变增量,可以确定位于剪切带周围的 24 个晶粒的去向,图 28.30 所示为晶面{200}和{220}的极图。值得注意的是,对于 E_{22} = 50.0%(图 28.30(b))和 E_{22} = 100.0%(图 28.30(c)),随着宏观塑性应变增加,具有初始单晶取向的材料点(如图 28.30(a)所示 E_{22} = 0.0%)是如何转变为多晶体的。将通过其他的研究探明,对于"单晶"不同的初始取向,此现象是否是系统性的,同时,这种转变模式是否符合试验观察结果。

5. 织构演变的影响

本节研究了完全耦合和非耦合模型中织构演变的影响,同时与使用恒定织构的计算结果进行了比较,为了简化和节省 CPU,仅研究 N^g = 24 的情况。

对于非耦合模型(图 28.31 和图 28.32),可以注意到,如果织构没有演化(没有晶粒旋转),那么由颈缩引起的软化很早就在 u = 0.7 mm 附近出现,然而,当考虑晶粒旋转时,观察到软化阶段的明显延迟,并且在 u = 3.5 mm 附近观察到最大的力值,这种延迟可以通过由于与晶粒旋转相关的多个活动的滑移系引起的应变硬化的增加来解释。对完全耦合模型,可以得到相同的结论,当忽略织构演化时,预测在位移 u = 1.5 mm 处发生断裂,而当考虑织构演变时,断裂则发生在 u = 4.0 mm 处,这也是由于当晶粒旋转时使更多的滑移系发生作用导致硬化阶段的增强。如图 28.33 所示,该结论能够通过断裂(或韧性)下宏观塑性应变的分布得到证实，可以清楚地看到，当考虑织构演化时的 $P\approx33\%$，而当忽略晶粒旋转时，则有 $P\approx8.25\%$。

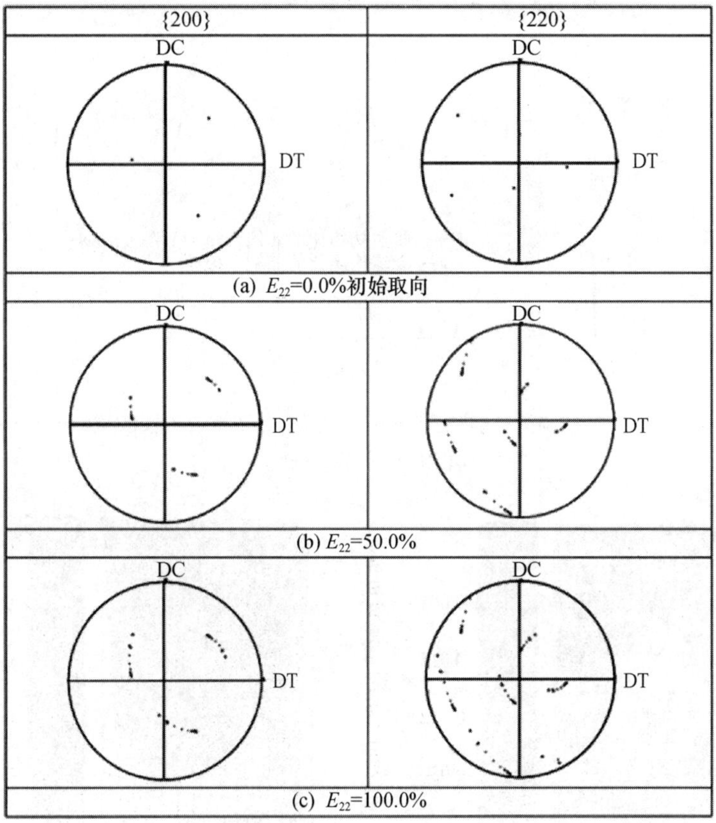

图 28.30　两个晶面{220}和{200}的极图，从具有相同初始取向的 24 个晶粒得到(Hfaiedh 等，2009)

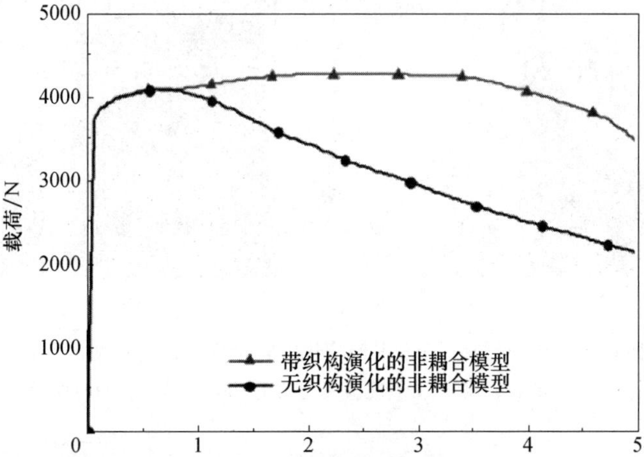

图 28.31　用非耦合模型预测的、具有随机织构的 24 个晶粒的团簇的载荷-位移曲线的对比(Hfaiedh 等，2009)

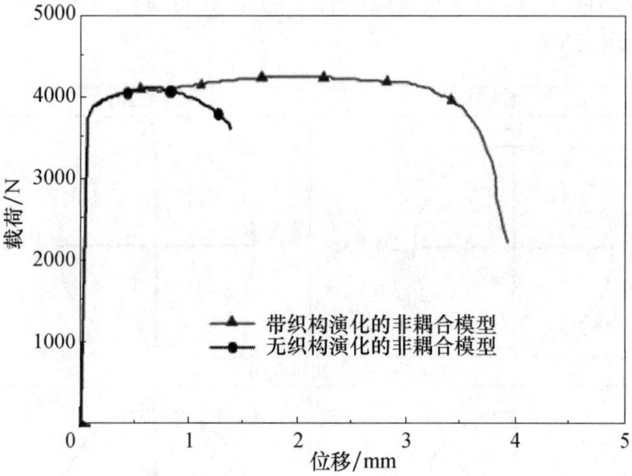

图 28.32　用完全耦合模型预测的、具有随机织构的 24 个晶粒的团簇的载荷-位移曲线的对比（Hfaiedh 等，2009）

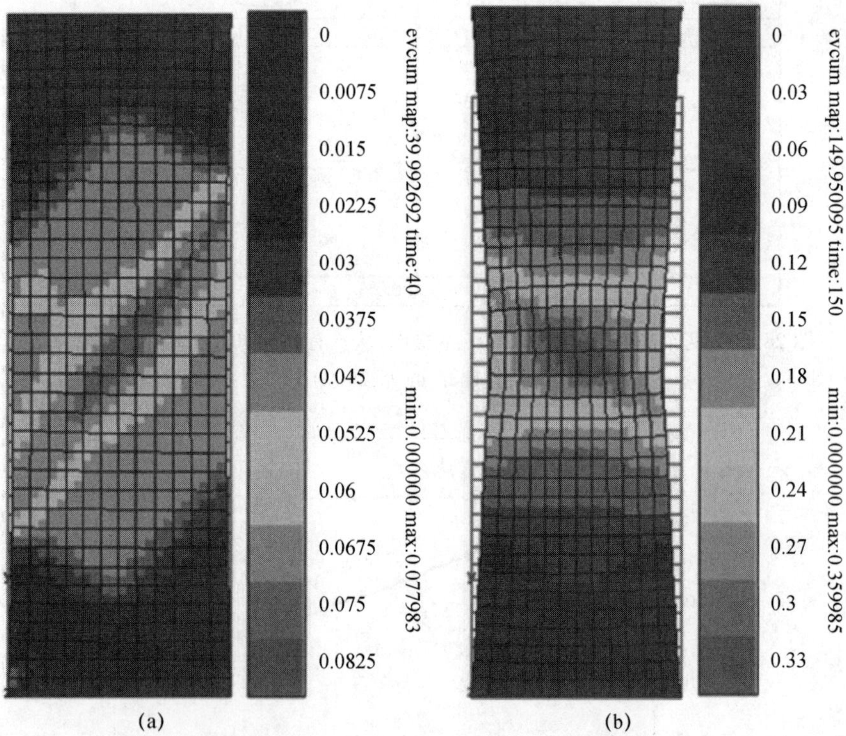

图 28.33　用（a）无织构演化和（b）带织构演化的完全损伤模型预测的、24 个晶粒的初始随机的团簇的宏观等效塑性应变分布（Hfaiedh 等，2009）（彩图）

28.4.2　应用于铜

最后，将数值结果与针对铜获得的实验（宏观和介观）数据进行比较，宏观数据包括在单轴拉伸实验中获得的载荷-位移曲线（图 28.34），表 28.4 所示为铜的材料参数值。

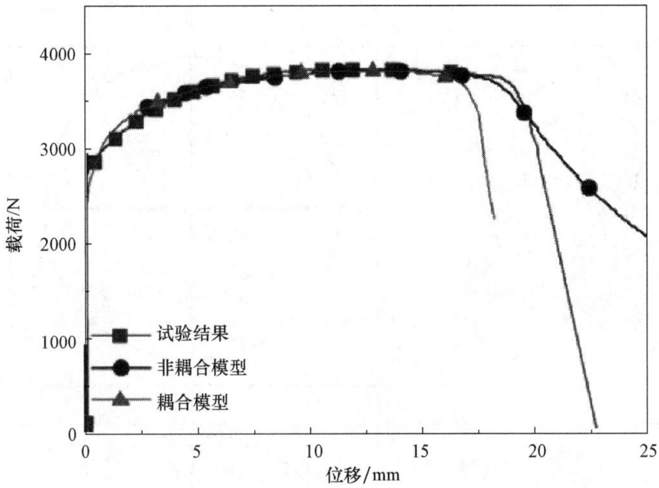

图 28.34　数值和试验的载荷-位移曲线之间的对比(Hfaiedh 等,2009)

表 28.4　铜的弹塑性参数

E/MPa, v	C_c/MPa	$C_A^{s\in g}$/MPa	$C_N^{s\in g}$
125000, 0.33	4730	15	25
$C_K^{s\in g}$/MPa	$C_{c0}^{s\in g}$/MPa	$H^{st\in g}$/MPa	C_B^g
50	51.3	85	4.4
$\alpha_3^{s\in g}$/MPa	$\alpha_1^{s\in g}$	$\alpha_4^{s\in g}$	$y_0^{s\in g}$/MPa
4	7.2	60	0.001

图 28.34 所示为通过载荷-位移曲线给出的试样整体响应,包括完全耦合和非耦合模型预测的以及铜的实验结果,耦合模型的结果近似于临界阶段的实验曲线形状,$\alpha_3^{s\in g}$ 参数的影响对于获得相同的曲线是很重要的。

对于图 28.35 中的两个晶面{111}和{220},给出了实验极图和等效塑性应变为 23% 的数值模拟之间的比较。结果表明,实验和模拟之间具有相对良好的一致性,尤其是在少量晶粒($N^g = 24$)的数值模拟中。

28.4.3　两相材料试验

本节研究双相不锈钢的数值模拟。在确定最终的材料参数之前,已经对其影响进行了研究。实验结果与曲线之间的比较仅是定性的,但可以表明上述模型模拟两相材料行为的能力。本工作的目的是说明这种建模方法不仅可以再现宏观行为,还可以精确应用于较小的尺度。

1. 损伤前行为

在试验确认之前,研究了塑性参数对 $N^g = 20$ 的晶粒团簇的宏观和介观行为的影响。固定其中几个材料参数,包括从 Le Joncour 等(2011)的文献中获得的宏观和晶粒弹性张量。

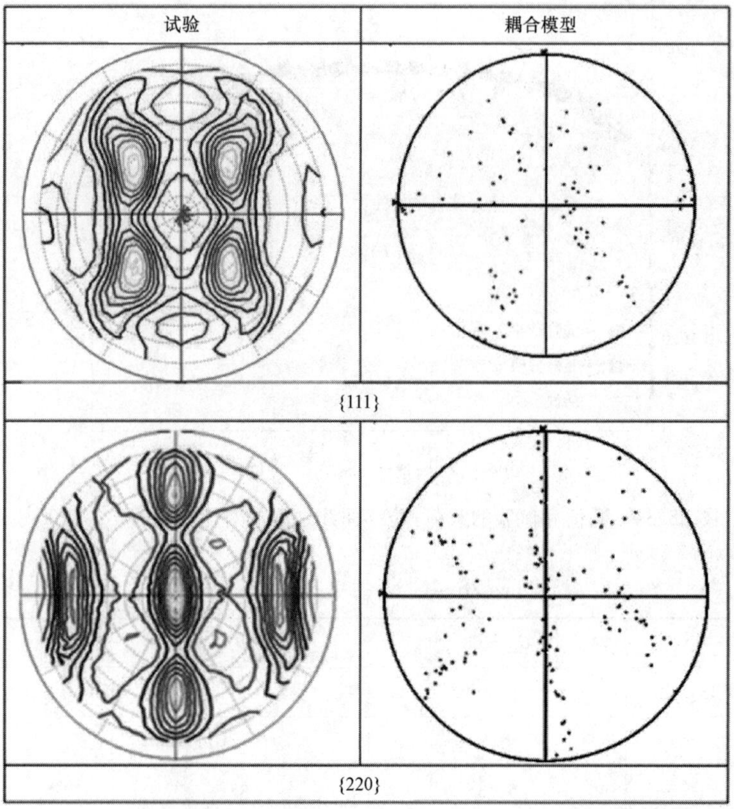

图 28.35　在 23%的等效塑性应变处的试验极图和耦合模型的结果之间的对比（Hfaiedh 等,2009）

晶粒团簇中的每相含量均为 50%,并采用奥氏体(第 1 阶段)和铁素体(第 2 阶段)滑移系进行进一步确认。在奥氏体中,选择 12 个滑移系(FCC:<110> {111}),而在铁素体中选择 24 个(BCC:<111> {211},<111> {110})。

表 28.5 和表 28.6 为所选择的两相材料的弹塑性参数。

表 28.5　奥氏体的弹塑性参数

C_{ijkl}/MPa	C_C/MPa	$C_A^{s\in g}$	$C_N^{s\in g}$
LeJoncour(2011)	Evrard(2008)	1、2.5 和 5*	25
$C_K^{s\in g}$	$R_{c0}^{s\in g}$	$H^{st\in g}$/MPa	C_B^g
50	75	175、225、275	0.5、1、2、3、5*

表 28.6　铁素体的弹塑性参数

C_{ijkl}/MPa	C_C/MPa	$C_A^{s\in g}$	$C_N^{s\in g}$
LeJoncour(2011)	Evrard(2008)	1、2.5 和 5*	25
$C_K^{s\in g}$	$R_{c0}^{s\in g}$	$H^{st\in g}$/MPa	C_B^g
50	350	60、110、260	0.5、1、2、3、5*

根据 Evrard(2008),可以从铁素体和奥氏体的剪切模量μ中得到C_C参数。采用$C_N^{s\in g}$和$C_K^{s\in g}$来最小化模拟的时间依赖性和微积分处理时间。从介观行为阈值中可以很容易确认参数$R_{c0}^{s\in g}$,该参数取决于每个相的塑性转变和残余应力(已在 Le Joncour 等(2011)中给出)。为了避免损伤效应,$y_0^{s\in g}$的选择是非常重要的(约为10^{11} MPa)。

最后,表 28.5 和表 28.6 中的灰参数具有不同的值,它们的影响可在图 28.36、图 28.37 和图 28.38 看出。

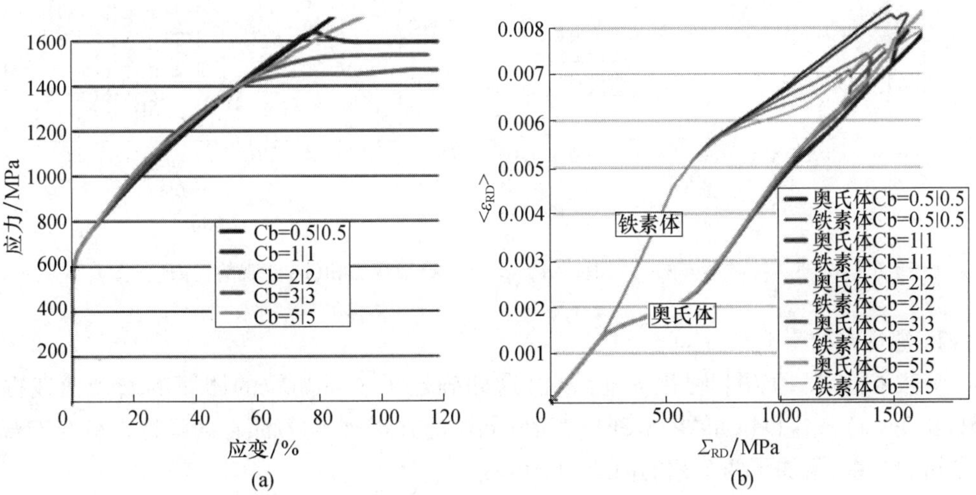

图 28.36 针对不同的C_B^g值(=0.5,1,2,3 或 5) (a)宏观的和(b)介观的行为(彩图)

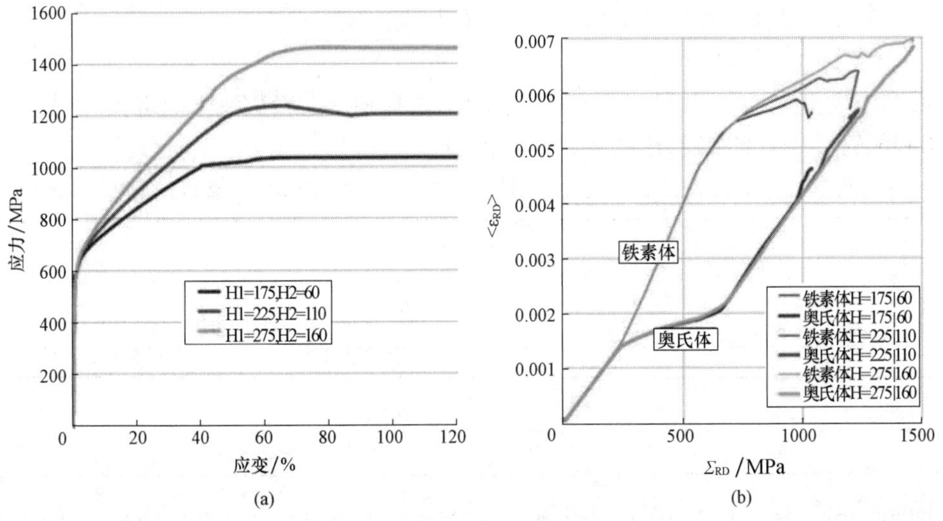

图 28.37 针对不同的$H^{st\in g}$值(第一阶段:175,225,275;第二阶段:60,110,260) (a)宏观的和(b)介观的行为(彩图)

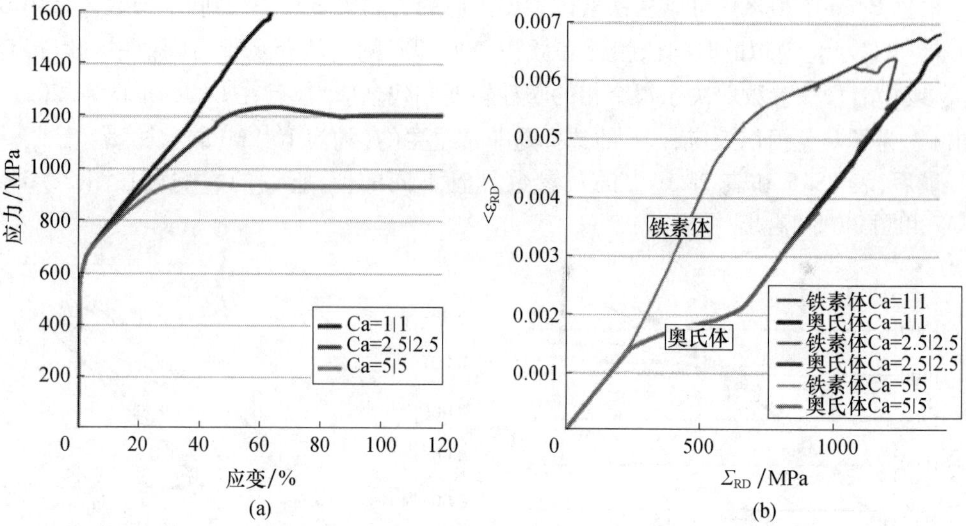

图 28.38　针对不同的$C_A^{s\in g}$值(=1,2.5,5)(a)宏观的和(b)介观的行为(彩图)

2. 塑性参数影响

参数C_B^g控制动力学硬化的非线性,这即确定了少量晶粒的团簇的宏观曲线框架(图 28.36(a)),这也以如图 28.36(b)所示同样的方式,影响着晶粒的弹性应变与宏观应力之间的关系,增加了两个相的曲线的非线性。

$H^{st\in g}$交互矩阵的每个分量之间是相等的,因此,该参数确定了各向同性硬化的强度。如图 28.37(a)所示,通过增加H,塑性阶段宏观曲线的斜率增加,随之饱和应力增加。通过改变塑性阶段的斜率和两个阶段的最终应力来影响介观曲线(图 28.37(b))。

图 28.38 中,可以看出参数$C_A^{s\in g}$的影响,它决定着硬化饱和的速度,该参数的增加导致曲线上铁素体和奥氏体中的最终应力在相的尺度上发生递减。

3. 与实验数据的比较

研究塑性参数之后,针对 20 个晶粒的团簇,选择相应的参数值来确定 28.2 节中提出的 UR45N 的宏观局部曲线,这些参数见表 28.7。

表 28.7　用于损伤的参数研究,针对图 28.39(a)和(b)的模拟的塑性参数

奥氏体		
C_B^g	$H^{st\in g}$/MPa	$C_A^{s\in g}$
30	260	1.3
铁素体		
C_B^g	$H^{st\in g}$/MPa	$C_A^{s\in g}$
30	130	1.5

图 28.39(a)中可以看出,对于宏观行为,实验和模拟之间具有良好的相关性,由于只考虑塑性而不考虑损伤,因此仅使用从开始直到 70%的应变曲线进行比较,在此阈值之后,实验结果已表明了每个晶格面的损伤对弹性应变的影响,因此,此阈值之后需要对损伤进行建模。

如图 28. 39(b)所示,相尺度上的应力-应变实验结果和模拟结果的相关性不如宏观尺度的好,这可能需要选取更合适的材料参数,并且必须在具有更多晶粒的团簇上进行计算才能具有代表性。不过,定量地说,其演变的趋势是相同的,从中也可以观察到相和对应于屈服应力的阈值之间的平衡。

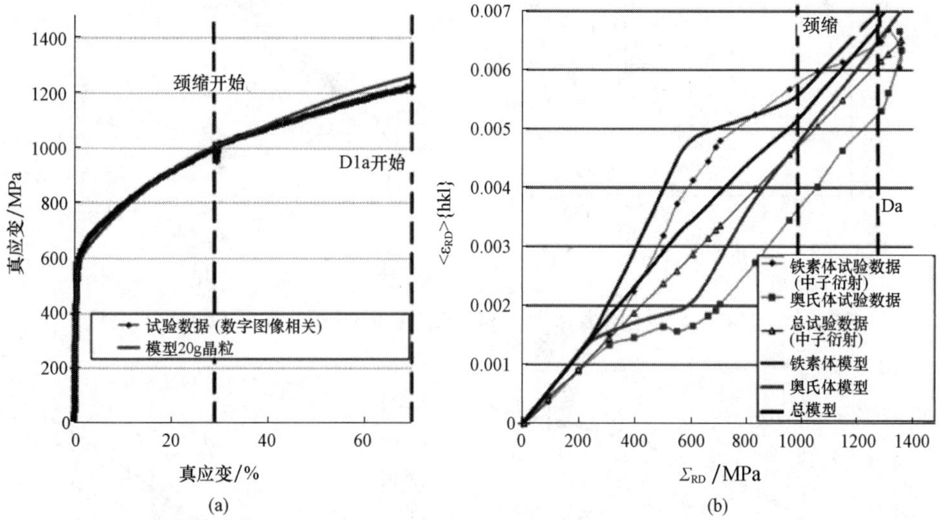

图 28. 39　(a)宏观的和(b)介观的行为,模拟和实验数据之间的对比(彩图)

4. 损伤参数的影响

本节主要研究损伤参数的影响,考虑到上述所得的 UR45N 双相不锈钢的弹塑性参数,将 4 个参数中的每一个都进行了修改。为了节省时间,图 28. 40~28. 43 中的模拟是在 N^g= 10 的晶粒团簇上进行的。铁素体是唯一受到损伤的相,因此,如前所述,固定奥氏体的 $y_0^{s\in g}$,铁素体的损伤参数按表 28. 8 进行改变。

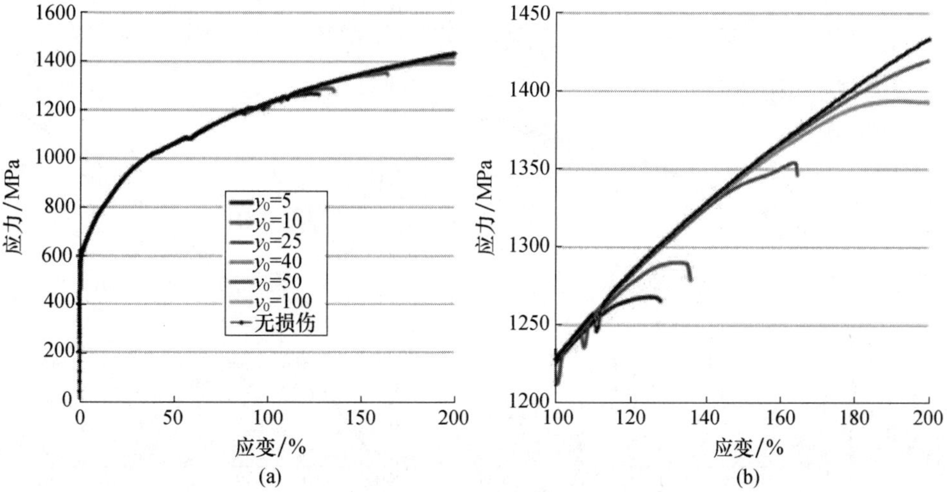

图 28. 40　具有不同损伤参数$y_0^{s\in g}$值的(a)宏观曲线和(b)其行为的放大(彩图)

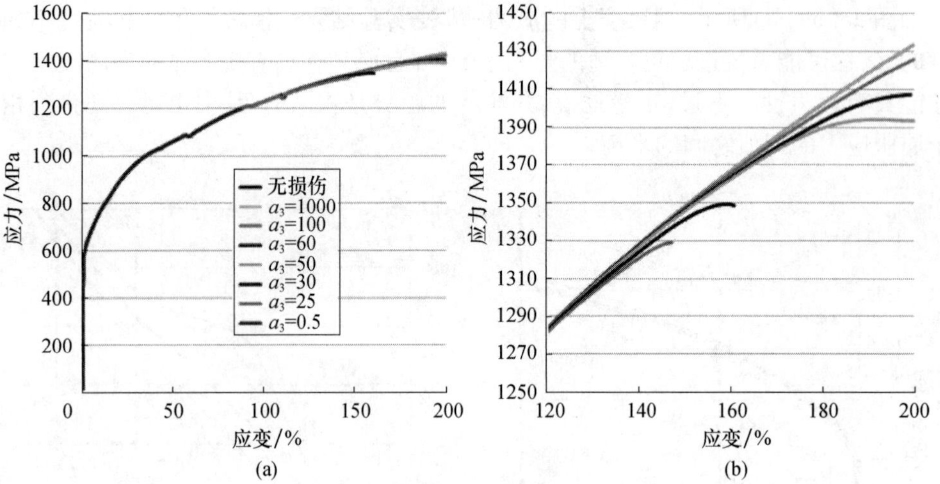

图 28.41 具有不同损伤参数$\alpha_3^{s\in g}$ 值的(a)宏观曲线和(b)其行为的放大(彩图)

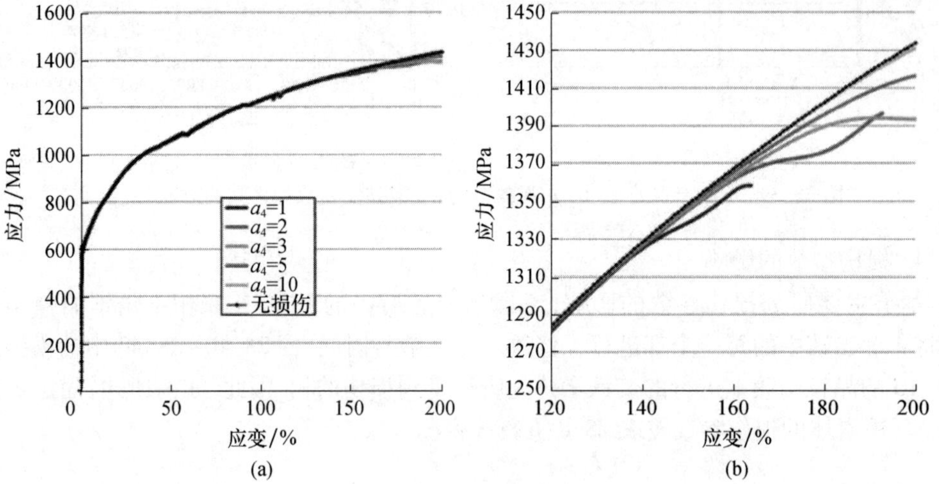

图 28.42 具有不同损伤参数 $\alpha_4^{s\in g}$值的(a)宏观曲线和(b)其行为的放大(彩图)

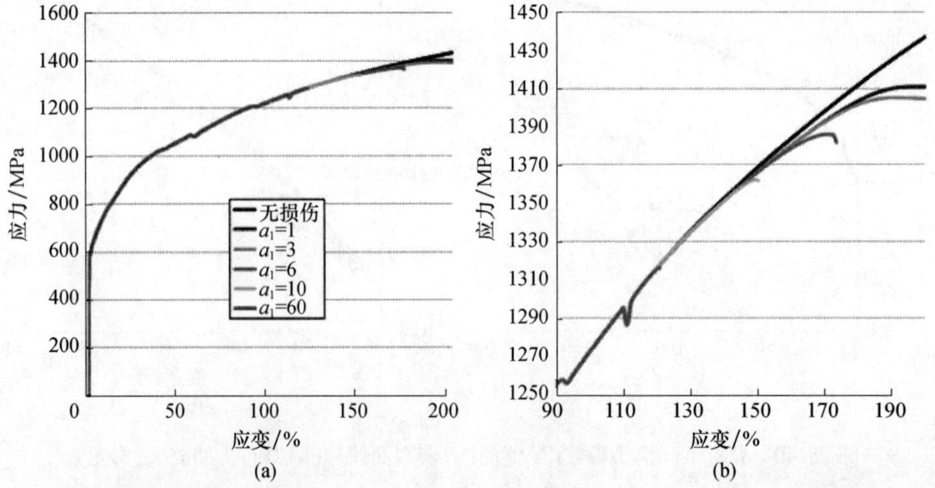

图 28.43 具有不同损伤参数$\alpha_1^{s\in g}$值的(a)宏观曲线和(b)其行为的放大(彩图)

表 28.8　铁素体中的损伤参数

$\alpha_3^{s\in g}$/MPa	$\alpha_1^{s\in g}$	$\alpha_4^{s\in g}$	$y_0^{s\in g}$/MPa
0.5、5、25、50、60、100、1000	1、3、6、10、60	1、2、3、5、10	5、10、25、40、50、100

28.5 小　结

本章中,介绍了适用于不同材料的广义方法。结果表明,可以通过微观力学来研究韧性损伤。但是,仍然遇到了许多不同困难,并提出了相应的解决方案。

首先,为了在微观尺度上进行研究,尝试通过实验获得本构模型。在微观尺度上,衍射方法似乎是最有效的,它能够有选择地确定每个阶段的材料行为,但不能直接表征损伤,并且需要特定的数据处理方法。此外,考虑多尺度损伤模式有必要比较宏观尺度上的损伤来详细构造损伤演化模型。

其次,为了对成形过程进行有效建模,必须与实验结果保持一致,本章提出的实验方法已证明了其有用性,该建模方法主要基于热力学方法,该方法能够确保符合物理定律。除弹性和塑性行为外,通过内部变量引入韧性损伤,其动力学的贡献代表了 RVE 中缺陷的比例。使用的尺度的个数以及相的个数决定了相应模型的类型,根据实验观察,至少需要考虑 3 个尺度才能对韧性损伤进行建模。此外,如果尺度之间能够良好转换,则说明该方法具有良好的一致性。通过用热力学相容关系替换方程式,所提出的模拟方法扩展了经典的提法,其中包括了一些现象学关系。此外,该方法的限制较少,但仍有一些可能的限制,这就有必要与不同实验进行交换。

最后,所提出的模型已在几种不同的材料上进行了测试(单相材料如铜,双相材料如双相不锈钢)。建立的模型应尽可能客观,且通过欧拉角的演变及时更新织构,就可以定量重现材料的力学行为直至材料失效。因此,本方法可以应用于金属成形过程的模拟。

本章相关彩图,请扫码查看

参考文献

L. Anand, Single-crystal elasto-viscoplasticity: application to texture evolution in polycrystalline metals at large strains. Comput. Meth. Appl. Mech. Eng. 193(48-51), 5359-5383(2004)

R. Asaro, V. Lubards, Mechanics of Solids and Materials(Cambridge University Press, Cambridge, 2006)

A. Baczmanski, Habilitation thesis: stress field in polycrystalline materials studied using diffraction and self-consistent modeling, Ph. D. thesis, Informatyki Stosowanej Akademia Gorniczo-Hutnicza Krakow, 2005

A. Baczmanski, L. Le Joncour, B. Panicaud, M. Francois, C. Braham, A. M. Paradowska, S. Wronski, S. Amara, R. Chiron, Neutron time-of-flight diffraction used to study aged duplex stainless steel at small and large strain until sample fracture. J. Appl. Crystallogr. 44, 966-982(2011)

J. Besson, G. Cailletaud, J-L. Chaboche, S. Forest, Mecanique non lineaire des Materiaux, 2001

J. -P. Boehler. Lois de comportement anisotrope des milieux continus. Journal de Me canique, 17:153190, 1978

M. Bornert, T. Bretheau, P. Gilormini, Homogeneisation en Mecanique des Materiaux, Vols. 1 et 2(ISTE USA, Newport Beach, 2001)

M. Boudifa, Modé lisation macro et micro-macro des materiaux polycristallins endommageables avec compressibilite induite, Ph. D. thesis, Universite de Technologie de Troyes, 2006.

M. Boudifa, K. Saanouni, J. L. Chaboche, A micromechanical model for inelastic ductile damage prediction in polycrystalline metals. Int. J. Mech. Sci. 51, 453-464(2009)

B. Bugat, Comportement etendommagement des aciers austeno - ferritiques vieillis: une approche micromecanique, Ph. D. thesis, Ecole Nationale Supérieure des Mines de Paris, 2000.

H. J. Bunge, Texture Analysis in Materials Science-Mathematical Methods(Butterworths, London, 1982)

G. Cailletaud, S. Forest, D. Jeulin, F. Feyel, I. Galliet, V. Mounoury, S. Quilici, Some elements of microstructural mechanics. Comput. Mater. Sci. 27(3), 351-374(2003)

V. Calonne, Propagation de fissures par fatigue dans les aciersausteno-ferritiques moules; influence de la microstructure, du vieillissement et de la température d'essai, Ph. D. thesis, Ecole des mines de Paris, 2001

S. Catalao, X. Feaugas, P. Pilvin, M. -T. Cabrillata, Dipole heights in cyclically deformed polycrystalline aisi 316l stainless steel. Mater. Sci. Eng. A 400-401, 349-352(2005)

B. K. Chen, P. F. Thomson, S. K. Choi, Computer modeling of microstructure during hot flat rolling of aluminium. Mater. Sci. Technol. 8(1), 72-77(1992)

J. H. Cho, P. R. Dawson, Modeling texture evolution during frictionstir welding of stainless steel with comparison to experiments. J. Eng. Mater. Technol. 130, 1-12(2008)

J. W. Christian, Plastic deformation of bcc metals, in International Conference on the Strength of Metals and Alloys(1970)

B. Clausen, T. Lorentzen, M. A. M. Bourke, M. R. Daymond, Lattice strain evolution during uniaxial tensile loading of stainless steel. Mater. Sci. Eng. A 259, 17-24(1999)

R. Dakhlaoui, Analyse du comportement mécanique des constituants d' un alliage polycristallin multiphasé par diffraction des rayons X et neutronique, Ph. D. thesis, Ecole Nationale Superieur des Arts et Metier de Paris, 2006

P. Dawson, D. Boyce, S. MacEwen, R. Rogge, On the influence of crystal elastic moduli on computed lattice strains in aa-5182 following plastic straining. Mater. Sci. Eng. A 313, 123-144(2001)

P. R. Dawson, S. R. MacEwen, P. D. Wu, Advances in sheetmetal forming analyses: dealing with mechanical anisotropy from crystallographic texture. Int. Mater. Rev. 48(2), 86-122(2003)

M. R. Daymond, The determination of a continuum mechanics equivalent elastic strain from the analysis of multiple diffraction peaks. J. Appl. Phys. 96, 4263-4272(2004)

A. Desestret, J. Charles, Les aciers inoxydables auste'no-ferritiques. Les aciers inoxydables, Les editions de la physique 31-677(1990)

B. Devincre, L. P. Kubin, C. Lemarchand, R. Madec, Mesoscopicsimulations of plastic deformation. Mater. Sci. Eng. A 309-310, 211-219(2001)

X. Duan, T. Shepard, Simulation and control of microstructure evolution during hot extrusion of hard aluminium alloy. Mater. Sci. Eng. A 351(1/2), 282-292(2003)

C. Eberl, R. Thompson, D. Gianola, Digital image correlation and tracking(2006). http://www.mathworks.com/matlabcentral/fileexchange/12413

A. El Bartali, Apport des mesures de champs cinematiques à l'étude des micromecanismes d'endommagement en fatigue plastique d'un acier inoxydable duplex, Ph. D. thesis, Ecole Centrale de Lille, 2007

P. Evrard, Modélisation polycrystalline du comportement élastoplastique d'un acier inoxydable austeno–ferritique, Thèse de doctorat, Ecole Centrale de Lille, 2008

P. Franciosi, The concept of latent hardening and strain hardening in metallic single crystals. Acta Metall. 33, 1601–1612(1985)

D. François, A. Pineau, A. Zaoui, Comportement mecanique des matériaux: viscoplasticité, endommagement. mecanique de la rupture et mé canique du contact(1995)

D. Francois, Endommagement et rupture des materiaux(2004)

M. Frewer, More clarity on the concept of material frame–indifference in classical continuum mechanics. Acta Mech. 202, 213–246(2009)

T. Furu, H. R. Shercliff, G. J. Baxter, C. M. Sellars, Influence of transient deformation conditions on recrystallization during thermomechanical processing of an Al–1% Mg alloy. Acta Mater. 47(8), 2377–2389(1999)

W. Gambin, Plasticity and Textures(Kluwer, Dordrecht, 2001)

G. Gottstein, V. Marx, R. Sebald, Integration of physically–based models into FEM and application in simulation of metal forming processes. Model. Simul. Mater. Sci. Eng. 8(6), 881–891(2000)

M. Grugicic, S. Batchu, Crystal plasticity analysis of earingin deep–drawn OFHC copper cups. J. Mater. Sci. 37, 753–764(2002)

A. M. Habraken, L. Duchene, Anisotropic elasto–plastic finite element analysis using a stress–strain interpolation method based on a polycrystalline model. Int. J. Plasticity 20(8–9), 1525–1560(2004)

K. S. Havner, Finite Plastic Deformation of Crystalline Solids(Cambridge University Press, Cambridge, 1992)

N. Hfaiedh, K. Saanouni, M. Francois, A. Roos, Self–consistent intragranular ductile damage modeling in large plasticity for FCC polycrystalline materials. Proc. Eng. 1, 229–232(2009)

N. Hfaiedh, Modelisation micromécanique des polycristaux–couplage plasticité, texture et endommagement, Ph. D. thesis, Universite de Technologie de Troyes, 2009

D. Hull, D. J. Bacon, Introduction to Dislocations(Butterworth–Heinemann, Oxford, 1995)

K. Inal, R. K. Mishra, O. Cazacu, Forming simulation of aluminum sheets using an anisotropic yield function coupled with crystal plasticity theory. Int. J. Solids Struct. 47, 2223–2233(2010)

S. R. Kalidindi, C. A. Bronkhorst, L. Anand, Crystallographic texture evolution in bulk deformation processing of FCC metals. J. Mech. Phys. Solids 40, 537–569(1992)

C. Keller, E. Hug, R. Retoux, X. Feaugas, TEM study of dislocation patterns in near–surface and core regions of deformed nickel polycrystals with few grains across the cross section. Mech. Mater. 42, 44–54(2010)

U. F. Kocks, C. N. Tome, H. R. Wenk, Texture and Anisotropy: Preferred Orientations in Polycrystals and Their Effect on Material Properties(Cambridge University Press, Cambridge, 1998)

L. Le Joncour, B. Panicaud, A. Baczmanski, M. Francois, C. Braham, A. Paradowska, S. Wronski, R. Chiron, Duplex steel studied at large deformation until damage at mesoscopic and macroscopic scales. Mech. Mater. 42, 1048–1058(2010)

L. Le Joncour, Analyses experimentales et modelisation multi–echelles de l'endommagement d'un acier UR45N lamine vieilli, Ph. D. thesis, Université de Technologie de Troyes, 2011

J. Lemaitre, J. –L. Chaboche, Mécanique Des Matériaux Solides(Cambridge University Press, Cambridge, 2001)

P. Lestriez, Modelisation numerique du couplage thermo–mecanique endommagement en transformations finies.

Application à la mise en forme, Ph. D. thesis, Université de Technologie de Troyes, 2003

P. Lipinski, M. Berveiller Int. J. Plasticity, 5, 149–172(1989)

F. Louchet, Plasticite des metaux de structure cubique centree. Dislocations et deformation plastique(1979)

S. Mahajan, Interrelationship between slip and twinning in bcc crystals. Acta Metall. 23, 671–684(1975)

E. Maire, C. Bordreuil, J. –C. Boyer, L. Babouta, Damage initiation and growth in metals. Comparison between modeling and tomography experiments. J. Mech. Phys. Solids 53, 2411–2434(2005)

J. –F. Mariage, Simulation numérique de l' endommagement ductile en formage de pièces massives, Ph. D. thesis, Université de Technologie de Troyes, 2003.

A. Mateo, L. Lianes, M. Anglade, A. Redjaimia, G. Metauer, Characterization of the intermetallic G–phase in an AISI 329 duplex stainless steel. J. Mater. Sci. 32(12), 4533–4540(1997)

L. Mcirdi, Comportement et endommagement sous sollicitation mecanique d' un acier austeno ferritique moule vieilli, Ph. D. thesis, Ecole Nationale Superieur des Arts et Metier de Paris, 2000 C. Miehe, J. Schotte, Anisotropic finite elastoplastic analysis of shells: Simulation of earing in deep–drawing of single–and polycrystalline sheets by Taylor–type micro–to–macro transitions. Comput. Meth. Appl. Mech. Eng. 193(1–2), 25–57 (2004)

F. Montheillet, F. Moussy, Physique et Mécanique de L' endommagement(les Ed. De Physique, Les Ulis, 1988)

T. Mura, Micromechanics of Defects in Solids(Martinus Nijhoff Publishers, Dordrecht, 1987)

R. J. Nedoushan, M. Farzin, M. Mashayekh, D. Banabic, A microstructure–based constitutive model for superplastic forming. Metal. Mater. Trans. A 43, 4266–4280(2012)

C. J. Neil, J. A. Wollmershauser, B. Clausen, C. N. Tomé, R. Agnew, Modeling lattice strain evolution at finite strains and experimental verification for copper and stainless steel using in situ neutron diffraction. Int. J. Plasticity 26(12), 1772–1791(2010)

S. Nemat–Nasser, M. Hori, Micromechanics: Overall Properties of Heterogeneous Materials (Elsevier, Amsterdam, 1993)

S. Nemat–Nasser, Plasticity. A Treatise on Finite Deformation of Heterogeneous Inelastic Materials (Cambridge University Press, Cambridge, 2004)

B. Panicaud, E. Rouhaud, A frame–indifferent model for a thermo–elastic material beyond the three–dimensional eulerian and lagrangian descriptions, Cont. Mech. Thermodyn. (2013, in press)

A. Paquin, S. Berbenni, V. Favier, X. Lemoine, M. Berveiller, Micromechanical modeling of the elastic–viscoplastic behavior of polycrystalline steels. Int. J. Plasticity 17, 1267–1302(2001)

V. K. Pecharsky, P. Y. Zavalij, Fundamentals of Powder Diffraction and Structural Characterization of Materials (Springer, New York, 2005)

P. Pilvin, The contribution of micromechanical approaches to the modeling of inelastic behavior of polycrystals. Soc. Fr. Metall. Mater. 1, 31–45(1994)

D. Raabe, Computational Material Science: The Simulation of Materials Microstructures and Properties (Wiley–VCH, Weinheim, 1998)

D. Raabe, F. Roters, Using texture components in crystal plasticity finite element simulations. Int. J. Plasticity 20 (3), 339–361(2004)

E. Rouhaud, B. Panicaud, R. Kerner, Canonical frame–indifferent transport operators with the four–dimensional formalism of differential geometry, Comput. Mater. Sci. (2013, in press)

K. Saanouni, Damage Mechanics in Metal Forming. Advanced Modeling and Numerical Simulation (ISTE John Wiley, London, 2012). ISBN 978–1–8482–1348–7

J. R. Santisteban, L. Edwards, A. Steuwer, P. J. Withers, Time–of–flight neutron transmission diffraction, J. Appl.

Crystallogr. (2001). ISSN 0021-8898. http://www. isis. stfc. ac. uk/instruments/engin-x/documents/engin-x-a-third-generation-neutron-strain-scanner10390. pdf

E. Schmid, W. Boas, Plasticity of Crystals (Chapman and Hall, London, 1968)

C. M. Sellard, Modeling microsctructural development during hot rolling. Mater. Sci. Technol. 6, 1072-1081 (1990)

H. R. Shercliff, A. M. Lovatt, Modeling of microstructure evolution in hot deformation. Philos. Trans. R. Soc. Lond. 357, 1621-1643 (1999)

C. Teodosiu, F. Sidoro, Theory of finite elastoviscoplasticity of singlecrystals. Int. J. Eng. Sci. 14, 165-176 (1976)

C. Truesdell, W. Noll, The Non-Linear Field Theories of Mechanics, 3rd edn. (Springer, New York, 2003)

V. Vitek, The core structure of 1/2[1 1 1] screw dislocations in bcc crystals. Philos. Mag. 21, 1049-1073 (1970)

D. S. Wilkinson, X. Duan, J. Kang, M. Jain, J. D. Embury, Modeling the role of microstructure on shear instability with reference to the formability of aluminum alloys, Mater. Sci. Forum 519/521, 183-190 (2006)

S. Wronski, A. Baczmanski, R. Dakhlaoui, C. Braham, K. Wierzbanowski, E. C. Oliver, Determination of stress field in textured duplex steel using TOF neutron diffraction method. Acta Mater. 55, 6219-6233 (2007)

W. Yang, W. B. Lee, Mesoplasticity and Its Applications (Springer, Berlin, 1993)

Zebulon, Zset/Zebulon: Developer Manual (2008)

Q. Zhu, C. M. Sellars, Microstructural evolution of Al-Mg alloys during thermomechanical processing. Mater. Sci. Forum 331(1), 409-420 (2000)

第 7 部分

复合材料损伤的微观力学和粒状材料的弹塑性损伤-修复耦合力学

第 29 章　纤维增强金属基复合材料的纤维开裂和弹塑性损伤行为

Yu-Fu Ko, Jiann-Wen Woody Ju

摘　要

为了预测带纤维开裂的圆柱状纤维增强韧性复合材料的整体横向力学行为和损伤演化过程,提出了一个新型的微观力学多尺度弹塑性演化损伤的框架,采用双重夹杂理论模拟了逐渐开裂的纤维。三相复合材料由基体、以及位置随机但方向单一的未开裂和已开裂的圆柱状纤维组成,其有效弹性模量用一组微观力学列式推导出来,并基于区域面积平均过程和本征应变的一阶效应来表征均匀化的弹塑性行为,从而导出一个微观力学有效屈服准则,最终的有效屈服准则由分析框架组成,结合整体协同塑性流变定律和硬化定律,评估包含未开裂和已开裂纤维的韧性复合材料的有效横向弹塑性损伤响应。一种受纤维的内应力和断裂强度控制的纤维开裂演化过程融入了开展的工作中,使用威布尔概率分布描述裂纹开裂的不同可能性。另外,进行了系统数值模拟工作,展示了提出的方法学的潜力。

29.1　概　　述

复合材料由两个或多个相组成,它们在宏观尺度上合并在一起形成一种特定的新材料,并具备特定预期的材料性能和良好的行为。复合材料中的“夹杂物”可以是不同的形式,如纤维、短丝和颗粒,它们可由氧化铝、碳化硅、氮化硅、硼以及石墨等组成。复合材料中的另一种主要组成相被称作“基体”,基体材料通常用作粘接材料,它不仅支撑和保护夹杂物,还在三维复杂加载条件下,在完美结合的和部分分离/破坏的夹杂物之间传递载荷,基体材料可由聚合物、金属、陶瓷或碳等组成。为了提高材料性能并满足航空工业(商业的或军用的飞行器)、汽车工业、民用建筑和运动装备等方面的需求,在过去的几十年里,全球范围内已经广泛开展了对高性能结构材料的研发。复合材料可以显著改善材料的性能,如强度、刚度、腐蚀抗力、磨损抗力、外观、减重、疲劳寿命、与温度相关的行为、热绝缘、热导率以及声屏障等,一般而言,并非所有的这些性能都可以同时得到改善,其主要的目标是开发出一种全新的均质材料,使它具有特定期望的特性,从而满足具体工程问题的需求。

常见的四类复合材料,包括:①纤维增强的复合材料,它的组成为某种基体中包含着纤维;②层压复合材料,它由多层不同材料组成;③颗粒增强复合材料,它的组成为某种基体中包含着颗粒;④前三类材料的部分综合或全部综合。复合材料还可以根据其基体相进行分类，例如，聚合物基复合材料(PMC)、陶瓷基复合材料(CMC)以及金属基复合材料(MMC)，这些类别中的材料通常称为先进复合材料。先进复合材料综合了高强度、高刚度、低重量、腐蚀抗力、高温抗力以及某些情况下的特殊电性能，这种综合性能使得先进复合材料在下一代飞行器和航空结构件的应用中非常具有吸引力。先进复合材料最初开发出来主要用于航空和国防工业，现在它们还广泛应用于民用工程领域。例如，碳纤维和玻璃纤维已被用作预应力材料，特别适用于存在常规预应力钢的腐蚀和应力脆化问题的领域。采用包裹复合材料，如玻璃纤维和碳纤维，通常粘接在一起并用环氧树脂形成柱体，已经开展了大量的研究，实现了柱加强的有效性(Priestley 等，1996)。

近些年，出现了金属基复合材料(MMC)，其具有优异的韧性、成形性、低密度、高强度和高热导率，是一类很有应用前景的新材料。一般情况下，金属基复合材料至少由两种组元组成，一是金属基体，二是增强体。所有情况下基体被定义为金属，但很少使用纯金属作为基体，而通常采用一种合金作为基体材料，在复合材料的生产过程中，基体和增强体以随机的方式或周期性排列的方式混合在一起。

在近几十年里，在对重量敏感的应用领域，如建筑、桥梁、飞机、太空飞行器以及运动装备等，具有高的强度/重量比和刚度/重量比的纤维增强金属基复合材料变得很重要。例如，连续纤维增强金属基复合材料(CFRMMC)由于其优良的力学性能，已逐渐应用在工程领域，CFRMMC 至少由两相组成，其基体材料由韧性金属或者合金组成，具有高的应变能力，如铝、钢或者钛；其增强体可由氧化铝、碳化硅、氮化硅、碳、硼或者玻璃纤维组成，增强体的形状可能是圆形的或者椭圆形的柱体，这些单向分布的且不能渗透的纤维在基体中分散(一般是随机的)，并以一种弹性的方式发挥作用。

一般情况下，CFRMMC 增强丝的排列方式可以是周期性地规则排列也可以是随机分布的排列，但是在制备过程中，增强丝的周期性规则排列很难获得，而随机分布的排列方式通常可以观察到。

随着 CFRMMC 越来越多的应用，已经开展了大量的工作对 CFRMMC 的力学和热响应进行理论预测。为了理论框架技术的发展，理解 MMC 的制备过程是非常重要的，可对 MMC 制备过程中的许多物理现象和化学现象进行研究。

MMC 的制备过程一般涉及两个阶段：①从基体金属和纤维增强体进行的复合材料的制备；②复合材料层的制备。

第一个阶段涉及 5 个主要的工艺技术(Eluripati 等，2003；Kaczmar 等，2000)：①液态加工；②固态加工；③物理气相沉积(PVD)；④粉末冶金；⑤直接成形/喷射沉积。第二个阶段涉及复合材料层的制备，以 CFRMMC 为例，3 个主要铺设工艺为缠绕、铺设和模具成形，一般通过片状模塑料(SMC)、轧制成形工艺和挤压工艺生产不同形式和形状的结构件。

下面简要论述了采用固态成形方法制备钛基复合材料(TMC)/铝基复合材料(AMC)。

固态加工进一步分为三个阶段：①复合材料的预处理；②主加工；③二次加工。

预处理一般包括组元材料的表面处理和预制件制备，预制件是组元材料单元的一种成形的多孔集合体，如纤维、短丝或者颗粒，接下来是基体薄层和纤维预制件的交替堆铺。

主加工工艺是将各组元材料组合起来(例如，基体薄层和纤维)，扩散结合是目前用来制备连续纤维增强 CFRMMC 的主要工艺,一种典型的高温烧结工艺称为热等静压,它利用扩散结合的方式制备复合材料。堆铺的基体薄层和纤维被包裹在压力容器的一个封闭的仓体内,压力容器置于加热炉内,与加热炉一起的一组冷却套连接在一个热交换器上,从而在需要时控制炉内的温度。一个真空泵连接在封闭仓上为仓体抽取真空,使用氩气在样品上施加压力,需要的压力水平通过压缩机获得,而需要的气体量通过一个液体泵和蒸发器从液体氩存储箱获得。温度、压力和成形时间通过计算机控制,当样品仓内的温度超过了基体的再结晶温度,熔融的基体材料随着氩气提供的静水压力充入多孔的纤维预制件内,但是没有必要通过主加工工艺获得最终的形状或者最终的微观组织。

需注意,在烧结阶段,复合材料被冷却至室温,其中的各组元根据其热膨胀系数(CTE)独立收缩,由于各组元的 CTE 不匹配,会在复合材料中产生残余应力,因此,在没有任何外加载荷的条件下,室温下加工态的复合材料实际上是承受着一种应力状态。

二次加工工艺可进一步分为两步,第一步包括成形和加工,第二步涉及最终组成。第一步的目标是利用如锻造、轧制和热处理等工艺,改变材料的形状和微观组织;第二步涉及机械加工和连接操作,包括研磨、钻孔、焊接等,最终的复合材料在本阶段获得。

理解了 CFRMMC 的制备工艺之后,我们将进一步讨论在开发理论框架模拟 CFRMMC 的力学行为时应该考虑的因素。

由于制备过程中连续的外加载荷,内部缺陷以及纤维增强复合材料内部缺陷的演化在损伤和断裂机理方面起了主要作用。目前,已经对一些最常见的缺陷进行了深入研究,如晶体缺陷和平面裂纹,而其他形式的缺陷也需要进行综合研究,如纤维/基体分离、基体开裂、纤维断裂、纤维开裂、纤维拉出以及纤维和基体之间的剪切滑动。但是,由于不同类型缺陷有不同的损伤机理,以及同时考虑这些机理时困难巨大,首先考虑占绝对优势的缺陷才是明智且合理的。应该注意,最主要的损伤机理与增强体的强度、复合材料基体及其界面、增强体的形状和含量以及载荷模式紧密相关的,目前的研究仅限于增强纤维开裂的机理。

在传统连续体力学分析中,对复合材料行为的研究是在宏观力学尺度上的,假设材料是均匀的,组元材料的效应仅作为平均的显性宏观性能进行研究,材料的宏观理论不会给出像微观力学理论一样准确的解,因此,必须开发一些基于微观力学的理论。

微观力学采用一种分析预测的方法,以各组元材料及其相互之间的微观几何和微观组织关系的函数的形式,预测复合材料的基本性能,而非对这种复合材料的各组元进行分析(即,宏观力学)。

传统的连续体力学是应用于处理理想化材料的,它假设:①在一个给定的点上,一种固体的弹性性能在每个方向上都是相同的(各向同性);②在固体内的所有点处,材料的性能都是相同的(均匀性)。这两种假设均匀地将应力和应变分布于一个无穷小的材料单元内。但是,从微观的和实际的角度出发,一个无穷小的材料单元有其自己的复杂微观结构,因此,这种材料单元内的应力和应变分布在微观尺度上是不一样的,微观力学的主要目的是采用一个严格的理论框架来表征这种无穷小的材料单元及其相邻区域。光学显微分析表明,一种固体的微观结构是很复杂的,例如,它的组成包括夹杂物、晶界分割的晶粒、显微孔洞、裂纹以及位错,一种连续物质的一个材料点的 RVE 定义了一个材料体积,它整体上代表了与该材料点相邻的无穷小的材料区域(Nemat-Nasser 和 Hori,1993)。

本质上,在经典微观力学中 RVE 的概念是一种数学规则,它没有固定的长度尺度与每种层面相关,与宏观和微观层面相关的长度尺度是相对的。如果研究一种异质金属的有效材料性能,那么微观层面的长度尺度可以从几纳米延伸至几微米,而宏观层面的长度尺度可以从几毫米延伸至 1cm。例如,在研究一个坝体的韧性过程中,微观层面的长度尺度则从数厘米开始,而宏观层面的长度尺度则为数米。在经典连续体力学中,在宏观层面上,材料的性能通常被假定为是均匀的和未知的,而在微观层面,即在 RVE 内部,材料性能是不均匀的和已知的。在微观层面,不均匀的微观组织和物理定律是已知的,微观力学利用微观组织的信息研究宏观层面均匀的材料性能,这通常被称为整体材料性能或者有效材料性能。

估算有效材料性能的方法学称为"均匀化理论",这里,术语"均匀化"表示在一个 RVE 内进行统计和体积平均;数学上,该过程与整体体积平均过程相关,并推导出整体控制的本构方程。

从本征应变的概念(Eshelby,1957)和微观力学框架(Ju 和 Chen,1994a,b,c;Ju 和 Tseng,1996,1997;Ju 和 Sun,2001;Sun 和 Ju,2001;Ju 和 Zhang,1998,2001;Lin 和 Ju,2009;Feng 和 Yu,2010;Ju 和 Yanase,2010,2011;Ko 和 Ju,2012,2013)出发,相关文献已广泛研究了由界面完全/部分分离引起的纤维/颗粒增强复合材料的有效弹塑性损伤行为(Ju 和 Lee,2000,2001;Sun 等,2003a,b;Liu 等,2004,2006;Ju 等,2006,2008,2009;Paulino 等,2006;Ju 和 Ko,2008;Lee 和 Ju,2007,2008;Ju 和 Yanase,2009;Okabe 等,2010)、颗粒开裂(Sun 等,2003b)以及残余热效应(Liu 和 Sun,2004;Ju 和 Yanase,2008;Zhang 和 Wang,2010)。另外,在单胞微观力学框架下和有限元分析中,开展了大量针对颗粒增强金属基复合材料中颗粒开裂效应的研究,Bao(1992)研究了损伤演化路径对脆性颗粒增强金属基复合材料的影响,在垂直于颗粒裂纹表面的拉伸载荷作用下,针对一种弹性-完美塑性基体中方向一致的球形和柱状颗粒,研究了复合材料的极限流变应力的降低。Brockenbrough 和 Zok(1995)采用多个单胞,在满足指数硬化定律的塑性硬化固体中包含未开裂或已开裂的颗粒,研究了颗粒增强金属基复合材料的流变响应,从而确定了相应的渐进流变强度,对其硬化指数和颗粒与基体之间的弹性错配对流变响应的影响也进行了研究。Llorca 等(1997)引入了威布尔统计学,用有限元模型模拟颗粒开裂的损伤演化,为了将随机分布增强体的复合材料考虑进来,Ghosh 和 Moorthy(1998)开发了一个基于微观组织的 Voronoi 胞有限元模型(VCFEM)来分析颗粒开裂和破碎效应。另外,Steglich 等(1999)报道了金属基复合材料中裂纹扩展的研究结果,其中观察到的主导失效机理为颗粒开裂,Gurson-Tvergaard-Needleman 模型(Tvergaard 和 Needleman,1984)被用来研究材料中的裂纹扩展,通过内聚力模型将颗粒开裂直接考虑进来。最后,Wang 等(2008)研究了在轴向延伸和复合材料介质的残余温度变化的条件下,嵌入在一种有限半径的基体中的纤维的断裂行为。假定在沿着该介质的中心轴方向上,纤维中存在周期性排列的裂纹,在他们的研究中,使用了奇异积分方程和断裂力学分析。

但是,在横向拉伸载荷条件下,对由纤维开裂引起的颗粒增强金属基复合材料的整体弹塑性-损伤行为的预测研究还非常有限,本章的主要目的是从微观力学角度,通过考虑组成相的力学性能、纤维体积分数、纤维的随机空间分布和纤维的临界断裂强度等,预测在单轴横向拉伸载荷作用下,由纤维开裂引起的颗粒增强金属基复合材料的弹塑性-损伤行为。

29.2 Eshelby 微观力学理论

基于微观力学,当一种材料包含不均匀的不同材料特性时如孔洞、裂纹或者析出相等,它会受到一个内应力场的作用(本征应力),即使它未受到外载荷的作用,这种应力场是由错配和相变引起的不均匀体内部的本征应变导致的。Eshelby(1957)首次指出,由不均匀体引起的外加应力的扰动可采用一种本征应力进行模拟,当正确选取了本征应变的时候,该本征应力是由一个夹杂物导致的。

现在,我们考虑一种无穷延伸的材料域 D(弹性模量 $C^{(0)}$),并包含一个夹杂物(不均匀性)域 Ω(弹性模量 $C^{(1)}$,假设施加在无穷远处的应力为 $\boldsymbol{\sigma}^{o}(x)$,其对应的应变为 $\boldsymbol{\varepsilon}^{o}(\boldsymbol{x})$。另外,其扰动应力场和扰动应变场分别用 $\boldsymbol{\sigma}'(\boldsymbol{x})$ 和 $\boldsymbol{\varepsilon}'(\boldsymbol{x})$ 表示,因此,胡克定律的形式为

$$\sigma_{ij}^{o}(x)+\sigma_{ij}'(x)=C_{ijkl}^{(1)}\left[\varepsilon_{kl}^{o}(x)+\varepsilon_{kl}'(x)\right]\quad(\text{在}\,\Omega\,\text{中})\tag{29.1}$$

$$\sigma_{ij}^{o}(x)+\sigma_{ij}'(x)=C_{ijkl}^{(0)}\left[\varepsilon_{kl}^{o}(x)+\varepsilon_{kl}'(x)\right]\quad(\text{在}\,D-\Omega\,\text{中})\tag{29.2}$$

Eshelby 等效本征应变(本征应力)原理是一种均匀化方法,它建立了一种本征应变(本征应力)场和一种不均匀体分布之间的等效性,从而不均匀体的分布可以用带有等效力学效应的本征应变场来代替,这种等效性的面分析过程将材料的不均匀性转换成了一种附加的非均匀应变分布,同时使得材料的性能又变得均匀了。换句话说,Eshelby 等效应变(等效应力)原理将用一种均匀化的夹杂物代替不均匀体,这样就给定了一种本征应变场,从而其均匀化的力学场与初始的不均匀场是等效的。

通过在该夹杂物域 Ω 内引入一个本征应变 $\boldsymbol{\varepsilon}^{*}(\boldsymbol{x})$ 并应用 Eshelby 等效应变原理,胡克定律为

$$\sigma_{ij}^{o}(x)+\sigma_{ij}'(x)=C_{ijkl}^{(0)}\left[\varepsilon_{kl}^{o}(x)+\varepsilon_{kl}'(x)-\varepsilon_{kl}^{*}(x)\right]\quad(\text{在}\,\Omega\,\text{中})\tag{29.3}$$

$$\sigma_{ij}^{o}(x)+\sigma_{ij}'(x)=C_{ijkl}^{(0)}\left[\varepsilon_{kl}^{o}(x)+\varepsilon_{kl}'(x)\right]\quad\text{在}(D-\Omega\,\text{中})\tag{29.4}$$

很明显,式(29.3)和式(29.4)中对应力和应变等效的充分必要条件为

$$C_{ijkl}^{(1)}\left[\varepsilon_{kl}^{o}(x)+\varepsilon_{kl}'(x)\right]=C_{ijkl}^{(0)}\left[\varepsilon_{kl}^{o}(x)+\varepsilon_{kl}'(x)-\varepsilon_{kl}^{*}(x)\right]\tag{29.5}$$

在远场处的均匀应力 $\boldsymbol{\sigma}^{o}(\boldsymbol{x})$ 的情况下,本征应变 $\boldsymbol{\varepsilon}^{*}(\boldsymbol{x})$ 在夹杂物域 Ω 内也是均匀的。

基于局部应力/应变场的方法,通常在上面提到的介观代表性体积元(RVE)内进行整体平均(均匀化),从而获得整体(有效)本构方程和异质复合材料的性能。在目前的框架内,为了避免一个 RVE 域外的格林函数的修约误差,RVE 本身是被嵌入当前框架中一个无穷的和相同的基体材料内的,整体的组合体承受着指定的远场应力 $\boldsymbol{\sigma}^{o}$ 或应变 $\boldsymbol{\varepsilon}^{o}$。另外,所有的夹杂物假定为不交叉的和不能渗透的(Ju 和 Chen,1994a,b,c)。

体积平均的应力张量定义为

$$\bar{\boldsymbol{\sigma}}\equiv\frac{1}{V}\int_{V}\bar{\boldsymbol{\sigma}}(\boldsymbol{x})\,\mathrm{d}\boldsymbol{x}=\frac{1}{V}\left[\int_{V_0}\bar{\boldsymbol{\sigma}}(\boldsymbol{x})\,\mathrm{d}\boldsymbol{x}+\sum_{r=1}^{n}\int_{V_r}\bar{\boldsymbol{\sigma}}(\boldsymbol{x})\,\mathrm{d}\boldsymbol{x}\right]\tag{29.6}$$

近似地,体积平均的应变张量定义为

$$\bar{\boldsymbol{\varepsilon}}\equiv\frac{1}{V}\int_{V}\bar{\boldsymbol{\varepsilon}}(\boldsymbol{x})\,\mathrm{d}\boldsymbol{x}=\frac{1}{V}\left[\int_{V_0}\bar{\boldsymbol{\varepsilon}}(\boldsymbol{x})\,\mathrm{d}\boldsymbol{x}+\sum_{r=1}^{n}\int_{V_r}\bar{\boldsymbol{\varepsilon}}(\boldsymbol{x})\,\mathrm{d}\boldsymbol{x}\right]\tag{29.7}$$

式中:V 为 RVE 的体积;V_0 为基体的体积;V_r 为 r 次相的不均匀体的体积;n 为不同材料特性的夹杂物相的数量,不包括基体。

基于 Eshelby 等效应变原理和整体平均方法,后续纤维增强韧性金属基复合材料的有效本构关系和弹塑性-损伤行为可被推导出来,并得出本征应变的准确列式。

29.3 二维内点 Eshelby 张量 S 的推导

假设在不均匀的夹杂物域 Ω 内规定了均匀的本征应变 $\varepsilon^*(x)$,同时,整个介质受到远场均匀外加应力 $\boldsymbol{\sigma}^o$ 的作用,Eshelby 采用一种四阶张量 $\boldsymbol{S}$ 描述在夹杂物域内的应变场和应力场,常规情况下它被称为内点 Eshelby 张量。

二维内点 Eshelby 张量 $\boldsymbol{S}$ 定义为

$$\boldsymbol{S} \equiv \int_{\Omega_i} \boldsymbol{G}(x - x')\,\mathrm{d}x' \quad (x、x' \in \Omega_i) \tag{29.8}$$

$\boldsymbol{S}$ 与基体的泊松比(ν_0)和纤维横截面域的形状 Ω_i 有关。

推导过程:根据 Eshelby 解,一个各向同性无穷体积内的夹杂物引起的弹性位移场为

$$u_i(x) = -C_{jkmn}\varepsilon^*_{mn}\int_{\Omega} G_{ij,k}(x - x')\,\mathrm{d}x' \tag{29.9}$$

其中,二阶平面应变的格林函数由 Mura(1987)给出:

$$G_{ij}(x-x') = \frac{1}{8\pi(1-\nu_0)\mu_0}\left[\frac{(x_i-x'_i)(x_j-x'_j)}{\|x-x'\|^2} - (3-4\nu_0)\delta_{ij}\ln\|x-x'\|\right] \tag{29.10}$$

相对于 x_k 得到式(29.10)中的导出项 $G_{ij}(x-x')$,并将结果带入式(29.9),得出

$$u_i(x) = -\frac{\varepsilon^*_{jk}}{4\pi(1-\nu_0)}\int_{\Omega} g_{ijk}(l)\,\frac{\mathrm{d}x'}{\|x - x'\|} \tag{29.11}$$

其中

$$g_{ijk}(l) = (1-2\nu_0)(\delta_{ij}l_k + \delta_{ik}l_j - \delta_{jk}l_i) + 2l_il_jl_k \tag{29.12}$$

并且

$$l \equiv \frac{(\boldsymbol{x}'-\boldsymbol{x})}{\|\boldsymbol{x}'-\boldsymbol{x}\|} \tag{29.13}$$

当点 $\boldsymbol{x}$ 位于夹杂物内部,其对于诸内点的应变场和应力场变得均匀了,另外,式(29.11)可被显式积分,微分单元 $\mathrm{d}x'$ 可写为

$$\mathrm{d}x' = r\mathrm{d}r\mathrm{d}\theta \tag{29.14}$$

其中,$r = \|x'-x\|$ 而 $\mathrm{d}\theta$ 为微分角度单元,中点位于点 $\boldsymbol{x}(x_1, x_1)$。通过对 r 积分,式(29.11)变为

$$u_i(\boldsymbol{x}) = -\frac{\varepsilon^*_{jk}}{4\pi(1-\nu_0)}\int_0^{2\pi} r(\boldsymbol{l})g_{ijk}(\boldsymbol{l})\,\mathrm{d}\theta \tag{29.15}$$

这里,$r(\boldsymbol{l})$ 是如下方程的正根:

$$(x_1 + rl_1)^2 + (x_2 + rl_2)^2 = a^2 \tag{29.16}$$

式中:a 为单根纤维的半径。

因此,我们可以得到

$$r(l) = -\frac{f}{h} + \sqrt{\frac{f^2}{h^2} + \frac{e}{h}} \tag{29.17}$$

其中

$$h = \frac{l_1^2 + l_2^2}{a^2}, \quad f = \frac{l_1 x_1 + l_2 x_2}{a^2}, \quad e = 1 - \frac{x_1^2 + x_2^2}{a^2} \tag{29.18}$$

将式(29.17)带入式(29.15),发现,关于$\sqrt{\frac{f^2}{h^2}+\frac{e}{h}}$项的积分消失了,这是由于它在 l 中为偶数,而 g_{ijk} 在 l 中为奇数。因此,可以得到

$$u_i(\boldsymbol{x}) = \frac{x_j \varepsilon_{mn}^*}{4\pi(1-\nu_0)} \int_0^{2\pi} \frac{\lambda_j g_{imn}(l)}{h} \mathrm{d}\theta \tag{29.19}$$

并且

$$\varepsilon_{ij}(\boldsymbol{x}) = \frac{\varepsilon_{kl}^*}{8\pi(1-\nu_0)} \int_0^{2\pi} \frac{\lambda_i g_{jkl} + \lambda_j g_{ikl}}{h} \mathrm{d}\theta \tag{29.20}$$

其中

$$\lambda_i \equiv \frac{l_i}{a^2} \tag{29.21}$$

根据 Eshelby 张量的定义 $\varepsilon_{ij} = S_{ijkl}\varepsilon_{kl}^*$,可以得到

$$S_{ijkl} = \frac{1}{8\pi(1-\nu_0)} \int_0^{2\pi} \frac{\lambda_i g_{jkl} + \lambda_j g_{ikl}}{h} \mathrm{d}\theta \tag{29.22}$$

最后,一种圆形夹杂的平面应变 Eshelby 张量可表述如下:

$$\boldsymbol{S}_{ijkl} = \frac{1}{8(1-\nu_0)} \{(4\nu_0 - 1)\delta_{ij}\delta_{kl} + (3-4\nu_0)[\delta_{ik}\delta_{jl} + (4\nu_0 - 1)\delta_{il}\delta_{jk}]\} \tag{29.23}$$

式中:ν_0 为基体材料的泊松比。

29.4　复合材料的损伤理论

针对取向相同但随机分布的圆形纤维增强的韧性基体的复合材料,原始完美结合的两相复合材料由一种弹性基体(0 相)和单向但位置分布随机的柱状纤维(1 相)组成,见图 29.1,在外部横向拉伸载荷作用下,一旦纤维内的局部主应力达到一定的临界断裂强度,某些柱状纤维就会萌生纤维裂纹(2 相),见图 29.2。

由于我们的主要目标是,通过局部准确的应力/应变场模拟复合材料的整体力学性能,简化起见,那些有缺陷的(开裂的)各向同性纤维可用双重夹杂理论进行模拟(Hori 和 Nemat-Nasser,1993;Shodja 和 Sarvestani,2001),见图 29.3。开裂的纤维(2 相)用一种椭圆形孔洞进行模拟,其宽高比 $\alpha = \frac{a_1}{a_2} \to \infty$ 或者 $\rho = \frac{a_1}{a_2} \to 0$,并嵌入在一个完美结合的各向同性的柱状纤维内。

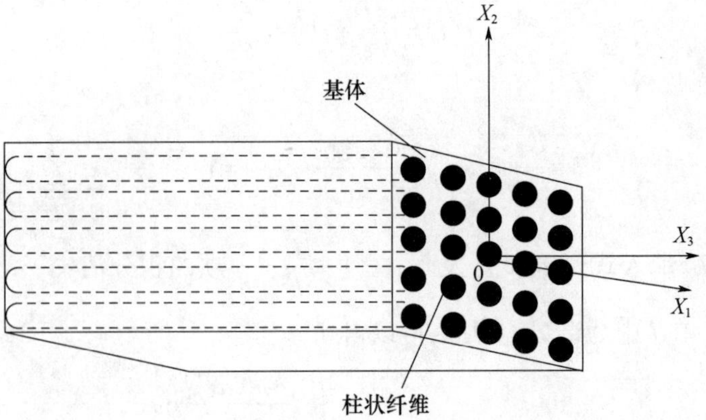

图 29.1　单向随机分布的柱状纤维增强复合材料的示意图

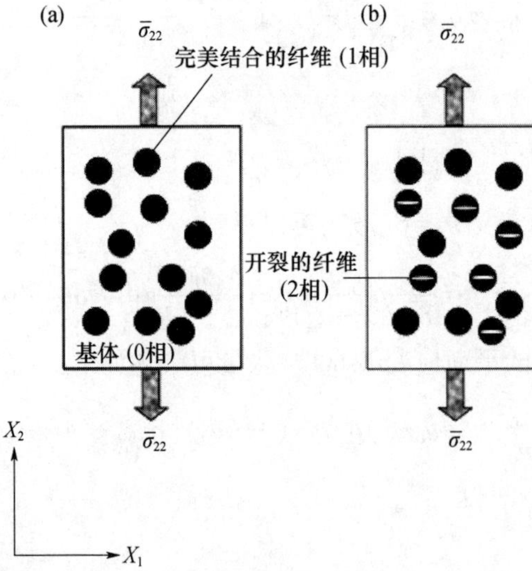

图 29.2　仅受 X_2 方向上的横向拉伸载荷的一种纤维增强复合材料的示意图

(a)初始状态(未损伤);(b)损伤状态。

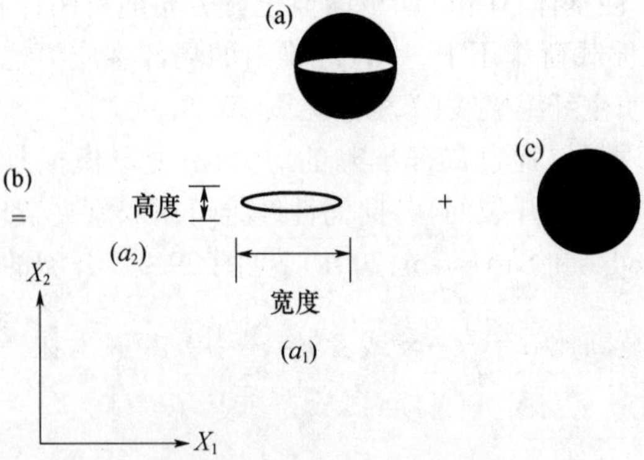

图 29.3　双重夹杂理论

(a)开裂的纤维;(b)椭圆形孔洞(裂纹);(c)完美结合的各向同性柱状纤维。

一个完美结合的各向同性柱状纤维内的等效本征应变定义为

$$\boldsymbol{\varepsilon}_{*}^{(1)}=-\boldsymbol{K}^{-1}:\boldsymbol{\varepsilon}^{0}=-[\boldsymbol{S}^{(1)}+(\boldsymbol{C}^{(1)}-\boldsymbol{C}^{0})^{-1}\cdot\boldsymbol{C}^{(0)}]^{-1}:\boldsymbol{\varepsilon}^{0} \tag{29.24}$$

一个椭圆孔洞内的等效本征应变可被导出：

$$\boldsymbol{\varepsilon}_{*}^{(2)}=-\boldsymbol{J}^{*-1}:\boldsymbol{\varepsilon}^{0} \tag{29.25}$$

其中

$$\boldsymbol{J}^{*}\equiv\{\boldsymbol{I}+(\boldsymbol{S}^{(1)}-\boldsymbol{S}^{(2)})\cdot[\boldsymbol{S}^{(2)}+((\boldsymbol{C}^{(1)}-\boldsymbol{C}^{(0)})^{-1}\cdot\boldsymbol{C}^{(0)})]^{-1}\}\cdot\boldsymbol{E}^{*} \tag{20.26}$$

式中：$\boldsymbol{E}^{*}\equiv\boldsymbol{S}^{(2)}-\boldsymbol{I}$；$\boldsymbol{S}^{(1)}$和$\boldsymbol{S}^{(2)}$分别为柱状纤维和椭圆形孔洞的内点 Eshelby 张量；$\boldsymbol{C}^{(0)}$和$\boldsymbol{C}^{(1)}$分别为基体和纤维的弹性张量。

因此，一个开裂的柱状纤维内的整体（平均）本征应变可导出：

$$\langle\boldsymbol{\varepsilon}^{*}\rangle_{(2)}=f\boldsymbol{\varepsilon}_{*}^{(2)}+(1-f)\boldsymbol{\varepsilon}_{*}^{(1)}=\rho(-\boldsymbol{J}^{*-1}+\boldsymbol{K}^{-1}):\boldsymbol{\varepsilon}^{0}-\boldsymbol{K}^{-1}:\boldsymbol{\varepsilon}^{0} \tag{29.27}$$

其中

$$f=\frac{\text{椭圆形孔洞的面积}}{\text{柱状纤维的面积}}=\left[\frac{\pi(a_1)(a_2=a_1/\alpha)}{\pi(a_1)^2}\right]_{\alpha\to\infty}=\left(\frac{1}{\alpha}\right)_{\alpha\to\infty}=(\rho)_{\rho\to 0} \tag{29.28}$$

$\langle\cdot\rangle_{(2)}$代表开裂的各向同性柱状纤维（2 相）内的整体本征应变。

29.5　复合材料的有效弹性−损伤模量

当考虑小应变时，整体的宏观应变 $\bar{\boldsymbol{\varepsilon}}$ 由两部分组成：

$$\bar{\boldsymbol{\varepsilon}}=\bar{\boldsymbol{\varepsilon}}^{\mathrm{e}}+\bar{\boldsymbol{\varepsilon}}^{\mathrm{p}} \tag{29.29}$$

其中，$\bar{\boldsymbol{\varepsilon}}^{\mathrm{e}}$ 和 $\bar{\boldsymbol{\varepsilon}}^{\mathrm{p}}$ 分别代表复合材料的整体弹性和塑性应变，宏观应力 $\bar{\boldsymbol{\sigma}}$ 和宏观弹性应变 $\bar{\boldsymbol{\varepsilon}}^{\mathrm{e}}$ 之间的关系如下：

$$\bar{\boldsymbol{\sigma}}=\bar{\boldsymbol{C}}:\bar{\boldsymbol{\varepsilon}}^{\mathrm{e}} \tag{29.30}$$

经过冗长的推导后，复合材料的有效弹性刚度可确定为（Ju 和 Chen，1994a，b）；Ko 和 Ju，2012，2013）

$$\begin{aligned}\bar{\boldsymbol{C}}=&\boldsymbol{C}^{(0)}+\phi\boldsymbol{C}^{(0)}\cdot(\boldsymbol{K}-\phi\boldsymbol{S}^{(1)}-\phi^{(2)}\boldsymbol{S}^{(1)}\cdot\boldsymbol{J}^{-1}\boldsymbol{K})^{-1}\\&+\phi^{2}\boldsymbol{C}^{(0)}\cdot[-\phi^{(2)}\boldsymbol{S}^{(1)}+(\boldsymbol{I}-\phi\boldsymbol{S}^{(1)}\cdot\boldsymbol{K}^{-1})\cdot\boldsymbol{J}]^{-1}\end{aligned} \tag{29.31}$$

其中

$$\boldsymbol{K}=\boldsymbol{S}^{(1)}+(\boldsymbol{C}^{(1)}-\boldsymbol{C}^{(0)})^{-1}\cdot\boldsymbol{C}^{(0)} \tag{29.32}$$

$$\boldsymbol{J}=\frac{\boldsymbol{J}^{*}}{\rho}\equiv\{\boldsymbol{I}+(\boldsymbol{S}^{(1)}-\boldsymbol{S}^{(2)})\cdot[\boldsymbol{S}^{(2)}+(\boldsymbol{C}^{(1)}-\boldsymbol{C}^{(0)})^{-1}\cdot\boldsymbol{C}^{(0)}]^{-1}\}\cdot\boldsymbol{E} \tag{29.33}$$

另外，以分量的形式：

$$\boldsymbol{J}=J_{IK}^{(1)}\delta_{ij}\delta_{kl}+J_{IJ}^{(2)}(\delta_{ik}\delta_{jl}+\delta_{il}\delta_{jk})\quad(i,j,k,l=1,2) \tag{29.34}$$

同时，$\boldsymbol{E}=\dfrac{\boldsymbol{E}^{*}}{\rho}=\lim\limits_{\rho\to 0}(\boldsymbol{S}^{(2)}-\boldsymbol{I})/\rho$。这里，$\boldsymbol{I}$ 为四阶单位张量，“ · ”指张量乘积，ϕ 为复合

材料中的纤维的总体体积分数，$\phi^{(2)}$ 为开裂的纤维的体积分数。

柱状纤维的四阶内点 Eshelby 张量$\boldsymbol{S}^{(1)}$和椭圆形孔洞的四阶内点 Eshelby 张量$\boldsymbol{S}^{(2)}$的分量通过分别设定 $\alpha=1$ 和 $\alpha\to\infty$，由 Mura(1987)、Ju 和 Sun(2001)、Sun 和 Lu(2001)以及 Ju 等(2009)给出，这里 $\alpha=a_1/a_2$ 定义为椭圆形孔洞的宽厚比(图 29.3)。

对于整体有效正交各向异性弹性材料，有

$$\{\bar{\sigma}_i\}_{6\times1}=[\bar{C}_{ij}]_{6\times6}\{\bar{\varepsilon}_j^{\mathrm{e}}\}_{6\times1}\quad(i=1\sim6,j=1\sim6)\tag{29.35}$$

其中

$$\{\bar{\sigma}_i\}=\{\bar{\sigma}_{11},\bar{\sigma}_{22},\bar{\sigma}_{33},\bar{\sigma}_{12},\bar{\sigma}_{23},\bar{\sigma}_{31}\}^{\mathrm{T}}\quad(i=1\sim6)\tag{29.36}$$

$$\{\bar{\varepsilon}_j^{\mathrm{e}}\}=\{\bar{\varepsilon}_{11}^{\mathrm{e}},\bar{\varepsilon}_{22}^{\mathrm{e}},\bar{\varepsilon}_{33}^{\mathrm{e}},2\bar{\varepsilon}_{12}^{\mathrm{e}},2\bar{\varepsilon}_{23}^{\mathrm{e}},2\bar{\varepsilon}_{31}^{\mathrm{e}}\}^{\mathrm{T}}\quad(j=1\sim6)\tag{29.37}$$

因此，对于整体正交各向异性复合材料，仅有 9 个独立的弹性常数，由于复合材料由一种韧性(弹塑性)基体和随机分布但单一取向的柱状纤维组成，因此，这里的平面应变状态起主导作用。另外

$$\bar{C}_{ijkl}=C_{IK}^{(1)}\delta_{ij}\delta_{kl}+C_{IJ}^{(2)}(\delta_{ik}\delta_{jl}+\delta_{il}\delta_{jk})\quad(i,j,k,l=1,2,3)\tag{29.38}$$

另外，对于整体正交各向异性材料，有

$$[\bar{C}_{ij}]_{6\times6}=\begin{bmatrix}\bar{C}_{11}&\bar{C}_{12}&\bar{C}_{13}&0&0&0\\\bar{C}_{12}&\bar{C}_{22}&\bar{C}_{23}&0&0&0\\\bar{C}_{13}&\bar{C}_{23}&\bar{C}_{33}&0&0&0\\0&0&0&\bar{C}_{44}&0&0\\0&0&0&0&\bar{C}_{55}&0\\0&0&0&0&0&\bar{C}_{66}\end{bmatrix}_{6\times6}\tag{29.39}$$

或者说

$$[\bar{C}_{ij}]_{6\times6}=\begin{bmatrix}C_{11}^{(1)}+2C_{11}^{(2)}&C_{12}^{(1)}&C_{13}^{(1)}&0&0&0\\C_{12}^{(1)}&C_{22}^{(1)}+2C_{22}^{(2)}&\bar{C}_{23}&0&0&0\\C_{31}^{(1)}&C_{32}^{(1)}&C_{33}^{(1)}+2C_{33}^{(2)}&0&0&0\\0&0&0&C_{12}^{(2)}&0&0\\0&0&0&0&C_{23}^{(2)}&0\\0&0&0&0&0&C_{31}^{(2)}\end{bmatrix}_{6\times6}\tag{29.40}$$

与这种正交各向异性材料相关的整体有效弹性模量具有如下形式：

$$\bar{E}_{11}=\frac{\bar{C}_{33}\bar{C}_{12}^2-2\bar{C}_{13}\bar{C}_{23}\bar{C}_{12}+\bar{C}_{13}^2\bar{C}_{22}+\bar{C}_{11}(\bar{C}_{23}^2-\bar{C}_{22}\bar{C}_{33})}{\bar{C}_{23}^2-\bar{C}_{22}\bar{C}_{33}}\tag{29.41}$$

$$\bar{E}_{22}=\frac{\bar{C}_{33}\bar{C}_{12}^2-2\bar{C}_{13}\bar{C}_{23}\bar{C}_{12}+\bar{C}_{13}^2\bar{C}_{22}+\bar{C}_{11}(\bar{C}_{23}^2-\bar{C}_{22}\bar{C}_{33})}{\bar{C}_{13}^2-\bar{C}_{11}\bar{C}_{33}}\tag{29.42}$$

$$\bar{E}_{33}=\frac{\bar{C}_{22}\bar{C}_{13}^2-2\bar{C}_{12}\bar{C}_{23}\bar{C}_{13}+\bar{C}_{23}^2\bar{C}_{11}}{\bar{C}_{13}^2-\bar{C}_{11}\bar{C}_{33}}+\bar{C}_{33}\tag{29.43}$$

$$\bar{\nu}_{12}=\frac{\bar{C}_{12}\bar{C}_{33}-\bar{C}_{13}\bar{C}_{23}}{\bar{C}_{11}\bar{C}_{22}-\bar{C}_{23}^2},\quad\bar{\nu}_{21}=\frac{\bar{C}_{12}\bar{C}_{33}-\bar{C}_{13}\bar{C}_{23}}{\bar{C}_{11}\bar{C}_{22}-\bar{C}_{13}^2},\quad\bar{\nu}_{13}=\frac{\bar{C}_{13}\bar{C}_{22}-\bar{C}_{12}\bar{C}_{23}}{\bar{C}_{22}\bar{C}_{33}-\bar{C}_{23}^2}\tag{29.44}$$

$$\bar{\nu}_{31}=\frac{\bar{C}_{13}\bar{C}_{22}-\bar{C}_{12}\bar{C}_{23}}{\bar{C}_{11}\bar{C}_{22}-\bar{C}_{12}^2},\quad \bar{\nu}_{23}=\frac{\bar{C}_{11}\bar{C}_{23}-\bar{C}_{12}\bar{C}_{13}}{\bar{C}_{11}\bar{C}_{33}-\bar{C}_{13}^2},\quad \bar{\nu}_{32}=\frac{\bar{C}_{11}\bar{C}_{23}-\bar{C}_{12}\bar{C}_{13}}{\bar{C}_{11}\bar{C}_{22}-\bar{C}_{12}^2} \tag{29.45}$$

$$\bar{\mu}_{12}=\bar{C}_{44},\quad \bar{\mu}_{23}=\bar{C}_{55},\quad \bar{\mu}_{31}=\bar{C}_{66} \tag{29.46}$$

$$\frac{\bar{\nu}_{12}}{\bar{E}_{11}}=\frac{\bar{\nu}_{21}}{\bar{E}_{22}},\quad \frac{\bar{\nu}_{23}}{\bar{E}_{22}}=\frac{\bar{\nu}_{32}}{\bar{E}_{33}},\frac{\bar{\nu}_{13}}{\bar{E}_{11}}=\frac{\bar{\nu}_{31}}{\bar{E}_{33}} \tag{29.47}$$

因此，对于整体正交各向异性复合材料，仅有 9 个独立弹性常数，当拉伸应力施加在 i^{th} 方向上时，有效泊松比 $\bar{\nu}_{ij}$ 定义为在 i^{th} 方向上的整体应变延伸范围内、在 j^{th} 方向上的应变收缩的比率。

另外，有效弹性柔度矩阵变为

$$[\bar{D}_{ij}]_{6\times6}=[\bar{C}_{ij}]^{-1}{}_{6\times6}=\begin{bmatrix} \frac{1}{\bar{E}_{11}} & \frac{-\bar{\nu}_{21}}{\bar{E}_{22}} & \frac{-\bar{\nu}_{31}}{\bar{E}_{33}} & 0 & 0 & 0 \\ \frac{-\bar{\nu}_{12}}{\bar{E}_{11}} & \frac{1}{\bar{E}_{22}} & \frac{-\bar{\nu}_{32}}{\bar{E}_{33}} & 0 & 0 & 0 \\ \frac{-\bar{\nu}_{13}}{\bar{E}_{11}} & \frac{-\bar{\nu}_{23}}{\bar{E}_{22}} & \frac{1}{\bar{E}_{33}} & 0 & 0 & 0 \\ 0 & 0 & 0 & \frac{1}{\bar{\mu}_{12}} & 0 & 0 \\ 0 & 0 & 0 & 0 & \frac{1}{\bar{\mu}_{23}} & 0 \\ 0 & 0 & 0 & 0 & 0 & \frac{1}{\bar{\mu}_{31}} \end{bmatrix}_{6\times6} \tag{29.48}$$

因此沿纤维纵向的应力分量 $\bar{\sigma}_{33}$ 为

$$\bar{\sigma}_{33}=\eta_1\bar{\sigma}_{11}+\eta_2\bar{\sigma}_{22} \tag{29.49}$$

其中

$$\eta_1=\frac{\bar{C}_{13}\bar{C}_{22}-\bar{C}_{12}\bar{C}_{23}}{\Xi},\quad \eta_2=\frac{\bar{C}_{11}\bar{C}_{23}-\bar{C}_{12}\bar{C}_{13}}{\Xi},\quad \Xi=\bar{C}_{11}\bar{C}_{22}+\bar{C}_{12}^2 \tag{29.50}$$

为解释开裂纤维的体积分数对在横向单向拉伸外载荷作用下沿 X_2 方向的两相复合材料的有效弹性模量的影响，考虑了硼纤维和 2024 铝合金基体的材料性能。2024 铝合金基体和硼纤维的弹性模量分别为 $E_0=8100\text{ksi}$，$\nu_0=0.32$，$\mathrm{E}_1=55000\text{ksi}$，$\nu_1=0.2$。需注意，该框架可以预测出含有不同开裂纤维体积分数的有效杨氏模量、有效剪切模量和有效泊松比，详细信息见 5.2.2 节（Ko，2005，pp. 263–266），出于演示的目的，此处仅考虑含不同体积分数的开裂纤维的有效杨氏模量。如图 29.4 所示，在未损伤状态下（$\phi^{(2)}=0$），复合材料是整体横向各向同性的。观察发现，有效杨氏模量 E_1^* 和 E_2^* 是相等的，而沿纤维纵向的有效杨氏模量 E_3^* 是最大的，随着 $\phi^{(2)}$ 增大，可注意到 E_2^* 和 E_3^* 是减小的；但是，当 $\phi^{(2)}$ 增大时，E_2^* 显著减小，相比之下，随着 $\phi^{(2)}$ 的增大，E_1^* 由于泊松比效应而有所增大。

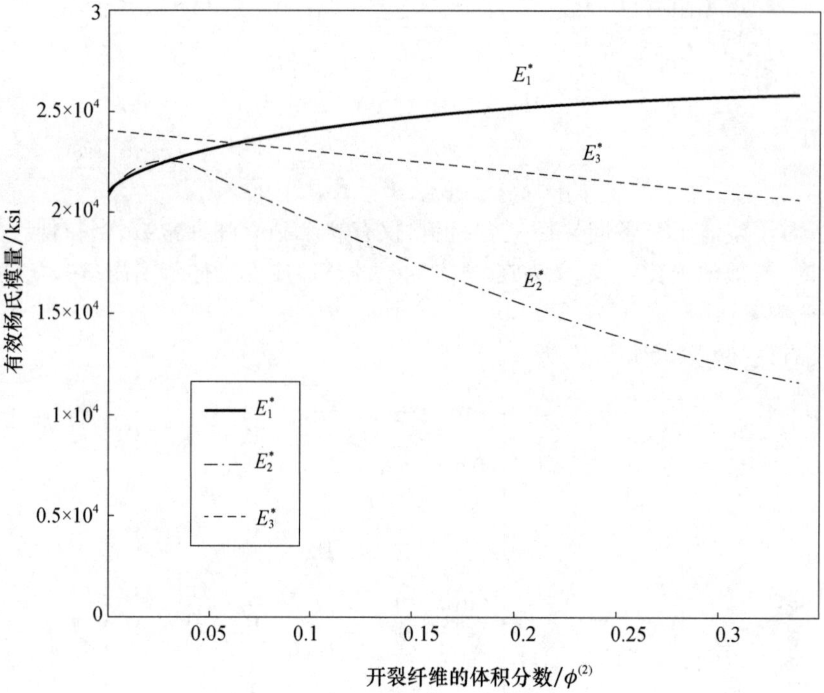

图 29.4　有效杨氏模量与开裂纤维体积分数 $\phi^{(2)}$ 的关系

29.6　三相复合材料的弹塑性损伤行为

现在考虑多尺度三相纤维增强复合材料的整体弹塑性损伤响应，其中，柱状纤维是弹性的，而基体是弹塑性的。相应地，在任何基体点处，应力 $\boldsymbol{\sigma}$ 和等效塑性应变 $\bar{e}^{\mathrm{p}}$ 必须满足下面的屈服函数：

$$F(\boldsymbol{\sigma},\bar{E}^{\mathrm{p}})=\sqrt{H(\boldsymbol{\sigma})}-K(\bar{e}^{\mathrm{p}})\leqslant 0 \tag{29.51}$$

式中：$K(\bar{e}^{\mathrm{p}})$ 为纯金属材料的各向同性硬化函数。

另外，$H(\boldsymbol{\sigma})\equiv\boldsymbol{\sigma}:\boldsymbol{I}_{\mathrm{d}}:\boldsymbol{\sigma}$ 指偏应力形式的平方，其中，$\boldsymbol{I}_{\mathrm{d}}$ 指四阶单位张量 $\boldsymbol{I}$ 的偏分。为了获得复合材料的有效（整体）弹塑性-损伤行为，通常在一个介观代表性面积元（RAE）内运行均匀化程序，这里提出了一种框架，在其中构建复合材料的一个局域平均屈服准则。

根据 Ju 和 Chen（1994c）、Ju 和 Lee（2000）以及 Ju 和 Zhang（2001），$H(\boldsymbol{x}|g)$ 指局部基体点 $\boldsymbol{x}$ 处的当前应力模的平方，它决定了复合材料中某种给定组成相 g 的塑性应变，$\langle H\rangle_m(\boldsymbol{x})$ 被定义为 $H(\boldsymbol{x}|g)$ 在所有可能的计算点处的区域平均值，其中 $\boldsymbol{x}$ 位于基体相中，这里，角括号〈·〉代表区域平均算子。使（Pg_q）为在复合材料中发现 q 相组成（$q=1,2$）的概率密度函数，因此，$\langle H\rangle_m(\boldsymbol{x})$ 可按下式获得：

$$\langle H\rangle_m^{(x)}=H^0+\int_{g_1}[H(\boldsymbol{x}|g_1)-H^0]P(g_1)\mathrm{d}g+\int_{g_2}[H(\boldsymbol{x}|g_2)-H^0]P(g_2)\mathrm{d}g \tag{29.52}$$

式中：H^0 为基体中远场应力模的平方，即

$$H^0=\boldsymbol{\sigma}^0:\boldsymbol{I}_{\mathrm{d}}:\boldsymbol{\sigma}^0 \tag{29.53}$$

由中心位于 $\boldsymbol{x}^{(1)}$ 处的单个开裂纤维的存在引起的应力扰动由下式导出：

$$\boldsymbol{\sigma}'(\boldsymbol{x}|\boldsymbol{x}^{(1)})=[\boldsymbol{C}^{(0)}\cdot\overline{\boldsymbol{G}}^{(1)}(\boldsymbol{x}-\boldsymbol{x}^{(1)})]:\boldsymbol{\varepsilon}_*^{(1)} \tag{29.54}$$

其中

$$\boldsymbol{\varepsilon}_*^{(1)}=-\boldsymbol{K}^{-1}:\boldsymbol{\varepsilon}^0=-[\boldsymbol{S}^{(1)}+(\boldsymbol{C}^{(1)}-\boldsymbol{C}^{(0)})^{-1}\cdot\boldsymbol{C}^{(0)}]^{-1}:\boldsymbol{\varepsilon}^0 \tag{29.55}$$

$$\overline{\boldsymbol{G}}^{(1)}(\boldsymbol{x}-\boldsymbol{x}^{(1)})\equiv\int_{\Omega^{(1)}}\boldsymbol{G}(\boldsymbol{x}-\boldsymbol{x}')\mathrm{d}\boldsymbol{x}' \tag{29.56}$$

从双重夹杂理论出发，中心位于 $\boldsymbol{x}^{(2)}$ 处的一个开裂纤维引起的局部扰动应力 $\boldsymbol{\sigma}'(\boldsymbol{x})$ 可由下式估算：

$$\begin{aligned}\boldsymbol{\sigma}'(\boldsymbol{x}|\boldsymbol{x}^{(2)})=&[\boldsymbol{C}^{(0)}\cdot\overline{\boldsymbol{G}}^{(1)}(\boldsymbol{x}-\boldsymbol{x}^{(1)})]:\boldsymbol{\varepsilon}_*^{(1)}\\&+[\boldsymbol{C}^{(0)}\cdot\overline{\boldsymbol{G}}^{(2)}(\boldsymbol{x}-\boldsymbol{x}^{(2)})]:\rho(\boldsymbol{\varepsilon}_*^{(2)}-\boldsymbol{\varepsilon}_*^{(1)})\end{aligned} \tag{29.57}$$

其中

$$\boldsymbol{\varepsilon}_*^{(2)}=-\boldsymbol{J}^{*-1}:\boldsymbol{\varepsilon}^0 \tag{29.58}$$

$$\overline{\boldsymbol{G}}^{(2)}(\boldsymbol{x}-\boldsymbol{x}^{(2)})\equiv\int_{\Omega^{(2)}}\boldsymbol{G}(\boldsymbol{x}-\boldsymbol{x}')\mathrm{d}\boldsymbol{x}' \tag{29.59}$$

式中：$\boldsymbol{\varepsilon}^0$ 为远场载荷引起的弹性应变场，$\boldsymbol{x}'$在一个未开裂的或已开裂的纤维中驻留。

另外，A 为统计代表性面积元（RAE），可以看出，式（29.40）和式（29.43）表示了格林函数方法四阶张量 $\boldsymbol{G}$ 的各分量可在 Ju 等（2006，2008，2009）以及 Ju 和 Ko（2008）中找到。在一阶估算方法中，一个基体点仅从所有的非交互作用的纤维中一个接一个地收集扰动。简单起见，在没有实际显微组织特征的情况下，假定 $P(\boldsymbol{x}_1^{(1)})$ 和 $P(\boldsymbol{x}_2^{(1)})$ 是统计均匀的、各向同性的和均一的，也就是说，假定概率密度函数具有如下形式：$P(\boldsymbol{x}_1^{(1)})=\dfrac{N_1}{A}$和 $P(\boldsymbol{x}_2^{(1)})=\dfrac{N_2}{A}$，其中，$N_1$ 和 N_2 分别为未开裂和已开裂纤维的总数，它们分布在一个代表性面积 A 中。

采用 Ju 和 Zhang（1998）中的两个公式（式（29.34）和式（29.35）以及式（29.38）和式（29.41）给出的扰动应力，在任意基体点处的区域平均的当前应力模由下式得出

$$\langle H\rangle_m(\boldsymbol{x})=\boldsymbol{\sigma}^0:\boldsymbol{T}:\boldsymbol{\sigma}^0 \tag{29.60}$$

四阶正定张量 $\boldsymbol{T}$ 的分量为

$$T_{ijkl}=T_{IK}^{(1)}\delta_{ij}\delta_{kl}+T_{IJ}^{(2)}(\delta_{ik}\delta_{jl}+\delta_{il}\delta_{jk})\quad(i,j,k,l=1,2) \tag{29.61}$$

其中，开裂纤维的（当前）体积分数定义为 $\phi^{(2)}\equiv\pi a_1a_2\dfrac{N_2}{A}$，更多细节参见第 29.8 节。

外加的远场应力 σ^0 和宏观（区域体积平均）应力 $\bar{\sigma}$ 之间的广义关系由下式给出（Ju 和 Chen，1994c）：

$$\sigma^0=\boldsymbol{P}:\bar{\sigma} \tag{29.62}$$

其中，四阶张量 $\boldsymbol{P}$ 为

$$\boldsymbol{P}=\{\boldsymbol{C}^{(0)}\cdot[\boldsymbol{I}+(\boldsymbol{I}-\boldsymbol{S}^{(1)})\cdot\boldsymbol{Y}]\cdot\boldsymbol{C}^{(0)-1}\}^{-1} \tag{29.63}$$

$$\boldsymbol{Y}=\phi[\boldsymbol{S}^{(1)}+(\boldsymbol{C}^{(1)}-\boldsymbol{C}^{(0)})^{-1}\cdot\boldsymbol{C}^{(0)}]^{-1} \tag{29.64}$$

合并式（29.44）和式（29.46）可得出当前应力模平方的区域平均的另一种表达式：

$$\langle H\rangle_m(\boldsymbol{x})=\bar{\sigma}:\overline{\boldsymbol{T}}:\bar{\sigma} \tag{29.65}$$

其中:四阶张量 $\bar{\boldsymbol{T}} \equiv \boldsymbol{P}^{\mathrm{T}} : \boldsymbol{T} : \boldsymbol{P}$。另外,对于 $\phi = \phi^{(2)} = 0$,即仅对于基体材料,式(29.49)降阶为经典 j_2 不变量,详见 Ko 等(2005)、Ju 等(2006,2008,2009)以及 Ju 和 Ko(2008)。

对于三相的纤维增强复合材料中的任意基体点 $\boldsymbol{x}$,其区域平均的当前应力模可定义为

$$\sqrt{\langle H\rangle(\boldsymbol{x})} = (1-\phi^{(1)})\sqrt{\bar{\boldsymbol{\sigma}}:\bar{\boldsymbol{T}}:\bar{\boldsymbol{\sigma}}} \tag{29.66}$$

式中:$\phi^{(1)}$ 为当前未开裂纤维的体积分数。

因此,对于三相的纤维增强韧性基体复合材料,其有效屈服函数可写为

$$\bar{F} = (1-\phi^{(1)})\sqrt{\bar{\boldsymbol{\sigma}}:\bar{\boldsymbol{T}}:\bar{\boldsymbol{\sigma}}} - K(\bar{e}^{\mathrm{p}}) \tag{29.67}$$

其中 $K(\bar{e}^{\mathrm{p}})$ 为三相复合材料的各向同性硬化函数。为便于解释,假设复合材料的整体流变定律为结合律,因此,复合材料的有效区域平均的塑性应变速率为

$$\dot{\bar{\boldsymbol{\varepsilon}}}^{\mathrm{p}} = \dot{\lambda}\frac{\partial \bar{F}}{\partial \bar{\boldsymbol{\sigma}}} = (1-\phi^{(1)})\dot{\lambda}\frac{\bar{\boldsymbol{T}}:\bar{\boldsymbol{\sigma}}}{\sqrt{\bar{\boldsymbol{\sigma}}:\bar{\boldsymbol{T}}:\bar{\boldsymbol{\sigma}}}} \tag{29.68}$$

其中,$\dot{\lambda}$ 为塑性一致性参数。

复合材料的有效等效塑性应变速率定义为

$$\dot{\bar{e}}^{\mathrm{p}} \equiv \sqrt{\frac{2}{3}\dot{\bar{\boldsymbol{\varepsilon}}}^{\mathrm{p}}:\bar{\boldsymbol{T}}^{-1}:\dot{\bar{\boldsymbol{\varepsilon}}}^{\mathrm{p}}} = \sqrt{\frac{2}{3}}(1-\phi^{(1)})\dot{\lambda} \tag{29.69}$$

$\dot{\lambda}$ 和屈服函数 $\bar{F}$ 一起,必须满足 Kuhn-Tucker 条件:

$$\dot{\lambda} \geqslant 0, \quad \bar{F} \leqslant 0, \quad \dot{\lambda}\bar{F} = 0, \quad \dot{\lambda}\dot{\bar{F}} = 0 \tag{29.70}$$

采用简单的指数律类型的各向同性硬化函数作为一个例子:

$$K(\bar{e}^{\mathrm{p}}) = \sqrt{\frac{2}{3}}\{\bar{\sigma}_y + h(\bar{e}^{\mathrm{p}})^q\} \tag{29.71}$$

式中:$\bar{\sigma}_y$ 为初始屈服应力;h 和 q 分别为三相复合材料线性的和指数的各向同性硬化参数。

29.7 纤维开裂的演化

在变形不断增大的条件下,纤维会逐渐开裂,并影响着复合材料的整体应力-应变行为。纤维开裂后,开裂的纤维失去了载荷承载能力,并用双重夹杂理论进行模拟。在一阶估算的条件下,纤维内部的应力是均匀的,为方便起见,根据 Tohgo 和 Weng(1994)以及 Zhao 和 Weng(1996,1997),将纤维的平均内应力作为控制因素。纤维开裂的概率被模拟为一个两参数威布尔过程,假设以 Weibull(1951)统计学为主,对于沿 X_2 轴的横向单轴拉伸载荷,对平面应变单轴拉伸载荷的纤维开裂的累积概率分布函数 P_{d},可用下式表达:

$$P_{\mathrm{d}} = P_2 = 1-\exp\left[-\left(\frac{\bar{\sigma}_{22}^{(1)}-\sigma_{\mathrm{cri}}}{S_0}\right)^M\right] \quad (\bar{\sigma}_{22}^{(1)} \geqslant \sigma_{\mathrm{cri}}0, \bar{\sigma}_{22}^{(1)} \leqslant \sigma_{\mathrm{cri}}) \tag{29.72}$$

式中:$\bar{\sigma}_{22}^{(1)}$ 为 X_2 方向上纤维的平均内应力;M 和 S_0 分别为开裂纤维的体积分数的演化速率和纤维的平均断裂强度;σ_{cri} 为纤维的局部临界断裂强度。

当前的开裂纤维的体积分数 $\phi^{(2)}$ 在给定的 $\bar{\sigma}_{22}^{(1)}$ 时,由下式给出:

$$\phi^{(2)}=\phi P_2 \tag{29.73}$$

当前的未开裂纤维的体积分数可写为

$$\phi^{(1)}=\phi-\phi^{(2)} \tag{29.74}$$

纤维的平均内应力可表达为

$$\begin{aligned}\bar{\boldsymbol{\sigma}}^{(1)}=\{&\boldsymbol{C}^{(0)}\cdot\{\boldsymbol{I}+(\boldsymbol{I}-\boldsymbol{S}^{(1)})\cdot[\boldsymbol{S}^{(1)}+(\boldsymbol{C}^{(1)}-\boldsymbol{C}^{(0)})^{-1}\cdot\boldsymbol{C}^{(0)}]^{-1}\}\\&\cdot[\boldsymbol{I}+(\boldsymbol{I}-\boldsymbol{S}^{(1)})\cdot\boldsymbol{Y}]^{-1}\cdot\boldsymbol{C}^{(0)-1}\}:\bar{\boldsymbol{\sigma}}\end{aligned} \tag{29.75}$$

其中

$$\boldsymbol{Y}=\sum_{\beta-1}^{2}\phi^{(\beta)}[\boldsymbol{S}^{(1)}+(\boldsymbol{C}^{(\beta)}-\boldsymbol{C}^{(0)})^{-1}\cdot\boldsymbol{C}^{(0)}]^{-1}\quad(\beta=1,2) \tag{29.76}$$

29.8　整体弹塑性-损伤的应力-应变响应

为了说明柱状纤维增强韧性基体的复合材料的基于微观力学的弹塑性-损伤模型,考虑了平面应变条件下的横向单轴拉伸载荷的例子。

29.8.1　沿 X_2 轴的横向单轴加载

施加的宏观应力 $\bar{\boldsymbol{\sigma}}$ 可写为

$$\bar{\sigma}_{22}>0,\quad \bar{\sigma}_{33}=\eta_2\bar{\sigma}_{22},\quad \text{其他的}\bar{\sigma}_{ij}=0 \tag{29.77}$$

结合式(29.55)给出的各向同性硬化定律,整体屈服函数变为

$$\bar{F}(\bar{\sigma}_{22},\bar{e}^{\mathrm{p}})=(1-\phi^{(1)})\sqrt{\bar{\boldsymbol{\sigma}}:\bar{\boldsymbol{T}}:\bar{\boldsymbol{\sigma}}}-\sqrt{\frac{2}{3}}[\bar{\sigma}_y+h(\bar{e}^{\mathrm{p}})^q] \tag{29.78}$$

将式(29.61)带入式(29.62),对于单轴载荷的有效屈服函数为

$$\bar{F}(\bar{\sigma}_{22},\bar{e}^{\mathrm{p}})=(1-\phi^{(1)})\sqrt{(\bar{T}_{22}^{(1)}+2\bar{T}_{22}^{(2)})}\,\bar{\sigma}_{22}-\sqrt{\frac{2}{3}}[\bar{\sigma}_y+h(\bar{e}^{\mathrm{p}})^q] \tag{29.79}$$

由式(29.52)定义的宏观塑性应变速率增量具有如下形式:

$$\Delta\bar{\boldsymbol{\varepsilon}}^{\mathrm{p}}=(1-\phi^{(1)})\frac{\Delta\lambda}{\sqrt{(\bar{T}_{22}^{(1)}+2\bar{T}_{22}^{(2)})}}\begin{bmatrix}\bar{T}_{12}^{(1)} & 0\\ 0 & \bar{T}_{22}^{(1)}+2\bar{T}_{22}^{(2)}\end{bmatrix} \tag{29.80}$$

对于任意超过初始屈服点的应力,其中的 $\Delta\lambda$ 为塑性一致性增量参数。类似地,等效塑性应变增量可表述为

$$\Delta\bar{e}^{\mathrm{p}}=\sqrt{\frac{2}{3}}(1-\phi^{(1)})\Delta\lambda \tag{29.81}$$

宏观弹性应变增量为

$$\Delta\bar{\boldsymbol{\varepsilon}}^{\mathrm{e}}=\begin{bmatrix}\bar{D}_{12}+\eta_2\bar{D}_{13} & 0\\ 0 & \bar{D}_{22}+\eta_2\bar{D}_{23}\end{bmatrix}\Delta\bar{\sigma}_{22} \tag{29.82}$$

式中：$\bar{D}_{ij}$ 为复合材料的有效弹性柔度；$\eta_2=\dfrac{\bar{C}_{11}\bar{C}_{23}-\bar{C}_{12}\bar{C}_{13}}{\bar{C}_{11}\bar{C}_{22}-\bar{C}_{12}}$。

对于简单的平面应变单轴载荷，其整体宏观应力-应变增量关系可通过汇总式(29.64)和式(29.66)获得：

$$\Delta\bar{\boldsymbol{\varepsilon}}=\begin{bmatrix}\bar{D}_{12}+\eta_2\bar{D}_{13} & 0\\ 0 & \bar{D}_{22}+\eta_2\bar{D}_{23}\end{bmatrix}\Delta\bar{\sigma}_{22}+(1-\phi^{(1)})\frac{\Delta\lambda}{\sqrt{(\bar{T}_{22}^{(1)}+2\bar{T}_{22}^{(2)})}}\begin{bmatrix}\bar{T}_{12}^{(1)} & 0\\ 0 & \bar{T}_{22}^{(1)}+2\bar{T}_{22}^{(2)}\end{bmatrix} \tag{29.83}$$

其中，正参数 $\Delta\lambda$ 通过解析塑性一致性条件 $\bar{F}=0$ 时获得的非线性方程得出：

$$(1-\phi^{(1)})\sqrt{\bar{T}_{22}^{(1)}+2\bar{T}_{22}^{(2)}}\,(\bar{\sigma}_{22})_{n+1}=\sqrt{\frac{2}{3}}\{\bar{\sigma}_y+h[\bar{e}_n^{\mathrm{p}}+\Delta\bar{e}_{n+1}^{\mathrm{p}}]^q\} \tag{29.84}$$

那么，由式(29.65)和式(29.68)可得

$$(1-\phi^{(1)})\sqrt{\bar{T}_{22}^{(1)}+2\bar{T}_{22}^{(2)}}\,(\bar{\sigma}_{22})_{n+1}=\sqrt{\frac{2}{3}}\left\{\bar{\sigma}_y+h\left[\bar{e}_n^{\mathrm{p}}+\sqrt{\frac{2}{3}}(1-\phi^{(1)})\Delta\lambda\right]^q\right\} \tag{29.85}$$

因此，$\Delta\lambda$ 的表达式为

$$\Delta\lambda=\frac{1}{\sqrt{\frac{2}{3}}(1-\phi^{(1)})}\left\{\left[\frac{(1-\phi^{(1)})\sqrt{\frac{3}{2}(\bar{T}_{22}^{(1)}+2\bar{T}_{22}^{(2)})}\,(\bar{\sigma}_{22})_{n+1}-\bar{\sigma}_y}{h}\right]^{1/q}-\bar{e}_n^{\mathrm{p}}\right\} \tag{29.86}$$

29.9 数值模拟和试验对比

为了评估当前框架的预测能力，本节给出了大量的数值案例。在连续硼纤维增强的2024铝合金基体复合材料中，在横向单轴拉伸载荷条件下，通过三套广义动力学的关于纤维开裂的试验数据，对含有开裂纤维的 CFRMMC 数值预测结果进行了验证（Adams，1970），如 Adams（1970）所报道的，复合材料的失效与纤维的失效相关，也就是说，典型的断裂面会沿垂直于外加载荷方向的直径平面穿过纤维，而不是绕过每个纤维（即界面分离）。基体和纤维的弹性模量为：对于 2024 铝合金基体，$E_0=8100\text{ksi}$，$\nu_0=0.32$；对于硼纤维，$E_0=55000\text{ksi}$，$\nu_0=0.2$。另外，基于试验数据，采用最小平方参量估算程序估算了下列塑性参量：$\bar{\sigma}_y=23\text{ksi}$，$h=120\text{ksi}$，$h=0.60$；威布尔参量：$S_0=50\text{ksi}$，$h=5$，$\sigma_{\mathrm{cri}}=5$。

复合材料受到了沿 X_2 方向的横向单轴拉伸载荷（图 29.2），如图 29.5(a)所示。理论预测的 $\bar{\sigma}_{22}$ 和 $\bar{\varepsilon}_{22}$ 之间的关系以及式(29.56)描述的损伤演化与三套试验数据匹配得非常好，相应的纤维损伤演化过程如图 29.5(b)所示。复合材料力学行为的两个阶段用已有的框架进行了很好的表征，在第一阶段，复合材料屈服之前（近似的应变为 0.0023），其微小的损伤与金属基体的弹性相关；在第二阶段，当复合材料屈服以后，其突然的刚性退化行为主要由纤维开裂控制，此时，开裂纤维的最大纤维体积分数达到约 33%，如

图 29.5(b)所示。另外，对不同的 P_2，其理论预测结果也显示在图 29.5(a)中，观察发现，对于 $P_2=0$，预测结果在应力-应变曲线的弹性和弹塑性区域都给出了最高的刚度，它与不含任何开裂纤维的应力-应变曲线相对应。另一方面，对于 $P_2=1.0$，预测结果在应力-应变曲线的弹性和弹塑性区域都给出了最低的刚度，它与施加载荷之前，复合材料中所有纤维内都带有纤维开裂的应力-应变曲线相对应。

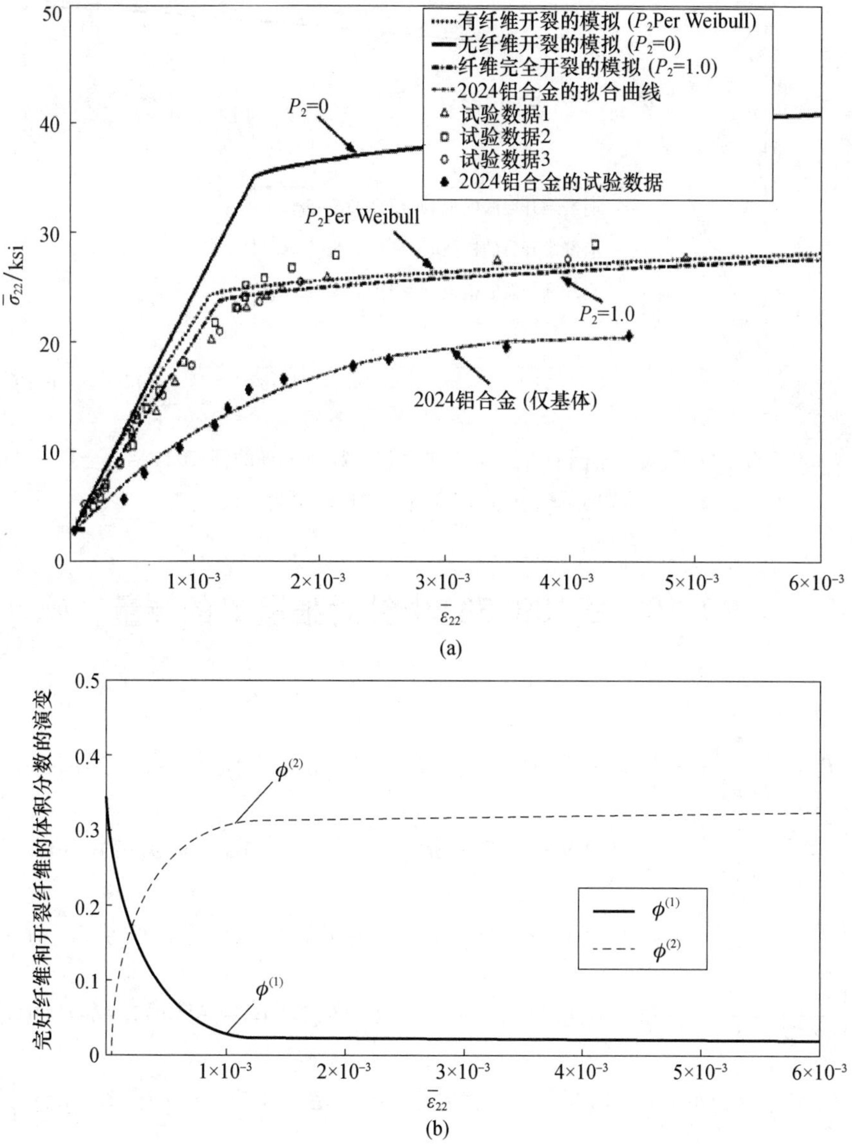

图 29.5　(a)室温条件下，对于不同的P_2，初始纤维体积分数为 34%的硼/2024 铝合金复合材料的横向单轴应力-应变行为的预测结果和实验结果的对比；(b)对应的纤维损伤的演变

在图 29.6 中，给出了不同的 S_0，$\bar{\sigma}_{22}$ 和 $\bar{\varepsilon}_{22}$ 之间的关系($S_0=5\sigma_{cri}$；$S_0=10\sigma_{cri}$；$S_0=15\sigma_{cri}$)。如图 29.6 所示，纤维的平均断裂强度的影响在纤维开裂的力学行为中起了重要作用，尤其在复合材料屈服以后，较高的 S_0 值会导致复合材料屈服后较高的刚度。

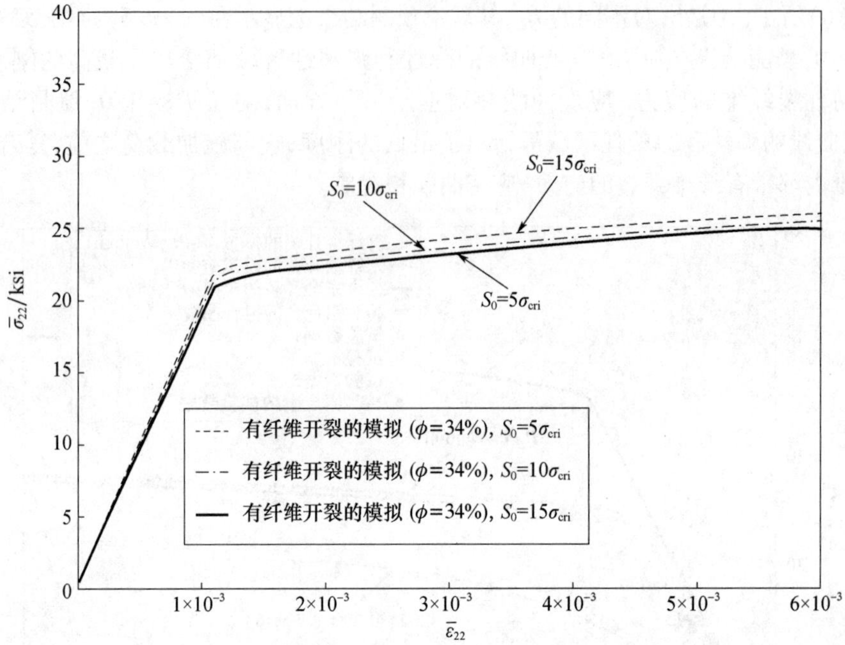

图 29.6　室温条件下，对于不同的S_0，初始纤维体积分数为 34%的硼/2024 铝合金复合材料的横向单轴应力-应变行为的理论预测结果

29.10　式(29.38)中针对张量 T 的参量

$$T_{11}^{(1)}=\bar{a}+A_{q1}+A_{q2}-2T_{11}^{(2)},\quad T_{22}^{(1)}=\bar{b}+B_{q1}+B_{q2}-2T_{22}^{(2)} \tag{29.87}$$

$$T_{11}^{(1)}=\frac{1}{8(\nu_0-1)^2}\left[(5\bar{a}+5\bar{b}+3\bar{C}+2)\left(\phi B_{11}^{(2)^2}+B_{(2)11}^{(2)}{}^2\phi^{(2)}\right)\mu_0{}^2+4(\nu_0-2)\nu_0+4\right] \tag{29.88}$$

$$T_{22}^{(2)}=\frac{1}{8(\nu_0-1)^2}\left[(5\bar{a}+5\bar{b}+3\bar{C}+2)\left(\phi B_{22}^{(2)^2}+B_{(2)11}^{(2)}{}^2\phi^{(2)}\right)\mu_0{}^2+4(\nu_0-2)\nu_0+4\right] \tag{29.89}$$

$$T_{21}^{(2)}=T_{12}^{(2)}=\frac{1}{4}(2+D_{q1}+D_{q2}),\quad T_{21}^{(1)}=T_{12}^{(1)}=\frac{1}{2}(\bar{C}+C_{q1}+C_{q2}) \tag{29.90}$$

$$A_{q1}=\phi\left\{\frac{1}{32(\nu_0-1)^2}\{\{(17\bar{a}+\bar{b}-\bar{C}+10)B_{11}^{(1)2}-2[B_{21}^{(1)}(\bar{a}+\bar{b}+7\bar{C}-6)-2B_{11}^{(2)}(17\bar{a}+\bar{b}-\bar{C}+10)]B_{11}^{(1)}+\right.$$
$$\left.4B_{11}^{(2)^2}(17\bar{a}+\bar{b}-\bar{C}+10)+B_{21}^{(1)^2}(\bar{a}+17\bar{b}-\bar{C}+10)-4B_{21}^{(1)}B_{11}^{(2)}(\bar{a}+\bar{b}+7\bar{C}-6)\}\mu_0^2\}\right\} \tag{29.91}$$

$$\begin{aligned}A_{q2}=\phi^{(2)}\Bigg\{&\frac{1}{32(\nu_0-1)^2}\{(17\bar{a}+\bar{b}-\bar{C}+10)B_{(1)11}^{(2)^2}-2[B_{(1)21}^{(2)}(\bar{a}+\bar{b}+7\bar{C}-6)\\&-2B_{(2)11}^{(2)}(17\bar{a}+\bar{b}-\bar{C}+10)]B_{(1)11}^{(2)}+4B_{(2)11}^{(2)}{}^2(17\bar{a}+\bar{b}-\bar{C}+10)\\&+B_{(1)21}^{(2)}{}^2(\bar{a}+17\bar{b}-\bar{C}+10)-4B_{(1)21}^{(2)}B_{(2)11}^{(2)}(\bar{a}+\bar{b}+7\bar{C}-6)\}\mu_0^2\Bigg\}\end{aligned} \tag{29.92}$$

$$B_{q1}=\frac{1}{32(\nu_0-1)^2}\{\{(\bar{b}-\bar{C}+10)B_{12}^{(1)\,2}-2(B_{22}^{(1)}+2)(\bar{b}+7\bar{C}-6)B_{12}^{(1)}+\bar{a}[17B_{12}^{(1)\,2}-2(B_{22}^{(1)}+2)B_{12}^{(1)}+(B_{22}^{(1)}+2)^2]+(B_{22}^{(1)}+2)^2(17\bar{b}-\bar{C}+10)\}\mu_0{}^2\phi\} \tag{29.93}$$

$$B_{q2}=\frac{1}{32(\nu_0-1)^2}\{[(17\bar{a}+\bar{b}-\bar{C}+10)B_{(1)12}^{(2)\,2}-2(B_{(1)22}^{(2)}+2B_{(2)22}^{(2)})(\bar{a}+\bar{b}+7\bar{C}-6)B_{(1)12}^{(2)}+(B_{(1)22}^{(2)\,2}+2B_{(2)22}^{(2)})^2(\bar{a}+17\bar{b}-\bar{C}+10)]\mu_0^2\phi^{(2)}\} \tag{29.94}$$

$$C_{q1}=\frac{1}{16(\nu_0-1)^2}\{\{-B_{12}^{(1)}[B_{21}^{(1)}(\bar{a}+\bar{b}+7\bar{C}-6)-2B_{11}^{(2)}(17\bar{a}+\bar{b}-\bar{C}+10)]+(B_{22}^{(1)}+2B_{22}^{(2)})[B_{21}^{(1)}(\bar{a}+17\bar{b}-\bar{C}+10)-2B_{11}^{(2)}(\bar{a}+\bar{b}+7\bar{C}-6)]+B_{11}^{(1)}[B_{12}^{(1)}(17\bar{a}+\bar{b}-\bar{C}+10)-(B_{22}^{(1)}+2B_{22}^{(2)})(\bar{a}+\bar{b}+7\bar{C}-6)]\}\mu_0{}^2\phi\} \tag{29.95}$$

$$C_{q2}=\frac{1}{16(\nu_0-1)^2}\{\{-B_{(1)12}^{(2)}[B_{(1)21}^{(2)}(\bar{a}+\bar{b}+7\bar{C}-6)-2B_{(2)11}^{(2)}(17\bar{a}+\bar{b}-\bar{C}+10)]+(B_{(1)22}^{(2)}+2B_{(2)22}^{(2)})[B_{(1)21}^{(2)}(\bar{a}+17\bar{b}-\bar{C}+10)-2B_{(2)11}^{(2)}(\bar{a}+\bar{b}+7\bar{C}-6)]+B_{(1)11}^{(2)}[B_{(1)12}^{(2)}(17\bar{a}+\bar{b}-\bar{C}+10)-(B_{(1)22}^{(2)}+2B_{(2)22}^{(2)})(\bar{a}+\bar{b}+7\bar{C}-6)]\}\mu_0{}^2\phi^{(2)}\} \tag{29.96}$$

$$D_{q1}=\frac{1}{2(\nu_0-1)^2}[(5\bar{a}+5\bar{b}+3\bar{C}+2)B_{12}^{(2)\,2}\mu_0{}^2\phi] \tag{29.97}$$

$$D_{q2}=\frac{1}{2(\nu_0-1)^2}[(5\bar{a}+5\bar{b}+3\bar{C}+2)B_{(2)12}^{(2)\,2}\mu_0{}^2\phi^{(2)}] \tag{29.98}$$

$$B_{MR}^{(1)}=-\frac{\frac{1}{4}m(YYY_{M1}^{(1)}+YYY_{M2}^{(1)})+\frac{1}{2}n(YYY_{MR}^{(1)})}{2\left[\mu^{(1)'}+\frac{S_{MM}^{(2)}}{4(1-\nu_0}\right]}+\frac{\frac{1}{2}m}{4\left[\mu^{(1)'}+\frac{S_{MM}^{(2)}}{4(1-\nu_0)}\right]}\quad(M,R=1,2) \tag{29.99}$$

$$B_{MN}^{(2)}=\frac{\frac{1}{2}n}{4\left[\mu^{(1)'}+\frac{S_{MN}^{(2)}}{4(1-\nu_0)}\right]}\quad(M,N=1,2) \tag{29.100}$$

$$\begin{Bmatrix}YYY_{M1}^{(1)}\\YYY_{M2}^{(1)}\end{Bmatrix}=\begin{bmatrix}\lambda^{(1)'}+2\mu^{(1)'}+\frac{S_{11}^{(1)}+2S_{11}^{(2)}}{4(1-\nu_0)} & \lambda^{(1)'}+\frac{S_{21}^{(1)}}{4(1-\nu_0)}\\ \lambda^{(1)'}+\frac{S_{12}^{(1)}}{4(1-\nu_0)} & \lambda^{(1)'}+2\mu^{(1)'}+\frac{S_{22}^{(1)}+2S_{22}^{(2)}}{4(1-\nu_0)}\end{bmatrix}^{-1}\begin{Bmatrix}\lambda^{(1)'}+\frac{S_{M1}^{(1)}}{4(1-\nu_0)}\\ \lambda^{(1)'}+\frac{S_{M2}^{(1)}}{4(1-\nu_0)}\end{Bmatrix} \tag{29.101}$$

$$m=\frac{1}{\lambda_0+\mu_0}-\frac{1}{\mu_0},\quad n=\frac{1}{\mu_0},\quad \lambda^{(1)'}=\frac{\lambda_0\mu_1-\lambda_1\mu_0}{2(\mu_1-\mu_0)(\lambda_1-\lambda_0+\mu_1-\mu_0)},\quad \mu^{(1)'}=\frac{\mu_0}{2(\mu_1-\mu_0)} \tag{29.102}$$

$$B_{(1)MR}^{(2)}=[\sum_{i=1}^{2}A_{(1)Mi}^{(2)}\frac{1}{4}m+A_{(2)MM}^{(2)}\frac{1}{2}m+A_{(1)MR}^{(2)}\frac{1}{2}n]\quad (M,R=1,2) \tag{29.103}$$

$$B_{(2)MN}^{(2)}=A_{(2)MN}^{(2)}\frac{1}{2}n\quad (M,N=1,2) \tag{29.104}$$

$$A_{(1)IK}^{(2)}=\frac{-(-YJ_{IK})}{2J_{II}^{(2)}},\quad A_{(2)IJ}^{(2)}=\frac{-1}{4J_{IJ}^{(2)}}\quad (I,J,K=1,2) \tag{29.105}$$

$$\begin{Bmatrix}YJ_{I1}\\YJ_{I2}\end{Bmatrix}=\begin{bmatrix}J_{11}^{(1)}+2J_{11}^{(2)} & J_{21}^{(1)}\\ J_{12}^{(1)} & J_{22}^{(1)}+2J_{22}^{(2)}\end{bmatrix}^{-1}\begin{Bmatrix}J_{I1}^{(1)}\\J_{I2}^{(1)}\end{Bmatrix} \tag{29.106}$$

$$\bar{a}=\frac{2\eta_1^2}{9}-\frac{2\eta_1}{9}+\frac{1}{9}(2\eta_1-1)^2+\frac{5}{9},\quad \bar{b}=\frac{2\eta_2^2}{9}-\frac{2\eta_2}{9}+\frac{1}{9}(2\eta_2-1)^2+\frac{5}{9} \tag{29.107}$$

$$\bar{C}=\frac{4\eta_2\eta_1}{9}-\frac{2\eta_1}{9}-\frac{2\eta_2}{9}+\frac{2}{9}(2\eta_1-1)(2\eta_2-1)-\frac{8}{9} \tag{29.108}$$

$$\eta_1=\frac{\bar{C}_{13}\bar{C}_{22}-\bar{C}_{12}\bar{C}_{23}}{\bar{C}_{11}\bar{C}_{22}-\bar{C}_{12}{}^2},\quad \eta_1=\frac{\bar{C}_{11}\bar{C}_{23}-\bar{C}_{12}\bar{C}_{13}}{\bar{C}_{11}\bar{C}_{22}-\bar{C}_{12}{}^2} \tag{29.109}$$

29.11 小　　结

本章提出了一种多尺度微观力学弹塑性损伤的框架,来预测柱状纤维增强的韧性基体复合材料的整体弹塑性行为和损伤演化。逐渐开裂的纤维用双重夹杂理论进行了模拟,纤维开裂后,复合材料变成了三相复合材料,由于损伤逐渐演化,其在不同的载荷时间下具有不同的组成相体积分数。采用多相微观力学框架,推导出了平面应变条件下三相复合材料的有效弹性模量,为了估算其整体弹塑性损伤行为,基于区域面积平均程序和柱状夹杂引起的本征应变的一阶效应,从微观力学的角度推导出了一个有效屈服准则,随机分布的弹性夹杂通过区域平均程序予以考虑,提出的整体屈服准则,连同整体相关塑性流变定律和硬化定律,为评估韧性复合材料的有效弹塑性损伤响应提供了分析方法。

根据威布尔概率函数,利用一种纤维开裂演化模型表征了纤维开裂的不同概率,在损伤过程中,有效弹塑性损伤行为受未开裂和已开裂纤维的体积分数变化的影响。提出的弹塑性损伤列式用在平面应变条件下、横向单轴拉伸载荷这一特殊情况中,从而预测相应的应力-应变响应,还给出了有效的微观力学的步增算法。最后,进行了平面应变单轴数值模拟,对纤维增强复合材料的有效弹塑性损伤行为进行了数值模拟,从而显示了所提出的纤维开裂损伤模型在横向单轴载荷条件下的应用潜力。

未来的研究必会对当前的框架进行扩展,从而揭示双轴载荷对纤维增强复合材料的整体响应的影响。双轴载荷分为正比载荷和非正比载荷,需特别注意非正比载荷,在该情况下,纤维内的最大垂直拉伸主应力的方向和数值随着载荷的增大而持续改变,需要采用取向平均技术来表示所有可能的纤维开裂方向,它们与最大垂直拉伸主应力的方向是垂直的。

参考文献

D. F. Adams, Inelastic analysis of a unidirectional composite subjected to transverse normal loading. J. Comput. Mater. 4, 310-328(1970)

G. Bao, Damage due to fracture of brittle reinforcements in a ductile matrix. Acta Metall. Mater. 40(10), 2547-2555(1992)

J. R. Brockenbrough, F. W. Zok, On the role of particle cracking in flow and fracture of metal matrix composites. Acta Metall. Mater. 43(1), 11-20(1995)

R. Eluripati, A multi-fiber unit cell for prediction of transverse properties in metal matrixcom posites, M. S. thesis at West Virginia University, 2003

J. D. Eshelby, The determination of the elastic field of an ellipsoidal inclusion, and related problems. Proc. R. Soc. Lond. A241, 376-396(1957)

X. Q. Feng, S. W. Yu, Damage micromechanics for constitutive relations and failure of microcracked quasi-brittle materials. Int. J. Damage Mech. 19(8), 911-948(2010)

S. Ghosh, S. Moorthy, Particle fracture simulation in non-uniform microstructures of metal-matrix composites. Acta Mater. 46(3), 965-982(1998)

M. Hori, S. Nemat-Nasser, Double-inclusion model and overall moduli of multi-phase composites. Mech. Mater. 14, 189-206(1993)

J. W. Ju, T. M. Chen, Micromechanics and effective moduli of elastic composites containing randomly dispersed ellipsoidal inhomogeneities. Acta Mech. 103, 103-121(1994a)

J. W. Ju, T. M. Chen, Effective elastic moduli of two-phase composites containing randomly dispersed spherical inhomogeneities. Acta Mech. 103, 123-144(1994b)

J. W. Ju, T. M. Chen, Micromechanics and effective elastoplastic behavior of two-phase metal matrix composites. Trans. ASME, J. Eng. Mater. Tech. 116, 310-318(1994c)

J. W. Ju, H. K. Lee, A micromechanical damage model for effective elastoplastic behavior of ductile matrix composites considering evolutionary complete particle debonding. Comput. Method Appl. Mech. Eng. 183, 201-222(2000)

J. W. Ju, H. K. Lee, A micromechanical damage model for effective elastoplastic behavior of partially debonded ductile matrix composites. Int. J. Solid Struct. 38, 6307-6332(2001)

J. W. Ju, Y. F. Ko, Micromechanical elastoplastic damage modeling of progressive interfacial arc debonding for fiber reinforced composites. Int. J. Damage Mech. 17, 307-356(2008)

J. W. Ju, L. Z. Sun, Effective elastoplastic behavior of metal matrix composites containing randomly located aligned spheroidal inhomogeneities. part Ⅰ: micromechanics-based formulation. Int. J. Solid Struct. 38(2), 183-201(2001)

J. W. Ju, K. H. Tseng, Effective elastoplastic behavior of two-phase ductile matrix composites: a micromechanical framework. Int. J. Solid Struct. 33, 4267-4291(1996)

J. W. Ju, K. H. Tseng, Effective elastoplastic algorithms for ductile matrix composites. J. Eng. Mech. 123, 260-266(1997)

J. W. Ju, K. Yanase, Elastoplastic damage micromechanics for elliptical fiber composites with progressive partial fiber debonding and thermal residual stresses. Theor. Appl. Mech. 35(1-3), 137-170(2008)

J. W. Ju, K. Yanase, Micromechanical elastoplastic damage mechanics for elliptical fiber-reinforced composites with progressive partial fiber debonding. Int. J. Damage Mech. 18(7), 639-668(2009)

J. W. Ju, K. Yanase, Micromechanics and effective elastic moduli of particle-reinforced composites with near-field particle interactions. Acta Mech. 215(1), 135-153(2010)

J. W. Ju, K. Yanase, Micromechanical effective elastic moduli of continuous fiber-reinforced composites with near-field fiber interactions. Acta Mech. 216(1), 87-103(2011)

J. W. Ju, X. D. Zhang, Micromechanics and effective transverse elastic moduli of composites with randomly located aligned circular fibers. Int. J. Solid Struct. 35(9-10), 941-960(1998)

J. W. Ju, X. D. Zhang, Effective elastoplastic behavior of ductile matrix composites containing randomly located aligned circular fibers. Int. J. Solid Struct. 38, 4045-4069(2001)

J. W. Ju, Y. F. Ko, H. N. Ruan, Effective elastoplastic damage mechanics for fiber reinforced composites with evolutionary complete fiber debonding. Int. J. Damage Mech. 15(3), 237-265(2006)

J. W. Ju, Y. F. Ko, H. N. Ruan, Effective elastoplastic damage mechanics for fiber reinforced composites with evolutionary partial fiber debonding. Int. J. Damage Mech. 17(6), 493-537(2008)

J. W. Ju, Y. F. Ko, X. D. Zhang, Multi-level elastoplastic damage mechanics for elliptical fiber reinforced composites with evolutionary complete fiber debonding. Int. J. Damage Mech. 18(5), 419-460(2009)

J. W. Kaczmar, K. Pietrzak, W. Wlosinski, The production and application of metal matrix composite materials. J. Mater. Process. Technol. 106, 58-67(2000)

Y. F. Ko, Effective elastoplastic-damage model for fiber-reinforced metal matrix composites with evolutionary fibers debonding, Ph. D. Thesis, UCLA, Dec, 2005

Y. F. Ko, J. W. Ju, New higher-order bounds on effective transverse elastic moduli of three-phase fiber reinforced composites with randomly located and interacting aligned circular fibers. Acta Mech. 223(11), 2437-2458(2012)

Y. F. Ko, J. W. Ju, Effective transverse elastic moduli of three-phase hybrid fiber reinforced composites with randomly located and interacting aligned circular fibers of distinct elastic properties and sizes. Acta Mech. 224(1), 157-182(2013)

H. K. Lee, J. W. Ju, A three-dimensional stress analysis of a penny-shaped crack interacting with a spherical inclusion. Int. J. Damage Mech. 16(3), 331-359(2007)

H. K. Lee, J. W. Ju, 3-D micromechanics and effective moduli for brittle composites with randomly located interacting microcracks and inclusions. Int. J. Damage Mech. 17(5), 377-417(2008)

P. J. Lin, J. W. Ju, Effective elastic moduli of three-phase composites with randomly located and interacting spherical particles of distinct properties. Acta Mech. 208, 11-26(2009)

H. T. Liu, L. Z. Sun, Effects of thermal residual stresses on effective elastoplastic behavior of metal matrix composites. Int. J. Solid Struct. 41, 2189-2203(2004)

H. T. Liu, L. Z. Sun, J. W. Ju, An interfacial debonding model for particle-reinforced composites. Int. J. Damage Mech. 13, 163-185(2004)

H. T. Liu, L. Z. Sun, J. W. Ju, Elastoplastic modeling of progressive interfacial debonding for particle-reinforced metal matrix composites. Acta Mech. 181(1-2), 1-17(2006)

J. Llorca, J. L. Martínez, M. Elices, Reinforcement fracture and tensile ductility in sphere-reinforced metal matrix composites. Fatigue Fract. Eng. Mater. Struct. 20(5), 689-702(1997)

T. Mura, Micromechanics of Defects in Solids, 2nd edn. (Kluwer, Dordrecht, 1987) S. Nemat-Nasser, M. Hori, Micromechanics: Overall Properties of Heterogeneous Materials (Elsevier Science, Amsterdam, 1993)

T. Okabe, M. Nishikawa, N. Takeda, Micromechanics on the rate-dependent fracture of discontinuous fiber-reinforced plastics. Int. J. Damage Mech. 19(3), 339-360(2010)

G. H. H. Paulino, H. M. Yin, L. Z. Sun, Micromechanics-based interfacial debonding model for damage of functionally graded materials with particle interactions. Int. J. Damage Mech. 15(3),267–288(2006)

M. J. N. Priestley, F. Seible, G. M. Calvi, Seismic Design and Retrofit of Bridges(Wiley, New York, 1996)

H. M. Shodja, A. S. Sarvestani, Elastic fields in double inhomogeneity by the equivalent inclusion method. ASME J. Appl. Mech. 68,3–10(2001)

D. Steglich, T. Siegmund, W. Brocks, Micromechanical modeling of damage due to particle cracking in reinforced metals. Comput. Mater. Sci. 16,404–413(1999)

L. Z. Sun, J. W. Ju, Effective elastoplastic behavior of metal matrix composites containing randomly located aligned spheroidal inhomogeneities. part Ⅱ: applications. Int. J. Solid Struct. 38(2),203–225(2001)

L. Z. Sun, J. W. Ju, H. T. Liu, Elastoplastic modeling of metal matrix composites with evolutionary particle debonding. Mech. Mater. 35,559–569(2003a)

L. Z. Sun, H. T. Liu, J. W. Ju, Effect of particle cracking on elastoplastic behaviour of metal matrix composites. Int. J. Numer. Meth. Eng. 56,2183–2198(2003b)

K. Tohgo, G. J. Weng, A progress damage mechanics in particle-reinforced metal-matrix composites under high triaxial tension. J. Eng. Mater. Technol. 116,414–420(1994)

V. Tvergaard, A. Needleman, Analysis of the cup-cone fracture in a round tensile bar. Acta Metall. 32(1),157–169(1984)

B. L. Wang, Y. G. Sun, H. Y. Zhang, Multiple cracking of fiber/matrix composites-analysis of normal extension. Int. J. Solid Struct. 45,4032–4048(2008)

W. Weibull, A statistical distribution function of wide applicability. J. Appl. Mech. 18,293–297(1951)

J. Zhang, F. Wang, Modeling of damage evolution and failure in fiber-reinforced ductile composites under thermomechanical fatigue loading. Int. J. Damage Mech. 19(7),851–875(2010)

Y. H. Zhao, G. J. Weng, Plasticity of a two-phase composite with partially debonded inclusions. Int. J. Plast. 12, 781–804(1996)

Y. H. Zhao, G. J. Weng, Transversely isotropic moduli of two partially debonded composites. Int. J. Solid Struct. 34,493–507(1997)

第30章 纤维增强复合材料的界面弧形脱黏演化过程的微观力学弹塑性损伤模拟

Jiann-Wen Woody Ju,Yu-Fu Ko

摘 要

本章给出了一种新型的微观力学弹塑性损伤演化模型,用来预测纤维增强复合材料的有效横向力学行为和界面弧形脱黏的演化行为。在纤维/基体界面处的部分脱黏过程通过弧形微裂纹的渐增脱黏角来描述,考虑三种不同类型的脱黏模式,即完美结合的、部分脱黏的和完全脱黏的模式。对于脱黏的纤维,其弹性等效性用等效正交各向异性但完美结合的弹性柱状纤维进行构建,其等效的正交各向异性弹性模量的构建是为了表征在脱黏方向上的载荷传递能力的降低情况,损伤演化通过脱黏角来描述,它与外载荷条件有关。四相复合材料的有效弹性模量采用一种微观力学的列式导出,为了表征横向整体弹塑性损伤行为,提出了一种有效屈服准则,由区域面积平均程序和屈服引起的一阶本征应变效应决定。另外,脱黏纤维体积分数演化的概率是通过威布尔概率方法来表征的。本章提出的有效屈服准则,连同整体塑性流变定律和硬化定律,组成了其分析框架,用于预测包含位置随机、取向一定的柱状纤维的韧性基体复合材料的有效弹塑性损伤响应,所提出的微观力学弹塑性损伤模型随后可用于不同应力比横向单轴和横向双轴拉伸载荷条件。对当前的预测结果和已有的试验数据以及其他数值模拟的结果进行对比,从而阐明模型的应用潜力。

30.1 概 述

人类制造的金属基复合材料(MMC)包含高强度的连续纤维增强体,在纤维方向上拥有最高的强度和韧度,这些复合材料的整体力学行为依赖于其显微组织,包括增强体和基体的不均匀分布,它们的变形和损伤失效机理一般与单相金属材料不同。对于纤维复合材料,存在几种可能的损伤模式,例如纤维/基体界面脱黏(Ju 等,2006,2008;Ju 和 Ko,2009;Ju 和 Lee,2000,2001;Liu 等,2004,2006;Marshall 等,1994;Nimmer 等,1991;Pagano 和 Tandon,1990;Paulino 等,2006;Sun 等,2003a;Yanase 和 Ju,2012;Zhao 和 Weng,1997,2002;Voyiadjis 和 Allen,1996)、基体开裂(Lee 和 Mal,1998;Yanase 和 Ju,2013)、纤维开裂(Ko 和 Ju,2013a;Sun 等,2003b)、纤维断裂(Case 和 Reifsnider,1996;Kim 和 Nairn,2002;Steif,1984)、纤维拔出(Hsueh,1990;Hutchinson 和 Jensen,1990;Li 等,1990,1993)、纤维交错带(Steif,1990)以及纤维的剪切滑动(He 和 Lim,2001;Xia 等,1994)。具体而言,在连续单向纤维增强的韧性复合材料中,在横向载荷条件下,其主要的损伤机制是界面的纤维部分脱黏的萌生和演化,以及随后的塑性屈服(Gundel 和 Miracle,1998;Ju,1991a、b,1996;

Ju 和 Lee, 1991; Ju 和 Yanase, 2009; Lee 和 Mal, 1998; Lee 和 Ju, 1991; Marshall 等, 1994; Nimmer 等, 1991; Yanase 和 Ju, 2012)。例如,在内涂层和纤维的界面处,试验观察可见乙酸脊形式的分离,这种乙酸脊的存在表明在纤维和基体之间存在一个间隙(Nimmer 等, 1991)。对于压缩条件下伪弹性 Kevlar 单纤维的横向行为,可参考 Cheng 和 Chen(2006);对于压痕条件下金属基复合材料中的颗粒体积分数变化(颗粒团聚),可参考 Pereyra 和 Shen(2005)。

另外,在 Ju 和 Chen(1994a,b)的基础上,Paulino 等(2006)给出了一种基于微观力学的界面脱黏模型,用于分析存在颗粒作用的功能性阶梯材料的损伤。另外,Ju 等(2006, 2008; Ju 和 Ko, 2009)考虑了一阶弹塑性损伤力学,用于纤维增强复合材料的完全或部分纤维脱黏的演化。Ju 和 Lee(1991)、Lee 和 Ju(1991)以及 Ju 和 Zhang(1998b,c)还提出了微观力学损伤模型,用于拉伸和压缩载荷下的脆性固体;Berryman(2006)提出了在硬各向异性和软各向异性孔弹性介质中孔隙流体增强的剪切模量的估算值和上下界限。对于弹性-脆性材料中的动态损伤波,可参考 Lu 等(2005);对于异质双层材料的低速冲击损伤,可参考 Xu 和 Rosakis(2005);对于单向 SiC_f-Al 复合材料的高应变速率失效过程,可参考 Zhou 等(2005);对于高速冲击有限应变塑性损伤模型,引用了 AbuAl-Rub 和 Voyiadjis (2006)以及 Voyiadjis 和 AbuAl-Rub(2006)。

由于界面纤维的脱黏,在横向拉伸载荷下的失效强度和应变变得较低,但是,性能退化的程度取决于脱黏几何、尺寸和数量密度的演化。为了模拟复合材料中界面纤维的脱黏,Jasiuk 和 Tong(1989)、Pagano 和 Tandon(1990)、Qu(1993)、Yang 和 Mal(1995)以及 Sangani 和 Mo(1997)引入了一个线性弹性夹层,其厚度逐渐消失,或者引入一个恒定厚度的中间层。在他们的模型中,采用了从基体和增强体的弹性夹层/中间层的不同弹性常量,用于模拟由于局部纤维脱黏引起的界面处的载荷传递能力的损失。由于模型中的弹性夹层/中间层的弹性性能与位置无关,因此,他们的模型不适用于部分脱黏机制。

另外一种模拟界面脱黏的与物理相关的方法为"等效夹杂方法"(Zhao 和 Weng, 1997; Wong 和 Ait-Kadi, 1997; Ju 和 Sun, 1999; Ju 和 Lee, 2000, 2001; Sun 等, 2003a, b; Sun 和 Ju, 2004; Liu 等, 2004; Ju 等, 2006, 2008),其中,各向同性的脱黏的夹杂(颗粒或纤维)用具有指定等效各向异性刚度张量的完美结合的夹杂来代替,从而表征脱黏的夹杂/基体界面的载荷传递能力降低。因此,著名的 Eshelby 夹杂理论和微观力学方法在这里可被用来处理有界面损伤的多相复合材料。这些微观力学损伤分析模型提供了简单而有趣的方法学,同时假定,一旦在特定方向上发生界面脱黏,在不考虑弧形脱黏过程从一个方向向另一个方向演化时,该方向上的界面载荷传递能力就会完全丧失。实际上,基体和纤维之间的界面脱黏通常是一种渐进过程,在该过程中,脱黏弧形微裂纹(用脱黏角度表示)随着施加的拉伸载荷的变化而演化。

为了进一步改进上述微观力学损伤模型,考虑了渐变的脱黏角度对部分脱黏复合材料整体行为的影响,Zhao 和 Weng(2002)以及 Liu 等(2006)将紧邻界面微裂纹下方的一种脱黏颗粒的体积比用作界面损伤参数的一个量度。结果表明,渐进的部分界面脱黏过程对复合材料的整体弹性损伤模量和弹塑性损伤响应具有重要的影响。

为了探究局部纤维/基体界面脱黏的渐进过程、界面损伤的演化以及不同纤维脱黏模式之间的微观力学转换,本章提出了用一种新的微观力学弹塑性损伤框架,来模拟连续纤维增强的韧性基体复合材料在横向机械载荷条件下的基体和纤维之间的界面脱黏行为。基于直接的微观力学方法给出了一个数值解,无需在所提出的微观力学分析框架下进行昂贵的蒙特卡罗模拟。

在当前的提法中,连续纤维增强的韧性基体复合材料由相同的单向弹性柱状纤维组成,它们在弹塑性基体中随机分布。由于周期性微观组织的固有限制,单胞模型在这里并不适用。随着外加载荷的增加,复合材料中某些随机分布的柱状纤维开始逐渐脱黏,而渐进的脱黏角度(弧形微裂纹)和脱黏纤维的数量(体积分数)也会在横向加载过程中逐渐增加。在微观组织尺度上,局部的界面脱黏机制被处理成一个断裂过程,其中的局部应力起着关键作用。对于那些部分脱黏的纤维,各向异性、弹性、等效性通过等效刚度张量进行构建。名义上,最初各向同性、当前部分脱黏的纤维,被嵌入在弹塑性基体中的正交各向异性、完美结合的纤维所代替,部分脱黏纤维的体积分数演化用 Weibull(1951)概率分布表征。另外,本章采用 Ju 和 Chen(1994a,b,c)以及 Ju 和 Tseng(1996,1997)(等同于 Mori-Tanaka 方法(Mori 和 Tanaka,1973))提出的一阶微观力学估算方法,估算多相复合材料最终的有效弹性损伤刚度张量。对于二阶微裂纹互作用的演化和有效弹性模量,引用了 Ju 和 Tseng(1992,1995)、Ju 和 Chen(1994d,e)以及 Lee 和 Ju(2007,2008)。微观力学弹塑性损伤演化的框架是在广义二维载荷条件下和区域面积概率平均均匀化程序中提出来的,所提出的算法可数值模拟连续纤维增强的韧性基体复合材料的整体非线性应力-应变行为(图 30.1),并考虑了渐进的不同概率的纤维部分脱黏效应。最后,给出了大量的横向单轴和双轴载荷条件下数值计算的例子,并对模拟预测结果和已有的试验数据进行了对比,从而阐明了所提出的统计-微观力学弹塑性损伤框架的潜力。

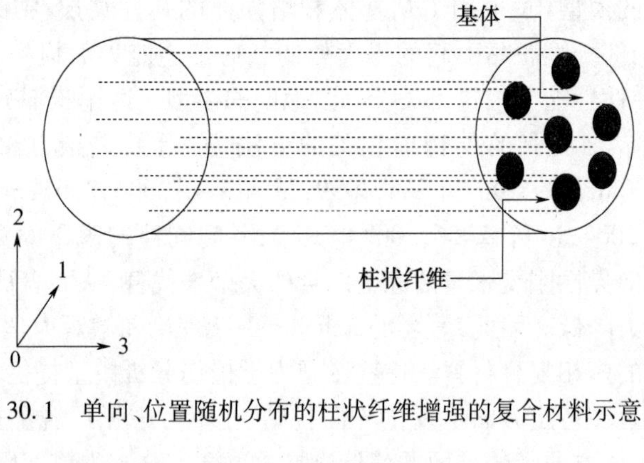

图 30.1 单向、位置随机分布的柱状纤维增强的复合材料示意图

30.2 纤维脱黏演化模式

在外加横向拉伸载荷条件下,一旦界面处的局部应力达到一个特定的临界水平,一些柱状纤维会从基体处萌生部分脱黏,见图 30.2。

通过采用等效夹杂方法(Zhao 和 Weng,1997,2002;Sun 等,2003a,b;Liu 等,2004,2006),脱黏的纤维表现出不同阶段的部分脱黏模式的特点,它们被处理成具有各向异性、弹性、等效性完美结合的不同纤维相。因此,复合材料的微观力学理论包括了位置随机但完美结合的夹杂相的不同演化阶段,这里会采用这些理论。根据 Eshelby 夹杂理论(Eshelby,1957),在不考虑纤维之间的直接的强相互作用时,完美结合的纤维内部的应力是均匀的,并表述为外载荷的一个函数(Mura,1987):

$$\bar{\boldsymbol{\sigma}}^{(1)}=\{\boldsymbol{C}^{(0)}\cdot\{\boldsymbol{I}+(\boldsymbol{I}-\boldsymbol{S})\cdot[\boldsymbol{S}+(\boldsymbol{C}^{(\beta)}-\boldsymbol{C}^{(0)})^{-1}\cdot\boldsymbol{C}^{(0)}]^{-1}\}\cdot[\boldsymbol{I}+(\boldsymbol{I}-\boldsymbol{S})\cdot\boldsymbol{Y}]^{-1}\boldsymbol{C}^{(0)-1}\}:\bar{\boldsymbol{\sigma}}\quad(\beta=1,2,3)\tag{30.1}$$

其中

$$\boldsymbol{Y}=\sum_{\beta=1}^{3}\phi^{(\beta)}[\boldsymbol{S}+(\boldsymbol{C}^{(\beta)}-\boldsymbol{C}^{(0)})^{-1}\cdot\boldsymbol{C}^{(0)}]^{-1}\quad(\beta=1,2,3)\tag{30.2}$$

式中:$\bar{\boldsymbol{\sigma}}$ 为宏观应力;$\boldsymbol{C}^{(0)}$ 为基体的弹性刚度张量;$\boldsymbol{C}^{(\beta)}$ 为 β 相的弹性刚度张量;$\boldsymbol{I}$ 为四阶单位张量;$\boldsymbol{S}$ 为一个柱状夹杂的内点 Eshelby 张量。

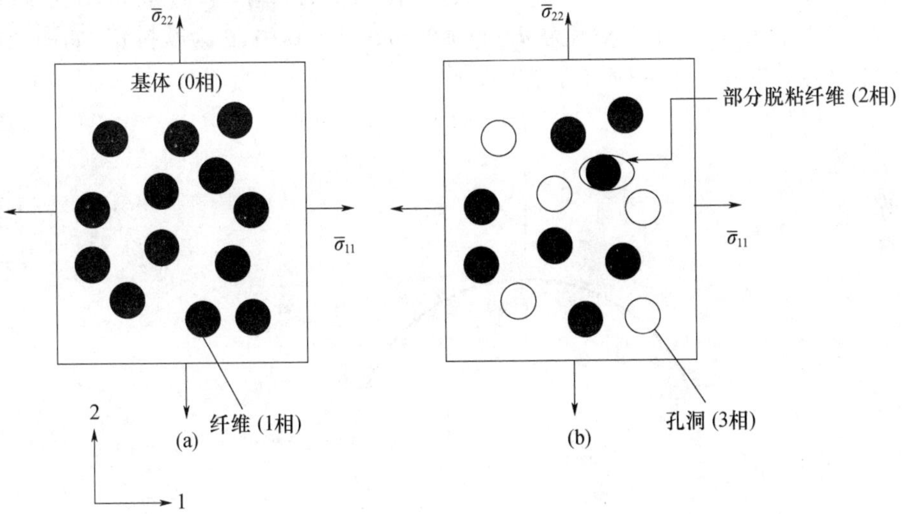

图 30.2　一种纤维增强复合材料承受双轴横向拉伸载荷的示意图
(a)初始状态(未损伤);(b)损伤状态。

当 $\beta=1$ 时,$\boldsymbol{C}^{(\beta)}$ 表示未损伤的柱状纤维;当 $\beta=2$ 时,$\boldsymbol{C}^{(\beta)}$ 表示部分脱黏的柱状纤维;当 $\beta=3$ 时,表示完全脱黏的柱状纤维(孔洞),见图 30.2。

$\boldsymbol{\varepsilon}_*^{(\beta)\circ}$ 为 β 相内的一阶本征应变张量,并定义为

$$\boldsymbol{\varepsilon}_*^{(\beta)\circ}=-[\boldsymbol{S}+(\boldsymbol{C}^{(\beta)}-\boldsymbol{C}^{(0)})^{-1}\cdot\boldsymbol{C}^{(0)}]^{-1}:\boldsymbol{\varepsilon}^{\circ}\quad(\beta=1,2,3)\tag{30.3}$$

式中:$\boldsymbol{\varepsilon}^{\circ}$ 为远场应力 $\boldsymbol{\sigma}^{\circ}=\boldsymbol{C}^{(0)}:\boldsymbol{\varepsilon}^{\circ}$ 引起的相应的应变场;$\boldsymbol{C}^{(\beta)}$ 为 β 相的弹性刚度张量。

在式(30.1)、式(30.2)和式(30.3)中,对于一个各向同性的弹性柱状夹杂,其内点 Eshelby 张量 $\boldsymbol{S}_{ijkl}$ 具有下列显式形式:

$$\boldsymbol{S}_{ijkl}=\frac{1}{4(1-\nu_0)}[S_{IK}^{(1)}\delta_{ij}\delta_{kl}+S_{IJ}^{(2)}(\delta_{ik}\delta_{jl}+\delta_{il}\delta_{jk})]\quad(i,j,k,l=1,2,3)\tag{30.4}$$

式中:ν_0 为基体的泊松比;δ_{ij} 为 Kronecher 系数。

二阶张量 $\boldsymbol{S}_{IK}^{(1)}$ 和 $\boldsymbol{S}_{IJ}^{(2)}$ 的所有分量表述如下:

$$S_{11}^{(1)}=S_{22}^{(1)}=S_{12}^{(1)}=S_{21}^{(1)}=\frac{1}{2}(4\nu_0-1),\quad S_{13}^{(1)}=S_{23}^{(1)}=2\nu_0\tag{30.5}$$

$$S_{31}^{(1)}=S_{32}^{(1)}=S_{33}^{(1)}=0,\quad S_{11}^{(2)}=S_{22}^{(2)}=S_{21}^{(2)}=\frac{1}{2}(3-4\nu_0) \tag{30.6}$$

$$S_{13}^{(2)}=S_{23}^{(2)}=S_{31}^{(2)}=S_{32}^{(2)}=(1-\nu_0),\quad S_{33}^{(2)}=0 \tag{30.7}$$

对于复合材料，其中的柱状纤维嵌入周围的基体中并与其完美结合，由式(30.4)、式(30.5)、式(30.6)和式(30.7)给出的 Eshelby 微观力学公式是有效的。在当前的损伤模型中，当界面发生部分脱黏时，引入了等效夹杂方法(Zhao 和 Weng, 1997, 2002; Sun 等, 2003a, b; Liu 等, 2004, 2006)，即部分脱黏的各向同性柱状纤维由等效正交各向异性但完美结合的柱状纤维替代，因此，Eshelby 理论在此处仍然适用。

接下来，选取了局部 Cartesian 坐标系，与完美结合纤维内部的局部应力场 $\boldsymbol{\sigma}^{(1)}$ 的两个主方向一致。它的两个局部径向正交主应力($\bar{\sigma}_{11}^{(1)}, \bar{\sigma}_{22}^{(1)}$)可相应地从式(30.1)中计算出来，并保持常规的顺序 $\bar{\sigma}_{11}^{(1)} \geqslant \bar{\sigma}_{22}^{(1)}$，拉伸应力被看作是正的。对于一个特定的柱状纤维表面上的 P 点，单位正交方向可表示为 $\boldsymbol{n}=\{\cos\theta, \sin\theta, 0\}$，其中，$\theta$ 为欧拉角，如图 30.3 所示。因此，P 点处的径向正交应力可导出如下

$$\sigma^{\text{normal}}=\bar{\sigma}_{11}^{(1)}(\cos\theta)^2+\bar{\sigma}_{22}^{(1)}(\sin\theta)^2 \tag{30.8}$$

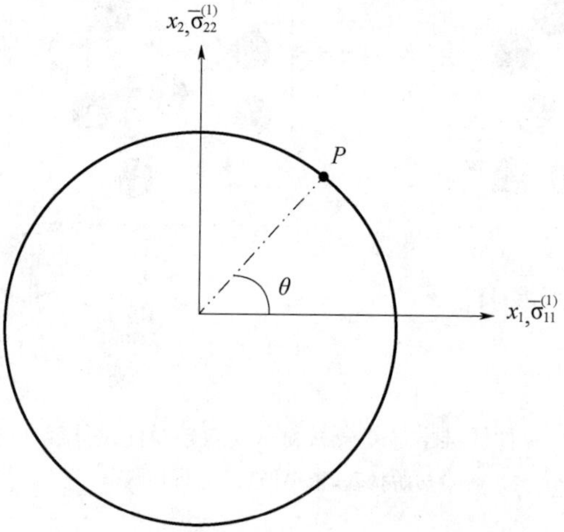

图 30.3　欧拉角 θ，表示了一个纤维在局部坐标系中表面上的 $\boldsymbol{P}$ 点

假设径向正交应力控制着界面处部分脱黏的萌生，从此出发，当(拉伸)径向正交应力达到一个临界界面脱黏强度时，即 σ_{cri}，部分脱黏过程会在 P 点萌生，纤维部分脱黏准则可简单地写为

$$\bar{\sigma}_{11}^{(1)}(\cos\theta)^2+\bar{\sigma}_{22}^{(1)}(\sin\theta)^2=\sigma_{\text{cri}} \tag{30.9}$$

因此，局部径向正交主应力和临界脱黏强度之间的关系会引起下述三种不同类型的界面脱黏模式。

模式 1：$\sigma_{\text{cri}} \geqslant \bar{\sigma}_{11}^{(1)} \geqslant \bar{\sigma}_{22}^{(1)}$。这实际上是未损伤状态，即所有的柱状纤维都完美结合。这是由于没有任何局部的主应力达到临界脱黏强度，没有任何部分脱黏的过程被启动。

模式 2：$\bar{\sigma}_{11}^{(1)} \geqslant \sigma_{\text{cri}} \geqslant \bar{\sigma}_{22}^{(1)}$。只有一个局部主应力大于临界界面脱黏强度 σ_{cri}。在这种情况下，界面的局部脱黏从局部 x_1 方向上萌生，并逐渐向第二个主应力方向上扩展。图 30.4 给出了柱状纤维部分脱黏的情况。脱黏的弧形微裂纹长度可用脱黏角 $\alpha_{12}^{(2)}$ 来表

征,相应地,模式 2 的脱黏角为

$$\alpha_{12}^{(2)}=\arcsin\sqrt{\frac{\overline{\sigma}_{11}^{(1)}-\sigma_{\mathrm{cri}}}{\overline{\sigma}_{11}^{(1)}-\overline{\sigma}_{22}^{(1)}}}\tag{30.10}$$

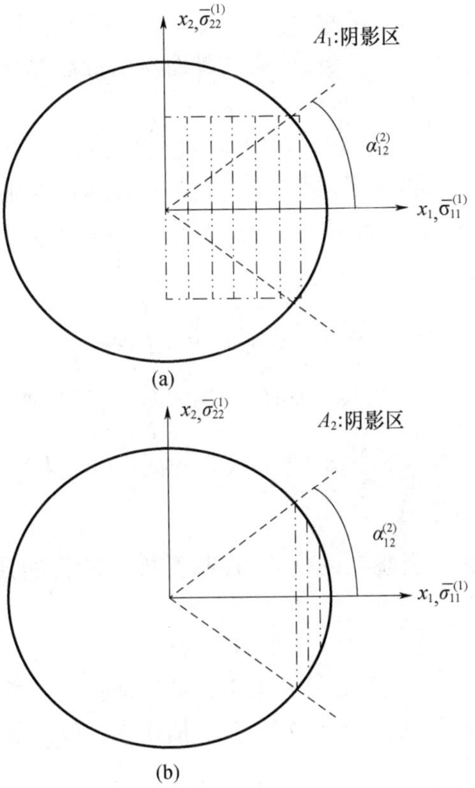

图 30.4　模式 2 的损伤参数

(a)弧形损伤在 x_1 方向上的投影;(b)弧形损伤在 x_2 方向上的投影。

模式 3:$\overline{\sigma}_{11}^{(1)}\geqslant\overline{\sigma}_{22}^{(1)}\geqslant\sigma_{\mathrm{cri}}$。两个局部主应力都超过了临界脱黏强度,这表明,一个柱状纤维表面上任意点处的正交应力都大于临界强度。因此,整个纤维/基体界面都已脱黏。模式 3 表明了柱状孔洞的形成。

需注意,对于上述所有的三个损伤模式,部分脱黏角的范围位于 0~π/2,一个特定方向上的纤维界面脱黏角的上下限分别对应于该方向上的完美结合和完全脱黏。

30.3　等效夹杂方法

渐进的界面纤维脱黏的过程会逐渐降低复合材料的整体弹性模量,这是由于随机分布的单向柱状纤维的拉伸载荷承载能力的丧失造成的。脱黏方向上载荷传递能力的部分逐渐丧失在当前的框架中被采用,来模拟纤维增强复合材料的界面损伤机理。因此,需要建立渐进的界面脱黏角和拉伸载荷传递能力之间的关系,它可以通过弹性模量的降低表现出来。另外,前面提到的从不同主坐标系的不同脱黏模式出发,脱黏轮廓与横向轴的方向是相关的,从而载荷传递能力沿不同的轴向是不同的。因此,界面损伤的各向同性柱状纤维是以正交各向异性的方式起作用的。

Zhao 和 Weng(2002)采用紧邻界面微裂纹下方夹杂的体积作为界面脱黏损伤的一个量度,这在二维情况下是很容易得到的。在一般的二维载荷条件下,存在三个明显不同的界面损伤参数 $D_i(i=1,2;D_3=0)$,作为特定方向弹性模量损失的量度。根据前面给出的三个不同的界面脱黏模式,局部界面损伤参数可按下面所述给出。

模式 1:对于完美结合的柱状纤维,所有的界面损伤参数都等于 0(即没有界面损伤发生),相应地,得到

$$D_1^{(1)}=D_2^{(1)}=D_3^{(1)}=0 \tag{30.11}$$

模式 2:局部界面脱黏垂直于第一个主应力轴(x_1 方向)发生。借助界面渐进脱黏角 $\alpha_{12}^{(2)}$,弧形损伤微裂纹在 x_1 方向上的投影(图 30.4(a)中的 A_1)可以给出。相对于 x_1 方向的局部界面损伤参数定义为

$$D_1^{(2)}\equiv\frac{A_1}{A}=\frac{2}{\pi}(\alpha_{12}^{(2)}+\sin\alpha_{12}^{(2)}\cos\alpha_{12}^{(2)}) \tag{30.12}$$

x_2 方向上的另一个损伤参数(图 30.4(b)中的 A_2)可导出如下:

$$D_2^{(2)}\equiv\frac{A_2}{A}=\frac{2}{\pi}(\alpha_{12}^{(2)}-\sin\alpha_{12}^{(2)}\cos\alpha_{12}^{(2)}),\quad D_3^{(2)}=0 \tag{30.13}$$

式中:A 为圆形纤维的横截面积。

模式 3:对于纤维界面完全脱黏的模式,柱状纤维不能传递任何横向拉伸载荷,可以表述为

$$D_1^{(3)}=D_2^{(3)}=1,\quad D_3^{(3)}=0 \tag{30.14}$$

在上面三种完全不同的界面脱黏模式中引入的界面损伤向量反映了特定方向上拉伸载荷传递能力的损失,它们的数值从 0 到 1 变化,损伤参数较高的值表明局部拉伸载荷传递能力的较高水平的丧失。

因此,相应的柱状纤维的四阶等效弹性刚度张量满足下式:

$$C_{ijkl}^{(\beta)}=\lambda_{IK}^{(\beta)}\delta_{ij}\delta_{kl}+\mu_{IJ}^{(\beta)}(\delta_{ik}\delta_{jl}+\delta_{il}\delta_{jk})\quad(i,j,k,l=1,2,3) \tag{30.15}$$

其中

$$\begin{aligned}\lambda_{IK}^{(\beta)}&=\lambda^{(1)}(1-D_I^{(\beta)})(1-D_K^{(\beta)})\quad(\beta=1,2,3)\\ \mu_{IJ}^{(\beta)}&=\mu^{(1)}(1-D_I^{(\beta)})(1-D_J^{(\beta)})\quad(\beta=1,2,3)\end{aligned} \tag{30.16}$$

$\lambda^{(1)}$、$\mu^{(1)}$ 为原始(完美结合的)纤维的各向同性弹性拉梅常数。这里,采用 Mura(1987)的张量指数符号,即重复的小写字母指数从 1 到 3 加和,而大写字母指数与对应的小写字母指数采用相同的值,但不加和。这种指数表达方式有利于后续的推导和计算。

通过采用弹性损伤等效夹杂处理方法,所有的部分脱黏纤维用具有上述等效正交各向异性弹性刚度张量的完美结合的纤维替代。因此,可建立多相微观力学概率方法,来表征纤维复合材料的纤维脱黏的渐进过程。

30.4 脱黏纤维体积分数的演化

当前的纤维起增强复合材料的微观力学界面损伤模型假设所有的弹性单向柱状纤维

在基体中随机分布，但不会同时萌生纤维界面的部分脱黏。有关脱黏纤维体积分数的演化过程依赖于外部载荷历史，数值在零（没有纤维脱黏）和纤维的整体体积分数 ϕ^{Total}（所有纤维都脱黏）之间变化。

随着外加横向载荷的增加，纤维界面横向脱黏逐渐演化并从一种损伤模式转变为另外一种。例如，在两个横向轴上，在施加不同载荷量的横向双轴载荷的条件下，当第一个局部径向正交主应力达到临界界面脱黏强度时，损伤模式 2 会开始萌生。当第二个局部径向正交主应力也达到临界脱黏强度时，逐渐增大的外加横向载荷会启动损伤模式 3，在这个阶段，同时存在三种类型的损伤模式，包括模式 1，具有完美结合的纤维，以及其他两种模式，即部分脱黏纤维和完全脱黏纤维。为了定量分析脱黏纤维体积分数的演化，指定 $\phi^{(\beta)}(\beta=1,2,3)$ 为当前加载阶段时一种特定界面损伤模式下纤维的体积分数。三种不同的局部界面损伤模式的体积分数 $\phi^{(\beta)}(\beta=1,2,3)$ 如下，从而表征纤维界面部分脱黏的演化和在三种脱黏模式之间转变的过程：

$$\begin{aligned}\phi^{(3)}&=\phi^{\text{Total}}P_2\\ \phi^{(2)}&=\phi^{\text{Total}}(P_1-P_2)\\ \phi^{(1)}&=\phi^{\text{Total}}(1-P_2)\end{aligned}\tag{30.17}$$

式中：ϕ^{Total} 为复合材料中所有纤维的整体体积分数；概率函数 $P_i(i=1,2)$ 控制着第 i 个主应力方向上完美结合纤维的体积分数的演化，并随着局部主应力 $\bar{\sigma}_{ii}^{(1)}$ 的增大而增加。

简便起见，该工作采用了一个两参数威布尔概率分布函数来描述演化过程（Tohgo 和 Weng，1994；Sun 等，2003a；Liu 等，2004，2006）：

$$P_i=\begin{cases}1-\exp\left[-\left(\dfrac{\bar{\sigma}_{ii}^{(1)}-\sigma_{\text{cri}}}{S_0}\right)^M\right], & \bar{\sigma}_{ii}^{(1)}\geqslant\sigma_{\text{cri}}\\ 0,\bar{\sigma}_{ii}^{(1)}<\sigma_{\text{cri}}\end{cases}\quad(i=1,2)\tag{30.18}$$

式中：M 和 S_0 分别为脱黏纤维体积分数的演化速率和平均界面强度；σ_{cri} 为临界局部结合强度。

式（30.17）是基于 $\bar{\sigma}_{11}^{(1)}\geqslant\bar{\sigma}_{22}^{(1)}$ 而建立的，它表明，一旦沿第二个方向的局部径向正交主应力 $\bar{\sigma}_{22}^{(1)}$ 达到临界强度，第一个局部径向正交主应力必然大于临界强度，因此，第二个径向正交主应力 $\bar{\sigma}_{22}^{(1)}$ 控制着脱黏模式 3。当一个特定纤维内的第一个局部径向正交主应力 $\bar{\sigma}_{11}^{(1)}$ 超过了临界结合强度 σ_{cri}，该纤维或者处于模式 2（$\bar{\sigma}_{22}^{(1)}<\sigma_{\text{cri}}$），或者处于模式 3（$\bar{\sigma}_{22}^{(1)}\geqslant\sigma_{\text{cri}}$），因此，纯模式 2 的演化速率是由 P_1-P_2 控制的，而残留的模式 1（未损伤）纤维以 $-P_1$ 的百分比减少。

在横向拉伸加载/卸载条件下，没有进一步的纤维界面脱黏在拉伸卸载过程中发生。另一方面，在完全相反的循环载荷条件下，所有的界面微裂纹都会临时闭合和钝化，即在反向压缩载荷条件下，$\phi^{(2)}=\phi^{(3)}=0$。还可以发现，作用于柱状纤维界面上的局部剪切应力在复合材料的界面脱黏过程中会起到关键作用。但是，局部界面剪切应力会改变主应力方向，从而它们会与柱状纤维的主轴完全不同，因而使正交各向异性的等效夹杂处理变得困难。需要进一步的研究来囊括局部径向正交和剪切应力的综合效应，可能可以通过引入一个基于能量的混合模式的界面脱黏准则和一种新的、正交各向异性的等效夹杂处理方法来实现，这可能能够专门处理主应力方向改变的问题。

30.5 脱黏的复合材料的有效弹性模量

一旦式(30.15)中针对部分脱黏的等效刚度张量被建立起来,并且与部分脱黏纤维的不同阶段相关的体积分数按照上述提出的方式分类后,纤维增强复合材料的有效弹性损伤模量可以通过微观力学方法和均匀化进行估算。这里,应用 Ju 和 Chen(1994a,b,c)、Ju 和 Zhang(1998a)以及 Ko 和 Ju(2012,2013b)的一阶微观力学估算方法,获取包含随机分布的单向柱状纤维的复合材料的有效弹性模量。需注意,对于多相弹性复合材料,Ju 和 Chen 的一阶弹性估算方法实际上与 Hashin-Shtrikman 边界(Hashin 和 Shtrikman,1962)和 Mori-Tanaka 方法(Mori 和 Tanaka,1973)等效。该复合材料的有效弹性模量的显式表达式可表述为

$$\bar{C}_{ijkl}=C^{(0)}_{ijmn}[I_{mnkl}+(Y^{-1}_{mnkl}-S_{mnkl})^{-1}]\quad(i,j,k,l,m,n=1,2,3)\tag{30.19}$$

其中

$$Y_{mnkl}=\sum_{\beta=1}^{3}\phi^{(\beta)}[S_{mnkl}+(C^{(\beta)}_{mnpq}-C^{(0)}_{mnpq})^{-1}C^{(0)}_{pqkl}]^{-1}\quad(k,l,m,n,p,q=1,2,3)\tag{30.20}$$

式中:$C^{(\beta)}_{ijkl}$ 为 β 相颗粒的等效刚度张量,由式(30.15)给出。

另外,对于整体正交各向异性材料,有

$$\{\bar{\sigma}_i\}=[\bar{C}_{ij}]\{\bar{\varepsilon}^{e}_j\}\quad(i,j=1\sim6)\tag{30.21}$$

其中

$$\{\bar{\sigma}_i\}=\{\bar{\sigma}_{11},\bar{\sigma}_{22},\bar{\sigma}_{33},\bar{\sigma}_{12},\bar{\sigma}_{23},\bar{\sigma}_{31}\}^{\mathrm{T}}\quad(i=1\sim6)\tag{30.22}$$

$$\{\bar{\varepsilon}^{e}_j\}=\{\bar{\varepsilon}^{e}_{11},\bar{\varepsilon}^{e}_{22},\bar{\varepsilon}^{e}_{33},2\bar{\varepsilon}^{e}_{12},2\bar{\varepsilon}^{e}_{23},2\bar{\varepsilon}^{e}_{31}\}^{\mathrm{T}}\quad(j=1\sim6)\tag{30.23}$$

因此,对于整体正交各向异性复合材料,仅存在 9 个独立弹性常数。由于复合材料由一种韧性(弹塑性)的基体和随机分布的单向柱状纤维组成,其平面应变条件在这里起主导作用。另外,有

$$\bar{C}_{ijkl}=C^{(1)}_{IK}\delta_{ij}\delta_{kl}+C^{(2)}_{IJ}(\delta_{ik}\delta_{jl}+\delta_{il}\delta_{jk})\quad(i,j,k,l=1,2,3)\tag{30.24}$$

对于整体正交各向异性材料,有

$$[\bar{C}_{ij}]_{6\times6}=\begin{bmatrix}\bar{C}_{11}&\bar{C}_{12}&\bar{C}_{13}&0&0&0\\\bar{C}_{12}&\bar{C}_{22}&\bar{C}_{23}&0&0&0\\\bar{C}_{13}&\bar{C}_{23}&\bar{C}_{33}&0&0&0\\0&0&0&\bar{C}_{44}&0&0\\0&0&0&0&\bar{C}_{55}&0\\0&0&0&0&0&\bar{C}_{66}\end{bmatrix}_{6\times6}\tag{30.25}$$

换言之

$$[\bar{C}_{ij}]_{6\times6}=\begin{bmatrix} C_{11}^{(1)}+2C_{11}^{(2)} & C_{12}^{(1)} & C_{13}^{(1)} & 0 & 0 & 0 \\ C_{21}^{(1)} & C_{22}^{(1)}+2C_{22}^{(2)} & C_{23}^{(1)} & 0 & 0 & 0 \\ C_{31}^{(1)} & C_{32}^{(1)} & C_{33}^{(1)}+2C_{33}^{(2)} & 0 & 0 & 0 \\ 0 & 0 & 0 & C_{12}^{(2)} & 0 & 0 \\ 0 & 0 & 0 & 0 & C_{23}^{(2)} & 0 \\ 0 & 0 & 0 & 0 & 0 & C_{31}^{(2)} \end{bmatrix}_{6\times6} \tag{30.26}$$

与这种正交各向异性材料相关的整体有效弹性模量具有如下形式:

$$\bar{E}_{11}=\frac{\bar{C}_{33}\bar{C}_{12}^2-2\bar{C}_{13}\bar{C}_{23}\bar{C}_{12}+\bar{C}_{13}^2\bar{C}_{22}+\bar{C}_{11}(\bar{C}_{23}^2-\bar{C}_{22}\bar{C}_{33})}{\bar{C}_{23}^2-\bar{C}_{22}\bar{C}_{33}} \tag{30.27}$$

$$\bar{E}_{22}=\frac{\bar{C}_{33}\bar{C}_{12}^2-2\bar{C}_{13}\bar{C}_{23}\bar{C}_{12}+\bar{C}_{13}^2\bar{C}_{22}+\bar{C}_{11}(\bar{C}_{23}^2-\bar{C}_{22}\bar{C}_{33})}{\bar{C}_{13}^2-\bar{C}_{11}\bar{C}_{33}} \tag{30.28}$$

$$\bar{E}_{33}=\frac{\bar{C}_{22}\bar{C}_{13}^2-2\bar{C}_{12}\bar{C}_{23}\bar{C}_{13}+\bar{C}_{23}^2\bar{C}_{11}}{\bar{C}_{12}^2-\bar{C}_{11}\bar{C}_{22}}+\bar{C}_{33} \tag{30.29}$$

$$\bar{v}_{12}=\frac{\bar{C}_{12}\bar{C}_{33}-\bar{C}_{13}\bar{C}_{23}}{\bar{C}_{22}\bar{C}_{33}-\bar{C}_{23}^2},\quad \bar{v}_{21}=\frac{\bar{C}_{12}\bar{C}_{33}-\bar{C}_{13}\bar{C}_{23}}{\bar{C}_{11}\bar{C}_{33}-\bar{C}_{13}^2},\quad \bar{v}_{13}=\frac{\bar{C}_{13}\bar{C}_{22}-\bar{C}_{12}\bar{C}_{23}}{\bar{C}_{22}\bar{C}_{33}-\bar{C}_{23}^2} \tag{30.30}$$

$$\bar{v}_{31}=\frac{\bar{C}_{13}\bar{C}_{22}-\bar{C}_{12}\bar{C}_{23}}{\bar{C}_{11}\bar{C}_{22}-\bar{C}_{12}^2},\quad \bar{v}_{23}=\frac{\bar{C}_{11}\bar{C}_{23}-\bar{C}_{12}\bar{C}_{13}}{\bar{C}_{11}\bar{C}_{33}-\bar{C}_{13}^2},\quad \bar{v}_{32}=\frac{\bar{C}_{11}\bar{C}_{23}-\bar{C}_{12}\bar{C}_{13}}{\bar{C}_{11}\bar{C}_{22}-\bar{C}_{12}^2} \tag{30.31}$$

$$\bar{\mu}_{12}=\bar{C}_{44},\quad \bar{\mu}_{23}=\bar{C}_{55},\quad \bar{\mu}_{31}=\bar{C}_{66} \tag{30.32}$$

$$\frac{\bar{v}_{12}}{\bar{E}_{11}}=\frac{\bar{v}_{21}}{\bar{E}_{22}},\quad \frac{\bar{v}_{23}}{\bar{E}_{22}}=\frac{\bar{v}_{32}}{\bar{E}_{33}},\quad \frac{\bar{v}_{13}}{\bar{E}_{11}}=\frac{\bar{v}_{31}}{\bar{E}_{33}} \tag{30.33}$$

因此,对于整体正交各向异性复合材料,仅有 9 个独立的弹性常数。这里,有效泊松比 $\bar{v}_{ij}$ 定义为:当拉伸应力施加在第 i 个方向上时,第 j 个方向上的收缩应变与第 i 个方向上的应变伸长之比。

有效弹性柔度矩阵变为

$$[\bar{D}_{ij}]_{6\times6}=[\bar{C}_{ij}]^{-1}{}_{6\times6}=\begin{bmatrix} \frac{1}{\bar{E}_{11}} & \frac{-\bar{v}_{21}}{\bar{E}_{22}} & \frac{-\bar{v}_{31}}{\bar{E}_{33}} & 0 & 0 & 0 \\ \frac{-\bar{v}_{12}}{\bar{E}_{11}} & \frac{1}{\bar{E}_{22}} & \frac{-\bar{v}_{32}}{\bar{E}_{33}} & 0 & 0 & 0 \\ \frac{-\bar{v}_{13}}{\bar{E}_{11}} & \frac{-\bar{v}_{23}}{\bar{E}_{22}} & \frac{1}{\bar{E}_{33}} & 0 & 0 & 0 \\ 0 & 0 & 0 & \frac{1}{\bar{\mu}_{12}} & 0 & 0 \\ 0 & 0 & 0 & 0 & \frac{1}{\bar{\mu}_{23}} & 0 \\ 0 & 0 & 0 & 0 & 0 & \frac{1}{\bar{\mu}_{31}} \end{bmatrix}_{6\times6} \tag{30.34}$$

因而,沿纤维纵向的应力分量 $\bar{\sigma}_{33}$ 为

$$\bar{\sigma}_{33}=\eta_1\bar{\sigma}_{11}+\eta_2\bar{\sigma}_{22} \tag{30.35}$$

其中

$$\eta_1=\frac{\bar{C}_{13}\bar{C}_{22}-\bar{C}_{12}\bar{C}_{23}}{\Xi},\quad \eta_2=\frac{\bar{C}_{11}\bar{C}_{23}-\bar{C}_{12}\bar{C}_{13}}{\Xi},\quad \Xi=\bar{C}_{11}\bar{C}_{22}-\bar{C}_{12}^2 \tag{30.36}$$

30.6 区域平均的有效屈服函数

区域面积平均的均匀化程序此处被用来评估复合材料的有效弹塑性损伤行为,同时考虑了基体的初始屈服和塑性硬化的效应。平均的均匀化程序通常用在介观代表体积元/面积元,可参考 Nemat-Nasser 和 Hori(1993)。在任何局部的基体材料 $\boldsymbol{x}$ 中,假设微观应力 $\boldsymbol{\sigma}(\boldsymbol{x})$ 满足冯·米塞斯 J_2 屈服准则

$$F(\boldsymbol{\sigma}\bar{e}_m^{\mathrm{p}})=\sqrt{\boldsymbol{\sigma}:\boldsymbol{I}_d:\boldsymbol{\sigma}}-K(\bar{e}_m^{\mathrm{p}})\leqslant 0 \tag{30.37}$$

式中:$\bar{e}_m^{\mathrm{p}}$ 和 $K(\bar{e}_m^{\mathrm{p}})$ 分别为仅基体材料的等效塑性应变和各向同性硬化效应;$\boldsymbol{I}_d\equiv\boldsymbol{I}-\frac{1}{3}\boldsymbol{I}\otimes\boldsymbol{I}$ 为四阶单位张量 $\boldsymbol{I}$ 的偏分。

根据 Ju 和 Chen(1994c)、Ju 和 Tseng(1996,1997)、Ju 和 Sun(2001)、Sun 和 Ju(2001)以及 Ju 和 Zhang(2001),将 $H(\boldsymbol{x}|g)=\boldsymbol{\sigma}(\boldsymbol{x}|g):\boldsymbol{I}_d:\boldsymbol{\sigma}(\boldsymbol{x}|g)$ 定为局部点 $\boldsymbol{x}$ 处当前应力模的平方,这形成了一种给定纤维配置 g(集成的)的复合材料的初始屈服准则。另外,$\langle H\rangle_m(\boldsymbol{x})$ 定义了针对一个基体点 $\boldsymbol{x}$、在所有可能的运算上 $H(\boldsymbol{x}|g)$ 的区域平均值:

$$\langle H\rangle_m(\boldsymbol{x})\approx H^o+\int_g\{H(\boldsymbol{x}\mid g)-H^o\}P(g)\,\mathrm{d}g \tag{30.38}$$

式中:$P(g)$ 为复合材料中一种纤维配置 g 的概率密度函数;$H^o=\boldsymbol{\sigma}^o:\boldsymbol{I}_d:\boldsymbol{\sigma}^o$ 为施加在韧性复合材料上的远场应力模的平方。

对于完整的二阶提法,任何两个纤维都会首先互相作用,然后基体点收集基于远场纤维相互作用的扰动。在没有远场纤维相互作用问题的准确解的情况下,一阶估算方法提供了一个简便方法,来解决一个基体点上来自纤维的扰动问题。在一阶估算方法中,在基体点 $\boldsymbol{x}_m$ 处,其周围的纤维被看作是扰动的孤立源,一个局部的基体点一个接一个地简单收集来自于所有柱状纤维的扰动。在没有统计性高阶近场纤维相互作用问题的准确解的情况下,一阶估算方法提供了一种适用的方法,来解决一个局部基体点上随机分布的纤维引起的扰动。这种一阶估算方法在纤维体积分数为中等水平时是有效的。

因此,在广义平面应变条件下,含三相纤维(对应三种界面脱黏模式)的复合材料的 $\langle H\rangle_m(\boldsymbol{x})$ 的表达式可近似为

$$\begin{aligned}\langle H\rangle_m(\boldsymbol{x})\approx \mathrm{H}^o&+\int_{|\boldsymbol{x}-\boldsymbol{x}^{(1)}|>a}[H(\boldsymbol{x}\mid\boldsymbol{x}^{(1)})-H^o]P(\boldsymbol{x}^{(1)})\,\mathrm{d}\boldsymbol{x}^{(1)}+\\&\int_{|\boldsymbol{x}-\boldsymbol{x}^{(2)}|>a}[H(\boldsymbol{x}\mid\boldsymbol{x}^{(2)})-H^o]P(\boldsymbol{x}^{(2)})\,\mathrm{d}\boldsymbol{x}^{(2)}+\int_{|\boldsymbol{x}-\boldsymbol{x}^{(3)}|>a}[H(\boldsymbol{x}\mid\boldsymbol{x}^{(3)})-H^o]P(\boldsymbol{x}^{(3)})\,\mathrm{d}\boldsymbol{x}^{(3)}\end{aligned} \tag{30.39}$$

式中:$|\boldsymbol{x}-\boldsymbol{x}^{(1)}|>\mathrm{a}$,$|\boldsymbol{x}-\boldsymbol{x}^{(2)}|>\mathrm{a}$,$|\boldsymbol{x}-\boldsymbol{x}^{(3)}|>\mathrm{a}$ 为概率空间中针对一个纤维的中心位置 $\boldsymbol{x}^{(\eta)}$ 的

$\boldsymbol{x}$ 的“隔离区”,它与纤维的形状和尺寸相等;$\boldsymbol{x}^{(1)}$ 为概率空间中一个完美结合的纤维;$\boldsymbol{x}^{(2)}$ 和$\boldsymbol{x}^{(3)}$ 分别为概率空间中的部分脱黏纤维和完全脱黏纤维。概率隔离区是指,由于 x 必须位于基体相内,所以 $x^{(\eta)}$ 不能位于隔离区范围内。假设 $P(x^{(\eta)})$ 是统计均一的、各向同性的和均匀分布的。$(x|x^{(1)})$、$(x|x^{(2)})$ 和 $(x|x^{(3)})$ 分别为未损伤纤维、部分脱黏纤维和完全脱黏纤维贡献的应力模的集合,它们可以通过 Eshelby 微观力学框架估算出来(例如,Mura,1987;Ju 和 Sun,2001;Sun 和 Ju,2001):

$$H^{(\beta)}=\boldsymbol{\sigma}^{(\beta)}(\boldsymbol{x}):\boldsymbol{I}_d:\boldsymbol{\sigma}^{(\beta)}(\boldsymbol{x})\quad(\beta=1,2,3)\tag{30.40}$$

其中,β 相引起的基体中的局部应力张量为

$$\boldsymbol{\sigma}^{(\beta)}(\boldsymbol{x})=\boldsymbol{\sigma}^{o}+\boldsymbol{C}^{(0)}\cdot\overline{\boldsymbol{G}}(\boldsymbol{x}):\boldsymbol{\varepsilon}_{*}^{(\beta)o}\quad(\beta=1,2,3)\tag{30.41}$$

β 相纤维中的“一阶”本征应变张量$\boldsymbol{\varepsilon}_{*}^{(\beta)o}$ 为

$$(\varepsilon_{*}^{(\beta)o})_{ij}=-[S_{ijmn}+(C_{ijkl}^{(\beta)}-C_{ijkl}^{(0)})^{-1}C_{klmn}^{(0)}]^{-1}(\varepsilon^{o})_{mn}\quad(i,j,k,l,m,n=1,2),(\beta=1,2,3)\tag{30.42}$$

其中,$(\varepsilon^{o})_{mn}=C_{ijkl}^{(0)-1}(\sigma^{o})_{ij}$。因此,任意基体点 x 的扰动应力由中心位于 $x^{(\beta)}$ 处的典型孤立的 β 相的非均质性引起,它具有如下形式:

$$\boldsymbol{\sigma}^{\prime(\boldsymbol{x}|\boldsymbol{x}^{(\beta)})}=[\boldsymbol{C}^{(0)}\cdot\overline{\boldsymbol{G}}(\boldsymbol{x}-\boldsymbol{x}^{(\eta)})]:\boldsymbol{\varepsilon}_{*}^{(\beta)o}\tag{30.43}$$

$$\overline{\boldsymbol{G}}(\boldsymbol{x}-\boldsymbol{x}^{(\beta)})\equiv\int_{\Omega^{(\beta)}}\boldsymbol{G}(\boldsymbol{x}-\boldsymbol{x}')d\boldsymbol{x}'\tag{30.44}$$

对于 $\boldsymbol{x}\notin\Omega^{(\beta)}$,其中的 $\Omega^{(\beta)}$ 为中心位于 β 相中的$\boldsymbol{x}^{(\beta)}$ 处的单一非均质域,还可写为

$$\overline{\boldsymbol{G}}(\boldsymbol{r}_{\boldsymbol{\beta}})=\frac{1}{8(1-\nu_0)}(\rho_{\beta}^{2}\boldsymbol{H}^{1}+\frac{\rho_{\beta}^{4}}{2}\boldsymbol{H}^{2})\tag{30.45}$$

分量 H^1 和 H^2 由下式给出:

$$H_{ijkl}^{1}(\boldsymbol{r}_{\boldsymbol{\beta}})\equiv2\boldsymbol{F}_{\boldsymbol{ijkl}}(-8,2\boldsymbol{\nu}_0,2,2-4\boldsymbol{\nu}_0,-1+2\boldsymbol{\nu}_0,1-2\boldsymbol{\nu}_0)\tag{30.46}$$

$$\boldsymbol{H}_{\boldsymbol{ijkl}}^{2}(\boldsymbol{r}_{\boldsymbol{\beta}})\equiv2\boldsymbol{F}_{\boldsymbol{ijkl}}(24,-4,-4,-4,1,1)\tag{30.47}$$

其中,$\rho_{\beta}=a/r\beta$,a 为一个柱状纤维或孔洞的半径。

四阶张量 $\boldsymbol{F}$ 的诸分量与六个比例量 B_1、B_2、B_3、B_4、B_5、B_6 相关,定义为

$$\begin{aligned}F_{ijkl}(B_m)\equiv{}&B_1n_in_jn_kn_l+B_2(\delta_{ik}n_jn_l+\delta_{il}n_jn_k+\delta_{jk}n_in_l+\delta_{jl}n_in_k)+B_3\delta_{ij}n_kn_l\\&+B_4\delta_{kl}n_in_j+B_5\delta_{ij}\delta_{kl}+B_6(\delta_{ik}\delta_{jl}+\delta_{il}\delta_{jk})\end{aligned}\tag{30.48}$$

满足正交单位向量 $\boldsymbol{n}\equiv\boldsymbol{r}_{\boldsymbol{\beta}}/r_{\beta}$,指数 $m=1\sim6$。

简单起见,假设所有的纤维是均匀随机分布在基体中的,但是,基体内的概率非均匀的纤维分布 $P(\boldsymbol{x}^{(\eta)})$ 可以很容易地包括在所提出的框架内。相应地,$P(\boldsymbol{x}^{(\beta)})$ 可表示为 $N^{(\beta)}/A(\beta=1,2,3)$,其中 $N^{(\beta)}$ 为均匀分布在一个代表面积元 A 内的 β 相纤维的整体数量。经过一系列冗长而直接的推导后,区域平均的$\langle H\rangle_m$ 可由下式估算:

$$\langle H\rangle_m=\boldsymbol{\sigma}^{o}:\boldsymbol{T}:\boldsymbol{\sigma}^{o}\tag{30.49}$$

四阶张量 $\boldsymbol{T}$ 的诸分量具有如下形式:

$$T_{ijkl}=T_{IK}^{(1)}\delta_{ij}\delta_{kl}+T_{IK}^{(2)}(\delta_{ik}\delta_{jl}+\delta_{il}\delta_{jk})\quad(i,j,k,l=1,2)\tag{30.50}$$

且

$$T_{12}^{(2)}=\frac{1}{8}\left[4+\frac{(2+5\hat{a}+5\hat{b}+3\hat{c})\phi^{(1)}}{\beta_1^2}+\frac{(2+5\hat{a}+5\hat{b}+3\hat{c})\phi^{(3)}}{\beta_2^2}+\frac{(2+5\hat{a}+5\hat{b}+3\hat{c})\mu_0{}^2\overline{B}_{1211d}^{2}\phi^{(2)}}{(-1+\nu_0)^2}\right]\tag{30.51}$$

$$T_{12}^{(1)}=\frac{1}{2}(\hat{c}+C_{q1}+C_{q2}+C_{q211}) \tag{30.52}$$

$$T_{11}^{(2)}=\frac{1}{8}\left[4+\frac{(2+5\hat{a}+5\hat{b}+3\hat{c})\phi^{(1)}}{\beta_1^2}+\frac{(2+5\hat{a}+5\hat{b}+3\hat{c})\phi^{(3)}}{\beta_2^2}+\frac{(2+5\hat{a}+5\hat{b}+3\hat{c})\mu_0{}^2\bar{B}_{1111d}^2\phi^{(2)}}{(-1+\nu_0)^2}\right] \tag{30.53}$$

$$T_{11}^{(1)}=\hat{a}+A_{q1}+A_{q2}+A_{q211}+\frac{1}{4}\left\{-\frac{(2+5\hat{a}+5\hat{b}+3\hat{c})\phi^{(1)}}{\beta_1^2}+\frac{1}{\beta_2^2(-1+\nu_0)^2}\right.$$
$$\left.\{-(2+5\hat{a}+5\hat{b}+3\hat{c})(-1+\nu_0)^2\phi^{(3)}+\beta_2^2[-4(-1+\nu_0)^2-(2+5\hat{a}+5\hat{b}+3\hat{c})\mu_0{}^2\bar{B}_{1111d}^2\phi^{(2)}]\}\right\} \tag{30.54}$$

$$T_{22}^{(2)}=\frac{1}{8}\left[4+\frac{(2+5\hat{a}+5\hat{b}+3\hat{c})\phi^{(1)}}{\beta_1^2}+\frac{(2+5\hat{a}+5\hat{b}+3\hat{c})\phi^{(3)}}{\beta_2^2}+\frac{(2+5\hat{a}+5\hat{b}+3\hat{c})\mu_0{}^2\bar{B}_{2211d}^2\phi^{(2)}}{(-1+\nu_0)^2}\right] \tag{30.55}$$

$$T_{22}^{(1)}=\hat{b}+B_{q1}+B_{q2}+B_{q211}+\frac{1}{4}\left\{-\frac{(2+5\hat{a}+5\hat{b}+3\hat{c})\phi^{(1)}}{\beta_1^2}+\frac{1}{\beta_2^2(-1+\nu_0)^2}\right.$$
$$\left.\{-(2+5\hat{a}+5\hat{b}+3\hat{c})(-1+\nu_0)^2\phi^{(3)}+\beta_2^2[-4(-1+\nu_0)^2-(2+5\hat{a}+5\hat{b}+3\hat{c})\mu_0{}^2\bar{B}_{2211d}^2\phi^{(2)}]\}\right\} \tag{30.56}$$

式中:$\phi^{(1)}$、$\phi^{(2)}$和$\phi^{(3)}$分别为完美结合纤维、部分脱黏纤维和完全脱黏纤维的体积分数,详见“式(30.11)中张量 $\boldsymbol{T}$ 的详细推导”部分。

施加的远场应力 σ^o 与宏观(区域面积平均)应力 $\bar{\sigma}$ 之间的广义关系式由下式给出:

$$\boldsymbol{\sigma}^o=\boldsymbol{P}:\bar{\boldsymbol{\sigma}} \tag{30.57}$$

其中的四阶张量 $\boldsymbol{P}$ 为

$$\boldsymbol{P}=\{\boldsymbol{C}^{(0)}\cdot[\boldsymbol{I}+(\boldsymbol{I}-\boldsymbol{S})\cdot\boldsymbol{Y}\cdot\boldsymbol{C}^{(0)-1}]\}^{-1} \tag{30.58}$$

且

$$\boldsymbol{Y}=\sum_{\boldsymbol{\beta}=1}^{3}\boldsymbol{\phi}^{(\boldsymbol{\beta})}[\boldsymbol{S}+(\boldsymbol{C}^{(\boldsymbol{\beta})}-\boldsymbol{C}^{(0)})^{-1}\cdot\boldsymbol{C}^{(0)}]^{-1} \tag{30.59}$$

可参见第30.10节中对张量 $\boldsymbol{P}$ 的详细推导过程。合并式(30.49)和式(30.57)可以得出当前应力模平方的区域平均值的另一个表达式:

$$\langle H\rangle_m(\boldsymbol{x})=\bar{\boldsymbol{\sigma}}:\bar{\boldsymbol{T}}:\bar{\boldsymbol{\sigma}} \tag{30.60}$$

其中,四阶张量 $\bar{\boldsymbol{T}}\equiv\boldsymbol{P}^{\mathrm{T}}:\boldsymbol{T}:\boldsymbol{P}$。

另外,如果 $\phi^{(1)}=\phi^{(2)}=\phi^{(3)}=0$,式(30.60)会降阶为经典的 J_2 常量,即仅有基体材料。用相同的形式,可以写为

$$\langle H\rangle_m(\boldsymbol{x})=\bar{\sigma}_{ij}:\bar{T}_{ijkl}:\bar{\sigma}_{kl}\quad(i,j,k,l=1,2) \tag{30.61}$$

其中

$$\bar{T}_{ijkl}=P_{mnij}T_{mnpq}P_{pqkl}=\bar{T}_{IK}^{(1)}\delta_{ij}\delta_{kl}+\bar{T}_{IJ}^{(2)}(\delta_{ik}\delta_{jl}+\delta_{il}\delta_{jk}) \tag{30.62}$$

并且

$$\bar{T}_{IK}^{(1)}=P_{Im}^{(1)}T_{nK}^{(1)}P_{nK}^{(1)}+2P_{II}^{(2)}T_{In}^{(1)}P_{nK}^{(1)}+2P_{In}^{(1)}T_{nn}^{(2)}P_{nK}^{(1)}+4P_{II}^{(2)}$$
$$T_{II}^{(2)}P_{IK}^{(1)}+2\sum_{m=1}^{2}P_{Im}^{(1)}T_{mK}^{(1)}P_{KK}^{(2)}+4P_{II}^{(2)}T_{IK}^{(1)}P_{KK}^{(2)}+4P_{IK}^{(1)}T_{KK}^{(2)}P_{KK}^{(2)} \tag{30.63}$$

$$\bar{T}_{IJ}^{(2)}=4P_{IJ}^{(2)}T_{IJ}^{(2)}P_{IJ}^{(2)} \tag{30.64}$$

在上面的公式中,加和运算要应用于小写字母指数的量,无加和运算要应用于大写字母指数的量。

在四相逐渐脱黏的纤维增强复合材料中,任意点 x 的区域平均的当前应力模可表述为

$$\sqrt{\langle H\rangle_m(\boldsymbol{x})}=(1-\phi^{(1)})\sqrt{\bar{\boldsymbol{\sigma}}:\bar{\boldsymbol{T}}:\bar{\boldsymbol{\sigma}}} \tag{30.65}$$

式中:$\phi^{(1)}$为当前完美结合的(未损伤的)纤维体积分数;参数 $1-\phi^{(1)}$ 反映出,基体被看成是弹塑性的,而纤维被假设成为完全弹性的。需注意,脱黏的纤维失去了基体的部分限制,简单起见,式(30.65)仅考虑未损伤的纤维(用 $\phi^{(1)}$ 代表)。因此,四相复合材料的有效屈服函数可表述为

$$\bar{F}=(1-\phi^{(1)})\sqrt{\bar{\boldsymbol{\sigma}}:\bar{\boldsymbol{T}}:\bar{\boldsymbol{\sigma}}}-K(\bar{e}^{\mathrm{p}}) \tag{30.66}$$

在解释带有四相复合材料的各向同性硬化函数 $K(\bar{e}^{\mathrm{p}})$ 时,假设复合材料的整体流变定律是具有相关性的。一般情况下,根据位错动力学分析,当纤维、微裂纹和孔洞存在时,复合材料的整体流变定律可能会变为非相关性的。可以用同样的方式但同时考虑垂直和切向的流变方向,来构建非相关性流变定律的扩展方程。还应注意到,有效屈服函数与压力相关,但与米塞斯类型的应力无关,因此,复合材料的区域平均的有效塑性应变速率可表述为

$$\dot{\bar{\boldsymbol{\varepsilon}}}^{\mathrm{p}}=\dot{\lambda}\frac{\partial\bar{F}}{\partial\bar{\boldsymbol{\sigma}}}=(1-\phi^{(1)})\dot{\lambda}\frac{\bar{\boldsymbol{T}}:\bar{\boldsymbol{\sigma}}}{\sqrt{\bar{\boldsymbol{\sigma}}:\bar{\boldsymbol{T}}:\bar{\boldsymbol{\sigma}}}} \tag{30.67}$$

其中,$\dot{\lambda}$ 为塑性一致性参数。

根据通过微观力学方法导出的应力模的结构,复合材料等效的有效塑性应变速率表述为

$$\dot{\bar{e}}^{\mathrm{p}}\equiv\sqrt{\frac{2}{3}\dot{\bar{\boldsymbol{\varepsilon}}}^{\mathrm{p}}:\bar{\boldsymbol{T}}^{-1}:\dot{\bar{\boldsymbol{\varepsilon}}}^{\mathrm{p}}}=\sqrt{\frac{2}{3}}(1-\phi^{(1)})\dot{\lambda} \tag{30.68}$$

其中,$\dot{\lambda}$ 与屈服函数 $\bar{F}$ 一起遵循 Kuhn–Tucker 加载/卸载条件,条件如下:

$$\dot{\lambda}\geqslant 0,\quad \bar{F}\leqslant 0,\quad \dot{\lambda}\bar{F}=0,\quad \dot{\lambda}\dot{\bar{F}}=0 \tag{30.69}$$

式(30.66)中的区域平均屈服函数、式(30.67)中的平均塑性流变定律、式(30.68)中的等效塑性应变速率以及 Kuhn–Tucker 条件,完全描述了一种具有各向同性硬化函数 $K(\bar{e}^{\mathrm{p}})$ 的复合材料的有效塑性的提法,扩展所提出的模型考虑了随动硬化是可能的,这里,采用简单的指数律各向同性硬化函数作为例子:

$$K(\bar{e}^{\mathrm{p}})=\sqrt{\frac{2}{3}}[\bar{\sigma}_y+h(\bar{e}^{\mathrm{p}})^q] \tag{30.70}$$

式中:$\bar{\sigma}_y$ 为初始屈服应力;h 和 q 分别为四相复合材料线性的和指数的各向同性硬化参数。

30.7 复合材料的弹塑性损伤响应

为了阐明所提出的复合材料的微观力学区域面积均匀化的横向弹塑性渐进损伤提法，在这里考虑平面应变条件下的横向单轴和双轴拉伸载荷。

30.7.1 横向单轴拉伸载荷条件下的弹塑性损伤行为

所施加的宏观应力 $\bar{\boldsymbol{\sigma}}$ 可写为

$$\bar{\sigma}_{11}>0, \quad \bar{\sigma}_{33}=\eta_1\bar{\sigma}_{11}, \quad \bar{\sigma}_{ij}=0\ 其他 \tag{30.71}$$

结合式(30.70)所描述的简单各向同性硬化定律，整体屈服函数为

$$\bar{F}(\bar{\sigma}_{11},\bar{e}^{\mathrm{p}})=(1-\phi^{(1)})\sqrt{\bar{\boldsymbol{\sigma}}:\bar{\boldsymbol{T}}:\bar{\boldsymbol{\sigma}}}-\sqrt{\frac{2}{3}}\left[\bar{\sigma}_{\mathrm{y}}+h(\bar{e}^{\mathrm{p}})^{q}\right] \tag{30.72}$$

将式(30.71)代入式(30.72)，横向单轴载荷这一特殊情况下的有效屈服函数变为

$$\bar{F}(\bar{\sigma}_{11},\bar{e}^{\mathrm{p}})=(1-\phi^{(1)})\sqrt{\bar{T}_{11}^{(1)}+2\bar{T}_{11}^{(2)}}\,\bar{\sigma}_{11}-\sqrt{\frac{2}{3}}\left[\bar{\sigma}_{\mathrm{y}}+h(\bar{e}^{\mathrm{p}})^{q}\right] \tag{30.73}$$

对于任意高于初始屈服强度的应力，式(30.67)定义的宏观塑性应变速率的增量具有如下形式：

$$\Delta\bar{\boldsymbol{\varepsilon}}^{\mathrm{p}}=(1-\phi^{(1)})\frac{\Delta\lambda}{\sqrt{\bar{T}_{11}^{(1)}+2\bar{T}_{11}^{(2)}}}\begin{bmatrix}\bar{T}_{11}^{(1)}+2\bar{T}_{11}^{(2)} & 0\\ 0 & \bar{T}_{21}^{(1)}\end{bmatrix} \tag{30.74}$$

式中：$\Delta\lambda$ 为有效塑性一致性参数增量。

类似地，等效塑性应变增量为

$$\Delta\bar{e}^{\mathrm{p}}=\sqrt{\frac{2}{3}}(1-\phi^{(1)})\Delta\lambda \tag{30.75}$$

从线弹性理论出发，宏观弹性应变增量具有如下形式：

$$\Delta\bar{\boldsymbol{\varepsilon}}^{\mathrm{e}}=\begin{bmatrix}\bar{D}_{11}+\eta_1\bar{D}_{13} & 0\\ 0 & \bar{D}_{21}+\eta_1\bar{D}_{23}\end{bmatrix}\Delta\bar{\sigma}_{11} \tag{30.76}$$

式中：$\bar{D}_{ij}$ 为复合材料的有效弹性柔度，η_1 在式(30.36)中进行了定义。

对于简单的平面应变单轴载荷，整体宏观应力-应变增量关系可以通过合并式(30.74)和式(30.76)得到

$$\Delta\bar{\boldsymbol{\varepsilon}}=\begin{bmatrix}\bar{D}_{11}+\eta_1\bar{D}_{13} & 0\\ 0 & \bar{D}_{21}+\eta_1\bar{D}_{23}\end{bmatrix}\Delta\bar{\sigma}_{11}+(1-\phi^{(1)})\frac{\Delta\lambda}{\sqrt{\bar{T}_{11}^{(1)}+2\bar{T}_{11}^{(2)}}}\begin{bmatrix}\bar{T}_{11}^{(1)}+2\bar{T}_{11}^{(2)} & 0\\ 0 & \bar{T}_{21}^{(1)}\end{bmatrix} \tag{30.77}$$

式中：正参数 $\Delta\lambda$ 可从使塑性一致性条件 $\bar{F}=0$ 时得到的非线性公式解出：

$$(1-\phi^{(1)})\sqrt{\bar{T}_{11}^{(1)}+2\bar{T}_{11}^{(2)}}\,(\bar{\sigma}_{11})_{n+1}=\sqrt{\frac{2}{3}}\left\{\bar{\sigma}_{\mathrm{y}}+h\left[\bar{e}_{n}^{\mathrm{p}}+\Delta\bar{e}_{n+1}^{\mathrm{p}}\right]^{q}\right\} \tag{30.78}$$

式中：$(\bar{\sigma}_{11})_{n+1}$ 和 $\Delta\bar{e}_{n+1}^{\mathrm{p}}$ 分别为沿 11 方向的指定宏观应力和当前时间步骤的等效塑性应变增量；$\bar{e}_{n}^{\mathrm{p}}$ 为前一个载荷步骤的等效塑性应变。

由式(30.75)和式(30.78)可得

$$(1-\phi^{(1)})\sqrt{\overline{T}_{11}^{(1)}+2\overline{T}_{11}^{(2)}}(\overline{\sigma}_{11})_{n+1}=\sqrt{\frac{2}{3}}\left\{\overline{\sigma}_{\mathrm{y}}+h\left[\bar{e}_n^{\mathrm{p}}+\sqrt{\frac{2}{3}}(1-\phi^{(1)})\Delta\lambda\right]^q\right\} \tag{30.79}$$

因此,$\Delta\lambda$ 的表达式为

$$\Delta\lambda=\frac{1}{\sqrt{\frac{2}{3}}(1-\phi^{(1)})}\left\{\left[\frac{(1-\phi^{(1)})\sqrt{\frac{3}{2}(\overline{T}_{11}^{(1)}+2\overline{T}_{11}^{(2)})}(\overline{\sigma}_{11})_{n+1}-\overline{\sigma}_{\mathrm{y}}}{h}\right]^{1/q}-\bar{e}_n^{\mathrm{p}}\right\} \tag{30.80}$$

30.7.2 横向双轴拉伸载荷条件下的弹塑性损伤行为

所施加的宏观应力$\boldsymbol{\overline{\sigma}}$可重新表述为

$$\overline{\sigma}_{11}>0,\quad \overline{\sigma}_{22}=R\overline{\sigma}_{11},\quad \overline{\sigma}_{33}=(\eta_1+R\eta_2)\overline{\sigma}_{11},\quad \overline{\sigma}_{ij}=0(\text{其他}) \tag{30.81}$$

式中:R 为定义载荷应力比的参数,具体而言,如果 $R=0$,横向双轴载荷将简化为横向单轴载荷。

将式(30.81)代入式(30.72),双轴载荷条件下的有效屈服函数为

$$\overline{F}(\overline{\sigma}_{11},\bar{e}^{\mathrm{p}})=(1-\phi^{(1)})\Phi(R)\overline{\sigma}_{11}-\sqrt{\frac{2}{3}}[\overline{\sigma}_{\mathrm{y}}+h(\bar{e}^{\mathrm{p}})^q] \tag{30.82}$$

其中

$$\Phi(R)=\sqrt{(\overline{T}_{11}^{(1)}+2\overline{T}_{11}^{(2)})+R^2(\overline{T}_{22}^{(1)}+2\overline{T}_{22}^{(2)})+2R\overline{T}_{12}^{(1)}} \tag{30.83}$$

对于任意高于初始屈服强度的应力,式(30.67)定义的宏观塑性应变速率增量变为

$$\Delta\boldsymbol{\overline{\varepsilon}}^{\mathrm{p}}=(1-\phi^{(1)})\frac{\Delta\lambda}{\Phi(R)}\begin{bmatrix}\overline{T}_{11}^{(1)}+2\overline{T}_{11}^{(2)}+2R\overline{T}_{12}^{(1)} & 0\\ 0 & \overline{T}_{21}^{(1)}+2R\overline{T}_{22}^{(2)}+2R\overline{T}_{22}^{(1)}\end{bmatrix} \tag{30.84}$$

类似地,等效塑性应变增量可重新写为

$$\Delta\bar{e}^{\mathrm{p}}=\sqrt{\frac{2}{3}}(1-\phi^{(1)})\Delta\lambda \tag{30.85}$$

从线弹性理论出发,宏观弹性应变增量具有如下形式:

$$\Delta\boldsymbol{\overline{\varepsilon}}^{\mathrm{e}}=\begin{bmatrix}\overline{D}_{11}+R\overline{D}_{12}+(\eta_1+R\eta_2)\overline{D}_{13} & 0\\ 0 & \overline{D}_{21}+R\overline{D}_{22}+(\eta_1+R\eta_2)\overline{D}_{23}\end{bmatrix}\Delta\overline{\sigma}_{11} \tag{30.86}$$

同样地,$\overline{D}_{ij}$ 为复合材料的有效弹性柔度,而 η_1 和 η_2 已在式(30.36)中定义。

对于简单的平面应变双轴载荷,整体宏观应力-应变增量关系可通过合并式(30.84)和式(30.86)获得:

$$\begin{aligned}\Delta\boldsymbol{\overline{\varepsilon}}=&\begin{bmatrix}\overline{D}_{11}+R\overline{D}_{12}+(\eta_1+R\eta_2)\overline{D}_{13} & 0\\ 0 & \overline{D}_{21}+R\overline{D}_{22}+(\eta_1+R\eta_2)\overline{D}_{23}\end{bmatrix}\\ &\Delta\overline{\sigma}_{11}+(1-\phi^{(1)})\frac{\Delta\lambda}{\Phi(R)}\begin{bmatrix}\overline{T}_{11}^{(1)}+2\overline{T}_{11}^{(2)}+R\overline{T}_{12}^{(1)} & 0\\ 0 & \overline{T}_{21}^{(1)}+2R\overline{T}_{22}^{(2)}+R\overline{T}_{22}^{(1)}\end{bmatrix}\end{aligned} \tag{30.87}$$

其中,正参数 $\Delta\lambda$ 可由使塑性一致性条件 $\overline{F}=0$ 时得到的非线性公式解出:

$$(1-\phi^{(1)})\Phi(R)(\bar{\sigma}_{11})_{n+1}=\sqrt{\frac{2}{3}}\{\bar{\sigma}_{y}+h[\bar{e}_{n}^{p}+\Delta\bar{e}_{n+1}^{p}]^{q}\} \tag{30.88}$$

式中：$(\bar{\sigma}_{11})_{n+1}$ 和 $\Delta\bar{e}_{n+1}^{p}$ 分别为沿 11 方向的指定宏观应力和当前时间步骤的等效塑性应变增量；$\bar{e}_{n}^{p}$ 为前一个载荷步骤的等效塑性应变。

由式(30.85)和式(30.88)可得

$$(1-\phi^{(1)})\Phi(R)(\bar{\sigma}_{11})_{n+1}=\sqrt{\frac{2}{3}}\left\{\bar{\sigma}_{y}+h\left[\bar{e}_{n}^{p}+\sqrt{\frac{2}{3}}(1-\phi^{(1)})\Delta\lambda\right]^{q}\right\} \tag{30.89}$$

因此，$\Delta\lambda$ 的表达式为

$$\Delta\lambda=\frac{1}{\sqrt{\frac{2}{3}}(1-\phi^{(1)})}\left\{\left[\frac{(1-\phi^{(1)})\sqrt{\frac{3}{2}}\Phi(R)(\bar{\sigma}_{11})_{n+1}-\bar{\sigma}_{y}}{h}\right]^{1/q}-\bar{e}_{n}^{p}\right\} \tag{30.90}$$

如果没有界面脱黏损伤，正交各向异性复合材料会恢复为原始的横向各向同性复合材料。

30.8 数值模拟和试验对比

截止目前，有关纤维增强金属基复合材料中的损伤演化机制的试验研究工作的文献是非常有限的。为了评估当前框架的预测能力，对当前的理论预测结果和有限的试验数据（Nimmer 等，1991）进行了对比。试验数据是针对 SiC/Ti-6Al-4V 金属基复合材料在 23℃、315℃和 427℃时，在单轴横向拉伸正交载荷条件下观察的，复合材料为在一种 Ti-6Al-4V 基体中嵌有单向碳化硅纤维（Textron SCS-6，纤维体积分数为 32%）。这里选取在 23℃下记录的试验数据进行对比，在进行机械加载之前，复合材料从工艺处理温度冷却下来时会产生残余应力。简便起见，认为碳化硅纤维是各向同性的，其弹性性能也是均匀的。Nimmer 等（1991）报道的基体和纤维的弹性模量为：21℃时金属基体的 $E_0=113.7\times10^3$MPa、$\nu_0=0.3$；SiC 纤维的 $E_1=414\times10^3$MPa、$\nu_1=0.3$。另外，采用最小平方参数估算程序，基于 23℃时的试验数据估算出下面的塑性参量：$\bar{\sigma}_y=500$MPa，$h=700$MPa，$q=0.1$。根据 Ju 和 Lee（2000，2001）估算威布尔参数 S_0 和 M，并采用 $S_0=180$MPa、$M=3$ 以及 $\sigma_{cri}=170$MPa。在估算 S_0 和 σ_{cri} 的过程中，冷却过程引起的残余应力也被考虑进来。另外，认为基体中的残余应力是低于基体的屈服强度的，如果基体中的残余应力（拉应力）大于基体的屈服强度，那么基体会在施加机械载荷前发生屈服。这种情况下，有必要在柱状纤维内并入指定的均匀热本征应变，如果在工艺过程中温度变化足够大，那么指定的热本征应变会导致韧性基体屈服并产生塑性流变。为了考虑残余应力引起的塑性流变带来的基体性能的变化，可采用正割方法（见 Berveiller 和 Zaoui，1979；Tandon 和 Weng，1988），从而基体的正割杨氏模量和泊松比变得与等效塑性应变无关（见 Liu 和 Sun，2004，在无损伤的情况下）。

30.8.1 单轴横向拉伸载荷

横向单轴应力-应变响应通常看作是复合材料力学行为的重要指标，针对纤维增强的韧性基体复合材料的整体单轴弹塑性损伤和非损伤行为，对当前的预测结果和试验数据

进行了对比,见图 30.5(a)。正如所预期的,未脱黏模型的预测结果与试验数据相比,过高预测了其力学行为,一般情况下,基于当前模型的预测结果与试验数据吻合良好。如图 30.5(a)所示,在明显低于实测的屈服强度的载荷条件下,试验数据显示了纵向模量的显著下降,也就是说,在横向拉伸应力应变曲线中出现了特征第一拐点。试验观察到的第一拐点实际上与一个界面分离事件相关的,这可由边界复型实验得到的结果予以证实,它在横向试验中第一拐点以上发现了纤维和基体之间的间隙(Nimmer 等,1991)。为了分离柱状纤维和基体之间的界面,从而产生第一拐点。拉伸残余应力必须通过拉伸机械载荷来克服,在较高的应力水平下,基体的塑性起主导作用且会达到最大应力,因此,形成了第二拐点。在当前的提法中,很好地反映了类似三线性的应力-应变曲线的特征。

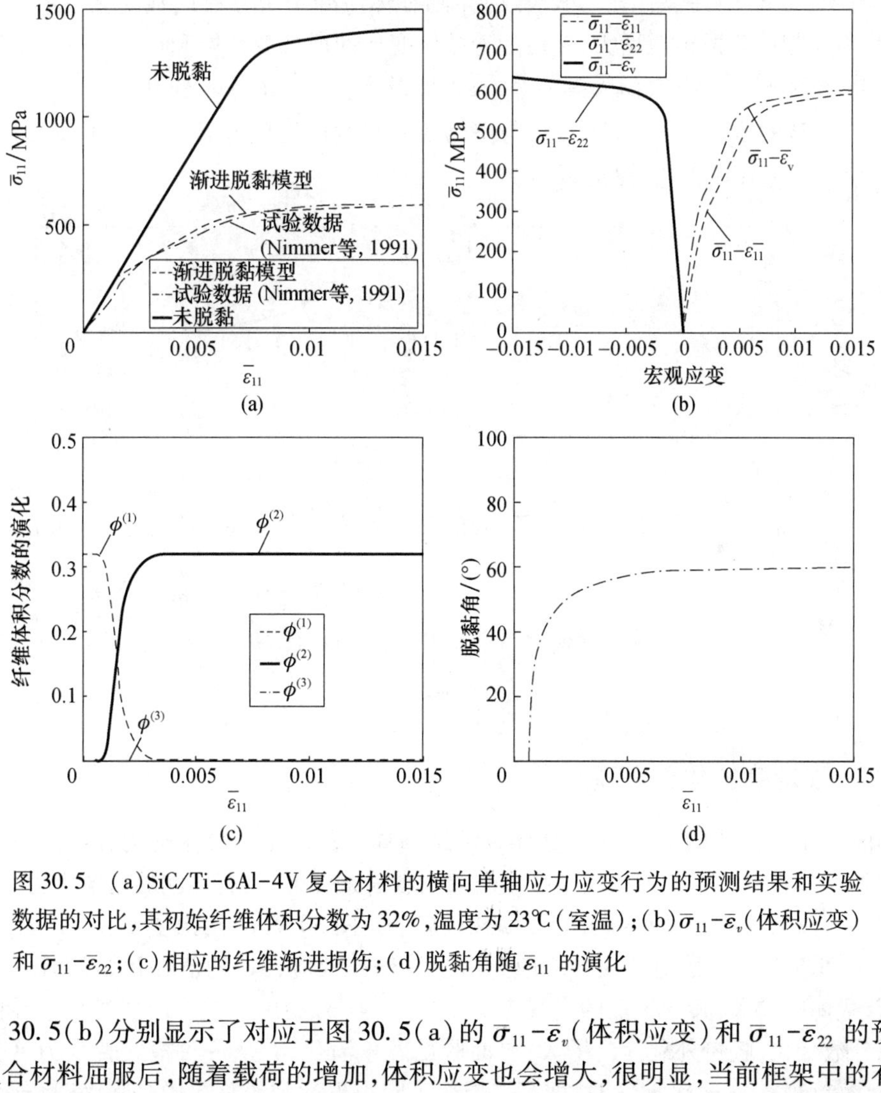

图 30.5　(a)SiC/Ti-6Al-4V 复合材料的横向单轴应力应变行为的预测结果和实验数据的对比,其初始纤维体积分数为 32%,温度为 23℃(室温);(b)$\bar{\sigma}_{11}-\bar{\varepsilon}_{v}$(体积应变)和 $\bar{\sigma}_{11}-\bar{\varepsilon}_{22}$;(c)相应的纤维渐进损伤;(d)脱黏角随 $\bar{\varepsilon}_{11}$ 的演化

图 30.5(b)分别显示了对应于图 30.5(a)的 $\bar{\sigma}_{11}-\bar{\varepsilon}_{v}$(体积应变)和 $\bar{\sigma}_{11}-\bar{\varepsilon}_{22}$ 的预测结果。复合材料屈服后,随着载荷的增加,体积应变也会增大,很明显,当前框架中的有效屈服函数与压力相关,而与米塞斯类型应力不相关。由于泊松比效应,$\bar{\sigma}_{11}$ 条件下的 $\bar{\varepsilon}_{22}$ 应变是负的,需注意,由于界面脱黏弧投影到了 x_2 方向上(图 30.4(b)),所以沿 x_2 方向的少量刚度退化是非常明显的。

另外,图 30.5(c)表明,直至 $\bar{\sigma}_{11}=128\text{MPa}$ 和 $\bar{\varepsilon}_{11}=0.000739$ 时界面脱黏损伤才会发生,随着应变增大至 $\bar{\varepsilon}_{11}=0.0046697$,其界面损伤逐渐增加。随着之后的几步应力增加,部分脱黏纤维的体积分数(模式 2)达到了一个恒定值,约 32%,即复合材料中几乎所有的纤维都已经部分脱黏。另外,根据模拟结果,式(30.72)中的 $\bar{F}(\bar{\sigma}_{11},\bar{e}^{p})=0$ 在 $\bar{\sigma}_{11}=378\text{MPa}$ 和 $\bar{\varepsilon}_{11}=0.0034439$ 时出现。它还解释了为什么与当前预测结果相关的应力-应变曲线在 $\bar{\varepsilon}_{11}=0.0034439$ 后会显示出整体的塑性硬化效应,如图 30.5(a)所示。在这种载荷条件下,局部第一主应力的方向与外加单轴载荷方向一致。由式(30.1)可知,局部第一主应力为拉伸应力,局部第二主应力为压应力,因此,只有一种脱黏模式(模式 2)会发生,即沿加载方向的脱黏。

在图 30.5(d)中,脱黏(弧形微裂纹)角随整体应变历史具有函数变化关系。可观察到,脱黏角在起始阶段迅速增大,然后随着整体变形的增加变得饱和。

另外,整体横向的有效杨氏模量 $\bar{E}_{11}-\bar{\varepsilon}_{11}$ 以及 $\bar{E}_{22}-\bar{\varepsilon}_{11}$ 分别见图 30.6(a)、(b)。由于沿 x_1 方向加载的特性(图 30.4(b)),与整体横向有效杨氏模量 $\bar{E}_{22}$ 相比,在加载过程中,整体横向有效杨氏模量 $\bar{E}_{11}$ 降低更多。

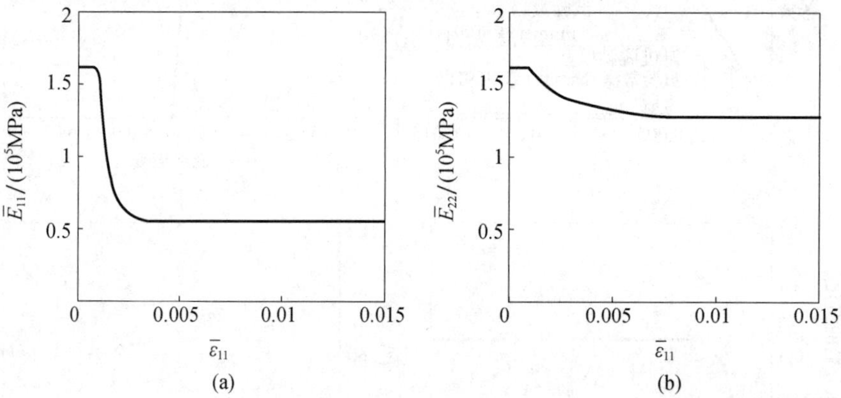

图 30.6 对应于图 30.5 的整体有效弹性模量 与 $\bar{\varepsilon}_{11}$ 的关系

(a)$\bar{E}_{11}-\bar{\varepsilon}_{11}$;(b)$\bar{E}_{22}-\bar{\varepsilon}_{11}$。

30.8.2 双轴横向拉伸载荷

如前所述,横向单轴载荷仅仅会导致纤维内局部的一个拉伸主应力,因此,只有一种类型的脱黏模式(模式 2)被激发。在横向双轴载荷条件下,具有不同的远场应力分量(如 $\bar{\sigma}_{11}=2\bar{\sigma}_{22}$),就会有不止一种部分脱黏模式被启动。图 30.7(a)给出了 $\bar{\sigma}_{11}-\bar{\varepsilon}_{11}$、$\bar{\sigma}_{11}-\bar{\varepsilon}_{22}$ 和 $\bar{\sigma}_{11}-\bar{\varepsilon}_{v}$(体积应变)的弹塑性损伤响应。由于泊松比效应,$\bar{\varepsilon}_{22}$ 的值在初始加载阶段是正的,随着载荷的增大,其变为负的宏观应变。图 30.7(b)给出了整个应变过程中界面损伤的体积分数变化,随着外载荷的增大,界面脱黏发生演化,并从一种模式转变为另一种模式。需注意,当 $\alpha_{12}^{(2)}$ 达到 $\pi/2$ 时,即第二局部主应力也达到了临界脱黏强度时,部分损伤模式 2 就会转变为模式 3,表明 x_1 和 x_2 轴之间的纤维弧已完全脱黏,同时投影的脱黏区域会从 x_1 轴变为 x_2 轴(图 30.4)。

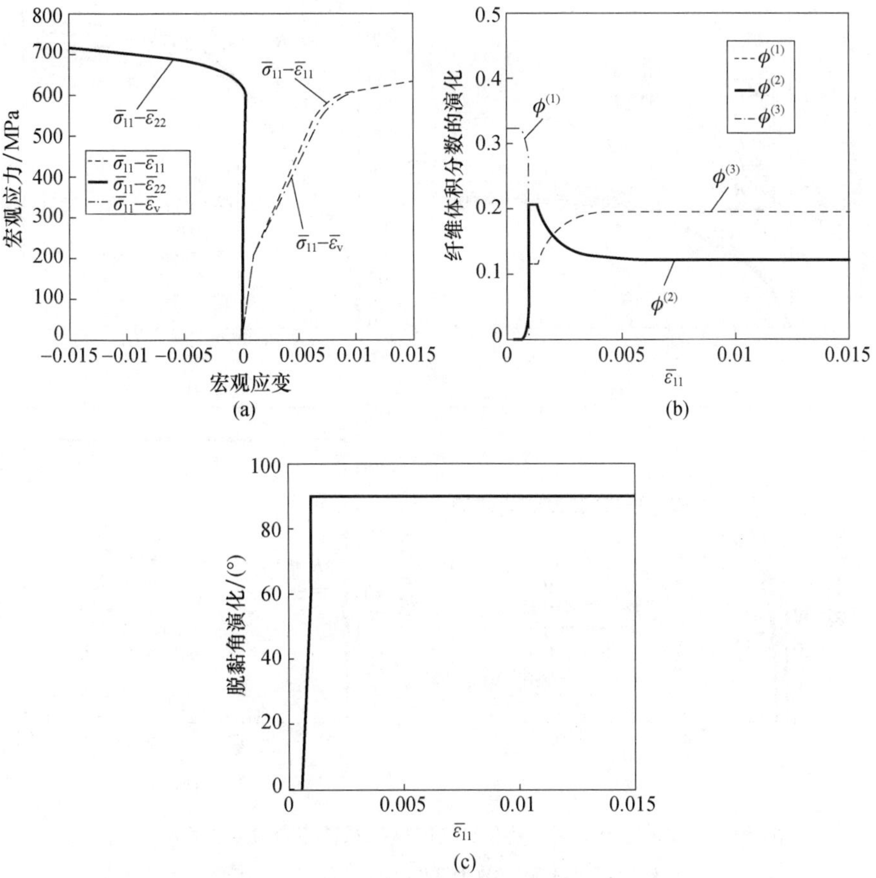

图 30.7　横向双轴拉伸模拟

(a) SiC/Ti-6Al-4V 复合材料的横向整体应力应变关系 $\bar{\sigma}_{11}-\bar{\varepsilon}_{11}$、$\bar{\sigma}_{11}-\bar{\varepsilon}_{22}$ 和 $\bar{\sigma}_{11}-\bar{\varepsilon}_{v}$（体积应变），其初始纤维体积分数为 32%，温度为 23℃（室温），$R=0.5$；(b) 相应的界面损伤体积分数演化-$\bar{\varepsilon}_{11}$；(c) 相应的部分脱黏角演化和 $\bar{\varepsilon}_{11}$。

在图 30.7(c) 中，脱黏角的变化与整体应变和应力成函数关系，脱黏角 $\alpha_{12}^{(2)}$ 迅速达到 $\pi/2$。在横向双轴载荷条件下，随着纤维内第二局部主应力的增大，部分纤维脱黏很容易向第二个方向扩展，并快速达到其最终值。

另外，为了研究应力比 R 对整体弹塑性损伤行为的影响，将复合材料置于不同应力比 R 的双轴拉伸载荷条件下。图 30.8(a)，给出了整体 $\bar{\sigma}_{11}-\bar{\varepsilon}_{11}$。当 R 从 0 增大至 0.4 时，其整体响应在弹性范围内显示出较高的刚度和复合材料的屈服强度。另一方面，如图 30.8(b) 所示，当 R 从 0.5 增大至 0.9 时，其整体响应在弹性范围内显示出较高的刚度但较低的复合材料的屈服强度，这主要是由于，当 R 从 0.5 增大至 0.9 时，其脱黏角发生了快速的演化（图 30.8(c)、(d)）。

图 30.9 显示了应力比 R 不同时的 $\bar{\sigma}_{22}-\bar{\varepsilon}_{22}$。当 R 在 0.1 至 0.5 之间变化时，“弯身”效应变得越来越显著（图 30.9(a)），因此，$\bar{\varepsilon}_{22}$ 值是负的。但是，当 R 从 0.4 增大至 0.9 时，$\bar{\varepsilon}_{22}$ 为正值，并可见较高的 $\bar{\sigma}_{22}-\bar{\varepsilon}_{22}$ 响应特征，见图 30.9(b)，这主要是由于，较高的 $\bar{\sigma}_{22}$ 会克服 $\bar{\sigma}_{11}$ 条件下的泊松比效应。

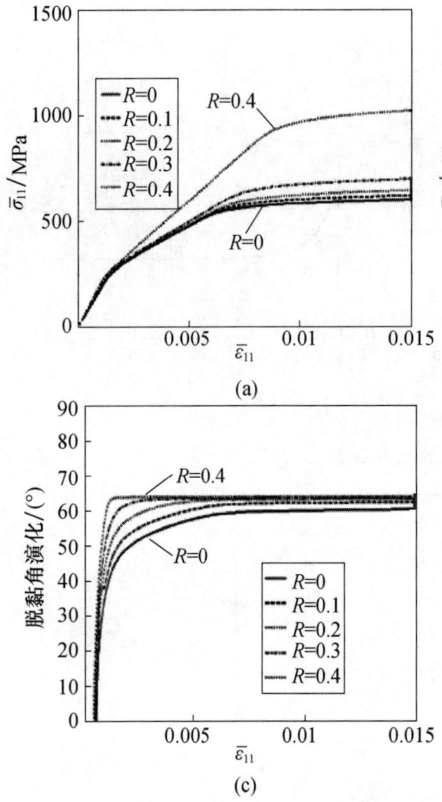

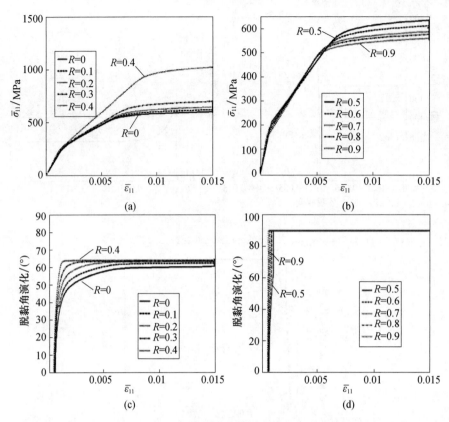

图 30.8 SiC/Ti-6Al-4V 复合材料的横向双轴应力应变关系$\bar{\sigma}_{11}$-$\bar{\varepsilon}_{11}$，
其初始纤维体积分数为 32%，温度为 23℃（室温）
（a）不同的 R（0~0.4），（b）不同的 R（0.5~0.9）；（c）对应于图（a）的脱黏角演化与 $\bar{\varepsilon}_{11}$；
（d）对应于图（b）的脱黏角演化-$\bar{\varepsilon}_{11}$。

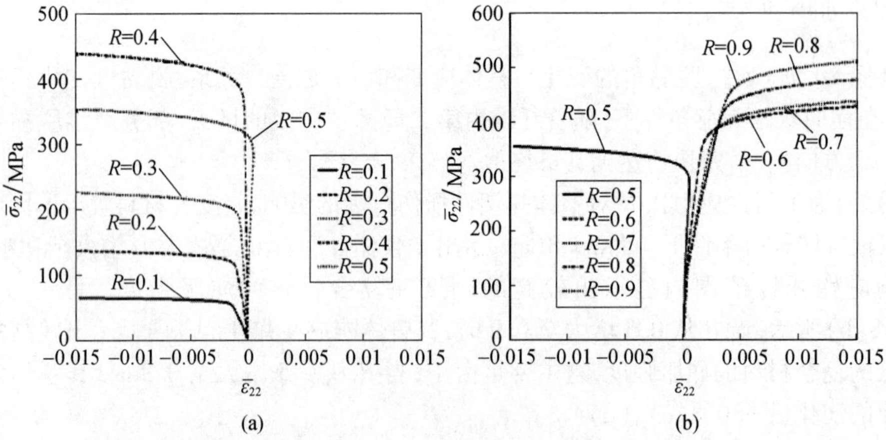

图 30.9 SiC/Ti-6Al-4V 复合材料的横向双轴应力应变关系$\bar{\sigma}_{22}$-$\bar{\varepsilon}_{22}$，
其初始纤维体积分数为 32%，温度为 23℃（室温）
（a）R 在 0 至 0.5 之间变化；（b）R 在 0.5 至 0.9 之间变化。

30.9　式(30.49)中针对张量 $\boldsymbol{T}$ 的详细推导

$$A_{q1}=\frac{1}{2\beta_1^{\ 2}(\alpha_1+\beta_1)^2}\left\{\left[\frac{1}{4}(5\hat{a}+5\hat{b}+3\hat{c}+2)\alpha_1^{\ 2}+\beta_1\left(\frac{9\hat{a}}{2}+\frac{\hat{b}}{2}+\frac{3\hat{c}}{2}+4(\hat{b}-\hat{a})\nu_0+1\right)\alpha_1\right.\right.$$
$$\left.\left.+\frac{1}{4}\beta_1^{\ 2}[16(\hat{a}+\hat{b}-\hat{c}+2)\nu_0^{\ 2}-16(2\hat{a}-\hat{c}+2)\nu_0+17\hat{a}+\hat{b}-\hat{c}+10]\right]\phi^{(1)}\right\} \tag{30.91}$$

$$A_{q211}=\phi^{(2)}\left\{\frac{1}{32(-1+\nu_0)^2}[\mu_0^{\ 2}((10+17\hat{a}+\hat{b}-\hat{c})\bar{B}_{1111d}^2+(10+\hat{a}+17\hat{b}-\hat{c})\bar{B}_{2111d}^2\right.$$
$$-4(-6+\hat{a}+\hat{b}+7\hat{c})\bar{B}_{2111d}\bar{B}_{1111d}+4(10+17\hat{a}+\hat{b}-\hat{c})\bar{B}_{1111d}^2 \tag{30.92}$$
$$\left.+2\bar{B}_{1111d}[-(-6+\hat{a}+\hat{b}+7\hat{c})\bar{B}_{2111d}+2(10+17\hat{a}+\hat{b}-\hat{c})\bar{B}_{1111d})]\right\}$$

$$A_{q2}=\frac{1}{2\beta_2^{\ 2}(\alpha_2+\beta_2)^2}\left\{\left[\frac{1}{4}(5\hat{a}+5\hat{b}+3\hat{c}+2)\alpha_2^{\ 2}+\beta_2\left(\frac{9\hat{a}}{2}+\frac{\hat{b}}{2}+\frac{3\hat{c}}{2}+4(\hat{b}-\hat{a})\nu_0+1\right)\alpha_2\right.\right.$$
$$\left.\left.+\frac{1}{4}\beta_2^{\ 2}[16(\hat{a}+\hat{b}-\hat{c}+2)\nu_0^{\ 2}-16(2\hat{a}-\hat{c}+2)\nu_0+17\hat{a}+\hat{b}-\hat{c}+10]\right]\phi^{(3)}\right\} \tag{30.93}$$

$$B_{q1}=\frac{1}{2\beta_1^{\ 2}(\alpha_1+\beta_1)^2}\left\{\left[\frac{1}{4}(5\hat{a}+5\hat{b}+3\hat{c}+2)\alpha_1^{\ 2}+\beta_1\left(\frac{\hat{a}}{2}+\frac{9\hat{b}}{2}+\frac{3\hat{c}}{2}+4(\hat{a}-\hat{b})\nu_0+1\right)\alpha_1\right.\right.$$
$$\left.\left.+\frac{1}{4}\beta_1^{\ 2}[16(\hat{a}+\hat{b}-\hat{c}+2)\nu_0^{\ 2}-16(2\hat{b}-\hat{c}+2)\nu_0+\hat{a}+17\hat{b}-\hat{c}+10]\right]\phi^{(1)}\right\} \tag{30.94}$$

$$B_{q211}=\frac{1}{32(-1+\nu_0)^2}\{\mu_0^{\ 2}[(10+17\hat{a}+\hat{b}-\hat{c})\bar{B}_{1211d}^2-2(-6+\hat{a}+\hat{b}+7\hat{c}) \tag{30.95}$$
$$\bar{B}_{1211d}(\bar{B}_{2211d}+2\bar{B}_{2211d})+(10+\hat{a}+17\hat{b}-\hat{c})(\bar{B}_{2211d}+2\bar{B}_{2211d})^2]\phi^{(2)}\}$$

$$B_{q2}=\frac{1}{2\beta_2^{\ 2}(\alpha_2+\beta_2)^2}\left\{\left[\frac{1}{4}(5\hat{a}+5\hat{b}+3\hat{c}+2)\alpha_2^{\ 2}+\beta_2\left(\frac{\hat{a}}{2}+\frac{9\hat{b}}{2}+\frac{3\hat{c}}{2}+4(\hat{a}-\hat{b})\nu_0+1\right)\alpha_2\right.\right.$$
$$\left.\left.+\frac{1}{4}\beta_2^{\ 2}[16(\hat{a}+\hat{b}-\hat{c}+2)\nu_0^{\ 2}-16(2\hat{b}-\hat{c}+2)\nu_0+\hat{a}+17\hat{b}-\hat{c}+10]\right]\phi^{(3)}\right\} \tag{30.96}$$

$$C_{q1}=\frac{1}{\beta_1^{\ 2}(\alpha_1+\beta_1)^2}\left\{\left[-\frac{1}{4}(5\hat{a}+5\hat{b}+3\hat{c}+2)\alpha_1^{\ 2}-\frac{1}{2}(5\hat{a}+5\hat{b}+3\hat{c}+2)\alpha_1\beta_1+\frac{1}{4}\beta_1^{\ 2}\right.\right.$$
$$\left.\left.(16(\hat{a}+\hat{b}-\hat{c}+2)\nu_0^{\ 2}-16(\hat{a}+\hat{b}-\hat{c}+2)\nu_0-\hat{a}-\hat{b}-7\hat{c}+6)\right]\phi^{(1)}\right\} \tag{30.97}$$

$$C_{q211}=\frac{1}{16(-1+\nu_0)^2}\{\mu_0^{\ 2}\{\bar{B}_{1211d}\{-(-6+\hat{a}+\hat{b}+7\hat{c})\bar{B}_{2111d}+2(10+17\hat{a}+\hat{b}-\hat{c})\bar{B}_{1111d}+$$
$$[(10+\hat{a}+17\hat{b}-\hat{c})\bar{B}_{2111d}-2(-6+\hat{a}+\hat{b}+7\hat{c})\bar{B}_{1111d}](\bar{B}_{2211d}+2\bar{B}_{2211d})+$$
$$\bar{B}_{1111d}[(10+17\hat{a}+\hat{b}-\hat{c})\bar{B}_{1211d}-(-6+\hat{a}+\hat{b}+7\hat{c})(\bar{B}_{2211d}+2\bar{B}_{2211d})]\}\}\phi^{(2)}\} \tag{30.98}$$

$$C_{q2}=\frac{1}{\beta_2{}^2(\alpha_2+\beta_2)^2}\Big\{\Big[-\frac{1}{4}(5\hat{a}+5\hat{b}+3\hat{c}+2)\alpha_2{}^2-\frac{1}{2}(5\hat{a}+5\hat{b}+3\hat{c}+2)\alpha_2\beta_2+\frac{1}{4}\beta_2{}^2(16(\hat{a}+\hat{b}-\hat{c}+2)\nu_0{}^2-16(\hat{a}+\hat{b}-\hat{c}+2)\nu_0-\hat{a}-\hat{b}-7\hat{c}+6)\Big]\phi^{(3)}\Big\} \tag{30.99}$$

$$\alpha_1=(4\nu_0-1)+\frac{(\lambda_0\mu_1-\lambda_1\mu_0)[8(1-\nu_0)]}{2(\mu_1-\mu_0)(\lambda_1-\lambda_0+\mu_1-\mu_0)}$$
$$\beta_1=(3-4\nu_0)+4(1-\nu_0)\frac{\mu_0}{\mu_1-\mu_0} \tag{30.100}$$

$$\alpha_2=(4\nu_0-1),\quad \beta_2=-1,\quad m=\frac{1}{\lambda_0+\mu_0}-\frac{1}{\mu_0},\quad n=\frac{1}{4\mu_0} \tag{30.101}$$

$$\bar{B}_{1111d}=\frac{(\nu_0-1)[-4\nu_0 n+n+m(8\nu_0-5)][\mu_0(8\nu_0-5)+\mu_1(\nu_1+1)(\nu_0-1)(8\nu_0-1)]}{2(2\nu_0-1)[4\mu_1(\nu_1+1)(\nu_0-1)(4\nu_0-1)+3\mu_0(8\nu_0-5)]} \tag{30.102}$$

$$\bar{B}_{2111d}=-\frac{[\mu_0+\mu_1(\nu_1+1)(\nu_0-1)](\nu_0-1)[-\mu_1+5\mu_0+4(\mu_1-2\mu_0)\nu_0][-4\nu_0 n+n+m(8\nu_0-5)]}{2(2\nu_0-1)(-4\nu_0\mu_1+3\mu_1+\mu_0)[4\mu_1(\nu_1+1)(\nu_0-1)(4\nu_0-1)+3\mu_0(8\nu_0-5)]} \tag{30.103}$$

$$\begin{aligned}\bar{B}_{2211d}=&\{(\nu_0-1)\{m[\mu_0+\mu_1(\nu_1+1)(\nu_0-1)](8\nu_0-5)[-\mu_1+5\mu_0+4(\mu_1-2\mu_0)\nu_0]\\&+n\{-(\nu_1+1)(\nu_0-1)(4\nu_0-1)(12\nu_0-5)\mu_1{}^2+\mu_0[-32(\nu_1+1)\nu_0{}^3+4(31\nu_1+3)\nu_0{}^2\\&+(21-131\nu_1)\nu_0+39\nu_1-10]\mu_1+\mu_0{}^2[4\nu_0(8\nu_0-7)+5]\}\}\}/\{2(\nu_0-1)\\&(4\nu_0\mu_1-3\mu_1-\mu_0)[4\mu_1(\nu_1+1)(\nu_0-1)(4\nu_0-1)+3\mu_0(8\nu_0-5)]\}\end{aligned} \tag{30.104}$$

$$\begin{aligned}\bar{B}_{1211d}=&\{(\nu_0-1)(8\nu_0-5)\{n[-4\nu_0\mu_0+\mu_0+\mu_1(\nu_1+1)(\nu_0-1)(4\nu_0-1)]+\\&m[\mu_0(8\nu_0-5)+\mu_1(\nu_1+1)(\nu_0-1)(8\nu_0-1]\}\}/\{2(2\nu_0-1)\\&[4\mu_1(\nu_1+1)(\nu_0-1)(4\nu_0-1)+3\mu_0(8\nu_0-5)]\}\end{aligned} \tag{30.105}$$

$$\bar{B}_{1111d}=n(\nu_0-1),\quad \bar{B}_{2211d}=\frac{n(\mu_1-\mu_0)(\nu_0-1)}{4\nu_0\mu_1-3\mu_1-\mu_0}$$
$$\bar{B}_{1211d}=n(\nu_0-1),\qquad \bar{B}_{2211d}=n(\nu_0-1) \tag{30.106}$$

$$\hat{a}=\frac{2\eta_1^2}{9}-\frac{2\eta_1}{9}+\frac{1}{9}(2\eta_1-1)^2+\frac{5}{9},\quad \hat{b}=\frac{2\eta_2^2}{9}-\frac{2\eta_2}{9}+\frac{1}{9}(2\eta_2-1)^2+\frac{5}{9},\quad \eta_1=\frac{\bar{C}_{13}\bar{C}_{22}-\bar{C}_{12}\bar{C}_{23}}{\Xi} \tag{30.107}$$

$$\hat{c}=\frac{4\eta_2\eta_1}{9}-\frac{2\eta_1}{9}-\frac{2\eta_2}{9}+\frac{2}{9}(2\eta_1-1)(2\eta_2-1)-\frac{8}{9},\quad \eta_2=\frac{\bar{C}_{11}\bar{C}_{23}-\bar{C}_{12}\bar{C}_{13}}{\Xi},\quad \Xi=\bar{C}_{11}\bar{C}_{22}-\bar{C}_{12}^2 \tag{30.108}$$

30.10 式(30.58)中针对张量 $\boldsymbol{P}$ 的详细推导

$$\sigma_{ij}^{o}=[P_{IK}^{(1)}\delta_{ij}\delta_{kl}+P_{IJ}^{(2)}(\delta_{ik}\delta_{jl}+\delta_{il}\delta_{jk})]:\bar{\sigma}_{kl}\quad(i,j,k,l=1,2) \tag{30.109}$$

其中

$$P_{IK}^{(1)}=-\frac{\Lambda_{IK}}{2\hat{W}_{II}^{(2)}},P_{IJ}^{(2)}=\frac{1}{4\hat{W}_{IJ}^{(2)}},$$

$$\begin{Bmatrix}\Lambda_{I1}\\ \Lambda_{I2}\end{Bmatrix}=\begin{bmatrix}\hat{W}_{11}^{(1)}+2\hat{W}_{11}^{(2)} & \hat{W}_{21}^{(1)}\\ \hat{W}_{12}^{(1)} & \hat{W}_{22}^{(1)}+2\hat{W}_{22}^{(2)}\end{bmatrix}^{-1}\{\hat{W}_{I1}^{(1)}\ \hat{W}_{I2}^{(1)}\}\tag{30.110}$$

$$\hat{W}_{IK}^{(1)}=\sum_{m=1}^{2}\lambda_0\Gamma_{mK}^{(1)}+2\mu_0\Gamma_{IK}^{(1)}+2\lambda_0\Gamma_{KK}^{(2)},\quad \hat{W}_{IJ}^{(2)}=2\mu_0\Gamma_{IJ}^{(2)}\tag{30.111}$$

$$\Gamma_{IK}^{(1)}=\sum_{m=1}^{2}\hat{\Gamma}_{Im}^{(1)}\left[\frac{-\lambda_0}{4\mu_0(\lambda_0+\mu_0)}\right]+2\hat{\Gamma}_{II}^{(2)}\left[\frac{-\lambda_0}{4\mu_0(\lambda_0+\mu_0)}\right]+\frac{2\hat{\Gamma}_{IK}^{(1)}}{4\mu_0},\quad \Gamma_{IJ}^{(2)}=\frac{2\hat{\Gamma}_{IJ}^{(2)}}{4\mu_0}\tag{30.112}$$

$$\hat{\Gamma}_{IK}^{(1)}=\sum_{m=1}^{2}\tilde{\Gamma}_{IK}^{(1)}\left[\frac{-(4\nu_0-1)}{8(1-\nu_0)}\right]+2\tilde{\Gamma}_{IK}^{(1)}\left[\frac{1}{2}-\frac{3-4\nu_0}{8(1-\nu_0)}\right]+2\tilde{\Gamma}_{KK}^{(2)}\left[\frac{-(4\nu_0-1)}{8(1-\nu_0)}\right]\tag{30.113}$$

$$\hat{\Gamma}_{IJ}^{(2)}=\frac{1}{2}+2\left[\frac{1}{2}-\frac{3-4\nu_0}{8(1-\nu_0)}\right](\tilde{\Gamma}_{IJ}^{(2)})\tag{30.114}$$

$$\begin{aligned}&\tilde{\Gamma}_{IK}^{(1)}=\phi^{(1)}\tilde{\lambda}^{(1)\prime}+\phi^{(2)}\bar{\Gamma}_{IK,11}^{(1)}+\phi^{(3)}\bar{\Gamma}_{IK,12}^{(1)},\\&\tilde{\Gamma}_{IJ}^{(2)}=\phi^{(1)}\tilde{\mu}^{(1)\prime}+\phi^{(2)}\bar{\Gamma}_{IJ,11}^{(2)}+\phi^{(3)}\bar{\Gamma}_{IJ,12}^{(2)}\end{aligned}\tag{30.115}$$

$$\bar{\Gamma}_{IK,12}^{(1)}=-\frac{\tilde{\Lambda}_{IK,12}^{(2)}}{2\left[\frac{3-4\nu_0}{8(1-\nu_0)}+\chi_{II,12}^{(2)}\right]},\quad \bar{\Gamma}_{IJ,12}^{(2)}=\frac{1}{4\left[\frac{3-4\nu_0}{8(1-\nu_0)}+\chi_{IJ,12}^{(2)}\right]}\tag{30.116}$$

$$\begin{Bmatrix}\tilde{\Lambda}_{I1,12}^{(2)}\\ \tilde{\Lambda}_{I2,12}^{(2)}\end{Bmatrix}=\begin{bmatrix}\left\{\begin{matrix}\frac{4\nu_0-1}{8(1-\nu_0)}+\chi_{11,12}^{(1)}+\\ 2\left[\frac{3-4\nu_0}{8(1-\nu_0)}+\chi_{11,12}^{(2)}\right]\end{matrix}\right\} & \frac{4\nu_0-1}{8(1-\nu_0)}+\chi_{21,12}^{(1)}\\ \frac{4\nu_0-1}{8(1-\nu_0)}+\chi_{12,12}^{(1)} & \left\{\begin{matrix}\frac{4\nu_0-1}{8(1-\nu_0)}+\chi_{22,12}^{(1)}+\\ 2\left[\frac{3-4\nu_0}{8(1-\nu_0)}+\chi_{22,12}^{(2)}\right]\end{matrix}\right\}\end{bmatrix}^{-1}\begin{Bmatrix}\frac{4\nu_0-1}{8(1-\nu_0)}+\chi_{I1,12}^{(1)}\\ \frac{4\nu_0-1}{8(1-\nu_0)}+\chi_{I2,12}^{(1)}\end{Bmatrix}\tag{30.117}$$

$$\bar{\Gamma}_{IK,11}^{(1)}=-\frac{\tilde{\Lambda}_{IK,11}^{(2)}}{2\left(\frac{3-4\nu_0}{8(1-\nu_0)}+\chi_{II,11}^{(2)}\right)},\bar{\Gamma}_{IJ,11}^{(2)}=\frac{1}{4\left(\frac{3-4\nu_0}{8(1-\nu_0)}+\chi_{IJ,11}^{(2)}\right)}\tag{30.118}$$

$$\begin{Bmatrix}\widetilde{\Lambda}^{(2)}_{I1,11}\\ \widetilde{\Lambda}^{(2)}_{I2,11}\end{Bmatrix}=\begin{bmatrix}\begin{Bmatrix}\dfrac{4\nu_0-1}{8(1-\nu_0)}+\chi^{(1)}_{11,11}+\\ 2\left[\dfrac{3-4\nu_0}{8(1-\nu_0)}+\chi^{(2)}_{11,11}\right]\end{Bmatrix} & \dfrac{4\nu_0-1}{8(1-\nu_0)}+\chi^{(1)}_{21,11}\\ \dfrac{4\nu_0-1}{8(1-\nu_0)}+\chi^{(1)}_{12,11} & \begin{Bmatrix}\dfrac{4\nu_0-1}{8(1-\nu_0)}+\chi^{(1)}_{22,11}+\\ 2\left(\dfrac{3-4\nu_0}{8(1-\nu_0)}+\chi^{(2)}_{22,11}\right)\end{Bmatrix}\end{bmatrix}^{-1}\begin{Bmatrix}\dfrac{4\nu_0-1}{8(1-\nu_0)}+\chi^{(1)}_{I1,11}\\ \dfrac{4\nu_0-1}{8(1-\nu_0)}+\chi^{(1)}_{I2,11}\end{Bmatrix}$$

(30.119)

$$\widetilde{\lambda}^{(1)\prime}=-\frac{\bar{\lambda}^{(1)\prime}}{4\bar{\mu}^{(1)\prime}(\bar{\lambda}^{(1)\prime}+2\bar{\mu}^{(1)\prime})},\quad \widetilde{\mu}^{(1)\prime}=\frac{1}{4\bar{\mu}^{(1)\prime}},$$

$$\bar{\lambda}^{(1)\prime}=\frac{4\nu_0-1}{8(1-\nu_0)}+\lambda^{(1)\prime},\quad \bar{\mu}^{(1)\prime}=\frac{3-4\nu_0}{8(1-\nu_0)}+\mu^{(1)\prime}$$

(30.120)

$$\lambda^{(1)\prime}=\frac{\lambda_0\mu_1-\lambda_1\mu_0}{(\mu_1-\mu_0)[3(\lambda_1-\lambda_0)+2(\mu_1-\mu_0)]},\quad \mu^{(1)\prime}=\frac{\mu_0}{2(\mu_1-\mu_0)}\tag{30.121}$$

$$(\chi^{(2)})_{ijkl}=\chi^{(1)}_{IK,11}\delta_{ij}\delta_{kl}+\chi^{(2)}_{IJ,11}(\delta_{ik}\delta_{jl}+\delta_{il}\delta_{jk})\tag{30.122}$$

$$\chi^{(1)}_{IK,11}=\left[\frac{\sum_{m=1}^{2}-\bar{\Lambda}^{(2)}_{Im,11}\lambda_0}{2(\mu^{(2)}_{II,11}-\mu_0)}+\frac{2\lambda_0}{4(\mu^{(2)}_{II,11}-\mu_0)}+\frac{-2\bar{\Lambda}^{(2)}_{IK,11}\mu_0}{2(\mu^{(2)}_{II,11}-\mu_0)}\right],\quad \chi^{(2)}_{IJ,11}=\frac{2\mu_0}{4(\mu^{(2)}_{IJ,11}-\mu_0)}$$

(30.123)

$$(\chi^{(3)})_{ijkl}=\chi^{(1)}_{IK,12}\delta_{ij}\delta_{kl}+\chi^{(2)}_{IJ,12}(\delta_{ik}\delta_{jl}+\delta_{il}\delta_{jk})\tag{30.124}$$

$$\chi^{(1)}_{IK,12}=\left[\frac{\sum_{m=1}^{2}-\bar{\Lambda}^{(2)}_{Im,12}\lambda_0}{2(\mu^{(2)}_{II,12}-\mu_0)}+\frac{2\lambda_0}{4(\mu^{(2)}_{II,12}-\mu_0)}+\frac{-2\bar{\Lambda}^{(2)}_{IK,12}\mu_0}{2(\mu^{(2)}_{II,12}-\mu_0)}\right],\quad \chi^{(2)}_{IJ,12}=\frac{2\mu_0}{4(\mu^{(2)}_{IJ,12}-\mu_0)}$$

(30.125)

$$\begin{Bmatrix}\bar{\Lambda}^{(2)}_{I1,11}\\ \bar{\Lambda}^{(2)}_{I2,11}\end{Bmatrix}=\begin{bmatrix}(\lambda^{(2)}_{11,11}-\lambda_0)+2(\mu^{(2)}_{11,11}-\mu_0) & \lambda^{(2)}_{21,11}-\lambda_0\\ \lambda^{(2)}_{12,11}-\lambda_0 & (\lambda^{(2)}_{22,11}-\lambda_0)+2(\mu^{(2)}_{22,11}-\mu_0)\end{bmatrix}^{-1}\begin{Bmatrix}\lambda^{(2)}_{I1,11}-\lambda_0\\ \lambda^{(2)}_{I2,11}-\lambda_0\end{Bmatrix}$$

(30.126)

$$\begin{Bmatrix}\bar{\Lambda}^{(2)}_{I1,12}\\ \bar{\Lambda}^{(2)}_{I2,12}\end{Bmatrix}=\begin{bmatrix}(\lambda^{(2)}_{11,12}-\lambda_0)+2(\mu^{(2)}_{11,12}-\mu_0) & \lambda^{(2)}_{21,12}-\lambda_0\\ \lambda^{(2)}_{12,12}-\lambda_0 & (\lambda^{(2)}_{22,12}-\lambda_0)+2(\mu^{(2)}_{22,12}-\mu_0)\end{bmatrix}^{-1}\begin{Bmatrix}\lambda^{(2)}_{I1,12}-\lambda_0\\ \lambda^{(2)}_{I2,12}-\lambda_0\end{Bmatrix}$$

(30.127)

30.11 小　　结

本章提出了一种概率微观力学演化弹塑性损伤框架,用于表征纤维增强韧性复合材料中纤维和基体之间的界面部分脱黏,并评估界面的渐进脱黏对复合材料的整体弹塑性损伤响应的影响。损伤的演化通过脱黏弧度表示，这与外加载荷条件有关。考虑和分析了三种不同类型的部分脱黏模式，对于每一类脱黏的纤维，其弹性等效处理用等效正交各向异性刚度张量来进行，即脱黏的各向同性纤维用正交各向异性但完美结合的纤维或孔洞替代。另外，部分脱黏纤维的体积分数演化通过威布尔概率方法进行表征。采用 Ju 和 Chen(1994a,b,c)、Ju 和 Zhang(1998a)以及 Ko 和 Ju(2012,2013b)的一阶微观力学估算方法，来估算最后的多相复合材料的有效刚度张量，所提出的本构框架适用于广义的二维载荷条件。最后，对纤维增强复合材料的有效弹塑性损伤行为进行数值模拟，展示了所提出的横向单轴和双轴载荷条件下部分脱黏损伤模型的潜力。

未来的研究定会对当前的框架进行扩展，进而考虑纤维涂层对复合材料整体响应的影响。例如，Baker 等(1999)研究了钛基复合材料制备过程中，SiC 纤维对真空等离子喷涂(VPS)和真空热压(VHP)的响应。从 SEM(扫描电子显微镜)的二次电子图像来看，在 Sigma 1140+ SiC 纤维和 Ti-6Al-4V 金属基体之间存在一个 C 涂层，同时，在 C 涂层和基体之间存在一个薄的反应层。另外，在正交或剪切载荷条件下，复合材料可能在界面区域内的最弱面上发生失效(例如在涂层内或反应产物内)，也可能在任何分界面上(即纤维涂层、涂层反应产物或者反应产物基体；见 Gundel 和 Miracle,1998)。复合材料相间失效的情况下，纤维涂层和反应产物(层)对整体弹塑性损伤响应的影响应该被考虑进来。很多研究人员已经对纤维涂层和反应薄层对整体弹性性能和纤维增强复合材料中的局部场的影响进行了研究(Mikata 和 Taya,1985；Benveniste 等,1989；Yang 和 Mal,1995；Lee 和 Mal,1997)。但是，对纤维涂层和反应薄层对复合材料的整体弹塑性损伤响应的影响的研究仍然非常有限。因此，基于目前的框架，很有必要开发一种微观力学概率损伤模型，从而通过功能性梯度材料(FGM)的方法，研究纤维涂层对复合材料的整体响应的影响。

参考文献

R. K. Abu Al-Rub, G. Z. Voyiadjis, A finite strain plastic-damage model for high velocity impact using combined viscosity and gradient localization limiters: part Ⅰ-Theoretical formulation. Int. J. Damage Mech. 15(4), 293-334(2006)

A. M. Baker, P. S. Grant, M. L. Jenkins, The response of SiC fibres to vacuum plasma spraying and vacuum hot pressing during the fabrication of titanium matrix composites. J. Microsc. 196(Pt 2), 162-174(1999)

Y. Benveniste, G. J. Dvorak, T. Chen, Stress fields in composites with coated inclusions. Mech. Mater. 7, 305-317(1989)

J. G. Berryman, Estimates and rigorous bounds on pore-fluid enhanced shear modulus in poroelastic media with hard and soft anisotropy. Int. J. Damage Mech. 15(2), 133-167(2006)

M. Berveiller, A. Zaoui, An extension of the self-consistent scheme to plastically flowing polycrystals. J. Mech. Phys. Solids 26, 325-344(1979)

S. W. Case, K. L. Reifsnider, Micromechanical analysis of fiber fracture in unidirectional composite materials. Int. J. Solids Struct. 33(26), 3795-3812(1996)

M. Cheng, W. Chen, Modeling transverse behavior of Kevlar KM2 single fibers with deformation-induced damage. Int. J. Damage Mech. 15(2), 121-132(2006)

J. D. Eshelby, The determination of the elastic field of an ellipsoidal inclusion, and related problems. Proc. R.

Soc. A241,376-396(1957)

D. B. Gundel, D. B. Miracle, The influence of interface structure and composition on the response of single-fiber SiC/Ti-6Al-4V composites to transverse tension. Appl. Compos. Mater. 5,95-108(1998)

Z. Hashin, S. Shtrikman, A variational approach to the theory of the elastic behavior of multiphase materials. J. Mech. Phys. Solids 11,127-140(1962)

L. H. He, C. W. Lim, Time-dependent interfacial sliding in fiber composites under longitudinal shear. Compos. Sci. Technol. 61(4),579-584(2001)

C. H. Hsueh, Interfacial debonding and fiber pull-out stresses of fiber-reinforced composites. Mater. Sci. Eng. A 123(1),1-11(1990)

J. W. Hutchinson, H. M. Jensen, Models of fiber debonding and pullout in brittle composites with friction. Mech. Mater. 9,139-163(1990)

I. Jasiuk, Y. Tong, The effect of interface on the elastic stiffness of composites, Mechanics of Composite Materials and Structures, in J. N. Reddy, J. L. Teply(eds) Proceedings of the 3rd Joint ASCE/ASME Mechanics Conference, University of California, San Diego, La Jolla, California, 49-54(1989)

J. W. Ju, A micromechanical damage model for uniaxial reinforced composites weakened by interfacial arc microcracks. J. Appl. Mech. 58,923-930(1991a)

J. W. Ju, On two-dimensional self-consistent micromechanical damage models for brittle solids. Int. J. Solids Struct. 27(2),227-258(1991b)

J. W. Ju, On micromechanical evolutionary damage models for polycrystalline ceramics. Int. J. Damage Mech. 5(2),113-137(1996)

J. W. Ju, T. M. Chen, Micromechanics and effective moduli of elastic composites containing randomly dispersed ellipsoidal inhomogeneities. Acta Mech. 103,103-121(1994a)

J. W. Ju, T. M. Chen, Effective elastic moduli of two-phase composites containing randomly dispersed spherical inhomogeneities. Acta Mech. 103,123-144(1994b)

J. W. Ju, T. M. Chen, Micromechanics and effective elastoplastic behavior of two-phase metal matrix composites. ASME J. Eng. Mater. Technol. 116,310-318(1994c)

J. W. Ju, T. M. Chen, Effective elastic moduli of two-dimensional brittle solids with interacting microcracks. part Ⅰ: basic formulations. J. Appl. Mech. ASME 61,349-357(1994d)

J. W. Ju, T. M. Chen, Effective elastic moduli of two-dimensional brittle solids with interacting microcracks. part Ⅱ: evolutionary damage models. J. Appl. Mech. ASME 61,358-366(1994e)

J. W. Ju, Y. F. Ko, Multi-level elastoplastic damage mechanics for elliptical fiber reinforced composites with evolutionary complete fiber debonding. Int. J. Damage Mech. 18,419-460(2009)

J. W. Ju, X. Lee, Micromechanical damage models for brittle solids. part Ⅰ: tensile loadings. J. Eng. Mech. ASCE 117(7),1495-1515(1991)

J. W. Ju, H. K. Lee, A micromechanical damage model for effective elastoplastic behavior of ductile matrix composites considering evolutionary complete particle debonding. Comput. Methods Appl. Mech. Eng. 183,201-222(2000)

J. W. Ju, H. K. Lee, A micromechanical damage model for effective elastoplastic behavior of partially debonded ductile matrix composites. Int. J. Solids Struct. 38,6307-6332(2001)

J. W. Ju, L. Z. Sun, A novel formulation for the exterior-point Eshelby's tensor of an ellipsoidal inclusion. J. Appl. Mech. ASME 66,570-574(1999)

J. W. Ju, L. Z. Sun, Effective elastoplastic behavior of metal matrix composites containing randomly located aligned spheroidal inhomogeneities. part Ⅰ: micromechanics-based formulation. Int. J. Solids Struct. 38,183-

201(2001)

J. W. Ju, K. H. Tseng, A three-dimensional statistical micromechanical theory for brittle solids with interacting microcracks. Int. J. Damage Mech. 1(1), 102-131(1992)

J. W. Ju, K. H. Tseng, An improved two-dimensional micromechanical theory for brittle solids with many randomly located interacting microcracks. Int. J. Damage Mech. 4(1), 23-57(1995)

J. W. Ju, K. H. Tseng, Effective elastoplastic behavior of two-phase ductile matrix composites: a micromechanical framework. Int. J. Solids Struct. 33, 4267-4291(1996)

J. W. Ju, K. H. Tseng, Effective elastoplastic algorithms for ductile matrix composites. J. Eng. Mech. ASCE 123, 260-266(1997)

J. W. Ju, K. Yanase, Micromechanical elastoplastic mechanics for elliptical fiber-reinforced composites with progressive partial fiber debonding. Int. J. Damage Mech. 18(7), 639-668(2009)

J. W. Ju, X. D. Zhang, Micromechanics and effective transverse elastic moduli of composites with randomly located aligned circular fibers. Int. J. Solids Struct. 35(9-10), 941-960(1998a)

J. W. Ju, Y. Zhang, A thermomechanical model for airfield concrete pavement under transient high temperature loadings. Int. J. Damage Mech. 7(1), 24-46(1998b)

J. W. Ju, Y. Zhang, Axisymmetric thermomechanical constitutive and damage modeling for airfield concrete pavement under transient high temperatures. Mech. Mater. 29, 307-323(1998c)

J. W. Ju, X. D. Zhang, Effective elastoplastic behavior of ductile matrix composites containing randomly located aligned circular fibers. Int. J. Solids Struct. 38, 4045-4069(2001)

J. W. Ju, Y. F. Ko, H. N. Ruan, Effective elastoplastic damage mechanics for fiber reinforced composites with evolutionary complete fiber debonding. Int. J. Damage Mech. 15(3), 237-265(2006)

J. W. Ju, Y. F. Ko, H. N. Ruan, Effective elastoplastic damage mechanics for fiber reinforced composites with evolutionary partial fiber debonding. Int. J. Damage Mech. 17, 493-537(2008)

B. W. Kim, J. A. Nairn, Observations of fiber fracture and interfacial debonding phenomena using the fragmentation test in single fiber composites. J. Compos. Mater. 36, 1825-1858(2002)

Y. F. Ko, J. W. Ju, New higher-order bounds on effective transverse elastic moduli of three-phase fiber reinforced composites with randomly located and interacting aligned circular fibers. Acta Mech. 223(11), 2437-2458(2012)

Y. F. Ko, J. W. Ju, Effect of fiber-cracking on elastoplastic damage behavior of fiber-reinforced metal matrix composites. Int. J. Damage Mech. 22(1), 56-79(2013a)

Y. F. Ko, J. W. Ju, Effective transverse elastic moduli of three-phase hybrid fiber reinforced composites with randomly located and interacting aligned circular fibers of distinct elastic properties and sizes. Acta Mech. 224(1), 157-182(2013b)

X. Lee, J. W. Ju, Micromechanical damage models for brittle solids. part Ⅱ: compressive loadings. J. Eng. Mech. ASCE 117(7), 1516-1537(1991)

H. K. Lee, J. W. Ju, A three-dimensional stress analysis of a penny-shaped crack interacting with a spherical inclusion. Int. J. Damage Mech. 16, 331-359(2007)

H. K. Lee, J. W. Ju, 3-D micromechanics and effective moduli for brittle composites with randomly located interacting microcracks and inclusions. Int. J. Damage Mech. 17, 377-417(2008)

J. Lee, A. Mal, A volume integral equation technique for multiple inclusion and crack interaction problems. J. Appl. Mech. 64, 23-31(1997)

J. Lee, A. Mal, Characterization of matrix damage in metal matrix composites under transverse loads. Comput. Mech. 21, 339-346(1998)

V. C. Li, Y. Wang, S. Backer, Effect of inclining angle, bundling and surface treatment on synthetic fibre pull-out from a cement matrix. Composites 21(2), 132-140(1990)

S. H. Li, S. P. Shan, Z. Li, T. Mura, Micromechanical analysis of multiple fracture and evaluation of debonding behavior for fiber-reinforced composites. Int. J. Solids Struct. 30(11), 1429-1459(1993)

H. T. Liu, L. Z. Sun, Effects of thermal residual stresses on effective elastoplastic behavior of metal matrix composites. Int. J. Solids Struct. 41, 2189-2203(2004)

H. T. Liu, L. Z. Sun, J. W. Ju, An interfacial debonding model for particle-reinforced composites. Int. J. Damage Mech. 13, 163-185(2004)

H. T. Liu, L. Z. Sun, J. W. Ju, Elastoplastic modeling of progressive interfacial debonding for particle-reinforced metal matrix composites. Acta Mech. 181(1-2), 1-17(2006)

J. Lu, X. Zhang, Y. -W. Mai, A preliminary study on damage wave in elastic-brittle materials. Int. J. Damage Mech. 14(2), 127-147(2005)

D. B. Marshall, W. L. Morris, B. N. Cox, J. Graves, J. R. Porter, D. Kouris, R. K. Everett, Transverse strengths and failure mechanisms in Ti3Al matrix composites. Acta Metallurgica et Materialia 42, 2657-2673(1994)

Y. Mikata, M. Taya, Stress field in coated continuous fiber composite subjected to thermome-chanical loadings. J. Compos. Mater. 19, 554-579(1985)

T. Mori, K. Tanaka, Average stress in matrix and average elastic energy of materials with misfitting inclusions. Acta Metall. 21, 571-574(1973)

T. Mura, Micromechanics of Defects in Solids, 2nd edn. (Kluwer, Dordrecht, 1987)

S. Nemat-Nasser, M. Hori, Micromechanics: Overall Properties of Heterogeneous Materials (Elsevier Science Publisher B. V, Dordrecht, 1993)

R. P. Nimmer, R. J. Bankert, E. S. Russell, G. A. Smith, P. K. Wright, Micromechanical modeling of fiber/matrix interface effects in transversely loaded SiC/Ti-6-4 metal matrix composites. J. Compos. Technol. Res. JCTR-ER 13, 3-13(1991)

N. J. Pagano, G. P. Tandon, Modeling of imperfect bonding in fiber reinforced brittle matrix composites. Mech. Mater. 9, 49-64(1990)

G. H. Paulino, H. M. Yin, L. Z. Sun, Micromechanics-based interfacial debonding model for damage of functionally graded materials with particle interactions. Int. J. Damage Mech. 15(3), 267-288(2006)

R. Pereyra, Y. -L. Shen, Characterization of indentation-induced 'particle crowding' in metal matrix composites. Int. J. Damage Mech. 14(3), 197-213(2005)

J. Qu, Effects of slightly weakened interfaces on the overall elastic properties of composite materials. Mech. Mater. 14, 269-281(1993)

A. S. Sangani, G. Mo, Elastic interactions in particulate composites with perfect as well as imperfect interfaces. J. Mech. Phys. Solids 45, 2001-2031(1997)

P. S. Steif, Stiffness reduction due to fiber breakage. J. Compos. Mater. 17, 153-172(1984)

P. S. Steif, A model for kinking in fiber composites-I. Fiber breakage via micro-buckling. Int. J. Solids Struct. 26(5-6), 549-561(1990)

L. Z. Sun, J. W. Ju, Effective elastoplastic behavior of metal matrix composites containing randomly located aligned spheroidal inhomogeneities. part Ⅱ: applications. Int. J. Solids Struct. 38, 203-225(2001)

L. Z. Sun, J. W. Ju, Elastoplastic modeling of metal matrix composites containing randomly located and oriented spheroidal particles. J. Appl. Mech. ASME 71, 774-785(2004)

L. Z. Sun, J. W. Ju, H. T. Liu, Elastoplastic modeling of metal matrix composites with evolutionary particle debonding. Mech. Mater. 35, 559-569(2003a)

L. Z. Sun, H. T. Liu, J. W. Ju, Effect of particle cracking on elastoplastic behavior of metal matrix composites. Int. J. Numer. Methods Eng. 56, 2183–2198(2003b)

G. P. Tandon, G. J. Weng, A theory of particle–reinforced plasticity. J. Appl. Mech. ASME 55, 126–135(1988)

K. Tohgo, G. J. Weng, A progress damage mechanics in particle–reinforced metal–matrix composites under high triaxial tension. J. Eng. Mater. Technol. 116, 414–420(1994)

G. Z. Voyiadjis, R. K. Abu Al–Rub, A finite strain plastic–damage model for high velocity impact using combined viscosity and gradient localization limiters: part Ⅱ–Numerical aspects and simulation. Int. J. Damage Mech. 15(4), 335–373(2006)

G. Z. Voyiadjis, D. H. Allen, Damage and Interfacial Debonding in Composites. Studies in Applied Mechanics, vol. 44(Elsevier, Amsterdam, 1996). 275 p

W. Weibull, A statistical distribution function of wide applicability. J. Appl. Mech. 18, 293–297(1951)

F. C. Wong, A. Ait–Kadi, Analysis of particulate composite behavior based on non–linear elasticity and modulus degradation theory. J. Mater. Sci. 32, 5019–5034(1997)

Z. C. Xia, J. W. Hutchinson, A. G. Evans, B. Budiansky, On large scale sliding in fiber–reinforced composites. J. Mech. Phys. Solids 42(7), 1139–1158(1994)

L. R. Xu, A. J. Rosakis, Impact damage visualization of heterogeneous two–layer materials subjected to low–speed impact. Int. J. Damage Mech. 14(3), 215–233(2005)

K. Yanase, J. W. Ju, Effective elastic moduli of spherical particle reinforced composites containing imperfect interfaces. Int. J. Damage Mech. 21(1), 97–127(2012)

K. Yanase, J. W. Ju, Toughening behavior of unidirectional fiber reinforced composites containing a crack–like flaw: matrix crack without fiber break. Int. J. Damage Mech. 21(1), 97–127(2013)

R. B. Yang, A. K. Mal, The effective transverse moduli of a composite with degraded fiber–matrix interfaces. Int. J. Eng. Sci. 33(11), 1623–1632(1995)

Y. H. Zhao, G. J. Weng, Transversely isotropic moduli of two partially debonded composites. Int. J. Solids Struct. 34, 493–507(1997)

Y. H. Zhao, G. J. Weng, The effect of debonding angle on the reduction of effective moduli of particle and fiber–reinforced composites. J. Appl. Mech. 69, 292–302(2002)

Y. Zhou, H. Mahfuz, S. Jeelani, Numerical simulation for high strain rate failure process of unidirectional SiC_f–Al composites. Int. J. Damage Mech. 14(4), 321–341(2005)

第31章　考虑基质吸力效应并基于应变能的新型岩土材料弹塑性损伤-修复耦合力学

K. Y. Yuan, Jiann-Wen Woody Ju

摘　要

开发了一些新型的基于能量的异质各向同性弹塑性损伤-修复耦合模型,用于部分饱和岩土的分析,可对岩土的运动过程进行数值模拟。基于一种连续体热动力学框架,在最初基于弹性应变能研究中,提出了一组弹塑性损伤-修复的本构模型,具体而言,将基质吸力导致的有效应力变化考虑了进来,并结合应变等效性的假设,通过有效应力对逐步损伤和修复的演化过程进行了耦合和表征。另外,通过应力张量的加法分裂引入了塑性流变,针对相应的损伤和修复机理,分别引入了拉伸和压缩应变张量的两个特征能量模。

通过合并微观力学驱动的损伤和修复特征,提出的模型和计算算法已被灵活应用于挤土过程数值模拟。基于两步算子分裂的方法,系统开发出了多种全新的计算算法。弹性-损伤-修复预测法和塑性校正法用于现有的核心粒子重现方法(RKPM)无网格代码中。本章给出了挤土条件下数值模拟的例子,展示了部分饱和岩土中的基质吸力效应。

31.1　概　　述

19 世纪 80 年代初期,用于饱和岩土的本构方程的发展主要涉及 3 种思想,包括岩土力学中有效应力的概念、损伤力学中已有的耦合弹塑性损伤模型,以及用于固体框架和流体的两相混合物理论。相关文献中报道了一些利用有限元分析法和无网格方法进行的工程应用和数值模拟,见 Sanavia 等(2006)、Wu 等(2001)以及 Murakami 等(2005)。

另一方面,未饱和的岩土通常认为含有三种相:固体、水分和空气,但是识别出第四相的存在可能会更准确一些,即空气-水分界面或者结合膜(Fredlund 和 Morgenstern,1978)。从非饱和岩土的体积-质量关系的角度来看,将岩土看作一个三相体系是可以接受的,这是由于结合膜的体积非常小,并且它的质量可以看作是水分质量的一部分。一些科学的理论已由 Alonso 等(1990)、Wheeler 和 Sivakumar(1995)、Wheeler 等(2002,2003)、Bolzon 等(1996)、Borja(2004)以及 Georgiadis 等(2005)开发了出来,以三相来定义未饱和岩土的本构行为。对于多相连续体的应力分析,空气-水分界面是以一个独立相起作用的(Fredlund 和 Rahardio,1993),以四相来定义未饱和岩土的本构行为的一种综合性理论是由 Loret 和 Khalili(2000)提出来的。

目前广泛接受的是,准确描述未饱和岩土中应力状态和失效行为的理论需要两个基本的方面。第一,Bishop 有效应力中的净应力和基质吸力都需要独立考虑,见 Bishop

(1959)、Bishop 等(1960)、Fredlund 等(1978)、Fredlund(1979)、Gallipoli 等(2003a,b)、Gens 和 Alonso(1992)以及 Escario 和 Saez(1986)。第二,塑性或失效模型,如 Mohr-Coulumb(Fredlund 等,1978)、Cam-Clay(Alonso 等,1990)或 Cap 模型(Simo 等,1988;Kohler 和 Hofstetter,2008),由于存在基质吸力,必须先修正再用于未饱和(部分饱和)的岩土。另外,为了处理不同的工程问题,还需要考虑材料变量(如晶粒尺寸和晶粒尺寸分布)、状态变量(如饱和度)以及最终的颗粒间作用力(吸力导致的有效应力或吸应力),从而用于更加复杂的岩土模型。

基于对 Ju 等(2012a,b)以及 Ju 和 Yuan(2012)的前期工作的扩展,本章着重提出了用于部分饱和岩土的、基于初始弹性应变能的异质各向同性弹塑性损伤-修复方程,它可以解释基质吸力的效应,并用于二维岩土运动的模拟。具体而言,本书的主要目的在于模拟快速的挤土行为和我们方法的定性分析结果,所以我们进行了如下假设以简化模拟和计算过程:

(1)假设在岩土运动过程中,空气保持在大气压下。

(2)这里的吸力指的是基质吸力,它是由毛细拉力引起的空气和水的压力之间的差值,该压力差由渗透效应引起,即离子的不平衡,这里不考虑它。

(3)对于不同类型的岩土,Bishop 有效应力中的基质吸力和参数χ仅是饱和度的函数,它可以通过数学方程获得(基于试验观察结果),晶粒尺寸或晶粒尺寸分布对基质吸力和参数χ的影响在这里不予考虑。

(4)对于岩土而言,其润湿(饱和度从低到高)或者干燥(饱和度从高到低)过程将会产生不同的岩土-水分的特征曲线,这种岩土-水分的迟滞性在这里不予考虑。

(5)在岩土的快速运动过程中,假设水分不会被排出,因此,水分的质量含量被看作是一个常数,但当岩土颗粒经历复杂的滑动和滚动运动后,其饱和度会由于孔洞比率的变化而发生改变。与经典的岩土工程问题不同,如承载能力、渗流、流网或者边坡稳定性,Darcy 定律或者 Navier-Stokes 方程在这里不适用于具体的岩土运动过程。相反,应采用一个基于试验数据的数学方程去计算岩土运动过程中不同阶段的饱和度。

(6)汽化和凝结引起的质量传输在岩土的快速运动过程中被忽略了,即使在实际的实验中,水分和空气会长时间接触,汽化过程一定会发生。

本章的后面的内容如下:介绍了由未饱和岩土的基质吸力引起的有效应力和 Bishop 有效应力的变化,利用实验数据和一些数学方程估算 Bishop 有效应力的参数,并列出了相关文献中的基质吸力。然后,提出了异质各向同性弹塑性损伤-修复耦合方程,给出了未饱和岩土的基质吸力效应的特点,并给出了对应的两步算子分裂的有效方法。最后,详细讨论了二维挤土过程的数值模拟方法,同时给出了结论并对未来的工作进行了展望。

31.2　考虑基质吸力效应的基于应变能的耦合弹塑性混杂各向同性的损伤-修复模型

31.2.1　基质吸力引起的有效应力的变化

Bishop(1959)提出的未饱和岩土的有效应力方法扩展了 Terzaghi 的经典有效应力

方程：

$$\boldsymbol{\sigma}'=(\boldsymbol{\sigma}-\boldsymbol{u}_a)+\chi(\boldsymbol{u}_a-\boldsymbol{u}_w) \tag{31.1}$$

差值 $\boldsymbol{\sigma}-\boldsymbol{u}_a$ 被看作净正交应力，差值 $\boldsymbol{u}_a-\boldsymbol{u}_w$ 为基质吸力。有效应力参数 χ 是一个材料变量，它一般在 0 和 1 之间变化：若 $\chi=0$，对应完全干燥的岩土；若 $\chi=1$，对应完全饱和的岩土，它就会形成饱和岩土的 Terzaghi 经典有效应力方程。需注意，饱和岩土中的孔隙水压 $\boldsymbol{u}_w$ 一般为压应力，且是各向同性的；另一方面，未饱和岩土中的孔隙水压一般为拉应力，基质吸力通常是正的。

另外，内聚力为岩土剪切强度的分量，它与颗粒间的摩擦力无关，对于部分饱和的岩土，除了静电力和矿物（如 Fe_2O_3、$CaCO_3$、NaCl 等）的胶粘，由月牙形水体导致的岩土颗粒之间内聚力的部分丧失或者回复是用基质吸力的变化给出的。例如，对于松散的、未胶粘的沙土，它们要么完全干燥，要么完全饱和，在莫尔-摩仑失效准则中的内聚力基本为零，但是，如果在完全干燥的沙土中加入一些水分，就会由于基质吸力引起可观的内聚强度，未饱和岩土独有的这种明显的内聚力来源于未饱和岩土颗粒中负孔隙水压，以及发生在孔隙水分、孔隙空气和岩土之间界面处的表面拉伸效应。

1. 基质吸力

岩土的吸力通常称为“总吸力”，它有两个分量，即基质吸力和渗透吸力，但是，在大部分外场情况下的较低吸力范围内，主要还是基质吸力分量（$\boldsymbol{u}_a-\boldsymbol{u}_w$）控制着未饱和岩土的工程行为（Vanapalli 等，1996）。另外，实验室数据表明，总吸力的变化与基质吸力的变化基本是等效的，其中，水含量小于剩余的值（Krahn 和 Fredlund，1972）。文献中可以找到有关不同类型岩土的基质吸力的一些典型值，见 Fredlund 和 Rahardio（1993）、Lu 和 Likos（2004）以及 Mitchell 和 Soga（2005），一般情况下，后者的值在 0~1000kPa 之间变化。

如果忽略孔隙气压，孔隙水压对整体应力的贡献依赖于饱和度和孔隙尺寸分布，基于粒子物理学的研究，可研究如下 4 种饱和状态（Mitarai 和 Nori，2006）：

（1）水连通状态：岩土颗粒通过水桥在两者的接触点上聚集在一起；

（2）精索状态：某些孔隙被水完全填充，但仍保留一些充满空气的孔洞；

（3）毛细管态：岩土颗粒之间的所有孔洞都被水填充，但表面的水分由于毛细作用被吸入孔隙中；

（4）浆态：岩土颗粒完全浸入水中，并且水表面是凸起的，即表面上不存在毛细作用。

引用文献（Mitarai 和 Nori，2006）来讨论这 4 种状态的图解说明和物理描述，为了在宏观层面估算不同饱和状态的基质吸力，有必要引入岩土-水的特征曲线（SWCC）。SWCC 为未饱和岩土力学中的一种基本的本构关系，它可以用来预测未饱和岩土的性能，如渗透系数、扩散系数、吸收系数、剪切强度和体积变化，一般而言，SWCC 描述了基质吸力和水含量之间的关系。

针对岩土-水特征曲线，已提出了大量的数学模型，Zapata 等（2000）和 Nishimura 等（2006）总结了不同的关键方程。具体来讲，Fredlund 和 Xing（1994）提出了水的体积分数和基质吸力之间的如下关系式：

$$\theta=\theta_s\left\{\frac{1}{\ln[\mathrm{e}+(s/a)^n]}\right\}^m \tag{31.2}$$

式中：θ 为水的体积分数；θ_s 为饱和水的体积分数；s 为基质吸力；e 为指数值（约

2.718281828)；m，n，a 为材料参数。

图 31.1～图 31.3 给出了 m、n、a 值不同时式(31.2)的曲线图。

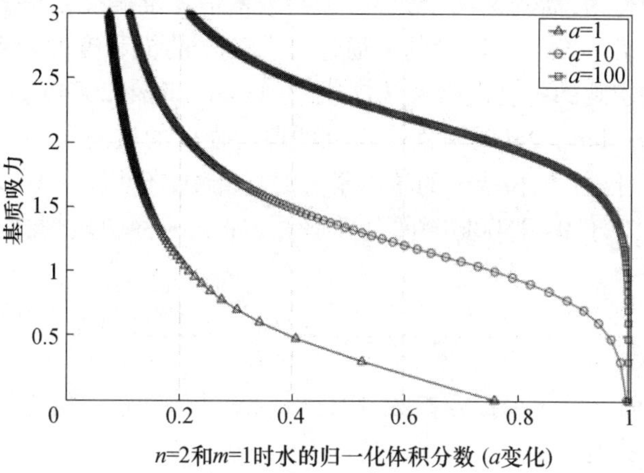

图 31.1　当 $n=2$ 和 $m=1$ 时式(31.2)的样本曲线(不同的 a)

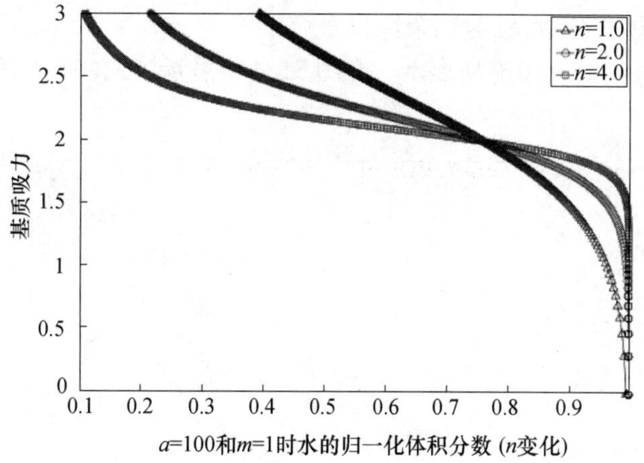

图 31.2　当 $a=100$ 和 $m=1$ 时式(31.2)的样本曲线(不同的 n)

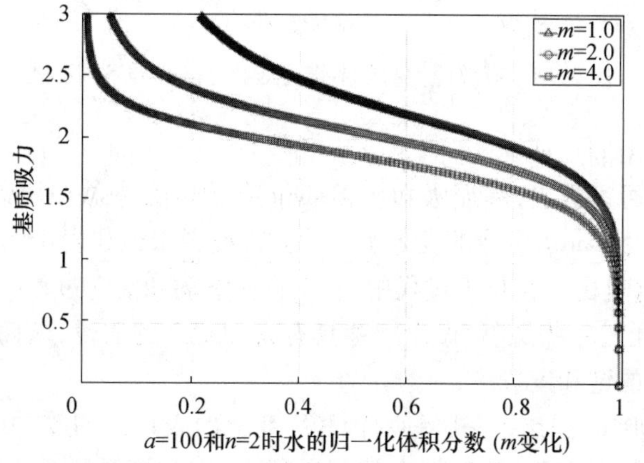

图 31.3　当 $a=100$ 和 $n=2$ 时式 31.2 的样本曲线(不同的 m)(彩图)

2. Bishop 有效应力中的参数

Loret 和 Khalili(2000)提出,准确定义的有效应力是一种有效的工具,可定性和定量描述未饱和岩土的行为,需满足两个条件:①参数χ估算准确度足够高;②吸力引起的钢化效应也应考虑进来。式(31.1)中的χ通过对孔隙水的饱和度的依赖性来获得,另外,χ的本质可从微观和宏观的角度进行系统描述,见 Lu 和 Likos(2004)。

Vanapalli 和 Fredlund(2000)采用一系列的剪切强度的检测结果,针对文献 Escario 等(1989)中提及的黏土、淤泥和沙土的整体紧实的混合物,还研究了χ作为饱和度函数的几种形式的有效性。对于 0~1500kPa 的基质吸力,如下两种函数形式与试验结果拟合很好,第一种函数形式为

$$\chi = S^k = \left(\frac{\theta}{\theta_s}\right)^k \tag{31.3}$$

式中:S为饱和度,而k是一个拟合参数,优化后取测量值和预测值之间的最优拟合。

第二种函数形式为

$$\chi = \frac{S-S_r}{1-S_r} = \frac{\theta-\theta_r}{\theta_s-\theta_r} \tag{31.4}$$

式中:θ_r为剩余水体积分数;S_r为剩余饱和度。

针对几个不同k和S_r值有所展示。在图 31.4 中展示了式(31.3)和式(31.4)的物理意义。

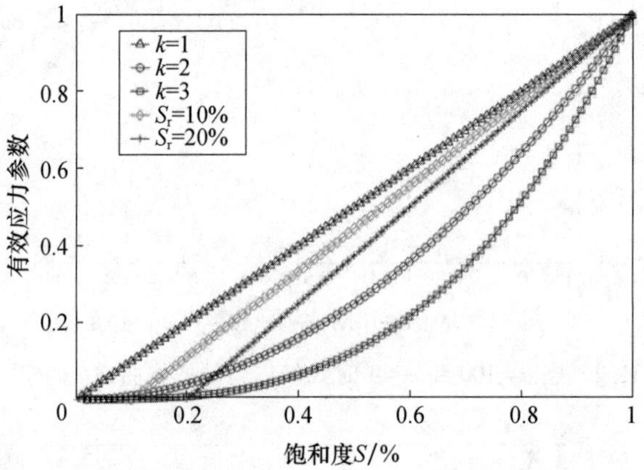

图 31.4 有效应力参数χ作为饱和度函数的不同形式

3. 饱和度的确定

从前面的部分可以看出,基质吸力和 Bishop 有效应力参数χ可以用饱和度来表述。但是,如前所述,满足 Darcy 定律的孔隙水连续方程或者未饱和岩土的 Navier-Stokes 方程在这里并不适用,这是由于在挤土过程中,岩土颗粒滚动和滑动过程的瞬时性和复杂性导致的。在这部分,通过一些文献,做出一些具有物理意义的假设,从而计算针对具体的挤土问题在不同时刻的饱和度。

Gallipoli 等(2003b)提出了一种针对饱和度变化的表达式的改进形式,考虑了孔隙率变化的影响。试验数据表明,针对特定的基质吸力,饱和度是随着平均净应力单向增大的,从这些试验研究结果出发,提出了下面的假设以简化模拟和计算过程:

（1）饱和度是平均净应力、水的质量分数和岩土类型的函数；

（2）对于一定的水的质量分数和岩土类型，饱和度相对于平均净应力是单向增大的（线性的或非线性的，与岩土类型有关）。

简单起见，假设平均净应力与饱和度之间的关系是线性的，如图 31.5 所示。在图 31.5 中，S_{ini} 为假定的初始饱和度，当平均净应力（压应力）增大时，饱和度线性增大，一旦达到假定的临界平均净压应力 $\boldsymbol{\sigma}_c$，假设饱和度会达到最大值 S_{max}。另一方面，如果平均净应力为零或为拉应力，岩土就会达到一个恒定的饱和度值 S_{min}，并且一旦平均净拉应力大于最大基质吸力 $\boldsymbol{\sigma}_t$ 时，基质吸力效应就会被消除。

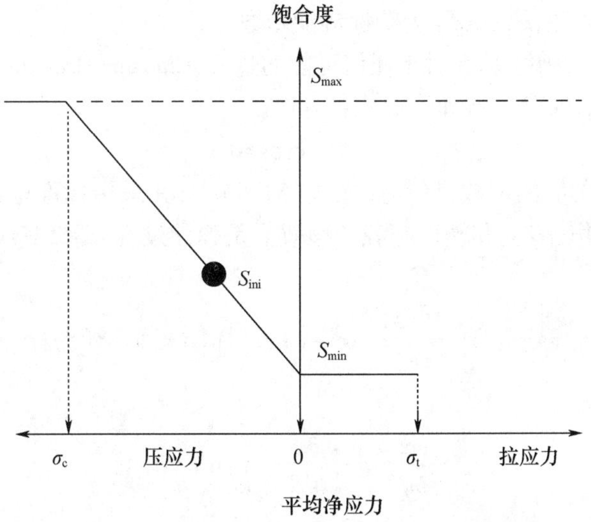

图 31.5　平均净应力与饱和度之间的关系图解

31.2.2　用于部分饱和岩土的耦合混杂各向同性列式

所提出的针对部分饱和岩土的基于初始弹性应变能的混杂各向同性损伤-修复模型是基于如下假设的：岩土中的渐增损伤和修复与整体的应变过程直接相关，故有效应力的概念与应变等效性的假设都满足所假设的自由能的形式，描述基质吸力引起的有效应力的变化。

1. 应力加法分裂

通过将应力张量进行加法分裂，初始的和非弹性的部分引入塑性流变：

$$\bar{\boldsymbol{\sigma}}=\frac{\partial \boldsymbol{\Psi}^0(\boldsymbol{\varepsilon})}{\partial \boldsymbol{\varepsilon}}-\bar{\boldsymbol{\sigma}}^{\mathrm{p}}-[u_a-\chi(S)(u_a-u_w)]\,\underset{\sim}{1} \tag{31.5}$$

式中：$\bar{\boldsymbol{\sigma}}$ 为有效（未损伤的）应力；$\boldsymbol{\varepsilon}$ 为整体应变；$\boldsymbol{\Psi}^0(\boldsymbol{\varepsilon})$ 为未损伤岩土的初始存储的弹性能函数；$\bar{\boldsymbol{\sigma}}^{\mathrm{p}}$ 为有效（未损伤）塑性释放的应力；u_a 为孔隙气压；u_w 为孔隙水压；$\chi(S)$ 为一个饱和度函数，代表 Bishop 有效应力参数；$\underset{\sim}{1}$ 为二阶单位张量。

对于线弹性，有

$$\boldsymbol{\Psi}^0(\boldsymbol{\varepsilon})=\frac{1}{2}\boldsymbol{\varepsilon}:\boldsymbol{C}^0:\boldsymbol{\varepsilon} \tag{31.6}$$

式中:$\boldsymbol{C}^0$ 为线弹性张量,因此,式(31.5)可以写为

$$\bar{\boldsymbol{\sigma}}=\boldsymbol{C}^0:\boldsymbol{\varepsilon}-\bar{\boldsymbol{\sigma}}^{\mathrm{p}}-[u_{\mathrm{a}}-\chi(S)(u_{\mathrm{a}}-u_{\mathrm{w}})]\underset{\sim}{1} \tag{31.7}$$

2. 热力学基础

为了引入损伤-修复的净效应以及塑性流变过程,提出了如下形式的自由能:

$$\boldsymbol{\Psi}^0(\boldsymbol{\varepsilon},\boldsymbol{\sigma}^{\mathrm{p}},\boldsymbol{q},d^{\mathrm{net}})\equiv(1-d^{\mathrm{net}})\boldsymbol{\Psi}^0(\boldsymbol{\varepsilon})-\boldsymbol{\varepsilon}:\boldsymbol{\sigma}^{\mathrm{p}}+\Xi(\boldsymbol{q},\boldsymbol{\sigma}^{\mathrm{p}}) \tag{31.8}$$

式中:$\boldsymbol{\varepsilon}$ 为整体应变张量;$\boldsymbol{\sigma}^{\mathrm{p}}$ 为塑性释放的应力张量;$\boldsymbol{q}$ 为适用的内部(塑性)变量组;d^{net} 为损伤-修复的净(复合)效应的各向同性比例变量,它与损伤变量 d、损伤变量增量 Δd 以及修复变量增量 ΔR 有关,所有这些变量的数值均在 0~1 之间变化;$\boldsymbol{\Psi}^0(\boldsymbol{\varepsilon})$ 为未损伤材料初始存储的弹性能函数;$\Xi(\boldsymbol{q},\boldsymbol{\sigma}^{\mathrm{p}})$ 为塑性势能函数。

若仅限于纯力学理论,那么对于任何可能的过程,Clausius-Duhem(降阶耗散)不等式(Coleman 和 Gurtin,1967)具有如下形式:

$$-\dot{\Psi}+\boldsymbol{\sigma}:\dot{\boldsymbol{\varepsilon}}\geqslant 0 \tag{31.9}$$

得出式(31.8)的时间倒数,将其代入式(31.9)中,并采用标准论元(Gurtin-Coleman 论元),同时假设损伤-修复和塑性卸载的净效应是弹性过程,那么其应力-应变本构定律可通过下式得出:

$$\boldsymbol{\sigma}=\frac{\partial\Psi(\boldsymbol{\varepsilon})}{\partial\boldsymbol{\varepsilon}}=(1-d^{\mathrm{net}})\frac{\partial\boldsymbol{\Psi}^0(\boldsymbol{\varepsilon})}{\partial\boldsymbol{\varepsilon}}-\boldsymbol{\sigma}^{\mathrm{p}}=(1-d^{\mathrm{net}})\left\{\bar{\boldsymbol{\sigma}}+[u_{\mathrm{a}}-\chi(S)(u_{\mathrm{a}}-u_{\mathrm{w}})]\underset{\sim}{1}\right\} \tag{31.10}$$

并且其耗散不等式为

$$-\frac{\partial\Xi}{\partial\boldsymbol{q}}\cdot\dot{\boldsymbol{q}}-\left(\frac{\partial\Xi}{\partial\sigma^{\mathrm{p}}}-\varepsilon\right):\dot{\boldsymbol{\sigma}}^{\mathrm{p}}\geqslant 0 \tag{31.11}$$

$$\boldsymbol{\Psi}^0(\boldsymbol{\varepsilon})\dot{d}^{\mathrm{net}}-\frac{\partial\Xi}{\partial\boldsymbol{q}}\cdot\dot{\boldsymbol{q}}-\left(\frac{\partial\Xi}{\partial\sigma^{\mathrm{p}}}-\varepsilon\right):\dot{\boldsymbol{\sigma}}^{\mathrm{p}}\geqslant 0 \tag{31.12}$$

由式(31.10) 可知,在当前的应变空间提法中,应力张量被分解为考虑吸力效应的弹性-损伤-修复和塑性释放两部分。由式(31.11)和式(31.12)可知,塑性本身导致的耗散能是正的,并且如果涉及考虑吸力效应的损伤-修复效应,它们的加和(损伤-修复效应和塑性)也是正的,由式(31.10)~式(31.12)还可看出,当前的框架能够处理广义的(非线性的)弹性响应和广义的塑性响应。

势能$\Xi(\boldsymbol{q},\boldsymbol{\sigma}^{\mathrm{p}})$ 与塑性耗散相关,它的作用在于使不等式(31.11)也满足特定过程,需注意,假设$\Xi(\boldsymbol{q},\boldsymbol{\sigma}^{\mathrm{p}})$ 与 d^{net} 无关。从式(31.8)可得

$$-Y\equiv-\frac{\partial\Psi(\boldsymbol{\varepsilon},\boldsymbol{\sigma}^{\mathrm{p}},\boldsymbol{q},d^{\mathrm{net}})}{\partial d^{\mathrm{net}}}=\boldsymbol{\Psi}^0(\boldsymbol{\varepsilon}) \tag{31.13}$$

因此,初始(未损伤的)弹性应变能 $\boldsymbol{\Psi}^0(\boldsymbol{\varepsilon})$ 为热力学力 Y,它与净损伤-修复变量 d^{net} 共轭。

3. 基于初始弹性应变能的混杂各向同性损伤演化的表征

首先,损伤引起的岩土力学性能的逐步退化是通过一种简单的各向同性损伤机理来表征的,对于这种效应,等效拉伸应变 ξ^+ 被归为拉伸应变张量的(未损伤的)能量模,其各向同性损伤机理称为混杂机理,这是由于该等效拉伸应变的计算涉及整体应变的主拉伸方向,相应地,从式(31.13)出发,可得

$$\xi^{+} \equiv \sqrt{\Psi^{0}(\boldsymbol{\varepsilon}^{+})} = \sqrt{\frac{1}{2}\boldsymbol{\varepsilon}^{+}:\boldsymbol{C}^{0}:\boldsymbol{\varepsilon}^{+}} \tag{31.14}$$

其中:$\boldsymbol{\varepsilon}^{+} \equiv \boldsymbol{P}^{+}:\boldsymbol{\varepsilon}$,$\boldsymbol{\varepsilon}$ 为整体应变,四阶张量 $\boldsymbol{P}^{+}$ 指模式 I 的正(拉伸)投影张量,其分量为

$$P^{+}_{ijkl}(\boldsymbol{\varepsilon}) \equiv \frac{1}{2}(Q^{+}_{ik}Q^{+}_{jl}+Q^{+}_{il}Q^{+}_{jk}) \tag{31.15}$$

式中:$\boldsymbol{Q}^{+} \equiv \sum_{i=1}^{2} \widehat{H}(\boldsymbol{\varepsilon}_i)\, \boldsymbol{p}_i \otimes \boldsymbol{p}_i$;$\widehat{\mathrm{H}}(\boldsymbol{\varepsilon}_i)$ 为 Heaviside 平滑函数;$\boldsymbol{\varepsilon} = \sum_{i=1}^{2} \boldsymbol{\varepsilon}_i \boldsymbol{p}_i \otimes \boldsymbol{p}_i$,$\boldsymbol{\varepsilon}_i$ 为第 i 个主应变,$\boldsymbol{p}_i$ 为主方向上的第 i 个对应的单位向量,$\|\boldsymbol{p}_i\| = 1$(本章针对二维模拟)。

那么,岩土中的损伤状态通过一种损伤准则 $\Phi^{d}(\xi_t^{+},g_t) \leqslant 0$ 来表征,列入应变空间中,具有如下函数形式:

$$\Phi^{d}(\xi_t^{+},g_t) \equiv \xi_t^{+}-g_t \leqslant 0 \quad (t \in R_{+}) \tag{31.16}$$

式中:下标 t 指当前时间 $t \in R_{+}$时的一个值,而 g_t 为时间为 t 时的损伤阈值。需注意,g_t 将会由于前一时间步中渐增的潜在修复而引起数值降低,如果 g_0 代表施加载荷前的初始损伤阈值,那么必然有 $g_t \geqslant g_0$,其中,g_0 被看作是材料的一种特征属性。那么,条件式(31.16)说明,当拉伸应变张量$\boldsymbol{\xi}_t^{+}$ 的能量模超过初始损伤阈值 g_0 时,岩土中的损伤就会被启动,对于各向同性损伤的情况,损伤变量 d 和损伤阈值 g_t 的演化用速率方程定义:

$$\dot{d}_t=\dot{\mu}H(\xi_t^{+},d_t) \tag{31.17}$$

$$\dot{g}=\dot{\mu} \tag{31.18}$$

式中:$\dot{\mu} \geqslant 0$ 为一个损伤一致性参数,它根据 Kuhn-Tucker 关系定义了损伤加载/卸载条件:

$$\dot{\mu} \geqslant 0 \quad \phi^{d}(\xi_t^{+},g_t) \leqslant 0 \quad \dot{\mu}\phi^{d}(\xi_t^{+},g_t)=0 \tag{31.19}$$

另外,式(31.17)中的 H 为损伤硬化函数,条件式(31.19)为单边限制条件相关问题的标准。如果 $\varphi^{d}(\xi_t^{+},g_t)<0$,那么就不满足损伤准则,且根据条件式(31.19)可知 $\dot{\mu}=0$,因此损伤定律式(31.19)表明 $\dot{d}=0$ 且无进一步损伤发生。另一方面,如果 $\dot{\mu}>0$,即发生了进一步的损伤(拉伸载荷),那么条件式(31.19)表明,$\phi^{d}(\xi_t^{+},g_t)=0$,在这种情况下,$\dot{\mu}$ 的值通过损伤一致性条件来确定,即

$$\phi^{d}(\xi_t^{+},g_t)=\dot{\phi}^{d}(\xi_t^{+},g_t)=0 \Rightarrow \dot{\mu}=\dot{\xi}^{+} \tag{31.20}$$

那么,g_t 由下式定义:

$$g_t=\max(g_0,\max_{s\in(-\infty,t)} \xi_s^{+})-g_{h,(t-1)} \tag{31.21}$$

式中:$g_{h,(t-1)}$ 为当前减小的损伤阈值,它由前一时间步中的渐增修复(如果有的话)过程引起。

如果条件式(31.17)中的 $H(\xi_t^{+},d_t)$ 与 d_t 无关,上面的提法可以重新陈述为:使 $G:R \to R_{+}$,那么 $H(\xi_t^{+}) \equiv \partial G(\xi_t^{+})/\partial\xi_t^{+} \cdot G(\cdot)$ 被假定为单调的。与条件式(31.16)完全等效的一种损伤准则通过 $\overline{\phi}^{d}(\xi_t^{+},g_t) \equiv G(\xi_t^{+})-G(g_t) \leqslant 0$ 给出,那么流变定律和加载/卸载条件变为

$$\dot{d}_t=\dot{\mu}\frac{\partial\overline{\varphi}^{d}(\xi_t^{+},g_t)}{\partial\xi_t^{+}}, \quad g_t=\dot{\mu} \tag{31.22}$$

$$\dot{\mu}\geqslant 0,\ \bar{\phi}^d(\xi_t^+,g_t)\leqslant 0,\ \dot{\mu}\bar{\phi}^d(\xi_t^+,g_t)=0 \tag{31.23}$$

条件式(31.22)和式(31.23)仅为最大损伤耗散原理的Kuhn-Tucker最优条件。

4. 基于初始弹性应变能的混杂各向同性修复演化的表征

与前面的损伤表征类似,修复引起的岩土力学性能的逐渐回复通过一种简单的各向同性修复机理来表征,等效压缩应变ξ^-被用作压缩应变张量的能量模,相应地,可得

$$\xi^-\equiv\sqrt{\Psi^0(\boldsymbol{\varepsilon}^-)}=\sqrt{\frac{1}{2}\boldsymbol{\varepsilon}^-:\boldsymbol{C}^0:\boldsymbol{\varepsilon}^-} \tag{31.24}$$

其中,$\boldsymbol{\varepsilon}^-\equiv\boldsymbol{P}^-:\boldsymbol{\varepsilon}$,四阶张量$\boldsymbol{P}^-$指模式Ⅰ的负(压缩)投影张量,其分量为

$$P_{ijkl}^-(\boldsymbol{\varepsilon})\equiv\frac{1}{2}(Q_{ik}^-Q_{jl}^-+Q_{il}^-Q_{jk}^-) \tag{31.25}$$

其中,$\boldsymbol{Q}^-=1-\boldsymbol{Q}^+$。

采用修复准则$\phi^h(\xi_t^-,r_t)\leqslant 0$对岩土中的修复状态进行表征,列于应变空间中,具有如下函数形式:

$$\phi^h(\xi_t^-,r_t)\equiv\xi_t^--r_t\leqslant 0\quad(t\in R_+) \tag{31.26}$$

这里,r_t为时间为t时的修复阈值,需注意,r_t将会由于前一时间步中的渐增损伤导致数值下降。如果r_0代表施加载荷前的初始修复阈值,那么必然有$r_t\geqslant r_0$,r_0被看作是材料一种属性。那么,条件式(31.26)说明,当压缩应变张量的能量模ξ_t^-超过了初始损伤阈值r_0时,材料中的修复过程就会启动,对于各向同性修复的情况,修复变量R和修复阈值的演化用速率方程定义:

$$\dot{R}_t=\dot{\zeta}Z(\xi_t^-,R_t) \tag{31.27}$$

$$\dot{r}=\dot{\zeta} \tag{31.28}$$

其中,$\dot{\zeta}\geqslant 0$是一个修复一致性参数,它根据Kuhn-Tucker关系定义了修复加载/卸载条件:

$$\dot{\zeta}\geqslant 0,\ \phi^h(\xi_t^-,r_t)\leqslant 0,\ \dot{\zeta}\phi^h(\xi_t^-,r_t)=0 \tag{31.29}$$

另外,式(31.27)中的Z为修复硬化函数,条件式(31.29)为单边限制条件有关问题的标准。如果$\phi^h(\xi_t^-,r_t)<0$,那么就不满足修复准则,且根据条件式(31.29)可知$\dot{\zeta}=0$,因此修复定律式(31.27)表明$\dot{R}=0$且无进一步修复发生。另一方面,如果$\dot{\zeta}>0$,即发生了进一步的修复(压缩载荷),那么条件式(31.29)表明,$\phi^h(\xi_t^-,r_t)=0$,在这种情况下,$\dot{\zeta}$的值通过修复一致性条件来确定,即

$$\phi^h(\xi_t^-,r_t)=\dot{\phi}^h(\xi_t^-,r_t)=0\Rightarrow\dot{\zeta}=\dot{\xi}^- \tag{31.30}$$

那么,r_t由下式给出:

$$r_t=\max(r_0,\max_{s\in(-\infty,t)}\xi_s^-)-r_{d,(t-1)} \tag{31.31}$$

式中:$r_{d,(t-1)}$为当前减小的修复阈值,它由前一时间步中的渐增损伤(如果有的话)过程引起。

如果条件式(31.27)中的$Z(\xi_t^-,R_t)$与$\dot{R}_t$无关,上面的提法可重新陈述为:使$G^*:R\rightarrow R_+$,那么$Z(\xi_t^-)\equiv\partial G^*(\xi_t^-)/\partial\xi_t^-\cdot G^*(\cdot)$被假定为单调的。与条件式(31.26)完全等效的一种修复准则通过$\bar{\phi}^h(\xi_t^-,r_t)\equiv G^*(\xi_t^-)-G^*(r_t)\leqslant 0$给出,那么流变定律和加载/卸载条件变为

$$\dot{R}_t=\dot{\zeta}\frac{\partial\overline{\phi}^h(\xi_t^-,r_t)}{\partial\xi_t^-},\ r_t=\dot{\zeta} \tag{31.32}$$

$$\dot{\zeta}\geqslant 0,\ \overline{\phi}^h(\xi_t^-,r_t)\leqslant 0,\ \dot{\zeta}\overline{\phi}^h(\xi_t^-,r_t)=0 \tag{31.33}$$

5. 混杂各向同性损伤和修复的净(复合)效应

在前期工作中(Ju 等,2012a,b;Ju 和 Yuan,2012),下述有关损伤和修复净效应的公式在物理学上是不正确的:

$$d^{\mathrm{net}}=d(1-R) \tag{31.34}$$

针对新的基于能量模型的损伤和修复机理的净效应与微观力学主导的比例增量形式是相同的,如前期工作中式(31.33)所述(Ju 等,2012a,b)。

6. Drucker-Prager 模型的改进

对于饱和岩土,剪切强度通常用莫尔-库仑失效准则进行描述,它用材料变量 ϕ' 和 $\boldsymbol{c}'$ 定义剪切强度:

$$\boldsymbol{\tau}_{\mathrm{f}}=\boldsymbol{c}'+(\boldsymbol{\sigma}-\boldsymbol{u}_{\mathrm{w}})_{\mathrm{f}}\tan\varphi' \tag{31.35}$$

式中:$\boldsymbol{\tau}_{\mathrm{f}}$ 为失效平面上的剪切应力;$\boldsymbol{c}'$为有效内聚力;$(\boldsymbol{\sigma}-\boldsymbol{u}_{\mathrm{w}})_{\mathrm{f}}$ 为有效正应力;ϕ'为内摩擦的有效角度。

对于未饱和岩土,有关剪切强度的现代试验研究可追溯到19世纪五六十年代,对 Blight 三轴测试结果(Blight,1967)和 Escario 剪切直接测试结果(Escario 等,1980)的分析表明,在未饱和岩土的剪切强度行为中存在两种趋势:一是未饱和岩土的剪切强度一般随着净正应力的增大而增大;二是由三轴和剪切直接测试结果发现,剪切强度随着基质吸力的增大而增大。Fredlund 等(1978)提出了扩展的莫尔-库仑准则,它描述了未饱和岩土的剪切强度行为,破坏包络线为应力状态变量 $\boldsymbol{\sigma}-\boldsymbol{u}_{\mathrm{a}}$ 和 $\boldsymbol{u}_{\mathrm{a}}-\boldsymbol{u}_{\mathrm{w}}$ 的应力空间中的一个平面,剪切应力 $\boldsymbol{\tau}$ 可写为(Lu 和 Likos,2004)

$$\boldsymbol{\tau}_{\mathrm{f}}=\boldsymbol{c}'+(\boldsymbol{\sigma}-\boldsymbol{u}_{\mathrm{a}})_{\mathrm{f}}\tan\phi'+(\boldsymbol{u}_{\mathrm{a}}-\boldsymbol{u}_{\mathrm{w}})\tan\phi^{\mathrm{b}} \tag{31.36}$$

式中:$\boldsymbol{c}'$为零基质吸力和零净正应力条件下的内聚力;$\boldsymbol{u}_{\mathrm{a}}$ 为孔隙气压;$\boldsymbol{u}_{\mathrm{w}}$ 为孔隙水压;ϕ'为与净正应力相关的内摩擦角;ϕ^b 为与基质吸力相关的内摩擦角,它描述相对于基质吸力的剪切强度的增长率。针对大量的岩土类型($\boldsymbol{c}',\phi',\phi^{\mathrm{b}}$)的一些试验数据可在文献中找到,见 Fredlund 和 Rahardio(1992)以及 Lu 和 Likos(2004)。另外,Drucker-Prager 准则可写为如下形式:

$$f(\boldsymbol{I}_1,\boldsymbol{J}_2)=\sqrt{\boldsymbol{J}_2}-\alpha\boldsymbol{I}_1-k=0 \tag{31.37}$$

式中:$\boldsymbol{I}_1$ 为柯西应力张量的第一不变量;$\boldsymbol{J}_2$ 为偏应力张量;α 和 k 为(正的)材料常数。

受到 Fredlund 等(1978)针对未饱和岩土的莫尔-库仑准则进行讨论的启发,Kohler 和 Hofstetter(2008)提出了一种帽子模型的扩展形式,来描述部分饱和的岩土的材料行为。若忽略了偏应力张量的第三不变量的影响,剪切失效表面(Drucker-Prager 模型)可按下式描述:

$$f(\boldsymbol{I}'_1,\boldsymbol{J}_2)=\sqrt{\boldsymbol{J}_2}-\alpha'\boldsymbol{I}'_1-k'-\lambda(\boldsymbol{u}_a-\boldsymbol{u}_w)=0 \tag{31.38}$$

式中:$\boldsymbol{I}'_1$ 为净应力张量的第一不变量;$\boldsymbol{u}_a$ 为孔隙气压;$\boldsymbol{u}_w$ 为孔隙水压;$\alpha',k',\boldsymbol{\lambda}$ 为材料常数。

31.2.3 计算算法:两步算子分裂

在前面小节中,基于初始弹性应变能的混杂各向同性损伤-修复的提法是基于部分饱和岩土的有效应力的概念发展起来的,本节中,在数值方法的范畴内,聚焦于所提出的模型计算方面的细节,更准确地说,聚焦于下面的局部弹塑性损伤-修复速率的本构方程:

$$\dot{\varepsilon}=\nabla^{s}\dot{u}(t)$$

$$\begin{cases}\dot{d}_t=\dot{\mu}H(\xi_t^{+},d_t)\\ \dot{g}=\dot{\mu}\\ \dot{\mu}\geqslant 0,\ \phi^{d}(\xi_t^{+},g_t)\leqslant 0,\ \dot{\mu}\phi^{d}(\xi_t^{+},g_t)=0\end{cases}$$

$$\begin{cases}\dot{R}_t=\dot{\zeta}Z(\xi_t^{-},R_t)\\ \dot{r}=\dot{\zeta}\\ \dot{\zeta}\geqslant 0,\ \phi^{h}(\xi_t^{-},r_t)\leqslant 0,\ \dot{\zeta}\phi^{h}(\xi_t^{-},r_t)=0\end{cases}$$

$$\dot{d}^{\text{net}}=\dot{d}-\dot{R}\hat{d}$$

$$\dot{\bar{\sigma}}=\frac{\mathrm{d}}{\mathrm{d}t}\left[\frac{\partial\Psi^{0}(\varepsilon)}{\partial\varepsilon}\right]-\dot{\bar{\sigma}}^{\mathrm{p}}-\frac{\mathrm{d}}{\mathrm{d}t}[u_{\mathrm{a}}-\chi(S)(u_{\mathrm{a}}-u_{\mathrm{w}})]\,\underset{\sim}{\mathbf{1}}$$

$$\begin{cases}\dot{\bar{\sigma}}^{\mathrm{p}}=\dot{\lambda}\dfrac{\partial f}{\partial\varepsilon}\left\{\dfrac{\partial\Psi^{0}(\varepsilon)}{\partial\varepsilon}-\bar{\sigma}^{\mathrm{p}}-[u_{\mathrm{a}}-\chi(S)(u_{\mathrm{a}}-u_{\mathrm{w}})]\,\underset{\sim}{\mathbf{1}},\boldsymbol{q}\right\}\quad(\text{相关流变定律})\\ \dot{q}=\dot{\lambda}\boldsymbol{h}\left\{\dfrac{\partial\Psi^{0}(\varepsilon)}{\partial\varepsilon}-\bar{\sigma}^{\mathrm{p}}-[u_{\mathrm{a}}-\chi(S)(u_{\mathrm{a}}-u_{\mathrm{w}})]\,\underset{\sim}{\mathbf{1}},\boldsymbol{q}\right\}\quad(\text{塑性硬化定律})\\ f\left\{\dfrac{\partial\Psi^{0}(\varepsilon)}{\partial\varepsilon}-\bar{\sigma}^{\mathrm{p}}-[u_{\mathrm{a}}-\chi(S)(u_{\mathrm{a}}-u_{\mathrm{w}})]\,\underset{\sim}{\mathbf{1}},\boldsymbol{q}\right\}\leqslant 0\quad(\text{屈服条件})\end{cases}\tag{31.39}$$

从算法的角度出发,式(31.39)演化方程积分问题简化为以一种与本构模型一致的方式更新基本变量$\{\boldsymbol{\sigma},d^{\text{net}},\bar{\boldsymbol{\sigma}}^{\mathbf{p}},\boldsymbol{q},\mathbf{u}_a,\boldsymbol{u}_{\mathrm{w}},\chi,S\}$。必须注意,在这种计算过程中,假定应变的历史 $t\rightarrow\boldsymbol{\varepsilon}\equiv\nabla^{s}u(t)$是给定的。

演化方程是在一系列给定的时间步骤中$[t_n,t_{n+1}]\subset R_{+}(n=0,1,2\cdots)$逐步解析出来的,因此,这些公式的初始条件为

$$\{\boldsymbol{\sigma},d^{\text{net}},\bar{\boldsymbol{\sigma}}^{\mathbf{p}},\boldsymbol{q},\boldsymbol{u}_{\mathbf{a}},\boldsymbol{u}_{\mathbf{w}},\chi,S\}\big|_{t=t_n}=\{\boldsymbol{\sigma}_n,d_n^{\text{net}},\bar{\boldsymbol{\sigma}}_n^{\mathbf{p}},\boldsymbol{q}_n,\boldsymbol{u}_{\mathbf{a}(n)},\boldsymbol{u}_{\mathbf{w}(n)},\chi_n,S_n\}\tag{31.40}$$

根据算子分裂的概念,可以考虑将下面的演化问题加法分解为弹性-损伤-修复和塑性两部分:

(1)弹性-损伤-修复部分:

$$\dot{\boldsymbol{\varepsilon}}=\nabla^{s}\dot{\boldsymbol{u}}(t)$$

$$\dot{d}=\begin{cases}H(\xi^{+})\,\dot{\xi}^{+}\quad(\text{如果 }\phi_t^{d}=\dot{\phi}_t^{d}=0)\\ 0\quad(\text{否则})\end{cases}$$

$$\dot{g}=\begin{cases}\dot{\xi}^{+}\quad(\text{如果}\phi_t^{d}=\dot{\phi}_t^{d}=0)\\ 0\quad(\text{否则})\end{cases}$$

$$\dot{R}=\begin{cases}Z(\xi^{-})\,\dot{\xi}^{-}\quad(\text{如果}\phi_t^{h}=\dot{\phi}_t^{h}=0)\\ 0\quad(\text{否则})\end{cases}$$

$$\dot{r}=\begin{cases}\dot{\xi}^- & (\text{如果}\phi_t^h=\dot{\phi}_t^h=0)\\ 0 & (\text{否则})\end{cases}$$

$$\dot{d}^{\text{net}}=\dot{d}-\dot{R}\widehat{d}$$

$$\dot{\bar{\boldsymbol{\sigma}}}=\frac{\mathrm{d}}{\mathrm{d}t}\left[\frac{\partial\boldsymbol{\Psi}^0(\varepsilon)}{\partial\varepsilon}\right]-\frac{\mathrm{d}}{\mathrm{d}t}[u_{\mathrm{a}}-\chi(S)(u_{\mathrm{a}}-u_{\mathrm{w}})]\,\underset{\sim}{\mathbf{1}}$$

$$\dot{\bar{\boldsymbol{\sigma}}}^{\mathrm{p}}=\mathbf{0}$$

$$\dot{\boldsymbol{q}}=\mathbf{0}$$

(31.41)

(2)塑性部分

$$\dot{\boldsymbol{\varepsilon}}=\mathbf{0}$$

$$\dot{d}^{\text{net}}=0$$

$$\dot{r}=0$$

$$\dot{\bar{\boldsymbol{\sigma}}}=-\dot{\bar{\boldsymbol{\sigma}}}^{\mathrm{p}}$$

$$\dot{\bar{\boldsymbol{\sigma}}}^{\mathrm{p}}=\dot{\lambda}\ \frac{\partial f}{\partial\boldsymbol{\varepsilon}}\left\{\frac{\partial\boldsymbol{\Psi}^0(\boldsymbol{\varepsilon})}{\partial\boldsymbol{\varepsilon}}-\bar{\boldsymbol{\sigma}}^{\mathrm{p}}-\frac{\mathrm{d}}{\mathrm{d}t}[u_{\mathrm{a}}-\chi(S)(u_{\mathrm{a}}-u_{\mathrm{w}})]\,\underset{\sim}{\mathbf{1}},\boldsymbol{q}\right\}$$

$$\dot{\boldsymbol{q}}=\dot{\lambda}\boldsymbol{h}\left\{\frac{\partial\boldsymbol{\Psi}^0(\boldsymbol{\varepsilon})}{\partial\boldsymbol{\varepsilon}}-\bar{\boldsymbol{\sigma}}^{\mathrm{p}}-\frac{\mathrm{d}}{\mathrm{d}t}[u_{\mathrm{a}}-\chi(S)(u_{\mathrm{a}}-u_{\mathrm{w}})]\,\underset{\sim}{\mathbf{1}},\boldsymbol{q}\right\}$$

(31.42)

可以看出,式(31.41)和式(31.42)加和可得式(31.39),这与算子分裂的概念一致,与公式对应的算法是基于算子或者分裂方法相关的基本结果的,在这两个算法中,第一个与式(31.41)对应(弹性-损伤-修复预测法),第二个与式(31.42)对应(返回映射校正法);反过来,通过连续使用这两种算法得到的最终算法与初始的问题对应。

31.2.4 弹性-损伤-修复预测法

与式(31.39)的问题对应的算法看作连续的弹性-损伤-修复预测法,由下述分步程序给出。

第一步:应变更新。考虑步增位移场$\boldsymbol{u}_{n+1}$,应变张量更新为

$$\boldsymbol{\varepsilon}_{n+1}=\boldsymbol{\varepsilon}_n+\nabla^s\boldsymbol{u}_{n+1}\tag{31.43}$$

第二步:基于总应变张量$\boldsymbol{\varepsilon}_{n+1}$ 计算模式 I 的四阶投影正算子 P_{n+1}^+:

$$P_{ijkl}^+(\boldsymbol{\varepsilon}_{n+1})=\frac{1}{2}(Q_{ik}^+Q_{jl}^++Q_{il}^+Q_{jk}^+)\tag{31.44}$$

式中:$\boldsymbol{Q}_{n+1}^+=\sum_{i=1}^{2}\widehat{H}(\boldsymbol{\varepsilon}_i)\,\boldsymbol{p}_i\otimes\boldsymbol{p}_i$,$\widehat{H}(\varepsilon_i)$ 为 Heaviside 平滑函数;$\boldsymbol{\varepsilon}_{n+1}=\sum_{i=1}^{2}\boldsymbol{\varepsilon}_i\boldsymbol{p}_i\otimes\boldsymbol{p}_i$(本章针对二维模拟)。

第三步:基于总应变张量$\boldsymbol{\varepsilon}_{n+1}$ 计算四阶投影负算子P_{n+1}^-:

$$P_{ijkl}^-(\boldsymbol{\varepsilon}_{n+1})=\frac{1}{2}(Q_{ik}^-Q_{jl}^-+Q_{il}^-Q_{jk}^-)\tag{31.45}$$

式中：$\boldsymbol{Q}_{n+1}^{-}=\underset{\sim}{1}-\boldsymbol{Q}_{n+1}^{+}$。

第四步：计算初始（未损伤的）弹性拉伸和压缩应变能 ξ^{+} 和 ξ^{-}，如果是线弹性的，有

$$\xi_{n+1}^{+}\equiv\sqrt{\Psi^{0}(\boldsymbol{\varepsilon}_{n+1}^{+})}=\sqrt{\frac{1}{2}\boldsymbol{\varepsilon}_{n+1}^{+}:\boldsymbol{C}^{0}:\boldsymbol{\varepsilon}_{n+1}^{+}} \tag{31.46}$$

$$\xi_{n+1}^{-}\equiv\sqrt{\Psi^{0}(\boldsymbol{\varepsilon}_{n+1}^{-})}=\sqrt{\frac{1}{2}\boldsymbol{\varepsilon}_{n+1}^{-}:\boldsymbol{C}^{0}:\boldsymbol{\varepsilon}_{n+1}^{-}} \tag{31.47}$$

式中：$\boldsymbol{\varepsilon}^{+}=\boldsymbol{P}^{+}:\boldsymbol{\varepsilon}$；$\boldsymbol{\varepsilon}^{-}=\boldsymbol{P}^{-}:\boldsymbol{\varepsilon}$。

第五步：更新损伤比例参数阈值 $\widetilde{d}_{n+1}$（一个过程变量，初始值为 0）。

$\widetilde{d}_{n+1}$ 表示前一时间步骤发生一次修复（如果存在的话）后损伤比例阈值的净值。如果 $\Delta R_{n}>0$ 且 $\widetilde{d}_{n}>0$，更新（降低）损伤比例参量阈值：

$$\widetilde{d}_{n+1}=\widetilde{d}_{n}(1.0-\Delta R_{n}) \tag{31.48}$$

否则，使

$$\widetilde{d}_{n+1}=\widetilde{d}_{n} \tag{31.49}$$

第六步：基于 ξ_{n+1}^{+} 计算损伤比例预测器 d_{n+1}。

如果当前时间步中的 ξ_{n+1}^{+} 比初始损伤阈值小，则不会产生进一步的损伤，使 $\Delta d_{n+1}=0$。如果 ξ_{n+1}^{+} 比给定的初始损伤阈值大，利用下面的非线性损伤函数估算法计算损伤比例预测器 d_{n+1}：

$$d_{n+1}(\xi_{n+1}^{+})=\frac{k_{c}(\xi_{n+1}^{+}-k_{i})}{\xi_{n+1}^{+}(k_{c}-k_{i})} \tag{31.50}$$

式中：k_{c} 和 k_{i} 为用于损伤演化的材料常数。

或者

$$d_{n+1}(\xi_{n+1}^{+})=1-\frac{A(1-B)}{\xi_{n+1}^{+}}-B\exp(A-\xi_{n+1}^{+}) \tag{31.51}$$

式中：A 和 B 为用于损伤演化的材料常数。

第七步：检查损伤比例准则的增量 Δd_{n+1}。

计算 $\Delta d_{n+1}=d_{n+1}-\widetilde{d}_{n+1}$，如果 $\Delta d_{n+1}\begin{cases}\leqslant 0，无进一步的损伤，\Delta d_{n+1}=0\Rightarrow 转至第九步\\ >0，发生进一步损伤\Rightarrow 使\ \widetilde{d}_{n+1}=d_{n+1}，继续第八步\end{cases}$。

第八步：计算混杂各向同性损伤预测器张量的增量 $\Delta\boldsymbol{D}_{n+1}$，以及已更新的混杂各向同性非对称的损伤中间张量 $\widehat{\boldsymbol{D}}_{n+1}$：

$$\Delta\boldsymbol{D}_{n+1}=\Delta d_{n+1}\boldsymbol{I} \tag{31.52}$$

$$\widehat{\boldsymbol{D}}_{n+1}=\boldsymbol{D}_{n}^{\mathrm{net}}+\Delta\boldsymbol{D}_{n+1} \tag{31.53}$$

式中：$\boldsymbol{I}$ 为四阶单位张量。

第九步：更新修复比例参数阈值 $\widetilde{R}_{n+1}$（一个过程变量，初始值为 0）。

$\widetilde{R}_{n+1}$ 表示损伤发生以后可能修复的净值，如果 $\widetilde{R}_{n+1}>0$ 且 $\widetilde{R}_{n}>0$，那么 $\widetilde{R}_{n+1}$ 为下一个时间步骤更新（降低）修复参数阈值：

$$\widetilde{R}_{n+1}=\widetilde{R}_n\widetilde{d}_n(1.0-\Delta d_{n+1}) \tag{31.54}$$

否则,使

$$\widetilde{R}_{n+1}=\widetilde{R}_n \tag{31.55}$$

第十步:基于 ξ_{n+1}^- 计算修复比例预测器 R_{n+1}。

如果 ξ_{n+1}^- 在当前时间步骤中地初始修复阈值小,那么就没有修复发生,$\Delta R_{n+1}=0$。如果 ξ_{n+1}^- 比给定的初始修复阈值大,采用下述其中一个非线性修复函数估算法计算修复比例预测器 R_{n+1}:

$$R_{n+1}(\xi_{n+1}^-)=\frac{h_c(\xi_{n+1}^- -h_i)}{\xi_{n+1}^-(h_c-h_i)} \tag{31.56}$$

式中:h_c 和 h_i 为用于修复演化的材料常数。

或者

$$R_{n+1}(\xi_{n+1}^-)=\frac{1-\bar{A}(1-\bar{B})}{\xi_{n+1}^- -\bar{B}\exp(\bar{A}-\xi_{n+1}^-)} \tag{31.57}$$

式中:$\bar{A}$ 和 $\bar{B}$ 为用于修复演化的材料常数。

第十一步:检查修复比例准则增量 ΔR_{n+1}。

计算 $\Delta R_{n+1}=R_{n+1}-\widetilde{R}_{n+1}$,如果 $\Delta R_{n+1}\begin{cases}\leqslant 0,\text{无进一步修复},\Delta R_{n+1}=0\Rightarrow\text{转至第十四步}\\ >0,\text{进一步修复}\Rightarrow\text{使 }\widetilde{R}_{n+1}=\widehat{R}_{n+1},\text{继续第十二步}\end{cases}$。

第十二步:计算混杂各向同性修复张量增量 $\Delta\boldsymbol{R}_{n+1}$,即

$$\Delta\boldsymbol{R}_{n+1}=\Delta R_{n+1}\boldsymbol{I} \tag{31.58}$$

第十三步:计算修复校准器增量,并更新混杂各向同性净(复合)损伤-修复张量(真实的损伤量度,一个过程变量):

$$\begin{aligned}\Delta\boldsymbol{D}_{n+1}^{H}&=-\widehat{\boldsymbol{D}}_{n+1}\cdot\Delta\boldsymbol{R}_{n+1}\\ \boldsymbol{D}_{n+1}^{\text{net}}&=\widehat{\boldsymbol{D}}_{n+1}+\Delta\boldsymbol{D}_{n+1}^{H}\end{aligned} \tag{31.59}$$

第十四步:基于以上的讨论,计算平均净应力和相关饱和度,一旦确定了饱和度,相应的 Bishop 有效应力参数χ 和基质吸力即可获得。

试验(预测)应力:通过简单地将应力张量代入势能函数,可得到下式:

$$\boldsymbol{\sigma}_{n+1}^{0}\doteq\frac{\partial\boldsymbol{\Psi}^{0}(\boldsymbol{\varepsilon}_{n+1})}{\partial\boldsymbol{\varepsilon}}-[u_{\text{a}}-\chi(S)(u_{\text{a}}-u_{\text{w}})]\underset{\sim}{1},\quad \bar{\boldsymbol{\sigma}}_{n+1}^{\text{trial}}=\boldsymbol{\sigma}_{n+1}^{0}-\bar{\boldsymbol{\sigma}}_{n}^{\text{p}},\quad \boldsymbol{q}_{n+1}^{\text{trial}}=\boldsymbol{q}_{n} \tag{31.60}$$

31.2.5 有效塑性返回映射校正法

为了开发一种与算子分裂的塑性部分相一致的算法,需要首先检查加载/卸载的条件。

第十五步:检查屈服过程。Kuhn-Tucker 条件对应的算法是根据弹性损伤的试验应力简化运算的,仅需要检查

$$f(\bar{\boldsymbol{\sigma}}_{n+1}^{\text{trial}},\boldsymbol{q}_{n+1}^{\text{trial}})\begin{cases}\leqslant 0,\text{弹性-损伤-修复}\Rightarrow\text{预测器}=\text{最终状态}\\ >0,\text{塑性}\Rightarrow\text{返回映射}\end{cases} \tag{31.61}$$

多表面塑性。在塑性加载的情况下,有必要为 Drucker-Prager 准则确定活跃的塑性表面。

第十六步:塑性返回映射校正法。在塑性加载的情况下,预测应力和内部变量按照式(31.42)生成的流变对应的算法返回至屈服表面,该流变的算法构建采用之前提出的一种程序,它受到 Kelley 非线性优化的凸切面方法的启发而提出,其基本的结构来源于牛顿方法。该程序的两个基本的优势是:①向屈服表面的二次收敛率;②需要计算完全被囊括了的流变定律和硬化定律的梯度。

第十七步:更新均匀化的(名义)应力$\boldsymbol{\sigma}_{n+1}$:

$$\boldsymbol{\sigma}_{n+1}=(\boldsymbol{I}-\boldsymbol{D}_{n+1}^{\text{net}}):\left\{\bar{\boldsymbol{\sigma}}_{n+1}+[u_{\text{a}}-\chi(S)(u_{\text{a}}-u_{\text{w}})]\,\underset{\sim}{\mathbf{1}}\right\} \tag{31.62}$$

31.3 数值模拟

为了阐明基质吸力的效应,开展了有关挤土过程的研究。在数值模拟中,为简单起见,扩展的 Drucker-Prager 相关性多表面塑性的提法被用来模拟岩土的行为,如式(31.38)所述,相关的岩土性能和假定的计算材料常量列于表 31.1 和表 31.2 中。NMAP(非线性无网格分析程序)无网格代码由 UCLA 的 J. S. Chen 教授所在的团队提供,见 Chen 和 Wang(2000)、Chen(2001)、Chen 等(2001)、Wu 等(2001)、Chen 和 Wu(2007)以及 Chen 等(2009)。

表 31.1 相关的岩土性能

岩土性能	杨氏模量/MPa	泊松比	密度/(kg/m^3)	内聚力/MPa	拉梅常数/Pa
值	24.7	0.35	1.88×10^3	0.19	$\lambda=2.13457\times10^7$ $\mu=9.14815\times10^7$

表 31.2 假定的计算材料常数

计算材料常数	式(31.1)中的 χ	式(31.2)中的 m,n,a	$\boldsymbol{\sigma}_{\text{c}},\boldsymbol{\sigma}_{\text{t}},S_{\text{ini}},S_{\max},S_{\min}$	式(31.38)中的 λ
值	式(31.3)中 $k=1$	$m=1,n=2,a$ 变化,0~440kPa、0~890kPa、0~1330kPa 范围内的基质吸力	$\boldsymbol{\sigma}_{\text{c}}=2000\text{kPa}$ $\boldsymbol{\sigma}_{\text{t}}=500\text{Pa}$ $S_{\text{ini}}=0.2$ $S_{\max}=1.0$ $S_{\min}=0.1$	0.5

图 31.6 给出了挤土过程的初始配置和离散化,推土机的铲叶作为一个刚体处理,因而通过两个接触的黑色表面来表示,为了模拟岩土颗粒和铲叶表面的接触过程,采用传统的罚函数系统。一层尺寸为 5m×0.5m 的岩土被离散化为 101×11=1111 个均匀分布的颗粒,控制图 31.6 给出的铲叶水平从右至左 5m 范围内移动。

假定初始的饱和度为 20%,并且当岩土颗粒的平均净应力如前所讨论的那样变化时,

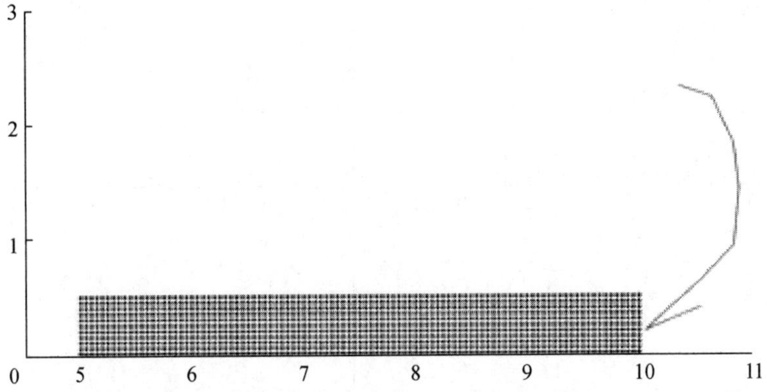

图 31.6　挤土过程的初始配置和离散化

其会发生线性变化，相应的基质吸力即沿着图 31.7 给出的岩土-水的特征曲线变化，这些曲线是从式(31.2)得出的。使 $m=1$、$n=2$ 并改变 a 值，可得到三条曲线，从 0~440kPa、0~890kPa、0~1330kPa 范围内的基质吸力。

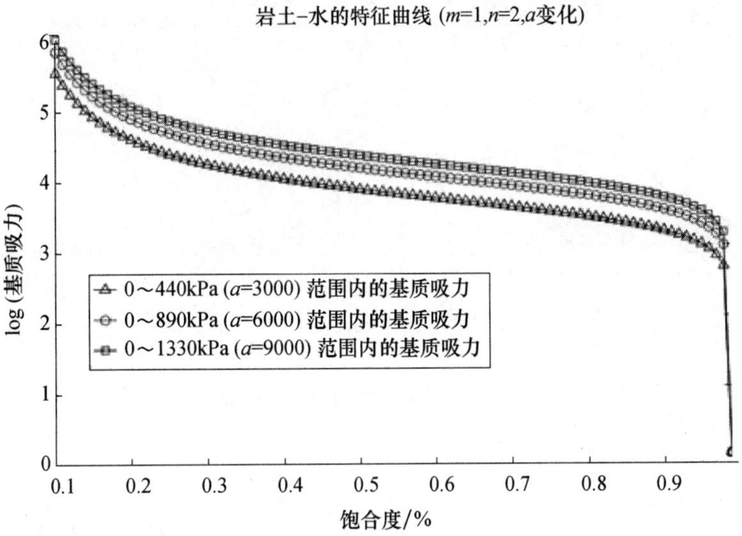

图 31.7　挤土过程模拟的三条岩土-水的特征曲线

具有三种不同范围的基质吸力的、基于初始的弹性应变能的耦合弹塑性混杂各向同性损伤-修复模型被用来生成挤土模拟的结果，如图 31.8 所示。在这些图中，蓝色实心圆代表无损伤的岩土颗粒($d^{net}=0$)，红色实心圆代表完全损伤的岩土颗粒($d^{net}=0.95$，这些模拟中预设的上限损伤)，其他颜色的实心圆(如绿色、黄色和橙色)代表 d^{net}0~0.95 的部分损伤。

推土机铲叶上产生的水平作用力的发展过程可通过考虑三种不同范围的基质吸力得到，如图 31.9 所示，它们对应的最大值列于表 31.3 中。

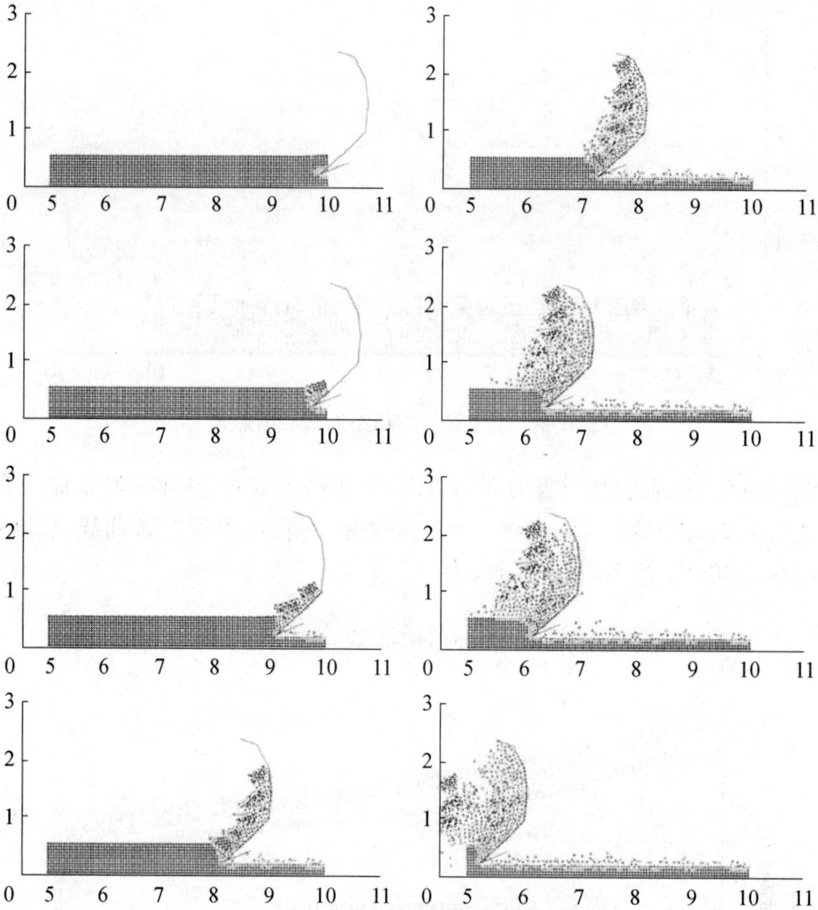

图 31.8　挤土模拟中的损伤分布图和岩土变形

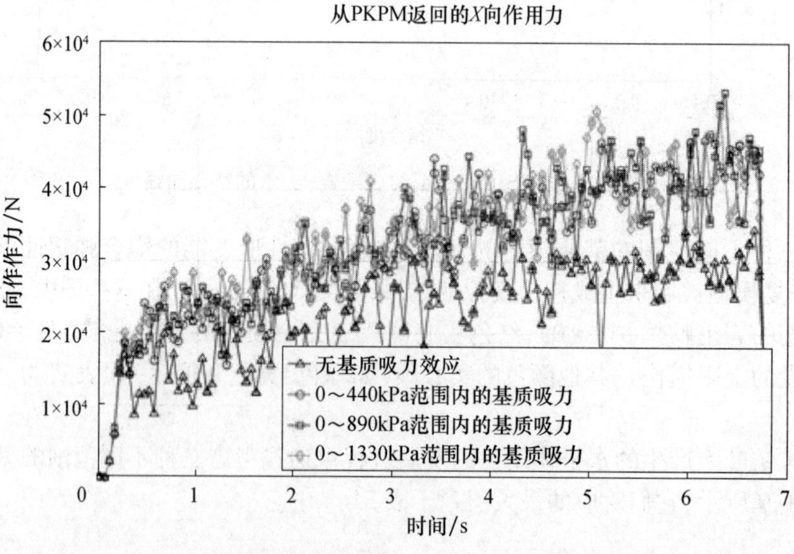

图 31.9　基质吸力不同时推土机铲叶上的水平作用力

表 31.3 推土机铲叶上产生的最大水平作用力

基于初始弹性能的混杂各向同性损伤-修复模型	无基质吸力效应	0~440kPa 范围内的基质吸力	0~890kPa 范围内的基质吸力	0~1130kPa 范围内的基质吸力
推土机铲叶上产生的最大水平作用力/N	3.568×10^4	4.7764×10^4	5.3541×10^4	5.1145×10^4
百分比	100%	133.86%	149.98%	143.34%

从图 31.9 和表 31.3 可以看出,数值模拟的结果表现出了基质吸力效应的趋势,也就是说,对于部分饱和的岩土,基质吸力是影响其力学行为的重要因素。更具体地说,当基质吸力增大时,有效应力是增大的,且岩土变得更加刚化。

在没有相关试验数据的情况下,所提出的异质各向同性弹塑性损伤-修复耦合方程,基于初始弹性应变能,考虑了部分饱和岩土模型中的基质吸力,其显示了基质吸力效应的显著特征,将来需要进一步开展工作,以验证系统中的计算材料常数和参数。

31.4 小　　结

本章针对部分饱和岩土在挤土过程中的具体模拟过程,提出了一些新的基于初始弹性应变能的耦合弹塑性混杂各向同性损伤-修复的方法,对于损伤和修复的能量准则,基于 $\boldsymbol{P}^+$ 和 $\boldsymbol{P}^-$ 的等效应变用于所提出的模型中,给出了一些新的两步算子分裂算法(弹性-损伤-修复预测法和有效塑性返回映射校正法)。另外,以一种迭代的形式,通过预测和校正提出了基质吸力和损伤-修复耦合效应。在没有相关试验数据的情况下,部分饱和岩土的全新提法和算法仅展示了基质吸力的效应,一旦在近期得到相关试验数据,就可以证实每种损伤和修复演化过程中的材料常数。另外,非常感谢 J. S. Chen 教授和 Pai-Chen Guan 博士,在他们的协助下,模型在 Chen(2001)给出的 NMAP(非线性无网格分析程序)无网格代码中得以应用。

本章相关彩图,请扫码查看

参考文献

E. E. Alonso, A. Gens, A. Josa, A constitutive model for partially saturated soils. Geotechnique 40(3), 405-430 (1990)

A. W. Bishop, The principle of effective stress. Technisk Ukeflad. 106(39), 859-863(1959)

A. W. Bishop, I. Alpan, G. E. Blight, I. B. Donald, Factors controlling the shear strength of partly saturated cohesive soils, in ASCE Research Conference on Shear Strength of Cohesive Soils, University of Colorado, Boulder,

1960

G. E. Blight, Effective stress evaluation for unsaturated soils. ASCE J. Soil Mech. Found. Div. 93(SM2), 125-148(1967)

G. Bolzon, B. A. Schrefler, O. C. Zienkiewicz, Elastoplastic soil constitutive laws generalized to partially saturated states. Geotechnique 46(2), 279-289(1996)

R. I. Borja, Cam-clay plasticity. Part V: a mathematical framework for three-phase deformation and strain localization analyses of partially saturated porous media. Comput. Methods Appl. Mech. Eng. 193(48-51), 5301-5338(2004)

J. S. Chen, Nonlinear Meshfree Analysis Program(NMAP)(University of California, Los Angeles, 2001)

J. S. Chen, H. P. Wang, New boundary condition treatments for meshless computation of contact problems. Comput. Methods Appl. Mech. Eng. 187, 441-468(2000)

J. S. Chen, Y. Wu, Stability in lagrangian and semi-Lagrangian reproducing Kernel discretizations using nodal integration in nonlinear solid mechanics, in Computational Methods in Applied Sciences, ed. by V. M. A. Leitao, C. J. S. Alves, C. A. Duarte(Springer, Dordrecht, 2007), pp. 55-77

J. S. Chen, C. T. Wu, S. Yoon, Y. You, A stabilized conforming nodal integration for Galerkin meshfree methods. Int. J. Numer. Methods Eng. 50, 435-466(2001)

J. S. Chen, Y. Wu, P. Guan, H. Teng, J. Gaidos, K. Hofstetter, M. Alsaleh, A semi-Lagrangian reproducing Kernel formulation for modeling earth moving operations. Mech. Mater. 41, 670-683(2009)

B. D. Coleman, M. E. Gurtin, Thermodynamics with internal state variables. J. Chem. Phys. 47(2), 597-613(1967)

V. Escario, Suction-controlled penetration and shear tests, in Proceedings of the 4th International Conference on Expansive Soils, Denver, 1980, pp. 781-787

V. Escario, J. Saez, The shear-strength of partly saturated soils. Geotechnique 36(3), 453-456(1986)

V. Escario, J. Juca, M. S. Coppe, Strength and deformation of partly saturated soils, in Proceedings of the 12th International Conference on Soil Mechanics and Foundation Engineering, vol. 3, Rio de Janeiro, 1989, pp. 43-46

D. G. Fredlund, 2nd Canadian geotechnical colloquium-appropriate concepts and technology for unsaturated soils. Can. Geotech. J. 16(1), 121-139(1979)

D. G. Fredlund, N. R. Morgenstern, Stress state variables for unsaturated soils. J. Geotech. Eng. Div. ASCE 104(11), 1415-1416(1978)

D. G. Fredlund, H. Rahardio, Soil Mechanics for Unsaturated Soils(Wiley, New York, 1993)

D. G. Fredlund, A. Q. Xing, Equations for the soil-water characteristic curve. Can. Geotech. J. 31(4), 521-532(1994)

D. G. Fredlund, N. R. Morgenstern, R. A. Widger et al., Shear-strength of unsaturated soils. Can. Geotech. J. 15(3), 313-321(1978)

D. Gallipoli, A. Gens, R. Sharma, J. Vaunat, An elasto-plastic model for unsaturated soil incorporating the effects of suction and degree of saturation on mechanical behaviour. Geotechnique 53(1), 123-135(2003a)

D. Gallipoli, S. J. Wheeler, M. Karstunen, Modelling the variation of degree of saturation in a deformable unsaturated soil. Geotechnique 53(1), 105-112(2003b)

A. Gens, E. E. Alonso, A framework for the behavior of unsaturated expansive clays. Can. Geotech. J. 29(6), 1013-1032(1992)

K. Georgiadis, D. M. Potts, L. Zdravkovic, Three-dimensional constitutive model for partially and fully saturated soils. Int. J. Geomech. 5(3), 244-255(2005)

J. W. Ju, K. Y. Yuan, New strain energy based coupled elastoplastic two-parameter damage and healing models for earth moving processes. Int. J. Damage Mech. 21(7),989-1019(2012)

J. W. Ju, K. Y. Yuan, A. W. Kuo, Novel strain energy based coupled elastoplastic damage and healing models for geomaterials-part Ⅰ: formulations. Int. J. Damage Mech. 21(4),525-549(2012a)

J. W. Ju, K. Y. Yuan, A. W. Kuo, J. S. Chen, Novel strain energy based coupled elastoplastic damage and healing models for geomaterials-part Ⅱ: computational aspects. Int. J. Damage Mech. 21(4),551-576(2012b)

R. Kohler, G. Hofstetter, A cap model for partially saturated soils. Int. J. Numer. Anal. Methods Geomech. 32(8),981-1004(2008)

J. Krahn, D. G. Fredlund, Total, matric and osmotic suction. Soil Sci. 114(5),339-348(1972)

B. Loret, N. Khalili, A three-phase model for unsaturated soils. Int. J. Numer. Anal. Methods Geomech. 24(11), 893-927(2000)

N. Lu, W. Likos, Unsaturated Soil Mechanics(Wiley, Hoboken, 2004)

N. Mitarai, F. Nori, Wet granular materials. Adv. Phys. 55(1-2),1-45(2006)

J. K. Mitchell, K. Soga, Fundamentals of Soil Behavior, 3rd edn. (Wiley, New York, 2005)

A. Murakami, T. Setsuyasu, S. Arimoto, Mesh-free method for soil-water coupled problem within finite strain and its numerical validity. Soils Found. 45(2),145-154(2005)

T. Nishimura, Y. Murasawa, T. Okami, Estimating air-water hydraulic conductivity using soil-water characteristic curve. Proc. Fourth Int. Conf. Unsatur. Soils Geotech. Spec. Publ. 147(2),

L. Sanavia, F. Pesavento, B. A. Schrefler, Finite element analysis of non-isothermal multiphase geomaterials with application to strain localization simulation. Comput. Mech. 37(4),331-348(2006)

J. C. Simo, J. W. Ju, K. S. Pister, R. L. Taylor, An assessment of the cap model: consistent return algorithms and rate-dependent extension. J. Eng. Mech. ASCE 114(2),191-218(1988)

S. K. Vanapalli, D. G. Fredlund, Comparison of empirical procedures to predict the shear strength of unsaturated soils using the soil-water characteristic curve, in Advances in Unsaturated Geotechnics, ed. by C. D. Shackelford, N. Y. Chang. GSP No. 99(ASCE, Reston, 2000), pp. 195-209

S. K. Vanapalli, D. G. Fredlund, D. E. Pufahl, A. W. Clifton, Model for the prediction of shear strength with respect to soil suction. Can. Geotech. J. 33(3),379-392(1996)

S. J. Wheeler, V. Sivakumar, An elasto-plastic critical state framework for unsaturated soil. Geotechnique 45(1),35-53(1995)

S. J. Wheeler, D. Gallipoli, M. Karstunen, Comments on use of the Barcelona basic model for unsaturated soils. Int. J. Numer. Anal. Methods Geomech. 26(15),1561-1571(2002)

S. J. Wheeler, R. S. Sharma, M. S. R. Buisson, Coupling of hydraulic hysteresis and stress-strain behaviour in unsaturated soils. Geotechnique 53(1),41-54(2003)

C. T. Wu, J. S. Chen, L. Chi, F. Huck, Lagrangian meshfree formulation for analysis of geotechnical materials. J. Eng. Mech. 127,440-449(2001)

C. E. Zapata, W. N. Houston, S. L. Houston, K. D. Walsh, Soil-water characteristic curve variability, in C. D. Shackelford, S. L. Houston, and N. Y. Chang, (eds) Advanced in Unsaturated Geotechnics. ASCE, Reston, VA, 84-124

第32章　基于应变能的岩土材料新型两参数弹塑性损伤和修复耦合的模型

Jiann-Wen Woody Ju, K. Y. Yuan

摘　要

针对岩土材料,给出了全新的基于应变能的两参数弹塑性的损伤和修复耦合的几种算法,并用于二维岩土运动过程的数值模拟。提出了一种基于初始弹性应变能的框架内的弹塑性损伤-修复新模型。主导的渐变损伤和修复演化过程耦合在体积量和偏量中,并通过有效应力的概念进行表征。通过应力张量的一种加法分裂算法给出了塑性流变,具体而言,针对相应的体积和偏损伤-修复机理,分别引入了拉伸体积应变张量、拉伸偏应变张量、压缩体积应变张量和压缩偏应变张量的四个特征能量模。

通过表征体积量和偏量中微观力学驱动的损伤和修复,并采用所提出的两参数损伤-修复模型,展示岩土运动过程数值模拟的显著多样性。基于两步算子分裂方法学,系统提出了新的计算算法,在RKPM无网格代码中,运行弹性损伤-修复的体积量和偏量预测法以及有效塑性校正法。给出了岩土挖掘、运输和压实条件下的数值模拟案例,来展示岩土的突出特征,例如,通过两参数损伤-修复新模型模拟压实过程中岩土的剪切带和部分回复。

32.1　概　　述

特定的岩土运动(如滚动和滑动)会导致岩土运送过程中出现大量的岩土溢出,这会降低岩土运送装备的承载能力,因而增加岩土加工过程的成本,这种滚动和滑动过程还会引起岩土颗粒表面和装备铲叶之间更高的摩擦接触应力,导致铲叶磨损更快和拖拉机能量消耗更高(Xia,2008)。为了提高装备的运行效率,必须针对岩土运送装备进行大量的不同设计条件下的实验室实验和外场检测。为了获得更加经济和强大的设计,需要采用通用的计算框架来模拟岩土运送过程中的岩土运动。另外,需要基于物理学的岩土材料的综合模型,以便于建立一种严格的计算框架,考虑复杂的、瞬时的内聚性岩土运动过程。

从Kachanov(1958)和Rabotnov等(1963)提出金属蠕变的比例损伤概念开始,连续体损伤力学已成为当前研究的新兴领域,文献中已提出大量现象学的损伤模型,具体而言,比例损伤变量广泛应用于各向同性或一维现象学的损伤模型中(Lemaitre,1985),而向量的、二阶的和四阶张量的损伤变量通常用于各向异性的现象学损伤模型(Kachanov,1980;Simo和Ju,1987a,b;Simo等,1988;Ju,1989a,b,1990;Simo和Ju,1989;Ju等,2011a,b)。但是,很少有针对内聚性岩土的塑性和完美损伤耦合的模型,具体而言,损伤模型很少建立在体积分量和偏分量的基础上。如Ju(1990)所指出的,比例损伤模型表明,泊松比通常为一个常数,因此它仅是各向同性损伤的一种特殊情况。另外,四阶各向同性损伤张量的广义形式由两部分组成:体积分量和偏分量。

从不同领域看,某些材料的试验表明,它们可以以不同的方式修复或愈合,如化学的、物理的或者生物的,使材料内部缺陷的逐步回复。Barbero 等(2005)所述内容用于自愈合纤维增强的层压复合材料的损伤和不可逆变形过程,更多有关自愈合材料的综述可在 Herbst 和 Luding(2008)中找到。但是,并没有针对颗粒内聚性岩土材料的损伤和修复(弹性韧度的回复)的严谨提法,除了 Ju 等(2011a,b)的近期工作。然而,后者并未将损伤张量分解成体积分量和偏分量,因此,在岩土运送过程中,在复杂的循环载荷作用下,颗粒内聚岩土材料中的渐变弹塑性两参数损伤和修复耦合行为进行物理的、可靠的模拟,这是基本的需求。

本章的后续内容如下:首先给出基于应变能的两参数弹塑性损伤和修复耦合的新提法;紧接着是全新的计算算法,它们是基于两步算子分裂方法开发出来的;随后给出了岩土运送过程中的数值模拟,展示了所提出的两参数岩土损伤-修复新模型的通用性和突出特点。占主导的体积和偏损伤-修复演化过程被耦合为一种渐变的形式,并通过有效应力的概念及应变等效性的假设进行表征。

32.2　基于初始弹性应变能的耦合弹塑性两参数损伤和修复新模型

32.2.1　一种耦合两参数提法

这里提出了一个关键概念,重点为两参数耦合弹塑性损伤-修复模型,考虑了一个准则,确定单独的体积分量或偏分量,损伤或修复机理何时、如何发生。为了引入体积的和偏损伤-修复以及塑性流变过程的净效应,提出了如下形式的自由能能势:

$$\Psi(\boldsymbol{\varepsilon}_\nu,\boldsymbol{e},\boldsymbol{\sigma}^{\mathrm{p}},\boldsymbol{q},d_\nu^{\mathrm{net}},d_d^{\mathrm{net}})\equiv(1-d_\nu^{\mathrm{net}})\,\Psi_\nu^0(\boldsymbol{\varepsilon}_\nu)+(1-d_d^{\mathrm{net}})\,\Psi_{\mathrm{d}}^0(\boldsymbol{e})-\boldsymbol{\varepsilon}:\boldsymbol{\sigma}^{\mathrm{p}}+\Xi(\boldsymbol{q},\boldsymbol{\sigma}^{\mathrm{p}})\quad(32.1)$$

式中:$\boldsymbol{\varepsilon}_\nu\equiv\frac{1}{3}\boldsymbol{\varepsilon}_{kk};\underset{\sim}{\mathbf{1}}$ 为体积应变张量;$\boldsymbol{e}$ 为偏应变张量;$\boldsymbol{\sigma}^{\mathrm{p}}$ 为塑性应力释放张量; $\boldsymbol{q}$ 为适用的内(塑性)硬化变量组。

这里,d_ν^{net} 为体积损伤和修复的净(复合)效应的比例变量,它与体积损伤变量 d_ν、体积损伤变量的增量 Δd_ν 以及体积修复变量的增量 ΔR_ν 有关,它们的数值均为 0~1。类似地,d_d^{net} 为偏损伤和修复的净(复合)效应的比例变量,它与偏损伤变量 d_d、偏损伤变量的增量 Δd_d 以及偏修复变量的增量 ΔR_d 有关,它们的数值均为 0~1。另外,$\Psi_\nu^0(\boldsymbol{\varepsilon}_\nu)$ 定义了未损伤材料的初始弹性体积存储能量函数,$\Psi_{\mathrm{d}}^0(\boldsymbol{e})$ 为未损伤材料的初始弹性偏分量存储能函数,$\Xi(\boldsymbol{q},\boldsymbol{\sigma}^{\mathrm{p}})$ 为塑性势能函数。对于线弹性的情况,有 $\Psi_\nu^0(\boldsymbol{\varepsilon}_\nu)=\frac{1}{2}\boldsymbol{\varepsilon}_\nu:(K\underset{\sim}{\mathbf{1}}\otimes\underset{\sim}{\mathbf{1}}):\boldsymbol{\varepsilon}_\nu=\frac{1}{2}K(\boldsymbol{\varepsilon}_{kk})^2$,这里 K 表示块体的模量;$\Psi_d^0(\boldsymbol{e})=G:\boldsymbol{e}:\boldsymbol{e}$,这里的 G 表示剪切模量。

若聚焦于纯力学理论,Clausius-Duhem(降阶耗散)不等式(针对纯力学等温理论)对任何可能的过程都采用如下形式:

$$-\dot{\Psi}+\boldsymbol{\sigma}:\dot{\boldsymbol{\varepsilon}}\geqslant0\qquad(32.2)$$

通过求式(32.1)的时间导数,将其代入式(32.2),并采用典型论元(Coleman 和 Gurtin,1967),同时假设损伤修复的净效应和塑性卸载均为弹性过程,从而可得到应力-应变

本构定律(Ju,1989a;Ju 等,2011a):

$$\boldsymbol{\sigma}=(1-d_\nu^{\text{net}})\frac{\partial\Psi_\nu^0(\boldsymbol{\varepsilon}_\nu)}{\partial\boldsymbol{\varepsilon}_\nu}+(1-d_d^{\text{net}})\frac{\partial\Psi_d^0(\boldsymbol{e})}{\partial\boldsymbol{e}}-\boldsymbol{\sigma}^{\text{p}} \tag{32.3}$$

以及耗散不等式:

$$-\frac{\partial\Xi(\boldsymbol{q},\boldsymbol{\sigma}^{\text{p}})}{\partial\boldsymbol{q}}\cdot\dot{\boldsymbol{q}}-\left(\frac{\partial\Xi(\boldsymbol{q},\boldsymbol{\sigma}^{\text{p}})}{\partial\boldsymbol{\sigma}^{\text{p}}}-\boldsymbol{\varepsilon}\right):\dot{\boldsymbol{\sigma}}^{\text{p}}\geqslant 0 \tag{32.4}$$

$$\dot{d}_\nu^{\text{net}}\Psi_\nu^0(\boldsymbol{\varepsilon}_\nu)+\dot{d}_d^{\text{net}}\Psi_d^0(\boldsymbol{e})-\frac{\partial\Xi(\boldsymbol{q},\boldsymbol{\sigma}^{\text{p}})}{\partial\boldsymbol{q}}\cdot\dot{\boldsymbol{q}}-\left(\frac{\partial\Xi(q,\boldsymbol{\sigma}^{\text{p}})}{\partial\boldsymbol{\sigma}^{\text{p}}}-\boldsymbol{\varepsilon}\right):\dot{\boldsymbol{\sigma}}^{\text{p}}\geqslant 0 \tag{32.5}$$

从式(32.3)可以得出,在当前的应变空间提法内,应力张量分裂为体积分量和偏分量的弹性损伤-修复和塑性释放部分。从式(32.4)和式(32.5)可以看出,塑性本身导致的耗散能是正的,如果出现损伤-修复效应,损伤-修复和塑性效应导致的耗散能之和也为正。从式(32.3)~式(32.5)可以看出,当前的理论能够囊括广义(非线性)弹性响应和广义塑性响应。

势能$\Xi(\boldsymbol{q},\boldsymbol{\sigma}^{\text{p}})$与塑性耗散有关,它的作用是使式(32.5)满足特定的过程,需注意,假设$\Xi(\boldsymbol{q},\boldsymbol{\sigma}^{\text{p}})$与 d_ν^{net} 和 d_d^{net} 无关。由式(32.1),可得

$$-Y_\nu\equiv-\frac{\partial\Psi(\boldsymbol{\varepsilon}_\nu,\boldsymbol{e},\boldsymbol{\sigma}^{\text{p}},\boldsymbol{q},d_\nu^{\text{net}},d_d^{\text{net}})}{\partial d_\nu^{\text{net}}}=\Psi_\nu^0(\boldsymbol{\varepsilon}_\nu) \tag{32.6}$$

$$-Y_d\equiv-\frac{\partial\Psi(\boldsymbol{\varepsilon}_\nu,\boldsymbol{e},\boldsymbol{\sigma}^{\text{p}},\boldsymbol{q},d_\nu^{\text{net}},d_d^{\text{net}})}{\partial d_d^{\text{net}}}=\Psi_d^0(\boldsymbol{e}) \tag{32.7}$$

因此,初始的(未损伤的)体积弹性应变能 $\Psi_\nu^0(\boldsymbol{\varepsilon}_\nu)$ 为热力学驱动力 Y_ν,与净体积损伤-修复变量 d_ν^{net} 共轭;初始的(未损伤的)偏弹性应变能 $\Psi_d^0(\boldsymbol{e})$ 为热力学驱动力 Y_d,与净偏损伤-修复变量 d_d^{net} 共轭。下面,聚焦于体积和偏损伤、体积和偏修复以及它们的交互作用。

32.2.2 基于初始弹性应变能的两参数损伤模型的表征

由于损伤效应和演化分为体积量和偏量两个参数,因此所提出的损伤机理称为两参数机理。由式(32.6)可知,等效拉伸体积应变 ξ_ν^+ 首先被归为拉伸体积应变张量的(未损伤的)能量模:

$$\xi_\nu^+\equiv\sqrt{\Psi_\nu^0(\boldsymbol{\varepsilon}_\nu^+)}=\sqrt{\frac{1}{2}K(\boldsymbol{\varepsilon}_{kk}^+)^2} \tag{32.8}$$

式中:$\boldsymbol{\varepsilon}_{kk}^+=\boldsymbol{\varepsilon}_{11}^++\boldsymbol{\varepsilon}_{22}^++\boldsymbol{\varepsilon}_{33}^+$,$\boldsymbol{\varepsilon}^+\equiv\boldsymbol{P}^+:\boldsymbol{\varepsilon}$。张量 $\boldsymbol{\varepsilon}$ 表示整体应变,四阶张量 $\boldsymbol{P}^+$ 为“模式Ⅰ”的正(拉伸)投影张量,其分量为

$$P_{ijkl}^+(\boldsymbol{\varepsilon})=\frac{1}{2}(Q_{ik}^+Q_{jl}^++Q_{il}^+Q_{jk}^+) \tag{32.9}$$

其中,$\boldsymbol{Q}^+\equiv\sum_{i=1}^{2}\hat{H}(\boldsymbol{\varepsilon}_i)\,\boldsymbol{p}_i\otimes\boldsymbol{p}_i$,$\boldsymbol{\varepsilon}=\sum_{i=1}^{2}\boldsymbol{\varepsilon}_i\boldsymbol{p}_i\otimes\boldsymbol{p}_i$,对于本章中的二维模拟,$\|\boldsymbol{p}_i\|=1$。这里,$\boldsymbol{\varepsilon}_i$ 为 i 阶主应变,$\boldsymbol{p}_i$ 为对应的 i 阶单位向量,$\hat{H}(\boldsymbol{\varepsilon}_i)$ 为平滑的 Heaviside 函数。

那么,岩土中的体积损伤的状态可以通过一种体积损伤准则 $\phi_\nu^d(\xi_{\nu,t}^+,g_{\nu,t})\leqslant 0$ 来表

征。将其列于应变空间中,具有如下形式:

$$\phi_\nu^d(\xi_{\nu,t}^+,g_{\nu,t}) \equiv \xi_{\nu,t}^+ - g_{\nu,t} \leqslant 0 \quad (t \in \boldsymbol{R}_+) \tag{32.10}$$

式中:下标 t 表示当前时间 $t \in \boldsymbol{R}_+$ 时的一个值;$g_{\nu,t}$ 为当前时间为 t 时的体积损伤阈值,$g_{\nu,t}$ 的数值会因前一时间步的渐增体积修复(如果有的话)而降低。若用 $g_{\nu,0}$ 表示施加载荷前的初始体积损伤阈值,那么见有 $g_{\nu,t} \geqslant g_{\nu,0}$。需注意,$g_{\nu,0}$ 被当作一种特征材料属性。式(32.10)中的条件表明,当拉伸体积应变的能量模 $\xi_{\nu,t}^+$ 超过初始体积损伤阈值 $g_{\nu,0}$ 时,岩土中的体积损伤就会发生,体积损伤变量 $d_{\nu,t}$ 和体积损伤阈值 $g_{\nu,t}$ 的演化过程分别通过如下速率方程定义:

$$\dot{d}_{\nu,t} = \dot{\mu}_\nu H_\nu(\xi_{\nu,t}^+, d_{\nu,t}) \tag{32.11}$$

$$\dot{g}_\nu = \dot{\mu}_\nu \tag{32.12}$$

其中,$\dot{\mu}_\nu \geqslant 0$ 为体积损伤一致性参数,它根据 Kuhn-Tucker 关系式定义了体积损伤加载/卸载条件:

$$\dot{\mu}_\nu \geqslant 0, \quad \phi_\nu^d(\xi_{\nu,t}^+,g_{\nu,t}) \leqslant 0, \quad \dot{\mu}_\nu \phi_\nu^d(\xi_{\nu,t}^+,g_{\nu,t}) = 0 \tag{32.13}$$

另外,式(32.11)中的 H_ν 表示体积损伤硬化函数,式(32.13)的条件为单边限制相关问题的标准。如果 $\phi_\nu^d(\xi_{\nu,t}^+,g_{\nu,t}) < 0$,则不满足体积损伤准则,且根据式(32.13)中的条件,$\dot{\mu}_\nu = 0$;因此,体积损伤定律式(32.11)表明,$\dot{d}_\nu = 0$ 且无进一步的体积损伤发生。另一方面,如果 $\dot{\mu}_\nu > 0$,即发生了进一步的体积损伤(拉伸载荷),那么式(32.13)中的条件表明,$\phi_\nu^d(\xi_{\nu,t}^+,g_{\nu,t}) = 0$,在这种情况下,$\dot{\mu}_\nu$ 的值通过体积损伤一致性条件确定,即

$$\phi_\nu^d(\xi_{\nu,t}^+,g_{\nu,t}) = \dot{\phi}_\nu^d(\xi_{\nu,t}^+,g_{\nu,t}) = 0 \Rightarrow \dot{\mu}_\nu = \dot{\xi}_\nu^+ \tag{32.14}$$

而 $g_{\nu,t}$ 用下式定义:

$$g_{\nu,t} = \max(g_{\nu,0}, \max_{s \in (-\infty,t)} \xi_{\nu,s}^+) - g_{\nu h,(t-1)} \tag{32.15}$$

式中:$g_{\nu h,(t-1)}$ 为前一时间步的由渐增体积修复(如果有的话)引起的当前体积损伤阈值的降低。

如果式(32.11)中的 $H_\nu(\xi_{\nu,t}^+,d_{\nu,t})$ 与 $d_{\nu,t}$ 无关,上面的提法可按如下方式重新表述,使得 $G_\nu:\boldsymbol{R} \to \boldsymbol{R}_+$,从而 $H_\nu(\xi_{\nu,t}^+) \equiv \partial G_\nu(\xi_{\nu,t}^+)/\partial \xi_{\nu,t}^+$。假定 $G_\nu(\cdot)$ 为单一值,与式(32.10)的条件完全等效的一种体积损伤准则通过 $\dot{\phi}_\nu^d(\xi_{\nu,t}^+,g_{\nu,t}) \equiv G_\nu(\xi_{\nu,t}^+) - G_\nu(g_{\nu,t}) \leqslant 0$ 给出,流变定律和加载/卸载条件变为

$$\dot{d}_{\nu,t} = \frac{\partial \bar{\phi}_\nu^d(\xi_{\nu,t}^+,g_{\nu,t})}{\partial \xi_{\nu,t}^+}, \quad g_{\nu,t} = \dot{\mu}_\nu \tag{32.16}$$

$$\dot{\mu}_\nu \geqslant 0, \quad \bar{\phi}_\nu^d(\xi_{\nu,t}^+,g_{\nu,t}) \leqslant 0, \quad \dot{\mu}_\nu \bar{\phi}_\nu^d(\xi_{\nu,t}^+,g_{\nu,t}) = 0 \tag{32.17}$$

式(32.16)和式(32.17)的条件为最大损伤耗散原理的简单 Kuhn-Tucker 优化条件。

近似地,等效拉伸偏应变 ξ_d^+ 的概念被定义为拉伸偏应变张量的(未损伤)能量模,由式(32.7)可定义为

$$\xi_d^+ \equiv \sqrt{\Psi_\nu^0(\boldsymbol{e}^+)} = \sqrt{\frac{1}{2} G \boldsymbol{e}^+ : \boldsymbol{e}^+} \tag{32.18}$$

其中,$\boldsymbol{e}^+ = \boldsymbol{\varepsilon}^+ - \frac{1}{3}\boldsymbol{\varepsilon}_{kk}^+ \underset{\sim}{\mathbf{1}}$,$\boldsymbol{\varepsilon}^+ \equiv \boldsymbol{P}^+ : \boldsymbol{\varepsilon}$。

与体积损伤的表征类似,偏损伤状态可以通过偏损伤准则 $\phi_d^d(\xi_{d,t}^+,g_{d,t})\leqslant 0$ 来表征,将其列于应变空间中,具有如下函数形式:

$$\phi_d^d(\xi_{d,t}^+,g_{d,t})=\xi_{d,t}^+-g_{d,t}\leqslant 0\quad(t\in\boldsymbol{R}_+)\tag{32.19}$$

式中:下标 t 表示当前时间 $t\in\boldsymbol{R}_+$时的一个值;$g_{d,t}$ 为当前时间为 t 时的偏损伤阈值。需注意,由于前一时间步发生的渐增偏修复,$g_{d,t}$ 的值会降低。如果 $g_{d,0}$ 表示施加载荷前的初始偏损伤阈值,那么必有 $g_{d,t}\geqslant g_{d,0}$。需注意,$g_{d,0}$ 被看作一种特征材料属性。式(32.19)中的条件表明,当拉伸偏应变张量的能量模 $\xi_{d,t}^+$ 超过初始偏损伤阈值 $g_{d,0}$ 时,岩土中的偏损伤就发生,偏损伤变量 $d_{d,t}$ 和偏损伤阈值 $g_{d,t}$ 的演化过程分别通过如下速率方程定义:

$$\dot{d}_{d,t}=\dot{\mu}_d H_d(\xi_{d,t}^+,d_{d,t})\tag{32.20}$$

$$\dot{g}_d=\dot{\mu}d\tag{32.21}$$

其中,$\dot{\mu}_d\geqslant 0$ 为偏损伤一致性参数,它根据 Kuhn-Tucker 关系式定义了偏损伤加载/卸载条件:

$$\dot{\mu}_d\geqslant 0,\quad \phi_d^d(\xi_{d,t}^+,g_{d,t})\leqslant 0,\quad \dot{\mu}_d\phi_d^d(\xi_{d,t}^+,g_{d,t})=0\tag{32.22}$$

另外,式(32.20)中的 H_d 表示偏损伤硬化函数,式(32.22)中的条件为单边限制有关问题的标准。如果 $\phi_d^d(\xi_{d,t}^+,g_{d,t})<0$,则不满足偏损伤准则,且根据式(32.22),$\dot{\mu}_d=0$;因此,偏损伤定律式(32.20)表明,$\dot{d}_d=0$ 且无进一步的偏损伤发生。另一方面,如果 $\dot{\mu}_d>0$,即发生了进一步的偏损伤(拉伸载荷),那么式(32.22)中的条件表明,$\phi_d^d(\xi_{d,t}^+,g_{d,t})=0$,在这种情况下,$\dot{\mu}_d$ 的值通过偏损伤一致性条件确定,即

$$\phi_d^d(\xi_{d,t}^+,g_{d,t})=\dot{\phi}_d^d(\xi_{d,t}^+,g_{d,t})=0\Rightarrow\dot{\mu}_d=\dot{\xi}_d^+\tag{32.23}$$

而 $g_{d,t}$ 由下式给出:

$$g_{d,t}=\max(g_{d,0},\max_{s\in(-\infty,t)}\ \xi_{d,s}^+)-g_{dh,(t-1)}\tag{32.24}$$

式中:$g_{dh,(t-1)}$ 为前一时间步的由渐增偏修复(如果有的话)引起的当前偏损伤的阈值。

如果式(32.20)中的 $H_d(\xi_{d,t}^+,d_{d,t})$ 与 $\dot{d}_{d,t}$ 无关,上面的提法可按如下方式重新表述,使 $G_d:\boldsymbol{R}\to\boldsymbol{R}_+$,从而 $H_d(\xi_{d,t}^+)\equiv\partial G_\nu(\xi_{d,t}^+)/\partial\xi_{d,t}^+$。假定 $G_d(\cdot)$ 为单一值,与式(32.19)的条件完全等效的一种偏损伤准则通过 $\overline{\phi}_d^d(\xi_{d,t}^+,g_{d,t})\equiv G_d(\xi_{d,t}^+)-G_d(g_{d,t})\leqslant 0$ 给出,流变定律和加载/卸载条件变为

$$\dot{d}_{d,t}=\dot{\mu}_d\frac{\partial\overline{\phi}_d^d(\xi_{d,t}^+,g_{d,t})}{\partial\xi_{d,t}^+},\quad g_{d,t}=\dot{\mu}d\tag{32.25}$$

$$\dot{\mu}d\geqslant 0,\quad \overline{\phi}_d^d(\xi_{d,t}^+,g_{d,t})\leqslant 0,\quad \dot{\mu}_d\overline{\phi}_d^d(\xi_{d,t}^+,g_{d,t})=0\tag{32.26}$$

32.2.3 基于初始弹性应变能的两参数修复模型的表征

与前面所述的体积损伤和偏损伤的表征类似,由修复引起的力学性能的渐进回复过程可用两参数修复机理表征。等效压缩体应变 ξ_ν^- 用作压缩体应变张量的能量模,相应地,有

$$\xi_\nu^-\equiv\sqrt{\Psi_\nu^0(\boldsymbol{\varepsilon}_\nu^-)}=\sqrt{\frac{1}{2}K(\boldsymbol{\varepsilon}_{kk}^-)^2}\tag{32.27}$$

式中:$\boldsymbol{\varepsilon}_{kk}^-=\boldsymbol{\varepsilon}_{11}^-+\boldsymbol{\varepsilon}_{22}^-+\boldsymbol{\varepsilon}_{33}^-$,$\boldsymbol{\varepsilon}^-\equiv\boldsymbol{P}^-:\boldsymbol{\varepsilon}$,四阶张量 $\boldsymbol{P}^-$ 表示“模式I”的负(压缩)投影张量,其分量为

$$P_{ijkl}^-(\boldsymbol{\varepsilon})=\frac{1}{2}(Q_{ik}^-Q_{jl}^-+Q_{il}^-Q_{jk}^-)\tag{32.28}$$

其中，$Q^- = \underset{\sim}{1} - Q^+$。

定义一种体积准则 $\phi_\nu^h(\xi_{\nu,t}^-, r_{\nu,t}) \leqslant 0$，将其列于应变空间中，具有如下函数形式：

$$\phi_\nu^h(\xi_{\nu,t}^-, r_{\nu,t}) \equiv \xi_{\nu,t}^- - r_{\nu,t} \leqslant 0 \quad (t \in \boldsymbol{R}_+) \tag{32.29}$$

式中：$r_{\nu,t}$ 定义了当前时间为 t 时的体积修复阈值，如果 $r_{\nu,0}$ 表示施加载荷之前的初始体积修复阈值，那么必有 $r_{\nu,t} \geqslant r_{\nu,0}$。需注意，$r_{\nu,0}$ 被当作一种特征材料属性。式(32.28)中的条件表明，当压缩体积应变张量的能量模 $\xi_{\nu,t}^-$ 超过初始体积修复阈值 $r_{\nu,0}$ 时，材料中的体积修复就会发生。体积修复变量 R_ν 和体积修复阈值 $r_{\nu,t}$ 的演化过程分别通过如下速率方程定义：

$$\dot{R}_{\nu,t} = \dot{\zeta}_\nu Z_\nu(\xi_{\nu,t}^-, R_{\nu,t}) \tag{32.30}$$

$$\dot{r}_\nu = \dot{\zeta}_\nu \tag{32.31}$$

其中，$\dot{\zeta}_\nu \geqslant 0$ 为体积修复一致性参数，它根据 Kuhn-Tucker 关系式定义了体积修复加载/卸载条件：

$$\dot{\zeta}_\nu \geqslant 0, \quad \phi_\nu^h(\xi_{\nu,t}^-, r_{\nu,t}) \leqslant 0, \quad \dot{\zeta}_\nu \phi_\nu^h(\xi_{\nu,t}^-, r_{\nu,t}) = 0 \tag{32.32}$$

另外，式(32.30)中的 Z_ν 表示体积修复硬化函数，式(32.31)中的条件为单边限制有关问题的标准。如果 $\phi_\nu^h(\xi_{\nu,t}^-, r_{\nu,t}) < 0$，则不满足体积修复准则，且根据式(32.32)，$\dot{\zeta}_\nu = 0$；因此，体积修复定律式(32.30)表明，$\dot{R}_\nu = 0$，且无进一步的体积修复发生。另一方面，如果 $\dot{\zeta}_\nu > 0$，即发生了进一步的体积修复（压缩载荷），那么式(32.32)中的条件表明，$\phi_\nu^h(\xi_{\nu,t}^-, r_{\nu,t}) = 0$，在这种情况下，$\dot{\zeta}_\nu$ 的值通过体积修复一致性条件确定，即

$$\phi_\nu^h(\xi_{\nu,t}^-, r_{\nu,t}) = \dot{\phi}_\nu^h(\xi_{\nu,t}^-, r_{\nu,t}) = 0 \Rightarrow \dot{\zeta}_\nu = \dot{\xi}_\nu^- \tag{32.33}$$

而 $r_{\nu,t}$ 由下式给出：

$$r_{\nu,t} = \max(r_{\nu,0}, \max_{s \in (-\infty,t)} \xi_{\nu,s}^-) - r_{\nu d,(t-1)} \tag{32.34}$$

式中：$r_{\nu d,(t-1)}$ 为前一时间步的由渐增体积损伤（如果有的话）引起的当前体积修复阈值的降低。

如果式(32.30)中的 $Z_\nu(\xi_{\nu,t}^-, R_{\nu,t})$ 与 $\dot{R}_{\nu,t}$ 无关，上面的提法可按如下方式重新表述。使 $G_\nu^*: \boldsymbol{R} \to \boldsymbol{R}_+$，从而 $Z_\nu(\xi_{\nu,t}^-) \equiv \partial G_\nu^*(\xi_{\nu,t}^-) / \partial \xi_{\nu,t}^-$。假定 $G_\nu^*(\cdot)$ 为单一值，与式(32.29)的条件完全等效的一种体积修复准则通过 $\overline{\phi}_\nu^h(\xi_{\nu,t}^-, r_{\nu,t}) \equiv G_\nu^*(\xi_{\nu,t}^-) - G^*(r_{\nu,t}) \leqslant 0$ 给出，流变定律和加载/卸载条件变为

$$\dot{R}_{\nu,t} = \dot{\zeta}_\nu \frac{\partial \overline{\phi}_\nu^h(\xi_{\nu,t}^-, r_{\nu,t})}{\partial \xi_{\nu,t}^-}, \quad r_{\nu,t} = \dot{\zeta}_\nu \tag{32.35}$$

$$\dot{\zeta}_\nu \geqslant 0, \quad \overline{\phi}_\nu^h(\xi_{\nu,t}^-, r_{\nu,t}) \leqslant 0, \quad \dot{\zeta}_\nu \overline{\phi}_\nu^h(\xi_{\nu,t}^-, r_{\nu,t}) = 0 \tag{32.36}$$

另外，等效压缩偏应变 ξ_d^- 被看作压缩偏应变张量的（未损伤）能量模，可定义为

$$\xi_d^- \equiv \sqrt{\Psi_d^0(\boldsymbol{e}^-)} = \sqrt{\frac{1}{2} G \boldsymbol{e}^- : \boldsymbol{e}^-} \tag{32.37}$$

其中，$\boldsymbol{e}^- = \boldsymbol{e}^- - \frac{1}{3} \boldsymbol{e}_{kk}^- \underset{\sim}{\boldsymbol{1}}, \boldsymbol{\varepsilon}^- \equiv \boldsymbol{P}^- : \boldsymbol{\varepsilon}$。那么，偏修复的状态可采用偏修复准则 $\phi_d^h(\xi_{d,t}^-, r_{d,t}) \leqslant 0$ 来表征，将其列于应变空间中，具有如下函数形式：

$$\phi_d^h(\xi_{d,t}^-, r_{d,t}) \equiv \xi_{d,t}^- - r_{d,t} \leqslant 0 \quad (t \in \boldsymbol{R}_+) \tag{32.38}$$

式中：$r_{d,t}$ 为当前时间为 t 时的偏修复阈值，如果 $r_{d,0}$ 表示施加载荷前的初始偏修复阈值，

那么必 $r_{d,t} \geqslant r_{d,0}$。需注意，$r_{d,0}$ 被看作一种特征材料属性。式(32.37)中的条件表明，当压缩偏应变张量的能量模 $\xi_{d,t}^-$ 超过初始偏修复阈值 $r_{d,0}$ 时，材料中的偏修复发生。对于这种情况，偏修复变量 R_d 和偏修复阈值 $r_{d,t}$ 的演化过程可分别通过如下速率方程定义：

$$\dot{R}_{d,t} = \dot{\zeta}_d Z_d(\xi_{d,t}^-, R_{d,t}) \tag{32.39}$$

$$\dot{r}_d = \dot{\zeta}_d \tag{32.40}$$

其中，$\dot{\zeta}_d \geqslant 0$ 为偏修复一致性参数，它根据 Kuhn-Tucker 关系式定义了偏修复加载/卸载条件：

$$\dot{\zeta}_d \geqslant 0, \quad \phi_d^h(\xi_{d,t}^-, r_{d,t}) \leqslant 0, \quad \dot{\zeta}_d \phi_d^h(\xi_{d,t}^-, r_{d,t}) = 0 \tag{32.41}$$

另外，式(32.39)中的 Z_d 表示偏修复硬化函数，式(32.41)中的条件为单边限制有关问题的标准。如果 $\phi_d^h(\xi_{d,t}^-, r_{d,t}) < 0$，则不满足偏修复准则，且根据式(32.41)，$\dot{\zeta}_d = 0$；因此，偏修复定律式(32.39)表明，$\dot{R}_d = 0$，且无进一步的偏修复发生。另一方面，如果 $\dot{\zeta}_d > 0$，即发生了进一步的偏修复(压缩载荷)，那么式(32.41)中的条件表明，$\phi_d^h(\xi_{d,t}^-, r_{d,t}) = 0$，在这种情况下，$\dot{\zeta}_d$ 的值通过偏修复一致性条件确定，即

$$\phi_d^h(\xi_{d,t}^-, r_{d,t}) = \dot{\phi}_d^h(\xi_{d,t}^-, r_{d,t}) = 0 \Rightarrow \dot{\zeta}_d = \dot{\xi}_d^- \tag{32.42}$$

而 $r_{d,t}$ 由下式给出：

$$r_{d,t} = \max(r_{d,0}, \max_{s \in (-\infty, t)} \xi_{d,s}^-) - r_{dd,(t-1)} \tag{32.43}$$

其中，$r_{dd,(t-1)}$ 为前一时间步的由渐增偏损伤(如果有的话)引起的当前偏修复阈值的降低。

如果式(32.39)中的 $Z_d(\xi_{d,t}^-, R_{d,t})$ 与 $\dot{R}_{d,t}$ 无关，上面的提法可按如下方式重新表述。使 $G_d^*: \boldsymbol{R} \to \boldsymbol{R}_+$，从而 $Z_d(\xi_{d,t}^-) \equiv \partial G_d^*(\xi_{d,t}^-)/\partial \xi_{d,t}^-$。假定 $G_d^*(\cdot)$ 为单一值，与式(32.38)的条件完全等效的一种偏修复准则通过 $\bar{\phi}_d^h(\xi_{d,t}^-, r_{d,t}) \equiv G_d^*(\xi_{d,t}^-) - G^*(r_{d,t}) \leqslant 0$ 给出，流变定律和加载/卸载条件变为

$$\dot{R}_{d,t} = \dot{\zeta}_d \frac{\partial \bar{\phi}_d^h(\xi_{d,t}^-, r_{d,t})}{\partial \xi_{d,t}^-}, \quad r_{d,t} = \dot{\zeta}_d \tag{32.44}$$

$$\dot{\zeta}_d \geqslant 0, \quad \bar{\phi}_d^h(\xi_{d,t}^-, r_{d,t}) \leqslant 0, \quad \dot{\zeta}_d \bar{\phi}_d^h(\xi_{d,t}^-, r_{d,t}) = 0 \tag{32.45}$$

32.2.4 两参数损伤和修复模型的净(复合的)效应

在近期研究工作中(Ju 等，2011a，b)，对于损伤和修复的净效应而言，具有如下显著特征，但从物理学角度来看是不正确和无法理解的：

$$d^{\text{net}} = d(1-R) \tag{32.46}$$

然后，提出了一种基于微观力学的比例渐增形式，来计算各向同性损伤修复的净效应 d^{net}，如 Ju 等(2011a)的式(32.32)所示。

对于两参数损伤-修复机理的净效应，采用两个独立变量(体积变量 d_v^{net} 和偏变量 d_d^{net})，提出了下面的相互作用机理：

(1)过渡体积损伤和偏损伤。

$$\hat{d}_{v,n+1} = d_{v,n}^{\text{net}} + \Delta d_{v,n+1}, \quad \hat{d}_{d,n+1} = d_{d,n}^{\text{net}} + \Delta d_{d,n+1}$$

(2)体积修复和偏修复。

$$\Delta d_{v,n+1}^h = -\hat{d}_{v,n+1} \Delta R_{v,n+1}, \quad \Delta d_{d,n+1}^h = -\hat{d}_{d,n+1} \Delta R_{d,n+1}$$

$$d_{\nu,n+1}^{\text{net}}=\hat{d}_{\nu,n+1}+\Delta d_{\nu,n+1}^{h},\quad d_{d,n+1}^{\text{net}}=\hat{d}_{d,n+1}+\Delta d_{d,n+1}^{h}$$

如果没有发生修复,则 $R_{\nu,n+1}=0,\Delta R_{d,n+1}=0$。

(3)净增体积损伤和偏损伤。

$$\Delta d_{\nu,n+1}^{\text{net}}=\Delta d_{\nu,n+1}-\hat{d}_{\nu,n+1}\Delta R_{\nu,n+1},\quad \Delta d_{d,n+1}^{\text{net}}=\Delta d_{d,n+1}-\hat{d}_{d,n+1}\Delta R_{d,n+1} \tag{32.47}$$

式中:$\Delta d_{\nu,n+1}$ 为渐增体积损伤变量;$\Delta d_{d,n+1}$ 为渐增偏损伤变量;$\hat{d}_{\nu,n+1}$ 为过渡体积损伤变量;$\hat{d}_{d,n+1}$ 为过渡偏损伤变量;$\Delta d_{\nu,n+1}^{h}$ 为渐增体修复引起的渐增体回复;$\Delta d_{d,n+1}^{h}$ 为渐增偏修复引起的渐增偏回复。

以体积部分为例,如果不存在体积修复,那么过渡体积损伤变量 $\hat{d}_{\nu,n+1}$ 就等于 $d_{\nu,n+1}^{\text{net}}$;如果存在体积修复,那么净(复合)体积损伤-修复变量 $d_{\nu,n+1}^{\text{net}}$ 必然因 $\Delta d_{\nu,n+1}^{h}$ 而改变。

若 $\Delta d_{\nu}^{\text{net}}$ 和 $\Delta d_{d}^{\text{net}}$ 已知,即可通过下面的方程获得渐增四阶损伤张量:

$$\Delta\boldsymbol{D}=\Delta d_{\nu}^{\text{net}}\underset{\sim}{\mathbf{1}}\otimes\underset{\sim}{\mathbf{1}}+\Delta d_{\mathrm{d}}^{\text{net}}\boldsymbol{I}_{\text{dev}} \tag{32.48}$$

32.3　两步算子分裂算法

在第 32.2 节基于有效应力的概念,提出了基于初始弹性应变能的两参数损伤-修复新模型。本节聚焦于两步算子分裂算法,详细讨论损伤-修复新模型的计算过程。更准确地说,主要关注下面的局部两参数弹塑性损伤-修复速率本构方程:

$$\begin{gathered}
\dot{\boldsymbol{\varepsilon}}=\nabla^{\mathrm{s}}\dot{\boldsymbol{u}}(t)\\
\begin{cases}\dot{d}_{\nu,t}=\dot{\mu}_{\nu}H_{\nu}(\xi_{\nu,t}^{+},d_{\nu,t})\\ \dot{g}_{\nu}=\dot{\mu}_{\nu}\\ \dot{\mu}_{\nu}\geqslant 0,\quad \phi_{\nu}^{d}(\xi_{\nu,t}^{+},g_{\nu,t})\leqslant 0,\quad \dot{\mu}_{\nu}\phi_{\nu}^{d}(\xi_{\nu,t}^{+},g_{\nu,t})=0\end{cases}\\
\begin{cases}\dot{d}_{d,t}=\dot{\mu}_{d}H_{d}(\xi_{d,t}^{+},d_{d,t})\\ \dot{g}_{d}=\dot{\mu}_{d}\\ \dot{\mu}_{d}\geqslant 0,\quad \phi_{d}^{d}(\xi_{d,t}^{+},g_{d,t})\leqslant 0,\quad \dot{\mu}_{d}\phi_{d}^{d}(\xi_{d,t}^{+},g_{d,t})=0\end{cases}\\
\begin{cases}\dot{R}_{\nu,t}=\dot{\zeta}_{\nu}Z_{\nu}(\xi_{\nu,t}^{-},R_{\nu,t})\\ \dot{r}_{\nu}=\dot{\zeta}_{\nu}\\ \dot{\zeta}_{\nu}\geqslant 0,\quad \phi_{\nu}^{h}(\xi_{\nu,t}^{-},r_{\nu,t})\leqslant 0,\quad \dot{\zeta}_{\nu}\phi_{\nu}^{h}(\xi_{\nu,t}^{-},r_{\nu,t})=0\end{cases}\\
\begin{cases}\dot{R}_{d,t}=\dot{\zeta}_{d}Z_{d}(\xi_{d,t}^{-},R_{d,t})\\ \dot{r}_{d}=\dot{\zeta}_{d}\\ \dot{\zeta}_{d}\geqslant 0,\quad \phi_{d}^{h}(\xi_{d,t}^{-},r_{d,t})\leqslant 0,\quad \dot{\zeta}_{d}\phi_{d}^{h}(\xi_{d,t}^{-},r_{d,t})=0\end{cases}\\
\Delta d_{\nu,n+1}^{\text{net}}=\Delta d_{\nu,n+1}-\hat{d}_{\nu,n+1}\Delta R_{\nu,n+1},\quad \Delta d_{d,n+1}^{\text{net}}=\Delta d_{d,n+1}-\hat{d}_{d,n+1}\Delta R_{d,n+1}\\
\Delta\boldsymbol{D}=\Delta d_{\nu}^{\text{net}}\underset{\sim}{\mathbf{1}}\otimes\underset{\sim}{\mathbf{1}}+\Delta d_{d}^{\text{net}}\boldsymbol{I}_{\text{dev}}\\
\dot{\bar{\boldsymbol{\sigma}}}=\frac{\mathrm{d}}{\mathrm{d}t}\left[\frac{\partial\Psi^{0}(\boldsymbol{\varepsilon})}{\partial\boldsymbol{\varepsilon}}\right]-\dot{\bar{\boldsymbol{\sigma}}}^{\mathrm{p}}
\end{gathered} \tag{32.49}$$

$$\left\{\begin{array}{ll}\dot{\bar{\boldsymbol{\sigma}}}^{\mathrm{p}}=\dot{\lambda}\dfrac{\partial f}{\partial \boldsymbol{\varepsilon}}\left[\dfrac{\partial \Psi^{0}(\boldsymbol{\varepsilon})}{\partial \boldsymbol{\varepsilon}}-\bar{\boldsymbol{\sigma}}^{\mathrm{p}},\boldsymbol{q}\right] & \text{（相关流变定律）}\\ \dot{\boldsymbol{q}}=\dot{\lambda}\boldsymbol{h}\left[\dfrac{\partial \Psi^{0}(\boldsymbol{\varepsilon})}{\partial \boldsymbol{\varepsilon}}-\bar{\boldsymbol{\sigma}}^{\mathrm{p}},\boldsymbol{q}\right] & \text{（塑性硬化定律）}\\ f\left[\dfrac{\partial \Psi^{0}(\boldsymbol{\varepsilon})}{\partial \boldsymbol{\varepsilon}}-\bar{\boldsymbol{\sigma}}^{\mathrm{p}},\boldsymbol{q}\right]\leqslant 0 & \text{（屈服条件）}\end{array}\right. \tag{32.50}$$

从算法的角度出发，合并式(32.46)和式(32.47)中演化的问题就简化成了以一种与本构模型相一致的方式来更新基本变量$\{\boldsymbol{\sigma}、d_{\nu}^{\mathrm{net}}、d_{d}^{\mathrm{net}}、\bar{\boldsymbol{\sigma}}^{\mathrm{p}}、\boldsymbol{q}\}$。需注意，在该计算过程中，假定应变过程 $t\to\boldsymbol{\varepsilon}\equiv\nabla^{s}\boldsymbol{u}(t)$是给定的。

演化方程在一系列给定的时间步$[t_n,t_{n+1}]\subset R_{+}(n=0,1,2,\cdots)$上逐步被解析出来，因此，这些方程的初始条件为

$$\{\boldsymbol{\sigma},d_{\nu}^{\mathrm{net}},d_{d}^{\mathrm{net}},\bar{\boldsymbol{\sigma}}^{\mathrm{p}},\boldsymbol{q}\}\mid_{t=t_n}=\{\boldsymbol{\sigma}_n,d_{\nu,n}^{\mathrm{net}},d_{d,n}^{\mathrm{net}},\bar{\boldsymbol{\sigma}}^{\mathrm{p}}{}_n,\boldsymbol{q}_n\}$$

根据算子分裂的观点，下面有关演化问题的加法分解均要考虑弹性-损伤-修复预测法和塑性校正部分。

(1)弹性-损伤-修复部分：

$$\dot{\boldsymbol{\varepsilon}}=\nabla^{s}\dot{\boldsymbol{u}}(t)$$

$$\dot{d}_{\nu}=\begin{cases}H_{\nu}(\xi_{\nu}^{+})\dot{\xi}_{\nu}^{+} & (\text{如果}\phi_{\nu,t}^{d}=\dot{\phi}_{\nu,t}^{d}=0)\\ 0 & (\text{否则})\end{cases};\quad \dot{d}_{d}=\begin{cases}H_{d}(\xi_{d}^{+})\dot{\xi}_{d}^{+} & (\text{如果}\phi_{d,t}^{d}=\dot{\phi}_{d,t}^{d}=0)\\ 0 & (\text{否则})\end{cases}$$

$$\dot{g}_{\nu}=\begin{cases}\dot{\xi}_{\nu}^{+} & (\text{如果}\phi_{\nu,t}^{d}=\dot{\phi}_{\nu,t}^{d}=0)\\ 0 & (\text{否则})\end{cases};\quad \dot{g}_{d}=\begin{cases}\dot{\xi}_{d}^{+} & (\text{如果}\phi_{d,t}^{d}=\dot{\phi}_{d,t}^{d}=0)\\ 0 & (\text{否则})\end{cases}$$

$$\dot{R}_{\nu}=\begin{cases}Z_{\nu}(\xi_{\nu}^{-})\dot{\xi}_{\nu}^{-} & (\text{如果}\phi_{\nu,t}^{h}=\dot{\phi}_{\nu,t}^{h}=0)\\ 0 & (\text{否则})\end{cases};\quad \dot{R}_{d}=\begin{cases}Z_{d}(\xi_{d}^{-})\dot{\xi}_{d}^{-} & (\text{如果}\phi_{d,t}^{h}=\dot{\phi}_{d,t}^{h}=0)\\ 0 & (\text{否则})\end{cases}$$

$$\dot{r}_{\nu}=\begin{cases}\dot{\xi}_{\nu}^{-} & (\text{如果}\phi_{\nu,t}^{h}=\dot{\phi}_{\nu,t}^{h}=0)\\ 0 & (\text{否则})\end{cases};\quad \dot{r}_{d}=\begin{cases}\dot{\xi}_{d}^{-} & (\text{如果}\phi_{d,t}^{h}=\dot{\phi}_{d,t}^{h}=0)\\ 0 & (\text{否则})\end{cases}$$

$$\Delta d_{\nu,n+1}^{\mathrm{net}}=\Delta d_{\nu,n+1}-\hat{d}_{\nu,n+1}\Delta R_{\nu,n+1};\quad \Delta d_{d,n+1}^{\mathrm{net}}=\Delta d_{\nu,n+1}-\hat{d}_{d,n+1}\Delta R_{d,n+1}$$

$$\Delta\boldsymbol{D}=\Delta d_{\nu}^{\mathrm{net}}\underset{\sim}{\mathbf{1}}\otimes\underset{\sim}{\mathbf{1}}+\Delta d_{d}^{\mathrm{net}}\boldsymbol{I}_{\mathrm{dev}}$$

$$\dot{\bar{\boldsymbol{\sigma}}}=\frac{\mathrm{d}}{\mathrm{d}t}\left[\frac{\partial \Psi^{0}(\boldsymbol{\varepsilon})}{\partial \boldsymbol{\varepsilon}}\right]$$

$$\dot{\bar{\boldsymbol{\sigma}}}^{\mathrm{p}}=0$$

$$\boldsymbol{q}=0 \tag{32.51}$$

(2)塑性部分：

$$\dot{\boldsymbol{\varepsilon}}=0$$

$$\dot{d}_{\nu}^{\mathrm{net}}=0$$

$$\dot{d}_{d}^{\mathrm{net}}=0$$

$$\dot{r}_{\nu}=0$$

$$\dot{r}_{\mathrm{d}}=0$$

$$\dot{\bar{\boldsymbol{\sigma}}}=-\dot{\bar{\boldsymbol{\sigma}}}^{\mathrm{p}}$$

$$\dot{\bar{\boldsymbol{\sigma}}}^{\mathrm{p}}=\dot{\lambda}\frac{\partial f}{\partial \boldsymbol{\varepsilon}}\left[\frac{\partial \Psi^{0}(\boldsymbol{\varepsilon})}{\partial \boldsymbol{\varepsilon}}-\bar{\boldsymbol{\sigma}}^{\mathrm{p}},\boldsymbol{q}\right]$$

$$\boldsymbol{q}=\dot{\lambda}\boldsymbol{h}\left[\frac{\partial \Psi^{0}(\boldsymbol{\varepsilon})}{\partial \boldsymbol{\varepsilon}}-\bar{\sigma}^{\mathrm{p}},\boldsymbol{q}\right] \tag{32.52}$$

需注意,式(32.48)和(32.49)确实可以加和为式(32.46)和式(32.47),这与算子分裂的概念一致。与这些方程一致的算法是基于下面的有关算子分裂方法的基本结果的,考虑两个算法,第一个与式(32.48)的问题相关(弹性损伤-修复预测法),第二个与式(32.49)的问题一致(塑性返回映射校正法)。因此,通过连续使用这两个算法获得的加和算法与原始问题是相对应的。

32.3.1　两参数弹性损伤-修复预测法

与式(32.48)和式(32.49)相对应的一种算法称为两参数弹性损伤-修复预测法,用下述步骤予以说明。

第一步:应变更新。假设步进位移场为 u_{n+1},其应变张量更新为

$$\boldsymbol{\varepsilon}_{n+1}=\boldsymbol{\varepsilon}_{n}+\nabla^{s}u_{n+1}。$$

第二步:基于总应变张量$\boldsymbol{\varepsilon}_{n+1}$,计算"模式 I 的四阶正投影算子"$\boldsymbol{P}_{n+1}^{+}$(不同于 Simo 和 Ju,1987a,b;1989 和 Ju,1989a):

$$P_{ijkl}^{+}(\boldsymbol{\varepsilon}_{n+1})=\frac{1}{2}(Q_{ik}^{+}Q_{jl}^{+}+Q_{il}^{+}Q_{jk}^{+}) \tag{32.53}$$

其中,$\boldsymbol{Q}_{n+1}^{+}=\sum_{i=1}^{2}\widehat{H}(\boldsymbol{\varepsilon}_{i})\,\boldsymbol{p}_{i}\otimes\boldsymbol{p}_{i}$,$\widehat{H}(\boldsymbol{\varepsilon}_{i})$ 为 Heaviside 平滑函数;$\boldsymbol{\varepsilon}_{n+1}=\sum_{i=1}^{2}\boldsymbol{\varepsilon}_{i}\boldsymbol{p}_{i}\otimes\boldsymbol{p}_{i}$(对于二维模拟)。

第三步:基于总应变张量$\boldsymbol{\varepsilon}_{n+1}$,计算四阶负投影算子$\boldsymbol{P}_{n+1}^{-}$:

$$P_{ijkl}^{-}(\boldsymbol{\varepsilon}_{n+1})=\frac{1}{2}(Q_{ik}^{-}Q_{jl}^{-}+Q_{il}^{-}Q_{jk}^{-}) \tag{32.54}$$

其中,$\boldsymbol{Q}_{n+1}^{-}=\underset{\sim}{\mathbf{1}}-\boldsymbol{Q}_{n+1}^{+}$。

第四步:计算初始(未损伤的)弹性拉伸和压缩体积应变能和偏应变能 $\xi_{\nu,n+1}^{+}$,$\xi_{d,n+1}^{+}$,$\xi_{\nu,n+1}^{-}$,$\xi_{d,n+1}^{-}$。

如果为线弹性,有

$$\xi_{\nu,n+1}^{+}\equiv\sqrt{\Psi_{\nu}^{0}(\boldsymbol{\varepsilon}_{\nu,n+1}^{+})}=\sqrt{\frac{1}{2}K(\boldsymbol{\varepsilon}_{kk,n+1}^{+})^{2}} \tag{32.55}$$

$$\xi_{d,n+1}^{+}\equiv\sqrt{\Psi_{d}^{0}(\boldsymbol{e}_{n+1}^{+})}=\sqrt{\frac{1}{2}G\boldsymbol{e}_{n+1}^{+}:\boldsymbol{e}_{n+1}^{+}} \tag{32.56}$$

其中,$\boldsymbol{\varepsilon}_{kk}^{+}=\boldsymbol{\varepsilon}_{11}^{+}+\boldsymbol{\varepsilon}_{22}^{+}+\boldsymbol{\varepsilon}_{33}^{+}$,$\boldsymbol{e}^{+}=\boldsymbol{\varepsilon}^{+}-\frac{1}{3}\boldsymbol{\varepsilon}_{kk}^{+}\underset{\sim}{\mathbf{1}}$,$\boldsymbol{\varepsilon}^{+}=\boldsymbol{P}^{+}:\boldsymbol{\varepsilon}$,$\boldsymbol{\varepsilon}^{-}=\boldsymbol{P}^{-}:\boldsymbol{\varepsilon}$。

第五步:更新两个比例损伤参数阈值$(\tilde{d}_{\nu})_{n+1}$和$(\tilde{d}_{d})_{n+1}$。

对于体积损伤部分:

(1)如果$(\Delta R_{\nu})_{n}>0$且$(\tilde{d}_{\nu})_{n}>0$,则更新体积损伤参数阈值:

$$(\tilde{d}_{\nu})_{n+1}=(\tilde{d}_{\nu})_{n}[1.0-(\Delta R_{\nu})_{n}] \tag{32.57}$$

(2)否则,使

$$(\tilde{d}_\nu)_{n+1}=(\tilde{d}_\nu)_n \tag{32.58}$$

对于偏损伤部分:

(1)如果$(\Delta R_d)_n>0$且$(\tilde{d}_d)_n>0$,则更新偏损伤参数阈值:

$$(\tilde{d}_d)_{n+1}=(\tilde{d}_d)_n(1.0-(\Delta R_d)_n) \tag{32.59}$$

(2)否则,使

$$(\tilde{d}_d)_{n+1}=(\tilde{d}_d)_n \tag{32.60}$$

第六步:计算两个比例损伤预测器$(d_\nu)_{n+1}$和$(d_d)_{n+1}$。定义

UBVD=体积损伤阈值的上限(0<UBVD<1)。

ξ^+_{UBVD}=对于特定的UBVD,从体积损伤函数估算法获得拉伸体积应变能的上限。

UBDD=偏损伤阈值的上限(0<UBDD<1)。

ξ^+_{UBDD}=拉伸偏应变能的上限。

对于体积损伤部分:

(1)如果$\xi^+_{\nu,n+1}\leqslant\xi^{0+}_{vol}$,无进一步的体积损伤,使$\Delta(d_\nu)_{n+1}=0$,其中$\xi^{0+}_{vol}$为初始体积损伤阈值。

(2)如果$\xi^{0+}_{vol}<\xi^+_{\nu,n+1}<\xi^+_{\mathrm{UBVD}}$,采用一种非线性损伤函数估算法计算$(d_\nu)_{n+1}$,例如下面的函数(Wu等,2005):

$$(d_\nu)_{n+1}(\xi^+_{\nu,n+1})=\frac{(k_\nu)_c[\xi^+_{\nu,n+1}-(k_\nu)_i]}{\xi^+_{\nu,n+1}[(k_\nu)_c-(k_\nu)_i]} \tag{32.61}$$

式中:$(k_\nu)_c$和$(k_\nu)_i$为体积损伤演化的材料常数。

$$(d_\nu)_{n+1}(\xi^+_{\nu,n+1})=1-\frac{A_\nu(1-B_\nu)}{\xi^+_{\nu,n+1}}-B_\nu\exp(A_\nu-\xi^+_{\nu,n+1}) \tag{32.62}$$

式中:A_ν和B_ν为体积损伤演化的材料常数。

(3)如果$\xi^+_{\nu,n+1}\geqslant\xi^+_{\mathrm{UBVD}}$,使$(d_\nu)_{n+1}$=UBVD。若$N_\nu>1$($N_\nu$为计数器),无进一步的体积损伤,使$\Delta(d_\nu)_{n+1}=0$。

对于偏损伤部分:

(1)如果$\xi^+_{d,n+1}\leqslant\xi^{0+}_{\mathrm{dev}}$,无进一步的偏损伤,使$\Delta(d_d)_{n+1}=0$,其中$\xi^{0+}_{dev}$为初始偏损伤阈值。

(2)如果$\xi^{0+}_{dev}<\xi^+_{d,n+1}<\xi^+_{\mathrm{UBDD}}$,采用一种非线性损伤函数估算法计算$(d_d)_{n+1}$,例如下面的函数(Wu等,2005):

$$(d_d)_{n+1}(\xi^+_{d,n+1})=\frac{(k_d)_c[\xi^+_{d,n+1}-(k_d)_i]}{\xi^+_{d,n+1}[(k_d)_c-(k_d)_i]} \tag{32.63}$$

$$(d_d)_{n+1}(\xi^+_{d,n+1})=1-\frac{A_d(1-B_d)}{\xi^+_{d,n+1}}-B_d\exp(A_d-\xi^+_{d,n+1}) \tag{32.64}$$

(3)如果$\xi^+_{d,n+1}\geqslant\xi^+_{\mathrm{UBDD}}$,使$(d_d)_{n+1}$=UBDD。若$N_d>1$($N_d$为计数器),无进一步的偏损伤,使$\Delta(d_d)_{n+1}=0$。

如果$\Delta(d_\nu)_{n+1}=0$且$\Delta(d_d)_{n+1}=0$,则转至第十步。

第七步:检查两个渐增比例损伤准则$\Delta(d_\nu)_{n+1}$和$\Delta(d_d)_{n+1}$。

$$\Delta(d_\nu)_{n+1}=(d_\nu)_{n+1}-(\tilde{d}_\nu)_{n+1} \tag{32.65}$$

$$\Delta(d_d)_{n+1}=(d_d)_{n+1}-(\tilde{d}_d)_{n+1} \tag{32.66}$$

如果 $\Delta\xi^+_{n+1}\leqslant 0$,那么使 $\Delta(d_\nu)_{n+1}=0$ 和 $\Delta(d_d)_{n+1}=0$。

仅当 $\Delta(d_\nu)_{n+1}\leqslant 0$ 且 $\Delta(d_d)_{n+1}\leqslant 0$ 时,转至第十步。否则,如果 $\Delta(d_\nu)_{n+1}>0$,使$(\tilde{d}_\nu)_{n+1}=(d_\nu)_{n+1}$,则继续。

如果 $\Delta(d_d)_{n+1}>0$,使$(\tilde{d}_d)_{n+1}=(d_d)_{n+1}$,则继续,

$(\tilde{d}_\nu)_n$ 和$(\tilde{d}_d)_n$ 分别表示前一时间步的比例体积损伤和偏损伤参数阈值。

第八步:计算两参数损伤预测器张量增量 $\Delta\boldsymbol{D}_{n+1}$,以及更新的非对称两参数过渡损伤张量$\widehat{\boldsymbol{D}}_{n+1}$。

$$\Delta\boldsymbol{D}_{n+1}=(\Delta d_\nu)_{n+1}\underset{\sim}{\mathbf{1}}\otimes\underset{\sim}{\mathbf{1}}+(\Delta d_d)_{n+1}\boldsymbol{I}_{dev} \tag{32.67}$$

$$\widehat{\boldsymbol{D}}_{n+1}=\boldsymbol{D}^{\text{net}}_n+\Delta\boldsymbol{D}_{n+1} \tag{32.68}$$

第九步:更新两个比例修复参数阈值$(\tilde{R}_\nu)_{n+1}$ 和$(\tilde{R}_d)_{n+1}$。

$(\tilde{R}_\nu)_{n+1}$ 和$(\tilde{R}_d)_{n+1}$ 为损伤发生后保持的体积修复和偏修复的净值。

对于体积损伤部分:

(1)如果$(\Delta d_\nu)_{n+1}>0$ 且$(\tilde{R}_\nu)_n>0$,下一步更新体积修复阈值:

$$(\tilde{R}_\nu)_{n+1}=(\tilde{R}_\nu)_n[1.0-(\Delta d_\nu)_{n+1}] \tag{32.69}$$

(2)否则,使

$$(\tilde{R}_\nu)_{n+1}=(\tilde{R}_\nu)_n \tag{32.70}$$

对于偏损伤部分:

(1)如果$(\Delta d_d)_{n+1}>0$ 且$(\tilde{R}_d)_n>0$,下一步更新偏修复阈值:

$$(\tilde{R}_d)_{n+1}=(\tilde{R}_d)_n[1.0-(\Delta d_d)_{n+1}] \tag{32.71}$$

(2)否则,使

$$(\tilde{R}_d)_{n+1}=(\tilde{R}_d)_n \tag{32.72}$$

第十步:计算两个比例修复预测器$(R_\nu)_{n+1}$ 和$(R_d)_{n+1}$。定义

UBVH=体积修复阈值的上限(0<UBVH<1)。

ξ^-_{UBVH}=对于特定的 UBVH,从体积修复函数估算中得到的压缩体积应变能的上限(例设为 0.6)。

UBDH=偏修复阈值的上限(0<UBDH<1)。

ξ^-_{UBDH}=对于特定的 UBDH,从偏修复函数估算中得到的压缩偏应变能的上限(例设为 0.6)。

对于体积修复部分:

(1)如果 $\xi^-_{\nu,n+1}\leqslant\xi^{0-}_{\nu ol}$,无进一步的体积修复,使 $\Delta(R_\nu)_{n+1}=0$,其中 $\xi^{0-}_{\nu ol}$ 为初始体积修复阈值。

(2)如果 $\xi^{0-}_{\nu ol}<\xi^-_{\nu,n+1}<\xi^-_{\text{UBVH}}$,采用一种非线性修复函数估算法计算$(R_\nu)_{n+1}$,例如下面的函数(Wu 等,2005):

$$(R_\nu)_{n+1}(\xi^-_{\nu,n+1})=\frac{(h_\nu)_c[\Delta\xi^-_{\nu,n+1}-(h_\nu)_i]}{\xi^-_{\nu,n+1}[(h_\nu)_c-(h_\nu)_i]} \tag{32.73}$$

式中：$(h_\nu)_c$ 和 $(h_\nu)_i$ 为体积修复演化的材料常数。

$$(R_\nu)_{n+1}(\xi^-_{\nu,n+1}) = 1 - \frac{\bar{A}_\nu(1-\bar{B}_\nu)}{\xi^-_{\nu,n+1}} - \bar{B}_\nu \exp(\bar{A}_\nu - \xi^-_{\nu,n+1}) \tag{32.74}$$

式中：$\bar{A}_\nu$ 和 $\bar{B}_\nu$ 为体积修复演化的材料常数。

(3) 如果 $\xi^-_{\nu,n+1} \geqslant \xi^-_{\mathrm{UBVH}}$，使 $(R_\nu)_{n+1} = \mathrm{UBVH}$。如果 $M_\nu > 1$（M_ν 为计数器），无进一步的体积修复，使 $\Delta(R_\nu)_{n+1} = 0$。

对于偏修复部分：

(1) 如果 $\xi^-_{d,n+1} \leqslant \xi^{0-}_{dev}$，无进一步的偏修复，使 $\Delta(R_d)_{n+1} = 0$，其中 ξ^{0-}_{dev} 为初始偏修复阈值。

(2) 如果 $\xi^{0-}_{dev} < \xi^-_{d,n+1} < \xi^-_{\mathrm{UBDH}}$，采用一种非线性损伤函数估算法计算 $(R_d)_{n+1}$，例如下面的函数（Wu 等，2005）：

$$(R_d)_{n+1}(\xi^-_{d,n+1}) = \frac{(h_d)_c[\xi^-_{d,n+1} - (h_d)_i]}{\xi^-_{d,n+1}[(h_d)_c - (h_d)_i]} \tag{32.75}$$

式中：$(h_d)_c$ 和 $(h_d)_i$ 为偏修复演化的材料常数。

$$(R_d)_{n+1}(\xi^-_{d,n+1}) = 1 - \frac{\bar{A}_d(1-\bar{B}_d)}{\xi^-_{d,n+1}} - \bar{B}_d \exp(\bar{A}_d - \xi^-_{d,n+1}) \tag{32.76}$$

式中：$\bar{A}_d$ 和 $\bar{B}_d$ 为偏修复演化的材料常数。

(3) 如果 $\xi^-_{d,n+1} \geqslant \xi^-_{\mathrm{UBDH}}$，使 $(R_d)_{n+1} = \mathrm{UBDH}$。如果 $M_d > 1$（M_d 为计数器），无进一步的偏修复，使 $\Delta(R_d)_{n+1} = 0$。

仅当 $\Delta(R_\nu)_{n+1} = 0$ 且 $\Delta(R_d)_{n+1} = 0$ 时，转至第十四步。否则，转至第十一步。

第十一步：检查两个渐增比例修复准则 $\Delta(R_\nu)_{n+1}$ 和 $\Delta(R_d)_{n+1}$。

$$\Delta(R_\nu)_{n+1} = (R_\nu)_{n+1} - (\tilde{R}_\nu)_{n+1} \tag{32.77}$$

$$\Delta(R_d)_{n+1} = (R_d)_{n+1} - (\tilde{R}_d)_{n+1} \tag{32.78}$$

如果 $\Delta\xi^-_{n+1} \leqslant 0$，那么使 $\Delta(R_\nu)_{n+1} = 0$ 和 $\Delta(R_d)_{n+1} = 0$。

仅当 $\Delta(R_\nu)_{n+1} \leqslant 0$ 且 $\Delta(R_d)_{n+1} \leqslant 0$ 时，转至第十四步。否则，如果 $\Delta(R_\nu)_{n+1} > 0$，使 $(\tilde{R}_\nu)_{n+1} = (R_\nu)_{n+1}$。

如果 $\Delta(R_d)_{n+1} > 0$，使 $(\tilde{R}_d)_{n+1} = (R_d)_{n+1}$。

$(\tilde{R}_\nu)_n$ 和 $(\tilde{R}_d)_n$ 分别表示前一时间步的比例体积修复和偏修复参数阈值。

第十二步：计算两参数修复张量增量 $\Delta \boldsymbol{R}_{n+1}$。

$$\Delta \boldsymbol{R}_{n+1} = (\Delta R_\nu)_{n+1} \underset{\sim}{\mathbf{1}} \otimes \underset{\sim}{\mathbf{1}} + (\Delta R_d)_{n+1} \boldsymbol{I}_{dev} \tag{32.79}$$

第十三步：计算修复校正器增量，并更新两参数损伤-修复净（复合的）张量。

$$\begin{aligned} \Delta \boldsymbol{D}^H_{n+1} &= -\widehat{\boldsymbol{D}}_{n+1} \cdot \Delta \boldsymbol{R}_{n+1} \\ \boldsymbol{D}^{\mathrm{net}}_{n+1} &= \widehat{\boldsymbol{D}}_{n+1} + \Delta \boldsymbol{D}^H_{n+1} \end{aligned} \tag{32.80}$$

试验（预测器）应力：将应力张量代入势能中，可得

$$\begin{aligned} \boldsymbol{\sigma}^0_{n+1} &= \frac{\partial \Psi^0(\boldsymbol{\varepsilon}_{n+1})}{\partial \varepsilon} \\ \bar{\boldsymbol{\sigma}}^{\mathrm{trial}}_{n+1} &= \boldsymbol{\sigma}^0_{n+1} - \bar{\boldsymbol{\sigma}}^p_n \\ \boldsymbol{q}^{\mathrm{trial}}_{n+1} &= \boldsymbol{q}_n \end{aligned} \tag{32.81}$$

32.3.2　有效塑性返回映射校正法

为了开发出一种算法,与算子分裂的塑性部分相对应,首先要检查加载/卸载条件。

第十四步:检查塑性屈服和活动模式,Kuhn-Tucker 条件的算法表达式借助弹性损伤试验应力简单执行,我们仅检查:

$$f(\bar{\boldsymbol{\sigma}}_{n+1}^{\text{trial}},\boldsymbol{q}_{n+1}^{\text{trial}})\begin{cases}\leqslant 0,\text{弹性-损伤-修复预测器=最终状态}\\ >0,\text{塑性}\Rightarrow\text{返回映射}\end{cases}\tag{32.82}$$

多表面塑性:在有塑性载荷的情况下,有必要确定活动的塑性表面,如 CAP 模型。

第十五步:有效塑性返回映射校正器。在塑性加载情况下,预测器应力和内部变量按照式(32.49)生成的流变的算法表达式被“返回”至屈服表面。该流变的算法的构建按照已有的程序进行,该程序来源于用于非线性优化的 Kelley 凸切平面方法,其基本结构源于牛顿方法。该程序的两个基本优势为无需考虑以下两个方面:①四阶速率收敛于屈服表面;②需要计算流变定律和硬化定律的梯度。

第十六步:更新均匀化的(名义的)应力$\boldsymbol{\sigma}_{n+1}$

$$\boldsymbol{\sigma}_{n+1}=[\boldsymbol{I}-\boldsymbol{D}_{n+1}^{\text{net}}]:\bar{\boldsymbol{\sigma}}_{n+1}\tag{32.83}$$

32.4　岩土压缩、挖掘和压实运动的数值模拟

将两参数弹塑性损伤-修复新模型与我们之前研究中提到的混合各向同性弹塑性损伤-修复模型(Ju 等,2011a,b)相比,能够生成更加通用的模拟方法,针对岩土的压缩、挖掘和压实过程,给出了相同案例以进行合理的对比。相关的岩土性能列于表 32.1 中,参见 Wu 等(2005)。简单起见,采用 Drucker-Prager 多表面塑性关联法来模拟岩土的行为,参见 Simo 等(1988)、Wu 等(2001)以及 Chen 等(2009)。

表 32.1　相关的岩土性能

杨氏模量/MPa	24.7
泊松比	0.35
密度/(kg/m^3)	1.88×10^3
内聚力/MPa	0.19
拉梅常数/Pa	$\lambda=2.13457\times10^7$　$\mu=9.14815\times10^7$
屈服应力/Pa	1.88312×10^5

岩土运动过程的初始配置和离散化如图 32.1 所示。推土机的铲叶按一种刚体处理,因此用两个黑色的接触表面来表示。为了模拟铲叶表面和岩土颗粒之间的接触过程,采用了传统的罚接触算法,尺寸为 4m×2m 的一层岩土被离散为 41×21=861 个均匀分布的颗粒。作为半 Lagrange 离散化方法的一个重要扩展,提出了一种新的基于颗粒的“归一配比”的接触算法(Wu 等,2005)。自然接触算法(Wu 等,2005)被用来模拟岩土颗粒和地面之间的接触行为,如图 32.1 的右侧所示。图 32.1 中的铲叶在受控条件下向右水平移动 0.3m,岩土垂直抬起 3m,向右水平移动 1.8m,旋转 45°后将岩土堆于墙上,然后旋转回去后向前并向下移动,从而将岩土压实于地坑内。

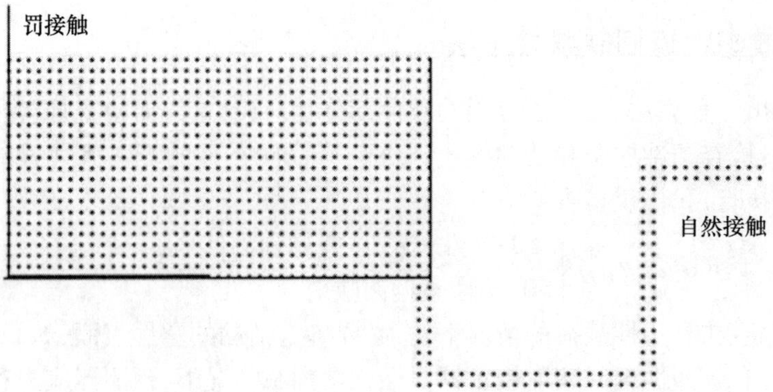

图 32.1　岩土运动过程的初始配置和离散化

对于新的两参数弹塑性损伤-修复模型,除损伤和修复演化中的材料参数外,另有四个材料参数控制着复杂数学模拟下的岩土行为,包括初始体积损伤阈值 ξ_{vol}^{0+}、初始偏损伤阈值 ξ_{dev}^{0+}、初始体积修复阈值 ξ_{vol}^{0-} 和初始偏修复阈值 ξ_{dev}^{0-}。在数学模拟过程中,简单起见,做了如下两种假设:①岩土按照式(32.60)、式(32.62)、式(32.72)和式(32.74)描述的那样发生体积损伤和偏损伤演化;②体积损伤-修复和偏损伤-修复演化利用相同的材料参数,即对于韧性岩土$(k_v)_c=(k_d)_c=(h_v)_c=(h_d)_c=0.05$,且$(k_v)_i=(k_d)_i=(h_v)_i=(h_d)_i=50$。

接下来,进行了参数化研究,针对初始体积损伤阈值、初始偏损伤阈值、初始体积修复阈值和初始偏修复阈值,比较了新的两参数损伤-修复模型和前面的混合各向同性损伤-修复模型,如表 32.2 所列。

表 32.2 表明,在前面的研究中,混合各向同性弹塑性损伤和修复模型仅能给出一种数学模拟方法(Ju 等,2011a,b),而新的两参数弹塑性损伤和修复模型可通过微调 ξ_{vol}^{0+}、ξ_{dev}^{0+}、ξ_{vol}^{0-} 和 ξ_{dev}^{0-},针对岩土压缩、挖掘和压实操作,得出多种组合的、不同用途的数学模拟方法。

在这部分中,给出了一些经典的数值模拟结果,以展示所提出的损伤-修复模型的突出特点和多用途模拟能力。另外,对不同时刻的渐进变形进行了比较,针对初始偏损伤阈值效应的结果见图 32.2,针对初始体积修复和偏修复阈值效应的结果见图 32.3。在这些图中,蓝色实心圆表示无体积(偏)损伤的岩土颗粒,红色实心圆表示全部为体积(偏)损伤的岩土颗粒(这些模拟中的上限损伤 UBVD 和 UBDD),其他颜色的实心圆(如绿色、黄色和橙色)表示 0 和上限损伤之间部分体积(偏)损伤的岩土颗粒。

表 32.2　ξ_{vol}^{0+}、ξ_{dev}^{0+}、ξ_{vol}^{0-} 和 ξ_{dev}^{0-} 的参数化研究

	初始体积损伤阈值ξ_{vol}^{0+}	初始偏损伤阈值ξ_{dev}^{0+}	初始体积修复阈值ξ_{vol}^{0-}	初始偏修复阈值ξ_{vol}^{0-}
混合各向同性弹塑性损伤-修复模型				
	0.050	0.050	0.080	0.080
两参数弹塑性损伤-修复模型				
体积损伤效应	0.040	0.050	无限	无限
	0045			
	0.055			
	0.060			

续表

	初始体积损伤阈值ξ_{vol}^{0+}	初始偏损伤阈值ξ_{dev}^{0+}	初始体积修复阈值ξ_{vol}^{0-}	初始偏修复阈值ξ_{vol}^{0-}
偏损伤效应	0.050	0.040	无限	无限
		0045		
		0.055		
		0.060		
体积修复效应	0.050	0.050	0.070	0.080
			0.075	
			0.085	
			0.090	
偏修复效应	0.050	0.050	0.080	0.070
				0.075
				0.085
				0.090

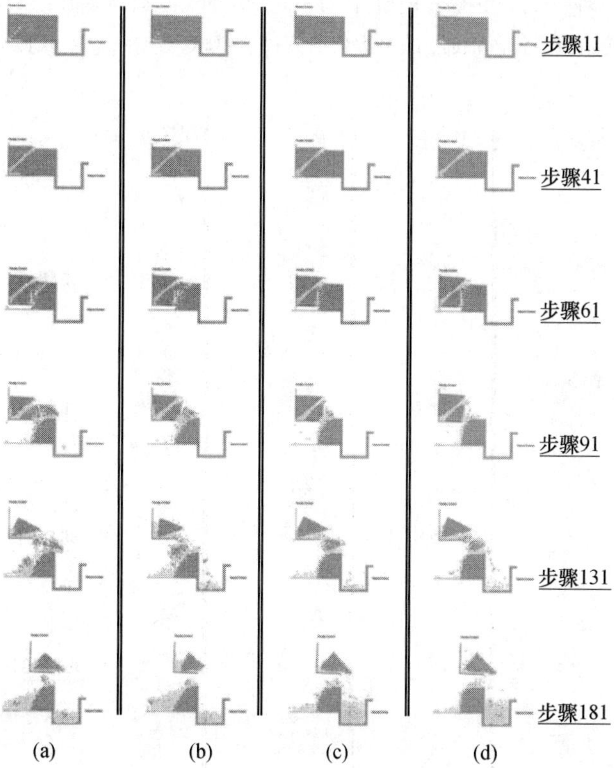

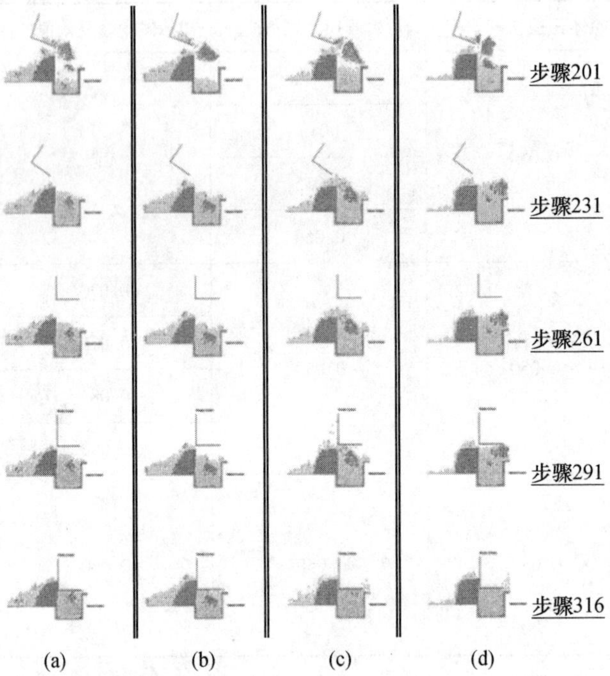

图 32.2 利用两参数损伤-修复模型,针对不同阶段的岩土运动模拟的岩土变形过程,对初始偏损伤阈值ξ_{dev}^{0+}的参数化研究($\xi_{\mathrm{vol}}^{0+}=0.05$、$\xi_{\mathrm{vol}}^{0-}=\xi_{\mathrm{dev}}^{0-}=$无限大)

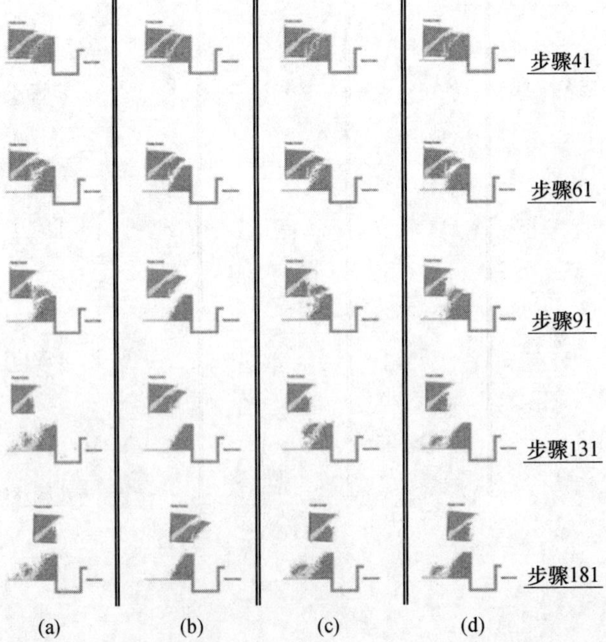

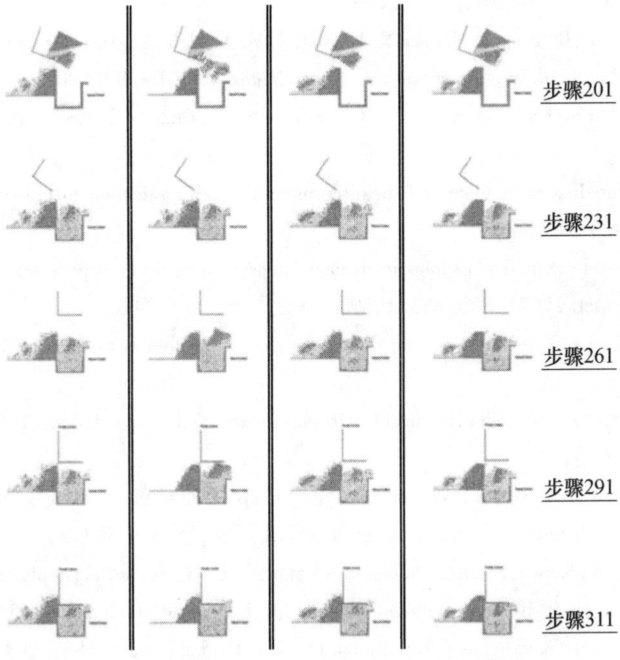

图 32.3　利用两参数损伤-修复模型，针对不同阶段的岩土运动模拟的岩土变形过程，对初始体积修复和偏修复阈值（ξ_{vol}^{0-} 和ξ_{dev}^{0-}）的参数化研究（$\xi_{vol}^{0+}=\xi_{dev}^{0+}=0.05$）

32.5　小　　结

本章提出了基于初始弹性应变能的耦合弹塑性两参数损伤-修复新算法，用于模拟复杂的岩土运动过程。在新模型中，针对体积损伤和偏损伤以及体积修复和偏修复的能量准则，在体积分量和偏分量中使用了基于 $\boldsymbol{P}^{+}$ 和 $\boldsymbol{P}^{-}$ 的等效应变。给出了全新的两步算子分裂算法，其特点是可以得出体积和偏弹性损伤-修复预测器及有效塑性返回映射校正器。另外，体积和偏损伤及修复机理的耦合行为通过采用预测器公式和校正器公式，以渐增的形式进行表征。在没有相关试验数据支撑的前提下，所提出的针对岩土的两参数新提法和算法仅展示了其广泛的用途和突出的损伤-修复特征。一旦得到相关试验数据，对损伤和修复演化中关键参数的试验验证即可进行。本章考虑了完全饱和的岩土，湿度和基质吸力对部分饱和岩土的影响将在下一章中予以考虑。

另外，开展进一步研究工作后可涵盖四阶各向异性损伤-修复，这是由 Ju 等（2011a，b）提出的。同时，非常感谢 J. S. Chen 教授和 Pai-Chen Guan 博士，当模型在 NMAP 无网格代码中运行时给予的帮助。

参考文献

E. J. Barbero, F. Greco, P. Lonetti, Continuum damage-healing mechanics with application to self-healing composites. Int. J. Damage Mech. 14(1),51-81(2005)

J. S. Chen, Y. Wu, P. Guan, H. Teng, J. Gaidos, K. Hofstetter, M. Alsaleh, A semi-Lagrangian reproducing Kernel formulation for modeling earth moving operations. Mech. Mater. 41,670-683(2009)

B. D. Coleman, M. E. Gurtin, Thermodynamics with internal state variables. J. Chem. Phys. 47(2),597-613 (1967)

O. Herbst, S. Luding, Modeling particulate self-healing materials and application to uni-axial compression. Int. J. Fract. 154(1-2),87-103(2008)

J. W. Ju, On energy-based coupled elastoplastic damage theories-constitutive modeling and computational aspects. Int. J. Solids Struct. 25(7),803-833(1989a)

J. W. Ju, On energy-based coupled elastoplastic damage models at finite strains. J. Eng. Mech. ASCE 115(11), 2507-2525(1989b)

J. W. Ju, Isotropic and anisotropic damage variables in continuum damage mechanics. J. Eng. Mech. ASCE 116 (12),2764-2770(1990)

J. W. Ju, K. Y. Yuan, A. W. Kuo, Novel strain energy based coupled elastoplastic damage and healing models for geomaterials-part Ⅰ: formulations. Int. J. Damage Mech. 21(4),525-549(2011a)

J. W. Ju, K. Y. Yuan, A. W. Kuo, J. S. Chen, Novel strain energy based coupled elastoplastic damage and healing models for geomaterials-part Ⅱ: computational aspects. Int. J. Damage Mech. 21(4),551-576(2011b)

L. M. Kachanov, Rupture time under creep conditions. Izvestia Akademii Nauk SSSR Otdelenie Tekhnicheskich Nauk 8,26-31(1958)

M. Kachanov, Continuum model of medium with cracks. J. Eng. Mech. Div. ASCE 106(5),1039-1051(1980)

J. Lemaitre, A continuous damage mechanics model for ductile fracture. J. Eng. Mater. Technol. ASME 107(1), 83-89(1985)

I. N. Rabotnov, On the equations of state for creep, in Progress in Applied Mechanics-the Prager Anniversary Volume, (MacMillan, New York, 1963), pp. 307-315

J. C. Simo, J. W. Ju, Strain-based and stress-based continuum damage models. 1. Formulation. Int. J. Solids Struct. 23(7),821-840(1987a)

J. C. Simo, J. W. Ju, Strain-based and stress-based continuum damage models. 2. Computational aspects. Int. J. Solids Struct. 23(7),841-869(1987b)

J. C. Simo, J. W. Ju, On continuum damage-elastoplasticity at finite strains: a computational framework. Comput. Mech. 5(5),375-400(1989)

J. C. Simo, J. W. Ju, K. S. Pister, R. L. Taylor, An assessment of the cap model: consistent return algorithms and rate-dependent extension. J. Eng. Mech. ASCE 114(2),191-218(1988)

Y. Wu, A stabilized semi-Lagrangian Galerkin meshfree formulation for extremely large deformation analysis. PhD Dissertation, University of California, Los Angeles, 2005

C. T. Wu, J. S. Chen, L. Chi, F. Huck, Lagrangian meshfree formulation for analysis of geotechnical materials. J. Eng. Mech. 127,440-449(2001)

K. Xia, A framework for earthmoving blade/soil model development. J. Terramech. 45(5),147-165(2008)

第 33 章 金属基复合材料的颗粒开裂模型

L. Z. Sun,H. T. Liu 和 Jiann-Wen Woody Ju

摘 要

本章的主旨是模拟带有颗粒开裂的颗粒增强金属基复合材料的力学行为。具体而言,将一个基于微观力学的弹塑性本构模型与颗粒开裂引起的损伤力学结合起来,预测颗粒增强金属基复合材料的整体力学行为。单向排列的球形弹性颗粒随机分布在弹塑性金属基体中,其中一些颗粒包含了硬币状裂纹,这些有缺陷的颗粒是由颗粒的逐渐开裂引起的,可采用双夹杂的概念进行模拟。采用区域体积平均的均匀化程序来评估复合材料损伤的有效屈服函数,对单轴载荷条件下颗粒增强复合材料的弹塑性力学行为进行模拟,并与已有的试验结果进行对比。

33.1 概 述

颗粒增强金属基复合材料(PRMMC)由于其良好的成形性和加工性能以及较高的力学性能,受到了越来越多的关注。但是,由于其与微观组织损伤演化相关韧性和断裂韧度较低,PRMMC 广泛应用的潜力受到一定程度的限制。通过微观组织设计减少这些限制,需要对 PRMMC 内损伤过程的微观机制有全面的理解。

试验研究(Clyne 和 Withers,1993;Duresh 等,1993)表明,在 PRMMC 中通常存在三种常见的损伤微观机制,包括增强体的脆性开裂、沿基体和增强体界面的脱黏,以及基体中的塑韧性局部化。相应地,存在不同的模型来评估这些微观组织损伤过程对 PRMMC 整体力学性能的影响。需注意,主导性的损伤机制与增强体、基体及其界面的强度、增强体的形状和含量以及载荷模式是内在关联的。本章仅限于颗粒增强-开裂机制,在第 34 章中,Sun 等提出了金属基复合材料的颗粒界面脱黏演化过程的模型,该模型基于微观力学的概念并针对部分脱黏的复合材料的有效弹塑性行为(Liu 等,2006)。

对 PRMMC 的应用具有实际意义的是预测由颗粒开裂的微观组织损伤引起的整体弹塑性响应。例如,已开展大量的有限元微观力学研究,来揭示颗粒开裂对 PRMMC 的弹性和弹塑性行为的影响(Bao,1992;Finot 等,1994;Brockenrough 和 Zok,1995;Llorca 等,1997;Wilkinson 等,1997;Ghosh 和 Moorthy,1998;Steglich 等,1999)。在二维轴对称有限元分析的单胞微观力学框架内,Bao(1992)研究了未开裂和已开裂的增强体颗粒对具有弹性-完美塑性基体的 PRMMC 的流变响应特征的影响。而 Finot 等(1994)以及 Brockenbrough 和 Zok(1995)进一步将基体看作一种塑性硬化的固体。Llorca 等(1997)和 Wilkinson

等(1997)引入了威布尔统计方法,用他们的有限元模型来模拟颗粒开裂的损伤演化过程。Ghosh 和 Moorthy(1998)将复合材料中的增强体看作是随机分布的,从而开发出一种 Voronoi 胞有限元方法来分析颗粒开裂效应。最后,Steglich 等(1999)通过一种内聚区模型研究颗粒开裂,采用 Gurson-Tvergaard-Needleman 损伤模型(Gurson,1977;Tvergaard 和 Needleman,1984)研究裂纹扩展过程。

有关损伤颗粒对 PRMMC 整体力学行为影响的理论研究始于 Mochida 等(1991),他们基于 Eshelby 等效夹杂方法(Eshelby,1957)和 Mori-Tanaka 回复应力分析(Mori 和 Tanaka,1973)对复合材料的弹性韧度进行了估算。Bourgeois 等(1994)和 Derrien 等(2000)进一步扩展了 Mochida 等(1991)的方法,利用正割模量的概念进行弹塑性研究(Berveiller 和 Zaoui,1979;Tandon 和 Weng,1988)。后来,Gonzalez 和 Llorca(2000)利用渐增自洽方案(Hill,1965)计算了 PRMMC 的有效弹塑性响应和由增强体断裂导致的颗粒中的应力重新分配。

本章的目的是采用微观力学和均匀化(区域体积平均)方法,来研究包含单向分布颗粒的金属基复合材料的有效弹塑性和损伤行为。与大部分具有周期性微观组织的单胞方法不同,该模型基于基体中随机分布的颗粒,另外,该模型主要针对颗粒开裂过程的逐步演化中断裂的增强体相的效应。作者们已经开发出一种微观力学框架,来预测在三维载荷条件下,具有随机分布的球形颗粒的 PRMMC 的有效弹塑性行为(Ju 和 Sun,2001;Sun 和 Ju,2001)。并且作者们已推导出一种全新方法来研究在球形颗粒增强体中局部应力的分布。采用了区域均匀化程序并基于球形颗粒的空间概率分布和颗粒-基体的影响,从微观力学的角度,推导出 PRMMC 的有效塑性屈服行为。对前期的研究进一步延伸后,本章给出了一种基于微观力学的弹塑性本构模型,来表征颗粒开裂对 PRMMC 的影响。

本章剩余部分安排如下:首先,综述了一种微观力学的原理,它可定量分析颗粒和基体中的局部应力场(第 33.2 节)。双夹杂理论(Hori 和 Nemat-Nasser,1993;Shodja 和 Sarvestani,2001)被引入来模拟颗粒中的开裂过程。在第 33.3 节中,采用区域体积平均程序来推导 PRMMC 的整体屈服函数。颗粒开裂损伤的演化和有效弹塑性本构方法分别在第 33.4 节和第 33.5 节中给出。最后,在第 33.6 节和第 33.7 节中给出了一些有效的算法和数值模拟结果,来验证所提出的方法。

33.2 夹杂的微观力学

这里考虑一种复合材料含有一种各向同性的弹性基体(0 相)和取向单一但随机分布的弹性球形颗粒(1 相),两者具有明显不同的材料性能。假设这两相在界面处完美结合,基体和颗粒的各向同性的韧度可以写为

$$C_{ijkl}^{(\beta)}=\lambda^{(\beta)}\delta_{ij}\delta_{kl}+\mu^{(\beta)}(\delta_{ik}\delta_{jl}+\delta_{il}\delta_{jk})\quad(\beta=0,1)\tag{33.1}$$

式中:($\lambda^{(0)}$、$\mu^{(0)}$)和($\lambda^{(1)}$、$\mu^{(1)}$)分别为基体和颗粒的拉梅常数。

加载后,基体中任意点处的局部应力 $\boldsymbol{\sigma}(\boldsymbol{x})$ 为远场应力$\boldsymbol{\sigma}_0$ 和因不均匀颗粒的存在引起的扰动应力 $\boldsymbol{\sigma}'(\boldsymbol{x})$ 之和。具体而言,中心位于 $\boldsymbol{x}'$ 的单个颗粒引起的应力扰动按下式导出(Ju 和 Sun,2001):

$$\boldsymbol{\sigma}'(\boldsymbol{x}|\boldsymbol{x}')=[\boldsymbol{C}^{(0)}\cdot\overline{\boldsymbol{G}}^{(1)}(\boldsymbol{x}-\boldsymbol{x}')]:\boldsymbol{\varepsilon}_*^{(1)}\tag{33.2}$$

式中：$\boldsymbol{\varepsilon}_*^{(1)}$ 为等效本征应变，且有

$$\boldsymbol{\varepsilon}_*^{(1)} = -[\boldsymbol{S}^{(1)} + (\boldsymbol{C}^{(1)} - \boldsymbol{C}^{(0)})^{-1} \cdot \boldsymbol{C}^{(0)}]^{-1} : \boldsymbol{\varepsilon}_0 \tag{33.3}$$

其中，$\boldsymbol{\varepsilon}_0 = \boldsymbol{C}^{(0)-1} : \boldsymbol{\sigma}_0$。

另外，$\overline{\boldsymbol{G}}^{(1)}(\boldsymbol{x}-\boldsymbol{x}')$ 和 $\boldsymbol{S}^{(1)}$ 为球形夹杂的四阶外点和内点 Eshelby 张量，其显式表达式可在 Ju 和 Sun(1999)中找到。本章中，符号"："代表一个四阶张量和一个二阶张量的张量约缩，而符号"·"代表两个四阶张量的张量乘积。

在外部加载过程中，一旦局部应力强度达到临界值(Lee 等，1999)，就会在增强体相内发生颗粒开裂。裂纹萌生、相互作用和扩展的微观机制是非常复杂的，由于我们主要的目的是通过均匀化程序模拟 PRMMC 的整体力学性能，而不是模拟局部精确的应力/应变场，所以通过在完整颗粒内嵌入一个硬币状裂纹(2 相)来模拟实际的裂纹开裂损伤，如图 33.1 所示。从双夹杂理论出发(Hori 和 Nemat－Nasser，1993；Shodja 和 Sarvestani，2001)，中心位于 $\boldsymbol{x}'$ 处的损伤后的颗粒引起的局部扰动应力 $\boldsymbol{\sigma}'(\boldsymbol{x})$ 可按下式估算：

$$\boldsymbol{\sigma}'(\boldsymbol{x}|\boldsymbol{x}') = [\boldsymbol{C}^{(0)} \cdot \overline{\boldsymbol{G}}^{(1)}(\boldsymbol{x}-\boldsymbol{x}')] : \boldsymbol{\varepsilon}_*^{(1)} + [\boldsymbol{C}^{(0)} + \overline{\boldsymbol{G}}^{(2)}(\boldsymbol{x}-\boldsymbol{x}')] : [\boldsymbol{\varepsilon}_*^{(2)} - \boldsymbol{\varepsilon}_*^{(1)}] \tag{33.4}$$

式中：$\overline{\boldsymbol{G}}^{(2)}(\boldsymbol{x}-\boldsymbol{x}')$ 为硬币状裂纹的外点 Eshelby 张量，通过设定球形颗粒的形状比为零，可计算出一种特殊情况 $\overline{\boldsymbol{G}}^{(1)}(\boldsymbol{x}-\boldsymbol{x}')$。另外，需注意，球形夹杂和硬币状裂纹的等效本征应变 $\boldsymbol{\varepsilon}_*^{(1)}$ 和 $\boldsymbol{\varepsilon}_*^{(2)}$ 在其对应范围内并非是均一的(Shodja 和 Sarvestani，2001)。为计算简便，本章使用 Hori 和 Nemat-Nasser(1993)的体积平均的表达式：

$$\begin{aligned}
&\boldsymbol{\varepsilon}_*^{(1)} = -[\boldsymbol{S}^{(1)} + (\boldsymbol{C}^{(1)} - \boldsymbol{C}^{(0)})^{-1} - \boldsymbol{C}^{(0)}]^{-1} : \boldsymbol{\varepsilon}_0 \\
&\quad \boldsymbol{\varepsilon}_*^{(1)} = -\{\boldsymbol{S}^{(2)} - \boldsymbol{I} + (\boldsymbol{S}^{(1)} - \boldsymbol{S}^{(2)}) \cdot [\boldsymbol{S}^{(2)} + (\boldsymbol{C}^{(1)} - \boldsymbol{C}^{(0)})^{-1} \cdot \boldsymbol{C}^{(0)}]^{-1} \cdot \\
&\qquad (\boldsymbol{S}^{(2)} - \boldsymbol{I})\}^{-1} : \boldsymbol{\varepsilon}_0 + [\boldsymbol{S}^{(1)} + (\boldsymbol{C}^{(1)} - \boldsymbol{C}^{(0)})^{-1} \cdot \boldsymbol{C}^{(0)}]^{-1} : \boldsymbol{\varepsilon}_0
\end{aligned} \tag{33.5}$$

式中：$\boldsymbol{S}^{(2)}$ 为硬币状裂纹的内点 Eshelby 张量；$\boldsymbol{I}$ 为四阶单位张量。

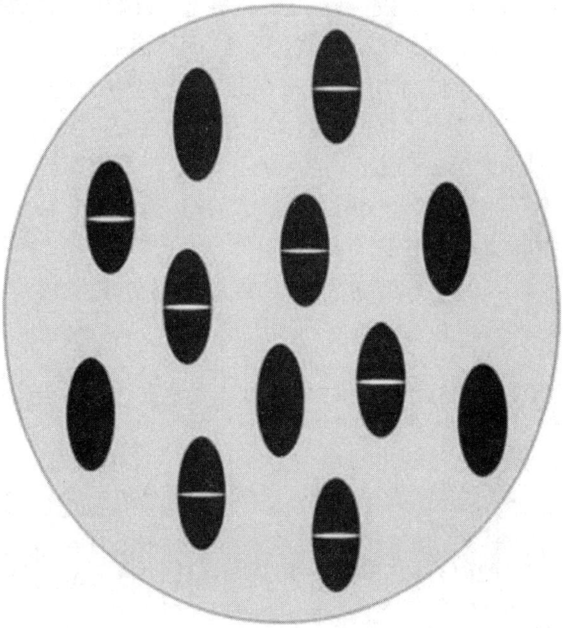

图 33.1　PRMMC 的颗粒开裂微观组织示意图

33.3 均匀化程序

为获得 PRMMC 的有效(整体)本构定律,通常需要在一个介观代表体积单元(RVE)内运行一种均匀化程序(Nemat-Nasser 和 Hori,1999)。在基体材料的任意点 $\boldsymbol{x}$ 处,假设微观应力 $\boldsymbol{\sigma}(\boldsymbol{x})$ 满足冯·米塞斯 J_2 屈服准则:

$$F(\boldsymbol{\sigma},\bar{e}_m^{\mathrm{p}})=\sqrt{\boldsymbol{\sigma}:\boldsymbol{I}_d:\boldsymbol{\sigma}}-K(\bar{e}_m^{\mathrm{p}})\leqslant 0 \tag{33.6}$$

式中:$\bar{e}_m^{\mathrm{p}}$ 和 $K(\bar{e}_m^{\mathrm{p}})$ 分别为仅基体材料的等效塑性应变和各向同性硬化函数;$\boldsymbol{I}_d$ 为四阶单位张量 $\boldsymbol{I}$ 的偏分量。

某一基体点 $\boldsymbol{x}$ 处的"当前应力模"的平方用 $\mathrm{H}(\boldsymbol{x}|g)=\boldsymbol{\sigma}(\boldsymbol{x}|g):\boldsymbol{I}_d:\boldsymbol{\sigma}(\boldsymbol{x}|g)$ 表示,它对某一给定颗粒配置 g(集合)的复合材料的初始屈服准则有贡献。另外,$<H>_m(\boldsymbol{x})$ 被定义为某一基体点 $\boldsymbol{x}$ 的 $H(\boldsymbol{x}|g)$ 在所有可能的运行中的区域平均:

$$<H>_m(\boldsymbol{x})=H^0+\oint[H(\boldsymbol{x}|g)-H^0]P(g)\mathrm{d}g \tag{33.7}$$

式中:$P(g)$ 为用于找出复合材料中的一个颗粒配置的概率密度函数;$H^0=\boldsymbol{\sigma}_0:\boldsymbol{I}_d:\boldsymbol{\sigma}_0$ 为施加在复合材料上的远场应力模的平方。

$<H>_m$ 的表达式可通过忽略相邻颗粒之间的相互作用被近似处理,即某一基体点 $\boldsymbol{x}$ 仅收集所有随机分布的、无相互作用的颗粒处的扰动:

$$<H>_m(\boldsymbol{x})\approx H^0+\oint_{\boldsymbol{x}'\notin\Xi(\boldsymbol{x})}[H^{(1)}(\boldsymbol{x}|\boldsymbol{x}')-H^0]P^{(1)}(\boldsymbol{x}')\mathrm{d}\boldsymbol{x}'+\oint_{\boldsymbol{x}'\notin\Xi(\boldsymbol{x})}[H^{(2)}(\boldsymbol{x}|\boldsymbol{x}')-H^0]P^{(2)}(\boldsymbol{x}')\mathrm{d}\boldsymbol{x}' \tag{33.8}$$

式中:$\Xi(\boldsymbol{x})$ 为概率空间中,相对颗粒中心位置 $\boldsymbol{x}'$,$\boldsymbol{x}$ 所占据的区域,它等同于球形颗粒的形状和尺寸。另外,$H^{(1)}$ 和 $H^{(2)}$ 分别为应力模从完整颗粒和开裂颗粒得到的扰动值,它们可以分别从第 33.2 节中的式(33.2)和式(33.4)计算出来。

简单起见,假设所有的颗粒都均匀分布在复合材料中,因此,$P^{(\beta)}(\boldsymbol{x}')$ 可以假设为 $N^{(\beta)}/V(\beta=1,2)$,其中 $N^{(\beta)}$ 为均匀分散在体积为 V 的 RVE 中的 β 相颗粒的总数。经过一系列冗长但直接的推导之后,区域平均的 $<H>_m$ 可按下式估算:

$$<H>_m=\boldsymbol{\sigma}_0:\boldsymbol{I}_T:\boldsymbol{\sigma}_0 \tag{33.9}$$

式中,四阶张量 $\boldsymbol{T}$ 的分量具有如下形式:

$$T_{ijkl}=T_{IK}^{(1)}\delta_{ij}\delta_{kl}+T_{IJ}^{(2)}(\delta_{ik}\delta_{jl}+\delta_{il}\delta_{jk}) \tag{33.10}$$

其中

$$T_{IK}^{(1)}=-\frac{1}{3}+\frac{2}{4725(1-\nu_0)^2}\left\{\begin{array}{l}3(35\nu_0^2-70\nu_0+36)\times\left(4A_{II}^{(2)}A_{KK}^{(2)}\Delta_{IK}^{\mathrm{p}}\dfrac{\phi_2}{\alpha}+\Delta_{IK}\dfrac{\phi}{B_{II}B_{KK}}\right)+7(50\nu_0^2\\ -59\nu_0+8)\times\left[4A_{II}^{(2)}A_{KK}^{(2)}(\Delta_I^{\mathrm{p}}+\Delta_K^{\mathrm{p}})\dfrac{\phi_2}{\alpha}+(\Delta_I+\Delta_K)\dfrac{\phi}{B_{II}B_{KK}}\right]-\\ 2(175\nu_0^2-343\nu_0+103)\times\left(4A_{II}^{(2)}A_{KK}^{(2)}\Delta_{IK}^{\mathrm{p}}\dfrac{\phi_2}{\alpha}+\Delta_{IK}\dfrac{\phi}{B_{II}B_{KK}}\right)\end{array}\right\}+$$

$$\frac{2(25\nu_0-2)(1-2\nu_0)}{225(1-\nu_0)^2}\times\left[\frac{\phi(\Gamma_{II}+\Gamma_{KK})}{B_{II}B_{KK}}-2\frac{\phi_2}{\alpha}(A_{II}^{(1)}A_{KK}^{(2)}+A_{II}^{(2)}A_{KK}^{(1)})\right]+$$

$$\frac{2(25\nu_0-23)(1-2\nu_0)}{225(1-\nu_0)^2}\times\left[\frac{\phi(\Gamma_{II}\Delta_K+\Gamma_{KK}\Delta_I)}{B_{II}B_{KK}}-2\frac{\phi_2}{\alpha}(A_{II}^{(1)}A_{KK}^{(2)}\Delta_K^{\mathrm{p}}+A_{II}^{(2)}A_{KK}^{(1)}\Delta_I^{\mathrm{p}})\right]+$$

$$\frac{2(1-2\nu_0)^2}{3(1-\nu_0)^2}\times\left(A_{II}^{(1)}A_{KK}^{(1)}\frac{\phi_2}{\alpha}+\frac{\phi\Gamma_{II}\Gamma_{KK}}{B_{II}B_{KK}}\right)$$

$$T_{IJ}^{(2)}=\frac{1}{2}+\frac{1}{1575(1-\nu_0)^2}\left\{\begin{aligned}&(70\nu_0^2-140\nu_0+72)\times\left(4A_{IJ}^{(2)}A_{IJ}^{(2)}\Delta_{IJ}^{\mathrm{p}}\frac{\phi_2}{\alpha}+\Delta_{IJ}\frac{\phi}{B_{IJ}B_{IJ}}\right)-7(175\nu_0^2-\\&266\nu_0+75)\times\left[2A_{IJ}^{(2)}A_{IJ}^{(2)}(\Delta_I^{\mathrm{p}}+\Delta_J^{\mathrm{p}})\frac{\phi_2}{\alpha}+\frac{(\Delta_I+\Delta_J)}{2}\frac{\phi}{B_{IJ}B_{IJ}}\right]\\&+(350\nu_0^2-476\nu_0+164)\times\left(4A_{IJ}^{(2)}A_{IJ}^{(2)}\frac{\phi_2}{\alpha}+\frac{\phi}{B_{IJ}B_{IJ}}\right)\end{aligned}\right\}\tag{33.11}$$

式中：ν_0 为基体材料的泊松比；α 为球形颗粒的高宽比；ϕ、ϕ_1 及 ϕ_2 分别为所有颗粒、完整颗粒和开裂颗粒的体积分数。

需注意，这里采用了 Mura(1987)的指数张量表示法，即重复的小写字母指数从 1 到 3 加和，而大写字母指数与相应的小写字母指数采用相同的数字但不加和。上述公式中的其他参数在 Ju 和 Tseng(1997)中给出。

施加的远场应力 $\boldsymbol{\sigma}_0$ 和宏观(区域体积平均的)应力 $\bar{\boldsymbol{\sigma}}$ 之间的广义关系由 Ju 和 Sun(2001)给出：

$$\boldsymbol{\sigma}_0=\boldsymbol{P}:\bar{\boldsymbol{\sigma}}\tag{33.12}$$

其中，四阶张量 $\boldsymbol{P}$ 为

$$\boldsymbol{P}=\{\boldsymbol{C}^{(0)}\{\boldsymbol{I}+\boldsymbol{\phi}(\boldsymbol{I}-\boldsymbol{S}^{(1)})\cdot[\boldsymbol{S}^{(1)}+(\boldsymbol{C}^{(1)}-\boldsymbol{C}^{(0)})^{-1}\cdot\boldsymbol{C}^{(0)}]^{-1}\}\boldsymbol{C}^{(0)-1}\}^{-1}\tag{33.13}$$

合并式(33.9)和式(33.12)就可以得出当前应力模的区域平均的平方的另一表达式：

$$\langle H\rangle_m=\bar{\boldsymbol{\sigma}}:\bar{\boldsymbol{T}}:\bar{\boldsymbol{\sigma}}\tag{33.14}$$

其中，四阶张量 $\bar{\boldsymbol{T}}=\boldsymbol{P}^{\mathrm{T}}\cdot\boldsymbol{T}\cdot\boldsymbol{P}$。在上述公式中发现，如果在复合材料中未发生颗粒开裂，那么 $\langle H\rangle_m$ 可简化为 Ju 和 Sun(2001)中的那样。另外，若 $\phi=0$，则式(33.14)将简化为经典的 J_2 恒定式(仅基体材料)。

33.4 损伤演化

虽然在复合材料中颗粒与其相邻材料之间相互作用的微观机理很复杂，但很明显，颗粒区域内的应力场对颗粒的开裂至关重要。在模拟 PRMMC 的弹塑性行为过程中，颗粒上的平均正应力是颗粒开裂的控制因素。这表明，如果颗粒垂直于特定平面的正应力达到一个临界值，在该平面上就会发生颗粒开裂(Lee 等，1999)。另一方面，假设所有的颗粒均匀分散并具有相同的几何特征，但颗粒开裂不会同时萌生，该开裂过程通过威布尔(Sun 等，2003)概率方法可以很好地描述(Llorca 等，1997；Derren 等，2000；Weibull，1951；Li 等，1999)。

假设威布尔统计学特征控制着对称赤道面(2-3 平面)上的颗粒开裂萌生,开裂颗粒的总体积分数 ϕ_2 可写为

$$\frac{\phi_2}{\phi}=1-\exp\left(-\frac{\bar{\sigma}_{11}^{(1)}}{s}\right)^m \tag{33.15}$$

式中:s 和 m 分别与颗粒的临界断裂强度和裂纹扩展速率相关,例如,当选取一个中间速率 $m=5$,那么 s 就会为 $1.09\sigma_{\mathrm{cri}}$; $\bar{\sigma}_{11}^{(1)}$ 为对称方向上颗粒的平均正应力,从第 33.2 节中的微观力学理论出发,下面的公式是成立的:

$$\bar{\boldsymbol{\sigma}}^{(1)}=\boldsymbol{C}^{(0)}\cdot\{\boldsymbol{I}+(\boldsymbol{I}-\boldsymbol{S}^{(1)})\cdot[\boldsymbol{S}^{(1)}+(\boldsymbol{C}^{(1)}-\boldsymbol{C}^{(0)})^{-1}\cdot\boldsymbol{C}^{(0)}]^{-1}\}:\boldsymbol{\varepsilon}_0 \tag{33.16}$$

33.5 复合材料的本构模型

当考虑小变形时,整体宏观应变 $\bar{\boldsymbol{\varepsilon}}$ 由两部分组成:

$$\bar{\boldsymbol{\varepsilon}}=\bar{\boldsymbol{\varepsilon}}^{\mathrm{e}}+\bar{\boldsymbol{\varepsilon}}^{\mathrm{p}} \tag{33.17}$$

式中:$\bar{\boldsymbol{\varepsilon}}^{\mathrm{e}}$ 为复合材料的整体弹性应变;$\bar{\boldsymbol{\varepsilon}}^{\mathrm{p}}$ 为复合材料的整体塑性应变。

宏观应力 $\bar{\boldsymbol{\sigma}}$ 和宏观弹性应变$\bar{\boldsymbol{\varepsilon}}^{\mathrm{e}}$ 之间的关系为

$$\bar{\boldsymbol{\sigma}}=\bar{\boldsymbol{C}}:\bar{\boldsymbol{\varepsilon}}^{\mathrm{e}} \tag{33.18}$$

其中,复合材料的有效弹性刚度可由下式确定(Wilkinson 等,2001):

$$\begin{aligned}\bar{C}=&C^{(0)}+\phi C^{(0)}\cdot\left(K-\phi S^{(1)}+\frac{\phi_2}{\alpha}S^{(2)}\cdot J^{-1}\cdot K\right)^{-1}+\\&\frac{\phi_2}{\alpha}\boldsymbol{C}^{(0)}\cdot\left[\frac{\boldsymbol{\phi}_2}{\boldsymbol{\alpha}}\boldsymbol{S}^{(2)}+(\boldsymbol{I}-\boldsymbol{\phi}\boldsymbol{S}^{(1)}\cdot\boldsymbol{K}^{-1})\cdot\boldsymbol{J}\right]^{-1}\end{aligned} \tag{33.19}$$

其中

$$\begin{aligned}&\boldsymbol{K}=\boldsymbol{S}^{(1)}+(\boldsymbol{C}^{(1)}-\boldsymbol{C}^{(0)})^{-1}\cdot\boldsymbol{C}^{(0)}\\&\boldsymbol{J}=\{\boldsymbol{I}+(\boldsymbol{S}^{(1)}-\boldsymbol{S}^{(2)})\cdot[\boldsymbol{S}^{(2)}+(\boldsymbol{C}^{(1)}-\boldsymbol{C}^{(0)})^{-1}\cdot\boldsymbol{C}^{(0)}]^{-1}\}\cdot\boldsymbol{E}\end{aligned} \tag{33.20}$$

且 $\boldsymbol{E}=\lim\limits_{\rho\to 0}\dfrac{\boldsymbol{S}^{(2)}-\boldsymbol{I}}{\rho}$,$\rho$ 为硬币状裂纹的有限宽高比。

复合材料的整体塑性流变被认为具有相关性,PRMMC 的宏观塑性应变速率具有如下形式:

$$\dot{\bar{\boldsymbol{\varepsilon}}}^{\mathrm{p}}=\dot{\lambda}\frac{\partial\bar{F}}{\partial\bar{\boldsymbol{\sigma}}} \tag{33.21}$$

式中:$\dot{\lambda}$ 为塑性一致性参数;$\bar{F}$ 为复合材料的整体屈服函数,它可基于第 33.3 节中的区域均匀化推导,从微观力学的角度确定为

$$\bar{F}=(1-\phi_1)\sqrt{\bar{\boldsymbol{\sigma}}:\bar{\boldsymbol{T}}:\bar{\boldsymbol{\sigma}}}-K(\bar{e}^{\mathrm{p}})\leqslant 0 \tag{33.22}$$

其中,$\bar{e}^{\mathrm{p}}$ 为有效等效塑性应变,而简单的各向同性硬化函数 $K(\bar{e}^{\mathrm{p}})$ 可写为

$$K(\bar{e}^{\mathrm{p}})=\sqrt{\frac{2}{3}}\,[\sigma_{\mathrm{y}}+h(\bar{e}^{\mathrm{p}})^q] \tag{33.23}$$

其中,σ_{y} 为基体材料的初始屈服应力;h 和 q 为线性的和指数的各向同性硬化参数。

因此,针对具有渐进颗粒开裂过程的颗粒增强金属基复合材料,提出了一种有效的弹

塑性本构模型,该模型列于式(33.15)~式(33.22)中,它们基于一种微观力学的方法、区域均匀化程序以及统计分布的方法,该模型可使我们评估复合材料的整体弹塑性应力-应变响应行为。

33.6 算　　法

与计算塑性的算法相一致,本章采用应变驱动的算法,其中,整体的应力历史由给定的整体应变历史一一确定。与之前的程序类似(Ju 和 Chen,1994),若知道前一时间步 $t=t_n$ 的状态($\bar{\boldsymbol{\sigma}}_n,\bar{\boldsymbol{\varepsilon}}_n^{\mathrm{p}},\bar{e}_n^{\mathrm{p}}$),那么某点的未知状态($\bar{\boldsymbol{\sigma}}_{n+1},\bar{\boldsymbol{\varepsilon}}_{n+1}^{\mathrm{p}},\bar{e}_{n+1}^{\mathrm{p}}$)会在时间步 $t=t_{n+1}$ 的最后确定出来,在 t_n 时的整体应力可用下式估算:

$$\bar{\boldsymbol{\sigma}}_n=\bar{\boldsymbol{C}}:(\bar{\boldsymbol{\varepsilon}}_n-\bar{\boldsymbol{\varepsilon}}_n^{\mathrm{p}}) \tag{33.24}$$

采用两步算子分裂的方法将弹塑性加载过程分裂成弹性预测器和塑性校正器。首先,试验弹性应力可按下式计算:

$$\bar{\boldsymbol{\sigma}}_{n+1}^{\mathrm{tr}}=\bar{\boldsymbol{\sigma}}_n+\bar{\boldsymbol{C}}:\Delta\bar{\boldsymbol{\varepsilon}}_{n+1} \tag{33.25}$$

式中:$\Delta\bar{\boldsymbol{\varepsilon}}_{n+1}$ 为第 $n+1$ 步处的给定应变增量,试验 $\bar{\boldsymbol{\sigma}}_{n+1}^{\mathrm{tr}}$ 和前面的 $\bar{e}_n^{\mathrm{p}}$ 插入屈服函数后为

$$\bar{F}_{n+1}^{\mathrm{tr}}=(1-\phi_1)\sqrt{\bar{\boldsymbol{\sigma}}_{n+1}^{\mathrm{tr}}:\bar{\boldsymbol{T}}:\bar{\boldsymbol{\sigma}}_{n+1}^{\mathrm{tr}}}-K(\bar{e}^{\mathrm{p}}) \tag{33.26}$$

如果 $\bar{F}_{n+1}^{\mathrm{tr}}\leqslant 0$,那么渐增的响应是完全弹性的,因此可设 $\bar{\boldsymbol{\sigma}}_{n+1}=\bar{\boldsymbol{\sigma}}_{n+1}^{\mathrm{tr}}$ 且 $\bar{e}_{n+1}^{\mathrm{p}}=\bar{e}_n^{\mathrm{p}}$。

在 $\bar{F}_{n+1}^{\mathrm{tr}}>0$ 的情况下,试验弹性应力位于屈服表面之外,这是不允许的,必须强加 Kuhn-Tucker 加载/卸载条件,将弹性预测器带回屈服表面。若采用无条件稳定的隐式向后欧拉法,可得到

$$\bar{\boldsymbol{\varepsilon}}_{n+1}^{\mathrm{p}}=\bar{\boldsymbol{\varepsilon}}_n^{\mathrm{p}}+\xi_{n+1}\bar{\boldsymbol{T}}:\bar{\boldsymbol{\sigma}}_{n+1};\bar{e}_{n+1}^{\mathrm{p}}=\bar{e}_n^{\mathrm{p}}+\xi_{n+1}\sqrt{\frac{2}{3}\bar{\boldsymbol{\sigma}}_{n+1}:\bar{\boldsymbol{T}}:\bar{\boldsymbol{\sigma}}_{n+1}} \tag{33.27}$$

具有下面的定义:

$$\xi_{n+1}=2(1-\phi_1)^2\dot{\lambda}\Delta t_{n+1} \tag{33.28}$$

整体应力 $\bar{\boldsymbol{\sigma}}_{n+1}$ 可更新为

$$\bar{\boldsymbol{\sigma}}_{n+1}=\bar{\boldsymbol{C}}:(\bar{\boldsymbol{\varepsilon}}_{n+1}-\bar{\boldsymbol{\varepsilon}}_n^{\mathrm{p}}-\xi_{n+1}\bar{\boldsymbol{T}}:\bar{\boldsymbol{\sigma}}_{n+1}) \tag{33.29}$$

众所周知,在塑性加载过程中,有效屈服函数通常应该为零,因此,参数 ξ_{n+1} 可通过附加 $t=t_{n+1}$ 时的塑性一致性条件来确定:

$$\bar{F}_{n+1}(\xi_{n+1})=(1-\phi_1)\sqrt{\bar{\boldsymbol{\sigma}}_{n+1}:\bar{\boldsymbol{T}}:\bar{\boldsymbol{\sigma}}_{n+1}}-K(\bar{e}_{n+1}^{\mathrm{p}})=0 \tag{33.30}$$

将式(33.27)和式(33.29)代入式(33.30)就可得到一个 ξ_{n+1} 的非线性比例方程。一旦参数 ξ_{n+1} 从式(33.30)数值解析出来,那么当前整体应力、塑性应变和硬化参数就可以用式(33.27)和式(33.29)进行更新了。

方便起见,表 33.1 总结了损伤后 PRMMC 的整体弹塑性响应的微观力学迭代计算的算法。

表 33.1　PRMMC 的整体弹塑性-损伤响应的算法

给定:时间步 n 时的 $\{\bar{\sigma}_n,\bar{\varepsilon}_n,\bar{\varepsilon}_n^{\mathrm{p}},\bar{e}_n^{\mathrm{p}}\}$ 和应变增量 $\{\Delta\bar{\varepsilon}_{n+1}\}$
解出:$\{\bar{\sigma}_{n+1},\bar{\varepsilon}_{n+1},\bar{\varepsilon}_{n+1}^{\mathrm{p}},\bar{e}_{n+1}^{\mathrm{p}}\}$,时间步 $n+1$ 的值

续表

(i)	初始化：$\{\bar{\sigma}_0=0,\bar{\varepsilon}_0=0,\bar{\varepsilon}^{p}_0=0,\bar{e}^{p}_0=0\}$，$\{\phi_1\|_0=\phi,\phi_2\|_0=0\}$
(ii)	计算：$\bar{C}_{n+1},\bar{T}_{n+1}$
(iii)	计算：$\bar{\sigma}^{tr}_{n+1}=\bar{\sigma}_n+\bar{C}:\Delta\bar{\varepsilon}_{n+1},\bar{\varepsilon}_{n+1}=\bar{\varepsilon}_n+\Delta\bar{\varepsilon}_{n+1}$
(iv)	检查：$\bar{F}^{tr}_{n+1}=(1-\phi_1)\sqrt{\bar{\sigma}^{tr}_{n+1}:\bar{T}:\bar{\sigma}^{tr}_{n+1}}-K(\bar{e}^{p})\leqslant TOL(?)$
	如果 $\bar{F}^{tr}_{n+1}\leqslant TOL$（弹性），$\xi_{n+1}=0$；使 $\bar{\sigma}_{n+1}=\bar{\sigma}^{tr}_{n+1}$；$\bar{e}^{p}_{n+1}=\bar{e}^{p}_n$；转至（vi）
	否则（塑性），进行塑性校正（v）
(v)	进行塑性校正：（返回映射算法）
	$\bar{\varepsilon}^{p}_{n+1}=\bar{\varepsilon}^{p}_n+\xi_{n+1}\bar{T}:\bar{\sigma}_{n+1}$；$\bar{e}^{p}_{n+1}=\bar{e}^{p}_n+\xi_{n+1}\sqrt{\frac{2}{3}\bar{\sigma}_{n+1}:\bar{T}:\bar{\sigma}_{n+1}}$ $\bar{\sigma}_{n+1}=\bar{C}:(\bar{\varepsilon}_{n+1}-\bar{\varepsilon}^{p}_n-\xi_{n+1}\bar{T}:\bar{\sigma}_{n+1})$；$\xi_{n+1}=2(1-\phi_1\|_n)^2\dot{\lambda}\Delta t_{n+1}$
	利用局部牛顿迭代法解出非线性方程：$\bar{F}_{n+1}(\xi_{n+1})=(1-\phi_1\|_n)\sqrt{\bar{\sigma}_{n+1}:\bar{T}:\bar{\sigma}_{n+1}}-K(\bar{e}^{p}_{n+1})=0$
	计算塑性校正值：$\{\bar{\sigma}_{n+1},\bar{\varepsilon}_{n+1},\bar{\varepsilon}^{p}_{n+1},\bar{e}^{p}_{n+1}\}$
(vi)	计算颗粒的体积分数的演化：
	计算颗粒内的正应力：$\bar{\sigma}^{(1)}_{n+1}=C^{(0)}\cdot\{I+(I-S^{(1)})\cdot[S^{(1)}+(C^{(1)}-C^{(0)})^{-1}\cdot C^{(0)}]^{-1}\}:\varepsilon_0\|_{n+1}$
	计算开裂颗粒的体积分数：$\phi_2\|_{n+1}=\phi\left\{1-\exp\left[\frac{\sigma^{(1)}_{n+1}}{s}\right]^{n+1}\right\}$
	计算未损伤颗粒的体积分数：$\phi_1\|_{n+1}=\phi-\phi_2\|_{n+1}$
	转至（ii）（下一个时间步的计算）

33.7 数值模拟

单轴应力-应变曲线通常被看作是材料的力学行为的重要指标。为了说明所提出的基于微观力学的模型，这里以单轴应力拉伸为例，在这种情况下，宏观应力 $\bar{\sigma}$ 可表述为 $\bar{\sigma}_{11}>0$，所有其他的应力分量可表述为 $\bar{\sigma}_{ij}=0$，球形颗粒取向方向的轴对称的轴定义为 x_1 轴。另外，在后续的数值模拟过程中，除非另有说明，基体材料采用一种铝合金，其杨氏模量 $E_m=70$GPa、泊松比 $\nu_m=0.3$，单轴屈服强度 $\sigma_y=100$MPa，应变硬化参数 $h=500$MPa 和 $q=0.35$；对于弹性增强体材料，其杨氏模量 $E_p=450$GPa、泊松比 $\nu_p=0.2$（类似于 SiC 颗粒的弹性值），颗粒开裂的临界强度 $\sigma_{cri}=3\sigma_y$，颗粒开裂的演化参数 $m=5$。

PRMMC 的单轴应力-应变损伤行为的模拟结果如图 33.2 所示。具体而言，图 33.2(a)给出了总体积分数为 15%的扁球形的、宽高比 $\alpha=3$ 的颗粒的有效应力-应变曲线。它表明颗粒逐渐开裂的整体应力-应变响应位于以下两者之间：所有颗粒在开始时均完全断裂的复合材料（下限）和完全没有颗粒开裂的复合材料（上限），对临界断裂强度较低的复合材料，可观察到较小的应变硬化特征。图 33.2(b)给出了外载过程中开裂的颗粒体积分数的演化，用 ϕ_2 表示的损伤参数在复合材料达到其屈服强度之前的某处开始萌生，参数 ϕ_2 持续增大直至所有的颗粒开裂，较弱的颗粒断裂强度会导致较快的损伤演化过程。

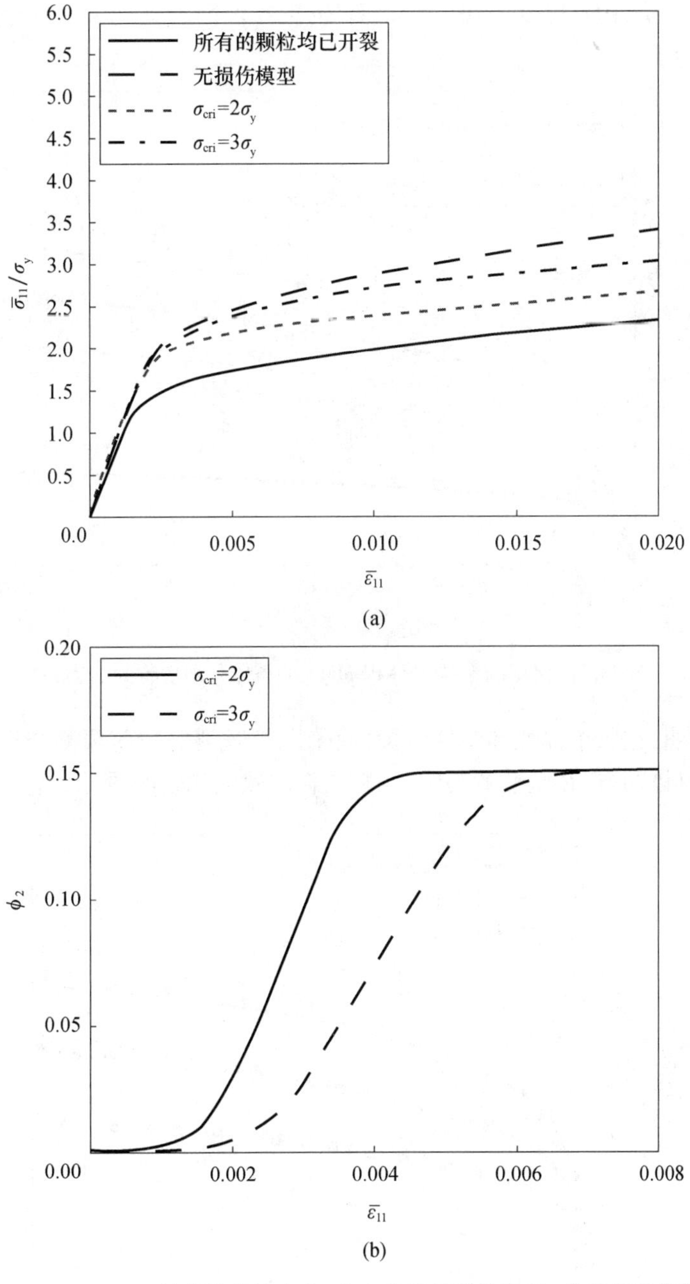

图 33.2　(a)PRMMC 的整体单轴应力-应变曲线的模拟及(b)微观组织损伤演化

保留的颗粒相对 PRMMC 的整体弹塑性行为的影响见图 33.3,其中嵌入了硬币状的裂纹。当与基体中直接嵌入硬币状裂纹的材料的力学响应进行比较时,模型预测结果表现出非常显著的影响,即使将损伤演化设定为一样的。如果保留的颗粒部分没有被考虑进计算中,弹性和塑性性能都会偏低。

另外,图 33.4 给出了 Wilkinson 等(1997)的模拟和试验结果之间的对比情况。在他们的试验中,针对 SiC 颗粒增强的 A356 铝合金复合材料,记录了其单轴应力-应变行为,选取了下面的材料性能:$E_m = 70\text{GPa}$、$\nu_m = 0.3$,$\sigma_y = 65\text{MPa}$,$h = 460\text{MPa}$ 和 $q = 0.36$;$E_p =$

450GPa、$\nu_p=0.2$，$\phi=10\%$和20%和$\alpha=3$。另外，颗粒的断裂强度σ_{cri}有意选为$4\sigma_y$，其损伤演化参数选为5。

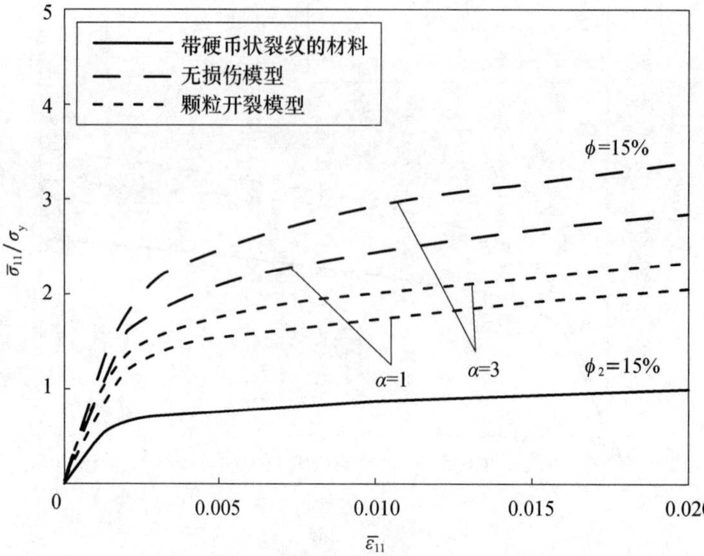

图 33.3　保留的颗粒相对 PRMMC 的整体弹塑性行为的影响

图 33.4 表明，在整个弹性和塑性阶段内，带颗粒开裂的当前预测结果与试验数据的一致性良好。具体而言，在塑性行为中，颗粒损伤的效应比较明显。

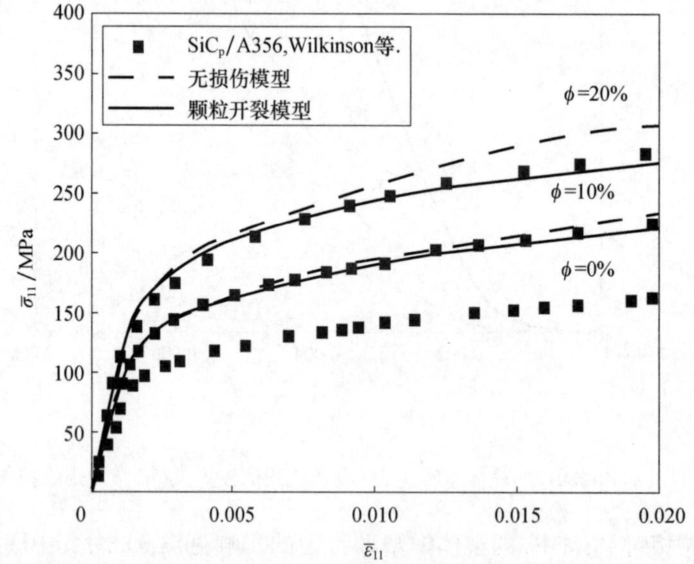

图 33.4　SiC_p/Al 复合材料的单轴应力-应变响应与试验数据之间的对比

33.8　小　　结

从微观力学的本征应变概念和宏观均匀化角度出发，针对带颗粒开裂损伤演化的颗粒增强金属基复合材料,开发出了区域平均的弹塑性本构方程。已开裂颗粒采用双夹杂的概念进行模拟,颗粒的损伤演化根据威布尔统计函数予以考虑,从而表征了增强体开裂的概率变化。通过数值模拟跟踪单轴载荷条件下颗粒增强复合材料的弹塑性力学行为,与已有的试验数据对比后一致性很好,并说明所提出的方法在带颗粒开裂损伤演化的 PRMMC 中的应用潜力。

参考文献

G. Bao, Damage due to fracture of brittle reinforcements in a ductile matrix. Acta Metall. Mater. 40(10), 2547-2555(1992)

M. Berveiller, A. Zaoui, An extension of the self-consistent scheme to plastically-flowing polycrystals. J. Mech. Phys. Solids 26, 325-344(1979)

N. Bourgeois, Caracterisation et modelisation micromecanique du comportement et de lendommagement dun composite a matrice metallique, Al/SiCp. Doctoral Thesis, Ecole Centrale des Arts et Manufactures: Chatenay-Malabry, France, 1994

J. R. Brockenbrough, F. W. Zok, On the role of particle cracking in flow and fracture of metal matrix composites. Acta Metall. Mater. 43(1), 11-20(1995)

T. W. Clyne, P. J. Withers, An Introduction to Metal Matrix Composites(Cambridge University Press, Cambridge, 1993)

K. Derrien, J. Fitoussi, G. Guo, D. Baptiste, Prediction of the effective damage properties and failure properties of nonlinear anisotropic discontinuous reinforced composites. Comput. Methods Appl. Mech. Eng. 185, 93-107(2000)

J. D. Eshelby, The determination of the elastic field of an ellipsoidal inclusion and related problem. Proc. R. Soc. Lond. A. 241, 376-396(1957)

M. Finot, Y. L. Shen, A. Needleman, S. Suresh, Micromechanical modeling of reinforcement fracture in particle-reinforced metal-matrix composites. Metall. Mater. Trans. A 25(11), 2403-2420(1994)

S. Ghosh, S. Moorthy, Particle fracture simulation in non-uniform microstructures of metal-matrix composites. Acta Mater. 46(3), 965-982(1998)

C. Gonzalez, J. Llorca, A self-consistent approach to the elasto-plastic behaviour of two-phase materials including damage. J. Mech. Phys. Solids 48, 675-692(2000)

A. L. Gurson, Continuum theory of ductile rupture by void nucleation and growth, part Ⅰ-yield criterion and flow rules for porous ductile media. ASME J. Eng. Mater. Technol. 99(1), 2-15(1977)

R. Hill, Continuum micro-mechanics of elastoplastic polycrystals. J. Mech. Phys. Solids 13, 89-101(1965)

M. Hori, S. Nemat-Nasser, Double-inclusion model and overall moduli of multi-phase composites. Mech. Mater. 14, 189-206(1993)

J. W. Ju, T. M. Chen, Micromechanics and effective moduli of elastic composites containing randomly dispersed ellipsoidal inhomogeneities. Acta Mech. 103, 103-121(1994)

J. W. Ju, L. Z. Sun, A novel formulation for exterior-point Eshelby's tensor of an ellipsoidal inclusion. ASME J. Appl. Mech. 66, 570-574(1999)

J. W. Ju, L. Z. Sun, Effective elastoplastic behavior of metal matrix composites containing randomly located aligned spheroidal inhomogeneities, part Ⅰ: micromechanics-based formulation. Int. J. Solids Struct. 38, 183-201(2001)

J. W. Ju, K. H. Tseng, Effective elastoplastic algorithms for ductile matrix composites. ASCE J. Eng. Mech. 123 (3), 260–266 (1997)

K. Lee, S. Moorthy, S. Ghosh, Multiple scale computational model for damage in composite materials. Comput. Methods Appl. Mech. Eng. 172, 175–201 (1999)

M. Li, S. Ghosh, O. Richmond, H. Weiland, T. N. Rouns, Three dimensional characterization and modeling of particle reinforced metal matrix composites part Ⅱ: damage characterization. Mater. Sci. Eng. A 266, 221–240 (1999)

H. T. Liu, L. Z. Sun, J. W. Ju, Elastoplastic modeling of progressive interfacial debonding for particle-reinforced metal matrix composites. Acta Mech. 181, 1–17 (2006)

J. Llorca, J. L. Martinez, M. Elices, Reinforcement fractureand tensile ductility in sphere reinforced metal-matrix composites. Fatigue Fract. Eng. Mater. Struct. 20(5), 689–702 (1997)

T. Mochida, M. Taya, M. Obata, Effect of damaged particles on the stiffness of a particle/metal matrix composite. JSME Int. J. Ser. I. Solid Mech. Strength Mater. 34(2), 187–193 (1991)

T. Mori, K. Tanaka, Average stress in matrix and average elastic energy of materials with misfitting inclusions. Acta Metall. 21, 571–574 (1973)

T. Mura, Micromechanics of Defects in Solids, 2nd edn. (Kluwer, Dordrecht, 1987)

S. Nemat-Nasser, M. Hori, Micromechanics: Overall Properties of Heterogeneous Materials, 2nd edn. (North-Holland, Amsterdam, 1999)

H. M. Shodja, A. S. Sarvestani, Elastic fields in double inhomogeneity by the equivalent inclusion method. ASME J. Appl. Mech. 68(1), 3–10 (2001)

D. Steglich, T. Siegmund, W. Brocks, Micromechanical modeling of damage due to particle cracking in reinforced metals. Comput. Mater. Sci. 16(1–4), 404–413 (1999)

L. Z. Sun, J. W. Ju, Effective elastoplastic behavior of metal matrix composites containing randomly located aligned spheroidal inhomogeneities, part Ⅱ: applications. Int. J. Solids Struct. 38, 203–225 (2001)

L. Z. Sun, H. T. Liu, J. W. Ju, Effect of particle cracking on elastoplastic behavior of metal matrix composites. Int. J. Numer. Method Eng. 56, 2183–2198 (2003)

S. Suresh, A. Mortensen, A. Needleman, Fundamentals ofMetal-Matrix Composites (Butterworth-Heinemann Publisher, Boston, 1993)

G. P. Tandon, G. J. Weng, A theory of particle-reinforced plasticity. ASME J. Appl. Mech. 55, 126–135 (1988)

V. Tvergaard, A. Needleman, Analysis of the cup-cone fracture in a round tensile bar. Acta Metall. 32 (1), 157–169 (1984)

W. Weibull, A statistical distribution function of wide applicability. ASME J. Appl. Mech. 18, 293–297 (1951)

D. S. Wilkinson, E. Maire, J. D. Embury, The role of heterogeneity on the flow of two-phase materials. Mater. Sci. Eng. A 233(1–2), 145–154 (1997)

D. S. Wilkinson, W. Pompe, M. Oeschner, Modeling the mechanical behaviour of heterogeneous multi-phase materials. Prog. Mater. Sci. 46, 379–405 (2001)

第 34 章　金属基复合材料的颗粒脱黏模型

L. Z. Sun, H. T. Liu, Jiann-Wen Woody Ju

摘　要

本章模拟了带有颗粒-基体界面脱黏演化的颗粒增强金属基复合材料的力学行为。部分脱黏过程用复合材料中的脱黏角来表示。为已脱黏但各向同性的颗粒构建等效正交弹性张量来表征在脱黏方向上载荷传递能力的下降。利用微观力学均匀化程序来评估有效模量以及多相复合材料最终的整体屈服函数。基于连续体塑性理论,提出了相关性塑性流变定律和各向同性硬化定律。通过数值案例研究,展示界面部分脱黏对复合材料整体应力-应变关系的影响。

34.1　概　述

在过去的几十年里,为了满足对更好材料和结构的需求,颗粒增强金属基复合材料(PRMMC)得到了快速发展。力学性能的改善大部分来源于增强体颗粒相,同时,后者也引入了新的损伤机制,其限制了复合材料广泛应用的潜力。在 PRMMC 的 3 种主导的损伤微观机制(即基体-颗粒界面处的脱黏、颗粒内部的开裂、基体中的塑韧性局部化(Clyne 和 Withers,1993;Suresh 等,1993))中,当界面强度相对较弱,且复合材料体系在高的三轴载荷条件下时,基体-颗粒界面脱黏是最主要的损伤模式。为了模拟界面脱黏,Jasiuk 和 Tong(1989)、Pagano 和 Tandon(1990)、Qu(1993)和 Sangani 和 Mo(1997)引入了无厚度的线弹性夹层或者恒定厚度的中间层。在他们的模型中,采用一种与基体和增强体不同的弹性层/中间层的弹性常数来模拟脱黏导致的界面的载荷传递能力的丧失。由于模型中弹性层/中间层的弹性性能与位置无关,因此这些模型可能不适用部分脱黏的机制。另外一种用于模拟界面脱黏的简单而具有丰富物理意义的方法是等效刚度方法(Zhao 和 Weng,1997;Wong 和 Ait-Kadi,1997;Sun 等,2003),其中,各向同性的脱黏颗粒用具有等效各向异性刚度的完美结合的颗粒代替,从而表征脱黏界面载荷传递能力的降低。因此,传统的 Eshelby 夹杂物理论和微观力学方法(Eshelby,1957,1959;Mura,1987)可用于处理多相复合材料的问题。

为了跟踪界面脱黏、损伤演化以及不同脱黏模式之间的转换过程,开发出了一种微观力学的框架,来模拟基体和增强颗粒之间的界面脱黏过程,并评估其对颗粒增强的复合材料的整体弹性行为的影响(Liu 等,2004)。在该模型中,损伤的渐进过程用脱黏角表示,这由外载荷决定。为扩展该项研究,本章着重于用弹塑性模型来研究渐进部分界面脱黏对包含随机分布颗粒的韧性复合材料的整体非线性响应的影响,对不同加载条件下复合材料的有效弹塑性损伤本构响应进行了数值模拟,并与现有的试验结果进行对比。

34.2 脱黏演化模型

在真实条件下,颗粒和基体之间的界面脱黏是一个渐进的过程,该过程中,脱黏区域随着外加载荷的改变发生演化。损伤参数应该与外载荷的大小和模式有关。基于这种考虑,本章给出了一种界面脱黏演化模型。对于颗粒增强的复合材料,增强体由相同的球形颗粒组成,它们在基体中随机分布,颗粒和基体两者都被假定为各向同性的材料。随着外加载荷的增加,材料中的某些颗粒开始脱黏,而脱黏面积和脱黏颗粒的数量(体积分数)也会在整个加载过程中发生显著变化。在微观尺度上,脱黏机制被看成是一种断裂过程,其中的局部应力起着关键作用。对那些已脱黏的颗粒,用刚度张量构建了弹性有效性的概念,也就是说,那些各向同性但已脱黏的颗粒用正交各向异性但完美的颗粒来代替,已脱黏颗粒的体积分数演化用威布尔统计方法进行现象性表征。将这些集成于一种广义的微观力学框架中后,见图 34.1,本部分建立了一种描述 PRMMC 界面脱黏演化的模型。

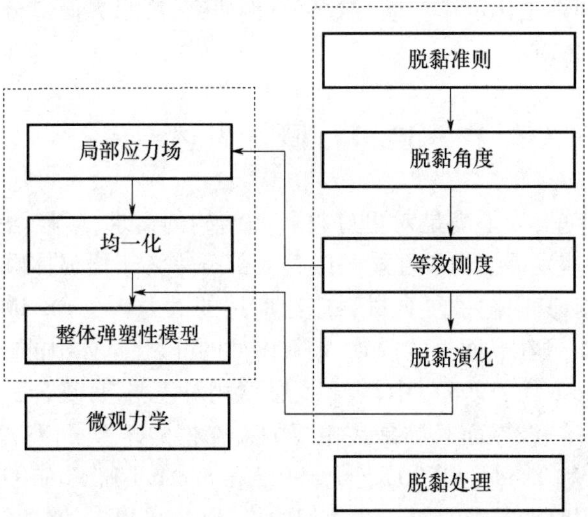

图 34.1 脱黏演化模型集成于 PRMMC 的弹塑性本构关系中的微观力学框架

34.2.1 脱黏模式

接下来,选取一个局部的 Cartesian 坐标系,等同于一个颗粒内局部应力场的 3 个主方向。这 3 个局部主应力($\sigma_1,\sigma_2,\sigma_3$)满足常规的顺序:$\sigma_1 \geqslant \sigma_2 \geqslant \sigma_3$。在这种局部坐标系中,一个球形颗粒的某一特定平面点 P 处的正方向可表述为 $n=\{\sin\phi\cos\theta,\sin\phi\sin\theta,\cos\phi\}$,其中,$\phi$ 和 θ 为两个欧拉角,点 P 处的正应力可按下式导出:

$$\sigma^{\text{normal}}=\sigma_1(\sin\phi\cos\theta)^2+\sigma_2(\sin\phi\sin\theta)^2+\sigma_3(\cos\phi)^2 \tag{34.1}$$

假设正应力控制着界面处脱黏的萌生,当(拉伸)正应力达到一个临界界面脱黏强度 σ_{cri} 时,脱黏过程将会在点 P 处萌生,脱黏准则可写为

$$\sigma_1(\sin\phi\cos\theta)^2+\sigma_2(\sin\phi\sin\theta)^2+\sigma_3(\cos\phi)^2 \geqslant \sigma_{\text{cri}} \tag{34.2}$$

因此，通过局部主应力与临界脱黏强度之间的关系给出了以下 4 个不同类型的界面脱黏模式：

模式 1：$\sigma_{cri} \geqslant \sigma_1 \geqslant \sigma_2 \geqslant \sigma_3$。这实际上是初始的状态——所有颗粒都完美结合，这是由于没有任何的主应力超过临界脱黏强度，没有脱黏过程被启动。

模式 2：$\sigma_1 \geqslant \sigma_{cri} \geqslant \sigma_2 \geqslant \sigma_3$。只有一个主应力大于临界界面脱黏强度 σ_{cri}。在这种情况下，界面脱黏从局部的 x_1 方向萌生，并逐渐向其他两个主方向扩展，脱黏面积可用两个脱黏角 $\alpha_{12}^{(2)}$ 和 $\alpha_{13}^{(2)}$（图 34.2）来表征，它们由下式确定：

$$\alpha_{1\gamma}^{(2)} = \arcsin\sqrt{\frac{\sigma_1 - \sigma_{cri}}{\sigma_1 - \sigma_\gamma}} \quad (\gamma = 2,3) \tag{34.3}$$

因此，脱黏角的增量由下式给出：

$$d\alpha_{1\gamma}^{(2)} = \frac{(\sigma_{cri} - \sigma_\gamma)\, d\sigma_1 + (\sigma_1 - \sigma_{cri})\, d\sigma_\gamma}{\sqrt{(\sigma_1 - \sigma_\gamma)^4 - (\sigma_1 - \sigma_\gamma)^2 (\sigma_{cri} - \sigma_1)^2}} \quad (\gamma = 2,3) \tag{34.4}$$

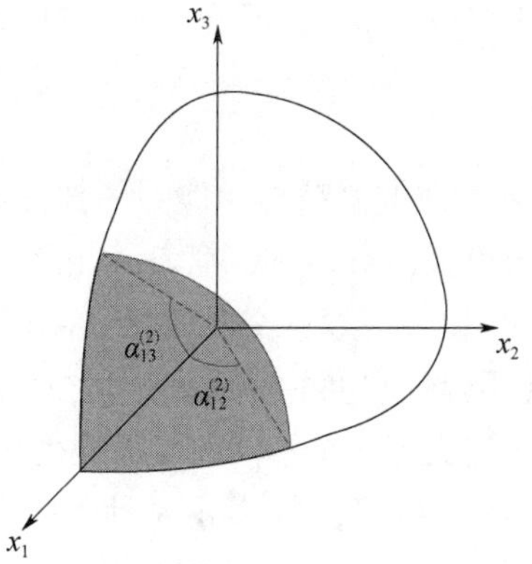

图 34.2　起始于 x_1 方向上的模式 2 脱黏过程，采用两个脱黏角分别表示 x_2 和 x_3 方向上的脱黏程度

模式 3：$\sigma_1 \geqslant \sigma_2 \geqslant \sigma_{cri} \geqslant \sigma_3$。这种情况下，$x_1$ 和 x_2 方向上的主应力 σ_1 和 σ_2 都超过了临界脱黏强度，正应力必须大于临界强度，相应地，它表明脱黏在整个 x_1-x_2 面上是完全的。因此，仅需引入两个脱黏角 $\alpha_{13}^{(3)}$ 和 $\alpha_{23}^{(3)}$ 分别表示 x_1-x_3 面和 x_2-x_3 面上的脱黏过程，如图 34.3 所示，颗粒脱黏过程的 1/8 部分。按照模式 2 中同样的观点，模式 3 的脱黏角由下式确定：

$$\alpha_{\gamma 3}^{(3)} = \arcsin\sqrt{\frac{\sigma_\gamma - \sigma_{cri}}{\sigma_\gamma - \sigma_3}} \quad (\gamma = 1,2) \tag{34.5}$$

相应的脱黏角的增量为

$$d\alpha_{\gamma 3}^{(3)} = \frac{(\sigma_{cri} - \sigma_3)\, d\sigma_\gamma + (\sigma_\gamma - \sigma_{cri})\, d\sigma_3}{\sqrt{(\sigma_\gamma - \sigma_3)^4 - (\sigma_\gamma - \sigma_3)^2 (\sigma_{cri} - \sigma_\gamma)^2}} \quad (\gamma = 1,2) \tag{34.6}$$

模式 4：$\sigma_1 \geqslant \sigma_2 \geqslant \sigma_3 \geqslant \sigma_{cri}$。所有 3 个主应力超过了临界脱黏强度，这表明，一个颗粒表面上任意点处的主应力都大于临界强度。因此，整个界面都已脱黏。

值得注意的是，对于上述所有 4 种损伤模式，脱黏角在 0～π/2 之间。某一特定的主

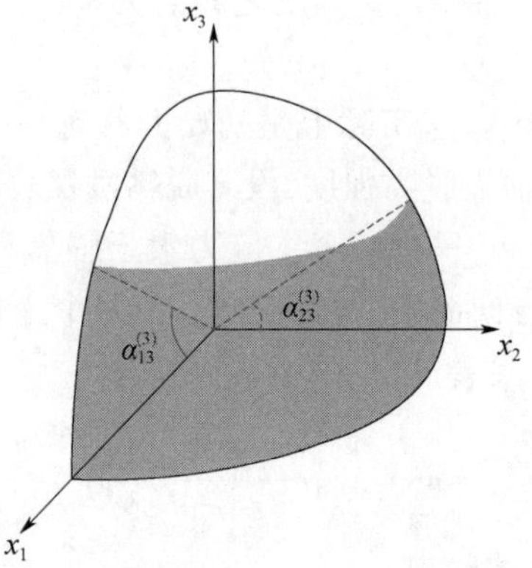

图 34.3　两个方向上的模式 3 脱黏过程，采用两个脱黏角分别表示x_3 方向上的从x_1 和x_2 方向的脱黏程度

方向上的脱黏角的上下限分别对应该方向上的完美结合状态和整体脱黏状态。

34.2.2　等效夹杂处理

界面部分脱黏导致了脱黏方向上载荷传递能力的部分损失，这通过该方向上脱黏颗粒对应的弹性刚度的减小进行模拟(Liu 等，2004；Zhao 和 Weng，2002)，因此，部分脱黏的各向同性的颗粒用完美结合的、具有等效正交各向异性刚度张量的颗粒代替。为了建立脱黏角和拉伸载荷传递能力(用弹性刚度的降低表示)之间的关系，采用特定方向上投影的损伤面积和原始的界面面积定义了 3 个不同的界面损伤参数 $D_i^{(\beta)}$，用作特定方向上弹性刚度降低的量度。这里，上标 $\beta=1,2,3,4$ 表示 4 种不同的脱黏模式，下标 $i=1,2,3$ 分别表示 3 个主方向上的损伤效应。根据 4 种不同的脱黏模式，界面损伤参数可分别由下式给出：

$$D_1^{(1)}=D_2^{(1)}=D_3^{(1)}=0 \tag{34.7}$$

$$D_1^{(2)}=\sin\alpha_{12}^{(2)}\sin\alpha_{13}^{(2)}$$

$$D_2^{(2)}=\frac{2}{\pi}\left[\alpha_{13}^{(2)}-\frac{\sin\alpha_{13}^{(2)}\cos^2\alpha_{12}^{(2)}\sinh^{-1}\left(\sqrt{\sin^2\alpha_{12}^{(2)}-\sin^2\alpha_{13}^{(2)}}/\cos\alpha_{12}^{(2)}\right)}{\sqrt{\sin^2\alpha_{12}^{(2)}-\sin^2\alpha_{13}^{(2)}}}\right] \tag{34.8}$$

$$D_3^{(2)}=\frac{2}{\pi}\left[\alpha_{12}^{(2)}-\frac{\sin\alpha_{12}^{(2)}\cos^2\alpha_{13}^{(2)}\sin^{-1}\left(\sqrt{\sin^2\alpha_{12}^{(2)}-\sin^2\alpha_{13}^{(2)}}/\cos\alpha_{13}^{(2)}\right)}{\sqrt{\sin^2\alpha_{12}^{(2)}-\sin^2\alpha_{13}^{(2)}}}\right]$$

$$D_1^{(3)}=\frac{2}{\pi}\left[\alpha_{23}^{(3)}+\frac{\sin^2\alpha_{13}^{(3)}\cos\alpha_{23}^{(3)}\sin^{-1}\left(\sqrt{\sin^2\alpha_{13}^{(3)}-\sin^2\alpha_{23}^{(3)}}/\sin\alpha_{13}^{(3)}\right)}{\sqrt{\sin^2\alpha_{13}^{(3)}-\sin^2\alpha_{23}^{(3)}}}\right]$$

$$D_2^{(3)}=\frac{2}{\pi}\left[\alpha_{13}^{(3)}+\frac{\sin^2\alpha_{23}^{(3)}\cos\alpha_{13}^{(3)}\sinh^{-1}\left(\sqrt{\sin^2\alpha_{13}^{(3)}-\sin^2\alpha_{23}^{(3)}}/\sin\alpha_{23}^{(3)}\right)}{\sqrt{\sin^2\alpha_{12}^{(2)}-\sin^2\alpha_{13}^{(2)}}}\right] \tag{34.9}$$

$$D_3^{(3)}=1-\cos\alpha_{13}^{(3)}\cos\alpha_{23}^{(3)}$$

$$D_1^{(4)}=D_2^{(4)}=D_3^{(4)}=1 \tag{34.10}$$

脱黏损伤参数在 0~1 之间变化，损伤参数的较大值代表拉伸载荷传递能力降低较明显。

借助式(34.7)、式(34.8)、式(34.9)、式(34.10)定义的损伤参数，针对模式 β 的颗粒，等效正交各向异性的弹性柔度矩阵可由下式给出：

$$
\boldsymbol{M}^{(\beta)}=\begin{pmatrix}
\frac{1}{E^{(1)}\xi_{11}^{(\beta)}} & -\frac{\nu^{(1)}}{E^{(1)}\xi_{12}^{(\beta)}} & -\frac{\nu^{(1)}}{E^{(1)}\xi_{13}^{(\beta)}} & 0 & 0 & 0\\
-\frac{\nu^{(1)}}{E^{(1)}\xi_{12}^{(\beta)}} & \frac{1}{E^{(1)}\xi_{22}^{(\beta)}} & -\frac{\nu^{(1)}}{E^{(1)}\xi_{23}^{(\beta)}} & 0 & 0 & 0\\
-\frac{\nu^{(1)}}{E^{(1)}\xi_{13}^{(\beta)}} & -\frac{\nu^{(1)}}{E^{(1)}\xi_{23}^{(\beta)}} & \frac{1}{E^{(1)}\xi_{33}^{(\beta)}} & 0 & 0 & 0\\
0 & 0 & 0 & \frac{1+\nu^{(1)}}{E^{(1)}\xi_{23}^{(\beta)}} & 0 & 0\\
0 & 0 & 0 & 0 & \frac{1+\nu^{(1)}}{E^{(1)}\xi_{12}^{(\beta)}} & 0\\
0 & 0 & 0 & 0 & 0 & \frac{1+\nu^{(1)}}{E^{(1)}\xi_{13}^{(\beta)}}
\end{pmatrix} \tag{34.11}
$$

式中：$E^{(1)}$ 和 $\nu^{(1)}$ 分别为初始(完美)颗粒的杨氏模量和泊松比(对应的弹性刚度张量为 $\boldsymbol{C}_{ijkl}^{(1)}$)，参数 $\xi_{ij}^{(\beta)}$ 由下式定义：

$$
\xi_{ij}^{(\beta)}=(1-D_i^{(\beta)})(1-D_j^{(\beta)}) \quad (i,j=1,2,3) \tag{34.12}
$$

等效弹性柔度系数 $\boldsymbol{M}^{(\beta)}$ $(\beta=1,2,3,4)$ 表明，某一特定方向上的等效正交各向异性杨氏模量和剪切模量随着相应的损伤参数的增加而降低。当所有的损伤参数等于 0 时，柔度矩阵就降阶为初始的(完美结合的)弹性柔度系数。相比之下，当某一损伤参数达到 1 时，其方向上的载荷传递能力就会完全丧失。一般情况下，颗粒的柔度矩阵是正交各向异性的，且反映了远场外加载荷增大时颗粒的弹性模量的降低。

颗粒的等效刚度矩阵可进一步通过前面的柔度矩阵的反演过程来获得，相应的颗粒的四阶等效弹性刚度张量满足下式：

$$
C_{ijkl}^{(\beta)}=\lambda_{IK}^{(\beta)}\delta_{ij}\delta_{kl}+\mu_{IJ}^{(\beta)}(\delta_{ik}\delta_{jl}+\delta_{il}\delta_{jk}) \tag{34.13}
$$

其中

$$
\begin{aligned}
\lambda_{IK}^{(\beta)}&=\lambda^{(1)}(1-D_I^{(\beta)})(1-D_K^{(\beta)})\\
\mu_{IJ}^{(\beta)}&=\mu^{(1)}(1-D_I^{(\beta)})(1-D_J^{(\beta)})
\end{aligned} \tag{34.14}
$$

式中：$\lambda^{(1)}$ 和 $\mu^{(1)}$ 为初始颗粒(完美结合的颗粒)的各向同性拉梅常数。这里，采用 Mura 张量指数表示法(Mura,1987)，即重复的小写字母指数从 1 到 3 加和，而大写字母指数取与对应的小写字母指数相同的数值但不加和，这种指数表达式有利于下一步的推导和计算。通过采用弹性等效性处理，所有的部分脱黏颗粒用具有前面提到的等效正交各向异性弹性刚度的完美结合的颗粒来代替，因此，可建立多相微观力学方法来表征金属基复合材料的界面脱黏的演化过程。

34.2.3 损伤演化

已损伤颗粒的体积分数的演化可采用一种两参数威布尔分布函数进行模拟，如下(Tohgo 和 Weng,1994)：

$$P_i=\begin{cases}1-\exp\left[-\left(\dfrac{\sigma_i-\sigma_{\text{cri}}}{S}\right)^M\right], & \sigma_i\geqslant\sigma_{\text{cri}}\\ 0, & \sigma_i<\sigma_{\text{cri}}\end{cases}\quad(i=1,2,3)\tag{34.15}$$

这里，威布尔参数 M 表示已脱黏颗粒的体积分数的演化速率，当威布尔分布函数的平均值和临界结合强度 σ_{cri} 之间关系式建立时，参数 S 并非独立的。例如，当选择一个中等的脱黏演化速率 $M=5$，且威布尔函数的平均值等于临界结合强度时，即可计算出 $S=1.09\sigma_{\text{cri}}$。

4 种不同的损伤模式的体积分数 $\phi^{(\beta)}$ $(\beta=1,2,3,4)$ 可按下式表示，来表征界面部分脱黏的演化以及 4 种脱黏模式之间的转换：

$$\begin{cases}\phi^{(4)}=\phi^{\text{Total}}P_3\\ \phi^{(3)}=\phi^{\text{Total}}(P_2-P_3)\\ \phi^{(2)}=\phi^{\text{Total}}(P_1-P_2)\\ \phi^{(1)}=\phi^{\text{Total}}(1-P_1)\end{cases}\tag{34.16}$$

式中：ϕ^{Total} 为复合材料中所有颗粒的总体积分数；概率函数 $P_i(i=1,2,3)$ (式(34.15))表示一个正应力控制的脱黏过程，而且可看作是第 i 个主方向上的脱黏的概率。当最小的主应力(第 3 个主应力)达到临界应力时，其他两个主应力就大于或者等于临界应力。因此整体脱黏(第四种模式)就发生了。因此，第 4 种脱黏模式的演化用 P_3 来表征。类似地，第 3 种脱黏模式(二维脱黏)和第 2 种脱黏模式(一维脱黏)分别受 P_2 和 P_1 控制。随着外载荷的增加，一部分二维脱黏转化成了整体脱黏，而一部分一维脱黏演化成了二维脱黏，因此这 4 种脱黏模式的体积分数由式(34.16)给出，从而反映了脱黏模式之间的转换。

34.3 弹塑性和损伤模拟

虽然复合材料中的塑性变形是高度局部化的，但由于复合材料的初始屈服和塑性硬化取决于颗粒-基体相互作用的集体效应，因此平均场理论(均匀化程序)可直接用于评估复合材料的有效屈服强度(Mura,1987)。为了得到 PRMMC 的有效屈服函数，一般会在一个介观代表性体积元(RVE)内进行平均均一化(Nemat-Nasser 和 Hori,1999)。在基体材料的任意局部点 $\boldsymbol{x}$ 处，假设微观应力 $\boldsymbol{\sigma}(\boldsymbol{x})$ 满足冯·米塞斯 J_2 屈服准则，且局部的基体屈服函数具有下列形式：

$$F(\boldsymbol{\sigma},\bar{e}_m^{\text{p}})=\sqrt{\boldsymbol{\sigma}:\boldsymbol{I}_{\text{d}}:\boldsymbol{\sigma}}-K(\bar{e}_m^{\text{p}})\leqslant 0\tag{34.17}$$

式中：$\bar{e}_m^{\text{p}}$ 和 $K(\bar{e}_m^{\text{p}})$ 分别为纯基体材料的等效塑性应变和各向同性硬化函数；$\boldsymbol{I}_{\text{d}}$ 为四阶单位张量 $\boldsymbol{I}$ 的偏分量。

根据区域体积平均过程(Ju 和 Sun,2001)，复合材料的整体屈服函数可由下式表示：

$$\bar{F}=(1-\phi^{(1)})\sqrt{\langle H\rangle_m}-K(\bar{e}^{\text{p}})\leqslant 0\tag{34.18}$$

式中：$\bar{e}^{\text{p}}$ 为有效等效塑性应变。需注意，不同的脱黏模式对整体屈服函数的影响是通过应力场的变化来反映的,可由$\langle H\rangle_m$ 的表达式给出,它是体积分数 $\phi^{(i)}(i=1,2,3,4)$的函数。具有四相颗粒(对应 4 种脱黏模式)的复合材料的$\langle H\rangle_m$ 的表达式可通过忽略相邻颗粒之间的相互作用得出近似的形式:

$$< H >_m(\boldsymbol{x}) \approx H^0 + \sum_{\beta=1}^{4} \oint_{x' \notin \Xi(x)} [H^{(\beta)}(\boldsymbol{x} \mid \boldsymbol{x}' - H^0)] P^{(\beta)}(\boldsymbol{x}')\,\mathrm{d}\boldsymbol{x}' \tag{34.19}$$

其中:$H^0=\boldsymbol{\sigma}_0:\boldsymbol{I}_\mathrm{d}:\boldsymbol{\sigma}_0$ 为施加于复合材料上的远场应力模的平方; $\Xi(\boldsymbol{x})$ 为概率空间内,对于一个颗粒的中心区域$\boldsymbol{x}'$、$\boldsymbol{x}$ 的分离区,它等同于颗粒的形状和尺寸。另外,$P^{(\beta)}(\boldsymbol{x}')$ 是为寻找中心位于$\boldsymbol{x}'$处颗粒的分离区内的 β 相颗粒的概率密度函数。$H^{(\beta)}$ 为来自 β 相颗粒的应力模的集体贡献,即

$$H^{(\beta)} = \boldsymbol{\sigma}^{(\beta)}(\boldsymbol{x}):\boldsymbol{I}_\mathbf{d}:\boldsymbol{\sigma}^{(\beta)}(\boldsymbol{x}) \quad (\beta=1,2,3,4) \tag{34.20}$$

其中,中心位于$\boldsymbol{x}'$处的一个 β 相颗粒引起的基体中局部应力张量可写为

$$\boldsymbol{\sigma}(\boldsymbol{x})=\boldsymbol{\sigma}_0+\boldsymbol{C}^0:\overline{\boldsymbol{G}}(\boldsymbol{x}-\boldsymbol{x}'):\boldsymbol{\varepsilon}_*^{(\beta)} \tag{34.21}$$

其中:$\boldsymbol{\varepsilon}_*^{(\beta)}$ 为 β 相颗粒内的本征应变张量,它可以针对球形颗粒进行显式表述(Liu 等,2004);$\overline{\boldsymbol{G}}$ 为外点 Eshelby 张量(Ju 和 Sun,1999)且针对球形颗粒具有下列简单的形式:

$$\overline{G}_{ijkl}(\boldsymbol{x}) = \frac{\rho^3}{30(1-\nu_0)} \times \begin{bmatrix} (3\rho^2+10\nu_0-5)\delta_{ij}\delta_{kl}+15(1-\rho^2)\delta_{ij}n_k n_l + \\ (3\rho^2-10\nu_0+5)(\delta_{ik}\delta_{jl}+\delta_{il}\delta_{jk})+15(1-2\nu_0- \\ \rho^2)\delta_{kl}n_i n_j+15(7\rho^2-5)n_i n_j n_k n_l+15(\nu_0-\rho^2) \\ (\delta_{ik}n_j n_l+\delta_{il}n_j n_k+\delta_{jk}n_i n_l+\delta_{jl}n_i n_k) \end{bmatrix} \tag{34.22}$$

其中:ν_0 为基体的泊松比;$\rho=a/r$,其中 a 为球体的半径,$r=\sqrt{x_i x_i}$;$n_i=x_i/r$。

简便起见,我们可考虑所有的颗粒都均匀随机分布在复合材料中,因此可假设$P^{(\beta)}(\boldsymbol{x}')=N^{(\beta)}/V(\beta=1,2,3,4)$,其中,$N^{(\beta)}$ 为均匀分散在 RVE 的体积 V 内的 β 相颗粒的总数量。经过一系列冗长但直接的推导后,推导出以下区域平均的$\langle H\rangle_m$ 表达式:

$$<H>_m=\boldsymbol{\sigma}_0:\boldsymbol{T}:\boldsymbol{\sigma}_0 \tag{34.23}$$

其中,球形颗粒的四阶张量 $\boldsymbol{T}$ 的分量具有如下形式:

$$T_{ijkl}=T_{IK}^{(1)}\delta_{ij}\delta_{kl}+T_{IJ}^{(2)}(\delta_{ik}\delta_{jl}+\delta_{il}\delta_{jk}) \tag{34.24}$$

其中

$$T_{IK}^{(1)} = -\frac{1}{3}+\frac{2}{675(1-\nu_0)^2} \times \begin{bmatrix} (65\nu_0{}^2-50\nu_0+2)\sum_{\beta=1}^{4}\frac{\phi^{(\beta)}}{B_{II}^{(\beta)}B_{KK}^{(\beta)}} - \\ 75(1-2\nu_0)^2\sum_{\beta=1}^{4}\frac{\phi^{(\beta)}(\Gamma_{II}^{(\beta)}+\Gamma_{KK}^{(\beta)})}{B_{II}^{(\beta)}B_{KK}^{(\beta)}} + \\ 225(1-2\nu_0)^2\sum_{\beta=1}^{4}\frac{\phi^{(\beta)}\Gamma_{II}^{(\beta)}\Gamma_{KK}^{(\beta)}}{B_{II}^{(\beta)}B_{KK}^{(\beta)}} \end{bmatrix} \tag{34.25}$$

$$T_{IJ}^{(2)} = \frac{1}{2}+\frac{(35\nu_0{}^2-50\nu_0+23)}{225(1-\nu_0)^2}\sum_{\beta=1}^{4}\frac{\phi^{(\beta)}}{B_{IJ}^{(\beta)}B_{IJ}^{(\beta)}}$$

式中:$\phi^{(\beta)}$ 为 β 相颗粒的体积分数,上式中的其他参数可在 Liu 等(2006)中找到。

外加的远场应力$\boldsymbol{\sigma}_0$ 和宏观(区域体积平均的)应力$\overline{\boldsymbol{\sigma}}$之间的广义关系式具有如下形式(Ju 和 Chen,1994):

$$\boldsymbol{\sigma}_0=\boldsymbol{P}:\bar{\boldsymbol{\sigma}} \tag{34.26}$$

其中,四阶张量 $\boldsymbol{P}$ 如下:

$$\boldsymbol{P}=\{\boldsymbol{C}^{(0)}\cdot[\boldsymbol{I}+(\boldsymbol{I}-\boldsymbol{S})\cdot\boldsymbol{Y}]\cdot\boldsymbol{C}^{(0)-1}\}^{-1} \tag{34.27}$$

对于球形颗粒而言,$\boldsymbol{Y}=\sum_{\beta=1}^{4}\phi^{(\beta)}[\boldsymbol{S}+(\boldsymbol{C}^{(\beta)}-\boldsymbol{C}^{(0)})^{-1}\cdot\boldsymbol{C}^{(0)}]^{-1}$,$\boldsymbol{S}$ 为 Eshelby 张量。式(34.23)和式(34.26)合并后可得当前应力模的区域平均矩阵的另一个表达式:

$$\langle H\rangle_m=\bar{\boldsymbol{\sigma}}:\bar{\boldsymbol{T}}:\bar{\boldsymbol{\sigma}} \tag{34.28}$$

其中,四阶张量 $\bar{\boldsymbol{T}}=\boldsymbol{P}^{\mathrm{T}}\cdot\boldsymbol{T}\cdot\boldsymbol{P}$。从上面的公式可以看出,如果在复合材料中没有颗粒脱黏发生(即 $\phi^{(1)}>0$ 且 $\phi^{(\beta)}=0(\beta=2,3,4)$),则$\langle H\rangle_m$ 可降阶为 Ju 和 Sun 中对应的公式(Ju 和 Sun,2001)。另外,对于纯基体材料,式(34.28)就会恢复为经典的 J_2 常量(即 $\phi^{(\beta)}=0$ $(\beta=1,2,3,4)$)。

宏观的总应变 $\bar{\boldsymbol{\varepsilon}}$ 由两部分组成:

$$\bar{\boldsymbol{\varepsilon}}=\bar{\boldsymbol{\varepsilon}}^{\mathrm{e}}+\bar{\boldsymbol{\varepsilon}}^{\mathrm{p}} \tag{34.29}$$

式中:$\bar{\boldsymbol{\varepsilon}}^{\mathrm{e}}$ 为复合材料的整体弹性应变;$\bar{\boldsymbol{\varepsilon}}^{\mathrm{p}}$ 为复合材料的整体塑性应变。

宏观应力 $\bar{\boldsymbol{\sigma}}$ 和宏观弹性应变 $\bar{\boldsymbol{\varepsilon}}^{\mathrm{e}}$ 之间的关系为

$$\bar{\boldsymbol{\sigma}}=\bar{\boldsymbol{C}}:\bar{\boldsymbol{\varepsilon}}^{\mathrm{e}} \tag{34.30}$$

其中,复合材料的有效弹性刚度可确定为(Ju 和 Chen,1994):

$$\bar{\boldsymbol{C}}=\boldsymbol{C}^{(0)}\cdot[\boldsymbol{I}+(\boldsymbol{Y}^{-1}-\boldsymbol{S})^{-1}] \tag{34.31}$$

简便起见,假定复合材料的塑性流变是相关的,因此,PRMMC 的宏观塑性应变速率具有如下形式:

$$\dot{\bar{\boldsymbol{\varepsilon}}}^{\mathrm{p}}=\dot{\lambda}\frac{\partial\bar{F}}{\partial\bar{\boldsymbol{\sigma}}} \tag{34.32}$$

式中:$\dot{\lambda}$ 为塑性一致性参数;$\bar{F}$ 为复合材料的整体屈服函数。

简化的各向同性指数定律硬化函数 $K(\bar{e}^{\mathrm{p}})$ 写为

$$K(\bar{e}^{\mathrm{p}})=\sqrt{\frac{2}{3}}[\sigma_{\mathrm{y}}+h(\bar{e}^{\mathrm{p}})^{q}] \tag{34.33}$$

式中:σ_{y} 为基体材料的初始屈服应力;h 和 q 为线性和指数各向同性硬化参数。

前面的解释结合 Kuhn-Tucker 条件:

$$\dot{\lambda}\geqslant 0,\quad \bar{F}\leqslant 0,\quad \dot{\lambda}\bar{F}=0,\quad \dot{\lambda}\dot{\bar{F}}=0 \tag{34.34}$$

可形成一个有效弹塑性-损伤本构提法,用于颗粒增强的金属基复合材料中的部分界面脱黏的渐进过程。所提出的复合材料框架在式(34.29)~式(34.34)中给出,它是基于微观力学方法、区域平均的均一化程序以及统计分布方法的。所给出的提法提供了一种潜在的可行框架,从而评估金属基复合材料的整体弹塑性-损伤的应力-应变响应过程。

34.4 数值案例

34.4.1 单轴加载

单轴应力-应变曲线通常用作复合材料力学响应的重要指标。为了解释所提出的基于微观力学的模型，考虑了单轴拉伸加载的情况，宏观应力 $\bar{\boldsymbol{\sigma}}$ 的分量可表述为 $\bar{\sigma}_{11}>0$，而所有其他应力分量 $\bar{\sigma}_{ij}=0$。所选的材料体系为 SiC 颗粒增强的铝基复合材料，SiC 颗粒和铝基体的杨氏模量和泊松比为 $E_p=450\text{GPa}$、$E_m=70\text{GPa}$、$\nu_p=0.2$、$\nu_m=0.3$，其中，下标 p 和 m 分别代表颗粒和基体。威布尔参数选为 $M=5$，屈服强度 $\sigma_y=300\text{MPa}$，假设硬化参数分别为 $h=1.0\text{GPa}$、$q=0.5$。对 PRMMC 的单轴弹塑性-损伤的应力-应变行为进行的数值模拟结果如图 34.4 所示，很明显，对体积分数为 50%的具有渐进界面脱黏的球形颗粒，有效的应力-应变响应位于多孔材料（下限）和无脱黏的复合材料（上限）之间。界面结合强度在界面的脱黏过程中起着关键的作用，并对复合材料的整体弹塑性-损伤行为具有显著影响。具体而言，对界面结合强度较低的复合材料，较低的应变硬化效应即可清晰观察到。例如，在结合强度非常低的情况下（即 $\sigma_{cri}=0.4\sigma_y$），即使在复合材料达到其整体屈服点之前也会发生界面脱黏，因此可观察到软化部分。

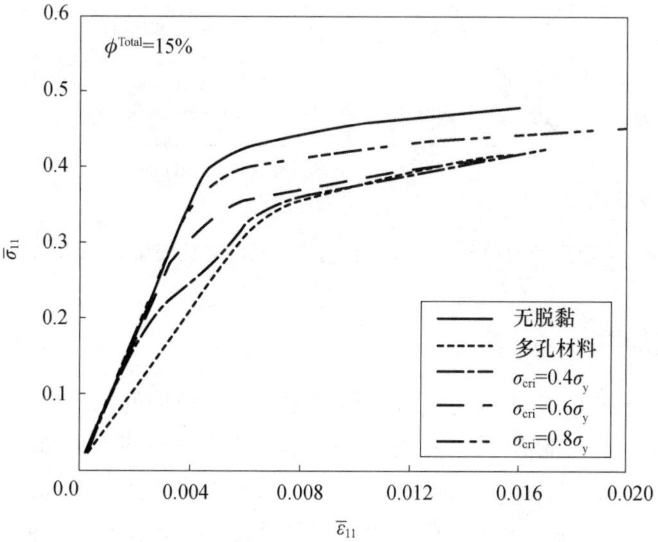

图 34.4　具有渐进界面脱黏的 PRMMC 的整体应力-应变曲线

在单轴加载条件下，第一局部主应力是拉伸应力，其他两个局部主应力为具有相同大小的压应力，因此，只有一种脱黏模式发生，即沿加载方向的脱黏。由于第二和第三局部主应力是相等的. 因此，脱黏角 $\alpha_{12}^{(2)}$ 和 $\alpha_{13}^{(2)}$ 是互相相等的。可以观察到，脱黏角在开始阶段快速增大，然后随着整体变形的增大变为饱和状态，这表明，由于在第二和第三主方向上的主压应力的作用，进一步的脱黏会越来越困难。另外，图 34.5 给出了 Papazian 和 Adler 报道的结果，对比了 SiC 颗粒增强的 Al5456 复合材料的模型预测结果和试验结果（Papazian 和 Adler，1990）。随着渐进界面脱黏的引入，当前的模型较无脱黏的模型得到了更好的预测结果，可以看出脱黏对复合材料的初始整体屈服强度的影响。当颗粒的体积分数为零时，复合材料中不存在增强体，因此就变为一种纯基体材料。随着颗粒体积分数的增大且不考虑脱黏，复合材料的整体屈服强度会增大，这反映了增强体颗粒的存在对硬化效应的改进。相比之下，对于多孔材料，较高体积分数的孔洞会导致初始整体屈服强度的降低。随着复合材料中颗粒含量的升高，界面脱黏机制会对复合材料的初始整体屈服强度产生更为显著的影响。另外,当结合强度较弱时,在早期加载阶段就会发生颗粒脱黏的现象,并且当初始整体屈服发生时,复合材料中就已经存在很多类似孔洞的颗粒。因此,弱界面的复合材料的初始整体屈服强度会比纯基体材料更低,易形孔复合材料的行为与多孔材料类似。

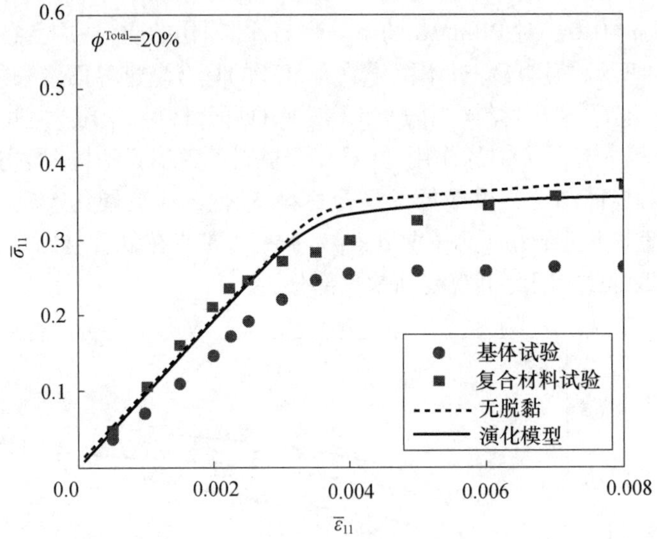

图 34.5 当前模型的预测结果和试验结果之间的对比(Papazian 和 Adler,1990)

34.4.2 三轴加载

在单轴加载条件下,由于只有第一个局部主应力是拉伸的,所以仅有一种脱黏模式是活动的。为了研究不同脱黏模式之间的转换,对复合材料进行三轴加载,其中 $\bar{\sigma}_{11}>0$, $\bar{\sigma}_{22}=0.6\bar{\sigma}_{11}$ 且 $\bar{\sigma}_{33}=0.4\bar{\sigma}_{11}$。图 34.6 给出了损伤体积分数的演化和转换过程,随着整体外载荷的增大,第一个局部主应力首先达到临界强度,并激活了第二种脱黏模式(一维脱黏);在进一步增加外载荷的过程中,当第二个局部主应力达到临界强度时,第三种脱黏模式(二维脱黏)就开始活动。在开始阶段,从完美结合的(模式 1)颗粒形成模式 2 颗粒的数量,比演化成模式 3 和模式 4 的模式 2 颗粒的数量要多。因此,$\phi^{(2)}$ 和 $\phi^{(3)}$ 都随着外载荷的增加而增大,直到某一特定点,较多的模式 2 的颗粒转变成了模式 3 和模式 4,此时 $\phi^{(2)}$ 开始降低,最后,所有的局部主应力超过了临界强度,且颗粒的所有 4 种模式都同时在基体中存在。脱黏角的演化过程见图 34.7,与单轴加载的情况进行对比,脱黏过程发展得更快,而且由于所有方向上的主应力都为拉伸状态,所以脱黏角最后就达到了最大值(90°)。当第二个主应力达到临界强度时,脱黏角 $\alpha_{12}^{(2)}$ 变为 90°,这表明局部 x_1 和 x_2 方向之间的完全脱黏,因此二维脱黏模式被激活(参见图 34.6 中的 $\phi^{(3)}$)。在二维脱黏模式下($\alpha_{13}^{(3)}$),在 x_1-x_3 方向上的脱黏角($\alpha_{13}^{(2)}$)持续变化,一旦所有的脱黏角变为 90°,则达到了完全脱黏的模式(模式 4)(参见图 34.6 中的 $\phi^{(4)}$)。

为了研究颗粒界面脱黏对初始整体屈服表面的影响,这里考虑轴对称(双轴)加载的情况。在这种加载情况下,$\bar{\sigma}_{11}>0$,$\bar{\sigma}_{22}=\bar{\sigma}_{33}>0$ 且 $\bar{\sigma}_{12}=\bar{\sigma}_{13}=\bar{\sigma}_{23}=0$。初始有效屈服表面用归一化的体积应力和有效应力给出,见图 34.8 和图 34.9。具体而言,在轴对称条件下,体

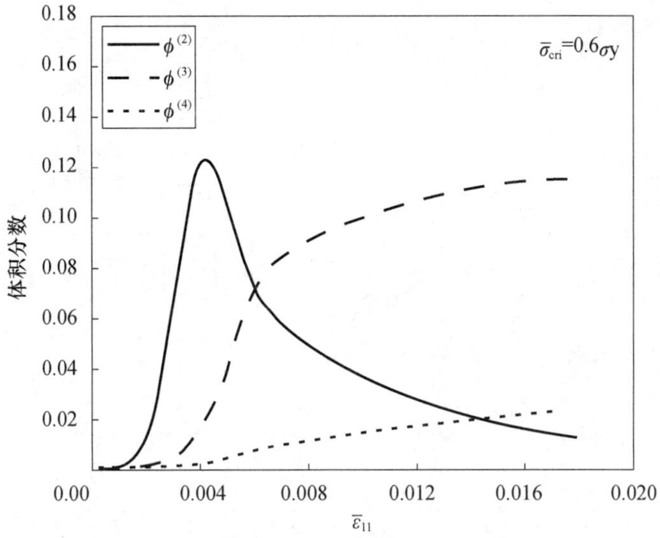

图 34.6　三轴加载条件下，随着整体应变的增加，体积分数的演化过程

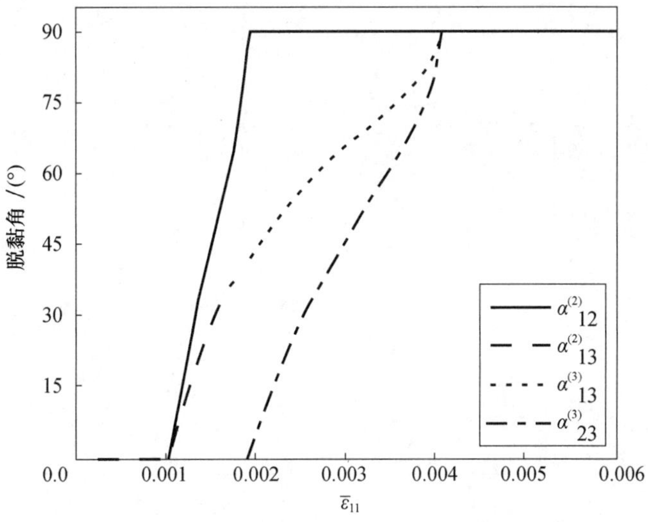

图 34.7　三轴加载条件下，随着整体应变的增加，脱黏角的演化过程

积应力和有效应力可以很容易地从它们的基本定义得出，分别为 $\bar{\sigma}_v=(\bar{\sigma}_{11}+2\bar{\sigma}_{22})/3$，$\bar{\sigma}_e=\bar{\sigma}_{11}-\bar{\sigma}_{22}$。图 34.8 表明，复合材料的初始整体屈服并非冯·米塞斯型的，即使颗粒形状是球形的且是随机分布的，界面结合强度对归一化的体积屈服应力的影响是很明显的，但对归一化的有效屈服应力的影响是非常小的。随着结合强度的降低，复合材料中发生早期脱黏，并且对体积应力而言，导致了初始塑性屈服点的恶化。另一方面，对于一种恒定的（特定的）结合强度，颗粒体积分数对体积应力和有效应力空间中的初始整体屈服平面的影响如图 34.9 所示。具体而言，降低颗粒的体积分数会导致归一化的体积屈服应力的增加，以及归一化有效屈服应力的降低。这种独特的特征表明，非冯·米塞斯类型的复合材

料屈服主要由颗粒存在而引起,当颗粒的体积分数降为0时,纯基体材料就会恢复为冯·米塞斯型塑性屈服特征。

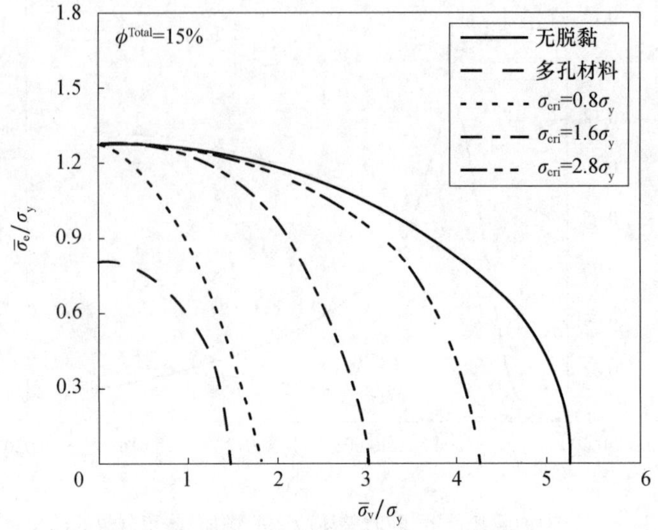

图 34.8 结合强度对 PRMMC 的整体屈服表面的影响

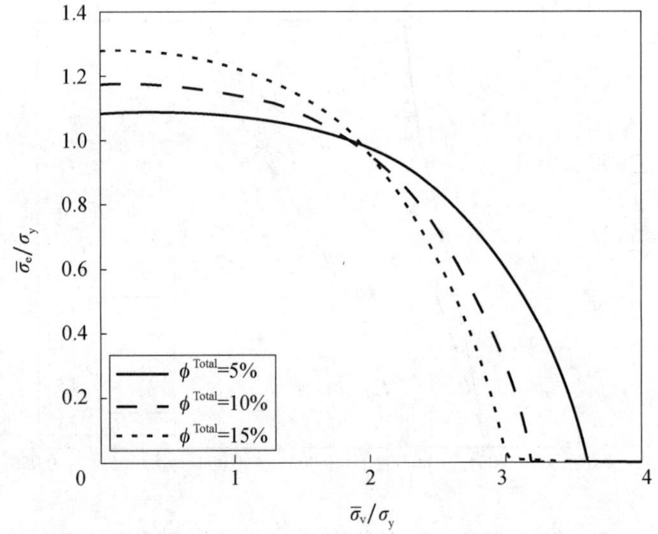

图 34.9 体积分数对 PRMMC 的整体屈服表面的影响

34.5 小 结

从微观力学和均匀化的本征应变概念出发,针对带部分界面脱黏演化的 PRMMC,推导了区域平均的弹塑性-损伤本构方程,脱黏区域用相应的脱黏角来表示。考虑了4种不同的脱黏模式,并系统构建了相应的等效正交各向异性的刚度张量,所提出的方法随后用单轴加载条件来说明其潜在能力,还对模型预测的结果和现有的试验数据进行了对比。

需注意,所提出的弹塑性-损伤方法可推广应用于处理多轴的加载条件。进一步研究可扩展应用于球形和其他的颗粒形状。除了基于应力的颗粒脱黏准则,针对不同的复合材料,还可以考虑基于应变、能量或者基体-颗粒界面脱黏的混合准则。

参考文献

T. W. Clyne, P. J. Withers, An Introduction to Metal Matrix Composites (Cambridge University Press, Cambridge, 1993)

J. D. Eshelby, The determination of the elastic field of an ellipsoidal inclusion and related problems. Proc. R. Soc. Lond. A241, 376–396 (1957)

J. D. Eshelby, The elastic field outside an ellipsoidal inclusion. Proc. R. Soc. Lond. A252, 561–569 (1959)

I. Jasiuk, Y. Tong, The effect of interface on the elastic stiffness of composites, in Mechanics of Composite Materials and Structures. Proceedings of the 3rd Joint ASCE/ASME Conference, ed. by J. N. Reddy, J. L. Teply, American Society of Mechanical Engineers, New York, New York. 1989, pp. 49–54

J. W. Ju, T. M. Chen, Micromechanics and effective moduli of elastic composites containing randomly dispersed ellipsoidal inhomogeneities. Acta Mech. 103, 103–121 (1994)

J. W. Ju, L. Z. Sun, A novel formulation for exterior-point Eshelby's tensor of an ellipsoidal inclusion. J. Appl. Mech. 66, 570–574 (1999)

J. W. Ju, L. Z. Sun, Effective elastoplastic behavior of metal matrix composites containing randomly located aligned spheroidal inhomogeneities. part Ⅰ: micromechanics-based formulation. Int. J. Solids Struct. 38, 183–201 (2001)

H. T. Liu, L. Z. Sun, J. W. Ju, An interfacial debonding model for particle-reinforced composites. Int. J. Damage Mech. 14, 163–185 (2004)

H. T. Liu, L. Z. Sun, J. W. Ju, Elastoplastic modeling of progressive interfacial debonding for particle-reinforced metal-matrix composites. Acta Mech. 181, 1–17 (2006)

T. Mura, Micromechanics of Defects in Solids, 2nd edn. (Kluwer, Boston, 1987)

S. Nemat-Nasser, M. Hori, Micromechanics: Overall Properties of Heterogeneous Materials, 2nd edn. (North-Holland, Amsterdam, 1999)

N. J. Pagano, G. P. Tandon, Modeling of imperfect bonding in fiber reinforced brittle matrix composites. Mech. Mater. 9, 49–64 (1990)

J. M. Papazian, P. N. Adler, Tensile properties of short fiber-reinforced SiC/Al composites. part Ⅰ: effect of matrix precipitates. Metall. Trans. A21, 401–410 (1990)

J. Qu, The effect of slightly weakened interfaces on the overall elastic properties of composite materials. Mech. Mater. 14, 269–281 (1993)

A. S. Sangani, G. Mo, Elastic interactions in particulate composites with perfect as well as imperfect interfaces. J. Mech. Phys. Solids 45, 2001–2031 (1997)

L. Z. Sun, J. W. Ju, H. T. Liu, Elastoplastic modeling of metal matrix composites with evolutionary particle debonding. Mech. Mater. 35, 559–569 (2003)

S. Suresh, A. Mortensen, A. Needleman, Fundamentals of Metal-Matrix Composites (Butterworth-Heinemann, Boston, 1993)

K. Tohgo, G. J. Weng, A progressive damage mechanics in particle-reinforced metal-matrix composites under high triaxial tension. J. Eng. Mater-T ASME 116, 414–420 (1994)

F. C. Wong, A. Ait-Kadi, Analysis of particulate composite behavior based on non-linear elasticity and modulus degradation theory. J. Mater. Sci. 32, 5019-5034(1997)

Y. H. Zhao, G. J. Weng, Transversely isotropic moduli of two partially debonded composites. Int. J. Solids Struct. 34, 493-507(1997)

Y. H. Zhao, G. J. Weng, The effect of debonding angle on the reduction of effective moduli of particle and fiber-reinforced composites. J. Appl. Mech. 69, 292-302(2002)

第 8 部分

动态载荷下的损伤

第 35 章　极端动力学的各向异性损伤

Tomasz Łodygowski, Wojciech Sumelka

摘　　要

本章讨论了极端载荷下金属材料的 Perzyna 型黏塑性理论的最新成果。事实上,由于建模过程中包含的重要现象数量很多,导致了问题的复杂性。模型中的材料参数数量相当多,因此在应用中需要在大范围的应变速率、温度和观察尺度下对特定材料进行非常详细的试验验证。

提出理论的关键在于确定极限动力学建模的可靠性,在其定性和定量方面,可以总结如下:①对于任何微分同胚,其描述是不变的(协变材料模型);②得到的演变问题是适定的;③对变形率的敏感度;④有限的弹塑性变形;⑤塑性非常态性;⑥损耗效应(损伤的各向异性描述);⑦热力耦合;⑧长度尺度上的灵敏度。

35.1　概　　述

自 1963 年 Perzyna 提出黏塑性理论以来(Perzyna, 1963),已经经过了漫长的道路,现在是处理速率相关材料最常用的方法之一。尽管 Perzyna 模型通常只与过应力函数的黏塑性应变率的著名定义有关,但其现有形式属于力学中最普遍和最适用的公式(Perzyna, 2005, 2008),包括①关于任何同构的不变性(协变材料模型);②演变问题的适定性;③对变形率的敏感性;④有限的弹塑性变形;⑤塑性非常态性;⑥损耗效应(损伤的各向异性描述);⑦热力耦合;⑧长度尺度的灵敏度。另一方面,黏塑性理论作为一种物理理论,对单晶和多晶行为的分析也有着深刻的物理解释。

最近 Perzyna 理论引申到了包括微观损伤各向异性的影响(Perzyna, 2008; Glema 等, 2009; Sumelka, 2009)。若要正确描述损伤,则必须考虑损伤各向异性。它概括了以前使用的标量损伤参数(Dornowski, 1999; Dornowski 和 Perzyna, 2002a, b, c)。引入的各向异性可以区分两个级别的损伤:全局和局部(Sumelka 和 Łodygowski2011)。如果来自试验和数学模型的(全局)应力-应变曲线相互接近,则获得良好的全局损伤估算(GDA)。除了全局之外,如果可以获得良好的局部损伤估算(LDA),就可以观察到微观损伤起始时间、宏观损伤演变速度和宏观损伤花样的几何形状这几个方面良好一致性。在连续损伤力学中,可以证明第一类问题(GDA)能被标量损伤模型覆盖,而对于第二类问题(LDA),在描述损伤的模型中需要更高阶的张量(Glema 等, 2010a; Łodygowskietal, 2012)。

值得强调的是,在理论、应用和计算力学中,对金属材料的极端动力学进行建模的问题包括应变速率超过 $10^7 s^{-1}$ 和温度达到熔点时的情况。不足之处是,试验仍然无法解释(应变或温度变化)极快的热力过程。因此,必须用理论推断或预测试验结果。热机械过程受弹塑性波效应(传播和相互作用(Glema 等,2004;Łodygowski 和 Sumelka,2012))的影响很大,并且由微裂纹、微孔、移动和固定位错密度等金属结构中存在的缺陷引起的初始各向异性,是导致变形期间整体诱导的各向异性的原因。

金属材料模型现已在文献中得到很好的证实(Perzyna,2008;Glema 等,2009;Sumelka 2009;Glema 等,2010a,b;Sumelka 和 Łodygowski,2011,2013;Łodygowski 等,2012;Sumelka,2013;Sumelka 和 Łodygowski,2013)。在本章中,除了理解整体概念所需的经典部分外,还需将注意力集中在裂缝孔隙度的演变上(Cochran 和 Banner,1988;Meyers 和 Aimone,1983),此参数控制着模型中材料的承载能力水平。在黏塑性理论中首先提出了这个概念(Sumelka,2009),将通过剥落现象的全空间建模来举例说明。因此,该模型可以估算辅助的试验观察结果:在某些动态条件下,金属材料中的损伤从塑性(对于较低的变形速率)变为脆性(对于极端的变形速率)。

本章内容安排如下。

在第 35.2 节中,讨论了金属各向异性、裂缝孔隙演变及其在动态条件下对金属材料性能影响的实验观察。

第 35.3 节控制得到了 Perzyna 型黏塑性的基本结果,考虑了各向异性损伤描述和假定的材料函数和参数的识别(Sumelka,2009)。

在第 35.4 节中,解释了在 Abaqus/Explicit 程序中采用 VUMAT 子程序的模型的计算机实现。

第 35.6 节中,基于包括裂缝孔隙演变在内的剥落现象的数值结果,对模型进行了验证。

第 35.7 节对本章内容进行总结。

35.2 试验动机

本节重点内容是金属行为的试验观察,特别是作为金属整体各向异性来源的金属微损伤各向异性。其他各向异性来源如相邻晶粒大小和形状的不同(Narayanasamy 等,2009)和晶相的不同如珠光体或铁素体(图 35.1)均未讨论(Pęcherski 等,2009)。所讨论的试验证据还考虑了裂缝孔隙度的速率依赖性,它是模型中材料的承载能力的度量。

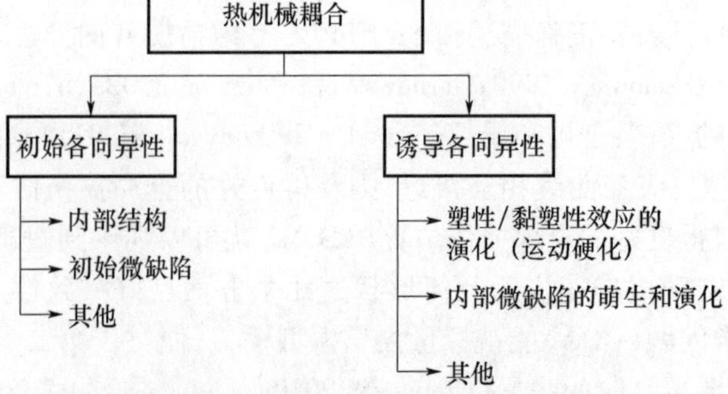

图 35.1　金属热力学中的各向异性

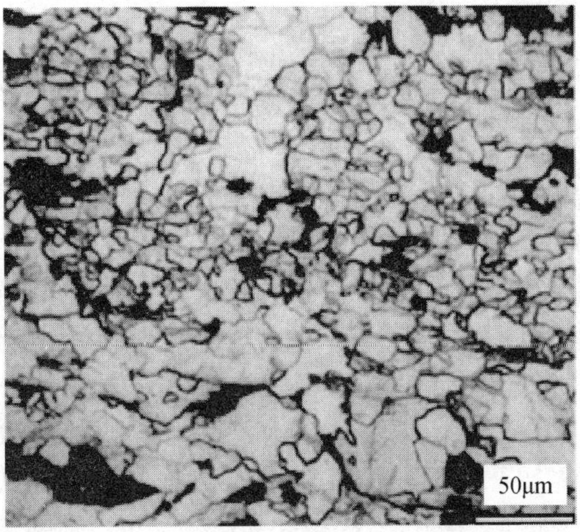

图 35.2　HSLA-65 钢微观结构的各向异性(Narayanasamy 等,2009)

为了更充分地认识和描述文献中的现象,省略了诸如运动硬化、速率敏感性,长度尺度敏感性或塑性非正态(包括在模型中)。详细信息请参阅综述报告,例如,Łodygowski(1996),Perzyna(1998,2005),Glema 等(2004)。

金属结构中始终存在缺陷如微裂纹、微孔、移动和固定位错密度(Abu Al-Rub 和 Voyiadjis 2006;Voyiadjis 和 Abu Al-Rub 2006;参见图 35.2)导致金属的各向异性。对于金属行为合适的数学模型,应该将这类型的各向异性包括在公式中。经常使用的金属各向同性简化应被认为是第一种近似,它不能为现代应用提供足够的信息(Glema 等,2010b)(尽管在许多应用中不否认这种方法,参见 Klepaczko 等(2007),Rusinek 和 Klepaczko(2009))。

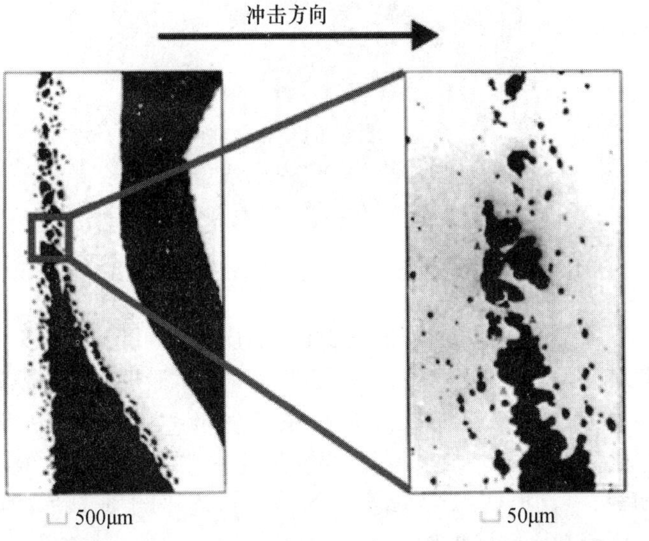

图 35.3　平板冲击试验后 1145 铝中的裂纹各向异性(Seaman 等,1976)

回到金属材料的试验结果,作为本节问题的关键,提出了以下三方面内容(Sumelka,2009):
(1)内在微缺陷是各向异性的;

(2)微损伤的演变是定向的;

(3)在动态载荷下,损伤从韧性变为脆性。

内容(1)证实了如下试验结果:由内在缺陷引起的金属各向异性不仅来自其自身缺陷,也来自其非均质结构。

例如,1145 铝在平板冲击试验中(Seaman 等,1976),观察到了分离之前微损伤(微孔)演变,对于微损伤的材料,包括三个阶段:成核、长大和聚集。注意,在图 35.3 中,所有微缺陷都垂直于冲击方向延伸,即垂直于最大拉伸应力。在该试验中,它们具有近似椭圆形的形状,因此,内在缺陷具有方向性,它们的各向异性影响整个变形过程,对其产生相当大的影响。

内容(2)明确表述了如下试验结果:连续体的各向异性在变形过程中定向演变(参见 Grebe 等 1985 年的试验结果),它是结构重排的结果,尤其是内在缺陷的定向演变。作为例子,图 35.4 给出了形成剪切带的区域中微孔的演变。可以清楚地看到,演变是定向的;微孔穿过剪切带被拉伸。因此,现存的或正成核的微损伤生长是根据所施加的变形过程而定向的,从而引起材料性质的各向异性演变。

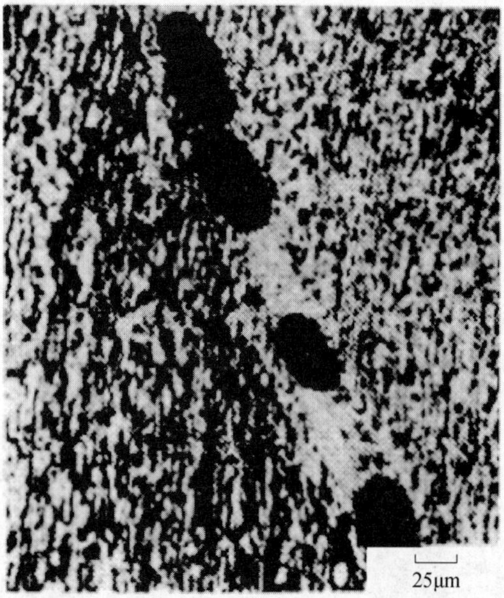

图 35.4　Ti-6 Al-4 V 合金剪切带区域的各向异性微裂纹(Grebe 等,1985)

内容(3)显示了金属材料中的损伤从韧性(对于较低的变形率)变为几乎脆性(对于极端变形)的试验结果。在图 35.5 中,展示了平板冲击试验期间,铀金属中裂变截取与冲击峰的比值(用 R 表示)与层板速度之间的关系(Cochran 和 Banner,1988),可以看出,当层板速度增加时,比值 R 增加。结果表明,当变形速率增大时,微损伤没有时间扩展。同样地,对于极端加载,一旦损伤成核,就会导致脆性开裂,对于成核后的最低速率,则有可能造成损伤增长,从而产生韧性损伤。

作为本节的结束语,回顾金属中的微损伤演变机制,一般有三个阶段:缺陷成核、长大和聚集,以及依赖于变形速率的微损伤演变极限。利用微损伤张量的概念将这些观察到的结果转移到模型中。

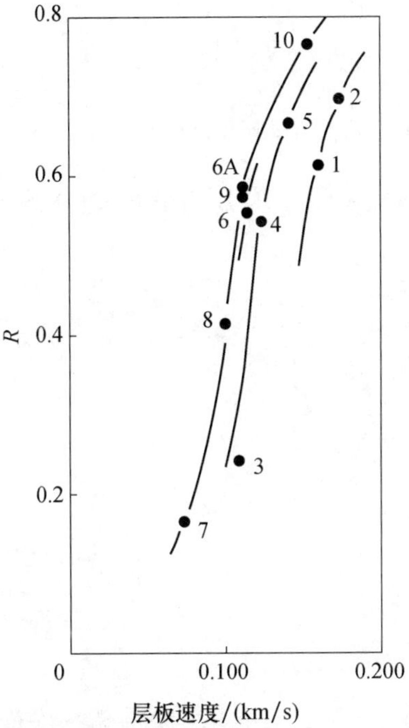

图 35.5　平板冲击试验中铀与平板速度的变化(Cochran 和 Banner,1988)

35.3　数学模拟

35.3.1　微损伤张量的概念

微损伤张量在所提出的公式中起着重要作用。注意,虽然使用前缀“微”,但不应与微观观察相混淆。也就是说,使用了连续体描述,考虑了宏观和介观($10^4 \sim 10^{-3}$ m)之间的观察尺度,但是“移用”了微观尺度的命名法(Longere 等,2005)。Tikhomirov(2001)等采用“微裂纹”的概念讨论了类似的问题(表 35.1)。

表 35.1　材料缺陷

缺陷类型	数学解释	科学分类
微裂纹,微孔	随机分布、总体变量和分形力学	微观力学
微裂纹、微孔	损伤变量	连续损伤力学
微裂纹	嵌入式位移不连续性	断裂力学

引入的微损伤张量概念具有明确的物理解释,给出了如何进行实际测量的直观方法。要理解整个概念,应该遵循 Sumelka(2009)和 Glema 等(2010a)讨论的结果。

1. 微损伤张量的物理解释

假设对于材料体 β 中的选定点 P_i,在三个垂直平面上,可以测量损伤面积与代表性体积单元(RVE)所假定的特征面积之间的比率,即

$$\frac{A_i^P}{A} \tag{35.1}$$

式中：A_i^P 为受损面积；A 为 RVE 的假定特征面积（图 35.6）。基于计算的比率$\left(\frac{A_i^P}{A}\right)$，获得三个向量。它们的模等于比率，并且与 RVE 的平面垂直（图 35.6）。

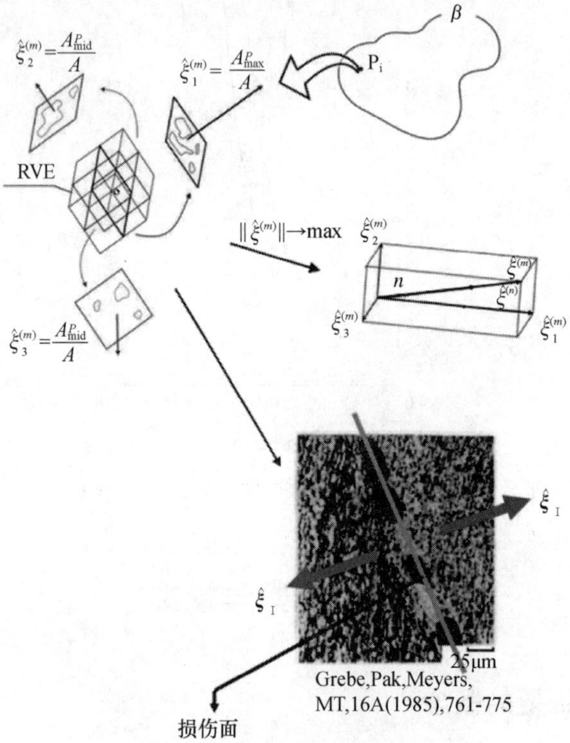

图 35.6　微损伤张量的概念

围绕点 O（图 35.6）旋转这三个平面，可以在任何不同的构型中重复上述测量。因此，对于每个测量配置，结式由这三个向量构成。然后，选定结式的模是最大的配置，这样的结式称为微损伤主向量，并用$\widehat{\boldsymbol{\xi}}^{(m)}$表示，即

$$\widehat{\boldsymbol{\xi}}^{(m)}=\frac{A_1^P}{A}\widehat{\boldsymbol{e}}_1+\frac{A_2^P}{A}\widehat{\boldsymbol{e}}_2+\frac{A_3^P}{A}\widehat{\boldsymbol{e}}_3 \tag{35.2}$$

其中$(\widehat{\cdot})$表示微观损伤的主方向，且 $A_1^P \geqslant A_2^P \geqslant A_3^P$。

在接下来的步骤中，基于微损伤主向量，构建微损伤向量，用 $\widehat{\xi}^{(n)}$ 表示（Sumelka 等，2007）。

$$\widehat{\boldsymbol{\xi}}^{(n)}=\frac{1}{\|\widehat{\boldsymbol{\xi}}^{(n)}\|}\left(\left(\frac{A_1^P}{A}\right)^2\widehat{\boldsymbol{e}}_1+\left(\frac{A_2^P}{A}\right)^2\widehat{\boldsymbol{e}}_2+\left(\frac{A_3^P}{A}\right)^2\widehat{\boldsymbol{e}}_3\right) \tag{35.3}$$

最后，假设存在微损伤张量场 $\boldsymbol{\xi}$，

$$\boldsymbol{\xi}=\begin{bmatrix}\xi_{11} & \xi_{12} & \xi_{13}\\ \xi_{21} & \xi_{22} & \xi_{23}\\ \xi_{31} & \xi_{32} & \xi_{33}\end{bmatrix} \tag{35.4}$$

通过结合微损伤向量和微损伤张量的公式在其主要方向上定义(Sumelka 等,2007)

$$\widehat{\boldsymbol{\xi}}^{(n)}=\widehat{\boldsymbol{\xi}}_n \tag{35.5}$$

其中,

$$\boldsymbol{n}=\sqrt{3}\,\|\widehat{\xi}^{(m)}\|^{-1}(\widehat{\xi}_1^{(m)}\widehat{\boldsymbol{e}}_1+\widehat{\xi}_2^{(m)}\widehat{\boldsymbol{e}}_2+\widehat{\xi}_3^{(m)}\widehat{\boldsymbol{e}}_3) \tag{35.6}$$

得到基本结果,

$$\widehat{\boldsymbol{\xi}}=\frac{\sqrt{3}}{3}\begin{bmatrix}\widehat{\xi}_1^{(m)} & 0 & 0\\ 0 & \widehat{\xi}_2^{(m)} & 0\\ 0 & 0 & \widehat{\xi}_3^{(m)}\end{bmatrix} \tag{35.7}$$

因此,微损伤张量分量的物理解释如下:微损伤张量 $\boldsymbol{\xi}$ 的对角分量 $\boldsymbol{\xi}_{ii}$ 在其主方向上与微损伤主向量 $\boldsymbol{\xi}_i^{(m)}$ 的分量成比例,$\boldsymbol{\xi}_i^{(m)}$ 定义了损伤面积与在垂直于 i 方向的平面上 RVE 假设的特征面积的比率。

这种解释清楚地表明,损伤平面是垂直于 $\boldsymbol{\xi}$ 的最大主值的平面。同时,它提供了一个工具,用于在数值结果的后处理过程中对各向异性演变进行图形表示。即通过追踪 $\boldsymbol{\xi}$ 的主方向,跟踪软化方向,并且可以预测到宏观路径(Glema 等,2010a,b)。

此外,从微损伤场$\widehat{\boldsymbol{\xi}}$ 中取出欧几里得范数,得到以下关系,

$$\sqrt{\boldsymbol{\xi}:\boldsymbol{\xi}}=\frac{\sqrt{3}}{3}\sqrt{\left(\frac{A_1^P}{A}\right)^2+\left(\frac{A_2^P}{A}\right)^2+\left(\frac{A_3^P}{A}\right)^2}, \tag{35.8}$$

现在,假设 RVE 立方体的特征长度为 l,式(35.8)则可以写成,

$$\sqrt{\boldsymbol{\xi}:\boldsymbol{\xi}}=\frac{\frac{\sqrt{3}}{3}\sqrt{\left(\frac{A_1^P}{A}\right)^2+\left(\frac{A_2^P}{A}\right)^2+\left(\frac{A_3^P}{A}\right)^2}}{l^3}, \tag{35.9}$$

式(35.8)给出了微损伤张量的额外物理解释,即微损伤场的欧几里得范数定义了标量值,其被称为体积分数孔隙率或简单称为孔隙度(Perzyna,2008):

$$\sqrt{\boldsymbol{\xi}:\boldsymbol{\xi}}=\frac{V-V_s}{V}=\frac{V_P}{V}, \tag{35.10}$$

其中,ξ 为孔隙率(标量损伤参数);V 为材料单元的体积;V_s 为该材料单元的固体组成的体积,V_P 为孔隙的体积:

$$V_P=\frac{\sqrt{3l}}{3}\sqrt{(A_1^P)^2+(A_1^P)^2+(A_1^P)^2} \tag{35.11}$$

2. 微损伤演变的极限值

微损伤张量场的解释为微损伤演变强加了数学界限,如

$$\xi\in<0,1>,\text{和}\widehat{\xi}_{ii}\in<0,1> \tag{35.12}$$

物理边界是不同的并且具有速率依赖性(Cochran 和 Banner,1988;Meyers 和 Aimone,1983),这一事实对进一步的数值分析至关重要。

具有可靠的试验证据表明了金属中初始孔隙度的存在(用 ξ_0 表示),$\xi_0\approx10^{-4}\sim10^{-3}$(Nemes 和 Eftis,1991)。然而在变形过程中,该孔隙度不能达到理论上的完全饱和度,即

$\xi=1$,并且更多是速率依赖性的,导致即使其接近零值的极限也可能导致破裂(从韧性到脆性断裂模式的过渡)。金属中的实际最大裂缝孔隙度取决于测试材料和工艺特征(应变率),在极端载荷下,它可达到 0.09~0.35 的数量级(Dornowski 和 Perzyna,2002a,2006)。

应该提到的是,通常情况下,关于初始微损伤张量场唯一的试验信息(孔隙率)就是它的模量。因此,特定的数值计算必须先假设现有的微损伤方向及其空间分布(当然要保持其模量)。Sumelka 和 Łodygowski(2011)讨论了这种假设在变形过程中的意义作用,证明了不同的初始微损伤状态(注意孔隙度必须增加其初始值几个数量级以达到裂缝孔隙度)影响 LDA、宏观损伤起始时间、宏观损伤演变速率和宏观破坏的几何形状,但对 GDA 的影响有限(与试验一致,例如,对于特定材料的拉伸试验,应力-应变曲线是可重复的,但损伤模式的细节不同)。

35.3.2 各向异性损伤的 Perzyna 型黏塑性理论

从分析物体的运动学开始,然后假定基本的本构公理,最后通过实现标准的平衡原理,获得本构模型。请注意,在 Sumelka 中讨论了包括各向异性弹性范围,也即基于 Lord Kelvin 公式(Thomson,1856)扩展的各向异性屈服准则的广义描述。

1. 运动学

考虑了材料体运动的两种描述,即拉格朗日(材料,参照的)和欧拉(空间,当前的)。这些描述分别跨越了由 $\mathcal{B}$ 和 $\mathcal{S}$ 表示的两种流形(Marsden 和 Hughes,1983)。

$\mathcal{B}$ 中的点用 $\boldsymbol{X}$ 表示,而 $\mathcal{S}$ 中的用 $\boldsymbol{x}$ 表示。$\mathcal{B}$ 的坐标系由$\{X^A\}$表示,基数为 $\boldsymbol{E}_A$,$\mathcal{S}$ 的坐标系用$\{x^a\}$表示,基数为 e_a。这些坐标系中的双重基数分别由$\boldsymbol{E}^A$ 和$\boldsymbol{e}^a$ 表示。

$\mathcal{B}$ 和 $\mathcal{S}$ 数组中的切线空间写为 $\boldsymbol{T_X}\mathcal{B}=\boldsymbol{X}\times V^3$ 和 $T_x\mathcal{B}=\{\boldsymbol{x}\}\times V^3$,它被理解为欧几里得向量空间 V^3,分别被视为从点 $\boldsymbol{X}$ 和 $\boldsymbol{x}$ 发出的向量(Marsden 和 Hughes,1983)。

在流形 $\mathcal{B}$ 和 $\mathcal{S}$ 上取黎曼空间,即$\{\mathcal{B},\boldsymbol{G}\}$和$\{\mathcal{S},\boldsymbol{g}\}$,定义了公制张量,即 $\boldsymbol{G}:T\mathcal{B}\to T^*\mathcal{B}$ 和 $\boldsymbol{g}:T\mathcal{B}\to T^*\mathcal{S}$,其中 $T\mathcal{B}$ 和 $T\mathcal{S}$ 分别表示 $\mathcal{B}$ 和 $\mathcal{S}$ 的切线束,而 $T^*\mathcal{B}$ 和 $T^*\mathcal{S}$ 表示它们的双切线束。公制张量的显式定义是 $G_{AB}(\boldsymbol{X})=(\boldsymbol{E}_A,\boldsymbol{E}_B)_X$ 和 $g_{AB}(\boldsymbol{x})=(\boldsymbol{e}_a,\boldsymbol{e}_b)_x$,其中$(,)_X$ 和 $(,)_x$ 分别表示 $\mathcal{B}$ 和 $\mathcal{S}$ 的内积。

材料体的规则运动被看作在欧几里得点空间 E^3 中,抽象体 $\mathcal{B}$ 的一系列浸入过程(Rymarz,1993),可以写成:

$$\boldsymbol{x}=\phi(\boldsymbol{X},t), \tag{35.13}$$

因此,$\phi_t:\mathcal{B}\to\mathcal{S}$ 是在时间 t 时,$\mathcal{S}$ 中的 $\mathcal{B}$ 的$\boldsymbol{C}^1$ 的一个实际配置。ϕ 的正切定义了两点张量场 $\boldsymbol{F}$,称为变形梯度,它描述了所有局部变形特性,并且是变形的主要量度(Perzyna,1978;Holzapfel,2000)。因而,有

$$\boldsymbol{F}(\boldsymbol{X},t)=T\phi=\frac{\partial\phi(\boldsymbol{X},t)}{\partial\boldsymbol{X}} \tag{35.14}$$

并使用切线空间的概念,得

$$\boldsymbol{F}(\boldsymbol{X},t)=T_X\mathcal{B}\to T_{X=\phi(X,t)}\mathcal{S} \tag{35.15}$$

$\boldsymbol{F}$ 是每个 $\boldsymbol{X}\in\mathcal{B}$ 和 $t\in\boldsymbol{I}\subset\mathbb{R}^1$ 的线性变换。

假设映射 ϕ 是唯一可逆的(平滑同构)($\boldsymbol{X}=\phi^{-1}(\boldsymbol{x},t)$),因此,存在变形梯度的倒数

$$\boldsymbol{F}^{-1}(\boldsymbol{x},t)=\frac{\partial\phi^{-1}(\boldsymbol{x},t)}{\partial_{\boldsymbol{x}}},\tag{35.16}$$

并且张量场 $\boldsymbol{F}$ 是非奇异的($\det(\boldsymbol{F})\neq 0$),由于物质的不可穿透性 $\det(\boldsymbol{F})>0$。以下重要的分解,称为极化分解,有

$$\boldsymbol{F}=\boldsymbol{U}\boldsymbol{R}=\boldsymbol{v}\boldsymbol{R}\tag{35.17}$$

式中:$\boldsymbol{R}$ 是测量局部方向的旋转张量(唯一的、正交);$\boldsymbol{U}$ 和 $\boldsymbol{v}$ 定义了独特的、正定义的对称张量,分别被称作右(或材料)拉伸张量和左(或空间)拉伸张量(拉伸张量测量局部形状)。使用切线空间的概念得到的结果是每个 $\boldsymbol{X}\in\mathcal{B}$,$\boldsymbol{U}(\boldsymbol{X}):T_X\mathcal{B}\to T_X\mathcal{B}$;每个 $\boldsymbol{x}\in\mathcal{S}$,$\boldsymbol{v}(\boldsymbol{x}):T_X\mathcal{S}\to T_X\mathcal{S}$。因此,以 $\boldsymbol{F}$ 为特征的局部运动可以分解为纯拉伸和纯旋转。

广义类型的拉格朗日和欧拉应变量度可以通过一个单一尺度函数来定义(Hill 1978;Xiao 等,1998),

$$\boldsymbol{E}=g(\boldsymbol{C})=\sum_{i=1}^{3}g(\breve{\chi}_i)\boldsymbol{C}_i$$

和

$$\boldsymbol{e}=g(\boldsymbol{B})=\sum_{i=1}^{3}g(\breve{\chi}_i)\boldsymbol{B}_i$$

其中,尺度函数 $g(\cdot)$ 是一个平滑增长函数,其归一化属性为 $g(1)=g'(1)-1=0$;$\breve{\chi}_i$ 用于分别表示右和左 Cauchy-Green 张量 $\boldsymbol{C}$ 和 $\boldsymbol{B}$ 的不同特征值,$\boldsymbol{C}_i$ 和 $\boldsymbol{B}_i$ 是相应的从属特征投影。

已选择格林-拉格朗日应变张量(Perzyna,2005)($\boldsymbol{E}:T_X\mathcal{B}\to T_X\mathcal{B}$):

$$2\boldsymbol{E}=\boldsymbol{C}-\boldsymbol{I}\tag{35.18}$$

其中,$\boldsymbol{E}$ 代表格林-拉格朗日应变张量,$\boldsymbol{I}$ 表示 $T_X\mathcal{B}$ 上的同一性,且

$$\boldsymbol{C}=\boldsymbol{F}^{\mathrm{T}}\cdot\boldsymbol{F}=\boldsymbol{U}^2=\boldsymbol{B}^{-1}\tag{35.19}$$

通过类比空间(欧拉)应变测量,Euler-Almansi 应变张量已被接受($\boldsymbol{e}:T_X\mathcal{S}\to T_X\mathcal{S}$):

$$2\boldsymbol{e}=\boldsymbol{i}-\boldsymbol{c}\tag{35.20}$$

其中 $\boldsymbol{e}$ 代表 Euler-Almansi 应变张量,$\boldsymbol{i}$ 代表 $T_X\mathcal{S}$ 上的同一性,

$$\boldsymbol{c}=\boldsymbol{b}^{-1}\ \text{和}\ \boldsymbol{b}=\boldsymbol{F}\cdot\boldsymbol{F}^{\mathrm{T}}=v^2\tag{35.21}$$

其中,张量 $\boldsymbol{b}$ 有时被称为 Finger 变形张量。

使用前推和回推操作,获得以下关系:

$$\boldsymbol{e}^b=\phi_*(\boldsymbol{e}^b)=\boldsymbol{F}^{-\mathrm{T}}\boldsymbol{E}^b\boldsymbol{F}^{-1}\tag{35.22}$$

和

$$\boldsymbol{E}^b=\phi^*(\boldsymbol{e}^b)=\boldsymbol{F}^{\mathrm{T}}\boldsymbol{E}^b\boldsymbol{F}\tag{35.23}$$

其中,

$$\phi_*((\cdot)^b)=\boldsymbol{F}^{-\mathrm{T}}(\cdot)^b\boldsymbol{F}^{-1}\tag{35.24}$$

代表前推,

$$\phi^*((\cdot)^b)=\boldsymbol{F}^{\mathrm{T}}(\cdot)^b\boldsymbol{F}\tag{35.25}$$

代表回推。

为了描述有限弹-黏塑性变形,总变形梯度的乘法分解为

$$\boldsymbol{F}(\boldsymbol{X},t)=\boldsymbol{F}^e(\boldsymbol{X},t)\cdot\boldsymbol{F}^p(\boldsymbol{X},t),\tag{35.26}$$

这种分解由单晶塑性的微观力学证明(Perzyna,1998),其中的项 $\boldsymbol{F}^e$ 是表示对 $\boldsymbol{F}$ 的晶

格贡献,而$\boldsymbol{F}^p$ 描述了仅结晶滑移系上的塑性剪切引起的变形。

在实际配置中,局部弹性变形的倒数从周围的每个应力状态($\mathcal{N}(\boldsymbol{x}) \subset \phi(\mathcal{B})$)得出。由实际配置 $\mathcal{S}$ 的线性映射 $\boldsymbol{F}^{e^{-1}}$ 获得的配置称为无应力配置,并由$\mathcal{S}'$表示。因此,可以写成(图 35.7)

$$\boldsymbol{F}^e : T_y\mathcal{S}' \to T_X\mathcal{S}, \boldsymbol{F}^p : T_X \to T_y\mathcal{S}' \tag{35.27}$$

其中,公式中的材料点$\mathcal{S}'$由 y 表征。

引入的 $\boldsymbol{F}$ 分解能够确定所考虑的两种配置中的基本应变张量。

黏塑性应变张量$\boldsymbol{E}^p : T_X\mathcal{B} \to T_X\mathcal{B}$ 可以写成

$$2\boldsymbol{E}^p = \boldsymbol{C}^p - \boldsymbol{I} \tag{35.28}$$

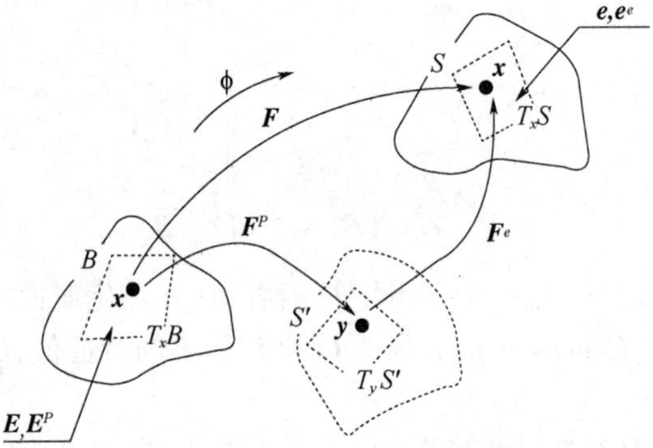

图 35.7　对 $\boldsymbol{F}$ 的乘法分解的解释

其中

$$\boldsymbol{C}^p = \boldsymbol{F}^{pT} \cdot \boldsymbol{F}^p = \boldsymbol{U}^{p2} = \boldsymbol{B}^{-1} \text{和 } \boldsymbol{E}^e = \boldsymbol{E} - \boldsymbol{E}^p \tag{35.29}$$

而弹性应变张量$\boldsymbol{e}^e : T_X\mathcal{S} \to T_X\mathcal{S}$ 是

$$2\boldsymbol{e}^e = \boldsymbol{i} - \boldsymbol{c}^e \tag{35.30}$$

其中

$$\boldsymbol{c}^e = \boldsymbol{e}^{b-1} \text{和} \boldsymbol{b}^e = \boldsymbol{F}^e \cdot \boldsymbol{F}^{eT} = \boldsymbol{v}^{e2} \text{ 和} \boldsymbol{e}^p = \boldsymbol{e} - \boldsymbol{e}^e \tag{35.31}$$

在材料体运动学描述的最后,进一步讨论速率型本构关系是定义描述连续体形状、位置和方向变化场的速率的基础。

使用式(35.13)定义的运动,空间速度 $\boldsymbol{v}$ 简写成

$$\boldsymbol{v}(\boldsymbol{x}, t) = \dot{\boldsymbol{x}} = \frac{\partial \phi}{\partial t} \tag{35.32}$$

采用 $\boldsymbol{v}$ 的梯度,得到张量场(非对称、二阶),称为空间速度梯度(Holzapfel,2000):

$$\boldsymbol{l}(\boldsymbol{x}, t) = \frac{\partial \boldsymbol{v}(\boldsymbol{x}, t)}{\partial \boldsymbol{x}} \tag{35.33}$$

其中,$\boldsymbol{l}$ 代表空间速度梯度,利用变形梯度和乘法分解变形梯度的概念,式(35.33)改写为下列形式(Perzyna,2005):

$$\boldsymbol{l} = \dot{\boldsymbol{F}} \cdot \boldsymbol{F}^{-1} = \dot{\boldsymbol{F}}^e \cdot \boldsymbol{F}^{e-1} + \boldsymbol{F}^e \cdot (\dot{\boldsymbol{F}}^P \cdot \boldsymbol{F}^{P-1}) \cdot \boldsymbol{F}^{e-1} = \boldsymbol{l}^e + \boldsymbol{l}^p \tag{35.34}$$

介绍了空间速度梯度的弹性$\boldsymbol{l}^e$ 和塑性$\boldsymbol{l}^p$ 部分。另一方面,空间速度梯度对称和反对称部分的加性分解产生协变张量场 $\boldsymbol{d}$,称为变形张量率,协变张量场 $\boldsymbol{w}$ 称为自旋张量,定义如下:

$$\boldsymbol{l}=\boldsymbol{d}+\boldsymbol{w}=\boldsymbol{d}^{e}+\boldsymbol{w}^{e}+\boldsymbol{d}^{P}+\boldsymbol{w}^{P} \tag{35.35}$$

$$\boldsymbol{d}=\frac{1}{2}(\boldsymbol{l}+\boldsymbol{l}^{\mathrm{T}}) \tag{35.36}$$

$$\boldsymbol{w}=\frac{1}{2}(\boldsymbol{l}-\boldsymbol{l}^{\mathrm{T}}) \tag{35.37}$$

介绍了目标 Lie 导数(确定微分同胚)的概念,使用以下概念获得任意空间张量场 Φ 的 Lie 导数:

(1)计算 Φ 的回拉操作,获得材料场 Φ。

(2)取 Φ 的材料时间导数。

(3)执行(2)中结果段的前推操作。

(4)该公式可概括为

$$L_{v}(\varphi)=\phi_{*}\left(\frac{D}{D_{t}}\phi^{*}(\varphi)\right) \tag{35.38}$$

式中:L_v 为 Lie 导数。

因此,将 Lie 导数应用于应变测量,得到以下基本结果:

$$\boldsymbol{d}^{b}=L_{v}(\boldsymbol{e}^{b}). \tag{35.39}$$

Lie 导数表示拉伸率 $\boldsymbol{d}$ 与欧拉应变 $\boldsymbol{e}$ 之间的直接关系,拉伸率 $\boldsymbol{d}$ 是对变形体中任意两个相交直线单元的长度比率和角度变化率的直接自然度量,欧拉应变 $\boldsymbol{e}$ 测量任何线单元的长度的变化以及任何两个相交的线单元之间的角度的变化。

类似于式(35.39),可以写成,

$$\boldsymbol{d}^{e^{b}}=L_{v}(\boldsymbol{e}^{e^{b}}),\boldsymbol{d}^{p^{b}}=L_{v}(\boldsymbol{e}^{p^{b}}) \tag{35.40}$$

2. 本构假设

假设平衡原理成立,即质量守恒、动量平衡、动量矩平衡、能量和熵产生平衡,定义了 4 个本构假设(Perzyna,1986b,2005)(以下 $\boldsymbol{e}$ 当然取决于公式)。

(1)存在自由能函数 ψ。因此,

$$\psi=\widehat{\psi}(\boldsymbol{e},\boldsymbol{F},\vartheta;\boldsymbol{\mu}) \tag{35.41}$$

式中:$\boldsymbol{\mu}$ 为一组内部状态变量,用于控制损耗效应的描述;ϑ 为温度。需要注意的是,由于最后一个变量的性质不同,分号用于分隔最后一个变量(它为模型引入了一个损耗),而不含 $\boldsymbol{\mu}$ 的模型,描述了热弹性。

(2)客观性公理。对于微分同胚(任何叠加运动),材料模型应该是不变的。

(3)熵产生的公理。对于每个常规过程,本构函数应满足热力学第二定律。

(4)内部状态变量向量 $\boldsymbol{\mu}$ 的演变式应为

$$L_{v}\,\boldsymbol{\mu}=\widehat{\boldsymbol{m}}(\boldsymbol{e},\boldsymbol{F},\vartheta,\boldsymbol{\mu}) \tag{35.42}$$

必须根据实验观察确定演变函数 $\widehat{\boldsymbol{m}}$。

3. 本构关系:广义形式

降阶的损耗不等式表明(Marsden and Hughes,1983;Sumelka,2009):

$$\frac{1}{\rho_{\mathrm{Ref}}}\boldsymbol{\tau}:\boldsymbol{d}-(\eta\dot{\vartheta}+\dot{\psi})-\frac{1}{\rho\vartheta}\boldsymbol{q}\cdot\mathrm{grad}\vartheta\geqslant 0, \tag{35.43}$$

式中:ρ 为实际密度;ρ_{Ref} 为参考密度;$\boldsymbol{\tau}$ 为基尔霍夫应力;ψ 为自由能函数;ϑ 为绝对温度;η 为特定(每单位质量)熵;$\boldsymbol{q}$ 为热通量。使用假设(1),式(35.43)可以改写为

$$\left(\frac{1}{\rho_{\mathrm{Ref}}}\tau-\frac{\partial\widehat{\psi}}{\partial e}\right):\boldsymbol{d}-\left(\eta+\frac{\partial\widehat{\psi}}{\partial\vartheta}\right)\dot{\vartheta}-\frac{\partial\widehat{\psi}}{\partial\boldsymbol{\mu}}L_v\boldsymbol{\mu}-\frac{1}{\rho\vartheta}\boldsymbol{q}\cdot\mathrm{grad}\vartheta\geqslant 0 \tag{35.44}$$

由于任意性，

$$\boldsymbol{\tau}=\rho_{\mathrm{Ref}}\frac{\partial\widehat{\psi}}{\partial\boldsymbol{e}} \tag{35.45}$$

$$\eta=-\frac{\partial\widehat{\psi}}{\partial\vartheta} \tag{35.46}$$

因此,式(35.44)写成

$$-\frac{\partial\widehat{\psi}}{\partial\boldsymbol{\mu}}L_v\boldsymbol{\mu}-\frac{1}{\rho\vartheta}\boldsymbol{q}\cdot\mathrm{grad}\vartheta\geqslant 0, \tag{35.47}$$

现在假设内部状态向量由两个变量组成(在下一节中详细讨论),即(Perzyna,2008;Glema 等,2009;Sumelka 和 Łodygowski,2011),

$$\boldsymbol{\mu}=(\in^P,\xi) \tag{35.48}$$

其中,$\in^P$ 是等效塑性变形,$\dot{\in}^P=\left(\frac{2}{3}\boldsymbol{d}^P:\boldsymbol{d}^P\right)^{\frac{1}{2}}$,它描述了由黏塑性变形产生的损耗效应,而 ξ 是考虑各向异性微损伤效应的微损伤张量,可以写出所考虑的热机械过程的速率型本构式的广义形式。

使用内部状态向量常数,将 Lie 导数应用于式(35.45),或换句话说保持过程恒定(热弹性过程),可以得到基尔霍夫应力张量的演变式为(Duszek-Perzyna 等,1994)

$$(L_v\boldsymbol{\tau})^e=\mathcal{L}^e:\boldsymbol{d}^e-\mathcal{L}^{\mathrm{th}}\dot{\vartheta} \tag{35.49}$$

其中

$$\mathcal{L}^e=\rho_{Ref}\frac{\partial^2\widehat{\psi}}{\partial\boldsymbol{e}^2} \tag{35.50}$$

$$\mathcal{L}^{th}=-\rho_{\mathrm{Ref}}\frac{\partial^2\widehat{\psi}}{\partial\boldsymbol{e}\partial\vartheta} \tag{35.51}$$

上述$\mathcal{L}^e$ 表示弹性本构张量,$\mathcal{L}^{th}$ 表示热算子。用这种关系

$$(L_v\boldsymbol{\tau})^e=\dot{\boldsymbol{\tau}}-\boldsymbol{\tau}\cdot\boldsymbol{d}^e-\boldsymbol{d}^e\cdot\boldsymbol{\tau} \tag{35.52}$$

$$\boldsymbol{d}=\boldsymbol{d}^e+\boldsymbol{d}^P \tag{35.53}$$

基尔霍夫应力率的最终形式是

$$L_v\boldsymbol{\tau}=\mathcal{L}^e:\boldsymbol{d}-\mathcal{L}^{\mathrm{th}}\dot{\vartheta}-(\mathcal{L}^e+\boldsymbol{g\tau}+\boldsymbol{\tau g}):\boldsymbol{d}^P \tag{35.54}$$

使用形式中的能量平衡(Perzyna,2005;Sumelka,2009)

$$\rho\vartheta\dot{\eta}=-\mathrm{div}\boldsymbol{q}-\rho\frac{\partial\widehat{\psi}}{\partial\boldsymbol{\mu}}\cdot L_v\boldsymbol{\mu} \tag{35.55}$$

并采用由式(35.46)定义的熵率。获得温度的演变式:

$$\rho c_p\dot{\vartheta}=-\mathrm{div}\boldsymbol{q}+\vartheta\frac{\rho}{\rho_{\mathrm{Ref}}}\frac{\partial\boldsymbol{\tau}}{\partial\vartheta}:\boldsymbol{d}+\boldsymbol{\chi}^*\boldsymbol{\tau}:\boldsymbol{d}^P+\boldsymbol{\chi}^*\boldsymbol{k}:L_v\boldsymbol{\xi} \tag{35.56}$$

比热容为

$$c_p=-\vartheta\frac{\partial^2\widehat{\psi}}{\partial\vartheta^2} \tag{35.57}$$

不可逆系数力 * 和力 ** 由下式确定(p 定义黏塑性流动方向在下一节详细讨论):

$$\chi^{*}=-\rho\left(\frac{\partial\widehat{\psi}}{\partial\in^{P}}-\vartheta\frac{\partial^{2}\widehat{\psi}}{\partial\vartheta\partial\in^{P}}\right)\sqrt{\frac{2}{3}}\frac{1}{\boldsymbol{\tau}:\boldsymbol{p}}$$

$$\chi^{**}=\left(\frac{\partial\widehat{\psi}}{\partial\xi}-\vartheta\frac{\partial^{2}\widehat{\psi}}{\partial\vartheta\partial\xi}\right):\frac{1}{\boldsymbol{k}}\tag{35.58}$$

接下来需要为假定的内部状态变量($\in^{P}$,$\boldsymbol{\xi}$) 指定明确的定义、定义材料函数,最后识别材料参数。

35.4　材料模型识别绝热过程

35.4.1　内部状态变量的演变式

内部状态变量的演变式假设如下:

$$\boldsymbol{d}^{P}=\Lambda\boldsymbol{p}\tag{35.59}$$

$$L_{v}\boldsymbol{\xi}=\Lambda^{h}\frac{\partial h*}{\partial\boldsymbol{\tau}}+\Lambda^{g}\frac{\partial g*}{\partial\boldsymbol{\tau}}\tag{35.60}$$

式中:$\Lambda,\Lambda^{h},\Lambda^{g}$ 分别定义黏塑性流动强度、微损伤成核和微损伤增长,而 $\boldsymbol{p}$、$\frac{\partial h*}{\partial\boldsymbol{\tau}}$、$\frac{\partial g*}{\partial\boldsymbol{\tau}}$ 分别定义黏塑性流动方向、微损伤成核方向和微损伤增长方向。应该强调的是,存在发生灾难性断裂的微损伤状态(ξ^{F}),即

$$\kappa=\widehat{\kappa}(\in^{p},\vartheta,\boldsymbol{\xi})\mid_{\xi=\xi^{F}}=0\tag{35.61}$$

定义了 $\in^{p}$ 和 $\boldsymbol{\xi}$ 后,可以给出初始边界值问题(IBVP)如下。

35.4.2　初始边值问题

找到 ϕ、$\boldsymbol{v}$、ρ、$\boldsymbol{\tau}$、$\boldsymbol{\xi}$、ϑ 作为函数 t 和位置 $\boldsymbol{x}$ 的函数,使得满足以下式(Perzyna,1994;Łodygowski,1996;Łodygowski 和 Perzyna,1997a,b):

(1)场公式:

$$\begin{cases}\dot{\phi}=\boldsymbol{v}\\ \dot{\boldsymbol{v}}=\dfrac{1}{\rho_{\mathrm{Ref}}}\left(\mathrm{div}\boldsymbol{\tau}+\dfrac{\boldsymbol{\tau}}{\boldsymbol{\rho}}\cdot\mathrm{grad}\rho-\dfrac{\boldsymbol{\tau}}{1-(\boldsymbol{\xi}:\boldsymbol{\xi})\dfrac{1}{2}}\mathrm{grad}(\boldsymbol{\xi}:\boldsymbol{\xi})^{\frac{1}{2}}\right)\\ \dot{\rho}=-\rho\mathrm{div}\boldsymbol{v}+\dfrac{\rho}{1-(\boldsymbol{\xi}:\boldsymbol{\xi})\dfrac{1}{2}}\mathrm{grad}(L_{v}\boldsymbol{\xi}:L_{v}\boldsymbol{\xi})\dfrac{1}{2}\\ \dot{\boldsymbol{\tau}}=\mathcal{L}^{e}:\boldsymbol{d}+2\boldsymbol{\tau}\cdot d-\mathcal{L}^{th}\dot{\vartheta}-(\mathcal{L}^{e}+\boldsymbol{g\tau}+\boldsymbol{\tau g}):\boldsymbol{d}^{p}\\ \dot{\boldsymbol{\xi}}=2\xi\cdot\boldsymbol{d}+\dfrac{\partial g^{*}}{\partial\boldsymbol{\tau}}\dfrac{1}{T_{m}}\left\langle\Phi^{g}\left[\dfrac{I_{g}}{\tau_{eq}(\boldsymbol{\xi},\vartheta,\in^{P})}-1\right]\right\rangle\\ \dot{\vartheta}=\dfrac{\chi^{*}}{\rho c_{p}}\boldsymbol{\tau}:\boldsymbol{d}^{p}+\dfrac{\chi^{**}}{\rho c_{p}}\boldsymbol{k}:L_{v}\boldsymbol{\xi}\end{cases}\tag{35.62}$$

(2)边界条件:

(a)位移 ϕ 在 $\Gamma(\mathcal{B})$ 的 Γ_ϕ 部分上进行规定,并且牵引力 $(\boldsymbol{\tau}\cdot\boldsymbol{n})^a$ 规定 $\Gamma(\mathcal{B})$ 的 Γ_τ 部分,其中,$\Gamma_\phi \cap \Gamma_\tau = 0$ 和 $\Gamma_\phi \cup \Gamma_\tau = \Gamma(\mathcal{B})$ 。

(b)热量通量 $\boldsymbol{q}\cdot\boldsymbol{n}=0$ 是在 $\Gamma(\mathcal{B})$ 上规定的。

(3)初始条件 $\boldsymbol{\phi}$、$\boldsymbol{v}$、ρ、$\boldsymbol{\tau}$、$\boldsymbol{\xi}$、ϑ 对于每个 $X\in\mathcal{B}$、在 $t=0$ 时给出,并得以满足。

在式(35.62)的第5个分式中,假设在微损伤的演变过程中,成核项被省略;因此,计算中必须假设适当的初始微损伤状态(参见 Sumelka 和 Łodygowski,2011 对这些结果的详细讨论),并且由于绝热假设,前两个式的温度演变在式(35.56)中已省略。应该强调的是,绝热条件假设削弱了建模的强大作用,因为式(35.56)中的第一项引入了非局部性。然而,在黏塑性中,非局部性从松弛时间参数(T_m)隐式出现。

35.4.3 材料函数

对于演变问题(35.62),给出了以下假设。

假设弹性范围是各向同性的,并且与微损伤状态无关;因此,弹性本构张量$\mathcal{L}^e$(对于更广义的设置,参见 Sumelka,2009)为

$$\mathcal{L}^e = 2\mu\,\mathfrak{T} + \lambda(\boldsymbol{g}\otimes\boldsymbol{g}) \tag{35.63}$$

式中:μ 和 λ 为拉梅常数。

热膨胀效应与其相似,假设其各向同性;因此,热算子$\mathcal{L}^{th}$:

$$\mathcal{L}^{th} = (2\mu+3\lambda)\,\theta\boldsymbol{g} \tag{35.64}$$

式中:θ 为热膨胀系数。

黏塑性应变率$\boldsymbol{d}^P$ 在 Perzyna 理论中被认为是常见的(Perzyna,1963,1966),即

$$\boldsymbol{d}^P = \Lambda^{vp}\boldsymbol{p} \tag{35.65}$$

流变定律式(35.65)定义了流动强度Λ^{vp}

$$\Lambda^{vp} = \frac{1}{T_m}<\Phi^{vp}\left(\frac{f}{k}-1\right)> = \frac{1}{T_m}<\left(\frac{f}{k}-1\right)^{m_{pl}}> \tag{35.66}$$

其中屈服面 f 是(Shima 和 Oyane,1976;Perzyna,1986a,b;Glema 等,2009)

$$f = \{J'_2 + [n_1(\vartheta) + n_2(\vartheta)(\boldsymbol{\xi}:\boldsymbol{\xi})^{\frac{1}{2}}]J_1^2\}^{\frac{1}{2}} \tag{35.67}$$

定义参数取决于温度

$$n_1(\vartheta) = 0\ ,\ n_2(\vartheta) = n = \text{const} \tag{35.68}$$

并且加工硬化软化函数 κ 被假定为(Perzyna,1986b;Nemes 和 Eftis,1993)

$$\kappa = \{\kappa_s(\vartheta) - [\kappa_0(\vartheta)]\exp[-\delta(\vartheta)\in^P]\}\left[1-\left(\frac{(\boldsymbol{\xi}:\boldsymbol{\xi})^{\frac{1}{2}}}{\xi^F}\right)^{\beta(\vartheta)}\right] \tag{35.69}$$

$$\bar{\vartheta} = \frac{\vartheta-\vartheta_0}{\vartheta_0}\ ,\ \kappa_s(\vartheta) = \kappa_s^* - \kappa_s^{**}\bar{\vartheta}\ ,\ \kappa_0(\vartheta) = \kappa_0^* - \kappa_0^{**}\bar{\vartheta} \tag{35.70}$$

$$\delta(\vartheta) = \delta^{**} - \delta^{**}\bar{\vartheta}\ ,\ \beta(\vartheta) = \beta^{**} - \beta^{**}\bar{\vartheta}$$

裂缝孔隙度 ξ^F 的速率依赖性假定为(Sumelka,2009)

$$\xi^F = \xi^{F*} - \xi^{F**}<\left(\frac{\|L_v\boldsymbol{\xi}\| - \|L_v\boldsymbol{\xi}_c\|}{\|L_v\boldsymbol{\xi}_c\|}\right)^{m_F}> \tag{35.71}$$

式中：ξ^{F*} 为准静态裂缝孔隙度；$\|L_v\boldsymbol{\xi}_c\|$表示微损伤的等效临界速度。请注意式(35.71)的定义，通过给出下式，引入了与累积断裂准则的类比(Campbell, 1953; Klepaczko, 1990a)：

$$t_c = \int_0^{t_d} \left\langle \frac{\|L_v\boldsymbol{\xi}\|}{\|L_v\boldsymbol{\xi}_c\|} - 1 \right\rangle \mathrm{d}t \tag{35.72}$$

可以说，存在微损伤过程饱和至其断裂极限 t_d 所需的临界时间 t_c(可能是热力学过程的函数)，其代表损伤时间。

最后，黏塑性流动方向的归一化定义为

$$\boldsymbol{p} = \frac{\partial f}{\partial \boldsymbol{\tau}}\Big|_{\xi=\text{const}}\left(\left\|\frac{\partial f}{\partial \boldsymbol{\tau}}\right\|\right)^{-1} = \frac{1}{[2J'_2+3A^2(\text{tr}\boldsymbol{\tau})^2]^{\frac{1}{2}}}[\boldsymbol{\tau}'+A\text{tr}\boldsymbol{\tau}\delta] \tag{35.73}$$

其他符号：$\boldsymbol{\tau}'$代表应力偏差，J_1、J'_2 分别是基尔霍夫应力张量的第一和第二不变量，以及基尔霍夫应力张量的偏部分为 $A=2(n_1+n_2(\boldsymbol{\xi}:\boldsymbol{\xi})^{\frac{1}{2}})$。

对于微损伤机制，假设仅考虑生长项，而成核由初始微损伤分布假设代替。因此，若采取其他的假设(Dornowski, 1999; Glema 等, 2009)：

(1)微损伤生长的速度与应力状态的主要方向同轴；

(2)只有正应力(张力)才会引起微损伤的增长。

那么有

$$\frac{\partial g^*}{\partial \boldsymbol{\tau}} = \left\langle\frac{\partial \hat{g}}{\partial \boldsymbol{\tau}}\right\rangle\left\|\frac{\partial \hat{g}}{\partial \boldsymbol{\tau}}\right\|^{-1},\quad \hat{g} = \frac{1}{2}\boldsymbol{\tau}:\boldsymbol{\mathcal{G}}:\boldsymbol{\tau} \tag{35.74}$$

$$\Phi^g\left(\frac{\boldsymbol{I}_g}{\tau_{eq}(\boldsymbol{\xi},\vartheta,\in^P)}-1\right) = \left(\frac{\boldsymbol{I}_g}{\tau_{eq}}\right)^{m_g} \tag{35.75}$$

其中无效增长阈值压力函数 τ_{eq} 的形式为

$$\tau_{eq} = c(\vartheta)(1-(\boldsymbol{\xi}:\boldsymbol{\xi})^{\frac{1}{2}})\ln\frac{1}{(\boldsymbol{\xi}:\boldsymbol{\xi})^{\frac{1}{2}}}\{2\kappa_s(\vartheta)-[\kappa_s(\vartheta)-\kappa_0(\vartheta)]F(\xi_0,\xi,\vartheta)\} \tag{35.76}$$

$$c(\vartheta) = \text{const}$$

$$F = \left(\frac{\xi_0}{1-\xi_0}\frac{1-(\boldsymbol{\xi}:\boldsymbol{\xi})^{\frac{1}{2}}}{(\boldsymbol{\xi}:\boldsymbol{\xi})^{\frac{1}{2}}}\right)^{\frac{2}{3}\delta} + \left(\frac{1-(\boldsymbol{\xi}:\boldsymbol{\xi})^{\frac{1}{2}}}{1-\xi_0}\right)^{\frac{2}{3}\delta} \tag{35.77}$$

和

$$I_g = \bar{b}_1 J_1 + \bar{b}_2(J'_2)^{\frac{1}{2}} + \bar{b}_3(J'_3)^{\frac{1}{2}} \tag{35.78}$$

其中，$\bar{b}_i(i-1,2,3)$ 是材料参数，J'_3 是基尔霍夫应力张量的偏部分的第三个不变量。

现在，考虑微损伤演变假设并假设张量$\boldsymbol{\mathcal{G}}$可以写成四阶单位张量$\mathfrak{T}$的对称部分(Łodygowski 等, 2008)

$$\boldsymbol{\mathcal{G}} = \mathfrak{T}^s,\ \boldsymbol{\mathcal{G}}_{ijkl} = \frac{1}{2}(\delta_{ik}\delta_{gl}+\delta_{il}\delta_{jk}) \tag{35.79}$$

人们可以将增长函数 $\hat{g}$ 的显式形式写成

$$\hat{g} = \frac{1}{2}(\tau_{\mathrm{I}}^2+\tau_{\mathrm{II}}^2+\tau_{\mathrm{III}}^2) \tag{35.80}$$

$\widehat{g}$ 相对于应力场的梯度给出了描述微损伤的各向异性演变的张量,用以下矩阵表示:

$$\frac{\partial \widehat{g}}{\partial \boldsymbol{\tau}}=\begin{bmatrix} g_{11}\tau_{\mathrm{I}} & 0 & 0 \\ 0 & g_{22}\tau_{\mathrm{II}} & 0 \\ 0 & 0 & g_{33}\tau_{\mathrm{III}} \end{bmatrix} \tag{35.81}$$

在式(35.81)中,τ_{I}、τ_{II}、τ_{III}是基尔霍夫应力张量的主要值。

对于温度演变,考虑以下关系:

$$\boldsymbol{k}=\boldsymbol{\tau} \tag{35.82}$$

35.4.4 HSLA-65 钢的材料参数识别

为了验证,使用 Nemat-Nasser 和 Guo(2005)中提出的 HSLA-65 钢的试验数据。HSLA-65 钢属于 20 世纪 60 年代开发的 HSLA 钢(高强度低合金钢),这种钢具有高强度(流变应力在 400~1200MPa 范围内,与温度有关)、良好的焊接性、成形性、韧性和使用寿命长,并且与传统高强度钢相比质量较小,应用范围十分广泛,例如汽车、卡车、起重机、桥梁、海军水面舰艇和其他结构。通常设计用于大量其他材料所不能承载的环境,经常承受的温度范围较宽。HSLA-65 钢具有 bcc 结构的特征,因此属于铁素体钢。因此,这种金属具有高温和应变率敏感性,并显示出良好的延展性和可塑性(真应变>60%)。HSLA-65 钢的力学性能受其内部结构中的杂质影响较大。重要的是,HSLA-65 钢的加工(轧制)可以引起其结构的各向异性。HSLA-65 钢的材料参数如表 35.2 所列。

表 35.2 HSLA-65 钢的材料参数

$\lambda=121.15\text{GPa}$	$\mu=80.769\text{GPa}$	$T_{\mathrm{m}}=2.5\mu\text{s}$	$m_{\mathrm{pl}}=0.14$
$N_1=0$	$n_2=0.25$	$\chi^{*}=0.8$	$\chi^{**}=0.1$
$K_{\mathrm{s}}^{*}=570\text{MPa}$	$\kappa_{\mathrm{s}}^{**}=129\text{MPa}$	$K_0^{*}=457\text{MPa}$	$K_0^{**}=103\text{MPa}$
$\delta^{*}=6.0$	$\delta^{**}=1.4$	$\beta^{*}=11.0$	$\beta^{**}=2.5$
$c=0.067$	$\theta=10^{-6}\text{K}^{-1}$	$m_{\mathrm{md}}=1$	$m_{\mathrm{F}}=0.5$
$b_1=0.02$	$b_2=0.5$	$b_3=0$	$\Vert L\upsilon\xi_{\mathrm{c}}\Vert=10^{-5}\ \text{s}^{-1}$
$\xi^{\mathrm{F}*}=0.36$	$\xi^{\mathrm{F}**}=0.03$	$c_{\mathrm{p}}=470\text{J/(kg}\cdot\text{K)}$	$\rho_{\mathrm{Ref}}=7800\text{kg/m}^3$

然而应该强调的是,识别大量材料参数很不方便。从某方面来看,Nemat-Nasser 和 Guo(2005)提出的结果不足以校验所提出的材料模型,其中的所有变量(例如,温度、黏塑性应变、微损伤)都是相互耦合的。另一方面,当前的试验技术仍然无法为极快的热机械过程提供详细/独特的解答。因此,表 35.2(中的参数应只作为参考,它们的值出现小的波动是有可能的(取决于详细的试验结果,它们会给出基本变量的关联,例如温度、黏塑性应变、微损伤)。对于使用软计算方法减少材料参数数量的提议,参见 Sumelka 和 Łodygowski(2013)。

在图 35.8 中,给出了试验和数值模拟结果的比较。注意,若考虑到前面提到的各向异性固有的微损伤过程(在校准过程中,微损伤状态最初是各向同性的;但获得的参数对于其他初始微损伤状态是有效的,因为它对 GDA 分散的影响程度是在试验可接受的极限内的(Sumelka 和 Łodygowski,2011)),数值解是可从完整的三维热机械分析中获得的。换句话说,所呈现的数值结果考虑了整个的局部过程,曲线拟合表明,材料模型与试验观察非常一致。

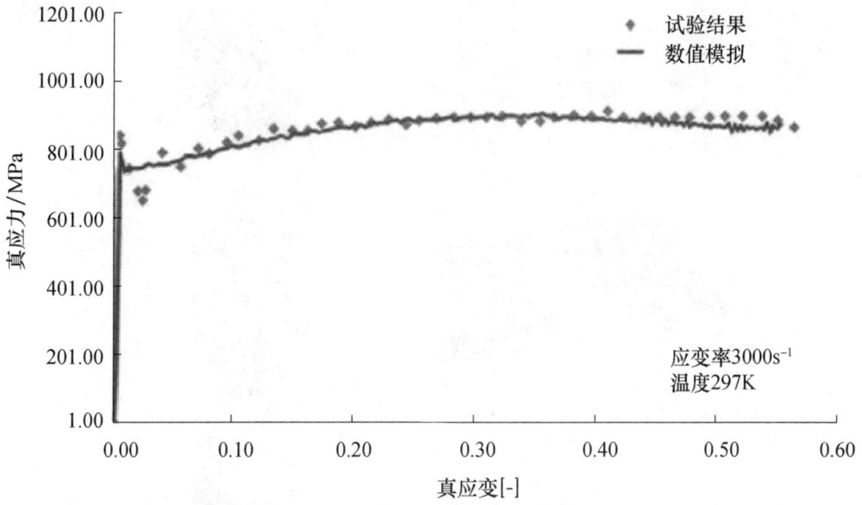

图 35.8　试验和数值模拟的应力-应变曲线比较

35.5　模型验证数值案例

35.5.1　介绍性评论

到目前为止,定义了 Perzyna 类型的本构结构,包括对损伤的各向异性描述,并给出了所有的材料函数。这种提法的重要特征如下:①对于任何微分同胚,描述都是不变的(协变材料模型);②得到的演变问题适定;③对变形率的敏感度;④有限的弹黏塑性变形;⑤塑性非常态性;⑥损耗效应;⑦热力耦合;⑧长度尺度灵敏度。

暂时将注意力集中在特征①上,该特征是随后使用 Lie 导数的结果,并且与描述的客观性相关联。在大多数流行的本构模型(和 Abaqus(2012)等商业软件中),通过 Zaremba-Jaumann(1903)或 Green-Naghdi(1965)率来定义空间张量率是很常见的,虽然在某些情况下它们可能得出非物理解(Dienes,1979;Lehmann,1972;Nagtegaal 和 Jong,1982;Xiao,等 1997a),这种情况在极端动态中最容易发生。从所有无限的客观率集合中选择适当的客观率定义是至关重要的。Sumelka(2013)中讨论了这个问题,其中指出了使用 Lie 导数的重要性,总结得出,使用不同的客观率,可以观察到全局应力-应变空间响应、局部变形区的几何和强度以及其方向和最终断裂模式的宏观损伤的起始时间的差异。可以得出结论,协变材料模型是连续体力学中最常用的模型之一,它提供了最稳定妥当的解决方案。

所提出的理论已经在许多不同类型的 IBVPs 中进行了测试,以表明不同方面的提法。Sumelka(2009)和 Glema(2010b)等讨论了动态拉伸和扭转;Glema(2010a)等和 Sumelka 和 Łodygowski(2013)表述了动态剪切,而 Łodygowski 等(2012;参见图 35.9)的主题是机械加工方面,在所提到的每个过程中,得到了不同类型的载荷组合(例如,不同的三维应力、局部温度或应变率),并且证明了公式的稳定性。

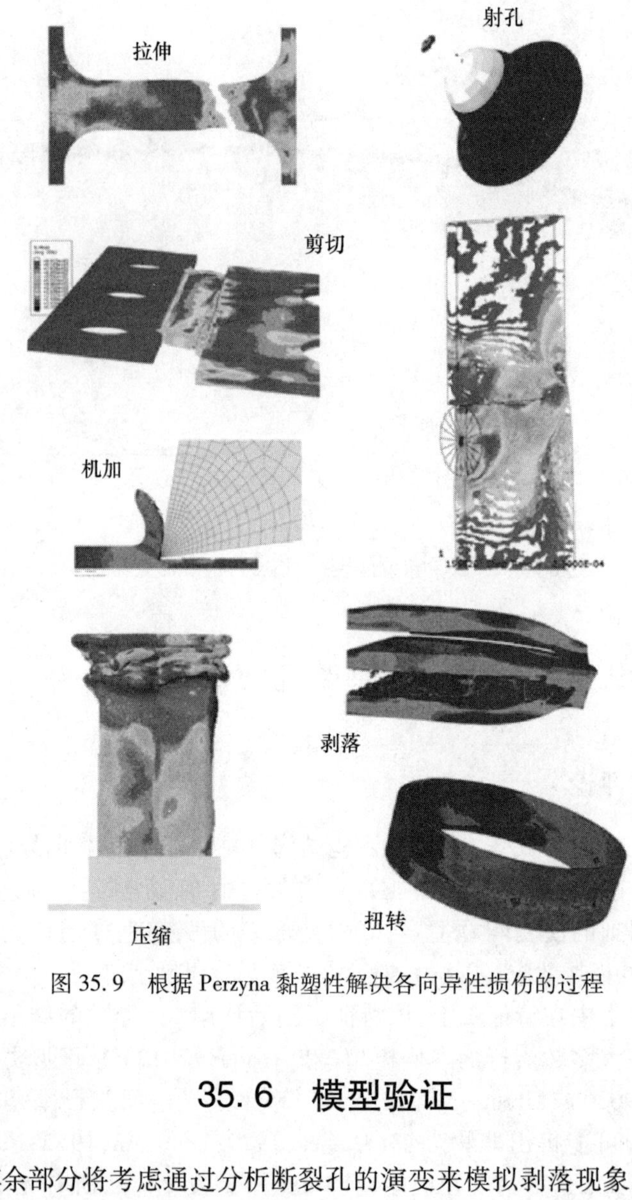

图 35.9　根据 Perzyna 黏塑性解决各向异性损伤的过程

35.6　模型验证

在本章的其余部分将考虑通过分析断裂孔的演变来模拟剥落现象。讨论利用 Lie 导数对 Abaqus / Explicit 有限元程序中的理论进行计算机的首次实现。

35.6.1　Abaqus / Explicit 中的计算机实现

由式(35.62)定义的 IBVP 的解决方案,已经使用有限元法获得。Abaqus / Explicit 商业有限元代码已被改编为解法器,Abaqus / Explicit 采用了中心差时间积分规则以及对角线("集总")单元质量矩阵。为了从网格中去除受损单元(对于每个积分点,达到断裂孔的单元,或等效承载能力为零(式(35.61)),应用单元删除方法(Song 等,2008)。该模型已经通过用户子程序 VUMAT 与 Abaqus 系统(2012)相结合在软件中得以实现。

VUMAT 用户子例程中的应力更新需要一些额外的注释。在计算期间,用户子程序 VUMAT 控制应力、黏塑性变形、温度和微损伤场的演变,在所提出的材料模型中,通过导数考虑所有的率,包括应力率。

因此,应力速率采用 Lie 速率,

$$\boldsymbol{L_v\tau}=\dot{\boldsymbol{\tau}}-\boldsymbol{l}^{\mathrm{T}}\cdot\boldsymbol{\tau}-\boldsymbol{\tau}\cdot\boldsymbol{l} \tag{35.83}$$

与 Abaqus / Explicit VUMAT 用户子程序中默认计算的 Green-Naghdi 率相反,根据以下公式(Abaqus,2012)

$$\boldsymbol{\tau}^{(G-N)\,0}=\dot{\boldsymbol{\tau}}+\boldsymbol{\tau}\cdot\boldsymbol{\Omega}+\boldsymbol{\Omega}\cdot\boldsymbol{\tau} \tag{35.84}$$

其中,$\boldsymbol{\Omega}=\boldsymbol{\Omega}^{(G-N)}=\dot{\boldsymbol{R}}\cdot\boldsymbol{R}^{\mathrm{T}}$ 表示材料的角速度(Dienes,1979)(或自旋张量(Xiao 等,1997b)),$\boldsymbol{R}$ 表示旋转张量。Abaqus / Explicit VUMAT 用户子程序中的材料模型在旋转坐标系中定义,由自旋张量 $\boldsymbol{\Omega}$ 描述(图 35.10)。

为了保持 VUMAT 算法的客观性,采用以下方法,在迭代过程中,前向差分方案被视为二阶张量的材料导数。因此,对于基尔霍夫应力张量的材料导数,有

$$\dot{\boldsymbol{\tau}}|_i=\frac{\boldsymbol{\tau}|_{i+1}-\boldsymbol{\tau}|_i}{\Delta t} \tag{35.85}$$

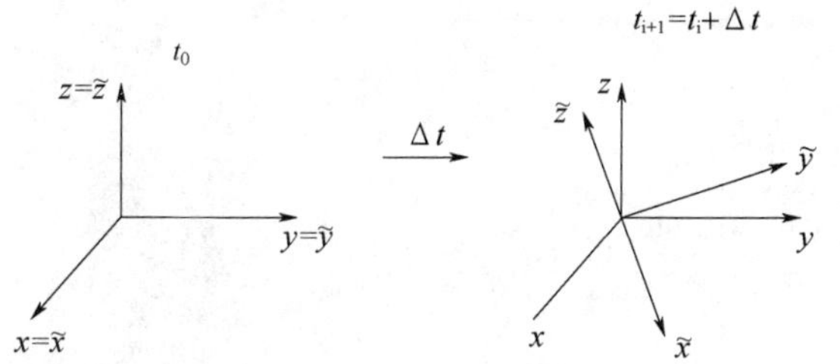

图 35.10　初始(XYZ)、当前(xyz)、同相($\tilde{x}\tilde{y}\tilde{z}$)和“损伤”($\hat{x}\ \hat{y}\ \hat{z}$)坐标系

使用式(35.83)和式(35.84),可以分别在共旋坐标系中写入:

$$\tilde{\tau}|_{i+1}=R^{\mathrm{T}}|_{i+1}[\tau|_i+\Delta t\boldsymbol{L_v\tau}|_{i+1}+\Delta t(l^{\mathrm{T}}|_i\cdot l|_i+\tau|_i\cdot l|_i)]+R|_{i+1} \tag{35.86}$$

和

$$\tilde{\tau}|_{i+1}=R^{\mathrm{T}}|_{i+1}[\tau|_i+\Delta t\boldsymbol{\tau}^{(G-N)\,0}|_i+\Delta t(\Omega|_i\cdot\tau|_i+\tau|_i\cdot\Omega|_i)]R|_{i+1} \tag{35.87}$$

显然 Green-Naghdi 率给出了额外的项

$$\Delta t(\Omega|_i\cdot\tau|_i+\tau|_i\cdot\Omega|_i) \tag{35.88}$$

这就是为什么必须减去这个项。因此,在 VUMAT 中针对应力更新所提出的表述中,下式成立(Sumelka,2009):

$$\tilde{\tau}|_{i+1}=R^{\mathrm{T}}|_{i+1}[\tau|_i+\Delta t(2\tau|_i\cdot d|_i+\boldsymbol{L_v\tau}|_i+Y|_i)]R|_{i+1} \tag{35.89}$$

其中,$Y|_i=-\Delta t(\Omega|_i\cdot\tau|_i-\tau|_i\cdot\Omega|_i)$ 和 $\tau|_i=R|_i\tilde{\tau}|_iR^T|_i$

这种方法仅对应力是必要的,因为其他变量保持为标量。整个过程的详细算法可以在 Sumelka(2009)中找到。

35.6.2　剥落断裂现象模拟

1. 剥落断裂现象

剥落是一种特殊的动态断裂(可导致碎裂)(Hanim 和 Klepaczko,1999)。由于其应用的多样性,特别是在末端弹道学和雷管学中,迄今为止在文献中已经报道了许多关于剥落

的研究(Klepaczko,1990b;Curran 等,1987;Meyers 和 Aimone,1983)。

可以考虑平板冲击试验来分析剥落断裂(Boidin 等,2006;参见图(35.11))。在试验中,两个高速板相互撞击。由于撞击(飞行板引起),目标板的材料可能出现整体或部分分离(图(35.11)),这是由于入射和反射引起的靶板张力两个波的相互作用。如上所述,分离之前是微损伤(微孔)的演变,对于微损伤材料,包括三个阶段:成核、长大和聚集。试验观察到,剥落区的孔隙度(称为模型中的裂缝孔隙度)随着剥离板的速度而变化(Cochran 和 Banner,1988;Curran 等,1987)。对于足够高的冲击速度,靶板以脆性模式断裂(在该情况下,剥落区中孔隙率非常有限)。

随后对平板进行数值分析,考虑了冲击试验。

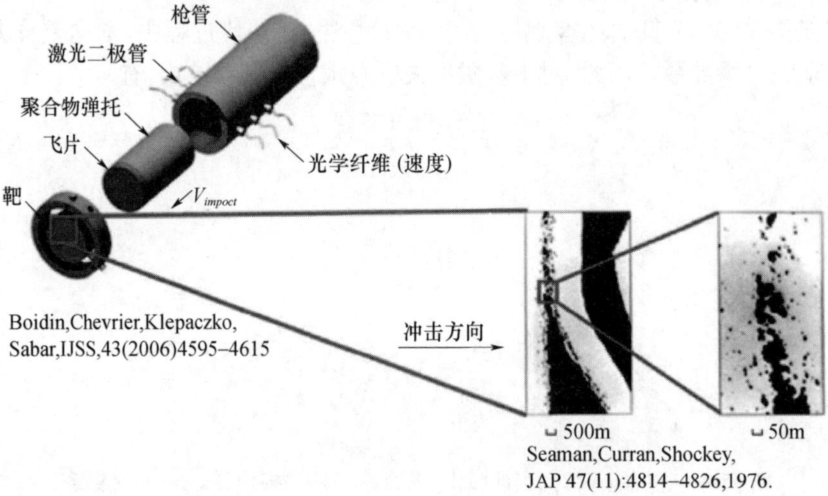

图 35.11 剥落断裂研究的试验装置

2. 计算模型

剥落建模的几何形状如图 35.12 所示。剥离板的尺寸为直径$\Phi_{fla}=114$mm、厚度为$t_{fla}=5$mm,而目标板直径为$\Phi_{tar}=114$mm、厚度为$t_{tar}=10$mm

由于各向异性,对计算模型实施了全空间建模。对于剥落模型,使用连续体单元——C3D8R 有限元(8 节点线性块,降阶积分单元)。整体应用了 3M 的有限元。

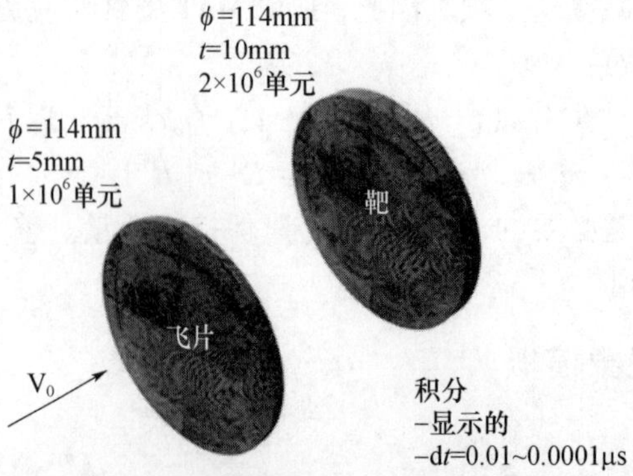

图 35.12 建模剥落现象的数值模型

施加六种不同的初始速度 v_0 = 50m/s、150m/s、250m/s、350m/s、450m/s 和 500m/s，参见图 35.13，初始温度假设为 296K。由于缺乏关于试样中初始微损伤分布的试验数据，假设在物体的每个材料点都是相等的并且是各向同性的。这种简化至关重要，因为初始微损伤状态的映射方式对最终失效模式和试样的全局解释具有强烈影响（Sumelka 和 Åodygowski，2011）。选择微损伤张量的分量以获得等于 6×10^4 的初始孔隙率，即，

$$\xi_0=\begin{bmatrix}34.64\times10^{-5} & 0 & 0\\ 0 & 34.64\times10^{-5} & 0\\ 0 & 0 & 34.64\times10^{-5}\end{bmatrix}$$

为了确保正确的接触条件，应用了 Abaqus / Explicit 中的一般接触，其中包括自我接触条件。接触的特性是垂直硬接触（没有穿透和无限接触应力）和与库仑摩擦模型的切向接触（摩擦系数为 0.05），测试的材料是 HLSA-65 钢。

3. 结果讨论

在试验中，观察到来自靶自由表面压缩入射波的反射产生的拉应力波，并且在距自由表面的距离 t_{fla} 处，在来自板边缘的释放波达到之前，出现了高的拉应力。因此，靶的中心部分处于一维应变的受限状态。襟翼板中的压缩波被自由表面反射为拉伸波并返回到冲击表面，如果这个拉应力波的幅度和持续时间足够高，就会发生剥落（Hanim 和 Klepaczko，1999）。

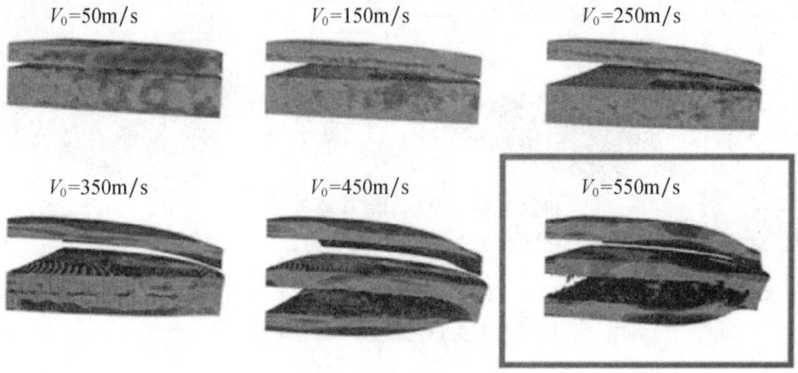

图 35.13　目标板上的剥落强度与剥离板的速度（方框表示选择其用于进一步详细分析）

在图 35.13 中，给出了 6 种不同的初始速度的剥离板的剥落数值结果。可以看出，对于所测试的材料，发生剥落的临界速度在 250～350m/s。对于大于 350m/s 更高的剥离板速度，观察到强烈的剥落现象。为了进一步详细分析，选择初始速度为 550m/s。

应变速率、微损伤生长速度、裂缝孔隙度和孔隙率（不包括应力、热应力、应变、温度等其他变量的分析）的演变呈现在图 35.14～图 35.17。

观察到局部应变率高达约 $7\times10^5\ s^{-1}$。微损伤增长的速度达到约 4.5×10^6m/s，以期发生剥落（图（35.15），$t=4\times10^6$ s）。另一方面，裂缝孔隙度在剥落区域非常密集（参见图（35.15）和图（35.16）），其演变显示出了从静态值 $\xi^{F^*}=0.36$ 到动态 $\xi^F=0.27$ 的减小，在试验中证明了孔隙的积累是处于剥落区的。

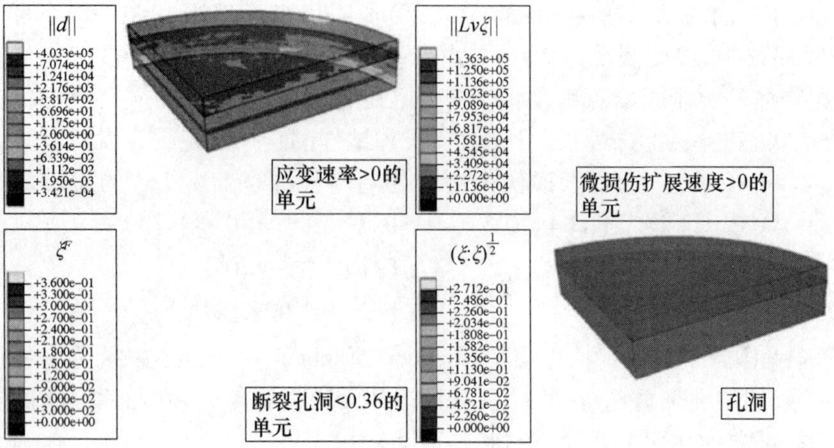

图 35.14　时间历程 1×10^{-6} s 的应变速率,微损伤生长速度,裂缝孔隙度和孔隙度（剥离速度 $v_0=550\text{m/s}$）(彩图)

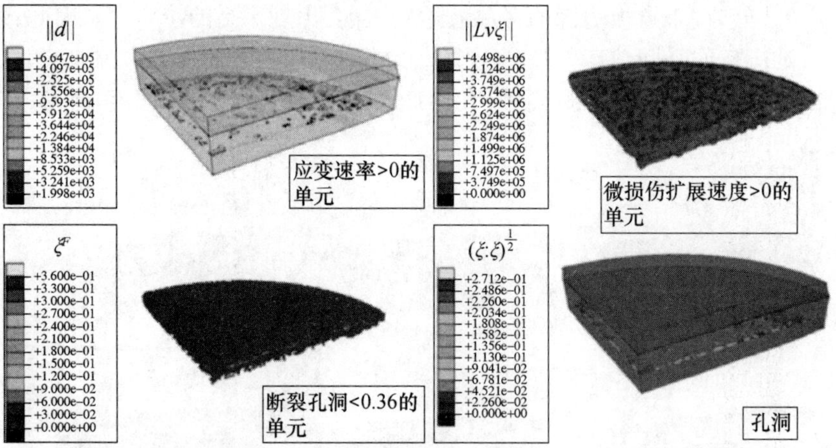

图 35.15　时间历程 4×10^{-6} s 的应变速率,微损伤生长速度,裂缝孔隙度和孔隙度（剥离速度 $v_0=550\text{m/s}$）(彩图)

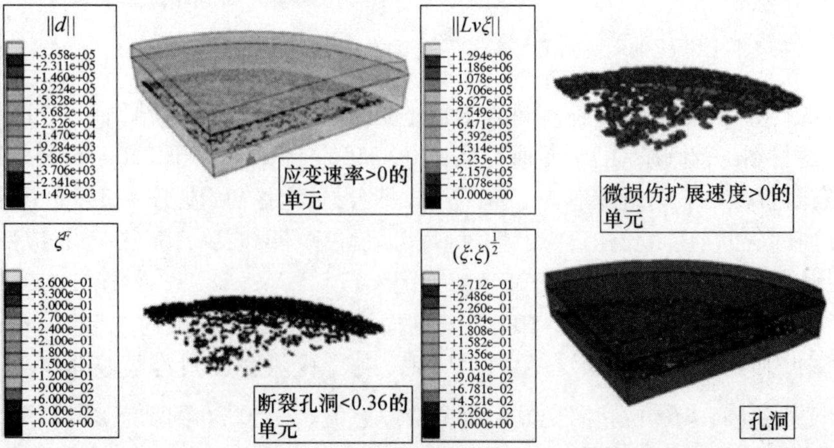

图 35.16　时间历程 5×10^{-6} s 的应变速率,微损伤生长速度,裂缝孔隙度和孔隙度（剥离速度 $v_0=550\text{m/s}$）(彩图)

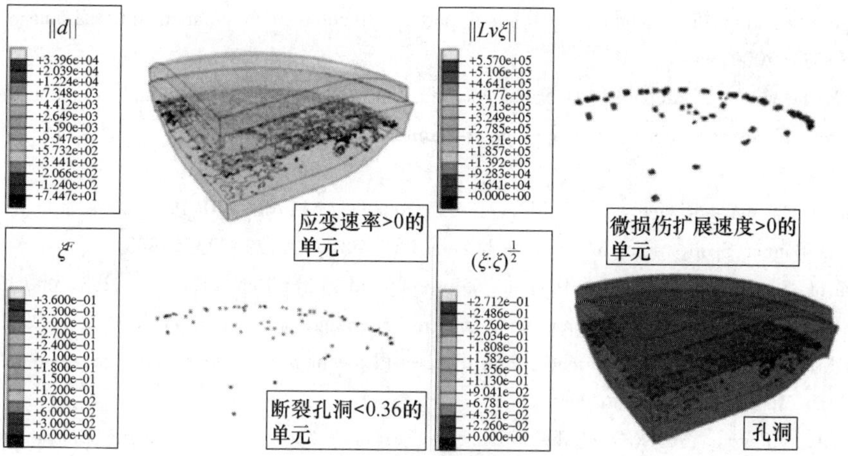

图 35.17　时间历程 3.7×10 $^{-5}$ s 的应变速率,微损伤生长速度,裂缝孔隙度和孔隙度（剥离速度 v_0 = 550m/s）（彩图）

35.7　小　　结

本章介绍了金属材料中极端动力学过程的 Perzyna 黏塑性的最新发展,包括各向异性损伤的影响。结果表明,为了确保极端动力学建模结果在其定性和定量意义上的可靠性,由于包含的各种因素与现象很多,因此模型中的材料参数也非常多。

在文中,修改了建模的所有关键阶段。从试验目的开始,然后描述了各向异性损伤的 Perzyna 型黏塑性的基本结果,以及它的计算机实现、识别和验证。为说明该过程,对剥落现象的数值分析进行了举例。

最后,利用所描述的模型,人们不仅能够追踪特定过程中的应力、应变和温度,还能够追踪微损伤开始和生长的定向演变。换句话说,人们能够预测损伤的开始时间、演变方向（甚至在材料分离发生之前,追踪微损伤张量主方向）和速度。另一方面,其缺点是材料参数的数量多、模型识别需要非常详细和昂贵的试验测试成本。如果要考虑极端动态过程,那么这种情况无法避免。

本章相关彩图,请扫码查看

参考文献

Abaqus, Version 6.12 Theory Manual, 2012, SIMULIA Worldwide, Headquarters, Providence, RI.

R. K. Abu Al-Rub, G. Z. Voyiadjis, A finite strain plastic-damage model for high velocity impact using combined viscosity and gradient localization limiters: part Ⅰ -theoretical formulation. Int. J. Damage Mech. 15 (4),293-334(2006)

X. Boidin, P. Chevrier, J. R. Klepaczko, H. Sabar, Identification of damage mechanism and validation of a fracture model based on mesoscale approach in spalling of titanium alloy. Int. J. Solids Struct. 43(14-15),4029-4630 (2006)

J. D. Campbell, The dynamic yielding of mild steel. Acta Metall. 1(6),706-710(1953)

S. Cochran, D. Banner, Spall studies in uranium. J. Appl. Phys. 48(7),2729-2737(1988)

D. R. Curran, L. Seaman, D. A. Shockey, Dynamic failure of solids. Phys. Rep. 147(5-6),253-388(1987)

J. K. Dienes, On the analysis of rotation and stress rate in deforming bodies. Acta Mech. 32,217-232(1979)

W. Dornowski, Influence of finite deformations on the growth mechanism of microvoids contained in structural metals. Arch. Mech. 51(1),71-86(1999)

W. Dornowski, P. Perzyna, Analysis of the influence of various effects on cycle fatigue damage in dynamic process. Arch. Appl. Mech. 72,418-438(2002a)

W. Dornowski, P. Perzyna, Localized fracture phenomena in thermo-viscoplastic flow process under cyclic dynamic loadings. Acta Mech. 155,233-255(2002b)

W. Dornowski, P. Perzyna, Numerical analysis of macrocrack propagation along abiomaterial interface under dynamic loading processes. Int. J. Solids Struct. 39,4949-4977(2002c)

W. Dornowski, P. Perzyna, Numerical investigation of localized fracture phenomena in inelastic solids. Found. Civil Environ. Eng. 7,79-116(2006)

M. K. Duszek-Perzyna, P. Perzyna, Material instabilities: theory and applications, in Analysis of the Influence of Different Effects on Criteria for Adiabatic Shear Band Localization in Inelastic Solids, eds. by R. C. Batra and H. M. Zbib, vol. 50(ASME, New York, 1994)

A. Glema, Analysis of wave nature in plastic strain localization in solids, in Rozprawy, vol 379(Publishing House of Poznan University of Technology, Poznan, Poland, 2004, in Polish)

A. Glema, T. Łodygowski, W. Sumelka, P. Perzyna, The numerical analysis of the intrinsic anisotropic microdamage evolution in elasto-viscoplastic solids. Int. J. Damage Mech. 18(3),205-231(2009)

A. Glema, T. Łodygowski, W. Sumelka, Nowacki's double shear test in the framework of the anisotropic thermo-elasto-vicsoplastic material model. J. Theor. Appl. Mech. 48(4),973-1001(2010a)

A. Glema, T. Łodygowski, W. Sumelka, Towards the modelling of an anisotropic solids. Comput. Methods Sci. Technol. 16(1),73-84(2010b)

H. A. Grebe, H. -R. Pak, M. A. Meyers, Adiabatic shear localization in titanium and Ti-6 pct Al-4 pct V alloy. Metall. Mater. Trans. A 16(5),761-775(1985)

A. E. Green, P. M. Naghdi, A general theory of an elastic-plastic continuum. Arch. Ration. Mech. Anal. 18,251-281(1965)

S. Hanim, J. R. Klepaczko, Numerical study of spalling in an aluminum alloy 7020-T6. Int. J. Impact Eng. 22, 649-673(1999)

R. Hill, Aspects of invariance in solid mechanics. Adv. Appl. Mech. 18,1-75(1978)

G. A. Holzapfel, Nonlinear Solid Mechanics-A Continuum Approach for Engineering(Wiley, New York, 2000)

J. R. Klepaczko, Behavior of rock like materials at high strain rates in compression. Int. J. Plast. 6,415-432 (1990a)

J. R. Klepaczko, Dynamic crack initiation, some experimental methods and modelling, in Crack dynamics in metallic materials, ed. by J. R. Klepaczko(Springer, Vienna, 1990b), pp. 255-453

J. R. Klepaczko, Constitutive relations in dynamic plasticity, pure metals and alloys, in Advances in Constitutive Relations Applied in Computer Codes(CISM, Udine, 2007). 23-27

T. Lehmann, Anisotrope plastische Forma¨nderungen. Rom. J. Tech. Sci. Appl. Mech. 17, 1077–1086 (1972)

T. Łodygowski, P. Perzyna, Localized fracture of inelastic polycrystalline solids under dynamic loading process. Int. J. Damage Mech. 6, 364–407 (1997a)

T. Łodygowski, P. Perzyna, Numerical modelling of localized fracture of inelastic solids in dynamic loading process. Int. J. Numer. Methods Eng. 40, 4137–4158 (1997b)

T. Łodygowski, W. Sumelka, Damage induced by viscoplastic waves interaction. Vib. Phys. Syst. 25, 23–32 (2012)

T. Łodygowski, A. Rusinek, T. Jankowiak, W. Sumelka, Selected topics of high speed machining analysis. Eng. Trans. 60(1), 69–96 (2012)

P. Longere, A. Dragon, H. Trumel, X. Deprince, Adiabatic shear banding–induced degradation in thermo–elastic/viscoplastic material under dynamic loading. Int. J. Impact Eng. 32, 285–320 (2005)

J. E. Marsden, T. J. H. Hughes, Mathematical Foundations of Elasticity (Prentice–Hall, New Jersey, 1983)

M. A. Meyers, C. T. Aimone, Dynamic Fracture (Spalling) of Materials. Progress in Material Science, vol. 28 (Pergamon, New York, 1983)

J. C. Nagtegaal, J. E. de Jong, Some aspects of non–isotropic work–hardening in finite strain plasticity, in Proceedings of the workshop on plasticity of metals at finite strain: theory, experiment and computation, ed. by E. H. Lee, R. L. Mallet (Stanford University, New York, 1982), pp. 65–102

R. Narayanasamy, N. L. Parthasarathi, C. S. Narayanan, Effect of microstructure on void nucleation and coalescence during forming of three different HSLA steel sheets under different stress conditions. Mater. Des. 30, 1310–1324 (2009)

S. Nemat–Nasser, W. –G. Guo, Thermomechanical response of HSLA–65 steel plates: experiments and modeling. Mech. Mater. 37, 379–405 (2005)

J. A. Nemes, J. Eftis, Several features of a viscoplastic study of plate–impact spallation with multidimensional strain. Comput. Struct. 38(3), 317–328 (1991)

J. A. Nemes, J. Eftis, Constitutive modelling of the dynamic fracture of smooth tensile bars. Int. J. Plast. 9(2), 243–270 (1993)

R. B. Pe cherski, W. K. Nowacki, Z. Nowak, P Perzyna, Effect of strain rate on ductile fracture. A new methodology, in Workshop, Dynamic Behaviour of Materials, In memory of our Friend and Colleague Prof. J. R. Klepaczko, Metz, 13–15 May 2009, pp. 65–73

P. Perzyna, The constitutive equations for rate sensitive plastic materials. Quart. Appl. Math. 20, 321–332 (1963)

P. Perzyna, Fundamental problems in viscoplasticity. Adv. Appl. Mech. 9, 243–377 (1966)

P. Perzyna, Termodynamika materiałówniespre żystych (PWN, Warszawa, 1978) (in Polish)

P. Perzyna, Constitutive modelling for brittle dynamic fracture in dissipative solids. Arch. Mech. 38, 725–738 (1986a)

P. Perzyna, Internal state variable description of dynamic fracture of ductile solids. Int. J. Solids Struct. 22, 797–818 (1986b)

P. Perzyna, Instability phenomena and adiabatic shear band localization in thermoplastic flow process. Acta Mech. 106, 173–205 (1994)

P. Perzyna, Constitutive modelling of dissipative solids for localization and fracture, chapter 3, in Localization and Fracture Phenomena in Inelastic Solids, ed. by P. Perzyna. CISM Course and Lectures, vol. 386 (Springer, New York, 1998), pp. 99–241

P. Perzyna, The thermodynamical theory of elasto–viscoplasticity. Eng. Trans. 53, 235–316 (2005)

P. Perzyna, The thermodynamical theory of elasto-viscoplasticity accounting for microshear banding and induced anisotropy effects. Mech. Mater. 27(1), 25-42(2008)

A. Rusinek, J. R. Klepaczko, Experiments on heat generated during plastic deformation and stored energy for trip steels. Mater. Des. 30(1), 35-48(2009)

C. Rymarz, Mechanika ośrodkó w ciagłych(PWN, Warszawa, 1993)(in Polish)

L. Seaman, D. R. Curran, D. A. Shockey, Computational models for ductile and brittle fracture. J. Appl. Phys. 47(11), 4814-4826(1976)

S. Shima, M. Oyane, Plasticity for porous solids. Int. J. Mech. Sci. 18, 285-291(1976)

J.-H. Song, H. Wang, T. Belytschko, A comparative study on finite element methods for dynamic fracture. Comput. Mech. 42, 239-250(2008)

W. Sumelka, The Constitutive Model of the Anisotropy Evolution for Metals with Microstructural Defects(Publishing House of Poznan University of Technology, Poznań, 2009)

W. Sumelka, The role of the covariance in continuum damage mechanics. ASCE J. Eng. Mech. (2013). doi: 10.1061/(ASCE)EM.1943-7889.0000600

W. Sumelka, T. Łodygowski, The influence of the initial microdamage anisotropy on macrodamage mode during extremely fast thermomechanical processes. Arch. Appl. Mech. 81(12), 1973-1992(2011)

W. Sumelka, T. Łodygowski, Reduction of the number of material parameters by an approximation. Comput. Mech. 52, 287-300(2013)

W. Sumelka, T. Łodygowski, Thermal stresses in metallic materials due to extreme loading conditions. ASME J. Eng. Mater. Technol. 135, 021009-1-8(2013)

W. Sumelka, A. Glema, The evolution of microvoids in elastic solids, in 17th International Conference on Computer Methods in Mechanics CMM-2007, Łódź-Spała, 19-22 June 2007, pp. 347-348

T. Łodygowski, Theoretical and Numerical Aspects of Plastic Strain Localization, vol 312, D. Sc. Thesis, Publishing House of Poznan University of Technology, 1996

T. Łodygowski, A. Glema, W. Sumelka, Anisotropy induced by evolution of microstructure in ductile material, in The 8th World Congress on Computational Mechanics(WCCM8), 5th European Congress on Computational Methods in Applied Sciences and Engineering(ECCOMAS 2008), Venice, 30 June-5 July 2008

W. Thomson, On six principal strains of an elastic solid. Philos. Trans. R. Soc. 166, 495-498(1856)

D. Tikhomirov, R. Niekamp, E. Stein, On three-dimensional microcrack density distribution. ZAMM J. Appl. Math. Mech. 81(1), 3-16(2001)

G. Z. Voyiadjis, R. K. Abu Al-Rub, A finite strain plastic-damage model for high velocity impacts using combined viscosity and gradient localization limiters: part Ⅱ-numerical aspects and simulations. Int. J. Damage Mech. 15(4), 335-373(2006)

H. Xiao, O. T. Bruhns, A. Meyers, Hypo-elasticity model based upon thelogarithmic stress rate. J. Elast. 47, 51-68(1997a)

H. Xiao, O. T. Bruhns, A. Meyers, Logarithmic strain, logarithmic spin and logarithmic rare. Acta Mech. 124, 89-105(1997b)

H. Xiao, O. T. Bruhns, A. Meyers, Strain rates and material spin. J. Elast. 52, 1-41(1998)

S. Zaremba, Sur une forme perfectiońée de la théorie de la relaxation. Bull. Int. Acad. Sci. Crac. 8, 594-614(1903)

第 36 章 准脆性材料的塑性条件和失效准则

Tomasz Jankowiak, Tomasz Łodygowski

摘 要

本章介绍了在静态和动态条件下与准脆性材料失效相关的准则选定问题。讨论的出发点是单轴压缩、拉伸、平面应力条件和子午面混凝土强度的准静态和动态力学性能。从文献中可以看出，作者们观点稍有不同。本章的重点是由 von Mises、Drucker-Prager、Bresler-Pister、Mróz、Willam-Warnke、Podgórski 和 Burzyński 介绍的塑性条件和失效准则。引入了基于能量描述的失效准则解释，以便比较。第二个重要问题是混凝土的动态破坏，阐述了乘法失效准则(MFC)和累积失效准则(CFD)的思想。CFD 描述了本构参数对失效时间定义的影响，提出了将该准则推广到三维的方法，讨论了基于应变率相关破坏准则的弹性材料模型的验证，该准则基于霍普金森压杆中混凝土的剥落试验。最后的应用案例描述了由弹丸穿孔的混凝土和钢筋混凝土板的动态特性，其中的弹丸以不同的入射角撞击障碍物(板)。

36.1 概 述

在准静态和动态条件下，准脆性材料的损伤和破坏都会出现。这些行为在混凝土、陶瓷或玻璃中都会出现。这种行为是因为自身内部结构的原因，其中，如混凝土，由骨料、砂浆和水组成。水合过程之后的混凝土，其混合物产生一种人造岩石，其行为是准脆性的。

对于准静态行为，混凝土最重要和最有用的是压缩强度，特别是在设计混凝土和钢筋混凝土结构时(Popovics, 1998 和 Jankowiak, 2011)。其他重要且可测量的混凝土力学性能是拉伸和剪切强度，在多轴载荷下该材料的力学行为也描述为平面应力条件。存在不同的测试方法来描述上述量，并且在 Neville(2000) 中重复了这些测试，其他试验用于描述混凝土和其他准脆性材料的动态强度；本章将讨论这些结果。据观察，对于拉伸和压缩的较高应变率(Abrams, 1917)，混凝土的动态强度显著增加。

准脆性材料的经典单轴静态行为如图 36.1 所示。对于这种材料，拉伸强度比压缩强度小得多。混凝土的损伤是通过压缩破碎，但是本质是在张力下破裂(Chen, 1982)。使用立方体或圆柱体试样(Neville, 2000)进行标准试验获得混凝土的压缩性能。

在试验中，要描述清楚拉伸性能和强度比较复杂，可以使用不同的方法进行(Neville, 2000)。

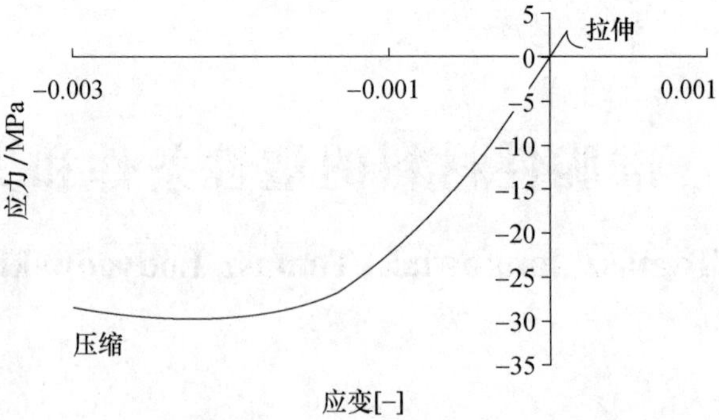

图 36.1　准静态载荷下的单轴压缩和拉伸性能(混凝土 C30)

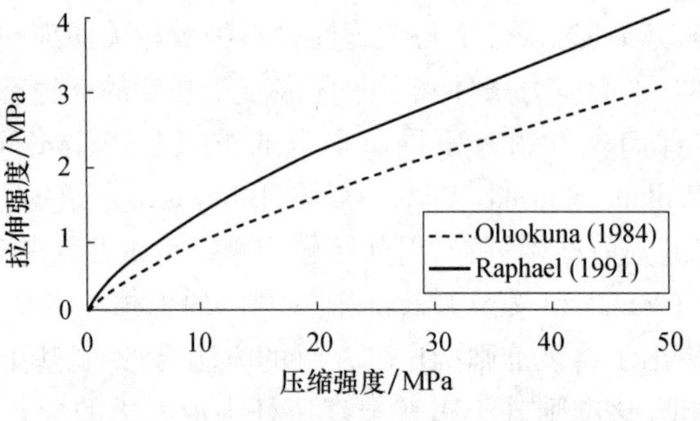

图 36.2　拉伸强度和压缩强度之间的关系

混凝土的拉伸性能可以使用三点弯曲试验、Brazilian 试验或直接拉伸试验来评估。在试验中,还可以使用以下公式通过压缩强度来描述:

$$f_t = k(f_c)^n \tag{36.1}$$

式中:f_c 和 f_t 分别为压缩和拉伸强度;k 和 n 为参数。参数 $k = 0.3$ 和 $n = 2/3$ (Raphael, 1984),通过试验给出了最佳拟合结果。其他可能的值,如 $k = 0.3$ 和 $n = 0.7$ (Oluokun, 1991)表现出较小的拉伸强度并且具有更高的脆性拉伸性能。压缩强度映射到拉伸强度的两条曲线如图 36.2 所示。

对诸如混凝土或岩石的准脆性材料的行为的认识,来自与平面应力或三向压力测试的状态(Chen,1982;Jankowiak,2011)。对于典型的混凝土 C30,平面应力条件下的试验结果如图 36.3 所示,可以看到双轴情况下的主压缩区域(Kupfer 等,1969)。

在讨论动态载荷时,要选定应变率范围。不同的应变速率伴随着图 36.4 中所示现象。爆炸、穿孔、刚性撞击和地震可能产生 10^2 或更高的变形率,这些变形率通常是我们关注的焦点。

当描述准脆性材料的动态强度时,对拉伸和压缩有不同的测试方法(Klepaczko 和 Brara,2001;Ross 等 1992 和 Bischoff 和 Perry,1991)。主要采用波理论来解释在霍普金森杆中测试试样时出现的现象(Klepaczko 和 Brara,2001;Ross 等,1992 和 Bischoff 和 Perry,1991;Jankowiak 等,2011)。如果达到动态强度,则可能导致局部损伤,并因此导致整个结构的失效,后果往往是不可预测的。

Bischoff 和 Perry(1991)对动态压缩试验进行了详细分析,试验总结如图 36.5 所示。

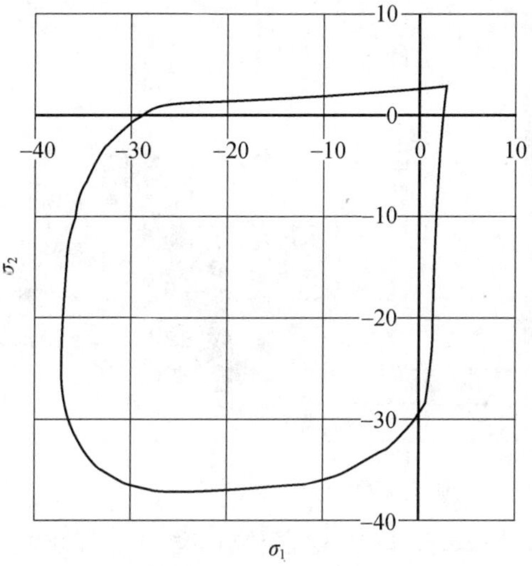

图 36.3　平面准静态应力条件下的失效曲线（混凝土 C30）

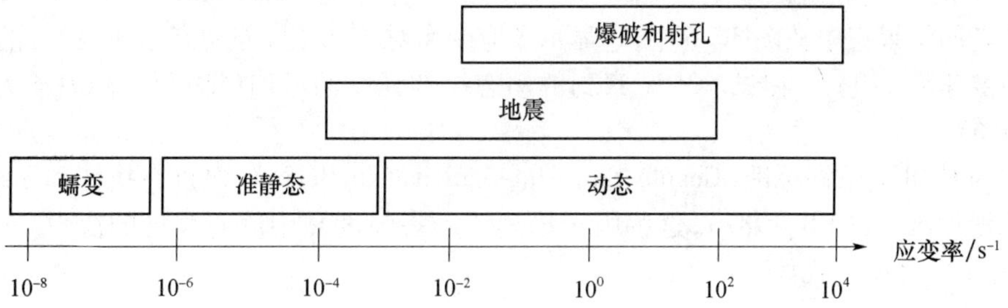

图 36.4　不同类型载荷的应变率

它显示了动态压缩强度如何取决于应变率，纵坐标轴上是 CDIF，即压缩动态增加因子。可以清楚地看出，对等于 $100s^{-1}$ 的应变率，CDIF 达到 2.0。

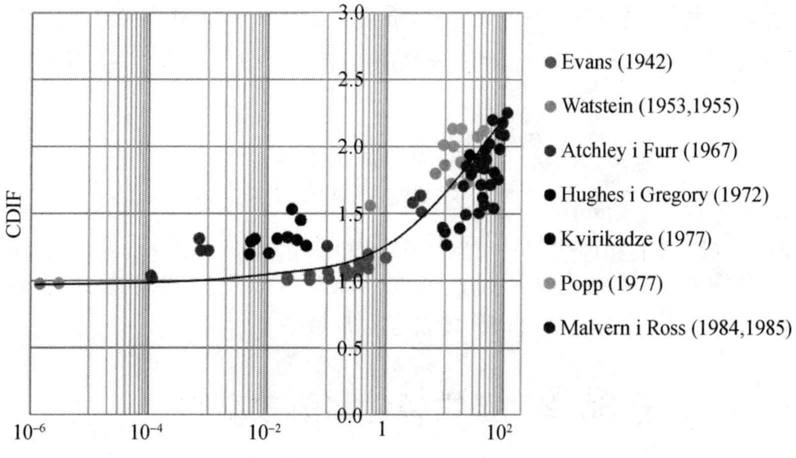

图 36.5　应变率对压缩动态增加因子的影响

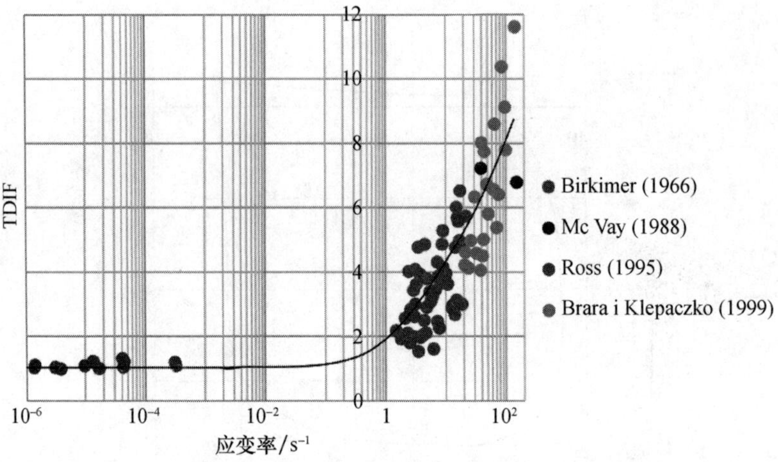

图 36.6　应变率对拉伸动态增加因子的影响

描述准脆性材料的拉伸动态强度的实验更复杂，与压缩测试相比，结果数量很少。Klepaczko 的测试涵盖了 20 s^{-1} 和 120 s^{-1} 之间的拉伸应变率（Klepaczko 和 Brara，2001），不同作者的结果集中在图 36.6 中，它显示了应变率对 TDIF（拉伸动态增加因子）的影响，对于应变速率 120 s^{-1}，在试验中观察到的动态拉伸强度的增加（即可估计）甚至达到 10（图 36.6）。

作为 CEB 的欧洲标准（Comite Euro-International du Beton），建议在拉伸和压缩中使用动态增加因子（CEB，1987），这些因子描述了动态强度高于静态强度的次数。CEB 为 CDIF 提出的经验公式如下：

$$\mathrm{CDIF}=\frac{f_{cd}}{f_{cs}}=\begin{cases}\left(\dfrac{\dot{\varepsilon}_d}{\dot{\varepsilon}_{cs}}\right)^{1.026\alpha} & (\dot{\varepsilon}_d\leqslant 30\mathrm{s}^{-1})\\ \gamma\left(\dfrac{\dot{\varepsilon}_d}{\dot{\varepsilon}_{cs}}\right)^{\frac{1}{3}} & (\dot{\varepsilon}_d>30\mathrm{s}^{-1})\end{cases} \tag{36.2}$$

式中：f_{cd} 为动态压缩强度和 f_{cs} 压缩准静态强度，应变率 $\dot{\varepsilon}_{cs}=0.00003\ \mathrm{s}^{-1}$。参数 γ、α 由 CEB 定义为 $\log\gamma=6.156\alpha-0.49$ 和 $\alpha=(5+3f_{cu}/4)^{-1}$，其中 f_{cu} 是基于圆柱形试样的测试强度。为 TDIF 提出的等式如下：

$$\mathrm{TDIF}=\frac{f_{td}}{f_{ts}}=\begin{cases}1.0 & (\text{如果}\dot{\varepsilon}_d\leqslant 10\mathrm{s}^{-4})\\ 2.06+0.26\log\dot{\varepsilon}_d & (\text{如果 }10s^{-4}\leqslant\dot{\varepsilon}_d\leqslant 1\mathrm{s}^{-1})\\ 2.06+2\log\dot{\varepsilon}_d & (\text{如果 }1\mathrm{s}^{-1}<\dot{\varepsilon}_d)\end{cases} \tag{36.3}$$

式中：f_{td} 为应变率 $\dot{\varepsilon}_d$ 的混凝土动态拉伸强度。该式可以扩展到高达 1000 s^{-1} 的应变率（Klepaczko，1990）。超过此限制，TDIF 被假定为常数。

36.2　塑性条件和失效准则

在准脆性材料的应力和应变率空间中表示的塑性/失效准则的广义形式如下：

$$f(\sigma_{ij},\dot{\varepsilon}_{ij})=0 \tag{36.4}$$

它可以在两种情况下用作塑性条件，也可以用作失效准则。在该条件下，函数 f 取决于应力张量 $\boldsymbol{\sigma}_{ij}$ 和应变率张量 $\dot{\boldsymbol{\varepsilon}}_{ij}$。通常，函数 $f(\sigma_{ij},\dot{\varepsilon}_{ij})=0$ 可分为两部分，并以加法或乘法形式使用（Litoński，1977；Rusinek，2000）。它主要用于韧性金属，可以采用以下形式：

$$g(\sigma_{ij})\cdot h(\dot{\varepsilon}_{ij})=0 \tag{36.5}$$

在 g 函数的情况下，可以使用任何准静态准则，而对于 h，有必要根据应变率的增长来增加拉伸 TDIF 和压缩 CDIF 的强度，如图 36.7 所示。

接下来，给出了一些可用于准静态加载中的脆性材料的准则。然后讨论失效准则或塑性条件下的应变率敏感性。

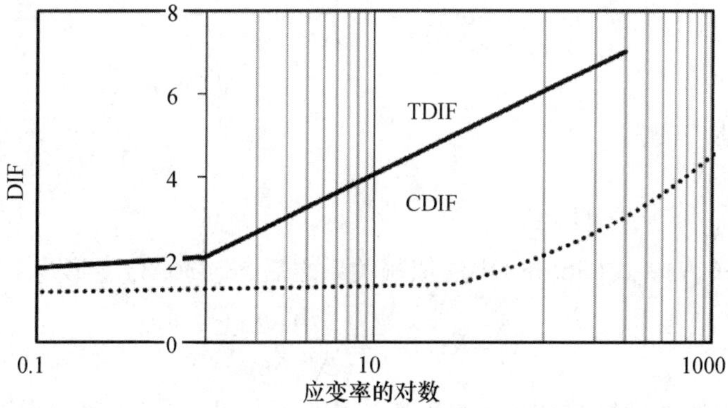

图 36.7　DIF 作为拉伸 TDIF 和压缩 CDIF 中的应变速率的函数

36.2.1　准静态的情况

准静态加载的失效准则可以用以下形式表示：

$$f(I_1,J_2,J_3)=0 \tag{36.6}$$

式中：I_1 为应力张量 $\boldsymbol{\sigma}_{ij}$ 的第一不变量；J_2 和 J_3 分别为应力偏量 ε_{ij} 的第二和第三不变量。式（36.4）和式（36.5）中的应变张量 $\boldsymbol{\sigma}_{ij}$ 假设为零。

根据 $W=W_1\times W_2$（Gawęcki，1998），材料体积单元 W 上的整个弹性能量密度可以分成两部分，第一个 W_1 与体积（体积分量）的变化相关联，而第二个 W_2 与形状的变化（偏分量）相关。弹性能量密度均取决于应力和偏应力常量，使用以下关系：

$$W_1=\frac{1-2v}{6E}I_1^2 \tag{36.7a}$$

$$W_2=\frac{1+v}{E}J_2 \tag{36.7b}$$

式中：E 和 v 为杨氏模量和泊松比；不变量 I_1、J_2 分别与体积变化 W_1 的应变能密度和变形的应变能密度 W_2 相关。

36.2.2　Burzyński（B）能量失效准则

这个精确的假设已存在近一个世纪，假设失效是由于应变能量密度的变形引起的，如 Huber-Mises 条件增加了体积变化应变能量密度的一部分（Burzyński，1928；Pęcherski，

2008)。该假设的数学形式由下式表示：

$$\phi_f+\eta\phi_v=K \tag{36.8}$$

其中

$$\phi_f=W_1=\frac{1+v}{E}J_2$$
$$\phi_v=W_1=\frac{1-2v}{6E}I_1^2 \tag{36.9}$$

是变形和体积变化的应变能量密度。最后一个是函数 η，它是第一个应力张量不变量的匹配函数，根据 Burzyński 提出的函数，形式为

$$\eta=\eta(W_1)=\omega+\frac{\delta}{3p}=\omega+\frac{\delta}{I_1}=\omega+\frac{\delta}{\pm\sqrt{\frac{6E}{1-2v}W_1}} \tag{36.10}$$

其中，静水压力为 p

$$p=\frac{I_1}{3} \tag{36.11}$$

在考虑式(36.9)~式(36.11)中的依赖关系之后，式(36.8)变形为

$$W_2=K-\omega W_1\mp\delta\sqrt{\frac{1-2v}{6E}W_1} \tag{36.12}$$

式中：K、ω、δ 为准则的常数。如果 $I_1\geqslant0$，则应用符号“+”，如果 $I_1<0$，则应用“-”。ω、δ 和 K 由实验室的三个测试来确定：单轴压缩$(-f_c,0,0)$和拉伸$(f_t,0,0)$和双轴均匀压缩$(-f_{bc},-f_{bc},0)$。表 36.1 给出了创建以下式组所需的所有必要数据：

$$\begin{cases}\frac{1+v}{E}\frac{f_t^2}{3}=K-\omega\frac{1-2v}{6E}f_t^2+\delta\sqrt{\left(\frac{1-2v}{6E}\right)^2f_t^2}\\ \frac{1+v}{E}\frac{f_c^2}{3}=K-\omega\frac{1-2v}{6E}f_c^2+\delta\sqrt{\left(\frac{1-2v}{6E}\right)^2f_c^2}\\ \frac{1+v}{E}\frac{f_{bc}^2}{3}=K-\omega\frac{1-2v}{6E}f_{bc}^2+\delta\sqrt{\left(\frac{1-2v}{6E}\right)^2f_{bc}^2}\end{cases} \tag{36.13}$$

通过求解式(36.13)，计算失效面的三个必要参数 K、ω、δ。基于式(36.12)，联合表 36.1 中的最后两列建立该方程组。

表 36.1　用于识别 Burzyński 准则的数据

点	I_1	J_2	W_1	W_2
$(\sigma_1,\sigma_2,\sigma_3)=(f_t,0,0)$	f_t	$\frac{f_t^2}{3}$	$\frac{1-2v}{6E}f_t^2$	$\frac{1+v}{E}\frac{f_t^2}{3}$
$(\sigma_1,\sigma_2,\sigma_3)=(f_c,0,0)$	$-f_c$	$\frac{f_c^2}{3}$	$\frac{1-2v}{6E}f_c^2$	$\frac{1+v}{E}\frac{f_c^2}{3}$
$(\sigma_1,\sigma_2,\sigma_3)=(f_{bc},0,0)$	$-2f_{bc}$	$\frac{f_{bc}^2}{3}$	$\frac{1-2v}{6E}4f_{bc}^2$	$\frac{1+v}{E}\frac{f_{bc}^2}{3}$

由式(36.13)给出了以下形式的三个本构参数：

$$
\begin{cases}
\omega = -\dfrac{1}{3}\dfrac{a(-f_{bc}^2 - 2f_t f_{bc} + f_t f_c + 2f_c f_{bc})}{b(-4f_{bc}^2 + 2f_c f_{bc} - f_t f_{bc} + f_t f_c)} \\
\delta = -\dfrac{a f_{bc}^2 (f_c - f_t)}{b(-4f_{bc}^2 + 2f_c f_{bc} - f_t f_{bc} + f_t f_c)} \\
K = \dfrac{a f_c f_t f_{bc}^2}{-4f_{bc}^2 + 2f_c f_{bc} - f_t f_{bc} + f_t f_c}
\end{cases} \tag{36.14}
$$

其中

$$
a = \frac{1+\upsilon}{E}, b = \frac{1-2\upsilon}{6E} \tag{36.15}
$$

例如，假设 $f_c = 30\text{MPa}$、$f_t = 3\text{MPa}$ 和 $f_{bc} = 33.6\text{MPa}$，得出三个本构参数为 $\omega = 1.1878$、$\delta = 140.069$ 以及 $K = 0.001556$。

Burzyński 能量失效准则（Pęcherski，2008；Jankowiak 和 Łodygowski，2010；Jankowiak，2011）如图 36.8 所示（黑色实线）。考虑了 I_1 是不变的，有两条线对应于相反的符号（压缩和拉伸区域）。Burzyński 准则中的曲线经过识别点，并且从指定位置（最大值）开始，变形应变能 W_2 开始减小，同时体积变化应变能 W_1 增加。另外，在图 36.9 中，给出了在平面应力条件下 Burzyński 失效表面的形状（黑色实线）。图 36.10 示出了子午平面中的失效表面的形状，下列函数描述了子午线平面中的形状：

$$
r = \sqrt{\frac{2}{a}\left(K - 3b\omega\xi^2 - \sqrt{3}\,b\omega\xi\right)} \tag{36.16}
$$

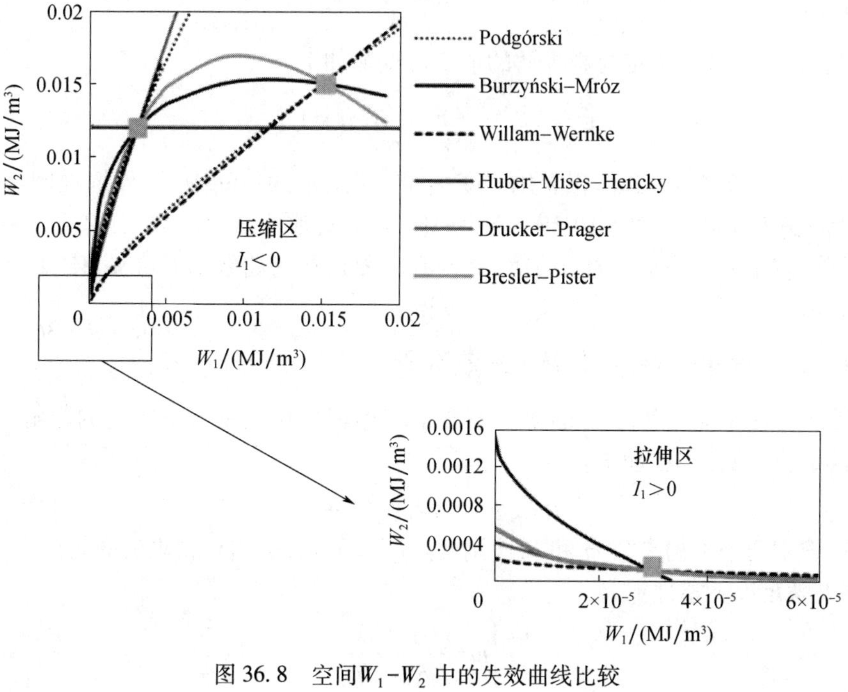

图 36.8　空间 W_1-W_2 中的失效曲线比较

重要的是要注意 Burzyński 失效准则可能简化为其他准则。事实上，它更加通用，并包括一些其他准则。失效准则是应力和应变的特定限制函数或应力和应变的不变量，这些函数可用作塑性势函数或加载函数来描述材料的非弹性变形，可以用能量形式描述材料工作准则（Burzyński，1928）。下面给出了依赖于不同参数个数的一些代表性准则集合。

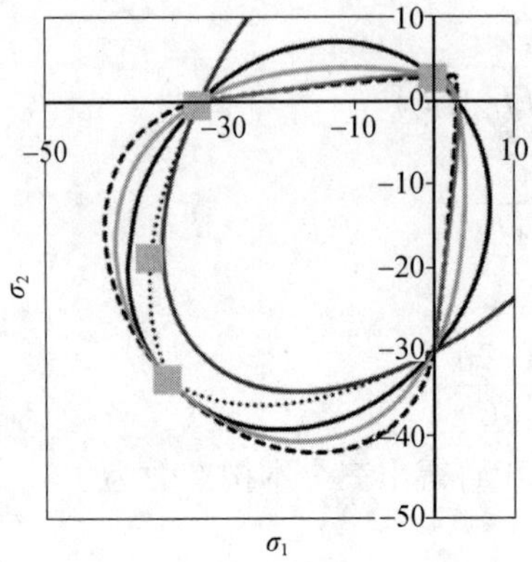

图 36.9　平面应力条件下的不同失效准则σ_1-σ_2

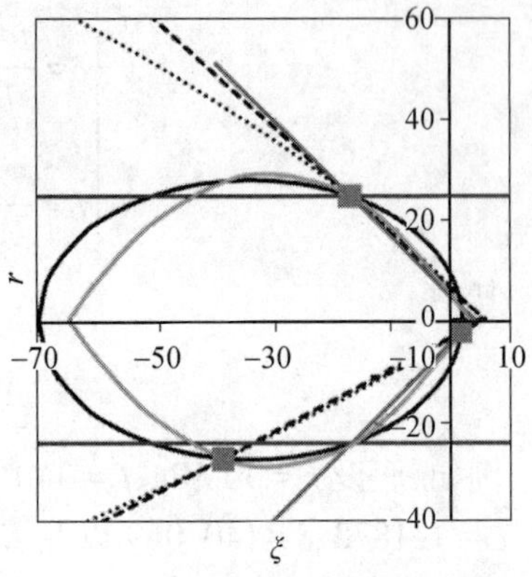

图 36.10　子午面中的不同失效准则

36.2.3　Huber-Mises-Hencky（HMH）失效准则

该准则假定材料失效的唯一原因是变形的应变能（偏态能量）（Huber，1904；vonMises，1913），以下列形式表示：

$$f(J_2)=J_2-k^2=0 \tag{36.17}$$

只假设一个本构参数 k，可以根据混凝土的压缩强度 f_c 计算：

$$k=\frac{f_c}{\sqrt{3}} \tag{36.18}$$

考虑到式（36.7），决定材料失效的形变应变能如下：

$$W_2=\frac{(1+v)}{E}\frac{f_c^2}{3}=0.012(\mathrm{MJ/m^3}) \tag{36.19}$$

在由变形应变能 W_2 和体积变化应变能 W_1 所限定的空间中，该数据准则：压缩强度 $f_c=30\mathrm{MPa}$、杨氏模量 $E=30\times10^3\mathrm{MPa}$、泊松比 $v=0.2$，如图 36.8 中红线所示（平行于 W_1 轴）。另外，在平面应力情况和子午面中表示这种状态的曲线形状在图 36.9 和图 36.10 用红线表示。

36.2.4　Drucker-Prager（DP）失效准则

该准则考虑了应力状态 I_1 的第一不变量和体积变化应变能量密度的影响（Drucker，1959；Prager，1952），形式如下：

$$f(I_1,J_2)=mI_1+\sqrt{J_2}-k=0 \tag{36.20}$$

为了识别两个本构参数 m 和 k，使用两点（f_t，0）和（$-f_c$，0），要求失效表面通过这两个点，m 和 k 满足以下条件：

$$\begin{cases} m=\dfrac{(f_c-f_t)}{\sqrt{3}(f_c+f_t)} \\ k=\dfrac{2f_cf_t}{\sqrt{3}(f_c+f_t)} \end{cases} \tag{36.21}$$

假设$f_c=30\text{MPa}$且$f_t=3\text{MPa}$，获得两个参数$m=0.47$和$k=3.15$。根据以下表达式，决定 DP 失效准则的变形应变能量取决于体积变化应变能量：

$$W_2=\begin{cases}\dfrac{1+v}{E}k^2+2mk\dfrac{1+v}{E}\sqrt{\dfrac{6E}{1-2v}W_1}+6m^2\dfrac{1+v}{1-2v} & W_1(I_1<0)\\ \dfrac{1+v}{E}k^2-2mk\dfrac{1+v}{E}\sqrt{\dfrac{6E}{1-2v}W_1}+6m^2\dfrac{1+v}{1-2v} & W_1(I_1\geqslant 0)\end{cases} \tag{36.22}$$

在图 36.8～图 36.10 中，在空间W_2-W_1中、平面应力条件下和子午平面中，针对$f_c=30\text{MPa}$、$f_t=30\text{MPa}$、$E=30\times10^3\text{MPa}$和$v=0.2$的失效准则显示为橙色线。

36.2.5　Bresler-Pister(BP)失效准则

BP 准则描述了高级应力状态下的强度，并考虑了变形应变能和体积变化应变能密度(Bresler 和 Pister，1958)，其形式如下：

$$f(I_1,J_2)=A+BI_1+C(I_1)^2-\sqrt{J_2}=0 \tag{36.23}$$

该准则取决于三个独立的参数，为了识别这些本构参数A、B和C，有必要使用由试验测试定义的三个点。存在$(f_t,0)$、$(f_c,0)$和(f_{bc},f_{bc})，其中f_{bc}是双轴均匀压缩的混凝土强度，该准则通过三个识别点，并以如下形式定义三个参数(A、B和C)：

$$\begin{cases}A=\dfrac{f_cf_tf_{bc}(f_t+3f_c+8f_{bc})}{\sqrt{3}(f_c+f_t)(2f_{bc}-f_c)(2f_{bc}+f_t)}\\ B=\dfrac{(f_c-f_t)(f_{bc}f_c+f_{bc}f_t-f_tf_c-4f_{bc}^2)}{\sqrt{3}(f_c+f_t)(2f_{bc}-f_c)(2f_{bc}+f_t)}\\ C=\dfrac{(3f_{bc}f_t-f_{bc}f_c-2f_tf_c)}{\sqrt{3}(f_c+f_t)(2f_{bc}-f_c)(2f_{bc}+f_t)}\end{cases} \tag{36.24}$$

假设$f_c=30\text{MPa}$、$f_t=3\text{MPa}$和$f_{bc}=33.6\text{MPa}$，则三个本构参数的值为$A=3.6832$、$B=0.6326$和$C=0.0059$。作为体积变化应变能的函数的变形应变能由下式表示：

$$W_2=\begin{cases}a\begin{pmatrix}A^2-2AB\sqrt{bW_1}-2ACbW_1+2BC\sqrt{(bW_1)^3}+\\ B^2bW_1+C^2(bW_1)^2\end{pmatrix} & (I_1<0)\\ a\begin{pmatrix}A^2+2AB\sqrt{bW_1}+2ACbW_1+2BC\sqrt{(bW_1)^3}+\\ B^2bW_1+C^2(bW_1)^2\end{pmatrix} & (I_1\geqslant 0)\end{cases} \tag{36.25}$$

其中

$$a=\frac{1+v}{E},b=\frac{1-2v}{6E} \tag{36.26}$$

在图 36.8～图 36.10 中，在空间W_2-W_1中、平面应力条件下以及子午线平面中，Bresler-Pister 失效准则的曲线用绿线表示，并用以与早期的失效准则进行比较。

36.2.6　Mróz(M)失效准则

Mróz(Klisinski 和 Mróz，1988)失效准则介绍了子午平面中具有椭圆形状的三个参数：

$$f(I_1,J_2)=(I_1-A)^2+BJ_2-C=0 \tag{36.27}$$

使用与 Burzyński 和 BreslerPister 失效准则相同的识别点来识别三个本构参数 A、B 和 C。对这三个数(A、B 和 C),满足以下条件:

$$\begin{cases} A=\dfrac{3}{2}\dfrac{(f_c-f_t)f_{bc}^2}{\Omega} \\ B=-3\dfrac{3f_{bc}^2+\Omega}{\Omega} \\ C=\dfrac{\Omega[4\Omega f_t-12f_tf_{bc}^2(f_c-2f_t)-4\Omega f_t^2]+9(f_c-f_t)^2f_{bc}^4}{4\Omega^2} \end{cases} \tag{36.28}$$

其中

$$\Omega=(f_{bc}-f_c)(f_{bc}-f_t)-(f_c-f_t)f_{bc} \tag{36.29}$$

假设在 $f_c=30\text{MPa}$、$f_t=3\text{MPa}$ 和 $f_{bc}=33.6\text{MPa}$ 之前,三个本构参数是 $A=58.96$、$B=10.10$ 和 $C=3863.82$。变形应变能与体积变化应变能的函数关系由下式表示:

$$W_2=\begin{cases} \dfrac{a}{B}[C-(\sqrt{bW_1}-A)^2] & (I_1\geqslant 0) \\ \dfrac{a}{B}[C-(-\sqrt{bW_1}-A)^2] & (I_1<0) \end{cases} \tag{36.30}$$

其中,a 和 b 与式(36.26)所示相同。

空间 W_2-W_1 中、平面应力条件下和子午平面中的 Mróz 失效准则如图 36.8~图 36.10,用黑色实线表示。Mróz 准则与相同识别点的 Burzyński 失效准则相同,因此将它称为 Burzyński-Mróz 失效准则。

36.2.7 Willam-Warnke(WW)失效准则

William 和 Warnke(1975)在三维应力状态下为混凝土引入的准则以如下形式提出:

$$f(I_1,J_2,J_3)=\frac{1}{3z}\frac{I_1}{f_c}+\sqrt{\frac{2}{5}}\frac{1}{r(\theta)}\frac{\sqrt{J_2}}{f_c}-1 \tag{36.31}$$

其中

$$r(\theta)=\frac{2r_c(r_c^2-r_t^2)\cos\theta+r_c(2r_t-r_c)\sqrt{4(r_c^2-r_t^2)\cos^2\theta+5r_t^2-4r_cr_t}}{4(r_c^2-r_t^2)\cos^2\theta+(r_c-2r_t)^2} \tag{36.32}$$

表 36.2 用于识别 Willam-Warnke 准则参数的数据

点	I_1	J_2	θ	$r(\theta)$
$(\sigma_1,\sigma_2,\sigma_3)=(f_t,0,0)$	f_t	$\dfrac{f_t^2}{3}$	0°	r_t
$(\sigma_1,\sigma_2,\sigma_3)=(f_c,0,0)$	$-f_c$	$\dfrac{f_c^2}{3}$	60°	r_c
$(\sigma_1,\sigma_2,\sigma_3)=(f_{bc},0,0)$	$-2f_{bc}$	$\dfrac{f_{bc}^2}{3}$	0°	r_t

其中

$$\theta=\frac{1}{3}\arccos\left(\frac{3\sqrt{3}}{2}\frac{J_3}{\sqrt[2]{J_2^3}}\right)$$

$$\cos\theta=\frac{2\sigma_1-\sigma_2-\sigma_3}{\sqrt{2[(\sigma_1-\sigma_2)^2+(\sigma_2-\sigma_3)^2+(\sigma_1-\sigma_3)^2]}} \tag{36.33}$$

可以基于与之前相同的点来执行三个参数 r_c、r_t 和 z 的识别。表 36.2 中收集了对应于三个识别点$(f_t,0,0)$，$(-f_c,0,0)$和$(-f_{bc},-f_{bc},0)$的不变量 I_1、J_2 和 θ 的值。这三个参数的公式如下：

$$\begin{cases} r_t=\sqrt{\dfrac{2}{5}}\left[\dfrac{f_{bc}f_t}{f_c(2f_{bc}+f_t)}\right] \\ r_c=\sqrt{\dfrac{2}{5}}\left[\dfrac{f_{bc}f_t}{3f_{bc}f_t+f_c(f_{bc}-f_t)}\right] \\ z=\dfrac{f_{bc}f_t}{f_c(f_{bc}-f_t)} \end{cases} \tag{36.34}$$

失效表面通过这三个识别点。假设在 $f_c=30\mathrm{MPa}$、$f_t=3\mathrm{MPa}$ 和 $f_{bc}=33.6\mathrm{MPa}$，三个参数的值为 $r_t=0.0524316$，$r_c=0.090479$ 以及 $z=0.1098039$。Willam-Warnke 失效准则的变形应变能密度 W_2 随体积变化应变能密度 W_1 的变化由下式表示：

$$W_2=\begin{cases} a\left[\dfrac{5}{2}f_r^2r^2(\theta)-\dfrac{5}{3}\dfrac{f_cr^2(\theta)}{z}\sqrt{bW_1}+\dfrac{5}{18}\dfrac{r^2(\theta)}{z^2}\right] & (I_1\geqslant 0) \\ a\left[\dfrac{5}{2}f_r^2r^2(\theta)+\dfrac{5}{3}\dfrac{f_cr^2(\theta)}{z}\sqrt{bW_1}+\dfrac{5}{18}\dfrac{r^2(\theta)}{z^2}\right] & (I_1<0) \end{cases} \tag{36.35}$$

其中，a 和 b 与式(36.26)所示相同。

Willam-Warnke 失效准则的曲线是图 36.8~图 36.10 中黑色虚线(在空间 W_2-W_1 中、平面应力条件下和子午平面中)。在这种情况下，在偏平面中，它是组成椭圆部分的曲线。有必要用式(36.35)中合适的 $r(\theta)$ 值(表 36.2)，根据式(36.32)，$r(\theta)$ 在 r_t 和 r_c 之间变化。

36.2.8　Podgórski(P)失效准则

存在许多其他多参数准则，这里最后讨论的失效准则有 5 个参数，并由 Podgórski (1984)提出应变。

$$f(I_1,J_2,J_3)=\frac{1}{3}I_1-A+BP(J)\sqrt{\frac{2}{3}J_2}+\sqrt{\frac{2}{3}}CJ_2=0 \tag{36.36}$$

其中

$$P(J)=\cos\left(\frac{1}{3}\arccos DJ-E\right)$$

$$J=\cos(3\theta)=\frac{3\sqrt{3}}{2}\frac{J_3}{J_2^{\frac{3}{2}}} \tag{36.37}$$

基于 5 个识别点$(f_t,0,0)$、$(-f_c,0,0)$、$(-f_{bc},-f_{bc},0)$、$(-f_{cc},-1/2f_{cc},0)$和(f_{tt},f_{tt},f_{tt})执

行 5 个参数 A、B、C、D 和 E 的识别。表 36.3 集中了这些点的不变量值,求解计算 5 个材料参数的式组如下:

$$\begin{cases}\frac{1}{3}f_t-A+B\cos\left(\frac{1}{3}\arccos D-E\right)\frac{\sqrt{2}}{3}f_t+\frac{2}{3}Cf_t^2=0\\-\frac{1}{3}f_c-A+B\cos\left(\frac{1}{3}\arccos -D-E\right)\frac{\sqrt{2}}{3}f_c+\frac{2}{3}Cf_c^2=0\\-\frac{2}{3}f_{bc}-A+B\cos\left(\frac{1}{3}\arccos D-E\right)\frac{\sqrt{2}}{3}f_{bc}+\frac{2}{3}Cf_{bc}^2=0\\-\frac{1}{2}f_{cc}-A+B\cos\left(\frac{1}{3}\arccos 0-E\right)\frac{\sqrt{2}}{3}f_{cc}+\frac{2}{3}Cf_{cc}^2=0\\f_{tt}-A=0\end{cases} \tag{36.38}$$

通过牛顿迭代方法求解上述式组(36.38)。假设数据 $f_c=30\text{MPa}$、$f_t=3\text{MPa}$、$f_{bc}=33.6\text{MPa}$、$f_{cc}=36\text{MPa}$、$f_{tt}=3\text{MPa}$,5 个本构参数 $A=3$、$B=1.4276$、$C=0.0112$、$D=1$,并指定 $E=0.03902$。该准则在平面应力条件下有 4 个识别点,这就是这个平面上的形状(图 36.9)符合试验数据(Kupfer 等,1969)的原因。

表 36.3 用于识别 Podgórski 失效准则参数的数据

点	I_1	J_2	J	$P(J)$
$(\sigma_1,\sigma_2,\sigma_3)=(f_t,0,0)$	f_t	$\frac{f_t^2}{3}$	1	$\cos\left(\frac{1}{3}\arccos D-E\right)$
$(\sigma_1,\sigma_2,\sigma_3)=(-f_c,0,0)$	$-f_c$	$\frac{f_c^2}{3}$	−1	$\cos\left(\frac{1}{3}\arccos -D-E\right)$
$(\sigma_1,\sigma_2,\sigma_3)=(-f_{bc},-f_{bc},0)$	$-2f_{bc}$	$\frac{f_{bc}^2}{3}$	1	$\cos\left(\frac{1}{3}\arccos D-E\right)$
$(\sigma_1,\sigma_2,\sigma_3)=(-f_{cc},-1/2f_{cc},0)$	$-\frac{3}{2}f_{cc}$	$\frac{1}{4}f_{cc}^2$	0	$\cos\left(\frac{1}{3}\arccos 0-E\right)$
$(\sigma_1,\sigma_2,\sigma_3)=(f_{tt},f_{tt},f_{tt})$	$3f_{tt}$	0	–	–

决定失效准则的变形应变能量是体积变化应变能量的函数:

$$W_2=\left(\frac{-BP(J)\sqrt{\frac{2}{3}a}+\sqrt{\Delta}}{\frac{4}{3}Ca}\right)^2 \tag{36.39}$$

其中,a 和 b 与式(36.26)所示相同,而 Δ 是按以下方式定义的:

$$\Delta=\begin{cases}\frac{2}{3}aB^2P^2(J)-4\left(\frac{2}{3}Ca\right)\left(\frac{1}{3}\sqrt{bW_1}-A\right) & (I_1\geqslant 0)\\\frac{2}{3}aB^2P^2(J)-4\left(\frac{2}{3}Ca\right)\left(-\frac{1}{3}\sqrt{bW_1}-A\right) & (I_1<0)\end{cases} \tag{36.40}$$

36.2.9 动态失效准则

快速动态载荷(爆炸、撞击)导致混凝土结构在很短的时间内损伤或失效。在制定塑性、损伤或失效的极限条件时，有必要根据试验考虑对应力状态（体积和偏差部分）的依赖性以及应变率（Klepaczko 和 Brara，2001）。根据 CEB 对 TDIF 和 CDIF 的建议，也可以使用具有一个准静态条件的式（36.5）（在第 36.2.1 和图 36.8～图 36.10 中给出）作为 g（σ_{ij}）和应变率灵敏度的函数。

本章提出了其他类型的准则，所有这些都具有积分形式，并且可以成功地用于描述材料在极限加载下的失效（Tuler and Butcher，1968；Campbell，1953）。Tuler、Butcher 和 Campbell 发现了强度和载荷脉冲长度之间的良好相关性，失效准则以下列形式表示：

$$\int^{t_c}(\sigma^{eq}-\sigma_0^{eq})^{\lambda}\mathrm{d}t=C \tag{36.41}$$

式中：λ、σ_0^{eq} 和 C 为材料常数；t_c 为失效准则中的失效时间。该准则仅在应力强度 σ^{eq} 高于准静态强度 σ_0^{eq} 时才描述 t_c。

Freund（1993）以下列形式提出了另一个准则，但也是积分形式：

$$\int^{t_c}\left(\frac{\sigma^{eq}}{\sigma_0^{eq}}-1\right)^{\beta}\mathrm{d}t=D \tag{36.42}$$

式中：σ_0^{eq}、β 和 D 为材料参数。

在这里所提到的累积型准则，都描述了必须消除累积的材料存储能量，这些准则估算在快速动态情况下材料可以承载高于其准静态强度的应力状态的时间，Campbell 提出了下一个相同类型的准则，用于延性材料比如金属（Campbell，1953）。累积失效准则用于脆性材料，例如，混凝土（Stolarski，2004；Jankowiak，2011）和玻璃（Jankowiak 等，2013）。累积失效准则被广义化为代表三轴应力状态下的行为（Jankowiak 和 Łodygowski，2007），该准则描述了动载荷的失效时间，并具有以下形式：

$$t_{c0}\int_0^{t_c}\left(\frac{\sigma_F^{eq}(t)}{\sigma_{F0}^{eq}}\right)^{\alpha(T)}\mathrm{d}t\quad(\sigma_F^{eq}(t)>\sigma_{F0}^{eq}) \tag{36.43}$$

式中：t_{c0} 为临界失效时间；$\partial(T)$ 为与分离过程中激活能（内聚力的破坏）相关的参数（可以是温度的函数）；σ_{F0}^{eq} 为准静态载荷的等效材料强度，针对准静态情况，可以使用提供的任何函数。然而，采用了等效应力 σ_F^{eq} 的下列等效量度（Geers 等，2000）：

$$\sigma_F^{eq}=\frac{k-1}{2k(1-2v)}I_1+\frac{1}{2k}\sqrt{\left(\frac{k-1}{1-2v}I_1\right)^2+\frac{6k}{(1-v)^2}J_2} \tag{36.44}$$

式中：I_1 和 J_2 与前面的应力张量的第一不变量和其偏量的第二不变量相同。参数 k 影响主应力空间中函数的形状，并决定空间中极限条件的移动。两个参数 σ_{F0}^{eq} 和 k 对主应力空间中极限面的形状和位置的影响如图 36.11 所示。极限表面可表示如下：

$$f(I_1,J_2)=\frac{k-1}{2k(1-2v)}I_1+\frac{1}{2k}\sqrt{\left(\frac{k-1}{1-2v}I_1\right)^2+\frac{6k}{(1-v)^2}J_2}-\sigma_F^{eq} \tag{36.45}$$

例如，如果参数 $k=1$，则到达经典的 Huber-Mises-Hencky 条件（虚线），而对于参数 $k=4.02$，表面被移动到压缩区域（实线）。

在子午平面中，极限条件如图 36.12 所示，坐标由 $r=\pm\sqrt{2J_2}$ 和 $\xi=\frac{1}{\sqrt{3}}I_1$ 定义。ξ 是沿

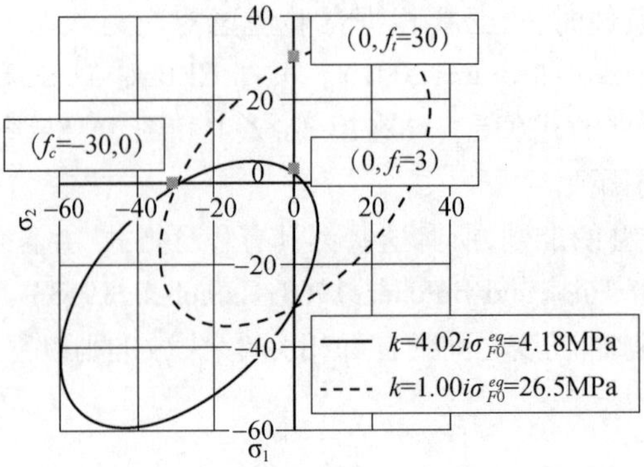

图 36.11　不同参数 k 和 σ_{F0}^{eq} 在平面应力状态下的极限条件

静水力轴的距离, r 是垂直于静水力轴的方向上的距离。式(36.44)中 $r-J_2$ 和 $\xi-I_1$ 可以用以下形式重写:

$$\sigma_F^{eq}=\frac{(k-1)\sqrt{3}}{2k(1-2v)}\xi+\frac{1}{2k}\sqrt{\left(\frac{(k-1)\sqrt{3}}{1-2v}\xi\right)^2+\frac{6k}{(1-v)^2}\frac{r^2}{2}} \tag{36.46}$$

或者它可以转换为形式:

$$r=\sqrt{\frac{3}{4}k\sigma_F^{eq}\frac{(1-v)^2}{6k}-\frac{3}{4}\sqrt{3}k\sigma_F^{eq}\frac{(k-1)(1-v)^2}{6k}\xi} \tag{36.47}$$

对于

$$\xi\leqslant\xi_{\max}=\frac{k\sigma_F^{eq}(1-2v)}{(k-1)\sqrt{3}} \tag{36.48}$$

曲线的右侧(图 36.12)受 $\xi_{\max}$ 限制,它是 r 等于 0 时的值。如果 $k=1$,则极限平面减小到 HMH 条件,并且可以绘制为平行于轴 ξ 的直线,其他限制条件是可以接受的。

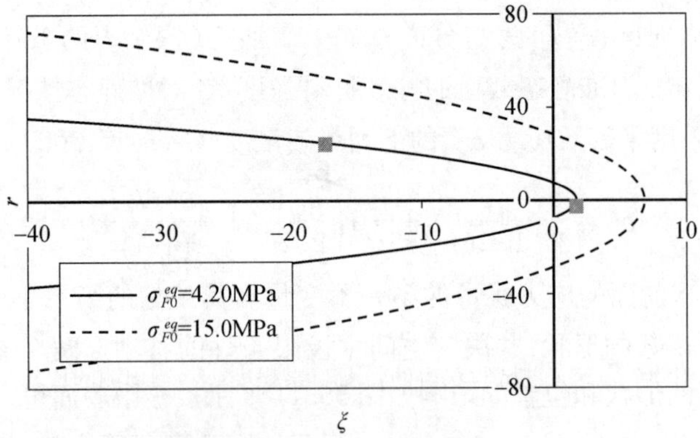

图 36.12　空间中的 $k=4.02$ 极限条件的大小 $r-\xi$(子午面)

在累积失效准则中,描述了不同加载历史的应力水平 $\sigma_F^{eq}(t)$。失效应力水平取决于时间,通常对于短脉冲,动态强度更高。在图 36.13 中,给出了加载历史的影响,考虑了三种不同形状的脉冲:重力、线性和正弦曲线,具有不同的振幅(不同的应力和应变速率)。线性应变率为 $20s^{-1}$ 和 $120s^{-1}$,针对线性应变率通过累积失效准则所获得的结果和试验结果(用黑点表示(Brara 和 Klepaczko,2006))的比较如图 36.14 所示。表 36.4 中识别的材料参数,其一致性是可接受的。

最后的图表显示了准则中使用的材料参数 σ_{F0}^{eq}、α 和 t_{c0} 对临界应力估计和失效时间的影响(在空间中 $\sigma_F^{eq}-t_c$ 的曲线)。

准静态强度 σ_{F0}^{eq} 的影响如图 36.15 所示,σ_{F0}^{eq} 的增加描述了更高水平的动态强度。接下来,图 36.16 显示了与分离过程中激活的能量相关的 α 参数的影响,可以得出结论,增加 α 会降低动态强度。参数 t_{c0} 对临界曲线的影响如图 36.17 所示,临界失效时间 t_{c0} 的增加导致更高的动态强度。

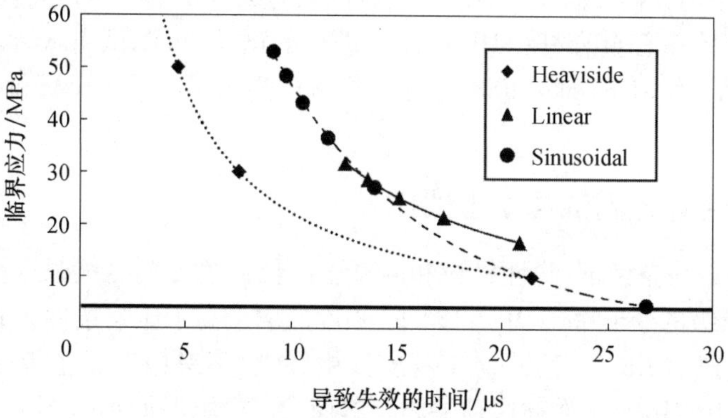

t_{c0}	0.000049s
$\alpha\,(T)$	0.95
σ_F^{eq}	4.2×10^6Pa

图 36.13　不同加载历史的临界应力曲线的比较

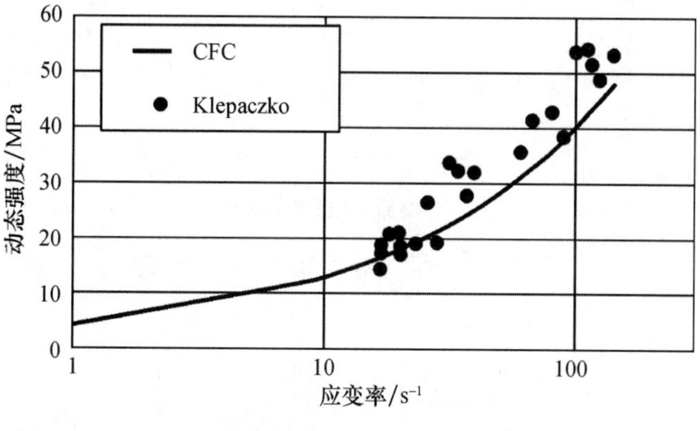

图 36.14　通过试验获得的强度与累积失效准则预测的比较

表 36.4　混凝土的本构参数

E	35×10^{-9}
υ	0.2
ρ	2395kg/m^3
k	4.03

续表

t_{c0}	0.000049s
α	0.95[-]
σ_{F0}^{eq}	4.2e6Pa

36.3 案 例

本节介绍了两个例子,描述了混凝土结构的动态失效。第一个是失效准则的验证,它用于模拟通过剥落霍普金森杆(SHPB)测试进行的试验,该测试由 Klepaczko 提出(Klepaczko,1990;Brara 和 Klepaczko,2006)。第二个例子显示了纯混凝土板和增强混凝土板的射孔分析。

36.3.1 霍普金森杆测试混凝土试样

在高应变率载荷条件下,脆性材料和混凝土的拉伸强度和压缩强度都会增加。在拉伸条件下,100 量级的变形率(TDIF=10)下,强度的增量高于压缩条件(CDIF=2.7),这个事实被包含在代码(CEB 1987)中。工程实践中,往往不考虑混凝土承受拉伸载荷的能力,并且在结构中使用钢筋弥补这种缺陷。然而,在结构快速冲击(冲击、爆炸)期间,应力波传播并相互作用,并且在拉伸区出现剥落。

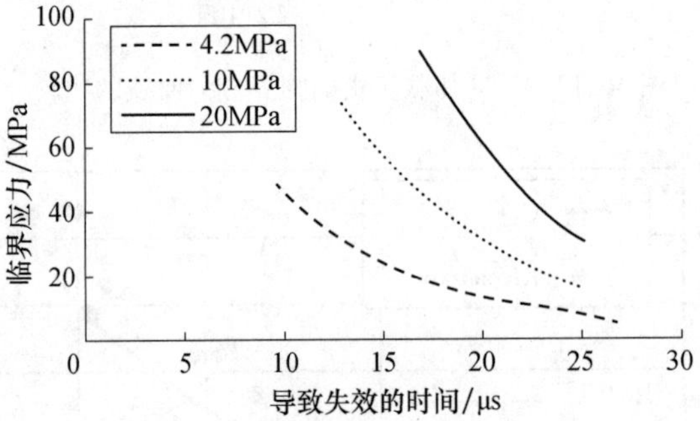

图 36.15 σ_{F0}^{eq} 对临界曲线形状的影响

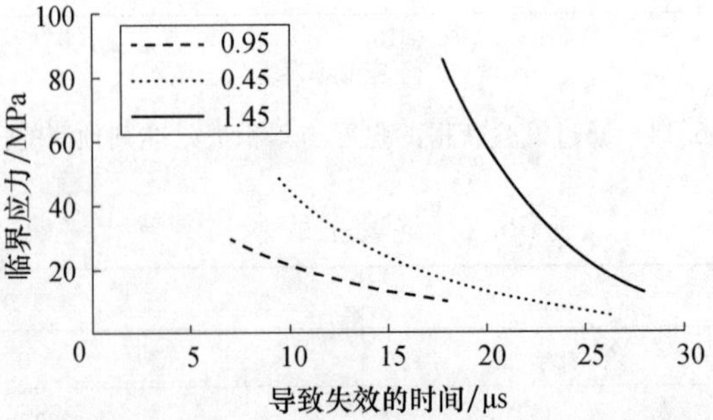

图 36.16 α 对临界曲线形状的影响

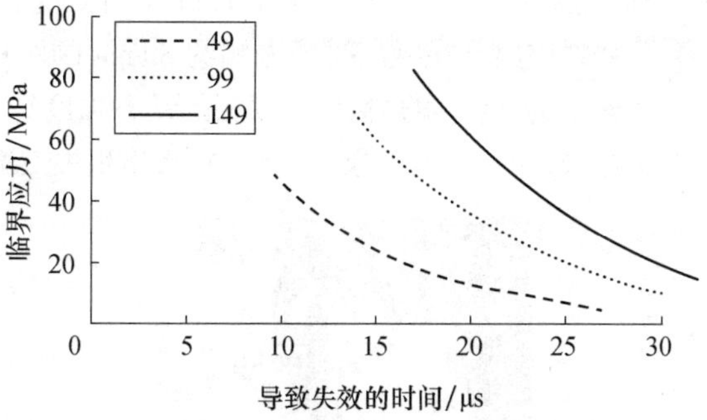

图 36.17　t_{c0} 对临界曲线形状的影响

最终进行分析的 SPHB 试验的配置如图 36.18 所示，该测试使用波分析，预测混凝土的拉伸强度，在试验中，有必要知道混凝土试件的失效时间，类似的测试也用于其他脆性材料，例如玻璃。最重要的部分是铝杆（长 1m、直径 0.04m），该杆被铝弹丸（长 0.08m，直径 0.04m）冲击。混凝土试件的长度为 0.12m，其直径与杆和抛射物相同。安装所有部件，并将混凝土试样粘到输入杆上，使用铝是因为它与混凝土具有相似的阻抗特性。

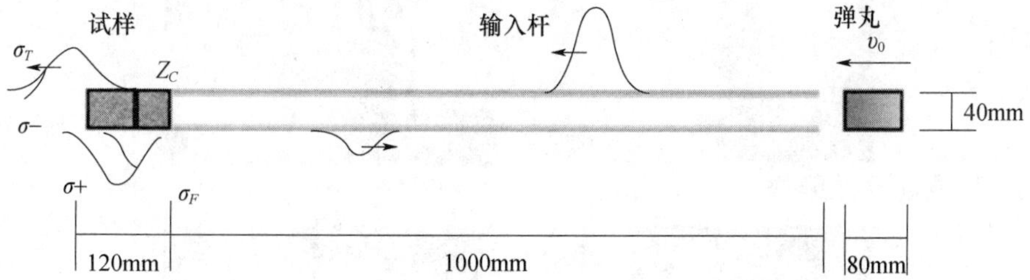

图 36.18　剥落霍普金森杆配置

在射弹撞击输入杆后，压缩波开始传送，波沿着杆传播，部分波被传递到混凝土试样，一部分被反射为拉伸波。传递到试样的波是压缩的，重要的是它的强度必须小于混凝土的压缩强度。从自由端反射后，它作为拉伸波传播回混凝土试样。如果达到动态拉伸强度，则混凝土试样将出现剥落。在试验中，可以测量和定义剥落出现的时间和失效模式。

Abaqus/显式有限元代码被用于模拟失效过程，用所有三个部件之间的接触来分析轴对称模型（CAX4R 有限元、特征强度为 0.001 m）。铝部件的杨氏模量 $E=70\times10^9$Pa、泊松比 $v=0.28$、密度 $\rho=2850\text{kg/m}^3$。铝部件的材料模型是弹性的，因为这两个部件都在弹性区域工作。混凝土的弹性行为假定为依赖于脆性破坏，其本构参数如下：杨氏模量 $E=35\times10^9$ Pa、泊松比 $v=0.2$、密度 $\rho=2395\text{kg/m}^3$、压缩张力不对称因子 $k=4.03$、临界时间 $t_{c0}=49\mu\text{s}$，在失效过程中，能量激活因子 $\alpha=0.95$，等效准静态拉伸强度 $\sigma_{F0}^{eq}=4.2\times10^6$ Pa（表 36.4）。

试验得到的结果如图 36.19 所示，选用高速相机捕捉两种速度 7m/s 和 12m/s 的射弹，对于更高的速度，出现双重开裂。进行数值模拟以获得失效模式，相应的数值结果如图 36.20 所示，图中同时给出了拉伸失效前（上）和失效后（下）纵向应力分量的框图。在冲击速度为 7m/s 时，出现一个裂纹，但是对于更高的冲击速度 12m/s，预测出了两个裂纹，这与试验结果类似。在数值模型中，7m/s 的情况下，裂纹出现在距离冲击表面 55mm

处,在试验中观察到了类似距离的裂纹;对于速度为 12m/s 的情况,计算中裂纹外观的位置和顺序与试验相似,第一个裂纹出现在距离受撞击侧约 80mm 的距离处,第二个裂纹与受影响侧的距离为 55mm。在速度为 7m/s 的情况下,预测的动态强度约为 18MPa,而在 12m/s 的情况下,预测的动态强度为 28MPa,数值结果与试验吻合,累积失效准则得到了证实。

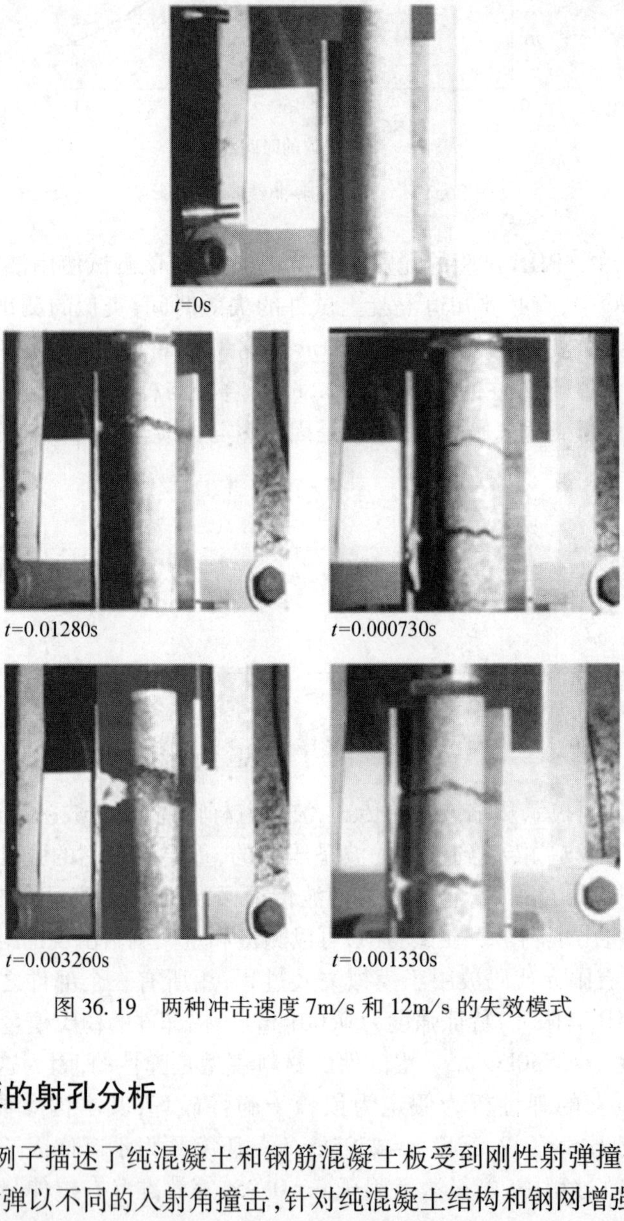

图 36.19　两种冲击速度 7m/s 和 12m/s 的失效模式

36.3.2　RC 板的射孔分析

第二个数值例子描述了纯混凝土和钢筋混凝土板受到刚性射弹撞击、穿透和穿孔的动态特性,这些射弹以不同的入射角撞击,针对纯混凝土结构和钢网增强的混凝土结构进行分析(图 36.21 和图 36.22),板坯为方形,加固网格被建模为 BTD2 有限元(位移的线性近似),混凝土由固体单元 C3D8R(具有降阶积分和沙漏控制的 8 节点块)进行离散化,该问题使用 336400 弹性单元进行建模和求解,这些单元由具有累积失效准则的 217635 弹性单元连接。在钢筋混凝土板的情况下,钢筋固化在固体混凝土网中,假定抛射体是刚性的,其尺寸如图 36.22 所示。

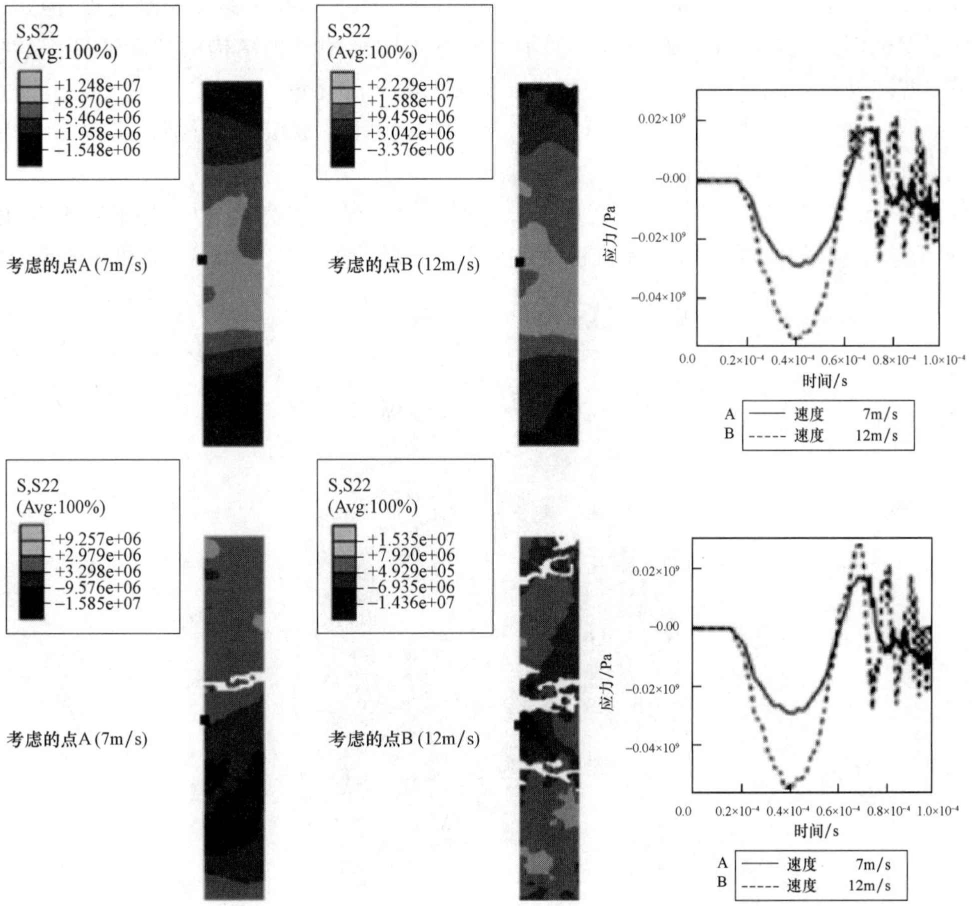

图 36. 20　两个冲击速度 7m/s 和 12m/s 获得的失效模式(由于轴对称性的一半对称性;从顶侧冲击)

方形板的尺寸为 0. 87m,厚度为 0. 15m(图 36. 22)。钢筋网中钢筋之间的距离为 0. 0434m,钢筋的横截面积为 0. 0001m^2,使用两层增强网,其距离为 0. 1m,平板的四周被固定。用入射角(0°~60°)分析冲击方向,并在图 36. 4 中给出,角度 0°表示垂直冲击。在所有呈现的数值示例中,刚性射弹(质量为 1. 88kg、长度为 0. 22m、直径为 0. 04m)穿透纯混凝土和钢筋混凝土板,初始速度为 200m/s,射弹、平板和其间的接触模型也很重要,内部表面也应考虑在内,这些是在混凝土失效期间产生的。在所有分析情况下摩擦系数假设为 0. 2。

对于两种类型的结构做了不同入射角 0°、15°、30°、45°和 60°的模拟。在图 36. 23 和图 36. 24 中,给出了在 0°角冲击的两个时间段中的速度分布,还给出了增强体的变形。在纯混凝土板的情况下,弹丸的剩余速度为 118m/s,在增强板中,速度较低,为 99m/s。

下一个给出的结果表明了弹丸在 45°角的影响(图 36. 25),该角度在垂直于平板的线与射弹的轨迹之间测量。给出了两种结构的速度分布,对于这两种情况,预测到了完全穿孔,并观察到了轨迹曲率。

对于最大入射角 60°,不出现穿孔。射弹、混凝土和钢筋之间的相互作用引起了高度的曲率,射弹从平板被反射回来。在图 36. 26 中,给出了两种结构的速度时间历程图,不管残余速度的差异,其曲线是相似的,混凝土板的破坏程度远高于钢筋混凝土板,但是,仅出现了渗透但无完全穿孔。图 36.27 显示了所有入射角和两种结构的残余速度,观察到两条曲线之间的间隙几乎是恒定的,其代表了钢筋吸收的能量。

最后一种情况说明了如何通过对 45°入射角的钢筋网(双层)进行细化来提高结构强度,双重增强导致弹丸在板内停止。

在图 36.28 中,显示了板坯的变形以及速度时间历程。在情况 C 中,抛射物被卡在板内,对于这种应用,也可使用其他方法如平滑粒子流体动力学(Jankowiak 和 Lodygowski,2013)。

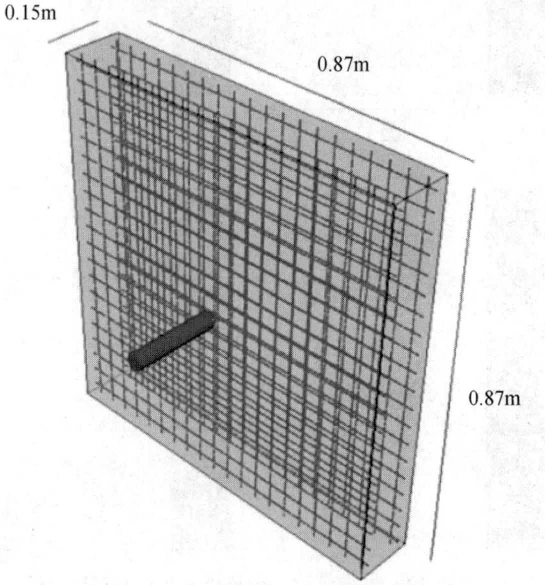

图 36.21　钢筋混凝土板和抛射体的视图

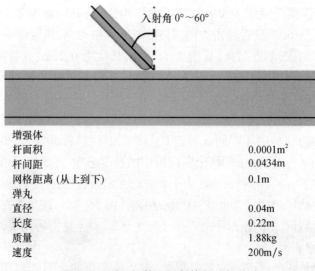

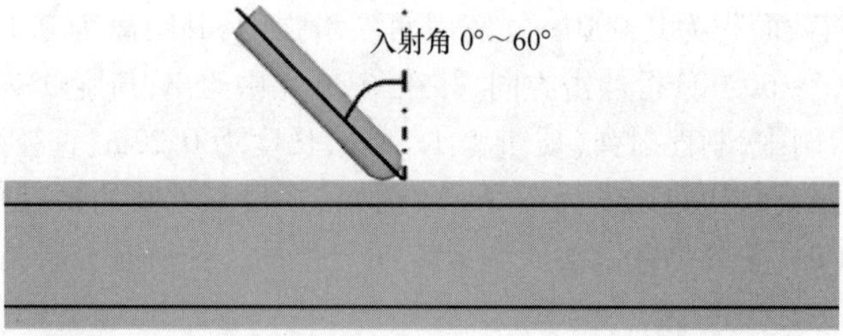

增强体	
杆面积	$0.0001m^2$
杆间距	0.0434m
网格距离 (从上到下)	0.1m
弹丸	
直径	0.04m
长度	0.22m
质量	1.88kg
速度	200m/s

图 36.22　板、钢筋和抛射体的几何尺寸

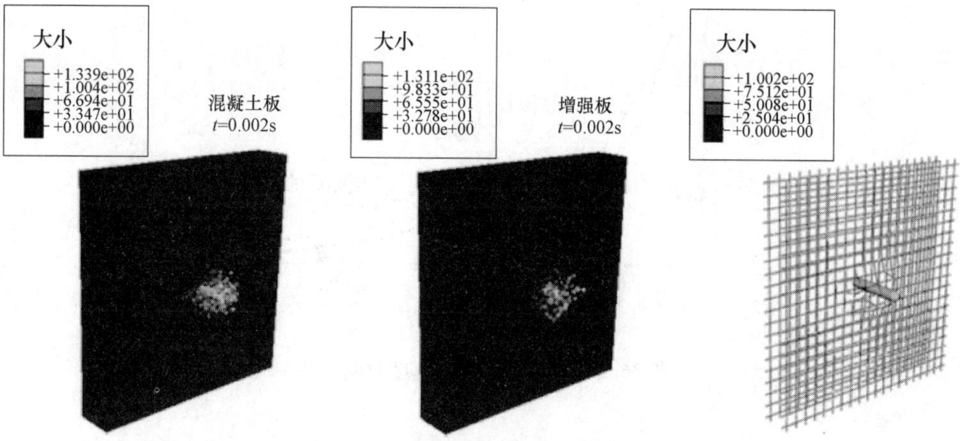

图 36.23　0°入射角下 0.002s 的速度分布

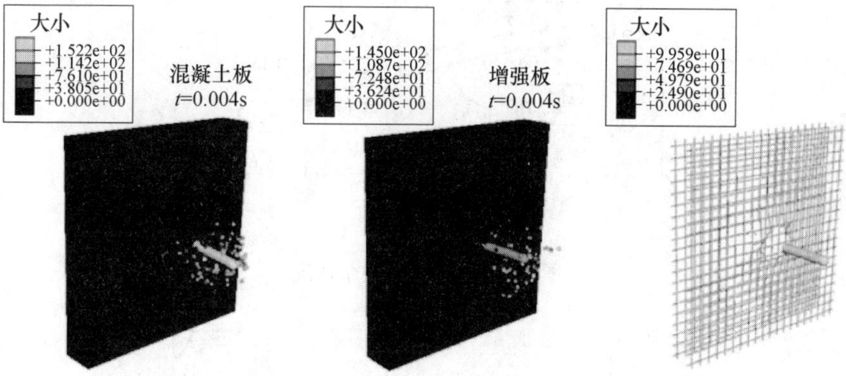

图 36.24　0°入射角的 0.004s 速度分布

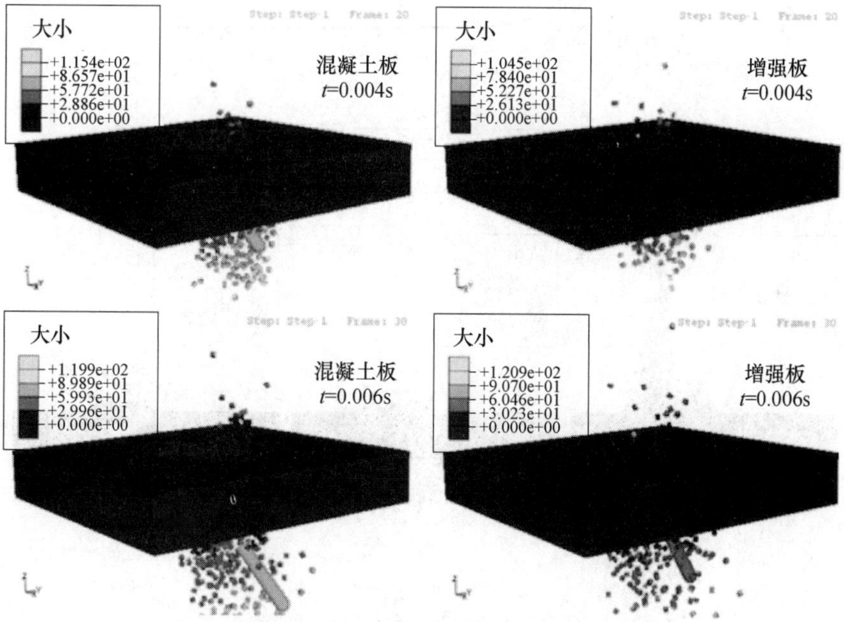

图 36.25　45°入射角的速度分布

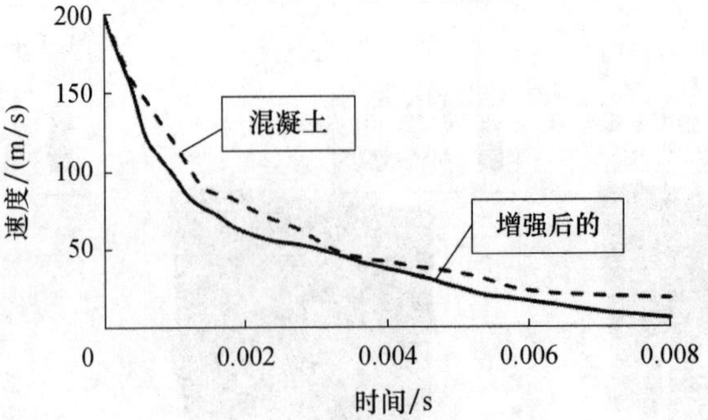

图 36.26　60°入射角的速度时间历程

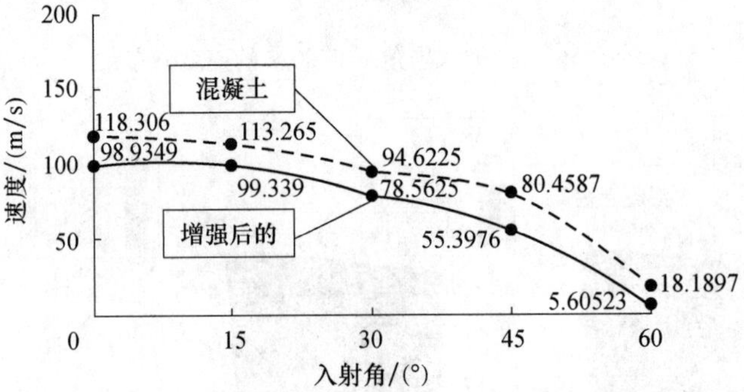

图 36.27　射弹的残余速度

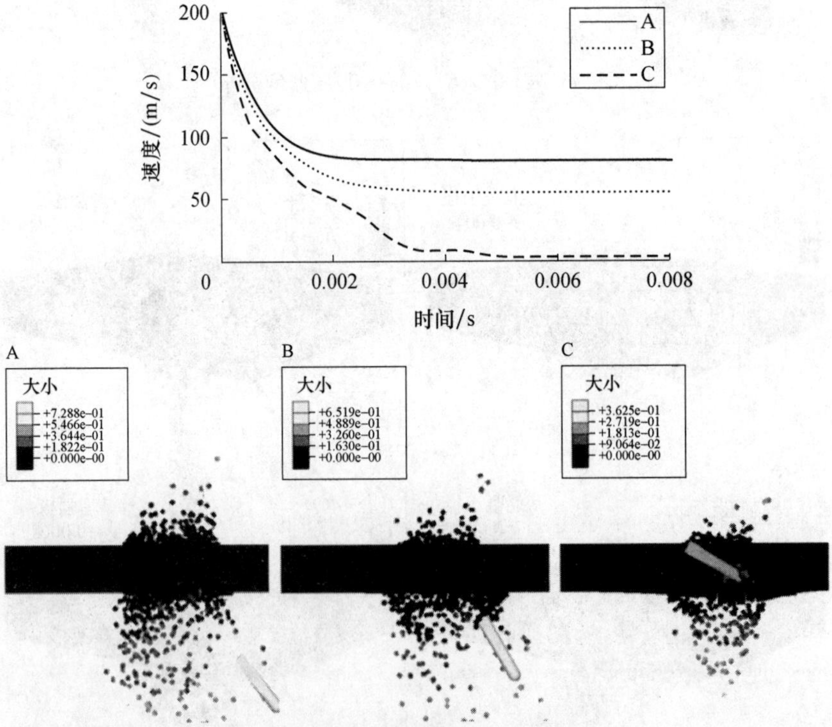

A—纯混凝土;B—单一增强;C—双重增强。

图 36.28　不同结构的板的变形

36.4 小 结

塑性条件和失效准则的定义很重要,特别是对脆性材料和结构的静态和动态行为的建模而言。重点描述了材料的压缩强度、拉伸强度以及应变率敏感性的进一步定义。任何数值计算,特别是描述快速动力过程的数值计算,都必须用试验来验证和确认,以此证明数值模型的质量。这个研究问题非常重要,这是由于现有的结构以及未来设计的结构总要承受一些独特的载荷,如爆炸、撞击和恐怖袭击。

参考文献

A. Abrams, Effect of rate application of load on the compressive strength of concrete. Proc. Amer. Soc. Test. Mater. 17, 364-377(1917)

P. Bischoff, S. Perry, Compressive behaviour of concrete at high strain rate. Mater. Struct. 24, 425-450(1991)

A. Brara, J. Klepaczko, Experimental characterization of concrete in dynamic tension. Mech. Mater. 38, 253-267 (2006)

B. Bresler, K. Pister, Strength of concrete under combined stresses. J. Am. Conc. Inst. 55, 321-345(1958)

W. T. Burzyński, Study About the Strength Criteria(in Polish)(Academy of Technical Sciences in Lwow, Lwów, 1928)

J. Campbell, The dynamic yielding of mild steel, Acta Metall. 1, 706-710(1953) CEB, Concrete Structure Under Impact and Impulsive Loading(CEB, Lausanne, 1987)

W. Chen, Plasticity in Reinforced Concrete(McGraw-Hill, New York, 1982)

D. C. Drucker, A definition of stable inelastic materials. J. Appl. Mech., 101-106(1959)

L. Freund, Dynamic fracture mechanics(Cambridge University Press, Cambridge, 1993)

A. Gawęcki, Mechanic of Material and Bar Structures(in Polish)(Publishing House of Poznan University of Technology, Poznan, 1998)

M. Geers, R. De Borst, R. Peerlings, Damage and crack modeling in single-edge and double-edge notched concrete beams. Eng. Fract. Mech. 65, 247-261(2000)

M. T. Huber, Właściwa praca odkształcenia jako miara wytężenia materiału(in Polish)(Politechnique Association, Lwów, 1904)

T. Jankowiak, T. Łodygowski, Cumulative fracture criterion for concrete, in: 17th Int. Conference on Computer Methods in Mechanics, Częstochowa. (2007)

T. Jankowiak, Quasi-Static and Dynamic Failure Criteria of Concrete(in polish)(Publishing House of Poznan University of Technology, Poznan, 2011)

T. Jankowiak, T. Lodygowski, Quasi-static failure criteria for concrete. Arch. Civil Eng. LVI, 2(2010)

T. Jankowiak, T. Lodygowski, Smoothed particle hydrodynamics versus finite element method for blast impact. Bull. Pol. Acad. Sci. 61, 111-121(2013)

T. Jankowiak, A. Rusinek, T. Lodygowski, Validation of the Klepaczko-Malinowski model for friction correction and recommendations on split Hopkinson pressure bar. Finite Elem. Anal. Des. 47, 1191-1208(2011)

T. Jankowiak, A. Rusinek, P. Wood, Comments on paper: "Glass damage by impact spallation" by A. Nyoungue et al., Materials Science and Engineering A(2005)407, 256-264". Mater Sci Eng A 564, 206-212(2013)

J. Klepaczko, Behavior of rock like materials at high strain rates in compression. Int. J. Plast. 6, 415-432(1990)

J. Klepaczko, A. Brara, An experimental method for dynamic tensile testing of concrete by spalling. Int. J. Impact Eng. 25, 387-409(2001)

M. Klisinski, Z. Mró z, Description of Inelastic Deformation and Concrete Damage(in Polish)(Publishing House of Poznan University of Technology, Poznan, 1988)

H. Kupfer, H. K. Hilsdo, H. Rusch, Behavior of concrete under biaxial stresses. ACI J. ,656-666(1969)

J. Litoński, Plastic flow of a tube under adiabatic torsion. Biuletyn Polskiej Akademii Nauk 25(1), 1-8(1977)

A. Neville, Własciwosci betonu(Polski Cement, Kraków, 2000)

F. Oluokun, Prediction of concrete tensile strength from compressive strength: evaluation of existing relations for normal weight concrete. ACI Mater. J. 3, 302-309(1991)

R. B. Pęcherski, Burzyński yield condition vis-A-vis the related studies reported in the literature. Eng. Trans. 56 (4), 311-324(2008)

J. Podgórski, Limit state condition and the dissipation function for isotropic materials. Arch. Mech. Mater. 36 (3), 323-342(1984)

S. Popovics, Strength and Related Properties of Concrete(Wiley, New York, 1998)

W. Prager, Soil mechanics and plastic analysis or limit design. Q. Appl. Math. 10(2), 157-165(1952)

J. Raphael, Tensile strength of concrete. ACI Mater. J. 2, 158-165(1984)

C. Ross, J. Tedesco, S. Kuenen, Effects of strain rate on concrete strength. ACI Maer. J. 1, 37-47(1992)

A. Rusinek, Modelisation thermoviscoplastique d'une nuance de tole d'acier aux grandes vitesses de deformation. Etude experimentale et numerique du cisaillement, de la traction et de la perforation, Ph. D. thesis, University of Metz, Metz, 2000

A. Stolarski, Dynamic strength criterion for concrete, J. Eng. Mech. 1428-1435(2004)

F. Tuler, B. Butcher(1968), A criterion for the time dependence of dynamic fracture, Int. J. Fract. Mech. 4, 431-437(1968)

R. von Mises, Mechanik der Festen Korper im plastisch deformablen Zustand. Nachr. Math. Phys I, 582-592 (1913)

K. Willam, W. Warnke, Constitutive models for the triaxial behavior of concrete. Int. Assoc. Bridge Struct. Eng. Proc. 19, 1-30(1975)

第9部分

损伤的实验表征

第 37 章　数字图像关联技术评估损伤简介及物理损伤探测

François Hild, Stéphane Roux

摘　要

本章介绍了利用数字图像关联技术(DIC)对损伤的评估过程,这种测量技术提供了二维或三维的位移场,可用于通过关联残差对损伤机制进行研究,也可用于调整损伤模型的材料参量。从损伤力学的角度,介绍全视场测量相关的各个方面,以及与损伤测量相关的主要问题(即,损伤的定义、测量损伤的困难以及图像关联技术)。接下来,讨论了通过图像关联技术探测损伤过程相关的应用,考虑了二维表面测量以及受载条件下的块体材料的三维场。

37.1　损伤测量

测量损伤的原因有三方面:①如“物理损伤探测的评估”中所述,当模拟材料响应的时候,对损伤机制的认识是非常有用的先决条件;②为了进行预测,有必要识别与损伤定律相关的参量(见第 38 章和第 39 章);③在民用和力学工程领域,越来越经常地需要对使用中的结构损伤状态及其演化过程进行评估。

本节的题目参考了 Lemaitre 和 Dufailly(1987)的原创论文,讨论了“测量”损伤的 8 种不同的方法:

(1)采用扫描电子显微技术(SEM)的“显微照相学”或断口学。该技术仍然广泛应用于研究损伤机理(Mills, 1991),而且被用作一种定量工具(Chermant 等, 2001; Coster 和 Chermant, 2001),SEM 图片还用来通过数字图像关联技术研究损伤过程。

(2)密度测量是一种早期的评估已损伤材料中的孔洞的技术(Maire, 2003)如今,孔洞分布还可采用 X 射线断层扫描技术进行评价(Baruchel 等, 2000; Babout 等, 2001);类似地,SEM 观察结果也被用于评估孔洞分布和/或位置。那么,一个关键的方面是从二维的切片中得出孔洞的体积,在所有情况下,都需要用图像处理工具来区分固体相和孔洞(Coster 和 Chermant, 2001),并用体式学将二维(或一维)的观察结果与三维特征关联起来。

(3)杨氏模量的变化是用于描述不同类型的材料中的逐渐或突然退化的最常用的损伤指标(Lemaitre 和 Chaboche, 1978; Lemaitre 等, 1979),它是基于弹性和损伤之间的耦合关联的,而且,如下所述,它需要大量的观察。

(4)超声波和声发射被用作评估材料或结构的损伤状态的无损分析技术(Hellier,

2001),其关键点与所研究的损伤的探测和类型有关,需要强调的是,根据超声波的波长和导致损伤的微观特征的尺度,要么可获得各种独立的微观机理,要么是刚度退化的云图。

(5)循环应力幅值是表征疲劳中损伤的萌生和演化的另一种方法(Lemaitre,1992),这种情况下,要考虑塑性和损伤的耦合关系。

(6)第三阶段蠕变,用一种损伤变量描述的第一种机制(Kachanov,1958;Rabotnov,1963),经常在连续体损伤力学(CDM)的框架内进行模拟,近几年来,当前的损伤模型包含了越来越多的基于机理的认识和微观特征,这需要新的实验手段,研究基于材料的、细观的参量。

(7)显微硬度测量不再普遍使用,即使它们近年来重新受到了关注(Tasan 等,2010),研究表明,采用塑性和损伤的耦合关系,硬度的变化可从损伤的角度进行解释(Lemaitre 等,1987)。

(8)电阻及其随损伤的变化是表征材料的损伤状态的另一种方法,如复合材料(Prabhakaran,1990;Abry 等,1999),它是用于确定裂纹长度的势能下降技术的等同方法(Beevers,1982)。

前面的很多技术目前仍在使用,但是,主要的变化(有人甚至称为一种变革)与下面的事实相关,从 21 世纪初开始,全视场测量逐渐得到发展,目前已成熟到了一定程度,允许测量表面上的、甚至是试样体积内的位移、温度、晶格应变、相和晶粒取向场(Sharpe,2008)。对测得的场进行分析通常需要进行反演,其中,通过反演或归一可确定相关的性能,这些程序需要将实验结果和模拟工具强有力地结合起来。

在各种全场测量技术中(Rastogi,2000;Rastogi 和 Hack,2012),这里将讨论数字图像(和体积)关联技术(DIC 和 DVC),感兴趣的读者可在最近发行的一本书中找到更多的细节和说明,这本书由法国的一个科学家团队合力完成,阐述了固体力学中全场测量和识别的问题(Grédiac 和 Hild,2012)。

在所有的概述性描述中,术语"损伤"使用得不太严谨,根据评价很小体积(或表面)单元的退化程度或整个结构的退化程度所采用的测量类型,实际上代表了完全不同的意义和事实。下一节定义了本章、以及第 38 章和第 39 章。

37.1.1 损伤

为了避免歧义,本章提出采用同一种规范,从而使"力学损伤"或简称"损伤"通常表示为 $D(\boldsymbol{x})$,它代表一种连续体场的刚度的相对的宏观退化,需注意,这只是很多不同选择中的一种,其中的一些在前面已列出。损伤在这种意义下,仅能通过局部弹性性能的评价来表征,这种描述仅限于大尺度的描述,在控制切线刚度下降的机理上是没有意义的,即显微开裂和/或微孔形成。

这些机理与微孔洞或微裂纹的形成有关,一般被看作"物理损伤",这是由于它们具有鲜明的特征可被探测、观察和测量,但是,它们与(宏观的)力学损伤之间的定量关系建立起来较难,通常涉及一步模拟的过程。

物理的和力学的损伤之间的关联性与一种称为均一化的程序有关(Bornert 等,2008),后者将丰富而详细的信息(物理损伤)缩减成一种单一的平均效应(即力学损伤)。过去,CDM 已经展示出了一种非凡的能力,能够可靠地描述很多材料的行为,这表明,最重要的特征的确被保留了下来，并且，在大部分情况下，更细节的信息（例如描述一个代表体积单元内的应力或应变的波动）往往是无关的（Lemaitre 和 Desmorat，2005），局部缺陷的萌生、长大、钝化或者合并长大的倾向并不能排除广义宏观描述的有效性。

均一化依赖于关键组分，即代表性体积单元，因此，至少有一个长度尺度 ξ，隐式地与损伤的确切定义相关，力学损伤（具有上述的有限意义）仅存在于 ξ 的量级或大于它的尺度上，相比之下，物理损伤发生于更小的长度尺度上，这是由于它代表了与力学损伤相关的微观机理。但是，由于没有长度尺度输入到局部损伤本构定律的公式中，因此它一般没有得到重视，当宏观应力或者宏观应变梯度在整个长度尺度 ξ，上变得很明显时，可能会需要一种丰富的描述，例如非局部的（Pijaudier-Cabot 和 Bažant，1987）或者基于梯度（Peerlings 等，1996）的模型。

困难（多个之一）在于，一般预期长度尺度 ξ，会随着损伤量而增大（Hild 等，1994；Forquin 和 Hild，2010），这点很少从理论角度予以考虑。第二个困难是，只有很少的研究是针对全场测量的非局部或基于梯度的模型来识别其内部长度尺度的（Geers 等，1999），内部长度的识别仍旧处于萌芽阶段，从试验上准确控制这些环境下的一种试验也是很困难的。另外，当应变和损伤场局部化时，由于在给定标距长度（引伸计或应变计）上的平均值仅是位移或应变场局部化时的时空特征的一个粗略指标，因此，此时的“点”测量就变得没有意义了，这种对局部化现象的研究的确需要空间和时间分辨的动力学场。

最后，即使在 CDM 的框架内，即不追究损伤源的微观表述，力学行为也会表现出不稳定性、应变或损伤的局部化，从而在大长度尺度上空间分布的损伤就不再是唯一解，因此，小距离必须准确地予以考虑。在某一给定阶段，存在与力学问题相关的唯一性的丧失（Hill，1978），且有可能发生韧性（Billardon 和 Doghri，1989）和准脆性复合材料（Hild 等，1992）中的局部化模式，这种情况下，不可避免地存在一个长度尺度，在该尺度以下，损伤不再是一种准确的描述，如果这样的长度尺度被遗忘，那么该尺度要通过不断涌现的公理被重新启用，该问题会在“第 39 章数字图像关联技术评估损伤：C. 复合材料中的应用”中予以讨论，其中，可有不同的（且有效的）选择，如断裂力学（Kanninen 和 Popelar，1985）。

37.1.2　损伤测量的挑战

在 Lemaitre 和 Dufailly（1987）所列出的、上面简要概括的 8 种方法中，如果不考虑后续的分析，那么损伤具有两类明显不同的描述，即“物理的”和“力学的”：

（1）无损技术如超声波（例如，飞行时间或飞行衍射时间的测量）用来探测裂纹，如果它们的尺寸比探测波的波长大，这是与探测本身及相应的分辨率相关的一个关键方面（Hellier，2011）。微观断层扫描技术（μCT）还允许对物理损伤的直接探测（即，微裂纹或微孔洞），例如，通过借助非原位或原位力学测试，有可能监测到损伤（Buffière 等，2010）。另外，微裂纹和微孔洞的数量、它们的尺寸分布以及中心间距的分布和裂纹开口的分布在许多不同材料的块体中都可以探测到（Baruchel 等，2000；Salvo 等，2003），这使完全统计性的表征成为可能。在局部化开始时，定量值如代表体积单元的尺寸或者内部长度尺度的直接评估都可用这些技术得到。

（2）通过评估物理和力学性能（如，杨氏模量、电导率和热导率、屈服应力、循环硬化参数）相关的变化进行间接测量，通过关联性分析（如刚度退化与弹性和损伤之间的关联性相关)获得与损伤的联系。

第一类对应于对损伤的物理表征,其中,与体积单元的力学性能的关联性依赖于不同的模拟策略,例如,采用不同的均一化技术。相反地,最后一类直接处理所选定的材料性能,但是,其物理意义可能不明晰,且定量关联性也非常不确定,这些问题构成了与损伤表征和测量相关的困难之一,损伤的物理描述和力学描述之间的完全等效性仍然是一个挑战。

考虑到这些方面,可以肯定,不存在表征损伤的唯一方法,但是,测量损伤是与模拟损伤直接相关的,同样地,也不存在损伤模拟的唯一方法(见本书中的其他章节)。应该关注的是,获得不同的测量技术,使得损伤变量及其演变的参数被识别出来并可被验证,这通常并非易事,是由于它依赖于模拟的尺度、需要从试验结果中提取出来的信息的类型,以及模拟中采用的数值工具的能力的强弱。

37.1.3 数字图像关联技术

数字图像关联技术(DIC)是一种图像力学技术,它采用图像注册算法(例如,关联产品)来测量图片中的二维和三维位移(Sutton 等,2009;Hild 和 Roux,2012),关联代码的原始输出为二维或三维的位移场。对于三维位移,要么可借助体视学关联得到表面形状和变形,要么通过应用于计算断层扫描(例如,X 射线 μCT 和光学共联断层扫描)或者磁共振成像得到的体积上的数字体积关联(DVC)获得块体材料中的动力学数据,随后可通过评估平均位移梯度得到应变场。

在不同的全视场测量技术中(Rastogi,2000;Rastogi 和 Hack,2012),数字图像关联技术占据了特殊地位,这是由于它能够对不同成像工具(例如,标准相机、SEM、透射电子显微镜(TEM)、原子力显微镜(AFM)、红外相机)得到的图像进行处理,它使 DIC 成为多尺度测量的首选工具,其中,一个像素的物理尺寸从 0.1nm 级别(采用 AFM)到超过 10m(卫星图片)。

在 DIC 领域,存在两种不同类型的算法,第一种局部方法包括最大化两个检查窗口(即小的感兴趣区域或者 ZOI)之间的关联性,这里,在参考配置的图片 f 中采集一个窗口,在变形配置的图片 g 中采集另一个。关联程序的输出为每个所考虑的 ZOI 的平均位移,它被分配在其中心,并分配给一个关联分数以评估注册相关的成功程度(Sutton 等,2009)。第二种为全局方法,其中的注册过程在感兴趣区域(ROI)的水平上通过最小化整体关联残差Φ_c(例如,f 和 g 之间的平方差的总和用得到的位移 $\boldsymbol{u}$ 进行校正)被执行:

$$\Phi_c(\boldsymbol{u}) = \int_{\mathrm{ROI}} \rho(\boldsymbol{x})^{2} \mathrm{d}\boldsymbol{x}, \rho(\boldsymbol{x}) = f(\boldsymbol{x}) - g(\boldsymbol{x} + \boldsymbol{u}(\boldsymbol{x})) \tag{37.1}$$

对于这组未知的自由度 u_i,当位移场在一个给定的动力学基础上进行分解时,

$$\boldsymbol{u}(\boldsymbol{x}) = \sum_i u\boldsymbol{\mu}_i(\boldsymbol{x}) \tag{37.2}$$

其中,$\boldsymbol{\mu}_i$ 为试验位移场,它们可在整个 ROI 上定义(Rayleigh-Ritz 方法),或者定义在有限元程序中(Galerkin 方法)。注册的质量整体用 Φ_c 进行表征,它是为属于 ROI 的每个像素计算的平方关联残差 ρ 的加和(Hild 和 Roux,2012),这些残差可因此被用在像素水平上,随后会举例说明。

这里只使用 DIC 的全局方法,主要原因是识别技术通常都是基于有限元方法和模拟

技术的,这随后也将予以讨论。因此,在测量和识别阶段进行了同样的动力学假设,无需重新投影(或者过滤)。本章中,采用不同类型的单元,即,具有双线性位移插值的 4 节点(Q4)元(Besnard 等,2006)、针对二维分析的具有线性位移插值的三节点(T3)元(Leclerc 等,2009)、以及针对三维分析的 8 节点(C8)元(Roux 等,2008),所有这些方法中,ℓ 代表所采用的单元的某一边界的尺寸。

还有一种可能,可将力学正则化并入 DIC 函数中,从而以较低的测量不确定度测量出空间分辨的位移场(Roux 等,2012),这种情况下,关联函数 Φ_c 用平衡间隙函数 Φ_m 予以补充(Claire 等,2004),这是针对一种弹性介质的:

$$\Phi_m(\boldsymbol{u}) = \{\boldsymbol{u}\}[\boldsymbol{K}]^t[\boldsymbol{K}]\{\boldsymbol{u}\} \tag{37.3}$$

式中:$[\boldsymbol{K}]$ 为与内部节点相关的刚度矩阵,它应该具有零节点力,$[\boldsymbol{K}]\{\boldsymbol{u}\}=\{\boldsymbol{0}\}$,且 $\{\boldsymbol{u}\}$ 为集合了所有节点位移的位移向量。在"第 39 章数字图像关联技术评估损伤:复合材料中的应用"中,平衡间隙方法将被用于确定损伤演化定律的刚度分布和参数,这种正则化仅考虑内节点和无牵引力的边界,对于其他边界,引入另一个函数,Φ_b(Tomičević 等,2013)。

前面引入的三个函数一起考虑,进行加权加和,然而,权值定义长度尺度。为使它们更清晰,采用一个波长为 λ 的平面波 $\boldsymbol{v}$ 来归一化不同的函数,要进行最小化的整体函数如下:

$$\Phi_t(\boldsymbol{u}) = \frac{\Phi_c(\boldsymbol{u})}{\Phi_c(\boldsymbol{v})} + \left(\frac{\ell_m}{\lambda}\right)^4 \frac{\Phi_m(\boldsymbol{u})}{\Phi_m(\boldsymbol{v})} + \left(\frac{\ell_b}{\lambda}\right)^4 \frac{\Phi_b(\boldsymbol{u})}{\Phi_b(\boldsymbol{v})} \tag{37.4}$$

式中:ℓ_m 和 ℓ_b(分别为块体和边界)为正则化长度,当 FE 离散化仅由正则化组成时,它们以与单元尺寸 ℓ 相当的方式发挥作用。

37.2　物理损伤的探测和评估

根据上述物理损伤的定义,孔洞和微裂纹分布的测量与材料的退化直接相关,在这种情况下,考虑与无损评价或结构健康监测中使用的相近的程序,第一个问题是给定缺陷的探测,第二个是用尺寸和位置对其定量化。

对于微孔洞,最简单的表征方法是,对物理尺寸超过一个体素(或一个像素)的直径,可借助图像处理技术,因此,在孔洞分布的评价中,体素尺寸是一个天然的界限。对于亚体素尺寸,基于力学的分析是解决该问题的唯一希望,但是,在亚体素尺寸范围内测量位移是可能的,但单元尺寸至少比体素大一个量级(Réthoré 等,2011),如果将力学正则化加入关联程序中,体素尺度的 DVC(像素尺度的 DIC)也是可以的(Leclerc 等,2011,2012)。

裂纹(特别是微裂纹)是可利用 DIC 或 DVC 探测和定量分析的一种特征(Roux 等,2009),这是由于它们在整个裂纹长度或表面上引起了位移跳跃。对于模式 Ⅰ 的裂纹,当它们引起灰度水平变化时,图片本身可用于测量大于像素或体素尺寸的裂纹张开值,相反地,由于模式 Ⅱ 和模式 Ⅲ 裂纹并非必然与灰度水平的变化相伴,所以它们很难被探测到。当采用位移测量时,任何模式的开裂都可进行分析,这是由于位移在以上三种情况下都可被定量化。对于微裂纹,可以分析不同的方面,即,它们的体密度、尺寸、取向及张开距离,根据模拟的类型,上述的任一或所有值都需要评价;另一个方面是与损伤机理相关的,损伤机理是与裂纹的探测相关的(例如,脆性基体复合材料中的基体开裂、混凝土中团聚体/

泥浆之间的脱黏、多层复合材料中的介观分层)。

下面的例子涉及了一些微观特征(即物理损伤),它们决定了宏观尺度上的力学损伤。为解决 DIC 分辨率方面存在的挑战,对微裂纹及其位置、它们的取向、扩展或者张开距离进行探测和测量是典型的问题,下面描述 DIC 中为达到此目标能够考虑的不同策略。

37.2.1 策略

1. 动力学分析

微裂纹是一种裂纹,因此在力学方面,它是位移场中的一种局部不连续,最常用的探测它的方法是在测量的位移场内选取不连续性。但是,测得的位移场一般都是离散的,因此,一种不连续性没有明确的定义,这种不连续性将通过与裂纹相交的单元内的明显大应变来显示。位移场的空间分辨率应该足以探测其周围的应变浓度,所以感兴趣区应该细小网格化,但这种细小程度是以位移(也即应变)的不确定度为代价的,一种无法分辨的浓密的微裂纹分布会导致同等或相当水平应力下较高的应变值,这会表现为局部刚度的下降。

2. 关联残差

第二个策略是研究残差而非位移场本身,如果位移场的本质因预先的假设没有得到正确的处理,那么图像注册的质量应该会将其清晰地显示出来,更准确地说,如果假设位移场是连续的,它就不会反映沿裂纹发生的位移不连续性,因此,关联残差就会出现较大的误差,尤其在裂纹开口处。解决该问题的此第二个方法在寻找裂纹位置和详细的几何特征时非常有效,这是由于残差场可在像素尺度上计算出来,由于残差是用灰度水平的差异而非位移进行估算,所以有关裂纹张开的信息很少。这就组成了一种更先进算法的第一步,其中,一旦裂纹被识别出来,它们的动力学(即,位移不连续性)就被并入到 DIC 分析中,根据这种思想,可设计出一种扩展-DIC 方案,复制扩展有限元方法(XFEM)的富集化技术(Réthoré 等,2008)。

3. 局部富集化取样

第三个策略是沿此方向更进了一步,微裂纹与其周围的介质比较时,一般都具有局部化的效应,一般情况下,长度为 a 的一个微裂纹引起的位移扰动会影响所有空间方向上的体积扩展 a。一般情况下,位移的这种局部的变化都会出现(它可能是纯动力学的),经第一次(粗略的)DIC 分析后,微裂纹被忽略,而考虑一种可能的富集化过程,此时,会将该单个的微裂纹位移场引入到 DIC 算法中,从而检查它是否允许更好的描述真实的动力学。因此,借助这种有效的富集化过程是极其有价值的,这是由于它会组成 DIC 的一个单独的自由度,针对单独的一步运行,也因此仅涉及了额外一分钟的计算任务。由于这种自由度会涉及跨越裂纹的位移的不连续性,估算的该自由度的值 A 可自动被转化成微裂纹张开值。另外,残差的降低,$\Delta\Phi_c$ 也是这种基本计算的常规输出,这会针对所有的裂纹位置和尺寸重复下去(Rupil 等,2011)。

下面的例子针对不同的材料和尺度讨论了这些方法的实际应用。

37.2.2 铺层复合材料的开裂

复合材料是一大类材料,其中的损伤是一种基本的概念,这是由于这些材料在设计上就易于产生不同形式的微裂纹或脱黏,但相的排列也会导致裂纹的钝化,因此,在宏观尺度上仍是一种可容忍的损伤,第 39 章将详细介绍不同类型复合材料中的损伤模拟。

为了说明当前裂纹探测的方法,0/90 复合材料可提供丰富的信息,这可在导致损伤的单个事件上获取到。这里考虑的材料是一种铺层复合材料,由三层单向长碳纤维和环氧基体组成,各层沿着(0°,90°,0°)的方向。分析了沿着 0°方向的单轴拉伸试验,选择了不同尺度的观察,即,通过放大追踪单个事件和较大视野的细节,期望能够分辨并得到微裂纹密度。前一组图片将在第 39.2 节中进行讨论,而这里将讨论更大尺度的问题。

这种复合材料能够承载不同铺层内的横向裂纹,这表明,这种裂纹的密集分布将会在材料受拉伸载荷时出现,因此,在更加宏观的尺度,材料可在损伤理论范围内予以描述,但这需要具有对微裂纹密度较好的统计取样,用 DIC 追踪该现象需要一个大的视场且较小的像素,以显示每一个微裂纹。另外,裂纹张开更小,因此更难去追踪,图 37.1 给出了这样一个大的视场。

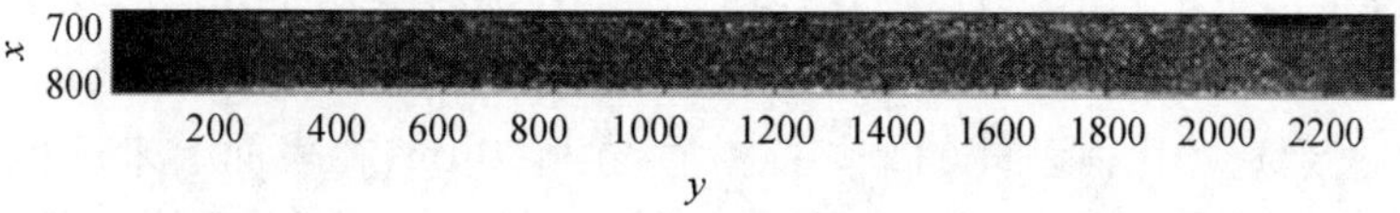

图 37.1 拉伸条件下(水平),一种铺层复合材料在宏观尺度上的侧视图,像素的物理尺寸为 15.1μm,中间一层仅约 500μm(或者 33 个像素)厚

DIC 采用一种非常细的 T3 网格($\ell \approx 5$ 像素)、以及小的正则化长度($\ell_m = 20$ 像素;$\ell_b = \ell_m/2$)被运行,图 37.2 给出了水平位移和体应变场,它们满足了前面的要求,注意,大的位移使 DIC 算法取得一种较好的收敛变得更加困难。

裂纹密度(单位长度上横向裂纹的数量)因此能够如图 37.3 所示被估算出来,它是试样的平均伸长量的函数,可观察到它们的空间间隔是非常规则的,正如剪滞模型所预测的那样(Curtin,1993)。

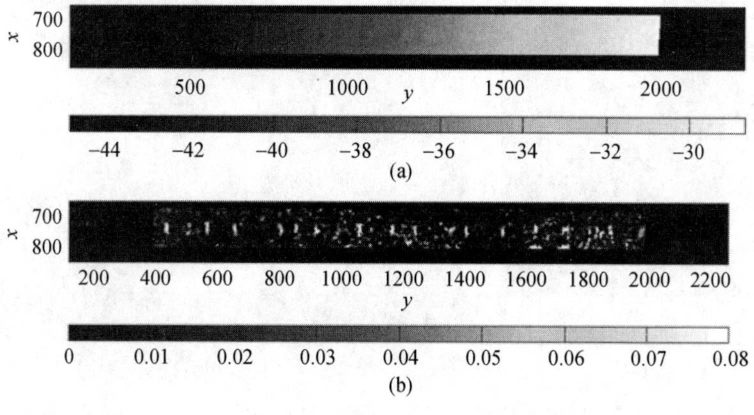

图 37.2 (a)水平位移(像素单位)和(b)体应变显示出了一种准周期的开裂花样,像素的物理尺寸为 15.1μm,ROI 的面积为 1.5mm×24.2mm

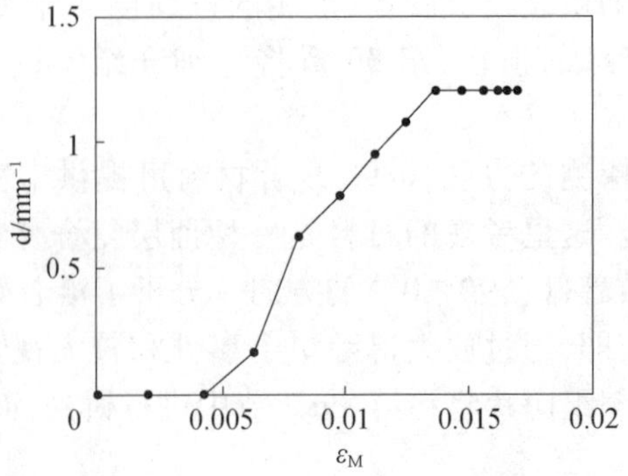

图 37.3　中间层中的微裂纹密度(单位长度上)与平均纵向应变的函数关系

37.2.3　不锈钢的疲劳检测

这部分研究了 304L 不锈钢的疲劳,在一个圆柱上加工和抛光了一个平的标距区域,浅缺口在表面上产生了局部应力的不均匀性,从而使微裂纹萌生在局部发生,缺口的区域是经机械抛光的,最终的电解抛光形成了很好的表面质量,显示出了奥氏体基体上的铁素体相(拉长的夹杂),奥氏体基体的平均晶粒直径为 40μm,在表面上未进行具体的标注。图 37.4 给出了其原始的微观组织,它并非最适于分析横向(即水平的)裂纹,试样用正弦波载荷在液压伺服疲劳试验机上被循环加载(5Hz 的频率),应力幅值用载荷比 $R=-1$ 进行控制,整体应变用一个引伸计来测量(标距长度:10mm)。图像用一个单镜头反光数字相机(佳能 EOS 5D)和一个低倍镜头(佳能 MPE65)拍摄,放大倍数 5 倍,为使微观组织可见,需要使用两个照明光源(图 37.4)。

这里进行的 DIC 分析是采用正则化的方法,正则化长度 $\ell_m=40$ 像素($\ell_b=\ell_m/2$),网格非常细($\ell=4$ 像素的 T3 元),位移和应变云图如图 37.5 所示,它非常清楚地显示出了大量的微裂纹,即使它们的开口很小(1μm 或更小)且空间扩展有限(约 150μm)。但是,这里的 DIC 分析假设位移是连续的,正则化掩盖了位移的不连续性。

图 37.4　在测试过程中观察到的 304L 不锈钢表面的微观组织图片(a),需注意未使用涂层,显示的原始微观组织用于 DIC 分析,一个像素的物理尺寸为 3.2μm,图片的区域为 1.4mm×1.6mm,实验装置见(b)图(J. Rupil 和 L. Vincent)

第二个考虑关联残差的策略如图 37.6 所示，由于这些残差是在像素尺度上计算出来的，所以它具有更细的空间分辨率，虽然上面的程序可取得满意的结果，但它需要一种高分辨 DIC 分析，这非常耗时。在整个疲劳测试中，萌生的微裂纹的数量非常巨大，它们的特征要在一个统计框架中进行分析，从而验证相对于观测区特定取样进行的模拟的有效性，因此，用如此小的分辨率对大量的大图片进行重复分析就变得非常有限，为了克服这个困难，设计了第三个策略对位移富集区进行取样。

在没有讨论 DIC 程序的具体细节的情况下，图 37.7 对位移场进行了一一对比，它首先可从使用非常小的 Q4 单元尺寸（4 像素）的经典通用 DIC 程序出发进行估算，然后采用富集区取样技术进行估算，整体一致性很好（注意，对于 1500 像素长的图像，整体位移范围仅为一个像素）。图 37.8 对人工分析得到的和完全自动化程序得到的裂纹密度随循环周次的变化进行了比较，所获得的一致性在探测不确定度范围内。

无论采用哪种策略，最重要的信息是 DIC 工具箱能够提供微裂纹密度相关的非常细小的信息，目前情况下，它已经确定不再需要重复测量，是一种非常准确和可靠的技术，但其工作条件很严苛，因而其应用被限制于统计分析中。

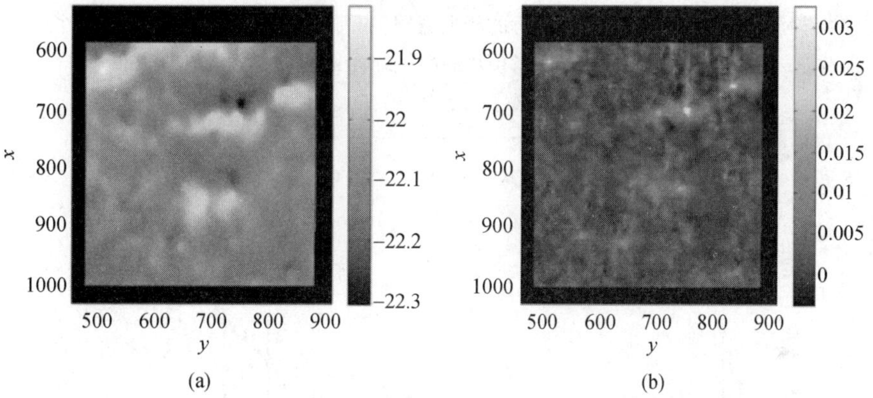

图 37.5　(a)位移场和(b)对应的最大(表观)应变云图的垂直分量（注意 0.5 像素或约 1.6μm 的较小的整体动态范围），最亮的点对应微裂纹，它们的张开距离是 1μm 量级的，ROI 的物理尺寸约为 1.4mm×1.4mm

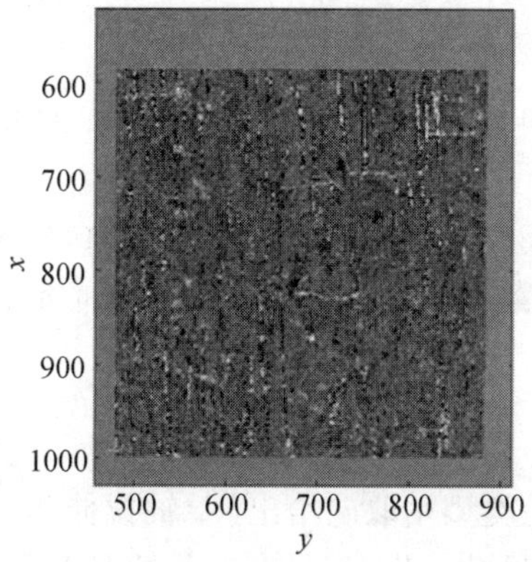

图 37.6　图像注册后的残差云图（白色为空，黑色为最大的灰度差），图中的最大应变区域可看成是水平标记，它们是像素尺度分辨的微裂纹痕迹，一个像素的物理尺寸为 3.2 μm

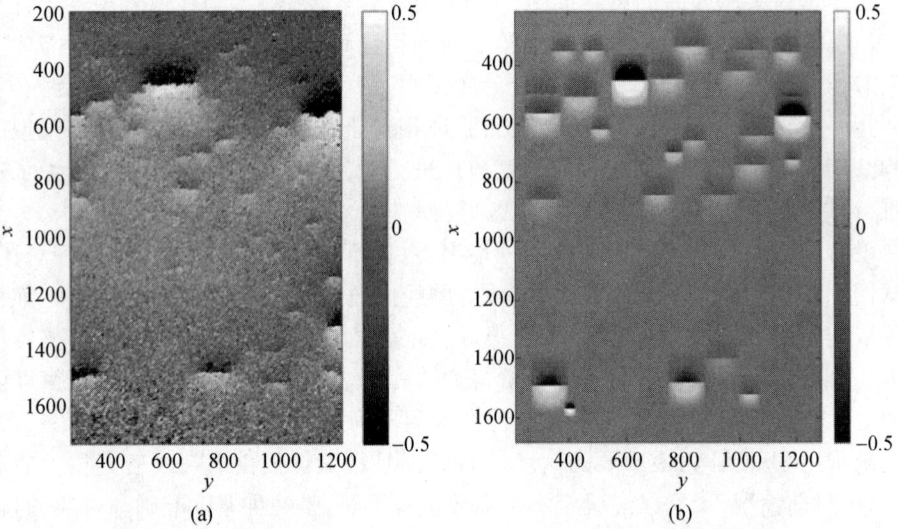

图 37.7 (a)用非常细的四角元(4 个像素宽)的正方网格和(b)用微裂纹检测视野的独立探测程序进行的经典通用 DIC 位移场分析结果的对比,一个像素的物理尺寸为 3.2μm,ROI 的面积约为 4.8mm×3.2mm(J. Rupil)

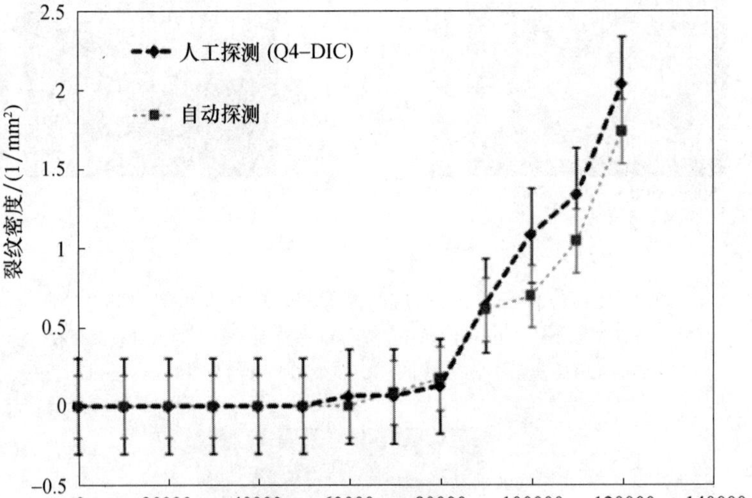

图 37.8 基于人工探测和 Q4-DIC 位移场(◆)以及自动富集区敏感性(■)的裂纹密度的定量评估

37.2.4 二维裂纹网络

在前面的案例中,裂纹的类型用取向给出(单轴拉伸测试),而对第一个案例(受铺层厚度的约束),裂纹的类型由尺寸给出,但是在有些情况下会出现更困难的问题,采用前面案例中同样的材料,304L 不锈钢,需要承受一种双轴循环载荷,该试样是交叉形状的,其中心部分被剪薄后使应力集中,并控制损伤发生的区域。

另外，采用非常细的三角网格（$\ell=5$ 像素）进行了 DIC 分析，网格用 10 像素的小长度进行了正则化，如图 37.9 和图 37.10 所示，位移和应变场被成功提取了出来。虽然位移场表现出了一种复杂的不连续性的花样，但很难指出裂纹，其开口非常小，从应变云图或残差场的显示可得出同样的结论。虽然根据详细的几何特征将裂纹分辨成独立的个体是非常有趣而具有挑战性的，但大部分信息是不能被采用的，或者在粗颗粒的图片中是没有作用的。在图 37.9 的案例中，当考虑试样的整体行为时，仅中心区域刚度的平均退化是有意义的，一个开口未达到可探测水平的微裂纹在当前的应力/应变响应中是不太可能发挥显著作用的，它会长大并在后续的阶段演变成宏观裂纹的萌生区域，并最终导致断裂，这不在（标准）CDM 的范畴内。

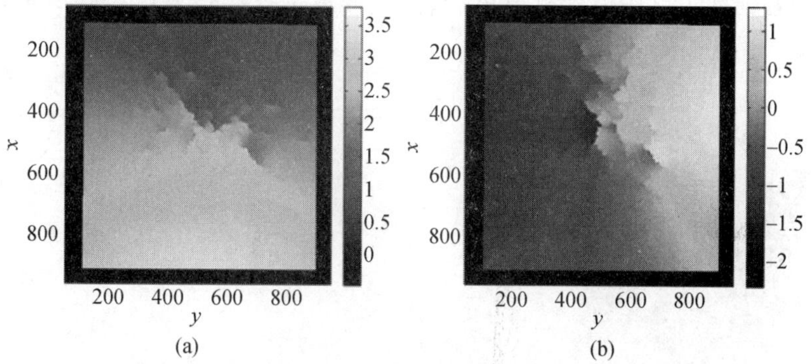

图 37.9 经 7000 周次双轴测试后的垂直（a）和水平（b）位移场，（单位：像素）一个像素的物理尺寸为 6μm，ROI 的面积为≈4.8mm×4.8mm

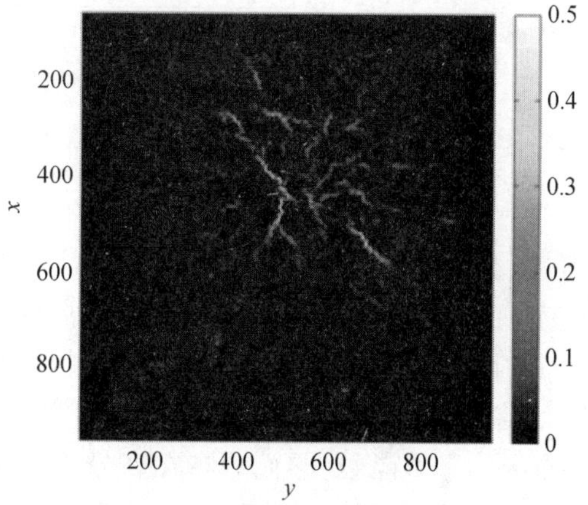

图 37.10 与图 37.9 中同样阶段的体应变

37.2.5 三维分析

目前为止，使用二维 DIC 仅有通过单个相机获得的图片被用于评价不同条件下的开裂（即，测出监测表面的二维位移），随着第三代同步辐射甚至最近实验室断层扫描技术的发展，通过借助 X 射线断层扫描术，可获得非原位甚至原位力学测试中的三维重构的体积（Buffière 等，2010），这些体积可随后通过 DVC 进行关联后确定出不同材料块体中的三维位移,它可定量分析两个主要的损伤机制,即孔洞萌生和长大(Babout 等,2001;Salvo 等,2003;Maire 等,2012),以及微裂纹萌生和扩展(Hild 等,2011),也可对微孔聚集的机制进行分析(Maire 等,2012),此处不再进行论述。

1. 高强度钢中的损伤分析

双相(DP)钢通常被用在汽车工业中,由于在铁素体基体中存在(硬的)马氏体相,因而观察到很高的强度水平,但是,马氏体由于其脆性也会因此发生损伤,需要对损伤予以理解并进行模拟,从而进一步改善 DP 钢的性能。原位测试是分析损伤演变三阶段的一种方法(Maire 等,2008),图 34.11 通过设置重构扫描阈值给出了孔洞的分布,利用颈缩区域的平均纵向应变是可以跟踪孔洞数量的变化的,通过假设每个截面上的位移是均匀的以及塑性不可压缩性可得出后者,从而通过追踪边界可得到一个近似的应变水平。

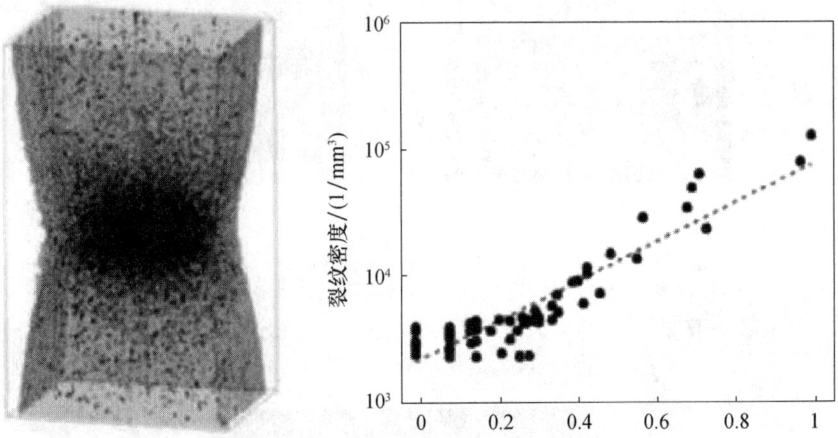

(a) (b) 平均纵向应变

图 37.11 断裂之前变形样品内孔洞分布的三维重构图(a),孔洞的密度是平均纵向应变的函数(b),实心符号为试验数据,虚线为指数拟合的结果(E. Maire)

2. 利用数字体积关联技术分析推进剂中的损伤演化

含能材料(例如推进剂)的分析对材料科学家而言是非常具有挑战的,主要由于利用真实材料进行检测所存在的困难/危险,因此,利用体模材料预期在不同工艺阶段可能发生的困难是极其重要的,目前的案例是基于一种体模,称作 PBX,它由一种脆性相组成,该相形成了一般尺寸为 500μm 的平直晶粒,它们分布在高分子基体中,且基体与颗粒之间形成了良好的结合(图 37.12),该材料的力学行为对理解其功能也是非常有必要的。

在单轴拉伸测试中,失效是通过一个横向的主裂纹演变的方式发生的,为理解微裂纹的本质及其合并长大的机制,断层扫描术和 DVC 是非常独特的工具。夹杂开裂和界面脱黏是从宏观表征的角度无法分辨的两种可能机制,它们受自由边界的影响,因而表面观察不会是一种可信的经验做法,因此,在欧洲同步辐射装置(ESRF)上获取了力学检测(单轴拉伸)中的一系列的断层扫面图片,图 37.12 给出了一些参考的试样。

不同加载阶段的位移场通过 DVC 得出,其中的位移场在一个由 68 体素的 C8 单元组成的有限元正则网格上被分解开来,无论位移或者应变场都不能分别显示微裂纹的形成,其部分原因是由于分析中所选择的较粗的网格，但是，残差场在打破位移场连续性假设方面是非常有意义的，图 37.13 给出了两种不同载荷水平下阈值残差的透视图。

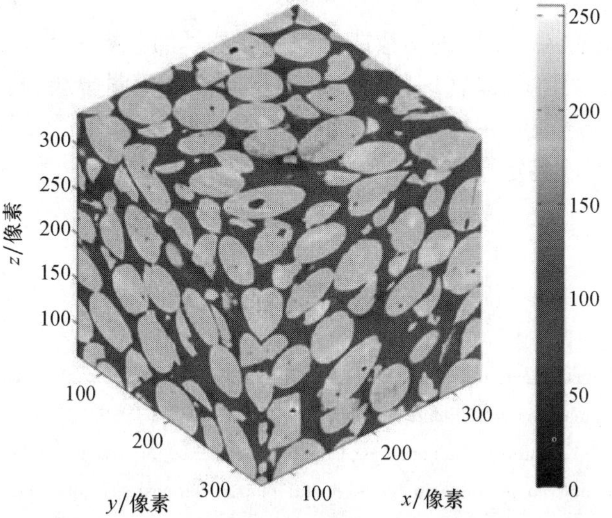

图 37.12　用断层扫描技术显示的推进剂体模材料（PBX）的微观组织，圆形的夹杂（浅灰）是脆性的，而基体相（深灰）是一种高分子黏接剂，一个体素的物理尺寸为 7.4μm，ROI 的物理尺寸≈2.1mm×2.1mm×2.1mm（J. Adrien，A. Fanget 和 E. Maire 提供）

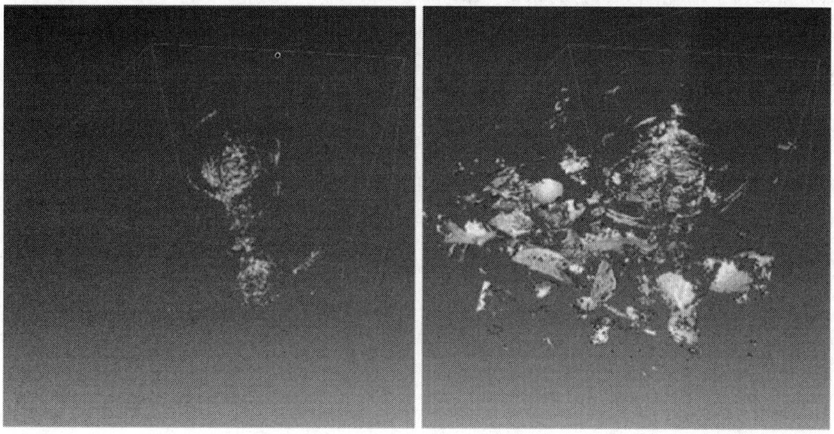

(a)　　(b)

图 37.13　两种不同阶段的变形（(a)：0.37%；(b)：1.75%）之后的（阈值）残差场的透视图，随着应变水平增大，脱黏裂纹开始活跃，而低应变(a)下的大部分残差与重构缺陷对应

除了图像采集方式引起的裂纹或缺陷外，左边的残差场未显示出任何裂纹或缺陷，图 37.13(b)给出的残差场表明随着载荷增加，出现了大量的特征，特别是颗粒和基体界面处的平滑面，另外，它们倾向于与拉伸轴相垂直，像模式 I 的裂纹张开那样，因此，残差分析可以给出有关力学退化根源的重要信息。另外，如前所述案例，对于亚体素的裂纹开裂，这些特征渐趋明显，即使采用尖端的图像分析技术，也无法将它们从单个的图像中分离出来。

37.3 小　　结

本章通过大量实例从不同的图像或体积关联技术的分析结果出发,讨论了决定材料力学性能退化的微观组织缺陷(即,物理损伤)的测量和定量分析,特别强调了微裂纹而非微孔洞,这是由于微裂纹在可探测性方面更具挑战性。DIC 还是一种非常强大的、识别力学损伤本构参量(本构定律的一部分)的工具,这将在下面的两章中进行讨论(见第 38 章和第 39 章)。

参考文献

J. C. Abry, S. Bochard, A. Chateauminois, M. Salvia, G. Giraud, In situ detection of damage in CFRP laminates by electrical resistance measurements. Comp. Sci. Technol. 59, 925-935(1999)

L. Babout, E. Maire, J. -Y. Buffière, R. Fougères, Characterisation by X-ray computed tomography of decohesion, porosity growth and coalescence in model metal matrix composites. Acta Mater. 49(11), 2055-2063(2001)

J. Baruchel, J. -Y. Buffière, E. Maire, P. Merle, G. Peix, X-ray Tomography in Material Sciences(Hermes Science, Paris, 2000)

C. J. Beevers(ed.), Advances in Crack Length Measurement(EMAS, West Midlands, 1982)

G. Besnard, F. Hild, S. Roux, "Finite-element" displacement fields analysis from digital images: application to Portevin-Le Ch^atelier bands. Exp. Mech. 46, 789-803(2006)

R. Billardon, I. Doghri, Prediction of macro-crack initiation by damage localization. C. R. Acad. Sci. Paris, II 308(4), 347-352(1989)

M. Bornert, T. Bretheau, P. Gilormini, Homogenization in Mechanics of Materials(Lavoisier, Paris, 2008)

J. -Y. Buffière, E. Maire, J. Adrien, J. -P. Masse, E. Boller, In situ experiments with X ray tomography: an attractive tool for experimental mechanics. Exp. Mech. 50(3), 289-305(2010)

J. L. Chermant, G. Boitier, S. Darzens, M. Coster, L. Chermant, Damage morphological parameters. Image Anal. Stereol. 20, 207-211(2001)

D. Claire, F. Hild, S. Roux, A finite element formulation to identify damage fields: the equilibrium gap method. Int. J. Numer. Meth. Eng. 61(2), 189-208(2004)

M. Coster, J. L. Chermant, Image analysis and mathematical morphology for civil engineering materials. Cement Concrete Comp. 23(2-3), 133-151(2001)

W. A. Curtin, Multiple matrix cracking in brittle matrix composites. Acta Metall. Mater. 41(5), 1369-1377(1993)

P. Forquin, F. Hild, A probabilistic damage model of the dynamic fragmentation process in brittle materials. Adv. Appl. Mech. 44, 1-72(2010)

M. G. D. Geers, R. De Borst, T. Peijs, Mixed numerical-experimental identification of non-local characteristics of random-fibre-reinforced composites. Comp. Sci. Tech. 59, 1569-1578(1999)

M. Grédiac, F. Hild(eds.), Full-Field Measurements and Identification in Solid Mechanics(ISTE/ Wiley, London, 2012)

C. J. Hellier(ed.), Handbook of Nondestructive Evaluation(McGraw Hill, New York, 2001)

F. Hild, S. Roux, Digital image correlation, in Optical Methods for Solid Mechanics. A Full-Field Approach, ed.

by P. Rastogi, E. Hack(Wiley-VCH, Weinheim, 2012), pp. 183-228

F. Hild, P. -L. Larsson, F. A. Leckie, Localization due to damage in fiber reinforced composites. Int. J. Solids Struct. 29(24), 3221-3238(1992)

F. Hild, A. Burr, F. A. Leckie, Fiber breakage and fiber pull-out of fiber-reinforced ceramic-matrix composites. Eur. J. Mech. A/Solids 13(6), 731-749(1994)

F. Hild, A. Fanget, J. Adrien, E. Maire, S. Roux, Three dimensional analysis of atensile test on a propellant with digital volume correlation. Arch. Mech. 63(5-6), 1-20(2011)

R. Hill, Aspects of invariance in solid mechanics. Adv. Appl. Mech. 18, 1-75(1978)

L. M. Kachanov, Time of the rupture process under creep conditions. Bull. SSR Acad. Sci. Div. Tech. Sci. 8, 26-31(1958)

M. F. Kanninen, C. H. Popelar, Advanced Fracture Mechanics(Oxford University Press, Oxford, 1985)

H. Leclerc, J. -N. Périé, S. Roux, F. Hild, Integrated digital image correlation for the identification of mechanical properties, in MIRAGE 2009, ed. by A. Gagalowicz, W. Philips, vol. LNCS 5496(Springer, Berlin, 2009), pp. 161-171

H. Leclerc, J. -N. Périé, S. Roux, F. Hild, Voxel-scale digital volume correlation. Exp. Mech. 51(4), 479-490(2011)

H. Leclerc, J. -N. Périé, F. Hild, S. Roux, Digital volume correlation: what are the limits to the spatial resolution? Mech. Indust. 13, 361-371(2012)

J. Lemaitre, A Course on Damage Mechanics(Springer, Berlin, 1992)

J. Lemaitre, J. -L. Chaboche, Phenomenological approach of damage rupture. J. Méc. Appl. 2(3), 317-365(1978)

J. Lemaitre, R. Desmorat, Engineering Damage Mechanics(Springer, Berlin, 2005)

J. Lemaitre, J. Dufailly, Damage measurements. Eng. Fract. Mech. 28(5-6), 643-661(1987)

J. Lemaitre, J. -P. Cordebois, J. Dufailly, Elasticity and damage coupling. C. R. Acad. Sci. Paris Ser. B 288(23), 391-394(1979)

J. Lemaitre, J. Duffailly, R. Billardon, Evaluation de l' endommagement par mesures de microdureté. C. R. Acad. Sci. Paris 304(series II), 601-604(1987)

E. Maire, Quantitative measurement of damage, in Local Approach to Fracture, ed. by J. Besson(Presses Ecole des Mines de Paris, Paris, 2003), pp. 79-108

E. Maire, O. Bouaziz, M. Di Michiel, C. Verdu, Initiation and growth of damage in a dual-phase steel observed by X-ray microtomography. Acta Mater. 56(18), 4954-4964(2008)

E. Maire, T. Morgeneyer, C. Landron, J. Adrien, L. Helfen, Bulk evaluation of ductile damage development using high resolution tomography and laminography. C. R. Phys. 13(3), 328-336(2012)

K. Mills(ed.), Fractography, vol. 12(ASM International, Materials Park, 1991)

R. H. J. Peerlings, R. de Borst, W. A. M. Brekelmans, J. H. P. de Vree, Gradient-enhanced damage for quasi-brittle materials. Int. J. Numer. Method Eng. 39, 3391-3403(1996)

G. Pijaudier-Cabot, Z. P. Bažant, Nonlocal damage theory. ASCE J. Eng. Mech. 113(10), 1512-1533(1987)

R. Prabhakaran, Damage assessment through electrical resistance measurement in graphite fiber reinforced composites. Exp. Tech. 14(1), 16-20(1990)

Y. N. Rabotnov, On the equations of state for creep, in Progress in Applied Mechanics, Prager Anniversary Volume, ed. by W. T. Koiter(McMillan, New York, 1963), pp. 307-315

P. K. Rastogi(ed.), Photomechanics, vol. 77(Springer, Berlin, 2000)

P. Rastogi, E. Hack(eds.), Optical Methods for Solid Mechanics. A Full-Field Approach(Wiley-VCH, Berlin,

2012)

J. Réthoré, F. Hild, S. Roux, Extended digital image correlation with crack shape optimization. Int. J. Numer. Method Eng. 73(2), 248-272(2008)

J. Réthoré, N. Limodin, J. -Y. Buffière, F. Hild, W. Ludwig, S. Roux, Digital volume correlation analyses of synchrotron tomographic images. J. Strain Anal. 46, 683-695(2011)

S. Roux, F. Hild, P. Viot, D. Bernard, Three dimensional image correlation fromX-ray computed tomography of solid foam. Comp. Part A 39(8), 1253-1265(2008)

S. Roux, J. Réthoré, F. Hild, Digital image correlation and fracture: an advanced technique for estimating stress intensity factors of 2D and 3D cracks. J. Phys. D Appl. Phys. 42, 214004(2009)

J. Rupil, S. Roux, F. Hild, L. Vincent, Fatigue microcrack detection with digital image correlation. J. Strain Anal. 46(6), 492-509(2011)

S. Roux, F. Hild, H. Leclerc, Mechanical assistance to DIC, in Proceeding. Full Field Measurements and Identification in Solid Mechanics, vol. IUTAM Procedia, 4, ed. by H. Espinosa, F. Hild(Elsevier, 2012), pp. 159-168

L. Salvo, P. Cloetens, E. Maire, S. Zabler, J. J. Blandin, J. Y. Buffiere, W. Ludwig, E. Boller, D. Bellet, C. Josserond, X-ray micro-tomography an attractive characterisation technique in materials science. Nucl. Instrum. Method B 200, 273-286(2003)

W. N. Sharpe Jr. (ed.), Springer Handbook of Experimental Solid Mechanics(Springer, New York, 2008)

M. A. Sutton, J. -J. Orteu, H. Schreier, Image Correlation for Shape, Motion and Deformation Measurements: Basic Concepts, Theory and Applications(Springer, New York, 2009)

C. C. Tasan, J. P. M. Hoefnagels, M. G. D. Geers, Indentation-based damage quantification revisited. Scr. Mater. 63, 316-319(2010)

C. C. Tasan, J. P. M. Hoefnagels, E. C. A. Dekkers, M. G. D. Geers, Multi-axial deformation setup for microscopic testing of sheet metal to fracture. Exp. Mech. 52(7), 669-678(2012)

Z. Tomičević, F. Hild, F. Roux, Mechanics-aided digital image correlation. J. Strain Anal. 48, 330-343(2013)

第 38 章　数字图像关联技术评估物理及力学损伤

François Hild，Stéphane Roux

摘　要

本章采用数字图像关联技术(DIC)对损伤进行评估，该项测量技术给出了位移场，从而用于调整各种损伤模型的材料参数，基于准脆性和韧性行为，针对简单的一维几何，说明了 DIC 在特征识别方面的潜力。民用工程应用中遇到的梁和框都可用损伤定律进行描述，损伤在单个点处的局部化(集中损伤力学)和相应的损伤定律可基于专门的 DIC，并结合梁理论的描述语言非常精确地加以确定。在较小的尺度上，纸面石膏板(用纸张包衬的石膏芯)代表了另一种类型的结构(而非一种材料)，可将其描述为不可损伤的结构，相关的案例后续进行详细分析。

38.1　不同材料的一维几何

第 37 章讨论了微裂纹的探测，并从其力学效应的角度予以说明，但是，正如在概述中讨论的那样，在大多数情况下，损伤指的是一种连续体水平上的描述，其中的微裂纹不会被单独考虑，而是通过它们的影响即刚度降低的角度予以考虑。这一点可通过均匀化加以证实，或简单地考虑成一种唯象的描述，虽然在热力学上它是成立的。这种整体平均的观点也可用 DIC 进行处理，通过得出位移场来识别损伤状态，或者通过模拟和图像注册之间的紧密耦合来实现。

为了尽可能降低讨论的复杂程度，本节是基于一维问题，类似于一种梁的描述，这里，损伤力学也是(虽然很少使用)一种非常准确而有效的、解释力学性能逐步退化的公式体系。值得提出的是，板材和壳体以不同的方式显示了缩聚为尖点和波纹的趋势(Audoly 和 Pomeau，2010)，形成了几何非线性和本构非线性之间的丰富的耦合关系，这种提法表明，除了说明性的目的，该主题包含了需要进一步研究的具体分支。

本节重新介绍了试验分析中存在的大量的挑战。第一个需要解决的问题是对大尺度变形的准确测定，虽然这些会烦琐，但从方法学的角度是非常有趣的，采用这种大尺度的变形将会更多地了解特定测试的真实条件。实际上，如果全视场的测量能够得到与测试几何、载荷分布或者所施加载荷的实际位置相关的真实信息，那么就没有必要假设一种测试是完美的，或者满足它应该满足的某种场景，这种较好的表征技术有助于弹性刚度测量的分析，带来较小的波动性。但是，在损伤力学中，整个测试中保持一种假定的对称性是非常不可信的，损伤具有一种将测试中已有的非对称性进行放大的必然趋势，因此，在分析中，非常有必要关注这种演化特征并用某些分析工具(本章中的 DIC)对其进行跟踪，从而不会对结果进行错误的解读。

另一个挑战是针对一种特定的尺度调整所选用的计量方法,这是 CDM 核心中的一个关键问题(见第 37 章)。除非不能分辨出"物理损伤",那么针对在分析区域内分布的微裂纹、或者针对一个平均视场来进行选择。(本章中针对"物理损伤"所选择的规范指的是决定力学性能退化的微观机理(微裂纹或孔洞),而"力学损伤"指通过某种合适的本构定律对这种退化进行平均化的描述。如果选择了第二个选项,相应的位移场由最合适的损伤定律得出,它将不会是真实的位移场,因此,DIC 相关的挑战是捕捉应变场的长波分量,而不受物理损伤特征的影响。最后,对于梁这种特定的案例,应该选择相反的思路,即,损伤可能并非分散在梁的大部分位置上,而是利用"集中损伤力学"局部化(或集中)在单个点上,从而将非线性集中在这些"损伤铰"之间,并保持了未损伤描述的简便性(Cipollina 等,1995),这里再一次声明,DIC 是识别这些特征非常有效的工具。

因此,本节的重点是构建一种识别策略来测量损伤定律,有关从测量的位移场评估弹性性能的不同方法的文献非常多(Grédiac 和 Hild,2012)。随后给出的方法为最新方法,也是最适合的,本质上是非线性的(一般情况下的明显损伤)。其他方法将在第 39 章中给出,例如"平衡间隙方法",但是,"重置条件的平衡间隙方法"与随后使用的更新方法是基本等效的,因此,该术语可能会有些混淆。"虚拟场方法"(Pierron 和 Grédiac,2012)针对任意试验位移场,包含了平衡和本构定律的弱形式,这与上述所有的方法是一致的,但是,即使某些方法比其他的更合适,可并不存在选择这些场的具体方法,Avril 等(2008)综述了这些不同的方法。需强调它们都是正确的,并且优势会或多或少地与噪声对它们的识别能力的不利影响共存,特别是对那些非线性的本构定律,如那些与损伤相关的定律。

为说明问题,讨论了有关梁几何的不同案例。梁问题是非常常见的,对民用工程混凝土或钢梁,这种问题存在于大尺度上,而对诸如纸面石膏板或铺层复合板,这种问题是在厘米/毫米尺度上,对芯片实验室器具上遇到的微悬臂梁,该问题是在微米尺度上的(Amiot 等,2007)。用于展示本节内容的案例研究考虑了:

(1)悬臂钢梁,其根部的屈曲可描述为一种局部化的或集中的损伤;

(2)纸面石膏板试样,进行一种简单的四点弯曲试验直到失效。

针对民用工程类型的结构和实验室规模的材料科学试验,重点使用了程序中的并行技术,从而着重显示了这种细长几何的实用性。

在解决损伤特征的识别问题之前,关键是提取出实验边界条件,该问题可能会之后出现,但如果没有准确捕捉到边界条件,就会发生最大的偏差,甚至阻碍对所需信息的评估,如损伤场及其相应的演变定律。在第一个案例中,由于可以得出弹性分量,边界条件的确定(弯曲力矩、横向力的作用点)与损伤场本身的分析是不相干的。在第二个案例中,边界条件和损伤场可同时识别出来。

38.2 案例研究

38.2.1 钢梁

这里研究了民用工程结构,它由长度为 1.50m 的悬臂梁组成,横截面为正方空洞,外部尺寸为120mm,内部尺寸为112mm,该梁由常规的建筑用钢(ASTM-A-500)组成。如图38.1所示,它的根部固定在一个很大的块体中,从而可认为它是被夹持住的;在另一端,用千斤顶施加一个横向力。在试验过程中,拍摄了一系列高分辨(3888×2592像素)相机照片,即针对横向加载的逐渐增大、间隔10mm,像素的物理尺寸为0.39mm,在表面上沉积了黑白随机的涂层,从而实现更精确的图像注册。

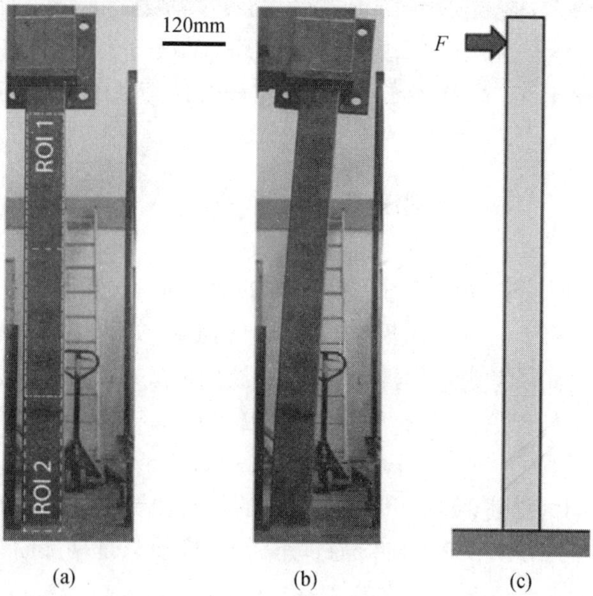

图38.1　(a)根部夹持的悬臂钢梁的参考配置,其受到一个横向力的作用,下面的分析中将考虑两个感兴趣区域,用白框表示;(b)试验结束后梁的几何特征,可猜测,接近底部处存在局部屈曲(N. J. Guerrero, M. E. Marente 和 R. A. Picon);(c)力学测试的图解说明

38.2.2　石膏板

石膏板是极其常见的建筑材料,具有很好的隔热和隔声性能、优异的抗燃性、易于安装,非常适于表面装饰且成本很低。这种板的预期力学性能通常都是中等水平的,因此,其绝缘性能的优化与强度相比是优先考虑的。为了承受加工和处置过程中引起的弯曲载荷,石膏板外表面的纸衬起到了重要作用,即使石膏芯是脆性的,但纸衬可承受较萌生裂纹所需的力矩更大的弯曲力矩。即使在接近横向裂纹的石膏和纸衬之间的界面处经常会发生分离,但载荷传递会使其他裂纹在经过一个特征长度之后再萌生,这种弯曲强度一般从三点或四点弯曲试验中进行定值。

采用一个长160cm、宽50cm、高13mm的试样进行四点弯曲试验,外支撑跨度为150mm,内轭跨度为40mm,为了不对试样造成损伤,加载接触元件是直径为20mm的柱体。图38.2为样品中间部分的一个侧视图,只给出了中间部分,斑点面的图片用3888×2592像素分辨率的相机拍摄,其灰度水平用8位数字化方法存储起来,像素的物理尺寸为37μm。

下面的内容中,位移场采用基于12像素宽的Q4单元组成的正方网格的DIC分析得到,位移不确定度的经验估算值为0.04像素或者1.5μm,由于柱体半径很大,且由于纸面的挤压,单从实验设置定义的施加载荷的确切等效点是不准确的。

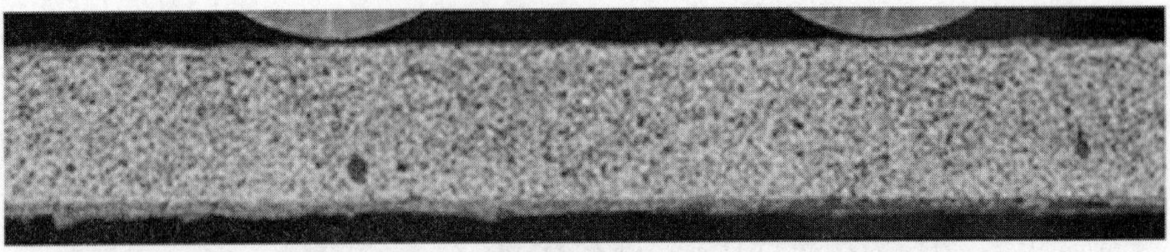

图 38.2　石膏板样品的四点弯曲试验的侧视。样品观察表面用黑色涂层进行处理,支撑试样的外部支架位于视场外部,试样上面的内部承载柱体可见(A. Bouterf)

38.3　公式体系

在欧拉-伯努利理论中,弹性梁中沿着 x 轴的曲率 $\kappa(x)$ 与弯曲力矩 $M(x)$ 成正比,弯曲刚度为 $k_0=EI$,其中的 E 为杨氏模量,I 为几何惯量,如果 $\nu(x)$ 指该梁的扰度,那么 $\kappa(x)=\mathrm{d}^2\nu(x)/\mathrm{d}x^2$。如果考虑退化机制(如微裂纹的形成以及屈曲,或者影响该梁横截面几何或弹性性能的其他现象),那么,引入损伤 $D(x)$ 解释弯曲刚度的降低,从而

$$\kappa(x)=(1-D(x))\,k_0 \tag{38.1}$$

这里可采用不同的描述(如第 39 章中讨论的从自由能的表达式出发,或者从有效应力出发(弯曲力矩)),因此,在单相加载条件下,损伤应该只是局部曲率的函数:

$$D(x)=\Phi(\kappa(x)) \tag{38.2}$$

其中,Φ 为完整描述损伤演化定律的函数。在载荷已知的实验中,曲率是非线性问题的解,这里

$$(1-\Phi(\kappa(x)))\,k_0\kappa(x)=M(x) \tag{38.3}$$

理论上,DIC 可得到扰度 $\nu(x)$,因此,将这种测量和弯曲力矩 $M(x)$ 的知识结合起来后,可估算出函数 Φ。另外,在诸如四点弯曲实验的简单情况下,研究了中心区域,其中 M(也因此 κ)是均匀的,因此损伤定律可直接从实验中得出,Leplay 等(2010)利用了这种思路对多孔陶瓷材料的损伤定律进行了评估。

前面提到的测量损伤路径实际困难在于,DIC 的基本测量值为位移,如扰度,因此,计算曲率所需的二阶导数为噪声的强放大器。因此,评估 Φ 的准确程序应该和位移本身有关,对于一种均匀的、不相干的高斯噪声,位移的最可靠值是基于所期望的形式、从最小平方拟合得出的。

采用 DIC 测量梁的动力学是用不同的策略进行的,最浅显的是采用标准的(整体的或局部的)DIC 软件,将二维位移以最小平方的方式映射到伯努利描述上。值得提出的是,在已有的整体 DIC 函数基础上考虑梁的动力学是可能的(Hild 等,2009),如果选择这种策略,那么 DIC 分析的输出结果就直接是扰度和旋度,它们是沿着梁轴向的坐标函数,即,最准确的动力学描述。在所讨论的两个案例中,由于下述原因,针对梁动力学的测量,选择不同的策略。

针对映射方法或梁-DIC 方法两种方法,扰度 $\nu(x)$ 的离散化是关键,通常保证扰度及其导数(旋度)是连续的,如果在梁的切分过程中考虑几种单元,那么控制扰度和旋度的连续性是非常容易的,如采用 Lagrange 放大器。如果没有局部扭矩施加在界面处,那么弯曲力矩应该是连续的,因此,如果弯曲刚度也是连续的,这即与曲率场的连续性相对应;类似地,如果没有横向载荷施加在界面处,那么剪切载荷应该是连续的,而且对于连续的弯曲刚度,扰度的三次导数也应该是连续的。如果给出了所有的连续性条件,这就等同于具有单个的梁形单元(具有均匀的弹性性能且沿长度未施加载荷),在此之上,$\nu(x)$为三阶多项式。下面将进一步采用扰度的正则化过程。

38.4　边界条件的 DIC 测量

首先假设梁是未损伤的,第一个目标是识别出准确的边界条件,为使 DIC 尽其所能,应该使用到梁的大部分位置。讨论首先具体到某个分区(即 $0<x<L$),其中无施加的载荷。无损伤条件下,上述的公式合并后即可得出扰度 $\nu(x)$,它是坐标 x 的三阶多项式。假设 $\nu(x)$从 DIC 测得(且同时被一种随机噪声影响),因此确定弯曲力矩或者剪切力的最有效的方法并非从位移场的二阶或三阶导数得出,而更好的方法是在三阶多项式上进行最小平方拟合,在影响 $\nu(x)$噪声的是白色的(无关的)和高斯型的情况下,这种程序表现得是最有效的。

另外,当在区间 $0<x<L$ 上的测量是均匀的时,以多项式基(Legendre 多项式,$Q_n(x)=(\sqrt{2/L})P_n\left(\frac{2x}{L}-1\right)$进行选择会比较简便,这是由于它们形成了正交基,这里的 P_n 代表 $[-1;1]$ 区间上定义的归一化 Legendre 多项式。多项式的最小平方回归处理,$\nu(x)=\sum a_n Q_n(x)$,简单写成:

$$a_n = \int_0^L Q_n(x)\nu(x)\,\mathrm{d}x \tag{38.4}$$

因此,通过简单的代数求解过程,曲率的最小平方估算值由下式给出:

$$\kappa(x) = \frac{60}{L^2}\left[\int_0^1 (6y^2 - 6y + 1)\ \nu(yL)\ \mathrm{d}y + 7\left(\frac{2x}{L} - 1\right)\int_0^1 (20y^3 - 30y^2 + 12y - 1)\ \nu(yL)\ \mathrm{d}y\right] \tag{38.5}$$

$\nu(x)$的三阶导数的表达式为

$$\kappa' = \frac{840}{L^3}\left[\int_0^1 ((20y^3 - 30y^2 + 12y - 1)\ \nu(yL)\ \mathrm{d}y)\ \right] \tag{38.6}$$

有趣的是,所感兴趣的这些量(一般表示为 q)的估算式的结构通过线性算子与测得的位移相关联,可写为 $\nu(x)$与一个“提取”场 $E_q(x)$的比例积:

$$q = \int_0^L E_q(x)\nu(x)\,\mathrm{d}x \tag{38.7}$$

需强调的是,弯曲力矩消失的 x_0 点很容易地从前面 $\kappa(x)$的表达式中得出

$$\frac{x_0}{L} = \frac{\int_0^1 ((70y^3 - 108y^2 + 45y - 4)\ \nu(yL)\ \mathrm{d}y)}{7\int_0^1 (20y^3 - 30y^2 + 12y - 1)\ \nu(yL)\ \mathrm{d}y} \tag{38.8}$$

上面的过程是处理从 DIC 得到的位移场最合适的方法,在这个方面,没有必要引入一

个特定的正则化过程，当采用梁-DIC 时，该过程实际上已经隐式地被运行了，其扰度已是一个三阶多项式，且图像注册过程已将其调整，这等同于表面织构的抛物线关联对函数的一种最小平方的回归过程（Hild 和 Roux，2012）。

作为附加说明，需强调，“提取”场的存在对位移场中所有线性量而言都是常见的特性，例如，在位移场的 DIC 测量过程中，进行应力强度因子测量时就会碰到这样的结构（Réthoré 等，2011）。类似地，裂纹尖端位置可估计为上面从两个感兴趣的量的比例得出的 x_0（一个基本量及其导数；见 Roux 等，2009）。

上述过程的应用是对钢梁载荷状态的分析，载荷通过千斤顶施加在梁的根部，为了不在载荷点处造成损伤，引入了保护装置，因此，很难得到该位置的准确值，此处的载荷可被看作是一种等效的点载荷。然而，采用上述的公式或梁-DIC 分析，如果悬臂梁一个区域上的动力学与用弹性介质给出的相对应（即，图 38.1（a）中的 ROI 1），那么很难直接估算该值。

图 38.3 给出了不同加载阶段曲率估算值与位置的函数关系，它是基于梁行为的弹性部分的。已知梁的弯曲刚度（在未损伤状态下）时，可从曲率的测量值 $F=k_0\mathrm{d}\boldsymbol{\kappa}(x)/\mathrm{d}x$ 和 $\boldsymbol{\kappa}(x)$ 消失的作用点出发估算出其横向载荷。类似地，根部的旋度验证了其与夹持条件之间的相关性（因而确定了梁根部的最确切位置）。

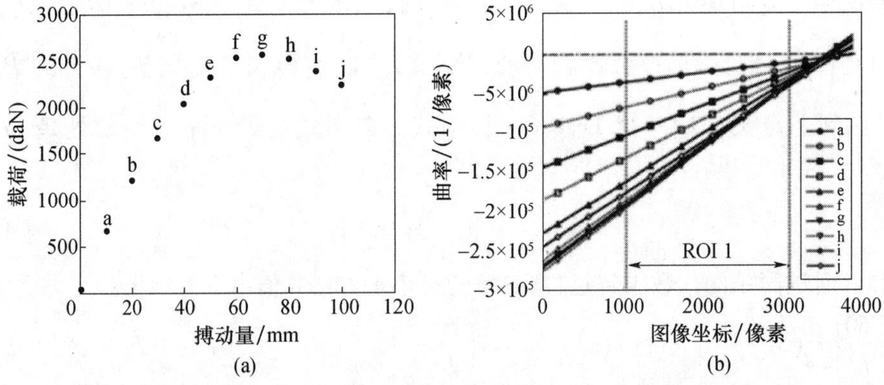

图 38.3 （a）在（a–j）点处的载荷与钢梁的搏动量之间的关系，图片在这些位置采集，（b）用一个字母标注的不同载荷阶段的梁的曲率的估算值与沿梁方向的横坐标之间的关系，进行测量的感兴趣区域（ROI 1；见图 38.1（a））在图中标注了出来，长度约为 800mm，该区域之外的数据是外推出来的，该过程可确定载荷的准确值，且须注意，横向载荷的加载点（弯曲力矩和曲率消失处的横坐标）随着测试进行在缓慢漂移（Hild 等，2011）

对于石膏板的四点弯曲试验，该设置的载荷（及其几何）的准确测量可在支撑柱之间或加载柱之间试样的不同位置处采用上述的方法得以解决，由于未利用三个不同部分之间的连续性，所以在这三个独立部分中的这种分区不是最优的，然而，一种完整的数值描述是避免这种困难的简单方法，并且它可灵活处理该装置固有的复杂性（且能够很容易扩展到框架结构中），该过程是前述方法的直接扩展。选择了该装置的参数化模拟，该步非常重要，这是由于它依赖于以下两方面的良好平衡：涵盖与理想实验之间的所有实际偏差的足够广义的情况和保证足够的限制从而可确定准确的参量两个方面。规定实验的整套参数集合在一个向量中，$\boldsymbol{a}=\{a_i\}$，$i=1,\cdots,n$，从而可确定预期的扰度值 $\boldsymbol{\nu}_{\mathrm{comp}}(x;\boldsymbol{a})$。灵敏

度场

$$w_i(x;\boldsymbol{a}) = \frac{\partial \nu_{\text{comp}}(x;\boldsymbol{a})}{\partial a_i} \tag{38.9}$$

被引入,且通过形式化计算或有限差异法计算出来。在线性理论的框架内,某些灵敏度场是恒定的(例如,如果相应的参数是某个特定点处的载荷,那么灵敏度通常被称为一个影响函数),但是,一般的情况下,这些灵敏度场与参数 $\boldsymbol{a}$ 是相关的,例如,一个载荷支撑点的位置对扰度具有非线性的影响,即使在线弹性范围内,处理非线性问题的能力(平缓问题)使得对复杂本构定律的识别成为可能,有趣的是,灵敏度场通常可进行简单的力学解释。当参数 a_i 是所施加载荷 F 的位置 x_0 时,其灵敏度场即是载荷 F 在 $x_0+\mathrm{d}x_0$ 处和 $-F$ 在 x_0 处引起的扰度,这正是施加在 x_0 处的局部扭矩 $F\mathrm{d}x_0$。

为了确定最好的参数配置 $\boldsymbol{a}$ 从而解释测得的位移 $\nu_{\text{DIC}}(x)$,方便起见要最小化平方差:

$$T(\boldsymbol{a}) = \int_0^L (\nu_{\text{comp}}(x;\boldsymbol{a}) - \nu_{\text{DIC}}(x))^2 \mathrm{d}x \tag{38.10}$$

从而第 p 次迭代处的参数 $\boldsymbol{a}^p$ 的当前估算值可修正为 $\boldsymbol{a}^{p+1} = \boldsymbol{a}^p + \mathrm{d}\boldsymbol{a}$,其中,对目标函数 T 的论述进行了泰勒扩展:

$$T(\boldsymbol{a}) = \int_0^L \left(\nu_{\text{comp}}(x;\boldsymbol{a}) + \sum_i w_i(x;\boldsymbol{a})\,\mathrm{d}a_i - \nu_{\text{DIC}}(x)\right)^2 \mathrm{d}x \tag{38.11}$$

换言之,校正值 $\mathrm{d}\boldsymbol{a}$ 确定为整个灵敏度场上差值 $\nu_{\text{DIC}}-\nu_{\text{comp}}$ 的最小平方回归,结果可因此简单地通过广义逆运算给出:

$$\mathrm{d}\boldsymbol{a} = \boldsymbol{M}^{-1}\mathrm{d}\boldsymbol{b} \tag{38.12}$$

其中,

$$\begin{aligned} \mathrm{d}b_i &= \int_0^L (\nu_{\text{DIC}}(x) - \nu_{\text{comp}}(x;\boldsymbol{a}))\, w_i(x;\boldsymbol{a})\, \mathrm{d}x \\ M_{ij} &= \int_0^L w_i(x;\boldsymbol{a})\, w_j(x;\boldsymbol{a})\, \mathrm{d}x \end{aligned} \tag{38.13}$$

须注意的是,上面的设置仍然采取提取器的形式,或者其非线性的一般扩展形式,即,如牛顿方案所要求的那样,采取一种正切提取器和一个附加项。

在四点弯曲的特殊情况中,上面所有的灵敏度场均是分析计算出来的,从而使整体的分析非常有效,但是,不同场的显式表达式都很长,且给出的实际意义较少。值得注意的是整体的模拟,可结合前面引入的、不承载任何载荷的单个梁单元的简单情况得出,所提出的程序主要优势是对试验缺陷的容忍度非常高。具体而言,如前所述,承载柱的半径很大,石膏板的纸滑移是压在一个几毫米的区域上,因此,类点式的等效载荷的精确位置并非一个简单的问题,类似地,根据对称的论述,通常可预期出载荷的等同左/右平衡,但在实际中这是不成立的。

所选的参数为接触单元的准确位置,两个加载柱之间的载荷分布(两个载荷之和可从加载器得出)及一个刚体运动附加在了解法中,其中的承载单元是固定的。采用这种程序的优势在于对梁的弹性性能的测量,对于 10 个不同样品的弯曲刚度的测量(在线弹性范围内),弯曲刚度的标准偏差降低了将近 2 倍(识别的杨氏模量为 2.52GPa±0.18GPa,相比之下,基于对称考虑的经典梁理论的杨氏模量为 2.52GPa±0.28GPa)。因此,一半的波动来源于实验的缺陷，而非材料内部的变化，该问题将在后面予以说明（见图 38.9 给出的结果）。

38.5 损伤的识别

损伤定律的确定是作为 DIC 分析的后处理步骤来执行的，实际上，前面的框架是基于两种假设的，第一个是弯曲力矩是恒定的，第二个是在相近的弯曲力矩条件下，局部曲率是相等的，后面的假设排除了针对均匀本构定律发生在局部化起始时的独特性丧失的范围。要强调的是，均匀本构定律的假设是非常严谨的假设，特别是根据如下事实：均匀化是损伤定律出现/相关性等的根源。

将前面的框架放宽至更宽松的假设的情况，这样就考虑到两个非常不同的方面：

（1）第一个包括了沿梁的不同区域使用不同的本构定律，这开辟了更广阔的范围，需确定的未知量的个数随区域尺寸在增多，这是由于每个额外的体元都带来其自己的未知量，因此不利于前序未知量的确定。在一维情况下，未知量的增多仍然是可接受的，但在二维或三维的情况下，这种方法就表现出了不足，除非选择一种非常粗略的描述（见第 39 章）。

（2）第二个方面是假设了一种均匀本构定律，但使用一种不均匀的加载方式。这种观点基于如下假设，对于相同的最大历史（等效）应变，损伤会达到相同的水平，因此，实际的未知量是损伤和最大等效应变之间的关系式，或者基本是一个一维的位置函数，而不管其空间维度。如果考虑额外的体元，那么未知量的数量不会增加，因此，较大的体积会降低所处理的问题的难度和条件不足的可能性。另外，在 4 点弯曲试验的中间段，即使跨过一个分叉点（该处的解不是唯一的）的载荷是均匀的，得到的位移场仍然受到很严格的限制，因此，本策略并非在分叉点处终止，而是在分叉之后的区域运行识别程序，这是用传统的方法很难处理的。

针对载荷分布，就精度而言，第二个选择比第一个更有利，这是由于对相近数量的信息而言，它涉及了更少数量的未知量，基于一个有待证实的假设，另外，对单纯这两种情况，问题经常并非一样清晰。可能会将整体范围分割成几个区域，每个都被看成是均一的，而如何准确分割本身就是非常有趣的点，这里就不再深入讨论了。但是，对承受分散载荷的梁而言，受载最严重的部分是根部，这在损伤局部化在柱根部的民用工程问题中是经常出现的，因此，将梁简单分割成：非线性演化的局部化区域和基本受线弹性本构定律控制的其余部分，这是追踪具有固定复杂水平的结构退化的准确方法。另外，在这种情况下，损伤的区域可以缩小为一个点，即“集中损伤”方法，它的复杂性最低，因此构成了一种非常有效的模拟技术的基础（Marante 和 Flórez-López，2003）。

由于前面介绍的两个案例代表了上述的两种情况，即第一个局部化损伤和第二个分散损伤，所以本节将对它们进行分析。

38.5.1 局部化损伤

这里仍旧考虑了悬臂钢梁（图 38.1），前面已经给出，基于对用作载荷张量结构的弹性部分分析，如何对载荷状态进行表征，图 38.4 给出了相同分析的旋度场。观察发现，对于第一阶段的加载，在梁根部的夹持条件是准确的，但是，对于较大载荷，旋度数据的外延会在根部形成很大的旋度，由于感兴趣区域的相关残差的水平非常低，因此没有理由推翻弹性行为的假设，至少在感兴趣区域内。弯曲力矩具有如图 38. 3b 所示的曲率相似的演化过程，其中的 ROI 1 之外的外延(图 38. 1(a))是合理的，因此，仅可能在梁根部出现旋度消失的情况，这保证了曲率比 x<1000 像素区域内的外延值更大，只有弯曲刚度降低时，这一点是与已知的弯曲力矩保持一致的。

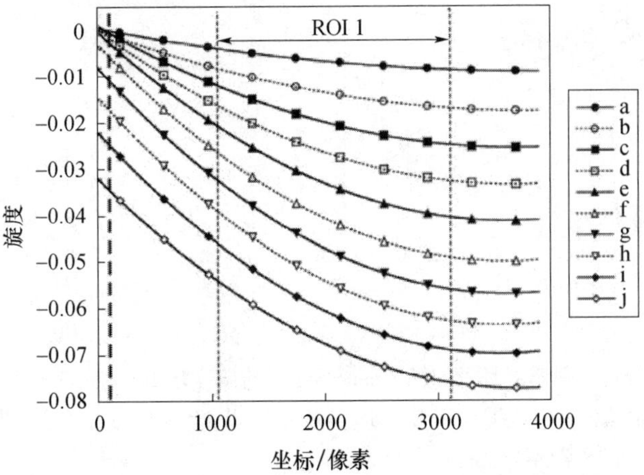

图 38. 4 基于前述的感兴趣区域(图 38. 1(a)中的 ROI 1)，针对不同水平的载荷，对沿梁的旋度场进行估算，在 ROI 1 之外的数据是外延得到的，ROI 1 的长度为 800mm

须注意，在现实应用中存在的现象是发生在梁根部的屈曲，这与弯曲刚度的下降(这里分析为一种有效损伤)和引起永久转动的塑性铰同时发生，塑性变形和损伤的分割需要有关卸载的信息，这在目前的案例中无法获得，因此，该分析限制在损伤理论的框架内(即使没有塑性变形)。若有更加全面的一套数据，将塑性和损伤合并起来并非代表某一具体的困难，并且大部分讨论都是成立的。

关联残差分析和对梁单元离散化灵敏性的分析(这里未进行描述，见 Hild 等，2011)得出了 ROI 2(图 38. 1(a))中测量的旋度场，见图 38. 5(a)，大部分的非线性(损伤)行为是限制在区域Δ_{nl}，0<x<500 像素内，假定在这样的一个单元内发生均匀损伤，其他地方为非损伤行为，边界条件如下：

(1)梁被夹持在其根部 $x=0$；

(2)在损伤的和非损伤的梁之间的界面处，偏移和旋度场都是连续的，并且剪切力和弯曲力矩也是连续的；

(3)悬臂梁的自由端，在待定点处施加纯剪切力。

曲率的不连续性发生在损伤的和未损伤的单元之间的界面处，$x=x_1$，因此，力矩连续性的处理会得出：

$$(1-D)\,k_{\text{dam}}(x_1)=k_{\text{undam}}(x_1) \tag{38.14}$$

因此，损伤状态是从未损伤与损伤区域内曲率的比值直接进行评估的，将损伤变量重写为曲率的函数 $D=\Phi(\kappa)$，完整序列的图像分析可得出损伤值(每个图像一个值，代表了整体“损伤区域”)，这可采用下列形式进行插值运算：

$$\Phi(\kappa)=1-\exp\left[-\left(\frac{\kappa-\kappa_{th}}{\kappa_0}\right)^m\right] \tag{38.15}$$

式中：κ_{th} 为损伤萌生（屈曲）的一个阈值曲率；κ_0 为一个比例因子；m 为指数（约 1/3）；<…>指其表述的正部分，图 38.5（b）给出了拟合于测量值的上述表达式。

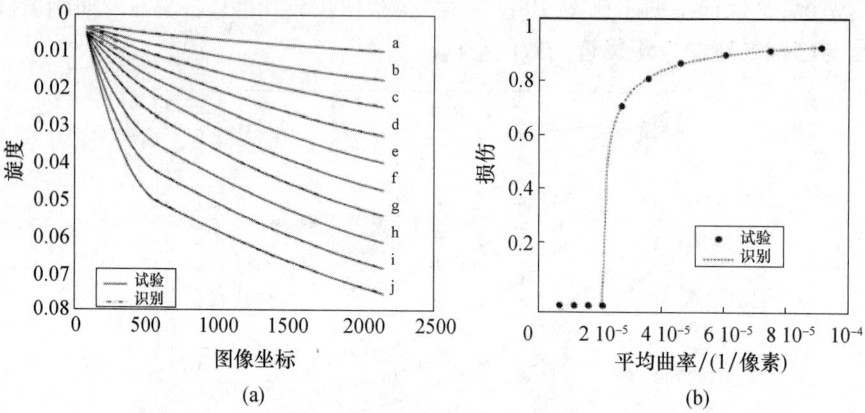

图 38.5 （a）针对十种载荷水平的 800mm 长度上的旋度场；（b）损伤区域内的损伤与平均曲率的函数关系，数据点从梁-DIC 分析中得出，虚线是拟合到所给出的函数形式的曲线，一个像素的物理尺寸为 0.39mm

38.5.2 分散损伤

将 Q4-DIC 应用于石膏板试样的四点弯曲试验时（图 38.2），在后面的阶段可明显看出，应变场不再均匀，图 38.6 给出了图 38.2 所示的区域上的位移场和应变场的水平分量。

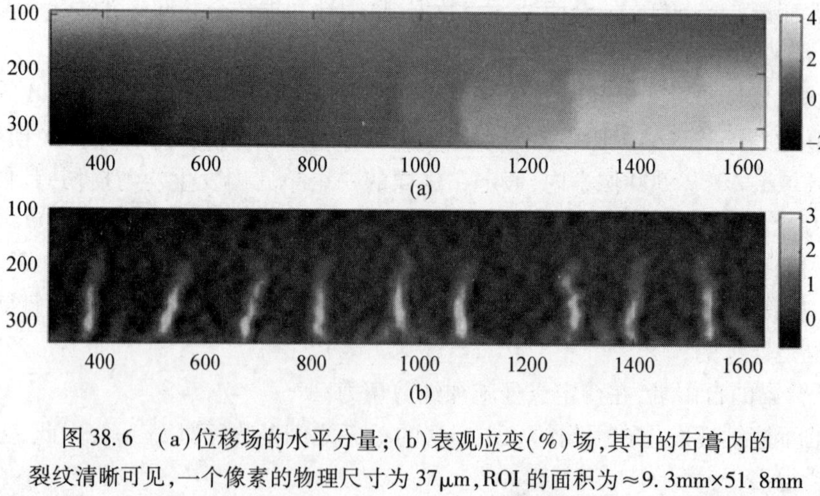

图 38.6 （a）位移场的水平分量；（b）表观应变（%）场，其中的石膏内的裂纹清晰可见，一个像素的物理尺寸为 37μm，ROI 的面积为≈9.3mm×51.8mm

为定量评估板的逐步退化直至失效，可采用两条路线。第一条是将裂纹表征为它们萌生、扩展和可能的钝化三个阶段，A 部分中给出的工具在这里会显得非常有用，但是，纸衬和石膏芯之间的界面很难被分辨出来，它会发生分层（即，模式Ⅱ剪切裂纹）；另外，这种描述必然基于统计描述,因而它需要(非常)大量的参数去定义所有需要的量。第二条路线忽略了裂纹的存在,而通过一个等效的损伤场代以裂纹(分散而平滑变化的曲率)引起的局部扭折,裂纹间距非常规则。这种结果表明,虽然裂纹萌生在本质上是随机的,但存在钝化或阻碍机制(用剪力滞模型描述(Kelly 和 Tyson,1965;Aveston 等,1971)),从而图 38.6 捕获的阶段是一个“饱和”的区域,其中萌生的统计信息基本被载荷传递机制淹没,因此,其行为可用确定性过程进行描述,损伤模型是针对石膏板的力学响应进行一致性描述的最小构成。

位移场的观察为本部分概述中提到的有关跟踪位移场的策略的讨论带来了一线曙光,至此已经提到过两种策略,第一个采用一种经典的 DIC 方法学,无任何预先的假设,并采用一种二维位移场的后处理将动力学映射到梁理论基础上;第二个是直接在梁理论涵盖的空间中搜寻动力学特征,第二个策略不涉及任何中间步骤,因此它从分析的一开始就是连续的,并且使得从一种基到另一种基的信息损失中的成本最低,因此,它在所有情况下都被当做是优先的策略。但是,图 38.6 给出了该观点的界限,可通过 DIC 测量的真实的位移场并不是损伤理论下的均匀化视角的那种位移场,因此在这种情况下,应该清楚分辨出这两种目的。另一方面,真实位移场的最佳估算值是在特定框架内得到的(欧拉-伯努利动力学及缓慢演变的损伤),试图一次性实现两个目的反而会破坏这两种目标,除非我们可以预期到代表性单元尺寸在成像技术分辨率的尺度上非常小(这种条件在石膏板中并不满足),在这种情况下,推荐选择标准的 DIC 分析,随后映射到梁动力学上。

38.5.3 分散损伤的识别

在分散损伤的情况下,需找出局部刚度并写作弯曲刚度 k_0 的倍减量,很明显,该倍减因子可写作 $1-D(x)$,虽然这里引入的 $D(x)$ 并不代表任何特定的本构定律。所提出的策略是前面提到的几何参量确定方法的直接扩展,显而易见,将局部损伤变量 $D(x)$ 作为附加的参数加入到参数的向量中,它采用测量的和计算出的偏移量 T 的最小平方差确定。在前面的(悬臂梁)案例中,仅考虑了两个区域,而实际上只有一个具有非零的 D,在更加广义的框架中,将梁分割成小尺寸的单元时,$D(x)$ 可被看作是分段的常量,因此可用一个未知向量 $\boldsymbol{D}=\{D_i\}$ 来表征。为简化讨论,假设其他的几何参量已一次性为弹性范围内的所有区域确定了出来,从而仅有未知量包含在 $\boldsymbol{D}$ 中。

为了应用前面讨论过的策略,相关的灵敏度场 $w_i(x)$ 需要评估出来,即在固定边界条件下的用 i 标注的分段上的弯曲刚度,它等于损伤变化所对应的位移场,它们可被看成是特定载荷下的格林函数,该载荷是应用于所考虑单元的两端的两个相反的力矩,这些格林函数与梁的整体损伤状态有关,但它们的计算是非常直接的,出于完整性,刚体的运动被附加在了所选函数 w_i 的库中。

与前面讨论的方法相比,下面的程序不涉及任何新的具体的改进,唯一注意的是,如果损伤场 D 的离散化很细,那么参数的数量可能会很大,大量的未知量自然具有损害系统条件的副作用,$D(x)$ 中的高频波动将不会很明显,这几乎没有整体的影响,而且会被在测量的位移场中不可避免的噪声所激活。限制这种影响的一个通用方法是正则化(Tikhonov 和 Arsenin,1977),其中 $D(x)$ 的快速变化被加罚,但这将认为禁止了局部化的发生,这可能是一种真实的力学不稳定性,可能引起快速失效。下面的讨论给出了另一种路径,它引入了一种正则化方法，但具有明显的力学证据。

38.5.4 损伤定律测量

现在当考虑采用一种特殊的损伤定律的策略时，则上述处理的差异在广义形式中表现为中等水平。针对一个给定的弯曲力矩，限定其具有相同的损伤定律和相同的曲率，这仅限制了其初始自由度 D_i。例如，在三点弯曲实验中，假定梁相对于它的中点的两部分的行为方式相同，因此，与上面的讨论相比，仅考虑上述模式的一半，但其代数运算是相同的，当然，预期的结果的质量会较好，这是由于自由度的数量减少了。但要注意，这种结论并非基于对称性假设的符合度问题，这是由于如何将对称性的丧失考虑进去（实验的非理想的情况）具有最小的附加成本，由热动力学的一致性引起 D 的附加信息随曲率增加的函数关系是很容易执行的。

一维几何的特殊性在于，应力的模拟仅由边界条件决定（如果所有的加载力或力矩是已知的），与本构定律无关，因此，弯曲力矩 $M(x)$ 一般可认为是已知的，因而对于一个已知的降阶力矩 $m(x)=M(x)/k_0$，可将它看作是相同弯曲力矩但无损伤的梁的曲率，此时该问题就降阶为确定与曲率成函数关系的损伤 $D(\kappa)$，因此，该问题可写为下述形式：

$$\begin{cases}(1-D(\kappa(x)))\,\kappa(x)=m(x)\\ \kappa(x)=\mathrm{d}^2\nu(x)/\mathrm{d}x^2\end{cases} \tag{38.16}$$

其中，$\nu(x)$ 为测量值，需要确定 $D(\kappa)$，且 $\psi(\kappa)=(1-D(\kappa))\,\kappa$，前面的部分处理的是函数进行逆运算后的一般情况，这里有

$$\nu(x)=a+bx+\int_0^x\int_0^\xi \psi^{-1}(m(S))\,\mathrm{d}S\mathrm{d}\xi$$

这足以在函数基上分解 $\psi(\kappa)$ 或 $\psi^{-1}(m)$（通常仅用几个参数），并通过连续线性化实施前面的策略，但是，当前的方法并没有明显的限制，这便是局部化的问题。

38.5.5 损伤局部化的相关问题

目前，这个阶段我们感兴趣的是处理 $\psi(\kappa)$ 不能被逆运算的一般情况，在很多现实情况下，弯曲力矩经过一个最大值后开始下降，这种情况下，当达到最大值时，局部化就会出现，对于三点弯曲实验，这种情况对应于中心受载、弯曲力矩等于 $k_0\psi_{\max}$ 的情况，经过该点后，可能发生明显的脆性失效。对于四点弯曲试验，由于整个中间跨段同时达到最大弯曲力矩，因此讨论就不是很简单，数学上会存在大量的解，虽然在现实中该实验的轻微缺陷就会破坏载荷的对称性，且经常会出现非常明显的脆性响应。

在这些情况下，即使可能存在很多解，但仅可研究 ψ 上升的一边，因此，若忽略经过该点的响应，前面的部分提到的策略是成立的。可能会遇到其他有趣的情况，如图 38.7 所示，其中，为解释方便，选择了 $D(\kappa)$ 的代数形式。可以看出，$\psi(\kappa)$ 给出了一个绝对最大值，因而当曲率超过最大值对应的值时，即发生了整体失效（不论梁的加载方式如何），这种状态在图 38.7 中用星形表示。在这种状态之前，当损伤最初出现时，由于所选区域突然上升，相对弯曲力矩就会下降，应力状态不受本构定律控制（但受载荷和几何特征控制）的一维几何使 $\psi(\kappa)$ 关系的局部下降部分无法得出，即会出现曲率的不连续性，相反，

这会导致沿梁出现的损伤的不连续性。避免不稳定性的条件是 $D(\kappa)$ 比任何 β 值的 $1-\beta/\kappa$ 更加缓慢地上升。

在中间阶段出现的不稳定性以及与局部化不稳定性相关的最终失效是该类识别的困难的主要根源，因此，用实测数据检测所提出的方法是很重要的。

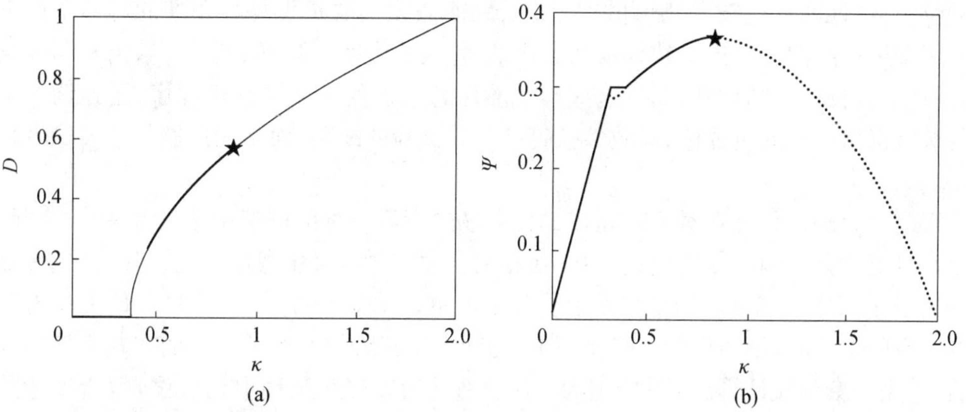

图 38.7　(a)损伤-曲率关系式的图解形式(细黑线)，虽然该函数是针对大范围的曲率定义的，但仅粗线部分能够测量出来，且在星形标注的点处发生失效；(b)降阶弯曲力矩，$\psi(\kappa)$，从 D 的完整表达式得出且仅部分曲线可测出(粗线)

38.5.6　石膏板中的应用

研究了石膏板的问题，图 38.8 给出了识别损伤定律的两种方式，第一种情况中(a)，将 $D(\kappa)$ 选为 $\langle 1-\beta/\kappa \rangle$，从而避免任何可能的不稳定性，四点加载的每种水平的载荷都被独立处理，虽然从一个序列得出的数据点在图上可清晰地看出，但数据的准连续性使这种处理具有一定的可信度，须注意，这种趋势是从一种载荷水平到下一种载荷水平时 β 值在降低，因而，如果选取一种特殊的代数形式，那么将会出现不稳定性。图 38.8(b)对应另一种方式，它是基于一种给定阈值值的指数定律的形式的，这里与前一种方式和预期的跳跃之间仍然具有非常好的一致性。

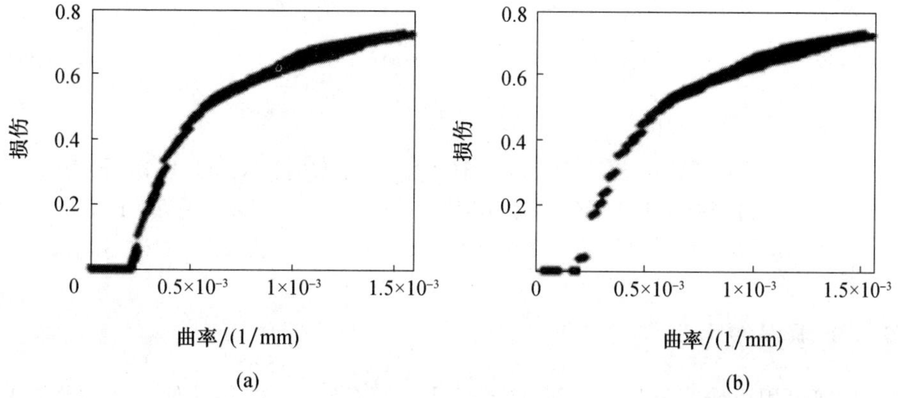

图 38.8　从一系列的 69 个加载步骤得出的损伤与曲率的函数关系，每步都单独处理，(a)选取代数形式 $D=1-\beta/\kappa$ 以限制可能的失稳性；(b)用于识别损伤演化定律的指数形式

图 38.9(a)所示,即使仅考虑部分视野(外面的跨度段不可见),偏离校正的质量是很好的,图 38.9(b)也显示,考虑对称性丧失也是非常重要的。虽然施加在两个内部加载点上的总载荷力控制得很好,但两个支撑处中间的载荷分布是未知的,目前,这两个载荷是与损伤定律一起被识别出来的(作为向量的一个附加未知数)。可以看出,一旦出现第一条裂纹,对称性就被打破,其影响非常强烈,因而假设实验仍保持在预期的对称条件下进行的识别过程必然会给出一致性损伤定律,这种实验表明,单一的实验可给出相当数量的信息,用于本构定律的识别,而且这些丰富的信息可被用于验证整个程序,还强调了尽可能与试验保持一致的重要性,一致性被打破并非试验的缺陷,而是无法避免的失稳带来的结果。

以上的处理过程是在对 DIC 得出的位移场进行后处理的框架中予以考虑的,实际上,还是有可能沿此方向取得进展,即由于在相关自由度的定义中考虑了一些限制因素(如损伤的离散化),因此在可能的动力学上设置了严重的限制条件,不是将这种偏离映射到合适的子空间上,而是用通用的 DIC、以 DIC 的动力学基跨越所选子空间的方式将该问题列出,这种用一套预先计算出来的位移场(其遵循平衡方程和某些本构假设)解析实际图片的方法被称为"集成 DIC"(Hild 和 Roux,2006),该程序省去了选取中间基的中间步骤,如有限元形状函数,一般适用于针对位移场所假设的性能,因此将得到不确定度的提升(Roux 和 Hild,2006)。这种策略的限制在于,如前对梁-DIC 方法的讨论那样,当已知实际位移场与模拟给出的位移场不同的时候(例如存在离散的裂纹但选择了连续体模型),这种情况下,必须分辨出两种位移场,两种位移场的仅长波分量是确定的,且对两种偏移之间的差值大小进行控制,从而使所有需研究的量的目标函数保持一致。

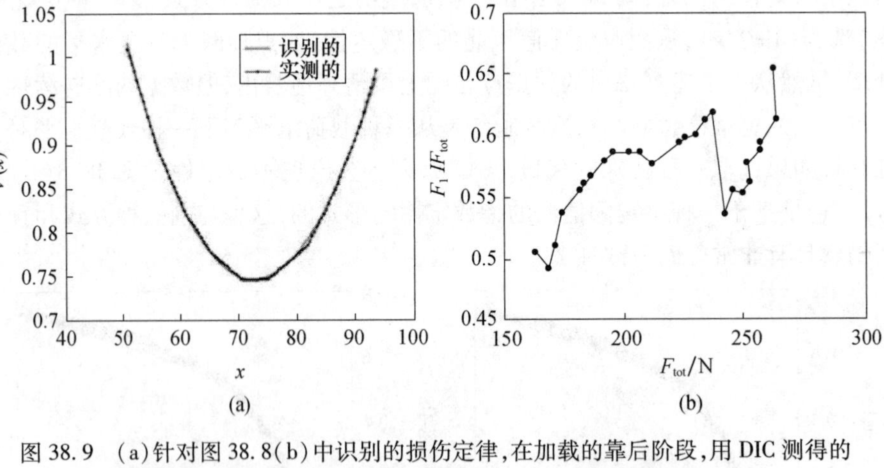

图 38.9 (a)针对图 38.8(b)中识别的损伤定律,在加载的靠后阶段,用 DIC 测得的结果举例(黑色),以及计算出的偏移值(红色);(b)左侧载荷与总载荷比率随图像编号变化的函数关系,远离 0.5 代表左-右平衡被损伤打破

38.5.7 集中损伤力学

细长几何可用于研究材料(如钢)或者产品(如石膏板),这种几何一般的用法是用于建筑设计,如从框梁描述出发对建筑物进行分析(Cipollina 等,1995;Marante 和 Flórez-López,2003;Guerrero 等,2007),在这种背景下,值得注意的是损伤基本发生在弯曲力矩最

大的那些点上。悬臂钢梁是相关的案例,预期大部分损伤起始于梁的夹持处附近,对于硬化行为,损伤可被看成是与梁的越来越多的部分相关。但是,细长几何被采用时,大部分情况下局部化都会发生在梁的端部,损伤也会始终集中在此处直至失效,这种局部化是一种简化的一维问题,它用于发生在梁的整体部分上的现象(如开裂、与增强体的脱黏)。这种研究会导致极度简化的描述,此时一种建筑的框架或骨架可被描述为多个弹性梁的集合,它们会永远保持弹性,在弯曲力矩最大的那些少数地方的非线性局部单元也是弹性的,这种有效的简化被称为“集中损伤力学”(Marante 和 Flórez-López,2003)。

当集中损伤力学是相关的时候,它自然以非线性(即可损伤的)逐点单元被表征的方式得出结果。从前面的描述可知,一个弹性梁由于其简单的动力学特征(二维情况下的 6 个自由度),应该被描述为可用于“集成 DIC”(Hild 等,2009)。另外,在梁的弹性状态中,它们具有人们周知的刚度,所以对它们的动力学进行测量可立刻转化为相应的静态信息。因此,对弯曲力矩的直接估算可与旋度的非连续性一起进行(如集中曲率的合适的界限),也因此可从 DIC 得出一整套广义的载荷和位移,而弹性梁实际上起着载荷/扭矩传感器的作用。另外,对于一个完整的超稳定的框架,动力学的连续性和平衡方程可被用作是附加的限制条件,可利用 Lagrange 乘子在 DIC 中很容易被运行(Hild 等,2011)。

这种集中损伤力学的情况说明了已知的力学信息是如何被使用的,并如何被用于对 DIC 测量技术的充分使用,同时对动力学指标进行修正以符合力学图像的要求,在此过程中,不仅测量的不确定度降为最低,而且测得的动力学自由度的大小具有直接的力学解析;还表明,损伤不止有一个面,而且损伤发生具有某些自由性,有时它抵消了局部裂纹的效果,有时它是将所有非线性集中在单个点处的方式,这受到有效非线性行为的控制,即使存在这些不同面的损伤,DIC 仍可用来填补模拟和实验之间的差异。

从长期发展来看,一个目标是,基于验证地震后简单的增强混凝土结构退化的方法,开发自动的识别技术,来确定可能的修复、重建,或者建筑物的安全摧毁。

38.6　小　　结

本章讨论的案例中所研究系统的几何非常简单(如梁),但当通过 DIC 测量出位移场时,与损伤模型相关的各个方面都得以说明。多处开裂和局部屈曲是损伤力学模拟的两种机制,第一种机制中,损伤描述是基于一种场的,而在第二个案例中考虑了集中变量,在这两种情况中,位移场的使用保证了损伤变量演变定律的构建,因此,本章中,损伤基本都被看作是力学损伤,即,通过力学行为的整体表现而非通过其相关的机制,这在第 37 章中进行了论述。在第 39 章将看到,这里针对一维单元开发的思路和公式可应用于损伤容限设计和工程应用的一类材料,较高的维度仅需要将识别公式编入有限元框架中即可。

参考文献

F. Amiot, F. Hild, J. P. Roger, Identification of elastic property and loading fields from full-field displacement measurements. Int. J. Solids Struct. 44, 2863-2887(2007)

B. Audoly, Y. Pomeau, Elasticity and Geometry(Oxford University Press, Oxford, UK, 2010)

Aveston J, Cooper GA, and Kelly A(1971) Single and Multiple Fracture. In Proceeding National Physical Laboratory: Properties of Fiber Composites(IPC Science and Technology Press, Surrey), pp. 15-26.

S. Avril, M. Bonnet, A. -S. Bretelle, M. Grédiac, F. Hild, P. Ienny, F. Latourte, D. Lemosse, S. Pagano, E. Pagnacco, F. Pierron, Overview of identification methods of mechanical parameters based on full-field measurements. Exp. Mech. 48(4), 381-402(2008)

A. Cipollina, A. López-Inojosa, J. Flórez-López, A simplified damage mechanics approach to nonlinear analysis of frames. Comput. Struct. 54(6), 1113-1126(1995)

M. Grédiac, F. Hild(eds.), Full-Field Measurements and Identification in Solid Mechanics(ISTE/ Wiley, London, 2012)

N. Guerrero, M. E. Marante, R. Picón, J. Flórez-López, Model of local buckling in steel hollow structural elements subjected to biaxial bending. J. Constr. Steel Res. 63(6), 779-790(2007)

F. Hild, S. Roux, Digital image correlation: From measurement to identification of elastic properties-A review. Strain 42, 69-80(2006)

F. Hild, S. Roux, Digital image correlation, in Optical Methods for Solid Mechanics. A Full-Field Approach, ed. by P. Rastogi, E. Hack(Wiley-VCH, Weinheim, 2012), pp. 183-228

F. Hild, S. Roux, R. Gras, N. Guerrero, M. E. Marante, J. Flórez-López, Displacement measurement technique for beam kinematics. Opt. Lasers Eng. 47, 495-503(2009)

F. Hild, S. Roux, N. Guerrero, M. E. Marante, J. Florez-Lopez, Calibration of constitutive models of steel beams subject to local buckling by using Digital Image Correlation. Eur. J. Mech. A/Solids 30, 1-10(2011)

A. Kelly, W. R. Tyson, Tensile properties of fibre-reinforced metals: copper/tungsten and copper/ molybdenum. J. Mech. Phys. Solids 13, 329-350(1965)

P. Leplay, J. Réthoré, S. Meille, M. -C. Baietto, Damage law identification of a quasi brittle ceramic from a bending test using Digital Image Correlation. J. Eur. Ceram. Soc. 30(13), 2715-2725(2010)

M. E. Marante, J. Flórez-López, Three-dimensional analysis of reinforced concrete frames based on lumped damage mechanics. Int. J. Solids Struct. 40(19), 5109-5123(2003)

F. Pierron, M. Grédiac, The Virtual Fields Method(Springer, 2012)

J. Réthoré, S. Roux, F. Hild, Optimal and noise-robust extraction of fracture mechanics parameters from kinematic measurements. Eng. Fract. Mech. 78(9), 1827-1845(2011)

S. Roux, F. Hild, Stress intensity factor measurements from digital image correlation: postprocessing and integrated approaches. Int. J. Fract. 140(1-4), 141-157(2006)

S. Roux, J. Réthoré, F. Hild, Digital image correlation and fracture: an advanced technique for estimating stress intensity factors of 2D and 3D Cracks. J. Phys. D Appl. Phys. 42, 214004(2009)

A. N. Tikhonov, V. Y. Arsenin, Solutions of Ill-Posed Problems(Wiley, New York, 1977)

第 39 章　数字图像关联技术评估复合材料的损伤

François Hild, Jean-Noël Périé, Stéphane Roux

摘　　要

本章用数字图像关联技术(DIC)对损伤进行评估,其主要集中于复合材料中,后者是通过合适的微观组织包含微裂纹,因此,它们组成了一类材料,其力学行为的基本特征是损伤。如上一章所述(解决物理损伤的测量问题),DIC 可以显示主要的机制(例如,微裂纹聚集分布、裂纹沿弱界面分叉、界面的渐进脱黏以及随后的拔出或分层),在力学实验中的不同加载阶段进行成像,并借助 DIC 技术即可识别出损伤定律。下面的内容可看成是上一章中一维(即类梁的)几何问题的扩展(从物理的到力学的损伤),这里,有必要将 DIC 与有限元模型结合起来,其优势在于除了识别出来的定律,测得的位移场中的大量信息还可对其进行充分验证。

39.1　力学损伤的识别

本章采用与第 38 章基于梁几何的同样的步骤,但这里主要针对二维和三维的体系,虽然相关的案例是有关复合材料的,但所采用的方法并不限于该类材料。

当尝试从一种力学实验中识别损伤时,其第一步是处理位移场的测量结果,即使可以采用多种测量技术(例如网格方法、全息照相技术以及散斑干涉技术),但其中之一就是 DIC,其输出是位移和应变场,并需要对它们进行后处理,损伤变量仍隐藏在这些数据中。需要采用逆运算和识别技术来提取力学损伤场,因此问题在于对局部弹性性能的评估,并将其表达成刚度的相对损失,$D(\boldsymbol{x})$(其中,D 可以是比例值或者张量),这是第二步,此时可利用不同的方法测量实测值和数值模拟值之间的差异(Avril 等,2008;Grédiac 和 Hild,2012),这是识别损伤场的第一条路线。

要强调的是,从含必要噪声的动力学场中提取 $D(\boldsymbol{x})$ 是一个困难的逆运算问题(Tikhonov 和 Arsenin,1977),对确定该问题有所帮助的一种方法是,假设同样的损伤演变定律适用于所分析材料或结构中的所有地方,因此,未知量不再是一个损伤场,而是损伤定律的所有参数,这代表了未知量个数的显著减少,因此开辟了一种显著降低局部损伤不确定度的方法。均匀本构定律的假设可能会被(或必须被)质疑,对场测量值进行处理的明显优势,即其中的大量信息可被用来验证这里的分析中提出的所有假设,对实测的和识别的位移场或图像(例如,从不同的位移值计算残差场 $\rho(\boldsymbol{x})$(见式(A.1)))进行逐像素对比可以看出该方法的质量及其有效性。从后者出发,一般情况下可清晰地找到发展的方向或本构定律的先进性,从而获得更满意的一致性。

一种更加精细的策略由关联测量和识别的不同步骤的过程组成,要测量的未知量与试验位移相关,而不再是标准自由度(例如,DIC 中 Galerkin 方法中的节点位移),但不仅是边界条件,还有损伤演变定律的参数都使得该问题得以很好地解决。这类整体方法被称作是集成的方法,这是由于所测得的位移场也是力学上允许的并可得出相应的力学参数。用这种方法处理梁问题的案例在第 38 章中给出了(还可参考 Hild 等,2011),所选择的位移基,要么是一种闭合解(例如在 Brazilian 实验中识别弹性参数(Hild 和 Roux, 2006)),要么是弹性介质中的应力强度因子(Roux 和 Hild,2006),数值模拟的结果也可用于定义动力学基(如以弹性形式(Leclerc 等,2009;Réthoré 等,2009)或者处理损伤问题时(Réthoré,2010))。

39.2 损伤类型和本构定律

在研究复合材料时,潜在的问题是不同的损伤机理强烈依赖于材料的结构,即颗粒增强的复合材料(第 37 章图 37.12)、短纤维复合材料和连续纤维复合材料(如分层的(第 37 章图 37.1)、编织的、编织+缝编的、互联结构)不会经历相同类型的退化过程。一种结果是存在大量的描述它们行为的模型(Orifici 等,2008),另外,还存在不同可能的选择用于最小尺度的模拟(即微观的(Burr 等,1997)、介观的(Ladevèze,1992)或者宏观的(Périé 等,2009)),从而确定其在宏观尺度上的行为,这通常需要运行多种数值模拟。

模拟相关问题是采用离散或连续的方法对损伤进行描述(Hild,2002),这种选择会对损伤模拟,因而对损伤的实验表征和识别产生影响,例如,在第 37 章的第 37.2.2 节中,采用一种连续体的观点在宏观尺度上的 3 层碳-环氧复合材料的 DIC 分析结果(图 37.2 和图 37.3),进行介观尺度的分析也是可能的,特别是在分析损伤机制时。

图 39.1 给出了纵向位移场,从中可清晰地看出单独的损伤机制,它对应于一种增量方法,其中的参考配置是针对变形配置中的 1120MPa 和 1190MPa 的应力水平而选择的,当分析纵向应变场时它会变得更加清晰,此时可观察到两个横向裂纹,下面的裂纹起始于这两个应力水平之间,它比上面的裂纹开口更大,上面的裂纹起始于较早的阶段,在分析剪切应变场时,可得出如下结论:对下面的裂纹,横向开裂是与沿 0/90°界面的介观分层相伴生的,对于上面的裂纹,介观分层并未发生显著演化。

在这种尺度上,一种合适的力学描述代表着对裂纹花样进行详细模拟,特别是横向开裂和介观分层的耦合效应,以及如下事实:已有裂纹附近的应力被部分释放,因而在已有裂纹附近的裂纹萌生被阻止(这是一种非局部效应)。这种假设(Curtin,1991)使介观尺度上的开裂花样得以理解,这可广义化至其他情况中,以处理多处开裂的问题(Hild, 2002;Malésys 等,2009;Forquin 和 Hild,2010;Guy 等,2012)。

在模拟复合材料的力学行为时,连续动力学的框架(Germain 等,1983)被用于损伤模型时表现得特别强大,当裂纹被描述时,用吉布斯自由焓表述状态势能就更加普遍了。在数值模拟中,大部分公式都是基于位移的,因而考虑亥姆霍兹自由能密度就更加方便:

$$\Psi = \frac{1}{2}\boldsymbol{\varepsilon}^{e}:\boldsymbol{C}(D):\boldsymbol{\varepsilon}^{e} + \Psi^{s-r}(\boldsymbol{\varepsilon}^{i},\boldsymbol{\varepsilon}^{c},d,D),\ \boldsymbol{\varepsilon} = \boldsymbol{\varepsilon}^{e} + \boldsymbol{\varepsilon}^{i} + \boldsymbol{\varepsilon}^{c} \tag{39.1}$$

式中:$\boldsymbol{\varepsilon}$ 为无限小的应变张量;$\boldsymbol{\varepsilon}^{e}$ 为弹性应变张量;$\boldsymbol{\varepsilon}^{c}$ 为蠕变应变张量(当需要时(Begley

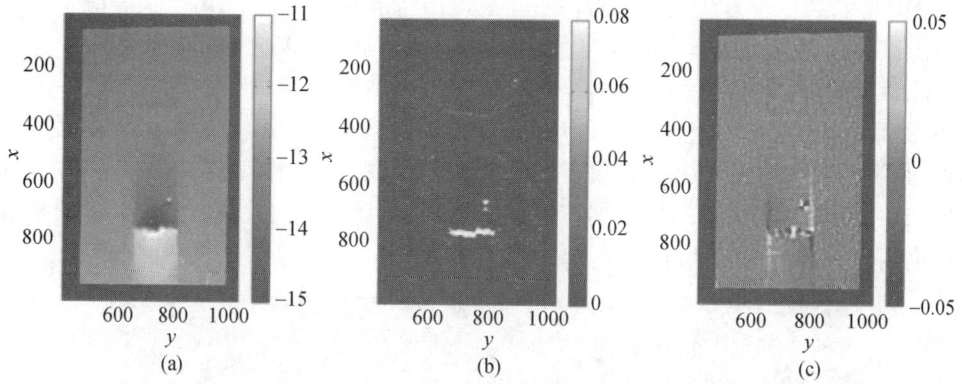

图 39.1　(a)垂直方向的位移,单位为像素(1 像素↔3.5μm),纵向应变(b),以及平面剪切应变(c),显示了一个横向裂纹和介观分层,注意到了在前一加载阶段产生的另一个横向裂纹($x \approx 380$ 像素),这些结果用正则化的 T3-DIC 获得($\ell=5$ 像素,$\ell_m=20$ 像素,$\ell_b=10$ 像素),感兴趣的面积约为 3mm×2mm(彩图)

等,1995;Du 等,1997;Burr 等,2011));$\boldsymbol{\varepsilon}^i$ 为非弹性应变张量,模拟引起摩擦滑动的所有损伤机制(如纤维/基体滑动、介观分层),$\boldsymbol{C}$ 为宏观胡克张量,其包含了不同的损伤变量 D,$\boldsymbol{\Psi}^{s-r}$ 为储存的和释放的能量密度(Boudon-Cussac 等,1998)。在很多模型中,非弹性是借助各向同性硬化进行描述的(如 Ladevèze 和 Le Dantec,1992),通过采用均匀化技术,更普遍的情况是选择动力学硬化行为(Andrieux 等,1986;Hild 等,1996),这是由于它与摩擦滑动相关。

还需注意,若摩擦滑动发生时,损伤变量 d 出现在状态势能的储存分量的表达式中(Andrieux 等,1986;Burr 等,1997),相反地,释放分量是由损伤变量 D 引起的,它还导致了刚度的损失(如存在初始残余应力场时由热膨胀系数不匹配引起的基体开裂(Budiansky 等,1986,Boudon-Cussac 等,1998),它被部分释放了出来),蠕变也涉及了自平衡应力场的一种变化,因此 $\boldsymbol{\Psi}^{s-r}$ 相应地发生了变化,界面磨损是很多复合材料的一种疲劳机制(Rouby 和 Reynaud,1993),它导致了界面性能的变化,其影响着非弹性应变和 $\boldsymbol{\Psi}^{s-r}$ 的储存分量(Burr 等,1998)。

另外,一般都规定了状态势能,然后内部变量的演化定律以它们的相关载荷的形式被写入,这些载荷是以状态势能相对于前者或两者综合的偏导数的形式获得的。准确计算耗散能的一个关键问题是评估状态势能的分量,即储存分量或者释放分量,后者是与所有的耗散机制引起的残余应力相关的能量密度(Boudon-Cussac 等,1998;Vivier 等,2009,2011)。

最后,可能会发生裂纹的闭合,一般是对模式Ⅰ的微裂纹而言,这种闭合引起了不太容易处理的模拟问题(Ladevèze 等,1983;Chadoche 等,1990;Desmorat,2000;Halm 等,2002),必须特别注意避免数值的和理论的困难,这一点就不再赘述,我们可以注意到,DIC(Hamam 等,2007)和 DVC(Limodin 等,2009)可用来分析不同尺度的这种现象。

39.3　低成本复合材料中的损伤

采用两种方法研究了一种各向同性分布的 E 玻璃纤维增强的乙烯基树脂基体的材料,第一个方法包括,确定弹性刚度的衬度场,这可解释为一种 CDM 中弹性与损伤耦合导致的损伤行为,第二个方法用于识别各向同性损伤变量的演变定律,由于仅考虑了一个内部(损伤)变量,所以任何非线性行为都归因于损伤,因此,识别过程无需卸载。

由该复合材料组成的薄板作为宽臂交叉件,并承受双轴载荷(图 39.2),试件的白色表面用黑漆进行了喷镀以生成一种细小随机的织构,从而为 DIC 分析所用。在两个方向上每隔 1kN 的载荷对该表面拍摄数字图像直到完全失效,失效发生在 11.1kN 时,因此,得到了 11 张分析图像,一个像素的物理尺寸为 68μm,后续该实验用于解释如下两种情况得到的结果:①当获取刚度场时;②当识别损伤定律时。

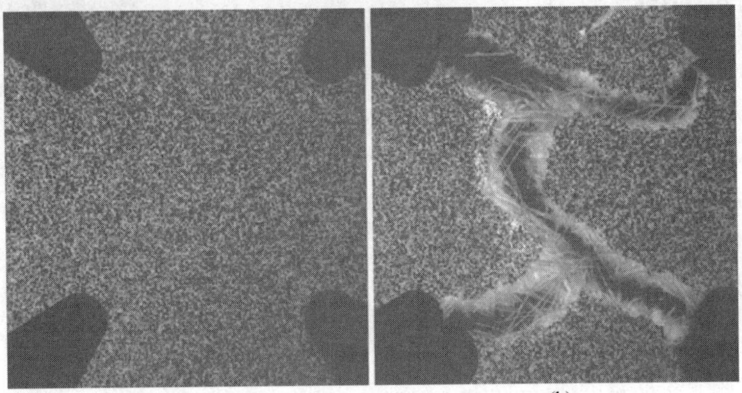

(a) (b)

图 39.2　加载之前试样的图像(a)以及失效之后的图像(b),观察区域的面积约为 68mm×68mm

39.3.1　逆运算:刚度场的确定

在第一种情况下,获得了一种解释实测的位移场的弹性性能场,在当前案例中,考虑 Q4-DIC 方法(图 39.3)。在这种逆运算问题中的自由度的个数与数据点(这里指实测的位移场)是相同量级的,它的解是由力学问题的逆运算组成的。

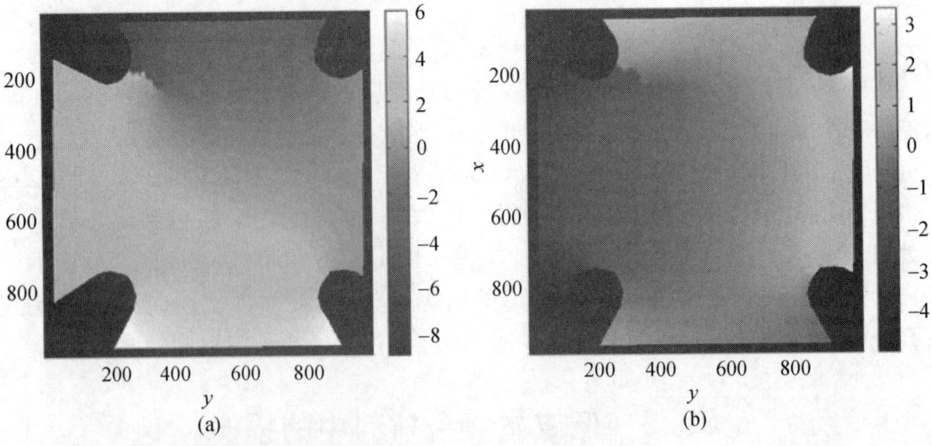

图 39.3　位移场的垂直(a)和水平(b)分量(用像素表示),从 Q4-DIC 得到的结果($\ell=16$ 像素),每像素的物理尺寸为 68μm,感兴趣区域的面积约为 68mm×68mm

假设损伤机制引起了不均匀的衬度场，从而使局部的杨氏模量从其初始值 E_0 降低至 $\chi(\boldsymbol{x})E_0$，而泊松比 ν 保持不变。平衡间隙方法（Claire 等，2004）包括了采用下述平衡方程：

$$\mathrm{div}[\chi(\boldsymbol{x})\boldsymbol{C}_0\boldsymbol{\varepsilon}(\boldsymbol{u}(\boldsymbol{x}))] = 0 \tag{39.2}$$

此时不存在体力，应变张量 $\boldsymbol{\varepsilon}$ 是从实测的位移场计算出来的，而 $\boldsymbol{C}_0$ 为原始材料的胡克张量。由于位移场是分解在一个有限元基上的（由 Q4 元组成），所以“平衡间隙”f_i 的相应离散化可为

$$f_i = \chi^m K_{ij}^m u_j = 0 \tag{39.3}$$

其中，K_{ij}^m 为未损伤单元 m 的主刚度矩阵的一个组分，m 将位移分量 u_j 与节点力 f_i^m（它在所有 m 单元上的总和对内部节点而言是等于 0 的）关联起来，刚度矩阵与衬度 χ 成线性关系。从式(39.3)可以看出，由于没有采用静态信息（在所有内节点处右手侧在消失），所以 χ 场确定至一个指定的比例因子，这是将分析限制于仅了解动力学数据的结果，当前情况下仅确定弹性衬度，通过指定平均 χ 等于常数补充该公式，通过采用拉格朗日乘子或消除衬度值而得到。

逆运算问题是不太好处理的，且需要一些正则化过程，最直接的方法是寻找空间中平滑变化的场的一个子空间中 χ 场的最佳解。后续将采用 Q4 有限元，但用一个与测量网格无关的（且更粗的）网格，引入了形状函数 N_i^m，为第 i 个基函数提供一个单元 m 的中心的权重：

$$\chi^m = N_i^m b_i \tag{39.4}$$

其中，b_i 为向量 $\{\boldsymbol{b}\}$ 中的位置衬度，这种正则化限制了自由度 $\{\boldsymbol{b}\}$ 的个数，因此衬度场通过整体平衡间隙最小化得出：

$$W(\{\boldsymbol{b}\}) = \sum_j \left(\sum_{i,m} L_j^m N_i^m b_i\right)^2 - \lambda \sum_{i,m} L_j^m N_i^m b_i \tag{39.5}$$

其中，$L_j^m = K_{jk}^m u_k$，$\boldsymbol{\lambda}$ 为平均衬度限制的拉格朗日乘子，函数 W 的最小化形成了一个线性问题，它给出了 $\{\boldsymbol{b}\}$ 的值，因此，从式(39.4)得出了每个单元内的衬度值。

加载的最后阶段针对衬度场用粗大网格（10×10 个单元）和较细的网格（20×20 个单元）予以考虑（图 39.4），这将和针对动力学测量的 67×66 个单元的网格进行对比（图 39.3），在这两种情况中，刚度在左上角变成了负值（对于粗单元和细单元分别为-0.02 和-0.3），该值已被认为重置为 0.01，两者的结果之间取得了满意的一致性，且清晰探测到了裂纹的萌生和扩展。

为了评估所取得的衬度云图的质量，可以借助基于确定出的刚度衬度的标准弹性计算过程并采用 Dirichlet 边界条件，即指定所考虑区域的边界上的位移场，然后将所计算的位移场与图 39.5 中测得的位移场进行对比，两者的一致性很好。

为定量这种一致性，定义了下面的无维度“残差”ρ_u：它是识别出来的和实测的位移场之间差异的标准偏差，用实测的位移场的标准偏差进行归一化。在当前的案例中，对于细网格（即 20×20 个单元），该残差达到了 14%，后者的水平是允许的，部分差异与损伤的局部化特性相关，这一点用所选择的离散化方法是无法全面跟踪的。

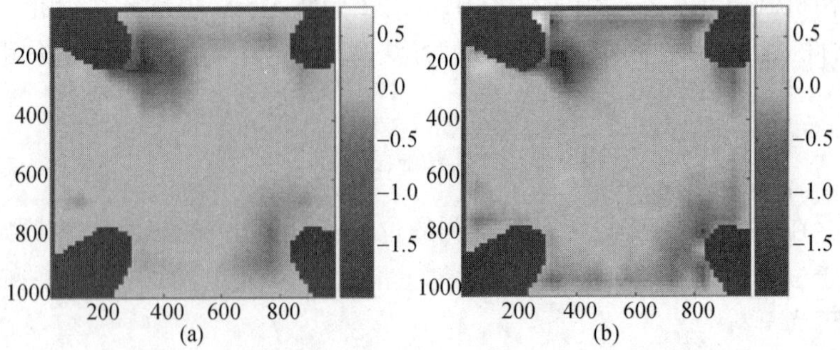

图 39.4　粗网格(10×10 个单元(a))和细网格(20×20 个单元(b))获得的 lgγ 的云图,感兴趣的面积约为 68mm×68mm

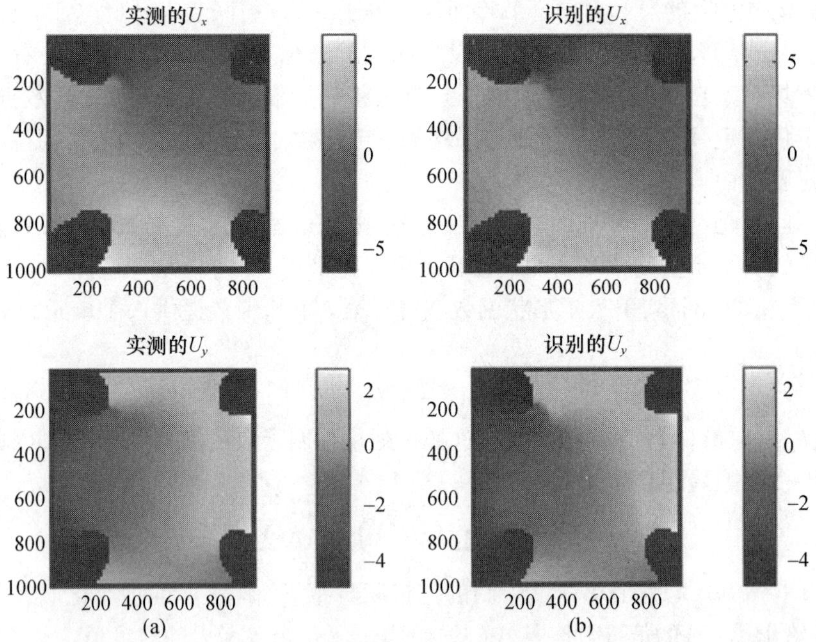

图 39.5　用 Q4-DIC 及 $\ell=16$ 像素实测的位移(a)和重新计算的位移(b)之间的对比,位移是从识别的衬度场用像素表述(细网格:20×20 个单元),一个像素的物理尺寸为 68μm,感兴趣区域的面积约为 68mm×68mm

39.3.2　损伤演化定律识别

当对一系列的图片进行分析时,用前面的程序确定的各衬度场之间是没有联系的,具体而言,对使系统不可逆的额外条件的选择应该进行调整,从而将衬度场转化为损伤场,可识别出演化定律,但仅通过对以前的结果进行后处理完成(Claire 等,2007)。

下面将开发正则化方法(Roux 和 Hild,2008),从逆运算转至识别过程(几种材料参量的),该方法的精髓是要求:具有相同等效应变的单元还应该具有相同的损伤水平,这是一个非常强的条件,它使未知量的个数显著降低。

假设对损伤的各向同性描述是有效的,其行为将用独特的比例系数 $D(\boldsymbol{x})$ 进行模拟,其杨氏模量从其初始值 E_0 降为 $(1-D)E_0$，而泊松比 ν 保持不变，损伤变量 D 的演化定律用一个等效应变 ε_{eq} 的函数进行描述，这在后续将进行定义。D 与 ε_{eq} 相关的事实使得识别过程更加简单，这是由于，如果假设损伤参数在 Q4 单元的测量网格上是均匀的，那么它足以在运行识别程序之前计算出每个单元的等效应变。平衡间隙模即可写为

$$\Re = \sum_j \left(\sum_e L_j^e (1 - D^e) \right)^2 \tag{39.6}$$

选择了损伤演化定律的分解式：

$$D = \sum_j c_i \varphi_i(\tilde{\varepsilon}_{eq}),\ \tilde{\varepsilon}_{eq}(t) = \max_{0 \leqslant \tau \leqslant t} \varepsilon_{eq}(\tau) \tag{39.7}$$

其中，φ_i 为选择的各种函数（如基于指数的（Burr 等，1997；Baptiste，2002）），c_i 为要识别的未知参量（它们的值保持在几个单位内），平衡间隙的最小化可得出下述的线性体系：

$$\sum_p \sum_{e,f} \left(\sum_j L_j^e L_j^f \right) \varphi_p(\tilde{\varepsilon}_{eq}) \varphi_q(\tilde{\varepsilon}_{eq}) c_p = \sum_{e,f} \left(\sum_j L_j^e L_j^f \right) \varphi_q(\tilde{\varepsilon}_{eq}) \tag{39.8}$$

如果满足条件 $\varphi_i(0) = 0$，那么为设置衬度标尺所规定的附加要求可被忽略，值得注意的是，即使初始的问题是强非线性的，最终的公式也会得到一种线性系统。

如上所述，算子 L 对实测的位移而言是线性的，且涉及了原始材料的（均匀的）弹性性能，加和 $\sum_e L_j^e = f_i$ 可解析为一种节点的合力。具有指定的 Dirichlet 边界条件和已知体力的弹性问题较好处理，而且对其可进行逆运算从而估算节点位移：

$$u_i = S_{ij} f_i \tag{39.9}$$

且 $[\boldsymbol{S}] = [\boldsymbol{K}_0]^{-1}$，其中 $[\boldsymbol{K}_0]$ 为原始材料的刚度矩阵，由于 L 为二阶微分算子，因此当与式（39.6）进行对比时，有下面的形式

$$\breve{\Re}(c_k) = \left\| \sum_j S_{ij} \sum_e L_j^e \left[1 - \sum_k c_k \varphi_k(\tilde{\varepsilon}_{eq}) \right] \right\|^2 \tag{39.10}$$

保证识别的问题被更好地条件化，采用 $[\boldsymbol{S}][\boldsymbol{L}] = \{\boldsymbol{u}^{means}\}$，重新条件化了的平衡间隙变为一种距离，它以位移的形式表示出来但并非其二阶导数：

$$\breve{\Re}(c_k) = \left\| \boldsymbol{u}_i^{means} - \sum_j S_{ij} \sum_e L_j^e \sum_k c_k \varphi_k(\tilde{\varepsilon}_{eq}) \right\|^2 \tag{39.11}$$

从而其识别过程会对测量不确定度不太敏感。

这里对损伤模型进行了调整，当弹性行为与损伤行为耦合在一起时（$\varepsilon = \varepsilon^e$，$\Psi^{s-r} = 0$），它采用了亥姆霍兹自由能密度 Ψ，可表述为（Marigo，1981）

$$\Psi = \frac{1}{2} \boldsymbol{\varepsilon} : \boldsymbol{C}_0 (1 - D) : \boldsymbol{\varepsilon} \tag{39.12}$$

因而与损伤变量 D 相关的热力学动力 Y 为

$$Y = -\frac{\partial \Psi}{\partial D} = \frac{1}{2} \boldsymbol{\varepsilon} : \boldsymbol{C}_0 : \boldsymbol{\varepsilon} \tag{39.13}$$

因此，等效应变 ε_{eq} 在平面应力假设条件下就变为

$$\varepsilon_{eq}^2 = \frac{Y}{E_0} = \frac{\langle \varepsilon_1 \rangle^2 + 2\nu \langle \varepsilon_1 \rangle \langle \varepsilon_2 \rangle + \langle \varepsilon_2 \rangle^2}{2(1 - \nu^2)} \tag{39.14}$$

式中：ε_1、ε_2 为两个平面本征应变；ν 为未损伤材料的泊松比，函数 φ 定义了损伤演变定律（式（39.7）），假设它是通过指数被描述为

$$\varphi_i(\tilde{\varepsilon}_{eq}) = 1 - \exp\left(\overline{\frac{\tilde{\varepsilon}_{eq}}{\varepsilon_{ci}}} \right) \tag{39.15}$$

其中，ε_{ci} 为需识别出来的特征应变，损伤定律测试函数中不同的特征应变定为 $\varepsilon_{ci}=0.0067\times(1,2,4,8,16)$，它们与试验中遇到的等效应变的范围一致，其五个值为 $c=0.87$，0，0，0，0.13，该分析的质量表现得比较好，即对最后的四种载荷水平，$\rho_u=0.03$，0.03，0.03，0.05，值得注意的是，它比衬度场分析中得到的值要明显偏低。

图 39.6 给出了针对最后载荷水平的实测的和预测的位移场之间的对比结果，事实是该载荷水平上的质量有所下降，这是由试样左上部分充分发展的裂纹所引起的，该裂纹既可通过比例损伤模型粗略地予以解释，也可以用图像关联算法粗略地进行追踪，这是为连续位移场设计的。

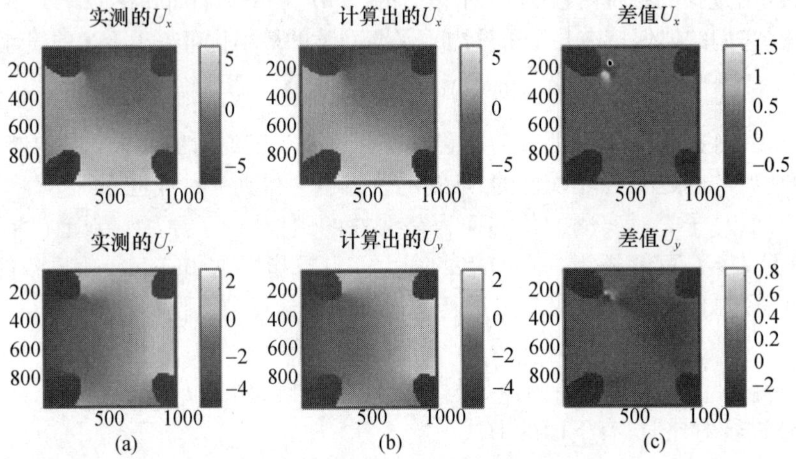

图 39.6　在最后加载阶段实测的(a)和识别的(b)位移场之间的对比，这两种位移之间的差值(c)，位移用像素描述，一个像素的物理尺寸为 68μm，感兴趣区域的面积约为 68mm×68mm

损伤云图是信息非常丰富的(图 39.7(a))，其中可清晰追踪到裂纹是在试样的左上角萌生，如放大时第 11 步的图像中观察到的结果所示(图 39.2(a))，在其他拐角处也观察到了损伤集中的特征，它与最终的开裂花样相关性非常好(图 39.2(b))。其损伤演化定律由两个区域组成(图 39.7(b))，其中一个可能对应损伤局部化之前，另一个在损伤局部化之后，该问题将在“损伤局部化与开裂”部分进行论述。

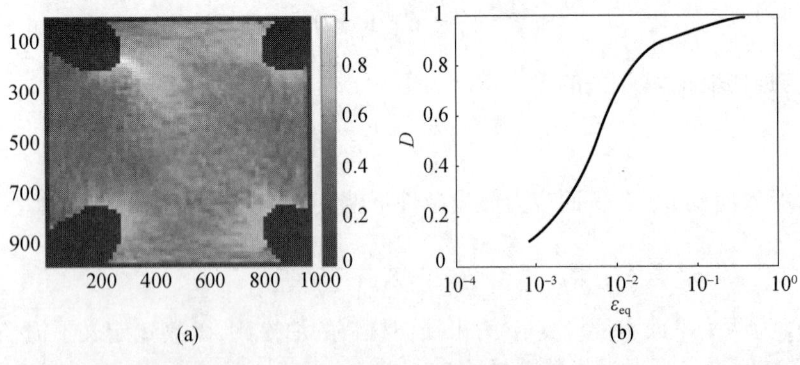

图 39.7　(a)最后加载阶段的 D 的云图，可清晰地看出左上角萌生了一个主裂纹，它将导致试样的失效，且可见其他拐角附近二次裂纹的形成(见图 39.2(b)，与最终失效花样进行详细对比)；(b)识别出的损伤定律

39.4　多层复合材料的各向异性损伤描述

在本节中,应变场的不均匀性通过几何形状得以实现,从而简化损伤定律的识别,因此,通过在试样上加入一个周向的缺口,对经典的±45°标准拉伸实验进行了调整。复合材料的每一层都由一种热固性基体中的单向分布的碳纤维组成,与前面的情况相反,这里采用一种各向异性的损伤描述方法对相对于基体剪切的损伤机制进行描述,那么复合材料的吉布斯自由焓 $\boldsymbol{\Phi}$ 为

$$\boldsymbol{\Phi} = \frac{1}{2}\left[\frac{\sigma_{11}^2}{E_1} - \frac{\nu_{12}}{E_1}\sigma_{11}\sigma_{22} + \frac{\sigma_{22}^2}{E_2} + \frac{\sigma_{12}^2}{G_{12}(1-D)}\right] \tag{39.16}$$

式中:σ_{11},σ_{22},σ_{12} 为材料框架(式(39.1)、式(39.2))内平面应力分量,弹性性能为 E_1 和 E_2(沿纤维方向的杨氏模量)、ν_{12}(泊松比)以及 G_{12}(平面剪切模量),其平面应变张量 $\boldsymbol{\varepsilon}$ 表述为

$$\boldsymbol{\varepsilon} = \frac{\partial \boldsymbol{\Phi}}{\partial \boldsymbol{\sigma}} \tag{39.17}$$

式中:$\boldsymbol{\sigma}$ 为柯西应力张量,与损伤变量 D 相关的热力学动力 Y 变为

$$Y = \frac{\partial \Phi}{\partial D} = \frac{\sigma_{12}^2}{2G_{12}(1-D)^2} = 2G_{12}\varepsilon_{12}^2 \tag{39.18}$$

因此,等效应变为

$$\tilde{\varepsilon}_{\mathrm{eq}}(t) = \max_{0\leqslant\tau\leqslant t} |\varepsilon_{12}(\tau)| \tag{39.19}$$

基本刚度矩阵为

$$[\boldsymbol{K}] = [\boldsymbol{K}_0] - D[\boldsymbol{K}_1] \tag{39.20}$$

其中,$[\boldsymbol{K}_1]$ 仅有一个非零(剪切)项,受损伤的影响,其重新条件化的平衡间隙变为(Périé 等,2009),

$$\breve{\Re}(c_k) = \left\| \boldsymbol{u}_i^{\mathrm{means}} - \sum_j S_{ij} \sum_e \bar{L}_j^e \sum_k c_k \varphi_k(\tilde{\varepsilon}_{\mathrm{eq}}) \right\|^2 \tag{39.21}$$

其中,$\bar{L}_i^e = K_{ij}^{1e} u_j$。

下面考虑 12 像素 Q4 单元尺寸,最大载荷水平的位移云如图 39.8 所示(即最后的分析周期),它们是当参考图像在最大载荷水平之后的卸载步骤时被测出来的,这与变形后的配置相对应,对应的等效应变场是通过计算每个有限元内的平均值估算出来的,在高度损伤的(V 形的)区域附近清晰观察到了应变的局部化特征,这里仅给出最后的 14 个加载/卸载周次,更多的结果可在(Ben Azzouna 等,2011)中找到。

通过采用前述的针对损伤定律的同样的表达式(式(39.15)),识别的结果得到了针对所选的特征应变 ε_{ci} 的未知量 c_k,当 $\varepsilon_{ci}=0.016\times(1,2,4,8)$ 且 $\boldsymbol{c}=(1.0,0,0,0)$ 时可得到最佳解。识别的质量首先通过计算 ρ_u 进行整体评估,对于最后的载荷水平,$\rho_u=3.7\%$,这是一个非常小的值,可以给出可信的识别结果,从等效应变云图的测量结果和损伤定律的参数的识别结果看出,对每个分析的周次都是有可能构建出损伤云图的(图 39.9 给出了最后的五个周次)。

对最后考虑的周次(14 号),可观察出一种局部化的损伤花样,D 值接近 1,这与实验得到的失效花样保持了很好的一致性(Ben Azzouna 等,2011),仅用一个参数 ε_{c1} 即可得

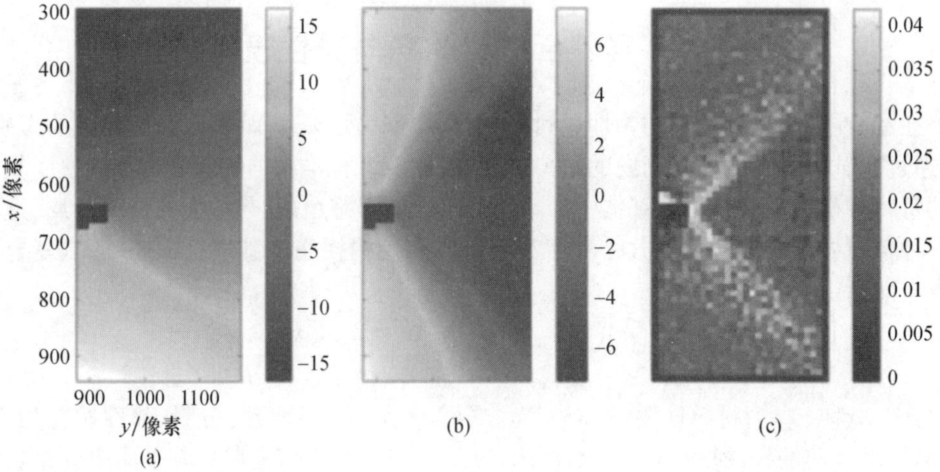

图 39.8 进行了 12 像素离散化处理的缺口试样在最大载荷时(沿 x 方向)的位移云图 u_x(a)和 u_y(b),单位为像素(1 像素↔36μm),扣除了刚体运动,相应的等效应变云图 ε_{eq}(c),应变局部化(沿纤维方向)清晰可见,感兴趣区域的面积约为 23.4mm×10mm

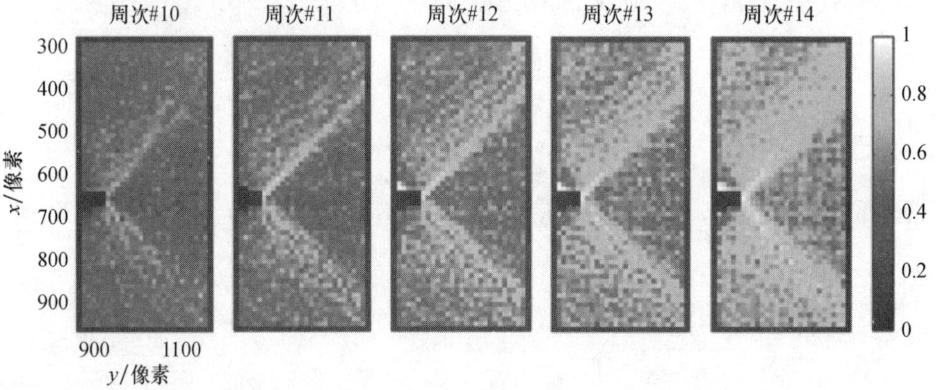

图 39.9 最后五个分析周次中识别的损伤云图

出最佳解,对 ε_{c1} 而言,c_1 即接近 1。

验证识别结果的首选方法是采用识别出的损伤定律,对计算出的位移场与实测的位移场进行对比,然后评估其位移残差,图 39.10 给出了第 14 号周次的与位移分量对应的三个云图,可发现很好的一致性。

另一种验证方法是用损伤定律本身给出的,后者与通过下述的经典识别程序得出的结果进行了对比(Ladevèze 和 Le Dantec,1992),在后面的方法中,每个卸载/加载周次仅得到一个纵向的应变水平,通常可得到 10~15 个点。例如,图 39.11 给出了该分析中得出的结果,其中仅五个点位于损伤阈值之上,采用当前的方法可得出如图 39.11 中给出的同样结果,因具有全视场的数据,所以可得到大量的识别点。还可看出,当前的方法能够识别大于 0.4 的损伤水平,该水平时,由于失效是突然发生的,所以整体方法是不适用的,在对这两种结果能够进行对比的范围内,它们的一致性非常好,因而验证了下面的方法。需牢记的是,损伤函数(式(39.15))没有包括阈值参数,这是这两种结果之间的主要差异,可以确定的是该值很难用细网格追踪,因其测量不确定度还是不够小。

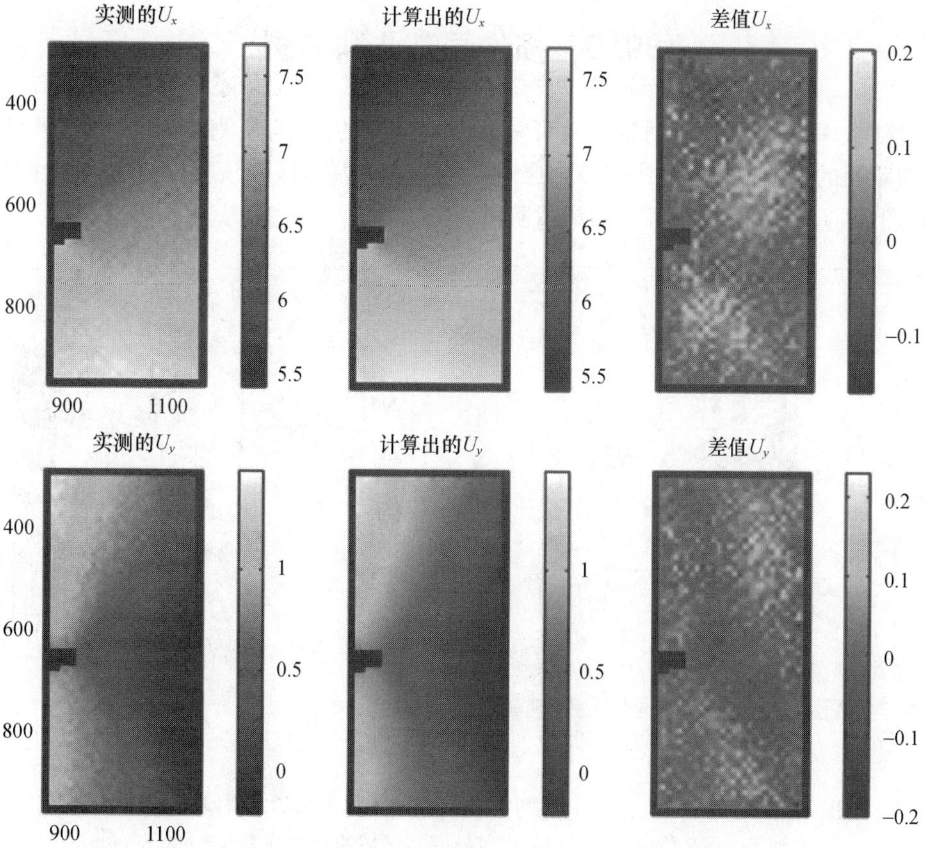

图 39.10　最后周次(14 号)中针对 12 像素的离散化对实测的和计算出来的位移场之间的对比,一个像素的物理尺寸为 36μm,其感兴趣区域的面积约为 23.4mm×10mm

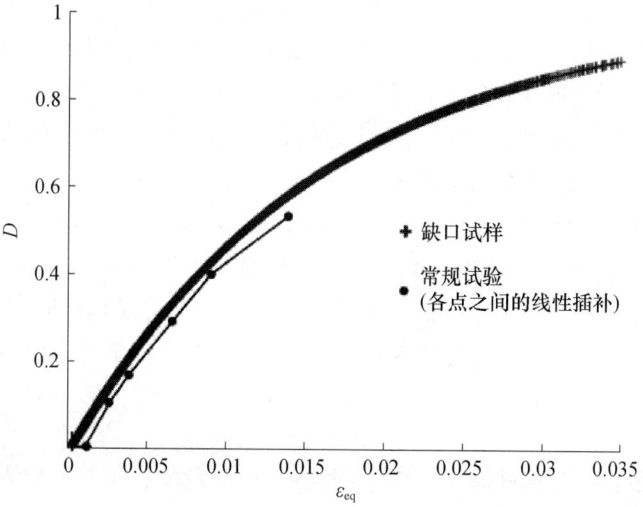

图 39.11　用下述常规的方法(仅有少量的应变数据)以及借助全视场测量和平衡间隙方法识别出的损伤定律,每个十字叉对应一个实测的应变

39.5 损伤局部化和开裂

重新考虑第 39.3 节中讨论的叉形复合材料试样的例子，从测量的角度看，评估了实验不同阶段的连续位移场（图 39.3），通过分析关联残差，可以断定，位移的连续性是不成立的（图 39.12），尤其是在实验的最后阶段。

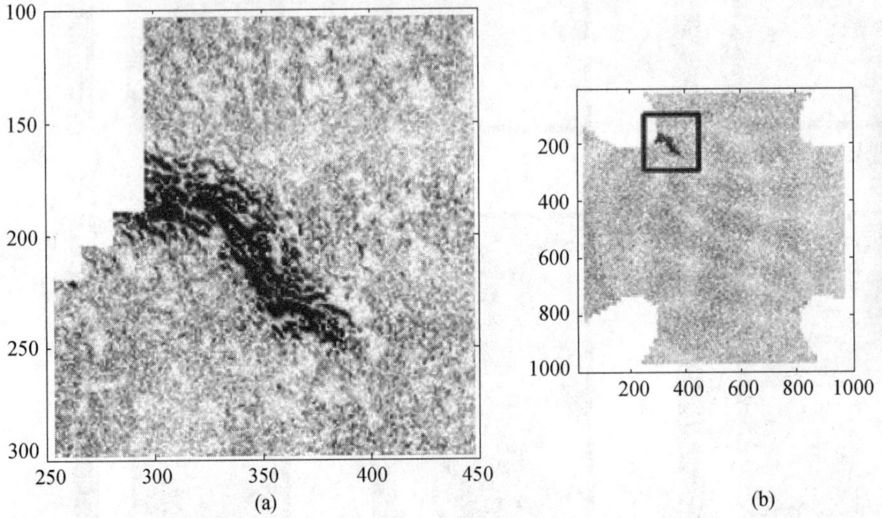

图 39.12　用灰度水平表示的、图 39.3 中所示的位移场的关联残差（分析图像的数字化是 8 位的，见图 39.2），其感兴趣区域的面积约为 68mm×68mm，在左上角可见一个裂纹（（a）可见其详细特征）。

为了在整体 DIC 配置下处理位移的不连续性问题，可采用两种不同的路线：①可采用扩展 DIC（Réthoré 等，2008），如 XQ4－DIC，与在扩展有限元分析（Black 和 Belytschko，1999；Moës 等，1999）中一样，它包括了用非连续项丰富其位移基。②节点分裂也是可能的（Roux 等，2012），图 39.13 给出了用 XQ4-DIC 得出的结果，具体而言，可采用裂纹张开位移谱线提取应力强度因子，在图 39.13 的曲线关系中，线性插补的斜率等于 $8K/E_0\sqrt{2\pi}$，因而其应力强度因子 K 为 16MPa$\sqrt{\mathrm{m}}$。

从模拟的角度看，如图 39.7 所示，损伤演化定律中出现了两个区域，第二个区域对应于比同种材料的拉伸实验中观测到的应变更大的应变水平，它们与宏观裂纹的存在有关，用 CDM 的概念对该宏观裂纹进行描述是不可靠的。为了将线弹性断裂力学与 CDM 关联起来，通过假设一个恒定的临界能量释放速率 G_c 来计算其耗散能 Δ（Lemaitre 和 Dufailly，1987）：

$$\Delta = G_c a h \tag{39.22}$$

式中：a 为裂纹长度；h 为试样厚度。对于损伤模型，耗散能密度首先针对开裂的单元计算出来（$D=1$）：

$$\delta = \int_0^1 Y \mathrm{d}D \tag{39.23}$$

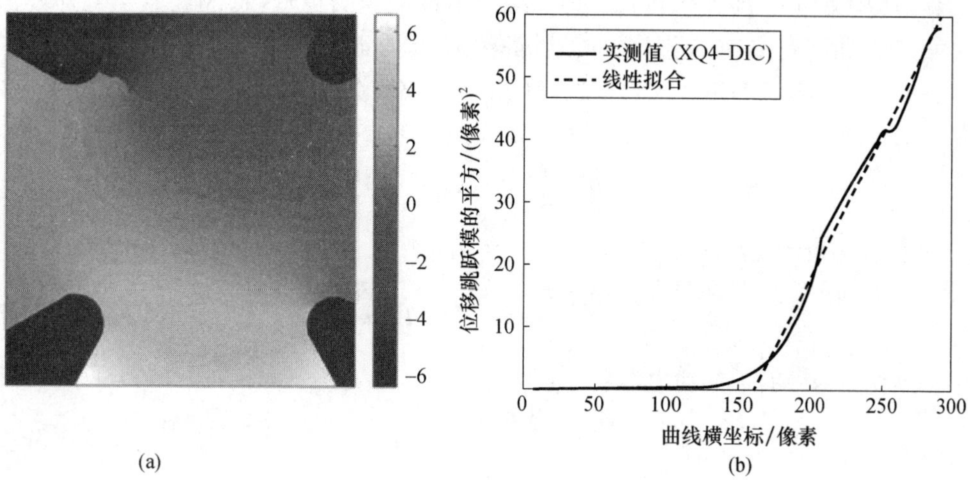

图 39.13　用 XQ4-DIC 得出的位移场的垂直分量((a),单位为像素,ℓ=32 像素),其感兴趣区域的面积为≈68mm×68mm,位移跳跃模的平方与曲线横坐标之间的关系(b),一个像素的物理尺寸为 68μm(J. Réthoré)

采用所选的演化定律,耗散能的密度变为

$$\delta = 2E_0 \sum_i c_i \varepsilon_{ci}^2 = 2Y_c \tag{39.24}$$

从而 n 个开裂单元的耗散能为

$$\Delta = n\ell^2 h\delta \tag{39.25}$$

其中,Y_c 为特征能量释放速率密度,若注意到 $a \approx n\ell$,那么有

$$G_c = 2\ell Y_c \tag{39.26}$$

该结果表明,单元尺寸 ℓ 显式出现在临界能量释放速率和特征能量释放速率密度之间的关系中。

采用损伤演化定律中识别的参数(见第 39.3.2 节),断裂硬度的估算值 K_c 由下式得出,

$$K_c = \sigma_c \sqrt{2\ell},\ 其\ \varepsilon_c = \sqrt{\sum_i c_i \varepsilon_{ci}^2}\ 且\ \sigma_c = E_0 \varepsilon_c \tag{39.27}$$

式中:σ_c 为特征强度;ε_c 为特征应变,由 $\varepsilon_{c5} \gg \varepsilon_{c1}$ 得出下列估算式:

$$K_c \approx E_0 \varepsilon_{c5} \sqrt{2\ell_{c5}} \tag{39.28}$$

该结果证明,损伤演化定律的第二个区域(即应变水平大于 1%)(图 39.7(b))与局部化模式相关(即裂纹扩展),但与扩散机制无关,单元尺寸起到了非局部参量的作用,由于它是在测量阶段被选取而非任何的物理学的原因,所以其并非具有任何物理意义。

在目前的案例中,可发现,$\sigma_c \approx 360$MPa,$\varepsilon_c \approx 0.04$,其中 $\ell \approx 1.1$mm、$E_0 = 9.3$GPa,因此,临界能量释放速率变为 $G_c = 31\text{kJ/m}^2$,相应的断裂硬度 $K_c = 17\text{MPa}\sqrt{\text{m}}$。这些值对复合材料而言都非常高,原因之一是,纤维编织层有利于裂纹桥接,因此,脆性断裂不会发生,由此可见,该类材料没有缺口敏感性(Berthaud 等,2000),这一点可通过该材料的特殊结构予以理解,断裂硬度的水平与上述估算的应力强度因子接近,这证实了其识别程序的有效性。

模拟裂纹的另一种方法及其处理区域要借助内聚力模型(CAM),它们都涉及沿线(二维模拟)和沿面(三维模拟)的非线性的浓缩,标准断裂力学仅考虑了裂纹扩展(即在所考虑的结构中存在初始裂纹),与之相反,一个 CZM 会考虑萌生、扩展甚至需要时会考虑裂纹的合并长大,早期的一个模型包含了界面的主表面的自由能密度 $\varPsi$ 的形式:

$$\varPsi=\frac{1}{2}k_n(1-d)[u]^2 \tag{39.29}$$

其中,d 为界面损伤变量,k_n 为正刚度,因而正拉力 t 与正位移跳跃$[u]$有关:

$$t=\frac{\partial\varPsi}{\partial[u]}=k_n(1-d)[u] \tag{39.30}$$

与损伤变量 d 有关的动力学载荷 y 为

$$y=-\frac{\partial\varPsi}{\partial d}=\frac{1}{2}k_n[u]^2 \tag{39.31}$$

在该案例中,为简便起见仅考虑了模式Ⅰ,可广义化后应用于三种断裂模式(Allix 和 Corigliano,1996)。

当对式(39.12)、式(39.13)与式(39.29)、式(39.30)和式(39.31)进行对比时,仅有的差异是,前者与单位体积的能量有关,而后者由单位面积的能量确定,因此,如果自由能满足 $\varPsi=\boldsymbol{\varPsi}\ell$,那么这两个损伤变量就是相等的 $d=D$,从而得到一个用耗散能表示的总的等效值。因而如果 $\ell\varepsilon=[u]$,那么其正刚度就使得 $\ell k_n=E_0$,这是该案例中的很好的估算式。

在这些假定条件下,其 CZM 的参数为:正刚度 $k_n=4.3\text{kN/mm}^3$、特征强度 $\sigma_c\approx 364\text{MPa}$、特征裂纹张开位移 $\delta_c=\ell\varepsilon_c\approx 43\mu\text{m}$(即 0.6 像素的量级),在估算这些参数的过程中,仍需要单元尺寸 ℓ。

与第 38 章中讨论过的集中损伤力学相似,悬臂钢梁会导致一种局部化的损伤,由于该损伤的物理根源是梁壁的屈曲,局部化分布在与其截面成比例的一段长度上,如果损伤定律被调整到一个特定的尺寸,就不存在将非线性损伤效应浓缩于小于真实区域的一个区域内的阻力。为了考虑同样的转动,曲率必须与损伤区的倒数在一个尺度上,在消失尺寸的极限处,即"集中的"极限处,曲率开始发散,以转动不连续的方式进行。在裂纹-局部化损伤的讨论中,存在一种准完美的模拟过程,理解什么是常规选择以及物理量是如何被缩放以满足所选定的描述显示了 CDM 的强大功能,且有时会引发有关内长度比例的观点的热议,这点在几年前曾经是非常活跃的。

39.6 小　　结

在概述中(第 37 章)讨论过的各种损伤测量方法,有两种被采用:①给出了一种检测技术,通过二维和三维图像来分析物理微损伤(即微裂纹和微孔洞)的演变,随后对其进行处理;②损伤耦合的弹性行为被用于损伤场逆运算,并识别损伤演变定律的参数。对这两种方法的选择由模拟策略决定,模拟策略依赖于观察的尺度和科学家的判断。

对(力学)损伤定律的识别首先在梁几何的简单案例中予以说明(第 38 章),然后应用于复合材料中,将损伤定律列为控制实测位移场的一种因素(还有平衡和相容性)保证了向分析刚度场衬度和准确确定损伤演化定律的逐步转变。最后,仍然存在准确处理局部化区域的问题，即选择离散化方法的问题，这与能量平衡的问题一致，分别针对集中损伤力学（梁）和介观裂纹（复合材料）进行了讨论，在第 38 章以及本章中采用了相同思路。

为了执行本章中讨论的大部分分析过程，仅采用了一种测量技术（即 DIC），而识别过程采用了平衡间隙的概念，须注意，还存在其他的全视场测量和识别程序（Grédiac 和 Hild,2012），我们选择将以上两步尽可能强地关联起来（即测量和识别），DIC 的整体方法是达到该目的并将实验和数值模拟无缝关联起来的一种方法。

就损伤模型而言，为解释方便，这里仅采用了一些简单的模型，由于必须谨慎处理复杂的问题，而逆运算和识别过程属于逆向问题的范畴，因此，未知参数越多，需要收集越多的实测数据才能使结果可信和有效。另外，本章仅采用二维位移场，但是识别过程是通用的，并且目前正在广义化为三维表面和体积的测量。

如第 37 章的概述中所述，当描述损伤时，可进行多尺度的测量和模拟，对于损伤测量，考虑了不同的尺度，大小不同的尺度也可同时考虑进来。对于损伤模型，它们基本是在连续体力学的体元水平上给出的，其他的选择也是可能的。

所有这些进展都出现在了基于模拟的工程科学领域中，多尺度和多物理学科模拟相关的问题仍是公认的挑战之一。连续体损伤力学是需要进一步发展的力学领域，以期达到足够可信的水平，使工程师们可采用其模型去设计（损伤容限的）不同的结构。模拟方法与测量体系的实时集成是需要进一步探索的另外一个课题，为达到此目标，需要改进模型识别过程和验证过程，并使其更加有效。

本章相关彩图，请扫码查看

参考文献

O. Allix, A. Corigliano, Modeling and simulation of crack propagation in mixed-modes interlaminar fracture specimens. Int. J. Fract. 77, 111-140(1996)

S. Andrieux, Y. Bamberger, J. -J. Marigo, Un modèle de matériau microfissuré pour les bétons etles roches. J. Méc. Th. Appl. 5(3), 471-513(1986)

S. Avril, M. Bonnet, A. -S. Bretelle, M. Grédiac, F. Hild, P. Ienny, F. Latourte, D. Lemosse, S. Pagano, E. Pagnacco, F. Pierron, Overview of identification methods of mechanical parameters based on full-field measurements. Exp. Mech. 48(4), 381-402(2008)

D. Baptiste, Damage micromechanics modelling of discontinuous reinforced composites, in Continuum Damage Mechanics of Materials and Structures, ed. by O. Allix, F. Hild(Elsevier, Amsterdam, 2002), pp. 115-163

M. R. Begley, A. G. Evans, R. M. McMeeking, Creep rupture in ceramic matrix composites with creeping fibers. J. Mech. Phys. Solids 43(5), 727-740(1995)

M. Ben Azzouna, J. -N. Périé, J. -M. Guimard, F. Hild, S. Roux, On the identification and validation of an anisotropic damage model by using full-field measurements. Int. J. Damage Mech. 20(8), 1130-1150(2011)

Y. Berthaud, S. Calloch, F. Collin, F. Hild, Y. Ricotti, Analysis of the degradation mechanisms in composite materials through a correlation technique in white light, in Proceeding of the IUTAM Symposium on Advanced Optical Methods and Applications in Solid Mechanics, ed. by A. Lagarde, (Kluwer, Dordrecht, 2000), pp. 627-634

T. Black, T. Belytschko, Elastic crack growth in finite elements with minimal remeshing. Int. J. Num. Meth. Eng. 45, 601-620(1999)

Blue Ribbon Panel, Simulation-Based Engineering Sciences. Final report, NFS(2006), www. nsf. gov/pubs/reports/sbes_final_report. pdf

D. Boudon-Cussac, A. Burr, F. Hild, On a continuum description of damage in fiber-reinforced composites, in Proceedings of the McNU'97, Damage Mechanics in Engineering Materials, eds. by G. Z. Voyadjis, J. -W. W. Ju, J. -L. Chaboche. Studies in applied mechanics, vol. 46(Elsevier, Amsterdam, 1998), pp. 303-320

B. Budiansky, J. W. Hutchinson, A. G. Evans, Matrix fracture in fiber-reinforced ceramics. J. Mech. Phys. Solids 34(2), 167-189(1986)

A. Burr, F. Hild, F. A. Leckie, Continuum description of damage in ceramic-matrix composites. Eur. J. Mech. A/Solids 16(1), 53-78(1997)

A. Burr, F. Hild, F. A. Leckie, The mechanical behaviour under cyclic loading of ceramic-matrix composites. Mater. Sci. Eng. A250(2), 256-263(1998)

A. Burr, F. Hild, F. A. Leckie, Isochronous analysis of ceramic-matrix composites under thermome chanical cyclic loading conditions. Comp. Sci. Tech. 61(15), 2231-2238(2001)

J. -L. Chaboche, On the description of damage induced anisotropy and active passive effect, in Proceedings of the ASME Winter Annual Meeting, 1990

D. Claire, F. Hild, S. Roux, A finite element formulation to identify damage fields: the equilibrium gap method. Int. J. Num. Meth. Eng. 61(2), 189-208(2004)

D. Claire, F. Hild, S. Roux, Identification of a damage law by using full-field displacement measurements. Int. J. Damage Mech. 16(2), 179-197(2007)

W. A. Curtin, Exact theory of fiber fragmentation in single-filament composite. J. Mater. Sci. 26, 5239-5253 (1991)

R. Desmorat, Quasi-unilateral conditions in anisotropic elasticity. C. R. Acad. Sci. Paris IIB 328(6), 445-450 (2000)

Z. Z. Du, A. C. F. Cocks, R. M. McMeeking, Power-law matrix creep in fiber composites due to transverse stress gradient. Eur. J. Mech. A/Solids 16(3), 445(1997)

P. Forquin, F. Hild, A probabilistic damage model of the dynamic fragmentation process in brittle materials. Adv. Appl. Mech. 44, 1-72(2010)

P. Germain, Q. S. Nguyen, P. Suquet, Continuum thermodynamics. ASME J. Appl. Mech. 50, 1010-1020(1983)

M. Gre'diac, F. Hild(eds.), Full-Field Measurements and Identification in Solid Mechanics(ISTE/ Wiley, London, 2012)

N. Guy, D. M. Seyedi, F. Hild, A probabilistic nonlocal model for crack initiation and propagation in heterogeneous brittle materials. Int. J. Num. Meth. Eng. 90(8), 1053-1072(2012)

D. Halm, A. Dragon, Y. Charles, A modular damage model for quasi-brittle solids-interaction between initial and induced anisotropy. Arch. Appl. Mech. 72, 498-510(2002)

R. Hamam, F. Hild, S. Roux, Stress intensity factor gauging by digital image correlation: application in cyclic fatigue. Strain 43, 181-192(2007)

F. Hild, Discrete versus continuum damage mechanics: a probabilistic perspective, in Continuum Damage Mechanics of Materials and Structures, ed. by O. Allix, F. Hild(Elsevier, Amsterdam, 2002), pp. 79-114

F. Hild, A. Burr, F. A. Leckie, Matrix cracking and debonding in ceramic-matrix composites. Int. J. Solids Struct. 33(8), 1209-1220(1996)

F. Hild, S. Roux, Digital image correlation: from measurement to identification of elastic properties-a review. Strain 42, 69-80(2006)

F. Hild, S. Roux, N. Guerrero, M. E. Marante, J. Florez-Lopez, Calibration of constitutive models of steel beams subject to local buckling by using digital image correlation. Eur. J. Mech. A/Solids 30, 1-10(2011)

P. Ladevèze, Sur une théorie de l'endommagement anisotrope. Internal report no. 34, LMT Cachan, 1983

P. Ladevèze, A damage computational method for composite structures. Comput. Struct. 44(1-2), 79-87(1992)

P. Ladevèze, E. Le Dantec, Damage modelling of the elementary ply for laminated composites. Comp. Sci. Tech. 43(3), 257-267(1992)

H. Leclerc, J. -N. Périé, S. Roux, F. Hild, Integrated digital image correlation for the identification of mechanical properties, in Mirage, ed. by A. Gagalowicz, W. Philips. LNCS, vol. 5496 (Springer, Berlin, 2009), pp. 161-171

J. Lemaitre, J. Dufailly, Damage measurements. Eng. Fract. Mech. 28(5-6), 643-661(1987)

N. Limodin, J. Réthoré, J. -Y. Buffière, A. Gravouil, F. Hild, S. Roux, Crack closure and stress intensity factor measurements in nodular graphite cast iron using 3D correlation of laboratory X ray microtomography images. Acta Mat. 57(14), 4090-4101(2009)

N. Malésys, L. Vincent, F. Hild, A probabilistic model to predict the formation and propagation of crack networks in thermal fatigue. Int. J. Fat. 31(3), 565-574(2009)

J. -J. Marigo, Formulation d'une loi d'endommagement d'un matériau élastique. C. R. Acad. Sci. Paris(se'rie II) 292, 1309-1312(1981)

N. Moës, J. Dolbow, T. Belytschko, A finite element method for crack growth without remeshing. Int. J. Num. Meth. Eng. 46(1), 133-150(1999)

A. C. Orifici, I. Herszberg, R. S. Thomson, Review of methodologies for composite material modelling incorporating failure. Comp. Struct. 86(1-3), 194-210(2008)

J. N. Périé, H. Leclerc, S. Roux, F. Hild, Digital image correlation and biaxial test on composite material for anisotropic damage law identification. Int. J. Solids Struct. 46, 2388-2396(2009)

J. Réthoré, A fully integrated noise robust strategy for the identification of constitutive laws from digital images. Int. J. Num. Meth. Eng. 84(6), 631-660(2010)

J. Réthoré, F. Hild, S. Roux, Extended digital image correlation with crack shape optimization. Int. J. Num. Meth. Eng. 73(2), 248-272(2008)

J. Réthoré, S. Roux, F. Hild, An extended and integrated digital image correlation technique applied to the analysis fractured samples. Eur. J. Comput. Mech. 18, 285-306(2009)

D. Rouby, P. Reynaud, Fatigue behaviour related to interface modification during load cycling in ceramic-matrix fibre composites. Comp. Sci. Tech. 48, 109-118(1993)

S. Roux, F. Hild, Stress intensity factor measurements from digital image correlation: postprocessing and integrated approaches. Int. J. Fract. 140(1-4), 141-157(2006)

S. Roux, F. Hild, Digital image mechanical identification(DIMI). Exp. Mech. 48(4), 495-508(2008)

S. Roux, F. Hild, H. Leclerc, Mechanical assistance to DIC, in Proceedings of the Full Field Measurements and Identification in Solid Mechanics, eds. by H. Espinosa, F. Hild. IUTAM Procedia, vol. 4(Elesevier, 2012), pp. 159-168

A. N. Tikhonov, V. Y. Arsenin, Solutions of Ill-Posed Problems(Wiley, New York, 1977)

G. Vivier, H. Trumel, F. Hild, On the stored and dissipated energies in heterogeneous rateindependent systems: theory and simple examples. Continuum Mech. Thermodyn. 20(7), 411-427(2009)

G. Vivier, H. Trumel, F. Hild, On the stored and dissipated energies in heterogeneous rateindependent materials. Application to a quasi-brittle energetic material under tensile loading. Continuum Mech. Thermodyn 23, 387-407(2011)

第 10 部分

层压复合材料损伤的微观力学

第 40 章　纤维增强聚合物复合材料微观损伤和显微组织异常的定量实验方法综述

Valeria La Saponara, Rani Elhajjar

摘　　要

众所周知,复合材料结构对制造缺陷和服役过程中产生的损伤敏感,缺陷和损伤可能导致复合材料结构无法满足服役要求,或造成结构承载能力的下降。因此,损伤与缺陷的检测和表征对任意一种纤维增强聚合物基复合材料的研发都至关重要,尤其对于用于主承力结构的材料。复合材料微损伤和显微组织异常的试验研究方法所面临的挑战是:任何一种现存方法单独使用都无法鉴定所有的损伤机理。本章对现存的复合材料微观损伤(例如层内基体开裂)和显微组织异常(纤维波动,孔隙)的定量表征试验方法进行了梳理。本章在第 40.2 节讨论了基于显微镜、X 射线成像术、声发射和超声技术的微观损伤的表征方法,第 40.3 节介绍了制造缺陷(例如纤维波动和孔隙)相关的显微组织异常的表征方法。

40.1　引　　言

基于航空航天结构对高比刚度、高比强度材料的需求,纤维增强树脂基复合材料于 20 世纪 70 年代问世。从问世至今,纤维增强树脂基复合材料的应用发展迅猛,现已不只局限于航空航天领域,被拓展并已广泛应用于民用领域、船舶领域,交通领域和风力发电领域等。在最新的飞机,例如波音 787 和空客 A350 和 F-35 上,纤维增强树脂基复合材料的用量已经达到了机体结构质量的约 50%。其他领域的应用包括:新建的车辆和人行天桥(建于 1982 年的中国密云桥具有第一个全复合材料甲板)以及翻新过的桥梁(2001 年竣工的美国犹他州 80 号州际高速公路上基于抗震改造的州街大桥),美军 2006 年推出最新高速“短剑”(M80 Stiletto)隐形快艇和瑞典 2002 年正式服役的维斯比轻巡洋舰,2004 年通用电气推出的 1.5MW 风力涡轮机上 37m 长的复合材料叶片,等。

然而,整体和夹层纤维增强树脂基复合材料的损伤类型复杂且繁多,例如微观尺度的裂纹,纤维/基体界面的脱黏、分层,几乎不可见的冲击损伤,剪切失效以及微屈曲等,这些对研究的开展带来了巨大挑战。上述损伤模式可能是由制造缺陷引起的,也可能源于服役过程中的外来破坏。服役过程中的破坏包括热机械疲劳、冲击、老化环境(湿度、紫外线)及(或)服役流体介质、过载及其上述破坏因素的非线性组合等。据称,服役过程中用于复合材料结构检测的费用,可达到复合材料购买和使用维护费用(Bar-Cohen 2000)的约 30%。因此,复合材料结构的服务安全性依赖于对制造缺陷和损伤萌生的及早评估,从而提早对结构进行维修，以便降低停工带来的经济损失。

本章详细介绍了目前广泛应用的几种复合材料微观损伤观测的试验方法，这些方法可实现对纤维增强树脂基复合材料微观尺度损伤（例如层内基体开裂）和显微组织异常（纤维波动，孔隙）的定量描述。第 40.2 节聚焦于基于显微镜、X 射线成像术、声发射和超声等技术的微观尺度损伤表征方法，第 40.3 节讨论了制造过程产生的纤维组织异常，例如纤维波动和孔隙的表征方法。

40.2 微观损伤

40.2.1 综述

自 20 世纪 70 年代起（例如 Aveston 和 Kelly，1973），许多研究者针对纤维增强树脂基复合材料中损伤的演变规律以及材料组分，包括树脂和纤维分别对材料最终失效的影响开展了大量研究。在过去的几十年，研究人员在准静态和疲劳拉伸载荷作用下复合材料正交层板（由 0°和 90°单层交替铺叠得到）内部损伤的逐渐演变顺序方面开展了广泛的研究（见 Berthelot，2003，McCarney 等，2010，Telrejia 和 Singh，2012 年发表的综述文章），研究表明损伤逐渐演变顺序为：①90°铺层（即垂直于加载方向的横向铺层）中出现多重基体裂纹。这些基体裂纹萌生于铺层内部局部缺陷处（例如孔隙、纤维簇和树脂富集区），且基体裂纹的间隔距离取决于单层厚度。②基体开裂引起复合材料内部载荷的重新分配、水分侵入材料内部，以及开裂单层的刚度下降，最终造成复合材料层板结构刚度、强度和断裂韧度的降低。③随着载荷的增加，这些横向裂纹开始发生相互作用，裂纹之间的间距减小，并最终达到某种饱和状态，这个阶段被称为“特征损伤状态”（见 Highsmith 和 Reifsnider 1982 年发表的文章），这个“特征损伤状态”取决于铺层角度、单层厚度和铺层顺序。文献资料表明准各向同性复合材料层板中的损伤演变过程更为复杂（例如，Tong 等，1997，图 40.1；Adolfsson 和 Gudmundson，1999，图 40.2），例如，-45°方向的裂纹的产生通常始于 90°方向的基体裂纹。

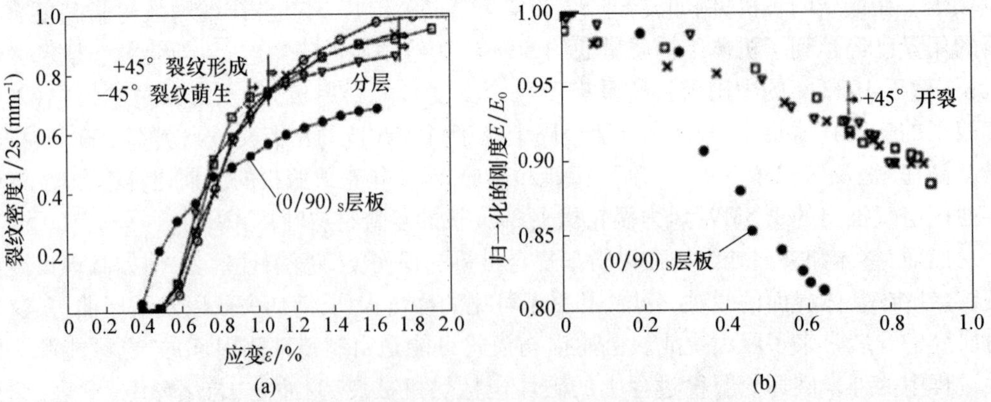

图 40.1 准各向同性和正交铺层玻璃纤维/环氧复合材料层板中横向开裂逐渐演变过程

（a）裂纹密度-应变曲线；（b）刚度降-裂纹密度曲线。（Tong 等，1997）

编织结构的正交复合材料中也存在上面讨论的三阶段损伤演变顺序(例如,Naik,2003)。编织复合材料由纵向纱线(经纱层)、横向纱线(纬纱层)和纯树脂基体三个主要部分组成。在这类复合材料中,还会出现额外的损伤特征:①第一阶段的损伤还伴随着纬纱层中微观尺度损伤的形成和横向开裂;②在第二阶段的损伤演变过程中可能出现宏观尺度的损伤,例如经纱层中的剪切失效。此外,还可能出现纯树脂区域的裂纹和经、纬纱层之间的分层。图 40.3 展示了正交铺层玻璃/环氧编织复合材料试件,在拉伸疲劳载荷作用下的损伤演变过程,显然,编织复合材料中失效模式确实更为复杂。对较大尺度的非均质结构,例如在岩石中,也存在裂纹饱和的行为(图 40.4;Schopferet 等在 2011 发表的文章)。

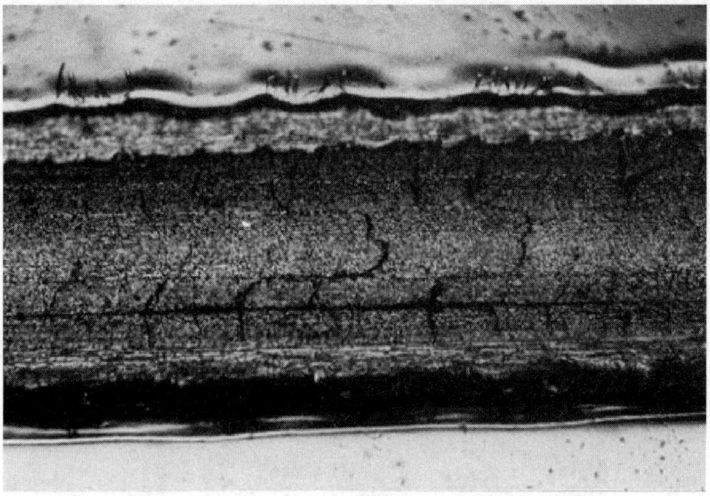

图 40.2　铺层顺序为[0/90/±45]s 的玻璃/环氧复合材料层板中的损伤
铺层厚度为 0.125mm(Adolfsson 和 Gudmundson,1999)

根据最新出版的相关文章和书籍,先进复合材料和非均质结构中损伤萌生和逐渐演变规律一直是各大科研机构的关注领域,且存在多种理论并存的现状。(在此将典型的几个列举如下:Anderson 等,2008;Cid Alfaro 等,2010;Böhm 和 Hufenbach,2010;Schöpfer 等,2011;Talreja 和 Singh,2012;Aggelis 等;Farge 等,2012;Barbero 等,2013)。

原则上,试验验证要求使用能最大限度减少用户偏见的可靠技术,并能解决微观尺度损伤(例如层内开裂)特征的固有随机性质。这对编织的复合材料铺层尤为明显,因在材料制备过程中,不同的编织铺层被压实的程度不同。因此,应力状态在局部显著变化,不同铺层层内开裂诱发的时间不同,层内裂纹之间的间距也不同。Manders 等(1983)最早发现了损伤萌生的随机性和损伤随机分布的特征,此外 Yurgartis 等(1992)、Bulsara 等(1999)、Wang 和 Yan(2005)、Silberschmidt(2005)、Anderson 等(2008)也对上述特性展开过谈论。

本章第 40.2 节聚焦于几种典型的,实验室级别的,微观尺度损伤特性的定量测试方法,其中未讨论关于测试方法现场部署的具体实践。第 I 部分的目的不在于推荐一种首选的、优于其他方法的分析/数值方法。

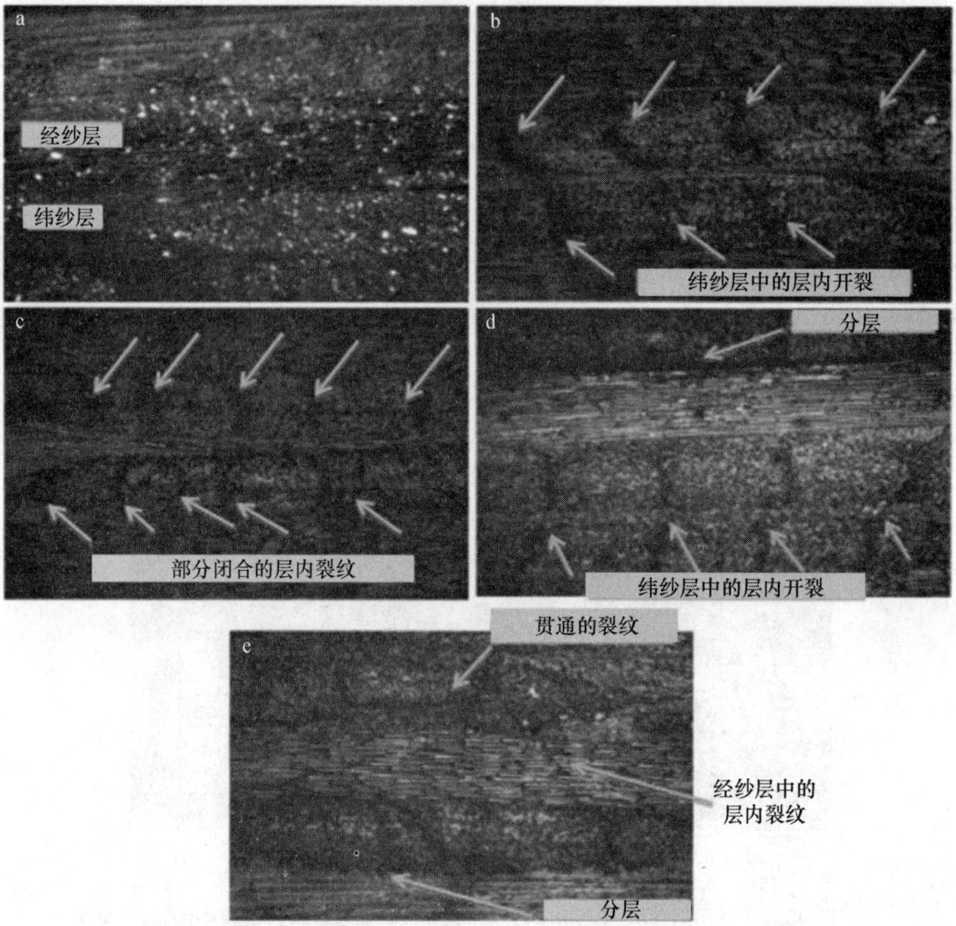

图 40.3 编织玻璃/环氧试验件在应力比为 0.8,频率为 10Hz 的拉伸疲劳试验中某些位置的损伤图像(彩图)

(a)初始的无损材料;(b)1000 循环后,平均载荷为 9.12kN;(c)卸载,经历 1000 次循环后;(d)14000 次循环后,在平均载荷下;(e)16000 次循环后,在平均载荷下。纬纱层厚度为 200μm。该试验已在 Saponara 等 2011 年发表的文章中进行了描述,图片展示的是 D 试件,对该试件的疲劳测试在经历了 18000 次循环后停止。

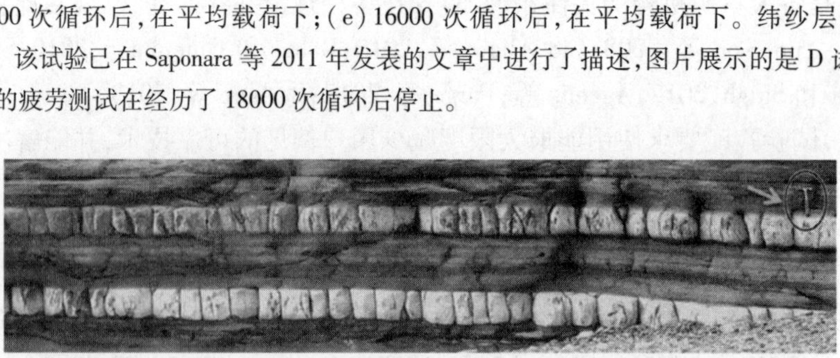

图 40.4 岩石中的裂纹饱和,裂纹产生于位于泥岩之间的石灰岩床中

箭头表示一个 0.29m 长的岩石锤,用于标识尺寸。(Schopfer 等,2011)

40.2.2 基于显微镜观察的方法

对透明的试样(例如玻璃/环氧试样),研究者大都使用光学显微镜或透射显微镜对

加载或不加载的试样进行观察。一些研究者直接观察试样或试样的横截面(例如 Manders 等,1983;Yurgartis 等,1992;Tong 等,1997;Voyiadjis 和 Almasri,2007,使用扫描电镜 SEM;Anderson 等,2008;Thomas 等 . 2008;Ogi 等,2010;Paris 等,2010)。另外一些研究者则使用显微镜观察树脂基和陶瓷基复合材料的边缘复制品(例如,Highsmith 和 Reifsnider,1982;Stinchcomb,1986;Yurgartis 等,1992;Sørensen 和 Talreja,1993;Adolfsson 和 Gudmundson 等,1999)。这个观察边缘复制品的方法适用于裸露于外,且在测试之前进行过清理或砂纸打磨的试验件边缘。通常,试验件加持于测试机上。首先使用丙酮对一条醋酸纤维素薄膜进行软化,然后将其放置于试验件边缘,并将其轻压(例如使用拇指)于试件边缘,并保持一小段时间(几分钟),由此可在薄膜表面形成压痕,故这个带有试验件表面压痕特征的薄膜被称为边缘复制品,之后再使用光学显微镜对这个薄膜进行观察。然而这种方法在实施中可能会遭遇一些挑战,现有文献中尚未对这个挑战进行明确讨论,本文在此将对这些挑战进行详细的论述:

(1)薄膜在固化过程中需保持一定的曲率,故薄膜在显微镜载玻片上不是严格平放,造成了显微镜的光散射不均匀,将影响对微损伤特征的识别和计数(如图 40.3(a)中的闪亮点)。

(2)无法观测到试验件内部的损伤状态。

(3)损伤过程需有具有统计意义的、不受操作人员主观影响的识别方法。这可能需要繁琐的裂纹计数工作,除非采用图像处理软件和立体测量技术。针对层内裂纹归类所制定的原则,需保证不同的用户都能很好的区分(例如,裂纹是否需要穿过整个层的宽度才能被定义为层内裂纹)。

(4)在使用图像处理软件时存在如下挑战。在边缘复制品薄膜中可能存在一些人为的虚假图像特征,例如指纹和丙酮液滴,或膜上尚未固化的丙酮所引起的孔洞(图 40.5)。若不是掌握专业知识的操作者利用图像处理软件进行图像分析,软件可能会将上述虚假的图像特征当作损伤的标识。

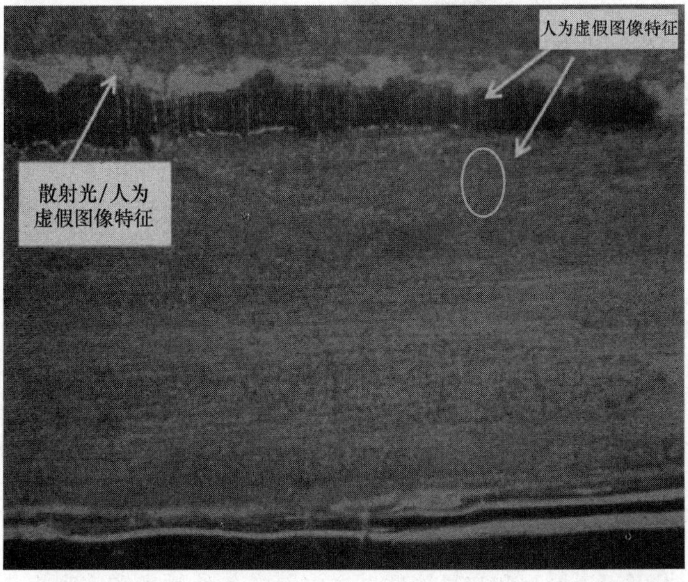

图 40.5　编织正交玻璃/环氧边缘复制品薄膜(纬纱层的厚度约为 200μm)

(5)醋酸纤维素薄膜是黏弹性材料。为了降低蠕变,制造商(Ted Pella)建议在低温和恒定温度下对其进行储存。如果边缘复制品薄膜存储不当,或未被及时处理,则可能会影响裂纹密度的测量。

(6)虽然这种技术被归类为非破坏性的无损检测手段,在聚合物样品表面系统地使用丙酮可能最终导致损伤。另外,试验件置于丙酮环境下,可能也会造成试验机加持力的衰减。

Yurgartis 等(1992)提出了一种有效地识别层内裂纹(或者成为横向纤维束开裂)和层间分层的图像处理技术。这种方法最初是针对陶瓷基复合材料提出的,但也可能被用于其他非均质材料。半自动的图像处理包括提高裂纹相对于背景的的分辨率,从而生成可用于损伤统计测量的简化图像(图 40.6)。

Wharmby 等(2003)的研究中提到使用其内部开发的软件,处理利用摄像机和数字帧抓取器获取的图像,但文中缺少关于软件,及其所使用的裂纹标记决策过程等技术细节的信息(他们只是在一个会议论文集发表了文章)。因此,相比较而言,Yurgartis 等(1992)的对其研究工作的表述更加清晰。

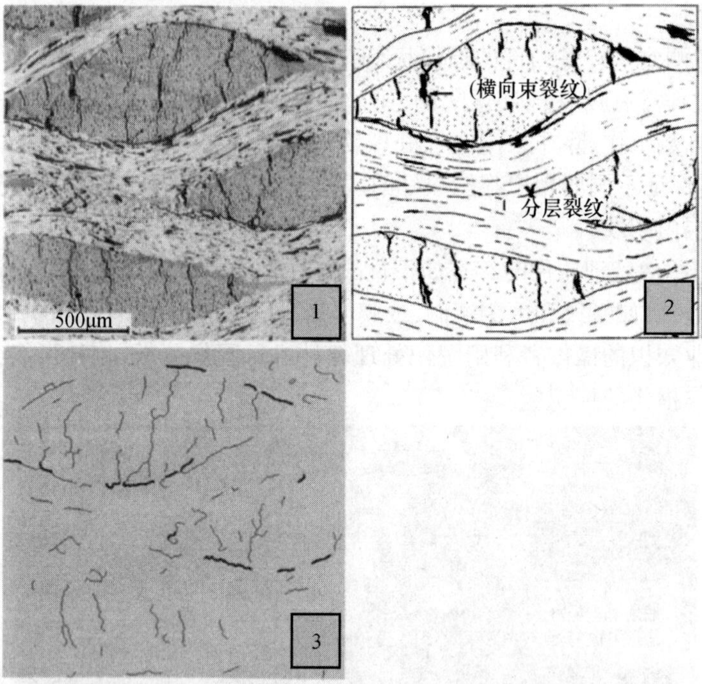

图 40.6 碳-碳复合材料试样的显微图像处理(Yurgartis 等,1992)

原始的数字图像(方框 1 所示)已经过去噪、平滑处理,并进行了中轴转换,得到凸显所关注损伤特征的简化图像(方框 2-3 所示)。试验操作人员需区分横向束裂纹和分层裂纹,并对不同类型的裂纹进行标记。基于上述操作,裂纹便可自动计数。随机选择 18~20 的数据进行处理,并保证图像不重叠(图片复制得到斯普林格科学+商业媒体 B. V 的许可)。

40.2.3 基于 X 射线成像术的方法

X 射线摄影术可用于检测和定量测试试样内部的各种微观和宏观损伤特征。使用 X

射线摄影术检测纤维增强环氧树脂试样中的损伤，需使用染料渗透剂，例如，二碘丁烷溶液(Crossman 等，1980)或碘化锌溶液(Stinchcomb，1986；Lafarie-Frenot 和 Hónaff-Gardin，1991)。Stinchcomb(1986)罗列了保证 X 射线成像术成功的两个重要条件：①渗透剂溶液需在复合材料内部具有很好的流动性，为此，需在渗透剂溶液中加入可降低表面张力的添加剂。尽管如此，在某些与渗透剂施加的外表面不相连的区域，渗透剂可能仍无法进入其中。②对大范围的分层损伤，毛细作用将会造成渗透剂达到分层边缘，这些特征也会出现在 X 射线图像中，干扰损伤特征的准确判断。此外，X 射线仅提供二维图像，无法提供深度方向信息，为了获得准确的损伤信息，需要在若干相对于 X 射线源的不同方向，分别为试样拍摄照片(Talreja 和 Singh，2012)。

X 射线计算机断层扫描(CT)可以提供内部损伤的三维视图(Scott 等，2011；Zhang 等，2013；Withers 和 Preuss，2012 综述)，及其动态变化(层析，参见 Moffat 等，2010；同步加速器辐射断层摄影术，参见 Wright 等，2010)。试样在 CT 中缓慢地旋转，每隔一个小的旋转角度，采集一张照片，从而获得一系列高分辨率的数字射线照片(投影)。在对投影进行滤波/去噪后(通常采用 Radon 变换)，基于数学原理构建三维图像，然后将这些滤波后的投影发送到网格上并添加射线照片，由此获得的试样被检测部位形貌的三维图像。

针对碳/环氧试样受到冲击的情况(图 40.7)，Bull 等(2013)回顾了微束 X 射线 CT(μCT)、同步辐射 CT(SRCT)和同步辐射计算代层成像(SRCL)。第一种技术可以识别宏观和介观尺度的损伤，而其余两种技术在三维微观损伤的快速扫描方面表现更优。X 射线 CT 在微观结构中的孔隙度识别方面的应用将在第 40.3 节中进一步讨论。

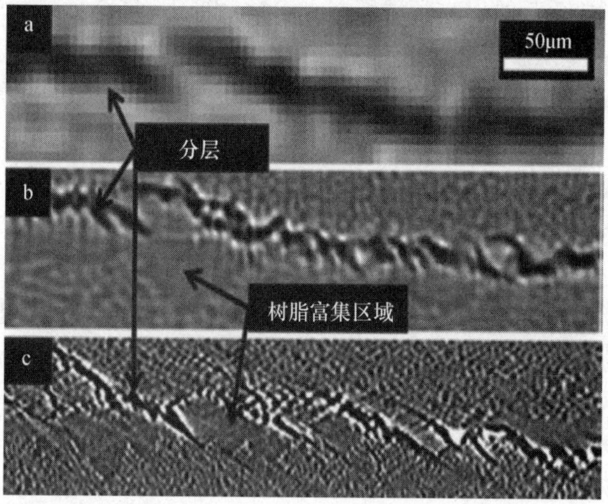

图 40.7　使用 μCT，SRCT 和 SRCL 获得的损伤区域特写图像(Bull 等，2013)

(a)和(b)相同试样在近似相同位置的特写图像；(c)在其他试样上获得的具有类似损伤形貌的图像。

40.2.4　基于声学/超声学的方法

基于声学/超声学的无损检测是否成功，分辨率和灵敏度是关键的决定因素。分辨率和灵敏度取决于声音信号的解析能力，以及对制造缺陷(空隙、分布空隙或孔隙率、夹杂物、富含树脂和树脂的区域、波纹)，以及由热机械加载或其他因素造成的损伤的区分能力。超声波传送器产生频率范围在20kHz到几GHz之间的波形,其与损伤之间的关联取决于下面几个参数:缺陷/损伤尺寸及其各种的波长尺寸、材料的分散性、材料的各向异性、探测距离、传感器与材料之间的耦合质量、边界和负载条件(包括传送器周围的环境条件,尤其对传送器嵌入材料中的情形)以及与设备相关的非线性导致发射波形变形(例如,放大器在给定频率范围之上)。为保证复合材料结构被传感器"看作"均匀介质,需要选择合适的传感器工作频率:低于1MHz的频率满足大多数复合材料的均匀性条件(Castaings 等,2000)。

传感器可以传送并行Lamb波,其在无缺陷复合材料中的行为可以通过利用材料代表性体积单元有效性质计算的理论离散曲线来预测。因此,理论离散曲线无法捕捉材料的局部变化或制造缺陷的存在。因为传感器的尺寸通常与单层厚度相当,所以嵌入复合材料内部的传感器可能导致应力集中,进而引发损伤(Singh 和 Vizzini,1994;Schaaf 等,2007;Tang 等,2011),然而还有一些学者认为情形并不是必然出现的(Mall,2002;Qing 等,2007)。Tang 等(2011)针对拉伸疲劳载荷作用的玻璃/环氧树脂试样,在低超声波范围内利用嵌入式传送器接收到的,并经Gabor小波变换处理的超声波形与层内裂纹积累之间的关联提出了一种假设,这个假设目前正在被验证,验证工作通过对超过100个加载/卸载测试影像进行分析来实现,这个验证的过程非常耗时且烦琐(La Saponara 等,2011,该研究正在进行而尚未发表)。传感器也可以用楔子或旋转装置调谐,以便传输选定类型的几种波(包括在复合材料中,传播准纵向或快速准横向或慢速准横向波)。

许多学者针对波在复合材料中的传播,以及利用波检测微观和宏观损伤的能力开展了研究,这是一个非常活跃的研究领域。在大多数情形下,复合材料被当作弹性材料进行分析。下面列举了一些从事弹性复合材料和接触式传感器传送超声波方面研究的作者:S Nayfeh(1991)、Rose 等(1993)、Kessler 等(2002)、Seale 等(1998)、Su 等(2006)的综述文章、Diamanti 和 Soutis(2010)的综述文章以及 Aggelis 等(2012)的综述文章。个别的一些学者研究了体波的传播和黏弹性复合材料中Lamb波的传播规律:Castaings 等(2000),Schubert 和 Herrmann(2011,2012)。

另一种超声波方法是使用C扫描,这种方法可以检测垂直于传感器方向的材料内部分层,也可以用于评估制造质量(例如,VoiAdji 和 AlMasRi,2007)。这种超声波方法中,使用一个传感器实施脉冲回波法,并采用两个传感器(脉冲发生器和接收器)用于穿透分析。为了确保可穿透有时需要在脉冲回波形式中使用一个传感器。试样厚度也会影响波的传播,为此对复合材料进行C扫描,需采用低频率传感器。C扫描可能无法检测微裂纹,其分辨率被认为比射线照相技术(Stinchcomb,1986)更差,该方法也无法检测许多类型的制造异常。然而,与射线照相术相比,它的优点在于在材料制造或结构服役中容易实施以实现对分层和孔隙率的检测。第40.3节对该方法进行了更多的讨论。

另一种基于波在固体中传播的方法是声发射。声发射方法的原理是:当材料损坏,例如纤维断裂或微裂纹等导致的应力快速重新分布时,声频范围(20Hz~20kHz)内的应力波可被连接到样品上的被动传感器检测到,应力波爆发或者声发射(AE)事件均可被这些被动传感器捕获。声发射方法的可靠性取决于所用硬件、传感器和前置放大器的兼容性(Jemielniak,2001)。作为声发射装置中的典型器件,放大器具有高通、低通或带通型滤波器,它们放大和过滤直接来自传感器或前置放大器的声发射信号,然后进行处理。Favre

和 Laizet（1989）、Steiner 等（1995）、Tsamtsakis 等（1998）研究了复合材料中的声发射，最近 Bohm 和 Hufenbach（2010）以及 Aggelis 等（2012）也开展了相关研究，Roy 和 Elghorba（1988）采用声发射方法研究了玻璃纤维/环氧复合材料的 II 型层间的失效行为，获得了静力和疲劳分层载荷作用下，材料中 II 型分层的损伤演化规律。如上所述，声发射方法的缺点包括难以识别损伤位置以及区分不同类型的损伤。Qamhia 等（2013）基于声发射技术发展碳/环氧复合材料中孔隙率和纤维波纹的检测方法，他们分别制造了只含有孔隙率和纤维波纹，以及同时含有上述两种缺陷类型的试样，测试结果表明，含孔隙缺陷的试样中产生的声发射信号的计数和能量释放量高于含纤维波纹试样的情形，并指出了基于频域分析解释 AE 信号的时间历程以及区分不同缺陷类型的可能性。

待检测的两种缺陷（孔隙度和纤维波纹）的耦合增加了区分这两种缺陷类型的难度，第 40.3 节关于制造异常的部分将详细讨论这些缺陷。为了克服声发射方法的某些局限性，一些学者将声发射与其他技术相结合，例如，Aggelis 等（2012）将超声波与声发射结合起来，用于记录微观损伤演变。Boehm 和 Hufenbach（2010）使用了类似的测试原理，并增加了视频数据和显微照片（图 40.8）。第 40.3 节介绍采用超声波（特别是 C 扫描）进行显微组织异常的检测和定量分析，造成 AE 波演变的损伤事件起源位置也可被确定。传统方法基于对测量信号到达时间的分析，至少需要使用一个传感器。信号到达时间的测量采用区域方法或三角定位方法，其中区域方法使用检测到信号的第一个传感器来指定主要区域，三角定位方法测量信号到达传感器阵列时间的差异（Promboon，2000）。其他基于波形或交叉相关技术的方法也有一些研究（Ziola 和 Gorman，1991）。

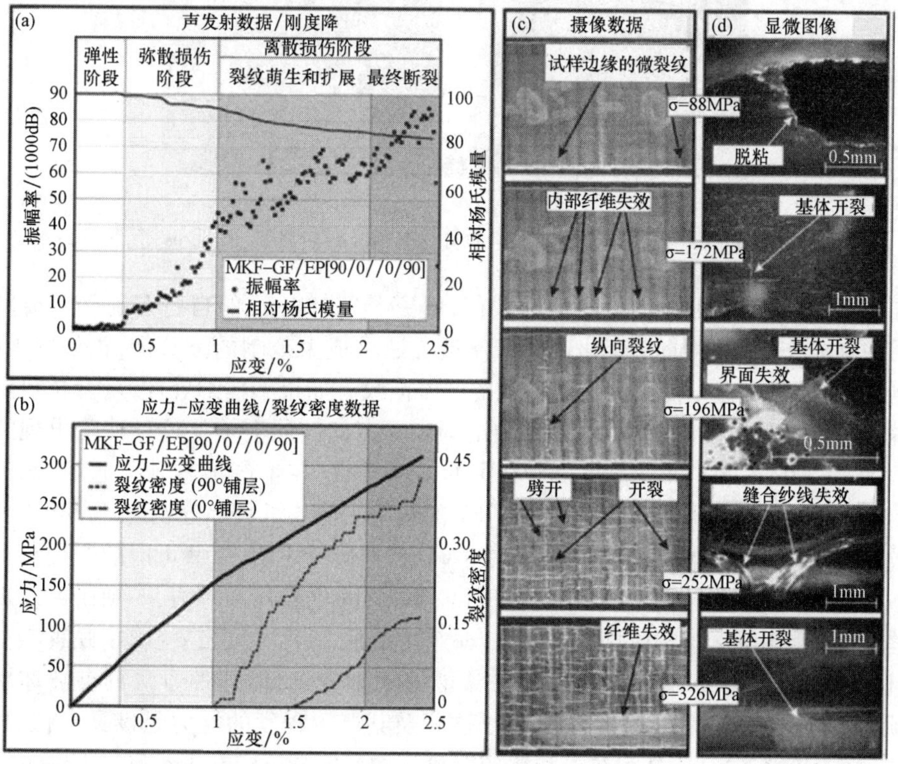

图 40.8　通过声发射，超声波，摄像数据和显微照片检测到的损伤（Boehm 和 Hufenbach，2010）

40.3　制造异常

40.3.1　纤维波纹

复合材料结构的制造过程不可避免地在生成的制件或结构中引入缺陷或制造异常。先前已经讨论过纤维波纹度变化对复合材料拉伸和压缩性能的影响(Hsiao 和 Daniel,1996 a,b),其他用来指代纤维波纹的术语有“老虎条纹、马歇尔纹、皱纹和斑马纹”,纤维波纹对材料的拉伸和压缩特性以及非线性行为有显著影响(Chun 等,2001;Hsiao 和 Daniel,1996c)。Elhajjar 和 Lo Ricco(2012)研究了纤维波纹与应力集中之间的相互作用,这种作用类似于缺口附件的应力集中,但显示出更高的折减量。关于何种水平的纤维波纹可以被认为是制造过程的正常情形,没有普遍的共识。图 40.9 显示了碳纤维/环氧复合材料制备的自行车在靠近头管区域的前叉部位中的纤维波纹(Sisneros 等,2012)。

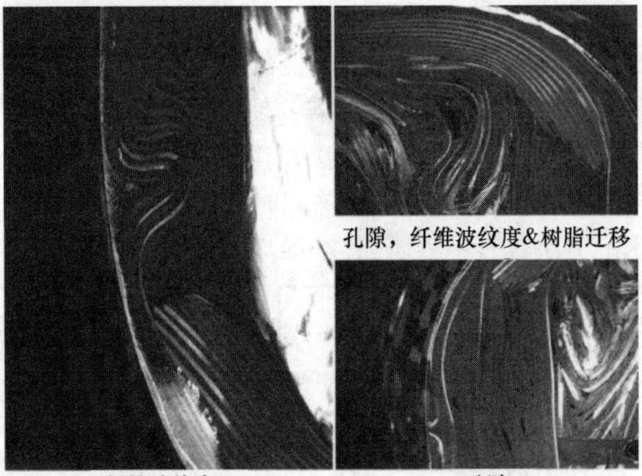

图 40.9　包含纤维波纹和孔隙缺陷的自行车前叉的横截面(Sisneros 等,2012)

在本章研究中,使用声发射和疲劳载荷,研究了“带缺陷”的自行车前叉。声发射方法能够识别损伤萌生,大曲率变化或某些制造方法造成大范围的波纹区,正如图 40.9 所示的碳纤维/环氧自行车前叉中所观察到的纤维波纹。如果不仔细处理,复合材料层板在单层铺叠过程中将引发纤维波纹,更大的结构和更多的铺层会增加这种缺陷出现的可能性。根据“西雅图时报”(Lovering,2009)中的一篇文章,在生产工艺升级期间,波音公司(美国伊利诺斯州芝加哥的波音公司)在 787 的几个一体式机身部分发现了意想不到的纤维波纹。产生纤维波纹的确切原因还不是很确定,但研究表明,一些可能的原因包括来自层压板中铺层的压力、异物、铺层终止、部件曲率、共固化或残余应力,一项研究发现了这种缺陷在大量使用的材料中的高发生率(Lee 和 Soutis,2007)。已经提出了几种表征和测量纤维波纹度的方法,显微照相的评估方法能够识别波纹,但这种方法具有破坏性的缺点。预测复合材料部件固化之前纤维波纹位置及其严重程度的能力是极具工程意义的,但目前为止成效有限。还是存在一些比较有价值的研究成果,Wisnom 和 Atkinson(2000)人为地在复合材料环中引入波纹缺陷,通过在制造阶段使用基于位移的技术,能够将其关联到固化后复合材料中纤维波纹度的水平。目前大多数现存的检测方法都在试图解决复合结构固化后内部纤维波纹的表征，在某些特定的纤维波纹轮廓下，自由表面附近的树脂富集预示着下面存在更严重的缺陷。

40.3.1.1　显微结构分析

显微结构表征方法需对结构破坏后的横截面进行扫描。使用这种方法，首先需从结构中截取试样，对试样进行抛光后，再使用光学显微镜对其进行扫描，使用高分辨率桌面扫描仪也可以观察到中等质量的结果。上述需要造成损伤的检测方法在两个方面受到限制：①一个给定横截面关联到将来生产的制件的可信度不足；②正确表征纤维波纹存在巨大挑战，为此每次测试中，需要对大量试样的不同横截面进行检测。尽管有上述限制的存在，目前这种方法仍是确定纤维波纹缺陷形貌最准确的方法。通过对抛光横截面进行图像分析，并采用 X 射线扫描技术对该方法改进的研究也有相关报道（Sutcliffe 等，2012）。

在表征纤维波纹时，有时可以假定纤维波纹遵循正弦函数，其中波纹区的幅度、角度或长度分别决定特定材料性能的降低。鉴于缺陷的纵横比容易测量，有时候也使用纵横比表征纤维波纹。然而缺陷纵横比的测量方法未考虑到空间变化、层压板的厚度以及厚度方向波纹的分布，导致这种方法与力学性能和失效预测分析方法之间难以建立关联。图 40.10 展示了纤维波纹的形态（Chun 等，2001），从中可以看出很难使用一种正弦波或一种纵横比来表征所有的纤维波纹情形。在均匀纤维波纹表征（图 40.10（a））方面，每层的纵横比是相同的，而在渐变纤维波纹表征时（图 40.10（b）），需采用函数来描述层合物从一侧到另一侧的材料中纤维波纹幅度的变化。局部纤维波纹（图 40.10（c））是指仅影响有限层数的均匀振幅的纤维波纹。上述不同类型的纤维波纹形态将对材料力学性能退化的类型和程度产生巨大影响。

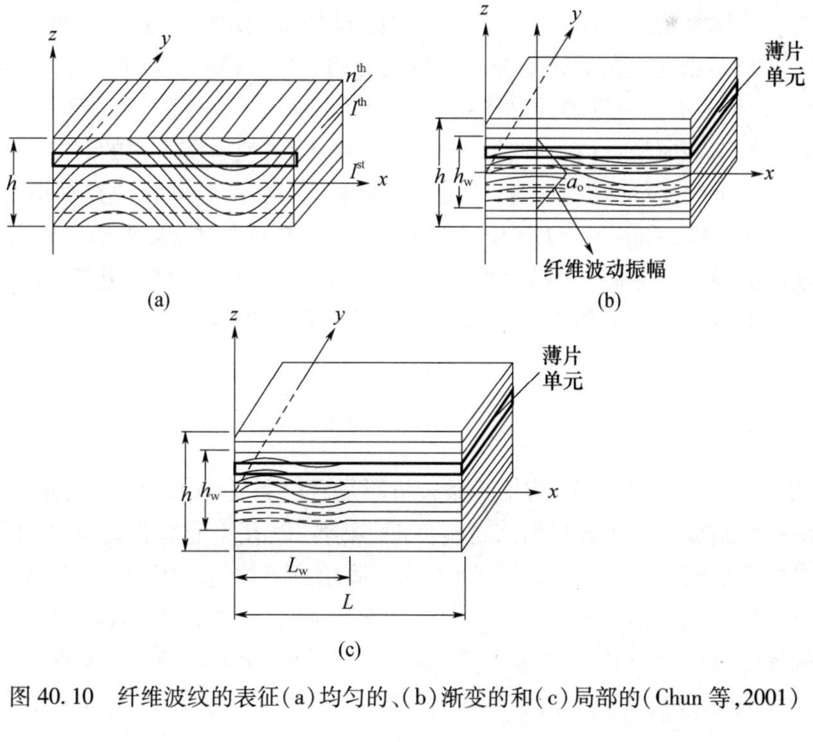

图 40.10　纤维波纹的表征（a）均匀的、（b）渐变的和（c）局部的（Chun 等，2001）

高斯函数也可以用来捕捉波动层的钟形曲线响应(Elhajjar 和 Petersen,2011)。这种方法不同于 Hsiao 和 Daniel(1996a,c)提出的使用正弦波表征各种波纹几何形状的方法,可从理论上确定弹性刚度。研究发现,相对于正弦波,高斯函数能更好地描述某些形态的波纹几何形状,由于这些解析函数是可微分的,它们可以用来确定纤维波纹的角度,从而实现弹性常数的变换。参与计算的单胞在长度 L 范围内被积分,并在每个单层厚度方向添加纤维波纹的贡献。在这种方法中,渐变波纹形态下每个单层中纤维波纹度以高度 A_w 表示。这个值在两个表面之间区域逐渐降低,即从一个表面处的最大值,逐渐降低到对应的另一个表面处的较小值,这是通过减小相对单层在层板堆叠方向位置的波纹高度而实现的。因此,沿着 x 轴的 z 坐标,$v(x)$ 可表示为(Elhajjar 和 Petersen,2011)

$$v(x)=A_w\left[1-\left(\frac{z_k-A_w}{h-A_w}\right)^2\right]e^{-\frac{x^2}{2c^2}} \tag{40.1}$$

式中:h 为单层的名义厚度;z_k 为第 k 铺层上表面的 z 坐标。注意纤维波纹程度越严重,测量的厚度受纤维波纹的影响越大。上面公式的特点是,其取决于纤维波纹的长度,故这个公式的确定是偏主观的。

40.3.1.2 *超声方法*

第 40.2 节也讨论过,超声方法在工程实践中非常普及,故基于超声方法的纤维波纹度检测手段,是目前一个非常活跃的研究领域。

超声波方法采用无损的手段给出纤维波纹形态的某些方面的信息,故是一种无损检测方法。然而,这种方法在纤维波纹形态的全分辨率方面还面临许多挑战,这种方法获得的全分辨率取决于材料类型和厚度。例如,纤维波纹可能并不总是一致的,它可能局限于某几个单层,或者在很大范围内延伸,如上所述。纤维波纹也可能与孔隙耦合,使超声波的反射或透射特性复杂化。Dayal(1995)提出使用超声波来测量厚度方向的纤维波纹度,并通过与 C 扫测量值建立关联来表征纤维波纹的周期性。他们对材料中的纵波传播进行了理论分析,计算了不同位置的反射系数。Wooh 和 Daniel(1995)提出基于弹性动力射线理论的离散射线追踪模型,材料各向异性的变化导致超声波沿着弯曲的路径传播,理论模型的分析结果被证明与纤维波纹的周期吻合。然而,纤维和基体中孔隙的分散性导致这种方法难以实施。Chakrapani 等(2012)使用空气耦合超声换能器,来确定复合材料试样中不同深度的纵横比。他们将频率为 200kHz 的瑞利波与纤维波纹的纵横比进行关联,发现使用该方法对具有较低纵横比(产生较大衰减)的纤维波纹可以获得更加清晰的 C 扫描图像。

40.3.2 孔隙

孔隙或分布型空隙是常见的制造缺陷,将对复合材料的静力和疲劳性能产生不利影响。孔隙的存在造成水分更容易侵入材料内部,加速了环境对材料性能衰减的影响进程。孔隙通常是由于层间空气或水分的滞留,不均匀固结或不均匀的固化压力所导致的(Gauvin 等,1987),使用低固结度的低质量工艺通常会导致更大的孔隙度含量(Liu 等,2006),有时铺层顺序也可能影响孔隙的形成,例如,Toscano 和 Vitiello(2011)发现,当层板中相邻单层之间互成 90°角,或层板铺层顺序为[45/-45]顺序堆叠时,孔隙率更大,而单向板

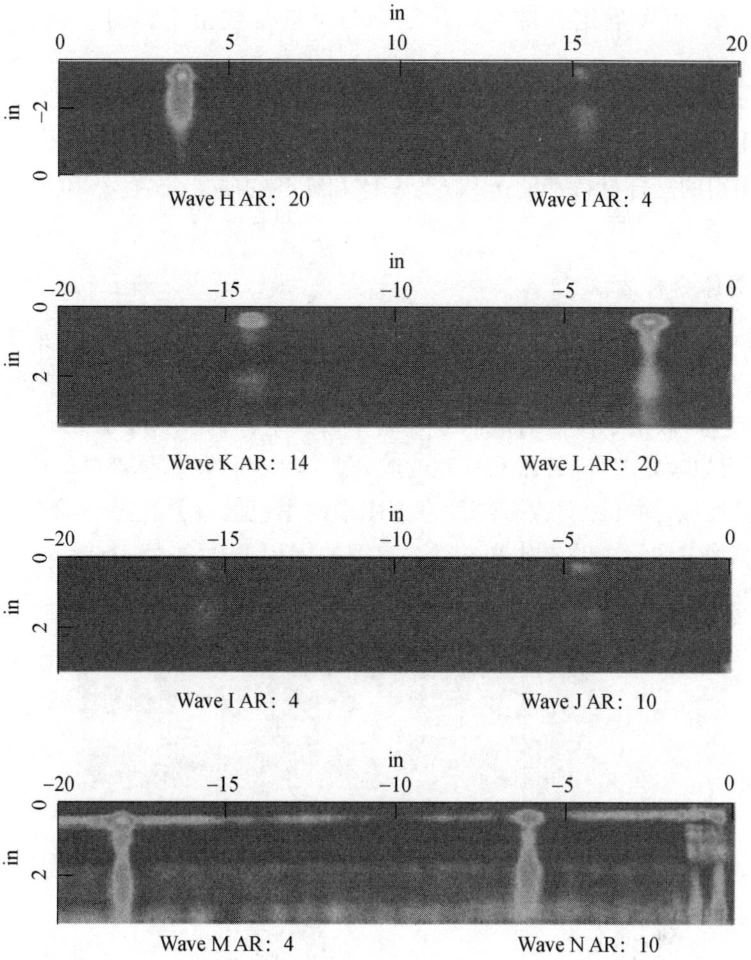

图 40.11　C 扫描与纤维波纹纵横比的相关性

中孔隙率最低。Muller de Almeida 和 Nogueira Neto(1994)在研究中展示了湿度对孔隙的可能影响,孔隙对材料性能的不利影响已被广泛研究(Judd 和 Wright,1978;Koller 等,2007)。

孔隙的存在可能会对复合材料的承载能力造成显著的影响,研究表明,孔隙对复合材料轴向压缩强度的影响要高于对轴向拉伸强度的影响,因此孔隙被认为是主要影响基体主导的力学性能(Oliver 等,1995)。在拉伸过程中,主要是纤维承受负荷,而在压缩过程中,树脂起着更主要的作用。其他性能,例如层间剪切强度(ILSS)表现出更显著的衰减,刘等(2006)提出,ILSS 的减少与孔隙导致层间界面接触面积减少有关。需要注意的是,并不是所有的复合材料力学性能都会受孔隙的影响,例如,有一项研究表明,随着试验件厚度的增加,理论上试样中的孔隙率会提高,然后测试发现试验件的弯曲模量却呈上升规律。

40.3.2.1　间接测量法

复合材料中的孔隙含量可采用具有破坏性的间接测量法,该方法无法提供孔隙率或孔隙的空间描述,但可以确定孔隙的确切含量。如果已知复合材料、纤维、树脂的密度,以及纤维和树脂的质量，就可确定孔隙率。孔隙率的质量分数由下式计算（ASTM D2734－09 2009）：

$$V = 100 - M_d\left(\frac{r}{d_r} + \frac{f}{d_f}\right) \tag{40.2}$$

式中：M_d 为测得的复合材料密度；r 和 f 为基体和纤维的质量分数；d_r 和 d_f 分别为树脂和纤维的密度。

40.3.2.2 图像分析方法

图像分析方法采用灰度直方图方法（Daniel 等，1992）。该技术包括采集截面显微图像，并获取其灰度直方图（Math Works Matlab，2011）。该灰度直方图以像素强度（范围从 1～256）为横坐标，以每个像素对应的发生频率为纵坐标，如图 40.12 所示。从对频率分布的检查中，可以确定基体、纤维和孔隙的成分。其中，纤维/基体部分对应着灰度直方图上较浅的灰色区域，而孔隙对应着灰度直方图中的黑色区域。孔隙率的百分比可以通过阈值像素在图像总像素中的占比来估计。空隙的体积 V_v 可采用 Daniel 等提出的方法进行估计（1992）。

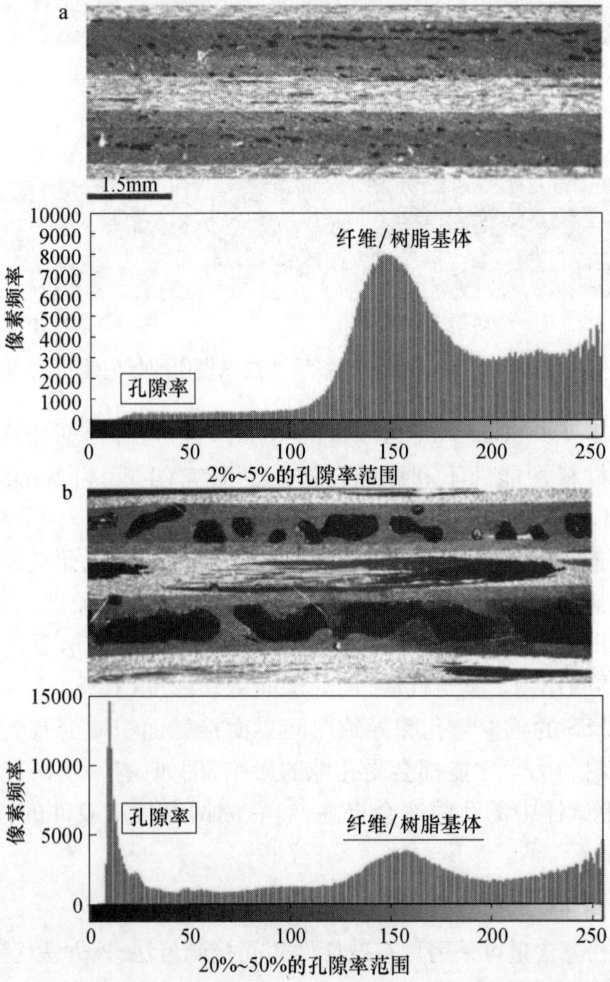

图 40.12　用于估计孔隙水平的灰度图像直方图（Yang 和 Elhajjar，2012）

$$V_v = \frac{P_t}{N} \tag{40.3}$$

式中：P_t 为阈值像素的数目；n 为像素的总数。

40.3.2.3　超声与层析成像方法

超声波测量可以对复合材料层合板中的孔隙率含量进行估计，也是工程实际中最常用的方法之一。该方法可以检测材料中的分层、基体开裂以及孔隙。信号的衰减和波速可以用来对孔隙率进行量化，空隙导致材料密度的变化，密度变化又与声阻抗的变化直接相关。如第 40.2 节所述，复合材料的各向异性导致声波散射，故在对复合材料损伤检测中应用超声方法是非常复杂的。超声检测中可采用脉冲回波或透射法，将含孔隙区域材料的声波信号衰减与横断面扫描校准标准进行关联。这些方法的一个缺点是，它们只能提供总体估计或截面响应，只能给出孔隙缺陷总体形貌的少量信息，此外也只能提供极少量的关于孔隙是否表现为均匀或表现出某种方向性的信息。采用上述讨论的方法，可以对分层和分布式孔隙进行区分。孔隙率分析目前还是非常依赖二维横截面方法，这一点是很重要的。其他用于复合材料中孔隙率的测量技术还有：红外热成像法、光谱学、激光超声、涡流、射线照相、声发射和声超声，上述方法都需使用横截面分析或成分水平方法以开发校准标准。

高分辨率 X 射线计算机断层扫描（CT）提供了一种表征复合材料孔隙率的方法，该方法中，高带电的 X 射线粒子从不同角度穿透结构，实现三维微结构重建。X 射线 CT 已被用于研究生物医学中用于承力的多孔二氧化硅-磷酸钙纳米复合材料的微观结构（Gup Ta 等，2005）。X 射线同步加速器层析成像技术使用电磁波谱内的辐射，这项技术在确定金属基复合材料的富铁区域、孔隙率检测以及损伤演变方面显示出极好的效果（de Andrade Silva 等，2010；Williams 等，2010），此外该技术在自修复复合材料方面也具有很好的应用效果（Ghezzo 等，2010）。通过与几种传统的纤维增强聚合物复合材料（FRP）孔隙含量分析方法的比较，例如超声测试和酸液消解方法，发现 X 射线计算机断层扫描可获得更准确的空隙含量测量结果（Kastner 等，2010）。CT 对空隙和孔隙的检测精度在 0.5%以内，而超声测试和酸液消解方法的精度为±1%以内。此外，X 射线 CT 方法还能获得纤维增强塑料中损伤，例如微裂纹、分层、纤维断裂形貌的三维高分辨率图像（Shilly 等，2005；Write 等，2008）。目前的 X 射线 CT 方法也有一些缺点，例如检测设备不便携，并且只能用于评估小尺寸试样。

40.4　小　　结

复合材料结构对制造缺陷和服役中产生的损伤非常敏感，为此有必要使用先进的检测方法来表征缺陷的类型、位置和程度。若未检测出或忽略了这些缺陷，由于这些缺陷或损伤会导致复合材料结构承载能力大打折扣，导致结构不可用将会产生严重后果。如本章所述，虽然使用脉冲回波或透射法的超声损伤检测方法是当前工业领域中的常用方法，但超声检测方法不能全面地量化和评估复合材料中各种主要类型的损伤。在无损检测方法研究领域，复杂纤维波纹度形态的识别，及其与结构性能的联系一直以来都是一个活跃的研究课题。但是，在当前用于复合材料中的微尺度异常或制造异常的检测方法中，尚没有任何一种方法能独立地完成所有损伤类型的识别。此外,缺陷有时候是耦合在一起的,这又进一步增加了识别这些缺陷的难度。本章对当前研究中提出的各种复合材料微观损伤和制造异常的检测方法进行了概述,并指出了每种方法的优点和不足。

本章相关彩图,请扫码查看

参考文献

E. Adolfsson, P. Gudmundson, Matrix crack initiation and progression in composite laminates subjected to bending and extension. Int. J. Solids Struct. 36, 3131-3169(1999).

D. G. Aggelis, N. -M. Barkoula, T. E. Matikas, A. S. Paipetis, Acoustic structural health monitoring of composite materials: damage identification and evaluation in cross ply laminates using acoustic emission and ultrasonics. Compos. Sci. Technol. 72, 1127-1133(2012).

J. Andersons, R. Joffe, E. Spārnin, sˇ, Statistical model of the transverse ply cracking in cross-ply laminates by strength and fracture toughness based failure criteria. Eng. Fract. Mech. 75, 2651-2665(2008).

ASTM D2734-09, Standard Test Methods for Void Content of Reinforced Plastics: ASTM D2734-09 Standard Test Methods for Void Content of Reinforced Plastics(ASTM International, West Conshohocken, 2009).

J. Aveston, A. Kelly, Theory of multiple fracture of fibrous composites. J. Mater. Sci. 8, 352-362(1973).

E. J. Barbero, F. A. Cosso, F. A. Campo, Benchmark solution for degradation of elastic properties due to transverse cracking in laminated composites. Compos. Struct. 98, 242-252(2013).

Y. Bar-Cohen, Emerging NDE technologies and challenges at the beginning of the 3rd millennium, part Ⅱ, NDT. net. 5(2000). Available on http://www.ndt.net/article/v05n02/barcohen/barcohen.htm. Downloaded Oct 2013.

J. -M. Berthelot, Transverse cracking and delamination in cross-ply glass-fiber and carbon-fiber reinforced plastic laminates: static and fatigue loading. ASME Appl. Mech. Rev. 56, 111-147(2003).

R. Bo¨hm, W. Hufenbach, Experimentally based strategy for damage analysis of textile-reinforced composites under static loading. Compos. Sci. Technol. 70, 1330-1337(2010).

D. J. Bull, L. Helfen, I. Sinclair, S. M. Spearing, T. Baumbach, A comparison of multi-scale 3D X-ray tomographic inspection techniques for assessing carbon fibre composite impact damage. Compos. Sci. Technol. 75, 55-61(2013).

V. N. Bulsara, R. Talreja, J. Qu, Damage initiation under transverse loading of unidirectional composites with arbitrarily distributed fibers. Compos. Sci. Technol. 59, 673-682(1999).

M. Castaings, B. Hosten, T. Kundu, Inversion of ultrasonic, plane-wave transmission data in composite plates to infer viscoelastic material properties. NDT&E Int. 33, 377-392(2000).

S. K. Chakrapani, V. Dayal, D. J. Barnard, A. Eldal, R. Krafka, Ultrasonic Rayleigh wave inspection of waviness in wind turbine blades: experimental and finite element method, in Review of Progress in Quantitative Nondestructive Evaluation, Burlington, July 2011. AIP Conf. Proc. 1430, 1911-1917(2012), http://proceedings.

aip. org/resource/2/apcpcs/1430/1/1911_1. Accessed 23 Feb 2013.

H. -J. Chun, J. -Y. Shin, I. M. Daniel, Effects of material and geometric nonlinearities on the tensile and compressive behavior of composite materials with fiber waviness. Compos. Sci. Technol. 61(1), 125-134(2001).

M. V. Cid Alfaro, A. S. J. Suiker, R. De Borst, Transverse failure behavior of fiber-epoxy systems. J. Compos. Mater. 44, 1493-1516(2010).

F. W. Crossman, W. J. Warren, A. S. D. Wang, G. E. Law Jr., Initiation and growth of transverse cracks and edge delamination in composite laminates Part 2. Experimental correlation. J. Compos. Mater. 14, 88-108(1980).

I. M. Daniel, S. C. Wooh, I. Komsky, Quantitative porosity characterization of composite materials by means of ultrasonic attenuation measurement. J. Nondestruct. Eval. 11(1), 1-8(1992).

V. Dayal, Wave propagation in a composite with a wavy sublamina. J. Nondestruct. Eval. 14(1), 1-7(1995). doi: 10. 1007/bf00735666.

S. F. de Andrade Silva, J. W. Williams, B. R. M€uller, M. P. Hentschel, P. D. Portella, N. Chawla, Three-dimensional microstructure visualization of porosity and Fe-rich inclusions in SiC particle-reinforced Al Ally matrix composites by X-ray synchrotron tomography. Metall. Mater. Trans. A 41(8), 2121-2128(2010).

K. Diamanti, C. Soutis, Structural health monitoring techniques for aircraft composite structures. Prog. Aerosp. Sci. 46, 342-352(2010).

R. F. Elhajjar, M. T. Lo Ricco, A modified average stress criterion for open-hole tension strength in the presence of localized wrinkling. Plast. Rubbers Compos. 41(9), 396-406(2012).

R. F. Elhajjar, D. R. Petersen, Gaussian function characterization of unnotched tension behavior in a carbon/epoxy composite containing localized fiber waviness. Compos. Struct. 93(9), 2400-2408(2011). doi: 10. 1016/J. Compstruct. 2011. 03. 029.

L. Farge, J. Varna, Z. Ayadi, Use of full-field measurements to evaluate analytical models for laminates with intralaminar cracks. J. Compos. Mater. 46, 2739-2752(2012).

J. P. Favre, J. C. Laizet, Amplitude and counts per event analysis ofthe acoustic emission generated by the transverse cracking of cross-ply CFRP. Compos. Sci. Technol. 36, 27-43(1989).

R. Gauvin, M. Chibani, P. Lafontaine, The modeling of pressure distribution in resin transfer molding. J. Reinf. Plast. Compos. 6(4), 367-377(1987).

F. Ghezzo, D. R. Smith, T. N. Starr, T. Perram, A. F. Starr, T. K. Darlington, R. K. Baldwin, S. J. Oldenburg, Development and characterization of healable carbon fiber composites with a reversibly cross linked polymer. J. Compos. Mater. 44(13), 1587-1603(2010).

G. Gupta, A. Zbib, A. El-Ghannam, M. Khraisheh, H. Zbib, Characterization of a novel bioactive composite using advanced X-ray computed tomography. Compos. Struct. 71(3), 423-428(2005).

A. L. Highsmith, K. L. Reifsnider, Stiffness reduction mechanisms in composite laminates, in Damage in Composite Materials, ed. by K. L. Reifsnider(ASTM STP 775, Philadelphia, 1982), pp. 103-117.

H. M. Hsiao, I. M. Daniel, Effect of fiber waviness on stiffness and strength reduction of unidirectional composites under compressive loading. Compos. Sci. Technol. 56(5), 581-593(1996a).

H. M. Hsiao, I. M. Daniel, Nonlinear elastic behavior of unidirectional composites with fiber waviness under compressive loading. J. Eng. Mater. T ASME 118(4), 561-570(1996b).

H. M. Hsiao, I. M. Daniel, Elastic properties of composites with fiber waviness. Compos. Part A Appl. S 27(10), 931-941(1996c).

K. Jemielniak, Some aspects of acoustic emission signal pre-processing. J. Mater. Process Technol. 109(3), 242-247(2001).

N. C. W. Judd, W. W. Wright, Voids and their effects on the mechanical properties of composites-an appraisal.

SAMPE J. 14(1),10-14(1978).

J. Kastner, B. Plank, D. Salaberger, J. Sekelja. Defect andporosity determination of fibre reinforced polymers by x-ray computed tomography, in 2nd International Symposium on NDT in Aerospace 2010(Hamburg, Germany 2010), http://www.ndt.net/article/aero2010/ papers/we1a2.pdf. Accessed 23 Feb 2013.

S. S. Kessler, S. M. Spearing, C. Soutis, Damage detection in composite materials using Lamb wave methods. Smart Mater. Struct. 11,269-278(2002).

R. Koller, S. Chang, Y. Xi, Fiber-reinforced polymer bars under freeze-thaw cycles and different loading rates. J. Compos. Mater. 41(1),5-25(2007).

M. C. Lafarie-Frenot, C. He'naff-Gardin, Formation and growth of 90_ply fatigue cracks in carbon/ epoxy laminates. Compos. Sci. Technol. 40,307-324(1991).

V. La Saponara, W. Lestari, C. Winkelmann, L. Arronche, H-Y. Tang, inReview of Progress in Quantitative Nondestructive Evaluation, San Diego, July 2010. AIP Conf. Proc. 1335, 927-934(2011), http://proceedings.aip.org/resource/2/apcpcs/1335/1/927_1. Accessed 23 Feb 2013.

J. Lee, C. Soutis, A study on the compressive strength of thick carbon fibre-epoxy laminates. Compos. Sci. Technol. 67(10),2015-2026(2007).

L. Liu, B. -M. Zhang, D. -F. Wang, Z. -J. Wu, Effects of cure cycles on void content and mechanical properties of composite laminates. Compos. Struct. 73(3),303-309(2006).

D. Lovering, Boeing finds new problem in 787, installing Patch. Seattle Times(2009), http://seattletimes.nwsource.com/html/localnews/2009664552_apusboeing7874thldwritethru.html. Accessed 23 Feb 2013.

S. Mall, Integrity of graphite/epoxy laminate embedded with piezoelectric sensor/actuator under monotonic and fatigue loads. Smart Mater. Struct. 11,527-533(2002).

P. W. Manders, T. -W. Chou, F. R. Jones, J. W. Rock, Statistical analysis of multiple fracture in 0°/90°/0° glass fibre/epoxy resin laminates. J. Mater. Sci. 18, 2876-2889(1983) Mathworks, Matlab, R2011a edn. (Mathworks, Natick, 2011).

L. N. McCartney, G. A. Schoeppner, W. Becker, Comparison of models for transverse ply cracks in composite laminates. Compos. Sci. Technol. 60,2347-2359(2010).

A. J. Moffat, P. Wright, L. Helfen, T. Baumbach, G. Johnson, S. M. Spearing, I. Sinclair, In situ synchrotron computed laminography of damage in carbon fibre-epoxy [90/0]s laminates. Scripta Mater. 62,97-100(2010).

S. F. Muller de Almeida, Z. S. Nogueira Neto, Effect of void content on the strength of composite laminates. Compos. Struct. 28(2),139-148(1994).

N. K. Naik, Woven-fibre thermoset composites, in Fatigue in Composites: Science and Technology of the Fatigue Response of Fibre-Reinforced Plastics, ed. by B. Harris(CRC Press, Boca Raton, 2003).

A. H. Nayfeh, The general problem of elastic wave propagation inmultilayered anisotropic media. J. Acoust. Soc. Am. 89(4),1521-1531(1991).

K. Ogi, S. Yashiro, K. Niimi, A probabilistic approach for transverse crack evolution in a composite laminate under variable amplitude cyclic loading. Compos. Part A Appl. S 41,383-390(2010).

P. Oliver, J. P. Cottu, B. Ferret, Effects of cure cycle pressure and voids on some mechanical properties of carbon/epoxy laminates. Composites 26(7),509-515(1995).

F. París, A. Blázquez, L. N. McCartney, A. Barroso, Characterization and evolution of matrix and interface related damage in [0/90]s laminates under tension. part Ⅱ: Experimental evidence. Compos. Sci. Technol. 70, 1176-1183(2010).

Y. Promboon, Acoustic Emission Source Location(The University of Texas, Austin, 2000), p. 343.

I. I. Qamhia, E. M. Lauer-Hunt, R. Elhajjar, Identification of acoustic emissions from porosity and waviness defects in continuous fiber reinforced composites. ASTM J. Adv. Civ. Eng. Mater. 2(1),14 pp(2013).

X. P. Qing, S. J. Beard, A. Kumar, T. K. Ooi, F. -K. Chang, Built-in sensor network for structural health monitoring of composite structures. J. Intel. Mater. Syst. Struct. 18,39-49(2007).

J. L. Rose, A. Pilarski, J. J. Ditri, An approach to guided wave mode selection for inspection of laminated plate. J. Reinf. Plast. Compos. 12,536-544(1993).

C. Roy, M. Elghorba, Monitoring progression of mode-II delamination during fatigue loading through acoustic-emission in laminated glass-fiber composite. Polym. Compos. 9(5),345-351(1988).

K. Schaaf, P. Rye, F. Ghezzo, A. Starr, S. Nemat-Nasser, Optimization of mechanical properties of composite materials with integrated embedded sensors networks, in Proceedings of SPIE, Smart Structures and Materials: Sensors and Smart Structures Technologies for Civil, Mechanical, and Aerospace Systems, vol 6174, (San Diego, CA, 2007), p. 617443(5 pp.).

P. J. Schilling, B. P. R. Karedia, A. K. Tatiparthi, M. A. Verges, P. D. Herrington, X-ray computed microtomography of internal damage in fiber reinforced polymer matrix composites. Compos. Sci. Technol. 65,2071-2078 (2005).

M. P. J. Scho¨pfer, A. Arslan, J. J. Walsh, C. Childs, Reconciliation of contrasting theories for fracture spacing in layered rocks. J. Struct. Geol. 33,551-565(2011).

K. J. Schubert, A. S. Herrmann, On attenuation and measurement of Lamb waves in viscoelastic composites. Compos. Struct. 94,177-185(2011).

K. J. Schubert, A. S. Herrmann, On the influence of moisture absorption on Lamb wave propagation and measurement in viscoelastic CFRP using surface applied piezoelectric sensors. Compos. Struct. 94, 3635-3643 (2012).

A. E. Scott, M. Mavrogordato, P. Wright, I. Sinclair, S. M. Spearing, Insitu fibre fracture measurement in carbon-epoxy laminates using high resolution computed tomography. Compos. Sci. Technol. 71,1471-1477(2011).

M. D. Seale, B. T. Smith, W. H. Prosser, Lamb wave assessment of fatigue and thermal damage in composites. J. Acoust. Soc. Am. 103,2416-2424(1998).

V. V. Silberschmidt, Matrix cracking in cross-ply composites: effect of randomness. Compos. Part A Appl. S 36, 129-135(2005).

D. A. Singh, A. J. Vizzini, Structural integrity of composite laminates with interlaced actuators. Smart Mater. Struct. 3,71-79(1994).

P. M. Sisneros, P. Yang, R. F. Elhajjar, Fatigue and impact behaviour of carbon fibre composite bicycle forks. Fatigue Fract. Eng. M 35(7),672-682(2012).

BF. Sørensen, R. Talreja, Effect of nonuniformity of fiber distribution on thermally-induced residual stresses and cracking in ceramic matrix composites. Mech. Mater. 16,351-363(1993).

K. V. Steiner, R. F. Eduljee, X. Huang, J. W. Gillespie, Ultrasonic NDE techniques for the evaluation of matrix cracking in composite laminates. Compos. Sci. Technol. 53(2),193-198(1995).

W. W. Stinchcomb, Nondestructive evaluation of damage accumulation processes in composite laminates. Compos. Sci. Technol. 25,103-118(1986).

Z. Su, L. Ye, Y. Lu, Guided Lamb waves for identification of damage in composite structures: a review. J. Sound Vib. 295,753-780(2006).

M. P. F. Sutcliffe, S. L. Lemanski, A. E. Scott, Measurement of fibre waviness in industrial composite components. Compos. Sci. Technol. 72(16),2016-2023(2012).

R. Talreja, C. V. Singh, Damage and Failure of Composite Materials (Cambridge University Press, New York, 2012).

H. -Y. Tang, C. Winkelmann, W. Lestari, V. La Saponara, Composite structural health monitoring through use of embedded PZT sensors. J. Intel. Mater. Syst. Struct. 22, 739-755(2011).

M. Thomas, N. Boyard, L. Perez, Y. Jarny, D. Delaunay, Representative volume element of anisotropic unidirectional carbon-epoxy composite with high-fibre volume fraction. Compos. Sci. Technol. 68, 3184-3192(2008)

J. Tong, F. J. Guild, S. L. Ogin, P. A. Smith, On matrix crack growth in quasi-isotropic laminates-1. Experimental investigation. Compos. Sci. Technol. 57, 1527-1535(1997).

C. Toscano, C. Vitiello, Influence of the stacking sequence on the porosity in carbon fiber composites. J. Appl. Polym. Sci. 122(6), 3583-3589(2011).

D. Tsamtsakis, M. Wevers, P. de Meester, Acoustic emission from CFRP laminates during fatigue loading. J. Reinf. Plast. Compos. 17, 1185-1201(1998).

G. Z. Voyiadjis, A. H. Almasri, Experimental study and fabric tensor quantification of microcrack distribution in composite materials. J. Compos. Mater. 41, 713-745(2007).

A. S. D. Wang, K. C. Yan, On modeling matrix failure in composites. Compos. Part A Appl. S 36, 1335-1346 (2005).

A. W. Wharmby, F. Ellyin, J. D. Wolodko, Observations on damage development in fibre reinforced polymer laminates under cyclic loading. Int. J. Fatigue. 25, 437-446(2003).

J. J. Williams, Z. Flom, A. A. Amell, N. Chawla, X. Xiao, F. De Carlo, Damage evolution in SiC particle reinforced Al alloy matrix composites by X-ray synchrotron tomography. Acta Mater. 58, 6194-6205(2010).

M. R. Wisnom, J. W. Atkinson, Fibre waviness generation and measurement and its effect on compressive strength. J. Reinf. Plast. Compos. 19(2), 96-110(2000).

P. J. Withers, M. Preuss, Fatigue and damage in structural materials studied by X-ray tomography. Annu. Rev. Mater. Res. 42, 81-103(2012).

S. -C. Wooh, I. M. Daniel, Wave propagation in composite materials with fibre waviness. Ultrasonics 33(1), 3-10(1995).

P. Wright, A. Moffat, I. Sinclair, S. M. Spearing, High resolution tomographic imaging and modelling of notch tip damage in a laminated composite. Compos. Sci. Technol. 70, 1444-1452(2010).

P. Wright, X. Fu, I. Sinclair, S. M. Spearing, Ultra-high resolution computed tomography of damage in notched carbon fiber-epoxy composites. J. Compos. Mater. 42, 1993-2002(2008).

P. Yang, R. Elhajjar, Porosity defect morphology effects in carbon fiber-epoxy composites. Polym. Plast. Technol. 51(11), 1141-1148(2012).

S. W. Yurgartis, B. S. MacGibbon, P. Mulvaney, Quantification ofmicrocracking in brittle-matrix composites. J. Mater. Sci. 27, 6679-6686(1992).

C. Zhang, W. K. Binienda, G. N. Morscher, R. E. Martin, L. W. Kohlman, Experimental and FEM study of thermal cycling induced microcracking in carbon/epoxy triaxial braided composites. Compos. Part A Appl. S 46, 34-44(2013).

S. M. Ziola, M. R. Gorman, Source location in thin plates using cross-correlation. J. Acoust. Soc. Am. 90(5), 2551-2556(1991).

第41章　随机纤维网材料的变形和损伤的模拟

Rickard Hägglund, Per Isaksson

摘　要

纤维材料广泛应用于各种产品中。纤维可以直接粘合在一起,形成二维和三维网状材料,通常称为随机纤维网(RFN)材料,典型的例子包括纸、纺织品和非织造毡。一个RFN代表一个微观结构上的随机结构,决定着材料复杂的变形和断裂行为。网状材料的异质性导致其力学行为具有尺寸效应:纤维在材料中引入长距离的微观结构效应,造成材料内部复杂的力和变形分配,这一点是不同于连续介质材料的。产品中使用的纤维网材料必须在整个使用周期都满足性能要求,包括制造过程和最终使用阶段。本章呈现了利用连续损伤力学分析网状材料变形、损伤和断裂的框架,详细描述了材料退化或损伤,其中损伤对材料力学性能的影响由内部长度变量来控制。为了正确描述应变和损伤的梯度,必须将非局域场理论(梯度理论)添加到框架中,为此本章给出了上述理论的数学框架。

41.1　引　　言

纤维是可用于形成不同材料的细长物体。当今社会纤维有许多用途,它们可以被纺成绳索和电线,或者用作复合材料的组分;纤维可以直接粘合在一起,形成二维和三维网状材料,称为随机纤维网络(RFN)材料。二维网状材料,即纤维基本上是在一个平面内排布的材料,有着广泛的应用。传统的纸就是一种典型的网状材料,用作工业和家居中的消耗品。纸张由基本在一个平面的纤维素纤维网络构成,通过纤维素悬浮液脱水制成(图41.1),当纤维素悬浮液干燥时,纤维素纤维之间形成化学键,根据需要可以使用化学添加剂来获得具有不同的特定化学键。

非织造毡是一种平面网络材料,在各种产品和工业领域中应用广泛。这些织物是由一组采用不同粘接工艺,例如缠结、局部热熔合或化学黏合剂,固结得到的聚合物纤维制成。这些材料用于制成婴儿尿布、过滤器和包装等产品。目前出现了一种由纳米级横截面尺寸的纤维制成的新兴网络材料,纳米纤维素(Hyriksson 等,2008;Eichhorn 等,2010)正是这种材料的典型代表。通过抽取纳米尺度上的纤维素,与木质纤维多层级结构相关的大部分缺陷都可被移除,这些纤维素可形成新的、刚性极高的细长状小纤维素结构。在自然界中具有三维网状结构的天然纤维网材料也非常之多,例如活组织,骨骼、肌肉和植物茎等。人工制造的纤维网材料在汽车和航空航天结构上也有不少应用,在生物医学领域,模拟人体组织网络结构的新型植入材料也正在研发中。

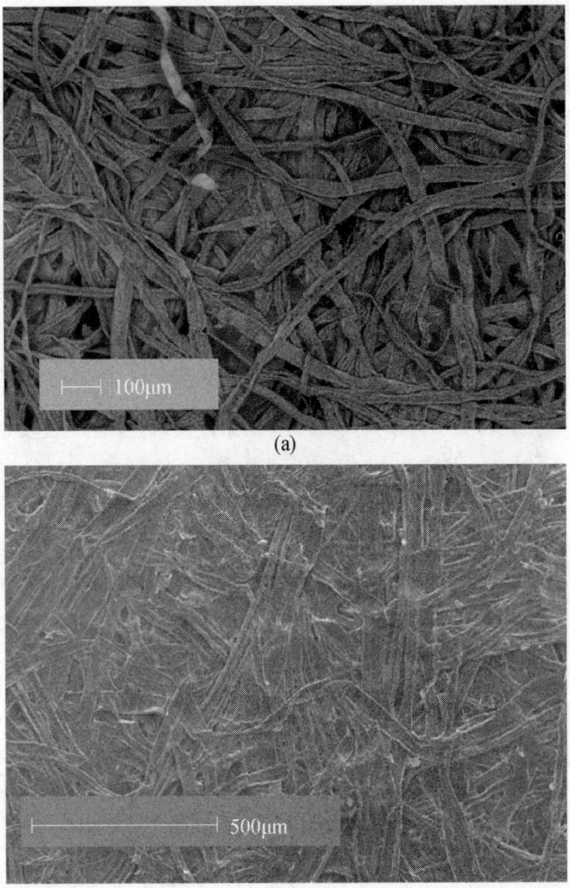

(b)

图 41.1 (a)疏松网络(卫生纸),(b)密集网络(包装纸)

RFN 代表微观尺度上的随机结构,主导着网状材料复杂的变形和断裂行为。图 41.2 展示了分别具有 10mm 和 70mm 中心预制直裂纹的卫生纸的典型断裂图像。可见,缺陷尺寸足够大,最终的断裂才会发生在预制裂纹附近,由此可知,这种材料对内部缺陷相对不敏感。

(a) (b)

图 41.2 薄纸的断裂试验,短(10mm)和长(70mm)初始裂纹

在金属、玻璃或聚合物等均质材料中,断裂过程将局限于初始裂纹尖端,裂纹将基本沿着原始裂纹所在平面扩展。在疏松纤维网中,微观尺度上的变形导致裂纹尖端的局部应力强度因子降低(Isaksson 和 Hägglund,2009)。本章将讨论 RFN 材料的变形,损伤特征与建模的概念。在过去的几十年中,随机分布的纤维网络中的断裂行为得到了广泛研究

(参见 Delaplace 等,1996;Herrmann 和 Roux,1990;Heyden 和 Gustafsson,1998;Niskanen,1993;Ramasubramanian 和 Perkins,1987 或 Astrom 和 Niskanen,1991,1993)。产品中使用的纤维网材料必须在整个使用周期都满足性能要求,包括制造过程和最终使用阶段。为了实现经济、高效的产品设计,了解纤维性能与最终产品力学响应之间的耦合关系很有必要。这种耦合关系的确定可通过基于网络模型的方法来实现,其中纤维被描述为可以拉伸和弯曲的耦合结构构件。除了弹性特性外,还可以用这种方法分析强度和损伤。但是,对于大型结构,鉴于计算成本高,上述方法在普通的计算机中难以实施。此外,在网络材料的制造过程中,纤维的尺寸和力学性能有时候会发生改变,导致产生内应力,这使得纤维性能与最终得到的纤维网材料之间的耦合关系变得非常复杂。与网络模型相比,连续体损伤力学(CDM)理论提供了一个描述材料在宏观连续水平上材料性能退化的框架。纤维基本在一个平面内的平面网材料得到最多关注与广泛研究,对这种薄板状材料,可采用平面应力假设。

41.2　网状材料的变形和损伤机制

只有纤维在凝聚结构中彼此之间形成化学键时,才形成网状材料,承载时,力通过纤维之间化学键在纤维之间传递。纤维网材料的力学性能由三个主要参数决定:①纤维性能;②纤维之间的化学键;③沿着纤维方向用于承载的化学键的数量。

41.2.1　弹性

纤维形成的网状材料的有效弹性模量小于纤维本身的弹性模量,孔隙的存在可部分地解释上述规律。研究表明,在 RFN 结构中,随机纤维片段的长度满足指数分布(Kallmes 和 Corte,1960)。基于上述结论,Cox(1952)提出了一个纤维网材料的弹性常数预测模型,该模型将纤维网材料的弹性常数(杨氏模量 E 和泊松比 v)与基于板材和纤维密度,以及纤维弹性模量(ρ_s,ρ_f,E_f)的纤维刚度建立联系,这个模型可以表示为:$E=\frac{1}{3}\rho_f E_f/\rho_s$ 和 $v=0.3$。该模型假设板材在平面内各向同性,其中纤维无限长,且不允许纤维弯曲或与其他纤维发生相互作用,该理论对纤维网材料模量的预测比实测偏高。在实际的纤维网材料中,载荷在纤维之间传递,其中纤维末端的轴向负载为零,导致纤维长度方向的应力呈梯度分布。为获得纤维网材料的模量和纤维模量之间的耦合关系,必须考虑纤维长度和网络密度的影响。在 Van den Akker(1962)提出的模型中,假设除轴向应变外,纤维的未粘合部分也可承受弯曲和剪切载荷。网络模型已被用于建立纤维自身刚度与纤维网材料刚度之间的关联(Jangmalm 和 Ostlund,1995;Heyden,2000;Aslund 和 Isaksson,2011)。图 41.3 所示了使用网络模型(Bronkhorst,2003)获得无改动纤维网材料弹性模量的估计值,图中展示了不同纤维长度情况下,网状材料的弹性模量与密度之间的关系。在密度极低的情形下,纤维不能形成聚合的网状结构,无法承受载荷,造成材料刚度为零。在开放式纤维结构中,自由纤维段的长度普遍较长,允许发生弯曲,因此材料相对较柔。随着每根纤维上化学键数目的增加,纤维片段长度变短,由此聚合而成的网状结构刚度变大。

图 41.3 中最上面的虚线展示的是 Cox(1952)提出的模型的预测结果。定性来看,

Bronkhorst 模型的预测结果与文献中纸质材料的试验测试结果(Luner 等,1961)一致。

对于面内各向同性的平面纤维网材料(Heyden,2000),其典型的泊松比接近 0.3。根据网络模型,网络密度对平面泊松比只有轻微的影响。

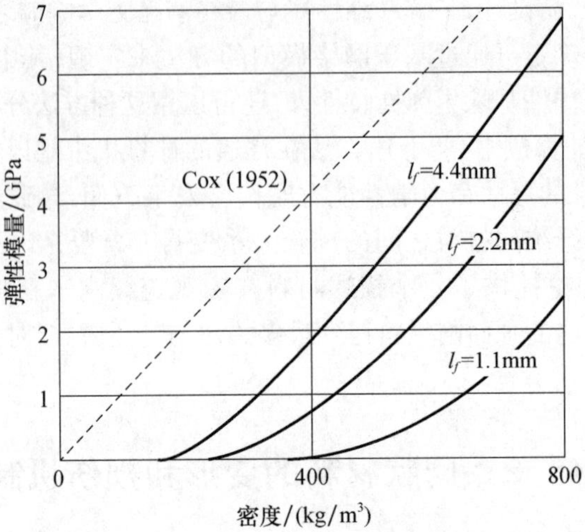

图 41.3　三种不同恒定纤维长度下,网状材料的弹性模量与密度的关系

l_f = 1.1mm,2.2mm 和 4.4mm(Bronkhorst(2003))。

41.2.2　损伤

当纤维网材料例如纸和无纺毡的变形进入非线性阶段时,其弹性模量将降低(图 41.4)(Isaksson 等,2004;Allaoui 等,2008;Ridruejo 等,2010;Coffin,2012),这是微观尺度发生的损伤演变的宏观表现。

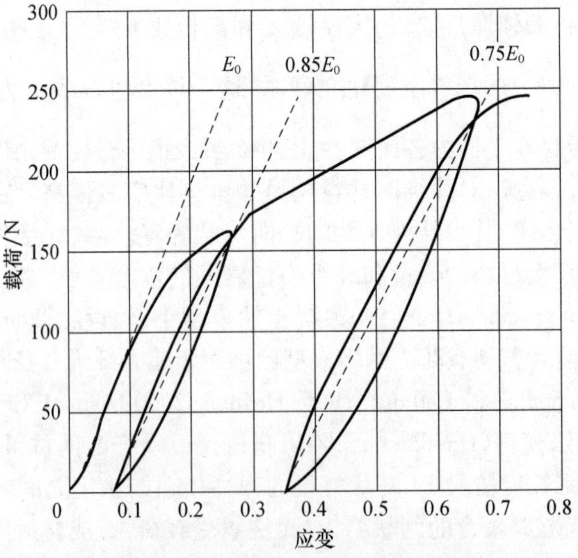

图 41.4　由包装纸(密集网状材料)制成的细长试样在拉伸疲劳载荷作用下的应变-载荷曲线

(此处,标距长度为 100mm,宽度为 15mm)

在载荷-位移曲线的初始线性部分中,材料发生弹性变形。在对纸材料进行连续加载过程中的初始阶段,承载的材料体中随机出现损伤,在宏观上表现为材料刚度降低,材料主要的损伤过程表现为胶接破坏和纤维断裂的组合。纸材料在加载/卸载循环过程中的载荷-位移曲线中存在循环,这与纤维素纤维中的变形机制有关(Jentzen,1964)。随着损伤的演变,微损伤将局限于一个窄带内,此后材料将呈现出软化行为,随后宏观裂纹形成并开始扩展。

图 41.5 展示了纸张材料在受拉时的典型损伤行为。可见,开放式纤维结构的网状材料的失效过程主要是脱黏。在具有致密网状结构的纸材料的加载过程中,沿垂直于加载方向将形成离散的微裂纹(Allaoui 等,2008)。微裂纹表现为脱黏和纤维断裂的组合。在最后失效阶段,微裂缝将汇集而形成宏观裂纹。

(a)

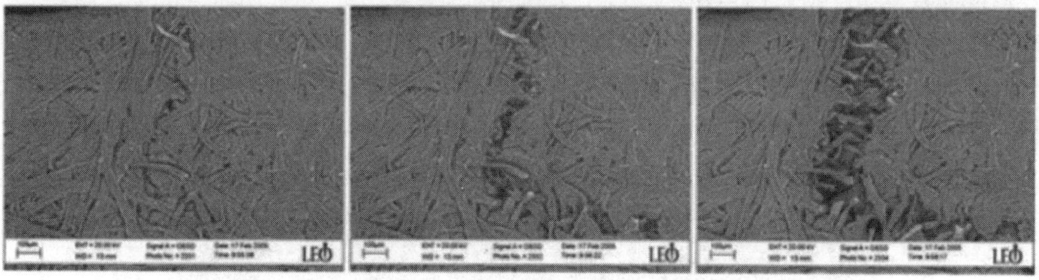

(b)

图 41.5　拉伸载荷下纸张破坏形貌

(a)开放式纤维结构的网状材料(薄棉纸);(b)致密纤维结构的网状材料(包装纸)。

对于纸质材料,可以采用一定的方法监测由化学键断裂引起的损坏,例如使用硅浸渍的纸材料样品,当化学键发生断裂时,材料的光散射系数会发生变化,损伤区出现(Korteoja 等,1996)。对于相对致密的纸材料,硅氧烷的刚度比与纤维低。Niskanen 等(2001)通过实验研究,发现损伤带的宽度由纤维长度决定。

在宏观层面上,纤维网在拉伸和压缩载荷下具有不同的应力-应变响应(图 41.6)。通常纤维网材料的抗拉能力强于抗压能力,薄片形状的纤维网材料沿边缘方向压缩性能的测量比较困难,应力-应变响应取决于网状结构以及纤维和纤维之间化学键。Sachs 和 Kuster(1980)研究表明,致密纸的压缩失效呈现了孔隙的扩大、纤维壁的撕裂以及纤维层之间分离的组合特征。Fellers 等(1980)提出,致密纸的抗压强度主要受纤维抗压强度的控制,对疏松网状结构,其压缩失效是由纤维片段的屈曲主导的。Aslundand Isaksson (2011)在一个数值模型中表明,即使单根纤维使用线性弹性材料模型,由于单根纤维的弯曲和弯曲，网状结构在压缩时会呈现出非线性的响应（图 41.6）。

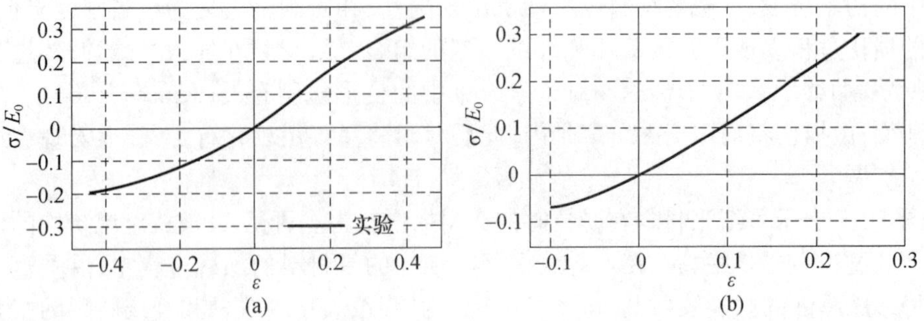

图 41.6 (a)拉/压测试结果，(b)数值模型预测的应力-应变曲线示例。以初始刚度 E_0 对应力进行归一化处理（转载于 J. Comp. Materials，Aslund PE，Isaksson P（2011）。平面随机网状结构在面内压缩载荷作用下非线性力学行为的注解见 Mater。45:2697-2703，得到 SAGE 许可）

41.3 结构效应

对于固有非均质性，例如孔隙、晶粒或纤维的尺寸大于材料其他相关尺寸（例如材料本体尺寸或缺陷尺寸）的材料，由经典弹性理论给出的全尺度变形是不准确的，这是由于变形过程是发生在材料内更小的尺度上。这种对微结构尺寸的依赖通常被称为材料长度尺度或长度效应，这种行为常发生在 RFN 材料中，尤其当 RFN 材料网状结构的密度较低时。纤维在宏观应力和应变分布复杂的材料中引入长距离微结构效应，这种现象类似于拾取棍棒（Mikado）游戏中玩家试图在不影响其他木棍的前提下移除一根木棍（图 41.7）。

图 41.7 一个拾取木棍的游戏

对纤维网材料，若存在宏观裂纹，则裂尖附近应力被纤维重新分配，力被传递到远离裂尖的区域，因此可减少宏观裂纹前方区域突然失效的可能性。对于开放式纤维网络的材料，例如棉纸和非编织材料，为考虑结构效应的影响，最好采用长度比例公式（参见 Coffin 和 Li,2011;Isaksson 等,2004;Ridruejo 等,2010)。非局部或梯度理论提供了一个通过在控制方程中引入内部长度尺度,使连续体框架包含长度参数的理论框架。局部模型和非局部模型之间的区别如图 41.8 所示,非局部模型可获得一个与测量值相似的有限应变场,而局部模型分析得到的裂尖处应力倾向于无穷大。

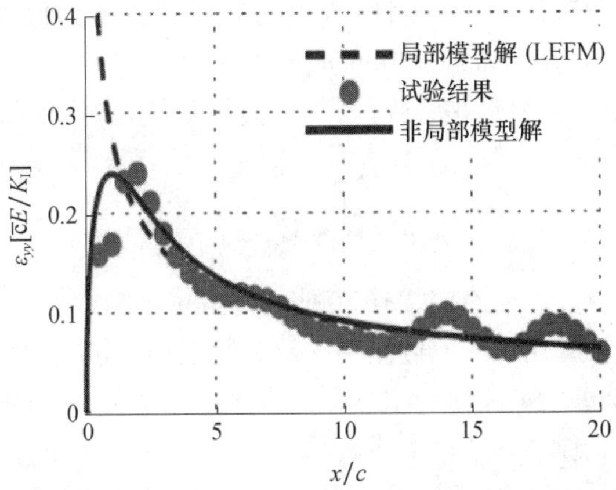

图 41.8　开放式纤维结构材料(棉纸)I 型裂纹前缘应变场试验评估结果

对应的非局部应变场和经典的奇异 LEFM 应变场也绘于图中。为清楚展示,这些场的归一化略有不同。K_I 是远离尖处的 I 型应力强度因子(参见 Engineering Fracture Mechanics,Isaksson P,Hägglund R(2013)。Crack-tipfields in gradient-enhanced elasticity. Eng. Frac. Mech. 97:186-192,另见 International Journal of Solids and Structures,Isaksson P,Hägglund R(2009) Isaksson P,Hägglund R(2009)。Structural effects on deformation and fracture of random fiber networks and consequenceson continuum models. Int. J. Solids Struct. 46:2320-2329,经 Elsevier 许可)。

41.4　连续损伤模型

本文讨论的模型主要基于 Peerlings 等(1996),以及 Pijaudier-Cabot 和 Bazant(1987)的研究工作。以二维连续介质来描述平面纤维网材料,基本思想基于材料退化或损伤以发散的方式描述,并采用内部变量表征损伤对材料力学性能的影响。这个想法可以追溯到 Kachanov(1958)的论文,文中以不断增长的损伤参数描述材料的蠕变断裂过程。在最简单的 CDM 公式中,引入了各向同性标量损伤参数 D 表征材料点的退化。对原始的未损伤材料,$D=0$,当材料完全破坏时,$D=1$。各向同性损伤是指弹性刚度张量的退化取决于单个参数,并且损伤扩展速率也取决于单个参数。

41.4.1　连续损伤力学的广义方程

物理应力张量 $\boldsymbol{\sigma}_{ij}$ 由一个有效应力张量 $\hat{\boldsymbol{\sigma}}_{ij}$ 代替,应力与标量损伤参数之间的关系由下式确定:

$$\boldsymbol{\sigma}_{ij} = (1 - D)\hat{\boldsymbol{\sigma}}_{ij} \tag{41.1}$$

显然,材料无损情形下有:$\boldsymbol{\sigma}_{ij}=\hat{\boldsymbol{\sigma}}_{ij}$,而当材料断裂时,$\sigma_{ij}\to 0$。关于 D 对本构参数的影响存在不同的理论,根据弹性应变等效假设(Lemaitre 和 Chaboche,1990),损伤后材料弹性刚度张量 $\boldsymbol{C}_{\mathrm{ijkl}}$ 与无损材料弹性刚度张量 $\boldsymbol{C}^0_{ijkl}$ 之间的关系由下式给出:

$$C_{ijkl} = (1 - D) C_{ijkl}^0 \tag{41.2}$$

因此,应力-应变关系可表示为

$$\sigma_{ij} = (1 - D) C_{ijkl}^0 \varepsilon_{ij} \tag{41.3}$$

其中,ε_{ij} 是弹性宏观应变张量,式(41.3)的增量形式为 $d\sigma_{ij}(1-D)d\hat{\sigma}_{ij}-dD\hat{\sigma}_{ij}$ 或者 $d\sigma_{ij}=(1-D)C_{ijkl}^0 d\varepsilon_{kl}-dDC_{ijkl}^0\varepsilon_{kl}$。一个材料点损伤演变的驱动力称为损伤能量释放率,是与 D 共轭的热力学力。根据 Clausius-Duhem 不等式,$\psi=-\partial W/\partial D$,其中 W 为弹性应变能密度。假设处于原始状态的材料是线弹性,并且损伤是各向同性的,则损伤的驱动力可表示为

$$\psi = \frac{1}{2}\varepsilon_{ij} C_{ijkl}^o \varepsilon_{kl} \tag{41.4}$$

为研究损伤演变过程,需要确定损伤准则和损伤演化准则。根据一些已实施的网状材料模拟模型,宏观材料退化的演变遵循指数双参数定律,其中包括一个损伤萌生参数和一个断裂率参数(Hagglund 和 Isaksson,2007)。因此,对于 RFN 材料,其物理特性决定应对其使用一个损伤演化规律,其增量形式表示为

$$dD = k(1 - D)d\psi \quad (\psi \geqslant \psi_0,\text{以积分的形式}) \tag{41.5}$$

$$D = 1 - e^{-\beta(\psi-\psi-1)} \quad (\psi \geqslant \psi_0) \tag{41.6}$$

式中引入了无量纲参数 $\beta=k\psi_0$。参数 ψ_0 是损伤阈值,等于损伤成核时的应变能密度,k 控制着损伤的演化速率。已经表明,对纸材料中的损伤,可以利用声发射监测拉伸试验获得的数据来校准上述两个损伤参数,该理论的应用可以扩展到需考虑每个材料方向上的损伤参数的各向异性纤维网材料。

41.4.2 梯度方程

当宏观应变变得不均匀时,如第 41.3 节所述,此时式(41.1)~式(41.6)所描述的标准局部连续损伤模型将不再适用。连续损伤理论没有考虑纤维网材料中的这种结构效应。在纤维网材料中损伤在材料局部以弥散方式萌生,且在网状结构和纤维尺寸(例如纤维长度 l_f 和自由纤维片段长度 l_s)所控制的区域演变,应力不仅取决于所考虑的单点的应变,还取决于该点周围特定材料体中所有点的应变(图 41.9)(参见第 41.3 节)。

现已存在一些将结构影响引入控制方程中的技术。这些方法控制着损伤定位的比例,并提供控制方程正则化的手段。从物理上讲,它可以解释为考虑微观尺度的长距离交互作用。典型的例子包括非局部积分公式(参见 Kroner,1967;Eringen 和 Edelen,1972;Eringen,2002;Silling,2000)和梯度理论(参见 Peerlings 等 2001;Aifantis,2011),此处考虑使用梯度公式,这个公式的建立基于如下假设:在周围的二维无限域 Ω 上的局部状态变量 ξ 的点 (x_1,x_2) 中的非局部对应关系 $\bar{\xi}$ 是通过在该点附近的空间平均给出的,如下式所示:

$$\bar{\xi}(x_1,x_2) = \chi^{-1}\int_\Omega \phi(x'_1,x'_2;x_1,x_2)\xi(x'_1,x'_2)d\Omega \tag{41.7}$$

式中:(x'_1,x'_2) 为无穷小区域 $d\Omega$ 的位置;$\chi=\int_\Omega \phi(x'_1,x'_2;x_1,x_2)d\Omega$ 为正则化因子;ϕ 为一个对称的权重函数。根据泰勒膨胀理论,对充分平滑的场 ξ,式(41.7)可重写为围绕

(x_1,x_2)的梯度式：

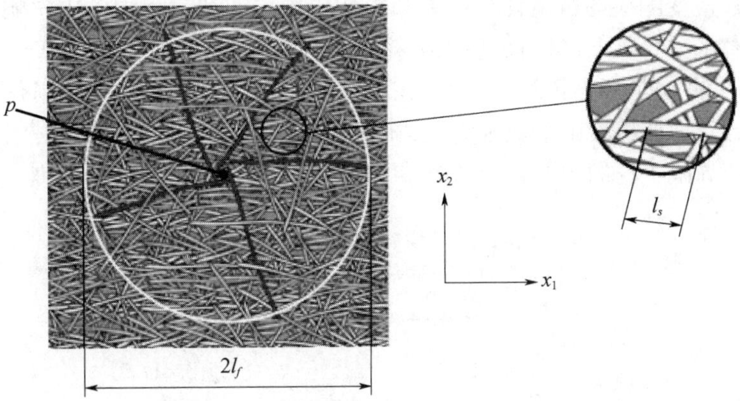

图 41.9　点 p 周围的纤维之间的相互作用

$$\bar{\xi}(x'_1,x'_2)=\sum_{n=0}^{j}\frac{1}{n!}(r\nabla)^n\xi(x_1,x_{23}) \tag{41.8}$$

式中：j 为序列展开的阶数；∇为微分算子；r 为(x_1,x_2)和(x'_1,x'_2)之间的距离。假设权重函数 ϕ 符合高斯分布，将式(41.8)带入式(41.7)时，丢弃式(41.8)中的不对称项，可得到下式：

$$\bar{\xi}(x_1,x_2)=\xi(x_1,x_{23})+\frac{1}{m!}c^{2m}\frac{\partial^2\xi(x_1,x_2)}{\partial x_i^2}+\cdots \tag{41.9}$$

其中，$m=1,2,\cdots$，非局部动作的范围由特征长度 c 控制。对式(41.9)进行两次微分，并重新代入式(41.9)，截断四阶及更高阶导数的序列，得到如下非齐次亥姆霍兹方程形式的隐式公式：

$$\bar{\xi}(x_1,x_2)-c^2\nabla^2\bar{\xi}(x_1,x_2)=\xi(x_1,x_2)\quad(\text{在 }\Omega\text{ 中}) \tag{41.10}$$

其中，∇^2为拉普拉斯算子。在式(41.10)中，忽略了四阶及更高阶的导数。可见隐式式(41.10)比显式式(41.9)具有显著的优点，式(41.10)限制了局部场中的奇点，而式(41.9)放大它们，因此表现出如图 41.2 所示的实验结果。一些研究者认为，基于损伤模型理论，以边界上无法向导数的条件，即 $n\nabla\bar{\xi}=0$(n 是边界的法线)作为式(41.10)的边界条件是唯一物理上可接受的。此外，在连续损伤的情形下，存在可以在空间上平均、从而获得连续损伤演变的若干变量。在由 Pijaudier-Cabot 和 Bazant(1987)提出的模型中，根据下式对损伤能量释放率 ψ 进行平均：

$$(1-c^2\nabla^2)=\psi/\bar{\psi}\ \text{和天然边界条件}\ n\nabla\bar{\psi}=0 \tag{41.11}$$

隐式式(41.11)可以很容易地在传统的有限元代码中实现。若使用一个精确的梯度长度 c，该理论具有良好的计算经济性，并且可以用于复杂宏观结构的失效模拟。

41.4.3　实施例 A：棒的单轴拉伸

在单轴拉伸试验中，给出了与梯度增强结合的连续体损伤力学的基本特性。控制方程采用 Isaksson 等(2004 年)提出的数值方法进行求解。为引起失效，在中心点处分配了一个刚度为 1%的缺陷。该模型有一个弹性参数 E、表征损伤萌生和演变的两个参数(ψ_0

和 β)以及控制非局部动作范围的梯度参数(c)。图 41.10 展示了单调加载过程中六个载荷水平下应力-应变响应的数值计算结果和损伤轮廓。加载过程中的力学响应可分为三个阶段:在负载水平 0 以下,材料表现出纯粹的线弹性行为;在负载水平 0 时,应力由 $\sigma=[\psi_0/E]^{1/2}$ 确定,此时是损伤扩展的开始;在负载水平 0~2 之间,材料的损伤以近似均匀的方式扩展,并且损伤扩展由参数 β 控制;在负载水平 2 处,达到了最大负载,此时材料开始软化,故损伤局限于杆的中心处,且这个损伤局部区域的宽度由特征长度 c 控制。

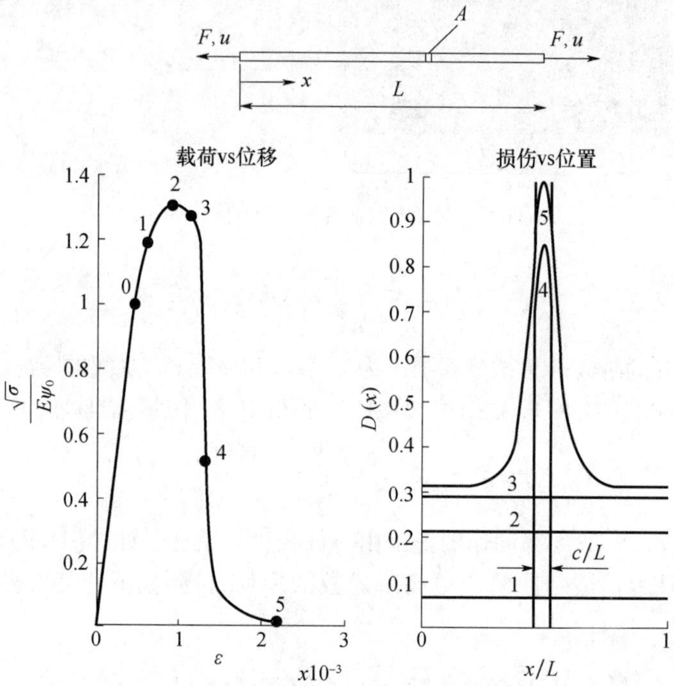

图 41.10 非局部连续损伤的单轴示例

$\sigma=F/A$ 和 $\varepsilon=u/L$ 其中,$E/\psi_0=5\times10^6$,$\beta=0.1$ 和 $c/L=1/28$。

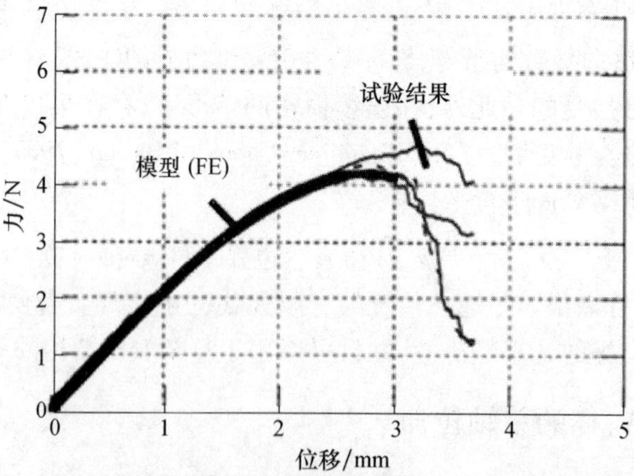

图 41.11 适用于薄纸的单轴载荷-位移曲线的数值模型(FEM)

试样宽度为 30mm,标距长度为 100mm(转载自 Hägglund 和 Isaksson(2006),经 Elsevier 许可)。

41.4.4　实施例 B:分析纸张的单轴拉力

本实施例针对具有开放式纤维结构的薄纸的横向力学性能,为此在垂直于制造方向切割细长试样。材料的各向同性弹性模量 E 由力-位移曲线的初始斜率确定,其估计值为 $E=6.7\text{kN/m}$。通过将本构模型拟合到图 41.11 中的载荷-位移曲线上的后弹性区域,确定损伤演变参数 β 和损伤阈值 ψ_0,可得到 $\psi_0/E=3.2\times10^{-5}$ 和 $\beta=4\times10^{-3}$。

41.5　使用 CDM 分析纸张 I 型断裂的应用示例

本节将第 41.4 节中介绍的连续损伤模型用于纸张材料的断裂分析。试样为含预制切口的、由低单位面积质量的纸构成的矩形拉伸试样(图 41.12)。试样的主要尺寸特征包括裂纹的尺寸($2a$)、长度($2h$)和试样宽度($2w$),采用了平面应力假设。

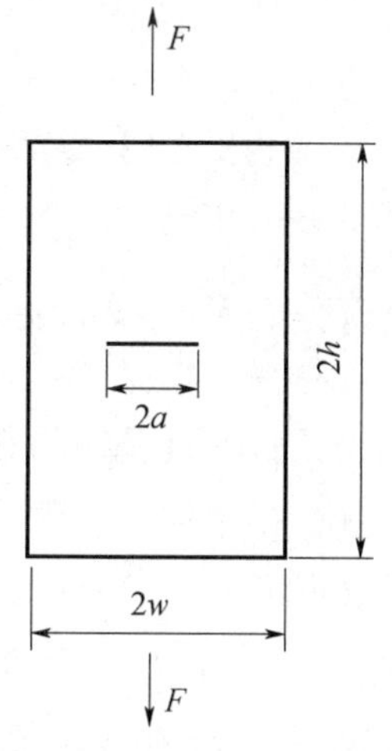

图 41.12　断裂试样的几何形状

纸张材料对称性的主要方向定义为材料的机械加工方向(MD);横向即横向腹板方向(CD)和厚度方向(Z),试验考察试样横向的承载。假设材料相对脆,故忽略其塑性应变,研究了缺口尺寸对断裂载荷的影响。因为使用正交各向异性材料的描述方法来描述所考虑材料的弹性响应,所以模型参数通过对试样 CD 和 MD 方向的拉伸测试来估计。这里用 1 表示 CD、2 表示 MD。该模型需要五个弹性参数($E1,E2,G_{12},\nu_{12},\nu_{21}$)来描述弹性行为,两个参数($\psi_0,\beta$)表征(各向同性)损伤演变,以及一个梯度参数($c$)控制非局部机制的作用范围,假设材料点的损伤变量 D 接近 1 时发生宏观裂纹扩展。

41.5.1　本构模型的标定

使用声发射(AE)监测的单轴拉伸测试的数据标定本构模型(图 41.13),已有研究表明(Salminen 等,2003;Yamauchi,2004)拉伸实验中纸张的断裂行为可利用声学传感器监测。AE 的基本原理是在纤维与纤维之间的化学键(将发生在微秒级)断裂时,断裂位置附近的应力将被重新分布而导致弹性能的快速释放,这可以使用一个适当的黏结在材料表面的声发射传感器进行记录,以这种方式,每个微观的断裂可对应一个声发射事件。最终，微裂缝密度变得非常大，以至于材料坍塌，这在拉伸试验中表现为刚度测量值的降低。将 AE 传感器定位在每个试样的中心点，并通过一个放置在试样另一侧的磁性支架将其附着到样品上。

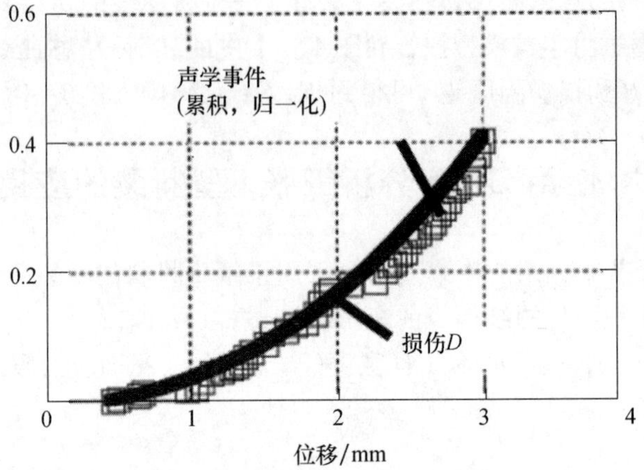

图 41.13 损伤相关本构参数的拟合

样品的尺寸为 100×30mm（图 41.11）（转载自 Hägglund 和 Isaksson（2006），得到 Elsevier 的许可）。

材料主轴方向的弹性模量由载荷-位移曲线的初始斜率确定，其中 $E_1=6.3\text{kN/m}$、$E_2=1/2E_1$。损伤硬化参数 β 通过将本构模型拟合到 CD 加载中载荷-位移曲线的后弹性阶段来确定。图 41.11 中显示了四个试验测试获得的载荷-位移曲线，损伤阈值 ψ_0 是由首次监测到的声发射（AE）信号确定的，根据标定程序，可得出：$\psi_0/E=3.2\times10^{-5}$ 和 $\beta=4\times10^{-3}$（第 41.4.4 节）。面内泊松比设定为 $\nu_{12}=0.45$ 和 $\nu_{21}=0.22$，而面内剪切模量根据 Baum 等（1981）的研究被指定为 $G_{12}=0.4\sqrt{E_1E_2}$。值得注意的是，对单位面积质量小的纸，声发射结果支持使用指数损伤演化法则来描述材料的损伤过程（式（41.5）和式（41.6））。

41.5.2 结果

该模型利用非线性有限元程序进行数值计算，并与断裂试验的数据进行比较（Hägglund 和 Isaksson，2006）。在断裂试验中，载荷-位移曲线是通过对宽度和标距长度分别为 150mm（$2w$）和 230mm（$2h$）的试样、在 1.6mm/min 的变形速率下进行测试获得的。试样仅对其 CD 方向进行测试，在试样的中心，人工切割沿 MD 方向的预制裂纹，裂纹长度（$2a$）的范围为 5~70mm。

图 41.14 显示了缺口试样的模型分析结果与其对应的测试结果之间的对比。对每种缺口长度下的 8 个试样，分别给出其平均值及其对应的 95%置信限。针对三个不同的 c 值，即特征长度参数，给出了断裂载荷（即最大载荷）的计算结果。

在图 41.14 中，狭缝（a）的长度已经利用试样的宽度和对应材料拉伸强度的断裂载荷（即无缺口试样的峰值载荷），进行了归一化处理。显然，由于无缺口试样中的应力场是大致均匀的，因此 c 对无缺口试验无影响。分析试验结果可知，小于 10~15mm 长度的裂纹对断裂载荷仅有微小的影响。

因此,对于小缺陷的情况,失效可能发生在纸状材料中其他具有固有缺陷的位置。对致密纤维网格结构的纸,断裂可发生在相对较小的初始裂纹处,而对开放式纤维网状结构的纸,由于开放的纤维网状结构减少了缺陷前缘的应变梯度,在较大的裂纹尺寸下,才能保证断裂发生在该裂纹处(Isaksson 和 Hägglund,2009;Coffin 和 Li,2011)。因此,该模型能够捕获如图 41.2 所示的现象。

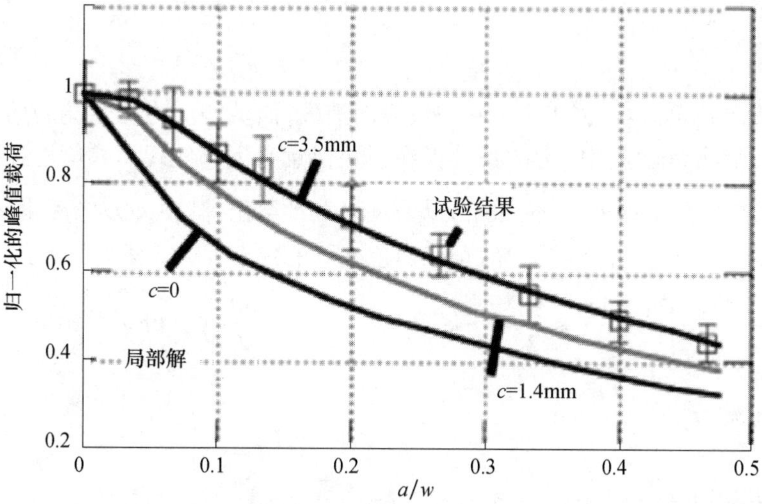

图 41.14　断裂试验结果(转载自 Hägglund 和 Isaksson(2006),得到 Elsevier 的许可)

41.6　裂纹尖端场

下面将对 RFN 材料靠近裂纹尖端的应变和应力进行分析。Isaksson 和 Hägglund(2013)得出的梯度增强弹性材料裂纹尖端的应力和应变场的解是闭合形式的,他们针对的是 I 型张开型裂纹的情形。在 Altan 和 Aifantis(1997)和 Aifantis(2011)研究中,他们采用无限大和裂纹尖端有限应力和应变的物理要求来消除奇点。分别引入一个笛卡儿坐标系(x_1, x_2)和一个极坐标系 $r=[x_1^2+x_2^2]^{1/2}$, $\theta=\arctan[x_2/x_1]$,这两个坐标系的原点均与裂纹尖端重合。裂纹位于 x_1 轴的负数部分,即 $x_1<0$ 且 $x_2=0$,Ω 是包含裂缝的无限区域。距离裂纹尖端一定的区域表现为纯 I 型张开型裂纹的应力场特征,因此宏观应力张量 $\boldsymbol{\sigma}_{ij}$ 由下式给出:

$$\boldsymbol{\sigma}_{ij} = \frac{K_{\mathrm{I}}}{\sqrt{2\pi r}} f_{ij}(\theta) \quad (r \to \infty) \tag{41.12}$$

式中:K_{I} 为 LEFM 确定的 I 型断裂模式下的应力强度因子,$f_{ij}(\theta)$为角函数。梯度增强应力张量 $\boldsymbol{\sigma}_{ij}$ 是使用 LEFM 应力张量作为非均匀亥姆霍兹方程(式(41.10))中的源项来计算的:

$$\boldsymbol{\sigma}_{ij} - c^2 \nabla^2 \overline{\boldsymbol{\sigma}}_{ij} = \frac{K_{\mathrm{I}}}{\sqrt{2\pi r}} f_{ij}(\theta) \tag{41.13}$$

应力解的形式如下:

$$\begin{cases}\bar{\sigma}_{11}=\dfrac{K_{\mathrm{I}}}{\sqrt{2\pi r}}\left[\dfrac{3}{4}\cos\dfrac{\theta}{2}[1-\mathrm{e}^{-r/c}]+\dfrac{1}{4}\cos\dfrac{5\theta}{2}[1-6c^2/r^2+2\mathrm{e}^{-r/c}(3c^2/r^2+3c/r+1)]\right]\\ \bar{\sigma}_{22}=\dfrac{K_{\mathrm{I}}}{\sqrt{2\pi r}}\left[\dfrac{5}{4}\cos\dfrac{\theta}{2}[1-\mathrm{e}^{-r/c}]-\dfrac{1}{4}\cos\dfrac{5\theta}{2}[1-6c^2/r^2+2\mathrm{e}^{-r/c}(3c^2/r^2+3c/r+1)]\right]\\ \bar{\sigma}_{12}=\dfrac{K_{\mathrm{I}}}{\sqrt{2\pi r}}\left[\dfrac{-1}{4}\sin\dfrac{\theta}{2}[1-\mathrm{e}^{-r/c}]+\dfrac{1}{4}\sin\dfrac{5\theta}{2}[1-6c^2/r^2+2\mathrm{e}^{-r/c}(3c^2/r^2+3c/r+1)]\right]\end{cases} \tag{41.14}$$

由式(41.14)可以看出,正应力在裂纹表面消失,而剪切应力在尖端后面的小区域内非零。因此,消除表面剪切应力的条件仅在强近似意义下可实现。梯度增强弹性应变张量 $\bar{\boldsymbol{\varepsilon}}_{ij}$ 可由胡克广义定律 $\bar{\boldsymbol{\varepsilon}}_{ij}=[\bar{\sigma}_{ij}-\bar{\sigma}_{kk}\delta_{ij}\nu/(1+\nu)]/E$ 给出,其中,E 为杨氏模量,ν 为泊松比,δ_{ij} 为 Kronecker 增量。为了完整起见,将应变场的数学表达式罗列如下:

$$\begin{cases}\bar{\varepsilon}_{11}=\dfrac{K_{\mathrm{I}}}{E\sqrt{2\pi r}}\left[\dfrac{3-5v}{4}\cos\dfrac{\theta}{2}[1-\mathrm{e}^{-r/c}]+\dfrac{1+v}{4}\cos\dfrac{5\theta}{2}[1-6c^2/r^2+2\mathrm{e}^{-r/c}\right.\\ \qquad\left.(3c^2/r^2+3c/r+1)]\right]\\ \bar{\varepsilon}_{22}=\dfrac{K_{\mathrm{I}}}{E\sqrt{2\pi r}}\left[\dfrac{5-3v}{4}\cos\dfrac{\theta}{2}[1-\mathrm{e}^{-r/c}]-\dfrac{1+v}{4}\cos\dfrac{5\theta}{2}[1-6c^2/r^2+2\mathrm{e}^{-r/c}\right.\\ \qquad\left.(3c^2/r^2+3c/r+1)]\right]\\ \bar{\varepsilon}_{12}=\dfrac{K_{\mathrm{I}}}{E\sqrt{2\pi r}}\left[-\dfrac{1+v}{4}\sin\dfrac{\theta}{2}[1-\mathrm{e}^{-r/c}]+\dfrac{1+v}{4}\sin\dfrac{5\theta}{2}[1-6c^2/r^2+2\mathrm{e}^{-r/c}\right.\\ \qquad\left.(3c^2/r^2+3c/r+1)]\right]\end{cases} \tag{41.15}$$

根据上述应力、应变结果,可使用传统的坐标转换规则获得相应极坐标下的应力、应变的表达式。有趣的是,上述获得的应力、应变的解与 Eringen 的非局部理论给出的解略有不同。根据式(41.14),裂纹面上的两个法向应力消失,而根据 Eringen 的近似解,尖端后面的裂纹面存在非零的正应力。此外,在 $r/c>2$ 的位置处,梯度增强应力近似等于利用经典 LEFM 理论分析得到整个材料体中的应力,对于所有应力分量都有此规律。应力(和应变)是有限的,并且最大环向应力的位置靠近尖端。此外,数值分析表明,最大环向应力 $\bar{\sigma}_{\theta\theta}$ 等于 $K_{\mathrm{I}}[5/2-19\mathrm{e}^{-1}/4]/\sqrt{2\pi c}\approx 0.30K_{\mathrm{I}}/\sqrt{c}$,并且最大应力位于距离裂尖为 $r/c\approx 1.1$ 处的裂纹面上。值得注意的是,临近裂尖区域的最大环向应力大大低于 Eringen 理论给出的结果。最重要的是,获得的应变场(式(41.14))类似于纤维材料断裂试验中获得的测试结果(图 41.8)。

41.7 小　结

纤维网材料的力学行为由其复杂的多重机制决定。本章介绍了使用连续损伤力学分析纤维网材料变形、损伤和断裂的框架。基本思想是材料退化或损坏以弘散方式(连续假设)进行描述,而损伤对力学性能的影响由内部变量控制。对于这类材料,经典连续描述过于简单,无法捕捉其基本的力学行为。为了正确描述应变和损伤的梯度,必须在框架中添加非局部场理论(梯度理论),这是由于是这种材料具有独特的微观结构。首先,各项异性的纤维网材料存在缺陷尺寸依赖性,这是采用传统方法无法描述的。其次,纤维网材料由相对刚度较大的纤维与距其较远的其他纤维彼此相连而成,因此纤维在这种材料中引入长程微结构效应。因此,纤维网材料中的任意点处的材料都有力学行为的非局部化行为,这是模型中必须考虑的。与传统的力学理论相比,非局部场理论可显著改善纤维网材料中变形场及其断裂载荷的评估能力。对于延性纤维网材料(即,加载时纤维表现出显著的塑性应变),可以采用恰当的塑性理论来拓展该理论。

参考文献

E. C. Aifantis, A note on gradient elasticity and nonsingular crack fields. J. Mech. Behav. Mater. 20, 103-105 (2011)

S. Allaoui, Z. Aboura, M. L. Benzeggagh, Phenomena governing uni-axial tensile behaviour of paperboard and corrugated cardboard. Comp. Struct. 87, 80-92(2008)

B. S. Altan, E. C. Aifantis, On some aspects in the special theory of gradient elasticity. J. Mech. Behav. Mater. 8 (3), 231-282(1997)

P. E. Aslund, P. Isaksson, A note on the nonlinear mechanical behavior of planar random network structures subjected to in-plane compression. Comp. Mater. 45, 2697-2703(2011)

J. Astrom, K. Niskanen, Simulation of network fracture, in Proceedings of the 1991 International Paper Physics Conference(TAPPI, Espoo Finland, 1991), pp. 31-47

J. Astro¨m, K. Niskanen, Symmetry-breaking fracture in randomfiber networks. Europhys. Lett. 21, 557-562 (1993)

G. A. Baum, D. C. Brennan, C. C. Habeger, Orthotropic elastic constants of paper. Tappi 64, 97-101(1981)

C. A. Bronkhorst, Modeling paper as a two-dimensional elastic-plastic stochastic network. Int. J. Solids Struct. 40(20), 5441-5454(2003)

D. W. Coffin, Use of the efficiency factor to account for previous straining on the tensile behavior of paper. Nord. Pulp Pap. Res. J. 27(2), 305-312(2012)

D. W. Coffin, K. Li, On the fracture behavior of paper, in Proceedings: Progress in Paper Physics, 5-8 Sept, Graz, 2011

H. L. Cox, The elasticity and strength of paper and other fibrous materials. Br. J. Appl. Phys. 3, 72-79(1952)

A. Delaplace, G. Pijaudier-Cabot, S. Roux, Progressive damage in discrete models and consequences on continuum modelling. J. Mech. Phys. Solids 44(1), 99-136(1996)

S. J. Eichhorn, A. Dufresne, M. Aranguren, N. E. Marcovich, J. R. Capadona, S. J. Rowan, C. Weder, W. Thielemans, M. Roman, S. Renneckar, W. Gindl, S. Veigel, J. Keckes, H. Yano, K. Abe, M. Nogi, A. N. Nakagaito, A. Mangalam, J. Simonsen, A. S. Benight, A. Bismarck, L. A. Berglund, T. Peijs, Review: current international research into cellulose nanofibres and nanocomposites. J. Mater. Sci. 45, 1-33(2010)

A. C. Eringen, Nonlocal Continuum Field Theories(Springer, New York, 2002)

A. C. Eringen, D. G. B. Edelen, On nonlocal elasticity. Int. J. Eng. Sci. 10, 233-248(1972)

C. Fellers, A. de Ruvo, J. Elfstro¨m, M. Htun, Edgewise compression properties. A comparison of handsheets made from pulps of various yields. Tappi J. 63(6),109-112(1980)

R. Hägglund, P. Isaksson, Analysis of localized failure in low-basis weight paper. Int. J. Solids Struct. 43, 5581-5592(2006)

R. Hägglund, P. Isaksson, On the coupling between macroscopic material degradation and interfiber bond fracture in an idealized fiber network. Int. J. Solids Struct. 45,868-878(2007)

M. Henriksson, L. A. Berglund, P. Isaksson, T. Lindström, T. Nishino, Cellulose nanopaper structures of high toughness. Biomacromolecules 9(6),1579-1585(2008)

H. J. Herrmann, S. Roux(eds.), Statistical Models for the Fracture of Disordered Media(North Holland, Amsterdam, 1990)

S. Heyden, Network modelling for the evaluation of mechanical properties of cellulose fiber fluff. Ph. D. -thesis, Lund University, Sweden, 2000

S. Heyden, P. J. Gustafsson, Simulation of fracture in a cellulose fiber network. J. Pulp Pap. Sci. 24, 160-165 (1998)

P. Isaksson, R. Hägglund, Structural effects on deformation and fracture of random fiber networks and consequences on continuum models. Int. J. Solids Struct. 46,2320-2329(2009)

P. Isaksson, R. Hägglund, Crack-tip fields in gradient enhanced elasticity. Eng. Fract. Mech. 97, 186-192 (2013)

P. Isaksson, R. Hägglund, P. Gradin, Continuum damage mechanics applied to paper. Int. J. Solids Struct. 41, 4731-4755(2004)

A. Jangmalm, S. Östlund, Modelling of curled fibres in two-dimensional networks. Nord. Pulp Pap. Res. J. 10, 156-161(1995)

C. A. Jentzen, The effect of stress applied during drying on someof the properties of individual pulp fibers. Tappi 47(7),412-418(1964)

L. M. Kachanov, Time of the rupture process under creep condition. Izv. Akad. Nauk SSSR, Otd. Tekhn. Nauk, 26-31, 1958(in Russian)

O. Kallmes, H. Corte, The structure of paper. I. The statistical geometry of an ideal two-dimensional fibre network. Tappi 43(9),737-752(1960)

M. J. Korteoja, A. Lukkarinen, K. Kaski, D. J. Gunderson, J. L. Dahlke, K. J. Niskanen, Local strain fields in paper. Tappi J. 79(4),217-223(1996)

E. Kröner, Elasticity theory of materials with long range cohesive forces. Int. J. Solids Struct. 3,731-742(1967)

J. Lemaitre, J. L. Chaboche, Mechanics of Solid Materials(Cambridge University Press, Cambridge, UK, 1990)

P. Luner, A. E. U. Karna, C. P. Donofrio, Studies in interfibre bonding of paper. The use of optical bonded area with high yield pulps. Tappi J. 44(6),409-414(1961)

K. J. Niskanen, Strength and fracture of paper(KCL Paper Science Centre, Espoo, 1993)

K. Niskanen, H. Kettunen, Y. Yu, Damage width: a measure of the size of fracture process zone. In: 12th Fundamental Research Symposium, Oxford, UK, 2001

R. H. J. Peerlings, R. de Borst, W. A. M. Brekelmans, J. H. P. de Vree, Gradient enhanced damage for quasi-brittle materials. Int. J. Numer. Met. Eng. 39,3391-3403(1996)

R. H. J. Peerlings, M. G. D. Geers, R. de Borst, W. A. M. Brekelmans, A critical comparison of nonlocal and gradient-enhanced softening continua. Int. J. Solids Struct. 38(44-45),7723-7746(2001)

G. Pijaudier-Cabot, Z. P. Bazant, Nonlocal damage theory. J. Eng. Mech. 113,1512-1533(1987)

M. K. Ramasubramanian, R. W. Perkins, Computer simulationof the uniaxial elastic-plastic behavior of paper. ASME J. Eng. Mater. Tech. 110(2),117-123(1987)

A. Ridruejo, C. González, J. LLorca, Damage micromechanisms andnotch sensitivity of glassfiber non-woven felts: an experimental and numerical study. J. Mech. Phys. Solids 58, 1628–1645(2010)

I. B. Sachs, T. A. Kuster, Edgewise compression failure mechanism of linerboard observed in a dynamic mode. Tappi J. 63, 69(1980)

L. I. Salminen, A. I. Tolvanen, M. J. Alava, Acoustic emission from paper fracture. Phys. Rev. Lett. 89, 185503 (2003)

S. A. Silling, Reformulation of elasticity theory for discontinuitiesand long-range forces. J. Mech. Phys. Solids 48, 175–209(2000)

J. A. Van den Akker, Some theoretical considerations on the mechanical properties of fibrous structures, in The Formation and Structure of Paper, ed. by F. Bolam. Technical

Section British Paper and Board Makers Association, London(1962), pp. 205–241

T. Yamauchi, Effect of notches on micro failures during tensile straining of paper. Jpn. Tappi J. 58(11), 105–112(2004)

第 42 章　用离散损伤模式的显式表示法预测复合材料损伤的演化

Q. D. Yang, B. C. Do

摘　要

聚合物基复合材料(PMC)在未来的军事和民用工业中发挥着越来越大的作用。损伤容限分析是 PMC 结构设计的一个组成部分,大量研究致力于建立复合材料结构的预测能力,迄今为止,高保真的强度和耐久性预测能力尚未建立,迫切需要开发能够以显式方式解决多重损伤过程,以及损伤行为在不同尺度上非线性耦合行为的先进数值方法。本章首先回顾了复合材料多重损伤行为耦合的先进数值方法的最新进展,包括扩展有限元法(X-FEM)、虚拟节点法(PNM)和增强有限元法(A-FEM)。这些方法嵌入了非线性的断裂模型(如内聚区模型),具有显式地呈现复合材料各种损伤模式的能力,使其成为复合材料高保真失效分析的理想选择。本章给出了 A-FEM 的详细公式表达,并详细讨论了通过使用用户自定义单元,在商业有限元软件(ABAQUS)中实现 A-FEM 方法的过程。展示了使用 A-FEM 框架成功模拟各种尺度复合材料损伤行为的案例,并讨论了与高保真度分析相关的数值和材料问题。本章通过开展数值预测,并将预测结果直接与试验结果进行比较,证明了基于 A-FEM 方法,通过仔细校准非线性材料特性和内聚断裂参数,并适当考虑损伤演化过程发生的不同尺度,实现 PMC 的高保真失效分析。

42.1　引　言

在过去的几十年,复合材料的使用呈指数增长,并且这种趋势仍在继续。复合材料已经成功地应用于各种新型商用和军用飞机(例如,波音 787“梦想”飞机、空客 A380 和美国空军的联合攻击战斗机)和快速发展的可再生能源工业(例如,风力涡轮机叶片)。与结构用金属材料相比,复合材料具有若干关键优势,例如显著减重、高可靠性和耐用性以及降低制造和维护成本。不仅如此,复合材料还具有优异的可设计性,可在微观和介观尺度上设计材料多层次结构特征,并通过优化程序,实现设计所需的结构性能(Cox 和 Yang, 2006;LLorca 和 Gonzúlez, 2011;Yang 等, 2011)。

与均质且各向同性的金属材料不同,复合材料本质上是不均匀的和各向异性的。在复合材料结构的制造过程中,不可避免地会引入微观缺陷和制造缺陷,因此,损伤容限设计是复合结构设计必不可少的组成部分。目前,这种设计很大程度上依赖于大型试验测试项目,试验具有昂贵且耗时的缺点。现今,复合材料设计的分析能力基于对大型试验数据库的经验拟合建立,这种方法可确定静力设计和应力—寿命曲线的“打倒”型因素,或类似的决定结构“寿命”的辅助因素。通过测试建立设计许用值的负担是很重的，以典型的大型机身为例，目前需要对材料进行约 10^4 次级别的测试，然后要进行各种组件，直至整个结构件，例如尾翼、翼盒和机身的测试，方可获得安全认证（Fawcett 等，1997），而一个单轴疲劳试验就可能花费高达 50,000 美元。这种冗长且昂贵的测试过程，已被广泛认为是新型复合材料在工程中快速实现工程应用的瓶颈。

目前迫切需要针对复合材料，建立基于组分材料属性，并能提供快速、精确强度和耐久性预测的高保真模拟能力，如此一来，许多（但不是全部）复合测试可被部分地替换为高保真模拟，这种设计思路已在汽车行业中实现。不少政府机构对基于模拟的工程科学（SBES）提出了迫切需求（Oden 等，2006；Dowlbow 等，2004）。然而，尽管计算应力分析已是复合结构设计中的常规操作，但由于复合材料的高度各向异性，预测最终失效之前复合材料中损伤的渐进演变过程仍然是一项非常困难的工作，许多挑战都与难以为不同尺度上存在复杂材料异质性的复合材料建立可用的理论公式有关。此外，复合材料的异质性对准确预测局部应力和应变场提出了特殊需求，复合材料中的局部应力和应变场可以随局部材料特征强烈变化。另外，复合材料损伤演化过程中的裂纹和局部损伤带不仅会出现在材料边界上，还可能出现在其他无法事先指定的表面，这种复杂性也给预测带来了不小的挑战。

作为一种高度异质的材料，复合材料损伤模拟无法使用传统材料/结构建模的传统范式来解决，传统材料/结构建模方法是基于通过使用代表性材料体积单元实现材料的分级均质化（Oskay 和 Fish，2007；Ramanathan 等，1997）。对复合材料来说，材料异质性的尺度与结构特征的尺度相同，因此期望通过在模拟中对材料特性进行均质化的常见策略是不可行的。曾经已有许多基于各种均质化理论的强度准则被提出来，包括基于 Hashin 损伤机制的准则和广泛使用的 Tsai-Wu 准则。这些维像的强度准则在评估复合材料强度方面的成功是有限的。最近关于单向聚合物基复合材料（PMC）失效盲测的报告揭示了维像的强度准则的预测能力十分令人担忧：实际上，在这些基于复合材料均匀化理论的强度准则中，没有一种能够在所有加载条件下都取得令人满意的层板强度预测结果。在极端情况下，不同理论预测结果之间的差异可超过 100%，甚至高达 1500%（Kaddorur 等，2004）。

连续损伤力学（CDM）也被用来模拟复合材料的渐进损伤行为（McCartney，2003；Chang 等，1991；Shokrieh 和 Lessard，2000；Chaboche 等，1995）。这种方法通过在材料本构关系中引入损伤参数（或张量）以表征材料损伤导致的承载能力的逐渐降低，这导致不可逆的损伤演变（Chang 等，1991；Shokrieh 和 Lessard，2000；Chaboche 等，1995，1997；de Borst 等，1995）。基于 CDM 的理论可以方便地编译进传统的有限元程序，这种方法存在两个固有的难点：①它不能处理复合材料中十分常见的高度集中的裂纹型损伤；②基于各个独立损伤模式校准的损伤参数不考虑多损伤模式的耦合（Talreja，2006；Van de Meer 和 Sluys，2009a）。线性弹性断裂力学（LEFM），及其数值计算方法，即基于 LEFM 的虚拟裂缝闭合技术（VCCT）已被用于模拟复合材料层板中的分层行为，这种方法需要预先指定有限尺寸的裂纹，因此无法处理无损材料或复合材料边缘处的损伤萌生（Tay，2003）。

基于晶胞（UC）或代表性体积单元（RVE）分析，并遵从由一个尺度到下一个更高水平尺度（分级模型）均匀化的多尺度分层建模方法已被用于模拟复合材料宏观材料性能的渐进损伤演变（Oden 等，1999；Tang 等，2006；Inglis 等，2007；Fish 和 Ghouali，2001；Reddy

2005;Gonzalez 和 LLorca 2006;Ladeveze,2004)。如果没有明确包含多重损伤耦合,均质化过程将不得不依赖于理论假设或昂贵的实验程序来精确测定关键参数(对复合材料而言,存在许多关键参数)。这一点可通过图 42.1 展示的两种复合材料的渐进损伤演变过程的模拟结果来说明。

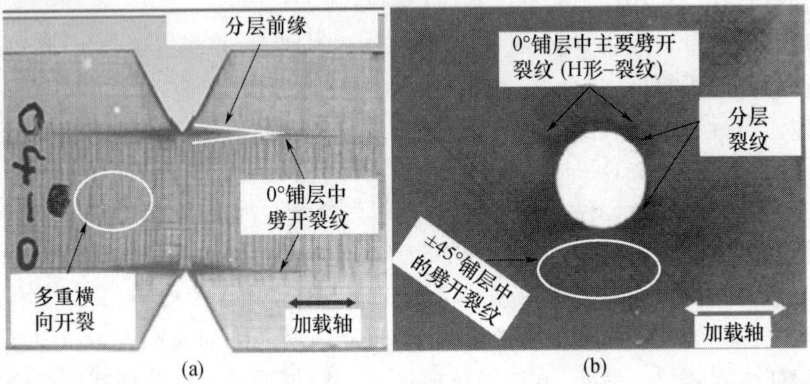

图 42.1 利用 X 射线照相沿(a)具有对称正交叠层[0/90]s 的双缺口拉伸试样和(b)含圆形开孔的准各向异性层板[-45/+45/90/0]s 拉伸试样的铺层堆叠方向观察以揭示损伤机理(转载自 Journal of the Mechanics of Physics of Solids, vol 59, X. J. Fang, Z. Q. Zhou, B. N. Cox, Q. D. Yang, High-fidelity simulations of multiple fracture processes in a laminated composite in tension, Pages No. 1355-1373,版权所有 2011,经 Elsevier 许可)

图 42.1(a)显示了具有对称$[0/90]_s$铺层的双缺口拉伸试样中的多重损伤模式。0°铺层中的主导劈开裂纹呈现为锐利的水平线(呈 H 形),并最终跨越整个试样。在载荷持续增加的过程中,90°层中出现许多横向裂纹。此外,主导的劈开型裂纹伴随着铺层之间的楔形分层(见图 42.1 中围绕着劈开型裂纹的阴影区域)。图 42.1(b)展示了中心开孔的准各向同性层板(铺层顺序为$[-45/+45/90/0]_s$)中的多重裂纹特征(Case 和 Reifsnider,1999)。劈开型裂纹较短,分层呈叶形。横向开裂主要发生在±45°铺层中、单层内部裂纹,例如 90°层的开裂和+/-45°铺层中的偏轴裂纹,位于不同的铺层中,并通过层间界面处的局部分层(图中黑色的叶形区域)耦合在一起。在精确且高效计算的程序中,如何考虑这些具有强烈相互作用的多重损伤机制仍然是一项艰巨的任务。

传统方法使用不同的理论分别处理层内和层间损伤过程:分层模拟广泛使用 LEFM (Tay,2003;Shahwan 和 Waas,1997)或内聚区模型(CZM)(Yang 和 Cox,2005;Turon 等,2006;Hallett 和 Wisnom,2006a;Wisnom 和 Chang,2000),而层内损伤行为的模拟则使用基于强度准则和 CDM 耦合的强度渐降方法(Lapczyk 和 Hurtado,2007;Laurin 等,2007;Maimi 等, 2007;Matzenmiller 等,1995;Pinho 等,2006)。另有一些研究人员试图直接耦合基于 CDM 的面内损伤模拟和基于各种断裂力学模型的分层模拟,但成效有限(Cox 和 Yang,2006;Choi 和 Chang,1992;Yang 和 Cox,2005;Van de Meer 和 Sluys,2009a;Carpinteri 和 Ferro,2003)。一些研究表明,CDM 中介观尺度的均匀化过程导致在宏观尺度上多个损伤耦合的关键信息丢失,并且可能导致裂纹路径的不准确预测(Talreja,2006;Van de Meer 和 Sluys,2009a)。在数值模拟中也可能出现意想不到的严重应力锁定现象(Iarve 等,2005)。

传统CDM具有明显不足,最近的模拟技术发展趋势为:将所有主要裂纹事件的显示模拟方法整合到整体复合结构模型中,以实现直接耦合(Gonzalez和LLorca,2006;Van de Meer和Sluys,2009a,b;Iarve等,2005;Hallett和Wisnom,2006a;Rudraraju等,2010,2011;Van de Meer等,2010;Fang等,2010,2011a;Ling等,2009,2011)。显式地考虑多重损伤模式,以及损伤演化过程中这些多重损伤模式之间的非线性耦合依赖以下两个关键要素:①采用改进的非线性断裂模型,例如针对基体裂纹和层间界面裂纹的CZM方法,实现裂纹萌生和裂纹扩展过程模拟的统一;②允许在各向异性介质中任意位置处裂纹萌生和扩展的改进数值方法。

由Dugdale和Barenblatt提出,并由Hillerborg等(1976)进行扩展以便于数值模拟的CZM非线性断裂模型,已被广泛用于复合材料的损伤和断裂分析(Cox和Yang,2006;Turon等,2006;Wisnom和Chang,2000;Yang和Cox,2005;Hallett和Wisnom,2006a;Xie等,2006;Yang等,2006a,b;Song和Waas,1995;Thouless和Yang,2008;Yang和Thouless,2001a;Yang等,1999,2001)。然而,受限于基本原理,CZM要求指定裂纹的可能扩展路径,以便沿该路径植入CZM单元。这极大地限制了CZM在模拟任意不连续损伤演变行为方面的应用。

近期的研究中提出了几种新颖的,可实现沿任意路径内聚裂纹的萌生和扩展,而不需要事先指定裂纹路径的数值方法。非线性内聚法则通常按照如下方式嵌入数值公式中:如果在给定的损伤萌生准则下,单元被认为会萌生内聚裂纹,则被裂纹切断的子区域的逐渐分离将与作用在裂纹面上的内聚应力耦合在一起。例如,内聚模型已经集成到扩展有限元(X-FEM)框架中,并成功用于模拟均质准脆性材料中的断裂行为(Moe和Belytschko,2002;de Borst等,2006)。然而,当将该方法应用于复合材料时,仍然不清楚如何将铺层单元节点增强所必需的非线性裂纹尖端应力场,以物理一致的方式转移到层间内聚力单元。

处理任意路径裂纹扩展问题的另一种有希望的数值方法是增强有限元法(A-FEM),这种方法源于Hansbo和Hansbo(2004)的研究工作,该方法认为通过在现有单元的顶部添加额外单元,可将任意不连续性引入单元中,现有单元和后添加单元分别模拟来自二等分物理域的一部分的刚度和力的贡献。两个不连续的区域通过线性或非线性弹簧(Hansbo和Hansbo,2004)或基于内聚失效描述的模型(Mergheim等,2005)进行连接。通过引入与原始角节点在几何上重合的附加节点来实现单元的添加(该方法也被称为虚拟节点方法;参见Van de Meer和Sluys,2009b;Song等,2006)。这种方法的主要优点是它只使用标准的FE形状函数,从而避免使用整体分解的方法(例如X-FEM就采用了这种方法),因为整体分解的方法将导致具有奇异裂纹尖端的单元中单元局部性的损失(Moes等,1999)。已经证明(Song等,2006),当利用Heaviside阶跃函数增强单元形状函数,以便引入位移场中的不连续性时,这种方法等效于扩展有限元方法(XFEM)。根据上述的A-FEM的优点,A-FEM可与标准FE程序完全兼容。最近,这种方法已被扩展并考虑复合材料异质性方面不可回避的一些重要问题(Ling等,2009)。

本文将回顾和讨论最近开发的,有望应对复合材料在不同尺度下多重损伤耦合行为高保真模拟的先进数值方法。将详尽讨论A-FEM方法,利用用户自定义单元在商业软件包(例如ABAQUS)中执行A-FEM方法的实施方案。通过几个数值例子,可以证明

A-FEM 在复合材料内部多种损伤模式渐进损伤演化方面高保真的预测能力。

42.2 复合材料非线性断裂模型

复合材料中的大多数损伤模式都呈现为类裂纹实体的形式,并且这些损伤模式在不同尺度上相互作用,如图 42.1 所示。在处理多裂纹相互作用时,非线性 CZM 是必不可少的,因为这种方法将裂纹的萌生和扩展统一在一个物理上一致的模型中(Barenblatt,1962;Dugdale,1960)。内聚模型通常是对裂纹面上的牵引力和裂纹上、下表面的分开距离(或位移跳跃)之间力学行为的维像描述,这种关系的关键特征是,当一对内聚力表面由于局部应力作用而分离时,内聚应力首先随张开位移的增加而增加,当达到最大值(内聚强度)后,内聚应力逐渐降低,当达到临界分离位移时,内聚应力下降到零。该描述符合包括 PMC 在内的许多工程材料的渐进式失效的本质。此外,当这样一个 CZM 被嵌入结构模型中时,可构建有限尺寸的断裂过程区(或内聚区),这可将微观材料破坏过程与宏观结构行为直接关联起来(Yang 和 Cox,2005;Camanho 等,2003;Turon 等,2007)(例如,PMC 中的大多数断裂过程区的尺寸为 0.1~1.0mm)。这种多尺度特征是 CZM 在复合材料分析中成功应用的关键,因其可为诸如网格密度等许多数值问题的解决提供明确的指导。

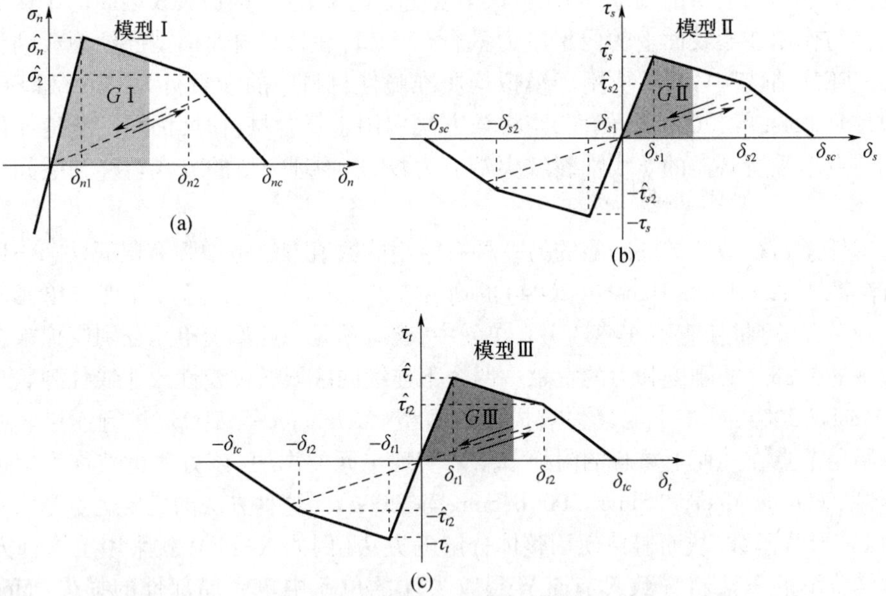

图 42.2 针对各个断裂模式的分段线性内聚法则的内聚力模型

本研究将重点关注由 Yang 和 Thouless(2001a)最初开发的,后经 Yang 和 Cox(2005)扩展到三维问题中的模式独立的内聚力法则。该内聚力法则对张开型(模式 I)和剪切型(模式 II 和模式 III)断裂模式分别采用独立的牵引力-张开位移本构进行描述,每种断裂模式下的牵引力-张开位移关系可写为

$$\begin{cases}\sigma_n = f_n(\delta_n) = \begin{cases}\hat{\sigma}_n\cdot(\delta_n/\delta_{n1}) & (\delta_n \leqslant \delta_{n1})\\ \hat{\sigma}_n-(\hat{\sigma}_n-\hat{\sigma}_2)(\hat{\sigma}_{n2}-\hat{\sigma}_n)(\hat{\sigma}_{n2}-\hat{\sigma}_{n1}) & (\delta_{n1}\leqslant\delta_n\leqslant\delta_{n2})\\ \hat{\sigma}_2(\hat{\sigma}_{nc}-\hat{\sigma}_n)(\hat{\sigma}_{nc}-\hat{\sigma}_{n2}) & (\delta_{n2}\leqslant\delta_n\leqslant\delta_{nc})\\ 0 & (\delta_n>\delta_{nc})\end{cases}\\ \tau_s = f_s(\delta_s) = \begin{cases}\hat{\tau}_s\cdot(\delta_s/\delta_{s1}) & (|\delta_s|\leqslant\delta_{s1})\\ \mathrm{sgn}(\delta_s)\cdot[\hat{\tau}_s-(\hat{\tau}_s-\hat{\tau}_{s2})(\delta_{s2}-|\delta_s|)/(\delta_{s2}-\delta_{s1})] & (\delta_{s1}\leqslant|\delta_s|\leqslant\delta_{s2})\\ \mathrm{sgn}(\delta_s)\cdot\hat{\tau}_{s2}\cdot(\delta_{sc}-|\delta_s|)/(\delta_{sc}-\delta_{s2}) & (\delta_{s2}\leqslant|\delta_s|\leqslant\delta_{sc})\\ 0 & (|\delta_s|>\delta_{sc})\end{cases}\\ \tau_t = f_t(\delta_t) = \begin{cases}\hat{\tau}_t\cdot(\delta_t/\delta_{t1}) & (|\delta_t|\leqslant\delta_{t1})\\ \mathrm{sgn}(\delta_t)\cdot[\hat{\tau}_t-(\hat{\tau}_t-\hat{\tau}_{t2})(\delta_{t2}-|\delta_t|)/(\delta_{t2}-\delta_{t1})] & (\delta_{t1}\leqslant|\delta_t|\leqslant\delta_{t2})\\ \mathrm{sgn}(\delta_t)\cdot\hat{\tau}_{t2}\cdot(\delta_{tc}-|\delta_t|)/(\delta_{tc}-\delta_{t2}) & (\delta_{t2}\leqslant|\delta_t|\leqslant\delta_{tc})\\ 0 & (|\delta_t|>\delta_{tc})\end{cases}\end{cases} \tag{42.1}$$

式中：sgn(・)为符号函数；|・|为绝对值；σ_n、τ_s 和 τ_t 为沿着内聚裂纹面法向和切向的牵引力；δ_n、δ_s 和 δ_t 为在局部坐标中测量的裂纹线上法向和切向位移跳跃(图 42.2)；δ_{nc}、δ_{sc} 和 δ_{tc} 为纯断裂模式下的临界法向位移和临界切向位移，超过该临界位移值，内聚力将变为零，表示材料彻底断裂；$\hat{\sigma}_n$、$\hat{\tau}_s$ 和 $\hat{\tau}_t$ 分别为Ⅰ型、Ⅱ型和Ⅲ型断裂的内聚强度；$\hat{\sigma}_{n2}$、$\hat{\tau}_{s2}$ 和 $\hat{\tau}_{t2}$ 分别为Ⅰ型、Ⅱ型和Ⅲ型断裂的次要强度，它们与每种模式的两个中间位移(Ⅰ型断裂模式中的 δ_{n1} 和 δ_{n2}，Ⅱ型断裂模式中的 δ_{s1} 和 δ_{s2}，Ⅲ型断裂模式中的 δ_{t1} 和 δ_{t2})可以适应不同形状内聚法则的表述(例如，具有软化、硬化或梯形)。然而，相比于内聚强度和断裂韧性，次要强度和中间位移通常是次要的(Yang 和 Thouless，2001a；Yang 等，1999；Yang 等，2001；Kafkalidis 等，2000)。

对应牵引力-张开位移关系的、断裂过程中吸收的总断裂功 G 可分解为(Ⅰ型)G_{I} 和剪切(Ⅱ型和Ⅲ型)分量 G_{II} 和 G_{III}，如下式所示，可构建混合模式内聚力模型：

$$G = G_{\mathrm{I}} + G_{\mathrm{II}} + G_{\mathrm{III}} \tag{42.2}$$

可以通过对Ⅰ型、Ⅱ型和Ⅲ型断裂模式下牵引力-张开位移曲线的积分，计算上述三个独立的断裂功分量：

$$\begin{cases}G_{\mathrm{I}} = \int_0^{\delta_n}\sigma_n(\delta)\,\mathrm{d}\delta\\ G_{\mathrm{II}} = \int_0^{\delta_s}\tau_s(\delta)\,\mathrm{d}\delta\\ G_{\mathrm{III}} = \int_0^{\delta_t}\tau_t(\delta)\,\mathrm{d}\delta\end{cases} \tag{42.3}$$

注意，δ_n、δ_s 和 δ_τ 不是独立参数，它们作为裂纹上、下两个材料区的变形和三个牵引力-张开位移法则之间相互作用的自然结果而一起演变。需要失效准则来确定 G 的三个分量，即 G_{I}^*、G_{II}^* 和 G_{III}^* 的临界值(图 42.2 中的阴影区域)，当达到这个临界值时，内聚区完全断裂。本研究中使用如下形式简单的准则(Wang 和 Suo，1990)：

$$\frac{G_{\mathrm{I}}^{*}}{\Gamma_{\mathrm{Ic}}}+\frac{G_{\mathrm{II}}^{*}}{\Gamma_{\mathrm{IIc}}}+\frac{G_{\mathrm{III}}^{*}}{\Gamma_{\mathrm{IIIc}}}=1 \tag{42.4}$$

其中，Γ_{Ic}、Γ_{IIc} 和 Γ_{IIIc} 为纯张开和纯剪切模式牵引力—张开位移法则下包围的总面积，它们在数值上等于线弹性断裂力学中定义的Ⅰ型、Ⅱ型和Ⅲ型的断裂韧性。关于这种混合模式内聚力模型更详细的说明可参见 Yang 和 Thouless(2001a)的研究。这种内聚力法则的主要优点是不需要事先指定模式混合比，模式混合比和混合模式断裂韧性的演变遵循局部应力平衡的数值结果，更重要的是，当满足 LEFM 条件时，该法则可保证正确的模式混合(Yang 等，2010；Parmigiani 和 Thouless，2007；Goutianos 和 Sorensen，2012)。

由于内聚力法则的显著非线性，内聚断裂问题通常采用增量求解方案，为此需要内聚力法则的切向刚度矩阵。在这种混合模式的内聚力模型中，法向和切向牵引力之间无耦合，故切向刚度矩阵可表示为

$$\boldsymbol{D}_{\mathrm{coh}}=\begin{bmatrix}k_s(\delta_s) & 0 & 0\\ 0 & k_s(\delta_s) & 0\\ 0 & 0 & k_n(\delta_n)\end{bmatrix}=\begin{bmatrix}\mathrm{d}f_s/\mathrm{d}\delta_s & 0 & 0\\ 0 & \mathrm{d}f_t/\mathrm{d}\delta_t & 0\\ 0 & 0 & \mathrm{d}f_n/\mathrm{d}\delta_n\end{bmatrix} \tag{42.5}$$

其中

$$k_n(\delta_n)=\begin{cases}\hat{\sigma}_n/\delta_{n1} & (\delta_n\leqslant\delta_{n1})\\ (\hat{\sigma}_2-\hat{\sigma})/(\hat{\sigma}_{nc}-\hat{\sigma}_{n2}) & (\delta_{n1}\leqslant\delta_n\leqslant\delta_{n2})\\ -\hat{\sigma}_2(\hat{\sigma}_{nc}-\hat{\sigma}_{n2}) & (\delta_{n2}\leqslant\delta_n\leqslant\delta_{nc})\\ 0 & (\delta_n>\delta_{nc})\end{cases}$$

$$k_s(\delta_s)=\begin{cases}\hat{\tau}_s/\delta_{s1} & (|\delta_s|\leqslant\delta_{s1})\\ (\hat{\tau}_{s2}-\hat{\tau}_s)/(\delta_{sc}-\delta_{s2}) & (\delta_{s1}\leqslant|\delta_s|\leqslant\delta_{s2})\\ -\hat{\tau}_{s2}(\delta_{sc}-\delta_{s2}) & (\delta_{s2}\leqslant|\delta_s|\leqslant\delta_{sc})\\ 0 & (|\delta_s|>\delta_{sc})\end{cases} \tag{42.6}$$

$$k_t(\delta_t)=\begin{cases}\hat{\tau}_t/\delta_{t1} & (|\delta_t|\leqslant\delta_{t1})\\ (\hat{\tau}_{t2}-\hat{\tau}_t)/(\delta_{tc}-\delta_{t2}) & (\delta_{t1}\leqslant|\delta_t|\leqslant\delta_{t2})\\ -\hat{\tau}_{t2}(\delta_{tc}-\delta_{t2}) & (\delta_{t2}\leqslant|\delta_t|\leqslant\delta_{tc})\\ 0 & (|\delta_t|>\delta_{tc})\end{cases}$$

如前所述，内聚力模型考虑了不同断裂过程的非线性相互作用，而线弹性断裂力学(LEFM)由于其在小裂纹长度限制下的非物理性质，无法准确模拟不同断裂过程的耦合(Cox 和 Yang，2006；Yang 和 Cox，2005；Wisnom 和 Chang，2000；Xie 等，2006；Song 和 Waas，1995；Yang 等，1999，2001；Moës 和 Belytschko，2002；Corigliano，1993；de Borst，2003；Elices 等，2002；Needleman，1990；Remmers 等，2003；Parmigiani 和 Thouless，2006；Yang 和 Thouless，2001b)。

下面以一个实例阐述上述观点。图 42.3(a)展示了带 120°角缺口的聚碳酸酯(PC)胶接试样在三点弯曲载荷作用下的载荷—位移响应。试样中的粘合线与试样纵向成 30°角，沿粘合线胶接的断裂韧性比 PC 的断裂韧度至少低三分之一。LEFM 简单地计算胶接

界面裂纹的能量释放率(ERR)与其韧性断裂($G_i = \Gamma_{ic}$)之比,和局部 I 型断裂能量释放率与其断裂韧性之比(He 和 Hutchinson,1989),通过比较上述两个比值的大小,可准确预测完整的界面裂纹扩展。但是重复试验表明,测试过程中将出现转向裂纹,如图 42.3(b)所示。只有利用内聚力模型,并适当考虑裂纹分叉(Fang 等,2011b;Yang 等,2013),才能正确预测这种断裂行为和对应的荷载—位移曲线(图 42.3(a),(c))。

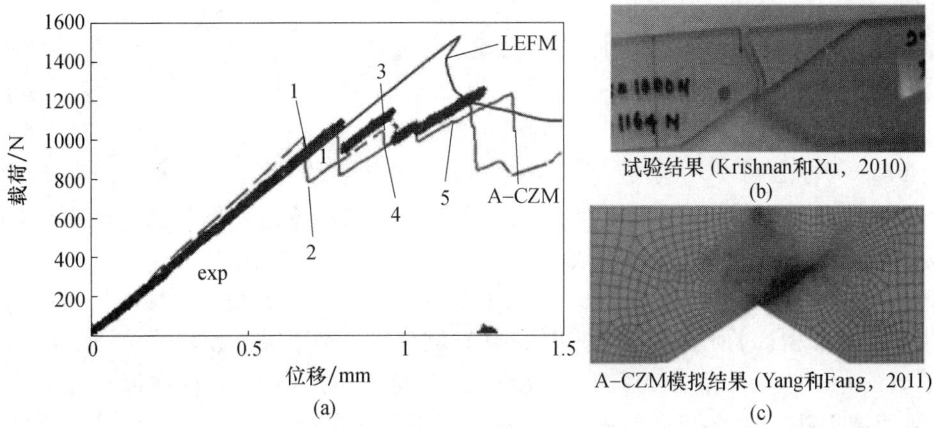

图 42.3　(a)预切口 PC 粘接试样载荷—位移曲线的试验测试结果,CZM 模拟的和 LEFM 预测结果的对比;(b)裂纹转向的试验观察;(c)使用非线性黏性区模型的裂纹转向模拟

上述胶接的 PC 试样的例子对复合材料断裂分析具有重要意义,因为这种裂纹转向和汇合行为在层板复合材料或织物复合材料中非常常见。例如,从一个界面到另一个界面的裂缝跳跃(Ling 等,2011),包含横向裂缝转向(从层间界面到层内)和裂纹汇合(从层内到另一个层间界面)两个过程。由上述的例子,可得出的重要信息:裂纹分叉是两个断裂过程区之间的竞争决定的,需要慎重地数值处理,以确保两个断裂过程区之间适当的应力与变形耦合。LEFM 观点认为,裂纹转向完全由两个竞争的 ERR 材料断裂韧性之比决定,这是非物理的。ERR 和内聚强度均在决定界面裂纹是否会转移到相邻铺层内部方面起着重要的作用(Thouless 及其同事在 Parmigiani 和 Thouless,2007 中也做过类似的研究;Parmigiani 和 Thouless,2006)。使用 Fang 等(2011b)最近开发的增强内聚力区(A-CZ)单元可实现对上述行为的成功模拟,这种方法将在下一节进行更详细的介绍。许多先前研究中的常见做法是,将 X-FE 或 A-FE 与标准的 CZ 单元耦合在一起,以模拟上述复合材料中的裂纹转向问题,这种做法是无法实现准确模拟的。

内聚力区模型在描述复合材料中的断裂过程方面非常出色,为此需要针对其开发特殊的界面单元,以便将其纳入数值分析平台,例如 FE 程序。上述通过定义界面单元的实现方式具有一个显著的缺点,即必须事先知道裂纹的扩展路径,以便在数值模型中适当地设置 CZ 单元。对于复合材料中关于裂纹的扩展路径的信息往往是不可获得的。以图 42.1 所示情形为例,横向裂纹的位置和间距在分析之前是无法确定的。在连续体中引入任意不连续性的先进数值方法的最新发展,使得结构模型中包含大部分主要裂纹系统的内聚描述,以考虑材料渐进破坏过程的做法成为可能,这部分内容将在下一节详细介绍。

42.3 增强有限元法

42.3.1 增强有限元法(A-FEM)的基本公式

在经典有限元方法(FEM)中,单元中的位移场近似为

$$u(x)=\sum N_i(x)\boldsymbol{d}_i \tag{42.7a}$$

或者是矩阵形式:

$$u(x)=N(x)d \tag{42.7b}$$

式中:$N_{\mathrm{i}}(x)$为标准 FE 形状函数;$\boldsymbol{d}_{\mathrm{i}}$ 为节点 i 处的节点位移向量。由于 $N_i(x)$是单元内的连续函数,因此,式(42.7a)只能描述单元内部的连续位移场。因此,标准 FE 公式不能处理单元内不连续问题,例如内聚裂纹或材料边界。

在 Ling 等开发的具有双节点(一组物理节点 1-4 和另一组虚节点 1′-4′)的 A-FEM 方法中,如图 42.4(a)所示,两个被切断的物理域可以分别用两个数学单元(ME)近似,如图 42.4(b)、(c)所示。每个 ME 中的活动材料域标识为阴影区域,仅在每个数学单元中相应活动域上执行刚度和力的积分,这两个数学单元通过内聚失效力学模型沿开裂线联接。

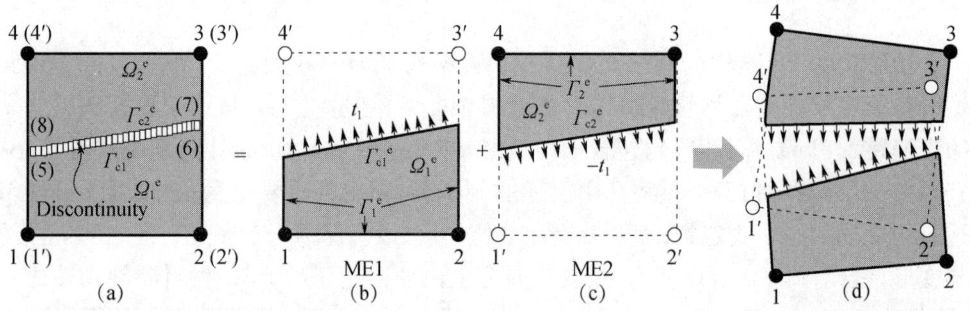

图 42.4 (a)单元内部内聚裂纹横穿双节点的 A-FEM。这个单元被当作两个独立的数学单元(b)和(c),其中每个数学单元具有与原 A-FEM 相同的几何尺寸,但具有不同的刚度积分物理材料域(Ling 等,2009)。两个数学单元被打包到具有 8 个节点的 A-FE 中(d)

不连续位移场可以描述为

$$u(x)=\Big(\sum_{i=1,2,3',4'}N_i(\boldsymbol{x})\boldsymbol{d}_{1i}\Big)\phi_1(\boldsymbol{x})+\Big(\sum_{i=1',2',3,4}N_i(\boldsymbol{x})d_{2i}\Big)\phi_2(\boldsymbol{x}) \tag{42.8a}$$

其中,$\phi_1(\boldsymbol{x})$和 $\phi_2(\boldsymbol{x})$分别为两个函数,其定义如下式所示,定义这两个函数的目的是确保只有两个数学单元中的物理域用于刚度和力的积分。

$$\phi_1(\boldsymbol{x})=\frac{1+H(\boldsymbol{x})}{2};\phi_2(\boldsymbol{x})=\frac{1-H(\boldsymbol{x})}{2};H(\boldsymbol{x})=\begin{cases}1 & (\boldsymbol{x}\in\Omega_1^e)\\-1 & (\boldsymbol{x}\in\Omega_2^e)\end{cases}$$

此处,$H(\boldsymbol{x})$是广义 Heaviside 函数。将式(42.8c)表示为矩阵形式,如下所示:

$$\boldsymbol{u}(\boldsymbol{x})=\boldsymbol{N}(\boldsymbol{x})\boldsymbol{d}_1\phi_1(\boldsymbol{x})+\boldsymbol{N}(\boldsymbol{x})\boldsymbol{d}_2\phi_2(\boldsymbol{x})=\{\boldsymbol{N}(\boldsymbol{x})\phi_1(\boldsymbol{x})\quad \boldsymbol{N}(\boldsymbol{x})\phi_2(\boldsymbol{x})\}\{\boldsymbol{d}_1\quad \boldsymbol{d}_2\}^{\mathrm{T}} \tag{42.8c}$$

其中，上标"T"表示矩阵转秩。式(42.8)允许物理场 Ω_1^e 和 Ω_1^e 具有不同的位移场，故可考虑贯穿内聚裂纹 Γ_c 的不连续位移（或位移跳跃）。位移跳跃可用下式计算：

$$\boldsymbol{w}(\boldsymbol{x}) = \boldsymbol{u}_1(\boldsymbol{x}) - \boldsymbol{u}_2(\boldsymbol{x}) = \{\boldsymbol{N} \quad -\boldsymbol{N}\}\{\boldsymbol{d}_1 \quad \boldsymbol{d}_2\}^{\mathrm{T}} \quad (\boldsymbol{x} \in T_c) \tag{42.9}$$

如果单元中未产生内聚裂纹，则在相应的数学单元中，$\phi 1(x)$ 或 $\phi 2(x)$ 为零。然后，式(42.8)降阶为式(42.7)的标准 FE 形状函数的插值。数值上，这可以通过标记相关的物理节点所对应虚拟节点的所有自由度以对单元进行增强。

因为内聚牵引力通常是在以沿裂纹方向和垂直裂纹方向对应的局部坐标系中测量的内聚裂纹张开位移的非线性函数，这便于表达局部坐标系下表示位移跳跃（图 42.5）。正向（沿 n 轴方向）和切向（沿 s 轴方向）的位移分量可利用下式所示的旋转矩阵 $\boldsymbol{R}$ 获得

$$\delta = \{\delta_s, \delta_n\}^{\mathrm{T}} = \boldsymbol{R}\boldsymbol{w} \tag{42.10}$$

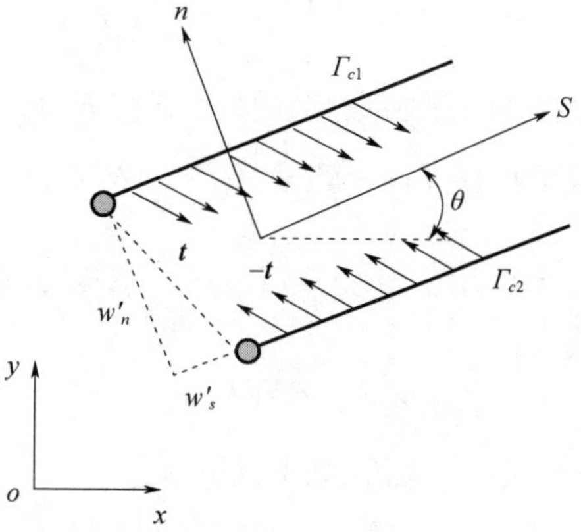

图 42.5　根据内聚裂纹定义的局部坐标系（n-o-s）。其中，n 和 s 分别表示与内聚裂纹垂直和相切的方向，θ 为整体坐标系和内聚裂纹局部坐标系之间的旋转角度

其中，$\boldsymbol{R}$ 为整体和局部坐标系之间的旋转矩阵，如下式所示：

$$\boldsymbol{R} = \begin{bmatrix} \cos\theta & \sin\theta \\ -\sin\theta & \cos\theta \end{bmatrix} \tag{42.11}$$

类似地，局部坐标系下沿不连续处的内聚牵引力可表示为

$$\boldsymbol{t}' = \{\tau_s(\delta_s), \delta_n(\delta_s)\}^{\mathrm{T}} = \boldsymbol{t}'(\delta) \tag{42.12}$$

根据虚功原理，无体力作用下，用于静力分析的动量方程的弱形式表示为

$$\int \Omega(\boldsymbol{L}\delta\boldsymbol{u})^{\mathrm{T}}\mathrm{d}\Omega + \int_{\Gamma_c}(\delta\boldsymbol{w})^{\mathrm{T}}\boldsymbol{t}\mathrm{d}\Gamma = \int_{\Gamma_F}(\delta\boldsymbol{u})^{\mathrm{T}}\boldsymbol{F}\mathrm{d}\Gamma \tag{42.13}$$

其中，$\boldsymbol{L}$ 为微分算子，如下式所示：

$$\boldsymbol{L} = \begin{bmatrix} \partial/\partial x & 0 \\ 0 & \partial/\partial y \\ \partial/\partial y & \partial/\partial x \end{bmatrix} \tag{42.14}$$

Γ_F 为外部牵引力作用的边界（或称 Neumann 边界条件）；$\boldsymbol{t}=\boldsymbol{t}(\boldsymbol{w})$ 表示在整体坐标系下测量的内聚牵引力。在整体坐标系下 $\boldsymbol{t}$ 可采用下式计算：

$$\boldsymbol{t}(\boldsymbol{w}) = \boldsymbol{R}^{\mathrm{T}}\boldsymbol{t}'(\boldsymbol{\delta}) \tag{42.15}$$

将位移场的式(42.8)、式(42.10)和式(42.15)代入式(42.13),可得到:

$$\{\boldsymbol{\delta d}_1^{\mathrm{T}}\quad \boldsymbol{\delta d}_2^{\mathrm{T}}\}\left(\int_{\Omega}\begin{Bmatrix}\boldsymbol{B}^{\mathrm{T}}\sigma\phi_1(\boldsymbol{x})\\ \boldsymbol{B}^{\mathrm{T}}\sigma\phi_2(\boldsymbol{x})\end{Bmatrix}\mathrm{d}\Omega+\int_{\Gamma_c}\begin{Bmatrix}\boldsymbol{N}^{\mathrm{T}}\boldsymbol{t}\\ -\boldsymbol{N}^{\mathrm{T}}\boldsymbol{t}\end{Bmatrix}\mathrm{d}\Gamma-\int_{\Gamma_F}\begin{Bmatrix}\boldsymbol{N}^{\mathrm{T}}\boldsymbol{F}\phi_1(\boldsymbol{x})\\ \boldsymbol{B}^{\mathrm{T}}\boldsymbol{F}\phi_2(\boldsymbol{x})\end{Bmatrix}\mathrm{d}\Gamma\right)=0 \tag{42.16}$$

由于虚位移数组是任意的,于是得到下式:

$$\int_{\Omega}\begin{Bmatrix}\boldsymbol{B}^{\mathrm{T}}\sigma\phi_1(\boldsymbol{x})\\ \boldsymbol{B}^{\mathrm{T}}\sigma\phi_2(\boldsymbol{x})\end{Bmatrix}\mathrm{d}\Omega+\int_{\Gamma_c}\begin{Bmatrix}\boldsymbol{N}^{\mathrm{T}}\boldsymbol{t}\\ -\boldsymbol{N}^{\mathrm{T}}\boldsymbol{t}\end{Bmatrix}\mathrm{d}\Gamma=\int_{\Gamma_F}\begin{Bmatrix}\boldsymbol{N}^{\mathrm{T}}\boldsymbol{F}\phi_1(\boldsymbol{x})\\ \boldsymbol{B}^{\mathrm{T}}\boldsymbol{F}\phi_2(\boldsymbol{x})\end{Bmatrix}\mathrm{d}\Gamma \tag{42.17}$$

上式是平衡方程。式(42.17)的离散化形式总体上保持非线性,这是因为第二积分中的内聚牵引力,$\boldsymbol{t}(\boldsymbol{w})$通常是裂纹张开位移$\boldsymbol{w}$的非线性函数。采用增量方案对上述公式进行线性化是更直接的方式,线性化公式可以表示为:

$$\begin{bmatrix}\boldsymbol{K}_{11} & \boldsymbol{K}_{12}\\ \boldsymbol{K}_{21} & \boldsymbol{K}_{22}\end{bmatrix}\begin{Bmatrix}\Delta\boldsymbol{d}_1\\ \Delta\boldsymbol{d}_2\end{Bmatrix}=\begin{Bmatrix}\int\Gamma_F\boldsymbol{N}^{\mathrm{T}}\Delta\boldsymbol{F}\phi_1(\boldsymbol{x})\mathrm{d}\Gamma\\ \int\Gamma_F\boldsymbol{N}^{\mathrm{T}}\Delta\boldsymbol{F}\phi_2(\boldsymbol{x})\mathrm{d}\Gamma\end{Bmatrix} \tag{42.18}$$

式中:$\Delta\boldsymbol{d}_\alpha$为节点位移的增量;$\Delta\boldsymbol{F}$为外部载荷增量。矩阵$\boldsymbol{K}_{ij}$可表示为:

$$\begin{cases}\boldsymbol{K}_{11}=\int_{\Omega^e}\boldsymbol{B}^{\mathrm{T}}\boldsymbol{R}^{\mathrm{T}}\boldsymbol{D}(\boldsymbol{x})\boldsymbol{RB}\phi_1^2(\boldsymbol{x})\mathrm{d}\Omega+\int_{\Gamma_c}\boldsymbol{N}^{\mathrm{T}}\boldsymbol{R}^{\mathrm{T}}\boldsymbol{D}_{\mathrm{coh}}\boldsymbol{RN}\mathrm{d}\Gamma\\ \boldsymbol{K}_{22}=\int_{\Omega^e}\boldsymbol{B}^{\mathrm{T}}\boldsymbol{R}^{\mathrm{T}}\boldsymbol{D}(\boldsymbol{x})\boldsymbol{RB}\phi_2^2(\boldsymbol{x})\mathrm{d}\Omega+\int_{\Gamma_c}\boldsymbol{N}^{\mathrm{T}}\boldsymbol{R}^{\mathrm{T}}\boldsymbol{D}_{\mathrm{coh}}\boldsymbol{RN}\mathrm{d}\Gamma\\ \boldsymbol{K}_{12}=\boldsymbol{K}_{21}=-\int_{\Gamma_c}\boldsymbol{N}^{\mathrm{T}}\boldsymbol{R}^{\mathrm{T}}\boldsymbol{D}_{\mathrm{coh}}\boldsymbol{RN}\mathrm{d}\Gamma\end{cases} \tag{42.19}$$

$\boldsymbol{D}(\boldsymbol{x})$为材料坐标系下单层刚度矩阵,如下式所示:

$$\boldsymbol{D}(\boldsymbol{x})=\begin{bmatrix}1/E_1 & -v_{12}/E_1 & 0\\ -v_{12}/E_1 & 1/E_2 & 0\\ 0 & 0 & 1/G_{12}\end{bmatrix} \tag{42.20}$$

$\boldsymbol{D}_{\mathrm{coh}}$为内聚力法则中的瞬态切向刚度矩阵,见式(42.5)。在获得式(42.19)中最后一个分式的过程中,已经使用了$\phi_1(\boldsymbol{x})=\phi_2(\boldsymbol{x})=0$的条件。另外,注意到,$\boldsymbol{D}(\boldsymbol{x})$在$\Omega_1^e$和$\Omega_2^e$中可以不同。

一旦单元中发生内聚裂纹,或预先存在的不连续被检测到,为了获得刚度矩阵和载荷数组(式(42.18)),有必要对起作用的材料区域进行子域积分(SDI)。其中SDI在物理材料域上的等参区域上进行,如图42.6所示。于是,增强单元的刚度矩阵可简明地表示为

$$\boldsymbol{K}_e=\sum_{\alpha=1}^{2}\int_{-1}^{1}\int_{-1}^{1}\boldsymbol{BD}_\alpha\boldsymbol{BJ}_\alpha\boldsymbol{J'}_\alpha\mathrm{d}\xi'\mathrm{d}\eta'_\alpha \tag{42.21}$$

式中:$\boldsymbol{J}_\alpha$为将数学单元整个域和其对应的等参空间中的映射域关联起来的雅可比矩阵;$\boldsymbol{J'}_\alpha$为将数学单元物理域(阴影区域)与其对应的等参空间中的映射域关联起来的雅可比矩阵。

42.3.2 使用自定义单元在ABAQUS中执行A-FEM

上述A-FEM单元已被集成到通用商业有限元软件包ABAQUS(v6.8)中的自定义平

面单元中。A-FEM 单元通过 8 个角节点进行定义,如图 42.7 所示,单元的前 8 个节点是真实节点(1~4)。后 8 个节点(5~8)是虚节点,仅当单元被内聚裂纹贯穿时,这 4 个虚节点才会被激活。虚节点与其对应的真实节点共享相同的几何位置,两个典型的单元增强的案例如图 42.7(a),(b)所示。

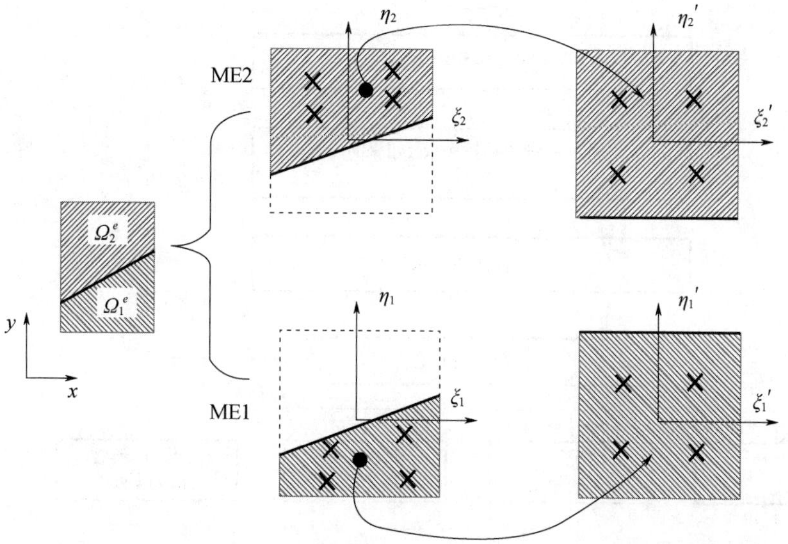

图 42.6　子域积分方案:对每个数学单元(ME)内位移进行等参插值;ME 中的相应物理域被映射到另一个等参数域以进行刚度和内聚力整合

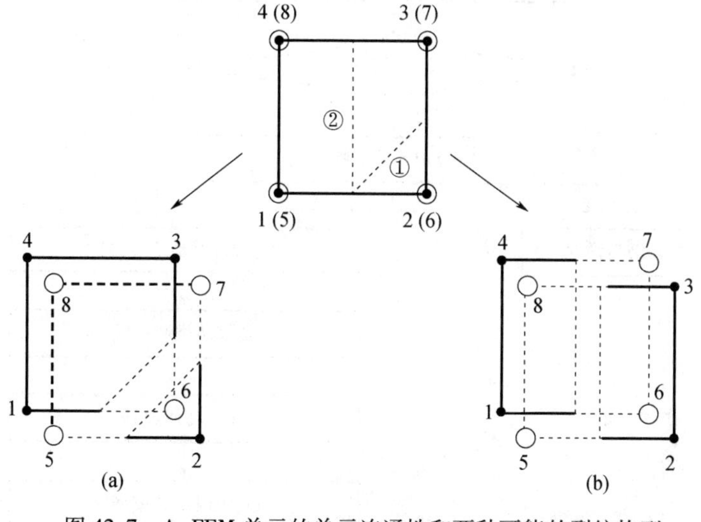

图 42.7　A-FEM 单元的单元连通性和两种可能的裂纹构型
(a)当 A-FEM 单元被切割成一个五边形和一个三角形时的数学单元定义;
(b)当 A-FEM 单元被切分成两个四边形时的数学单元定义。

用户自定义单元的实施流程如图 42.8 所示。

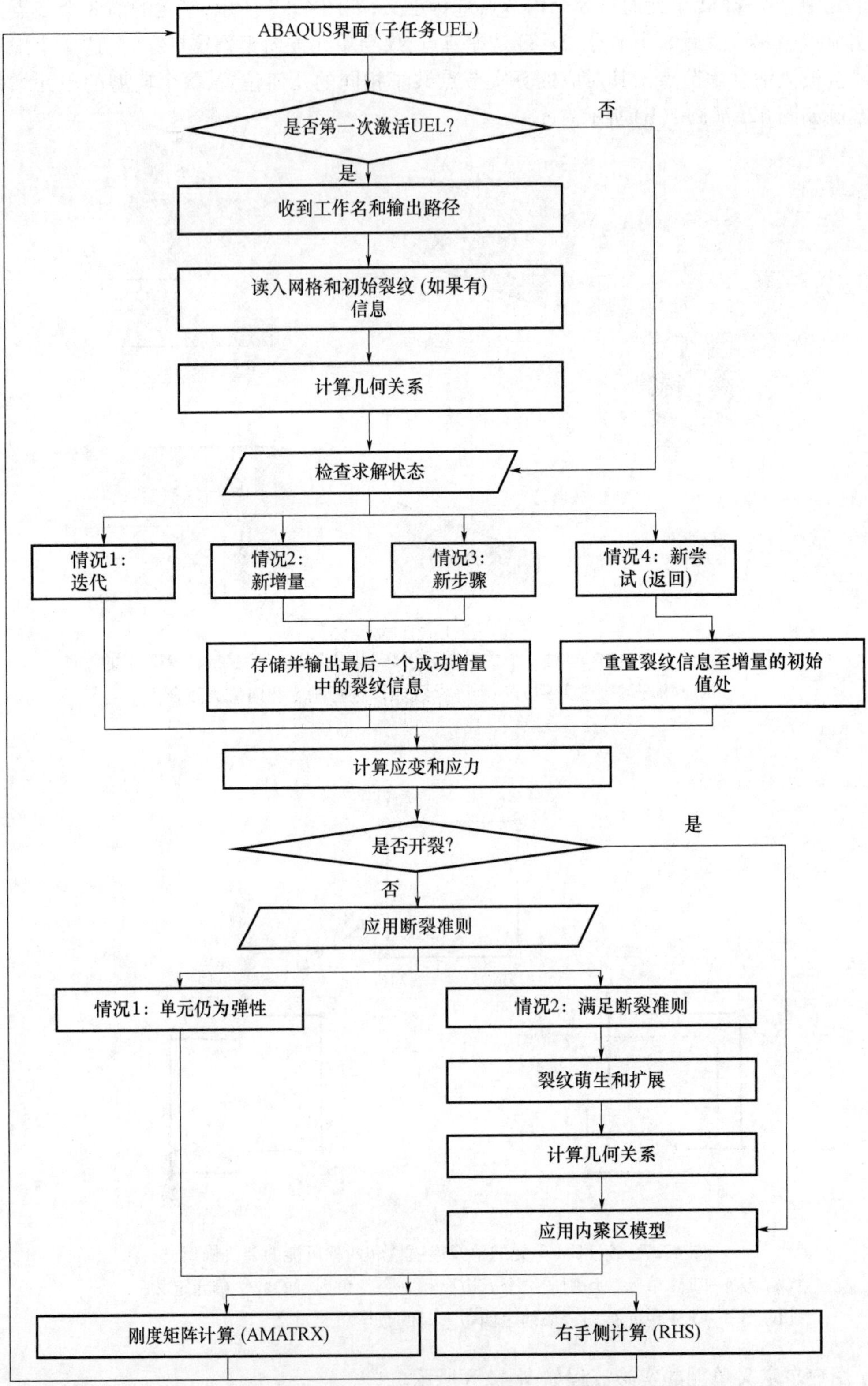

图 42.8　在 ABAQUS 中执行二维 A-FEM 的 UEL 子程序的流程

42.4　用于裂纹耦合的增强内聚力区单元

在第 42.3 节中描述的二维 A-FEM 单元可有效地处理每个单独层内的任意裂纹(层内开裂),如后续的演示案例中所示。在典型的复合材料层板中,层内裂纹通常与层间分层耦合在一起,目前已经开发了各种基于 CZM 的界面单元,用于模拟分层,这些单元在仅考虑分层模拟的情况下通常非常有效(Turon 等,2006;Hallett 和 Wisnom 2006a;Yangand Cox 2005;Xie 等,2006)。然而,作者最近的一项研究指出,当 A-FEM 或 X-FEM 等先进单元与这种传统的内聚力单元联合使用时,可能会出现明显的数值误差(Fang 等,2010)。这是因为尽管传统的内聚力单元可以有效地解决界面上的位移不连续性,但是它不能解决单元内部、沿着由该单元相邻实体开裂产生的界面的位移不连续,如图 42.9 所示。

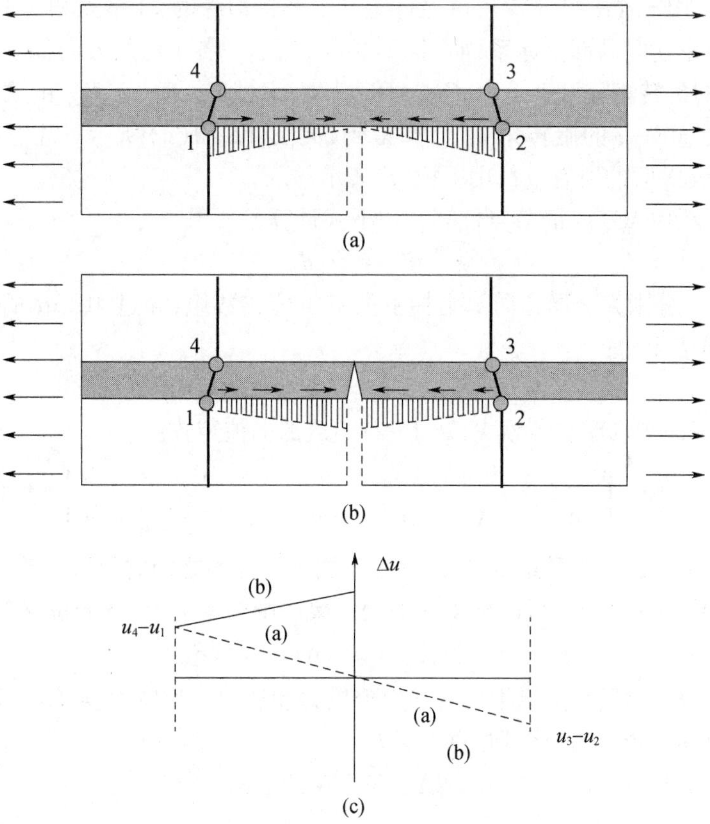

图 42.9　(a)与界面单元相邻的实体单元开裂产生的物理界面处的剪切应力分布;(b)传统 CZ 单元的剪切应力分布不准确;(c)较之传统 CZ(虚线所示)线性插值的剪切位移跳跃,沿界面单元(实心段)物理一致的剪切位移跳跃

Fang 等(2010)的研究中,已经开发了一种二维增强内聚区(A-CZ)单元,可解决二维问题的数值误差源和数值处理。下面给出二维和三维 A-CZ 单元的公式的具体形式。

42.4.1 二维 A-CZ 公式

二维 A-CZ 单元与邻接的实体 A-FE 共享两组角节点(例如,如图 42.10(a)中所示的 1-2-3-4-1′-2′-3′-4′)。如果两个实体 A-FE 都没有被破坏,则所有虚节点都与相应的真实节点绑定在一起,并且实体 A-FE 和 A-CZ 单元分别具有与标准 FE 和传统 CZ 单元相同的力学行为。然而,若与界面单元相邻的实体单元中的任一个或两个均开裂,并且裂尖到达界面处,则内聚力单元被相应地增强。图 42.10(b)展示了当两个实体 A-FE 均开裂时的增强情形,在这种情况下,与顶部实体 A-FE 相连的两个 ME 是 4-3′-8′-7 和 4′-3-8-7′,而与底部实体 A-FE 相连的两个 ME 是 5-6′-2′-1 和 5′-6-2-1′。因此,为了内聚应力积分,A-CZ 可被增强为两个 ME,其中 1-2′-3′-4 为 ME-1、1′-2-3-4′为 ME-2,如图 42.10(b),(c)所示。ME 各自的内聚应力积分域在图中以阴影区域标识。

对于每个 ME-α($\alpha=1$ 或 2),可通过定义沿连接边缘的 14 中点和 2′3′中点的连线的切线方向(s_α)来建立局部坐标系,如图 42.10(c)所示。各个法线方向($\boldsymbol{n}_\alpha$)垂直于 $\boldsymbol{s}_\alpha$。因此,每个 ME 的旋转矩阵可表示为:$\boldsymbol{Q}i\alpha=\mathrm{Diag}\{\boldsymbol{R}_{i\alpha},\boldsymbol{R}_{i\alpha},\boldsymbol{R}_{i\alpha},\boldsymbol{R}_{i\alpha}\}$。$\boldsymbol{R}_{i\alpha}$ 由式(42.11),并使用内聚力单元 ME-α 的旋转角 θ_α 计算得到,如图 42.10(c)所示。注意,在下文中,与 A-CZ 界面单元关联的所有量都用下标"i"表示。

局部坐标系中 ME-α 的节点位移利用下式计算:

$$\boldsymbol{d}'_{i\alpha}=\boldsymbol{Q}_{i\alpha}\boldsymbol{d}_{i\alpha} \tag{42.22}$$

式中:$\boldsymbol{d}_{i\alpha}$ 和 $\boldsymbol{d}'_{i\alpha}$ 分别为全局和局部坐标下的节点位移数组,穿过 ME-α 的局部位移跳跃(裂纹位移)可表示为:

$$\boldsymbol{\delta}_{i\alpha}=\{\delta_{si},\delta_{ni}\}_\alpha^{\mathrm{T}}=\boldsymbol{N}\boldsymbol{d}'_{i\alpha}=\boldsymbol{N}\boldsymbol{Q}_{i\alpha}\boldsymbol{d}_{i\alpha} \tag{42.23}$$

式中:$\boldsymbol{N}$ 为由标准节点形状函数 $N_i(i=1\sim2)$ 组成的插值矩阵:

$$\boldsymbol{N}=\begin{bmatrix}-N_1 & 0 & -N_2 & 0 & N_1 & 0 & N_2 & 0\\ 0 & -N_1 & 0 & -N_2 & 0 & N_1 & 0 & N_2\end{bmatrix}_\alpha$$

注意,$\delta_{i\alpha}$ 此时表示界面分离位移(即上界面和下界面之间的位移之差)。

ME 中的界面内聚应力可以根据界面处内聚法则的牵引力-张开位移关系获得:

$$\boldsymbol{t}'_i=\{\tau_i\quad \sigma_i\}_\alpha^{\mathrm{T}}=\{g_{si}(\delta_{si})\quad g_{ni}(\delta_{ni})\}^{\mathrm{T}} \tag{42.24}$$

式中:τ_i 和 σ_i 分别为局部坐标中的剪切内聚应力和法向内聚应力;$g_{si}(\delta_{si})$ 和 $g_{ni}(\delta_{ni})$ 分别为控制内聚界面的牵引力-张开位移关系。

基于虚功原理,可以直接推导出如下 ME-α 的平衡方程:

$$\boldsymbol{F}_{i\alpha}=\int_{l_\alpha}\boldsymbol{Q}_{i\alpha}^{\mathrm{T}}\boldsymbol{N}^{\mathrm{T}}\boldsymbol{t}'\mathrm{d}l \tag{42.25}$$

式中:l_α 为 ME-α 中起作用的内聚积分片段,如图 42.10(c)所示。式(42.25)的增量形式表示为:

$$\left(\int_{l_\alpha}\boldsymbol{Q}_{i\alpha}^{\mathrm{T}}\boldsymbol{N}^{\mathrm{T}}\boldsymbol{D}_{i\,\mathrm{coh}}\boldsymbol{Q}_{i\alpha}\mathrm{d}l\right)\Delta\boldsymbol{d}_{i\alpha}=\Delta\boldsymbol{F}_{i\alpha} \tag{42.26}$$

式中:(·)中的被积分量为 ME-α 的切向刚度,本文使用的是高斯积分。对于每个 ME-α,两个高斯积分点仅位于有效内聚积分片段中,这两个积分点在图 42.10(c)中以符号"×"表示。将两个 ME 组装成一个 A-CZ 单元是直接的做法,A-CZ 单元与传统的采用两个内聚力单元的做法(如果裂纹路径是预先知道的)的等效性可按照类似于 Ling 等(2009年)提出的方法给予证明。

提出的 A-CZ 单元已能在通用商业 FE 软件 ABAQUS(V6.9 SIMULIA. Providence,RI,USA)中以用户自定义单元的方式实施,并可与"第 42.3 节增强有限元方法"描述的 A-FE 联合使用。

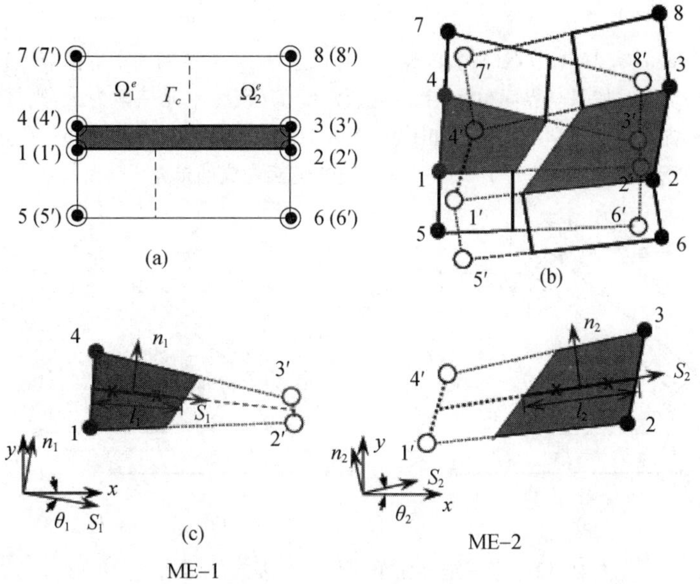

图 42.10(a)在变形之前两个 A-FE 由一个 A-CZ 单元连接起来,每个 A-FE 单元的节点均被指定相应的虚拟节点,以便模拟可能发生的单元内部开裂。(b)在变形后(假设每个实体 A-Fe 均开裂),A-CZ 将被扩增为两个数学单元,这两个单元的局部坐标系展示于图(c)中。对每个 ME,两个高斯积分点位于 ME 的起作用的内聚集成域(阴影区域)中,并用两个符号","表示。为了更好地展示,图中界面形状被放大处理。(转载自 International Journal for Numerical Methods in Engineering, X. J. Fang, Q. D. Yang, B. N. Cox, Z. Q. Zhou, An augmented cohesive zone element for arbitrary crack coalescence and bifurcation in heterogeneous materials, Pages No. 841-861, Copyright 2011,得到 John Wiley 和 Sons 的许可)

42.4.2　三维增强内聚力区单元的公式表达

用于二维 A-CZ 单元的上述公式可以直接扩展到三维情形。下面给出了 16 节点三维 A-CZ 单元的公式,如图 42.11(a)所示。

在三维情况下,裂纹可以从顶部或底部表面切断界面,且有三种可能的切断情形:①如果裂纹将界面内聚单元切割成两个类似砖块形的区域,则真实点和虚节点的分配如图 42.11(b),(c)所示;②如果裂纹将界面内聚单元切割成一个三角形和一个五角形区域,则真实点和虚节点的分配如图 42.12 所示;③如果从顶部和底部表面同时切割界面单元,则认为该单元完全失效,即刚度矩阵和右侧为零值(这是一个简单的数值处理,可以按照 A-FEM 程序进行,但需要另一组虚节点副本)。

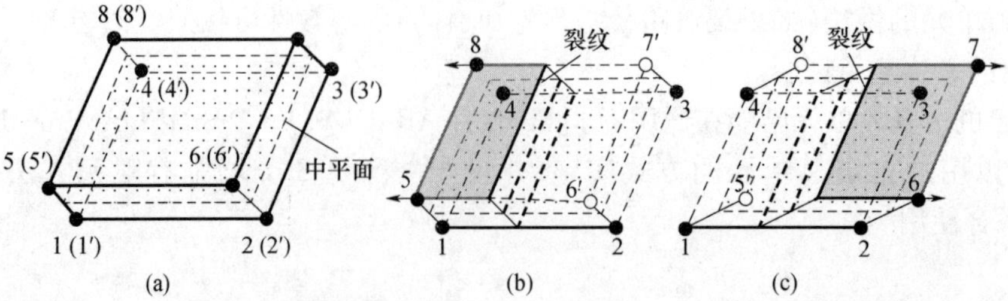

图 42.11 (a)具有 16 个节点(8 个真实节点和以上标“′”表示的 8 个虚拟节点)的三维增强内聚单元的定义。如果与界面单元相邻的实体单元开裂将单元一切为二,则具有适当真实和虚节点配置的两个数学单元分别如图(b)所示,即由节点 1-2-3-4-5-6′-7′连接构成的单元,和图(c)所示,即由节点 1-2-3-4-5′-6-7-8′连接构成的单元

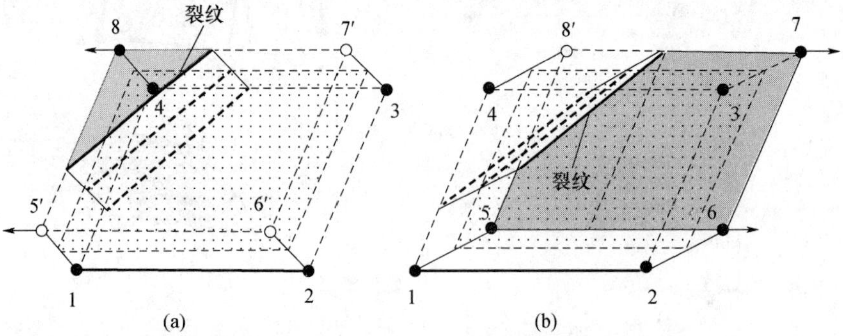

图 42.12 当三维界面单元从一个表面被切割成三角形子域和五边形子域时,真实和虚拟节点的配置示意图
(a)1-2-3-4-5′-6′-7′-8;(b)1-2-3-4-5-6-7-8′。

如果单元未被裂纹切断,则单元仍表现为一个规则的内聚单元的特征,且裂纹位移可以表示为:

$$\boldsymbol{w}(\boldsymbol{x})=[\boldsymbol{N}(\boldsymbol{x})\quad -\boldsymbol{N}(\boldsymbol{x})]\begin{Bmatrix}\boldsymbol{d}^t\\ \boldsymbol{d}^b\end{Bmatrix} \tag{42.27}$$

式中:$\boldsymbol{w}(\boldsymbol{x})$为在全局坐标中测量的位置 x 处的相对位移向量;$\boldsymbol{d}^t$ 和 $\boldsymbol{d}^b$ 分别为顶部和底部表面的节点位移向量。$\boldsymbol{N}(\boldsymbol{x})=[\boldsymbol{N}_1(\boldsymbol{x})\boldsymbol{N}_2(\boldsymbol{x})\boldsymbol{N}_3(\boldsymbol{x})\boldsymbol{N}_4(\boldsymbol{x})]$是形状函数矩阵,并且每个子矩阵关联节点 i 采用以下形式表示:

$$\boldsymbol{N}_i(\boldsymbol{x})=\begin{bmatrix}N_i & 0 & 0\\ 0 & N_i & 0\\ 0 & 0 & N_i\end{bmatrix} \tag{42.28}$$

式中:$\boldsymbol{N}_i$ 为标准的双线性形状函数。

当单元被来自顶表面或底表面的裂纹切断时,需要对具有四个角点的相应表面进行增强。A-CZ 的相对位移可写为:

$$\boldsymbol{w}(\boldsymbol{x})=\boldsymbol{N}(\boldsymbol{x})\boldsymbol{d}(\boldsymbol{x})=[\boldsymbol{N}^{t1}(\boldsymbol{x})\quad \boldsymbol{N}^{t2}(\boldsymbol{x})\quad -\boldsymbol{N}^{b1}(\boldsymbol{x})\quad -\boldsymbol{N}^{b2}(\boldsymbol{x})]\begin{Bmatrix}\boldsymbol{d}^{t1}\\ \boldsymbol{d}^{t2}\\ \boldsymbol{d}^{b1}\\ \boldsymbol{d}^{b2}\end{Bmatrix} \tag{42.29}$$

上标 1 和 2 分别表示真实节点位移和虚节点位移。形状函数矩阵的详细表达式不具有完全统一的形式,但节点与节点之间是有差异的。

$$\boldsymbol{N}_i^{t1}(\boldsymbol{x})=\begin{bmatrix} N_iH_i^t & 0 & 0 \\ 0 & N_iH_i^t & 0 \\ 0 & 0 & N_iH_i^t \end{bmatrix} \tag{42.30a}$$

$$\boldsymbol{N}_i^{t2}(\boldsymbol{x})=\begin{bmatrix} N_i(1-H_i^t) & 0 & 0 \\ 0 & N_i(1-H_i^t) & 0 \\ 0 & 0 & N_i(1-H_i^t) \end{bmatrix} \tag{42.30b}$$

在上面的表达式中,$\boldsymbol{H}_i^t(\boldsymbol{x})$是与节点 i 的位置相关联的阶梯函数:

$$H_i^t(\boldsymbol{x})=\frac{1+H^t(\boldsymbol{x}_i)H^t(\boldsymbol{x})}{2}$$

其中 $H^t(\boldsymbol{x})$是广义的 Heaviside 函数,在域上被裂纹切断的两边,其 $H^t(\boldsymbol{x})$取不同的值。

$$H^t(\boldsymbol{x})=\begin{cases} +1 & (\boldsymbol{x}\in\Omega^{t+}) \\ -1 & (\boldsymbol{x}\in\Omega^{t}) \end{cases} \tag{42.31}$$

类似地,对应于底面自由度(DoF)的形状函数矩阵可表示为

$$\boldsymbol{N}_i^{b1}(\boldsymbol{x})=\begin{bmatrix} N_iH_i^b & 0 & 0 \\ 0 & N_iH_i^b & 0 \\ 0 & 0 & N_iH_i^b \end{bmatrix} \tag{42.32a}$$

$$\boldsymbol{N}_i^{b2}(\boldsymbol{x})=\begin{bmatrix} N_i(1-H_i^b) & 0 & 0 \\ 0 & N_i(1-H_i^b) & 0 \\ 0 & 0 & N_i(1-H_i^b) \end{bmatrix} \tag{42.32b}$$

位移和内聚应力在局部坐标系下表示。以 $\boldsymbol{Q}$ 表示为全局坐标系和局部坐标系之间的旋转矩阵,则局部裂纹位移可表示为:

$$\delta(\boldsymbol{x})=\boldsymbol{Q}\boldsymbol{w}(\boldsymbol{x}) \tag{42.33}$$

局部坐标系下的内聚应力可表示为:

$$\boldsymbol{t}'_i=\{\tau_s,\tau_t,\sigma_n\}^{\mathrm{T}}=\{g_s(\delta_s),g_t(\delta_t),g_n(\delta_n)\}^{\mathrm{T}} \tag{42.34}$$

最后,基于虚功原理,平衡方程的增量形式可以写成:

$$\Delta\boldsymbol{F}=\iint_\Omega \boldsymbol{Q}^{\mathrm{T}}\boldsymbol{N}^{\mathrm{T}}\Delta\boldsymbol{t}'(\delta)\,\mathrm{d}\Omega=\left(\iint_\Omega \boldsymbol{Q}^{\mathrm{T}}\boldsymbol{N}^{\mathrm{T}}\boldsymbol{D}_{\mathrm{coh}}\boldsymbol{N}\boldsymbol{Q}\,\mathrm{d}\Omega\right)\Delta\boldsymbol{d} \tag{42.35}$$

式中:内聚法则的切向刚度矩阵 $\boldsymbol{D}_{\mathrm{coh}}$ 可通过将式(42.5)中的 $g_s(\delta_s)$、$g_t(\delta_t)$和 $g_n(\delta_n)$分别替换为$f_s(\delta_s)$、$f_t(\delta_t)$和$f_n(\delta_n)$导出。上述公式已在 ABAQUS(v. 6.9)中以用户子程序的方式执行,并与 A-FEM 联合工作,这已在第 42.3 节中介绍。

42.5　数值例子

本节将通过几个数值例子来说明 A-FE 和 A-CZ 在分析复合材料中的渐进失效行为

方面的预测能力。

42.5.1 三点弯曲下复合材料梁的开裂

出于简单考虑，图 42.13 所示的三点弯试验在材料工程中被广泛用于测量单向复合材料的横向强度。然而，由于典型 PMC 的横向模量 E_2 值较低，为避免试验件在失效之前发生较大变形，须选择具有相对小的纵横比（L/h）的梁。试验观察表明，对于这种类型的试验，复合材料的失效通常是由最大应力位置（图 42.13 中的底部中点）处萌生的横向裂纹（Ⅰ型断裂）引发的，该横向裂纹将沿着一条直线向顶部表面的中心加载点（O'Brien 等，2003）扩展。裂纹扩展过程可以是稳态的或非稳态的，这取决于Ⅰ型模式的断裂韧性、梁强度以及梁的尺寸。

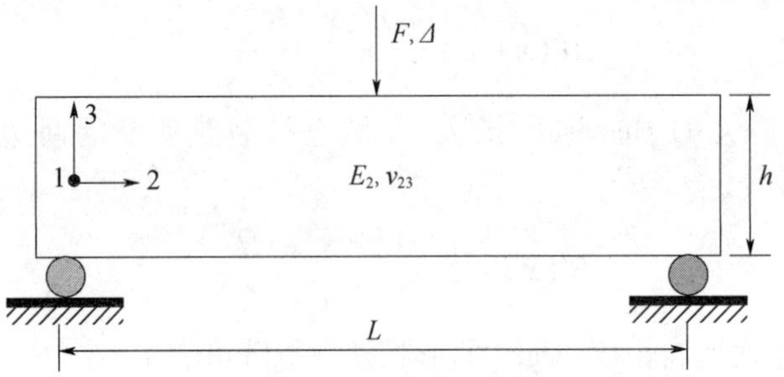

图 42.13 复合材料三点弯曲梁试样的构型

由于变形和载荷都发生在横观各向同性单向复合材料的各向同性平面内，因此该问题可视为一个平面应力问题，分析所需的材料参数包括梁的横向模量 E_2 和泊松比 v_{23}。简单的尺寸分析表明，归一化载荷（$F/\hat{\sigma}h$）与归一化位移（Δ/h）之比具有如下函数形式：

$$\frac{F}{\hat{\sigma}h}=f\left(\frac{\Gamma_{\mathrm{Ic}}}{\hat{\sigma}h},\frac{\hat{\sigma}}{E_2},v_{23}\frac{L}{\hat{\sigma}h}\right)\frac{\Delta}{h} \tag{42.36}$$

式中：$f(\bullet)$ 为一个无量纲函数，它将归一化载荷和归一化位移联系起来。它是归一化的Ⅰ型断裂韧性（$\Gamma_{\mathrm{Ic}}/\hat{\sigma}h$）、归一化内聚强度（$\hat{\sigma}/E_2$）、归一化梁长度或跨度（$L/h$）和泊松比（$v_{23}$）的函数。

在 A-FEM 模型中，不需要预先设定裂纹路径，但是需要一个裂纹萌生准则。在该数值示例中，由于裂纹沿试样对称的中间部分萌生，因此裂纹萌生准则可采用如下简单的形式：

$$\frac{\overline{\sigma}_{22}}{\hat{\sigma}}=1 \tag{42.37}$$

式中：$\overline{\sigma}_{22}$ 为单元中的平均张开应力（在该应力被增强之前），裂纹扩展方向垂直于 $\overline{\sigma}_{22}$，即在图 42.13 中垂直向上的方向。Ⅰ型断裂模式的内聚法则中使用非常大的初始刚度，且采用的断裂法则的函数图像呈三角形。

采用 A-FEM 预测的典型纤维增强复合材料的归一化载荷-位移曲线如图 42.14 所示，模拟中采用的材料参数为：$\hat{\sigma}/E_2=0.0044$ 和 $v_{23}=0.3$。归一化的梁长度为 $L/h=5$，并研究了 5 个归一化Ⅰ型断裂韧性 $\Gamma_{\mathrm{Ic}}/\hat{\sigma}h$ 为 0.0004、0.004、0.01、0.02 和 0.04 的情形。使

用上述一系列具有较大变化范围的归一化断裂韧度值是为了研究复合材料从脆性转变为韧性的规律。

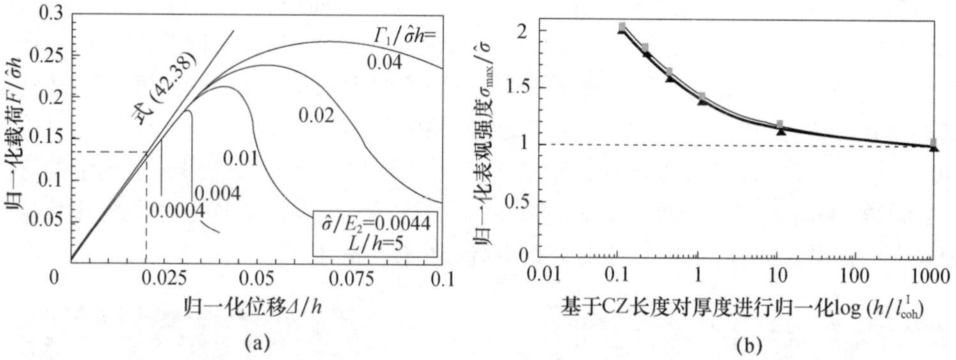

图 42.14　(a) A-FEM 预测的归一化梁跨度 $L/h=5$ 的三点弯曲试验中归一化载荷与归一化加载点位移的关系；(b)三点弯曲试验的归一化表观强度对归一化厚度的依赖性

为了进行比较，将基于剪切修正的简单梁理论的分析结果也绘于图 42.14 中。归一化载荷与考虑剪切修正的归一化挠度的分析梁理论可表述为：

$$\frac{F}{\hat{\sigma}h}=\left(\frac{1}{4}\left(\frac{L}{h}\right)^{3}+\frac{1+v_{23}}{2}\left(\frac{L}{h}\right)\right)^{-1}\left(\frac{\hat{\sigma}}{E_2}\right)^{-1}\frac{\Delta}{h} \tag{42.38}$$

根据这种简单的梁理论，一旦最大弯曲应力达到内聚强度，即 $\sigma_{22}/\hat{\sigma}=1$，试样将失效，因此，归一化载荷峰值可表示为：

$$\left(\frac{F_{max}}{\hat{\sigma}h}\right)=\frac{2}{3}\left(\frac{L}{h}\right)^{-1} \tag{42.39}$$

可见，归一化的峰值载荷仅取决于归一化的梁跨度(L/h)，并且不是断裂韧性的函数。在图 42.14(a)中，梁跨度 $L/h=5$ 情形下的式(42.38)是图中所示的直线，相应的峰值载荷用箭头标出。

然而，A-FEM 模拟结果发现，归一化载荷($F_{max}/\hat{\sigma}h$)峰值预测结果对归一化断裂韧性($\Gamma_{Ic}/\hat{\sigma}h$)具有强烈的依赖性，$F_{max}/\hat{\sigma}h$ 随着 $\Gamma_{Ic}/\hat{\sigma}h$ 的增加而增加，并且峰值载荷的理论计算与数值模拟结果之间的差异也随之增大，这是一种尺寸效应现象，已在混凝土材料研究中提及(Carpinteri 和 Colombo，1989；Bazant 和 Planas，1998)。由于 $F_{max}/\hat{\sigma}h$ 随着 $\Gamma_{Ic}/\hat{\sigma}h$ 的增加而增加，使用梁理论和峰值载荷计算得到的表观强度为 $\sigma_{max}=3F_{max}L/2h^2$，该表观强度的归一化形式用 $\frac{\sigma_{max}}{\hat{\sigma}}=\frac{3}{2}\frac{F_{max}}{\hat{\sigma}h}\frac{L}{h}$ 表示，这个表观强度取决于试样厚度。也就是说，如果在保持 L/h 不变的情形下，改变 h，表观强度随着试样厚度 h 的减小而增加，如图 42.14(b)所示。

表观强度取决于断裂韧性的根本原因在于试样完全断裂之前断裂过程区(或内聚力区)的存在。更准确地说，内聚力区的存在导致 R 曲线效应，进而造成载荷的增加(Yang 等，2006a)，这是表观强度增加的直接原因。为了更好地阐明这一点，对于 $L/h=5$ 和 $\Gamma_{Ic}/(E_2h)=0.004$ 情形下弯曲应变 ε_{22} 的预测结果绘于图 42.15 中。

图 42.15(a)显示了在内聚损伤开始之前的弹性弯曲应变。很显然，预测的应变分布

相对于中平面(中性面)是呈对称分布,预测结果与梁理论分析结果非常一致,这证明了 A-FEM 在处理无损伤弹性连续体方面的适用性。图 42.15(b)对应于中底部的弯曲应力刚好达到内聚强度,并且在内聚裂纹萌生伊始时刻,此后弯曲应变开始局部化。然而,内聚裂纹保持桥接(即内聚应力未降至零)并且仍然可以传递弯曲应力,因此需要进一步增加外部载荷,才能使得后面的裂纹不断张开。当底面中间处的内聚裂纹张开位移达到内聚法则的临界位移时,载荷达到了峰值。开裂单元中的裂纹张开将在单元中引入显著的应变局部化效应。然而,当内聚应力变为零时,与开裂内聚单元相邻的那些单元中的弯曲应变开始释放,如图 42.15(c)所示。超过这一点之后,完全建立起来的内聚区开始朝向相对表面上的加载点处移动,此时载荷开始下降(图 42.15(d))。

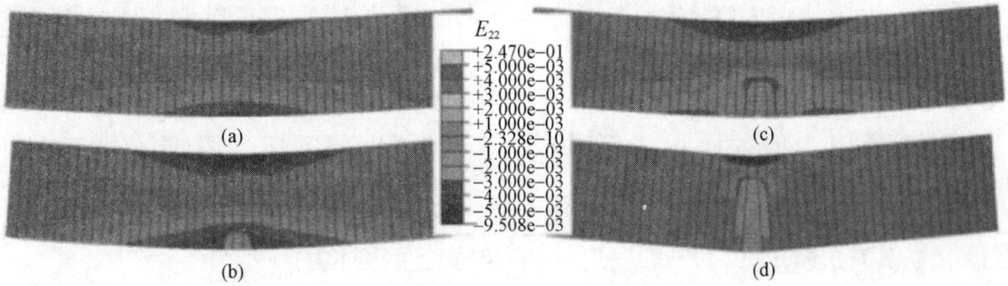

图 42.15　A-FEM 预测在三点弯曲下梁的 I 型断裂

图(a)~(d)为渐进损伤演变过程。(a)无损伤的纯弹性应变场;(b)在中底表面达到内聚强度时的损伤开始;(c)在内聚力区开始沿加载表面移动之前完全建立的内聚区域;(d)完全断裂之前裂纹的最终张开状态。

表观强度随内聚强度的增加直接与梁厚度与内聚区长度之比相关。对于无限域中的 I 型裂纹,内聚区长度可估计为:

$$l_{coh}^{I}=E_2\Gamma_{Ic}/\hat{\sigma}^2 \tag{42.40}$$

对于典型的横向应力 $\hat{\sigma}$ 范围为 50~100MPa、E_2 范围为 10~15GPa、Γ_{Ic} 范围为 100~500J/m^2 的单向复合材料,其内聚区长度为 0.1~3mm。对于典型的层板复合材料,其厚度也在毫米量级,因此尺寸效应可能是不可忽略的,特别是对于具有增韧基体的复合材料。

A-FEM 预测的归一化表观强度($\sigma_{max}/\hat{\sigma}$)是经内聚区长度($h/l_{coh}^{I}$)归一化后的厚度函数,将其绘制于图 42.14(b)中,$\sigma_{max}/\hat{\sigma}$ 与单位 1 之间的偏差随着 l_{coh}^{I} 减小而迅速增加。即使 l_{coh}^{I} 增大到 10,$\sigma_{max}/\hat{\sigma}$ 仍然比单位 1 下的情形高出约 15%,这有助于解释如下试验观察结果,即从三点弯试验中测得的横向强度通常整体高于简单拉伸试验的测试结果(O'Brien 等,2003;O'Brien 和 Salpekar,1993;Adams 等,1990)。这通常由威布尔的理论解释,但是,O'Brien 等(2003)以及 O'Brien 和 Salpekar(1993)研究中的测试数据表明,该理论在解释表观横向强度的厚度依赖性方面表现不佳。

图 42.14(a)展示了 L/h 固定情形下 A-FEM 的预测曲线,由此可见,随着归一化断裂韧度($\Gamma_{Ic}/\hat{\sigma}h$)的增加,断裂行为从脆性转变为韧性,这在混凝土断裂的研究领域是一个普遍认知的行为,但在复合材料方面的研究文献中很少提到这种行为。根据混凝土研究中使用的术语,归一化韧性 $\Gamma_{Ic}/\hat{\sigma}h$ 可以重命名为“延性数”,其表征试样的延展性:$\Gamma_{Ic}/\hat{\sigma}h$ 值越大,试样表现出的延展性越大。注意,除了断裂参数(Γ_{Ic} 和 $\hat{\sigma}$)之外,延性数很大程度上取决于结构尺寸 h(试样厚度)。可见,厚度较小的试样比厚度较大的试样表现出更明

显的延展性。图 42.14(a)中的数值结果表明,脆性—延性转变发生在 $\Gamma_{\mathrm{Ic}}/h \approx 0.0004$ 时。对于 $\Gamma_{\mathrm{Ic}}=200\mathrm{J/m^2}$、内聚强度为 60MPa 的典型纤维增强复合材料,对应于该转变的临界厚度为 $h\approx 8\mathrm{mm}$。这在层板复合材料试样的三点弯曲试验中具有重大的潜在意义,尤其是厚度相对较小的试样。如果试样厚度足够小,使延性数超过过渡值 0.0004 则表观强度可能会明显大于内聚强度,如图 42.14(b)所示。

42.5.2 单悬臂梁弯曲

本示例展示了采用二维 A-FEM 和二维 A-CZ 单元相结合,模拟界面处分层和从一个界面到另一个界面的裂纹跳跃(扭结)行为。这种损伤演变行为是层板复合材料中常见的损伤模式。裂纹跳跃是复合材料板在横向冲击下发生贯穿厚度方向损伤扩展的关键机制之一(Choi 和 Chang 1992;Wang 和 Crossman 1980;Finn 等 1993)。然而,在复合材料方面的文献中对这个问题的直接分析很少,这主要是由于缺乏有效分析工具,充分考虑所有可能的损伤事件的直接耦合。特别是前面大多数研究都忽略铺层的开裂行为,而仅考虑分层问题。从分析方面看,考虑分层跳跃的关键技术障碍是不能预先确定穿层裂纹的萌生位置。

本章对 NASA 研究中曾使用的单悬臂梁测试实例进行模拟,详尽揭示裂纹了跳跃过程。单悬臂梁试验件的几何构型如图 42.16(a)所示。算例中的梁由 60 个单层组成,单层厚度为 0.127mm(0.005in),复合材料层板梁的铺层顺序、几何形状、边界条件如图 42.16(b)所示。材料为典型的航空级碳/环氧树脂复合材料 IM7/8552。在第 30(0°单层)和第 31(90°单层)个铺层的层间界面处引入初始分层,其在四个横向(90°)层之上。对层板铺层顺序(包含 60 个单层)进行精心设计,以便:①初始分层上下子梁的弯曲性能(正交各向异性弹性)尽可能对称;②在加载时层间裂纹倾向于沿层间界面扩展一定距离后,可能偏转到四个 90°层内部(第 31 层~第 34 层);③穿层后的裂纹最终会扩展到第 34 层(90°)和第 35 层(0°)之间的层间界面处,并可能引发新的层间裂纹。

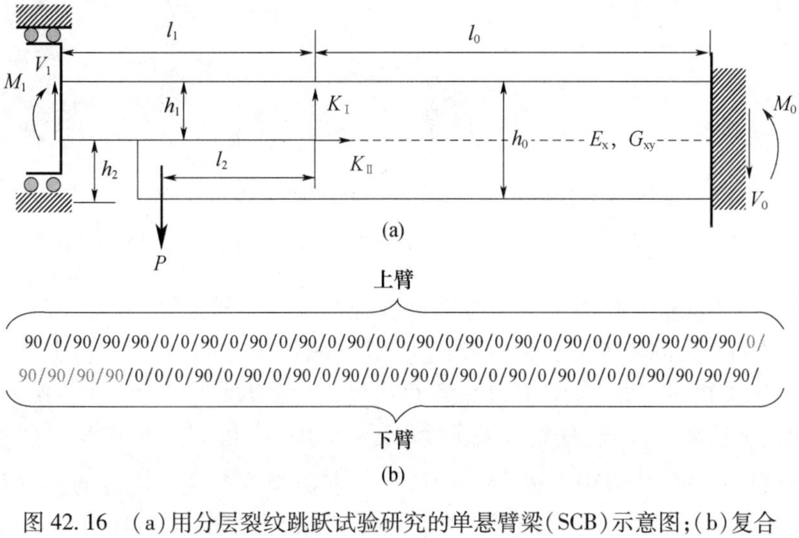

图 42.16 (a)用分层裂纹跳跃试验研究的单悬臂梁(SCB)示意图;(b)复合材料梁的铺层顺序(从上到下)(Ling 等,2011)(经 ASCE 许可)

SCB 的尺寸为 $h_1=h_2=3.8\text{mm}$、$l_1=28.0\text{mm}$、$a_0(=l_2)=12.7\text{mm}$ 以及 $l_0=35.6\text{mm}$，试样的尺寸和边界条件按照该 SCB 试样开发者提出的要求进行设置。但是，本研究得出的结论与重新调整过尺寸的 SCB 试样的仿真结果相关，主要物理长度参数包括，单层的厚度以及非线性断裂过程区长度尺度的预置裂纹长度，对于分层和横向层板开裂，后者与本研究情形下(见下文)典型聚合物基复合材料的单层厚度具有相同的数量级。

SCB 的上臂梁在左端由辊子支撑，只能沿水平方向移动，整个梁的右端由刚性支撑(端部嵌入条件)，如图 42.16(a)所示，一个横向载荷施加于下臂子梁上，其中载荷的施加位置距初始裂纹尖端的距离为一个固定值。模拟中使用的单层材料属性根据 Ling 等(2011)的研究进行设置。

重要区域的详细网格和放大后的图像如图 42.17 所示。网格应足够精细，以保证可以对每个独立单层划分网格(厚度为 0.127mm)。特别地，初始分层界面下方的四个 90°层由八层 A-FEM 单元建模，可模拟与层内横向裂纹扩展相关的应力变化。A-FEM 单元可模拟任何位置和方向的层内横向裂纹萌生，其中局部应力满足下面讨论的裂纹萌生准则。

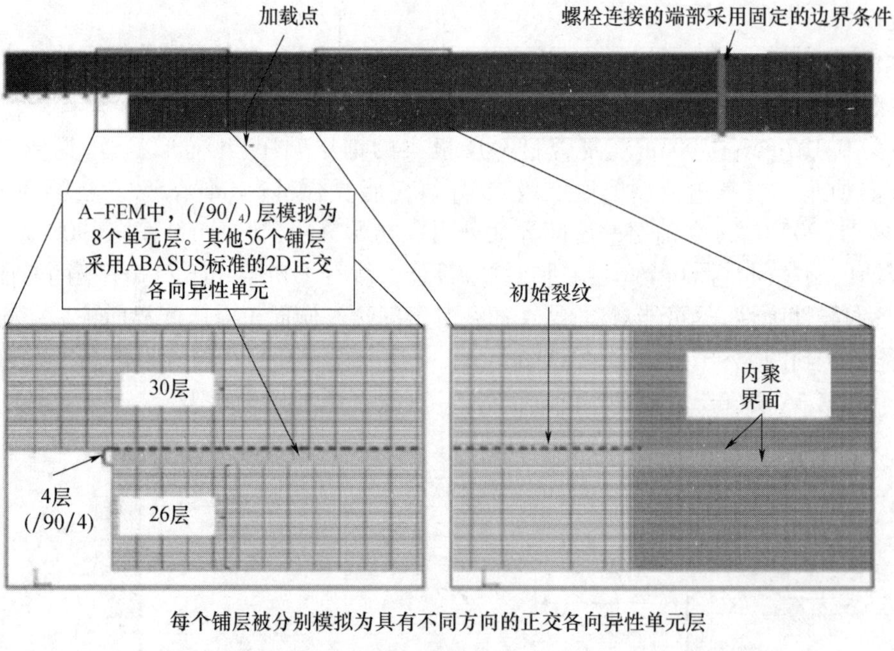

图 42.17 单悬臂梁的数值网格和建模细节(Ling 等，2011)(经 ASCE 许可)

为每个具有不同铺层角度的单层分别设置铺层属性。假定除中心($/90/_4$)层与其相邻 0°层之间的两个层间界面外，其余铺层之间均是刚性粘接的。界面使用二维 A-CZ 单元建模，其内聚参数描述如下：Ⅰ型和Ⅱ型的断裂韧性，即模式-I 和模式-II 的牵引力—张开位移曲线下的整个区域，分别被赋值为 $\Gamma_{\text{Ic}}=200\text{J/m}^2$ 和 $\Gamma_{\text{Ic}}=1300\text{J/m}^2$，拉伸和剪切内聚强度值被设置为 $\hat{\sigma}=80\text{MPa}$ 和 $\hat{\tau}=90\text{MPa}$。这些值是根据经验确定的(通过理论与数据进行匹配)，适用于典型的航空航天复合材料 IM7/8552(Hallett 和 Wisnom，2006a)。

对于本书研究的 SCB，使用局部的Ⅰ型断裂准则(或等效地，最大环向应力准则)来确定 90°铺层中穿层裂纹的萌生。鉴于转向裂纹发生在(/90/$_4$)层的各向同性平面内,故采用该准则是合理的。对于其他裂纹取向,该准则将取决于裂纹平面和纤维方向之间的角度。在如下测试条件下,在 A-FEM 中开展基于该失效准则的模式:

$$\overline{\sigma}_{p1}/T_2 = 1 \tag{42.41}$$

式中:$\overline{\sigma}_{p1}$ 为从单元的空间平均应力状态中导出的最大主应力;T_2 为横向单层强度,在本实例中假设它与拉伸内聚强度相同(即 $T_2=\hat{\sigma}$)。在本实例中,非线性断裂过程区大于单元尺寸,此时,在整个单元上进行平均并使用单元尺度上的平均准则,这种做法已被验证。采用损伤萌生准则,这意味着材料强度受断裂过程区最大牵引力的限制(Bao 等,1992)。一旦满足该损伤萌生准则,就在该单元中插入方向垂直于 $\overline{\sigma}_{p1}$ 主方向的内聚力区,这与试验观察结果一致,即如果单层厚度相对较小,则转向裂纹近似满足Ⅱ型断裂模式(Choi 和 Chang,1992;Clark,1989)。

在 A-FEM 公式中,转向裂纹的萌生与自动扩展可由式(42.41)所示损伤萌生准则和相应的损伤扩展法则控制,而无须事先规定转向裂纹的位置或方向。

具有初始裂纹长度 $a_0=12.7$mm(0.5in)和横向单层强度 $T_2=80$MPa 的 SCB 试样的载荷—位移曲线如图 42.18 所示,在此图中,虚线是载荷—位移曲线,界面裂纹仅限于上部或下部界面(即不允许横向铺层处的穿层裂纹),这通过关闭 A-FEM 模型中的裂纹成核能力来实现。这些曲线与使用考虑裂尖旋转的梁理论的理论分析结果非常一致,这验证了 A-FEM 在模拟层间裂纹方面的精度。如果允许层间裂纹跳跃,这些曲线可提供外载荷的近似边界:在裂纹转向之前,外载荷遵循仅在上界面分层对应的曲线,而在裂纹转向过程完成之后,外载荷应遵循仅在下界面分层对应的曲线,且此后裂纹将沿着下界面扩展。

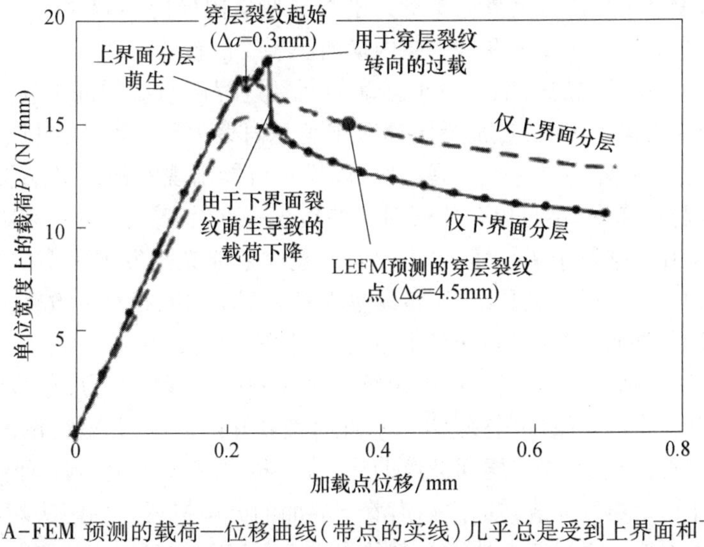

图 42.18 由 A-FEM 预测的载荷—位移曲线(带点的实线)几乎总是受到上界面和下界面上分层的界面—分层曲线的限制。然而,在横向层裂缝出现之后,曲线显示出明显的载荷增加阶段,这是由于转向裂纹在到达下界面之前暂时停止表现出明显的过载现象(Ling 等,2011)(经 ASCE 许可)

带有填充点的实线是由 A-FEM 预测的包含层间裂纹跳跃过程的载荷位移曲线,在这种特定的几何构型下,在裂纹转向之前,初始裂纹沿上界面扩展非常短的一段距离

$(\Delta a=0.3\text{mm})$,裂纹转向点在图 42.18 中用箭头标识。在初始裂缝长度为 $a=7.6\text{mm}$ 的另一个模拟实例中,分层裂纹沿上界面扩展比较长的一段距离$(\Delta a=2.7\text{mm})$,然后转向进入$(/90/_4)$层中。

在穿层裂纹出现之前,包含分层跳跃过程的预测曲线与层间裂纹仅沿上分层界面扩展的载荷—位移曲线吻合,而在裂纹穿层发生后不久,包含分层跳跃过程的预测曲线又与分层仅沿下分层界面扩展的载荷—位移曲线非常吻合。然而,在横向穿层裂纹出现之后,包含分层跳跃过程的载荷—位移曲线上呈现明显的载荷上升后突降,随后的曲线符合分层仅沿下界面扩展过程的载荷—位移曲线的特征。此外,裂纹转向之后载荷—位移曲线上随即出现的载荷峰值明显高于分层仅沿上分层界面扩展过程中的载荷—位移曲线的峰值。对横向穿层裂纹萌生和扩展过程的深入研究表明,急剧的载荷增加与横向穿层裂纹接近下界面时横向穿层裂纹扩展的减速有关。由于横向穿层裂纹在到达 SCB 中的下界面之前停止扩展,故引发下界面分层裂纹对应的内聚力单元损伤需要比引发穿层裂纹更高的外载荷。

接近界面时横向穿层裂纹的止裂行为已被 NASA 开展的一项测试中被证实,并在其他材料体系中发现。例如,刚性粘合到硬基板上的柔性薄膜中的裂纹在接近界面时,能量释放速率会降低,可参见 Ye 等(1992)关于线性弹性断裂力学中的关于这种现象的说明。在中心开裂双材料梁四点弯曲行为的研究中,也提到了分层再次萌生需要更高的载荷(Zhang 和 Suo,2007)。

分层和层内横向裂纹的耦合演变呈现出全局—局部耦合行为,模拟结果表明:沿上界面分层扩展的层内横向裂纹在萌生后但尚未穿透整个铺层之前,在分层路径两侧的材料中,将会诱发一系列的有可能形成贯穿厚度的横向小裂纹,但是这些小裂纹往往最多扩展一到两个单元,便会重新沿着上界面扩展,此时,这些层内横向小裂纹的驱动力被卸载而停止扩展,故穿层裂纹不会发生在这些层内横向小裂纹位置处。

上述层内横向小裂纹的萌生是由于移动的断裂过程区前缘的局部应力(应变)集中造成的,在这个应力集中区域,若某个局部区域满足内聚力单元萌生准则(式(42.41)),A-FEM 算法便会在此处生成一个内聚力区,以模拟可能出现的横向穿层裂纹。然而,全局驱动力(能量释放速率)不足以驱使横向穿层裂纹一直沿着穿透横向铺层的路径扩展,只有当全局能量释放率等于 Γ_{Ic} 时,这些横向小裂纹才能充分发展为横向穿层裂纹。这种全局—局部相互作用的含义是,裂纹转向过程对局部小缺陷相对不敏感,即裂纹转向过程主要是由全局条件而非局部(在统计上波动)条件驱动完成的。

图 42.19 进一步展示了分层和穿层裂纹的全局—局部耦合行为,它给出了层间裂纹尖端处局部张开应变(ε_{22})的四个典型时刻,此时裂纹开始扩展,并最终偏离进入$(/90/_4)$层,这四个典型时刻分别对应着层间裂纹萌生、穿层横向裂纹萌生、到达下界面之前的横向穿层裂纹停止以及裂纹完成转向之后沿着下界面的分层扩展。用箭头对图 42.18 中载荷—位移曲线上对应于上述四个典型时刻的点进行标记。

图 42.19 显示了层间裂纹具有 1.2mm 的非线性断裂过程区。对于转向裂纹,非线性断裂过程区的尺寸大于 0.5mm(但被限于上下两个临近 0°层的层间界面所构成的边界),约是单层厚度(0.127mm)的 4 倍,因此与$(/90/_4)$层的总厚度相当(图 42.16)。在分层起始点(图 42.19(a)),界面上的开口应变是连续的,并局部集中于分层裂纹尖端的周围区

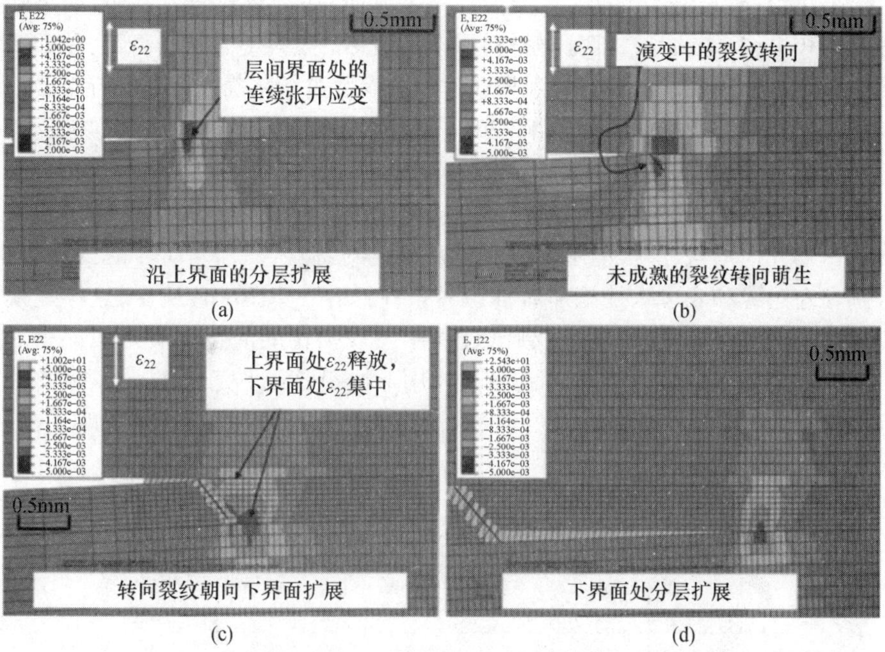

图 42.19　展示耦合的分层和裂纹转向过程不同阶段的四个照片，以及荷载—挠度曲线中的相应瞬间(Ling 等，2011)(得到 ASCE 的许可)(彩图)

域。随着分层的扩展，在层间裂纹尖端的应力集中区内裂纹发生转向而发展成为横向裂纹(图 42.19(b))。然而，该横向裂纹不会向下扩展，随着分层继续向前传播，驱动该横向裂纹继续扩展的驱动力被卸载，因此这些横向裂纹将闭合。当分层继续向前扩展大约 0.3mm 时，新的横向裂纹产生，且该横向裂纹能持续穿透横向铺层，而成功扩展到下面的层间界面(图 42.19(c))。在该时刻，穿层横向裂纹面上的牵引力不会完成消失，其内聚裂纹平面仍能继续传递应力。然而，上界面处的层间裂纹尖端的张开应变从这一点开始释放。结果导致该层间裂纹停止扩展，进一步增加的载荷仅会驱动穿层横向裂纹的扩展，且一旦全局驱动力足够大，穿层横向裂纹将快速朝着下层间界面方向扩展，但在达到下层间界面之前裂纹将再一次停止扩展(图 42.19(c))。只有载荷突增到一个很大的值时，该横向穿层裂纹才会转向到下界面，而形成新的沿下界面扩展的层间裂纹。在载荷突增过程中，下界面的张开应变迅速发展起来。最后，在峰值载荷下，剩余的未裂开的片段(($/90/_4$)层中的 1~2 个单元)和下界面一定长度内的单元将在某一个增量步内同时失效，形成非稳定的裂纹扩展(图 42.19(d))。上述过程对应着载荷—挠度曲线上载荷的突降。此后，裂纹将稳定地沿下界面扩展。

42.5.3　[0/90]s 双缺口拉伸试样的多裂纹演化

本节采用二维 A-FEM 和三维 A-CZ 单元，模拟 Hallett 和 Wisnom(2006a)研究中报道过的，一种双缺口正交复合材料层板在拉伸载荷作用下，耦合的多裂纹扩展行为。图 42.1(a)展示了试验中观测到的这些试样中的损伤演化。通过使用文献数据进行详尽的材料特性校准程序，可成功实现对整个损伤演变过程的高保真预测，包括分层和层内开裂

(纵向劈裂和横向铺层开裂)的耦合行为。另一方面,通过参数研究表明,如果断裂参数没有很好地校准,只能预测一部分对材料属性不敏感的宏观复合材料行为,然而其他行为可能无法预测。这说明了对材料微观损伤过程的参数进行精确表征非常有必要。

样品几何形状和开槽构型如图 42.20(a)所示(Fang 等,2011a)。试样表面的两个点作为非接触式光学装置用于测量位移的参考点,此时试验测得的载荷—位移数据将不受试验机柔度的影响,位移控制的面内拉伸则被施加到试样上。

由于试样几何形状、层板铺层顺序和外载荷的对称性,只需对 1/4 的试样进行建模,然后分别在左边缘和底边缘处施加对称边界条件,如图 42.20(b)所示,这样建模不考虑损伤不对称演变的可能性,事实上,测试过程中发现损伤的演化确实近似保持对称。此外,在本研究中,由于平面 DNT 试样在拉力作用下的变形几乎完全在 $x-y$ 平面内,因此采用平面应力单元模拟每个铺层,并为其设置恰当的单层厚度,这样建模忽略了面外应力。单层厚度为 0.127mm(0.005in)。

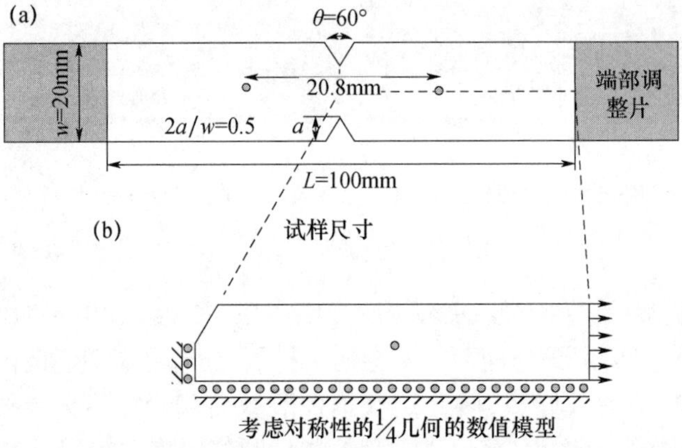

图 42.20 (a)Hallett 和 Wisnom(2006 年 A)测试的双缺口拉伸试样的几何形状。试样表面的两个实心点被用作直接光学测量位移的标记(以便从试验数据中消除机器的柔度)。(b)A-FEM 模拟中使用的 1/4 几何数值模型(转载于 Journal of the Mechanics and Physics of Solids, vol 59, X. J. Fang, Z. Q. Zhou, B. N. Cox, Q. D. Yang, High-fidelity simulations of multiple fracture processes in a laminated composite in tension, Pages No. 1355-1373, Copyright 2011, 获得 ELSVER 许可)

使用层内的二维增强单元对横向层开裂和纵向劈裂裂纹进行模拟:鉴于 A-FEM 的灵活性,在模拟中,这两种裂纹可在任意满足裂纹萌生准则的位置出现。由于可能的分层扩展面是已知的,故在所有铺层之间的层间界面设置三维 A-CZ 单元。这种混合网格划分策略,可实现对复合材料中具有复杂相互作用的层内裂纹和层间分层行为的高保真模拟。

因为对层板建模采用的是平面应力单元,故隐含了任意铺层内部裂纹(包括横向铺层开裂或纵向劈裂裂纹)一旦萌生便立即穿透整个铺层厚度的结果。基于上述讨论,铺层内部裂纹一旦萌生,便即刻与界面内聚单元交互。只要 I 型断裂韧度(控制 90°铺层中的横向开裂)小于Ⅱ型断裂韧性(控制分层),这种处理是有效的,大多数聚合物基复合材料(包括本书研究中所关注的复合材料)就是这种情况。对单个横向铺层裂纹及其可能诱发的分层扩展的详细研究表明,在上述给定的断裂韧度值的数量级下,在分层被触发之前，首先发生的是层内裂纹的横向开裂（Zhou 等，2010）。

42.5.3.1　网格灵敏度

为保证能获得可信的预测结果，必须开展网格灵敏度的研究。在内聚力单元建模的情形下，若网格足够精细，得以充分描绘内聚破坏过程区时，则在非线性断裂分析时可以获得与网格无关的结果。可以使用 Yang 和 Cox（2005）总结的关于内聚区尺寸的理论近似解，来估计模拟所需的网格细度。对表 42.1 中的标定内聚参数，评估得到的 Ⅰ 型断裂的内聚区长度（横向层内开裂）为 $l_{coh}^{T}=0.16$mm，Ⅱ 型断裂的内聚区长度（层内纵向劈裂）为 $l_{coh}^{T}=0.53$mm。对图 42.20（b）所示的数值分析主导区域分别使用 $1_e=0.1$mm、0.2mm 和 0.4mm 这三种网格尺寸，以便研究网格的依赖性。此外，对预测的应力—伸长曲线（图 42.21（a））、劈裂裂纹扩展—名义应力曲线（图 42.21（b））和横向裂纹密度（图 42.21（c）~（e））进行了比较。

表 42.1　横观各向同性单层弹性常数和层间内聚参数（转载自 Journal of the Mechanics and Physics of Solids，vol 59，X. J. Fang，Z. Q. Zhou，B. N. Cox，Q. D. Yang，High-fidelity simulations of multiple fracture processes in a laminated composite in tension，Pages No. 1355—1373，版权 2011，经 Elsevier 许可）

单层弹性常数	E_1/GPa	$E_2(=E_3)$/GPa	$v_{12}(=v_{13})$	v_{23}	$G_{12}(=G_{13})$/GPa	
	43.9	15.4	0.3	0.3	4.34	
层间 CZM 参数	Ⅰ型断裂		Ⅱ型断裂		Ⅲ型断裂	
	$\Gamma_{Ic}/(J/m^2)$	$\hat{\sigma}_n=1$/MPa	$\Gamma_{IIc}/(J/m^2)$	$\hat{\tau}_s$/MPa	$\Gamma_{IIIc}/(J/m^2)$	$\hat{\tau}_t$/MPa
	250	120	900	80	900	80

1. 试样柔度和劈开裂纹扩展

从图 42.21（a）和（b）中可以看出，上述三种网格尺寸情形下获得的应力—位移曲线和劈开裂纹长度—应力曲线非常一致。这与先前的结论一致，即只要网格尺寸小于内聚区域尺寸（Ling 等，2009），A-FEM 的分析结果是无网格依赖性的。

2. 横向裂纹间距

采用 A-FEM 方法，模拟中任何时刻横向层内裂纹的位置和间距根据计算得到的应力状态自动确定，与其他研究（Van de Meer 等，2010；Van de Meer 和 Sluys，2009b）不同，除了一个单元及其节点只能支持一个裂纹的事实外，裂纹之间的区域未被施加约束。因此，其他裂纹不能扩展到与已破裂单元共享节点的任何（相邻）单元中，图 42.21 为网格的极限裂纹间距，由此可知任意两个横向裂纹必然被至少一个单元隔开。因此，网格 $l_e=0.1$mm、0.2mm 和 0.4mm 情形所对应的最小横向裂纹间距分别为 0.2mm、0.4mm 和 0.8mm。

三个网格情形下的裂纹扩展预测结果如图 42.21（c）~（e）所示，网格尺寸 $l_e=0.1$mm、0.2mm 和 0.4mm 情形下，横向裂纹间距的预测结果分别为 0.9mm（$9l_e$）、1.0mm（$5l_e$）和 1.2mm（$3l_e$）。鉴于在网格密度变化很大的情形下，预测的裂纹间距变化很小，并且由于网格密度变化对裂纹间距变化的影响小于其他可能因素，例如随机局部材料强度，因此可认为网格密度导致的裂纹间距变化足够小，可接受。

此外,预测的分层(图 42.21(c)~(e)中的深色区域)都非常一致。A-FEM 的无网格依赖性还意味着在“第 42.2 节用于复合材料的非线性断裂模型”“第 42.3 节增强有限元方法 A-FEM”和“第 42.4 节用于裂缝耦合的增强内聚力区(A-CZ)单元”中的数值公式能够准确预测劈裂、横向裂纹和层间裂纹之间的非线性损伤耦合行为。

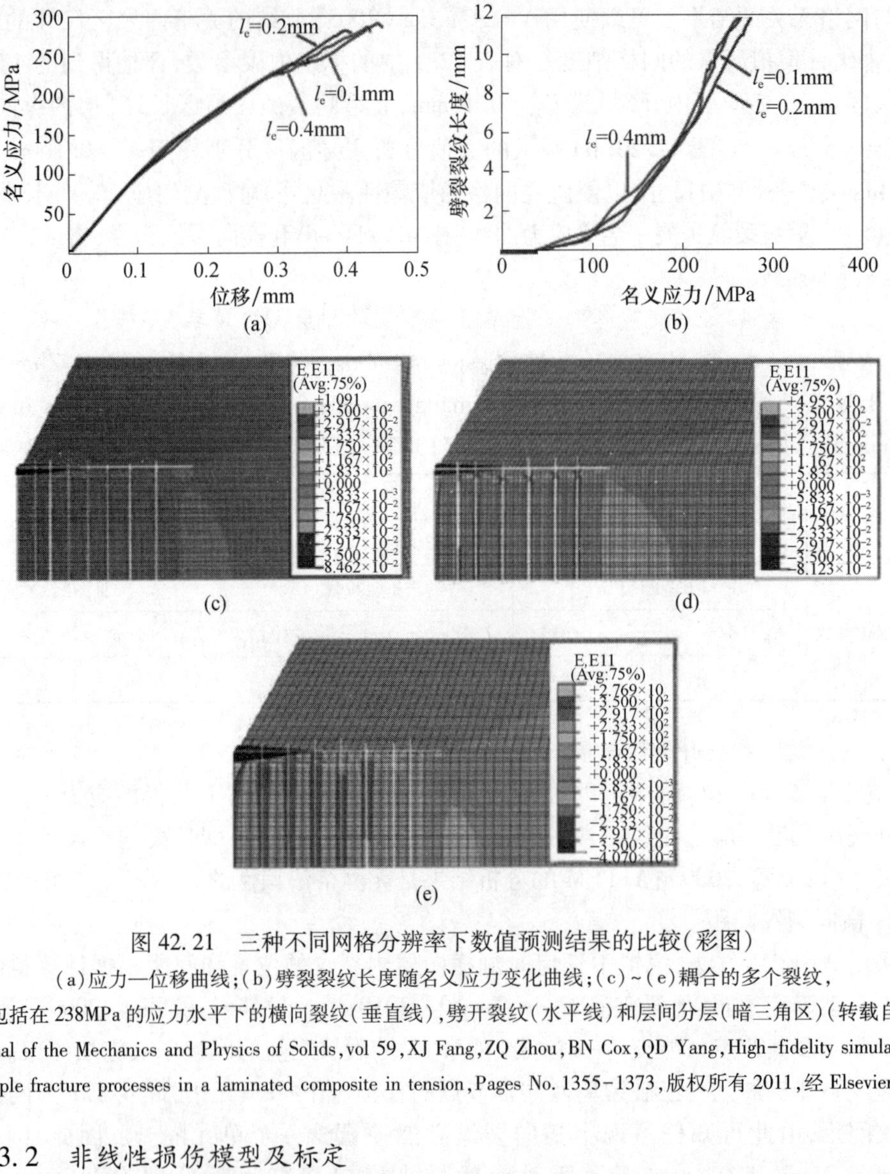

图 42.21 三种不同网格分辨率下数值预测结果的比较(彩图)

(a)应力—位移曲线;(b)劈裂裂纹长度随名义应力变化曲线;(c)~(e)耦合的多个裂纹,包括在 238MPa 的应力水平下的横向裂纹(垂直线),劈开裂纹(水平线)和层间分层(暗三角区)(转载自 Journal of the Mechanics and Physics of Solids, vol 59, XJ Fang, ZQ Zhou, BN Cox, QD Yang, High-fidelity simulations of multiple fracture processes in a laminated composite in tension, Pages No. 1355-1373,版权所有 2011,经 Elsevier 许可)

42.5.3.2 非线性损伤模型及标定

Hallett 和 Wisnom(2006a)详细报道了 DNT 试样的渐近损伤过程。在最终失效发生之前,有五种不同类型的损伤过程以耦合的方式演变(图 42.1(a)):①当应力水平达到最终强度的 25%(约 260~290MPa)时,0°层中的劈裂裂纹从缺口根部萌生,并沿加载方向扩展;②90°铺层的多重横向开裂,其饱和裂纹密度约为 2 个裂纹/mm;③三角形分层在 0°和 90°铺层之间以自相似的方式在约 7°~10°范围内的楔形角扩展;④剪切非线性;⑤纤维断裂导致试样最终失效。另外,图 42.21(a)中所示的两个参考点的载荷—位移数据(图中实心点)和载荷—劈开裂纹长度(为名义应力的函数)的关系可用于比较,所有这些观察和数据将用于对试验的预测,试验观察到的每种机制都能够在模拟中实现,然而其展现形式则不是预先规定的。

本节详细介绍了用于表示弹性和各种损伤模式预测的本构模型,每种本构模型中的所有参数都利用独立于模拟测试的数据进行标定。

1. 弹性

假设每个单层为均匀且横观各向同性的。

参数标定:通过将模拟与复合材料刚度的试验测量结果进行对比,来确定横观各向同性层的材料参数。对于本节关注的材料(E-Glass/913),Cui 等(1992)已开展过类似的参数标定研究,其结果罗列于表 1 中。

2. 纤维断裂

0°层中的纤维断裂由修正受影响的计算单元的材料退化模型的方式引入:

$$\begin{cases} E = E_1 \quad (\varepsilon_1 \leqslant \varepsilon_f) \\ E \approx 0 \quad (\varepsilon_1 > \varepsilon_f) \end{cases} \tag{42.42}$$

式中:E_1 为沿纤维方向的杨氏模量;ε_f 为沿纤维方向发生纤维断裂的应变阈值。

参数标定:临界应变 ε_f 选为 3.5%,这是由 Hallett 和 Wisnom(2006a)根据经验确定的 E-Glass/913 复合材料的参数值。对玻璃纤维,这是一个典型参数值。

3. 细尺度剪切变形

±45°层板的拉伸试验产生沿层内纤维的剪切应力 τ_{12}(Jelf 和 Fleck,1994)。其应力满足如下简单的关系式:$\tau_{12}=\sigma_a/2$,其中,σ_a 为施加的应力,根据上述关系式,单层材料的剪切本构关系可由测试获得的全局应力—应变数据推导得到(参见 Kumosa 和 Odegard 研究中讨论过的采用±45°层板的拉伸试验获得层内剪切与 Iosipescu 剪切测试的比较(2002))。此前关于裂纹转向带形成的研究也鼓励使用该参数标定方法:从±45°板拉伸试验数据推导出的临界剪切应力水平,可用于预测复合材料压缩过程中裂纹转向带的萌生。

对本节关注的材料采用±45°铺层测试,标定的本构法则如图 42.22 所示(Wisnom,1994)。观察到的材料软化行为是细尺度塑性、离散的分层和内部裂纹的综合作用,其尺寸和间距与更大的空间尺度相关。然而,分层和层内开裂主要在图 42.22 中所示的较高应变水平下导致非线性,而下面呈现的模拟(例如,图 42.25)所给出的预测表明,大多数材料的塑性应变都比较小(<0.02)。此外,与预测的横向层内裂纹间距相比,图 42.25 中包含较大塑性应变(但仍<0.04)的区域范围较小。因此,连续分布塑性行为的机制表现为,要么在低于标定试验中大规模基体开裂发生的应变水平之下发生,要么由于在空间上受限以至于不会对层内横向裂纹产生影响。因此,在模拟中分别单独考虑剪切塑性和横向开裂不会导致上述单一损伤机制的重复计数。通常,图 42.22 所示的标定试验数据拟合的特征参量是拐点处的应变(约 0.02)。

图 42.22 的数据可采用 Ramberg-Osgood 定律,进行较好的估算:

$$\gamma_{12} = \mathrm{sgn}[\tau_{12}]\left(\frac{|\tau_{12}|}{G_{12}^0} + \alpha\frac{|\tau_{12}^0|}{G_{12}^0}\left(\frac{|\tau_{12}|}{G_{12}^0}\right)^n\right) \tag{42.43}$$

式中:G_{12}^0 为未受损的面内剪切模量;τ_{12}^0 为弹性剪切应力极限值。

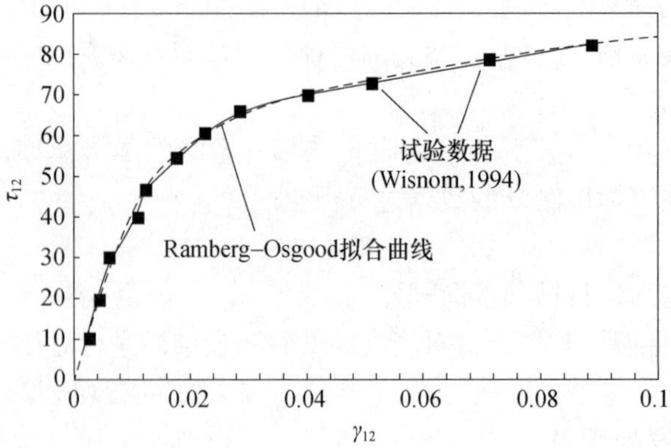

图 42.22 采用 Ramberg-Osgood 公式拟合的剪切应力—应变关系，来自 Wisnom (1994)的研究。绘制的剪切应力参考一个坐标轴沿 45°铺层中纤维方向的轴系，其中剪应力为拉伸应力的 1/2，应变则是工程剪切应变

标定过程：通过拟合式(42.43)对 Wisnom(1994)研究中的数据进行拟合，实现对分布式非线性剪切变形本构的标定。在拟合函数中，未损坏的面内剪切模量 G_{12}^0 赋值为 4.34GPa。此外，使用来自 Wisnom(1994)研究中的数据，将弹性剪切应力极限值 τ_{12}^0(与屈服或流动应力相关)设定为 30MPa。设定好 G_{12}^0 和 τ_{12}^0 值后，利用式(42.43)拟合图 42.22 中的数据，可得到拟合参数 $\alpha=0.01$ 和 $n=6.8$。应力—应变拟合利用的是 2%应变以内的测试数据。

4. 针对分层、纵向劈裂和横向层内开裂的内聚力模型

在第 42.2 节复合材料的非线性断裂模型中详述的混合模式内聚力模型可用于所有类型裂纹非线性断裂过程区的描述。假设在每种断裂模式下，牵引力—分离位移关系均为三角形的曲线形式。因此，对于每种模式，仅需要标定内聚强度和断裂韧性这两个关键参数。

利用内聚法则判断任意位置可能产生的劈裂和横向开裂时，必须指定损伤萌生准则。其中，损伤萌生准则是使用内聚法则中的强度参数来指定的，因为它们对应着材料的同一种物理行为。裂纹一旦萌生，裂纹扩展便由内聚法则进行控制。

利用内聚法则模拟层间裂纹时，不需要指定损伤萌生准则，因为用于模拟分层的内聚单元已经设置在已知的可能裂纹扩展面上。

其中，用于劈裂和横向开裂的损伤萌生准则考虑了垂直于裂纹平面的拉力和面内剪切应力的共同影响，即

$$(\langle\overline{\sigma}_n\rangle/\hat{\sigma}_n)^2+(\overline{\tau}_s/\hat{\tau}_s)^2=1 \tag{42.44}$$

式中：$\overline{\sigma}_n$ 和 $\overline{\tau}_s$ 分别为拉应力和面内剪切应力，其应力值在一个单元上取平均，坐标(x_1，x_2)沿局部纤维方向，并位于层板平面内。

公式中出现了 Macaulay 括号 $\langle\bullet\rangle=\max[\bullet,0]$，因此压应力($\overline{\sigma}_n<0$)不会导致裂纹萌生。式(42.44)反映了如下事实：在聚合物基复合材料层板中，纵向劈裂和横向层内裂纹倾向于沿局部纤维方向(图 42.1(a))，并在受约束的混合断裂模式下扩展。材料参数 $\overline{\sigma}_n$

和 $\bar{\tau}_s$，分别是标定内聚法则中对应Ⅰ型断裂和Ⅱ型断裂模式的内聚强度值。

标定程序：利用研究中公布的数据，进行内聚法则和损伤萌生准则中参数的标定，具体实施方法是指定Ⅰ型和Ⅱ型断裂模式下的断裂韧性（内聚法则下的面积）和材料强度 $\hat{\sigma}_n$ 和 $\hat{\tau}_s$（见式（42.44）和图 42.2），而Ⅲ型断裂模式的内聚法被认为与Ⅱ型断裂模式的内聚法则相同。根据基本的几何原理，给定曲线下面积和最大牵引力 $\hat{\sigma}_n$ 或 $\hat{\tau}_s$，内聚力法则中非零牵引力对应的最大位移也可确定。

假设所有三种裂纹类型，层间裂纹、劈裂裂纹和横向层内开裂具有完全相同的标定参数。

单层材料（E-Glass/913）Ⅰ型断裂韧性通过对单层进行拉断试验确定，其中试件的外载荷垂直于纤维方向，利用单层拉断试验确定的 $\Gamma_{\mathrm{Ic}}=250\mathrm{J/m^2}$（Hallett 和 Wisnom，2006a）。Ⅱ型断裂韧性则通过对相同材料制备的端部缺口试样进行弯曲分层测试来确定，现有研究中给出了两个 Γ_{IIc} 值，分别为 $\Gamma_{\mathrm{Ic}}=900$ 和 $1040\mathrm{J/m^2}$（Hallett 和 Wisnom，2006b，c）。本研究中采用的参数标定值为：$\Gamma_{\mathrm{Ic}}=250$ 和 $\Gamma_{\mathrm{IIc}}=900\mathrm{J/m^2}$，上述数据的预期变异性约为 10%。

Ⅰ型断裂模式的强度 $\hat{\sigma}_n$ 主要影响横向层内开裂，这是因为劈裂和分层主要受剪切应力支配。在本书研究的铺层中，90°层为表面铺层，该铺层仅一个侧面由于粘接到内部 0°层而被约束。因此，横向层内开裂呈现为表面沟道形状的裂纹形态，这种行为已经在复合材料和薄膜类材料中被发现（Dvorak 和 Laws，1987；Thouless，1990；Camanho 等，2006；Davila 等，2005）。根据 Camanho 等（2006）的研究，引发表面层沟型裂纹所需的横向层中的局部应力可近似表示为：

$$\hat{\sigma}_n=\sqrt{\frac{4\Gamma_{\mathrm{Ic}}}{\pi h(1/E_2-v_{21}^2/E_1)}} \tag{42.45}$$

式中：h 为单层厚度（0.127mm）。由于弹性常数是已知的，利用式（42.45）从校准的Ⅰ型断裂韧度中预测 $\hat{\sigma}_n$，可得到 $\hat{\sigma}_n=141\mathrm{MPa}$。然而，这个值应该被当作是一个上限值，因为式（42.45）假设相邻层之间具有完美的结合界面。另外，对 E-Glass/913 单向铺层试样进行横向强度测试发现，不同试样测量值之间的偏差约为 15%（Wisnom 和 Jones，1996）。基于上述考虑，在式（42.44）所示的损伤萌生准则，或其对应的Ⅰ型断裂模式的内聚法则中，使用的强度基准值为 120MPa，且这个数据的期望变异性为 15%。

上述的强度程序也适用于纵向劈裂裂纹Ⅰ型断裂模式下内聚力法则参数的确定。由于劈裂是一种嵌入式裂纹（在中心 0°层），它是隧道形状的裂纹，而不是式（42.45）所描述的沟形裂纹。然而，在本文研究的特殊铺层中，0°层的厚度恰好是 90°层厚度的 2 倍，不同厚度对预期的临界应力（即强度）的影响，正好抵消了劈开裂纹分别为隧道形和沟形可能导致的差异。因此，对纵向劈裂裂纹使用上述与横向铺层开裂相同的Ⅰ型断裂模式下的标定参数是合理的。

先前对 E-Glass/913 剪切内聚强度 $\hat{\tau}_s$ 的估计是基于图 42.22 的剪切变形数据，根据 Hallett 和 Wisnom（2006A）的研究，$\hat{\tau}_s$ 的值选为 75MPa，而在 Wisnom 和 Chang（2000）的研究中，$\hat{\tau}_s$ 的值选为 70MPa，上述 $\hat{\tau}_s$ 值选择的不确定性与超出图 42.22 中拐点后剪切应力的波动有关。在本文的研究，$\hat{\tau}_s$ 的基准值设置为 80MPa，并具有 10%的预期不确定性，上

述 $\hat{\tau}_s$ 参数值对所有类型的裂纹均适用。

研究中选用的内聚法则参数基准值的设置见表 42. 1,模拟参数在表 42. 1 所列参数值附近变动,可用于评估参数影响的敏感性。

42. 5. 3. 3　数值预测与验证

1. 裂纹形态、间距和分层形状

图 42. 23(a)展示了三个不同载荷水平下拍摄的试验图像,这三张图反映了材料损伤过程中三种裂纹的演变。利用表 42. 1 的内聚参数的基准值预测获得的、对应于上述三个试验图像的损伤演化行为模拟结果展示于图 42. 23 中,图中纵向劈裂式裂纹以实心白线标识,横向裂纹以细白或红线标识,分层以深色区域标识,且分层与劈裂式裂纹相连。A-FEM 模拟成功再现了三种裂纹类型的所有重要特征,预测的自相似分层区的角度为 8°,与试验结果 7°~10°一致。纵向劈裂和多重横向开裂也得以准确预测。

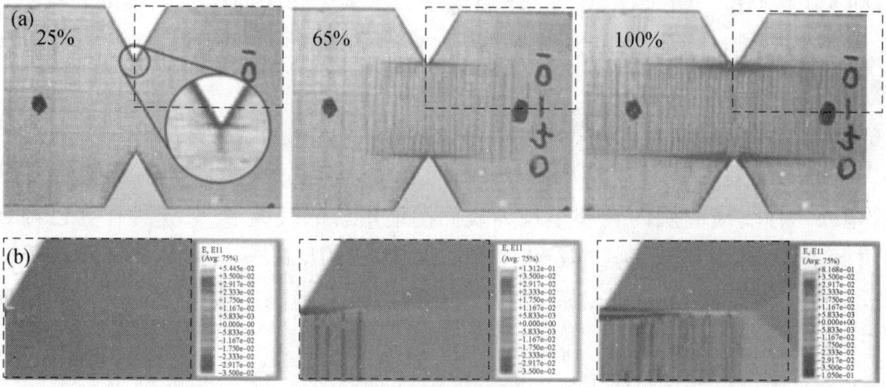

图 42. 23　(a)DNT 试样在不同载荷水平(25%,65%和 100%)下的示意图,图中展示了耦合的铺层内部横向开裂(垂直线),纵向劈裂裂纹(水平线)和分层区域(图中三角形深色区域);(b)A-FEM 预测得到的在近似相同的载荷水平下的裂纹演变行为(转载自 Journal of the Mechanics and Physics of Solids, vol 59, X. J. Fang, Z. Q. Zhou, B. N. Cox, Q. D. Yang, High-fidelity simulations of multiple fracture processes in a laminated composite in tension, Pages No. 1355-1373,版权 2011,经 Elsevier 许可)(彩图)

预测的横向裂纹密度约为 1 个裂纹/mm,是裂纹密度测量值的 1/2。这是由于模拟中使用了对称性假设。如图 42. 23(a)所示,在试验中横向裂纹从试样上、下两个纵向劈裂式裂纹处产生,因此两个纵向劈裂裂纹之间区域的最终裂纹密度可达到任意纵向劈裂裂纹处初始裂纹密度的 2 倍。模拟中未考虑上述可能的加倍效应,这是因为仅对试样的 1/4(其中仅包含一个纵向劈裂裂纹)进行建模。

2. 载荷和纵向劈裂裂纹长度随施加位移的变化规律

模拟预测了从初始加载直至最终失效过程的完整应力—位移曲线,以及纵向劈裂的裂纹长度随名义应力变化的曲线,模拟结果在预期的材料偏差范围内。

将应力—位移曲线的预测结果与图 42. 24(a)中所示的试验数据直接进行比较。对所有裂纹情形,模拟都能很好地再现试验曲线:模拟准确预测了整个试验曲线的特征,包括超出初始弹性区域的微小非线性,极限强度也被准确预测。

纵向劈裂裂纹的扩展长度随施加应力的变化规律如图 42. 24(b)所示。图中,每个试验数据点是 Hallett 和 Wisnom(2006b)研究中给出的五个测试结果的平均值。模拟中考虑所有可能的裂纹扩展机制,预测得到的纵向劈裂式裂纹扩展长度与整个加载阶段的试验数据吻合极好。

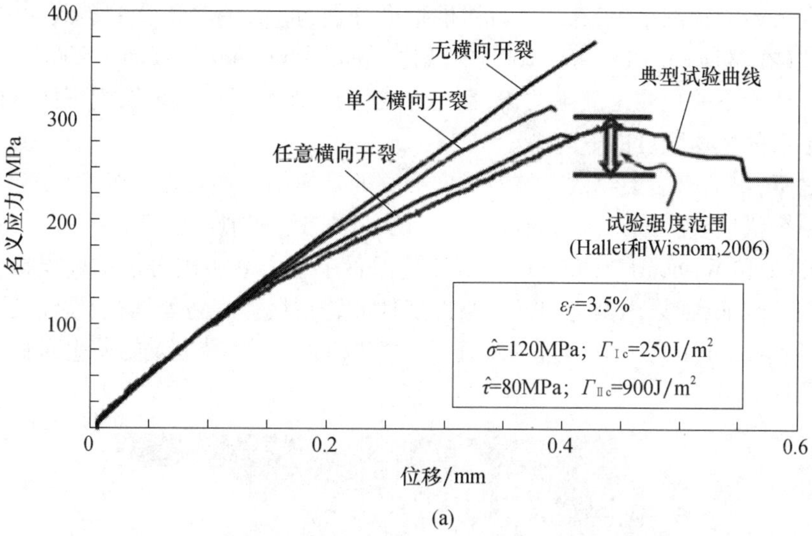

(a)

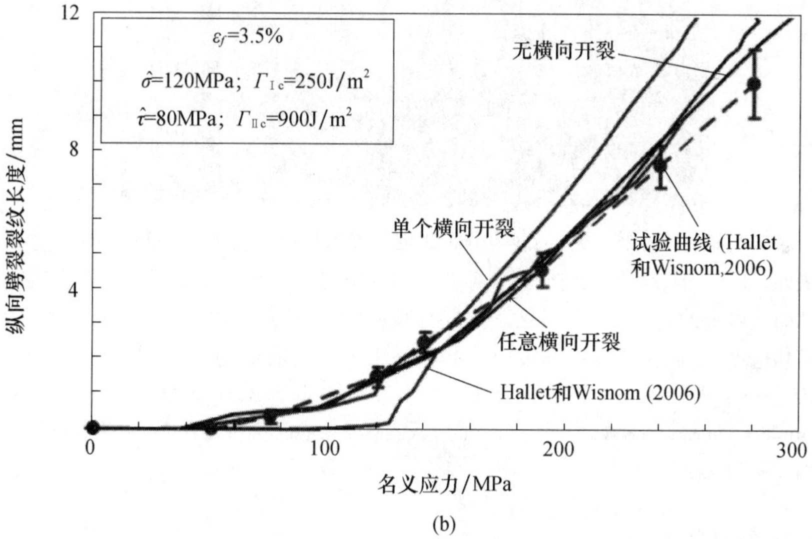

(b)

图 42.24 来自 Hallett 和 Wisnom(2006b)研究中的试验结果与预测的比较

(a)三种裂纹情形下的名义应力—位移曲线:①具有任意横向裂纹;②在缺口尖端具有单个横向裂纹;③没有横向裂纹;(b)三种裂纹情形下,劈裂裂纹长度随名义应力的变化规律。还展示了 Hallett 和 Wisnom(2006a)研究中涉及的在缺口尖端使用预置 CZM 单元获得的数值预测结果(转载自 Journal of the Mechanics of Physics of Solids, vol 59, XJ Fang, ZQ Zhou, BN Cox, QD Yang, High-fidelity simulations of multiple fracture processes in a laminated composite in tension, Pages No. 1355-1373,版权所有 2011,经 Elsevier 许可)

最后,基于上述高保真的模拟,可详尽地开展损伤耦合和内聚失效参数敏感性的研究,可参见 Fang 等(2011a)在这方面所开展的研究。

42.5.3.4 损伤耦合和内聚力参数的敏感性

1. 横向层内开裂的影响

为了说明在强度分析中考虑横向裂纹的必要性,图 42.24(a)展示了两种改进情形下应力—应变关系的预测结果,这两个改进的情形分别为①没有考虑横向裂纹;②仅允许一个横向裂纹(在 Wisnom 和 Chang,2000 中简化的考虑;Wisnom 和 Chang,2006a)。尽管任意横向裂纹情形下的预测是准确的,若不允许或仅允许一个横向裂纹,则不能准确模拟超出比例极限后的整体刚度的下降。

相比之下,纵向劈裂裂纹的扩展对横向裂纹的具体细节不是很敏感,对任意横向裂纹情形下的单个横向裂纹或无横向裂纹情形下的预测结果相似(图 42.24(b))。这或许可以解释 Hallett 和 Wisnom(2006b)在开槽尖端预置单个内聚裂纹可以准确模拟劈裂裂纹扩展的原因。然而,如果内聚力单元未被准确地放置在最大应力处,劈裂裂纹的萌生则可显著延迟(图 42.24(b))。本节进一步开展的模拟证实了劈裂裂纹的萌生对假设的裂纹位置的敏感性。

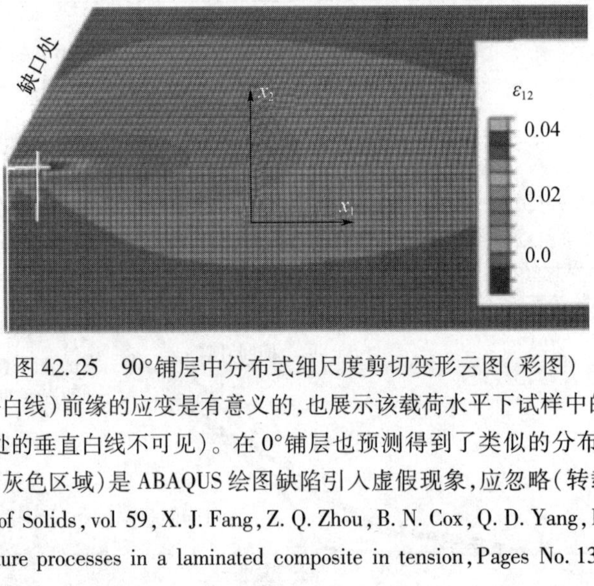

图 42.25 90°铺层中分布式细尺度剪切变形云图(彩图)

劈裂裂纹尖端(水平白线)前缘的应变是有意义的,也展示该载荷水平下试样中的两个横向裂纹(垂直白线—凹口尖端处的垂直白线不可见)。在 0°铺层也预测得到了类似的分布。紧邻劈裂裂纹的较大表观剪切应变(灰色区域)是 ABAQUS 绘图缺陷引入虚假现象,应忽略(转载 Journal of the Mechanics and Physics of Solids, vol 59, X. J. Fang, Z. Q. Zhou, B. N. Cox, Q. D. Yang, High-fidelity simulations of multiple fracture processes in a laminated composite in tension, Pages No. 1355-1373,版权所有 2011,经 Elsevier 许可)。

2. 剪切非线性的影响

小尺度的分布式剪切变形影响所有的断裂模式,图 42.25 中展示了表面 90°层中的剪切应变分布,其中劈裂裂纹和横向裂纹叠加在一起,最大的剪切应变集中于一个裂纹尖端前缘狭窄区域内。根据图 42.25 中所示的刚刚萌生且未完全扩展的单个横向裂纹的情形可知,任意横向裂纹萌生处的材料已经由于分布式剪切变形而导致损伤。因此,横向裂纹是在混合断裂模式下,而并非近似的 I 型断裂模式下萌生。只有当裂纹萌生于远离劈裂裂纹的未损坏材料中时,才满足近似的 I 型断裂模式条件。

当模拟中忽略分布式剪切变形时,损伤模式的预测结果是错误的。图 42.26(c)展示了三个类似图 42.23(b)所示情形下耦合的损伤演变,模拟时未考虑剪切非线性。可见,分层区域越大,产生的横向裂纹越少,纵向劈裂裂纹尖端后方的分层扩展明显滞后。在不考虑剪切非线性的情况下，能量释放更多地用于驱动分层，而不是引起横向裂纹的。大范围的分层导致用于驱动劈裂裂纹扩展的能量变少，进而造成较大应力水平下的劈裂裂纹的扩展变慢。Wisnom 和 Chang(2000)对另一种材料(T300/914)的研究中，也提到了类似的数值分析结果，尽管其研究中没有考虑横向裂纹。

剪切非线性对应力—位移曲线有显著影响(图 42.26)，将试验数据与分别包含和不包含剪切非线性的数值模型预测的应力—位移曲线进行比较，可以得出如下结论：初始试样刚度对剪切非线性不敏感(图 42.26(a))。这是合理的，因为劈裂裂纹周围的局部剪切应变不会显著影响试样的整体刚度。然而，如果模拟中未考虑剪切的非线性特征，则难以预测超过比例极限后试样刚度的下降。这是由于，如果模拟中未考虑剪切非线性特征，则不能准确模拟横向裂纹的实际状态，而以往研究已经发现试样刚度的逐渐降低主要归因于横向裂纹。

图 42.26(b)展示了模拟中未考虑剪切非线性的劈裂裂纹的扩展曲线，及其与采用被标定过的剪切非线性获得的曲线以及试验测得的曲线的对比。考虑剪切非线性的模拟结果表明，在相对较大的应力水平下，劈裂裂纹的扩展速度更快，这一点有违常理，因为剪切非线性被认为可缓解应变能，进而降低劈裂裂纹扩展的驱动力。事实上，当模拟中未考虑剪切非线性特征时，最主要的影响是减少分层的发生，于是有更多的能量用于驱动劈裂裂纹扩展。Van de Meer 等(2010)的研究中也提到过这一观点。

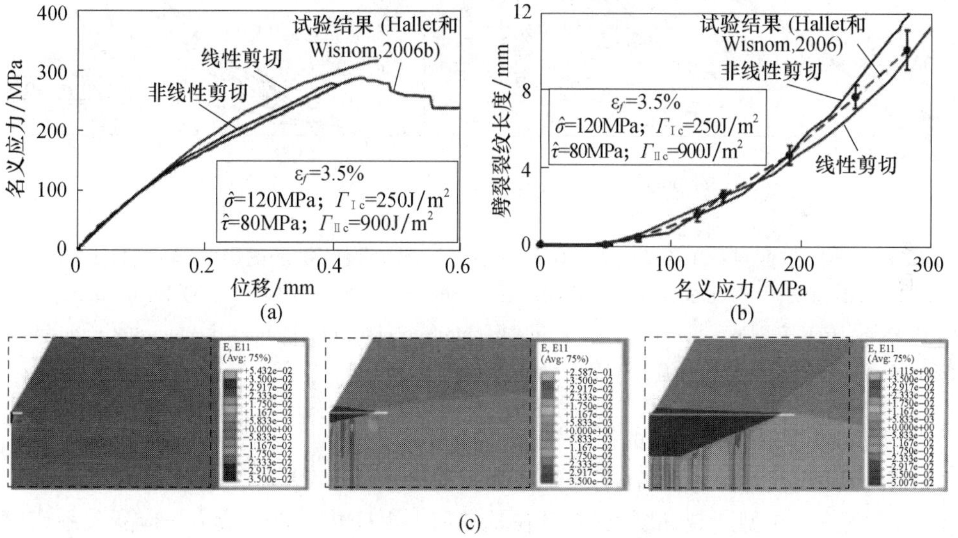

图 42.26　剪切非线性对(a)应力—位移关系；(b)劈裂裂纹扩展的影响；(c)在三个载荷水平下，没有考虑剪切非线性的 A-FEM 预测的裂纹扩展(彩图)

劈裂裂纹以白色实线标识。横向裂纹由白色或红色线标识，而分层则是由连接到劈裂裂纹处的黑色区域所示(参见力学和固体物理学杂志，第 59 卷，X. J. Fang，Z. Q. Zhou，B. N. Cox，Q. D. Yang，High-fidelity simulations of multiple fracture processes in a laminated composite in tension，Pages No. 1355-1373，版权所有 2011，获得 ELSVIER 许可)

3. 内聚强度的影响

数值模拟中使用的拉伸和剪切内聚强度参数对试样刚度和劈裂裂纹扩展的影响如

图 42.27 所示。图 42.27(a)为模拟中拉伸强度参数从 $\hat{\sigma}_n = 50\text{MPa}$ 变化到 150MPa,以及剪切强度参数从 $\hat{\tau}_s = 75\text{MPa}$ 变化到 100MPa 时预测的应力—位移曲线。

极限强度预测值随 $\hat{\sigma}_n$ 的增加而增加。例如,当 $\hat{\sigma}_n = 50\text{MPa}$ 时,强度预测值为 235MPa。当 $\hat{\sigma}_n$ 增加到 150MPa 时,强度预测值增加到 306MPa。此外,较小的拉伸内聚强度造成更大的横向裂缝密度,并导致缺口尖端附近的横向开裂更早地发生,于是载荷更多地从 90°层转移到 0°层,导致 0°铺层中更大的应力集中,而诱发纤维更早地发生断裂。根据上述关于参数标定程序的讨论,$\hat{\sigma}_n$ 不确定性的估计值为±20MPa。

剪切内聚强度从 75MPa 增加到 85MPa 时,尽管刚度有轻微增加,但剪切内聚强度对内聚力单元的应力—位移关系无显著影响。然而,劈裂裂纹扩展速率对剪切内聚强度非常敏感,如图 42.27(b)所示:剪切内聚强度越大,劈裂裂纹扩展速度越慢。这被归因于剪切应力—应变关系中相对较小的硬化模量(图 42.22):剪切强度的小幅增加需要单元剪切应变的大幅增加,以便达到产生劈裂裂纹的临界状态,这反过来又需要更大的外加应力,以实现劈裂裂纹的扩展。

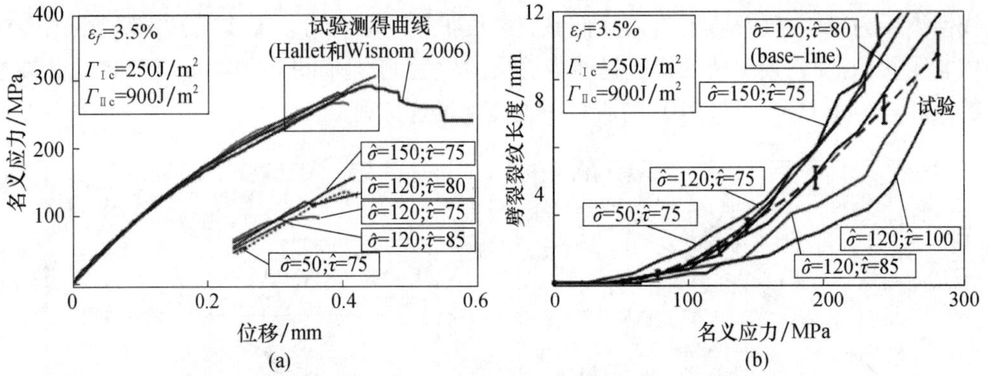

图 42.27 内聚强度对(a)名义应力—位移关系;(b)劈裂裂纹扩展的影响(转载自 Reprinted from Journal of the Mechanics and Physics of Solids, vol 59, X. J. Fang, Z. Q. Zhou, B. N. Cox, Q. D. Yang, High-fidelity simulations of multiple fracture processes in a laminated composite in tension, Pages No. 1355-1373,版权所有 2011,经 Elsevier 许可)

4. Ⅰ型和Ⅱ型断裂韧性值的影响

Ⅰ型和Ⅱ型断裂韧性值是在基准值基础上改变了 50%,其限定条件是Ⅱ型和Ⅲ型断裂的韧度值相等。I 型断裂韧度值(Γ_{Ic})在基准值上下变化±50%,应力—应变关系或劈开裂纹扩展速率不会发生显著变化,同时对最终强度也仅有微小的影响(图 42.8)。对于横向穿层开裂,以本节中的铺层形式为例,单独改变 Γ_{Ic} 与保持其他材料参数固定(式(42.45))而仅改变试样厚度在效果上是等效的,这类似于改变内聚强度的效果。然而,将 Γ_{Ic} 参数改变 50%对极限强度的影响,远小于对内聚强度改变相同比例(式(42.45))Ⅱ型断裂时所产生的影响。

Ⅱ型断裂韧性影响劈裂裂纹和分层,其中劈裂裂纹是一种近似剪切型裂纹。劈裂裂纹的扩展速率与 Γ_{IIc} 值是负相关的(图 42.28(b)),Wisnom 等采用预置内聚力单元模拟劈裂裂纹和单个横向裂纹,他们也指出过上述规律(Wisnom 和 Chang, 2000; Hallett 和 Wisnom, 2006a)。

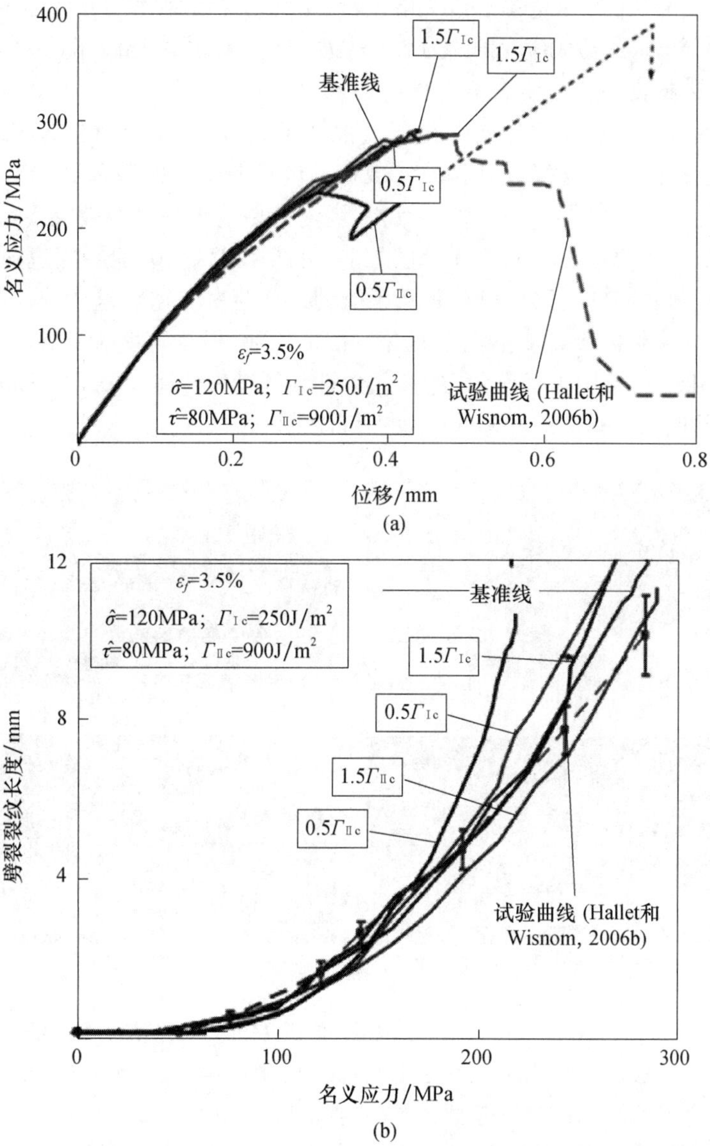

图 42.28　断裂韧性值在基线值附近变化，对(a)名义应力—位移关系和(b)劈裂裂纹扩展的影响(转载 Journal of the Mechanics and Physics of Solids, vol 59, X. J. Fang, Z. Q. Zhou, B. N. Cox, Q. D. Yang, Highfidelity simulations of multiple fracture processes in a laminated composite in tension, Pages No. 1355-1373, 版权所有 2011, 经 Elsevier 许可)

在本研究中将 $\Gamma_{\text{Ⅱc}}$ 降低 50%不仅导致更快速的劈裂裂纹扩展(图 42.28(b))，还会由于影响分层而导致失效行为发生顺序的转变。早期的劈裂裂纹扩展伴随着分层朝试样中心(图 42.23(b)中的下边缘)扩展和沿劈裂裂纹快速扩展。快速的分层扩展阻碍了横向裂纹的发展，使得横向裂纹保持极少的数量且集中于缺口尖端附近，密度约为 0.8mm^{-1}(略小于 $\Gamma_{\text{Ⅱc}}$ 取基准值情形下约 1mm^{-1} 的裂纹密度)。分层扩展横贯试样后不久，将获得稳态的分层前缘，然后分层以数值上不稳定的方式朝向加载边缘传播，上述过程见图 42.29 中的四个子图。在这些图中，四个不同应力水平下 0°铺层纤维方向的应变(ε_{11})显示为等高线,图中对分层前缘和劈裂裂纹尖端进行了标识。在劈裂和分层耦合的损伤演化过程中,分层区域纤维方向的最大应变值约为 2.2%,远低于 3.5%的纤维破坏应变(表 42.1)。

这种耦合的损伤演化与所有其他情况不同,将导致特征丰富且非单调的载荷—位移曲线(图 42.28(a))。曲线的初始软化与其他情况类似,然而,在约 230MPa 的应力水平下,随着分层前缘的建立,载荷逐渐减小,载荷—位移曲线上的载荷骤降对应着分层前缘穿过位移记录点的时刻(图 42.23 中的点)。随着分层前缘和劈裂裂纹逐渐扩展到远离缺口尖端的区域(其中劈裂裂纹始终在分层之前,见图 42.29),0°铺层穿过缺口的部分并逐渐与复合材料层板的其余部分分离,其所承受的外载荷占比越来越高,缺口尖端处的应力集中随之消失。虽然由于数值不稳定而导致模拟失败,根据宽度为 0.5W(10mm)的单个 0°铺层(如图 42.28(a)中虚线所示)的失效条件是纤维失效应变 $\varepsilon_f=3.5\%$($\sigma_f=385$MPa)的判据,可对预期的试样响应和最终失效进行评估。

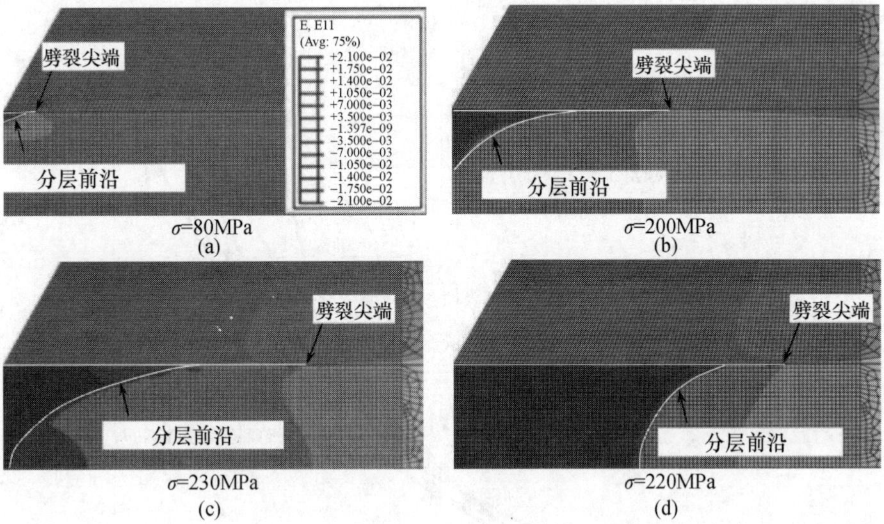

图 42.29　Γ_{IIc} 减少 50%($0.5\Gamma_{\mathrm{IIc}}$)模拟得到的试样中劈裂与分层的耦合演变(彩图)

与图 42.26 中所示的参数采用基线值的模拟结果相比,在相似的应力水平下,Γ_{IIc} 减少 50%模拟获得的劈裂裂纹扩展速率和分层扩展速率都要高得多。分层区域不再是尖锐的三角形楔形(a),(b)。相反,它在由劈开裂纹(b),(c)为边界限定的区域上快速贯穿试件宽度方向,并迅速建立一个稳态分层前缘,并朝向加载边缘(d)扩展。在位移控制载荷下,最后阶段在数值上是不稳定的(转载自 Journal of Mechanics and Physics of Solids, vol 59, XJ Fang, ZQ Zhou, BN Cox, QD Yang, High-fidelity simulations of multiple fracture processes in a laminated composite in tension, Pages No. 1355-1373,版权所有 2011,经 Elsevier 许可)。

42.5.3.5　进一步讨论

1. 网格要求

如果网格尺寸小于不同裂纹类型非线性断裂过程区的长度,则数值模拟结果无网格依赖性。当改变内聚参数而使断裂过程区长度变小时,为保证预测的精度,需要对网格进行细化。模拟案例中将 Γ_{Ic} 参数从最佳标定值减少 50%,模拟结果证明了上述网格细化的要求:为准确模拟得到失效模式的转变,并正确地预测极限强度的降低,网格尺寸必须减小。

标定程序：本节使用的标定程序并不理想，只是对待研究的复合材料 E-glass/913 可用数据的实际使用，模拟时缺少试验测得的Ⅰ型断裂参数标定值，为此使用的是式(42.45)所示的微观力学模型给出的估计值。开发标定内聚法则的测试方法，至少是准确测得内聚法则中牵引力峰值和断裂韧度的测试方法，仍是目前一个活跃的研究课题。在一些应用中，也需要确定内聚法则的形状：关于形状影响工程断裂行为的具体细节尚不清楚，但在适当的时候可以通过高保真模拟来解决，正如本文所述。

2. 模型参数的统计方差与工程参数的协方差

考虑到测定标定数据的试验，或用于评估标定值的式(42.45)所基于的假设中，已经包含了Ⅰ型和Ⅱ型断裂的内聚法则中参数标定值的不确定性，见表42.2。由于数据不确定性来自典型试验测试数据的偏差，因此数据差异可能是由于材料自身的变异性，并不是可以通过更准确的程序减少的分析误差。这意味着材料工程特性的预测存在不可避免的变异性，表现为用于材料鉴定的测试数据的偏差，而这种偏差是用于设计的基本信息。

表42.2 内聚法则参数的不确定性估计和参数集与三个复合材料破坏关键指标之间的协方差矩阵（转载 Journal of the Mechanics and Physics of Solids, vol 59, X. J. Fang, Z. Q. Zhou, B. N. Cox, Q. D. Yang, High-fidelity simulations of multiple fracture processes in a laminated composite in tension, Pages. No. 1355-1373，版权所有 2011，经 Elsevier 许可）

内聚参数	评估的内聚参数不确定性/%	敏感性矩阵$\frac{\theta_0}{\phi_0}\frac{\partial\phi}{\partial\theta}$		
		ϕ=工程属性；θ=内聚参数		
		极限强度	非线性部分的整体刚度	劈裂裂纹扩展速率
Γ_{Ic}	10	0.1	小	0
Γ_{IIc}	10	0.25[a]	小	-1①
$\hat{\sigma}_n$	15	0.3	0.1	0
$\hat{\tau}_s(=\hat{\tau}_t)$	10	0.3	0.2	-1

可以通过改变模拟和重新计算预测中使用的内聚参数，来估计预测的材料属性的预期方差，为此需评估如下偏导数：

$$\frac{\theta_0}{\phi_0}\frac{\partial\phi}{\partial\theta} \tag{42.46}$$

式中：θ为内聚法则参数（Γ_{Ic}，Γ_{IIc}等）；θ_0为其最佳选择的标定值；ϕ为材料属性（极限强度、应变等）；ϕ_0是当所有内聚法则参数选择其最佳标定值时对应的ϕ值。式(42.46)的偏导数是工程属性对断裂力学材料参数敏感性的量度，对θ_0和ϕ_0的归一化可保证灵敏度测量无单位依赖性。表42.2中列出了如下工程属性估算值的矩阵：复合材料极限强

① 显著的非线性依赖性。

度、对非线性区域平均获得的整体刚度以及劈裂裂纹长度从零到最大值过程中平均的劈裂裂纹扩展速率,也可以选择其他工程属性,但这三个属性涵盖了缺口拉伸试验中材料行为的主要特征。灵敏度矩阵仅用于定性指示性能的变化趋势,不能代替不同情况的完整分析,特别地,对于 Γ_{IIc} 的变化,上述失效顺序的转变导致所选工程属性的高度非线性依赖性。例如,当以不稳定损伤扩展之前的载荷峰值作为极限强度时,若在最佳标定值以上增加 Γ_{IIc},则极限强度几乎与 Γ_{IIc} 无关,而在最佳标定值基础上减小 Γ_{IIc},则会引起极限强度的显著下降(图 42.28(a))。

试验测试中任何数量的预测方差可通过内聚参数中的估计方差和灵敏度矩阵中的相关矩阵元素的乘积来预测。结合所有四个内聚参数的方差影响,复合极限强度预测值的方差约为 10%,如表 42.2 所示。本节关于复合材料 E-Glass/913 双缺口拉伸试验结果的实际方差接近于此,具体表现为在 Hallett 和 Wisnom(2006b)研究中报道的强度预测值从 243MPa 变化至 291MPa。

3. 横向裂纹和分层的相互作用

在本模拟中,隐含地假设一旦横向裂纹萌生,裂纹立即进入稳态扩展状态,因为实时强度是根据稳态裂纹扩展推导出的。对于Ⅱ型断裂韧性通常比Ⅰ型断裂韧性高数倍的聚合物基复合材料,上述假设是合理的。近期一个针对单个横向裂纹的三维分析表明:如果 $\Gamma_{\mathrm{IIc}}/\Gamma_{\mathrm{Ic}}>1$,则初始应力仅比稳态裂纹扩展应力小 5%(参见 Zhou 等,2010 及(包括可能伴随的分层的影响)其中引用的研究成果)。在 Zhou 等(2010)开展的同类分析中也发现如果 $\Gamma_{\mathrm{IIc}}/\Gamma_{\mathrm{Ic}}>1$,由任何横向裂纹引起的,且远离横向裂纹的分层所需的面内应力显著高于横向裂纹扩展应力。与此相一致的是,对于最佳标定内聚参数,本节模拟也表明横向裂纹并不会引发分层。然而,当在模拟中将 Γ_{IIc} 参数减少 50%时,将发生大规模分层,并发生最小程度的层内横向开裂。

42.6 小　　结

本节介绍了当前对显式求解多重损伤过程,及其在不同尺度上实现非线性耦合的先进数值方法的迫切需求,回顾了近年来发展起来的一种先进的数值方法,它可以通过嵌入非线性断裂模型,如内聚区模型,显示呈现各种复合材料损伤模式。这些方法包括扩展有限元法(X-FEM)、虚节点方法(PNM)和增强有限元法(A-FEM)。

A-FEM 的基本公式针对标准单元提出,它可与任何 FE 程序完全兼容,包括无法访问源代码的商业代码。通过模拟若干复合材料试验,包括①PMC 的三点弯曲;②单悬臂复合梁的裂纹迁移;③正交双切口复合材料试样的面内拉伸,观察到了多种损伤演变规律,证明了 A-FEM 针对应力集中复合材料层板中任意、非线性耦合、多裂纹系统损伤演变的预测能力。如果单元尺寸小于不同裂纹类型非线性断裂过程区的长度,则模拟结果无网格依赖性,可以使用对断裂过程区长度的分析,预先估计所需的网格尺寸。

用于模拟非线性断裂过程和分布式非线性剪切变形的内聚模型中的参数,可结合实测的试验数据和细观力学模型的标定获得。通过参数标定,在测量和预测的断裂行为之间的实验方差范围内,获得了定量的一致性,包括非线性应力—应变曲线、极限强度、分层和劈裂裂纹的扩展速率和横向裂纹密度。

分析表明,用于估计材料参数变化的断裂参数的方差,与极限强度测量值的方差相匹配。因此,本文开发的模拟方法的进一步详细说明,可作为材料性能统计预测的基础。

对不同的仿真结果进行对比,表明模拟中有必要包括所有主要的损伤过程,只有这样才能准确复现试验观察到的全部损伤特点。如果包含不完全非线性过程,模拟仍可重现试验的某些特征,但并不是完全一致的。例如,如果不考虑剪切非线性时,仍可获得比较准确的应力—位移曲线和劈裂裂纹扩展曲线预测,但对分层行为的预测是错误的;如果模拟中不包含多重层内横向开裂,预测的分层和劈裂裂纹扩展仍可能接近试验测量,但对应力—位移曲线刚度的逐渐降低行为将得不到准确预测。

本章相关彩图,请扫码查看

参考文献

D. F. Adams, T. R. King, D. M. Blackketter, Evaluation of the transverse flexure test method for composite materials. Compos. Sci. Technol. 39, 341-353 (1990)

G. Bao et al., The role of material orthotropy in fracture specimens for composites. Int. J. Sol. Struct. 29, 1105-1116 (1992)

G. I. Barenblatt, The formation of equilibrium cracks during brittle fracture: general ideas and hypotheses, axially symmetric cracks. Appl. Math. Mech. 23, 622-636 (1959)

G. I. Barenblatt, The mathematical theory of equilibrium cracks in brittle fracture, in Advances in Applied Mechanics, ed. by H. L. Dryden, T. Von Karman (Academic, New York, 1962), pp. 55-129

Z. P. Bazant, J. Planas, Fracture and Size Effect in Concrete and Other Quasibrittle Materials (CRC Press, Boca Raton, 1998)

P. P. Camanho, C. G. Davila, M. F. De Moura, Numerical simulation of mixed-mode progressive delamination in composite materials. J. Compos. Mater. 37, 1415-1438 (2003)

P. P. Camanho et al., Prediction of in situ strengths and matrix cracking in composites under transverse tension and in-plane shear. Compos. Part A Appl. Sci. Manuf. 37, 165-176 (2006)

A. Carpinteri, G. Colombo, Numerical analysis of catastrophic softening behaviour (snap-back instability). Comput. Struct. 31, 607-636 (1989)

A. Carpinteri, G. Ferro, Fracture assessment in concrete structures, in Concrete Structure Integrity, ed. by I. Milne, R. O. Ritchie, B. Karihaloo (Elsevier Science, Amsterdam, 2003)

S. W. Case, K. L. Reifsnider, MRLife 12 Theory Manual-Composite Materials (Materials Response Group, Virginia Polytechnical Institute and State University, Blacksburg, 1999)

J. L. Chaboche, P. M. Lesne, J. F. Maire, Continuum damage mechanics, anisotropy and damage deactivation for brittle materials like concrete and ceramic composites. Int. J. Damage Mech. 4(1), 5-22 (1995)

J. L. Chaboche, R. Girard, P. Levasseur, On the interface debonding models. Int. J. Damage Mech. 6, 220-256 (1997)

K. Y. Chang, S. Liu, F. K. Chang, Damage tolerance of laminated composites containing an open hole and subjected to tensile loadings. J. Compos. Mater. 25, 274-301(1991)

H. Y. Choi, F. K. Chang, A model for predicting damage in graphite/epoxy laminated composites resulting from low-velocity point impact. J. Compos. Mater. 26, 2134-2169(1992)

G. Clark, Modeling of impact damage in composite laminates. Composites 20, 209-214(1989)

A. Corigliano, Formulation, identification and use of interface models in the numerical analysis of composite delamination. Int. J. Sol. Struct. 30, 2779-2811(1993)

B. N. Cox, Q. D. Yang, In quest of virtual tests for structural composites. Science 314, 1102-1107(2006)

W. C. Cui, M. R. Wisnom, N. Jones, Failure mechanisms in three and four point short beam bending tests of unidirectional glass/epoxy. J. Strain. Anal. 27(4), 235-243(1992)

C. G. Davila, P. P. Camanho, C. A. Rose, Failure criteria for FPR laminates. J. Compos. Mater. 39, 323-345 (2005)

R. de Borst, Numerical aspects of cohesive-zone models. Eng. Fract. Mech. 70, 1743-1757(2003)

R. de Borst et al., On gradient-enhanced damage and plasticity models for failure in quasi-brittle and frictional materials. Comput. Mech. 17(1-2), 130-141(1995)

R. de Borst, J. J. C. Remmers, A. Needleman, Mesh-independent discrete numerical representations of cohesive-zone models. Eng. Fract. Mech. 73(2), 160-177(2006)

J. Dowlbow, M. A. Kahaleel, J. Mitchell, Multiscale MathematicsInitiative: A Roadmap. A Report to Department of Energy Report PNNL-14966(2004)

D. S. Dugdale, Yielding of steel sheets containing slits. J. Mech. Phys. Sol. 8, 100-104(1960)

G. J. Dvorak, N. Laws, Analysis of progressive matrix cracking in composite laminates. II. First ply failure. J. Compos. Mater. 21, 309-329(1987)

M. Elices et al., The cohesive zone model: advantages, limitations and challenges. Eng. Fract. Mech. 69, 137-163(2002)

X. J. Fang, Q. D. Yang, B. N. Cox, An augmented cohesive zone element for arbitrary crack coalescence and bifurcation in heterogeneous materials. Int. J. Numer. Meth. Eng. 88, 841-861(2010)

X. J. Fang et al., High-fidelity simulations of multiple fracture processes in a laminated composites in tension. J. Mech. Phys. Sol. 59, 1355-1373(2011a)

X. J. Fang et al., An augmented cohesive zone element for arbitrary crack coalescence and bifurcation in heterogeneous materials. Int. J. Numer. Meth. Eng. 88, 841-861(2011b)

A. Fawcett, J. Trostle, S. Ward, in International Conference on Composite Materials, Gold Coast, 1997

S. F. Finn, Y. F. He, G. S. Springer, Delaminations in composite plates under transverse impact loads-experimental results. Compos. Struct. 23, 191-204(1993)

J. Fish, A. Ghouali, Multiscale analysis sensitivity analysis for composite materials. Int. J. Numer. Meth. Eng. 50, 1501-1520(2001)

C. Gonzalez, J. LLorca, Multiscale modeling of fracture in fiber-reinforced composites. Acta Mater. 54, 4171-4181(2006)

S. Goutianos, B. F. Sorensen, Path dependence of truss-like mixedmode cohesive laws. Eng. Fract. Mech. 91, 117-132(2012)

S. Hallett, M. R. Wisnom, Numerical investigation of progressive damage and the effect of layup in notched tensile tests. J. Compos. Mater. 40, 1229-1245(2006a)

S. R. Hallett, M. R. Wisnom, Experimental investigation of progressive damage and the effect of layup in notched tensile tests. J. Compos. Mater. 40, 119-141(2006b)

A. Hansbo, P. Hansbo, A finite element method for the simulation of strong and weak discontinuities in solid mechanics. Comput. Meth. Appl. Mech. Eng. 193, 3523-3540(2004)

M. -Y. He, J. W. Hutchinson, Crack deflection at an interface between dissimilar materials. Int. J. Sol. Struct. 25, 1053-1067(1989)

A. Hillerborg, M. Modéer, P. E. Peterson, Analysis of crack propagation and crack growth in concrete by means of fracture mechanics and finite elements. Cement. Concr. Res. 6, 773-782(1976)

E. V. Iarve, D. Mollenhauer, R. Kim, Theoretical and experimental investigation of stress redistribution in open-hole composite laminates due to damage accumulation. Compos. Part A 36, 163-171(2005)

H. M. Inglis et al., Cohesive modeling of dewetting in particulate composites: micromechanics vs. multiscale finite element analysis. Mech. Mater. 39, 580-595(2007)

P. M. Jelf, N. A. Fleck, The failure of composite tubes due to combined compression and torsion. J. Mater. Sci. Lett. 29, 3080(1994)

A. S. Kaddorur, M. J. Hinton, P. D. Soden, A comparison of the predictive capabilities of current failure theories for composite laminates: additional contributions. Compos. Sci. Technol. 64, 449-476(2004)

M. S. Kafkalidis et al., Deformation and fracture of an adhesive layer constrained by plastically deforming adherends. Int. J. Adhes. Sci. Technol. 14, 1593-1646(2000)

M. Kumosa, G. Odegard, Comparison of the +/-45 tensile and Iosipescu shear tests for woven fabric composites. J. Compos. Technol. Res. 24, 3-15(2002)

P. Ladeveze, Multiscale modelling and computational strategies. Int. J. Numer. Meth. Eng. 60, 233-253(2004)

I. Lapczyk, J. Hurtado, Progressive damage modeling in fiber-reinforced materials. Compos. Part A 38, 2333-2341(2007)

F. Laurin, N. Carrereetal., Amulti-scale progressive failure approach for composite laminates based on thermodynamical viscoelastic and damage models. Compos. Part A 38, 198-209(2007)

D. S. Ling, Q. D. Yang, B. N. Cox, An augmented finite element method for modeling arbitrary discontinuities in composite materials. Int. J. Fract. 156, 53-73(2009)

D. S. Ling et al., Nonlinear fracture analysis of delamination crack jumps in laminated composites. J. Aerosp. Eng. 24, 181-188(2011)

J. LLorca, C. Gonzúlez, Multiscale modeling of composite materials: a roadmap towards virtual testing. Adv. Mater. 23, 5130-5147(2011)

P. Maimi et al., A continuum damage model for composite laminates: part Ⅰ-Constitutive model. Mech. Mater. 39, 897-908(2007)

A. Matzenmiller, J. Lubliner, R. L. Taylor, A constitutive model for anisotropic damage in fiber composites. Mech. Mater. 20, 125-152(1995)

L. N. McCartney, Physically based damage models for laminated composites. J. Mater. Des. Appl. 217(3), 163-199(2003)

J. Mergheim, E. Kuhl, P. Steinmann, A finite element method for the computational modeling of cohesive cracks. Int. J. Numer. Meth. Eng. 63, 276-289(2005)

N. Moës, T. Belytschko, Extended finite element method for cohesive crack growth. Eng. Fract. Mech. 69, 813-833(2002)

N. Moes, J. Dolbow, T. Belytschko, Finite element method for crack growth without remeshing. Int. J. Numer. Meth. Eng. 46, 131-150(1999)

A. Needleman, An analysis of decohesion along an imperfect interface. Int. J. Fract. 42, 21-40(1990)

T. K. O'Brien, S. A. Salpekar, Scale effects on the transverse tensile strength of carbon/epoxy composites. Compos. Mater. Test. Des. 11(ASTM STP 1206) ,23-52(1993)

T. K. O' Brien et al. , Influence of specimen configuration and sizeon composite transverse tensile strength and scatter measured through flexure testing. J. Compos. Technol. Res. 25, 50-68(2003)

J. T. Oden, K. Vemaganti, N. Moes, Hierarchical modeling of heterogeneous solids. Comput. Method. Appl. Mech. Eng. 172, 3-25(1999)

J. T. Oden et al. , Simulation-Based Engineering Science-Revolutionizing Engineering Science through Simulation(NSF, 2006)

C. Oskay, J. Fish, Eigendeformation-based reduced order homogenization for failure analysis of heterogeneous materials. Comput. Methods Appl. Mech. Eng. 196, 1216-1243(2007)

J. Parmigiani, M. D. Thouless, The roles of toughness and cohesive strength on crack deflection at interfaces. J. Mech. Phys. Sol. 54, 266-287(2006)

J. Parmigiani, M. D. Thouless, The effects of cohesive strength and toughness on mixed-mode delamination of beam-like geometries. Eng. Fract. Mech. 74, 2675-2699(2007)

S. T. Pinho, P. Robinson, L. Iannucci, Fracture toughness of the tensile and compressive fibre failure modes in laminated composites. Compos. Sci. Technol. 66, 2069-2079(2006)

S. Ramanathan, D. Ertaz, D. S. Fisher, Quasistatic crack propagation in heterogeneous media. Phys. Rev. Lett. 79, 873-876(1997)

J. N. Reddy, Multiscale computational model for predicting damage evolution in viscoelastic composites subjected to impact loading technical report to U. S. Army Research Office, 1-31(2005)

J. J. C. Remmers, R. de Borst, A. Needleman, A cohesive segments method for the simulation of crack growth. Comput. Mech. 31(1-2), 69-77(2003)

S. Rudraraju et al. , In-plane fracture of laminated fiber reinforced composites with varying fracture resistance: experimental observations and numerical crack propagation simulations. Int. J. Sol. Struct. 47, 901-911(2010)

S. Rudraraju et al. , Experimental observations and numerical simulations of curved crack propagation in laminated fiber composites. Compos. Sci. Technol. 72, 1064-1074(2011)

K. W. Shahwan, A. M. Waas, Non-self-similar decohesion along a finite interface of unilaterally constrained delaminations. Proc. Roy. Soc. Lon. A 453, 515-550(1997)

M. M. Shokrieh, L. B. Lessard, Progressive fatigue damage modeling of composite materials, part Ⅰ: Modeling. J. Compos. Mater. 34(13), 1056-1080(2000)

S. J. Song, A. M. Waas, Energy-based mechanical model for mixed mode failureof laminated composites. AIAA J. 33, 739-745(1995)

J. H. Song, P. M. A. Areias, T. Belytschko, A method for dynamic crack and shear band propagation with phantom nodes. Int. J. Numer. Meth. Eng. 67, 868-893(2006)

R. Talreja, Multiscale modeling in damage mechanics of composite materials. J. Mater. Sci. 41, 6800-6812(2006)

X. D. Tang et al. , Progressive failure analysis of 2x2 braided composites exhibiting multiscale heterogeneity. Compos. Sci. Technol. 66, 2580-2590(2006)

T. E. Tay, Characterization and analysis of delamination fracture in composites: an overview of developments from 1990 to 2001. Appl. Mech. Rev. 56(1), 1-32(2003)

M. D. Thouless, Crack spacing in brittle films on elastic substrates. J. Am. Ceram. Soc. 73, 2144-2146(1990)

M. D. Thouless, Q. D. Yang, A parametric study of the peel test. Int. J. Adhes. Adhes. 28, 176-184(2008)

A. Turon et al. , A damage model for the simulation of delamination in advanced composites under variable-mode loading. Mech. Mater. 38, 1072-1089(2006)

A. Turon et al. , An engineering solution for mesh size effects in the simulation of delamination using cohesive zone models. Eng. Fract. Mech. 74,1665–1682(2007)

F. P. Van de Meer, L. J. Sluys, Continuum models for the analysis of progressive failure in composite laminates. J. Compos. Mater. 43,2131–2156(2009a)

F. P. Van de Meer, L. J. Sluys, A phantom node formulation with mixed mode cohesive law for splitting in laminates. Int. J. Fract. 158,107–124(2009b)

F. P. Van de Meer, C. Oliver, L. J. Sluys, Computational analysis of progressive failure in a notched laminate including shear nonlinearity and fiber failure. Compos. Sci. Technol. 70,692–700(2010)

A. S. D. Wang, F. W. Crossman, Initiation and growth of transverse cracks and delaminations. J. Compos. Mater. 14,71–87(1980)

J. S. Wang, Z. Suo, Experimental determination of interfacial toughness using Brazil–nut–sandwich. Acta Metall. 38,1279–1290(1990)

M. R. Wisnom, The effect of fibre rotation in +/−45 degree tension tests on measured shear properties. Composites 26,25–32(1994)

M. R. Wisnom, F. –K. Chang, Modelling of splitting and delamination in notched cross–ply laminates. Compos. Sci. Technol. 60,2849–2856(2000)

M. R. Wisnom, M. I. Jones, Size effects in interlaminar tensile and shear strength of unidirectional glass fibre/epoxy. J. Reinf. Plast. Compos. 15,2–15(1996)

D. Xie et al., Discrete cohesive zone model to simulate static fracturein 2D tri–axially braided carbon fiber composites. J. Compos. Mater. 40,2025–2046(2006)

Q. D. Yang, B. N. Cox, Cohesive zone models for damage evolution in laminated composites. Int. J. Fract. 133(2),107–137(2005)

Q. D. Yang, M. D. Thouless, Mixed mode fracture of plastically–deforming adhesive joints. Int. J. Fract. 110, 175–187(2001a)

Q. Yang, M. D. Thouless, Mixed mode fracture of plastically–deforming adhesive joints. Int. Fract. 110,175–187(2001b)

Q. D. Yang, M. D. Thouless, S. M. Ward, Numerical simulations of adhesively–bonded beams failing with extensive plastic deformation. J. Mech. Phys. Sol. 47,1337–1353(1999)

Q. D. Yang, M. D. Thouless, S. M. Ward, Elastic–plastic mode–II fracture of adhesive joints. Int. J. Sol. Struct. 38,3251–3262(2001)

Q. D. Yang et al., Fracture and length scales in human cortical bone: the necessity of nonlinear fracture models. Biomaterials 27,2095–2113(2006a)

Q. D. Yang et al., Re–evaluating the toughness of human cortical bone. Bone 38,878–887(2006b)

Q. D. Yang et al., An improved cohesive element for shell delamination analyses. Int. J. Numer. Meth. Eng. 83(5),611–641(2010)

Q. D. Yang et al., Virtual testing for advanced aerospace composites: advances and future needs. J. Eng. Mater. Technol. 133,11002–11008(2011)

S. J. Song, A. M. Waas, Energy–based mechanical model formixed mode failure of laminated composites. AIAA J. 33,739–745(1995)

[J. H. Song, P. M. A. Areias, T. Belytschko, A method for dynamic crack and shear band propagation with phantom nodes. Int. J. Numer. Meth. Eng. 67,868–893(2006)

R. Talreja, Multiscale modeling in damage mechanics of composite materials. J. Mater. Sci. 41,6800–6812(2006)

X. D. Tang et al., Progressive failure analysis of 2x2 braided composites exhibiting multiscale heterogeneity. Compos. Sci. Technol. 66,2580–2590(2006)

T. E. Tay, Characterization and analysis of delamination fracture in composites: an overview of developments from 1990 to 2001. Appl. Mech. Rev. 56(1), 1-32(2003)

M. D. Thouless, Crack spacing in brittle films on elastic substrates. J. Am. Ceram. Soc. 73, 2144-2146(1990)

M. D. Thouless, Q. D. Yang, A parametric study of the peel test. Int. J. Adhes. Adhes. 28, 176-184(2008)

A. Turon et al., A damage model for the simulation of delamination in advanced composites under variable-mode loading. Mech. Mater. 38, 1072-1089(2006)

A. Turon et al., An engineering solution for mesh size effects in the simulation of delamination using cohesive zone models. Eng. Fract. Mech. 74, 1665-1682(2007)

F. P. Van de Meer, L. J. Sluys, Continuum models for the analysis of progressive failure in composite laminates. J. Compos. Mater. 43, 2131-2156(2009a)

F. P. Van de Meer, L. J. Sluys, A phantom node formulation with mixed mode cohesive law for splitting in laminates. Int. J. Fract. 158, 107-124(2009b)

F. P. Van de Meer, C. Oliver, L. J. Sluys, Computational analysis of progressive failure in a notched laminate including shear nonlinearity andfiber failure. Compos. Sci. Technol. 70, 692-700(2010)

A. S. D. Wang, F. W. Crossman, Initiation and growth of transverse cracks and delaminations. J. Compos. Mater. 14, 71-87(1980)

J. S. Wang, Z. Suo, Experimental determination of interfacial toughness using Brazil-nut-sand-wich. Acta Metall. 38, 1279-1290(1990)

M. R. Wisnom, The effect of fibre rotation in +/-45 degreetension tests on measured shear properties. Composites 26, 25-32(1994)

M. R. Wisnom, F. -K. Chang, Modelling of splitting and delamination in notched cross-ply laminates. Compos. Sci. Technol. 60, 2849-2856(2000)

M. R. Wisnom, M. I. Jones, Size effects in interlaminar tensile and shear strength of unidirectional glass fibre/epoxy. J. Reinf. Plast. Compos. 15, 2-15(1996)

D. Xie et al., Discrete cohesive zone model to simulate static fracture in 2D tri-axially braided carbon fiber composites. J. Compos. Mater. 40, 2025-2046(2006)

Q. D. Yang, B. N. Cox, Cohesive zone models for damage evolution in laminated composites. Int. J. Fract. 133(2), 107-137(2005)

Q. D. Yang, M. D. Thouless, Mixed mode fracture of plastically-deforming adhesive joints. Int. J. Fract. 110, 175-187(2001a)

Q. Yang, M. D. Thouless, Mixed mode fracture of plastically-deforming adhesive joints. Int. Fract. 110, 175-187(2001b)

Q. D. Yang, M. D. Thouless, S. M. Ward, Numerical simulations of adhesively-bonded beams failing with extensive plastic deformation. J. Mech. Phys. Sol. 47, 1337-1353(1999)

Q. D. Yang, M. D. Thouless, S. M. Ward, Elastic-plastic mode-II fracture of adhesive joints. Int. J. Sol. Struct. 38, 3251-3262(2001)

Q. D. Yang et al., Fracture and length scales in human cortical bone: the necessity of nonlinear fracture models. Biomaterials 27, 2095-2113(2006a)

Q. D. Yang et al., Re-evaluating the toughness of human cortical bone. Bone 38, 878-887(2006b)

Q. D. Yang et al., An improved cohesive element for shell delamination analyses. Int. J. Numer. Meth. Eng. 83(5), 611-641(2010)

Q. D. Yang et al., Virtual testing for advanced aerospace composites: advances and future needs. J. Eng. Mater. Technol. 133, 11002-11008(2011)

第 11 部分

核损伤特征

第 43 章　核电站的辐射损伤

Wolfgang Hoffelner

摘　　要

本章介绍了中子辐照下金属和合金中发生的微观损伤的主要过程。位移损伤、相反应、膨胀、辐照蠕变和嬗变是改变核电厂所用材料力学性能和微观结构的主要物理效应。辐照可能导致辐射硬化/脆化、加速应力腐蚀开裂、几何形状的变化、蠕变特性的退化和其他损坏形式。针对目前拥有 50 年运行经验的核电厂的情形，讨论材料辐照退化的后果。预计未来的先进核电厂也将几乎全部使用金属和合金材料建设，原则上讲，预计其会受到相同类型的损害。然而，其他操作参数（较高温度、快中子、冷却剂）的变化也可能改变辐射损伤的程度（如除了辐射蠕变之外的热蠕变）。高级建模和测试技术可视为弥补下一代核电站的长期服役经验缺失的工具。

43.1　引　　言

核电站的中心部件通常暴露在冷却剂、辐射和高温下，这些条件导致组件在使用期间性能退化，并因此限制了发电厂的寿命。在目前的轻水反应堆（LWR）中，反应堆压力容器的脆化，反应堆内部构件的辐照加速的应力腐蚀开裂和包层的辐射蠕变是由中子引起的典型退化机制。正如第四代发电厂，先进的反应堆预计将暴露于更具破坏性的快中子（更高的能量）、更高的温度和不同于水的冷却剂中。尽管预期的辐射损伤的物理机制被认为是保持不变的，但可以预期的是轻水堆和先进反应堆之间的损害演化规律必然存在一些差异。

本章第 43.2 节将讨论反应堆材料辐照损伤的基本现象。重点将放在金属和合金上，这些金属和合金不仅是现有反应堆的关键材料，而且也将成为未来反应堆的关键材料。对陶瓷的考虑将仅限于石墨（作为英国先进气体反应器和未来高温气冷反应堆的调节剂）和 SiC/SiC 复合材料，其中 SiC/SiC 复合材料被认为是先进发电厂的控制棒部件或包层。

本章第 43.3 节通过反应堆压力容器、反应堆内部构件和燃料包层的示例说明当前核电站中发生的辐射损伤，并简要介绍工程中对未来发电厂发展的设想。将引入先进的材料科学方法，作为更好地了解未来反应堆辐照相关风险的工具。

43.2 辐射损伤的现象学

43.2.1 介绍

辐射损伤基本上是高能粒子与物质相互作用的结果,这些相互作用主要依赖能量,其结果可能是多方面的。本章考虑的将主要限于粒子侧的中子和离子,以及物质侧的金属和合金,以及选定的陶瓷材料。此处仅讨论最重要的影响。为了获得更多详细信息,本节向读者推荐该领域图书例如 Schilling 和 Ullmaier(1994),Ullmaier 和 Schilling(1980)以及 Was(2007)。损伤类型包括如下几种(Schilling 和 Ullmaier 1994):

(1)轰击粒子(中子、离子、电子)在弹性碰撞中将反冲能量 T 转移到晶格原子。如果 T 超过用于位移的阈值能量 T_{th},则产生一个空位—间隙对(Frenkel 缺陷)。

(2)核反应,其中快速粒子在材料内产生相当浓度的外来元素。特别是,由(n,α)反应产生的惰性气体氦对金属和合金在快中子辐照下的行为起着重要作用。

(3)电子激发对于金属和此处考虑的辐照损伤过程的重要性非常有限。

这些损伤事件的结果对暴露于辐射的组件如反应堆压力容器(RPV)或反应堆内部构件(包括燃料包层)有影响。表 43.1 总结了材料中的损伤事件及其对组件的影响。下面将更详细地讨论不同的效应,以及这些效应对材料的影响。

表 43.1 不同类型的辐射损害及其产生的技术性后果
(根据 Hoffelner(2012)研究中的数据重新制作)

影响	材料的后果	组件中的退化类型
位移损坏	形成点缺陷簇和位错环	硬化,脆化
辐照诱导的分离	有害元素扩散到晶界	脆化,晶界开裂
辐照诱导的相变	根据相图,相溶解形成不期望的相	脆化,软化
肿胀	由于缺陷簇和孔隙导致体积增加	局部变形,最终残余应力
辐照蠕变	不可逆变形	变形,蠕变寿命减少
氦的形成和扩散	孔隙形成(晶间和晶内)	脆化,应力破裂寿命损失和蠕变延展性

43.2.2 辐射损伤的类型

43.2.2.1 位移损伤

位移损伤通常从轰击粒子通过弹性碰撞将反冲能 T 传递给晶格原子开始,如果反冲能量超过材料相关的位移能量阈值 E_{th},则原子从其原始位置跳跃到间隙位置,形成空位—间隙原子对,这种空位—间隙原子对称为 Frenkel 对。如果反冲能量显著高于 E_{th}(如在快中子的情况下),原子首先被中子击中,初级撞击原子(PKA)或初级反冲原子(PRA)可通过进一步移入晶体来传递能量,并进一步产生 Frenkel 对和位移级联(图 43.1)。当高能粒子足够重和能量充足,并且材料致密时,原子之间的碰撞的发生非常接近,故不能认为这种原子之间的碰撞是彼此独立的。在这种情况下，该过程成为多原子之间非常复杂的多体相互作用，只能通过分子动力学建模来处理。这个过程中将产生热尖峰，其特征是：在原子级联中心形成瞬时稀释区域，并在其周围形成致密区域，在级联发生之后，致密化区域变为间隙缺陷区域，而稀释区域通常变成空位缺陷区域。

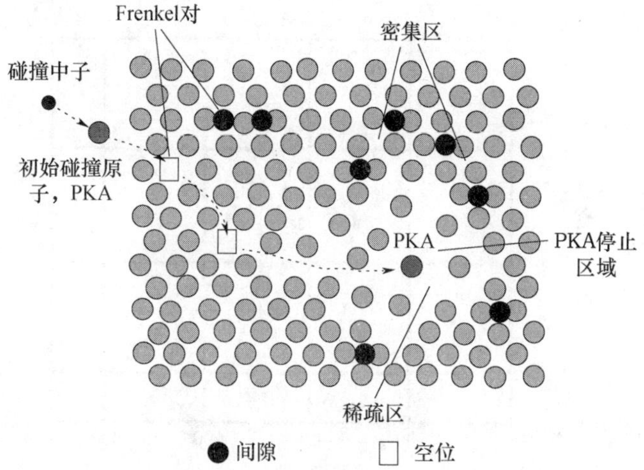

图 43.1　碰撞级联的发展

由于来自中子的能量转移，初级撞击原子开始移动，而创造了 Frenkel 对，最终在一个损伤区结束，其中存在许多空位的稀疏部分和许多间隙的密集部分（重新绘制自 Hoffelner（2012）研究中的数据，来源于 Seeger（1962））。

弹性碰撞在不同时间尺度的三种不同过程状态下产生辐射损伤：

（1）辐射损伤过程的初始阶段（$t<10^{-8}$s）；

（2）辐射损伤的物理影响（$t>10^{-8}$s）；

（3）辐射诱导效应下的材料力学响应。

上述刚刚讨论了辐射损伤过程的初始阶段。物理效应的发展阶段主要取决于所产生的点缺陷的扩散和反应，它们可以重组，形成团块或扩散到汇集处，空位原子 C_v 和间隙原子 C_i 的浓度集中可通过速率方程来描述，如图 43.2 所示。这些速率方程可以针对不同的边界条件求解，从而实现对辐射诱导的微观结构演变的预测（Wiedersich，1991a，b）。辐照物质中的点缺陷出现过饱和，会导致缺陷在较低温度下就具有较高的扩散系数。随着

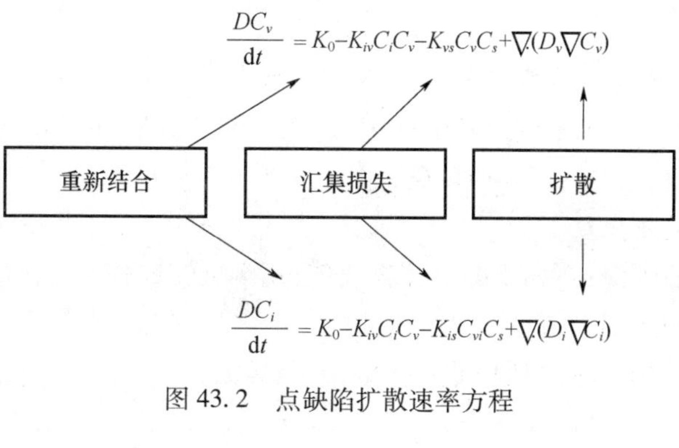

图 43.2　点缺陷扩散速率方程

温度的升高,辐射对扩散的影响减小,当温度高于约600℃左右时,热扩散成为钢中的相关扩散过程,这可以从图43.3(Zinkle等,1993)中看出。以奥氏体钢为例,位移引起的缺陷发展显示为温度的函数,虽然不同类别的金属和钢存在一些差异,但是点缺陷将聚集成不同缺陷而阻碍位错运动,另外位移损伤随温度升高而消失,这个规律对几种金属和合金仍然有效。

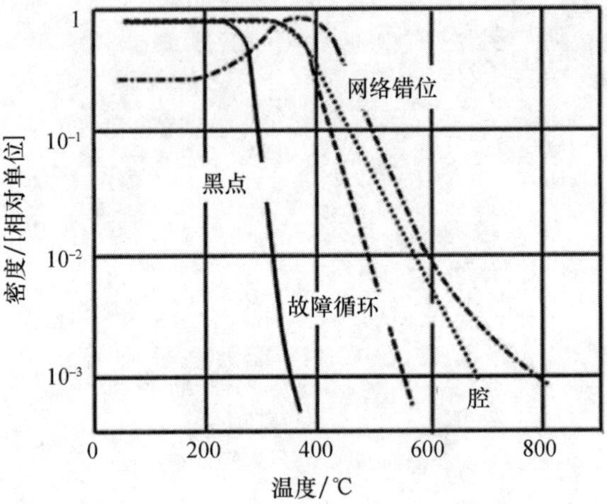

图43.3 以奥氏体钢为例,辐照温度对不同障碍物形成的影响(Source Zinkle等(1993))

43.2.2.2 辐照损伤单位

在进一步讨论辐照引起的缺陷之前,将先讨论损伤相关的辐射剂量测量的方面的几个问题。对辐射剂量的描述,通常使用粒子通量,即在一定时间间隔内通过一个区域的粒子数,(通常以中子/cm^2·s测量)或粒子注量(在一定时间内积分的中子通量,以中子/cm^2计量)。然而,对退火316不锈钢辐照硬化的研究表明,即使对相同类型的材料,当将辐照硬化(屈服应力的变化)与中子注量相关联时,也发现了不同的结果(Greenwood,1994)。因此,经常使用另一种基于PKA在固体中产生的总位移数的辐射暴露或剂量的量度,一个很重要的数量是由能量E_i进入粒子的通量$\Phi(E_i)$产生的每单位时间和每单位体积的位移数。每单位时间的位移速率或每个原子(dpa)位移数和单位时间的位移数(dpa/s)较好地近似描述了被辐照材料的能量依赖性响应。反应堆中的典型位移速率为10^{-9}~10^{-7}dpa/s。如前所述,使用这种单位描述316不锈钢的硬化,取得很好的相关性(Greenwood,1994)。

43.2.2.3 不同于位移损伤的点缺陷相关的辐照损伤

前一节中,考虑了由于不同点缺陷产生、扩散和聚集引起的损伤。点缺陷高度过饱和还可能导致热扩散过程中出现其他现象,如:

(1)辐照诱导的隔离。

(2)辐照诱发的沉淀:不相干的沉淀物成核;相干沉淀成核。

(3)辐照诱导的溶解。

(4)辐照诱导的相反应:辐照无序;亚稳相;非晶化。

1. 辐射诱导分离(RIS)

热诱导分离是在点缺陷汇集处(如晶界)温度相关的合金成分的重新分布。钢的回火脆化是与一个众所周知的 RIS 引起材料韧性衰减的例子,磷、硫或锰等元素扩散到晶界,沿晶界的内聚力减弱,导致韧性降低(断裂韧性降低或韧性—脆性断裂外观转变温度增加),这种晶界也可以成为优先腐蚀的位置,并导致应力腐蚀开裂,如下所述。

辐照诱导的分离描述了一个类似上述的效应,然而,它是由辐照引起的点缺陷驱动的,空位在一个方向上流动相当于材料向相反方向流动,这可以理解为逆 Kirkendall 效应(Marwick,1978),这种逆 Kirkendall 效应是指这些情况:已有的点缺陷的流动影响着 A 型原子和 B 型原子的相互扩散。均匀 AB 合金中的辐照分离的发生是由于辐照产生了很多的点缺陷,进而导致点缺陷流动。图 43.4 更详细地解释了二元合金的机理,坐标分别表示任意单位体积下空位原子和间隙原子的浓度,x 轴给出距晶界的距离。空位向一个方向的移动等同于原子向另一个方向的移动,因此,空位原子流 J_v 的箭头与材料流向 J_A 和 J_B 的箭头指向不同的方向。在间隙原子移动的情况下,J_i、J_A 和 J_B 的方向相同。A 和 B 的扩散系数的差异导致原子 A 浓度的稀释和 B 型原子浓度朝向晶界方向增加。作为一个例子,在质子辐照的奥氏体钢(304 SS)中发现了与晶界镍浓度增加相结合的铬浓度降低(Bruemmer 等,1999a)。辐照诱导的分离取决于温度以及作为扩散驱动效应的剂量率,一旦温度过低,空位原子只能缓慢移动,重组将成为主导机制。在热效应影响变重要的温度下,辐照效应可以忽略不计。因此,辐照诱导的分离只能发生在这两种条件之间的温度窗口中(Was 等,2006)。辐照诱导的偏折在轻水反应堆中的辐照辅助应力腐蚀开裂中起了重要作用,这将在后面讨论。

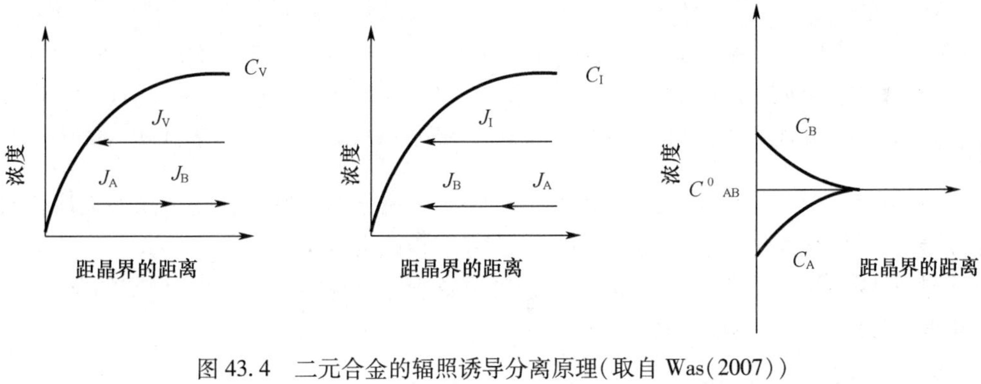

图 43.4　二元合金的辐照诱导分离原理(取自 Was(2007))

2. 辐照诱导的相变

其他扩散控制的辐照现象是辐照诱导的相变或相反应,其可导致在操作温度下无法预料的相沉淀,以及相溶解和相的非晶化。这些微观结构变化背后的驱动力(正如 RIS)是存在大的过饱和点缺陷,特别是在 250~550℃之间的温度或逆 Kirkendall 效应。辐照引起的点缺陷如间隙环,氦气泡和空隙同样也会引起沉淀。

辐照诱发的沉淀是属于这种辐照损伤级别下的一种现象,可以形成相干和非相干的沉淀物。相干粒子完全或部分地匹配基体的晶格结构,而非相干粒子则不然。相干粒子充当溶质原子的汇集处,而非相干粒子允许溶质原子被捕获,也允许被释放(Was,2007)。图 43.5(a)显示了辐照诱导的沉淀物的实例,在该图中,还可以看到辐照诱导的孔隙,这种现象将在下一节“空隙膨胀”中讨论。辐照诱导的纳米尺寸沉淀物（如纳米团簇）作为位错运动的障碍，导致强度的增加。这种强度的增加降低了材料的延展性和韧性，这种材料性能退化被认为是限制寿命的主要因素，如下面所述的反应堆压力容器。

辐照诱导的溶解是由于存在高密度的点缺陷，颗粒开始溶解。这与无辐射时在高温下对合金进行固溶处理期间发生的过程非常类似。

非晶化：非晶态金属不具有原子尺度的有序结构，它们可以通过快速冷却产生，并且通常称为金属玻璃。在机械合金化或物理气相沉积期间也可发生非晶化。辐照诱导的非晶化是辐照诱导的高点缺陷密度所致，辐射下的非晶化不仅发生在金属和合金上，在金属间化合物和陶瓷，如石墨或碳化硅中也发现这种现象。图 43.5(b) 显示了锆基 LWR 包覆材料（Zircaloy）中部分非晶化的第二相颗粒（Motta 等，1991）。非晶化通常与 Zircaloys 中第二相颗粒的分解或溶解一起发生，基体组分的相关变化可以改善这些材料在反应器环境中的氧化行为。

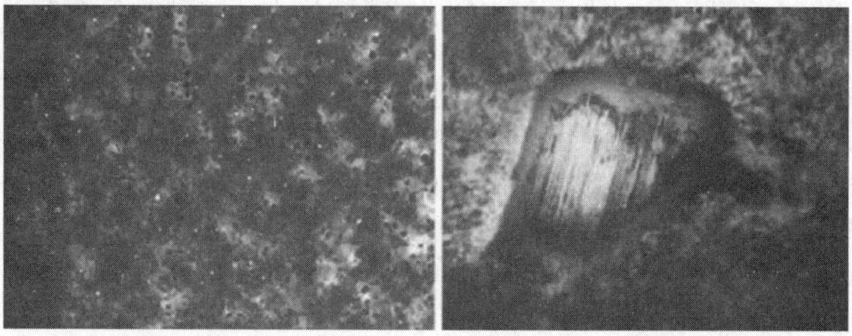
(a)　　　　(b)

图 43.5　(a) 在 379℃的 Argonne 的试验增殖反应堆 II EBR-II 中，在 PWR 相关的 dpa 率为 1.8×10^7 dpa/s 照射后，同时发生的空隙形成和 $M_{23}C_6$ 沉淀，来自 Isobe 等（2008）的研究；(b) $Zr(Cr,Fe)_2$ 沉淀中子在 510K 温度下辐射到 8dpa 注量时，表现出非晶层的形成，来自 Motta 等（1991）的研究

在由热原因导致晶格无序化的温度之下，当辐射诱导的扩散过程支持晶格无序化时，辐照诱导的无序化发生在有序晶格中，如在金属间相或合金中。

当热和辐照诱导的相形成竞争时，可以形成亚稳相，这些相在其热不稳定的条件下出现，或者当其应该保持热稳定时却消失。

43.2.2.4　外来原子的生产

到目前为止所讨论的辐照诱导的微观结构变化发生在较低温度，并且一旦温度超过约 600℃，它们就消失。辐照诱导的外来原子的产生（Schilling 和 Ullmaier（1994））是另一种重要的辐照损伤类型。特别有趣的是产生气体的反应（如 α 粒子或质子），这些气体可以进一步与材料发生反应，这是非常重要的，因为气态原子尤其是氦原子（即 α）会显著降低某些反应器部件的长期力学性能的完整性。在 20 世纪 60 年代中期，在快速增殖反应堆核心部件合金的研发过程中，已认识到这一点（Barnes，1965；Harries，1966）。由快中子（n^f）导致金属（M）中产生氦的核反应可表示为如下方程式：

$$^{A}_{Z}M+^{1}_{0}n^{f}\rightarrow ^{A-3}_{Z-2}M'+^{4}_{2}He \quad (MeV) \tag{43.1}$$

$$^{A}_{Z}M+^{1}_{0}n^{f}\rightarrow ^{A-3}_{Z-2}M''+^{1}_{0}n^{f}+^{4}_{2}He \quad (Me\ V) \tag{43.2}$$

对于这种反应,镍具有最高的横截面,并且对于将暴露于 14MeV 中子的聚变反应堆,快速反应堆的横截面将继续增加。

热中子也可以导致氦形成,尽管程度较小(较低的横截面)。热中子的典型反应(包含 2 个步骤)如下:

$$^{58}_{28}\mathrm{Ni}+^{1}_{0}n^{\mathrm{th}}\rightarrow^{59}_{28}\mathrm{Ni}+\gamma \tag{43.3}$$

$$^{59}_{28}\mathrm{Ni}+^{1}_{0}n^{\mathrm{th}}\rightarrow^{56}_{26}\mathrm{Ni}+^{4}_{2}\mathrm{He}\quad(4.67\mathrm{MeV}) \tag{43.4}$$

金属中氦气的问题在于它可以形成颗粒内气泡以及颗粒间气泡,粒间气泡导致蠕变延展性的显著降低,有时还导致蠕变断裂时间的降低。这就是为什么镍基高温合金,这种通常在高温下被选用的高温材料上全部选择用于高温材料不能被用于(或限制使用)快速反应堆中的高温内芯的原因。

43.3　辐照对力学性能的影响

在前面的章节中,讨论了辐照损伤的基本原理。微观结构的变化对材料的宏观行为产生影响,因此也会进一步影响部件的性能。

43.3.1　强度和断裂韧性

辐照诱发位错运动的障碍(点缺陷簇、位错环、堆积断层四面体、氦填充孔),将对材料力学性能产生影响。辐照硬化通常伴随着高度局部化的塑性流动,从而导致拉伸试验条件下均匀伸长率的降低,对于体心立方(BCC)合金而言,辐照硬化的第二个结果是断裂韧性的降低,并且韧脆转变温度可能会转变为一个高于工作温度的值。图 43.6~图 43.8 显示了辐照硬化和脆化的实例。在不同温度下辐照后的应力—应变曲线如图 43.6 所示,曲线沿应变轴移动以使结果更清晰可见。与未辐照材料的屈服应力相比,辐照后的材料的屈服应力显著增加(高达 2 倍以上)。冲击试验(图 43.7)表明脆—韧转变温度发生了非常显著的变化,并且上平台能量也显著降低。在高于 400℃ 的温度下,由于进行了退火,硬化开始消失。基于安全考虑,在“下平台”断裂韧性阶段对结构材料进行操作通常是不可行的,因为这可能导致在实现设计的操作寿命之前反应器过早关闭,后面将详细讨论。从断裂韧性的温度依赖性也可以看出材料的脆化,如图 43.8 所示。

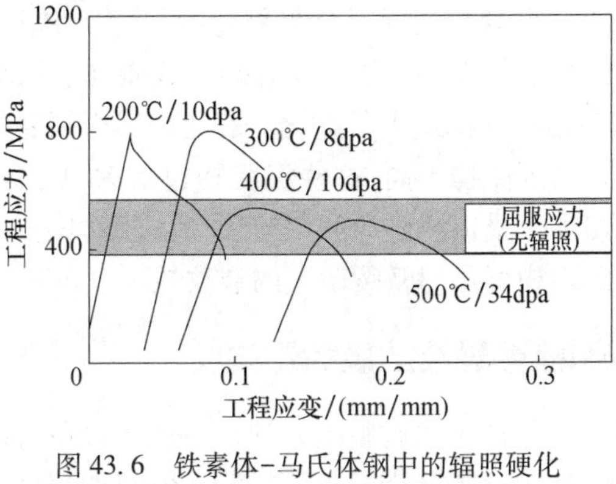

图 43.6　铁素体-马氏体钢中的辐照硬化

在高于 400℃ 的温度下,退火导致硬化开始消失(根据 Hoffelner(2012)研究中的数据重新绘制,源于 Robertson 等(1997)的研究)。

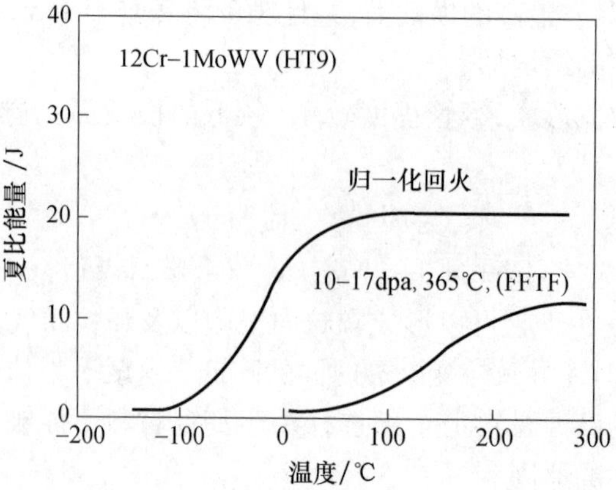

图 43.7　由于辐照脆化导致的断裂外观转变温度的变化
FFTF 为快速通量测试设施，Hanford 根据 Hoffelner(2012)研究中的数据重新绘制，
源于 Klueh 和 Alexander(1997)的研究。

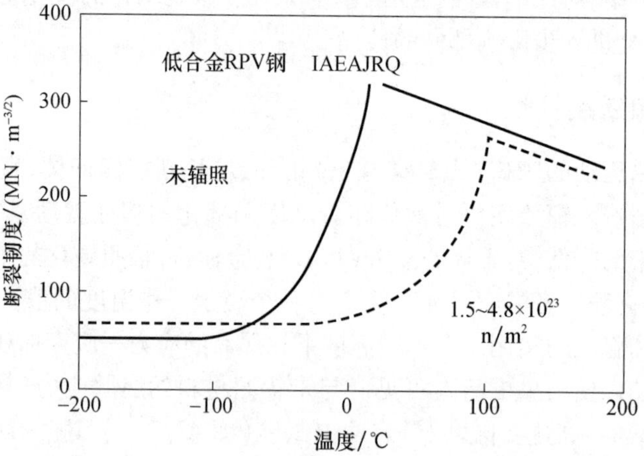

图 43.8　中子辐照对断裂韧性的影响(重新绘制自 Hoffelner(2012)。来源(Havel 等,1993))

在发生辐照硬化/脆化($T \leqslant 450$℃)温度下的铁素体－马氏体钢的辐照效应的研究有很多，然而由于辐照加速沉淀效应导致的钢的脆化分析方面的研究却很少。Klueh 等(2008)报道了不同钢在无辐照硬化情况下材料脆化规律的扩展分析。在这项研究中，分析了 9 种不同的被辐照处理过的钢(铁素体－马氏体、铁素体、低活化)，在无辐照硬化的情况下，温度超过 450℃时这 9 种钢发生了脆化。脆化归因于辐照加速的沉淀。而对于不同钢与观察到的行为有关的沉淀物不同，这些沉淀物包括 $M_{23}C_6$、α'、χ 和 Laves 相。观察到的效应可通过假定辐照加速或辐照诱导的沉淀和/或辐照加速的沉淀相粗化来解释，其中沉淀相粗化产生大的沉淀相可作为断裂萌生的裂纹核。

43.3.2　辐照对疲劳和疲劳裂纹扩展的影响

辐照增加了屈服强度，降低了金属材料的延展性。这导致在高周循环时疲劳极限的增加(获得更高的强度)。然而，在低周疲劳条件下，辐照造成材料延展性丧失，从而导致失效时对应的循环次数的减少，如图 43.9 所示，更详细地讨论可参见 Hoffelner(2012)的研究。

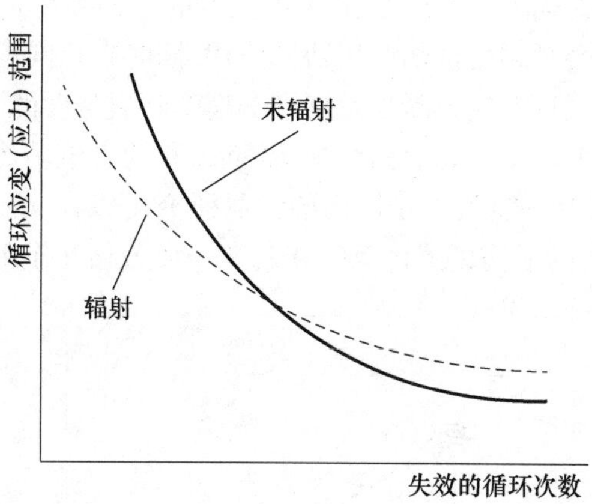

图 43.9　辐照对疲劳曲线的影响（另见 Hoffelner（2012）的研究）

在环境对温度的影响几乎可以忽略不同的温度下，作为循环应力强度范围 ΔK 函数的疲劳裂纹扩展速率通常保持不变。由于微观结构无明显的影响，因此，预计辐照对疲劳裂纹扩展速率没有显著影响。这一点可在奥氏体钢中得到证实，如图 43.10 所示（Lloyd 等，1982）。辐照对疲劳裂纹扩展速率的这种微不足道的影响在低合金反应堆压力容器钢（James 和 Williams，1973）方面也曾被报道。

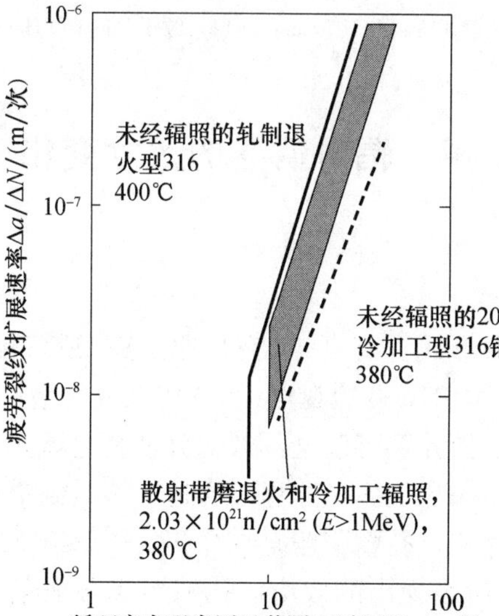

图 43.10　不同质量的 316 奥氏体钢在未辐照和辐照条件下的疲劳裂纹扩展速率（Lloyd 等（1982）重新绘制）

43.3.3　辐照对热蠕变的影响

辐照条件下的高温加载试验可导致两种类型的蠕变：热蠕变和辐照诱导的蠕变，这将在后面讨论。例如，在 Bloom 和 Stiegler（1972）中已经报道了由于预辐照导致应力断裂寿命降低的现象。这种数据的技术相关性（单就位移损伤情况而言）是存疑的，因为通常在核电站服役环境下材料的辐照和热蠕变是同步发生的。必须特别注意高温下的氦气，预计在晶界处存在氦气泡会对蠕变损伤产生协同作用，同时在相同位置处形成空隙。因此，晶界处的氦气泡可以导致材料应力断裂延展性和蠕变断裂强度的下降。奥氏体钢的一些堆内蠕变数据如图 43.11 所示，从这张图中，辐照蠕变的影响清晰可见（Puigh 和 Hamilton,1987）。奥氏体钢蠕变—辐照相互作用的详尽研究可以在文献中找到（Wassiliew 等，1986）。这种与温度相关的损伤模式也反映在蠕变—疲劳相互作用中。

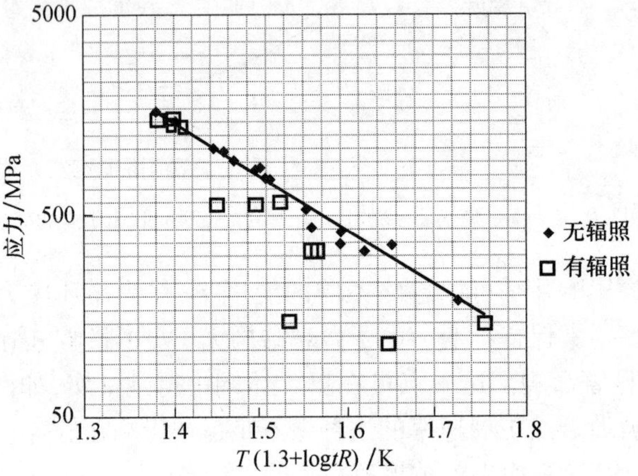

图 43.11　辐照对奥氏体钢应力破裂性能的影响

辐照的影响归因于氦效应（重新绘制自 Hoffelner(2012)，源于 Puigh 和 Hamilton(1987)的研究）。

43.4　辐射诱导的尺寸变化

43.4.1　无效膨胀

在辐照条件下，晶体中可形成含有真空（空位原子簇）或气体（氦）的孔隙或气泡（见图 43.5(a)）。根据 Garner(2010(a))的观点，区分孔隙或气泡的一个明显特征是气泡倾向于通过气体积聚缓慢生长，而孔隙可以全部或部分被真空填充，孔隙可以通过空位原子积累自由生长，而无须进一步添加气体。这里不再进一步详细描述孔洞的生长机制，很显然，物体内的孔洞会增大其体积。孔隙膨胀是在 $0.3T_m \leqslant T \leqslant 0.5T_m$ 的温度范围内，导致材料在辐照期间发生三维变化所表现出的效应。孔隙形成必须考虑两个阶段：孔洞形核和孔洞长大（Russel,1971；Katz 和 Wiedersich,1971）。从能量角度看，孔隙是不易形成的，而由于在辐照期间出现额外异质性，诸如极小氦气泡，这促进了空位原子的聚集而导制孔隙的形成。孔洞的生长比成核更容易理解，与倾向于迁移到位错的间隙原子相比，空位原子更易被孔隙吸引，空位原子向孔隙的净通量导致它们生长，这在宏观上导致膨胀。这个过程可以划分为三个阶段：瞬态期、稳态膨胀和饱和。在第一阶段，成核孔隙开始生长，直到达到稳态，在此期间辐照剂量和体积膨胀之间几乎呈线性关系。随着空隙尺寸的进一步增加，辐照诱导的缺陷对宏观膨胀的相对贡献减小，导致达到饱和状态。奥氏体和高镍钢的瞬态膨胀持续时间对辐照参数、成分、热处理和机械加工特别敏感（Garner,2010(a)）。

43.4.2　辐照蠕变

孔隙膨胀是体积的三维变化，其在无机械载荷的情况下发生。辐照和机械载荷的叠加导致材料在远低于屈服应力的应力下和在观察不到热蠕变的温度下变形。Garner（1994）详尽地综述了辐照蠕变现象，对于冷加工和再结晶奥氏体钢，开展了保持在 300℃和 400℃下的梁内疲劳试验，发现了辐照的明显影响，这归因于辐照蠕变—疲劳的相互作用（Scholz 和 Mueller，1996）。

图 43.12 展示了 500℃下铁素体氧化物弥散强化（ODS）钢 PM 2000 在氦注入期间的辐照蠕变。为了进行比较，图中还展示了热蠕变的响应，未发现有热蠕变的迹象。

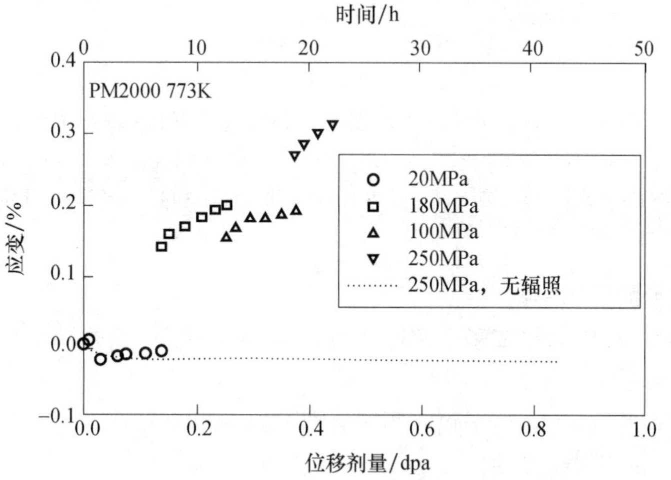

图 43.12　商用 ODS 合金氦注入下的辐照蠕变行为（Chen 等（2008））

膨胀和辐照蠕变不是真正独立的过程，这两种现象都与辐照导致的点缺陷相关。虽然膨胀行为本身是各向同性的，但是辐照蠕变会使物质流方向改变而使其变为各向异性。辐照蠕变可在膨胀开始之前起作用，但在膨胀开始时加速。辐照蠕变传统上以瞬态贡献（它在 1dpa 下达到饱和）、应力加速蠕变（与空隙膨胀成比例）以及无膨胀情况下的蠕变柔量 B_0 来描述。对于许多高辐照暴露下的应用，可以忽略瞬态贡献（Garner，1994）。此外，若忽略与空隙膨胀率相关的可能影响，辐照蠕变柔量 B_0 仍是最重要的贡献。它可以写成：

$$\dot{\varepsilon} = B_0 \sigma K \tag{43.5}$$

这表示辐照蠕变速率 $\dot{\varepsilon}$ 与辐照位移损伤率 K 和应力 σ（至少对于中等应力）成正比。值得注意的是，在这种蠕变定律中，应力指数为 1，这也是扩散控制热蠕变的情况。这与辐照蠕变也是扩散控制过程这一事实相符合。

低于某个温度值时，热点缺陷成为主导，辐照蠕变对这个温度值有重要影响。这已经在奥氏体和铁素体钢中得到证明，此外诸如 ODS 合金或钛铝化合物等先进核材料中也发现了这一点。关于高能粒子类型对辐照蠕变影响的一些研究也正在开展。图 43.13 比较了几种合金的辐照蠕变顺应性，在中子辐照下合金的辐照蠕变柔量的典型值约为 $7.10^{-7}MPa^{-1} \cdot dpa^{-1}$。对轻离子，从定性的角度也发现了类似的行为；然而，平均值大约要高出5倍。造成这种差异的可能原因是：

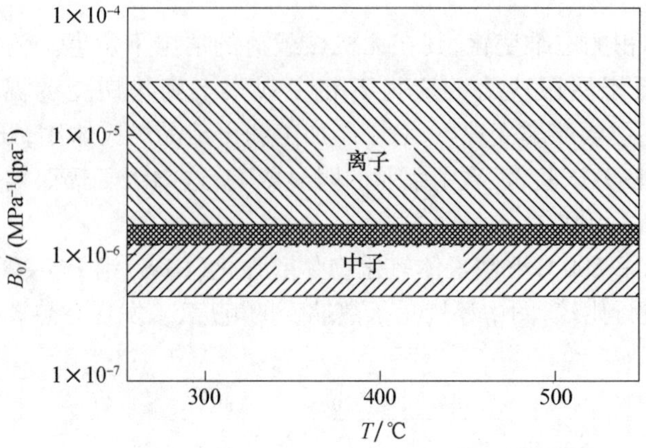

图 43.13　作为辐照温度 T 的函数的辐照蠕变顺应性 B_0 的比较

离子是指轻离子辐射(质子/氦)并代表材料：ODS PM2000，19Cr-ODS，ODS Ni-20Cr-1ThO2 和马氏体钢。中子是指剂量低于25dpa且高于25dpa的中子照射，代表材料：ODS MA957，HT9，F82H 和 Fe-16Cr(来源于 Hoffelner(2012)，Chen 等，2010))。

(1)辐照类型的实际影响；

(2)辐照率效应(因为轻离子辐照通常以0.1dpa/h进行，而快速反应堆中为0.003~0.004dpa/h)；

(3)对总剂量的依赖性(离子辐照测试通常仅达到1~2dpa)；

(4)应力状态的影响(多轴性)。

虽然仍缺少定量解释，但需要指出的是定性结果是相同的。这意味着在离子辐照下的蠕变测试允许不同材料之间进行相互比较，这对于材料开发非常重要。尽管辐照蠕变的现象学非常一致，但仍然缺乏全面的物理解释。

43.5　非金属结构材料的辐射损伤

43.5.1　石墨

石墨是一些反应堆类型的关注点，如英国AGR或高温气体反应堆。因此，研究者们经常以石墨为研究对象，并对石墨在中子辐照下的损伤机制有了清楚认知(IAEA 2000)。然而，许多过程与原始石墨的性质无关。换句话说，无法定量预测新石墨的行为。某些行为可能会被预测到，但这对于设计师来说并无充分的依据。这就是世界范围内大量关于石墨辐照损伤的项目正在开展的原因。石墨的基本辐照损伤机制与金属相当，位移级联产生空位原子和间隙原子，其在石墨晶格中重新排列，形成间隙环和空位环(Ball，2008；Burchell，1999)。辐照下在石墨中发生损伤的基本过程如下(图43.14)，由于空位原子的产生和空位原子簇的形成，晶体在 a 轴方向收缩，与这种收缩相反，间隙原子的聚集导致晶体沿 c 轴方向膨胀。在辐射温度 T_{irr}<400℃时，损伤迅速累积(缺乏空位原子迁移)，晶体变化开始与孔隙度相互作用。在高温(T_{irr}>300℃)下，可观察到高剂量下发生收缩到膨胀的转变，由于晶体应变的不相容性引起的体积膨胀导致新的孔隙产生。辐照诱导的微观结构变化不仅导致膨胀和收缩，也会影响石墨的物理性质。在高达约 2000℃ 的温度下，石墨中的热蠕变可忽略不计，在所有温度下，辐照蠕变都很明显。外载荷的作用导致石墨发生类似金属的辐照蠕变，如图 43.15 所示，在无外部应力条件下，石墨遵循“无应力”线，随着辐照增加，收缩转变为膨胀。增加拉伸载荷可增强膨胀，而增加压缩载荷可减少膨胀。

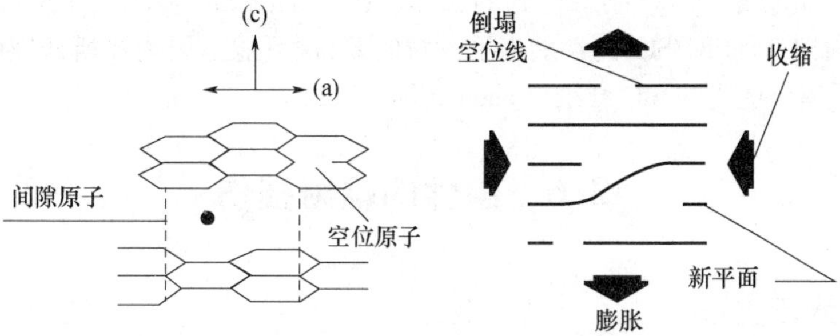

图 43.14　由于点缺陷反应导致的石墨尺寸变化(Courtesy Burchell TD ORNL, Ball(2008), Burchell(1999))

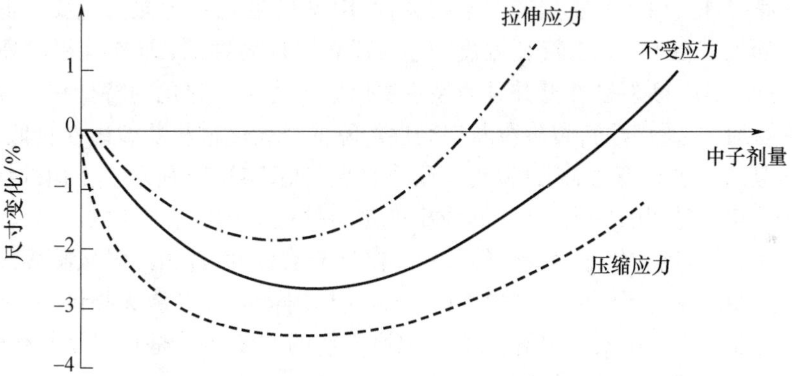

图 43.15　辐射引起的有应力和无应力条件下石墨尺寸的变化(Courtesy Burchell TD ORNL, Ball(2008), Burchell(1999))

43.5.2　碳化硅

SiC/C 或 SiC/SiC 等纤维增强材料可应用于聚变结构，以及先进的裂变装置。相关研究主要集中在上述材料在聚变结构方面的应用(Ozawa 等，2010)。碳化硅在不同温度下显示出不同类型的辐照损伤：

(1)非晶化(最高约 200℃)；

(2)点缺陷膨胀(介于 200 和 1000℃之间)；

(3)孔隙膨胀(高于 1000℃)。

SiC 纤维的耐辐照性能可以得到显著改善，也可以使用先进的压实技术显著改善基体的。有迹象表明，在 10dpa，甚至可能更高的辐照剂量下，辐照后的高级纤维材料的强度可保持不变，更进一步的改进则需要调整界面膨胀特性以补偿纤维和基体之间的膨胀差异。Katoh 等的文章中详尽讨论了陶瓷在核应用技术方面研究现状(2007)。虽然该报告的标题是“用于高级盐冷堆的碳化硅复合材料的评估”,但它是关于 SiC/SiC 辐照损伤的文献和结果的详细综述,特别涉及了其在聚变结构方面的发展。对于一些先进的反应堆应用,如控制棒或 VHTR 的结构部件,研究了市售(德国 MAN 今天 MT Aerospace AG,德国 DLR)陶瓷复合材料(SiC/SiC,SiC/C)的辐照损伤。辐照在 PSI 的 SINQ 中子散裂源(2013)中进行(高达 27dpa,2300appm He,高达 550℃)(Pouchon 等,2011)。在这些条件下,采用化学气相渗透(CVI)制备得到的含非晶碳纤维的 SiC 显示出了最佳的耐辐照性(强度几乎无损失)。SiC/SiC 的性能出乎意料的差,这可能是因为在所研究的材料中,没有使用进行了辐照优化的 SiC 纤维(Pouchon 等,2011)。

43.6 组件的辐射损伤

43.6.1 轻水反应堆

43.6.1.1 压力容器

轻水反应堆压力容器由低合金钢制成,内部覆盖有奥氏体钢包层(防腐蚀)以及法兰和贯穿件的焊接件。由于其重要的安全相关性,RPV 的老化行为尤为重要。低合金钢表现出脆性—韧性温度转变,在特征温度以上,RPV 钢是韧性的,即具有相对高的断裂韧性,低于该特征温度,断裂韧性低并且断裂主要以解理为主。脆化的特征在于韧性—脆性转变温度的增加,以及韧性断裂阶段断裂韧性的降低。脆化材料断裂韧性较低,导制其允许的(临界)裂纹长度也变短,因此降低了安全裕度,如图 43.16 所示。下面的线指的是实际裂纹长度及其随时间的变化,上面的线指的是组件失效的临界裂纹长度。临界裂纹长度不是恒定的,因为热脆化或热老化等效应会降低断裂韧性,并由此导致临界裂纹长度降低。因此以预期的亚临界裂纹扩展速率(ISI)确定的时间间隔开展无损评估,和基于使用条件的监测是非常重要的安全措施。RPV 辐照损伤的主要参数是材料及其化学成分、温度、中子通量、中子能谱、辐照时间和中子注量。

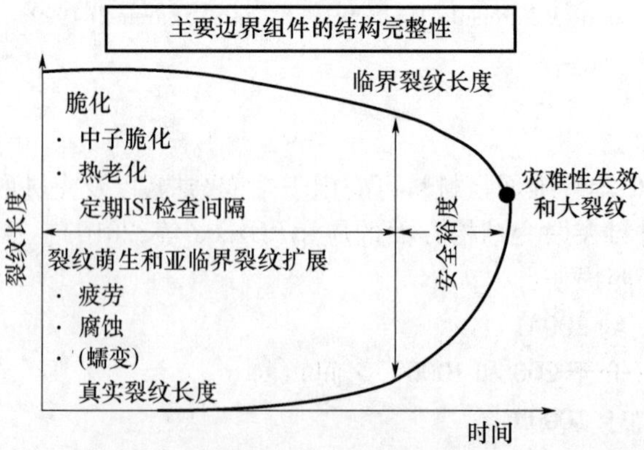

图 43.16 核电厂损伤演化示意图。ISI 的意思是“在役检查”(来源 Bakirov(2010))

Odette 和 Lucas(2001)、Hashmi 等(2005)以及 Steele(1993)对轻水反应堆压力容器的辐照损伤方面的现有研究进行了总结和全面评述。这种损伤通常由位移损伤和辐照诱导的纳米沉淀物引起。

(1)位移损伤:点缺陷簇和环作为位错的钉扎点,增加强度并降低延展性。

(2)辐照诱导的相变:Cu 纳米团簇(图 43.17)或“富含锰—镍的沉淀物”(MNP)或有助于硬化和脆化的“后爆发相””(LBP)沉淀。

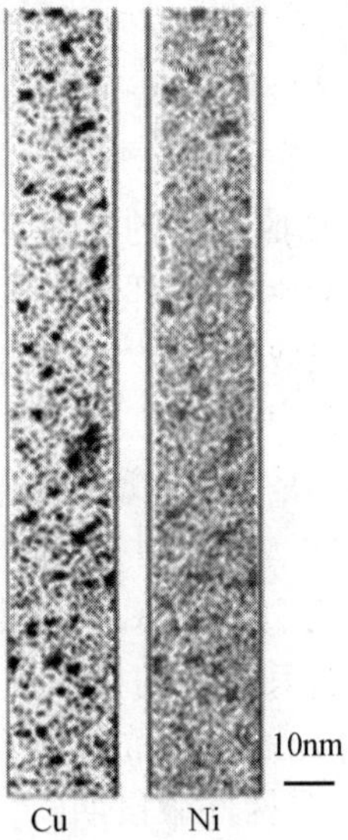

图 43.17　辐照 RPV 钢中 Cu-Ni 纳米团簇的原子探针断层扫描(APT)图像(来源(Miller 和 Russel,2007))

长期以来,铜含量超过约 0.1%(质量分数)时,铜杂质被认为是反应堆压力容器(RPV)钢中的主要有害元素。在中子注量水平远低于运行中的核电站 RPV 的设计寿命(EoL)的情形下,富含铜的沉淀物的形成引起严重的硬化和脆化。许多研究者已经采用小角度中子散射(SANS)和拉伸试验(Bergner 等,2009)深入研究铜含量对 RPV 钢脆性的影响,从 20 世纪 90 年代开始,越来越多的证据表明富含锰和镍的团簇出现在低铜钢(Cu 0.1%(质量分数))中。

术语“锰—富镍沉淀”(MNP)或“后爆发期”(LBP)(Odette 和 Wirth,1997)强调了这种现象的不同方面。MNP 首先通过热力学参数预测(Odette 和 Wirth,1997;Odette 和 Lucas,1998),然后通过原子探针断层扫描(APT)和正电子湮没光谱等几种试验技术对其进行确认,反应堆带线区域的容器壁由于辐照脆化而遭受最高中子流量和性能的衰减。因此,该区域内的焊缝可能是最弱的,因为焊缝有可能包含发展成裂纹的缺陷。此外,许多旧容器焊缝中较高的铜(和镍)含量导致了更高的辐照损伤敏感性。金属基材不应被忽视,因为旧板和锻件中的铜含量未控制在最低水平,但与在相同的铜/镍浓度下的焊缝相比,基材中的辐照脆化似乎更少。对反应堆压力容器的辐照脆化的定量理解对评估核电厂的剩余安全寿命极其重要,因此,基于使用条件的损伤程度监测是发电站延寿的关键任务。

监测标本可以帮助评估 RPV 的辐照损伤程度。这些样品放于容器中,且暴露于中子辐照损伤下。在将试样从容器中移出来后，可以进一步分析样品（夏比试验、金相研究等）以评估 RPV 的状况。可以使用“通用曲线”“理论计算”，从韧性—脆性转变温度的变化方面对断裂韧性进行评估，基于试验观察结果，低合金钢，参考温度和断裂韧性 K_{JC} 之间的关系可表达如下：

$$K_{JC} = 30 + 70.\exp[0.019(T - T_0)] \quad (MN \cdot m^{-3/2}) \qquad (43.6)$$

式中：T 为温度；T_0 为韧性—脆性转变温度（Wallin，1991；IAEA，2009）。为了提高剩余寿命评估的准确性，还可结合小样品力学测试、进一步的微观结构分析和高级材料建模工具进行更详细的分析（Hoffelner，（2012））。

43.6.1.2 反应堆内部

Bruemmer 等（1999（b））总结了辐照诱发的材料变化和轻水反应堆堆芯内部构件的晶间断裂的敏感性。沸水反应堆（BWR）核心部件和压水反应堆（PWR）核心部件经过多年服役后，可能发生上述失效，这些失效行为发生于暴露在反应堆冷却剂环境中遭受大量中子辐照通量的不锈铁基和镍基合金中。

没有辐照的应力腐蚀开裂（SCC）是指，在腐蚀性环境中韧性金属在拉伸应力作用下的意外突然失效，应力的产生可能源于应力集中引起的裂缝载荷，或者也可能是由组装类型或来自制造（如冷加工）的残余应力引起，SCC 开裂本质上主要是晶间裂纹。反应器内部构件不属于压力边界的类型，因此，其承受的机械载荷低于 RPV 和压力管道。内部构件主要暴露于冷却剂，因此耐腐蚀性比强度更重要，在这些条件下，奥氏体钢比用于 RPV 的低合金铁素体/贝氏体钢更适合。在构件服役期间，辐照、应力和腐蚀性环境的组合使得材料更容易发生开裂。因此，其导致的失效机理称为辐照辅助的应力腐蚀开裂（IASCC）。当达到临界阈值通量时，在奥氏体不锈钢中促进晶间（IG）SCC（Was，2007；Hoffelner，2012）。如图 43.18 所示，这种时间依赖性导致在一段时间的操作后出现开裂现象（Bruemmer 等，1999（b））。因此，在核电厂中，这种类型的损伤在变得明显之前需要花费很长时间。与经典应力腐蚀开裂（SCC）一样，水环境化学和组分应力/应变条件也对观察到的开裂产生强烈的影响。

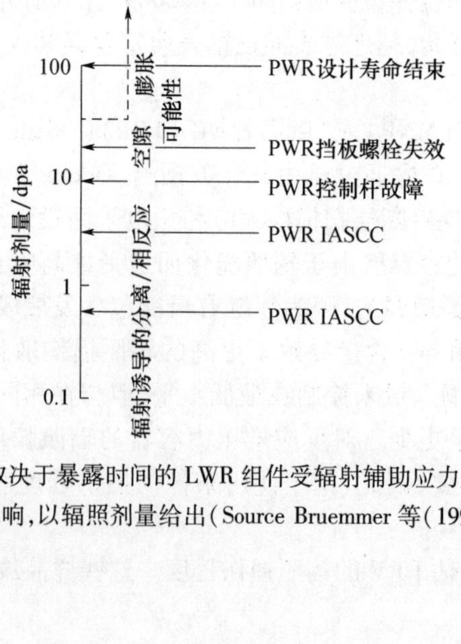

图 43.18　取决于暴露时间的 LWR 组件受辐射辅助应力腐蚀开裂的可能影响，以辐照剂量给出（Source Bruemmer 等（1999b））

通常认为,在开裂过程中起作用的几个主要方面包括冶金、机械和环境(Bruemmer 等,1999(b));Andresen 等,1990;Was 和 Andresen,1992;Scott,1994;Ford 和 Andresen,1994),如图 43.19 所示。

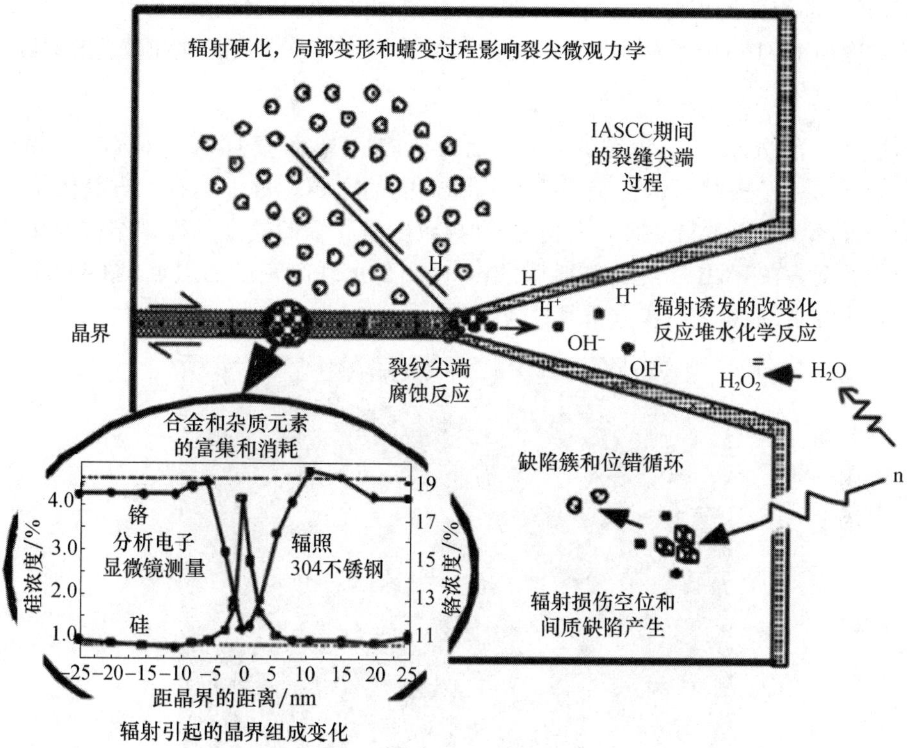

图 43.19　辐照辅助应力腐蚀开裂的主要机理。经 ASM International 许可转载。版权所有。www. asminternational. org(来源参见 Was(2007))

损伤的发生最有可能是如下几种形式:

(1)辐照损伤导致基体硬化,使晶界更容易成为裂纹扩展的路径。这也是在无辐照情况下发生硬化的结果。

(2)辐照也是由辐照诱导的偏析(主要是铬耗尽)引起的晶界组成变化的原因,这可能进一步削弱晶界之间的内聚力。

(3)裂纹表面(特别是裂纹尖端)暴露在辐照产物中,导致化学腐蚀。

(4)此外,裂纹可以促进裂缝腐蚀的发生。

所有上述行为共同促进沿晶界的裂纹扩展。由于反应堆内部的裂纹具有与主要边界部件开裂不同的损伤势,因此,开发了通过化学方法阻止或减缓裂纹扩展的措施(MacDonald 等,1995;Hettiarachchi 等,1995)。贵金属化学添加(NMCA)技术是一种效果很好的措施,这种技术自 1996 年以来已经实现商业化应用(Hettiarachchi 等,1997)。

在反应堆的寿命延长和剩余寿命评估方面,若发生空隙膨胀甚至最终发生氦气效应这可能与长时间运行有关,上述问题的相关讨论正在进行中(图 43.18)。孔隙膨胀是早期快速反应堆的关注点,也是其应用方面的瓶颈,但是孔隙膨胀还不是 LWR 内部部件真正关心的问题。由于 BWR 护罩的剂量非常低(最大 2~3dpa),因此孔隙膨胀本身不被视为BWR的许可使用延期问题。然而,越来越多的证据表明(Garner等,2005;Garner,2010b),膨胀和辐照蠕变在延长寿命方面发挥至关重要的作用,可能可将LWR的寿命延长至60年甚至更长。预计最容易膨胀的地方(>5%)集中在少数由AISI 304不锈钢制成的PWR挡板前组件折角处的小材料体中,然而,即使在较低的膨胀水平下,退火的304挡板前板和冷加工316挡板螺栓的膨胀差异,也被认为是导致螺栓腐蚀和破裂的原因。

43.6.1.3 锆合金覆层

覆层是大部分暴露于辐照环境下,而成为遭受辐照损坏的结构部件。Adamson(2000)总结了中子辐照对锆合金微观结构和性能的影响。对于具有六方晶体结构的锆合金黑点,位错环(通常与基底c面相关)和导致膨胀和辐照蠕变的微观结构变化是最重要的损伤类型。在LWR中经受辐射后,锆合金内部出现高密度的黑点(图43.20),这些黑色斑点非常小,很难进一步分析其性质。

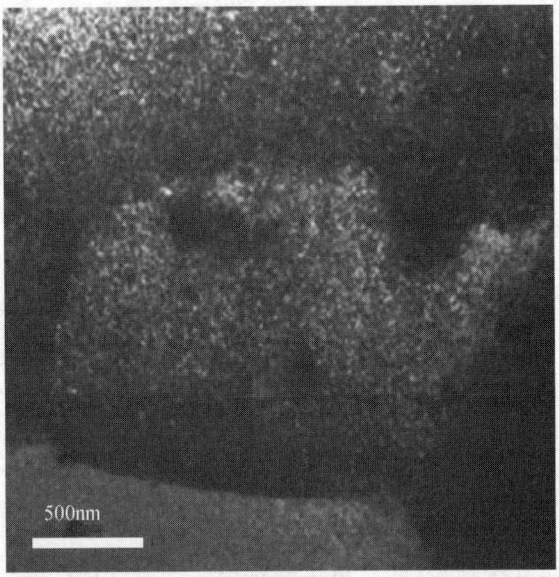

图43.20 服役中锆合金覆层中的辐照损伤。黑点清晰可见(根据Hoffelner(2012)的研究,重新绘制的TEM明场显微照片)

受辐照的锆合金还经历了膨胀和辐照蠕变,这两种行为对设计都很重要,因为它们决定了服役期间的结构变化,而这种结构变化通常会带来失效的风险。对于CANDU反应堆,其中的压力管也是由锆合金制成的,这里锆合金的膨胀也是非常重要的。锆合金的膨胀现象目前已经解释清楚了,它是轻水和重水反应堆长期服役的结果。然而,这个领域中,在达到最终的输送或储存的有效寿命之后,开始了增加燃耗及服役暴露对燃料棒的影响的研究。膨胀是关于中子通量、微观结构和温度的函数,但也取决于氢含量和其他参数。

在Halden试验中,对来自2个商用压水堆中预暴露后再结晶的Zircoloy-4导管上几个部分的试样的膨胀和蠕变行为进行了研究(McGrath等,2010)。通过环形压力挤压密封波纹管施加蠕变试验的载荷,该波纹管在导管上施加压缩轴向力,如图43.21所示。压缩载荷引起的辐照蠕变效应清晰可见,从中可见增加氢含量会增加膨胀和辐照蠕变。这项研究提出,定量解释需要考虑几个因素,包括覆层使用前的经历。

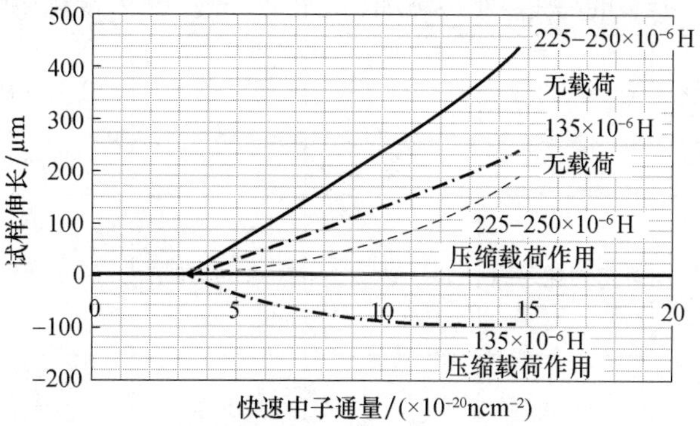

图 43.21　在 Halden 试验反应堆中测试的锆合金导管的辐照蠕变(Source McGrath 等,2010)

如上所述,相变是锆合金在辐照下遭受的另一种效应。锆合金含有(主要是金属间)沉淀物,即第二相颗粒,其对氧化起重要作用。常见的沉淀物是 $Zr(Fe,Cr)_2$ 和 $Zr_2(Fe,Ni)$,它们在使用过程中会非晶化和分解(Valizadeh 等,2010;Herring 和 Northwood,1988)。同时,铁(以及铬,以非常慢的速率)可能会消失于基体中。因此,第二相的分解对于锆合金的氧化起着重要作用。

43.6.2　先进的核电站

43.6.2.1　基本考虑因素

虽然目前的轻水堆经历了永久性改进,但未来还考虑了其他反应堆的类型。表 43.2 为六个反应堆概念,是国际第四代倡议(路线图 2002)提出的可考虑作为未来反应堆类型的选择,不同于水的冷却介质(超临界水反应堆除外)以及快中子能谱的使用(与当前轻水反应堆的热谱相反)是这些系统的特征。热中子通常具有 1eV~0.1MeV 的能量,快中子的能量高于 0.1MeV。冷却剂允许更高的操作温度,因此它也给出了更多的选择,用于集成循环发电厂和过程蒸汽或加热。快速频谱允许封闭的燃料循环,这将是实现废物最小化和资源节约的有效途径。当反应器在没有水或石墨等调节剂的情况下操作时,可获得快速光谱。与先进的回收技术一起,快速反应堆可以使用目前被认为是长寿命高放射性废物的乏燃料作为混合燃料。最终储存的残留物只是裂变产物,其半衰期比目前与最终储存库应用中所关注的钚和次锕系元素短得多,铀也可以作为更高效的燃料使用。

表 43.2　第 IV 代反应堆和核电厂类型(核聚变通常被称为第五代)

系统	中子光谱	冷却液	出口温度/℃	燃料循环	典型尺寸(MW_e)
VHTR(极高温反应堆)	热	氦	900~1000	打开	250~300
SFR(钠冷快堆)	快速	钠	500~550	关闭	50~150 300~1500 600~1500

续表

系统	中子光谱	冷却液	出口温度/℃	燃料循环	典型尺寸(MW_e)
SCWR(超临界水冷反应堆)	热/快	水	510~625	打开/关闭	300~700 1000~1500
GFR(气冷快堆)	快速	氦	850	关闭	1200
LFR(铅冷快堆)	快速	铅	480~570	关闭	20~180 300~1200 600~1000
MSR(熔盐反应器)	热/快	盐 氟化物	700~800	关闭	1000

除了 SCWR 和 GFR 之外,早期已经研究过几种反应堆概念(Hoffelner 等,2011)。德国的 HTR 是一种带有直接循环氦涡轮机的高温反应堆,法国的 Phenix 和 Superphenix 是钠快速反应堆。俄罗斯潜艇具有使用铅冷却反应堆的经验。20 世纪 60 年代橡树岭国家实验室(ORNL)已经有考虑使用 MSR 的相关报道。

除了 6 个 GenIV 概念之外,还考虑了其他先进的核电类型:Intellectual Ventures(美国)的钠—冷行波反应堆是一种很有意思的核电类型,其中活动部分缓慢地(几年时间)通过渗透管道(类似于燃烧香烟)(Wald,2013)和加速器驱动系统(ADS)的方式产生中子,见 Rubbia 等(1995),在加速器驱动系统中,通过将来自加速器的质子打向靶材产生中子,这些中子优先耦合到铅冷却快堆。最后,核聚变应该被称为先进核系统(2013),但没有进行更进一步的描述。

与当前 LWR 中的主要热中子相比,快中子(根据更高的能量)对辐照暴露的材料更具破坏性。与轻水堆相比,只有关于部件在役辐照损坏的少量信息可用。除去水和更高的操作温度之外的环境是材料和部件面临的额外挑战。

预计容器脆化仍将是先进反应堆的一个重要问题。SFR、LFR 和 MSR 类型的优点在于它们不需要压力容器,只需要优选由奥氏体钢或镍基合金制成的容器。容器脆化不具有和 LWR 情形下相同的安全影响。SCWR、GFR 和 VHTR 容器是需要使用铁素体—马氏体钢(低合金钢、马氏体 9%Cr 钢)的加压容器,预计它们会像当前的 RPV 一样,显示出相当显著的位移损伤,最终还需要研究其他长期的退化机制。

膨胀和辐照蠕变可能成为快速反应堆中覆层和内部构件的寿命限制因素。铁素体—马氏体钢比奥氏体钢具有更好的容胀性能(图 43.22),不同 Ti 添加(15/15 Ti)的 316 奥氏体钢具备可接受的膨胀行为,因而被用于中等燃耗以上的 SFR 的覆层。

产生氦孔隙和气泡的原因主要是损伤,特别是在高温引起额外热蠕变的情形下。在服役过程中产生的氦可以移动到晶界,形成气泡,导致蠕变延性和蠕变断裂强度降低(图 43.11)。氧化物弥散强化(ODS)钢含有可捕获氦气的纳米氧化物弥散体,从而防止其移动到晶界。但是 ODS 材料的生产相当困难,而且它们非常昂贵,这限制了其应用潜力。有趣的是,ODS 钢在辐照蠕变方面没有显示出明显的改善,尽管与非 ODS 的同级钢(Toloczko 等,2004;Chen 和 Hoffelner,2009)相比,其表现出更好的抗热蠕变性。

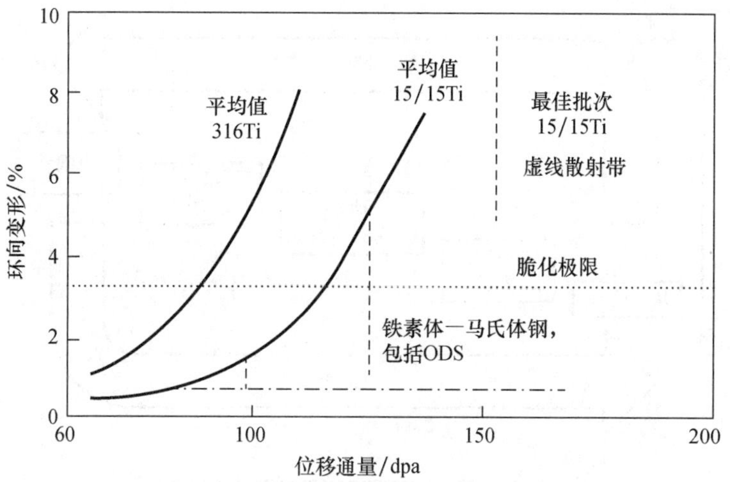

图 43.22　法国快堆中不同覆层材料的膨胀。铁素体-马氏体钢表现出最佳性能，但钛改性奥氏体钢可以提供替代品(Source Yvon 和 Carré,2009)

43.6.2.2　高级材料表征工具

先进材料研究(材料建模和模型验证)的方法除了开展测试和评估传统试样外,还需要全面掌握材料服役过程中的性能衰减信息,这可对先进核电厂的安全运行做出重要贡献。图 43.23 总结了当前可用于材料和损伤表征的测试、分析和建模方法。关于先进核电站辐照损伤评估不同技术的详细描述远远超出了本章的范围,只有几个重要方面应予以强调。最重要的建模方法如图 43.24 所示。

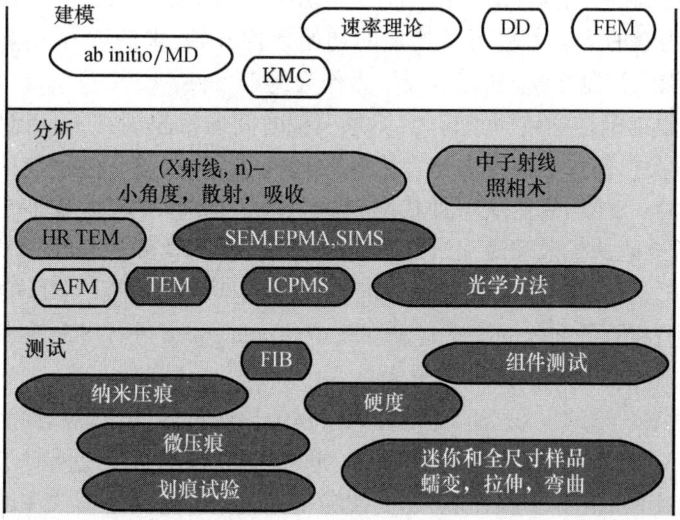

MD—分子动力学;DD—位错动力学;KMC—蒙特卡罗动力学;n—中子;HR—高分辨率;TEM—透射电子显微镜;SEM—扫描电子显微镜;AFM—原子力显微镜;ICPMS—电感耦合质谱;SIMS—二次离子质谱;EPMA—电子探针微分析;FIB—聚焦离子束,有限元有限元分析。

图 43.23　用于表征不同尺度材料行为的测试和分析技术(Source Hoffelner,2012)

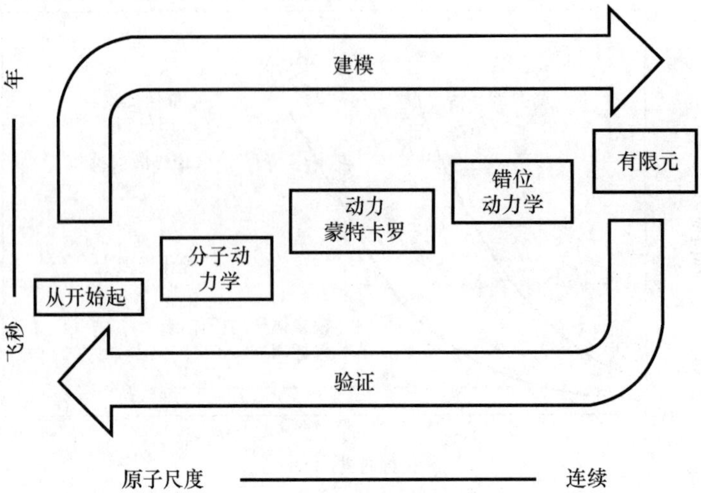

图 43.24　不同建模技术的尺度依赖性(Source Hoffelner,2012)

从头计算研究物质的物理学,它们主要基于密度泛函理论(DFT)的应用。这可以(具有多个近似值)确定相互作用粒子系统的基态能量。基本上这需要量子力学 Schrodinger 方程的多体解,DFT 将这个问题重新解决为单体问题。由于计算的限制,此类计算目前仅限于少量(最多 1000 个)原子,大多数计算都是静态的,因此忽略了动态效应。用于动态计算的方法理论上是存在的,但是计算时间过长且成本昂贵。尽管该方法研究温度效应或较大系统行为具有很大的局限性,但仍可深入探究固体的基本原子行为。

研究原子排列和类似微观结构问题的细节可以使用分子动力学(MD)模拟。分子动力学可实现在空间和时间描述原子间和外力作用下原子的运动,结合采用量子力学所确定的势能,经典力学的运动方程可从指定的初始条件开始,求解 N 个相互作用原子的集合。此外,还可引入控制变量,如温度或压力作为约束条件。

MD 模拟可以准确地描述原子行为,但总模拟时间通常限制在 1ms 以内。另一方面,结构材料中的重要损伤过程通常发生在更长的时间尺度上,这些过程包括原子之间的反应、表面上的吸附—解吸、偶然从一种状态到另一种状态的转变,尤其是在辐照试验中级联事件发生之后缺陷的扩散和湮灭。可以使用 MD 和动力学蒙特卡罗(KMC)的组合来研究这种效果,KMC 方法是一种概率方法,可以预测长期损伤演变。MD 的输出数据用于 KMC,以确定缺陷和原子之间的概率运动和反应(Dalla Torre 等,2005;Barbu 等,2005;Domain 等,2004),其中点缺陷的运动和聚集是主导机制。

基于反应速率理论的模型已广泛地应用于模拟辐照诱导的微观结构演变和辐照损伤(Stoller 和 Greenwood,1999;Stoller 等,2008)。这些模型的使用涉及同时求解适度数量的微分方程,以预测诸如孔隙膨胀、辐照蠕变或脆化等现象。这些过程关注的时间尺度由原子扩散速率和辐照元件所需的使用寿命决定。速率理论非常适合跨越几秒到几年的时间范围,以及微米到宏观尺度的尺寸范围的情形。然而,速率方程中的源项由原子位移级联决定,事件发生在几十皮秒的时间尺度和几十纳米的空间中。

离散位错动力学(DDD)模拟是一种介观工具,可用于研究塑性变形以及位错之间、位错和障碍之间的相互作用,它直接模拟单个位错的动态、集体行为及其位错之间的相互作用。在数值实现中,位错线由连接的离散线段表示,所述离散线段的移动取决于驱动力,包括位错线张力、位错相互作用力和外部载荷。离散位错动力学方法在单晶中适用。此外,需要开发位错场动力学建模技术,其中位错的特征在于应力场而不是离散的位错线元素(Ghoniem 等,2000;Ortiz,1999;Koslowskia 等,2002),这种在比离散位错动力学更大规模上运行的模型能够超越单晶的限制。

本构方程和有限元计算描述了材料的宏观行为。图 43.25 展示了不同建模技术在理解辐照损伤(Stoller 和 Mansur,2005)方面的助力作用。

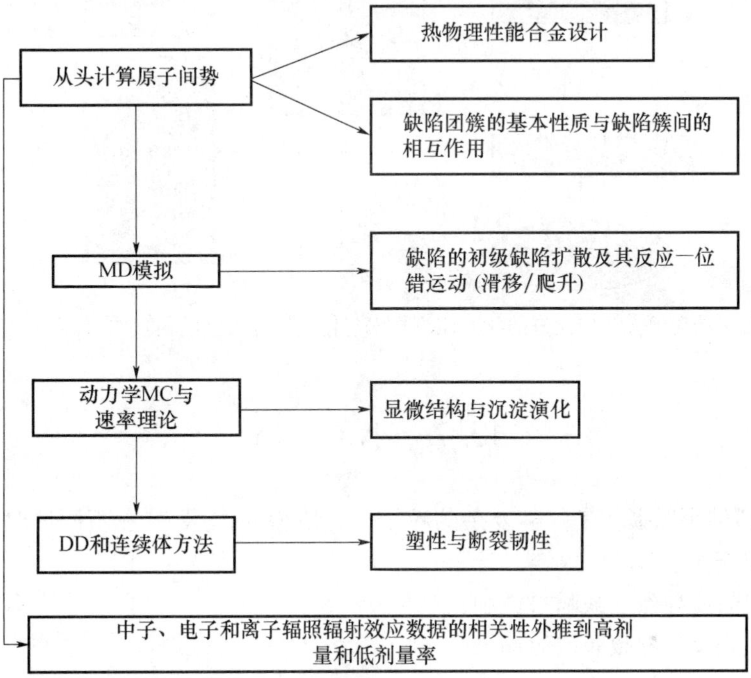

图 43.25　金属中辐射损伤的全尺寸模型描述的元素(Source Stoller 和 Mansur,2005)

模型验证可以使用先进的分析技术完成,如高分辨率 TEM 或光束线技术(X 射线,中子)和先进的力学测试。与大型实验室试样的测试相比,先进的力学测试使用微米或纳米级测试设备。这允许确定小材料体的力学性能,这对于建立微观结构和强度之间的良好相关性是必需的。辐照损伤早期的试验研究需要具有极高时间分辨率和极短探测范围的工具,可以预期,新一代光束线技术,即自由电子激光器(Swissfel,2011;Jefferson Lab,2013)可以为早期辐照损伤的试验研究做出重大贡献。

确定中子辐照下材料响应需要在中子辐照下开展非常耗时、困难且昂贵的测试。因此,用其他高能粒子(离子,电子)进行的测试是研究辐照损伤的重要工具(尽管这些高能粒子与中子存在定量差异)。

虽然所有这些先进方法都可显著加深对材料的基本理解,但目前它们无法提供真实的设计数据。设计数据的获得仍需测试大型试样,以及试验台和验证机的服役经验。然而,无可厚非的是,传统的设计方法,以及先进的材料科学和服役经验,可以极大地助力于未来核电站损伤和寿命的评估,如图 43.26 中所示。

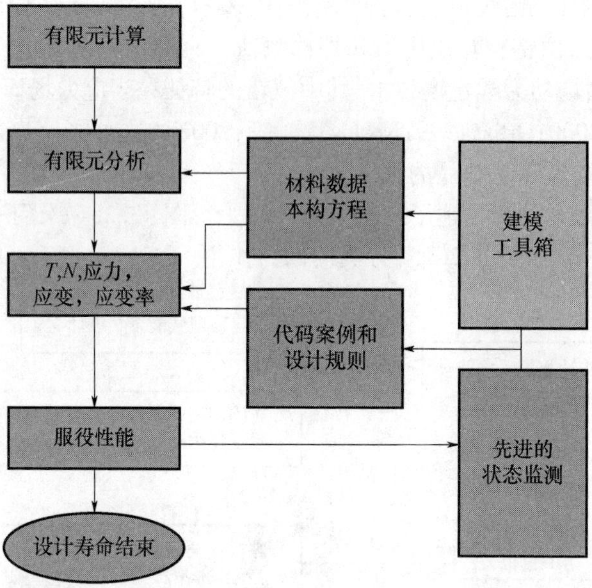

图 43.26　先进的建模方法和先进的状态监测技术与传统设计可能的相互作用(源 Hoffelner,2012)

43.7　小　　结

结构材料的辐照损伤是一种复杂的粒子—物质相互作用,其在不同的时间尺度上显示出广泛的影响:

(1)散射效应导致点缺陷过饱和;

(2)点缺陷反应导致脱位运动障碍;

(3)导致相变的核反应;

(4)核反应导致元素的嬗变。

在部件水平上,这些效应导致几何形状(膨胀)和力学性能的变化(硬化/脆化),以及化学行为(辐照辅助的应力腐蚀开裂、抗氧化性)的变化。辐射与机械载荷一起,可导致在温度远低于发生热蠕变的温度下发生辐照蠕变。特别重要的是嬗变反应,这种反应会产生 α 辐射同位素,这些同位素是材料中气体产生的来源,并会导致材料性能的大幅降低。

对于目前约有 50 年服役经验的轻水反应堆来说,辐照效应及其对材料性能和安全性的影响已被清楚认知,新的未来核电厂原则上将承受相同类型的损伤。然而,快中子谱以及更高的温度和新的工作环境下需对这些核电厂的损伤和安全性进行仔细地评估,材料科学的先进工具和方法有望在这些方面做出重大贡献。

参考文献

R. B. Adamson, Effects of neutron irradiation on microstructure and properties of Zircaloy, in ASTM International in STP 1354, Zirconium in the Nuclear Industry: Twelfth International Symposium, American Society for Testing and Materials,Philadelphia PA,(2000),pp. 15-31

P. L. Andresen,F. P. Ford,S. M. Murphy,J. M. Perks,in Proceedings of the Fourth International Symposium on Environmental Degradation of Materials in Nuclear Power Systems-Water Reactors,eds. by D. Cubicciotti,G. J. Theus GJ(National Association of Corrosion Engineers,1990),pp. 1-83

M. Bakirov,Impact of operational loads and creep,fatigue corrosion interactions on nuclear power plant systems, structures and components(SSC),in Understanding and mitigating ageing innuclear power plants,ed. by P. G. Tipping(Woodhead,Oxford,2010),pp. 146-188

D. R. Ball,Graphite for High Temperature Gas-Cooled Nuclear Reactors(ASME LlC STP-NU-009,New York, 2008)

A. Barbu,C. S. Becquart,J. L. Bocquet,J. Dalla Torre,C. Domain,Comparison between three complementary approaches to simulate large fluence irradiation: application to electron irradiation of thin foils. Philos. Mag. 85(4-7),541-547(2005)

R. S. Barnes,Nat. (Lond.)206,1307(1965)

F. Bergner,A. Ulbricht,H. W. Viehrig,Acceleration of irradiation hardening of low copper reactor pressure vessel steel observed by means of SANS and tensile testing. Philos. Mag. Lett. 89(12),795-805(2009)

[E. E. Bloom,J. Stiegler,Effect of irradiation on the microstructure and creep-rupture properties of type 316 stainless steel. ORNL(1972),http://www. osti. gov/bridge/ servlets/purl/ 4632343-ATLvL5/4632343. pdf. Accessed 20 Sept 2013

T. D. Burchell,Carbon Materials for Advanced Technologies(Elsevier,Oxford,1999). ISBN 0080426832/0-08 042683-2

J. Chen,W. Hoffelner,Irradiation creep of oxide dispersion strengthened(ODS)steels for advanced nuclear applications. J. Nucl. Mater. 392,360-363(2009)

J. Chen,P. Jung,M. A. Pouchon,T. Rebac,W. Hoffelner,Irradiation creep and precipitation in a ferritic ODS steel under helium implantation. J. Nucl. Mater. 373,22-27(2008)

J. Chen et al.,Paul Scherrer Institut NES Scientific Highlights,Paul Scherrer Institut,Villigen PSI,(2010),pp. 46-47

J. Dalla Torre,J. L. Bocquet,N. V. Doan,E. Adam,A. Barbu,JERK an event-based KMC model to predict microstructure evolution of materials under irradiation. Philos. Mag. 85(4-7),549-558(2005)

C. Domain,C. S. Becquart,L. Malerba,Simulation of radiation damage in Fe alloys: an object kinetic Monte Carlo approach. J. Nucl. Mater. 335,121-145(2004)

F. P. Ford,P. L. Andresen,Corrosion in nuclear systems: environmentally assisted cracking in light water reactors,in Corrosion Mechanisms,ed. by P. Marcus,J. Ouder(Marcel Dekker,New York,1994),pp. 501-546

F. A. Garner,Chapter 6: Irradiation performance of cladding and structural steels in liquid metal reactors,in Materials Science and Technology: A Comprehensive Treatment(10A VCH,1994),B. R. T. Frost Ed.,Wiley VCH Weinheim,pp. 419-543

F. A. Garner,S. I. Porollo,V. Yu,Y. V. Konobeev,O. P. Maksimkin,Void swelling of austenitic steels irradiated with neutrons at low temperatures and very low dpa rates,in Proceedings of the 12th international conference on environmental degradation of materials in nuclear power system-water reactors,eds. by T. R. Allen,P. J. King,L. Nelson(TMS The minerals metals & materials society,2005),pp. 439-448

N. Ghoniem,S. Tong,L. Sun,Parametric dislocation dynamics: a thermodynamics based approach to investigations of mesoscopic plastic deformation. Phys. Rev. B 61(2),913-927(2000)

L. R. Greenwood,Neutron interactions with recoil spectra. J. Nucl. Mater. 216,29-44(1994) D. R. Harries,J. Brit. Nucl. Energy Soc. 5,74(1966)

M. F. Hashmi, S. J. Wu, X. H. Li, Neutron irradiation embrittlement modeling in RPV steels-an overview, in 18th International conference on structural mechanics in reactor technology (SMiRT 18), Beijing, 7-12 Aug 2005. SMiRT18-F01-8

R. Havel, M. Vacek, M. Brumovsky, Fracture properties of irradiated A533B, Cl. 1, A508, Cl. 3, and 15Ch2NMFAA reactor pressure vessel steel, in Radiation embrittlement of nuclear reactor pressure vessel steels, ed. by L. Steele. STP, vol. 1170 (ASTM, Philadelphia, 1993), pp. 163-171

R. A. Herring, D. O. Northwood, Microstructural characterization of neutron irradiated and post-irradiation annealed Zircaloy-2. J. Nucl. Mater. 159, 386-396 (1988)

S. Hettiarachchi et al., in Proceedings of the 7th International Symposium on Environmental Degradation of Materials in Nuclear Power Systems-Water Reactors, Beckenridge Colorado, (1995), p. 735

S. Hettiarachchi et al., in Proceedings of the 8th International Symposium on Environmental Degradation of Materials in Nuclear Power Systems-Water Reactors, Beckenridge Colorado, (1997), p. 535

W. Hoffelner, R. Bratton, H. Mehta, K. Hasegawa, D. K. Morton, New generation reactors, in Energy and Power Generation Handbook-Established and Emerging Technologies, ed. By K. R. Rao (ASME, New York, 2011)

W. Hoffelner, Materials for Nuclear Plants, from Save Design to Residual Life Assessments (Springer, London, 2012). ISBN 978-1-4471-2915-8

IAEA, Irradiation Damage in Graphite Due to Fast Neutrons in Fission and Fusion Systems (IAEA-TECDOC-1154, Vienna, 2000)

IAEA, Master Curve Approach to Monitor Fracture Toughness of Reactor Pressure Vessels in Nuclear Power Plants. IAEA-TECDOC, vol. 1631 (IAEA, Vienna, 2009)

Y. Isobe, M. Sagisaka, F. A. Garner, Precipitate Evolution in Low-Nickel Austenitic Stainless gov/sci/physical_sciences_directorate/mst/fusionreactor/pdf/dec 2008/6_AUSTENITIC/6. 1. Isobe_052-060. pdf. Accessed 20 Sept 2013

L. A. James, J. A. Williams, The effect of temperature and neutron irradiation upon the fatigue crack propagation behavior of ASTM A533-B steel. J. Nucl. Mater. 47, 17-22 (1973)

Jefferson Lab (2013) http://www. lightsources. org/images/posters/jlabposter3. jpg Accessed 20 Sept 2013

Y. Katoh, D. F. Wilson, C. W. Forsberg, Assessment of Silicon Carbide Composites for Advanced Salt-Cooled Reactors, (2007). ORNL Oak Ridge Tennessee. ORNL/TM-2007/168 Revision 1

J. L. Katz, H. Wiedersich, Chem. Phys. 55, 1414 (1971)

R. L. Klueh, D. J. Alexander, in Effects of Radiation on Materials: 15th International Symposium, eds. by R. E. Stoller, A. S. Kumar, D. S. Gelles. ASTM STP 1125 (American society for testing and materials, Philadelphia, 1992), p. 1256

R. L. Klueh, K. Shiba, M. A. Sokolov, Embrittlement of irradiated ferritic/martensitic steels in the absence of irradiation hardening. J. Nucl. Mater. 377, 427-437 (2008)

M. Koslowskia, A. M. Cuitino, M. A. Ortiz, Phase-field theory of dislocation dynamics, strain hardening and hysteresis in ductile single crystals. J. Mech. Phys. Solids 50, 2597-2635 (2002)

G. J. Lloyd, J. D. Walls, J. Gravenor, Low temperature fatigue crack propagation in neutron-Irradiated type 316 steel and weld metal. J. Nucl. Mater. 101, 251-257 (1982)

D. D. MacDonald, T. K. Yeh, A. T. Motta, (1995) Corrosion, NACE International, Houston, TX, (1995) Paper No. 403

A. D. Marwick, Segregation in irradiated alloys: the inverse Kirkendall effect and the effect of constitution on void swelling. J. Phys. F Metal Phys. 8, 9 (1978)

M. A. McGrath, S. Yagnik, H. Jenssen, Effects of pre-irradiation on irradiation growth & creep of re-crystallized

Zircaloy-4, in 16th International Symposium on Zirconium in the Nuclear Industry, Chengdu, Sichuan Province, 9-13 May 2010, http://www. astm. org/COMMIT/B10_Zirc_Presentations/6. 5_ASTM-2010-creep growth. pdf. Accessed 20 Sept 2013

M. K. Miller, K. F. Russel, Embrittlement of RPV steels: an atom probe tomography perspective. J. Nucl. Mater. 371 (1-3), 145-160(2007)

M. T. Motta, F. Lefebvre, C. Lemaignan, Amorphization of precipitates in Zircaloy under neutron and charged-particle irradiation, in Zirconium in the Nuclear Industry. Ninth International Symposium, eds. by C. M. Eucken, A. M. Garde. ASTM STP 1132 (American Society for Testing and Materials, Philadelphia, 1991), pp. 718-739

G. R. Odette, G. E. Lucas, Rad. Eff. Def. Sol. 144, 189(1998)

G. R. Odette, G. E. Lucas, Embrittlement of nuclear reactor pressure vessels. JOM 53(7), 18-22(2001)

G. R. Odette, B. D. Wirth, J. Nucl. Mater. 251, 157(1997)

M. Ortiz, Plastic yielding as a phase transition. J. Appl. Mech. Trans. ASME 66(2), 289-298(1999)

K. Ozawa, Y. Katoh, L. L. Snead, T. Nozawa, Effect of neutron irradiation on fracture resistance of advanced SiC/SiC composites. Fusion materials semiannual progress report(2010). DOE-ER-0313/47

M. A. Pouchon, T. Rebac, J. Chen, Y. Dai, W. Hoffelner, Ceramics composites for next generation nuclear reactors, in Proceedings of GLOBAL2011, Makuhari, 11-16 Dec, 2011Paper No. 358363

R. J. Puigh, M. L. Hamilton, In-reactor creep rupture behavior of the D19 and 316 alloys, in Influence of Radiation on Material Properties. 13th International Symposium part Ⅱ ASTM STP 957, eds. by F. A. Garner, C. H. Henager, N. Igata(ASTM, 1987)

GENIV Roadmap(2002), http://www. gen-4. org/PDFs/GenIVRoadmap. pdf. Accessed 20 Sept 2013

J. P. Robertson, R. L. Klueh, K. Shiba, A. F. Rowcliffe, Radiation Hardening and Deformation Behaviour of Irradiated Ferritic-Martensitc Steels(1997), ORNL Oak Ridge Tennessee http:// web. ornl. gov/sci/physical_sciences_directorate/mst /fusionreactor/pdf/dec1997/paper24. pdf

C. Rubbia et al., CERN-AT-95-44-ET, in Accelerator-Driven Transmutation Technologies and Applications. Proceedings of the Conference Las Vegas, July 1994. AIP Conference Proceedings 346, (American Institute of Physics, Woodbury, 1995), p. 44

K. C. Russel, Acta Metall. 19, 753(1971)

W. Schilling, H. Ullmaier, Physics of radiation damage in metals, in Materials Science and Technology 10B (VCH, 1994), B. R. T. Frost Ed., Wiley VCH Weinheim, p. 187

R. Scholz, R. Mueller, Irradiation creep-fatigue interaction of type 3 16 L stainless steel. J. Nucl. Mater. 233-237, 169-172(1996)

P. M. Scott, A Review of irradiation assisted stress corrosion cracking. J. Nucl. Mater. 211, 101(1994)

A. Seeger, Radiation Damage in Solids 1(IAEA, Vienna, 1962), p. 101

SINQ PSI(2013), http://www. psi. ch/sinq/. Accessed 20 Sept 2013

L. E. Steele (ed.), Radiation embrittlement of nuclear reactor pressure vessel steels: an international review (third volume, 1993), ASTM STP 1170 American Society for Testing and Materials, Philadelphia PA

R. E. Stoller, L. R. Greenwood, From molecular dynamics to kinetic rate theory: a simple example of multiscale modeling, in Multiscale modeling of materials, ed. by V. V. Butalov, R. T. de la Diaz, P. Phillips, E. Kaxiras, N. Ghoniem(Materials ResearchSociety, Warrendale, 1999), pp. 203-209

R. E. Stoller, L. K. Mansur, An Assessment of Radiation Damage Models and Methods. ORNL/ TM-2005/506, 31 May

R. E. Stoller, S. I. Golubov, C. Domain, S. Becquart, Mean field rate theory and object kinetic Monte Carlo: a comparison of kinetic models. J. Nucl. Mater. 382,77-90(2008)

Swissfel(2011),http://www.psi.ch/swissfel/why-swissfel. Accessed 20 Sept 2013The ITER project(2013), http://www.iter.org/. Accessed 20 Sept 2013

M. B. Toloczko, D. S. Gelles, F. A. Garner, R. J. Kurtz, K. Abe, J. Nucl. Mater. 329-333,352(2004)

H. Ullmaier, W. Schilling, Radiation Damage in Metallic Reactor Materials. Physics of modern materials, vol. 1 (IAEA, Vienna, 1980)

S. Valizadeh, R. J. Comstock, M. Dahlback, G. Zhou, J. Wright, L. Hallstadius, J. Romero, G. Ledergerber, S. Abolhassani, D. Ja dernas, E. Mader, Effects of secondary phase particle dissolution on the in-reactor performance of BWR cladding, in 16th Zr International Symposium, Chengdu(2010), http://www.astm.org/COMMIT B10_Zirc_Presentations/5.3_Valizadeh_-_SPP_BWR.pdf. 9-13 May 2010

M. L. Wald, TR10: Traveling-Wave Reactor, http://www.technologyreview.com /biomedicine/22114. Accessed 20 Sept 2013

K. Wallin, Fracture toughness transition curve shape for ferritic structural steels, in Joint FEFG/ICF International Conference on Fracture of Engineering Materials and Structures(1991), Elsevier London

G. Was, Fundamentals of Radiation Materials Science(Springer, Berlin/Heidelberg, 2007)

G. S. Was, P. L. Andresen, Irradiation-assisted stress-corrosion cracking in austenitic alloys. J. Appl. Meteorol. 44(4),8-13(1992)

G. S. Was, J. Busby, P. L. Andresen, Effect of irradiation on stress-corrosion cracking and corrosion in light water reactors, in ASM Handbook 13C Corrosion Environments and Industries ASM international (2006), pp. 386-414. doi:10.1361/asmhba0004147

C. Wassiliew, W. Schneider, K. Ehrlich, Creep and creep-rupture properties of type 1.4970 stainless steel during and after irradiation. Radiat. Eff. 101,201-219(1986)

H. Wiedersich, Effects of the primary recoil spectrum on microstructural evolution. J. Nucl. Mater. 1799181,70-75(1991)

H. Wiedersich, Evolution of Defect Cluster Distribution During Irradiation(1991), ANL/CP-72655

P. Yvon, F. Carré, Structural materials challenges for advanced reactor systems. J. Nucl. Mater. 385,217-222 (2009)

S. J. Zinkle, P. J. Maziasz, R. E. Stoller, Dose dependence of the microstructural evolution in neutron-irradiated austenitic stainless steel. J. Nucl. Mater. 206,266-286(1993)

第 12 部分

损伤和修复力学的最新进展

第 44 章　修复、超修复和连续介质损伤力学的其他问题

George Z. Voyiadjis, Peter I. Kattan, Navid Mozaffari

摘　　要

本章首先对修复和超修复概念进行简单介绍，然后探讨损伤/修复力学原理。材料的超修复概念将在连续介质损伤力学(CDM)框架中予以介绍，当整个损伤通过对损伤材料的修复予以恢复时，超修复材料也将被看成是通过进一步修复被强化的材料，因此，本章超过损伤恢复过程的修复工艺也称为超修复。当材料在超修复工艺后实现更高的刚度时，超材料是超修复工艺的最终目标，然后，通过引入各向异性超修复概念，这些概念可以通过张量形式推广到材料的各向异性损伤和修复过程。讨论了连续损伤力学中的 3 个基本问题。损伤过程的本质是将有效应力表达式分解成无限的几何级数，利用该表达式，引入损伤的不同阶段，分别称为首要的、第二和第三阶段等，然后引入小损伤情况的损伤变量的新定义。不可损伤材料在变形全过程中的损伤变量将保持为零，这种新概念将被引入。最终，在本章的最后一节，导致断裂过程起始的奇异性的形成在 CDM 框架内的连续区内予以体现，导致奇异性的中间损伤过程也将以数学形式描述。本章将为损伤和断裂力学间搭接重要的桥梁。

44.1　概　　述

材料从损伤状态的自修复过程已经越来越多地在损伤力学文献中受到关注。目前研究的有两个不同的自修复机制：一种是主动或者自主系统，它是损伤触发自修复耦合系统(Pang 和 Bond，2005；Toohey 等，2007；White 等，2001)；另一种是被动系统，是一种用外部监测手段识别损伤后才发生修复的解耦系统(John 和 Li，2010；Li 和 John，2008；Li 和 Muthyala，2008；Li 和 Nettles，2010；Li 和 Uppu，2010；Liu 和 Chen，2007；Nji 和 Li，2010a，b；Varley 和 van der Zwaag，2008；Zako 和 Takano，1999)。一些重要的关于损伤和材料修复的新结果可参见相关文献(Pavan 等，2010，Yuan 和 Ju，2012；Zaïri 等，2011)。该过程在更多的材料领域，甚至在纳米尺度得到了试验验证(George 和 Warren，2002；Nemat-Nasser，1979，1983；Voyiadjis 和 Park，1996；Wang 和 Sekerka，1996)。本构模型中的修复采用两种不同的方式：一种采用唯象方法来表征修复过程(Miao 等，1995)，另一种是简单模型(Adam，1999；Simpson 等，2000)。近年来出现了基于热力学的损伤和修复模型，在文献中已有报道(Barbero 等，2005；Miao 等，1995)。然而，自修复材料的本构模型还处于研究阶段，

因为修复的试验方面本身有相当的难度。过去几十年,在不同材料领域的损伤力学取得了进展,包括弹塑性模型(Chaboche,1991;Ginzburg,1955;Kattan 和 Voyiadjis,1993;Lee 等,1985;Naderi 等,2012;Voyiadjis,1988;Voyiadjis 和 Kattan,1990,1992;Voyiadjis 等,2012)、弹性—黏塑性模型(Chaboche,1997;Lemaitre 和 Chaboche,1990)、连续介质损伤模型(Kachanov,1958;Voyiadjis 和 Kattan,2009)、材料表面退化模型(含滚动,滑动接触疲劳,微动疲劳和黏附磨损)(Loginova 等,2001;Singer-Loginova 和 Singer,2008;Wheeler 等,1993)和耦合的弹塑性损伤模型(Chow 和 Jie,2009;Lemaitre,1985;Voyiadjis 等,2009)。标量或二阶张量形式的损伤变量可以表示材料的平均退化水平(即刚度的折损),该变量综合考虑了所有的缺陷形式,包括微观尺度上的微裂纹、空洞和微孔洞(Lubarda 和 Krajcinovic,1993;Voyiadjis 和 Kattan,2009)。可以看到,在各向同性损伤中,有必要采用两个独立的损伤变量来预测损伤水平(Cauvin 和 Testa,1999;van der Waals,1979),在各向同性损伤的假设中(Lemaitre,1984),可以获得一定的损伤材料参数来满足准确性要求。

代表性体积单元(RVE)广泛应用于连续介质损伤力学中,但不连续特征(如微孔洞、微裂纹等)不能在代表性体积单元中直接考虑。体现损伤作用的不连续性和离散单元通过使用宏观内变量来等效考虑。这里通常采用唯象方法,并且使用声机械和热力学原理来导出公式。符合热力学的框架通过使用宏观内变量的概念来实现,宏观内变量可以用来综合考虑所有的缺陷影响(Ginzburg 和 Landau,1965;Hansen 和 Schreyer,1994;Landau 和 Ter Haar,1965;Miao 等,1995;Murakami,1983;Voyiadjis 和 Park,1997;Voyiadjis 和 Kattan,2006,2012b;Voyiadjis 和 Park,1995;Voyiadjis 等,2009),而针对单轴拉伸过程的等效应力的概念首次由 Kachanov(1958)和 Rabotnov(1968)引入。

有研究指出,各向同性损伤假设已经足够预测结构件的承载能力和疲劳寿命(Kattan 和 Voyiadjis,2001;Voyiadjis 和 Kattan,2005,2006)。然而,各向异性损伤扩展在试验中也经常被发现(Lee 等,1985;Sidoroff,1981),甚至在初始各向同性固体中也是如此。在各向同性固体中,损伤变量是标量形式,并且演化方程也较为容易处理(Voyiadjis 和 Kattan,2009)。不可损伤材料由 Voyiadjis 和 Kattan(2012b,2013c,d)等提出。这种材料可以认为是一种假想的材料,它在加载过程中不发生损伤。此外,损伤张量可以分解成两个损伤分量:一个是由裂纹对应的损伤分量;另一个是孔洞对应的损伤变量,这种处理方法由 Kattan 和 Voyiadjis(2001)提出。最后,Voyiadjis 和 Kattan(2012a)提出了一种针对一般损伤串联和并联过程的概念性框架。

44.2 损伤和修复力学综述

本节对损伤和修复力学基本原理进行简述,这里考虑一种假象的无损伤的材料构型,如图 44.1 所示。等效 Cauchy 应力张量 $\bar{\boldsymbol{\sigma}}_{ij}$ 中的任何非零分量 $\bar{\sigma}$ 可以用如下的关系式来表达(Kachanov,1958;Rabotnov,1963;Sidoroff,1981;Voyiadjis 和 Kattan,2006,2009):

$$\bar{\boldsymbol{\sigma}} = \frac{\sigma}{1 - \varphi} \tag{44.1}$$

式中:σ 为柯西应力张量的对应分量,并且 φ 是各向同性的损伤变量。损伤变量 φ 的变化范围是 0~1。这里需要指出的是,当 $\varphi=0$ 时为未损伤状态,而当 φ 趋近于 1 时,将发生完全破坏。

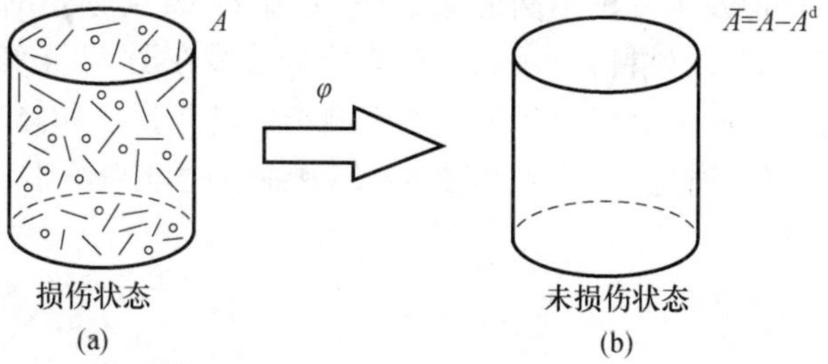

图 44.1　用横截面减缩率表示的损伤构型（摘自 Voyiadjis 和 Kattan，2013a）

定义一种中间构型来表示部分修复的材料，在图 44.2 中给出。同时，将这种构型看成是未损伤和损伤状态之间的损伤和修复的混合，如图 44.3 所示，有效的应力 $\bar{\sigma}$ 可以写成（Chow 和 Wang，1987；Park 和 Voyiadjis，1998；Voyiadjis 和 Park，1997；Voyiadjis，2012）：

$$\bar{\sigma}=\frac{\sigma}{1-\varphi(1-h)} \tag{44.2}$$

这里 h 是指修复变量，修复变量 h 同样是从 0～1 之间变化。值得注意的是当 $h=0$ 时，表示无修复，因此，式（44.1）可以由式（44.2）中代入 $h=0$ 时演变而成；当 $h=1$ 时，表示完全修复，即所有的损伤状态均恢复。在这种情况下，材料回到加载前的状态（未损伤的状态），并且实际应力和有效应力在式（44.2）中相同。在自修复材料中，通过比较式（44.1）和式（44.2），从而确定用式（44.2）中的变量 $\varphi(1-h)$ 来取代式（44.1）中的损伤变量 φ。所有的损伤和修复效果可以通过该新变量进行合并，这里称为混合损伤/修复变量（Chow 和 Wang，1987），这种变量又称为有效损伤变量。然而，式（44.2）不以显式形式表达出来（Park 和 Voyiadjis，1998；Voyiadjis 和 Park，1997），并且不能以单参数的混合损伤和修复变量来识别。

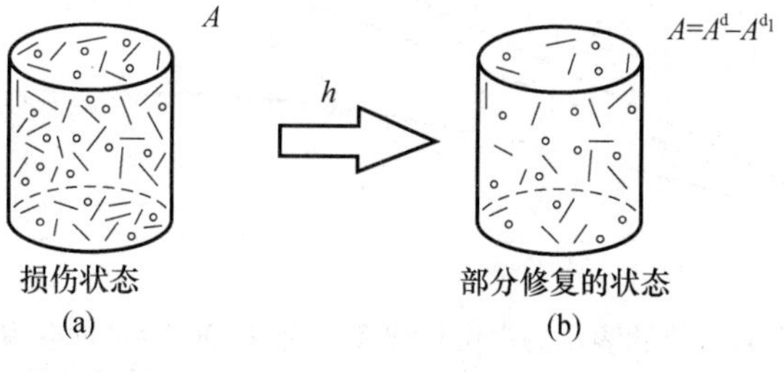

图 44.2　用横截面减缩率表示的修复构型（摘自 Voyiadjis 和 Kattan，2013a）

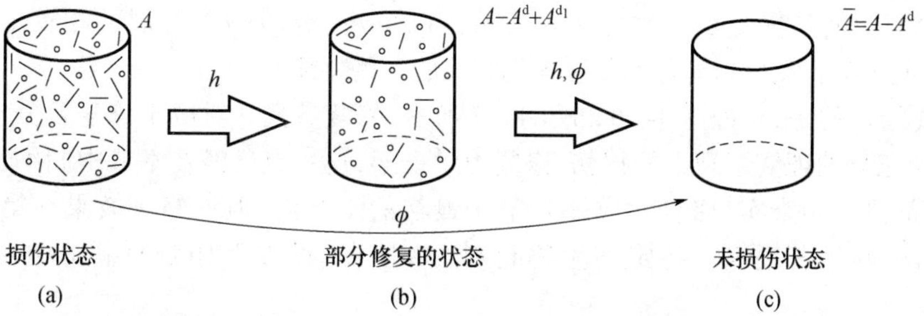

图 44.3　用横截面减缩率表示的损伤和修复配置（摘自 Voyiadjis 和 Kattan，2013a）

基于式(44.2),当混合损伤和修复参数 $\varphi(1-h)$ 趋近于1时,发生完全损伤;当该变量为0时,无损伤时可能发生两种不同情况:一种是当 $\varphi=0$(无损伤的原始材料);另一种是当 $h=1$ 时(即完全修复的材料)。示意的应力应变曲线在图44.4和图44.5中给出,分别对应弹性区域内的损伤和损伤/修复材料。需要指出的是损伤和修复原理的表达式(式(44.1)和式(44.2))可以通过图44.4和图44.5中弹性刚度来给出,但这些内容超出了本章讨论的范围。

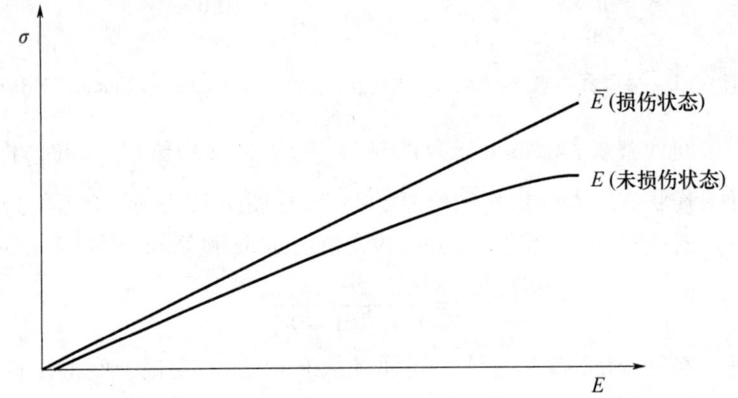

图44.4　用弹性刚度退化表示的损伤状态(摘自 Vojiadjis 和 Kattan,2013a)

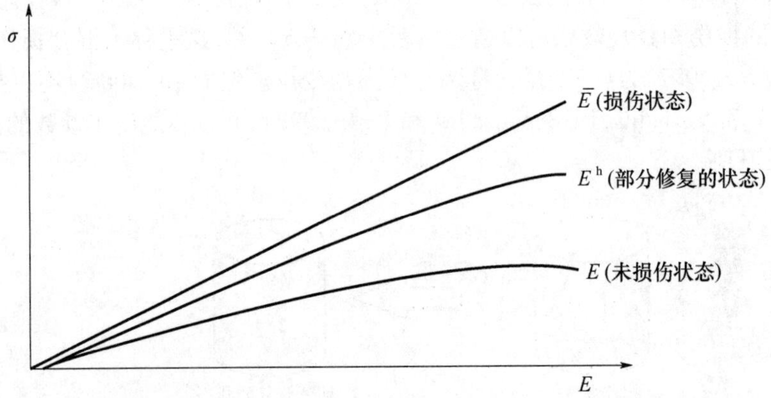

图44.5　用弹性刚度退化表示的损伤状和修复状态(摘自 Vojiadjis 和 Kattan,2013a)

沥青类材料的试验结果如图44.6和图44.7所示。这些试验给出了自修复材料的能力以及修复时间和修复百分数之间的关系,由 Murray 等(1995)开展的相关工作获得。Qiu 等阐明了沥青类材料的与修复和损伤相关的一些特征。

需要指出的是,正如图44.6和图44.7所示,修复参数 h 对应于修复百分比。这种试验结果充分的证实了理论的损伤/修复力学框架,这一点已经在本节中归纳出。通过图44.7的进一步查实,修复效应被限定于最初的10h内,但该修复效果在第100h和1000h的时候显著提高。特定的生物材料(如骨头)可被看作是材料修复的另一类应用。

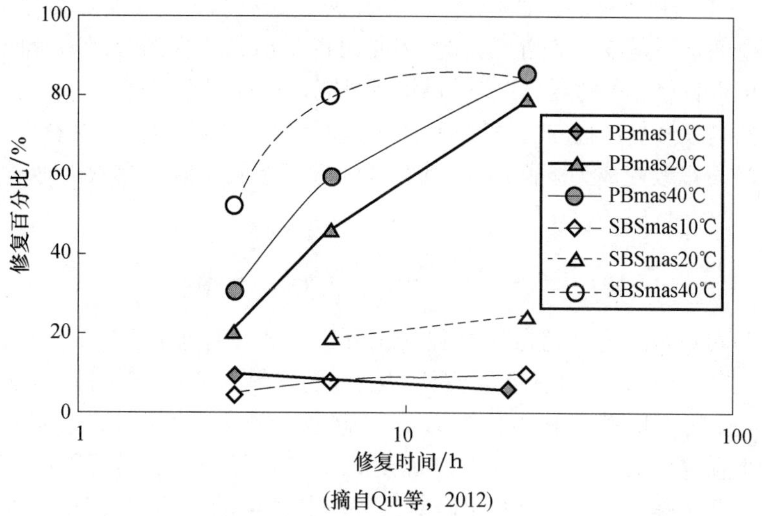

图 44.6　修复时间与修复百分比关系的一个实际案例(摘自 Voyiadjis 和 Kattan,2013a)

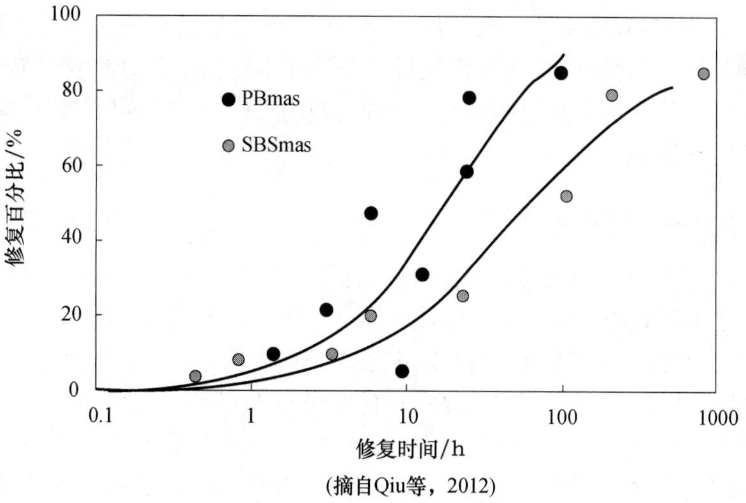

图 44.7　修复时间与修复百分比的关系(摘自 Voyiadjis 和 Kattan,2013a)

44.3　超修复简介

在经典损伤/修复力学中,修复参数 h 从 0~1 之间变化,当 $h=0$ 时,表明是零修复;当 $h=1$ 时,表示为完全修复。假设损伤完全恢复后,即当 $h=1$ 时,修复过程可持续甚至超过 $h=1$,这使得我们可以使用更大的 h 值,如 $h=2$、3、4 等,这种特别的情况称为超修复,在该状态时,可发生某种材料性能的强化,而不是进一步修复,因为材料此时已经处于未损伤状态(当修复参数达到 1 时,即达到完全修复状态)。n 值在下面的推导中限定于整数值,并且在这个阶段不能取为实数,这个问题在“第 44.7 节超材料的特征”予以详述。因此,在超修复阶段,修复参数 h 从 1 开始并且增加到取值 2、3、4,$n+1$。很明显,通过增加修复

参数值 h,可以得到强化材料。假设材料(亦可称为超材料)可以设 h 为趋近于无穷大。超材料的完整表征不是本节的研究目的,但是可以指出其实现的方式。希望以后的技术能够制造出可以自修复的材料,这些材料将尽可能地接近理论超材料。在这项工作中,我们更感兴趣的是超修复过程的力学原理,而不是停留在理论和假设的材料上。

式(44.2)可以改变成为下面形式,其实现的方式是假设修复参数 h 通过超修复增加到 $n+1$

$$\bar{\sigma} = \frac{\sigma}{1 + n\varphi} \tag{44.3}$$

式(44.3)可以被认为是超修复过程的主要表达式。基于式(44.3),可以看出,当 n 值趋于无穷大时,有效应力的值趋向于零。因此,超材料的第一个特征可以认为是其有效应力为零,并且它不依赖于其损伤参数 φ 或修复参数 h 的值。这个流程称为基于式(44.3)的第 n 阶超级修复。当 h 从 1 增加到 2,3…时,超修复材料可以通过在不同阶段连续的超修复而获得。当第 n 阶的超修复过程按其预期的过程进行时,可以最终获得第 n 阶的超修复材料。

在损伤力学里,有效应力可以变成无限大,这里指的是当 $\varphi=1$,材料的完全断裂(见式(44.1))。然而,当有效应力不激增时,只取了一个超修复材料的一个有限小值,此时 $\varphi=1$(见式(44.3))。这意味着在超修复材料中破坏不会发生,即使当损伤变量的值接近无穷大时,这可以看成超修复过程的显著特征。基于式(44.2),可以很清楚地看到当混合损伤/修复的参数 $\varphi(1-h)$ 趋近于 1 时,有效应力激增,这个典型的情况,不会在超修复材料中发生,由于设定的 $\varphi(1-h)=1$,可以获得关系式 $h=\frac{\varphi-1}{\varphi}$,并且假设损伤参数 $\varphi=1$,可以获得 $h=0$ 的值,这本身并不可能。如果损伤参数值小于 1 时,修复参数的值将是负数,这本身也是不可能的。另一种可能性是损伤和修复参数的值都取大于 1 的数时,这种情况不会发生,因为损伤参数的范围被限定于小于或者等于 1。从本章的开始,就提出了超修复过程的某种机理。通过取 h 更高的值,直到 $n+1$,超修复过程可以实现。单一修复机理是采用第一个方法,而另一个采用多重修复机制的方法,两种方法并行进行。两种方法的等效性将在后续章节中予以介绍。多重修复参数 $h_1,h_2,h_3,\cdots,h_n$ 可以表征同时进行的多重修复机制,以此来取代单一的修复变量 h。在这种情况下,每个修复参数的值只限定于 1,没有必要在超修复过程中取值超过 1。因此,式(44.2)可以重新写成下面的形式:

$$\bar{\sigma} = \frac{\sigma}{1 - \phi(1 - h_1 - h_2 - \cdots - h_n)} \tag{44.4}$$

为了推导出式(44.4),可以采用与推导式(44.2)相同的步骤。详细过程可以参考 Chow 和 Wang(1987),Park 和 Voyiadjis(1998),以及 Voyiadjis 和 Park(1997)。

所提出的超修复过程可以采用式(44.4)表征的多重修复参数(n 参数)来实现,并且使用值为 1 的独立修复参数。此外,当修复参数的个数趋近于无穷大(单个参数限定于 1)时,难以解释的超材料可重新予以考虑。两种方法对于式(44.2)和式(44.4)超修复的等效性可以表示如下。由此得出的修复参数 h 可以通过多重修复参数 $h_1,h_2,h_3,\cdots,h_n$ 定义如下:

$$h = h_1 + h_2 + h_3 + \cdots + h_n \tag{44.5}$$

因此,超修复过程可以通过两种不同的方式来获得:一种是通过使用单一的大修复参数 h,取值分别是 $1,2,3,\cdots,n$,而第二是通过多重的小修复参数 $h_1,h_2,h_3,\cdots,h_n$ 协同使用,但是对于每个参数使用限定数值。可以通过把数值 1 代入式(44.4)的单一参数中,超修复(式(44.3))对应的控制方程即可得到,因此两种方程实际上是相同的。最终,需要提出如下问题:对于每个独立的损伤参数 $h_1,h_2,h_3,\cdots,h_n$ 是否存在大于 1 的值? 这个将开启一种修复和超修复的新方式。例如,允许将每个修复参数取值为 2,然后式(44.3)可以写成:

$$\bar{\sigma} = \frac{\sigma}{1 + 2n\phi} \tag{44.6}$$

由式(44.6)表征的称为第 2 水平的超修复。一般而言,这个表达式可以通过表征超修复过程获得,这种情况下,每个修复参数可允许取 n 值:

$$\bar{\sigma} = \frac{\sigma}{1 + n^2\varphi} \tag{44.7}$$

此式称为第 n 水平的超修复。

44.4　各向异性损伤和修复力学

44.3 节提到的损伤和修复力学理论在本节中通过推广到各向异性损伤/修复过程(Chow 和 Wang,1987;Park 和 Voyiadjis,1998;Voyiadjis 和 Park,1997)。出于这个目的,这里需要使用张量,而不是标量。使用大写字母来表示四阶张量,并且这里假设张量可以由矩阵来表示。使用 $\boldsymbol{M}$ 来表示连续介质损伤力学的四阶损伤张量。四阶损伤效应的张量 $\boldsymbol{M}$ 和标量损伤变量 φ 在文献中已经讨论(Sidoroff,1981;Voyiadjis 和 Kattan,2006,2009)。

使用 $\boldsymbol{H}$ 表示一个损伤参数 h 对应的四阶损伤张量。对于 $\boldsymbol{H}$ 和 h 的准确关系,可以参考文献(Park and Voyiadjis,1998 和 Voyiadjis 和 Park,1997)。在各向异性修复和损伤中,式(44.2)可以表示如下(Park and Voyiadjis,1998;Voyiadjis and Park,1997):

$$\bar{\boldsymbol{\sigma}}_{ij} = [M_{ijkl}^{-1} + (\boldsymbol{I}_{ijmn} - M_{ijmn}^{-1}):H_{mnkl}^{-1}]^{-1}\boldsymbol{\sigma}_{kl} \tag{44.8}$$

这里,$\boldsymbol{I}_{ijmn}$ 表示为四阶单位张量。在式(44.8)中,$\boldsymbol{\sigma}_{kl}$ 和$\boldsymbol{\sigma}_{ij}$ 可以表示为二阶张量并且可以由第 44.6 节中的向量来表示。基于式(44.8),混合损伤/修复参数 φ^{1-h} 广义化为 $(\boldsymbol{I}_{ijmn}-\boldsymbol{M}_{ijmn}^{-1})(\boldsymbol{I}_{mnkl}-\boldsymbol{M}_{mnkl}^{-1})$,用于损伤和修复的后一表达式可以直接通过式(44.8)推导出来。式(44.8)考虑了 $\boldsymbol{M}$ 对应于$\dfrac{1}{1-\varphi}$的主分量,和对应于 $1/h$ 的 $\boldsymbol{H}$ 的主分量。四阶修复张量 $\boldsymbol{H}$ 可以满足某些数学属性,例如,该张量的分量为正数或零,且该张量的秩和迹都是正数,然而,张量 $\boldsymbol{H}$ 也许没有必要满足正定。这些性质可以通过第 44.6 节中平面应力的例子来阐明。

44.5　各向异性超修复

本节将对于各向异性损伤和损伤机理的超修复过程进行介绍。按照第 44.3 节中概述所提出的超修复机理,四阶张量 $\boldsymbol{H}$ 的分量可以逐渐增加到大于四阶单位张量 $\boldsymbol{I}$ 的分量,即,令 $H_{ijkl}=(n+1)I_{ijkl}$。另一种方法中,前面的关系可以写成两个四阶张量的模数。接下来的表达式可以通过代入之前的式(44.8)并且简化为

$$\bar{\boldsymbol{\sigma}}_{ij}=[n(\boldsymbol{I}_{ijkl}-\boldsymbol{M}_{ijkl}^{-1})+\boldsymbol{I}_{ijkl}]^{-1}\boldsymbol{\sigma}_{kl} \tag{44.9}$$

各向异性的超修复过程可以通过式(44.9)来表示。基于式(44.9),当 n 趋近于无穷大时,有效应力的值可以达到0。相同的结论可以通过前面章节中标量型损伤和修复对应的超修复过程而得到。需要注意的是,通过引入合适的约束,式(44.9)中的各向异性超修复可以降阶成式(44.3)中的标量型超修复。

44.6 平面应力中的损伤、修复和超修复

平面应力可以用来阐明损伤、修复和超修复过程。对于这种特殊情况,式(44.8)中的张量可以由向量和矩阵来表示(Voyiadjis 和 Kattan,2006):

$$\{\sigma\}=\begin{Bmatrix}\sigma_{11}\\ \sigma_{22}\\ \sigma_{12}\end{Bmatrix} \tag{44.10a}$$

$$\{\bar{\sigma}\}=\begin{Bmatrix}\bar{\sigma}_{11}\\ \bar{\sigma}_{22}\\ \bar{\sigma}_{12}\end{Bmatrix} \tag{44.10b}$$

$$\boldsymbol{I}=\begin{bmatrix}1&0&0\\0&1&0\\0&0&1\end{bmatrix} \tag{44.10c}$$

$$\boldsymbol{M}=\frac{1}{\Delta}\begin{bmatrix}\psi_{22}&0&\varphi_{12}\\0&\psi_{11}&\varphi_{12}\\ \dfrac{\varphi_{12}}{2}&\dfrac{\varphi_{12}}{2}&\dfrac{\psi_{11}+\psi_{22}}{2}\end{bmatrix} \tag{44.10d}$$

这里,$\psi_{11}=1-\varphi_{11}$ 并且 $\psi_{22}=1-\varphi_{22}$。式(44.10d)中的符号 Δ 由 Voyiadjis 和 Kattan(2006)提出:

$$\Delta=\psi_{11}\psi_{22}-\varphi_{12}^2 \tag{44.10e}$$

这里需要指出,式(44.10d)的获得是基于下列表达式的对称化过程(Voyiadjis 和 Kattan,2006):

$$\bar{\sigma}_{ij}=\frac{1}{2}[\sigma_{ip}(\delta_{pj}-\varphi_{pj})^{-1}+(\delta_{ip}-\varphi_{ip})^{-1}\sigma_{pj}] \tag{44.10f}$$

下面的3×3的矩阵表达式可以由式(44.8)对应于平面应力的修复张量而给出:

$$\boldsymbol{H}^{-1}=\begin{bmatrix}h_{11}&0&h_{12}\\0&h_{22}&h_{12}\\h_{12}&h_{12}&\dfrac{h_{11}+h_{22}}{2}\end{bmatrix} \tag{44.11}$$

基于式(44. 11),修复张量的求逆可以满足一定的数学性质,例如,张量的分量或者为正,或者为零,张量的迹 $h_{11}+h_{22}+\frac{h_{11}+h_{22}}{2}$ 是正的。该张量的模数 $\sqrt{h_{11}^2+h_{22}^2+h_{12}^2}$ 是正数。由于表达式 $h_{11}^2+h_{22}^2-h_{12}^2$ 没有必要一定为正数,因此该张量没有必要一定是正定。

可以看到式(44. 11)中修复矩阵的逆形式十分类似于式(44. 10d)中的损伤效应矩阵。将式(44. 10f)和式(44. 11)代入式(44. 8)可以导出:

$$\{\sigma\} = [X]\{\overline{\sigma}\} \tag{44. 12}$$

这里,四阶张量[X]的分量如下(由 MATLAB 中的简化数学工具箱计算得到):

$$X_{11} = (-2 + 3\varphi_{11} + \varphi_{22} - \varphi_{11}\varphi_{22} - \varphi_{11}^2 + \varphi_{12}^2 - 2h_{11}\varphi_{11} + h_{11}\varphi_{11}\varphi_{22} + h_{11}\varphi_{11}^2 - h_{11}\varphi_{12}^2 - 2h_{12}\varphi_{12} + 2h_{12}\varphi_{11}\varphi_{12})/(\varphi_{11} + \varphi_{22} - 2) \tag{44. 13a}$$

$$X_{12} = \varphi_{12}(-\varphi_{12} + h_{22}\varphi_{12} - 2h_{12} + 2h_{12}\varphi_{11})/(\varphi_{11} + \varphi_{22} - 2) \tag{44. 13b}$$

$$X_{13} = (2\varphi_{12} - 2\varphi_{11}\varphi_{12} - 2h_{12}\varphi_{11} + h_{12}\varphi_{11}^2 + h_{12}\varphi_{11}\varphi_{22} - h_{11}\varphi_{12} - h_{22}\varphi_{12} + h_{11}\varphi_{11}\varphi_{12} + h_{22}\varphi_{11}\varphi_{12})/(\varphi_{11} + \varphi_{22} - 2) \tag{44. 13c}$$

$$X_{21} = \varphi_{12}(-\varphi_{12} + h_{11}\varphi_{12} - 2h_{12} + 2h_{12}\varphi_{22})/(\varphi_{11} + \varphi_{22} - 2) \tag{44. 13d}$$

$$X_{22} = (-2 + \varphi_{11} + 3\varphi_{22} - \varphi_{11}\varphi_{22} - \varphi_{22}^2 + \varphi_{12}^2 - 2h_{22}\varphi_{22} + h_{22}\varphi_{11}\varphi_{22} + h_{22}\varphi_{22}^2 - h_{22}\varphi_{12}^2 - 2h_{12}\varphi_{12} + 2h_{12}\varphi_{22}\varphi_{12})/(\varphi_{11} + \varphi_{22} - 2) \tag{44. 13e}$$

$$X_{23} = (2\varphi_{12} - 2\varphi_{22}\varphi_{12} - 2h_{12}\varphi_{22} + h_{12}\varphi_{22}^2 + h_{12}\varphi_{11}\varphi_{22} - h_{11}\varphi_{12} - h_{22}\varphi_{12} + h_{11}\varphi_{22}\varphi_{12} + h_{22}\varphi_{22}\varphi_{12})/(\varphi_{11} + \varphi_{22} - 2) \tag{44. 13f}$$

$$X_{31} = (\varphi_{12} - \varphi_{11}\varphi_{12} - h_{12}\varphi_{11} - h_{12}\varphi_{22} - h_{11}\varphi_{12} + h_{11}\varphi_{11}\varphi_{12} + 2h_{12}\varphi_{11}\varphi_{22})/(\varphi_{11} + \varphi_{22} - 2) \tag{44. 13g}$$

$$X_{32} = (\varphi_{12} - \varphi_{22}\varphi_{12} - h_{12}\varphi_{11} - h_{12}\varphi_{22} - h_{22}\varphi_{12} + h_{22}\varphi_{22}\varphi_{12})/ + 2h_{12}\varphi_{11}\varphi_{22})/(\varphi_{11} + \varphi_{22} - 2) \tag{44. 13h}$$

$$X_{33} = \frac{1}{2}(-4 + 4\varphi_{11} + 4\varphi_{22} - 4\varphi_{11}\varphi_{22} - h_{11}\varphi_{11} - h_{11}\varphi_{22} - h_{22}\varphi_{11} - h_{22}\varphi_{22} - 4h_{12}\varphi_{12} + 2h_{12}\varphi_{11}\varphi_{12} + 2h_{12}\varphi_{22}\varphi_{12} + 2h_{11}\varphi_{11}\varphi_{22} + 2h_{22}\varphi_{11}\varphi_{22})/(\varphi_{11} + \varphi_{22} - 2) \tag{44. 13i}$$

一种特别的情况,为了简便,主分量可以在此考虑。对于这种情况,令式(44. 13)中的 $\varphi_{12}=\varphi_{21}=0$ 和 $h_{12}=h_{21}=0$,下面的表达式可以得到:

$$X_{11} = (-2 + 3\varphi_{11} + \varphi_{22} - \varphi_{11}\varphi_{22} - \varphi_{11}^2 - 2h_{11}\varphi_{11} + h_{11}\varphi_{11}^2 + h_{11}\varphi_{11}\varphi_{22})/(\varphi_{11} + \varphi_{22} - 2) \tag{44. 14a}$$

$$X_{22} = (-2 + \varphi_{11} + 3\varphi_{22} - \varphi_{11}\varphi_{22} - \varphi_{22}^2 - 2h_{22}\varphi_{22} + h_{22}\varphi_{22}^2 + h_{22}\varphi_{11}\varphi_{22})/(\varphi_{11} + \varphi_{22} - 2) \tag{44. 14b}$$

$$X_{33} = \frac{1}{2}(-4 + 4\varphi_{11} + 4\varphi_{22} - 4\varphi_{11}\varphi_{22} - h_{11}\varphi_{11} - h_{11}\varphi_{22} - h_{11}\varphi_{22} - h_{11}\varphi_{22} - h_{22}\varphi_{11} - h_{22}\varphi_{22} + 2h_{11}\varphi_{11}\varphi_{22} + 2h_{22}\varphi_{11}\varphi_{22})/(\varphi_{11} + \varphi_{22} - 2) \tag{44. 14c}$$

基于式(44. 13)可以看到这种特殊情况,四阶张量[X]的所有的其他的分量均消失。将式(44. 14)简化并且导入式(44. 12),可以导出如下简单的表达式(经过繁琐的代数处理后):

$$\begin{cases}\bar{\sigma}_{11}=\dfrac{\sigma_{11}}{1-\varphi_{11}(1-h_{11})} & (44.15\text{a})\\ \bar{\sigma}_{22}=\dfrac{\sigma_{22}}{1-\varphi_{22}(1-h_{22})} & (44.15\text{b})\\ \bar{\sigma}_{12}=\dfrac{\sigma_{12}}{1-\left(1-\dfrac{h_{11}+h_{22}}{2}\right)\left(\dfrac{\varphi_{11}+\varphi_{22}-2\varphi_{11}\varphi_{22}}{\varphi_{11}+\varphi_{22}-2}\right)} & (44.15\text{c})\end{cases}$$

从式(44.15)可以看到,对于平面应力,损伤和修复的主要方程(式(44.15a)和式(44.15b))可以减缩到式(44.2)所对应的标量型表达式,所提出的超修复过程在平面应力条件下是有效的。这个可以通过代入超过 1 的修复参数 h_{11} 和 h_{22} 并接近一个大数来实现,随后有效应力即趋近于零。此外,当这些值趋于无穷大时,就可以得到新奇的超材料。

44.7 超材料的特征

有超修复和不可损伤材料的理论用来在连续损伤力学框架内阐释超材料的一些特征。不可损伤材料的概念由 Kobayashi(1992)、Voyiadjis 和 Kattan(2012b)、Warren 和 Boettinger(1995)提出,损伤变量的值在材料变形过程中保持为零。理论上,这些材料是不会发生损伤的。不可损伤材料的本构方程可通过引入一种新的材料(n 阶 Voyiadjis-Kattan 材料(Kobayashi,1992))导出。这种材料类型是一种非线性弹性材料,具有非线性应变能。n 阶 Voyiadjis-Kattan 材料是基于高阶应变能的材料,具有如下一般形式:

$$U=\frac{1}{2}\sigma\varepsilon^{n} \tag{44.16}$$

对于式(44.16)中给定的高阶应变能对应的非线性应力—应变关系如下:

$$\sigma=E\frac{1}{\varepsilon^{n}}\mathrm{e}^{-2/[(n-1)\varepsilon^{(n-1)}]} \tag{44.17}$$

读者可以参考这些文献(Kobayashi,1992)、Voyiadjis 和 Kattan,2012b)、Warren 和 Boettinger,1995)来了解详细推导过程。这种一般形式(式(44.17))满足初始条件:当 $\varepsilon=0$ 时,$\sigma=0$,因为该表达式给出了当应变趋近于零时,应力也趋近于零。式(44.16)和式(44.17)只对于一维情况有效。可以十分合理地得到以下结论:Voyiadjis-Kattan 材料(并且最终是不可损伤材料)可能会在今后制造出,这其中将使用基于超修复模型的工艺过程。可以看到,n 阶的 Voyiadjis-Kattan 材料与 n 阶超修复材料相同。由于提出的高阶应变形式(式(44.16))引入了指数 n 的整数值,于是可以认为超修复过程同样引入了 n 的整数值。

超材料的其他特征在这里予以描述,主要是基于前面章节和不可损伤材料理论。这些理论由 Gránásy 等(2002)、Kobayashi(1992)、Warren 和 Boettinger(1995)等给出。

超材料必须是不可损伤的,因此,不可损伤材料的性质也可以用于超材料。这些性能描述如下,在变形的全过程中应力值将保持为零,损伤变量的值在变形全过程中也将保持为零,超材料具有非零的应变值,这样的性质将直接从上述内容中导出,超材料也具有非零的应变值，因此，超材料是一种变形材料，而不是一种刚体材料。超材料是基于提出的高阶应变能方程（即式(44.16)）中 n 取无穷大的情况，超材料的应力应变关系可以通过式(44.17)中 n 取无穷大值的弹性关系中获取。上述部分内容可以从式(44.17)的极限值来导出，这些性质在图 44.8 中的曲线予以描述，这些曲线是基于式(44.17)而给出的。

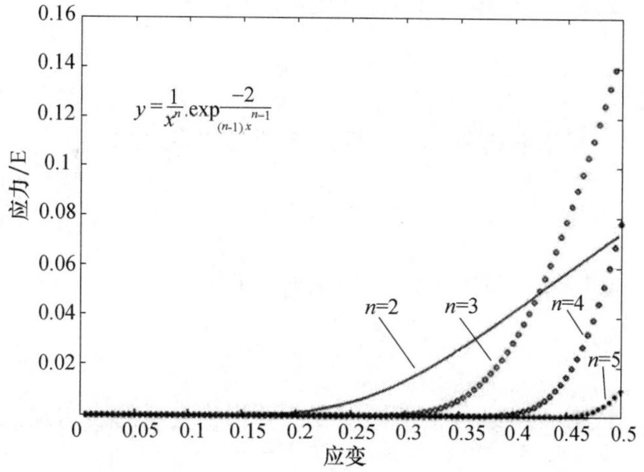

图 44.8　基于式(44.17)的应力-应变关系（Voyiadjis 和 Kattan，2013a）

44.8　连续介质损伤力学的 3 个基本问题

本节将在连续介质损伤力学框架内介绍损伤过程的本质，通过将有效应力的表达式展开成无穷几何级数，形式如下：

$$ar + ar^2 + ar^3 + \cdots = \frac{a}{1 - r} \tag{44.18}$$

上述几何级数在 $|r|<1$ 时有效。有效应力有如下表达式：

$$\bar{\sigma} = \frac{\sigma}{1 - \varphi} \tag{44.19}$$

式(44.19)给出的有效应力是连续介质损伤力学中的经典表达式。在式(44.19)中，φ 是损伤变量（该值介于 0 和 1 之间），σ 是柯西应力，而 $\bar{\sigma}$ 是对应的有效应力。对比式(44.18)中右边的几何级数和式(44.19)的有效应力表达式，可以得到如下结论：有效应力等于有限个几何级数的和，它满足条件 $0<\varphi<1$。因此，通过类比式(44.18)的有限几何级数，式(44.19)的有效应力有如下形式：

$$\bar{\sigma} = \sigma(1 + \varphi + \varphi^2 + \varphi^3 + \cdots) \tag{44.20}$$

式(44.20)是一种有限级数的准确关系，可以理解为把损伤过程看成一种有限个小范围损伤过程或阶段。式(44.20)可以写成如下形式：$\bar{\sigma}\bar{A} = \sigma A$，这里 A 是横截面积，而 $\bar{A}$ 是有效的横截面积（即虚拟构型中的横截面积）：

$$\frac{A}{\bar{A}} = 1 + \varphi + \varphi^2 + \varphi^3 + \cdots \tag{44.21}$$

式(44.21)给出的损伤过程可以理解为若干个小损伤过程或阶段的求和：主要的损伤阶段可以取级数的前2项，次要损伤阶段可以取级数的前3项，第三损伤阶段可以取级数的前4项。尽管该过程在数学上可以持续进行，直到无穷小的更小损伤阶段，但是考虑无穷几何级数的前4项对于实际问题已经足够了。

首要损伤变量：式(44.21)的前2项，具体定义如下：

$$\frac{A}{\bar{A}} = 1 + \varphi_p \tag{44.22}$$

式(44.22)可以直接求解得到如下首要损伤变量的表达式：

$$\varphi_p = \frac{A}{\bar{A}} - 1 \tag{44.23}$$

次要损伤变量：式(44.21)的前3项，具体定义如下：

$$\frac{A}{\bar{A}} = 1 + \varphi_S + \varphi_S^2 \tag{44.24}$$

式(44.24)的二次方程可以直接求解得到次要损伤变量的表达式：

$$\varphi_S = -\frac{1}{2} + \frac{1}{2}\sqrt{-3 + 4\frac{A}{\bar{A}}} \tag{44.25}$$

第三损伤变量：式(44.21)的前四项，具体定义如下：

$$\frac{A}{\bar{A}} = 1 + \varphi_t + \varphi_t^2 + \varphi_t^3 \tag{44.26}$$

式(44.26)的二次方程可以直接求解得到第三损伤变量的表达式：

$$\begin{aligned}\varphi_t = &-\frac{1}{3} + \frac{1}{6}\sqrt[3]{-80 + 108\frac{A}{\bar{A}} + 12\sqrt{48 - 120\frac{A}{\bar{A}} + 81\left(\frac{A}{\bar{A}}\right)^2}} \\ &- \frac{4}{3\sqrt[3]{-80 + 108\frac{A}{\bar{A}} + 12\sqrt{48 - 120\frac{A}{\bar{A}} + 81\left(\frac{A}{\bar{A}}\right)^2}}}\end{aligned} \tag{44.27}$$

因此，首要、次要和第三损伤变量的直接表达式可分别建立。在以下章节中，损伤过程可以在数学上分解为前面提到的三个阶段。

44.8.1 小损伤过程

本节详细讨论小屈服过程问题。在Voyiadjis和Mozaffari(2013)的工作里，关于柯西应力和有效应力的一般性关系通过相场方法推导：

$$\bar{\sigma} = \frac{\sigma}{(1-\varphi)\sqrt{2\varphi + 1}} \tag{44.28}$$

需要注意的是，式(44.28)给出的有效应力表达式可以导出一个关于面积φ的立方型公式。读者可以参考Voyiadjis和Mozaffari(2013)的文献获得更多细节。

式(44.28)相当于式(44.19)给出的经典表达式。考虑式(44.28)中的平方根项，平方根函数的泰勒级数展开可以得到如下近似表达式(只取前2项)：

$$\sqrt{2\varphi + 1} \approx 1 + \varphi \tag{44.29}$$

式(44.29)对于 φ 的小值是有效的,即对应小损伤。对于式(44.28)的有效应力的表达式可以根据小损伤来定义:

$$\bar{\sigma} = \frac{\sigma}{(1-\varphi)(1+\varphi)} = \frac{\sigma}{1-\varphi^2} \tag{44.30}$$

式(44.30)对于损伤变量 $\varphi=\sqrt{\frac{A-\bar{A}}{A}}$ 可以与经典情况的 $\varphi=\frac{A-\bar{A}}{A}$ 相比较。另外,有效应力的如下表达式可以根据大损伤推导而出:

$$\bar{\sigma} = \frac{\sigma}{1-\sqrt{\varphi}} \tag{44.31}$$

此方程与损伤变量 $\varphi=\left(\frac{A-\bar{A}}{A}\right)^2$ 相对应。

现在可以将两个有效应力的表达式(式(44.30)和式(44.31))推广到具有指数 n 的两种情况(小和大损伤),这里将指数从 2 增加到 3,4,…,n,这里 n 趋近于无穷大。因此,给出以下两个一般性的定义:

$$\bar{\sigma} = \frac{\sigma}{1-\varphi^n} \quad (\text{对于小损伤}) \tag{44.32}$$

$$\bar{\sigma} = \frac{\sigma}{1-\varphi^{1/n}} \quad (\text{对于大损伤}) \tag{44.33}$$

由此可见,对于普通(中间大小)的损伤,以上两种情况下 $n=1$。

44.8.2 不可损伤材料的概念

在本节里,前面的问题用来阐释一种新的不可损伤材料的概念。这些假设的材料由 Voyiadjis 和 Kattan(2012b,2013c,d)提出来,可以与橡胶材料相类比(Arruda 和 Boyce,1993)。不可损伤材料可以与不同的非线性材料相比较,这些材料是 Voyiadjis 和 Kattan(2012b,2013c,d)从 Bower(2011)的书中得到的。不可损伤材料可以假设在整个加载过程中损伤变量保持为零,详细的表达形式由 Voyiadjis and Kattan(2012b,2013c,d)在连续介质损伤力学的框架里给出。因此,可以看到,不可损伤材料是我们所期望的,希望制备技术可以在未来达到新的水平,能够获得这种材料。可以修改有效应力的经典定义(式(44.19))来表明这种材料仍然可以在加载全过程保持损伤变量为零:

$$\bar{\sigma} = \frac{\sigma}{\sqrt[n]{1-\varphi}} \tag{44.34}$$

执行如下推导过程,当 n 趋近于无穷大时,表现出应力和有效应力在不可损伤材料中相等:

$$\bar{\sigma} = \frac{\sigma}{\sqrt[n]{1-\varphi}} = \frac{\sigma}{(1-\varphi)^{1/n}} = \frac{\sigma}{(1-\varphi)^{1/\infty}} = \frac{\sigma}{(1-\varphi)^0} = \frac{\sigma}{1} = \sigma \tag{44.35}$$

因此,在这种情况下,即可获得不可损伤材料。在 Voyiadjis 和 Kattan(2012b,2013c,d)给出了不可损伤材料的概念,使用了弹性刚度退化来定义的损伤变量。基于式(44.17)和式(44.18)所示的横截面积的减少,通过使用稍作修改的有效应力的形式,给出不可损伤材料的概念,进一步支撑该方程。

44.9 导致连续区域内奇异性的内损伤过程

本节的目的是提供损伤力学和断裂力学之间的一种联系。不同的内损伤机理的唯象研究但不强调微裂纹、微孔洞或微缺陷,是连续损伤力学的主要方面。不同形式的裂纹扩展和聚合方面的详细研究但不讨论这些缺陷的萌生,是断裂力学的主要方面。通常,能量阈值的某些形式可以用来给出这些缺陷的萌生,而不是准确给出它们的形成方式。近年来,研究人员采用数值方法,来描述固体中的裂纹萌生,如有限单元法(Yu 等,2012)。目前,还没有一种解析的封闭解来解决连续区域里的奇异性。

在本节的连续损伤力学框架里,推导了一系列连续区域内损伤过程,并进行数学描述。可以看出,这一系列的内损伤过程导致了连续区域里的奇异性,这种奇异性可以由多种方法来阐明。它可以表示一个形成的微裂纹的裂纹尖端,微孔洞的尖端以及其他微缺陷的尖端。这种出现的奇异性可以为当前的损伤力学和断裂力学提供一种关键的联系(图 44.9)。

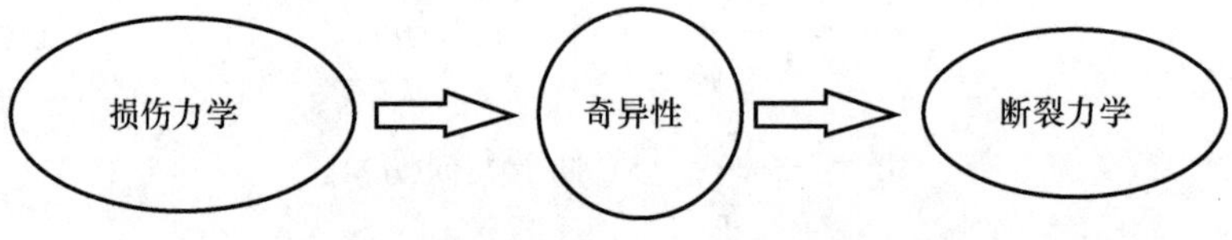

图 44.9 奇异性为损伤力学和断裂力学提供一种关键性的联系
(Voyiadjis 和 Kattan,2013b)

44.9.1 数学公式

在本节里,连续介质损伤力学的基本原则用来给出在连续区域内引起的奇异性。损伤材料的横截面面积用 A 来表示,对应的损伤面积用 A_0 来表示。基于连续损伤力学,以下经典的方程很常见:

$$\phi_0 = \frac{A_0}{A} \tag{44.36}$$

作用在横截面 A 上的力等于 σA,同时作用在未损伤区域 $A-A_0$ 上的力等于 $\bar{\sigma}_0(A-A_0)$。因此,下面的方程表明,作用在损伤材料(实际构型)和未损伤材料(虚拟构型)上的力的等效性。

$$\sigma A = \bar{\sigma}_0(A - A_0) \tag{44.37a}$$

使式(44.36)和式(44.37a)相等,并简化可以导出:

$$\sigma = \bar{\sigma}_0(1 - \phi_0) \tag{44.37b}$$

这里 ϕ_0 是损伤变量,而 σ 是损伤构型上的应力,并且 $\bar{\sigma}_0$ 是与虚拟有效(未损伤)构型相联系的 ϕ_0 的有效应力(图 44.10)。

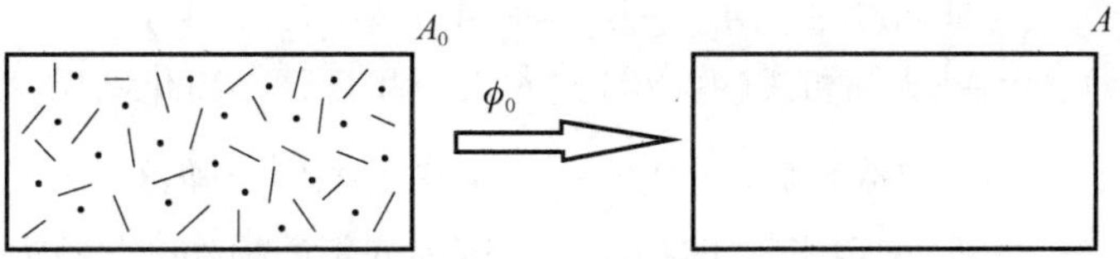

图 44.10　损伤状态和虚构的未损伤状态(Voyiadjis 和 Kattan,2013b)

考虑损伤区域 A_0 的一个子区域 A_1,这里 $A_1<A_0$(图 44.11),并且一种在子区域 A_1 上使用的新的损伤变量 ϕ_1 定义如下(在这种情况下,A_1 由 ϕ_0 控制,随后由 ϕ_1 控制):

$$\phi_1 = \frac{A_1}{A} \tag{44.38}$$

作用在横截面 A 上的力为 σA,而作用在未损伤区域 $A-A_0$ 和 $A-A_1$ 的力可以通过 $\bar{\sigma}_0(A-A_0)$ 和 $\bar{\sigma}_1(A-A_1)$ 来分别定义。因此,如下方程可以基于损伤和未损伤区域的力平衡方程来构建:

$$\sigma A = \bar{\sigma}_0(A - A_0) + \bar{\sigma}_1(A - A_1) \tag{44.39a}$$

将式(44.36)和式(44.38)代入式(44.39a)并简化结果,得到:

$$\sigma = \bar{\sigma}_0(1 - \phi_0) + \bar{\sigma}_1(1 - \phi_1) \tag{44.39b}$$

显然,$\phi_0>\phi_1$,这里 ϕ_1 是定义在子区域 A_1 范围内的新损伤变量,而 $\bar{\sigma}_1$ 是与 ϕ_1 相联系的有效应力。

于是,考虑损伤区域 A_1 的子区域 A_2(这里 $A_2<A_1$)(图 44.11),定义了作用于子区域 A_2 上的新损伤变量 ϕ_2,它具有进一步的损伤(以这种方式,A_2 受 ϕ_0 支配,然后受 ϕ_1 支配,最后受 ϕ_2 支配)。因此,新的损伤变量可以表示为

$$\phi_2 = \frac{A_2}{A} \tag{44.40}$$

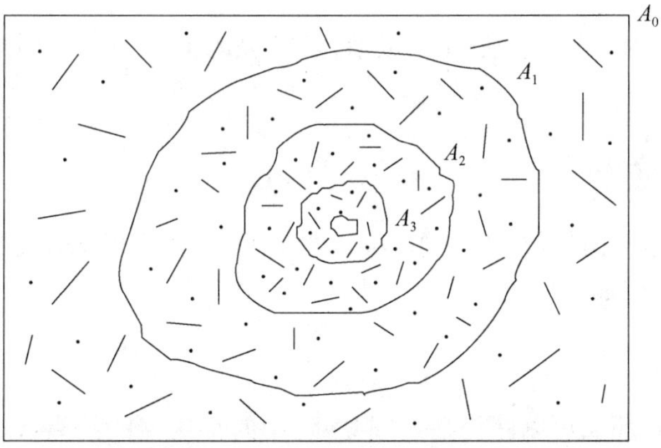

图 44.11　一系列减小的子区域导致了奇异性(Voyiadjis 和 Kattan,2013b)

作用在横截面 A 上的力为 σA,而作用在未损伤区域 $A-A_0$、$A-A_1$、$A-A_2$ 的力可以分别通过 $\bar{\sigma}_0(A-A_0)$、$\bar{\sigma}_1(A-A_1)$ 和 $\bar{\sigma}_2(A-A_2)$ 定义。因此,如下方程可以基于损伤和未损伤区域的力平衡方程来构建:

$$\sigma A = \bar{\sigma}_0(A - A_0) + \bar{\sigma}_1(A - A_1) + \bar{\sigma}_2(A - A_2) \tag{44.41a}$$

将式(44.36)、式(44.38)和式(44.40)代入式(44.41a)并简化结果,得到:

$$\sigma = \bar{\sigma}_0(1 - \phi_0) + \bar{\sigma}_1(1 - \phi_1) + \bar{\sigma}_2(1 - \phi_2) \tag{44.41b}$$

显然,$\phi_1 > \phi_2$,这里 ϕ_2 是定义在子区域 A_2 范围内的新的损伤变量,而 $\bar{\sigma}_2$ 是与 ϕ_2 相联系的有效应力。

这个过程可以通过不断地定义 n 个子区域 $A_1 > A_2 > \cdots > A_n$ 和 n 个损伤变量 $\phi_1 > \phi_2 > \cdots > \phi_n$ 来实现。

因此,一个关于损伤变量严格的单调递减的序列可以获取如下:$\phi_0, \phi_1, \phi_2, \cdots, \phi_n$

因为每个单一的损伤变量小于 1,上述序列收敛于某个基于数学序列和级数的极限值。因此,可以写成如下收敛的级数:

$$\phi_0 + \phi_1 + \phi_2 + \phi_3 + \cdots + \phi_n + \cdots = \phi \tag{44.42}$$

式中:ϕ 为序列的极限和级数求和。

基于式(44.37b)、式(44.39b)和式(44.41b)的直接展开,如下关于应力的方程可以写成:

$$\sigma = \bar{\sigma}_0(1 - \phi_0) + \bar{\sigma}_1(1 - \phi_1) + \cdots + \bar{\sigma}_n(1 - \phi_n) + \cdots \tag{44.43}$$

现在出现的问题是:上述序列趋近于无穷大时将发生什么? 基于式(44.48),在无限大时,应力将变成无穷大,而损伤变量 ϕ_n 将随着 n 趋近于无穷大时变成 0,并且子区域 A_n 将退化成一个点,即奇异点。

案例 特别的情况:一种特殊的情况用以阐释上述概念。假设式(44.42)中的连续损伤变量通过一个常数比例 α 相互关联,那么下面的方程是有效的:

$$\phi_1 = \alpha\phi_0 \tag{44.44}$$

$$\phi_2 = \alpha\phi_1 \tag{44.45}$$

这里 $0<\alpha<1$,因此,式(44.42)可以写成:

$$\phi_o(1 + \alpha + \alpha^2 + \alpha^3 + \cdots + \alpha^{n-1}) = \phi \tag{44.46}$$

式(44.46)括号内的表达式是几何级数,其求和的值是 $\frac{1-\alpha^n}{1-\alpha}$。因此,式(44.46)可以写成:

$$\phi_0 \frac{1 - \alpha^n}{1 - \alpha} = \phi \tag{44.47}$$

考虑到一种无穷几何级数,由于 $0<\alpha<1$,当 n 趋近于无穷大时,α^n 趋近于 0。因此,式(44.47)可以简化成如下形式:

$$\frac{\phi_0}{1 - \alpha} = \phi \tag{44.48}$$

并且,既然 $\phi<1$,那么可以获得在式(44.48)中的常量 α 的约束 $\alpha<1-\phi_0$。因此,损伤变量 ϕ 在奇异点处的值(就损伤变量的初始值 ϕ_0 而言)可以通过式(44.48)来获得。

44.10 小 结

本章提出了一种称为超修复的新的材料修复/强化过程,并且提出一种假想材料,称为超材料。超修复的力学过程可以用标量型变量和各向异性张量来描述。此外,综述了标量型损伤/修复力学,并阐明了各向异性损伤/修复力学。为进一步阐释这些新的概念,用平面应力的特例予以说明。最后,为了阐明超材料的特征,给出结论:在弹性不可损伤的弹性材料框架理论下,超材料必是不可损伤的。

作者并没有从物理和金属学理论方面对相关工作进行介绍,而是从理论数学方面予以介绍,这是因为作者还不清楚这类材料是如何制备得到。作者希望今后能从物理学和金属学方面对相关工作予以突破,同时指出数学公式为今后该领域的进一步发展奠定了基础,希望今后某种强化材料能够实现制备,这里给出的各种图表和方程组成了不可损伤材料的未来技术基础。

最后的问题是,什么是一种材料的可贵之处？即使是不可损伤的,也将在很小的应力条件下产生极其高的应变值(图 44.8)。答案是随着指数 n 趋近于无穷大时,材料将变得十分软,并且实际应用于相关结构的实践很不理想。问题在于,某个特定值时,指数对于结构应用将表现出合理的刚度,同时对于不可损伤材料的响应将保持在一个高的真实度,这对于结构应用可以认为是一种超材料。值得注意的是,在现实过程中,指数 n 永远不可能达到无穷大。对于实际应用,将使用 n 的一种有限值,可能该值还比较高。

通过考虑一系列内损伤过程,在每个过程中的损伤变量的值小于前述过程,可以实现序列收敛到有限的损伤值,同时,该序列还是一种严格的单调递减序列。同时表明,考虑这种有限的序列可以导出一无限序列的子区域,其在无限处收敛于一点,这个点可以认为是一种奇异点。这种奇异性可以由出现的微裂纹的裂纹尖端、微孔洞的尖端或者其他微观缺陷的尖端来形象描述。既然实际问题中的无限点不可能达到,那么可以推断,可以达到有限处的某种类奇异点,但需要足够大的参数 n 值,因此,微裂纹、微孔洞和其他微观缺陷起始于某个连续区域。本章第 44.9 节介绍了可能产生一定奇异性的多个内损伤机制进行了说明,它们在损伤力学和断裂力学之间建立了一种重要的关联性。

参考文献

J. A. Adam, A simplified model of wound healing (with particular reference to the critical size defect). Math. Comput. Model. 30, 23-32 (1999)

E. M. Arruda, M. C. Boyce, A three-dimensional constitutive model for the large stretch behavior of rubber elastic materials. J. Mech. Phys. Solids 41, 389-412 (1993)

E. J. Barbero, F. Greco, P. Lonetti, Continuum damage-healing mechanics with application to selfhealing composites. Int. J. Damage Mech. 14, 51-81 (2005)

A. F. Bower, Applied Mechanics of Solids (CRC press, Boca Raton, 2011)

A. Cauvin, R. B. Testa, Damage mechanics: basic variables in continuum theories. Int. J. Solids Struct. 36, 747-761 (1999)

J. L. Chaboche, On some modifications of kinematic hardening to improve the description of ratchetting effects. Int. J. Plast. 7, 661-678 (1991)

J. L. Chaboche, Thermodynamic formulation of constitutive equations and application to the viscoplasticity and viscoelasticity of metals and polymers. Int. J. Solids Struct. 34, 2239-2254 (1997)

C. L. Chow, M. Jie, Anisotropic damage-coupled sheet metal forming limit analysis. Int. J. Damage Mech. 18, 371

-392(2009)

C. Chow, J. Wang, An anisotropic theory of elasticity for continuum damage mechanics. Int. J. Fract. 33, 3-16 (1987)

W. L. George, J. A. Warren, A parallel 3D dendritic growth simulator using the phase-field method. J. Comput. Phys. 177, 264-283(2002)

V. Ginzburg, On the theory of superconductivity. Il Nuovo Cimento(1955-1965)2, 1234-1250(1955)

V. Ginzburg, L. D. Landau, On the theory of superconductivity. Zh. Eksp. Teor. Fiz. 20(1950), 1064-1082 (1965). Translation in Collected papers of L. D. Landau. Pergamon, Oxford

L. Gránásy, T. Börzsönyi, T. Pusztai, Nucleation and bulk crystallization in binary phase field theory. Phys. Rev. Lett. 88, 206105(2002)

N. R. Hansen, H. L. Schreyer, A thermodynamically consistent framework for theories of elasto plasticity coupled with damage. Int. J. Solids Struct. 31, 359-389(1994)

M. John, G. Li, Self-healing of sandwich structures with grid stiffened shape memory polymer syntactic foam core. Smart Mater. Struct. 19, 1-12(2010)

L. M. Kachanov, On the creep fracture time. Izv Akad. Nauk USSR Otd. Tekh. 8, 26-31(1958)

P. I. Kattan, G. Z. Voyiadjis, A plasticity-damage theory for large deformation of solids—II. Applications to finite simple shear. Int. J. Eng. Sci. 31, 183-199(1993)

P. I. Kattan, G. Z. Voyiadjis, Decomposition of damage tensor in continuum damage mechanics. J. Eng. Mech. 127, 940-944(2001)

R. Kobayashi, Simulations of three dimensional dendrites, in Pattern Formation in Complex Dissipative Systems, ed. by S. Kai(World Scientific, Singapore, 1992), pp. 121-128

L. D. Landau, D. Ter Haar, Collected Papers of LD Landau(Pergamon Press, Oxford, 1965)

H. Lee, K. Peng, J. Wang, An anisotropic damage criterion for deformation instability and its application to forming limit analysis of metal plates. Eng. Fract. Mech. 21, 1031-1054(1985)

J. Lemaitre, How to use damage mechanics. Nucl. Eng. Des. 80, 233-245(1984)

J. Lemaitre, Coupled elasto-plasticity and damage constitutive equations. Comput. Methods Appl. Mech. Eng. 51, 31-49(1985)

J. Lemaitre, J. L. Chaboche, Mechanics of Solid Materials(Cambridge University Press, Cambridge(1990)

G. Li, M. John, A self-healing smart syntactic foam under multiple impacts. Compos. Sci. Technol. 68, 3337-3343(2008)

G. Li, V. D. Muthyala, Impact characterization of sandwich structures with an integrated orthogrid stiffened syntactic foam core. Compos. Sci. Technol. 68, 2078(2008)

G. Li, D. Nettles, Thermomechanical characterization of a shape memory polymer based selfrepairing syntactic foam. Polymer 51, 755-762(2010)

G. Li, N. Uppu, Shape memory polymer based self-healing syntactic foam: 3-D confined thermomechanical characterization. Compos. Sci. Technol. 70, 1419-1427(2010)

Y. L. Liu, Y. W. Chen, Thermally reversible cross-linked polyamides with high toughness and self repairing ability from maleimide- and furan-functionalized aromatic polyamides. Macromol. Chem. Phys. 208, 224-232 (2007)

I. Loginova, G. Amberg, J. Ågren, Phase-field simulations of non-isothermal binary alloy solidification. Acta Mater. 49, 573-581(2001)

V. A. Lubarda, D. Krajcinovic, Damage tensors and the crack density distribution. Int. J. Solids Struct. 30, 2859-2877(1993)

S. Miao, M. L. Wang, H. L. Schreyer, Constitutive models for healing of materials with application to compaction of crushed rock salt. J. Eng. Mech. 121, 1122–1129(1995)

S. Murakami, Notion of continuum damage mechanics and its application to anisotropic creep damage theory. ASME Trans. J. Eng. Mater. Technol. 105, 99–105(1983)

B. Murray, A. Wheeler, M. Glicksman, Simulations of experimentally observed dendritic growth behavior using a phase–field model. J. Cryst. Growth 154, 386–400(1995)

M. Naderi, A. Kahirdeh, M. Khonsari, Dissipated thermal energy and damage evolution of Glass/Epoxy using infrared thermography and acoustic emission. Compos. Part B 43, 1613–1620(2012)

S. Nemat–Nasser, Decomposition of strain measures and their rates in finite deformation elastoplasticity. Int. J. Solids Struct. 15, 155–166(1979)

S. Nemat–Nasser, On Finite Plastic Flow of Crystalline Solids and Geomaterials(DTIC Document, Fort Belvoir, 1983)

J. Nji, G. Li, A self–healing 3D woven fabric reinforced shape memory polymer composite for impact mitigation. Smart Mater. Struct. 19, 1–9(2010a)

J. Nji, G. Li, A biomimic shape memory polymer based self–healing particulate composite. Polymer 51, 6021–6029(2010b)

J. W. C. Pang, I. P. Bond, A hollow fibre reinforced polymer composite encompassing self–healing and enhanced damage visibility. Compos. Sci. Technol. 65, 1791–1799(2005)

T. Park, G. Voyiadjis, Kinematic description of damage. J. Appl. Mech. 65, 93–98(1998)

R. Pavan, B. Oliveira, S. Maghous, G. Creus, A model for anisotropic viscoelastic damage in composites. Compos. Struct. 92, 1223–1228(2010)

Y. N. Rabotnov, Paper 68: on the equation of state of creep, in Proceedings of the Institution of Mechanical Engineers, Conference Proceedings, SAGE Publications, 1963, pp. 2–117, 112–122

Y. N. Rabotnov, Creep rupture, in Proceedings of the XII International Congress on Applied Mechanics, 1968, pp. 342–349

F. Sidoroff, Description of anisotropic damage application to elasticity, in Proceedings of the IUTAM Colloquium on Physical Nonlinearities in Structural Analysis, Berlin, 1981, pp. 237–244

A. H. R. W. Simpson, T. N. Gardner, M. Evans, J. Kenwright, Stiffness, strength and healing assessment in different bone fractures–a simple mathematical model. Injury 31, 777–781(2000)

I. Singer–Loginova, H. Singer, The phase field technique for modeling multiphase materials. Rep. Prog. Phys. 71, 106501(2008)

K. S. Toohey, N. R. Sottos, J. A. Lewis, J. S. Moore, S. R. White, Self–healing materials with microvascular networks. Nat. Mater. 6, 581–585(2007)

J. D. van der Waals, The thermodynamic theory of capillarity under the hypothesis of a continuous variation of density. J. Stat. Phys. 20, 200–244(1979)

R. J. Varley, S. van der Zwaag, Towards an understanding of thermally activated self–healing of an ionomer system during ballistic penetration. Acta Mater. 56, 5737–5750(2008)

G. Z. Voyiadjis, Degradation of elastic modulus in elastoplastic coupling with finite strains. Int. J. Plast. 4, 335–353(1988)

G. Z. Voyiadjis, P. I. Kattan, A coupled theory of damage mechanics and finite strain elastoplasticity—II. Damage and finite strain plasticity. Int. J. Eng. Sci. 28, 505–524(1990)

G. Z. Voyiadjis, P. I. Kattan, A plasticity–damage theory for large deformation of solids—I. Theoretical formulation. Int. J. Eng. Sci. 30, 1089–1108(1992)

G. Z. Voyiadjis, P. I. Kattan, Damage Mechanics (CRC, Boca Raton, 2005)

G. Z. Voyiadjis, P. I. Kattan, Advances in Damage Mechanics: Metals and Metal Matrix Composites With an Introduction to Fabric Tensors (2nd edition), 742 p., (Elsevier, Oxford, ISBN: 0-08-044688-4, 2006)

G. Z. Voyiadjis, P. I. Kattan, A comparative study of damage variables in continuum damage mechanics. Int. J. Damage Mech. 18, 315-340 (2009)

G. Z. Voyiadjis, P. I. Kattan, Mechanics of damage processes in series and in parallel: a conceptual framework. Acta Mech. 223, 1863-1878 (2012a)

G. Z. Voyiadjis, P. I. Kattan, A new class of damage variables in continuum damage mechanics. J. Eng. Mater. Technol. 134, 021016 (2012b)

G. Z. Voyiadjis, P. I. Kattan, Healing and Super Healing in Continuum Damage Mechanics. Int. J. Damage Mech. 23(2), 245-260 (2014)

G. Z. Voyiadjis, P. I. Kattan, How a Singularity Forms in Continuum Damage Mechanics. Mech. Res. Commun. 55, 86-88 (2014)

G. Z. Voyiadjis, P. I. Kattan, Introduction to the mechanics and design of undamageable materials. Int. J. Damage Mech. 22, 323-335 (2013c)

G. Z. Voyiadjis, P. I. Kattan, On the theory of elastic undamageable materials. J. Eng. Mater. Technol. 135, 021002 (2013d)

G. Z. Voyiadjis, N. Mozaffari, Nonlocal damage model using the phase field method: theory and applications. Int. J. Solids Struct. 50, 3136-3151 (2013)

G. Z. Voyiadjis, T. Park, Local and interfacial damage analysis of metal matrix composites. Int. J. Eng. Sci. 33, 1595-1621 (1995)

G. Z. Voyiadjis, T. Park, Anisotropic damage for the characterization of the onset of macro-crack initiation in metals. Int. J. Damage Mech. 5, 68-92 (1996)

G. Voyiadjis, T. Park, Anisotropic damage effect tensors for the symmetrization of the effective stress tensor. J. Appl. Mech. 64, 106-110 (1997)

G. Z. Voyiadjis, Z. N. Taqieddin, P. I. Kattan, Theoretical formulation of a coupled elastic—plastic anisotropic damage model for concrete using the strain energy equivalence concept. Int. J. Damage Mech. 18, 603-638 (2009)

G. Z. Voyiadjis, A. Shojaei, G. Li, P. Kattan, Continuum damage-healing mechanics with introduction to new healing variables. Int. J. Damage Mech. 21(3), 391-414 (2012)

G. Z. Voyiadjis, A. Shojaei, G. Li, A generalized coupled viscoplastic-viscodamage-viscohealing theory for glassy polymers. Int. J. Plast. 28, 21-45 (2012)

S. -L. Wang, R. F. Sekerka, Algorithms for phase field computation of the dendritic operating state at large supercoolings. J. Comput. Phys. 127, 110-117 (1996)

J. A. Warren, W. J. Boettinger, Prediction of dendritic growth and microsegregation patterns in a binary alloy using the phase-field method. Acta Metall. Mater. 43, 689-703 (1995)

A. Wheeler, B. Murray, R. Schaefer, Computation of dendrites using a phase field model. Phys. D Nonlinear Phenom. 66, 243-262 (1993)

S. R. White, N. R. Sottos, P. H. Geubelle, J. S. Moore, M. R. Kessler, S. R. Sriram, E. N. Brown, S. Viswanathan, Autonomic healing of polymer composites. Nature 409, 794-797 (2001)

H. -L. Yu, C. Lu, K. Tieu, G. -Y. Deng, A numerical model for simulation of crack initiation around inclusion under tensile load. J. Comput. Theor. Nanosci. 9, 1745-1749 (2012)

K. Yuan, J. Ju, New strain energy-based coupled elastoplastic damage-healing formulations accounting for effect of matric suction during earth-moving processes. J. Eng. Mech. 139, 188-199(2012)

F. Zaïri, M. Naït-Abdelaziz, J. -M. Gloaguen, J. -M. Lefebvre, A physically-based constitutive model for anisotropic damage in rubber-toughened glassy polymers during finite deformation. Int. J. Plast. 27, 25-51(2011)

M. Zako, N. Takano, Intelligent material systems using epoxy particles to repair microcracks and delamination damage in GFRP. J. Intell. Mater. Syst. Struct. 10, 836-841(1999)

第45章　连续介质损伤和修复力学的热力学

George Z. Voyiadjis, Amir Shojaei

摘　　要

本章将回顾控制损伤和修复过程的热力学定律。固体力学的热力学框架对固体变形机理提供了一个物理一致性的描述，并且在塑性和损伤相关文献中被广泛检验(S. Yazdani, H. L. Schreyer, Combined plasticity and damage mechanics model for plain concrete. J. Eng. Mech. 116(7), 1435-1450(1990); J. L. Chaboche, on some modifications of kinematic hardening to improve the description of ratchetting effects. Int. J. Plast. 7(7), 661-678 (1991); J. L. Chaboche, Cyclic viscoplastic constitutive equations, part Ⅰ: a thermodynamically consistent formulation. J. Appl. Mech. 60(4), 813-821(1993); N. R. Hansen, H. L. Schreyer, A thermodynamically consistent framework for theories of elastoplasticity coupled with damage. Int. J. Solids Struct. 31(3), 359-389(1994); G. Voyiadjis, I. Basuroychowdhury, A plasticity model for multiaxial cyclic loading and ratchetting. Acta Mech. 126(1), 19-35(1998); J. L. Chaboche, A review of some plasticity and viscoplasticity constitutive theories. Int. J. Plast. 24 (10), 1642-1693(2008))。将修复过程引入热力学框架已经被Voyiadjis等提出(A thermodynamic consistent damage and healing model for self healing materials. Int. J. Plast. 27(7), 1025-1044(2011))，该文献提出了一种物理一致性的描述。

整体而言，基于热力学的固体力学模型的数学基础已经得到发展并用于描述金属结构的塑性和损伤，并且不能直接应用于高分子材料，高分子材料通常表现出初始屈服后的应变软化并且表现出在高应变水平时的应变强化。为了克服与经典热力学框架相关的数学上的不足，Voyiadjis、Shojaei和Li(A generalized coupled viscoplastic-viscodamage-viscohealing theory for glassy polymers. Int. J. Plast. 28(1), 21-45(2012a))建立了热力学框架内的广义公式，这里的数学描述可以模拟大多数高分子材料中的非线性黏塑性、黏损伤和黏修复效应，他们已经成功地指出，所提出的框架可以准确描述高分子材料的黏塑性和黏损伤响应，并且模型有足够的灵活度来描述高分子基自修复材料的修复响应。

45.1　概　　述

连续介质损伤力学(CDM)提供了一种广义方法，可囊括各种类型的损伤，包括微裂纹、微孔洞、纤维和基底的脱黏，以及高分子材料的破裂，它们分别对应于不同的加载条件和材料的固有缺陷。虽然经典的断裂力学对于处理宏观裂纹和孔洞(Ashby等，1979；Rice

等,1980;Tvergaard 和 Hutchinson,1992)提供了一套具有实践性的方法,但对于复杂问题仍然具有应用和计算上的困难。过去几十年里得益于计算机技术的发展,基于连续介质损伤力学的失效研究已经得到了显著的发展,并且发展后的连续介质损伤力学模型可以通过用户自定义子程序来进行有限元分析。连续介质损伤力学和网格去除技术的结合为分析复杂结构和复杂载荷提供了一种非常有效的方法。整体上,材料的连续损伤可以通过将材料体系强度弱化到失效点来表示,并且这个任务可以通过连续介质损伤力学框架内的损伤变量的发展来完成。随后通过在自修复系统中移除微观损伤的方式来引入修复的概念,这可以通过引入新的修复变量来实现(Voyiadjis 等,2011,2012a,b,c)。

耦合连续介质损伤和塑性过程的公式体系在文献中已经得到详细研究(Yazdani 和 Schreyer,1990;Hansen 和 chreyer,1994;Chaboche,1997,2008),尽管描述连续介质损伤-修复过程的工作并不少,但是连续介质损伤—修复力学几乎可以认为是新发展的方向(Miao 等,1995;Barbero 等,2005;Voyiadjis 等,2011,2012a,b,c)。连续介质损伤-修复力学框架将在第 46 章中予以介绍,本章关注连续介质损伤-修复力学过程的热力学一致性的表达体系。

本章的安排如下:在第 45.2.1 节标量损伤和修复过程中,讨论损伤和修复的热力学,并且针对标量损伤和修复变量,给出了热力学一致性本构关系。在第 45.2.2 节各向异性损伤和修复力学的本构关系中对各向异性的损伤-修复过程通过张量型控制方程予以描述。本章的的受众是需要在连续介质力学框架里描述自修复材料损伤-修复过程的材料设计者,该修复和损伤过程可以同时或独立地实现。在前一种情况中,损伤和修复可以同时实现,而修复系统指的是耦合的情况;另一种情况指的是下文中介绍的损伤-修复解耦情况。

45.2　损伤和修复演化方程中的热力学一致性

本节介绍了连续介质损伤修复力学概念的热力学框架。运动学和各向同性强化效应引入全部 3 种过程,即塑性、损伤和修复过程。考虑了损伤和修复过程的运动学和各向同性强化效应和小应变假设,随后给出损伤和修复的屈服面,最后推导出耦合弹塑性—损伤-修复过程的本构方程。

45.2.1　标量损伤和修复过程

由 Voyiadjis 等(2012b)提出了考虑能量的概念可以推导出对于解耦的损伤-修复过程的损伤和修复变量的演化方程,这里的损伤和修复过程相互独立。可以假设材料服从由 Lee 等(1985)提出的损伤准则,即标量函数 g^d 和一个广义的热力学力 y^d,假设可以成为损伤过程的驱动力。修复准则是基于同样的属性来定义的,其中的标量函数即 g^h 可以通过修复的热力学共轭力,即 y^h 来定义。这两种准则可以由如下公式来定义(Voyiadjis 等,2012b):

$$g^d(y^d, s^d) \equiv \frac{1}{2}y^{d^2} - L^d(s^d) = 0 \tag{45.1}$$

$$g^h(y^h, s^h) \equiv \frac{1}{2}y^{h^2} - L^h(s^h) = 0 \tag{45.2}$$

式中:L^d 为损伤强化参数,它是全局损伤变量(即 s^d)的函数;L^h 为修复的强化效应,s^h 是全局修复。Voyiadjis 及其团队引入了两套标量—损伤变量(Voyiadjis 等,2012a,b,c),它们在第 45.3 节"计算方面和模拟结果"、"连续介质损伤力学的修复、超修复和其他方面"中提到过。第一套是标量型损伤变量,即 ϕ,以及对应的标量修复变量,即 h,可以分别考虑损伤微表面的去除和恢复。损伤变量的第二套,即 l 和修复变量 h',它们的提出有利于进行基于弹性模量变化的校准过程,而不是基于损伤微表面的测量,这种情况是不实用的。基于上述两套标量损伤-修复变量,可以导出两套演化方程。

1. 基于损伤变量 ϕ 和修复变量 h 的演化方程

弹性刚度给出了如下损伤—修复构型中的弹性应变能(Voyiadjis 等,2012b):

$$U = \frac{1}{2}\sigma\epsilon = \frac{1}{2}E\epsilon^2 = \frac{1}{2}\overline{E}((1-\phi)+\phi(1-h))^2\epsilon^2 \tag{45.3}$$

对式(45.3)求导,可以得出(Voyiadjis 等,2012b):

$$\begin{aligned}\mathrm{d}U = &\overline{E}(((1-\phi_1+\phi(1-h))^2\epsilon\mathrm{d}\epsilon - h\overline{E}((1-\phi)+\phi(1-h))\epsilon^2\mathrm{d}\phi \\ &-\phi\overline{E}((1-\phi)+\phi(1-h))\epsilon^2\mathrm{d}h\end{aligned} \tag{45.4}$$

广义的共轭热力学力对应于损伤和修复过程,可以定义如下(Voyiadjis 等,2012b):

$$y^d = \frac{\partial U}{\partial \phi} = -h\overline{E}((1-\phi)+\phi(1-h))\epsilon^2 \tag{45.5}$$

$$y^h = \frac{\partial U}{\partial h} = -\phi\overline{E}((1-\phi)+\phi(1-h))\epsilon^2 \tag{45.6}$$

为了推导出有关损伤和修复过程的正常规则,可以引入功率耗散量如下:

$$\Pi = -y^d\mathrm{d}\phi + y^h\mathrm{d}h - L^d\mathrm{d}s^d + L^h\mathrm{d}s^h > 0 \tag{45.7}$$

能量耗散受到损伤和修复准则的约束(式(45.1)和式(45.2))。随后通过并入拉格朗日乘子修改函数 Π,从而导出了如下方程,并做了最小化处理(Voyiadjis 等,2012b):

$$\Psi = \Pi - \mathrm{d}\lambda^d \cdot g^d - \mathrm{d}\lambda^h \cdot g^h \tag{45.8}$$

将式(45.1)、式(45.2)和式(45.7)代入式(45.8),可以得到(Voyiadjis 等,2012b):

$$\Psi = -y^d\mathrm{d}\phi + y^h\mathrm{d}h - L^d\mathrm{d}s^d - L^h\mathrm{d}s^h - \mathrm{d}\lambda^d \cdot \left(\frac{1}{2}y^{d^2} - L^d(s^d)\right) + \mathrm{d}\lambda^h \cdot \left(\frac{1}{2}y^{h^2} - L^h(s^h)\right) \tag{45.9}$$

使用静态条件 $\frac{\partial \Psi}{\partial y^d}=0$、$\frac{\partial \Psi}{\partial y^h}=0$、$\frac{\partial \Psi}{\partial L^d}=0$ 和 $\frac{\partial \Psi}{\partial L^h}=0$,式(45.9)可以导出如下关系式(Voyiadjis 等,2012b):

$$\mathrm{d}\phi = -\mathrm{d}\lambda^d \cdot y^d \tag{45.10}$$

$$\mathrm{d}h = \mathrm{d}\lambda^h \cdot y^h \tag{45.11}$$

$$\mathrm{d}s^d = \mathrm{d}\lambda^d \tag{45.12}$$

$$\mathrm{d}s^h = -\mathrm{d}\lambda^h \tag{45.13}$$

式(45.10)和式(45.11)是损伤和修复变量的演化方程,并且式(45.12)和式(45.13)给出了损伤和修复变量及它们对应乘子的关系。为了得到损伤和修复变量,按照下式使用一致性条件,即 $\mathrm{d}g^d=0$ 和 $\mathrm{d}g^h=0$(Voyiadjis 等,2012b):

$$\frac{\partial g^d}{\partial y^d}\mathrm{d}y^d + \frac{\partial g^d}{\partial L^d}\mathrm{d}L^d = 0 \tag{45.14}$$

$$\frac{\partial g^h}{\partial y^h}\mathrm{d}y^h + \frac{\partial g^h}{\partial L^h}\mathrm{d}L^h = 0 \tag{45.15}$$

使用式(45.1)、式(45.2)、式(45.12)和式(45.13),并使用 $\mathrm{d}L^d = \mathrm{d}s^d(\partial L^d/\partial s^d)$ 并将 $\mathrm{d}L^h = \mathrm{d}s^h(\partial L^h/\partial s^h)$ 代入式(45.14)和式(45.15)中,可以得到(Voyiadjis 等,2012b):

$$\mathrm{d}s^d = \mathrm{d}\lambda^d = \frac{y^d\mathrm{d}y^d}{\partial L^d/\partial s^d} \tag{45.16}$$

$$\mathrm{d}s^h = -\mathrm{d}\lambda^h = \frac{y^h\mathrm{d}y^h}{\partial L^h/\partial s^h} \tag{45.17}$$

为了研究应变—损伤和应变—修复关系,可以将式(45.5)和式(45.6)求导如下:

$$\mathrm{d}y^d = \overline{E}(2h\phi - 1)\epsilon^2\mathrm{d}h - 2h\overline{E}(1 - \phi h)\epsilon\mathrm{d}\epsilon + \overline{E}h^2\epsilon^2\mathrm{d}\phi \tag{45.18}$$

$$\mathrm{d}y^h = \overline{E}(2h\phi - 1)\epsilon^2\mathrm{d}\phi - 2\phi\overline{E}(1 - \phi h)\epsilon\mathrm{d}\epsilon + \overline{E}\phi^2\epsilon^2\mathrm{d}h \tag{45.19}$$

将式(45.16)和式(45.17)代入式(45.10)和式(45.11),可以得到关于共轭力和强化函数的演化方程(Voyiadjis 等,2012b):

$$\mathrm{d}\phi = -\frac{(y^d)^2\mathrm{d}y^d}{\partial L^d/\partial s^d} \tag{45.20}$$

$$\mathrm{d}h = -\frac{(y^h)^2\mathrm{d}y^h}{\partial L^h/\partial s^h} \tag{45.21}$$

利用式(45.5)、式(45.6)、式(45.18)和式(45.19),并结合式(45.20)和式(45.21),可以导出应变—损伤和应变—修复关系如下(Voyiadjis 等,2012b):

$$(\partial L^d/\partial s^d)\mathrm{d}\phi = h^2\overline{E}^3\epsilon^5(1 - h\phi)^2(-(2h\phi - 1)\epsilon\mathrm{d}h + 2h(1 - \phi h)\mathrm{d}\epsilon - h^2\epsilon\mathrm{d}\phi) \tag{45.22}$$

$$(\partial L^h/\partial s^h)\mathrm{d}h = \phi^2\overline{E}^3\epsilon^5(1 - h\phi)^2(-(2h\phi - 1)\epsilon\mathrm{d}\phi + 2\phi(1 - \phi h)\mathrm{d}\epsilon - \phi^2\epsilon\mathrm{d}h) \tag{45.23}$$

在无修复的损伤情况下,通过代入 $h=1$ 和 $\mathrm{d}h=0$ 到式(45.22),可以导出(Voyiadjis 等,2012b):

$$(\partial L^d/\partial s^d)\mathrm{d}\phi = \overline{E}^3\epsilon^5(1 - \phi)^2(2(1 - \phi)\mathrm{d}\epsilon - \epsilon\mathrm{d}\phi) \tag{45.24}$$

式(45.24)是一种连续介质损伤力学的基本关系,该关系建立了损伤和应变水平的联系(Voyiadjis 和 Kattan,2006,2009)。通过变量 $x=h(1-h\phi)\epsilon^2$ 的简单变形,式(45.22)可以变成(Voyiadjis 等,2012b):

$$(\partial L^d/\partial s^d)\mathrm{d}\phi = \overline{E}^3x^2\mathrm{d}x \tag{45.25}$$

可以考虑一种关于 $L^d=\bar{\bar{c}}s^d+\bar{\bar{d}}$ 的线性函数,这里 $\bar{\bar{c}}$ 和 $\bar{\bar{d}}$ 是常量,并且式(45.25)可以通过如下方法解出(Voyiadjis 等,2012b):

$$\frac{\phi - \phi_0}{h^3(1 - h\phi)^3} = \overline{E}^3\frac{\epsilon^6}{3\bar{\bar{c}}} \tag{45.26}$$

这里 ϕ_0 是初始损伤量。通过类似的方法,可以通过变量 $y=\phi(1-h\phi)\epsilon^2$ 的改变和

$L^h = c'{s^h} + d'$线性函数的假设来求解式(45.23)，这里的 c' 和 d' 是常量。得出的关系具有如下形式(Voyiadjis 等，2012b)：

$$\frac{h - h_0}{\phi^3(1 - h\phi)^3} = \frac{\bar{E}^3 \epsilon^6}{3c'} \tag{45.27}$$

这里，h_0 是修复变量的初始值。而式(45.26)和式(45.27)分别是损伤变量 ϕ 和修复变量 h 的应变—损伤关系和应变—修复关系(Voyiadjis 等，2012b)。

2. 基于损伤变量 $\boldsymbol{l}$ 和修复变量 $\boldsymbol{h'}$ 的演化方程

将式(45.10)的弹性刚度代入式(45.7)，可以导出如下损伤—修复构型中弹性应变能的表达式(Voyiadjis 等，2012b)：

$$U = \frac{1}{2} \frac{(1 + h')\bar{E}}{(1 + l)} \epsilon^2 \tag{45.28}$$

将式(45.23)求导，可以导出如下表达式(Voyiadjis 等，2012b)：

$$\mathrm{d}U = \frac{\bar{E}\epsilon^2}{2(1 + l)} \mathrm{d}h' - \frac{\bar{E}\epsilon^2(1 + h')}{2(1 + l)^2} \mathrm{d}l + \frac{(1 + h')}{(1 + l)} \bar{E}\epsilon \mathrm{d}\epsilon \tag{45.29}$$

广义的共轭热力学力分别对应于损伤 $y^d = \partial U / \partial l$ 和修复 $y^h = \partial U / \partial h'$ 过程，它们分别定义如下(Voyiadjis 等，2012b)：

$$y^d = -\frac{\bar{E}\epsilon^2(1 + h')}{2(1 + l)^2} \tag{45.30}$$

$$y^h = \frac{\bar{E}\epsilon^2}{2(1 + l)} \tag{45.31}$$

为了研究应变损伤和应变修复的关系，可以对式(45.30)和式(45.31)求微分如下(Voyiadjis 等，2012b)：

$$\mathrm{d}y^d = -\frac{\bar{E}\epsilon(1 + h')}{(1 + l)^2} \mathrm{d}\epsilon - \frac{\bar{E}\epsilon^2}{2(1 + l)^2} \mathrm{d}h' + \frac{\bar{E}\epsilon^2(1 + h')}{(1 + l)^3} \mathrm{d}l \tag{45.32}$$

$$\mathrm{d}y^h = \frac{\bar{E}\epsilon}{(1 + l)} \mathrm{d}\epsilon - \frac{\bar{E}\epsilon^2}{2(1 + l)^2} \mathrm{d}l \tag{45.33}$$

为得到损伤变量和修复变量，式(45.20)和式(45.21)可以做如下修正(Voyiadjis 等，2012b)：

$$\mathrm{d}l = -\frac{(y^d)^2 \mathrm{d}y^d}{\partial L^d / \partial s^d} \tag{45.34}$$

$$\mathrm{d}h' = -\frac{(y^h)^2 \mathrm{d}y^h}{\partial L^h / \partial s^h} \tag{45.35}$$

将式(45.30)、式(45.31)、式(45.32)和式(45.33)代入式(45.34)和式(45.35)，可以导出(Voyiadjis 等，2012b)：

$$(\partial L^d / \partial s^d) \mathrm{d}l = \left[\frac{\bar{E}^3 \epsilon^5 (1 + h')^2}{4(1 + l)^6}\right] \left[(1 + h')\mathrm{d}\epsilon + \epsilon \mathrm{d}h' - \frac{(1 + h')}{(1 + l)} \epsilon \mathrm{d}l\right] \tag{45.36}$$

$$(\partial L^h / \partial s^h) \mathrm{d}h' = \left(\frac{\bar{E}^3 \epsilon^5}{4(1 + l)^3}\right) \left(\frac{\epsilon}{2(1 + l)} \mathrm{d}l - \mathrm{d}\epsilon\right) \tag{45.37}$$

式(45.36)和式(45.37)代表关于损伤变量 l 和修复变量 h' 的应变—损伤和修复—损伤关系。

45.2.2　各向异性损伤和修复力学的本构关系

热力学约束方程包括能量考虑,可用于推导不可逆过程(如损伤、塑性和修复)相关的材料行为和演化方程。在下面的符号中,所有的张量型参数以黑体表示。令 u 表示特定的内能,它是熵 s、弹性能 $\boldsymbol{\epsilon}_{ij}^{e}$、损伤变量张量 $\boldsymbol{\zeta}_{ij}^{d}$、塑性变形变量张量 $\boldsymbol{\zeta}_{ij}^{p}$ 和修复变量张量 $\boldsymbol{\zeta}_{ij}^{h}$ 的函数,其可能是可观察变量或内变量。特殊的内能 u 可以定义如下(Voyiadjis 等,2011,2012a,c):

$$u = u(s,\boldsymbol{\epsilon}_{ij}^{e},\boldsymbol{\zeta}_{ij}^{d},\boldsymbol{\zeta}_{ij}^{p},\boldsymbol{\zeta}_{ij}^{h}) \tag{45.38}$$

这里二阶张量 $\boldsymbol{\zeta}_{ij}^{d}$、$\boldsymbol{\zeta}_{ij}^{p}$ 和 $\boldsymbol{\zeta}_{ij}^{h}$ 的维数是内变量的个数,内变量用以分别描述每个现象:损伤、塑性和修复过程。这里应变变量 $\boldsymbol{\epsilon}_{ij}^{e}$ 中的上标“e”仅仅是用来表示应变是弹性的。式(45.38)对时间求导可得

$$\dot{u} = \frac{\partial u}{\partial s}\dot{s} + \frac{\partial u}{\partial \boldsymbol{\epsilon}_{ij}^{e}}\dot{\boldsymbol{\epsilon}}_{ij}^{e} + \frac{\partial u}{\partial \zeta_{ij}^{d}}\dot{\boldsymbol{\zeta}}_{ij}^{d} + \frac{\partial u}{\partial \zeta_{ij}^{p}}\dot{\boldsymbol{\zeta}}_{ij}^{p} + \frac{\partial u}{\partial \zeta_{ij}^{h}}\dot{\boldsymbol{\zeta}}_{ij}^{h} \tag{45.39}$$

热力学第二定律表明熵变通常为正数,并且可以表达为 Clausius-Dehem 不等式,如下(Voyiadjis 等,2011,2012a,c):

$$\sigma_{ij}\dot{\boldsymbol{\epsilon}}_{ij}^{e} - \rho(\dot{u} + s\dot{T}) - \frac{q_i}{T}\nabla_i T \geqslant 0 \tag{45.40}$$

式中:ρ 为密度,设为常数;σ_{ij} 为柯西应力;T 为绝对温度;q_i 和 $\nabla_i T$ 分别为热流和温度梯度。下列约束条件在该公式中予以采用(Lublinear,1972):①采用纯力学理论(体系内无热源、无热流);②考虑无穷小变形状态。加性弹塑性态是第二种表述的结果。将式(45.39)代入式(45.40),消去热流项得到如下表达式(Voyiadjis 等,2011,2012a,c):

$$\sigma_{ij}e_{ij}^{e} - \rho\left(\left(\frac{\partial u}{\partial s}\dot{s} + \frac{\partial u}{\partial \boldsymbol{\epsilon}_{ij}^{e}}\dot{\boldsymbol{\epsilon}}_{ij}^{e} + \frac{\partial u}{\partial \zeta_{ij}^{d}}\dot{\zeta}_{ij}^{d} + \frac{\partial u}{\partial \zeta_{ij}^{r}}\dot{\zeta}_{ij}^{p} + \frac{\partial u}{\partial \zeta_{ij}^{k}}\dot{\zeta}_{ij}^{h}\right) + T\dot{s}\right) \geqslant 0 \tag{45.41}$$

整理式(45.41),可以得到(Voyiadjis 等,2011,2012a):

$$\left(\sigma_{ij} - \rho\frac{\partial u}{\partial \boldsymbol{\epsilon}_{ij}^{e}}\right)\dot{\boldsymbol{\epsilon}}_{ij}^{e} + \rho\left(T - \frac{\partial u}{\partial s}\right)\dot{s} - \rho\left(\frac{\partial u}{\partial \zeta_{ij}^{d}}\dot{\zeta}_{ij}^{d} + \frac{\partial u}{\partial \zeta_{ij}^{p}}\dot{\zeta}_{ij}^{p} + \frac{\partial u}{\partial \zeta_{ij}^{h}}\dot{\zeta}_{ij}^{h}\right) \geqslant 0 \tag{45.42}$$

共轭热力学力与熵通量 s 和弹性应变 $\boldsymbol{\epsilon}_{ij}^{e}$ 相关,分别得到下式(Voyiadjis 等,2011,2012):

$$T = \frac{\partial u}{\partial s};\sigma_{ij} = \rho\frac{\partial u}{\partial \boldsymbol{\epsilon}_{ij}^{e}} \tag{45.43}$$

耗散功 Γ 的表达式如下(Voyiadjis 等,2011,2012):

$$\Gamma = -\rho\left(\frac{\partial u}{\partial \zeta_{ij}^{d}}\dot{\zeta}_{ij}^{d} + \frac{\partial u}{\partial \zeta_{ij}^{p}}\dot{\zeta}_{ij}^{p} + \frac{\partial u}{\partial \zeta_{ij}^{h}}\dot{\zeta}_{ij}^{h}\right) \tag{45.44}$$

耗散功 Γ 用来定义如下共轭的热力学力(Voyiadjis 等,2011,2012):

$$y_{ij}^{d} = \frac{\partial u}{\partial \boldsymbol{\zeta}_{ij}^{d}};y_{ij}^{p} = \frac{\partial u}{\partial \boldsymbol{\zeta}_{ij}^{p}};y_{ij}^{h} = \frac{\partial u}{\partial \boldsymbol{\zeta}_{ij}^{h}} \tag{45.45}$$

式中:y_{ij}^{d}、y_{ij}^{p} 和 y_{ij}^{h} 分别为损伤、塑性和修复共轭力。最后,热力学第二定律可以简化为

(Voyiadjis 等,2011,2012):

$$\Gamma \geq 0 \tag{45.46}$$

亥姆霍兹自由能函数 ψ 通过内能的勒让德变换如下:

$$\psi = u - Ts \tag{45.47}$$

用亥姆霍兹自由能得出相同耗散功 Γ 的相同结果,如式(45.46)所示。热力学能和亥姆霍兹自由能定义的唯一区别是,热力学能是熵和机械变量的函数,而亥姆霍兹自由能是温度和机械变量的函数。等熵过程采用内能公式,等温过程采用亥姆霍兹势。

无穷小准静态过程的热力学第一定律表明:一个系统的能量变化等于输入或输出的机械能和热量之和。基于内变量公式的第一定律约化为(Voyiadjis 等,2011,2012a,c):

$$\dot{u} = \frac{1}{\rho}\sigma_{ij}\dot{\epsilon}_{ij}^{e} \tag{45.48}$$

将式(45.48)代入式(45.39),同时加入式(45.43),得到损伤、可塑性、修复过程熵的表达式如下:(Voyiadjis 等,2011,2012a,c):

$$T\dot{s} = -\left(\frac{\partial u}{\partial \boldsymbol{\zeta}_{ij}^{d}}\dot{\boldsymbol{\zeta}}_{ij}^{d} + \frac{\partial u}{\partial \boldsymbol{\zeta}_{ij}^{p}}\dot{\boldsymbol{\zeta}}_{ij}^{p} + \frac{\partial u}{\partial \boldsymbol{\zeta}_{ij}^{k}}\dot{\boldsymbol{\zeta}}_{ij}^{h}\right) \tag{45.49}$$

耦合的弹塑性—损伤—修复可以通过如下假设构建,即假设是一个热等过程,并且内变量张量 $\boldsymbol{\zeta}_{ij}^{d}$、$\boldsymbol{\zeta}_{ij}^{p}$ 和 $\boldsymbol{\zeta}_{ij}^{h}$ 可以以最广义的形式引入系统。与内变量张量 $\boldsymbol{\zeta}_{ij}^{p}$ 相关的塑性对应于如下三种内变量:①二阶塑性应变张量 $\boldsymbol{\epsilon}_{ij}^{p}$;②二阶运动硬化张量 $\boldsymbol{\alpha}_{ij}$,它代表非弹性变形过程中的残余应力流变,并表示屈服面 f^{p} 在应力空间中心的位移,③张量 $\boldsymbol{p}_{ij}$ 表示各向同性硬化,表示在塑性变形过程中的不同方向上屈服面 f^{p} 尺寸的变化(塑性屈服面变形)(Voyiadjis 等,2011,2012a)。通用形式的损伤变量张量 $\boldsymbol{\zeta}_{ij}^{d}$,其相应的内部变量可表现为三种主要类型(Voyiadjis 等,2011,2012 a,c):①广义损伤张量 $\boldsymbol{d}_{ij}$;衡量材料的整体退化;②损伤张量 d_{ij}^{K},描述损伤过程引起的运动硬化,并表示损伤表面 f^{d} 的中心的转变;③张量 $\boldsymbol{p}_{ij}$ 代表各向同性硬化,表示屈服面 f^{p} 尺寸的变化(Hansen 和 Schreyer,1994,Voyiadjis 等,2011,2012a,c)。修复变量张量 $\boldsymbol{\zeta}_{ij}^{h}$ 可以通过如下广义形式给出:①广义的修复张量 $\boldsymbol{h}_{ij}$,可以考虑材料的整体修复情况;②修复变量张量 $\boldsymbol{h}_{ij}^{K}$ 可以描述修复过程的动力学强化(在修复面 f^{h} 的中部的变化);③修复张量 $\boldsymbol{h}_{ij}^{I}$ 用来描述修复过程中的各向同性强化/软化,这可以是不同方向上修复面 f^{h} 的尺寸的变化。

对于多晶金属材料,运动学和各向同性硬化的物理描述与位错和位错动力学的形成有关(Asaro 和 Lubarda,2006;Voyiadjis 等,2010),聚合物材料中分子链熵的变化可以描述硬化效应(Beloshenko 等,2005;Voyiadjis 等,2011,2012a,c),尖裂纹塑性和止裂效应在损伤过程中诱导了硬化效应(Voyiadjis 和 Kattan,2006;Voyiadjis 等,2011)。在修复过程中,硬化/软化可能是由修复后的化学分解变化、修复过程中的非弹性应变、甚至修复剂扩散到微裂纹等不同原因引起的。修复微囊化剂的化学反应可能导致固化后的力学性能更高,或者基于形状记忆的自愈系统在编程时的非弹性应变可能导致硬化效应(Voyiadjis 等,2011)。试验结果表明,由塑性、损伤和修复引起的硬化可以用硬化演化规律来表征。运动学和各向同性概念为这些现象的建模提供了工具。

将引入的内部变量代入亥姆霍兹自由能,得到如下关系式(Voyiadjis 等,2011):

$$\Psi = \Psi(\epsilon_{ij},\epsilon_{ij}^{p},\alpha_{ij},p_{ij},d_{ij},d_{ij}^{K},d_{ij}^{I},h_{ij},h_{ij}^{K},h_{ij}^{I}) \tag{45.50}$$

利用式(45.45),得到与所讨论的流量变量相关的热力学共轭力如下:(Voyiadjis 等,2011):

$$\begin{cases} \sigma_{ij}^{p} = -\rho\dfrac{\partial\Psi}{\partial\epsilon_{ij}^{p}};y_{ij}^{d} = -\rho\dfrac{\partial\Psi}{\partial d_{ij}};y_{ij}^{h} = -\rho\dfrac{\partial\Psi}{\partial h_{ij}} \\ y_{ij}^{pK} = -\rho\dfrac{\partial\Psi}{\partial\alpha_{ij}};y_{ij}^{dK} = -\rho\dfrac{\partial\Psi}{\partial d_{ij}^{K}};y_{ij}^{hK} = -\rho\dfrac{\partial\Psi}{\partial h_{ij}^{K}} \\ y_{ij}^{pI} = -\rho\dfrac{\partial\Psi}{\partial p_{ij}};y_{ij}^{dI} = -\rho\dfrac{\partial\Psi}{\partial d_{ij}^{I}};y_{ij}^{hI} = -\rho\dfrac{\partial\Psi}{\partial h_{ij}^{I}} \end{cases} \tag{45.51}$$

式中:σ_{ij}^{p} 为共轭塑性应变的力;y_{ij}^{d} 和 y_{ij}^{h} 共轭力分别为与损伤和修复相关的变量;y_{ij}^{pK}、y_{ij}^{dK} 和 y_{ij}^{hK} 分别为与塑性、损伤和修复过程的运动硬化效应相关的共轭力;y_{ij}^{pI} 和 y_{ij}^{dI} 分别为塑性和损伤过程各向同性硬化效应的共轭力;y_{ij}^{hI} 为修复过程各向同性硬化/软化的共轭力。亥姆霍兹自由能分解如下(Hansen 和 Schreyer,1994;Voyiadjis 等,2011):

$$\Psi = W(\epsilon_{ij},\epsilon_{ij}^{p},d_{ij},h_{ij}) + H(\alpha_{ij},p_{ij},d_{ij}^{K},d_{ij}^{I},h_{ij}^{K},h_{ij}^{I}) + G_{dh}(d_{ij},h_{ij}) \tag{45.52}$$

其中亥姆霍兹自由能 W 的弹性部分定义为(Voyiadjis 等,2011):

$$W(\epsilon_{ij},\epsilon_{ij}^{p},d_{ij},h_{ij}) = \frac{1}{2}(\epsilon_{ij}-\epsilon_{ij}^{p})\boldsymbol{E}_{ijkl}(\epsilon_{kl}-\epsilon_{kl}^{p}) \tag{45.53}$$

其中,四阶弹性刚度张量$\boldsymbol{E}_{ijkl}$ 是损伤变量 d_{ij} 和修复变量 h_{ij} 的函数,这些参数是根据它们相应的理论定义的,未知的硬化函数 $H(\alpha_{ij},p_{ij},d_{ij}^{K},d_{ij}^{I},h_{ij}^{K},h_{ij}^{I})$ 显示不同的硬化/软化过程的影响。最后的项 $G_{dh}(d_{ij},h_{ij})$ 与考虑微裂纹和微表面扩展和恢复的表面能有关(Voyiadjis 等,2011),这一项意味着受损材料中的一部分能量被转化为增加的表面能量,其余部分转化为热量(Hansen 和 Schreyer,1994;Barbero 等,2005;Voyiadjis 等,2011)。在修复过程中,$G_{dh}(d_{ij},h_{ij})$ 可能代表修复剂扩散过程导致的表面能量的降低(Voyiadjis 等,2011;Li 和 Shojaei,2012)。这个概念可以用于非耦合(Li 和 Nettles,2010;Voyiadjis 等,2011;Li 和 Shojaei,2012)和耦合自愈系统(White 等,2001;Kirkby 等,2009),换句话说,在修复过程中,除了考虑裂纹闭合效应的外部载荷外,修复剂扩散引起的表面能降低也可以用这个函数来表示。

利用式(45.43)、式(45.51)、式(45.52),推导出柯西应力 σ_{ij} 经典的形式,共轭力 σ_{ij}^{p} 由下式得出(Voyiadjis 等,2011,2012):

$$\sigma_{ij} = E_{ijkl}(\epsilon_{ij}-\epsilon_{ij}^{p});\sigma_{ij} = \sigma_{ij}^{p} \tag{45.54}$$

为了推导出与塑性、损伤和修复相关的内部变量的演化方程,借助亥姆霍兹自由能 Ψ 的定义,耗散功(式(45.44))可用于得出以下关系(Voyiadjis 等,2011,2012a):

$$\begin{aligned} \Gamma = -\rho\Bigg(&\frac{\partial\Psi}{\partial\epsilon_{ij}^{p}}:\dot{\epsilon}_{ij}^{p} + \frac{\partial\Psi}{\partial\alpha_{ij}}:\dot{\alpha}_{ij} + \frac{\partial\Psi}{\partial p_{ij}}:\dot{p}_{ij} + \frac{\partial\Psi}{\partial d_{ij}}:\dot{d}_{ij} + \frac{\partial\Psi}{\partial d_{ij}^{K}}:\dot{d}_{ij}^{K} \\ &+ \frac{\partial\Psi}{\partial d_{ij}^{I}}:\dot{d}_{ij}^{I} + \frac{\partial\Psi}{\partial h_{ij}}:\dot{h}_{ij} + \frac{\partial\Psi}{\partial h_{ij}^{K}}:\dot{h}_{ij}^{K} + \frac{\partial\Psi}{\partial h_{ij}^{I}}:\dot{h}_{ij}^{I}\Bigg) \end{aligned} \tag{45.55}$$

将式(45.51)的热力学共轭力代入式(45.55),得到耗散功的关系式(Voyiadjis 等,2011,2012a):

$$\Gamma = \sigma_{ij}\dot{\epsilon}_{ij}^{p} + y_{ij}^{pK}\dot{\alpha}_{ij} + y_{ij}^{pI}\dot{p}_{ij} + y_{ij}^{d}\dot{d}_{ij} + y_{ij}^{dK}\dot{d}_{ij}^{K} + y_{ij}^{dI}\dot{d}_{ij}^{I} + y_{ij}^{h}\dot{h}_{ij} + y_{ij}^{h}\dot{h}_{ij} + y_{ij}^{hK}\dot{h}_{ij}^{K} + y_{ij}^{hI}\dot{h}_{ij}^{I} \tag{45.56}$$

式(45.56)是耗散幂函数的最一般形式,包括各过程的相关运动学和各向同性硬化项。屈服、损伤和修复阈值的广义形式是在经典塑性公式框架内引入的,其中运动学和各向同性硬化项由两个单独的函数表示(Voyiadjis 和 Foroozesh,1990;Chaboche,1997;Voyiadjis 等,2011,2012a)。所有过程之间的耦合是通过在所有标准中包含一个附加项来获得的,该附加项抓住不同过程之间的广义耦合。屈服面广义形式引入如下表达式(Voyiadjis 等,2011,2012a):

$$f_{ij}^{p} \equiv f^{p1}(\sigma_{ij} - y_{ij}^{pK}) - f^{p2}(y_{ij}^{pI}) - f^{p3}(y_{ij}^{d}, y_{ij}^{dK}, y_{ij}^{dI}) - f^{p4}(y_{ij}^{h}, y_{ij}^{hK}, y_{ij}^{hI}) - \sigma_{ij}^{y} \leqslant 0 \tag{45.57}$$

式中:σ_{ij}^{y} 为不均匀材料的初始屈服应力;f^{p1} 为塑性随动强化效果;f^{p2} 描述了塑料各向同性硬化效应;f^{p3} 和 f^{p4} 分别为塑性屈服准则中损伤和修复过程的影响,同理,广义损伤面定义如下(Voyiadjis 等,2011,2012a):

$$f_{ij}^{d} = f^{d1}(y_{ij}^{d} - y_{ij}^{dK}) - f^{d2}(y_{ij}^{dI}) - f^{d3}(\sigma_{ij}, y_{ij}^{pK}, y_{ij}^{pI}) - f^{d4}(y_{ij}^{h}, y_{ij}^{hK}, y_{ij}^{hI}) - \omega_{ij}^{d0} \leqslant 0 \tag{45.58}$$

式中:ω_{ij}^{d0} 为损伤面在不同的方向的初始尺寸;f^{d1} 和 f^{d2} 分别为由于损伤过程引起的运动和各向同性硬化;f^{d3} 和 f^{d4} 分别为塑性变形和损伤过程对损伤判据的影响。广义修复面定义如下:f^{h1} 和 f^{h2} 展示由于修复过程引起的各自的运动和各向同性硬化/软化,f^{h3} 和 f^{h4} 分别表示塑性变形和损伤对修复判据的影响,如下所示(Voyiadjis 等,2011,2012):

$$f_{ij}^{h} \equiv f^{h1}(y_{ij}^{d} - y_{ij}^{dK}) - f^{h2}(y_{ij}^{dI}) - f^{h3}(\sigma_{ij}, y_{ij}^{pK}, y_{ij}^{pI}) - f^{h4}(y_{ij}^{h}, y_{ij}^{hK}, y_{ij}^{hI}) - \omega_{ij}^{h0} \leqslant 0 \tag{45.59}$$

式中:ω_{ij}^{h0} 为修复面的的初始尺寸。所有这些函数都必须是一阶齐次的。

文献(Chaboche,1993;Voyiadjis,Abu Al-Rub,2003;Voyiadjis 和 Kattan,2006;Khan 等,2010a,b)中给出了塑性和损伤屈服准则,只有修复面的概念可能需要更多的阐述。当满足一致性条件时修复过程被激活,也就是说,$f^{h}=0$ 和 $\dot{f}^{h}=0$。修复准则是相关修复机制的函。例如,在微囊化修复动力的情况下,微囊壁一旦被破坏,就会启动修复过程,并根据微囊壁断裂所需的应力确定修复准则。

利用热力学过程中的极值熵产生原理,结合式(45.57)、式(45.58)、式(45.59)的约束条件,将其应用于耗散函数式(45.56)。假设塑性、损伤和修复现象的屈服面各向同性,得到的拉格朗日函数的极值化如下(Voyiadjis 等,2011,2012a):

$$\gamma^{*} = \Gamma - \dot{\lambda}^{p} f^{p} - \dot{\lambda}^{d} f^{d} - \dot{\lambda}^{h} f^{h} \tag{45.60}$$

这里,$\dot{\lambda}^{p}$、$\dot{\lambda}^{d}$ 和 $\dot{\lambda}^{h}$ 分别表示可塑性、损伤和修复的拉格朗日乘子,分别执行产生约束的过程。应用三个固定条件 $\dfrac{\partial\gamma^{*}}{\partial\sigma_{ij}}=0$、$\dfrac{\partial\gamma^{*}}{\partial\sigma_{ij}^{pK}}=0$、$\dfrac{\partial\gamma^{*}}{\partial\sigma_{ij}^{pI}}=0$,可以导出以下内部变量与塑性变形的耦合的演化方程(Voyiadjis 等,2011):

$$\dot{\epsilon}_{ij}^{p} = \dot{\lambda}^{p}\frac{\partial f^{p1}(\sigma_{ij} - y_{ij}^{K})}{\partial\sigma_{ij}} + \dot{\lambda}^{d}\frac{\partial f^{d3}(\sigma_{ij}, y_{ij}^{pK}, y_{ij}^{pI})}{\partial\sigma_{ij}} + \dot{\lambda}^{h}\frac{\partial f^{h3}(\sigma_{ij}, y_{ij}^{pK}, y^{pl})}{\partial\sigma_{ij}} \tag{45.61}$$

$$\dot{\alpha}_{ij} = \dot{\lambda}^{p}\frac{f^{p1}(\sigma_{ij} - y_{ij}^{pK})}{\partial y_{ij}^{pK}} + \dot{\lambda}^{d}\frac{\partial f^{d3}(\sigma_{ij}, y_{ij}^{pK}, y_{ij}^{pl})}{\partial y_{ij}^{pK}} + \dot{\lambda}^{h}\frac{\partial f^{h3}(\sigma_{ij}, y_{ij}^{pK}, y^{pl})}{\partial y_{ij}^{pK}} \tag{45.62}$$

使用三个条件$\frac{\partial\gamma^*}{\partial y_{ij}^{d}}=0$、$\frac{\partial\gamma^*}{\partial y_{ij}^{dK}}=0$、$\frac{\partial\gamma^*}{\partial y_{ij}^{dI}}=0$，可以导出以下内部变量与损伤过程耦合的演化方程（Voyiadjis 等，2011）：

$$\dot{p}_{ij}=\dot{\lambda}^{p}\frac{\partial f^{p^2}(y_{ij}^{pI})}{\partial y_{ij}^{pI}}+\dot{\lambda}^{d}\frac{\partial f^{d3}(\sigma_{ij},y_{ij}^{pK},y_{ij}^{pI})}{\partial y_{ij}^{pI}}+\dot{\lambda}^{h}\frac{\partial f^{h3}(\sigma_{ij},y_{ij}^{pK},y_{ij}^{pI})}{\partial y_{ij}^{pI}} \tag{45.63}$$

最后，应用三个条件$\frac{\partial\gamma^*}{\partial y_{ij}^{h}}=0$、$\frac{\partial\gamma^*}{\partial y_{ij}^{hK}}=0$、$\frac{\partial\gamma^*}{\partial y_{ij}^{hI}}=0$，可以导出以下与修复过程相关的一系列内部变量的演化方程（Voyiadjis 等，2011 年）：

$$\dot{d}_{ij}=\dot{\lambda}^{d}\frac{\partial f^{d1}(y_{ij}^{d}-y_{ij}^{(L)})}{\partial y_{ij}^{d}}+\dot{\lambda}^{p}\frac{\partial f^{p3}(y_{ij}^{d},y_{ij}^{dK},y_{ij}^{dK})}{\partial y_{ij}^{d}}+\dot{\lambda}\frac{df^{h4}(y_{ij}^{d},y_{ij}^{dK},y_{ij}^{dI})}{\partial y_{ij}^{d}} \tag{45.64}$$

$$\dot{d}_{ij}^{K}=\dot{\lambda}^{d}\frac{f^{d1}(y_{ij}^{d}-y_{ij}^{dK})}{\partial y_{ij}^{dK}}+\dot{\lambda}^{p}\frac{\partial f^{p_3}(y_{ij}^{d},y_{ij}^{dK},y_{ij}^{dK})}{\partial y_{ij}^{dK}}+\dot{\lambda}^{b}\frac{f^{h4}(y_{ij}^{d},y_{ij}^{dK},y_{ij}^{dI})}{\partial y_{ij}^{dK}} \tag{45.65}$$

$$\dot{d}^{I}=\dot{\lambda}^{d}\frac{\partial f^{d2}(y_{ij}^{dI})}{\partial y_{ij}^{dI}}+\dot{\lambda}^{p}\frac{\partial f^{p_3}(y_{ij}^{d},y_{ij}^{dK},y_{ij}^{dI})}{\partial y_{ij}^{dI}}+\dot{\lambda}^{h}\frac{\partial f^{h4}(y_{ij}^{d},y_{ij}^{dK},y_{ij}^{dI})}{\partial y_{ij}^{dI}} \tag{45.66}$$

不同过程之间演化规律的耦合在式（45.61）~式（45.69）中表现得很明显。未知的拉格朗日乘子可以通过一致性条件$\dot{f}^{p}=0$、$\dot{f}^{d}=0$、$\dot{f}^{h}=0$ 得到。（Voyiadjis 等，2011，2012）。

$$\dot{h}_{ij}=\dot{\lambda}^{h}\frac{\partial f^{h1}(y_{ij}^{h}-y_{ij}^{hK})}{\partial y_{ij}^{h}}+\dot{\lambda}^{p}\frac{\partial f^{p4}(y_{ij}^{d},y_{ij}^{dK},y_{ij}^{dl})}{\partial y_{ij}^{h}}+\dot{\lambda}^{d}\frac{\partial f^{d4}(y_{ij}^{d},y_{ij}^{dK},y_{ij}^{dl})}{\partial y_{ij}^{h}} \tag{45.67}$$

$$\dot{h}_{ij}^{K}=\dot{\lambda}^{h}\frac{\theta f^{h1}(y_{ij}^{h}-y_{ij}^{hK})}{\partial y_{ij}^{hK}}+\dot{\lambda}^{p}\frac{\partial f^{p4}(y_{ij}^{d},y_{ij}^{dK},y_{ij}^{dI})}{\partial y_{ij}^{hK}}+\dot{\lambda}^{d}\frac{\partial f^{d4}(y_{ij}^{d},y_{ij}^{dK},y_{ij}^{dI})}{\partial y_{ij}^{hK}} \tag{45.68}$$

$$\dot{h}_{ij}^{I}=\dot{\lambda}^{h}\frac{\partial f^{h2}(y_{ij}^{hI})}{\partial y_{ij}^{hI}}+\dot{\lambda}^{p}\frac{\partial f^{p4}(y_{ij}^{d},y_{ij}^{dK},y_{ij}^{dI})}{\partial y_{ij}^{hI}}+\dot{\lambda}^{d}\frac{\partial f^{d4}(y_{ij}^{d},y_{ij}^{dK},y_{ij}^{dl})}{\partial y_{ij}^{hI}} \tag{45.69}$$

45.3 计算方面和模拟结果

一般来说，耦合问题的计算方面可以分为两个不同的模块。其中之一是保证基本的固体力学控制方程得到满足，同时边界条件和结构几何也是有效的。这些关系基本上是平衡关系、应变—应力关系和相容性关系，这引起了一个初始边值问题（IBVP），通过迭代修正非弹性应变、损伤和修复变量的计算状态（Newton-Raphson 技术）来满足 IBVP 以及初始和边界条件（Voyiadjis 等，2012a）。第二计算模块处理非弹性应变、损伤和修复变量的流变规律和非线性控制方程，一种增量解更新了内部变量，它在耦合的非弹性损伤修复问题中提供过程依赖性。这些更新的值将在 IBVP 解的迭代过程中被使用，并且一直持续到 IBVP 解收敛为止。可以使用不同的求解算法来求解非弹性、损伤和修复的非线性控制方程，包括迭代返回映射（Simo 和 Hughes，1997）或非迭代方法（Sivakumar 和 Voyiadjis 1997）。Voyiadjis 等（2011）对耦合和非耦合非弹性损伤修复问题的求解算法进行了全面的描述,这里将 Mendelson(Mendelson 和 Manson,1957)提出的返回映射技术推广到所有这三个过程。

为了计算材料内部的损伤,采用黏塑性理论对损伤与塑性变形耦合的 SMP 进行了半周应变控制压缩试验模拟。因此,从黏塑性解中,可将柯西应力 σ_{ij} 和应力率 $\dot{\sigma}_{ij}$ 引入真实的损伤状态计算模块中,一旦满足损伤准则,在每个非弹性应变增量之后,计算损伤增量,同时考虑应力和应力率的更新值,然后,将计算出的损伤值用于更新下一个载荷增量的弹性模量。这个计算过程允许非弹性和损伤计算之间的完全耦合(Voyiadjis 等,2012a)。

在耦合自愈系统中,自愈计算模块从非弹性和损伤计算模块接收到更新的非弹性变形和损伤。在耦合修复系统中,每次非弹性变形和损伤增量后,修复计算模块计算修复量;而在非耦合自愈系统中,经过一定程度的损伤后,将所有最终的非弹性变形和损伤变量引入到自愈计算模块中,并根据这些值进行自愈计算;最后,将更新后的弹性模量引入黏塑性模量计算中,进行下一步的荷载计算。这种计算过程允许每个机制遵循其各自的控制方程,同时考虑完全耦合(Voyiadjis 等,2012a)。

图 45.1(a)为应变率为 0.002s^{-1} 的压缩试验下 SMP 试样弹性模量的变化情况,所提出的损伤理论用于捕捉这种行为。图 45.1(b)为 SMP 在室温下的压缩试验结果,应变率为 0.002s^{-1},利用所提出的塑性理论进行了仿真。表 45.1 给出了 SMP 压缩所需的材料常数。为了证明所提理论的有效性,模拟了玻璃态聚合物的大量不规则非弹性变形,本节提供了关于聚对苯二甲酸乙二醇酯(PET)非弹性力学响应的附加试验数据。值得指出的是,材料系统的精确非弹性模拟在损伤和修复计算中是至关重要的,在实际损伤和/或修复结构中的应力状态可以用来计算损伤和/或修复的状态。表 45.2 为室温下模拟 PET 拉伸的材料常数,模拟结果如图 45.2 所示。G'Sell 等(2002)报道了试验结果,试验数据点的拐点显示了该模型捕捉到的 PET 的软化和后续应变硬化区域。在这些表里,ϵ_f^{I} 表示屈服应变和 X_0^{II} 和 X_0^{III} 分别表示前面的应变谱的终值 X^s(Voyiadjis 等,2012 a,c)(表 45.3)。

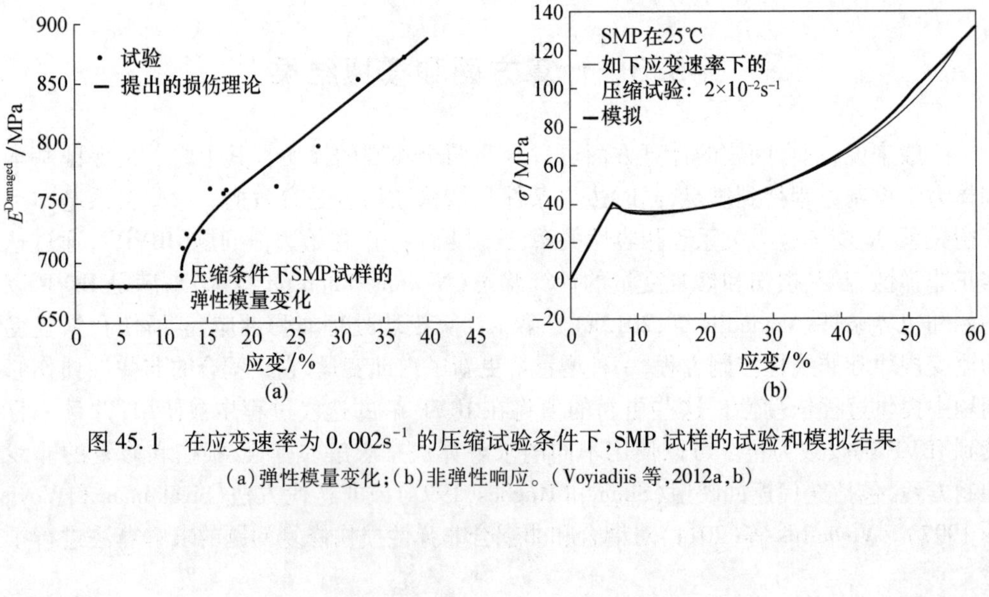

图 45.1 在应变速率为 0.002s^{-1} 的压缩试验条件下,SMP 试样的试验和模拟结果

(a)弹性模量变化;(b)非弹性响应。(Voyiadjis 等,2012a,b)

表 45.1　在 25℃下，SMP($\bar{E}$=642MPa 且$\sigma_y \approx$38MPa)压缩的材料常数，将$\beta=\Lambda_{(2)}=0$和$k_1=b_{(1)}=c_{(2)}=b_{(2)}=1$代入非弹性运动硬化演化定律中(Voyiadjis 等，2012a，c)

$\dot{X}_x=\lvert\dot{\epsilon}_x^p\rvert\left(\frac{2}{3}+(X_x-X^s)\left(a_{(1)}\lvert\epsilon_x^p\rvert^{c(1)-1}\left(z_{(1)}+\lvert\epsilon_x^p\rvert^{c(1)}\right)^{\Lambda(1)}+a_{(2)}\left(z_{(2)}+\lvert\epsilon_x^p\rvert\right)^{-1}\right)\right)$							
应变谱	X^s	$a_{(1)}$	$z_{(1)}$	$c_{(1)}$	$\Lambda_{(1)}$	$a_{(2)}$	$z_{(2)}$
$\epsilon_f^{\mathrm{I}}\leqslant\epsilon_x<6.3$	300	0.5	0	1	1	0	—
$6.3\leqslant\epsilon_x<10$	$110X_0^{\mathrm{II}}$	−15	0.5	0.5	5	−25	1.5
$10\leqslant\epsilon_x<60$	$1.1X_0^{\mathrm{III}}$	−5	1	0.5	−1	8	0.5

表 45.2　在 25℃下，SMP 损伤模拟的材料常数，将$\beta'=\Lambda'_{(2)}=a_{(2)}=0$和$k'_1=b'_{(1)}=c'_{(2)}=b'_{(2)}=1$带入损伤运动硬化演化定律中(Voyiadjis 等，2012a，c)

$\dot{y}_x^{dK}=\lvert d_x\rvert\left(\frac{2}{3}+(y_x^{dK}-y_x^{dK,s})\left(a'_{(1)}\lvert d_x\rvert^{c'(1)-1}\left(z'_{(1)}+\lvert d_x\rvert^{c'(1)}\right)^{\Lambda'(1)}\right)\right)$					
损伤起始检查	$y_x^{dK,s}$	$a'_{(1)}$	$z'_{(1)}$	$c'_{(1)}$	$\Lambda'_{(1)}$
$\epsilon_f^{\mathrm{I}}\leqslant\epsilon_x$ 且$\dot{\sigma}_x>0$	0.3	20	1	1	−1

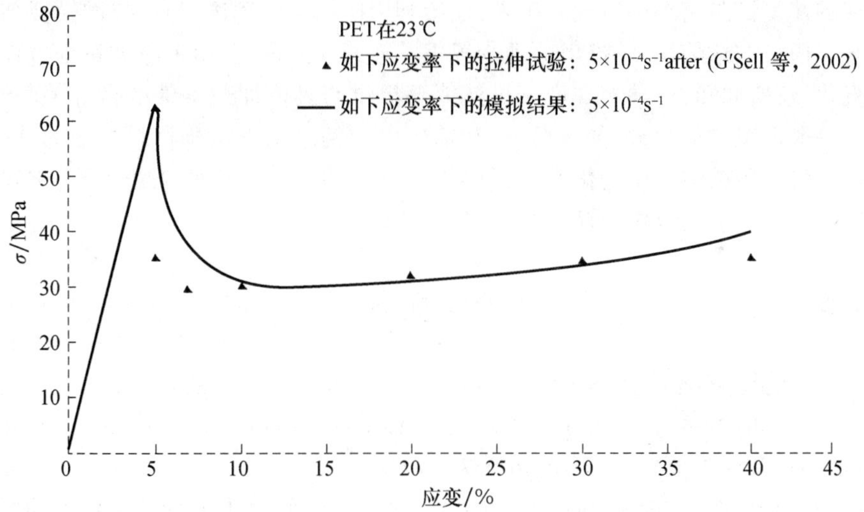

图 45.2　23℃时 PET 的试验与仿真结果(Voyiadjis 等，2012b)(试验取自 Gsell 等，2002)

表 45.3　在 23℃下，PET($\bar{E}$=1240MPa 和$\sigma_y \approx$62MPa)的材料常数，将$\beta=\Lambda_{(2)}=0$和$k_1=b_{(1)}=c_{(2)}=b_{(2)}=1$代入非弹性运动硬化定律(Voyiadjis 等，2012a，c)

$\dot{X}_x=\lvert\dot{\epsilon}_x^p\rvert\left(\frac{2}{3}+(X_x-X^s)\left(a_{(1)}\lvert\epsilon_x^p\rvert^{c(1)-1}\left(z_{(1)}+\lvert\epsilon_x^p\rvert^{c(1)}\right)^{\Lambda(1)}+a_{(2)}\left(z_{(2)}+\lvert\epsilon_x^p\rvert\right)^{-1}\right)\right)$							
应变谱	X^s	$a_{(1)}$	$z_{(1)}$	$c_{(1)}$	$\Lambda_{(1)}$	$a_{(2)}$	$z_{(2)}$
$\epsilon_f^{\mathrm{I}}\leqslant\epsilon_x<5.2$	300	0.5	0	1	1	0	—
$5.2\leqslant\epsilon_x<15$	$110X_0^{\mathrm{II}}$	−8	0.5	0.5	5	−25	1.5
$15\leqslant\epsilon_x<40$	$1.04X_0^{\mathrm{III}}$	−12	1	0.5	−1	4	1

45.4 小 结

损伤和修复过程的力学行为通过自修复系统进行了研究,并且包括了这些现象的基于物理学的模型基础。研究了塑性、损伤和修复的热力学,并给出了最广义形式的耦合本构方程。所有过程的运动和各向异性硬化效应和一组新的势函数一起并入了公式,其目的是实现精确模拟每种现象的数学可能性。SMP 和 PET 的不规则非弹性变形可以通过提出的黏塑性理论来描述,所提出的黏塑性理论是基于应变谱方法来建立的,这里每个应变谱通过一系列材料常数来描述。这些应变谱是应变率和温度的函数,这些量需要通过试验进行评估。提出的损伤—修复变量和耦合的本构方程的性能可以通过一种基于形状记忆高分子的自修复系统来予以检查。提出的各向异性损伤—修复变量为设计者提供了一种可以描述高度各向异性自修复系统的损伤和修复状态的一种能力,并且本构方程可以较好地模拟玻璃化高分子的塑性和损伤响应。正如本书所提出的势函数能够描述高分子基材料的大部分非线性非弹性变形和损伤响应。然而,自修复系统的试验可用性仅限于文献,可以预期,修复过程表现出一种类似的趋势,但与损伤过程相反,在该过程中,所提出的理论提供了用数学去描述的便利。修复测试装备正在准备过程中,在不久的将来,将和相应的修复试验结果一道发表出来,还会利用所提出的理论,与相应的模拟结果一起报道出来。值得注意的是,所提出的理论考虑了连续体的尺度,但未考虑每个过程中的微观组织变化,众所周知,这种宏观模型虽然能够提供与具体加载条件的良好关联性,但并不能描述一般情况的载荷,这种情况下,载荷历史会偏离用于拟合材料参数的试验结果。本章给出了将这种微观组织变化并入这些耦合过程的控制方程的全新领域,该问题的微观物理特征可通过引入组构张量合并到 CDM 的框架中。

参考文献

R. J. Asaro, V. Lubarda, Mechanics of Solids and Materials (Cambridge University Press, New York, 2006)

M. F. Ashby, C. Gandhi, D. M. R. Taplin, Overview No. 3 fracture-mechanism maps and their construction for f. c. c. metals and alloys. Acta Metall. 27(5), 699-729(1979)

E. J. Barbero, F. Greco, P. Lonetti, Continuum damage-healing mechanics with application to self healing composites. Int. J. Damage Mech. 14(1), 51-81(2005)

V. A. Beloshenko, V. N. Varyukhin, Y. V. Voznyak, The shape memory effect in polymers. Russ. Chem. Rev. 74 (3), 265(2005)

J. L. Chaboche, On some modifications of kinematic hardening to improve the description of ratchetting effects. Int. J. Plast. 7(7), 661-678(1991)

J. L. Chaboche, Cyclic viscoplastic constitutive equations, part Ⅰ: a thermodynamically consistent formulation. J. Appl. Mech. 60(4), 813-821(1993)

J. L. Chaboche, Thermodynamic formulation of constitutive equations and application to the viscoplasticity and viscoelasticity of metals and polymers. Int. J. Solids Struct. 34(18), 2239-2254(1997)

J. L. Chaboche, A review of some plasticity and viscoplasticity constitutive theories. Int. J. Plast. 24(10), 1642-1693(2008)

C. G' Sell, J. M. Hiver, A. Dahoun, Experimental characterization of deformation damage in solid polymers under tension, and its interrelation with necking. Int. J. Solids Struct. 39, 3857-3872(2002)

N. R. Hansen, H. L. Schreyer, A thermodynamically consistent framework for theories of elastoplasticity coupled with damage. Int. J. Solids Struct. 31(3), 359-389(1994)

A. S. Khan, M. Baig, Anisotropic responses, constitutive modeling and the effects of strain-rate and temperature on the formability of an aluminum alloy. Int. J. Plast. 27(4), 522-538(2011)

A. S. Khan, A. Pandey, T. Stoughton, Evolution of subsequent yield surfaces and elastic constants with finite plastic deformation. part Ⅱ: a very high work hardening aluminum alloy (annealed 1100 Al). Int. J. Plast. 26 (10), 1421-1431(2010a)

A. S. Khan, A. Pandey, T. Stoughton, Evolution of subsequent yield surfaces and elastic constants with finite plastic deformation. part Ⅲ: yield surface in tension-tension stress space (Al 6061-T6511 and annealed 1100 Al). Int. J. Plast. 26(10), 1432-1441(2010b)

E. L. Kirkby, V. J. Michaud, J. A. E. Månson, N. R. Sottos, S. R. White, Performance of self-healing epoxy with microencapsulated healing agent and shape memory alloy wires. Polymer 50(23), 5533-5538(2009)

H. Lee, K. Peng, J. Wang, An anisotropic damage criterion for deformation instability and its application to forming limit analysis of metal plates. Eng. Fract. Mech. 21(5), 1031-1054(1985)

G. Li, D. Nettles, Thermomechanical characterization of a shape memory polymer based self-repairing syntactic foam. Polymer 51(3), 755-762(2010)

G. Li, A. Shojaei, A viscoplastic theory of shape memory polymer fibres with application to self-healing materials. Proc. R. Soc. A 468(2144), 2319-2346(2012). doi: 10. 1098/rspa. 2011. 0628

J. Lubliner, On the thermodynamic foundations of non-linear solid mechanics. Int. J. Non-Linear Mech. 7(3), 237-254(1972)

S. Miao, M. L. Wang, H. L. Schreyer, Constitutive models for healing of materials with application to compaction of crushed rock salt. J. Eng. Mech. 121(10), 1122-1129(1995)

R. W. Rice, S. W. Freiman, J. J. Mecholsky, The dependence of strength-controlling fracture energy on the flaw-size to grain-size ratio. J. Am. Ceram. Soc. 63(3-4), 129-136(1980)

A. Shojaei, G. Li, G. Z. Voyiadjis, Cyclic viscoplastic-viscodamage analysis of shape memory polymers fibers with application to self-healing smart materials. J. Appl. Mech. 80(1), 011014-011015(2013a)

A. Shojaei, G. Z. Voyiadjis, P. J. Tan, Viscoplastic constitutive theory for brittle to ductile damage in polycrystalline materials under dynamic loading. Int. J. Plast. (2013b). doi: 10. 1016/j. ijplas. 2013. 02. 009

J. C. Simo, T. J. R. Hughes, Computational inelasticity. New York, Springer(1997)

M. S. Sivakumar, G. Z. Voyiadjis, A simple implicit scheme for stress response computation in plasticity models. Journal of Computational Mechanics. 20(6), 520-529(1997)

V. Tvergaard, J. W. Hutchinson, The relation between crack growth resistance and fracture process parameters in elastic-plastic solids. J. Mech. Phys. Solids 40(6), 1377-1397(1992)

G. Z. Voyiadjis, R. K. Abu Al-Rub, Thermodynamic based model for the evolution equation of the backstress in cyclic plasticity. Int. J. Plast. 19(12), 2121-2147(2003)

G. Voyiadjis, I. Basuroychowdhury, A plasticity model for multiaxial cyclic loading and ratchetting. Acta Mech. 126(1), 19-35(1998)

G. Z. Voyiadjis, M. Foroozesh, Anisotropic distortional yield model. J. Appl. Mech. 57(3), 537-547(1990)

Z. Voyiadjis, P. I. Kattan, Advances in Damage Mechanics (Elsevier, London, 2006)

G. Z. Voyiadjis, P. I. Kattan, A comparative study of damage variables in continuum damage mechanics. Int. J. Damage Mech. 18(4), 315-340(2009)

G. Z. Voyiadjis, G. Pekmezi, B. Deliktas, Nonlocal gradient-dependent modeling of plasticity with anisotropic hardening. Int. J. Plast. 26(9), 1335-1356(2010)

G. Z. Voyiadjis, A. Shojaei, G. Li, A thermodynamic consistent damage and healing model for self healing materials. Int. J. Plast. 27(7), 1025-1044(2011)

G. Z. Voyiadjis, A. Shojaei, G. Li, A generalized coupled viscoplastic-viscodamage-viscohealing theory for glassy polymers. Int. J. Plast. 28(1), 21-45(2012a)

G. Z. Voyiadjis, A. Shojaei, G. Li, P. Kattan, Continuum damage-healing mechanics with introduction to new healing variables. Int. J. Damage Mech. 21(3), 391-414(2012b)

G. Z. Voyiadjis, A. Shojaei, G. Li, P. I. Kattan, A theory of anisotropic healing and damage mechanics of materials. Proc. R. Soc. A Math. Phys. Eng. Sci. 468(2137), 163-183(2012c). doi:10.1098/rspa.2011.0326

S. R. White, N. R. Sottos, P. H. Geubelle, J. S. Moore, M. R. Kessler, S. R. Sriram, E. N. Brown, S. Viswanathan, Autonomic healing of polymer composites. Nature 409(6822), 794-797(2001)

S. Yazdani, H. L. Schreyer, Combined plasticity and damage mechanics model for plain concrete. J. Eng. Mech. 116(7), 1435-1450(1990)

第 46 章　连续介质损伤和修复力学

George Z. Voyiadjis, Amir Shojaei

摘　要

微尺度损伤机制,如微裂纹或微孔洞,是众所周知的形成宏观尺度裂纹的损伤过程区。在变形过程中,亚微米级的微尺度缺陷会发生聚集和分叉,并逐渐形成宏观尺度的损伤。微尺度损伤的修复阻止了宏观尺度缺陷区的形成,提高了结构的使用寿命。近年来,开发新的修复策略是自修复材料领域的研究热点,并已经提出了许多的修复策略。在本章中,关于修复的模拟计算研究是在连续介质损伤—修复机制(CDHM)框架下进行的,这有助于智能材料设计师表征耦合损伤—修复过程,它特别强调了在 CDHM 框架内定义新的修复变量,这些新的损伤—修复变量先前由作者提出,并在耦合损伤—修复模拟中检验了它们的性能(Voyiadjis 等,Int J Plast 27:1025-1044,2011;Voyiadjis,等,Roy Soc A Math Phys Eng Sci 468:163-183,2012a,等,Int J Plast 28:21-45,2012c)。所提出的 CDHM 框架以及对微尺度修复和损伤过程的热力学一致性描述,为精确预测智能自修复材料系统的退化和修复机制提供了一种完整结构的方法。

46.1　概　　述

材料系统内部损伤的修复及其在智能结构中的应用是近十年来深入研究的课题,许多已开发的修复策略已得到了实际应用,例如,生物医学应用(Adam,1999;或承载自修复结构(Shojaei 等,2013;Brown 等,2002;Plaisted 和 Nemat-Nasser 2007;Kirkby 等,2008;Li 和 John,2008;Kirkby 等,2009;John 和 Li,2010;Li 和 Uppu,2010;Nji 和 Li,2010b;Li 和 Shojaei,2012)。一般来说,这些新开发的修复方案都是针对特定材料系统中特定类型的损伤设计的。损失类别可根据它们的特征长度分为两类:①结构长度尺度——长度尺度是结构长度尺度量级的,如几个厘米;②微尺度——微观结构的特征长度尺度,如几个微米。大多数自修复系统设计的前提是,微尺度的损伤会捕获损伤区,进而扩展并产生结构尺度的损伤。

为了使自修复方案商业化,发展严格的建模技术对于预测它们对复杂的热机械加载条件的响应以及评估它们的自修复效率至关重要。修复方案的理论发展,不仅帮助材料设计师设计一个复杂的智能结构,而且优化他们设计的材料系统。尽管在过去的一个世纪里,材料塑性和损伤已经在文献中得到了研究,但修复概念是固体力学中的一个新课题,相当多的工作已经解决了这个具有挑战性的课题。在损伤力学理论发展的情况下,应提到 Lemaitre、Murakami、Chaboche 和 Voyiadjis 的开创性工作(Murakami,1988;Lemaitre 和

Chaboche,1990;Voyiadjis 和 Kattan,2006b)。虽然这些研究人员已经讨论了损伤消除的可能性,但是,直到最近才完成了修复过程的理论发展,Voyiadjis,Shojaei,Li 和 Kattan 在 *Int. J. Damage Mechanics* 和 *Proceeding of Royal Society A* 上发表了关于耦合损伤修复过程的进展的文章(Voyiadjis 等,2012a,c),在这两篇文章中提出的公式,与这几位作者的另一篇关于损伤—修复过程的热力学模拟的文章(Voyiadjis 等,2011)一起,填补了连续损伤力学(CDM)和修复过程(详细给出了连续介质损伤—修复力学(CDHM)的框架)之间的空白。

在新开发的 CDHM 中,修复过程通过标量或张量修复参数进行控制,非常适合于有限元分析(FEA)实现,在有限元分析中可以使用用户定义的编码来引入 CDHM 公式。热力学框架提供了一种物理上一致的方法来制定材料系统的本构行为(Chaboche,1989,1991,1993,1997,2008;Lemaitre 和 Chaboche,1990;Hansen 和 Schreyer,1994;Shojaei 等,2010;Voyiadjis 等,2011;Voyiadjis 等,2012c)。在自修复材料的情况下,损伤和修复过程的控制变形机制由 Voyiadjis 等(2011,2012a)在热力学一致耦合弹塑性损伤修复框架内制定。值得注意的是,所建立的有限元模型的实现旨在对自修复材料中复杂的损伤和修复过程进行数值研究,从而减轻试验研究的负担。

本章首先在第 46.2 节中对现有自修复方案进行了简要概述。在第 46.3 节中阐述了 CDHM,在第 46.4 节中给出了一些试验和模拟的结果。

46.2 现有自修复方案的简述

自修复智能材料已于几年前引入研究领域,并已应用于许多实际应用中。这些材料用于修复微观和宏观的损伤(Miao 等,1995;Adam,1999;Simpson 等,2000;White 等,2001;Pang 与 Bang,2005;Trask 和 Bond,2006;Plaisted 和 Nemat-Nasser,2007;Toohey 等,2007;Williams 等,2007;Kirkby 等,2008;Varley 和 Van der Zwaag 2008;Beiermann 等,2009;Kirkby 等,2009;Li 和 Uppu 2010;Li 和 Shojaei,2012)。目前开发的修复方案大致可以分为三类。第一类,称为嵌入式液体修复剂,是由 White 的开创性工作引入的。在这类修复方案中,修复剂储存在微胶囊中(White 等,2001),或者通过微细管网络系统运送到受损部位(Toohey 等,2007)。在该系统中,一旦微囊壁或微细管系统因损伤机制引起破裂,修复即被开启。通常,这些系统是按如下方式设计的:释放的修复剂接触内嵌的催化剂基体材料,其中固化的修复剂在裂纹区域关闭损伤。这些自修复系统的适用性是有限的,这主要由于两个缺点:①第一轮的修复限制了修复过程的重复进行后,微循环网络堵塞,或缺乏微囊化修复剂;②复合材料内部存在的未愈合的树脂将破坏最终产品的材料属性,特别地,在修复宏观损伤方面,这些系统的表现仍然是一个必须克服的障碍,这种修复方法称为损伤—修复耦合系统,这表明损伤和修复过程在系统中是同时活跃的(Shojaei 等,2013;Voyiadjis 等,2012a)。第二类,修复方案使用固体修复剂。这些系统利用一些分散的固相如热塑性颗粒(TP)作为修复剂,其中需要外部触发(如加热)来激活固体修复剂,如 TP 熔融,并扩散到裂纹表面(Zako 和 Takano,1999;Li 和 Uppu,2010;Nji 和 Li,2010b;Li 和 Shojaei,2012)。第三类是热可逆共价键,其中断裂的化学键是可再接合的(Liu 和 Chen,2007;Plaisted 和 Nemat-Nasser,2007;Varley 和 Van der Zwaag,

2008)。在最后两种方法中,是利用外部触发来激活修复机制的。正如 Voyiadjis 等(2011)所讨论的,这些系统称为解耦损伤—修复系统,其中损伤和修复过程分别处于激活状态。

目前有许多研究小组致力于自修复材料的理论和试验研究。在最新开发的修复方案中,应该提到的是最近由美国路易斯安那州立大学的 Li 和他的同事开发的仿生两步闭合修复(CTH)机制。这种新方案为聚合物复合材料的结构和微尺度损伤提供了分子水平的修复,并显示了修复过程的重复性和效率等特性,在修复过程中可以及时实现修复(Shojaei 等,2013;Li 和 John,2008;Li 和 Ncttlcs,2010;Li 和 Uppu,2010;Nji 和 Li,2010a,b;Voyiadjis 等,2011;Li 和 Shojaei,2012)。在这些体系中,形状记忆聚合物(SMP)的有限形状恢复为裂纹闭合提供了必要的驱动力,嵌入的 TP 熔融后可以修复裂纹。通过 TP 在裂纹表面的扩散,得到了分子水平的修复。SMP 试样在引起结构水平的损伤前,按照特定的程序步骤进行编排。SMP 的三步热力学流程如下:①玻璃化温度以上的压缩;②保持压缩应变不变的冷却;③在远低于玻璃化温度的温度下消除施加的应力。这一过程如图 46.1 所示(Voyiadjis 等,2012b)。虽然块体 SMP 作为自修复系统中的基体,需要上述特定的编程步骤,但 SMP 纤维的编程采用的是简单的室温张力。最近,Li 和 Shojaei 提出使用 SMP 纤维,而不是用 SMP 制作整个基体。他们指出,冷拔 SMP 纤维被加工硬化,当它们嵌入热固性聚合物基体中时,具有优异的强度和形状恢复性能(Li 和 Shojaei,2012;Shojaei 等,2013)。人们可能还会提到谢菲尔德大学的 Hayes 及其同事在开发自修复纤维增强复合材料方面的工作(Hayes 等,2007a,b),以及布里斯托大学的 Bond 和 Trask 在生物仿真修复方案方面的工作(Bond 等,2008)。

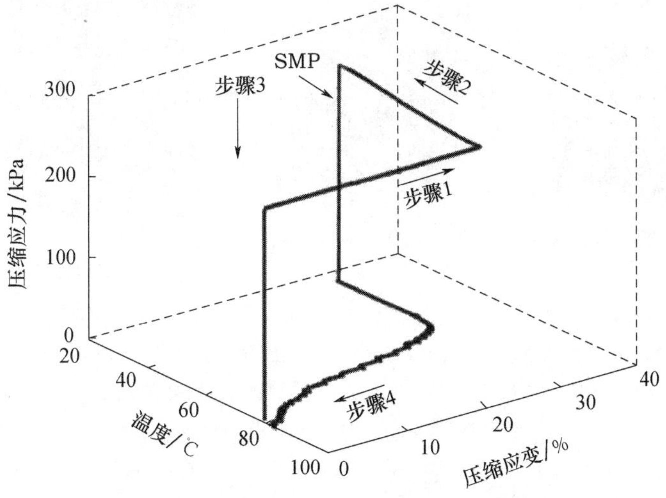

图 46.1 一个基于形状记忆高分子材料(SMP)的热机械循环(Voyiadjis 等,2012a)

因 CTH 修复方案高效准确,这里更详细地阐述其概念。图 46.2 概述了使用 SMP 矩阵作为闭合剂的 CTH 机制(Voyiadjis 等,2012a)。图 46.2(a)显示了一个在室温下被破坏的结构的示意图,在这种情况下,可以使用三点单边切口弯曲试验将结构水平的损伤引入系统。绿色的球体是 SMP 基体中分散的热塑性颗粒(TP)的示意图。图 46.2(b)为从室温到高于 SMP 玻璃化转变温度 T_g 的升温破坏形态,此时激活了 SMP 的形状记忆特性,有限的边界条件导致裂纹被闭合。图 46.2(c)为当温度达到 TP 熔点以上时试样的状态,此时熔融的 TP 分子扩散到裂纹表面,填补了闭合裂纹表面之间的微尺度间隙。图 46.2(d)显示了这种结构中裂纹完全修复的 SMP 冷却后的状态(Voyiadjis 等,2012a)。SMP 的受限形状恢复的示意图如图 46.2(e)所示,其中刚性柱形夹具内显示了刚性杆和试样的构型(Voyiadjis 等,2012a)。当刚性夹具和杆件保持试样的整体形状时,将装置加热到 T_g 以上的温度,受限恢复开始。因此,激活的 SM 特性会导致试样膨胀,外部约束填充了开放的内部裂纹空间,试样内部的裂纹闭合。如图 46.3 所示,试验证实该步骤中的 TP 扩散到 SMP 基体中,获得了所需的分子水平的修复(Nji 和 Li,2010b;Li 等,2012)。试验观察证实了该方法的有效性,这种修复机制是指修复后获得分子缠结,自修复系统的力学性能完全恢复(Nji 和 Li,2010b;Voyiadjis 等,2011)。图 46.3 为三点弯曲试验(ASTM-D5045 2007)产生的大尺度裂纹的扫描电镜和透射电镜结果(Voyiadjis 等,2012a)。图 46.3(a)为自修复体系中宏观裂纹的 SEM 图像,SEM 图像中突出了裂纹的开口、裂纹路径和裂纹尖端(Voyiadjis 等,2012a)。图 46.3(b)为裂纹路径几乎消失的修复形态,TEM 图像为扩散后 TP 与 SMP 基体的界面(Voyiadjis 等,2012a)。

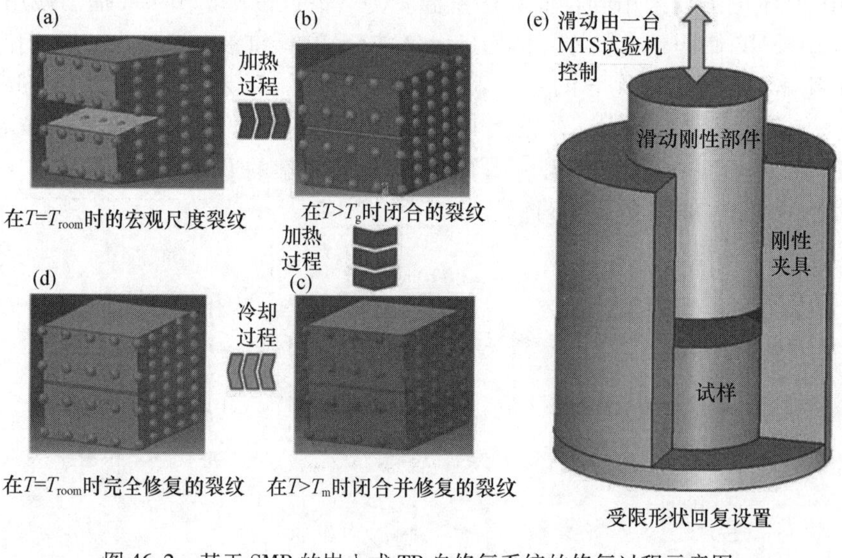

图 46.2　基于 SMP 的嵌入式 TP 自修复系统的修复过程示意图

(a)室温下的损伤状态;(b)局部加热样品至 T_g 以上,SMP 记得原来的形状,在受限边界条件下,宏观尺度的裂纹被闭合了;(c)当进一步加热到热塑性颗粒熔融温度(T_m)以上时,裂纹被熔融的 TP 填充,TP 分子扩散到 SMP 基体中;(d)在室温下的最终修复结构,在室温下,通过物理缠结达到分子水平的修复;(e)受限形状恢复装置示意图(此处将圆柱体切片显示内部结构)(Voyiadjis 等,2012a)。

最近,Li 和 Shojaei 提出了一种新的聚合物材料体系的修复方案,其中使用程控 SMP 纤维来闭合裂缝,而相同的修复策略,即熔融 TP 的扩散,提供了修复的分子水平(Shojaei 等,2013;Li 和 Shojaei,2012)。这种新的修复方案弥补了 SMP 作为基体所需的大体积所带来的高成本,并且消除了外部约束(Shojaei 等,2013)。这种修复思路的示意图如图 46.4 所示(Li 和 Shojaei,2012)。

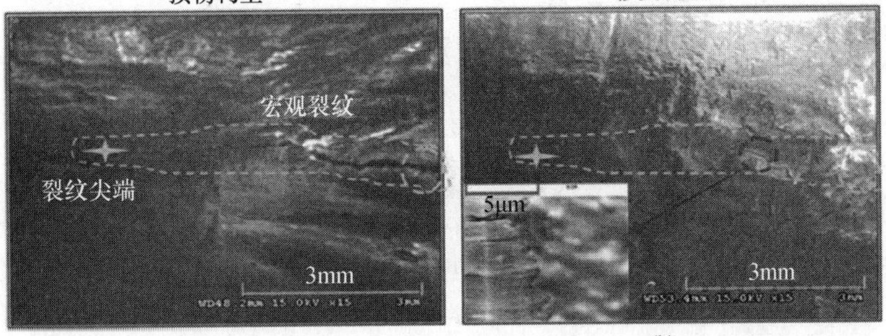

图 46.3 (a)结构级损伤;(b)修复构型(Voyiadjis 等,2012a)

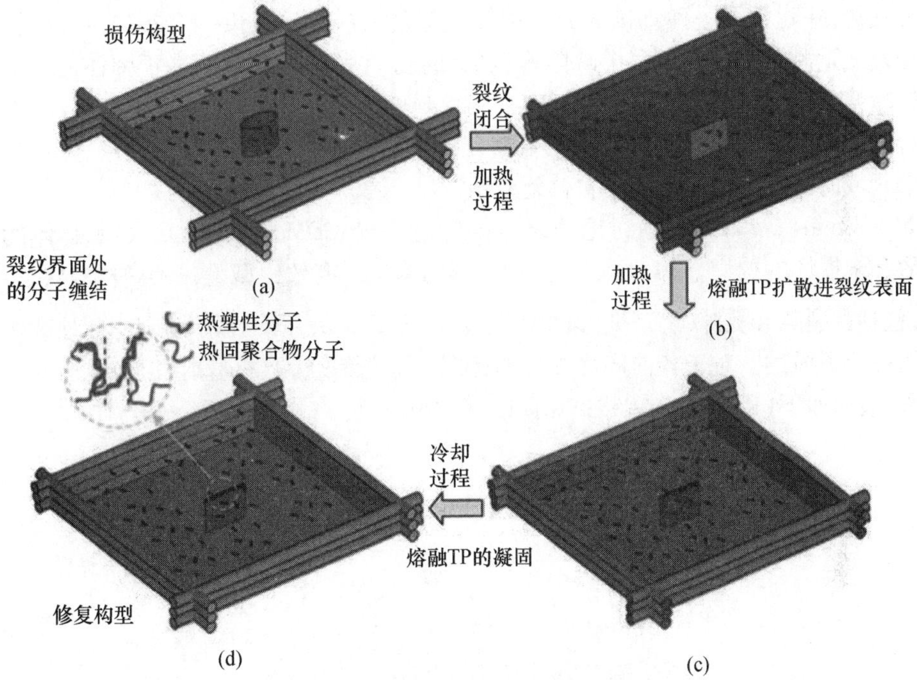

图 46.4 生物激发复合材料的修复过程示意图(三维视图)

(a)单胞的 SMP 网格(筋和 z 钉)刚化的热固聚合物,其中分散有热塑性颗粒,在单元格中引入宏观裂纹,可通过目测或无损检测($T<T_g$)进行识别;(b)局部加热时,通过恢复 SMP 纤维筋和 z 钉的裂纹闭合过程($T>T_g$);(c)随着温度的进一步升高,热塑性颗粒通过毛细力进入裂缝,并通过浓度梯度($T>T_m$)扩散到裂缝表面;(d)冷却至玻璃化转变温度以下,可以形成固楔,可以建立分子纠缠($T<T_g$)。放大后的图像显示了裂纹界面上的分子纠缠(Li 和 Shojaei,2012)。

46.3 连续介质损伤和修复力学

本节阐述了损伤修复情况下有效和真实构型的概念,并在 CDM 框架内制定了新的标量和张量型修复变量。在第 46.3.1 节中引入了标量损伤变量,在第 46.3.2 节中对各向异性损伤修复问题进行了评估,提出了损伤—修复变量的张量表示方法。

46.3.1 标量型损伤—修复变量

连续介质损伤力学的主要优点是在损伤过程区采用连续损伤描述。Kachanov(1958)和 Rabotnov(1963)是最早引入损伤变量,将缺陷的密度与整体材料的退化联系起来的(Voyiadjis 等,2011,2012a,b;Shojaei 等,2013;Voyiadjis 和 Kattan,2006b,2009,2010)。为了克服损伤密度测量的困难,文献后来引入了许多损伤变量,如标定损伤机理引起的弹性常数变化(Kachanov,1958;Voyiadjis 和 Kattan,2009,2010)或使用表面能描述在损伤过程中生成的新的微表面,并将其与材料的退化联系起来(Hansen 和 Schreyer,1994)。此外,文献中介绍了许多直接和间接损伤测量的过程(Lemaitre 和 Dufailly,1987)。

利用损伤领域非常成熟的文献体系,缺乏理论背景的修复过程是 Voyiadjis,Shojaei,Li 和 Katten 等解决的(2011,2012a,c)。在他们的工作中,为各向同性的情况提出了一个标量修复变量,并建立了一种直接的方法去捕获修复效应(Voyiadjis 等,2012c)。所提出的标量修复变量测量了修复过程中缺陷密度的变化,然后他们提出了基于弹性模量变化的一个标量修复变量(Voyiadjis 等,2012c)。为此目的,在 CDM 框架中修改了有效构型的概念,以捕获修复效应,该框架为有限元自修复的实现提供了一种一致的方法,并被许多固体力学领域的研究人员用来研究自修复效应。

如 Voyiadjis 等(2012c)所讨论的,我们会考虑一个 CDM 框架,用 C_0 显示物体的初始未变形和未损坏的构型,用 C 显示受损和变形的构型。有效构型是一个虚构的状态,所有损伤,包括微裂隙和孔隙,已从变形体中移除,并用 $\bar{C}$ 来表示。在图 46.5 中,对这些构型示意图进行了描述。对于各向同性损伤的情况,采用有效状态的基本概念,损伤变量定义为标量,表达如下(Kachanov 1958;Voyiadjis 等,2012c):

$$\phi = \frac{A - \bar{A}}{A} \tag{46.1}$$

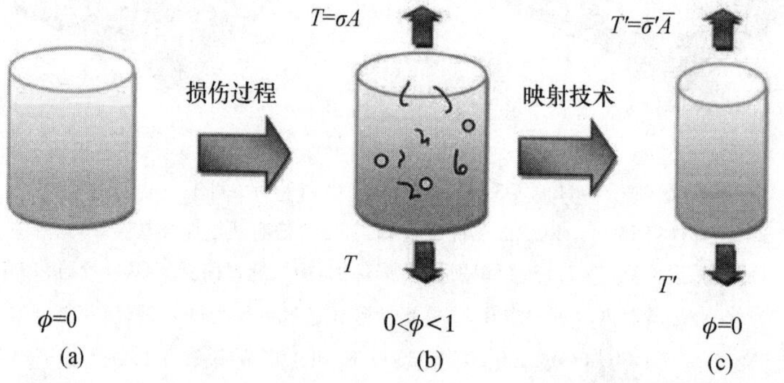

图 46.5 (a)初始未变形、未损伤构型C_0;(b)损伤和变形配置 C;(c)有效的虚拟未损伤和变形配置 $\bar{C}$(图片由 Voyiadjis 等提供,2012c)

为了定义标量型修复变量,随后定义了三个新构型。完全损伤和变形构型的虚拟状态 C^d,等于从配置 C 中的总截面 A 减去配置 $\bar{C}$ 中的虚拟未损伤和变形截面 $\bar{A}$,表达如下(Voyiadjis 等,2012c):

$$A^d = A - \bar{A} = A - A(1 - \phi) = A\phi \tag{46.2}$$

式中：A^d 为总损伤截面（由于损伤而移除的区域）。

修复过程被认为只有在纯损伤的配置上是活跃的，即 A^d。然后通过从 A^d 中去除部分损伤，定义虚拟的修复变形构型 C^h，如图 46.6 所示。标量修复变量定义如下（Voyiadjis 等，2012c）：

$$h = \frac{A^d - A^h}{A^d}, 0 < h < 1 \tag{46.3}$$

式中：A^h 为横断面 A^d 的修复部分（Voyiadjis 等，2012c）。$h = 1$ 的情况对应于损伤区域有百分之零的修复，而 $h = 0$ 对应于损伤区域有百分之百的修复（$A^h = A^d$）。

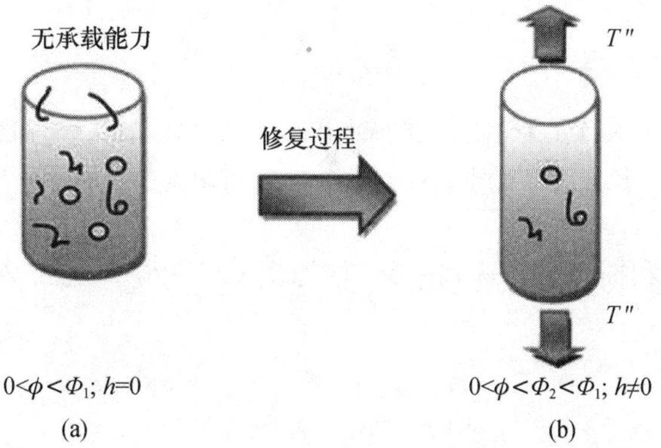

图 46.6　（a）虚构的因损伤而移除的总区域 C^d；（b）虚构的修复和损伤配置 C^h（图片由 Voyiadjis 等提供（2012c））

最后，去掉 C^h 所有剩余的损伤，得到有效的完全虚拟修复和变形的构型 $\bar{C}^h$，如图 46.7 所示。

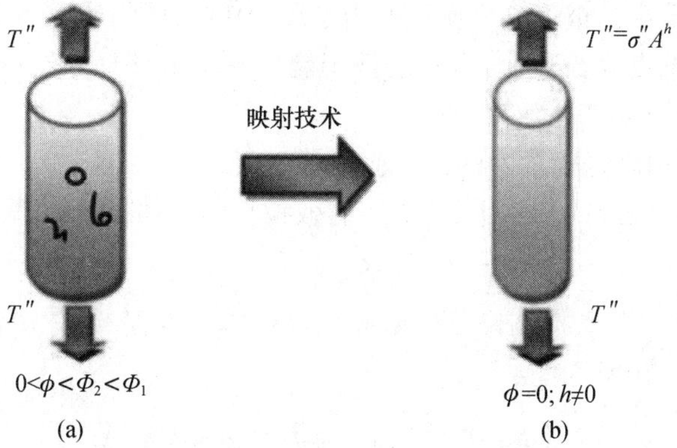

图 46.7　（a）虚拟修复和变形形态 C^h；（b）有效完全虚拟修复和变形的配置 $\bar{C}^h$（Voyiadjis 等，2012 c）

根据 CDHM 方法，受损区域不能承受任何进一步的载荷。但是，修复后，被修复的横截面 A^h 可承受载荷 T''，如图 46.6 和图 46.7 所示。所示的虚拟修复变形构型横截面 $\bar{C}^{healed}$ 为有效虚拟修复变形构型 $\bar{C}^h$ 的横截面与有效虚拟未损伤变形构型 $\bar{C}$ 的横截面之和，如图 46.8 所示。

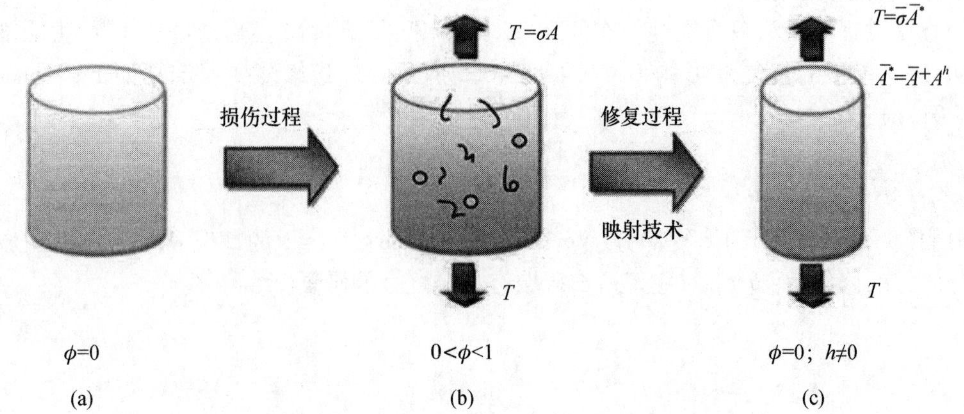

图 46.8 (a)材料原始状态;(b)损伤和变形构型 C;(c)假想修复构型 $\overline{C}^{\text{healed}}$(图片由 Voyiadjis 等提供(2012c))

通过使修复状态和损伤状态达到平衡,推导出 $\overline{C}^{\text{healed}}$ 与 C 之间必要的应力转换方程(Voyiadjis 等,2012c):

$$\bar{\sigma} = \frac{\sigma}{((1-\phi)+\phi(1-h))} \tag{46.4}$$

为了计算损伤—修复弹性模量 $E(\phi,h)$ 和有效未损伤弹性模量 $\bar{E}$ 之间的转换关系,某些关于所需的两种构型的假设是必须的(Voyiadjis 等,2012c)。因此,CDHM 中遵循以下两个假设之一(Voyiadjis 等,2012a,c):

(1)弹性应变等效假设:在这种情况下,假定损伤和假想构型下的应变相同,即,$\epsilon=\bar{\epsilon}$。

(2)弹性应变能等效假设:假设两种构型的弹性应变能相等,即 $U=\bar{U}$。

虽然这两种假设都已被连续介质损伤力学(CDM)领域的研究人员所采用,但人们认为弹性能量等效假设更为普遍,因为它是基于能量平衡来评估系统的响应。为了完整起见,下面使用两个假设来推导转换关系。

1. 损伤变量 ϕ 和修复变量 h 的弹性应变等效假设

在弹性应变等效假设的基础上,建立了有效构型与损伤修复构型之间的转换规律:

$$\epsilon=\bar{\epsilon} \tag{46.5}$$

利用有效构型 $\overline{C}^{\text{healed}}$ 和损伤修复构型 C 的弹性本构方程,结合式(46.4),计算出这些构型之间弹性模量的转换方程:

$$E^h(\phi,h)=\bar{E}((1-\phi)+\phi(1-h)) \tag{46.6}$$

式中:$E^h(\phi,h)$ 为损伤和修复弹性模量,$\bar{E}$ 为原始材料的弹性模量。若无修复过程 $h=1$ 时,式(46.6)导出经典的关系:$E^h(\phi,h=1)=\bar{E}(1-\phi)$(Kachanov,1958;Lemaitre 和 Chaboche,1990;Voyiadjis 和 Kattan,2006b)。

2. 损伤变量 ϕ 与修复变量 h 的弹性能量等值假设

作为推导式(46.6)的转换规则的另一方法,可以使用有效构型 $\overline{C}^{\text{healed}}$ 和真正的损伤—修复构型 C 之间的弹性应变能等效的假设,以推导出这两个状态之间的弹性模量关系如下:

$$U=\frac{1}{2E^h(\phi,h)}\sigma^2=\frac{1}{2\bar{E}}\bar{\sigma}^2 \tag{46.7}$$

将式(46.4)中 $\bar{\sigma}$ 代入式(46.7),可以导出两种构型之间弹性模量的转化关系:

$$E^h(\phi,h)=\bar{E}((1-\phi)+\phi(1-h))^2 \tag{46.8}$$

100%修复的状态导出 $E^h(\phi,h=0)=\bar{E}$,并且相应的弹性模量经修复过程之后得以完全恢复。当没有修复过程时,式(46.8)可以导出 $E^h(\phi,h=1)=\bar{E}(1-\phi)^2$,这表现出了与连续损伤力学的经典结果的一致性(Kachanov,1958;Lemaitre 和 Chaboche,1990;Voyiadjis 和 Kattan,2006b,2009)。最后,转换定律有两种选择:一种是由弹性应变等效假设得到的式(46.6);另一种是利用弹性能量等效假设得到的式(46.8)。

3. 基于弹性模量的标量型损伤—修复变量

基于面缩率的损伤测量结果是难以获得的,在现实的应用中也不太实际。由于损伤引起的截面积减少或由于修复引起的截面积增加的测量涉及微裂纹和微孔隙的精确测量,这很难实现,需要先进的数学和映射技术。为了便于损伤和修复的测量,本工作采用了损伤和修复的间接测量方法(Voyiadjis 等,2012c;Lemaitre 和 Dufailly,1987)。在弹性模量变化的基础上,引入了一种新的单轴修复变量,标量损伤描述方法为(Voyiadjis 等,2012c)

$$l=\frac{\bar{E}-E^d(l)}{E^d(l)} \tag{46.9}$$

定义标量修复变量 h' 来测量修复过程中弹性模量的变化,表达如下(Voyiadjis 等,2012c):

$$h'=\frac{E^h(l,h')-E^d(l)}{E^d(l)} \tag{46.10}$$

式中:$\bar{E}$ 为原始材料的弹性模量;$E^d(l)$ 为损伤和变形构型 C 中的损伤弹性模量,并且 $E^h(l,h')$ 是修复和变形构型 C^h 中的弹性模量。三种模量之间的关系如下(Voyiadjis 等,2012c):

$$E^d(l)\leqslant E^h(l,h')\leqslant\bar{E} \tag{46.11}$$

为了得到有效弹性模量与修复弹性模量之间的转换方程,可以将式(46.9)中的 $E^d(l)$ 代入式(46.10)(Voyiadjis 等,2012c):

$$E^h(l,h')=\frac{(l+h')\bar{E}}{(1+l)} \tag{46.12}$$

式(46.12)表明,$h'=0$ 对应于百分之零的修复,而 $E^h(l,h'=0)=E^d(l)=\bar{E}/(1+l)$ 表明与无修复的纯损伤状态一致(Voyiadjis 等,2012c)。通过设定 $E^h(l,h'=1)=\bar{E}$,可得出 h'的上限 $h'=1$。接下来,基于这个新的修复变量变换法推导了这两种情况下的等效弹性应变和等效弹性能量。

4. 损伤变量 $\boldsymbol{l}$ 与修复变量 $\boldsymbol{h'}$的弹性应变等效假设

利用基于弹性应变等效假设的变换律,得到 $\bar{C}^{\text{healed}}$ 和 C 两种构型之间的相关性,由式(46.5)得到如下变换律(Voyiadjis 等,2012c):

$$\bar{\sigma}=\sigma\frac{(1+l)}{(1+h')} \tag{46.13}$$

损伤变量 l 和 ϕ 与修复变量 h 和 h'之间的相关性由下式给出(Voyiadjis 等,2012c):

$$\phi = \frac{1}{h}\left((1 - \frac{1+h'}{1+l} \right) \tag{46.14}$$

5. 弹性能量等价假设

由式(46.7)得到损伤状态 C 与假设修复状态 $\bar{C}^{\text{healed}}$ 之间的应力转换(Voyiadjis 等,2012c):

$$\bar{\sigma} = \sigma\sqrt{\frac{l+1}{h'+1}} \tag{46.15}$$

式中:$\bar{\sigma}$ 为修复构型中的修复应力;σ 为损伤构型中的应力。

在弹性能量等效的情况下,损伤变量 l 和 ϕ 与修复变量 h 和 h'之间的关系可通过将式(46.12)中的 $\bar{E}$ 代入式(46.8)来得到(Voyiadjis 等,2012c):

$$\phi = \frac{1}{h}\left[1 - \sqrt{\frac{(1+h')}{(1+l)}}\right] \tag{46.16}$$

当使用了弹性应变能的假设时,经典的弹性变量 ϕ 和 l 之间的关系在式(46.16)中给出,其中包含了新的修复变量 h 和 h'。

如果修复从系统中删除,那么就意味着 $h'=0$ 和 $h=1$,并且式(46.16)可以简化成:

$$\phi = \frac{\sqrt{(1+l)} - 1}{\sqrt{(1+l)}} \tag{46.17}$$

这与已经在这个领域发表的结果是一致的(Voyiadjis 和 Kattan,2009)。将式(46.17)代入式(46.16),可以得到

$$\sqrt{(1+l)} - 1 = \frac{\sqrt{1+h'} - 1}{1-h} \tag{46.18}$$

如果使用 ϕ 代替 l,那么上述关系变成:

$$\frac{\phi}{1-\phi} = \frac{\sqrt{1+h'} - 1}{1-h} \tag{46.19}$$

注意式(46.18)和式(46.19)是式(46.16)的特殊情况。

46.3.2 广义损伤—修复变量

基于损伤程度和校验微损伤形成引起的面积缩小的材料退化,之前由 Kachanov (1958)提出过,这个概念后来被 Murakami(1988)推广到一个多轴各向异性的情况。图 46.9 代表了通过将损伤材料从真实构型中去除的连续损伤力学方法(Voyiadjis 等,2012b,c)。图 46.5(a)描述了受损材料的真实状态,它被分解到图 46.9(b)所示的一个虚构的有效构型中(其承受着载荷),以及图 46.9(c)所示的一个虚构的完全损伤的构型中(其不能承受载荷)。损伤变张量 $\boldsymbol{\phi}_{ij}$ 代表真实损伤面积向量 $\mathrm{d}A\boldsymbol{n}_i$(图 46.9a)和等效虚拟面积向量 $\mathrm{d}\bar{A}\bar{\boldsymbol{n}}_i$(图 46.9(b))之间的转换关系,上述关系由 Murakami(1988)提出。

$$\phi_{ij} n_i = \frac{(\mathrm{d}An_j - \mathrm{d}\bar{A}\bar{n}_j)}{\mathrm{d}A}; 0 \leqslant (\phi_i \phi_{ij})^{1/2} \leqslant 1 \tag{46.20}$$

纯损伤面积向量 $\mathrm{d}A^d\boldsymbol{n}_i^d$(图 46.9(c))是通过在实际损伤构型中损伤变量张量$\boldsymbol{\phi}_{ij}$ 和面积向量 $\mathrm{d}A\boldsymbol{n}_j$ 之间的函数得到的,式(46.20)可重组为

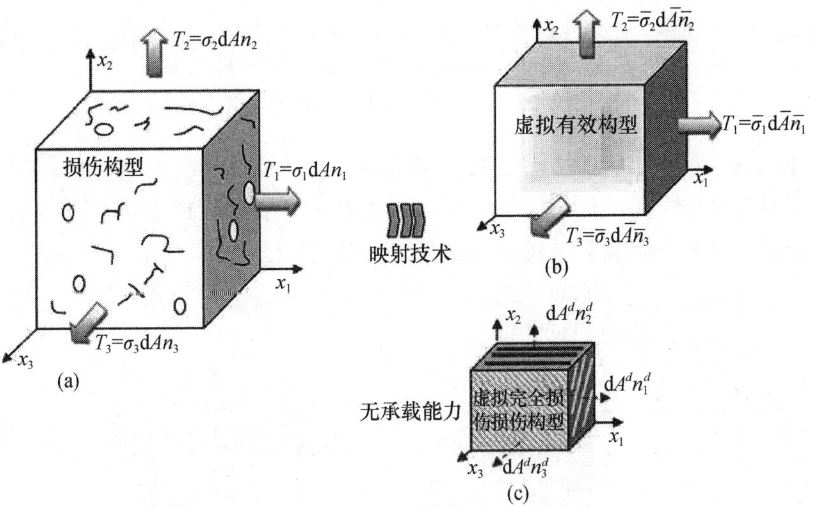

图 46.9　(a)真实损伤构型示意图;(b)虚拟有效构型示意图;(c)虚拟损伤状态示意图(Voyiadjis 等,2012b)

$$\mathrm{d}\boldsymbol{A}^d\boldsymbol{n}_i^d=\mathrm{d}\boldsymbol{A}\boldsymbol{n}_i-\mathrm{d}\bar{A}\bar{n}_i=\phi_{ij}n_j\mathrm{d}A \tag{46.21}$$

Voyiadjis,Shojaei,Li 和 Kattan 利用修复过程的潜在机制找到了物理一致性的修复变量来校验修复机制(Voyiadjis 等,2012b,c)。在修复过程中,一些微尺寸损伤被修复,从而使得修复有效面积增加以承受更多负载。为了表示这一现象,我们假设虚拟的完全受损结构(图 46.9(c))经历了修复过程(Voyiadjis 等,2012b)。这种各向异性修复问题如图 46.10 所示,其中,图 46.10(a)为无承载能力的纯损伤状态,图 46.10(b)显示了修复后的构型,图 46.10(c)给出了假想的有效修复后的构型,图 46.10(d)为完成修复过程后剩余的损伤情况,说明修复过程可以部分有效地去除损伤。

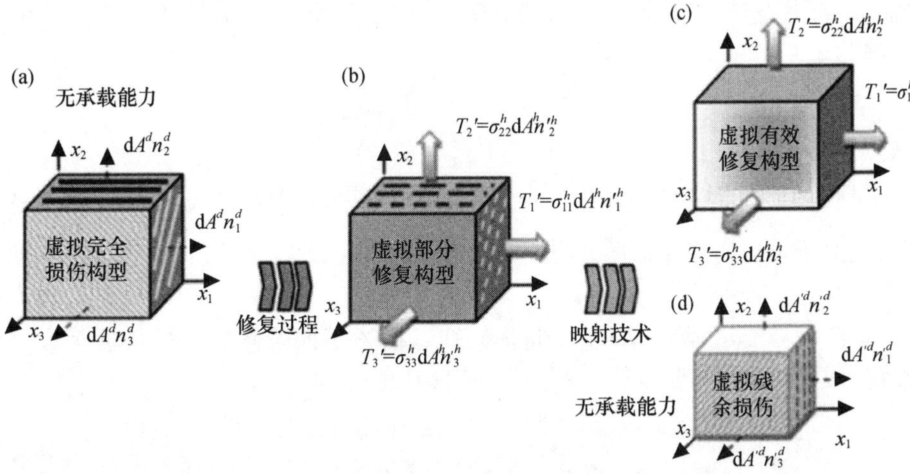

图 46.10　(a)虚拟损伤状态;(b)虚拟修复状态;(c)虚拟有效修复构型;(d)虚拟剩余损伤状态(Voyiadjis 等,2012b)

根据目前对修复过程的物理描述，Voyiadjis、Shojaei 和 Li（Shojaei 等，2013；Voyiadjis 等，2012b）提出了二阶各向异性修复变量张量 $\boldsymbol{h}_{ij}$，表达如下：

$$h_{ij}n_i^d = \frac{\phi_{jk}\mathrm{d}An_k - \mathrm{d}A^h n_j^h}{\mathrm{d}A^d} \quad (0 \leqslant (\boldsymbol{h}_{ij}\boldsymbol{h}_{ij})^{1/2} \leqslant 1) \tag{46.22}$$

其中，修复变量 $\boldsymbol{h}_{ij}$ 捕获真实损伤区向量 $\mathrm{d}\boldsymbol{A}\boldsymbol{n}_i$（图 46.11a）与虚构的修复区向量 $\mathrm{d}\,\bar{\boldsymbol{A}}''\boldsymbol{n}_i^h$ 之间的转换关系（图 46.11(b)；Voyiadjis 等，2012b）。图 46.11 显示了真实损伤和虚拟修复有效配置之间的总体映射过程（Voyiadjis 等，2012b）。

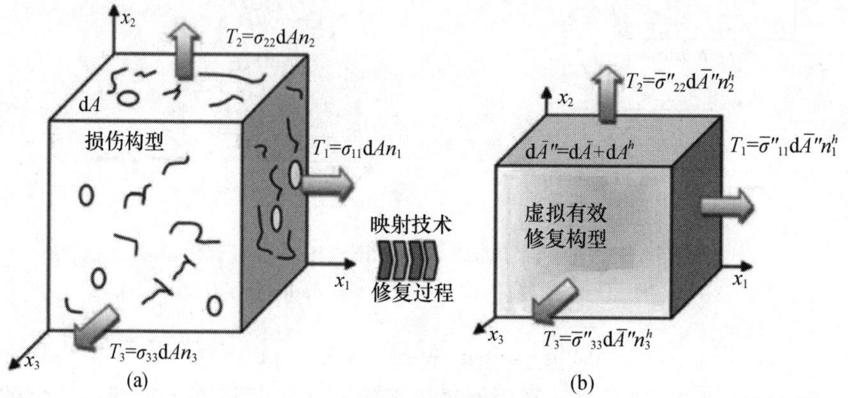

图 46.11 （a）损伤构型；（b）修复后虚拟有效构型（Voyiadjis 等，2012b）

正如标量型损伤—修复测量技术所指出的，由于损伤而造成的面积缩小和由于修复过程造成的面积增加都称为直接测量，可以通过先进的测量技术来实现（Voyiadjis 等，2012b，c）。由于测量所需的复杂的映射技术是基于缺陷密度损伤和修复方法的，间接测量方法是可取的（Voyiadjis 等，2012b，c），在这些方法中，损伤和修复过程是根据弹性模量变化进行校准的（Lemaitre 和 Dufailly，1987）。四阶各向异性损伤变量张量 $\boldsymbol{\kappa}_{ijkl}$ 是基于弹性模量变化给出的，表达如下（Voyiadjis 等，2012b；Lemaitre 和 Dufailly，1987）：

$$\begin{cases} \boldsymbol{\kappa}_{ijkl}^{(1)} = (\bar{E}_{ijmn} - E_{ijmn}^d)\bar{E}_{mnkl}^{-1} \\ \boldsymbol{\kappa}_{ijkl}^{(2)} = \bar{E}_{ijmn}^{-1}(\bar{E}_{mnkl} - E_{mnkl}^d) \end{cases} \tag{46.23}$$

其中，上标“(1)”和“(2)”表示损伤张量的两种不同的数学张量表达式，这些表达式将损伤张量相对于未损伤弹性张量的倒数 $\bar{E}_{ijkl}$ 进行标准化，E_{ijkl}^d 为损伤弹性模量（Voyiadjis 等，2012b）。

为了间接测量修复过程，Voyiadjis、Shojaei 和 Li 引入了四阶修复变量张量 $\boldsymbol{h}'_{ijkl}$ 来测量修复过程完成后的弹性模量变化（Voyiadjis 等，2012b）：

$$\begin{cases} h'^{(1)}_{ijkl} = (E_{ijmn}^h - E_{ijmn}^d)E_{mnkl}^{d-1} \\ h'^{(2)}_{ijkl} = E_{ijkm}^{d-1}(E_{mnkl}^h - E_{mnkl}^d) \end{cases} \tag{46.24}$$

式中：E_{ijkl}^h 表示材料的弹性模量，当 $h'_{ijkl} = 0_{ijkl}$ 时代表没有修复情况，0_{ijkl} 是一个与零分量相关的四阶张量。将式(46.24)中的 E_{ijkl}^d 代入式(46.23)，得到修复弹性模量 E_{ijkl}^h 的表达式，表达如下（Voyiadjis 等，2012b）：

$$\begin{cases} E^h_{ijmn} = \bar{E}_{ijmn} + \bar{E}_{klmn}(h'^{(1)}_{ijkl} - \kappa^{(1)}_{ijkl} - \kappa^{(1)}_{pqkl}h'^{(1)}_{ijpq}) \\ E^h_{ijmn} = \bar{E}_{ijmn} + \bar{E}_{ijpq}(h'^{(2)}_{pqmn} - \kappa^{(2)}_{pqmn} - \kappa^{(2)}_{pqkl}h'^{(2)}_{klmn}) \end{cases} \tag{46.25}$$

如图 46.11 所示，柯西应力张量$\boldsymbol{\sigma}_{ij}$，代表了在实际损伤构型中的应力状态（图 46.11(a)），有效应力张量 $\bar{\boldsymbol{\sigma}}_{ij}$ 表明了有效修复配置中的应力状态（图 46.11(b)）。通常，有两种方法可以推导出这两种应力张量之间的关系：第一种，可以把应变在两种构型中等效起来，即 $\varepsilon_{ij}=\bar{\varepsilon}_{ij}$；第二种，等效弹性能量（EEE）方法，它更可靠，因为它是基于能量的。一般来说，EEE 方法依赖于真实构型和有效构型之间的能量等效，与简单的应变等值相比，这种能量等效包含了更多的物理现象。EEE 方法在文献中得到了广泛的应用，推导出有效和真实构型之间的关系（Lemaitre，1985；Yazdani 和 Schreyer，1990；Hansen 和 Schreyer 1994；Voyiadjis 等，2012b，c；Shojaei 等，2013）。利用第二种方法，在真实的损伤和虚拟的修复构型之间表述，可以导出：

$$U = \frac{1}{2}E^{h^{-1}}_{ijkl}\sigma_{ij}\sigma_{kl} = \frac{1}{2}\bar{E}^{-1}_{ijkl}\bar{\sigma}_{ij}\bar{\sigma}_{kl} \tag{46.26}$$

其中，定义了一个四阶损伤—修复转化张量$\boldsymbol{Q}_{ijkl}$，代表真实状态下的柯西应力张量$\boldsymbol{\sigma}_{ij}$和有效构型中的柯西应力张量$\bar{\boldsymbol{\sigma}}_{ij}$ 之间的转换。关系式表示为（Voyiadjis 等，2012b）

$$\bar{\boldsymbol{\sigma}}_{ij} = Q_{ijkl}\sigma_{kl} \tag{46.27}$$

将式（46.27）中的$\bar{\boldsymbol{\sigma}}_{ij}$ 和式（46.25）中的 E^h_{ijkl} 代入式（46.26），可以给出 h'_{ijkl}、E^d_{ijkl} 和 Q_{ijkl} 之间的关系，如下（Voyiadjis 等，2012b）：

$$\begin{cases} Q_{ijuw}Q_{klpq} = (h^{(1)}_{mnij}E^d_{klmn} + E^d_{klij})\bar{E}^{-1}_{uwpq} \\ Q_{juw}Q_{klpq} = (E^d_{mnij}h^{(2)}_{klmn} + E^d_{klij})\bar{E}^{-1}_{uwpq} \end{cases} \tag{46.28}$$

利用真实构型和有效构型之间的平衡，得到这两种状态下的应力关系，表达如下（Voyiadjis 等，2012b）：

$$\sigma_{ij} = (M^{-1}_{ijk1} + (I_{ijmn} - M^{-1}_{jimn})H^{-1}_{mnkl})\bar{\sigma}_{kl} \tag{46.29}$$

式中：$\boldsymbol{I}_{ijkl}$ 为四阶单位张量，四阶损伤效应张量 $\boldsymbol{M}_{ijkl}$ 和修复效应张量 $\boldsymbol{H}_{ijkl}$ 在下面定义。当 $\boldsymbol{H}_{ijkl}=\boldsymbol{0}_{ijkl}$（$\boldsymbol{0}_{ijkl}$ 是四阶零张量），表示在未修复构型中的 $\bar{\sigma}_{ij}=M_{ijkl1}\sigma_{kl}$。$\boldsymbol{H}_{ijkl}=\boldsymbol{I}_{ijkl}$ 的情况代表完全修复状态，此时 $\bar{\sigma}_{ij}=\sigma_{ij}$（Voyiadjis 等，2012b）。因此，提出以下 $\boldsymbol{M}_{ijkl}$ 和 $\boldsymbol{H}_{ijkl}$ 的张量表示（Voyiadjis 等，2012b）：

$$\begin{cases} \boldsymbol{M}_{ijkl} = [(I_{ij} - \phi_{ij})(I_{kl} - \phi_{kl})]^{-1/2} \\ \boldsymbol{H}_{ijkl} = [h_{ij}h_{kl}]^{-1/2} \end{cases} \tag{46.30}$$

比较式（46.29）和式（46.27），可以发现（Voyiadjis 等，2012b）：

$$Q_{ijkl} = (M^{-1}_{ijkl} + (I_{ijmn} - M^{-1}_{ijmn})H^{-1}_{mnkl})^{-1} \tag{46.31}$$

使用四阶损伤张量 $\boldsymbol{\kappa}_{ijkl}$ 和修复变量张量 $\boldsymbol{h}'_{ijkl}$，二阶损伤张量$\boldsymbol{\phi}_{ij}$ 和修复变量张量 $\boldsymbol{h}_{ij}$ 之间的关系式通过将式（46.31）中的 Q_{ijkl} 代入式（46.28）可以得到（Voyiadjis 等，2012b）：

$$\begin{gathered} (M^{-1}_{ijuw} + (I_{ijmn} - M^{-1}_{ijmn})H^{-1}_{mnuw})^{-1}(M^{-1}_{klpq} + (I_{klmn} - M^{-1}_{klmn})H^{-1}_{mnpq})^{-1} = (h'^{(1)}_{mnij}E^d_{klmn} + E^d_{klij})\bar{E}^{-1}_{uwpq} \\ (M^{-1}_{ijuw} + (I_{jimn} - M^{-1}_{ijmn})H^{-1}_{mnuw})^{-1}(M^{-1}_{klpq} + (I_{klmn} - M^{-1}_{klmn})H^{-1}_{mmpq})^{-1} = (E^d_{mnij}h'^{(2)}_{klmn} + E^d_{klij})\bar{E}^{-1}_{uwpq} \end{gathered} \tag{46.32}$$

若将式(46.30)中的 $\boldsymbol{M}_{ijkl}$ 和 $\boldsymbol{H}_{ijkl}$ 代入式(46.32),就会建立所有引入的损伤修复变量之间的关系(Voyiadjis 等,2012b)。因此,如果了解一组这些损伤修复变量,即(ϕ_{ij},h_{ij})或(κ_{ij},h'_{ij}),则另一组可以通过使用式(46.32)获得(Voyiadjis 等,2012b)。

46.4 结果与讨论

在文献(Voyiadjis 等,2012c)中,对耦合和非耦合的损伤—修复过程中评估了新引入的标量性修复变量的性能。在弹性应变能等效的情况下,在式(46.16)中引入损伤变量与修复变量之间的关系,修复效果如图 46.12 所示。通过设置修复变量 $h=1$ 和 $h'=0$ 忽略修复效应,可得到完全受损状态的构型。修复参数 h 的影响针对三个不同的修复值进行评估,包括 $h=0.8$,0.5 和 0.3,而修复变量 h'保持为零。可以看到,当损伤变量 l 变化范围在 $0<l<1$ 时,损伤变量 ϕ 的有效范围是 $0\leqslant\phi\leqslant0.293$。因此,基于 l 的刚度减小的定义,损伤变量 ϕ 的最大限值是 0.293(Voyiadjis 和 Kattan,2009;Voyiadjis 等,2012c)。然而,在修复构型的情况下,这种限制值会增加,相对未修复的材料,基于 ϕ 的定义,材料能承受更多的损伤。

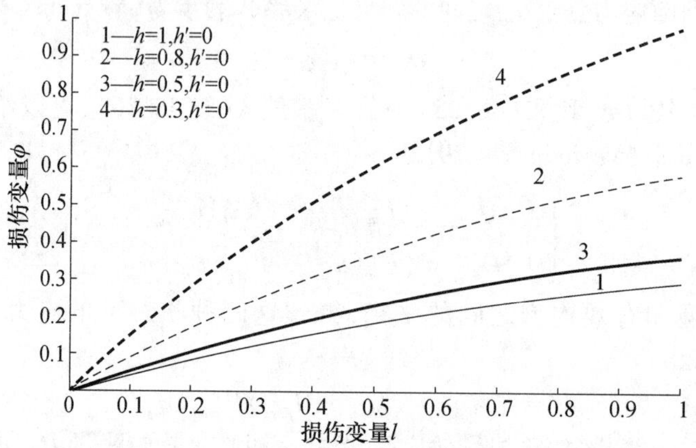

图 46.12 修复变量 h 对损伤参数 ϕ 和 l 的影响(Voyiadjis 等,2012c)

损伤—修复耦合过程的情况下,利用损伤和修复之间的物理关系过程,引入修复和损伤变量之间的经验关系(Voyiadjis 等,2012a,c)。例如,在自修复材料中,包含微粒修复剂的情况下,可以找到引入系统的损伤和扩散进入微裂纹的修复剂之间的关系(Kirkby 等,2008,2009)。这里引入一个经验函数,将损伤变量 l 与修复变量 h'联系起来(Voyiadjis 等,2012c):

$$Z(l)=\alpha e^{-\beta l},h'=\begin{cases}1 & (Z(l)>1)\\ Z(l) & (Z(l)\leqslant 1)\end{cases} \tag{46.33}$$

这里,α 和 β 是两个依赖于材料的常数,可代表微囊的物理特性和分散特征,以及修复剂的扩散和有效性(Voyiadjis 等,2012c)。式(46.33)的应用如图 46.13 所示。假设修复是在损伤过程的初始阶段恢复了所有的损伤,随着引入损伤量的增加,修复过程的有效性降低(Voyiadjis 等,2012c)。

将这种经验关系引入到系统中,并对耦合损伤修复过程进行了评估。在弹性应变能等效的情况下，利用式(46.16)，修复过程 h' 对损伤变量 ϕ 的影响描绘在图 46.14 中，而修复变量 h 设定为 1，预示着修复变量的失效(Voyiadjis 等，2012c)。损伤构型和两种耦合损伤修复构型如图 46.14 所示，两种修复过程显示出损伤变量 ϕ 在初始损伤过程的完全恢复，并且，两种修复过程在 $l=1$ 时表现出更小的 ϕ 损伤值。

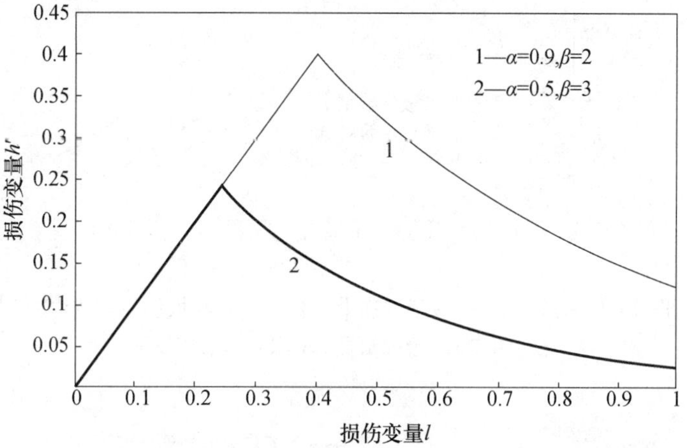

图 46.13　耦合损伤-修复过程中损伤变量 l 与修复变量 h' 之间的经验关系(Voyiadjis 等，2012c)

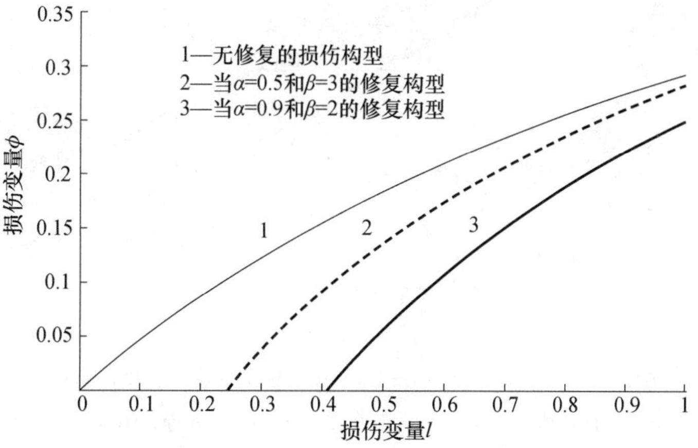

图 46.14　损伤-修复耦合过程中修复变量 h' 对损伤变量 ϕ 的影响(Voyiadjis 等，2012c)

在耦合损伤-修复过程中弹性应变能等效的情况下，修复变量 h' 对应力比 $\sigma/\overline{\sigma}$(损伤和有效构型之间的应力比)的影响见图 46.15。使用式(46.15)来表示两种修复后的构型，均表现出初始的非损伤响应。在一定的损伤极限后，它们表现出更高的应力比，这表明强化材料的损伤应力更接近有效的非损伤构型(Voyiadjis 等，2012c)。

可以将式(46.33)引入到非耦合的损伤-修复过程中，就像经过两步 CTH(Li 和 Uppu，2010)的自修复材料一样。在图 46.16 中，这种情况是在材料卸载和一定程度的修复($l=0.5$)时予以研究。修复参数选为 $\alpha=0.9$ 和 $\beta=2$，修复后对材料加载。在图 46.16 中，修复过程后的损伤变量 l 逐渐减小，材料对修复后损伤表现出更强的阻抗能力。

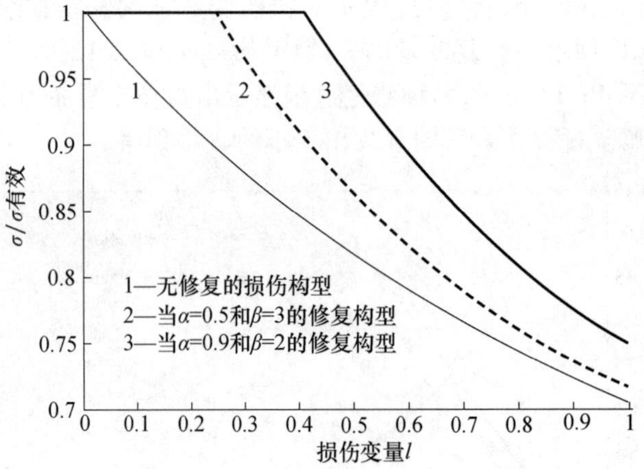

图 46.15 耦合损伤-修复过程中修复变量 h' 对损伤与有效构型之间的应力比的影响(Voyiadjis 等,2012c)

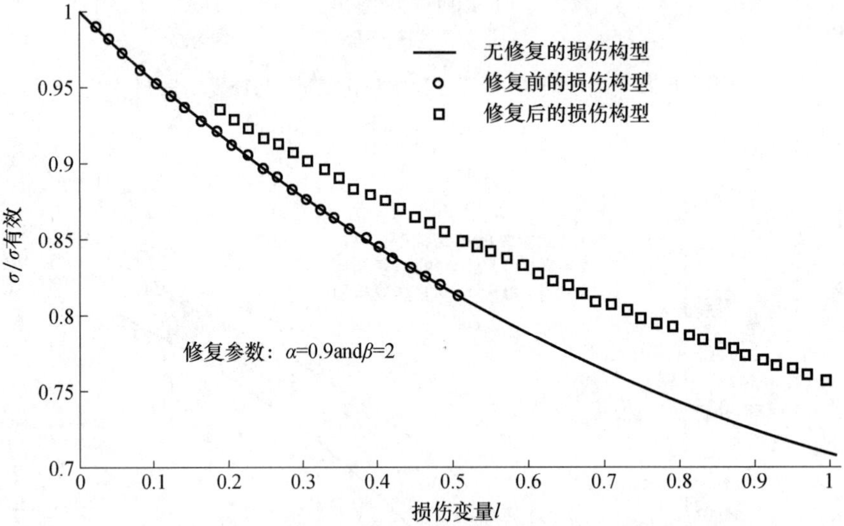

图 46.16 非耦合损伤-修复过程中修复变量 h' 对损伤构型与有效构型之间的应力比的影响(Voyiadjis 等,2012c)

46.5 小　　结

本章研究了损伤和修复过程的力学,并给出了基于物理的自修复建模的基础(Voyiadjis 等,2012a,2012c)。为校验修复过程而引入了修复变量,其中介绍了两种新的各向异性损伤修复变量,它们是基于损伤和修复过程的物理定义的。研究了新开发的损伤修复变量的性能,它们在描述基于 SMP 的自修复系统响应方面表现得相当好(Voyiadjis 等,2011,2012b)。所提出的各向异性损伤修复变量为设计人员提供了测量高度各向异性自修复系统中损伤和修复状态的能力。如作者指出的,所提出的潜在功能能够描述不规则耦合和/或非耦合损伤修复响应的聚合物基材料系统。然而,在文献中关于自修复系统的试验是有限的,所提出的理论提供了数学上描述最复杂响应的能力。使用路易斯安那州立大学(美国,Baton Rouge)的修复测试装置来研究理论框架的性能,它与观察到的结果的相关性很好(Voyiadjis 等,2011)。通过引入织构张量,可以在 CDHM 框架中引入修复的微观物理方法,该织构张量捕捉受损材料中的裂纹和孔隙分布,它们与 CDM 概念有关(Voyiadjis 和 Kattan,2006a,2007;Voyiadjis 等,2007),这使材料研究人员将织构张量和微观力学与修复力学的概念联系起来,开辟了一个新的领域。

修复变量应基于材料系统的特性和修复周期进行本构规定,这一任务是通过考虑修复过程中涉及的几种变形机制来完成的,包括修复颗粒向基体的扩散和修复剂对断裂表面的浸润。

参考文献

J. A. Adam, A simplified model of wound healing(with particular reference to the critical size defect). Math. Comput. Model. 30(5-6), 23-32(1999)

B. A. Beiermann, M. W. Keller, N. R. Sottos, Self-healing flexible laminates for resealing of puncture damage. Smart Mater. Struct. 18(8), 085001(2009)

I. P. Bond, R. S. Trask, H. R. Williams, Self-healing fiber-reinforced polymer composites. MRS Bull. 33, 770-774(2008)

E. Brown, N. Sottos, S. White, Fracture testing of a self-healing polymer composite. Exp. Mech. 42(4), 372-379 (2002)

J. L. Chaboche, Constitutive equations for cyclic plasticity and cyclic viscoplasticity. Int. J. Plast. 5(3), 247-302 (1989)

J. L. Chaboche, On some modifications of kinematic hardening to improve the description of ratchetting effects. Int. J. Plast. 7(7), 661-678(1991)

J. L. Chaboche, Cyclic viscoplastic constitutive equations, part Ⅰ: a thermodynamically consistent formulation. J. Appl. Mech. 60(4), 813-821(1993)

J. L. Chaboche, Thermodynamic formulation of constitutive equations and application to the viscoplasticity and viscoelasticity of metals and polymers. Int. J. Solids Struct. 34(18), 2239-2254(1997)

J. L. Chaboche, A review of some plasticity and viscoplasticity constitutive theories. Int. J. Plast. 24(10), 1642-1693(2008)

N. R. Hansen, H. L. Schreyer, A thermodynamically consistent framework for theories of elastoplasticity coupled with damage. Int. J. Solids Struct. 31(3), 359-389(1994)

S. A. Hayes, F. R. Jones, K. Marshiya, W. Zhang, A self-healing thermosetting composite material. Compos. A: Appl. Sci. Manuf. 38(4), 1116-1120(2007a)

S. A. Hayes, W. Zhang, M. Branthwaite, F. R. Jones, Self-healing of damage in fibre-reinforced polymer-matrix composites. J. R. Soc. Interface 4(13), 381-387(2007b)

M. John, G. Li. Self-healing of sandwich structures with grid stiffened shape memory polymer syntactic foam core. Smart Mater. Struct. 19(7), paper number 075013(2010)

L. M. Kachanov, On the creep fracture time. Izv Akad. Nauk USSR Otd. Tekh 8, 26-31(1958)

E. L. Kirkby, J. D. Rule, V. J. Michaud, N. R. Sottos, S. R. White, J. E. Månson, Embedded shape-memory alloy wires for improved performance of self-healing polymers. Adv. Funct. Mater. 18(15), 2253-2260(2008)

E. L. Kirkby, V. J. Michaud, J. A. E. Månson, N. R. Sottos, S. R. White, Performance of self-healing epoxy with microencapsulated healing agent and shape memory alloy wires. Polymer 50(23),5533-5538(2009)

J. Lemaitre,Coupled elasto-plasticity and damage constitutive equations. Comput. Methods Appl. Mech. Eng. 51(1-3),31-49(1985)

J. Lemaitre,J. L. Chaboche,Mechanics of Solid Materials(Cambridge University Press,Cambridge,1990)

J. Lemaitre,J. Dufailly,Damage measurements. Eng. Fract. Mech. 28(5-6),643-661(1987)

G. Li,M. John,A self-healing smart syntactic foam under multiple impacts. Compos. Sci. Technol. 68(15-16),3337-3343(2008)

G. Li,D. Nettles,Thermomechanical characterization of a shape memory polymer based selfrepairing syntactic foam. Polymer 51(3),755-762(2010)

G. Li,A. Shojaei,A viscoplastic theory of shape memory polymer fibres with application to self-healing materials. Proc. R. Soc. A Math. Phys. Eng. Sci. 468(2144),2319-2346(2012)

G. Li,N. Uppu,Shape memory polymer based self-healing syntactic foam:3-D confined thermomechanical characterization. Compos. Sci. Technol. 70(9),1419-1427(2010)

G. Li,H. Meng,J. Hu,Healable thermoset polymer composite embedded with stimuli-responsive fibres. J. R. Soc. Interface 9(77),3279-3287(2012)

Y. L. Liu,Y. W. Chen,Thermally reversible cross-linked polyamides with high toughness and selfrepairing ability from maleimide-and furan-functionalized aromatic polyamides. Macromol. Chem. Phys. 208(2),224-232(2007)

S. Miao,M. L. Wang,H. L. Schreyer,Constitutive models for healing of materials with application to compaction of crushed rock salt. J. Eng. Mech. 121(10),1122-1129(1995)

S. Murakami,Mechanical modeling of material damage. J. Appl. Mech. 55(2),280-286(1988)

J. Nji,G. Li. A self-healing 3D woven fabric reinforced shape memory polymer composite for impact mitigation. Smart Mater. Struct. 19(3),paper number 035007(2010a)

J. Nji,G. Li,A biomimic shape memory polymer based self-healing particulate composite. Polymer 51(25),6021-6029(2010b)

J. W. C. Pang,I. P. Bond,A hollow fibre reinforced polymer composite encompassing self-healing and enhanced damage visibility. Compos. Sci. Technol. 65(11-12),1791-1799(2005)

T. A. Plaisted,S. Nemat-Nasser,Quantitative evaluation of fracture,healing and re-healing of a reversibly cross-linked polymer. Acta Mater. 55(17),5684-5696(2007)

Y. N. Rabotnov,On the equations of state for creep,in The Progress in Applied Mechanics-The Prager Anniversary Volume(Macmillan,New York,1963),pp. 307-315

A. Shojaei,M. Eslami,H. Mahbadi,Cyclic loading of beams based on the Chaboche model. Int. J. Mech. Mater. Des. 6(3),217-228(2010)

A. Shojaei,G. Li,G. Z. Voyiadjis,Cyclic viscoplastic-viscodamage analysis of shape memory polymers fibers with application to self-healing smart materials. J. Appl. Mech. 80,011014-1-011014-15(2013)

A. H. R. W. Simpson,T. N. Gardner,M. Evans,J. Kenwright,Stiffness,strength and healing assessment in different bone fractures-a simple mathematical model. Injury 31(10),777-781(2000)

K. S. Toohey,N. R. Sottos,J. A. Lewis,J. S. Moore,S. R. White,Self-healing materials with microvascular networks. Nat. Mater. 6(8),581-585(2007)

R. S. Trask,I. P. Bond,Biomimetic self-healing of advanced composite structures using hollow glass fibres. Smart Mater. Struct. 15(3),704(2006)

R. J. Varley,S. van der Zwaag,Towards an understanding of thermally activated self-healing of an ionomer system during ballistic penetration. Acta Mater. 56(19),5737-5750(2008)

G. Z. Voyiadjis, P. I. Kattan, Damage mechanics with fabric tensors. Mech. Adv. Mater. Struct. 13(4), 285–301 (2006a)

G. Z. Voyiadjis, P. Kattan, Advances in Damage Mechanics: Metals and Metal Matrix Composites With an Introduction to Fabric Tensors, 2nd edn. (Elsevier, Oxford, 2006b), p. 742, ISBN: 0-08-044688-4

G. Z. Voyiadjis, P. I. Kattan, Evolution of fabric tensors in damage mechanics of solids with microcracks: part I –theory and fundamental concepts. Mech. Res. Commun. 34(2), 145–154(2007)

G. Z. Voyiadjis, P. I. Kattan, A comparative study of damage variables in continuum damage mechanics. Int. J. Damage Mech. 18(4), 315–340(2009)

G. Z. Voyiadjis, P. I. Kattan, Z. N. Taqieddin, Continuum approach to damage mechanics of composite materials with fabric tensors. Int. J Damage Mech. 18(3), 301–329(2007)

G. Z. Voyiadjis, P. I. Kattan, Mechanics of small damage in fiber – reinforced composite materials. Compos. Struct. 92(9), 2187–2193(2010)

G. Z. Voyiadjis, A. Shojaei, G. Li. A thermodynamic consistent damage and healing model for self healing materials. Int. J. Plast. 27(7), 1025–1044(2011)

G. Z. Voyiadjis, A. Shojaei, G. Li, P. I. Kattan, A theory of anisotropic healing and damage mechanics of materials. Proc. Roy. Soc. A Math. Phys. Eng. Sci. 468(2137), 163–183(2012a). doi: 10.1098/rspa.2011.0326

G. Z. Voyiadjis, A. Shojaei, G. Li, A generalized coupled viscoplastic–viscodamage–viscohealing theory for glassy polymers. Int. J. Plast. 28(1), 21–45(2012b)

G. Z. Voyiadjis, A. Shojaei, G. Li, P. Kattan, Continuum damage – healing mechanics with introduction to new healing variables. Int. J. Damage Mech. 21(3), 391–414(2012c)

S. R. White, N. R. Sottos, P. H. Geubelle, J. S. Moore, M. R. Kessler, S. R. Sriram, E. N. Brown, S. Viswanathan, Autonomic healing of polymer composites. Nature 409(6822), 794–797(2001)

H. R. Williams, R. S. Trask, I. P. Bond, Self–healing composite sandwich structures. Smart Mater. Struct. 16(4), 1198(2007)

S. Yazdani, H. L. Schreyer, Combined plasticity and damage mechanics model for plain concrete. J. Eng. Mech. 116, 1435–1450(1990)

M. Zako, N. Takano, Intelligent material systems using epoxy particles to repair microcracks and delamination damage in GFRP. J. Intell. Mater. Syst. Struct. 10(10), 836–841(1999)

第 47 章　利用相场法对非局部损伤的模拟

George Z. Voyiadjis, Navid Mozaffari

摘　要

本章讨论了相场法在连续损伤力学中的应用，指出使用基于非局部损伤模型的相场法可以导出损伤的梯度效应，这个结论可用于使用标量变量表示的各项同性损伤中。损伤由弹性区域开始，损伤率的方程表明了脆性材料的演变过程。同时，这个理论可和塑性模型理论耦合。相场法的框架通过单一的标量形式表示，首先简单介绍了各向同性损伤，序参数和损伤变量有关，同时得到了损伤材料的自由能函数，该函数可以有效地通过 Allen-Cahn 方程获得非局部损伤的演变过程，本变分方法无需遵循在早先提出的模型中的传统规则。本章提出了损伤中精确的长度尺度，同时讨论了一般应力状态下的标量损伤变量，列出了三种不同的有限差分模型，同时通过一个一维的数值算例论证了模型的应用和正则化能力。

47.1　概　　述

相场法作为一个强大的理论推导和数值计算的工具广泛应用于科学研究中，该方法描述的是两个或两个以上不同的相的转变或者是不同的相之间的连续变化。该方法可以用于模拟短时的演化过程尤其是在显微结构演变、弥散以及固体材料的凝固等重要相变过程中，并且在众多的研究领域中得以应用，包括显微结构演变（Guo 等 2005；Hu 等，2007）、凝固（Boettinger 等，2002；Cha 等 2001；Gránásy 等，2004；Karma 2001；Ohno 和 Matsuura，2010）、非齐次弹性力学问题（Boussinot 等，2010；Hu 和 Chen，2001；Sankarasubramanian，2011；Wang 等 2002；Zhu 等，2001）、应力主导的相变问题（Levitas 和 Ozsoy，2009a，b；Levitas 和 Preston，2002）、裂纹扩展和断裂模型（Aranson 等 2000；Karma 等，2001；Miehe 等，2010a，b；Spatschek 等，2006，2007）、位错和位错动力学理论（Koslowski 等，2002；Rodney 等，2003；Wang 等，2001）和晶粒生长模拟（Fan 和 Chen，1997；Uehara 等，2007）。同时该方法在结合弹性以及弹性和弥散组合的问题（Onuki，1989）中有很重要的应用，大量文献（Gaubert 等，2010；Guo 等，2008；Yamanaka 等，2008；Zhou 等，2008）讨论了该方法在非线性力学方面的优异表现效果。该方法可以用于模拟多相现象（Moelans，2011；Ofori-Opoku 和 Provatas，2010；Steinbach 和 Apel，2006；Steinbach 等，1996），同时，为了预测基于微裂纹和微孔洞演变过程的材料行为，引入了损伤力学，用以开发本构计算模型。有限元法不仅在固体力学使用，近些年，一些研究将有限元法应用到发展计算模型中，用来预测损伤演变（Abu Al-Rub 和 Voyiadjis，2003；Dorgan 和 Voyiadjis，2007；Voyiadjis，1988；Voyiadjis 和 Deliktas,2000;Voyiadjis 等,2009;Voyiadjis 和 Dorgan,2007;Voyiadjis 和 Kattan,1990,2006)。与此同时,在界面弥散的相变问题中,相场法在追踪微观结构以及形态学的演变方面具有很大的优势。本章的主要目的是建立一个包含标准相场法和传统的损伤力学理论的普遍热力学一致性框架,该理论在计算机程序上实现相对简单,它使有限差分法、通过非局部项预测受损部分,还预测损伤随时间的演化。在下面的章节中假设,在代表性体积单元(RVE)内的各个相的局部表现通过经典损伤理论得到。RVE 足够大,从而保证充分考虑这两个相并在 RVE 中进行平均。因此,可以设置微裂纹区域的平均值,同时在 RVE 内不假定具体的相位排列。这种提法是基于广义类型的损伤变量的,它与基于物理问题的序参数是相关的,用来模拟损伤的扩展。

本章首先简要介绍了 PFM 在材料科学中的应用历史。然后,基于 Boettinger 等(2002)的工作,讨论了简单标量形式的相场理论,上述框架为相场理论提供了一个简洁而完善的物理基础。然后回顾了各向同性损伤的概念,以便将连续损伤力学(CDM)中的序参数和损伤变量联系起来。在此基础上,建立了考虑损伤材料中两个不同相的含单个标量序参数的自由能函数,该函数可以通过相场理论捕捉非局部损伤的演化。接下来,就像 Allen-Cahn 方程一样,用与时间相关的 Ginzburg-Landau 方程(TDGL)来描述损伤演化过程,结果表明,利用 Allen-Cahn 方程时没有必要使用在早先损伤模型中常见的正态分布准则来获得损伤演化的规律。可以看出,在不使用 Allen-Cahn 方程的情况下,使用自由能函数可以优化损伤相场理论的使用,并将公式化为规则模型。由转换(本例中为损伤)引起的特定长度尺度的现象表明了尖锐界面模型与弥散界面模型之间存在差异,这些长度尺刻画了损伤局部化的影响,并确定了由未损伤固体转变为完全损伤材料(微裂纹)的界面区域。随后,对比了相场公式中的自由能项与变分公式中的相应项,并通过变分公式证明了梯度损伤模型的性质。其次,在各向同性损伤方面考虑了弹性行为中的广义应力状态的影响,并考虑了基于标量相场的损伤变量对应力应变张量分量的影响。当损伤表现为各向同性时,会在三个相互正交的方向上以相同的速率同时演化,并且可以由一个标量变量表示,但它会影响应力张量或应变张量的分量。最后,本章给出了一种新的将基于相场法的损伤模型转化为一维问题的方法,同时讨论了其数值实现。通过三个不同的有限差分格式导出了一个数学过程,通过数值算例、相场建模方法的有效性以及实用性验证了该模型的正则化能力。为了简单起见,本章应用了小变形理论,因此可以忽略位移场中的高阶项。在本章中,任何带有上横线的变量都表示有效状态(未损伤的材料),而不带横线的变量则表示实际已经损伤的状态。关于本项研究工作更多的细节,读者可以参考文献(Voyiadgis 和 Mozaffari,2013)。

47.2　相场模型的一般框架

47.2.1　序参数

相的转变(转化)是物质从一种状态到另一种状态的物理变化,如通过加热使水内部升温发生固态(冰)到液态的变化。在标准相场模型中,系统中现有的相可以用序参数或“相场”来定义,这里不必找出序参数的宏观物理解释。在两相系统中,序参数在一个相中设置为 0,在另一个相中设置为 1,序参数在不同相位之间的变化用光滑函数表示。与其他热力学一致性方法一样,自由能可以定义为序参数和其他热力学变量(如温度和浓度)的函数。系统内包含两个独立的相,一个相为有序相,另一个相为无序相(Elder 和 Provatas,2010)。有序相是几何对称数较少的相,由一个除 0 以外的任意值的序参数指定,无序相是一个几何对称数较多的相,因此,在固—液相变中固相是有序相,液相可以定义为无序相。两种常用的序参数——“场变量”——包括守恒和非守恒序参数(Chen,2002;Moelans 等,2008)。用以显示从一个相到另一个相转变的函数的类型代表了转变的类型,如果序参数在边界处从有序相到无序相连续消失,则称该转变为二级相变;如果相之间的序参数发生不连续变化,则称该变化为一级相变(Elder 和 Provatas,2010)。

47.2.2 相场法的框架

在过去 20 年中,基于 Ginzburg-Landau 超导理论(Cahn 和 Hilliard,1958;Ginzburg 和 Landau,1965)的相场建模方法作为一种强有力的工具广泛应用于模拟各种类型的微观结构演变。通常使用两类相场模型(Chen,2002),为了避免微结构演化过程中界面的跟踪问题,引入了第一类模型,同时,根据模型参数选择了该类模型的热力学和动力学系数来与传统的尖锐界面模型的参数相对应。第二种类型的建模方法通过物理方式定义序参数,其中包含用于相变的场变量,第二种类型的建模方法被广泛用于固态相变模型建模中。作为第二种类型的一般假设,微观结构随时间演变的过程可以通过相场方程得到,包括 Allen-Cahn 方程(Allen 和 Cahn,1979;Cahn 和 Allen,1977;Cahn 和 Hilliard,1958)和 Cahn-Hilliard 方程(Cahn 和 Hilliard,1958;Gurtin 1996)。此外,所有热力学和动力学系数都与微观结构参数有关。传统的 Landau 展开式(稍后给出)用于将自由能函数定义为序参数的多项式(Elder 和 Provatas,2010),本章使用第一种方法,基于 Ginzburg-Landau 理论(Ginzburg 和 Landau,1965;Nauman 和 Balsara,1989;Sethna,2006),利用一般热力学和动力学原理推导出相场变量的演化方程,这些方程和自由能构成了相场法的基础。等温过程的自由能函数 F 可定义为相场变量及其梯度的函数,表达如下(Boettinger 等,2002):

$$F = \int_V \left[\psi(c,\eta,T) + \frac{\epsilon_c^2}{2}|\nabla c|^2 + \frac{\epsilon_\eta^2}{2}|\nabla \eta|^2\right]\mathrm{d}V \tag{47.1}$$

式中:$\psi(c,\eta,T)$ 为自由能密度;c 为浓度;T 为温度;η 为序参数;ϵ_c 和 ϵ_η 为梯度系数。式(47.1)给出的自由能函数在微观结构演化过程中必须减小,梯度系数可以准确描述界面性质,如界面能和界面能的各向异性。假设梯度能量系数为常数,在平衡条件下,以浓度 c 为保守场和 η 为非保守场的自由能泛函 F(式(47.1))的变分导数必须满足以下方程:

$$\frac{\delta F}{\delta \eta} = \frac{\partial \psi}{\partial \eta} - \epsilon_\eta^2(\nabla^2 \eta) = 0 \tag{47.2}$$

$$\frac{\delta F}{\delta c} = \frac{\partial \psi}{\partial c} - \epsilon_c^2(\nabla^2 c) = 常数 \tag{47.3}$$

过程中保持浓度恒定(在损伤过程中并非如此)可确保最后一个方程为常数。在这个过程中,Ginzburg-Landau 方程可控制系统中总自由能的减少和熵值随时间的增加,具体如下:

$$\frac{\partial \eta}{\partial t} = -M_\eta\left[\frac{\partial \psi}{\partial \eta} - \epsilon_\eta^2(\nabla^2 \eta)\right] \tag{47.4}$$

$$\frac{\partial c}{\partial t} = \nabla \cdot \left[M_c c(1 - c) \nabla \left(\frac{\partial \psi}{\partial c} - \epsilon_c^2 (\nabla^2 c) \right) \right] \tag{47.5}$$

M_η 和 M_c 是与动力学系数相关的正迁移率常数，这些系数可以通过试验得到并根据转变机理进行表征。另外一种方法是将新模型的结果与先前提出的模型进行对比从而得出这些系数。式(47.4)是 Ginzburg-Landau 方程的时变形式，称为 Allen-Cahn 方程，式(47.5)为 Cahn-Hilliard 方程。从 Allen-Cahn 方程可以看出，序参数随时间的变化与自由能函数随序参数的变化成正比。由于损伤增长过程中浓度不守恒，因此在下列推导中不能使用 Cahn-Hilliard 方程。如果静载荷或准静载荷下相场演化保持平衡状态(Hunter 和 Koslowski, 2008)，则式(47.4)可表示为

$$\frac{\partial \psi}{\partial \eta} = 0 \tag{47.6}$$

在动态冲击载荷情况下，相场演化将遵循理论的原始形式，忽略梯度系数，表达如下：

$$\frac{\partial \eta}{\partial t} = -M_\eta \frac{\partial \psi}{\partial \eta} \tag{47.7}$$

式中：ψ 为自由能函数，它是序参数的函数，表明了热力学函数的类型，它可用于一般方程。在更一般的情况下，当系统中有 n 种不同的相时，在下面的约束条件下，在每个相中引入一个序参数：

$$\sum_{i=1}^{n} \eta_i = 1 \quad (\eta_i \geqslant 0, \forall i) \tag{47.8}$$

因为上述所有的项都是序参数的函数，所以在这样的系统中很适合朗道(Landau)自由能的应用，对这些现象的描述限制了序参数泰勒展开式中定义自由能的项数。在简单情况下，即一个序参数时，朗道自由能可以通过以下形式给出，同时每个系数可以是温度的函数：

$$\mathcal{L} = \mathcal{L}_0 + a\eta + b\eta^2 + c\eta^3 + d\eta^4 + e\eta^5 + f\eta^6 + \cdots \tag{47.9}$$

如果每一个项都是由序参数组成，则朗道自由能公式可以用在任何其他适用的形式中，这个问题的性质定义了用以描述现象的自由能表述的类型。例如，熵可以用在温度变化的孤立系统中，吉布斯自由能可用于恒压和恒温系统中，而对于等温和等体积系统，如大多数固体力学问题，则可使用亥姆霍兹自由能。从自由能泛函(式(47.1))的定义中可以看出，除第一项外，其他项仅取决于序参数和浓度的梯度，且除了在界面区域即 $0<\eta<1$ 时，这些项都等于零。ϵ_c 和 ϵ_η 是具有以下定义的梯度能量系数(Cahn 和 Hilliard, 1958)：

$$\epsilon_\eta^2 = \frac{\partial^2 \psi}{\partial(|\nabla \eta|)^2} - 2\frac{\partial}{\partial \eta}\left(\frac{\partial \psi}{\partial(\nabla^2 \eta)}\right) \tag{47.10}$$

$$\epsilon_c^2 = \frac{\partial^2 \psi}{\partial(|\nabla c|)^2} - 2\frac{\partial}{\partial c}\left(\frac{\partial \psi}{\partial(\nabla^2 c)}\right) \tag{47.11}$$

作为相场建模的一般规则，当只有一个相存在时，覆盖序参量 $0 \leqslant \eta \leqslant 1$ 整个区域的自由能 ψ 应导出适当的项。另一种构造自由能函数的方法是在两种不同的相位结构中使用具有极小值的双井势函数，并使用另一种插值函数。作为温度和浓度的函数，假设 ψ_1 和 ψ_2 表示每个相的能量，因此自由能 ψ 可以表示为

$$\psi(c, \eta, T) = h(\eta)\psi_1(c_1, T) + (1 - h(\eta))\psi_2(c_2, T) + Wg(\eta) \tag{47.12}$$

其约束如下：

$$c_1 + c_2 = 1 \tag{47.13}$$

式(47.12)中 $g(\eta)$ 是一个性态很好的双井函数，$h(\eta)$ 是两相之间的单调插值函数。式中函数 $g(\eta)$ 和 $h(\eta)$ 可以有多种选择，一些表达如下(Chen,2002)：

$$g(\eta) = \eta^2(1-\eta)^2 \tag{47.14}$$

$$h(\eta) = \eta^3(6\eta^2 - 15\eta + 10) \tag{47.15}$$

$$h(\eta) = \eta^2(3 - 2\eta) \tag{47.16}$$

耗散效应的影响由函数 $g(\eta)$ 表示，因此当 $0<\eta<1$ 时，$g(\eta)$ 为相位能的单调递增函数，同时应满足 $g(0)=0$、$g(1)=1$、$\left.\frac{\partial g}{\partial \eta}\right|_{\eta=0} = \left.\frac{\partial g}{\partial \eta}\right|_{\eta=1} = 0$。函数的数学约束 $h(\eta)$ 满足 $h(0)=0$、$h(1)=1$、$\left.\frac{\partial h}{\partial \eta}\right|_{\eta=0} = \left.\frac{\partial h}{\partial \eta}\right|_{\eta=1} = 0$、$\left.\frac{\partial^2 h}{\partial \eta^2}\right|_{\eta=0} = \left.\frac{\partial^2 h}{\partial \eta^2}\right|_{\eta=1} = 0$。所提出的关系 $h(\eta) = \frac{\int_0^\eta g(y)\,\mathrm{d}y}{\int_0^1 g(y)\,\mathrm{d}y}$(Furukawa 和 Nakajima,2001)可用于从函数 $g(\eta)$ 推导出适当的函数 $h(\eta)$。对于函数 $g(\eta)$ 和 $h(\eta)$ 的其他可能形式，读者可参考 Wang 等(1993)的文章。在式(47.12)中，函数 $\psi_1(c_1,T)$ 和 $\psi_2(c_2,T)$ 是两个不同相的亥姆霍兹自由能密度。用于描述界面能的系数 W 应为正，以符合热力学定律。此外界面内的浓度 c_I 在各相浓度之间也会发生变化，可以通过插值函数 $h(\eta)$ 得到

$$c_I = h(\eta)c_1(\eta) + (1 - h(\eta))c_2(\eta) \tag{47.17}$$

47.3 相场法与连续损伤力学

47.3.1 序参数

将连续损伤力学与相场法结合起来，在存在微孔洞或微裂纹的纯固体(未损伤的结构)中，应考虑代表体积单元(RVE)中的特殊转变。裂纹和孔洞的演化以及化学反应不影响这一过程。在加载过程中连续的面积减小表示为一个不守恒的序参数，同时在损伤过程中，损伤增长会使序参数发生变化，在下式中用 η 表示。根据先前的定义，微裂纹和微孔洞(完全损伤的材料)显示为无序相，其 $\eta=0$。未损伤的材料(纯固体)可视为有序相，其 $\eta=1$。

因此在传统的连续介质损伤力学中，两种相的结合可以在损伤形态中看到。通过连续介质损伤力学理论得出，$\phi=0$ 代表未损伤的构型，$\phi=1$ 代表完全损伤的构型。此外 $0<\phi<1$ 表示完全损伤和未损伤构型之间的界面区域。因此，常见的连续损伤变量和序参数关系如下：

$\eta = 0, \phi = 1$ → 裂纹，孔洞，完全损伤

$0 < \eta < 1, 0 < \phi < 1$ → 损伤构型

$\eta = 1, \phi = 0$ → 未损伤构型

前几节给出的基本定义如图 47.1 所示，未损伤材料用相(1)表示，完全损伤材料(所有裂纹和孔洞的总称)用相(2)表示。

因此，序参数和连续损伤变量之间的关系如下：

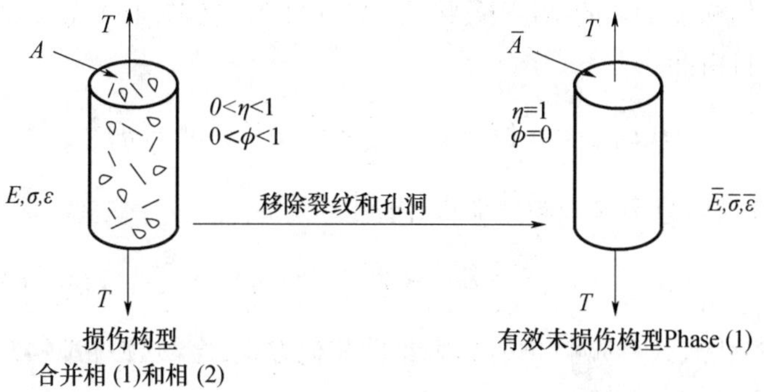

图 47.1　损伤特征(摘自 Voyiadgis 和 Mozaffari,2013)

$$\eta = 1 - \phi \tag{47.18}$$

在过去的研究中,用于模拟裂纹扩展和断裂的定义符合给定的关系(Abu al Rub 和 Voyiadjis,2003;Amor 等,2009;Aranson 等,2000;Borden 等,2012;Kuhn 和 M€Uller 2010 年;Miehe 等,2010b;Salac 和 Lu 2006;Spatschek 等,2006;Voyiadgis 等,2004),但是在过去的所有模型中(Miehe 等,2010b;Amor 等,2009;Borden 等,2012)均考虑的是断裂力学而非损伤力学。这些模型的主要目标是跟踪材料中的单个宏观的裂纹(断裂),且并不注重表征材料内由微裂纹/微孔洞区域(损伤量化)组成的损伤。本推导的意义在于确定相与相之间的连续变化,如损伤扩展,在传统的相场法中序参数是时间的函数,并且它与式(47.18)中所示的损伤变量有关。一般来说,非守恒序参数和损伤变量都是位置的函数,用于跟踪材料中不同的损伤程度。因此,这两个变量即现象学的非守恒相场和损伤变量可以用来表示材料特定位置处存在的相(未损伤或微裂纹)。

47.3.2　采用相场法的损伤力学热力学公式

材料中的非局部损伤可以用热力学公式中的损伤梯度来描述,通过在相场模型中引入亥姆霍兹自由能,可以得到弹性材料中非局部损伤的演化。按照前面章节讨论的方法(Boettinger 等,2002),自由能函数可以分两步构造,如下所示。

(1)每相的自由能如下所示:

$$\psi^{ud}(\bar{\varepsilon},\eta) = \frac{1}{2}\bar{E}\bar{\varepsilon}^2 \tag{47.19}$$

$$\psi^{fd}(\bar{\varepsilon},\eta) = 0 \tag{47.20}$$

式中:ψ^{ud} 和 ψ^{fd} 分别为未损伤和完全损伤构型的自由能。弹性模量和未损伤部分相应的应变分别表示为 $\bar{E}$ 和 $\bar{\varepsilon}$。

(2)在式(47.12)中使用双井函数 $g(\eta)$、插值函数 $h(\eta)$ 以及完全损伤构型的 $\psi^{fd}(\bar{\varepsilon}\eta)$ 和未损伤构型的 $\psi^{ud}(\bar{\varepsilon}\eta)$ 来构造包含两个相的损伤构型的自由能:

$$\psi(\bar{\varepsilon},\eta) = h(\eta)\psi^{ud}(\bar{\varepsilon},\eta) + (1 - h(\eta))\psi^{fd}(\bar{\varepsilon},\eta) + Wg(\eta) \tag{47.21}$$

将式(47.19)和式(47.20)代入式(47.21)可得

$$\psi(\bar{\varepsilon},\eta) = h(\eta)\ \frac{1}{2}\bar{E}\bar{\varepsilon}^2 + Wg(\eta) \tag{47.22}$$

在不考虑损伤梯度影响的情况下,将式(47.14)和式(47.16)代入式(47.22)中可以得到损伤构型的自由能:

$$\psi(\bar{\varepsilon},\eta)=\eta^2(3-2\eta)\frac{1}{2}E\bar{\varepsilon}^2+W\eta^2(1-\eta)^2 \tag{47.23}$$

因此,包含梯度的自由能的函数如下:

$$F=\int_V\left[\eta^2(3-2\eta)\frac{1}{2}\bar{E}\bar{\varepsilon}^2+W\eta^2(1-\eta)^2+\frac{\epsilon_\eta^2}{2}|\nabla\eta|^2\right]\mathrm{d}V \tag{47.24}$$

将式(47.23)代入式(47.4)中得到序参数演化方程,序参数与式(47.18)中的损伤变量有关,因此损伤演化方程如下:

$$\frac{\partial\phi}{\partial t}=M_\phi\left[3\bar{E}\bar{\varepsilon}^2(\phi)(1-\phi)+2W\phi(2\phi-1)(1-\phi)-\epsilon_\phi^2(\nabla^2\phi)\right] \tag{47.25}$$

其中 W 是一个正的耗散常数。ϵ_ϕ^2 是一个正的损伤梯度常数,作为一个长度标量,该常数使式(47.25)具有适当的物理意义。这些系数用以下形式表示:

$$W=\bar{E}w \tag{47.26}$$

$$\epsilon_\phi^2=\bar{E}l^2 \tag{47.27}$$

将式(47.26)和式(47.27)代入式(47.25)中即得到损伤演化的适当形式:

$$\frac{\partial\phi}{\partial t}=M_\phi\bar{E}\left[3\bar{\varepsilon}^2(\phi)(1-\phi)+2w\phi(2\phi-1)(1-\phi)-l^2(\nabla^2\phi)\right] \tag{47.28}$$

在相场法中,式(47.28)引入了一个新的非局部的、基于梯度的损伤模型,用于表征弹性材料中的标量损伤。利用这一独特的方程可以得到损伤演化过程。在式(47.28)中 l 表示损伤产生的长度尺度,取决于材料的微观结构如晶粒尺寸。将式(47.18)、式(47.26)和式(47.27)代入式(47.24)可以得到受损伤梯度影响的损伤材料自由能函数的定义:

$$\psi(\bar{\varepsilon},\phi,\nabla\phi)=\frac{1}{2}\bar{E}\bar{\varepsilon}^2(1-\phi)^2(2\phi+1)+\bar{E}w\phi^2(1-\phi)^2+\frac{1}{2}\bar{E}l^2|\nabla\phi|^2 \tag{47.29}$$

式(47.28)和式(47.29)是通过相场法推导出的损伤演化的控制方程。

47.4 本章提出的模型与变分公式的对比

为了验证这些公式并获得先前方程中系数计算或测量的数学约束,将相场损伤建模的最重要方程(式(47.28)和式(47.29))与变分公式(Pham 等,2011)的假设进行了比较。基于他们的工作,本节列举了任意梯度型损伤模型的普遍约束特征。

47.4.1 正值弹性

刚度函数 $E(\phi)$ 表示刚度的减小应为正值,同时满足 $E(\phi=1)=0$,根据式(47.29),刚度函数定义如下:

$$E(\phi)=\bar{E}(1-\phi)^2(2\phi+1) \tag{47.30}$$

式(47.30)满足 $E(\phi=1)=0$,同时,当 $0\leqslant\phi\leqslant1$ 时,满足 $E(\phi)>0$,这里对比了新的刚度函数和图 47.2 中常规的刚度函数。

在图 47.2 中两条曲线之间的区域为梯度项的合并，刚度函数中剩余的项即$(2\phi+1)$为反映材料内部微裂纹相互作用和抑制机制的内部硬化变量。刚度函数的曲线中存在一个拐点，该拐点位于$\phi=\frac{1}{2}$（即$\frac{\partial^2 E}{\partial\phi^2}=0$）处，表示损伤变量的实际极限（Voyiadjis 和 Kattan, 2012）。损伤变量在 0.5 以上没有实际意义，Lemaitre 和另一些人指出该值是在 0.3 左右（Lemaitre 和 Desmorat，2005），高于该值时的连续体是无效的，除此之外，其值都是无需数学证明的情况下得到的。此后，可以看到材料的退化速度逐渐加快，同时，在加载开始时微裂纹会相互阻碍，这会导致硬化现象的产生。但是，在刚度的起始值发生相当大的损失后，材料的弹性刚度会快速降低。

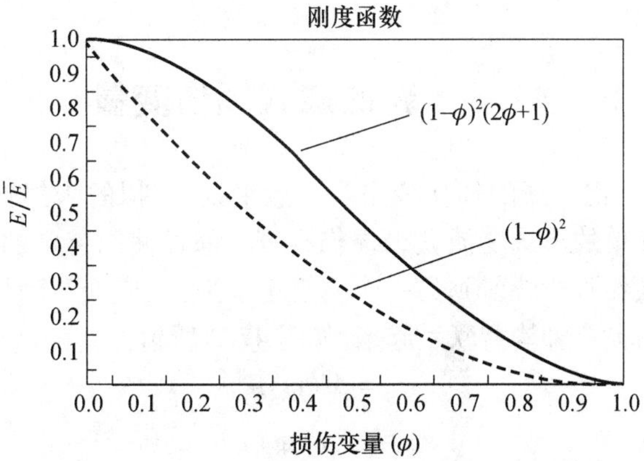

图 47.2　弹性刚度随损伤的变化（摘自 Voyiadjis 和 Mozaffari，2013）

47.4.2　刚度的降低

刚度函数必须是损伤参数的单调递减函数，所以

$$\frac{\partial E(\phi)}{\partial\phi}<0 \tag{47.31}$$

式(47.30)相对于损伤参数ϕ的导数满足前述的性质：

$$6\bar{E}\phi(\phi-1)<0 \tag{47.32}$$

47.4.3　耗散

对于梯度损伤模型，其耗散函数$w(\phi)$必须是正值同时保证$w(\phi=0)=0$。根据式(47.29)，耗散函数如下：

$$w(\phi)=\bar{E}w\phi^2(1-\phi)^2 \tag{47.33}$$

该式满足当$w(\phi=0)=0$，且$0\leqslant\phi<1$时，$w(\phi)>0$。此外，耗散函数式(47.33)应是损伤变量的单调递增函数：

$$\frac{\partial w(\phi)}{\partial\phi}>0 \tag{47.34}$$

这可得出以下准则：

$$2\bar{E}w\phi(2\phi^2-3\phi+1)>0 \tag{47.35}$$

当 $0<\phi<\dfrac{1}{2}$,该方程恒成立。

47.4.4 不可逆性

由于损伤演化是一个不可逆的过程,所以该过程应该是正向的。根据导出的方程,式(47.28)中的所有常数如 M、w 和 l 都应为正值。在式(47.28)中包含长度尺度参数的非局部项相对其他两项较小,当 $\dfrac{1}{2}<\phi<1$ 时,其他项的总和是正值,由于在 $w<\dfrac{3}{2}\bar{\varepsilon}^2$ 情况下,耗散常数(w)的具体选择形式固定,所以这些项会一直保持为正值。下边的数值算例会使用到这些条件。

47.5 新的隐式损伤变量

式(47.29)可用于定义新的损伤变量。一般来说,虚拟的未损伤构型和实际已损伤构型都可用于通过简单的形式变换获得损伤程度。通过使用特定的功能,可以在每个步骤中将一个构型的损伤阶段映射到另一个构型上。应力、应变和弹性张量用于将不同损伤程度的一种构型与另一种构型联系起来,如图 47.3 所示:

$$\bar{\sigma}_{ij} = M(\phi)\sigma_{ij} \tag{47.36}$$

$$\bar{\varepsilon}_{ij} = \varepsilon_{ij}(q(\phi))^{-1} \tag{47.37}$$

$$\bar{E}_{ijkl} = E_{ijkl}(p(\phi))^{-1} \tag{47.38}$$

对于各向异性损伤情况(偶数阶张量),有效应力系数 $M(\phi)$ 为二阶或更高阶张量的形式。所有函数($M(\phi)$、$q(\phi)$ 和 $p(\phi)$)都是标量函数,在 $0<\phi<1$ 时不等于 0。

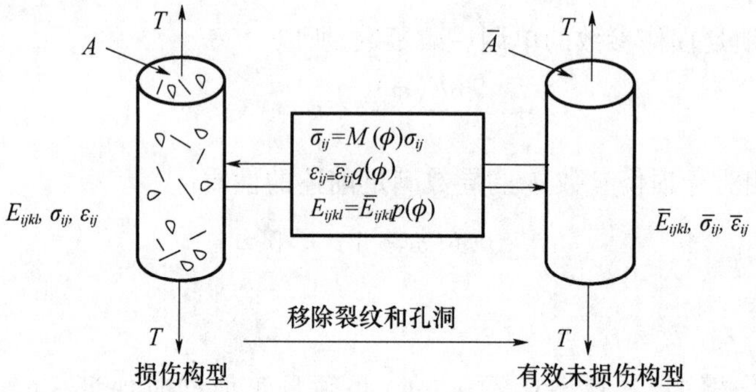

图 47.3 各向同性损伤不同构型的张量(摘自 Voyiadjis 和 Mozaffari,2013)

47.5.1 应变能等效

本节使用更普遍的应变能等效假设(Sidoroff,1981)代替应变等效假设,目的是找到普遍的映射函数 $M(\phi)$、$q(\phi)$ 和 $p(\phi)$,总结如下:

$$\frac{1}{2}E_{ijkl}\varepsilon_{ij}\varepsilon_{kl} = \frac{1}{2}\bar{E}_{ijkl}\bar{\varepsilon}_{ij}\bar{\varepsilon}_{kl} \tag{47.39}$$

这些标量函数可用于一般材料中各向同性损伤的映射,将式(47.37)和式(47.38)代

入式(47.39)得

$$\frac{1}{2}(p(\phi))\bar{E}_{ijkl}(\bar{\varepsilon}_{ij}q(\phi))(\bar{\varepsilon}_{kl}q(\phi))=\frac{1}{2}\bar{E}_{ijkl}\bar{\varepsilon}_{ij}\bar{\varepsilon}_{kl} \tag{47.40}$$

根据式(47.40),映射函数的第一个规范推导如下:

$$p(\phi)(q(\phi))^2=1 \tag{47.41}$$

未损伤构型中的应力状态表达如下:

$$\bar{\sigma}_{ij}=\bar{E}_{ijkl}\bar{\varepsilon}_{kl} \tag{47.42}$$

则损伤构型中的应力状态表达如下:

$$\sigma_{ij}=E_{ijkl}\varepsilon_{kl} \tag{47.43}$$

将式(47.42)和式(47.43)代入式(47.39)得到应变能等效假设的另一种形式:

$$\frac{1}{2}E_{ijkl}^{-1}\sigma_{ij}\sigma_{kl}=\frac{1}{2}\bar{E}_{ijkl}^{-1}\bar{\sigma}_{ij}\bar{\sigma}_{kl} \tag{47.44}$$

将式(47.36)和式(47.38)代入式(47.44)得

$$\frac{1}{2}E_{ijkl}^{-1}\sigma_{ij}\sigma_{kl}=\frac{1}{2}(p(\phi)E_{ijkl}^{-1})(M(\phi)\sigma_{ij})(M(\phi)\sigma_{kl}) \tag{47.45}$$

因此,另一个映射函数规则如下:

$$p(\phi)(M(\phi))^2=1 \tag{47.46}$$

式(47.41)和式(47.46)证明了函数 $q(\phi)$ 和 $M(\phi)$ 相等($q(\phi)=M(\phi)$),因此基于应变能等效假设,可以将两种构型之间的一般映射总结为如图 47.4 所示。

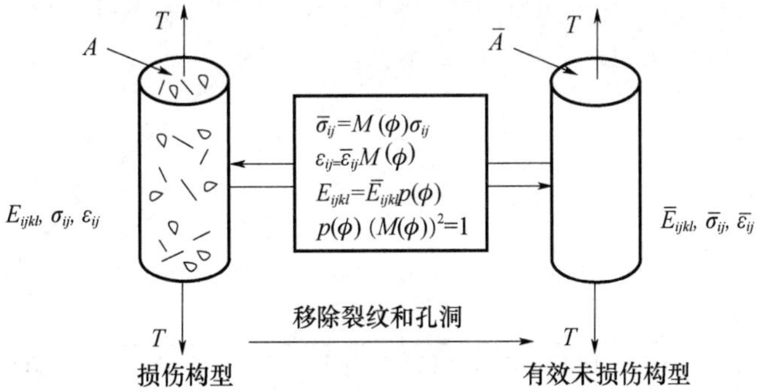

图 47.4 各向同性损伤的映射函数(Voyiadgis 和 Mozaffari,2013)

利用式(47.30)得出函数 $p(\phi)$,表达如下:

$$p(\phi)=(1-\phi)^2(2\phi+1) \tag{47.47}$$

将式(47.47)代入式(47.46),可通过相场法定义有效应力函数 $M(\phi)$,表达如下:

$$M(\phi)=\frac{1}{(1-\phi)\sqrt{(2\phi+1)}} \tag{47.48}$$

附加项($\sqrt{(2\phi+1)}$)表示了有效应力系数新定义中损伤梯度的影响,令式(47.48)两种不同形态中的力相等(图 47.4),得出损伤变量的另一个隐式定义:

$$\frac{T}{\bar{A}}=\frac{1}{(1-\phi)\sqrt{(2\phi+1)}}\frac{T}{A} \tag{47.49}$$

因此,隐式定义的损伤变量可推导如下:

$$\left(\frac{\bar{A}}{A}\right)^2 = 2\phi^3 - 3\phi^2 + 1 \tag{47.50}$$

未损伤区域可用式(47.50)计算,表达如下:

$$\bar{A} = A\sqrt{2\phi^3 - 3\phi^2 + 1} \tag{47.51}$$

将常见的损伤变量$\frac{\bar{A}}{A}=1-\phi$(kachanov,1958)和本章提出的定义进行对比,如图 47.5 所示,式(47.50)是关于损伤的三次函数,可以通过$\frac{\bar{A}}{A}$来明确地进行求解,解的过程和显式解可以在 Voyiadjis 和 Mozaffari(2013)的文章中查到。由损伤的定义可以看出,裂纹的相互作用是导致初始阶段损伤缓慢扩展的原因,产生的这些裂纹最初有助于阻止和减缓损伤演化。当 ϕ 超过了 0.5 时,大量的裂纹产生,从而不能阻止损伤扩展。可以通过刚度函数获得两个形态间的应变和应力的映射函数:

$$\bar{\sigma}_{ij} = \frac{1}{(1-\phi)\sqrt{(2\phi+1)}}\sigma_{ij} \tag{47.52}$$

$$\bar{\varepsilon}_{ij} = \varepsilon_{ij}(1-\phi)\sqrt{(2\phi+1)} \tag{47.53}$$

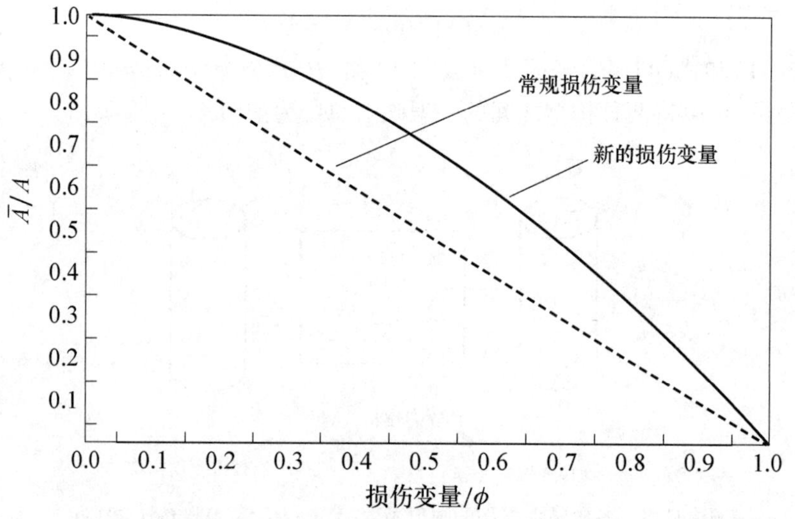

图 47.5　损伤变量引起的横截面变化(Voyiadjis 和 Mozaffari,2013)

47.5.2　应变分解

从 Nemat-Nasser(1979,1983)的工作来看,可以将应变加性分解,用于损伤力学的小变形理论中。根据 Voyiadgis 和 Kattan(1990,1992)以及 Abu Al-Rub 和 Voyiadgis(2003)的工作,总的可逆弹性应变 ε_{ij}^E 可分解为

$$\varepsilon_{ij}^E = \varepsilon_{ij}^e + \varepsilon_{ij}^{ed} \tag{47.54}$$

式中:ε_{ij}^e 为常规弹性应变;ε_{ij}^{ed} 为弹性损伤应变。Abu Al-Rub 和 Voyiadjis(2003)对这种分解进行了物理解释,Sadowski 等(2005)的研究以及 Samborski 和 Sadowski(2005)的研究也采用了同样的方法。另外,应变加性分解为两个分量的方法在相场模型中也得到了广泛

的应用，感兴趣的读者可以参考 Levitas 和 Ozsoy(2009a,b)以及 Uehara 等(2007)的文章。Chen(2002)和 Moelans 等(2008)介绍了不同类型的序参数(非守恒或守恒)的分解，变形产生的应变称为特征应变，可参考 Yamanaka 等(2008)的工作。例如在非均匀弹性模型中，应变分为均匀和非均匀部分(Salac 和 Lu,2006;Wang 等,2002;Yu 等,2005)，并在众多教科书(Khachaturyan,1983)中得到广泛应用。在相场建模中这种方法称为加性分解(式(47.54))。根据应变加性分解式(47.54)，并利用胡克定律，可以得到损伤形态中各向同性损伤的弹性损伤应变和总弹性应变。因此，损伤形态中的总弹性应变 ε_{ij} 等于上述分解中的总弹性应变 ε_{ij}^{E}。胡克定律的书写形式如下：

$$\sigma_{ij} = E_{ijkl}\varepsilon_{kl}^{E} \tag{47.55}$$

将式(47.54)代入式(47.55)得

$$\sigma_{ij} = E_{ijkl}(\varepsilon_{kl}^{e} + \varepsilon_{kl}^{ed}) \tag{47.56}$$

利用应变能等效的假设

$$\frac{1}{2}\sigma_{ij}\varepsilon_{ij}^{E} = \frac{1}{2}\bar{\sigma}_{ij}\bar{\varepsilon}_{ij}^{e} \tag{47.57}$$

将式(47.36)代入式(47.56)中得到未损伤弹性应变和总弹性应变之间的关系，表达如下：

$$\bar{\varepsilon}_{ij}^{e} = \frac{1}{M(\phi)}\varepsilon_{ij}^{E} \tag{47.58}$$

损伤和未损伤形态下的应力—应变关系由以下关系给出：

$$\sigma_{ij} = E_{ijkl}\varepsilon_{kl}^{e} \tag{47.59}$$

$$\bar{\sigma}_{ij} = \bar{E}_{ijkl}\bar{\varepsilon}_{kl}^{e} \tag{47.60}$$

采用式(47.36)、式(47.54)、式(47.58)、式(47.59)和式(47.60)稍作处理，可得到纯弹性应变和弹性损伤应变，表达如下：

$$\bar{\varepsilon}_{ij}^{e} = M(\phi)\varepsilon_{ij}^{e} \tag{47.61}$$

$$\varepsilon_{ij}^{e} = \frac{1}{(M(\phi))^2}\varepsilon_{ij}^{E} \tag{47.62}$$

$$\varepsilon_{ij}^{ed} = \frac{1-(M(\phi))^2}{(M(\phi))^2}\varepsilon_{ij}^{E} \tag{47.63}$$

无论在应变加性分解假设下，还是在应变能假设下，定义所有标量损伤模型的有效应力函数 $M(\phi)$ 时，式(47.62)和式(47.63)都是有效的。通过式(47.48)可以得到该模型的弹性应变和弹性损伤应变的一部分：

$$\varepsilon_{ij}^{e} = (1-\phi)^2(2\phi+1)\varepsilon_{ij}^{E} \tag{47.64}$$

$$\varepsilon_{ij}^{ed} = (1-(1-\phi)^2(2\phi+1))\varepsilon_{ij}^{E} \tag{47.65}$$

弹性损伤应变 ε_{ij}^{ed} 和弹性应变 ε_{ij}^{e} 的增加通过式(47.64)和式(47.65)给出，这些增量如图 47.6 和图 47.7 所示。

值得注意的是，在未损伤形态中弹性损伤为 0，因此 $\bar{\varepsilon}_{ij}^{ed}=0$，同时 $\bar{\varepsilon}_{ij}=\bar{\varepsilon}_{ij}^{e}$。

47.5.3　损伤引起的热力学共轭力

描述一个现象的基本热力学框架由内部状态变量和热力学定律组成，热力学基本框

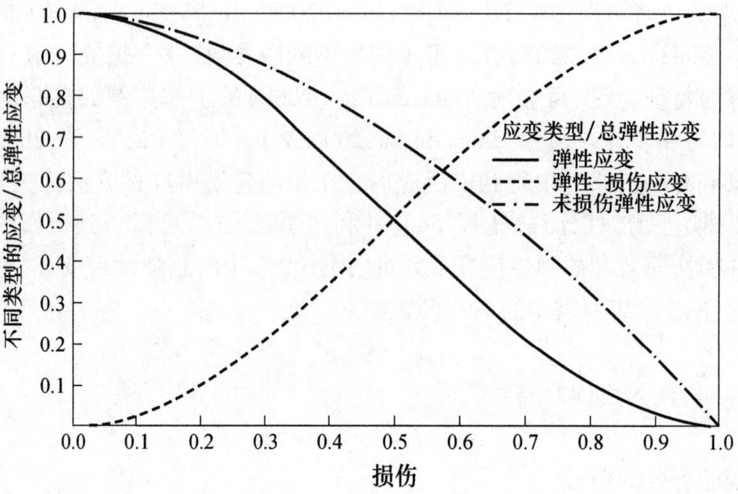

图 47.6 不同类型弹性应变随损伤变量的变化(摘自 Voyiadjis 和 Mozaffari,2013)

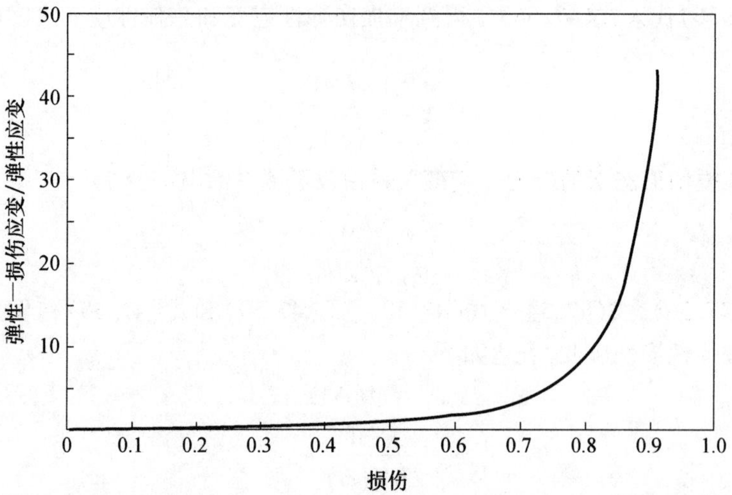

图 47.7 弹性损伤应变与弹性应变的比值随损伤变量的变化(摘自 Voyiadjis 和 Mozaffari,2013)

架中的每个内部状态都有其自身的共轭力。由于损伤变量被视为内部状态变量,因此需要定义损伤引起的共轭力,该方法也可用于定义损伤模型中常用的损伤准则。目前,已有几种确定微裂纹和微孔洞内部效应的共轭损伤力的方法。本章基于应变能等效假设(Voyiadjis 和 Kattan,1999),通过有效应力系数式(47.48)得到了损伤共轭力。这一公式的细节在 Voyiadgis 和 Mozaffari(2013)的文章中给出:

$$Y(\phi)=-\left(\frac{M\sigma^2}{\bar{E}}\right)\frac{\partial M}{\partial\phi} \tag{47.66}$$

将式(47.48)代入式(47.66)得

$$Y(\phi)=-\bar{E}\bar{\varepsilon}^2\frac{3\phi}{(1-\phi)(2\phi+1)} \tag{47.67}$$

47.5.4　损伤准则

不受运动硬化影响的单轴标量损伤模型的损伤萌生由损伤准则进行验证：

$$F_d(Y,\phi) = \frac{1}{2}Y^2 - (l_d + q\phi_{eq}) \tag{47.68}$$

式中：Y 为由损伤引起的热力学共轭力；q 为损伤硬化模量；l_d 为初始损伤阈值；ϕ_{eq} 为累积损伤，在标量损伤的情况下为

$$\phi_{eq} = \sqrt{\int_0^t \phi^2 \mathrm{d}t} \tag{47.69}$$

根据 Kuhn-Tucker 条件，如果同时满足以下两个条件，则可能发生损伤演化：

$$F_d = 0 \text{ 且} \frac{\partial F_d}{\partial Y}\dot{Y} > 0 \tag{47.70}$$

47.5.5　边界条件

在相场建模中，边界条件为假定序参数的方向导数为零。式(47.18)中由于序参数与损伤参数有关，因此该边界条件可写为下式：

$$\frac{\partial \phi}{\partial n} = 0 \tag{47.71}$$

式中：n 为边界的法向量。

47.6　数值方面、算法和一维实现

本节针对提出的损伤演化定律的数值计算方面进行探讨，举例说明了该模型的有效性。本章提出的非局部损伤演化定律(式(47.28))能够利用每个加载区域的适当常数来确定弹性损伤和非弹性损伤，速率相关材料和速率无关材料都可以通过该公式进行建模。本章使用的模型包含了 Allen-Cahn 型方程的解(Bates 等，2009；Choi 等，2009；Del Pino 等，2010；Feng 和 Prohl，2003；Kassam 和 Trefetten，2005；Shen 和 Yang，2010)。对于某些问题，采用了半隐式傅里叶谱法(Chen 和 Shen，1998；Feng 等，2006)。在下面的章节中，给出了使用有限差分法求解式(47.28)的数值计算过程，然后构造了数值算法，并用它求解了一些简单的单轴问题。

47.6.1　数值方面

本节详细介绍了求解数值算例的几种有限差分格式，通过该算法对损伤准则进行验证，以揭示损伤演化的过程。该模型是具有反应(非线性)项的著名方程(Allen-Cahn 方程)的一个特例。在以下表达式中，上标显示时间步，下标显示在域中的位置。上标 n 表示上一步，上标 n+1 表示当前步骤。一般情况下，随时间的离散化应该是显式的，但空间离散化可以是隐式的，也可以是显式的。读者可以参考 Voyiadgis 和 Mozaffari(2013)的文章了解更多细节。

47.6.2 空间隐式表达、时间显式表达

式(47.28)的数值解可用有限差分法求得,由于该方程有一个非线性项,为了用显式格式求解该方程,定义时间步长 Δt 受 CFL(Courant 等,1928)条件限制(该条件保证了任何显式方法的收敛性)。一维情况下稳定收敛的条件为

$$M_\phi \bar{E} l^2 \left(\frac{\Delta t}{(\Delta x)^2} \right) \leqslant \frac{1}{2} \tag{47.72}$$

式中:$\Delta t>0$ 为时间步;Δx 为 x 方向的空间步。一般情况下相场模型中的非线性项系数(即 $M\bar{E}l^2$)在设计域中设置为一非常小的值,一旦使用了显式格式,就可以使用一个相对较大的时间步长值(即 Δt)。如果使用 CFL 条件式(47.72),则非线性项(反应项)的存在会使时间步为一小值。由于存在非线性项,特别是当其值在区间 $0\leqslant\phi\leqslant1$ 之外时,变量 ϕ 的解会出现离散现象。为了解决这个问题,这里通过半隐式格式引入了正向时间项(Warren 等,2003)。一维情况的离散化如下:

$$\frac{\phi_i^{n+1} - \phi_i^n}{\Delta t} = -M_\phi \bar{E} l^2 \left(\frac{\phi_{i+1}^n - 2\phi_i^n + \phi_{i-1}^n}{(\Delta x)^2} \right) + \begin{cases} \phi_i^{n+1}(1-\phi_i^n) r(\phi_i^n) & (r(\phi_i^n) \leqslant 0) \\ \phi_i^n (1-\phi_i^{n+1}) r(\phi_i^n) & (r(\phi_i^n) > 0) \end{cases} \tag{47.73}$$

其中

$$r(\phi_i^n) = M_\phi \bar{E} [3(\bar{\varepsilon}_i^n)^2 + 2w(2\phi_i^n - 1)] \tag{47.74}$$

式(47.73)以及函数 $r(\phi_i^n)$ 的定义(式(47.74))保证了即使使用大时间步长,仍可将 ϕ 保持在所需 $0\leqslant\phi\leqslant1$ 区间中。式(47.73)可以直接在单个节点上计算,而无需解线性方程组,表达如下:

$$\begin{cases} [1 - \Delta t(1-\phi_i^n) r(\phi_i^n)] \phi_i^{n+1} = \phi_i^n - M_\phi \bar{E} l^2 \Delta t \left(\dfrac{\phi_{i+1}^n - 2\phi_i^n + \phi_{i-1}^n}{(\Delta x)^2} \right) & (r(\phi_i^n) \leqslant 0) \\ [1 + \Delta t \phi_i^n r(\phi_i^n)] \phi_i^{n+1} = \phi_i^n + \Delta t \phi_i^n r(\phi_i^n) - M_\phi \bar{E} l^2 \Delta t \left(\dfrac{\phi_{i+1}^n - 2\phi_i^n + \phi_{i-1}^n}{(\Delta x)^2} \right) & (r(\phi_i^n) > 0) \end{cases} \tag{47.75}$$

1. 空间隐式表达,时间显式表达

空间离散化的完全隐式方法与 Allen-Cahn 方程式(47.28)中的反应项的处理方法相同,表达如下:

$$\frac{\phi_i^{n+1} - \phi_i^n}{\Delta t} = -M_\phi \bar{E} l^2 \left(\frac{\phi_{i+1}^{n+1} - 2\phi_i^{n+1} + \phi_{i-1}^{n+1}}{(\Delta x)^2} \right) + \begin{cases} \phi_i^{n+1}(1-\phi_i^n) r(\phi_i^n) \\ \phi_i^n (1-\phi_i^{n+1}) r(\phi_i^n) \end{cases} \tag{47.76}$$

定义 $A = \dfrac{-M_\phi \bar{E} l^2 \Delta t}{(\Delta x)^2}$,代入式(47.76)中得

$$\phi_i^{n+1} - \phi_i^n = A(\phi_{i+1}^{n+1} - 2\phi_i^{n+1} + \phi_{i-1}^{n+1}) + \begin{cases} \Delta t \phi_i^{n+1}(1-\phi_i^n) r(\phi_i^n) & (r(\phi_i^n) \leqslant 0) \\ \Delta t \phi_i^n (1-\phi_i^{n+1}) r(\phi_i^n) & (r(\phi_i^n) > 0) \end{cases} \tag{47.77}$$

为了简化式(47.77),定义系数 $B_i = \Delta t(1-\phi_i^n) r(\phi_i^n)$ 和 $C_i = \Delta t \phi_i^n r(\phi_i^n)$:

$$\begin{cases} \phi_i^{n+1} - A(\phi_{i+1}^{n+1} - 2\phi_i^{n+1} + \phi_{i-1}^{n+1}) - B_i \phi_i^{n+1} = \phi_i^n & (r(\phi_i^n) \leqslant 0) \\ \phi_i^{n+1} - A(\phi_{i+1}^{n+1} - 2\phi_i^{n+1} + \phi_{i-1}^{n+1}) + C_i \phi_i^{n+1} = \phi_i^n + C_i & (r(\phi_i^n) > 0) \end{cases} \tag{47.78}$$

通过合并同类项，将式(47.78)可改写为

$$\begin{cases}-A\phi_{i+1}^{n+1}+(1+2A-B_i)\phi_i^{n+1}-A\phi_{i-1}^{n+1}=\phi_i^n & (r(\phi_i^n)\leqslant 0)\\ -A\phi_{i+1}^{n+1}+(1+2A+C_i)\phi_i^{n+1}-A\phi_{i-1}^{n+1}=\phi_i^n+C_i & (r(\phi_i^n)>0)\end{cases} \tag{47.79}$$

为了得到固定的有限差分系数，式(47.79)可写成下式。根据所需节点处的函数 $r(\phi)$ 的符号，附加项可添加到和节点相关的 FD 矩阵的特定行中：

$$\begin{cases}-A\phi_{i+1}^{n+1}+(1+2A)\phi_i^{n+1}-A\phi_{i-1}^{n+1}-B_i\phi_i^{n+1}=\phi_i^n & (r(\phi_i^n)\leqslant 0)\\ -A\phi_{i+1}^{n+1}+(1+2A)\phi_i^{n+1}-A\phi_{i-1}^{n+1}+C_i\phi_i^{n+1}=\phi_i^n+C_i & (r(\phi_i^n)>0)\end{cases} \tag{47.80}$$

带入边界条件($\phi_0^{n+1}-\phi_1^{n+1}$ 和 $\phi_{n-1}^{n+1}=\phi_n^{n+1}$)，在所有节点上计算式(47.80)，可得：

$$\begin{bmatrix}1 & -1 & \cdots & 0 & \\ -A & 1+2A & & & \\ & \vdots & \ddots\, 1+2A & & -A\\ & 0 & \cdots & -1 & 1\end{bmatrix}\begin{bmatrix}\phi_0^{n+1}\\ \vdots\\ \phi_n^{n+1}\end{bmatrix}+[\text{矩阵}\,\boldsymbol{B}\,\text{或矩阵}\,\boldsymbol{C}]\begin{bmatrix}\phi_0^{n+1}\\ \vdots\\ \phi_n^{n+1}\end{bmatrix}=\begin{bmatrix}\phi_0^{n+1}\\ \vdots\\ \phi_n^{n+1}\end{bmatrix}+[\text{向量}\,\boldsymbol{C}] \tag{47.81}$$

其中，对角矩阵 $\boldsymbol{B}$ 和 $\boldsymbol{C}$ 定义为

$$\boldsymbol{B}=\begin{bmatrix}1 & -1 & \cdots & & \\ 0 & B_1 & \cdots & & \\ & \vdots & \ddots & \vdots & \\ & & \cdots & B_{n-1} & 0\\ & & & -1 & 1\end{bmatrix} \tag{47.82}$$

$$\boldsymbol{C}=\begin{bmatrix}1 & -1 & \cdots & & \\ 0 & C_1 & \cdots & & \cdot\\ & \vdots & \ddots & & \vdots\\ & & \cdots & C_{n-1} & 0\\ & & & -1 & 1\end{bmatrix} \tag{47.83}$$

向量 $\boldsymbol{C}$ 可写成：

$$[C]=\begin{bmatrix}0\\ C_1\\ \cdot\\ C_{n-1}\\ 0\end{bmatrix} \tag{47.84}$$

2. 空间隐式表达，时间显式表达(采用空间中 Crank-Nicolson 格式)

Crank-Nicolson 格式是一种著名的无条件稳定方法，仅适用于与空间导数有关的项。反应项的处理方法与半隐式格式相同，在空间上将控制方程进行 Crank-Nicolson 离散，得到：

$$\begin{aligned}\frac{\phi_i^{n+1}-\phi_i^n}{\Delta t}=&-M_\phi\bar{E}l^2\left(\frac{1}{2}\left(\frac{\phi_{i+1}^{n+1}-2\phi_i^{n+1}+\phi_{i-1}^{n+1}}{(\Delta x)^2}\right)+\frac{1}{2}\left(\frac{\phi_{i+1}^{n}-2\phi_i^{n}+\phi_{i-1}^{n}}{(\Delta x)^2}\right)\right)\\ &+\begin{cases}\phi_i^{n+1}(1-\phi_i^n)r(\phi_i^n) & (r(\phi_i^n)\leqslant 0)\\ \phi_i^n(1-\phi_i^{n+1})r(\phi_i^n) & (r(\phi_i^n)>0)\end{cases}\end{aligned} \tag{47.85}$$

定义系数 $E=\frac{-M_{\phi}\bar{E}l^2\Delta t}{2(\Delta x)^2}$，并将其代入式(47.85)得

$$\phi_i^{n+1}-\phi_i^n=E(\phi_{i+1}^{n+1}-2\phi_i^{n+1}+\phi_{i-1}^{n+1})+E(\phi_{i+1}^n-2\phi_i^n+\phi_{i-1}^n)+\begin{cases}\Delta t\phi_i^{n+1}(1-\phi_i^n)r(\phi_i^n) & (r(\phi_i^n)\leqslant 0)\\ \Delta t\phi_i^n(1-\phi_i^{n+1})r(\phi_i^n) & (r(\phi_i^n)>0)\end{cases}\tag{47.86}$$

和前边一样，定义 $B_i=\Delta t(1-\phi_i^n)r(\phi_i^n)$ 和 $C_i=\Delta t\phi_i^n r(\phi_i^n)$，式(47.86)可写成：

$$\begin{cases}\phi_i^{n+1}-E(\phi_{i+1}^{n+1}-2\phi_i^{n+1}+\phi_{i-1}^{n+1})-B_i\phi_i^{n+1}=E(\phi_{i+1}^n-2\phi_i^n+\phi_{i-1}^n)+\phi_i^n & (r(\phi_i^n)\leqslant 0)\\ \phi_i^{n+1}-E(\phi_{i+1}^{n+1}-2\phi_i^{n+1}+\phi_{i-1}^{n+1})+C_i\phi_i^{n+1}=E(\phi_{i+1}^n-2\phi_i^n+\phi_{i-1}^n)+\phi_i^n+C_i & (r(\phi_i^n)>0)\end{cases}\tag{47.87}$$

式(47.87)可以很容易地重新排列如下：

$$\begin{cases}-E\phi_{i+1}^{n+1}+(1+2E-B_i)\phi_i^{n+1}-E\phi_{i-1}^{n+1}=E\phi_{i+1}^n+(1-2E)\phi_i^n+E\phi_{i-1}^n & (r(\phi_i^n)\leqslant 0)\\ -E\phi_{i+1}^{n+1}+(1+2E+C_i)\phi_i^{n+1}-E\phi_{i-1}^{n+1}=E\phi_{i+1}^n+(1-2E)\phi_i^n+E\phi_{i-1}^n+C_i & (r(\phi_i^n)>0)\end{cases}\tag{47.88}$$

根据所需节点处的函数 $r(\phi)$ 的符号，像隐式格式一样，附加项可添加到和节点相关的 FD 矩阵的特定行中，为了得到固定的有限差分系数，式(47.88)可写成如下形式：

$$\begin{cases}-E\phi_{i+1}^{n+1}+(1+2E)\phi_i^{n+1}-E\phi_{i-1}^{n+1}-B_i\phi_i^{n+1}=E\phi_{i+1}^n+(1-2E)\phi_i^n+E\phi_{i-1}^n & (r(\phi_i^n)\leqslant 0)\\ -E\phi_{i+1}^{n+1}+(1+2E)\phi_i^{n+1}-E\phi_{i-1}^{n+1}+C_i\phi_i^{n+1}=E\phi_{i+1}^n+(1-2E)\phi_i^n+E\phi_{i-1}^n+C_i & (r(\phi_i^n)>0)\end{cases}\tag{47.89}$$

代入边界条件($\phi_0^{n+1}=\phi_1^{n+1}$ 和 $\phi_{n-1}^{n+1}=\phi_n^{n+1}$)，在所有节点上计算式(47.89)，可得

$$\begin{bmatrix}1 & -1 & & 0 & \\ -E & 1+2E & \cdots & \vdots & \\ & \vdots & \ddots & 1+2E & -E\\ & 0 & \cdots & -1 & 1\end{bmatrix}\begin{bmatrix}\phi_0^{n+1}\\ \vdots\\ \phi_n^{n+1}\end{bmatrix}+[\text{矩阵 }\boldsymbol{B}\text{ 或矩阵 }\boldsymbol{C}]\begin{bmatrix}\phi_0^{n+1}\\ \vdots\\ \phi_n^{n+1}\end{bmatrix}=$$

$$\begin{bmatrix}1 & -1 & & 0 & \\ -E & 1+2E & \cdots & \vdots & \\ & \vdots & \ddots & 1+2E & -E\\ & 0 & \cdots & -1 & 1\end{bmatrix}\begin{bmatrix}\phi_0^n\\ \vdots\\ \phi_n^n\end{bmatrix}+[\text{向量 }\boldsymbol{C}]\tag{47.90}$$

对角矩阵 $\boldsymbol{B}$ 和 $\boldsymbol{C}$ 以及向量 $\boldsymbol{C}$ 在式(47.82)~式(47.84)中给出。

3. 速率无关材料

对于这种情况，时间增量设置为 1($\Delta t=1$)。式(47.73)可视为特定节点的损伤增量：

$$\Delta\phi_i^n=-M_{\phi}\bar{E}l^2\left(\frac{\phi_{i+1}^n-2\phi_i^n+\phi_{i-1}^n}{(\Delta x)^2}\right)+\begin{cases}\phi_i^{n+1}(1-\phi_i^n)r(\phi_i^n) & (r(\phi_i^n)\leqslant 0)\\ \phi_i^n(1-\phi_i^{n+1})r(\phi_i^n) & (r(\phi_i^n)>0)\end{cases}\tag{47.91}$$

因此，更新后的损伤程度为

$$\phi_i^{n+1}=\phi_i^n+\Delta\phi_i^n\tag{47.92}$$

4. 速率相关材料

在这种情况下，时间增量不等于单位量。此外，在式(47.73)中因引入式(47.75)可以获得当前步骤的损伤程度。如果在节点的每个增量上使用隐式方法或 Crank-Nicolson 方法，会同时更新损伤程度；如果使用显式方法，则会分别更新损伤程度。因此，正因为隐

式方法或 Crank-Nicolson 方法可以同时更新域中所有节点的损伤程度,所以这种方法会得到更好的解。该方法在刚度发生很大变化的模型的问题中有很好的适用性。在这种情况下,式(47.81)和式(47.90)可用于更新所有节点的损伤程度。

47.6.3　数值算法

为了在一维设计域中求解式(47.28),同时保证满足边界条件,构造了以下算法。该算法使用了前几节详细介绍的有限差分格式,主要用于解决应力主导的问题。在下面的算法中,上标 $n+1$ 表示当前加载步骤,上标 n 表示上一个加载步骤。因此,对于时间相关问题,当前步骤的应力表示为

$$\sigma^{n+1}=\sigma^{n}+\Delta t\dot{\sigma}$$

若与时间无关,可表示为

$$\sigma^{n+1}=\sigma^{n}+\Delta\sigma$$

式中:$\dot{\sigma}$ 为应力加载速率;$\Delta\sigma$ 为应力增量。本章给出的算法与作者 Voyiadgis 和 Mozaffari (2013)的文章中给出的算法完全相同:

(1)给定所有节点上 M、l、w、$\bar{E}$、σ_0、$\Delta\sigma$、ϕ_{cr} 的初始值且 $\phi_0=0.001$;

(2)在所有节点上,令 $E^n=\bar{E}^n=\bar{E}$、$\sigma^n=\sigma^{n+1}=\sigma_0$、$\bar{\sigma}^n=\bar{\sigma}^{n+1}=\sigma_0$ 且 $\phi^n=\phi_0$;

(3)计算 $\varepsilon^n=\dfrac{\sigma^n}{E^n}$、$\varepsilon^{n+1}=\dfrac{\sigma^{n+1}}{E^{n+1}}$、$\bar{\varepsilon}^n=\dfrac{\bar{\sigma}^n}{\bar{E}^n}$、$\bar{\varepsilon}^{n+1}=\dfrac{\bar{\sigma}^{n+1}}{\bar{E}^{n+1}}$;

(4)对下边的步骤进行迭代直到满足 $\phi_{\max}<\phi_{cr}$ 时停止;

(5)更新载荷水平 $\sigma^{n+1}=\sigma^{n}+\Delta\sigma$;

(6)使用式(47.67)和式(47.68)计算 Y^n 和 F_d^n;

(7)在每个节点上验证损伤准则(式(47.70)):

如果 $F_d<0$,则损伤未演化,同时有 $\phi^{n+1}=\phi^n$;

如果 $F_d>0$,选定一种格式(式(47.75)、式(47.81)或式(47.90))进而计算损伤程度 ϕ^{n+1};

(8)计算 ε^{n+1}、E^{n+1}、$\bar{\varepsilon}^{n+1}$。

47.6.4　数值算例

由于损伤变量是无量纲参数,因此需要定义每个系数 M、w 和 l 的维数,使式(47.28)中的每个项为无量纲量。对于量纲(SI)统一的系统,微裂纹 M 的迁移系数与弹性模量 $\dfrac{m^2}{N}$ 成反比,耗散系数 w 为无量纲系数,同时由损伤引起的特定长度尺度(能够描述非局部损伤的影响)为长度维度的参数 m。这些系数的值通过数值试验来检验,在后边会进行描述,并在示例中详细说明。为了确定系数的准确性,针对特定材料设计了两组试验。第一组是计算杆中心损伤值的通用试验,这个试验的目的是为了确定系数 w 以抵消式(47.28)中的二阶梯度项及其相应系数(l)。第二组非局部试验的目的是测量在加载时每个增量步下沿着杆长度方向的多个点的损伤值,利用这组数据和先前试验确定的系数 w 来计算系数 l。同时利用这两组数据也可以确定微裂纹的迁移率 M,同时为了简化计算程

序，也可以认为 M 等于试验开始时(未损伤材料)弹性模量的倒数。

本节列举了单轴拉伸杆的算例来证明该模型的正则化能力。根据在特定长度段 L_D 中使用的节点数目，本算例考虑了杆 L 中间的刚度削减，用以显示损伤的非局部分布。杆的几何结构如图 47.8 所示，参考 Abu-Al-Rub 和 Voyiadjis(2003)的文章，给出了关于 30CrNiMo8 高强度钢的材料性能和硬化参数：$\bar{E}=199\text{GPa}$、$v=0.3$、$\sigma_{yp}=870\text{MPa}$、$q=8.2\text{MPa}$、$l_d=3.8\text{MPa}$。其余参数为 $L=1\text{m}$，$L_D=0.1\text{L}$，$\sigma_0=10\text{MPa}$(应力初始值)以及 $\dot{\sigma}=10\dfrac{\text{MPa}}{\text{s}}$。数值过程开始时在所有节点上取一较小损伤值 $\phi_0=0.001$，除特定情况外，当损伤达到临界值 $\phi_{cr}=0.35$ 时数值过程结束。然后继续加载到屈服点，总加载时间为 86s。为了保持 CFL 条件成立，同时保持点在损伤表面上，假设 $\Delta t=0.001\text{s}$。

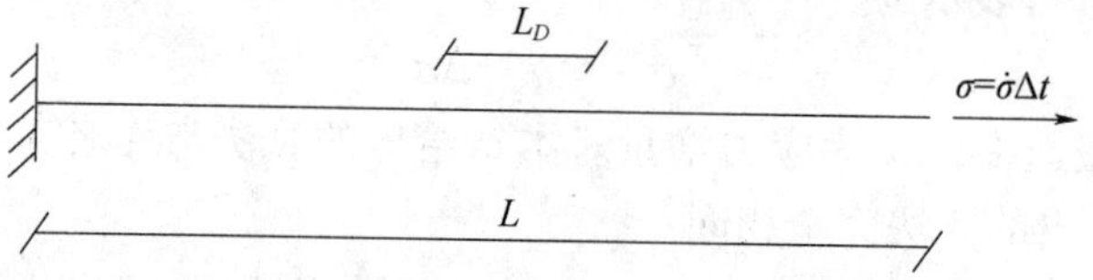

图 47.8　数值算例的几何形式(摘自 Voyiadjis 和 Mozaffari，2013)

算例 1　不同格式的比较　在这个算例中，计算了在长度方向上分布有一定数量节点的三种不同格式描述的试件，在试件的特定中心长度 L_D 上弹性模量相比其他部分的弹性模量低 10%，给定其余的系数 $M=1(\text{MPa})^{-1}=10^{-6}\text{m}^2/\text{N}$、$w=10^{-5}$、$l=1\mu\text{m}=10^{-6}\text{m}$。

第一种情况：L 上有 21 个节点，L_D 上有 3 个节点。对于三种不同的计算格式，数值结果如图 47.9 所示。可以看出，使用这三种不同格式的解是完全一致的。

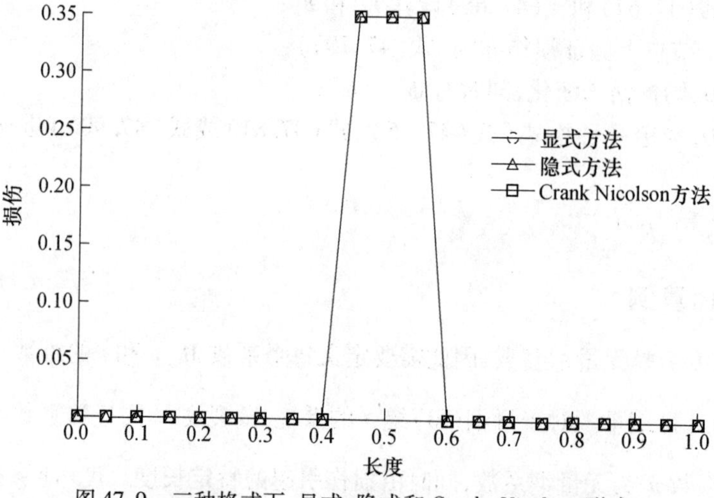

图 47.9　三种格式下：显式、隐式和 Crank-Nicolson 形式
(摘自 Voyiadgis 和 Mozaffari 2013)杆上 21 个节点的损伤分布

第二种情况：L 上有 41 个节点，L_D 上有 5 个节点。图 47.10 描述了采用三种不同的 FD 格式的结果。可以看出，使用这三种不同格式的解是完全一致的。

第三种情况：L 上有 81 个节点，L_D 上有 9 个节点。图 47.11 描述了采用三种不同的 FD 格式的结果。可以看出，使用这三种不同格式的解是完全一致的。

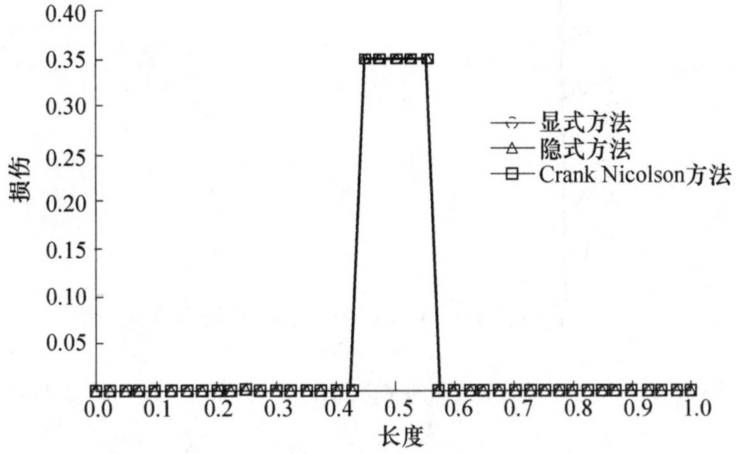

图 47.10　三种格式下:显式、隐式和 Crank-Nicolson 形式
(摘自 Voyiadgis 和 Mozaffari,2013)杆上 41 个节点的损伤分布

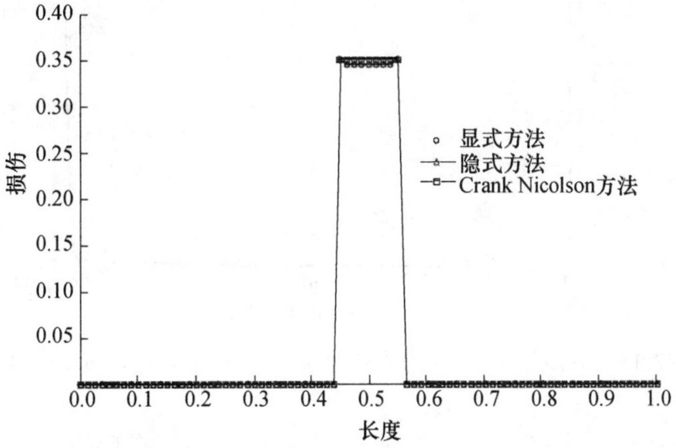

图 47.11　三种格式下:显式、隐式和 Crank-Nicolson 形式
(摘自 Voyiadgis 和 Mozaffari,2013)杆上 81 个节点的损伤分布

通过显式方法进行模拟,给出了应力变化趋势与损伤值之间的关系,设置最终的损伤值为 1(损伤变量的理论极限值),数值结果如图 47.12 和图 47.13 所示。

这个算例表明,无论节点的数目如何,采用这三个 FD 格式都给出了相同的结果。在最后一个例子中,可以看到 Crank-Nicolson 格式和其他两个格式之间的细微差别。由于隐式格式和 Crank-Nicolson 格式为无条件稳定的形式,在计算时可以使用大时间步,无需验证 CFL 条件。此外,如第 47.6.1 节中所述,这两个格式使用时会同时更新所有节点的损伤水平,这点可以在刚度有很大变化的特定问题中进行应用。和其他类型的损伤模型一样,与损伤相关的应力变化也遵循这一趋势。

算例 2　微裂纹迁移率常数(M)的影响　在本例中,假设耗散系数和长度尺度为常数,且分别为 $w=10^{-5}$,$l=1\mu m=10^{-6}m$。使用沿杆长度方向分布 41 个节点的显式格式对系数 M 的不同值进行了验证,结果如图 47.14 所示。

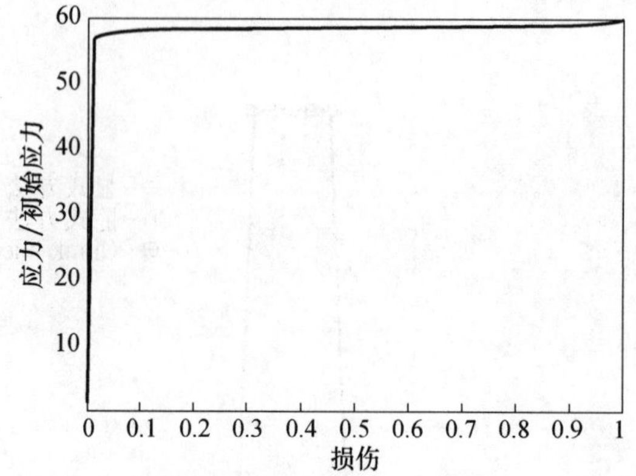

图 47.12　中心点应力随损伤的变化(摘自 Voyiadjis 和 Mozaffari,2013)

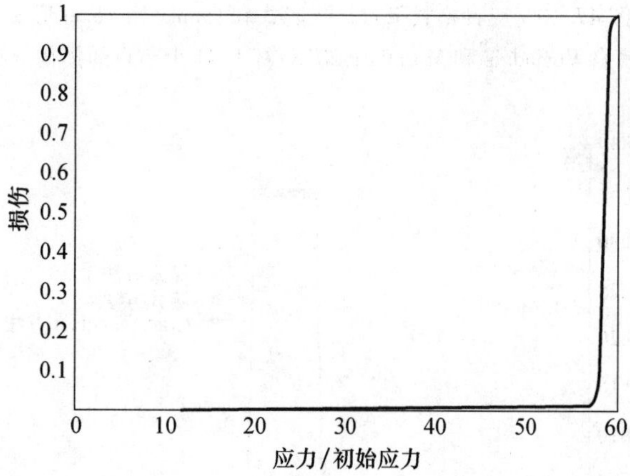

图 47.13　中心点损伤随应力的变化(摘自 Voyiadjis 和 Mozaffari,2013)

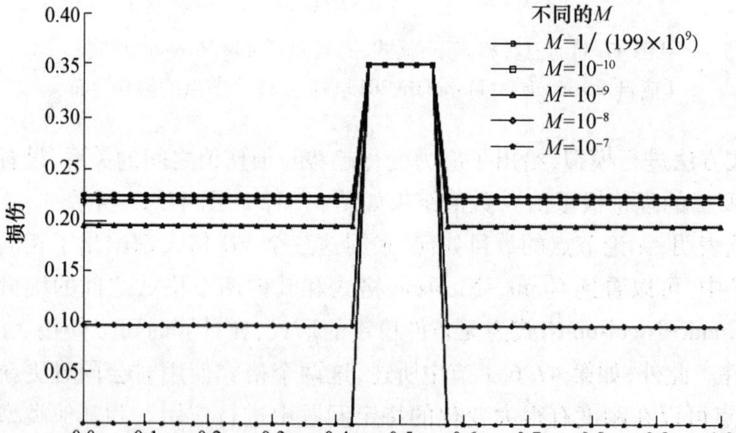

图 47.14　微裂纹系数 M 的迁移率对所有节点损伤程度的影响

(摘自 Voyiadjis 和 Mozaffari,2013)

算例 3　耗散系数常数(w)的影响　在本例中,假设微裂纹系数和长度尺度的迁移率为常数,且分别为 $M=10^{-6}$,$l=1\mu m=10^{-6}m$。使用沿杆长度方向分布 41 个节点的显式格式对系数 w 的不同值进行了验证,结果如图 47.15 所示。可以看出,增大系数 M 会降低相邻节点的损伤水平。

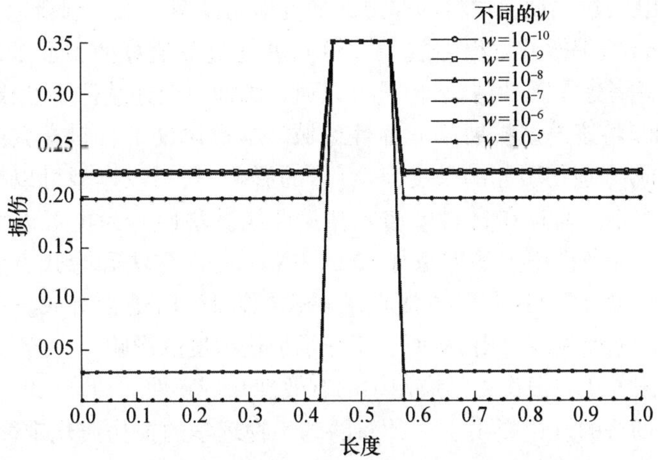

图 47.15　耗散系数 w 对所有节点损伤程度的影响
(摘自 Voyiadjis 和 Mozaffari,2013)

算例 4　特征长度系数(长度尺度)常数(l)的影响　在本例中,假设微裂纹系数和耗散系数的迁移率为常数,且分别为 $M=10^{-6}$,$w=10^{-5}$。使用沿杆长度方向分布 41 个节点的显式格式对系数 l 的不同值进行验证,结果如图 47.16 所示。

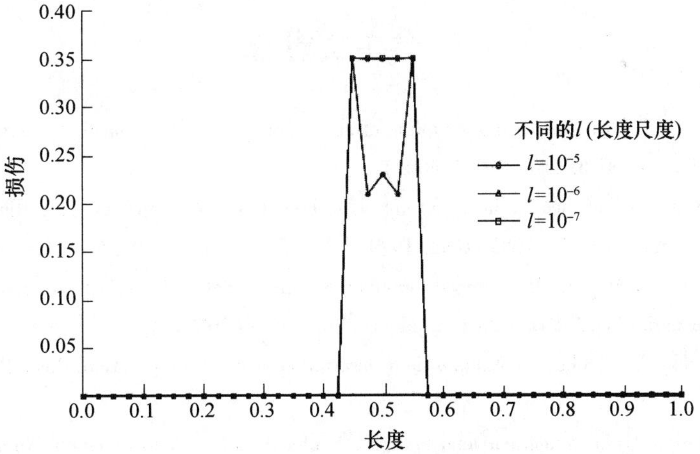

图 47.16　长度尺度 l 对所有节点损伤水平的影响
(摘自 Voyiadjis 和 Mozaffari,2013)

从图中可以看出,较大的 l 值会通过显著改变刚度(见图 47.16 中长度为 0.55 时曲线下降)来影响节点的损伤值,而该刚度的改变显然是基于损伤引起的长度尺度的性质的,利用该参数梯度模型可得到局部化效应。

47.7 小　结

本章介绍了相场法在损伤力学中的应用,其核心思想是利用相场法的能量最小化方法,将损伤视为相变,建立韧性材料的非局部梯度损伤模型。本章创新地提出了损伤演化规律的 Allen-Cahn 型偏微分方程(式(47.28)),并通过数值算例验证了该模型的正则化能力。虽然本章只考虑了弹性情况,但是可以通过添加一个连续体塑性模型,使用一组特定的常数 M、w 和 l 将该模型扩展到非弹性区域。本章讨论了材料常数微裂纹的迁移率(M)、耗散常数(w)和损伤引起的长度尺度(l)的影响,利用该模型可以模拟速率相关和速率无关材料的损伤。通过在材料中加入黏弹性或黏塑性行为也可以用来模拟黏性损伤,结果表明,由于无条件稳定的方法如 Crank-Nicholson 方法和隐式方法可以同时更新所有节点的损伤程度,所以这两种方法在求解式(47.28)时更为有效。这些方法在关联其他节点损伤程度方面表现突出,从而便于显示损伤梯度的影响。

下面总结了该方法在损伤力学应用中的有效性和创新性。

本章通过相场法的理论提出了一种新的基于物理学的损伤演化定律,该定律是将损伤变量和通用的序参数结合起来而提出的,可用于模拟任意材料中的各向同性损伤,包括速率相关损伤或速率无关损伤,且无需使用常规的正态分布规则(式(47.28))。本章提出了一个关于损伤变量的新的隐式定义(式(47.51)),并将其与传统定义进行了比较(图47.5)。新的损伤系数(式(47.48))不受相场理论的数学限制,可将应力和应变转换到虚拟的未损伤构型上。最后通过三种 FD 格式算例验证了该模型在不考虑速率依赖性的材料损伤—塑性耦合模型中的性能。

参考文献

R. K. Abu Al-Rub, G. Z. Voyiadjis, On the coupling of anisotropic damage and plasticity models for ductile materials. Int. J. Solids Struct. 40, 2611-2643(2003)

S. M. Allen, J. W. Cahn, A microscopic theory for antiphase boundary motion and its application to antiphase domain coarsening. Acta Metall. 27, 1085-1095(1979)

H. Amor, J. -J. Marigo, C. Maurini, Regularized formulation of the variational brittle fracture with unilateral contact: numerical experiments. J. Mech. Phys. Solids 57, 1209-1229(2009)

I. Aranson, V. Kalatsky, V. Vinokur, Continuum field description of crack propagation. Phys. Rev. Lett. 85, 118-121(2000)

P. W. Bates, S. Brown, J. Han, Numerical analysis for a nonlocal Allen-Cahn equation. Num. Anal. Model. 6, 33-49(2009)

W. Boettinger, J. Warren, C. Beckermann, A. Karma, Phase-field simulation of solidification 1. Annu. Rev. Mater. Res. 32, 163-194(2002)

M. J. Borden, C. V. Verhoosel, M. A. Scott, T. J. Hughes, C. M. Landis, A phase-field description of dynamic brittle fracture. Comput. Methods Appl. Mech. Eng. 217, 77-95(2012)

G. Boussinot, Y. Le Bouar, A. Finel, Phase-field simulations with inhomogeneous elasticity: comparison with an atomic-scale method and application to superalloys. Acta Mater. 58, 4170-4181(2010)

J. Cahn, S. Allen, A microscopic theory for domain wall motion and its experimental verification in Fe-Al alloy domain growth kinetics. Le J. de Phys. Colloques 38, 7-7(1977)

J. W. Cahn, J. E. Hilliard, Free energy of a nonuniform system. I. Interfacial free energy. J. Chem. Phys. 28, 258 (1958)

P. R. Cha, D. H. Yeon, J. K. Yoon, A phase field model for isothermal solidification of multicomponent alloys. Acta Mater. 49, 3295-3307(2001)

L. Q. Chen, Phase-field models for microstructure evolution. Annu. Rev. Mater. Res. 32, 113-140(2002)

L. Chen, J. Shen, Applications of semi-implicit Fourier-spectral method to phase field equations. Comput. Phys. Commun. 108, 147-158(1998)

J. W. Choi, H. G. Lee, D. Jeong, J. Kim, An unconditionally gradient stable numerical method for solving the Allen-Cahn equation. Phys. Statist. Mech. Appl. 388, 1791-1803(2009)

R. Courant, K. Friedrichs, H. Lewy, € Uber die partiellen Differenzengleichungen der mathematischen Physik. Math. Ann. 100, 32-74(1928)

M. Del Pino, M. Kowalczyk, F. Pacard, J. Wei, Multiple-end solutions to the Allen-Cahn equation in R2. J. Funct. Anal. 258, 458-503(2010)

R. J. Dorgan, G. Z. Voyiadjis, Nonlocal coupled damage-plasticity model incorporating functional forms of hardening state variables. AIAA J. 45, 337-346(2007)

K. Elder, N. Provatas, Phase-Field Methods in Materials Science and Engineering, 1st edn. (Wiley-VCH, Weinheim, 2010)

D. Fan, L. Q. Chen, Computer simulation of grain growth using a continuum field model. Acta Mater. 45, 611-622 (1997)

X. Feng, A. Prohl, Numerical analysis of the Allen-Cahn equation and approximation for mean curvature flows. Numer. Math. 94, 33-65(2003)

W. Feng, P. Yu, S. Hu, Z. Liu, Q. Du, L. Chen, Spectral implementation of an adaptive moving mesh method for phase-field equations. J. Comput. Phys. 220, 498-510(2006)

Y. Furukawa, K. Nakajima, Advances in Crystal Growth Research. (Elsevier Science, Amsterdam, The Netherlands, 2001)

A. Gaubert, Y. Le Bouar, A. Finel, Coupling Phase Field and Visco-Plasticity to Study Rafting in Ni-Base Superalloys. (Philosophical Magazine 90, 2010), pp. 375-404

V. Ginzburg, L. D. Landau, On the theory of superconductivity, Zh. Eksp. Teor. Fiz. 20, 1064-1082(1950). Translation in Collected papers of L. D. Landau. (Pergamon, Oxford, 1965)

L. Gránásy, T. Pusztai, J. A. Warren, Modelling polycrystalline solidification using phase field theory. J. Phys. Condens. Matter 16, R1205(2004)

X. Guo, S. Q. Shi, X. Ma, Elastoplastic phase field model for microstructure evolution. Appl. Phys. Lett. 87, 221910-221910-221913(2005)

X. Guo, S. Shi, Q. Zhang, X. Ma, An elastoplastic phase-field model for the evolution of hydride precipitation in zirconium. part Ⅰ: smooth specimen. J. Nuclear Mater. 378, 110-119(2008)

M. E. Gurtin, Generalized Ginzburg-Landau and Cahn-Hilliard equations based on a microforce balance. Phys. Nonlinear Phenomena 92, 178-192(1996)

S. Hu, L. Chen, A phase-field model for evolving microstructures with strong elastic inhomogeneity. Acta Mater. 49, 1879-1890(2001)

S. Hu, M. Baskes, M. Stan, Phase-field modeling of microvoid evolution under elastic-plastic deformation. Appl. Phys. Lett. 90, 081921-081921-081923(2007)

A. Hunter, M. Koslowski, Direct calculations of material parameters for gradient plasticity. J. Mech. Phys. Solids 56, 3181-3190(2008)

L. M. Kachanov, On the creep fracture time. Izv Akad. Nauk USSR Otd. Tekh 26-31(1958)

A. Karma, Phase-field formulation for quantitative modeling of alloy solidification. Phys. Rev. Lett. 87, 115701 (2001)

A. Karma, D. A. Kessler, H. Levine, Phase-field model of mode III dynamic fracture. Phys. Rev. Lett. 87, 45501 (2001)

A. K. Kassam, L. N. Trefethen, Fourth-order time-stepping for stiff PDEs. SIAM J. Sci. Comput. 26, 1214-1233 (2005)

A. G. Khachaturyan, Theory of Structural Transformations in Solids(Wiley, New York, 1983)

M. Koslowski, A. M. Cuitino, M. Ortiz, A phase-field theory of dislocation dynamics, strain hardening and hysteresis in ductile single crystals. J. Mech. Phys. Solids 50, 2597-2635(2002)

C. Kuhn, R. Müller, A continuum phase field model for fracture. Eng. Fract. Mech. 77, 3625-3634(2010)

J. Lemaitre, R. Desmorat, Engineering Damage Mechanics: Ductile, Creep, Fatigue and Brittle Failures(Springer, New York, 2005)

V. I. Levitas, I. B. Ozsoy, Micromechanical modeling of stress-induced phase transformations. Part 1. thermodynamics and kinetics of coupled interface propagation and reorientation. Int. J. Plast. 25, 239-280(2009a)

V. I. Levitas, I. B. Ozsoy, Micromechanical modeling of stress-induced phase transformations. Part 2. computational algorithms and examples. Int. J. Plast. 25, 546-583(2009b)

V. I. Levitas, D. L. Preston, Three-dimensional Landau theory for multivariant stress-induced martensitic phase transformations. I. Austenite ↔ martensite. Phys. Rev. B 66, 134206(2002)

C. Miehe, M. Hofacker, F. Welschinger, A phase field model for rate-independent crack propagation: Robust algorithmic implementation based on operator splits. Comput. Methods Appl. Mech. Eng. 199, 2765-2778 (2010a)

C. Miehe, F. Welschinger, M. Hofacker, Thermodynamically consistent phase-field models of fracture: variational principles and multi-field FE implementations. Int. J. Numer. Methods Eng. 83, 1273-1311(2010b)

N. Moelans, A quantitative and thermodynamically consistent phase-field interpolation function for multi-phase systems. Acta Mater. 59, 1077-1086(2011)

N. Moelans, B. Blanpain, P. Wollants, An introduction to phase-field modeling of microstructure evolution. Calphad 32, 268-294(2008)

E. Nauman, N. P. Balsara, Phase equilibria and the Landau-Ginzburg functional. Fluid Phase Equilib. 45, 229-250(1989)

S. Nemat-Nasser, Decomposition of strain measures and their rates in finite deformation elastoplasticity. Int. J. Solids Struct. 15, 155-166(1979)

S. Nemat-Nasser, On Finite Plastic Flow of Crystalline Solids and Geomaterials. J. Appl. Mech. 50(4b), 1114 (1983)

N. Ofori-Opoku, N. Provatas, A quantitative multi-phase field model of polycrystalline alloy solidification. Acta Mater. 58, 2155-2164(2010)

M. Ohno, K. Matsuura, Quantitative phase-field modeling for two-phase solidification process involving diffusion in the solid. Acta Mater. 58, 5749-5758(2010)

A. Onuki, Ginzburg-Landau approach to elastic effects in the phase separation of solids. J. Phys. Soc. Jap. 58, 3065-3068(1989)

K. Pham, H. Amor, J. J. Marigo, C. Maurini, Gradient damage models and their use to approximate brittle fracture. Int. J. Damage Mech. 20,618–652(2011)

D. Rodney, Y. Le Bouar, A. Finel, Phase field methods and dislocations. Acta Mater. 51,17–30(2003)

T. Sadowski, S. Samborski, Z. Librant, Damage growth in porous ceramics. Key Eng. Mater. 290,86–93(2005)

D. Salac, W. Lu, Controlled nanocrack patterns for nanowires. J. Comput. Theor. Nanosci. 3,263–268(2006)

S. Samborski, T. Sadowski, On the method of damage assessment in porous ceramics, in Conference Proceedings of 11th Conference on Fracture, Turin, 2005

R. Sankarasubramanian, Microstructural evolution in elastically-stressed solids: a phase-field simulation. Def. Sci. J. 61,383–393(2011)

J. P. Sethna, Statistical Mechanics: Entropy, Order Parameters, and Complexity (Oxford University Press, New York, 2006)

J. Shen, X. Yang, Numerical approximations of allen-cahn and cahn-hilliard equations. Discrete Contin. Dyn. Syst 28,1669–1691(2010)

F. Sidoroff, Description of Anisotropic Damage Application to Elasticity (Springer, Berlin, 1981), pp. 237–244

R. Spatschek, D. Pilipenko, C. M € uller-Gugenberger, E. A. Brener, Phase field modeling of fracture and composite materials. Phys. Rev. Lett. 96,015502(2006)

R. Spatschek, C. M € uller-Gugenberger, E. Brener, B. Nestler, Phase field modeling of fracture and stress-induced phase transitions. Phys. Rev. E. 75,066111(2007)

I. Steinbach, M. Apel, Multi phase field model for solid state transformation with elastic strain. Phys. Nonlinear Phenomena 217,153–160(2006)

I. Steinbach, F. Pezzolla, B. Nestler, M. Seeßelberg, R. Prieler, G. Schmitz, J. Rezende, A phase field concept for multiphase systems. Phys. Nonlinear Phenomena 94,135–147(1996)

T. Uehara, T. Tsujino, N. Ohno, Elasto-plastic simulation of stress evolution during grain growth using a phase field model. J. Cryst. Growth 300,530–537(2007)

G. Z. Voyiadjis, Degradation of elastic modulus in elastoplastic coupling with finite strains. Int. J. Plast. 4,335–353(1988)

G. Z. Voyiadjis, B. Deliktas, A coupled anisotropic damage model for the inelastic response of composite materials. Comput. Methods Appl. Mech. Eng. 183,159–199(2000)

G. Z. Voyiadjis, R. J. Dorgan, Framework using functional forms of hardening internal state variables in modeling elasto-plastic-damage behavior. Int. J. Plast. 23,1826–1859(2007)

G. Z. Voyiadjis, P. I. Kattan, A coupled theory of damage mechanics and finite strain elastoplasticity–II. Damage and finite strain plasticity. Int. J. Eng. Sci. 28,505–524(1990)

G. Z. Voyiadjis, P. I. Kattan, A plasticity-damage theory for large deformation of solids–I. Theoretical formulation. Int. J. Eng. Sci. 30,1089–1108(1992)

G. Z. Voyiadjis, P. I. Kattan, Advances in Damage Mechanics: Metals and Metal Matrix Composites (Elsevier, Oxford, ISBN 0-08-043601-3, 1999), p. 542

G. Z. Voyiadjis, P. I. Kattan, Advances in Damage Mechanics: Metals and Metal Matrix Composites with an Introduction to Fabric Tensors. (2nd edn.) (Elsevier, Oxford, London, ISBN: 0-08-044688-4, 2006), p. 742 G. Z. Voyiadjis, P. I. Kattan, A new class of damage variables in continuum damage mechanics. J. Eng. Mater. Technol. 134(2012)

G. Z. Voyiadjis, N. Mozaffari, Nonlocal damage model using the phase field method: theory and applications. Int. J. Solids Struct. 50,3136–3151(2013)

G. Z. Voyiadjis, R. K. Abu Al-Rub, A. N. Palazotto, Thermodynamic framework for coupling of non-local viscoplasticity and non-local anisotropic viscodamage for dynamic localization problems using gradient theory. Int.

J. Plast. 20,981-1038(2004)

G. Z. Voyiadjis, B. Deliktas, A. N. Palazotto, Thermodynamically consistent coupled viscoplastic damage model for perforation and penetration in metal matrix composite materials. Compos. Part B 40,427-433(2009)

S. -L. Wang, R. Sekerka, A. Wheeler, B. Murray, S. Coriell, R. Braun, G. McFadden, Thermodynamically-consistent phase-field models for solidification. Phys. Nonlinear Phenomena 69,189-200(1993)

Y. Wang, Y. Jin, A. Cuitino, A. Khachaturyan, Nanoscale phase field microelasticity theory of dislocations: model and 3D simulations. Acta Mater. 49,1847-1857(2001)

Y. U. Wang, Y. M. Jin, A. G. Khachaturyan, Phase field microelasticity theory and modeling of elastically and structurally inhomogeneous solid. J. Appl. Phys. 92,1351-1360(2002)

J. A. Warren, R. Kobayashi, A. E. Lobkovsky, W. Craig Carter, Extending phase field models of solidification to polycrystalline materials. Acta Mater. 51,6035-6058(2003)

A. Yamanaka, T. Takaki, Y. Tomita, Elastoplastic phase-field simulation of self-and plastic accommodations in Cubic → tetragonal martensitic transformation. Mater. Sci. Eng. A 491,378-384(2008)

P. Yu, S. Hu, L. Chen, Q. Du, An iterative-perturbation scheme for treating inhomogeneous elasticity in phase-field models. J. Comput. Phys. 208,34-50(2005)

N. Zhou, C. Shen, M. Mills, Y. Wang, Contributions from elastic inhomogeneity and from plasticity to [gamma]′ rafting in single-crystal Ni-Al. Acta Mater. 56,6156-6173(2008)

J. Zhu, L. Q. Chen, J. Shen, Morphological evolution during phase separation and coarsening with strong inhomogeneous elasticity. Model. Simul. Mater. Sci. Eng. 9,499(2001)